I0031578

1 histoire naturelle

Ed. 10 [illegible]

[illegible]

ENCYCLOPÉDIE
METHODIQUE,

OU

PAR ORDRE DE MATIERES;

PAR UNE SOCIÉTÉ DE GENS DE LETTRES, DE SAVANS ET D'ARTISTES;

Précédée d'un Vocabulaire universel, *servant de Table pour tout l'Ouvrage, ornée des Portraits de MM.* DIDEROT & D'ALEMBERT, *premiers Éditeurs de l'*Encyclopédie.

ENCYCLOPÉDIE
MÉTHODIQUE.

HISTOIRE NATURELLE.

ENTOMOLOGIE, OU HISTOIRE NATURELLE DES CRUSTACÉS, DES ARACHNIDES ET DES INSECTES,

PAR M. LATREILLE,
MEMBRE DE L'INSTITUT, ACADÉMIE ROYALE DES SCIENCES, etc.

TOME DIXIÈME.

PAR MM. LATREILLE, LE PELETIER DE SAINT-FARGEAU, SERVILLE et GUÉRIN.

A PARIS,
Chez Mme veuve AGASSE, Imprimeur-Libraire, rue des Poitevins, n° 6
M. DCCCXXV.

PAPILLON-BOURDON. Nom donné par De Géer aux insectes lépidoptères des genres Sphinx, Smérinthe et Sésie. *Voyez* ces mots. (S. F. et A. Serv.)

PAPILLONIDES, *Papilionides*. Première tribu de la famille des Diurnes, ordre des Lépidoptères. *Voyez* tome IX, page 9. (S. F. et A. Serv.)

PAPILLON-PHALÈNE. De Géer nomme ainsi les insectes lépidoptères des genres Zygène et Procris. *Voyez* ces mots. (S. F. et A. Serv.)

PAPILLON-TIPULE. Dénomination donnée par De Géer aux insectes lépidoptères du genre Ptérophore. *Voyez* ce mot. (S. F. et A. Serv.)

PARADOXITE. Nom donné par M. Brongniart à un genre de Trilobites. *Voyez* ce mot. (Latr.)

PARAGUE, *Paragus*. Latr. Meig. *Mulio*. Fab. *Syrphus*. Panz. *Musca*. Geoff.

Genre d'insectes de l'ordre des Diptères, section des Proboscidés, famille des Athéricères, tribu des Syrphies.

Un groupe de la tribu des Syrphies (*voyez* ce mot) a pour caractères : antennes plus courtes que la tête, leurs deux premiers articles égaux entr'eux, point de tubercule frontal pour porter les antennes, ni de cellule pédiforme aux ailes; cuisses simples, sans renflement ni épines; soie des antennes sans articulations sensibles. Les Volucelles et les Séricomyies sont les seules dans ce groupe qui aient la soie des antennes plumeuse. Les genres Baccha, Chrysogastre, Psilote et Syrphe ont leur hypostome creusé ou tuberculé. Les Pipizes et les Paragues ont la soie des antennes simple et l'hypostome uni; mais dans les premières, le troisième ou dernier article des antennes est simplement ovale et non pas alongé, ce qui les distingue des Paragues.

Antennes avancées, droites, presque de la longueur de la tête, composées de trois articles; les deux premiers courts, égaux; le troisième ou palette plus long que les deux précédens réunis, comprimé, portant une soie simple insérée un peu avant son milieu. — *Yeux* rapprochés et se réunissant un peu au-dessous du vertex dans les mâles, espacés dans les femelles. — *Trois petits yeux lisses* disposés en triangle et placés sur le vertex. — *Hypostome* peu convexe, lisse. — *Ailes* parallèles, couchées sur le corps dans le repos, n'ayant point de cellule pédiforme. — *Abdomen* linéaire, convexe en dessus, concave en dessous. — *Pattes* de longueur moyenne, cuisses simples, premier article des tarses postérieurs alongé et renflé.

On trouve ces diptères sur les fleurs. M. Meigen décrit quatorze espèces de ce genre établi par M. Latreille.

1. Paragüe à zone, *P. zonatus*.

Paragus niger, scutello immaculato, abdomine segmento secundo rufo (mas) aut rufo basi apiceque nigris. (Fœm.)

Paragus zonatus. Meig. *Dipt. d'Europ. tom.* 3. *pag.* 177. *n°.* 1.

Longueur 2 lig. $\frac{1}{2}$. Antennes brunes. Tête noire, luisante, avec deux lignes blanches à l'orbite antérieur des yeux. Corselet entièrement noir luisant; cuillerons et balanciers jaunâtres. Abdomen noir luisant, le second segment et une grande partie du premier ferrugineux. Pattes noires, avec l'extrémité des cuisses et les jambes blanches; le milieu de celles-ci brun. Ailes transparentes. Femelle.

Suivant M. Meigen, le mâle a l'hypostome entièrement blanc et le deuxième segment de l'abdomen, seulement, ferrugineux.

On le trouve au mois de mai dans les forêts, sur les fleurs; notamment sur celles du pissenlit. (*Leontodon taraxacum.*)

2. Paragüe bicolor, *P. bicolor*.

Paragus abdomine ferrugineo, basi apiceque nigris, scutello apice albo.

Paragus bicolor. Latr. *Gener. Crust. et Ins. tom.* 4. *pag.* 326. — Meig. *Dipt. d'Europ. tom.* 3. *pag.* 178. *n°.* 2. — *Mulio bicolor*. Fab. *Syst. antliat. pag.* 186. *n°.* 10. — La Mouche noire à bande rouge transverse sur le ventre. Geoff. *Ins. paris. tom.* 2. *pag.* 520. *n°.* 51. — Coqueb. *Illust. Icon. tab.* 26. *fig.* 9. (Fabricius indique par erreur la figure 9 de la planche 23, qui est celle du Psare abdominal.) — *Encycl. pl.* 391. *fig.* 9-11.

Longueur 3 lig. Antennes brunes. Tête noire, lisse, avec deux lignes blanches à l'orbite antérieur des yeux. L'orbite postérieur couvert d'un duvet argenté. Corselet noir luisant, ses côtés couverts d'un duvet argenté; on lui voit deux petites lignes dorsales formées d'un semblable duvet. Bord postérieur de l'écusson blanchâtre. Cuillerons et balanciers jaunâtres. Abdomen noir; extrémité du premier segment, le second tout entier et la base du troisième, ferrugineux. Pattes noires, extrémité des cuisses, toutes les jambes et les tarses intermédiaires, d'un ferrugineux pâle. Ailes transparentes. Femelle.

Le mâle a l'hypostome entièrement blanc; ses quatre tarses antérieurs sont pâles et la partie ferrugineuse de l'abdomen est mêlée d'un peu de brun.

Des environs de Paris ainsi que le précédent.

3. Parague arqué, *P. arcuatus.*

Paragus niger, scutello apice albo, abdomine fasciâ testaceâ et arcubus tribus interruptis albis.

Paragus arcuatus. Meig. *Dipt. d'Europ. tom.* 3. *pag.* 179. *n°.* 3. *tab.* 27. *fig.* 20 *et* 21.

Longueur 3 lig. Noir. Extrémité de l'écusson blanche. Partie postérieure du premier segment de l'abdomen et base du second, testacées. Le second, le troisième et le quatrième ayant chacun une bande blanche interrompue dans son milieu. Pattes pâles avec la base des cuisses, noire. Hypostome blanc. Ailes transparentes. Mâle.

De Provence. Nous n'avons pas vu cette espèce.

4. Parague rayé, *P. strigatus.*

Paragus abdomine rufo, fasciis interruptis nigris.

Paragus strigatus. Meig. *Dipt. d'Eur. tom.* 3. *pag.* 180. *n°.* 5.

Longueur 2 lig. Antennes brunes. Tête noire. Hypostome blanc. Corselet noir, ses côtés garnis d'un duvet argenté; il a une large ligne dorsale, formée d'un semblable duvet. Bord postérieur de l'écusson blanchâtre. Cuillerons et balanciers blancs. Abdomen ferrugineux; base du premier segment noire; une bande transverse, interrompue de même couleur sur tous les segmens. Pattes pâles; base des cuisses brune. Ailes transparentes. Mâle.

Il a été rapporté des environs de Montpellier par M. de Saint-Fargeau, officier de la Garde.

5. Parague front blanc, *P. albifrons.*

Paragus niger, abdomine arcubus quatuor interruptis scutelloque apice albis.

Paragus albifrons. Meig. *Dipt. d'Europ. tom.* 3. *pag.* 181. *n°.* 8. — *Paragus thymiastri.* Lat. *Gen. Crust. et Ins. tom.* 4. *pag.* 326. — *Syrphus thymiastri.* Panz. *Faun. Germ. fas.* 60. *fig.* 12.

Longueur 3 lig. Noir. Hypostome blanc. Bord postérieur de l'écusson blanc; une bande arquée, blanche, interrompue dans son milieu sur chacun des segmens de l'abdomen. Pattes blanchâtres, base de toutes les cuisses et extrémité des jambes postérieures, noires. Ailes transparentes. Mâle.

D'Autriche. Nous ne connoissons point cette espèce, non plus que la suivante.

6. Paragué hémorrhoïdal, *P. hæmorrhous.*

Paragus niger, abdomine apice sanguineo, pedibus flavis, femoribus nigris apice flavis.

Paragus hæmorrhous. Meig. *Dipt. d'Europ. tom.* 3. *pag.* 182. *n°.* 10.

Longueur 2 lig. Noir. Deux lignes blanches à l'orbite antérieur des yeux. Extrémité de l'abdomen d'un rouge sanguin. Pattes jaunes avec la base des cuisses, noire.

D'Autriche et de France. (S. F. et A. Serv.)

PARANDRE, *Parandra.* Lat. *Attelabus.* De Géer. *Isocerus.* Illig. *Scarites, Tenebrio.* Fab.

Genre d'insectes de l'ordre des Coléoptères, section des Tétramères, famille des Platysômes.

Cette famille ne comprenant que quatre genres, n'a pas été divisée en tribus. Les Uléiotes et les Passandres ont les antennes composées d'articles longs, cylindriques ou obconiques et comprimés. Les Cucujes ont un labre avancé très-apparent, les tarses très-courts, le corps fortement déprimé; par l'énoncé de ces caractères on distinguera facilement ces trois genres de celui de Parandre.

Antennes filiformes, insérées au-devant des yeux, courtes, comprimées, composées de onze articles presque moniliformes, le dernier oblong, terminé en pointe. — *Labre* point apparent. — *Mandibules* fortes, avancées, surtout dans les mâles, tantôt lunulées, tantôt triangulaires, ayant quelques dents au côté interne. — *Mâchoires* n'offrant à leur extrémité qu'un seul lobe crustacé, presque cylindrique, un peu plus large et arrondi à son extrémité supérieure. — *Palpes* courts, filiformes, terminés par un article ovale. — *Lèvre* entièrement crustacée, courte, large; languette entière. — *Tête* déprimée, horizontale, presqu'aussi large que le corselet. — *Yeux* alongés, un peu échancrés. — *Corps* alongé, peu déprimé. — *Corselet* de la largeur des élytres, presque carré, rebordé tout autour. — *Ecusson* petit, triangulaire. — *Elytres* longues, linéaires, rebordées, couvrant les ailes et l'abdomen. — *Pattes* robustes, un peu comprimées; cuisses ovales-oblongues; jambes en forme de triangle alongé et renversé, terminées extérieurement par un angle aigu, avancé en manière de dent et par deux épines situées à l'angle interne; tarses longs; leur dernier article très-alongé, globuleux à sa base, rétréci ensuite, terminé par deux crochets simples, fort pointus, présentant dans leur intervalle un petit appendice muni de deux soies divergentes. Les trois premiers articles garnis en dessous d'une petite brosse qui paroît divisée longitudinalement en deux. Avant-dernier article un peu bifide; le premier un peu plus long que les deux suivans.

Ce genre, que l'on doit à M. Latreille, ne contient qu'un petit nombre d'espèces, la plupart américaines; leurs couleurs ordinaires sont le brun ou le marron. Nous ne connoissons point leurs mœurs, mais nous présumons avec M. Latreille qu'ils vivent dans le bois ou sous l'écorce des arbres à la manière des Cucujes. Ces Coléoptères ont quelques rapports avec les Lucanes, ainsi qu'on peut le voir par leurs caractères génériques.

1. Parandre glabre, *P. glabra.*

Parandra magna, castanea, subtiliter punctata; capite anticè fusco.

Parandra glabra. Scho. *Synon. Ins.* — *Attelabus glaber.* De Géer, *Ins. tom.* 4. *pl.* 13. *fig.* 14. — *Scarites testaceus.* Fab. *Syst. Eleut. tom.* 1. *pag.* 123. *n°.* 3.

Longueur 13 à 14 lig. Entièrement testacée-châtain, luisante, finement pointillée; partie antérieure de la tête de couleur brune.

Du Brésil.

Nota. Notre individu femelle a les bords extérieurs du corselet un peu arrondis, les mandibules courtes, triangulaires, fortement échancrées à leur partie interne avant le milieu. Dans celui que nous regardons comme le mâle, la tête est plus brune, les bords du corselet sont presque droits, son rebord latéral est en partie caché en dessous; les mandibules sont presque de la longueur de la tête, arquées: elles n'ont qu'une très-petite dent intérieure vers le milieu.

2. Parandre lisse, *P. lævis.*

Parandra castanea, profundè punctata, ore fusco.

Parandra lævis. Lat. *Gener. Crust. et Ins. tom.* 3. *pag.* 28 *pl.* 9. *fig.* 7. Le mâle. — Schon. *Synon. Ins.* — *Encycl. pl.* 361. *fig.* 9. Le mâle.

Longueur 6 à 7 lig. Entièrement testacée châtain clair, assez fortement ponctuée, un peu luisante. Bouche brune. Mandibules très-ponctuées, bidentées au côté interne, presqu'aussi longues que la tête et terminées en une pointe simple dans le mâle, plus courtes et fourchues à leur extrémité dans la femelle.

Des Antilles.

Nota. La *Parandra brunnea.* Scho. (*Tenebrio brunneus.* Fab.) de l'Amérique septentrionale paroît n'être qu'une variété de cette espèce. La *Parandra purpurea.* Scho. (*Tenebrio purpurascens* d'Herbst, *Col. tab.* 119. *fig.* 2.) appartient aussi à ce genre. Celle-ci est du Brésil. (S. F. et A. Serv.)

PARASITES. Divisions dans les tribus des Andrenètes et des Apiaires.

Toutes les larves des insectes hyménoptères de la famille des Mellifères ont pour nourriture obligée une espèce de pâte faite d'un mélange de pollen des fleurs et de miel. Mais dans presque le tiers des genres de cette nombreuse famille, les femelles sont privées de palettes et de brosses pour la récolte du pollen, et par conséquent forcées de pondre dans le nid des espèces qui savent et peuvent récolter (1). Nous regardons ce caractère, fondé sur les mœurs et l'organisation, comme devant déterminer les entomologistes à admettre deux divisions dans la tribu des Andrenètes, ainsi que dans celle des Apiaires, sous les noms de *parasites* et de *récoltantes.*

Les organes des Mellifères pour la récolte du pollen, sont de deux sortes, et leur apparence extérieure les distingue les uns des autres au premier coup d'œil. Les uns sont nus; ce sont des parties du corps dénuées de poils ou un peu enfoncées et rebordées, ou ombragées de grands cils qui les entourent, dont les extrémités tendent à se rapprocher, et forment par leur courbure une espèce de berceau au-dessus de la partie nue. Avec divers auteurs, nous appelons cet organe, *palette.*

La palette, nue, un peu enfoncée et rebordée, sert au dépôt et au transport d'un pollen qui a déjà subi une préparation (cire brute, *Réaum.*), dont les grains ne sont plus distincts, et qui est mêlé d'un peu de miel, ainsi que l'indique le goût, lorsqu'on pose sur sa langue la pelotte dont on vient de dépouiller une ouvrière abeille (*apis*) ou bourdon (*bombus*), qui revient chargée à sa ruche. Cette espèce de pale•e n'appartient qu'aux Apiaires sociales de M. Latreille. Ce sont les seuls insectes qui aient besoin de préparer de la cire brute. Cet organe est placé sur le disque extérieur de chaque jambe postérieure, et toujours en même temps sur celui du premier article du tarse de la même paire de pattes.

La palette, toujours nue, mais entourée et ombragée de cils en berceau, se trouve dans plusieurs genres d'Andrenètes et d'Apiaires. Le pollen qu'elles y amassent, n'a subi aucune préparation que la compression; tous ses grains sont encore reconnoissables, et il n'est pas mêlé de miel. Cet organe est situé sur les deux côtés du métathorax, et alors il s'en trouve toujours un semblable placé sur la partie correspondante des deux cuisses postérieures.

(1) La larve du Parasite éclôt plus tôt que celle de l'habitante légitime, et dévore la pâte mielleuse déposée par la mère qui a fait le nid, et dont la postérité se trouve par ce fait, lors de sa naissance, réduite à une disette absolue.

L'autre organe accordé aux Mellifères pour la récolte du pollen est ce qu'on a appelé *la brosse.* Il est garni de poils étagés, disposés par rangs distincts. La situation et l'usage de la brosse sont beaucoup plus variables que ceux de la palette. Tous les Mellifères ont en effet des brosses, et la femelle féconde (reine, *Réaum.*) des ruches d'Abeilles (*Apis*), est peut-être la seule exception connue; mais ces brosses communes à tous, ne servent dans un grand nombre d'espèces et dans tous les mâles, qu'à la seule propreté. Cet organe est placé sur la partie intérieure des tarses de toutes les pattes. En effet, tous les Mellifères dans leur état parfait sont obligés d'aller chercher dans les fleurs le miel qui est une partie notable de leur nourriture. Tous par conséquent en sortent ordinairement saupoudrés de pollen. Ils peuvent, dans d'autres circonstances, se salir de poussière qui, par sa ténuité, boucheroit leurs stigmates, si la nature ne leur avoit donné l'amour de la propreté et les instrumens nécessaires pour se nettoyer. Les brosses dont nous venons de parler sont en général cet organe de propreté, et sont accordées même aux Parasites, et nous les distinguons sous le nom de *brossettes*.

Dans tous les Mellifères récoltans, l'usage des brossettes, outre celui que nous venons de spécifier, est d'enlever le pollen aux étamines et de le transmettre aux palettes et aux brosses. Celui des organes auquel est confiée la fonction de retenir en provision le pollen comprimé et de le transporter sans autre préparation au nid où il doit être employé, lorsque la place qu'il occupe est couverte de poils, aura seul pour nous le nom de *brosse*.

Dans les Apiaires sociales, les brosses sont situées à la partie intérieure des jambes et des tarses des deux pattes postérieures. Dans d'autres genres de mellifères récoltans, elles sont placées sur la face externe des mêmes membres. Enfin, dans quelques autres genres d'Apiaires seulement, la brosse absolument conformée comme nous l'avons décrite, est unique, se trouve placée à la face inférieure de l'abdomen et couvre ainsi tout le ventre.

Lorsque la brosse est située sur les jambes et les tarses postérieurs, conjointement avec la palette, celle-ci sur la face extérieure, l'autre sur l'intérieure, ou seulement lorsque la brosse occupe la face extérieure de ces membres, la jambe s'élargit insensiblement de sa base à son articulation avec le tarse; elle devient un triangle plus ou moins alongé, plus ou moins régulier. Dans ces mêmes circonstances, le premier article du tarse s'élargit et prend une forme carrée; ce qui lui a fait donner par les auteurs le nom de *pièce carrée*.

La plupart des idées que nous venons d'émettre sont dues à M. Latreille, que nous avouons facilement pour notre maître, et auquel nous devons en particulier la distinction méthodique des Apiaires en solitaires et sociales. Nous allons présenter ici, d'après les principes que nous venons de développer, le tableau des tribus des Andrenètes et des Apiaires, dont nous adoptons tous les caractères posés par ce célèbre entomologiste.

MELLIFÈRES (famille).

1°. Tribu des Andrenètes. (Lèvre repliée en dessus dans les uns, presque droite ou simplement inclinée et courbe dans les autres. — Quatre palpes articulés, et ayant la forme ordinaire.) LATR.

I. Récoltantes (Femelles toujours pourvues de palettes ou de brosses pour la récolte du pollen des fleurs), c'est-à-dire préparant elles-mêmes la nourriture de leur postérité.

A. Division intermédiaire de la lèvre lancéolée. — Femelles ayant une palette de chaque côté du métathorax, et une autre sur les cuisses postérieures : leurs brosses placées sur le côté extérieur des jambes et du premier article des tarses des pattes postérieures.

a. Trois cubitales. (*Voyez* Radiale.)
Dasypode.
Scrapter.

b. Quatre cubitales.
Andrène.

B. Division intermédiaire de la lèvre évasée et presqu'en cœur. — Femelles ayant une palette de chaque côté du métathorax et une autre sur les cuisses postérieures. Point de brosses sur le côté extérieur des jambes ni sur celui du premier article des tarses postérieurs. — Quatre cubitales.
Collète.

C. Division intermédiaire de la lèvre courbée inférieurement, ou presque droite. — Femelles comme dans le genre précédent. — Quatre cubitales.
Halicte.
Nomie.

II. Parasites (Femelles privées de palettes et de brosses pour la récolte du pollen des fleurs), c'est-à-dire pondant dans le nid des récoltantes.

A. Division intermédiaire de la lèvre évasée et presqu'en cœur. — Trois cubitales.
Prosopé.

B. Division intermédiaire de la lèvre peu courbée inférieurement, presque droite. — Quatre cubitales.
Sphécode.
Colax.

2°. Tribu des Apiaires. (Lèvre fléchie en

dessous et appliquée dans le repos contre sa gaine. — Palpes labiaux ressemblant le plus souvent à des soies écailleuses, comprimées et terminées par deux articles très-petits.) Latr.

I. Parasites (Femelles privées de palettes et de brosses pour la récolte du pollen des fleurs), c'est-à-dire pondant dans les nids des récoltantes.

A. Ecusson sans épines, bituberculé au milieu; ces tubercules arrondis.

a. Quatre cubitales.
Nomade.

b. Trois cubitales.
Philérème.

B. Ecusson ayant une épine de chaque côté et deux tubercules au milieu.
Epéole.

C. Ecusson bidenté.

a. Quatre cubitales.
Aglaé.
Mésochère.
Mélecte.
Mésonychie.

b. Trois cubitales.
Cœlioxyde.
Dioxyde.

D. Ecusson mutique.

a. Quatre cubitales.
Cératine.

b. Trois cubitales.
Allodapé.
Pasite.
Ammobate.
Stélide.

II. Récoltantes (Femelles pourvues de brosses et quelquefois en outre de palettes pour la récolte du pollen des fleurs), c'est-à-dire préparant elles-mêmes la nourriture de leur postérité.

A. Apiaires solitaires (Femelles à jambes privées de palettes), c'est-à-dire ne vivant pas en société.

a. Point de palettes au métathorax ni aux cuisses postérieures.

† Une brosse unique pour la récolte du pollen des fleurs, couvrant le dessous du ventre (dans les femelles). — Trois cubitales.

* Abdomen ovalaire.
Anthidie.
Osmie.
Anthocope.
Mégachile.

** Abdomen alongé, presque cylindrique.
Hériade.

†† Une brosse pour la récolte du pollen des fleurs, placée sur le côté extérieur des jambes et du premier article des tarses des deux pattes postérieures (dans les femelles).

* Trois cubitales.
Rophite.
Eucère.

** Quatre cubitales.

¶ Yeux lisses disposés en ligne transversale.
Macrocère.
Systrophe.
Monæque.
Mélitome.
Epicharis.

¶¶ Yeux lisses disposés en triangle.
Centris.
Lagripode.
Anthophore.
Mélliturge.
Acanthope.
Xylocope.
Lestis.

b. Une palette de chaque côté du métathorax et une autre sur les cuisses postérieures.
Oxée.
Panurge.

B. Apiaires sociales (Femelles pourvues d'une palette à la dernière paire de jambes), c'est-à-dire vivant en société composée de femelles fécondes, de femelles stériles et de mâles.

a. Jambes postérieures terminées par deux épines. — Radiale fermée; troisième cubitale n'étant pas placée obliquement. (Société d'une année, se dispersant à la fin de la belle saison, renfermant plusieurs femelles fécondes.)
Euglosse.
Bourdon.

b. Jambes postérieures sans épines à l'extrémité. (Société durant plusieurs années, n'ayant qu'une seule femelle féconde.)

† Radiale fermée : troisième cubitale oblique.
Abeille.

†† Radiale ouverte : cubitales mal tracées.
Trigone.

(S. F. et A. Serv.)

PARASITES ou RHINAPTÈRES. Dans sa *Zoologie analytique*, M. Duméril a donné ce nom à une famille d'Aptères ayant pour caractères : *point de mâchoires ni d'ailes ;* elle est composée des genres Puce, Pou et Tique. Dans un ouvrage postérieur il l'a augmentée de trois autres genres. *Voyez* l'article suivant. (S. F. et A. Serv.)

PARASITES*, *Parasita*. Troisième ordre de ma classe des insectes, ainsi désigné, parce que tous ceux dont il se compose et compris par Linné dans son genre *Pediculus*, vivent aux dépens de l'homme, de certains mammifères et de divers oiseaux, sur lesquels ils se tiennent constamment fixés : j'avois établi cette coupe dans mon *Précis des caractères génériques. des insectes*, imprimé en 1796, et il formoit alors le dixième ordre de cette classe d'animaux. Les Parasites ne se partageoient d'abord qu'en deux genres, dont l'un, celui de *Ricin* (De Géer), n'étoit qu'un démembrement de celui de Pou, *pediculus*. Le docteur Léach a substitué la dénomination d'Anoplures, *anoplura*, à celle de Parasites. Il divise cet ordre en deux familles, les Pédiculidés, *pediculidea* (le genre Pou proprement dit) et les Nirmidés, *nirmidea* (le genre Ricin, *De Géer*). La première se compose des genres Phthire, *phthirus*, Hæmatopine, *hæmathopinus*, et Pou, *pediculus;* et la seconde de celui de Nirme, *nirmus*, dénomination empruntée d'Hermann. Le professeur Nitzch, dans sa *Distribution générale des insectes épizoïques*, faisant partie du *Magasin entomologique* de M. Germar, n'admet point cet ordre. La première de ces deux familles ou le genre primitif de Ricin est rapporté aux orthoptères, et la seconde aux hémiptères. Les orthoptères épizoïques ou mallophages comprennent les genres suivans : 1°. Philoptère, *philopterus*, formé des sous-genres *Docophorus*, *Nirmus*, *Lipeurus*, *Goniodes ;* 2°. Trichodecte, *trichodectes ;* 3°. Liothé, *liotheum*, divisé en six sous-genres, *Colpocephalum*, *Menopon*, *Trinoton*, *Eureum*, *Læmobothrion*, *Physostomum ;* 4°. Gyrope, *gyropus*.

Les hémiptères épizoïques ne sont composés que du genre Pou, *pediculus*. L'exposition des caractères génériques donnés par ce naturaliste est fondée sur un grand nombre d'observations d'anatomie, tant interne qu'extérieure. Il introduit quelques nouveaux termes, et il est le premier qui ait employé les dénominations de *prothorax*, de *mésothorax* et de *méthathorax*, pour distinguer les trois segmens du thorax. En rendant justice au mérite de ce travail, nous croyons cependant qu'on ne peut, dans une méthode naturelle, réunir ces animaux soit avec les orthoptères, soit avec les hémiptères. Une telle confusion nous paroît même singulièrement bizarre.

Fabricius, d'après les bases sur lesquelles il avoit établi son système entomologique, a placé le genre *Pediculus* dans son ordre des Antliates ou celui des Diptères. Mais comme ces insectes sont sujets à des métamorphoses complètes, tandis que les hémiptères n'en éprouvent que d'incomplètes, c'est pour ce motif, je présume, que M. Nitzch a transporté dans cet ordre le genre précédent. Mais je ne vois pas quels rapports peuvent avoir les Ricins avec les Orthoptères. Des insectes de cet ordre et du précédent sont, il est vrai, aptères ; mais ce sont des anomalies. Les parasites, de même que les *Acarus* de Linné, autre famille de parasites, mais dans une classe différente, appartiennent à une division d'animaux naturellement et constamment privés d'ailes. Telle a été leur destination primitive; car aucune espèce ne nous a offert jusqu'ici ni de rudimens d'ailes, ni d'indices d'avortemens de ces organes.

Dans la méthode de M. Duméril (*Considérations générales sur les insectes*), le nom de *parasites* ou de *rhinaptères* est donné à sa première famille de son ordre d'Aptères, la cinquante-cinquième de la classe : elle comprend les genres *Puce*, *Pou*, *Smaridie*, *Tique*, *Lepte* et *Sarcopte*. Les quatre derniers appartiennent à notre ordre des Arachnides trachéennes.

L'ensemble des caractères suivans ne permettra point de confondre les parasites avec des insectes aptères des autres ordres. *Ailes* nulles. — *Pieds* au nombre de six. — *Métamorphoses* nulles. — Quatre ou deux *ocelles* ou yeux lisses. — *Bouche* des uns constituée par un museau, avec un petit tube ou siphon inarticulé, rétractile; celle des autres inférieure, composée de mandibules plus ou moins extérieures et en forme de crochets, de deux lèvres, de mâchoires cachées et quelquefois de palpes, mais très-peu apparens ; œsophage occupant une grande partie de la tête. — *Abdomen* sans appendices mobiles sur les côtés, et point terminé par des soies articulées ni de queue fourchue. — *Insectes* vivant sur l'homme, sur des mammifères et des oiseaux, dont ils sucent le sang ou dont ils rongent des parties.

Je partage les parasites en deux familles, celle des Mandibulés, *mandibulata*, et celle des Rostrés, *rostrata*.

Les premiers ont des mandibules, des mâchoires et deux lèvres. Les genres de cette famille seront exposés à l'article Ricin.

Dans la seconde, que j'avois désignée dans le *Nouveau Dictionnaire d'histoire naturelle* sous la dénomination d'*Edentulés* (*edentula*), la bouche ne consiste qu'en un museau, d'où sort à volonté un petit siphon. *Voyez* l'article Pou. (Latr.)

PARNASSIEN, *Parnassius*.

Genre de Lépidoptères diurnes. *Voy.* tom. IX, pag. 78 de ce Dictionnaire. (S. F. et A. Serv.)

PARNE, *Parnus*. Fabricius a fait sous ce nom, un genre de Coléoptères, dans lequel il met le Dryops auriculé d'Olivier, l'Hydère acuminée de

M. Latreille (genre Potamophile de M. Germar), et une autre espèce, sous le nom spécifique d'*Obscurus*, qui a servi de type à M. Müller pour l'établissement du genre Macronyque. *Voyez* POTAMOPHILE et MACRONYQUE à la table de ce volume. (S. F. et A. SERV.)

PARNOPÈS, *Parnopes*. LAT. FAB. Le P. SPINOL. *Chrysis*. OLIV. (Encycl.) JUR. ROSS.

Genre d'insectes de l'ordre des Hyménoptères, section des Térébrans, famille des Pupivores, tribu des Chrysides.

Dans la tribu des Chrysides, le genre Clepte se distingue de tous les autres par son corselet rétréci en devant, et par son abdomen qui n'est point voûté en dessous; les Euchrées, les Chrysis et les Hédychres n'ont point le milieu de leur métathorax prolongé en une pointe scutelliforme. Dans les Elampes et les Stilbes, le second segment de l'abdomen est plus grand que le premier, et même que l'anus. Tous ces genres sont distingués, en outre, de celui de Parnopès, par la brièveté de leurs mâchoires et de leur lèvre, qui ne forment point de fausse trompe alongée.

Antennes filiformes, coudées, vibratiles, insérées près de la bouche, de treize articles dans les deux sexes. — *Mâchoires* et *lèvre* très-longues, linéaires, formant, réunies, une sorte de trompe fléchie en dessous. — *Lèvre* bifide. — *Palpes* très-courts, peu distincts, de deux articles. — *Tête* transversale, à peu près de la largeur du corselet. — *Trois petits yeux lisses*, posés en triangle sur le vertex. — *Partie* moyenne du métathorax s'avançant en une pointe scutelliforme; écaille des ailes grande, arrondie, convexe. — *Ailes supérieures* ayant une cellule radiale et une cellule cubitale, toutes deux incomplètes; deux cellules discoïdales distinctes, savoir : la première et la seconde supérieures (1); la discoïdale inférieure point tracée. — *Abdomen* convexe en dessus, concave en dessous, composé de deux segmens, outre l'anus dans les femelles, en ayant un de plus dans les mâles; anus très-grand, formant à lui seul près de la moitié de l'abdomen, finement dentelé sur ses bords, ayant un enfoncement transversal à sa partie postérieure, sans lignes de points enfoncés. Une tarière rétractile dans les femelles, mais dont l'extrémité reste toujours un peu saillante, même dans le repos; un aiguillon rétractile, ayant sa sortie un peu avant l'extrémité de la tarière. — *Tarses* fortement ciliés, et propres à fouir, dans les femelles.

C'est à M. Latreille que l'on doit ce genre, composé d'une seule espèce. La femelle dépose ses œufs dans les nids du Bembex à bec (*B. rostrata*); et soit que la larve qui en éclôt, doive se nourrir de celle du Bembex, ce que nous croyons, soit que la proie destinée à celle-ci soit dévorée par elle, elle subit toutes ses métamorphoses dans les trous creusés dans le sable par la femelle Bembex. C'est en l'absence de cette dernière que le Parnopès femelle s'y introduit; et comme le Bembex en partant recouvre de sable l'entrée de son nid, la nature paroît avoir donné des pattes fouisseuses aux Parnopès, afin de pouvoir déblayer l'ouvertnre de ce nid et y pénétrer. L'insecte parfait paroît dans les mois de juillet et d'août, et n'est commun que dans les endroits sablonneux, où les Bembex établissent leurs nids.

(1) *Voyez* la note de l'article PUPIVORES.

1. PARNOPÈS incarnat, *P. carnea*.

Parnopes carnea. LAT. *Gener Crust. et Ins. tom.* 4. *pag.* 47. — FAB. *Syst. Piez. pag.* 177. *n°.* 1. — ROSS. *Faun. Etrus. tom.* 2. *tab.* 8. *fig.* 5. — *Chrysis carnea*. COQUEB. *Illust. Icon. tab.* 14. *fig.* 11. — *Encycl. pl.* 383. *fig.* 14-18.

Se trouve en France, aux environs de Paris.

Voyez pour la description et les autres synonymes, Chrysis incarnat, n°. 8. pl. 383. fig. 14-18.

ÉLAMPE, *Elampus*. SPINOL. LAT. *Chrysis*. FAB. JUR. OLIV. (Encycl.) *Hedychrum*. Le P. PANZ. révis.

Genre d'insectes de l'ordre des Hyménoptères, section des Térébrans, famille des Pupivores, tribu des Chrysides.

Le genre Stilbe, très-voisin de celui d'Elampe, s'en distingue par ses mandibules dentées et par son anus portant un bourrelet transversal, au-dessous duquel est une rangée de points enfoncés. Les Parnopès qui, seuls parmi les Chrysides, ont comme les Stilbes et les Elampes, le milieu du métathorax prolongé en une pointe scutelliforme, se reconnoissent facilement à la longueur de leurs mâchoires et de leur lèvre, qui sont linéaires et se réunissent en une sorte de trompe longue, fléchie en dessous.

Antennes filiformes, coudées, vibratiles, rapprochées, insérées près de la bouche, de treize articles dans les deux sexes; les deux premiers obconiques; le second court; le troisième cylindrique, un peu aminci à sa base; les autres courts, cylindriques; le dernier presque conique. — *Mandibules* munies de deux dents aiguës au côté intérieur. — *Mâchoires* ayant leur lobe interne plus large que l'extérieur, presqu'arrondi. — *Palpes maxillaires* plus longs que les labiaux, de cinq articles, les labiaux de trois. — *Lèvre* en cuiller; languette arrondie, entière. — *Tête* aussi large que le corselet. — *Trois petits yeux lisses*, placés en triangle sur le vertex. — *Métathorax* ayant sa partie moyenne avancée en une pointe scutelliforme. — *Ailes supérieures* ayant une cellule radiale très-incomplète et une cellule cubitale à peine tracée; la nervure qui les sépare, épaisse; deux cellules discoïdales mal tracées, à peine visibles, savoir : la première et la seconde supérieures. Cellule discoïdale nullement tracée. — *Abdomen* convexe en dessus, concave en dessous, ses côtés arrondis; il est composé de deux segmens outre l'anus; le second beaucoup plus grand que le premier. — *Anus* lisse, bidenté postérieurement, sans bourrelet transversal ni rangée de points enfoncés; une tarière rétractile dans les femelles, mais dont l'extrémité reste toujours un peu saillante, même dans le repos, et un aiguillon rétractile ayant sa sortie un peu avant l'extrémité de la tarière. — *Pattes* de longueur moyenne.

Elampe est tiré d'un mot grec, qui signifie brillant. (*Voyez* pour les mœurs le genre Euchrée à la colonne ci-contre.) On rapportera aux Elampes, le Chrysis doré, n°. 18 de ce Dictionnaire; l'*Elampus Panzeri* de MM. Spinola et Latreille, *Gener. Crust. et Ins. tom.* 4, *pag.* 46, et les espèces de ma première division du genre Hédychre, dans mon Mémoire sur quelques espèces d'insectes hyménoptères porte-tuyaux. *Annal. du Mus. d'Hist. nat.*, cahier 38°

HÉDYCHRE, *Hedychrum.* LAT. Le P. PANZ. SPIN. *Chrysis.* LINN. FAB. OLIV. (Encycl.) ROSS. JUR.

Genre d'insectes de l'ordre des Hyménoptères, section des Térébrans, famille des Pupivores, tribu des Chrysides.

Dans le groupe des Chrysides, dont les Hédychres font partie, les Euchrées et les Chrysis se distinguent facilement par leur abdomen demi-cylindrique, dont les bords latéraux sont parallèles entr'eux, et par leur anus muni d'une rangée transversale de points enfoncés.

Antennes courtes, brisées, filiformes, s'amincissant petit à petit de la base à l'extrémité, rapprochées, vibratiles, insérées près de la bouche, composées de treize articles dans les deux sexes; les deux premiers obconiques; le second court; le troisième cylindrique, un peu aminci à sa base; les autres courts, cylindriques; le dernier presque conique. — *Mandibules* au moins bidentées au côté interne. — *Mâchoires* courtes. — *Palpes maxillaires* beaucoup plus longs que les labiaux, de cinq articles, les autres de trois. — *Lèvre* profondément échancrée, presque cordiforme. — *Tête* transversale, de la largeur du corselet. — *Trois petits yeux lisses*, placés en triangle sur le vertex. — *Côtés du métathorax* se prolongeant en une épine forte, sa partie moyenne arrondie. — *Ailes supérieures* ayant une cellule radiale et une cellule cubitale, toutes deux fort incomplètes; la nervure qui les sépare, épaisse surtout vers sa base, et deux cellules discoïdales mal tracées, savoir: la première et la seconde supérieures. Cellule discoïdale inférieure, nullement tracée. — *Abdomen* convexe en dessus, concave en dessous, demi-circulaire, ses côtés et son extrémité arrondis; il est composé de deux segmens, outre l'anus, celui-ci lisse, entier, n'ayant ni bourrelet transversal, ni rangée de points; une tarière rétractile dans les femelles, mais dont l'extrémité reste toujours saillante (plus que dans la plupart des autres Chrysides), même dans le repos, et un aiguillon rétractile, ayant sa sortie un peu avant l'extrémité de la tarière. — *Pattes* de longueur moyenne.

Les mœurs des Hédychres sont à peu près les mêmes que celles mentionnées au genre suivant. Les femelles pondent quelquefois dans les galles. L'Hédychre royal (*Hed. regium*) place ordinairement ses œufs dans le nid de l'Osmie maçonne (*Megachile muraria*, LAT.). J'ai observé une femelle de cet Hédychre, qui, après être entrée la tête la première dans une cellule presqu'achevée de cette Osmie, en étoit ressortie, et commençoit à y introduire la partie postérieure de son corps, en marchant en arrière, dans l'intention d'y déposer un œuf, lorsque l'Osmie arriva, portant une provision de pollen et de miel; elle se jeta aussitôt sur l'Hédychre, et il me parut en ce moment que ses ailes produisoient un bruissement qui n'est point ordinaire. Elle saisit son ennemie avec ses mandibules; celle-ci, selon l'habitude des Chrysides, se contracta aussitôt en boule, et si parfaitement, que les ailes seules dépassoient, L'Osmie ne pouvant la blesser, ses mandibules n'ayant aucune prise sur un corps aussi lisse, lui coupa les quatre ailes à ras du corselet et la laissa tomber à terre. Elle visita ensuite sa cellule avec une sorte d'inquiétude; puis, après avoir déposé sa charge, elle retourna aux champs. Alors l'Hédychre, qui étoit resté quelque temps contracté, remonta le long du mur directement au nid d'où il avoit été précipité, et revint tranquillement pondre son œuf dans la cellule de l'Osmie. Il place cet œuf au-dessous du niveau de la pâtée, contre les parois de la cellule, ce qui empêche l'Osmie de l'apercevoir.

Le genre Hédychre, fondé par M. Latreille, renferme plus d'espèces que le précédent.

On y rapportera le Chrysis lucidule, n°. 15, et le Chrysis ardent, n°. 16, du présent Dictionnaire; le *Chrysis rosea*, ROSS. *Faun. Etrus. tab.* 8. *fig.* 7; le *Chrysis regia*, FAB. *Syst. Piez. pag.* 175, *n°.* 26, et d'autres espèces qui forment la seconde division du genre Hédychre, dans le Mémoire cité à l'article précédent.

EUCHRÉE, *Euchrœus.* LAT. *Chrysis.* FAB. Le P. JUR. PANZ. OLIV. (Encycl.)

Genre d'insectes de l'ordre des Hyménoptères, section des Térébrans, famille des Pupivores, tribu des Chrysides.

Les Euchrées, les Chrysis et les Hédychres forment dans cette tribu un petit groupe distinct, parce que le milieu de leur métathorax n'est point prolongé en une pointe scutelliforme et qu'ils n'ont point, comme les Cleptes, le corselet rétréci en devant. Les Hédychres ont leurs mandibules au moins bidentées au côté interne, avec l'abdomen court,

court, presque demi-circulaire. Dans les Chrysis, l'anus n'a point de bourrelet transversal, la lèvre est entière, arrondie à son extrémité, et les palpes maxillaires sont plus longs que les mâchoires.

Antennes courtes, brisées, filiformes, s'amincissant petit à petit de la base à l'extrémité, rapprochées, insérées près de la bouche, vibratiles; composées de treize articles dans les deux sexes, les deux premiers obconiques, le second court, le troisième cylindrique, un peu aminci à sa base; les autres courts, cylindriques, le dernier presque conique. — *Mandibules* courtes, unidentées intérieurement vers leur bout. — *Mâchoires* ovales à leur extrémité, leur lobe interne plus court que l'externe, et ne se prolongeant point en dent. — *Palpes* égaux en longueur, les maxillaires plus courts que les mâchoires; leurs articles presque également gros, le dernier presqu'aussi long que le précédent; palpes labiaux courts. — *Lèvre* bifide, presqu'en cœur. — *Tête* transversale, presqu'aussi large que le corselet, ayant une dépression frontale. — *Trois petits yeux lisses* placés en triangle; l'antérieur sur le bord de la dépression frontale, les autres sur le vertex. — *Métathorax* muni sur ses côtés d'une épine forte; sa partie moyenne arrondie. — *Ailes supérieures* ayant une cellule radiale et une cellule cubitale, toutes deux incomplètes. On voit dans celle-ci deux petites nervures longitudinales courtes qui ne se rattachent à aucune autre, et deux cellules discoïdales distinctes; savoir: la première et la seconde supérieures. Cellule discoïdale inférieure point tracée. — *Abdomen* convexe en dessus, concave en dessous, demi-cylindrique, composé de deux segmens, outre l'anus; le premier court, le second fort grand; l'anus traversé par un fort bourrelet, au-dessous duquel on voit une rangée transverse de points enfoncés; tarière (des femelles) rétractile, mais dont l'extrémité reste toujours un peu saillante même dans le repos; outre cette tarière il y a dans les femelles un aiguillon rétractile qui a sa sortie un peu avant l'extrémité de la tarière. — *Pattes* de longueur moyenne.

Les mœurs des Euchrées sont les mêmes que celles de la plupart des autres Chrysides; leurs larves vivent aux dépens de celles de divers hyménoptères. La femelle au moyen de sa tarière dépose un œuf dans la cellule commencée, à laquelle la propriétaire doit aussi confier le sien. Celui du Chryside n'éclôt que lorsque la larve, habitante légitime de la cellule où elles sont toutes deux renfermées, a déjà pris la plus grande partie de son accroissement; elle se pose sur le dos de celle-ci, l'attaque et la suce, mais d'une manière qui ne lui fait pas perdre promptement la vie; ce n'est que lorsqu'elle-même a pris dans un court espace de temps presque toute sa croissance, qu'elle achève de détruire sa victime. Les larves des Chrysides ne se forment point de coque pour subir leur métamorphose. Elles restent longtemps à l'état de nymphe. L'insecte parfait ne paroît ordinairement que l'année suivante.

Ce genre que l'on doit à M. Latreille, contient peu d'espèces. On doit y rapporter, 1°. le Chrysis pourpré n°. 10 de ce Dictionnaire (*Euchrœus purpuratus*, Lat.); 2°. l'*Euchrœus sexdentatus*, Lat. *Gener. Crust. et Ins. tom.* 4. *pag.* 49. Ces deux espèces sont des environs de Paris. Leur anus est multidenté.

CLEPTE, *Cleptes*. Lat. Fab. Le P. Panz., révis. *Sphex*. Linn. *Vespa*. Geoff. *Chrysis*. Oliv. (Encycl.)

Genre d'insectes de l'ordre des Hyménoptères, section des Térébrans, famille des Pupivores, tribu des Chrysides.

Tous les genres de cette tribu, excepté celui de Clepte, ont l'abdomen concave en dessous et le corselet point rétréci en devant.

Antennes filiformes, coudées, vibratiles, rapprochées, insérées près de la bouche, de treize articles dans les deux sexes, le dernier presque conique. — *Mandibules* courtes, larges, triangulaires, creuses en dessous, comprimées et bidentées à l'extrémité. — *Mâchoires* ayant leur lobe terminal membraneux, presque triangulaire, le lobe extérieur en forme de petite dent. — *Palpes maxillaires* plus longs que les labiaux, de cinq articles inégaux, les deux premiers plus courts, le troisième plus épais, les deux derniers beaucoup plus longs que les autres; palpes labiaux de trois articles. — *Lèvre* arrondie à son extrémité, entière. — *Tête* à peu près aussi large que la partie moyenne du corselet. — *Trois petits yeux lisses* placés en triangle sur le vertex, l'antérieur au bord d'une petite fossette. — *Premier segment* du corselet beaucoup plus étroit que les suivans; côtés du métathorax se prolongeant en une épine forte, sa partie moyenne arrondie. — *Ailes supérieures* ayant une cellule radiale presque fermée et une cellule cubitale à peine tracée, très-incomplète; trois cellules discoïdales, l'inférieure s'étendant jusqu'au bord postérieur de l'aile. — *Abdomen* presqu'ovoïde, un peu convexe en dessus, l'étant également en dessous, composé de trois ou quatre segmens outre l'anus, selon les espèces; une tarière rétractile dans les femelles, mais dont l'extrémité reste toujours fort saillante, même dans le repos, et un aiguillon rétractile ayant sa sortie un peu avant l'extrémité de la tarière. — *Pattes* de longueur moyenne.

Les femelles de ce genre, établi par M. Latreille, et dont le nom vient d'un mot grec qui signifie *voleur*, placent leurs œufs auprès des larves ou sur les larves mêmes qui doivent servir de pâture à leur postérité. J'ai vu une femelle du Clepte semi-doré, entrer successivement à reculons dans les trous qu'avoient formés, en s'enfonçant en terre, un grand nombre de larves d'une Tenthrédine, qui avoient vécu sur un même groseiller. L'année suivante, je jouis à cette même place d'un spectacle fort brillant; une centaine de mâles, et quelques femelles de cette espèce, couroient dans tous les sens sur le petit espace de terrain où les larves de Tenthrédine s'étoient cachées, et reflétoient toutes les couleurs des pierres précieuses; bientôt les mâles s'amoncelèrent par petits groupes, dont une femelle, accouplée avec un d'entr'eux, étoit le centre. Ce spectacle se renouvela pour moi plusieurs jours de suite, de dix à onze heures du matin; ces individus se dispersoient après cette heure, et je pense que ceux que je voyois chaque jour étoient nouvellement éclos dans cet endroit.

On doit rapporter au genre Clepte, le Chrysis semi-doré, n°. 21 de ce Dictionnaire (*Cleptes semi-aurata*, Fab. *Syst. Piez.*). Nous ferons observer que dans cette espèce, le premier article des antennes est métallique, le second jaune, taché de brun, le troisième et quelquefois les deux suivans entièrement jaunes. Le dernier segment de l'abdomen et l'anus sont noirs en dessus; le milieu du troisième segment participe de cette couleur dans sa partie inférieure. Le mâle est le *Cleptes splendens*, Fab. *Syst. Piez.*; mais cet auteur dit à tort que les pattes sont noires. *Voyez* pour les autres espèces, mon Mémoire cité à l'article Elampe, pag. 8 de ce volume. (S. F. et A. Serv.)

PAROPSIDE, *Paropsis*. Oliv. (Entom.) Lat. *Chrysomela*. Fab. *Notoclea*. Marsh.

Genre d'insectes de l'ordre des Coléoptères, section des Tétramères, famille des Cycliques, tribu des Chrysomélines.

Dans cette tribu, les genres Eumolpe, Gribouri, Clythre et Chlamyde se distinguent par leur tête verticale; les Colaspes par des mandibules terminées en une pointe très-forte et par le dernier article des antennes long, presqu'elliptique, portant au bout une pointe particulière; les Prasocures ont le corps alongé, presque linéaire; dans les Chrysomèles le dernier article des palpes est ovoïde-tronqué ou presque cylindrique; enfin les Doryphores les ont terminés par un article beaucoup plus court que le précédent, et leur sternum est avancé en pointe. On ne trouve aucuns de ces caractères dans le genre Paropside.

Antennes minces, filiformes, presque de la longueur du corps, insérées au-devant des yeux, près de la bouche, composées de onze articles, le premier plus long, un peu renflé, le second court, les autres un peu turbinés, à peu près égaux entr'eux. — *Labre* coriace, presque membraneux, court, légèrement échancré. — *Mandibules* courtes, cornées, creusées intérieurement, terminées par deux dents égales, obtuses. — *Mâchoires* membraneuses, courtes, bifides. — *Palpes maxillaires* un peu plus longs que les labiaux, composés de quatre articles, le premier très-court, le second alongé, un peu renflé à l'extrémité, le troisième conique, le dernier large, triangulaire, sécuriforme; les labiaux de trois articles, le premier court, le second alongé, conique, le troisième ovale oblong. — *Lèvre* membraneuse, courte, trilobée. — *Tête* penchée en avant, formant un angle obtus avec le corselet. — *Corps* arrondi, plat en dessous, bombé en dessus. — *Corselet* large, convexe, très-échancré en devant, arrondi postérieurement. — *Ecusson* petit, triangulaire. — *Elytres* très-convexes, plus grandes que l'abdomen, qu'elles embrassent un peu par les côtés. — *Pattes* de longueur moyenne; tarses courts, assez larges, pénultième article bilobé.

Ce genre, dont le nom vient d'un mot grec qui signifie *écuelle*, a été fondé par M. Olivier, dans son *Entomologie*; il contient des espèces propres aux îles de la mer du Sud et à la Nouvelle-Hollande, dont M. Latreille avoit précédemment, dans son *Genera*, fait la première division du genre Chrysomèle, sous le nom de *Coccinelloïdes*. C'est à tort que M. Olivier, en convertissant en genre la coupe faite par M. Latreille, y a joint une espèce européenne (*Chrysomela flavicans*), qui n'a point les caractères des Paropsides, et que ce dernier auteur en exclut avec raison. On ne connoît point les larves des insectes de ce genre. On les trouve dans l'état parfait, sur les feuilles et les fleurs des végétaux. Ce sont les seuls détails qu'aient communiqués les voyageurs. Le nombre des espèces de Paropsides connues s'élève aujourd'hui à près de trente.

1. Paropside variolée, *P. variolosa*.

Paropsis piceo-testacea, elytris punctato-rugosis, tuberculis flavis sparsis.

Notoclea variolosa. Marsh. *Trans. Soc. Linn. Londr. vol.* 9. *pag.* 285. *tab.* 24. *fig.* 1.

Longueur 7 lig. Corps d'un testacé brun. Antennes brunes, leurs premiers articles testacés. Tête ponctuée, ayant un sillon transversal du milieu duquel naît une ligne longitudinale enfoncée, traversant la partie postérieure de la tête. Corselet irrégulièrement ponctué, ses côtés déprimés et un peu plissés; ses angles antérieurs ayant chacun une pointe mousse. Elytres fortement ponctuées, ridées transversalement, avec des élévations irrégulières jaunâtres. Pattes et dessous du corps un peu plus foncés que le dessus.

Nouvelle-Hollande.

2. Paropside atomaire, *P. atomaria*.

Paropsis pallidè testacea, elytris scabris punctisque impressis, transversè rugosis.

Paropsis atomaria. Oliv. *Entom. tom.* 5. *pag.* 598. *n°.* 1. *Parops. pl.* 1. *fig.* 1. — *Notoclea atomaria.* Marsh. *Trans. Soc. Linn. Londr. vol.* 9. *pag.* 286. *tab.* 24. *fig.* 3. — *Encycl. pl.* 371. *I. fig.* 1. a-d.

Longueur 5 lig. Corps d'un testacé pâle. Antennes de même couleur, leur base plus pâle. Labre jaune. Tête finement pointillée, ayant un sillon transversal arqué, du milieu duquel naît une ligne longitudinale enfoncée, traversant la partie postérieure de la tête. Corselet peu pointillé sur son disque, ses côtés un peu déprimés, profondément ponctués. Elytres chagrinées, chargées d'un grand nombre de points bruns enfoncés, et de rides transversales, irrégulières. Dessous du corps et pattes d'une nuance plus foncée.
Nouvelle-Hollande.

3. Paropside immaculée, *P. immaculata.*

Paropsis fusca, thorace elytrorumque marginibus fusco-rubris.

Notoclea immaculata. Marsh. *Trans. Soc. Linn. Londr. vol.* 9. *pag.* 291. *tab.* 25. *fig.* 4.

Longueur 5 lig. ½. Antennes, labre et pattes testacés. Tête d'un brun ferrugineux, pointillée, avec un sillon transversal arqué. Corselet de même couleur, presque lisse sur son disque, ses côtés fortement pointillés. Elytres fortement ponctuées, brunes; avec tous leurs bords, la suture et l'écusson, de couleur ferrugineuse. Dessous du corps et pattes de cette même couleur.
Nouvelle-Hollande.

4. Paropside brune, *P. picea.*

Paropsis fusco-ferruginea, elytris subpunctatis.

Paropsis picea. Oliv. *Entom. tom.* 5. *pag.* 599. *n°.* 3. *Parops. pl.* 1. *fig.* 3. — *Encycl. pl.* 371. *I. fig.* 4.

Longueur 5 lig. Corps d'un brun ferrugineux, un peu moins arrondi que dans les précédentes. Antennes brunes, leur base d'un testacé pâle. Labre de cette dernière couleur. Tête un peu pointillée, avec un sillon transversal arqué et une foible impression de chaque côté postérieurement. Corselet finement pointillé, presque lisse sur le disque, ses côtés sensiblement déprimés, ayant des points enfoncés plus marqués. Elytres très-finement pointillées, ces points formant presque des stries régulières. Pattes de la couleur du corps. Poitrine d'une nuance plus foncée.
Nouvelle-Hollande.

5. Paropside marbrée, *P. marmorea.*

Paropsis luteo-rufa, elytrorum punctatorum disco ferrugineo flavo maculato.

Paropsis marmorea. Oliv. *Entom. tom.* 5. *pag.* 599. *n°.* 4. *Parops. pl.* 1. *fig.* 4. — *Encycl. pl.* 371. *I. fig.* 7.

Longueur 4 lig. Corps d'un jaune mêlé de ferrugineux. Antennes noires avec la base jaune. Labre d'un blanc jaunâtre. Tête pointillée avec un sillon transversal arqué. Corselet pointillé principalement sur ses bords qui sont sensiblement déprimés. Elytres irrégulièrement ponctuées, leur disque ferrugineux, portant des plaques irrégulières jaunes, un peu élevées. Pattes de la couleur du corps.
Nouvelle-Hollande.

6. Paropside effacée, *P. obsoleta.*

Paropsis testacea, elytris punctatis, maculis duodecim obsoletis fuscis.

Paropsis obsoleta. Oliv. *Entom. tom.* 5. *pag.* 600. *n°.* 5. *Parops. pl.* 1. *fig.* 5. — *Notoclea obsoleta.* Marsh. *Trans. Soc. Linn. Londr. vol.* 9. *pag.* 288. *tab.* 24. *fig.* 6. — *Encycl. pl.* 371. *I. fig.* 8.

Longueur 3 lig. ½. Corps d'un testacé jaunâtre. Antennes noires, testacées à leur base. Corselet lisse au milieu, ponctué vers ses bords. Elytres ponctuées, ces points ferrugineux; douze petites taches obscures sur chacune, peu marquées, disposées sur trois rangées.

Nota. Le nombre des taches varie de dix à treize sur chaque élytre.
Nouvelle-Hollande.

7. Paropside testacée, *P. testacea.*

Paropsis testacea, elytris subtilissimè punctato-striatis.

Paropsis testacea. Oliv. *Entom. tom.* 5. *pag.* 602. *n°.* 10. *Parops. pl.* 1. *fig.* 10. — *Notoclea testacea.* Marsh. *Trans. Soc. Linn. Londr. vol.* 9. *pag.* 289. *tab.* 24. *fig.* 10. — *Encycl. pl.* 371. *I. fig.* 6.

Longueur 3 lig. Entièrement testacée. Elytres avec des stries de points peu marqués.
Nouvelle-Hollande.

8. Paropside australe, *P. Australasiæ.*

Paropsis testacea, elytrorum disco obscuriore lituris flavescentibus.

Paropsis Australasiæ. Oliv. *Entom. tom.* 5. *pag.* 603. *n°.* 11. *Parops. pl.* 1. *fig.* 11. — *Chrysomela Australasiæ.* Fab. *Syst. Eleut. tom.* 1. *pag.* 426. *n°.* 23. — *Encycl. pl.* 371. *I. fig.* 9.

Longueur 2 lig. ½. Corps testacé. Antennes testacées, obscures à leur extrémité. Tête et corselet finement pointillés. Elytres chargées de points enfoncés, rapprochés, presque disposés en stries, leur disque plus obscur, avec quelques lignes jaunâtres courtes et irrégulières. Pattes de la couleur du corps.

Iles de la mer du Sud.

Nota. Nous n'avons pas décrit ces trois dernières espèces d'après nature.

9. Paropside six pustules, *P. sexpustulata.*

Paropsis nigra, thoracis utrinquè impressi margine externo et coleopterorum maculis sex rubris.

Notoclea sexpustulata. Marsh. *Trans. Linn. Soc. Londr. vol.* 9. *pag.* 293. *pl.* 25. *fig.* 8.

Longueur 6 lig. Antennes brunes, leurs second et troisième articles un peu ferrugineux. Tête noire, pointillée; bord antérieur du labre rougeâtre. Corselet noir, pointillé, ses bords latéraux rougeâtres avec une impression très-marquée, un peu arquée. Elytres noires; légèrement pointillées, ayant des stries ponctuées peu sensibles et portant chacune trois taches rondes rougeâtres, les deux postérieures sur une même ligne transversale. Pattes et dessous du corps noirs.

Nouvelle-Hollande.

DORYPHORE, *Doryphora.* Illig. Oliv. (Entom.) Lat. *Chrysomela.* Fab. De Géer. Oliv. (Encycl.)

Genre d'insectes de l'ordre des Coléoptères, section des Tétramères, famille des Cycliques, tribu des Chrysomélines.

Tous les genres de cette tribu, sauf celui de Doryphore, ont leur sternum court et simple.

Antennes filiformes, guère plus longues que le corselet, insérées au-devant des yeux, composées de onze articles, le premier peu alongé, le second court, arrondi, le troisième alongé, presque conique, les autres presqu'égaux entr'eux. — *Labre* corné, un peu avancé, arrondi antérieurement. — *Mandibules* cornées, un peu arquées, creusées en cuiller intérieurement, dentelées au bord supérieur, terminées par deux ou trois dents obtuses. —*Mâchoires* cornées, divisées en deux lobes, l'extérieur arrondi, cilié à son extrémité, l'intérieur comprimé, pointu, cilié au bord interne. — *Palpes maxillaires* de quatre articles, le premier petit, le second court, un peu conique, le troisième grand, presqu'en entonnoir, le dernier très-court, enchâssé dans le précédent et tronqué; palpes labiaux courts, de trois articles, le premier petit, le second très-gros, le dernier plus petit, ovale. — *Lèvre* cornée, étroite, avancée, un peu échancrée à l'extrémité. — *Tête* penchée en avant, formant un angle obtus avec le corselet. — *Corps* ovale ou arrondi, très-convexe en dessus, aplati en dessous, presqu'hémisphérique. — *Corselet* large, échancré en devant. — *Sternum* portant une sorte d'épine grosse, forte, dirigée en avant, plus ou moins recourbée. — *Ecusson* triangulaire. — *Elytres* convexes, couvrant les ailes et l'abdomen. — *Pattes* de longueur moyenne.

Le nom de ce genre vient de deux mots grecs, et signifie *porte-lance.* Il est assez nombreux en espèces et propre à l'Amérique méridionale; ses mœurs doivent être les mêmes que celles des Chrysomèles, avec lesquelles on l'avoit anciennement confondu.

Les Chrysomèles pustulée, n°. 12, pointillée, n°. 13, miliaire, n°. 14, aiguë, n°. 15, arquée, n°. 16, maculée, n°. 17, de ce Dictionnaire, sont de ce genre, ainsi que la *Chrysomela suturalis, n°.* 15. Fab. *Syst. Eleut.*

COLASPE, *Colaspis.* Fab. Oliv. (Entom.) Lat. *Eumolpus.* Fab. *Cryptocephalus, Chrysomela.* Oliv. (Encycl.)

Genre d'insectes de l'ordre des Coléoptères, section des Tétramères, famille des Cycliques, tribu des Chrysomélines.

Les genres Eumolpe, Gribouri, Clythre et Chlamyde se distinguent dans cette tribu par leur tête verticale, les Prasocures par leur corps linéaire, les Paropsides, les Doryphores et les Chrysomèles par leurs mandibules courtes et obtuses, ainsi que par le dernier article de leurs antennes simple et sans pointe particulière.

Antennes longues, filiformes, composées de onze articles, les quatre avant-derniers en cône renversé et alongé, comprimés ou obtrigones, le dernier long, presqu'elliptique, terminé par une pointe qui semble former un douzième article. — *Labre* coriace, un peu échancré. — *Mandibules* cornées, arquées, peu avancées, bidentées à leur extrémité, terminées par une forte pointe. — *Mâchoires* coriaces, bifides, leur lobe extérieur alongé, cylindrique, un peu arqué, l'intérieur comprimé, arrondi, presque membraneux. — *Palpes* filiformes; les maxillaires un peu plus longs, de quatre articles, le premier court, le second alongé, presque cylindrique, le troisième de même forme, mais plus court que le précédent, le dernier alongé, ovoïde; palpes labiaux de trois articles, le premier court, les deux autres alongés, presque cylindriques. — *Lèvre* cornée, peu avancée. — *Tête* un peu avancée, penchée en avant, formant un angle obtus avec le corselet. — *Yeux* saillans, un peu arrondis. — *Corps* ovale, plus étroit en devant. — *Corselet* rebordé. — *Ecusson* petit. — *Elytres* embrassant l'abdomen et recouvrant les ailes. — *Pattes* assez longues.

On connoît une soixantaine d'espèces de ce genre, la plupart exotiques. Leurs mœurs doivent peu différer de celles des Eumolpes et des Gribouris. Les larves sont inconnues.

Rapportez à ce genre le Gribouri cuivreux,

n°. 33, et la Chrysomèle âtre, n°. 133, de ce Dictionnaire; les *Colaspis crenata*, n°. 2, *glabrata*, n°. 3, *flavicornis*, n°. 4, *viridis*, n°. 8, *barbara*, n°. 15, de FAB. *Syst. Eleut.*, ainsi que son *Eumolpus æruginęus*, n°. 25. *Id.*

Nota. M. Latreille réunit aux Altises, les Colaspes de la seconde division de Fabricius, dont les pattes postérieures sont propres à sauter.

EUMOLPE, *Eumolpus.* KUGEL. WÉB. FAB. OLIV. (Entom.) LAT. *Chrysomela.* LINN. DE GÉER. OLIV. (Encycl.) *Cryptocephalus.* GEOFF. FAB. OLIV. (Encycl.)

Genre d'insectes de l'ordre des Coléoptères, section des Tétramères, famille des Cycliques, tribu des Chrysomélines.

Les Colaspes, les Paropsides, les Doryphores, les Chrysomèles et les Prasocures se distinguent des autres Chrysomélines par leur tête penchée en avant, formant un angle obtus avec le corselet. Les Gribouris, les Clythres et les Chlamydes ont leurs palpes plus épais au milieu, et leur corps est en forme de cylindre court, caractères qui les séparent du genre Eumolpe.

Antennes presque filiformes, au moins de la longueur du corselet, grossissant et s'élargissant insensiblement vers l'extrémité, composées de onze articles, les cinq derniers un peu plus grands et comprimés. — *Labre* corné, tronqué, un peu échancré. — *Mandibules* avancées, cornées, arquées, échancrées à leur extrémité, ayant deux dents dans cette partie, dont l'apicale très-forte. — *Mâchoires* bifides, leur lobe extérieur long, cylindrique, l'intérieur comprimé, membraneux. — *Palpes* terminés par un article plus gros, ovoïde; les maxillaires de quatre articles, le premier court, le second un peu alongé, presque conique, le troisième conique; palpes labiaux de trois articles, le premier petit. — *Lèvre* courte, cornée, échancrée. — *Tête* verticale, presqu'entièrement enfoncée dans le corselet. — *Corps* presqu'ovoïde. — *Corselet* sensiblement plus étroit que l'abdomen, se rétrécissant à sa partie antérieure. — *Ecusson* petit, triangulaire. — *Elytres* couvrant les ailes et l'abdomen. — *Pattes* assez longues.

Les Eumolpes, remarquables en général par leurs couleurs brillantes et métalliques, renferment près de quarante espèces dont la plupart sont exotiques. Ils fréquentent les plantes. L'Eumolpe de la vigne est le seul dont on connoisse la larve. (*Voy.* pour les détails qui la concernent, les généralités du genre Gribouri, tome VI, page 600 de ce Dictionnaire.)

On doit rapporter à ce genre les Chrysomèles surinamoise, n°. 27, enflammée, n°. 28, asiatique, n°. 29; les Gribouris bleuet, n°. 1, cyanicole, n°. 2, globuleux, n°. 6, bordé, n°. 8, lar, n°. 14, de la vigne, n°. 22, obscur, n°. 25, ondé, n°. 31, éperonné, n°. 34, de ce Dictionnaire. Ajoutez les *Eumolpus cyaneus*, n°. 4, *auratus*, n°. 6, *splendidus*, n°. 9, *arenarius*, n°. 26, de Fabricius, *Syst. Eleut.*, et l'*Eumolpus ruber* de M. Latreille, *Gen. Crust. et Ins. tom.* 3, *pag.* 56, *n°.* 1, figuré sous le nom de *Cryptocephalus subserricornis*, *tom.* 1. *pl.* 11. *fig.* 6.

CHLAMYDE, *Chlamys.* KNOCH. LAT. OLIV. (Ent.) *Clythra.* FAB. *Bruchus.* OLIV. (Encycl.)

Genre d'insectes de l'ordre des Coléoptères, section des Tétramères, famille des Cycliques, tribu des Chrysomélines.

Les genres de cette tribu, qui ont la tête verticale, sont, outre celui de Chlamyde, les Eumolpes, dont le dernier article des palpes est plus gros que les autres avec les antennes de la longueur du corselet, celui-ci plus étroit que l'abdomen; les Gribouris, qui ont les antennes simples, filiformes, et les Clythres, dont les palpes labiaux sont simples et qui n'ont point de rainure pectorale pour recevoir les antennes.

Antennes courtes, en scie, se logeant dans des rainures placées le long de la poitrine, composées de onze articles, le premier alongé, renflé, un peu arqué, le second globuleux, les deux suivans amincis, les autres latéralement dilatés et en scie. — *Labre* coriace, un peu avancé, tronqué à sa partie antérieure, légèrement échancré. — *Mandibules* courtes, cornées, voûtées, terminées par trois dents aiguës, inégales, l'intermédiaire plus longue. — *Mâchoires* presque cornées, bifides, leur lobe extérieur cylindrique, plus long que l'intérieur, celui-ci comprimé. — *Palpes* filiformes, les maxillaires à peine plus longs que les labiaux, de quatre articles, le premier court, le suivant alongé, presque-conique, le troisième plus court que le second, le dernier ovale-oblong; palpes labiaux fourchus, de trois articles. — *Lèvre* courte, cornée, dentelée au bord antérieur. — *Tête* verticale, enfoncée dans le corselet. — *Yeux* réniformes, ayant antérieurement une entaille assez profonde. — *Corps* court, très-inégal en dessus. — *Corselet* aussi long et presque aussi large que les élytres, un peu rebordé latéralement. — *Ecusson* petit, presque carré. — *Elytres* embrassant l'abdomen, le recouvrant ainsi que les ailes, fortement échancrées sur les côtés, le plus souvent munies de fines dentelures dans toute l'étendue de leur suture, coupées carrément à leur partie postérieure. — *Pattes* courtes, se repliant dans des enfoncemens de la poitrine et du corselet.

On connoît aujourd'hui une vingtaine d'espèces de ce genre qui paroît propre à l'Amérique. M. V. Kollar en a donné récemment une Monographie à laquelle nous renvoyons. L'auteur divise ce genre d'après la suture des élytres, denticulée ou simple. La seconde division ne renferme que quatre espèces.

Nota. Dans les Chlamydes, ainsi que dans les

Clythres et les Gribouris, les femelles ont un enfoncement circulaire très-prononcé, au milieu de la partie inférieure du dernier segment de l'abdomen; cet enfoncement est nul ou très-peu apparent dans les mâles. Nous ajouterons que les Clythres mâles ont habituellement la tête beaucoup plus forte que les femelles.

On doit rapporter à ce genre la Bouche bossue, n°. 8, du présent ouvrage (*Chlamys plicata.* OLIV. *Entom.*), ainsi que les *Clythra monstrosa*, n°. 19, *gibber*, n°. 21, et *cristata*, n°. 23. FAB. *Syst. Eleut.* (S. F. et A. SERV.)

PARTHENOPE, *Parthenope.* FAB. Genre de crustacés de l'ordre des Décapodes, famille des Brachyures, tribu des Triangulaires, ayant pour caractères : *serres* ou les deux pieds antérieurs très-grandes dans les deux sexes, s'étendant latéralement, horizontalement et à angle droit avec la longueur du corps, jusqu'à l'origine du carpe, formant ensuite un coude et se repliant sur elles-mêmes; bras et pinces trièdres, avec les doigts comprimés, pointus, fléchis brusquement; les autres pieds petits. — *Test* rhomboïdal ou triangulaire, rétréci en pointe en devant. — *Antennes* latérales très-courtes, de la longueur au plus des pédicules des yeux; leur premier article totalement situé au-dessous de leurs cavités. — *Yeux* toujours entièrement retirés dans ces cavités, et portés sur un pédicule court et gros.

Quelques autres genres de la même famille, tels que ceux d'*Æthra*, d'*Eurynome* et de *Mithrax* ont, par la grandeur de leurs serres et la forme du test, des rapports avec les Parthenopes; mais dans le premier, les angles postérieurs du test recouvrent les autres pieds, caractère qui doit faire placer ce genre dans la tribu des Cryptopodes. Dans le second, le premier article des antennes latérales est très-grand, et se prolonge jusqu'à l'extrémité supérieure interne des fossettes oculaires; ces antennes sont d'ailleurs proportionnellement plus alongées et plus grêles supérieurement. Les serres des femelles sont petites. Celles des Mithrax se portent en avant, et quoique très-grosses, ne sont point aussi longues, et les doigts se terminent en manière de cuiller. Leurs antennes latérales sont, en outre, insérées entre les yeux.

Des huit espèces dont Fabricius compose le genre Parthenope, il faut en ôter trois; celle qu'il nomme *fornicata*, appartient au genre *Æthra*; son *P. Maja* est une Lithode, et son *P. dubia* paroît devoir se rapporter aux Porcellanes.

La plupart des Parthenopes habitent les mers des Indes orientales, et s'y tiennent probablement sur les rochers. Les autres se trouvent dans la Méditerranée, et il ne paroît pas que M. Risso en ait eu connoissance; quoiqu'Aldrovande, Olivi et quelques autres naturalistes italiens en aient parlé.

Dans les unes, le premier article des antennes latérales est plus grand que les deux autres. Le post-abdomen ou la queue offre distinctement, et dans les deux sexes, sept segmens. Les serres ne sont point prismatiques, et n'ont point d'arêtes bien prononcées.

Ces espèces composent le genre *Parthenope* proprement dit. La plus connue est la PARTHENOPE HORRIBLE, *P. horrida* de Fabricius, ou le *Cancer horridus* de Linnée, et qui a été décrite dans cet ouvrage, sous le nom de *Crabe hideux*, n°. 106. C'est la plus grande de toutes. Son test a près de neuf centimètres de longueur, sur onze environ de largeur. Il est presque triangulaire, tuberculé, ponctué, caverneux, obtus en devant, avec des pointes spiniformes sur les côtés; la poitrine et le dessous de la queue sont comme vermoulus. Les serres sont verruqueuses, avec des élévations coniques, inégales et dentées; la droite est plus épaisse que la gauche. Les autres pattes sont épineuses en dessus. *Voyez* la figure d'Herbst, *Krabb. tab.* 14. *fig.* 88. On la trouve aux Indes orientales. Je considère comme une espèce propre la variété mentionnée par Linnée dans le *Museum Ludovicæ Ulricæ reginæ.*

Une seconde division des Parthenopes comprendra les espèces dont le premier article des antennes latérales est plus court que le suivant, ou à peine aussi long; dont la queue n'offre dans les mâles que cinq segmens, et dont les serres sont prismatiques, avec de vives arêtes. Ces espèces forment le genre *Lambrus* de M. Léach. Ici viennent les Parthenopes *Giraffa*, *longimana*, *regina*, *Lar* de Fabricius, et le *Cancer contrarius* d'Herbst, *Krabb. tab.* 60, *fig.* 3, ou notre *P. ronce*, *rubus.* La seconde espèce a été décrite dans ce Dictionnaire, à l'article *Crebe longimane*, n°. 110. Mais l'individu que l'on a pris pour la femelle nous paroît devoir en être distingué spécifiquement : c'est le *Cancer macrocheles* d'Herbst, *ibid. tab.* 19, *fig.* 107, et notre *P. longues-pinces*, *P. macrocheles.* Son corps est blanchâtre, avec quelques espaces d'un roussâtre clair. Le test est un peu rhomboïdal, avec de petits tubercules rougeâtres; le museau est un peu dentelé latéralement. Les serres, et surtout leurs arêtes, les doigts mêmes, sont verruqueux et épineux; les épines extérieures des pinces sont plus fortes; mais le dessous de ces serres est en grande partie uni. Les autres pattes ont des bandes transverses rougeâtres. Les second et troisième segmens et la queue sont traversés, dans leur milieu, par une arête dentelée.

Elle vient des mers de la Chine.

La *P. Giraffe*, *P. giraffa* de Fabricius, a été figurée par Herbst, *ibid.*, *tab.* 19, *fig.* 108 et 109.

Aldrovande, *de Mollibus et Crustat.*, *lib.* 2, *pag.* 203 et 205 (édit. de Bologne), a représenté diverses Parthenopes; quelques-unes de ces figures peuvent cependant convenir aux Eurynomes. L'espèce suivante, et qui m'a été envoyée par

M. Bonelli, paroît être celle que le naturaliste précédent nomme *Cancer macrochelos alius*, *pag.* 205.

P. FRONT-ANGULEUX, *P. angulifrons*. Le premier article des antennes latérales est plus petit que le suivant. Ce test est presque rhomboïdal, plus large et arrondi latéralement, vers le milieu de sa longueur, avec le museau presqu'horizontal, foiblement unidenté de chaque côté, près de sa pointe, et une double carène, convergente postérieurement, près de son origine. Le bord supérieur interne des cavités oculaires est entier. Les serres sont lisses en dessous, avec des épines en dessus ; celles des mains sont entières et très-peu dentées ; les cuisses n'ont point de dentelures. Le bord postérieur du test est crénelé, avec deux dentelures écartées ; l'arête du second segment de la queue est partagée en trois lobes arrondis et crénelés. Cette espèce a aussi de grands rapports avec le *Cancer macrochelos* de Rondelet. C'est probablement le *Cancer longimanus* d'Olivi et de Petagna. On la trouve dans la Méditerranée. (LATR.)

PASIMAQUE, *Pasimachus*. BONELL. LAT. *Scarites*. FAB. OLIV. PAL.-BAUV.

Genre d'insectes de l'ordre des Coléoptères, section des Pentamères, famille des Carnassiers, tribu des Carabiques.

Les Pasimaques font partie de la seconde division de la tribu des Carabiques, désignée sous le nom de *Bipartis* par M. Latreille (1), et caractérisée ainsi : palpes extérieurs point terminés en manière d'alêne ; côté intérieur des deux jambes antérieures ordinairement fort échancré ; élytres entières ou légèrement sinuées à leur extrémité postérieure. Tarses (le plus souvent courts) semblables ou sans différences sensibles dans les deux sexes, leur dessous dépourvu de brosses et simplement garni de poils ou de cils ordinaires. Antennes souvent coudées. Abdomen pédiculé. Corselet grand, lunulé dans plusieurs, carré ou presque globuleux dans les autres. Jambes antérieures de plusieurs, palmées ou digitées. Insectes fouisseurs, terricoles, et peu ou point carnassiers, à ce qu'il paroît. Les Bipartis renferment, outre le genre Pasimaque, ceux de Siagone, Carène, Scarite, Clivine, Ozène, Morion, Ariste et Apotome. Le premier se distingue par son menton, qui recouvre presque tout le dessous de la tête jusqu'au labre. Les Carènes ont leurs palpes extérieurs dilatés à l'extrémité ; dans les Scarites, le corps est alongé, le corselet en croissant, les mâchoires arquées à l'extrémité ; les mandibules des Clivines sont beaucoup plus courtes que la tête, et leur languette est saillante. Enfin les Ozènes, les Morions, les Aristes et les Apotomes ont leurs jambes antérieures simples, sans dentelures ni digitations.

Antennes filiformes, insérées dans le coin interne de l'œil, et composées de onze articles moniliformes ; le second un peu plus court que le suivant. — *Mandibules* entièrement saillantes, dentées au côté interne, de la longueur de la tête. — *Mâchoires* obtuses, sans onglet mobile à l'extrémité, point arquées dans cette partie. — *Palpes* filiformes, les maxillaires extérieurs de quatre articles, le dernier de la grosseur du précédent, les labiaux de trois. — *Lèvre* articulée à sa base, coriace, courte, large, concave, velue postérieurement, dépassant à peine le menton ; languette arrondie à son sommet, terminée par deux soies. — *Tête* grande, presqu'aussi large que le corselet. — *Yeux* petits, arrondis, peu saillans. — *Corps* assez court, large, de forme ovale. — *Corselet* en forme de cœur tronqué, très-échancré à ses deux extrémités. — *Point d'écusson* apparent. — *Elytres* déprimées, bordées, réunies, sans ailes dessous. — *Pattes* de longueur moyenne ; jambes antérieures échancrées, dentées et comme digitées à leur côté extérieur.

On ne connoît qu'un petit nombre d'espèces de ce genre, établi par M. Bonelli, et adopté récemment par M. Latreille. Ces espèces sont originaires de l'Amérique septentrionale. Le nom générique vient de deux mots grecs, dont le sens est : *combattant contre tous*. Les mœurs des Pasimaques doivent peu différer de celles des Scarites, dont ils sont très-voisins.

1. PASIMAQUE déprimé, *P. depressus*.

Pasimachus ater, thorace subcordato, elytris lævissimis, antennis basi nigris apiceque piceis.

Pasimachus depressus. BONELL. *Obs. entom.* 2e. *part. pag.* 45. *n°.* 1. — *Scarites depressus*. FAB. *Syst. Eleut. tom.* 1. *pag.* 123. *n°.* 1. — OLIV. *Entom. tom.* 3. *Scarit. p.* 5. *n°.* 1. *pl.* 2. *fig.* 15. — LAT. *Hist. nat. des Crust. et des Ins. tom.* 8. *pag.* 376. *n°.* 2. — PALIS.-BAUV. *Ins. d'Afr. et d'Amér. pag.* 106. *Coléopt. pl.* 15. *fig.* 3.

Longueur 12 à 15 lig. Entièrement noir et luisant. Antennes noires, obscures à leur extrémité. Mandibules fortement dentées intérieurement, la dent de la mandibule gauche échancrée à son extrémité. Tête plane, large, avec deux impressions longitudinales, et deux autres presque transversales. Corselet rebordé, plus large antérieurement, un peu rugueux sur ses bords, ayant un sillon longitudinal sur son milieu, et une impression de chaque côté vers sa base. Elytres fortement rebordées, lisses, un peu chagrinées au bord extérieur.

Des Etats-Unis d'Amérique.

---

(1) *Histoire naturelle et Iconographie des insectes coléoptères*, par MM. Latreille et Dejean, à Paris, chez Crévot.

2. **Pasimaque** bordé, *P. marginatus.*

Pasimachus ater, thorace subcordato, elytris sulcatis margine cyaneo, antennis basi nigris apiceque piceis.

Pasimachus marginatus. Bonell. *Obs. entom.* 2e. *part. pag.* 45. *n°.* 2. — *Scarites marginatus.* Fab. *Syst. Eleut. tom.* 1. *pag.* 123. *n°.* 2. — Oliv. *Entom. tom.* 3. *Scarit. pag.* 5. *n°.* 2. *pl.* 2. *fig.* 20. — Lat. *Hist. nat. des Crust. et des Ins. tom* 8. *pag.* 376. *n°.* 3. — Palis.-Bauv. *Ins. d'Afriq. et d'Amériq. pag.* 106. *Coléopt. pl.* 15. *fig.* 1 *et* 2. — *Encycl. pl.* 181. *fig.* 8.

Longueur 12 à 15 lig. Entièrement noir et luisant. Antennes noires, obscures à l'extrémité. Mandibules fortement dentées intérieurement, la dent de la mandibule gauche échancrée à l'extrémité. Tête plane, large, ayant deux impressions longitudinales, et deux autres presque transversales. Corselet rebordé, marqué d'un sillon longitudinal sur le milieu, et d'un autre très-profond le long de ses bords latéraux; ceux-ci bleuâtres. On voit encore deux impressions de chaque côté vers sa base. Elytres fortement rebordées, sillonnées; ces sillons formant des côtes lisses et aplaties, dont plusieurs se réunissent avant d'arriver à l'extrémité; bords extérieurs des élytres bleuâtres, accompagnés d'une ligne formée par de petits points enfoncés. Dessous du corps d'un noir bleuâtre.

De l'Amérique septentrionale. (S. F. et A. Serv.)

PASIPHÉE, *Pasiphœa.* Telle est la dénomination donnée par M. Savigny (*Mém. sur les Anim. sans vertèb.*, part. 1, fasc. 1, pag. 50), à un genre de Crustacés décapodes, famille des Macroures, tribu des Salicoques, formé avec l'*Alphée sivado* de M. Risso, et faisant le passage de cette tribu à celle de Schizopodes. Il est distingué des autres Salicoques par les caractères suivans. *Corps* fort alongé, mou, sans saillie antérieure rostriforme. — *Antennes* longues, sétacées; les intermédiaires divisées en deux longs filets. — Les quatre *pieds* antérieurs beaucoup plus grands que les autres, presqu'égaux, avancés, mais un peu courbés, terminés par une main didactyle et alongée; carpe inarticulé; un appendice sétiforme et très-distinct à la base de ces pieds et des suivans; ceux-ci très-mous. — *Pieds-mâchoires* extérieurs longs, très-menus, et paroissant servir à la locomotion.

Le **Pasiphée sivado**, *Pasiphœa sivado*, a le corps long d'environ deux pouces et demi, d'un blanc nacré, transparent et bordé de rouge. Les quatre serres sont rougeâtres, avec l'article précédant le carpe garni inférieurement d'une série de dents très-fines, et les doigts alongés.

Le feuillet intermédiaire de la nageoire postérieure, ou le dernier segment abdominal, offre un sillon longitudinal, et se termine en une pointe tronquée et bordée d'une rangée de spinules. La nageoire est pointillée de rouge. Suivant M. Risso, la femelle fait sa ponte en juin et juillet. Ses œufs sont nacrés.

Cette espèce est commune sur la côte maritime de Nice. (Latr.)

PASITE, *Pasites.* Jur. Lat. Spinol. *Biastes, Tiphia.* Panz. *Nomada.* Fab.

Genre d'insectes de l'ordre des Hyménoptères, section des Porte-aiguillon, famille des Mellifères, tribu des Apiaires.

Ce genre, établi par M. Jurine, est de la division des Parasites. L'écusson bituberculé distingue les genres Nomade et Philérème. Les Epéoles ont l'écusson muni de deux épines et de deux tubercules; l'écusson bidenté est un caractère propre aux genres Mélecte, Mésochère, Mésonychie, Aglaé, Cœlioxyde et Dioxyde. Dans les autres Apiaires parasites, l'écusson est mutique; mais les Cératines ont quatre cellules cubitales aux ailes supérieures; dans les Stélides, la seconde cellule cubitale ne reçoit qu'une nervure récurrente, la deuxième aboutissant dans la cubitale suivante. Les Allodapés ont la troisième cellule cubitale qui atteint presque le bout de l'aile, enfin dans les Ammobates, la cellule radiale des ailes supérieures est appendiculée, et le labre incliné sous les mandibules, les dépasse notablement.

Antennes filiformes, peu brisées, grossissant un peu vers l'extrémité, composées de douze articles dans les femelles, de treize dans les mâles; le premier long, le second court, les autres presqu'égaux entr'eux. — *Labre* n'étant point notablement plus long que large, demi-circulaire. — *Mandibules* étroites, pointues, unidentées et tuberculées au côté interne. — *Palpes maxillaires* très-courts, de quatre articles, les deux premiers plus grands, le dernier très-court; les labiaux sétiformes, de quatre articles. — *Trois petits yeux lisses* disposés en triangle et posés sur le vertex. — *Corps* court. — *Corselet* court, convexe. — *Ecusson* mutique. — *Ailes supérieures* ayant une cellule radiale rétrécie depuis son milieu jusqu'à son extrémité, celle-ci un peu arrondie et écartée du bord extérieur, et trois cellules cubitales, la première plus petite que la suivante, la seconde recevant les deux nervures récurrentes, la troisième à peine commencée. — *Abdomen* court, conique presque cordiforme, composé de cinq segmens outre l'anus dans les femelles, en ayant un de plus dans les mâles. — *Pattes* courtes; les quatre jambes antérieures munies à leur extrémité d'une épine simple, aiguë; les postérieures en ayant deux, l'intérieure plus longue. Premier article des tarses très-grand, presqu'aussi long que les quatre autres réunis; crochets simples.

On

On ne connoît que deux ou trois espèces de ce genre. Elles sont d'Europe; les femelles déposent leurs œufs dans le nid des Mégachiles, des Osmies, des Anthophores, et probablement aussi dans celui des Andrènes et des Halictes. Le reste de leur histoire nous est inconnu.

1. Pasite de Schott, *P. Schottii.*

Pasites nigra, abdomine ferrugineo.

Pasites Schottii. Lat. *Gener. Crust. et Ins. tom.* 4. *pag.* 171. — *Pasites unicolor.* Jur. *Hyménopt. pag.* 224. — *Biastes Schottii.* Panz. *Entom. Vers. die. jur. pag.* 241. — *Nomada Schottii.* Fab. *Syst. Piez. pag.* 394. *n°.* 15.—*Tiphia brevicornis.* Panz. *Faun. Germ. fasc.* 53. *fig.* 6.

Longueur 3 lig. ½. Antennes noires. Tête et corselet de même couleur, fortement ponctués ainsi que l'abdomen, celui-ci ferrugineux. Cuisses noires; les quatre jambes antérieures ferrugineuses, noires à leur partie antérieure, les postérieures entièrement ferrugineuses; tous les tarses de cette dernière couleur. Ailes enfumées avec quelques parties transparentes. Femelle.

Se trouve en Allemagne.

2. Pasite noire, *P. atra.*

Pasites nigra, tarsis piceis.

Pasites atra. Lat. *Gener. Crust. et Ins. tom.* 4. *pag.* 171. — Spinol. *Ins. Ligur. tom.* 2. *pl.* 2. *fig.* 7.

Longueur 3 lig. Corps fortement ponctué, entièrement noir. Tarses bruns. Ailes enfumées avec quelques parties transparentes. Mâle.

Elle se trouve en Allemagne. Nous l'avons reçu de M. Ziégler, comme étant le mâle de l'espèce précédente.

AMMOBATE, *Ammobates.* Lat. *Anthophora.* Illig.?

Genre d'insectes de l'ordre des Hyménoptères, section des Porte-aiguillon, famille des Mellifères, tribu des Apiaires.

Ce genre fait partie de la division des Parasites et du groupe dont le caractère est : écusson mutique. Trois cubitales. (*Voyez* Parasites.) Dans ce groupe les Stélides se distinguent des Ammobates en ce que la seconde cellule des ailes supérieures ne reçoit qu'une nervure récurrente, les Allodapés par leur troisième cellule cubitale qui atteint presque le bout de l'aile, et les Pasites par leur cellule radiale sans appendice, ainsi que par leur labre qui ne dépasse point les mandibules.

Antennes filiformes, peu brisées, grossissant un peu vers l'extrémité, composées de douze articles dans les femelles, de treize dans les mâles, le premier long, le second court, les autres presque égaux entr'eux. — *Labre* notablement plus long que large, dépassant les mandibules. — *Mandibules* étroites, pointues, unidentées, tuberculées au côté interne. — *Palpes maxillaires* de six articles, le troisième inséré sur le côté extérieur du précédent vers son extrémité. Palpes labiaux sétiformes, de quatre articles. — *Trois petits yeux lisses* disposés en triangle sur le vertex. — *Corps* court. — *Corselet* court, convexe. — *Ecusson* mutique. — *Ailes supérieures* ayant une cellule radiale presqu'ovale, dont l'extrémité inférieure arrondie est écartée de la côte et porte un appendice : trois cellules cubitales, les deux premières presqu'égales, la seconde rétrécie vers la radiale recevant les deux nervures récurrentes, la troisième à peine commencée. — *Abdomen* court, conique, presque cordiforme, composé de cinq segmens outre l'anus dans les femelles, en ayant un de plus dans les mâles. — *Pattes* courtes, les quatre jambes antérieures munies à leur extrémité d'une épine simple, aiguë; les postérieures en ayant deux, l'intérieure plus longue. Premier article des tarses très-grand, presqu'aussi long que les quatre autres réunis. Crochets simples.

M. Latreille, en créant ce genre, lui a donné le nom d'Ammobate tiré de deux mots grecs qui signifient marchant dans le sable. Ses mœurs sont celles des Pasites dont il est très-voisin. Nous en mentionnerons deux espèces, les seules que nous connoissons.

1. Ammobate ventre-roux, *A. rufiventris.*

Ammobates niger, abdomine tibiis tarsisque ferrugineis.

Ammobates rufiventris. Lat. *Gener. Crust. et Ins. tom.* 4. *pag.* 169.

Longueur 4 lig. Noir. Tête et corselet fortement ponctués, ayant un peu de duvet argenté. Abdomen, jambes et tarses d'un fauve ferrugineux. Femelle.

De Portugal.

2. Ammobate bicolor, *A. bicolor.*

Ammobates niger, abdomine ferrugineo, segmentis quarto quintoque et ano, nigris.

Longueur 3 lig. ½. Antennes noires. Tête et corselet de même couleur, fortement ponctués, avec un duvet argenté clair-semé. Abdomen pointillé, ayant ses trois premiers segmens ferrugineux. Les deux derniers et l'anus noirs. On voit une tache latérale sur le premier et le second segmens, une petite ligne de chaque côté du troisième, une bande interrompue sur le quatrième et une bande complète sur le cinquième, formées par des poils couchés d'un blanc argenté. Pattes noires. Tarses bruns. Ailes enfumées. Femelle.

Environs de Soissons.

CÉRATINE, *Ceratina*. LATR. JUR. SPINOL. *Megilla*, *Prosopis*. FAB.

Genre d'insectes de l'ordre des Hyménoptères, section des Porte-aiguillon, famille des Mellifères, tribu des Apiaires.

Ce genre établi par M. Latreille est de la division des Parasites (*voyez* ce mot). L'écusson sans épines, portant deux tubercules dans son milieu, caractérise les Nomades et les Philérèmes; outre ces deux tubercules, les Epéoles ont une épine de chaque côté de l'écusson; cette même partie est bidentée dans les genres Mélecte, Mésochère, Mésonychie, Aglaé, Cœlioxyde et Dioxyde. Les Pasites, les Ammobates, les Stélides et les Allodapés qui, comme les Cératines, ont l'écusson mutique, s'en distinguent en ce que leurs ailes supérieures n'ont que trois cellules cubitales.

Antennes un peu brisées, implantées chacune dans une fossette, grossissant un peu vers l'extrémité, composées de douze articles dans les femelles, de treize dans les mâles, le premier long, le second court, les autres presqu'égaux entr'eux. — *Labre* presque carré, perpendiculaire, lisse, entier. — *Mandibules* tridentées à leur extrémité. — *Mâchoires* et *lèvre* en forme de trompe et coudées. — *Languette* filiforme. — *Palpes maxillaires* de six articles; les labiaux de trois, les deux inférieurs presqu'égaux, le troisième inséré un peu au-dessous de l'extrémité du second. — *Trois petits yeux lisses* disposés en triangle sur le vertex. — *Corps* oblong, presque ras. — *Ecusson* mutique. — *Ailes* supérieures ayant une cellule radiale à peu près ovale, son extrémité arrondie, s'écartant de la côte, et quatre cellules cubitales, la première un peu plus grande que la seconde, la deuxième fort rétrécie vers la radiale, recevant la première nervure récurrente; la troisième plus grande que la première, rétrécie vers la radiale, recevant la seconde nervure récurrente; la quatrième incomplète, n'atteignant pas l'extrémité de l'aile. — *Abdomen* ovale, composé de cinq segmens outre l'anus dans les femelles, en ayant un de plus dans les mâles. — *Pattes* de longueur moyenne, les quatre jambes antérieures munies à leur extrémité d'une épine simple, aiguë; les postérieures en ayant deux, l'intérieure plus longue; premier article des tarses très-grand, presqu'aussi long que les quatre autres réunis; crochets simples.

Les Cératines sont dépourvues de tout organe de récolte. M. Maximilien Spinola a cru que les fossettes qu'elles ont à la tête remplaçoient les palettes destinées à cet office dans les Mellifères récoltans. Il a été trompé par l'apparence; il vit, en effet, une agglomération de miel et de pollen attachée à cette partie de la tête d'une ou de plusieurs Cératines; mais ce même accident arrive à des Leptures, des Eristales, des Sésies, qui certes n'ont point de récolte à faire pour la nourriture de leurs larves. Les Cératines déposent leurs œufs dans les nids des plus petites espèces d'Osmies ou d'Hériades, et si M. Spinola a vu la Cératine entrer dans la tige creuse d'une plante, c'est parce que les espèces d'Apiaires récoltantes dont nous venons de parler, choisissent habituellement cette localité pour y construire leurs cellules. (*Voyez* pour le surplus l'article PARASITES.)

On connoît six à sept espèces de Cératines dont la moitié se trouve en Europe; les autres habitent l'Amérique méridionale.

1. CÉRATINE calleuse, *C. callosa*.

Ceratina nigra, cæruleo-nitens, clypeo fœminæ immaculato, maris albo lineato, alis subhyalinis.

Ceratina callosa. LAT. *Gener. Crust. et Ins. tom.* 4. *pag.* 160. *tom.* 1. *pl.* 14. *fig.* 11. Le mâle. — *Megilla callosa*. FAB. *Syst. Piez. pag.* 334. *n°.* 31. Le mâle.

Longueur 3 lig. Antennes d'un brun noirâtre. Tête, corselet et abdomen d'un noir bleuâtre à reflet métallique, ayant quelques poils cendrés. On voit un point blanc un peu élevé au-dessous de l'écaille des ailes. Pattes noires avec des poils cendrés. Ailes presque transparentes à reflet métallique. Femelle.

Le mâle diffère par son chaperon marqué d'une ligne perpendiculaire blanche. Son anus n'est ni tronqué, ni bidenté.

Des environs de Paris.

Nous rapportons en outre à ce genre l'*Apis cyanea*. KIRB. *Monogr. Apum Angl. n°.* 71. (*Ceratina cyanea*. LEP.), et la *Prosopis albilabris*, *n°.* 2, FAB. *Syst. Piez.* Ces espèces se trouvent aux environs de Paris.

ALLODAPE, *Allodape*.

Genre d'insectes de l'ordre des Hyménoptères, section des Porte-aiguillon, famille des Mellifères, tribu des Apiaires.

Ce nouveau genre fait partie dans cette tribu de la division des PARASITES (*voyez* ce mot) et du groupe qui a pour caractère: écusson mutique. Trois cubitales. Les Stélides se distinguent facilement dans ce groupe par leurs ailes supérieures dont la seconde cellule cubitale ne reçoit qu'une nervure récurrente, et les Pasites, ainsi que les Ammobates, parce que leur troisième cellule cubitale est à peine commencée, et qu'ils n'ont qu'une seule épine à l'extrémité des jambes intermédiaires. Leur abdomen en outre est de forme conique.

Antennes filiformes, peu brisées, grossissant un peu vers l'extrémité, composées de douze articles dans les femelles, de treize dans les mâles; le premier long, le second court, les autres presqu'égaux entr'eux. — *Labre* n'étant pas notablement plus long que large. — *Mandibules* étroites, pointues. — *Palpes maxillaires* très-courts, de quatre articles, les labiaux de quatre. — *Trois petits yeux lisses* disposés en triangle sur le vertex. — *Corps* de longueur moyenne. — *Corselet* convexe. — *Ecusson* mutique. — *Ailes supérieures* ayant une cellule radiale ovalaire, rétrécie depuis son milieu jusqu'à son extrémité, un peu appendiculée, et trois cellules cubitales, la première plus grande que la seconde, celle-ci rétrécie vers la radiale, recevant les deux nervures récurrentes; la troisième atteignant presque le bout de l'aile. — *Abdomen* moyen, un peu cylindrique, composé de cinq segmens outre l'anus dans les femelles, en ayant un de plus dans les mâles. — *Pattes* courtes, jambes antérieures munies d'une seule épine à leur extrémité, les quatre postérieures en ayant deux, les épines grandes; crochets des tarses bifides.

Nous proposons ce genre pour quelques espèces du Cap de Bonne-Espérance, qui doivent avoir les mêmes mœurs que les Pasites, et par conséquent leurs larves vivent sans doute dans des nids qui n'ont point été construits par leurs mères; c'est de-là qu'est tiré le nom d'Allodapé, qui en grec signifie étranger. Ces Apiaires parasites ont plusieurs caractères, surtout ceux des ailes qui leur sont communs avec les Ammobates, mais plusieurs autres que nous avons cités les en éloignent notablement. La forme de leur corps est à peu près celle des Stélides.

1. Allodapé abdominale, *A. rufogastra.*

Allodape nigra, abdomine ferrugineo, capite scutelloque albido maculatis.

Longueur 5 lig. Antennes noires. Tête de même couleur avec l'orbite des yeux, une tache irrégulière derrière ceux-ci et une ligne perpendiculaire sur le chaperon qui descend sur le labre et s'élargit à son extrémité supérieure, d'un blanc jaunâtre. Corselet noir. Extrémité inférieure de l'écusson blanchâtre. Abdomen d'un roux ferrugineux, portant quelques petits poils blanchâtres. Pattes noires, assez velues. Ailes transparentes. Femelle.

Rapportée de la Cafrerie par feu Delalande, ainsi que deux autres espèces qui sont également au Cabinet du Roi. (S. F. et A. Serv.)

PASSALE, *Passalus.* Fab. Lat. *Lucanus.* Linn. De Géer. Oliv.

Genre d'insectes de l'ordre des Coléoptères, section des Pentamères, famille des Lamellicornes, tribu des Lucanides.

Cette tribu renferme cinq genres : Sinodendre, Œsale, Lamprime, Lucane et Passale. Les quatre premiers se distinguent par leurs antennes coudées et leur labre nul ou point apparent.

Antennes point coudées, simplement arquées, velues, composées de dix articles, le premier alongé, les derniers en massue feuilletée, plicatile; cette massue formée de trois, quatre, cinq ou six articles. — *Labre* grand, crustacé, en carré transversal, très-saillant, velu. — *Mandibules* fortes, dentées intérieurement. — *Mâchoires* cornées, très-dentées à leur partie interne. — *Palpes* presqu'égaux, leur dernier article presque cylindrique; les maxillaires de quatre articles, les labiaux insérés à la base antérieure de la lèvre, de trois articles, le second plus long que le troisième. — *Lèvre* crustacée, carrée, reçue dans une profonde échancrure du menton; celui-ci ayant de chaque côté une large dent relevée. — *Tête* aplatie, moins large que le corselet, très-inégale en dessus. — *Corps* alongé, déprimé, parallélipipède. — *Corselet* presque carré, déprimé. — *Ecusson* point apparent. — *Elytres* grandes, déprimées, brusquement rabattues sur les côtés, recouvrant les ailes et l'abdomen. — *Abdomen* grand, séparé du corselet par un étranglement; ses côtés embrassés par les élytres. — *Pattes* courtes; jambes antérieures dentées latéralement, armées d'une forte épine près de leur insertion avec la cuisse; jambes intermédiaires et postérieures ayant quelques épines, crochets des tarses grands, forts, simples, offrant dans leur entre-deux un petit appendice muni de deux soies divergentes.

Ces coléoptères sont propres aux pays chauds de l'Amérique et des Indes orientales. Ils sont généralement de grande taille et de couleur noire ou brune. La larve d'une espèce figurée par mademoiselle de Mérian dans ses Insectes de Surinam, vit dans les racines de la patate (*Convolvulus Batatas*). Elle paroît avoir beaucoup de ressemblance avec celles des Lucanes. Sa tête est petite, son corps très-gros avec l'extrémité postérieure mince; elle est munie de six pattes écailleuses. On croit que ces larves sont plusieurs années avant de parvenir à l'état parfait. On rapporte que les Passales s'introduisent souvent à Saint-Domingue dans les sucreries. M. Palisot-Bauvois dit qu'on les trouve aussi dans les vieilles souches des arbres. Les espèces de ce genre ont été fort mal connues autrefois, ou pour mieux dire on les a confondues sous le nom de Lucane, ou Passale interrompu. Il est donc presqu'impossible de rapporter la synonymie des auteurs anciens avec quelque certitude.

1re. *Division.* Massue des antennes composée de trois ou quatre articles.

1. Passale interrompu, *P. interruptus.*

Passalus antennarum clavâ trilamellatâ, capite subpunctato subinermique, thoracis sulco huic æquali angulisque anticis rectis, elytrorum striis dorsalibus basi non punctatis.

Passalus interruptus. Schon. *Synon. Ins.* —

Passalus grandis. Dej. (Catal.) — *Lucanus interruptus*. Linn. *Syst. Nat.* 2. 560. 4.

Longueur 2 pouces. D'un brun noir, luisant. Antennes, bouche, dessous du corselet, ses côtés, bords des élytres aux environs de leur angle huméral et jambes, couverts de poils roux. Tête très-inégale, présentant en avant quelques pointes dont aucune n'est relevée en manière de corne; les intervalles qui se trouvent entre les deux pointes latérales supérieures et l'intermédiaire, fortement ponctués. Corselet ayant un sillon longitudinal dans son milieu qui atteint les deux bords. Sa dépression latérale, ainsi que ses rebords latéraux, fortement ponctués. Ses angles antérieurs bien prononcés, presque pointus. Stries du disque des élytres peu profondes, sans aucuns points depuis la base jusqu'au milieu, finement pointillées ensuite dans le reste de leur étendue; les latérales l'étant plus fortement.

De Cayenne.

2. Passale céphalote, *P. cephalotes*.

Passalus antennarum clavâ trilamellatâ, capite impunctato subinermique, thoracis sulco anticè abbreviato angulisque anticis rotundatis, elytrorum striis dorsalibus basi non punctatis.

Passalus cephalotes. Dej. (Catal.)

Longueur 20 lig. Cette espèce ressemble beaucoup à la précédente. Elle en diffère en ce que les pointes de sa tête sont moins prononcées, que l'intervalle entre celles de la partie supérieure n'est pas ponctuée; les angles antérieurs du corselet sont manifestement arrondis; la dépression latérale est à peine sensible, et les rebords latéraux ne sont ponctués que dans leur milieu. Les stries latérales des élytres sont moins fortement ponctuées, et celles du disque un peu plus profondes.

De Cayenne.

Nota. On ne connoît pas encore les différences sexuelles des Passales; il seroit possible que cette espèce fût la femelle du précédent.

3. Passale licorne, *P. unicornis*.

Passalus antennarum clavâ trilamellatâ, capite impunctato, cornuque recto horizontali armato, thoracis sulco huic æquali: angulisque anticis rectis, elytrorum striis punctatis, intervallis transversè rugosis.

Longueur 18 lig. D'un brun noir, luisant. Antennes, bouche, dessous du corcelet, ses côtés, angles huméraux des élytres et leur partie latérale toute entière, couverts de poils roux, ainsi que les jambes. Tête comme dans le Passale céphalote; mais sa pointe supérieure intermédiaire est prolongée en une corne horizontale, droite. Sillon longitudinal du corselet atteignant les deux bords. Dépression latérale fortement ponctuée; on voit quelques gros points enfoncés au-dessus de cette dépression. Rebords latéraux du corselet ponctués; ses angles antérieurs bien prononcés, presque pointus. Stries du disque des élytres peu profondes, légèrement pointillées; leurs intervalles ridés transversalement. Les stries latérales fortement ponctuées.

De Cayenne.

4. Passale cornu, *P. cornutus*.

Passalus antennarum clavâ trilamellatâ, capite impunctato cornu incurvo armato: thoracis sulco anticè multùm abbreviato angulisque anticis subrotundatis, elytrorum striis dorsalibus vix punctatis.

Passalus cornutus. Fab. *Syst. Eleut. tom.* 2. *pag.* 256. *n°.* 3. — Pal.-Bauv. *Ins. d'Afriq. et d'Amériq. pag.* 1. *Coléopt. pl.* 1. *fig.* 1.

Longueur 16 à 18 lig. D'un brun noir, luisant. Antennes, bouche, dessous du corcelet, ses côtés et les jambes intermédiaires seulement, garnis de poils roux. Tête inégale, ponctuée, ne présentant que trois pointes remarquables, les inférieures manquant presque totalement. L'intermédiaire relevée en corne, d'abord droite, ensuite fortement fléchie en avant, dilatée avant sa pointe, presqu'en forme de hameçon. Sillon longitudinal du corselet n'atteignant point le bord antérieur. Dépression latérale non ponctuée; rebords latéraux peu ponctués. Angles antérieurs du corselet presqu'arrondis. Stries du disque des élytres à peine ponctuées, les latérales ne l'étant pas très-fortement.

Commun aux États-Unis d'Amérique.

5. Passale ponctué, *P. punctiger*.

Passalus antennarum clavâ trilamellatâ, capite punctato subinermi; thoracis sulco huic æquali angulisque anticis rectis submucronatis, elytrorum striis punctatis, intervallis transversè subrugosis.

Passalus punctiger. Dalm. Schön. *Synon Ins.* — *Passalus interruptus*. Dej. (Catal.)

Longueur 15 lig. D'un brun noir, luisant. Antennes, bouche, dessous du corselet, ses côtés, angles huméraux des élytres et jambes, garnis de poils roux. Tête fortement ponctuée, ayant en avant plusieurs pointes dont aucune n'est relevée en manière de corne. Sillon longitudinal du corselet atteignant les deux bords. Dépression latérale fortement ponctuée; il y a quelques gros points enfoncés au-dessus de la dépression; rebords latéraux du corselet fortement ponctués, ses angles antérieurs très-prononcés, un peu mucronés. Stries du disque des élytres finement ponctuées, peu profondes, leurs intervalles légèrement ridés transversalement ; stries latérales fortement ponctuées.

De Cayenne.

6. Passale barbu, *P. barbatus.*

Passalus antennarum clavâ trilamellatâ, corpore multùm depresso, capite impunctato subinermi, thoracis sulco huic æquali, angulis anticis rectis submucronatis, elytrorum striis punctatis.

Passalus barbatus. Fab. *Syst. Eleut. tom.* 2. *pag.* 256. *n°.* 4.

Longueur 14 lig. Corps très-déprimé, d'un brun noir, luisant. Antennes, bouche, dessous du corselet, ses côtés, bords des élytres, leurs angles huméraux et les jambes, couverts de poils roux. Tête fort inégale, présentant quatre carènes dont les deux intermédiaires se réunissent vers le milieu, les pointes supérieures manquant presque totalement. Sillon longitudinal du corselet atteignant les deux bords. Dépression latérale bien prononcée, mais peu ou point ponctuée. Bords latéraux du corselet et ses rebords ponctués; ses angles antérieurs très-prononcés, presque mucronés. Stries du disque des élytres entièrement et distinctement ponctuées, les latérales l'étant plus fortement encore.

De Cayenne.

Nota. Ces six premières espèces n'ont que trois articles à la massue des antennes. Nous avons vu dans le cabinet de M. le comte Dejean un Passale dans lequel cette massue est composée de quatre articles, c'est le *Tetraphyllus* de son catalogue. Quelques espèces à massue de trois articles ont un petit prolongement au septième article de l'antenne; cela force à confondre dans une même division les Passales à massue des antennes de trois et de quatre articles.

2e. *Division.* Massue des antennes de cinq articles.

7. Passale brésilien, *P. brasiliensis.*

Passalus antennarum clavâ quinquelamellatâ, capite punctato, inermi, thoracis sulco anticè subabbreviato, disco lævi angulisque anticis rectis submucronatis, elytrorum striis punctatis.

Longueur 8 lig. D'un brun noir, luisant. Antennes, bouche et dessous du corselet légèrement garnis de poils roux. Tête inégale, ponctuée, présentant quatre carènes dont les deux intermédiaires se réunissent vers le milieu, les pointes supérieures et inférieures manquant presque totalement. Sillon longitudinal du corselet n'atteignant pas tout-à-fait le bord antérieur. Dépression latérale du corselet, les côtés de celui-ci et ses rebords latéraux fortement ponctués, ainsi que le bord antérieur; ses angles de devant très-prononcés, presque mucronés. Toutes les stries des élytres fortement ponctuées.

Du Brésil.

8. Passale poncticolle, *P. puncticollis.*

Passalus antennarum clavâ quinquelamellatâ, capite punctato inermi, thoracis sulco anticè subabbreviato, disco punctato angulisque anticis rectis submucronatis, elytrorum striis punctatis.

Longueur 10 lig. D'un brun noir, luisant. Antennes, bouche, dessous du corselet et jambes intermédiaires, légèrement garnis de poils roux. Tête comme dans la précédente espèce; sillon longitudinal du corselet n'atteignant pas tout-à-fait le bord antérieur. Dépression latérale ponctuée fortement, ainsi que les côtés et les rebords latéraux du corselet. Le disque du corselet est parsemé irrégulièrement de gros points enfoncés; angles antérieurs très-prononcés, presque mucronés. Toutes les stries des élytres profondes et fortement ponctuées.

D'Amérique.

Nota. Le Passale pentaphylle de M. Palisot-Bauvois appartient à cette division.

3e. *Division.* Massue des antennes de six articles.

9. Passale échancré, *P. emarginatus.*

Passalus antennarum clavâ sexlamellatâ, capite impunctato, inermi, thorace non sulcato, elytrorum striis sublævibus.

Passalus emarginatus. Fab. *Syst. Eleut. tom.* 2. *pag.* 255. *n°.* 2.

Longueur ». Antennes, bouche, dessous du corselet et angles huméraux des élytres, garnis de poils roux. Tête inégale, n'ayant presqu'aucunes pointes. Corselet entièrement lisse, sans sillon longitudinal. Elytres striées.

De l'île de Sumatra.

Nota. Nous n'avons point vu cette espèce, que nous décrivons d'après Fabricius. (S. F. et A. Serv.)

PASSANDRE, *Passandra.* Dalm. Scho.

Genre d'insectes de l'ordre des Coléoptères, section des Tétramères, famille des Platysomes.

Les Parandres et les Cucujes, par les articles moniliformes de leurs antennes, les Uléiotes par leurs palpes à dernier article presque conique, allant en pointe, se distinguent facilement du genre Passandre.

Ne connoissant point l'insecte pour lequel ce genre a été établi, nous ne donnons ici les caractères et la description de l'espèce unique qui le compose, que d'après M. Schonnherr.

Antennes filiformes, un peu plus longues que la moitié du corps, insérées près de la base des mandibules, de onze articles, le premier grand, épais, presqu'ovale; le second très-court, globuleux, les suivans presqu'égaux, obconiques, un peu comprimés, presqu'en scie, un peu ciliés intérieurement; le dernier ovale-globuleux, tronqué obliquement. — *Mandibules* grandes, fortes, cornées, presque triangulaires, arrondies extérieurement, presque tridentées à leur partie interne (ces dents obtuses), entières à leur extrémité. — *Mâchoires* linéaires, entières. — *Palpes* inégaux, filiformes; les maxillaires beaucoup plus longs que les mâchoires, de quatre articles, le premier court, le second et le troisième alongés, presque cylindriques; le dernier encore plus long, plus épais, arqué, arrondi à son extrémité; les labiaux plus courts, de trois articles. — *Lèvre* cornée, bifide; languette membraneuse, ciliée, bifide; divisions latérales de la lèvre et de la languette linéaires, étroites, écartées.

1. Passandre six-stries, *P. sexstriata*.

Passandra lævis, nitida, depressa, subtùs rufo-fusca, thorace obscurè sanguineo. Elytris nigris, tristriatis.

Passandra sexstriata. Schon. *Synon. Ins. tab.* 6. *fig.* 3.

Longueur 14 lig. Corps lisse, luisant, déprimé, d'un roux brun en dessous. Antennes noires. Corselet d'un ferrugineux obscur. Elytres noires, ayant chacune trois stries; les latérales rapprochées l'une de l'autre.

De Sierra-Léon. (S. F. et A. Serv.)

PATTE. *Voyez* Pied. (Latr.)

PATTE ÉTENDUE. Geoffroy désigne sous ce nom le *Bombix pudibunda* des auteurs. *Voyez* Bombix, n°. 130 de ce Dictionnaire. (S. F. et A. Serv.)

PAUSSILES, *Paussili*. Troisième tribu de la famille des Xylophages, section des Tétramères, ordre des Coléoptères, ayant pour caractères :

Antennes composées de deux articles dans les uns, dont le dernier très-grand; de dix articles dans les autres, formant une massue cylindrique, presqu'entièrement perfoliée. — *Palpes* coniques. — *Corps* oblong, déprimé. — *Elytres* tronquées au bout. — *Abdomen* carré. — *Tarses* à articles entiers.

Cette tribu ne renferme que deux genres, Paussus (*voyez* ce mot) et Cérapière. Ce dernier paroît ne contenir qu'une espèce. Elle est entièrement brune; on l'a figurée dans ce Dictionnaire, *pl.* 372 *bis*, *n*os. 26 et 27, sous le nom de Céraptère de Macleay. (*C. Macleaii.*)

Sa patrie est la Nouvelle-Hollande. (S. F. et A. Serv.)

PAUSSUS, *Paussus*. Linn. Fab. Lat. Herbst. Donov.

Genre d'insectes de l'ordre des Coléoptères, section des Tétramères, famille des Xylophages, tribu des Paussiles.

Cette tribu n'est composée que des genres Paussus et Céraptère; celui-ci est suffisamment distingué par ses antennes perfoliées, composées de dix articles.

Antennes rapprochées, insérées au-dessus de la bouche, composées seulement de deux articles; le premier très-petit, presque globuleux; le second très-grand, tantôt irrégulier, denté ou crochu, tantôt régulier, presqu'ovale, orbiculaire. — *Labre* presque coriace, petit, transverse, carré. — *Mandibules* petites, cornées, alongées, comprimées, leur extrémité pointue, un peu lunulée. — *Mâchoires* terminées en manière de dent arquée, pointue, ayant une dentelure sous l'extrémité. — *Palpes* coniques ou en alêne, courts et épais, les maxillaires un peu plus longs, se prolongeant jusqu'à l'origine des antennes, composés de quatre articles; le premier petit, en forme de tubercule; le second fort grand, en carré long; le troisième beaucoup plus étroit, des deux tiers plus court que le précédent et presque cylindrique, le dernier très-petit, cylindro-conique; palpes labiaux recouvrant la languette, de trois articles; les deux premiers très-petits, le dernier grand, ovoïde ou presque cylindrique, finissant en pointe. — *Tête* presque de la largeur du corselet, à peu près carrée, déprimée, rétrécie postérieurement en une espèce de cou distinct. — *Corps* oblong, aplati. — *Corselet* plus étroit que le corps, presque carré, brusquement plus élevé à sa partie antérieure et dilaté sur les côtés. — *Ecusson* petit, triangulaire, peu apparent. — *Elytres* formant un carré long, laissant à découvert l'extrémité de l'abdomen, unies, planes, sans rebords, recouvrant deux ailes membraneuses. — *Abdomen* carré. — *Pattes* courtes, comprimées. Jambes antérieures sans épines sensibles à leur extrémité; les postérieures assez larges. Tarses à articles entiers.

Les mœurs des Paussus doivent se rapprocher beaucoup de celles des autres genres de leur famille, tels que les Scolytes et les Bostriches. Il est probable qu'ils vivent dans le vieux bois ou sous les écorces d'arbres. On soupçonne que les espèces pourvues de dents ou de crochets au dernier article des antennes, s'en servent pour se suspendre. Ce genre singulier est très-peu nombreux en espèces; elles sont de petite taille et ont pour patrie les Indes orientales et l'Afrique. L'insecte décrit par Fabricius sous le nom de *Paussus flavicornis*, qui a plus de deux articles aux antennes d'après la description, est regardé par

M. Latreille comme le type d'un genre propre.

1. Paussus microcéphale, *P. microcephalus.*

Paussus fuscus, antennarum articulo secundo inæqualiter elevato, ad basim pedunculato, externè quadridentato, infrà in uncum obtusum unidentatum producto.

Paussus microcephalus. Linn. (Dahl. *Diss. Big. Insect. tab.* 1. *fig.* 6-10.) — Afzel. *Act. Soc. Linn. tom.* 4. *pag.* 18. *tab.* 22. — Herbst, *Coléopt.* 4. *tab.* 39. *fig.* 6. a. b. — Fab. *Syst. Eleut. tom.* 2. *pag.* 75. *n*°. 1. — Lat. *Gener. Crust. et Ins. tom.* 3. *pag.* 2. *n*°. 1.

Longueur 2 à 3 lig. Corps d'un brun noirâtre; dernier article des antennes irrégulier, rétréci à sa base en manière de pédoncule, son côté extérieur quadridenté et prolongé en dessous en un crochet unidenté; milieu du corselet ayant un enfoncement profond; jambes postérieures plus larges que les autres, un peu rétrécies vers leur extrémité.

Afrique.

2. Paussus trigonicorne, *P. trigonicornis.*

Paussus rubro-ferrugineus, elytris in medio nigris, antennarum articulo secundo compresso, trigono, latere interno acuto, externo in naviculum excavato anguloque postico acuto.

Paussus trigonicornis. Lat. *Gener. Crust. et Ins. tom.* 3. *pag.* 3. *n*°. 2. *pl.* 11. *fig.* 8. — *Paussus thoracicus.* Donov. *Natur. Hist. of Ins. fasc.* 14. *tab.* 4. *fig.* 2. — *Encycl. pl.* 361. *fig.* 18.

Longueur 3 lig. Corps d'un rouge ferrugineux; dernier article des antennes comprimé, triangulaire; son bord interne aigu, l'extérieur creusé longitudinalement en nacelle, ayant une suite de points enfoncés sur l'un et l'autre bord et son angle postérieur aigu. Bord antérieur de la tête aigu, échancré; vertex avec des impressions profondes, irrégulières. Corselet sillonné à sa partie postérieure, irrégulièrement creusé; ses angles latéraux aigus. Elytres noires dans leur milieu, ayant quelques poils roides sur leur bord extérieur; leur angle postérieur renflé. Jambes antérieures grêles, les deux postérieures assez larges, comprimées, un peu rétrécies vers l'extrémité.

Des Indes orientales.

Nota. Nous n'avons point vu ces deux espèces. (S. F. et A. Serv.)

PAVONIE, *Pavonia.* Nouveau genre de Lépidoptères diurnes, proposé par M. Godart dans l'Encyclopédie, et qui répond exactement à la seconde division du genre Morpho. *Voyez* pour les caractères, Papillon, *pag.* 807, et pour les espèces, *pag.* 446-455, du *n*°. 21 à celui de 42. (S. F. et A. Serv.)

PAXYLOMME, *Paxylomma.* M. de Brébisson entomologiste distingué propose ce nouveau genre d'Hyménoptères, voisin des Fœnes, suivant lui, et composé d'une seule espèce, dont il ne connoît que la femelle. Voici les caractères qu'il lui assigne : Antennes filiformes, insérées entre les yeux et de treize articles. Tête très-grosse ainsi que les yeux qui sont saillans. Palpes très-petits, peu visibles. Corselet globuleux, un peu bossu. Abdomen en faulx, inséré entre les hanches postérieures, tronqué à l'extrémité. Pattes grêles, à hanches et cuisses postérieures alongées. Premier article des tarses postérieurs très-long. Ailes supérieures ayant une cellule radiale alongée; première cellule cubitale complète, recevant une nervure récurrente; deuxième cellule cubitale incomplète et terminale.

L'espèce citée par M. de Brébisson a reçu de lui le nom de Paxylomme à bouche blanche (*P. buccata*); il la décrit ainsi : Longueur 2 lig. Brune. Ailes hyalines. Bouche et base des antennes blanches. Dessus du corselet noir. Abdomen testacé, son extrémité brunâtre. Pattes rousses. Très-commun en juillet dans les terrains sablonneux et arides des environs de Falaise.

M. Latreille, dans le *Dictionnaire d'Histoire naturelle*, 2ᵉ. édition, article Paxylomme, pense que cet insecte appartient plutôt à la tribu des Ichneumonides qu'à celle des Evaniales; telle est aussi notre opinion. Il ajoute que ses antennes ont treize ou quatorze articles. Nous devons à M. de Brébisson l'espèce dont il est ici question, ainsi que la communication des caractères que nous venons d'énoncer. (S. F. et A. Serv.)

PÉDICIE, *Pedicia.* Lat. *Tipula.* Linn. Fab. De Géer. *Limnobia.* Meig.

Genre d'insectes de l'ordre des Diptères, section des Proboscidés, famille des Némocères, tribu des Tipulaires.

Ce genre fait partie du groupe établi par M. Latreille dans cette tribu, sous le nom de Terricoles. Dans les Héxatomes de cet auteur (*Nematocera*, Meig. et peut-être aussi son genre *Anisomera*) ainsi que dans les Ptychoptères, le troisième article des antennes est fort long. Le genre Cténophore a les antennes pectinées dans les mâles, en scie dans les femelles. Dans les Limnobies, le dernier article des palpes n'est guère plus long que le précédent et ne paroît point divisé; de plus, les ailes dans ce genre se recouvrent l'une l'autre en état de repos. Le second article des antennes est globuleux, et plus petit que le premier dans les Tipules; ici d'ailleurs les antennes ne sont composées que de treize articles. Dans les Néphrotomes, la plupart des articles des antennes, même vers la base, sont cylindriques, ceux du milieu un peu arqués. Les Erioptères ont tous les articles des antennes, à partir du troisième, ovales, et les pattes intermédiaires notablement plus courtes que les autres. Les Trichocères ont cinq articles aux palpes. Dans ces deux derniers genres, les ailes sont en recouvrement l'une sur l'autre dans le repos. Au moyen de cette comparaison, on reconnoîtra les Pédicies sans difficulté.

Antennes très-courtes, à peine plus longues que la tête, un peu velues, composées de seize articles, les deux premiers beaucoup plus longs que les autres, celui de la base cylindrique et le plus grand de tous, le second en forme de cœur renversé, les sept suivans beaucoup plus petits, presque grenus; les sept derniers plus grêles que les précédens et presque cylindriques. — *Palpes* courbés, composés de quatre articles, le dernier beaucoup plus long, plus menu, noueux et comme articulé. — *Trompe* courte, terminée par deux grosses lèvres. — *Tête* ovale, prolongée antérieurement en forme de museau cylindrique, armé d'une pointe. — *Point de petits yeux lisses.* — *Corps* alongé. — *Ailes* écartées l'une de l'autre, même dans le repos. — *Pattes* longues; les quatre premières à peu près égales entr'elles.

On ne connoît encore qu'une seule espèce de Pédicie; elle paroît répandue dans toute l'Europe. Ses mœurs sont inconnues, mais ne doivent pas, d'après l'analogie, beaucoup différer de celles des Tipules et des Limnobies.

1. Pédicie à triangle, *P. rivosa.*

Pedicia alis hyalinis, margine antico fasciâque angulatâ fuscis.

Pedicia rivosa. Lat. *Gener. Crust. et Ins. tom.* 4. *pag.* 255. — *Limnobia rivosa.* Meig. *Dipt. d'Europ. tom.* 1. *pag.* 116. *n°.* 1. — *Tipula rivosa.* Linn. *Syst. Nat.* 2. 971. 2. — *Tipula triangularis.* Fab. *Syst. antl. pag.* 27. *n°.* 14. — *Tipula rivosa.* De Géer. *Ins. tom.* 6. *pag.* 341. *n°.* 2. *pl.* 19. *fig.* 1. — *Encycl. pl.* 384. *fig.* 11 *et* 12. La femelle.

Longueur 12 à 13 lig. Tête brune. Antennes, palpes et bouche roussâtres. Corselet brun, avec deux lignes dorsales d'un blanc roussâtre, ses côtés de cette couleur mêlée d'un peu de blanchâtre. Abdomen brun (roussâtre vers l'anus dans le mâle), ses côtés blancs. Pattes brunes, leurs articulations un peu plus foncées. Balanciers pâles. Ailes transparentes, leur bord supérieur brun-roussâtre, émettant deux lignes de même couleur qui forment une sorte de triangle, et dont celle qui part de la base atteint le bord interne de l'aile. Mâle et femelle.

Se trouve en France. Elle est rare aux environs de Paris.

Nota. Cette espèce est bien la *Tipula rivosa* de Linné et de De Géer, mais non celle de Fabricius. M. Meigen donne sous le nom de *Tipula varipennis*, Hoffm., l'espèce qui portoit le nom de *Rivosa* dans la collection du professeur de Kiel. (S. F. et A. Serv.)

PÉDICULE ou PÉTIOLE. (*Voyez* Abdomen, *tom.* 4, *pag.* 45.) Les cellules cubitales des ailes supérieures dans les insectes de l'ordre des Hyménoptères, sont appelées pétiolées lorsqu'elles ne touchent point à la cellule radiale & qu'elles sont placées à l'extrémité d'une nervure qui part de cette radiale, et porte dans ce cas le nom de pétiole. (S. F. et A. Serv.)

PÉDILE, *Pédilus.* Genre de Coléoptères hétéromères, fondé par M. Fischer (Genres d'insectes publiés au nom de la Société impériale des naturalistes de Moscou, 1821). Il a quelque ressemblance avec les Pyrochres, dont il diffère, suivant cet auteur, par son corselet globuleux, non déprimé, et ses élytres parallèles. Ses caractères sont : Antennes de onze articles, le premier obconique, le second presque globuleux, le troisième long, presque cylindrique, les autres un peu dentés en scie, le dernier court, filiforme; chaperon carré; labre conique, grand, un peu sillonné dans sa partie antérieure; mandibules obtuses; mâchoires subulées, acérées; palpes maxillaires de trois articles, celui du milieu très-alongé, le dernier ovale; les labiaux plus courts, minces; lèvre triangulaire, large à sa base, peu pointue et ciliée.

Il en décrit une seule espèce qui est figurée dans l'Entomographie de Russie, *Col. pl.* 5, *fig.* 23, sous le nom de Pédile brun. (*P. fuscus.*) Cet insecte a trois lignes de longueur. Tête noire, raboteuse, très-rétrécie vers la bouche. Yeux échancrés, recevant les antennes, celles-ci entièrement velues. Corselet noir, pointillé, très-étroit en devant, globuleux au milieu, très-relevé au bord postérieur. Écusson alongé, presque conique. Elytres pointillées, brunes, velues, ciliées de blanc. Ailes brunes. Dessous du corps brun. Anus rouge. Pattes brunes, jambes et tarses un peu plus clairs. Troisième article des tarses postérieurs orbiculaire, entier, sillonné en haut pour recevoir l'article suivant.

Il se trouve sur les monts Altaïques en Sibérie. (S. F. et A. Serv.)

PÉDINE, *Pedinus.* Lat. *Tenebrio.* Linn. Geoff. *Blaps, Platynotus, Opatrum.* Fab. *Helops, Tenebrio, Opatrum.* Oliv.

Genre d'insectes de l'ordre des Coléoptères, section des Hétéromères, famille des Mélasomes, tribu des Blapsides.

La tribu des Blapsides a pour caractères de manquer d'ailes et d'avoir les quatre palpes terminés par un article beaucoup plus grand, triangulaire et en forme de hache. Parmi les genres qu'elle contient, les Scotines de M. Kirby et les

Asides ont le onzième ou dernier article des antennes très-court et engagé, au moins en partie, dans le dixième. Les Blaps ont le troisième article des antennes au moins deux fois plus long que le quatrième. Les Misolampes ont les troisième et quatrième articles des antennes longs et égaux entr'eux. Les Platyscèles n'ont point d'échancrure au chaperon et leur écusson est moins distinct que celui des Pédines; de plus les mâles dans le premier de ces genres, ont les deuxième, troisième et quatrième articles des quatre tarses antérieurs dilatés latéralement et presque cordiformes.

Antennes filiformes, de onze articles, le troisième seulement moitié plus long que le second, et n'ayant pas deux fois la longueur du quatrième; les quatrième, cinquième, sixième et septième, obconiques, les huitième, neuvième et dixième, tantôt turbinés, tantôt presque globuleux, le dernier ayant au moins la grandeur du précédent et arrondi à son extrémité. — *Labre* coriace, très-court, transverse, entier ou un peu échancré. — *Mandibules* bifides. — *Mâchoires* munies d'une dent cornée à leur côté interne. — *Palpes* terminés par un article beaucoup plus grand, comprimé, triangulaire ou sécuriforme, surtout dans les maxillaires; ceux-ci composés de quatre articles, les labiaux de trois. — *Lèvre* légèrement échancrée. — *Tête* ovale, à moitié enfoncée dans le corselet et plus étroite que lui; chaperon distinctement échancré au milieu, de manière à laisser apercevoir une grande partie du labre. — *Yeux* peu saillans, paroissant en dessus et en dessous de la tête, presque coupés par son rebord latéral. — *Corps* en ovale court, un peu déprimé. — *Corselet* de la largeur ou à peine plus large que les élytres, transverse, échancré en devant. — *Ecusson* distinct. — *Elytres* réunies, embrassant peu ou point les côtés de l'abdomen. — *Point d'ailes.* — *Pattes* fortes, jambes souvent dilatées vers leur extrémité, surtout les antérieures; tarses des deux pattes antérieures seulement, ayant plusieurs de leurs articles dilatés dans les mâles.

On doit l'établissement de ce genre à M. Latreille. Les Pédines habitent les sables arides et chauds. On en connoit trente ou quarante espèces qui se trouvent principalement dans les parties les plus méridionales des deux Mondes.

1re. *Division.* Bords latéraux du corselet presque droits postérieurement, sans rétrécissement brusque, formant de chaque côté, avec le bord postérieur, un angle presque droit.

1. Pédine fémoral, *P. femoralis.*

Pedinus niger, elytrorum striis octo punctatis per paria dispositis; tarsorum anticorum articulis tribus primis in mare dilatatis; femoribus omnibus in utroque sexu canaliculatis.

Pedinus femoralis. Lat. *Gener. Crust. et Ins. tom.* 2. *pag.* 165. *n°.* 2. — *Blaps femoralis.* Fab. *Syst. Eleut. tom.* 1. *pag.* 143. *n°.* 12. Le mâle. — Panz. *Faun. Germ. fasc.* 39. *fig.* 5. Le mâle. — *Blaps dermestoides.* Fab. *Syst. Eleut. tom.* 1. *pag.* 142. *n°.* 9. La femelle. — *Tenebrio femoralis.* Linn. *Syst. Nat.* 2. 679. 32. La femelle. — Oliv. *Entom. tom.* 3. *Tenebr. pag.* 17. *n°.* 23. *pl.* 2. *fig.* 22. La femelle. — Panz. *Faun. Germ. fasc.* 39. *fig.* 6. La femelle. — Le Ténébrion à stries jumelles. Geoff. *Ins. Paris. tom. I. pag.* 348. *n°.* 3.

Longueur 4 à 5 lig. Entièrement noir. Tête ayant une légère impression transversale; elle est finement pointillée, ainsi que le corselet. Elytres portant chacune huit stries ordinairement disposées deux à deux, formées par des points peu enfoncés. Jambes antérieures et intermédiaires, dilatées vers l'extrémité. Cuisses canaliculées en dessous. Tarses antérieurs ayant leurs trois premiers articles dilatés dans les mâles, le sillon des deux cuisses postérieures garni d'un duvet serré de couleur rousse dans ce même sexe. Mâle et femelle.

Commun aux environs de Paris.

2e. *Division.* Bords latéraux du corselet arqués, ayant un rétrécissement brusque très-marqué avant l'angle postérieur.

2. Pédine crénelé, *P. crenatus.*

Pedinus niger, elytrorum striis octo crenatis, intervallis subconvexis minutissimè punctulatis, tarsorum anticorum articulis tribus primis in mare dilatatis, femoribus in utroque sexu canaliculatis.

Pedinus crenatus. Lat. *Dict. d'Hist. nat. édit.* 2. — *Platynotus crenatus.* Fab. *Syst. Eleut. tom.* 1. *pag.* 139. *n°.* 3.

Longueur un pouce. Entièrement noir. Tête et corselet très-finement pointillés d'un noir un peu mat, le reste du corps luisant. Elytres embrassant les côtés de l'abdomen; elles ont chacune huit stries ponctuées et crénelées dont les intervalles sont un peu convexes et très-finement pointillés. Cuisses canaliculées en dessous. Tarses antérieurs ayant leurs trois premiers articles dilatés dans le mâle.

Des Indes orientales.

3. Pédine hybride, *P. hybridus.*

Pedinus niger, elytrorum striis octo per paria desinentibus, punctatis, intervallis planis subpunctatis; tarsorum anticorum articulis secundo tertioque in mare dilatatis, femoribus omnibus in utroque sexu canaliculatis.

Pedinus hybridus. Lat. *Dict. d'Hist. nat. éd.* 2. — *Heliophilus hybridus.* Dej. *Catal.*

Longueur 6 lig. Entièrement noir. Tête et corselet pointillés. Élytres ayant chacune huit stries pointillées dont les intervalles sont plans et finement ponctués. Cuisses canaliculées en dessous. Jambes antérieures dilatées à l'extrémité; second et troisième articles des tarses de ces jambes dilatés dans le mâle. Sillon des cuisses postérieures, leurs jambes ainsi que les intermédiaires garnis de duvet intérieurement dans ce même sexe. Mâle et femelle.

Du midi de la France.

Nota. Dans cette espèce ainsi que dans la suivante, les stries des élytres se rejoignent par paires à leur extrémité, savoir : la première avec la huitième, la seconde avec la septième et ainsi de suite, de manière que la quatrième et la cinquième ne parviennent qu'aux trois quarts de la longueur de l'élytre.

4. Pédine arqué, *P. arcuatus.*

Pedinus niger, elytrorum striis octo profundè punctatis, crenatis, per paria desinentibus, intervallis subconvexis lævibus; tarsorum anticorum articulis quatuor primis in mare dilatatis, femoribus omnibus in utroque sexu vix canaliculatis.

Longueur 6 lig. Corps assez étroit, entièrement noir. Tête finement ponctuée, marquée d'une foible impression transversale. Antennes d'un brun noirâtre. Corselet presque lisse. Élytres ayant chacune huit stries ponctuées et crénelées, les points écartés les uns des autres; intervalles des stries lisses, un peu convexes. Jambes antérieures arquées, fortement échancrées et munies d'une touffe de poils recourbés placée au-dessous de l'échancrure, dans le mâle. Il a en outre les quatre premiers articles des tarses antérieurs dilatés. Les quatre jambes postérieures, ainsi que les deux cuisses de devant, sont garnies en dedans d'un duvet grisâtre. Cuisses un peu canaliculées en dessous. Mâle et femelle.

Des Indes orientales.

5. Pédine gibbeux, *P. gibbus.*

Pedinus nigro piceus; elytrorum striis octo punctatis, intervallis subconvexis, punctatis; tarsorum anticorum articulis secundo tertioque in mare dilatatis, femoribus omnibus canaliculatis, tibiis suprà convexis.

Pedinus gibbus. Lat. *Dict. d'Hist. nat. édit.* 2. — *Opatrum gibbum.* Fab. *Syst. Eleut. tom.* 1. *pag.* 116. *n°.* 6. — Oliv. *Entom. tom.* 3. *Opatr. pag.* 7. *n°.* 7. *pl.* 1. *fig.* 6. — Panz. *Faun. Germ. fasc.* 39. *fig.* 4.

Longueur 3 lig. Brun noirâtre. Tête et corselet finement pointillés. Élytres ayant chacune huit stries ponctuées, dont les intervalles sont un peu convexes et pointillés. Jambes antérieures dilatées à l'extrémité. Second et troisième articles des tarses de ces jambes dilatés. Cuisses canaliculées en dessous. Sillon des postérieures, leurs jambes ainsi que les intermédiaires, garnis de duvet en dedans. Toutes les jambes convexes en dessus. Mâle.

Du midi de la France, sur les bords de la Méditerranée.

6. Pédine grillé, *P. clathratus.*

Pedinus niger, elytrorum striis octo profundiùs punctatis, subcrenatis, quatuor primis ad suturam in utroque elytro per paria dispositis, intervallis lævibus; femoribus omnibus canaliculatis.

Opatrum clathratum. Fab. *Syst. Eleut. tom.* 1. *pag.* 118. *n°.* 14. — *Opatrinus clathratus.* Dej. *Catal.*

Longueur 5 lig. Entièrement noir. Tête et corselet ponctués. Élytres ayant chacune huit stries profondément ponctuées, crénelées, dont les quatre premières à partir de la suture sont rapprochées par paires, leurs intervalles lisses. Cuisses canaliculées en dessous. Femelle.

De Cayenne.

7. Pédine ponctué, *P. punctatus.*

Pedinus niger, corpore subconvexo, elytrorum seriebus punctorum octo, intervallis punctatis, femoribus subcanaliculatis.

Heliophilus punctatus. Dej. *Catal.*

Longueur 5 lig. ½. Corps un peu convexe, entièrement noir et pointillé. Élytres ayant chacune huit lignes régulières de points enfoncés. Cuisses un peu canaliculées en dessous. Jambes antérieures dilatées à l'extrémité. Femelle.

De la Russie méridionale.

8. Pédine portugais, *P. ulyssiponensis.*

Pedinus niger, corpore subconvexo, elytrorum striis octo punctatis, intervallis subconvexis, punctatis; femoribus subcanaliculatis; tibiis quatuor posticis suprà canaliculatis.

Phylax ulyssiponensis. Dej. *Catal.*

Longueur 5 lig. Corps un peu convexe, entièrement noir et pointillé. Élytres ayant chacune huit stries ponctuées, leurs intervalles un peu convexes; cuisses légèrement canaliculées en dessous, jambes antérieures dilatées à l'extrémité, les quatre postérieures un peu canaliculées en dessus. Femelle.

D'Espagne et de Portugal.

3e. *Division.* Bords latéraux du corselet arrondis postérieurement, sans saillie en forme d'angle ou de dent.

9. PÉDINE en deuil, *P. luctuosus.*

Pedinus niger, confertissimè punctato-rugosus, elytrorum striis octo punctatis, intervallis vix convexis; tarsorum anticorum articulis secundo tertioque in mare dilatatis; femoribus omnibus canaliculatis.

Longueur 4 lig. Entièrement noir, très-pointillé, un peu rugueux. Elytres ayant chacune huit stries ponctuées, leurs intervalles peu convexes. Jambes antérieures dilatées à l'extrémité, les quatre postérieures garnies de poils en dedans. Cuisses canaliculées en dessous; sillon des deux postérieures ayant un duvet roux. Second et troisième articles des tarses antérieurs dilatés. Mâle.

Du midi de l'Europe.

MISOLAMPE, *Misolampus.* LAT. *Pimelia.* HERBST.

Genre d'insectes de l'ordre des Coléoptères, section des Hétéromères, famille des Mélasomes, tribu des Blapsides.

Tous les genres de cette tribu se distinguent de celui de Misolampe par le quatrième article de leurs antennes sensiblement plus court que le troisième.

Antennes grossissant vers leur extrémité, composées de onze articles, le troisième et le quatrième longs, cylindriques, égaux entr'eux; les cinquième, sixième et septième courts, obconiques, les trois suivans sensiblement plus épais, turbinés; le dernier plus grand, ovale. — *Labre* coriace, avancé, transversal, entier. — *Palpes* terminés par un article grand, sécuriforme, les maxillaires avancés. — *Tête* penchée. — *Chaperon* terminé par une ligne droite. — *Corps* convexe, ovale-alongé. — *Corselet* presque globuleux, un peu plus étroit que les élytres, échancré en devant pour recevoir la partie postérieure de la tête. — *Ecusson* très-petit. — *Elytres* réunies, leurs côtés arrondis, embrassant l'abdomen en dessous. — *Point d'ailes.* — *Abdomen* ovalaire, tronqué transversalement à sa base, arrondi postérieurement. — *Pattes* grêles, jambes alongées, étroites, sans épines distinctes à leur extrémité.

Ce genre est dû à M. Latreille. Son nom vient de deux mots grecs et signifie : fuyant la lumière. On en connoît une ou deux espèces. On les trouve en Europe.

1. MISOLAMPE d'Hoffmansegg, *M. Hoffmanseggii.*

Misolampus ater, nitidus, punctatus, elytris punctato striatis, punctis numerosissimis, antennis, palpis tarsisque rufescentibus.

Misolampus Hoffmansseggi. LAT. *Gen. Crust. et Ins. tom. 2. pag.* 161. *tom.* 1. *tab. X. fig.* 8. — *Pimelia gibbula.* HERBST, *Col. VIII. CXX.* 7.

Longueur 5 lig. ½. Noir foncé luisant, très-ponctué. Les points des élytres formant des lignes. Antennes, palpes et tarses roussâtres.

De Portugal.

Nota. L'*Helops pimelia* no. 39. FAB. *Syst. Eleut.* (*Scaurus viennensis.* STURM. *Faun. Germ. II. XLI*) rapporté au genre Misolampe par M. Latreille (*Règn. anim. tom.* 3. *p.* 297) est aujourd'hui le type d'un nouveau genre nommé *Læna* par M. Mégerle.

ASIDE, *Asida.* LAT. *Machla.* HERBST. *Tenebrio.* GEOFF. *Opatrum.* OLIV. FAB. *Platynotus.* FAB.

Genre d'insectes de l'ordre des Coléoptères, section des Hétéromères, famille des Mélasomes, tribu des Blapsides.

Aucun genre de cette tribu, sauf ceux de Scotine et d'Aside, n'a le dernier article des antennes engagé en grande partie dans le dixième ou avant-dernier; mais les Scotines ont ce dernier article à peine visible et leur labre est bifide. On ne peut donc pas les confondre avec les Asides.

Antennes presque filiformes, plus épaisses vers leur extrémité, composées de onze articles, le troisième un peu alongé, les suivans jusqu'au huitième inclusivement presqu'obconiques, courts; les neuvième et dixième plus épais, le premier obconique, le second presque semi-globuleux, plus large, échancré à sa partie supérieure pour recevoir la base du onzième, celui-ci petit, transverse, ovale. — *Labre* coriace, avancé, transversal, arrondi en devant, à peine échancré au milieu. — *Palpes* ayant leur dernier article plus grand, obtrigone, les maxillaires de quatre articles, les labiaux de trois. — *Menton* cordiforme, tronqué transversalement à sa partie inférieure, son bord supérieur arrondi, échancré. — *Corps* ovale, un peu aplati en dessus. — *Corselet* presque carré, un peu plus large à sa partie postérieure, échancré en devant pour recevoir une portion de la tête, ses côtés rebordés, son bord postérieur de la largeur de la base des élytres, un peu sinué vers ses deux extrémités. — *Ecusson* petit, distinct. — *Elytres* réunies, embrassant l'abdomen. — *Point d'ailes.* — *Abdomen* ovale, tronqué transversalement à sa base. — *Jambes* alongées, obconiques, comprimées, plus larges à leur extrémité, terminées par deux épines très-petites.

Ce genre créé par M. Latreille est composé d'une quinzaine d'espèces. Leurs mœurs sont les mêmes que celles des Opâtres. On les trouve dans les endroits chauds et sablonneux.

1. Aside grise, *A. grisea.*

Asida nigra, elytris rugosis, punctis elevatis longis in seriebus quatuor dispositis.

Asida grisea. Lat. *Gen. Crust. et Ins. tom.* 2. *pag.* 154. *n°.* 1 — *Opatrum griseum.* Fab. *Syst. Eleut. pag.* 115. *n°.* 1. — Oliv. *Entom. tom.* 3. *Opatr. pag.* 4. *pl.* 1. *fig.* 1. — Le Ténébrion ridé. Geoff. *Ins. Paris. tom.* 1. *pag.* 347. *n°.* 2. *pl.* 6. *fig.* 6. — *Encycl. pl.* 194. *fig.* 3.

Longueur 6 à 8 lig. Corps entièrement noir, couvert de petits poils roides. Tête et corselet fortement ponctués, celui-ci très-rebordé sur les côtés. Elytres raboteuses, ayant de nombreux tubercules alongés, rangés pour la plupart sur quatre lignes, formant presque quatre carènes longitudinales.

Nota. Cette espèce se tenant continuellement dans la poussière, contracte une couleur grise qui est due à la terre qui s'engage entre ses poils.

Très-commune aux environs de Paris.

Voyez pour les autres espèces, la remarque qui suit le genre Opâtre de ce Dictionnaire. Rapportez encore aux Asides, le *Platynotus variolosus* n°. 5. Fab. *Syst. Eleut.* (S. F. et A. Serv.)

PÉDIPALPE ou PIED-PALPE, *Pedipalpus.* Le docteur Léach désigne ainsi ces parties de la bouche des Crustacés maxillaires, que j'avois nommées dans mon *Genera Crustaceorum et Ins.*, palpes doubles extérieurs (*palpi gemini externi*), ou les pieds-mâchoires extérieurs des Crustacés décapodes, c'est-à-dire ceux de la troisième paire, en allant de haut en bas, et qui recouvrent ordinairement les autres organes de la manducation.

J'avois aussi appliqué cette dénomination de *pied-palpe* à ces appendices de la bouche des Arachnides, qu'on a coutume d'appeler *palpes* ou *antennules.* D'après les idées de M. Savigny sur la correspondance de ces parties avec celles de la bouche des Crustacés (*voyez* son *Mém. sur les Anim. sans vert.*, *part.* 1, *fasc.* 1, *pl.* 3-6), ces palpes représenteroient ces mêmes pieds-mâchoires dont je viens de parler, et dont la base formeroit de fausses mâchoires, ou celles que j'avois nommées *mâchoires sciatiques.* Les mandibules des mêmes Arachnides répondroient à la seconde paire des pieds-mâchoires, pièces que j'avois d'abord distinguées par la dénomination de *pieds-mandibules.* Mais d'après de nouvelles études comparatives de toutes ces parties, j'ai reconnu que les mandibules des Araneïdes représentoient les antennes intermédiaires des Crustacés, et que les palpes avec leurs mâchoires étoient les analogues des premières mâchoires des derniers, ou de celles de la partie supérieure, ainsi que des pièces des insectes hexapodes, appelées aussi mâchoires et palpes maxillaires.

Les Arachnides ne différeroient de ces animaux que par l'absence des mandibules et de lèvre inférieure proprement dites. Les pièces composant, dans les insectes, cette lèvre inférieure, et qui dans les Crustacés forment la seconde paire de mâchoires, répondroient aux deux premières pattes des Arachnides. La pièce buccale de ces derniers animaux, qui a reçu le nom de lèvre ou de languette, seroit la langue ou la languette proprement dite des précédens. La partie enfin que M. Savigny, relativement aux Arachnides, appelle pièce sternale, seroit le labre. (Latr.)

PÉDIPALPES, *Pedipalpi.* Famille d'Arachnides pulmonaires, ayant pour caractères : quatre *spiracules* ou bouches aériennes dans tous. *Palpes* en forme de bras ou de serres, sans aucun appendice relatif à la génération, dans aucun sexe. Doigt mobile des Chélicères sans ouverture propre au passage d'une liqueur vénéneuse. *Abdomen* toujours annelé, revêtu d'un derme coriace ou assez ferme, annelé, sans filières au bout.

Cette famille se partage en deux tribus, les Scorpionides et les Tarentules. *Voyez* ces mots. (Latr.)

PÉLÉCIE, *Pelecium.* Kirb. Lat.

Genre d'insectes de l'ordre des Coléoptères, section des Pentamères, famille des Carnassiers, tribu des Carabiques.

Ce genre nouvellement créé par M. Kirby dans les *Transactions de la Société linnéenne de Londres*, est placé par M. Latreille dans la troisième division de la tribu des Carabiques, nommée les Thoraciques. Parmi les genres qui composent cette division, les Harpales et les Tréchus se distinguent par leurs quatre tarses antérieurs dilatés dans les mâles ; le dernier article de leurs palpes extérieurs est ovoïde ou acuminé ; dans les Féronies, les Licines, les Badisters et les Rembes, l'extrémité supérieure de la languette dépasse ou atteint au moins celle de l'article radical des palpes labiaux, et la partie supérieure de leur tête n'a point d'étranglement ni de dépression brusque immédiatement derrière les yeux. Dans les Panagées, le corselet est visiblement plus large antérieurement qu'à sa partie postérieure, celle-ci se rétrécit subitement avant sa jonction avec les élytres, et les mâles n'ont que deux articles dilatés aux deux tarses antérieurs. Les antennes des Loricères sont chargées de faisceaux de poils. Ces caractères nous paroissent séparer suffisamment ces genres de celui de Pélécie.

Antennes filiformes, insérées vers la base des mandibules sous un petit rebord de la tête, composées de onze articles, le premier et le dernier plus grands que les autres. — *Labre* court, creusé au milieu. — *Mandibules* grandes, sans dentelures, se croisant dans leur milieu. — *Palpes extérieurs* ayant leur dernier article grand, sécuriforme, presque triangulaire ; les maxillaires extérieurs de quatre articles, les labiaux de trois; palpes maxillaires intérieurs de deux articles, le dernier fort grand, courbe, grossissant insensiblement de la base à l'extrémité. — *Lèvre* échancrée à son extrémité, portant deux petites pointes. — *Tête* déprimée ayant un cou distinct. — *Corselet* presque carré, ses bords latéraux arrondis; sa partie postérieure presqu'aussi large que l'antérieure et ne se rétrécissant pas subitement avant sa jonction avec les élytres. — *Elytres* convexes, entières, réunies, embrassant un peu l'abdomen. — *Point d'ailes*. — *Pattes* fortes, de longueur moyenne. Jambes antérieures échancrées au côté interne; les deux tarses antérieurs ayant leurs quatre premiers articles dilatés et velus en dessous dans les mâles.

L'espèce qui a servi de type à ce genre, est du Brésil. Nous ne connoissons point ses mœurs. Le nom de Pélécie vient d'un mot grec qui signifie *hache*, et a été donné à ce genre en raison de la forme du dernier article de ses palpes extérieurs.

1. Pélécie cyanipède, *P. cyanipes*.

Pelecium nigrum, capite, thorace pedibusque cyaneis, elytris profundè sulcatis.

Pelecium cyanipes. Kirb. *Trans. Linn. vol.* 12. *tab.* 21. *fig.* 1.

Longueur 7 à 8 lig. Antennes noires, leurs quatre premiers articles ayant un reflet bleuâtre, les autres chargés d'un duvet roussâtre. Dernier article des palpes extérieurs garni de poils roux. Tête lisse, d'un noir bleuâtre, ayant deux enfoncemens sur le front, et un petit rebord qui s'étend des yeux à la base des mandibules. Corselet lisse, d'un noir bleuâtre, fortement rebordé, muni d'un sillon longitudinal au milieu, d'une impression demi-circulaire à sa partie antérieure et de deux autres beaucoup plus prononcées de chaque côté postérieurement. Abdomen noir ainsi que les élytres. Celles-ci profondément sillonnées, leur bord extérieur ayant une ligne de points enfoncés. Les autres stries lisses. Pattes bleuâtres; tarses noirs garnis de poils roux. Mâle.

Du Brésil. (S. F. et A. Serv.)

PÉLÉCINE, *Pelecinus*. Lat. Fab. *Ichneumon*. Oliv. (Encycl.)

Genre d'insectes de l'ordre des Hyménoptères, section des Térébrans, famille des Pupivores, tribu des Evaniales.

Ce genre fondé par M. Latreille se distingue des Evanies parce que dans celles-ci l'abdomen est très-petit et très-comprimé, des Fœnes parce que dans ce genre le cou est très-distinct, des Aulaques en ce que l'abdomen de ces derniers est inséré sur une élévation particulière du métathorax, et que leurs ailes supérieures ont des cellules très-différentes.

Antennes très-grêles, de quatorze articles; le premier gros, renflé à sa partie interne, le second très-court, globuleux, les autres cylindriques, diminuant un peu de longueur à mesure qu'ils s'éloignent de la base. — *Labre* grand, membraneux, demi-circulaire, entier. — *Mandibules* fortes, trigones, dentées, la dent de l'extrémité plus forte, la précédente obtuse, l'inférieure plus grande que la seconde et échancrée. — *Palpes maxillaires* beaucoup plus longs que les labiaux, presque sétacés, de six articles inégaux, le premier très-court, les second et troisième presqu'égaux, plus épais, obconiques, les trois derniers plus minces, le quatrième et le cinquième de la longueur des précédens, à peu près cylindriques, plus larges et arrondis à leur extrémité, le dernier fort aminci, plus court que les précédens, ayant une pointe particulière à son extrémité; palpes labiaux renflés graduellement à leur partie extérieure, de quatre articles à peu près égaux, le premier un peu plus petit, le dernier un peu plus grand que les autres, cylindrico-ovale. — *Languette* trifide; sa division médiale plus étroite. — *Tête* plus large que longue, sans cou apparent. — *Trois petits yeux lisses* disposés en triangle et placés sur le vertex. — *Corselet* assez long, le métathorax formant à peu près la moitié de sa longueur. — *Ailes* inférieures sans nervures distinctes, excepté celle du bord antérieur; les supérieures ayant outre la nervure du bord antérieur, une autre nervure qui part du point épais et se bifurque en se dirigeant vers l'extrémité de l'aile; de la partie de cette nervure qui précède la bifurcation, part une autre nervure qui remonte d'abord vers la base de l'aile et redescend ensuite pour en atteindre le bord postérieur; de la base de l'aile part une autre nervure qui émet deux principaux rameaux, dont l'un rejoint la côte et l'autre le bord postérieur; dans l'angle formé par le rameau qui rejoint la côte et la nervure dont nous parlons, se trouve une petite cellule mal terminée qui est la première cellule discoïdale supérieure, la seconde cellule discoïdale supérieure existant aussi. La cellule discoïdale inférieure n'étant nullement tracée. — *Abdomen* inséré sur le bout inférieur du métathorax près de l'origine des pattes postérieures et composé de cinq segmens outre l'anus. — *Jambes postérieures* quelquefois en massue; premier article de leurs tarses, beaucoup plus court que les suivans.

Ce genre propre à l'Amérique, n'est composé que de deux espèces. On n'a point encore distingué les sexes, ni découvert la tarière des femelles. Leurs mœurs sont inconnues.

1. Pélécine polycérateur, *P. polycerator*.

Pelecinus polycerator. Lat. *Gener. Crust. et Ins. tom.* 3. *pag.* 255. — Fab. *Syst. Piez. pag.*

III. n°. I. — DRURY, *Ins. tom.* 2. *pl. XL. fig.* 4.

Voyez pour les autres synonymes et la description, Ichneumon polycère, n°. 113.

Nota. Nous voyons à notre individu, ainsi que dans la figure et la description de Drury, le dixième article des antennes et la base du précédent blanchâtres. C'est donc à tort que cet insecte a été mis anciennement par Fabricius et par Olivier, dans la division des Ichneumons à antennes toutes noires, à moins qu'il ne varie sous ce rapport. Il y a aussi erreur sur la patrie indiquée par ces deux auteurs, cette espèce étant américaine et non des Indes orientales.

2. PÉLÉCINE en massue, *P. clavator.*

Pelecinus niger, antennarum articulo decimo tarsorumque duorum posticorum articulis intermediis albidis, abdomine clavato.

Pelecinus clavator. LAT. *Dict. d'Hist. nat. édit.* 2.

Longueur 8 lig. Noir mat. Antennes noires avec leur dixième article blanchâtre. Abdomen en massue alongée; l'extrémité de cette massue conique, pointue. Tête ayant une gibbosité placée au-dessous des antennes. Troisième et quatrième articles des tarses postérieurs, ainsi que l'extrémité du second, de couleur blanche. Jambes postérieures peu renflées. Ailes légèrement enfumées.

Du Brésil.

FŒNE, *Fœnus.* FAB. LAT. JUR. PANZ. *Ichneumon.* LINN. DE GÉER. OLIV. (Encycl.) GEOFF. *Gasteruption.* LAT. (*Précis des caract. génér. des Ins.*)

Genre d'insectes de l'ordre des Hyménoptères, section des Térébrans, famille des Pupivores, tribu des Evaniales.

Dans cette tribu les Evanies et les Aulaques se distinguent aisément par leurs jambes simples. Les premières ont en outre l'abdomen très-court et la seconde cellule cubitale des ailes supérieures incomplète. Les Aulaques ont trois cellules cubitales à ces mêmes ailes. Les Pélécines n'ont point de cou apparent et leurs ailes supérieures n'offrent ni cellule radiale, ni cubitale distinctes. Ces caractères séparent ces genres de celui de Fœne.

Antennes plus courtes que le corps, filiformes, droites, dirigées en avant, composées de quatorze articles dans les femelles, de treize dans les mâles, suivant M. Latreille. — *Labre* longitudinal, linéaire. — *Mandibules* tridentées, la dent inférieure recourbée en dedans ou crochue. — *Palpes* filiformes, leurs articles courts, presqu'égaux, obconiques, les maxillaires un peu plus longs que les labiaux, mais plus courts que les mâchoires, de six articles dont les trois derniers à peine plus longs que les autres, les labiaux de quatre. — *Lèvre* ayant son extrémité un peu alongée, cordiforme, reployée dans le repos; menton obconique. — *Tête* ronde, portée sur un cou très-distinct. — *Trois petits yeux lisses* disposés en triangle sur le vertex. — *Corselet* comprimé, arrondi en devant, son premier segment peu apparent. — *Ailes supérieures* ayant une cellule radiale grande, la nervure qui la ferme un peu ondulée, deux cellules cubitales très-grandes, aussi longues l'une que l'autre, la première recevant la première nervure récurrente, la seconde cubitale atteignant le bout de l'aile, la deuxième nervure récurrente manque. Trois cellules discoïdales; les deux supérieures très-petites, l'inférieure se prolongeant jusqu'au bord postérieur de l'aile. — *Abdomen* long, en massue un peu comprimée, relevé, inséré près de l'écusson, composé de sept segmens outre l'anus. Tarière (des femelles) toujours saillante, plus ou moins longue. — *Pattes* antérieures assez courtes, les postérieures longues, leurs jambes en massue très-prononcée.

Les Fœnes déposent leurs œufs dans le corps des larves qui doivent servir de pâture à leur postérité. Plusieurs parviennent au moyen de leur tarière à les placer dans les larves des Hyménoptères qui vivent en terre dans des cellules fermées. Les Fœnes à l'état parfait viennent sur les fleurs et se nourrissent de miel. Ils balancent souvent leur abdomen de bas en haut, s'envolent avec peine et leur vol n'est pas vif. Ils se tiennent souvent accrochés par leurs mandibules aux plantes sur lesquelles ils se reposent; leurs mœurs sont à peu près celles des Ichneumonides. Ce genre est peu nombreux en espèces.

Rapportez-y l'Ichneumon jaculateur, n°. 149 (*Encycl. pl.* 101. *fig.* 4. *et pl.* 375. *fig.* 12), et l'Ichneumon cambré, n°. 151, de ce Dictionnaire. Les mâles, qui ne sont point décrits dans ces articles, ne diffèrent de leur femelle que par le manque de tarière.

AULAQUE, *Aulacus.* JUR. SPINOL. LAT.

Genre d'insectes de l'ordre des Hyménoptères, section des Térébrans, famille des Pupivores, tribu des Evaniales.

Les Evanies et les Aulaques sont les seuls parmi les Evaniales qui aient les jambes simples et grêles, mais les premières se reconnoissent facilement à leur abdomen très-petit, très-comprimé et dont le premier segment se rétrécit brusquement en pédicule.

Antennes sétacées, plus longues que la tête et le corselet, avancées, grêles, insérées entre les yeux et la base du chaperon, de quatorze articles dans les femelles, de treize dans les mâles, suivant M. Latreille; le premier court, plus épais, ovale, obconique, les autres cylindriques, le second très-court, le troisième et les suivans s'alongeant graduellement, les derniers diminuant de longueur. — *Mandibules* petites, échancrées dans les femelles (suivant Jurine), cornées, courtes, épaisses, tridentées à leur côté interne dans les mâles (selon M. Latreille). — *Palpes maxillaires* beaucoup plus longs que les labiaux, sétacés, minces, de six articles, le premier très-petit, les second et troisième plus épais que les autres, presqu'égaux, celui-là obconique, l'autre cylindrique, les trois derniers plus longs, plus grêles, presqu'égaux entr'eux, cylindriques; palpes labiaux filiformes, de quatre articles, les deux inférieurs plus grands, obconiques, le premier un peu plus long, le second ayant un petit appendice à l'angle extérieur de son extrémité, le troisième petit, turbiné, le quatrième un peu plus grand que le précédent, presque triangulaire. — *Lèvre* petite, membraneuse, presqu'en capuchon, son extrémité arrondie, entière; menton petit, coriace, obtrigone. — *Tête* presque globuleuse, plus large que longue, portée sur un cou conique, alongé. — *Trois petits yeux lisses* gros, saillans, posés en ligne courbe sur le front. — *Corselet* comprimé; métathorax terminé en dessus à sa partie supérieure par une élévation pyramidale sur laquelle l'abdomen est inséré. — *Ailes supérieures* ayant une cellule radiale grande, rétrécie vers son extrémité depuis la seconde cellule cubitale; trois cellules cubitales à peu près égales en longueur, la première recevant la première nervure récurrente; seconde cubitale plus étroite que les deux autres, recevant la deuxième nervure récurrente, la troisième complète; trois cellules discoïdales, l'inférieure fermée par la seconde nervure récurrente avant le bord postérieur de l'aile. — *Abdomen* composé de six segmens outre l'anus, le premier fort long, faisant à lui seul presque la moitié de la longueur totale de l'abdomen, sa partie antérieure se rétrécissant peu à peu en pédicule pour s'insérer sur le métathorax. Tarière (des femelles) toujours saillante. — *Pattes* assez longues, minces; hanches postérieures longues; jambes simples.

On ne connoît point les mœurs des Aulaques, mais elles doivent se rapprocher de celles des Ichneumonides. Les espèces connues sont en très-petit nombre.

1. Aulaque strié, *A. striatus.*

Aulacus niger, abdominis segmentis duobus anticis, primi basi exceptâ, geniculis tarsisque omnibus, tibiis quatuor anticis et posticarum apice rufis.

Aulacus striatus. Jur. *Hyménopt. pl.* 7. *fig.* 3. La femelle. — Lat. *Gen. Crust. et Ins. tom.* 4. *pag.* 386. — *Encycl. pl.* 376. *fig.* 1. La femelle.

Longueur 4 lig. Noir, brillant. Dos du corselet strié transversalement, second segment de l'abdomen et partie postérieure du premier, les quatre jambes antérieures et l'extrémité des postérieures, ainsi que tous les tarses, de couleur testacée. Ailes ayant quelquefois un peu de brun.

Se trouve dans les Alpes et dans les Pyrénées.

(S. F. et A. Serv.)

PÉLÉCOCÈRE, *Pelecocera.* Hoffm. Meig.

Genre d'insectes de l'ordre des Diptères, section des Proboscidés, famille des Athéricères, tribu des Syrphies.

Ce genre créé par M. Hoffmansegg a été publié par M. Meigen dans son dernier ouvrge sur les Diptères d'Europe; il lui donne pour caractères: *Antennes* dirigées en avant, de trois articles, le dernier patelliforme, portant à son extrémité une soie grosse, courte, distinctement triarticulée. — *Hypostome* voûté dans sa partie inférieure.

Les Pélécocères se distinguent aisément de tous les autres Syrphies par la soie de leurs antennes composée de trois articles distincts; caractère propre à ce seul genre. M. Meigen décrit les deux espèces suivantes d'après M. Hoffmansegg.

1. Pélécocère à trois bandes, *P. tricincta.*

Pelecocera nigra; abdomine fasciis tribus flavis subinterruptis; pedibus flavis. (Meig.)

Pelecocera tricincta. Meig. *Dipt. d'Eur. tom.* 3. *pag.* 340. *tab.* 31. *fig.* 3.

Longueur 3 lig. Noire. Abdomen ayant trois bandes jaunes, un peu interrompues. Pattes jaunes.

2. Pélécocère flavicorne, *P. flavicornis.*

Pelecocera abdomine fasciis tribus interruptis flavis, pedibus fuscanis. (Meig.)

Pelecocera flavicornis. Meig. *Dipt. d'Eur. tom.* 3. *pag.* 341.

Longueur ». Abdomen ayant trois bandes jaunes interrompues; pattes brunes.

Nota. Nous ne connoissons point ces diptères.

(S. F. et A. Serv.)

PÉLÉCOPHORE, *Pelecophora.* Genre de Coléoptères paroissant appartenir à la section des Tétramères, famille des Eupodes, tribu des Criocérides.

Ce genre fondé par M. le comte Dejean se compose de petites espèces des îles de France et de Bourbon, qui ont les habitudes et le port des Dasytes et dont le dernier article des palpes est fortement sécuriforme. Aussi son nom générique est-il tiré de deux mots grecs qui signifient : *porte-hache.*

Une des espèces est la Pélécophore d'Illiger, (*P. Illigeri*). *Notoxus Illigeri.* Scho. *Synonym. Insect. tom.* 1. *part.* 2. *pag.* 53. *n°.* 6. *pl.* 4. *fig.* 7.

Longueur 2 lig. $\frac{1}{2}$. Corps ovale-oblong, d'un noir bronzé brillant, profondément ponctué. Antennes plus longues que le corselet, ferrugineuses à leur base, grossissant vers leur extrémité, noires et un peu pubescentes dans cette partie. Côtés du corselet blanchâtres. On voit deux bandes sinueuses de cette couleur sur les élytres. Dessous du corps et cuisses d'un brun noirâtre, un peu pubescens. Jambes et tarses pâles. Palpes d'un ferrugineux pâle.

Ile de France. (S. F. et A. Serv.)

PÉLÉCOTOME, *Pelecotoma*. Fisch. Lat. *Rhipiphorus*. Payk. Gyll.

Genre d'insectes de l'ordre des Coléoptères, section des Hétéromères, famille des Trachélides, tribu des Mordellones.

Ce genre est dû à M. Fischer qui l'a publié dans les *Mémoires des naturalistes de Moscou, tom. 2, pag.* 293, et M. Latreille l'a adopté. Ces coléoptères sont voisins des Rhipiphores et des Myodes. Distingués des Mordelles et des Anaspes par leurs antennes en éventail ou même pectinées dans les mâles, et par leurs palpes presque filiformes, les Pélécotomes ont l'écusson apparent, tandis qu'il est caché sous un prolongement du corselet dans les Myodes et les Rhipiphores; les antennes (même dans les mâles) ont leur panache simple, c'est-à-dire que chaque article dont il est composé ne jette qu'un seul rameau, tandis qu'il en jette deux dans les deux derniers genres que nous lui comparons; ils se rapprochent des Myodes par les crochets des tarses dentelés en peigne, tandis que ces crochets sont simplement bifides dans les Rhipiphores.

Antennes insérées au-devant des yeux, près de la bouche, composées de onze articles; premier et troisième longs, second et quatrième courts; les sept derniers formant un éventail ou panache simple, chaque article n'émettant qu'un seul rameau; ce rameau beaucoup plus court dans les femelles, figurant seulement une large dent de scie. — *Labre* carré. — *Palpes* presque filiformes. — *Tête* fortement inclinée sous le corselet. — *Yeux* très-grands, rapprochés en devant, un peu échancrés pour l'insertion des antennes. — *Corselet* rétréci en devant, ayant trois prolongemens, deux latéraux et un au milieu, ce dernier court, ne cachant pas l'écusson. — *Ecusson* petit, triangulaire, apparent. — *Elytres* longues, allant un peu en se rétrécissant vers l'extrémité. — *Corps* étroit, alongé, comprimé latéralement. — *Pattes* longues; jambes antérieures munies d'une épine à leur extrémité, les intermédiaires en ayant deux, dont l'intérieure plus grande, les postérieures avec deux épines égales; tarses filiformes, le premier et le dernier articles alongés; crochets dentelés en peigne intérieurement.

On ne connoît qu'un petit nombre d'espèces de Pélécotomes; nous ignorons leurs mœurs. M. le comte Dejean pense que les espèces du Brésil doivent probablement former une nouvelle coupe générique. Le véritable type du genre est le Pélécotome moscovite.

1. Pélécotome de Léach, *P. Leachii*.

Pelecotoma fuscè castaneum, elytris apice conniventibus.

Pelecotoma Leachii. Lat. *Dict. d'Hist. nat.* 2ᵉ. *édit.*

Longueur 8 lig. Corps et pattes entièrement d'un brun châtain couverts d'un duvet soyeux gris jaunâtre. Antennes de la couleur du corps. Elytres rebordées à la suture et au bord extérieur. Mâle.

Du Brésil.

2. Pélécotome de Latreille, *P. Latreillii*.

Pelecotoma tomentosum, rufo-griseum, fusco lineolatum, elytris albido sublineolatis, conniventibus.

Longueur 5 lig. Antennes d'un brun ferrugineux, dentées en scie. Corps et pattes de couleur brune recouverts d'un duvet couché roussâtre, mêlé de petites lignes brunes; élytres ayant quelques lignes blanchâtres avec une tache de même couleur vers leur milieu assez grande et assez visible. Femelle.

Du Brésil.

3. Pélécotome moscovite, *P. mosquense*.

Pelecotoma nigrum, elytris fuscè rufis, apice dehiscentibus.

Pelecotoma mosquense. Fisch. *Mém. des natur. de Mosc.* — Lat. *Dict. d'Hist. nat.* 2ᵉ. *édit.* — *Rhipiphorus fennicus*. Payk. *Faun. Suec. tom.* 2. *pag.* 178. *n°.* 2.

Longueur 3 lig. Tête et corselet noirs couverts d'un duvet soyeux gris jaunâtre. Antennes noires. Elytres d'un brun roussâtre, un peu écartées l'une de l'autre à l'extrémité. Poitrine et abdomen noirs. Pattes d'un brun roussâtre.

Du nord de l'Europe.

4. Pélécotome de Dufour, *P. Dufourii*.

Pelecotoma nigrum, elytris fuscè rufis, apice conniventibus.

Pelecotoma Dufourii. Lat. *Dict. d'Hist. nat.* 2ᵉ. *édit.*

Longueur 3 lig. Corps noir, avec un duvet soyeux d'un gris cendré. Elytres d'un brun roussâtre, présentant quelques inégalités. Pattes noires.

Elle se trouve en Espagne et dans la France méridionale.

Nota. Nous n'avons point vu ces deux dernières espèces. (S. F. et A. Serv.)

PÉLOGONE,

PÉLOGONE, *Pelogonus.* Lat. *Ochterus.* Lat. *Gener. Crust. et Ins.*

Genre d'insectes de l'ordre des Hémiptères, section des Hétéroptères, famille des Hydrocorises, tribu des Ravisseurs.

Ce genre établi par M. Latreille se distingue de tous les autres de sa tribu, en ce que ses pattes antérieures sont semblables aux quatre suivantes et point ravisseuses.

Antennes insérées dans le coin interne et inférieur des yeux, sans cavité au-dessous destinée à les recevoir; elles sont filiformes, de la longueur de la tête, composées de quatre articles, les deux premiers plus courts, celui de la base cylindrique, le second un peu plus gros, conico-cylindrique, le troisième menu, alongé, cylindrique, le dernier ovale, un peu plus court que le second. — *Labre* petit, trigone, un peu plus large que long. — *Bec* fléchi en dessous, droit, atteignant les cuisses postérieures, plus épais à sa base, cylindroconique à son extrémité qui est grêle et très-pointue; il est formé de quatre articles, les deux premiers plus épais, courts, ressemblant à des anneaux; celui de la base plus grand que le second, le troisième très-long, peu distinctement canaliculé, le dernier court, conique, très-pointu; soies du suçoir très-longues. — *Corps* ovale-arrondi, déprimé. — *Tête* plus étroite que le corselet. — *Yeux* grands, saillans, subtrigones, échancrés postérieurement. — *Deux petits yeux lisses.* — *Corselet* plus large que long, demi-circulaire, son bord postérieur plus large, un peu sinué. — *Ecusson* grand, trigone. — *Cuisses* alongées, ovales; jambes grêles, cylindriques, un peu épineuses; tarses courts, filiformes, les antérieurs ayant leur premier article très-court; les quatre postérieurs n'ayant que deux articles distincts, de longueur égale, celui de la base paroissant articulé.

Ce genre ne contient qu'une seule espèce. Elle se plaît sur le bord des ruisseaux.

1. Pélogone bordé, *P. marginatus.*

Pelogonus suprà niger, abdominis elytrorumque margine cinereo maculato.

Pelogonus marginatus. Lat. *Dict. d'Hist. nat. 2e. édit.*

Longueur 2 lig. Corps noirâtre, un peu cendré en dessous. Côtés du corselet, quelques parties de son bord postérieur et des taches sur les bords extérieurs des élytres et de l'abdomen, d'un brun roussâtre; élytres ayant quelques points cendrés. Pattes pâles.

Des environs de Bordeaux et de Brives. On le trouve aussi en Provence et en Espagne. (S. F. et A. Serv.)

PÉLOPHILE, *Pelophila.* Ce genre de Coléoptères pentamères carnassiers fait partie de la quatrième division de la tribu des Carabiques, nommée par M. Latreille les Abdominaux. Dans cette division il se range dans un petit groupe dont voici les caractères: mandibules sans dents notables ou dentées seulement vers leur base; dernier article des palpes extérieurs presque cylindrique ou ovalaire. Antennes assez épaisses et courtes. Dans les autres genres du même groupe les articles des tarses antérieurs ne sont que légèrement ou point du tout dilatés dans les mâles, tandis que dans les Pélophiles de ce sexe, les trois premiers articles des tarses antérieurs sont assez fortement dilatés.

M. le comte Dejean a fondé ce genre sur le *Carabus borealis* de Fabricius et d'Olivier, et M. le baron de Mannerheim en a donné une monographie (1). Cet auteur en décrit cinq espèces, dont trois sont regardées par M. Dejean comme des variétés de sa Pélophile boréale. (S. F. et A. Serv.)

PÉLOPÉE, *Pelopœus.* Lat. Fab. Spinol. *Sphex.* Linn. De Géer. Jur. *Pepsis.* Fab. Illig. *Sceliphron.* Klüg.

Genre d'insectes de l'ordre des Hyménoptères, section des Porte-aiguillon, famille des Fouisseurs, tribu des Sphégimes.

M. Latreille a fondé ce genre aux dépens des Sphex des auteurs qui l'ont précédé. Fabricius l'a adopté, mais il y fait entrer des espèces qui lui sont étrangères, et rejette dans son genre *Pepsis* quelques vrais Pélopées. Ces hyménoptères ne peuvent être confondus avec les Dolichures, les Ampulex, les Chlorions et les Sphex; dans ces genres la seconde cellule cubitale des ailes supérieures ne reçoit point les deux nervures récurrentes. Les Ammophiles ont leur troisième cellule cubitale très-éloignée du bord postérieur de l'aile et la quatrième à peine commencée. Les Podies se distinguent par leurs antennes insérées au-dessous du milieu de la face de la tête, le chaperon plus large que long, les mâchoires entièrement membraneuses et en outre par leurs quatre palpes presqu'également longs.

Antennes assez courtes, filiformes, un peu roulées en spirale à leur extrémité, de douze articles dans les femelles, de treize dans les mâles, insérées au milieu de la face de la tête. — *Labre* en carré transversal, placé verticalement sous le chaperon. — *Mandibules* sans dents ou unidentées au côté interne et striées sur le dos. — *Mâchoires* assez courtes, presque droites ou peu courbées, ne formant point par leur réunion de fausse trompe sensible; leur extrémité en partie membraneuse. — *Quatre palpes*; les maxillaires

(1) *Observ. sur les Ins.*, par Arviel David Hummel. Saint-Pétersbourg, 1823. (*Essais entomologiques*, no. III.)

sétacés, beaucoup plus longs que les labiaux, de six articles; le troisième plus grand que le second et le quatrième, dilaté au côté interne; les labiaux filiformes, de quatre articles. — *Languette* à divisions courtes. — *Tête* comprimée, son devant plan, uni, soyeux. — *Chaperon* à diamètres presqu'égaux. — *Trois petits yeux lisses* disposés en triangle et placés sur le vertex. — *Corselet* légèrement rétréci en devant, son premier segment court et transversal; le second obtus postérieurement. — *Ailes* courtes, n'atteignant pas l'extrémité de l'abdomen, les supérieures ayant une cellule radiale longue, son extrémité arrondie ne s'écartant pas de la côte; cette cellule s'avançant fort près du bord postérieur de l'aile, ainsi que la troisième cubitale et toutes deux presqu'également, et quatre cellules cubitales; la première presqu'aussi longue que les deux suivantes réunies, la seconde presque carrée, recevant les deux nervures récurrentes; la troisième se rétrécissant un peu vers la radiale; la quatrième commencée, tracée jusqu'au milieu de l'espace qui est entre la troisième et le bord postérieur. — *Abdomen* ovalaire-globuleux, composé de cinq segmens outre l'anus dans les femelles, en ayant un de plus dans les mâles, tenant au corselet par un long pédicule formé par la partie antérieure du premier segment qui s'évase ensuite brusquement. — *Pattes* longues, les postérieures surtout; jambes n'étant point ou presque point épineuses au côté extérieur, les postérieures munies à leur extrémité de deux épines inégales, l'intérieure plus longue; les intermédiaires de deux épines égales et les antérieures d'une seule épine courte et simple. — *Tarses* à articles alongés, le dernier terminé par deux crochets unidentés dans les femelles, simples dans les mâles, avec une pelotte assez grosse dans l'entre-deux.

Les Pelopées habitent les pays chauds et sont d'une taille moyenne dans leur famille. Ils sont remarquables par leurs habitudes. Dans les espèces d'Europe et d'Amérique dont les mœurs sont connues, les femelles construisent des nids de terre gâchée, et c'est de cette occupation que le genre a pris son nom qui en grec équivaut au mot *potier*. Ce nid est composé d'un assez grand nombre de tuyaux tous parallèles les uns aux autres, formant une masse ordinairement attachée à une corniche ou à un plancher par le fond des cellules dont l'ouverture est en bas et sur un même plan. Il y a quelquefois deux ou trois rangs de ces cellules appliqués l'un contre l'autre; l'ouverture de chaque trou est l'entrée d'une cellule que l'insecte ne construit que l'une après l'autre; il la forme d'une spirale du mortier dont nous venons de parler. Ce nid doit ensuite être approvisionné d'insectes vivans pour la nourriture de la larve qui éclôra de l'œuf confié à chaque cellule par la femelle Pelopée, mais nous ne savons pas d'une manière bien précise si le choix de cette mère tombe toujours sur des araignées, comme le dit M. Palisot de Bauvois du Pélopée tourneur; cet auteur ajoute positivement que cette espèce ferme après sa ponte l'ouverture de chaque cellule approvisionnée.

Ce genre peut renfermer une vingtaine d'espèces.

1. Pélopée tourneur, *P. spirifex.*

Pelopœus niger, antennarum nigrarum articulo primo anticè luteo, thorace omninò nigro; abdominis petiolo luteo.

Pelopœus spirifex. Lat. *Gener. Crust. et Ins. tom.* 4. *pag.* 60. — *Sphex spirifex.* Linn. *Syst. Nat.* 2. 942. 9. — *Sphex ægyptia.* Linn. *Syst. Nat.* 2. 942. 10. — *Pepsis spirifex.* Illig. *Faun. Etrusc. tom.* 2. 94.

Longueur 12 à 15 lig. Corps noir. Antennes noires; premier article avec une tache jaune antérieurement. Dessus du métathorax très-strié, ces stries presque transversales. Ailes transparentes à nervures brunes avec une très-petite tache obscure à l'extrémité des supérieures. Pétiole de l'abdomen entièrement jaune. Les quatre pattes antérieures jaunes; leurs hanches et la base des cuisses noires, tarses un peu bruns. Pattes postérieures noires, ayant le second article des hanches, la base des cuisses, des jambes et des tarses, jaunes. Femelle.

Le mâle est un peu plus petit.

Cette espèce commune dans le midi de la France paroît s'étendre sur tous les bords de la Méditerranée.

2. Pélopée suspenseur, *P. pensilis.*

Pelopœus niger, antennarum nigrarum articulo primo omninò luteo: thorace nigro, alarum squamâ luteâ; abdominis petiolo luteo, subtùs nigro lineato.

Pelopœus pensilis. Lat. *Gener. Crust. et Ins. tom.* 4. *pag.* 60. — *Pepsis pensilis.* Illig. *Faun. Etrusc. tom.* 2. *pag.* 94.

Longueur un pouce. Corps noir. Antennes noires; premier article entièrement jaune; face antérieure de la tête couverte d'un duvet gris-argenté. Ecailles des ailes jaunes. Dessus du métathorax à stries peu sensibles et couvert d'un duvet gris: ailes transparentes, un peu jaunâtres, nervures fauves. Pétiole de l'abdomen jaune, marqué en dessous d'une ligne noire, dans toute sa longueur. Les quatre pattes antérieures jaunes à hanches et base des cuisses noires. Les postérieures jaunes avec le premier article des hanches, l'extrémité des cuisses, celle des jambes et le dernier article des tarses noirs. Mâle et femelle.

Du midi de la France.

3. Pélopée distillateur, *P. destillatorius.*

Pelopœus niger, antennarum nigrarum articulo primo omninò luteo; thoracis nigri lineâ anticâ, aliâ scutellari et alarum squamâ luteis; abdominis petiolo luteo, basi et apice parùm nigro : alis pellucidis.

Pelopœus destillatorius. Lat. *Gener. Crust. et Ins. tom.* 4. *pag.* 60. — *Pepsis destillatorius.* Illig. *Faun. Etrusc. tom.* 2. *pag.* 94. — *Sphex spirifex.* Panz. *Faun. Germ. fasc.* 16. *fig.* 15.

Longueur 12 à 15 lig. Corps noir. Antennes noires; premier article entièrement jaune. Tête garnie de poils noirs, son devant et l'orbite des yeux ayant un peu de duvet argenté. Corselet pubescent. Ecailles des ailes, ligne terminale de l'écusson et pétiole de l'abdomen jaunes; ce dernier ayant un peu de noir à sa base et à son extrémité, surtout en dessous. Ailes transparentes, un peu jaunâtres, nervures fauves. Les quatre pattes antérieures jaunes à hanches et base des cuisses noires; leurs tarses d'un fauve brunâtre. Pattes postérieures jaunes avec le premier article des hanches, l'extrémité des cuisses et des jambes et le dernier article des tarses noirs. Femelle.

Du midi de la France.

4. Pélopée de Madras, *P. Madraspatanus.*

Pelopœus niger, antennarum nigrarum articulo primo anticè luteo : thoracis nigri lineâ anticâ, aliâ scutellari et alarum squamâ luteis; abdominis petiolo omninò luteo : alis pellucidis apice fuscis.

Pelopœus Madraspatanus. Fab. *Syst. Piez. pag.* 203. *n°.* 3.

Longueur 10 à 12 lig. Corps noir. Antennes noires; premier article jaune en devant. Face antérieure de la tête garnie d'un duvet argenté. Ligne antérieure du corselet, écailles des ailes, ligne postérieure de l'écusson et pétiole de l'abdomen jaunes. Ailes transparentes, jaunâtres, nervures fauves; leur extrémité brune. Les quatre pattes antérieures jaunes avec les hanches et la base des cuisses noires; tarses bruns, le premier article des intermédiaires ayant un peu de jaune. Pattes postérieures noires, second article des hanches, base des cuisses, celle des jambes et la partie inférieure du premier article des tarses jaunes. Femelle.

Des Indes orientales.

5. Pélopée lunulé, *P. lunatus.*

Pelopœus niger, antennarum nigrarum articulo primo omninò luteo : thorace luteo vario; abdominis petiolo nigro, segmento primo ad marginem posticum luteo marginato.

Pelopœus lunatus. Fab. *Syst. Piez. pag.* 203. *n°.* 4. — *Sphex cœmentaria.* Drury, *Ins. tom.* 1. *pag.* 105. *pl. XLIV. fig.* 6. 7 *et* 8. — *Sphex flavomaculata.* De Géer, *Ins.* 3. 588. 4. *pl.* 30. *fig.* 4.

Longueur 10 à 12 lig. Corps noir. Antennes noires, premier article totalement jaune. Face antérieure de la tête garnie d'un duvet argenté. Ligne antérieure du corselet, écailles des ailes, un trait descendant de la base des ailes sur les côtés, base de l'écusson, une ligne à sa partie inférieure et une tache sur le métathorax au-dessus de l'attache de l'abdomen jaunes. Ailes supérieures un peu obscures, fauves à nervures testacées; l'extrémité plus brune. Partie évasée du premier segment de l'abdomen marqué d'une lunule jaune qui le borde postérieurement. Les quatre pattes antérieures jaunes, à hanches et base des cuisses noires; leurs tarses bruns à l'extrémité. Pattes postérieures noires avec la base des jambes et les premiers articles des tarses jaunes. Femelle.

Iles de l'Amérique méridionale.

Nota. Drury a donné des observations sur les mœurs de cette espèce dont il a aussi figuré le nid. La femelle l'approvisionne avec des araignées. D'après la figure il paroîtroit n'avoir point les spires que l'on remarque dans les nids connus des autres Pélopées.

6. Pélopée violet, *P. violaceus.*

Pelopœus cyaneo-violaceus, antennis nigris, alis pellucidis apice fuscis.

Pelopœus violaceus. Lat. *Gener. Crust. et Ins. tom.* 4. *pag.* 61. — *Pepsis violacea.* Fab. *Syst. Piez. pag.* 211. *n°.* 16.

Longueur 8 à 10 lig. Entièrement bleu changeant en violet. Antennes noires. Face antérieure de la tête garnie d'un duvet argenté. Ailes transparentes à nervures testacées-brunes, leur extrémité et la partie caractéristique obscures. Femelle.

Indes orientales.

7. Pélopée bleuâtre, *P. cyaneus.*

Pelopœus nigro violaceus, antennis nigris, alis opacis nigro-violaceis.

Pepsis cyanea. Fab. *Syst. Piez. pag.* 211. *n°.* 17. — *Sphex cœrulea.* Linn. *Syst. Nat.* 2. 941. 2. — De Géer, *Ins.* 3. 589. 6. *pl.* 30. *fig.* 6. — De Tigny, *Hist. natur. des Ins. tom.* 3. *pag.* 274. *fig.* 2.

Longueur 10 à 11 lig. Entièrement noir changeant en bleu et en violet. Antennes noires. Face antérieure de la tête couverte d'un duvet argenté. Ailes opaques noires changeant en violet, mais un peu moins sur le bord intérieur; leurs nervures noires. Mâle et femelle.

De l'Amérique septentrionale.

(S. F. et A. Serv.)

PÉLOR, *Pelor*. Ce genre de Coléoptères, tribu des Carabiques, a été établi par M. Bonelli dans ses observations entomologiques (*Mém. de l'Acad. de Turin*). Il a pour caractères : languette échancrée, courte. Dernier article des palpes maxillaires extérieurs ovale, plus court que le précédent. Mandibules courtes, sans dentelures. Antennes minces, plus courtes que le corselet, leurs articles moniliformes. Corselet très-lisse, ses angles postérieurs arrondis. Ecusson à peine apparent. Dernière paire des jambes épineuse postérieurement. Elytres sans points discoïdaux. Anus très-lisse dans les deux sexes. (S. F. et A. Serv.)

PELOTTE. *Voyez* Insecte, *tom.* 7. *pag.* 239. (S. F. et A. Serv.)

PELTASTE, *Peltastes*. Illig. *Metopius*. Panz. révis. *Ichneumon*. Fab. Lat. Oliv. (Encyclop.) Panz. *Faun. Germ.*

Genre d'insectes de l'ordre des Hyménoptères, section des Térébrans, famille des Pupivores, tribu des Ichneumonides.

Dans la tribu des Ichneumonides, les genres Bracon, Microgastre, Vipion et Helcon ont les palpes maxillaires de cinq articles et les labiaux de trois. Les Chélones, les Sigalphes et les Alysies ont leurs palpes maxillaires de six articles. Les genres Stéphane, Xoride, Ichneumon, Pimple, Acœnite et Agathis, quoiqu'ayant comme les Peltastes, les palpes maxillaires de cinq articles et les labiaux de quatre, n'ont point le second article des maxillaires très-gros, leur écusson n'est point carré ni armé de deux petites épines à ses angles postérieurs; enfin la face antérieure de la tête ne porte pas une espèce de plaque rebordée.

Antennes longues, sétacées, multiarticulées, vibratiles; leurs articles courts et peu distincts. — *Bouche* peu avancée. — *Mandibules* fortes, arquées, aiguës. — *Mâchoires* courtes, cornées, obtuses à leur extrémité. — *Palpes maxillaires* plus longs que les labiaux, de cinq articles, le premier droit, cylindrique, le second très-grand, fort gros, les trois derniers petits, grêles, filiformes; les labiaux courts, de quatre articles presqu'égaux, le troisième un peu plus gros. — *Lèvre* cornée à sa base, membraneuse et tronquée à son extrémité, entière. — *Tête* triangulaire, sa face antérieure portant une sorte de plaque rebordée. — *Trois yeux lisses* gros, saillans, disposés en triangle et placés sur le vertex. — *Corps* fortement chagriné. — *Corselet* ovale, convexe; son segment antérieur rétréci en devant, s'avançant latéralement jusqu'à la naissance des ailes supérieures. — *Ecusson* carré; sa partie postérieure s'élevant brusquement au-dessus du métathorax, armé de chaque côté, d'une petite pointe. — *Ailes supérieures* ayant une cellule radiale fort grande et trois cellules cubitales, la première grande, presque triangulaire, réunie à la première cellule discoïdale supérieure; la seconde très-petite, ne s'approchant de la radiale qu'en un seul point, de même forme que la première, recevant dans son milieu la nervure récurrente qui est très-droite; la troisième complète atteignant l'extrémité de l'aile. Deux cellules discoïdales, savoir : la seconde supérieure et l'inférieure; celle-ci (1) fermée avant le bout postérieur de l'aile par la nervure récurrente. — *Abdomen* composé de sept segmens outre l'anus; il est long et attaché au corselet par une base large et plate, convexe en dessus, creusé en dessous, devenant plus épais vers son extrémité; bord postérieur de ses segmens épais. Anus des femelles fendu en dessous en une coulisse dans laquelle la tarière rentre presqu'entièrement dans le repos; celle-ci courte, cylindrique. Anus des mâles entier en dessous, recouvert en dessus. — *Pattes* de longueur moyenne, hanches grandes, cuisses postérieures un peu renflées; les quatre jambes antérieures munies d'une seule épine à leur extrémité, les postérieures de deux. Crochets des tarses ayant une pelotte assez forte dans leur entre-deux.

Ce genre fondé par M. Illiger, et dont le nom vient d'un mot grec qui signifie *armé d'un bouclier*, reçut ensuite de Panzer, dans sa révision, celui de *Metopius*. On n'en connoît qu'un petit nombre d'espèces, toutes d'assez grande taille. Leurs mœurs sont les mêmes que celles des Ichneumons. Leurs larves vivent dans le corps de différentes larves, et particulièrement dans celui des chenilles. Le noir est la couleur dominante des Peltastes; les segmens de leur abdomen ont ordinairement des bandes marginales jaunes.

1. Peltaste de Fabricius, *P. micratorius*.

Peltastes niger, luteo varius, alis fulvo hyalinis, antennis subtùs luteis; palpis nigris apice fuscis.

Ichneumon micratorius. Fab. *Syst. Piez. pag.* 62. *n°.* 41. Mâle.

Longueur 10 à 12 lig. Antennes jaunes, noires en dessus. Premier article entièrement noir. Palpes maxillaires bruns, leurs deux premiers articles noirs. Tête noire marquée d'une ligne jaune de chaque côté de la plaque antérieure, près des yeux. Corselet noir avec deux petits points jaunes près de la base des ailes et un point de même couleur placé de chaque côté du métathorax. Ecusson noir; ses quatre angles jaunes. Abdomen

(1) *Voyez* la note de l'article Pupivores.

noir; bord postérieur des second, troisième, quatrième, cinquième et sixième segmens, jaune; le premier ayant de chaque côté une tache de cette couleur. Pattes jaunes; cuisses en partie noires. Ailes fauves, transparentes. Femelle.

Le mâle diffère en ce que la presque totalité de la partie antérieure de sa tête est jaune au-dessous des antennes; son corselet a de chaque côté une ligne humérale et une tache arquée au-dessous de l'écaille des ailes, jaunes. Le bord postérieur de l'écusson, le métathorax et une ligne sous l'écusson, sont encore de cette dernière couleur. Le septième segment de l'abdomen a son bord postérieur jaune comme les précédens. Les pattes sont entièrement de cette couleur, seulement les cuisses postérieures ont une tache noire.

Environs de Paris.

2. Peltaste de Panzer, *P. necatorius.*

Peltastes niger, luteo varius, alis hyalinis, antennis subtùs luteis; palpis nigris apice luteis.

Ichneumon necatorius. Fab. *Syst. Piez. pag.* 62, *n°.* 42. — *Ichneumon vespoides.* Panz. *Faun. Germ. fasc.* 47. *fig.* 19.

Longueur 8 à 9 lig. Antennes noires en dessus, jaunes en dessous. Palpes noirs, leurs derniers articles jaunes. Tête noire, sa plaque antérieure bordée de jaune, surmontée de trois pointes de cette couleur. Corselet noir avec une ligne humérale et un point sous l'attache des ailes, jaunes; les deux pointes postérieures de l'écusson de même couleur. Abdomen noir. Les premier, troisième, quatrième et cinquième segmens bordés de jaune postérieurement; le second n'ayant que deux points latéraux de cette couleur. Les quatre pattes antérieures jaunes, avec les cuisses en partie noires. Pattes postérieures noires, ayant la base des cuisses, des jambes et des tarses jaunes. Ailes transparentes. Femelle.

Nous avons une autre femelle qui a le second et le sixième segmens de l'abdomen ainsi que l'écusson entièrement bordés de jaune postérieurement, et dont les jambes postérieures sont presqu'en totalité de cette couleur: du reste semblable à la précédente. En est-elle une simple variété?

Environs de Paris.

Nota. Panzer rapporte à cette espèce la *fig.* 5 de la *pl.* 128. Schæf. *Icon. Ins. Ratisb.*, et le *Sphex vespoides.* Scop. *Carn. n°.* 789.

3. Peltaste d'Illiger, *P. nigrator.*

Peltastes niger, luteo varius, alis hyalinis, cellulâ radiali fuscâ, antennis palpisque nigris.

Longueur 6 à 7 lig. Antennes et palpes noirs. Tête noire avec une tache jaune triangulaire au-dessus de sa plaque antérieure. Corselet entièrement noir. Abdomen noir, ses troisième, quatrième et cinquième segmens bordés de jaune à leur partie postérieure, le premier ayant de chaque côté une tache de cette couleur. Les quatre pattes antérieures jaunes, leurs cuisses en partie noires, leurs jambes tachées de cette couleur en dedans. Pattes postérieures noires avec la base des jambes, celle des cuisses et leur extrémité jaunes. Ailes transparentes avec la cellule radiale brune; cette couleur s'étendant vers l'angle extérieur. Femelle.

Environs de Paris.

4. Peltaste de Gravenhorst, *P. dissectorius.*

Peltastes niger, luteo varius, alis hyalinis, cellulâ radiali fuscâ, antennis subtùs testaceis; palpis nigris apice fuscis; abdomine cœrulescente.

Ichneumon dissectorius. Panz. *Faun. Germ. fasc.* *fig.* 14.

Longueur 6 à 8 lig. Antennes noires, un peu testacées en dessous. Palpes noirs, leurs derniers articles bruns. Tête noire ayant un petit point jaune près des yeux, entre ceux-ci et la base des antennes. Corselet noir. Abdomen d'un noir bleuâtre changeant en violet, ses premier, second et troisième segmens ayant une tache jaune de chaque côté au bord postérieur, et le quatrième entièrement bordé de cette couleur. Pattes noires, genoux jaunes. Ailes transparentes avec la cellule radiale brune; cette couleur s'étendant vers l'angle extérieur. Femelle.

Var. Quatrième segment de l'abdomen n'ayant de jaune que deux points latéraux.

Des environs de Paris.

ACŒNITE, *Acœnites.* Latr. *Cryptus.* Fab. Panz. révis. *Ichneumon.* Oliv. (Encycl.) Ross. *Anomalon.* Jur.

Genre d'insectes de l'ordre des Hyménoptères, section des Térébrans, famille des Pupivores, tribu des Ichneumonides.

Les Acœnites font partie d'un groupe établi par M. Latreille dans cette tribu; il a pour caractères: palpes maxillaires de cinq articles, les labiaux de quatre. Dans ce groupe, les Stéphanes et les Xorides se distinguent par leurs mandibules terminées par une pointe entière, les Agathis, par l'avancement semblable à un bec que forment les mâchoires et la lèvre, les Ichneumons, les Pimples et les Peltastes ont les articles des palpes maxillaires de forme très-inégale. Ces caractères éloignent ces divers genres de celui d'Acœnite.

Antennes filiformes ou sétacées, multiarticulées, vibratiles; leur premier article gros, turbiné, échancré extérieurement, le second court, presque cyathiforme, le troisième petit, plus court que le précédent; le quatrième presque cylindrique, le plus long de tous, les autres allant en décroissant insensiblement de longueur jusqu'à l'extrémité. — *Mandibules* bidentées, étroites, alongées et croisées. — *Mâchoires* et *lèvre* courtes, ne s'avançant point en manière de bec ni de museau. — *Palpes maxillaires* beaucoup plus longs que les labiaux, de cinq articles, peu différens les uns des autres pour la forme; palpes labiaux de quatre articles. — *Tête* triangulaire, presque de la largeur du corselet, déprimée en devant. — *Trois petits yeux lisses* disposés en triangle sur le bord antérieur du vertex. — *Corselet* assez long; métathorax arrondi postérieurement, n'ayant pas de pointes latérales sensibles. — *Ailes supérieures* ayant une cellule radiale; la première cellule cubitale confondue avec la première cellule discoïdale supérieure; seconde cellule cubitale recevant toujours la deuxième nervure récurrente; la première nervure manque; deux cellules discoïdales, savoir: la seconde supérieure et l'inférieure; celle-ci fermée par la nervure récurrente avant le bord postérieur de l'aile. — *Abdomen* se rétrécissant à sa base et s'insérant au bas du métathorax, composé de sept segmens outre l'anus; tarière (des femelles) dépassant notablement l'abdomen, soutenue en dessous par une grande écaille faite en soc de charrue, dont l'insertion suit immédiatement le cinquième segment. — *Pattes* de longueur moyenne; jambes antérieures terminées par une seule épine, les quatre postérieures en ayant deux; premier article des tarses fort long; crochets munis d'une pelotte dans leur entre-deux.

Consultez pour les mœurs les généralités de l'article Ichneumon de ce Dictionnaire. Nous ne connoissons pas encore les mâles de ce genre fondé par M. Latreille. Les femelles ont toujours quelques-uns des avant-derniers segmens de l'abdomen échancrés inférieurement en dessus; la partie coriace de ces segmens est alors remplacée par une membrane flexible, ce qui donne plus de facilité à ces insectes pour ployer l'abdomen en dessous et ramener leur tarière en devant, afin d'en faire usage. Le petit nombre d'espèces d'Acœnites connues, est d'Europe.

1re. *Division.* Cellule radiale moyenne, pointue à ses deux extrémités, allant en se rétrécissant depuis l'extrémité de la première cellule cubitale; deux cellules cubitales fort grandes, la seconde presque complète; nervure récurrente un peu ondulée. — Antennes filiformes, droites, guère plus longues que la tête et le corselet pris ensemble. — Cinquième article des tarses aussi long que les trois précédens réunis: crochets unidentés vers leur extrémité; pelotte des deux tarses postérieurs plus forte.

1. Acœnite porte-soc, *A. dubitator.*

Acœnites niger, abdominis segmentis secundo, tertio, quartoque aliquando et pedibus omnibus, coxis tarsisque duobus posticis exceptis, testaceo-ferrugineis, cæteris segmentis inferioribus infrà excisis, incisurâ albidâ.

Acœnites dubitator. Lat. *Gener. Crust. et Ins. tom.* 4. *pag.* 9. — *Cryptus dubitator.* Fab. *Syst. Piez. pag.* 85. *n°.* 64. — *Ichneumon dubitator.* Panz. *Faun. Germ. fasc.* 78. *fig.* 14. — *Anomalon dubitator.* Jur. *Hyménopt. pag.* 116. La femelle.

Longueur 5 à 8 lig. Noir. Second, troisième et quelquefois le quatrième segmens de l'abdomen d'un testacé ferrugineux. Pattes de même couleur, à l'exception de toutes les hanches et des deux tarses postérieurs. Derniers segmens de l'abdomen, à partir du quatrième, laissant découverte à leur partie inférieure une portion de membrane blanchâtre. Tarière ferrugineuse, à peu près de la longueur de l'abdomen, ses fourreaux noirs, un peu velus. Femelle.

Nota. M. Latreille rapporte à cette division l'*Ichneumon arator.* Ross. *Faun. Etrus. tom.* 2. *pag.* 49. *n°.* 778.

2e. *Division.* Cellule radiale plus longue que dans la première division, mais de la même forme; trois cellules cubitales, la première plus grande que la troisième; la seconde extrêmement petite, pétiolée, la troisième complète; nervure récurrente un peu arquée, mais point ondulée. — Antennes sétacées, se recourbant un peu à leur extrémité, beaucoup plus longues que la tête et le corselet pris ensemble. — Cinquième article des tarses guère plus long que le précédent. Crochets simples; pelottes égales.

2. Acœnite échancré, *A. incisurator.*

Acœnites niger, pedibus, alarum squamâ abdominisque incisuris luteo fulvis.

Longueur 14 lig. Noir. Antennes de cette couleur en dessus, brunes en dessous, surtout vers la base. Devant de la tête marqué de deux taches jaunes sous les antennes. Palpes, écailles des ailes et pattes d'un jaune fauve, ainsi que les échancrures des derniers segmens de l'abdomen. Hanches noirâtres. Tarière de la longueur de l'abdomen. Ailes transparentes, d'un jaune fauve; les supérieures ayant leur point marginal et la nervure du bord extérieur de cette dernière couleur. Femelle.

Des environs de Paris.

AGATHIS, *Agathis.* Lat. *Bracon.* Fab. Spinol. *Ichneumon.* Jur.

Genre d'insectes de l'ordre des Hyménoptères, section des Térébrans, famille des Pupivores, tribu des Ichneumonides.

Dans le groupe des Ichneumonides qui a pour caractères: palpes maxillaires de cinq articles,

les labiaux de quatre, aucun autre genre que celui d'Agathis n'a les mâchoires et la lèvre avancées en une sorte de bec ou de museau.

Antennes sétacées, multiarticulées, vibratiles, se recourbant un peu à leur extrémité; leur premier article gros, recourbé; les second et troisième fort petits, le quatrième guère plus long que les suivans, ceux-ci allant en diminuant de longueur insensiblement jusqu'à l'extrémité. — *Mandibules* étroites, alongées, croisées, bidentées à l'extrémité. — *Mâchoires* et *lèvre* avancées en une sorte de museau. — *Palpes maxillaires* plus longs que les labiaux, composés de cinq articles, les labiaux de quatre; dans tous, ces articles peu différens les uns des autres pour la forme. — *Tête* triangulaire, plus étroite que le corselet, bombée en devant. — *Trois petits yeux lisses* placés en triangle sur le vertex. — Corselet assez long; métathorax muni d'une petite pointe de chaque côté. — *Ailes supérieures* ayant une cellule radiale très-petite, terminée en pointe le long du bord extérieur, bien avant l'extrémité de l'aile; point marginal fort grand, épais; trois cellules cubitales, la première fort grande, confondue avec la première cellule discoïdale supérieure; seconde cubitale très-petite, presque carrée, la troisième très-longue, point de nervures récurrentes; deux cellules discoïdales; savoir: la seconde supérieure et l'inférieure; celle-ci s'étendant jusqu'au bord postérieur de l'aile. — *Abdomen* guère plus long que le corselet, se rétrécissant à sa base et s'insérant au bas du métathorax, composé de sept segmens outre l'anus; tarière (des femelles) dépassant l'abdomen, soutenue en dessous par une écaille presque triangulaire dont l'insertion suit immédiatement le cinquième segment. — *Les quatre pattes antérieures* de longueur moyenne, les postérieures plus longues et plus fortes. Jambes de devant terminées par une seule épine, les quatre autres en ayant deux. Premier article des tarses aussi long que les quatre autres pris ensemble; ceux-ci allant en diminuant de longueur. Crochets et pelottes très-petits.

Voyez pour les mœurs les généralités du genre Ichneumon. Celui d'Agathis dû à M. Latreille contient un certain nombre d'espèces européennes.

1. Agathis rougeâtre, *A. purgator*.

Agathis luteo-ferrugineus, antennis, tibiarum duarum posticarum apice tarsorumque ejusdem paris suprà articulis, nigris.

Agathis purgator. Lat. *Gener. Crust. et Ins. tom.* 4. *pag.* 9. — *Bracon purgator*. Fab. *Syst. Piez. pag.* 104. *n°.* 10. — *Ichneumon purgator*. Jur. *Hyménopt. pag.* 113. La femelle. — Coqueb. *Illustr. Icon. tab.* 4. *fig.* 3. La femelle. (Cette figure est incorrecte.)

Longueur 4 à 5 lig. D'un jaune ferrugineux. Antennes, extrémité des deux jambes postérieures et fourreaux de la tarière noirs. On remarque une ligne de cette couleur sur la partie extérieure des deux derniers tarses. Ailes supérieures d'un blanc jaunâtre avec une bande transversale noire; leur partie postérieure noire avec une grande tache transparente. Femelle.

Dans le mâle les ailes supérieures sont assez souvent plus foncées et la tache transparente du bout est plus petite.

Commun aux environs de Paris.

Rapportez à ce genre: 1°. l'*Agathis malvacearum*. Lat. *Gener. Crust. et Ins. tom.* 4. *pag.* 9. *tom.* 1. *tab.* 12. *fig.* 2. La femelle. *Ichneumon Panzeri*. Jur. *Hyménopt. pl.* 8. La femelle. (*Encycl. pl.* 376. *fig.* 6.) Cette espèce introduit ses œufs dans le corps d'une larve dont nous ignorons le genre; cette larve vit aux dépens des graines de malvacées et particulièrement de la rose trémière (*alcea rosea et ficifolia*); 2°. le *Bracon rostrator*. Spinol. *Ins. Ligur. fasc.* 3. *pag.* 113. *n°.* 9.

BRACON, *Bracon*. Jur. Fab. Lat. Panz. Spinol. *Ichneumon*. Linn. Geoff. Oliv. (Encycl.)

Genre d'insectes de l'ordre des Hyménoptères, section des Térébrans, famille des Pupivores, tribu des Ichneumonides.

Quatre genres de cette tribu y forment un groupe distinct par leurs palpes maxillaires de cinq articles en même temps que les labiaux n'en ont que trois. Dans ce groupe dont le genre Bracon fait partie, les Microgastres n'ont point leurs mandibules avancées de manière à laisser un intervalle entr'elles et le labre. Les Vipions ont une espèce de bec formé par l'avancement des mâchoires et de la lèvre, et dans les Helcons la partie antérieure du second lobe du corselet s'avance en bosse d'une manière remarquable.

Antennes sétacées, multiarticulées, vibratiles, insérées sur le front, point roulées à leur extrémité; leur premier article gros, turbiné, coupé droit à l'extrémité, plus long que les autres; le second court, globuleux, un peu plus gros que les suivans; le troisième cylindrique, un peu plus long que le quatrième; ceux qui viennent ensuite égaux entr'eux, les derniers plus courts que les premiers, mais tous ne diminuant de longueur qu'insensiblement. — *Mandibules* bidentées, avancées, laissant entr'elles et le labre un vide notable, lors même qu'elles sont fermées et dans le repos. — *Mâchoires* et *lèvre* ne s'avançant point en manière de bec ni de museau. — *Palpes maxillaires* très-alongés, deux fois plus longs que les labiaux, composés de cinq articles, le second un peu plus gros que les autres, cylindrique comme eux; les labiaux de trois articles à peu près égaux en longueur. —

Tête globuleuse, moins large que le milieu du corselet. — *Trois petits yeux lisses* disposés en triangle sur un tubercule frontal entouré d'un sillon. — *Corselet* rétréci en devant ; partie antérieure de son lobe moyen s'abaissant graduellement ; métathorax lisse, assez court. — *Ailes* ordinairement colorées ; les supérieures ayant une cellule radiale grande, commençant à se rétrécir après la seconde cellule cubitale ; trois cellules cubitales, la première distincte de la première cellule discoïdale supérieure ; seconde cellule cubitale grande, terminée carrément à sa partie postérieure et trois cellules discoïdales, l'inférieure s'étendant jusqu'au bord postérieur de l'aile. — *Premier segment de l'abdomen* ayant ordinairement son disque élevé, entouré en devant et sur les côtés par un sillon profond ; tarière (des femelles) dépassant l'abdomen. — *Pattes* de longueur moyenne, jambes postérieures cylindriques.

On trouve ordinairement les Bracons dans les bois, voltigeant ou courant sur les arbres qui renferment des larves ; ce qui donne lieu de croire que les femelles découvrent la situation de ces larves et qu'elles parviennent au moyen de leur tarière à introduire leurs œufs dans le corps de ces dernières. Ce genre contient un assez grand nombre d'espèces des deux continens, fort différentes entr'elles, ce qui indiqueroit encore le besoin d'établir de nouvelles coupes génériques, et pourtant nous restreignons davantage ce genre que les auteurs qui nous ont précédés.

1re. *Division*. Première cellule cubitale recevant la nervure récurrente.

1re. *Subdivision*. Cellule radiale atteignant presque le bout de l'aile. — Seconde cellule cubitale plus longue que large.

Rapportez à cette subdivision, 1°. l'Ichneumon dénigrant, n°. 105 de ce Dictionnaire. L'abdomen de la femelle est ovale-oblong, celui du mâle est cylindrique, presque linéaire ; dans les deux sexes, ces cinq premiers segmens sont plus grands que les suivans ; 2°. le *Bracon initiator*, n°. 37. Fab. *Syst. Piez.*

2e. *Subdivision*. Cellule radiale se terminant bien avant le bout de l'aile. — Seconde cellule cubitale plus large que longue.

1. Bracon maculé, *B. maculator.*

Bracon luteo-albidus, metathorace abdomineque suprà nigro maculatis.

Longueur 2 lig. ½. Corps d'un blanc jaunâtre. Tubercule portant les yeux lisses, dessus des antennes et du métathorax d'un brun noirâtre. Moitié inférieure du premier segment de l'abdomen, côtés du second, et troisième segment noirs en dessus. Tarière noire, moins longue que l'abdomen. Jambes postérieures ayant une tache brune en dessus. Les trois premiers segmens de l'abdomen sont plus grands que les suivans ; on voit sur le second une petite tache transparente placée sur la partie noire latérale. Ailes transparentes, irisées. Femelle.

Environs de Paris.

2e. *Division*. Seconde cellule cubitale recevant la nervure récurrente.

2. Bracon bifascié, *B. bifasciator.*

Bracon fuscus, alis superioribus hyalinis fusco bifasciatis ; fasciæ posterioris maculâ in medio hyalinâ.

Longueur 2 lig. Brun. Tête, dessous des antennes et du corselet blanchâtres. Pattes de cette couleur, variées de brun. Ailes transparentes, les supérieures ayant deux larges bandes transverses brunes ; la seconde portant dans son milieu sur la nervure qui sépare les seconde et troisième cellules cubitales, une petite tache transparente. Tarière un peu plus longue que l'abdomen. Femelle.

Des environs de Paris.

HELCON, *Helcon*. Nees von Esenbeck.

Genre d'insectes de l'ordre des Hyménoptères, section des Térébrans, famille des Pupivores, tribu des Ichneumonides.

Ce nouveau genre fait partie des Ichneumonides qui ont les palpes maxillaires de cinq articles et les labiaux de trois ; ce petit groupe renferme en outre les Vipions, les Bracons et les Microgastres. Les premiers ont un caractère particulier, celui que présentent leurs mâchoires et leur lèvre, qui se prolongent en dehors et forment une sorte de bec. Les Microgastres sont les seuls dont la bouche n'offre de partie saillante que les palpes. Dans les Bracons qui, comme les Helcons, ont des mandibules avancées, le second article des palpes maxillaires est cylindrique, sans aplatissement, ni dilatation sensible ; le dernier article des palpes labiaux n'est pas beaucoup plus long que le précédent ; la tête est globuleuse ; le corselet est proportionnellement beaucoup plus court que celui des Helcons ; il se rétrécit notablement en devant et s'abaisse d'une manière insensible ; le métathorax est lisse et court ; les petits yeux lisses sont posés sur une élévation entourée d'un sillon, et la seconde cellule cubitale des ailes supérieures ne se rétrécit point vers la radiale. Cette masse de différences, auxquelles la comparaison des caractères génériques ajoutera encore, justifie suffisamment l'adoption de ce genre.

Antennes longues, sétacées, multiarticulées, vibratiles, insérées sur le rebord inférieur d'une cavité frontale, d'abord droites jusqu'aux deux tiers

tiers de leur longueur, se roulant ensuite sur elles-mêmes, principalement dans les femelles; leur premier article gros, très-gonflé à sa partie supérieure, coupé obliquement à son extrémité, un peu moins long que le troisième; le second très-court, un peu plus gros que les suivans, renfermé en partie dans le premier; le troisième le plus long de tous; ceux qui viennent ensuite allant en diminuant de longueur jusqu'à l'extrémité. — *Mandibules* bidentées, avancées, laissant entr'elles et le labre un vide notable, lors même qu'elles sont fermées et dans le repos. — *Mâchoires* et *lèvre* ne s'avançant point en manière de bec ni de museau. — *Palpes maxillaires* très-alongés, deux fois plus longs que les labiaux, composés de cinq articles, le second un peu aplati, dilaté à sa partie intérieure; les labiaux de trois articles, le dernier cylindrique, aussi long que les deux autres pris ensemble. — *Tête* presque cubique, à peu près aussi large que le corselet, ayant une cavité frontale remarquable; celle-ci rebordée sur les côtés, très-inégale dans son intérieur. — *Trois petits yeux lisses* posés en triangle sur le bord supérieur de la cavité frontale, l'antérieur placé même dans cette cavité. — *Corselet* long, point aminci en devant; partie antérieure de son lobe moyen s'élevant en bosse et s'avançant audessus du lobe antérieur; métathorax long, très-rugueux, portant plusieurs lignes longitudinales un peu élevées. — *Ailes supérieures* ayant une cellule radiale qui n'atteint pas le bout de l'aile, se rétrécissant après la seconde cellule cubitale, pointue à son extrémité; trois cellules cubitales, la première plus grande que la seconde, distincte de la première cellule discoïdale supérieure, recevant la nervure récurrente; seconde cellule cubitale grande, se rétrécissant vers la radiale; la troisième atteignant presque le bout de l'aile, aussi longue que les deux précédentes réunies, et trois cellules discoïdales; l'inférieure s'étendant jusqu'au bord postérieur de l'aile. — *Abdomen* presque linéaire, composé de sept segmens outre l'anus, le premier étant le plus souvent fortement canaliculé en dessus; tarière (des femelles) dépassant l'abdomen; sa base soutenue par une grande écaille qui s'insère après le sixième segment. — *Pattes* de longueur moyenne, les postérieures un peu plus fortes. Jambes de celles-ci canaliculées extérieurement, au moins dans les femelles. Jambes antérieures terminées par une seule épine, les quatre autres en ayant deux petites.

M. Nées d'Esenbeck a donné les caractères de ce genre dans l'*Appendix* qu'il a joint à l'ouvrage de M. Gravenhorst, intitulé: *Conspectus generum et familiarum Ichneumonidum*. Les espèces que nous y rapportons fréquentent les chantiers de bois coupé et rangé en piles, surtout ceux des forêts. Il est probable que leurs mœurs ne diffèrent point de celles du genre précédent. Nous n'en connoissons que peu d'espèces : elles sont européennes.

1. Helcon bûcheron, *H. lignator.*

Helcon niger, palpis pedibusque ferrugineis, posterioribus apice fuscis.

Longueur 7 à 8 lig. Noir. Tête et corselet fortement ponctués; les deux premiers segmens de l'abdomen ridés irrégulièrement. Palpes et pattes de couleur fauve; partie inférieure des dernières jambes et leurs tarses noirâtres. Ailes transparentes, à nervures brunes, le point épais des supérieures noirâtre. Tarière plus longue que l'abdomen; ses fourreaux un peu velus. Femelle.

Le mâle a les jambes postérieures entièrement noires.

Commun aux environs de Paris.

2. Helcon à épine, *H. spinator.*

Helcon ater, pedibus rufis, femoribus posticis dentatis, ejusdem paris tibiis et tarsis nigris, horum articulis intermediis albis.

Longueur 4 à 5 lig. Noir. Tête, corselet et premier segment de l'abdomen fortement ponctués. Antennes noires, leurs douzième, treizième, quatorzième et quinzième articles blancs. Hanches des quatre premières pattes et jambes postérieures noires. Palpes bruns. Pattes antérieures, dernières hanches et leurs cuisses fauves; celles-ci ayant une forte dent intérieurement. Tarses postérieurs blancs, avec la base du premier article et l'extrémité du dernier noires. Tarière testacée, plus longue que l'abdomen, ses fourreaux noirs et velus. Ailes transparentes, nervures brunes. Femelle.

Le mâle n'a point de blanc aux antennes. Il est un peu plus petit.

Des environs de Paris.

Nota. Nous ne doutons pas que la *Pimpla dentator* de Fabricius ne soit de ce genre, au moins la description du mâle nous le persuade; mais il y a beaucoup de différences entre cette espèce et celle que nous venons de décrire. D'ailleurs cet auteur dit positivement que son mâle n'a point d'épine aux cuisses postérieures, ce qui est contraire au caractère qui existe dans le nôtre. Une espèce de ce genre est figurée dans l'ouvrage intitulé : *Berl. Mag. tom. 6. part. 2. pag. 36. tab. 4. fig. 6*, sous le nom d'*Helcon tardator.* Nous n'avons pas pu rencontrer cet ouvrage dans les bibliothèques. M. d'Esenbeck, qui cite cette espèce comme type de son genre, annonce qu'il en connoît cinq autres.

MICROGASTRE, *Microgaster.* Latr. Spinol. *Ichneumon.* Fab. Panz. Jur. *Bassus.* Panz. révis. *Ceropales, Cryptus.* Fab.

Genre d'insectes de l'ordre des Hyménoptères, section des Térébrans, famille des Pupivores, tribu des Ichneumonides.

Les genres Vipion, Bracon et Helcon qui, avec les Microgastres, composent le groupe des Ichneumonides dont les palpes maxillaires ont cinq articles et les labiaux trois, ont tous trois le second article des antennes visible, et outre les palpes, ils ont d'autres parties de la bouche toujours saillantes.

Antennes longues, sétacées, multiarticulées, vibratiles, insérées au-dessous du front, ne se roulant point à leur extrémité; leur premier article assez gros, turbiné, un peu plus long que le troisième, le second entièrement caché dans le premier, le troisième et tous les suivans, de longueur à peu près égale jusqu'au dernier, mais diminuant un peu de grosseur passé le milieu de l'antenne. — *Mandibules* point saillantes. — *Mâchoires* et *lèvre* droites, courtes, ne s'avançant point en manière de bec ni de museau. — *Palpes maxillaires* deux fois plus longs que les labiaux, composés de cinq articles, le second long, un peu en massue; les labiaux de trois articles. — *Tête* petite, plus étroite que le corselet. — *Trois petits yeux lisses* disposés en ligne courbe sur le vertex. — *Corselet* court. — *Ailes supérieures* ayant une cellule radiale grande, se rétrécissant après la première cellule cubitale; première cellule cubitale grande, distincte de la première cellule discoïdale supérieure, recevant la nervure récurrente; dernière cellule cubitale très-grande et très-longue; trois cellules discoïdales, l'inférieure se prolongeant jusqu'au bord postérieur de l'aile. — *Abdomen* petit, court, inséré à la partie postérieure du métathorax, paroissant presque sessile, peu convexe en dessus, caréné longitudinalement en dessous; tarière (des femelles) plus courte que l'abdomen, dépassant toujours l'anus, ses fourreaux un peu comprimés. — *Les quatre pattes* antérieures de longueur moyenne, les deux postérieures plus fortes, leurs hanches très-grosses et longues; les deux jambes antérieures terminées par une seule épine, les quatre autres en ayant deux; ces épines fortes et longues.

On doit à M. Latreille l'établissement de ce genre dont le nom est tiré de deux mots grecs qui signifient: *petit ventre*. Les espèces qu'il contient sont fort petites. Leurs larves vivent isolées dans le corps de petites chenilles telles que celles des Pyrales, ou en société dans des chenilles de moyenne taille.

1re. *Division*. Trois cellules cubitales; la seconde extrêmement petite, presque triangulaire, ne touchant que par un de ses angles à la cellule radiale. — Deux impressions sur le front derrière l'insertion des antennes.

1. Microgastre déprimé, *M. deprimator.*

Microgaster niger, femoribus tibiisque testaceis, alis hyalinis, fasciis duabus transversis fuscis in medio subconfluentibus.

Microgaster deprimator. Lat. *Gener. Crust. et Ins. tom.* 4. *pag.* 11. — Spinol. *Ins. Ligur. fasc.* 3. *pag.* 148. *n°.* 3. — *Ichneumon deprimator.* Fab. *Syst. Piez. pag.* 69. *n°.* 83. — Panz. *Faun. Germ. fasc.* 79. *fig.* 11. Le mâle. — *Bassus deprimator.* Panz. révis. — *Ichneumon deprimator.* Jur. *Hyménopt. pag.* 112.

Longueur 2 lig. Noir. Cuisses, jambes et base des tarses, testacées. Base des cuisses antérieures et extrémité des postérieures noires. Premiers segmens de l'abdomen pâles en dessous. Ailes transparentes, les supérieures avec deux bandes transversales brunes qui se réunissent un peu dans leur milieu.

Des environs de Paris. Sa larve vit solitairement dans des chenilles de Pyrales.

2e. *Division*. Deux cellules cubitales, la seconde n'existant plus, se confondant avec la troisième. — Antennes insérées au-dessus d'un petit rebord. — Front régulièrement concave.

2. Microgastre américain, *M. americanus.*

Microgaster niger, antennis, palpis, abdomine pedibusque pallidè testaceis, alis hyalinis.

Longueur une ligne. Noir. Antennes, palpes, pattes et abdomen d'un testacé pâle, celui-ci ayant quelques nuances brunes en dessus. Antennes brunes en dessus dans les femelles. Ailes transparentes; nervures noires. Le point épais des supérieures pâle. Mâle et femelle.

De la Martinique. Trouvé éclos et mort dans le corps d'une chenille desséchée venue de cette colonie.

Rapportez à cette division l'Ichneumon globulaire, n°. 187 et l'Ichneumon pelotonné, n°. 188 de ce Dictionnaire.

Nota. On doit certainement rapporter plusieurs autres espèces soit d'Europe soit exotiques à chacune de nos divisions. Nous en connoissons même un certain nombre, mais il est très-difficile de les reconnoître dans les auteurs. M. Spinola a décrit huit espèces comme appartenant à ce genre.

CHELONE, *Chelonus.* Jur. *Sigalphus.* Lat. Spinol. *Cynips.* Linn. *Ichneumon.* Fab. De Géer. Oliv. (Encyl.)

Genre d'insectes de l'ordre des Hyménoptères, section des Térébrans, famille des Pupivores, tribu des Ichneumonides.

Considérée sous un certain point de vue, la tribu des Ichneumonides, telle ou à peu près que l'a établie M. Latreille, semble assez facile à diviser en sections d'après des considérations qui n'ont pas encore été employées. Les genres qui la composent sont nombreux et leur nombre doit encore augmenter par la suite; les caractères tirés de la bouche que l'on peut employer à cette division, sont: la longueur respective des palpes et le nombre d'articles dont ils sont composés (M. Latreille ne s'est servi que du nombre de ces articles). Les ailes supérieures présentent aussi un caractère facile à saisir, il nous est fourni par la réunion de la première cellule discoïdale supérieure à la première cellule cubitale ou par leur séparation. Il sembleroit peut-être utile de revoir aussi les tribus voisines et dans le cas par exemple où le caractère de l'insertion de l'abdomen qui varie beaucoup dans les Ichneumonides, ainsi que celui tiré du nombre des articles des antennes, paroîtroient d'un ordre inférieur à ceux tirés de la bouche joints aux caractères d'aile, les genres de la tribu des Evaniales rentreroient pour la plupart dans celle des Ichneumonides dont ils diffèrent si peu du reste. Alors cette dernière tribu auroit deux divisions d'un caractère facile à saisir. 1re. *Division*. Palpes maxillaires n'étant pas deux fois plus longs que les labiaux. Première cellule discoïdale supérieure confondue avec la première cubitale (Ichneumonides vrais). 2e. *Division*. Palpes maxillaires au moins trois fois aussi longs que les labiaux. Première cellule discoïdale supérieure distincte de la première cubitale (Braconides). Nous pensons avec M. Latreille que le genre Pélécine doit être réuni aux Oxyures. (*Voyez* l'article Pupivores.)

TRIBU DES ICHNEUMONIDES.

Caractères : Antennes filiformes ou sétacées, vibratiles, multiarticulées (de treize articles ou plus). — Palpes maxillaires apparens, filiformes ou sétacés, composés de cinq à six articles. — Ailes inférieures ayant des nervures distinctes. — Abdomen des femelles muni à son extrémité postérieure d'une tarière le plus souvent saillante, ayant toujours deux fourreaux latéraux.

1re. *Division*. Palpes maxillaires n'étant pas deux fois plus longs que les labiaux. — Première cellule discoïdale supérieure confondue avec la première cubitale. — Palpes labiaux composés de quatre articles. (Ichneumonides vrais.)

1re. *Subdivision*. Palpes maxillaires guère plus longs que les labiaux.

A. Palpes maxillaires de cinq articles.

Xoride, Pimple, Ichneumon (1), Peltaste, Ophion, Acœnite, Stéphane.

B. Palpes maxillaires de six articles.

Evanie.

(1) Nous comprenons jusqu'ici dans ce genre la plupart des Anomalons et des Ichneumons Jur., et c'est principalement de lui que nous avons entendu parler en donnant comme probable la création future de nouvelles coupes génériques.

2e. *Subdivision*. Palpes maxillaires presque deux fois aussi longs que les labiaux.

A. Palpes maxillaires de cinq articles.

Agathis.

B. Palpes maxillaires de six articles.

Chélone.

2e. *Division*. Palpes maxillaires au moins trois fois plus longs que les labiaux. — Première cellule discoïdale supérieure distincte de la première cubitale. (Braconides.)

1re. *Subdivision*. Palpes maxillaires de six articles, les labiaux de quatre.

Sigalphe, Alysie, Fœne, Aulaque.

2e. *Subdivision*. Palpes maxillaires de cinq articles, les labiaux de trois.

Vipion, Bracon, Helcon, Microgastre.

Dans la méthode de M. Latreille aucun genre d'Ichneumonides autre que ceux de Sigalphe, de Chélone et d'Alysie, n'a les palpes maxillaires composés de six articles, mais les premiers ont l'abdomen composé de trois segmens et les Alysies de cinq.

Antennes sétacées, multiarticulées, composées de plus de treize articles, le premier épais, le second petit, globuleux; les suivans assez longs, cylindriques, les derniers très-courts. — *Mandibules* bidentées. — *Palpes maxillaires* filiformes, presque deux fois aussi longs que les labiaux, composés de six articles. Palpes labiaux de quatre articles. — *Tête* transversale. — *Trois petits yeux lisses* disposés en ligne courbe sur le vertex. — *Corselet* aussi large que la tête, son premier segment grand, arrondi antérieurement. — *Écusson* assez grand, métathorax s'élevant moins haut que le reste du corselet, coupé droit postérieurement, ses côtés munis d'une épine fort courte. — *Ailes supérieures* ayant une cellule radiale presque triangulaire et trois cellules cubitales, la première confondue avec la première cellule discoïdale supérieure; seconde cubitale petite, presque triangulaire, la troisième complète; deux cellules discoïdales, savoir : la seconde supérieure et l'inférieure, celle-ci complète se terminant au bord postérieur de l'aile. — *Abdomen* ne paroissant composé que d'un seul segment; ce segment très-grand, concave en dessous; tarière (des femelles) peu saillante. — *Les quatre pattes* antérieures de longueur moyenne, les postérieures grandes, à hanches grosses et fortes; jambes antérieures munies d'une seule épine à leur extrémité, les quatre autres jambes en ayant deux. Premier article des tarses le plus grand de tous, les autres allant en décroissant. Crochets et pelottes très-petits.

Les Chélones forment la seconde division du genre Sigalphe de M. Latreille (*Diction. d'Hist. nat.*, 2e. *édit.*), mais ces deux genres diffèrent par des caractères si aisés à saisir que nous croyons devoir les maintenir tous deux. Les Chélones déposent leurs œufs dans le corps des chenilles des Pyrales, du reste les habitudes de ces petits hyménoptères sont en général celles des autres Ichneumonides. Les espèces connues sont en petit nombre.

Rapportez à ce genre l'Ichneumon oculé, no. 134 de ce Dictionnaire. (S. F. et A. Serv.)

PELTIS, *Peltis*. Genre d'insectes de l'ordre des Coléoptères, établi par Fabricius, et qui répond exactement à celui de Thymale de M. Latreille. *Voyez* ce mot. (S. F. et A. Serv.)

PELTOÏDES, *Peltoidea*. Quatrième tribu de la famille des Clavicornes, section des Pentamères, ordre des Coléoptères. Ses caractères sont :

Antennes plus longues que la tête, droites ou un peu coudées, de dix à onze articles distincts, tantôt insensiblement plus grosses vers leur extrémité, tantôt en massue soit perfoliée ou en scie, soit solide. — *Palpes maxillaires* plus grands que les labiaux, courts ou de longueur moyenne. — *Mandibules* plus courtes que la tête, comprimées, oblongues et arquées à leur extrémité. — *Corselet* de la largeur de l'abdomen, du moins à sa base. — *Pattes* séparées à leur naissance par des intervalles égaux et n'étant point contractiles.

Cette tribu se divise ainsi qu'il suit.

I. Pointe des mandibules entière ou sans échancrure ni dent particulière.

Nécrophore, Bouclier, Agyrte.

II. Extrémité des mandibules échancrée ou bidentée.

A. Massue des antennes plus ou moins ronde ou ovale.

a. Les trois premiers articles de tous les tarses ou ceux des antérieurs au moins, courts, larges ou dilatés.

Nitidule, Byture, Cerque.

b. Tarses point dilatés; leurs quatre premiers articles presque cylindriques et peu différens en forme et proportion.

Thymale, Colobique, Micropèple, Dacné, Ips, Sphérite.

B. Massue des antennes oblongue, composée de cinq à six articles ou formée insensiblement.

Scaphidie, Cholève, Mylæque.

La plupart des genres de cette tribu vivent à l'état parfait et en larves dans les charognes, les champignons ou sous l'écorce des arbres. Un petit nombre se nourrit de chenilles et de limaçons.

AGYRTE, *Agyrtes*. Froel. Lat. *Mycetophagus*. Fab. Payk. Panz.

Genre d'insectes de l'ordre des Coléoptères, section des Pentamères, famille des Clavicornes, tribu des Peltoïdes.

Tous les genres compris dans cette tribu ont l'extrémité des mandibules échancrée ou bidentée à l'exception des Nécrophores, des Boucliers et des Agyrtes; mais les premiers ont les antennes guère plus longues que la tête, terminées brusquement en un bouton très-perfolié; les Boucliers ont leurs quatre palpes terminés par un article plus menu que les précédens et leurs jambes ne sont point épineuses, caractères qui suffisent pour séparer ces deux genres de celui d'Agyrte.

Antennes à peu près de la longueur du corselet, insérées devant les yeux, composées de onze articles courts, les trois premiers arrondis, presque coniques, les suivans presque globuleux, les septième, huitième, neuvième et dixième un peu plus épais que les autres, transverses, presque lenticulaires, égaux, perfoliés, le dernier ovale-globuleux. — *Labre* membraneux, transversal, linéaire, largement échancré. — *Mandibules* cornées, fortes, avancées, très-crochues à l'extrémité, fort pointues, sans dentelures. — *Mâchoires* portant deux lobes étroits à leur extrémité. — *Palpes maxillaires* plus grands que les labiaux, avancés, plus épais vers leur extrémité, composés de quatre articles, le premier très-petit, les second et troisième presqu'égaux, obconiques, le second un peu plus long; le dernier plus grand, ovale : palpes labiaux presque filiformes, dépassant à peine le labre, de trois articles, les deux premiers égaux, cylindriques, le dernier environ deux fois plus long que les autres, à peine plus gros qu'eux, ovale-cylindrique. — *Lèvre* tronquée, cordiforme, membraneuse, profondément échancrée; menton coriace, transversal, court, presque carré, un peu rétréci vers l'extrémité. — *Corps* ovale, arqué en dessus. — *Corselet* presqu'en trapèze, se rétrécissant insensiblement de la base à l'extrémité, à peu près moitié plus large que long, assez aplati, se courbant insensiblement sur les côtés, entièrement rebordé. — *Ecusson* distinct, trigone. — *Elytres* rebordées, arrondies à l'extrémité, recouvrant les ailes et l'abdomen. — *Pattes* fortes, cuisses comprimées, jambes épineuses, triangulaires, alongées; tarses courts, filiformes; leurs quatre premiers articles courts, presque coniques, entiers, le premier un peu plus long que les suivans, le dernier plus long que le premier, muni de deux forts crochets.

On ne connoît qu'un petit nombre d'espèces de

ce genre. La plus commune se rencontre sous les écorces d'arbres. Elle est décrite dans ce Dictionnaire sous le nom de Mycétophage châtain, n°. 26, et figurée pl. 359, fig. 35. On la trouve aux environs de Paris.

BYTURE, *Byturus*. Latr. *Dermestes*. Fab. Oliv. De Géer. Geoff.

Genre d'insectes de l'ordre des Coléoptères, section des Pentamères, famille des Clavicornes, tribu des Peltoïdes.

Parmi les genres de cette tribu qui ont l'extrémité des mandibules échancrée et la massue des antennes plus ou moins ronde ou ovale, les Nitidules, les Bytures et les Cerques sont les seuls dont les trois premiers articles des tarses, du moins ceux des antérieurs, soient courts, larges, dilatés; mais les Nitidules ont le troisième article des antennes une fois au moins plus long que le suivant; le corselet des Cerques est arrondi et sans angles à son extrémité postérieure. Ces caractères séparent ces deux genres de celui de Byture.

Antennes de onze articles, les deux premiers à peu près égaux en grosseur, le troisième peu différent en longueur du quatrième; les trois derniers formant une massue alongée, perfoliée, comprimée; les neuvième et dixième transversaux, triangulaires. — *Mandibules* bidentées à l'extrémité. — *Mâchoires* ayant deux lobes courts. — *Palpes* filiformes, les maxillaires de quatre articles, le dernier alongé, presque cylindrique, un peu aminci à son extrémité. — *Lèvre* largement échancrée. — *Corps* oblong. — *Corselet* presque trapézoïdal, plus large à sa partie postérieure dont les angles sont distinctement aigus. — *Ecusson* arrondi postérieurement. — *Elytres* alongées, couvrant complétement les ailes et l'abdomen. — *Pattes* de longueur moyenne; tarses ayant leurs trois premiers articles courts, larges, dilatés, velus en dessous.

L'espèce qui a servi de type à M. Latreille pour fonder ce genre, se rencontre fréquemment au printemps dans les forêts sur les fleurs et notamment sur celles des renoncules.

Voyez pour sa description, Dermeste velu, n°. 15 de ce Dictionnaire.

Nota. M. Latreille croit que le synonyme de Fabricius ne doit pas être rapporté à cette espèce, à cause de deux points bruns élevés que cet auteur attribue au front de son insecte. M. le comte Dejean paroît être d'une opinion contraire.

CERQUE, *Cercus*. Lat. *Cateretes*. Herbst. Illig. *Dermestes*. Linn. Fab. *Sphœridium*. Fab. *Nitidula*, *Anthribus*. Oliv. *Scaphidium*, *Strongylus*. Herbst.

Genre d'insectes de l'ordre des Coléoptères, section des Pentamères, famille des Clavicornes, tribu des Peltoïdes.

Dans cette tribu, ce genre fait partie du même groupe que les Bytures et les Nitidules (*voyez* Peltoïdes); mais les premiers ont les angles postérieurs du corselet distincts et aigus, leurs élytres couvrent entièrement l'abdomen, et dans les Nitidules, le troisième article des antennes est une fois plus long que le quatrième.

Antennes de onze articles, les deux premiers de grosseur à peu près égale (quelquefois très-grands et dilatés dans les mâles), le troisième peu différent en longueur du quatrième; les trois derniers formant une massue alongée, presqu'obconique, comprimée et perfoliée. — *Mandibules* très-aiguës à leur extrémité, échancrées, ayant un tubercule assez gros à l'angle extérieur de leur base. — *Mâchoires* à deux lobes, l'extérieur capillaire. — *Palpes maxillaires* filiformes, composés de quatre articles, les labiaux de trois, dont le dernier épais. — *Corselet* grand, presque sans rebords, rétréci ou arrondi, mais sans angles à son extrémité postérieure. — *Ecusson* très-distinct. — *Elytres* couvrant les ailes, mais plus courtes que l'abdomen. — *Pattes* de longueur moyenne; tarses ayant leurs trois premiers articles courts, larges, velus en dessous.

On ignore les métamorphoses des insectes de ce genre établi par M. Latreille. On les trouve sur les fleurs. Le nombre des espèces connues s'élève à une douzaine, toutes européennes et de petite taille.

Rapportez à ce genre l'Anthribe puce, n°. 4 de ce Dictionnaire, (*Cercus pulicarius*, Lat.). Peut-être doit-on retrancher le synonyme de Geoffroy. Les *Dermestes urticæ*, n°. 44, et *pedicularius*, n°. 43. Fab. *Syst. Eleut.* (Encycl. pl. 359, fig. 32) appartiennent à ce genre.

COLOBIQUE, *Colobicus*. Lat.

Genre d'insectes de l'ordre des Coléoptères, section des Pentamères, famille des Clavicornes, tribu des Peltoïdes.

Ce genre créé par M. Latreille fait partie d'un groupe de cette tribu, lequel comprend en outre les genres Thymale, Micropèple, Dacné, Ips et Sphérite. Son caractère est: extrémité des mandibules bidentée; massue des antennes ronde ou ovale; tarses point dilatés. Les trois derniers genres se distinguent par la massue de leurs antennes composée de trois articles; les Micropèples n'ont cette massue composée que d'un seul article, et dans les Thymales, les mandibules sont très-saillantes.

Antennes ayant leur troisième article alongé, trois fois plus long que le suivant; les deux derniers formant réunis une massue solide, orbiculaire. — *Bouche* et *mandibules* recouvertes par un avancement arrondi et en forme de chaperon de l'extrémité antérieure de la tête. — *Palpes maxillaires* plus grands que les labiaux. — *Corps* ovale, déprimé. — *Elytres* recouvrant les ailes et la totalité de l'abdomen. — *Pattes* de longueur moyenne.

Les insectes de ce genre, dont le nom vient d'un mot grec qui signifie: *mutiler*, habitent sous les écorces des arbres. L'auteur n'en mentionne qu'une seule espèce.

1. Colobique bordé, *C. marginatus.*

Colobicus nigricans, antennis, capitis thoracisque marginibus exterioribus testaceo-fuscis.

Colobicus marginatus. Lat. *Gener. Crust. et Ins. tom.* 2. *pag.* 10. *tom.* 1. *tab.* 16. *fig.* 1.

Longueur 2 lig. Ovale-oblong, noirâtre, avec les antennes, les bords extérieurs de la tête et du corselet d'un brun fauve. Dessus du corps parsemé de petites écailles grises. Elytres ayant des stries pointillées.

Des environs de Paris.

Nota. Cet insecte est peut-être la *Nitidula hirta* Ross. *Faun. Etrus. tom.* 1. *pag.* 59. *tab.* 3. *fig.* 9.

MICROPÈPLE, *Micropeplus.* Lat. *Staphylinus.* Fab. Payk. Oliv. *Nitidula.* Herbst. *Omalium.* Gyllenh.

Genre d'insectes de l'ordre des Coléoptères, section des Pentamères, famille des Clavicornes, tribu des Peltoïdes.

Tous les genres de cette tribu, excepté celui de Micropèple, ont leurs quatre palpes très-apparens, leurs antennes ne se logent point dans une cavité particulière du corselet, et la massue qui les termine est de deux ou trois articles.

Antennes plus courtes que le corselet, se logeant dans des cavités latérales du corselet; leurs deux premiers articles plus grands que les suivans, globuleux, le dernier très-grand, formant à lui seul une massue solide, globuleuse. — *Mandibules* arquées vers leur extrémité, pointues, bidentées, sans dentelures. — *Palpes maxillaires* très-petits, beaucoup plus épais dans leur milieu, leur second article étant très-renflé, amincis à leur extrémité et terminés en une pointe particulière, les labiaux point visibles. — *Mâchoires* bifides, leur lobe intérieur ayant la forme d'une dent. — *Lèvre* presque carrée, dilatée et arrondie sur les côtés, son extrémité un peu plus étroite, tronquée, entière; menton transversal, petit, entier. — *Elytres* beaucoup plus courtes que l'abdomen. — *Tarses* ayant leurs premiers articles très-courts.

On doit ce genre à M. Latreille. Son nom vient de deux mots grecs qui signifient: *petit vêtement*, et a rapport à la brièveté de ses élytres. L'espèce qui a servi de type est d'Europe.

1. Micropèple sillonné, *M. porcatus.*

Micropeplus niger, thoracis lateribus rugosis, elytris brevioribus tricarinatis, antennarum basi pedibusque fuscis.

Micropeplus porcatus. Lat. *Gener. Crust. et Ins. tom.* 4. *p.* 377. — *Nitidula sulcata.* Herbst. *Col. V. LIV.* 6. — *Staphylinus porcatus.* Oliv. *Entom. tom.* 3. *Staphyl. pag.* 35. *n°.* 50. *pl.* 4. *fig.* 33. — Fab. *Syst. Eleut. tom.* 2. *p.* 602. *n°.* 68. — Payk. *Faun. Suec. tom.* 3. *pag.* 413. *n°.* 59.

Longueur une ligne. Corps ovale, noir. Tête petite. Corselet rebordé sur les côtés, très-raboteux. Elytres n'atteignant qu'environ la moitié de la longueur de l'abdomen, marquées chacune de trois lignes longitudinales élevées. Dessus de l'abdomen ayant quelques impressions. Base des antennes et pattes brunes.

Il se trouve aux environs de Paris, parmi les matières animales et végétales corrompues.

DACNÉ, *Dacne.* Lat. *Engis.* Payk. Fab. *Ips.* Herbst. *Erotylus.* Oliv.

Genre d'insectes de l'ordre des Coléoptères, section des Pentamères, famille des Clavicornes, tribu des Peltoïdes.

Dans le groupe de cette tribu qui a pour caractère particulier: extrémité des mandibules échancrée ou bidentée; massue des antennes ronde ou ovale; tarses point dilatés; se rangent avec les Dacnés, les Micropèples qui en diffèrent par leurs palpes labiaux point distincts et leurs antennes se logeant dans une cavité particulière, les Thymales qui ont leurs mandibules très-saillantes, les Colobiques dont la massue des antennes est de deux articles et qui ont un avancement en forme de chaperon recouvrant la bouche, les Sphérites ayant leurs élytres plus courtes que l'abdomen, et les Ips dont les articles des tarses sont grêles et alongés.

Antennes courtes, ayant leur massue grande, presqu'ovale, comprimée, composée de trois articles, les deux premiers larges. — *Mandibules* bifides à l'extrémité. — *Mâchoires* ayant deux lobes, l'extérieur presque trigone. — *Palpes maxillaires* filiformes, les labiaux terminés en massue, leur dernier article étant plus épais. — *Corps* ovale. — *Elytres* couvrant les ailes et la totalité de l'abdomen. — *Pattes* de longueur moyenne; tarses ayant leurs trois premiers articles courts et larges.

Ce genre est dû à M. Latreille; son nom est tiré d'un verbe grec qui signifie: *mordre.* Il renferme une douzaine d'espèces, dont plus de la moitié est exotique. Plusieurs d'entr'elles vivent dans les champignons et sous les écorces des arbres.

Rapportez à ce genre l'Erotyle bifascié, n°. 11 de ce Dictionnaire, les *Engis humeralis*, n°. 2, et *sanguinicollis*, n°. 5. Fab. *Syst. Eleut.* Ces deux derniers sont d'Europe.

CHOLÈVE, *Choleva.* Latr. *Peltis.* Geoff.

Dermestes. De Géer. *Catops*. Payk. Fab. *Helops*. Panz. *Ptomaphagus*. Illig.

Genre d'insectes de l'ordre des Coléoptères, section des Pentamères, famille des Clavicornes, tribu des Peltoïdes.

Les genres de cette tribu qui ont l'extrémité des mandibules bidentée et la massue des antennes oblongue, composée de cinq à six articles, sont ceux de Scaphidie, Cholève et Mylæque. Mais les premiers ont des élytres tronquées, et dans le genre Mylæque, les deux premiers articles des antennes sont notablement plus gros que les suivans, et diffèrent d'eux par la forme.

Antennes filiformes, grossissant vers leur extrémité, distantes à leur base, insérées au-dessous des yeux, composées de onze articles, les deux premiers peu différens des suivans en grosseur et quant à la forme; les cinq derniers plus gros que les autres. — *Mandibules* courtes, cornées, aiguës, échancrées à leur pointe. — *Mâchoires* ayant deux lobes membraneux. — *Palpes* subulés; les maxillaires composés de quatre articles, les second et troisième à peu près d'égale longueur, obconiques; le dernier conique, terminé en pointe; les labiaux petits, cylindro-coniques, de trois articles, dont le dernier pointu. — *Lèvre* membraneuse, presque carrée, largement échancrée au bord supérieur; menton coriace, presque trapézoïdal. — *Tête* inclinée, presque de la largeur du corselet. — *Yeux* petits, peu saillans. — *Corps* pubescent, arqué en dessus. — *Corselet* convexe, sans rebords, de la largeur des élytres. — *Ecusson* triangulaire. — *Elytres* convexes, de la longueur de l'abdomen, couvrant des ailes. — *Abdomen* terminé en pointe. — *Pattes* longues, les postérieures surtout; jambes un peu épineuses; tarses filiformes, à articles alongés, entiers; les trois premiers des tarses antérieurs plus gros que les autres et velus en dessous dans les mâles.

Ce genre fondé par M. Latreille est le même que celui auquel Paykull a imposé le nom de *Catops*, et Illiger *Ptomaphagus*. Fabricius adopta la dénomination du naturaliste suédois, de préférence à celle de M. Latreille, qui avoit l'antériorité. Le nom de Cholève, tiré du grec, exprime la démarche un peu boiteuse des espèces qui le composent; leurs couleurs sont généralement sombres: elles vivent dans les champignons et dans le bois pourri tombé en poussière. On en connoît une quinzaine, toutes d'Europe et d'assez petite taille.

1. Cholève morio, *C. morio*.

Choleva nigra, subtomentoso-sericea, elytris non striatis, pedibus antennarumque basi fusco-testaceis.

Choleva villosa. Lat. *Gener. Crust. et Ins. tom.* 2. *pag.* 29. *n°.* 5. — *Catops morio*. Fab. *Syst. Eleut. tom.* 2. *pag.* 564. *n°.* 4. — Payk. *Faun. Suec. tom.* 1. *pag.* 344. *n°.* 2. — *Helops sericeus*. Panz. *Faun. Germ. fasc.* 73. *fig.* 10. — *Dermestes fornicatus*. De Géer, *Ins. tom.* 4. *pag.* 216. *n°.* 9. *pl.* 8. *fig.* 15. — Le Bouclier brun velouté. Geoff. *Ins. Paris. tom.* 1. *pag.* 123. *n°.* 10.

Longueur 2 lig. Noire, couverte d'un duvet roux cendré très-court. Antennes plus courtes que le corselet, un peu en massue; les septième, huitième, neuvième et dixième articles transversaux. Corselet presque carré. Base des antennes et pattes d'un testacé brun.

Commune aux environs de Paris.

Nota. Les *Catops rufescens*, n°. 1, et *agilis*, n°. 6, Fab. *Syst. Eleut.*, appartiennent au genre Cholève. Ce dernier est représenté Encycl., pl. 559. fig. 10. (S. F. et A. Serv.)

PEMPHRÉDON, *Pemphredon*. Lat. Fab. *Cemonus*. Jur. Panz. Illig. *Pelopœus*. Fab. *Crabro*. Oliv. (Encycl.) Panz. *Sphex*. Panz.

Genre d'insectes de l'ordre des Hyménoptères, section des Porte-aiguillon, famille des Fouisseurs, tribu des Crabronites.

On doit ce genre à M. Latreille, qui l'a établi le premier dans son *Précis des caractères génériques des insectes*. M. Jurine changea depuis sa dénomination sans en alléguer la raison. Fabricius en l'adoptant y introduisit beaucoup d'espèces qui n'en doivent pas faire partie. Les Pemphrédons, les Mellines et les Alysons forment un petit groupe dans la tribu des Crabronites; ce groupe a pour caractère: 1°. antennes insérées près de la bouche ou au-dessous du milieu de la face de la tête, ce qui le distingue des Psen, des Cercéris et des Philanthes. 2°. Yeux entiers, ce qui le sépare des Trypoxylons. 3°. Mandibules fortes, dentées au côté interne, ce qui l'éloigne des Gorytes, des Crabrons (Frelon, Oliv. *Encycl.*) et des Stigmes. Les Pemphrédons sont distingués des Mellines et des Alysons, en ce qu'ils n'ont que trois cellules cubitales aux ailes supérieures, tandis que ces deux derniers genres en ont quatre.

Antennes filiformes, rapprochées, un peu plus longues que la tête, de douze articles dans les femelles, de treize dans les mâles. Le premier peu alongé, conique; le second court, le troisième le plus long de tous; les suivans allant en diminuant à mesure qu'ils approchent du bout. — *Labre* entièrement caché. — *Mandibules* presqu'en forme de cuiller, multidentées. — *Mâchoires* coriaces, ovalaires; leurs bords membraneux. — *Quatre palpes*; les maxillaires beaucoup plus longs que les labiaux, de six articles; les cinq premiers obconiques, les trois derniers un peu plus longs; le premier le plus court, le second assez gros, le dernier presque cylindrique; les labiaux de quatre articles; le premier obconique, le dernier ovalaire; ces deux articles plus longs que les intermédiaires. — *Languette* trifide. — *Tête* forte, presque carrée, sa face antérieure garnie d'un duvet argenté (dans les mâles seulement). — *Yeux* petits, ovalaires. — *Trois petits yeux lisses* disposés en triangle et placés au-devant du vertex. — *Premier segment du corcelet* linéaire et transversal, distant en dessus de l'origine des ailes. — *Ailes* supérieures ayant une cellule radiale plus ou moins rétrécie après la seconde cubitale, son extrémité un peu aiguë ne s'écartant pas de la côte, et trois cellules cubitales; la première ayant plus de deux fois la longueur de la seconde; la troisième tracée jusqu'au bord postérieur de l'aile. — *Abdomen* ovalaire, distinctement pétiolé, composé de cinq segmens outre l'anus dans les femelles, en ayant un de plus dans les mâles. — *Pattes* de longueur moyenne, les quatre jambes postérieures dentelées à leur partie extérieure dans les femelles; les antérieures et les intermédiaires munies à leur extrémité d'une épine droite, aiguë; les postérieures de deux; premier article des tarses long, les autres courts, le dernier terminé par deux crochets simples, écartés, munis d'une petite pelotte dans l'entre-deux.

Les cinq ou six espèces de ce genre qui nous sont connues, habitent l'Europe; leur taille est petite. Elles ont le noir pour couleur dominante. Les femelles creusent des trous, soit dans le bois, soit dans le ciment des murs pour y déposer leurs œufs. Elles y apportent des insectes pour servir de nourriture à leur postérité; nous croyons que ce sont toujours des Pucerons. Les trous sont partagés en plusieurs cellules, séparées par des cloisons. On trouve souvent les Pemphrédons sur les fleurs. D'après les auteurs, nous partageons ce genre en deux divisions, basées sur l'insertion des nervures récurrentes de l'aile.

1re. *Division*. Première cellule cubitale recevant la première nervure récurrente; seconde cubitale recevant la deuxième nervure récurrente.

1re. *Subdivision*. Deuxième cellule cubitale de forme carrée.

1. Pemphrédon lugubre, *P. lugubris.*

Pemphredon totus ater, cellulâ cubitali primâ unicum nervum recurrentem excipiente.

Pemphredon lugubris. Lat. *Gener. Crust. et Ins. tom.* 4. *p.* 83. *tab. XIII. fig.* 10. — Fab. *Syst. Piez. pag.* 315. *n°.* 2. (Femelle.) — *Cemonus lugubris*. Jur. *pag.* 214. (Femelle.) — *Cemonus unicolor*. Jur. *pl.* 11. (Femelle.) — *Crabro unicolor*. Panz. *Faun. Germ. fasc.* 52. *tab.* 23. (Femelle.) — *Encycl. pl.* 380. *fig.* 7.

Longueur 3 à 4 lig. Entièrement noir. Ailes transparentes. Mâle et femelle.

Le premier est un peu plus petit.

La femelle construit son nid dans les cavités qu'elle creuse dans le bois pourri des vieux arbres.

Commun aux environs de Paris.

2e. *Subdivision*. Seconde cellule cubitale rétrécie vers la radiale, presque triangulaire.

2. Pemphrédon nain, *P. minutus.*

Pemphredon niger, palpis tarsisque luteis.

Pemphredon minutus. Lat. *Crust. et Ins. tom.* 4. *pag.* 84. — Fab. *Syst. Piez. pag.* 316. *n°.* 9. (Femelle.) — *Cemonus minutus*. Jur. *pag.* 214. (Femelle.) — *Sphex pallipes*. Panz. *Faun. Germ. fasc.* 52. *tab.* 22. (Mâle.)

Longueur une ligne ½ à 2 lig. Corps glabre, brillant. Antennes et abdomen entièrement noirs. Tête noire; mandibules et palpes jaunes. Corselet noir, avec les écailles des ailes et un point calleux en avant, de couleur jaune. Ailes transparentes. Pattes jaunes; hanches noires; cuisses jaunes à l'extrémité, noires à la base. Femelle.

Le mâle présente les différences suivantes. Mandibules noires; jambes ayant du noir dans leur milieu, surtout postérieurement. Extrémité de l'abdomen d'un brun testacé.

La femelle fait son nid dans les murailles. Commun aux environs de Paris.

2e. *Division*. Première cellule cubitale recevant les deux nervures récurrentes.

3. Pemphrédon unicolor, *P. unicolor.*

Pemphredon totus ater, cellulâ cubitali primâ nervos duos recurrentes excipiente.

Pemphredon unicolor. Lat. *Gener. Crust. et Ins. tom.* 4. *pag.* 84. — *Pelopœus unicolor*. Fab. *Syst. Piez. pag.* 204. *n°.* 10. (Mâle.) — *Cemonus*. Jur. *pag.* 214. — *Sphex unicolor*. Panz. *Faun. Germ. fasc.* 52. *n°.* 24.

Longueur 3 lig. Entièrement noir. Ailes transparentes. Mâle et femelle.

Le mâle est un peu plus petit. Commun dans nos environs.

Nota. L'insecte décrit dans cet ouvrage, tom. 6, pag. 517, n°. 28, sous le nom de Frelon âtre, est probablement le mâle de cette espèce-ci, ou celui du Pemphrédon lugubre, n°. 1. Nous ne pouvons savoir à laquelle des deux espèces il appartient, puisqu'elles ne diffèrent entr'elles que par la position de la seconde nervure récurrente des ailes, caractère omis dans l'article précité.

MELLINE, *Mellinus*. Fab. Latr. Panz. Jur. *Sphex*. De Géer. *Vespa*. Linn. Ross.

Genre d'insectes de l'ordre des Hyménoptères, section des Porte-aiguillon, famille des Fouisseurs, tribu des Crabronites.

Les

Les Pemphrédons, les Mellines et les Alysons forment dans cette tribu un petit groupe (1). Les Pemphrédons se distinguent par leurs ailes supérieures, n'offrant que trois cellules cubitales, et les Alysons, parce que ces mêmes ailes ont leur seconde cellule cubitale pétiolée.

Antennes filiformes, peu ou point coudées, insérées près de la bouche, composées de douze articles dans les femelles, de treize dans les mâles. — *Mandibules* au moins tridentées dans les femelles, deux de ces dentelures placées au côté interne, l'autre longue et forte est à l'extrémité. — *Quatre palpes*, les maxillaires beaucoup plus longs que les labiaux, composés de six articles, les labiaux de quatre. — *Languette* distinctement divisée en trois parties. — *Tête* grosse. — *Trois petits yeux lisses* disposés en triangle sur la partie antérieure du vertex. — *Premier segment* du corselet linéaire, transversal, distant en dessus de l'origine des ailes. — *Ailes supérieures* ayant une cellule radiale qui va en se rétrécissant après la seconde cellule cubitale, son extrémité aiguë, ne s'écartant pas de la côte, et quatre cellules cubitales; la première aussi longue que les deux suivantes réunies, recevant la première nervure récurrente près de la seconde cellule cubitale; celle-ci rétrécie auprès de la radiale; la troisième recevant la seconde nervure récurrente, la quatrième presque complète. — *Abdomen* composé de cinq segmens outre l'anus dans les femelles, en ayant un de plus dans les mâles; son premier segment ayant sa base rétrécie en pédicule. — *Pattes* de longueur moyenne; les quatre jambes postérieures munies à leur extrémité de deux épines, les antérieures d'une seule. Premier article des tarses long, les autres courts, le dernier terminé par deux crochets simples, écartés, munis d'une forte pelotte dans leur entre-deux.

Les Mellines sont en général d'une taille plus forte que les Pemphrédons; leurs couleurs sont le jaune et le noir; les femelles creusent des trous dans les terrains secs et sablonneux pour y déposer leurs œufs; elles approvisionnent ces nids de Muscides dont leurs larves se nourrissent.

On ne connoît qu'un petit nombre d'espèces. Nous indiquerons 1°. *Mellinus arvensis*. Fab. *Syst. Piez. pag.* 299. *n°.* 10. Guêpe rurale, n°. 95 de ce Dictionnaire. Panzer a figuré la femelle *Faun. Germ. fas.* 17. *fig.* 20. Le même auteur a représenté le mâle *fas.* 46. *fig.* 11. sous le nom de *Crabro frontalis*. 2°. *Mellinus ruficornis*. Fab. *Syst. Piez. pag.* 298. *n°.* 3. Panz. *Faun. Germ. fas.* 77. *fig.* 17. La femelle. *Mellinus sabulosus*. Fab. *Syst. Piez. pag.* 297. *n°.* 2. Le mâle. 3°. *Crabro petiolatus*. Panz. *Faun. Germ. fas.* 46. *fig.* 12. 4°. *Mellinus pratensis*. Jur. *Hyménopt. pl.* 10. *fig.* 19. (Encycl. *pl.* 380. *fig.* 11.) Ces espèces sont d'Europe.

(1) *Voyez* Pemphrédon.

ALYSON, *Alyson*. Jur. Panz. Lat. *Pompilus*. Fab.

Genre d'insectes de l'ordre des Hyménoptères, section des Porte-aiguillon, famille des Fouisseurs, tribu des Crabronites.

Les Pemphrédons et les Mellines se distinguent des Alysons par leur abdômen manifestement pédiculé, et par la seconde cellule cubitale de leurs ailes supérieures qui n'est point pétiolée et qui atteint la cellule radiale.

Antennes filiformes, insérées près de la bouche, composées de douze articles dans les femelles, de treize dans les mâles. — *Mandibules* bidentées. On voit une ou deux dents au côté intérieur, dans les femelles. — *Quatre palpes*; les maxillaires plus longs que les labiaux, composés de six articles, les labiaux de quatre. — *Languette* distinctement divisée en trois parties. — *Tête* assez grosse, carrée. — *Trois petits yeux lisses* disposés en triangle sur la partie antérieure du vertex. — *Segment antérieur* du corselet transversal, assez large, distant en dessus de l'origine des ailes supérieures; métathorax muni d'une très-petite épine de chaque côté. — *Ailes supérieures* ayant une cellule radiale courte, se rétrécissant après la première cellule cubitale, son extrémité assez aiguë, ne s'écartant pas de la côte, et quatre cellules cubitales, la première presqu'aussi longue que les trois suivantes prises ensemble, la seconde petite, triangulaire, pétiolée, recevant près de son origine la première nervure récurrente; la troisième fort rétrécie vers la radiale, recevant la seconde nervure récurrente très-près de la deuxième cubitale; la quatrième n'étant ni tracée, ni fermée. — *Abdomen* composé de cinq segmens outre l'anus dans les femelles, en ayant un de plus dans les mâles, son premier segment ne se rétrécissant pas subitement en pédicule. Anus des femelles terminé en pointe, celui des mâles coupé carrément à l'extrémité et portant à ses deux angles postérieurs une soie courte, roide, spiniforme. — *Pattes* de longueur moyenne, cuisses postérieures ayant une dent vers leur extrémité; les quatre jambes postérieures dentelées à leur partie extérieure dans les femelles; munies dans les deux sexes de deux épines à leur extrémité dont l'intérieure plus petite; jambes antérieures n'ayant qu'une très-petite épine. Tarses antérieurs ayant leur premier article grand, les quatre autres courts, égaux entr'eux, le dernier terminé par deux forts crochets simples, écartés, munis d'une grosse pelotte dans leur entre-deux. Tarses intermédiaires et postérieurs ayant leur premier article long, les autres allant en décroissant: crochets et pelottes assez petits.

Ainsi que les autres fouisseurs, les Alysons creusent leur nid dans les sables et l'approvisionnent d'insectes. Ils commencent à paroître dans nos climats vers la fin d'août. Le nombre des espèces connues est petit.

1. ALYSON lunicorne, *A. lunicornis.*

Alyson niger, abdominis segmentis duobus primis rufis, tibiis tarsisque quatuor posticis fuscè rufis, alarum superiorum fasciâ transversali fuscâ.

Alyson lunicornis. LAT. *Gener. Crust et Ins. tom.* 4. *pag.* 86. — *Pompilus lunicornis.* FAB. *Syst. Piez. pag.* 194. *n°.* 32? Le mâle.

Longueur 5 lig. Femelle. 3 lig. Mâle. Noir. Labre, bord antérieur du chaperon et base des mandibules d'un fauve pâle. Premier article des antennes fauve en dessous. Epines latérales du métathorax assez fortes. Abdomen ayant ses deux premiers segmens et la base du troisième, testacés. Toutes les jambes et les quatre tarses antérieurs testacés. Ailes transparentes, les supérieures avec une bande brune qui part de la cellule radiale et rejoint presque le bord intérieur. Femelle.

Dans le mâle la couleur noire s'étend davantage et le dernier article des antennes est crochu et lunulé.

Il a été pris dans des terrains sablonneux entre Luc et Falaise par M. de Bazoche. On le trouve aussi aux environs de Paris.

Nota. Fabricius donne à cette espèce le premier segment de l'abdomen noir; cela jette du doute sur sa synonymie.

2. ALYSON à épine, *A. spinosus.*

Alyson niger, abdominis segmento primo basi latè testaceo, secundo utrinquè albo uniguttato, femoribus quatuor anticis apice albidis, tibiis quatuor earumdem parium tarsisque omnibus anticè albidis, tibiis posticis basi albo annulatis; alarum superiorum fasciâ transversali fuscâ.

Alyson spinosus. JUR. *Hyménopt. pl.* 10. *fig.* 21. La femelle. — *Encycl. pl.* 380. *fig.* 12.

Longueur 4 lig. Noir. Parties de la bouche, bord antérieur du chaperon, orbite des yeux et dessous du premier article des antennes jaunes. On voit une ligne de cette couleur sur l'écusson. Abdomen ayant son premier segment d'un testacé-ferrugineux avec le bord postérieur noir, le second portant de chaque côté une tache ronde, blanche. Extrémité des quatre cuisses antérieures, devant de leurs jambes et base des jambes postérieures, blanchâtres. Tarses pâles. Ailes transparentes, les supérieures avec une bande brune qui part de la cellule radiale et rejoint presque le bord intérieur. Femelle.

D'Allemagne.

3. ALYSON bimaculé, *A. bimaculatus.*

Alyson niger, abdominis segmento primo secundique basi latè testaceis, hâc utrinquè albo uniguttatâ, pedibus duobus anticis nigris, tibiis tarsisque anticè albidis, intermediis testaceis, femoribus subtùs nigris; posticis testaceis, genubus tibiarumque apice nigris, tarsis fuscis; alarum superiorum fasciâ transversali fuscâ.

Alysson bimaculatus. PANZ. révis. — *Sphex bimaculata.* PANZ. *Faun. Germ. fasc.* 51. *fig.* 4. La femelle. — *Alysson spinosus.* PANZ. révis.? — *Pompilus spinosus.* PANZ. *Faun. Germ. fasc.* 80. *fig.* 17. Le mâle?

Longueur 5 lig. Noir. Parties de la bouche, dessous du premier article des antennes, orbite des yeux et chaperon jaunes. Celui-ci ayant une petite tache brune. Extrémité des mandibules de cette dernière couleur. Ecusson marqué de deux taches jaunes. Premier segment de l'abdomen et base du second testacés; celle-ci portant de chaque côté une tache ronde, blanche. Pattes antérieures noires, leurs jambes et leurs tarses blanchâtres en devant; pattes intermédiaires testacées, leurs cuisses noires en dessous. Jambes postérieures testacées avec l'extrémité des cuisses et des jambes noire; leurs tarses bruns. Ailes transparentes, les supérieures avec une bande brune qui part de la cellule radiale et rejoint presque le bord intérieur. Femelle.

Des environs de Paris et de Soissons.

Nota. Nous n'avons point vu le mâle; c'est peut-être lui que Panzer a représenté sous le nom de *Pompilus spinosus.*

4. ALYSON tricolor, *A. tricolor.*

Alyson niger, thorace suprà lateribusque ferrugineo, abdominis segmento secundo albo utrinquè uniguttato, alarum fasciis duabus transversalibus fuscis.

Longueur 6 lig. Noir. Parties de la bouche, chaperon, orbite des yeux, dessous du premier article des antennes et une petite tache entre leur base, blanchâtres. Dessus du corselet ferrugineux ainsi que ses côtés et l'anus en dessus. Second segment de l'abdomen ayant de chaque côté une tache blanche presqu'ovale. Ses quatre pattes antérieures blanchâtres, rayées de noir en dessus; pattes postérieures noires avec un anneau blanc à la base des jambes, leurs tarses d'un brun testacé. Ailes transparentes, les supérieures avec deux bandes brunes qui partent du bord extérieur et rejoignent le bord interne; celle de la base n'étant pas toujours bien distincte. Femelle.

M. de Bazoche qui a trouvé cet insecte à Luc en Normandie lui a donné le nom que nous lui conservons. Nous l'avons pris aussi aux environs de Paris. (S. F. et A. SERV.)

PÉNÉE, *Penæus*. FAB. Genre de Crustacés de l'ordre des Décapodes, famille des Brachyures, tribu des Salicoques, dont les caractères sont : *antennes* extérieures ou latérales situées au-dessous des mitoyennes, et recouvertes inférieurement par une grande écaille, annexée à la base de leur pédoncule ; les intermédiaires plus courtes, divisées en deux filets, au-delà de leur pédoncule ; premier article de ce pédoncule fort grand, creusé en dessus pour recevoir les yeux. — *Palpes* des mandibules saillans, couvrant le front, velus et terminés par un article foliacé, très-grand. — *Pieds-mâchoires* extérieurs s'avançant jusque sous les écailles des antennes latérales, pédiformes, velus et pointus au bout ; les appendices flagelliformes ou flagres de ces pieds-mâchoires et ceux des intermédiaires ou des deux suivans grands et pennacés. — *Pieds* des trois premières paires terminés en pince didactyle, coudés, à carpe inarticulé ; ceux de la troisième paire les plus longs de tous. — *Yeux* gros, presque globuleux. — *Test* prolongé antérieurement en manière de bec, comprimé, dentelé et cilié en dessous. — *Post-abdomen* fortement caréné postérieurement le long du milieu du dos ; le dernier segment terminé en une pointe très-aiguë.

M. Risso a rapporté l'espèce de ce genre, la plus commune dans la Méditerranée, la *Caramote* de Rondelet, et qui pourroit être la *Caride bossue* d'Aristote, aux Alphées. Olivier confond ces Crustacés avec les Palémons, dont, en effet, ils se rapprochent beaucoup, quant au *facies*, mais dont ils diffèrent évidemment par le nombre de leurs serres ou des pieds terminés en pince. Le Pénée *caramote* est l'objet d'un commerce considérable. On le sale pour le conserver, et ainsi préparé, on en fait des envois en Grèce, dans l'Asie mineure et dans la Perse. Les Grecs et les Arméniens en font une assez grande consommation. Les œufs sont ordinairement rouges ou aurores.

On peut diviser le genre Pénée en deux sections ; ceux dont les antennes supérieures ont leurs divisions terminales très-petites, de grosseur inégale, et beaucoup plus courtes que leur pédoncule ; et ceux où les divisions sont plus longues, presqu'égales, en forme de filets grêles et sétacés. A la première appartiennent les *Palémon sillonné* (*Palæmon sulcatus*) et les *P. cannelé* (*P. canaliculatus*) de ce Dictionnaire. La première espèce est commune dans la Méditerranée, et identique, je présume, avec la *Caramote* de Rondelet, ou l'*Alphée caramote* de M. Risso, quoique la description donnée par celui-ci diffère par quelques points de celle d'Olivier. (*Voyez* l'article PÉNÉE du *Nouveau Dict. d'Hist. nat. 2e. édit.*) On rangera aussi dans la même division le *P. d'Orbigny* (*P. Orbignyanus*). Son bec s'avance un peu au-delà du pédoncule des antennes mitoyennes et a huit dents en dessus et deux en dessous. Il n'y a point de sillon prononcé, de chaque côté, de la carène antérieure du test. La ligne enfoncée qui dans l'espèce précédente traverse antérieurement toute la largeur de ce test est ici très-courte. Le sixième segment de la queue n'a point sur les côtés de petites lignes enfoncées ; les bords latéraux des suivans ne sont point épineux ; le bord supérieur de la carène dorsale et des derniers anneaux sont verdâtres ; les dentelures ou épines des quatre serres antérieures sont plus petites, et les pieds sont proportionnellement plus longs et plus grêles que ceux du *P. Caramote*.

Le *Pénée monodon* de Fabricius entre dans la seconde division. Peut-être aussi faut-il y placer les Pénées à *longues antennes* et *Mars* de M. Risso. Ils me sont inconnus, ainsi que celui qu'il nomme *membraneux*, et de même que le *P. très-ponctué* de M. Bosc. (LATR.)

PENTAMÈRES, *Pentamera*. Première section de l'ordre des Coléoptères ; son caractère est : Cinq articles à tous les tarses.

(S. F. et A. SERV.)

PENTATOME, *Pentatoma*. Genre d'insectes de l'ordre des Hémiptères, section des Hétéroptères, famille des Géocorises, tribu des Longilabres.

Nota. Le nombre des espèces qui doivent être rapportées à cette tribu s'étant considérablement augmenté dans ces derniers temps, nous nous sommes crus obligés de proposer quelques nouveaux genres et de nouvelles divisions dans cette tribu, dont nous adoptons les caractères tels que M. Latreille les a posés.

LONGILABRES, *Longilabres*. Première tribu de la famille des Géocorises, section des Hétéroptères, ordre des Hémiptères.

Ses caractères sont : *Bec* découvert, de quatre articles distincts. — *Labre* très-prolongé au-delà de la tête, strié transversalement en dessus dans la plupart. — *Tarses* de trois articles distincts, le premier de la longueur du second ou plus long.

I. Antennes de cinq articles. — Deux yeux lisses apparens.

Scutellère.
Pentatome.

II. Antennes de quatre articles.

A. Deux petits yeux lisses plus ou moins apparens.

a. Antennes insérées sous un rebord latéral de la tête.

Tessaratome.

b. Antennes insérées à nu sur la partie supérieure des côtés de la tête ; leur premier article dépassant notablement l'extrémité de la tête.

Néide.
Coré.
Alyde.
Holhyménie.
Pachylide.

c. Antennes insérées à nu à la partie inférieure des côtés de la tête; leur premier article court, dépassant à peine l'extrémité de la tête.

Myodoque.
Lygée.
Pachymère.
Salde.

B. Point de petits yeux lisses.

Astemmé.
Miris.
Capse.

III. Antennes de trois articles. — Deux yeux lisses apparens.

Phlæa.

PENTATOME, *Pentatoma*. Oliv. (Encycl.) Lam. Lat. Pal.-Bauv. *Cimex*. Linn. Geoff. De Géer. Fab. *Edessa, Ælia, Halys, Cydnus*. Fab.

Le nom de Pentatome venant de deux mots grecs qui signifient *cinq pièces*, a été donné à ces insectes en raison de leurs antennes composées de cinq articles. Feu Olivier a établi ce genre en y réunissant les Scutellères, dont il faisoit cependant une division particulière. M. Lamarck l'a restreint dans ses véritables limites et M. Latreille l'a adopté ainsi. On voit par notre synonymie que Fabricius en a dispersé les espèces dans divers genres. Les Pentatomes sont avec les Scutellères les seuls longilabres qui aient cinq articles aux antennes, mais ces dernières se distinguent au premier aspect par la grandeur de l'écusson qui leur recouvre entièrement l'abdomen et cache les élytres presqu'en totalité, tandis qu'elles sont tout-à-fait à découvert dans les Pentatomes.

Antennes filiformes, plus courtes que le corps, insérées de chaque côté au devant des yeux, composées de cinq articles dont la longueur respective varie selon les espèces. — *Labre* long, très-étroit, presqu'aciculaire, finement strié transversalement, prenant naissance à l'extrémité antérieure du chaperon et recouvrant la base du suçoir. — *Suçoir* formé de quatre soies; les deux inférieures se réunissant en une seule un peu au-delà de leur origine, renfermé dans une gaîne nommée bec, divisé en quatre articles distincts, le premier logé en grande partie dans une coulisse longitudinale du dessous de la tête. — *Tête* petite reçue postérieurement dans une échancrure placée au bord antérieur du corselet. — *Yeux* saillans, globuleux. — *Deux petits yeux lisses* placés sur la partie postérieure de la tête, un de chaque côté, à peu de distance du bord interne des yeux. — *Corselet* beaucoup plus large que long, rétréci en devant, dilaté en arrière. — *Ecusson* très-grand, triangulaire. — *Abdomen* composé de six segmens outre l'anus; ces segmens ayant de chaque côté un stigmate un peu rebordé, celui de l'anus plus petit. — *Anus* des femelles sillonné longitudinalement dans son milieu: celui des mâles entier, sans sillon longitudinal. — *Jambes* dépourvues d'épines terminales; tarses courts, presque cylindriques, de trois articles, le second plus court que les autres, le dernier terminé par deux crochets recourbés ayant une pelotte bilobée dans leur entre-deux.

Les Pentatomes dans l'état de larve ne diffèrent de l'insecte parfait qu'en ce qu'ils sont totalement dépourvus d'ailes et d'élytres; sous la forme de nymphe ils ont de plus les fourreaux dans lesquels sont renfermées ces parties; ceux des ailes sont plus petits et placés sous ceux des élytres. Ces changemens sont accompagnés d'une mue générale; nous croyons même que la larve en éprouve plusieurs. Dans tous ces états leurs mœurs sont pareilles et ils jouissent des mêmes facultés, à l'exception de celles du vol et de la reproduction. Dans l'état parfait, le mâle monte sur le dos de la femelle pour la provoquer à l'accouplement, mais quand cet acte s'accomplit, les deux sexes sont placés sur le même plan et réunis bout à bout; la copulation dure assez long-temps, et pendant sa durée le mâle se laisse entraîner par sa femelle dans tous les mouvemens que celle-ci veut faire. Ces insectes se nourrissent par succion de la séve des plantes succulentes ou du jus des fruits; quelques-uns attaquent aussi les insectes, même ceux de leur propre genre, pour en tirer les parties molles intérieures. Le plus grand nombre des espèces exhale une odeur insupportable et la communique même aux fruits pour peu qu'elles les aient entamés.

On trouve les œufs des Pentatomes déposés sur les feuilles ou sur les tiges des végétaux, réunis ensemble au moyen d'une matière visqueuse très-tenace. Ils sont placés par plaques très-régulières et ont souvent des couleurs fort agréables. Les Pentatomes sont généralement connus sous le nom de Punaises de bois.

Le nombre des espèces de ce genre est considérable; elles paroissent répandues dans les quatre parties du monde et dans les températures les plus opposées. Dans la première division les couleurs varient beaucoup, mais dans la seconde, qui ne contient que peu d'espèces, le corps a constamment le noir ou le brun pour couleur dominante.

1re. *Division*. Jambes simples.

1re. *Subdivision*. Une lame abdominale relevée et lancéolée.

A. Sternum avancé, comprimé. — Corselet à angles saillans.

1. Pentatome hémorrhoïdal, *P. hœmorrhoidalis.*

Pentatoma griseo-viridis, antennis fuscis, basi pallidis, ventre in medio carinato, elytrorum membranâ unicolori.

Pentatoma hœmorrhoidalis. Lat. *Gen. Crust. et Ins. tom.* 3. *pag.* 116. — *Cimex hœmorrhoidalis.* Fab. *Syst. Rhyngot. pag.* 160. *n°.* 27. — La Punaise verte à pointes du corselet rouges Geoff. *Ins. Paris. tom.* 1. *pag.* 465. *n°.* 63. — Wolf. *Icon. cimic. fasc.* 1. *pag.* 10. *tab.* 1. *fig.* 10. — *Faun. franç. Hémipt. pl.* 2. *fig.* 5.

Longueur 6 lig. Corps d'un vert pâle nuancé d'un peu de rouge, fortement ponctué en dessus. Antennes brunes; premier article de la couleur du corps; troisième et cinquième plus courts que les autres. Bec atteignant la base des cuisses postérieures. Corselet ayant ses angles latéraux mousses, rouges, tachés de noir à l'extrémité. Dessus du ventre et dessous de l'anus presqu'entièrement rouges. Pattes d'un vert jaunâtre. Membrane des élytres transparente et sans taches. Ventre caréné dans toute sa longueur. Femelle.

Commun aux environs de Paris.

2. Pentatome de Stoll, *P. Stollii.*

Pentatoma luteo-viridis, antennis luteis, ventre in medio carinato, elytrorum membranâ fusco maculatâ.

La Punaise ensanglantée. Stoll, *Punais. pag.* 129. *pl. XXXIII. n°.* 229. — *Faun. franç. Hémipt. pl.* 3. *fig.* 3.

Longueur 3 à 4 lig. Corps jaunâtre en dessous, très-ponctué en dessus. Antennes jaunâtres, troisième article plus court que les autres. Tête et corselet de couleur verte lavée d'un peu de rouge. Bec dépassant à peine la base des cuisses intermédiaires. Angles du corselet mousses, rembrunis. Elytres vertes, largement bordées de rouge sanguin intérieurement. Leur membrane transparente marquée d'une tache brune sur leur bord, avant l'extrémité. Ventre d'un rouge sanguin en dessus, caréné en dessous au milieu dans toute sa longueur. Dessous de l'anus d'un rouge de sang. Pattes verdâtres nuancées de rouge. Mâle et femelle.

Commun en Europe.

B. Sternum simple.

a. Corselet à angles saillans.

3. Pentatome dix-sept taches, *P. 17-maculata.*

Pentatoma obscurè fusca, thoracis acutè spinosi maculis duodecim, scutelli tribus, elytrorum unicâ luteis.

Pentatoma 17-maculata. Palis.-Bauv. *Ins. d'Afriq. et d'Amériq. pag.* 112. *Hémipt. pl.* 8. *fig.* 4.

Longueur 4 lig. Corps d'un brun obscur. Bord antérieur de la tête droit, à peine échancré. Bec atteignant la base des cuisses intermédiaires. Douze taches jaunes sur le corselet, trois sur l'écusson et une sur les élytres.

Nota. Les antennes, les pattes et l'anus manquent dans notre individu.

De Buonopozo, royaume d'Oware.

b. Corselet simple.

4. Pentatome nigripède, *P. nigripes.*

Pentatoma suprà rubra thoracis obtusè angulati margine antico, scutelli maculis duabus, elytrorum maculâ unicâ nigris; subtùs lutea, lineâ transversali maculisque marginalibus nigro-cœruleis, tibiis suprà canaliculatis.

Pentatoma nigripes. Lat. *Gener. Crust. et Ins. tom.* 3. *pag.* 117. — *Edessa nigripes.* Fab. *Syst. Rhyngot. pag.* 149. *n°.* 17. — *Cimex incarnatus.* Drury, *Ins. tom.* 2. *pl.* 36. *fig.* 5. — Wolf. *Icon. cimic. fas.* 1. *pag.* 11. *tab.* 2. *fig.* 11. — Stoll, *Punais. pl. II. fig.* 10 et *A.*

Longueur un pouce. Antennes noires; premier article le plus court de tous, les autres égaux entr'eux. Tête d'un noir bleuâtre en dessus. Bec atteignant la base des cuisses postérieures. Corselet, écusson et élytres rouges; bords antérieur et latéraux du corselet, deux taches latérales à la base de l'écusson, une autre sur chaque élytre, d'un noir bleuâtre. Membrane des élytres brune, opaque, bleuâtre. Ailes de même couleur. Dessous du corps jaune, marqué d'une ligne transversale au bord du corselet et de quatre taches rondes latérales sur le bord de l'abdomen, d'un noir bleuâtre. Pattes de cette couleur; jambes fortement canaliculées en dessus et ciliées latéralement. Femelle.

Des Indes orientales.

5. Pentatome quadrimaculé, *P. quadrimaculata.*

Pentatoma suprà rubra, thoracis obtusè angulati disco nigro lineâ albidâ secto, scutelli albidi maculis duabus nigris, elytris immaculatis, tibiarum parte inferiori suprà canaliculatâ.

Cimex catena. Drury, *Ins. tom.* 3. *pl. XLVI. fig.* 1.

Longueur 6 lig. Antennes noires; premier article très-court, le second le plus long de tous, les trois derniers à peu près égaux. Tête très-échancrée en devant, noire en dessus, avec une ligne jaune de chaque côté. Bec atteignant la base des cuisses postérieures. Corselet rouge, ayant dans son milieu une grande tache noire arrondie en devant, séparée en deux longitudinalement par une ligne blanchâtre et bordée d'une semblable ligne inférieurement. Ecusson arrondi au bout, blanchâtre, presqu'entièrement couvert par une tache noire divisée en deux dans son milieu par une ligne transversale blanchâtre. Elytres rouges; leur membrane opaque, noire. Dessous du corps blanchâtre chargé de taches noires, excepté au milieu du ventre. Pattes noires en dessus, cuisses rayées de blanchâtre en dessous, partie inférieure des jambes canaliculée en dessus. Femelle.

Du Brésil.

6. Pentatome gris, *P. grisea.*

Pentatoma griseo-fusca, thorace obtusè angulato, abdominis margine supero albido nigro maculato, tibiis suprà canaliculatis.

Pentatoma grisea. Lat. *Gener. Crust. et Ins. tom.* 3. *pag.* 116. — *Cimex griseus.* Linn. *Syst. Nat.* 2. 721. 43. — Fab. *Syst. Rhyngot. pag.* 171. *n°.* 87. — *Cimex betulæ.* De Géer, *Ins.* 3. *pag.* 261. *n°.* 8. *pl.* 14. *fig.* 9. — La Punaise brune à antennes et bords panachés. Geoff. *Ins. Paris. tom.* 1. *pag.* 466. *n°.* 64. — Wolf. *Icon. cimic. fas.* 2. *pag.* 59. *tab.* 6. *fig.* 56. — *Faun. franç. Hémipt. pl.* 2. *fig.* 7.

Longueur 6 lig. Corps d'un gris cendré mêlé de brun, fortement ponctué. Antennes noires; premier article court; troisième et cinquième plus courts que le second et le quatrième; les deux derniers blancs à leur base. Bec atteignant la base des cuisses postérieures. Extrémité de l'écusson jaunâtre, surmontée de deux petits points noirs. Bord de l'abdomen en dessus alternativement noir et blanc. Membrane des élytres transparente ponctuée de brun. Dessous du corps blanchâtre parsemé de points noirs. Cuisses et jambes d'un vert jaunâtre, noires à l'extrémité; tarses bruns, jambes fortement canaliculées dans toute leur longueur. Mâle et femelle.

Le mâle a le troisième article des antennes blanchâtre à sa base.

Nota. Geoffroy mentionne une variété femelle que nous connoissons. Elle a la membrane des élytres sans taches et le troisième article des antennes blanc à sa base.

Très-commun aux environs de Paris.

2e. *Subdivision.* Une lame abdominale courte, aplatie et couchée. — Sternum fourchu à ses deux extrémités.

a. Corselet à angles saillans.

7. Pentatome Bison, *P. Bison.*

Pentatoma testacea, thoracis angulo longiori obtuso, tibiis suprà canaliculatis.

Longueur un pouce. Corps d'un jaune testacé en dessus, son dessous plus clair, avec quelques lignes brunes transverses. Antennes jaunâtres; les deux premiers articles à peu près égaux, le suivant plus long que le deuxième, le quatrième le plus long de tous, le dernier plus grand que le troisième. Bec n'atteignant pas la base des cuisses intermédiaires. Angles du corselet très-saillans, presqu'en forme de cornes, leur extrémité noire et obtuse. Elytres ayant chacune cinq raies blanches, celle du milieu plus courte, n'atteignant pas la base, imitant grossièrement la lettre Y. Leur membrane opaque, brune à reflet bronzé. Pattes jaunâtres. Jambes canaliculées en dessus dans toute leur longueur.

De Cayenne.

Nota. Cette espèce est peut-être l'*Edessa Antilope* de Fabricius. *Syst. Rhyng. pag.* 147. *n°.* 8. Coquebert. *Illus. Icon. tab.* 9. *fig.* 8. Mais elle en diffère par les couleurs.

8. Pentatome Bubale, *P. Bubalus.*

Pentatoma thoracis acutè longissimèque spinosi parte anticâ testaceâ, mediâ luteâ, posticâque viridi, tibiis suprà canaliculatis.

Longueur 8 à 9 lig. Dessous du corps jaune nuancé de rougeâtre et marqué de lignes transversales brunes. Tête fauve, inégale. Antennes jaunes. Bec atteignant la base des cuisses intermédiaires. Corselet ponctué, fauve à sa partie antérieure, d'un vert brun postérieurement; une bande jaune assez large occupe presque le milieu et atteint des deux côtés la base des angles; ceux-ci pointus, très-longs, imitant des cornes, bruns à reflet violet. Ecusson ponctué, d'un fauve brun, bordé de vert extérieurement et surtout à l'extrémité. Elytres d'un fauve brun, finement ponctuées, ayant quatre lignes longitudinales blanchâtres; leur membrane demi-transparente, brune. Pattes d'un jaune rougeâtre. Jambes canaliculées en dessus dans toute leur longueur. Segmens de l'abdomen ayant chacun une pointe latérale dépassant les élytres, celle du sixième simple, très-longue, excédant l'anus. Ventre caréné au milieu dans toute sa longueur.

De Cayenne.

b. Corselet simple.

9. Pentatome poli, *P. polita.*

Pentatoma viridis, thoracis angulis breviter subspinosis, elytris fuscis albido lineatis, tibiis suprà canaliculatis.

La Punaise polie. Stoll, *Punais. pag.* 98. *pl. XXV. n°.* 174.

Longueur 12 à 14 lig. Corps vert en dessus, d'un vert jaunâtre en dessous. Tête sillonnée, un peu inégale en dessus. Bec dépassant la base des cuisses antérieures. Corselet très-ponctué, avec quelques nuances jaunes. Ecusson pointillé, nuancé de jaune vers sa pointe. Elytres d'un brun fauve, avec des lignes blanchâtres. Leur membrane demi-transparente, à reflet métallique. Pattes d'un vert jaunâtre. Jambes canaliculées en dessus dans toute leur longueur. Dernier segment de l'abdomen armé latéralement d'une forte pointe dépassant de beaucoup l'anus, et munie intérieurement d'une petite dent. Mâle et femelle.

Le mâle a le corselet et l'écusson d'un vert sans mélange.

Du Brésil.

10. Pentatome lutéicorne, *P. luteicornis.*

Pentatoma lutea, thoracis viridis anticèque lutei angulis subspinosis, elytris nigro maculatis, tibiis suprà canaliculatis.

La Punaise à antennes jaunes. Stoll, *Punais. pag.* 81. *pl. XX. fig.* 137.

Longueur 8 lig. Corps jaunâtre en dessous, très-ponctué en dessus. Antennes jaunâtres; premier et troisième articles fort courts, le second moyen, les deux derniers plus longs que les précédens. Bec n'atteignant pas la base des cuisses intermédiaires. Tête jaunâtre, sillonnée en dessus. Corselet vert, bordé de jaune en devant et sur les côtés, ses angles peu pointus. Ecusson jaune, sa pointe lavée d'un peu de vert. Elytres jaunes, avec une tache brune irrégulière sur leur milieu; la membrane demi-transparente à reflet métallique. Pattes jaunâtres; jambes canaliculées en dessus dans toute leur longueur.

De Cayenne.

11. Pentatome ensanglanté, *P. cruenta.*

Pentatoma suprà viridis, subtùs lutea, lineis transversis fuscis, alternis brevioribus, tibiis suprà canaliculatis.

Edessa cruenta. Fab. *Syst. Rhyngot. pag.* 153. *n°.* 31. — Stoll, *Punais. pl. XVI. fig.* 113.

Longueur 10 lig. Corps vert et très-ponctué en dessus. Son dessous jaune, avec des lignes brunes transverses alternativement plus longues et plus courtes. Antennes ferrugineuses; premier article court, second et troisième égaux, le quatrième le plus long, le cinquième moyen. Bec atteignant à peine la base des cuisses intermédiaires. Bords extérieurs du corselet et de l'abdomen ferrugineux. Pattes de même couleur. On voit quelquefois des nuances irrégulières de jaune sur l'écusson. Mâle.

Commun à Cayenne.

3e. *Subdivision.* Point de lame abdominale.

A. Sternum saillant, comprimé, arrondi en devant. — Corselet simple.

12. Pentatome mucroné, *P. mucronata.*

Pentatoma scutello longiori, apice acutè spinoso thoraceque in medio longitudinaliter carinatis, tibiis suprà canaliculatis.

Pentatoma mucronata. Palis.-Bauv. *Insect. d'Afriq. et d'Amériq. pag.* 46. *Hémipt. pl. IV. fig.* 5 et 6.

Longueur 8 lig. Dessous du corps, tête, partie antérieure du corselet et pattes fauves. Antennes brunes, les deux premiers articles fauves; le premier court, le second et le cinquième un peu plus longs, le troisième très-court, le quatrième le plus grand de tous. Bec dépassant un peu la base des cuisses antérieures. Corselet et élytres d'un fauve verdâtre; une carène longitudinale traversant dans leur milieu le corselet et l'écusson, ce dernier terminé en pointe aiguë s'avançant sur la membrane des élytres; cette membrane opaque, brune à reflet un peu bronzé. Dessous du ventre fortement caréné au milieu. Segmens de l'abdomen ayant une pointe latérale dépassant les élytres; celles du sixième n'avançant point autant que l'anus. Jambes canaliculées en dessus dans toute leur longueur. Mâle.

Afrique, royaume d'Oware.

B. Sternum simple.

a. Corselet à angles saillans.

13. Pentatome rufipède, *P. rufipes.*

Pentatoma fusca, thoracis angulis obtusis lateraliter acuminato-spinosis, tibiis suprà canaliculatis.

Pentatoma rufipes. Lat. *Diction. d'Hist. nat.* 2e. *édit.* — *Cimex rufipes.* Linn. *Syst. Nat.* 2. 719. 24. — Fab. *Syst. Rhyngot. pag.* 156. *n°.* 5. — De Géer, *Ins.* 3. *pag.* 253. *n°.* 2. — *Faun. franç. Hémipt. pl.* 2. *fig.* 6.

Longueur 7 lig. Tête et corps d'un brun obscur en dessus et très-ponctué. Antennes rousses; les deux derniers articles noirâtres; le premier petit, les second et troisième égaux, plus longs que les suivans. Bec dépassant la base des cuisses postérieures. Angles du corselet arrondis, munis d'une petite épine. Extrémité de l'écusson d'un jaune orangé. Bords de l'abdomen marqués de taches noires, coupées en deux par une ligne roussâtre. Membrane des élytres demi-transparente. Dessous du corps d'un jaune roux, ainsi que les pattes. Jambes canaliculées en dessus dans toute leur longueur. Mâle et femelle.

Des plus communs en France, dans les jardins, les bois, etc.

14. Pentatome gardien, *P. custos.*

Pentatoma griseo fusca, thoracis angulis obtusis, antennarum annulis duobus nigris, tibiis suprà canaliculatis.

Pentatoma custos. Lat. *Hist. nat. des Crust. et des Ins. tom.* 12. *pag.* 188. *n°.* 12. — *Cimex custos.* Fab. *Syst. Rhyngot. pag.* 157. *n°.* 7.

Longueur 5 lig. Corps d'un gris brun en dessus et fortement ponctué. Tête échancrée en devant. Antennes rousses, leurs troisième et quatrième articles ayant chacun un anneau noir. Premier article petit, le second deux fois plus long que le suivant. Bec atteignant presque la base des cuisses postérieures. Angles du corselet obtus; bords de l'abdomen marqués de taches noires coupées en deux par une ligne jaunâtre. Elytres ayant quelquefois une tache brune à leur angle postérieur interne. Membrane demi-transparente. Dessous du corps d'un jaune sale, très-ponctué, avec une ligne de points noirs de chaque côté, éloignée du bord extérieur. Pattes d'un gris roussâtre. Cuisses ponctuées de noir. Jambes canaliculées en dessus dans toute leur longueur. Femelle.

Commun aux environs de Paris.

15. Pentatome gladiateur, *P. gladiator.*

Pentatoma testacea, thoracis angulis acutis, tibiis suprà canaliculatis.

Pentatoma gladiator. Palis.-Bauv. *Insect. d'Afriq. et d'Amériq. pag.* 127. *Hémipt. pl. IX. fig.* 1. — *Cimex gladiator.* Fab. *Syst. Rhyngot. pag.* 162. *n°.* 36. — *Cimex albo punctatus.* De Géer, *Ins.* 3. *pag.* 331. *n°.* 5. *pl.* 34. *fig.* 6. — Stoll, *Punais. pl. II. fig.* 12.

Longueur 6 lig. Corps d'un jaune fauve, ponctué en dessus. Tête très-échancrée, sillonnée, un peu ponctuée de noir, munie de deux pointes aiguës en devant. Antennes d'un jaune fauve, les derniers articles brunâtres à l'extrémité; le premier article court, les autres à peu près égaux. Bec dépassant la base des cuisses postérieures. Corselet et écusson ayant des points noirs enfoncés, le premier avec ses angles très-aigus. Elytres chargées de points élevés, irréguliers, assez gros, blanchâtres. Leur membrane blanche, transparente. Dessous du corps plus clair que le dessus. Pattes jaunes; jambes canaliculées en dessus dans toute leur longueur. Mâle et femelle.

Amérique méridionale; Saint-Domingue.

16. Pentatome ypsilon, *P. ypsilon.*

Pentatoma suprà fusca, thoracis angulis acutis, æneo nitens, scutello litterâ ypsilon notato, tibiis teretibus.

Cimex ypsilon. Linn. *Syst. Nat.* 2. 720. 32. — Fab. *Syst. Rhyngot. pag.* 159. *n°.* 21. — *Cimex ypsilon-æneus.* De Géer, *Ins.* 3. *pag.* 332. *n°.* 6. *pl.* 34. *fig.* 7 *et* 8.

Longueur 4 lig. Corps ponctué en dessus. Antennes brunes; base du quatrième et du cinquième, blanche; premier article très-court, le troisième plus long, les deux derniers égaux, les plus grands de tous. Tête d'un jaune obscur ponctué de noir. Bec atteignant la base des cuisses postérieures. Corselet ponctué de noir, jaune et portant deux taches blanches irrégulières en devant, brun à reflet cuivreux postérieurement, ses angles antérieurs aigus. Elytres brunes à reflet cuivreux, avec une tache blanche un peu saillante vers leur milieu. Ecusson brun cuivreux, portant la figure d'un Y, de couleur blanche. Membrane des élytres transparente. Dessous du corps vert jaunâtre. Pattes jaunâtres, fortement ponctuées de noir. Femelle.

Amérique méridionale.

Nota. De Géer a probablement été abusé par la petitesse du premier article des antennes, lorsqu'il a placé cette espèce parmi ses Punaises à antennes de quatre articles.

b. Corselet simple.

17. Pentatome Janus, *P. Janus.*

Pentatoma suprà rubra, capite, thoracis lineâ anticâ scutellique basi et elytrorum membranâ nigris, antennarum articulis quatuor primis tibiisque suprà canaliculatis.

Edessa Janus. Fab. *Syst. Rhyngot. pag.* 151. *n°.* 23. — *Cimex afer.* Drury, *Ins.* 3. *pl. XLVI. fig.* 7. — La Punaise Janus. Stoll, *Punais. pag.* 30. *pl. VI. fig.* 41.

Longueur 11 lig. Corps lisse, finement pointillé en dessus. Antennes noires, leurs quatre premiers articles canaliculés en dessus; le premier fort court, le troisième plus long, le quatrième un peu élargi, les deux derniers plus grands que les autres. Tête noire, échancrée antérieurement. Bec dépassant à peine la base des cuisses antérieures. Corselet rouge; une bande noire à sa partie antérieure n'atteignant aucun des bords. Ecusson noir, son extrémité rouge, arrondie. Elytres rouges, leur membrane opaque et brune. Dessous du corps noir luisant, avec la bordure du corselet et celle de l'abdomen, à l'exception de l'anus, rouges. Pattes noires, jambes fortement canaliculées en dessus dans toute leur longueur. Mâle et femelle.

Indes orientales. Côte de Coromandel.

18. Pentatome des potagers, *P. oleracea.*

Pentatoma nigro-cærulea, lineis punctisque rubris albidisve, tibiis suprà vix canaliculatis.

Pentatoma

Pentatoma oleracea. Lat. *Dict. d'Hist. nat.* 1re. *édit.* — *Cimex oleraceus.* Linn. *Syst. Nat.* 2. 722. 53. — Fab. *Syst. Rhyngot. pag.* 177. *n°.* 112. — De Géer, *Ins.* 3. *pag.* 266. *n°.* 10. *pl.* 15. *fig.* 22 *et* 23. — Stoll, *Punais. pl. V. fig.* 32 *et* 33. — La Punaise verte à raies et taches rouges ou blanches. Geoff. *Ins. Paris. tom.* 1. *pag.* 471. *n°.* 74. — *Faun. franç. Hémipt. pl.* 3. *fig.* 7.

Longueur 3 lig. Corps noir-bleuâtre très-ponctué en dessus. Antennes noires. Premier article le plus court, second et quatrième presqu'égaux et les plus longs de tous. Bec atteignant à peine la base des cuisses postérieures. Tête, corselet et élytres bordés de rouge ou de blanc tant en dessus qu'en dessous, une raie longitudinale de même couleur sur le milieu du corselet. Ecusson ayant deux points et l'extrémité rouges ou blancs. On voit une tache de même couleur sur chaque élytre. Leur membrane blanche, transparente à reflet un peu métallique. Dessous du corps noir luisant, ponctué. Pattes pointillées. Jambes marquées d'un anneau rouge ou blanc dans leur milieu, foiblement canaliculées en dessus. Mâle et femelle.

Commun dans les jardins potagers sur les plantes légumineuses qu'il détruit.

Nota. Une variété femelle plus rare a le dessous du corps blanchâtre, avec un double rang de points noirs sur les côtés et une ligne de semblables points sur le milieu du ventre. La tache des jambes a plus d'étendue et les cuisses sont presqu'entièrement blanches.

19. Pentatome du Génévrier, *P. juniperina.*

Pentatoma suprà viridis, thoracis elytrorumque margine exteriori tenui luteo, subtùs luteo viridis nigroque punctatâ, tibiis suprà canaliculatis.

Pentatoma juniperina. Lat. *Gener. Crust. et Ins. tom.* 3. *pag.* 117. — *Cimex juniperinus.* Linn. *Syst. Nat.* 2. 722. 48. — Fab. *Syst. Rhyngot. pag.* 167. *n°.* 60. — De Géer, *Ins.* 3. *pag.* 231 *et* 253. *n°.* 1. *pl.* 13. *fig.* 1 *et* 2. — La Punaise verte. Geoff. *Ins. Paris. tom.* 1. *pag.* 464. *n°.* 61.

Longueur 5 lig. ½. Corps d'un beau vert en dessus, très-chargé de points bruns. Antennes fauves; leurs trois premiers articles verdâtres, à peu près égaux entr'eux, premier très-court, deuxième le plus long de tous. Bec atteignant la base des cuisses postérieures. Tête arrondie en devant, peu échancrée. Corselet et base des élytres légèrement bordés de jaune extérieurement. Membrane des élytres demi-transparente. Ecusson quelquefois bordé de jaune à l'extrémité. Pattes et dessous du corps d'un jaune verdâtre; jambes canaliculées en dessus dans toute leur longueur. Mâle.

La femelle a le bord du corselet et de la base des élytres jaune rougeâtre; le dessous du corps est de cette couleur, dont on voit aussi quelquefois des nuances dans le mâle.

Très-commun en Europe.

20. Pentatome des baies, *P. baccarum.*

Pentatoma cinereo fusca, pubescens, antennarum tuberculo radicali externè spinoso, abdominis margine supero albido nigro maculato, tibiis suprà canaliculatis.

Pentatoma baccarum. Lat. *Gener. Crust. et Ins. tom.* 3. *pag.* 116. — *Cimex baccarum.* Linn. *Syst. Nat.* 2. 721. 45. — Fab. *Syst. Rhyngot. pag.* 172. *n°.* 92. — *Cimex verbasci.* De Géer, *Ins.* 3. *pag.* 257. *n°.* 4. *pl.* 14. *fig.* 5. — La Punaise brune à antennes et bords panachés. Geoff. *Ins. Paris. tom.* 1. *pag.* 464. *n°.* 64. — *Faun. franç. Hémipt. pl.* 2. *fig.* 1.

Longueur 4 à 5 lig. Corps légèrement pubescent, gris-brun et finement ponctué en dessus. Tubercule radical des antennes muni d'une épine latérale. Antennes brunes, premier article très-court, presqu'entièrement blanchâtre; les autres blancs à la base et un peu à l'extrémité, le second le plus long de tous. Bec atteignant la base des cuisses postérieures. Tête arrondie et à peine échancrée en devant. Pointe de l'écusson blanchâtre. Membrane des élytres transparente. Bords latéraux de l'abdomen blancs tachetés de noir. Pattes et dessous du corps verdâtres, ponctués de noir. Jambes canaliculées en dessus dans toute leur longueur. Mâle et femelle.

Extrêmement commun dans nos environs.

21. Pentatome mélanocéphale, *P. melanocephala.*

Pentatoma grisea, capite, thoracis angulis anticis scutellique basi et femorum maculâ nigro-æneis, tibiis teretibus.

Cydnus melanocephalus. Fab. *Syst. Rhyng. pag.* 187. *n°.* 14. — *Cimex melanocephalus.* Panz. *Faun. Germ. fasc.* 26. *fig.* 24. — *Faun. franç. Hémipt. pl.* 3. *fig.* 4.

Longueur 3 lig. ½. Corps d'un gris verdâtre en dessus, très-ponctué de brun. Antennes brunes. Premier et second articles blanchâtres, le premier petit, les quatre autres égaux entr'eux. Bec dépassant la base des cuisses postérieures. Tête, angles antérieurs du corselet et base de l'écusson d'un noir bronzé. Dessous du corps de même couleur. Bords de l'abdomen tachés de blanc. Pattes blanchâtres, cuisses avec une tache d'un noir bronzé, jambes cylindriques. Femelle.

Des environs de Paris.

22. Pentatome acuminé, *P. acuminata.*

Pentatoma capite longo acuminato, albida,

fusco longitudinalitèr lineata, tibiis teretibus.

Pentatoma acuminata. LAT. *Gener. Crust. et Ins. tom.* 3. *pag.* 115. — *Cimex acuminatus*. LINN. *Syst. Nat.* 2. 723. 59. — *Ælia acuminata*. FAB. *Syst. Rhyngot. pag.* 189. *n°.* 6. — *Cimex rostratus*. DE GÉER, *Ins.* 3. *pag.* 271. *n°.* 16. *pl.* 14. *fig.* 12 *et* 13. — La Punaise à tête alongée. GEOFF. *Ins. Paris. tom.* 1. *pag.* 472. *n°.* 77. — *Faun. franç. Hémipt. pl.* 4. *fig.* 6.

Longueur 3 à 4 lig. Corps jaunâtre ponctué tant en dessus qu'en dessous. Le dessus ayant des lignes longitudinales brunes. Antennes jaunâtres, leurs deux derniers articles fauves. Articles croissant en longueur du premier au quatrième. Le cinquième presqu'égal à celui-ci. Bec atteignant la base des cuisses postérieures. Tête longue, avancée, un peu échancrée en devant. Pattes jaunâtres. Stigmates du dessous du corps noirs. Cuisses marquées de quelques points noirs. Membrane des élytres blanche, transparente. Jambes cylindriques. Mâle et femelle.

Très-commun aux environs de Paris.

2ᵉ. *Division*. Jambes épineuses.

23. PENTATOME morio, *P. morio*.

Pentatoma fusco-nigra nitens, scutello longo apice subrotundo, elytrorum membranâ alisque albis, pedibus nigris, tarsis testaceis.

Pentatoma morio. LAT. *Gener. Crust. et Ins. tom.* 3. *pag.* 117. — *Cimex morio*. LINN. *Syst. Nat.* 2. 722. 51. — *Cydnus morio*. FAB. *Syst. Rhyngot. pag.* 184. *n°.* 3. — STOLL, *Punais. pl. XXXII. fig.* 223. — WOLF. *Icon. cimic. fasc.* 2. *pag.* 67. *tab.* 7. *fig.* 64. — *Faun. franç. Hémipt. pl.* 4. *fig.* 5.

Longueur 3 à 4 lig. Corps ponctué, brun-noirâtre luisant en dessus, noir luisant en dessous. Antennes brunes, leurs deux premiers articles et l'extrémité du dernier fauves. Le premier court, les autres presqu'égaux. Bec atteignant la base des cuisses intermédiaires. Tête arrondie, à peine échancrée en devant. Corselet ayant sur son disque deux élévations presque lisses. Elytres d'un brun assez clair; leur bord postérieur presque droit ne renfermant pas l'extrémité de l'écusson. Celui-ci arrondi au bout. Membrane des élytres blanche ainsi que les ailes. Pattes noires, tarses fauves. Mâle et femelle.

Environs de Paris.

24. PENTATOME triste, *P. tristis*.

Pentatoma nigra, opaca, scutello apice subacuto, elytrorum membranâ subfuscâ, pedibus nigris, tarsis fuscè testaceis.

Pentatoma tristis. LAT. *Hist. nat. des Crust. et des Ins. tom.* 12. *pag.* 198. *n°.* 46. — *Cydnus tristis*. FAB. *Syst. Rhyngot. pag.* 185. *n°.* 7. — *Cimex niger-spinipes*. DE GÉER, *Ins.* 3. *pag.* 269. *n°.* 13. — La Punaise noire. GEOFF. *Ins. Paris. tom.* 1. *pag.* 470. *n°.* 70. — *Faun. franç. Hémipt. pl.* 4. *fig.* 4. — PANZ. *Faun. Germ. fasc.* 32. *fig.* 16.

Longueur 3 lig. Corps entièrement noir, très-finement pointillé en dessus et en dessous. Antennes noires ayant un peu de fauve à l'extrémité des quatre derniers articles. Premier et troisième plus courts. Tête arrondie en devant, peu ou point échancrée, rebordée sur les côtés. Bec dépassant à peine la base des cuisses antérieures. Corselet ayant dans son milieu une ligne transversale enfoncée et une dépression apparente antérieurement. Bords postérieurs des élytres fortement sinués renfermant l'extrémité de l'écusson, ce dernier pointu au bout. Membrane des élytres d'un blanc sale un peu obscur. Pattes noires. Tarses bruns. Mâle.

Commun dans nos environs.

25. PENTATOME bicolor, *P. bicolor*.

Pentatoma nigra, nitens, albo maculata, pedibus nigris, tibiis albo maculatis.

Pentatoma bicolor. LAT. *Dict. d'Hist. nat.* — *Cimex bicolor*. LINN. *Syst. Nat.* 2. 722. 55. — DE GÉER, *Ins.* 3. *pag.* 268. *n°.* 12. — La Punaise noire à quatre taches blanches. GEOFF. *Ins. Paris. tom.* 1. *pag.* 470. *n°.* 73. — STOLL, *Punais. pl. XXXII. fig.* 224. — *Faun. franç. Hémipt. pl.* 3. *fig.* 8.

Longueur 3 lig. Corps finement pointillé, noir luisant. Antennes noires, les deux premiers articles très-courts; les autres égaux entr'eux. Tête arrondie, peu échancrée en devant. Bec atteignant à peine la base des cuisses intermédiaires. Corselet un peu déprimé dans son milieu avec une tache blanche assez grande, irrégulière aux angles de devant, et un point de même couleur à ses angles postérieurs. Elytres ayant à leur base une tache blanche irrégulière, échancrée en dedans et une autre de même couleur, irrégulière aussi, à leur angle postérieur. Ecusson dépassant un peu les élytres, son extrémité arrondie. Membrane des élytres et ailes blanches, transparentes. Pattes noires, jambes marquées d'une tache blanche en dessus. Femelle.

Commun en France.

CORÉ, *Coreus*. FAB. LAT. *Cimex*. LINN. GEOFF. DE GÉER. *Lygæus*. FAB.

Genre d'insectes de l'ordre des Hémiptères, section des Hétéroptères, famille des Géocorises, tribu des Longilabres.

Dans cette tribu les genres Néide, Coré, Alyde, Holbyménie et Pachylide forment un groupe distinct (*voy.* PENTATOME), les Néïdes se distinguent facilement par leurs antennes coudées et leur corps linéaire; les Alydes ont leurs deux yeux lisses rapprochés l'un de l'autre sur le vertex, les Holhyménies ont les trois premiers articles des antennes comprimés et les élytres entièrement membraneuses, enfin dans les Pachylides le troisième article des antennes est dilaté et comprimé surtout à son extrémité; ces caractères ne se retrouvent point dans le genre Coré.

Antennes point coudées, insérées à nu sur la partie supérieure des côtés de la tête, composées de quatre articles, le premier assez long, dépassant notablement l'extrémité de la tête, le second et le troisième toujours filiformes. — *Labre* long, strié transversalement, recouvrant la base du suçoir. — *Bec* de longueur variable, composé de quatre articles, renfermant un suçoir de quatre soies. — *Tête* petite, ordinairement rétrécie à sa partie postérieure. — *Yeux* petits, saillans. — *Deux petits yeux lisses* saillans, assez éloignés l'un de l'autre, placés sur la partie postérieure de la tête près des yeux à réseau. — *Corselet* en forme de triangle tronqué, élevé postérieurement, s'abaissant petit à petit vers le devant, rétréci dans cette partie. — *Ecusson* triangulaire, de longueur moyenne. — *Elytres* en partie coriaces. — *Abdomen* composé de segmens transversaux dans les deux sexes; anus des femelles sillonné longitudinalement dans son milieu, celui des mâles entier, sans sillon longitudinal. — *Jambes* dépourvues d'épines terminales. Tarses courts, presque cylindriques, de trois articles, le second plus court que les autres, le dernier terminé par deux crochets recourbés ayant une pelotte bilobée dans leur entre-deux.

Les mœurs des Corés et leurs métamorphoses sont les mêmes que celles des Pentatomes (*voy.* cet article), dont ils ont aussi la manière de vivre et la mauvaise odeur. Ils habitent les mêmes endroits. Ce genre étant très-nombreux surtout en espèces exotiques, nous y avons introduit plusieurs divisions.

1re. *Division.* Jambes postérieures simples, sans dilatation membraneuse.

1re. *Subdivision.* Abdomen notablement plus large que les élytres.

A. Cuisses postérieures dentées en dessous, souvent renflées.

1. CORÉ hirticorne, *C. hirticornis.*

Coreus tibiis posticis simplicibus, abdomine elytris latiore, femoribus posticis spinosis, clavatis, rufus, corpore, antennis pedibusque hirtis.

Coreus hirticornis. FAB. *Syst. Rhyng. pag.* 198. *n°.* 31. — LAT. *Gener. Crust. et Ins. tom.* 3. *pag.* 119. — COQUEB. *Illus. Icon. tab.* 10. *fig.* 8. — *Coreus denticulatus.* WOLF. *Cimic. fas.* 2. *pag.* 71. *tab.* 7. *fig.* 68.

Longueur 4 lig. ½. Corps velu, d'un roux ferrugineux. Antennes très-velues. Tête munie sur ses côtés d'une petite dent près de l'insertion des antennes. Bec atteignant presque la base des cuisses intermédiaires, ayant une ligne brune longitudinale. Bords latéraux du corselet denticulés; les épines qui les garnissent de couleur pâle. Cuisses tachetées de brun; les postérieures épineuses en dessous; ces épines inégales. Dessous du corps plus pâle. Dernier segment de l'abdomen (celui qui précède l'anus) prolongé de chaque côté en une pointe distincte. Mâle et femelle.

Commun aux environs de Paris sur différentes plantes.

Le *Coreus marginatus* n°. 6, FAB. *Syst. Rhyng.* appartient à cette section, ainsi que plusieurs espèces exotiques.

B. Cuisses postérieures simples.

2. CORÉ rhomboïdal, *C. quadratus.*

Coreus femoribus tibiisque posticis simplicibus, abdomine elytris latiore rhomboideo, suprà rufus, subtùs luteus, thoracis angulis posticis subspinosis.

Coreus rhombeus. FAB. *Syst. Rhyng. pag.* 199. *n°.* 35. La femelle. — *Coreus quadratus. Id. n°.* 36. Le mâle. — LAT. *Gener. Crust. et Ins. tom.* 3. *pag.* 119. — WOLF. *Cimic. fas.* 2. *pag.* 70. *n°.* 67. *tab.* 7. *fig.* 67. Le mâle. — STOLL, *Punais. pl. V. fig.* 36. La femelle.

Longueur 5 lig. ½. Antennes d'un fauve jaunâtre. Dessus de leur premier article et le dernier, bruns. Bec jaune, brun au bout, dépassant un peu la base des cuisses intermédiaires, ses deux derniers articles reçus dans un canal de la poitrine. Corps fauve mêlé de brun en dessus. Angles postérieurs du corselet terminés en pointe. Dessous du corps et pattes jaunes. Abdomen rhomboïdal. Anus quadridenté, dernier segment de l'abdomen prolongé de chaque côté en une pointe distincte. Femelle.

Le mâle n'a pas de pointes au dernier segment de l'abdomen ni à l'anus.

Très-commun aux environs de Paris.

Rapportez à cette seconde section le *Lygæus pustulatus*, n°. 8, les *Coreus insidiator*, n°. 28, *Scapha*, n°. 9, *Spiniger*, n°. 10 et *Paradoxus*, n°. 14. FAB. *Syst. Rhyng.* Ce dernier est le *Coreus hystrix* de M. Latreille.

2e. *Subdivision.* Abdomen ne surpassant presque pas les élytres en largeur.

A. Cuisses postérieures dentées en dessous, souvent renflées.

3. Coré hémorrhoïdal, *C. hæmorrhoidalis.*

Coreus tibiis posticis simplicibus, elytris ferè latitudinem abdominis æquantibus, femoribus posticis subspinosis, niger, abdomine rubro, elytrorum parte coriaceâ testaceâ disci maculis nigris.

Lygæus hæmorrhoidalis. Fab. *Syst. Rhyng. pag.* 212. *n°.* 37. — *Cimex hæmorrhous.* Linn. *Syst. Nat.* 2. 719. 27. — *Cimex bipustulatus. Id.* 29. — Stoll, *Punais. pl. XI. fig.* 83.

Longueur 9 lig. Noir. Second et troisième articles des antennes ayant un anneau blanc vers leur base, le dernier largement marqué de blanc dans son milieu. Bec dépassant de beaucoup la base des dernières cuisses; angles postérieurs du corselet terminés en épine. Abdomen rouge. Partie coriace des élytres testacée, avec des points noirs. Cuisses postérieures très-grêles, leurs dentelures fort petites. Mâle et femelle.

De Cayenne.

Nous ne connoissons dans cette section que des espèces exotiques; rapportez-y le *Lygæus cruciger*, n°. 32, Fab. *Syst. Rhyng.*, ainsi que les espèces de Stoll, *pl. X. fig.* 7. *et pl. XXXVI. fig.* 255. Cet auteur ne figure que des mâles, mais nous en connoissons les femelles.

B. Cuisses postérieures simples.

4. Coré à ceinture, *C. cinctus.*

Coreus femoribus tibiisque posticis simplicibus, elytris ferè latitudinem abdominis æquantibus, suprà cœruleo-niger, subtùs cœrulæus viridi nitens, capite, coxis, femoribus et corporis cingulo flavis.

La Punaise à bande orange. Stoll, *Punais. pag.* 15. *pl. II. fig.* 13.

Longueur 10 à 12 lig. Corps noir bleuâtre en dessus; son dessous d'un bleu changeant en vert. Tête, base du premier article des antennes, hanches et cuisses d'un beau jaune. On voit une large ceinture de cette couleur qui s'étend en dessous sur les trois premiers segmens de l'abdomen et un peu sur le corselet. En dessus cette ceinture occupe le milieu des élytres. Bec jaune, brun à l'extrémité, atteignant la base des cuisses intermédiaires. Antennes, jambes et tarses noirs. Mâle et femelle.

De Cayenne.

Cette section contient des espèces indigènes et exotiques.

2e. *Division.* Jambes postérieures dilatées, munies de membranes.

1re. *Subdivision.* Cuisses postérieures longues et grêles.

5. Coré foliacé, *C. foliaceus.*

Coreus tibiis posticis foliaceo dilatatis, femoribus posticis elongatis, gracilibus, suprà nigro-viridis rubro longitudinalitèr vittatus, subtùs lividus, tibiarum posticarum membranâ extùs emarginatâ.

Lygæus foliaceus. Fab. *Syst. Rhyng. pag.* 210. *n°.* 28. — Stoll, *Punais. pl. XXVIII. fig.* 201.

Longueur 6 lig. Antennes noires, leur premier article blanc, marqué d'une ligne noire en dessous, en ayant aussi une en dessus, mais moins prononcée. Base et extrémité des second et troisième articles blanches. Tête blanchâtre, avec une bande longitudinale d'un brun rougeâtre en dessus. Corselet d'un rouge brun entouré de noir-verdâtre, ses bords latéraux blanchâtres. Ecusson d'un noir-verdâtre. Partie coriace des élytres rougeâtre, ses bords extérieurs noirs avec un liséré blanchâtre. Membrane d'un brun-verdâtre. Bec blanchâtre, brun à l'extrémité, dépassant la base des cuisses postérieures. Dessous du corps d'un blanc jaunâtre. Pattes blanchâtres, un peu nuancées de brun. Cuisses postérieures munies en dessous vers l'extrémité, de deux petites dents noirâtres. Membrane des jambes postérieures d'un jaune rougeâtre mêlé de brun, garnissant extérieurement toute la jambe, mais échancrée dans cette partie vers le milieu, et allant en diminuant de largeur jusqu'à l'extrémité inférieure. Femelle.

Nous avons une variété de ce sexe dont le premier article des antennes est beaucoup plus brun, la tête d'un brun rougeâtre, sans ligne brune; le corselet n'a rien de rougeâtre, et les élytres n'ont que quelques nervures de cette couleur, qui se trouve remplacée par le noir-verdâtre.

Du Brésil.

2e. *Subdivision.* Cuisses postérieures renflées ou dilatées.

Rapportez à cette subdivision les *Lygæus membranaceus*, n°. 23 (*Encycl. pl.* 374. *fig.* 2.), *compressipes*, n°. 24, *phyllopus*, n°. 25. Fab. *Syst. Rhyng.*

Nota. Nous rapporterons encore à la seconde division des Corés qui est nombreuse en espèces, et ne contient à notre connoissance que des exotiques, les *Lygæus auctus*, n°. 26, *gonagra*, n°. 27, et *dilatatus*, n°. 29, Fab. *Syst. Rhyng.*, sans pouvoir indiquer la subdivision à laquelle ils appartiennent.

ALYDE, *Alydus.* Fab. *Coreus.* Lat. *Cimex.* Linn. De Géer.

Genre d'insectes de l'ordre des Hémiptères, section des Hétéroptères, famille des Géocorises, tribu des Longilabres.

Cinq genres forment une subdivision dans cette tribu (*voy.* Pentatome); les Alydes en font partie.

Dans ce groupe les Néïdes se distinguent par leurs antennes coudées et leur corps linéaire ; les Holbyménies par les trois premiers articles des antennes comprimés et les élytres entièrement membraneuses ; les Pachylides par le troisième article des antennes dilaté et comprimé surtout à son extrémité, et les Corés par leurs petits yeux lisses assez éloignés l'un de l'autre et placés sur la partie postérieure de la tête, près des yeux à réseau.

Antennes point coudées, insérées à nu à la partie latérale de la tête, composées de quatre articles ; le premier assez long, dépassant notablement l'extrémité de la tête, les second et troisième toujours filiformes. — *Bec* de longueur variable, formé de quatre articles, renfermant un suçoir de quatre soies. — *Tête* triangulaire, de grandeur moyenne. — *Yeux* gros, saillans, formant les angles postérieurs de la tête. — *Deux petits yeux lisses* saillans, rapprochés l'un de l'autre, placés sur le vertex. — *Corps* ordinairement alongé. — *Corselet* élevé postérieurement, s'abaissant petit à petit vers le devant. — *Ecusson* ordinairement triangulaire. — *Elytres* en partie coriaces. — *Abdomen* composé de segmens transversaux dans les deux sexes ; anus des femelles sillonné longitudinalement dans son milieu, celui des mâles entier, sans sillon longitudinal. — *Cuisses postérieures* dentées en dessous, ordinairement renflées ; leurs jambes souvent arquées. Tarses de trois articles, le second plus court, le dernier terminé par deux crochets recourbés ayant une pelotte bilobée dans leur entre-deux.

Nous connoissons une dizaine d'espèces d'Alydes, plusieurs sont exotiques. Leurs mœurs doivent se rapprocher de celles des Pentatomes et des Corés.

1. Alyde éperonné, *A. calcaratus.*

Alydus thorace mutico, fuscus, abdomine suprà sanguineo, subtùs fusco æneo nitente, punctis marginalibus rubescentibus.

Alydus calcaratus. Fab. *Syst. Rhyng. pag.* 251. *n°.* 15. — *Coreus calcaratus.* Lat. *Gener. Crust. et Ins. tom.* 3. *pag.* 120. — *Cimex calcaratus.* Linn. *Syst. Nat.* 2. 732. 114. — De Géer, *Ins. tom.* 3. *pag.* 280. *pl.* 14. *fig.* 23 *et* 24.

Longueur 5 lig. Brun, pubescent, avec un reflet métallique. Angles postérieurs du corselet sans épines. Partie moyenne du dessus de l'abdomen d'un rouge sanguin. On voit un point de cette couleur paroissant aussi en dessous, à l'angle supérieur des second, troisième, quatrième et cinquième segmens. Dessus du corselet et partie coriace des élytres moins foncés. Hanches ayant une tache rougeâtre ; milieu des jambes et base du premier article des tarses blanchâtres. Bec atteignant la base des cuisses intermédiaires. Les trois premiers articles des antennes sont blanchâtres avec l'extrémité brune. Cuisses postérieures ayant en dessous quatre épines et quelques petits tubercules. Mâle et femelle.

Commun aux environs de Paris.

Rapportez à ce genre les *Alydus arcuatus*, n°. 1, et *serripes*, n°. 5. Fab. *Syst. Rhyng.*

HOLHYMÉNIE, *Holhymenia. Alydus.* Fab. *Lygæus.* Lat.

Genre d'insectes de l'ordre des Hémiptères, section des Hétéroptères, famille des Géocorises, tribu des Longilabres.

Dans le groupe partiel de cette tribu dont les Holhyménies font partie (*voy.* Pentatome), les genres Néïde, Coré et Alyde ont les trois premiers articles des antennes simples, sans dilatation. Les Pachylides ont le corps large, les cuisses postérieures renflées et le premier article des antennes cylindrique. Tous ces genres ont d'ailleurs une partie de leurs élytres coriace. Aucun de ces caractères n'appartient aux Holhyménies.

Antennes point coudées, insérées à nu aux côtés de la tête, composées de quatre articles, le premier long, arqué, comprimé, dépassant de beaucoup l'extrémité de la tête ; le second et le troisième comprimés, fort dilatés surtout à leur partie supérieure ; le quatrième cylindrique. — *Bec* de quatre articles, renfermant un suçoir de quatre soies. — *Tête* rétrécie et étranglée postérieurement. — *Yeux* de grandeur moyenne, peu saillans. — *Deux petits yeux lisses* saillans, assez éloignés l'un de l'autre, placés sur le vertex. — *Corps* étroit pour sa longueur. — *Corselet* élevé postérieurement, s'abaissant petit à petit vers le devant, ayant une impression transversale. — *Ecusson* triangulaire. — *Elytres* entièrement membraneuses, dépassant l'extrémité de l'abdomen. — *Abdomen* composé de segmens transversaux. Anus des femelles sillonné longitudinalement dans son milieu. — *Pattes* longues, les postérieures surtout ; cuisses postérieures simples, point renflées. Tarses de trois articles, le second plus court, le dernier terminé par deux crochets recourbés ayant une pelotte bilobée dans leur entre-deux.

Ce nouveau genre tire son nom de deux mots grecs dont la signification est : *entièrement membraneux.* Il le doit à la nature de ses élytres qui n'ont rien de coriace. Ce caractère ne lui est cependant pas exclusivement propre ; nous connoissons des Corés qui ont des portions transparentes et membraneuses dans le disque de la partie des élytres qui est ordinairement coriace dans les Hémiptères-hétéroptères, et dans les Tingis ces deux parties ne peuvent se distinguer l'une de l'autre, leur consistance n'étant point différente, et en totalité demi-coriace. Du reste les Holhyménies offrent d'autres caractères très-particuliers dans la forme de leurs antennes qui nous paroissent justifier l'établissement de ce genre.

1. Holhyménie de Latreille, *H. Latreillii.*

Holhymenia capite thoraceque nigris, luteo variis, abdomine femoribusque rubris, tibiis luteis, posticis extùs dilatatis, appendice ad medium nigro.

La Punaise à antennes feuilletées. Stoll, *Punais. pag.* 88. *pl. XXII. fig.* 152.

Longueur 11 lig. Antennes noires. Extrémité du troisième article et le quatrième blancs; celui-ci brun à son extrémité. Tête noire; sa partie antérieure et son dessous jaunâtres. Elle a un collier de cette couleur postérieurement. Bec jaunâtre, brun à l'extrémité, dépassant notablement la base des cuisses postérieures. Corselet noir, son dessus fortement ponctué, ayant quatre taches, les angles postérieurs et une ligne longitudinale qui part de la base de l'écusson et n'atteint point la tête, jaunâtres : son dessous portant plusieurs taches de cette couleur. Ecusson jaunâtre avec un peu de noir à sa base et sur ses côtés. Nervures des élytres noires, l'extérieure rougeâtre. On voit une petite tache jaunâtre à la base des élytres. Abdomen et cuisses rougeâtres. Jambes et tarses d'un blanc jaunâtre; jambes postérieures dilatées extérieurement; cette dilatation échancrée un peu après le milieu de la jambe, sa partie extérieure noire au dessus de l'échancrure. Femelle.

De Cayenne.

Nota. M. Latreille dans son *Gener. Crust. et Ins. tom.* 3, *pag.* 121, place cet insecte dans une division de ses Lygées, mais sans lui donner de nom spécifique. Nous avons profité de cette circonstance pour lui offrir ici un hommage mérité en lui dédiant cette jolie espèce.

Rapportez à ce genre l'*Alydus histrio*, n°. 2. (*Holh. histrio*) Fab. *Syst. Rhyng.* Stoll, *Punais. pl. XLI. fig.* 294. Elle est de l'Amérique méridionale.

PACHYLIDE, *Pachylis. Lygæus.* Fab. Lat.

Genre d'insectes de l'ordre des Hémiptères, section des Hétéroptères, famille des Géocorises, tribu des Longilabres.

Ce genre fait partie d'un groupe dans cette tribu (*voy.* Pentatome). Trois de ceux qu'il contient, savoir : Néïde, Coré et Alyde ont les trois premiers articles des antennes simples, sans dilatation. Dans les Holhyménies le premier article est du nombre de ceux qui sont comprimés, le corps est étroit, les élytres entièrement membraneuses et les cuisses postérieures simples, sans renflement. Les Pachylides n'offrent aucuns de ces caractères.

Antennes point coudées, insérées à nu sur la partie supérieure de la tête, composées de quatre articles; le premier long, cylindrique, le second long, toujours cylindrique, du moins à sa base; le troisième plus court que les autres, comprimé, dilaté, surtout à l'extrémité, le quatrième long, cylindrique, arqué. — *Bec* court, atteignant à peine l'origine des cuisses intermédiaires, renfermant un suçoir de quatre soies. — *Tête* petite. — *Yeux* très-saillans. — *Deux petits yeux lisses* saillans, assez éloignés l'un de l'autre, placés sur la partie supérieure de la tête, près des yeux à réseau. — *Corps* épais. — *Corselet* élevé postérieurement, s'abaissant petit à petit vers le devant. — *Ecusson* triangulaire. — *Abdomen* composé de segmens transversaux dans les deux sexes; anus des femelles sillonné longitudinalement dans son milieu, celui des mâles entier, sans sillon longitudinal. — *Pattes* fortes; cuisses postérieures toujours renflées, celles des femelles l'étant moins; jambes postérieures armées d'une épine, au moins dans les mâles. Tarses de trois articles, le second plus court, le dernier terminé par deux crochets recourbés ayant une pelotte bilobée dans leur entre-deux.

Les Pachylides sont d'une très-grande taille, elles tiennent le premier rang sous ce rapport parmi les Hémiptères de la famille des Géocorises, et si l'on en excepte quelques Bélostomes, ce sont les plus grands Hétéroptères connus. Elles ont le corps plus épais et les membres plus forts qu'aucun insecte de cette section. C'est de cette conformation qu'est dérivé leur nom tiré d'un mot grec qui signifie : *épais.* Les espèces que nous connoissons sont toutes de l'Amérique méridionale. Leurs mœurs sont ignorées. Nous n'hésitons pas à proposer ce nouveau genre qui n'a d'analogie qu'avec les Holhyménies, mais dont il diffère par tant de caractères qu'il nous a paru impossible de l'y réunir.

1re. *Division.* Abdomen beaucoup plus large que les élytres. — Corselet un peu plus étroit que l'abdomen, anguleux postérieurement, mais sans épines; ayant toujours une impression transversale plus ou moins prononcée.

Rapportez à cette division les *Lygæus Pharaonis*, n°. 20, *laticornis*, n°. 21. Fab. *Syst. Rhyng.*, et les deux espèces figurées par Stoll, *Punais. pl. XXVI. fig.* 181 *et* 182.

2e. *Division.* Abdomen ne surpassant guère les élytres en largeur. — Corselet plus large que l'abdomen, ses angles postérieurs prolongés en épines; point d'impression transversale.

Nous plaçons ici les *Lygæus compressicornis*, n°. 19, et *biclavatus*, n°. 22. Fab. *Syst. Rhyng.* Ce dernier est figuré dans Stoll, *Punais. pl. X. fig.* 67.

Nota. Fabricius et M. Coquebert, *Illust. Icon. tab.* 10, *fig.* 10, n'ont point vu le dernier article des antennes de la Pachylide compressicorne; ils ont pris le tubercule radical pour un article.

(S. F. et A. Serv.)

PENTHÈTRIE, *Penthetria*. MEIG. LAT.

Genre d'insectes de l'ordre des Diptères, section des Proboscidés, famille des Némocères, tribu des Tipulaires.

M. Meigen a fondé ce genre adopté depuis par M. Latreille ; il fait partie du groupe nommé par ce dernier auteur Tipulaires floricoles. Les autres groupes de cette tribu ont les antennes filiformes ou sétacées. Les floricoles les ont épaisses. Parmi celles-ci, les Penthétries et les Scatopses ont seuls des antennes de onze articles et trois petits yeux lisses distincts, tandis que les Bibions et les Dilophes n'ont que neuf articles aux antennes, et que les Cordyles et les Simulies n'ont point d'yeux lisses apparens. Enfin le genre Penthétrie diffère de celui de Scathopse par ses yeux entiers et non lunulés comme dans ce dernier.

Antennes avancées, cylindriques, perfoliées, de onze articles, guère plus longues que la tête. — *Yeux* ovales, entiers, plus grands et plus rapprochés à leur partie supérieure dans les mâles. — *Trois petits yeux lisses* distincts, disposés en triangle sur le vertex. — *Palpes* saillans, recourbés, de quatre articles. — *Pattes* simples.

M. Meigen ne décrit qu'une seule espèce. Nous ne la connoissons pas.

1. PENTHÉTRIE soyeuse, *P. holosericea*.

Penthetria atra holosericea; alis fuscis. (MEIG.)

Penthetria holosericea. MEIG. *Dipt. d'Eur. tom.* 1. *pag.* 303. *n°*. 1. *tab.* 10. *fig.* 17-22. — *Penthetria funebris*. LAT. *Gener. Crust. et Ins. tom.* 4. *pag.* 267. — *Encycl. pl.* 386. *fig.* 30-35.

Longueur. Mâle 2 lig. ½. Femelle 3 lig. ½. Noire, entièrement soyeuse. Ailes obscures.

D'Europe. (S. F. et A. SERV.)

PEPSIS, *Pepsis*. FAB. LATR. PALIS.-BAUV. *Sphex*. LINN. DE GÉER. *Pompilus*. JUR. ILLIG.

Genre d'insectes de l'ordre des Hyménoptères, section des Porte-aiguillon, famille des Fouisseurs, tribu des Pompiliens.

Fondateur de ce genre, Fabricius y a compris un grand nombre d'espèces qu'on ne peut y admettre. Il le divise d'après l'abdomen, qui est pétiolé dans les uns et sessile dans les autres. Toute sa première division est étrangère au genre et doit rentrer dans la tribu des Sphégimes ; beaucoup d'espèces de la seconde ne lui appartiennent pas non plus. C'est en y faisant ces retranchemens nécessaires que M. Latreille a publié le genre Pepsis, et nous le donnons ici tel que ce dernier auteur l'a conçu.

Les Pepsis sont voisins des Pompiles et des Céropales ; ces trois genres se distinguent de celui d'Apore, en ce que leurs ailes supérieures offrent quatre cellules cubitales, tandis que ce dernier n'en a que trois. Les Pompiles et les Céropales ont leurs palpes maxillaires pendans et beaucoup plus longs que les labiaux ; l'article terminal de ceux-ci et les deux derniers des maxillaires diffèrent peu en longueur des articles précédens. Dans les Pepsis au contraire, les quatre palpes sont presqu'également longs, les deux derniers articles des maxillaires et le terminal des labiaux sont plus courts que ceux qui les précèdent. Les ailes des Pepsis, comparées à celles des Pompiles et des Céropales, offrent aussi des différences sensibles, quoiqu'ayant le même nombre de cellules.

Antennes longues, presque sétacées, rapprochées à la base ; leurs articles cylindriques ; le premier un peu plus gros, le second petit ; au nombre de douze dans les femelles et se roulant en spirale, chaque article à partir du troisième faisant un coude avec le suivant ; de treize articles, plus serrés les uns contre les autres, et ne formant point de coude, dans les mâles. — *Labre* semi-circulaire, saillant, adhérent au bord antérieur du chaperon. — *Mandibules* unidentées intérieurement. — *Mâchoires* coriaces, terminées par un petit appendice arrondi, sans division. — *Palpes* filiformes, presqu'également longs ; les maxillaires de six articles, dont les deux derniers plus courts ; les labiaux de quatre ; le terminal plus court que les précédens. — *Languette* alongée, très-bifide. — *Tête* comprimée, de la largeur du corselet. — *Trois petits yeux lisses* disposés en triangle et placés sur le vertex. — *Premier segment* du corselet de même largeur que le second, en carré transversal, prolongé latéralement jusqu'aux ailes. — *Ailes supérieures* ayant une cellule radiale oblongue, s'avançant moins près du bord postérieur que la troisième cubitale ; son extrémité arrondie, s'écartant de la côte et quatre cellules cubitales ; la première presqu'aussi longue que les deux suivantes réunies ; la seconde recevant vers sa base la première nervure récurrente ; la troisième plus petite que toutes les autres, se rétrécissant vers la radiale et recevant près de son milieu la deuxième nervure récurrente ; la quatrième à peine commencée. — *Abdomen* brièvement pétiolé, ovalaire, composé de cinq segmens outre l'anus dans les femelles, en ayant un de plus dans les mâles. — *Pattes* longues, les postérieures surtout ; jambes finement dentées à leur partie extérieure, ces dentelures moins prononcées dans les mâles ; les intermédiaires et les postérieures munies à leur extrémité de deux épines longues et aiguës ; les antérieures d'une épine simple. *Tarses* à articles alongés, le dernier terminé par deux crochets, simples dans les mâles, bifides dans les femelles, et muni d'une pelotte dans l'entre-deux.

Les Pepsis paroissent être propres à l'Amérique équinoxiale, et renferment des espèces de la plus grande dimension parmi tous les Hyménoptères connus. Ces insectes sont remarquables par de belles couleurs veloutées et changeantes, et par des ailes presque toujours colorées en noir-bleuâtre ou en roux tirant sur l'aurore. On ne sera point étonné, d'après la localité assignée, que nous ne soyons point suffisamment instruits de leurs mœurs; cependant, par analogie, nous croyons qu'elles doivent peu différer de celles des Pompiles; comme dans ceux-ci, les femelles piquent fortement, et leur piqûre est long-temps douloureuse par l'effet du venin, qui cependant n'offre rien de dangereux à l'économie animale.

On connoît plus de vingt-cinq espèces de Pepsis.

1. Pepsis marginée, *P. marginata.*

Pepsis magna, subcœruleo-nigra, antennis omninò fuscis, alis opacis rufis apice et margine interno fuscis.

Pepsis marginata. Palis.-Bauv. *Ins. d'Afriq. et d'Amériq. pag.* 94. *Hyménopt. pl.* 2. *fig.* 2. (Femelle.) *fig.* 3. (Mâle.) — Réaum. *Ins. tom.* 6. *pl.* 28. *fig.* 1.

Longueur 2 pouces. Corps d'un noir velouté. Antennes brunes; premier article noir, un peu caréné en dessous. Anus revêtu, surtout dans son milieu, de grands poils d'un brun roussâtre. Ailes opaques, d'un roux ferrugineux avec un peu de noir à leur base et une bande de même couleur, qui s'étend sur tout le bord interne et va en s'élargissant vers l'extrémité. Femelle.

Le mâle ne diffère que par sa taille un peu plus petite. Feu M. Palisot de Bauvois qui a vu cette espèce vivante, remarque qu'alors ses parties noires ont un reflet bleu violet.

Elle se trouve à Saint-Domingue et vole souvent autour des fleurs du palmier.

2. Pepsis bleuâtre, *P. cœrulea.*

Pepsis cœruleo-nigra, antennis nigris, alis opacis rufis fusco submarginatis, superiorum apice albo pellucido.

Pepsis cœrulea. Fab. *Syst. Piez. pag.* 214. *n°.* 35. (Excluez les synonymes de Linné et de De Géer.) — Drury, *Ins. tom.* 2. *pl.* 39. *fig.* 6.

Longueur un pouce. Corps d'un bleu velouté. Premier segment de l'abdomen glabre. Antennes noires. Ailes opaques, ferrugineuses; les supérieures ayant leur extrémité blanche et transparente; le contour des inférieures et celui des supérieures avant la partie blanche, avec une nuance de brun. Femelle.

Amérique méridionale.

3. Pepsis mi-partie, *P. dimidiata.*

Pepsis cœruleo aut viridi nitens, antennis nigris apice rufis, alis opacis cœruleo fuscis, ad basim rufo maculatis.

Pepsis dimidiata. Fab. *Syst. Piez. pag.* 216. *n°.* 47.

Longueur 14 à 15 lig. Antennes noires; leurs six derniers articles fauves. Tête, corselet et pattes d'un bleu velouté à reflet violet. Abdomen de même couleur, mais glabre, ayant seulement quelques longs poils sur les côtés et vers l'extrémité. Ailes opaques, d'un noir bleuâtre, ayant au tiers de leur longueur une tache d'un fauve aurore, qui s'avance davantage vers la base dans les inférieures. Femelle.

Le mâle diffère 1°. en ce que ses antennes n'ont de fauve que leurs deux derniers articles et une partie du précédent. 2°. Par l'abdomen moins glabre, dépourvu de longs poils. 3°. Par le reflet verdâtre de son corps.

De Cayenne.

4. Pepsis étoilée, *P. stellata.*

Pepsis cœruleo-nigra, antennis nigris, alis opacis, nigro-violaceo fuscis, superiorum maculâ substellatâ lœtè rufâ, apiceque albo pellucido.

Pepsis stellata. Fab. *Syst. Piez. pag.* 214. *n°.* 34.

Longueur 10 lig. Corps d'un noir velouté à reflet bleuâtre. Antennes noires. Ailes opaques, noires-bleuâtres, changeant en violet; les supérieures ayant dans leur milieu une tache lobée et comme étoilée, d'un roux vif, et l'extrémité blanche, transparente. Les inférieures avec une très-petite tache rousse au milieu du bord supérieur. Mâle.

Amérique méridionale.

5. Pepsis agréable, *P. festiva.*

Pepsis viridi-aurea, antennis nigris, capite thoraceque subtùs et lateribus aureo-rufo villosis: alis fulvis pellucidis, margine exteriori apiceque opacis fuscis.

Pepsis festiva. Fab. *Syst. Piez. pag.* 214. *n°.* 31.

Longueur 14 lig. Corps d'un beau vert velouté, à reflet doré. Antennes noires; leurs trois derniers articles fauves. Tête, côtés et dessous du corselet ayant des poils courts d'un roux doré. Pattes noires avec un reflet bleu-verdâtre sur les cuisses. Ailes d'un fauve doré quoique transparentes; le bord extérieur des supérieures et la partie postérieure des quatre, d'un brun foncé, changeant en violet. Mâle.

De Cayenne.

6. Pepsis ruficorne, *P. ruficornis.*

Pepsis cœruleo nigra, antennis rufis basi nigris, alis opacis violaceo œneoque nitentibus.

Pepsis ruficornis. Fab. *Syst. Piez. pag.* 215. *n°.* 36. — Palis.-Bauv. *Ins. d'Afriq. et d'Amériq. pag.* 94. *Hyménopt. pl.* 2. *fig.* 1.

Longueur

Longueur 18 à 20 lig. Corps d'un noir velouté, changeant en bleu violet. Antennes fauves; les deux premiers articles noirs. Ailes opaques à reflet bleu violet brillant. Femelle.

De Saint-Domingue et de Cayenne.

7. Pepsis lutéicorne, *P. luteicornis.*

Pepsis nigra subviolacea, antennis luteo rufis basi nigris; alis opacis, subviolaceis, non nitentibus.

Pepsis luteicornis. Fab.? *Syst. Piez. pag.* 214. *n°.* 35. — *Pepsis luteicornis.* Palis.-Bauv. *Ins. d'Afr. et d'Amér. pag.* 39. *Hyménopt. pl.* 1re. *fig.* 5.

Longueur 12 à 14 lig. Corps d'un noir velouté à reflet violet. Antennes d'un fauve vif; les deux premiers articles noirs. Ailes opaques, d'un noir mat avec un léger reflet violet. Femelle.

De la Caroline méridionale.

(S. F. et A. Serv.)

PERCE-BOIS ou TÉRÉDILES. Neuvième famille des Coléoptères pentamérés selon M. Duméril. (*Zoolog. analytiq.*) Ses caractères sont: *Elytres dures, couvrant tout le ventre; antennes filiformes, corps arrondi, alongé, convexe.* Elle renferme les genres: Vrillette, Panache, Ptine, Mélasis, Tille, Limexylon. (S. F. et A. Serv.)

PERCE-OREILLE. Nom vulgaire donné aux insectes Orthoptères du genre Forficule. *Voyez* ce mot. (S. F. et A. Serv.)

PERCUS, *Percus.* M. Bonelli dans ses observations entomologiques (*Mémoires de l'Acad. de Turin*), a établi ce genre de Coléoptères dans la tribu des Carabiques. Il le caractérise ainsi: languette échancrée, tronquée. Palpes assez épais, les maxillaires extérieurs ayant leur quatrième article plus court que le précédent, cylindrique, aminci à sa base. Anus souvent très-lisse dans les deux sexes. Elytres entières, ayant deux points placés sur une seule ligne, souvent oblitérés. Mandibule droite plus courte que l'autre. Dernière paire de jambes lisse postérieurement. Antennes plus longues que le corselet.

(S. F. et A. Serv.)

PERGUE, *Perga.* Léach. Lat. Le P.

Genre d'insectes de l'ordre des Hyménoptères, section des Térébrans, famille des Porte-scie, tribu des Tenthrédines.

Ce genre établi par le docteur Léach, et adopté depuis par M. Latreille et les auteurs qui l'ont suivi, se distingue des autres Tenthrédines par l'extrémité de ses antennes brusquement formée en massue, caractère que l'on ne retrouve que dans les Cimbex; mais il est facile de le séparer de ces derniers dont les cellules radiales sont au nombre de deux presqu'égales, tandis que dans les Pergues il n'y en a qu'une simplement appendiculée.

Antennes paroissant composées de six articles seulement, le dernier beaucoup plus gros, formant une massue globuleuse. — *Labre* apparent. — *Mandibules* alongées, comprimées, unidentées. — *Languette* trifide et comme digitée. — *Ecusson* carré, ayant une petite dent de chaque côté postérieurement. — *Ailes supérieures* ayant une cellule radiale appendiculée et quatre cellules cubitales, la deuxième recevant la première nervure récurrente et la troisième la seconde nervure, la quatrième n'atteignant pas le bout de l'aile. — *Jambes* postérieures munies d'une épine dans leur milieu et de deux autres aiguës, à leur extrémité.

Ces Hyménoptères sont peu nombreux en espèces et rares dans les collections. Ils paroissent renfermés dans la nouvelle Hollande. Rien ne nous est parvenu sur leur manière de vivre; nous n'en avons vu aucune espèce.

1. Pergue polie, *P. polita.*

Perga cellulâ radiali elongatâ, utrinquè acutâ, capite flavo.

Perga polita. Léach. *Zool. Miscell. n°.* 1. *tab.* 148. *fig.* 3. — Le P. *Monogr. Tenthred. pag.* 40. *n°.* 110.

Longueur 5 à 6 lig. Antennes jaunes; troisième article plus long que les deux suivans. Tête jaune. Mandibules ferrugineuses avec la base et l'extrémité noires. Corselet ferrugineux, ayant une tache dorsale, les écailles des ailes, une tache sous les ailes et la partie postérieure de l'écusson, d'un jaune obscur. Abdomen d'un violet brun en dessus, ferrugineux en dessous à reflet violet. Pattes jaunes, cuisses ferrugineuses avec un reflet violet. Ailes fauves, transparentes; les supérieures ayant leur nervure extérieure ainsi que le point marginal, ferrugineux. Cellule radiale alongée, pointue aux deux extrémités. Mâle et femelle.

Nouvelle Hollande.

2. Pergue de Latreille, *P. Latreillii.*

Perga cellulâ radiali ovatâ, capite nigro albo maculato.

Perga Latreillii. Léach. *Zool. Miscell. n°.* 3. *tab.* 148. *fig.* 2. — Le P. *Monogr. Tenthred. pag.* 41. *n°.* 112.

Longueur 5 lig. Antennes d'un jaune ferrugineux; les deux premiers articles noirs, le troisième plus long que les deux suivans. Tête noire, chaperon et taches sur le vertex, de couleur blanche. Corselet noir en dessus, jaune en dessous, ses côtés et un point à la base des ailes supérieures, blanchâtres ainsi que l'écusson. Abdomen jaune en dessous, d'un jaune ferrugineux en dessus ; premier et second segmens ayant un peu de noir sur les côtés, à la base. Pattes ferrugineuses, tarses postérieurs noirs à leur base. Ailes transparentes ; les supérieures ayant leur nervure extérieure jaune. Cellule radiale ovale.

Nouvelle Hollande. (S. F. et A. Serv.)

PÉRILAMPE, *Perilampus*. Lat. *Diplolepis*. Fab. Illig. *Chalcis*. Jur. Panz.

Genre d'insectes de l'ordre des Hyménoptères, section des Térébrans, famille des Pupivores, tribu des Chalcidites.

Dans la tribu des Chalcidites, les genres Leucospis et Chalcis sont séparés des autres par leurs jambes postérieures très-arquées. Le segment antérieur du corselet spacieux, en carré transversal ou en triangle tronqué à sa pointe, distingue les genres Eurytome, Misocampe, Eulophe, Cléonyme et Spalangie ; ce même segment est très-étroit et ne forme qu'un petit rebord transverso-linéaire dans les Périlampes, les Ptéromales et les Encyrtes, mais ce dernier genre a les mandibules terminées en pointe et au plus bidentées, tandis que les Périlampes et les Ptéromales les ont presque carrées à trois ou quatre dents distinctes. Ces dentelures sont très-fortes dans les Périlampes, et la massue de leurs antennes est courte et en fuseau, caractères qui n'appartiennent pas aux Ptéromales.

Antennes très-courtes, leur massue en fuseau. — *Mandibules* fortes, presque carrées, ayant des dents très-apparentes, au nombre de trois sur l'une et de deux sur l'autre. — *Palpes* fort courts. — *Tête* grosse, ayant une profonde cavité frontale qui s'étend jusqu'aux yeux lisses et reçoit les antennes dans le repos. Chaperon distinct. — *Trois yeux lisses* gros, saillans, placés en ligne droite sur le bord antérieur du vertex. — *Corps* court, gros. — *Segment antérieur du corselet* très-étroit, ne formant qu'un rebord transverso-linéaire. — *Ecusson* très-grand. — *Ailes supérieures* n'ayant qu'une seule nervure sensible, laquelle partant de la base de l'aile sans toucher au bord extérieur, se recourbe ensuite pour rejoindre ce bord qu'elle suit jusque passé le milieu, et émet intérieurement, avant de disparoître, un petit rameau élargi à son extrémité, qui commence la cellule radiale sans l'achever. Point d'autres cellules dans l'aile. Ailes inférieures ayant une nervure semblable à celle des supérieures, mais qui n'émet point de rameau. — *Abdomen* court, rhomboïdal. — *Pattes* assez fortes, de longueur moyenne, toutes les cuisses simples.

On doit ce genre à M. Latreille. Le nom de *Périlampe* est formé de deux mots grecs dont le sens est : *brillant à l'extérieur*. Les espèces sont peu nombreuses. Elles vivent dans leur premier état aux dépens de différentes larves, particulièment de celles qui sont la cause de la production des galles.

1. Périlampe violet ; *P. violaceus*.

Perilampus antennis luteis, capite thoraceque nigris, abdomine cœruleo nitente (Fœm.) ; *antennis fuscis, capite thoraceque æneo-nigris, abdomine violaceo*. (Mas.)

Perilampus violaceus. Lat. *Gener. Crust. et Ins. tom.* 4. *pag.* 30. — *Diplolepis ruficornis*. Fab. *Syst. Piez. pag.* 149. *n°*. 1. — Coqueb. *Illus. Icon.* 1. *tab.* 1. *fig.* 8. Femelle. — *Diplolepis violacea*. Fab. *Syst. Piez. pag.* 149. *n°*. 4. Mâle. — *Chalcis violacea*. Panz. *Faun. Germ. fasc.* 88. *fig.* 15. Mâle.

Longueur 2 lig. Tête et corselet noirs. Antennes entièrement rousses. Abdomen d'un bleu brillant. Ailes transparentes. Pattes d'un noir bleuâtre, avec une partie des jambes et les tarses jaunes. Femelle.

Le mâle a un reflet métallique sur la tête et le corselet, les antennes brunes et l'abdomen violet. Ses pattes ont un peu plus de jaune que dans la femelle.

Commun aux environs de Paris.

ENCYRTE, *Encyrtus*. Lat. *Ichneumon*. Ross.

Genre d'insectes de l'ordre des Hyménoptères, section des Térébrans, famille des Pupivores, tribu des Chalcidites.

Dans cette tribu les Périlampes, les Ptéromales et les Encyrtes forment un petit groupe. (*Voyez* Chalcidites, article Pupivores.) Les deux premiers de ces genres ont des mandibules dentées et presque carrées ; ce qui empêche de les confondre avec les Encyrtes.

Antennes coudées, insérées à une distance notable de la bouche, vers l'entre-deux des yeux, composées de neuf à dix articles serrés ; dans les femelles le premier est très-long, les autres sont comprimés et vont en s'élargissant, le dernier est très-obtus. Celles des mâles ont leur premier article gonflé et dilaté inférieurement vers son extrémité, les autres formant une massue. — *Mandibules* étroites, sans dentelures au côté interne. — *Palpes* très-courts. — *Tête* très-concave à son point d'insertion sur le corselet ; son bord supérieur aigu. — *Segment antérieur du corselet* très-étroit, ne formant qu'un petit rebord transverso-linéaire. — *Ecusson* grand. — *Ailes supérieures* ayant une nervure qui partant de la base de l'aile sans toucher au bord extérieur, se recourbe ensuite pour rejoindre ce bord qu'elle suit jusque passé le milieu de l'aile et émet intérieurement avant de disparoître un rameau court, un peu élargi à son extrémité, qui commence la cellule radiale sans l'achever. Une cellule cubitale n'étant point séparée du disque et se confondant avec toutes les autres. — *Abdomen* très-court, triangulaire. — *Cuisses* postérieures simples, leurs jambes droites.

Les mœurs des insectes de ce genre dû à M. Latreille ne doivent pas beaucoup différer de celles des Misocampes. Les espèces connues sont peu nombreuses et de très-petite taille.

1. Encyrte de Rossi, *E. infidus*.

Encyrtus niger, antennarum basi, fronte pedibusque rufis; scutello flavo, metathorace utrinquè unispinoso.

Encyrtus infidus. Lat. *Gener. Crust. et Ins. tom.* 4. *pag.* 31. — *Ichneumon infidus*. Ross. *App. Mantiss. tom.* 2. *pag.* 11. *n°.* 91.

Longueur une ligne et demie. Antennes noires, le premier article d'un jaune roussâtre. Tête rousse, ponctuée, sa partie postérieure noire. Corselet noir, métathorax ayant deux épines et une grande tache lunulée, de couleur jaune. Ecusson jaune. Abdomen court, arrondi, noir, porté sur un pédicule très-court. Pattes roussâtres, jambes postérieures noires. Ailes transparentes, enfumées à l'extrémité. Le point marginal des supérieures est noir.

Rossi d'après lequel nous décrivons cet Encyrte l'a trouvé sur le Citronnier aux environs de Pise.

EURYTOME, *Eurytoma*. Illig. Lat. *Ichneumon*. De Géer. *Cynips, Diplolepis, Eucharis*. Fab. *Eucharis*. Panz. révis. *Chalcis*. Jur. Panz. Faun. *Figites*. Spinol.

Genre d'insectes de l'ordre des Hyménoptères, section des Térébrans, famille des Pupivores, tribu des Chalcidites.

Dans cette tribu les Eulophes se distinguent par leurs antennes n'ayant au plus que sept articles; les Spalangies par l'insertion des antennes placée près de la bouche. Les Leucospis et les Chalcis ont les cuisses postérieures très-grandes à jambes arquées. Les Périlampes, les Ptéromales et les Encyrtes sont reconnoissables par le segment antérieur de leur corselet ne formant qu'un petit rebord transverso-linéaire. Dans les Cléonymes ce même segment est aminci vers la tête et les mandibules ne présentent que deux dents. Enfin les Misocampes ont les articles des antennes cylindriques et nus dans les deux sexes.

Antennes insérées à une distance notable de la bouche, vers l'entre-deux des yeux; ayant au moins huit articles; ces articles grenus, distincts les uns des autres, garnis de poils verticillés dans les mâles. — *Mandibules* munies de trois ou quatre dents. — *Segment antérieur* du corselet peu ou point rétréci vers la tête. — *Palpes* très-courts. — *Ailes supérieures* ayant une nervure qui partant de la base de l'aile sans toucher au bord extérieur, se recourbe ensuite pour rejoindre ce bord qu'elle suit jusque passé le milieu et émet intérieurement avant de disparoître un rameau un peu élargi à son extrémité qui se recourbe et commence la cellule radiale sans l'achever; sur cette nervure, dans la partie droite de sa base, on aperçoit une petite cellule triangulaire, foiblement tracée. Une cellule cubitale n'étant point séparée du disque et se confondant avec toutes les autres de la partie caractéristique. — *Abdomen* très-comprimé. Tarière (des femelles) peu saillante. — *Cuisses postérieures* simples, leurs jambes droites.

Le nom de ce genre vient de deux mots grecs dont la signification est : *bien coupé;* il lui a sans doute été imposé en raison de la séparation des articles qui composent les antennes. Les mœurs des Eurytomes sont à peu près les mêmes que celles des Misocampes. (*Cynips*. Oliv. *Encycl.* Voyez ce mot.) Toutes les espèces d'Eurytomes sont fort petites, l'une d'elles pond ses œufs dans le corps de la Cochenille des serres.

1. Eurytome de l'Auronne, *E. Abrotani*.

Eurytoma nigra, tibiis anticis geniculisque posticis et tarsis omnibus pallidè ferrugineis; antennarum articulis in mare intùs appendiculato-serratis.

Eurytoma Abrotani. Lat. *Gener. Crust. et Ins. tom.* 4. *pag.* [illegible] — *Chalcis Abrotani*. Panz. *Faun. Germ. fasc.* ». *fig.* 14. Le mâle. — Jur. *Hyménopt. pag.* 315.

Longueur 1 lig. ½. Noire. Antennes très-velues, leurs articles à l'exception des deux premiers, portant chacun un large appendice au côté interne; ces appendices éloignés les uns des autres. Tête et corselet très-ponctués. Premier segment de l'abdomen globuleux, moins gros que les suivans et formant un pédicule. Pattes antérieures d'un jaune fauve, leurs cuisses noires en grande partie; les quatre pattes postérieures noires avec les genoux et les tarses d'un jaune fauve. Ailes transparentes. Mâle.

Elle se trouve en France.

CLÉONYME, *Cleonymus*. Lat. *Diplolepis*. Fab. Spinol. *Ichneumon*. De Géer. Ross.

Genre d'insectes de l'ordre des Hyménoptères, section des Térébrans, famille des Pupivores, tribu des Chalcidites.

Dans le groupe que forment dans cette tribu les Eurytomes, les Misocampes et les Cléonymes (*voyez* Chalcidites, article Pupivores), les deux premiers se distinguent par le segment antérieur de leur corselet qui est en forme de carré transversal.

Antennes coudées, insérées à une distance notable de la bouche, près du milieu de la face antérieure de la tête, composées de plus de sept articles. — *Mandibules* bidentées à leur extrémité. — *Palpes* très-courts, les maxillaires de quatre articles, les labiaux de trois. — *Corselet* aminci en devant, son segment antérieur en forme de triangle tronqué à sa pointe, vers la tête. — *Ailes supérieures* ayant une nervure qui partant de la base de l'aile sans toucher au bord extérieur, se recourbe ensuite pour rejoindre ce bord qu'elle suit jusqu'au bout de l'aile et émet intérieurement un peu après son milieu un rameau assez long, un peu élargi à son extrémité qui se recourbe et commence la cellule radiale sans l'achever; deux petites nervures peu apparentes, l'une vers le bord interne qu'elle suit à peu de distance, l'autre plus courte, placée vers le milieu; toutes les deux parcourant l'aile longitudinalement; une cellule cubitale n'étant point séparée du disque et se confondant avec la plupart des autres. Quelquefois la nervure du bord extérieur porte vers sa base et sur sa partie droite, une petite cellule triangulaire, foiblement tracée. — *Abdomen* déprimé, en forme de triangle alongé, canaliculé en dessous dans les femelles. (La coulisse servant à loger la tarière s'étend dans toute la longueur du ventre.) Pédicule de l'abdomen très-court. — *Cuisses postérieures* simples, leurs jambes droites.

Il est probable que les mœurs de ces Hyménoptères sont les mêmes que celles de la plupart des autres Chalcidites. L'espèce suivante a servi de type à M. Latreille pour établir ce genre.

1. Cléonyme déprimé, *C. depressus.*

Cleonymus obscurè aureus, abdomine depresso cyaneo, alis apice fuscis maculâ fasciâque posticâ albis.

Cleonymus depressus. Lat. *Gener. Crust. et Ins. tom.* 4. *pag.* 29. — *Diplolepis depressa.* Fab. *Syst. Piez. pag.* 151. *n°.* 13. — *Ichneumon depressus.* Coqueb. *Illust. Icon. tab.* 5. *fig.* 5.

Longueur 2 lig. $\frac{1}{2}$. Antennes roussâtres avec l'extrémité noire. Tête et corselet finement chagrinés, d'un rouge cuivreux foncé. Abdomen long, d'un vert mêlé de bleu d'acier très-luisant. Pattes roussâtres. Ailes supérieures ayant une grande tache noirâtre, arquée du côté du bord postérieur.

On le trouve aux environs de Paris, sur le tronc des ormes. (S. F. et A. Serv.)

PÉRITÈLE, *Peritelus.* Nouveau genre de Coléoptères fondé par M. Germar (*Ins. Spec. Nov. vol.* 1. *Coleopt.* 1824). Il appartient à la tribu des Charansonites, famille des Rhyncophores; l'auteur l'avoit d'abord désigné sous le nom d'*Omias*, il a pour caractères : rostre court, épais, cylindrique, se rétrécissant vers l'extrémité, plus court que le corselet; ses fossettes placées sur la partie supérieure, vers son extrémité; elles sont courtes, en entonnoir. Antennes placées à l'extrémité du rostre, un peu plus longues que le corselet, leur premier article courbe, un peu en massue, atteignant au-delà du bord antérieur du corselet; leur fouet de sept articles dont les deux premiers plus grands, en massue, les autres lenticulaires; massue ovale, annelée. Tête courte, se rétrécissant en rostre insensiblement. Yeux un peu saillans. Corselet court, n'ayant point de sillon en dessous. Ecusson nul. Elytres ovales; point d'ailes. Pattes courtes, égales entr'elles. Cuisses mutiques, un peu en massue, jambes cylindriques, rétrécies intérieurement vers leur extrémité qui porte un angle saillant. Tarses larges, assez courts.

L'auteur rapporte à ce genre entr'autres espèces le *Curculio seminulum* de Fabricius.

(S. F. et A. Serv.)

PERLE, *Perla.* Geoff. Lat. *Phryganea.* Linn.
Genre d'insectes de l'ordre des Névroptères, famille des Planipennes, tribu des Perlides.

Les Perles confondues, avant M. Latreille, avec les Némoures, s'en distinguent aisément par le labre peu apparent, les mandibules membraneuses, la forme des articles de leurs tarses, inégaux entr'eux, & enfin par les deux longs filets multiarticulés qui terminent leur abdomen.

On doit rapporter les fausses Friganes (*Perla*) de De Géer au genre Némoure. (*Voyez* ce mot.) La Perle n° 3 de Geoffroy appartient aussi à ce genre.

Antennes longues, sétacées, composées d'un grand nombre d'articles courts et cylindriques; le premier gros; le second plus grand que les suivans, mais moins que le premier; elles sont très-distantes entr'elles et insérées à la partie latérale de la tête, un peu en devant des yeux. — *Labre* peu apparent, transverso-linéaire. — *Mandibules* presque membraneuses. — *Mâchoires* nues, membraneuses. — *Lèvre* à deux divisions. — Quatre *palpes* presque sétacés, les maxillaires saillans, de quatre articles; les labiaux de trois. — *Tête* penchée, aplatie, de la largeur du corps. — *Yeux* à réseau un peu ovalaires. — *Trois petits yeux lisses* écartés, disposés en triangle et placés sur le front. — *Corps* alongé, étroit, aplati. — *Corselet* carré, aplati. — *Ailes* longues, couchées et croisées horizontalement sur le corps. — *Abdomen* déprimé; son dernier segment terminé dans les deux sexes par deux filets longs, multiarticulés, antenniformes et distans. — *Pattes* de longueur moyenne; tarses composés de trois articles; les deux premiers fort courts; le dernier très-alongé, muni de deux crochets et d'une pelote dans l'entre-deux.

Les larves des Perles ressemblent un peu à celles des Friganes, et comme elles, vivent dans l'eau; elles habitent une espèce de tuyau de soie filée par elles, recouvert d'une autre matière. La lentille d'eau paroît être employée de préférence à cet usage, par plusieurs espèces. Pour cela, l'insecte taille carrément les feuilles de cette plante et les ajuste les unes auprès des autres comme des pièces de marqueterie, en sorte que leur tuyau semble recouvert tout du long et en spirale, par un ruban vert assez étroit, mais qui augmente de largeur à mesure qu'il approche de la partie antérieure.

Quelques auteurs pensent que ces larves vivent de petits insectes aquatiques; elles ont le corps alongé, divisé en plusieurs segmens, six pattes et la tête écailleuse. C'est dans le tuyau dont nous venons de parler, et qu'elles transportent avec elles à volonté, qu'elles subissent leurs métamorphoses; avant de se changer en nymphes, elles en ferment les deux extrémités avec une sorte de grille composée de quelques fils de soie qui suffisent pour les garantir de la voracité des insectes destructeurs.

La nymphe est de forme alongée. On distingue facilement à son extérieur les différentes parties de l'insecte parfait. Les Perles restent peu de temps sous cette dernière forme; parvenues à leur état de perfection, elles ne s'éloignent guère des eaux où les femelles, après l'accouplement, vont déposer leurs œufs : aussi est-ce principalement dans les lieux aquatiques qu'on trouve les insectes de ce genre.

Nous ne connoissons que cinq ou six espèces de Perles, qui toutes sont d'Europe.

1. Perle brune, *P. bicaudata.*

Perla fusca, capitis thoracisque lineâ longitudinali luteâ; alis hyalinis, superiorum ad marginem exteriorem maculâ parvâ subfuscâ.

Phryganea bicaudata. Linn. *Syst. Natur.* 2. 908. 1. — *Semblis bicaudata.* Fab. *Entom. Syst. tom.* 2. *pag.* 73. *n°.* 8. — La Perle brune à raies jaunes. Geoff. *Ins. Paris. tom.* 2. *pag.* 231. *n°.* 1. *pl.* 13. *fig.* 2. — Réaum. *Ins. tom.* 4. *pl.* 11. *fig.* 9 *et* 10.

Longueur 7 à 8 lig. Antennes entièrement brunes. Tête et corselet d'un brun noirâtre, avec une ligne dorsale jaune s'arrêtant au front; côtés du corselet ayant un peu de jaune. Abdomen d'un brun noirâtre en dessus et sur les côtés, d'un gris jaunâtre en dessous. Pattes d'un brun noirâtre; cuisses et jambes marquées d'une ligne jaune en dessous. Filets de l'abdomen bruns. Ailes transparentes; nervures brunes : les supérieures ayant une petite tache obscure vers les deux tiers de leur bord extérieur.

Très-commune en Europe dès le commencement du printemps, au bord des eaux.

2. Perle flavipède, *P. flavipes.*

Perla suprà fusca, subtùs antennarum basi abdomineque luteis, alis hyalinis subglaucis, immaculatis.

Perla flavipes. Lat. *Hist. nat. des Crust. et des Ins.* — La Perle brune à pattes jaunes. Geoff. *Ins. Paris. tom.* 2. *pag.* 231. *n°.* 2. — Réaum. *Ins. tom.* 3. *pl.* 13. *fig.* 12.

Longueur 6 à 7 lig. Antennes brunes, jaunes en dessous de la base jusque vers le milieu. Tête noire, avec ses parties latérales et antérieures jaunes. Corselet noir en dessus, jaune mêlé de brun en dessous. Abdomen brun sur le dos, jaune en dessous et sur les côtés, avec quelques nuances de brun. Filets de l'abdomen jaunes à la base, bruns vers l'extrémité. Pattes jaunes, avec une ligne brune en dessus. Ailes transparentes, un peu verdâtres, sans taches; nervures brunes.

On la trouve avec la précédente.

3. Perle jaune, *P. lutea.*

Perla lutea, oculis stemmatibusque et antennarum apice nigris; alis hyalinis, glaucis, immaculatis.

Perla lutea. Lat. *Hist. nat. des Crust. et des Ins.* — *Semblis viridis.* Fab. *Ent. Syst. tom.* 2. *pag.* 74. *n°.* 11. — La Perle jaune. Geoff. *Ins. Paris. tom.* 2. *pag.* 232. *n°.* 4.

Longueur 2 à 3 lig. Antennes jaunes jusque vers le milieu, noires dans le reste de leur étendue. Tête jaune, avec les yeux à réseau et les petits yeux lisses, d'un beau noir. Corselet, abdomen, ses filets et les pattes entièrement jaunes. Ailes transparentes, un peu verdâtres, sans taches; nervures jaunes.

Elle se trouve en Europe pendant l'été; on la voit souvent voler le soir dans les appartemens, attirée par la lumière. (S. F. et A. Serv.)

PERLIDES ou PERLAIRES, *Perlides.* Huitième tribu de la famille des Planipennes, ordre des Névroptères, caractérisée ainsi :

Premier segment du tronc grand, sous la forme de corselet, les autres recouverts. — *Ailes* couchées horizontalement sur le corps; les inférieures repliées ou courbées au côté interne; leur réseau, ainsi que celui des supérieures, formé de mailles grandes et peu serrées. — *Palpes maxillaires* plus ou moins avancés, terminés par un ou deux articles plus grêles que les précédens, et dont le dernier est souvent plus grand. — *Mandibules* distinctes. — *Deux filets* à l'extrémité de l'abdomen dans le plus grand nombre. — *Tarses* à trois articles. — *Larves* aquatiques.

Cette tribu se compose des genres Perle et Némoure. *Voy.* ces mots. (S. F. et A. Serv.)

PÉTALOCÈRES ou LAMELLICORNES. Nom donné par M. Duméril (*Zoolog. analyt.*) à sa quatrième famille de Coléoptères pentamérés. Elle a pour caractères : *Elytres dures, couvrant tout le ventre; antennes en masse feuilletée à l'extrémité.* Cette famille se compose des genres Géotrupe, Bousier, Aphodie, Scarabée, Hanneton, Cétoine, Trichie et Trox. (S. F. et A. Serv.)

PÉTALOCHÈRE, *Petalocheirus*. M. Palisot-Bauvois, dans son ouvrage intitulé : *Insectes recueillis en Afrique et en Amérique*, a donné ce nom à un genre d'Hémiptères-hétéroptères de la famille des Géocorises, tribu des Nudicolles, qui rentre comme division dans le genre Réduve. *Voyez* ce mot. (S. F. et A. Serv.)

PÉTROBIE, *Petrobius*. Nom donné par M. Léach à un genre d'insectes que j'avois établi sous le nom de *Machile* (*Machilis*), et qui est un démembrement de celui de *Lepisma* de Linnée, ou de *Forbicine* de Geoffroy. Il diffère de celui-ci par les caractères suivans : *Yeux* très-composés, presque contigus, occupant la majeure partie de la tête. — *Palpes* maxillaires très-grands. — *Corps* convexe et arqué en dessus. — *Thorax* étranglé ; son premier segment beaucoup plus petit que le suivant. — *Abdomen* terminé par des filets propres pour le saut, et dont celui du milieu beaucoup plus long.

L'espèce servant de type à ce genre est le Lépisme *polypode* de Linnée (*voyez* Lépisme), que l'on trouve dans les bois, les lieux couverts, et qui saute très-bien. Elle a beaucoup de rapports avec le *Pétrobie* décrit par M. Léach sous le nom de *Maritime*, et dont il a donné une figure très-grossie dans ses *Mélanges de zoologie*. A la même coupe appartient le *Lepisma thezeana* de Fabricius. (Latr.)

PETIT DIABLE. Nom vulgaire donné par Geoffroy à la Membracis cornue, n°. 22 de ce Dictionnaire. Celui de Grand Diable a été appliqué par le même auteur à la Membracis oreillarde, n°. 26, type du genre *Ledra* de Fabricius. (S. F. et A. Serv.)

PHALACRE, *Phalacrus*. Payk. Latr. *Sphæridium, Anisotoma*. Fab. *Anthribus*. Geoff. Oliv.

Genre d'insectes de l'ordre des Coléoptères, section des Tétramères, famille des Clavipalpes, tribu des Globulites.

Dans cette tribu composée de quatre genres, celui de Clypéastre a la tête cachée sous le corselet ; les Agathidies ont le pénultième article des tarses entier ; et dans les Languries, la massue des antennes est formée de quatre ou cinq articles, et le corps est linéaire.

Antennes terminées en massue alongée, perfoliée, triarticulée ; leur dernier article conique plus long que les précédens. — *Mandibules* rétrécies, arquées, ayant deux fortes dents à leur extrémité. — *Palpes* filiformes, leur dernier article plus long, cylindrico-ovale. — *Corps* hémisphérique, ne se contractant pas en boule. — *Pattes* comprimées, pénultième article des tarses bilobé.

Paykull a établi ce genre adopté depuis par M. Latreille. Il est composé de six à sept espèces très-petites, dont le corps est bombé, lisse, luisant, de couleur brune ou noire. Dans l'état parfait les Phalacres fréquentent les fleurs, surtout les semi-flosculeuses. On les rencontre souvent aussi sous les écorces d'arbres, et il est probable que leurs larves y trouvent leur nourriture. Ces insectes courent fort vite et échappent facilement des doigts en raison de leur petitesse et du poli de leur corps.

1. Phalacre bicolor, *P. bicolor*.

Phalacrus bicolor. Payk. *Faun. Suec. tom.* 3. *pag.* 439. *n°.* 2. — Latr. *Gener. Crust. et Ins. tom.* 3. *pag.* 66. — Gyllenh. *Ins. Suec. tom.* 1. *part.* 3. *pag.* 431. *n°.* 6. — *Anisotoma bicolor*. Fab. *Syst. Eleut. tom.* 1 *pag.* 100. *n°.* 3.

Voyez pour les autres synonymes et pour la description, Antribe bimaculé, n°. 5.

2. Phalacre brillant, *P. corruscus*.

Phalacrus niger, nitidus, elytris ad suturam unistriatis.

Phalacrus corruscus. Payk. *Faun. Suec. tom.* 3. *pag.* 438. *n°.* 1. — Gyllenh. *Ins. Suec. tom.* 1. *part.* 3. *pag.* 427. *n°.* 1. — *Sphæridium fimetarium*. Fab. *Syst. Eleut. tom.* 1. *pag.* 97. *n°.* 27.

Longueur 1 ligne. Corps ovale, convexe, d'un noir brillant. Elytres lisses, ayant une seule strie placée vers la suture. Pattes de la couleur du corps. Tarses cendrés, un peu velus.

Environs de Paris.

3. Phalacre testacé, *P. testaceus*.

Phalacrus nigro-testaceus, nitidus ; antennis, pedibus elytrorumque apice testaceis ; horum striâ unicâ suturali.

Phalacrus testaceus. Gyll. *Ins. Suec. tom.* 1, *part.* 3. *pag.* 432. *n°.* 7. — *Anisotoma testaceum*. Panz. *Faun. Germ. fasc.* 37. *fig.* 12.

Longueur 1 ligne. Corps ovale, convexe, d'un testacé-brunâtre luisant. Antennes, pattes et extrémité des élytres plus pâles ; celles-ci lisses, ayant une seule strie très-rapprochée de la suture.

Environs de Paris.

LANGURIE, *Languria*. Lat. Oliv. (*Ent.*) *Trogosita*. Fab.

Genre d'insectes de l'ordre des Coléoptères, section des Tétramères, famille des Clavipalpes, tribu des Globulites.

Dans cette tribu on reconnoît aisément les Clypéastres à leurs antennes, composées seulement de neuf articles, et les Agathidies ainsi que les Phalacres, par la massue des antennes de trois articles, et par leur corps hémisphérique.

Antennes plus courtes que le corps, insérées devant les yeux, composées de onze articles : le premier court, arrondi, assez gros ; le second arrondi, plus petit, les suivans presque coniques ; les quatre ou cinq derniers formant une masse oblongue, comprimée, perfoliée. — *Labre* corné, peu avancé, presqu'échancré. — *Mandibules* avancées, cornées, terminées par deux dents aiguës. — *Mâchoires* cornées, bifides ; leur lobe extérieur coriacé, un peu velu à sa partie supérieure, le lobe intérieur plus court et bifide. — *Palpes maxillaires* presque filiformes, composés de quatre articles ; le premier très-petit, les deux suivans égaux, presque coniques, le dernier un peu plus long, plus épais, de forme ovale ; palpes labiaux de trois articles ; le premier petit, le suivant presque conique, le dernier un peu en massue, obtrigone. — *Lèvre* presque cordiforme, entière ; menton en carré transversal, beaucoup plus large que la lèvre, un peu rétréci et arrondi supérieurement. — *Corps* linéaire. — *Corselet* arqué, convexe. — *Ecusson* arrondi postérieurement. — *Elytres* longues, recouvrant les ailes et l'abdomen. — *Pattes* grêles, assez longues. Tarses ayant leurs deux premiers articles alongés, triangulaires, le troisième plus large, bifide, le dernier alongé, un peu arqué, terminé par deux crochets.

On connoît cinq ou six espèces de ce genre exotique, créé par M. Latreille. Ses mœurs sont ignorées.

1. Languria indienne, *L. indica*.

Languria nigro-cœrulea, capite thoraceque ferrugineis.

Longueur 10 à 12 lig. Antennes noires, leur masse de quatre articles. Tête et corselet ferrugineux, finement pointillés. Elytres et abdomen d'un noir-bleuâtre, les premières ayant des stries pointillées, peu enfoncées ; on voit entre ces stries quelques petits points placés sans ordre. Pattes d'un brun noirâtre. Femelle.

Dans le mâle les antennes sont beaucoup plus longues proportionnellement, leurs articles intermédiaires étant fort alongés. Sa taille est un peu plus forte.

Des Indes orientales.

On rapportera à ce genre les Languries bicolor, n°. 1, thoracique, n°. 2, et de Mozard, n°. 3. d'Olivier (*Entom. tom.* 5. *genre* 88.) Les *Trogosita elongata. n°.* 10. et *filiformis. n°.* 12. Fab. *Syst. Eleut.* appartiennent aussi aux Languries.

CLYPÉASTRE, *Clypeaster.* And. Lat. *Cossyphus.* Gyll.

Genre d'insectes de l'ordre des Coléoptères, section des Tétramères, famille des Clavipalpes, tribu des Globulites.

Les genres que contient cette tribu ont tous onze articles aux antennes, à l'exception des Clypéastres ; leur corps est globuleux ou bien linéaire, et leur tête est avancée et découverte.

Nous ne connoissons pas ce genre créé par M. Andersh, ni les espèces que l'on y rapporte. Son nom exprime la ressemblance de forme de ces insectes avec un bouclier.

Antennes composées de neuf articles. — *Tête* cachée sous le corselet. — *Corselet* en demi-cercle. — *Corps* clypéiforme.

Nota. M. le comte Dejean mentionne quatre espèces de Clypéastres dans son Catalogue, toutes d'Europe ; deux d'entr'elles habitent aux environs de Paris.

AGATHIDIE, *Agathidium.* Illig. Lat. *Anisotoma, Sphæridium.* Fab. *Sphæridium.* Oliv. (*Entom.*) *Volvoxis.* Kugell.

Genre d'insectes de l'ordre des Coléoptères, section des Tétramères, famille des Clavipalpes, tribu des Globulites.

Les Languries et les Phalacres ont dans cette tribu, le pénultième article des tarses bilobé ; dans le genre Clypéastre, les antennes n'offrent que neuf articles, ce qui distingue ces genres de celui d'Agathidie.

Antennes courtes, de onze articles, terminées en massue, celle-ci presqu'ovoïde, perfoliée, de trois articles. — *Mandibules* triangulaires, leur extrémité aiguë, peu ou point dentée. — *Mâchoires* ayant leur lobe extérieur étroit, presque linéaire, l'intérieur plus court, trigone. — *Palpes* filiformes, leur dernier article conique ; les labiaux petits. — *Corps* globuleux, hémisphérique, pouvant se contracter en boule. — *Corselet* à angles arrondis, ses côtés ainsi que ceux des élytres très-inclinés ; ces dernières couvrant les ailes et l'abdomen. — *Pattes* courtes. Tarses ayant leurs quatre articles entiers.

Ces coléoptères sont de petite taille ; leur forme hémisphérique leur a valu le nom d'*Agathidie*, tiré d'un mot grec qui signifie *peloton.* On les trouve dans les bois ; leurs mœurs sont ignorées. Le nombre des espèces connues s'élève à une quinzaine. Elles sont toutes d'Europe.

1. Agathidie nigripenne, *A. nigripenne.*

Agathidium ferrugineum, elytris nigris.

Agathidium nigripenne. Lat. *Gener. Crust. et Ins. tom.* 3. *pag.* 67. *n°.* 1. — *Anisotoma nigripennis.* Fab. *Syst. Eleut. tom.* 1. *pag.* 100. *n°.* 4. — Panz. *Faun. Germ. fasc.* 39. *fig.* 3.

Longueur ». Ferrugineuse. Antennes brunes. Elytres et abdomen noirs.

On la trouve en France et en Allemagne.

Rapportez à ce genre le *Sphæridium globus*, *n°.* 11, et l'*Anisotoma seminulum*, *n°.* 5. Fab. *Syst. Eleut.* (S. F. et A. Serv.)

PHALANGE, *Phalangium, Phalanx*. Les Anciens ont ainsi désigné certain groupe d'Aranéïdes dont ils distinguoient plusieurs sortes. Mais comme ils ne nous ont laissé, à cet égard, qu'une simple nomenclature et qui doit être très-embrouillée, à raison de la diversité des idiômes, il est impossible d'en faire une application même probable aux espèces qui nous sont connues. Seulement il y a tout lieu de présumer que les Aranéïdes vagabondes et particulièrement les Lycoses et autres genres voisins étoient pour eux des Phalanges. Pline dit cependant que ces animaux, et qu'il regarde comme étant tous malfaisans, sont inconnus en Italie. Il sembleroit dès-lors que la Tarentule, espèce de Lycose, n'en feroit point partie. Mais cela s'expliquera facilement si l'on admet que la dénomination de Phalange étoit étrangère à la langue romaine; car la plupart des Aranéides, que les Grecs nommoient *Phalànges*, doivent se trouver dans l'Italie méridionale.

Ce nom a été ensuite donné par divers naturalistes modernes aux Araignées qu'on a cru venimeuses, et des voyageurs y ont compris les grandes Mygales d'Amérique, appelées aussi *Araignées-Crabes*. (Latr.)

Voyez le même article dans le *Nouv. Diction. d'Hist. nat.* 2ᵉ *édit. tom.* 25. *pag.* 469.

PHALANGIENS, *Phalangita*. Tribu d'Arachnides trachéennes, de la famille des Holètres, ayant pour caractères: huit *pieds* dans tous. — *Chelicères* ou *mandibules* très-apparentes, soit découvertes et avancées, soit recouvertes par un museau en forme de chaperon voûté (*trogule*), de deux ou trois articles, terminées par deux doigts. —*Palpes* grêles, filiformes, terminés par un petit crochet.—*Abdomen* généralement plissé ou annelé, du moins en dessous.

Cette tribu comprend les genres *Gonylepte, Faucheur, Trogule* et *Siron*. (Latr.)

PHALANGISTE. Geoffroy désigne sous ce nom le *Geotrupes Typhœus* de M. Latreille. (S. F. et A. Serv.)

PHALANGITES. *Voyez* Phalangiens. (Latr.)

PHALANGIUM. *Voy.* Faucheur. (Latr.)

PHALÈNE, *Phalæna*. Linn. De Géer. Geoff. Fab. Latr. *Geometra*. Hub. *Bombyx*. Oliv. (Encycl.)

Genre d'insectes de l'ordre des Lépidoptères, famille des Nocturnes, tribu des Phalénites.

Linnæus en établissant ce genre y comprenoit tous les Lépidoptères désignés depuis sous le nom de Nocturnes. La réunion de tant d'espèces si différentes entr'elles, l'obligea lui-même à faire des divisions dans son genre. Nous croyons devoir les passer ici toutes en revue pour bien spécifier ce qui appartient au genre Phalène tel que nous l'entendons aujourd'hui avec M. Latreille.

Linné partage sa première division en deux subdivisions : *Attacus* et *Bombyx*. Les premiers caractérisés par leurs ailes étalées, sont divisés en trois sections, dont la première à antennes pectinées et dépourvue de langue appartient au genre Bombyx de M. Latreille : la seconde et la troisième ayant une langue en spirale et les antennes pectinées ou sétacées ne nous paroissent comprendre que des espèces du genre Erèbe. Lat.

La deuxième subdivision comprend cinq sections. 1°. Les *Bombyx* sans langue à ailes inclinées en toit, renfermant les genres *Gastropacha* et *Odonestis* de M. Germar, et quelques vrais *Bombyx*. 2°. Les *Bombyx* sans langue à ailes déprimées et le dos lisse; ici sont placées quelques Arcties Lat. et quelques *Bombyx*. 3°. Les *Bombyx* sans langue à ailes déprimées dont le dos est relevé en crête, comprennent le genre *Cossus*, plus des *Bombyx* et des Arcties. 4°. Les *Bombyx* à langue en spirale ayant le dos lisse et les ailes rabattues, comprennent des Arcties et des Lithosies Lat. 5°. Les *Bombyx* à langue en spirale, à dos relevé en crête et à ailes rabattues sont des Noctuelles.

La seconde division porte le nom de *Noctua* et a deux subdivisions : 1°. les Noctuelles sans langue. Elles renferment une espèce d'Erèbe (*Erebus strix* Lat., qui malgré l'autorité de Linné est certainement pourvu d'une langue en spirale), les genres Hépiale et Zeuzère et quelques Noctuelles. 2°. Les Noctuelles à langue en spirale contenant des Noctuelles, des Lithosies, des Arcties et le genre *Callimorpha* Lat.

La troisième division est celle des *Geometra* et a quatre subdivisions : 1°. les Géomètres à antennes pectinées et ailes postérieures un peu anguleuses, renferment le genre Platyptère Lasp. et quelques Phalènes. 2°. Les Géomètres à antennes pectinées et à ailes arrondies, ne contiennent que des Phalènes. 3°. Les Géomètres à antennes sétacées et à ailes anguleuses sont dans le même cas. 4°. Les Géomètres à antennes sétacées et ailes arrondies, contiennent des Botys Lat., des Phalènes et quelques Galléries Lat.

La quatrième division sous le nom de *Tortrices*, renferme le genre *Pyralis* Fab.

La cinquième division sous le nom de *Pyrales*, renferme les genres Aglosse, Crambe et Herminie Lat. et des Botys.

La sixième division sous le nom de *Tineæ* renferme les genres Teigne, Œcophore, Alucite, Yponomeute, Adèle Lat., avec des Lithosies, des Pyrales et des Galléries.

Enfin la septième division sous le nom d'*Alucita* comprend les genres Ptérophore et Ornéode Lat.

Fabricius resserra beaucoup le genre *Phalæna* de

de Linné en adoptant les genres Teigne et Ptérophore de Geoffroy et en créant les suivans : *Bombyx, Cossus, Hepialus, Noctua, Lithosia* et *Alucita* outre le genre *Phalæna* qu'il partage en trois ainsi qu'il suit : 1°. Phalènes à antennes pectinées. Cette division comprend le genre Platyptère et des Phalènes de M. Latreille. 2°. Phalènes à antennes sétacées renfermant des Botys et des Phalènes. Quant à sa troisième division dont le caractère est : ailes en queue d'hirondelle, il l'a lui-même modifiée dans le Supplément de son *Entomologie systématique* en admettant le genre *Crambus*; telle qu'elle est après ce retranchement, cette division renferme encore des Botys, les genres Aglosse et Herminie LAT., plus quelques espèces que nous ne pouvons rapporter avec certitude à aucun genre connu.

M. Latreille du genre *Phalæna* de Linné a composé sa troisième famille des Lépidoptères qu'il appelle les Nocturnes. Il lui donne pour caractères : ailes bridées dans le repos au moyen d'une soie en forme de crin partant du bord extérieur des inférieures près de leur base; ces mêmes ailes horizontales ou penchées. Antennes diminuant de grosseur de la base à la pointe ou sétacées. Il divise cette famille en huit tribus : 1°. Bombycites, contenant les genres Hépiale, Cossus, Zeuzère, Bombyx. 2°. Faux Bombyx, se composant des genres Arctie et Callimorphe. 3°. Phalénites, qui renferment deux genres, Platyptère et Phalène. 4°. Deltoïdes, contenant les genres Aglosse, Botys et Herminie. 5°. Noctuélites, qui contiennent les genres Erèbe et Noctuelle. 6°. Tordeuses, n'ayant que le genre Pyrale. 7°. Tinéites, renfermant les genres Lithosie, Yponomeute, Œcophore, Adèle, Teigne, Gallérie, Euplocampe, Alucite et Crambe. 8°. Fissipennes, composés des genres Ptérophore et Ornéode.

Les Platyptères, seul genre de la tribu des Phalénites avec celui de Phalène, se distinguent de ces dernières par leurs ailes supérieures ayant l'angle du sommet prolongé et recourbé en forme de faucille et par leurs Chenilles qui ont toujours quatorze pattes et dont le corps est terminé postérieurement en une pointe simple, les pattes postérieures leur manquant.

Antennes assez courtes, sétacées, multiarticulées, tantôt simples, tantôt pectinées ou plumeuses, soit dans les deux sexes, soit seulement dans les mâles. — *Langue* souvent petite, peu cornée. — *Palpes inférieurs* cachant totalement les supérieurs, presque cylindriques ou coniques, courts et couverts uniformément de petites écailles. — *Tête* petite. — *Corps* ordinairement grêle. — *Ailes* grandes, étendues horizontalement dans le repos, toutes les quatre ayant dans ce cas, des teintes et des dessins qui leur sont communs, ou disposées (dans le repos) en toit très-écrasé, n'ayant plus ordinairement sur les inférieures que des teintes moins foncées que celles des supérieures. — *Chenilles* arpenteuses ayant dix pattes (douze dans une seule espèce connue).

Malgré leur ressemblance avec les Bombyx, les Phalènes en diffèrent notablement en ce que leur langue est toujours plus apparente et plus longue, leur corps moins garni de poils, leurs ailes moins solides et ordinairement d'une étendue plus considérable comparées au volume du corps. La plupart des espèces ne volent qu'après le coucher du soleil, cependant c'est le plus souvent pendant le jour que les mâles recherchent leurs femelles; mais on s'aperçoit aisément que ce n'est point la vue qui les dirige dans cette recherche et que même la lumière leur ôte l'usage de leurs yeux, parce qu'ils heurtent indistinctement tous les obstacles qu'ils rencontrent; cependant ils arrivent assez directement au but qu'ils se proposent, guidés vraisemblablement par des émanations qui sortent à cette époque du corps de la femelle et qui cessent dès que l'accouplement a été consommé; cette particularité s'étend à un certain nombre de Lépidoptères nocturnes et notamment aux Bombyx, mais l'heure varie suivant les espèces (1).

Les Chenilles des Phalènes ont dix pattes, l'espèce nommée *Margaritaria* n°. 79, en a seule douze, mais les deux pattes membraneuses qu'elle a en plus sont plus courtes que les autres. Les six antérieures, ou pattes écailleuses qui renferment celles que doit avoir l'insecte parfait, se remarquent d'abord, ensuite viennent les pattes membraneuses placées vers l'extrémité du corps et ne manquant jamais au dernier segment. Beaucoup de particularités relatives à ces Chenilles, sont intéressantes, on les trouvera dans ce Dictionnaire à l'article CHENILLE et notamment aux pages 577 et 607 du tome V.

Ces Chenilles, pour se changer en chrysalides, entrent pour la plupart en terre ou restent à la superficie; plusieurs s'y construisent des espèces de coques à mailles lâches. Celle de la Phalène du sureau n°. 84, attache la sienne à un rameau et la suspend par un faisceau de fils assez longs, elle la recouvre de morceaux de feuilles et les attache à la superficie. La Chenille de la Phalène du lilas n°. 86, construit la sienne immédiatement contre une branche. Celles des espèces nommées *Argus*, n°. 67, et ponctuée, n°. 80, fixent leurs chrysalides à une petite branche absolument de la

(1) Nous avons remarqué que c'est sur les dix heures du matin que les mâles des Phalènes à femelles aptères recherchent l'accouplement. Les Bombyx *Tau* et *Carpini* (petit paon) se mettent en mouvement pour le même sujet de dix heures du matin à trois de l'après midi; de cette heure à cinq le Bombyx *Quercus* est à la poursuite de sa femelle et nous en avons eu la preuve jusque dans un des quartiers les plus peuplés de Paris. Le Bombyx *Pavonia* (grand paon) attend le déclin du soleil et ne se met en mouvement qu'une heure avant son coucher.

même manière que les Chenilles des Papillons et des Piérides.

La forme des ailes dans les Phalènes n'est pas toujours la même ; on remarquera que plusieurs les ont beaucoup plus longues que larges, tandis que dans d'autres, ces dimensions se rapprochent beaucoup. Quelques femelles sont privées d'ailes, ou ne les ont que comme des moignons très-courts; certains mâles au contraire semblent en avoir six, parce que leurs ailes inférieures ont à la base de leur bord intérieur un petit appendice qui se recourbe en dessus et paroît une seconde aile inférieure surnuméraire.

M. Hübner a donné et figuré plus de quatre cents espèces de Phalènes européennes. On connoît en outre beaucoup de Lépidoptères nocturnes exotiques que l'on rapporte à ce genre. Forcés de nous restreindre, nous nous contenterons de décrire les suivantes, en nous conformant à l'usage reçu de prendre la terminaison *aria* pour les Phalènes dont les mâles ont les antennes pectinées, et celle en *ata* pour les espèces à antennes sétacées et simples dans les deux sexes.

1re. *Division*. Bords des ailes entiers, sans dentelures ni queue.

1re. *Subdivision*. Ailes supérieures recouvrant les inférieures dans le repos, et formant avec elles un triangle.

A. Ailes étroites relativement à leur longueur. — Antennes pectinées dans les mâles.

a. Corps gros (palpes très-velus).

1. PHALÈNE à plumet, *P. plumistaria*.

Phalœna alis integris, incumbentibus, superioribus albidis, inferioribus fulvis ; omnibus nigro punctatis lineatisque.

Phalœna plumistaria. ESPER, *tom. V. Phal. Geom. tab. XXII. fig.* 6-8. Mâle. — HUB. *Geom. tab.* 24. *fig.* 127. Mâle.

Envergure 12 à 13 lig. Antennes et corps noirs. Abdomen portant une ligne dorsale et deux latérales de points d'un fauve vif. Bords extérieurs et postérieurs des quatre ailes noirs. Les supérieures à fond blanc marqué de teintes d'un fauve pâle, tacheté de points noirs ; quatre lignes noires partant du bord antérieur, la première et la seconde irrégulières dans leur forme, rejoignant le bord postérieur ; la troisième en crochet dont le bout rejoint le milieu de la seconde ; la quatrième à peine commencée, continuée par des points noirs irrégulièrement posés ; enfin, vers le bord extérieur de l'aile une ligne de points d'un fauve vif. Ailes inférieures à fond d'un fauve vif tacheté de petits points noirs, avec un gros point de même couleur vers leur milieu ; un peu au-dessous est une ligne noire ondée. Dessous des ailes supérieures d'un fauve vif ; leur bord antérieur blanchâtre, les lignes qu'elles portent en dessus très-courtes ; dessous des inférieures à fond blanchâtre, conformes au dessus pour les autres détails. Mâle et femelle.

Antennes de la femelle dentées en scie ; celles du mâle extrêmement pectinées.

Se trouve en Europe, surtout dans la partie méridionale.

Nota. Dans tous les mâles de cette section et dans celui de la Phalène zône, qui commence la suivante, les antennes sont doublement pectinées, les rameaux latéraux émettant sur toute leur étendue des filamens également latéraux.

2. PHALÈNE précoce, *P. prodromaria*.

Phalœna alis integris, incumbentibus, albis nigro punctatis, superiorum fasciis duabus, inferiorum unicâ fuscis.

Phalœna prodromaria. FAB. *Ent. Syst. tom.* 3. *part.* 2. *pag.* 159. *n°.* 105. — HUB. *Geom. tab.* 33. *fig.* 172. Mâle. *Larv. Geom. œquiv.* A. a. *n°.* 1. — La Printannière. GEOFF. *Ins. Paris. tom.* 2. *pag.* 118. *n°.* 22. Femelle.

Envergure 16 à 18 lig. Antennes noires mêlées d'un peu de blanc. Corps brun mêlé de blanc, surtout sur le devant de la tête et du corselet, ainsi que sur les côtés de ce dernier. Fond des quatre ailes blanc, chargé de points noirs ; deux bandes irrégulières brunes, bordées de noir sur les supérieures, une seule sur les inférieures. Dessous semblable au dessus. Antennes sétacées, un peu dentées en scie vues à la loupe dans la femelle ; celles du mâle rousses, très-pectinées : celui-ci du reste semblable à sa femelle, si ce n'est que les parties brunes du corps et des ailes tirent sur le roux.

Chenille d'un brun roussâtre, avec des tubercules rougeâtres et quelques points blancs. Vit sur le chêne. Subit sa métamorphose en terre. La Phalène paroît ordinairement au mois de mars.

Des environs de Paris.

3. PHALÈNE hérissée, *P. hirtaria*.

Phalœna alis integris, incumbentibus, griseis, strigis tribus obscuris fuscis, antennis nigris.

Phalœna hirtaria. LINN. *Faun. Suec. edit.* 2. *n°.* 1236. — FAB. *Entom. Syst. tom.* 3. *part.* 2. *pag.* 149. *n°.* 72. — DE GÉER, *Ins. tom.* 1. *pag.* 354. *pl.* 22. *fig.* 6-9. *et tom.* 2. *pag.* 306. *n°.* 5. — HUB. *Geom. tab.* 33. *fig.* 175. Mâle.

Envergure 12 à 14 lig. Antennes noires. Corps brun. Ailes grises portant trois bandes brunes peu distinctes, la plus extérieure bordée d'une ligne blanchâtre. La femelle a les antennes sétacées, un peu dentées en scie vues à la loupe ; elles sont très-pectinées dans le mâle. Les couleurs dans ce dernier sexe sont mieux prononcées, et il nous paroît y avoir un point noir sur le disque des ailes inférieures.

Chenille d'un gris brun avec plusieurs lignes longitudinales de couleur de chair tant en dessus qu'en dessous. Bord antérieur du premier segment jaune ; deux petits traits transversaux et un tubercule latéral de même couleur sur les quatrième, cinquième, sixième, septième et huitième segmens du corps. Tête et pattes roses ponctuées de noir. Vit sur l'osier et le saule. Subit sa métamorphose en terre.

Des environs de Paris. On la trouve dès le commencement de mars.

4. PHALÈNE velue, *P. pilosaria.*

Phalœna alis integris, incumbentibus, rufescenti-griseis, superiorum strigis quatuor undatis, inferiorum duabus, unâ abbreviatâ, fuscis.

Geometra pilosaria. HUB. *Geom. tab.* 34. *fig.* 176. Mâle. *Larv. Geom. œquiv.* A. d. *n°.* 2.

Envergure 15 à 16 lig. Antennes très-pectinées, d'un gris brun ainsi que le corps. Ailes supérieures d'un gris roussâtre avec quatre lignes brunes un peu ondées ; entre la seconde et la troisième est un petit trait de même couleur. Ailes inférieures n'ayant que deux lignes brunes, dont celle qui avoisine le bord extérieur part de l'angle anal et atteint au plus le milieu de l'aile. Mâle.

Chenille un peu velue à poils roides, brune, variée de petites lignes jaunes, noires et fauves. Vit sur le chêne suivant M. Hübner.

Des environs de Paris.

5. PHALÈNE du Bouleau, *P. betularia.*

Phalœna alis integris, incumbentibus albis, atomis punctisque multis inspersis nigris.

Phalœna betularia. LINN. *Syst. Nat.* 2. 862. 217. — FAB. *Ent. Syst. tom.* 3. *part.* 2. *pag.* 158. *n°.* 103. — DE GÉER, *Ins. tom.* 2. *pag.* 344. *n°.* 1. *pl.* 5. *fig.* 15-18. Mâle, *et tom.* 1. *pag.* 344. *pl.* 17. *fig.* 19-22. Femelle. — HUB. *Geom. tab.* 33. *fig.* 173. Femelle. *Larv. Geom. œquiv.* A. b. *n°.* 1. — La Grisaille. GEOFF. *Ins. Paris. tom.* 2. *pag.* 134. *n°.* 51.

Envergure 15 à 20 lig. Antennes noires annelées de blanc. Corps grisâtre mêlé de noir. Ailes à fond blanc chargé d'atômes, de points et de petites lignes de couleur noire, les plus distinctes des lignes se trouvant près des bords extérieurs. Antennes entièrement sétacées et simples dans la femelle ; brunes, pectinées avec leur extrémité simple et rousse dans le mâle. Celui-ci a les ailes moins chargées de noir.

Chenille d'un brun grisâtre ou quelquefois verdâtre. Tête aplatie en devant et comme refendue dans sa partie supérieure en deux pointes coniques. Corps chargé de quelques éminences raboteuses. Vit sur le bouleau et le saule. Se métamorphose en terre d'où la chrysalide sort à moitié à l'époque où l'insecte parfait doit paroître.

Des environs de Paris.

6. PHALÈNE picotée, *P. atomaria.*

Phalœna alis integris, incumbentibus, fœminœ albidis, maris lutescentibus, strigis atomisque multis sparsis fuscis.

Phalœna atomaria. LINN. *Syst. Nat.* 2. 862. 214. — FAB. *Ent. Syst. tom.* 3. *part.* 2. *pag.* 144. *n°.* 56. — DE GÉER, *Ins. tom.* 2. *pag.* 344. *n°.* 2. *pl.* 5. *fig.* 14. — ESPER, *tom. V. Phal. Geom. tab. XXIII. fig.* 4-8. — HUB. *Geom. tab.* 25. *fig.* 136. Femelle. *Larv. Geom. ampliss.* V. b. *n°.* 1. — La Rayure jaune picotée. GEOFF. *Ins. Paris. tom.* 2. *pag.* 133. *n°.* 50. Mâle.

Envergure 8 à 10 lig. Antennes noires annelées de blanc. Corps brun. Fond des ailes blanchâtre, chargé d'atômes bruns. Les supérieures portant quatre lignes irrégulières noires dont les deux intermédiaires se rapprochent avant d'arriver au bord intérieur. Les inférieures n'ayant que deux lignes brunes bien visibles. Bord extérieur des quatre ailes brun. Frange entrecoupée de blanc et de brun. Antennes sétacées et simples dans la femelle, très-pectinées à barbes noires dans le mâle. Les ailes dans ce dernier sexe ont leur fond jaunâtre et les bords d'un brun plus foncé.

La Chenille varie tellement pour les couleurs qu'il est impossible d'en faire une description applicable à tous les individus : elle n'a aucun tubercule sur le corps. Les figures que nous citons, surtout celles de M. Hübner, sont en assez grand nombre pour la faire reconnoître.

Très-commune aux environs de Paris dans les prairies.

7. PHALÈNE voisine, *P. concordaria.*

Phalœna alis integris, incumbentibus, superioribus fuscis, fasciâ punctisque albis ; inferioribus testaceis strigis tribus transversis fuscis ; omnium margine fusco albo fuscoque fimbriato.

Geometra concordaria. HUB. *Geom. tab.* 24. *fig.* 126. Mâle.

Envergure 8 lig. Antennes noires. Corps noirâtre. Ailes supérieures brunes avec une bande blanche dans leur milieu et quelques taches de même couleur sur le reste de l'aile ; les inférieures fauves avec trois lignes brunes, transverses. Bord des quatre ailes brun. Frange entrecoupée de blanc et de brun. Dessous des supérieures fauve : leur disque portant une tache brune, une ligne de taches noires accompagne à quelque distance le bord postérieur. Dessous des inférieures portant les mêmes lignes qu'en dessus et de plus des taches blanches dont quelques-unes forment deux lignes longitudinales interrompues. Antennes sétacées, un peu dentées en scie vues à la loupe dans la femelle. Celles du mâle pectinées suivant M. Hübner.

Des environs de Paris.

8. PHALÈNE purpurine, *P. purpuraria.*

Phalœna alis integris, incumbentibus, roseo fimbriatis superioribus fuscis aut lutescentibus, fasciis duabus roseis; inferioribus flavis.

Phalœna purpuraria. LINN. *Syst. Nat.* 2. 864. 221. — FAB. *Ent. Syst. tom.* 3. *partie* 2. *pag.* 161. *n°.* 113. Mâle. — *Phalœna purpurata.* FAB. *Ent. Syst. tom.* 3. *partie* 2. *pag.* 201. *n°.* 263. Femelle. — *Geometra purpuraria.* HUB. *Geom. tab.* 38. *fig.* 198 *et* 199. *Larv. Geom. œquiv.* C. b. *n°.* 1. — L'Ensanglantée. GEOFF. *Ins. Paris. tom.* 2. *pag.* 126. *n°.* 34. Mâle.

Envergure 6 à 7 lig. Antennes brunes. Ailes frangées de rose. Les supérieures brunes ou jaunâtres avec deux bandes roses; les inférieures d'un fauve vif ayant le bord inférieur plus ou moins brun, leur dessous marqué d'une bande rose transversale. Celui des supérieures n'ayant qu'un petit trait de cette couleur placé près du bout. La largeur des bandes roses varie extrêmement. Antennes sétacées et simples dans la femelle, très-pectinées dans le mâle.

Chenille verte avec une ligne dorsale d'un jaune pâle et quelques traits de même couleur sur les côtés.

Très-commune aux environs de Paris sur les luzernes et dans les prairies artificielles.

b. Corps grêle (1) (Femelles aptères.)

9. PHALÈNE zône, *P. zonaria.*

Geometra zonaria. HUB. *Geom. tab.* 3. *fig.* 179. Mâle. *Larv. Geom. œquiv.* A. c. *n°.* 1. a. b. c. — *Bombyx zona.* FAB. *Ent. Syst. tom.* 3. 1re. *partie. pag.* 478. *n°.* 219.

Voyez pour la description et les autres synonymes Bombyx zône, n°. 252.

Chenille verte ou bleuâtre ayant de chaque côté du corps une bande jaune régulière, assez large.

Cette espèce se trouve dans les prairies. Elle n'est pas très-commune aux environs de Paris.

(1) On comprendra parfaitement que les caractères dont nous nous servons pour ces deux premières petites sections, n'empêchent point qu'il ne soit de règle générale que les femelles dans tous les Lépidoptères nocturnes aient l'abdomen très-gros, lorsqu'elles sont sur le point de déposer leurs œufs.

10. PHALÈNE effeuillante, *P. defoliaria.*

Phalœna alis integris, incumbentibus; superioribus grisco-albidis, fasciis fusco-rufis; inferioribus albidis, atomis griseis punctoque discoidali fusco: fœminâ apterâ luteâ nigro maculatâ.

Phalœna defoliaria. LINN. *Faun. Suec. n°.* 1238. — FAB. *Ent. Syst. tom.* 3. *partie* 2e. *pag.* 148. *n°.* 68. — ESPER, *tom. V. Phal. Geom. tab. XXXVII. fig.* 1-7. — HUB. *Geom. tab.* 35. *fig.* 18. Mâle. *Larv. Geom. œquiv.* B. a. *n°.* 1. a. b. — RÉAUM. *Ins. tom.* 2. *pag.* 369 *et suivantes. pl.* 30. *fig.* 1-16.

Envergure 10 à 12 lig. Antennes brunes. Corps d'un brun roussâtre. Ailes supérieures d'un blanc sale avec quelques bandes roussâtres bordées de brun. Les inférieures blanchâtres chargées d'atômes gris et d'un petit point brun sur leur disque; une ligne de même couleur borde ces ailes et précède la frange. Toutes les nuances moins distinctes en dessous. Antennes pectinées. Mâle.

Femelle aptère. Antennes sétacées et simples. Corps jaune taché de noir.

Chenille de couleur marron avec une ligne latérale de traits jaunes irréguliers. Elle est nuisible dans certaines années en dépouillant les arbres de leur verdure, principalement les chênes. Elle subit sa métamorphose en terre.

Commune en France.

Nota. Dans le mâle de cette espèce, ainsi que dans ceux des quatre suivantes, les antennes ne sont pas à proprement parler doublement pectinées, les filamens qu'émettent leurs rameaux latéraux étant presque tous réunis en faisceau terminal.

11. PHALÈNE noirâtre, *P. nigritaria.*

Phalœna alis integris, incumbentibus; superioribus griseo-albidis fasciis fusco-rufis; inferioribus albidis atomis sparsis strigisque duabus abbreviâtis fuscis: fœminâ apterâ.....

Geometra nigritaria. HUB. *Geom. tab.* 35. *fig.* 181. Mâle.

Envergure 1 pouce. Antennes brunes, pectinées. Corps d'un blanc sale. Ailes supérieures brunes avec une large bande dans leur milieu; cette bande blanchâtre, irrégulière, semée d'atômes bruns; et une ligne de points blanchâtres avoisinant le bord extérieur. Ailes inférieures blanchâtres, parsemées d'atômes bruns avec deux petites lignes brunes transversales qui partent du bord intérieur et n'atteignent pas le milieu de l'aile; le bord qui précède la frange est brun. Dessous des quatre ailes presqu'uniformément gris. Mâle.

Environs de Paris.

12. Phalène de l'Erable, *P. aceraria*.

Phalœna alis integris, incumbentibus; superioribus fusco-rufis strigis duabus undato dentatis maculâque apicali fuscis; inferioribus griseo albidis: omnium puncto discoidali lineâque submarginali punctariâ fuscis: fœminâ apterâ.....

Geometra aceraria. Hub. *Geom. tab.* 35. *fig.* 185. Mâle. *Larv. Geom. æquiv.* B. a. b. *n°.* 2.

Envergure 1 pouce. Antennes grises, pectinées. Corps brun-roussâtre. Ailes supérieures d'un brun-roussâtre, portant deux lignes ondées, dentelées, brunes; une tache de même couleur à la partie supérieure du bout de l'aile. Les inférieures d'un gris blanchâtre. Un point brun sur le disque et une ligne de points de même couleur accompagnant le bord extérieur, dans les quatre ailes. Dessous moins coloré, surtout celui des ailes supérieures. Mâle.

Chenille verte avec deux petites lignes latérales blanchâtres et une autre ligne jaune au-dessous de celles-ci. Vit sur l'érable; subit sa métamorphose en terre.

Des environs de Paris.

13. Phalène soyeuse, *P. sericearia*.

Phalœna alis integris, incumbentibus, griseo-fuscis, apice fuscioribus fasciâ nigricante: fœminâ apterâ, griseo-fuscâ.

Phalœna sericearia. Esper, *tom. V. Phal. Geom. tab. XXXVII. fig.* 3-6.

Envergure 8 à 10 lig. Ailes d'un gris brunâtre; leur partie inférieure avoisinant le bord postérieur plus foncée et séparée du reste par une ligne d'un brun décidé. Dans la partie supérieure des premières ailes seulement, sont deux petites lignes brunâtres peu distinctes. Dessous des quatre ailes moins coloré et mêlé d'atômes blanchâtres. Antennes pectinées. Mâle.

Femelle aptère. Antennes sétacées et simples. Corps d'un gris brun.

Chenille de couleur marron, un peu tuberculée avec quelques lignes interrompues, blanchâtres, latérales. Subit sa métamorphose en terre.

Environs de Paris.

14. Phalène orangée, *P. aurantiaria*.

Phalœna alis integris, incumbentibus; superioribus luteo-flavis punctis fasciisque duabus, unicâ undatâ, fuscis; inferioribus pallidè fulvis puncto discoidali nigro: fœminâ apterâ.....

Geometra aurantiaria. Hub. *Geom. tab.* 35. *fig.* 184. Mâle. *Larv. Geom. æquiv.* B. a. *n°.* 1. c. d.

Envergure 10 à 12 lig. Antennes pectinées d'un fauve jaunâtre. Corps de même couleur. Ailes supérieures d'un fauve jaunâtre avec deux bandes un peu brunes; celle qui avoisine la base de l'aile presque droite, l'autre ondulée, non dentée; quelques points bruns entre cette ligne et le bord extérieur. Ailes inférieures et dessous des quatre d'un fauve blanchâtre. Un point noir sur le disque de toutes, plus sensible en dessous qu'en dessus. Mâle.

Chenille verte avec quelques lignes plus claires et d'autres plus foncées sur les côtés. Tête et dernier segment du corps ayant des nuances couleur de chair. Vit sur le bouleau. Subit sa métamorphose en terre.

Environs de Paris.

B. Ailes larges relativement à leur longueur.

a. Antennes pectinées dans les mâles.

15. Phalène de la Mancienne, *P. elinguaria*.

Phalœna alis integris, incumbentibus, luteo-albidis; superioribus fasciâ fuscâ ad marginem internum coarctatâ; omnium puncto discoidali nigricante.

Phalœna elinguaria. Linn. *Syst. Nat.* 2. 862. 211. — Fab. *Ent. Syst. tom.* 3. *part.* 2. *pag.* 159. *n°.* 107. — Esper, *tom. V. Phal. Geom. tab. XXII. fig.* 1-5. — Hub. *Geom. tab.* 4. *fig.* 20. Femelle. *Larv. Geom. ampliss.* C. c. *fig.* 1. a. b.

Envergure 12 à 14 lig. Antennes et corps d'un blanc jaunâtre ou couleur de café au lait. Ailes de même couleur; les supérieures ayant une bande plus foncée se rétrécissant beaucoup vers le bord interne; un point brun sur le disque des quatre ailes, tant en dessus qu'en dessous. Dessous moins coloré, ayant sur toutes les ailes une petite ligne brune peu marquée. Mâle.

La femelle a les couleurs plus pâles.

Chenille grise, un peu raboteuse, ayant quelques petits tubercules bruns qui portent des poils courts, hérissés. Vit sur différens arbres, notamment sur la mancienne (*Viburnum lantana*). Subit sa métamorphose en terre.

Environs de Paris.

16. Phalène plombée, *P. plumbaria*.

Phalœna alis integris, incumbentibus; superioribus plumbeis, strigis duabus rufescentibus versùs marginem internum approximatis; alteràque aliquando ad basim concolori, puncto discoidali nigro; inferioribus pallidis, strigâ obscurâ griseâ.

Phalœna plumbaria. Fab. *Ent. Syst. tom.* 3. *part.* 2. *pag.* 160. *n°.* 110. — *Geometra petraria*. Hub *Geom. tab.* 21. *fig.* 113. Femelle.

Envergure 10 à 12 lig. Antennes d'un gris roussâtre. Ailes supérieures grises, ayant deux lignes roussâtres qui se rapprochent l'une de l'autre vers le bord interne; un point noir dans l'espace contenu entre ces lignes; il y a quelquefois une ligne courbe roussâtre peu apparente vers la base de l'aile, et constamment un petit trait de cette couleur à l'angle supérieur. Ailes inférieures plus pâles avec une ligne transversale à peine distincte, d'un gris plus foncé. Dessous des quatre ailes uniformément plus pâle, sans lignes ni points. Femelle.

Très-commune dans les bois des environs de Paris.

17. Phalène de l'Ansérine, *P. chenopodiaria.*

Phalæna alis integris, incumbentibus, rufo-griseis fusco lineolatis; superioribus fasciis duabus rufescentibus undulatis, versùs marginem internum approximatis, puncto discoidali nigro.

Phalæna chenopodiata. Linn. *Syst. Nat.* 2. 868. 246. — Fab. *Entom. Syst. tom.* 3. *part.* 2. *pag.* 191. *n°.* 227. — *Geometra mensurata.* Hub. *Geom. tab.* 37. *fig.* 193. Mâle.

Envergure 12 à 14 lig. Ailes d'un gris-roussâtre, les supérieures ayant leur bord extérieur plus foncé; ce bord ainsi que sa base portant de petites lignes transverses peu distinctes; deux bandes assez larges, roussâtres, ondulées, dont l'intervalle est plus foncé et porte un point noir; ces bandes se rapprochant vers le bord interne et occupant la partie moyenne de l'aile. Ailes inférieures avec deux ou trois petites bandes transversales peu distinctes plus foncées que le reste, ainsi que le bord extérieur. Dessous des quatre ailes plus clair avec deux lignes transverses à peine distinctes et un petit point noir sur chacune. Mâle.

Selon Fabricius la Chenille est glabre, portant des lignes brunes ou vertes; les segmens du corps sont anguleux. Vit sur l'ansérine (*Chenopodium*).

Se trouve aux environs de Paris dans les bois.

18. Phalène tachée, *P. contaminaria.*

Phalæna alis integris, incumbentibus, grisescenti-luteis, atomis fuscis sparsis, strigis tribus fuscis; superiorum strigis duabus exterioribus versùs marginem internum approximatis; inferiorum strigâ b[illegible]eos abbreviatâ.

Geometra contaminaria. Hub. *Geom. tab.* 68. *fig.* 356. Mâle.

Envergure 1 pouce. Antennes et corps d'un gris jaunâtre. Ailes de même couleur chargées d'atômes bruns et ayant deux lignes brunes qui les traversent du bord extérieur au bord interne; lignes des supérieures se rapprochant vers le bord intérieur; leur intervalle renfermant une grande tache brune à l'endroit où elles se rétrécissent; on voit une autre petite ligne transversale vers la base des ailes supérieures, dont le commencement seul est indiqué sur les inférieures. Dessous des quatre ailes un peu plus pâle; une ligne brune transversale et un point noir sur le disque de chacune; ce point plus gros sur les supérieures. Mâle et femelle.

Environs de Paris.

19. Phalène embrouillée, *P. gilvaria.*

Phalæna alis integris, incumbentibus, albido-lutescentibus, atomis griseis sparsis, puncto discoidali lineâque ab angulo externo descendente griseis.

Phalæna gilvaria. Fab. *Entom. Syst. tom.* 3. *part.* 2. *pag.* 162. *n°.* 117. — Esper, *tom. V. Phal. Geom. tab. XXV. fig.* 6-8. Mâle. — Hub. *Geom. tab.* 38. *fig.* 201. Femelle. *Larv. Geom. æquiv.* C. b. *n°.* 2. a.

Envergure 1 pouce. Antennes et corps d'un blanc jaunâtre. Ailes supérieures de même couleur, chargées d'atômes gris, les inférieures plus blanches; toutes quatre portant sur leur disque un point gris et une ligne de même couleur, qui part presque de l'angle extérieur et s'avance plus sur les supérieures que sur les inférieures, sans cependant atteindre dans aucunes le bord interne, vers le milieu duquel elle se dirige. Dessous semblable au dessus, lignes et points plus marqués; deux traits noirs longitudinaux allant de la base jusqu'au point discoïdal dans les supérieures. Mâle et femelle.

Chenille grise avec une ligne latérale ferrugineuse et une dorsale blanchâtre. Vit sur la mille-feuille (*Achillea millefolium*).

Environs de Paris.

20. Phalène sacrée, *P. sacraria.*

Phalæna alis integris, incumbentibus; superioribus pallidè luteis, strigâ rectâ roseâ ab angulo superiori ad marginis inferni mediam partem decurrente; inferioribus pallidis.

Phalæna sacraria. Linn. *Syst. Nat.* 2. 863. 220. — Fab. *Ent. Syst. tom.* 3. *part.* 2. *pag.* 159. *n°.* 106. — Hub. *Geom. tab.* 38. *fig.* 200. Mâle. — *Encycl. pl.* 90. *fig.* 16.

Envergure 8 lig. Antennes et corps d'un blanc jaunâtre; ailes supérieures de même couleur avec une ligne rose partant de l'angle extérieur et venant aboutir au milieu du bord interne. Bord antérieur ayant des nuances roses, surtout vers sa base. Les inférieures et le dessous des quatre plus pâles; le trait rose des supérieures à peine distinct. Mâle.

Environs de Paris.

b. Antennes simples dans les deux sexes.

21. Phalène triple raie, *P. plagiata.*

Phalæna alis integris, incumbentibus, griseis;

superiorum fasciis tribus tristrigatis fuscis lineolâque ad angulum exteriorem fusco-ferrugineâ.

Phalæna plagiata. Linn. *Syst. Nat.* 2. 869. 248. — Hub. *Geom. tab.* 42. *fig.* 220. — *Phalæna duplicata.* Fab. *Ent. Syst. tom.* 3. *part.* 2. *pag.* 193. *n°.* 234. — La Rayure à trois lignes. Geoff. *Ins. Paris. tom.* 2. *pag.* 148. *n°.* 78.

Envergure 15 lig. Antennes brunes, corps gris. Ailes supérieures d'un gris de souris avec un petit trait brun mêlé de ferrugineux s'avançant de l'angle extérieur, et trois bandes plus ou moins ondées, composées chacune de trois lignes brunes; la bande la plus voisine de la base ayant ses lignes ordinairement moins distinctes. Ailes inférieures d'un gris blanchâtre ainsi que le dessous des quatre ailes; un petit point noir peu apparent sur le disque de chacune. Frange brune entrecoupée de blanc. Femelle.

Selon Fabricius la Chenille vit sur le millepertuis (*Hypericum perforatum*). Elle est variée de brun et de ferrugineux, avec une ligne latérale jaune.

Fort commune dans les bois des environs de Paris.

22. Phalène roussâtre, *P. centumnotata.*

Phalæna alis integris, incumbentibus, superiorum basi fuscâ rufo-unistrigatâ, medio albido nigro punctato, dehinc fasciâ à margine superiori procedenti fuscâ abbreviatâ strigis duabus undatis ab ipsâ procedentibus ad marginem internum perveniente, fasciâ tunc rufescente albido marginatâ; margine externo griseo-fusco.

Phalæna centumnotata. Fab. *Ent. Syst. tom.* 3. *part.* 2. *pag.* 191. *n°.* 228. — *Geometra russata.* Hub. *Geom. tab.* 59. *fig.* 305.

Envergure 12 à 14 lig. Antennes et corps d'un brun-roussâtre. Ailes supérieures brunes à la base, presque jusqu'au tiers de l'aile; sur cette partie est une bande roussâtre; ensuite la partie moyenne de l'aile est blanche avec un point noir, puis vient une bande brune assez large, descendant du bord antérieur et n'atteignant guère que la moitié de l'aile, cette bande se continuant par deux lignes ondées brunes qui parviennent au bord interne. On voit ensuite une bande rousse bordée de blanc; le bord de l'aile est d'un gris-brun. Ailes inférieures gris-blanchâtre avec une ligne transverse blanchâtre peu apparente; plus près du bord extérieur est une autre ligne de points blancs. Frange des ailes roussâtre, précédée d'une ligne brune. Dessous des quatre ailes plus pâle; on remarque sur chacune quelque lignes brunes et un point noir. Mâle et femelle.

Environs de Paris.

23. Phalène Pie, *P. procellata.*

Phalæna alis integris, incumbentibus, superiorum basi fuscâ, medio albo, dehinc fasciâ latâ à margine superiori procedenti nigro-fuscâ abbreviatâ strigis duabus vel tribus undatis ab ipsâ procedentibus ad marginem internum perveniente, marginis externi fusci strigâ undatâ et maculâ magnâ albis.

Phalæna procellata. Fab. *Ent. Syst. tom.* 3. *part.* 2. *pag.* 185. *n°.* 201. — Hub. *Geom. tab.* 48. *fig.* 251.

Envergure 14 à 15 lig. Antennes, tête et dessus du corselet bruns; son dessous blanc ainsi que l'abdomen. Ailes supérieures blanches à base noire, ayant après un intervalle, une bande noirâtre assez large qui n'atteint que la moitié de l'aile, mais qui se continue jusqu'au bord interne par deux ou trois lignes ondées de même couleur; bord extérieur assez large, brun, ayant une ligne ondée et dans son milieu une grande tache de couleur blanche. Ailes inférieures blanches, portant vers leur milieu une petite ligne transversale brune, ondée; leur bord extérieur de même couleur. En dessous le bord des quatre ailes est comme en dessus; base des supérieures d'un gris-brun s'étendant plus loin que la moitié de l'aile, portant à son bord antérieur une tache blanche entourée d'un brun plus intense; les inférieures comme en dessus avec un point noir et la ligne noire ondée mieux marquée. Femelle.

Environs de Paris.

24. Phalène ocellée, *P. ocellata.*

Phalæna alis integris, incumbentibus, superiorum albarum basi fusco strigatâ, mediâ parte nigro fasciatâ, fasciâ undatâ latâ ad marginem internum angustatâ, ocello albo nigro pupillato notatâ, margine externo sæpiùs fusco.

Phalæna ocellata. Linn. *Syst. Nat.* 2. 870. 258? — Fab. *Ent. Syst. tom.* 3. *part.* 2. *pag.* 188. *n°.* 216. — Hub. *Geom. tab.* 48. *fig.* 252.

Envergure 10 lig. Antennes et corps d'un blanc-grisâtre, tachetés de noir. Ailes supérieures blanches, leur base portant quelques lignes brunes, et leur milieu une large bande noire ondée, non dentée, se rétrécissant avant d'arriver au bord interne, plus claire dans son milieu où elle porte un point noir entouré de blanc; bord extérieur quelquefois brun. Ailes inférieures blanchâtres, avec de petites lignes brunes plus ou moins nombreuses partant du bord interne et n'atteignant pas le supérieur. Dessous des quatre ailes blanchâtre avec un point noir sur le disque de chacune. Mâle et femelle.

Fabricius dit que la Chenille est brune avec des lignes latérales blanches.

Environs de Paris.

25. Phalène de l'Epine noire, *P. prunata.*

Phalæna alis integris, incumbentibus, subfusco-rufis, superiorum basi, dein fasciâ undatâ latâ ad marginem internum angustatâ, maculâque semicirculari antè angulum externum fuscis.

Phalæna prunata. Linn. *Syst. Nat.* 2. 869. 250. — Fab. *Ent. Syst. tom.* 3. *part.* 2. *pag.* 178. n°. 175. — Hub. *Geom. tab.* 59. *fig.* 304.

Envergure 15 à 18 lig. Antennes et corps d'un gris-roussâtre. Ailes de même couleur mêlée de brun; les supérieures brunes à leur base, ayant après un intervalle une large bande brune ondée diminuant de largeur en s'approchant du bord interne; sur le bord extérieur vers l'angle supérieur est une tache demi-circulaire brune mal terminée; les inférieures portant vers leur bord interne quelques lignes ondées brunes, qui partent des environs de l'angle anal et n'atteignent pas ordinairement le bord supérieur. Dessous des quatre ailes plus pâle avec quelques lignes et des points de couleur brune. Mâle et femelle.

Suivant Fabricius la Chenille est cendrée avec un collier noir, des taches dorsales et les pattes rousses.

Très-commune aux environs de Paris dans les bois et les jardins.

26. Phalène Geai, *P. coraciata.*

Phalæna alis integris, incumbentibus, superioribus griseis atomis virescentibus sparsis, basi fasciâque griseo-viridi ad marginem internum angustatâ, marginis virescentis strigâ undatâ punctorumque nigrorum ad fimbriam serie.

Geometra coraciata. Hub. *Geom. tab.* 54. *fig.* 278.

Envergure 12 à 14 lig. Antennes grises tachetées de noir. Tête et corps d'un gris-verdâtre. Ailes supérieures grises parsemées d'atômes verdâtres, leur base d'un gris-verdâtre; elles ont après un intervalle une bande d'un gris-verdâtre qui se rétrécit en allant atteindre le bord interne. Bord extérieur verdâtre avec une ligne ondée blanche, transversale, et une rangée de points noirs précédant la frange. Ailes inférieures grises, leur bord extérieur plus foncé. Dessous des quatre ailes d'un gris-blanchâtre avec un petit point noir discoïdal; la base des supérieures brune; cette couleur s'étendant au-delà du point. Mâle.

Environs de Paris.

27. Phalène Perroquet, *P. miata.*

Phalæna alis integris, incumbentibus, superioribus griseo-fuscis, fasciâ viridi-fuscâ O tribus approximatis notatâ.

Phalæna miata. Linn. *Syst. Nat.* 2. 869. 249. — Fab. *Ent. Syst. tom.* 3. *part.* 2. *pag.* 180. n°. 183. — *Phalæna psittacata.* Fab. *Ent. Syst. tom.* 3. *part.* 2. *pag.* 195. n°. 238. — *Geometra psittacata.* Hub. *Geom. tab.* 43. *fig.* 227.

Envergure 10 à 12 lig. Antennes grises. Tête et corps d'un gris-verdâtre. Ailes supérieures d'un gris-brun mêlé de verdâtre, leur base plus foncée. Elles ont après un intervalle, une bande brune-verdâtre diminuant de largeur avant d'atteindre le bord interne et marquée dans cette partie de trois petits o qui se touchent; en dehors de cette bande et contre son bord, est une tache blanchâtre contiguë au bord extérieur de l'aile, et une autre semblable au bas de la bande près du bord interne; bord extérieur de l'aile d'un brun-verdâtre portant une ligne de points blanchâtres. Ailes inférieures d'un gris-brun, leur bord postérieur plus foncé; frange de toutes les ailes brune entrecoupée de blanchâtre. Dessous des quatre ailes ayant des bandes moins foncées qu'en dessus, tirant sur le jaune et un point noir sur leur disque; ce point peu visible dans les supérieures. Mâle.

Des environs de Paris.

28. Phalène du Caillelait, *P. galiata.*

Phalæna alis integris, incumbentibus, puncto nigro in disco notatis, albidis, superiorum basi fusco-strigatâ, dein fasciâ ad marginem internum subangustatâ fuscâ, marginis externi fusci strigâ undatâ albidâ.

Geometra galiata. Hub. *Geom. tab.* 53. *fig.* 272.

Envergure 8 lig. Antennes et corps d'un brun-roussâtre. Ailes d'un blanc sale ayant un point noir sur leur disque. Base des supérieures chargée de petites lignes brunes. Elles ont après un petit intervalle, une bande brune diminuant un peu de largeur avant d'atteindre le bord interne. Bord extérieur de l'aile brun avec une ligne ondulée blanchâtre. Ailes inférieures chargées de petites lignes brunes, transverses. Dessous des quatre ailes, noir foncé avec le même point discoïdal qu'en dessus et quelques lignes roussâtres.

Environs de Paris.

29. Phalène ondée, *P. fluctuata.*

Phalæna alis integris, incumbentibus, albido-grisescentibus, superiorum basi, dein fasciâ abbreviatâ maculâque antè angulum externum fuscis.

Phalæna fluctuata. Linn. *Syst. Nat.* 2. 871. 260. — Fab. *Ent. Syst. tom.* 3. *part.* 2. *p.* 185. n°. 203. — Hub. *Geom. tab.* 48. *fig.* 249.

Envergure 8 lig. Antennes grisâtres. Corps gris taché de brun. Ailes d'un gris-blanchâtre chargées de petites lignes brunes ondulées. Base des supérieures brune. Elles ont après un intervalle, une bande brune qui finit en se rétrécissant, au milieu de l'aile; ensuite d'un autre intervalle vers l'angle supérieur est un commencement de bande ou plutôt une tache brune contiguë au bord antérieur. Dessous des quatre ailes gris avec une bande transversale dans leur milieu, d'un gris plus clair. Frange de toutes les ailes blanchâtre, marquée de points bruns tant en dessus qu'en dessous. Mâle.

Commune aux environs de Paris dans les jardins.

30. Phalène double ligne, *P. bilineata.*

Phalæna alis integris, incumbentibus, flavis, superiorum strigis undatis fuscis multis, albidis tribus.

Phalæna bilineata. Linn. *Syst. Nat.* 2. 868. 245. — Fab. *Ent. Syst. tom.* 3. *part.* 2. *pag.* 186. *n°.* 206. — Hub. *Geom. tab.* 51. *fig.* 264. — La Brocatelle d'or. Geoff. *Ins. Paris. tom.* 2. *p.* 143. *n°.* 68.

Envergure 10 lig. Antennes grises. Tête et corps jaunes. Ailes supérieures jaunes, leur base chargée de lignes ondées brunes; cet espace terminé par une petite ligne blanche ondulée. Elles ont après un intervalle, une bande plus foncée, se rétrécissant en s'approchant du bord interne et terminée des deux côtés par une ligne blanche ondulée; le milieu de cette bande plus clair chargé de petites lignes irrégulières brunes. Frange brune mêlée de gris. Ailes inférieures jaunes chargées de petites lignes brunes transverses; une médiale plus apparente accompagnée d'une ligne blanche qui en suit tous les contours. Dessous des quatre ailes jaunâtre avec un petit point noir discoïdal et quelques lignes brunes ondées dont la plus marquée est vers le milieu. Le mâle a une ligne de points blancs près du bord extérieur des quatre ailes et le dessous paroît avoir deux lignes brunes plus marquées. Mâle et femelle.

Chenille verte, presque sans taches, portant quelquefois des lignes blanches. Vit sur la lychnide compagnon (*Lychnis dioica*) suivant Fabricius.

Très-commune aux environs de Paris dans les prairies et jardins, etc.

31. Phalène fauve, *P. fulvata.*

Phalæna alis integris, incumbentibus, superiorum lætè flavarum strigis duabus ad basim aurantiacis, dein fasciâ subirregulari ad marginem internum angustatâ fuscâ.

Geometra fulvata. Hub. *Geom. tab.* 57. *fig.* 297. — *Phalæna sociata.* Fab. *Ent. Syst. tom.* 3. *part.* 2. *pag.* 198. *n°.* 253.

Envergure 6 à 8 lig. Antennes et corps jaunâtres. Ailes supérieures d'un beau jaune; près de leur base sont deux petites lignes orangées; on voit, après un intervalle, une bande irrégulière brune se rétrécissant en s'approchant du bord interne; le milieu de cette bande plus clair; vers le bord extérieur une tache plus claire bordée de brun occupe la moitié de l'angle supérieur. Ailes inférieures d'un blanc-jaunâtre à frange jaune. Dessous assez semblable au dessus, mais plus pâle, ayant la bande moins distincte. Mâle.

Très-commune aux environs de Paris dans les jardins, sur les rosiers, dont se nourrit probablement la chenille.

32. Phalène de la Ronce, *P. albicillata.*

Phalæna alis integris, incumbentibus, albis, superiorum basi fasciâque abbreviatâ, lineâ punctisque ad marginem internum continuatâ, et margine exteriori fusco-nigris.

Phalæna albicillata. Linn. *Syst. Nat.* 2. 870. 255. — Fab. *Ent. Syst. tom.* 3. *part.* 2. *pag.* 182. *n°.* 190. — Hub. *Geom. tab.* 15. *fig.* 76. *Larv. Geom. æquiv.* L. a. *n°.* 2.

Envergure 10 à 12 lig. Antennes brunes. Corps brun en dessus, blanc en dessous. Ailes blanches, les supérieures brunes à leur base, ayant après un grand intervalle une bande brune qui finit vers le tiers de l'aile et se continue jusqu'au bord interne par une ligne ondée brune et des points de même couleur. Bord extérieur brun séparé de la bande par une ligne blanche irrégulière. Bord des ailes inférieures brun. Dessous des quatre ailes blanchâtre, leur bord brun, celui des supérieures surtout. Un point noir sur le disque de chacune, peu visible en dessus. Mâle et femelle.

Elle varie beaucoup par l'intensité et l'étendue des taches.

Chenille verte à bande latérale blanche, avec des taches dorsales lunulées ferrugineuses sur les segmens intermédiaires du corps. Vit sur la ronce et le framboisier.

Des environs de Paris.

33. Phalène du Fusain, *P. adustata.*

Phalæna alis integris, incumbentibus, albis, superiorum basi fasciâque sinuatâ et marginis externi maculis fuscis.

Phalæna adustata. Fab. *Ent. Syst. tom.* 3. *part.* 2. *pag.* 187. *n°.* 10. — Hub. *Geom. tab.* 15. *fig.* 75. *Larv. Geom. æquiv.* L. a. *n°.* 1.

Envergure 8 lig. Antennes, tête et corselet bruns. Abdomen blanchâtre. Ailes blanches, les supérieures brunes à leur base ayant après un grand intervalle, une bande brune sinueuse. Bord extérieur après cette ligne, plus ou moins marqué de brun. Ailes inférieures marquées de quelques lignes brunes peu visibles. Dessous des quatre ailes blanchâtre avec des lignes brunes. Mâle et femelle.

Chenille verte à ligne latérale blanche et points

rouges sur le dos. Vit sur le fusain. (*Evonymus europœus.*)
Environs de Paris.

34. Phalène de la Fougère, *P. filicata.*

Phalæna alis integris, incumbentibus, à basi ad dimidium nigris, posteà albis strigis transversis griseis, puncto in singulâ discoidali nigro.

Geometra filicata. Hub. *Geom. tab.* 46. *fig.* 238.

Envergure 4 à 5 lig. Antennes et corps roussâtres. Ailes noires de la base presque jusqu'à la moitié, le reste blanc avec de petites lignes transverses, grises. Elles ont un point noir discoïdal tant en dessus qu'en dessous. Dans les inférieures la couleur noire est plus claire. Dessous des quatre ailes grisâtre.
Environs de Paris.

35. Phalène troublée, *P. turbata.*

Phalœna alis integris, incumbentibus, superiorum nigrarum ad basim strigis tribus griseis, fasciâ posteà albâ undatâ nigro unistrigatâ.

Geometra turbata. Hub. *Geom. tab.* 49. *fig.* 255.

Envergure 10 lig. Antennes noires. Tête et corps d'un brun-noirâtre. Ailes supérieures noires chargées de lignes grises à leur base; vers le bord extérieur au-delà du milieu est une bande blanche ondulée portant une ligne noire et allant sans se rétrécir du bord antérieur au bord interne. Ailes inférieures blanchâtres, leur bord postérieur plus ou moins brun. Frange de toutes les ailes noire entrecoupée de brun. Dessous des quatre ailes blanc portant plusieurs taches noires, surtout vers les bords extérieurs. Un point noir discoïdal sur les inférieures tant en dessus qu'en dessous. Femelle.
De France.

36. Phalène ochracée, *P. silaceata.*

Phalœna alis integris, incumbentibus, superioribus fuscis, fasciis duabus albidis, externâ strigis duabus, unâ maculari fuscis, margine exteriori albido fusco bimaculato.

Geometra silaceata. Hub. *Geom. tab.* 59. *fig.* 303.

Envergure 10 lig. Antennes noires. Tête et corps grisâtres. Ailes supérieures d'un brun vineux, avec une bande blanchâtre placée environ au tiers de l'aile, chargée de traits et de points bruns. Au-delà du milieu est une autre bande de même couleur portant une ligne brune. On voit après, une suite de taches de la couleur du fond; bord extérieur blanchâtre, avec deux taches d'un brun vineux. Ailes inférieures grises ayant de petites lignes brunes, transverses, vers leur bord extérieur. Dessous des quatre ailes gris avec de petites lignes et des points peu distincts, de couleur brune; un point discoïdal sur chaque aile, tant en dessus qu'en dessous. Frange grise entrecoupée de brun. Femelle.
De France.

37. Phalène rougeâtre, *P. rubidata.*

Phalœna alis integris, incumbentibus, superioribus griseo-rubidis basi griseâ, fasciâ ad medium alteraque post medium abbreviatâ nigris.

Phalœna rubidata. Fab. *Entom. Syst. tom.* 3. *part.* 2. *pag.* 180. *n°.* 184.—Hub. *Geom. tab.* 56. *fig.* 290.

Envergure 10 lig. Antennes noires; tête et corps rougeâtres. Ailes supérieures rougeâtres, leur base brune mêlée de gris, bordée d'une petite ligne blanche; vers leur milieu est une bande noire terminée en dedans par une ligne blanche; après un intervalle on voit une autre bande noire n'atteignant que le milieu de l'aile et se continuant jusqu'au bord interne par des lignes ondulées. Bord extérieur de l'aile grisâtre, bordé de noir avant la frange. Ailes inférieures et dessous des quatre gris avec des lignes brunes peu distinctes. Un point noir discoïdal sur toutes, tant en dessus qu'en dessous. Femelle.
De France.

38. Phalène de la Linaire, *P. linariata.*

Phalœna alis integris, incumbentibus, superioribus griseo-rufis, fasciâ fuscâ à margine superiori procedente, ad marginem internum angustatâ, marginis exterioris fusci strigâ albidâ.

Phalœna linariata. Fab. *Ent. Syst. tom.* 3. *part.* 2. *pag.* 190. *n°.* 224. — Hub. *Geom. tab.* 46. *fig.* 242.

Envergure 4 à 5 lig. Antennes brunes; tête et corps d'un gris-roussâtre. Ailes supérieures d'un gris-roussâtre, avec une bande brune vers le milieu qui se rétrécit un peu en s'approchant du bord interne. Bord extérieur roussâtre portant une petite ligne blanchâtre. Ailes inférieures grises ayant une ligne transversale et leur bord extérieur bruns. Dessous des quatre ailes gris, avec une bande blanchâtre bordée de brun; un point discoïdal sur toutes, visible seulement en dessous. Femelle.
Selon Fabricius la Chenille est jaune, à taches dorsales et pattes rougeâtres. Vit sur la linaire. (*Anthirrhinum linaria.*)
Environs de Paris.

39. Phalène de l'Alisier, *P. cratœgata.*

Phalœna alis integris, incumbentibus, luteis

strigis punctorum punctisque griseis et maculis ad basim marginemque superiorem ferrugineis.

Phalæna cratægata. Linn. *Syst. Nat.* 2. 868. 243. — Fab. *Ent. Syst. tom.* 3. *part.* 2. *pag.* 178. *n°.* 176. — La Citronelle rouillée. Geoff. *Ins. Paris. tom.* 2. *pag.* 139. *n°.* 59. — *Geometra cratægaria.* Hub. *Geom. tab.* 6. *fig.* 32. *Larv. Geom. ampliss.* F. a. *n°.* 1. *et* F. a. b. *n°.* 2.

Envergure 15 à 16 lig. Antennes ferrugineuses, brunes en dessus. Tête et corps jaunes. Ailes jaunes tant en dessus qu'en dessous, portant des points grisâtres plus ou moins disposés en ligne; les supérieures ayant une tache ferrugineuse qui occupe la moitié de leur angle supérieur et touche au bord antérieur, lequel porte encore quelques taches de même couleur, dont une plus remarquable à la base de l'aile; on voit une tache blanche entourée de brun près de ce même bord; cette tache reparoît en dessous, mais presqu'entièrement brune. Ailes inférieures ayant un point noir discoïdal tant en dessus qu'en dessous. Mâle et femelle.

Le mâle a les antennes un peu élargies, mais non pectinées : donc M. Hübner a eu tort de terminer le nom spécifique en *aria*. Il a encore commis cette faute pour quelques autres espèces.

Chenille souvent brune ou verte, mais très-variable pour les couleurs, portant sur le dos des tubercules, dont deux placés à côté l'un de l'autre. Vit sur l'aubépine (*Mespilus oxyacantha*) et sur l'alisier. (*Cratægus aria.*)

Commune aux environs de Paris.

40. Phalène du Cerfeuil, *P. chærophyllata.*

Phalæna alis integris, incumbentibus, fusconigris, superiorum ad angulum superiorem fimbriâ albâ.

Phalæna chærophyllata. Linn. *Syst. Nat.* 2. 866. 237. — Fab. *Entom. Syst. tom.* 3. *part.* 2. *pag.* 184. *n°.* 200. — Hub. *Geom. tab.* 38. *fig.* 196.

Envergure 10 lig. Antennes noires, annelées de blanc. Corps et ailes d'un brun noir couleur de suie. Frange de l'angle supérieur des premières ailes, blanche. Mâle et femelle.

Nota. Linné dit que cette Phalène porte ses ailes relevées dans l'état de repos. Suivant le même auteur la Chenille est verte, glabre, et vit sur le cerfeuil sauvage. (*Chærophyllum sylvestre.*)

De France. Je l'ai prise à Spa dans les montagnes.

41. Phalène à six ailes, *P. sexalata.*

Phalæna alis integris, incumbentibus, griseofuscis, superiorum fasciis tribus albidis olivaceo strigatis, margine strigâ undatâ albidâ griseo; inferiorum margine interno ad basim duplicato.

Phalæna sexalata. Retz. de Géer, *Gen. et Sp. pag.* 59. *n°.* 137. — De Géer, *Ins. tom.* 2. *pag.* 459. *n°.* 9. *pl.* 9. *fig.* 6-9. — Hub. *Geom. tab.* 44. *fig.* 228. Mâle. *Larv. Geom. æquiv.* G. a. b. *n°.* 1. a. b. — Lat. *Dict. d'Hist. nat.* 1re. *éd. tom.* 17. *p.* 390.

Envergure 8 lig. Antennes brunes. Tête et corps gris tachetés de brun et de noir. Ailes d'un gris-brun; les supérieures ayant trois bandes blanchâtres portant chacune une ligne d'un jaune foncé tirant sur l'olive. Bord extérieur d'un gris plus clair, avec une petite ligne ondée blanchâtre peu distincte. Ailes inférieures moins foncées que les autres, surtout vers leur base. Dessous des quatre ailes gris avec des lignes ondées brunes et un point noir discoïdal.

Le mâle porte un appendice en forme de petite aile ovale, garni tout autour d'une frange de poils, inséré vers la base du bord intérieur des secondes ailes, plié en double, couché dans le repos entre celles-ci et les ailes supérieures, et se développant dans le vol.

Chenille d'un vert pâle rayée de blanc, à tête refendue. Elle porte deux pointes horizontales sur le dernier segment du corps. Vit sur le saule et subit sa métamorphose en terre.

Se trouve en Europe.

42. Phalène hexaptérate, *P. hexapterata.*

Phalæna alis integris, incumbentibus, superioribus griseo fuscoque alternè fasciatis, strigisque undatis albidis et puncto discoidali nigro; inferiorum margine interno ad basim duplicato.

Phalæna hexapterata. Fab. *Ent. Syst. tom.* 3. *part.* 2. *pag.* 193. *n°.* 233. Mâle. — Hub. *Geom. tab.* 44. *fig.* 232. Mâle.

Envergure 10 lig. Antennes et corps bruns. Ailes supérieures ayant des bandes alternativement grises et brunes, ordinairement traversées par des lignes ondées, blanchâtres et marquées d'un point noir discoïdal. Ailes inférieures blanchâtres, leur bord extérieur tirant sur le gris. Dessous des quatre ailes avec un point noir sur leur disque. Mâle.

Le mâle a aux ailes inférieures un appendice conformé et placé comme celui de l'espèce précédente.

Se trouve en Europe.

Nota. Nous n'avons point vu ces deux dernières Phalènes.

2e. *Subdivision.* Ailes étendues horizontalement dans le repos.

A. Antennes simples dans les deux sexes.

Nota. Antennes des mâles un peu velues sur l'un de leurs côtés ou même sur tous les deux.

43. Phalène du Groseillier, *P. grossulariata.*

Phalæna alis integris, patulis, albis nigroque maculatis, superiorum fasciis duabus luteo-ferrugineis, primâ baseos breviori, secundâ sinuatâ marginem anteriorem non attingente.

Phalæna grossulariata. Linn. *Syst. Nat.* 2. 867. 242. — Fab. *Entom. Syst. tom.* 3. *part.* 2. *pag.* 174. *n°.* 162.—*Geometra grossulariaria.* Hub. *Geom. tab.* 16. *fig.* 81 *et* 82. *Larv. Geom. ampl.* O. a. b. *n°.* 2.—La Mouchetée. Geoff. *Ins. Paris. tom.* 2. *pag.* 136. *n°.* 56. — *Encycl. pl.* 89. *fig.* 4-8.

Envergure 16 à 18 lig. Antennes et tête noires. Corselet et abdomen d'un jaune-ferrugineux taché de noir. Ailes blanches, les supérieures ayant deux bandes d'un jaune-ferrugineux, entourées de taches noires plus ou moins réunies; la première bande très-courte, posée près de la base, la seconde sinueuse, placée au-delà du milieu de l'aile, n'atteignant pas tout-à-fait le bord antérieur. Entre ces deux bandes on voit quelques taches noires; une ligne de semblables taches borde le contour de toutes les ailes; les inférieures ont aussi quelques-unes de ces taches sur leur disque. Dessous des quatre ailes semblable au dessus, à l'exception des bandes ferrugineuses. Mâle et femelle.

Chenille d'un gris un peu nacré ayant des taches noires sur le dos de forme irrégulière, mêlées de petites lignes ferrugineuses, avec une ligne latérale de cette dernière couleur bordée de points noirs. Elle vit sur les groseilliers (*Ribes grossularia, alpinum* et *uva crispa*), et lie ensemble à la surface de la terre quelques débris de feuilles sèches dans lesquels elle se change en chrysalide. Celle-ci est noire avec les intervalles des segmens de l'abdomen, d'un jaune-ferrugineux.

Commune aux environs de Paris.

44. Phalène méridionale, *P. pantata.*

Phalæna alis integris, patulis, albis, superiorum basi ferrugineâ et fasciâ punctorum fusco-ferrugineorum, lineolis discoidalibus binis; abdominis luteo-ferruginei maculis nigris, lateralibus pupillâ ferrugineâ ocellatis.

Phalæna pantaria. Linn. *Syst. Nat.* 2. 863. 218. — Hub. *Geom. tab.* 16. *fig.* 84.

Envergure 15 à 18 lig. Antennes, tête et corselet d'un jaune-ferrugineux. Abdomen de même couleur chargé de taches noires, les unes dorsales pleines, les autres ocellées à prunelle ferrugineuse. Ailes blanches, la base des supérieures ferrugineuse, bordée d'un peu de brun; on voit une bande placée au-delà du milieu, composée de deux lignes de points d'un brun-ferrugineux, dont plusieurs se réunissent en une assez grande tache vers le bord interne; le disque de l'aile porte deux petits traits bruns. Ailes inférieures blanches avec une bande semblable à celle des supérieures. Dessous des quatre ailes pareil au dessus, mais les taches y sont d'un brun pur. Mâle et femelle.

Du midi de l'Europe.

45. Phalène de l'Orme, *P. ulmata.*

Phalæna alis integris, patulis, albis, superiorum basi fuscè ferrugineâ serieque post medium punctorum fuscorum geminorum et marginis interni maculâ fuscè ferrugineâ, alterâque externi fuscâ.

Phalæna ulmata. Fab. *Ent. Syst. tom.* 3. *part.* 2. *pag.* 176. *n°.* 171. — *Geometra ulmaria.* Hub. *Geom. tab.* 16. *fig.* 85. *et tab.* 76. *fig.* 391 *et* 392. *Larv. Geom. ampliss.* O. a. b. *n°.* 1.

Envergure 12 à 14 lig. Antennes fauves. Tête et corselet d'un jaune-ferrugineux. Abdomen de même couleur avec des taches noires sans prunelle. Ailes blanches, la base des supérieures ferrugineuse mêlée de brun; on voit une bande placée au-delà du milieu composée de points bruns, posés comme deux à deux et dont la plupart se confondent; cette bande se termine vers le bord interne par une grande tache brune mêlée de ferrugineux. Entre la base de l'aile et la bande, près du bord antérieur est une assez grande tache brune et d'autres petites placées plus bas. Bord extérieur de l'aile brun, cette couleur s'élargissant dans le milieu. Ailes inférieures blanches avec une bande semblable à celle des supérieures et deux taches brunes sur leur disque. Dessous des quatre ailes pareil au dessus, mais sans nuances ferrugineuses. Mâle et femelle.

Chenille cendrée-bleuâtre chargée de petits tubercules noirs avec une ligne dorsale jaune bordée de blanc et une autre latérale de même couleur bordée de points noirs. Vit sur l'orme.

Peu commune aux environs de Paris.

46. Phalène hastée, *P. hastata.*

Phalæna alis integris, patulis, nigris, fasciâ labyrinthiformi albâ apicibus pluribus hastatis.

Phalæna hastata. Linn. *Syst. Nat.* 2. 870. 254. — Fab. *Ent. Syst. tom.* 3. *partie* 2. *p.* 182. *n°.* 192. — De Géer, *Ins. tom.* 2. *pag.* 455. *n°.* 8. *pl.* 8. *fig.* 19 *et* 20. — Hub. *Geom. tab.* 49. *fig.* 256. — *Encycl. pl.* 90. *fig.* 1.

Envergure 10 à 12 lig. Antennes noires finement annelées de blanc. Tête et corps noirs parsemés de taches blanches. Ailes noires traversées par une bande irrégulière blanche, qui dans les quatre ailes pénètre le bord noir sous la forme d'un fer de hallebarde à trois pointes et qui se joint plus ou moins à différentes lignes blanches très-irrégulières qui pénètrent la base noire des ailes. Cette bande blanche porte assez souvent quelques points noirs; au-dessus de la tache en hallebarde il y a une petite ligne blanche ondulée qui va rejoindre le bord antérieur de l'aile dans les supérieures seulement, et dans toutes les quatre on voit des points blancs au-dessous de la même tache. Frange des ailes noire, entrecoupée de blanc. Dessous entièrement semblable au dessus. Mâle et femelle.

Cette Phalène varie beaucoup.

De Géer a trouvé la Chenille sur le bouleau. Elle est d'un brun-noir et porte sur chaque segment excepté les trois premiers et le dernier une ligne latérale de taches circulaires un peu saillantes de couleur feuille morte, ainsi que ses pattes membraneuses qui ont en outre une raie longitudinale brune. Les segmens du corps ont des rides transversales et leurs incisions sont profondes. Cette Chenille plie une feuille exactement en deux en attachant ses bords avec de la soie. Elle s'y enferme et n'en mange que le parenchyme supérieur. C'est entre des feuilles réunies par des fils de soie qu'elle subit sa métamorphose. On la trouve quelquefois sur l'arbre à la cire. (*Myrica cerifera.*)

D'Europe. Assez rare aux environs de Paris.

47. Phalène triste, *P. tristata.*

Phalæna alis integris, patulis, nigris albo strigatis, superiorum fasciis duabus, inferiorum unicâ nigro punctatis.

Phalæna tristata. Linn. *Syst. Nat.* 2. 869. 252. — Fab. *Ent. Syst. tom.* 3. *part.* 2. *pag.* 183. *n°.* 193. — Hub. *Geom. tab.* 49. *fig.* 254. — *Encycl. pl.* 90. *fig.* 2.

Envergure 8 à 9 lig. Antennes noires. Tête et corps d'un noir mélangé de gris. Ailes noires; les supérieures ayant deux bandes blanches et les inférieures une seule que parcourt une ligne de points noirs; les parties noires des ailes supérieures portent des lignes blanches ondées et quelques points de cette couleur. Dessous assez semblable au dessus, mais ayant plus de blanc. Les quatre ailes ont un point noir discoïdal moins distinct en dessus qu'en dessous. Frange des ailes noire entrecoupée de blanc. Mâle et femelle.

Linné dit que la Chenille vit sur le bouleau à peu près de la même manière que la précédente.

De France.

48. Phalène marginée, *P. marginata.*

Phalæna alis integris, patulis, albis margine omni nigro interiùs lobos emittente.

Phalæna marginata. Linn. *Syst. Nat.* 2. 870. 257. — Fab. *Ent. Syst. tom.* 3. *pag.* 180. *n°.* 182. — La Bordure entrecoupée. Geoff. *Ins. Paris. tom.* 2. *pag.* 139. *n°.* 6. — *Geometræ pollutoria, navaria, marginaria.* Hub. *Geom. tab.* 15. *fig.* 77. 79 *et* 80. — *Encycl. pl.* 89. *fig.* 17.

Envergure 8 à 10 lig. Antennes, tête et corps bruns. Ailes blanches ayant leur bord extérieur noir. Dans les supérieures le bord antérieur est toujours deux fois interrompu, la couleur noire s'étend plus ou moins et en différentes formes dans l'intérieur des quatre ailes. Frange noire. Dessous semblable au dessus. Mâle et femelle.

Les individus que nous avons sous les yeux étant intermédiaires entre les trois espèces figurées par M. Hübner, nous nous croyons autorisés à réunir celles-ci en une seule.

Chenille verte ayant tantôt les segmens séparés par de petites lignes blanches, tantôt une ligne blanche latérale. Vit sur le noisetier ou sur le tremble.

Environs de Paris.

49. Phalène ornée, *P. ornata.*

Phalæna alis integris, patulis, albis, puncto discoidali nigro, marginis externi serie duplici punctorum fuscorum, internâ lobos duos emittente.

Phalæna ornata. Fab. *Ent. Syst. tom.* 3. *part.* 2. *pag.* 201. *n°.* 262. — *Geometra ornatoria.* Hub. *Geom. tab.* 14. *fig.* 70.

Envergure 8 lig. Antennes grises. Tête et corps blanchâtres. Abdomen mêlé de gris; les quatre ailes blanches avec un point noir discoïdal; leur bord extérieur portant deux lignes ondées de taches grises qui se confondent souvent ensemble, l'intérieure s'avançant deux fois sur chaque aile et bordée dans cet endroit par une petite ligne noire, ondée. Dessous des supérieures brun vers la base; le reste semblable au dessus. Frange blanche ondée de gris. Mâle et femelle.

Environs de Paris.

50. Phalène satinée, *P. temerata.*

Phalæna alis integris, patulis, albo-sericeis, puncto discoidali nigro, superiorum maculâ submarginali fuscâ albo strigatâ.

Phalæna punctata. Fab. *Ent. Syst. tom.* 3. *part.* 2. *pag.* 197. *n°.* 248? — *Geometra temeraria.* Hub. *Geom. tab.* 17. *fig.* 91 *et tab.* 73. *fig.* 376. *et* 377.

Envergure 8 à 10 lig. Antennes grises. Tête et corselet blancs. Abdomen d'un blanc-grisâtre. Ailes d'un blanc satiné, ayant en dessus et en dessous un point noir discoïdal. Les supérieures marquées vers leur bord extérieur d'une tache grise ou noirâtre alongée, irrégulière, plus ou moins étendue, traversée par une petite ligne ondée, blanche. Les inférieures avec quelques lignes transverses grises, peu distinctes; le bord qui précède la frange est chargé de petites lignes

noires. Frange blanche. Dessous des quatre ailes entièrement d'un blanc satiné. Femelle.
Environs de Paris.

51. PHALÈNE à deux taches, *P. taminata.*

Phalæna alis integris, patulis, albis, superiorum margine externo fusco bimaculato, omnium serie duplici atomorum fuscorum transversâ.

Geometra taminaria. HUB. *Geom. tab.* 17. *fig.* 90.

Envergure 8 à 10 lig. Antennes grises. Tête et corselet blancs. Abdomen d'un gris roussâtre. Ailes blanches; bord antérieur des supérieures portant deux taches brunes plus ou moins grandes de chacune desquelles descend une petite ligne de points de même couleur presqu'imperceptibles, qui parcourt les quatre ailes. Un point noir discoïdal sur toutes les ailes, mais peu sensible. Dessous des quatre ailes semblable au-dessus. Femelle.
Environs de Paris.

52. PHALÈNE maculée, *P. maculata.*

Phalæna alis integris, patulis, fulvis, maculis atomisque numerosis nigris.

Phalæna maculata. FAB. *Ent. Syst. tom.* 3. *part.* 2. *pag.* 196. *n°.* 244. — *Phalæna macularia.* LINN. *Syst. Nat.* 2. 862. 213. — ESPER, *tom. V. Phal. Geom. tab. XXIII. fig.* 2 *et* 3. — HUB. *Geom. tab.* 25. *fig.* 135. *Larv. Geom. ampliss.* V. b. c. *n°.* 1. — La Phalène panthère. GEOFF. *Ins. Paris. tom.* 2. *pag.* 140. *n°.* 61.

Envergure 10 à 12 lig. Antennes noires. Tête et corps d'un jaune-grisâtre. Ailes d'un beau jaune, chargées tant en dessus qu'en dessous d'atômes et de taches brunes dont plusieurs se réunissent quelquefois. Frange noire mêlée d'un peu de jaune. Mâle et femelle.
Nota. Esper s'est trompé en attribuant dans sa figure 2 des antennes fortement pectinées au mâle de cette espèce.
Chenille d'un vert d'eau marquée de petites lignes blanches, longitudinales. Vit sur le *Lamium purpureum* suivant Hübner.
Très-commune en France dans les prairies.

53. PHALÈNE à barreaux, *P. clathrata.*

Phalæna alis integris, patulis, fœminæ albidis, maris lutescentibus, lineis clathratis atomisque nigris.

Phalæna clathrata. LINN. *Syst. Nat.* 2. 867. 238. — FAB. *Ent. Syst. tom.* 3. *part.* 2. *p.* 183. *n°.* 194. — *Geometra clathraria.* HUB. *Geom. tab.* 25. *fig.* 132. — Les Barreaux. GEOFF. *Ins. Paris. tom.* 2. *p.* 135. *n°.* 53.

Envergure 10 à 12 lig. Antennes brunes tachetées de blanc. Tête et corps bruns. Abdomen annelé de blanc. Ailes à fond blanc chargé d'atômes bruns et de lignes irrégulières qui se croisent presque toutes à angles droits. Dessous pareil au dessus. Frange entrecoupée de brun et de blanc. Dans le mâle le fond des ailes est jaunâtre. Mâle et femelle.
Extrêmement commune aux environs de Paris, notamment dans les prairies.

54. PHALÈNE maillée, *P. undulata.*

Phalæna alis integris, patulis, griseis, strigis undatis rufo-fuscis, octavâ à basi catenulatâ.

Phalæna undulata. LINN. *Syst. Nat.* 2. 867. 239. — FAB. *Ent. Syst. tom.* 3. *part.* 2. *pag.* 175. *n°.* 165. — HUB. *Geom. tab.* 51. *fig.* 262.

Envergure 12 à 15 lig. Antennes brunes. Tête et corps d'un gris-roussâtre. Ailes grises couvertes en dessus de lignes très-rapprochées, très-ondulées, d'un brun-roussâtre dont la huitième à partir de la base (dans les supérieures) est composée d'anneaux oblongs comme une chaînette; on remarque un point discoïdal sur chaque aile, oculé en dessus, plein en dessous. Dessous des quatre ailes blanchâtre avec des lignes moins distinctes. Femelle.
Assez rare aux environs de Paris.

55. PHALÈNE pâle, *P. pallidata.*

Phalæna alis integris, patulis, lutescentibus, fusco multistrigatis.

Geometra pallidaria. HUB. *Geom. tab.* 18. *fig.* 96.

Envergure 5 à 6 lig. Antennes, tête et corps fauves. Ailes d'un fauve-jaunâtre, chargées surtout dans leur moitié postérieure, de lignes plus foncées, transversales, peu ondées. Dessous semblable au dessus ayant les lignes transversales plus distinctes. Mâle.
Environs de Paris.

56. PHALÈNE côte-rousse, *P. osseata.*

Phalæna alis integris, patulis, albidis, puncto discoidali nigro strigisque fusco-rufis, unicâ antè punctum et margine exteriori ferrugineo.

Phalæna osseata. FAB. *Ent. Syst. tom.* 3. *part.* 2. *pag.* 204. *n°.* 276. — *Geometra ossearia.* HUB. *Geom. tab.* 19. *fig.* 102.

Envergure 6 lig. Antennes, tête et corps grisâtres. Corselet ferrugineux en devant. Ailes blanchâtres avec un point noir discoïdal et quelques lignes roussâtres peu distinctes dont une seule précède le point, les autres avoisinant le bord postérieur. Bord antérieur entièrement ferrugineux. Dessous des quatre ailes gris. Mâle.
Des environs de Paris.

57. PHALÈNE blanche, *P. dealbata.*

Phalæna alis integris, patulis, albis, nervuris fuscis.

Phalæna dealbata. LINN. *Syst. Nat.* 2. 870. 256. — FAB. *Ent. Syst. tom.* 3. *part.* 2. *pag.* 177. *n°.* 173. — HUB. *Geom. tab.* 41. *fig.* 214.

Envergure 15 lig. Antennes noires. Tête et corps blancs. Devant du corselet jaunâtre. Dessous de l'abdomen ayant trois lignes noires. Dessus des ailes blanc à nervures d'un gris-brun, peu marquées; leur dessous de même couleur avec les nervures noires, toutes très-distinctes dans les ailes supérieures. La nervure qui sépare la cellule discoïdale de celles qui vont au bord postérieur est entourée d'une tache noire; elles ont en outre une ligne noirâtre descendant transversalement du bord antérieur au bord interne. Ailes inférieures ayant un sinus rentrant à leur bord extérieur. Frange blanche précédée d'une ligne noire. Femelle.

En Allemagne, dans les forêts. Je la dois à M. le comte Dejean qui l'a prise dans les Pyrénées.

B. Antennes pectinées dans les mâles.

58. PHALÈNE du Prunier, *P. prunaria.*

Phalæna alis integris, patulis, luteis, fusco lineolatis, disci lunulâ nigrâ.

Phalæna prunaria. LINN. *Syst. Nat.* 2. 861. 208. — FAB. *Ent. Syst. tom.* 3. *part.* 2. *pag.* 141. *n°.* 43. — ESPER, *tom. V. Phal. Geom. tab. XVII. fig.* 1-7. — HUB. *Geom. tab.* 23. *fig.* 123. Mâle. *Larv. Geom. ampliss.* H. a. — *Encycl. pl.* 89. *fig.* 2.

Envergure 2 pouces. Antennes, tête et corps jaunes. Ailes jaunes, semées de petits traits bruns, ayant chacune sur leur disque une ligne courbe ou lunule noire. Dessous semblable au dessus. Frange jaune entrecoupée de noir. La couleur du fond des ailes en dessus, dans le mâle, tire un peu sur l'aurore. Mâle et femelle.

Chenille de couleur très-variable, brune, grise ou ferrugineuse portant à la partie antérieure de son cinquième segment, une petite épine dorsale; à la partie postérieure du neuvième est une autre épine un peu plus forte, et sur l'avant-dernier, un tubercule. Subit sa métamorphose en terre.

Des environs de Paris.

59. PHALÈNE du Noisetier, *P. corylaria.*

Phalæna alis integris, patulis, lutescentibus, fasciâ discoidali latâ albido-luteâ, disci lunulâ fuscâ.

Phalæna corylaria. ESPER, *tom. V. Phal. Geom. tab. XVIII. fig.* 1-3. — *Geometra prunaria.* HUB. *Geom. tab.* 23. *fig.* 122. Femelle.

Envergure 2 pouces. Antennes brunes. Tête et corps jaunâtres. Ailes d'un gris-jaunâtre avec une large bande discoïdale d'un blanc-jaunâtre portant une lunule brune. Les supérieures ayant une tache d'un brun-jaunâtre à leur angle supérieur. Frange des ailes brune, entrecoupée de jaune. Dessous semblable au dessus. Ailes du mâle d'une couleur plus foncée en dessus. Mâle et femelle.

M. Hübner s'est trompé en prenant la femelle de cette espèce pour celle de la Phalène *Prunaria*; nous avons sous les yeux mâle et femelle des deux espèces.

De France.

60. PHALÈNE du Chêne, *P. roboraria.*

Phalæna alis integris, patulis, griseis, suprà atomis strigisque undatis fuscis sparsis, subtùs serie punctorum fuscorum marginali.

Phalæna roboraria. FAB. *Ent. Syst. tom.* 3. *part.* 2. *pag.* 137. *n°.* 28. — ESPER, *tom. V. Phal. Geom. tab. XXXVIII. fig.* 1-3. — HUB. *Geom. tab.* 32. *fig.* 169. *Larv. Geom. ampliss.* Y. a. *n°.* 1.

Envergure 2 pouces et demi. Antennes et corps bruns. Ailes grises semées d'atômes bruns et roussâtres avec quelques lignes brunes ondées; bord inférieur des secondes ailes terminé par une ligne de points noirs. Frange grise entremelée de noir. Dessous des quatre ailes gris, portant une ligne ondulée formée par des points bruns. Une tache noire à l'angle supérieur des premières ailes. On voit une lunule brune discoïdale sur chacune tant en dessus qu'en dessous. Mâle.

Nota. Dans cette espèce ainsi que dans la suivante, le mâle a les antennes simples vers leur extrémité.

Chenille brune mélangée de roussâtre avec quelques tubercules sur le dos. Vit sur le chêne.

Elle a été prise dans les montagnes à Bagnères de Bigorre.

61. PHALÈNE semblable, *P. consobrinaria.*

Phalæna alis integris, patulis, griseis, suprà atomis strigisque undatis fuscis sparsis, puncto discoidali fusco, subtùs strigâ marginali fusco-nigrâ.

Geometra consobrinaria. HUB. *Geom. tab.* 29. *fig.* 152.

Envergure 18 à 24 lig. Antennes noires variées de blanc. Tête et corps d'un brun-roussâtre. Ailes grises chargées d'atômes bruns et roux et de quelques lignes ondées de même couleur; deux de ces lignes dans les ailes supérieures s'écartent l'une de l'autre en s'éloignant du bord antérieur et se rapprochent vers le bord interne. Les quatre ailes marquées chacune d'un point discoïdal. Leur dessous plus pâle. Frange d'un gris-brun, précédée d'une ligne ondée noire mêlée de brun. Mâle et femelle.

Environs de Paris.

62. Phalène obscure, *P. obfuscaria.*

Phalæna alis integris, patulis, griseis, superiorum lineis duabus lunulâque intermediâ fuscis.

Geometra obfuscaria. Hub. *Geom. tab.* 27. *fig.* 142. Femelle.

Envergure 16 lig. Antennes, tête et corps gris. Ailes grises. Les supérieures avec deux lignes brunes ondées transverses, ayant dans leur entre-deux une lunule brune. Ailes inférieures portant deux lignes brunes peu ondées avant lesquelles est une lunule de même couleur; sur les quatre ailes, une ligne blanche accompagne à quelque distance le bord extérieur. Frange blanchâtre. Dessous de toutes les ailes gris avec une seule ligne brune peu ou point ondée et la lunule comme en dessus. Femelle.

Il n'est pas bien certain que cette espèce appartienne à cette division.

Elle m'a été donnée par M. le comte Dejean qui l'a trouvée dans les Pyrénées.

63. Phalène Wau, *P. Wavaria.*

Phalæna alis integris, patulis, griseis, superiorum lineis nigricantibus, secundâ inflexâ litteram V. efformante.

Phalæna Wavaria. Linn *Syst. Nat.* 2. 863. 219. — Fab. *Ent. Syst. tom.* 3. *part.* 2. *pag.* 150. *n°.* 75. — Hub. *Geom. tab.* 11. *fig.* 55. Femelle. *Larv. Geom. ampliss.* K. a. n°. 1.

Envergure 10 lig. Antennes brunes. Tête et corps gris. Ailes de même couleur, leur bord extérieur brun. Du bord antérieur des supérieures partent quelques bandes courtes d'un brun-noirâtre, dont la seconde à partir de la base est fléchie à angle droit de manière à former une espèce de V. Dessous ce V, on voit au bord interne une petite tache brune presque carrée. Ailes inférieures avec un point noir discoïdal. Dessous des quatre ailes gris parsemé d'atômes d'un brun-roussâtre. Mâle.

Chenille verte ou brune ayant des tubercules noirs portant chacun un poil de même couleur, avec une ligne dorsale et une autre latérale, de couleur jaune. Vit sur les groseilliers.

De France.

64. Phalène plumeuse, *P. plumaria.*

Phalæna alis integris, patulis, suprà subtùsque atomis fuscis rufisque sparsis, puncto discoidali nigro.

Geometra plumaria. Hub. *Geom. tab.* 23. *fig.* 124. Mâle. *Larv. Geom. ampliss.* U. b. *fig.* 2. — *Phalæna roraria.* Fab. *Ent. Syst. tom.* 3. *part.* 2. *pag.* 143. *n°.* 50.

Envergure 12 à 15 lig. Antennes brunes. Corps d'un brun-roussâtre. Ailes grises chargées d'atômes bruns et roussâtres, leur bord extérieur plus foncé, terminé en dedans par une ligne sinuée de couleur plus intense; un point noir discoïdal sur chaque aile tant en dessus qu'en dessous. Dessous des quatre ailes entièrement gris, chargé d'atômes bruns et roussâtres. Mâle.

Il paroît d'après la figure de M. Hübner que les ailes supérieures ont quelquefois en dessus des lignes brunes transversales plus ou moins longues.

Chenille brune mêlée de rougeâtre, ayant deux lignes plus foncées et la séparation des segmens blanchâtre. Tête pâle. Vit sur le *Dorycnium.*

Se trouve en Allemagne et en France.

65. Phalène à tache carrée, *P. vincularia.*

Phalæna alis integris, patulis, griseis, atomis nigris sparsis, margine exteriori fusciori, disci superiorum maculâ subquadratâ fuscâ.

Geometra vincularia. Hub. *Geom. tab.* 78. *fig.* 402.

Envergure 10 à 12 lig. Antennes brunes. Tête et corps gris. Ailes de même couleur semées d'atômes noirs; leur bord extérieur un peu plus foncé. Bord antérieur des supérieures portant vers son milieu une petite ligne brune vis-à-vis de laquelle est sur le disque une tache en carré alongé; plus loin, en suivant ce bord, on voit une bande d'abord brune ensuite rousse et moins distincte qui se prolonge jusqu'au bord interne. Dessous des quatre ailes conforme au dessus, mais sans tache ni bande. Mâle.

De France.

66. Phalène omicron, *P. omicronaria.*

Phalæna alis integris, patulis, albidis, litterâ O in medio notatis, superiorum strigâ nigrâ caracterem 3 delineante.

Geometra omicronaria. Hub. *Geom. tab.* 13. *fig.* 65. Mâle. — *Phalæna annularia.* Fab. *Ent. Syst. tom.* 3. *part.* 2. *pag.* 147. *n°.* 64. — Les quatre omicrons. Geoff. *Ins. Paris. tom.* 2. *pag.* 144. *n°.* 71. Femelle. — Réaum. *Ins. tom.* 2. *pag.* 376. *pl.* 31. *fig.* 16. — *Encycl. pl.* 89. *fig.* 3.

Envergure 8 lig. Antennes, tête et corps jaunâtres. Ailes d'un blanc-jaunâtre, leur bord extérieur d'un jaune plus intense; vers la base on voit une petite ligne noire représentant le chiffre 3. Passé le milieu est une bande brune ondée, dentée extérieurement, qui s'élargit vers le bord interne; une ligne de même couleur accompagne à à quelque distance, le bord extérieur. Frange jaunâtre, précédée d'une ligne noire souvent interrompue. Toutes les ailes portent sur leur disque une petite tache brune oculée à prunelle blanche qui imite un petit o. Dessous des quatre ailes d'un blanc satiné traversé par une ligne brune ondée et dentée. Mâle et femelle.

Les antennes du mâle sont simples à leur extrémité.

La Chenille vit sur l'érable; elle est entièrement d'un beau vert et reste peu de temps en chrysalide, suivant Réaumur.

Des environs de Paris.

67. Phalène Argus, *P. poraria.*

Phalœna alis integris, patulis, luteo flavis, atomis fuscis sparsis, litterâ o in medio notatis.

Phalœna porata. Linn. *Syst. Nat.* 2. 866. 233. Femelle. — Fab. *Ent. Syst. tom.* 3. *part.* 2. *pag.* 173. *n°.* 159. Femelle. — De Géer, *Ins. tom.* 2. *pag.* 360. *n°.* 2. *pl.* 6. *fig.* 7. — *Geometra punctaria.* Hub. *Geom. tab.* 13. *fig.* 67. Mâle. *Larv. Geom. ampliss.* L. a. b. *n°.* 1. *fig.* f. (Chrysalide.)

Envergure 10 lig. Antennes, tête et corps fauves. Ailes d'un fauve-jaunâtre, chargées d'atômes la plupart bruns. Tous ceux du disque des ailes supérieures rouges et plus rapprochés. Bord extérieur des ailes un peu brun. Toutes quatre portent sur leur disque une petite tache blanche imitant un petit o, entourée de rouge sur les supérieures, et de brun sur les inférieures. Frange d'un fauve-jaunâtre précédée d'une ligne de traits bruns. Dessous des ailes plus clair, moins chargé d'atômes avec un petit point noir discoïdal sur les supérieures. Mâle.

Chenille verte suivant Fabricius, ayant une ligne latérale rousse et des points de même couleur : elle se suspend à la manière des Chenilles des Papillons et des Piérides. Sa chrysalide est verte.

Des environs de Paris.

Nota. De Géer cite à tort Réaumur, dont les figures se rapportent à la Phalène ponctuée, n°. 80.

68. Phalène tigrée, *P. melanaria.*

Phalœna alis integris, patulis, superioribus suprà albis, iisdem subtùs inferioribusque suprà subtùsque luteis, omnium maculis seriatis nigris.

Phalœna melanaria. Linn. *Syst. Nat.* 2. 862. 212. — Fab. *Ent. Syst. tom.* 3. *part.* 2. *pag.* 143. *n°.* 51. — Esper, *tom. V. Phal. Geom. tab.* XXIII. *fig.* 1. Mâle. — Hub. *Geom. tab.* 16. *fig.* 86. Mâle.

Envergure 18 lig. Antennes noires. Tête jaune. Corselet brun. Abdomen jaune avec une ligne dorsale de points noirs. Dessus des ailes supérieures blanc; leur dessous, ainsi que les deux surfaces des inférieures, jaunes. Toutes les ailes portant des lignes de gros points noirs, assez régulières. Mâle.

Se trouve en Europe.

69. Phalène du Pin, *P. piniaria.*

Phalœna alis integris, patulis, fuscis, disco fulvo maculis atomisque fuscis sparso, inferiorum subtùs lineâ longitudinali interruptâ albâ.

Phalœna piniaria. Linn. *Syst. Nat.* 2. 861. 210. — Fab. *Ent. Syst. tom.* 3. *part.* 2. *pag.* 241. *n°.* 45. — Esper, *tom. V. Phal. Geom. tab.* XXI. *fig.* 1-8. — De Géer, *Ins. tom.* 2. *pag.* 351. *n°.* 5. *pl.* 5. *fig.* 20. — Hub. *Geom. tab.* 22. *fig.* 119 *et* 120. Mâle.

Envergure 15 lig. Antennes et corps bruns. Ailes brunes, leur disque fauve avec des taches et des atômes bruns. Dessous des supérieures ayant des atômes blancs vers l'angle supérieur. Dessous des inférieures portant de semblables atômes et une ligne longitudinale blanche, interrompue. Frange brune entrecoupée de blanc. Femelle.

Le mâle diffère en ce que ses ailes supérieures ont sur un fond presque noir deux ou trois taches jaunes se terminant en pointe du côté de la base, et que les inférieures n'ont, sur un même fond presque noir, que quelques taches jaunes. Dessous des supérieures à peu près semblable au dessus.

Cette Phalène porte ses ailes relevées dans l'état de repos ainsi que la suivante.

Chenille verte ayant des lignes blanches et jaunâtres. Vit sur le pin, le bouleau et le tilleul.

Se trouve en France.

70. Phalène bordée, *P. limbaria.*

Phalœna alis integris, patulis, luteis, atomis fuscis sparsis, margineque exteriori nigro.

Phalœna limbaria. Fab. *Entom. Syst. tom.* 3. *part.* 2. *pag.* 141. *n°.* 46. — *Phalœna conspicuaria.* Esper, *tom. V. Phal. Geom. tab.* XXIV. *fig.* 5-8. — Hub. *Geom. tab.* 22. *fig.* 117 *et* 118. Mâle. — Réaum. *Ins. tom.* 2. *pag.* 355 *et suiv. pl.* 28. *fig.* 7-10.

Envergure 8 lig. Antennes noires. Tête et corps bruns. Ailes jaunes chargées d'atômes bruns; leur bord extérieur noir, l'antérieur l'étant également dans les supérieures. Dessous de celles-ci assez semblable au dessus; celui des inférieures brun avec deux lignes blanches qui partent de la base et atteignent le bord extérieur, et quelques autres plus petites. Mâle et femelle.

Chenille d'un vert brun avec une ligne latérale étroite, jaune. Vit sur le genêt.

Commune dans les forêts.

71. Phalène calabroise, *P. calabraria.*

Phalæna alis integris, patulis, luteo-olivaceis, fasciâ transversâ margineque externo roseis.

Phalæna calabraria. Esper, *tom. V. Phal. Geom. tab. IV. fig.* 1 *et* 2.—Hub. *Geom. tab.* 10. *fig.* 49. Femelle, *et tab.* 70. *fig.* 365. Mâle. —La Bande rouge. Geoff. *Ins. Paris. tom.* 2. *pag.* 132. *n°.* 48.

Envergure 10 lig. Antennes brunes. Tête et corps verdâtres mêlés de rose. Dessous de l'abdomen entièrement rose. Ailes d'un jaune-olivâtre, ayant une bande rose assez large qui les traverse, et leur bord extérieur de même couleur. Les supérieures ont en outre une petite bande rose plus près de la base. Dessous semblable au dessus, mais la petite bande rose manque dans les supérieures. Mâle et femelle.

Des environs de Paris.

72. Phalène flagellée, *P. vibicaria.*

Phalæna alis integris, patulis, griseo-lutescentibus, vittâ vel fasciis duabus, puncto discoidali margineque externo roseis.

Phalæna vibicaria. Linn. *Syst. Nat.* 2. 859. 198.—Fab. *Ent. Syst. tom.* 3. *part.* 2. *pag.* 139. *n°.* 37. —Esper, *tom. V. Phal. Geom. tab. III. fig.* 3-7. — Hub. *Geom. tab.* 10. *fig.* 50. Mâle.

Envergure 10 lig. Antennes, tête et corps gris. Ailes d'un jaune-grisâtre traversées par une bande et par une ligne couleur de rose, qui quelquefois se confondent en une seule bande large, comme on le voit dans la figure citée de M. Hübner; un point discoïdal sur chaque aile et leur frange, roses. Les supérieures ayant en outre une petite ligne rose arquée, plus près de la base que le point discoïdal, laquelle manque en dessous; ce dernier teinté de rose. Mâle et femelle.

Dans le mâle la couleur rose domine davantage.

Suivant Esper, la Chenille est rose avec une ligne latérale jaune, et vit sur le genêt.

73. Phalène jaune, *P. aureolaria.*

Phalæna alis integris, patulis, luteis, superiorum lineis tribus, inferiorum duabus fuscis.

Phalæna aureolaria. Fab. *Ent. Syst. tom.* 3. *part.* 2. *pag.* 161. *n°.* 115.—Hub. *Geom. tab.* 12. *fig.* 62.

Envergure 4 à 5 lig. Antennes et abdomen jaunes. Tête et corselet noirâtres. Ailes d'un beau jaune traversées par deux lignes brunes. Frange brune. Les supérieures ont une troisième ligne brune plus près de la base que les autres. Dessous assez semblable au dessus.

Selon Fabricius la Chenille est lisse, blanchâtre, avec le dos plus obscur portant une ligne brune. Vit sur la vesce. (*Vicia dumetorum.*)

Des environs de Paris; à Fontainebleau principalement.

74. Phalène crépusculaire, *P. vespertaria.*

Phalæna alis integris, patulis, luteis, atomis lineolisque sparsis fuscis, margine intùs sinuato fuscescente : superiorum ad basim strigâ subundulatâ arcuatâ punctoque discoidali fuscis.

Phalena vespertaria. Linn. *Syst. Nat.* 2. 864. 224. — Fab. *Ent. Syst. tom.* 3. *part.* 2. *pag.* 149. *n°.* 74. — *Phalæna parallelaria.* Esper, *tom. V. Phal. Geom. tab. XV. fig.* 4-6. — Hub. *Geom. tab.* 9. *fig.* 43 *et* 44.

Envergure 10 lig. Antennes, tête et corps jaunâtres. Ailes jaunes chargées d'atômes et de petites lignes fauves, ayant une large bordure d'un brun un peu vineux, sinuée en dedans. Les supérieures avec un point discoïdal et une ligne plus près de la base; arquée, un peu ondulée, de couleur brune. Dessous semblable au dessus, avec un point discoïdal sur chaque aile. Mâle et femelle.

D'après la figure de M. Hübner et d'après la variété d'Esper, la femelle auroit quelquefois un point discoïdal sur le dessus des ailes inférieures.

Se trouve en Europe.

75. Phalène délicate, *P. pusaria.*

Phalæna alis integris, patulis, albis, superiorum strigis tribus, inferiorum duabus, griseis.

Phalæna pusaria. Linn. *Syst. Nat.* 2. 864. 223. — Fab. *Entom. Syst. tom.* 3. *part.* 2. *pag.* 146. *n°.* 61. — De Géer, *Ins. tom.* 2. *pag.* 448. *n°.* 4. *pl.* 8. *fig.* 10-12. —Hub. *Geom. tab.* 17. *fig.* 87. Femelle. *Larv. ampliss.* P. b. *fig.* 1. d. e. f.

Envergure 10 lig. Antennes grises. Tête et corps blanchâtres. Dessus des ailes blanc traversé par deux petites lignes grises peu apparentes. Les supérieures en ont une troisième plus près de la base. Dessous entièrement blanc. Mâle et femelle.

Chenille d'un vert-jaunâtre avec des taches et des marques de couleur rose le long du dos. Vit sur l'aulne et le bouleau.

Environs de Paris.

Nota. Nous regardons comme une variété la *Geometra striaria* de M. Hübner, *tab.* 17, *fig.* 88, dans laquelle les bandes des ailes sont mieux marquées, et qui offre en dessous, sur chaque aile, un petit point noir discoïdal.

76. Phalène du Cytise, *P. cytisaria.*

Phalæna alis integris, patulis, griseo-virescentibus, omnium lineâ viridi-fuscâ alterâque ad marginem exteriorem albidâ, superiorum ad basim strigâ viridi-fuscâ.

Geometra cytisaria. Hub. *Geom. tab.* 1. *fig.* 2. Femelle. *Larv. Geom. ampliss.* B. a. *n°.* 1. *et* B. a. b. *n°.* 1. — *Phalæna prasinaria*. Fab. *Ent. Syst. tom.* 3. *part.* 2. *pag.* 151. *n°.* 80.

Envergure 1 pouce. Antennes grises. Tête et corps d'un gris-verdâtre, ailes de même couleur traversées par une ligne ondée d'un brun-verdâtre, et par une autre de couleur blanche placée plus près du bord extérieur. Ailes supérieures ayant en outre une petite ligne transverse d'un brun-verdâtre plus voisine de la base. Dessous de toutes les ailes d'un vert clair, n'ayant que la ligne brune commune aux quatre. Mâle.

Chenille verte à tête refendue. Corps avec une ligne latérale blanchâtre. Vit sur le genêt et le cytise.

77. Phalène papillon, *P. papilionaria*.

Phalæna alis integris, patulis, viridibus, strigis undulatis albis vix distinctis.

Phalæna papilionaria. Linn. *Syst. Nat.* 2. 864. 225. — Fab. *Entom. Syst. tom.* 3. *part.* 2. *pag.* 139. *n°.* 39. — Esper, *tom. V. Phal. Geom. tab. VI. fig.* 1-4. — Hub. *Geom. tab.* 2. *fig.* 6. Mâle. — *Encycl. pl.* 88. *fig.* 20.

Envergure 2 pouces ½. Antennes fauves. Tête et corselet verts. Abdomen grisâtre. Ailes d'un vert-bleuâtre avec quelques lignes ondées blanchâtres, peu distinctes. Dessous pareil au dessus, les lignes à peine apparentes. Mâle et femelle.

Le mâle est d'un vert plus pur, et ses lignes blanchâtres sont un peu mieux prononcées.

Chenille verte portant sur le dos des tubercules pointus. Vit sur le bouleau. La chrysalide est verte et jaune.

Des environs de Paris. On la trouve dans les bois.

78. Phalène chrysoprase, *P. chrysoprasaria*.

Phalæna alis integris, patulis, viridi-griseis, inferioribus subangulatis, superiorum lineis duabus, inferiorum unicâ albidis.

Phalæna chrysoprasaria. Esper, *tom. V. Phal. Geom. tab. V. fig.* 1-4. — *Geometra vernaria*. Hub. *Geom. tab.* 2. *fig.* 7. Femelle. *Larv. Geom. ampliss.* B. a. *n°.* 2.

Envergure 2 pouces. Antennes blanchâtres. Tête et corps d'un gris-verdâtre. Ailes d'un vert-bleuâtre traversées par une ligne blanche peu ondée; les supérieures en ayant une seconde plus près de la base. Dessous des quatre ailes plus pâle; la ligne transversale à peine indiquée; les ailes inférieures ont un petit angle saillant vers le milieu du bord extérieur. Mâle et femelle.

Les antennes de la femelle sont un peu pectinées.

Chenille verte ayant sur le dos de très-petites lignes blanchâtres. Tête refendue. Vit sur la clématite (*Clematis sepium*).

79. Phalène gris de perle, *P. margaritaria*.

Phalæna alis integris, patulis, glauco-viridibus, inferioribus subangulatis, fasciâ omnium rufescente, superiorum puncto apicali fusco.

Phalæna margaritaria. Linn. *Syst. Nat.* 2. 865. 231. — Fab. *Ent. Syst. tom.* 3. *part.* 2. *pag.* 131. *n°.* 10. — Hub. *Geom. tab.* 3. *fig.* 13. Femelle. *Larv. Geom. ampliss.* A. b. — *Bombyx. sesquistriataria*. Esper, *tom. III. tab. LXXII. fig.* 1 *et* 2.

Envergure 2 pouces. Antennes roussâtres. Corps d'un blanc-verdâtre. Ailes d'un blanc vert d'eau satiné imitant l'orient des perles avec une large bande transverse un peu rousse, bordée de chaque côté sur les ailes supérieures par une ligne blanche, ne l'étant qu'en dehors dans les inférieures. On voit un très-petit point brun à l'angle supérieur des premières ailes. Dessous d'un blanc satiné pur. Ailes inférieures ayant un petit angle saillant vers le milieu du bord extérieur. Mâle et femelle.

Chenille à douze pattes, six écailleuses et six membraneuses. La première paire de celles-ci plus courtes. Corps gris ou brun avec quelques points et de petites lignes sur les côtés, de couleur blanche. Vit sur le charme et le bouleau.

Environs de Paris.

80. Phalène ponctuée, *P. punctaria*.

Phalæna alis integris, patulis, luteis, inferioribus vix angulatis, atomis sparsis fuscis, omnium lineâ rectâ fusco-ferrugineâ et punctorum nigrorum serie.

Phalæna punctaria. Linn. *Syst. Nat.* 2. 859. 200. — Fab. *Ent. Syst. tom.* 3. *part.* 2. *pag.* 132. *n°.* 11. — Esper, *tom. V. Phal. Geom. tab. VI. fig.* 5-9. *et tab. VII. fig.* 1 *et* 2. — Réaum. *Ins. tom.* 2. *pag.* 364 *et suiv. pl.* 29. *fig.* 1-5. — *Encycl. pl.* 88. *fig.* 21.

Envergure 10 lig. Antennes, tête et corps jaunâtres. Ailes de même couleur chargées d'atômes bruns et traversées par une ligne d'un rouge-brun qui part du milieu du bord antérieur des supérieures et se maintient dans le milieu des quatre ailes; dans l'espace qui est entre cette ligne et le bord extérieur est une ligne ondée de petits points noirs. Dessous des quatre ailes plus blanchâtre, sans ligne médiale. Un petit angle saillant au milieu du bord extérieur des secondes ailes. Mâle et femelle.

Chenille d'un beau vert ayant une ligne latérale étroite de couleur citron. Elle se transforme en se suspendant à la manière des chenilles des Papillons et des Piérides. Vit sur le chêne. La chrysalide est très-obtuse antérieurement.

Environs de Paris.

Nota. Linné a eu tort de rapporter à la Phalène *amataria* les figures de Réaumur que nous avons citées ici. Fabricius a fait une faute plus grande encore de les conserver à la Phalène *amataria*, après les avoir attribuées avec raison à la Phalène *punctaria*.

81. Phalène anguleuse, *P. amataria.*

Phalæna alis integris; patulis, lutescenti-griseis, inferioribus angulatis, omnium lineâ rectâ roseâ, alterâque undulatâ fuscâ, superiorum puncto marginali fusco.

Phalæna amataria. Linn. *Syst. Nat.* 2. 859. 201. — Fab. *Ent. Syst. tom.* 3. *part.* 2. *pag.* 132. *n°.* 13. — Esper, *tom. V. Phal. Geom. tab. VII. fig.* 3-6. — Hub. *Geom. tab.* 10. *fig.* 52. Femelle. *Larv. Geom. ampliss.* I. b. *n°.* 1.—L'Anguleuse. Geoff. *Ins. Paris. tom.* 2. *pag.* 128. *n°.* 37.

Envergure 6 à 7 lig. Antennes, tête et corps d'un gris-jaunâtre. Ailes de même couleur traversées par deux lignes, l'une rose, droite, partant de l'angle supérieur des premières ailes, parcourant le milieu de toutes les quatre, la seconde brune, très-ondulée partant du même endroit que la première et s'en écartant; un point discoïdal sur les ailes supérieures. Frange rose. Dessous des ailes assez semblable au dessus. Angle supérieur des première ailes un peu en crochet. Ailes inférieures ayant un angle très-saillant dans le milieu de leur bord extérieur. Mâle et femelle.

Chenille brune avec des traits jaunes ou rougeâtres. Vit sur le chêne et sur l'oseille. Chrysalide un peu crochue antérieurement.

Commune aux environs de Paris.

82. Phalène imitatrice, *P. imitaria.*

Phalæna alis integris, patulis, lutescenti-griseis, superiorum angulo subadunco, inferioribus angulatis, omnium fasciâ punctoque marginali fuscis lineâque undatâ roseâ, margine roseo.

Geometra imitaria. Hub. *Geom. tab.* 10. *fig.* 51. Mâle.

Envergure 8 lig. Antennes et corps d'un gris-jaunâtre. Ailes de même couleur ayant une bande brune qui part plus loin que le milieu du bord antérieur des premières ailes et traverse presqu'en ligne droite le centre de toutes les quatre; plus près du bord extérieur est un petite ligne ondée qui parcourt aussi toutes les ailes; leur bord extérieur est rose. Frange jaunâtre. Les supérieures ont près de leur base une petite ligne brune ondée. Chaque aile est marquée d'un point discoïdal. Dessous assez semblable au dessus, mais n'ayant ni le point discoïdal, ni la ligne de la base des premières ailes. Angle supérieur de celles-ci un peu en crochet. Ailes inférieures ayant un angle très-saillant au milieu de leur bord extérieur. Mâle et femelle.

Environs de Paris.

83. Phalène linéolée, *P. dolabraria.*

Phalæna alis integris, patulis, subangulatis, albidis, strigulis inæqualibus rufis, sparsis, superiorum angulo superiori violaceo.

Phalæna dolabraria. Linn. *Syst. Nat.* 2. 861. 207. — Fab. *Ent. Syst. tom.* 3. *part.* 2. *pag.* 138. *n°.* 32. — Esper, *tom. V. Phal. Geom. tab. XV. fig.* 1 *et* 2. — Hub. *Geom. tab.* 8. *fig.* 42. *Larv. Geom. ampliss.* G. b. (*bis.*) *n°.* 1.

Envergure 1 pouce. Antennes, tête et corps roux. Corselet violet antérieurement. Ailes d'un blanc-jaunâtre, chargées de petites lignes rousses, inégales, mieux prononcées dans les supérieures. Bord antérieur de celles-ci brun vers la base, ayant une petite tache de même couleur avant l'angle supérieur. Angle inférieur des quatre ailes violet entouré de brun et de fauve. Dessous assez semblable au dessus si ce n'est que les lignes sont d'un jaune-ferrugineux. Bord des ailes supérieures ayant deux petites échancrures; celui des inférieures une seule, placée près de l'angle anal. Frange des ailes roussâtre. Mâle.

Chenille brune ayant un tubercule sur le dos et quelques traits blanchâtres. Vit sur le chêne.

Des environs de Paris. Elle n'est pas fort commune.

2e. *Division.* Bord postérieur des ailes supérieures sans dentelures; ailes inférieures prolongées en queue. — Antennes simples dans les deux sexes. (Genre *Ourapteryx* Leach.)

84. Phalène du Sureau, *P. sambucata.*

Phalæna alis integris, patulis, sulphureis; inferioribus caudatis, superiorum lineis duabus, inferiorum unicâ, punctisque ad caudam, fuscis.

Phalæna sambucaria. Linn. *Syst. Nat.* 2. 860. 203. — Fab. *Ent. Syst. tom.* 3. *part.* 2 *pag.* 134. *n°.* 19. — De Géer, *Ins. tom.* 2. *pag.* 447. *n°.* 3. — Esper, *tom. V. Phal. Geom. tab. VIII. fig.* 1-8. — Hub. *Geom. tab.* 6. *fig.* 28. *Larv. Geom. ampliss.* E. a. *n°.* 1. — La Souffrée à queue. Geoff. *Ins. Paris. tom.* 2. *pag.* 138. *n°.* 58. — *Encycl. pl.* 90. *fig.* 22-26.

Envergure 24 à 28 lig. Antennes et tête fauves. Corps couleur de soufre. Ailes de même couleur; les supérieures avec deux lignes transversales d'un fauve obscur, qui se rapprochent un peu pour arriver au bord interne, et un petit trait arqué de même couleur entre les lignes. Ailes inférieures ayant une ligne transversale d'un fauve obscur se dirigeant vers l'angle anal sans l'atteindre, avec deux taches à la base de leur queue; la supérieure oculée à prunelle ferrugineuse; la tache inférieure manque quelquefois. Frange des quatre ailes ferrugineuse. Dessous semblable au dessus, les lignes à peine apparentes; taches nulles. Mâle et femelle.

Chenille d'un roux-brun avec un tubercule latéral vers le milieu du corps et d'autres dorsaux vers son extrémité. Vit sur le groseillier, le sureau et le rosier. Chrysalide ayant sa partie antérieure obtuse. La coque a une forme particulière. (*Voy.* les généralités.)

Des environs de Paris. Assez commune dans les jardins au mois de juillet. Le mâle entre souvent la nuit dans les appartemens, attiré par la lumière.

85. Phalène polie, *P. politata.*

Phalæna alis integris, patulis, luteis, inferioribus caudatis; superiorum serie duplici punctorum ferrugineorum inordinatâ, inferiorum fasciâ fuscâ.

Phalæna politata. Fab. *Ent. Syst. tom.* 3. *part.* 2. *pag.* 163. *n°.* 123. — Cram. *Ins.* 12. *tab.* 139. *fig.* E. — *Encycl. pl.* 88. *fig.* 10.

Envergure 16 lignes. Antennes, tête et corps jaunes. Ailes de même couleur; les supérieures ayant deux bandes transversales de points d'un roux-ferrugineux placés sans ordre, dont une parcourt le milieu de l'aile; l'autre accompagne à peu de distance le bord extérieur. Au bord antérieur, près de l'angle supérieur est une tache formée de points ferrugineux entourée de brun. On y voit aussi quelques points de cette dernière couleur. Ailes inférieures ayant une bande transversale brune qui s'élargit pour arriver à l'angle anal.

De Surinam.

3e. *Division.* Bord postérieur des quatre ailes dentelé. — Antennes pectinées dans les mâles.

86. Phalène du Lilas, *P. syringaria.*

Phalæna alis dentatis, luteo, fusco lilaceoque variis, lineis duabus divaricatis.

Phalæna syringaria. Linn. *Syst. Nat.* 2. 860. 206. — Fab. *Ent. Syst. tom.* 3. *part.* 2. *pag.* 136. *n°.* 25. — Esper, *tom. V. Phal. Geom. tab. XI. fig.* 3-7. — Hub. *Geom. tab.* 6. *fig.* 29. Mâle. *Larv. Geom. ampliss.* G. a. *n°.* 1. — La Phalène jaspée. Geoff. *Ins. Paris. tom.* 2. *pag.* 125. *n°.* 32.

Envergure 15 à 18 lig. Antennes, tête et corps d'un fauve-brun. Ailes marbrées de jaune, de brun et de violet tendre. Au bord antérieur des premières ailes vers l'angle supérieur est une tache d'un brun-roussâtre, entourée de violet tendre, d'où partent ensemble deux lignes transversales qui s'éloignent l'une de l'autre en se prolongeant, et parcourent le milieu des quatre ailes. Celle qui est la plus voisine de la base, brune. L'autre brune à sa base, d'un violet tendre ensuite avec des points bruns. Dessous assez semblable au dessus, mais chargé de petits traits bruns, et portant un point discoïdal de cette couleur sur chaque aile. Mâle et femelle.

La femelle a les antennes pectinées; ses couleurs sont plus pâles.

Chenille fauve ou jaunâtre mêlé de brun portant deux paires de tubercules assez gros sur le dos et quelques autres plus petits. Sur le huitième segment du corps est une longue corne un peu recourbée. Vit sur le lilas et les chèvrefeuilles. Chrysalide fort courte enveloppée de soie en maille à jour et fixée aux branches des arbres.

Se trouve dans les jardins aux environs de Paris.

87. Phalène à lunules, *P. lunaria.*

Phalæna alis dentatis, fulvis, atomis lineisque fuscis sparsis, maculâque lunulatâ albidâ.

Phalæna lunaria. Fab. *Ent. Syst. tom.* 3. *part.* 2. *pag.* 136. *n°.* 26. — Esper, *tom. V. Phal. Geom. tab. XII. fig.* 1-4. — Hub. *Geom. tab.* 7. *fig.* 33. Mâle.

Envergure 14 à 15 lig. Antennes, tête et corps fauves. Ailes de même couleur chargées de quelques atômes bruns. Les premières ailes ayant une tache roussâtre à leur angle supérieur, une ligne brune, arquée, vers leur base et deux autres de même couleur renfermant une bande roussâtre qui porte une petite lunule blanche, transparente. Ailes inférieures ayant trois lignes brunes dont l'intermédiaire part d'une tache brune oculée à prunelle blanche transparente. Dessous assez semblable au dessus, ses couleurs plus prononcées. Mâle.

Chenille grise ayant deux paires de tubercules sur le dos et un autre tubercule simple plus antérieur. Dessous du corps avec des lignes blanches et des points noirs. Vit sur le saule et le bouleau.

Environs de Paris.

88. Phalène dentelée, *P. dentaria.*

Phalæna alis dentatis, griseis, atomis fuscis sparsis, maculâ discoidali fuscâ albo pupillatâ, superiorum lineis duabus obsoletis, inferiorum unicâ subduplici fuscis.

Phalæna dentaria. Esper, *tom. V. Phal. Geom. tab. XX. fig.* 1-3. — Hub. *Geom. tab.* 3. *fig.* 12.

Envergure 16 à 18 lig. Antennes, tête et corps d'un fauve-grisâtre. Ailes grisâtres chargées d'atômes bruns; les supérieures portant deux lignes brunes peu distinctes, l'extérieure accompagnée de points blanchâtres. Ailes inférieures ayant une ligne brune, double dans quelques endroits. Une tache discoïdale brune à prunelle blanche sur chaque aile. Dessous assez semblable au dessus. Mâle et femelle.

La Phalène *dentaria* de Fabricius nous paroît différer de celle-ci.

Chenille un peu velue, grise, ayant quelques lignes dorsales brunes en zigzag. Vit sur le troëne.

Des environs de Paris.

89. Phalène de l'Aulne, *P. alniaria.*

Phalœna alis dentatis, fulvis, maculis atomisque fuscis sparsis; superiorum lineis duabus sæpè interruptis, inferiorum unicâ obsoletâ, fuscis; omnium puncto discoidali fusco, in mare albido pupillato.

Phalœna alniaria. Linn. *Syst. Nat.* 2. 860. 205. — Fab. *Ent. Syst. tom.* 3. *part.* 2. *pag.* 136. *n°.* 24. —Esper, *tom. V. Phal. Geom. tab. IX. fig.* 1-6.—De Géer, *Ins. tom.* 1. *pag.* 349. *pl.* 10. *fig.* 9 *à* 14, *et tom.* 2. *pag.* 305. *n°.* 4. — Hub. *Geom. tab.* 5. *fig.* 26. Femelle. *Larv. Geom. ampliss.* D. b. *n°.* 1. — *Encycl. pl.* 89. *fig.* 10.

Envergure 15 à 18 lig. Antennes, tête et corps d'un jaune-fauve. Ailes de même couleur chargées de taches et d'atômes bruns; les supérieures portant deux lignes transversales brunes souvent interrompues; les inférieures n'en ayant qu'une de même couleur, mais peu distincte. Un point discoïdal sur les quatre ailes, peu distinct dans la femelle; un peu oculé dans le mâle. Dessous semblable au dessus. Mâle et femelle.

Cette dernière a les antennes dentées en scie.

Chenille d'un gris-brun avec des points blanchâtres et trois tubercules dorsaux distans les uns des autres; on voit en outre quatre tubercules plus petits, presque réunis, sur le dernier segment du corps. Tête petite, presque carrée, marquée d'une ligne transversale blanchâtre. Vit sur l'aulne et le bouleau. Chrysalide ayant quelques petites épines dirigées en arrière à la jonction de ses segmens postérieurs.

Des environs de Paris.

90. Phalène rongée, *P. erosaria.*

Phalœna alis dentatis albido-luteis, superiorum lineis duabus, inferiorum unicâ fuscis.

Phalœna erosaria. Esper, *tom. V. Phal. Geom. tab. XI. fig.* 1 *et* 2. —Hub. *Geom. tab.* 5. *fig.* 25. *Larv. Geom. ampliss.* D. a. *n°.* 2. — *Phalœna crassaria.* Fab. *Ent. Syst. tom.* 3. *part.* 2. *pag.* 135. *n°.* 21.

Envergure 15 lig. Antennes, tête et corps d'un blanc-jaunâtre. Ailes de même couleur. Les supérieures portant deux lignes brunes transverses, un peu courbes, les inférieures n'en ayant qu'une peu distincte. Dessous des quatre ailes assez semblable au dessus, les lignes moins prononcées. Un point discoïdal peu distinct sur chacune. Mâle et femelle.

Dans ce dernier sexe les antennes sont dentées en scie.

Nota. Cette espèce a les principaux angles saillans qu'on remarque aux ailes des précédentes, mais moins de petites dentelures. Les Phalènes qu'Esper donne sous le nom de *Tiliaria*, tab. X, fig. 3 à 7, et d'*Unicoloria*, tab. XIX, fig. 4, n'en paroissent être que des variétés.

Chenille d'un gris-brun ayant sur le dos des tubercules ferrugineux. Vit sur le chêne.

Environs de Paris.

91. Phalène emplumée, *P. pennaria.*

Phalœna alis dentatis, fuscis; superiorum atomis, lineis duabus, puncto discoidali maculâque albido pupillatâ, fuscis.

Phalœna pennaria. Linn. *Syst. Nat.* 2. 861. 209. — Fab. *Ent. Syst. tom.* 3. *part.* 2. *pag.* 132. *n°.* 14.—Esper, *tom. V. Phal. Geom. tab. XIX. fig.* 1. Mâle. — Hub. *Geom. tab.* 3. *fig.* 14. Mâle. *Larv. Geom. ampliss.* C. b. *n°.* 1.

Envergure 16 à 18 lig. Antennes, tête et corps fauves. Ailes d'un brun vineux; les supérieures chargées d'atômes bruns, portant deux lignes brunes transversales et une tache de même couleur à prunelle blanche transparente près de l'angle supérieur. Un point discoïdal brun sur les quatre ailes. Dessous à peu près semblable au dessus. Les ailes du mâle se rapprochent de la couleur fauve. Mâle et femelle.

Dans ce dernier sexe les antennes sont dentées en scie.

Chenille grise avec quelques taches rousses et une paire de tubercules sur le dernier segment du corps. Vit sur le chêne.

Des environs de Paris. (S. F. et A. Serv.)

PHALÈNE CULICIFORME DE L'ÉCLAIRE. Geoffroy nomme ainsi un très-petit insecte de la tribu des Aphidiens, famille des Hyménélytres, section des Homoptères, ordre des Hémiptères, qui a servi de type au genre Aleyrode fondé par M. Latreille, et que cet auteur désigne sous le nom d'Aleyrode de l'éclaire (*Aleyrodes chelidonii*). *Voyez* la table du tome X.

(S. F. et A. Serv.)

PHALÉNITES, *Phalœnites.* Troisième tribu de la famille des Nocturnes, ordre des Lépidoptères, Ses caractères sont :

Ailes entières ou sans fissures, grandes relativement au corps, étendues horizontalement ou en toit écrasé; les supérieures point arquées à leur base extérieure ou point en forme de chappe. — *Corps* grêle. — *Palpes inférieurs* couvrant entièrement les supérieurs, presque cylindriques ou coniques, et dont l'épaisseur diminue graduellement. — *Chenilles* le plus souvent arpenteuses, la plupart nues, n'ayant que dix pattes dans les unes, douze à quatorze dans les autres, les deux premières des membraneuses intermédiaires dans celles qui n'en ont que douze plus petites que les deux suivantes. Dans celles qui ont quatorze pattes les deux anales manquent et ne sont pas remplacées par deux appendices en forme de queue.

Cette tribu renferme les genres Phalène et Platyptère. (S. F. et A. Serv.)

PHALÉRIE, *Phaleria*. Lat. *Tenebrio*. Linn. Fab. Oliv. (*Entom.*) Illig. *Trogosita*. Fab.

Genre d'insectes de l'ordre des Coléoptères, section des Hétéromères, famille des Taxicornes, tribu des Diapériales.

Dans la tribu des Diapériales les genres Léiode, Tétratome, Eustrophe et Orchésie se distinguent des Phaléries et des autres genres qui la composent, par leurs antennes dont l'insertion est découverte. Les Hypophlées s'isolent par leur corps linéaire ou cylindrique; les Trachyscèles par leurs antennes à peine plus longues que la tête; les Epitrages, les Cnodalons et les Elédones par les derniers articles des antennes imitant par leur forme et leur avancement des dents de scie. Les Diapères, très-voisines des Phaléries, en sont distinguées par leurs palpes n'allant pas en grossissant à leur extrémité, et par les jambes antérieures n'étant point triangulaires ni plus larges que les autres.

Antennes insérées sous un rebord latéral de la tête, de onze articles, grossissant insensiblement ou un peu en massue; leurs articles de cinq à dix, semi-globuleux ou lenticulaires, transverses, comprimés, très-souvent perfoliés; le onzième ou dernier, globuleux. — *Mandibules* n'avançant point au-delà du labre. — *Mâchoires* ayant leur division externe plus grande, obtrigone. — *Palpes* ayant leur dernier article plus grand, celui des maxillaires trigone et comprimé. — *Lèvre* nue, coriace, échancrée, menton presque cordiforme, plus large à l'extrémité. — *Tête* souvent tuberculée ou cornue en dessus dans les mâles. — *Corselet* transverse, carré. — *Ecusson* distinct. — *Pattes* fortes; jambes antérieures alongées, trigones, plus larges vers leur extrémité, souvent dentées; leurs tarses courts.

Le genre Phalérie contient plus de vingt espèces. On en trouve dans les différentes parties du monde. Celles de la première division, dont M. Mégerle a composé son genre *Uloma*, adopté par M. le comte Dejean dans le catalogue de sa collection, se tiennent sous l'écorce des arbres; celles de la seconde habitent le sable des bords de la mer. On ne connoît point encore leurs larves.

1re. *Division*. Corps ovale-oblong.

1. Phalérie culinaire, *P. culinaris*.

Phaleria tota castanea, elytrorum striis profundis, thorace maris anticè subdepresso.

Phaleria culinaris. Lat. *Gener. Crust. et Ins. tom.* 2. *pag.* 175. *n°.* 2. — Gyllenh. *Ins. Suec. tom.* 1. *partie* 2. *pag.* 587. *n°.* 1. — *Tenebrio culinaris*. Linn. *Syst. Nat.* 2. 675. 5. — Fab. *Syst. Eleut. tom.* 1. *pag.* 148. *n°.* 21. — Oliv. *Ent. tom.* 3. *Ténéb. pag.* 12. *n°.* 14. *pl.* 1. *fig.* 13. — Panz. *Faun. Germ. fas.* 9. *fig.* 1. Femelle. — *Encycl. pl.* 372 *bis. fig.* 1-4.

Longueur 4 à 5 lig. Antennes et corps d'un fauve-marron luisant. Tête et corselet pointillés; ce dernier rebordé latéralement. Elytres rebordées, ayant chacune neuf stries assez profondes et pointillées. Jambes antérieures et intermédiaires dentelées. Le mâle a une légère dépression à la partie antérieure du corselet.

Commune dans l'Europe septentrionale; elle habite aussi le nord de la France. Rare aux environs de Paris.

2. Phalérie rétuse, *P. retusa*.

Phaleria ferruginea, elytris nigris profundè striatis, thorace maris anticè multùm depresso.

Tenebrio retusus. Fab. *Syst. Eleut. tom.* 1. *pag.* 149. *n°.* 26.

Longueur 5 lig. Corselet, écusson, dessous du corps et pattes d'un ferrugineux luisant. Antennes d'un brun-ferrugineux. Tête de même couleur, sensiblement ponctuée ainsi que le dessus du corselet. Elytres noires, luisantes, ayant chacune neuf stries profondes et ponctuées. Jambes antérieures et intermédiaires dentelées. Femelle.

Le mâle a une profonde dépression à la partie antérieure du corselet; ses quatre premières jambes sont difformes, arquées et moins dentelées que dans l'autre sexe.

De Cayenne.

3. Phalérie cornue, *P. cornuta*.

Phaleria ferruginea tota, capitis lateribus dilatatis, maris verticis cornibus duabus parvis, mandibulis longis, acutis, corniformibus.

Phaleria cornuta. Lat. *Gener. Crust. et Ins. tom.* 2. *pag.* 175. *n°.* 1. *tab. X. fig.* 4 *et* 5. Le mâle. — *Trogosita cornuta*. Fab. *Syst. Eleut. tom.* 1. *pag.* 155. *n°.* 14. — *Encycl. pl.* 361 *fig.* 14. Le mâle, *et fig.* 15. Tête de la femelle.

Longueur 2 à 3 lig. Antennes et pattes ferrugineuses. Corps alongé, presque carré, d'un roux-ferrugineux, finement pointillé; côtés de la tête dilatés; corselet à angles postérieurs un peu saillans avec une légère impression de chaque côté de son bord postérieur. Elytres ayant neuf stries ponctuées, peu profondes, à l'exception de celle qui avoisine la suture. Femelle.

Dans le mâle les mandibules sont très-avancées, grandes, recourbées à l'extrémité et ressemblant à deux cornes. Les côtés de la tête sont plus dilatés et en manière d'oreillettes. Le vertex porte deux petites cornes.

Du midi de l'Europe.

2e. *Division*. Corps en ovale court, presque hémisphérique.

4. PHALÉRIE bimaculée, *P. bimaculata*.

Phaleria pallidè testacea, elytrorum maculâ mediâ fuscâ.

Phaleria bimaculata. LAT. *Dict. d'Hist nat.* 2e. *édit.* — *Tenebrio bimaculatus*. HERBST.

Longueur 2 lig. ½. Dessous du corps et pattes fauves, le dessus plus clair. Antennes d'un fauve clair. Elytres ayant neuf stries peu marquées, finement pointillées, leurs intervalles peu sensiblement ponctués. Une tache brune plus ou moins apparente sur le milieu de chaque élytre.

Des côtes maritimes de la France. On la trouve dans le sable.

HYPOPHLÉE, *Hypophlœus*. FAB. LAT. *Ips*. OLIV. (*Entom.*)

Genre d'insectes de l'ordre des Coléoptères, section des Hétéromères, famille des Taxicornes, tribu des Diapériales.

(*Voyez* tome VII, page 588 de ce Dictionnaire. Les espèces désignées par Fabricius sous les noms de *Castaneus* et de *Bicolor*, sont représentées pl. 372 *bis* nos. 13 et 15 du présent ouvrage.)

ÉLÉDONE, *Eledona*. LAT. *Boletophagus*. FAB. ILLIG. *Diaperis, Opatrum*. OLIV. (*Entom.*)

Genre d'insectes de l'ordre des Coléoptères, section des Hétéromères, famille des Taxicornes, tribu des Diapériales.

Dans cette tribu les genres Léïode, Tétratome, Eustrophe et Orchésie se distinguent de tous les autres par leurs antennes dont l'insertion est à nu ou découverte. Les Hypophlées ont le corps linéaire ou cylindrique. Dans les Trachyscèles les antennes sont très-courtes, à peine plus longues que la tête. Les Phaléries et les Diapères n'ont point les derniers articles des antennes imitant des dents de scie. Les Epitrages ont la base des mâchoires recouverte par le menton et le dernier article des palpes maxillaires obtrigone; ce même article est en forme de hache dans les Cnodalons.

Antennes arquées, notablement plus longues que la tête, insérées sous ses bords latéraux, composées de onze articles, terminées en une masse formée des sept derniers; ceux-ci comprimés, saillans en dent de scie, le dernier assez grand. —*Labre* petit.—*Palpes* ayant leur dernier article cylindrique, alongé; les maxillaires de quatre articles, les labiaux de trois. — *Lèvre* nue, coriace, transverse, plus large vers son extrémité, presqu'entière; menton se rétrécissant petit à petit, de son extrémité à sa base, presqu'obtrigone, ne recouvrant point la base des mâchoires. — *Tête* inclinée. — *Corps* ovalaire, convexe. —*Corselet* grand, gibbeux. — *Ecusson* petit. — *Elytres* dures, voûtées, couvrant entièrement les ailes et l'abdomen. — *Jambes antérieures* menues, cylindriques.

Ces insectes sont de couleur obscure. On les trouve sous les écorces des arbres et dans les champignons dont ils paroissent se nourrir. Leurs larves sont inconnues. Les espèces sont en petit nombre.

Nota. La Diapère hideuse no. 3 de ce Dictionnaire appartient à ce genre. Les fig. 14 et 15 (pl. 372 de cet ouvrage) représentent deux autres espèces d'Elédones.

CNODALON, *Cnodalon*. LAT.

Genre d'insectes de l'ordre des Coléoptères, section des Hétéromères, famille des Taxicornes, tribu des Diapériales.

Parmi les genres de cette tribu dont les antennes sont insérées sous les bords latéraux de la tête, on reconnoît les Hypophlées à leur corps linéaire ou cylindrique, les Trachyscèles à leurs antennes très-courtes, les Epitrages par la grandeur de leur menton recouvrant la base des mâchoires. Dans les suivans, où l'insertion des antennes est à nu, les Phaléries et les Diapères n'ont point les antennes terminées par des articles en dents de scie, et dans les Elédones le dernier article des palpes maxillaires n'est point sécuriforme, mais presque cylindrique.

Antennes notablement plus longues que la tête, insérées sous ses bords latéraux, composées de onze articles et terminées en une massue formée des six derniers; ceux-ci très-comprimés, allant en grossissant, saillans en dent de scie. — *Labre* avancé, transverse, entier, de grandeur moyenne. — *Palpes maxillaires* grands, de quatre articles, le dernier plus gros, en forme de hache; les labiaux de trois articles. — *Lèvre* nue, crustacée, entière; menton presque carré, ne recouvrant point la base des mâchoires; son bord supérieur plus large. — *Tête* presque carrée, beaucoup plus étroite que le corselet. — *Corps* ovale, gibbeux. —*Corselet* court, gibbeux, presque carré; avant-sternum prolongé en pointe mousse; cette pointe pouvant se loger dans une cavité de la poitrine. — *Ecusson* petit, arrondi. — *Elytres* voûtées, couvrant les ailes et l'abdomen. — *Jambes* alongées, menues, n'ayant point d'épines apparentes à leur extrémité. Tarses courts.

M. Latreille a fondé ce genre, qui ne contient que

que cinq ou six espèces propres à l'Amérique méridionale. Ses mœurs sont inconnues ainsi que ses métamorphoses.

1. Cnodalon âtre, *C. atrum.*

Cnodalon atrum, labri basi livido-luteâ, thorace lateribus subspinoso, elytris striatis, striis punctatis, punctis elongatis haud profundis.

Cnodalum atrum. Dej. *Catal.* ?

Longueur 8 lig. Noir. Base du labre d'un jaune livide. Tête finement ponctuée. Corselet fortement rebordé, ses bords latéraux munis vers leur milieu d'une épine mousse assez saillante. Elytres ayant des stries formées par des points alongés, peu enfoncés. Jambes garnies en dedans à leur partie inférieure de poils roux, ainsi que le dessous des tarses.

De Cayenne.

Nota. Peut-être la villosité des jambes n'appartient-elle qu'à l'un des sexes. La fig. 13, pl. 361 du présent ouvrage, représente une autre espèce de ce genre. (*Cnod. viride.* Lat.)

EPITRAGE, *Epitragus.* Lat.

Genre d'insectes de l'ordre des Coléoptères, section des Hétéromères, famille des Taxicornes, tribu des Diapériales.

Les genres Hypophlée, Diapère, Phalérie, Trachyscèle, Elédone et Cnodalon forment dans cette tribu avec celui d'Epitrage un groupe caractérisé par l'insertion des antennes sous les bords latéraux de la tête; mais les six premiers genres ont la base des mâchoires nue en dessous, nullement recouverte par le menton.

Antennes notablement plus longues que la tête, insérées sous ses bords latéraux, composées de onze articles, allant en grossissant insensiblement de la base à l'extrémité. — *Labre* avancé, transverse, entier. — *Palpes maxillaires* longs, de quatre articles, le dernier plus grand, obtrigone; les labiaux très-courts, de trois articles. —*Lèvre* peu avancée, très-courte, bordant transversalement l'extrémité du menton; celui-ci grand, presqu'hexagone, recouvrant par sa largeur la base des mâchoires. — *Corps* ovale, aminci à ses deux extrémités en forme de nacelle, son dos convexe. — *Corselet* trapézoïdal, point rebordé latéralement; avant-sternum prolongé en pointe mousse; cette pointe pouvant se loger dans une cavité de la poitrine. — *Ecusson* petit, arrondi postérieurement. — *Elytres* voûtées, rétrécies postérieurement, couvrant les ailes et l'abdomen. — *Jambes* s'élargissant un peu vers leur extrémité, terminées par deux courtes épines.

On ne connoît pas les mœurs des insectes de ce genre étranger à l'Europe. Son nom est tiré d'un mot grec qui signifie: *ronger.* L'espèce qui a servi de type à M. Latreille est d'Amérique.

1. Epitrage brun, *E. fuscus.*

Epitragus fuscus, flavescente-subtomentosus, elytris punctato-striatis.

Epitragus fuscus. Lat. *Gener. Crust. et Ins. tom.* 2. *pag.* 183. *n°.* 1. *tom.* 1. *pl.* 10. *fig.* 1.

Longueur 6 lig. Corps entièrement d'un roux-brun foncé, ponctué, chargé de poils d'un roux-ferrugineux. Elytres finement pointillées, ayant des stries formées par des points assez enfoncés; tous les points portant chacun un petit poil court, couché, de même couleur que les autres.

De Cayenne. (S. F. et A. Serv.)

PHASIE, *Phasia.* Lat. *Conops.* Linn. *Syrphus.* Ross. *Thereva.* Fab. Panz. *Musca, Syrphus.* Panz.

Genre d'insectes de l'ordre des Diptères, section des Proboscidés, famille des Athéricères, tribu des Muscides.

Ce genre est dû à M. Latreille. Fabricius en l'adoptant en a changé le nom. Il se distingue de la plus grande partie de ceux de sa tribu, par les cuillerons grands, recouvrant entièrement les balanciers. Les Lispes ayant leurs palpes dilatés en cuiller, ne peuvent se confondre avec les Phasies; les antennes des Echinomyies, des Ocyptères, des Mouches et des Achias sont aussi longues que la face antérieure de la tête, tandis que dans les Métopies, les Mélanophores et les Phasies, elles n'égalent que la moitié au plus de la longueur de la face antérieure de la tête, mais les deux premiers de ces genres ont des antennes contiguës à leur naissance et allant en divergeant.

Antennes écartées entr'elles à leur base, parallèles, égalant en longueur environ la moitié de la face antérieure de la tête, composées de trois articles, le premier court, le second un peu plus long, le troisième ou palette plus grand, presque carré ou ovoïde, portant à sa base une soie simple distinctement biarticulée. — *Yeux* des mâles plus grands et plus rapprochés que dans les femelles. — *Ailes* grandes, écartées, un peu élevées. — *Cuillerons* grands, recouvrant les balanciers. — *Trompe* distincte. — *Abdomen* composé de cinq segmens outre l'anus qui paroît placé sous le cinquième.

Les Phasies n'ont point encore été observées dans leurs deux premiers états; dans le dernier on les trouve sur les fleurs, les Ombellifères particulièrement, où elles se nourrissent de miel. Elles s'envolent avec quelque difficulté, et cependant leur vol est rapide. Ce genre se divise naturellement par la forme de l'abdomen. Les espèces de la première division appartiennent à notre climat et n'offrent ordinairement que deux couleurs, le roux et le noir, dont tantôt l'une, tantôt l'autre, est dominante. Les Phasies de la seconde division paroissent propres à l'Amérique septentrionale, leurs jambes postérieures sont ordinairement garnies d'une frange de cils imitant les barbes d'une plume; une espèce de cette division habite la France méridionale, mais elle n'a point ce dernier caractère.

1re. *Division.* Abdomen presque demi-circulaire ou en demi-ovale, fort déprimé.—Ailes ordinairement élargies à leur base extérieure.

1. Phasie ailes épaisses, *P. subcoleoptrata.*

Phasia capitis pallidi vertice lateribusque aureo villosis, pedibus fuscis, tibiis nudis.

Phasia subcoleoptrata. Lat. *Gener. Crust. et Ins. tom.* 4. *pag.* 345. — *Thereva subcoleoptrata.* Fab. *Syst. Antliat. pag.* 217. *n°.* 1. — Panz. *Faun. Germ. fas.* 74. *fig.* 13. Femelle. *fig.* 14. Mâle. — *Encycl. pl.* 394. *fig.* 14. la femelle, *et fig.* 15 le mâle.

Longueur 3 lig. ½. Antennes d'un roux-brun, palette et soie noires. Tête pâle couverte d'un duvet argenté et chatoyant, vertex noir. Corselet noir, ses côtés et sa partie antérieure couverts de poils roux et dorés. Ecusson pâle. Abdomen roux, cilié de noir à sa base, de roux vers l'anus et marqué d'une ligne noire dorsale assez large. Ailes rousses à leur base, avec la partie extérieure et l'extrémité brunes, cette couleur s'avançant dans le milieu presque jusqu'au bord interne. Pattes brunes, pelottes blanches. Femelle.

Le mâle n'a qu'un peu de brun au bord extérieur des ailes et la ligne dorsale de son abdomen est plutôt brune que noire.

Nota. Panzer s'est trompé sur les sexes. Lui et Fabricius rapportent à cette espèce le *Conops subcoleoptrata* de Linné. Nous pensons avec M. Latreille que c'est une erreur. Le diptère décrit par Linné appartient sans aucun doute au genre Phasie, mais il a l'abdomen roux avec l'extrémité noire, ce qui ne convient nullement à la Phasie ailes épaisses.

On la trouve en France.

2. Phasie crassipenne, *P. crassipennis.*

Phasia capitis pallidi vertice aureo, pedum testaceorum tarsis fuscis tibiisque nudis.

Phasia crassipennis. Lat. *Gener. Crust. et Ins. tom.* 4. *pag.* 345. — *Thereva crassipennis.* Fab. *Syst. Antliat. pag.* 218. *n°.* 3. Femelle. — Panz. *Faun. Germ. fas.* 74. *fig.* 17. Mâle. — Coqueb. *Illust. Icon.* 3. *tab. XXIII. fig.* 10. Mâle.

Longueur 3 lig. ½. Duvet de la partie supérieure de la tête d'un roux doré. Ecusson noir, couvert ainsi que le corselet d'un duvet roux doré. Pattes fauves, tarses bruns. Ailes noires avec le disque transparent, portant une tache noire. Semblable à la précédente pour le reste. Femelle.

Le mâle a le premier segment de l'abdomen roux à base et dos noirs; le second noir à base rousse des deux côtés; on voit aussi du roux à la même place sur le troisième segment, mais en plus petite quantité; quatrième segment noir couvert d'un duvet roux doré et chargé de longs poils noirs implantés sur de petits tubercules de même couleur. Jambes plus foncées que dans la femelle. Ailes transparentes; une tache brune chargée d'un point noir, sur le milieu de leur bord extérieur.

On la trouve en France sur les fleurs.

2e. *Division.* Abdomen presque cylindrique. — Bord extérieur des ailes ordinairement droit de la base jusque passé le milieu.

3. Phasie hirtipède, *P. hirtipes.*

Phasia capitis pallidi argenteo-tomentosi vertice nigro, pedibus nigris, tibiis posticis pennatis.

Phasia hirtipes. Lat. *Dict. d'Hist. Nat.* 2e. *édit.* —*Thereva hirtipes.* Fab. *Syst. Antliat. pag.* 219. *n°.* 9.

Longueur 2 lig. ½. Tête pâle à duvet argenté; vertex et une ligne descendant jusqu'à la base des antennes, noirs. Antennes noires, leur second article roux. Corselet noir, couvert d'un duvet doré antérieurement. Ecusson noir. Abdomen roux, avec le quatrième segment et l'anus noirs. Pattes noires; hanches et base des cuisses rousses; jambes postérieures extérieurement garnies de longs cils imitant les barbes d'une plume. Ailes noires, ayant leur bord intérieur transparent. Femelle.

De la Caroline.

ÉCHINOMYIE, *Echinomyia.* Dumér. Latr. *Musca.* Linn. De Géer. Oliv. (*Encycl.*) Panz. *Tachina.* Fab. Meig. *Class.*

Genre d'insectes de l'ordre des Diptères, section des Proboscidés, famille des Athéricères, tribu des Muscides.

Ce genre fondé par M. Duméril, a été adopté par M. Latreille. Il fait partie d'un groupe de cette tribu, lequel a pour caractères: cuillerons grands; palpes filiformes ou grossissant un peu vers le bout: longueur des antennes égalant presque celle de la face antérieure de la tête. Ce groupe renferme encore les Ocyptères, les Mouches et les Achias; mais dans ces genres le troisième article des antennes est plus long que le second, ce qui empêche de les confondre avec les Echinomyies.

Antennes à peu près de la longueur de la face antérieure de la tête, composées de trois articles, le second alongé, presque cylindrique, comprimé; le troisième ou palette, plus court que le précédent, large à son extrémité, presqu'en hache, portant une soie simple, de deux articulations distinctes, la seconde alongée. — *Palpes* presque filiformes, un peu plus gros à l'extrémité. — *Ailes* écartées. — *Cuillerons* grands, couvrant la majeure partie des balanciers. — *Trompe* distincte. — *Abdomen* composé de quatre segmens outre l'anus, celui-ci paroissant placé sous le quatrième segment.

Les espèces qui composent ce genre sont ordinairement chargées de grands poils roides, d'où vient leur nom générique tiré de deux mots grecs qui signifient : *Mouche hérisson*. Dans plusieurs ouvrages on a donné des détails de mœurs extraits de Réaumur comme appartenant à l'Echinomyie grosse ; mais cet auteur n'a point connu ce diptère. Il décrit une larve qui vit dans les bouzes de vache, et l'espèce dont il parle et qui provient de cette larve, n'appartient pas au genre Echinomyie, c'est la Mouche méridienne n°. 4 du présent Dictionnaire.

Ces diptères fréquentent les fleurs.

Rapportez à ce genre la Mouche grosse n°. 58, *pl.* 249, *fig.* 1, en retranchant les synonymes de Réaumur et de Geoffroy, qui appartiennent à la Mouche méridienne n°. 4, et la Mouche farouche n°. 54. *pl.* 394. *fig.* 10-12 *bis*.

ACHIAS, *Achias*. Fab. Lat.

Genre d'insectes de l'ordre des Diptères, section des Proboscidés, famille des Athéricères, tribu des Muscides.

Ce genre est placé aujourd'hui par M. Latreille dans un groupe de cette tribu qui renferme en outre les Echinomyies, les Ocyptères et les Mouches (*voyez* Echinomyie, *pag.* 98) ; mais dans ces trois genres, les yeux ne sont pas pédiculés.

Antennes écartées l'une de l'autre à leur base, couchées sur la tête, insérées sur le front, à peu près de la longueur de la face antérieure de la tête, composées de trois articles, le dernier ou palette alongé, plus grand que le second, portant à sa base une soie très courte. — *Bouche* peu avancée, son ouverture oblongue. — *Trompe* grande, avancée. — *Deux palpes* avancés, de la longueur de la trompe, insérés à sa base, nus, filiformes. — *Yeux* portés en avant chacun par un pédicule cylindrique, épais, plus long que la tête. — *Corselet* aplati. — *Ecusson* arrondi, un peu échancré. — *Ailes* plus longues que l'abdomen. — *Cuillerons* grands, couvrant la majeure partie des balanciers.

1. Achias oculé, *A. oculatus*.

Achias thorace obscuro, abdomine cupreo, alis albis, pedibus nigris, femoribus testaceis.

Achias oculatus. Fab. *Syst. Antl. pag.* 247. *n°.* 1. — Lat. *Gener. Crust. et Ins. tom.* 4. *pag.* 352.

Longueur ». Corselet obscur. Abdomen d'un cuivreux brillant, un peu pâle à sa base. Ailes transparentes, leur côte obscure vers sa base. Pattes noires. Cuisses testacées.

De l'île de Java.

Nota. Nous n'avons pas vu ce diptère ; nous le décrivons ici d'après Fabricius. Ce genre ne contient que cette seule espèce.

MÉTOPIE, *Metopia*. Meig. *Class.* Lat.

Genre d'insectes de l'ordre des Diptères, section des Proboscidés, famille des Athéricères, tribu des Muscides.

Les Métopies forment avec les Phasies (*voyez* ce mot) et les Mélanophores un groupe dont les caractères sont : cuillerons grands ; palpes filiformes ; longueur des antennes n'égalant guère que la moitié de celle de la face antérieure de la tête ; mais les Phasies ont les antennes écartées à leur naissance, presque parallèles, et dans les Mélanophores la palette ou dernier article des antennes est presque lenticulaire.

Antennes contiguës à leur naissance, divergentes, guère plus longues que la moitié de la face antérieure de la tête, composées de trois articles, le dernier ou palette très-grand, oblong, portant à sa base une soie simple, longue, subulée. — *Palpes* filiformes. — *Ailes* écartées. — *Cuillerons* grands, couvrant la majeure partie des balanciers. — *Trois yeux lisses* très-petits, très-rapprochés, placés en triangle sur le vertex.

On trouve ces insectes dans les bois, voltigeant sur les feuilles. Ils se font remarquer par la couleur argentée, très-brillante, de la partie antérieure de leur tête. Nous ne connoissons pas leurs métamorphoses.

La Mouche labiée, n°. 74 de ce Dictionnaire, est de ce genre. Sa tête est entièrement argentée, à l'exception du vertex ; ses balanciers sont blanchâtres. Le corps est chargé de grands poils assez roides, au travers desquels on aperçoit, surtout sur l'abdomen, un duvet très-court, fort brillant, qui a dans quelques endroits et sous certain aspect un reflet argentin.

Elle est commune aux environs de Paris.

MÉLANOPHORE, *Melanophora*. Meig. *Class.* Lat. *Musca*. Linn. Geoff. Fab. Panz. *Tephritis*. Fab.

Genre d'insectes de l'ordre des Diptères, section des Proboscidés, famille des Athéricères, tribu des Muscides.

Dans le groupe partiel de cette tribu, dont les Mélanophores font partie (*voyez* Phasie), les Phasies ont les antennes écartées à leur naissance et presque parallèles ; et dans les Métopies le dernier article des antennes ou palette est très-grand, oblong, muni d'une soie longue et subulée.

Antennes contiguës à leur naissance, divergentes, guère plus longues que la moitié de la face antérieure de la tête, composées de trois articles, le dernier ou palette presque lenticulaire, portant une soie courte vers sa base. — *Ailes* écartées. *Cuillerons* grands, couvrant la majeure partie des balanciers. — *Trois yeux lisses* très-petits, peu apparens, rapprochés en triangle sur le vertex.

Mélanophore vient de deux mots grecs qui expriment que ces Muscides portent une livrée noire. On les trouve voltigeant sur les murs et les pierres exposés à l'ardeur du soleil; leur vol s'exécute par sauts; on les rencontre aussi quelquefois sur les fleurs. Les espèces connues sont en petit nombre.

1re. *Division*. Soie des antennes nue.

La Mouche grossificatienne, n°. 124 de ce Dictionnaire, est de cette division. Nous en connoissons une autre espèce des environs de Paris.

2e. *Division*. Soie des antennes plumeuse.

Nous rapportons ici la *Musca carbonaria*. Panz. *Faun. Germ. fasc.* 54. *fig.* 15. Les nervures des ailes ne sont pas tout-à-fait les mêmes que dans les espèces précédentes.

Nota. Au genre Mélanophore appartient encore la Mouche rorale n°. 75 du présent ouvrage.

LISPE, *Lispa*. Lat. *Musca*. De Géer.

Genre d'insectes de l'ordre des Diptères, section des Proboscidés, famille des Athéricères, tribu des Muscides.

Parmi les Muscides, les cuillerons grands caractérisent les genres Echinomyie, Ocyptère, Mouche, Achias, Phasie, Métopie, Mélanophore et Lispe, mais aucun des sept premiers n'a les palpes subitement dilatés en spatule ou plutôt en cuiller.

Antennes insérées près du front, plus courtes que la tête, composées de trois articles, le premier très-court, le second un peu plus long, le troisième en palette alongée, presque cylindrique, portant vers son milieu une soie plumeuse distinctement articulée à sa base. — *Palpes* toujours saillans, même dans le repos, subitement dilatés en cuiller à leur extrémité, un peu ciliés sur leurs bords. — *Cuillerons* grands, couvrant la majeure partie des balanciers. — *Ailes* couchées sur le corps (suivant M. Latreille). — *Trois petits yeux lisses*, disposés en triangle sur le vertex. — *Jambes* grêles, assez alongées.

On ne connoît qu'une seule espèce de ce genre dû à M. Latreille. Elle ressemble un peu à la Mouche domestique et fréquente les sables humides du bord des eaux.

1. Lispe tentaculée, *L. tentaculata*.

Lispa nigra, griseo subtomentosa, capite anticè sericeo, palpis testaceis.

Lispa tentaculata. Lat. *Gener. Crust. et Ins. tom.* 4. *pag.* 347. *tom.* 1. *tab.* 15. *fig.* 9. — *Musca tentaculata*. De Géer, *Ins. tom.* 6. *pag.* 86. n°. 15.

Longueur 3 lig. ½. Noire, couverte d'un duvet cendré soyeux. On voit quelques poils roides assez grands sur la tête, le corselet et l'écusson. Partie antérieure de la tête chargée d'un duvet roux à reflet argenté; quelques plaques semblables sont placées sur l'abdomen. Palpes jaunes couverts extérieurement d'un duvet argenté. Aîles transparentes, nervures noires. Tarses antérieurs plus ou moins jaunâtres.

Nota. De Géer considère comme femelles les individus qui ont la plus grande partie des pattes antérieures jaunâtre.

Des environs de Paris. (S. F. et A. Serv.)

PHASME, *Phasma*. Fab. Lat. *Mantis*. Linn. De Géer. Oliv. (*Encycl.*) *Spectrum*. Stoll. Lam.

Genre d'insectes de l'ordre des Orthoptères, famille des Coureurs, tribu des Spectres.

Cette tribu est composée des genres Phasme et Phyllie. Ce dernier se distingue des Phasmes par le corselet très-court dont les segmens sont presque triangulaires, par les élytres imitant des feuilles et par l'abdomen large, membraneux, ovale, très-plat.

Antennes insérées devant les yeux, plus près de la bouche que du milieu de la tête. — *Labre* échancré, son bord antérieur droit. — *Lèvre* à quatre divisions inégales. — *Palpes* inégaux, filiformes, cylindriques. — *Tête* avancée, alongée, arrondie postérieurement. — *Yeux* petits. — *Yeux lisses* souvent peu distincts. — *Corselet* formé de trois segmens, le premier ordinairement plus court que le second. — *Pattes* antérieures point ravisseuses; tarses de cinq articles, leurs crochets munis d'une pelotte dans l'entre-deux. — *Corps* très-étroit, imitant un rameau ou une tige de plante dépourvue de feuilles, à élytres très-courtes ou souvent aptère.

Les insectes de ce genre habitent l'Amérique et les Indes orientales, sauf deux ou trois espèces propres au midi de l'Europe. Ils aiment à ce qu'il paroît à se tenir sur les branches d'arbres auxquelles ils ressemblent par leur forme et leur extérieur souvent raboteux, quelquefois même par les couleurs. Les femelles ont la partie inférieure de l'anus creusée en gouttière de telle façon qu'elle pourroit leur servir à faire une excavation pour déposer leurs œufs; les mâles ont l'anus accompagné de deux petits appendices extérieurs. Il paroît certain que les Phasmes se nourrissent de végétaux. Dans ce genre nombreux on trouve des espèces ailées et d'autres aptères. M. Lansdoun Guilding, auteur d'un mémoire inséré dans la première partie du 14e. volume des *Transactions de la Société Linnéene de Londres*, assure positivement d'une espèce qu'il nomme *Cornutum*, que cet insecte reste tranquille pendant le jour, que la nuit il dévore une quantité notable de feuilles de végétaux, que sa démarche est vacillante et que dans l'état de larve et dans celui de nymphe, lorsqu'il perd une de ses pattes, celle-ci repousse et reparoît après le premier changement de peau qui suit l'accident, mais plus petite que celle de la même paire qui lui est opposée.

1re. *Division*. Cuisses et jambes point dilatées et dépourvues de membranes.

1re. *Subdivision*. Corps toujours muni d'élytres et souvent ailé.

1. Phasme nécydaloïde, *P. necydaloides*.

Phasma necydaloides. Lat. *Gener. Crust. et Ins. tom.* 3. *pag.* 87. — Fab. *Ent. Syst. Suppl. pag.* 188. *n°.* 7. — Stoll, *Spect. pl. III. fig.* 8. *et pl. IV. fig.* 11. — *Encycl. pl.* 132. *fig.* 1.

Voy. Mante nécydaloïde n°. 3 et Mante tachetée n°. 56, qui est probablement la même espèce.

2. Phasme de la Jamaïque, *P. Jamaicensis*.

Phasma Jamaicensis. Lat. *Gener. Crust. et Ins. tom.* 3. *pag.* 87. — Fab. *Ent. Syst. Suppl. pag.* 188. *n°.* 11. — Stoll, *Spect. pl. VI. fig.* 20 *et* 21.

Voy. Mante jamaïcienne n°. 42 et Mante verdoyante n°. 60 qui ne font peut-être qu'une seule espèce.

3. Phasme latéral, *P. lateralis*.

Phasma lateralis. Lat. *Gener. Crust. et Ins. tom.* 3. *pag.* 87. — Fab. *Ent. Syst. Suppl. pag.* 188. *n°.* 12. — Stoll, *Spect. pl. X. fig.* 36. *et* 37.

Voy. Mante latérale n°. 43. La Mante Xanthomélas n°. 67 n'en est peut-être qu'une variété.

4. Phasme rose, *P. rosea*.

Phasma rosea. Lat. *Gener. Crust. et Ins. tom.* 3. *pag.* 87. — Fab. *Ent. Syst. Suppl. pag.* 190. *n°.* 17. — Stoll, *Spect. pl. V. fig.* 17.

Voy. Mante érythroptère n°. 58.

On doit encore rapporter à cette division les Mantes n°s. 2, 5, 39, 40, 41, 44, 63, 64, et celles numérotées 14 et 15, dans les espèces moins connues.

2e. *Subdivision*. Corps sans ailes ni élytres.

A. Antennes longues, sétacées; leurs articles peu distincts.

Rapportez à cette coupe les Mantes n°s. 1, 71, 72, 74 et 75.

B. Antennes très-courtes, conico-subulées à articles distincts et grenus.

5. Phasme de Rossi, *P. Rossia*.

Phasma aptera, viridis aut cinereo-fusca, antennarum breviorum articulis distinctis.

Phasma Rossia. Lat. *Gener. Crust. et Ins. tom.* 3. *pag.* 88. — Fab. *Ent. Syst. Suppl. pag.* 187. *n°.* 4. — *Mantis Rossia*. Ross. *Faun. Etrus. n°.* 636. *tab. VIII. fig.* 1. — *Encycl. pl.* 134. *fig.* 4.

Longueur 4 pouces. Corps vert, jaunâtre ou d'un brun-cendré suivant l'âge. Corselet un peu caréné dans son milieu. Pattes striées. Cuisses munies d'un dent vers leur extrémité.

Il se trouve aux environs d'Orléans, dans la France méridionale et en Italie.

2e. *Division*. Cuisses et jambes ayant à leurs parties intérieure et extérieure, un appendice membraneux.

A cette division appartiennent les Mantes n°s. 59 et 76. (S. F. et A. Serv.)

PHÉRUSE, *Pherusa*. Nom donné par M. Léach à un genre de Crustacés de l'ordre des Amphipodes, très-voisin des Crevettes, mais à antennes supérieures simples ou point accompagnées, comme les leurs, d'une soie. Les Amphithoës du même ressemblent sous ce rapport aux Phéruses; mais ici les mains ou pinces sont filiformes, et là elles sont ovoïdes.

Il ne cite qu'une espèce qu'il nomme. *Fucicole* (*Fucicola*). Son corps est d'un cendré roussâtre ou d'un cendré gris et mélangé de rouge. On la trouve, mais rarement, parmi les Fucus de la mer qui baigne quelques côtes méridionales de l'Angleterre. (Latr.)

PHILANTHE, *Philanthus*. M. Jurine a donné ce nom à un genre d'insectes hyménoptères qui répond exactement à celui de Cercéris de M. Latreille. Les Philanthes de ce dernier auteur ont reçu du premier la dénomination de Simbléphile. (S. F. et A. Serv.)

PHILANTHE, *Philanthus*. Fab. Lat. Panz. Illig. *Vespa*. Geoff. Oliv. (*Encycl.*) *Crabro*. Ross. *Simblephilus*. Jur.

Genre d'insectes de l'ordre des Hyménoptères, section des Porte-aiguillon, famille des Fouisseurs, tribu des Crabronites.

Ce genre est dû à Fabricius, mais il y confond les Cercéris de M. Latreille; c'est en élaguant ces derniers, que nous présentons ici le genre Philanthe.

L'insertion des antennes près de la bouche distingue tous les autres Crabronites des Psens, des Cercéris et des Philanthes. Les Psens ont l'abdomen pédiculé; dans les Cercéris tous les segmens de l'abdomen sont rétrécis à leur base, tandis que les Philanthes ont l'abdomen sans pédicule apparent et point d'étranglement à la base des segmens. Les cellules cubitales de leurs ailes sont sessiles, tandis que la seconde cubitale des Cercéris est pétiolée.

Antennes écartées à leur base, grossissant brusquement, guère plus longues que la tête, composées d'articles serrés, au nombre de douze dans les femelles, de treize dans les mâles; le troisième presque conique. — *Labre* coriace, carré, plus large que long, son bord antérieur quadridenté; dents intermédiaires plus petites et aiguës; une lame membraneuse formant au-dessous comme un second labre. — *Mandibules* étroites, arquées, sans saillie au côté interne. — *Palpes* courts, filiformes, les maxillaires un peu plus longs, de six articles presqu'égaux, obconiques; les labiaux de quatre, le premier et le quatrième plus longs. — *Yeux* un peu échancrés intérieurement. — *Segment antérieur* du corselet très-court; métathorax obtus. — *Tête* grande, chaperon trilobé, le lobe du milieu remontant beaucoup vers l'origine des antennes. — *Trois petits yeux lisses* disposés triangulairement sur le vertex. — *Ailes* supérieures ayant une cellule radiale pointue aux deux extrémités et quatre cellules cubitales, la première presqu'aussi longue que les deux suivantes réunies, la seconde et la troisième rétrécies vers la radiale, recevant chacune une nervure récurrente, la quatrième atteignant presque le bord postérieur de l'aile. — *Abdomen* ovale, composé de cinq segmens outre l'anus dans les femelles, en ayant un de plus dans les mâles, ces segmens sans étranglement et le premier n'étant point nodiforme; plaque supérieure de l'anus obtuse à l'extrémité, un peu échancrée dans les femelles et fourchue dans les mâles. — *Pattes* fortes, jambes et tarses ciliés et comme épineux, crochets grands, simples, munis d'une petite pelotte dans leur entredeux.

Les Philanthes femelles font leur nid dans les sables en talus où ils creusent un trou assez profond et l'approvisionnent avec différentes espèces d'insectes qu'ils piquent de leur aiguillon au moment où ils s'en emparent, pour en disposer ensuite plus facilement. Cette piqûre ne donne point une mort prompte et l'on peut encore remarquer des mouvemens dans la victime qu'on leur a enlevée, plusieurs jours après sa blessure. Lorsque le nid est suffisamment garni de proie, les femelles y pondent un œuf et ferment le trou. Elles vont en recommencer un autre pour y déposer un nouvel œuf. La larve éclôt très-peu de temps après et consomme en quelques jours la proie qui a été mise à sa portée. Ces larves sont blanchâtres, molles, rases, convexes en dessus, un peu aplaties en dessous, amincies vers l'anus. Leur corps est composé de douze segmens espacés par des étranglemens sensibles avec des bourrelets latéraux. Les stigmates posés de chaque côté des segmens sont très-apparens sur le premier et l'avant-dernier. La bouche forme une espèce de bec armé de deux petits crochets. Avant trois semaines la larve est arrivée à toute sa grandeur. Elle se forme alors une coque qui ne paroît point filée, mais plutôt composée d'une matière visqueuse, laquelle en se desséchant, devient une membrane flexible imitant une bouteille à goulot fort court, l'extrémité opposée à celui-ci étant arrondie. La larve reste sous sa forme pendant plusieurs mois et ne se change en nymphe que vers la fin de l'hiver, et par conséquent il n'y a point deux générations dans l'année. La proie de ces insectes varie suivant les espèces, mais chacune se borne à un petit nombre d'espèces fort voisines les unes des autres. Les mâles sont très-ardens, on les voit se précipiter sur leurs femelles au moment où celles-ci rentrent chargées dans leurs nids en volant péniblement; ils se joignent à elles avec tant de violence qu'ils roulent souvent ensemble sur le sable dans un espace de plusieurs pieds. C'est en l'air que l'accouplement a lieu.

Dans l'état parfait ces hyménoptères se nourrissent de miel et vont le chercher sur les fleurs; c'est sûrement en raison de cette habitude qu'on leur a donné le nom de Philanthe, composé de deux mots grecs qui signifient : *ami des fleurs*. Ce genre n'est pas nombreux en espèces. Leur couleur dominante est le noir varié de jaune.

1. Philanthe apivore, *P. apivorus*.

Philanthus apivorus. Lat. *Hist. nat. des Fourmis*, *pag*. 307 *et suiv*. *pl*. 12. *fig*. 2. Femelle. — Panz. *révis*. Mâle. — *Philanthus pictus*. Fab. *Syst. Piez. pag*. 302. n°. 5. Mâle. — Panz. *Faun. Germ. fas*. 47. *fig*. 23. Mâle. — *Simblephilus pictus*. Jur. *Hym. pag*. 188. Mâle. — *Simblephilus diadema*. Jur. *Hym. pag*. 188. *pl*. 10. Mâle variété.

Voyez pour les autres synonymes et la description de la femelle, la Guêpe lisérée n°. 118.

Le mâle diffère par la tache jaune tricuspidée qu'il porte au-dessus du chaperon entre la base des antennes et par son écusson ayant deux lignes jaunes.

La femelle approvisionne son nid d'Abeilles domestiques et de diverses espèces d'Andrènes.

2. Philanthe couronné, *P. coronatus*.

Philanthus antennarum basi subtùs luteâ, abdominis segmentis luteo marginatis, duobus primis interruptis; tertio subinterrupto.

Philanthus coronatus. Lat. *Gener. Crust. et Ins. tom*. 4. *pag*. 95. — Fab. *Syst. Piez. pag*. 301. n°. 1. Femelle. Panz. *Faun. Germ. fas*. 84. *fig*. 23. Femelle. — *Simblephilus coronatus*. Jur. *Hym*.

pag. 188. Femelle. — *Encycl. pl.* 380. *fig.* 10.

Longueur 7 à 8 lig. Antennes noires; leurs trois premiers articles jaunes, tachés de noir postérieurement. Tête noire avec sa partie inférieure au-dessous des yeux, la bouche et une tache sur le front jaunes. Corselet noir ayant sa ligne antérieure, l'écaille des ailes, un point placé sous celle-ci et une ligne au bord postérieur de l'écusson, jaunes. Abdomen noir. Chaque segment ayant une bande jaune; les deux premières très-interrompues, la troisième l'étant à peine. Anus taché de jaune au milieu. Pattes jaunes, hanches noires. Ailes fauves, demi-transparentes, nervures de même couleur. Femelle.

Dans le mâle la tache frontale porte plusieurs pointes dont trois droites à la partie supérieure. Le jaune de la base des antennes s'étend sur un plus grand nombre d'articles. L'écusson est entièrement noir. Le sixième segment de l'abdomen n'a que deux points jaunes et l'anus une très-petite tache jaune vers son extrémité. Les cuisses ont un peu de noir en dessous.

Des environs de Paris.

CERCÉRIS, *Cerceris*. LAT. SPINOL. *Philanthus*. FAB. JUR. PANZ. *Crabro*. OLIV. (*Encycl.*)

Genre d'insectes de l'ordre des Hyménoptères, section des Porte-aiguillon, famille des Fouisseurs, tribu des Crabronites.

Dans cette tribu les genres Trypoxylon, Goryte, Crabron (Frélon *Encycl.*), Stigme, Pemphrédon, Melline et Alyson ont les antennes insérées près de la bouche ou au-dessous du milieu de la face de la tête. Dans les Psens et dans les Philanthes l'abdomen est uni, ses segmens n'étant point séparés les uns des autres par un étranglement. Toutes les cellules cubitales des ailes supérieures sont sessiles dans ces deux genres.

Antennes très-rapprochées, grossissant insensiblement, beaucoup plus longues que la tête, insérées au milieu de la face antérieure de la tête, composées de douze articles dans les femelles, de treize dans les mâles. — *Labre* coriace, en carré transversal, fléchi, son bord antérieur quadidenté. — *Mandibules* ayant leur côté interne dilaté vers le milieu en un appendice à deux dents obtuses. — *Mâchoires* ayant leur lobe terminal ovale et voûté, l'intérieur coriace, demi-transparent. — *Palpes* courts, filiformes, les maxillaires plus longs que les labiaux, plus courts que les mâchoires, composés de six articles presque égaux, obconiques; les labiaux de quatre, le premier et le dernier plus longs que les autres. — *Lèvre* reployée en double dans le repos; menton alongé, cylindrique, coriace, presque trifide à l'extrémité. — *Tête* épaisse, paroissant carrée vue en dessus; chaperon trilobé, le lobe du milieu remontant vers l'origine des antennes. — *Yeux* ovales, entiers. — *Trois petits yeux lisses* rapprochés, presqu'égaux, disposés en triangle sur le vertex. — *Corps* alongé. — *Corselet* ovale, obtus postérieurement, son segment antérieur plus court que le second. — *Ailes supérieures* ayant une cellule radiale longue, se rétrécissant après la troisième cellule cubitale, son extrémité arrondie, s'écartant un peu de la côte; et quatre cellules cubitales, la première plus longue qu'aucune des autres, la seconde petite, presqu'en triangle curviligne, distinctement pétiolée, recevant la première nervure récurrente, la troisième cubitale recevant la deuxième nervure récurrente, la quatrième atteignant presque le bout de l'aile. — *Abdomen* composé de cinq segmens outre l'anus dans les femelles, en ayant un de plus dans les mâles, le premier beaucoup plus petit que les suivans, nodiforme; tous les segmens séparés les uns des autres par un étranglement notable; plaque supérieure de l'anus presque triangulaire dans les femelles, presque carrée dans les mâles, l'inférieure un peu fourchue dans les femelles. — *Pattes* fortes dans ce sexe; jambes et tarses ciliés et comme épineux : crochets grands, simples, munis d'une pelotte dans leur entre-deux.

Les mœurs des Cercéris sont à peu près les mêmes que celles des Philanthes (*voyez* cet article). Leur proie ordinaire consiste en Charansonites. Nous sommes certains qu'ils savent trouver ces coléoptères, lorsque leurs élytres n'ont point encore pris de consistance; car nous avons éprouvé que ces parties ployoient sous l'épingle; pour les transporter, la femelle Cercéris les renverse sur le dos, et passant son corps entre les jambes de l'insecte, elle lui laisse poser ses pattes sur elle, le retient de son côté avec les siennes et le porte ainsi très-facilement jusqu'à son nid. Les mâles sont très-ardens à l'époque de l'accouplement. Ils ont un large faisceau de poils de chaque côté de la tête au-dessus de la base des mandibules. Dans quelques femelles la partie moyenne du chaperon est relevée, formant au-dessous des antennes une espèce de nez ou de palette échancrée. La couleur des Cercéris est le noir et le jaune. Les femelles se servent difficilement de leur aiguillon. Les espèces connues ne sont pas nombreuses.

Rapportez à ce genre les Frélons cinq bandes n°. 13 (mâle du *Cerceris quadricincta*. LAT.), et arénaire n°. 22 du présent ouvrage.

(S. F. et A. SERV.)

PHILÉRÈME, *Phileremus*. LAT. *Epeolus*. FAB.

Genre d'insectes de l'ordre des Hyménoptères, section des Porte-aiguillon, famille des Mellifères, tribu des Apiaires.

Ce genre créé par M. Latreille est de la division des Parasites; il s'éloigne des Cératines, des Pasites, des Ammobates, des Stélides et des Allodapés, parce que tous ceux-ci ont l'écusson mutique; des genres Mélecte, Mésonychie, Aglaé,

Cœlioxyde, Dioxyde, Mésochère et Epéole, en ce que ces huit derniers genres ont l'écusson bidenté ; des Nomades par la forme alongée et triangulaire de son labre et par ses ailes supérieures qui n'ont que trois cellules cubitales. *Voyez* PARASITES MELLIFÈRES.

Antennes courtes, filiformes, un peu brisées, s'écartant l'une de l'autre de la base à l'extrémité, composées de douze articles dans les femelles, de treize dans les mâles. — *Labre* plus long que large, incliné perpendiculairement sous les mandibules, rétréci vers la pointe, en triangle tronqué. — *Mandibules* étroites, pointues, unidentées au côté interne. — *Palpes maxillaires* de deux articles d'égale grosseur; le premier du double plus long que le second et cylindrique; les labiaux de quatre articles, le troisième inséré sous la pointe extérieure du précédent. — *Trois petits yeux lisses* disposés en triangle et placés sur le vertex. — *Corselet* court. — *Ecusson* muni de deux tubercules, mais sans épines latérales. — *Ailes supérieures* ayant une cellule radiale courte, appendiculée, aiguë à sa base ainsi qu'à son extrémité, celle-ci écartée du bord extérieur, et trois cellules cubitales, la première un peu plus grande que la seconde, celle-ci rétrécie vers la radiale recevant les deux nervures récurrentes, la troisième n'atteignant pas le bord postérieur de l'aile. — *Abdomen* court, conique, composé de cinq segmens outre l'anus dans les femelles, en ayant un de plus dans les mâles. — *Pattes* courtes; les quatre premières jambes munies d'une épine simple à leur extrémité; celle des intermédiaires courte, aiguë; jambes postérieures en ayant deux; premier article des tarses plus grand que les autres; crochets simples.

On connoît très-peu d'espèces de Philérèmes. On en trouve une aux environs de Paris; la femelle dépose ses œufs dans le nid des Andrènes, des Halictes, et probablement aussi dans celui de quelques Apiaires récoltantes solitaires.

1. PHILÉRÈME ponctué, *P. punctatus*.

Phileremus abdominis fuscè ferruginei lateribus albido micantibus, alis fuscis maculâ in parte caracteristicâ pellucidâ.

Phileremus punctatus. LAT. *Dict. d'Hist. nat.* 2e. *édit.* — *Epeolus punctatus*. FAB. *Syst. Piez. pag.* 389. *n°.* 2.

Longueur 2 lig. Antennes noires. Tête et corselet fortement ponctués, noirs avec un duvet couché de couleur argentée. Abdomen brun-ferrugineux, ses côtés plus obscurs portant des taches formées par des poils couchés blanchâtres. Cuisses noires avec leur extrémité et les jambes ferrugineuses, ces dernières ayant un anneau noir dans leur milieu : tarses ferrugineux. Ailes brunes avec une tache transparente dans la partie caractéristique. Femelle.

On le trouve à la fin de l'été et en automne aux environs de Paris.

EPÉOLE, *Epeolus*. LAT. FAB. JUR. SPIN. PANZ. révis. *Apis*. LINN. KIRB. *Melecta*. FAB. *Nomada*. PANZ. *Faun.*

Genre d'insectes de l'ordre des Hyménoptères, section des Porte-aiguillon, famille des Mellifères, tribu des Apiaires.

Parmi les Apiaires parasites, l'écusson sans épines, bituberculé au milieu, distingue les Nomades et les Philérèmes. L'écusson bidenté, mais sans tubercules arrondis, est le caractère distinctif des genres Mésochère, Mélecte, Mésonychie, Aglaé, Cœlioxyde et Dioxyde. L'écusson est entièrement mutique dans ceux de Cératine, Allodapé, Pasite, Ammobate et Stélide, ce qui distingue tous ces parasites du genre Epéole.

Antennes courtes, filiformes, un peu brisées, s'écartant l'une de l'autre à l'extrémité, composées de douze articles dans les femelles, de treize dans les mâles. — *Labre* plus long que large, incliné perpendiculairement sous les mandibules, rétréci vers la pointe, en triangle tronqué. — *Mandibules* étroites, pointues, unidentées au côté interne. — *Palpes maxillaires* peu apparens, d'un seul article; les labiaux de quatre, le troisième inséré à la partie externe du second, au-dessous de son extrémité. — *Lèvre* ayant ses divisions latérales beaucoup plus courtes que les palpes. — *Trois petits yeux lisses* disposés en ligne courbe sur la partie antérieure du vertex. — *Corps* court. — *Corselet* coupé brusquement à sa partie postérieure. — *Ecusson* muni d'une épine de chaque côté et de deux tubercules dans son milieu. — *Ailes supérieures* ayant une cellule radiale peu rétrécie postérieurement, son extrémité arrondie, un peu écartée de la côte, et quatre cellules cubitales, la première grande, la seconde plus petite que les autres, très-rétrécie vers la radiale, recevant la première nervure récurrente, la troisième recevant la deuxième nervure récurrente, la quatrième à peine commencée. — *Abdomen* presque conique, composé de cinq segmens outre l'anus dans les femelles, en ayant un de plus dans les mâles. — *Pattes* courtes, fortes; les quatre premières jambes munies d'une épine simple à leur extrémité, celle des intermédiaires forte, courte, aiguë; les postérieures en ayant deux semblables à celles des intermédiaires : premier article des tarses plus long que les quatre autres pris ensemble; crochets simples.

Ce genre dû à M. Latreille contient peu d'espèces. Elles sont d'Europe ou de l'Amérique septentrionale. On rencontre les Epéoles dans les lieux sablonneux et exposés au soleil. (Pour les mœurs, *voy.* PARASITES.)

1. EPÉOLE de Bosc, *E. remigatus*.

Epeolus niger, thoracis suprà rufo-cinerei maculâ

maculâ trilobâ nigrâ abdominis segmentis rufo fasciatis primi fasciâ in medio interruptâ, pedibus nigris tibiis tarsisque quatuor anticis piceis.

Melecta remigata. Fab. *Syst. Piez. pag.* 387. *n°.* 5.

Longueur 7 lig. Corps d'un noir velouté. Antennes noires. Labre brun. Epaulettes et dos du corselet d'un roux-cendré; on voit sur son disque une grande tache noire trilobée antérieurement. Partie postérieure du corselet et base de l'écusson d'un roux-cendré; entre les deux est une bande noire. Premier segment de l'abdomen ayant une large bande d'un roux-cendré interrompue dans son milieu, échancrée de chaque côté dans cette partie, le second avec une bande d'un roux-cendré, large sur les côtés, diminuant de largeur en s'avançant vers le milieu où elle est quelquefois un peu interrompue; les troisième, quatrième, cinquième et sixième segmens largement bordés de roux-cendré à leur partie inférieure. Pattes noires, les quatre jambes antérieures et les tarses bruns. Ailes un peu enfumées. Mâle.

La couleur des bandes de l'abdomen ainsi que les taches du corselet sont dues à un duvet court et couché.

Rapporté de la Caroline par M. Bosc.

Les *Epeolus variegatus*, *n°.* 1. *Encycl. pl.* 381. *fig.* 8, et *mercatus*, *n°.* 3. Fab. *Syst. Piez.*, ainsi que la *Nomada crucigera.* Panz. *Faun. Germ. fas.* 61. *fig.* 20, sont de ce genre. Cette dernière est peut-être le mâle de l'*Epeolus variegatus* de Fab.

Nous ne croyons pas que l'Abeille bariolée, n°. 72 de ce Dictionnaire, appartienne au genre Epéole.

AGLAÉ, *Aglae.*

Genre d'insectes de l'ordre des Hyménoptères, section des Porte-aiguillon, famille des Mellifères, tribu des Apiaires.

Les genres Mésochère, Mélecte et Mésonychie forment avec celui d'Aglaé un groupe dans les Apiaires parasites (*voy.* l'article Parasites), mais dans les trois premiers les mâchoires et la lèvre sont courtes et ne surpassent pas en longueur, la tête et le corselet réunis.

Antennes longues, filiformes, un peu brisées, insérées chacune dans une cavité frontale, composées de douze articles dans les femelles, de treize dans les mâles. — *Mandibules* assez larges, striées en dessus. — *Mâchoires* et lèvre très-longues, prolongées en une trompe atteignant dans le repos au-delà du milieu de l'abdomen. — *Palpes labiaux* de quatre articles. — *Trois petits yeux lisses* disposés en triangle sur le vertex. — *Corps* alongé. — *Corselet* convexe en dessus; écailles des ailes assez grandes. — *Ecusson* déprimé, prolongé postérieurement, ses côtés formant deux pointes plus mousses que dans les autres Parasites de la même division. — *Ailes supérieures* ayant une cellule radiale ovale-alongée, son extrémité arrondie, écartée de la côte et quatre cellules cubitales, la première petite, en lozange, presque coupée en deux par une petite nervure qui descend de la côte; la seconde un peu rétrécie vers la radiale, recevant la première nervure récurrente, la troisième rétrécie vers la radiale, à peu près de la grandeur de la seconde, la deuxième nervure récurrente aboutissant à la nervure qui sépare les troisième et quatrième cubitales; cette dernière cellule fort longue, n'atteignant pas le bout de l'aile. — *Abdomen* long, un peu déprimé en dessus, caréné longitudinalement en dessous dans son milieu, composé de cinq segmens outre l'anus dans les femelles, en ayant un de plus dans les mâles. — *Pattes* longues, surtout les postérieures; jambes antérieures courtes, terminées par une seule épine branchue qui porte à sa partie inférieure une membrane transparente, jambes intermédiaires ayant une épine simple à leur extrémité; les postérieures longues, terminées par deux épines dont l'intérieure plus grande, dans les deux sexes; sillonnées en dessus dans les mâles: premier article des tarses plus long que les quatre autres pris ensemble: crochets unidentés.

Ce nouveau genre a beaucoup d'affinité avec celui d'Euglosse dont nous le croyons parasite, car il nous paroît dépourvu des organes nécessaires à la récolte. Dans les Euglosses femelles les jambes postérieures sont triangulaires, c'est-à-dire beaucoup plus larges inférieurement qu'à la partie supérieure, creuses en dedans; le premier article des tarses de ces jambes est fortement élargi et très-creusé en dessus. Les Aglaés femelles au contraire ont les jambes postérieures peu élargies vers le bas et presque convexes en dedans. Le premier article des tarses postérieurs n'est pas fort large, il est à peine creusé en dessus. Nous possédons deux mâles et deux femelles de l'espèce qui constitue ce genre. Si malgré ce que nous venons de dire et les caractères qui nous la font considérer comme parasite, on venoit à découvrir qu'elle fût récoltante, il faudroit reporter ce genre auprès de celui d'Euglosse. Son nom vient d'un mot grec qui signifie; *brillant.*

1. Aglaé bleue, *A. cœrulea.*

Aglae violaceo-cœrulea nitidissima, antennis nigris, alis aureo-fuscis.

Longueur 14 lig. Corps d'un beau bleu-violet des plus éclatans. Antennes noires. On voit quelque poils rares de cette couleur sur la tête, le dessous et les côtés de l'abdomen, ainsi qu'aux pattes. Ailes brunes avec un reflet doré très-sensible. Labre et écusson très-lisses. Trompe testacée. Mâle et femelle.

Le mâle a les jambes antérieures et leurs tarses, fortement ciliés.

De Cayenne.

MÉSOCHÈRE, *Mesocheira, Melecta.* FAB. *Crocisa.* JUR.

Genre d'insectes de l'ordre des Hyménoptères, section des Porte-aiguillon, famille des Mellifères, tribu des Apiaires.

Parmi les Apiaires parasites dont l'écusson est bidenté sans avoir de tubercules arrondis dans son milieu, les Cœlioxydes et les Dioxydes n'ont que trois cellules cubitales aux ailes supérieures. Les Mésonychies se distinguent par l'épine des jambes intermédiaires dont l'extrémité n'est ni dilatée ni échancrée. Les Mélectes outre ce caractère, ont la première cellule cubitale notablement plus grande que la seconde. Dans les Aglaés les mâchoires et la lèvre sont prolongées en une trompe presqu'aussi longue que le corps; on ne retrouve point ces caractères dans les Mésochères.

Antennes filiformes, un peu brisées, s'écartant l'une de l'autre de la base à l'extrémité, composées de douze articles dans les femelles, de treize dans les mâles. — *Mâchoires* et lèvre assez courtes, n'étant pas plus longues que la tête et le corselet pris ensemble. — *Mandibules* pointues, étroites, unidentées au côté interne. — *Palpes maxillaires* de six articles; les labiaux de quatre. — *Trois petits yeux lisses* disposés en ligne transversale sur le vertex. — *Corselet* court, convexe en dessus. — *Ecusson* bidenté. — *Ailes supérieures* ayant une cellule radiale qui va en se rétrécissant après la troisième cubitale, son extrémité arrondie, s'écartant de la côte et quatre cellules cubitales, les trois premières presqu'égales entr'elles, la première nervure récurrente aboutissant à la nervure commune aux seconde et troisième cubitales; troisième cubitale rétrécie vers la radiale, recevant la deuxième nervure récurrente; la quatrième à peine commencée, foiblement tracée. — *Abdomen* court, conique, composé de cinq segmens outre l'anus dans les femelles, en ayant un de plus dans les mâles. — *Pattes* de longueur moyenne; les quatre premières jambes munies d'une seule épine à leur extrémité; celle des antérieures simple, celle des intermédiaires élargie à son extrémité, échancrée, bilobée, l'un des lobes en forme d'épine aiguë, l'autre dentelé; jambes postérieures ayant deux épines dont l'intérieure plus grande: premier article des tarses plus grand que les quatre autres pris ensemble.

Un des caractères saillans de ce nouveau genre est la conformation de l'épine des jambes intermédiaires représentant une sorte de main; c'est de-là qu'est pris le nom du genre qui vient de deux mots grecs et signifie: *main placée au milieu.* Nous ne connoissons pas les mœurs des Mésochères, mais elles ne doivent pas différer essentiellement de celles des Mélectes parmi lesquelles Fabricius a placé notre première espèce.

1re. *Division.* Ecusson aplati, prolongé postérieurement en deux pointes planes, longues et mousses. — Seconde cubitale presque parallélipipède. — Radiale simple. — Crochets des tarses antérieurs bifides.

1. MÉSOCHÈRE bicolore, *M. bicolor.*

Mesocheira nigra, subvillosa, abdomine suprà æneo subtùs ferrugineo; antennis subtùs pedibusque ferrugineis, alis hyalinis nigro bimaculatis.

Melecta bicolor. FAB. *Syst. Piez. pag.* 386. *n°.* 3. — *Crocisa bicolor.* JUR. *Hyménopt. pàg.* 241.

Longueur 6 lig. Antennes noirâtres, d'un brun-ferrugineux en dessous. Tête et corselet noirs avec un duvet roussâtre. Ecailles des ailes supérieures ferrugineuses. Ecusson noirâtre, prolongé postérieurement en deux longues dents plates, mousses, couleur de poix avec un reflet métallique. Dessus de l'abdomen d'un vert-métallique changeant en violet, ses côtés et son dessous de couleur ferrugineuse. Pattes de cette couleur avec la base des cuisses brune. Ailes transparentes, les supérieures ayant la moitié inférieure de leur cellule radiale noirâtre et une tache plus grande de même couleur vers le bout de l'aile. Femelle.

De Cayenne.

Nota. Suivant Jurine, le mâle ne diffère point.

2e. *Divison.* Écusson convexe, sans prolongement postérieur, portant deux pointes assez aiguës.

1re. *Subdivison.* Pointes de l'écusson placées vers son milieu. — Seconde cellule cubitale très-rétrécie vers la radiale, celle-ci simple. — Crochets des tarses antérieurs bifides.

2. MÉSOCHÈRE azurée, *M. azurea.*

Mesocheira nigra, cœruleo nitida, nigro et albido subtomentosa, alis hyalinis apice fuscescentibus.

Longueur 6 à 7 lig. Noire, avec un reflet d'un bleu-azuré plus sensible sur l'abdomen. Tête, corselet et bords de l'abdomen ayant des poils blancs mêlés de poils noirs. Lobe extérieur de l'épine des jambes intermédiaires portant quatre petites dents. Ailes transparentes, les supérieures brunes à l'extrémité. Femelle.

Le mâle diffère en ce que les poils de la partie antérieure de la tête sont d'un beau jaune-citron; que les écailles des ailes supérieures sont d'un testacé-brun et que les pattes et surtout les tarses ont un peu de cette couleur. Ses cuisses postérieures sont fortement tuberculées en dessous vers leur base.

De la Guadeloupe.

2e. *Subdivision.* Pointes de l'écusson placées sur les côtés. — Seconde cellule cubitale peu rétrécie vers la radiale, celle-ci appendiculée. Tous les crochets des tarses simples.

3. Mésochère veloutée, *M. velutina.*

Mesocheira nigra, nigro tomentosa, abdominis segmentis, primo excepto, cœruleo micantibus, alis violaceo-fuscioribus.

Longueur 8 lig. Noire, assez fortement velue, ses poils noirs; ceux de l'abdomen fort courts. Antennes noires. Extrémité des mandibules d'un testacé-brun. Second, troisième, quatrième, cinquième segmens de l'abdomen et dessus de l'anus ayant un reflet violet très-sensible. Ailes violettes, fortement enfumées. Pattes noires et velues. Lobe extérieur de l'épine des jambes intermédiaires portant trois petites dents. Femelle.

Rapportée du Brésil par notre savant compatriote M. Auguste de Saint-Hilaire.

MÉLECTE, *Melecta.* Lat. Fab. Spinol. *Crocisa.* Jur. Lat. *Apis.* Linn. Kirb. Oliv. (*Encycl.*) *Centris.* Fab. *Andrena, Apis, Nomada.* Panz. *Faun. Melecta, Thyreus.* Panz. révis.

Genre d'insectes de l'ordre des Hyménoptères, section des Porte-aiguillon, famille des Mellifères, tribu des Apiaires.

Ce genre fait partie d'un groupe d'Apiaires parasites dont le caractère est : écusson bidenté, sans tubercules arrondis au milieu, quatre cellules cubitales aux ailes supérieures. La cellule radiale est appendiculée dans les Mésonychies; les Mésochères ont l'épine des jambes intermédiaires élargie au bout et comme digitée, la première nervure récurrente de leurs ailes supérieures aboutit à la nervure de séparation des deuxième et troisième cubitales, et les Aglaés sont reconnoissables par la grandeur des mâchoires et de la lèvre qui se prolongent dans ce genre en une trompe presqu'aussi longue que le corps.

Antennes filiformes, un peu brisées, s'écartant l'une de l'autre de la base à l'extrémité, composées de douze articles dans les femelles, de treize dans les mâles. — *Mâchoires* et lèvre assez courtes, n'étant pas plus longues que la tête et le corselet pris ensemble. — *Mandibules* pointues, étroites, unidentées au côté interne. — *Palpes labiaux* de quatre articles. — *Trois petits yeux lisses* disposés presqu'en ligne transversale sur le vertex. — *Corps* court, ayant souvent des poils disposés par plaques. — *Corselet* court, convexe en dessus. — *Ecusson* bidenté, sans tubercules au milieu. — *Ailes supérieures* ayant une cellule radiale ovale, son extrémité arrondie, écartée de la côte et quatre cellules cubitales, la première grande, la seconde petite, très-rétrécie vers la radiale, recevant la première nervure récurrente, la troisième rétrécie des deux côtés, recevant la deuxième nervure récurrente, la quatrième point commencée, foiblement tracée. — *Abdomen* court, conique, composé de cinq segmens outre l'anus dans les femelles, en ayant un de plus dans les mâles. — *Pattes* de longueur moyenne, les quatre premières jambes terminées par une seule épine, celle des intermédiaires forte, pointue; jambes postérieures en ayant deux dont l'intérieure beaucoup plus longue; premier article des tarses aussi grand que les quatre autres réunis : crochets bifides, renflés à leur base, parallèles entr'eux.

Les Mélectes sont les ennemies particulières des Anthophores et des plus grosses espèces du genre Mégachile. Les femelles déposent leurs œufs dans les cellules que ces récoltantes construisent pour leur postérité. (*Voy.* Parasites.) Ce genre est propre à l'ancien continent, il renferme à notre connoissance une dizaine d'espèces la plupart européennes.

1re. *Division.* Palpes maxillaires très-courts, de trois articles, les deux premiers plus épais, le troisième un peu plus long, grêle, cylindrique. — Ecusson déprimé, prolongé postérieurement. (Genre *Crocisa.* Lat.)

1. Mélecte brillante, *M. nitidula.*

Melecta nigra, capite, thorace abdomineque et tibiis cœruleo maculatis.

Melecta nitidula. Fab. *Syst. Piez. pag.* 386. *n°.* 2. — *Crocisa. nitidula.* Jur. *Hyménopt. pag.* 241. La femelle.

Longueur 7 lig. Noire. Antennes de cette couleur. Chaperon et partie antérieure de la tête de couleur bleue. Dessus du corselet, ses côtés, des lignes et des taches sous les ailes, de même couleur. Tous les segmens de l'abdomen ayant de chaque côté une tache bleue plus ou moins linéaire. Anus sans taches. Pattes noires. Jambes ayant une tache bleue à leur partie extérieure. Ailes d'un brun-violet. Mâle.

La couleur bleue est due à de petits poils couchés.

D'Afrique.

A cette division appartiennent les *Melecta histrio* n°. 1, et *Scutellaris* n°. 4. Fab. *Syst. Piez.*

2e. *Division.* Palpes maxillaires de six articles. — Ecusson à peine prolongé. (Genre *Melecta.* Lat.)

Rapportez ici l'Abeille ponctuée n°. 86 de ce Dictionnaire (*Centris punctata.* Fab. *n°.* 30. *Syst. Piez.*) et la *Melecta punctata n°.* 7. Fab. *idem.* (*Melecta armata.* Panz. révis.)

MÉSONYCHIE, *Mesonychium.*

Genre d'insectes de l'ordre des Hyménoptères, section des Porte-aiguillon, famille des Mellifères, tribu des Apiaires.

Dans le groupe d'Apiaires parasites dont le caractère est : écusson bidenté, sans tubercules arrondis au milieu : quatre cellules cubitales aux ailes supérieures; les Mélectes et les Aglaés ont leur cellule radiale simple, sans appendice et toutes les cubitales sessiles; dans les Mésochères l'épine des jambes intermédiaires est grande, élargie et échancrée à son extrémité.

Antennes filiformes, un peu brisées, s'écartant l'une de l'autre de la base à l'extrémité, composées de douze articles dans les femelles, de treize dans les mâles. — *Mâchoires* et lèvre assez courtes, n'étant pas plus longues que la tête et le corselet pris ensemble. — *Mandibules* pointues, étroites, unidentées au côté interne. — *Palpes maxillaires* de six articles, les labiaux de quatre. — *Trois petits yeux lisses* disposés en ligne transversale sur le devant du vertex. — *Corps* court. — *Corselet* court, convexe en dessus. — *Ecusson* point prolongé postérieurement, ayant deux dents courtes posées sur son milieu. — *Ailes supérieures* ayant une cellule radiale pointue à sa base, allant en se rétrécissant du milieu vers l'extrémité, celle-ci arrondie, écartée de la côte, appendiculée, et quatre cellules cubitales, la première un peu plus petite que la seconde, cette dernière presqu'en carré long; la première nervure récurrente aboutissant à la nervure qui sépare les seconde et troisième cubitales; troisième cubitale pétiolée, presqu'en demi-lune, recevant la deuxième nervure récurrente; la quatrième point commencée, mais tracée. — *Abdomen* court, conique, composé de cinq segmens outre l'anus dans les femelles, en ayant un de plus dans les mâles. — *Pattes* de longueur moyenne, les quatre premières jambes terminées par une seule épine, celle des intermédiaires point dilatée à son extrémité qui porte une dent particulière; jambes postérieures ayant deux épines terminales : crochets des tarses bifides.

On ne connoît qu'une espèce de ce nouveau genre dont le nom vient de deux mots grecs et signifie : *onglet placé au milieu.* Ce nom a rapport à la petite pointe particulière que porte l'épine des jambes intermédiaires. Les mœurs des Mésonychies ne doivent pas différer de celles des Mélectes.

1. Mésonychie bleuâtre, *M. cærulescens.*

Mesonychium nigrum, abdomine cæruleo viridique nitente, alis fusco-violaceis.

Longueur 6 lig. Noire, garnie d'un duvet de même couleur. Abdomen ayant un reflet bleu et vert métallique. Ailes brunes à reflet violet. Femelle.

Du Brésil.

CŒLIOXYDE, *Cœlioxys.* Lat. *Apis.* Linn. Geoff. Oliv. (*Encycl.*) Kirb. *Anthophora.* Fab. *Trachusa.* Jur. *Anthidium.* Panz. *Heriades.* Spinol.

Genre d'insectes de l'ordre des Hyménoptères, section des Porte-aiguillon, famille des Mellifères, tribu des Apiaires.

Les genres d'Apiaires parasites dont l'écusson est bidenté, et qui n'ont que trois cellules cubitales aux ailes supérieures sont ceux de Cœlioxyde et de Dioxyde, mais ce dernier se distingue parce que l'extrémité de sa cellule radiale est presqu'aiguë, et que la première cubitale est plus grande que la seconde; en outre l'abdomen des Dioxydes n'est conique dans aucun des sexes.

Antennes filiformes, brisées, composées de douze articles dans les femelles, de treize dans les mâles. — *Mandibules* étroites, peu fortes dans les deux sexes. — *Palpes maxillaires* très-courts, de deux articles, le premier cylindrique, une fois au moins plus long que le second, celui-ci conique; les labiaux de quatre articles, les deux premiers droits, venant bout à bout dans une direction longitudinale, le troisième inséré obliquement sur le côté extérieur du deuxième, près de son sommet. — *Trois petits yeux lisses* disposés en triangle sur la partie antérieure du vertex. — *Corselet* de forme presque globuleuse. — *Ecusson* portant une dent de chaque côté. — *Ailes supérieures* ayant une cellule radiale qui va en se rétrécissant du milieu jusqu'à l'extrémité, celle-ci arrondie, écartée de la côte, et trois cellules cubitales, la première et la seconde presqu'égales, cette dernière rétrécie vers la radiale recevant les deux nervures récurrentes, la troisième à peine commencée. — *Abdomen* conique, surtout dans les femelles, composé de cinq segmens outre l'anus dans ce sexe, en ayant un de plus dans les mâles : anus terminé par une seule pointe dans les femelles, par plusieurs dans les mâles. — *Pattes* de longueur moyenne, minces, les quatre premières jambes ayant une seule épine à leur extrémité, celle des antérieures échancrée au bout et munie d'une petite membrane intérieure, transparente, celle des intermédiaires simple, aiguë; jambes postérieures terminées par deux épines simples, presqu'égales : crochets des tarses bifides dans les mâles, simples dans les femelles.

Les Cœlioxydes femelles piquent avec beaucoup de force; elles redressent souvent et fortement l'abdomen surtout lorsqu'elles veulent se servir de leur aiguillon, celui-ci ne sort pas dans une direction droite, il ne s'incline point en dessous, mais il se redresse. C'est principalement dans les nids d'Anthidies, de Mégachiles, d'Osmies et d'Anthophores qu'elles déposent leurs œufs. (*Voy.* Parasites.) Leur nom est tiré de deux mots grecs dont la signification est : *ventre aigu.* Ce genre est répandu dans toutes les parties du monde, et contient une douzaine d'espèces. Elles fréquentent les fleurs. On les rencontre souvent aussi autour des nids des Apiaires solitaires récoltantes que nous venons de nommer.

On doit rapporter à ce genre l'Abeille conique n°. 98 de ce Dictionnaire. (*C. Conica.*) Femelle. Le mâle est l'Abeille quadridentée n°. 94. Les deux pointes intermédiaires de l'anus sont doubles dans ce mâle, ce qui en fait réellement six en tout.

Cette Cœlioxyde est commune aux environs de Paris ainsi qu'une autre espèce (*C. rufescens* Nob.) qui se distingue de la première par sa taille presque du double, ses poils roux, par la partie inférieure de l'anus élargie avant sa pointe et presque tricuspidée dans les femelles.

DIOXYDE, *Dioxys, Trachusa.* Jur. *Heriades.* Spinol.

Genre d'insectes de l'ordre des Hyménoptères, section des Porte-aiguillon, famille des Mellifères, tribu des Apiaires.

Dans le groupe d'Apiaires parasites qui a l'écusson bidenté et trois cellules cubitales seulement aux ailes supérieures, les Cœlioxydes se distinguent des Dioxydes par l'extrémité de leur cellule radiale arrondie, par leurs deux premières cubitales presque d'égale grandeur, et par la forme de l'abdomen qui est conique et terminé en pointe dans les femelles.

Antennes filiformes, brisées, composées de douze articles dans les femelles, de treize dans les mâles. —*Mandibules* étroites, peu fortes dans les deux sexes. — *Palpes maxillaires* très-courts, de deux articles; les labiaux de quatre, les deux premiers venant bout à bout dans une direction longitudinale, le troisième inséré obliquement sur le côté extérieur du second, près de son sommet. — *Trois petits yeux lisses* disposés en triangle très-obtus sur le vertex. — *Corps* alongé. — *Corselet* court. — *Ecusson* portant une dent de chaque côté. — *Ailes supérieures* ayant une cellule radiale qui se rétrécit depuis son milieu jusqu'à son extrémité, celle-ci presqu'aiguë, écartée de la côte et trois cellules cubitales, la première plus grande que la seconde, celle-ci rétrécie vers la radiale, recevant les deux nervures récurrentes, la troisième imparfaite, n'atteignant pas le bout de l'aile. — *Abdomen* assez alongé, convexe en dessus et en dessous; composé de cinq segmens outre l'anus dans les femelles, en ayant un de plus dans les mâles : anus grand, large, tronqué et légèrement échancré à son extrémité dans les femelles; petit, entier et portant quelques petites dents dans les mâles. — *Pattes* de longueur moyenne, les quatre premières jambes terminées par une seule épine, celle des antérieures obtuse, celle des intermédiaires pointue; jambes postérieures en ayant deux à peu près égales : premier article des tarses aussi long que les quatre autres pris ensemble : crochets bifides dans les deux sexes.

Le nom de ce nouveau genre a pour étymologie deux mots grecs qui signifient : *doublement aigu*; il le doit aux deux pointes que présente l'écusson. L'espèce pour laquelle il a été formé habite les parties méridionales de l'Europe. Ses mœurs, que nous ne connoissons pas, doivent se rapprocher de celles des Stélides. *Voyez* Parasites.

1. Dioxyde ceinte, *D. cincta.*

Dioxys nigra, cinereo subtomentosa, abdominis segmento primo ferrugineo.

Trachusa cincta. Jur. *Hyménopt. pag.* 253. *pl.* 12. La femelle. — *Heriades cincta.* Spin. *Ins. Ligur. fasc.* 3. *pag.* 198. *n°.* 2.

Longueur 5 à 6 lig. Noire avec quelques poils blanchâtres. Premier segment de l'abdomen ferrugineux, bordé inférieurement de poils couchés, blancs ainsi que les trois suivans, les côtés de ce bord dans le cinquième en ayant également. Ailes enfumées, surtout vers la côte et l'extrémité. Femelle.

Le mâle diffère en ce que le cinquième segment de l'abdomen est bordé entièrement comme les quatre précédens. L'anus a deux petites dents, une de chaque côté.

De la France méridionale. (S. F. et A. Serv.)

PHILEURE, *Phileurus.* Lat. *Scarabœus.* Linn. Oliv. Palis.-Bauv. *Geotrupes.* Fab.

Genre d'insectes de l'ordre des Coléoptères, section des Pentamères, famille des Lamellicornes, tribu des Scarabéïdes.

Ce genre, dû à M. Latreille, fait partie d'une section établie par lui dans la tribu des Scarabéïdes sous le nom de Xylophiles (*voyez* ce mot). Les Ægialies et les Trox ont le labre saillant au-delà du chaperon; dans les Héxodons et les Rutèles le chaperon est apparent et carré; les Scarabés ont le corps convexe et le côté extérieur des mandibules crénelé ou denté; enfin les Oryctès ont le corps convexe et les côtés du corselet peu dilatés. Aucun de ces caractères ne se trouve dans les Phileures.

Antennes de dix articles, le premier gros, plus long que les suivans, le second obconique, les autres moniliformes, les trois derniers en feuillets alongés formant une massue plicatile. — *Labre* entièrement caché. — *Mandibules* étroites, sans crénelures ni dents à leur côté extérieur. — *Mâchoires* cornées, fortement tridentées. — *Palpes maxillaires* un peu plus longs que les labiaux, de quatre articles, le dernier cylindrique, alongé; les labiaux de trois articles, le dernier au moins aussi grand que le précédent. — *Lèvre* presque nulle ou cachée par le menton; menton un peu échancré à l'extrémité. — *Tête* petite, chaperon trigone ayant trois pointes sur ses bords. — *Corps* déprimé, ovoïde. — *Corselet* coupé à peu près droit en devant et postérieurement, dilaté et arrondi sur les côtés. — *Ecusson* triangulaire. — *Pattes* fortes; jambes dentées extérieurement; une seule épine à l'extrémité des antérieures; les quatre postérieures munies de deux épines inégales, l'intérieure plus grande; tarses intermédiaires et postérieurs ayant leur premier article terminé en dessus par un prolongement spiniforme.

Les Phileures habitent les contrées chaudes de l'Amérique; il est probable que leurs larves vivent dans le bois. Le petit nombre d'espèces connues a le corps noir-luisant et les élytres chargées de stries fortement ponctuées.

1. Phileure didyme, *P. didymus*.

Phileurus elytris striatis, striis punctatis, punctis irregularibus inter primam à suturâ secundamque striam.

Phileurus didymus. Lat. *Gener. Crust. et Ins. tom.* 2. *pag.* 103. — *Geotrupes didymus*. Fab. *Syst. Eleut. tom.* 1. *pag.* 17. *n°.* 59. — Drury, *Ins. tom.* 1. *pl.* XXXII. *fig.* 3. — *Scarabœus didymus*. Oliv. *Entom. tom.* 1. *Scarab. pag.* 42. *n°.* 46. *pl.* 2. *fig.* 9. — Palis.-Bauv. *Ins. d'Afriq. et d'Amériq. Coléopt. pl.* 1. b. *fig.* 3. — *Encycl. pl.* 143. *fig.* 2.

Longueur 18 à 20 lig. Corps entièrement noir, luisant, ayant un duvet ferrugineux sur certaines parties du dessous, et de petits poils roides de même couleur bordant le devant du corselet. Tête striée irrégulièrement, les trois pointes du chaperon assez élevées. Partie antérieure du corselet irrégulièrement striée, le reste un peu ponctué; un tubercule relevé placé sur le milieu de la partie antérieure; un sillon profond, ponctué, longitudinal, finissant par une dépression plus forte et plus large, atteignant la base du tubercule. Elytres ayant des stries profondes, très-ponctuées; entre celle qui accompagne la suture et la seconde, se trouvent des points enfoncés qui ne forment pas une strie régulière.

Amérique méridionale.

Nota. Dans ce genre doivent entrer les *Geotrupes valgus* et *depressus* de Fabricius, ainsi que les Scarabés tronqué, quadrituberculé et aplati de M. Palisot-Bauvois; espèces qu'il seroit bon de comparer entr'elles. (S. F. et A. Serv.)

PHILOSCIE, *Philoscia*. J'ai désigné ainsi un genre de Crustacés, formé aux dépens de celui d'*Oniscus*, ou Cloporte de Linné. De même que dans nos Cloportes proprement dits, les antennes extérieures sont composées de huit articles, mais leur insertion est découverte ou à nu, et leur corps se termine brusquement en pointe vers son extrémité postérieure.

La Philoscie des mousses, *Philoscia muscorum* (*Oniscus sylvestris*. Fab.), a été décrite dans cet ouvrage sous le nom de *Cloporte des mousses*. Elle est blanchâtre en dessous, et d'un cendré-brun, avec de petites lignes et des points gris ou jaunâtres en dessus. Les pieds ont quelques traits foncés. Les quatres appendices ou stylets qui terminent postérieurement le corps sont presque de longueur égale. Cette espèce est très-commune en France dans les lieux humides, sous les mousses, les feuilles tombées à terre, etc. M. Antoine Coquebert l'a figurée dans ses *Illustrations iconographiques des insectes*, première décade, *pl.* 6. *fig.* 12. Elle l'avoit été aussi par M. Cuvier, dans le *Journal d'histoire naturelle*, rédigé par M. de Lamarck, Bruguière et Haüy. (Latr.)

PHLÆA, *Phlæa*, *Cimex*. Drur.

Genre d'insectes de l'ordre des Hémiptères, section des Hétéroptères, famille des Géocorises, tribu des Longilabres.

A l'exception de ce genre tous ceux qui composent cette tribu ont au moins quatre articles aux antennes; leur corps est épais et n'est pas bordé d'appendices membraneux. *Voyez* Longilabres, *tom.* 10. *pag.* 51.

Antennes filiformes, assez longues, très-écartées à leur base, insérées de chaque côté de la tête, composées de trois articles, coudées après le premier; celui-ci le plus grand de tous, cylindrique, s'amincissant vers sa base; le second grossissant un peu vers l'extrémité; le troisième plus gros que le précédent, à peu près de la même grandeur, presque cylindrique. — *Labre* long, très-étroit, presqu'aciculaire, prenant naissance à l'extrémité antérieure du chaperon, recouvrant la base du suçoir et dépassant le premier article du bec. — *Bec* de quatre articles distincts, renfermant un suçoir de quatre soies; le premier de ces articles logé en grande partie dans une coulisse longitudinale du dessous de la tête. — *Tête* assez grande, déprimée, triangulaire. — *Yeux* globuleux, saillans en dessus et en dessous de la tête. — *Deux petits yeux lisses* placés un de chaque côté entre les yeux à réseau et fort près d'eux. — *Corps* très-déprimé, garni tout autour d'appendices membraneux. — *Corselet* beaucoup plus large que long, se rétrécissant en devant à partir de son milieu. — *Ecusson* grand, triangulaire. — *Abdomen* composé de quatre segmens outre l'anus; ces segmens et l'anus ayant de chaque côté un stigmate très-apparent; anus des mâles entier, sans sillon longitudinal, paroissant en dessus et en dessous. — *Pattes* de longueur moyenne; tarses courts, presque cylindriques, composés de trois articles; le second plus court que les autres, le dernier terminé par deux crochets recourbés, sans pelottes apparentes au milieu.

Nous plaçons ce nouveau genre dans la tribu des Longilabres, malgré sa ressemblance extérieure avec plusieurs genres de celle des Membraneuses, et notamment avec les Arades. Au premier coup d'œil on rangeroit l'espèce qui nous a servi de type dans cette dernière tribu, elle paroît même en mériter éminemment le nom à cause des appendices membraneux qui bordent sa tête, son corselet et son abdomen, ainsi que par l'aplatissement de son corps; mais il n'en est plus de même lorsqu'on examine les parties de sa bouche, et nous avons trouvé dans ces organes tous les caractères assignés aux Longilabres, à l'exception des stries transversales du labre dont nous la croyons entièrement privée. Nous ferons remarquer que les Phlæas sont les seules Géocorises dont les antennes n'offrent que trois articles distincts. Sommes-nous ici trompés par l'apparence? Nous recommandons l'examen de ces organes à ceux qui observeront après nous. L'impossibilité de ranger dans aucun genre connu jusqu'ici une espèce aussi remarquable, figurée depuis long-temps par Drury, et que nous possédons, nous a engagés à publier cette nouvelle coupe générique, dont le nom vient d'un mot grec qui signifie : *écorce*. Elle le doit à son aprence extérieure.

1. Phlæa cassidoïde, *P. cassidoides*.

Phlæa suprà grisea tuberculis multis rufo-fuscis subnitidis adspersa, subtùs nigra appendiculis marginalibus griseis.

Cimex corticatus. Drur. *Ins. tom. 2. pl. XL. fig. 2.*

Longueur 10 lig. Tête triangulaire, indépendamment des deux appendices qui la bordent en avant des yeux, et qui sont échancrés sur les côtés, coupés presque carrément en devant. Yeux paroissant en dessus et en dessous de la tête. Antennes fauves, leur premier article brun, le dernier velu. Bec fauve, très-long, dépassant le milieu de l'abdomen, se logeant de toute sa longueur dans une coulisse assez profonde. Premier segment du corselet portant un appendice latéral, grand, taillé presque carrément à sa partie extérieure; second segment n'ayant qu'un appendice fort étroit. On voit une petite épine au-dessous de cet appendice. Troisième segment du corselet et le premier de l'abdomen bordés par un appendice qui dépend des élytres, mais n'en ayant pas qui leur soient propres; les second, troisième, quatrième segmens de l'abdomen et l'anus en ayant un de chaque côté. Ecusson grand, s'étendant jusque sur la base de la membrane des élytres, un peu caréné dans son milieu, s'élargissant un peu vers son extrémité qui est arrondie et calleuse. Membrane des élytres demi-transparente, laissant à découvert une partie de l'anus et tous les appendices membraneux de l'abdomen. Dessus du corps, à l'exception de la membrane des élytres, d'un blanc-sale, ponctué et chargé de tubercules assez lisses, roux, ordinairement entourés de brun. Dessous du corps (les appendices exceptés) noir. Pattes d'un blanc-sale avec quelques tubercules et les cuisses de couleur noire. Mâle.

Du Brésil. (S. F. et A. Serv.)

PHLOIOTHRIBE, *Phloiothribus*. Lat. *Hylesinus*. Fab. *Scolytus*. Oliv. (*Entom.*)

Genre d'insectes de l'ordre des Coléoptères, section des Tétramères, famille des Xylophages, tribu des Scolytaires.

Tous les Scolytaires ont les antennes composées de six à dix articles distincts et terminées en massue. Le genre Phloiothribe que l'on doit à M. Latreille se distingue seul dans sa tribu parce que cette massue n'est point solide, mais composée de trois longs feuillets distincts.

Antennes plus longues que la tête et le corselet, terminées par une massue formée de trois feuillets très-longs, linéaires, formant l'éventail. — *Labre* étroit, peu avancé, corné, cilié, légèrement échancré. — *Mandibules* courtes, épaisses, pointues, presque dentées. — *Mâchoires* coriaces, comprimées, très-velues extérieurement. — *Palpes* très-courts, presqu'égaux, distincts, plus gros à leur base; les maxillaires de quatre articles, les labiaux de trois. — *Lèvre* petite ne paroissant que comme un tubercule placé sur la base du menton. — *Tête* peu rétrécie en devant. — *Yeux* alongés, étroits. — *Corps* ovale-cylindrique, convexe. — *Corselet* convexe. — *Jambes* comprimées, tarses ayant leur pénultième article bifide.

On ne connoît que fort peu d'espèces de Phloiothribes; elles paroissent nuisibles aux jeunes branches des arbres. L'une d'elles a été l'objet spécial d'un mémoire de M. Bernard, par le tort notable qu'elle fait aux oliviers.

1. Phloiothribe de l'Olivier, *P. oleæ*.

Phloiothribus cinereo subtomentosus, elytrorum apice subnudo.

Phloiothribus oleæ. Lat. *Gener. Crust. et Ins. tom. 2. pag. 280.* — *Hylesinus oleæ*. Fab. *Syst. Eleut. tom. 2. pag. 395. n°. 24.* — *Scolytus oleæ*. Oliv. *Entom. tom. 4. Scolyt. pag. 13. n°. 21. pl. 2. fig. 21. a. b.* — *Scolytus scarabæoides*. Bern. *Mém. d'Hist. nat. tom. 2. pag. 271.*

Longueur 1 lig. ½. Antennes fauves. Corps noir couvert d'un duvet cendré, plus clair-semé à l'extrémité des élytres, celles-ci avec des stries peu marquées. Pattes brunes.

Du midi de la France. Il fait beaucoup de tort aux oliviers dont il ronge les branches.

(S. F. et A. Serv.)

PHOLCUS, *Pholcus*. Walck. Genre d'Arachnides pulmonaires, famille des Aranéides ou des Fileuses, tribu des Inéquitèles ou des *Arai-*

gnées filandières, ayant pour caractères essentiels : *pattes* très-longues et très-déliées, la première paire et ensuite la seconde et la quatrième plus longues. — *Mâchoires* alongées, rétrécies et inclinées vers leur extrémité. — *Languette* (ou *lèvre*) grande, triangulaire, dilatée dans son milieu. — *Yeux* au nombre de huit, presqu'égaux, placés sur un tubercule : trois de chaque côté, disposés triangulairement, et les deux autres intermédiaires, plus écartés, plus antérieurs et sur une ligne transversale.

Le PHOLCUS PHALANGISTE, *Pholcus phalangioides*, et la seule espèce connue, est très-commun dans nos maisons; c'est l'*Araignée domestique à longues pattes* de Geoffroy, et dont il forme, à raison de ses *yeux en bouquets*, une division particulière. Elle a été décrite dans cet ouvrage sous le nom d'*Araignée phalangiste*, n°. 40. Nous ajouterons simplement que la femelle agglutine ses œufs en une masse globuleuse, qu'elle porte entre ses mandibules ou plutôt ses chélicères. Nous avons observé que cette Aranéïde agite quelquefois son corps d'une manière très-rapide, à l'instar de quelques Tipulaires. (LATR.)

PHORE, *Phora*. LAT. *Trineura*. MEIG. *Class. Tephritis*. FAB.

Genre d'insectes de l'ordre des Diptères, section des Proboscidés, famille des Athéricères, tribu des Muscides.

Parmi les Muscides le genre Phore est le seul dont les antennes soient insérées près de la bouche et les palpes toujours extérieurs. La réunion de ces caractères fait aisément reconnoître ces diptères.

Antennes insérées près de la bouche, de trois articles, les deux premiers très-petits, peu distincts, le troisième ou palette, épais, globuleux, portant une soie simple, très-longue. — *Trompe* membraneuse, bilobée, coudée, entièrement retirée dans la cavité de la bouche (dans le repos) et renfermant dans une gouttière de sa partie supérieure un suçoir composé de deux soies. — *Palpes* cylindriques, hérissés de poils, obtus à l'extrémité, toujours extérieurs, point rétractiles, n'ayant d'articulation que celle de la base. — *Tête* petite, basse, hémisphérique, hérissée de poils. — *Trois petits yeux lisses* disposés en triangle et placés sur le vertex. — *Corps* un peu alongé, arqué en dessus, hérissé de poils roides. — *Corselet* grand. — *Ailes* grandes, leur bord extérieur fortement cilié de la base au milieu où la nervure qui termine ce bord, se joint à une autre nervure descendant de la base de l'aile; point de nervures transversales, toutes les cellules atteignant le bord postérieur. — *Cuillerons* petits ne couvrant pas entièrement les balanciers. — *Abdomen* conique composé de six segmens outre l'anus. — *Pattes* longues; cuisses postérieures comprimées; jambes hérissées de piquans.

On connoît très-peu d'espèces de Phores; elles sont fort petites et se trouvent aux environs de Paris. Leur manière de vivre n'est pas connue.

1. PHORE très-noire, *P. aterrima*.

Phora tota atra, tibiis et posterioris paris femoribus compressis.

Phora aterrima. LAT. *Hist. Nat. des Crust. et des Ins. tom.* 14. *pag.* 394. n°. 1. — *Tephritis aterrima*. FAB. *Syst. Antliat. pag.* 323. n°. 35. — *Trineura atra*. MEIG. *Class. und besch. tom.* 1. *pag.* 313. *tab.* 15. *fig.* 22. — COQUEB. *Illust. Icon.* 3. *tab.* 24. *fig.* 3. — *Encycl. pl.* 390. *fig.* 58.

Longueur 1 lig. ½ à 2 lig. Corps entièrement d'un noir mat. Antennes de même couleur. Ailes transparentes, leur côte et la nervure qui s'y réunit, noires. Toutes les jambes comprimées.

On la trouve dans les bois, sur les plantes; elle est vive et s'arrête peu.

2. PHORE pallipède, *P. pallipes*.

Phora fusca, pedibus pallidis, femoribus tibiisque omnibus compressis.

Phora pallipes. LAT. *Hist. Nat. des Crust. et des Ins. tom.* 14. *pag.* 395. n°. 2. — *Trineura rufipes*. MEIG. *Class. und besch. tom.* 1. *pag.* 313. *tab.* 15. *fig.* 23. — SCHELL. *tab.* 12. — *Encycl. pl.* 390. *fig.* 59-63.

Longueur 1 lig. ½. Corps brun. Antennes brunes. Palpes, cuillerons, balanciers et pattes livides. Toutes les cuisses et toutes les jambes comprimées. Ailes transparentes avec la côte et la nervure qui s'y réunit, brunes.

On la voit souvent dans les maisons, sur les vitres des croisées. (S. F. et A. SERV.)

PHOTOPHYGES ou LUCIFUGES. Quinzième famille des Coléoptères, section des Hétéromérés dans la *Zoologie analytique* de M. Duméril; il lui donne les caractères suivans : *Elytres dures, soudées, sans ailes.* Elle se compose des genres Blaps, Pimélie, Eurychore, Akide, Scaure, Sépidie, Erodie, Zophose et Tagénie.

(S. F. et A. SERV.)

PHOXICHILE, *Phoxichilus*. Genre d'Arachnides trachéennes, de la famille des Pycnogonides, très-analogue à celui de Nymphon, mais en étant distinct ; 1°. par l'absence de palpes. 2°. En ce que le premier segment du corps n'est point rétréci postérieurement en manière de col; qu'il est court, transversal, de sorte que les deux pattes antérieures et celles qui dans la femelle portent les œufs, sont insérées près de la base du siphon, et que les yeux sont dès-lors plus antérieurs

rieurs. 3°. Les organes du mouvement sont proportionnellement moins alongés et paroissent avoir un article de moins, ou huit au lieu de neuf. J'avois d'abord cru que les mandibules, ou plutôt les chélicères, étoient monodactyles ou terminées par un seul doigt. Mais j'ai reconnu depuis qu'il y en avoit un autre, mais plus petit.

J'avois établi ce genre sur la description du *Pycnogonum spinipes* d'Othon Fabricius. (*Fauna groenlandica*, *pag.* 52.) J'ai vu depuis une seconde espèce, recueillie par feu Peron et M. Lesueur, dans leur voyage aux Terres australes, et dont j'ai donné la description dans la seconde édition du *nouveau Dictionnaire d'Histoire naturelle*, sous le nom de *Phalangioïdes* (*Phalangioides*). Son corps est long de cinq lignes, d'un brun obscur, avec les pattes environ trois fois plus longues, un peu velues et tuberculées. Feu Lalande a rapporté du Cap de Bonne-Espérance une variété de cette espèce.

Le *Nymphon femoratum* des nouveaux Actes de la Société d'histoire naturelle de Copenhague (1799, tom. 5. part. 1. tab. 5. fig. 1-3.) et le *Phalangium spinosum* de Montagu (*Act. Societ. Linn. tom.* 9. *tab.* 5. *fig.* 7), paroissent être des Phoxichiles. (Latr.)

PHRONIME, *Phronima*. Latr. Genre de Crustacés de l'ordre des Amphipodes, ayant pour caractères : *tête* fort grosse, presqu'en forme de cœur. — Deux *antennes* très-courtes et biarticulées. — Quatorze *pieds*, y compris les quatre derniers pieds-mâchoires, et dont la cinquième paire, ou la troisième des pieds proprement dits, terminée en une pince didactyle et précédée de deux articles arrondis, les autres simples; six sacs vésiculeux disposés sur deux rangées longitudinales entre les derniers. — *Corps* alongé, mou, de douze articles, non compris la tête, terminé postérieurement par six appendices en forme de stylets, fourchus au bout; six autres appendices, mais natatoires, sur le dessous du post-abdomen, et disposés sur deux lignes longitudinales. « C'est à Forskhal que nous devons la connoissance du singulier Crustacé qui a servi à l'établissement de ce genre, et qu'il a nommé *Cancer sedentarius*. (*Faun. Arab. pag.* 95.) Herbst a ensuite reproduit cette description et la figure qui l'accompagne dans son ouvrage général sur les animaux de cette classe (*tab.* 36. *fig.* 8). Le même Crustacé, ou du moins une espèce très-analogue, a été décrit et représenté dans le quatrième volume des nouveaux Actes de la Société d'histoire naturelle de Copenhague, publiés en 1802. J'en ai donné une nouvelle figure dans le premier volume de mon *Genera Crustaceorum et Insectorum*, et j'y ai désigné cette espèce sous le nom de *Phronime sédentaire* (*Phronima sedentaria*). Dans son *Histoire des Crustacés de la rivière de Nice*, M. Risso en a publié et figuré une autre, et qu'il a nommée *Phronime sentinelle* (*Phronima custos*). Elle habite, suivant lui, l'intérieur des Equorées et des Géronies, genres qui dérivent de celui de Méduse de Linnée. « Semblables, dit-il, aux Argonautes et aux Carinaires, ces Crustacés viennent pendant le calme des eaux, dans la belle saison, voyager dans les nacelles vivantes, sans se donner le soin de nager. Néanmoins, lorsqu'ils veulent se plonger, ils rentrent au gîte et se laissent tomber par le seul effet de leur pesanteur. Ces animaux, qui se nourrissent d'animalcules, ne se montrent à la surface des eaux qu'à la fin du printemps, et restent dans les profondeurs un peu vaseuses pendant tout le reste de l'année. Leur manière de se propager nous est encore inconnue; mais il est certain que les femelles ne portent pas leurs œufs sur un de leurs côtés comme les Pagures, quoiqu'elles aient comme ceux-ci l'habitude de se loger dans les dépouilles des corps vivans. » Le corps marin dans lequel étoit renfermé l'individu de la première espèce que nous avons vu et sur lequel nous avons établi ce genre, étoit le cadavre d'une espèce de Béroë. Suivant M. Risso, elle différeroit de la seconde en ce que son corps est plus grand, nacré et ponctué de rouge, tandis que celui de la seconde est très-blanc; mais c'étoit d'après la comparaison réciproque des appendices et des proportions relatives du corps, plutôt que d'après les couleurs, qu'il auroit dû distinguer ces deux espèces. L'une et l'autre habitent la Méditerranée; la première cependant se trouveroit aussi, au témoignage du docteur Léach, sur les côtes de la Zélande. (Latr.)

PHRYNE, *Phrynus*. Oliv. Ces Arachnides avoient été placées par Linné et Pallas dans le genre *Phalangium*. Brown en avoit fait des *Tarentules*, dénomination que Fabricius a adoptée, mais qui, ayant été donnée à une espèce d'Arachnide n'ayant que des rapports très-éloignés avec les précédentes, ne peut, afin d'éviter une confusion, être admise. Olivier ayant depuis longtemps distingué ce genre sous le nom de *Phryne*, nous avons dû préférer cette désignation.

Les Phrynes font partie de la famille des Pédipalpes, ordre des Arachnides pulmonaires. Ils ont, ainsi que les Mygales et les Thélyphones, quatre cavités branchiales ou pulmonaires, des organes sexuels doubles, situés à la base inférieure de l'abdomen, huit yeux lisses, des chélicères (mandibules) monodactyles, et l'abdomen pédiculé; mais ils n'ont point de filières à l'anus, leur corps est très-aplati, entièrement revêtu d'une peau assez ferme, avec le corselet presque lunulé ou réniforme; les palpes en forme de bras ou de serres, très-épineux, sans aucun appendice au bout relatif aux différences sexuelles; les deux pieds antérieurs très-longs, antenniformes et terminés par un tarse presque sétiforme, fort alongé, et composé d'un grand nombre d'articles, sans crochets au bout; la langue cornée s'avançant entre les mâchoires en manière de dard, fourchu au bout, et l'abdomen annelé. Leurs petits yeux lisses sont d'ailleurs disposés en trois groupes; savoir, deux au milieu, portés sur un tubercule, et trois de chaque côté formant un triangle. Les Phrynes font le passage des Thélyphones aux Mygales, mais en se rapprochant davantage de ces premières Arachnides que des secondes : ils en diffèrent néanmoins par l'aplatissement de leur corps, la forme du corselet et par leur abdomen, dépourvu à son extrémité postérieure de ce filet articulé et en forme de queue qui caractérise les Thélyphones. Ces Arachnides sont pareillement propres aux contrées équatoriales ou intra-tropicales; il paroîtroit qu'on les y redoute, mais sans motif réel, à ce que je pense. J'ai ouï dire qu'elles se tenoient dans les fentes des rochers, les cavernes, etc. Nous n'avons aucun autre document sur leurs habitudes. Pallas (*Spicil. Zool. fasc.* 9.) et Herbst dans sa monographie qu'il a publiée de ce genre, en ont fait connoître avec détails diverses espèces. Les deux plus grandes sont celles que Fabricius nomme *Tarentula lunata* et *T. reniformis*. La première est le *Phalangium reniforme* de Linné (Pallas, *ibid. tab.* 3, *fig.* 5-6; Herbst, *Naturg. Phalang. tab.* 3.), ou notre Phryne lunulé, *Phrynus lunatus*. Ses palpes sont presque trois fois plus longs que le corps, et n'offrent d'épines remarquables qu'à l'extrémité de leur troisième article; il y en a quatre, dont les deux supérieures plus fortes. Cette espèce se trouve aux Indes orientales. La seconde, ou le Phryne réniforme, *Phrynus reniformis*, habite la Guiane et quelques-unes des Antilles. Ses palpes sont de la longueur du corps, avec les second et troisième articles comprimés, armés au côté interne d'épines; il y en a cinq à six à l'extrémité, un peu dilatée, du troisième.

Les individus que j'ai eus de Saint-Domingue et de quelques autres îles de l'Archipel américain, sont généralement plus petits que ceux que l'on reçoit de Cayenne; mais peut-être appartiennent-ils à l'espèce nommée par Herbst *Phrynus medius*. (*tab.* 4. *fig.* 1.) C'est par la comparaison d'un grand nombre d'individus dont la patrie sera bien connue, que l'on pourra éclaircir ces difficultés spécifiques. (Latr.)

PHTHIRIE, *Phthiria*. Meig. Lat. *Voluccella*. Fab.

Genre d'insectes de l'ordre des Diptères, section des Proboscidés, famille des Tanystomes, tribu des Bombyliers.

Le premier article des antennes plus long que le second distingue suffisamment du genre Phthirie, les Cyllénies, les Bombyles et les Ploas des auteurs, ainsi que les Gérons et les Toxophores de M. Meigen. On ne voit point de palpes distincts dans les Usies, tandis qu'ils sont apparens dans les Phthiries. Ce genre est donc bien distinct de tous ceux de sa tribu.

Antennes avancées, rapprochées, composées de trois articles, les deux premiers courts et égaux entr'eux; le troisième alongé, comprimé, fusiforme. — *Trompe* très-longue, avancée, horizontale, cylindrique. — *Palpes* distincts, en masse. — *Tête* arrondie. — *Yeux* grands, rapprochés et se réunissant au-dessus du front dans les mâles, espacés dans les femelles. — *Trois petits yeux lisses* disposés en triangle et placés sur le vertex. — *Corps* presque glabre. — *Ailes* grandes. — Point de *cuillerons*. — *Balanciers* grands, très-apparens. — *Abdomen* composé de six segmens outre l'anus. — *Pattes* longues, minces; jambes entièrement dépourvues d'épines.

Les espèces connues de ce genre sont toutes d'Europe et ne s'élèvent guère qu'à cinq ou six. Leur taille est petite. Elles se plaisent dans les lieux secs, s'arrêtant sur les fleurs, principalement sur celles du liseron des champs.

1. Phthirie fauve, *P. fulva*.

Phthiria fulvo-pubescens, alis fuscescentibus.

Phthiria fulva. Meig. *Dipt. d'Eur. tom.* 2. *pag.* 218. *n°.* 1. *tab.* 18. *fig.* 15. Femelle. — Lat. *Gener. Crust. et Ins. tom.* 4. *pag.* 314.

Longueur 2 lig. Fauve, pubescente. Ecusson blanchâtre, balanciers blancs. Ailes obscures.

Elle a été trouvée au mois de juin à Fontainebleau sur la marguerite commune. (*Chrysanthemum leucanthemum.*)

Nous n'avons point vu cette espèce.

2. Phthirie pulicaire, *P. pulicaria*.

Phthiria nigra, alis subhyalinis.

Phthiria pulicaria. Meig. *Dipt. d'Eur. tom.* 2. *pag.* 219. *n°.* 3. — *Phthiria nigra*. Meig. *Class. tom.* 1. *pag.* 193. *tab.* 10. *fig.* 11. — *Voluccella pygmea*. Fab. *Syst. Antliat. pag.* 115. *n°.* 5. — *Bombylius pulicarius*. Mikan. *Monog.* 58. *tab.* 4. *fig.* 14. — *Encycl. pl.* 388. *fig.* 38-41.

Longueur 2 lig. Noire. Extrémité de l'écusson et balanciers de couleur blanche. Ailes transparentes. Femelle.

Le mâle (suivant M. Meigen) est entièrement noir avec les ailes transparentes.

Des environs de Paris. (S. F. et A. Serv.)

PHTHYRIDIE, *Phthyridium*. Voyez Nyctéribie. (Latr.)

PHTHYROMYIES, *Phthyromyiæ*. Seconde tribu de la famille des Pupipares, section des Eproboscidés, ordre des Diptères. Elle a pour caractères :

Tête confondue avec le corselet. — *Suçoir* renfermé dans un petit tube. — *Point d'ailes* ni de balanciers.

Elle ne contient que le seul genre Nyctéribie.

(S. F. et A. Serv.)

PHYCIDE, *Phycis*. Fab. Lat. *Tinea*. Hubn.

Genre d'insectes de l'ordre des Lépidoptères, famille des Nocturnes, tribu des Tinéites.

Dans cette tribu, les palpes inférieurs recourbés dès leur origine, distinguent les genres Lithosie, Yponomeute, Œcophore, Adèle et Teigne; les Crambes ont cela de particulier que leurs quatre palpes sont découverts et avancés en forme de bec. Les Galléries ont les palpes inférieurs couverts d'écailles avec le dernier article un peu courbé. Dans les Euplocampes les antennes des mâles sont distinctement pectinées. Les Alucites ont les antennes presque simples et leur langue est assez longue et apparente. Les Phycides ne présentent aucun de ces caractères.

Antennes sétacées, celles des mâles ciliées ou barbues. — *Langue* très-courte, peu distincte. — *Palpes supérieurs* entièrement cachés, les inférieurs seuls apparens, avancés, de trois articles, le second portant un faisceau d'écailles, le troisième relevé perpendiculairement et presque nu. — *Corps* enveloppé par les ailes, celles-ci entières; les supérieures longues et étroites, les inférieures larges et plissées dans le repos. — *Chenilles* vivant à couvert dans un fourreau.

1. Phycide du Bolet, *P. boleti*.

Phycis alis superioribus nigris, dorso margineque postico albidis.

Phycis boleti. Fab. *Entom. Syst. Suppl. pag.* 463. *n°.* 1. — *Tinea boletella*. Hub. *Tin. tab.* 3. *fig.* 18. *Larv. Tin.* 1. *Bombycif.* C. a. *n°.* 2. a.

Envergure 16 lig. Tête et corselet cendrés. Ailes supérieures noires, leur dos et leur bord postérieur blanchâtres; cette couleur se répandant irrégulièrement et ponctuée de noir.

Chenille blanchâtre ponctuée de noir, à tête brune. Vit dans les bolets du hêtre.

Du nord de l'Europe.

Nota. Nous décrivons cette espèce que nous n'avons point vue, d'après Fabricius.

(S. F. et A. Serv.)

PHYLLIE, *Phyllium*. Illig. Lat. *Mantis*. Linn. Fab. Oliv. (*Encycl.*) *Spectrum*. Stoll. *Phasma*. Lam.

Genre d'insectes de l'ordre des Orthoptères, famille des Coureurs, tribu des Spectres.

Cette tribu n'est composée que des genres Phasme et Phyllie. On distingue aisément le dernier par son abdomen ovale, large, déprimé, membraneux, ses élytres imitant des feuilles et le premier segment du corselet cordiforme.

Antennes insérées devant les yeux, plus près de la bouche que du milieu de la tête. — *Labre* échancré; son bord antérieur droit. — *Lèvre* à quatre divisions inégales. — *Palpes* comprimés. — *Tête* avancée, alongée, arrondie postérieurement. — *Yeux* petits. — *Yeux lisses* souvent peu distincts. — *Corselet* formé de trois segmens; le premier déprimé, en forme de cœur; le second et le troisième formant ensemble un triangle tronqué antérieurement. — *Pattes* antérieures non ravisseuses; toutes les cuisses comprimées, ayant un appendice membraneux à leur partie intérieure et extérieure; jambes s'appliquant dans le repos au côté interne de la cuisse et sous son appendice; tarses à cinq articles, leurs crochets munis dans leur entre-deux d'une pelotte très-apparente.

Les Phyllies habitent les parties orientales des Grandes-Indes. Ce sont des insectes d'une forme très-singulière, mais qui est utile à leur sûreté; leurs élytres imitant une feuille peut les faire confondre avec celles des arbres où elles prennent leur repos, tant par leur couleur et leur figure que par la disposition des nervures. Il est probable que leur nourriture est végétale. Nous ignorons au reste ce qui appartient à leurs mœurs. On n'en connoît encore que fort peu d'espèces.

1. Phyllie feuille sèche, *P. siccifolium*.

Phyllium siccifolium. Lat. *Règn. anim. tom.* 3. *pag.* 375. — Stoll, *Spect. pl. VIII. fig.* 24-26. (Les figures 25 et 26 représentant la femelle lui donnent par erreur des antennes très-longues, tandis qu'elles sont fort courtes dans ce sexe.)

Voy. pour les autres synonymes et la description de la femelle, la Mante siccifeuille n°. 6.

Le mâle a les élytres courtes, les ailes grandes, transparentes, vertes au bord antérieur; son corps est plus étroit que celui de la femelle, et ses antennes sont longues, sétacées, composées d'articles nombreux et cylindriques.

M. Latreille dit que les habitans des îles Séchelles élèvent cette espèce comme objet de commerce d'histoire naturelle.

2. Phyllie de Stoll, *P. Stollii*.

Phyllium lutescente-decolor.

La Patte fuillette. Stoll, *Spect. pag.* 69. *pl. XXIII. fig.* 89.

Longueur 3 pouces. Cette espèce entièrement modelée sur le mâle de la précédente est partout de cette couleur jaune tannée qu'ont certaines feuilles qui dépérissent.

Sa patrie est inconnue. (S. F. et A. Serv.)

PHYLLOBIE, *Phyllobius*. Ce genre de Coléoptères créé par M. Schonnherr a été adopté par M. Germar dans son ouvrage ayant pour titre : *Ins. Spec. Nov. vol.* 1. *Coléopt.* 1824. Il appartient à la tribu des Charansonites, famille des Rhynchophores. Les Phyllobies ont pour caractères : rostre court, cylindrique, guère plus étroit que la tête : celle-ci saillante, oblongue, cylindrique; fossettes courtes, profondes, placées à l'extrémité du rostre. Yeux petits, globuleux. Antennes insérées au bout du rostre, plus longues que le corselet; leur premier article courbe, en massue, le second courbe; le fouet de sept articles dont les deux premiers plus longs que les autres, ceux-ci presqu'égaux entr'eux, en massue, obconiques ou lenticulaires; massue ovale-oblongue. Corselet court, presque globuleux ou presque cylindrique, tronqué à sa base et à son extrémité; point de sillon en dessous propre à recevoir le rostre. Elytres plus larges que le corselet, oblongues, couvrant des ailes, ordinairement assez molles. Ecusson petit, triangulaire. Pattes longues, presqu'égales entr'elles. Cuisses en massue, souvent dentées; jambes cylindriques, leur extrémité mutique, les antérieures souvent sinuées. Tarses courts, larges; leurs premiers articles égaux. Corps oblong, assez mou, écailleux.

Ce genre voisin de celui de Péritèle du même auteur, s'en distingue par une forme plus oblongue et par la présence des ailes et d'un écusson. Les neuf espèces rapportées à ce genre par M. Germar, sont européennes. L'une d'elles est le Charanson Pomone. Oliv. *Entom.* n°. 455. *Curculio Pomonœ*. (S. F. et A. Serv.)

PHYLLOCÈRE, *Phyllocerus*. Genre de Coléoptères Pentamères Serricornes, de la tribu des Elatérides, très-voisin des Taupins, et qui a pour caractères : premier article des antennes grand, renflé en devant, coupé obliquement à son extrémité, le second petit, un peu gonflé à sa partie antérieure, le troisième grand, égalant le premier en longueur, le quatrième plus grand que les suivans, mais plus petit que le troisième. Les six suivans petits, portant chacun sur leur partie supérieure un appendice latéral aplati, dentés en scie de l'autre côté; le onzième ou dernier alongé, cylindrique, portant un appendice comme les précédens. Corselet absolument conformé comme celui des Taupins.

M. le comte Dejean qui a bien voulu nous communiquer les caractères ci-dessus et nous permettre de décrire l'espèce, a fondé ce genre dont le nom a pour étymologie deux mots grecs qui signifient : *antennes en feuille*, sur un individu unique trouvé par lui dans l'île de Curzola en Dalmatie. Il la nomme : Phyllocère flavipenne. (*P. flavipennis.*) Longueur 7 lig. ½. Noir, couvert d'un léger duvet roussâtre. Elytres d'un châtain clair, très-finement pointillées, striées; ces stries ponctuées depuis leur milieu jusqu'à l'extrémité. Tarses garnis en dessous de poils ferrugineux.

(S. F. et A. Serv.)

PHYLLOPES, *Phyllopa*. J'ai désigné ainsi, dans le troisième volume de l'ouvrage sur le règne animal de M. Cuvier, une famille de Crustacés de l'ordre des Branchiopodes, distinguée de tous les autres animaux de cette classe par le nombre des pieds, qui, en y comprenant les pieds-mâchoires, semblables ici, à l'égard de leurs fonctions, aux pieds thoraciques, est de vingt-deux, et qui sont tous natatoires, branchiaux et foliacés, ou composés d'articles comprimés en forme de lames : de-là l'origine du mot Phyllopes, *pieds en feuilles*. C'est à la dernière paire ou un peu au-delà que sont situés les sacs renfermant les œufs. Ces Crustacés ont tous deux ou trois yeux. Dans quelques-uns, et tous binocles, ces organes sont insérés à l'extrémité de deux prolongemens latéraux et en forme de cornes de la tête, mais non articulés, à la manière des pédicules portant les yeux des Crustacés décapodes.

Dans la seconde édition du *nouveau Dictionnaire d'Histoire naturelle*, j'ai divisé cette famille en deux tribus, les Aspidiphores et les Céphalés. Les premiers ont un test clypéiforme, trois yeux placés sur ce test et sessiles. Le nombre de leurs pieds est de cinquante à soixante paires. Les seconds sont dépourvus de test, n'ont que deux yeux, et ces organes sont pédiculés. Le nombre de leurs pieds ne surpasse pas vingt-deux. La première tribu se composoit du genre *Apus*; ceux de *Branchipe*, d'*Eulimène* et d'*Artémie* formoient la seconde. Le docteur Léach réunit le second au dernier, et rectifie l'erreur que j'avois commise à l'égard de la dénomination (*Artémisie*) de celui-ci. Depuis M. Adolphe Brongniart nous a fait connoître un nouveau genre appartenant à la même famille, et auquel il a donné le nom de *Limnadie* (*Limnadia*). Ici le test est bivalve; les yeux, au nombre de deux et sessiles, ne font point partie de la tête; l'animal a onze paires de pattes.

D'après cet exposé, la famille des Phyllopes pourroit être partagée en trois sections :

1°. *Un test clypéiforme, portant trois yeux sessiles; cinquante à soixante paires de pieds (dont les deux antérieurs fort grands, antenniformes).*

Le genre Apus.

2°. *Un test bivalve, renfermant le corps; deux yeux sessiles; onze paires de pieds.*

Le genre Limnadie, ayant pour type la *Daphnie géante*, décrite et figurée par Hermann fils (*Mémoires aptérologiques*, pag. 134. tab. V.) ou la *Limnadie d'Hermann*. (*Voyez* le tome sixième des *Mémoires du Muséum d'Histoire naturelle*, page 83 et suivantes.)

3°. *Point de test; deux yeux pédiculés; onze paires de pieds.*

Les genres BRANCHIPPE, ARTÉMIE.

Supposé que ces animaux fossiles et anomaux, que l'on connoît sous le nom de *Trilobites*, et sur lesquels M. Alexandre Brongniart nous a donné un si beau travail, soient des Crustacés, ils formeront une quatrième division (*voyez* TRILOBITES).

Mais pour ne pas trop multiplier les tribus, les deux premières divisions seront réunies en une, qui conservera la dénomination d'*Aspidiphores* et ayant pour caractères : un test clypéiforme ou conchiforme; yeux sessiles. La troisième division composera une autre tribu et que nous nommerons *Cératophthalmes* au lieu de *Céphalés*, expression moins caractéristique. Nous pensons aussi que pour faciliter l'étude des Crustacés, il est nécessaire d'établir de nouveaux ordres aux dépens de celui de Branchiopodes. Il faut d'abord en détacher ceux qui ont un siphon ou un rostre et qui sont tous parasites; ensuite ceux qui, comme les Limules, n'ont point de mandibules ni de mâchoires propres. Ces Branchiopodes formeront, parmi les Crustacés, une section particulière, celle des *Edentés*. Une autre section, et la première, comprendra les Crustacés pourvus, à la manière ordinaire, de mandibules et de mâchoires. Cette section ou celle des *Maxillaires* se partagera en deux, d'après le nombre des pieds; savoir : 1°. seize au plus, y compris les six pieds-mâchoires; 2°. vingt-deux et plus. Tel sera le caractère de l'ordre des Phyllopodes ou des Crustacés qui sont l'objet de cet article. Les Crustacés branchiopodes de la famille des Lophyropes composeront aussi un nouvel ordre bien distinct, celui de *Lophyropodes*, et que l'on signalera ainsi : un seul œil et sessile; un test corné clypéiforme ou conchiforme. Branchies faisant partie soit des pieds ou de quelques-uns d'entr'eux, soit des organes de la manducation; ces pieds tous ou presque tous uniquement natatoires. Les décapodes et les stomapodes s'éloignent de tous les Crustacés maxillaires, à raison de leurs yeux pédiculés et de leur test. Dans les autres Crustacés de la même section, le corps est entièrement segmentaire ou articulé, et les yeux, au nombre de deux, sont sessiles.

(LATR.)

PHYLLOPHAGES, *Phyllophaga.* Quatrième division de la tribu des Scarabéides, famille des Lamellicornes, section des Pentamères, ordre des Coléoptères, dont le caractère est :

Mandibules recouvertes par les mâchoires et par la partie antérieure de la tête, point saillantes, leur côté extérieur seul apparent. — *Mâchoires* arquées à leur extrémité.

Les genres qui appartiennent à cette division sont : Hanneton et Hoplie.

Les Phyllophages (nom venant de deux mots grecs qui signifient : *mangeurs de feuilles*) causent fréquemment un grand dommage en dépouillant les arbres de leur verdure. Leurs larves, ou du moins celles de plusieurs espèces, attaquent les racines et font souvent périr un grand nombre de végétaux.

HOPLIE, *Hoplia.* ILLIG. LAT. *Scarabæus.* LINN. GEOFF. DE GÉER. *Melolontha.* FAB. OLIV.

Genre d'insectes de l'ordre des Coléoptères, section des Pentamères, famille des Lamellicornes, tribu des Scarabéides.

La quatrième division de la tribu des Scarabéides, nommée les Phyllophages par M. Latreille (*voy.* ce mot), contient les genres Hoplie et Hanneton. Mais ces derniers ont toutes leurs jambes munies d'épines à leur extrémité, et les tarses postérieurs offrent deux crochets ainsi que les quatre autres tarses.

Antennes de neuf à dix articles, les trois derniers formant une massue feuilletée, plicatile. — *Mandibules* membraneuses au côté interne et terminées par une pointe simple ou entière. — *Mâchoires* comprimées, denticulées. — *Palpes maxillaires* une fois plus longs que les labiaux, de quatre articles, le dernier alongé, épais, ovoïde et pointu; les labiaux de trois articles. — *Corps* déprimé, ovale, couvert ou parsemé de petites écailles brillantes. — *Corselet* point rebordé. — *Ecusson* petit, arrondi postérieurement. — *Elytres* unies, plus larges ou comme dilatées à leur base extérieure, couvrant les ailes et la plus grande partie de l'abdomen. — *Abdomen* presque carré. — *Pattes postérieures* grandes; jambes dépourvues d'épines terminales; tarses antérieurs et intermédiaires terminés par deux crochets, l'un petit sans division, l'autre plus grand et bifide; tarses postérieurs n'ayant qu'un seul crochet très-grand, très-fort et sans division à sa pointe.

Le nom de ce genre, tiré du grec, signifie : *armé d'ongles*. Les Hoplies se tiennent sur les feuilles de différens végétaux qu'elles rongent; elles semblent préférer ceux qui croissent au bord des eaux. Le nombre des espèces connues est de quinze et propres à l'Europe ou à l'Afrique.

1re. *Division.* Antennes de dix articles.

On rapportera à cette division le Hanneton argenté, n°. 115 de ce Dictionnaire.

2e. *Division.* Antennes de neuf articles.

Cette division renferme le Hanneton écailleux, n°. 114. (*Hop. squamosa.*)

Nous indiquerons en outre comme étant de ce genre le Hanneton farineux, n°. 113. (*Hop. farinosa, Scarabœus farinosus.* Linn.), et le Hanneton royal, n°. 112. (*Hop. aulica, Scarabœus aulicus.* Linn.)

(S. F. et A. Serv.)

PHYLLOSOME, *Phyllosoma.* Genre de Crustacés, de l'ordre des Stomapodes, établi par M. Léach, dans une Notice sur les animaux recueillis par Joseph Cranck, naturaliste de l'expédition anglaise, qui avoit pour but la découverte de la source de la rivière de Zaïre en Afrique. Une espèce de ce genre avoit été décrite et figurée, depuis long-temps, sous le nom de *Cancer cassideus*, dans un journal allemand (*der Naturforscher*) sur l'histoire naturelle; c'est ce qu'ignoroit le docteur Léach, lorsqu'il me communiqua, avec sa générosité accoutumée, plusieurs de ces Crustacés, si remarquables par leur corps tellement aplati, que son épaisseur ne surpasse point celle d'une feuille de papier à écrire, presque diaphane, et, comme l'indique l'étymologie du mot Phyllosome, semblable à une feuille. Ces animaux composent dans l'ordre des Stomapodes une famille particulière, que je nomme *Bipeltés.* La partie antérieure du corps, répondant au thorax des Décapodes, ou celle que j'appelle *thoracide*, est en effet divisée en deux boucliers, dont l'antérieur plus grand et plus ou moins ovale, forme la tête; et dont le second ou l'alvithorax, porte les pieds-mâchoires et les cinq paires de pieds ordinaires, a la forme d'un ovale transversal, coupé en ligne droite au bord postérieur, et anguleux dans son pourtour. Le post-abdomen est très-petit. Sur le devant du premier bouclier sont situés les yeux et les antennes. Les yeux sont portés sur un pédicule long, menu, divisé en deux articles, dont le radical beaucoup plus alongé et cylindrique, et dont le dernier un peu plus gros, forme un bouton, en cône renversé, terminé par l'œil proprement dit. Les antennes sont sur une ligne transverse, filiformes, et composées, à ce qu'il m'a paru, de quatre articles, dont le quatrième le plus long. Les latérales n'ont point d'écaille à leur base, et leur longueur varie selon les espèces. Les mitoyennes, toujours plus courtes que les pédicules oculaires, sont partagées depuis l'extrémité supérieure du troisième article, en deux filets, dont l'interne un peu plus court, et paroissant biarticulé. La bouche est placée vers les deux tiers de la longueur médiane de ce bouclier, à partir de son sommet, et ne présente, au premier coup d'œil, qu'un groupe de mamelons disposés en rosette, et qui sont probablement les analogues des organes composant la bouche des Squilles. La transparence du corps permet de distinguer le canal alimentaire, qui à la suite d'un œsophage dilaté, de figure carrée et un peu plus large que long, s'étend en ligne droite dans la longueur du tronc et présente vers son milieu un rétrécissement. Les deux derniers pieds-mâchoires et les quatre premières paires de pieds sont grêles, filiformes, et généralement fort longs; tantôt cette longueur, en allant de devant en arrière, diminue progressivement; tantôt la première et la troisième paires de pieds, ou même les deux derniers pieds-mâchoires et qui sont toujours pédiformes, sont les plus longues. Si l'on excepte les deux pattes postérieures, de l'extrémité du troisième article des autres ou de la plupart d'entr'elles naît, soit en devant, soit postérieurement, un appendice sétacé, cilié, articulé, et qui paroît être l'analogue de celui que l'on observe aux pieds nageurs et simples des Squilles. Dans le Phyllosome clavicorne, le huitième et dernier article des deux pieds antérieurs, ou plutôt des deux derniers pieds-mâchoires, et qui sont les plus longs de tous, m'a paru se terminer par deux petits onglets alongés et articulés, tandis que les autres sont presque sétacés et simples à leur extrémité. Les deux pieds postérieurs sont toujours plus petits et simples. Tous ces appendices sont insérés sur le contour du second bouclier. Les quatre premiers pieds-mâchoires occupent le milieu du bord antérieur du tronc et sont fort petits. Les deux antérieurs ou les plus rapprochés de la bouche se distinguant à peine, sont, autant que j'ai pu en juger, d'une forme conique, et composés de trois articles, dont les deux premiers accompagnés chacun d'un très-petit appendice; le premier article des quatre autres pieds-mâchoires est aussi appendicé, et l'extrémité du second article des seconds se divise en deux lanières sétacées. L'extrémité postérieure du premier bouclier ou de la tête s'avance en arrière sur le second; cependant, vue en dessous, la tête paroît être continue avec le tronc ou le second bouclier. Le post-abdomen, ou communément la queue, est un peu plus court que la partie précédente, en forme de triangle étroit, alongé et très-obtus au bout, de cinq segmens, avec une nageoire terminale composée de cinq feuillets, dont deux de chaque côté, ovales et portés sur un article radical commun, et dont le cinquième au milieu, triangulaire et arrondi au bout; chaque segment a en dessous une paire d'appendices natatoires, composés de la même manière que les pièces latérales de la nageoire précédente. De cinq espèces décrites, quatre sont africaines, et l'autre se trouve aux Indes orientales. Elles sont toutes marines. M. Gaymard, naturaliste de l'expédition du capitaine Freycinet, nous donnera probablement quelques détails sur les habitudes de ces animaux, dont il a apporté plusieurs individus.

Nous avons donné, *Planche* 354 *de l'Atlas d'histoire naturelle* de cet ouvrage, des figures complètes ou partielles de quatre de ces espèces, copiées du Mémoire précité de M. Léach.

I. *Bouclier antérieur ovale et entier.*

A. *Antennes latérales plus longues que les pédicules oculaires.*

1. PHYLLOSOME CLAVICORNE, *Phyllosoma clavicorne.* LÉACH. Antennes latérales ou extérieures trois fois plus longues que les pédicules oculaires; les deux derniers pieds-mâchoires plus longs que les autres pieds.

2. PHYLLOSOME COMMUN, *Phyllosoma communе*, ejusd. Longueur des antennes latérales double de celle des pédicules oculaires; les première et troisième paires de pieds plus longues que les autres et que les pieds-mâchoires.

B. *Les quatre antennes plus courtes que les pédicules oculaires.*

3. PHYLLOSOME LATICORNE, *Phyllosoma laticorne*, ejusd. Antennes latérales longues et un peu plus larges que les deux autres, avec le premier article dilaté extérieurement et le dernier plus grand, elliptique; celles-ci sétacées. *Voyez* le *Cancer cassideus* de l'ouvrage allemand précité, *cah.* 17, *pl.* 5.

4. PHYLLOSOME BRÉVICORNE, *Phyllosoma brevicorne*, ejusd. Antennes latérales un peu plus courtes que les intermédiaires, ni plus grosses, ni dilatées extérieurement à leur base; les unes et les autres sétacées.

Voyez pour les quatre espèces, toutes africaines, la *planche de l'Atlas d'histoire naturelle* mentionnée ci-dessus, et le Mémoire du docteur Léach, intitulé : *A Gener. Notic. of the anim. Tak. by John Cranck, Append.* n°. 4.

II. *Bouclier antérieur ayant la forme d'un carré, arrondi à ses angles, avec une échancrure au milieu du bord antérieur.*

5. PHYLLOSOME FRONT-ÉCHANCRÉ, *Phyllosoma lunifrons.* LAT. *Nouv. Dict. d'Hist. nat. 2e. édit. tom.* 26. *pag.* 36. Rapporté de la côte de Coromandel par M. Leschenault. (LATR.)

PHYMATE, *Phymata.* LATR. *Syrtis.* FAB. *Cimex.* LINN. GEOFF. DE GÉER.

Genre d'insectes de l'ordre des Hémiptères, section des Hétéroptères, famille des Géocorises, tribu des Membraneuses.

Les Macrocéphales et les Phymates sont les seuls genres de leur tribu qui aient les pattes antérieures ravisseuses; mais les premiers n'ont point de cavité sous les bords du corselet pour recevoir les antennes; leur écusson est très-grand, arrondi au bout, couvrant la plus grande partie de l'abdomen.

Antennes courtes, rapprochées à leur base, reçues dans des cavités latérales du corselet, insérées sous un chaperon fourchu, au-dessous de l'origine du bec et composées de quatre articles, le dernier plus grand en forme de bouton alongé. — *Bec* court, triarticulé, engaîné à sa base avec le labre. — *Labre* court, sans stries. — *Yeux* petits, globuleux. — *Deux petits yeux lisses* placés plus haut que les yeux à réseau, assez près l'un de l'autre. — *Corps* aplati, membraneux; ses bords latéraux élevés, dentelés et comme rongés. — *Ecusson* petit, triangulaire, pointu, caréné dans toute sa longueur. — *Elytres* beaucoup plus étroites que l'abdomen, reçues dans un enfoncement dorsal de ce dernier. — *Abdomen* en forme de nacelle, rhomboïdal; ses bords latéraux élevés angulairement. — *Pattes* antérieures ravisseuses; leurs cuisses grandes, comprimées, presque triangulaires, ayant en dessous un sillon terminé par une forte dent; leurs jambes en forme de crochet arqué, se logeant dans le canal inférieur des cuisses et privées de tarses; les quatre pattes postérieures moyennes; tarses composés de trois articles, les deux premiers fort courts : crochets simples sans pelottes apparentes.

Ces hémiptères remarquables par leur forme singulière, se trouvent dans les bois sur les fleurs, où ils s'emparent de divers insectes plus foibles qu'eux pour les sucer. Leurs pattes antérieures sont faites de manière à captiver leur proie. Nous n'en connoissons que sept ou huit espèces, toutes de même taille et moyenne, une de France qui est de la première division, les autres d'Amérique appartenant à la seconde.

1re. *Division.* Dernier article des antennes presque cylindrique, plus long que les trois autres réunis.

1. PHYMATE crassipède, *P. crassipes.*

Phymata antennarum lutearum articulo ultimo cœteris simul sumptis longiori.

Phymata crassipes. LAT. *Gener. Crust. et Ins. tom.* 3. *pag.* 138. n°. 1. — *Syrtis crassipes.* FAB. *Syst. Rhyng. pag.* 121. n°. 1. — La Punaise à pattes de crabe. GEOFF. *Ins. Paris. tom.* 1. *pag.* 447. n°. 24. — WOLF. *Icon. Cimic. fasc.* 3. *pag.* 88. *tab.* 9. *fig.* 82. — PANZ. *Faun. Germ. fas.* 23. *fig.* 24. — COQUEB. *Illus. Icon. tab. XXI. fig.* 6. — *Encycl. pl.* 373. *fig.* 22-25.

Longueur 3 lig. ½. Tête et corselet d'un roux-brun. Abdomen un peu plus foncé jusqu'au milieu; ses côtés vers la base plus pâles. Antennes, dessous du corps et pattes d'un jaune-roussâtre.

Environs de Paris.

2e. *Division.* Dernier article des antennes ovale-alongé, moins long que les trois autres réunis.

2. PHYMATE rongée, *P. erosa.*

Phymata antennarum fuscè ferrugineарum

articulo ultimo cæteris simul sumptis breviori, thorace eroso-dentato.

Phymata erosa. Latr. *Gener. Crust. et Ins. tom.* 3. *pag.* 139. *n°.* 2. — *Syrtis erosa.* Fab. *Syst. Rhyng. pag.* 121. *n°.* 2. — Punaise-scorpion. De Géer, *Ins. tom.* 3. *pag.* 350. *pl.* 35. *fig.* 13 *et* 14. — Wolf. *Icon. Cimic. fasc.* 3. *pag.* 89. *tab.* 9. *fig.* 83. — *Encycl. pl.* 374. *fig.* 6.

Longueur 4 lig. Antennes d'un brun-roussâtre. Tête et corselet de même couleur, portant en dessus plusieurs pointes; les bords latéraux du dernier découpés. Abdomen d'un blanc-jaunâtre, avec une bande transversale brune au milieu. Elytres brunes ayant une tache latérale pâle. Pattes et dessous du corps blanchâtres; angles latéraux du ventre bruns.

De Surinam et de Caroline.

MACROCÉPHALE, *Macrocephalus.* Swed. Lat. *Syrtis.* Fab.

Genre d'insectes de l'ordre des Hémiptères, section des Hétéroptères, famille des Géocorises, tribu des Membraneuses.

Dans cette tribu les genres Tingis, Arade et Punaise ont les pattes antérieures simples, propres seulement à la marche et non pas à saisir une proie. Leurs jambes de devant ont des tarses et ne sont pas conformées de manière à pouvoir se rapprocher de la cuisse et à arrêter l'objet que l'insecte a besoin de fixer près de lui. Les deux autres genres qui complètent cette tribu sont ceux de Phymate et de Macrocéphale, mais les antennes du premier se cachent à l'état de repos dans une rainure latérale de la tête et du corselet; les bords latéraux du corps sont dentelés, et l'écusson est petit et pointu.

Antennes en massue, rapprochées à leur base, insérées à l'extrémité d'un chaperon peu fourchu, composées de quatre articles, le premier plus long que le suivant, conique, coupé obliquement à l'extrémité; le second presque carré, de la longueur du troisième, celui-ci plus mince que les autres; le quatrième ovale-oblong, plus gros et plus grand que les précédens et formant la massue.—*Bec* court, engaîné à sa base avec le labre, de trois articles apparens. — *Labre* court, sans stries. — *Tête* longue, cylindrique. — *Yeux* petits, arrondis, globuleux. — *Deux petits yeux lisses* placés plus haut que les yeux à réseau, assez près l'un de l'autre. — *Corps* assez épais, se rétrécissant en devant. — *Corselet* rugueux, fort rétréci antérieurement, guère plus large que la tête dans cette partie, de la largeur de l'abdomen postérieurement. — *Ecusson* grand, couvrant la partie moyenne de l'abdomen presque jusqu'à l'anus, arrondi à son extrémité. — *Élytres* cachées en grande partie sous l'écusson.—*Abdomen* ovale, tronqué à sa base, dépassant un peu les élytres par ses côtés, ses bords latéraux unis, point relevés. — *Pattes* antérieures ravisseuses; leurs cuisses grosses, leurs jambes en forme de crochet, privées de tarses, s'appliquant exactement et se repliant sous la cuisse. Les quatre pattes postérieures petites, leurs tarses ne paroissant composés que d'un seul article; crochets bifides sans pelottes apparentes dans leur entre-deux.

Les Macrocéphales, dont le nom vient de deux mots grecs et signifie : *grosse tête,* ont probablement les mœurs des Phymates; leurs métamorphoses ne doivent pas différer de celles des autres Hémiptères hétéroptères. Les espèces connues habitent les deux Amériques. Fabricius en décrit trois espèces dans le *Syst. Rhyng. pag.* 123, sous le nom de *Syrtis*; savoir : *Manicata,* n°. 7, *Prehensilis,* n°. 8, et *Crassimana,* n°. 9.

(S. F. et A. Serv.)

PHYSAPODES. *Voyez* Vésitarses.

(S. F. et A. Serv.)

PHYSODE, *Physodes.* Nom donné par M. Duméril à un genre de sa classe des insectes, ordre des Aptères, famille des Quadricornes ou Polygnathes. L'espèce dont il a donné la figure, sous le nom de *Marin,* dans son ouvrage intitulé : *Considérations générales sur la classe des insectes,* se rapporte à notre *Idotée pointue* (*nouv. Dict. d'Hist. nat.* seconde édit. tom. 16. pag. 103.) Ce savant naturaliste ne comprenant dans cette famille, la soixantième et la dernière de sa classe des insectes, que les genres Armadille, Cloporte et Physode, celui-ci doit être le même que le genre *Aselle* d'Olivier, et embrasser dès-lors notre ordre des Crustacés isopodes. (Latr.)

PHYTADELGES. *Voy.* Plantisuges.

(S. F. et A. Serv.)

PHYTIBRANCHES, *Phytibranchia.* Dans l'ouvrage sur le règne animal de M. Cuvier, j'ai désigné ainsi une famille de Crustacés, de l'ordre des Isopodes, dont les appendices branchifères situés sous la queue ressemblent à de petits pieds articulés ou à des tiges ramifiées, tandis que ceux des autres Isopodes sont en forme de lames ou d'écailles. Ayant, depuis l'impression de cet ouvrage, observé des palpes aux mandibules de divers Phytiphages, caractère qui distingue les Amphipodes des Isopodes, j'ai transporté cette tribu dans le premier de ces deux ordres. Les autres Amphipodes ayant d'ailleurs sous le post-abdomen des appendices d'une forme analogue, ce groupe ordinal n'en est que mieux assorti. Je le divise en quatre familles.

1°. Les Crevettines, *Grammarinæ,* dont tous les pieds sont onguiculés, au nombre de quatorze, et dont l'extrémité postérieure du corps est munie de pièces cylindriques ou sans appendices.

Ici viennent les genres *Crevette, Talitre, Corophie,*

Corophie, *Phronime* et plusieurs autres établis par M. Léach.

2°. Les Uroptères, *Uroptera*. Semblables aux précédens par la manière dont se terminent leurs pieds et par leur nombre, mais dont le corps offre à son extrémité postérieure et latérale des appendices en nageoires.

Le genre *Phrosine* de M. Risso et quelques autres inédits appartiennent à cette famille.

Les suivans comprennent mon ancienne tribu des Phytibranches.

3°. Les Décempèdes, *Decempedes*. Les pieds sont onguiculés, mais réduits à dix.

Elle se compose des genres *Typhis*, *Ancée*, *Pranize*.

4°. Les Hétéropes, *Heteropa*. Les pieds sont au nombre de quatorze, comme dans les deux premières familles, mais tous, ou les quatre derniers au moins, sont mutiques et simplement natatoires.

Là se placent les genres *Apseude*, *Ione*, *Ptérygocère*.

Le genre Ancée, *Anceus*, de M. Risso, ou *Gnathia* de M. Léach, est distingué de tous les autres de la même famille par les caractères suivans. Tous les pieds simples. Deux fortes saillies, imitant des mandibules, au devant de la tête, dans les mâles. Queue terminée par des feuillets en nageoire. La fig. 24 de la planche 336 de l'Atlas d'histoire naturelle de cet ouvrage, représente l'*Ancée forficulaire* mâle de ce naturaliste. La figure suivante est celle du *Cancer maxillaris* mâle de Montagu, ou du *Gnathia termitoides* de M. Léach. D'après des renseignemens communiqués par le dernier, l'*Oniscus cœruleatus* du précédent, d'après lequel nous avons formé le genre Pranize, *Praniza*, et dont on trouvera aussi la figure, même planche, n°. 28 (1), et pl. 229, fig. 24 et 25, seroit la femelle. Je soupçonne qu'il y a ici quelque erreur.

La figure 26 de la même planche n°. 36, est celle de l'Apseude taupe, *Apseudes talpa*, genre du même naturaliste, et auquel paroît devoir se rapporter celui d'*Eupheus* de M. Risso (même planche, fig. 27). Les quatre derniers pieds sont seuls mutiques et propres à la natation. Les deux premiers se terminent en pince, et les deux suivans s'élargissent au bout, en manière de main dentelée. L'extrémité postérieure du corps offre deux longues soies articulées et velues.

Dans le genre Ione, *Ione*, probablement celui de *Cœlino* de M. Léach, tous les pieds sont mutiques. C'est l'*Oniscus thoracicus* de Montagu, dont la figure est reproduite même planche 336 de cet Atlas, n°. 46.

Le genre Ptérygocère a été établi sur une figure de Slabber, copiée ici, pl. 330, n°s. 3 et 4. *Voyez* cet article et celui de Tiphis. (Latr.)

(1) Il s'est glissé une faute dans l'explication de cette figure. Lisez *cæruleatus*, au lieu de *thoracicus*.

PHYTOPHAGES ou HERBIVORES. Nom donné par M. Duméril (*Zool. anal.*) à sa vingt-unième famille de Coléoptères, section des Tétramérés, offrant les caractères suivans : *antennes filiformes, rondes, non portées sur un bec ; corps arrondi*. Elle se compose des genres Donacie, Criocère, Hispe, Hélode, Lupère, Galéruque, Altise, Gribouri, Clytre, Chysomèle, Alurne, Erotyle et Casside. (S. F. et A. Serv.)

PIED ou PATTE, *Pes*. Appendice ou membre inférieur du corps, propre à la marche ou à la natation, et composé d'une suite d'articles tubulaires, renfermant chacun des muscles propres (deux dans la plupart, dont l'un extenseur et l'autre fléchisseur).

« La forme générale des pattes, dit M. Cuvier, *Leçons d'Anatomie comparée*, tom. I, pag. 452, dépend de la manière de vivre des insectes. Sont-ils destinés à demeurer dans l'eau, à nager? alors les pattes sont aplaties, longues, ciliées. Doivent-elles servir à fouir la terre? elles sont élargies, crénelées, tranchantes. Servent-elles seulement à la marche? elles sont longues, cylindriques. Sont-elles propres au saut? la cuisse est plus grosse, la jambe plus alongée, souvent arquée. Enfin, d'après ces conformations diverses, on peut très-bien reconnoître, même dans l'insecte mort, ses habitudes, sa manière de vivre.

» Les pattes des insectes sont composées de quatre parties principales, qu'on nomme la *hanche*, la *cuisse* ou *fémur*, la *jambe* ou *tibia*, le *tarse* (1) ou *doigt*.

» Chacune de ces parties est enveloppée dans un étui de substance cornée : elles jouent l'une sur l'autre par gynglime, parce que la substance dure étant en dehors, l'articulation n'a pu se faire par moins de deux tubercules. Le mouvement de chaque article ne se fait donc que dans un seul plan, à l'exception de celui de la hanche, comme nous allons le voir.

» La hanche (2) joint la patte au corps et joue dans une ouverture correspondante du corselet ou de la poitrine, sans y être articulée d'une manière positive, mais comme emboîtée. La figure de la hanche varie. Chez les insectes auxquels les pattes ne servent qu'à la marche, comme les *Capricornes*, les *Chrysomèles*, le plus grand nombre des Hyménoptères, des Diptères, etc., les hanches sont globuleuses et forment un véritable genou des mécaniciens. Mais chez ceux dont les pattes devoient avoir ce mouvement latéral nécessaire à l'action de nager, de fouir la terre, etc., la hanche est large, aplatie, et a ordinairement son plus grand diamètre dans la direction transversale du corps. Dans quelques-uns même, comme

(1) Ou plutôt le *pied* proprement dit.

(2) La plupart des entomologistes la considèrent comme formée de deux articles, la rotule (*patella*) et le trochanter.

les *Dytisques*, la hanche postérieure est soudée et immobile. Elle est comprimée et en forme de lames dans les *Blattes*, les *Forbicines*, et quelques genres d'insectes qui marchent très-vîte.

» Le *fémur* suit immédiatement la hanche, à la partie interne de laquelle il s'articule, de manière à être parallèle à la face inférieure du corps, dans l'état de repos; les mouvemens, sur cette première pièce, se bornent à celui de devant en arrière. La nature et l'étendue du mouvement de la cuisse paroissent avoir déterminé ses formes. Dans les insectes qui marchent beaucoup et qui volent peu, comme les *Carabes*, les *Cicindèles*, etc., il y a à la base du fémur, une ou deux éminences qu'on nomme trochanters. Elles paroissent destinées à éloigner les muscles de l'axe de l'articulation. Chez ceux qui avoient besoin de muscles forts pour sauter, la cuisse est épaisse et souvent alongée, comme dans les *Sauterelles*, les *Altises*, quelques *Charançons*, les *Puces*, etc. Dans ceux qui fouissent la terre, et chez lesquels la cuisse doit opérer un fort mouvement, elle porte une facette articulaire, qui correspond au plat de la hanche sur laquelle elle s'appuie. C'est ce qu'on observe dans les pattes antérieures des *Scarabées*, des *Scarites*, des *Taupes-grillons*, etc. Enfin la forme de la cuisse est toujours subordonnée au genre du mouvement.

» La jambe est la troisième articulation de la patte; elle se meut en angle sur la cuisse, et n'est point susceptible d'autre mouvement. La figure du *tibia* dépend essentiellement des usages auxquels il est destiné. C'est ce qu'on voit dans les insectes nageurs, où il est aplati et cilié; dans les fouisseurs, où il est crénelé et tranchant sur les bords. Dans les *Nèpes*, les *Mantes* et plusieurs autres, la patte antérieure est terminée par un onglet, et forme avec la cuisse une espèce de pince ou de tenaille, dont les insectes se servent pour retenir leur proie, qu'ils dévorent toute vivante.

» Le *doigt* ou *tarse* des insectes forme la dernière pièce de la patte. Il est ordinairement composé de plusieurs articles, dont le dernier est terminé par un ou deux ongles crochus. Ces articles jouent les uns sur les autres, et quelquefois même ils sont opposables au tibia, et forment ainsi une espèce de pince. La configuration du tarse est toujours en rapport avec la manière de vivre de l'insecte. Les articles sont grêles, à peine distincts, sans pelottes ni houpes, dans le plus grand nombre de ceux qui creusent la terre et qui marchent peu à sa surface, comme les *Scarabées*, les *Escarbots*, les *Sphéridies*, les *Scarites*, les *Sphex*, etc. Ils sont aplatis en nageoires, ciliés sur leurs bords, et souvent privés d'ongles dans les insectes qui nagent, comme les *Hydrophiles*, *Tourniquets*, *Naucores*, *Corises*, etc. Ils sont garnis de pelottes visqueuses, de houpes soyeuses ou de tubercules charnus, vésiculeux, chez ceux qui marchent sur des corps lisses et glissans, comme les *Mouches*, les *Chrysomèles*, les *Capricornes*, les *Thrips*, etc. Ils sont formés de deux ongles mobiles et opposables dans ceux qui doivent marcher et s'accrocher sur les poils, comme les *Poux*, les *Ricins*, les *Cirons*. L'un des articles est extrêmement dilaté, et couvert de poils disposés sur des lignes parallèles, dans les mâles de quelques espèces du genre *Crabro* et de quelques *Dytisques*. »

Le mouvement de chaque article des pattes ne se fait, selon M. Cuvier, que dans un seul plan. Il n'est opéré que par deux muscles qui sont enveloppés dans l'article précédent, un extenseur et un fléchisseur.

« Dans les Coléoptères, les hanches se meuvent par une espèce de rotation sur leur axe longitudinal, lequel, comme nous l'avons dit, est placé en travers, et fait avec l'axe ou la ligne moyenne du corps, un angle plus ou moins approchant de 90°. La cuisse étant attachée à l'extrémité interne de la hanche, est d'autant plus écartée de la cuisse opposée, qu'elle est plus fléchie sur sa propre hanche. On sent que la position du plan dans lequel cette flexion se fait, dépend de la situation de la hanche. Lorsque celle-ci est tournée en avant, le plan est vertical. Lorsqu'elle est tournée en arrière, il devient toujours plus oblique, et même horizontal dans les espèces qui nagent. C'est donc du mouvement sensible de la hanche que dépendent les mouvemens les plus remarquables de la patte.

» Les muscles de chaque paire de hanches et des cuisses sont placés dans la partie du corselet ou de la poitrine qui est au-dessus; et, pour les bien voir, il faut couper le corps de l'insecte par tranches verticales.

» Au-dessus de la dernière paire, dans la poitrine, est une pièce écailleuse en forme d'Y. Sa tige donne attache au muscle qui fait tourner la hanche en arrière, en s'insérant à son bord postérieur. Celui qui le fait tourner en avant est attaché au dos, et s'insère par un tendon mince à son bord antérieur.

» Le muscle qui étend la cuisse, en le rapprochant de l'autre, est très-considérable, et s'attache à toute la branche de la pièce en forme d'Y, pour s'insérer au bord interne de la tête de la cuisse. Son antagoniste est logé dans l'épaisseur même de la hanche.

» Quant aux deux paires de cuisses antérieures, les muscles qui les étendent sont attachés aux parties dorsales qui leur répondent, et non à des pièces intérieures particulières; mais ceux qui les fléchissent sont toujours situés dans l'épaisseur même des hanches.

» Les muscles qui font tourner celles-ci sont aussi attachés aux parois du corselet; savoir : celui qui les porte en arrière, à la partie dorsale; et celui qui les porte en avant, à la partie latérale. Dans les *Dytisques*, dont la hanche de derrière est, comme nous l'avons vu, soudée et immobile, les muscles semblent se porter au fémur, qui en a ainsi quatre, deux extenseurs et deux fléchisseurs.

» Les autres ordres d'insectes sont, à peu près, conformés de la même manière que les Coléoptères. Les muscles de la jambe sont situés dans l'intérieur de la cuisse. L'extenseur est court et grêle, attaché à son bord externe (le fémur supposé étendu dans la longueur du corps). Le fléchisseur est beaucoup plus fort et plus long; il est situé du côté interne, et dans toute la partie supérieure. Il y a de même deux muscles pour chacun des articles du tarse : l'un sur la face supérieure ou dorsale : c'est un extenseur; il est petit : l'autre, sur la face inférieure, plus marqué, et agissant comme fléchisseur. »

Le même anatomiste nous a donné, pag. 436 du premier tome du même ouvrage, un extrait des observations de Lyonet sur la myologie des pattes de la Chenille qui ronge le bois du saule (*Cossus ligniperda*. Fab.). Les muscles sont pareillement intérieurs. On peut distinguer ceux des pattes écailleuses en ceux qui meuvent leurs trois articulations et en ceux qui agissent sur l'ongle ou crochet terminal. Les muscles du premier article sont au nombre de cinq ou six faisceaux attachés au rebord supérieur, et s'insèrent aussi au rebord supérieur de l'article suivant. Ceux du second article sont, à peu près, en nombre égal, et s'insèrent au rebord du troisième. Les muscles de l'ongle sont terminés par deux tendons; mais ils sont formés de plusieurs faisceaux qui s'attachent, les uns sur le second et le troisième articles, par deux plans bien distincts; les autres, sur une ligne qui correspond à la convexité de l'ongle; et enfin les derniers, sur une ligne répondant à sa concavité. Les deux tendons s'insèrent à deux tubercules de l'extrémité supérieure de l'ongle, du côté de sa concavité et de sa pointe, et servent à la fléchir. M. Cuvier conjecture que cet ongle se redresse par l'élasticité de son articulation.

Chaque patte membraneuse ou fausse a deux muscles, dont la direction est, à peu près, transversale au corps. Ils s'étendent du centre de la patte où ils s'insèrent, jusqu'au-delà du stigmate du côté du dos, où ils s'attachent par des bandelettes latérales et plus ou moins obliques. L'un de ces muscles est situé au-devant de l'autre, qu'il recouvre en partie. Ils servent à faire rentrer le centre de la patte et les crochets du limbe de son extrémité.

Chaque articulation des pattes des Crustacés, Cuvier, *ibid.*, pag. 408, a deux muscles, l'un extenseur et l'autre fléchisseur. Ceux de la hanche sont attachés sur la pièce cornée qui soutient les branchies. Les autres sont renfermés dans l'intérieur des articles suivans. Le fléchisseur du pouce ou du doigt mobile des serres a un fort tendon osseux intermédiaire, plat, oblong, ou en forme de lame et d'une grandeur remarquable. Nous renverrons pour d'autres détails au même ouvrage.

Telle est, en général, la composition des pattes des animaux articulés, appelés *Insectes* par Linnée. Nous avons présenté, tom. II, pag. 184 et suiv. de notre *Histoire générale des Insectes*, faisant suite au Buffon de Sonnini, d'autres détails, que les bornes trop resserrées de ce Dictionnaire ne nous permettent pas de reproduire. Quelques-uns d'ailleurs (*cuisse, jambes*) rentrent dans des articles qu'on a déjà traités avec assez d'étendue. L'une des pièces de ces organes qui mérite une attention plus particulière, à raison des caractères qu'elle fournit, et dont nous avons parlé sous le nom de *tarse*, sera l'objet d'un article spécial. (Latr.)

PIEDS-MACHOIRES, *Maxillipedes*. Je désigne ainsi les trois paires de pièces articulées en forme de palpes ou de petits pieds, qui, dans les Crustacés décapodes, recouvrent inférieurement les parties de la bouche, ou sont les plus extérieures, et que M. Savigny nomme *mâchoires auxiliaires*. Voyez le premier fascicule de la première partie de ses *Mémoires sur les animaux sans vertèbres*, et l'article Bouche de ce Dictionnaire. (Latr.)

PIÉRIDE, *Pieris*. Genre de Lépidoptères diurnes. *Voy.* tom. IX, *pag.* 105 du présent Dictionnaire. (S. F. et A. Serv.)

PIESTE, *Piestus*. M. Gravenhorst a fondé ce genre de Coléoptères pentamères dans sa *Monographia Coleopterorum micropterorum*; il est de la famille des Brachélytres. Ses caractères sont : corps déprimé, linéaire. Tête triangulaire, trois fois plus petite que le corselet, ponctuée. Yeux un peu globuleux. Chaperon obtus. Mandibules en faucille. Antennes filiformes, plus longues que la moitié du corps, un peu velues; son premier article en massue plus gros que les autres, le second et le troisième en massue, tous les suivans cylindriques. Palpes filiformes. Corselet un peu plus large que long, à peine plus étroit et un peu plus court que les élytres, ponctué; angles de sa base tronqués; il a un sillon longitudinal complet dans son milieu, et un autre court à chaque angle de la base. Elytres un plus larges que longues, ayant douze sillons longitudinaux droits, profonds et entiers. Abdomen un peu obtus, très-finement pointillé. Pattes courtes, fortes. Jambes ciliées, paroissant comme dentées en scie.

M. Gravenhorst n'en décrit qu'une seule espèce, Pieste sillonné (*P. sulcatus*). Longueur 2 lig. Brun brillant; antennes, palpes et pattes pâles. Tête très-finement ponctuée avec un petit sillon longitudinal entre les antennes. Chaperon pâle. Premier article des antennes portant une touffe de poils roides à sa partie intérieure.

Il est du Brésil et a été pris sur une espèce de bananier. *Musa*. (S. F. et A. Serv.)

PIÉZATES, *Piezata*. Nom donné par Fabricius à un ordre d'insectes désigné antérieurement par Linné sous celui d'*Hyménoptères*. L'auteur lui donne pour principaux caractères : six pattes ; deux antennes ; corps ayant quatre ailes membraneuses, nues, quelquefois ployées longitudinalement ; ces ailes manquant entièrement dans quelques-uns ; quatre palpes égaux ou de grandeur inégale, ordinairement filiformes ; mandibules cornées, droites ou courbées et arquées, soit aiguës soit tronquées, avancées, simples ou dentées ; mâchoires courtes, cornées ou membraneuses, obtuses, entières, quelquefois alongées, fléchies, formant les divisions extérieures de la langue ; lèvre courte, cornée ou membraneuse, tronquée ou arrondie, formant les divisions intérieures de la langue. (S. F. et A. Serv.)

PILULAIRES. Geoffroy donne ce nom à deux espèces de Coléoptères du genre Géotrupe de M. Latreille, le *Stercorarius* et le *Vernalis*.

(S. F. et A. Serv.)

PILUMNE, *Pilumnus*. Genre de Crustacés décapodes, famille des Brachyures, établi par M. Léach, très-voisin de celui de Crabe, dont il faisoit partie et dont il diffère par les caractères suivans : *Pieds* de la quatrième et de la troisième paires les plus longs. — Tige des *antennes* latérales beaucoup plus longue que leur pédoncule (1), sétacée et composée d'un grand nombre de petits articles. — *Corps* proportionnellement moins large que celui des espèces du genre Cancer, et plus rapproché, pour la forme, de celui des Crustacés de la tribu des Quadrilatères.

Espèces généralement petites, longues au plus de vingt millimètres sur vingt-six de large, propres aux mers de l'ancien continent. Ce genre ne diffère de celui d'Eriphie qu'en ce que le pédoncule des antennes latérales occupe une échancrure du bord intérieur des cavités oculaires ; que le test est plus arqué en devant, et que les yeux sont moins écartés.

(1) Les trois articles dont il se compose sont, ainsi que dans les Crabes, presque cylindriques. Le premier est plus grand, particulièrement dans ceux-ci. Souvent, ici, il se présente sous la figure d'une lame étroite, paroissant fixe ou peu mobile, avec la partie extérieure du sommet plus ou moins dilatée. Les antennes latérales des espèces exotiques que j'ai étudiées étant souvent mutilées, il m'a été impossible de faire usage de ces différences de formes. Cet emploi minutieux m'eût d'ailleurs entraîné trop loin.

I. *Corps presqu'en forme de losange, dilaté et arrondi vers le milieu de ses côtés.*

Nota. Les deux espèces de cette division forment peut-être un genre propre. La seconde ne m'est connue que par la description de Fabricius et la figure qu'Herbst en a donnée ; peut-être se rapporte-t-elle au genre *Mursia* de M. Léach. Je n'ai vu qu'un seul individu de la seconde, et à antennes latérales imparfaites. Les yeux sont situés à l'extrémité d'un pédicule courbe, et plus épais ou plus large à sa base. Le sommet du troisième article des pieds-mâchoires extérieurs est tronqué obliquement en dehors, de sorte qu'il paroît se terminer en pointe.

1. Pilumne ? porte-cupules, *P. cupulifer*.

Front droit, rebordé, presqu'entier, un peu enfoncé et refendu au milieu ; côtés du test sans dents ; quatre petites éminences en forme de disque plat, ovale, un peu rebordé, plus solide sur ses bords, semblable à une cupule de lichen, de chaque côté de la partie antérieure et inférieure du test, depuis la bouche jusqu'au canthus postérieur des yeux.

Corps blanc. Test long d'environ seize millimètres sur vingt-deux de large, mesuré au milieu, mince, foible, assez convexe, ayant dans son milieu quelques lignes enfoncées, tout encroûté, ainsi que les pieds, d'une matière paroissant formée par un duvet. Cupules noirâtres avec le rebord roussâtre ; les supérieures plus oblongues. Serres petites, courtes ; doigts longs, grêles, arqués, crochus, armés de petites dents aiguës ; une substance peut-être gommeuse et glutinante, formant un empâtement à l'extrémité ; les autres pieds grands, comprimés et empâtés. Individu femelle.

Ile de France. M. Mathieu.

2. Pilumne ? à deux épines, *P. bispinosus*.

Cancer bispinosus. Fab. — Herbst, *Krabben*, *tab*. 6. *fig*. 45 ; *tab*. 54. *fig*. 1.

Quatre dents au front, les oculaires internes comprises ; deux à chaque bord latéral du test.

Test long de quatre centimètres sur près de six de large. Serres tuberculées.

Indes orientales.

II. *Corps trapézoïde, avec la partie antérieure plus large et arquée ; bords latéraux antérieurs déprimés et aigus.*

1. *Dessus du corps et des pieds entièrement couvert de poils, cachant presque le fond.*

Front incliné ; son bord antérieur divisé au milieu par une échancrure en deux lobes courts, larges, arrondis, continus latéralement avec la portion interne du bord supérieur des cavités oculaires, qui forme de chaque côté une dent entière ou échancrée. Test inégal, plus convexe au milieu.

3. Pilumne chauve-souris, *P. vespertilio.*

Cancer vespertilio. Fab.

Test et pieds laineux (poils longs); trois dents simples, presque coniques et de même consistance, à chaque bord latéral du test, la post-oculaire non comprise; échancrure du milieu du front presque carrée; ses deux lobes adjacens presque droits au bord interne, sans dentelures ni granulations sensibles en devant; serres de grandeur moyenne, presqu'égales, à doigts lisses et ordinairement blanchâtres.

Corps blanchâtre, mais tout hérissé de poils noirâtres; les deux saillies du canthus interne des cavités oculaires continues avec les lobes frontaux, échancrées et bidentées. Quelques tubercules sur les côtés du test.

Indes orientales.

4. Pilumne laineux, *P. lanatus.*

Test et pieds laineux; trois dents simples, presque coniques, terminées en une pointe plus dure ou écailleuse à chaque bord latéral du test, la post-oculaire non comprise; échancrure du milieu du front en forme d'angle; les deux lobes adjacens parfaitement arrondis, avec le bord antérieur granuleux; l'une des serres (la droite) plus grande; doigts noirâtres; ceux de la serre la moins grosse, striés.

Un peu plus grand que le précédent, avec les serres épaisses et graveleuses; d'ailleurs presque semblable. Variété peut-être du mâle de cette espèce.

Indes orientales et nouvelle Hollande.

5. Pilumne duveté, *P. tomentosus.*

Test et pieds couverts d'un duvet très-court; trois dents à chaque bord latéral, formées par de petits tubercules coniques, écailleux et spiniformes.

Corps d'un brun-noirâtre, très-pointillé en dessus; quelques petits tubercules sur les côtés du test analogues à ceux des bords. Front divisé en deux lobes arrondis et crénelés; saillies oculaires adjacentes, entières, avec trois grains élevés en dessus. Serre droite grosse, fortement graveleuse ou chagrinée en dehors; doigts noirâtres, striés, avec le bout blanchâtre.

Nouvelle Hollande.

2. *Dessus du corps et des pieds simplement pubescent (poils clair-semés et laissant à découvert ces parties) ou presque glabre.*

6. Pilumne hérissé, *P. hitellus.*

Pilumnus hirtellus. Léach, *Malacost. Podopht. Brit. tab.* 12. — *Cancer hirtellus.* Linn. Fab. Bosc, Risso. — *C. vespertilio.* Bosc, *Hist. nat. des Crust. tom.* 1. *pag.* 177. *pl.* 2. *fig.* 1. — Herbst, *Krabben. tab.* 7. *fig.* 51. — Ejusd. *C. ferrugineus. tab.* 21. *fig.* 127? — Cancre velu, *n°.* 2. Rondelet?

Dessus du corps d'un rouge de sang foncé, avec la partie supérieure des pattes plus pâle; dessous jaunâtre, mêlé d'un peu de rouge; pattes de quelques individus ayant des bandes ou taches transverses de cette dernière couleur; milieu du dos plus clair, un peu jaunâtre; le corps, dans d'autres, presqu'entièrement jaunâtre-pâle, plus ou moins tacheté de brun ou de roussâtre. Test pointillé, hérissé çà et là de poils peu épais, jaunâtres, avec une ligne enfoncée, longitudinale, bifide postérieurement, partant du front, finissant près du milieu du dos. Front droit, échancré au milieu et de chaque côté, près des yeux; bord antérieur des deux lobes et contour des orbites oculaires garnis de petites épines; chaque bord latéral du test ayant près de l'extrémité antérieure trois à quatre épines isolées ou un plus grand nombre, mais plus petites et très-rapprochées; puis au-delà, et constamment dans tous, trois dents terminées en une épine très-aiguë et dirigées en avant. Les deux pattes antérieures de grandeur un peu inégale, chargées extérieurement de tubercules épineux et de poils, mais n'en ayant dans quelques individus que sur la tranche supérieure, l'une des deux en étant même dépourvue. Doigts noirâtres, striés, pointus au bout; côté interne fortement denté; dents des doigts de la main le plus souvent obtuses; les autres pattes hérissées de longs poils, à tarses sans stries et terminés par un crochet aigu.

Dans l'Océan européen et dans la Méditerranée; ceux qui habitent les mers du nord de l'Europe sont plus petits, jaunâtres, un peu moins épineux, avec le bord antérieur du front. Telle est la variété décrite par Linnæus. Les individus de la Méditerranée sont d'un rouge de sang obscur, avec les serres et les pieds d'une teinte plus claire. Le bord antérieur du front est entièrement hérissé de petits grains qui le font paroître cannelé. Comme l'on trouve des variétés intermédiaires, on ne peut distinguer spécifiquement ces individus des premiers.

La femelle, suivant M. Risso, fait sa ponte en juillet. Les œufs sont d'un brun-girofle. (Latr.)

PIMÉLIAIRES, *Pimeliariæ.* Première tribu de la famille des Mélasomes, section des Hétéromères, ordre des Coléoptères. Elle offre pour caractères :

Point d'ailes. — *Palpes maxillaires* filiformes ou terminés par un article guère plus épais que les précédens, et plutôt cylindrique ou obconique

que triangulaire ou en hache. — *Elytres* soudées ensemble.

I. Menton recouvrant la base des mâchoires.
Erodie, Zophose, Pimélie, Tentyrie, Hégètre, Eurychore, Akis.

II. Base des mâchoires découverte.
Tagénie, Moluris, Scaure, Sépidie.

La plupart des Piméliaires vivent dans les terres salines des pays chauds et sablonneux de la partie occidentale de l'ancien continent; elles sont abondantes sur les bords de la mer, parmi les soudes (*salsola*), et se couvrent souvent d'une poussière blanchâtre, de même que certaines espèces du genre Aphodie.

HÉGÈTRE, *Hegeter*. LAT. *Blaps*. OLIV. (*Ent.*)

Genre d'insectes de l'ordre des Coléoptères, section des Hétéromères, famille des Mélasomes, tribu des Piméliaires.

Dans le groupe de Piméliaires dont les Hégètres font partie (*voyez* PIMÉLIAIRES), les genres Erodie, Zophose, Pimélie et Tentyrie se distinguent par leur corselet très-convexe, et les Eurychores ainsi que les Akis ont cette même partie du corps presque concave, ses bords latéraux étant très-relevés.

Antennes filiformes, composées de onze articles, la plupart cylindriques, le troisième alongé, les trois avant-derniers diminuant graduellement de longueur, un peu obconiques; le onzième petit, court, ovale. — *Labre* coriace, avancé, en carré transversal. — *Mandibules* échancrées au bout. — *Mâchoires* rétrécies antérieurement vers la base, reçues dans une fente linéaire et recouvertes à leur base par le menton. — *Palpes maxillaires* composés de quatre articles, le dernier un peu plus grand, presqu'obconique, comprimé; palpes labiaux triarticulés. — *Menton* grand, transversal, semi-orbiculaire, son bord supérieur coupé droit transversalement. — *Tête* courte, enfoncée jusqu'aux yeux dans le corselet. — *Corps* ovale, peu convexe en dessus. — *Corselet* un peu plus étroit que les élytres, carré, très-rapproché de la base des élytres, presque plan et sans bords relevés. — *Ecusson* très-petit. — *Elytres* soudées ensemble, se rétrécissant et se courbant sensiblement à leur partie postérieure, leur bord latéral embrassant l'abdomen; ailes nulles. — *Abdomen* alongé, trigone. — *Pattes* grêles; jambes ayant deux courtes épines à leur extrémité.

On connoît environ six espèces de ce genre fondé par M. Latreille : elles habitent les climats les plus chauds de l'ancien et du nouveau continent. Leurs mœurs sont inconnues.

1. HÉGÈTRE strié, *H. striatus*.

Hegeter niger, capite thoraceque lævibus, elytris subsulcatis basi et externè marginatis.

Hegeter striatus. LATR. *Gener. Crust. et Ins. tom.* 2. *pag.* 157. *n°.* 1. *tab. IX. fig.* 11. — *Blaps elongata*. OLIV. *Entom. tom.* 3. *Blaps. pag.* 9. *n°.* 7. *pl.* 1. *fig.* 7.

Longueur 8 lig. Noir. Antennes brunes, extrémité des palpes maxillaires de même couleur. Tête et corselet lisses, ce dernier rebordé sur les côtés et à sa partie postérieure dont les angles sont aigus. Ecusson linéaire, transversal. Elytres légèrement sillonnées, un peu rugueuses, rebordées à leur base et latéralement.

Des îles de Téneriffe et de Madère.

EURYCHORE, *Eurychora*. THUNB. LATR. FAB. HERBST. *Pimelia*. OLIV. (*Entom.*)

Genre d'insectes de l'ordre des Coléoptères, section des Hétéromères, famille des Mélasomes, tribu des Piméliaires.

Dans le groupe de cette tribu dont le menton recouvre la base des mâchoires, les genres Erodie, Zophose, Pimélie et Tentyrie ont le corselet très-convexe. Dans les Hégètres il est carré et presque plan en dessus. Les Akis ont leurs antennes composées de onze articles distincts, et leur corselet n'est point transversal, mais presque aussi long que large.

Antennes filiformes, comprimées, composées de dix articles presque cylindriques, le troisième très-alongé, les autres courts, le dixième plus gros, coupé en coin à son extrémité. — *Labre* peu ou point visible. — *Mandibules* cornées, dentées dans leur milieu intérieur, bifides à l'extrémité. — *Mâchoires* étroites à leur base. — *Palpes maxillaires* filiformes, de quatre articles presque égaux, presque coniques et obtus; les labiaux plus courts, triarticulés. — *Menton* crustacé, court, très-large, transversal, recouvrant la base des mâchoires. — *Corps* en ovale court, déprimé et comme concave en dessus. — *Corselet* grand, large, transversal, semi-circulaire; ses bords latéraux comprimés, tranchans, relevés, velus; son bord postérieur coupé droit, éloigné de la base des élytres, l'antérieur très-échancré carrément pour recevoir la tête. — *Ecusson* très-petit, triangulaire. — *Elytres* soudées ensemble, concaves en dessus, leurs bords extérieurs comprimés, relevés, tranchans, velus, embrassant la plus grande partie de l'abdomen; ailes nulles. — *Abdomen* ovale, tronqué en devant. — *Pattes* minces, assez longues; jambes ayant deux épines courtes à leur extrémité, celles des postérieures surtout. Tarses courts; premier article des postérieurs de la longueur des deux suivans.

Eurychore vient de deux mots qui expriment la séparation bien marquée qui se voit entre le corselet et l'abdomen de ces coléoptères. On ignore leurs mœurs. Les deux espèces connues sont d'Afrique.

1. Eurychore ciliée, *E. ciliata*.

Eurychora nigra, thorace elytrisque rufo maximè ciliatis.

Eurychora ciliata. Fab. *Syst. Eleut. tom.* 1. *pag.* 133. *n°.* 1. — Latr. *Gener. Crust. et Ins. tom.* 1. *pag.* 151. *n°.* 1. — *Pimelia ciliata*. Oliv. *Entom. tom.* 3. *Pimél. pag.* 26. *n°.* 35. *pl.* 2. *fig.* 19. — *Encycl. pl.* 195. *fig.* 8. a. b.

Longueur 6 lig. Noire, lisse. Bords du corselet et des élytres fortement ciliés de poils roux.
Du Cap de Bonne-Espérance.

AKIS, *Akis*. Herbst. Fab. Lat. *Tenebrio*. Linn. *Pimelia*. Oliv. (*Entom.*)

Genre d'insectes de l'ordre des Coléoptères, section des Hétéromères, famille des Mélasomes, tribu des Piméliaires.

Le seul genre de cette tribu qui comme celui d'Akis, a la base des mâchoires recouverte par le menton et les bords latéraux du corps relevés, est celui d'Eurychore, mais dans ce dernier les antennes n'ont que dix articles et le corselet est transversal.

Antennes filiformes, comprimées, composées de onze articles distincts, le second très-petit, le troisième très-long, cylindrique, le quatrième et les suivans jusqu'au huitième inclusivement, obconiques ou cylindriques; les trois derniers plus petits, le dixième turbiné, le dernier court, ovale, obconique, sa base étant souvent enchâssée dans le précédent. — *Labre* coriace, transverse, entier. — *Mandibules* cornées, dentées dans leur milieu intérieur, bifides à l'extrémité. — *Mâchoires* étroites à leur base. — *Palpes maxillaires* filiformes, de quatre articles, le dernier obconique, comprimé; les labiaux plus courts, triarticulés. — *Lèvre* peu ou point apparente; menton presque carré, recouvrant la base des mandibules, son bord supérieur un peu arrondi, échancré dans son milieu, l'inférieur tronqué transversalement. — *Tête* large, échancrée en devant pour recevoir le labre. — *Corps* ovale, quelquefois un peu alongé. — *Corselet* plus étroit que les élytres, presqu'aussi long que large, presqu'en cœur tronqué postérieurement, ses bords latéraux très-relevés. — *Ecusson* très-petit, distinct.—*Elytres* soudées ensemble, assez aplaties en dessus, leurs bords extérieurs tranchans, embrassant une grande partie de l'abdomen; ailes nulles. — *Abdomen* ovale, rétréci et arrondi aux angles extérieurs de la base. — *Pattes* minces, alongées; jambes ayant deux épines courtes à leur extrémité, celles des postérieures surtout: premier article des tarses postérieurs de la longueur des deux suivans.

Les Akis habitent les pays qui bordent la Méditerranée et la mer Noire. Leurs mœurs paroissent tenir de celles des Pimélies et des Blaps. On en connoît une dizaine d'espèces, toutes d'assez grande taille.

1. Akis réfléchie, *A. reflexa*.

Akis atra nitida, elytris dorso lævi lateribus transversè carinatis tuberculatisque.

Akis reflexa. Fab. *Syst. Eleut. tom.* 1. *pag.* 135. *n°.* 4. — Lat. *Gener. Crust. et Ins. tom.* 2. *pag.* 152. *n°.* 1. — *Pimelia reflexa*. Oliv. *Entom. Pimél. pag.* 25. *n°.* 34. *pl.* 1. *fig.* 9. — *Encycl. pl.* 194. *Pimél. fig.* 17.

Longueur 11 lig. Noire, luisante. Tête finement pointillée. Corselet ayant une forte épine à chaque angle postérieur, ses bords latéraux un peu plissés, ceux des élytres portant aussi quelques plis et quelques tubercules ainsi que leur partie inférieure qui embrasse l'abdomen. Elytres prolongées en pointe mousse postérieurement; leur carène latérale tuberculée et comme dentée en scie.

Elle se trouve dans l'Orient, en Afrique et dans la France méridionale. Les *Akis spinosa* n°. 2, et *acuminata* n°. 3, de Fab. *Syst. Eleut.* (*Encycl. pl.* 196. *fig.* 2 *et* 3) sont de ce genre, mais beaucoup d'autres espèces que cet auteur y comprend s'en éloignent et appartiennent à ceux de Pimélie, Tentyrie et Tagénie.

Nota. L'*Akis collaris* des auteurs (*Encycl. pl.* 194. *Pimél. fig.* 16.) est le type d'un nouveau genre auquel M. Megerle a donné le nom d'*Elenophorus*, mais dont nous croyons que les caractères n'ont pas encore été publiés.

MOLURIS, *Moluris*. Lat. *Tenebrio*. De Géer. *Pimelia*. Fab. Oliv. (*Entom.*)

Genre d'insectes de l'ordre des Coléoptères, section des Hétéromères, famille des Mélasomes, tribu des Piméliaires.

Les Piméliaires qui ont la base des mâchoires découverte forment un groupe dans cette tribu. Ce sont les genres Tagénie, Moluris, Scaure et Sépidie. Les Tagénies ont le corps étroit et alongé, le dessus de celui des Scaures est déprimé, et dans les Sépidies le corselet est rétréci à ses extrémités et dilaté au milieu de ses côtés.

Antennes filiformes, insérées sous un rebord de la tête, composées de onze articles, le premier assez long, gros; le second très-court, conique: le troisième le plus long de tous, cylindrique; les suivans obconiques: les quatre derniers un peu plus gros que les autres, les dixième et onzième turbinés, ce dernier ovale-globuleux. — *Labre* coriace, avancé, entier, en carré transversal. — *Mandibules* échancrées vers leur extrémité. — *Mâchoires* ayant leur base découverte; leur lobe intérieur muni d'un onglet carré. — *Palpes maxillaires* filiformes, de quatre articles, le dernier un peu plus court que le précédent, presque triangulaire, comprimé; palpes labiaux de trois articles. — *Lèvre* crustacée, avancée, fortement échancrée; menton court, large, en carré transversal, son bord supérieur presque droit. — *Tête* plus étroite que le corselet, inclinée perpendiculairement, enfoncée jusqu'aux yeux dans le corselet. — *Corps* alongé, ovale, très-convexe. — *Corselet* plus étroit que l'abdomen, convexe, presque globuleux, tronqué antérieurement et à sa partie postérieure. — *Ecusson* nul. — *Elytres* soudées ensemble, très-convexes, couvrant tout l'abdomen et embrassant ses côtés; ailes nulles. — *Abdomen* grand, ovale, tronqué antérieurement. — *Pattes* assez fortes; jambes étroites, les postérieures longues, un peu cambrées; toutes les jambes ayant deux courtes épines à leur extrémité.

Les auteurs mentionnent un petit nombre d'espèce de ce genre fondé par M. Latreille, elles sont d'Afrique ou des contrées de l'Asie qui en sont voisines; leurs mœurs paroissent être les mêmes que celles des Pimélies. Leur taille est généralement grande.

1. Moluris striée, *M. striata*.

Moluris atra, glabra, lineis tribus in singulo elytro suturâque obscurè sanguineis.

Moluris striata. Lat. *Gener. Crust. et Ins. tom.* 2. *pag.* 149. *n°.* 1. — *Pimelia striata*. Fab. *Syst. Eleut. tom.* 1. *pag.* 128. *n°.* 1. — Oliv. *Entom. tom.* 3. *Pimél. pag.* 4. *n°.* 2. *pl.* 1. *fig.* 11. — *Encycl. pl.* 194. *Pimél. fig.* 19.

Longueur 15 à 16 lig. Noire. Antennes un peu velues, tête et corselet finement pointillés. Les bords latéraux de celui-ci raboteux, plissés. Corselet et élytres un peu rebordés, ces dernières finement ridées, ayant chacune trois lignes longitudinales et la suture d'un rouge-sanguin obscur.

D'Afrique. (S. F. et A. Serv.)

PIMÉLIE; *Pimelia*. Fab. Lat. Oliv. (*Ent.*) *Tenebrio*. Linn. Geoff.

Genre d'insectes de l'ordre des Coléoptères, section des Hétéromères, famille des Mélasomes, tribu des Piméliaires.

Fabricius fonda le genre Pimélie aux dépens de celui de *Tenebrio* de Linnæus, mais il y renfermoit encore un grand nombre d'espèces que des caractères saillans distinguoient les unes des autres; il le sentit lui-même lorsqu'il adopta dans son *Systema Eleutheratorum* le genre *Eurychora* de Thunberg et celui d'*Akis* d'Herbst, compris précédemment dans ses Pimélies. M. Latreille, à plusieurs reprises, compléta la réforme par la création de quelques nouveaux genres et restreignit celui-ci de la manière que nous allons le présenter.

Les Pimélies font partie d'un groupe dont le caractère est : menton recouvrant la base des mâchoires. (*Voy.* Piméliaires.) Mais les Erodies et les Zophoses ont le corps presqu'orbiculaire; le corselet des Hégètres est plan en dessus; celui des Tentyries est presqu'orbiculaire, guère plus étroit que l'abdomen, presqu'aussi long que large. L'abdomen est en ovale tronqué dans les Eurychores, et le corselet est aussi long ou plus long que large dans les Akis : ces deux derniers genres ont en outre les bords latéraux du corselet très-relevés.

Antennes filiformes, insérées sous les bords latéraux de la tête, de onze articles, le troisième fort alongé, cylindrique, le dixième semi-globuleux, le dernier petit, très-court, à moitié enchâssé dans le précédent. — *Labre* coriace, avancé, carré, plus large que long, entier. — *Mandibules* cornées, dentées dans leur milieu intérieur, bifides à l'extrémité. — *Mâchoires* étroites à leur base qui est recouverte par le menton, et reçues de chaque côté dans une fente linéaire. — *Palpes maxillaires* filiformes, de quatre articles presqu'égaux, presque coniques et obtus; les labiaux plus courts, triarticulés. — *Menton* transversal, ses côtés arrondis, son bord supérieur échancré. — *Corps* ovale, sa partie antérieure se rétrécissant subitement. — *Corselet* beaucoup plus étroit que l'abdomen, un peu plus large que la tête, court, semi-orbiculaire; ses bords latéraux arrondis. — *Ecusson* très-petit ou nul. — *Elytres* soudées ensemble, leur bord extérieur embrassant les côtés du ventre; leur bord latéral ou celui qui borde les côtés apparens du corps, ordinairement élevé; ailes nulles. — *Abdomen* grand, ovale-orbiculaire. — *Jambes* ayant deux épines à leur extrémité, tarses courts; premier article plus long que les autres.

Ces coléoptères n'habitent que les pays chauds de l'Asie et de l'Afrique; ils se tiennent dans les terrains arides et sablonneux, particulièrement ceux des bords de la mer. On en connoît cependant une espèce en France qui se rencontre sur les côtes de la Méditerranée. Le nom de Pimélie est tiré d'un mot grec qui signifie : *gras*. La couleur de ces insectes est ordinairement noire ou brune.

1re. *Division*. Cuisses postérieures ne dépassant pas l'abdomen. — Jambes antérieures en triangle alongé.

1. Pimélie anguleuse, *P. angulata*.

Pimelia femoribus posticis abdomine brevioribus, elytris tuberculatis, tuberculis posticè inclinatis.

Pimelia angulata. Lat. *Gener. Crust. et Ins. tom.* 2. *pag.* 148. — Fab. *Syst. Eleut. tom.* 1. *pag.* 131. *n°.* 17. — *Pimelia angulosa*. Oliv. *Entom. tom.* 3. *Pimél. n°.* 13. *pl.* 2. *fig.* 23. — *Tenebrio*

Tenebrio asperrimus. Pall. *Icon.* 1. 55. n°. 22. — *Encycl. pl.* 195. *fig.* 12.

Longueur 11 à 12 lig. Corps entièrement noir. Neuvième article des antennes turbiné. Tête peu rugueuse. Dessus du corselet peu rugueux, ses côtés l'étant beaucoup plus. Suture des élytres sans élévation; bord extérieur des élytres peu élevé vers la base, l'étant beaucoup, et de plus très-denté en scie vers l'anus; ligne latérale fort élevée, dentée en scie. Entre celle-ci et la suture sont trois lignes plus élevées de tubercules épineux entre lesquelles sont quatre autres lignes de tubercules plus petits; les pointes de tous ces tubercules se dirigeant un peu en arrière. Dessous du ventre et bord extérieur des élytres couverts d'un duvet blanchâtre. Pattes hispides.

D'Asie et d'Afrique.

2. Pimélie biponctuée, *P. bipunctata.*

Pimelia femoribus posticis abdomine brevioribus, elytrorum striâ post suturam secundâ breviori, tertiâ longiori.

Pimelia bipunctata. Lat. *Gener. Crust. et Ins. tom.* 2. *pag.* 147. n°. 1. — Fab. *Syst. Eleut. tom.* 1. *pag.* 130. n°. 14. — *Pimelia muricata.* Oliv. *Entom. tom.* 3. *Pimél.* n°. 10. *pl.* 1. *fig.* 1. a. b. *et fig.* 4. — Le Ténébrion cannelé. Geoff. *Ins. Paris. tom.* 1. *pag.* 352. — *Encycl. pl.* 194. *fig.* 9 *et* 12.

Longueur 7 lig. Corps entièrement noir. Neuvième article des antennes turbiné. Tête et corselet chargés de petits tubercules, de chacun desquels part un poil très-court. Corselet bordé postérieurement et à sa partie antérieure de cils roux; on voit sur son disque deux petites impressions. Ecusson extrêmement petit. Elytres ayant la suture et leur bord extérieur embrassant les côtés du ventre, élevés; elles ont en outre quatre lignes élevées, lisses, dont la seconde après la suture est plus courte que les autres, la troisième la plus longue, la quatrième formant le bord latéral, aucune de ces quatre lignes n'atteignant le bout postérieur. Intervalles des lignes et pattes chargés de tubercules semblables à ceux de la tête et du corselet.

Des bords de la Méditerranée.

3. Pimélie tachetée, *P. maculata.*

Pimelia femoribus posticis abdomine brevioribus, corpore griseo-tomentoso, capitis punctis thoracisque lineis irregularibus nigris.

Pimelia maculata. Lat. *Gener. Crust. et Ins. tom.* 2. *pag.* 148. — Fab. *Syst. Eleut. tom.* 1. *pag.* 131. n°. 23. — Oliv. *Entom. tom.* 3. *Pimél.* n°. 38. *pl.* 3. *fig.* 31. — *Encycl. pl.* 195. *fig.* 21.

Longueur 4 lig. Corps couvert d'un duvet gris très-court. Neuvième article des antennes globuleux. Tête chargée de petits points noirs. Corselet strié irrégulièrement de petites lignes noires; il a de plus quelques taches blanchâtres duveteuses. Suture et bord extérieur des élytres peu élevés; leur bord latéral composé de deux lignes élevées dont l'intérieure plus courte, chargée de taches brunes cotonneuses; entre la suture et ce bord sont deux autres lignes élevées, la plus rapprochée de la suture chargée de taches brunes cotonneuses plus grandes que les autres; de semblables taches, mais fort petites, sont dispersées sur toute la surface des élytres. Ventre et pattes couverts d'un duvet blanchâtre et chargés de petits tubercules noirs.

Du Cap de Bonne-Espérance.

2e. *Division.* Cuisses postérieures dépassant l'abdomen. — Jambes antérieures ne s'élargissant pas dans leur partie inférieure.

4. Pimélie longipède, *P. longipes.*

Pimelia femoribus posticis abdomine longioribus, elytrorum striis sex muricato-dentatis, tibiis hispidis.

Pimelia longipes. Lat. *Gener. Crust. et Ins. tom.* 2. *pag.* 148. — Fab. *Syst. Eleut. tom.* 1. *pag.* 129. n°. 9. — Oliv. *Entom. tom.* 3. *Pimél.* n°. 20. *pl.* 1. *fig.* 3. — *Encycl. pl.* 194. *Pimél. fig.* 11.

Longueur 6 lig. Corps noir. Corselet glabre, canaliculé dans son milieu. Elytres ayant chacune six lignes élevées, dentées, muriquées; leurs intervalles rugueux et muriqués en même temps. Pattes ponctuées, jambes hispides.

Afrique.

Nous n'avons point vu cette espèce.

5. Pimélie aranipède, *P. aranipes.*

Pimelia femoribus posticis abdomine longioribus, elytrorum striis tribus, pedibus scabris.

Pimelia aranipes. Oliv. *Entom. tom.* 3. *Pimél.* n°. 22. *pl.* 4. *fig.* 6.

Longueur 5 lignes. Corps entièrement noir. Tête très-finement pointillée, assez aplatie, ayant un peu de duvet court, fauve. Neuvième article des antennes turbiné. Corselet lisse, glabre. Suture des élytres assez élevée, chargée latéralement de tubercules. Bord extérieur peu élevé, le latéral et trois lignes élevées entre ce bord et la suture composés de gros tubercules obtus entre lesquels on en voit d'autres moins élevés. Pattes finement tuberculées, cuisses légèrement ponctuées.

Patrie inconnue. (S. F. et A. Serv.)

PIMPLE, *Pimpla.* Fab. *Ichneumon.* Lat. Oliv. (*Encycl.*) Panz. *Cryptus.* Fab.

Genre d'insectes de l'ordre des Hyménoptères,

section des Térébrans, famille des Pupivores, tribu des Ichneumonides.

Dans cette tribu nombreuse les Sigalphes et les Alysies ont les palpes maxillaires de six articles; les Bracons, les Microgastres, les Vipions et les Helcons ont ces mêmes palpes de cinq articles et les labiaux de trois. Tous les autres Ichneumonides ont cinq articles aux palpes maxillaires et quatre aux labiaux. Les Stéphanes n'ont que deux cellules cubitales aux ailes supérieures. L'abdomen des Xorides est distinctement pédiculé et leur tête est globuleuse. Dans le genre Ichneumon la nervure récurrente des ailes ne se courbe pas d'une manière remarquable en s'écartant de la cellule cubitale. Les Peltastes ont le second article des palpes maxillaires grand et renflé. Les Acœnites ont les articles de ces mêmes palpes peu différens entr'eux pour la forme. Dans les Agathis les mâchoires et la lèvre s'avancent en une sorte de museau. Ces caractères séparent suffisamment tous ces genres de celui qui est l'objet de cet article.

Antennes filiformes, multiarticulées, vibratiles, leurs articles courts et peu distincts. — *Bouche* peu avancée. — *Mandibules* distinctement bidentées à l'extrémité. — *Palpes* filiformes, les maxillaires plus longs que les labiaux, de cinq articles de forme très-inégale; le second n'étant point de grosseur remarquable : les labiaux composés de quatre articles. — *Lèvre* membraneuse, presqu'en cœur, dilatée à l'extrémité. — *Tête* triangulaire. — *Trois petits yeux lisses* gros, saillans, disposés en triangle sur le vertex. — *Corps* alongé, presque linéaire. — *Corselet* long, son segment antérieur rétréci en devant, s'avançant latéralement jusqu'à la naissance des ailes; métathorax fort grand, presqu'aussi long que le reste du corselet et à peu près de sa grosseur. — *Ecusson* petit, convexe. — *Ailes supérieures* ayant une cellule radiale grande, se rétrécissant sensiblement jusqu'à son extrémité après son point de contact avec la seconde cellule cubitale; et trois cellules cubitales; la première grande, bilobée, réunie à la discoïdale supérieure, son angle postérieur terminé en pointe : la seconde fort petite, presque triangulaire, atteignant la radiale par la pointe seule d'un de ses angles, recevant la seconde nervure récurrente auprès de la troisième cubitale. Nervure récurrente arquée, se courbant d'une manière sensible auprès de son insertion sur la seconde cubitale. Troisième cellule cubitale grande, complète. Deux cellules discoïdales, savoir : la seconde supérieure et l'inférieure; celle-ci fermée avant le bout postérieur de l'aile par la nervure récurrente. — *Abdomen* composé de sept segmens outre l'anus, attaché au corselet par une base assez large et plate, plus long que la tête et le corselet pris ensemble, convexe en dessus, devenant plus épais vers son extrémité. Anus et derniers segmens du ventre entiers dans les mâles; fendus en dessous dans les femelles en une coulisse où la base de la tarière reste logée dans le repos. Tarière (des femelles) toujours saillante, d'une longueur remarquable; ses fourreaux velus. — *Pattes* moyennes, hanches grandes; jambes antérieures munies d'une seule épine à leur extrémité, les quatre postérieures de deux : crochets des tarses ayant une forte pelotte dans leur entre-deux.

Les mœurs des Pimples n'ont rien de particulier pour ceux qui connoissent celles des Ichneumons (*voyez* ce mot). Nous croyons seulement devoir ajouter qu'il nous a paru que les femelles de ce genre déposent leurs œufs dans le corps des larves qui vivent dans le bois.

1re. *Division.* Tarière (des femelles) plus longue que l'abdomen.

1. Pimple attrayant, *P. persuasoria.*

Pimpla persuasoria. Fab. *Syst. Piez. pag.* 112. *n°.* 1. — *Ichneumon persuasorius.* Panz. *Faun. Germ. fas.* 19. *fig.* 18. La femelle. — *Ichneumon camelus.* Scop. *Carnio. n°.* 742. La femelle. — *Encycl. pl.* 100. *fig.* 26. La femelle.

Il a été pris en 1817 en Auvergne, sur le mont d'Or. *Voyez* pour la description et les autres synonymes Ichneumon attrayant, n°. 42.

2. Pimple manifestateur, *P. manifestator.*

Pimpla manifestator. Fab. *Syst. Piez. pag.* 113. *n°.* 3. — *Ichneumon manifestator.* Panz. *Faun. Germ. fas.* 19. *fig.* 21. La femelle.

Il varie beaucoup pour la grandeur. On trouve souvent des femelles qui ont jusqu'à vingt lignes de longueur. Dans ce sexe les segmens de l'abdomen sont comme renflés sur les côtés et tuberculés. Il paroît que M. Gravenhorst ayant remarqué ces tubercules plus saillans sur de petits individus, en a fait une espèce que l'on voit dans quelques collections sous le nom de *Pimpla tuberculator.* Le mâle est plus petit et plus grêle que la femelle, à laquelle du reste il est parfaitement semblable. *Voyez* pour la description et les autres synonymes Ichneumon manifestateur, n°. 112.

3. Pimple médiateur, *P. mediatoria.*

Pimpla nigra, thorace anticè pedibusque rufis, metathorace abdominisque segmentorum margine inferiori albido fasciatis.

Pimpla mediator. Fab. *Syst. Piez. pag.* 117. *n°.* 23. La femelle. — *Ichneumon Scurra.* Panz. *Faun. Germ. fas.* 92. *fig.* 6. La femelle. (L'aile supérieure est défectueuse en ce qu'elle indique mal la forme des cellules cubitales.)

Longueur 6 lig. Antennes brunes, d'un blanc-jaunâtre en dessous. Tête noire, orbite des yeux entièrement blanc en devant. Corselet d'un testacé-ferrugineux, sa partie antérieure bordée de blanc. On voit une tache de cette couleur sous l'insertion de chaque aile. Pointe de l'écusson blanchâtre. Métathorax noir, bordé postérieurement par une ligne arquée d'un blanc-roussâtre. Abdomen noir ayant le bord postérieur des segmens blanchâtre. Pattes testacées, les quatre antérieures et les jambes postérieures plus pâles. Tarière de la longueur du corps ou seulement de celle de l'abdomen dans quelques individus. Ailes transparentes, nervures brunes, leur point marginal blanchâtre. Femelle.

Le mâle est plus petit, plus grêle; il a le devant de la tête blanchâtre ainsi que la totalité de l'orbite des yeux; ses pattes sont plus pâles.

Des environs de Paris.

2ᵉ. *Division.* Tarière (des femelles) plus courte que l'abdomen.

4. Pimple instigateur, *P. instigator.*

Pimpla atra, pedibus rufis, femoribus basi atris.

Cryptus instigator. Fab. *Syst. Piez. pag.* 85. *n*°. 61. La femelle.

Longueur 6 à 8 lig. Antennes noires. Tête, corselet et abdomen noirs, chagrinés. Pattes testacées, hanches noires. Tarses postérieurs bruns. Ailes transparentes; nervures et point marginal de couleur brune; ce dernier précédé d'une petite tache blanchâtre. Tarière dépassant l'abdomen environ du tiers de la longueur de celui-ci. Femelle.

Le mâle est semblable; il a quelquefois un peu de blanc sur les écailles des ailes supérieures.

Commun aux environs de Paris, près des bois abattus et dans les chantiers.

5. Pimple turionelle, *P. turionellæ.*

Ichneumon turionellæ. Linn. *Syst. Nat.* 2. 935. 40. — *Cryptus turionellæ.* Fab. *Syst. Piez. pag.* 87. *n*°. 72.

Tarses postérieurs blancs avec l'extrémité de chaque article noire. Tarière dépassant l'abdomen de près de moitié de la longueur de celui-ci.

Des environs de Paris.

Voyez pour la description et les autres synonymes Ichneumon turionelle, n°. 130.

6. Pimple piqueur, *P. compunctor.*

Cryptus compunctor. Fab. *Syst. Piez. pag.* 84. *n*°. 58.

Toutes les parties de la bouche sont d'un jaune-testacé. Le mâle a les écailles des ailes supérieures blanchâtres.

Des environs de Paris.

Voyez pour la description de la femelle et les autres synonymes, Ichneumon piqueur, n°. 115. pl. 101. fig. 1.

7. Pimple jaunâtre, *P. flavicans.*

Pimpla flava, thoracis fasciâ longitudinali fuscâ, femoribus posticis crassis, subtùs canaliculatis, denticulatis.

Pimpla flavicans. Fab. *Syst. Piez. pag.* 119. *n*°. 33.

Longueur 6 à 7 lig. D'un jaune-ferrugineux luisant. Corselet ayant une bande longitudinale brune et un peu de jaune sous l'attache des ailes. Ecusson jaune avec deux petites taches brunes latérales. Segmens de l'abdomen ayant quelquefois un peu de brun à leur base. Cuisses postérieures grosses, canaliculées en dessous, souvent noires dans cette partie; les deux bords de ce canal denticulés. Ailes jaunâtres, transparentes, nervures ferrugineuses. Tarière dépassant l'abdomen à peu près de la moitié de la longueur de celui-ci. Mâle et femelle.

Commun aux environs de Paris.

(S. F. et A. Serv.)

PINCE, *Chelifer.* Geoff. De Géer. Oliv. Latr. Lam. Léach. *Acarus, Phalangium.* Linn. *Scorpio.* Fab. *Obisium.* Illig. Walck.

Genre d'Arachnides de l'ordre des Trachéennes, famille des Faux-Scorpions, établi par Geoffroy aux dépens du genre Faucheur de Linné et dont les caractères sont: *Palpes* alongés en forme de bras, avec une pince au bout. — *Pieds* égaux, terminés par deux crochets. — *Yeux*, dont le nombre varie de deux à quatre, placés sur les côtés du corselet; point de queue ni de lame pectinée à la base du ventre.

Linné avoit d'abord placé l'espèce la plus connue de ce genre, la *Pince cancroïde*, ou *Scorpion-Araignée* de Geoffroy, le même insecte que de Géer appelle le *Faux-Scorpion d'Europe*, dans son genre *Acarus*; plus tard, ce grand naturaliste réunit cette espèce à ses *Faucheurs* (*Phalangium*), avec lesquels elle n'a que très-peu de ressemblance. Geoffroy en a formé un genre sous le nom de *Pince* (*Chelifer*), dans lequel il a transporté l'*Acarus longicornis* de Linné, Arachnide d'une autre famille et qui appartient au genre *Bdelle* de M. Latreille. Fabricius a placé la *Pince cancroïde* parmi les *Scorpions*. Dans un travail sur les insectes aptères de Linné, Hermann fils a fait connoître plusieurs espèces du genre *Chelifer*, qu'il a réparties dans deux divisions; il a fait de l'*Acarus longicornis* et de quelques autres Arachnides, le genre *Scirus*, qui n'a pas été adopté, parce que M. Latreille avoit déjà séparé ces insectes des *Pinces* avant la publication de l'ouvrage de Hermann.

Enfin Illiger, dans un tableau nominal des genres de la classe des insectes qu'il a placé à la fin de son ouvrage sur les Coléoptères de la Prusse, sépare des Scorpions, les espèces que Fabricius nomme *Cancroïdes et Cimicoïdes*, pour en faire un genre particulier qu'il appelle *Obisium*. Ce genre a été conservé par le docteur Léach (*Zool. Miscell.*, vol. 3. pag. 48) aux espèces de Pinces qui ont quatre yeux lisses, le corps presque cylindrique et les huit pattes postérieures composées de six articles; celles qui n'ont que cinq articles aux pattes, dont le corps est déprimé et qui n'ont que deux yeux lisses, forment seules le genre *Chelifer*.

Les Pinces ont le corps ovoïde et déprimé, ou oblong et presque cylindrique; il est revêtu d'un derme un peu coriace, presque glabre ou peu velu, et se compose, 1°. d'un segment antérieur beaucoup plus grand, presque carré ou triangulaire, tenant lieu de tête ou de corselet, portant deux ou quatre yeux lisses, situés latéralement, les organes de la manducation, deux pieds-palpes en forme de serres, terminés par une pince didactyle, et les six premières pattes; 2°. de onze autres segmens transversaux et annuliformes, et sur les premiers desquels la quatrième et dernière paire de pattes paroît insérée; les anneaux suivans composent l'abdomen. Leur bouche se compose de deux mandibules cornées, situées à l'extrémité antérieure et supérieure du corselet; elles sont en forme de pince didactyle, dont le doigt extérieur est mobile, dentelé ou cilié; dans les *Obisies*, elles sont entièrement découvertes. Cette bouche se compose en outre de deux mâchoires formées par le prolongement interne de l'article radical des serres, valvulaires, un peu bombées ou convexes au milieu, déprimées et rebordées près des bords internes, terminées en pointe, se joignant le long des bords et fermant ainsi la bouche inférieurement: de deux grands pieds-palpes, composés de six articles et terminés en pince didactyle: enfin d'une langue sternale située dans l'intérieur de la bouche, cuspidée à son extrémité supérieure, et offrant, suivant Savigny, un petit appendice de chaque côté de cette pointe. C'est cette pièce que Hermann fils avoit appelée une papille conique embrassée par deux espèces de valvules (les mâchoires), et qu'il avoit considérée comme la trompe de ces animaux. Les pieds sont divisés en cinq articles dans les Pinces proprement dites et en six dans les Obisies, selon que le tarse est composé d'une ou de deux pièces; l'extrémité du dernier article est toujours armée de dents crochues sous lesquelles est une pelotte. L'article qui répond aux cuisses est plus large et alongé; la longueur des pattes va en croissant à partir de la seconde paire, et elles sont plus courtes et plus grosses dans les Pinces proprement dites que dans les Obisies.

Les Pinces vivent en général dans les lieux écartés et humides, dans les endroits peu fréquentés des maisons, sous les pierres et les pots à fleurs des jardins, dans les vieux livres et les herbiers; elles se nourrissent de petits insectes, tels que les *Poux de bois* (*Psocus pulsatorius*. Fab.), les *Mittes* et même les *Mouches*: Goetze en a nourri avec de petits Pucerons. Linné dit que ces Arachnides s'introduisent quelquefois dans la peau et qu'elles y produisent une enflure douloureuse; il rapporte, sur la foi du docteur Bergius, qu'un paysan ayant eu la cuisse percée pendant la nuit par un de ces insectes, il s'y forma une pustule de la grosseur d'une noisette qui lui causa des douleurs très-vives. Ces insectes marchent assez vîte en avant, de côté et à reculons, comme les Scorpions et les Crabes. Suivant Roesel, la femelle pond des œufs petits, d'un blanc-verdâtre, qu'elle rassemble les uns après les autres. Hermann père dit qu'elle les porte sous son ventre ramassés en une pelotte, comme le font plusieurs autres Arachnides.

On peut diviser ce genre, d'après Hermann fils, en deux sections: dans la première se trouvent les espèces qui ont le premier segment du tronc, ou le corselet, partagé en deux par une ligne imprimée et transversale; les tarses d'un seul article, une espèce de stylet au bout du doigt mobile des mandibules et les poils du corps en forme de spatule. Cette setion renferme le genre *Chelifer* proprement dit.

1. Pince cancroïde, *C. cancroïdes*.

C. thorace lineâ transversâ, impressâ, bipartito; brachiis corpore duplò longioribus, articulis secundo tertioque conicis elongatis; corpore rubro-brunneo; abdomine ovali.

Chelifer cancroïdes. Lat. *Gen. Crust. et Ins. tom.* 1. *pag.* 132. — Pince cancroïde. Lat. *Hist. nat. des Crust. et des Ins. tom.* 7. *pag.* 141. *pl.* 61. *fig.* 2. — Le Scorpion-Araignée. Geoff. *Hist. des Ins. tom.* 2. *pag.* 618. — Faux-Scorpion d'Europe. De Géer, *Mém. sur les Ins. tom.* 7. *pag.* 355. *pl.* 19. *fig.* 14. — *Phalangium cancroïdes*. Linn. *Syst. Nat. edit.* 13. *tom.* 1. *pars* 2. *pag.* 1028. — *Faun. Suec. edit.* 2. *n°.* 1968. — *Scorpio cancroïdes*. Fab. *Entom. Syst. tom.* 2. *pag.* 436. — Obise cancroïde. Walck. *Faun. Paris. tom.* 2. *pag.* 263. — Frisch. *Ins. tom.* 8. *tab.* 1. — Roes. *Ins. t.* 3. *Suppl. tab.* 64.

Cette espèce a environ une ligne et demie de longueur; tout le corps et les pattes sont d'un brun-rougeâtre; les palpes sont le double plus longs que le corps, avec les articulations alongées.

Elle se trouve en Europe dans les vieux livres, les herbiers, etc., où elle se nourrit des petits insectes qui les rongent.

2. Pince cimicoïde, *C. cimicoïdes*.

C. thorace lineâ transversâ impressâ, bipartito; brachiis mediocribus, articulis brevibus, subovalibus, pilosis; abdomine orbiculato-ovato.

Chelifer cimicoïdes. Lat. *Gen. Crust. et Ins. tom.* 1. *pag.* 133. — Pince cimicoïde. *Hist. nat. des Crust. et des Ins. tom.* 7. *pag.* 142. — Pince parasite. Herm. *Mém. aptérol. pag.* 117. *pl.* 7. *fig.* 6. — *Scorpio cimicoïdes.* Fab. *Ent. Syst. tom.* 2. *pag.* 436. — Obise cimicoïde. Walck. *Faun. Paris. tom.* 2. *pag.* 253.

Cette espèce a le corps plus arrondi que la précédente, ses bras sont tout au plus une fois et demie aussi longs que le corps, et à articles arrondis.

Elle se trouve fréquemment sous les écorces des arbres dans le midi de la France.

La seconde section renferme les espèces qui ont le corselet sans division, les mandibules sans stylet, les poils du corps en forme de soies : elle correspond au genre *Obisium*.

3. Pince trombidioïde, *C. trombidioïdes*.

C. oculis quatuor, mandibulis maximis, exsertis; brachiorum articulo secundo elongato; digitis longis, rectis.

Pince trombidioïde. Lat. *Hist. nat. des Crust. et des Ins. tom.* 7. *pag.* 142. — *Gen. Crust. et Ins. tom.* 1. *pag.* 133. — Pince ischnochèle. Herm. *Mém. apterol. pag.* 118. *pl.* 6. *fig.* 14.

Cette espèce se trouve en France, aux environs de Paris, sous les pierres et sous les mousses.

(E. G.)

PINICOLE, *Pinicola.* Bréb. Genre d'Hyménoptères térébrans. *Voyez* Xyèle.

(S. F. et A. Serv.)

PINNOTHÈRE, *Pinnotheres.* Genre de Crustacés de l'ordre des Décapodes, famille des Brachyures.

J'ai le premier séparé ce genre de ceux de Crabe et de Porcellane, avec lesquels il avoit été confondu, et dans l'ouvrage sur le règne animal de M. Cuvier, je l'ai associé à quelques autres groupes génériques, formant avec lui la tribu des Orbiculaires; mais je pense aujourd'hui qu'il appartient plus naturellement à celle des Quadrilatères. Les *antennes* mitoyennes, de même que celles des Gécarcins, des Plagusies, des Grapses, etc., sont très-distinctement bifides à leur extrémité, et leur premier article est plus transversal que longitudinal. Les *pieds-mâchoires* extérieurs n'offrent distinctement que trois articles, dont le premier grand, disposé transversalement, concave ou arqué en dessous, et formant une sorte de cintre à l'extrémité supérieure de la poitrine; la base interne du dernier offre un appendice linéaire, en forme de rameau.

Parmi les Crustacés décapodes, nous n'en connoissons point de plus petits. Leur corps, généralement orbiculaire et lisse, diffère un peu selon les sexes. Celui des mâles est proportionnellement plus petit, plus bombé, de consistance ferme, et un peu plus rétréci à sa partie antérieure, qui forme une sorte de museau très-court, arrondi ou tronqué. Le corps des femelles est presque carré, avec les angles arrondis; son test est mou ou presque membraneux, et souvent autrement coloré que celui de l'autre sexe. Les yeux sont situés de chaque côté du chaperon, un peu écartés et terminant chacun un pédicule court, assez gros, presque globuleux. Les quatre antennes sont placées sur une ligne transverse et contiguë : les latérales ont leur insertion à l'angle interne des fossettes recevant les yeux; elles sont fort petites, menues, en cône alongé, et composées d'un petit nombre d'articles; les intermédiaires, plus grandes que les précédentes, sont logées dans deux cavités, au-dessous du chaperon ou du museau; leur premier article paroît comme unidenté à son extrémité interne et supérieure, près de l'insertion du second, qui, de même que les suivans, est replié en dehors et couché sur la face supérieure du premier. Les deux serres sont égales, plus grosses que les autres pieds, mais plus courtes que ceux de la troisième et quatrième paire, les plus longs de tous; les mains sont ovoïdes, plus courtes et plus renflées dans les mâles, et terminées dans les deux sexes par des doigts coniques et pointus; ceux des mâles sont un peu arqués ou moins droits, et m'ont paru avoir des dentelures plus apparentes. Les tarses sont courts, coniques, comprimés, et finissent brusquement en une pointe fine et très-acérée. Le post-abdomen est composé de segmens transversaux; celui du mâle est en forme de triangle, étroit et alongé, et ses appendices sexuels sont presque foliacés. Il est très-grand et presqu'orbiculaire dans les femelles adultes.

Les premiers naturalistes grecs désignèrent sous les noms de *Pinnother* et de *Pinnophilax*, de petits Crustacés qu'ils regardoient comme les gardiens et les sentinelles des Mollusques du genre des Pinnes ou Jambonneaux, et comme étant encore leur commensaux, leurs vivandiers même. On croyoit qu'ils naissoient avec eux et pour leur conservation; on supposoit que ces Mollusques, privés d'yeux et dont le sentiment a peu d'énergie, ouvroient leurs coquilles, afin que les petits poissons dont ils étoient censés se nourrir, pussent y entrer, et que lorsqu'il s'y en étoit introduit une quantité suffisante, le Pinnothère en avertissoit le propriétaire naturel, par une morsure, ce qui le déterminoit à fermer sa coquille. Le butin étoit ensuite partagé entr'eux. Quoique Rondelet eût remarqué depuis long-temps que l'eau de la mer suffit à la nourriture de ces Mollusques, et qu'on en trouve souvent de solitaires dans leurs coquilles, plusieurs naturalistes du dernier siècle ont paru néanmoins adopter cette opinion fabuleuse des Anciens. La figure symbolique de la Pinne et du Cancre représentoit, chez les premiers Egyptiens, un homme ou un père de famille qui ne devoit son existence qu'aux secours de ses proches ou de ses enfans (1). Telle est probablement, par rapport au Pinnothère, la source primitive de ces traditions erronées; mais quel qu'en soit le fondement, la connoissance des animaux qui en ont été l'objet, mérite notre attention.

Camus, dans son *Commentaire sur l'Histoire des animaux d'Aristote*, articles *Cancre petit*, *Pinne*, *Pinne* et *Pinnothère*, fait, à cet égard, des réflexions très judicieuses. Le même sujet a intéressé M. Cuvier, et dans une Dissertation critique sur les Ecrevisses mentionnées par les Anciens, il a discuté avec son habileté et sa sagacité ordinaires, les divers passages relatifs au Pinnothère. Non-seulement il considère l'histoire qu'on en a donnée comme le produit de l'imagination, mais il semble croire encore que les Anciens, ou du moins Aristote, n'avoient point d'idée positive sur cet animal. Sa détermination lui paroît d'autant plus difficile, que l'habitude de se loger dans divers coquillages bivalves est commune à plusieurs autres Crustacés. C'est ainsi que l'on trouve quelquefois le Crabe commun et l'Etrille dans les Moules, et le *Cancer strigosus* de Linnæus (*voyez* GALATHÉE), dans les *Cardium* ou cœurs; mais nous observerons que ces circonstances sont rares et simplement fortuites. Il n'en est pas de même des Pinnothères et des Pagures ou des Hermites. La nature n'ayant point protégé ces Crustacés par des tégumens solides, comme elle l'a fait pour les autres, on conçoit qu'elle a dû garantir ces animaux d'une autre manière, et c'est dans ce but qu'elle leur a donné l'instinct de se choisir des domiciles particuliers, tels que des coquillages. Mais les Pinnothères diffèrent, à cet égard, des Pagures, en ce qu'ils n'habitent que des coquilles bivalves, et toujours de compagnie avec leurs véritables possesseurs. Plusieurs individus de ces Crustacés parasites peuvent, en outre, vivre sous le même toit. Les Pagures, au contraire, se logent uniquement et toujours solitairement dans des coquillages univalves et vides.

« Les Pinnes, dit Aristote (*Histoire des Anim.*, traduction de Camus, tome I, page 273), ont, dans leur coquille, l'animal appelé *le gardien de la Pinne*. C'est une petite Squille ou un petit Crabe, qu'elles ne peuvent perdre sans périr bientôt elles-mêmes. Il naît dans quelques testacés, ajoute-t-il plus bas, des Cancres blancs, fort petits : le plus grand nombre se trouve dans les espèces de moules dont la coquille est renflée (*Modioles*); après vient la Pinne; son Crabe se nomme le *Pinnothère*. Il s'en trouve aussi dans les Petoncles et les Huîtres. Les petits Cancres ne prennent aucun accroissement sensible, et les pêcheurs prétendent qu'ils se forment en même temps que l'animal avec lequel ils habitent. » Plus loin, il dit encore qu'il naît dans les cavités des éponges de petits Cancres semblables au gardien de la Pinne; qu'ils y sont comme l'Araignée dans sa retraite, et qu'en ouvrant ou fermant à propos ces cavités, ils prennent de petits poissons; ils les tiennent ouvertes pour y laisser entrer leur proie, et ils les ferment aussitôt qu'elle s'y trouve. Il est maintenant certain que les Moules, les Huîtres et les Petoncles de nos côtes maritimes, coquillages mentionnés précisément par ce père de la Zoologie, renferment, du moins à une époque de l'année, des Crustacés très-petits, blancs ou blanchâtres, tels qu'il les désigne, ou ceux que j'appelle Pinnothères. Il est encore certain que ces coquilles n'offrent point habituellement d'autres animaux parasites, et que l'on trouve souvent dans quelques espèces de Pinnes, soit d'autres Pinnothères (*veterum*, Léach) un peu moins petits que les précédens, soit de petites Salicoques (*Caridion*, Aristote), telles que le *Cancer custos* de Forskaël, l'*Alphœus thyrrhenus* de Risso, ainsi qu'un autre Crustacé de la même famille, dont le corps est très-mou, et que feu Olivier a observé dans des Pinnes de la Méditerranée. Nous savons aussi que des Pagures et des Porcellanes s'établissent dans les éponges, et ce sont probablement ces Crustacés qu'Aristote a eu en vue dans le dernier passage que j'ai cité. Il a donc été fondé à dire que le gardien de la Pinne étoit un petit Crabe ou une petite Squille, et je ne puis admettre l'opinion de M. Cuvier, qui voit dans cette expression disjonctive une preuve qu'Aristote ne parle ici que d'après les autres, ou que son témoignage est incertain. Peut-on d'ailleurs imaginer que ce naturaliste n'auroit point eu occasion de voir des animaux aussi communs que nos Pinnothères et si connus du vulgaire?

Pline a confondu sous le nom de *Pinnothères* les espèces de ce genre proprement dit, et celles de celui de Pagure. Plusieurs auteurs rapportent un passage des *Halieutiques d'Oppien*, où il raconte que le Cancre, lorsque l'Huître vient ouvrir sa coquille, met une pierre entre ses deux valves, afin qu'elle ne puisse se fermer, et qu'il ait ainsi le moyen de s'y introduire et de dévorer son habitant. Mais rien n'indique que ce passage s'applique aux Pinnothères. Oppien fait mention de ces derniers animaux dans un autre endroit, et en dépeint les habitudes absolument de la même manière que ses devanciers. Hasselquist, *Voyage au Levant*, traduction française, pag. 64, avance, à l'occasion de la Pinne *muricata*, que la Sèche

(1) Il paroît que sur le zodiaque circulaire de Dendérah, et sur un zodiaque indien, le Pinnothère ou un Crustacé analogue (*Leucosie?*) a été pris pour type du signe du *Cancer*.

est l'ennemi le plus irréconciliable de l'animal de cette coquille; mais qu'heureusement pour lui, il y a toujours dedans une ou plusieurs écrevisses qui se tiennent à l'entrée de sa demeure, lorsqu'il l'ouvre, et qui l'avertissent du danger à l'approche de son adversaire. Aussi, ajoute l'auteur, l'animal de la coquille permet-il, en revanche, à ces Crustacés de se loger avec lui. On pense bien que cette autorisation ne leur est pas nécessaire, et qu'effrayés les premiers de la vue de la Sèche, ils doivent, pour échapper au péril qui les menace, faire en arrière quelques mouvemens brusques, et déterminer ainsi l'animal de la Pinne à se tenir clos. Cette Ecrevisse d'Hasselquist est probablement une espèce de Salicoque ou de Pinophylace, selon la nomenclature des Anciens. Linnæus, d'après le témoignage de son disciple, avoit d'abord rangé ce Crustacé dans sa division des Macroures du genre *Cancer;* mais il paroît qu'il l'a ensuite réuni avec une espèce de la division des Brachyures, le *Cancer pinnotheres,* et dont la description lui avoit été envoyée par Forskhal.

Comme c'est plus particulièrement en hiver que l'intérieur des Moules nous offre des Pinnothères, il y a lieu de présumer que ces animaux s'y retirent, afin de s'abriter contre les rigueurs de cette saison. Il est encore possible que de jeunes individus choisissent de préférence un tel séjour, afin de se préserver des dangers qui les menacent. Les femelles que l'on y trouve sont toujours dans un état de mollesse analogue à celui d'une Ecrevisse qui vient de changer de peau. Il paroîtroit que dans cette circonstance les Moules peuvent être pour quelques personnes un aliment nuisible; mais les Pinnothères ne leur ont pas, ainsi qu'on le pense, communiqué cette qualité malfaisante. Les autres habitudes de ces Crustacés me sont inconnues.

Nous devons au docteur Léach des détails nouveaux et très-exacts sur les caractères de ce genre et la description des espèces en faisant partie, qui ont été observées sur les côtes de la Grande-Bretagne. Le signalement de ces espèces est d'autant plus difficile qu'elles subissent avant l'âge des modifications, et que le corps des femelles est sujet, par la dessiccation, à se déformer.

Le test des plus grands individus est long de huit millimètres. Le même diamètre n'en a que deux dans les plus petits.

1. PINNOTHÈRE des Moules, *P. Mytilorum.*

Abdominis maris ultimo segmento præcedenti angustiore, trigono; clypeo integro aut vix emarginato.

P. Mytilorum, *Pisum.* LATR. — *P. varians.* LÉACH, *Malac. Podopht. Brit. tab.* 14. *fig.* 9-11. Le mâle. Ejusd. *P. Pisum*, *ibid. tab. ead. fig.* 1-3. La femelle. — *Cancer Pisum.* LINN. — HERBST, *Krabben. tab.* 2. *fig.* 27. Le mâle; *ibid. fig.* 24. 25. Le même jeune; *ibid. fig.* 21. La femelle.

Très-commun dans les Moules et les Modioles.

Test du *mâle* blanchâtre, un peu marbré de roussâtre, lisse et luisant; dessous des mains marqué de deux lignes de poils noirâtres; le pouce arqué, avec une dent assez forte, près de la base de son bord interne; ce bord et l'opposé de l'index un peu ciliés; cuisses des autres pieds ayant sur leurs tranches une ligne de poils ou de cils noirâtres. *Femelle* plus grande, presqu'orbiculaire, roussâtre; mains des serres n'ayant, à ce qu'il m'a paru, qu'une seule ligne de poils et qui s'efface même dans quelques-unes.

Le *Pinnothère de Cranch* (*Cranchii*), représenté par M. Léach, *ibid. tab. ead. fig.* 4, 5, et dont il n'a connu que la femelle, ne diffère de celle de l'espèce précédente qu'en ce que son chaperon est un peu arqué, au lieu d'être droit, et que le milieu du bord postérieur des segmens de l'abdomen, à partir du second, est un peu échancré. Même habitation, mais rare.

2. PINNOTHÈRE des Anciens, *P. Veterum.*

Abdominis maris ultimo segmento ad basin præcedente latiore; clypeo emarginato.

P. Veterum. BOSC, LÉACH, *ibid. tab.* 15. *fig.* 1-5. — *Cancer Pinnotheres.* LINN.?

Un peu plus grand que le P. des Moules; dans les Pinnes et quelquefois dans les Huîtres.

Le milieu de l'abdomen des femelles est un peu caréné et comme noueux. Test pointillé.

La figure 3 de la planche 20 de Jouston, citée par Linnæus à l'article *Cancer Pinnotheres,* représente un Pagure qui vit dans un Alcyon; il faut lire, tab. 7. fig. 5. Gesner avoit, depuis long-temps, distingué cette espèce de la première.

Le *P. de Montagu* (*Montagui*) de M. Léach, *ibid. tab. ead. fig.* 6-8, diffère peu du *P. des Anciens.* L'abdomen du mâle est plus brusquement rétréci vers son extrémité, avec le dernier segment proportionnellement plus large et plutôt carré que demi-circulaire.

Son *P. de Latreille, ibid. tab.* 14. *fig.* 6-8, formeroit une division particulière, s'il étoit vrai que les femelles adultes eussent l'abdomen ovale ou plus long que large. Mais cette forme pourroit bien n'être propre qu'aux jeunes individus, et Montagu même ne considéroit ce Pinnothère que comme une variété d'âge du *Cancer Pisum.* Je soupçonne, en outre, que M. Léach s'est mépris à l'égard du sexe. La solidité du test, sa forme et celle des serres paroissent l'indiquer. Le test offriroit cependant, de chaque côté de sa partie postérieure, deux lignes enfoncées et confluentes, ce que l'on n'observe point dans le *P. des Anciens.*

Le *P. de Latreille* se trouve, mais très-rarement, dans les Modioles.

M. Thomas Say a décrit dans le *Journal de l'Académie des sciences naturelles de Philadelphie*, n°. 6, octobre 1817, deux espèces de Pinnothères de l'Amérique septentrionale; l'une sous le nom de *P. ostreum*, pl. 4, fig. 5, et l'autre sous celui de *P. depressum.* Je n'ai point vu ces Crustacés. (Latr.)

PINOPHILE, *Pinophilus.* Genre de Coléoptères de la famille des Brachélytres, établi par M. Gravenhorst dans l'ouvrage intitulé : *Coleoptera micropteru*, et qu'il a réuni ensuite au genre *Lathrobium* dans sa *Monographia Coleopterorum micropterum.* (S. F. et A. Serv.)

PIPIZE, *Pipiza.* Fallén. Meig. *Milesia.* Lat. *Eristalis*, *Mulio.* Fab. *Musca.* Linn. *Syrphus.* Panz.

Genre d'insectes de l'ordre des Diptères, section des Proboscidés, famille des Athéricères, tribu des Syrphies.

Les Pipizes font partie d'un groupe dans la tribu des Syrphies (*voy.* ce mot), dont le caractère est d'avoir les antennes plus courtes que la tête, leurs deux premiers articles égaux entr'eux; point de tubercule frontal pour porter les antennes ni de cellule pédiforme aux ailes, les cuisses simples, sans renflement ni épines et la soie des antennes sans articulations sensibles. Les autres genres du même groupe sont Baccha, Chrysogastre, Psilote et Syrphe, distingués des Pipizes par leur hypostome ou dessus de la bouche creusé ou tuberculé; les Paragues, qui s'en éloignent par la palette de leurs antennes fort alongée, enfin les Volucelles et les Séricomyies, qui seules dans ce groupe ont la soie des antennes plumeuse.

Antennes avancées, courbées, composées de trois articles, le dernier ou palette ovale, comprimé, portant à sa base une soie dorsale nue. — *Yeux* rapprochés et se réunissant un peu au-dessous du vertex, dans les mâles, espacés dans les femelles. — *Trois petits yeux lisses* disposés en triangle, très-rapprochés et placés sur le vertex, dans les mâles, distans et posés un peu au-dessous du vertex dans les femelles. — *Hypostome* lisse, plane. — *Ailes* parallèles, couchées sur le corps dans le repos, n'ayant point de cellule pédiforme. — *Abdomen* oblong, presqu'elliptique. — *Pattes* moyennes, cuisses postérieures peu renflées, simples; tarses (les postérieurs surtout) ayant leur premier article long et le quatrième fort court.

On trouve ces diptères sur les fleurs. M. Meigen, dans son ouvrage intitulé *Diptères d'Europe*, en décrit vingt-neuf espèces.

1re. *Division.* Abdomen unicolor.

1. Pipize lugubre, *P. lugubris.*

Pipiza abdomine unicolori, geniculis tarsisque ferrugineis, alarum pellucidarum maculâ fuscâ.

Pipiza lugubris. Meig. *Dipt. d'Europ. tom.* 3. *pag.* 250. *n°.* 18. — *Eristalis lugubris*, Fab. *Syst. Antliat. pag.* 246. *n°.* 64.

Longueur 4. lig. Noire, avec un peu de duvet ferrugineux; genoux et tarses ferrugineux. Ailes transparentes ayant une tache brune.

2. Pipize verdâtre, *P. virens.*

Pipiza abdomine unicolori, pedibus nigris, alis totis pellucidis.

Pipiza virens. Meig. *Dipt. d'Europ. tom.* 3. *pag.* 253. *n°.* 26. — *Pipiza campestris.* Fallén. *Syrph.* 59. 4. — *Mulio virens.* Fab. *Syst. Antliat. pag.* 186. *n°.* 12.

Longueur 2. lig. $\frac{1}{2}$. Corps d'un bronzé obscur. Antennes noires, de la longueur de la tête. Corselet d'un brun-verdâtre, couvert d'un léger duvet cendré. Abdomen noir, pattes de même couleur, genoux ferrugineux. Ailes transparentes.

D'Autriche.

Nota. Nous n'avons point vu cette espèce non plus que la précédente.

2e. *Division.* Abdomen ayant à sa base des taches jaunes ou rougeâtres, ordinairement transparentes.

3. Pipize fasciée, *P. fasciata.*

Pipiza abdominis lineis duabus pellucidis, in secundo tertioque segmento positis, posticâ interruptâ.

Pipiza fasciata. Meig. *Dipt. d'Europ. tom.* 3. *pag.* 242. *n°.* 1. *tab.* 29. *fig.* 17. Femelle.

Longueur 4 à 5. lig. Noire. Tête et corselet ayant un duvet gris. Second segment de l'abdomen avec une large bande transparente d'un blanc-roussâtre; troisième segment ayant une petite ligne interrompue de même couleur. Pattes jaunes; cuisses et un anneau aux jambes de couleur noire. Ailes transparentes avec une large tache brune. Femelle.

Des environs de Paris.

4. Pipize à taches transparentes, *P. noctiluca.*

Pipiza abdominis lineâ arcuatâ pellucidâ, in primo segmento positâ.

Pipiza noctiluca. Fallén. *Syrph.* 59. 2. — Meig.

Meig. *Dipt. d'Europ. tom.* 3. *pag.* 244. *n°*. 6. — *Eristalis noctilucus.* Fab. *Syst. Antliat. pag.* 247. *n°*. 69. — *Milesia noctiluca.* Lat. *Gener. Crust. et Ins. tom.* 4. *pag.* 332. — *Musca noctiluca.* Linn. *Syst. Nat.* 2. 986. 48. — *Syrphus rosarum.* Panz. *Faun. Germ. fas.* 95. *fig.* 21. Femelle.

Longueur 3 à 4 lig. Tête et corselet noirs avec un léger duvet cendré. Abdomen noir, son premier segment ayant une bande un peu arquée, interrompue, jaune, transparente. Pattes noires; jambes antérieures jaunes à la base. Ailes transparentes avec une tache brune. Mâle.

Des environs de Paris.

5. Pipize quadrimaculée, *P. quadrimaculata.*

Pipiza abdominis maculis quatuor pellucidis in secundo tertioque segmento per paria dispositis.

Pipiza quadrimaculata. Fallén. *Syrph.* 59. 3. — Meig. *Dipt. d'Europ. tom.* 3. *pag.* 249. *n°*. 16. — *Syrphus quadrimaculatus.* Panz. *Faun. Germ. fas.* 86. *fig.* 19.

Longueur 4 lig. Corps noir à reflet un peu bleuâtre, ayant un léger duvet gris. Second et troisième segmens de l'abdomen portant chacun deux taches transparentes jaunâtres; celles du second beaucoup plus grandes. Pattes jaunâtres, cuisses et un anneau aux jambes de couleur noire. Ailes transparentes ayant une large tache brune. Femelle.

Environs de Paris.

6. Pipize vitrée, *P. vitrea.*

Pipiza abdominis maculis duabus pellucidis in secundo segmento positis.

Pipiza vitrea. Meig. *Dipt. d'Europ. tom* 3. *pag.* 249. *n°*. 15.

Longueur 2 lig., à 2 lig. ½. Corps noir à reflet un peu bleuâtre. Second segment de l'abdomen ayant deux points transparens d'un jaune soufré. Les quatre jambes antérieures et leurs tarses jaunâtres à la base. Ailes transparentes.

Elle a été prise aux environs de Paris dans les bois au mois de mai sur une espèce de potentille (*Potentilla verna*). (S. F. et A. Serv.)

PIPUNCULE, *Pipunculus.* Lat. *Musca.* Bosc.

Genre d'insectes de l'ordre des Diptères, section des Proboscidés, famille des Athéricères, tribu des Muscides.

Parmi les Muscides qui ont les cuillerons petits, les yeux sessiles, les antennes plus courtes que la tête, le corps simplement oblong et l'extrémité postérieure de l'abdomen sans prolongement particulier, les Pipuncules sont les seuls dont la tête soit presqu'entièrement occupée par les yeux à réseau.

Antennes insérées sur le front, de deux articles apparens, le second terminé en une pointe fine, portant à sa base une soie longue qui paroît composée de deux articles, le premier court, assez gros. — *Trompe* membraneuse, bilabiée, rétractile, entièrement retirée dans la cavité de la bouche à l'état de repos, renfermant un suçoir composé de deux soies. — *Tête* grosse, ronde, tronquée postérieurement. — *Yeux* très-grands, occupant la presque totalité de la tête. — *Trois petits yeux lisses* très-rapprochés, disposés en triangle sur le vertex. — *Corps* alongé. — *Corselet* un peu plus étroit que la tête. — *Ecusson* grand, un peu gibbeux. — *Ailes* grandes, beaucoup plus longues que l'abdomen, couchées l'une sur l'autre dans le repos. — *Cuillerons* petits, balanciers grands, tout-à-fait à découvert. — *Abdomen* cylindrique, recourbé à son extrémité, composé de six segmens outre l'anus. — *Pattes* grandes, hanches fortes; crochets des tarses grands, écartés, munis dans leur entre-deux d'une très-grande pelotte bifide à divisions fortes.

On connoît deux ou trois espèces de ce genre établi par M. Latreille. On les rencontre sur les fleurs. Leurs métamorphoses sont ignorées, mais elles doivent se rapprocher de celles du genre Mouche.

1. Pipuncule champêtre; *P. campestris.*

Pipunculus niger, alis pellucidis, genubus pallidis.

Pipunculus campestris. Lat. *Gener. Crust. et Ins. tom.* 4. *pag.* 333. — *Musca cephalotes.* Bosc, *Journ. d'Hist. nat. et de Phys. tom.* 1. *pag.* 55. *pl.* 20. *n°*. 5.

Longueur ». Très-petit, d'un noir terne, genoux et pelottes des tarses d'un fauve-jaunâtre. Jambes et tarses en grande partie quelquefois de cette couleur. Ailes transparentes.

Des environs de Paris.

ANTHOMYIE, *Anthomyia.* Meig. *Class.* Illig. Lat. *Musca.* Linn. Geoff. Fab. De Géer. Oliv. (*Encycl.*) Panz.

Genre d'insectes de l'ordre des Diptères, section des Proboscidés, famille des Athéricères, tribu des Muscides.

Dans le groupe de Muscides qui a pour caractères : cuillerons petits; yeux sessiles; antennes plus courtes que la tête; corps court; extrémité postérieure de l'abdomen sans prolongement; les Phores se distinguent par leurs antennes insérées près de la bouche; les Pipuncules par leurs yeux qui occupent presque toute la superficie de la tête; les Oscines par leur tête qui vue en dessus paroît pyramidale; les Mosilles par le troisième article des antennes presque triangulaire ; les Ochtères par leurs pattes antérieures ravisseuses ; les Scatophages et les Thyréophores par leur tête presque globuleuse, et les Sphærocères par le dernier article de leurs antennes plus large que long. Le genre Anthomyie n'a aucun des caractères que nous venons d'énoncer.

Antennes plus courtes que la tête, insérées au milieu de la partie antérieure de la tête, composées de trois articles, le dernier plus long que large, plus alongé que le second, portant vers sa base une assez longue soie un peu velue. — *Trompe* membraneuse, bilabiée, coudée, son extrémité restant toujours extérieure, renfermant un suçoir composé de deux soies. — *Palpes* presque filiformes, un peu plus épais vers leur extrémité. — *Tête* hémisphérique, transverse, son vertex un peu incliné en devant. — *Yeux* rapprochés dans les mâles, très-espacés dans les femelles. — *Trois petits yeux lisses* disposés en triangle sur le vertex. — *Corps* peu alongé relativement à son épaisseur. — *Corselet* presque de la largeur de la tête. — *Ecusson* grand, distinctement séparé du corselet. — *Ailes* assez grandes, plus longues que l'abdomen, couchées l'une sur l'autre dans le repos. — *Cuillerons* fort petits, balanciers découverts. — *Abdomen* composé de six segmens outre l'anus. — *Pattes* de longueur moyenne; crochets des tarses courts.

Les Anthomyies dont le nom vient de deux mots grecs qui signifient: *mouche des fleurs*, composent un genre contenant peu d'espèces. L'une d'elles est fort incommode dans les temps de pluie et paroît alors chercher à se jeter dans les yeux des hommes et des animaux. Les métamorphoses de ces diptères ne doivent pas différer de celles du genre Mouche.

Rapportez à ce genre les Mouches méditalnende (*lisez* méditabunde), n°. 53 et pluviale, n°. 70 de ce Dictionnaire.

MOSILLE, *Mosillus*. LAT. *Musca*. LINN. GEOFF. FAB. PANZ. OLIV. (*Encycl.*)

Genre d'insectes de l'ordre des Diptères, section des Proboscidés, famille des Athéricères, tribu des Muscides.

Neuf genres de cette tribu ont pour caractères communs : cuillerons petits ; yeux sessiles ; antennes plus courtes que la tête ; corps court ; abdomen sans prolongement à son extrémité. Dans ce groupe les Phores ont seules les antennes insérées près de la bouche ; les Pipuncules sont remarquables par la grandeur de leurs yeux qui occupent presque toute la tête ; celle des Oscines vue en dessus paroît pyramidale. Dans les Anthomyies le troisième article des antennes est beaucoup plus long que large ; les Ochtères ont les pattes antérieures ravisseuses ; les Scatophages et les Thyréophores sont distinguées par leur tête globuleuse, enfin les Sphærocères ont leurs pattes postérieures grandes et arquées en dehors. On ne retrouve point ces caractères dans le genre Mosille.

Antennes insérées près du milieu de la face antérieure de la tête, plus courtes qu'elle, composées de trois articles, le dernier en forme de palette presque triangulaire, guère plus long que le second, portant une soie latérale. — *Trompe* épaisse, reçue à sa base sous une espèce de voûte saillante. — *Tête* hémisphérique, comprimée transversalement. — *Corps* court. — *Ailes* couchées l'une sur l'autre dans le repos. — *Cuillerons* petits, balanciers découverts. — *Pattes* propres pour sautiller.

Plusieurs espèces de ce genre fondé par M. Latreille sont attirées par les substances acides ; d'autres sont soupçonnées de nuire aux plantes céréales ; en général elles paroissent différer entr'elles par les mœurs, ce qui sembleroit annoncer que ce genre auroit besoin d'une révision que la nature de cet ouvrage ne nous permet pas d'entreprendre. Les auteurs rapportent aux Mosilles, les Mouches sautillante n°. 71, putréfiante n°. 80, frit n°. 82, et peut-être la Mouche du seigle n°. 83 du présent ouvrage. Cette dernière pourroit cependant être une Oscine. Il faut encore y admettre le *Mosillus arcuatus*. LAT. *Gener. Crust. et Ins. tom.* 4. *pag.* 357, et la *Musca erythrophthalma*. HELLW. PANZ. *Faun. Germ. fas.* 17. *fig.* 24.

(S. F. et A. SERV.)

PIRIMÈLE, *Pirimela*. Genre de Crustacés, de l'ordre des Décapodes, famille des Brachyures, établi par M. Léach, et ne différant guère de celui de Crabe, *Cancer*, que par les caractères suivans. Les antennes intermédiaires sont repliées longitudinalement, et les fossettes qui les reçoivent ont la même direction : c'est ce qui a encore lieu dans les Atélécycles et la Crabe *Tourteau* (*C. Pagurus*) ; leur premier article est aussi plutôt longitudinal que transversal ; le même des latérales, proportionnellement plus épaisses que celles des Crabes, est dégagé ou libre et guère plus grand que le suivant. Le troisième article des pieds-mâchoires extérieurs est presque carré, avec le bord supérieur presque droit et un peu avancé à son angle interne, au-dessus du sinus d'où naît l'article suivant. Les yeux sont petits et portés sur des pédicules un peu plus longs que ceux des Crabes, et sensiblement courbés ou arqués. Les serres sont petites. Le corps est légèrement plus large que long et bombé au milieu du dos. Les seconds pieds sont aussi longs ou plus longs que les suivans. Le post-abdomen ou la queue est alongé dans les deux sexes ; celui des mâles ne paroît composé que de cinq segmens ou tablettes.

On n'en connoît qu'une seule espèce.

PIRIMÈLE dentelée, *P. denticulata*.

Pirimela denticulata. LÉACH, *Malac. Podopht.*

Brit. tab. 7. — *Cancer denticulatus.* MONTAG. *Trans. Linn. Soc. tom.* 9. *tab.* 2. *fig.* 2.

Test long de dix-huit millimètres, sur vingt-deux de large, très-inégal sur sa moitié postérieure; trois dents au front, dont l'intermédiaire plus longue; cinq plus fortes à chaque bord latéral, l'antérieure un peu plus petite; une autre plus foible, près d'elle, formée par un avancement du milieu du bord supérieur de la cavité oculaire; portion interne du bord intérieur de cette cavité avancée aussi en manière de dent. Le carpe et le poing ayant plusieurs arêtes ou anguleux; une dent au côté interne du premier de ces articles; doigts striés, pointus, avec de petites dentelures presqu'égales; les autres pieds ayant sur leurs bords des franges de poils; quelques cannelures sur les jambes. Dessus du corps d'une jaunâtre pâle, mais fortement mélangé de rougeâtre, dominant même dans quelques individus; le dessous d'un blanc luisant, avec des points et des taches rougeâtres.

Côtes d'Espagne situées sur la Méditerranée, et celles d'Angleterre. (LATR.)

PISE, *Pisa.* Genre de Crustacés, de l'ordre des Décapodes, famille des Brachyures, tribu des Triangulaires (*voyez* cet article), formé aux dépens du genre *Inachus* de Fabricius, par M. Léach, et ayant pour caractères : *corps* en forme de triangle alongé. — Troisième article des *pieds-mâchoires* extérieurs ou de la paire inférieure presque carré, échancré ou tronqué obliquement au côté interne : le suivant inséré dans cette échancrure ou troncature. — Les quatre *pieds* antérieurs et *pédicules oculaires* de longueur ordinaire ou moyenne. — *Serres* des mâles plus grandes que celles des femelles : celles-ci plus courtes que les deux pieds suivans ou à peine aussi longues. — Le second article des *antennes* latérales (souvent beaucoup plus long que le suivant) s'avançant au-delà de l'origine du museau. — *Tarses* dentelés ou épineux en dessous.

Les antennes latérales sont souvent garnies de poils, terminés en massue. Quelquefois aussi des corps étrangers s'attachent au museau, et c'est sur un individu de la Pise armée étant dans cet état, que M. de Lamarck avoit établi le genre *Arctopsis*.

Je réunirai aux Pises quelques autres coupes génériques du docteur Léach.

I. *Les troisièmes pieds et les suivans beaucoup plus courts dans les mâles que les seconds; ceux-ci, et surtout les serres, contrastant singulièrement par leurs longueurs avec les autres.* (Le g. *Chorinus.* LÉACH.)

1. PISE héros, *P. heros.*

Thorace subovato, tomentoso, spinis quatuor anticis, mediis majoribus barbatis; mas chelis pedibusque duobus sequentibus elongatis.

Cancer heros. HERBST, *Krabben, tab.* 42. *fig.* 1; le test, *tab.* 18, entre les fig. 102 et 103.

Test petit, presqu'ovoïde, blanc, mais couvert d'un duvet d'un brun-obscur; quatre pointes coniques et avancées au front; les deux intermédiaires beaucoup plus grandes, très-barbues, tuberculées et pointues; les latérales petites, formées par le prolongement des bords des cavités oculaires, un peu arquées et obtuses; portion du test située par-derrière, graveleuse. Yeux très-petits; un tubercule bifide au bord supérieur de leur cavité; deux dents obtuses et dont la postérieure plus petite à chaque bord latéral, derrière ces cavités; le reste de ce bord finement dentelé; impression dorsale ordinaire grande. Pieds sans épines, couverts de duvet; les serres beaucoup plus grandes, avec les mains longues, cylindriques; les doigts courts, courbés, dentelés; écartés à leur base; les seconds pieds longs, avancés; les autres brusquement plus petits; longueur des troisièmes n'égalant guère que la moitié de celle des deux précédens; serres des femelles beaucoup plus courtes. Troisième article des pieds-mâchoires extérieurs marqué d'un sillon longitudinal; ses dentelures très-petites.

Indes orientales.

II. *Longueurs des seconds pieds et des suivans diminuant progressivement dans les deux sexes, ou sans contraste bien marqué.*

1. *Bord supérieur des cavités oculaires entier, ou divisé au plus, près de l'angle en forme de dent terminant postérieurement ces cavités, par une fissure ou une forte échancrure, sans dent particulière entre la précédente et l'autre partie (terminée par une dent plus ou moins forte) du bord supérieur.*

Espèces des mers orientales.

A. *Bord supérieur des cavités oculaires* (1) *parfaitement entier ou légèrement échancré, sans fissure.* (*Tarses ayant dans la plupart deux rangs de dentelures.*)

2. PISE licorne, *P. monoceros.*

Fronte unicorni; thorace trigono, tuberculis acutis; tribus utrinquè marginalibus.

Test long d'environ dix-sept millimètres. Corps d'un roussâtre-pâle, légèrement pubescent, en forme de triangle alongé, déprimé, inégal, avec quelques tubercules, dont quelques-uns velus ou

(1) J'y comprends non-seulement le trou d'où jaillit le pédicule oculaire, mais encore la fossette postérieure où il se loge dans le repos.

terminés en manière d'épine; bords latéraux un peu sinués, avec cinq tubercules, dont trois plus forts, le dernier surtout; museau avancé en une pointe conique, longue, horizontale, velue; une dent de chaque côté, au-devant des yeux, produite par la saillie de l'angle antérieur du bord supérieur des cavités oculaires; l'extrémité opposée du même bord point prolongée. Serres grandes avec quelques tubercules sur les bras; carpe presque globuleux; mains alongées, en carré long ou presque cylindriques et comprimées, unies; doigts fort courts, blancs, arqués, finement dentelés et presqu'en cuiller à leur extrémité : une dent solitaire, forte et tronquée, au bord intérieur de l'index, près de sa base; un vide remarquable entre les doigts (1). Pieds presque nus, avec quelques tubercules et quelques poils; les troisièmes et les suivans sensiblement plus courts que les seconds; tarses à deux rangées de dentelures. La femelle a les serres petites et l'abdomen large, presqu'orbiculaire.

Ile-de-France, M. Mathieu.

3. Pise espadon, *P. xyphias*.

Fronte unicorni; thorace, trigono, depresso, sublævi, dentibus utrinquè duobus, alio præoculari, altero postico.

Test long, depuis l'extrémité du museau jusqu'au bord postérieur, de onze millimètres. Corps glabre, blanchâtre, très-déprimé, légèrement inégal à son extrémité postérieure, en forme de triangle alongé, se terminant en devant par une pointe ou forte dent, barbue ou ciliée sur ses bords; l'extrémité vue de profil, comprimée et paroissant arrondie au bout. Antennes latérales avancées, fortement encroûtées et divisées en deux branches à leur extrémité, dans l'individu que je décris. Une petite dent avancée et pointue de chaque côté, au-devant des yeux : ces organes très-petits, presque globuleux, un peu saillans; contours de leurs cavités point saillans. Bords latéraux du test assez aigus, dilatés et arrondis vers leur extrémité postérieure et terminés par une dent. Serres petites, menues; mains alongées, cylindriques, avec les doigts courts, rapprochés, crochus, et dentelés intérieurement dans presque toute leur longueur; les autres pieds longs, grêles, unis; un petit avancement, terminé par un faisceau de poils, au-dessous de l'avant-dernier article, à peu de distance de son extrémité; tarses comprimés, n'offrant qu'une rangée de dentelures. Abdomen de la femelle triangulaire.

Nouvelle-Hollande.

L'*Inachus angustatus* de Fabricius avoisine probablement cette espèce ou la précédente.

(1) En général, les serres des Pises mâles et de quelques autres crustacés analogues ont une forme presque semblable.

4. Pise à oreilles, *P. aurita*.

Fronte spinis duabus longis, porrectis, dissitis, villosis; thorace subovato.

Test long de quatre centimètres. Corps ovoïde, convexe, inégal, de couleur d'os, paroissant avoir été garni de poils. Deux pointes au front, coniques, longues, droites, avancées, séparées par un angle très-ouvert, et velues. Yeux peu saillans; bord supérieur des cavités oculaires un peu prolongé en manière d'oreillette, tronquée, largement échancrée et terminée par deux dents courtes, presque égales, une à chaque extrémité; une dent transverse et pointue par-derrière. Chaque bord latéral du test ayant ensuite quatre dents fortes, très-pointues, spiniformes, dont l'antérieure avancée obliquement et dont la postérieure plus petite; un tubercule pointu, en deçà de la dernière, et en remontant vers le dos; quelques petits tubercules, dont trois disposés en triangle, vers l'extrémité antérieure. Serres épaisses, mais un peu plus courtes que les deux pieds suivans; trois petits tubercules, en une rangée longitudinale, et dont l'intermédiaire plus foible, sur le dessus des bras; une dent forte et aiguë à son extrémité; le reste des serres uni; carpes ayant une dépression longitudinale et comme obtusément carenés en dehors; mains en carré long, comprimées, avec les doigts coniques, très-pointus, presque droits, sans dentelures. Les autres pieds proportionnellement plus longs que ceux des congénères, très-hérissés de poils ou de soies, sillonnés; jambes alongées, aussi longues au moins que les cuisses, s'élargissant un peu vers leur extrémité; tarses courts, arqués, très-pointus, avec deux rangées de dentelures.

Canal d'Entrecasteaux, nouvelle Hollande; Péron et M. Lesueur.

Cette espèce est le type du genre *Naxia* de M. Léach.

B. *Bord supérieur des cavités oculaires divisé, soit par une fissure dont les bords sont contigus, soit par une profonde entaille.* (*Un seul rang de dentelures sous les tarses.*)

5. Pise bélier, *P. aries*.

Fovearum ocularium margine supero profundè fisso; fronte spinis duabus subparallelis; thorace subovato, pubescente, fusco, rubro punctato, utrinquè retrorsùm unispinoso.

Longueur du test, depuis l'extrémité des pointes frontales, d'environ six centimètres et demi. Corps et les pieds, à l'exception des mains, couverts d'un duvet noirâtre; deux pointes fortes, coniques, un peu parallèles et velues au front; portion antérieure du bord postérieur des cavités oculaires, celle qui précède la fente, obtuse à son angle postérieur, prolongé en manière de dent courte à l'angle opposé; deux tubercules sur le dos; l'antérieur plus élevé et plus grêle que le suivant, conique; surface du test presqu'unie ailleurs. Serres de la longueur environ des deux pieds suivans, mais fortes, unies; le poing en forme de carré long; doigts plus longs, éloignés entr'eux à leur base, avec l'extrémité plus foncée, brune, pointue, finement et également dentelée; dentelures des tarses peu nombreuses, situées près du crochet qui les termine. Mâle.

Pondichéry. M. Leschenault de Latour.

6. Pise barbicorne, *P. barbicornis.*

Fovearum ocularium margine supero profundè emarginato; thorace subovato, fusco-rufescente, pilis elongatis, spinulis marginalibus; fronte cornibus duobus divaricatis.

Bord supérieur des cavités oculaires profondément échancré vers son extrémité postérieure; partie qui la précède arrondie en devant, terminée à l'autre bord par une petite dent; deux autres dents après l'échancrure, plus fortes, l'antérieure surtout: celle-ci formant l'extrémité postérieure de cette partie du bord. Corps long d'un pouce, presqu'ovoïde, convexe, peu inégal, d'un brun-roussâtre et livide, tout hérissé de poils concolors ou d'un brun tirant sur le blond; deux dents fortes, triangulaires, pointues et divergentes, au front; côtés du test dilatés et renflés immédiatement après les dents postoculaires; quatre petites épines en deçà, dont les deux antérieures rapprochées, petites, obtuses, situées derrière les renflemens; les deux postérieures aiguës, écartées. Serres un peu rougeâtres, petites, unies; carpes aussi longs que les poings; doigts menus, coniques, blancs, pointus, sans dentelures. Les autres pieds assez grands relativement au corps, hérissés de longs poils jaunâtres. Femelle.

Nouvelle Hollande.

7. Pise cornigère, *P. cornigera.*

Fovearum ocularium margine supero fisso; thorace subovato, retrorsùm dilatato, valdè tuberculato, spinis duabus anticis, porrectis, parallelis; manibus nudis; digitorum apice cochleari.

Bord supérieur des cavités oculaires sans échancrure profonde, ne présentant qu'une simple fissure, terminée par deux dents, une à chaque extrémité, et dont l'antérieure plus forte, en forme d'épine et arquée. Corps long d'un peu plus de trois centimètres, d'un gris-rougeâtre, garni d'un duvet court et terreux, presqu'ovoïde, dilaté et arrondi postérieurement, tout chargé de tubercules inégaux; ceux des bords forment des apparences de dentelures; deux pointes ou cornes longues, grêles, droites, avancées, contiguës et parallèles dans toute leur longueur, terminant le front. Pieds tuberculeux, velus; mains nues, unies, blanches, en carré long; doigts courts, écartés entr'eux à leur base, presqu'en cuiller ou taillés en biseau et dentelés au bout; dentelures des tarses petites, peu nombreuses et obtuses. Mâle. L'individu femelle de la collection du Jardin du Roi est d'un bon tiers plus petit.

Nouvelle Hollande. Péron et M. Lesueur.

Nota. Cette espèce a de grands rapports avec le *Cancer plejone* d'Herbst; mais ici les deux pointes frontales sont divergentes et les pieds sont unis.

8. Pise styx, *P. styx.*

Fovearum ocularium margine supero fisso; thorace subovato, tuberculis sparsis, spinis duabus frontalibus divaricatis; pedibus spinosis.

Cancer styx. Herbst, *Krabben*, *tab.* 58. *fig.* 6. Femelle.

Bord supérieur des cavités oculaires sans échancrure profonde, n'offrant qu'une simple fissure, avec une dent spiniforme, droite et avancée à son extrémité antérieure. Corps d'un roussâtre-pâle, un peu plus étroit ou plus oblong, et presque de moitié plus court que celui de l'espèce précédente, beaucoup moins tuberculé; cornes frontales plus courtes. Pieds garnis de poils tuberculés, avec des petites dents aiguës, ou des épines, à leur tranche supérieure, plus nombreuses et plus apparentes sur les seconds; serres petites, presque nues, généralement unies; deux petites épines sur le dessus du bras, l'une près du milieu, l'autre à l'extrémité; mains presque cylindriques; doigts très-finement et également dentelés et appliqués l'un contre l'autre, dans presque toute leur longueur. Femelle. Abdomen ample, presqu'orbiculaire.

Ile-de-France. M. Mathieu.

Je présume que l'*Inachus Ursus* de Fabricius, Herbst, tab. 14, fig. 86, doit être placé dans le voisinage de cette espèce ou des suivantes.

9. Pise à deux cornes, *P. bicornuta.*

Fovearum ocularium margine supero fisso; thorace subtrigono, inæquali, granulato, spinulâ utrinquè posticâ; fronte spinis duabus longis, gradatim divaricatis; dente utrinquè præoculari.

Espèce longue de vingt-sept millimètres, voisine de la Pise cornigère, mais moins ovoïde ou plus triangulaire; tubercules moins nombreux, en forme de grains inégaux; deux vers le milieu de chaque bord latéral, sous l'apparence de dentelures. Dessus du test et pieds couverts d'un duvet terreux; extrémités du bord supérieur des cavités oculaires ne formant point de dents saillantes. Pieds velus; leur dessus, ainsi que celui des bras tuberculé; carpes courts, arrondis, unis;

mains pareillement unies, nues, de couleur cendrée, veinée de blanc, en carré long; doigts courts, écartés entr'eux à leur base, dentelés au bout. Extrémité supérieure et latérale des antennes latérales prolongée en manière de dent, au-devant des yeux.

Nouvelle Hollande. Péron et M. Lesueur.

10. Pise à trois épines, *P. trispinosa.*

Fovearum ocularium margine supero fisso; thorace trigono, elongato, spinis tribus posticis; lateralibus validioribus.

Longueur du test depuis l'extrémité des cornes frontales d'environ vingt-huit millimètres. Corps couvert d'un duvet fin, d'un brun-roussâtre foncé; deux pointes longues, avancées, divergentes, en avant du front; une dent de chaque côté, au-devant des yeux, formée par un prolongement du bord supérieur du premier article des antennes latérales; contour extérieur des cavités oculaires un peu avancé, avec une dent à chaque extrémité, dont l'antérieure un peu plus forte; trois élévations en forme de petites bosses, terminées en pointe, le long du milieu du dos; l'extrémité supérieure de la dernière prolongée en pointe; deux autres protubérances arrondies, une de chaque côté; angles postérieurs prolongés en une épine très-forte. Pieds et serres garnis d'un duvet semblable à celui du corps; doigts courts, dentelés; deux stries sur le dessus du pouce. Abdomen étroit comme dans les mâles des autres espèces. Serres petites.

Nouvelle Hollande? Péron et Lesueur.

2. *Bord supérieur des cavités oculaires offrant, près de leur extrémité postérieure, une échancrure ou fissure, avec une petite dent au milieu (distincte de celle qui termine postérieurement ce bord).*

A. *Front terminé par deux pointes. (Un seul rang de dentelures aux tarses. Corps inégal, tuberculé et garni de duvet, ainsi que les pieds.)*

11. Pise armée, *P. armata.*

Thorace triangulari, oblongo, spinis tribus posticis, validis duabusque anticis; manibus elongatis; pollice triquetro, marginibus acutis.

Pisa nodipes. Léach, *Zool. Miscell. tab.* 78. Ejusd. *Pisa Gibsii. Malac. Podopht. Brit. tab.* 17. — *Maja armata.* Lat. Riss. — *Cancer muscosus.* Linn.? — Herbst, *Krabben, tab.* 16. *fig.* 92. — Planc. *Conc. Append. tab.* 4. B. — *Cancer hirsutus minor.* Aldrov. *De Crust. lib.* 2. *pag.* 193. — Ejusd. *Ibid. C. hirsutus minimus.*?

Longueur du test des grands individus, depuis l'extrémité des pointes frontales, d'environ cinq centimètres. Corps proportionnellement plus étroit que celui de l'espèce suivante, avec les protubérances dorsales plus prononcées, à raison des enfoncemens qui les séparent, et dont deux plus fortes et se terminant en pointe, le long du milieu du dos; pointes frontales fort longues, parallèles ou simplement divergentes à leur extrémité; milieu de l'extrémité postérieure du test prolongé en forme de pointe ou d'épine un peu recourbée; deux autres pointes, mais un peu plus longues vers l'extrémité postérieure de chaque bord latéral; trois à quatre petites dents, ou tubercules coniques, entr'elles et les cavités oculaires; un seul tubercule de chaque côté, entre les épines latérales et la base postérieure du milieu du dos; plusieurs autres tubercules aigus près de l'extrémité antérieure du test, derrière le front. Mains plus alongées que dans l'espèce suivante, deux fois au moins plus longues que hautes; doigts presqu'entièrement dentelés dans leur longueur et peu écartés entr'eux, même dans les mâles.

Sur les côtes océaniques de France, d'Angleterre et dans la Méditerranée.

La *Maïa corallina* de M. Risso, *Hist. nat. des Crust. de Nice*, pag. 45, pl. 1, fig. 6, n'est, à ce que je présume, qu'une variété du jeune âge de la précédente. Elle est peu garnie de duvet, d'un rouge de corail; les trois épines postérieures sont moins fortes que les mêmes de la précédente, tandis que les antérieures des côtés sont plus aiguës et plus saillantes; mais la première de celles-ci, ou celle qui vient après les orbites oculaires, n'est jamais plus forte que les autres; c'est le contraire dans l'espèce suivante. Le pouce est arrondi en dessus.

Ce Custacé d'ailleurs ressemble, pour le reste, à la *Pise armée*, et s'il forme une espèce propre, elle est intermédiaire entre la précédente et la suivante, mais plus rapprochée de la précédente.

Commune à Marseille. M. Roux.

12. Pise tétraodon, *P. tetraodon.*

Thorace subovato, dentibus utrinquè quatuor spiniformibus, aduncis, antico validiore; maris digitis ad basin hiantibus, indice arcuato.

Pisa tetraodon. Léach, *Malac. Podopht. Brit. tab.* 20. — *Cancer tetraodon.* Oliv. — *Cancer praedo.* Herbst, *Krabben, tab.* 42. *fig.* 2. — *Maja praedo.* Bosc. Lat. — *Maja tetraodon.* Bosc. — *Maja hirticornis.* Risso. — *Cancer heracleoticus.* Rondel.? Aldrovande?

Corps long de près de six centimètres, rougeâtre, presqu'ovoïde, parsemé de tubercules hispides; quatre dents spiniformes et crochues, à chaque bord latéral; la première, ou la plus voisine des cavités oculaires, plus forte; l'antérieure de ces cavités de moitié au moins aussi longue que les deux pointes frontales ; ces pointes très-barbues, divergentes ; une élévation, plus ou moins pointue, près du milieu du bord postérieur. Doigts des serres des mâles très-écartés entr'eux à leur origine ; l'index arqué à sa base ; les poings moins alongés que ceux de l'espèce précédente, environ une demi-fois plus longs que hauts.

Côtes océaniques de France, d'Angleterre, et celles de la Méditerranée.

B. *Front prolongé en une espèce de museau plat, carré, fendu dans le milieu de sa longueur, avec l'extrémité dilatée et courbée latéralement, en manière de crochet arqué et obtus.* (Le g. *Lissa*. Léach.)

13. Pise goutteuse, *P. chiragra.*

Thorace pedibusque nodulosis ; rostro plano, fisso, obtuso, utrinquè ad apicem exteriùs dilatato, uncinato.

Inachus chiragra. Fab. — *Maja chiragra.* Bosc. Lat. Riss. — *Lissa chiragra.*, Léach. *Zool. Miscell. tab.* 83. — Herbst, *Krabben, tab.* 17. *fig.* 96.

Longueur du test, depuis l'extrémité du museau jusqu'au bord postérieur, d'environ quatre centimètres et demi. Corps presque triangulaire, d'un rouge de corail sur le vivant, glabre ; extrémité antérieure des bords des cavités oculaires prolongé en avant en manière d'oreillette ou de dent forte et obtuse ; quatre grosses émineuces, en forme de bosses, au milieu du dos, disposées en croix ; quatre autres plus petites et en forme de gros tubercules par-derrière ; les deux dernières réunies et placées au milieu du bord postérieur ; deux autres, placées dans l'alignement de celles du milieu du dos, mais plus petites, l'antérieure surtout, à chaque bord latéral ; une éminence plus foible au même bord, derrière les cavités oculaires ; de petits tubercules granuliformes, épars sur toute la surface du test. Dessous du corps très-inégal. Pieds, à l'exception des serres, chargés de petites nodosités ; mains unies ; le poing en forme de carré, un peu plus long que large, arrondi sur les tranches ; doigts un peu plus courts, arqués, séparés l'un de l'autre par un vide presque circulaire, terminés en pince coupante et dentelée. Tarses arqués, avec une rangée de très-petites dentelures en dessous.

Dans la Méditerranée. (Latr.)

PISITOÉ, *Pisitoe.* M. Rafinesque donne ce nom à un genre de Crustacés voisin des Phronimes, et auquel il donne pour caractères d'avoir les yeux irréguliers, point d'antennes ; la bouche sous la tête, recourbée postérieurement et munie de crochets ; six articles au corps et autant de paires de jambes inégales ; la quatrième plus grande ; queue à quatre articles, les trois antérieurs à appendices.

Ce genre, qui se trouve dans la mer qui baigne les côtes de la Sicile, renferme deux espèces : ce sont la *Pisitoé à deux épines* et la *Pisitoé sans épines.* La première a deux épines au front et un seul ongle aux trois premières paires de pattes ; la seconde a le front lisse et deux ongles aux trois premières paires de pattes. (E. G.)

PISON, *Pison.* Jur. *Ins. Ligur. fas.* 4. Spin. Lat.

Genre d'insectes de l'ordre des Hyménoptères, section des Porte-aiguillon, famille des Fouisseurs, tribu des Nyssoniens.

Ce genre fondé par M. Jurine dans une lettre citée par M. Spinola (quatrième fascicule des insectes de Ligurie) avoit d'abord reçu de M. Latreille le nom de *Tachybule*, qu'il a ensuite abandonné pour adopter le premier.

Dans cette tribu les Nitèles et les Oxybèles sont faciles à séparer des Pisons, leurs ailes supérieures n'ayant que deux cellules cubitales ; les Astates en ont quatre, mais la seconde n'est pas pétiolée ; les Nyssons qui en ont aussi quatre dont la seconde pétiolée comme dans les Pisons, se distinguent de ceux-ci par leurs yeux entiers.

Antennes de douze articles dans les femelles et un peu roulées en spirale ; de treize dans les mâles. — *Labre* petit. — *Mandibules* arquées, unidentées, sillonnées longitudinalement. — *Palpes maxillaires* de six articles presqu'égaux, les labiaux de quatre. — *Yeux* échancrés. — *Premier segment* du corselet très-court, ne formant qu'un simple rebord. — *Ailes supérieures* ayant une cellule radiale grande, oblongue, un peu ondulée inférieurement, et quatre cellules cubitales, la première presque carrée, la seconde très-petite, longuement pétiolée, recevant la première nervure récurrente, la troisième grande, pentagone, recevant la seconde nervure (1). — *Abdomen* conique.

Les auteurs ne mentionnent qu'une seule espèce ; nous ignorons ses mœurs, mais il est à présumer qu'elles diffèrent peu de celles des Nyssons.

1. Pison de Jurine, *P. Jurini.*

Pison ater, subpubescens, clypeo argenteo micante.

Pison Jurini. Spinol. *Ins. Ligur. fas.* 4. *pag.* 256. — *Alyson ater.* Idem. *fas.* 4. *pag.* 253. *tab. III. fig.* 12. Mâle. — *Tachybulus niger,* Lat. *Gener. Crust. et Ins. tom.* 4. *pag.* 75. Femelle.

Longueur 4 lig. Corps entièrement noir, lui-

(1) Suivant M. Latreille, les deux nervures récurrentes aboutissent dans la deuxième cellule cubitale.

sant, irrégulièrement ponctué, un peu pubescent. Chaperon couvert d'un duvet soyeux argenté, métathorax ayant en dessus dans son milieu une petite fossette striée transversalement et une ligne longitudinale élevée. Segmens de l'abdomen un peu étranglés à leur base. Ailes transparentes. Femelle.

Il paroît que le mâle ne diffère pas.

Du midi de la France et des environs de Gênes.

ASTATE, *Astata*. Lat. Spinol. *Sphex*. Ross. *Dimorpha*. Jur. Panz. révis. *Tiphia*. Panz. *Faun*.

Genre d'insectes de l'ordre des Hyménoptères, section des Porte-aiguillon, famille des Fouisseurs, tribu des Nyssoniens.

Dans cette tribu les genres Astate, Nysson et Pison ont quatre cellules cubitales aux ailes supérieures, mais la seconde de ces cellules est pétiolée dans les deux derniers genres. (*Voy.* Pison.)

Antennes filiformes, rapprochées, insérées à la base du chaperon, composées de douze articles dans les femelles, de treize dans les mâles, le premier gros, le second très-petit, les autres presqu'égaux et cylindriques. — *Labre* petit, caché. — *Mandibules* arquées, sillonnées en dessus, unidentées sous la pointe. — *Mâchoires* ayant leur base coriace et comprimée. — *Palpes* filiformes; les maxillaires deux fois plus longs que les labiaux, de six articles inégaux, le premier petit, le second obconique, le troisième plus épais, convexe en dedans, arqué, le quatrième le plus long de tous, presque cylindrique, aminci à sa base, le dernier plus mince que les précédens, cylindrique. Palpes labiaux de quatre articles, le premier plus long que les autres, obconique, le second plus large, presque trigone, dilaté à l'angle extérieur de son extrémité, le troisième obconique, le dernier presqu'ovale, rejeté en dehors. — *Lèvre* membraneuse, composée de trois divisions également longues, les latérales étroites; menton coriace, court, presque cylindrique, unidenté de chaque côté à son extrémité. — *Tête* grosse, transverse; chaperon court, petit, transversal, tronqué en devant, convexe dans son milieu, ayant une impression de chaque côté. — *Yeux* grands, réunis postérieurement dans les mâles. — *Trois petits yeux lisses* disposés en triangle sur le front. — *Segment antérieur* du corselet très-court, droit, en forme de rebord; métathorax tronqué postérieurement. — *Ailes supérieures* ayant une cellule radiale courte, appendiculée et quatre cellules cubitales, la première assez grande, coupée en deux par une petite nervure peu prononcée, qui descend de la côte; la seconde très-rétrécie vers la radiale, recevant les deux nervures récurrentes, la troisième presqu'en losange, la quatrième à peine commencée. — *Abdomen* court, conique, composé de cinq segmens outre l'anus dans les femelles, en ayant un de plus dans les mâles. Pattes de longueur moyenne; jambes épineuses extérieurement surtout les quatre postérieures, l'étant moins dans les mâles; tarses antérieurs des femelles très-ciliés. Jambes de devant munies d'une seule épine à leur extrémité, cette épine ayant une petite membrane interne à sa base, les quatre autres jambes ayant deux épines inégales, l'intérieure plus courte que l'extérieure dans les intermédiaires, l'intérieure plus longue que l'autre dans les postérieures.

Ces hyménoptères sont très-vifs et toujours en mouvement; aussi leur nom vient-il de deux mots grecs dont la signification est: *qui ne s'arrête point*. On ne connoît qu'un petit nombre d'espèces de ce genre fondé par M. Latreille. Elles habitent les lieux sablonneux; c'est là que les femelles déposent leurs œufs ainsi que la proie qui doit servir de nourriture à leur postérité.

1. Astate abdominale, *A. abdominalis*.

Astata nigra, abdomine nitido ferrugineo, apice nigro, alis subfuscis.

Astata abdominalis. Lat. *Gener. Crust. et Ins. tom.* 4. *pag.* 69. — *Astata boops.* Spinol. *Ins. Ligur. fas.* 1. *pag.* 72. — *Dimorpha abdominalis.* Jur. *Hyménopt. pag.* 147. La femelle. — *Dimorpha oculata.* Id. *pl.* 9. Le mâle. — *Sphex boops.* Ross. *Mant. Faun. Etrus. tom.* 1. *pag.* 128. — *Tiphia abdominalis.* Panz. *Faun. Germ. fas.* 53. *fig.* 5. Le mâle. — *Encycl. pl.* 380. *fig.* 3. Le mâle.

Longueur 5 à 6 lig. Noire, devant de la tête surtout près des yeux garni d'un duvet blanc argenté. Abdomen ayant ses deux premiers segmens ferrugineux. Les autres et l'anus plus ou moins noirâtres, ainsi que la base du premier. Ailes légèrement enfumées. Mâle et femelle.

Des environs de Paris.

Nota. M. Spinola s'est trompé en rapportant à cette espèce comme femelle la *Larra pompiliformis* de Panzer, mais contre le sentiment de Jurine il a raison en désignant comme mâle la *Tiphia abdominalis* de l'auteur allemand.

(S. F. et A. Serv.)

PISSODE, *Pissodes*. M. Germar, dans son ouvrage intitulé *Insectorum species novæ aut minus cognitæ*, vol. 1. *Coléopt.* 1824, désigne sous ce nom un genre de Coléoptères de la tribu des Charansonites, famille des Rhynchophores. Il lui donne pour caractères: rostre presqu'aussi long ou plus long que le corselet, cylindrique, arqué, mince, un peu aplati vers le bout, ses fossettes se rejoignant à la base du rostre, fléchies insensiblement pour passer en dessous. Antennes insérées presqu'au milieu du rostre, courtes, coudées, leur premier article droit, un peu

en

en masse, leur fouet composé de sept articles, ces articles presqu'égaux, lenticulaires, les deux premiers un peu plus longs, obconiques. Massue ovale. Yeux écartés, enfoncés, ronds. Tête petite, arrondie. Corselet convexe, transversal, subitement rétréci vers son extrémité, légèrement échancré au-dessous de la base de la tête, sans sillon pour recevoir le rostre. Ecusson distinct. Elytres oblongues, couvrant l'abdomen et les ailes, un peu plus larges à leur base que le corselet. Pattes fortes, presqu'égales entr'elles, les antérieures rapprochées l'une de l'autre. Cuisses en massue, ordinairement dentées. Jambes armées d'un crochet courbé à leur partie extérieure. Tarses courts, larges, leur avant-dernier article bilobé. Corps oblong, souvent obscur et tacheté.

Les Rhynchènes du Pin n°. 10, picoté n°. 42, et Panthère n°. 43 de ce Dictionnaire, appartiennent à ce genre. (S. F. et A. Serv.)

PIVE. Sur quelques côtes on donne ce nom à des Crustacés du genre Cymothoé (*C. Asilus*, *C. Œstrum*), qui vivent sur diverses espèces de poissons, leur font de larges blessures et donnent un mauvais goût à leur chair. *Voy.* Cymothoé. (E. G.)

PLAGUSIE, *Plagusia*. Genre de Crustacés, de l'ordre des Décapodes, famille des Brachyures.

Les Plagusies et les Grapses, d'abord réunis dans le même genre, forment dans la tribu des Crustacés décapodes brachyures ou à queue courte, désignée par nous sous la dénomination de *Quadrilatères*, une petite division très-remarquable. Le corps est déprimé, presque carré ou trapézoïde, avec les extrémités antérieures des côtés du test terminées en pointe ou par un angle aigu. Le chaperon s'étend dans presque toute la largeur antérieure du corps. Les yeux, portés sur de courts pédoncules, sont situés près des angles latéraux antérieurs et très-écartés l'un de l'autre. Le premier article des antennes latérales est court, large et presqu'en forme de cœur. Les pieds-mâchoires extérieurs sont généralement écartés entr'eux, avec le troisième article plus long ou presqu'aussi long que large, et le quatrième inséré près du milieu du sommet du précédent. Les serres sont généralement courtes et épaisses. La quatrième paire de pieds et ensuite la troisième sont les plus longues de toutes. Ces Crustacés se tiennent, soit à l'embouchure des fleuves, soit dans les fentes des rochers, près des bords de la mer. Ils se retirent aussi quelquefois sous les racines et les écorces des arbres riverains.

Nous allons faire connoître les deux genres de cette division.

Les Plagusies diffèrent des Grapses par leurs antennes intermédiaires. Elles sont logées dans deux fissures longitudinales et obliques de la partie supérieure et mitoyenne du chaperon. Le troisième article des pieds-mâchoires extérieurs est presque carré, avec le côté extérieur arqué, et l'opposé tronqué obliquement à son extrémité. Le test est sensiblement plus étroit en devant. La queue ou le post-abdomen des mâles ne paroît composé que de quatre à cinq segmens, quelques-unes des sutures intermédiaires étant en tout ou en partie oblitérées. Le test des plus grands individus a environ quatre centimètres de long. Le même diamètre dans les plus petits est de quinze centimètres.

I. *Portion du chaperon comprise entre les antennes intermédiaires inclinée ou point saillante en manière de bec; point de dents au bord supérieur des cavités oculaires; une seule aux tranches supérieures des cuisses des deux pieds antérieurs ou des serres et située près de leur base. Dessus du test graveleux ou tuberculé. Mains cannelées, surtout dans les mâles.*

Espèces de l'Océan atlantique et des mers des Indes orientales.

1. Plagusie écailleuse, *P. squamosa.*

Thorace suprà dilutè rubro, punctis sanguineis, tuberculis ciliatis.

Plagusia squamosa. Lat. Lam. — *Grapsus squamosus.* Bosc. — Herbst, *Krabben, tab.* 20. *fig.* 113. Le mâle.

Dessus du test d'un rougeâtre-clair, ponctué de rouge-sanguin, parsemé de tubercules bordés de cils noirâtres, avec l'extrémité grise. Arête transverse et arquée, formée par la saillie du bord supérieur de la cavité buccale, bidentée de chaque côté, au-dessous des yeux, avec trois lobes intermédiaires, tronqués, et dont les latéraux plus larges et tridentés. Des taches sanguines sur les pattes. Dessous du corps jaunâtre.

Des plus grandes.

Envoyée de Ténériffe par M. le marquis de Poudens. M. Lichtenstein, directeur du cabinet d'histoire naturelle de Berlin, l'a reçue du Brésil.

2. Plagusie aplatie, *P. depressa.*

Thorace suprà flavo sanguineoque vario, tuberculis glabris.

Plagusia depressa. Lat. Le mâle. — *Plagusia immaculata.* Lam. Le même individu décoloré. — Say, *Journ. of Acad. scienc. nat. tom.* 1. *pag.* 100. — *Cancer depressus.* Fab. Oliv. — *Grapsus depressus.* Bosc. — Herbst, *Krabben, fig.* 35. La femelle.

Dessus du corps jaunâtre, mélangé de rouge-sanguin, ponctué de jaunâtre. Tubercules du test généralement moins élevés que ceux de l'espèce précédente, point ciliés; arête transverse et arquée, formée par la saillie du bord supérieur de la cavité buccale, unidentée de chaque côté, avec trois lobes intermédiaires; celui du milieu entier, les deux autres tridentés.

Grande ou moyenne.

Pondichéry. M. Leschenault de Latour.

3. Plagusie tuberculée, *P. tuberculata*.

Plagusia tuberculata. Lam. — Lat. *Encycl. méthod. Hist. nat. pl.* 305. *fig.* 1.

Dessous du corps d'un rouge de sang foncé, mélangé de gris luisant ou comme vernissé, particulièrement sur les côtés; quatre impressions d'un blanc-rougeâtre, disposées en croix au milieu du test; ses tubercules nus ou sans cils, mais très-saillans et rapprochés; arête formée par le bord supérieur de la cavité buccale très-dentelée; trois dents plus fortes, obtuses, dont l'une au milieu et les autres sur les côtés.

Des plus grandes.

Recueillie par M. Mathieu à l'Ile-de-France. Je n'ai vu que la femelle.

II. *Portion du chaperon comprise entre les antennes intermédiaires avancée en manière de bec, armé de quatre dents, dont deux terminales et les autres latérales; bord supérieur des cavités oculaires dentelé; une série de dents aux tranches supérieures des cuisses, à commencer par celles de la seconde paire de pieds; dessus du test sans tubercules; mains sans sillons.*

Espèces petites et propre à l'Australasie.

4. Plagusie clavimane, *P. clavimana*.

Thorace suprà flavescente, lineis impressis, pubescentibus, fuscis vario.

Plagusia clavimana. Lat. Lam. — Herbst, *Krabben, tab.* 59. *fig.* 3.

Dessus du test ayant divers enfoncemens garnis d'un duvet obscur; espaces intermédiaires lisses, d'un jaune pâle ainsi que le corps, en forme de traits ou de petites lignes inégales. Mains ovoïdes, renflées, sensiblement plus grandes dans le mâle.

Des côtes de la nouvelle Hollande. Péron et M. Lesueur.

5. Plagusie serripède, *P. serripes*.

Thorace suprà sublævi, pubescente, albicante, punctis rubescentibus; pedibus fasciatis.

Plagusia serripes. Lamarck.

Un peu plus grande que la précédente. Dessus du test presqu'uni et presqu'également garni de duvet; corps blanchâtre, avec des points rougeâtres; des bandes de cette couleur sur les pieds.

Les serres manquent aux individus du Muséum d'histoire naturelle.

Côtes de la nouvelle Hollande. Péron et M. Lesueur.

Genre Grapse, *Grapsus*. Lam.

Les antennes intermédiaires sont logées dans deux fossettes au-dessous du chaperon. Le troisième article des pieds-mâchoires extérieurs est en forme de triangle renversé et alongé ou en demi-ovale, plus étroit à sa base et formant, au côté interne, avec l'extrémité correspondante du second article, un angle rentrant. Le test s'élargit vers son extrémité antérieure et n'est guère plus étroit qu'ailleurs. La queue des deux sexes est composée de sept segmens distincts.

M. le chevalier de Lamarck a le premier distingué ces Crustacés des Crabes, avec lesquels Daldorff et Fabricius les réunissoient, et a donné à ce genre le nom de Grapse, que l'espèce servant de type avoit reçu de Linnæus. Ces animaux sont répandus sur toutes les plages maritimes des deux Mondes, et la nouvelle Hollande fournit même une espèce très-remarquable, tant par sa taille que par ses couleurs (*G. masqué*). Mais ils aiment la chaleur, et leur habitation a pour limites celle des zônes tempérées. Je n'indiquerai point les diverses dénominations que l'on donne vulgairement, dans nos colonies du nouveau Monde, aux Grapses. Je me bornerai à dire que ces Crustacés sont les *Cériques de rivière* des colons de la Martinique (*Voyage à la Martinique* de Chauvalon); ils sont confondus par d'autres avec les *Crabes des Palétuviers*. Leur forme aplatie et presque carrée, la situation de leurs yeux, la teinte d'un rouge vif et coupée ou ponctuée de jaune qui orne le dessus de leur corps et leurs allures, les font aisément reconnoître. « J'ai vu, dit M. Bosc (*nouv. Dict. d'Hist. nat.* 1re. édit. article Grapse), beaucoup de Grapses peints en Amérique, et j'ai observé qu'ils se tenoient toujours, pendant le jour, sous les pierres et autres corps qui se trouvent dans la mer. J'ai de plus remarqué que, quoiqu'ils ne nagent point, ils ont la faculté de se soutenir momentanément sur l'eau, à raison de la largeur de leur corps et de leurs pattes, et cela par le moyen de sauts répétés; ils font ce mouvement toujours de côté, tantôt à droite, tantôt à gauche, selon les circonstances. Ils vivent, comme les autres Crustacés, de la chair des autres animaux qu'ils trouvent morts, ou qu'ils peuvent saisir en vie et tirer avec leurs pinces.

» Le Grapse cendré que j'ai également observé, vit dans les rivières où remonte le flux de la mer, où mieux sur leurs bords : car il est plus souvent hors que dans l'eau. Lorsqu'il paroît quelqu'un dans les lieux où ils se trouvent rassemblés, et c'est toujours en nombre très-considérable, ils se sauvent dans l'eau, en faisant un très-grand bruit avec leurs pattes, qu'ils frappent l'une contre l'autre.

» Les femelles de ces deux espèces de Grapses ont des œufs au printemps, époque où elles commencent à reparoître; car, pendant l'hiver, la première reste au fond de la mer, et la seconde, sans doute, enfermée dans les boues. »

Cet observateur m'a raconté qu'il avoit trouvé ces Crustacés sous des écorces de vieux arbres, et même jusqu'à une assez grande hauteur. Suivant Rondelet, son *Cancre madré* ou notre *Grapse mélangé* vient souvent sur le rivage ou sur les rochers, pour jouer ou se soleiller, ainsi que s'exprime cet auteur.

Le test des plus grands individus est long de cinq centimètres, sur six et demi de largeur; celui des plus petits n'a guère au-delà de huit millimètres de longueur sur onze à douze, dans un sens opposé.

I. *Tarses épineux.*

1. *Bords latéraux du test tridentés en devant, l'angle externe des cavités oculaires compris.*

Quatre éminences presque carrées à la base du chaperon.

1. Grapse masqué, *G. personatus.*

Thorace latiore quàm longiore, lateribus arcuatis, rubro, marginibus maculisque septem flavescentibus.

Grapsus personatus. Lamarck, *Hist. nat. des anim. sans verteb. tom.* 5. *pag.* 249.

Corps sensiblement plus large que long, arqué latéralement, d'un rouge pâle, avec les bords et sept taches, dont trois en avant, trois au milieu, et la septième postérieure et en forme de bande, jaunâtres; mains graveleuses, de cette couleur ainsi que les bords des cuisses.

Des plus grands. Nouvelle Hollande. Péron et M. Lesueur.

2. Grapse mélangé, *G. varius.*

Thorace subquadrato, lineolis, punctis maculisque rubescenti-fuscis vario; manibus lævibus.

Grapsus varius. Lat. Risso. — *Cancer marmoratus.* Fab. Ejusd. *C. variegatus*, var.? — *C. marmoreus.* Oliv. Ejusd. *C. femoralis.* — Herbst, *Krabben, tab.* 20. *fig.* 114. — Cancre madré. Rondelet.

Corps de moyenne taille, presque carré, légèrement plus large que long, jaunâtre ou livide, très-mélangé en dessus de brun-rougeâtre foncé, formant de petites lignes, des points et de petites taches; la majeure partie des pieds de cette couleur; mains lisses.

De moyenne taille. Côtes de la Méditerranée, MM. Dufour, de Serres, Risso et Roux; celles des départemens de la Vendée et de la Loire-Inférieure, M. le docteur d'Orbigny.

Selon M. Risso, cette espèce quitte plusieurs fois le jour sa demeure pour se promener au soleil (*voyez* Rondelet). Il rode, pendant la nuit, afin de rechercher les cadavres rejetés par les flots. Les femelles pondent chaque fois de 400 à 500 œufs; elles se tiennent alors, jusqu'à ce qu'ils soient éclos, sous les pierres. Ce Grapse varie pour la grandeur et la teinte supérieure du corps.

Le *Cancer tridens* de Fabricius est peut-être un Grapse de cette division.

2. *Bords latéraux du test ayant en devant deux dents.*

A. *Doigts des mains arrondis et creusés en manière de cuiller à leur extrémité.*

Corps très-aplati.

3. Grapse peint, *G. pictus.*

Corpore pedibusque suprà sanguineis, maculis lineolisque flavidis albidisve; carpis intùs validè unidentatis.

Grapsus pictus. Lat. Lam. — Catesb. *Carol. tom.* 2. *tab.* 36. — Herbst, *Krabben, tab.* 3. *fig.* 33. — Gronov. *Mus.* n°. 966. — *Grapsus albolineatus.* Lat. *Encycl. méthod. Hist. nat. pl.* 305. n°. 3. Variété. — *Cancer strigosus.* Herbst, *Krabben, tab.* 47. *fig.* 7. La même.

Dessus du corps et des pieds d'un rouge de sang, avec un grand nombre de petites taches et de points jaunâtres ou blanchâtres, formant souvent des lignes transverses sur les côtés du test; élévations interoculaires graveleuses, obtusément dentées; les latérales plus étroites; une saillie grande et comprimée, en forme de dent au côté interne du carpe. Test d'un quart environ plus large que long, arqué et plissé latéralement. Tranches internes des bras peu dilatées, avec quelques dents aiguës; mains renflées, tuberculées et ridées, avec une dent près l'origine du pouce et le bout des doigts blanc.

Aux Antilles et à la Caroline.

On a confondu avec cette espèce une autre des mêmes contrées, et que j'ai distinguée, le premier, sous le nom d'Ensanglanté, *Cruentatus.* Quoique la description que Linnæus a donnée du *Cancer grapsus* dans le tome quatrième de ses *Aménités académiques* soit incomplète, il paroît néanmoins, d'après la figure dont elle est accompagnée, qu'il a eu en vue la seconde.

Dans quelques individus du Grapse peint, le rouge domine moins et le blanc ressort davantage. Les pinces sont mélangées des deux couleurs. M. Robin a observé cette variété à l'île de la Trinité, et en a fait hommage à MM. les professeurs et administrateurs du Muséum d'histoire naturelle. Roemer en a représenté une presque semblable.

Le Grapse raies-blanches, *Grapsus albolineatus* de M. de Lamarck, et dont j'ai donné une figure dans l'Atlas d'histoire naturelle de l'Encyclopédie méthodique, me paroît former une autre variété. Les caractères essentiels sont les mêmes; mais les aspérités des éminences frontales sont un peu plus saillantes; les impressions dorsales et les plis latéraux du test sont plus profonds; ces plis sont distingués par des raies blanches qui, avec d'autres de cette couleur, coupent agréablement le rouge vif du test. Les pinces sont rouges; et cette couleur est plus uniforme ou moins tachetée sur les pieds que dans les individus ordinaires.

Linnæus dit que le *Cancer grapsus* se trouve en Amérique et à l'île de l'Ascension. Il seroit possible que les individus propres à cette dernière localité se rapprochassent de la variété précédente, recueillie par M. Mathieu à l'Ile-de-France.

B. *Doigts des mains terminés en pointe.*

4. Grapse ensanglanté, *G. cruentatus.*

Fronte plicis quatuor edentulis; digitis conicis; carpis spinoso tuberculatis.

Grapsus cruentatus. Lat. Lam. — *Cancer grapsus.* Lin. Fab. — *Cancer ruricola.* De Géer, *Insect. tom. 7. pag.* 417. *pl.* 25. Le mâle. — *Aratu, Aratu pinima.* Marcg. *Bras. pag.* 185.

Grand, d'environ un tiers plus large que long. Corps trapézoïde; son dessus d'un rougeâtre clair ou jaunâtre, avec un grand nombre de points et de traits d'un rouge de sang foncé; des taches jaunâtres et arrondies sur les côtés et sur les cuisses. Chaperon tombant brusquement; de petites lignes transverses sur les éminences interoculaires. Côté interne des bras dilaté, arqué, avec un grand nombre de dents aiguës; l'extrémité supérieure de celui du carpe dentelé; mains très-comprimées, avec les tranches dentelées; jambes garnies de longs poils.

A la Trinité, Maugé. Au Brésil, MM. de Saint-Hilaire et de Lalande fils.

II. *Tarses non épineux.*

5. Grapse porte-pinceau, *G. penicilliger.*

Cinereo-albidus; immaculatus; chelis crassis, digitis penicillatis.

Grapsus penicilliger. Lat. Lam. — Cuvier, *Règne anim. tom.* 4. *pl.* 12. *fig.* 1. — Rumph. *Mus. tab.* 10. *n°.* 2.

Corps épais, blanchâtre. Chaperon fort court. Serres grandes; mains larges, presqu'en forme de cœur; doigts garnis en dessus, jusque près du bout, de poils nombreux, longs, noirâtres et divergens; une dent forte et tronquée près de l'extrémité du bord interne (ou supérieur) de l'index; une frange de poils à la tranche supérieure des cuisses et au côté interne des bras.

Indes orientales. (Latr.)

PLANIPENNES, *Planipennes.* Seconde famille de l'ordre des Névroptères. Ses caractères sont :

Antennes multiarticulées, tantôt filiformes ou sétacées, tantôt plus grosses à leur extrémité. — *Mandibules* très-distinctes. — *Ailes inférieures* étendues ou simplement un peu repliées au bord interne, de la grandeur des supérieures ou plus petites (les quatre ordinairement réticulées et toujours nues).

Cette famille se compose de huit tribus et se divise ainsi :

I. Tête prolongée antérieurement en manière de bec ou de trompe.

1re. Tribu. Panorpates, *Panorpatæ.*

Tarses à cinq articles.

Némoptère, Panorpe, Bittaque et Borée.

II. Tête point prolongée antérieurement en manière de bec ou de trompe.

A. Premier segment du tronc très-court, le second grand, découvert. — Ailes toujours en toit.

a. Cinq articles à tous les tarses.

2e. Tribu. Fourmilions, *Myrmeleonides.*

Antennes allant en grossissant ou terminées brusquement par un bouton. — *Six palpes;* les labiaux plus longs que les autres et renflés. — *Tête* transverse, verticale. — Ailes grandes. — *Mandibules* cornées.

Myrméléon, Ascalaphe, Nymphès.

3e. Tribu. Hémérobins, *Hemerobini.*

Antennes filiformes ou sétacées. — *Quatre palpes;* leur dernier article plus épais, ovoïde et pointu. — *Yeux* globuleux.

Hémerobe, Osmyle.

b. Trois ou deux articles aux tarses.

4e. Tribu. Psoquilles, *Psoquillæ.* (*Voyez* ce mot.)

B. Premier segment du tronc le plus grand

de tous, formant le corselet; les autres couverts par les ailes ouvertes.

a. Ailes inférieures entièrement étendues, finement réticulées ainsi que les supérieures. — Palpes courts, filiformes ou un peu plus gros à leur extrémité.

5e. Tribu. Termitines, *Termitinæ.* (*Voyez* ce mot.)

6e. Tribu. Raphidines, *Raphidinæ.* (*Voy.* ce mot.)

b. Ailes inférieures pliées ou courbées au bord interne; leur réseau ainsi que celui des supérieures, formé de grandes mailles. — Palpes maxillaires, au moins, avancés, presque sétacés, terminés par un ou deux articles plus grêles, dont le dernier souvent plus court.

7e. Tribu. Mégaloptères, *Megaloptera.*

Mandibules distinctes. — *Ailes* presqu'égales. — *Antennes* filiformes ou sétacées. — *Tarses* à cinq articles.

Corydale, Chauliode, Sialis.

8e. Tribu. Perlides, *Perlides.* *Voyez* ce mot. (S. F. et A. Serv.)

PLANIFORMES ou OMALOÏDES. M. Duméril a nommé ainsi dans sa *Zoologie analytique* sa dix-neuvième famille de Coléoptères tétramères. Elle a pour caractères: *antennes en masse, non portées sur un bec; corps déprimé.* Elle comprend les genres Lycte, Colydie, Trogosite, Cucuje, Hétérocère, Ips et Mycétophage. (S. F. et A. Serv.)

PLANTISUGES ou PHYTADELGES. Nom d'une famille d'Hémiptères dans la méthode de M. Duméril (*Zool. analyt.*), ayant pour caractères : *ailes semblables, non croisées, souvent étendues, transparentes; bec naissant du cou; tarses à deux articles.* Elle comprend les genres Aleyrode, Cochenille, Puceron, Chermès et Psylle. (S. F. et A. Serv.)

PLAQUE DORÉE. Nom vulgaire donné par Geoffroy au *Botys palustrata* de M. Latreille. (*Phalæna palustrata.* Fab.) (S. F. et A. Serv.)

PLATYCÈRE, *Platycerus.* M. Latreille avoit séparé des Lucanes sous le nom générique de Platycère les espèces appelées Caraboïde, Rufipède et Ténébrioïde. Il paroît maintenant abandonner ce genre et proposer de rétablir l'intégrité de celui de Lucane en y formant deux sections, la première ayant pour caractère : yeux coupés par le bord latéral de la tête. La seconde qui comprend les Platycères, ayant les yeux entièrement découverts. (S. F. et A. Serv.)

PLATYDACTYLES, *Platydactyla.* Seconde tribu de la famille des Hydrocorises, section des Hétéroptères, ordre des Hémiptères, ayant pour caractères :

Pattes antérieures simplement courbées en dessous; leurs cuisses de grandeur ordinaire, leurs tarses allant en pointe et très-ciliés ou ressemblant aux tarses des autres pattes. — *Pattes postérieures* très-ciliées en forme de rames, terminées par deux crochets très-petits et peu saillans.

Les genres de cette tribu sont : Notonecte et Corise.

Nota. Les antennes sont insérées et cachées sous les yeux et tout au plus de la longueur de la tête, comme dans toutes les Hydrocorises. (S. F. et A. Serv.)

PLATYGASTRE, *Platygaster.* Lat. *Psilus.* Jur.

Genre d'insectes de l'ordre des Hyménoptères, section des Térébrans, famille des Pupivores, tribu des Oxyures.

Dans cette tribu les genres Platygastre, Téléade, Scélion et Sparasion forment un groupe dont le caractère est : antennes toujours coudées et insérées près de la bouche; celles des femelles plus grosses à leur extrémité. Segment antérieur du corselet court et transversal. Les Téléades et les Sparasions ont leurs antennes de douze articles : les Scélions comme les Platygastres n'en ont que dix, mais ceux-là se distinguent de ceux-ci par le peu de longueur du premier et du troisième articles.

Antennes coudées, insérées près de la bouche, plus grosses à leur extrémité dans les femelles, composées de dix articles, le premier et le troisième beaucoup plus longs que les autres. — *Mandibules* terminées par deux dents. — *Palpes maxillaires* composés de deux articles, ainsi que les labiaux. — *Tête* grosse. — *Trois petits yeux lisses* disposés en triangle sur le vertex, écartés entr'eux. — *Corps* alongé. — *Segment antérieur* du corselet court, transversal. — *Ailes supérieures* n'ayant qu'une nervure qui part de la base en s'écartant peu du bord extérieur et qui est terminée par un point plus gros. — *Abdomen* déprimé, alongé, en spatule. — *Pattes* de longueur moyenne.

M. Latreille a donné à ce genre le nom de Platygastre tiré de deux mots grecs qui signifient : *ventre large.* Les espèces qui le composent sont très-petites et rares dans les collections. Leurs larves comme toutes celles des hyménoptères de cette tribu vivent sans doute aux dépens d'autres larves.

1. Platygastre de Bosc, *P. Boscii.*

Platygaster niger, abdominis fœminei basi suprà cornutâ, cornu in thoracis dorso reflexo, alis hyalinis.

Platygastre de Bosc. Lat. *Règn. anim. tom.* 4. *pag.* 179. — *Psilus Boscii.* Jur. *Hyménopt. pag.* 318.

Longueur 1 lig. ½. Noir. Ailes transparentes. Premier segment de l'abdomen émettant en dessus une corne qui se recourbe sur le dos du corselet et dont l'extrémité touche la tête. Femelle.

On trouve cette femelle au mois de juin sur les fleurs en ombelle. Nous sommes de l'avis de M. Jurine et nous ne pensons point que la corne que nous venons de décrire soit le fourreau de la tarière, son insertion rendant tout-à-fait invraisemblable l'opinion contraire.

ANTÉON, *Anteon.* Jur. Lat.
Genre d'insectes de l'ordre des Hyménoptères, section des Térébrans, famille des Pupivores, tribu des Oxyures.

Les Antéons et les Céraphrons forment dans cette tribu un petit groupe (*voy.* Oxyures, article Pupivores), dont le caractère est : antennes toujours coudées, insérées près de la bouche, filiformes dans les deux sexes. Segment antérieur du corselet court et transversal; mais les Céraphrons ont leurs antennes composées de onze articles dont le premier est très-long, ce qui les distingue des Antéons.

Antennes coudées, filiformes dans les deux sexes, insérées près de la bouche, composées de dix articles cylindriques, alongés; le premier arqué, guère plus long que les autres. — *Mandibules* ayant trois ou quatre dents. — *Palpes maxillaires* de six articles, les labiaux de trois ou de quatre. — *Tête* grosse et ronde. — *Corselet* effilé postérieurement, son premier segment court et transversal. — *Ailes supérieures* ayant une cellule radiale très-incomplète et une cellule cubitale n'étant point séparée du disque et se confondant avec toutes les autres de la partie caractéristique. — *Abdomen* plus large que le corselet mesuré entre les ailes, déprimé, rétréci à sa base en forme de pédicule. — Toutes les pattes semblables.

Nous ignorons la manière de vivre des insectes de ce genre.

1. Antéon de Jurine, *A. Jurineanum.*

Anteon nigrum, pedibus luteis.

Anteon Jurineanum. Lat. *Dict. d'Hist. nat.* 2e. *édit.*

Longueur 2. Petit, noir-luisant. Pattes jaunes. Mâle.

Des environs de Paris.

Nota. Nous n'avons pas vu cet insecte.

CÉRAPHRON, *Ceraphron.* Jur. Lat. Spinol.
Genre d'insectes de l'ordre des Hyménoptères, section des Térébrans, famille des Pupivores, tribu des Oxyures.

Les Antéons se distinguent des Céraphrons par leurs antennes de dix articles dont le premier ne surpasse guère les autres en longueur. (*Voyez* Oxyures, article Pupivores.)

Antennes coudées, insérées près de la bouche, filiformes dans les deux sexes, composées de onze articles, le premier très-long. — *Mandibules* dentées, courtes, larges. — Premier segment du corselet court, transversal. — *Ailes supérieures* ayant une cellule radiale ovale, incomplète; point d'autres cellules distinctes, la partie caractéristique se trouvant confondue avec la presque totalité du haut de l'aile ou partie brachiale. — *Abdomen* presqu'ovoïde, comprimé, à pédicule très-court. — Toutes les pattes semblables.

On ne connoît point les mœurs des Céraphrons. Elles doivent se rapprocher de celles des autres Oxyures.

1. Céraphron sillonné, *C. sulcatus.*

Ceraphron niger, pedibus rufis; alis subfuscis.

Ceraphron sulcatus. Jur. *Hyménopt. pl.* 14. — Lat. *Gener. Crust. et Ins. tom.* 4. *pag.* 36. — Spinol. *Ins. Ligur. fas.* 3. *pag.* 168. — *Encycl. pl.* 377. *fig.* 2.

Longueur 1 lig. Noir. Pattes d'un brun-ferrugineux. Ailes un peu enfumées.

D'Europe.

Nota. Nous n'avons point vu cet insecte. M. Spinola nous paroît avoir tort de rapporter à cette espèce le *Scelio rugosulus* de M. Latreille.

(S. F. et A. Serv.)

PLATYNE, *Platynus.* M. Bonelli dans son ouvrage intitulé : *Observ. entom.*, inséré dans les *Mém. de l'Acad. de Turin,* a donné ce nom à un genre de coléoptères appartenant à la tribu des Carabiques. Ses caractères sont : labre transverse, entier. Tous les palpes ayant leur dernier article cylindrique, ovale, à peine tronqué. Corps très-déprimé. Corselet sessile. Abdomen très-large. Menton ayant une dent simple, obtuse, à l'extrémité de la saillie du milieu. Élytres échancrées obliquement, sans points discoïdaux remarquables. Point d'ailes.

L'auteur fait entrer dans ce genre les *Carabus angusticollis* et *scrobiculatus* de Fabricius.

(S. F. et A. Serv.)

PLATYNOTE, *Platynotus.* Genre de Coléoptères hétéromères établi par Fabricius (*Syst.*

Eleut.), sur quelques espèces exotiques du genre Pédine de M. Latreille, auxquelles il associe des Asides du même auteur. Ce genre n'est point adopté par les entomologistes français.

(S. F. et A. Serv.)

PLATYONIQUE, *Platyonichus.* Genre de Crustacés de l'ordre des Décapodes, famille des Brachyures, tribu des Nageurs, ayant pour caractères : tous les *tarses* (les serres exceptées), les postérieurs surtout, aplatis et en nageoires. — *Test* presqu'isométrique, d'une forme se rapprochant de celle d'un cœur tronqué postérieurement, ou suborbiculaire; espace pectoral compris entre les pieds, ovale. —*Pédicules oculaires* courts.— Seconde paire de *pieds* aussi longue au moins que la suivante. — *Antennes* latérales beaucoup plus courtes que le corps, presque glabres.—Troisième article des *pieds-mâchoires* extérieurs tronqué ou arrondi obliquement au sommet, avec un sinus interne sous le sommet, servant d'insertion à l'article suivant. — *Post-abdomen* ou queue des mâles de cinq segmens distincts; celui des femelles de sept.

Chaque côté du test, dans toutes les espèces connues, offre constamment cinq dents.

La dénomination de *Portumnus*, sous laquelle M. le docteur Léach a désigné ce genre, étant presqu'identique avec celle du genre Portune, j'ai proposé, dans la seconde édition du *nouveau Dictionnaire d'Histoire naturelle*, de lui substituer celle de *Platyonique.* La manière dont je signale ce genre me permet de lui réunir celui que le même naturaliste a publié sous la dénomination de *Polybius.* Dans l'espèce (*Variegatus*, Léach) qui sert de type au genre Platyonique, ainsi que dans un grand nombre de Portunes, les tarses, à partir de la seconde paire de pieds jusqu'à la quatrième inclusivement, ont une forme comprimée et se rapprochant de celle des nageoires postérieures. Ces tarses sont plus élargis et plus membraneux dans les Polybies; mais leurs rapports avec les nageoires sont essentiellement les mêmes que ceux que l'on observe entre ces parties dans les Crustacés précédens. L'abdomen est cependant presque semblable à celui de plusieurs Portunes. Il est en forme de triangle alongé, et son troisième article est dilaté de chaque côté à sa naissance. Les yeux sont plus gros que dans les autres Platyoniques. Les antennes intermédiaires se replient transversalement, et le premier article se prolonge dans la même direction.

Les habitudes particulières des Platyoniques me sont d'ailleurs inconnues. Elles doivent se rapprocher beaucoup de celles des Portunes, avec lesquels ces animaux ont une grande affinité. Le test des plus grandes espèces est long de cinq centimètres, et celui des plus petits de deux.

I. *Front avancé en manière de museau triangulaire et simplement ondulé sur ses bords. Test bombé.*

1. Platyonique muselier, *P. nasutus.*

Thorace convexo, antrorsùm in rostrum trigonum, subintegrum producto.

Portunus biguttatus. Risso, *Hist. nat. des Crust. de Nice*, *pl.* 1. *fig.* 1.

Très-petit, glabre. Dessus du corps d'un jaunâtre-roussâtre pâle ou couleur de noix et sans taches, dans l'individu unique que je possède et qui est une femelle. Dessus du test inégal, mais sans aspérités, bombé au milieu, déprimé au devant, avec cinq dents courtes, larges, dont la pointe est tournée en avant de chaque côté; la première un peu plus large et un peu échancrée; la dernière plus étroite; le museau en forme de triangle presqu'isocèle, avec une pointe obtuse à son extrémité et deux foibles sinus à chaque bord latéral. Une seule fissure au bord supérieur des cavités oculaires. Serres petites; carpe ayant des arêtes en dessus et dilaté au côté interne en manière de dent déprimée; le poing plus court que le doigt, sillonné longitudinalement en dehors; arêtes assez vives ainsi que la tranche supérieure; une frange de poils sur la paume; doigts comprimés, striés, pointus, avec de petites dents aux bords internes; les autres pieds comprimés, avec des stries sur les jambes et sur les tarses; les nageoires des deux derniers presqu'elliptiques, acuminés, avec la pointe assez prolongée et très-aiguë; une ligne élevée et lisse parcourant le milieu de leur longueur; leur bord interne et celui des jambes des mêmes pieds garnis d'une frange de poils; bout de tous les tarses noir. Dessous du corps et même la majeure partie des pieds blanchâtre.

Si ce Crustacé est, comme je le présume, le *Portune à deux taches* de M. Risso, son test offre, dans les individus vivans, deux grandes taches d'un rouge de corail, et qui sont plus grandes dans les femelles. Leur ponte a lieu en mai et en août. Les œufs sont d'un jaune-doré. Cette espèce se trouve dans la Méditerranée et habite la région des Coraux. Je suis redevable à l'amitié de M. le docteur d'Orbigny de l'individu que je possède. Il l'avoit pris sur les côtes maritimes du département de la Vendée; mais il paroît que ce Crustacé y est très-rare.

II. *Front peu avancé, tridenté (les dents latérales formées par la division interne des oculaires); dessus du test plan ou peu convexe.*

1. *Test un peu plus large que long, très-arqué latéralement; longueur de son bord antérieur, jusqu'aux angles extérieurs des cavités oculaires, faisant la moitié du plus grand diamètre transversal de ce test; nageoires tarsales ou celles des deux pieds postérieurs, grandes, ovales.*

Dents frontales et serres proportionnellement plus grandes que dans la dernière division.

2. PLATYONIQUE ocellé, *P. ocellatus.*

Pinnis posticis magnis, ovatis; thorace latiori quàm longiore, scabriusculo, flavescente, punctis fulvis; dentibus lateralibus validis, spiniformibus; pediculis ocularibus subcylindricis.

Cancer ocellatus. HERBST, *Krabben, tab.* 49. *fig.* 4.—*Portunus pictus.* SAY, *Journ. of the Acad. of nat. Scienc. tom.* 1. *pag.* 62. *pl.* 4. *fig.* 4.

Grand. Dents frontales pointues, presqu'égales; celle du milieu un peu plus grande; les latérales grenues sur leurs bords. Côté interne des bras dentelé et velu; deux dents sur le carpe, l'une extérieure, l'autre interne et plus forte; le poing et le pouce trièdres ou à trois pans, avec l'arête antérieure très-forte, rougeâtre, ainsi que les doigts; une frange de poils sous la tranche supérieure et une autre plus petite derrière l'index; ces doigts inégalement et fortement dentés. Les second, troisième et quatrième tarses étroits, avec plusieurs stries; les nageoires formées par les derniers unies. Une seule fissure au bord supérieur des cavités oculaires.

États-Unis. Apporté de la Caroline par M. Bosc.

3. PLATYONIQUE de Henslow, *P. Henslowii.*

Pinnis posticis magnis, ovatis; thorace latiori quàm longiore, sublœvi, lineolis albidis; dentibus lateralibus brevibus, latis; oculis clavatis.

Polybius Henslowii. LÉACH, *Malac. Podopht. Brit. tab.* 9. B.

Très-grand. Dents frontales dentelées; la mitoyenne plus étroite, aiguë; les latérales obtuses; deux fissures au bord supérieur des cavités oculaires. Les pieds d'un brun-foncé. Les second, troisième et quatrième tarses très-comprimés, en forme de nageoires triangulaires, alongées, presqu'unis, avec une ligne de points enfoncés plus ou moins réunis, au milieu, et frangées de poils, ainsi que l'article précédent qui est lui-même comprimé; quelques dentelures au côté interne du bras; une éminence angulaire sur le dessus du carpe; une dent acérée à son côté interne. Mains robustes, un peu et finement chagrinées, avec quelques arêtes; la supérieure terminée en pointe; doigts, surtout l'index, forts et très-dentés.

Côtes d'Angleterre, M. Léach; celles du département de la Vendée, M. d'Orbigny.

2. *Test aussi long que large; la longueur de son bord antérieur jusqu'aux angles extérieurs des cavités oculaires surpassant la moitié du plus grand diamètre transversal; nageoires tarsales ou celles des deux pieds postérieurs presque elliptiques.*

Dents du chaperon petites, obtuses; la mitoyenne un peu plus longue; celles des bords latéraux courtes; l'antérieure plus grande et la postérieure plus petite; le poing comprimé, surtout au bord supérieur, sans arêtes, s'unissant inférieurement avec le carpe dans presque toute la longueur de cet article; tranche supérieure de cet article terminée par une dent; une petite frange de poils au-dessous de ce bord et sous le même du poing; le dernier article de la jambe et le tarse des second, troisième et quatrième pieds, striés; les nageoires des derniers unies.

4. PLATYONIQUE dépurateur, *P. depurator.*

Pinnis posticis oblongis; thorace subcordato, diametris subæqualibus.

Cancer depurator. LINN. — *Portumnus variegatus.* LÉACH, *Malac. Podopht. Brit. tab.* 4. — PLANC. *de Conc. min. not. tab.* 3. *fig.* 7. B. C. Mâle. — HERBST, *Krabben, tab.* 54. *fig.* 6, *et tab.* 21. *fig.* 126? — *Cancer latipes.* RONDELET.

Petit. Blanchâtre, mais avec une teinte d'un brun cendré ou rougeâtre sur le dessus du test et y formant soit des points très-nombreux, soit une marbrure très-fine. (*Voyez* l'article CRABE de ce Dictionnaire, espèce n° 46, Crabe rameur.) Sur les côtes océaniques de la France, de l'Angleterre, et sur celles de la Méditerranée.

A ce genre, et particulièrement à l'espèce avec laquelle le docteur Léach a formé celui de Polybie, se rattachent les *Matutes* et les *Orythies*, et dont nous traiterons supplémentairement. Ce sont des Crustacés décapodes, brachyures et nageurs, à forme orbiculaire, et qui nous présentent les caractères communs suivans.

Antennes mitoyennes beaucoup plus longues que latérales, se repliant tranversalement sous le bord antérieur du front, mais souvent saillantes; la fossette où est logée leur premier article, presqu'aussi longue que large. — *Corps* presqu'isométrique, d'une forme se rapprochant de l'orbiculaire, déprimé, presque glabre; son dessus ayant quelques petits tubercules et l'impression dorsale ordinaire, d'ailleurs assez uni et finement chagriné. — *Yeux* situés à l'extrémité de pédoncules assez longs, presque cylindriques, un peu plus gros à leur base et un peu courbes; leurs cavités occupant une grande partie de la largeur antérieure du test. — Troisième article des *pieds-mâchoires* extérieurs en forme de triangle étroit et alongé. Division extérieure de ces parties ou le flagre sans tige articulée à son extrémité. — Tranche supérieure des *mains* plus ou moins dentelée, un peu en crête; doigts comprimés, pointus, dentelés; les seconds pieds plus longs que les suivans,

suivans. Poitrine ovale. — *Abdomen* des mâles composé de sept segmens, de même que celui des femelles, ou n'en ayant que cinq, mais offrant les vestiges des sutures des deux autres.

Espèces propres aux mers orientales, depuis l'Ile-de-France jusqu'à la Chine et à la nouvelle Hollande inclusivement.

Genre MATUTE, *Matuta*. FAB.

Tous les pieds, à l'exception des serres, en nageoire. Antennes latérales très-petites. Troisième article des pieds-mâchoires terminé en pointe : tels sont les caractères essentiels de ce genre. Exposons maintenant en détail ses caractères naturels.

Tous les *pieds* succédant aux serres terminés en nageoires. *Corps* arqué et arrondi antérieurement, rétréci triangulairement à sa partie postérieure, déprimé en dessus près du front, avec une pointe très-forte, conique, s'étendant latéralement de chaque côté, près du milieu; portion antérieure des bords dentelée (1), l'autre portion de ces bords ou celle qui vient après les pointes, rebordée; milieu du bord antérieur avancé en manière de lobe presque carré, un peu échancré ou presque bidenté à son extrémité; le reste de ce bord droit et fermant de chaque côté l'angle interne et supérieur des cavités oculaires. *Antennes* latérales très-petites. Le premier article de leur pédoncule aussi long au moins que le reste de l'antenne, cylindrique, inséré avec le tubercule auriculaire au-dessous de l'article radical des antennes intermédiaires, transversal; les deux autres articles de ce pédicule avec les trois à quatre dont se compose la tige, formant une petite pièce conique, et qui se termine au-dessous de l'extrémité de l'hiatus inférieur des cavités oculaires. Les second et troisième articles des *pieds-mâchoires* extérieurs formant avec le pédoncule conique et alongé du flagre un grand triangle très-pointu; sommet fermant exactement la bouche; bords internes de ces deux articles droits; les trois derniers intérieurs et cachés. *Serres* fortes; tranches des poings aiguës, dentées; la supérieure frangée; trois impressions transverses au-dessous, formant des plis, avec deux rangées de tubercules; d'autres éminences, et dont une à trois plus grandes, coniques, spiniformes, plus bas; quelques dents très-petites sur les cuisses; avant-dernier article des autres pieds très-aplati; sa tranche interne aux seconds pieds et aux quatre suivans, son côté postérieur aux deux derniers, dilatés triangulairement; cette saillie recouvrant une partie du tarse ou de la nageoire lorsqu'il se replie; plus grande, arrondie aux deux derniers, terminée en pointe aiguë aux autres; les tarses des mêmes pieds très-aplatis, en forme de nageoire, avec une arête écrasée et arrondie dans le milieu de leur longueur; les six premières nageoires, ou celles des second, troisième et quatrième pieds, presqu'elliptiques, pointues, d'une étendue diminuant graduellement; celles des quatrième pieds petites et étroites; les deux dernières presqu'orbiculaires, obtuses, presqu'aussi grandes que les deux premières; celles-ci un peu crochues au bout, leur bord interne étant presque droit et un peu concave, et le bord opposé étant arqué; extrémité de l'article qui les précède, bord interne de saillie du même article, aux deux pieds postérieurs, le même bord de leur nageoire et quelques autres parties, garnis de franges de poils. Le premier segment du *post-abdomen* très-court, linéaire, resserré au milieu; le troisième et le second ayant une carène transverse et dentelée. Dessus du *corps* jaunâtre ou roussâtre, ponctué d'un rouge de sang; une tache de cette couleur, mais plus vive, sur les deux derniers articles des deux ou quatre pieds antérieurs et des deux derniers, dans plusieurs individus; dessus de ces pieds et des autres ponctué aussi de rouge; le dessous du corps d'un blanc luisant. Partie du flagre et l'adjacente de la poitrine graveleuses ou chargées de petits grains élevés et alongés.

Longueur du test des plus grands individus, 0 mèt. 044; largeur, 0 mèt. 047. Ces proportions réduites de moitié dans les plus petits.

Le docteur Léach est le premier qui ait employé des caractères rigoureusement propres à distinguer les espèces. Il en a décrit et figuré deux dans le troisième volume de ses *Mélanges de Zoologie*, l'une sous le nom de *Lunaris*, que je lui avois donné d'après Herbst, et l'autre sous celui de *Peronii*. La première est probablement celle que Fabricius appelle *Planipes*. Herbst l'a confondue avec celle qu'il avoit représentée antérieurement sous la même dénomination, et qu'il a empruntée de Rumphe. La seconde espèce avoit été décrite par Fabricius : c'est son Portune *lancifer*. Les pinces des serres nous fournissent les différences les plus importantes.

I. *Milieu de la face extérieure du poing ayant à la suite de deux ou trois dents plus fortes et latérales une carène presqu'entière, ou ayant simplement deux incisions prolongées sur l'index (tout l'espace adjacent jusqu'au bord inférieur, ou la majeure partie de cette face très-lisse et luisant); une ligne élevée, forte, striée transversalement, le long du milieu du pouce.*

Dessus de ce doigt ayant un sillon profond servant d'insertion aux poils de la frange; pointes latérales du test tant soit peu portées en avant;

(1) Les trois dentelures postérieures sont ordinairement plus fortes. Le dos offre six petits tubercules disposés sur trois lignes transverses, de la manière suivante : 2, 3, 1; on en voit quelquefois un autre sur chaque rebord latéral et postérieur du test.

l'espace compris entre la carène du poing et l'origine du pouce proportionnellement plus étendu que dans les espèces suivantes ; carène du second segment abdominal moins saillante.

1. Matute lunaire, *M. lunaris.*

Pugillis tuberculis validis, subæqualibus ; testâ punctis rubris, reticulatis.

Matuta lunaris. Léach, *Zool. Miscell. tom.* 3. *pag.* 13. *tab.* 127. *fig.* 3-5. — *Matuta planipes.* Fab. — *Cancer lunaris.* Herbst, *Krabben, tab.* 48. *fig.* 6.

Premier article des jambes des troisièmes et quatrièmes pieds ayant en dessus deux petites carènes longitudinales ; tubercules (3 et 4) supérieurs du poing forts, presqu'égaux, arrondis, unis et continus ; trois dents triangulaires, petites (la seconde surtout), presque tuberculiformes, et dont l'antérieure un peu plus grande seulement que la postérieure, précédant la carène de son milieu ; points rougeâtres du test formant des lignes réticulées.

Des plus grands. Les six tubercules dorsaux du test distincts ; les deux pointes latérales un peu plus courtes que celles de l'espèce suivante. Tranche inférieure de l'index un peu rebordée ; stries de la ligne élevée du pouce oblitérées dans notre individu.

Sur les côtes de l'Ile-de-France. M. Mathieu.

2. Matute doryphore, *M. doryphora.*

Pugillis tuberculis inæqualibus ; testâ vagè rubro punctatâ.

Cancer lunaris. Forskahl.

Une seule carène sur le dessus du premier article des quatre dernières jambes ; deux sur le dessus du même article des troisièmes jambes ; tubercules supérieurs du poing inégaux ; quelques-uns un peu pointus, d'autres graveleux ; leur rangée inférieure interrompue ; deux dents (outre un petit tubercule intermédiaire) coniques, et dont l'antérieure fort grande, spiniforme, avant la carène du milieu de cet article ; tout le dessus du test vaguement et finement pointillé de rouge.

De la taille du précédent. Pointes latérales du test très-fortes, de la longueur du bord supérieur du carpe ; tubercules dorsaux moins saillans que dans l'espèce précédente.

Ile-de-France, golfe Arabique, Indes orientales ; Pondichéry, M. Leschenault de Latour.

II. *Milieu de la face extérieure du poing sans carène, ou n'ayant qu'une foible élévation et point prolongée sur l'index ; des petites éminences tuberculiformes ou des dents* (1) *à la place (espace adjacent et lisse très-peu étendu) ; le côté extérieur du pouce uni ou légèrement élevé et très-foiblement strié dans son milieu.*

Sillon supérieur du pouce foible ; sa frange plus petite ; l'index ayant inférieurement un rebord, paroissant, dans quelques individus, naître du poing, et quelquefois même divisé en tubercules ; dents internes de la base de ces doigts plus divisées, ou ayant moins la forme de dents molaires que les mêmes des deux premières espèces. Premier article des jambes conformé de même que dans la seconde.

3. Matute victorieuse, *M. victor.*

Matuta victor. Fab. — Herbst, *Krabben, tab.* 6. *fig.* 44. — Rumph. *Mis. tab.* 7. S. — *Matuta Peronii.* Léach, *Zoolog. Miscell. tom.* 3. *pag.* 13. *tab.* 127. *fig.* 1-2. Var. — *Portunus lancifer.* Fab. Même variété.

Individus de Pondichéry de moyenne grandeur, avec les deux pointes latérales fortes et un peu rejetées en arrière, à leur extrémité. Individus de la nouvelle Hollande plus petits, avec les éminences remplaçant la carène du poing, propre aux deux premières espèces, plus fortes, presqu'en forme de dents, et dont celle du milieu plus grande ; rebord inférieur du poing divisé en tubercules dans les jeunes individus ; pointes latérales du test un peu plus courtes ; ses bords latéraux et antérieurs offrant chacun, dans presque tous les individus de cette espèce, immédiatement avant la pointe du milieu des côtés, trois dentelures plus grandes que les antérieures ou celles qui viennent à la suite de la dent formée par l'angle antérieur ; ces trois dentelures moins distinctes, à raison de leurs crénelures, dans la plupart des autres espèces.

Le *Crabe à pattes plates* (*latipes*) de De Géer,

(1) J'ai observé sur un grand nombre d'individus de l'espèce suivante, envoyés de Pondichéry par M. Leschenault de Latour, que les mâles n'ont sur le rudiment de la carène de cet article, à la suite des deux pointes latérales et semblables pour les formes et les proportions relatives à celles de l'espèce n°. 2, qu'une à trois petites éminences ; que dans les femelles, où le nombre de ces élévations est ordinairement de trois, celle du milieu est plus grande, de la forme des pointes latérales, mais plus petites. Les deux autres saillies sont plus prononcées dans les Matutes de la nouvelle Hollande, celles dont M. Léach fait une espèce (de Péron), mais qu'il s'est borné à comparer avec la première. Je n'ai vu que des individus mâles de celle-ci et de celle n°. 2. Les différences sexuelles indiquées ci-dessus leur sont peut-être communes. Mais dans l'une et l'autre espèce, la carène du troisième segment déborde fortement la première ou celle du second segment, tandis que les deux carènes sont à peu près de niveau ou presqu'égales et dentelées dans la troisième espèce. D'après ces transitions graduelles, je suis tenté de croire que les trois espèces n'en forment naturellement qu'une, mais composée de plusieurs variétés produites par l'influence du climat. Il m'a paru encore que certaines éminences s'affoiblissoient avec l'âge.

Mém. Ins. tom. 7. *pl.* 26. *fig.* 4 *et* 5, est évidemment du genre Matute. Si la figure qu'il en a donnée est exacte, cette espèce est distinguée de toutes les autres par la forme de la saillie frontale; son bord antérieur est tout-à-fait droit ou sans avancement au milieu. Cette Matute seroit-elle particulière aux Antilles? C'est ce que j'ignore, mais qui seroit possible.

Genre ORITHYIE, *Orithyia*. FAB.

Les deux *tarses* postérieurs en forme de nageoires. *Corps* rétréci et tronqué antérieurement, presqu'orbiculaire ensuite. *Voyez*, pour les autres détails, l'article ORITHYE. (LATR.)

PLATYOPE, *Platyope*. Genre de Coléoptères hétéromères voisin de celui de Pimélie, établi par M. Fischer dans l'ouvrage ayant pour titre : *Genre d'Ins. publiés au nom de la Soc. imp. des nat. de Moscou*, 1821. L'auteur lui donne pour caractères : antennes insérées loin des yeux sous un appendice réfléchi du chaperon, leurs articles allant en grossissant et plus séparés les uns des autres vers l'extrémité, le dernier globuleux et tronqué. Labre presque carré, distinctement échancré. Palpes inégaux, les maxillaires gros et courts, le dernier article obconique, tronqué; es labiaux extrêmement foibles, filiformes; menton très-échancré, ses côtés triangulaires et pointus. Corps triangulaire. Elytres un peu plus larges que le corselet, alongées, triangulaires, très-pointues. Corselet chargé de tubérosités. Jambes courtes, dentées en scie extérieurement. Tarses postérieurs longs, comprimés. M. Fischer en décrit trois espèces; l'une d'elles est l'*Akis leucographa* de Fabricius; l'auteur la figure *Entom. Russ. Col. pl.* 15. *fig.* 2. Les deux autres paroissent nouvelles, et sont de la Tartarie déserte. La première nommée Platyope granuleuse (*P. granulata*) *Col. pl.* 15, *fig.* 1, est longue d'un pouce, noire, couverte d'un duvet blanc. Corselet et élytres granuleux, avec trois raies élevées, crénelées. L'autre, la Platyope proctoleuque (*P. proctoleuca*), *Col. pl.* 15, *fig.* 3, a 7 lignes. Elle est noire, à corselet raboteux; ses élytres sont lisses avec des raies apicales courtes, blanches. (S. F. et A. SERV.)

PLATYPE, *Platypus*. HERBST. LAT. *Bostrichus*. FAB. *Scolytus*. OLIV. (*Entom.*) PANZ.

Genre d'insectes de l'ordre des Coléoptères, section des Tétramères, famille des Xylophages, tribu des Scolytaires.

Ce genre établi par Herbst et adopté par M. Latreille se distingue des Phloiotribes parce que ceux-ci ont la massue des antennes composée de trois longs feuillets distincts; des Hylurges, des Scolytes et des Hylésines par le pénultième article des tarses qui est bifide dans ces trois genres, et des Tomiques parce que la massue des antennes de ces derniers est distinctement annelée et ne commence qu'au septième article.

Antennes à peine de la longueur de la tête, n'offrant distinctement que six articles, le premier et le dernier grands, les intermédiaires très-petits, le sixième ou la massue solide, presqu'ovoïde. — *Labre* étroit, peu avancé, corné, légèrement échancré. — *Mandibules* courtes, épaisses, cornées, pointues, presque dentées. — *Palpes* petits, coniques. — *Tête* un peu prolongée antérieurement. — *Corps* cylindrique, linéaire. — *Corselet* alongé, cylindrique. — *Ecusson* nul. — *Elytres* tronquées postérieurement, tuberculées ou épineuses dans cette partie. — *Pattes* comprimées, les deux dernières éloignées des quatre autres; toutes les cuisses comprimées, anguleuses, les quatre postérieures canaliculées en dessous; jambes courtes, striées transversalement dans leur partie postérieure, celles de la première paire terminées par une épine aiguë; leurs tarses très-grêles, plus longs que les cuisses et les jambes prises ensemble, leur premier article très-long; tous les tarses ayant leurs articles entiers.

On trouve ces insectes sur les arbres en partie cariés dont il paroît qu'ils se nourrissent dans leur premier état. Les auteurs font mention de huit ou dix espèces de Platypes; leur couleur dominante paroît être le brun-noirâtre. Ils n'affectent point de patrie particulière.

1. PLATYPE cylindre, *P. cylindrus*.

Platypus elytris posticè truncatis, post truncaturam villosioribus.

Platypus cylindrus. HERBST, *Col.* 5. *tab.* 49. *fig.* 3. — LAT. *Gen. Crust. et Ins. tom.* 2. *pag.* 277. — *Bostrichus cylindrus*. FAB. *Syst. Eleut. tom.* 2. *pag.* 384. *n°.* 2. — PANZ. *Faun. Germ. fas.* 15. *n°.* 2. — *Scolytus cylindrus*. OLIV. *Ent. tom.* 4. *Scolyt. n°.* 2. *pl.* 1. *fig.* 2. a. b. — *Encycl. pl.* 367. *fig.* 2.

Longueur 2 lig. $\frac{1}{2}$. Corps brun, un peu velu. Tête aplatie, un peu rugueuse en devant; tête et corselet légèrement pointillés, celui-ci ayant un petit sillon à sa partie postérieure. Elytres chargées de stries profondes, tronquées et dentées avant leur extrémité, fort velues au-delà des dentelures. Antennes, pattes et dessous du corps d'un brun-marron.

D'Europe. Assez rare aux environs de Paris. (S. F. et A. SERV.)

PLATYPÈZE, *Platypeza*. M. Meigen dans son ouvrage intitulé *Classification des Diptères*, a fait un genre sous ce nom, qui équivaut à l'une des divisions de celui de Dolichope de M. Latreille, et dont le caractère est : antennes avancées, de trois articles, les deux inférieurs courts, presque cylindriques, le troisième conique terminé par une soie. Tarses postérieurs comprimés, dilatés, leur troisième article plus grand. Abdomen aplati. Ailes couchées sur le corps, se recouvrant l'une l'autre dans le repos. Yeux rapprochés et convergens dans les mâles, espacés dans les femelles.

L'auteur décrit trois espèces de ce genre. Elles habitent l'Europe. L'une d'elles est le *Dolichopus fasciatus* n°. 22. Fab. *Syst. Antliat.* (*Plat. fasciata. Encycl. pl.* 390. *fig.* 47-51.)

(S. F. et A. Serv.)

PLATYPTÈRE, *Platypteryx*. Lasp. Lat. *Drepana*. Schranck. *Phalæna*. Linn. De Géer. Geoff. Fab. *Bombyx*. Esp. Engram. Hubn.

Genre d'insectes de l'ordre des Lépidoptères, famille des Nocturnes, Tribu des Phalénites.

Ce genre a été fondé par M. Laspeyres et adopté par M. Latreille; il compose avec celui de Phalène la tribu des Phalénites; mais ce dernier genre n'a point l'angle du sommet des ailes supérieures recourbé en forme de faucille; les chenilles des Phalènes sont arpenteuses et n'ont que dix à douze pattes, du nombre desquelles sont les postérieures; leur corps n'est jamais terminé par une pointe simple; ces caractères sont propres au genre Phalène et empêchent de le confondre avec les Platyptères.

Antennes courtes, sétacées, toujours pectinées dans les mâles, pectinées ou simples dans les femelles. — *Langue* très-courte, presque nulle. — *Palpes inférieurs* très-petits, presque coniques. — *Tête* petite. — Corps ordinairement grêle. — Ailes grandes, en toit aigu dans le repos, les supérieures recouvrant les inférieures; les premières ayant leur angle supérieur alongé, recourbé en faucille. — *Chenilles* non arpenteuses, munies de quatorze pattes, six écailleuses et huit membraneuses, les derniers segmens du corps en étant privés, le segment anal terminé en une pointe simple.

Le nom de Platyptère vient de deux mots grecs qui signifient: *grandes ailes*. Les espèces qui composent ce genre sont en petit nombre; elles volent et vivent à la manière des Phalènes. Leurs chenilles se tiennent dans des feuilles qu'elles plient en rouleau en les assujettissant avec quelques brins de soie. Elles y font aussi leurs coques en fortifiant l'intérieur du rouleau au moyen d'une plus grande quantité de soie. C'est là qu'elles subissent leurs métamorphoses.

1. Platyptère lézard, *P. lacertula*.

Platypteryx alis superioribus eroso-dentatis, luteis, superiorum strigis undatis atomisque, puncto discoidali et lineis duabus rectis fuscis.

Platypteryx lacertinaria. Lat. *Dict. d'Hist. nat.* 2e. *édit.* — *Bombyx lacertula*. Esper, *tom. III. tab. LXXII. fig.* 3-6. — Hubn. *Bomb. tab.* 12. *fig.* 49. Femelle. — Engram. *Pap. d'Eur. pl. CCIX.* n°. 279. — *Phalæna lacertinaria* Linn. *Syst. Nat.* 2. 860. 204. — Fab. *Ent. Syst. tom.* 3. *partie* 2. *pag.* 135. n°. 20. — *Encycl. pl.* 90. *fig.* 18-20.

Envergure 8 à 10 lig. Antennes, tête et corps d'un fauve-jaunâtre. Ailes de même couleur, les supérieures plus foncées, chargées de petites lignes ondulées et d'atômes bruns ou fauves, en ayant deux transverses, droites et plus distinctes, entre lesquelles est un point brun discoïdal; leur bord extérieur denté et sinué. Frange blanche mêlée de brun. Dessous assez semblable au dessus. Mâle et femelle.

Antennes pectinées dans les deux sexes.

Chenille d'un brun-clair et jaunâtre mêlé de taches et de nuances d'un brun plus obscur, ayant plusieurs rides et quelques tubercules, ceux du second et du troisième segmens très-élevés, composés de deux mamelons de chacun desquels part un petit poil. Vit sur le chêne et le bouleau. Chrysalide brune, mais recouverte d'une matière blanche, farineuse, qui la déguise.

Des environs de Paris.

2. Platyptère harpon, *P. harpagula*.

Platypteryx alis falcatis fulvis, lineis undatis fuscis; in superioribus ad angulum superiorem conniventibus.

Bombyx harpagula. Hubn. *Bomb. pl.* 11. *fig.* 42 *et* 43. — Engram. *Pap. d'Europ. pl. CCVIII.* n°. 276. f. g.

Envergure 10 lig. Antennes, tête et corps d'un fauve testacé. Ailes de même couleur, chargées de lignes transverses ondées, brunes. Toutes celles des supérieures à l'exception de la plus extérieure, se prolongeant en angle vers le crochet de l'aile. Dessous d'un beau jaune ayant sur le disque de chacune un point et une petite ligne de couleur noire. Frange brunâtre. Mâle et femelle.

Antennes pectinées dans les deux sexes.

Des environs de Paris.

3. Platyptère faucille, *P. falcula*.

Platypteryx alis falcatis albidis, lineis undatis fuscis, superiorum maculâ discoidali punctisque duobus, unico pupillato, fuscis.

Platypteryx falcataria. Lat. *Dict. d'Hist. nat.* 2e. *édit.* — *Bombyx falcula*. Esper, *tom. III. tab. LXXIII. fig.* 3-6. — Hubn. *Bomb. tab.* 11. *fig.* 44. Mâle. — Engram. *Pap. d'Eur. pl. CCVII.* n°. 276. a. b. c. d. e. — *Phalæna falcataria*. Linn. *Syst. Nat.* 2. 859. 202. — Fab. *Ent. Syst. tom.* 3. *partie* 2. *pag.* 133. n°. 16. — De Géer, *Ins. tom.* 1. *pag.* 333. *pl.* 24. *fig.* 1-7, *et tom.* 2. *pag.* 353. n°. 7. *pl.* 6. *fig.* 1. — *Encycl. pl.* 90. *fig.* 17.

Envergure 10 à 12 lig. Antennes, tête et abdomen jaunâtres, corselet blanchâtre. Ailes de même couleur avec des lignes brunes, transverses et ondées; les supérieures ayant deux points et une tache discoïdale de couleur brune; l'un de ces points oculé à prunelle grise, la tache renfermant quatre ou cinq petits points gris. Les deux avant-dernières lignes se prolongeant en angle vers le crochet de l'aile, la dernière composée de points sur les quatre ailes. Dessous d'un blanc-jaunâtre, presque dépourvu de lignes, du reste assez semblable au dessus. Femelle.

Dans le mâle les lignes et les points sont plus foncés et plus distincts, tant en dessus qu'en dessous.

Antennes pectinées dans les deux sexes, jusqu'aux deux tiers de leur longueur seulement.

Chenille verte ayant le dos d'un brun-pourpré, portant six tubercules charnus, placés par paires sur les second, troisième et cinquième segmens du corps. Vit sur l'aulne et le bouleau. Chrysalide brune avec les fourreaux des ailes et la pièce de la poitrine de couleur verte; elle a deux pointes pyramidales au-devant de la tête.

Des environs de Paris.

Nota. Engramelle a eu tort de prendre l'espèce précédente pour une variété de celle-ci.

4. Platyptère hameçon, *P. hamula.*

Platypteryx alis falcatis luteo fulvis, superiorum lineis duabus luteis incurvis, inferiorum lineis duabus obsoletis omniumque punctis geminis discoidalibus fuscis.

Bombyx hamula. Esp. *tom. III. tab. LXXIV. fig.* 1-3. — Hubn. *Bomb. tab.* 12. *fig.* 46 *et* 47. — Engram. *Pap. d'Europ. pl. CCVIII. n°.* 278. — *Platypteryx falcata.* Lat. *Dict. d'Hist. nat. 2e. édit.* — *Phalæna falcata.* Fab. *Ent. Syst. tom.* 3. *partie* 2. *pag.* 165. *n°.* 131. — *Encycl. pl.* 90. *fig.* 21.

Envergure 8 à 10 lig. Antennes, tête et corps fauves. Ailes d'un jaune-fauve. Les supérieures un peu plus foncées, portant deux lignes jaunes courbes; entre ces lignes sont deux points discoïdaux bruns. La moitié inférieure de l'angle supérieur est aussi de cette couleur. Ailes inférieures ayant deux petites lignes peu apparentes et deux points de couleur brune. Dessous des quatre ailes d'un jaune plus clair, sans lignes ni points. Mâle et femelle.

La femelle a les antennes simples et sétacées.

Chenille jaunâtre avec quelques lignes ferrugineuses et les côtés du corps bruns; elle a deux tubercules sur la tête et deux autres sur le troisième segment du corps. Vit sur le prunier.

Se trouve en France.

Nota. A ce genre appartiennent encore les *Phalæna cultraria* et *flexula* de Fabricius et peut-être aussi la *Phalæna compressa* du même auteur. (S. F. et A. Serv.)

PLATYRHINE, *Platyrhinus.* M. Clairville dans son *Entomologie helvétique*, divise les *Anthribus* de Fabricius en deux genres; il donne à l'un d'eux le nom de Platyrhine, ce sont les Anthribes de M. Latreille, et conserve à l'autre le nom d'Anthribe; ce dernier correspond exactement à celui de Rhinosime de l'auteur français. (S. F. et A. Serv.)

PLATYSCÈLE, *Platyscelis.* Lat. *Blaps.* Sturm. *Tenebrio.* Pall.?

Genre d'insectes de l'ordre des Coléoptères, section des Hétéromères, famille des Mélasomes, tribu des Blapsides.

Tous les genres de cette tribu manquent d'ailes et leurs quatre palpes sont terminés par un article beaucoup plus grand que les autres, triangulaire et en forme de hache. Les Scotines et les Asides se distinguent par le dernier article des antennes très-court et engagé, au moins en partie, dans le dixième ou avant-dernier; le troisième article des antennes est au moins deux fois plus long que le quatrième dans le genre Blaps, ce dernier article et le troisième sont longs et égaux entr'eux dans les Misolampes. Les Pédines ont un écusson ordinairement distinct, leur chaperon est échancré antérieurement et les mâles n'ont de dilatation aux tarses que dans les deux pattes antérieures.

Antennes filiformes, de onze articles, le troisième moitié plus long seulement que le précédent et n'ayant pas deux fois la longueur du quatrième; les quatrième, cinquième, sixième et septième obconiques, les huitième, neuvième et dixième turbinés ou globuleux, le dernier de la grandeur du précédent au moins et arrondi à l'extrémité. — *Labre* coriace, très-court, transverse, entier ou un peu échancré. — *Mandibules* bifides. — *Mâchoires* ayant un dent cornée au côté interne. — *Palpes* terminés par un article beaucoup plus grand, comprimé, triangulaire ou sécuriforme, dans les maxillaires surtout, ceux-ci composés de quatre articles, les labiaux de trois. — *Lèvre* légèrement échancrée. — *Tête* ovale, à moitié enfoncée dans le corselet et plus étroite que lui, chaperon sans échancrure à sa partie antérieure. — *Yeux* peu saillans paroissant en dessus et en dessous de la tête, presque coupés par son rebord latéral. — *Corps* en ovale court un peu déprimé. — *Corselet* de la largeur ou à peine plus large que les élytres, transverse, échancré en devant. — *Ecusson* peu ou point distinct. — *Elytres* réunies, embrassant peu ou point l'abdomen; point d'ailes. — *Pattes* fortes; tarses des quatre pattes antérieures ayant leurs deuxième, troisième et quatrième articles dilatés et presque cordiformes dans les mâles.

On présume que les mœurs des Platyscèles sont

les mêmes que celles des Pédines. L'étymologie de ce nom est tirée de deux mots grecs dont le sens est : *cuisses grandes*. On n'en connoît que fort peu d'espèces.

1. Platyscèle hypolithe, *P. hypolithos*.

Platyscelis nigra, punctata, clypeo labroque rufo ciliato, tarsis subtùs rufo tomentosis.

Longueur 6 lig. Corps finement pointillé, entièrement noir avec un reflet bleuâtre-obscur. Chaperon et labre ciliés de roux antérieurement. Corselet et élytres légèrement rebordés. Dessous du corps, jambes et cuisses plus fortement ponctués, ces dernières un peu canaliculées en dessous, les antérieures ayant une petite dent en devant, les postérieures plus profondément canaliculées, leur sillon couvert d'un duvet roux. Tarses garnis de poils roux en dessous. Mâle.

De la Russie méridionale.

Nota. Cet insecte est peut-être le *Tenebrio hypolithos* de Pallas. M. Sturm dans sa *Faune d'Allemagne*, tom. 2, pl. 45, fig. c. C. D., a représenté la femelle d'une espèce de Platyscèle ; c'est son *Blaps polita*. (S. F. et A. Serv.)

PLATYSME, *Platysma*. Genre de Coléoptères établi par M. Bonelli (*Obs. entom. Mém. de l'Acad. de Turin*) dans la tribu des Carabiques et dont il pose ainsi les caractères : languette tronquée, coriace. Palpes maxillaires extérieurs ayant leur quatrième article cylindrique, aminci à sa base, plus court que le précédent. Menton ayant une dent bifide à l'extrémité de la saillie du milieu. Antennes comprimées, plus grêles à leur extrémité. Corselet presqu'en cœur, ayant deux stries de chaque côté à sa base, l'extérieure plus petite ; angles du corselet droits. Corps déprimé.

Une des espèces rapportées à ce genre par l'auteur est le *Carabus niger* de Fabricius.

On la trouve aux environs de Paris.

(S. F. et A. Serv.)

PLATYSOME, *Platysoma*. Léach. Nom donné par cet auteur à un genre de Coléoptères pentamères, famille des Clavicornes, tribu des Histéroïdes de M. Latreille : il le compose des *Hister* de Fabricius qui ont le corps déprimé, l'avant-sternum dilaté pour recevoir la bouche à l'exception des mandibules, les quatre jambes antérieures avec un seul rang d'épines, le dessous du corps presque plane, le corselet carré, soit transversal, soit équilatéral. Il y rapporte les *Hister oblongus* et *picipes* de Fabricius, le *flavicornis* d'Herbst, le *depressus* de M. Marsham et deux autres espèces inédites. (S. F. et A. Serv.)

PLATYSOMES, *Platysoma*. Troisième famille de la section des Tétramères, ordre des Coléoptères. M. Latreille lui assigne pour caractères :

Antennes sétacées ou filiformes. — *Tarses* ayant tous les articles entiers. — *Tête* forte, triangulaire. — *Corselet* presque carré. — *Corps* alongé, déprimé.

Le nom de Platysome vient de deux mots grecs et a rapport à la grandeur des parties de la bouche de ces coléoptères. Ils vivent dans le bois ou sous les écorces d'arbres. Cette famille n'est point divisée en tribus ; elle comprend les genres Cucuje, Uléiote, Parandre et Passandre. (S. F. et A. Serv.)

PLATYSTOME, *Platystoma*. Meig. *Class.* Lat. *Dictya*. Fab.

Genre d'insectes de l'ordre des Diptères, section des Prosboscidés, famille des Athéricères, tribu des Muscides.

Parmi les Muscides, les genres Platystome et Téphrite forment un groupe dont le caractère est : cuillerons petits ; balanciers nus ; yeux sessiles ; antennes sensiblement plus courtes que la tête ; corps simplement oblong ; abdomen prolongé en une queue écailleuse dans les femelles ; ailes écartées l'une de l'autre dans le repos. Mais les Téphrites sont bien distinctes des Platystomes par leur trompe entièrement rétractile.

Antennes insérées au milieu de la face antérieure de la tête, composées de trois articles, le dernier ovale, portant à sa base une soie simple. — *Trompe* très-grosse, ses lèvres épaisses, son extrémité faisant saillie au-delà de la cavité orale. — *Vertex* s'abaissant en pente sur le devant. — *Yeux* assez grands, espacés dans les deux sexes. — *Trois petits yeux lisses* rapprochés, disposés en triangle sur la partie la plus élevée du vertex. — *Corps* court, un peu oblong. — *Ecusson* un peu relevé, distinctement séparé du corselet. — *Ailes* vibratiles, écartées l'une de l'autre dans le repos, un peu pendantes sur les côtés, ordinairement colorées en noir et comme piquetées de blanc. — *Cuillerons* petits, balancier découverts. — *Abdomen* terminé dans les femelles par un oviducte toujours saillant. — *Pattes* de longueur moyenne ; premier article des tarses presqu'aussi long que les quatre autres pris ensemble ; crochets très-petits, munis d'une forte pelotte dans leur entre-deux.

Platystome vient de deux mots grecs qui signifient : *grosse bouche*. Les espèces connues de ce genre se tiennent volontiers au soleil sur les feuilles des arbustes ou sur les fleurs ; elles agitent assez souvent leurs ailes et soulèvent leurs pattes les unes après les autres, mais assez lentement ; elles restent à la même place des heures entières ; lorsqu'un nuage empêche le soleil de donner sur elles, les Platystomes passent sur le dessous des feuilles sans chercher à s'envoler, et se laissent quelquefois prendre à la main en rejetant alors par la trompe une liqueur brune d'une odeur assez désagréable.

Rapportez à ce genre les Mouches seminatienne n°. 142 (*Dictya seminationis*. Fab.) et fulviventre n°. 200 de ce Dictionnaire. Les auteurs regardent ces deux espèces comme n'en formant qu'une seule, ce qui ne nous paroît pas certain.

CALOBATE, *Calobata*. Meig. *Class*. Illig. Lat. Fab. *Ceyx*. Dumér. *Musca*. Panz.

Genre d'insectes de l'ordre des Diptères, section des Proboscidés, famille des Athéricères, tribu des Muscides.

Les Calobates et les Micropèzes se distinguent des autres Muscides par les caractères suivans : cuillerons petits; balanciers nus; yeux sessiles; antennes sensiblement plus courtes que la tête; corps long et étroit. Mais dans les Micropèzes les ailes et les pattes sont proportionnellement plus courtes que dans les Calobates et leur abdomen est plus sensiblement rétréci à sa base.

Antennes beaucoup plus courtes que la tête, insérées au milieu de sa face antérieure, composée de trois articles, le dernier plus long que le précédent, portant une soie latérale. — *Trompe* en partie rétractile; son extrémité faisant saillie au-delà de la cavité orale. — *Tête* un peu pyramidale. — *Yeux* grands, espacés dans les deux sexes. — *Trois petits yeux lisses* rapprochés, disposés en triangle sur le vertex. — *Corps* grêle, étroit, alongé. — *Corselet* en ovale alongé. — *Ecusson* petit, distinctement séparé du corselet. — *Ailes* longues, étroites, vibratiles, écartées dans le repos. — *Cuillerons* très-petits; balanciers grands, découverts. —*Abdomen* point rétréci sensiblement à sa base. — *Pattes* très-longues, cuisses postérieures filiformes. Premier article des tarses presqu'aussi grand que les quatres autres pris ensemble. Crochets des tarses fort petits. Pelotes bifides.

Le nom de Calobate vient de deux mots grecs qui signifient : *beau marcheur*. On trouve les espèces de ce genre sur les fleurs et les feuilles des arbustes, dans les jardins et dans les bois; elles marchent plus volontiers qu'elles ne volent. Les espèces connues sont en petit nombre.

1re. *Division*. Soie des antennes plumeuse.

1. Calobate à cothurne, *C. cothurnata*.

Calobata antennis plumatis, abdomine clavato suprà nigro, pedibus flavis, femoribus quatuor posticis ad genicula fusco annulatis.

Musca cothurnata. Panz. *Faun. Germ. fas*. 54. *fig*. 20. La femelle.

Longueur 4 lig. Tête noire, d'un jaune-ferrugineux antérieurement. La trompe et les antennes (excepté la soie) de cette même couleur. Environs de la bouche d'un blanc argenté ainsi que l'orbite des yeux; corselet noirâtre en dessus, ses côtés et son dessous couverts d'un duvet court, couché, argenté. Cuillerons et balanciers jaunâtres. Abdomen noir en dessus, jaunâtre en dessous, de même que l'extrémité entière du dernier segment qui précède le pondoir, celui-ci noir, composé de deux articles apparens, globuleux dans le repos; le dernier plus gros que le précédent. Pattes d'un testacé pâle, les quatre cuisses postérieures ayant un anneau brun à leur extrémité. Ailes transparentes, nervures testacées. Femelle.

Le mâle a l'abdomen en massue, le dernier segment très-gros, testacé. On voit sous l'un des segmens intermédiaires un appendice en forme de bourse, ouvert postérieurement.

Des environs de Paris.

2e. *Division*. Soie des antennes nue.

2. Calobate porte-selle, *C. ephippium*.

Calobata antennis setariis, nigra, thorace rufo, pedibus testaceis, femoribus posticis fusco biannulatis.

Calobata ephippium. Fab. *Syst. Antl. pag*. 263. *n°*. 13. — *Musca ephippium*. Panz. *Faun. Germ. fas*. ». *fig*. 21. La femelle.—Coqueb. *Illus. Icon. tab*. 24. *fig*. 8. Le mâle.

Longueur 2 lig. ½. Tête brune. Antennes et trompe d'un jaune-pâle. Environs de la bouche et orbites des yeux un peu argentés. Corselet ferrugineux, sa partie inférieure un peu plus foncée. Cuillerons et balanciers blanchâtres. Abdomen d'un noir luisant, en massue, le dernier segment très-gros. On voit sous l'un de ses segmens intermédiaires un appendice blanc moins gros que celui du mâle de l'espèce précédente. Pattes d'un blanc sale, cuisses postérieures ayant chacune deux anneaux bruns, l'un dans leur milieu, l'autre vers leur extrémité. Ailes transparentes, nervures brunes. Mâle.

Des environs de Paris.

Nota. Les femelles de cette division qui nous sont connues ont leur pondoir filiforme. Une espèce de ce genre est représentée pl. 395, fig. 13-16 de cet ouvrage.

MICROPÈZE, *Micropeza*. Meig. *Class*. Lat. *Musca*. Linn. Panz. De Géer. *Tephritis*, *Calobata*. Fab.

Genre d'insectes de l'ordre des Diptères, section des Proboscidés, famille des Athéricères, tribu des Muscides.

Deux genres de cette tribu sont très-voisins l'un de l'autre, ce sont ceux de Calobate et de Micropèze. (*Voy*. l'article précédent.) Dans les Calobates les ailes et les pattes sont plus longues proportionnellement que dans les Micropèzes et l'abdomen n'est pas rétréci à sa base d'une manière sensible.

Antennes beaucoup plus courtes que la tête, insérées près du milieu de sa face antérieure, composées de trois articles, les deux premiers très-courts, le dernier formant une palette en carré long munie d'une soie dorsale, simple, ayant son insertion près de la base. — *Trompe* en partie rétractile, son extrémité faisant saillie au-delà de la cavité orale. — *Tête* globuleuse. — *Yeux* assez grands, espacés dans les deux sexes. — *Yeux lisses* peu distincts. — *Corps* alongé. — *Corselet* ovalaire. — *Ecusson* petit, relevé, distinctement séparé du corselet. — *Ailes* de grandeur médiocre, assez étroites, vibratiles, écartées l'une de l'autre dans le repos. — *Cuillerons* très-petits, balanciers découverts. — *Abdomen* sensiblement rétréci à sa base. — *Pattes* de longueur moyenne, les antérieures (dans les mâles) propres à saisir, leurs cuisses dentées ou fortement ciliées en dessous, leurs jambes ayant souvent un appendice remarquable à leur partie intérieure et s'appliquant exactement contre les cuisses; ces mêmes parties simples dans les femelles. Premier article des tarses presqu'aussi long que les quatre autres pris ensemble. Crochets et pelottes fort petits. Oviducte des femelles point apparent dans le repos.

Les Micropèzes paroissent aimer à marcher; elles se posent ordinairement assez loin de l'objet qui les attire; leur démarche est vive. Quelques espèces se tiennent volontiers sur les éviers des cuisines et sur les bords des tuyaux pratiqués pour l'écoulement des eaux grasses; elles y déposent leurs œufs. D'autres fréquentent les feuilles de diverses plantes. Toutes les Micropèzes balancent leurs ailes de haut en bas lorsqu'elles marchent et quelquefois aussi dans le repos. Leur nom vient de deux mots grecs qui signifient : *petit pied*. Il leur a sans doute été donné par comparaison de leurs pattes avec celles des Calobates.

Rapportez à ce genre la Mouche cynips n° 128 de ce Dictionnaire (la description ne convient qu'au mâle, la femelle ayant les cuisses antérieures simples) et la Micropèze ponctuée. (*M. punctum* LAT. *Dict. d'Hist. nat.* 2e. *édit.*) *Tephritis punctum* n°. 40. FAB. *Syst. Antl. Encycl. pl.* 395. *fig.* 27-29. Peut-être la *Musca stigma*. PANZ. *Faun. Germ. fas.* ». *fig.* 21, représentée pl. 394, fig. 26 de l'Encyclopédie, est-elle la même espèce. (S. F. et A. SERV.)

PLATYURE, *Platyura*. M. Meigen dans ses Diptères d'Europe, a réuni sous ce nom les genres Céroplate et Asindule de M. Latreille qui tous deux doivent être conservés; il lui donne pour caractères : antennes avancées, comprimées, de seize articles, les deux inférieurs distincts. Yeux ronds. Trois petits yeux lisses placés sur le front, rapprochés en triangle. Jambes sans épines sur les côtés. Abdomen déprimé postérieurement.

(S. F. et A. SERV.)

PLECTE, *Plectes*. M. Fischer a créé sous ce nom dans l'ouvrage intitulé *Genres d'insectes publiés au nom de la Soc. imp. des nat. de Moscou* 1821, un nouveau genre de Coléoptères pentamères carnassiers qu'il distingue des Carabes et des Harpales par les parties de la bouche et par le corps très-déprimé. Il en mentionne une espèce qui est figurée sous le nom de Carabe de Drescher, *Entom. Russ. Col. pl.* 3. *fig.* 4. a. b. et qui se trouve dans les monts Altaïques.

(S. F. et A. SERV.)

PLEIN-CHANT. Nom trivial donné par Geoffroy à l'Hespérie plain-chant n°. 145 de ce Dictionnaire. (S. F. et A. SERV.)

PLÉSIE, *Plesia*. JUR. Genre d'Hyménoptères qui répond à celui de Myzine de cet ouvrage. *Voy.* ce mot. (S. F. et A. SERV.)

PLICIPENNES, *Plicipennes*. Troisième famille de l'ordre des Névroptères. Elle a pour caractères :

Antennes filiformes ou sétacées, beaucoup plus longues que la tête, composées d'un grand nombre d'articles. — *Ailes inférieures* plissées, beaucoup plus larges que les supérieures. — *Mandibules* nulles ou très-petites.

Cette famille ne contient que le genre Frigane, *Phryganea*. (S. F. et A. SERV.)

PLINTHUS, *Plinthus*. Nouveau genre de Coléoptères créé par M. Germar (*Ins. Spec. nov. vol.* 1. *Coléop.* 1824), appartenant à la tribu des Charansonites, famille des Rhynchophores, et caractérisé ainsi par l'auteur. Rostre presqu'aussi long ou plus court que le corselet, cylindrique, ses fossettes le parcourant dans toute sa longueur et se recourbant insensiblement en dessous vers la base du rostre. Antennes insérées entre le milieu et l'extrémité du rostre, courtes, leur fouet de sept articles, les deux premiers en massue, les autres lenticulaires; massue presque solide, en ovale court. Yeux enfoncés. Corselet tronqué postérieurement, fortement échancré en dessous à la base de la tête, sans sillon pour recevoir le rostre. Point d'écusson. Elytres un peu plus larges que le corselet, réunies, de la longueur de l'abdomen, oblongues, tronquées à leur base, leurs côtés droits jusqu'au delà du milieu, leurs angles postérieurs obtus, arrondis. Point d'ailes. Pattes fortes, égales entr'elles, les antérieures rapprochées l'une de l'autre. Cuisses en massue, ordinairement dentées; jambes comprimées, leur extrémité armée intérieurement d'une dent horizontale. Tarses courts, larges.

L'une des espèces de ce genre est le *Lixus caliginosus* de Fabricius, Charanson caligineux n°. 156 de ce Dictionnaire.

(S. F. et A. SERV.)

PLOAS, *Ploas*. Lat. Fab. Meig. *Bombylius*. Oliv.

Genre d'insectes de l'ordre des Diptères, section des Proboscidés, famille des Tanystomes, tribu des Bombyliers.

Les Cyllénies et les Ploas se distinguent aisément des autres genres de leur tribu, ceux-ci ayant la trompe plus longue que la tête, cylindrique ou terminée en pointe et le troisième article des antennes plus grand que le premier. Dans les Cyllénies les deux premiers articles des antennes ne sont pas fort gros, mais égaux entr'eux sous ce rapport; le second est en forme de coupe. Dans les Ploas au contraire le premier article est très-gros et le deuxième menu.

Antennes plus longues que la tête, avancées, rapprochées, de trois articles, le premier très-gros, conique, le second menu, presqu'en forme de coupe, le troisième fusiforme, aminci vers le bout et terminé par une pointe articulée. — *Palpes* ne paroissant pas au dehors de la bouche. — *Trompe* dirigée en avant, horizontale, un peu plus longue que la tête. — *Tête* basse. — *Yeux* contigus dans les mâles, espacés dans les femelles. — *Trois petits yeux lisses* disposés en triangle et placés sur le vertex. — *Corselet* bombé. — *Ailes* écartées ayant une cellule presqu'arrondie, placée vers l'angle supérieur; balanciers plus longs que les cuillerons. — *Abdomen* ovale, plus large que le corselet, composé de six segmens outre l'anus. — *Pattes* grêles, longues, les postérieures surtout.

Ce genre paroît appartenir au midi de l'Europe. On suppose à ces diptères les habitudes des Bombyles auxquels ils ressemblent beaucoup. Les espèces connues sont en très-petit nombre.

1. Ploas hirticorne, *P. hirticornis*.

Ploas hirticornis. Lat. *Gener. Crust. et Ins. tom*. 4. *pag*. 312. *tab. XV. fig*. 7. — *Ploas virescens*. Fab. *Syst. Antliat. pag*. 136. *n°*. 1. — Meig. *Dipt. d'Europ. tom*. 2. *pag*. 231. *n°*. 1. *tab*. 19. *fig*. 6.

Voyez pour la description et les autres synonymes Bombille verdâtre n°. 18.

2. Ploas gris, *P. griseus*.

Ploas grisea. Meig. *Dipt. d'Europ. tom*. 2. *pag*. 232. *n°*. 2. — *Bombylius griseus*. Fab. *Syst. Antliat. pag*. 135. *n°*. 29.

Voyez pour la description et les autres synonymes Bombille gris n°. 17.

3. Ploas âtre, *P. ater*.

Ploas ater. Lat. *Gener. Crust. et Ins. tom*. 4. *pag*. 313.

Voyez pour la description Bombille maure n°. 15. pl. 388. fig. 42-46.

CYLLÉNIE, *Cyllenia*. Lat.

Genre d'insectes de l'ordre des Diptères, section des Proboscidés, famille des Tanystomes, tribu des Bombyliers.

Deux genres de cette tribu n'ont jamais la trompe plus longue que la tête, ni terminée en pointe; le troisième article de leurs antennes n'est pas plus long que le premier; ce sont ceux de Cyllénie et de Ploas, mais dans ce dernier genre le premier article des antennes est très-gros et le second menu, ce qui l'éloigne des Cyllénies.

Antennes rapprochées, plus courtes que la tête, composées de trois articles, le premier presque cylindrique, un peu obconique, plus gros et plus long que le troisième, le second de la grosseur du précédent, transversal, presque cyathiforme, le dernier ovale, conique, presque turbiné. — *Trompe* presque membraneuse, fléchie un peu après sa base, portée ensuite en avant, guère plus longue que la tête, épaissie vers son extrémité et renfermant un suçoir de quatre soies aiguës. — *Palpes* cachés. — *Tête* plus basse que le corselet. — *Yeux gros*. — *Petits yeux lisses* point apparens. — *Ailes* étroites. — *Abdomen* alongé, presque cylindrique. — *Pattes* longues; cuisses assez fortes, les postérieures surtout; tarses un peu alongés, leurs crochets munis d'une pelotte bilobée dans leur entre-deux.

M. Latreille qui a fondé ce genre n'en mentionne qu'une seule espèce. Elle habite les parties méridionales de la France et fréquente les fleurs.

1. Cyllénie tachetée, *C. maculata*.

Cyllenia nigra, cinereo villosa, alis hyalinis nigro maculatis.

Cyllenia maculata. Lat. *Gener. Crust. et Ins. tom*. 4. *pag*. 312. *tom*. 1. *tab. XV. fig*. 3.

Longueur 3 lig. Noire, couverte d'un duvet gris-cendré et parsemée de poils noirs. Ailes transparentes avec deux petites taches près de la côte, un point et un petit trait au-dessous, deux autres points et à leur extrémité un autre trait, de couleur noire. Cuisses chargées d'un duvet cendré foncé. Jambes et tarses d'un brun-foncé.

M. Latreille l'a trouvée aux environs de Bordeaux sur les fleurs de la millefeuille. *Achillœa millefolium*. (S. F. et A. Serv.)

PLOCHIONE, *Plochionus*. Ce genre de Coléoptères pentamères de la famille des Carnassiers, tribu des Carabiques, appartient à la première division de cette tribu, nommée *les étuis tronqués* par M. Latreille, et fait partie d'un groupe qui a pour caractères: crochets des tarses dentelés en dessous.

M. le comte Dejean a eu la bonté de nous communiquer le caractère de ce genre créé par lui: antennes courtes, moniliformes. Dernier article des palpes très-légèrement sécuriforme. Pénultième article des tarses point bilobé. Corselet coupé carrément à sa partie postérieure.

L'espèce qui a servi de type est le Plochione de Bonfils (*P. Bonfilsii*). Longueur 4 lig. Entièrement d'un jaune testacé. Tête triangulaire, avancée, lisse avec deux enfoncemens longitudinaux entre les yeux. Antennes plus courtes que la tête et le corselet pris ensemble, leur premier article assez gros, le second plus petit et court, le troisième de la même grosseur que le précédent, mais un peu plus long, le quatrième allant en grossissant vers le bout, les autres assez gros, égaux, presque carrés, le dernier un peu plus alongé. Corselet guère plus large que la tête, presque carré; ses angles antérieurs arrondis, ses bords latéraux déprimés vers les angles postérieurs; on voit une ligne longitudinale enfoncée sur le milieu et quelques rides transversales peu marquées sur son disque. Ecusson petit, triangulaire. Elytres plus larges que le corselet, un peu alongées, tronquées, légèrement sinuées à l'extrémité, fortement striées; les stries paroissant lisses. Dessous du corps et pattes plus pâles que le dessus.

Trouvé aux environs de Bordeaux sous des écorces de pin.

M. le comte Dejean, de qui nous empruntons cette description, pense que cette espèce pourroit être originairement exotique. Il a dans sa collection un individu absolument semblable rapporté de l'Amérique septentrionale par feu M. Palisot-Bauvois. M. Latreille en possède un autre de couleur un peu plus foncée venant de l'Ile-de-France. (S. F. et A. Serv.)

PLOIÈRE, *Ploiaria*. Scop. Lat. *Cimex*. Linn. Geoff. De Géer. *Gerris*. Fab.

Genre d'insectes de l'ordre des Hémiptères, section des Hétéroptères, famille des Géocorises, tribu des Nudicolles.

Ce genre a été créé par Scopoli, et adopté par M. Latreille. Les Holoptiles se distinguent par leurs antennes qui n'ont que trois articles apparens, les Nabis et les Réduves par leur corps ovale et les Zélus par les pattes antérieures semblables aux quatre autres. Ces cinq genres ont en outre les hanches antérieures courtes.

Antennes coudées après le premier article, longues, grêles, presque sétacées, composées de quatre articles, les deux premiers très-longs, le troisième court, le dernier encore plus court, un peu en massue. — *Bec* arqué, court, ne dépassant pas la naissance des cuisses antérieures, de trois articles, le premier court, le second long, cylindrique, le dernier en forme de boule alongée à son origine, diminuant ensuite et se terminant en pointe conique. — *Tête* alongée, petite, portée sur un cou distinct, ayant un sillon transversal qui la fait paroître bilobée, son lobe postérieur large, arrondi. — *Yeux* placés sur le lobe antérieur de la tête, près du sillon transversal. — *Corps* linéaire. — *Corselet* alongé, rétréci antérieurement, un peu aplati en dessus, comme composé de deux lobes, l'antérieur plus court. — *Elytres* plus longues que l'abdomen. — *Abdomen* convexe en dessous, ses bords un peu relevés, composé de six segmens dont le dernier ne recouvre point l'anus; ces segmens ayant chacun de chaque côté, un stigmate un peu élevé. Anus des mâles entier. — *Pattes antérieures* ravisseuses, courtes, grosses, avancées, avec les hanches et les cuisses alongées; celles-ci garnies de poils roides en dedans, leurs jambes et leurs tarses courts, s'appliquant sous les cuisses pour retenir la proie qui sert à la nourriture de l'insecte; les autres pattes très-longues, fort menues.

Le *Cimex vagabundus* de Linné qui a servi de type à ce genre vit en état de larve et de nymphe dans les ordures. On trouve cette espèce jusque dans les appartemens. Dans l'état parfait on la rencontre aussi sur les arbres. Sa démarche est vacillante et elle se balance comme les Tipules, même sans changer de place. Ses pattes antérieures, dit De Géer, ne sont point ordinairement employées pour la marche, elles restent relevées et reployées en trois, la cuisse reposant sur la hanche, et la jambe et le tarse sur le dessous de la cuisse; mais les antennes appuyant leur extrémité sur le sol, maintiennent l'équilibre de la partie antérieure du corps. Les Ploières saisissent leur proie avec les pattes antérieures; leur bec étant fort court paroît devoir difficilement atteindre à leur nourriture, parce que le corps se trouve très-élevé au-dessus du sol. Cette proie ne doit consister qu'en insectes fort petits. La nymphe de cette espèce que De Géer a observée ressemble presqu'entièrement à l'insecte parfait, comme cela est constant dans l'ordre des Hémiptères, les antennes et les pattes ainsi que le corps sont couverts de poils longs et frisés; sa couleur est d'un gris-clair avec des points noirs sur le corps, la tête, les fourreaux des élytres et des ailes. Ses pattes sont tachetées de brun.

1. Ploière vagabonde, *P. vagabunda*.

Ploiaria albida fusco varia, scutello spinoso.

Ploiaria vagabunda. Lat. *Gen. Crust. et Ins. tom.* 3. *pag.* 130. — *Gerris vagabundus*. Fab. *Syst. Rhyng. pag.* 262. *n°.* 9. — *Cimex vagabundus*. Linn. *Syst. Nat.* 2. 732. 119. — *Cimex culiciformis*. De Géer, *Ins. tom.* 3. *pag.* 323. *pl.* 17. *fig.* 1-8. — La Punaise culiciforme. Geoff. *Ins. Paris. tom.* 1. *pag.* 462. *n°.* 58.

Longueur 2 lig. ½. Grise. Corps et élytres tachetés de brun. Antennes et pattes annelées de cette même couleur. Partie coriace des élytres courte, leur membrane brune, irisée, réticulée de blanc. Ecusson portant sur le disque une épine mince fort pointue, relevée à demi. Mâle.

Des environs de Paris.

Nota. Les auteurs ne font aucune mention de l'épine de l'écusson.

M. Latreille rapporte à ce genre la Punaise à très-longues pattes de De Géer, *Ins. tom.* 3. *pag.* 352. *pl.* 35. *fig.* 16 *et* 17, qui est de Pensylvanie. Cette espèce diffère génériquement de la Ploière vagabonde, 1°. par la position des yeux, reculés sur le second lobe de la tête; 2°. par la forme du corselet dont la partie antérieure est déliée, presque cylindrique, plus longue que la postérieure, celle-ci courte, grosse, convexe; 3°. par les élytres beaucoup plus courtes que l'abdomen; 4°. par les cuisses antérieures fortement épineuses en dedans. Nous possédons une espèce du Brésil en état de larve, où nous retrouvons les mêmes caractères, sauf celui des élytres.

(S. F. et A. Serv.)

PLUTUS. Nom trivial donné par Geoffroy à l'Altise plutus, n°. 26 de ce Dictionnaire. *Chrysomela fulvicornis.* Fab. *Syst. Eleut. tom.* 1. *pag.* 447. *n°.* 143. (S. F. et A. Serv.)

PNEUMONURES, *Pneumonura.* C'est ainsi que, dans mon *Gener. Crust. et Ins.*, j'avois nommé une division des Crustacés branchiopodes, ou des Entomostracés de Müller, composée des genres *Calige* et *Binocle*. Les observations de feu Jurine fils nous ayant fait connoître que le dernier répondoit à celui d'*Argule* de Müller, j'ai rétabli ensuite cette dénomination. Les Pneumonures forment, dans l'ouvrage sur le Règne animal de M. Cuvier, une division des Pœcilopes. *Voyez* ce mot. (Latr.)

PNEUMORE, *Pneumora.* Thunb. Lat. *Gryllus* (*Bulla*). Linn. *Gryllus.* Fab. *Acrydium.* De Géer. Oliv. (*Encycl.*)

Genre d'insectes de l'ordre des Orthoptères, famille des Sauteurs, tribu des Acrydiens.

Dans la tribu des Acrydiens quatre genres, Truxale, Proscopie, Criquet et Tétrix, se distinguent des Pneumores par leurs pattes postérieures plus longues que le corps et éminemment propres à sauter. Les Pneumores seules ont ces mêmes pattes plus courtes que le corps et moins propres pour le saut.

Antennes filiformes, de seize à vingt articles cylindriques, écartées, insérées près du bord interne des yeux. — *Palpes* ayant leur dernier article un peu obconique. — *Lèvre* bifide. — *Trois petits yeux lisses* rapprochés, placés en triangle sur le front, à égale distance les uns des autres. — *Corselet* grand, comme partagé en deux segmens en dessus; sternum point creusé en mentonnière. — *Elytres* petites, en toit écrasé, ou nulles. — *Abdomen* très-grand, renflé, paroissant vide. — *Pattes* menues, les postérieures plus courtes que le corps; tarses de trois articles, le dernier portant un appendice membraneux, arrondi, placé entre les crochets.

Le nom de Pneumore tiré d'un mot grec qui signifie : *air*, a été donné à ces insectes en raison de leur abdomen qui paroît vide et boursoufflé. Les espèces connues sont en petit nombre et propres à l'Afrique australe. On les trouve sur différentes plantes dans les mois de septembre et d'octobre.

1. Pneumore tachetée, *P. variolosa.*

Pneumora maculata. Lat. *Dict. d'Hist. nat.* — *Gryllus variolosus.* Fab. *Entom. Syst. tom.* 2. *pag.* 50. *n°.* 14.

Voyez pour la description et les autres synonymes Criquet variolé n°. 14.

2. Pneumore sans taches, *P. immaculata.*

Pneumora immaculata. Lat. *Dict. d'Hist. nat.* — *Gryllus papillosus.* Fab. *Entom. Syst. tom.* 2. *pag.* 49. *n°.* 13.

Voyez pour la description et les autres synonymes Criquet papillaire n°. 13.

3. Pneumore mouchetée, *P. sexguttata.*

Pneumora sexguttata. Lat. *Dict. d'Hist. nat.* — *Gryllus inanis.* Fab. *Entom. Syst. tom.* 2. *pag.* 49. n°. 12.

Voyez pour la description et les autres synonymes Criquet boursoufflé n°. 12.

(S. F. et A. Serv.)

PODIE, *Podium.* Fab. Lat. *Pepsis.* Fab.

Genre d'insectes de l'ordre des Hyménoptères, section des Porte-aiguillon, famille des Fouisseurs, tribu des Sphégimes.

Fabricius a fondé ce genre dans son *Systema Piezatorum* et M. Latreille l'a adopté. Dans la tribu des Sphégimes, les Dolichures se distinguent par leur abdomen ne tenant au corselet que par un pédicule très-court. Les Ampulex, les Chlorions et les Sphex ont le pédicule de l'abdomen très-distinct comme celui des Podies, mais les nervures récurrentes des ailes supérieures sont reçues par la première et la troisième cellules cubitales dans les Ampulex, et par la seconde et la troisième dans les Chlorions et les Sphex. La cellule radiale est un peu pointue à l'extrémité dans les Ammophiles et leurs antennes sont insérées au-dessus du milieu de la face antérieure de la tête; ils ont en outre les mandibules dentées. Dans les Pélopées la première cellule cubitale est aussi longue que les deux suivantes prises ensemble et leurs palpes maxillaires sont beaucoup plus longs que les labiaux. Tous ces genres sont donc bien séparés de celui de Podie.

Antennes assez longues, filiformes, un peu roulées en spirale à leur extrémité et de douze articles dans les femelles, de treize dans les mâles, insérées un peu au-dessous du milieu de la face antérieure de la tête. — *Labre* placé sous le chaperon, point apparent. — *Mandibules* sans dentelures, peu striées. — *Mâchoires* entièrement coriaces. — *Palpes* filiformes, presqu'égaux, les maxillaires de six articles, le troisième peu différent du second et du quatrième, les labiaux de quatre articles. — *Lèvre* ayant sa division intermédiaire alongée, striée, profondément échancrée, les latérales plus courtes, presque linéaires. — *Tête* comprimée, chaperon plus large que long. — *Trois petits yeux lisses* disposés en triangle et placés sur le vertex. — *Corselet* peu rétréci en devant. — *Ailes* courtes, n'atteignant pas l'extrémité de l'abdomen, les supérieures ayant une cellule radiale courte, son extrémité arrondie, ne s'écartant pas de la côte et quatre cellules cubitales, la première aussi longue que la troisième, la seconde presque carrée, recevant les deux nervures récurrentes, la troisième rétrécie vers la radiale, s'avançant plus près du bord postérieur de l'aile que la radiale, la quatrième commencée. — *Abdomen* ovalaire, alongé, composé de cinq segmens outre l'anus dans les femelles, en ayant un de plus dans les mâles, tenant au corselet par un assez long pédicule formé par la partie antérieure du premier segment qui s'évase ensuite brusquement. — *Pattes* assez longues, les postérieures surtout; jambes épineuses au côté interne, les postérieures munies à leur extrémité de deux épines inégales, l'intérieure plus longue, les intermédiaires de deux épines égales et les antérieures d'une seule épine courte et simple; tarses à articles alongés, le dernier terminé par deux crochets unidentés dans les femelles, avec une pelotte dans leur entre-deux.

Les Podies habitent les pays chauds de l'Amérique méridionale et sont de taille moyenne dans leur famille. Les mœurs de ces insectes sont ignorées, mais elles ne peuvent être fort différentes de celles des Ammophiles. Les espèces connues sont en très-petit nombre.

1. Podie flavipenne, *P. flavipenne.*

Podium atrum, nitidum, metathorace aureo tomentoso, alis luteo subfuscis, abdominis segmentorum margine postico obsoletè rufo.

Podium flavipenne. Lat. *Gener. Crust. et Ins. tom.* 4. *pag.* 59. — *Pepsis luteipennis.* Fab. *Syst. Piez. pag.* 210. n°. 10.

Longueur 15 lig. Noire, un peu luisante. Antennes de même couleur. Face de la tête ayant une excavation de chaque côté entre l'œil et l'insertion de l'antenne. Métathorax couvert d'un duvet jaune-doré. Ecailles des ailes d'un jaune-fauve, ainsi que le bord postérieur des segmens de l'abdomen. Jambes antérieures d'un jaune-roussâtre en devant ainsi que les tarses. Ailes jaunes avec un reflet un peu doré, leur extrémité presque brune; nervures testacées. Femelle.

De Cayenne.

Nota. M. Latreille rapporte à ce genre les deux espèces de Podies décrites par Fabricius. Nous ne les connoissons point.

(S. F. et A. Serv.)

PODOCÈRE, *Podocerus.* M. Léach désigne ainsi un genre de Crustacés de l'ordre des Amphipodes, ayant ainsi que les Corophies, le corps cylindrique, les antennes composées de quatre pièces et dont les inférieures grandes, pédiformes; mais ayant la seconde paire de pieds terminée par une pince en griffe d'une grandeur très-remarquable. La seule espèce connue, le P. mélangé, *P. variegatus,* a le corps varié de blanc et de fauve. Elle se trouve, parmi les Conferves, dans les mers de la Grande-Bretagne.

Ce genre pourroit être réuni à celui de Corophie dont nous ne connoissons aussi qu'une seule espèce, la C. à longues cornes, *C. longicorne,* qui est le *Cancer grossipes* de Linnée, l'*Oniscus volutator* de Pallas et le *Gammarus longicornis* de Fabricius. On en a donné plusieurs figures, mais sans détails particuliers. Ses habitudes ont été observées avec beaucoup de soin par un naturaliste des plus zélés et des plus instruits, M. d'Orbigni père, docteur en médecine, correspondant du Muséum d'histoire naturelle de Paris et conservateur de celui de La Rochelle. On lira sans doute avec plaisir l'histoire de ce petit Crustacé telle qu'il me l'a communiquée dans une de ses lettres.

« Avant d'entrer dans le détail des habitudes et de la manière de vivre de ce petit animal, il me paroît convenable de vous donner succinctement une idée du lieu de son habitation et des circonstances qui le déterminent à le choisir de préférence à un autre.

» La baie de l'Aiguillon, située à deux lieues au nord de La Rochelle, est très-étendue, et quoiqu'elle ait été considérablement resserrée par des desséchemens et par les délaissemens et atterissemens annuels, elle offre encore, à marée basse, plusieurs lieues carrées de surface; les communes d'Esnandes et de Charon la terminent aujourd'hui; la première à l'est-sud-est, la seconde à l'est-nord-est : l'espace compris entre ces deux communes qui est de plus d'une lieue, est rempli par des terrains desséchés. Le sol de cette baie n'est qu'une vaste vasière qui n'est interrompue que par le courant de la Sèvre, laquelle, après avoir passé à Marans et au Brand, vient s'y jeter vis-à-vis Charon : la surface de cette vasière, surtout vis-à-vis et entre les deux communes, est en grande partie couverte de parcs en bois que les habitans nomment *bouchots*, et dans lesquels ils élèvent des moules, que des voituriers viennent journellement chercher pour les transporter à plus de trente lieues à la ronde; de grandes barques s'en chargent aussi tous les ans pour les porter à Bordeaux, etc.

» Les bouchots sont formés par deux rangées de pieux à moitié enfoncés dans la vase, et espacés l'un de l'autre de trois à quatre pieds. L'espace compris entre chaque pieu est rempli par un clayonnage de branches d'arbres entrelacées; ces deux rangées de palisses, qui s'étendent souvent à plusieurs centaines de toises, sont disposées de manière à former un angle plus ou moins ouvert, dont le sommet est du côté de la mer, et l'ouverture du côté de la terre; ce sommet n'est pas entièrement fermé. On y laisse un espace de quatre à cinq pieds pour placer un engin d'osier en entonnoir carré, nommé *bourne*, au bout duquel on met un autre panier nommé *bourole*, destiné à recevoir le poisson qui s'est laissé renfermer à marée descendante dans l'intérieur du bouchot.

» Pour peupler ces parcs, les boucholeurs, en saison convenable, et aux époques des grandes malines, vont, à marée basse, remplir des barques de petites moules qu'ils ramassent sur les rochers de la côte au dehors de la baie. Ils en mettent quelques poignées dans un sac fait d'un morceau de vieux filet; ils garnissent de ces sacs l'intérieur des clayonnages. Ces petites moules, après quelques jours, filent leur byssus pour s'attacher soit au bois, soit entr'elles; le filet est bientôt détruit et les moules alors s'étendent sur tout l'intérieur de la palisse, y prennent un accroissement rapide, et sont marchandes la seconde année; il s'en trouve qui acquièrent jusqu'à quatre pouces de longueur.

» La manière dont les boucholeurs se rendent à marée basse à leur bouchot, sur la vase, pour chercher les moules, est assez singulière; ils ont de petites nacelles plates en carré-long, qu'ils nomment *acons* ou *pousse-pied*, dont le devant est relevé, de huit à neuf pieds de long sur un pied et demi à deux pieds de large; le fond est fait d'une seule planche de noyer très-mince, bien unie en dessous; les bords n'ont guère plus d'un pied de hauteur et sont en sapin. L'homme s'appuie sur un genou dans le fond et au milieu de la nacelle, saisit des deux mains ses deux bords, et ayant ainsi pris son équilibre, il se sert de la jambe libre qui est en dehors, il plonge le pied (nu en été, botté en hiver) au fond de la vase (quoique molle à la surface, elle offre assez de résistance dans le fond pour former un point d'appui) et il pousse; par cette manœuvre répétée, la nacelle avance avec assez de promptitude : rendu au bouchot, il choisit et détache des clayons, avec un crochet de fer, les groupes de moules les plus beaux, et en charge son acon. Si dans ce travail, ou en revenant, il est surpris par la marée montante, alors il s'assied dans le fond du bateau auquel il ne reste pas alors deux pouces de bord au-dessus de l'eau, et se sert de la pelle de bois (dont ils sont tous pourvus pour décharger les moules au port) comme d'une rame, mais à la manière des pagayes des nègres des colonies.

» Pendant l'hiver, le vent qui règne le plus habituellement du sud au nord-ouest, rend la mer très-grosse dans la baie; la lame délaie la vase et la porte à marée haute dans les bouchots; les clayonnages rompant l'effort de la houle, la mer y est toujours moins agitée, aussi la vase s'y dépose-t-elle plus que partout ailleurs et s'y amoncèle; l'eau, en se retirant entre les pieux, creuse ces monticules d'espace en espace; alors le sol des bouchots a l'aspect d'un champ préparé en sillons élevés quelquefois de plus de deux pieds. Les habitans appellent la vase dans cet état *guéret*. Lorsque la saison devient chaude, le sommet de ces sillons, restant à marée basse exposé à l'ardeur du soleil, s'égoutteroit, se durciroit et rendroit la manœuvre des pousse-pieds très-pénible, si de petits animaux ne venoient au secours des boucholeurs, en détruisant toutes ces éminences, en délayant à leur tour la vase qui est remportée, à chaque marée, par la mer, de sorte que, dans l'espace de quelques semaines, le sol des bouchots se retrouve aussi uni et presqu'au même niveau qu'à la fin de l'automne précédent. Ces petits animaux sont les Crustacés dont nous voulons nous occuper : on les nomme ici *Perny*.

» Soit qu'ils s'enfoncent profondément dans la vase pour y passer l'hiver, soit que, comme la plupart des Crustacés, ils se retirent pendant la saison froide dans des mers plus profondes, *ce qui me paroît plus probable*, ils ne commencent à paroître qu'au commencement de mai; c'est aussi dans cette saison que les sillons de vase dont j'ai parlé sont habités par une multitude de petits vers marins des genres Néréïde, Amphinome, Arénicole, Nayade, etc. Tous ces petits vers que l'on voyoit dans le mois d'avril, dès que la mer commençoit à les couvrir, se montrer à l'orifice de leurs retraites, pour saisir les animalcules marins qui passoient à leur portée, se cachent et s'enfoncent dans la vase; dès que leurs ennemis sont arrivés, on ne les revoit plus : les Pernys, qui paroissent en être très-friands, leur font une guerre cruelle, ils les poursuivent sans cesse; il n'est rien de plus curieux que de voir, à la marée montante, des millions de ces Crustacés s'agiter en tout sens, battre la vase de leurs grands bras, la délayer pour tâcher d'y découvrir leur proie. Ont-ils trouvé un ver souvent dix, vingt fois plus gros qu'eux, ils se réunissent pour l'attaquer et le dévorer; ils ne cessent leur carnage que lorsqu'ayant aplani et fouillé toutes les vases, ils n'y trouvent plus de quoi assouvir leur voracité; alors ils se jettent sur les poissons et les mollusques et même les cadavres qui sont restés à sec pendant la basse mer, sur les moules qui sont tombées des palices; les boucholeurs prétendent même que lorsqu'ils éprouvent de la disette, ils grimpent aux clayons, et coupent les soies qui y retiennent les moules, pour les faire tomber dans la vase et s'en repaître. Je n'ai pas encore trouvé l'occasion de m'assurer de ce fait. Je les ai souvent vus monter aux clayons, et même sur les moules, mais sans pouvoir les surprendre dans ce travail. Dans tous les cas, il ne paroît pas que le dommage qu'ils y feroient puisse entrer en compensation avec les services qu'ils rendent.

» Ils paroissent se multiplier pendant toute la belle saison; car en automne on en observe de toutes les grandeurs, et j'ai souvent rencontré des femelles portant des œufs à différentes époques.

» Si ces petits animaux sont de cruels ennemis pour les vers marins, ils ont à leur tour des ennemis qui en font une grande destruction, ce sont les oiseaux de rivage et un grand nombre d'espèces de poissons. Ils quittent ordinairement notre baie vers la fin de septembre, et presque tous à la fois; car souvent, dans cette saison, on n'en rencontre pas un dans les lieux où ils fourmilloient quelques jours avant.

» Je n'avois pas rencontré ce Custacé avant de venir à Esnandes (1). » (LATR.)

PODOPHTHALME, *Podophthalmus*. LAMARCK. Genre de Crustacés, de l'ordre des Décapodes, famille des Brachyures, tribu des Nageurs, ayant pour caractères : les deux *pieds* postérieurs terminés en nageoires. — Yeux portés sur des pédicules longs, linéaires, grêles, très-rapprochés à leur base.

Le corps est en forme de triangle renversé, court, mais très-large en devant, et tronqué postérieurement ou à sa pointe, avec le chaperon étroit, incliné, sur les côtés desquels s'insèrent les pédicules oculaires. Le premier article de ces pédicules est beaucoup plus long que le second et dernier, ainsi que dans les *Homoles;* c'est l'inverse dans les Quadrilatères ayant des yeux portés sur de longs pédicules. Le troisième article des pieds-mâchoires extérieurs est presqu'en forme de hache alongée, obtus ou arrondi à son extrémité, avec le côté interne un peu échancré. La tige des antennes latérales est assez longue, sétacée, pluriarticulée. La troisième paire de pieds est plus longue que la seconde.

1. PODOPHTHALME épineux, *P. spinosus*.

Podophthalmus spinosus. LAM. — LAT. *Gener. Crust. et Insect. tom.* 1. *tab.* 1 *et* 2. *fig.* 1. — LÉACH, *Zool Miscell. tab.* 118. — *Portunus vigil.* FAB.

Corps long de dix-sept millimètres sur cinquante-huit de largeur à son extrémité antérieure. Deux dents en forme d'épines, et dont l'antérieure beaucoup plus forte et arquée, à chaque côté antérieur du test; cinq sur les bras, dont trois au côté interne, et les deux autres au côté opposé; deux au corps et pareil nombre aux mains, une à leur naissance et l'autre près de leur extrémité.

Ile-de-France. M. Mathieu.

Nous devons à M. Desmarest la connoissance d'un Podophthalme fossile, distingué du précédent par l'absence des épines latérales du test; c'est le *P. de Defrance*. (*Nouv. Dict. d'Hist. nat.* 2e. *édit. tom.* 8. *pag.* 496.) (LATR.)

PODOPHTHALMES, *Podophtalma*. Le docteur Léach comprend sous ce nom général tous les Crustacés dont les yeux sont portés sur des pédicules articulés et mobiles, ou les Crustacés pédiocles de M. de Lamarck. Cette division se compose de nos Crustacés *décapodes* et *stomapodes*, ou des genres *Crabe, Ecrevisse* et *Squille* d'Olivier. A l'époque où ce naturaliste se chargea de la partie entomologique de l'Encyclopédie méthodique, on avoit peu étudié ces animaux, et on les rangeoit, avec Linnée, parmi les insectes. Un grand nombre de genres ayant été établis depuis, et la méthode naturelle ayant fait de grands progrès, les derniers volumes de cet ouvrage doivent singulièrement contraster avec les premiers. Un tableau général, avec une concordance synonymique, peut seul rétablir l'harmonie. Nous renverrons pour cet objet à notre ouvrage ayant pour titre : *Familles naturelles du règne animal.* (LATR.)

PODOSOMATES, *Podosomata*. Léach donne ce nom au premier ordre de sa sous-classe des Céphalostomes, classe des Arachnides. Cet ordre répond à la famille des *Pycnogonides* de M. Latreille, qui, dans la méthode de Léach, en forme deux, celle des *Pycnogonides* et celle des *Nymphonides*. Voy. PYCNOGONIDES. (E. G.)

PODURE, *Podura*. LINN. GEOFF. DE GÉER. LAT. FAB. OLIV. LAM. HERMANN.

Genre d'insectes de l'ordre des Thysanoures, famille des Podurelles, dont les caractères sont : corps aptère; tête distincte, portant deux antennes droites de quatre articles; des mâchoires, des lèvres et des palpes, mais peu distincts; corselet à six pattes; abdomen alongé, linéaire; queue fourchue, repliée sous le ventre, propre pour sauter.

Ces insectes sont très-petits, fort mous, et

(1) Ce naturaliste habitoit auparavant près de Noirmoutiers.

leur forme semble approcher un peu de celle du pou de l'homme; leur corps est alongé, annelé, parsemé de petites écailles qui s'enlèvent par le frottement, et quelquefois velu. Leur tête est séparée du corselet par un étranglement profond; elle est ovale et porte deux yeux formés chacun de huit petits grains rassemblés; leurs antennes sont filiformes, de quatre pièces, dont la dernière est simple. Leurs pieds n'ont que quatre articles distincts et leurs tarses sont terminés par deux petits crochets.

Ce genre se distingue des *Smynthures* par la forme de l'abdomen qui est globuleux dans ces derniers; ceux-ci ont de plus la dernière pièce des antennes formée de petits articles.

L'abdomen des Podures porte une queue molle et flexible, qui est extrêmement remarquable par l'usage qu'en font ces insectes; ils peuvent, à l'aide de cette queue, s'élever en l'air et exécuter des sauts analogues à ceux que font les puces. Cet organe est composé d'une pièce inférieure, mobile à sa base, à l'extrémité de laquelle s'articulent deux tiges susceptibles de se rapprocher, de s'écarter ou de se croiser, et qui sont les dents de la fourche. Cette queue est reçue dans une rainure du ventre quand l'insecte est en repos; mais lorsqu'on le trouble et qu'on l'oblige à sauter, il exécute ce mouvement en redressant sa queue, qui s'étend en arrière, frappe et pousse fortement contre le sol et produit l'effet d'un ressort qui se débande : ce saut éloigne l'insecte de deux ou trois pouces de l'endroit où il étoit, et le dérobe ainsi subitement au danger. Il le répète un grand nombre de fois si on l'inquiète. Quand le saut est achevé, la Podure remet doucement sa queue dans sa première position.

Les Podures sont ovipares et ne subissent aucune métamorphose. En sortant de l'œuf elles ont les formes qu'elles auront toute leur vie; elles croissent journellement et changent de peau. De Géer, dont le nom se rattache aux observations les plus curieuses sur les mœurs des insectes, a trouvé en Hollande des Podures vivantes et très-alertes pendant les plus grands froids; leurs œufs étoient auprès d'elles; ils étoient d'une couleur jaune qui changea en rouge-foncé quand ils furent près d'éclore : ayant ouvert de ces œufs, il ne trouva rien dedans qui eût la figure d'un insecte, mais il vit seulement quelques points noirs. Peu de jours après, il en étoit sorti de petites Podures qui avoient leur queue fourchue dirigée en arrière. Il a remarqué que les Podures aquatiques ne peuvent vivre long-temps hors de l'eau; elles se dessèchent et meurent bientôt, ce qui fait voir que ces Podures diffèrent des Podures terrestres, qui supportent la chaleur du soleil sans en souffrir.

Ces insectes se tiennent sur les arbres, les plantes, sous les écorces ou sous les pierres, quelquefois dans les maisons. D'autres vivent à la surface des eaux dormantes, où ils exécutent leurs sauts; on en trouve quelquefois sur la neige, même au temps du dégel. Plusieurs se réunissent en sociétés nombreuses sur la terre, les chemins sablonneux, et ressemblent de loin à de petits tas de poudre à canon. Vient-on à toucher ce petit amas de Podures, chaque individu fait un ou plusieurs sauts et tout disparoît bientôt. Il est probable que les Podures vivent de matières végétales altérées qu'elles rongent.

Les auteurs ont décrit dix-huit espèces de Podures. M. Latreille a restreint ce genre et a placé dans celui des SMYNTHURES (*voyez* ce mot), celles dont De Géer a fait sa seconde famille des Podures.

1. PODURE plombée, *P. plumbea.*

Podura fusco-cœrulea, nitida, capite pedibusque griseis.

Podura plumbea. LINN. *Syst. Nat. ed.* 13. *tom.* 1. *pars* 2. *pag.* 1013. — *Fauna Suec. ed.* 2. *n°.* 1930. — La Podure grise commune. GEOFF. *Hist. des Ins. tom.* 2. *pag.* 610. — Podure plombée. DE GÉER, *Mém. sur les Ins. tom.* 2. *pag.* 31. *pl.* 3. *fig.* 1. — *Podura plumbea.* FAB. *Entom. Syst. tom.* 2. *pag.* 66. — RŒM. *Gen. Ins. tab.* 29. *fig.* 2. — Podure plombée. LAT. *Hist. nat. des Crust. et des Ins. tom.* 8. *pag.* 76. — *Gen. Crust. et Ins. tom.* 1. *pag.* 166.

Cette espèce est oblongue, velue, variée de brun-obscur et de noir.

On la trouve aux environs de Paris, sous les pierres. Elle n'est jamais en société.

La PODURE aquatique, *P. aquatica*, LINN. GEOFF. FAB., se trouve en quantité sur les eaux dormantes; elle se tient près des bords et couvre quelquefois toutes les feuilles des plantes aquatiques.

La *Podura nivalis*, LINN. GEOFF. FAB., vit dans les bois. On la trouve en hiver sur la neige et dans les traces qu'y ont empreintes les hommes et les animaux en marchant. (E. G.)

PODURELLES, *Podurellæ.* Famille d'insectes de l'ordre des Thysanoures, établie par M. Latreille et comprenant le grand genre *Podure* de Linné et des autres entomologistes. Ses caractères sont : corps aptère; tête distinguée du corselet, portant deux antennes filiformes de quatre articles simples, ou dont le dernier est composé; mâchoires, lèvres et palpes peu distincts; corselet portant six pattes; abdomen terminé par une queue fourchue, appliquée dans l'inaction sous le ventre et servant à sauter. Cette famille renferme les genres PODURE et SMYNTHURE. *Voyez* ces mots. (E. G.)

PŒCILE, *Pœcilus.* Genre de Coléoptères établi par M. Bonelli (*Obs. entom. Mém. de l'Acad. de Turin*) dans la tribu des Carabiques; il lui attribue les caractères suivans : palpes maxillaires extérieurs ayant leur quatrième article de la longueur du précédent. Languette courte, un peu tronquée, ayant des soies terminales écartées. Labre tronqué, entier ou à peine échancré. Mandibules munies de petites dents à leur base. Corselet plus étroit à sa base, ayant deux stries de chaque côté, l'extérieure très-petite ou oblitérée par des points enfoncés. Ailes quelquefois courtes. Antennes comprimées, plus épaisses à leur extrémité.

Les *Carabus punctulatus*, *cupreus* (*voy.* CARABE cuivreux n°. 98, Encycl.), *dimidiatus* et *lepidus* (*voy.* CARABE agréable n°. 93, Encycl.) de Fabricius, appartiennent à ce genre.

(S. F. et A. SERV.)

PŒCILLOPTÈRE, *Pœcilloptera*. Nom donné par M. Germar (*Mag. entom.* Halle, 1818) à un genre d'insectes hémiptères démembré de celui de *Flata* de Fabricius, pour y placer l'espèce nommée par ce dernier *Phalœnoides*. Ses caractères, suivant M. Germar, sont : tête obtuse à sa partie antérieure, front presqu'ovale, rebordé sur les côtés, sa base occupant le vertex, son extrémité ayant une impression transversale. Chaperon attaché à l'extrémité du front, conique, subulé à son extrémité. Labre recouvert. Rostre à peu près de la longueur de la moitié du corps. Yeux globuleux, pédiculés en dessus. Point d'yeux lisses. Antennes éloignées des yeux, courtes; leur premier article menu, cylindrique : le second obconique, concave à son extrémité, portant une soie qui est épaisse à sa base.

Dans le volume du même ouvrage de l'année 1821, l'auteur décrit trois nouvelles espèces de ce genre, 1°. *P. tortricina* du Brésil et du Mexique; 2°. *P. pyralina* de Curaçao; 3°. *P. roscida* du Brésil. (S. F. et A. SERV.)

PŒCILME, *Pœcilma*. Nouveau genre de Coléoptères fondé par M. Germar. (*Mag. entom.* Halle, 1821.) Il appartient à la tribu des Charansonites, famille des Rhynchophores et a pour caractères : rostre plus long que le corselet, filiforme, arqué; ses fossettes commençant vers l'extrémité avant son milieu, se recourbant ensuite en dessous sur la partie inférieure de la base du rostre. Antennes insérées vers le milieu du rostre, plus courtes que la moitié du corps, n'atteignant point la base du corselet, lorsqu'elles sont rabattues; leur premier article atteignant au plus l'angle inférieur de l'œil; le fouet ou partie intermédiaire entre le premier article et la massue, composé de sept articles, dont le premier et le second presque cylindriques ou presqu'en massue, un peu plus grands que les cinq suivans, ceux-ci plus courts, rétrécis, presque globuleux. Massue courte, ovale, ses articles point distincts. Tête petite, presque ronde. Yeux grands, globuleux, proéminens, occupant presque toute la partie supérieure de la tête, rapprochés et se touchant presque sur le front. Corselet oblong, très-rétréci antérieurement, ayant à sa partie postérieure deux sinuosités profondes, prolongé dans son milieu et s'avançant sur l'écusson, ses angles latéraux arrondis. Écusson distinct, ponctiforme. Elytres à peine plus larges que la partie postérieure du corselet, presqu'ovale, un peu aplaties, ayant leurs angles huméraux proéminens, un peu plus larges que longues, arrondies et obtuses à leur extrémité, couvrant des ailes et laissant dépasser l'anus.

L'auteur fait deux divisions dans ce genre. La première a pour caractères : pattes alongées et grêles; cuisses linéaires, denticulées; jambes cylindriques munies de deux épines à leur extrémité : premier article des tarses très-long. Il met dans cette division le *Rhynchœnus bispinosus* FAB. à qui il donne pour patrie l'Amérique méridionale, quoique Fabricius indique Sumatra.

Sa seconde division est caractérisée ainsi : pattes courtes; cuisses épaisses, en massue, dentées : jambes presque cylindriques, obliquement tronquées à leur extrémité, anguleuses à leur partie intérieure; tarses courts, larges, leurs articles presqu'égaux. Il décrit deux espèces de cette division sous les noms de *Capucinum* et d'*Ardea*; elles lui paroissent nouvelles et sont d'Allemagne; la dernière n'est peut-être qu'une variété de l'autre.

M. Germar observe que les *Rhynchœnus taurus*, *cornutus* et *guttatus*, FAB., forment peut-être dans ce genre une division particulière.

(S. F. et A. SERV.)

PŒCILOPES, *Pœcilopa*. Dans l'ouvrage sur le Règne animal de M. Cuvier, j'ai désigné ainsi une section (la première) de l'ordre des Branchiopodes, classe des Crustacés, et à laquelle j'ai assigné les caractères suivans : quelques *pieds* ou *pieds-mâchoires* terminés par un ou deux crochets, propres à la course et à la préhension, suivis de pieds en nageoires, soit composés ou accompagnés de lames, soit membraneux et en digitation. — *Tête* confondue avec le tronc, avec des yeux distincts, dans la plupart. — Partie antérieure du *corps* au moins recouverte d'un test clipéacé ou se présentant sous cette forme. — *Antennes* toujours courtes et simples. — *Branchies* postérieures. — *Animaux* pouvant courir et nager, et en partie parasites.

Les uns errans ou vagabonds, n'ont ni bec ni suçoir, et leurs organes masticateurs sont formés par les hanches des pieds, hérissées de pointes ou de petites épines, et converties ainsi en espèces de mâchoires, qui entourent le pharynx. C'est ce qui est propre aux *Limules* de Fabricius ou *Xyphosures* de Gronovius. Les autres preque toujours fixés au corps de divers reptiles batraciens ou sur des poissons, ont soit un rostre ou bec, soit

soit quelque mamelon caché, mais exsertile, tenant lieu de suçoir. Cette division comprend les genres *Argule* et *Calige* de Muller, ou les Caligidés du docteur Léach.

Dans la seconde édition du *nouveau Dictionnaire d'histoire naturelle*, article *Pœcilopes*, ces Crustacés composent une famille que je partage, d'après les mêmes principes et d'après la présence ou l'absence d'un test, de la manière suivante :

I.° *Des mâchoires sciatiques ou formées par les hanches. Un test de deux pièces.* Crustacés vagabonds.

Première tribu. Xyphosures.
Le genre Limule.

II. *Un bec pour la succion. Test nul ou d'une pièce.* Crustacés parasites.

Seconde tribu. Ichtyomyzes.

1. *Un test.* (Les Pneumonures.)

Les genres Argule et Calige de Muller.

2. *Point de test.* (Les Helminthoïdes.)
Le genre Dichelestion.

On pourroit encore diviser les Pœcilopes, d'après la présence ou l'absence du test, en trois tribus : les *Xyphosures*, les *Pneumonures* et les *Helminthoïdes*. Cette autre distribution est présentée au même article.

Il est évident que les Pœcilopes s'éloignent sous la considération des organes propres à la manducation de tous les autres Crustacés, et c'est ce qu'avoit déjà observé feu Jurine fils relativement aux Argules. Ils forment une section particulière et que l'on pourra désigner sous le nom d'*Edentés*, par opposition à celle qui comprendra les autres Crustacés, et dont la bouche est constituée comme à l'ordinaire, par un labre, deux mandibules, des mâchoires, souvent aussi par un nombre plus ou moins grand de pieds-mâchoires, organes tous placés en avant des pieds proprement dits. Ces Crustacés seront distingués des précédens par l'épithète de *maxillaires* ou *broyeurs*. Telle est la marche que je suis dans mon ouvrage ayant pour titre : *Familles naturelles du règne animal.* J'y divise les Crustacés édentés en deux ordres, les *Xyphosures* et les *Siphonostomes* (*voyez* ces articles). Les autres Branchiopodes y sont distribués en divers ordres, de manière que celui que j'avois d'abord nommé ainsi, et qui embrassoit les *Entomostracés* de Muller, est détruit. Sans cette dilacération, il seroit très-difficile de signaler ce groupe d'une manière simple et rigoureuse. (Latr.)

POGONOCÈRE, *Pogonocerus.* Genre de Coléoptères hétéromères établi par M. Fischer dans les *Mémoires des naturalistes de Moscou*, année 1821. Il en figure une espèce sur le frontispice de son ouvrage. Ce genre est le même que celui de Dendroïde de M. Latreille, qui donne à l'espèce qui lui a servi de type le nom de Dendroïde du Canada (*D. Canadensis*). Peut-être est-ce la même que celle figurée par M. Fischer. *Voy.* Dendroïde, article Pyrochroïdes.

(S. F. et A. Serv.)

POGONOPHORE, *Pogonophorus.* Lat. *Leistus.* Frœhl. Clairv. *Carabus.* Linn. Fab. Oliv.

Genre d'insectes de l'ordre des Coléoptères, section des Pentamères, famille des Carnassiers, tribu des Carabiques.

Ce genre fait partie de la quatrième division de la tribu des Carabiques, nommée par M. Latreille les Abdominaux. Cette section présente pour caractères : palpes extérieurs point subulés ni en alêne; point d'échancrure au côté interne des jambes antérieures ou cette échancrure ne formant, quand elle existe, qu'un canal oblique linéaire n'avançant point sur la face antérieure de la jambe. Elytres entières ou simplement sinuées à leur extrémité postérieure. Dernier article des palpes extérieurs ordinairement dilaté soit en forme de triangle ou de hache, soit en forme de cône renversé plus ou moins oblong. Yeux saillans. Abdomen souvent très-grand relativement au corselet.

Les genres qui en dépendent sont : Cychre, Pambore, Calosome, Carabe, Nébrie, Omophron, Pogonophore et Elaphre. Aucun de ces genres si ce n'est celui de Pogonophore n'a la base extérieure des mâchoires munie d'un rang d'épines parallèles, très-apparentes, et nous croyons ce caractère suffisant pour faire distinguer ce genre de tous les autres que nous venons de citer.

Antennes sétacées, grêles, écartées à leur base, de onze articles, le premier alongé. — *Labre* coriace, transversal. — *Mandibules* courtes, larges, très-dilatées à leur base, pointues à l'extrémité. — *Mâchoires* très-velues, terminées en pointe aiguë et arquée, leur base extérieure munie d'un rang d'épines parallèles très-apparentes. — *Palpes extérieurs* avancés, alongés; leur dernier article long et conique. — *Lèvre* étroite, très-alongée, avancée, triépineuse à son extrémité supérieure. — *Tête* ayant un cou distinct. — *Yeux* saillans. — *Corps* aplati, ailé. — *Corselet* court, cordiforme. — *Elytres* entières. — *Pattes* longues, peu fortes; jambes antérieures sans échancrure; tarses menus, filiformes, les quatre premiers articles des antérieurs larges et aplatis dans les mâles. Le nom de Pogonophore vient de deux mots grecs qui signifient : *porte-barbe;* il a été donné à ces insectes par M. Latreille, à cause de leurs mâchoires très-remarquables par les longs poils roides dont elles sont garnies extérieurement. Ce genre se compose d'un petit nombre d'espèces qui habitent l'Europe tempérée et se trouvent sous les pierres dans les endroits humides ou sous les écorces des vieux arbres.

1. Pogonophore bleu, *P. cœruleus.*

Pogonophorus cœruleus. Lat. *Gener. Crust. et Ins. tom.* 1. *pag.* 223. *n°.* 1. *tab.* 7. *fig.* 4. — *Carabus spinibarbis.* Fab. *Syst. Eleut. tom.* 1. *pag.* 181. *n°.* 61. — Panz. *Faun. Germ. fas.* 30. *fig.* 6. *et Manticora pallipes, fas.* 89. *fig.* 2. — *Faun. franç. Coléop. pl.* 6. *fig.* 5. — *Encycl. pl.* 179. *fig.* 2. *et pl.* 357. *fig.* 12. *bis.*

Voyez pour la description et les autres synonymes Carabe spinibarbe n°. 87.

2. Pogonophore luisant, *P. nitidus.*

Pogonophorus niger, antennis, labro, palpis, mandibulis pedibusque ferrugineis.

Leistus nitidus. Dufts. *Faun. Austr.*

Longueur 2 lig. ½ à 3 lig. Noir en dessus, d'un brun-rougeâtre en dessous. Antennes, labre, palpes, mandibules et pattes d'un fauve-ferrugineux. Corselet un peu pointillé surtout vers ses bords. Elytres marquées de stries pointillées. Mâle.

Des Alpes de Styrie. Donné par M. le comte Dejean.

3. Pogonophore anal, *P. analis.*

Pogonophorus niger, antennis, capitis anticâ parte, ore pedibus et ano, ferrugineis.

Carabus analis. Fab. *Syst. Eleut. tom.* 1. *pag.* 197. *n°.* 148. — *Leistus piceus.* Froeh. — *Leistus Froehlichii.* Dufts. *Faun. Austr.*

Longueur 4 à 5 lig. Corps plus étroit que dans ses congénères. Noir en dessus, d'un brun-roussâtre en dessous. Antennes, partie antérieure de la tête, bouche, pattes et anus d'un fauve-ferrugineux. Corselet lisse, un peu pointillé postérieurement. Abdomen ovale. Elytres fortement striées; stries pointillées, mais peu distinctes vers l'extrémité. Femelle.

Nous en sommes redevables à M. le comte Dejean qui l'a pris dans les Alpes de Styrie.

CYCHRE, *Cychrus.* Fab. Payk. Lat. *Carabus.* De Géer. Oliv. *Tenebrio.* Linn.

Genre d'insectes de l'ordre des Coléoptères, section des Pentamères, famille des Carnassiers, tribu des Carabiques.

Dans les Abdominaux ou quatrième division de Carabiques (*voy.* Pogonophore) les genres Carabe, Calosome, Pogonophore, Nébrie, Omophron et Elaphre ont les mandibules à dentelures nulles ou cantonnées vers la base, et dans les Pambores le côté extérieur des mandibules est très-arqué, le côté interne est dilaté et armé de trois dents, caractères qui distinguent ces divers genres de celui de Cychre.

Antennes filiformes, insérées sous un rebord de la tête, leurs articles alongés, le second et le quatrième plus courts que les autres. — *Labre* profondément échancré, bidenté. — *Mandibules* fortes, avancées, étroites, droites au côté externe dans la plus grande partie de leur longueur, munies de deux fortes dents vers le milieu de leur côte intérieur dont la base est velue et comme frangée. — *Mâchoires* étroites, cylindriques, crochues à l'extrémité, ayant intérieurement vers le milieu un avancement membraneux, linéaire, frangé. — *Palpes extérieurs* terminés par un article très-grand, dilaté en forme de cuiller, les maxillaires extérieurs composés de quatre articles, les labiaux de trois. Palpes maxillaires internes de deux articles, le dernier déprimé, demi-ovale. — *Lèvre* ayant deux lanières étroites, membraneuses, entre lesquelles on aperçoit un tubercule qui porte deux soies; menton carré, fourchu, sa partie moyenne plate, ses côtés convexes. — *Tête* étroite, avancée. — *Corps* rétréci en devant. — *Corselet* presque cordiforme, tronqué transversalement à sa partie postérieure. — *Ecusson* nul. — *Elytres* réunies, couvrant l'abdomen et embrassant ses côtés. — Point d'ailes. — *Abdomen* grand, ovale, plus large que le corselet. — *Pattes* de longueur moyenne; jambes et tarses grêles; jambes antérieures sans échancrure, leurs deux épines terminales petites.

Les mœurs des Cychres doivent être les mêmes que celles des Carabes (*voy.* ce mot). Leur livrée est la couleur noire ou bronzée. On en connoît cinq ou six espèces d'Europe ou de l'Amérique boréale.

Rapportez à ce genre le Carabe muselier n°. 48 (*Cychrus elongatus.* Dej. *Catal.*), en retranchant les synonymes de Linné, de Fabricius et probablement aussi celui de De Géer. Le *Cychrus rostratus* (*Tenebrio rostratus.* Linn.) diffère du précédent en ce qu'il est un peu plus brillant, que ses élytres paroissent avoir quelques stries très-irrégulières, les points élevés se réunissant souvent dans une direction longitudinale, que la ligne enfoncée du corselet est beaucoup plus marquée, enfin que la tête et le corselet sont moins rugueux.

Les Carabes relevé n°. 49 et unicolor n°. 50, Encycl. (*Cychri*, n°s. 4 et 5. Fab. *Syst. Eleut.*) constituent aujourd'hui un nouveau genre nommé Scaphinote.

CALOSOME, *Calosoma.* Wéb. Fab. Lat. *Carabus.* Linn. De Géer. Oliv. *Buprestis.* Geoff.

Genre d'insectes de l'ordre des Coléoptères, section des Pentamères, famille des Carnassiers, tribu des Carabiques.

Les Carabes et les Calosomes forment un petit

groupe dans la division des Carabiques Abdominaux. (*Voyez* POGONOPHORE.) Ce groupe est ainsi caractérisé : mandibules sans dents notables, ou n'en ayant que vers la base. Bord antérieur du labre bilobé ou trilobé. Les Carabes ont le dernier article de leurs palpes maxillaires extérieurs sensiblement plus large que le précédent, en forme de hache, et l'abdomen ovale, ce qu'on ne voit pas dans les Calosomes.

Antennes sétacées, insérées sous un rebord de la tête, leur troisième article alongé. — *Labre* ayant son bord antérieur bilobé. — *Mandibules* fortes, avancées, sans dentelures. — *Mâchoires* courbées, assez grosses au bout, brusquement et extérieurement à angle aigu. — *Palpes extérieurs* terminés par un article assez gros en cône renversé; les maxillaires extérieurs de quatre articles, les internes de deux articles, le dernier dépassant entièrement l'extrémité des mâchoires. Palpes labiaux de trois articles. — *Lèvre* courte, large, cornée; menton terminé par une pointe simple. — *Yeux* globuleux, proéminens. — *Corps* un peu déprimé. — *Corselet* assez court, cordiforme, plus étroit que l'abdomen. — *Ecusson* très-petit, triangulaire. — *Elytres* grandes, recouvrant l'abdomen et les ailes. — *Abdomen* grand, carré, déprimé. — *Pattes* longues, fortes; jambes antérieures sans échancrure. Les quatre premiers articles des tarses antérieurs dilatés en forme de palette carrée dans les mâles.

Des couleurs brillantes et métalliques ont fait donner à ce genre le nom de Calosome qui vient de deux mots grecs dont la signification est : *bel extérieur*. Les espèces de ce genre sont toutes d'assez grande taille et s'élèvent à peu près au nombre de douze. Les indigènes habitent les forêts. *Voyez* pour les détails de mœurs le mot CARABE.

On doit rapporter aux Calosomes les Carabes calide n°. 26, inquisiteur n°. 43, scrutateur n°. 44, *pl.* 178, *fig.* 1, réticulé n°. 45, sycophante, n°. 46, *pl.* 178, *fig.* 2, et rechercheur n°. 47, *pl.* 178, *fig.* 3 de ce Dictionnaire.

(S. F. et A. SERV.)

POITRINE, *Pectus*. Voyez THORAX.

(S. F. et A. SERV.)

POLISTE, *Polistes*. LAT. FAB. *Vespa*. LINN. GEOFF. DE GÉER. OLIV. (*Encycl.*) JUR.

Genre d'insectes de l'ordre des Hyménoptères, section des Porte-aiguillon, famille des Diploptères, tribu des Guêpiaires.

M. Latreille divise en deux cette tribu, les Solitaires et les Sociales. Les Guêpiaires solitaires qui renferment les genres Synagre, Odynère, Eumène, Zèthe, Discœlie et Céramie ont pour caractères : mandibules très-étroites, rapprochées en devant en forme de bec. Division intermédiaire de la languette étroite, alongée. Chaperon presqu'en forme de cœur dont la pointe est en devant et tronquée; tandis que les Guêpiaires sociales contenant les genres Poliste et Guêpe ont les mandibules guère plus longues que larges, la division intermédiaire de la languette en cœur et le chaperon presque carré. Le genre Guêpe se rapproche des Polistes par ses mœurs et par la conformation de plusieurs de ses parties; il s'en distingue cependant facilement en ce que le premier segment de son abdomen est aussi large ou même plus large que le second, ce qui ne se voit point dans les Polistes, lesquelles ont d'ailleurs le corps plus étroit et moins gros.

Antennes grossissant insensiblement vers l'extrémité, terminées en pointe, insérées vers le milieu du front, brisées, de douze articles dans les femelles, de treize dans les mâles. Le premier long et cylindrique, le second très-petit, le troisième alongé et conique. — *Mandibules* fortes, dentées, guère plus longues que larges, en carré long, obliquement et largement tronquées. — *Mâchoires* ayant un appendice terminal peu alongé, marqué d'une suture transversale vers sa pointe. — *Palpes* courts. — *Lèvre* portant quatre points glanduleux à son extrémité, sa division intermédiaire peu alongée, presqu'en cœur. — *Chaperon* presque carré, milieu de son bord antérieur avancé en une petite dent aiguë et entière. — *Yeux* échancrés intérieurement. — *Trois petits yeux lisses* disposés en triangle et placés sur le vertex. — *Corps* étroit et alongé. — *Premier segment* du corselet formant un arc, prolongé en dessus jusqu'à la naissance des ailes supérieures. — *Ailes* ployées longitudinalement et doublées dans le repos; les supérieures ayant une cellule radiale pointue à ses deux extrémités, se rétrécissant après la deuxième cellule cubitale; et quatre cellules cubitales, la première aussi longue que les deux suivantes prises ensemble, la seconde sexangulaire, se rétrécissant vers la radiale, recevant les deux nervures récurrentes, la troisième en lozange, placée un peu obliquement, la quatrième presque complète et fort grande. — *Abdomen* composé de cinq segmens outre l'anus dans les femelles, en ayant un de plus dans les mâles; le premier sensiblement plus petit et plus étroit que le second. — *Pattes* de longueur moyenne; jambes antérieures munies d'une épine à leur extrémité; les quatre autres de deux : crochets des tarses simples avec une pelotte dans leur entre-deux. — *Trois sortes d'individus* vivant en société, mâles, femelles fécondes et ouvrières ou femelles stériles.

Nous ne nous appesantirons pas sur les mœurs des insectes de ce genre dû à M. Latreille, quoique très-intéressantes; la plupart des faits que nous aurions à rapporter se trouvant déjà consignés dans l'article GUÊPE de cet ouvrage. Quelques Polistes exotiques construisent leurs nids d'une matière assez solide que l'on a comparée au carton, et les gâteaux qu'ils renferment sont recouverts par une enveloppe commune (*voyez* l'article Guêpe, page 659 et suivantes). D'autres espèces et celles que nous avons pu observer aux environs de Paris sont de ce nombre, composent leurs gâteaux avec une matière analogue au papier et particulièrement à celui dont est fait le nid de la Guêpe vulgaire, le laissent à découvert et se contentent de le poser ou contre un mur à l'abri d'une pierre en saillie ou d'une branche de quelque arbre en espalier, où même elles l'attachent à une branche dans un buisson touffu. Ce nid n'a qu'un rang de cellules s'il n'est composé que d'un seul gâteau, je veux dire qu'une seule des faces de celui-ci qui est posé verticalement, porte des cellules; lorsque ce gâteau a déjà quelques pouces de diamètre, la femelle en construit un second par-dessus. Ces gâteaux sont pédiculés; on en voit jusqu'à trois ainsi superposés, dont le premier est toujours le plus grand. Ce nid est fondé au printemps par une seule femelle qui a été fécondée avant l'hiver; elle pond d'abord des œufs destinés à produire les ouvrières qui doivent l'aider dans ses travaux; ce n'est que dans l'été qu'elle commence à déposer des œufs d'où naîtront d'abord des mâles et ensuite des femelles fécondes. A cette époque on trouve dans les nids quelques cellules pleines d'un excellent miel. *Voyez* pour les autres détails relatifs aux mœurs, l'article Guêpe.

On connoît aujourd'hui un grand nombre d'espèces de Polistes, qui appartiennent toutes aux climats chauds ou tempérés des deux Mondes. Elles n'affectent point de couleur particulière.

1re. *Division*. Abdomen à pédicule très-alongé.

1re. *Subdivision*. Pédicule formé du premier segment de l'abdomen et de la base du second.

1. Poliste cyanipenne, *P. cyanipennis*.

Polistes atra, metathorace rufo tomentoso, abdomine longè pedunculato.

Polistes cyanipennis. Fab. *Syst. Piez. pag.* 275. *n°.* 30. — Coqueb. *Illust. Icon. tab.* 6. *fig.* 4.

Longueur 12 à 15 lig. Antennes et tête noires. Corselet de même couleur avec le métathorax testacé et couvert d'un duvet roussâtre. Abdomen noir, premier segment testacé en dessous à sa base, le second rebordé postérieurement, les derniers garnis de poils blanchâtres en dessous. Ailes d'un bleu-violet. Pattes noires. Femelle.

Le mâle a le bord antérieur du chaperon testacé, et porte sous le ventre deux appendices latéraux qui paroissent sortir de la base du cinquième segment de l'abdomen.

De Cayenne.

2e. *Subdivision*. Pédicule formé du premier segment de l'abdomen seulement.

2. Poliste tatua, *P. morio*.

Polistes nigra nitens, punctulata, abdomine pedunculato.

Polistes morio. Fab. *Syst. Piez. pag.* 279. *n°.* 45. — Lat. *Gener. Crust. et Ins. tom.* 4. *pag.* 142.

Longueur 6 lig. Corps entièrement d'un noir-luisant et finement pointillé. Antennes noires. Ailes en partie transparentes, brunes vers le bord antérieur, surtout du côté de leur base. Mâle et femelle. *Voyez* pour la description de son nid, l'article Guêpe, à la page 659 et suivantes.

De Cayenne.

3. Poliste bleue, *P. cyanea*.

Polistes cyanea. Fab. *Syst. Piez. pag.* 279. *n°.* 47. — Lat. *Gen. Crust. et Ins. tom.* 4. *pag.* 142.

Voyez pour la description et les autres synonymes Guêpe bleue n°. 22.

4. Poliste fasciée, *P. fasciata*.

Polistes fulvo-fasciata. Lat. *Gen. Crust. et Ins. tom.* 4. *pag.* 142.

Voyez pour la description et les autres synonymes Guêpe fasciée n°. 35.

2e. *Division*. Abdomen peu sensiblement pédiculé.

1re. *Subdivision*. Partie postérieure du corselet coupée droit et comme tranchée subitement.

5. Poliste cartonnière, *P. nidulans*.

Polistes nidulans. Lat. *Gener. Crust. et Ins. tom.* 4. *pag.* 141. — *Vespa nidulans*. Fab. *Syst. Piez. pag.* 266. *n°.* 68. — Coqueb. *Illust. Icon. tab.* 6. *fig.* 3.

Voyez pour la description et les autres synonymes Guêpe cartonnière n°. 88.

2e. *Subdivision*. Partie postérieure du corselet allant en pente, s'abaissant progressivement.

6. Poliste française, *P. gallica*.

Polistes gallica. Fab. *Syst. Piez. pag.* 271. *n°.* 8. — Lat. *Gen. Crust. et Ins. tom.* 4. *pag.* 142. — Panz. *Faun. Germ. fas.* 49. *fig.* 22.

Nota. M. Latreille, dans le *Dictionnaire d'histoire naturelle*, et Olivier, Guêpe n°. 50 du présent ouvrage, donnent pour synonyme de cette espèce la Guêpe n°. 5 de Geoffroy, qui nous paroit différer essentiellement. C'est notre Poliste de Geoffroy n°. 8.

Voyez pour la description de la femelle et les autres synonymes Guêpe gauloise n°. 50.

Le mâle diffère en ce que ses mandibules sont jaunes ainsi que le front et que les cuisses ont plus de jaune surtout dans leur partie antérieure.

Très-commune aux environs de Paris.

7. Poliste diadême, *P. diadema*.

Polistes clypeo nigro luteo bilineato, antennis suprà nigris.

Polistes diadema. Lat. *Dict. d'Hist. nat.*

Longueur 7 lig. Antennes fauves, noires en dessus. Leur premier article jaune en dessous. Tête noire, chaperon ayant deux lignes jaunes, la supérieure crénelée en dessous; une autre ligne jaune sur le front, trois taches de même couleur, l'une avant la base des mandibules, une autre au bord interne des yeux et la troisième derrière eux. Corselet noir, son bord antérieur, le bord supérieur des épaulettes, celui de l'écaille des ailes, une tache sous cette écaille, deux autres sur l'écusson, deux au-dessous, deux lignes longitudinales ainsi que deux points latéraux sur le métathorax, de couleur jaune. Abdomen noir; tous ses segmens bordés d'une ligne jaune transverse, ondée antérieurement; les deux premiers portant en outre un point jaune latéral. Pattes jaunes, hanches noires, cuisses noires, jaunes à l'extrémité. Ailes un peu fauves. Femelle.

Moins commune que la précédente aux environs de Paris.

8. Poliste de Geoffroy, *P. Geoffroyi*.

Polistes clypeo nigro maculato fronteque luteis (fœm.) *clypeo fronteque luteis* (mas); *antennis suprà nigris in utroque sexu.*

La Guêpe à anneaux bordés de jaune et deux taches jaunes. Geoff. *Ins. Paris. tom.* 2. *pag.* 374. *n°.* 5. Femelle.

Longueur 5 lig. ½. Antennes fauves, noires en dessus, leur premier article jaune en dessous. Tête noire, chaperon jaune avec une tache noire; une ligne frontale, base des mandibules, une tache avant cette base, une autre au bord interne des yeux et une troisième derrière eux, jaunes. Corselet noir, son bord antérieur, le bord supérieur des épaulettes, écailles des ailes, une tache sous chaque écaille, deux autres sur l'écusson, deux au-dessous, deux lignes longitudinales ainsi que deux points latéraux sur le métathorax, de couleur jaune. Abdomen noir, tous ses segmens bordés d'une ligne jaune transverse ondée antérieurement, le second seulement portant en outre un point jaune latéral. Pattes jaunes; hanches noires: cuisses noires, ayant l'extrémité jaune surtout à sa partie antérieure. Ailes un peu fauves. Femelle.

Le mâle a tout le front et les mandibules à l'exception de leur extrémité jaunes. Son corselet a plusieurs taches latérales et la poitrine de cette couleur. Le premier segment de l'abdomen a un point jaune latéral. Les pattes sont jaunes avec les hanches et les cuisses rayées de noir en dessus.

De France. Plus commune dans les environs de Soissons que la Poliste française.

Nous citerons encore comme appartenant au genre Poliste les Guêpes n°s. 16, 59, 61 et 105 de ce Dictionnaire. (S. F. et A. Serv.)

POLISTIQUE, *Polistichus*. M. Bonelli donne ce nom dans ses *Observ. entom.* (*Mém. de l'Acad. de Turin*) à un genre de Coléoptères de la tribu des Carabiques. Il le caractérise ainsi : antennes filiformes, leur premier article plus court que les trois suivans pris ensemble. Palpes médiocrement alongés, le quatrième article des maxillaires extérieurs dilaté à l'extrémité. Pièce mitoyenne du menton se terminant en une pointe simple. Labre tronqué. Mandibules courtes, dentées. Mâchoires pointues, sans dentelures. Quatrième article des tarses simple. Un cou distinct. Corps pointillé.

Ce genre a pour type la *Galerita fasciolata* de Fabricius. *Voyez* Zuphie fasciolée.

(S. F. et A. Serv.)

POLLYXÈNE, *Pollyxenes*. Lat. Lam. Léach. *Scolopendra*. Linn. Geoff. Fab. *Iulus*. De Géer. Oliv.

Genre d'insectes de l'ordre des Myriapodes, famille des Chilognathes, dont les caractères sont d'avoir le corps membraneux, très-mou, terminé par des pinceaux de petites écailles; des antennes de la même grosseur dans toute leur longueur, et composées de sept articles.

Ce genre a été établi par M. Latreille sur la Scolopendre à pinceau (*Sc. lagurus*) de Linné, de Geoffroy et de Fabricius, que De Géer a placé dans les *Iules*; et dont il a donné une description très-détaillée.

Cet insecte est très-petit, plat, ovale alongé, et, vu en dessus, il paroît composé de huit anneaux. Sa tête est grande, arrondie, elle a, de chaque côté, une petite éminence en forme de pointe dirigée en avant, les yeux sont situés auprès de ces pointes; ils sont noirs, grands et ronds, et l'on voit entr'eux et en avant une frange d'un double rang d'écailles; celles du rang antérieur sont dirigées en avant et celles de l'autre sont portées en arrière; les antennes, que l'insecte remue sans cesse quand il marche, sont composées de sept articles presque cylindriques. Chacun des huit demi-anneaux supérieurs du corps a, de chaque côté, une touffe de poils ou de longues écailles dirigées en arrière, et deux touffes sur le dos, composées d'écailles plus petites, ce qui fait en tout trente-deux bouquets; en outre chaque anneau du corps a deux rangées transversales de courtes écailles, l'une située près du bord antérieur, et l'autre vers le bord postérieur. Le corps est terminé par une espèce de queue qui paroît composée de deux parties alongées, arrondies au bout, séparées à leur naissance, appliquées ensuite l'une sur l'autre et consistant en deux paquets de poils d'un beau blanc de satin luisant; le bout du corps est terminé par une pièce circulaire sous laquelle est l'anus. Le dessous du corps a, suivant De Géer, douze demi-anneaux portant chacun une paire de pattes très-petites, coniques et semblables aux pattes écailleuses des chenilles.

L'organisation de cet insecte n'est pas si compliquée lorsqu'il est jeune. Le nombre de ses anneaux, de ses bouquets de poils et de ses pattes est moindre, et il accroît avec l'âge. Les anneaux des jeunes individus, dont De Géer a vu plusieurs n'en ayant que trois et par conséquent trois paires de pattes, ont la même quantité de bouquets d'écailles que les adultes; les pattes des jeunes individus sont plus grosses proportionnellement, que celles des individus plus âgés.

1. Pollyxène à pinceau, *P. lagurus*. Lat. *Gen. Crust. et Ins. tom.* 1. *pag.* 76. — *Hist. nat. des Crust. et des Ins. tom.* 7. *pag.* 82. *pl.* 59. *fig.* 10. 12. — Léach, *Zool. Miscell. pl.* 135. B.

Voy. la description et la synonymie au n°. 21, article Iule de ce Dictionnaire. (E. G.)

POLOCHRE, *Polochrum*. Spin. Lat.

Genre d'insectes de l'ordre des Hyménoptères, section des Porte-aiguillon, famille des Fouisseurs, tribu des Sapygites.

Les Sapyges et les Thynnes composent avec le genre Polochre, la tribu des Sapygites. Les premiers diffèrent des Polochres en ce que leurs antennes vont en grossissant vers le bout; les seconds s'en distinguent par leurs yeux entiers.

Antennes filiformes, insérées dans une échancrure des yeux, composées de douze articles dans les femelles, de treize dans les mâles. — *Labre* presque caché, membraneux, triangulaire, cilié en devant. — *Mandibules* arquées, fortes, tridentées à l'extrémité. — *Mâchoires* plus courtes que le menton, cornées et un peu renflées à leur base; terminées par un appendice membraneux, cilié au bout. — *Palpes maxillaires* filiformes, de six articles, le premier plus gros, les autres presqu'égaux entr'eux, insérés à l'extrémité des mâchoires au-dessous de l'appendice; les labiaux plus courts que les maxillaires, filiformes, de quatre articles presqu'égaux. — *Lèvre* dirigée en avant, membraneuse, trifide; languette grande, s'élargissant et très-échancrée antérieurement. — *Tête* grande, aussi large que le corselet; chaperon élevé. — *Yeux* échancrés, réniformes. — *Trois petits yeux lisses.* — *Corselet* convexe. — *Ecusson* marqué de deux lignes enfoncées, transversales. — *Ailes supérieures* ayant une cellule radiale et quatre cellules cubitales, la seconde et la troisième recevant chacune une nervure récurrente, la quatrième atteignant le bout de l'aile. — *Pattes* fortes, courtes; premier article des tarses plus grand que les autres qui vont en décroissant de longueur.

Ce genre n'est composé que d'une seule espèce dont nous ignorons les mœurs.

1. Polochre ondulé, *P. repandum.*

Polochrum nigrum, luteo maculatum, abdominis segmentorum secundi, tertii quartique fasciis undulatis luteis.

Polochrum repandum. Spinol. *Ins. Ligur. fas.* 1. *pag.* 20 *et suiv. tab.* 2. *fig.* VIII *et fas.* 2. *pag.* 1. — Lat. *Gen. Crust. et Ins. tom.* 4. *pag.* 109.

Longueur 9 à 10 lig. Antennes jaunes, rayées de noir en dessus à l'exception du premier et des deux derniers articles. Tête noire, mandibules de même couleur avec une tache latérale jaune. Chaperon, une ligne brisée entre les antennes et orbite des yeux jaunes. Corselet noir avec sa ligne antérieure, l'écaille des ailes et sept taches dorsales jaunes; celles-ci placées par paires, excepté l'antérieure qui est seule; on voit une ligne arquée jaune entre les ailes et quelques taches de même couleur sur les côtés du corselet. Abdomen noir, son premier segment portant deux taches jaunes; les second, troisième et quatrième ayant en dessus une bande ondulée et en dessous deux points, de couleur jaune. Anus de même couleur. Pattes jaunes; cuisses et hanches noires tachées de jaune. Ailes jaunâtres. Femelle.

Le mâle est un peu plus petit; le sixième segment de son abdomen est jaune, bordé de noir inférieurement; il n'a point de ligne arquée entre les ailes ni de taches jaunes latérales au corselet.

Il se trouve aux environs de Gênes et dans le Piémont. Nous n'avons point vu cet insecte.

(S. F. et A. Serv.)

POLYBIE, *Polybius*. Genre de Crustacés. *Voyez* Platyonique. (Latr.)

POLYDÈME, *Polydesmus*. Lat. Léach. *Iulus*. Linn. Fab. Oliv. Lam. De Géer. *Scolopendra*. Geoff. Scopol.

Genre d'insectes de l'ordre des Myriapodes, famille des Chilognathes, établi par M. Latreille, qui l'a démembré du grand genre *Iule* de Linné, et auquel il a assigné les caractères suivans: corps linéaire, composé d'un grand nombre d'anneaux qui portent chacun, pour la plupart, deux paires de pattes. Segmens comprimés sur les côtés inférieurs, avec une saillie en forme de rebord ou d'arête au-dessus. Antennes presque filiformes, courtes, de sept articles, dont le troisième est alongé.

Les Polydèmes diffèrent des genres *Glomeris* et *Iule* par la forme du corps; ils se distinguent des *Pollyxènes* parce que ceux-ci ont le corps membraneux, très-mou et terminé par des pinceaux de petites écailles.

Les Polydèmes ont les antennes, les organes de la manducation et ceux du mouvement conformés à peu près de même que dans les Iules. Le nombre des pattes et des anneaux n'est pas aussi considérable que dans ces derniers insectes. M. Latreille a vu sur ces anneaux des apparences prononcées de stigmates, ce qui rapproche encore davantage les Polydèmes des Scolopendres. Le plan supérieur de ces segmens ressemble à une écaille presque carrée; il offre quelques inégalités.

M. Latreille a observé les organes sexuels de l'espèce la plus commune de ce pays, le *Polydesmus complanatus*, *Iulus complanatus* de Linné. Il a reconnu que ces organes occupent la place d'une paire de pattes dans les mâles, et que c'est à cette particularité que l'on doit attribuer la différence qui existe entre les descriptions que Geoffroy et De Géer font de cet insecte. Le premier lui donne soixante pattes et n'a par conséquent observé que des mâles; le second, qui n'a observé que des femelles, lui donne une paire de pattes de plus. Les organes de la génération de cet insecte sont situées à l'extrémité postérieure et inférieure du septième anneau; ils sont très-apparens, composés de deux tiges membraneuses qui s'élèvent d'une base également membraneuse et un peu velue. Ces deux tiges sont presque demi-cylindriques, convexes et lisses à leur face antérieure, concaves sur la face opposée; du sommet de chacune part un crochet écailleux, d'un jaune-clair, long, arqué du côté de la tête, avec un avancement obtus, dilaté à sa base, et une dent vers le milieu interne du même côté. M. Latreille a également cherché les parties de la femelle; il croit les avoir aperçues sous le troisième anneau et répondant à la seconde paire de pattes; elles ne s'annoncent par aucun signe extérieur.

L'*Iule aplati* s'accouple en automne; on rencontre souvent alors les sexes réunis. Leurs corps sont de la même grandeur, appliqués l'un contre l'autre par leur face inférieure, couchés sur le côté et l'extrémité antérieure du corps du mâle dépassant celui de la femelle. L'ovaire remplit une bonne portion de la cavité intérieure du corps de la femelle; il forme une espèce de boyau aboutissant à une fente placée au bout postérieur du corps.

Les Polydèmes se roulent en cercle comme les Iules; ils vivent sous les débris de végétaux, sous les pierres, dans les lieux frais et près des étangs. Ils se nourrissent, comme les Iules, de substances animales et végétales, mais mortes ou décomposées.

1. Polydème aplati, *P. complanatus*. Lat. *Gen. Crust. et Ins. tom.* 1. *pag.* 76. — Léach, *Zool. Miscell. tom.* 3. *pl.* 135.

Voyez pour la suite de la synonymie et la description le n°. 19, article Iule de ce Dictionnaire. Les Iules décrits sous les n°s. 13 et 14 appartiennent aussi à ce genre.

GLOMÉRIS, *Glomeris*. Lat. *Iulus*. Linn. Fab. Oliv. Lam. *Oniscus*. Gronov. Fab. *Armadillo*. Cuvier.

Ce genre, établi par M. Latreille aux dépens des *Iules* de Linné, a pour caractères : corps convexe en dessus, concave en dessous, composé de onze à douze segmens ou tablettes, dont le dernier beaucoup plus grand et en demi-cercle, ayant le long de chacun de ses côtés inférieurs, une rangée de petites écailles analogues aux divisions latérales des trilobites, antennes renflées vers leur sommet.

Ces insectes ressemblent assez à des Cloportes; ils ont le corps crustacé, ovale, sans appendice au bout et ils se roulent en boule. Le nombre de leurs pattes varie de seize à vingt paires suivant les espèces. Les uns font leur séjour sous des pierres, dans des terrains montueux; les autres vivent dans la mer.

1. Gloméris ovale, *G. ovalis*. Lat. *Gen. Crust. et Ins. tom.* 1. *pag.* 74. — *Hist. nat. des Crust. et des Ins. tom.* 7. *pag.* 64. *pl.* 59. *fig.* 5. 6. — *Iulus ovalis*. Linn. *Syst. Nat. edit.* 13. *tom.* 1. *pars* 2. *pag.* 1064. — *Amæn. Acad. tom.* 4. *pag.* 253. *n°.* 36. *tab.* 3. *fig.* 4. — Pison. *Hist. nat. lib.* 2. *pag.* 51.

Voyez pour la suite de la synonymie et la description le n°. 1, article Iule de ce Dictionnaire. On doit rapporter à ce genre les n°s. 4 et 6 du même article. (E. G.)

POLYDRUSE, *Polydrusus*. M. Germar a fondé ce genre de Coléoptères (*Ins. Spec. nov. vol.* 1. *Coleopt.* 1824), de la tribu des Charansonites, famille des Rhynchophores. Ses caractères sont : rostre court, cylindrique, ses fossettes commençant en dessus vers son extrémité, se courbant subitement pour se réunir en dessous au milieu du rostre. Antennes grêles, plus longues que le corselet, le premier article atteignant plus loin que les yeux, très-peu en massue, le fouet de sept articles, ceux-ci en massue, les premiers plus longs; massue ovale-oblongue. Tête oblongue, un peu cylindrique. Yeux globuleux, saillans. Corselet tronqué à sa base et à son extrémité, transverse, presque cylindrique, point échancré ni creusé en sillon en dessous à la base de la tête. Ecusson distinct. Elytres oblongues, tronquées à leur base, plus larges que le corselet, convexes après leur partie moyenne et couvrant des ailes. Pattes assez longues, presqu'égales entr'elles, les antérieures quelquefois plus longues que les autres. Cuisses en massue, rarement dentées. Jambes comprimées, à peine courbées, leur extrémité mutique. Tarses assez courts, leurs trois premiers articles trigones, presqu'égaux. Corps oblong, mou, écailleux.

Les Polydruses avoisinent les Phyllobies, mais ils en diffèrent par les antennes plus grêles et par les fossettes du rostre qui se courbent subitement en dessous. Les espèces de ce genre vivent sur les feuilles des arbres. Le Charanson ondé n°. 300 de ce Dictionnaire, le Charanson brillant n°. 431, Oliv. *Entom.* et le *Curculio picus* de Fabricius, appartiennent à ce genre. (S. F. et A. Serv.)

POLYERGUE, *Polyergus*. Lat. Spinol. *Formica*. Jur.

Genre d'insectes de l'ordre des Hyménoptères, section des Porte-aiguillon, famille des Hétérogynes, tribu des Formicaires.

La tribu des Formicaires se compose des genres Fourmi, Polyergue, Ponère, Myrmice, Œcodôme et Cryptocère. Ces trois derniers se distinguent facilement par le pédicule de leur abdomen composé de deux segmens en forme de nœuds, tandis que dans les premiers ce pédicule est formé d'une seule écaille. La présence d'un aiguillon dans les femelles, trois cellules cubitales et une nervure récurrente aux ailes supérieures, sont des caractères propres aux Ponères. Les antennes insérées près du front ainsi que les mandibules épaisses et dentelées intérieurement éloignent les Fourmis des Polyergues.

Antennes filiformes, coudées, insérées près de la bouche, de douze articles dans les femelles, de treize dans les mâles, le premier très-grand, faisant au moins le tiers de la longueur totale de l'antenne. — *Labre* grand, corné, perpendiculaire. — *Mandibules* étroites, alongées, arquées, pointues, sans dentelures. — *Palpes maxillaires* plus courts que les mâchoires, presque sétacés, de quatre ou de cinq articles, les labiaux n'en offrant distinctement que trois. — *Lèvre* très-petite. — *Tête* carrée, presque verticale. — *Yeux* petits, presque ronds. — *Trois petits yeux lisses* (dans tous les individus) disposés en triangle et placés sur le haut du front. — *Corselet* comprimé vers l'abdomen, bossu en devant, plus étroit que la tête. — *Ailes* grandes, les supérieures ayant, suivant M. Latreille, deux cellules cubitales complètes, la seconde atteignant le bord postérieur; point de nervures récurrentes. — *Abdomen* ovoïde, composé de cinq segmens outre l'anus dans les femelles, en ayant un de plus dans les mâles, le premier formant un pédicule surmonté d'une écaille épaisse et lenticulaire; point d'aiguillon. — *Pattes* de longueur moyenne; jambes munies de deux épines à leur extrémité, l'antérieure très-grande au moins dans les ouvrières. — *Trois sortes d'individus* vivant en société. Mâles, femelles fécondes (ceux-ci ailés) et ouvrières ou femelles stériles (privées d'ailes).

On trouve dans certains temps de l'année trois sortes d'individus de même espèce dans les habitations des Polyergues; des mâles et des femelles fécondes et d'autres femelles stériles que les anciens auteurs ont désignées mal-à-propos sous le nom de *neutres*, et qui le sont aujourd'hui avec plus de raison sous celui d'*ouvrières*. Mais il paroît extraordinaire à l'observateur d'y trouver des ouvrières d'une espèce différente et qui appartiennent même à un autre genre, celui de Fourmi; ces Fourmis ouvrières s'occupent de l'intérêt commun, travaillent le plus souvent seules à apporter les provisions, à les distribuer et à transporter au besoin les larves et les nymphes dans les différens étages de la fourmilière. Ce fait singulier que M. Huber fils habitant de Genève a remarqué le premier, l'engagea à observer de plus près les Polyergues, genre faisant partie de ses Fourmis amazones. Il vit avec un grand étonnement, mais sans aucun doute, que les Polyergues se procurent des auxiliaires en s'assujettissant un assez grand nombre d'individus des espèces de Fourmis que M. Latreille a décrites sous les noms de *Noir-cendrée* et de *Mineuse*. Les Polyergues vont attaquer leurs fourmilières et choisissent pour cela le moment où la chaleur du jour commence à décliner; ils y pénètrent malgré l'opposition des Fourmis, saisissent avec leurs mandibules les larves et les nymphes des seules ouvrières appartenant à ces sociétés et les transportent dans leur habitation, manœuvre qu'ils répètent plusieurs jours de suite jusqu'à ce qu'ils se soient procuré le nombre nécessaire d'auxiliaires. Ils n'en ont jamais à la fois des deux espèces citées; l'on n'y rencontre pas d'ouvrières de la *Fourmi mineuse* lorsqu'il s'y trouve des Fourmis *noir-cendrée* et réciproquement. Nous devons faire remarquer que ce sont les Polyergues ouvrières seulement qui exécutent ces expéditions et qu'ils les font en marchant par colonnes serrées. Ces larves et ces nymphes de Fourmis qu'on croiroit d'abord d'après l'instinct connu des Formicaires, devoir servir à la nourriture des Polyergues, sont au contraire soignées par eux et lorsqu'elles sont devenues insectes parfaits, ces Fourmis exécutent tous les travaux nécessaires à la société où elles ont été élevées, sans retourner à celle où elles ont pris naissance. Quoiqu'il soit certain que les Polyergues ouvrières s'exemptent ainsi du travail, ils n'en sont pas moins capables d'expéditions fatigantes comme on vient de le voir et comme il est encore prouvé par les déménagemens qu'ils font quelquefois;

quelquefois ; dans ce cas ce sont eux seuls qui transportent leur postérité et même leurs Fourmis auxiliaires dans un nouveau domicile qui est ordinairement une fourmilière abandonnée par les Fourmis *noir-cendrée*. Ces faits extraordinaires ont été revus depuis aux environs de Paris par plusieurs observateurs et particulièrement par notre célèbre compatriote, M. Latreille. La société des Polyergues dure plusieurs années. *Voyez* l'ouvrage de M. Huber intitulé : *Recherches sur les mœurs des Fourmis indigènes*, chap. 7 et 8, et l'article Fourmi de ce Dictionnaire.

On ne connoît encore qu'une seule espèce de Polyergue.

1. Polyergue roussâtre, *P. rufescens*.

Polyergus castaneo-rufus (fæmina); *niger, femorum, tibiarum tarsorumque apicibus pallidis* (mas).

Polyergus rufescens. Lat. *Gen. Crust. et Ins. tom.* 4. *pag.* 127. *pl.* 13. *fig.* 5. Ouvrière. — *Id. Hist. nat. des Fourmis, pag.* 186. *pl.* 7. *fig.* 38. Ouvrière. — Fourmi roussâtre. Hub. *Recherch. Fourm. indig. pag.* 210-260. *pl.* 2. *fig.* 1-4.

Longueur 3 à 4 lig. Femelle entièrement d'un fauve-marron pâle. Corps glabre, luisant. Yeux noirs. Mandibules brunes. Dos du corselet continu, sans enfoncement. Ailes blanches, leur point marginal et les nervures d'un roussâtre-clair.

Ouvrière. Second segment du corselet petit, rabaissé, ce qui forme un enfoncement sur le dos. Plus petite que la femelle.

Mâle. Noir, organes sexuels roussâtres. Ecaille de l'abdomen échancrée. Extrémité des cuisses, jambes et tarses pâles. Du reste semblable à la femelle. Taille de l'ouvrière.

Se trouve dans toute l'Europe.

ŒCODOME, *Œcodoma*. Lat. *Atta*. Fab. Lat. Jur. *Formica*. Linn. Fab. De Géer. Oliv. (*Encycl.*) Ross.

Genre d'insectes de l'ordre des Hyménoptères, section des Porte-aiguillon, famille des Hétérogynes, tribu des Formicaires.

Parmi les genres qui composent cette tribu, les Fourmis, les Polyergues et les Ponères ont le premier segment de l'abdomen en forme d'écaille et formant à lui seul le pédicule. Dans les Myrmices, les Œcodomes et les Cryptocères, ce pédicule est composé de deux nœuds ; mais ce dernier genre a le premier article des antennes logé dans une rainure latérale de la tête, et les palpes maxillaires des Myrmices sont longs, composés de six articles distincts. (*Voyez* Myrmice et rapportez-y les Fourmis des gazons n°. 30, tubéreuse n°. 31, et rouge n°. 14 de ce Dictionnaire.)

Antennes filiformes, coudées, entièrement découvertes, insérées près de la bouche, composées de douze articles dans les femelles, de treize dans les mâles ; le premier très-grand, faisant à lui seul au moins le tiers de la longueur totale de l'antenne. — *Labre* grand, corné, perpendiculaire. — *Mandibules* aplaties, alongées, trigones, dentelées tout le long de leur côté interne. — *Palpes* très-courts, les maxillaires n'ayant que quatre ou cinq articles distincts, les labiaux composés de deux ou trois articles. — *Tête* grosse, presqu'en cœur, échancrée postérieurement (au moins dans les femelles et les ouvrières). — *Yeux* petits, presque ronds. — *Trois petits yeux lisses* disposés en triangle dans tous les individus, les deux supérieurs rapprochés, l'inférieur éloigné et placé beaucoup plus bas dans les femelles et les ouvrières, très-rapprochés et en triangle régulier dans les mâles. — *Corselet* gros, convexe, terminé brusquement ; celui des ouvrières ayant son premier segment plus élevé, plus large que le second et sa partie postérieure comprimée latéralement. — *Ailes* grandes, les supérieures ayant une cellule radiale très-étroite, le point marginal nul, et deux cellules cubitales ; la première étroite, la seconde très-longue, presque complète, ne touchant à la première que par son angle supérieur : disque de l'aile ne formant pas de cellules ou plutôt n'en ayant qu'une qui s'avance jusqu'au bord postérieur. Point de nervures récurrentes. — *Abdomen* globuleux, composé de cinq segmens outre l'anus dans les femelles, en ayant un de plus dans les mâles, les deux premiers formant un pédicule, le premier globuleux, le second surmonté d'une écaille lenticulaire dans les femelles ; ce même segment globuleux dans les mâles, ses angles irréguliers. Un aiguillon dans les femelles et les ouvrières. — *Pattes* longues. Jambes antérieures munies d'une épine à leur extrémité. Trois sortes d'individus vivant en société ; mâles, femelles fécondes (ceux-ci ailés) et ouvrières ou femelles stériles (privées d'ailes).

M. Latreille a donné à ce genre exotique le nom d'Œcodome, tiré de deux mots grecs qui signifient : *construisant des maisons*. L'espèce appelée Céphalote porte en Amérique le nom de Fourmi de visite. (*Voyez* pour ses mœurs l'article Fourmi, tom. 6, pages 484 et 485.)

Rapportez à ce genre les Fourmis céphalote n°. 47, et six dents n°. 48 (*Encycl.*).

Nota. M. Latreille rétablit actuellement son genre Eciton publié dans l'*Histoire naturelle des Crustacés et des Insectes*. Il a le pédicule de l'abdomen composé de deux segmens. Les Fourmis crochue n°. 57 *Encycl.* (*Myrmecia hamata*. Fab.) binode n°. 27. *Encycl.* (*Formica binodis*. Fab.) et la *Formica juvenilis* de ce dernier auteur, sont de ce genre.

CRYPTOCÈRE, *Cryptocerus*. Lat. Fab. Illig. *Formica*. Linn. De Géer. Oliv. (*Encycl.*)

Genre d'insectes de l'ordre des Hyménoptères,

section des Porte-aiguillon, famille des Hétérogynes, tribu des Formicaires.

Trois genres de cette tribu ont le pédicule de l'abdomen formé de deux nœuds, ce sont les Myrmices, les Œcodomes et les Cryptocères. Les deux premiers se distinguent facilement par leurs antennes insérées entre les yeux au milieu de la face antérieure de la tête.

Antennes courtes, coudées, grossissant vers l'extrémité, insérées sur les côtés de la tête dans une rainure fort grande qui cache la base du premier article, composées de douze articles dans les femelles, de treize dans les mâles, le premier très-grand, faisant au moins le tiers de la longueur totale de l'antenne. — *Labre* grand, corné, perpendiculaire. — *Mandibules* triangulaires, denticulées au côté interne. — *Palpes maxillaires* plus courts que les mâchoires, filiformes, composés de cinq articles distincts, cylindriques, d'égale grosseur, le second plus long que les autres; palpes labiaux de quatre articles. — *Tête* grande, déprimée, presque carrée. — *Yeux* placés latéralement sous l'extrémité de la rainure de la tête. — *Yeux lisses* peu distincts. — *Corselet* comprimé à sa partie postérieure, élevé en devant dans les ouvrières, ovoïde, plan en dessus dans les femelles. — *Ailes supérieures* ayant une cellule radiale longue, étroite, appendiculée; l'appendice long, très-étroit et deux cellules cubitales, la première de longueur moyenne, anguleuse, recevant la première nervure récurrente, la seconde presque complète, n'atteignant la précédente que par son angle supérieur. Trois cellules discoïdales; l'inférieure grande, s'étendant jusqu'au bord postérieur de l'aile. — *Abdomen* ovoïdo-globuleux, composé de cinq segmens outre l'anus dans les femelles, en ayant un de plus dans les mâles; les deux premiers globuleux, anguleux, formant le pédicule; le troisième très-grand, laissant peu paroître les suivans. Un aiguillon dans les femelles et les ouvrières. — *Pattes* assez longues; jambes antérieures munies d'une épine à leur extrémité. Trois sortes d'individus vivant en société; mâles, femelles fécondes (ceux-ci ailés) et ouvrières ou femelles stériles (privées d'ailes).

Les mœurs des Cryptocères ne nous sont point connues, mais elles doivent se rapprocher de celles des Fourmis. Ce genre remarquable par la rainure latérale de sa tête, qui contient les antennes reployées dans le repos, a pris son nom de deux mots grecs qui expriment cette attitude et signifient : *cornes cachées*. Le petit nombre d'espèces connues est de l'Amérique méridionale.

Rapportez aux Cryptocères la Fourmi âtre n°. 49, *pl.* 99, *fig.* 13 du présent ouvrage, et le *Cryptocerus Pavonii*. Lat. *Gen. Crust. et Ins. tom.* 4. *pag.* 132. (S. F. et A. Serv.)

POLYGNATES. *Voyez* Quadricornes. (S. F. et A. Serv.)

POLYOMMATE, *Polyommatus*. Genre de Lépidoptères Diurnes. *Voyez* tom. 9, page 595. (S. F. et A. Serv.)

POLYPHÈME, *Polyphemus*. Mull. Lat. *Monoculus*. De Géer. Fab. *Cephaloculus*. Lam.

Genre de Crustacés de l'ordre des Branchiopodes, section des Lophyropes, extrait par Muller du grand genre Monocle de Linné, et ayant pour caractères : pieds uniquement propres à la natation, simplement garnis de poils, tantôt simples, tantôt branchus ou en forme de rames. Tête confondue avec l'extrémité antérieure du tronc; deux yeux réunis en un seul fort gros, situé à l'extrémité antérieure du corps et figurant une espèce de tête. Pieds au nombre de dix, dont les deux premiers plus grands et ressemblant à deux rames fourchues.

Le corps de ces animaux est transparent, presque crustacé, comprimé et terminé par une queue en forme de dard, avec deux soies au bout; ils nagent sur le dos et poussent l'eau avec promptitude à l'aide de leurs pieds en forme de rames. De Géer a vu une femelle accoucher de tous ses petits à la fois; ils étoient au nombre de sept.

1. Polyphème oculé, *P. oculus*. Lat. *Gen. Crust. et Ins. tom.* 1. *pag.* 20. — *Hist. nat. des Crust. et des Ins. tom.* 4. *pag.* 287. *pl.* 30. *fig.* 3. 4. 5. — *Monoculus pediculus*. Fab. — *Cephaloculus stagnarum*. Lam. *Syst. des Anim. sans vert. pag.* 170.

Voyez pour la suite de la synonymie et la description le n°. 1 de l'article Monocle de ce Dictionnaire. (E. G.)

POLYTOME, *Polytomus*. Nom donné par M. Dalman (*Analecta entomologica*, Holmiæ, 1823) à un genre d'insectes coléoptères qui répond exactement à celui de Rhipicère. *Voyez* ce mot. (S. F. et A. Serv.)

POMPILE, *Pompilus*. Fab. Lat. Jur. Panz. *Sphex*. Linn. De Géer. Ross. *Pepsis, Cryptus*. Fab. *Cryptocheilus*. Panz. révis.

Genre d'insectes de l'ordre des Hyménoptères, section des Porte-aiguillon, famille des Fouisseurs, tribu des Pompiliens.

La tribu des Pompiliens est composée des genres Pepsis, Pompile, Céropale et Apore; ce dernier seul n'a que trois cellules cubitales aux ailes supérieures. Les Pepsis ont leurs quatre palpes presqu'également longs, tandis que dans les Céropales et les Pompiles les palpes maxillaires sont beaucoup plus longs que les labiaux; mais les Céropales ont leur labre entièrement découvert, ce qui les distingue aisément des Pompiles.

D'autres genres voisins, non adoptés par M. Latreille, pourroient encore se confondre avec celui qui nous occupe : ce sont les Misques de M. Juaine et les *Salius* de Fabricius, mais dans les Misques la troisième cellule cubitale est pétiolée, et les Salius ont les mandibules sans dentelures avec le premier segment du corselet beaucoup plus long que ne l'est celui des Pompiles.

Antennes longues, presque sétacées, insérées au milieu de la face antérieure de la tête, composées d'articles cylindriques, le premier plus gros, le second petit, au nombre de douze dans les femelles, de treize dans les mâles. — *Labre* entièrement caché ou peu découvert. — *Mandibules* dentelées au côté interne. — *Mâchoires* coriaces, terminées par un petit appendice arrondi. — *Palpes maxillaires* notablement plus longs que les labiaux, pendans, de six articles, le troisième plus gros, conico-ovale; les trois derniers presqu'égaux en longueur; les labiaux de quatre articles à peu près égaux. — *Lèvre* trifide, sa division intermédiaire plus large et échancrée à son extrémité. — *Tête* comprimée, de la largeur du corselet. — *Trois petits yeux lisses* disposés en triangle sur le vertex. — *Premier* segment du corselet plus large que long, transversal, échancré postérieurement; ses côtés prolongés jusqu'à la naissance des ailes. — *Ailes supérieures* ayant une cellule radiale petite, courte; son extrémité ne s'écartant pas de la côte et quatre cellules cubitales, la première aussi longue ou plus longue que les deux suivantes réunies, la seconde recevant au-delà de son milieu la première nervure récurrente, la troisième recevant la deuxième nervure récurrente, la quatrième commencée. — *Abdomen* brièvement pédiculé, ovalaire, composé de cinq segmens outre l'anus dans les femelles, en ayant un de plus dans les mâles. — *Pattes* longues, les postérieures surtout; jambes finement dentelées à leur partie extérieure, les intermédiaires et les postérieures munies à l'extrémité de deux épines longues et aiguës, les antérieures d'une seule; tarses ciliés de poils roides, spiniformes, surtout les antérieurs; leurs crochets unidentés à la base et munis d'une petite pelotte dans leur entre-deux.

M. Latreille a fondé ce genre dans son *Précis des caractères génériques des Insectes*, sous le nom de Psammochare. Il a adopté ensuite la dénomination de Pompile que Fabricius lui avoit substituée. Les Pompiles varient beaucoup pour la taille et les couleurs. Ils n'affectent point de climats particuliers, mais ils préfèrent les localités chaudes et sablonneuses; les femelles y construisent leurs nids, ordinairement dans un trou qu'elles creusent elles-mêmes dans le sable; elles y apportent des insectes et notamment des Arachnides qu'elles ont piqués de leur aiguillon et qui serviront de nourriture à la larve qui éclôra de l'œuf toujours unique qu'elles déposent dans chaque trou. Quelques espèces font aussi leurs nids dans des trous qu'elles trouvent tout faits dans le bois. Ces hyménoptères sont très-vifs dans leurs mouvemens; lorsque les femelles cherchent leur proie, on les voit perpétuellement courir en voletant, ce que font aussi les mâles lorsqu'ils recherchent l'accouplement, ceux-ci ordinairement plus petits s'accrochent sur le dos de la femelle qui les porte ainsi long-temps avant de céder à leurs desirs. Les femelles piquent d'une manière fort prompte et leur blessure est très-douloureuse.

Les Pompiles dans l'état parfait se nourrissent du miel des fleurs, sur lesquelles on les prend quelquefois. On en connoît au moins soixante espèces.

1re. *Division.* Troisième cellule cubitale très-rétrécie vers la radiale, presqu'en triangle curviligne.

1. Pompile voyageur, *P. viaticus*.

Pompilus niger, abdominis segmentis tribus primis rubro-ferrugineis, posticè nigro marginatis.

Pompilus viaticus. Fab. *Syst. Piez. pag.* 190. *n°.* 12. — Lat. *Règn. anim. tom.* 3. *pag.* 476. — Panz. *Faun. Germ. fas.* 67. *fig.* 16. — *Sphex viatica*. Linn. *Syst. Nat.* 2. 943. 15. — De Géer, *Ins. tom.* 2. *pag.* 822. *n°.* 4. *pl.* 28. *fig.* 6.

Longueur 8 à 9 lig. Femelle. 4 à 5 lig. Mâle. Noir. Les trois premiers segmens de l'abdomen portant chacun à leur base une large bande d'un rouge-ferrugineux, échancrée postérieurement. Ailes brunes, plus foncées vers l'extrémité. Femelle.

Le mâle est beaucoup plus petit, les bandes ferrugineuses de son abdomen ne sont pas aussi visiblement échancrées que dans la femelle, et la partie antérieure de sa tête est garnie d'un duvet argenté.

Très-commun aux environs de Paris.

Nota. Geoffroy a décrit cette espèce sous le nom d'Ichneumon noir avec les trois anneaux antérieurs du ventre rougeâtres et les ailes noires, n°. 74. Mais il nous paroît qu'il y confond deux espèces, car il dit que les trois premiers articles de l'abdomen sont rougeâtres et souvent bordés d'un peu de noir. Les individus qui ont ces segmens bordés de noir appartiennent certainement au Pompile voyageur, les autres nous paroissent devoir être rapportés au Pompile brun n°. 16.

2. Pompile renflé, *P. gibbus*.

Pompilus niger, abdominis segmentis duobus primis tertiique basi ferrugineis, alis hyalinis apice fuscis.

Pompilus gibbus. Fab. *Syst. Piez. pag.* 196. *n°.* 27. — Panz. *Faun. Germ. fas.* 77. *fig.* 13. — *Sphex gibba*. Linn. *Syst. Nat.* 2. 946. 33.

Longueur 5 à 6 lig. Femelle. 3 à 4 lig. Mâle.

Noir. Devant de la tête un peu argenté. Premier et second segmens de l'abdomen ainsi que la base du troisième ferrugineux. Ailes transparentes, leur bord postérieur brun. Mâle et femelle.

Environs de Paris.

3. Pompile ruficpède, *P. rufipes.*

Pompilus niger, abdominis segmentis secundo, tertio quintoque albido utrinque maculatis.

Pompilus rufipes. Fab. *Syst. Piez. pag.* 195. *n*°. 37. — Lat. *Gener. Crust. et Ins. tom.* 4. *pag.* 64. — Panz. *Faun. Germ. fas.* 65. *fig.* 17. — *Sphex rufipes.* Linn. *Syst. Nat.* 2. 945. 29.

Longueur 6 à 7 lig. Noir. Second, troisième et cinquième segmens de l'abdomen ayant une tache latérale blanchâtre. Pattes noires, les quatre jambes postérieures et l'extrémité de leurs cuisses rougeâtres. Ailes transparentes, les supérieures ayant leur bord postérieur brun.

Midi de la France. Montpellier.

4. Pompile noir, *P. niger.*

Pompilus totus niger, alis hyalinis posticè fuscis.

Pompilus niger. Fab. *Syst. Piez. pag.* 191. *n*°. 15. — Panz. *Faun. Germ. fas.* 71. *fig.* 19.

Longueur 4. lig. Noir. Devant de la tête garni d'un duvet argenté. Ailes transparentes avec leur bord postérieur brun. Mâle.

Des environs de Paris.

2e. *Division.* Troisième cellule cubitale peu ou point rétrécie vers la radiale.

1re. *Subdivision.* Abdomen d'une seule couleur.

5. Pompile noble, *P. nobilis.*

Pompilus niger, argenteo tomentosus, alis nigro bifasciatis.

Pompilus nobilis. Fab. *Syst. Piez. pag.* 199. *n*°. 58.

Longueur 1 pouce. Antennes et pattes noires. Tête, corselet et abdomen de cette couleur, mais chargés de plaques d'un duvet argenté. Ailes transparentes, noires à l'extrémité, les supérieures ayant en outre deux bandes transverses, les inférieures une seule, de couleur noire. Femelle.

De Cayenne.

6. Pompile sanguinolent, *P. sanguinolentus.*

Pompilus niger, thoracis anticâ parte et metathorace utrinque spinoso rubris, abdominis segmentorum margine argenteo subnitenti.

Pompilus sanguinolentus. Fab. *Syst. Piez. pag.* 192. *n*°. 19.

Longueur 4 à 5 lig. Antennes, tête et pattes noires. Corselet noir, son premier segment et le métathorax rouges; celui-ci ayant un prolongement spiniforme de chaque côté postérieurement. Abdomen noir avec le bord des segmens garni d'un peu de duvet argenté. Ailes brunâtres. Femelle.

Des environs de Paris. Il n'est pas commun.

7. Pompile fenestré, *P. hircanus.*

Pompilus totus niger; alis superioribus nigro fasciatis, apicis nigri maculâ fenestratâ rotundâ lacteâ.

Pompilus hircanus. Fab. *Syst. Piez. pag.* 195. *n*°. 40. — *Pompilus hircana.* Panz. *Faun. Germ. fas.* 87. *fig.* 21.

Longueur 4 à 5 lig. Entièrement noir et luisant. Devant de la tête garni d'un peu de duvet argenté. Ailes transparentes, les supérieures ayant dans le milieu une bande transversale noire et l'extrémité de même couleur; celle-ci portant une tache ronde d'un blanc-laiteux. Femelle.

Commun aux environs de Paris. La femelle établit ordinairement son nid dans le bois.

2e. *Subdivision.* Abdomen de deux couleurs.

A. Abdomen taché.

8. Pompile varié, *P. variegatus.*

Pompilus niger, metathorace rubro, abdominis segmentorum secundi tertiique maculâ utrinque laterali, quinti lineâ dorsali albis.

Pompilus variegatus. Fab. *Syst. Piez. pag.* 191. *n*°. 17. — Panz. *Faun. Germ. fas.* 77. *fig.* 12.

Longueur 7 à 8 lig. Femelle. 5 à 6 lig. Mâle. Antennes et pattes noires. Tête noire garnie en devant d'un duvet argenté. Corselet noir, métathorax rouge. Abdomen noir avec deux taches latérales blanches sur les second et troisième segmens, et une ligne de même couleur sur le cinquième. Ailes transparentes, leur extrémité noire. Femelle.

Dans le mâle la couleur rouge du métathorax s'étend moins et la bande blanche du cinquième segment de l'abdomen manque totalement.

Du midi de la France et des environs de Paris.

9. Pompile biponctué, *P. bipunctatus.*

Pompilus niger, abdominis segmentorum secundi maculâ utrinque laterali, quinti lineâ dorsali albis.

Pompilus bipunctatus. Fab. *Syst. Piez. pag.* 195. *n*°. 38. — Lat. *Gener. Crust. et Ins. tom.* 4. *pag.* 64. — Panz. *Faun. Germ. fas.* 72. *fig.* 8. — *Cryptus tripunctator.* Fab. *Syst. Piez. pag.* 86. *n*°. 67. — *Ichneumon tripunctator.* Coqueb. *Illust. Icon. tab. III. fig.* 10. Mâle et femelle.

Longueur 3 à 7 lig. Antennes, tête et corselet,

noirs. Abdomen noir avec deux points latéraux blancs sur le second segment et une ligne de même couleur sur le quatrième. Ailes brunes, leur extrémité plus foncée. Pattes noires, cuisses de la dernière paire rougeâtres, avec leurs deux extrémités noires. Base des jambes de la même paire et cuisses intermédiaires ayant quelquefois un peu de rouge. Femelle.

Commun aux environs de Paris.

Nota. Nous avons sous les yeux un assez grand nombre d'individus des deux sexes voisins de cette espèce; ils en diffèrent, ainsi qu'ils le font entr'eux, par le nombre et la position des taches de l'abdomen et par les portions des pattes intermédiaires et postérieures plus ou moins rouges. Quelques-uns ont du blanc à l'orbite des yeux et des lignes de même couleur au bord des épaulettes. Nous ignorons si ce sont des espèces ou seulement des variétés.

10. Pompile quadriponctué, *P. quadripunctatus.*

Pompilus niger luteo varius, abdominis segmentorum secundi, tertii, quarti quintique basi in medio interruptâ albidâ.

Pompilus quadripunctatus. Lat. *Dict. d'Hist. nat.* 2e. *édit.* — *Pompilus octopunctatus.* Panz. *Faun. Germ. fas.* 76. *fig.* 17. — *Pepsis quadripunctata.* Fab. *Syst. Piez. pag.* 215. *n°.* 39.

Longueur 10 à 12 lig. Antennes jaunes, brunes à l'extrémité. Tête noire. Mandibules d'un jaune-fauve au milieu, deux taches sur le chaperon et orbite des yeux d'un jaune-fauve. Corselet noir avec le bord postérieur du premier segment, l'écaille des ailes, une tache dorsale et une autre sur l'écusson, jaunes. Abdomen noir; ses second, troisième, quatrième et cinquième segmens ayant à leur base une bande blanchâtre, interrompue dans son milieu. Ailes jaunes, leur extrémité brune. Pattes jaunes, hanches noires, cuisses de même couleur avec l'extrémité jaune. Femelle.

Variété femelle. Une bande jaune à la base de l'anus.

Midi de la France, Italie, Espagne.

B. Abdomen fascié.

11. Pompile des tropiques, *P. tropicus.*

Pompilus niger, abdominis segmenti secundi basi latâ posticè emarginatâ, testaceo-ferrugineâ.

Pompilus tropicus. Fab. *Syst. Piez. pag.* 194. *n°.* 33. — *Sphex tropica.* Linn. *Syst. Nat.* 2. 945. 27.

Longueur 1 pouce. Antennes, corps et pattes d'un noir-mat. Base du second segment de l'abdomen formant une large bande d'un testacé-ferrugineux, échancrée postérieurement. Ailes totalement brunes.

Amérique méridionale.

12. Pompile annulé, *P. annulatus.*

Pompilus capite luteo, (maris vertice nigro), thorace fusco, testaceo vario, abdominis lutei segmento primo nigro, cæteris margine postico fusco-nigris.

Pompilus annulatus. Fab. *Syst. Piez. pag.* 197. *n°.* 55. — Lat. *Gener. Crust. et Ins. tom.* 4. *pag.* 64. — Panz. *Faun. Germ. fas.* 76. *fig.* 16. — *Cryptocheilus annulatus.* Panz. révis. — Coqueb. *Illust. Icon. tab. XII. fig.* 4. Femelle.

Longueur 15 à 16 lig. Antennes et tête d'un jaune-fauve. Corselet brun, sa partie antérieure et quelques traits sur le dos, de couleur fauve. Ecusson taché de cette même couleur. Premier segment de l'abdomen noir, les autres jaunes avec leur bord postérieur d'un brun-noirâtre. Ailes fauves, les supérieures ayant l'extrémité brune. Pattes testacées. Hanches, base des cuisses et extrémité des tarses, d'un brun-noirâtre. Femelle.

Dans le mâle la partie supérieure de la tête est noire et les tarses postérieurs sont presqu'entièrement de cette couleur.

D'Espagne et d'Italie. On le trouve aussi dans nos départemens méridionaux.

13. Pompile jaune, *P. flavus.*

Pompilus capite testaceo-nigro, thoracis testaceo-nigri lateribus fuscis, abdominis nigricantis segmenti primi punctis duobus, secundique basi luteo-testaceis.

Pompilus flavus. Fab. *Syst. Piez. pag.* 197. *n°.* 52.

Longueur 14 à 15 lig. Antennes, tête et corselet d'un jaune-testacé, les côtés et le dessous de celui-ci plus bruns. Abdomen d'un brun-noirâtre, ayant deux points sur son premier segment, la base du second et l'anus d'un jaune-testacé. Ailes fauves, brunes à l'extrémité. Pattes d'un jaune-testacé avec les hanches, la base des cuisses et l'extrémité des tarses brunes. Femelle.

Des Indes orientales.

14. Pompile rouge, *P. coccineus.*

Pompilus niger, metathorace utrinque trispinoso abdominisque segmenti primi fasciâ et secundi basi posticè emarginatis latè ferrugineis.

Pompilus coccineus. Fab. *Syst. Piez. pag.* 191. *n°.* 18.

Longueur 8 lig. Antennes, tête et pattes noires. Corselet noir, métathorax d'un rouge-ferrugineux, portant de chaque côté trois petites épines. Abdomen noir, son premier segment ayant une bande d'un rouge-ferrugineux, échancrée en dessus et en dessous. Base du second segment portant une bande de même couleur échancrée postérieurement dans son milieu. Ailes brunes. Femelle.

Environs de Paris. Rare.

15. POMPILE vitré, *P. exaltatus*.

Pompilus niger, abdominis segmentis duobus primis ferrugineis, alis hyalinis, apicis fusci maculâ subrotundâ albâ.

Pompilus exaltatus. FAB. *Syst. Piez. pag.* 195. *n°.* 41. — PANZ. *Faun. Germ. fas.* 86. *fig.* 10.

Longueur 4 à 6 lig. Antennes, tête, corselet et pattes de couleur noire. Abdomen de même couleur avec ses deux premiers segmens ferrugineux, le troisième participant quelquefois plus ou moins de cette couleur. Ailes transparentes, leur extrémité brune, renfermant dans les supérieures une tache arrondie d'un blanc-laiteux. Femelle.

Environs de Paris.

16. POMPILE brun, *P. fuscus.*

Pompilus niger, abdominis segmentis duobus primis ferrugineis, alis hyalinis uniformitèr subfuscescentibus.

Pompilus fuscus. FAB. *Syst Piez. pag.* 189. *n°.* 11. — LAT. *Dict. d'Hist. nat.* 2e. *édit.* — PANZ. *Faun. Germ. fas.* 65. *fig.* 15. — *Sphex fusca*. LINN. *Syst. Nat.* 2. 944. 16. — DE GÉER, *Ins. tom.* 2. *pag.* 830. *n°.* 6. *pl.* 28. *fig.* 16.

Longueur 4 à 6 lig. Antennes, tête, corselet et pattes de couleur noire. Abdomen de même couleur, ses deux premiers segmens ferrugineux, le troisième participant toujours, mais plus ou moins, de cette couleur, surtout dans le mâle. Ailes d'une couleur uniforme, transparentes, très-peu enfumées. Mâle et femelle.

Très-commun aux environs de Paris.

Nota. Comme nous l'avons dit plus haut au n°. 1, Geoffroy nous paroît avoir confondu cette espèce avec le Pompile voyageur.

(S. F. et A. SERV.)

POMPILIENS, *Pompilii*. Troisième tribu de la famille des Fouisseurs, section des Porte-aiguillon, ordre des Hyménoptères. Elle présente les caractères suivans :

Pattes postérieures longues. — *Antennes* filiformes ou sétacées, souvent roulées ou très-arquées dans les femelles, composées d'articles alongés. — *Abdomen* ovoïde ou ovalaire, tenant au corselet par un filet très-court. — *Mâchoires* et lèvres droites, de longueur moyenne. — *Segment antérieur* du tronc en carré transversal ou longitudinal; son bord postérieur presque droit, s'étendant jusqu'à l'origine des ailes.

Cette tribu contient quatre genres : Pepsis, Pompile, Céropale et Apore.

CÉROPALE, *Ceropales*. LAT. FAB. JUR. PANZ. SPINOL. *Pompilus*. PANZ. *Evania*. OLIV. (*Encycl.*) Ross.

Genre d'insectes de l'ordre des Hyménoptères, section des Porte-aiguillon, famille des Fouisseurs, tribu des Pompiliens.

Cette tribu renferme quatre genres : Apore, Céropale, Pompile et Pepsis. Le premier n'a que trois cellules cubitales aux ailes supérieures, les Pepsis ont leurs quatre palpes presqu'également longs et dans les Pompiles le labre est inséré sous le chaperon, de manière qu'il est presqu'entièrement caché. *Voyez* PEPSIS.

Antennes filiformes, presque droites dans les deux sexes, assez épaisses, insérées au milieu de la face antérieure de la tête, composées de douze articles dans les femelles, de treize dans les mâles. — *Labre* presque trigone, un peu obtus à l'extrémité, inséré sur le bord antérieur du chaperon, entièrement découvert. — *Mandibules* ayant une dent aiguë au-dessous de leur extrémité. — *Mâchoires* terminées par un lobe ovale, un peu coriace. — *Palpes maxillaires* sensiblement plus longs que les labiaux, pendans, composés de six articles, le troisième plus gros, conico-ovale, les trois derniers presqu'également longs; palpes labiaux de quatre articles à peu près égaux entr'eux. — *Lèvre* à trois divisions courtes, presqu'égales en longueur, l'intermédiaire plus large. — *Tête* comprimée, assez épaisse vue en dessus, de la largeur du corselet. — *Trois petits yeux lisses* disposés en triangle sur la partie antérieure du vertex. — *Premier segment* du corselet transversal, ses côtés prolongés jusqu'à la naissance des ailes. — *Ailes supérieures* ayant une cellule radiale, son extrémité ne s'écartant pas de la côte et quatre cellules cubitales, la première un peu plus longue que la seconde, celle-ci presqu'en carré long, recevant la première nervure récurrente, la troisième très-rétrécie vers la radiale, recevant la deuxième nervure récurrente, la quatrième atteignant presque le bout de l'aile. — *Abdomen* ovale, rétréci sensiblement à sa base. — *Pattes* de longueur moyenne, les postérieures plus longues; jambes intermédiaires et postérieures peu dentées extérieurement, munies à leur extrémité de deux épines aiguës, l'intérieure plus longue; jambes antérieures n'en ayant qu'une : tarses peu ou point ciliés; crochets petits, munis d'une forte pelotte dans leur entre-deux.

Les Céropales femelles ont la partie inférieure de l'anus prolongée au-delà de la partie supérieure, comprimée, ne se terminant pas en pointe, creusée en dessus en gouttière étroite. On aperçoit souvent au-dessus, sortant de l'anus, un tube dont l'extrémité est presque mousse, et que nous considérons comme un pondoir. Nous ne savons si l'aiguillon sort de ce tube ou bien de l'anus. Les Céropales n'ont point les tarses antérieurs propres à fouir, leurs jambes postérieures ont trop peu de dentelures et d'épines pour qu'ils puissent transporter aucune proie; aussi la nature ne leur a-t-elle point donné cette tâche. Ils sont parasites des Sphex, des Pompiles, des Mellines et autres vrais Fouisseurs; leurs larves vivent des provisions destinées par ceux-ci à leur postérité. Nous avons vu souvent les femelles de Céropales entrer à reculons dans le nid des hyménoptères que nous venons de nommer, ce qui selon nous est une marque certaine qu'elles y alloient déposer leurs œufs. Ce genre contient peu d'espèces. Leur taille est assez petite. On les prend quelquefois sur les fleurs.

Rapportez à ce genre l'Evanie maculée n°. 3 de ce Dictionnaire. Panzer a représenté ce Céropale, *fas.* 72? *fig.* 9, sous le nom de *Pompilus frontalis*. Il varie pour la grandeur. Le mâle est ordinairement plus petit que la femelle et n'en diffère point pour les couleurs. Cette espèce est commune aux environs de Paris.

APORE, *Aporus*. Spinol. Lat.

Genre d'insectes de l'ordre des Hyménoptères, section des Porte-aiguillon, famille des Fouisseurs, tribu des Pompiliens.

Les trois genres qui composent cette tribu avec celui d'Apore sont distingués de ce dernier par leurs ailes supérieures, qui ont quatre cellules cubitales. *Voyez* Pompile.

Antennes filiformes, de douze articles dans les femelles, de treize dans les mâles, le premier assez gros, le second plus long proportionnellement que dans les Pompiles, le troisième environ deux fois aussi long que le précédent, les autres cylindriques. — *Mandibules* fortes, arquées, bidentées au côté interne. — *Mâchoires* cornées. — *Palpes maxillaires* beaucoup plus longs que les labiaux, de six articles, les trois premiers assez gros, les autres minces, presque cylindriques. Palpes labiaux de quatre articles. — *Lèvre* membraneuse, à trois divisions, les latérales plus courtes, linéaires; menton corné, entier. — *Tête* comprimée, de la largeur du corselet. — *Trois petits yeux lisses* disposés en triangle sur le vertex. — *Premier segment* du corselet transversal. — *Ailes supérieures* ayant une cellule radiale extrêmement petite, son extrémité pointue ne s'écartant pas de la côte et trois cellules cubitales, la première plus grande que la seconde, pointue à ses deux extrémités, la seconde très-rétrécie vers la radiale, recevant les deux nervures récurrentes, la troisième très-grande, incomplète. — *Abdomen* brièvement pédiculé, ovalaire, composé de cinq segmens outre l'anus dans les femelles, en ayant un de plus dans les mâles. — *Pattes* assez longues, les dernières surtout; jambes dentelées à leur partie extérieure, les intermédiaires et les postérieures munies à leur extrémité de deux épines dont l'intérieure plus longue; jambes antérieures n'en ayant qu'une seule; tarses ciliés de poils roides, spiniformes, ceux de devant surtout. Crochets ne paroissant point dentés, munis d'une très-petite pelotte dans leur entre-deux.

M. Spinola qui a fondé ce genre adopté depuis par M. Latreille, en décrit deux espèces d'Europe. Leurs mœurs doivent ressembler à celles des Pompiles.

1. Apore bicolor, *A. bicolor.*

Aporus ater, abdominis segmentis anterioribus saturatè rubris.

Aporus bicolor. Spinol. *Ins. Ligur. fas.* 2. *pag.* 34. *n°.* 31. — Lat. *Gener. Crust. et Ins. tom.* 4. *pag.* 64.

Longueur 4 lig. Noir. Devant de la tête et côtés du corselet garnis d'un duvet très-court, argenté. Abdomen ayant ses trois premiers segmens d'un rouge-ferrugineux, leur bord postérieur quelquefois plus brun. Femelle.

Il se trouve aux environs de Gênes et dans le midi de la France. (S. F. et A. Serv.)

PONÈRE, *Ponera*. Lat. Illig. *Formica*. Linn. De Géer. Fab. Oliv. (*Encycl.*) *Myrmecia*. Fab.

Genre d'insectes de l'ordre des Hyménoptères, section des Porte-aiguillon, famille des Hétérogynes, tribu des Formicaires.

Parmi les genres de la tribu des Formicaires qui sont: Fourmi, Polyergue, Ponère, Myrmice, Œcodome et Cryptocère, on distingue facilement les trois derniers au pédicule de l'abdomen composé de deux segmens en forme de nœuds; le défaut d'aiguillon et deux cellules cubitales seulement aux ailes supérieures, caractérisent les Fourmis et les Polyergues et les séparent des Ponères.

Antennes filiformes, coudées, insérées au-dessous du milieu de la face antérieure de la tête, composées de douze articles dans les femelles, de treize dans les mâles, le premier très-long, faisant au moins le tiers de la longueur de l'antenne. — *Labre* presque nul. — *Mandibules* (des ouvrières) étroites, alongées en forme de pinces ou bien larges et trigones. — *Palpes maxillaires* courts, presque sétacés, de quatre à cinq articles; les labiaux de quatre. — *Chaperon* triangulaire. — *Corselet* un peu comprimé latéralement. — *Ailes* grandes, les supérieures ayant, suivant M. Latreille, trois cellules cubitales complètes, les deux premières petites, presque carrées, la troisième alongée, atteignant le bout de l'aile, la seconde recevant une nervure récurrente. —

Abdomen composé de cinq segmens outre l'anus dans les femelles, en ayant un de plus dans les mâles, le premier formant un pédicule et ressemblant à une écaille ou à un nœud. — *Un aiguillon* dans les femelles. — *Pattes* de longueur moyenne. *Trois sortes d'individus* vivant en société, mâles et femelles fécondes (ceux-ci ailés) et ouvrières ou femelles stériles (privées d'ailes). M. Latreille a créé ce genre dont les mœurs ne diffèrent pas essentiellement de celles des Fourmis. Il y réunit aujourd'hui celui d'Odontomaque, et y forme deux divisions dont la première équivaut à ce dernier genre. Le nom de Ponère vient d'un mot grec qui signifie : *méchant* ou *travailleur*. Les espèces sont peu nombreuses et habitent diverses parties du monde. On n'en a encore trouvé qu'une seule aux environs de Paris. Les couleurs ordinaires de ces hyménoptères sont le brun et le roux.

1re. *Division*. Mandibules des ouvrières étroites, alongées en forme de pinces. (Ecaille du pédicule de l'abdomen ordinairement pyramidale et portant une pointe aiguë, spiniforme.)

1. Ponère chélifère, *P. chelifera*.

Ponera corpore elongato, angusto, fusco, capite magno; mandibulis longis, linearibus, ad apicem dentatis, dentibus validis.

Ponera chelifera. Lat. *Gen. Crust. et Ins. tom.* 4. *pag.* 128. — Fourmi chélifère. Lat. *Hist. nat. des Fourmis, pag.* 188. *pl.* 8. *fig.* 51. Ouvrière.

Longueur 8 lig. Corps très-étroit, alongé, d'un brun-marron foncé, finement strié. Tête grande, en carré long, plus large que le corselet, ayant à sa partie antérieure une proéminence qui porte en devant une petite cavité; deux petits sillons près du côté interne des yeux allant se réunir vers le milieu de la tête en un seul qui aboutit au bord postérieur. Yeux petits, ovales, noirs, avec un petit enfoncement derrière chacun d'eux. Mandibules très-dentées à l'extrémité. Corselet et écaille de l'abdomen d'un brun plus clair, celle-ci terminée au-dessus de sa partie antérieure en une pointe très-aiguë, un peu recourbée. Abdomen légèrement pubescent vers l'anus. Ouvrière.

Patrie inconnue.

2. Ponère hématode, *P. hæmatoda*.

Ponera hæmatoda. Lat. *Gener. Crust. et Ins. tom.* 4. *pag.* 128. — Fourmi hématode. Lat. *Hist. nat. des Fourmis, pag.* 192. — *Myrmecia hæmatoda*. Fab. *Syst. Piez. pag.* 427. *n°.* 7.

Voyez pour la description et les autres synonymes, Fourmi hématode n°. 58.

Nota. Il faut encore rapporter à cette division la Ponère à une épine (*Myrmecia unispinosa*. Fab. *Syst. Piez. pag.* 423. *n°.* 1.)

2e. *Division*. Mandibules des ouvrières larges, trigones.

3. Ponère armée, *P. aculeata*.

Ponera clavata. Lat. *Gener. Crust. et Ins. tom.* 4. *pag.* 128. — *Formica clavata*. Fab. *Syst. Piez. pag.* 410. *n°.* 61. — *Formica spininoda*. Lat. *Hist. nat. des Fourmis, pag.* 207. *pl.* 7. *fig.* 45.

Voyez pour la description Fourmi armée n°. 42.

4. Ponère resserrée, *P. contracta*.

Ponera corpore elongato, subcylindrico, fusco, oculis subnullis, antennis pedibusque luteo-fuscis.

Ponera contracta. Lat. *Gener. Crust. et Ins. tom.* 4. *pag.* 128. — Fourmi resserrée. Lat. *Hist. nat. des Fourmis, pag.* 195. *pl.* 7. *fig.* 40. Ouvrière.

Longueur 2 lig. Femelle. Corps d'un brun-foncé. Antennes grossissant un peu vers l'extrémité, d'un brun-jaunâtre ainsi que les pattes. Yeux petits, mais distincts. Ailes transparentes, nervures jaunâtres, point marginal d'un brun clair.

Ouvrière. Plus petite que la femelle. Yeux à peine apparens.

Mâle. Antennes filiformes. Tête plus large que le corselet, mandibules sans dentelures distinctes. Corselet presque cylindrique, un peu plus gros en devant, sans enfoncement. Ecaille de l'abdomen épaisse, comprimée transversalement. Second segment de l'abdomen un peu alongé, séparé du troisième par un petit étranglement. Anus roussâtre.

Rare aux environs de Paris. Vit en société peu nombreuse sous les pierres ou entre les racines des plantes. Elle paroît craindre le jour.

Nota. Rapportez à cette division les Ponères crassinode et tarsière, Lat. *Gener. Crust. et Ins. tom.* 4. *pag.* 128. (*Form. crassinoda* et *tarsata*. Fab.) et encore la Ponère apicale. Lat. *idem*. (Fourmi apicale. *Hist. nat. des Fourmis, pag.* 204. *pl.* 7. *fig.* 42. a. Ouvrière.)

Les *Lasius albipennis* et *pallipes* de Fab. sont des mâles de Ponères. (S. F. et A. Serv.)

PONTIE, *Pontia*. Genre de Lépidoptères Diurnes établi par Fabricius, et qui paroît être le même que celui de Piéride de Schranck et de M. Latreille. *Voyez* Papillon, pag. 10.

(S. F. et A. Serv.)

PONTOPHILE, *Pontophilus*. M. Léach donne ce nom (*Malacost. Podophth. Brit. fas.*) à un genre de Crustacés de l'ordre des Décapodes, famille des Macroures, tribu des Salicoques. Ce genre ne diffère de celui des *Crangons*, que par les

les longueurs relatives des deux derniers articles des pieds-mâchoires extérieurs et du premier article du pédoncule des antennes inférieures. Dans les Pontophiles, cet article se prolonge au-delà du milieu de la longueur de l'écaille annexée au pédoncule ; le dernier article des pieds-mâchoires extérieurs est presqu'une fois plus long que le précédent, et pointu. Dans les *Crangons*, il est de sa longueur et obtus. Le premier article des antennes est plus court.

M. Risso avoit établi ce genre sous le nom d'*Egeon*, dans son *Histoire naturelle des Crustacés de Nice*. On doit, à l'exemple de M. Latreille, réunir les Pontophiles aux Crangons, et nous allons en traiter à ce mot, qui n'a pas été fait dans ce Dictionnaire.

CRANGON, *Crangon*. Fab. Lam. Lat. Ce genre a été établi par Fabricius, et conservé par M. Latreille avec ces caractères : antennes latérales situées au-dessous des mitoyennes et recouvertes à leur base par une grande écaille annexée à leur pédoncule ; antennes mitoyennes ou supérieures à deux filets ; les deux pieds antérieurs terminés par une main renflée, à un seul doigt ; l'intérieur, ou celui qui est immobile, simplement avancé en manière de dent ; la seconde paire de pieds filiforme, coudée et repliée sur elle-même dans le repos, terminée par un article bifide, mais à divisions peu distinctes ; prolongement antérieur du test, ou le bec, très-court.

Les Crangons diffèrent essentiellement des Alphées par le doigt inférieur ou immobile des deux premiers pieds et par ceux de la seconde paire qui sont coudés et filiformes. Ils s'éloignent des Palémons par les deux filets des antennes mitoyennes, par la petitesse du prolongement antérieur de leur carapace et par la manière dont se terminent les deux premières paires de pattes. Ces Crustacés ont un test incolore ou tirant un peu sur le vert, marqué souvent d'une infinité de points et de lignes noires. Ces couleurs changent singulièrement lorsqu'on les cuit ou quand on les plonge dans l'esprit-de-vin. Alors ils se colorent en rouge. Les Crangons ont des mouvemens très-brusques. Ils nagent ordinairement sur le dos et frappent l'eau avec leur abdomen, qu'ils replient contre leur thorax et qu'ils distendent ensuite avec beaucoup de force. On les trouve communément sur nos côtes dans les endroits sablonneux, où nos pêcheurs en prennent en grande quantité dans leurs filets et s'en servent quelquefois comme d'amorce pour attirer plusieurs poissons riverains qui s'en nourrissent. On les confond quelquefois avec les Chevrettes : on les nomme indistinctement *Crevettes de mer*, *Chevrettes*, *Cardons*, et on les sert aussi sur nos tables, mais leur chair n'est pas aussi délicate que celle des Chevrettes proprement dites, qui appartiennent au genre *Palémon*. Voyez ce mot.

1. Crangon vulgaire, *C. vulgaris*.

Testâ lævi ; rostro brevi, edentulo.

Crangon vulgaris. Fab. *Suppl. Entom. Syst. pag.* 410. — Crangon vulgaire. Lat. *Hist. nat. des Crust. et des Ins. tom.* 6. *pag.* 267. *pl.* 55. *fig.* 1. 2. — *Gen. Crust. et Ins. tom.* 1. *pag.* 55. — *Cancer crangon*. Linn. *Syst. Nat. ed.* 13. *tom.* 1. *pars* 2. *pag.* 1052. — *Faun. Suec. ed.* 2. *n°.* 2038. — Roes. *Ins. tom.* 3. *tab.* 63. *fig.* 1. 2. — Bast. *Subs. tom.* 2. *pag.* 27. *tab.* 3. *fig.* 1. 2. — Herbst, *Canc. tab.* 29. *fig.* 3. 4.

Cette espèce est fort petite ; la pointe antérieure de son test, qui est lisse, est très-courte et sans dents. Il est fort commun sur nos côtes.

Le *Crangon boréal* (*C. boreas*), décrit et représenté par Phipps dans son *Voyage au Nord*, planche 11, fig. 1, est le plus grand de ceux que l'on connoît. Herbst (*Canc. tab.* 39. *fig.* 2.) a copié cette figure. Le *Crangon épineux* (*C. spinosus* de Léach) se trouve sur les côtes méridionales d'Angleterre. Enfin, nous citerons les deux espèces que Risso décrit dans son *Histoire des Crustacés de Nice*, pag. 81. — La première est son *Cangon fascié* (*C. fasciatus*), qu'il représente tab. 3, fig. 5. Il sembleroit appartenir, suivant M. Latreille, à un autre genre. La seconde espèce n'est pas figurée ; il lui a donné le nom de *Crangon ponctué de rouge* (*C. rubro punctatus*). L'une et l'autre de ces espèces se trouvent sur les bas-fonds, dans la mer de Nice. (E. G.)

PORCELET. *Voyez* Cloporte.

PORCELET DE SAINT-ANTOINE. Dénomination vulgaire du *Cloporte*. Voyez ce mot.

PORCELLANE, *Porcellana*. Lat. Lam. Bosc. Léach. Risso. *Cancer*. Linn. Fab. Oliv.

Genre de Crustacés de l'ordre des Décapodes famille des Macroures, section des Anomaux, établi aux dépens du genre *Cancer* de Linné, et adopté par M. Latreille, qui lui donne pour caractères (*Règne animal de Cuvier*, tom. 3) : queue repliée en dessous, presque comme les Brachyures ; tronc presque carré ; antennes mitoyennes retirées dans leurs fossettes ; serres ovales ou triangulaires.

Ces Crustacés qui, à la première inspection, paroissent appartenir à la famille des Brachyures, et qui en effet ont été placés avec les Crabes par Fabricius et d'autres naturalistes, sont très-voisins des Galathées, genre de Macroures ; ils leur ressemblent par les antennes, les pattes, et surtout par la manière dont se termine la queue ; mais ils s'en distinguent par la forme et les proportions du corps, par les antennes intermédiaires et par les pieds-mâchoires extérieurs, qui ont plus de rapport avec ceux des Brachyures qu'avec ceux des Galathées. Le corps des Porcellanes est presqu'orbiculaire, un peu rétréci en pointe à son extrémité antérieure et aplati; la queue est plus courte que le test, entièrement repliée sous la poitrine, comme celle des Brachyures, et divisée à son extrémité postérieure, en manière de compartimens, par des lignes enfoncées; elle a deux petites lames foliacées, ou nageoires portées sur un article commun, situées de chaque côté, près de l'extrémité postérieure de cette queue, et cachées en partie sous son dernier segment qui est arrondi et échancré. Le dessous de la queue des mâles offre des appendices qui dépendent des organes sexuels; celle des femelles porte en dessous quatre paires de filets ovigères. Les deux pattes antérieures sont en forme de serres terminées par une pince didactyle, dont le pouce ou le doigt mobile est intérieur; les six suivantes sont onguiculées et les deux dernières sont petites, filiformes, mutiques, repliées de chaque côté du test et cachées ou peu apparentes. Les antennes latérales sont insérées au côté extérieur des yeux, elles sont sétacées et longues; les intermédiaires sont très-petites, semblables à celles des Crustacés brachyures, et logées entre les yeux dans deux cavités longitudinales et sous-frontales. Leurs yeux sont portés sur un pédicule fort court et logés dans des fossettes arrondies, de chaque côté du bord antérieur du test, dont l'espace qui est compris entr'eux s'avance un peu en pointe le plus souvent bifide ou tridentée.

On ne sait presque rien des habitudes des Porcellanes; seulement Risso dit qu'elles sont foibles et timides, et qu'elles restent dans le jour cachées sous les pierres des bords de la mer; elles n'en sortent que pendant la nuit pour chercher leur nourriture. Suivant cet auteur, elles pondent leurs œufs dans le sable graveleux baigné par les flots. Ce naturaliste (*Hist. des Crustacés de Nice*) s'est trompé en prenant les deux Cancres velus, figurés par Rondelet, pour deux espèces de Porcellanes: l'un doit être rapporté au *Cancer spinifrons* de Fabricius, et l'autre peut-être à son *Cancer hirtellus*. Il mentionne dans cet ouvrage trois espèces de Porcellanes, dont deux lui ont paru nouvelles. Le *Cancer sexpes* de Fabricus appartient au genre Porcellane; on doit peut-être y rapporter aussi sa Leucosie *planata*.

PORCELLANE large pince, *P. platycheles*. LAT. LAM. LEACH.

PORCELLANE longicorne, *P. longicornis*.

PORCELLANE à six pattes, *P. hexapus*. LAT. *Gen. Crust. et Ins. tom.* 1. *pag.* 49.—*Hist. nat. des Crust. et des Ins. tom.* 6. *pag.* 75.—*Voyez* pour la suite de la synonymie et pour les descriptions de ces trois espèces, les nos. 19, 25, 27, à l'article CRABE de ce Dictionnaire.

PORCELLANE galathine, *P. galathina*.

Testâ striatâ, brachiis basi dentatis, manibus villosis. Bosc, *Hist. nat. des Crust. tom.* 1. *pag.* 233. *pl. VI. fig.* 2. — LAT. *Hist. nat. des Crust. et des Ins. tom.* 6. *pag.* 76.

Corselet aplati, ovale, tronqué en arrière, couvert de stries transversales irrégulières, d'où sortent des poils extrêmement courts, égaux et toujours dirigés en avant. Front un peu saillant, accompagné de deux épines de chaque côté, entre et au-dessus desquelles est la cavité des yeux; de la base de la dernière et au-dessous sortent les grandes antennes, composées, autant qu'on a pu en juger, de trois articles; les deux premiers très-gros et très-courts, et le dernier très-long, sétacé et subdivisé en une très-grande quantité d'articulations. Yeux très-gros, portés sur de courts pédicules; pièces extérieures fermant la bouche, très-longues et se repliant sur elles-mêmes; queue très-large, velue; pinces aplaties, larges, avec le troisième article fortement denté au côté intérieur. Main sans épines et doigts sans dents. Les deux premières paires de pattes plus courtes que les pinces et onguiculées; la dernière encore plus courte, extrêmement relevée sur le dos, avec le dernier article sans ongle; tarses et pinces velus, et composés d'écailles disposées de la même manière que les stries du corselet.

Cette espèce vit aux Antiles; elle a été rapportée par Maugé.

La *Porcellana anisocheles* de Latreille vit dans les mers d'Europe. (E. G.)

PORCELLION, *Porcellio*. LAT. *Oniscus*. LINN. GEOFF. FAB. OLIV. CUV. LAM.

Genre de Crustacés de l'ordre des Isopodes, section des Ptérygibranches, établi par M. Latreille aux dépens du genre *Cloporte* (1), (*voyez* ce mot), et ne différant de ce genre que par leurs antennes qui n'ont que sept articles, tandis que celles des Cloportes en ont huit. Ces insectes ont absolument les mêmes mœurs que les Cloportes, et nous renvoyons à cet article pour ce qui concerne cette partie de leur histoire: seulement on a observé depuis que les appendices de la queue des Porcellions, ou du moins deux d'entr'eux, laissent échapper une liqueur visqueuse que l'on peut tirer à plusieurs lignes de distance; ils paroissent être des sortes de filières. Dans les mâles, les petites pièces ou valvules qui recouvrent, sur

(1) Le grand genre Cloporte (*Oniscus*) de Linné, forme, *Règne animal de Cuvier*, tome III, la troisième section des Isopodes, celle des PTÉRYGIBRANCHES (*voyez* ce mot), où nous donnons les caractères des genres qu'elle comprend.

deux rangs, le dessous de la queue, sont plus longues que dans les femelles, et terminées en pointe alongée. Les appendices latéraux du bout de la queue sont aussi plus longs.

1. PORCELLION rude, *P. scaber*. LAT. *Oniscus asellus*. CUV. *Journal d'Hist. nat. XXVI. 9. Var. C. du Cloporte ordinaire*. GEOFF. *Voyez* pour la synonymie et la description le n°. 1, art. CLOPORTE de ce Dictionnaire. (E. G.)

PORTE-AIGUILLON, *Aculeata*. Seconde section de l'ordre des Hyménoptères, dont le caractère est :

Point de tarière.—*Abdomen* ayant un aiguillon intérieur ou des glandes renfermant un acide particulier dans les femelles, soit fécondes, soit stériles.

Cet aiguillon est composé de trois pièces; il est caché et rétractile. Dans quelques Formicaires il n'existe pas, mais alors les femelles éjaculent une liqueur acide renfermée dans des glandes spéciales placées vers l'anus.

Les Porte-aiguillon ont toujours les antennes composées de treize articles dans les mâles et de douze dans les femelles. Si l'apparence porte à croire dans quelques espèces qu'il y a moins d'articles, on ne doit point regarder cette anomalie apparente comme une réalité, elle ne provient que de l'emboîtement des derniers articles dans l'un des intermédiaires. L'abdomen est composé de cinq segmens outre l'anus dans les femelles; il en a un de plus dans les mâles. Les larves sont toujours apodes. (S. F. et A. SERV.)

PORTE-LANTERNE. Nom vulgaire donné à quelques espèces de Fulgores. *Voyez* ce mot. (S. F. et A. SERV.)

PORTE-MIROIR. Nom vulgaire donné au Bombix Atlas et à quelques espèces voisines. *Voyez* BOMBIX. (S. F. et A. SERV.)

PORTE-QUEUE. Nom donné à beaucoup d'espèces de Lépidoptères, surtout des genres Papillon, Polyommate et Erycine. *Voyez* PAPILLON. (S. F. et A. SERV.)

PORTE-SCIE, *Securifera*. Première famille de la section des Térébrans, ordre des Hyménoptères. Elle a pour caractères :

Abdomen sessile, sa base s'unissant au corselet dans toute son épaisseur et paroissant en être une continuation, il y a une articulation entre le premier et le second segment. Celui-là ayant sa plaque supérieure échancrée pour la facilité des mouvemens du reste de l'abdomen. — *Tarière* (des femelles) comprimée, dentée en scie, placée dans une coulisse longitudinale de l'extrémité inférieure de l'abdomen qui la cache en partie dans le repos; cette tarière servant aux femelles à déposer leurs œufs et à préparer l'incision qui doit les recevoir. —*Larves* ayant toujours six pattes écailleuses, et souvent d'autres qui sont membraneuses; leur nourriture étant toujours végétale.

Cette famille contient deux tribus : Tenthrédines et Urocérates. *Voyez* ces mots. (S. F. et A. SERV.)

PORTUMNE, *Portumnus*. Voyez PLATYONIQUE. (LATR.)

PORTUNE (*Etrille*, CUV.), *Portunus*. FAB. *Cancer*. LINN. Genre de Crustacés de l'ordre des Décapodes, tribu des Nageurs, ayant pour caractères : *test* en segment de cercle, plus large que long, dilaté en devant, rétréci et tronqué postérieurement. — Les deux *pieds* postérieurs terminés en nageoires.—*Cavité buccale* carrée.—Troisième article des *pieds-mâchoires* extérieurs presque carré, avec un sinus ou échancrure interne près du sommet pour l'insertion du suivant. — *Pédicules oculaires* courts. — *Post-abdomen* ou queue des mâles de cinq anneaux distincts, de sept dans les femelles.

Ces Crustacés ne diffèrent presque des Crabes ordinaires que par la manière dont se terminent leurs pieds postérieurs.

MM. Bosc et Risso nous ont donné quelques détails intéressans sur les mœurs de quelques espèces. Celle que le premier nomme *pélagique* nage presque continuellement avec facilité et même une sorte de grâce. Elle peut se soutenir sur l'eau assez long-temps, sans paroître se mouvoir; les varecs et autres plantes de l'Océan atlantique lui servent de points de repos. Elle vit des autres animaux marins qui s'y trouvent. Un autre Portune (*hastatus*, FAB.) observé par ce naturaliste sur les côtes de la Caroline, nage aussi très-bien; mais il marche autant qu'il nage. D'ordinaire il se promène lentement sur le bord de la mer ou à l'embouchure des rivières et à la marée montante pour chercher, de côté et d'autre, sa nourriture. Lorsque la marée se retire, il s'en retourne avec elle en nageant, parce qu'il appréhende de rester alors sur le sable, et qu'il n'a plus à espérer de curée. Le plus souvent il nage et marche en avant; mais saisi par la frayeur, il se sauve en nageant de côté et même en arrière. Pendant l'hiver, il disparoît de la côte et se retire dans les profondeurs de la mer. Il revient au printemps, et la femelle, à raison des œufs qu'elle porte, est alors très-estimée pour la table. A Charles-Town, on en prend journellement un grand nombre pendant l'été, à la marée montante, avec un cercle de fer, garni d'un filet et suspendu par trois cordes à un long bâton, au milieu duquel est attaché, pour appât, un morceau de chair. Cet instrument est semblable à celui employé en Europe pour la pêche des écrevisses.

« Tous les Portunes, dit M. Risso, qui habitent notre mer (côte de Nice), vivent réunis en société; et chaque espèce choisit une demeure conforme à ses besoins et à ses habitudes. Le *bimaculé* fait son séjour dans les régions des polypiers corticifères. Le *pubère* et le *plissé* préfèrent les rochers de quatre à cinq cents mètres de profondeur. Le *dépurateur* ne se plaît que dans les plaines des galets, se mêlant toujours avec les petites colonnes de Clupées, telles que les Anchois et les Sardines. Un autre imparfaitement décrit par Rondelet, dont il porte le nom, se cache sous la vase de nos bords. Le *moucheté* habite au milieu des algues qui croissent à quelques mètres de profondeur; et l'espèce à laquelle j'ai imposé le nom de *longues-pattes* fréquente les trous du calcaire compacte qui borde nos rivières. Les Portunes se nourrissent de Mollusques et de petits Crustacés qu'ils brisent par morceaux et broient au moyen des osselets de leur estomac. Leur chair n'a pas le même goût dans toutes les espèces, et ce n'est que celles qui vivent dans les rochers qui sont employées comme comestibles; les autres servent d'appât pour la pêche. Plusieurs de ces Crustacés sont tourmentés par des petites Asellotes parasites qui se glissent sous leur corselet et s'attachent sur leurs branchies. Les femelles des Portunes font plusieurs pontes dans l'année, et déposent chaque fois de 400 à 600 mille petits œufs globuleux et transparens, qui éclosent en plus ou moins de temps, suivant le degré plus ou moins considérable de la température. »

J'ai observé à l'article PORTUNE de la seconde édition du *Nouveau Dictionnaire d'Histoire naturelle*, dont M. Déterville est éditeur, que cette multiplicité annuelle de pontes me paroissoit douteuse ou peu conforme à l'analogie.

Le *Ciri-Apoa*, dont Marcgrave fait mention dans son *Histoire naturelle du Brésil* (liv. 4, pag. 183), espèce très-voisine du *P. hastatus* de Fabricius, vit habituellement au fond de la mer et ne gagne le rivage que pour y chercher l'ambre gris, rejeté par les flots. On ne le prend qu'au moment des fortes marées. Sa chair est d'un goût excellent. On le met dans du vinaigre, et quoiqu'on puisse en manger beaucoup, préparé de cette manière, il est rarement indigeste. Quelques autres espèces sont aussi un aliment pour les habitans des côtes maritimes de la Chine, des Indes orientales, etc. Ces Crustacés abondent dans les mers avoisinant les tropiques. L'Océan septentrional et la Méditerranée n'en fournissent que peu d'espèces, et généralement fort petites ou de taille moyenne.

Le docteur Léach a formé un genre, sous le nom de *Lupa*, avec les espèces dont le test, généralement plus large que celui des autres, a neuf dents de chaque côté, et dont la postérieure plus forte et en forme d'épine.

Lorsqu'Olivier rédigea l'article CRABE de ce Dictionnaire, cette coupe générique avoit peu subi de modifications, et embrassoit notre famille des Décapodes brachyures. Les Portunes faisoient donc partie des Crabes, et les espèces connues alors y sont décrites sous ce titre générique. Voici la liste des espèces qui y sont mentionnées et qu'il faut dès-lors rapporter aux Portunes. *Crabe pélagique*, nº. 35. — *Crabe défenseur*, nº. 37. — *Crabe porte-lance*, nº. 39. — *Crabe six-denté*, nº. 47. — *Crabe sauteur*, nº. 48. — *Crabe lancifere*, nº. 49. — *Crabe pubère*, nº. 90. — *Crabe velu*, nº. 91.

I. *Serres fort alongées : longueur des mains (depuis leur naissance inférieure jusqu'au bout des doigts) surpassant notablement celle du test (neuf dents de chaque côté).*

Serres généralement plus étroites ou plus cylindriques que dans les Portunes de la division opposée. Le second article des bras ou le plus long est presqu'entièrement à découvert ou en dehors des bords latéraux du test, si les pieds se dirigent en avant. Ces nuances de proportion étant difficiles à saisir, on arrivera au surplus à la détermination des espèces avec le secours des autres caractères.

A. *Pieds, et surtout les serres robustes, point filiformes; doigts fortement dentés et dont la longueur égale au plus celle du poing; second article des jambes et tarses très-comprimés; ce dernier article presque lancéolé ou demi-elliptique aux pieds de la seconde paire et des deux suivantes.*

a. *Côtés les plus larges des derniers articles des pieds, à partir de la seconde paire, sans sillons ni impressions garnis de duvet, ayant au plus une ou deux lignes enfoncées, longitudinales, nues.*

1. PORTUNE pélagique, *P. pelagicus.*

Portunus pelagicus. FAB. — *Cancer pelagicus.* LINN. — *Cancer cedo-nulli.* HERBST, *Krabben, tab.* 37. — Ejusd. *C. reticulatus. Ibid. tab.* 50. VAR. — RUMPH. *Mus. tab.* 7. R.

Grand. Dessus du test finement chagriné, d'un gris-verdâtre ou d'un rougeâtre-violet et tacheté de jaunâtre. Pattes colorées de même en dessus, avec les doigts et les tarses rouges. Dents frontales et celles des bords latéraux, les deux dernières exceptées, courtes, en forme de triangle presqu'isocèle; acuminé au bout, séparées par des angles assez ouverts; les deux du milieu plus petites; les oculaires internes entières, un peu plus longues que les voisines. Cloison des antennes intermédiaires avancée en pointe. Trois fortes dents spiniformes, au côté interne des bras; une autre près de l'extrémité du côté opposé; deux dents sur le carpe, l'une interne et l'autre externe; trois sur le poing, dont une à la base et les deux autres au bout des deux côtes supérieures; une autre, mais petite, près de l'extrémité de la paume. Impression dorsale ordinaire assez forte.

Indes orientales; Pondichéry, M. Leschenault de Latour; côtes de la nouvelle Hollande, Péron et M. Lesueur, et non dans tout l'Océan, ainsi que le disent Linnæus et Fabricius. Il ne faut pas confondre cette espèce avec le *C. pelagicus* de De Géer et le *Portune pélagique* de M. Bosc. *Voyez* Portune diacanthe.

b. *Côtés les plus larges des derniers articles des pieds, à commencer à la seconde paire, ayant des sillons ou des impressions garnis de duvet.*

Dessus du test et des serres inégal ou rugueux, chagriné, chargé de duvet. Côté interne des bras muni de dents spiniformes (4-6) dans toute sa longueur; mains fortement sillonnées; la ligne lisse du milieu des deux derniers articles des pieds postérieurs divisée longitudinalement.

* *Les deux dents du milieu du front aussi grandes ou un peu plus longues que les deux latérales voisines; les deux oculaires internes fortement échancrées; celles des bords latéraux du test déprimées ou triangulaires; les deux postérieures à peine une demi-fois plus longues que les précédentes.*

Rides ou inégalités du test et des pieds tranchant par leur couleur rougeâtre ou jaunâtre avec celle (brune ou noirâtre) du duvet. Doigts rougeâtres, avec l'extrémité noire; l'index de la serre droite ayant à sa base interne une rangée de grosses dents molaires. Espèces de l'Amérique méridionale.

2. Portune spinimane, *P. spinimanus.*

Portunus spinimanus. Lat. *Nouv. Dict. d'Hist. nat.* 2ᵉ. *édit. tom.* 28. *pag.* 47.

Portunus hastatus. Fab. — *Cancer ponticus.* Herbst, *Krabben, tab.* 55. *fig.* 5.?

Dents du front petites et pointues; celles des bords latéraux du test, la dernière exceptée, égales; une seule sur le dessus du carpe; une autre, pareillement solitaire, vers l'extrémité supérieure du poing.

De taille moyenne. Cayenne; Brésil, M. de Lalande fils. Fabricius a pris cette espèce pour le *Cancer hastatus* de Linnæus; mais celle-ci est de la mer Adriatique et appartient à la division suivante. J'ai cité Herbst avec doute, parce que les épines postérieures du test sont beaucoup plus fortes dans la figure que celle de notre espèce; tout convient d'ailleurs très-bien pour le reste.

** *Les deux dents intermédiares du chaperon plus petites que les deux plus proches; les deux oculaires internes entières; celles des bords latéraux du test presque coniques, en forme d'aiguillons ou de piquans; les deux postérieures beaucoup plus fortes que les précédentes.*

3. Portune gladiateur, *P. gladiator.*

Corpore pedibusque penitùs ferè sericeis; brachiis apice bidentatis, angulis granulatis, rubro maculatis; pugnorum apice unidentato.

Portunus gladiator. Fab. — *Cancer menestho.* Herbst, *Krabben, tab.* 55. *fig.* 3? Ejusd. *ibid. fig.* 1. Jeune individu?

De moyenne grandeur, d'un jaunâtre-pâle. La tranche inférieure et antérieure des pieds, la poitrine même, garnies de duvet. Quatre épines au côté inférieur des bras. Trois lignes lisses sur le disque de la nageoire des pieds postérieurs. Cloison des antennes mitoyennes avancée en pointe. Extrémité des doigts blanchâtre. Les deux premiers segmens de la fausse queue fortement prolongés en arrière, en manière de tranches, le second surtout, et séparés par un canal profond; l'avant-dernier un peu dilaté et arrondi latéralement à son extrémité. Segmens antérieurs de la poitrine graveleux.

Pondichéry, M. Leschenault de Latour.

Les jeunes individus sont entièrement jaunâtres, avec des nageoires demi-transparentes et marquées d'une tache noirâtre à leur extrémité.

Nota. Le *Portune gladiateur* de Fabricius (*Supplém. Entom. Syst.*) n'est pas le même que le *Cancer gladiator* de ses autres ouvrages. *Voy.* Portune sanguinolent.

4. Portune hasté, *P. hastatus.*

Corpore pedibusque suprà glabriusculis; digitis rubis, albo intersectis; brachiis apice unidentatis, angulis acutis, lævibus; pugnorum apice bidentato.

Cancer hastatus. Linn. — *Cancer pelagicus.* Herbst, *Krabben, tab.* 8. *fig.* 55?

Petit. Dessous du corps et des pieds presque sans duvet et d'un blanc-luisant; le dessus très-inégal, d'un rougeâtre de brique pâle, avec les doigts d'une teinte un peu plus vive et entre-coupée de blanc; arêtes des serres unies, aiguës; une seule dent à l'extrémité antérieure du côté postérieur des bras; côte supérieure du poing échancrée et bidentée à son extrémité antérieure.

Une tache rougeâtre à l'extrémité des nageoires. Segmens pectoraux ayant dans leur milieu une impression linéaire noirâtre. Cloison des antennes intermédiaires point saillante en pointe. L'avant-dernier segment de la queue du mâle en forme de triangle alongé et tronqué, sans dilatation latérale. Les deux dents postérieures du test fort longues. Cette jolie espèce, et la seule du genre *Lupa* de M. de Léach que nous ayons en Europe, m'a été donnée par mon ami M. Léon Dufour, qui l'avoit prise en Espagne, sur les côtes de la Méditerranée. Je ne doute pas qu'elle ne soit le vrai *Cancer hastatus* de Linnæus, habitant, selon lui, la mer Adriatique. La description, d'ailleurs, lui convient parfaitement.

Selon Fabricius (*Entomol. System. Supplém.*) le *Portune armiger* a de l'affinité avec celui de *Tranquebar* (*Tranquebaricus*). Il le place néanmoins avec ceux dont les dents postérieures du test sont plus grandes ou en forme d'épines, sans songer qu'il contredit, à cet égard, la description qu'il avoit donnée dans son *Entomologie systématique. Thorax haud spinosus.* — Des mers australes.

Son *Portune hastatoïde* (*hastatoides*) m'est inconnu. Il différeroit des autres espèces de cette division en ce que les deux épines du test auroient de chaque côté une dent petite et arquée. Une observation analogue me donne lieu de soupçonner que ce Portune pourroit bien n'être qu'un très-jeune individu du *Pélagique*. Il habite aussi l'Océan indien.

B. *Pieds très-grêles ; mains plus menues que les bras ; doigts beaucoup plus longs que le poing, filiformes, subulés à la pointe, à dents très-petites.*

5. Portune tenaille, *P. forceps.*

Portunus forceps. Fab. — Herbst, *Krabben*, *tab.* 55. *fig.* 4.

Petit, jaunâtre. Test un peu et finement chagriné ; dents intermédiaires du front plus petites que les voisines ; les oculaires internes entières ; celles des bords latéraux du test, les deux dernières exceptées, courtes, triangulaires, pointues ; six au côté interne des bras, une au côté opposé et située près du bout ; deux sur le carpe, dont une intérieure ; deux autres sur le poing, une à chaque bout. Pieds sans sillons ou impressions garnis de duvet. Troisième article des pieds-mâchoires extérieurs large. La Trinité, Maugé.

II. *Longueur des serres ordinaire ; celle des mains à peu près égale à celle du test, ou du moins ne la surpassant point d'une manière notable.*

A. *Neuf dents de chaque côté du test ; quatre au front.*

Faces les plus larges des derniers articles des pieds, en commençant à la seconde paire, toujours sans sillons ou impressions garnis de duvet.

a. *Les deux dents postérieures beaucoup plus fortes que les autres.*

6. Portune sanguinolent, *P. sanguinolentus.*

Thorace sublævi, maculis tribus sanguineis, rotundatis, per lineam transversam, arcuatam dispositis.

Portunus sanguinolentus. Fab. Ejusd. *Portunus defensor.* Variété jeune, sans taches ; ejusd. *Cancer gladiator.* Variété plus jeune. — Herbst, *Krabben*, *tab.* 8. *fig.* 56. 57.

De taille moyenne. Corps d'un jaunâtre-pâle ; la tache rouge mitoyenne un peu plus grande et plus en arrière que les latérales ; impression dorsale ordinaire très-foible, imparfaite ; dents latérales du test, à l'exception des dernières, égales, triangulaires, courtes, terminées un peu brusquement en pointe, égales. Extrémité supérieure du côté postérieur des bras sans dent ; le côté interne du carpe fortement unidenté ; mains assez profondément sillonnées ; une ligne élevée et longitudinale sur la paume, un peu au-dessous de son milieu. Australasie, Indes orientales ; Pondichéry, M. Leschenault de Latour.

Les jeunes individus, souvent d'une jaune tirant sur le blond ou roussâtres, sans taches ; arêtes des mains plus prononcées. Fabricius a distingué sous le nom spécifique de *Defensor*, les individus de moyen âge. Il a encore fait une espèce des plus jeunes : c'est le *Cancer gladiator* de son *Entomologie systématique*. Dans le Supplément de cet ouvrage, il l'a confondu, sous la même dénomination, avec un Portune de l'Inde, très-différent. Péron et M. Lesueur ont apporté de la nouvelle Hollande un grand nombre d'individus et de toute âge du *Portune sanguinolent*.

7. Portune diacanthe, *P. diacantha.*

Thorace suprà granulato, flavescente, maculis rubris, elongatis ; medio inæquali, valdè impresso.

Portunus pelagicus? Bosc. — De Géer, *Insect. tom.* 7. *tab.* 26. *fig.* 8. — *Lupa pelagica.* Say, *Journ. of Acad. scien. nat. Philad. tom.* 1. *pag.* 97. — *Ciri-apoa.* Marcg. *Brasil. lib.* 4. *pag.* 183.

De taille moyenne et quelquefois très-grand. Le dessus du test plus foncé et d'un verdâtre-obscur en devant. Les deux petites lignes élevées, en forme de rides et granulées, qui traversent le test, et dont celles du milieu plus longues, mieux exprimées et plus longues que dans l'espèce précédente. Dents internes des bras, et souvent celles des bords latéraux du test, plus fortes; celles-ci un peu dentelées; une autre dent à l'extrémité de leur côté externe, le côté opposé du carpe en étant dépourvu ou n'en ayant qu'une très-petite; dessus des serres lavé de rougeâtre-clair; mains plus grosses que celles de l'espèce précédente, moins profondément sillonnées, du moins dans les plus gros individus. Amérique septentrionale, Antilles, Brésil, etc.

Quelquefois, comme dans deux individus envoyés de Philadelphie par M. Milbert, les quatre dents du front sont réunies et ne forment qu'un lobe largement échancré. Les arêtes extérieures du carpe ne sont point terminées par des dents. Les descriptions qu'ont données de cette espèce De Géer et M. Bosc ont été faites sur des individus du même pays.

Marcgrave a représenté la variété à taches rouges. Les dents latérales du test paroissent être plus fortes ou séparées par des incisions plus profondes, sans dentelures sensibles sur leurs bords. Le côté interne du carpe offre une petite saillie pointue. Cette variété surpasse les autres en grandeur.

b. *Dents latérales du test presque de la même grandeur.*

8. Portune de Tranquebar, *P. Tranquebaricus.*

Portunus Tranquebaricus. Fab. — Herbst, *Krabben, tab.* 38. *fig.* 3.

Très-grand. Test d'un gris-verdâtre, assez lisse, avec neuf dents aiguës de chaque côté, et six au front, les deux oculaires internes comprises. Trois au côté interne des bras et deux au côté opposé; trois sur le carpe, dont deux extérieures et plus petites; mains fortes, épaisses, lisses, avec trois dents, dont une à la base, et les deux autres près de l'origine du pouce; une très-grosse dent molaire à la base interne de ce doigt. Pieds postérieurs veinés de brun, sans sillons latéraux, garnis de duvet. Indes orientales; Pondichéry, M. Leschenault de Latour.

B. *Six dents à chaque bord latéral du test, les oculaires externes comprises.*

Nota. Huit dents frontales. Pieds postérieurs unis ou sans sillons garnis de duvet.

9. Portune porte-croix, *P. crucifer.*

Portunus crucifer. Fab. — Herbst, *Krabben, tab.* 8. *fig.* 53, *et tab.* 38. *fig.* 1. — Rumph. *Mus. tab. VI.* P.

Epines des serres très-fortes; les dents marginales du test profondes, triangulaires; la plupart des latérales courtes, larges, comme tronquées obliquement en arrière; l'antérieure ou la post-oculaire très-obtuse, échancrée dans plusieurs; celles du front obtuses; dessus du test d'un rouge de sang, avec des bandes, dont une au milieu, et en forme de croix, d'un rougeâtre-pâle. Mers des Indes orientales.

Le *Portune lucifer* de Fabricius n'en est peut-être qu'une variété, dans laquelle les bandes du test forment quatre grandes taches blanches phosphorescentes, lorsque l'animal est en vie, et dans laquelle les deux dents antérieures des bords latéraux du test n'ont point d'échancrures; mais ce caractère varie dans l'espèce précédente, ainsi qu'on peut le voir par la seconde figure d'Herbst que nous avons citée.

C. *Cinq à quatre dents à chaque bord latéral du test, les arrière-oculaires comprises.*

a. *Huit dents ou dentelures au front.*

Corps garni de duvet; des sillons sur les pieds postérieurs, remplis aussi de petits poils. Le carpe et la main profondément sillonnés et graveleux. Taille moyenne.

10. Portune étrille, *P. velutinus.*

Portunus puber. Léach, *Malacost. Podopht. Brit. tab.* 6. — *Cancer velutinus.* Penn. Oliv. — Herbst, *Krabben, tab.* 7. *fig.* 9.

Huit petites dents coniques, et dont les deux mitoyennes plus grandes, obtuses et divergentes, au milieu du front; dents oculaires inermes finement crénelées; bras inermes; une dent forte et dentelée au côté interne du carpe; une seule sur le poing et terminant l'arête supérieure. Bout des doigts noirâtre.

Sur les côtes maritimes ocidentales de la France et sur celles de l'Angleterre.

b. *Front soit entier ou simplement sinué, soit armé de dents, mais dont le nombre ne s'élève pas au-dessus de cinq.*

Bras inermes; une dent au côté interne du carpe, et une à deux autres sur la partie supérieure du poing, près de l'origine du pouce.

* *Front entier ou simplement festonné et à dents très-courtes et arrondies.*

Milieu de la face extérieure du poing n'ayant au plus qu'une arête longitudinale (les deux supérieures non comptées) bien prononcée. Lames natatoires ou tarsales des deux pieds postérieurs ellitiques, terminées par une petite pointe saillante ou cuspidées, et traversées presque toujours dans le milieu de leur longueur par une ligne lisse ou arête aplatie.

11. PORTUNE front-entier, *P. integrifrons.*

Thoracis lateribus dentibus quatuor.

De taille moyenne. Dessus du test d'un rougeâtre-obscur; quatre dents, et dont la plupart, l'antérieure surtout, larges, à chaque bord latéral. Sillons et divers enfoncemens des pieds, hachures nombreuses et finement dentelées du test, très-garnis de duvet. Serres fortes, très-graveleuses; côté interne du carpe avancé en une forte dent. Extrémité des doigts noire.

Nouvelle Hollande, canal d'Entrecasteaux. Espèce très-distincte de quelques variétés du *Portune de Rondelet*, dont, selon M. Risso, il diffère très-peu.

12. PORTUNE ridé, *P. corrugatus.*

Thoracis lateribus dentibus quinque, subæquè longis, tribus posticis spiniformibus; fronte brevi, trilobatâ.

Portunus corrugatus. LÉACH, *Malac. Podoph. Brit. tab.* 7. *fig.* 1. 2. — *Portunus puber.* LAT. *Gener. Crust. et Ins.* — *Cancer puber.* LINN.?

Sillons et divers enfoncemens des pieds, hachures nombreuses et très-finement dentelées du test, très-garnis de duvet; cinq dents presque d'égales longueurs, et dont les trois postérieures, terminées en manière d'épine, à chaque bord latéral du test; front très-court, large, divisé en trois lobes courts et dentelés. Rougeâtre avec le duvet jaunâtre.

Europe tempérée et méridionale; l'Océan et la Méditerranée.

13. PORTUNE de Rondelet, *P. Rondeleti.*

Thoracis lateribus dentibus quinque, duobus posticis, penultimo præsertim brevioribus; fronte subintegrâ aut in medio emarginatâ.

Portunus Rondeleti. RISS. *Hist. nat. des Crust. de Nice, pl.* 1. *fig.* 3. — *Portunus arcuatus.* LÉACH, *Malac. Podopht. Brit. tab.* 7. *fig.* 5. 6. Ejusd. *ibid. P. emarginatus. fig.* 3. 4. — ALDROV. *de Crust. lib* 2. *pag.* 175.

Faces latérales des pieds peu velues; cuisses presqu'unies; dessus du test pubescent, avec les hachures légères, très-fines et très-coupées; cinq dents à chacun de ses bords latéraux, dont les deux postérieures et surtout la pénultième plus petites; front très-court, large, entier ou simplement un peu et largement échancré au milieu de son bord antérieur. Dessus du corps d'un brun-obscur; front cilié. Serres proportionnellement plus épaisses, du moins dans les mâles, que celles de l'espèce précédente; l'une d'elles plus grosse, avec les doigts plus écartés que ceux de l'autre; les uns et les autres d'un rougeâtre-clair, avec l'extrémité d'un brun-noirâtre.

Dans les couches vaseuses et peu profondes de la Méditerranée, suivant M. Risso. Il se trouve aussi sur les côtes océaniques de la France et de l'Angleterre.

14. PORTUNE longipède, *P. longipes.*

Thoracis lateribus dentibus quinque, posticis tribus spiniformibus; fronte brevissimâ, medio subsinuato; pedibus elongatis.

Portunus longipes. RISS. *Hist. nat. des Crust. de Nice, pl.* 1. *fig.* 5.

Faces latérales des pieds peu velues; cuisses unies; dessus du test glabre, finement chagriné, élevé transversalement dans son milieu; cinq dents à chaque bord latéral; les trois dernières très-acérées et spiniformes à leur extrémité; la pénultième un plus courte; front très-court, large, avec trois foibles sinus au milieu. Dessus du corps d'un brun-rougeâtre, avec les pieds plus pâles. Pieds proportionnellement plus longs que ceux des espèces de la même division.

Dans les trous profonds des rochers de la Méditerranée.

15. PORTUNE nain, *P. pusillus.*

Thoracis lateribus dentibus quinque; tertio majori, postico spiniformi; fronte in rostrum breve, rotundatum, trilobum, productâ.

Portunus pusillus. LÉACH, *Malac. Podoph. Brit. tab.* 9. *fig.* 5-7.

Faces latérales des pieds peu velues; cuisses unies; dessus du test glabre, très-inégal et graveleux; cinq dents, dont la postérieure spiniforme, et dont la troisième un peu plus grande, à chacun de ses bords latéraux; front avancé en manière de museau court, arrondi et trilobé à son extrémité. Dessus du corps d'un roussâtre très-pâle. Côtes d'Angleterre, M. Léach; côtes du département de la Vendée, M. d'Orbigny. L'individu que j'ai reçu de lui forme une variété distincte par une bande blanchâtre et bordée de brun, parcourant la longueur du milieu du test.

** *Front divisé profondément en trois dents triangulaires, allant en pointe (les oculaires internes non comprises).*

Milieu de la face extérieure du poing ayant deux arêtes longitudinales très-distinctes. Lames natatoires des deux pieds postérieurs ovales, entièrement unies et sans pointe bien saillante ou brièvement cuspidées à leur extrémité.

16. PORTUNE plissé, *P. plicatus.*

Thoracis rugis denticulatis, villosis; pugnis lineis elevatis, angulatis; pedum posticorum articulo penultimo, villoso, utrinquè bistriato.

Portunus

Portunus plicatus. Riss.—*P. depurator*. Léach, *Malac. Podoph. Brit. tab*. 9. *fig*. 112.—Barrel. *Icon. tab*. 1287. *fig*. 2.

Deux lignes élevées sur chaque face latérale de l'avant-dernier article des deux pieds postérieurs; les sillons nombreux et finement dentelés du dessus du test garnis de duvet; arêtes du poing dentelées, couleur de chair très-pâle; test très-raboteux; cuisses chagrinées.

Sur les côtes de la Méditerranée, de l'Océan, en France, en Angleterre et en Espagne. M. Risso dit que la femelle est moins colorée que le mâle; que ses œufs sont d'un jaune pâle, et qu'il y a deux pontes par année, l'une en mars et l'autre en septembre.

17. Portune holsatien, *P. holsatus*.

Thorace suprà scabriusculo, subpubescente; pedum posticorum articulo penultimo nudo, lineâ impressâ, punctatâ; pugnorum angulis ferè lævigatis.

Portunus holsatus. Fab.— *P. depurator*. Lat. Risso. — *P. lividus*. Léach, *Malac. Podoph. Brit. tab*. 9. *fig*. 3. 4.— *Cancer depurator*. Oliv. — Herbst, *tab*. 7. *fig*. 4. 8.— *C. feriatus*. Linn.?

Une simple ligne enfoncée et ponctuée sur chaque face latérale de l'avant-dernier article des deux pieds postérieurs; ces faces nues; dessus du test finement chagriné, légèrement pubescent; arêtes du poing unies ou foiblement chagrinées.

Sur nos côtes, tant de l'Océan que de la Méditerranée.

M. Risso nous apprend que la femelle fait sa ponte en mai et en juillet, et que ses œufs sont couleur d'aurore-pâle.

Le Portune marbré (*marmoreus*) de M. Léach, *Malac. Podoph. Brit. tab*. 8, n'est peut-être qu'une variété de cette espèce, avec les dents latérales du test presqu'égales, celles du front obtuses, les arêtes des mains moins saillantes, et la teinte supérieure du test souvent plus variée. J'avois annoncé à l'article *Portune* de la seconde édition du *Nouveau Dictionnaire d'Histoire naturelle*, que j'avois reçu cette espèce des côtes du département de la Vendée; mais j'ai reconnu depuis que ce Portune étoit une variété de celui que M. Léach nomme *pusillus*, variété mentionnée plus haut.

Le *Portune moucheté* de M. Risso appartient au genre Carcin. Celui qu'il nomme *P. à deux taches* est une espèce de Platyonique.

(Latr.)

POSYDON, *Posydon*. Fab.

Genre de Crustacés de l'ordre des Décapodes famille des Macroures établi par Fabricius qui lui donne pour caractères essentiels : palpes extérieurs foliacés, ou onguiculés au bout; quatre antennes sétacées, avec leur pédoncule simple; les intérieures courtes, bifides. Il cite deux espèces de ce genre; ce sont les *Posydon depressus* et *Posydon cylindricus*; ils se trouvent tous deux dans l'Océan indien.

M. Latreille, qui n'a pas vu ces Crustacés, n'a pu leur assigner un rang dans sa méthode sur la description incomplète qu'en a donnée Fabricius. (E. G.)

POTAMOPHILE, *Potamophilus*. Genre de Crustacés de l'ordre des Décapodes, famille des Brachyures, établi par M. Latreille, qui ne savoit pas que M. Germar avoit déjà donné ce nom à un genre d'insecte coléoptère. Fidèle aux principes de justice qu'il a toujours suivis à cet égard, M. Latreille a désigné autrement le genre de Crustacé auquel il avoit imposé ce nom. *Voyez* Thelphuse. (E. G.)

POTAMOPHILE, *Potamophilus*. Germ. *Hydera*.-Lat. *Parnus*. Fab. *Dryops*. Oliv.

Genre d'insectes de l'ordre des Coléoptères, section des Pentamères; famille des Clavicornes, tribu des Macrodactyles.

Parmi les genres de cette tribu, ceux de Macronyque et de Géorisse se distinguent par leurs antennes composées seulement de six à sept articles apparens. Les Hétérocères ont leurs tarses courts, ne paroissant formés que de quatre articles, le premier étant presque nul. Dans les Dryops les antennes se logent dans une cavité, leur second article est très-grand et recouvre tous les autres; ces insectes ont en outre l'avant-sternum dilaté et recevant la bouche.

Antennes presque filiformes, guère plus longues que la tête, insérées près du bord interne des yeux, toujours saillantes, composées de onze articles, le premier de la longueur des dix autres pris ensemble, presque cylindrique, aminci vers sa base, un peu courbe, le second plus grand que les suivans; presqu'en cône renversé, les autres très-courts, transversaux, un peu en scie, formant réunis une petite masse presque cylindrique, un peu plus mince à son origine, obtuse vers le bout.—*Labre* grand, en cône transversal, un peu échancré au milieu de son bord antérieur. — *Mandibules* arquées, ayant trois dents dont deux à la pointe et une plus petite au-dessous. — *Palpes* courts, terminés par un article plus gros, tronqué, presqu'obtrigone, les maxillaires plus grands. — *Menton* très-court, transversal. — *Corps* elliptique, convexe. — *Corselet* transversal, en trapèze, rebordé sur les côtés, plus large postérieurement; avant-sternum point avancé sur la bouche. — *Ecusson* petit. — *Elytres* alongées, recouvrant les ailes et l'abdomen. — *Pattes* alongées; jambes longues, grêles, sans épines; tarses longs, ayant cinq articles distincts, les quatre premiers courts, presqu'égaux, le dernier beaucoup plus long, grossissant vers le bout et muni de deux crochets forts et mobiles.

Quoique nous traitions de ce genre sous le nom de Potamophile, nous préférons celui d'Hydère qui lui avoit été donné par M. Latreille bien avant que M. Germar eût publié le sien, d'autant plus qu'il existe un genre de Crustacés qui porte le nom de Potamophile. L'espèce d'Europe se trouve sur le bord des eaux. Les deux noms qu'on a donné à ce genre lui viennent de cette habitude.

1. Potamophile acuminé, *P. acuminatus.*

Potamophilus fuscus, thorace posticè utrinquè emarginato, elytris acuminatis, striatis; striis punctatis.

Hydera acuminata. Lat. *Dict. d'Hist. nat.* 2e. *édit.* — *Parnus acuminatus.* Fab. *Syst. Eleut. tom.* 1. *pag.* 332. *n°.* 2. — Panz. *Faun. Germ. fas.* ». *fig.* 8. — *Potamophilus acuminatus.* Dej. *Catal.*

Longueur 3 lig. ½. Corps noirâtre. Corselet ayant une échancrure à chacun de ses angles postérieurs, ce qui les fait paroître bidentés. Elytres terminées en pointe, à stries fortement ponctuées. Dessous du corps couvert d'un duvet court, blanchâtre. Antennes et pattes brunes.

Rare aux environs de Paris.

Nota. Le Dryops picipède n°. 2 de ce Dictionnaire appartient peut-être à ce genre.

MACRONYQUE, *Macronychus.* Mull. Lat. *Parnus.* Fab. ?

Genre d'insectes de l'ordre des Coléoptères, section des Pentamères, famille des Clavicornes, tribu des Macrodactyles.

Les Géorisses et les Macronyques sont les seuls genres de leur tribu dont les antennes n'offrent que six à sept articles distincts, mais les premiers n'ont que quatre articles distincts aux tarses, ceux-ci n'étant point d'une longueur remarquable, leurs antennes sont composées de sept articles et leur corps est court et renflé.

Antennes très-courtes, très-minces, beaucoup moins longues que la tête, n'ayant que six articles distincts; le premier très-court, menu, le second guère plus long, très-épais vers son extrémité, le troisième un peu plus court que le précédent, grossissant un peu vers le bout, les quatrième, cinquième et sixième plus courts, arrondis, de la grosseur de l'extrémité du troisième; le sixième égalant en longueur les trois qui le précèdent, beaucoup plus gros qu'eux, formant une massue obtuse, pouvant être regardé comme composé de trois articles réunis en masse solide. — *Labre* grand, corné, un peu arrondi à l'extrémité. — *Mandibules* cachées, cornées, courtes, épaisses, très-peu courbées, bidentées vers leur extrémité qui est obtuse. — *Mâchoires* membraneuses, bifides; leur lobe extérieur oblong, rétréci, légèrement dilaté vers son extrémité, refendu en plusieurs lanières, le lobe intérieur un peu courbé en dedans, son bord extérieur garni vers le bout de cils très-rapprochés. — *Palpes* courts, les maxillaires à peine plus longs que les mâchoires, le dernier article plus long que les autres et guère plus épais, de forme cylindrique. Palpes labiaux beaucoup plus courts, leur dernier article presqu'en hache. — *Lèvre* membraneuse, presque carrée, un peu dilatée vers son extrémité, arrondie et un peu ciliée. — *Tête* arrondie, pane, verticale, rétractile. — *Corps* oblong, presque cylindrique, obtus à sa partie antérieure, finisant en pointe, convexe, rebordé. — *Corselet* pesque cylindrique, rebordé; partie antérieure du sternum presque réunie à sa partie moyenne. — *Ecusson* petit. — *Elytres* étroites, dures, voûtées, rebordées. — *Pattes* simples, alongées, de la longueur du corps; cuisses point canaliculées, l'extrémité des antérieures grosse. Tarses alongés, de cinq articles distincts, leurs crochets forts.

Le nom de ce genre vient de deux mots grecs qui signifient: *grands ongles.* L'espèce qui a servi de type se tient dans l'eau parmi les conferves; elle marche mal et ne sait point nager.

1. Macronyque quadrituberculé, *M. quadrituberculatus.*

Macronychus niger, subœneus, antennis flavis, thorace elytrisque margine laterali subaureis basi bituberculatis; tuberculis elytrorum elevatis, compressis, cristato-pilosis.

Macronychus quadrituberculatus. Mull. Illig. *Mag. V. pag.* 215. *ann.* 1806. — Lat. *Gener. Crust. et Ins. tom.* 2. *pag.* 58. *n°.* 1. — *Parnus obscurus.* Fab. *Syst. Eleut. tom.* 1. *pag.* 332. *n°.* 3. (M. le comte Dejean regarde ce dernier synonyme comme douteux.)

Longueur ». Noir, avec un reflet métallique. Antennes jaunes. Corselet et élytres ayant leurs bords latéraux comme dorés et deux tubercules vers leur base, ceux des élytres élevés, comprimés, garnis de poils disposés en crête.

Ce très-petit coléoptère a été trouvé en Allemagne.

GÉORISSE, *Georissus.* Lat. *Pinelia.* Fab. Payk.

Genre d'insectes de l'ordre des Coléoptères, section des Pentamères, famille des Clavicornes, tribu des Macrodactyles.

Tous les genres de cette tribu, excepté celui de Géorisse, ont plus ou moins de sept articles aux antennes.

Antennes plus courtes que le corselet, n'ayant que sept articles distincts; le premier le plus long de tous, presque cylindrique, le second épais et globuleux, le troisième très-court, le quatrième alongé, cylindrique, les cinquième et sixième très-courts, le septième ou dernier formant une masse presque globuleuse (composée probablement de trois articles réunis en une masse presque solide). — *Mandibules* cornées, assez fortes, plus larges à leur base, arquées et rétrécies au-delà, obtuses à l'extrémité. — *Mâchoires* courtes, presque droites, trigones à leur extrémité. — *Palpes* courts, presqu'égaux, terminés en massue, leur dernier article étant plus long et plus épais; les maxillaires un peu plus grands que les labiaux. — *Lèvre* membraneuse, transverse; menton en triangle tronqué, plus large vers sa base, son extrémité rétrécie des deux côtés. — *Tête* très-inclinée, pouvant se retirer en entier sous le corselet. — *Corps* court, renflé, presque globuleux. — *Jambes* étroites, d'égale largeur dans toute leur étendue; leur partie supérieure plus ou moins canaliculée; tarses n'ayant que quatre articles distincts, le premier étant presque nul.

Ce genre fondé par M. Latreille a pris son nom de deux mots grecs qui signifient : *creusant la terre*. Il n'est composé que d'une seule espèce qui habite en Europe dans les endroits sablonneux du bord des eaux.

1. GÉORISSE pygmée, *G. pygmœus.*

Georissus niger, antennis brevissimis clavatis, elytris globosis, crenato striatis.

Georissus pygmœus. LAT. *Gener. Crust. et Ins. tom.* 4 *pag.* 378. — *Pimelia pygmœa.* FAB. *Syst. Eleut. tom.* 1. *pag.* 135. *n°.* 31. — PAYK. *Faun. Suec. tom.* 3. *pag.* 440. *n°.* 1.

Longueur 2 lig. Noir. Antennes brunes. Corselet convexe plus large dans sa partie moyenne, arrondi et rétréci postérieurement, mais plus encore à sa partie antérieure. Elytres un peu plus larges que le corselet, guère plus longues que larges, convexes, profondément striées, ces stries crénelées; leurs angles huméraux saillans. Ailes grandes.

Rare aux environs de Paris; il a été pris au bord d'une mare de la forêt de Bondi.

HÉTÉROCÈRE, *Heterocerus.* BOSC. FAB. ILLIG. LAT.

Genre d'insectes de l'ordre des Coléoptères, section des Pentamères, famille des Clavicornes, tribu des Macrodactyles.

Parmi les genres de cette tribu qui ont les antennes composées de plus de sept articles, les Dryops et les Hétérocères ont seuls l'avant-sternum avancé, dilaté et recevant la bouche; mais les Dryops ont des tarses longs, de cinq articles distincts et leurs antennes peuvent se loger dans une cavité qui est placée sous les yeux.

Antennes très-courtes, à peine de la longueur de la tête, insérées en avant des yeux, arquées, composées de onze articles; les deux premiers plus grands que les autres, le premier le plus long de tous, presque conique, le second triangulaire, le troisième et le quatrième les plus petits de tous, les six suivans très-courts, transverses, dentés en scie intérieurement, formant avec le onzième qui est arrondi, une massue arquée dont la largeur est égale partout. — *Labre* grand, avancé, coriace, demi-circulaire; la partie moyenne de son bord antérieur est un peu échancrée et porte deux petites dents peu distinctes. — *Mandibules* cornées, fortes, alongées, un peu arquées, épaisses à leur base, dilatées de chaque côté, rétrécies ensuite, aiguës vers leur extrémité, bidentées intérieurement. — *Mâchoires* alongées, étroites, composées de deux lobes membraneux, ciliés. — *Palpes* courts, filiformes, les maxillaires un peu plus grands, insérés sur le dos des mâchoires vers leur extrémité, leur dernier article plus long que les précédens, presqu'ovale, le second presque conique. Palpes labiaux insérés sur la partie moyenne du bord antérieur de la lèvre, leurs deux derniers articles presqu'égaux, cylindriques. — *Lèvre* coriace, alongée inférieurement en carré, étroite, ensuite dilatée insensiblement en cœur vers l'extrémité; son bord supérieur très-échancré; menton grand, coriace, plan, profondément échancré, ayant de chaque côté une dent droite, aiguë. — *Tête* déprimée, avancée, large et arrondie, enfoncée jusqu'aux yeux dans le corselet. — *Corps* elliptique, déprimé. — *Corselet* court, transversal, point rebordé, ses côtés arrondis. Partie antérieure du sternum très-dilatée en devant, concave, recevant la bouche. — *Ecusson* peu distinct. — *Pattes* courtes, comprimées, propres à fouir; jambes presque triangulaires, ciliées, ayant de fortes épines à leur extrémité; les quatre jambes antérieures plus larges que les autres, leur côté extérieur et leur extrémité munis d'un rang d'épines fortes, parallèles et droites. Tarses courts, se reployant le long de la jambe, n'ayant que quatre articles distincts, le premier étant presque nul; le second et le dernier cylindriques, plus grands, les troisième et quatrième plus courts, presque coniques. Crochets minces, arqués.

La forme particulière des antennes de ce genre a motivé son nom tiré de deux mots grecs. Les Hétérocères sont de petite taille. Les espèces connues ne sont pas en grand nombre; elles habitent le bord des eaux, se cachent dans le sable, s'y creusant elles-mêmes des trous. On peut se les procurer en piétinant ce sable, ce qui les force à sortir de leur retraite.

1. HÉTÉROCÈRE marginé, *H. marginatus.*

Heterocerus fuscus, villosus; thoracis, abdominis elytrorumque marginibus, horum maculis pedibusque pallidè ferrugineis.

Heterocerus marginatus. Bosc, *Act. Soc. Hist. nat. Paris. tom.* 1. *pl.* 1. *fig.* 5. — Lat. *Gen. Crust. et Ins. tom.* 2. *pag.* 53. *n°.* 1. — Fab. *Syst. Eleut. tom.* 1. *pag.* 355. *n°.* 1. — Panz. *Faun. Germ. fas.* 23. *fig.* 11 *et* 12.

Longueur 2 lig. ½. Noirâtre, velu. Côtés du corselet et des élytres d'un ferrugineux-pâle ainsi que les bords de l'abdomen et les pattes. On voit sur les élytres des taches de cette couleur qui varient pour le nombre et pour l'étendue.

Des environs de Paris. (S. F. et A. Serv.)

POU, *Pediculus*. Linn. Geoff. De Géer. Oliv. Lam. Hermann. Léach.

Genre d'insectes de l'ordre des Parasites, famille des Rostrés, établi par Linné et adopté par tous les entomologistes. De Géer a le premier divisé ce grand genre en *Pous* proprement dits et *Ricins*. (*Voy.* ce mot.) M. Latreille conserve le nom de Pou aux insectes qui ont pour caractères essentiels : bouche consistant en un museau, d'où sort à volonté un petit suçoir.

Ces insectes, qui ne sont que trop connus des personnes malpropres, des enfans et des individus attaqués de maladies particulières qui semblent les propager, méritent autant l'attention du naturaliste que les animaux ornés des plus belles couleurs : ils ont le corps aplati, demi-transparent, mou au milieu, et revêtu d'une peau coriace sur les bords ; la tête assez petite, ovale ou triangulaire, munie, à sa partie antérieure, d'un petit mamelon charnu, renfermant un suçoir qui paroît simple, de deux antennes courtes, filiformes, de cinq articles et de deux yeux petits et ronds. Le corselet est presque carré, un peu plus étroit en devant ; il porte six pattes courtes, grosses, composées d'une hanche de deux pièces, d'une cuisse, d'une jambe et d'un fort crochet arqué et tenant lieu de tarse, dont l'insecte se sert pour se cramponner aux poils ou à la peau des animaux sur lesquels il vit. L'abdomen est rond ou ovale, ou oblong, lobé ou incisé sur les côtés, de huit anneaux, pourvu de seize stigmates sensibles et d'une pointe écailleuse au bout dans les deux sexes.

Swammerdam a soupçonné que le Pou de l'homme, dont il a donné une anatomie, étoit hermaphrodite : il a été porté à cette idée parce qu'il n'a pas découvert de mâles parmi ceux qu'il a examinés et qu'il leur a trouvé un ovaire. Leeuwenhoek a fait sur cette même espèce des observations qui diffèrent beaucoup de celles dont nous venons de parler : il a observé, parmi ces insectes, des individus pourvus d'organes générateurs mâles dont il a donné des figures ; il a découvert dans ces mâles un aiguillon recourbé, situé dans l'abdomen, et avec lequel, selon lui, ils peuvent piquer ; il pense que c'est de la piqûre de cet aiguillon que provient la plus grande démangeaison qu'ils causent, parce qu'il a remarqué que l'introduction de leur trompe dans les chairs, ne produit presqu'aucune sensation si elle ne touche pas quelque nerf. De Géer a vu un aiguillon semblable placé au bout de l'abdomen de plusieurs Pous de l'homme ; ceux-ci qui, d'après Leeuwenhoek, sont des mâles, ont, suivant De Géer, le bout de l'abdomen arrondi, au lieu que les femelles, ou ceux à qui l'aiguillon manque, l'ont échancré. M. Latreille a vu très-distinctement dans un grand nombre de Pous, l'aiguillon ou la pointe dont parlent ces auteurs.

Les Pous vivent de sang ; les uns se nourrissent de celui des hommes, les autres de celui des quadrupèdes : c'est avec leur trompe qu'on n'aperçoit presque jamais, quand elle n'est pas en action, qu'ils le sucent. Chaque quadrupède a son Pou particulier, et quelques-uns même sont attaqués par plusieurs. L'homme nourrit trois espèces de ce genre, le *Pou commun* ou des vêtemens, le *Pou de la tête* et le *Pou du pubis* ou *morpion*. Ces insectes sont ovipares ; leurs œufs, qui sont connus sous le nom de *lentes*, sont déposés sur les cheveux ou sur les habits ; les petits en sortent au bout de cinq à six jours ; après plusieurs mues et environ dix jours après, ils sont en état de reproduire : ils multiplient beaucoup, et des expériences ont prouvé qu'en six jours un Pou peut pondre cinquante œufs, et il lui en reste encore dans le ventre. On a calculé que deux femelles peuvent avoir dix-huit mille petits dans deux mois.

La malpropreté et l'usage de la poudre à cheveux mal préparée, et qu'on laisse trop longtemps sur la tête, surtout en été, attirent les Poux et leur fournissent un local favorable pour la reproduction de leur postérité. Les moyens que l'on emploie pour se débarrasser de ces insectes sont, 1°. l'emploi des substances huileuses ou graisseuses qui contiennent du gaz azote et qui bouchent les stigmates de ces insectes et les étouffent ; 2°. les semences de *staphis agria*, du *pied-d'alouette*, les *coques du Levant*, le *tabac* réduit en poudre, et surtout les préparations mercurielles, font sur ces insectes l'effet d'un poison violent qui les fait périr promptement. On prétend que ces insectes, en perçant la peau, font naître des pustules qui se convertissent en gale et quelquefois en teigne : leur multiplication, dans certains sujets, est si grande, qu'elle finit par produire une maladie mortelle, connue sous le nom de *phthiriase*, et dont M. Alibert a parlé dans son bel ouvrage sur les maladies de la peau. M. Latreille lui a fourni des observations d'où il résulte que l'espèce qui cause cette maladie est le Pou humain. Oviedo dit avoir observé que les Poux quittent les marins espagnols qui vont aux Indes, à une certaine latitude, et qu'ils les reprennent au retour au même degré : c'est à peu près à la hauteur des tropiques que cela a lieu ; mais ces observations ont besoin d'être confirmées et appuyées de témoignages plus certains. On dit encore que dans l'Inde, quelque sale qu'on soit, on n'en a jamais qu'à la tête. Les nègres, les Hottentots et différens singes mangent les Poux, et ont été nommés par cette raison *phthirophages*. Il fut un temps où la médecine employoit le Pou de l'homme pour les suppressions d'urine, en l'introduisant dans le canal de l'urètre.

Dans la méthode de M. Duméril, le genre Pou est placé dans son ordre des Aptères, famille des *Rhinoptères*. (*Voyez* ce mot.) Le professeur Nitzch le place dans son ordre des Hémiptères épizoïques; enfin le docteur Léach place les Poux dans son ordre des Anoplures, famille des Pédiculidés; il les divise en trois genres, auxquels il donne des caractères qui vont nous servir à établir trois coupes dans ce genre.

A. Corselet très-court, point distinct; les deux pattes antérieures monodactyles, les autres didactyles. Abdomen brusquement plus large que la tête. (Genre PHTHIRE, *Phthirus*. LÉACH.)

1. Pou du pubis, *P. pubis*.

P. thorace brevissimo, vix distincto; abdomine posticè bicornuto, pedibus validis.

P. pubis. LINN. *Syst. Nat. ed.* 13. *tom.* 1. *pars* 2. *pag.* 1017. — *Faun. Suec. ed.* 2. *n°.* 1940. — Le Morpion. GEOFF. *Hist. des Ins. tom.* 2. *pag.* 597. — *P. pubis*: FABR. *Entom. Syst. tom.* 4. *pag.* 418. — Pou du pubis. LAT. *Hist. nat. des Crust. et des Ins. tom.* 8. *pag.* 94. — *Gen. Crust. et Ins. tom.* 1. *pag.* 168. — *Règne anim. de Cuvier, tom.* 3. *pag.* 165. — REDI, *Experim. tab.* 9. *fig.* 1.

Il est à peu près de la taille du Pou de tête; sa couleur est plus brune et sa peau est plus dure, l'abdomen a, postérieurement, deux crénelures longues en forme de cornes. Cette espèce, que l'on désigne vulgairement par le nom de *Morpion*, s'attache aux poils des parties sexuelles, des aisselles et des sourcils; sa piqûre est très-forte.

B. Toutes les pattes didactyles; corselet distinct, brusquement plus étroit que l'abdomen. (Genre HÆMATOPINE, *Hæmatopinus*. LÉACH.)

2. Pou du cochon, *P. suis* de Linné, décrit par Muller, *Lin. nat. cl. V. pag.* 1030, et figuré par M. Léach (*Mélanges de zool. tom.* 3. *pl.* 146); il forme le type de cette division et vit sur le cochon commun.

C. Corselet n'étant pas plus étroit que l'abdomen, qui est linéaire.

3. Pou humain, *P. humanus*.

P. thorace segmentis tribus, æqualibus, distinctis, corpore ovali, lobato, albido, subimmaculato.

P. humanus. LINN. *Syst. Nat. ed.* 13. *tom.* 1. *pars* 2. *pag.* 1016. — *Faun. Suec. ed.* 2. *n°.* 1939. — MOUFF. *Ins. tab.* 259. — SWAMM. *Quart. tom.* 7. *Bibl. tab.* 1. *fig.* 3-6. — ALB. *Aran. tab.* 42. — SCHÆFF. *Elem. tab.* 95. — SULZ. *Ins. tom.* 22. *fig.* 145. — LEDERM. *Micr.* 45. *tab.* 21. — Pou humain du corps. DE GÉER, *Mém. s. les Ins. tom.* 7. *pag.* 67. *pl.* 1. *fig.* 7. — *P. humanus*. FAB. *Entom. Syst. tom.* 4. *pag.* 417. — P. humain. LAT. *Hist. nat. des Crust. et des Ins. tom.* 8. *pag.* 417. — *Gen. Crust. et Ins. tom.* 1. *pag.* 168. — *Règne anim. de Cuvier, tom.* 3. *pag.* 164.

Cette espèce est d'un blanc sale, sans taches. Les découpures de son abdomen sont moins saillantes que dans l'espèce que M. Latreille nomme *Pou de la tête*, et que Linné avoit considérée comme une variété du Pou ordinaire. Il vit sur le corps de l'homme. *Voyez*, pour les autres espèces, M. Latreille dans son *Hist. nat. des Crust. et des Ins. tom.* 8; Linné, Fabricius, Rédi et Albin. *Voyez* aussi le mot PARASITES de ce Dictionnaire. (E. G.)

POU AILÉ. *Voyez* POU VOLANT.

POU DE BALEINE. *Voyez* CYAME, PYCNOGONON. (E. G.)

POU DE BOIS. Nom donné par plusieurs auteurs au Psoque pulsateur. *Voyez* PSOQUE n°. 8. (S. F. et A. SERV.)

POU DE BOIS ou FOURMI BLANCHE. *Voyez* TERMES.

POU DE MER. *Voyez* CYMOTHOÉ.

POU DE MER D'AMBOINE. Espèce de Crustacé qui nous est inconnu et que l'on mange dans quelques parties de l'Inde, sous le nom de *Fotok*.

POU DE MER DU CAP DE BONNE-ESPÉRANCE. Crustacé dont il est fait mention dans Kolbe et qui est probablement un *Cymothoa*.

POU DES OISEAUX. *Voyez* RICIN.

POU DE PHARAON. C'est peut-être une espèce d'*Ixode* ou de *Chique*.

POU DES POISSONS ou POU DE RIVIÈRE. Espèce d'Entomostracé qui s'attache aux ouïes de plusieurs poissons. *Voyez* CALIGE, ARGULE.

POU DES POLYPES. Animal qui s'attache aux polypes et qui est peut-être une *Hydrachnelle*.

POU PULSATEUR. *Voyez* PSOQUE PULSATEUR.

POU DES QUADRUPÈDES. *Voyez* POU.

POU DE RIVIÈRE. *Voyez* POU DES POISSONS.

POU DE SARDE (Nicholson). C'est peut-être le *Cymothoa guadeloupensis* de Fabricius.

POU VOLANT ou POU AILÉ. Ce sont des insectes qui habitent les lieux humides et se jettent, dit-on, sur les cochons qui vont se vautrer dans la fange. Il sont de la grosseur des Pous qui se trouvent sur ces animaux, mais ils sont noirs et ailés. Ce sont des Diptères peut-être des genres *Simulie* et *Cousin*. (E. G.)

PRANIZE, *Praniza*. LÉACH. LAT. DESMAR. Genre de Crustacés, qui dans l'ouvrage sur le *Règne animal de M. le baron Cuvier*, fait partie des Phytibranches, seconde section de l'ordre des Isopodes, et a pour caractères : dix *pieds* onguiculés, sans pinces, et dont la longueur augmente graduellement, en allant de devant en arrière. — Quatre *antennes* sétacées, simples, courtes. — *Tronc* ou thorax divisé en trois segmens, dont le dernier très-grand, portant les trois dernières paires de pieds; une paire à chacun des autres. — *Post-abdomen* ou queue de six segmens, avec quatre lames ou nageoires ciliées au bout.

Ce genre a été établi sur un Crustacé, dont la longueur n'excède pas deux lignes, de couleur bleuâtre, que l'on trouve dans la Manche et la Méditerranée, et que Montagu a décrit et figuré dans la première partie (pl. 4. fig. 1 et 2) du tome onzième des *Transactions de la Société Linnéenne de Londres*, sous le nom d'*Oniscus cœrulatus*. Ce sera pour nous le PRANIZE BLEUATRE, *Pranizus cœrulatus*. Slabber l'avoit déjà représenté dans son *Recueil d'observations microscopiques, pl. 1. fig. 1.* Cette figure et celle de Montagu ont été reproduites dans l'Atlas d'histoire naturelle, accompagnant cette partie de l'Encyclopédie méthodique, pl. 329, fig. 24, et 336, fig. 28; mais il s'est glissé, relativement à l'explication de la dernière, une erreur; il faut lire : *Oniscus cœrulatus*, au lieu d'*Oniscus thoracicus*. M. Desmarest avoit déjà, en parlant de ce genre, présumé qu'il y avoit ici quelque méprise. Je préviens aussi que le genre que j'ai nommé *Ione* dans l'ouvrage précité de M. Cuvier, est celui que M. Léach appelle *Cælino*. Ces deux coupes génériques, ainsi que celles de *Typhis*, d'*Ancée* et d'*Apseude*, composent dans mon ouvrage ayant pour titre : *Familles naturelles du Règne animal*, celle des *Décempèdes*, terminant l'ordre des Amphipodes. (LATR.)

PRASOCURE, *Prasocuris*. LAT. *Helodes*. PAYK. FAB. OLIV. (*Entom.*) *Chrysomela*. LINN. GEOFF. DE GÉER, OLIV. (*Encycl.*)

Genre d'insectes de l'ordre des Coléoptères, section des Tétramères, famille des Cycliques, tribu des Chrysomélines.

La tribu des Chrysomélines se compose des genres Paropside, Doryphore, Chrysomèle, Prasocure, Colaspe, Eumolpe, Gribouri, Clythre et Chlamyde. Les quatre derniers se distinguent de tous les autres par leur tête verticale et le genre Colaspe par ses mandibules terminées en une pointe très-forte et par le dernier article des antennes long, presqu'elliptique, portant à son extrémité une pointe particulière. Enfin les Paropsides, les Doryphores et les Chrysomèles ont le corps ovale ou hémisphérique; tels sont les caractères qui séparent tous ces genres de celui de Prasocure.

Antennes de onze articles, les cinq derniers formant une espèce de massue alongée; les septième, huitième, neuvième et dixième qui font partie de cette massue, semi-globuleux, pas plus longs que larges. — *Labre* coriace, court, assez large, arrondi antérieurement. — *Mandibules* courtes, obtuses. — *Mâchoires* membraneuses, bifides. — *Palpes* courts, plus épais dans leur milieu; les maxillaires de quatre articles, les labiaux de trois. — *Lèvre* plus étroite à sa base, ayant son extrémité arrondie, dilatée, membraneuse. — *Tête* presqu'horizontale, un peu enchassée dans le corselet. — *Corps* alongé, presque linéaire, au moins trois fois plus long que large, déprimé. — *Corselet* carré. — *Ecusson* triangulaire, assez grand. — *Elytres* débordant peu l'abdomen. — *Pénultième article* des tarses bilobé.

Les Prasocures vivent sur des plantes aquatiques; la larve de celle de la Phellandrie est blanche, hexapode, alongée; elle ronge la substance intérieure des tiges et des racines de la phellandrie aquatique (*Ph. aquaticum*). La nymphe est blanche, presque cylindrique, un peu anguleuse. L'insecte parfait vit aussi sur la même plante. Ce genre contient fort peu d'espèces.

1. PRASOCURE de la Phellandrie, *P. Phellandrii*.

Prasocuris Phellandrii. LAT. *Gener. Crust. et Ins. tom. 3. pag. 59. n°. 1.* — *Helodes Phellandrii*. PAYK. *Faun. Suec. tom. 2. pag. 84. n°. 1.* — FAB. *Syst. Eleut. tom. 1. pag. 469. n°. 1.* — OLIV. *Entom. tom. 5. pag. 594. n°. 1. Hélod. pl. 1. fig. 1. a, b.* — GYLLENH. *Ins. Suec. tom. part. 3. pag. 499. n°. 1.* — *Crioceris Phellandrii*. PANZ. *Faun. Germ. fas. 83. fig. 9.*

Voyez pour la description et les autres synonymes Chrysomèle de la Phellandrie n°. 130.

2. Prasocure violette, *P. violacea.*

Prasocuris violacea, elytris punctato striatis.

Prasocuris violacea. Lat. *Gener. Crust. et Ins. tom.* 3. *pag.* 60. — *Helodes violacea.* Fab. *Syst. Eleut. tom.* 1. *pag.* 470. *n°.* 3. — Oliv. *Entom. tom.* 5. *pag.* 594. *n°.* 2. *Hélod. pl.* 1. *fig.* 2. — *Helodes beccabungœ.* Gyllenh. *Ins. Suec. tom.* 1. *part.* 3. *pag.* 500. *n°.* 2. — *Chrysomela beccabungœ.* Panz. *Faun. Germ. fas.* 25. *fig.* 11.

Longueur 2 lig. Violette, antennes noires. Corselet pointillé avec un petit sillon transversal dans son milieu. Elytres ayant des lignes de points imitant des stries.

Elle se trouve en France et vit sur le Beccabunga (*Veronica Beccabunga*).

Nota. Le synonyme de Geoffroy, tom. 1, pag. 254, n°. 6, donné à cette espèce par Fabricius, doit être exclu. Il nous paroît appartenir, comme plusieurs auteurs l'ont cru, à la Galeruque violette (*Chrysomela alni.* Linn. n°. 13.) *Voyez* ce mot.

M. Carcel, entomologiste distingué, a observé cette Prasocure en Anjou dans un moment où il éclosoit un très-grand nombre d'individus. Il les a vus remonter du fond de l'eau le long de la tige des plantes. Il est donc probable que c'est dans cet élément qu'elle subit sa métamorphose.

(S. F. et A. Serv.)

PRINTANNIÈRE. Geoffroy nomme ainsi la Phalène précoce n°. 2 de ce Dictionnaire, *Phalœna prodromaria.* Fab. (S. F. et A. Serv.)

PRIOCÈRE, *Priocera.* Nouveau genre de Coléoptères pentamères établi par M. Kirby dans les *Transactions Linnéennes*, vol. 12, pag. 479. Il paroît voisin de ceux de Tille et de Thanasime; l'auteur lui assigne pour caractères : labre échancré; lèvre bifide; palpes maxillaires filiformes, de quatre articles, le dernier comprimé, oblong; les labiaux de trois articles, le dernier grand, pédonculé, sécuriforme; antennes dentées en scie; corselet presque cylindrique, très-resserré; corps convexe.

Il en décrit une espèce sous le nom de Priocère variée (*P. variegata*). Longueur 6 lig. Corps linéaire, d'un brun-noirâtre luisant, velu. Corselet brun, ponctué. Elytres ayant leur partie antérieure fortement ponctuée et l'extrémité lisse, sans taches; elles sont de couleur rousse avec quatre grandes taches jaunes posées carrément. On voit sur chaque élytre une bande brune, large, placée près d'une autre bande de couleur jaune. Pattes d'un brun-noirâtre. Tarses et anus roux.

Cette espèce qui paroît nouvelle est du Brésil, elle est représentée pl. 21, fig. 7 de l'ouvrage précité. (S. F. et A. Serv.)

PRIOCÈRES. *Voyez* Serricornes.

(S. F. et A. Serv.)

PRIONE, *Prionus.* Geoff. Fab. Lat. Oliv. (*Entom.*) *Cerambyx.* Linn. De Géer. *Leptura.* Geoff.

Genre d'insectes de l'ordre des Coléoptères, section des Tétramères, famille des Longicornes, tribu des Prioniens.

La tribu des Prioniens se compose des genres Spondyle et Prione; le premier se distingue facilement du second par ses antennes courtes, moniliformes et son corps convexe.

Antennes sétacées ou filiformes, souvent plus longues que le corps ou dépassant au moins sa moitié, insérées au-devant des yeux et composées de onze à vingt-un articles de forme très-variable. — *Labre* très-petit, presque nul, entier, corné, cilié antérieurement. — *Mandibules* de forme variable, fortes, avancées, dentées intérieurement. — *Mâchoires* cornées, courtes, étroites, cylindriques, entières, obtuses et ciliées, quelquefois un peu aplaties. — *Palpes* presqu'égaux entr'eux, leur dernier article un peu plus grand; les maxillaires de quatre articles, les labiaux de trois. — *Lèvre* cornée, très-courte, presque triangulaire; menton très-court, transverse. — *Tête* aplatie, placée dans la direction de l'axe du corps, ayant un prolongement spiniforme sous la base des mandibules. — *Yeux* échancrés. — *Corps* déprimé. — *Corselet* de forme variable, épineux ou dentelé sur les côtés. — *Ecusson* petit. — *Elytres* grandes, recouvrant entièrement l'abdomen ou raccourcies, rétrécies vers l'extrémité et laissant à découvert une partie de l'abdomen et des ailes. — *Pattes* comprimées; jambes terminées par deux petites épines. Pénultième article des tarses bilobé.

Geoffroy a fondé ce genre sur l'espèce la plus commune (P. tanneur) et lui a donné le nom de Prione, tiré d'un mot grec qui signifie : *scie*, sans doute en raison de la forme des articles des antennes. On trouve ces insectes dans les grandes forêts peuplées de vieux arbres : c'est dans ceux-ci que leurs larves habitent. Elles y trouvent leur nourriture en rongeant le bois. Ces larves diffèrent peu de celles des autres coléoptères qui vivent de la même manière qu'elles. Leur corps est divisé en douze segmens. La tête est un peu plus large que le corps et d'une consistance assez solide; la bouche est petite, armée de deux mandibules courtes, mais fortes; les trois segmens antérieurs du corps portent chacun une paire de pattes écailleuses très-petites, à peine visibles et qui ne peuvent leur servir à marcher. Les neuf derniers segmens sont garnis de petits mamelons au moyen desquels seuls la larve peut changer de place. Lorsqu'elle a pris tout son accroissement, elle se file une coque grossière composée de soie fortifiée de sciure de bois et elle y subit ses métamorphoses. Elle a soin de placer cette coque près de la surface de l'arbre, afin que l'insecte parfait puisse sortir plus facilement. Les femelles sont munies d'une espèce de tuyau corné, ordinairement rétractile, à l'aide duquel elles déposent leurs œufs dans les fentes et les gerçures du bois.

Ces coléoptères sont de très-grande taille, les femelles surtout. Pendant le jour qui paroît les offusquer, ils se tiennent cachés dans des trous d'arbres dont ils sortent le soir pour voler et rechercher l'accouplement. Leur vol est lourd. Ce genre renferme plus de cinquante espèces, dont on ne trouve que quatre ou cinq en Europe.

1re. *Division.* Elytres raccourcies, rétrécies vers leur extrémité, ne se rejoignant pas à la suture et laissant à découvert, même dans le repos, une partie de l'abdomen et des ailes.

1. Prione sanguin, *P. sanguineus.*

Prionus sanguineus, antennis, mandibularum, elytrorumque apice tibiis tarsisque nigris.

Longueur 10 lig. Corps d'un rouge sanguin, entièrement pointillé. Antennes noires, de onze articles, les cinq avant-derniers dentés en scie, peu aplatis. Mandibules aiguës, plus courtes que la tête, armées d'une forte dent interne, leur extrémité et leur partie intérieure noires. Yeux, extrémité des élytres, jambes et tarses noirs. Corselet rebordé, ses bords latéraux portant chacun une épine peu saillante vers leur milieu. Ecusson triangulaire. Elytres couvrant plus des deux tiers de l'abdomen et des ailes; elles sont chargées de quatre lignes longitudinales peu élevées, n'allant pas jusqu'à l'extrémité. Les deux premiers articles des tarses sont peu dilatés. Femelle.

Du Brésil.

2. Prione lugubre, *P. lugubris.*

Prionus niger, humeris pallidè testaceis.

Longueur 7 à 8 lig. Corps entièrement noir, pointillé. Antennes de onze articles, les huit avant-derniers fortement dentés en scie, peu aplatis. Mandibules aiguës, plus courtes que la tête; on voit une forte dent interne à la mandibule gauche qui manque dans la droite (il en est peut-être de même dans le précédent); corselet peu rebordé, ses bords latéraux portant chacun une petite épine vers leur milieu. Ecusson presque triangulaire; élytres ne couvrant guère que la moitié de l'abdomen, ayant leurs angles huméraux d'un testacé pâle et deux lignes longitudinales élevées, très-peu visibles, n'allant pas jusqu'à l'extrémité. Les deux premiers articles des quatre tarses antérieurs sont très-dilatés. Mâle.

Du Brésil.

Nota. Nous avons une variété ou peut-être une espèce très-voisine qui ne diffère qu'en ce qu'elle est entièrement noire, sans tache humérale aux élytres. M. le comte Dejean possède une autre espèce du Brésil également de cette division, qui approche beaucoup du Prione sanguin. Le *Stenocorus hemipterus* de Fabricius pourroit encore lui appartenir. Celui-ci est de Java.

2e. *Division.* Elytres grandes, de la longueur de l'abdomen, le couvrant en entier, ainsi que les ailes.

1re. *Subdivision.* Côtés du corselet se rabattant insensiblement, leur rebord se voyant toujours en dessus (tarière des femelles rétractile).

A. Troisième article des antennes au moins deux fois plus long que le quatrième.

3. Prione serraticorne, *P. serraticornis.*

Prionus fuscus, thorace marginato, utrinquè tridentato, antennis serratis.

Prionus serraticornis. Oliv. *Entom. tom.* 4. *pag.* 14. *n°.* 9. *Prion. pl.* 9. *fig.* 33. — *Encycl. pl.* 204. *fig.* 3.

Longueur 3 pouces. Antennes noires, de douze articles, les neuf avant-derniers ayant en dessous à leur extrémité, un appendice spiniforme, peu sensible dans les trois premiers. Tête noire avec un peu de duvet roux sur sa partie antérieure. Mandibules grandes, noires, de la longueur de la tête, arquées, fortement dentées intérieurement. Corselet noir; ses côtés un peu relevés en bosse, chargés d'un duvet roux; ses bords latéraux portant chacun trois épines, l'intermédiaire plus longue. Elytres de couleur marron, brunes vers la base, pointillées. Ecusson arrondi postérieurement. Dessous de l'abdomen brun. Poitrine garnie d'un duvet roux. Pattes brunes. Mâle.

Des Indes orientales.

4. Prione à collier, *P. armillatus.*

Prionus thorace marginato. utrinquè quadridentato, elytrorum testaceorum, margine nigro.

Prionus armillatus. Fab. *Syst. Eleut. tom.* 2. *pag.* 261. *n°.* 19. — Oliv. *Entom. tom.* 4. *pag.* 9. *n°.* 4. *Prion. pl.* 5. *fig.* 17. — Lat. *Gener. Crust. et Ins. tom.* 3. *pag.* 33. — *Cerambyx armillatus.* Linn. *Syst. Nat.* 2. 622. 4. — *Encycl. pl.* 200. *fig.* 4.

Longueur 3 pouces ½, 4 pouces. Antennes noires, de onze articles, le premier ayant extérieurement une épine très-forte, les neuf derniers garnis d'un grand nombre de tubercules spiniformes. Tête noire. Mandibules courtes, grosses, très-crochues.

très-crochues. Corselet noir, ses bords latéraux un peu testacés, portant chacun quatre épines noires. Elytres testacées, bords extérieurs noirs; leur extrémité un peu échancrée avec une épine qui termine la ligne suturale. Ecusson arrondi postérieurement, testacé, bordé de noir. Dessous du corps noir, chargé d'un duvet roussâtre. Pattes noires. Cuisses et jambes antérieures garnies de tubercules; ceux de dessous spiniformes.

Des Indes orientales.

Nota. Nous avons sous les yeux un autre Prione plus petit d'un tiers dont les antennes sont à proportion beaucoup plus courtes, les neuf derniers articles n'ont aucuns tubercules non plus que les pattes antérieures. L'épine postérieure du corselet est plus grande à proportion ainsi que celle de la suture des élytres, l'extrémité de celles-ci n'est pas aussi évidemment échancrée, mais dentée en scie. Les pattes sont moins brunes et les antérieures sont beaucoup plus courtes. Seroit-ce l'autre sexe du Prione à collier ou une espèce différente?

5. Prione noir, *P. ater.*

Prionus thoracis lateribus crenatis, elytris mucronatis, margine exteriori arcuato.

Prionus ater. Oliv. *Entom. tom.* 4. *pag.* 11. *n°.* 6. *Prion. pl.* 7. *fig.* 24. — *Encycl. pl.* 202. *fig.* 3.

Longueur 4 pouces. Entièrement noir. Tête et poitrine couvertes d'un duvet roux. Antennes de onze articles garnis, surtout en dessous, de tubercules spiniformes. Palpes bruns. Mandibules courtes. Corselet ayant de chaque côté une plaque triangulaire et une petite ligne formées par des tubercules luisans; ses bords latéraux crénelés. Elytres pointillées, fortement chagrinées à leur base, portant quelques petites lignes longitudinales peu élevées dont la plus visible est placée vers le bord extérieur. Ligne suturale terminée par une épine. Ecusson chagriné, arrondi postérieurement avec une impression vers l'extrémité. Bords postérieurs des segmens de l'abdomen ferrugineux. Jambes épineuses; les quatre cuisses antérieures garnies de tubercules spiniformes.

De Cayenne.

6. Prione dentelé, *P. serrarius.*

Prionus fuscus, thorace subcrenulato, punctis in medio duobus impressis.

Prionus serrarius. Panz. *Faun. Germ. fas.* 9. *fig.* 6. — *Prionus obscurus.* Oliv. *Entom. tom.* 4. *pag.* 26. *n°.* 27. *Prion. pl.* 1. *fig.* 7. — Lat. *Gener. Crust. et Ins. tom.* 3. *pag.* 55. — *Encycl. pl.* 196. *fig.* 18, *et pl.* 198. *fig.* 5.

Longueur 2 pouces. Noir, avec les élytres ponctuées et d'un brun-testacé. Antennes aussi longues que le corps, de onze articles. Mandibules courtes, très-arquées. Tête et corselet chagrinés, celui-ci ayant deux points enfoncés derrière chacun desquels est un tubercule luisant, et sur les côtés une petite ligne élevée, luisante; ses bords latéraux légèrement crénelés. Ligne suturale des élytres terminée par une petite épine. Cuisses et jambes antérieures garnies de tubercules; les quatre pattes postérieures finement ponctuées. Ecusson arrondi postérieurement. Poitrine et abdomen bruns.

Il se trouve en Allemagne sur les pins et les sapins. Suivant Olivier il habite aussi la Provence.

7. Prione artisan, *P. faber.*

Prionus thorace marginato, utrinquè unidentato, elytris piceis.

Prionus faber. Fab. *Syst. Eleut. tom.* 2. *pag.* 258. *n°.* 5. — Lat. *Gener. Crust. et Ins. tom.* 3. *pag.* 33. — Oliv. *Entom. tom.* 4. *pag.* 18. *n°.* 15. *Prion. pl.* 9. *fig.* 35. — Panz. *Faun. Germ. fas.* 9. *fig.* 5. — Payk. *Faun. Suec. tom.* 3. *pag.* 50. *n°.* 1. — *Cerambyx faber.* Linn. *Syst. Nat.* 2. 622. 6. — *Encycl. pl.* 204. *fig.* 5.

Longueur 20 lig. Corps glabre, d'un brun-noirâtre ou tout-à-fait noir. Antennes beaucoup plus courtes que le corps, de onze articles. Mandibules courtes, arquées. Tête et corselet chagrinés. Celui-ci portant sur son disque deux petits tubercules un peu plus saillans que les autres; ses bords latéraux dentelés, ayant en outre une épine un peu avant l'angle postérieur. Elytres pointillées irrégulièrement. Ligne suturale terminée par une épine plus forte dans le mâle. Mâle et femelle.

Se trouve en Europe.

8. Prione écorce, *P. corticinus.*

Prionus rufescens, fronte villosâ, thorace marginato crenulato, posticè unidentato.

Prionus corticinus. Oliv. *Entom. tom.* 4. *pag.* 21. *n°.* 20. *Prion. pl.* 9. *fig.* 34. — *Encycl. pl.* 204. *fig.* 4.

Longueur 2 pouces à 2 pouces ½. Corps de couleur marron, couvert d'un duvet roux, soyeux, un peu chatoyant. Antennes de onze articles, leur base plus brune. Tête brune, sa partie antérieure chargée d'un duvet roux. Mandibules courtes, très-arquées. Corselet ayant sur son disque quatre petits tubercules; ses bords latéraux portant chacun trois épines, la postérieure plus grande. Pattes un peu rembrunies. Femelle.

Le mâle a le premier article des antennes duveté en dessous, et le troisième chargé, aussi en dessous, de petits tubercules spiniformes et fortement canaliculé en dessus. L'épine postérieure du corselet est plus forte que dans la femelle et un peu recourbée en arrière; la ligne suturale des élytres est terminée par une épine.

De Cayenne.

9. Prione boulanger, *P. depsarius.*

Prionus ferrugineus, pubescens, subtùs fuscus, thorace utrinquè unidentato, antennis brevibus.

Prionus depsarius. Fab. *Syst. Eleut. tom.* 2. *pag.* 258. *n°.* 7. — Lat. *Gen. Crust. et Ins. tom.* 3. *pag.* 32. — Oliv. *Entom. tom.* 4. *pag.* 37. *n°.* 44. *Prion. pl.* 11. *fig.* 41. Femelle. — Panz. *Faun. Germ. fas.* 9. *fig.* 7. Femelle. — Payk. *Faun. Suec. tom.* 3. *pag.* 52. *n°.* 3. — *Cerambyx depsarius.* Linn. *Syst. Nat.* 2. 624. 12. — *Encycl. pl.* 205. *fig.* 11.

Longueur 18 lig. Corps de couleur de poix, son dessous plus clair. Antennes de onze articles dans les deux sexes. Corselet finement chagriné, ayant sur son milieu une ligne longitudinale très-lisse, et quelques poils jaunâtres clair-semés; ses bords latéraux munis chacun d'une épine. Elytres finement chagrinées, portant des lignes longitudinales peu marquées, qui n'atteignent ni la base ni l'extrémité. Poitrine un peu duvetée. Mâle et femelle.

Cette espèce est proportionnellement plus étroite que le Prione tanneur.

Du nord de l'Europe.

B. Troisième article des antennes n'étant pas une fois et demie aussi long que le quatrième.

a. Antennes pectinées dans les mâles. — Ecusson arrondi postérieurement.

10. Prione tanneur, *P. coriarius.*

Prionus fuscus, thorace marginato utrinquè trispinoso, antennis brevibus.

Prionus coriarius. Fab. *Syst. Eleut. tom.* 2. *pag.* 260. *n°.* 16. — Lat. *Gen. Crust. et Ins. tom.* 3. *pag.* 32. — Oliv. *Entom. tom.* 4. *pag.* 29. *n°.* 32. *Prion. pl.* 1. *fig.* 1. — Panz. *Faun. Germ. fas.* 9. *fig.* 8. Femelle. — Payk. *Faun. Suec. tom.* 3. *pag.* 51. *n°.* 2. — *Cerambyx coriarius.* Linn. *Syst. Nat.* 2. 622. 7. — Le Prione. Geoff. *Ins. Paris. tom.* 1. *pag.* 198. *n°.* 1. *pl.* 3. *fig.* 5. Femelle. — *Encycl. pl.* 197. *fig.* 3-6.

Longueur 15 à 18 lig. Corps chagriné, d'un brun couleur de poix. Antennes de douze articles dentés en scie, à l'exception des trois premiers et du dernier. Mandibules courtes, arquées. Bords latéraux du corselet portant chacun trois épines, l'intermédiaire plus longue. Elytres ayant chacune trois lignes longitudinales peu élevées, à peine visibles. Ligne suturale terminée par une épine très-courte. Corselet et poitrine un peu duvetés en dessous. Femelle.

Le mâle diffère par ses antennes pectinées et de treize articles; sa couleur est plus brune.

Il se trouve en Europe dans les forêts et n'est pas très-commun aux environs de Paris.

Nota. Geoffroy a décrit et figuré une femelle quoiqu'il dise positivement le contraire.

On trouve dans De Géer les détails suivans : la tarière de la femelle, longue de plus d'un demi-pouce, est composée de plusieurs pièces qui rentrent les unes dans les autres comme les tuyaux d'une lunette d'approche; son extrémité est garnie de deux parties écailleuses ressemblant un peu à des ciseaux; à l'endroit où elles se réunissent on voit de chaque côté un petit tubercule. La partie qui suit est longue, écailleuse, concave en dessus. A son origine on voit une ouverture qui probablement donne passage aux œufs; (ceux-ci sont alongés, d'un jaune-blanchâtre, ayant environ deux lignes de longueur), ensuite viennent deux espèces de tuyaux membraneux qui rentrent l'un dans l'autre et tous deux dans un troisième tuyau plus gros d'une consistance assez dure, mais cependant flexible. Enfin toutes ces parties trouvent place dans l'abdomen lorsque l'insecte n'en fait pas usage.

11. Prione imbricorne, *P. imbricornis.*

Prionus ferrugineus, thorace marginato utrinquè tridentato, antennis utrinquè pectinatis brevibus.

Prionus imbricornis. Oliv. *Entom. tom.* 4. *pag.* 28. *n°.* 31. *Prion. pl.* 13. *fig.* 52. Mâle. — Lat. *Gen. Crust. et Ins. tom.* 3. *pag.* 32. — Palis.-Bauv. *Ins. d'Afriq. et d'Amér. pag.* 242. *Coléopt. pl.* 36. *fig.* 2. Mâle. — *Cerambyx imbricornis.* Linn. *Syst. Nat.* 2. 622. 5. Mâle.

Longueur 11 à 12 lig. Corps chagriné, ponctué, de couleur marron. Tête, corselet et base des antennes plus foncés, presque bruns. Ces dernières composées de vingt-un articles pectinés des deux côtés, à l'exception des deux premiers et du dernier. Mandibules courtes, très-arquées. Bords latéraux du corselet portant chacun deux petites épines vers leur partie antérieure. Elytres ayant chacune deux lignes élevées peu visibles; ligne suturale terminée par une petite épine. Corselet et poitrine un peu duvetés en dessous. Mâle.

De la Caroline.

b. Antennes simples, composées d'articles comprimés au nombre de onze. — Mandibules courtes, arquées.

† Ecusson pointu postérieurement.

12. Prione spécieux, *P. speciosus.*

Prionus viridi-æneus, thoracis margine spinoso crenato.

Prionus speciosus. Oliv. *Entom. tom.* 4. *Prion. pag.* 31. *n°.* 34. *pl.* 12. *fig.* 48? — Lat. *Gen. Crust. et Ins. tom.* 3. *pag.* 33. — *Encycl. pl.* 199. *fig.* 6?

Longueur 18 lig. Dessus du corps chagriné et ponctué, d'un vert-brun à reflet cuivreux, son dessous plus lisse et brillant. Antennes et pattes d'un noir-bleuâtre à reflet cuivreux en dessous. Les cinq ou six premiers articles des antennes très-rugueux en dessous, les quatre derniers portant chacun à leur base latérale inférieure, deux tubercules. Bords latéraux du corselet très-dilatés, ayant chacun une épine, crénelés au-dessus et au-dessous de cette épine. Jambes rugueuses, les antérieures ainsi que leurs cuisses, chargées en dessous de tubercules presqu'épineux.

Du Brésil.

Nota. Nous rapportons à cette espèce, quoiqu'avec doute, la figure 48, planche 12 de l'*Entomologie d'Olivier,* qu'il donne pour être celle de son Prione brillant n°. 33, mais qui ne lui ressemble en rien. Cette figure quoique mal faite convient mieux au Prione spécieux que celle n°. 13, planche 4, indiquée par Olivier comme lui appartenant.

13. Prione brillant, *P. nitidus.*

Prionus cœruleo-violacœus, thorace marginato, crenato, unidentato, elytris rugosis, cupreis.

Prionus nitidus. Fab. *Syst. Eleut. tom.* 2. *pag.* 258. *n°.* 4. Femelle. — Lat. *Gener. Crust. et Ins. tom.* 3. *pag.* 33. Femelle. — Oliv. *Entom. tom.* 4. *Prion. pag.* 30. *n°.* 33. Femelle. (Supprimez la figure citée.) — *Prionus angulatus.* Lat. *Gener. Crust. et Ins. tom.* 3. *pag.* 33. Mâle. — Oliv. *Entom. tom.* 4. *Prion. pag.* 31. *n°.* 35. *pl.* 1. *fig.* 2, *et pl.* 4. *fig.* 13? Mâle.

Longueur 15 à 18 lig. Dessus du corps chagriné et ponctué. Tête, corselet et écusson d'un bleu-violet à reflet cuivreux. Antennes et pattes bleues à reflet verdâtre. Bords latéraux du corselet ayant chacun une épine; ils sont crénelés depuis leur base jusqu'à l'épine seulement. Elytres d'un beau rouge-cuivreux. Dessous du corps brillant, d'un bleu-violet avec des reflets verts et cuivreux. Femelle.

Le mâle diffère en ce que la partie postérieure de la tête, le corselet et l'écusson ont un reflet d'un rouge-cuivreux et que ses élytres sont vertes à reflet doré.

Du Brésil.

Nota. Olivier s'est trompé en rapportant au Prione spécieux la figure 13 de la planche 4. Elle nous paroît être celle du Prione brillant mâle, quoique très-incorrecte.

14. Prione bifascié, *P. bifasciatus.*

Prionus niger, thorace marginato, denticulato, elytris rubris, fasciis duabus atris.

Prionus bifasciatus. Fab. *Syst. Eleut. tom.* 2. *pag.* 262. *n°.* 24. — Oliv. *Entom. tom.* 4. *Prion. pag.* 32. *n°.* 37. *pl.* 1. *fig.* 4. a. b. — *Cerambyx bifasciatus.* Linn. *Syst. Nat.* 2. 624. 16. — *Encycl. pl.* 198. *fig.* 2.

Longueur 1 pouce. Dessus du corps chagriné. Antennes, tête, corselet, écusson et pattes d'un noir-violet. Bords latéraux du corselet entièrement crénelés et munis chacun d'une épine. Elytres d'un rouge-cuivreux avec deux bandes transverses d'un brun-cuivreux à reflet violet, la première irrégulière dans sa forme, placée au-delà du milieu et l'autre à l'extrémité. Dessous du corps d'un bleu-violet brillant.

De Cayenne.

†† Ecusson arrondi postérieurement.

15. Prione canaliculé, *P. canaliculatus.*

Prionus thorace marginato, crenulato, sulco longitudinali dorsali albo villoso, antennis brevibus.

Prionus canaliculatus. Fab. *Syst. Eleut. tom.* 2. *pag.* 264. *n°.* 32. — Oliv. *Entom. tom.* 4. *Prion. pag.* 25. *n°.* 26. *pl.* 9. *fig.* 32. a. b. — *Encycl. pl.* 204. *fig.* 1 *et* 2.

Longueur 20 lig. Corps chagriné en dessus. Antennes, tête, corselet, pattes et dessous du corps bruns. Corselet ayant au milieu un sillon longitudinal garni d'un duvet blanc, ses bords latéraux fortement crénelés, leur pointe postérieure spiniforme. Elytres de couleur marron, chargées de lignes peu distinctes, formées par des points enfoncés dont chacun porte une petite touffe de poils blancs; leurs bords extérieurs jaunes. Jambes antérieures garnies en dessous d'un duvet touffu, roussâtre.

Amérique méridionale.

16. Prione quadriliné, *P. quadrilineatus.*

Prionus thorace crenulato, testaceus, elytrorum lineis duabus impressis albo villosis.

Prionus quadrilineatus. Oliv. *Entom. tom.* 4. *Prion. pag.* 40. *n°.* 48. *pl.* 3. *fig.* 11. — *Encycl. pl.* 199. *fig.* 4.

Longueur 15 lig. Corps testacé, chagriné en dessus. Bords latéraux du corselet crénelés, échancrés à l'angle postérieur, ce qui y forme deux pointes. Elytres d'une nuance plus claire, portant chacune dans leur milieu deux lignes longitudinales enfoncées, garnies d'un duvet blanchâtre très-serré, qui n'atteignent ni la base ni l'extrémité. Ligne suturale terminée par une très-petite pointe. Pattes, dessous de la tête, du corselet et poitrine, de couleur brune. Les côtés de celle-ci et le ventre garnis d'un duvet roussâtre.

Patrie inconnue.

17. Prione élégant, *P. elegans.*

Prionus thorace utrinquè bispinoso, elytrorum lineis duabus longitudinalibus nigris, exteriori carinatâ, alterâ suturali.

Prionus elegans. Palis.-Bauv. *Ins. d'Afriq. et d'Amériq. pag.* 217. *Coléopt. pl.* 34. *fig.* 5.

Longueur 18 lig. Corps lisse, luisant. Antennes, tête, corselet, écusson et pattes de couleur ferrugineuse. Corselet portant deux lignes élevées, inégales, ses bords latéraux ayant chacun deux épines un peu recourbées. Elytres fauves; on voit sur chacune deux larges lignes longitudinales noires dont une accompagne la suture et l'autre très-relevée, partant de l'angle huméral; partie postérieure des élytres crénelée, précédée d'une épine latérale. Dessous du corps ferrugineux. Abdomen brun avec une ligne latérale ondée, formée de poils roussâtres. Jambes garnies en dessous de poils roux.

Décrit d'après un seul individu trouvé à Saint-Domingue par M. Palisot-Bauvois.

c. Antennes simples, composées d'articles cylindriques, au nombre de onze.

18. Prione cervicorne, *P. cervicornis.*

Prionus thorace marginato utrinquè tridentato, mandibulis porrectis, maximis.

Prionus cervicornis. Fab. *Syst. Eleut. tom.* 2. *pag.* 259. *n°.* 12. — Lat. *Gener. Crust. et Ins. tom.* 3. *pag.* 33. — Oliv. *Entom. tom.* 4. *Prion. pag.* 13. *n°.* 8. *pl.* 2. *fig.* 8. — Palis.-Bauv. *Ins. d'Afriq. et d'Ameriq. pag.* 215. *Coléopt. pl.* 34. *fig.* 1. — *Cerambyx cervicornis.* Linn. *Syst. Nat.* 2. 622. 3. — De Géer, *Ins. tom.* 5. *pag.* 94. — *Encycl. pl.* 198. *fig.* 7.

Longueur 4 pouces ½. Corps très-finement pointillé en dessus. Tête brune avec deux carènes élevées, longitudinales, précédées d'une épine; vers la partie postérieure de ces carènes sont intérieurement deux petits espaces chagrinés. Mandibules plus longues que la tête et le corselet pris ensemble, crénelées en dedans avec une forte dent interne placée aux deux tiers de leur longueur environ, et une autre à la partie extérieure plus près de l'extrémité. Antennes fauves, guère plus longues que les mandibules. Corselet d'un brun-mat, sa partie moyenne fortement chagrinée, assez luisante; ses bords latéraux portant chacun trois épines, l'espace qui est entre les deux premières fortement crénelé; on voit une échancrure assez grande sans crénelures entre les deux épines postérieures. Ecusson brun. Elytres d'un jaune-ferrugineux, chargées de lignes et de taches brunes; ligne suturale terminée par une épine fort courte. Dessous du corps et pattes de couleur brune. Poitrine garnie d'un duvet grisâtre.

De l'Amérique méridionale. Sa larve vit dans les fromagers (*Bombax*), et suivant M. Palisot-Bauvois, dans les fruits du cacaotier. On assure que les naturels du pays la mangent.

Nota. Nous connoissons un individu qui n'a guère que trois pouces. Ses mandibules sont plus courtes que la tête et le corselet pris ensemble, leur dent interne est peu sensible, l'extérieure l'est davantage à proportion et située vers le milieu. Toutes les parties antérieures du corps et les pattes sont d'une nuance plus claire. De Géer après avoir décrit l'espèce en lui donnant les mêmes proportions de corps et de mandibules que nous, fait aussi mention d'individus conformés comme celui-ci, ce qui pourroit faire croire que c'est un sexe différent. (*Encycl. pl.* 197. *fig.* 1.)

19. Prione maxillaire, *P. maxillosus.*

Prionus thorace marginato crenulato, mandibulis porrectis.

Prionus maxillosus. Fab. *Syst. Eleut. tom.* 2. *pag.* 264. *n°.* 31. — Oliv. *Entom. tom.* 4. *Prion. pag.* 16. *n°.* 13. *pl.* 1. *fig.* 3. — Drury, *Ins.* 1. *pl.* 38. *fig.* 3. — *Encycl. pl.* 198. *fig.* 1.

Longueur 2 pouces. Entièrement brun. Tête ponctuée et chagrinée. Mandibules arquées, un peu plus longues que la tête, garnies intérieurement de poils roux et de trois dents, les inférieures un peu au-dessus du milieu, la dernière très-petite placée près de la pointe. Antennes égalant en longueur la moitié du corps. Corselet portant sur ses côtés deux petites lignes luisantes, un peu élevées et sur son disque trois aréoles un peu élevées, luisantes, dont l'inférieure est posée vis-à-vis de l'écusson; bords latéraux crénelés, angles supérieurs très-avancés, arrondis. Ligne suturale des élytres terminée par une petite épine. Poitrine garnie d'un duvet grisâtre.

Amérique méridionale.

20. Prione géant, *P. giganteus.*

Prionus thorace utrinquè trispinoso, niger, elytris ferrugineis, mandibulis porrectis validis.

Prionus giganteus. Fab. *Syst. Eleut. tom.* 2. *pag.* 261. *n°.* 17. — Lat. *Gener. Crust. et Ins. tom.* 3. *pag.* 33. — Oliv. *Entom. tom.* 4. *Prion. pag.* 12. *n°.* 7. *pl.* 6. *fig.* 21. — Drury, *Ins. tom.* 3. *pl.* 49. *fig.* 1. — *Encycl. pl.* 201. *fig.* 4.

Longueur 6 pouces ½. Entièrement d'un brun-noirâtre. Mandibules fortes, plus courtes que la tête, pointillées, très-arquées, ayant une forte dent interne. Antennes atteignant à peine en longueur la moitié du corps, le troisième et le premier articles creusés en dessus, celui-ci échancré et crénelé en dessous. Tête finement pointillée. Corselet fortement chagriné sur les côtés, son disque un peu pointillé, luisant. Bords latéraux portant chacun trois épines, l'intermédiaire plus longue. Elytres d'une nuance plus claire, chargées de petites rides et de quatre lignes longitudinales peu marquées qui n'atteignent pas l'extrémité; ligne suturale terminée par une très-petite épine. Jambes fortement épineuses en dessous ainsi que les cuisses antérieures. Dessous du corselet et poitrine garnis d'un duvet roux, brillant. Mâle. De Cayenne.

Nota. Ce Prione nous paroît surpasser par sa taille tous les autres coléoptères connus.

2e. *Subdivision.* Côtés du corselet rabattus subitement; leur rebord ne se voyant qu'en dessous. (Tarière des femelles saillante.)

21. Prione scabricorne, *P. scabricornis.*

Prionus thorace subcylindrico, elytrorum lineis tribus elevatis abbreviatis.

Prionus scabricornis. Fab. *Syst. Eleut. tom.* 2. *pag.* 258. *n°.* 6. — Lat. *Gener. Crust. et Ins. tom.* 3. *pag.* 33. — Oliv. *Entom. tom.* 4. *Prion. pag.* 35. *n°.* 41. *pl.* 11. *fig.* 42. Femelle. — Panz. *Faun. Germ. fas.* 12. *fig.* 7. Mâle. — La Lepture rouillée. Geoff. *Ins. Paris. tom.* 1. *pag.* 210. *n°.* 6. — *Encycl. pl.* 205. *fig.* 12. Femelle.

Longueur 20 à 22 lignes. Corps brun. Mandibules beaucoup plus courtes que la tête, très-arquées, sans dentelures. Antennes plus courtes que le corps, de onze articles, le troisième plus long que les deux suivans réunis; les cinq premiers chagrinés, raboteux. Tête et corselet chagrinés, avec un peu de duvet roussâtre; angles postérieurs du corselet relevés, presque spiniformes. Elytres de couleur marron, un peu chagrinées et duvetées, portant chacune trois lignes longitudinales élevées, celle du milieu plus longue que les deux autres qui s'y réunissent; n'atteignant pas l'extrémité; ligne suturale terminée par une très-petite épine à peine visible. Dessous du corps et pattes d'un brun-marron clair. Tarière ayant près de quatre lignes de longueur. Poitrine légèrement garnie d'un duvet grisâtre. Femelle.

Le mâle a les antennes entièrement chagrinées et même épineuses en dessus. Les lignes des élytres sont moins distinctes.

Se trouve en Europe sur le tronc des vieux arbres. Il habite aux environs de Paris, suivant Geoffroy. (S. F. et A. Serv.)

PRIONIENS, *Prionii.* Première tribu de la famille des Longicornes, section des Tétramères, ordre des Coléoptères, ayant pour caractères :

Labre nul ou très-petit.

Cette tribu ne contient que les genres Spondyle et Prione. *Voyez* ces mots.

(S. F. et A. Serv.)

PRISTIPHORE, *Pristiphora.* Lat. Considér. général. *Tenthredo.* Fab. Panz. *Pteronus.* Jur.

Genre d'insectes de l'ordre des Hyménoptères, section des Térébrans, famille des Porte-scie, tribu des Tenthrédines.

Parmi les genres de cette tribu, les seuls qui aient les antennes composées de neuf articles sont: Cladie, Pristiphore, Némate, Tenthrède et Dolère. Les deux derniers ont deux cellules radiales aux ailes supérieures; les Némates ont quatre cellules cubitales; les antennes des Cladies sont velues et leurs articles à partir du troisième sont insérés obliquement sur chacun de ceux qui les précèdent; ces divers caractères distinguent ces genres de celui de Pristiphore.

Antennes filiformes, de neuf articles; ces articles nus et n'étant point tronqués obliquement. — *Labre* apparent. — *Mandibules* échancrées ou légèrement bidentées. — *Palpes* filiformes, les maxillaires plus longs que les labiaux, de six articles, les labiaux de quatre. — *Lèvre* trifide. — *Trois petits yeux lisses* disposés en triangle sur le vertex. — *Corselet* un peu cylindrique. — *Ailes supérieures* ayant une cellule radiale grande et trois cellules cubitales, la dernière atteignant l'extrémité de l'aile. — *Abdomen* composé de huit segmens outre l'anus; tégument supérieur du premier incisé dans son milieu; une tarière dans les femelles ne dépassant pas l'extrémité de l'abdomen, logée dans le repos dans une coulisse qui partage en deux le tégument inférieur de l'anus, ce même tégument entier avec le supérieur presque nul dans les mâles. — *Pattes* de longueur moyenne, les quatre jambes postérieures dépourvues d'épine médiale.

Le nom de Pristiphore vient de deux mots grecs qui signifient : *Porte-scie.* Ce genre a été créé par M. Latreille aux dépens des Ptérones de M. Jurine et adopé par les auteurs subséquens. Il ne contient jusqu'à présent que huit espèces qui toutes sont de France.

1re. *Division.* Première cellule cubitale recevant les deux nervures récurrentes. — Mandibules un peu échancrées.

1. Pristiphore de la Myosotis, *P. Myosotidis.*

Pristiphora nigra, abdominis lutei segmentis omnibus nigro transversè strigatis.

Pristiphora Myosotidis. Le P. *Monogr. Tenthred. pag.* 59. *n°.* 170. — *Faun. franç. Hyménopt.*

pag. 74. *n°.* 1. — *Pteronus Myosotidis.* Jur. *pag.* 64. — *Tenthredo Myosotidis.* Fab. *Syst. Piez. pag.* 41. *n°.* 60. — Panz. *Faun. Germ. fas.* ». *fig.* 13.

Longueur 2 lig. ½. Antennes, tête et corselet noirs. Bouche, épaulettes, pattes antérieures et intermédiaires jaunes. Abdomen jaune; ses segmens marqués en dessus d'une ligne dorsale, noirâtre, transversale. Pattes postérieures noires avec les hanches et la plus grande partie des cuisses jaunes. Ailes supérieures ayant leurs principales nervures et le point marginal jaunes. Femelle.
Des environs de Paris.

2. Pristiphore testacée, *P. testacea.*

Pristiphora nigra, humeris punctisque duobus subscutello luteis, abdomine testaceo, pedibus testaceis tibiarum posticarum apice fusco.

Pristiphora testacea. Lat. *Consid. gén.*—Le P. *Monogr. Tenthred. pag.* 59. *n°.* 171. — *Pteronus testaceus.* Jur. *pag.* 64. *pl.* 13.

Longueur 2 lig. ½. Antennes, tête et corselet noirs. Épaulettes et deux points sous l'écusson, jaunes. Abdomen testacé pâle. Extrémité des jambes postérieures brune. Ailes transparentes, nervures noires. Femelle.
Des environs de Genève.

3. Pristiphore rufipède, *P. rufipes.*

Pristiphora nigra, pedibus testaceo-flavis, femorum anticorum quatuor basi nigro maculatâ.

Pristiphora rufipes. Le P. *Monogr. Tenthred. pag.* 60. *n°.* 174. — *Faun. franç. Hyménopt. pag.* 75. *n°.* 4. *pl.* 12. *fig.* 2.

Longueur 2 lig. ½. Noire. Labre testacé. Mandibules brunes. Pattes fauves, les quatre cuisses antérieures tachées de noir à leur base. Ailes transparentes, nervures brunes. Femelle.
Du nord de la France.

2e. *Division.* Seconde cellule cubitale recevant les deux nervures récurrentes. — Mandibules légèrement bidentées.

4. Pristiphore âtre, *P. atra.*

Pristiphora nigra, pedum pallidorum femoribus basi nigris.

Pristiphora atra. Le P. *Monogr. Tenthred. pag.* 61. *n°.* 176. — *Faun. franç. Hyménopt. pag.* 76. *n°.* 6. — *Pteronus ater.* Jur. *pl.* 6. *Pteronus niger.* Jur. *pag.* 64.

Longueur 2 lig. ½. Noire. Pattes pâles avec la base des cuisses noire. Mâle et femelle.
Des environs de Soissons.

3e. *Division.* Seconde cellule cubitale recevant la première nervure récurrente; troisième cellule cubitale recevant la deuxième nervure récurrente.

5. Pristiphore varipède, *P. varipes.*

Pristiphora nigra, ore pedibusque albo variis.

Pristiphora varipes. Le P. *Monogr. Tenthred. pag.* 61. *n°.* 178. — *Faun. franç. Hyménopt. pag.* 76. *n°.* 8.

Longueur 3. lig. Noire. Bouche et pattes variées de blanc. Ailes transparentes. Mâle.
Du Soissonnais. (S. F. et A. Serv.)

PRO-ABEILLE. Réaumur et De Géer ont donné ce nom aux Hyménoptères mellifères de la tribu de Andrenètes. *Voyez* Andrène.
(S. F. et A. Serv.)

PROBOSCIDES, *Proboscidea.* Première section de l'ordre des Diptères; ses caractères sont: *Gaîne de la trompe* toujours univalve, renfermant dans une gouttière supérieure et longitudinale le suçoir, coudée à sa base et terminée par un empâtement plus ou moins marqué, divisé en deux lèvres. — *Tête* toujours très-distincte du tronc. — *Crochets* des tarses droits ou simplement arqués et unidentés au plus en dessous.
(S. F. et A. Serv.)

PROCESSE, *Processa.* Léach. Lat. *Nika.* Risso. Lam. Desm.

Genre de Crustacés de l'ordre des Décapodes, famille des Macroures, section des Salicoques, établi par M. Léach (*Crust. Podoph. de la Gr. Bret.* 4e. *cah.* 1815), et dont les caractères sont: antennes intermédiaires ou supérieures terminées par deux filets sétacés, disposés presque sur une même ligne horizontale, et dont l'intérieur est le plus long, portées sur un pédoncule formé de trois articles, dont le premier plus grand et le second plus court. Antennes inférieures ou extérieures sétacées, beaucoup plus longues que les premières, pourvues, à leur base, d'une écaille alongée, unidentée à l'extrémité et en dehors, et ciliée sur le bord interne. Pieds-mâchoires extérieurs ne couvrant pas la bouche, formés de quatre articles visibles, dont le second est très-long et fortement échancré à sa base du côté interne. Pieds généralement grêles et longs; ceux de la première paire monodactyles à gauche et didactyles à droite, n'ayant pas de carpe multiarticulé; pieds de la seconde paire plus grêles, très-longs, filiformes, de grandeur inégale et finissant chacun par une petite main didactyle; le carpe et l'article qui le précède étant multiarticulés dans la plus longue, et le carpe seulement l'étant dans la plus courte: les trois dernières paires de pieds simplement terminées par un ongle aigu, légèrement arqué et non épineux; carapace un peu alongée, lisse, pourvue en avant d'un petit rostre comprimé. Abdomen arqué vers le troisième segment, terminé par des lames foliacées, alongées, dont l'extérieure, de chaque côté, est bipartie à l'extrémité.

Ce genre a de grands rapports avec celui des *Palémons*, mais il s'en distingue ainsi que des autres genres de la section des Salicoques par la singulière anomalie de ses pieds antérieurs. Ces Crustacés sont très-communs sur nos côtes, surtout sur celles de la Méditerranée; c'est en été qu'on en trouve en plus grande abondance. Ils n'abandonnent jamais le rivage, et les femelles déposent leurs œufs plusieurs fois dans l'année sur les plantes marines; ils sont généralement de petite taille, leur chair est très-estimée, et on s'en sert comme d'un excellent appât pour prendre le poisson.

M. Risso, dans son ouvrage sur les Crustacés de Nice, avoit donné le nom de *Nika* aux Crustacés de ce genre, mais comme son ouvrage n'a paru qu'un an après celui de M. Léach, M. Latreille a adopté la dénomination de ce dernier comme étant antérieure.

1. Processe comestible, *P. edulis*. Léach. Lat. *Crust. pag.* 85. *Nika edulis*. Risso, *pl.* 3. *fig.* 3. Lam. Desm. Longue d'environ un pouce et demi, d'un rouge-incarnat, pointillée de jaunâtre, et ayant une rangée de taches jaunes au milieu de la carapace qui est très-lisse, terminée par trois pointes aiguës, dont celle du milieu, ou le rostre, est la plus longue; yeux verts; pattes de la première paire égales en grosseur. Cette espèce qui a été connue de Rondelet (*Hist. des Poiss.* éd. française), et qu'il a nommée la *Civade* ou *petite Squille*, a la chair tellement douce, suivant cet auteur, qu'elle répugne à certaines personnes. Elle fait son nid dans la région des algues et on la vend pendant toute l'année dans les marchés de Nice : la femelle pond en tout temps; ses œufs sont d'un jaune-verdâtre. MM. Risso et Léach décrivent plusieurs autres espèces de ce genre. (E. G.)

PROCESSIONNAIRES. Nom donné par Réaumur aux chenilles de deux espèces de Bombix. *Voy.* Bombix processionnaire n°. 96 et Bombix pithyocampa n°. 97. (S. F. et A. Serv.)

PRO-CIGALE. Nom donné par Réaumur et Geoffroy (*Ins. Paris. tom.* 1. *pag.* 429) aux Hémiptères qui composent les genres Tettigone et Membracis. *Voy.* ces mots.

(S. F. et A. Serv.)

PROCRIS. Nom donné par Geoffroy au Satyre Pamphile. *Voy.* tom. 9, pag. 549 de ce Dictionnaire. (S. F. et A. Serv.)

PROCRIS, *Procris*. Fab. *Syst. Glossat.* Lat. *Sphinx.* (*Adscita.*) Linn. *Sphinx.* Esp. Hub. *Zygæna.* Fab. *Ent. Syst.* Panz. Ross. *Phalæna.* Geoff. Papillon-phalène. De Géer.

Genre d'insectes de l'ordre des Lépidoptères, famille des Crépusculaires, tribu des Zygénides.

Les Sésies, les Œgocères, les Thyrides, les Zygènes et les Syntomides, genres de cette tribu ont dans les deux sexes les antennes simples ou à peine pectinées. Les Glaucopides, les Aglaopes et les Stygies les ont bipectinées dans les deux sexes; dans les Atychies ainsi que dans les Procris elles sont bipectinées dans les mâles, simples dans les femelles, mais on reconnoîtra les premières à leurs palpes très-velus, s'élevant notablement au-dessus du chaperon, à leurs ailes courtes et aux fortes épines qui terminent leurs jambes postérieures.

Antennes sans houppe à leur extrémité; simples ou garnies d'écailles peu alongées dans les femelles, bipectinées dans les mâles. — *Langue* distincte. — *Palpes* point velus, s'élevant à peine au-delà du chaperon. — *Ailes* oblongues, ciliées. — *Jambes postérieures* terminées par deux épines très-petites. — *Chenilles* courtes, ramassées, peu garnies de poils, se rapprochant beaucoup par la forme des Chenilles-cloportes. — *Chrysalide* renfermée dans une coque.

Les espèces de ce genre sont en petit nombre et se ressemblent toutes; leur taille est moyenne, leur couleur uniforme, les ailes n'ont ni taches ni bandes, un vert métallique quelquefois mêlé d'un peu de brun est leur livrée ordinaire. Les Procris se trouvent dans les prés secs, dans les clairières des bois et le long des haies.

1. Procris de la Statice, *P. Statices.*

Procris alis superioribus suprà viridibus aureo subnitentibus, subtùs inferioribusque cinereo fuscis, antennis maris apice vix pectinatis.

Procris statices. Lat. *Gen. Crust. et Ins. tom.* 4. *pag.* 214. — God. *Hist. nat. des Lépid. de Fr. tom.* 3. *pag.* 158. *pl.* 22. *fig.* 15. — *Zygæna statices.* Fab. *Ent. Syst. tom.* 3. *part.* 1. *pag.* 406. *n°.* 68. — *Sphinx statices.* Linn. *Syst. Nat.* 2. 808. 47. — Hub. *Sphing. tab.* 1. *fig.* 1. — Panz. *Faun. Germ. fas.* 1. *fig.* 24. — Esp. *Sphinx. tab. XVIII. fig.* 2. — Le Sphinx turquoise. Engr. *Pap. d'Eur. pl.* 103. *fig.* 150. — De Géer, *Ins. tom.* 2. *pag.* 255. *n°.* 2. *pl.* 3. *fig.* 8-10. — La Turquoise. Geoff. *Ins. Paris. tom.* 2. *pag.* 129. *n°.* 40.

Envergure 9 lig. Langue noire. Antennes et corps d'un vert-doré. Dessus des ailes supérieures de même couleur, leur dessous et les inférieures, d'un brun-cendré. Dans le mâle les sept ou huit derniers articles des antennes sont peu pectinés, leurs dents étant très-courtes et en forme de stries.

Chenille verdâtre avec deux rangées longitudinales de chevrons noirs sur le dos, et le long du corps une série longitudinale de points rouges bordée d'une ligne noire flexueuse. Tête et pattes écailleuses noires; pattes membraneuses blanchâtres. Vit sur la Patience (*Rumex patientia*) et la Globulaire (*Globularia vulgaris*).

Commune aux environs de Paris.

2. Procris de la Globulaire, *P. Globulariæ.*

Procris alis superioribus suprà cœruleo viridibus nitentibus, subtùs inferioribusque cinereo fuscis, antennis maris omninò pectinatis.

Procris Globulariæ. Lat. *Nouv. Dict. d'Hist. nat.* 2e. *édit.* — God. *Hist. nat. des Lépid. de Fr. tom.* 3. *pag.* 160. *pl.* 22. *fig.* 16. — *Sphinx Globulariæ.* Hub. *Sphing. tab.* 1. *fig.* 2 *et* 3.

Envergure 9 lig. Antennes et corps verdâtres. Dessus des ailes supérieures d'un vert-bleuâtre, leur dessous et les inférieures d'un brun-cendré. Le mâle a les antennes entièrement et régulièrement pectinées.

Chenille verdâtre ayant le long du dos des losanges noirs et de chaque côté du corps une bande amarante bordée de deux lignes noires flexueuses. Tête entièrement noire. Chrysalide d'un brun-pâle avec l'enveloppe des ailes terminée par un prolongement.

Des environs de Chartres.

3. Procris du Prunier, *P. Pruni.*

Procris alis superioribus suprà viridi-fuscis, basi aureo nitentibus, subtùs inferioribusque nigro fuscis, antennis maris omninò pectinatis.

Procris Pruni. Lat. *Gen. Crust. et Ins. tom.* 4. *pag.* 214. — God. *Hist. nat. des Lépid. de Fr. tom.* 3. *pag.* 162. *pl.* 22. *fig.* 17. — *Zygæna Pruni.* Fab. *Ent. Syst. tom.* 3. *part.* 1. *pag.* 406. *n°.* 69. — *Sphinx Pruni.* Hub. *Sphing. tab.* 1. *fig.* 4. — Esp. *Sphinx. tab.* 35. *fig.* 2 *et* 3. — Le Sphinx du Prunellier. Engr. *Pap. d'Eur. pl.* 103. *fig.* 151.

Envergure 6 lig. Langue d'un jaune-paille. Antennes d'un beau bleu-verdâtre. Corps d'un vert-obscur. Dessus des ailes supérieures de même couleur, leur base ayant un reflet doré; leur dessous et les inférieures d'un brun-noirâtre. Antennes du mâle entièrement et régulièrement pectinées.

Chenille de couleur rosée; stigmates noirs. Dos divisé par une double série de losanges noirs disposés transversalement. Vit sur le Prunellier et le Chêne. Chrysalide un peu verdâtre, son dos et l'enveloppe des ailes noirâtres. Coque d'un tissu lâche, alongée, suspendue par l'une de ses extrémités.

Des environs de Paris. (S. F. et A. Serv.)

PROCRUSTE, *Procrustes.* M. Bonelli, dans ses observations entomologiques consignées dans les Mémoires de l'Académie de Turin, a formé sous ce nom un genre de Coléoptères dans la tribu des Carabiques; il lui donne pour caractères : labre trilobé : palpes extérieurs ayant leur dernier article sécuriforme, le premier article des maxillaires intérieurs très-petit : menton ayant deux dents à l'extrémité de la saillie du milieu. Antennes sétacées, leur premier et leur quatrième articles plus courts que les autres, égaux entr'eux, les autres d'égale longueur : abdomen ovale ou ovalaire : point d'ailes.

Le type de ce genre est le Carabe chagriné n°. 8 de ce Dictionnaire. *C. coriaceus.* Fab.

(S. F. et A. Serv.)

PROCTOTRUPE, *Proctotrupes.* Lat. Spin. *Banchus*, *Bassus*? Fab. *Codrus.* Jur. Panz. *Erodorus.* Walk.

Genre d'insectes de l'ordre des Hyménoptères, section des Térébrans, famille des Pupivores, tribu des Oxyures.

Dans cette tribu les genres Hélore, Proctotrupe, Cinète, Bélyte et Diaprie forment un groupe distingué par les antennes qui prennent naissance au milieu de la face antérieure de la tête, tandis que tous les autres Oxyures ont ces organes insérés près de la bouche. Les Hélores ont l'abdomen longuement pédiculé; les ailes supérieures des Cinètes offrent deux cellules cubitales; les Bélytes ont des antennes perfoliées et les Diapries n'ont aucunes cellules aux ailes supérieures. Dans ces trois derniers genres les antennes sont coudées. Les Proctotrupes ont des caractères particuliers qui les séparent des genres que nous venons de citer.

Antennes filiformes, point coudées, presque de la longueur du corps, un peu velues dans les mâles, insérées au milieu de la face antérieure de la tête, composées de douze articles dans les deux sexes (1). — *Mandibules* arquées, aiguës, sans dentelures. — *Palpes maxillaires* beaucoup plus longs que les labiaux et pendans, composés de quatre articles inégaux, les labiaux de trois. — *Lèvre* entière. — *Tête* verticale, comprimée, presque carrée, ses angles arrondis et lisses. — *Yeux* ovales, entiers. — *Trois petits yeux lisses* disposés triangulairement sur le haut du front. — *Corps* étroit, alongé. — *Corselet* long, son premier segment court; métathorax alongé, obtus, chagriné. — *Ailes supérieures* ayant une cellule radiale extrêmement petite, qui, avec le point marginal, forme un triangle et

(1) MM. Latreille et Jurine donnent treize articles aux antennes. Nous croyons qu'ils supposent la présence d'un petit article après celui de la base; nous avons fait de vains efforts pour l'apercevoir et nous restons convaincus qu'il n'existe pas. M. Jurine lui-même n'en figure que douze.

et émet une nervure se dirigeant vers le disque; point d'autres cellules distinctes. — *Abdomen* ovale, conique, lisse, comprimé, très-brièvement pédiculé, son premier segment fort grand, en forme de cloche. Anus des mâles terminé par deux valvules latérales, pointues; une tarière simple, cornée, toujours saillante, servant de conduit aux œufs, terminant le corps dans les femelles. — *Pattes* assez grandes, jambes antérieures sans échancrure.

Les Proctotrupes sont de petite taille, peu nombreuses en espèces. On en trouve cinq ou six aux environs de Paris. Elles fréquentent les plantes ou même courent sur la terre. Leurs mœurs sont probablement semblables à celles des autres Oxyures, c'est-à-dire que les femelles déposent leurs œufs dans le corps de certaines larves d'insectes, aux dépens desquelles leur postérité doit se nourrir. On doit l'établissement de ce genre à M. Latreille.

1. Proctotrupe féconde, *P. gravidator.*

Banchus gravidator. Fab. *Syst. Piez. pag.* 128. *n°.* 10.

Nota. M. Latreille pense que cette espèce appartient au genre Proctotrupe. *Voyez* pour la description et les autres synonymes Ichneumon fécond, n°. 143.

2. Proctotrupe bimaculée, *P. bimaculata.*

Proctotrupes nigra, abdomine testaceo, pedibus pallidis.

Erodorus bimaculatus. Walkn. *Faun. Paris. tom.* 2. *pag.* 47. *n°.* 1.

Longueur 2 lig. ½ 3 lig. Antennes, tête et corselet noirs. Abdomen d'un testacé-ferrugineux; le dessus et la tarière plus foncés; celle-ci presqu'aussi longue que l'abdomen. Pattes pâles, cuisses ayant un peu de brun; nervures des ailes noires: point marginal brun. Femelle.

Le mâle ne diffère point.

Des environs de Paris.

3. Proctotrupe pallipède, *P. pallipes.*

Proctotrupes antennis pedibusque testaceis, capite thoraceque nigris, abdomine piceo.

Proctotrupes pallipes. Lat. *Gener. Crust. et Ins. tom.* 4. *pag.* 38. — *Codrus pallipes.* Jur. *Hyménopt. pag.* 309. *pl.* 13. Mâle. — *Encycl. pl.* 377. *fig.* 5.

Longueur 2 lig. ½. Antennes et pattes testacées. Tête et corselet noirs. Abdomen couleur de poix. Tarière à peu près de la longueur de la moitié de l'abdomen. Ailes transparentes, nervures de couleur brune ainsi que le point marginal. Femelle.

Des environs de Paris.

Nota. Quoique M. Jurine ait cru figurer une femelle, les deux petites lames qui terminent l'abdomen de son individu nous démontrent qu'il avoit un mâle sous les yeux.

4. Proctotrupe noire, *P. nigra.*

Proctotrupes nigra, antennarum nigrarum articulo primo baseos luteo, palpis pedibusque pallidis.

Proctotrupes nigra. Lat. *Gener. Crust. et Ins. tom.* 4. *pag.* 38. — Spinol. *Ins. Ligur. fas.* 3. *pag.* 168. *n°.* 2. — *Codrus niger.* Jur. *Hyménopt. pag.* 39. — Panz. *Faun. Germ. fas.* 85. *fig.* 9.

Longueur 2 lig. Antennes noires, leur premier article jaunâtre. Palpes et pattes de couleur pâle. Tête, corselet et abdomen d'un noir-luisant. Ailes transparentes, point marginal et nervures de couleur brune. Mâle.

Commune aux environs de Paris.

Nota. Ce genre renferme encore la Proctotrupe brévipenne de M. Latreille; il est probable aussi qu'on doit y rapporter le *Bassus campanulator* de Fabricius.

HÉLORE, *Helorus.* Lat. Jur. *Sphex.* Panz. (*Faun.*) *Psen.* Panz. révis.

Genre d'insectes de l'ordre des Hyménoptères, section des Térébrans, famille des Pupivores, tribu des Oxyures.

Cinq genres de cette tribu, Hélore, Proctotrupe, Cinète, Bélyte et Diaprie ont pour caractère commun d'avoir les antennes insérées au milieu de la face antérieure de la tête; mais les ailes supérieures dans les quatre derniers de ces genres n'ont aucunes cellules discoïdales distinctes.

Antennes filiformes, point coudées, insérées au milieu de la face antérieure de la tête, composées de quinze articles, le troisième presque conique, les autres cylindriques. — *Mandibules* alongées, pointues, ayant un avancement interne bidenté. — *Palpes maxillaires* filiformes, longs, composés de cinq articles, les labiaux de trois, dont le dernier plus gros, ovale. — *Lèvre* évasée, arrondie, presqu'entière au bord supérieur. — *Tête* comprimée, de la grandeur du corselet. — *Yeux* ovales, entiers. — *Corselet* globuleux. — *Ailes supérieures* ayant une cellule radiale triangulaire, anguleuse à sa partie intérieure, deux cellules cubitales, la première grande, quelquefois coupée en deux jusqu'à la moitié par une petite nervure qui part du point épais, la seconde atteignant le bord postérieur de l'aile; et trois cellules discoïdales, la première supérieure triangulaire, en sorte qu'il n'y a point de nervure récurrente; la discoïdale inférieure atteignant le bord postérieur de l'aile. — *Abdomen* ovale-globuleux, son premier segment s'amincissant brusquement en un pédicule alongé et cylindrique, le suivant en forme de cloche et le plus grand de tous. — *Pattes* de longueur moyenne.

M. Latreille a établi ce genre et M. Jurine l'a adopté. On n'en mentionne qu'une seule espèce dont les mœurs nous sont inconnues.

1. HÉLORE noir, *H. ater.*

Helorus ater, subpubescens, rugosulus, abdomine nitido, petiolo rugoso, pedum geniculis tarsisque testaceo fuscis.

Helorus ater. LAT. *Gener. Crust. et Ins. tom.* 4. *pag.* 39. — JUR. *Hyménopt. pag.* 215. *pl.* 14. — *Sphex anomalipes.* PANZ. *Faun. Germ. fas.* 52. *fig.* 23, *et fas.* 100. *fig.* 18. — *Psen anomalipes.* PANZ. révis.

Longueur 3 lig. Très-noir, un peu pubescent. Tête, corselet et pédicule de l'abdomen finement chagrinés, celui-ci ayant en outre quelques petites carènes longitudinales, les autres segmens de l'abdomen lisses, anus en pointe un peu courbée. Pattes noires; leurs articulations et les tarses d'un testacé-brun. Ailes transparentes, nervures noires.

On le trouve en France. Il n'est pas commun.

CINÈTE, *Cinetus.* JUR. LAT.

Genre d'insectes de l'ordre des Hyménoptères, section des Térébrans, famille des Pupivores, tribu des Oxyures.

Dans le groupe de cette tribu qui a les antennes insérées au milieu de la face antérieure de la tête (*voyez* PROCTOTRUPE), le genre Diaprie n'a aucune cellule aux ailes supérieures, les Hélores ont deux cellules cubitales et trois discoïdales. Dans les Bélytes les antennes sont perfoliées et les Proctotrupes les ont droites, leur premier article n'étant pas très-long.

Antennes filiformes, coudées, insérées sur un tubercule placé au milieu de la face antérieure de la tête; leur premier article de grandeur notable. Elles sont composées de quinze articles dans les femelles, le premier très-long, et de quatorze dans les mâles, le troisième arqué. — *Mandibules* légèrement bidentées. — *Tête* un peu pyramidale. — *Trois petits yeux lisses* assez gros, disposés en triangle sur le devant du vertex. — *Corselet* muni postérieurement d'une petite épine latérale; métathorax mince. — *Ecusson* arrondi. — *Ailes* supérieures ayant une cellule radiale très-petite, pointue à son extrémité inférieure, triangulaire, anguleuse intérieurement, cet angle émettant une nervure qui se perd dans le disque sans atteindre aucune cellule; de ce disque part une autre nervure, crochue à son commencement et qui descend jusqu'au bord postérieur; une cellule cubitale confondue avec les discoïdales. — *Abdomen* un peu aplati. Son premier segment formant un pédicule long, sillonné en dessus, velu et un peu arqué. Second segment très-grand, les autres fort étroits. — *Pattes* longues.

Le nom de Cinète paroît venir d'un mot grec qui signifie : *remuant.* Nous ne sommes pas certains que l'espèce que nous allons décrire soit celle que M. Jurine a connue.

1. CINÈTE iridipenne, *C. iridipennis.*

Cinetus niger, alarum squamâ antennarum basi pedibusque fusco testaceis.

Longueur 2 lig. Noir. Antennes brunes, leurs deux premiers articles testacés. Ecaille des ailes de cette dernière couleur. Pattes testacées mêlées d'un peu de brun. Ailes velues, irisées, à nervures brunes. Tarière blanchâtre. Cuisses renflées en massue à leur extrémité. Femelle.

L'individu que nous considérons comme le mâle diffère par ses antennes dont le premier article et le devant des trois suivans sont testacés, par la base du second segment de l'abdomen qui est testacée-brune et par les pattes d'un testacé beaucoup plus clair et sans mélange de brun.

Environs de Paris.

BÉLYTE, *Belyta.* JUR. LAT.

Genre d'insectes de l'ordre des Hyménoptères, section des Térébrans, famille des Pupivores, tribu des Oxyures.

Les Hélores, les Cinètes et les Bélytes appartiennent au groupe d'Oxyures, dont le caractère est d'avoir les antennes insérées au milieu de la face antérieure de la tête, mais ils se distinguent des autres genres du même groupe par leurs antennes composées de quatorze à quinze articles (1). Dans les Hélores ces articles sont cylindriques. Les Cinètes ont la cellule radiale de leurs ailes supérieures triangulaire, et leurs antennes ne sont point perfoliées, non plus que celles des Hélores.

Antennes longues, presque filiformes, perfoliées, insérées sur un tubercule placé au milieu de la face antérieure de la tête, plus grosses vers le bout, au moins dans l'un des sexes, composées de quinze articles, le premier long, le second fort petit, le troisième conique, les suivans grenus, perfoliés, le dernier ovoïde, conique. — *Mandibules* très-petites, légèrement bidentées. — *Trois petits yeux lisses* disposés en triangle sur le haut du front. — *Corselet* aplati, guilloché en dessus, ayant une épine de chaque côté postérieurement. — *Ailes supérieures* ayant

(1) Les mâles des Diapries ont aussi les antennes de quatorze articles, mais dans ce genre les ailes supérieures sont totalement privées de cellules.

une cellule radiale petite, ovale, peu distincte et une seule cellule cubitale confondue avec les cellules discoïdales. — *Abdomen* pédiculé, son second segment très-grand, quelquefois sillonné longitudinalement dans son milieu, les autres très-étroits. Tarière (des femelles) un peu saillante. — *Pattes* de longueur moyenne.

M. Jurine en créant ce genre qui depuis a été adopté par M. Latreille, le compose de deux espèces. Ses habitudes ne nous sont point connues.

1. BÉLYTE bicolore, *B. bicolor.*

Belyta nigra; antennis, pedibus, abdomineque primo segmento excepto, testaceis.

Belyta bicolor. JUR. *Hyménopt. pag.* 311. *pl.* 14. — LAT. *Gener. Crust. et Ins. tom.* 4. *pag.* 37.

Longueur 2 lig. Noire. Antennes et pattes testacées. Abdomen de même couleur, à l'exception du premier segment formant le pédicule et qui est noir.

Se trouve en Europe.

DIAPRIE, *Diapria.* LAT. *Chalcis.* FAB. *Ichneumon.* ROSS. OLIV. (*Encycl.*) *Psilus.* JUR. PANZ. SPIN.

Genre d'insectes de l'ordre des Hyménoptères, section des Térébrans, famille des Pupivores, tribu des Oxyures.

Dans le groupe de cette tribu dont les Diapries font partie (*voyez* Oxyures, article PUPIVORES) tous les autres genres ont des cellules aux ailes supérieures.

Antennes longues, filiformes, grossissant insensiblement vers le bout ou presqu'en massue, insérées sur un tubercule placé au milieu de la face antérieure de la tête, composées de douze articles dans les femelles, de quatorze dans les mâles. — *Mandibules* fortes, alongées, ayant trois ou quatre dentelures. — *Palpes maxillaires* longs, filiformes, composés de cinq articles, le quatrième un peu plus gros que les autres, le dernier le plus long de tous. Palpes labiaux plus gros vers leur extrémité, de trois articles. — *Tête* un peu pyramidale. — *Corps* alongé, étroit. — *Corselet* rétréci en devant. — *Ailes* longues, les supérieures velues, dépourvues de cellules, n'ayant qu'une nervure courte qui part de la base, suit le bord extérieur et se termine bientôt par un point assez épais. — *Abdomen* terminé en pointe, son premier segment rétréci en pédicule, le second très-grand, les derniers fort étroits. Tarière (des femelles) un peu saillante, susceptible d'alongement, composée de tuyaux qui rentrent les uns dans les autres. — *Pattes* grêles, cuisses renflées vers l'extrémité.

Le nom de ce genre est un mot grec qui signifie : *tarière.* Les Diapries sont petites, leur démarche est lente et elles s'envolent difficilement. On les trouve sur les plantes, le long des murs et jusque dans les maisons, marchant quelquefois sur les vitres des croisées. Le nombre d'espèces connues est peu considérable.

Rapportez à ce genre l'Ichneumon conique, n°. 186 de cet ouvrage, *Diapria rufipes.* LAT. *Chalcis conica.* FAB. *Syst. Piez.*

(S. F. et A. SERV.)

PRO-GALLINSECTES. Nom donné par Réaumur aux insectes hémiptères du genre Cochenille. *Voyez* ce mot. (S. F. et A. SERV.)

PRONÉE, *Pronæus.* Genre d'Hyménoptères-Porte-aiguillon, famille des Fouisseurs, tribu des Sphégimes, établi par M. Latreille. Le *Pepsis maxillaris* de Palisot-Bauvois, *Ins. d'Af. et d'Amériq. Hyménopt. pl.* 1. *fig.* 1. et le *Dryinus æneus* de Fabricius composent seuls ce genre, qui diffère très-peu de celui de Chlorion, et qui peut y être réuni en y formant une division. *Voyez* Chlorion à la suite du mot SPHÉGIMES.

(S. F. et A. SERV.)

PROSCARABÉ. Nom donné par Geoffroy à une espèce de Méloé. *Voyez* Méloé proscarabé n°. 1. (S. F. et A. SERV.)

PROSCOPIE, *Proscopia.* KLUG.

Genre d'insectes de l'ordre des Orthoptères, famille des Sauteurs, tribu des Acrydiens.

Cette tribu est composée des genres Truxale, Proscopie, Pneumore, Criquet et Tétrix. Les trois derniers n'ont point d'éminence rostriforme sur le sommet de la tête et leurs trois paires de pattes sont à peu près également espacées. Les Truxales ont des antennes longues, ordinairement ensiformes, composées d'un grand nombre d'articles. Ainsi ces quatre genres se distinguent parfaitement des Proscopies.

Antennes filiformes, plus courtes que la tête, composées de sept articles dans les femelles, de six dans les mâles, le dernier plus long, acuminé. — *Labre* grand, membraneux, voûté, échancré à l'extrémité. — *Mandibules* cornées, épaisses, crénelées, tronquées à l'extrémité, ayant quatre dents obtuses et des tubercules vers le bout. — *Mâchoires* courtes, cornées, bifides ou plutôt bidentées; ces dents aiguës, l'interne simple, l'externe petite, portant elle-même une petite dent avant son extrémité. — *Lèvre* grande, membraneuse, échancrée. — *Quatre palpes* membraneux à articles cylindriques; les maxillaires plus longs, de cinq articles, les labiaux de trois dont le dernier plus long. — *Tête* ayant sa partie supérieure sinuée, souvent très-longue, s'élevant en une apparence de rostre conique, plissé ou anguleux. — *Yeux* saillans, hémisphériques, situés à la base du prolongement assez près du sommet de la tête et placés latéralement. — Point de petits yeux lisses. — *Corps* cylindrique, très-long, aptère. — *Corselet* long, cylindrique; métathorax court. — *Point d'ailes* ni d'élytres. — *Abdomen* cylindrique, faisant à lui seul la moitié de la longueur du corps, composé de huit segmens, les premiers plus grands, le dernier très-court. Tégument supérieur de l'anus plan, alongé. Oviducte nul. Parties sexuelles saillantes, dépassant l'anus, consistant en quatre dents courtes, cornées, fortes, recourbées au bout et pointues, jointes ensemble par leur base. — *Cuisses* et jambes presque d'égale longueur; les quatre pattes antérieures presque de la longueur du cou, presqu'égales entr'elles. Les deux premières insérées vers le milieu du corselet, très-éloignées des autres; les quatre suivantes très-rapprochées; les deux postérieures plus longues que l'abdomen, leurs cuisses alongées, renflées, propres à sauter; leurs jambes un peu courbes, carénées en dessus, munies de deux rangs d'épines ou de dents; ces pattes ont leur attache à la partie postérieure du corselet. — *Tarses* de trois articles, le second plus court: crochets aigus, un peu dentés, munis dans leur entre-deux d'une pelotte grande, membraneuse, dilatée.

Ce genre est dû à M. Klüg qui en a donné une monographie. C'est de cet auteur que nous avons emprunté les caractères génériques. Il en décrit quinze espèces, toutes de l'Amérique méridionale, mais il ne nous apprend rien des mœurs ni des transformations. Le nom de Proscopie vient de deux mots grecs qui signifient: *voyant d'en haut*. Ces insectes le doivent sans doute à l'élévation où leurs yeux sont placés vers l'extrémité supérieure du prolongement de la tête. Ces Orthoptères sont de très-grande taille. Nous devons observer que leurs parties sexuelles telles que nous les décrivons, d'après M. Klüg, ne nous paroissent appartenir qu'aux femelles; celles des mâles dans un individu malheureusement incomplet que nous avons sous les yeux, sont fort différentes; la partie inférieure de l'anus est grande et en cuilleron, tandis que dans la femelle elle a absolument la forme d'un soc; nous ne voyons que deux dents non recourbées aux organes de la génération de ce mâle. Sur le cuilleron repose une partie assez grosse, mais dont la forme nous paroît altérée dans notre individu.

1. Proscopie géante, *P. gigantea*.

Proscopia collari utrinquè elevàto, punctato, rostro elongato, tetragono, obtuso; antennis rostro brevioribus. (Klug.)

Proscopia gigantea. Klug. *Prosc. Nov. Gen. pag.* 18. *n°.* 1. *tab.* 3. *fig.* 1.

Longueur 6 pouces. Antennes à peine plus longues que le prolongement rostriforme, brunes. Corps d'un testacé-grisâtre. Tête entièrement lisse, peu rétrécie au-dessus des yeux, son prolongement rostriforme quadrangulaire, canaliculé à sa partie antérieure. Corselet testacé, granulé, ayant sur les côtés une ligne de points plus élevés. Métathorax court, granulé. Entre la base des pattes antérieures on voit un petit tubercule. La poitrine offre trois enfoncemens, le postérieur placé entre la base des pattes intermédiaires, un autre plus grand entre la base des pattes postérieures. Abdomen lisse, d'un testacé-clair, légèrement caréné en dessus et en dessous, ses côtés ayant quelques petites lignes élevées qui ne sont bien distinctes que sur les premiers segmens. Les derniers un peu canaliculés entre ces lignes. Pattes plus foncées que le reste du corps. Epines des jambes postérieures fortes. Femelle.

Du Brésil et de Cayenne.

Nota. Stoll a figuré cette espèce *Spect. pl. XXIV, fig.* 90, mais il lui attribue dans son texte ainsi que dans sa figure des antennes très-longues et sétacées, avec des pattes antérieures conformées comme celles des Phasmes; cela prouve que son individu avoit été mutilé et ensuite maladroitement raccommodé. M. Klüg n'a point cité cette figure.

2. Proscopie granulée, *P. granulata.*

Proscopia collari punctis elevatis scabro, rostro tetragono apice dilatato, antennis rostro brevioribus. (Klug.)

Proscopia granulata. Klug. *Prosc. Nov. Spec. pag.* 22. *n°.* 7. *tab.* 4. *fig.* 7.

Longueur 5 pouces. Corps testacé-obscur, tête lisse, rétrécie au-dessus des yeux, son prolongement rostriforme étroit à la base, très-dilaté et obtus à l'extrémité; ses côtés membraneux, s'avançant au-delà de l'extrémité. Yeux grands. Antennes plus courtes que le prolongement, brunes, subulées. Corselet ayant sa partie antérieure chargée de points élevés, bordée à ses deux extrémités, marquée en dessous d'une carène longitudinale. Abdomen presque lisse, un peu ponctué à sa base, avec une ligne longitudinale peu marquée sur le dos. Jambes postérieures courbées, sillonnées latéralement, ayant quelques épines sur leurs bords; leur dessous épineux avec quatre bandes noires. Tarses bruns.

Du Brésil.

Nota. Nous n'avons point vu cette Proscopie non plus que la suivante.

3. Proscopie oculée, *P. oculata.*

Proscopia collari punctis elevatis scabro, rostro brevissimo, antennis rostro duplo longioribus, abdomine reliquo corpore breviore. (Klug.)

Proscopia oculata. Klug. *Prosc. Nov. Spec. pag.* 26. *n°.* 15. *tab.* 4. *fig.* 15.

Longueur 3 pouces ½. Corps linéaire, entièrement testacé. Tête courte, rétrécie avant les yeux, un peu brune postérieurement; son prolongement rostriforme très-court, anguleux, un peu conique, incliné, obtus à l'extrémité. Yeux grands, très-saillans avec leur orbite pâle. Antennes très-courtes, testacées à la base. Partie antérieure du corselet étroite, chargée de points élevés; ceux du dos se réunissant, ceux des côtés plus élevés; partie moyenne presque bossue, un peu raboteuse, élevée en arrière. Métathorax lisse. Poitrine plane, lisse, ayant quelques enfoncemens. Abdomen lisse, linéaire, un peu plus gros au bout. Cuisses postérieures dentées en scie à leur partie inférieure seulement. Jambes de la longueur des cuisses; les postérieures rousses, armées d'épines noires. Tarses roux.

Du Brésil. (S. F. et A. Serv.)

PROSOPE, *Prosopis*. Jur. Lat. Fab. Panz. Spin. *Apis*. Linn. Geoff. *Andrena*. Oliv. (*Encyc.*) *Melitta*. Kirb.

Genre d'insectes de l'ordre des Hyménoptères, section des Porte-aiguillon, famille des Mellifères, tribu des Andrénètes.

Un genre avoit été établi sous le nom d'*Hylœus* par Fabricius dans son *Entomologia systematica*, mais sur des caractères tellement trompeurs que les insectes qu'il renfermoit ne pouvoient rester ensemble, et que même plusieurs n'étoient que des mâles d'espèces placées par l'auteur lui-même dans les Andrènes. M. Latreille en réformant les caractères de ce genre et supprimant les espèces qui ne lui appartenoient point conserva d'abord le nom d'*Hylœus*. Fabricius adopta ce nouveau genre et changea son nom en celui de *Prosopis* emprunté de M. Jurine, mais il joignit encore aux véritables Prosopes des espèces qui leur étoient étrangères, telles que des mâles de son genre Andrène, dont il parut tirer les caractères génériques, et une Cératine de M. Latreille. Cependant Fabricius conserva toujours un genre sous le nom d'*Hylœus* qui ne renferme aucune espèce qui lui soit propre : ce nom parut donc à tous les entomologistes devoir être rejeté; ils adoptèrent celui de Prosope conformément aux idées de M. Jurine; et M. Latreille s'est joint à eux, en admettant cette dénomination pour son genre *Hylœus* qui est exactement le même.

Dans la tribu des Andrénètes trois genres seulement sont parasites, les Prosopes, les Sphécodes et les Colax (le P. inédit); mais ces deux derniers ont la division intermédiaire de la lèvre peu courbée inférieurement, presque droite, et leurs ailes supérieures ont quatre cellules cubitales, caractères qui les séparent des Prosopes.

Antennes filiformes, point coudées, insérées au milieu du front, composées de douze articles, grossissant un peu vers le bout dans les femelles, de treize articles dans les mâles dont le premier assez long, souvent renflé et patelliforme; second et troisième articles égaux en longueur dans les deux sexes. — *Mandibules* sans dents dans quelques-uns, dans les autres obtuses à leur bout, échancrées et ayant deux dents égales. — *Mâchoires* courtes, leur bord interne membraneux en forme de dent. — *Languette* membraneuse, cordiforme, divisée en trois lobes égaux en longueur. — *Palpes* ayant leurs derniers articles plus petits, les maxillaires longs, de six articles, les labiaux de quatre. — *Tête* verticale, appliquée contre le corselet; face plane. — *Trois petits yeux lisses* disposés en triangle et posés sur le vertex. — *Corps* glabre, presque cylindrique. — *Segment antérieur du corselet* très-court, ne formant qu'un rebord transversal, ses côtés se prolongeant jusqu'à la naissance des ailes en manière d'épaulettes arrondies et ciliées; métathorax coupé presque droit postérieurement. — *Ecusson* mutique. — *Ailes supérieures* ayant une cellule radiale se rétrécissant du milieu à l'extrémité, celle-ci presqu'aiguë, un peu appendiculée et trois cellules cubitales, la première plus grande que la seconde, recevant la première nervure récurrente près de sa jonction avec la seconde; la deuxième un peu rétrécie vers la radiale, recevant la seconde nervure récurrente près de sa jonction avec la troisième; celle ci atteignant presque le bout de l'aile. — *Pattes* de longueur moyenne, jambes intermédiaires n'ayant qu'une seule épine courte et aiguë à leur extrémité : crochets des tarses petits, unidentés. — Point d'organes pour la récolte du pollen, de simples brosses de propreté à la face interne du premier article des tarses.

Les couleurs ordinaires des Prosopes sont le jaune et le noir et quelquefois un peu de ferrugineux. Les mâles se distinguent facilement des femelles, la face antérieure de leur tête étant presqu'entièrement colorée en jaune. Ces petits hyménoptères ont une odeur agréable qui approche de celle de l'eau de rose. On n'en connoît qu'un petit nombre d'espèces, mais qui paroissent susceptibles de beaucoup de variétés. L'insecte parfait fréquente les fleurs, particulièrement celles de l'oignon et du réséda. Les femelles déposent leurs œufs dans le nid des Andrénètes et des Apiaires récoltantes. (*Voyez* l'article Parasites.)

1. Prosope variée, *P. variegata.*

Prosopis nigra, albido varia, abdominis segmento primo secundique basi ferrugineis.

Prosopis variegata. Fab. *Syst. Piez. pag.* 293. *n°.* 9. — Jur. *Hyménopt. pag.* 220. — *Prosopis colorata.* Panz. *Faun. Germ. fas.* 89. *fig.* 14.

Longueur 3 lig. Antennes noires, un peu testacées en dessous à l'extrémité. Orbite des yeux d'un blanc-jaunâtre en devant. Corselet noir, bord du premier segment, épaulettes, écaille des ailes et deux taches sur l'écusson, d'un blanc-jaunâtre. Abdomen ayant son premier segment ferrugineux, le second noir, ferrugineux à sa base, son bord inférieur couleur de poix; les troisième, quatrième et cinquième noirs avec leur bord inférieur couleur de poix. Anus noir. Pattes noires, base de toutes les jambes d'un blanc-jaunâtre. Partie antérieure des jambes et des tarses de la première paire de pattes de couleur ferrugineuse. Ailes transparentes à nervures noires. Femelle.

Environs de Paris.

Nota. La Prosope bifasciée de M. Jurine, pag. 220, pl. 11, fig. 30 (*Encycl. pl.* 381. *fig.* 5), paroît être une simple variété de cette espèce. Elle n'en diffère que par le bord inférieur du premier segment de l'abdomen qui est couleur de poix. La *Prosopis albipes* de Fabricius, *Syst. Piez. pag.* 294, *n°.* 4, est une autre variété. C'est à celle-ci que nous rapportons l'*Hylœus albipes.* Lat. *Dict. d'Hist. nat.* 2e. *édit.*

2. Prosope de Rhodes, *P. Rhodia.*

Prosopis nigra, albido varia, segmentorum abdominis margine infero ferrugineo.

Longueur 3 lig. Antennes noires, leur partie antérieure d'un testacé-pâle. Le premier article blanc en devant. Tête noire, blanche au-dessous des antennes. Mandibules noires à leur extrémité. Corselet noir, bord du premier segment, épaulettes, écaille des ailes et angles latéraux de l'écusson blanchâtres. Abdomen brun, le bord postérieur des segmens ferrugineux. Pattes antérieures noires, jambes et tarses blanchâtres en devant. Les quatre postérieures noires, base de leurs jambes et de leurs tarses blanchâtres. Ailes transparentes. Mâle.

On pourroit prendre cette espèce pour le mâle de la précédente si elle n'étoit de l'île de Rhodes, d'où elle a été apportée par feu M. Olivier.

3. Prosope tachée, *P. signata.*

Prosopis nigra, luteo varia, abdomine nigro.

Hylœus signatus. Lat. *Dict. d'Hist. nat.* 2e *édit.* — *Melitta signata.* Kirb. *Monogr. Apum Angliæ. n°.* 6. — *Hylœus annulatus,* var. b. Lat. *Hist. nat. des Crust. et des Ins.*

Longueur 2 lig. ½ à 3 lig. Antennes noires, testacées antérieurement, surtout vers leur extrémité. Tête noire avec une tache triangulaire blanchâtre de chaque côté au-devant des yeux. Corselet noir, bord du premier segment, épaulettes et un point sur l'écaille des ailes, d'un blanc-jaunâtre. Abdomen noir, bords latéraux du premier segment portant un léger duvet d'un blanc-argenté. Pattes noires, les deux jambes antérieures un peu ferrugineuses en devant. Toutes les jambes ayant un point blanc à leur base. Ailes transparentes. Femelle.

Elle varie beaucoup. 1°. Tache placée près des yeux fort petite, ligne marginale du premier segment du corselet interrompue, pattes entièrement noires. 2°. Ligne marginale du premier segment du corselet entièrement noire, base des deux jambes postérieures blanche. Nous rapportons à cette variété l'*Hylœus annulatus.* Lat. *Dict. d'Hist. nat.* 2e. *édit.* et sa variété *a*, mentionnée par cet auteur dans son *Histoire naturelle des Crustacés et des Insectes*, ainsi que la *Melitta annulata* de M. Kirby, *n°.* 3, *pl.* 15, *fig.* 3. 3°. Trois fois plus petite, ayant tantôt une petite ligne blanche, tantôt un point rond de cette couleur auprès des yeux, en remplacement de la tache triangulaire; ligne marginale du premier segment du corselet noire. Toutes les jambes à base blanche. Nous rapportons à cette troisième variété l'*Hylœus annularis.* Lat. *Dict. d'Hist. nat.* 2e. *édit.* et la *Melitta annularis.* Kirb. *n°.* 4, ainsi que le *Sphex annulata* de Panzer, *Faun. Germ. fas.* 53. *fig.* 1.

Le mâle a la partie de la tête au-dessous des antennes blanche, à l'exception du labre et des mandibules.

Il varie. 1°. Premier article des antennes un peu dilaté, tantôt tout noir, tantôt obscurément rayé de ferrugineux. 2°. Il prend les mêmes couleurs que les variétés femelles précédemment décrites.

Nota. Souvent le frottement enlève les poils argentés de l'abdomen, comme dans le *Sphex signata* de Panzer, *Faun. Germ. fas.* 53. *fig.* 2. Rapportez aussi à cette espèce l'Andrène porte-anneau du présent ouvrage, n°. 28.

Très-commun en France. Feu M. Olivier a apporté de l'île de Rhodes un individu absolument semblable. (S. F. et A. Serv.)

PROSTOMIS, *Prostomis.* Lat. *Trogosita.* Fab. Panz. Sturm.

Genre d'insectes de l'ordre des Coléoptères, section des Tétramères, famille des Xylophages, tribu des Trogossitaires.

La massue des antennes est distincte et de deux articles dans les genres Lycte et Ditome, qui par cette raison forment un petit groupe dans cette tribu. Les mandibules peu ou point saillantes distinguent les Colydies, les Latridies, les Silvains, les Mérix et les Mycétophages; enfin les Trogossites n'ont que deux dents au côté interne de leurs mandibules. Ces caractères éloignent ces divers genres des Prostomis.

Antennes plus courtes que le corselet, plus épaisses vers leur extrémité, comprimées, de onze articles, les cinq intermédiaires moniliformes, les trois derniers arrondis, formant une massue. — *Labre* avancé, coriace, petit, plus large que long, presque carré, velu en devant. — *Mandibules* avancées, fortes, très-grandes, trigones, leur côté interne finement multidenté. — *Mâchoires* bilobées, s'avançant sous les mandibules. — *Palpes* courts, les maxillaires un peu plus longs que les autres, presque filiformes, de quatre articles, le dernier plus long ovale-cylindrique : les labiaux de trois, le dernier plus épais presqu'ovale-obtus. — *Lèvre* coriace, presque carrée; languette étroite, fort alongée, s'avançant sous les mandibules. — *Corps* étroit, alongé. — *Corselet* en carré-long, séparé de l'abdomen par un étranglement très-visible.

Le nom de ce genre vient de deux mots grecs et signifie : *bouche avancée*. Il est probable que ses mœurs se rapprochent de celles des Trogossites, avec lesquels il a de nombreux rapports.

1. Prostomis mandibulaire, *P. mandibularis.*

Prostomis castanea, antennis villosis, capite posticè transversim sulcato, elytris striatis, striis numerosis, punctatis.

Prostomis mandibularis. Lat. *Nouv. Dict. d'hist. nat.* 2e *édit.* — *Trogosita mandibularis.* Fab. *Syst. Eleut. tom.* 1. *pag.* 155. *n°.* 26. — Sturm. *Faun. d'Allem. tom.* 2. *pl.* 49. — Panz. *Faun. Germ. fas.* 105. *fig.* 3. — *Encycl. pl.* 372. *fig.* 1-3.

Longueur 4 lig. Entièrement d'un châtain-brun. Antennes assez velues. Tête pointillée, ayant un sillon transversal très-prononcé à sa partie postérieure. Corselet finement pointillé, avec un léger sillon longitudinal dans son milieu. Elytres un peu rebordées, fortement striées; ces stries rapprochées, nombreuses, distinctement ponctuées.

Du nord de l'Allemagne.

Nota. M. Latreille a vu dans la collection de M. de la Billardière une espèce voisine de la précédente, d'une taille un peu plus petite et de couleur fauve-marron vif. Elle est des Indes orientales. (S. F. et A. Serv.)

PROTEINE, *Proteinus.* Lat.

Genre d'insectes de l'ordre des Coléoptères, section des Pentamères, famille des Brachélytres, tribu des Aplatis.

Cinq genres composent cette tribu. Les Oxytèles et les Omalies ont le dernier article des tarses presqu'aussi long à lui seul que tous les précédens réunis. Dans les Lestèves les antennes sont presque filiformes. Les Aléochares ont ces organes insérés entre les yeux ou près de leur bord extérieur, mais cette insertion n'est point recouverte par un rebord latéral de la tête, ce qui distingue ces genres de celui de Proteine.

Antennes insérées devant les yeux sous un rebord de la tête, allant en grossissant, composées de onze articles presqu'entièrement grenus, les derniers notablement plus gros que les précédens. — *Labre* entier. — *Palpes maxillaires* beaucoup plus courts que la tête, de quatre articles, le pénultième épais, le dernier distinct, grêle, aciculaire, presqu'aussi long que le précédent; les labiaux de trois articles. — *Tête* libre, entièrement découverte. — *Corselet* court, transversal. — *Elytres* couvrant la plus grande partie de l'abdomen et les ailes. — Tarses à articles alongés, le dernier beaucoup plus court que les quatre autres réunis.

On ne connoît qu'une seule espèce de ce genre. Elle est très-petite et vit à terre parmi les plantes.

1. Proteine brachyptère, *P. brachypterus.*

Proteinus niger, nitidus, mandibulis antennarum basi pedibusque rufescentibus.

Proteinus brachypterus. Lat. *Gener. Crust. et Ins. tom.* 1. *pag.* 298. *n°.* 1.

Longueur une lig. Corps déprimé, noir-luisant, très-finement pointillé. Mandibules, base des antennes et pattes d'un brun-roussâtre. Elytres rebordées extérieurement, le dessus des quatre derniers segmens de l'abdomen paroissant à nu; anus quelquefois roussâtre.

Des environs de Paris.

Nota. Cette espèce pourroit être l'Omalie macroptère, n°. 21 de ce Dictionnaire.

LESTÈVE, *Lesteva.* Lat. *Staphylinus.* Fab. Payk. Oliv. (*Entom.*) *Anthophagus.* Grav. *Carabus.* Panz.

Genre d'insectes de l'ordre des Coléoptères, section des Pentamères, famille des Brachélytres, tribu des Aplatis.

Parmi les cinq genres qui composent cette tribu les Aléochares se distinguent par l'insertion de leurs antennes qui n'est point recouverte par un rebord latéral de la tête. Dans les Proteines les antennes vont en grossissant vers l'extrémité ainsi que dans les Omalies et les Oxytèles; le dernier article des tarses de ces deux derniers genres est presqu'aussi long que les quatre précédens pris ensemble.

Antennes presque filiformes, insérées devant les yeux sous un rebord de la tête, composées de onze articles, le second et les suivans jusqu'au dixième inclusivement, obconiques, le dernier presque cylindrique; tous ces articles presque de la même grosseur. — *Palpes* filiformes, les maxillaires de quatre articles, le troisième un peu plus gros que les autres, le dernier beaucoup plus grêle, alongé, plus long que les trois autres réunis; palpes labiaux de trois articles. — *Tête* libre, entièrement dégagée du corselet. —

Corps déprimé. — *Corselet* alongé, presqu'en cœur, tronqué et rétréci postérieurement. — *Elytres* recouvrant ordinairement la plus grande partie de l'abdomen et les ailes. — *Tarses* ayant leurs articles alongés, le dernier beaucoup plus court que les précédens réunis.

Les Lestèves se trouvent sur les arbres et sur les fleurs, quelques-unes fréquentent particulièrement celles de l'épine blanche (*Cratægus oxyacantha*). On en connoît une douzaine d'espèces, toutes européennes et de petite taille. Leurs métamorphoses ne sont pas connues.

1. Lestève alpine, *L. alpina.*

Lesteva fusca nitida, antennarum apice thoraceque fuscis, antennarum basi elytris pedibusque testaceis.

Lesteva alpina. Lat. *Gener. Crust. et Ins. tom.* 1. *pag.* 297. *n°.* 2. — *Staphylinus alpinus.* Fab. *Syst. Eleut. tom.* 2. *pag.* 598. *n°.* 53. — Payk. *Faun. Suec. tom.* 3. *pag.* 387. *n°.* 27. — Oliv. *Entom. tom.* 3. *Staphyl. pag.* 32. *n°.* 45. *pl.* 6. *fig.* 55. — *Anthophagus alpinus.* Grav. *Col. Micropt. pag.* 188. *n°.* 2.

Longueur 2 lig. ½. Tête noire. Antennes brunes, rousses à leur base. Bouche un peu testacée, front très-enfoncé. Corselet brun, ponctué, un peu bordé. Elytres d'un testacé-pâle luisant. Dessous du corps noir. Pattes d'un testacé-pâle.

Se trouve en Laponie sur les saules, et dans le nord de l'Europe.

ALÉOCHARE, *Aleochara.* Knoch. Grav. Lat. *Staphylinus.* Linn. Geoff. De Géer. Fab. Oli. (*Entom.*)

Genre d'insectes de l'ordre des Coléoptères, section des Pentamères, famille des Brachélytres, tribu des Aplatis.

Tous les genres de cette tribu à l'exception de celui d'Aléochare ont leurs antennes insérées sous un rebord qui en cache l'origine.

Antennes filiformes, grossissant ordinairement vers le bout, insérées à nu entre les yeux ou près de leur bord intérieur, composées de onze articles, le premier long, les second et troisième courts, plus gros à leur extrémité, les suivans courts, le dernier ovale. — *Palpes* terminés en alène, les maxillaires avancés, de quatre articles, l'avant-dernier grand, le quatrième très-petit : palpes labiaux de trois articles. — *Corps* alongé, un peu épais. — *Corselet* souvent convexe, quelquefois déprimé. — *Elytres* couvrant les ailes et une partie de l'abdomen. — *Abdomen* aplati en dessus, rebordé sur les côtés, convexe en dessous. — *Pattes* grêles, sans épines, hanches antérieures rapprochées, plus grosses que les cuisses et aussi longues. Hanches intermédiaires un peu écartées, guère plus grosses que les cuisses, mais de même grandeur. Hanches postérieures courtes et rapprochées. Cuisses postérieures ayant un fort appendice à leur base.

Les Aléochares sont petites. On les trouve dans les cadavres d'animaux, les excrémens, les fumiers, les champignons, sous les écorces et sous les pierres. Elles y sont quelquefois rassemblées en assez grand nombre, elles courent fort vîte et se dispersent aussitôt qu'on a découvert leur retraite. M. Gravenhorst dans sa *Monogr. Coleopt. micropt.* en mentionne soixante-seize espèces dont trois sont de l'Amérique septentrionale. Ces espèces par leurs mœurs, la forme du corselet, des antennes et de la tête diffèrent tellement que suivant l'auteur même que nous venons de citer et dont nous partageons la manière de voir, on pourroit en constituer plusieurs genres. Leurs métamorphoses ne nous sont point connues.

1re. *Division.* Tête avancée, entièrement dégagée du corselet.

1re. *Subdivision.* Corselet canaliculé au milieu.

1. Aléochare canaliculée, *A. canaliculata.*

Aleochara rufa, antennarum basi pedibusque dilutioribus.

Aleochara canaliculata. Grav. *Col. Micr. pag.* 68. *n°.* 1. — Lat. *Gener. Crust. et Ins. tom.* 1. *pag.* 301. *n°.* 2. — *Staphylinus canaliculatus.* Fab. *Syst. Eleut. tom.* 2. *pag.* 599. *n°.* 52. — Oliv. *Entom. tom.* 3. *Staphyl. pag.* 21. *n°.* 25. *pl.* 3. *fig.* 31. — Payk. *Faun. Suec. tom.* 3. *pag.* 385. *n°.* 23. — Panz. *Faun. Germ. fas.* 27. *fig.* 13. — *Encycl. pl.* 189. *fig.* 1.

Longueur 2 lig. Corps d'un roux-brun. La couleur de la tête, de l'avant-dernier ou des deux avant-derniers segmens de l'abdomen est souvent presque noire. Base des antennes et pattes d'un jaune-roussâtre. Tête, corselet et élytres finement pointillés.

On la trouve très-communément aux environs de Paris sous les pierres, dans les ordures, etc.

2e. *Subdivision.* Corselet sans sillon longitudinal.

2. Aléochare terminale, *A. terminalis.*

Aleochara fusca nitida, palpis, pedibus anoque rufis, elytris fuscioribus.

Aleochara terminalis. Grav. *Monog. Col. micropt. pag.* 160. *n°.* 29.

Longueur 1 lig. ½. Tête, corselet et abdomen d'un brun-noirâtre. Antennes un peu en fuseau, roussâtres ainsi que les palpes, l'anus et les pattes. Elytres

Elytres d'un testacé-brun, finement pointillées ainsi que la tête et le corselet.

Des environs de Paris.

2e. *Division.* Tête enfoncée en partie dans le corselet.

5. Aléochare fuscipède, *A. fuscipes.*

Aleochara nigra, elytrorum disco ferrugineo, pedibus fuscis.

Aleochara fuscipes. Grav. *Col. micropt. pag.* 92. *n°.* 36. — *Staphylinus fuscipes.* Fab. *Syst. Eleut. tom.* 2. *pag.* 598. *n°.* 47. — Payk. *Faun. Suec. tom.* 3. *pag.* 397. *n°.* 39.

Longueur 2 lig. ½. Noirâtre. Tête, corselet et élytres finement pointillés. Disque de celles-ci ferrugineux; leurs bords antérieur et extérieur noirâtres. Pattes brunes.

Environs de Paris. (S. F. et A. Serv.)

PROTHORAX, *Prothorax.* Voy. Thorax. (S. F. et A. Serv.)

PROTON, *Proto.* Léach. Lat. *Squilla.* Muller. *Leptomera.* Lamk.

Genre de Crustacé de l'ordre des Isopodes, section des Cistibranches (*Règne animal de Cuvier*), établi par M. Léach et ayant pour caractères : dix pieds disposés en une série continue depuis la tête jusqu'au dernier anneau inclusivement; corps terminé par deux ou trois articles qui forment une espèce de queue; un appendice à la base des pieds de la seconde paire et de ceux des paires suivantes. Femelles portant leurs œufs dans une poche formée d'écailles rapprochées et placée sous les second et troisième segmens du corps.

M. Léach avoit placé avec doute, dans son genre Proton, la *Squilla ventricosa* de Muller, mais M. Latreille en a formé le genre *Leptomère.* (*Voy.* ce mot plus bas.) L'espèce qui sert de type au genre Proton est :

Le Proton pédiaire, *P. pedatum.* Desm. Lat. *Squilla pedata.* Mull. *Zool. Dan. tab.* 101. *fig.* 1 *et* 2, que M. Desmarest a trouvé en abondance au Havre sur des éponges ramenées du fond de la mer par la drague, et il est probable que ce Crustacé se nourrit des animaux qui les forment. M. Latreille pense que l'on doit réunir à ce genre le *Cancer linearis* de Linné.

LEPTOMÈRE, *Leptomera.* Lat. Lamk. *Proto?* Léach.

Ce genre diffère du précédent par les pieds qui sont au nombre de quatorze, disposés dans une série continue depuis la tête jusqu'à l'extrémité postérieure du corps, y compris les deux premiers qui sont annexés à la tête. Ces pieds sont très-grêles. Le Crustacé qui en forme le type est la *Squilla ventricosa* de Muller. *Zoll. Dan. tab.* 56. *fig.* 1-3. — Herbst, *Cancr. tom.* 36. *fig.* 11. M. Latreille rapporte aussi à ce genre l'espèce représentée par Slabber, *Meira. tab.* 10, *fig.* 2, qui a un appendice en forme de lobe à tous les pieds, les deux premiers exceptés, et le *Cancer pedatus*, Montagu, *Trans. Linn. tom. XI. pl.* 2. *fig.* 6, qui en a tous les pieds pourvus moins ceux de la première et des trois dernières paires.

CHEVROLLE, *Caprella.* Lamk. Lat. Léach. *Cancer.* Linn. *Gammarus.* Fab.

Les Chevrolles ont beaucoup d'analogie avec les deux genres précédens; elles ne s'en distinguent que par leurs pieds, qui sont au nombre de dix, mais placés dans une série interrompue; le second et le troisième anneaux du corps n'en offrent d'aucune sorte. Ces Crustacés vivent dans les profondeurs de la mer ou près des côtes parmi les varecs et les fucus; ils courbent, en nageant, les extrémités de leurs pattes; ils marchent presque à la façon des Chenilles arpenteuses, en s'accrochant aux différens corps par les pattes de devant, et ramenant ensuite près de celles-ci les postérieures; c'est ainsi qu'ils courent assez vîte et qu'ils vont même également bien à reculons. Quelquefois aussi ils tournent leur corps de côté et d'autre, se tiennent droits sur leurs pattes postérieures et agitent leurs antennes. La principale espèce est la Chevrolle linéaire, *Caprella linearis.* Lat. *Hist. nat. des Crust. et des Ins. tom.* 6. *pag.* 324. *pl.* 37. *fig.* 2. 3. 4. 5. — *Caprella scolopendroides.* Lam. — *Cancer linearis.* Linn. — *Oniscus scolopendroides.* Pallas, *Spicil. Zool. fas.* 9. *tab.* 10. *fig.* 15. — *Squilla lobata.* Oth. Fab. *Groenl. n°.* 225.

CYAME, *Cyamus.* Lat. Lam. *Oniscus.* Pallas. *Squilla.* De Géer. *Pycnogonum.* Fab. *Larunda*, *Panope.* Léach.

Ce genre se distingue des précédens par son corps ovale, formé de segmens transversaux et larges; par ses pieds qui sont de longueur moyenne et robustes, par la quatrième et dernière pièce des antennes supérieures qui est simple ou sans articles, et par deux yeux lisses placés sur le sommet de la tête entre les yeux composés.

Ces Crustacés n'ont que dix pieds parfaits; le second et le troisième anneaux du corps en sont dépourvus et offrent à leur place des appendices grêles, articulés, ou des fausses pattes qui portent les organes vésiculeux présumés respiratoires; ces corps sont alongés et non globuleux ou ovales comme dans les genres précédens.

Les Cyames vivent en parasites sur les baleines et sur les branchies de quelques poissons. Ils sont connus des pêcheurs sous le nom de *Poux de baleines*; ils se cramponnent fortement, et se placent surtout aux lèvres, aux nageoires où aux parties génitales, comme étant les lieux où ils peuvent trouver une nourriture plus abondante et où ils sont plus en sûreté. M. Latreille connoît deux espèces de ce genre, dont l'une est inédite et provient des mers des Indes orientales; l'autre est connue sous le nom de CYAME DE LA BALEINE, *C. ceti*. LATR. LAM. *Oniscus ceti*. LINN. PALL. *Spic. Zool. fasc.* 9. *tab.* 4. *fig.* 14. MULL. Squille de la baleine. DE GÉER, *Mém. sur les Ins. tom.* 7. *pl.* 42. *fig.* 6-7. *Pycnogonum ceti*. FAB. *Panope ceti*. LÉACH, *Edimb. Encycl. tom.* 7. *pag.* 404. *Larunda ceti*. LÉACH, *Trans. Soc. Linn. tom. XI. pag.* 364. Cyame. SAVIGNY, *Mém. sur les anim. sans vert.*

Cette espèce se trouve dans l'Océan d'Europe sur les baleines, et, selon M. Latreille, sur les scombres ou maquereaux.

PROTONIA. Genre de Crustacé établi par M. Rafinesque (*Précis des découvertes somiologiques*), et dont M. Desmarest fait mention à l'article *Malacostracé* du *Dictionnaire des sciences naturelles*, pag. 421. Il l'a placé parmi ceux qui ont échappé à ses recherches. Les caractères de ce genre nous sont inconnus. (E. G.)

PSALIDIE, *Psalidium*. Nom donné par M. Germar à un nouveau genre de Coléoptères tétramères, famille des Rhynchophores, tribu des Charansonites. Il a pour principal caractère : rostre court; corps aptère; antennes plus courtes que la tête et le corselet; mandibules extrêmement avancées. L'auteur donne pour type la P. maxillaire (*P. maxillosum*), espèce qui se trouve en Hongrie. (S. F. et A. SERV.)

PSAMMODE, *Psammodes*. M. Kirby désigne sous ce nom dans les *Transactions Linnéennes*, vol. 12, un nouveau genre de Coléoptères hétéromères, voisin des Pimélies, et lui assigne pour caractère : labre échancré; lèvre bifide, ses lobes divergens; mandibules se touchant l'une l'autre par leurs extrémités, bidentées; mâchoires écartées à leur base; palpes filiformes, les maxillaires alongés. Menton en trapèze; antennes grêles, un peu en massue, cette masse de trois articles; corps ovale-oblong.

L'auteur cite une espèce de ce genre; il la nomme Psammode longicorne (*P. longicornis*). Longueur 10 lig. Noire, avec des poils cendrés; antennes longues, élytres granulées et raboteuses. Sa patrie est le Cap de Bonne-Espérance. Elle est représentée *pl.* 21, *fig.* 13 de l'ouvrage précité. (S. F. et A. SERV.)

PSAMMODIE, *Psammodius*. M. Gyllenhall dans son ouvrage intitulé : *Insecta suecica*, 1806, désigne sous ce nom un genre de Coléoptères pentamères de la famille des Lamellicornes, tribu des Scarabéïdes. Il le caractérise de la manière suivante : mandibules cornées, arquées, dentées. Mâchoires courtes, cylindriques, armées d'une dent intérieurement. Lèvre ovale, obtuse, à peine échancrée. Corps petit, ovale-oblong, entièrement convexe. Ecusson distinct. Chaperon court, large, transverse, convexe.

L'auteur fait entrer dans ce genre les *Aphodius arenarius* (*Ægialia globosa*. LAT.), *elevatus*, *sabuleti*, *porcatus*, *asper*. FAB. et autres espèces. (S. F. et A. SERV.)

PSARE, *Psarus*. LATR. FAB. MEIG. *Musca*. GEOFF.

Genre d'insectes de l'ordre des Diptères, section des Proboscidés, famille des Athéricères, tribu des Syrphies.

Dans la nombreuse tribu des Syrphies les genres Cérie, Callicère, Chrysotoxe et Aphrite se distinguent par leurs antennes sensiblement plus longues que la tête. Tous les autres genres ont ces organes seulement de la longueur de la tête, ou plus courts qu'elle; mais tous aussi, à l'exception des Psares, ont les deux premiers articles des antennes égaux entr'eux.

Antennes presque de la longueur de la tête, insérées sur un pédicule commun et frontal, composées de trois articles, les deux derniers comprimés, le second plus long que le premier, le troisième guère plus long que le précédent, portant une soie dorsale simple, biarticulée. — *Trompe* longue, bilabiée, canaliculée, se retirant dans la cavité de la bouche, renfermant dans une gouttière supérieure un suçoir de quatre soies et deux palpes linéaires, comprimés, adhérens chacun à une de ces soies. — *Tête* plus large que le corselet. — *Hypostome* tuberculé. — *Yeux* grands, rapprochés, mais sans se joindre, dans les mâles. — *Trois petits yeux lisses* disposés triangulairement sur le haut du front. — *Ecusson* assez grand, arrondi postérieurement. — *Ailes* dépassant un peu l'abdomen, le recouvrant en partie, parallèles entr'elles, sans cellule pédiforme. — *Abdomen* convexe en dessus, déprimé sur le dos, composé de quatre segmens outre l'anus. — *Pattes* de longueur moyenne; crochets petits, leur pelotte assez grande.

On ne connoît encore qu'une seule espèce de Psare; elle fréquente les plantes de la famille des Chicoracées, et notamment les fleurs du pissenlit (*Leontodon taraxacum*).

1. PSARE abdominal, *P. abdominalis*.

Psarus nigro-cœruleus, abdomine flavo, in mare ferrugineo, basi anoque nigris.

Psarus abdominalis. LAT. *Gener. Crust. et Ins. tom.* 4. *pag.* 326. — FAB. *Syst. Antl. pag.* 211. *n°.* 1. — MEIG. *Dipt. d'Europ. tom.* 3. *pag.* 174.

nº. 1. *tab.* 27. *fig.* 8-12. — *Ceria abdominalis.* Coqueb. *Illust. Icon. tab.* 23. *fig.* 9. — La Mouche à antennes réunies. Geoff. *Ins. Paris. tom.* 2. *pag.* 519. *n°.* 50? — *Encycl. pl.* 391. *fig.* 12-14.

Longueur 3 lig. Antennes, tête et corselet d'un noir-bleuâtre. Soie des antennes d'un blanc-jaunâtre. Ailes transparentes avec quelques nuances obscures, particulièrement au bord extérieur et sur les nervures transversales. Abdomen fauve, son premier segment, le milieu du second, celui du quatrième et l'anus d'un noir-bleuâtre. Pattes d'un fauve-brun. Femelle.

Le mâle a les pattes noires, avec les genoux testacés et les parties de l'abdomen qui sont fauves dans la femelle, ferrugineuses.

Des environs de Paris.

Nota. Il est difficile de concevoir pourquoi Geoffroy donne six segmens à l'abdomen de ce diptère, et comment il a pu voir la soie des antennes insérée à l'extrémité du dernier article; cela rend sa synonymie douteuse.

(S. F. et A. Serv.)

PSÉLAPHE, *Pselaphus.* Herbst. Payk. Illig. Lat. Reich. *Anthicus.* Panz.

Genre d'insectes de l'ordre des Coléoptères, section des Trimères, famille des Psélaphiens.

Le genre Clavigère est le seul de cette famille dont les antennes ne soient composées que de six articles. Les Chennies, les Cténistes et les Dionyx ont deux crochets au dernier article des tarses; les Bryaxis ont leurs palpes maxillaires droits, plus courts que la tête et le corselet pris ensemble; on ne peut donc confondre ces genres avec celui de Psélaphe.

Antennes plus courtes que le corps, de onze articles moniliformes, les trois derniers plus gros, surtout le onzième, celui-ci de forme ovale. — *Mandibules* cornées, trigones, pointues, dentées au côté interne. — *Mâchoires* ayant un double prolongement, l'extérieur plus grand, presque triangulaire, l'interne en forme de dent. — *Palpes maxillaires* très-saillans, fort longs, coudés, plus grands que la tête et le corselet pris ensemble; composés de quatre articles, le dernier grand, ovale, ayant une petite pointe particulière à son extrémité; les labiaux courts, filiformes. — *Lèvre* membraneuse, menton en carré transversal. — *Tête* petite, dégagée. — *Corselet* tronqué. — *Ecusson* très-petit. — *Elytres* courtes, assez convexes, tronquées postérieurement, laissant à découvert une partie de l'abdomen. — *Abdomen* s'élargissant postérieurement, arrondi à son extrémité. — *Cuisses* et jambes assez épaisses. — *Tarses* ayant leur premier article court, les deux suivans entiers, alongés, le dernier terminé par un seul crochet.

Ce genre fondé par Herbst renfermoit des insectes fort différens les uns des autres, ainsi que l'avoit observé Paykull. M. Latreille en sépara la seconde division et lui donna le nom générique de *Scydmène.* Plusieurs auteurs l'ont encore diminué depuis, de sorte qu'il est réduit à un très-petit nombre d'espèces. Elles se trouvent en Europe; leur taille ne surpasse guère une ligne de longueur. Leurs métamorphoses n'ont pas encore été observées.

1. Psélaphe de Heis, *P. Heisei.*

Pselaphus subpubescens, piceus; antennis, elytris pedibusque rufescentibus, elytrorum basi substriatâ.

Pselaphus Heisei. Lat. *Gener. Crust. et Ins. tom.* 3. *pag.* 76. *n°.* 1. — Herbst, *Coleopt.* 4. *tab.* 39. *fig.* 10. — Reich. *Monogr. Pselaph. pag.* 28. *n°.* 2. *tab.* 1. *fig.* 2.

Longueur une ligne. Corps d'un testacé-brun, un peu pubescent. Corselet muni d'une petite fossette transversale vers l'écusson. Elytres ayant chacune deux stries; l'une suturale, l'autre plus courte, placée près de la base et n'atteignant pas le milieu de l'élytre; poitrine et dessous de l'abdomen noirâtres.

D'Allemagne. On le trouve aussi aux environs de Paris.

Rapportez à ce genre le *Pselaphus dresdensis.* Herbst. *Coleopt. tab.* 39. *fig.* 11. (Reich. *Monogr. Pselaph. pag.* 32. *n°.* 4. *tab.* 1. *fig.* 4. *Pselaphus Heisii.* Payk. *Faun. Suec. tom.* 3. *pag.* 364. *n°.* 2.), ainsi que les *Pselaphus Herbstii* et *longicollis.* Reich. *Monogr.* Ce dernier est l'*Anthicus dresdensis.* Panz. *Faun. Germ. fas.* 98. *n°.* 1. — *Encycl. pl.* 372 *bis. fig.* 28.

Ce genre tel que nous venons d'en donner les caractères, se rapporte exactement à la première famille des Psélaphes de M. Reichenbach.

(S. F. et A. Serv.)

PSÉLAPHIENS, *Pselaphii.* Troisième famille de la section des Trimères, ordre des Coléoptères; elle a pour caractères:

Elytres tronquées, plus courtes que l'abdomen, laissant à découvert son extrémité postérieure. — *Tête* dégagée du corselet. — *Antennes* en tout ou en partie grenues, grossissant vers l'extrémité. — *Corselet* tantôt presque cylindrique, tantôt presqu'en forme de cœur tronqué ou arrondi. — *Abdomen* plus large que le reste du corps, presque carré, obtus postérieurement. — *Tarses* ayant leur premier article court; les deux autres alongés, le dernier terminé par un ou deux crochets. — *Palpes maxillaires* le plus souvent fort longs, renflés à leur extrémité et terminés par une petite pointe spinuliforme.

Cette famille se divise ainsi:

I. Antennes de onze articles.

A. Deux crochets au dernier article des tarses.

a. Palpes très-courts.

Chennie, Cténiste (1).

b. Palpes maxillaires très-saillans.

Dionyx.

B. Un seul crochet au dernier article des tarses. — Palpes maxillaires très-saillans.

a. Palpes très-longs, coudés.

Psélaphe.

b. Palpes droits, plus courts que la tête et le corselet pris ensemble.

Bryaxis.

II. Antennes de six articles.

Clavigère.

Les Psélaphiens sont en général très-petits; on les rencontre dans les lieux frais et humides, parmi les plantes et quelquefois sous les écorces, les pierres et les mousses; ils ne sortent volontiers de leur retraite que le soir. Les espèces du genre Clavigère ont particulièrement été trouvées dans les fourmilières.

CHENNIE, *Chennium*. Lat.

Genre d'insectes de l'ordre des Coléoptères, section des Trimères, famille des Psélaphiens.

Parmi les genres de cette famille les Chennies, les Cténistes et les Dionyx sont les seuls qui aient en même temps onze articles aux antennes et deux crochets au dernier article de leurs tarses, mais les Cténistes qui comme les Chennies ont les palpes très-courts, en diffèrent parce que chacun des trois derniers articles de leurs palpes maxillaires est armé d'une épine latérale; les Dionyx se distinguent aisément par leurs palpes maxillaires très-saillans ainsi que par les articles de leurs antennes fort différens les uns des autres tant en forme qu'en longueur.

Antennes presque perfoliées, moniliformes, plus grosses vers leur extrémité, composées de onze articles, les dix premiers à peu près égaux et lenticulaires, le dernier plus grand, presque globuleux. — *Mandibules* cornées. — *Palpes* très-courts, peu ou point apparens, les derniers articles des maxillaires simples, sans épines latérales. — *Tête* dégagée du corselet. — *Corselet* cylindrique. — *Elytres* tronquées, plus courtes que l'abdomen, laissant à découvert son extrémité postérieure, recouvrant les ailes. — *Abdomen* plus large que le reste du corps, obtus postérieurement. — *Pattes* de longueur moyenne, hanches alongées, pédiculées; tarses très-courts, le dernier article muni de deux crochets.

M. Latreille à qui l'on doit l'établissement de ce genre n'en mentionne qu'une seule espèce; nous ignorons sa manière de vivre.

1. Chennie bituberculée, *C. bituberculatum*.

Chennium castaneo-rufum, capite sub antennis utrinquè unituberculato; elytris lævibus, lineis impressis ad marginem externum et suturam.

Chennium bituberculatum. Lat. *Gener. Crust. et Ins. tom.* 3. *pag.* 77. *n°.* 1.

Longueur ». Corps d'un châtain-roux; tête ayant de chaque côté sous les antennes un tubercule aigu; front saillant, inégal; vertex un peu enfoncé. Corselet bordé antérieurement, un peu cilié avec une ligne enfoncée et arquée sur chaque côté postérieur. Elytres lisses ayant chacune deux stries; l'une suturale, l'autre placée le long du bord extérieur.

On la trouve dans le midi de la France; à Brives.

CTÉNISTE, *Ctenistes*. Reich. Lat.

Genre d'insectes de l'ordre des Coléoptères, section des Trimères, famille des Psélaphiens.

Dans cette famille les Chennies, les Cténistes et les Dionyx forment un groupe particulier (*voy.* Psélaphiens), mais le premier et le dernier de ces genres se distinguent du second par leurs palpes maxillaires simples, c'est-à-dire dépourvus d'épines latérales.

Antennes plus grosses vers leur extrémité, composées de onze articles, les deux premiers presque cylindriques, un peu plus longs que les autres; les suivans presque globuleux, les neuvième et dixième semi-globuleux, le dernier plus grand que ceux-ci, oblong et obtus. — *Palpes* courts, dirigés en avant, les maxillaires de la longueur de la tête, composés de quatre articles, le premier petit, presque cylindrique, le second très-long, arqué, renflé au bout, muni d'une petite pointe ou épine latérale; les deux derniers presqu'égaux entr'eux, globuleux, ayant chacun une petite pointe latérale. Palpes labiaux de trois articles, le dernier muni d'une pointe apicale. — *Tête* dégagée du corselet, avancée, bilobée, déprimée. — *Corselet* presque cylindrique, plus long que la tête, rétréci antérieurement. — *Elytres* tronquées, plus courtes que l'abdomen, laissant à découvert l'extrémité postérieure de ce dernier. — *Abdomen* plus large que le reste du corps, dilaté postérieurement. — *Pattes* grêles, de longueur moyenne; tarses ayant leur premier article fort long, le

(1) M. Reichenbach, fondateur de ce dernier genre, ne lui donne qu'un seul crochet aux tarses dans son texte comme dans sa figure. M. Latreille nous assure en avoir observé deux.

dernier muni de deux crochets, suivant M. Latreille.

M. Reichenbach dans sa *Monographie des Psélaphiens*, imprimée à Leipsick, a institué ce genre dont le nom vient d'un mot grec qui signifie : *peigne*, par allusion aux dents latérales que l'on voit aux palpes maxillaires. Cet auteur n'en décrit qu'une espèce et ne dit rien de ses mœurs; nous allons rapporter sa description.

1. Cténiste de Reichenbach, *C. palpalis*.

Ctenistes testaceo-rufus, pubescens.

Ctenistes palpalis. Reich. *Monogr. Pselaph. pag.* 76. *tab.* 2.

Longueur 1 lig. Corps pubescent, entièrement d'un roux-testacé. Front convexe avec deux foibles enfoncemens. Antennes pubescentes, un peu brunes vers leur extrémité. Corselet ayant au milieu de sa partie postérieure un petit enfoncement garni de poils blancs ainsi que la partie antérieure de ses côtés. Elytres presque triangulaires, réunies, de la largeur du corselet à leur base, dilatées et tronquées postérieurement, presque glabres, fortement garnies de poils à leur bord postérieur, ayant une strie qui accompagne la suture; angles huméraux élevés. Abdomen rebordé, pubescent, son premier segment plus large que les élytres, le dernier obtus. Pattes rousses, pubescentes; tarses jaunâtres.

Il se trouve en Allemagne.

DIONYX, *Dionyx*. Dej. inéd.

Genre d'insectes de l'ordre des Coléoptères, section des Trimères, famille des Psélaphiens.

Les Chennies, les Cténistes et les Dionyx sont les seuls Psélaphiens qui aient à la fois les antennes composées de onze articles et deux crochets au dernier article de leurs tarses, mais les premières ont des palpes peu ou point apparens et les dix premiers articles des antennes à peu près égaux entr'eux; les seconds ont les trois derniers articles de leurs palpes maxillaires munis chacun d'une épine latérale.

Antennes composées de onze articles, le premier gros, plus long que le second, celui-ci globuleux; les cinq suivans très-petits, transverses, moniliformes, le huitième cylindrique, plus gros que les précédens, aussi long que les sept premiers réunis; les neuvième et dixième cylindro-coniques, égaux entr'eux, alongés, mais moins longs que le huitième; le dernier ovoïde-alongé, pointu à son extrémité, le plus gros de tous et formant à lui seul la massue. — *Mandibules* cornées, peu apparentes. — *Palpes maxillaires* très-saillans, recourbés en arrière, plus courts que la tête et le corselet pris ensemble, composés de quatre articles cylindriques; palpes labiaux courts, dirigés en avant, de trois articles, le dernier muni d'une pointe apicale. — *Tête* petite, dégagée du corselet. — *Corselet* tronqué. — *Ecusson* très-petit. — *Elytres* courtes, tronquées postérieurement, laissant à découvert plus de la moitié de l'abdomen. — *Abdomen* s'élargissant postérieurement, arrondi à son extrémité. —*Pattes* de longueur moyenne; tarses ayant leur dernier article terminé par deux crochets.

M. le comte Dejean qui a bien voulu nous communiquer ce nouveau genre et nous permettre de décrire dans sa collection l'espèce qui a servi de type, lui a donné le nom de Dionyx, tiré de deux mots grecs qui signifient : *ongle double*; ce genre a des rapports avec les Cténistes par la forme et la direction des palpes labiaux; il en diffère principalement par ces mêmes considérations appliquées aux palpes maxillaires.

1. Dionyx de Dejean, *D. Dejeanii*.

Dionyx testaceus, granulatus, subvillosus, elytrorum striis duabus longitudinalibus, unâ suturali, alterâ mediali suturâque fuscâ.

Longueur 1 lig. Corps testacé, granuleux, couvert ainsi que les antennes et les pattes de poils courts, assez gros, distincts, un peu couchés et écartés les uns des autres. Tête égalant en longueur celle du corselet; ce dernier ayant avant son milieu un sillon transversal peu apparent. Elytres avec deux stries longitudinales : l'une suturale, l'autre placée vers le milieu; suture un peu rembrunie.

Il a été pris au vol le soir, par M. le comte Dejean, dans le département de l'Aude.

BRYAXIS, *Bryaxis*. Knoch. Léach. Lat. *Pselaphus*. Reich. Payk. Panz. *Anthicus*. Fab. *Staphylinus*. Linn. Oliv. (*Entom.*) Panz.

Genre d'insectes de l'ordre des Coléoptères, section des Trimères, famille des Psélaphiens.

M. Latreille dans un travail inédit dont il a eu la bonté de nous faire part, réunit aux Bryaxis les genres *Euplectus*, *Bythinus*, *Arcopagus*, *Tychus* et *Bryaxis* publiés par le docteur Léach, dans le *Zool. miscell.* C'est de cette manière que nous allons donner ce genre; il répond aux deux dernières familles des Psélaphes de M. Reichenbach.

Les Psélaphiens qui ont onze articles aux antennes et un seul crochet au dernier article des tarses sont les genres Psélaphe et Bryaxis; le premier est bien reconnoissable par ses palpes maxillaires coudés, plus longs que la tête et le corselet pris ensemble.

Antennes plus courtes que le corps, composées de onze articles moniliformes, les derniers plus gros, le onzième ovale. — *Mandibules* cornées, pointues. — *Palpes maxillaires* droits, avancés, plus courts que la tête et le corselet pris ensemble, composés de quatre articles, le dernier gros, renflé, en massue, soit sécuriforme, soit conique; palpes labiaux courts, filiformes. — *Lèvre* membraneuse. — *Tête* petite, dégagée du corselet. — *Corselet* tronqué. — *Ecusson* très-petit. — *Elytres* courtes, tronquées postérieurement, laissant à découvert une partie de l'abdomen. — *Abdomen* s'élargissant postérieurement, arrondi à son extrémité. — *Pattes* de longueur moyenne; tarses ayant leur dernier article terminé par un seul crochet.

Ce genre est le plus nombreux en espèces de tous ceux de sa famille. On trouve les Bryaxis en Europe. Leurs métamorphoses ne sont pas connues.

1re. *Division*. Dernier article des palpes maxillaires sécuriforme.

1. BRYAXIS porte-hache, *B. securiger*.

Bryaxis piceo-rufescens, thorace latitudine capitis posticè valdè coarctato, antennarum articulo secundo in fœminâ crassiore conico; in mare securiformi.

Pselaphus securiger. REICH. *Monogr. Pselaph. pag.* 45. *n°.* 5. *tab.* 1. *fig.* 9.

Longueur $\frac{1}{2}$ lig. Corps d'un roux-brun. Corselet de la largeur de la tête, fortement rétréci à sa partie postérieure; second article des antennes plus épais que les autres et conique dans la femelle, sécuriforme dans le mâle.

D'Europe.

Rapportez à cette division les *Pselaphus niger.* REICH. *pag.* 35. *n°.* 1. *tab.* 1. *fig.* 5. (PAYK. *Faun. Suec. tom.* 3. *pag.* 365. *n°.* 4.) *Bulbifer.* REICH. *pag.* 37. *n°.* 2. *tab.* 1. *fig.* 6. *Clavicornis.* REICH. *pag.* 40. *n°.* 3. *tab.* 1. *fig.* 7. (PANZ. *Faun. Germ. fas.* 89. *fig.* 3.) *Glabricollis.* REICH. *pag.* 43. *n°.* 4. *tab.* 1. *fig.* 8. *Brevicornis.* REICH. *pag.* 47. *n°.* 6. *tab.* 1. *fig.* 10.

2e. *Division*. Dernier article des palpes maxillaires conique.

1re. *Subdivision*. Corselet arrondi.

2. BRYAXIS sanguin, *B. sanguineus*.

Bryaxis niger, nitidus, elytris sanguineis, thorace subgloboso foveolis tribus sulco conjunctis.

Pselaphus sanguineus. PAYK. *Faun. Suec. tom.* 3. *pag.* 363. *n°.* 1. — LAT. *Dict. d'Hist. nat.* 2e. *édit.* — REICH. *Monogr. Pselaph. pag.* 49. *tab.* 2. *fig.* 11. — *Pselaphus mucronatus.* PANZ. *Faun. Germ. fas.* 89. *fig.* 10. — *Anthicus sanguineus.* FAB. *Syst. Eleut. tom.* 1. *pag.* 293. *n°.* 22. (Retranchez les synonymes de Panzer et d'Herbst.) — *Staphylinus sanguineus.* LINN. *Syst. Nat.* 2. 685. 19. — OLIV. *Entom. tom.* 3. *Staphyl. pag.* 24. *n°.* 29. *pl.* 6. *fig.* 54.

Longueur 1 lig. $\frac{1}{4}$. Corps noir, luisant. Antennes de la longueur de la moitié du corps, noirâtres, velues. Tête ayant une impression de chaque côté, derrière les yeux; corselet presque globuleux, avec trois impressions réunies par un sillon transversal. Elytres d'un rouge-sanguin, marquées chacune de deux lignes longitudinales enfoncées. Pattes roussâtres.

Des environs de Paris.

Rapportez à cette subdivision les *Pselaphus hæmaticus.* REICH. *pag.* 52. *n°.* 2. *tab.* 2. *fig.* 12. *Fossulatus.* REICH. *pag.* 54. *n°.* 3. *tab.* 2. *fig.* 13. *Xanthopterus.* REICH. *pag.* 56. *n°.* 4. *tab.* 2. *fig.* 14. *Impressus.* REICH. *pag.* 58. *n°.* 5. *tab.* 2. *fig.* 15. (PANZ. *Faun. Germ. fas.* 89. *fig.* 10. — LAT. *Gen. Crust. et Ins. tom.* 3. *pag.* 77.) *Insignis.* REICH. *pag.* 60. *n°.* 6. *tab.* 2. *fig.* 16.

2e. *Subdivision*. Corselet anguleux.

3. BRYAXIS nain, *B. nanus*.

Bryaxis elongatus, badius, fronte inter fossas duas antìcè convergente, elevatâ, lævi.

Pselaphus nanus. REICH. *Monogr. Pselaph. pag.* 69. *n°.* 4. *tab.* 2. *fig.* 20.

Longueur $\frac{2}{3}$ lig. Alongé, châtain. Front élevé, lisse, placé entre deux fossettes qui se réunissent en avant.

D'Europe.

Rapportez à cette subdivision les *Pselaphus sulcicollis.* REICH. *pag.* 62. *n°.* 1. *tab.* 2. *fig.* 17. (*Pselaphus dresdensis.* PAYK. *Faun. Suec. tom.* 3. *pag.* 365. *n°.* 3. *Anthicus dresdensis.* FAB. *Syst. Eleut. tom.* 1. *pag.* 293. *n°.* 23.) *Venustus.* REICH. *pag.* 65. *n°.* 2. *tab.* 2. *fig.* 18. *Ambiguus.* REICH. *pag.* 67. *n°.* 3. *tab.* 2. *fig.* 19. *Karstenii.* REICH. *pag.* 71. *n°.* 5. *tab.* 2. *fig.* 21. (*Staphylinus sanguineus.* PANZ. *Faun. Germ. fas.* 11. *fig.* 9?) *Signatus.* REICH. *pag.* 73. *n°.* 6. *tab.* 2. *fig.* 22.

CLAVIGÈRE, *Claviger.* PREYSL. LAT. PANZ.

Genre d'insectes de l'ordre des Coléoptères, section des Trimères, famille des Psélaphiens.

Tous les genres de cette famille, excepté celui qui est l'objet de cet article, sont pourvus de palpes labiaux et leurs antennes sont composées de plus de six articles.

Antennes terminées en massue, composées de six articles. — *Point de mandibules.* — *Mâchoires* très-petites, consistant en un appendice membraneux. — *Palpes maxillaires* très-courts, presque filiformes, très-petits, de deux ou trois articles; point de palpes labiaux. — *Lèvre* nulle. — *Tête* dégagée du corselet. — *Yeux* peu apparens. — *Corselet* guère plus large que la tête, aminci à ses deux extrémités. — *Elytres* très-courtes, laissant à découvert plus de la moitié de l'abdomen. — *Abdomen* plus large que le corselet, s'élargissant à son extrémité; celle-ci arrondie. — *Pattes* fortes; cuisses antérieures amincies à leur base; tarses ayant leur dernier article muni d'un seul crochet.

Ce genre a été fondé par M. Preysler, auteur d'un ouvrage sur les insectes de Bohême. Son nom vient de deux mots latins qui signifient : *porte-massue*; il est analogue à la forme de ses antennes. Les deux espèces que nous décrivons ont été trouvées dans le nid de la Fourmi jaune (*F. flava*). Nous allons entrer dans quelques détails sur les mœurs de ces insectes; ils sont extraits d'une lettre adressée à M. le comte Dejean en 1823, par M. C. Wesmaël, habitant de la ville de Liége. Cet observateur a souvent trouvé le Clavigère testacé aux environs de cette ville, dans l'habitation de la Fourmi déjà mentionnée. « Lorqu'on a soulevé la pierre qui recouvre la » fourmilière, dit M. Wesmaël, les Fourmis, au » milieu de l'agitation générale, veillent néanmoins sur les Clavigères : ceux-ci prennent souvent d'eux-mêmes le chemin des galeries, mais » s'ils ont l'air de s'enfuir, les Fourmis les entourent, les poussent jusqu'à l'entrée de ces mêmes » galeries, et les forcent d'y entrer; quelquefois » l'une d'elles saisit un Clavigère au travers du » corps avec ses mandibules et va le déposer dans » les conduits souterrains. On aperçoit à l'extrémité des élytres du Clavigère testacé, des poils » longs, surtout au côté extérieur, où ils paroissent ordinairement agglutinés par l'effet de quelque liqueur. Ne seroit-il pas possible qu'il y » eût de chaque côté du corps, à cet endroit, » une ouverture d'un ou de plusieurs conduits qui » sécrétassent un liquide mielleux analogue à » celui des Pucerons? Ainsi s'expliqueroit l'affection des Fourmis pour ces petits coléoptères. »

1re. *Division*. Antennes grossissant insensiblement vers l'extrémité; leurs deux premiers articles très-petits, presque globuleux, les trois suivans perfoliés, lenticulaires, semi-globuleux, le dernier cylindrique, plus grand que les autres.

1. Clavigère testacé, *P. testaceus*.

Claviger antennis apice sensim crassioribus.

Claviger testaceus. Lat. *Gen. Crust. et Ins. tom.* 3. *pag.* 78. *n°.* 1. — Preysl. *Ins. Boh. pag.* 68. *tab.* 3. *fig.* 5. a. b. — Panz. *Faun. Germ. fas.* 59. *fig.* 3. — *Encycl. pl.* 372 *bis. fig.* 33.

Longueur ¾ lig. Entièrement d'un roux-châtain. Corselet ayant une petite fossette au milieu de sa partie postérieure. Elytres finement striées.

D'Europe.

2e. *Division*. Antennes brusquement en massue, leur premier article un peu plus long et un peu plus gros que le second, celui-ci très-petit, globuleux; les troisième et quatrième cylindriques, alongés; le troisième plus long que le quatrième; le cinquième court, presque globuleux, le sixième beaucoup plus gros que les autres, formant à lui seul une massue ovoïdo-globuleuse.

2. Clavigère longicorne, *C. longicornis*.

Claviger antennarum articulo extremo abruptè cœteris crassiori.

Claviger longicornis. Germ. *Mag. Ent.* 1818. *pag.* 85. *tab.* 2. *fig.* 16. a. b. *et fig.* 10.

Longueur 1 lig. à 1 lig. ¼. Corps testacé; tête, corselet et abdomen un peu granuleux, légèrement velus; leurs poils roux. Elytres munies de longs poils à leur bord postérieur, surtout vers l'angle externe de ce bord. Abdomen ovale-arrondi, marqué de deux petits sillons courts, longitudinaux à la partie qui vient immédiatement après les élytres; celles-ci ne recouvrant qu'un tiers de sa longueur totale.

Il a été trouvé à Odenbach dans le nid de la Fourmi jaune, et envoyé à M. le comte Dejean par M. Germar. C'est d'après cet individu unique qu'a été faite la description ci-dessus.

(S. F. et A. Serv.)

PSI. Geoffroy a donné ce nom à une espèce de Noctuelle. *Voyez* Noctuelle Psi, n°. 388 de ce Dictionnaire. (S. F. et A. Serv.)

PSILE, *Psilus*. Le genre d'Hyménoptères que M. Jurine nomme ainsi, répond en partie à celui fondé auparavant sous le nom de *Diapria* par M. Latreille. *Voyez* Diaprie, article Proctotrupe. (S. F. et A. Serv.)

PSILOTE, *Psilota*. Nom donné par M. Meigen dans son ouvrage sur les Diptères d'Europe, à un genre voisin de celui de Pipize et qui n'en diffère que parce que le dernier article des antennes ou la palette est ovale-oblong et l'hypostome renfoncé à sa base, tronqué à sa partie inférieure. Il n'en décrit qu'une seule espèce sous le nom de *Psilota anthracina*. Elle paroît nouvelle, l'auteur ne lui donnant aucuns synonymes. (S. F. et A. Serv.)

PSOA, *Psoa*. Herbst. Fab. Lat. *Dermestes*. Ross.

Genre d'insectes de l'ordre des Coléoptères, section des Tétramères, famille des Xylophages, tribu des Bostrichins.

Cette tribu est composée des genres Bostriche, Psoa, Némozome, Cérylon et Cis. Ce dernier se distingue par la forme ovale ou arrondie de son corps; les Cérylons ont des antennes terminées par une massue solide, presque globuleuse; les Némozomes ont la tête presqu'aussi longue que le corselet, celui-ci et le corps linéaires. Les Bostriches ont le corps convexe, le corselet élevé, globuleux ou cubique. Tels sont les caractères qui séparent ces quatre genres des Psoas.

Antennes plus longues que la tête, de dix articles, les trois derniers plus gros, formant une massue perfoliée. — *Labre* saillant, très-petit, transversal, très-velu au bord antérieur. — *Mandibules* courtes, épaisses, sans dentelures, point bifides à l'extrémité. — *Mâchoires* à un seul lobe. — *Palpes* courts, mais apparens, presque filiformes; leurs articles à peu près égaux, le dernier tronqué ou obtus à son sommet; les maxillaires un peu plus longs, de quatre articles, les labiaux très-rapprochés à leur insertion, de trois articles. — *Lèvre* alongée, membraneuse, dilatée, presqu'en cœur à son extrémité; menton transverso-linéaire. — *Tête* plus courte que le corselet. — *Yeux* globuleux. — *Corps* linéaire, déprimé. — *Corselet* presque carré. — *Ecusson* petit. — *Elytres* de la longueur de l'abdomen, au moins trois fois plus longues que le corselet. — *Tarses* à articles entiers.

Ce genre établi par Herbst et adopté par les auteurs subséquens ne paroît renfermer que deux ou trois espèces; ses mœurs sont encore inconnues, mais ne doivent pas différer essentiellement de celles des Bostriches, avec lesquels il a de grands rapports.

1. Psoa viennoise, *P. viennensis.*

Psoa corpore nigro-virescenti, elytris fusco-rubris aut fuscis, profundè punctatis.

Psoa viennensis. Fab. *Syst. Eleut. tom.* 1. *pag.* 393. *n°.* 1. — Panz. *Faun. Germ. fas.* 96. *fig.* 3. — *Encycl. pl.* 392. *fig.* 42.

Longueur 3 lig. ½. Antennes, devant de la tête et tarses d'un testacé-brun. Partie postérieure de la tête, corselet, dessous du corps, cuisses et jambes d'un noir-verdâtre un peu bronzé. Elytres légèrement velues, d'un brun-rougeâtre ou brunes, fortement ponctuées. Bords latéraux du corselet finement denticulés postérieurement.

D'Autriche et de Dalmatie.

2. Psoa italienne, *P. italica.*

Psoa corpore nigro-cœrulescenti, elytris rubris, punctatis, transversè rugosis.

Psoa italica. Dej. *Catal.* — *Dermestes dubius.* Ross. *Faun. Etrusc. Mantis. tom.* 1. *pag.* 17. *n°.* 34. *tab.* 1. *fig.* F.

Longueur 4 lig. ½. Antennes et tarses noirs. Corps ponctué, velu. Tête, corselet, écusson, abdomen, cuisses et jambes d'un noir-bleuâtre un peu bronzé. Elytres presque glabres, rouges, ponctuées, couvertes de petites rides transversales. Bords latéraux du corselet finement denticulés postérieurement.

D'Italie.

CERYLON, *Cerylon.* Lat. *Rhyzophagus, Monotoma.* Herbst. *Tenebrio.* Linn. *Lyctus.* Fab. Payk. *Ips, Lyctus.* Oliv. (*Encycl.*)

Genre d'insectes de l'ordre des Coléoptères, section des Tétramères, famille des Xylophages, tribu des Bostrichins.

Des cinq genres qui composent cette tribu, quatre: Bostriche, Psoa, Némozome et Cis ont la massue de leurs antennes perfoliée.

Antennes presque deux fois aussi longues que la tête, plus courtes que le corselet, composées de dix articles presque moniliformes, terminées par une massue solide, presque globuleuse, formée d'un ou de deux articles. — *Labre* avancé, transverse, membraneux, entier. — *Mandibules* cachées, déprimées, trigones, bidentées au côté interne; l'angle externe de leur base portant un tubercule aigu à l'extrémité. — *Palpes* filiformes, leur dernier article le plus long de tous, cylindrique, presqu'aigu au bout; les maxillaires deux fois plus longs que les labiaux. — *Mâchoires* ayant deux lobes, l'extérieur presque triangulaire, plus grand que l'interne qui a la forme d'une dent. — *Lèvre* presque coriace, carrée; menton plus large que la lèvre, transversal, au moins trois fois plus long. — *Corps* alongé, carré, presque linéaire dans quelques-uns, déprimé. — *Corselet* carré. — *Elytres* recouvrant l'abdomen et les ailes. — *Pattes* de longueur moyenne; jambes s'élargissant un peu vers leur extrémité.

Ces coléoptères vivent dans le bois. On les trouve ordinairement sous les écorces des vieux arbres. Nous n'avons aucune notion sur leurs larves.

Rapportez à ce genre l'Ips tarière n°. 5, les Lyctes bipustulé, tom. VII, pag. 589 et histéroïde, pag. 590 de ce Dictionnaire.

CIS, *Cis.* Lat. *Anobium.* Fab. Illig. Herbst. Payk. Panz. Oliv. (*Entom.*) *Hylesinus.* Fab.

Genre d'insectes de l'ordre des Coléoptères, section des Tétramères, famille des Xylophages, tribu des Bostrichins.

Dans cette tribu les genres Bostriche, Psoa, Némozome et Cérylon ont le corps étroit et alongé, ce qui les distingue des Cis.

Antennes deux fois plus longues que la tête, composées de dix articles et terminées en massue perfoliée, celle-ci de trois articles. — *Labre* avancé, apparent, transversal, entier, membraneux. — *Mandibules* courtes, coniques, triangulaires, leur extrémité munie de deux dents égales. — *Mâchoires* à deux lobes, l'extérieur presque triangulaire, plus grand, l'intérieur petit, en forme de dent. — *Palpes* très-inégaux, les maxillaires beaucoup plus grands que les labiaux, grossissant petit à petit vers leur extrémité, leur dernier article plus grand que les autres, presqu'ovale; les labiaux très-petits, subulés, obconiques, le dernier article plus mince que le précédent. —

Lèvre

Lèvre et menton formant ensemble un carré long, étroit, demi-coriace.—*Tête* transversale, un peu rebordée en devant, souvent bituberculée dans les mâles, élevée à sa partie postérieure. — *Yeux* proéminens. — *Corps* ovale-oblong, déprimé, un peu convexe en dessus. — *Corselet* transversal, son bord antérieur largement voûté, un peu avancé pour recevoir la tête, ses côtés rebordés. — *Elytres* recouvrant l'abdomen et les ailes. — *Pattes* courtes, les trois premiers articles des tarses égaux et velus.

La dénomination de ce genre créé par M. Latreille, vient d'un mot par lequel les Grecs désignoient une larve qui vivoit dans le bois. On trouve ces petits coléoptères dans les bolets coriaces qui viennent sur le tronc des chênes et des saules; ils se tiennent à la partie inférieure des champignons; plusieurs espèces y sont assez communes au printemps. Lorsqu'on approche des Cis, ils replient leurs pattes et leurs antennes et se laissent tomber. Le nombre des espèces connues s'élève à seize et habitent l'Europe.

1. Cis du Bolet, *C. boleti.*

Cis fusco-castaneus, subnitidus, temerè punctulatus, elytris subrugosulis, antennis pedibusque dilutè rufescentibus.

Cis boleti. Lat. *Gener. Crust. et Ins. tom.* 3. *pag.* 12. *n°.* 1. — *Anobium boleti.* Fab. *Syst. Eleut. tom.* 1. *pag.* 323. *n°.* 7. — Panz. *Faun. Germ. fas.* 10. *fig.* 7. — Payk. *Faun Suec. tom.* 1. *pag.* 308. *n°.* 7. — *Anobium bidentatum.* Oliv. *Entom. tom.* 2. *Vrill. pag.* 11. *n°.* 9. *pl.* 2. *fig.* 5.

Longueur 2 lig. Corps brun ou châtain, assez luisant, irrégulièrement et finement pointillé. Elytres un peu rugueuses. Antennes et pattes d'une couleur moins foncée, presque testacée.

Des environs de Paris.

Nota. M. Latreille rapporte encore à ce genre les *Anobium reticulatum* n°. 3, *micans* n°. 14 Fab. *Syst. Eleut.* et quelques autres espèces.

(S. F. et A. Serv.)

PSOQUE, *Psocus.* Lat. Fab. Coqueb. *Termes.* Linn. De Géer. *Hemerobius.* Linn. Oliv. (*Encycl.*) *Pediculus, Phryganea, Psylla.* Geoff.

Genre d'insectes de l'ordre des Névroptères, famille des Planipennes, tribu des Psoquilles.

Ce genre compose à lui seul cette tribu.

Antennes sétacées, longues, avancées, insérées devant les yeux, de dix articles environ peu distincts, la plupart cylindriques, les deux premiers plus courts, plus épais, les autres grêles, alongés. — *Labre* avancé, membraneux, transversal, arrondi en devant et sur les côtés, presqu'entier. — *Mandibules* fortes, cornées, fortement échancrées dans leur partie moyenne, les deux extrémités de cette échancrure formant des dents. — *Mâchoires* composées de deux parties, l'une intérieure cornée, alongée, linéaire, crénelée à l'extrémité, souvent avancée, l'autre extérieure membraneuse, formant une gaîne cylindrique un peu comprimée, obtuse, ouverte à son extrémité, enveloppant les parties cornées. — *Palpes maxillaires* alongés, saillans, de quatre articles, le premier peu apparent, les second et troisième obconiques, le dernier ovale, renflé; les labiaux point distincts. — *Lèvre* presque carrée, membraneuse, large, accompagnée de chaque côté d'une espèce d'écaille. — *Tête* grosse, très-convexe en devant et en dessus. — *Yeux* gros et ronds. — *Trois petits yeux lisses* groupés. — *Corps* court, ramassé et mou. — *Premier segment* du corselet très-petit, ne s'apercevant point en dessus, le second grand, sillonné. — *Ailes* de grandeur inégale (les inférieures plus petites), en toit, transparentes, ayant souvent un reflet brillant, irisé; leurs nervures fortes. — *Abdomen* court, sessile, presque conique, pourvu dans les femelles d'une sorte de tarière logée entre deux coulisses. — *Pattes* assez longues, grêles; jambes alongées, cylindriques, sans épines; tarses courts, de deux ou trois articles.

Le nom de Psoque vient d'un mot grec qui signifie : *réduire en parcelles.* Il a été donné à ces très-petits névroptères en raison des habitudes de leurs larves. Ces insectes sont vifs, marchent vite et sautent pour éviter le danger. On les trouve sur les arbres, les pierres, dans les livres, les collections d'insectes et les herbiers, aux dépens desquels ils vivent, sans faire cependant beaucoup de tort vu leur petitesse. Les larves qui ressemblent à l'insecte parfait, habitent les mêmes endroits et jouissent des mêmes facultés, excepté celle de se reproduire; elles n'en diffèrent que par l'absence totale des ailes; dans l'état de nymphe elles en portent les fourreaux.

On connoît une douzaine d'espèces de ce genre, toutes européennes.

1. Psoque longicorne, *P. longicornis.*

Psocus longicornis. Fab. *Ent. Syst. Suppl. pag.* 203. *n°.* 1. — Lat. *Gen. Crust. et Ins. tom.* 3. *pag.* 208. — Panz. *Faun. Germ. fas.* 94. *fig.* 19.

Voyez pour la description et les autres synonymes Hémerobe longicorne n°. 17.

2. Psoque six-points, *P. sexpunctatus.*

Psocus sexpunctatus. Lat. *Gen. Crust. et Ins. tom.* 3. *pag.* 208. — Coqueb. *Illust. Icon. pag.* 13. *tab.* 2. *fig.* 10 *et* 11. — Fab. *Ent. Syst. Suppl. pag.* 203. *n°.* 5. — La Frigane à ailes ponctuées. Geoff. *Ins. Paris. tom.* 2. *pag.* 250. *n°.* 10. — *Encycl. pl.* 397. *III. fig.* 2-4.

Il se trouve aux environs de Paris.

Voyez pour la description et les autres synonymes Hémerobe six-points n°. 23.

3. Psoque quadriponctué, *P. quadripunctatus*.

Psocus quadripunctatus. Lat. *Gener. Crust. et Ins. tom.* 3. *pag.* 208. — Coqueb. *Illust. Icon. pag.* 12. *tab.* 12. *fig.* 9. — Fab. *Ent. Syst. Suppl. pag.* 204. *n°.* 8. — Panz. *Faun. Germ. fas.* 94. *fig.* 22.

Des environs de Paris.

Voyez pour la description et les autres synonymes Hémerobe quadriponctué n°. 28.

4. Psoque biponctué, *P. bipunctatus*.

Psocus bipunctatus. Lat. *Gener. Crust. et Ins. tom.* 3. *pag.* 208. *n°.* 1. — Coqueb. *Illust. Icon. pag.* 11. *tab.* 2. *fig.* 3. — Fab. *Ent. Syst. Suppl. pag.* 204. *n°.* 7. — Panz. *Faun. Germ. fas.* 94. *fig.* 21. — La Psylle des pierres. Geoff. *Ins. Paris. tom.* 1. *pag.* 488. *n°.* 7.

Des environs de Paris.

Voyez pour la description et les autres synonymes Hémerobe biponctué n°. 27.

5. Psoque abdominal, *P. abdominalis*.

Psocus abdominalis. Fab. *Ent. Syst. Suppl. pag.* 204. *n°.* 9.

Voyez pour la description et les autres synonymes Hémerobe abdominal n°. 30.

6. Psoque jaunâtre, *P. flavicans*.

Psocus flavicans. Fab. *Ent. Syst. Suppl. pag.* 203. *n°.* 2.

Voyez pour la description et les autres synonymes Hémerobe jaunâtre n°. 25.

Nota. Ces deux dernières espèces ne sont pas bien distinctes l'une de l'autre.

7. Psoque fascié, *P. fasciatus*.

Psocus fasciatus. Fab. *Ent. Syst. Suppl. pag.* 203. *n°.* 4. — Panz. *Faun. Germ. fas.* 94. *fig.* 20. — Lat. *Gener. Crust. et Ins. tom.* 3. *pag.* 208. — *Psocus variegatus*. Coqueb. *Illust. Icon. pag.* 13. *tab.* 2. *fig.* 13? — *Encycl. pl.* 397. *III. fig.* 5 *et* 6?

Voyez pour la description et les autres synonymes Hémerobe fascié n°. 22.

8. Psoque pulsateur, *P. pulsatorius*.

Psocus pulsatorius. Lat. *Gener. Crust. et Ins. tom.* 3. *pag.* 208. — Coqueb. *Illust. Icon. pag.* 14. *tab.* 2. *fig.* 14 *et* 15. — Fab. *Ent. Syst. Suppl. pag.* 204. *n°.* 10. — *Encycl. pl.* 397. *III. fig.* 1.

Nota. M. Latreille regarde le Psoque fatidique (*P. fatidicus*. Fab. *Ent. Syst. Suppl. pag.* 204. *n°.* 11) comme une simple variété d'âge de cette espèce.

Voyez pour la description et les autres synonymes Hémerobe pulsateur n°. 31 et Hémerobe prophète n° 33.

On doit probablement rapporter encore au genre Psoque, l'Hémerobe strié n°. 18 et l'Hémerobe pédiculaire n°. 32 de cet ouvrage.

(S. F. et A. Serv.)

PSOQUILLES, *Psoquillæ*. Quatrième tribu de la famille des Planipennes, ordre des Névroptères, ayant les caractères suivans :

Tête point prolongée antérieurement en manière de bec ou de trompe. — *Premier segment du tronc* très-court, le second grand, découvert. — *Ailes* en toit, peu réticulées, les inférieures plus petites. — *Tarses* composés de deux ou trois articles. — *Antennes* sétacées, d'une dizaine d'articles. — *Deux palpes maxillaires* saillans, les labiaux point distincts.

Cette tribu ne contient que le genre Psoque.

(S. F. et A. Serv.)

PSYCHÉ, *Psyche*. Schranck. Lat. inéd. *Bombyx*. Fab. Hub. Oliv. (*Encycl.*) *Tinea*. Geoff. Hub.

Genre d'insectes de l'ordre des Lépidoptères, famille des Nocturnes, tribu des Bombycites.

Les caractères de ce genre n'ayant point encore été posés d'une manière certaine, nous nous contenterons de dire qu'il répond à la seconde division du genre *Bombyx*. Lat. *Gener. Crust. et Ins. tom.* 4. *pag.* 219. Les espèces qu'il contient ont les antennes pectinées dans les deux sexes : leurs ailes sont en toit, presque transparentes, peu couvertes d'écailles. Les femelles les ont fort courtes, aussi volent-elles peu ou point du tout. Les chenilles ont le corps alongé, seize pattes distinctes et se renferment dans des fourreaux de soie qu'elles traînent avec elles et qu'elles recouvrent de petits morceaux de feuilles, de fétus de paille ou de petites baguettes de bois sec.

On rapportera à ce genre le Bombyx de l'Hiéracium n°. 114 de ce Dictionnaire (*B. hieracii*. Fab. *Ent. Syst. tom.* 3. *part.* 1. *pag.* 434. *n°.* 86.); le *Bombyx vicíella*. Fab. *id. pag.* 481. *n°.* 231. Hub. *Tinea. tab.* 1. *fig.* 2. Le *Bombyx muscella*. Fab. *id. pag.* 482. *n°.* 233. Hub. *Tinea. tab.* 2. *fig.* 8. Le *Bombyx vestita*. Fab. *id. pag.* 481. *n°.* 232. *Tinea plumella*. Hub. *tab.* 1. *fig.* 7. Le *Bombyx bombella*. Fab. *id. pag.* 482. *n°.* 234. *Tinea bombicella*. Hub. *tab.* 1. *fig.* 4. Le *Bombyx pectinella*. Fab. *id. pag.* 482. *n°.* 235. Hub. *Tinea. tab.* 1. *fig.* 5, ainsi que les *Tinea* d'Hubner, *Fuscella. tab.* 44. *fig.* 305. *Siciella. tab.* 41. *fig.* 280. *Plumistrella. tab.* 31. *fig.* 213. *Graminella. tab.* 1. *fig.* 1. *Hirsutella. tab.* 1. *fig.* 3. *Nitidella. tab.* 1. *fig.* 6.

Penella. tab. 67. *fig.* 447. *Bombyx detrita. tab.* 16. *fig.* 58 *et* 59, et enfin le *Bombyx morio.* n°. 149 de ce Dictionnaire, *pl.* 79. *fig.* 7 *et* 8. (*B. morio.* Fab. *id. pag.* 445. *n°.* 116. Hub. *Bomb. tab.* 54. *fig.* 231 *et* 232, *et tab.* 16. *fig.* 57.)

Nota. Nous ne garantissons pas que toutes les espèces de M. Hübner soient distinctes les unes des autres. Cet auteur figure des Chenilles de ce genre. *Larv. Tin.* 1. *Bombycif.* A. b. *Hirsutella* et *Nitidella*, et *Larv. Tin.* 1. *Bombycif.* A. a. *Lathyrella* et *Graminella.*

LIMACODE, *Limacodes.* Lat. inéd. *Bombyx.* Oliv. (*Encycl.*) *Hepialus.* Fab. *Tortrix.* Hub.

Genre d'insectes de l'ordre des Lépidoptères, famille des Nocturnes, tribu des Bombycites.

Ce genre dont les caractères n'ont point encore été publiés, répond à une sous-division de la première division des *Bombyx.* Lat. *Gener. Crust. et Ins. tom.* 4. *pag.* 219. Ces lépidoptères ont les antennes peu ou point pectinées dans les deux sexes, ils portent leurs ailes en toit. Les chenilles n'ont que des mamelons au lieu de pattes membraneuses; la partie inférieure de leur corps est garnie d'une membrane extrêmement souple, susceptible de se plisser et toujours enduite d'une liqueur un peu gluante, au moyen de laquelle elles glissent plutôt qu'elles ne marchent sur le plan de position. Leur forme est à peu près celle d'un Cloporte, leur dos paroît composé de trois parties; l'intermédiaire séparée de chacune des autres par une espèce de carène, est ovale, un peu pointue aux deux bouts, les deux parties latérales dépassent un peu les bords du corps proprement dit, et forment une espèce de rebord lorsqu'on regarde ces chenilles en dessous; ces trois divisions sont d'une consistance beaucoup plus ferme que la peau des chenilles ne l'est ordinairement. La tête est entièrement rétractile et se cache sous un avancement circulaire de cette espèce de carapace solide dont nous venons de parler. Pour passer à l'état de chrysalide ces chenilles se font une coque qui paroît plutôt membraneuse que soyeuse.

Rapportez à ce genre, 1°. le Bombix tortue n°. 160. *pl.* 79. *fig.* 12 de cet ouvrage, *Hepialus testudo.* Fab. *Ent. Syst. tom.* 3. 2ᵉ. *part. pag.* 7. *n°.* 8. *Tortrix testudinana.* Hub. *Tortric. tab.* 26. *fig.* 164. Mâle et 165 femelle. *Larv. tortric. pseudobombyc.* A. *fig.* 1. 2°. Le Bombix aselle, *n°.* 161. *Hepialus asellus.* Fab. *id. n°.* 9. *Tortrix asellana.* Hub. *Tortric. tab.* 26. *fig.* 166 *et* 167. *Larv. tortric. pseudobombyc.* A. *fig.* 2. 3°. Le Bombix cloporte, n°. 162. *pl.* 79. *fig.* 13. *Hepialus. bufo.* Fab. *id. n°.* 10. (S. F. et A. Serv.)

PSYCHODE, *Psychoda.* Lat. Fab. Meig. *Tipula.* Linn. De Géer. *Bibio.* Geoff. Oliv. (*Encycl.*)

Genre d'insectes de l'ordre des Diptères, section des Proboscidés, famille des Némocères, tribu des Tipulaires.

Ce genre fait partie d'un groupe établi dans cette tribu par M. Latreille et qu'il a nommé Culiciformes. Les Tanypes, les Corèthres et les Chironomes ont leurs deux pattes antérieures éloignées des quatre autres et comme insérées sous la tête; leur poitrine est grande et renflée. Les Cératopogons et les Cécidomyies ont leurs ailes couchées sur le corps, les premiers ont en outre les articles des palpes inégaux, et les secondes n'ont que trois nervures longitudinales aux ailes. (*Voyez* Tipulaires.)

Antennes filiformes, avancées, velues, de quinze ou seize articles moniliformes, les deux premiers beaucoup plus gros; les autres globuleux, portés sur des pédicelles très-menus; les derniers un peu plus petits. — *Trompe* en forme de bec, plus courte que la tête. — *Palpes* avancés, de quatre articles égaux entr'eux. — *Yeux* lunulés. — *Point de petits yeux lisses.* — *Corps* très-court. — *Ailes* fort grandes, en toit, larges, lancéolées, très-velues et frangées, sans nervures transversales, en ayant au moins huit longitudinales dont deux bifides. — *Pattes* assez courtes, placées à une distance presqu'égale les unes des autres; les antérieures insérées assez avant sous le corselet.

Les espèces qui composent ce genre sont très-petites, mais remarquables par leurs ailes très-grandes en proportion de leur taille; les écailles et les poils qui recouvrent le corselet et les ailes donnent à ces diptères une grande ressemblance avec de petites Phalènes. Ils fréquentent les lieux humides et sombres et paroissent craindre la lumière, ne marchant que dans l'obscurité, les uns se tiennent près des immondices et dans les lieux d'aisance, d'autres habitent dans les bois parmi les mousses et les plantes marécageuses. Leurs métamorphoses sont inconnues; cependant M. Macquart, habitant de Lille, naturaliste instruit et bon observateur, croit avec beaucoup de probabilité que plusieurs vivent en état de larve et de nymphe dans les ordures comme les Scathopses ou dans les mousses humides. On connoît aujourd'hui une dizaine d'espèces de Psychodes, toutes d'Europe.

1. Psychode phalénoïde, *P. phalænoides.*

Psychoda phalænoides. Lat. *Gener. Crust. et Ins. tom.* 4. *pag.* 251. — Meig. *Dipt. d'Europ. tom.* 1. *pag.* 104. *n°.* 1. — Fab. *Syst. Antl. pag.* 49. *n°.* 1. — *Encycl. pl.* 585. *fig.* 29.

Voyez pour la description et les autres synonymes Bibion phalénoïde n°. 12.

2. Psychode hérissée, *P. hirta.*

Psychoda hirta. Lat. *Gener. Crust. et Ins.*

tom. 4. *pag.* 251. — Fab. *Syst. Antl. pag.* 50. *n°.* 2. — *Tipula hirta.* De Géer, *Ins. tom.* 6. *pl.* 27. *fig.* 10 *et* 11. — *Encycl. pl.* 385. *fig.* 30.

Voyez pour la description et les autres synonymes Bibion hérissé n°. 13.

Nota. Cette espèce est peut-être la *Psychoda ocellaris* de M. Meigen, mais cet auteur en rapportant à son espèce la Psychode hérissée de M. Latreille, ne rappelle aucuns des synonymes que l'auteur français donne à la sienne.

(S. F. et A. Serv.)

PSYLLE, *Psylla.* Geoff. Lat. *Chermes.* Linn. De Géer. Fab.

Genre d'insectes de l'ordre des Hémiptères, section des Homoptères, famille des Hyménélytres, tribu des Psyllides.

Les Livies qui forment avec ce genre la tribu des Psyllides, s'en distinguent facilement par la brièveté de leurs antennes dont la longueur ne surpasse pas celle du corselet, et qui étant fort grosses depuis leur base jusqu'au milieu, s'amincissent ensuite subitement.

Antennes filiformes, de la longueur du corps, insérées devant les yeux, près de leur bord interne, à articles cylindriques; les deux premiers plus courts et plus épais que les autres, ceux-ci très-alongés et très-grêles, le dernier bifide à son extrémité. — *Labre* grand, trigone. — *Bec* très-court, presque perpendiculaire, naissant de la poitrine entre les pattes antérieures, cylindro-conique, de trois articles, le dernier très-court, conique. — *Chaperon* court, presque demi-circulaire, convexe, arrondi à sa base, tracé par une ligne arquée. — *Yeux* souvent proéminens, semi-globuleux. — *Trois petits yeux lisses* distincts, disposés en triangle; les deux postérieurs placés de chaque côté derrière les yeux, le troisième sur le front, dans son échancrure. — *Corselet* composé de deux segmens distincts, l'antérieur beaucoup plus court, transversal, linéaire, le second grand, comme partagé en deux par une ligne transverse, rebordé postérieurement. — *Ecusson* élevé, marqué de lignes imprimées. — *Elytres* et ailes grandes, presque de la même consistance et placées en toit. — *Abdomen* conique. Tarière (des femelles) alongée, terminée en pointe et formée par quatre lames qui se réunissent. — *Pattes* propres à sauter; tarses de deux articles, le dernier un peu plus long, muni de deux crochets, ayant dans leur entre-deux une petite vessie membraneuse.

M. Latreille a restreint ce genre en en ôtant avec raison la Psylle du Jonc type de son genre Livie (*voyez* Psyllides), et il nous semble que le caractère d'antennes donné par cet auteur à ces deux genres exclut également la Psylle du Figuier. Dans celle-ci les articles qui les composent sont grenus, un peu ovales, courts, velus. Dans d'autres, telles que celles du pin et du mélèze les antennes nous paroissent avoir beaucoup moins d'articles; le corps de ces espèces se couvre d'une matière filamenteuse analogue à celle qu'on voit sur les Dorthésies. En général les Psylles nous semblent mériter l'attention des naturalistes; ils reconnoîtront infailliblement qu'elles exigent de nouvelles coupes génériques et s'y prêtent. Dans l'état actuel de ce genre les espèces qui le composent ont une manière de vivre très-variable, les unes se trouvent sur les végétaux, et y occasionnent quelquefois des galles ou difformités; d'autres habitent sur les écorces des arbres et sur les pierres. Toutes ont une nourriture végétale et vivent du suc des feuilles ou de celui des plantes lichenoïdes ou byssoïdes. Les larves ont ordinairement le corps plat, la tête large et l'abdomen peu pointu postérieurement; les nymphes ont de plus que celles-ci quatre larges pièces plates qui sont les fourreaux des élytres et des ailes. Les insectes parfaits sont munis d'ailes pour la plupart, ils volent et marchent bien; mais nous pensons que certaines femelles restent presqu'immobiles lorsqu'elles sont fécondées et même que quelques-unes d'entr'elles n'acquièrent point d'ailes, ou du moins que ce sexe en est privé dans les premières générations de l'année; il nous a paru qu'il en étoit ainsi de la Psylle du mélèze. Elles déposent leurs œufs les unes dans des flocons de ces filets blancs dont nous avons parlé, les autres dans des entailles qu'elles font aux branches. Il est probable que celle des pierres a une autre manière d'en disposer que nous ne connoissons pas. Les Psylles ont deux ou trois générations par an. Le nom de ces hémiptères, que Réaumur et De Géer désignent sous celui de *faux Pucerons*, est un mot grec; c'étoit le nom propre de la Puce.

1. Psylle du Frêne, *P. fraxini.*

Psylla lutea, dorso nigro luteo vario, elytris pellucidis, marginibus supero ad basim posticoque nigris.

La Psylle du Frêne. Geoff. *Ins. Paris. tom* 1. *pag.* 486. *n°.* 4. — *Chermes fraxini.* Linn. *Syst. Nat.* 2. 739. 15. — Fab. *Syst. Rhyngot. pag.* 305. *n°.* 15.

Longueur 1 lig. ½. Tête jaune, sa partie supérieure noire, mêlée d'un peu de jaune. Yeux lisses d'un rouge-brillant. Corselet jaune; dos du second segment et celui du métathorax noirs avec une ligne longitudinale jaune, dorsale, un peu interrompue et irrégulièrement dilatée dans quelques endroits. Abdomen noir. Elytres transparentes, leur bord supérieur un peu brun vers la base, cette couleur se terminant vers le milieu par une assez grande tache noire; bord postérieur noir, cette couleur entrant en crochet à sa partie supérieure dans le milieu de l'élytre. Pattes jaunes. Cuisses postérieures en partie noires.

Nota. Les élytres de cette espèce (fermées

comme elles le sont dans le repos) et de la plupart de celles que nous avons sous les yeux, ont leurs deux nervures supérieures bifurquées vers leur extrémité, ces fourches étant courtes, leurs branches ne divergeant pas beaucoup l'une de l'autre, et la nervure qui leur sert de pédicule, longue. Les deux premiers articles des antennes sont jaunes, les autres manquent dans notre individu. Geoffroy décrit ces antennes comme étant fines et sétacées.

Environs de Paris.

2. Psylle de l'Aulne, *P. alni.*

Psylla viridi-flavescens, scutello, elytrorum squamâ basilari nervurisque viridibus.

Psylla alni. Lat. *Gen. Crust. et Ins. tom.* 3. *pag.* 169. *n°.* 1. — La Psylle de l'Aulne. Geoff. *Ins. Paris. tom.* 1. *pag.* 486. *n°.* 3. — *Chermes alni.* Linn. *Syst. Nat.* 2. 738. 10. — De Géer, *Ins. tom.* 3. *pag.* 148. *pl.* 10. *fig.* 8-20.

Longueur 2 lig. D'un vert un peu jaunâtre. Antennes verdâtres avec l'extrémité des articles intermédiaires, et les derniers noirâtres. Ecusson, écailles de la base des élytres et leurs nervures d'un vert plus pur. Femelle.

Cette Psylle se recouvre de filets cotonneux en état de larve, et vit alors en société sur l'aulne. Ses élytres sont conformes, sous le rapport de la réticulation, à celles de l'espèce précédente.

3. Psylle du Figuier, *P. ficus.*

Psylla lutea, elytris subpellucidis, nervuris fuscis.

La Psylle du Figuier. Geoff. *Ins. Paris. tom.* 1. *pag.* 484. *n°.* 1. *pl.* 10. *fig.* 2. — *Chermes ficus.* Linn. *Syst. Nat.* 2. 739. 17. — Fab. *Syst. Rhyng. pag.* 306. *n°.* 18. — Réaum. *Ins. tom.* 3. *pl.* 29. *fig.* 17-24.

Longueur 2 lig. ½. Jaune, plus foncée en dessus. Antennes très-velues, paroissant composées de neuf articles, le premier et le second courts, globuleux, le troisième long, cylindrique, les six derniers ovales-globuleux, le dernier brun, terminé par deux petites soies divergentes. Métathorax (peut-être l'écusson) portant à son extrémité supérieure deux pointes en forme d'épines, un peu brunes à leur pointe. Elytres demi-transparentes, leurs nervures brunes, les deux supérieures bifurquées; ces fourches assez longues, la nervure qui sert de pédicule à la fourche supérieure fort courte, et les branches de l'inférieure très-divergentes, formant un angle droit.

Nota. Nous pensons que cette espèce est la Psylle du Figuier des auteurs, malgré la différence des couleurs, qui peuvent varier du vivant au mort. (S. F. et A. Serv.)

PSYLLIDES, *Psyllidæ.* Première tribu de la famille des Hyménélytres, section des Homoptères, ordre des Hémiptères. Elle a pour caractère :

Antennes composées de dix à onze articles, le dernier terminé par deux soies.

Elle comprend les genres Psylle et Livie.

LIVIE, *Livia.* Lat. *Dirapha.* Illig.

Genre d'insectes de l'ordre des Hémiptères, section des Homoptères, famille des Hyménélytres, tribu des Psyllides.

Les Psylles se distinguent des Livies par leurs antennes plus longues que le corselet et filiformes.

Antennes dirigées en avant, un peu plus courtes que le corselet, fort grosses dans leur moitié inférieure, la supérieure cylindrique; composées de dix articles, les trois inférieurs plus grands; le premier conique, le second en forme de fuseau et le plus grand de tous; le troisième arrondi, un peu plus gros que les suivans; ceux-ci grenus, très-serrés, presqu'égaux; le dernier terminé par deux soies divergentes, dont l'inférieure plus courte. — *Bec* paroissant naître de la poitrine. — *Tête* carrée, alongée. — *Yeux* oblongs. — *Deux petits yeux lisses* placés derrière les yeux à réseau, un de chaque côté. — *Corselet* grand, peu convexe, ayant son premier segment très-petit, court, en carré transversal. — *Ecusson* triangulaire et obtus. — *Elytres* un peu coriacées, demi-transparentes, en toit assez aigu; ailes plus courtes que les élytres. — *Abdomen* conique, son extrémité munie dans les femelles d'une tarière logée entre deux pointes coniques. — *Pattes* courtes, grosses, propres à sauter.

Les Livies femelles déposent leurs œufs dans les fleurs du Jonc articulé (*Juncus articulatus*) long-temps avant la floraison; l'irritation occasionnée par ces œufs et par les jeunes larves qui en éclosent, donne à ces parties un développement triple ou quadruple de celui qui leur est naturel. Cette monstruosité a la forme d'un épi de plante graminée, composé de bales imbriquées; les divisions du calice se prolongent en une espèce de barbe. Les œufs sont peu nombreux, grands, ovales, luisans; ils adhèrent aux feuilles au moyen d'un pédicule. Les larves et les nymphes ressemblent à celles des Psylles. Elles demeurent constamment renfermées dans les galles du Jonc, se nourrissant du suc de la plante : elles rendent par l'anus une matière farineuse très-blanche. L'insecte parfait s'y tient aussi habituellement. Il saute plus volontiers qu'il ne marche.

On ne connoît qu'une espèce de ce genre dû à M. Latreille.

1. Livie des Joncs, *L. juncorum.*

Livia rubra, antennis à medio albis apice nigro, elytris fusco-castaneis.

Livia juncorum. Lat. *Gen. Crust. et Ins. tom.* 3.

pag. 170. *n°.* 1. — *Psylla juncorum.* Lat. *Hist. nat. des Fourmis, pag.* 322. *pl.* 12. *fig.* 3.

Longueur 1 lig. ½. Antennes ayant leurs trois premiers articles d'un rouge vif, les cinq intermédiaires blancs, les neuvième et dixième noirs, ainsi que les deux soies qui terminent celui-ci. Tête et corselet rouges, la première ayant dans son milieu un sillon longitudinal profond. Son bord antérieur pâle, échancré. On voit une tache d'un rouge plus prononcé derrière les yeux. Dessous de la tête noirâtre, poitrine brune. Elytres d'un brun-châtain, un peu luisantes. Abdomen rougeâtre à sa base, d'un jaune pâle dans le reste de son étendue. Pattes d'un blanc-jaunâtre.

Des environs de Paris. (S. F. et A. Serv.)

PTÉROCHILE, *Pterochilus.* Genre d'insectes Hyménoptères, de la tribu des Guêpiaires, établi par M. Klüg et adopté par Panzer dans sa révision. Il répond à la seconde division de celui d'Odynère de M. Latreille. (*Voyez* ce mot.) Le genre Ptérochile a pour type la *Vespa phalerata.* Panz. *Faun. Germ. fas.* 47. *fig.* 21. *Pterochilus phaleratus.* Panz. révis.

(S. F. et A. Serv.)

PTÉRODIPLES ou DUPLICIPENNES. Dans sa *Zoologie analytique* M. Duméril désigne sous ce nom une famille d'Hyménoptères à laquelle il donne pour caractères : *abdomen pédiculé ; lèvre inférieure plus longue que les mandibules ; antennes brisées.* Cette famille renferme les genres Guêpe et Masare. (S. F. et A. Serv.)

PTÉROMALE, *Pteromalus.* Swed. Lat. Dalm. *Diplolepis.* Fab. *Cynips.* Oliv. (*Encycl.*)

Genre d'insectes de l'ordre des Hyménoptères, section des Térébrans, famille des Pupivores, tribu des Chalcidites.

Ce genre a été créé par M. Swederus et adopté par MM. Latreille et Dalman. Les Leucopsis et les Chalcis se distinguent des autres Chalcidites par leurs jambes postérieures très-arquées. Les genres Eurytome, Misocampe, Eulophe, Cléonyme et Spalangie ont le segment antérieur du corselet spacieux, formé en carré transversal ou en triangle tronqué à sa pointe. Les Encyrtes ont les mandibules terminées en pointe et au plus bidentées. Les Périlampes sont reconnoissables par la massue de leurs antennes courte, en fuseau, et par leurs mandibules fortement dentées.

Antennes filiformes, de longueur moyenne; leur premier article mince, cylindrique, les autres presqu'égaux entr'eux, ne formant point de massue. — *Mandibules* fortes, presque carrées, leurs dentelures petites, peu apparentes. — *Palpes* fort courts. — *Tête* moyenne, un peu déprimée entre la base des antennes et les yeux lisses. — *Trois yeux lisses* petits, placés en ligne courbe sur le bord antérieur du vertex. — *Corps* assez long pour sa grosseur. — *Segment antérieur* du corselet assez étroit, ne formant en devant qu'un rebord transverso-linéaire. — *Ecusson* petit. — *Ailes supérieures* n'ayant qu'une seule nervure sensible, laquelle partant de la base de l'aile sans toucher au bord extérieur se recourbe ensuite pour rejoindre ce bord qu'elle suit presque passé le milieu, et émet intérieurement avant de disparoître un rameau assez long, recourbé en crochet ; ailes inférieures ayant une nervure semblable à celle des supérieures, mais qui n'émet point de rameau. — *Abdomen* assez long, presque cordiforme, pointu à son extrémité qui est relevée dans les femelles; tarière (de celles-ci) presqu'entièrement cachée dans la cavité abdominale. — *Pattes* assez fortes ; cuisses simples.

Ce genre dont le nom vient de deux mots grecs qui signifient : *ailes délicates*, est composé d'espèces très-petites, ayant ordinairement des couleurs métalliques. M. Dalman dans un ouvrage qui a pour titre : *Insectes de la famille des Ptéromaliens*, donne un catalogue de soixante-dix-neuf espèces sans en décrire aucune. Il paroît que dans leur premier état ces petits Chalcidites vivent aux dépens de différentes larves, surtout de celles des habitans naturels des galles.

1. Ptéromale quadrille, *P. quadrum.*

Pteromalus quadrum. Dalm. *Ins. de la famille des Ptéromal.* — *Diplolepis quadrum.* Fab. *Syst. Piez. pag.* 152. *n°.* 16.

Voyez pour les autres synonymes, en retranchant celui de Geoffroy, Cynips quadrille, n°. 11 de ce Dictionnaire. Nous ajouterons à la description que la base de l'abdomen est de couleur testacée-ferrugineuse. (S. F. et A. Serv.)

PTÉRONE, *Pteronus.* Dans son ouvrage intitulé : *Nouvelle Méthode de classer les Hyménoptères*, M. Jurine établit ce genre en le divisant en trois familles ; la première est séparée par lui en quatre sections, dont la première ne contient que des femelles et ce sont celles des mâles qui composent seuls la troisième section. Ces deux sections répondent au genre Lophyre de M. Latreille. Il faut répéter la même chose pour la seconde et la quatrième section. C'est le genre Cladie tel que nous l'adoptons avec M. Latreille. Les deux autres familles des Ptérones correspondent au genre Pristiphore. Savoir la troisième à notre première division et la seconde à notre deuxième division. *Voyez* Pristiphore.

(S. F. et A. Serv.)

PTÉROPHORE, *Pterophorus.* Geoff. Fab. Lat. *Phalæna.* (*Alucita.*) Linn. *Alucita.* Hub. Papillon-tipule. De Géer.

Genre d'insectes de l'ordre des Lépidoptères,

famille des Nocturnes, tribu des Ptérophorites ou Fissipennes.

Cette tribu ne comprend que deux genres, Ptérophore et Ornéode; ce dernier se distingue facilement par ses palpes sensiblement plus longs que la tête, avancés et dont le second article est très-garni d'écailles tandis que le troisième est presque nu.

Antennes simples, sétacées. — *Langue* alongée, distincte. — *Palpes* pas plus longs que la tête, recourbés dès leur naissance, entièrement et uniformément garnis de petites écailles. — *Ailes* composées de divisions linéaires, munies sur les côtés de longs poils ressemblant aux barbules des pennes des oiseaux; ailes supérieures ayant deux divisions plus ou moins profondes, les inférieures en ayant trois. — *Pattes* très-épineuses, longues et minces. — *Chenilles* velues, à seize pattes. — *Chrysalides* nues, suspendues par un fil.

Les Ptérophores dont le nom vient de deux mots grecs qui signifient : *porte-plume*, volent pesamment, ne s'élèvent guère au-dessus des plantes et font rarement usage de leurs ailes. On en connoît une quinzaine d'espèces presque toutes européennes. Ces petits lépidoptères très-remarquables par leurs ailes digitées se tiennent de préférence sur les herbes des prairies et sur l'ortie.

1. Ptérophore pentadactyle, *P. pentadactylus.*

Pterophorus albus, alis superioribus ultrà medium bifidis; divisionibus apice recurvis; inferiorum divisionibus primâ secundâque usquè ad tertiam longitudinis partem coadunatis, tertiâ liberâ.

Pterophorus pentadactylus. Fab. *Ent. Syst. tom.* 3. *part.* 2. *pag.* 348. *n°.* 12. — Lat. *Gener. Crust. et Ins. tom.* 4. *pag.* 234. — Le Ptérophore blanc. Geoff. *Ins. Paris. tom.* 2. *pag.* 91. *n°.* 1. *pl.* 11. *fig.* 6. — *Phalæna* (*Alucita*) *pentadactyla.* Linn. *Syst. Nat.* 2. 900. 459. — Hub. *Larv. alucit. communif.* A. a. *fig.* 1. La chenille. — Réaum. *Ins. tom.* 1. *pl.* 20. *fig.* 1-6. — *Encycl. pl.* 94. *Ptéroph. fig.* 3.

Envergure 8 lig. Entièrement d'un beau blanc-soyeux. Divisions des ailes supérieures séparées jusqu'au-delà du milieu, recourbées à leur extrémité. Les deux premières des inférieures réunies seulement jusqu'au tiers de la longueur de l'aile, la troisième entièrement libre.

Chenille verte ayant une ligne latérale rosée, bordée de blanchâtre et quelques poils noirs épars. Vit sur le liseron. Chrysalide verte, velue avec des lignes de points un peu rougeâtres; elle est fixée par sa partie postérieure sur un petit mamelon de soie, elle a en outre une ceinture qui lui soutient le milieu du corps.

Commun aux environs de Paris sur l'ortie.

2. Ptérophore ptilodactyle, *P. ptilodactylus.*

Pterophorus rufus, alis superioribus ferè ad medium usquè bifidis, divisione externâ apice recurvâ; inferioribus fuscis, divisionibus primâ secundâque usquè ad tertiam longitudinis partem, tertiâ basi tantùm coadunatis.

Alucita ptilodactyla. Hub. *Alucit. tom.* 3. *fig.* 16, *et tab.* 5. *fig.* 25.

Envergure 8 lig. Roussâtre. Divisions des ailes supérieures séparées presque jusqu'au milieu, l'extérieure recourbée à son extrémité; ailes inférieures brunes, leurs deux premières divisions réunies seulement jusqu'au tiers de l'aile, la troisième l'étant un peu à sa base.

Environs de Paris.

3. Ptérophore rhododactyle, *P. rhododactylus.*

Pterophorus testaceo-ferrugineus, alis superioribus albo bistrigatis, apice bifidis, divisionibus planis tertiam alæ partem vix attingentibus, ad strigam secundam terminatis; inferiorum divisionibus primâ secundâque usquè ad medium, tertiâ basi tantùm coadunatis.

Pterophorus rhododactylus. Fab. *Entom. Syst. tom.* 3. *part.* 2. *pag.* 347. *n°.* 7. — *Alucita rhododactyla.* Hub. *Alucit. tab.* 2. *fig.* 8. *Larv. alucit. communif.* B. a. *n°.* 1. a. b.

Envergure 7 à 8 lig. Testacé-ferrugineux. Ailes supérieures marquées de deux lignes transverses, blanches, la première placée vers le tiers supérieur de l'aile, la seconde aux deux tiers. Divisions de ces ailes n'atteignant pas le milieu de leur longueur et finissant à la seconde ligne blanche, ces deux divisions planes à leur extrémité, la supérieure ayant une troisième petite ligne blanche vers le bout. Première et seconde divisions des inférieures réunies jusqu'au milieu de l'aile, la troisième l'étant un peu à sa base; celle-ci courte et portant avant son extrémité parmi sa frange, un faisceau de poils ferrugineux plus gros que les autres terminés en spatule. Jambes et tarses annelés de blanc.

Chenille verte à sa partie postérieure; l'antérieure a une teinte rosée et porte une ligne brune dorsale. Vit sur les rosiers. Chrysalide verte, un peu velue sur le dos. L'étui qui contient les pattes dépasse les fourreaux des ailes et n'est point appliqué exactement contre le ventre.

Assez rare aux environs de Paris.

4. Ptérophore monodactyle, *P. monodactylus.*

Pterophorus testaceo-fuscus, alis superiori-

bus apice bifidis, divisionibus planis tertiam alæ partem vix attingentibus, interiori apice subacuto; inferiorum divisionibus primâ secundâque usquè ad tertiam alæ partem coadunatis, tertiâ liberâ.

Pterophorus monodactylus. Fab. *Ent. Syst. tom.* 3. *pag.* 345. n°. 1. — *Phalæna alucita monodactyla.* Linn. 2. 899. 453. — Le Ptérophore brun. Geoff. *Ins. Paris. tom.* 2. *pag.* 92. n°. 3. — Réaum. *Ins. tom.* 1. *pl.* 20. *fig.* 7-18. — *Encycl. pl.* 94. *Ptéroph. fig.* 2.

Envergure 7 lig. Entièrement d'un testacé-brun. Divisions des ailes supérieures n'atteignant que le tiers de leur longueur, leur extrémité plane, l'intérieure n'ayant qu'une seule pointe. Première et seconde divisions des inférieures réunies presque jusqu'à la moitié de l'aile, la troisième entièrement libre.

Suivant Réaumur la chenille vit sur le liseron. Elle est d'un vert-blanchâtre avec des poils médiocrement longs, placés au moins sur quatre rangs de tubercules. La chrysalide est presqu'aussi velue que la chenille, l'insecte parfait en sort au bout de quinze jours à peu près. Il se sert peu de ses jambes postérieures et les tient plus souvent étendues le long des côtés de l'abdomen et quelquefois dessous; alors il les croise et elles semblent lui former une sorte de queue. Les divisions de ses ailes tant inférieures que supérieures rentrent toutes à l'état de repos dans la cavité de la division extérieure des premières ailes, ce qui feroit croire dans ces momens que l'insecte n'a que deux ailes et qu'elles sont sans divisions.

Des environs de Paris.

5. Ptérophore didactyle, *P. didactylus.*

Pterophorus fuscus, alis superioribus albo lineatis ad medium usquè bifidis, divisionibus planis, interiori apice emarginatâ; inferiorum divisionibus primâ secundâque non usquè medium, tertiâ ad quartam usquè alæ longitudinis partem coadunatis.

Pterophorus didactylus. Fab. *Ent. Syst. tom.* 3. *part.* 2. *pag.* 345. n°. 3. — Lat. *Gener. Crust. et Ins. tom.* 4. *pag.* 234. — *Phalæna* (*Alucita*) *didactyla.* Linn. *Syst. Nat.* 2. 899. 454. — De Géer, *Ins. tom.* 2. *pag.* 260. *pl.* 4. *fig.* 1. — *Encycl. pl.* 94. *Ptéroph. fig.* 1.

Envergure 6 lig. D'un brun-ferrugineux. Ailes supérieures ayant des lignes et des points blancs; leurs divisions atteignant la moitié de leur longueur, leur extrémité plane; celle de la division intérieure échancrée. Première et seconde divisions des ailes inférieures n'étant pas tout-à-fait réunies jusqu'au milieu; la troisième l'étant jusqu'au quart de la longueur de l'aile. Jambes et tarses annelés de blanc.

Chenille d'un vert-clair avec une ligne dorsale d'une nuance plus obscure, accompagnée de chaque côté d'une bande blanchâtre. Tête un peu jaunâtre, les segmens du corps (ceux du milieu au moins) portant chacun dix tubercules noirâtres garnis d'aigrettes de poils blancs; pour se transformer en chrysalide, elle tapisse de soie l'endroit où elle veut s'arrêter et s'accroche par les pattes de derrière. Chrysalide hérissée de pointes blanches, spiniformes; elle a deux lignes blanchâtres sur le dos un peu élevées en forme d'arêtes, portant une suite de tubercules irréguliers, garnis chacun de quatre épines. Son ventre est armé de petits crochets bruns, nombreux, au moyen desquels elle se fixe sur la couche de soie dont nous venons de parler. Cette chenille vit sur la benoîte (*Geum rivale*). Elle en mange les fleurs et le calice.

Environs de Paris. (S. F. et A. Serv.)

PTÉROPHORITES ou FISSIPENNES, *Pterophorites.* Huitième tribu de la famille des Nocturnes, ordre des Lépidoptères. Ses caractères sont :

Les quatre ailes ou deux au moins, refendues dans leur longueur en manière de branches ou de doigts, barbues sur leur bord et ressemblant à des plumes.

Les chenilles de ces lépidoptères ont seize pattes, vivent de feuilles et de fleurs, sans se construire de fourreaux.

Cette tribu contient les genres Ptérophore et Ornéode. *Voyez* ces mots.

(S. F. et A. Serv.)

PTÉROSTIQUE, *Pterostichus.* Genre de Coléoptères fondé par M. Bonelli (*Observ. entom. Mém. de l'Acad. de Turin*), appartenant à la tribu des Carabiques, et offrant pour caractères : languette arrondie. Palpes assez épais, le quatrième des maxillaires extérieurs plus long que le précédent, cylindrique, aminci à sa base. Anus ayant un pli longitudinal élevé (dans les mâles) quelquefois, mais rarement, transversal ou remplacé par une impression. Elytres souvent échancrées obliquement, ayant trois points enfoncés ou plus, rangés au moins en deux séries. Les *Carabus fasciato-punctatus* et *oblongo-punctatus* (voyez *Encycl.* Carabe points oblongs n°. 112) de Fabricius, ainsi que le *Carabus Jurine* de Panzer, sont de ce genre.

(S. F. et A. Serv.)

PTÉRYGIBRANCHES, *Pterygibranchia.* Lat.

C'est, dans la méthode de M. Latreille (*Règne animal de Cuvier,* tom. 3), la troisième section de l'ordre des Crustacés isopodes; ses caractères sont d'avoir des branchies sous la queue, soit libres et en forme d'écailles vasculaires ou de bourses membraneuses, tantôt nues, tantôt recouvertes

vertes par des lames, soit renfermées dans des écailles en recouvrement.

Ces Crustacés formoient, dans les ouvrages antérieurs de M. Latreille, un ordre particulier, celui des *Tétracères*, placé d'abord à la tête de la classe des insectes, et ensuite dans celle des Arachnides, dont il étoit le premier : ils comprennent la plus grande partie du genre *Oniscus* de Linné.

Cette section est divisée ainsi qu'il suit. Nous donnerons quelques détails sur chacun des genres qu'elle renferme, et qui n'ont pas été traités à leur lettre dans ce Dictionnaire.

I. *Quatre antennes très-apparentes.*

A. Extrémité postérieure du corps offrant de chaque côté une nageoire formée de deux feuillets portés sur un pédicule commun ; écailles sous-caudales se recouvrant graduellement. Les genres :

CYMOTHOÉ, *Cymothoa*. Fab. Dald. Bosc. Lat. Lam. Léach. *Oniscus*. Linn. Pall. *Asellus*. Oliv. Lam.

Ils ont la queue composée de six segmens ; les pieds insérés aux bords latéraux du tronc, terminés par un crochet très-fort. Plusieurs segmens du tronc ont, de chaque côté, une division en forme d'article. M. Léach a formé avec le genre *Cymothoa* de Fabricius, et tous ceux qui en ont été extraits depuis, sa famille des *Cymothoadées*, qu'il a divisée en plusieurs *stirpes*, races ou sous-familles. Le peu d'étendue que nous sommes obligés de donner à cet article ne nous permet pas de donner de détails sur tous les genres que Léach a formés dans cette famille, et qui n'ont pas été conservés par M. Latreille. Nous présentons ici le genre Cymothoé tel qu'il est adopté par ce savant (*Règ. anim.*), qui y réunit les genres *Limnoria*, *Eurydice* et *Ægа* de Léach.

Les Cymothoés, vulgairement nommés *Poux de mer*, *Œstres*, ou *Asiles de poissons*, sont des Crustacés voraces et parasites ; ils se fixent sur divers poissons, et semblent affecter de préférence certaines espèces. On les rencontre près des ouïes, aux lèvres, à l'anus, et dans l'intérieur même de la bouche. Aristote (*Hist. des anim.*) a eu connoissance des Cymothoa. Les poissons, dit-il, sont attaqués de poux dans la mer ; mais ceux-ci ne viennent pas du poisson même, c'est la bourbe qui les produit. Ils ressemblent pour la forme aux cloportes, à l'exception qu'ils ont une queue large, etc.

Les principales espèces sont :

1. Cymothoé asile, *C. asilus*.

Capite posticè trilobo ; segmentis posticis, ultimo excepto, retrorsùm arcuatis, sublunatis ; isto semelliptico.

Cymothoa asilus. Fab. *Suppl. Ent. Syst. pag.* 305. — Cymothoa asile. Latr. *Hist. natur. des Crust. et des Ins. tom.* 7. *pag.* 25. *pl.* 58. *fig.* 9 *et* 10. — *Gen. Crust. et Ins. tom.* 1. *pag.* 66. — Rondelet, *Hist. des Poissons*, liv. 18, chap. 26. *Voyez* pour la suite de la synonymie et la description le n°. 5 de l'article Aselle de ce Dictionnaire, et pour les autres espèces les n°s. 2, 3, 4, 6 et 11 du même article.

SPHÉROME, *Sphæroma*. Voyez ce mot.

B. Extrémité postérieure du corps sans nageoires latérales. Les genres :

IDOTÉE, *Idotea*. Fab. Lat. Lam. Léach. Riss. *Oniscus*. Linn. Pall. *Squilla*. De Géer. *Asellus*. Oliv. Lam. *Cymothoa*. Fab. Dald. *Physodes*. Duméк. *Pallasius*, *Stenosome*. Léach.

Ces Crustacés avoient été placés par Linnæus et Pallas dans le genre des *Cloportes*. De Géer les rangeoit avec les *Squilles*, et Olivier avec les *Aselles*. Fabricius, qui les avoit d'abord placés avec les Cymothoés, les en a séparés et en a fait le genre qui est généralement adopté aujourd'hui, et dont nous allons donner les caractères : antennes intermédiaires insérées un peu plus haut que les latérales, beaucoup plus petites, filiformes, composées de quatre articles ; antennes latérales sétacées, médiocrement alongées, avec un pédoncule de quatre articles et leur extrémité multiarticulée. Tête de la largeur du corps, ou un peu plus étroite, presque carrée. Deux yeux ronds, composés, peu saillans. Bouche petite, formée d'un labre, de deux mandibules, de deux paires de mâchoires et de deux pieds-mâchoires foliacés de cinq articles qui remplacent par leur base la lèvre inférieure ; les sept anneaux du corps transversaux, presqu'égaux et unis, ordinairement marqués de chaque côté d'une impression longitudinale qui, avec sa correspondante, divise le corps en trois parties comme dans le genre fossile des *Trilobites*. Queue très-grande, triarticulée, sans appendices terminaux, recouvrant les branchies et les lames qui protègent celles-ci. Pieds moyens à peu près égaux entr'eux, dirigés les premiers en avant, et les derniers en arrière.

De Géer, qui a donné une description détaillée de l'*Idotée entomon*, a vu sous sa queue, et dans un système d'organes assez compliqué, deux filets dont il ne connoît pas les fonctions. M. Latreille a reconnu que ce sont des appendices des organes générateurs mâles. De Géer a vu aussi sous le premier anneau de la queue d'un individu du même sexe, deux pièces ovales, membraneuses, manquant dans les femelles, et d'où il a vu sortir, après la mort de l'animal, une matière blanche entortillée comme du fil, et qu'il soupçonne être la liqueur séminale.

Les Idotées se trouvent en abondance dans la

mer, où elles nagent très-bien à l'aide de leurs pattes et de leurs branchies, qui sont mobiles d'avant en arrière lorsque les lames qui les recouvrent sont écartées. Elles se nourrissent de corps morts, et on assure qu'elles rongent et détruisent à la longue les filets des pêcheurs.

M. Latreille divise ce genre ainsi qu'il suit :

1. *Côtés du second segment et des suivans toujours divisés par une ligne imprimée, ou même fendue postérieurement, cette ligne s'étendant dans toute la longueur de ces segmens ou de leur plus grand nombre ; antennes latérales plus courtes que la tête et le tronc, les intermédiaires presqu'aussi longues au moins que les deux premiers articles des latérales ; corps souvent ovale, oblong; griffes terminant les pattes, de longueur moyenne.*

a. Antennes intermédiaires presqu'aussi longues que les latérales ; tronc en ovale tronqué ; fausses articulations latérales de ses segmens très-saillantes, triangulaires ; tête incisée sur les côtés.

1. Idotée entomon, *I. entomon*. Lat. *Hist. natur. des Crust. et des Ins. tom.* 6. *pag.* 361. *pl.* 58. *fig.* 2. 3. *Voyez* pour la description et la synonymie l'article Aselle de ce Dictionnaire, n°. 7.

M. Latreille a observé que cette espèce est bien différente de celle que Léach a décrite sous le même nom. *Trans. Linn. tom. XI. pag.* 364.

b. Antennes intermédiaires guère plus longues que les deux premiers articles des latérales, ou que la moitié environ de leur pédoncule ; tronc alongé relativement à sa largeur, en carré long ou elliptique, et tronqué aux deux bouts ; fausses articulations de ses segmens peu saillantes, en carré long ou linéaires.

* Longueur des antennes latérales ne surpassant guère celle de la tête et des deux premiers segmens.

2. Idotée pélagique, *I. pelagica*. Léach, *Trans. Soc. Linn. tom. XI. pag.* 365.

Corps linéaire ovale; queue arrondie avec une dent très-peu apparente dans son milieu ; antennes ayant le tiers de la longueur du corps ; tête échancrée en devant.

De la mer d'Ecosse.

** Longueur des antennes surpassant celle de la tête et des deux premiers segmens du corps.

3. Idotée marine, *I. marina*. Voyez pour la description et la synonymie le n°. 8, art. Aselle de ce Dictionnaire.

2. *Côtés du second segment du tronc et des suivans, soit à divisions latérales très-courtes, n'occupant qu'une partie de leur longueur, soit entière ; antennes latérales aussi longues au moins que la tête et le tronc ; les intermédiaires de la longueur du pédoncule des précédentes (corps toujours linéaire ; griffes des deux pattes antérieures au moins, longues et fortes).*

a. Second segment du corps et les suivans offrant l'apparence d'une petite articulation. Les espèces de cette division forment le genre *Sténosome* de Léach.

4. Idotée filiforme, *I. filiformis*. Gronov. *Zooph. tab.* 17. *fig.* 3. — Baster. *Opusc. subs. tom.* 2. *tab.* 13. *fig.* 2. *Cymothoa chelipes?* Fab. — Idotée armée. Latr. *Hist. natur. des Crust. et des Ins. tom.* 6. *pag.* 372. — *Stenosoma lineare*. Léach. *Voyez* pour la description et la suite de la synonymie le n°. 10, art. Aselle de ce Dictionnaire.

b. Segment du corps sans divisions latérales.

5. Idotée hectique, *I. hectica*. Idotée hétique. Lat. *Hist. nat. des Crust. et des Ins. tom.* 6. *pag.* 371. — *Idotea viridissima*. Riss. *Hist. nat. des Crust. de Nice, pl.* 3. *fig.* 8. *Voyez* pour la suite de la synonymie et la description le n°. 13, art. Aselle de ce Dictionnaire.

ASELLE, *Asellus*. Geoff. Oliv. Lam. Latr. Léach. *Oniscus*. Linn. *Squilla*. De Géer. *Cymothoa*. Daldorf. *Idotea*. Fab. *Physodes*. Cuvier. Duméril.

Ce genre, tel qu'il est adopté par M. Latreille (*Règn. anim. de Cuv. tom.* 3. *pag.* 56.), a pour caractères essentiels : deux pointes fourchues ou deux appendices en forme de tubercules au bout de la queue. Les deux écailles extérieures recouvrant les branchies arrondies et fixées seulement à leur base.

L'espèce la plus commune est l'Aselle ordinaire, *A. vulgaris*. Lat. *Hist. nat. des Crust. et des Ins. tom.* 6. *pag.* 359. — *Gener. Crust. et Ins. tom.* 1. *pag.* 63. — *Idotea aquatica*. Fab. *Suppl. Entom. Syst. pag.* 303. — *Entomon hieroglyphicum*. Klein. *Dub. fig.* 5. *Voyez* pour les généralités l'art. Aselle de ce Dictionnaire, et pour la synonymie et la description de l'espèce que nous citorons, le n°. 1 du même article.

M. Latreille réunit aux Aselles les genres que M. Léach a décrits sous les noms de *Janira* et *Jœra* ; le premier se distingue des Aselles par les crochets bifides des tarses, par les antennes intermédiaires plus courtes que le dernier article des extérieures et par des yeux plus gros et moins distans. Le second genre en diffère par la présence de deux tubercules qui remplacent les filets bifides de l'extrémité du corps des Aselles, et par l'absence de renflement ou de mains aux pattes antérieures. Les individus qui composent ces deux genres se rencontrent dans la mer, sur les fucus ou sous des pierres.

II. *Antennes intermédiaires peu ou point apparentes.* Les genres :

LIGIE, *Ligia.* Fab. Lat. Lamk. Léach. *Oniscus.* Linn. Oliv. *Asellus.* Oliv.

Antennes extérieures assez grandes, anguleuses, très-rapprochées à leur base, formées de six articles, dont les deux premiers fort courts et les trois derniers alongés; le terminal plus grand que les autres, et composé lui-même de petits articles nombreux. Antennes intermédiaires très-petites, formées de deux articles comprimés, dont le dernier est obtus. Pieds-mâchoires membraneux, comprimés, concaves, divisés en six articles. Tête carrée, plus large que longue. Yeux composés, assez grands, ronds. Corps alongé, ovalaire, convexe en dessus, très-semblable à celui des Cloportes, composé de treize segmens transversaux, pointus en arrière de chaque côté, dont les sept premiers sont pédigères, et dont les six derniers constituent la queue; le treizième presque carré, avec le bord postérieur arrondi au milieu et échancré latéralement, pour l'articulation des appendices. Les quatorze pieds insérés sur les côtés du corps, ayant leur premier article dirigé de dehors en dedans, très-long, et formant avec le second, qui se porte de dedans en dehors, un angle aigu; tous étant terminés par un article écailleux, pointu au bout, et pourvu d'une petite dent en dessus. Branchies en forme de lames triangulaires, placées sous l'abdomen ou la queue, au nombre de six paires.

Ces Crustacés sont communs sur les bords de la mer; ils grimpent à la manière des Cloportes sur les rochers du rivage et sur d'autres endroits humides. Ils replient promptement leurs pattes et se laissent tomber si on cherche à les prendre.

On peut diviser ce genre ainsi qu'il suit :

* Antennes et appendices caudales presque de la longueur du corps.

1. Ligie italique, *L. italica.*

L. antennis corporis ferè longitudine, articulo ultimo circiter è septemdecim aliis minimis conferto ; stylis caudæ exsertis æqualibus, pedunculis angustis, elongatis. Lat. *Gen. Crust. et Ins. tom.* 1. *pag.* 67. — *Hist. nat. des Crust. et des Ins. tom.* 7. *pag.* 31. — *Ligia italica.* Fab. *Suppl. Entom. Syst. pag.* 302.

Cette espèce se trouve sur les bords de la Méditerranée, en Italie.

** Antennes et appendices caudales plus courtes que le corps.

2. Ligie océanique, *L. oceanica.* Fab. *Suppl. Entom. Syst. pag.* 301. — Lat. *Gen. Crust. et Ins. tom.* 1. *pag.* 5. — *Hist. nat. des Crust. et des Ins. tom.* 7. *pag.* 31. *Voyez* pour la suite de la synonymie le n°. 15, article Cloporte de ce Dictionnaire.

3. Ligie cloportide, *L. oniscides.* Lat. *Gen. Crust. et Ins. tom.* 1. *pag.* 69. — *Cymothoa assimilis.* Fab. *Entom. Syst. tom.* 2. *pag.* 510. *Voyez* pour la synonymie et la description le n°. 15, article Aselle de ce Dictionnaire.

PHILOSCIE, *Philoscia.* Voyez ce mot.

CLOPORTE, *Oniscus.* Ce genre, tel qu'il est adopté (*Règne anim. tom.* 3. *pag.* 57.), a pour caractères essentiels : antennes latérales de huit articles, ayant la base recouverte par les bords latéraux de la tête. Appendices de la queue d'inégale longueur, les deux latéraux étant beaucoup plus grands. *Voy.* pour les détails historiques et les espèces le mot Cloporte de ce Dictionnaire.

PORCELLION, *Porcellio.* Voyez ce mot.

ARMADILLE, *Armadillo.* Ce genre a été établi par M. Latreille, qui lui a donné pour caractères distinctifs : quatre antennes, dont les intermédiaires très-petites, à peine distinctes, et dont les extérieures ou latérales sétacées de sept articles, insérées dans une fossette relevée sur les bords; appendices latéraux du bord de la queue ne faisant point de saillie, terminés par un article triangulaire; corps se roulant en boule.

M. Cuvier (*Journal d'Hist. nat. tom.* 2.) a désigné sous le même nom, un genre d'insectes myriapodes, appelé depuis *Glomeris* par M. Latreille. (*Voyez* ce mot à la suite de l'article Polydème de ce Dictionnaire.) Les Armadilles de M. Latreille ont de grands rapports avec les Cloportes et les Porcellions. Leurs organes respiratoires sont renfermés dans la duplicature de petites écailles branchiales et supérieures du dessous de leur queue, présentant une rangée de trois à quatre petites ouvertures pour l'introduction de l'air. C'est aussi sous des valves de la partie inférieure du corps que ces animaux conservent leurs œufs qui y éclosent. Leurs mœurs sont très-analogues à celles des Cloportes. Ils habitent comme eux des lieux humides, tels que les caves, les trous de murailles, etc. On les rencontre dans toutes les saisons; leur démarche est très-lente. Ils passent l'hiver engourdis.

1. Armadille commune, *A. vulgaris.* Lat. *Gen. Crust. et Ins. tom.* 1. *pag.* 71. — *Hist. nat. des Crust. et des Ins. tom.* 7. *pag.* 48. — *Oniscus armadillo.* Cuv. *Journ. d'Hist. nat. tom.* 2. *pag.* 23. *pl.* 26. *fig.* 14. 15. — Sulz. *Hist. des Ins. tab.* 30. *fig.* 15. *Voyez* pour la suite de la

synonymie et la description le n°. 2, article CLOPORTE de ce Dictionnaire. Les n°s. 3-7 appartiennent aussi au même genre.

III. *Antennes nulles*. Le genre :

BOPYRE, *Bopyrus*. LAT. *Monoculus*. FAB. Les Bopyres s'éloignent de tous les genres des Isopodes par le défaut d'antennes, d'organes de la vue et de mandibules; leur corps est en ovale court, rétréci et terminé en pointe à son extrémité postérieure, presque membraneux, très-plat, avec un rebord inférieur portant les pieds, et au-dessous d'eux de petites lames membraneuses, dont les deux dernières alongées. Les pieds sont très-petits, contournés; le dessous de la queue est garni de deux rangées de petits feuillets ciliés. Son extrémité n'a point d'appendices.

La femelle porte sous son ventre une prodigieuse quantité d'œufs qu'elle dépose dans les lieux habités par les Palémons. L'autre sexe n'a pas été encore positivement reconnu; on a cependant regardé comme le mâle un très-petit Bopyre qui se rencontre souvent près de la queue des individus chargés d'œufs. De même que les Cymothoés auxquels ils ressemblent à quelques égards, les Bopyres sont parasites : ils vivent cachés sous un des côtés antérieurs du test de quelques Crustacés, et surtout de la Crevette commune ou *Palémon-squille*, où ils donnent lieu à une tumeur très-remarquable qui s'élève en forme de tubercule ou de petite loupe. Les pêcheurs de la Manche sont imbus, à l'égard de ces animaux, d'un préjugé absurde; ils croient que les Soles et quelques espèces de Pleuronectes sont engendrées par les Palémons, et ils prennent les Bopyres pour ces poissons encore fort jeunes. Deslandes avoit consacré ce préjugé dans un Mémoire lu à l'Académie des sciences en 1722; mais Fougeroux de Bondaroy l'a complétement réfuté en 1772 dans un Mémoire lu à la même Académie.

1. BOPYRE des Chevrettes, *B. squillarum*.

B. corpus depressum, planum, subincurvo-ovatum, appendicibus utrinquè quatuor, foliaceis, marginalibus, inferis. Pedes minimi, spurii, marginales arcuati. Caudæ segmento ultimo parvo.

Bopyre des Chevrettes. LAT. *Hist. nat. des Crust. et des Ins. tom.* 7. *pag.* 55. *pl.* 59. *fig.* 2-4. — *Gen. Crust. et Ins. tom.* 1. *pag.* 67. — Bopyre des Crustacés. Bosc, *Hist. nat. des Crust. tom.* 2. *pag.* 216. — *Monoculus crangorum*. FAB. *Suppl. Ent. Syst. pag.* 306. — FOUGEROUX DE BONDAROY, *Mém. de l'Acad. des Scien.* 1772. *pag.* 26. *pl.* 1.

Cette espèce est longue de quatre lignes, sa couleur est pâle-blanchâtre, si ce n'est sur les écailles du dessous du corps où elle passe au noirâtre. — Commune sur nos côtes dans toutes les saisons de l'année.

M. Risso (*Crust. pag.* 148) décrit une autre espèce sous le nom de *Bopyrus palæmonis*. Elle se trouve sur plusieurs espèces de Palémons. Enfin M. Latreille en a découvert une sous la carapace d'un Crustacé du genre *Alphée* qu'il a reçu de l'île Noirmoutier. (E. G.)

PTERYGOCÈRE, *Pterygocerus*. Genre de Crustacés que j'ai indiqué à l'article PHYTIBRANCHES de cet ouvrage, et qui est formé d'après la figure de l'*Oniscus arenarius* de Slabber. (*Observ. microscop. tab. XI. fig.* 3. 4.) Quoique nous n'ayons point vu cet animal en nature, il nous paroît cependant qu'on ne peut le rapporter à aucun genre de Crustacé connu. Ses quatre antennes sont très-garnies de poils barbus ou formant des pinnules aux premiers articles qui sont beaucoup plus grands que les autres. Les quatre pattes postérieures présentent les mêmes caractères; les quatre premières, ou du moins celles qui semblent l'être d'après la figure, sont velues, courbes, et se terminent par une nageoire ou un article arrondi et mutique. L'extrémité postérieure du corps est terminée par plusieurs appendices ou styles velus. Ce Crustacé doit appartenir à l'ordre des Amphipodes ou à celui des Isopodes.

(LATR.)

PTÉRYGOPHORE, *Pterygophorus*. KLUG. LAT. LÉACH. LE P.

Genre d'insectes de l'ordre des Hyménoptères, section des Térébrans, famille des Porte-scie, tribu des Tenthrédines.

Ce genre a été établi par M. Klüg pour quelques espèces de Tenthrédines; il est adopté par M. Latreille et les auteurs qui l'ont suivi. Les genres de cette tribu qui ont plus de dix articles aux antennes et une seule cellule radiale appendiculée sont : Pergue, Hylotome, Ptilie et Ptérygophore. Les Pergues et les Hylotomes ont quatre cellules cubitales et les Ptilies des antennes filiformes et velues, même dans les femelles, caractères qui distinguent nettement ces trois genres de celui de Ptérygophore.

Antennes nues, pectinées en dessous avec une seule rangée de dents dans les mâles; grossissant vers leur extrémité, presque moniliformes et un peu dentées en scie dans les femelles : leurs articles nombreux (le nombre variant selon l'espèce où le sexe de dix-sept à vingt-trois, suivant M. Léach) (1), insérés obliquement sur chacun

(1) Cette observation a d'autant plus besoin d'un examen ultérieur, que l'auteur anglais donne tantôt plus, tantôt moins d'articles aux antennes des mâles qu'à celles des femelles. De pareilles anomalies sont rares.

de ceux qui les précèdent, à l'exception des deux premiers. — *Labre* apparent. — *Mandibules* alongées, comprimées. — *Languette* trifide et comme digitée. — *Corps* gros et court. — *Ecusson* presque carré avec une petite dent de chaque côté postérieurement. — *Ailes supérieures* ayant une cellule radiale appendiculée et trois cellules cubitales, la seconde recevant les deux nervures récurrentes, la troisième atteignant le bout de l'aile. — *Les quatre jambes postérieures* sans épine dans leur milieu, en ayant deux à leur extrémité. — *Tarière* peu saillante.

Le nom de ce genre vient de deux mots grecs qui signifient : *portant un plumet.* Les espèces habitent la nouvelle Hollande. On n'en connoît encore que trois ou quatre; elles sont rares dans les collections. Leurs mœurs doivent peu différer de celles des Lophyres.

1. Ptérygophore à ceinture, *P. cinctus.*

Pterygophorus thorace nigro-violaceo luteo vario, abdomine nigro-violaceo, segmento secundo toto, sexti basi et lateribus, septimi maculâ laterali anoque suprà luteis, alis hyalinis marginibus subfuscis.

Pterygophorus cinctus. Klug. Léach. *Zool. Miscell.* n°. 2. *tab.* 148. *fig.* 6.—Le. P. *Monogr. Tenthred. pag.* 51. *n°*. 147.

Longueur 6 lig. Antennes dentées en scie, leur premier article brun, les suivans jaunes, les derniers d'un brun-noirâtre. Tête noire, palpes d'un testacé-brunâtre. Corselet noir-violet, une tache de chaque côté à l'épaulette, une autre sous l'aile, écusson et une ligne au-dessous de lui jaunes. Abdomen d'un noir tirant sur le violet, second segment, bord supérieur et côté du sixième, tache latérale sur le septième et partie supérieure de l'anus jaunes. Les quatre pattes antérieures noires avec la base des jambes jaune, les postérieures jaunes, à cuisses noires. Ailes transparentes un peu brunes à leur bord extérieur ainsi qu'au bord interne. Femelle.

Le mâle a, selon M. Léach, vingt-trois articles aux antennes, et la femelle vingt-un, ce que nous n'avons pu vérifier sur ce dernier sexe, les antennes de notre individu étant incomplètes.

Nouvelle Hollande.

Nota. Il faut rapporter à ce genre, 1°. le Ptérygophore bleu. Léach. *Zool. Miscell.* (Le P. *Monogr. Tenthred. pag.* 51. *n°*. 148.) Cet auteur donne aux antennes du mâle dix-sept articles et dix-huit à celles de la femelle. 2°. Son Ptérygophore interrompu (Le P. *Monog. Tenthred. pag.* 50. *n°*. 146), au mâle duquel il donne des antennes de vingt-deux articles, tandis que la femelle n'en auroit que dix-huit.

(S. F. et A. Serv.)

PTILIE, *Ptilia.* Le P.

Genre d'insectes de l'ordre des Hyménoptères, section des Térébrans, famille des Porte-scie, tribu des Tenthrédines.

Dans notre *Monographie des Tenthrédines,* publiée en 1823, nous avons introduit ce genre pour y placer des espèces qu'il nous paroissoit impossible de faire entrer dans les coupes génériques adoptées jusque-là. Les Hylotomes, les Ptérygophores et les Pergues ont bien comme nos Ptilies les antennes composées de plus de dix articles et une seule cellule radiale, laquelle est appendiculée, ce qui les distingue des autres Tenthrédines, mais les Pergues ont quatre cellules cubitales ainsi que les Hylotomes et les antennes des Ptérygophores sont nues, pectinées ou dentées en scie. Aucuns de ces caractères n'étant communs aux Ptilies, nous espérons que les entomologistes adopteront ce nouveau genre et regarderont son établissement comme nécessaire.

Antennes (dans les femelles) filiformes, velues, composées d'un grand nombre d'articles, les deux premiers seuls distincts. — *Labre* apparent. — *Mandibules* alongées, comprimées. — *Palpes maxillaires* fort longs, les labiaux beaucoup plus courts. — *Languette* trifide et comme digitée. — *Tête* transversale. — *Trois petits yeux lisses* disposés en ligne courbe, placés sur le vertex. — *Corps* court. — *Ailes supérieures* ayant une cellule radiale appendiculée et trois cellules cubitales, la première grande, recevant la première nervure récurrente, la seconde recevant la deuxième nervure récurrente, la troisième atteignant le bout de l'aile. — *Abdomen* caréné en dessus, en dessous et des côtés, ce qui le rend presque quadrangulaire (dans les femelles); tarière peu saillante. — *Les quatre jambes postérieures* sans épine dans leur milieu, mais en ayant deux à leur extrémité.

Il est probable que les Ptilies sont originaires de l'Amérique méridionale; leur nom vient d'un mot grec qui signifie : *plume.* Nous ignorons les mœurs de ces insectes, mais il y a lieu de croire qu'elles doivent se rapprocher de celles des Hylotomes.

1. Ptilie brésilienne, *P. brasiliensis.*

Ptilia abdominis nigri segmento primo flavo; palpis fuscis.

Ptilia brasiliensis. Le P. *Monogr. Tenthred. pag.* 50. *n°*. 143.

Longueur 5 lig. Antennes et tête noires. Palpes bruns. Corselet fauve (1). Abdomen noir, son premier segment fauve. Ailes fauves, l'extrémité des supérieures noire ainsi que celle des inférieu-

(1) Par une erreur typographique, le corselet est indiqué de couleur noire dans notre *Monographie.*

res, celles-ci ayant de plus leur bord interne de cette couleur. Pattes noires avec les jambes et les tarses des deux antérieures fauves. Femelle.

Du Brésil.

2. Ptilie mélanure, *P. melanura.*

Ptilia abdominis flavi segmentis quatuor ultimis anoque nigris; palpis flavis.

Longueur 6 lig. Antennes et tête noires. Palpes fauves. Corselet et pattes fauves. Abdomen de même couleur; ses quatre derniers segmens et l'anus noirs. Ailes fauves, l'extrémité des supérieures noire ainsi que celle des inférieures et une partie de leur bord interne. Femelle.

Amérique méridionale. (S. F. et A. Serv.)

PTILIN, *Ptilinus.* Geoff. Oliv. (*Entom.*) Lat. *Ptinus.* Linn.

Genre d'insectes de l'ordre des Coléoptères, section des Pentamères, famille des Serricornes, tribu des Ptiniores.

La tribu des Ptiniores renferme deux genres à antennes uniformes et simples, Ptine et Gibbie; deux autres, Dorcatome et Vrillette les ont terminées brusquement par trois articles plus grands; les Xylétines les ont dentées en scie dans les deux sexes, leur corps est ovoïde, court, tandis que dans les Ptilins le corps est presque cylindrique, plus alongé, et les mâles ont leurs antennes en panache ou flabelliformes.

Antennes plus longues que le corselet, distantes à leur base, insérées près et devant les yeux, composées de onze articles, le premier assez gros, plus long que le second, celui-ci très-court, globuleux, le troisième portant une forte dent et les huit autres un long appendice dans les mâles, les neuf derniers fortement dentés en scie dans les femelles. — *Labre* arrondi, cilié. — *Mandibules* courtes, un peu arquées, bidentées à l'extrémité. — *Mâchoires* membraneuses, simples, presque cylindriques. — *Palpes* filiformes, inégaux, les maxillaires plus longs, de quatre articles, le premier petit, le second et le troisième coniques, le dernier alongé, pointu; les labiaux de trois articles, le premier petit, le second conique, le dernier alongé. — *Lèvre* membraneuse à l'extrémité, échancrée. — *Tête* verticale. — *Yeux* petits. — *Corps* presque cylindrique. — *Corselet* bombé. — *Pattes* de longueur moyenne, tarses à articles entiers.

Ce genre créé par Geoffroy a été adopté depuis par la plupart des auteurs. Il renferme un très-petit nombre d'espèces de couleur brune ou noirâtre et de petite taille, mais dont les mâles sont remarquables par la forme de leurs antennes, ce qui a valu au genre le nom de *Ptilinus* tiré d'un mot grec qui signifie : *panache.* Leurs larves vivent dans le bois sec; les femelles le quittent peu, s'y accouplent même à l'entrée de leurs trous; le mâle durant cet acte reste suspendu en dehors.

1. Ptilin pectinicorne, *P. pectinicornis.*

Ptilinus fuscus, antennis, pedibus elytrisque castaneis.

Ptilinus pectinicornis. Lat. *Gener. Crust. et Ins. tom.* 1. *pag.* 277. — Oliv. *Entom. tom.* 2. *Ptilin.* n°. 1. *pl.* 1. *fig.* 1. — Panz. *Faun. Germ. fas.* 3. *fig.* 7.

Longueur 1 lig. $\frac{1}{2}$. Antennes, pattes et élytres d'un brun-marron. Tête, corselet et dessous du corps bruns. Elytres ayant des lignes longitudinales de points enfoncés, peu distinctes. Mâle et femelle.

Des environs de Paris. On le trouve dans les maisons.

Nota. Dans la figure citée de Panzer il n'y a point d'appendice au quatrième article des antennes du mâle; elles n'ont eu tout que sept rameaux outre la dent du troisième article. Dans les individus que nous avons examinés les huit derniers articles des antennes ont chacun leur appendice presque d'égale longueur.

2. Ptilin flabellicorne, *P. flabellicornis.*

Ptilinus fusco-niger, antennis, tibiis tarsisque castaneis.

Ptilinus pectinicornis. Fab. *Syst. Eleut. tom.* 1. *pag.* 329. n°. 2. — Gyllenh. *Ins. Suec. tom.* 1. *part.* 1. *pag.* 301. n°. 1. — *Ptinus pectinicornis.* Linn. *Syst. Nat.* 2. 565. 1. — *Ptilinus flabellicornis.* Meg. (Dej. *Catal.*) — La Panache brune. Geoff. *Ins. Paris. tom.* 1. *pag.* 65. n°. 1.

Longueur 2 lig. Antennes, jambes et tarses d'un brun-marron. Tête, corselet, élytres, cuisses et dessous du corps d'un brun-noirâtre. Elytres ayant des lignes distinctes formées par des points enfoncés. Corps plus gros en proportion de sa longueur que dans le précédent. Mâle et femelle.

Des environs de Paris. Il se trouve dans les arbres creux, particulièrement dans les saules.

(S. F. et A. Serv.)

PTILODACTYLE *Ptilodactyla.* Genre d'insectes de l'ordre des Coléoptères, section des Hétéromères, créé par M. Illiger et qui a pour type la Cardinale polie. (*Pyrochroa nitida.* De Géer, *Ins. tom.* 5. *pag.* 27. *pl.* 13. *fig.* 6.) Dans cette espèce de l'Amérique méridionale, les articles des antennes ont chacun un rameau élargi à son extrémité. Sous ce rapport elle paroît avoir quelqu'analogie avec la Cistèle céramboïde n°. 4 de ce Dictionnaire. (S. F. et A. Serv.)

PTILOTOPE, *Ptilotopus.* Genre d'insectes Hyménoptères-Porte-aiguillon, famille des Mellifères, tribu des Apiaires, proposé par M. Klüg. L'auteur donne pour type une espèce qui appatient évidemment au genre Centris. Cette Apiaire est fort bien décrite par Fabricius (*Syst. Piez. pag.* 346. *n°.* 16.) sous le nom de *Bombus americanorum*, mais ce dernier auteur auroit dû placer cet insecte parmi les Centris et ne point lui donner pour synonyme l'*Apis americanorum* de son *Entomol. Syst. tom.* 2. *pag.* 319. *n°.* 18, qui est un véritable *Bombus* dont les caractères sont bien détaillés dans la description; mais la phrase spécifique du même article paroît se rapporter à une troisième espèce toute différente. La *Centris americanorum* est représentée dans le présent Dictionnaire pl. 379, fig. 19.

(S. F. et A. Serv.)

PTINE, *Ptinus*. Linn. De Géer. Fab. Oliv. (*Entom.*) Gyllenh. Lat. *Bruchus*. Geoff.

Genre d'insectes de l'ordre de Coléoptères, section des Pentamères, famille des Serricornes, tribu des Ptiniores.

Dans cette tribu les Ptines et les Gibbies ont seuls des antennes simples; mais dans les Gibbies ces organes sont insérés au-devant des yeux, le corselet n'est point en forme de capuchon et le corps est gibbeux, caractères que l'on ne retrouve point dans les Ptines.

Antennes filiformes, longues, surtout dans les mâles, insérées entre les yeux, composées de onze articles presque cylindriques; le dernier oblong. — *Labre* arrondi, cilié. — *Mandibules* arquées, unidentées. — *Mâchoires* presque bifides. — *Palpes* inégaux, presque filiformes, les maxillaires plus longs, de quatre articles, le premier plus petit, les deux suivans coniques, le dernier plus long, un peu plus épais; les labiaux composés de trois articles, le premier petit, le second conique, le troisième ovale. — *Yeux* saillans. — *Corps* cylindrique. — *Partie antérieure du corselet* s'avançant en forme de capuchon comme pour abriter la tête. — *Ecusson* petit. — *Elytres* convexes, un peu cylindriques et ne paroissant pas rétrécies à leur base dans les mâles; convexes-ovales dans les femelles; celles-ci privées d'ailes (au moins dans la plupart des espèces). — *Pattes* assez longues, premier article des tarses aussi long que les deux suivans réunis.

Les larves de ces insectes ont six pattes terminées par un seul crochet, leur corps est mou, ridé, un peu velu, les segmens en sont peu distincts. Elles se nourrissent de bois et attaquent aussi les plantes, les animaux desséchés ainsi que les pelleteries.

On connoît une dizaine d'espèces de Ptines, leur taille est petite et leurs couleurs sombres. On les trouve souvent dans les maisons. Lorsqu'on veut les saisir ils retirent leur tête sous le corselet, ramènent leurs antennes et leurs pattes contre le corps et se laissent tomber, espérant sans doute par ce moyen éviter le danger qui les menace; cette habitude se retrouve dans beaucoup d'autres coléoptères.

1re. *Division*. Antennes à articles peu aplatis, presque dentés en scie.

1. Ptine pubescent, *P. pubescens*.

Ptinus niger, rufo villosus, elytris testaceis punctato striatis.

Ptinus pubescens. Fab. *Syst. Eleut. tom.* 1. *pag.* 324. *n°.* 1. — Oliv. *Entom. tom.* 2. *Ptin. pag.* 5. *n°.* 1. *pl.* 1. *fig.* 7. a. b. — *Hedobia pubescens*. Dej. (*Catalogue.*)

Longueur 4 lig. Noir, dos du corselet gibbeux postérieurement. Elytres testacées ayant un grand nombre de stries fortement ponctuées. Tout le corps est chargé d'un duvet gris-roussâtre. Mâle. Ailé.

Rare aux environs de Paris. Nous l'avons pris dans la forêt de Saint-Germain sur du bois coupé.

Nota. Cet insecte est le type d'un nouveau genre proposé par M. Ziégler et qu'il nomme *Hedobia*. Nous pensons que ce genre peut être adopté.

2e. *Division*. Antennes à articles presque cylindriques.

2. Ptine impérial, *P. imperialis*.

Ptinus fuscus, thoracis lateribus, elytrorum maculâ lobatâ, lobis aliquando liberis, apiceque griseo-tomentosis.

Ptinus imperialis. Linn. *Syst. Nat.* 2. 565. 4. — Fab. *Syst. Eleut. tom.* 1. *p.* 326. *n°.* 7. — Gyllenh. *Ins. Suec. tom.* 1. *part.* 1. *pag.* 304. *n°.* 1. — Panz. *Faun. Germ. fas.* 5. *fig.* 4. a. b. c. d. — La Bruche à croix de Saint-André. Fourc. *Entom. Paris. tom.* 1. *pag.* 58. *n°.* 3.

Longueur 2 à 3 lig. Antennes et corps entièrement d'un brun-roussâtre. Corselet caréné au milieu, très-bombé postérieurement, ses côtés couverts de poils gris. Elytres portant une tache divisée en lobes irréguliers qui se séparent quelquefois les uns des autres. Cette tache est formée par un duvet gris à travers lequel on voit ressortir de petits tubercules bruns dont les élytres sont parsemées. Extrémité de celle-ci, tête, dessous du corps et pattes, couverts d'un duvet gris. Mâle. Ailé.

Des environs de Paris.

Rapportez à cette division les *Ptinus fur, elegans* et *rufipes*. Fab. *Syst. Eleut.*

Nota. M. le comte Dejean regarde cette dernière espèce comme le mâle de la précédente.

(S. F. et A. Serv.)

PTINIORES, *Ptiniores*. Sixième tribu de la famille des Serricornes, section des Pentamères, ordre des Coléoptères. Elle a pour caractères :

Antennes de onze articles, rarement de neuf; tantôt pectinées ou en scie, tantôt filiformes ou sétacées, quelquefois terminées brusquement par trois articles plus grands que les précédens, sans être réunis en masse. — *Mandibules* courtes, triangulaires, échancrées ou bidentées à leur extrémité. — *Palpes* très-courts, terminés par un article plus gros, élargi à son extrémité. — *Tête* courte, arrondie ou presque globuleuse, reçue en grande partie dans le corselet. — *Corselet* très-cintré en forme de capuchon. — *Tarses* ordinairement courts. — *Corps* le plus souvent ovoïdo-cylindrique, arrondi et convexe en dessus, de consistance ferme.

I. Antennes uniformes, simples.
Ptine, Gibbie.

II. Antennes uniformes, pectinées ou fortement en scie.
Ptilin, Xylétine.

III. Antennes terminées brusquement par trois articles plus grands.
Dorcatome, Vrillette.

Les Ptiniores habitent le vieux bois que leurs larves rongent en y pénétrant dans tous les sens; elles ont une grande ressemblance avec celles des Scarabéides, leur corps souvent courbé en arc est mou, blanchâtre, avec la tête et les pattes brunes et écailleuses; leurs mandibules sont fortes; elles se construisent une coque avec les fragmens des matières qu'elles ont rongées et s'y changent en nymphes. On voit souvent courir les insectes parfaits sur les mêmes bois, dès qu'on les approche ils contrefont le mort en baissant la tête, contractant leurs pattes et inclinant leurs antennes et se laissent même quelquefois tomber par terre; ils demeurent quelque temps dans cette léthargie apparente, leurs mouvemens sont assez lents et les individus ailés ont rarement recours au vol pour s'échapper.

GIBBIE, *Gibbium*. SCOP. LATR. *Scotias*. SCHRANCK. *Ptinus*. FAB. OLIV. (*Entom.*) *Bruchus*. GEOFF.

Genre d'insectes de l'ordre des Coléoptères, section des Pentamères, famille des Serricornes, tribu des Ptiniores.

Les antennes uniformes, simples, forment dans cette tribu un groupe composé des Ptines et des Gibbies, mais les premiers ont les antennes filiformes, insérées entre les yeux; leur corps est oblong et la partie antérieure du corselet s'avance en manière de capuchon.

Antennes sétacées, insérées au-devant des yeux et rapprochées, composées de onze articles, les second et troisième plus grands que les suivans, ceux-ci diminuant insensiblement de grandeur jusqu'au dernier qui est conique. — *Mandibules* arquées, unidentées. — *Mâchoires* presque bifides. — *Palpes* inégaux, presque filiformes, les maxillaires plus longs, de quatre articles, les labiaux de trois. — *Yeux* petits, point saillans. — *Corps* court, globuleux, renflé. — *Corselet* plus étroit que l'abdomen, cylindrique, très-court, son bord postérieur avancé au milieu en angle. — *Point d'écusson* distinct. — *Abdomen* globuleux. — *Elytres* soudées ensemble et embrassant l'abdomen. Ailes nulles. — *Pattes* longues; jambes garnies extérieurement d'une frange serrée, formée de poils roides et égaux; premier article des tarses plus long que les autres.

Les Gibbies se trouvent principalement parmi les plantes desséchées; elles sont nuisibles aux herbiers et l'on y rencontre souvent l'insecte parfait dont la larve a coupé et rongé les tiges des plantes. Le nom de ce genre vient d'un mot latin qui exprime sa forme renflée. Leurs mœurs sont les mêmes que celles des Ptines. On en connoît deux ou trois espèces dont une est américaine et les autres des environs de Paris.

1. GIBBIE scotias, *G. scotias*.

Gibbium castaneum, nitidum, lœve, antennis pedibusque pubescentibus.

Gibbium scotias. LAT. *Gener. Crust. et Ins. tom.* 1. *pag.* 278. *n°.* 1. *tab.* 8. *fig.* 4. — *Ptinus scotias*. FAB. *Syst. Eleut. tom.* 1. *pag.* 327. *n°.* 14. — OLIV. *Entom. tom.* 2. *Ptin. pag.* 9. *n°.* 9. *pl.* 1. *fig.* 2. a. b. — PANZ. *Faun. Germ. fas.* 5. *fig.* 8. — La Bruche sans ailes. GEOFF. *Ins. Paris. tom.* 1. *pag.* 164. *n°.* 2.

Longueur 1 lig. $\frac{1}{2}$. D'un châtain-rougeâtre, luisant, entièrement lisse, à l'exception des pattes et des dix derniers articles des antennes qui sont chargés d'un duvet court, jaunâtre.

Environs de Paris.

Nota. M. Latreille en mentionne une autre espèce sous le nom d'*Hirticolle*; elle est remarquable par le duvet épais et jaunâtre de son corselet.

DORCATOME, *Dorcatoma*. HERBST. FAB. LAT. *Dermestes*. PANZ.

Genre d'insectes de l'ordre des Coléoptères, section des Pentamères, famille des Serricornes, tribu des Ptiniores.

Les Dorcatomes et les Vrillettes forment un groupe dans cette tribu (*voyez* Ptiniores), mais les dernières ont onze articles aux antennes et leur corps n'est point arrondi.

Antennes composées de neuf articles, les trois derniers beaucoup plus grands, les septième et huitième conformés en dents de scie. — *Mandibules* épaisses, cornées, aiguës, bifides. — *Mâchoires*

choires membraneuses, bilobées; ces lobes arrondis, l'extérieur un peu plus grand. — *Palpes* inégaux, leur dernier article sécuriforme; les maxillaires plus longs, de quatre articles presqu'égaux, insérés sur le dos des mâchoires; les labiaux de trois articles égaux. — *Corps* presqu'arrondi. — *Ecusson* très-petit. — *Elytres* couvrant les ailes et l'abdomen. —*Pattes* de longueur moyenne.

Le nom de ce genre est tiré de l'aplatissement et de la largeur de quelques-uns des articles de ses antennes qu'on a comparés aux cornes du daim. Les espèces qu'il renferme, au nombre de cinq ou six, sont fort petites; leurs habitudes doivent être à peu près les mêmes que celles des Ptilins.

1. DORCATOME saxon, *D. dresdense.*

Dorcatoma elytris lævibus, striis tribus, unâ suturali subobsoletâ, duabus aliis ad marginem exteriorem, interiori abbreviatâ.

Dorcatoma dresdensis. HERBST, *Col. IV. XXXIX.* 8. —*Dorcatoma dresdense.* FAB. *Syst. Eleut. tom.* 1. *pag.* 330. *n°.* 1. — *Dermestes serra.* PANZ. *Faun. Germ. fas.* 26. *tab.* 10. — *Encycl. pl.* 359. *fig.* 44 *et* 45.

Longueur 1 lig. ½, 2 lig. Brune ou rougeâtre, un peu velue; antennes d'un testacé-jaunâtre; pattes rougeâtres; élytres lisses, ayant trois stries, l'une peu apparente le long de la suture, les deux autres sur le bord externe dont l'intérieure plus courte.

De France et d'Allemagne.

(S. F. et A. SERV.)

PTOMAPHAGE, *Ptomaphagus.* Nom donné par Illiger dans son *Catalogue des Insectes de Prusse* à un genre de Coléoptères que M. Latreille avoit précédemment fondé sous celui de Cholève. *Voyez* Cholève, article PELTOÏDES.

(S. F. et A. SERV.)

PTYCHOPTÈRE, *Ptychoptera.* MEIG. LAT. FAB. *Tipula.* LINN. GEOFF.

Genre d'insectes de l'ordre des Diptères, section des Proboscidés, famille des Némocères, tribu des Tipulaires.

Ce genre fait partie d'un groupe établi dans cette tribu par M. Latreille sous le nom de *Terricoles;* dans ce groupe les genres Tipule, Cténophore, Pédicie, Limonie (*Limnobia.* MEIG.), Néphrotome, Trichocère et Erioptère ont le troisième article des antennes court. Dans les Hexatomes de M. Latreille (Nématocère MEIG. et peut-être aussi ses Anisomères), ainsi que dans les Ptychoptères, ce troisième article est fort long; mais dans les deux premiers genres les antennes n'ont que six articles; le quatrième égale presqu'en longueur le précédent dans les Hexatomes; au moyen de cette comparaison on séparera aisément tous ces genres de celui de Ptychoptère.

Antennes avancées, presque sétacées, de seize articles, le premier court, cylindrique, le second en forme de coupe, le troisième très-grand, ayant plus de trois fois la longueur du quatrième; celui-ci et tous les suivans petits, oblongs. — *Trompe* ayant ses lèvres inclinées et très-longues. — *Palpes* très-saillans, courbés, longs, de quatre articles, le premier court, le second et le troisième alongés, égaux entr'eux, le quatrième sétacé, plus long que les autres. — *Tête* petite. — *Yeux* grands, ovales, entiers. — Point de petits yeux lisses. — *Corselet* gros. — *Ailes* écartées, ayant deux cellules pédiculées ressemblant chacune à un Y aboutissant vers l'angle extérieur de l'aile; on voit entr'elles une nervure peu distincte, dont les extrémités sont libres. Bord postérieur de l'aile se reployant en dessus dans le repos. — *Abdomen* rétréci à sa base, grossissant vers l'extrémité dans les deux sexes. Anus des mâles ayant deux grands crochets un peu arqués, très-saillans, accompagnés de filets velus; celui des femelles portant deux lames aplaties et pointues. — *Pattes* longues, grêles, simples; premier article des tarses plus long que les quatre autres réunis.

Les larves de ces diptères vivent dans les eaux dormantes; c'est là que Réaumur a trouvé leurs nymphes; celles-ci sont de forme alongée et velues inférieurement. Leur partie supérieure est munie d'un fil fort long, c'est un tuyau extrêmement délié dont l'extrémité reste toujours à la surface de l'eau; il paroît certain que la nymphe l'y tient pour recevoir l'air qu'elle a besoin de respirer. Cette nymphe peut changer de place dans l'eau, Réaumur croit même qu'elle peut y nager. C'est également dans cet élément que ces insectes subissent leur dernière transformation pour en sortir dans l'état parfait. Cet auteur n'a point vu la larve, mais seulement sa dépouille qui lui a paru un peu velue. Ces observations ont été faites sur la Ptychoptère tachée.

Ce genre dont le nom vient de deux mots grecs qui signifient : *ailes ployées*, contient fort peu d'espèces. On les trouve au bord des eaux.

1. PTYCHOPTÈRE tachée, *P. contaminata.*

Ptychoptera atra, nitida, abdominis fasciis duabus in mare, maculis duabus lateralibus in fœminâ ferrugineis; alarum maculis quinque fuscis, duabus majoribus fascias dimidiatas mentientibus: ano pedibusque ferrugineis.

Ptychoptera contaminata. MEIG. *Dipt. d'Eur. tom.* 1. *pag.* 305. *n°.* 1.—LAT. *Gener. Crust. et Ins. tom.* 4. *pag.* 257. — FAB. *Syst. Antliat. pag.* 20. *n°.* 1.—*Tipula contaminata.* LINN. *Syst. Nat.* 2. 972. 8. — RÉAUM. *Ins. tom.* 5. *pag.* 29. *pl.* 6. *fig.* 1-3. — La Tipule noire à taches jaunes et ailes maculées. GEOFF. *Ins. Paris. tom.* 2.

pag. 558. *n°.* 8. — *Encycl. pl.* 384. *fig.* 27-29.

Longueur 4 lig. ½. Noire, luisante. Trompe, palpes, écusson, anus et pattes jaunes. Antennes noires plus courtes que le corselet, garnies de poils verticillés. Abdomen ayant au moins deux bandes d'un jaune-ferrugineux et quelquefois des points de même couleur. Extrémité des cuisses noire. Ailes portant cinq taches brunes dont deux s'avancent du bord extérieur jusqu'au milieu de l'aile. Femelle.

Le mâle a les antennes deux fois plus longues, et moins de ferrugineux à l'abdomen.

Commune aux environs de Paris.

2. Ptychoptère albimane, *P. albimana.*

Ptychoptera nigra, abdomine (fœminæ) maculis duabus lateralibus, segmentis duobus anoque ferrugineis: tarsorum posticorum articulo primo albo.

Ptychoptera albimana. Meig. *Dipt. d'Europ. tom.* 1. *pag.* 207. *n°.* 4. *tab.* 6. *fig.* 17. Femelle. — Fab. *Syst. Antliat. pag.* 21. *n°.* 3.

Longueur 5 lig. à 5 lig. ½. Noire. Antennes noires, plus courtes que le corselet, garnies de poils verticillés. Trompe, palpes, écusson, balanciers, base des ailes, taches latérales sur l'abdomen, bord postérieur de ses deux derniers segmens et anus, de couleur jaune. Pattes jaunes mêlées d'un peu de brun; jambes postérieures brunes, leurs tarses noirs avec le premier article presqu'entièrement blanc. Ailes transparentes, leurs nervures transversales entourées d'un peu de brun. Femelle.

Environs de Paris. (S. F. et A. Serv.)

PUCE, *Pulex.* Linn. Geoff. Schæff. Scop. Schr. Fab. Latr. De Géer. Oliv. Vill. Ross. Cuv. Lam. Walck. Illig.

Les Puces ont été connues de tout temps sous ce nom par les auteurs. Dans le dernier ouvrage de M. Latreille, intitulé : *Familles naturelles du règne animal*, et que ce célèbre naturaliste a bien voulu nous communiquer avant qu'il soit entièrement imprimé, elles forment un ordre dans la classe des Insectes aptères, auquel il a donné le nom de Siphonaptères, *Siphonaptera.* (*Voyez* ce mot.) Les caractères essentiels de ce genre sont : six pattes, point d'ailes, des métamorphoses, un bec articulé, formé de deux lames renfermant un suçoir.

Dans ses ouvrages antérieurs, M. Latreille avoit formé avec ces insectes, ainsi que De Géer, l'ordre des Suçeurs, qu'il avoit placé (*Consid. génér. sur les Crust. et les Ins.*, et *Gener. Crust. et Ins.*) à la fin des Diptères, et qu'il a rangés depuis (*Rég. anim. de Cuv. et fam. natur.*, etc.) à la fin des Insectes aptères. Dans le système de Fabricius, ces insectes appartiennent à son ordre des Rhingotes; ils appartiennent à l'ordre des Aptères dans la plupart des autres méthodes, et forment seuls l'ordre du même nom dans celle de M. de Lamarck. Le corps des Puces est ovale, comprimé, revêtu d'une peau assez ferme, et divisé en douze segmens, dont trois composent le tronc, qui est court, et les autres l'abdomen; ces derniers sont composés de deux lames, l'une supérieure, l'autre inférieure : la tête est très-comprimée, petite, arrondie en dessus, tronquée et ciliée en devant; elle a de chaque côté un œil petit et arrondi, derrière lequel est une fossette où l'on découvre un petit corps mobile garni de petites épines. Au bord antérieur, près de l'origine du bec, sont insérées les antennes, qui sont presque filiformes, ou un peu plus grosses au bout, de quatre articles presque cylindriques, dont le dernier est un peu plus alongé, comprimé et arrondi à son extrémité. La bouche consiste en un rostelle ou petit bec, composé d'un tube extérieur ou gaîne, correspondant à la lèvre inférieure des autres insectes; cette gaîne est divisée en deux valves articulées qui renferment un suçoir de trois soies, dont deux représentent les mâchoires, et la troisième la languette; enfin, deux écailles recouvrant la base du tube représentent les palpes. Les pieds sont forts, plus ou moins épineux; les postérieurs leur servent pour exécuter des sauts excessivement vifs, et les quatre antérieurs sont insérés presque sous la tête, de sorte que le bec se trouve dans leur entre-deux. Les hanches sont grandes; les tarses sont composés de cinq articles; ils sont presque cylindriques, longs et terminés par deux crochets contournés. Les organes sexuels du mâle consistent en une pièce cylindrique, renflée, tronquée et charnue à son extrémité, logée entre deux pièces ou valvules, sur la face interne et concave de chacune desquelles est un crochet écailleux : ces organes sont placés comme à l'ordinaire à l'extrémité de l'abdomen. Dans les femelles, on aperçoit à la même place deux valvules latérales, voûtées et arrondies, et dans l'entre-deux une pièce faite un peu en losange, dont la moitié supérieure est coriacée, ponctuée et a une arête, et dont l'autre ou l'inférieure est membraneuse et percée d'un trou au milieu, qui est l'ouverture destinée à recevoir l'organe du mâle et à rejeter les excrémens.

Dans l'accouplement, le mâle est placé sous la femelle, de manière que leurs têtes sont en regard et que le ventre de l'une est appuyé contre celui de l'autre par les mêmes faces.

M. Defrance a publié dans les *Annales des sciences naturelles*, tom. I, p. 440, des observations fort intéressantes sur les œufs et la larve de la Puce commune. Nous allons laisser parler ce savant.

« Quoique les Puces soient des insectes fort communs, il reste peut-être beaucoup de choses à connoître à leur égard. L'on sait que de leurs œufs il sort des larves qui filent des coques soyeuses dans lesquelles elles se changent en nymphes et ensuite en insectes parfaits. Lorsque l'on ouvre des femelles prêtes à pondre, on trouve dans leurs corps huit à douze œufs oblongs, blancs, arrondis et d'égale grosseur aux deux bouts. Quand ils viennent d'être pondus ils sont lisses, secs, et coulent comme des globules de mercure, cherchant, au moindre mouvement, les lieux plus bas et les fentes où les larves pourront se trouver protégées. Si l'on veut se convaincre de ces faits, il suffit de visiter, pendant l'été surtout, un fauteuil sur lequel un chien ou un chat se sera reposé; on y trouvera beaucoup d'œufs que ces insectes ont pondus en se plaçant entre l'animal et le corps sur lequel il étoit couché.

» Si ces insectes n'étoient pas aussi nuisibles qu'ils le sont, l'on pourroit avoir quelqu'inquiétude sur le sort de la larve *sanguinivore* qui doit sortir d'un œuf ainsi abandonné au hasard; mais la nature a pourvu à la conservation de toutes les espèces, même de celles qui peuvent nous nuire. Avec les œufs on trouve des grains noirs presque aussi roulans qu'eux qui proviennent de l'animal qui a servi de pâture à l'insecte, et qui doivent être dévorés par les larves.

» Jusqu'à présent l'on a pris ces petits corps pour les excrémens des Puces; mais il y a bien des raisons de douter qu'ils aient cette origine. Ils ne sont autre chose que du sang desséché, qui reprend sur-le-champ sa liquidité, si on lui restitue l'eau qu'il a perdue. Si c'étoit des excrémens et le résidu de matières digérées, ils auroient une forme régulière, et il semble qu'ils ne présenteroient pas une matière aussi disposée à se dissoudre et à reprendre la couleur du sang. D'ailleurs, leur grosseur est telle qu'elle ne pourroit convenir à l'organe par lequel ils seroient rejetés par un aussi petit insecte. Ces grains affectent différentes formes. Les uns sont irrégulièrement arrondis, mais ordinairement ils sont cylindriques et luisans; quelques-uns qui sont contournés sur eux-mêmes et discoïdes, seroient plus longs que l'insecte lui-même s'ils étoient déroulés.

» Quand ils n'auroient pas tous ces caractères, qui paroissent ne pouvoir convenir à des excrémens, ayant pu vérifier que ces corps sont dévorés avec avidité par les larves et qu'ils leur servent de nourriture, il semble que ce fait seul pourroit suffire pour penser qu'ils n'ont pas cette origine, car on ne voit pas que des animaux se nourrissent des excrémens de ceux qui les ont procréés.

» Il reste à découvrir et à expliquer comment ce sang desséché peut se présenter pour la nourriture des larves sans provenir du corps des Puces; mais quoique ce qui se passe à cet égard soit extrêmement fréquent, personne, peut-être, n'a été à portée de l'observer. Je hasarderai cette conjecture : c'est que dans certains cas les Puces, et peut-être les femelles exclusivement, auroient la faculté d'ouvrir la peau non-seulement pour se nourrir du sang qu'elles peuvent pomper, mais encore d'y faire (comme les sangsues) une blessure qui le laisseroit couler pendant un certain temps; ce sang, fluide en sortant de la peau, se dessécheroit promptement par la chaleur de l'animal à mesure qu'il découleroit de la blessure, et ce seroit là la cause de la forme de ceux de ces grains qui sont contournés sur eux-mêmes. Ce qui viendroit appuyer cette conjecture, c'est qu'on ne trouve ce sang desséché et calibré que dans les poils des animaux qui l'ont fourni, et dans les endroits où ils ont reposé, quoique les insectes se rencontrent ailleurs. S'ils provenoient des excrémens des insectes, on en trouveroit partout où ces derniers auroient habité, et c'est ce que l'on ne voit pas. Quand ils attaquent la peau des hommes, on remarque quelquefois des taches du sang qui a dû découler d'une plaie, mais non des grains calibrés.

» Le 23 août j'ai ramassé des œufs pondus du même jour, et ils sont éclos cinq jours après. Ayant nourri les petites larves avec le sang desséché que j'avois trouvé avec les œufs, j'ai remarqué qu'elles marchent fort vîte en élevant la tête, et après l'avoir avancée, elles attiroient leur corps; mais elles ne pouvoient s'élever contre les parois de la boîte.

» Je n'ai jamais trouvé ces larves ni leur coque sur les animaux qui servent de pâture à l'insecte parfait; et n'ayant pas, comme ce dernier, une forme et une peau ferme qui puissent les protéger, il est extrêmement probable qu'elles doivent s'y trouver bien rarement. Je leur ai présenté des mouches, quelques-unes ont paru vouloir se nourrir de la substance qui se présentoit aux endroits où les ailes avoient été arrachées ou aux fentes du corselet qui avoit été un peu écrasé; mais elles ne les auroient pas attaquées sans ces sortes de blessures. Leur corps transparent laisse voir la nourriture qu'elles ont avalée.

» Le 9 septembre elles ont commencé à filer des coques; mais avant de le faire elles ont attendu, comme le font les chenilles, et probablement toutes les larves, que tout ce qu'elles avoient mangé fût sorti de leur corps; et, dans cet état, elles étoient blanches et tout-à-fait transparentes.

» Les nymphes qui présentent les pattes collées contre le corps, ont beaucoup de rapports dans leur forme avec les insectes parfaits; et ceux-ci percèrent leur coque seize jours après qu'elle eut été formée. »

Les Puces vivent en parasites sur plusieurs mammifères et sur quelques oiseaux, tels que pigeons, poules, hirondelles, etc. Elles préfèrent la peau délicate des femmes et des enfans à celle d'autres personnes, et elles nichent dans la fourrure des chiens, chats, lièvres, etc., qui en sont très-tourmentés en été et en automne. La précaution que l'on prend de baigner ces animaux pour les débarrasser de ces insectes est inutile, et M. Defrance a prouvé par l'expérience, que des Puces qui avoient été tenues sous l'eau pendant vingt-deux heures, avoient repris la vie après en avoir été retirées. Des femelles pleines d'œufs ont péri à cette épreuve, mais elles ont subi jusqu'à onze heures d'immersion sans en souffrir. Pour chasser ces insectes incommodes, quelques personnes ont recommandé de mettre dans les appartemens des plantes d'une odeur forte et pénétrante, comme la *sarriette*, le *pouliot*; d'autres ont recours à une eau bouillante dans laquelle on a mis du mercure et que l'on répand dans la chambre, ou à un onguent mercuriel. Les habitans de la Dalécarlie placent dans leurs maisons des peaux de lièvres où les Puces vont se réfugier et dans lesquelles il est facile de les faire périr par le moyen de l'eau chaude ou par le feu. On a proposé encore beaucoup de moyens pour se défaire de ces insectes, mais ils sont tous très-peu efficaces. Le meilleur, à notre avis, est d'entretenir une grande propreté dans nos appartemens, et d'exposer vers la fin de l'automne ou au commencement du printemps, à une assez forte chaleur, les meubles qui pourroient recéler ces insectes incommodes.

Le genre des Puces est composé de peu d'espèces; peut-être en découvrira-t-on d'autres quand on examinera avec plus d'attention les Puces de divers animaux.

L'espèce la plus commune est la Puce irritante, *Pulex irritans*, de Linné et de tous les auteurs; sa couleur est brun-marron, ses pattes sont d'une couleur moins foncée, et ses anneaux sont bordés de poils courts et roides, couchés sur la peau. M. Bosc (*Bull. des scienc. par la Soc. philom.*) a fait connoître une autre espèce qu'il appelle Puce a bandes, *Pulex fasciatus*, et qui se trouve sur le renard, le lérot, la taupe et le rat d'Amérique. La Puce pénétrante, *P. penetrans*, Linn., qui est connue dans les colonies françaises sous le nom de *Chique*, doit former un genre particulier. Son bec est de la longueur du corps; elle s'introduit ordinairement sous les ongles des pieds et sous la peau du talon, et y acquiert bientôt le volume d'un petit pois par le prompt accroissement des œufs qu'elle porte dans un sac membraneux sous le ventre. La famille nombreuse à laquelle elle donne naissance occasionne, par son séjour dans la plaie, un ulcère malin difficile à détruire, et quelquefois mortel. On est peu exposé à cette incommodité fâcheuse, si on a soin de se laver souvent, et surtout si on se frotte les pieds avec des feuilles de tabac broyées, avec le rocou ou d'autres plantes âcres et amères. Les nègres savent extraire avec adresse l'animal de la partie où il s'est établi.

PUCE AQUATIQUE. *Voyez* Daphnie.

PUCE AQUATIQUE. Nom qui a été donné quelquefois aux Gyrins ou Tourniquets.

PUCE DES FLEURS DE SCABIEUSE. Nom donné par Muralto (*Collect. acad. part. étrang.* tom. 3, pag. 476) à un insecte peu connu.

PUCE DE NEIGE. *Voyez* Podure.

PUCE DE TERRE. On a donné ce nom aux Mordelles.

PUCE DE TERRE. Insecte du Cap de Bonne-Espérance, que M. Latreille croit être une *Altise*, et qui fait un grand dégât dans les jardins en gâtant et broutant les jeunes et tendres jets, et en rongeant les semences de diverses plantes.

(E. G.)

PUCERON, *Aphis*. Linn. Geoff. De Géer. Fab. Lat.

Genre d'insectes de l'ordre des Hémiptères, section des Homoptères, famille des Hyménélytres, tribu des Aphidiens.

Les Pucerons et les Aleyrodes composent seuls cette tribu, mais ces derniers ont des antennes courtes n'ayant que six articles; chacun de leurs yeux est partagé en deux, et ces insectes portent dans le repos leurs élytres en toit écrasé, celles-ci ne surpassant guère les ailes en longueur.

Antennes plus longues que le corps, souvent sétacées, quelquefois plus grosses à leur extrémité, composées de sept articles, les deux premiers très-courts, grenus, le troisième fort long, cylindrique. — *Bec* presque perpendiculaire, prenant naissance à la partie la plus inférieure de la tête dans l'entre-deux des pattes antérieures, de trois articles. — *Yeux* semi-globuleux, entiers. — *Corps* mou, ovale. — *Corselet* ayant son segment antérieur petit, transverse, le second beaucoup plus grand et élevé. — *Elytres* plus grandes que les ailes, ayant ordinairement sur leur bord extérieur un point épais d'où part une nervure qui se courbant en demi-cercle, va rejoindre la côte et forme une cellule assez semblable à la radiale des Hyménoptères; au-dessous est une autre nervure qui se dirige vers le bord postérieur et se bifurque une ou deux fois avant d'y arriver en manière d'*y* grec. — *Elytres* et *ailes* membraneuses, de même consistance partout, élevées en toit aigu dans le repos. — *Abdomen* ayant de chaque côté postérieurement une petite corne ou un tubercule. — *Pattes* longues et grêles; dernier article des tarses muni de deux crochets et point vésiculeux.

Les Pucerons vivent en société et n'éprouvent aucune métamorphose réelle. Ils subissent en état de larves plusieurs changemens de peau; ils sortent du dernier pour paroître en état de nymphe, et ont alors deux fourreaux de chaque côté du corps, dont le supérieur renferme l'élytre et l'autre l'aile. Par un nouveau changement de peau ils deviennent insectes parfaits et développent leurs élytres et leurs ailes. Ils volent bien, mais ne le font que rarement. Leur démarche est lente, et le plus souvent ils restent dans un repos parfait. Ils se nourrissent de la sève des plantes; leur bec est presque toujours enfoncé dans le tissu des végétaux dont toutes les parties sont également propres à leur fournir ce suc. On en trouve sur les racines, les tiges et les feuilles, et même en quelque sorte certaines espèces vivent dans l'intérieur des plantes; leur présence y occasionne la formation de galles quelquefois fort grosses. (*Voyez* au mot Galle, *tom.* 6. *pag.* 198.) Dans toutes les espèces on trouve des individus qui ne deviennent point ailés, qui même n'acquièrent jamais les fourreaux des organes du vol. Ces individus sont tous des femelles; elles sont cependant fécondes et alors vivipares. Tous les mâles et la plupart des femelles de la dernière génération qui a lieu vers la fin de chaque année prennent des ailes : ces dernières sont ovipares. (*Voy.* l'article Insecte, *tom.* 7. *pag.* 291.) Un fait qui paroît propre à ce genre est que les femelles qui viennent de ces œufs n'ont pas besoin d'accouplement pour produire des petits vivans, non plus que les jeunes femelles qui naissent d'elles, et cela pendant plusieurs générations, l'accouplement de la femelle ovipare de la dernière génération de l'année précédente suffisant à féconder un assez grand nombre des suivantes, c'est-à-dire toutes celles qui se succèdent pendant la belle saison. (*Voy.* Réaumur, *tom.* 3, 9e. Mémoire, et *tom.* 6, 13e. Mémoire.) Dès que les jeunes Pucerons sont nés ils fixent de suite leur bec dans le végétal sur lequel vit leur mère, ils se placent aussi près d'elle qu'ils le peuvent, ce que font également tous ceux qui naissent successivement. Ils multiplient considérablement, ce qui est prouvé par les expériences de Bonnet, rapportées par Réaumur qui a vu une seule mère Puceron donner naissance à 95 petits en vingt-un jours. Il faut remarquer que ce Puceron commença à produire dix jours après sa naissance. Réaumur, d'après ces données, a calculé que cinq générations provenues d'une seule mère produiroient 5,904,900,000 individus tous issus originairement de la même mère, et que chaque année il doit y avoir au moins vingt générations. Les espèces munies de cornes à l'abdomen rendent par l'extrémité de ces parties une liqueur sucrée. On peut lui attribuer dans certains cas l'apparition du miellat qui se répand sur les feuilles. Les Fourmis sont très-friandes de cette matière, et on en voit presque continuellement la lécher au moment où elle sort du corps du Puceron. Quelques espèces même transportent des Pucerons sur les racines des plantes autour desquelles elles ont construit leurs demeures souterraines, et l'on en conçoit facilement la raison; d'ailleurs on n'a jamais remarqué qu'aucune Formicaire enlevât un Puceron vivant pour en faire sa proie ou celle des larves de son espèce à la nourriture desquelles elle est obligée de fournir, quoiqu'on en voie souvent attaquer des insectes et même des animaux d'autres classes dont il leur est bien plus difficile de s'emparer.

Si la multiplication des Pucerons est extraordinaire, la nature a d'un autre côté multiplié le nombre de leurs ennemis; plusieurs genres d'oiseaux en font une partie de leur nourriture. Les larves des nombreuses espèces de Coccinelles, celles de quelques Crabronites, d'Ichneumonides et de Chalcidites, des Hémérobes et de tout le genre Syrphe, qui contient beaucoup d'espèces dont les individus sont très-multipliés, font des Pucerons leur unique subsistance. Ils ont encore pour ennemis, nous dit De Géer, de petites mittes rouges qui les sucent. (*Leptus aphidis.* Lat.) Dans l'accouplement le mâle est monté sur la femelle; cet acte dure peu de temps, le même mâle se joint de suite à plusieurs femelles : celles-ci déposent leurs œufs ordinairement par plaques, les serrant les uns contre les autres le plus possible, et les fixant par une matière gluante qui les accompagne à leur sortie du corps; ces œufs séparés du végétal sur lequel ils ont été déposés, périssent en se desséchant. D'autres femelles qui paroissent pouvoir faire sortir de leur abdomen une espèce de tarière, fixent leurs œufs entre les bourgeons des arbres et la tige; elles les déposent isolément ou par petits paquets.

Ce genre tel qu'il est aujourd'hui renferme des espèces fort différentes les unes des autres par des caractères qui appelleront un jour l'attention des naturalistes et motiveront la fondation de nouvelles coupes génériques.

1. Puceron du Prunier, *A. Pruni.*

Aphis dilutè viridis, albo farinosa, abdomine bicorniculato, corniculis brevioribus.

Aphis Pruni. Fab. *Syst. Rhyngot. pag.* 296. *n°.* 14. — De Géer, *Ins. tom.* 3. *pag.* 49. *n°.* 5. *pl.* 2. *fig.* 1-13. — Lat. *Gen. Crust. et Ins. tom.* 3. *pag.* 173. — Réaum. *Ins. tom.* 3. *pag.* 296 *et* 317. *pl.* 23. *fig.* 9 *et* 10. — Le Puceron du Prunier. Geoff. *Ins. Paris. tom.* 1. *pag.* 497. *n°.* 10.

Longueur ». D'un vert-blanchâtre saupoudré d'une poussière blanche. Corps alongé, conique postérieurement. Cornes de l'abdomen courtes. Les individus ailés ne diffèrent point des aptères par leurs couleurs. Leurs élytres sont transparentes.

Sur le prunier et l'abricotier (*Prunus sativa* et *Prunus armeniaca*).

Nota. De Géer a vu l'accouplement de cette espèce. (*Voyez* cet auteur, *tom.* 3, *pag.* 51 *et suivantes.*) La nymphe a la tête, le corselet et les antennes noirâtres. Réaumur a remarqué que lorsque ce Puceron s'établit sur les feuilles encore jeunes, il les courbe en divers sens; mais quand ces feuilles ont acquis leur grandeur et leur consistance il n'en altère point la forme. On voit souvent tous les Pucerons qui sont sur une de ces feuilles élever presqu'en même temps en l'air leur derrière et leurs quatre jambes postérieures; ils ne sont alors portés que par les deux premières. Si quelqu'individu commence à faire ce mouvement, ses voisins en font ensuite un pareil, et successivement tous ceux de la feuille; c'est là tout leur exercice, car ils ne changent guère de place.

2. Puceron du Pommier, *A. Pomi.*

Aphis flavo-viridis, abdomine bicorniculato, corniculis longioribus, pedibus antennisque nigrescentibus.

Aphis Pomi. De Geer, *Ins. tom.* 3. *pag.* 53. *n°.* 6. *pl.* 3. *fig.* 18-23. — Lat. *Gener. Crust. et Ins. tom.* 3. *pag.* 173.

Longueur ». D'un vert mat tirant sur le jaune. Antennes, pattes et cornes de l'abdomen noirâtres; celui-ci terminé par une partie cylindrique, arrondie, ressemblant à une petite queue, et garnie de poils courts, frisés. Antennes de la longueur de la moitié du corps. Corselet ayant une petite éminence pointue, suivie de petits tubercules; on remarque vers le milieu du corps deux autres petites pointes élevées. Cornes de l'abdomen assez longues, un peu renflées dans leur milieu, tronquées transversalement à leur extrémité. Yeux de figure irrégulière, munis d'un appendice conique. Le mâle a les incisions des segmens de l'abdomen mieux marquées que celles de la femelle, et son dos a de chaque côté une rangée de taches obscures. Ce Puceron s'accouple sans que les mâles ni les femelles soient devenus ailés. Ses œufs sont d'un noir-luisant. Il oblige les feuilles du pommier à se courber en dessous, et se retire dans cette cavité; il se multiplie quelquefois si prodigieusement qu'il fait périr ces jeunes arbres fruitiers.

Il se trouve en Europe sur le pommier (*Pyrus malus*).

Nota. Nous doutons que cette espèce soit celle que M. Blot, correspondant de la Société Linnéenne de Caen, a proposée comme type d'une nouvelle coupe générique sous le nom de *Myzoxyle.* Il ne lui accorde point de cornes à l'abdomen, et il donne aux antennes cinq articles, le second le plus long de tous. Du reste, cet observateur attribue à l'espèce dont il parle les mêmes dégâts que De Géer reproche à la sienne, et dit qu'il fait périr les jeunes pousses.

3. Puceron de la Millefeuille, *A. Millefolii.*

Aphis viridis, nigro maculata, pedibus antennisque nigris, abdomine bicorniculato, corniculis longioribus.

Aphis Millefolii. De Géer, *Ins. tom.* 3. *pag.* 60. *n°.* 9. *pl.* 4. *fig.* 1-6. — Fab. *Syst. Rhyngot. pag.* 214. *n°.* 17. — Lat. *Gen. Crust. et Ins. tom.* 3. *pag.* 173.

Longueur ». Vert avec des points et des taches écailleuses de couleur noire, garnis de poils. Tête, antennes, pattes, cornes de l'abdomen et une petite queue cylindrique à l'anus noires. Antennes presque de la longueur du corps. Le mâle est ailé, noir ou d'un brun-obscur; il a le ventre rougeâtre ou d'un vert foncé, avec des taches noires en dessus.

Se trouve en Europe sur la millefeuille (*Achillea millefolium*).

Nota. De Géer a vu le même mâle s'accoupler consécutivement avec cinq femelles. « Ayant ensuite pressé le corps de ce mâle pour en faire sortir l'organe qui lui est propre, il le vit paroître d'abord; c'est une partie alongée, cylindrique et transparente dont le bout est arrondi, et dont la peau est membraneuse et flexible; proche de son origine elle a une inflexion en forme de genou, et ensuite elle se recourbe vers le dos de l'insecte. Par la forte pression qu'il employa, la partie se courba considérablement en forme de spirale; vers la base on voit deux petites éminences, une de chaque côté, garnies de poils, et qui semblent équivalentes aux crochets du derrière des mâles de plusieurs autres insectes dont l'usage est de s'accrocher au ventre de la femelle; ces deux pointes forment une éminence au ventre du mâle quand la partie de la génération se trouve retirée dans le corps. Celle qui caractérise le sexe de la femelle, qu'on observe aussi en lui pressant un peu le ventre, est un enfoncement ou une ouverture en forme de fente, fermée par des espèces de lèvres en dessous de la petite queue du derrière; c'est aussi par-là que les œufs sont pondus : ceux-ci sont d'abord verts, ensuite ils deviennent d'un beau noir-luisant. La femelle les place sur les feuilles de la plante. »

4. Puceron du Rosier, *A. Rosæ.*

Aphis viridis, abdomine bicorniculato, corniculis longissimis.

Aphis Rosæ. Linn. *Syst. Nat.* 2. 734. 9. — De Géer, *Ins. tom.* 3. *pag.* 65. *n°.* 10. *pl.* 3. *fig.* 1-14. — Fab. *Syst. Rhyng. pag.* 298. *n°.* 30. — Lat. *Gener. Crust. et Ins. tom.* 3. *pag.* 173. — Réaumur, *Ins. tom.* 3. *pl.* 21. *fig.* 1-4.

Longueur ». Vert. Extrémité des antennes, cornes de l'abdomen et bout des pattes noirs. Tête petite. Antennes très-longues, égalant au moins la longueur du corps. Pattes longues et grêles. Cornes de l'abdomen très-longues, grosses, cylindriques, se terminant en une sorte de bouton. Femelle aptère.

La femelle ailée est d'un vert-obscur mêlé de noir. Sa tête et son corselet sont presque tout noirs;

le ventre a de chaque côté une suite de points noirs. Ses pattes et son bec sont noirs. Elle porte ses élytres et ses ailes en toit.

Le mâle est ailé, d'un brun-obscur presque noir; son ventre est un peu roussâtre avec des taches noires vers les côtés; les pattes sont moitié noires, moitié d'un brun-pâle.

Commun en Europe sur le rosier.

Nota. Cette espèce vit en grande société sur les jeunes pousses de diverses espèces de rosiers où elle se tient ordinairement le derrière élevé, occupée dans cette attitude à pomper le suc de l'arbuste. Elle fait souvent périr les boutons de rose.

5. Puceron farineux, *A. farinosa.*

Aphis obscurè viridis, maculis lanuginosis albis, abdomine bicorniculato, corniculis longioribus.

Aphis salicis farinosa. De Géer, *Ins. tom.* 3. *pag.* 76. *n°.* 11. — Lat. *Gener. Crust. et Ins. tom.* 3. *pag.* 173.

Longueur ». D'un vert très-foncé tirant sur le noir, ayant sur le dos deux rangées de taches blanches cotonneuses. Antennes de la longueur de la moitié du corps. Cornes de l'abdomen assez longues. Femelle aptère.

Le mâle que De Géer a vu s'accoupler avec cette femelle et même avec deux de suite étoit d'un jaune-d'ocre tirant un peu sur le rouge et aptère. Ses taches cotonneuses étoient peu ou point visibles. Cet auteur les a rencontrés dès le milieu de l'été en copulation, chose peu commune parmi les Pucerons.

On le trouve en Europe sur une espèce de saule à feuilles cotonneuses dont De Géer ne donne pas le nom spécifique.

6. Puceron du Tilleul, *A. Tiliæ.*

Aphis flavo-viridis, lineis punctorum nigrorum, alis nigro maculatis, abdomine bicorniculato, corniculis brevioribus.

Aphis Tiliæ. Linn. *Syst. Nat.* 2. 734. 11. — De Géer, *Ins. tom.* 3. *pag.* 77. *n°.* 12. *pl.* 5. *fig.* 1-6. — Fab. *Syst. Rhyngot. pag.* 299. *n°.* 39. — Lat. *Gen. Crust. et Ins. tom.* 3. *pag.* 173. — Réaumur, *Ins. tom.* 3. *pl.* 23. *fig.* 1-8. — Le Puceron du Tilleul. Geoff. *Ins. Paris. tom.* 1. *pag.* 495. *n°.* 6.

Longueur ». D'un vert très-clair et jaunâtre avec plusieurs taches noires. Antennes un peu plus longues que la moitié du corps, d'un vert-blanchâtre avec des taches alongées, noires au bout des troisième, quatrième, cinquième et sixième articles. Cornes de l'abdomen fort courtes. Femelle aptère.

La femelle ailée a les côtés de la tête, du corselet et de la poitrine marqués dans toute leur longueur d'un raie noire, le dessus de l'abdomen a deux rangs composés de six taches noires, lunulées. Les antennes sont plus courtes que le corps, variées de noir et de blanc-verdâtre. Les pattes d'un vert-clair avec les deux cuisses postérieures noires. Poitrine jaune. Les élytres transparentes avec des nervures brunes, leur côté extérieur a une large bande noire qui porte une tache jaunâtre à l'extrémité. On voit une petite tache noirâtre à l'endroit où aboutit cette nervure, au bord postérieur et intérieur de l'élytre. Les œufs sont noirs, oblongs, couverts d'un duvet blanc.

Commun en Europe sur le tilleul (*Tilia europea*).

Nota. De Géer rapporte que ce Puceron ne produit aucune altération sensible sur la forme des feuilles qu'il habite. Réaumur au contraire a remarqué qu'il fait recoquiller les feuilles du tilleul et même qu'il force les jeunes branches sur lesquelles il s'établit à se contourner fortement.

7. Puceron du Pin, *A. Pini.*

Aphis fusca, abdomine bituberculato, pedibus nudis.

Aphis Pini. Linn. *Syst. Nat.* 2. 736. 25. — Fab. *Syst. Rhyngot. pag.* 300. *n°.* 44. — *Aphis nuda Pini*. De Géer, *Ins. tom.* 3. *pag.* 27. *n°.* 1. *pl.* 6. *fig.* 1-18. — Lat. *Gener. Crust. et Ins. tom.* 3. *pag.* 173. — Panz. *Faun. Germ. fas.* ». *fig.* 17.

Longueur 2 lig. D'un gris-brun mêlé de roux. Cornes de l'abdomen presque nulles en forme de mamelons. Femelle aptère. Œufs oblongs, d'un noir très-luisant. De Géer remarque que ces œufs apportés dans une chambre chaude s'y desséchèrent quoiqu'il les eût laissés sur les feuilles du pin sur lesquelles ils avoient été pondus, d'où il infère qu'il faut donc que ces œufs tirent quelque substance de la feuille propre à les conserver ou bien que l'humidité qui transpire de celle-ci est nécessaire pour empêcher leur desséchement.

La femelle ailée est d'un brun-noirâtre avec quelques taches cendrées, le dessous du corps est d'un brun-jaunâtre; ses pattes longues et déliées: les élytres fort longues, transparentes, à nervures brunes; vers leur bord extérieur est une longue raie brune.

Le mâle, suivant De Géer, est semblable à la femelle et aptère.

Cette espèce se tient sur les jeunes pousses du pin. « Lorsqu'un jeune individu sort de l'œuf, il » se fait d'abord une ouverture à l'un des bouts de » la coque et le petit Puceron avance la tête hors » de cette ouverture, peu à peu il fait glisser le » corps en avant par le gonflement et la contrac- » tion des segmens et se met presque dans une po- » sition perpendiculaire à la branche, de façon

» qu'il se trouve comme placé sur le bout de sa » queue. Les pattes et les antennes restent exactement appliquées contre le dessous du corps » jusqu'à ce qu'il ne tienne plus à la coque que par » sa partie postérieure ; il se hausse et se baisse à » différentes reprises et commence enfin à faire » usage de ses pattes qu'il écarte et remue cher» chant à les fixer sur la branche ; lorsqu'il y est » parvenu il tire doucement son corps en avant » pour en dégager l'extrémité hors de la coque et » va se placer sur la branche. »

Se trouve en Europe sur le pin sylvestre (*Pinus sylvestris*).

8. Puceron cotonneux, *A. pineti.*

Aphis nigra, albo farinosa, abdomine bituberculato, pedibus villosis.

Aphis pineti. Fab. *Syst. Rhyngot. pag.* 300. *n°.* 45. — *Aphis tomentosa Pini.* De Géer, *Ins. tom.* 3. *pag.* 39. *n°.* 2. *pl.* 6. *fig.* 9-24. — Lat. *Gener. Crust. et Ins. tom.* 3. *pag.* 173.

Longueur 1 lig. Noir, fortement saupoudré d'une matière blanche. Antennes de la longueur de la moitié du corps, très-velues, brunes avec leur extrémité très-noire. Bec atteignant l'origine des pattes postérieures ; celles-ci grosses, épaisses, plus longues que le corps, chargées d'une grande quantité de poils longs, fins, laineux, couverts d'une matière cotonneuse blanche qui est attachée aux poils et entrelacée avec eux. Antennes ayant aussi de cette même matière dont on voit de petits flocons sous le ventre. Crochets des tarses grands. Femelle aptère.

Les jeunes individus sont plus noirs, les pattes surtout ; les postérieures ne sont pas aussi longues en proportion, mais renflées ainsi que les antennes. La femelle ailée est semblable à la femelle aptère ; ses élytres sont transparentes avec une large bande d'un brun-noirâtre le long du bord extérieur.

Cette espèce se tient sur le côté convexe des feuilles du pin sylvestre (*Pinus sylvestris*) ; elle marche mal à cause de la longueur et de la conformation de ses pattes postérieures, mais se cramponne aisément au moyen de la force des crochets de ses tarses. Les œufs sont noirs, semblables à ceux du Puceron du Pin.

D'Europe.

9. Puceron de l'Aulne, *A. Alni.*

Aphis flavescente-alba, abdomine bituberculato.

Aphis Alni. De Géer, *Ins. tom.* 3. *pag.* 47. *n°.* 4. *pl.* 3. *fig.* 15-17. — Fab. *Syst. Rhyngot. pag.* 298. *n°.* 26. — Lat. *Gener. Crust. et Ins. tom.* 3. *pag.* 173.

Longueur », D'un blanc-jaunâtre tirant un peu sur le vert. Tubercules de l'abdomen bruns. Dessous du ventre ayant deux plaques recouvertes d'une matière d'un blanc-argenté. Femelle aptère. Œufs verts saupoudrés d'une matière farineuse qui les fait paroître blancs. En sortant du corps de la femelle ces œufs ne sont point enduits de cette matière blanche.

De Géer remarqua sur une branche une femelle qui y faisoit beaucoup de mouvemens avec ses pattes postérieures : « elle étoit justement pla» cée au-dessus d'un œuf nouvellement pondu et » encore tout vert ; j'étois attentif, dit-il, à ob» server à quoi elle s'occupoit, et je vis qu'elle » frottoit de temps en temps et avec vitesse les deux » pattes postérieures contre le dessous du ventre » et qu'ensuite elle les faisoit passer sur l'œuf à » différentes reprises. A mesure qu'elle répétoit » cette manœuvre, je vis que l'œuf devint poudré » de plus en plus jusqu'à ce qu'enfin il fut tout » couvert d'une matière blanche. Il paroît que » le Puceron détache de son ventre la matière » dont il recouvre ses œufs. »

Il se trouve en Europe sur l'aulne (*Betula Alnus*).

10. Puceron de l'Orme, *A. Ulmi.*

Aphis nigricans, abdomine bituberculato.

Aphis Ulmi. Linn. *Syst. Nat.* 2. 733. 2. — *Aphis foliorum Ulmi.* De Géer, *Ins. tom.* 3. *pag.* 81. *n°.* 13. *pl.* 5. *fig.* 7-21. — Lat. *Gener. Crust. et Ins. tom.* 3. *pag.* 173.

Longueur ». D'un ardoisé-noirâtre saupoudré d'un matière cotonneuse blanche. Antennes courtes. Bec ne dépassant pas de beaucoup la base des pattes antérieures. Abdomen ayant en dessus quatre rangs de taches circulaires d'où sortent des touffes bien fournies de matière cotonneuse blanche. Femelle aptère.

Les jeunes individus suivant leur âge sont bruns, verts ou couleur de chair ; leur abdomen terminé en cône porte de chaque côté un mamelon arrondi. Tout le long du dos il y a des suites de points ronds d'une couleur plus obscure qui produisent une matière cotonneuse blanche. Les antennes sont de la longueur de la moitié du corps. Dans l'état de nymphe ils sont d'un vert-livide grisâtre, tirant sur la couleur de chair. Tout le corps est couvert d'un duvet blanc, épais. Les antennes sont très-courtes et ne s'étendent que jusqu'au bout de la poitrine ; elles sont divisées en six articles garnis de beaucoup de poils courts ; leur troisième article est beaucoup plus long que les autres.

La femelle ailée a le corps et toutes les parties d'un noir luisant, les élytres transparentes à nervures noires et près du bord extérieur une nervure plus grosse que les autres qui vers le bout de l'aile l'aile se dilate en une plaque assez large d'un brun-obscur. Les antennes sont presqu'aussi courtes que dans les nymphes, divisées, selon De Géer, en un très-grand nombre d'articulations. Le même auteur dit que ces femelles ailées sont vivipares. Nous nous croyons autorisés à penser le contraire d'après ce qu'il ajoute, que ces petits insectes naissent enveloppés d'une pellicule qui leur donne d'abord la figure d'une simple petite masse ovale, dont bientôt ils savent se tirer. Cette petite masse ovale pourroit fort bien être un œuf, duquel le Puceron écloroit immédiatement après la ponte. De Géer n'a point connu le mâle de cette espèce. Elle vit dans les feuilles roulées de l'orme. On trouve dans ces feuilles des gouttes d'une matière gommeuse qui ont cela de remarquable que jetées sur du papier, quoique liquides, elles roulent dessus sans s'y attacher pendant quelque temps, parce qu'elles sont comme poudrées de la matière blanche qui se détache des Pucerons. Cette liqueur n'est autre chose que les excrémens de ces hémiptères.

Commun en Europe sur les feuilles de l'orme.

Nota. La troisième division du genre Puceron de M. Latreille, *Gen. Crust. et Ins.*, dont le caractère est : antennes courtes, filiformes; point de cornes ni de tubercules à l'abdomen ; insectes vivant ordinairement dans des sortes de galles (1), nous paroît contenir des espèces très-différentes entr'elles et fort distinctes des vrais Pucerons; nous n'avons pas cru devoir les y réunir dans l'état actuel de la science. Plusieurs semblent faire le passage du genre Puceron à celui de Dorthésie.

ALEYRODE, *Aleyrodes*. LAT. *Phalæna Tinea*. LINN. *Phalæna*. GEOFF.

Genre d'insectes de l'ordre des Hémiptères, section des Homoptères, famille des Hyménélytres, tribu des Aphidiens.

Cette tribu ne contient que les genres Puceron et Aleyrode ; le premier est bien séparé du second par ses antennes plus longues que le corps, les élytres notablement plus grandes que les ailes et par les yeux entiers.

Antennes courtes, de six articles, le premier fort gros, les autres filiformes. — *Bec* court, partant du dessous de la tête, ses articulations peu distinctes. — *Yeux* partagés en deux par le rebord de la tête. — *Corps* très-mou, farineux, ailé dans les deux sexes. — *Corselet* ayant son segment antérieur petit, transverse, le second beaucoup plus grand et élevé. — *Elytres* et *ailes* de même consistance, à peu près de même longueur, en toit écrasé dans le repos; on n'y aperçoit qu'une seule nervure longitudinale qui, partant de la base s'avance dans le milieu et se courbe un peu en se dirigeant vers le bord postérieur qu'elle n'atteint pas. — *Pattes* de longueur moyenne; tarses d'un ou de deux articles.

Le nom d'Aleyrode donné à ce genre par M. Latreille, vient du grec; il exprime que ces insectes sont couverts d'une poussière farineuse. La seule espèce que l'on connoisse est très-petite, vit sur le chou (*Brassica oleracea*) et l'éclaire (*Chelidonium majus*). La larve s'écarte peu de l'endroit où elle est sortie de l'œuf. Elle se fixe sur le dessous de la feuille dans laquelle elle enfonce son bec. Sa forme est à peu près celle d'une tortue, mais plus plate, le contour de son corps est ovale, le côté de la tête est moins large que l'autre; sa couleur est blanche avec deux petites taches jaunâtres. Son corps est presque transparent. Elle a six pattes écailleuses placées près de la tête. On ignore le nombre de ses changemens de peau. Réaumur qui a suivi ces larves de près, n'a pu s'assurer qu'il y en eût, mais il observe que des dépouilles aussi minces que celles dont se seroient défaits d'aussi petits insectes auroient pu facilement lui échapper. Six ou sept jours après leur naissance il leur trouva une forme beaucoup plus alongée, qui approchoit de la triangulaire, un de leurs bouts étoit arrondi, il avoit son premier diamètre; le corps diminuoit ensuite insensiblement et se terminoit à l'autre bout par une pointe fine. Après cinq jours écoulés, elles reprirent une forme analogue à la première, mais plus renflée; ce changement ne se fit que petit à petit en trois ou quatre jours. Dans cet état le corps s'étoit raccourci et sur sa partie supérieure, près du bout le plus étroit, il y avoit deux taches brunes; telle est la nymphe de l'Aleyrode, qui reste immobile pendant les quatre jours qu'elle passe dans cet état; alors elle se fend sur le dos et l'insecte parfait sort de son enveloppe absolument de la même manière que les Papillons. L'accouplement a lieu sur la plante où ces insectes sont nés, pendant cet acte les deux sexes sont posés à côté l'un de l'autre. La femelle dépose ensuite de neuf à quatorze œufs sur un petit espace circulaire aisé à distinguer, en ce qu'il est saupoudré de cette même poussière farineuse blanche qu'on remarque sur toutes les parties de l'insecte parfait et qui recouvre aussi les œufs; ceux-ci sont très-petits et placés à la circonférence de l'espace dont nous venons de parler, ils sont oblongs, en forme de petits cylindres à pointes arrondies. Ils éclosent à peu près douze jours après la ponte. La multiplication de cette espèce est très-considérable; elle a quelques ennemis. La larve d'un coléoptère, peut-être celle d'une Coccinelle, dévore les larves et les nymphes. Réaumur la représente ainsi que l'insecte parfait, *tom.* 2, *pl.* 25, *fig.* 18-21, mais d'une manière si imparfaite que nous ne pouvons être sûr du genre.

(1) *Aphides gallarum Ulmi*, *Tremulæ*, *Xylostei*, *gallarum Abietis*. DE GÉER.

1. Aleyrode de l'Eclaire, *A. Chelidonii.*

Aleyrodes corpore flavescente vel roseo, albido pulverulento, elytri singuli nebulâ punctoque nigricantibus.

Aleyrodes Chelidonii. Lat. *Gener. Crust. et Ins. tom.* 3. *pag.* 174. *n°.* 1. — *Phalæna Tinea Proletella.* Linn. *Syst. Nat.* 2. 889. 379. — Réaum. *Ins. tom.* 2. *pl.* 25. *fig.* 1-17. — La Phalène culiciforme de l'Eclaire. Geoff. *Ins. Paris. tom.* 2. *pag.* 172. *n°.* 126.

Longueur 1 lig. $\frac{1}{2}$. Corps jaune tirant quelquefois sur le rose, recouvert d'une poussière farineuse blanche ainsi que les élytres et les ailes qui paroissent d'un blanc-mat et ont chacune sur leur disque un point et un espace irrégulier un peu noirâtres. Yeux noirs.

Très-commune pendant toute l'année aux environs de Paris sur le chou et l'éclaire.

(S. F. et A. Serv.)

PULMONAIRES, *Pulmonariæ.* Lat. *Ugonata.* Fab.

C'est, dans la méthode de M. Latreille (*Fam. nat. du Règne anim.*), le premier ordre de la classe des Arachnides; il le caractérise ainsi: un organe de circulation; des branchies respirant directement l'air ou faisant l'office de poumons, et toujours situées sur chaque côté du dessous de l'abdomen; deux chélicères en forme de mandibules, terminées par un ou deux doigts et dont l'un toujours mobile; deux mâchoires portant chacune, soit à leur extrémité, soit au côté extérieur, un palpe de cinq articles; un labre, une langue, quatre paires de pieds.

Cet ordre est divisé en deux familles.

I. Pédipalpes, *Pedipalpi.*

Ils ont constamment huit ou quatre spiracules ou bouches aériennes, les palpes en forme de serres ou de bras, sans aucun appendice relatif à la génération dans aucun sexe; le doigt mobile des chélicères sans ouverture propre au passage d'une liqueur venimeuse; l'abdomen toujours revêtu d'un derme coriace ou assez ferme, annelé et sans filière au bout. Cet ordre renferme les tribus des *Scorpionides* et des *Tarentules.*

II. Aranéides, *Araneides.*

Elles n'ont, dans le plus grand nombre, que deux spiracules, un de chaque côté du dessous de l'abdomen, près de sa base, et jamais au-delà de quatre. Palpes pédiformes simples, terminés au plus par un petit crochet; le dernier article diffère selon les sexes, et offre dans les mâles divers appendices écailleux plus ou moins compliqués, relatifs à la génération. Les chélicères sont toujours monodactyles ou en griffes; le doigt mobile ou le crochet terminal est toujours percé pour livrer passage à une liqueur venimeuse. L'abdomen est ordinairement mou, sans anneaux, avec quatre ou cinq papilles cylindriques ou coniques, criblées de petits trous et servant de filières, à l'anus. Les pieds, de longueur variable, sont de forme identique et toujours terminés par deux ou trois crochets. La langue est toujours d'une seule pièce, plus ou moins avancée entre les mâchoires, mais jamais linéaire et en forme de dard.

La plupart, pour saisir leur proie, construisent avec de la soie des piéges, le plus souvent sous la forme de toiles, soit étendues, soit tubulaires. Toutes emploient la même matière pour envelopper leurs œufs. Cette famille correspond aux *Pulmonaires fileuses* du *Règne animal de Cuvier, tom.* 3. Elle comprend deux sections; ce sont les *Tétrapneumones* et les *Dipneumones :* la seconde section est divisée en six tribus qui sont les *Tubitèles, Inéquitèles, Orbitèles, Latérigrades, Citigrades* et *Saltigrades.* (E. G.)

PUNAISE, *Cimex.* Linn. Latr. Geoff. De Géer. *Acanthia.* Fab.

Genre d'insectes de l'ordre des Hémiptères, section des Hétéroptères, famille des Géocorises, tribu des Membraneuses.

Les genres Macrocéphale, Phymate, Tingis, Arade et Punaise forment cette tribu, mais les quatre premiers sont bien distincts du cinquième par leurs antennes ou régulièrement filiformes ou terminées en massue.

Antennes presque sétacées, insérées devant les yeux, un peu plus longues que le corselet, composées de quatre articles cylindriques, le premier plus court que les autres, le second épais, fort long, le troisième très-long, beaucoup plus mince que les précédens, le dernier grossissant à peine vers son extrémité. — *Bec* court, ne dépassant pas la base des cuisses antérieures, courbé directement sous la poitrine, composé de trois articles, le premier et le second cylindriques, un peu déprimés, presque d'égale longueur; le second plus large, le dernier conique, un peu plus long que les autres. — *Labre* visible, assez petit, triangulaire, son extrémité presqu'obtuse. — *Tête* s'avançant en carré et formant à l'origine du bec un chaperon en forme de capuchon qui sert d'étui à la base du bec. — *Point d'yeux lisses.* — *Corps* ovale, déprimé, un peu plus étroit en devant, ses bords latéraux aigus. — *Segment antérieur* du corselet transversal, échancré antérieurement, tronqué à sa partie postérieure, ses côtés dilatés, membraneux, arrondis. — *Ecusson* grand, trigone, formé par le dos du second segment du corselet. — *Elytres* extrêmement petites et ailes nulles (du moins dans l'espèce connue). — *Abdomen* grand, orbiculaire, très-déprimé. — *Cuisses* ovales, alongées ; jambes assez longues, cylindriques ; tarses courts, de trois articles distincts, le premier très-court, le second cylindro-conique, le dernier un peu plus court que le second, cylindrique et muni de deux forts crochets.

On donnoit anciennement le nom de *Punaises* à tous les hémiptères hétéroptères, à cause de la mauvaise odeur qu'exhalent la plupart d'entr'eux, et le vulgaire se sert encore aujourd'hui de cette dénomination. M. Latreille l'a justement restreinte à l'espèce incommode qui habite nos maisons, et dont l'odeur est insupportable. La Punaise craint le jour et se cache dans les moindres fentes des cloisons, sous les papiers qui ne sont pas exactement collés, etc. C'est là qu'elle s'accouple, fait sa ponte et subit ses métamorphoses : elle en sort lorsque l'obscurité règne, se répand dans nos lits et nous suce le sang impunément pendant notre sommeil. Ses piqûres occasionnent une enflure et une démangeaison assez fortes, mais peu durables. Les précautions que l'on prend pour s'en garantir, même l'isolement du lit, sont toujours insuffisantes ; elle monte alors le long du mur et se laisse tomber du plafond directement sur le lit. La propreté, des recherches exactes et fréquentes peuvent seules, sinon détruire, au moins diminuer considérablement le nombre de ces ennemis de notre repos. La Punaise commence sa ponte vers le mois de mai, et l'on en voit de très-petites sortant de l'œuf dans les mois de juin, juillet et août. La larve ne diffère de l'insecte parfait que par l'absence des élytres, encore celles-ci sont-elles excessivement courtes. La Punaise des lits n'est point originaire d'Europe ; on sait qu'elle fut apportée à Londres dans des bois d'Amérique après l'incendie de 1666. Cependant Dioscoride fait mention qu'elle existoit de son temps dans l'ancien continent.

1. Punaise des lits, *C. lectularius.*

Cimex fusco-ferrugineus, abdomine suborbiculari.

Cimex lectularius. Linn. *Syst. Nat.* 2. 715. 1. — Lat. *Gen. Crust. et Ins. tom.* 3. *pag.* 137. *n°.* 1. — De Géer, *Ins. tom.* 3. *pag.* 296. *pl.* 17. *fig.* 9-15. — Stoll, *Punais. pl. XIX. fig.* 131 *et* B. — *Acanthia lectularia.* Fab. *Syst. Rhyngot. pag.* 112. *n°.* 1. — La Punaise des lits. Geoff. *Ins. Paris. tom.* 1. *pag.* 434. *n°.* 1. — *Encycl. pl.* 122. *Punais. fig.* 1-3.

Longueur 2 à 3 lig. Entièrement d'un brun-ferrugineux. Abdomen orbiculaire, ses bords garnis de quelques poils courts assez roides. Elytres très-petites, sans partie membraneuse, couvrant à peine le quart de l'abdomen, écartées l'une de l'autre dans leur milieu.

Nota. Au sortir de l'œuf les jeunes Punaises sont blanchâtres. Ce que nous décrivons d'après les auteurs comme des élytres, n'a point d'articulation à sa base ni de mouvement qui lui soit propre ; tandis que les vraies élytres s'élèvent ou s'abaissent dans tous les autres hétéroptères. Peut-être devroit-on regarder ces organes comme des fourreaux d'élytres, et l'insecte qui les porte comme n'étant qu'en état de nymphe.

M. Latreille soupçonne qu'il y a une seconde espèce de ce genre, celle qui vit dans les nids d'hirondelle ; son caractère particulier est d'être plus velue que la précédente sur les bords de l'abdomen : il se pourroit aussi que celle des nids de pigeon fût une troisième espèce distincte par son abdomen beaucoup plus oblong que ne l'est celui des espèces dont nous venons de parler.

(S. F. et A. Serv.)

PUNAISE A AVIRONS. Geoffroy donne cette dénomination aux insectes hémiptères du genre Notonecte. *Voy.* ce mot. (S. F. et A. Serv.)

PUNAISE DE BOIS. Nom trivial par lequel on désigne ordinairement les insectes hémiptères des genres Pentatome et Scutellère. *Voyez* ces mots.

(S. F. et A. Serv.)

PUPIPARES, *Pupipara.* Famille unique de la section des Eproboscidés, ordre des Diptères.

On conçoit que cette famille étant unique ses caractères sont les mêmes que ceux de la section à laquelle elle appartient. Comme le mot Eproboscidés n'a point été traité à sa lettre, nous donnerons ici les caractères des Pupipares.

Bouche en forme de bec, composée d'une à deux lames, recouvrant une manière de tube ouvert en dessous, renfermant un suçoir (de deux soies réunies en une), partant d'un bulbe radical de la cavité buccale. (Tête souvent intimement unie ou comme soudée au corselet, quelquefois ne se présentant que sous l'apparence d'un tubercule inséré verticalement sur le corselet ; crochets des tarses très-contournés, paroissant doubles ou même triples.) Cette famille contient deux tribus, Coriaces et Phthyromyies.

Ces diptères, nommés par d'anciens auteurs *mouches-araignées,* vivent exclusivement sur des mammifères ou sur des oiseaux. Leur corps est court, assez large, aplati et défendu par un derme solide, presque de la consistance du cuir.

(S. F. et A. Serv.)

PUPIVORES, *Pupivora.* Seconde famille de la section des Térébrans, ordre des Hyménoptères. Elle offre pour caractères :

Abdomen fixé au tronc par un pédicule ou un rétrécissement de la base de son premier segment, de manière que son point d'insertion est très-distinct et qu'il se meut sur cette partie du corps. — *Tarière* (des femelles) cylindrique.

Cette famille renferme six tribus suivant M. Latreille.

1re. Tribu. Evaniales, *Evaniales*.

Antennes de treize à quatorze articles. — *Ailes inférieures* plus petites (proportions gardées) que dans les Ichneumonides, ne présentant qu'une ou deux nervures longitudinales. — *Abdomen* inséré à l'extrémité supérieure du métathorax ou près de l'écusson.

Pélécine.
Evanie.
Fœne.
Aulaque.

2e. Tribu. Ichneumonides, *Ichneumonides*.

Antennes filiformes ou sétacées, vibratiles, multiarticulées. — *Palpes maxillaires* apparens, alongés, filiformes ou sétacés, composés de cinq ou six articles. — *Ailes inférieures* ayant des nervures dictinctes. — *Abdomen* (des femelles) muni à son extrémité postérieure d'une tarière le plus souvent saillante, enfermée dans deux fourreaux. — *Femelles* quelquefois aptères.

1. Palpes maxillaires de cinq articles, les labiaux de quatre.

Stéphane.
Xoride.
Ichneumon.
Pimple.
Peltaste.
Acænite.
Agathis.

2. Palpes maxillaires de cinq articles, les labiaux de trois.

Vipion.
Bracon.
Helcon.
Microgastre.

3. Palpes maxillaires de six articles, les labiaux de quatre.

Sigalphe.
Chélone.
Alysie.

3e. Tribu. Gallicoles, *Gallicolæ*.

Antennes droites, filiformes ou légèrement plus grosses vers le bout, ordinairement composées de treize à quinze articles. — *Palpes* très-courts, terminés par un article un peu plus gros et quelquefois nul. — *Ailes inférieures* sans nervures distinctes. — *Tarière* (des femelles) naissant de la partie inférieure de l'abdomen, roulée en spirale à sa base et logée dans une coulisse. — *Segment antérieur du corselet* très-arqué. — *Femelles* quelquefois aptères.

Ibalie.
Cynips.
Figite.
Eucharis.

4e. Tribu. Chalcidites, *Chalcidiæ*.

Antennes brisées, de six à douze articles et formant à partir du coude une massue alongée ou en fuseau. — *Palpes* très-courts. — *Tête* souvent marquée d'une ou de deux impressions pour recevoir le dessous du premier article des antennes. — *Segment antérieur du corselet* ayant son bord postérieur droit. — *Ailes inférieures* sans nervures distinctes. — *Abdomen* comprimé ou déprimé, caréné et muni en dessous (dans les femelles) d'une tarière filiforme souvent saillante hors du corps. — *Femelles* quelquefois aptères.

I. Antennes composées de plus de sept articles.

A. Antennes insérées à une distance notable de la bouche, vers l'entre-deux des yeux.

a. Cuisses postérieures très-renflées; leurs jambes arquées.

Leucospis.
Chalcis.

b. Cuisses postérieures simples, leurs jambes droites.

† Segment antérieur du corselet large, en carré transversal ou en triangle tronqué à sa pointe.

Eurytome.
Misocampe.
Cleonyme.

†† Segment antérieur du corselet très-étroit, ne formant qu'un petit rebord transverso-linéaire.

Périlampe.
Encyrte.
Ptéromale.

B. Antennes insérées très-près de la bouche.

Spalangie.

II. Antennes composées de sept articles au plus.

Eulophe.

5e. Tribu. Oxyures, *Oxyuræ*.

Antennes presque toujours filiformes dans les mâles, en massue ou plus grosses au bout dans plusieurs femelles, composées de dix à quinze articles, tantôt droites, tantôt coudées. — *Palpes maxillaires* souvent longs et pendans. — *Ailes inférieures* sans nervures distinctes. — *Tarière* (des femelles) soit intérieure et ne sortant que par l'anus, soit extérieure et formée par le prolongement du bout de l'abdomen. — *Femelles* quelquefois aptères.

I. Antennes insérées au milieu de la face antérieure de la tête.

Hélore.
Proctotrupe.
Cinète.
Bélyte.
Diaprie.

II. Antennes toujours coudées et insérées près de la bouche.

A. Segment antérieur du corselet court et transversal.

† Antennes filiformes dans les deux sexes.

Antéon.
Céraphron.

†† Antennes des femelles plus grosses à leur extrémité.

Platygastre.
Téléade.
Scélion.
Sparasion.

B. Segment antérieur du corselet alongé.

Dryine.
Béthyle.

6e. Tribu. Chrysides, *Chrysidides*.

Antennes courtes, filiformes, brisées, vibratiles, de treize articles dans les deux sexes. — *Mandibules* étroites, arquées, pointues. — *Palpes maxillaires* ordinairement plus longs que les labiaux, de cinq articles; les labiaux de trois. — *Ailes inférieures* sans nervures distinctes. — *Tarière* (des femelles) articulée, rétractile, s'alongeant ou se raccourcissant à volonté et portant à son extrémité un petit aiguillon. — *Corps* se contractant en boule, l'abdomen formant un demi-ovale, concave ou plan en dessous et s'appliquant contre la poitrine.

I. Corselet point rétréci en devant. — Abdomen voûté en dessous.

A. Mâchoires et lèvre très-longnes, linéaires, prolongées en une sorte de trompe fléchie en dessous.

Parnopès.

B. Mâchoires et lèvre courtes, point prolongées en trompe.

a. Milieu du métathorax prolongé en une pointe scutelliforme.

Stilbe.
Calliste.
Elampe.

b. Milieu du métathorax n'étant pas prolongé en pointe.

Hédychre.
Euchrée.
Chrysis.

II. Corselet rétréci en devant. — Abdomen point voûté en dessous.

Clepte.

Nota. Dans les caractères des genres de cette famille nous avons nécessairement dû comprendre ceux que l'on peut tirer des ailes supérieures; nous avons adopté les dénominations imposées par Jurine aux cellules et aux nervures; nous croyons cependant devoir prévenir que nous ajoutons à la partie caractéristique employée par cet auteur, trois autres cellules, ce sont celles qui occupent le disque de l'aile et que nous nommons par cette raison avec M. Latreille qui nous a précédé dans cette manière de voir: cellules discoïdales. Nous disons qu'elles sont au nombre de trois, regardant comme type complet d'une aile parfaite dans cette famille celle du genre Aulaque. (*Voy.* Jurine, *Hyménop. pl.* 2. *ordre* 2. *genre*. 3.) La première cellule discoïdale supérieure est celle qui, placée vers le milieu de l'aile, touche par un de ses côtés à la première cubitale; la seconde cellule discoïdale supérieure est placée derrière la première vers le sinus rentrant du bord interne de l'aile: la cellule discoïdale inférieure est celle qui est comprise entre les deux nervures récurrentes, la première de ces nervures lui étant commune avec la première cellule discoïdale et l'en séparant, ou entre la première nervure récurrente et le bord postérieur de l'aile. Cela posé, on voit sur la figure indiquée que la partie caractéristique de l'aile supérieure dans le genre Aulaque se compose d'une radiale, de trois cubitales et de trois discoïdales, dont l'inférieure ne s'étend point jusqu'au bord postérieur de l'aile. Dans tous les autres genres de Pupivores que nous connoissons, il manque une ou plusieurs de ces cellules et quelquefois la discoïdale inférieure s'étend jusqu'au bord postérieur de l'aile. Il en est ainsi dans les genres Évanie, Stéphane et quelques autres.

Dans celui d'Ichneumon première famille et d'Anomalon, il n'y a que deux cellules discoïdales, ce sont la seconde supérieure et l'inférieure; dans ces deux derniers genres la première discoïdale supérieure est confondue avec la première cubitale: mais elle est assez souvent indiquée par un petit trait partant de l'angle rentrant de la première cubitale. Lorsque la première discoïdale se confond avec la première cubitale, la première nervure récurrente manque toujours. Lorsque la cellule discoïdale inférieure s'étend jusqu'au bord postérieur de l'aile, il n'y a jamais de seconde nervure récurrente. Pour nous faire plus facilement comprendre, nous nous sommes servis des figures de Jurine qui avoisinent celle du genre Aulaque citée plus haut. Nous avons employé les mêmes dénominations que lui pour parler des genres qu'il y figure, sans les approuver jusque-là ni les rejeter.

(S. F. et A. Serv.)

PYCNOGONIDES, *Pycnogonides*. Lat. *Podosomata*. Léach. Famille d'Arachnides de l'ordre des Trachéennes, dont les caractères sont, suivant M. Latreille (*Fam. natur. du Règne anim.*) : siphon indivis, tuberculaire, avancé, tantôt accompagné de deux chélicères et deux palpes, tantôt simplement de deux palpes, même privé de ces deux sortes d'organes. Quatre yeux sur un tubercule. Céphalothorax occupant presque la longueur du corps. Pieds souvent fort longs, terminés par des crochets inégaux ; deux pieds ovifères, situés à la base des premiers.

Les Arachnides de cette famille avoient été mis par Linné avec les Faucheurs, *Phalangium*. Brunnich a formé le genre *Pycnogonum*, avec l'espèce que le naturaliste suédois avoit nommée *Faucheur des baleines*. Fabricius a établi à côté de celui-ci le genre *Nymphon*, et a pris pour type de ce genre le *Pycnogonum grossipes* d'Othon Fabricius. Ces deux genres font partie de l'ordre des Ryngotes du Système de Fabricius ; selon M. Savigny, les Pycnogonides font le passage des Arachnides aux Crustacés ; enfin, dans la Méthode de Léach, ils forment le premier ordre de la sous-classe des Céphalostomates, celui des Podosomates ; il le partage en deux familles, les Pycnogonides et les Nymphonides, dont les caractères sont fondés sur l'absence ou la présence des mandibules.

Le corps des Pycnogonides est ordinairement linéaire, avec les pieds très-longs, de neuf à huit articles, et terminés par deux crochets inégaux paroissant n'en former qu'un seul, et dont le petit est fendu. Le premier article du corps tenant lieu de tête et de bouche, forme un tube avancé, presque cylindrique ou en cône tronqué, simple, mais offrant quelquefois des apparences de sutures longitudinales (*voyez* Phoxichile) avec une ouverture triangulaire ou figurée en trèfle à son extrémité. A sa base supérieure sont adossés, dans plusieurs, deux mandibules et deux palpes que les auteurs ont pris pour des antennes : on ne voit dans d'autres que cette dernière paire d'organes ; il en est enfin qui en sont privés, ainsi que de mandibules. Les mandibules sont avancées, cylindriques ou presque filiformes, simplement prenantes, plus ou moins longues, composées de deux articles, dont le dernier en forme de main ou de pince, avec deux doigts ; le supérieur est mobile et représente un troisième article ; l'inférieur est quelquefois plus court ; ces mandibules ont aussi la forme de petits pieds. Les deux palpes insérés sous l'origine des mandibules, sont filiformes, de cinq articles, avec un crochet au bout du dernier. Chaque segment suivant, à l'exception du dernier, sert d'attache à une paire de pieds ; mais le premier, ou celui avec lequel s'articule la bouche, a sur le dos, un tubercule portant de chaque côté deux yeux lisses, et en dessous, dans les femelles seulement, deux autres petits pieds repliés sur eux-mêmes, et portant les œufs qui sont rassemblés autour d'eux en une ou deux pelotes, ou bien en manière de verticilles ; le dernier segment est petit et percé d'un petit trou à son extrémité ; on ne découvre aucun vestige de stigmates, et peut-être respirent-ils par cette ouverture.

Les Pycnogonides se tiennent sur les bords de la mer, parmi les varecs et les conferves, et s'y nourrissent de petits animaux marins ; quelques-uns vivent sur les cétacés. Ils marchent très-lentement et s'accrochent par leurs ongles aux corps qu'ils rencontrent.

Cette famille se compose des genres :

NYMPHON, *Nymphon*. Voyez ce mot.

AMMOTHÉE, *Ammothea*. Léach. Lat. Ce genre a été établi par M. Léach (*The Zoological miscellany*, etc. et *Trans. Linn. Soc. tom. XI*) ; il est très-voisin du genre Nymphon, dont il diffère surtout par les mandibules beaucoup plus courtes que le siphon, par les palpes composés de neuf articles et par les crochets des tarses qui sont doubles et inégaux. On n'en connoît qu'une espèce, l'Ammothée de la Caroline, *Ammothea Carolinensis*, décrite et figurée dans les ouvrages que nous avons cités plus haut. Elle habite les côtes de la Caroline méridionale.

PHOXICHILE, *Phoxichilus*. Voyez ce mot.

PYCNOGONON, *Pycnogonum*. Brunn. Mull. Oth. Fab. Joan. Fab. Oliv. Lat. Lam.

Les caractères de ce genre sont : point de mandibules ni de palpes ; suçoir en forme de cône alongé et tronqué ; corps presqu'ovale, point linéaire ; pattes de longueur moyenne, de huit articles ; les fausses pattes ovifères de la femelle très-courtes.

Ces Arachnides diffèrent des autres genres de la même famille par l'absence des mandibules et des palpes, et par les proportions plus courtes du corps et des pattes qui paroissent avoir un article de moins que dans les autres Pycnogonides ; l'avant-dernier article ne paroît former, dans les Pycnogonons, qu'un petit nœud inférieur, et joignant le dernier article des tarses avec le précédent.

La seule espèce de ce genre est le PYCNOGONON DES BALEINES, *Pycnogonum balænarum*, figuré par Brunnich, Muller (*Zool. Dan. tab.* 119. *fig.* 10-12) et quelques autres naturalistes. Il vit sur les cétacés.

Le *Pycnogonum ceti* FAB. est le type du genre CYAME. *Voy.* ce mot à la suite de l'article PROTON de ce Dictionnaire. (E. G.)

PYRALE, *Pyralis*. FAB. LAT. *Phalæna* (*Tortrix*). LINN. *Phalæna*. GEOFF. *Tortrix*. HUB. *Tinea*. FAB.

Genre d'insectes de l'ordre des Lépidoptères, famille des Nocturnes, tribu des Tordeuses. Cette tribu ne comprend que le seul genre Pyrale.

Antennes simples dans les deux sexes, presque sétacées. — *Langue* membraneuse, distincte. — *Deux palpes* peu alongés et formant alors un petit museau ou longs, avancés, recourbés sur la tête en forme de cornes. — *Ailes supérieures* élargies en chappe à leur base, formant avec le corps une espèce d'ellipse tronquée ou un triangle dont les côtés opposés sont arqués près de leur réunion. — *Chenilles* à seize pattes, rases ou peu velues, roulant les feuilles ou en pliant les bords; vivant quelquefois dans l'intérieur des fruits. Chrysalide renfermée dans une coque.

Les chenilles des espèces de ce genre se nourrissent du parenchyme des feuilles, de la pulpe des fruits et de leurs pepins. On connoît un grand nombre d'espèces de Pyrales, la plupart européennes. On les a nommées Phalènes-chappes ou à larges épaules parce que le bord externe de leurs ailes supérieures est arqué à sa base et se rétrécit ensuite; leur forme est courte, large, en ovale tronqué. Ces lépidoptères sont vifs, souvent agréablement colorés, mais leur taille est petite. Ils portent leurs ailes en toit écrasé ou presqu'horizontales, mais toujours couchées sur le corps; les supérieures se croisent un peu le long de leur bord interne.

La forme des palpes dans les Pyrales varie beaucoup ainsi que les mœurs, et ce genre paroît demander un nouveau travail pour être restreint dans ses justes limites, ce qui ne peut entrer dans le cadre du présent ouvrage. Nous renvoyons donc aux espèces pour traiter des différences qu'elles présentent entr'elles sous ces deux points de vue.

1. PYRALE verte à bandes, *P. quercana*.

Pyralis alis superioribus viridibus, strigis duabus obliquis margineque postico albidis; inferioribus albis.

Pyralis prasinaria. FAB. *Ent. Syst. tom.* 3. *part.* 2. *pag.* 243. *n°.* 4. — *Tortrix quercana*. HUB. *Tortric. tab.* 25. *fig.* 159. *Larv. Tortric. Pseudotortr.* A. a. *n°.* 1. — *Phalæna tortrix prasinana*. DE VILL. *tom.* 2. *pag.* 388. *n°.* 649. —RÉAUM. *Ins. tom.* 1. *pl.* 39. *fig.* 10-14. — DE GÉER, *Ins. tom.* 1. *pag.* 58. *pl.* 3. *fig.* 1-3, *et tom.* 2. *pag.* 410. — La Chappe verte à bande. GEOFF. *Ins. Paris. tom.* 2. *pag.* 172. *n°.* 124. — *Encycl. pl.* 91. *Pyral. fig.* 1. — *Pyralis prasiniana*. PANZ. *Faun. Germ. fas.* ». *fig.* 23.

Envergure 15 lig. Antennes blanchâtres ou rougeâtres. Palpes courts. Tête et corselet verts. Ailes supérieures de même couleur avec deux lignes étroites obliques et les bords extérieur et postérieur blanchâtres. Dessus des inférieures d'un blanc-verdâtre. Abdomen, dessous du corps et des ailes blanchâtres. Pattes de même couleur avec quelques nuances rougeâtres sur les antérieures.

Chenille d'un beau vert-clair ayant une ligne jaune latérale qui commence après le troisième segment et va jusqu'à l'anus. On voit un petit tubercule sur le dos du second segment. La partie postérieure du corps est beaucoup plus mince que l'antérieure et la chenille retire souvent sa tête sous les premiers segmens du corps; elle vit sur le chêne et quelques autres arbres. Sa coque est entièrement composée de soie d'un jaune-serin, elle a la forme d'un bateau renversé; pour la construire la chenille file séparément l'une à côté de l'autre deux pièces semblables de la forme d'une coquille, elle en réunit ensuite les bords supérieurs avec de la soie. Renfermée dans la cavité qui se trouve entre ces deux pièces, la chenille donne de la solidité aux parois en filant de nouvelle soie. C'est vers le milieu du printemps qu'elle la construit, et l'insecte parfait en sort environ un mois après. La chrysalide est verdâtre avec une ligne dorsale de points noirs.

Des environs de Paris.

Nota. Pour bien comprendre la synonymie de cette espèce et de la suivante, il est nécessaire de lire les Remarques de De Villers, tom. 2, pag. 387, n°. 648, et la phrase de la *Fauna Suecica* de Linné qu'il rapporte.

2. PYRALE du Hêtre, *P. prasinana*.

Pyralis alis superioribus viridibus, strigis duabus aut tribus obliquis, albido-luteis, margine postico lœtè rufo; inferioribus luteo-albidis.

Pyralis fagana. FAB. *Ent. Syst. tom.* 3. *part.* 2. *pag.* 243. *n°.* 5. — LAT. *Gener. Crust. et Ins. tom.* 4. *pag.* 230. — PANZ. *Faun. Germ. fas.* ». *fig.* 22. — *Phalæna tortrix prasinana*. LINN. *Syst. Nat.* 2. 875. 285. — *Tortrix prasinana*. HUB. *Tortric. tab.* 25. *fig.* 158. Le mâle. *Larv. Tortric. Pseudotortric.* A. a. *n°.* 2. — *Phalæna tortrix fagana*. DE VILL. *Ins. tom.* 2. *pag.* 387. *n°.* 648. — La Phalène verte ondée. GEOFF. *Ins. Paris. tom.* 2. *pag.* 172. *n°.* 125. — *Encycl. pl.* 91. *Pyral. fig.* 4.

Envergure 11 lig. Antennes rougeâtres. Palpes courts. Tête et corselet verts. Parties de la bouche rougeâtres. Ailes supérieures vertes avec trois lignes blanchâtres, obliques, bordées d'un vert plus intense et les bords extérieur et postérieur jaunes ou rougeâtres. Dessus des inférieures d'un blanc-jaunâtre. Abdomen, dessous du corps et des ailes d'un vert-blanchâtre. Pattes d'un jaune-rougeâtre. Femelle.

Dans le mâle les nuances jaunes et rougeâtres sont plus prononcées. Chenille d'un beau vert, ayant une ligne latérale jaune qui commence au premier segment et va jusqu'à l'anus; elle a en outre une ligne dorsale jaune accompagnée de traits obliques et de points de même couleur; pattes rougeâtres. Sa conformation est la même que celle de la précédente. Elle vit sur le hêtre. Sa coque est semblable à celle de la Pyrale verte à bandes, mais de couleur feuille morte.

Des environs de Paris.

3. Pyrale clorane, *P. clorana.*

Pyralis alis superioribus viridibus, margine externo latè posticoque albis; inferioribus albis, strigâ submarginali viridi.

Pyralis clorana. Fab. *Ent. Syst. tom.* 3. *part.* 2. *pag.* 244. *n°.* 8. — Lat. *Gen. Crust. et Ins. tom.* 4. *pag.* 230. — *Phalæna tortrix clorana.* Linn. *Syst. Nat.* 2. 876. 287. — *Tortrix clorana.* Hub. *Tortric. tab.* 25. *fig.* 160. *Larv. Tortric. Pseudotortric.* A. *n°.* 1. — Réaum. *Ins. tom.* 2. *pl.* 18. *fig.* 1-7. — *Encycl. pl.* 91. *Pyral. fig.* 5-9.

Envergure 7 lig. Antennes grises. Palpes courts. Tête et devant du corselet d'un blanc-argenté, partie postérieure de celui-ci verte. Ailes supérieures de cette dernière couleur avec une large bande à leur bord externe et l'extrémité de la frange postérieure blanches. Ailes inférieures d'un blanc-argenté avec une petite ligne verdâtre peu marquée qui accompagne le bord postérieur. Dessous des quatre ailes et du corps d'un blanc-argenté. Pattes de même couleur.

Chenille d'un blanc-verdâtre avec des nuances brunes sur les côtés du corps qui forment une large bande irrégulière. On voit sur chaque segment plusieurs tubercules portant chacun un poil noir; sa conformation est absolument celle des précédentes. Elle vit sur le saule et se tient ordinairement dans un paquet qu'elle fait avec les feuilles du bout des tiges réunies par des fils de soie. Arrivée à sa grosseur vers le milieu de l'été, elle se construit une coque de soie blanche de la même forme que celle des Pyrales précédentes; elle y passe l'hiver en chrysalide et n'en sort qu'au commencement de l'été suivant. La chrysalide est d'un brun-jaunâtre saupoudré d'une matière farineuse.

Environs de Paris.

4. Pyrale verdâtre, *P. viridana.*

Pyralis alis superioribus viridibus; inferioribus griseis: omnium marginibus albidis.

Pyralis viridana. Fab. *Ent. Syst. tom.* 3. *part.* 2. *pag.* 244. *n°.* 7. — Panz. *Faun. Germ. fas.* ». *fig.* 24. — *Phalæna tortrix viridana.* Linn. *Syst. Nat.* 2. 875. 286. — *Tortrix viridana.* Hub. *Tortric. tab.* 25. *fig.* 156. — La Chappe verte. Geoff. *Ins. Paris. tom.* 2. *pag.* 171. *n°.* 123.

Envergure 6 lig. Antennes grises, palpes droits, de longueur moyenne. Tête jaunâtre. Corselet vert. Ailes supérieures de même couleur, les inférieures d'un gris-cendré. Bordure des quatre ailes blanchâtre. Dessous du corps et des ailes ainsi que les pattes, d'un blanc-argenté.

Chenille verte avec des tubercules noirs portant chacun un poil de cette couleur. Pattes postérieures jaunes. Chrysalide brune, son extrémité postérieure terminée par deux petites pointes. Vit sur différens arbres tels que le chêne, le lilas, etc.

Commune aux environs de Paris.

5. Pyrale de Godart, *P. Godarti.*

Pyralis alis superioribus fusco-vinosis, maculâ disci fenestratâ, angulo externo postico dilatato, subhamato-producto; inferioribus albidis, margine postico fusco-vinoso.

Envergure 15 lig. Femelle. 10 lig. Mâle. Antennes d'un gris-vineux. Palpes extrêmement courts, de même couleur ainsi que la tête et le corselet. Ailes supérieures d'une nuance plus claire avec quelques lignes transverses, ondées, d'un brun-vineux foncé, dont une près du milieu de l'aile plus large que les autres; celles-ci cantonnées vers le bord postérieur; sur le disque assez près du bord externe on voit une plaque ovale, irrégulière, blanche, assez transparente; angle extérieur de l'aile prolongé en une pointe très-saillante, recourbée en crochet. Ailes inférieures d'un blanc-sale un peu vineux surtout vers le bord postérieur. Dessous des quatre ailes roussâtre, les bords postérieurs plus foncés. Corps et pattes roussâtres. Femelle.

Le mâle est d'une taille bien plus petite, sa couleur est beaucoup plus vineuse et empêche presque de distinguer les lignes transverses.

Du Brésil.

Nota. Nous consacrons cette nouvelle espèce à l'estimable auteur de l'article Papillon de ce Dictionnaire.

6. Pyrale du Rosier, *P. rosana.*

Pyralis alis superioribus luteis, flavo maculatis, strigis argenteis; inferioribus fuscis.

Tortrix rosana. Hub. *Tortric. tab.* 22. *fig.* 137.

Envergure

Envergure 6 lig. Palpes droits, de longueur moyenne. Antennes grises. Tête et corselet jaunes. Ailes supérieures jaunes, bordées et un peu nuancées d'aurore, avec quatre bandes transverses, irrégulières, brunes, chargées d'écailles argentées. Ailes inférieures grises. Corps et dessous des ailes inférieures jaunâtres; celui des supérieures de cette même couleur, avec une bande brune qui accompagne le bord postérieur. Pattes grises.

On la trouve dans les jardins sur les rosiers.

Nota. Cette espèce nous paroît différer essentiellement de celle qui porte le même nom dans Linné et dans Fabricius.

7. PYRALE du Groseillier, *P. ribeana.*

Pyralis alis superioribus fuscis lutescentibusve, basi, fasciâ latâ mediâ alterâque posticâ sæpiùs abbreviatâ, fuscioribus.

Tortrix ribeana. HUB. *Tortric. tab.* 18. *fig.* 114. — La Chappe brune. GEOFF. *Ins. Paris. tom.* 2. *pag.* 169. *n°.* 118, et la Chappe à bande et tache brune. *Id. pag.* 170. *n°.* 119.

Envergure 7 lig. Palpes droits, assez longs. Antennes brunes. Tête, corselet et fond des ailes supérieures d'un jaune-roussâtre, ces dernières ayant trois bandes brunes transversales, l'une vers la base, l'autre au milieu, la dernière près du bord postérieur; celle-ci ainsi que la première souvent raccourcie et n'atteignant pas le bord intérieur. Ailes inférieures grises, leur bord extérieur souvent blanchâtre, ce bord portant quelquefois des points bruns. Corps, pattes et dessous des quatre ailes d'un blanc-jaunâtre. Femelle.

La couleur jaunâtre passe souvent dans le mâle au brun-roussâtre.

Chenille verte à tête et tubercules épars, noirs; elle est très-vive et habite dans des feuilles roulées, particulièrement dans celles du lilas.

Très-commune aux environs de Paris.

Nota. Nous croyons pouvoir rapporter à cette espèce les figures 113, 115 et 117 de la pl. 18 de M. Hübner, ainsi que celles 118, 119 et 120 de la pl. 19. Peut-être aussi la *Pyralis xylosteana* de Fabricius n'est-elle que la même espèce. La *Phalæna tortrix xylosteana* de Linné paroît s'en éloigner beaucoup plus.

8. PYRALE de Lech, *P. lecheana.*

Pyralis alis superioribus testaceo-fuscis, maculis argenteis litteras J. L. *fingentibus; inferioribus fuscis.*

Pyralis lecheana. FAB. *Entom. Syst. tom.* 3. *part.* 2. *pag.* 260. *n°.* 73. — *Phalæna tortrix lecheana.* LINN. *Syst. Nat.* 2. 877. 301. — *Tortrix lecheana.* HUB. *Tortric. tab.* 11. *fig.* 67.

Envergure 10 lig. Antennes brunâtres. Tête et corselet de même couleur avec quelques écailles argentées, brillantes. Dessus des ailes supérieures d'un brun-testacé, ayant chacune deux lignes argentées qui paroissent représenter les lettres J. L. et quelques points de même couleur. Ailes inférieures brunes.

On la trouve en Europe sur le bois de Sainte-Lucie. (*Prunus Padus.*)

9. PYRALE de Zoega, *P. zoegana.*

Pyralis alis superioribus flavis, puncto medio ferrugineo, posticè ferrugineis maculâ flavâ; inferioribus griseis.

Pyralis zoegana. FAB. *Entom. Syst. tom.* 3. *part.* 2. *pag.* 256. *n°.* 55. — *Phalæna tortrix zoegana.* LINN. *Syst. Nat.* 2. 876. 289. — *Tortrix zoegana.* HUB. *Tortric. tab.* 22. *fig.* 138. — *Encycl. pl.* 91. *Pyral. fig.* 12.

Envergure 7 à 8 lig. Palpes droits, alongés. Antennes d'un jaune-grisâtre. Tête jaunâtre, corselet de cette couleur, avec ses côtés ferrugineux. Ailes supérieures jaunes, ayant un peu de ferrugineux à leur base et une petite tache de même couleur sur leur disque près du bord intérieur; l'extrémité de ces ailes ferrugineuse renfermant une tache jaune. Ailes inférieures d'un gris-brunâtre. Dessous des quatre ailes, corps et pattes, jaunâtres.

Des environs de Paris.

10. PYRALE de Fraun, *P. frauniana.*

Pyralis alis superioribus fuscis, maculâ communi dorsali mediâ punctisque ad marginem exteriorem albido-aureis.

Tortrix frauniana. HUB. *Tortric. tab.* 7. *fig.* 38.

Envergure 5 lig. Palpes courts. Antennes brunâtres; tête et corselet de cette couleur avec des points dorés, brillans. Ailes supérieures brunes avec une tache dorsale commune à toutes deux lorsqu'elles sont fermées, de forme arrondie, blanche, changeant en or vue à certain jour; il y a quelques points de même couleur le long du bord extérieur. Ailes inférieures brunes. Frange des quatre ailes d'un vert-doré. Corps, pattes et dessous des quatre ailes bruns, avec un reflet doré.

Environs de Paris.

11. PYRALE à crochet, *P. hamana.*

Pyralis alis superioribus flavis, puncto liturâque posticâ hamatâ ferrugineis; inferioribus griseis.

Phalæna tortrix hamana. LINN. *Syst. Nat.* 2. 876. 290. — DE VILL. *Ins. tom.* 2. *pag.* 390. *n°.* 654. — *Tortrix hamana.* HUB. *Tortric. tab.* 22. *fig.* 140.

Envergure 7 lig. Tête et corselet jaunes; dessus des ailes supérieures de même couleur, avec un point commun lorsqu'elles sont fermées, de couleur ferrugineuse; elles portent chacune une bande de cette couleur qui part de l'angle postérieur et se recourbe en crochet vers le milieu de l'aile. Ailes inférieures grises ainsi que le corps.

Se trouve en France.

12. Pyrale de Christiernin, *P. christiernana.*

Pyralis alis superioribus flavis, venis ferrugineis reticulatis; inferioribus griseis.

Pyralis christiernana. Fab. *Ent. Syst. tom.* 3. *part.* 2. *pag.* 260. *n°.* 74. — *Pyralis christierniana.* Panz. *Faun. Germ. fas.* ». *fig.* 23. — *Phalæna tortrix christiernana.* Linn. *Syst. Nat.* 2. 877. 303. — *Tortrix christiernana.* Hub. *Tortric. tab.* 24. *fig.* 152.

Envergure 7 lig. Antennes et tête d'un jaune-pâle. Corselet ferrugineux. Ailes supérieures d'un beau jaune, portant des bandes ferrugineuses irrégulières, qui s'anastomosent entr'elles et forment une espèce de réseau. Ailes inférieures et abdomen de couleur grise. Dessous des quatre ailes pâle.

Du nord de l'Europe.

13. Pyrale de Kækéritz, *P. kœkeritziana.*

Pyralis alis superioribus flavescentibus, puncto medio margineque postico ferrugineis; inferioribus fuscis.

Pyralis kaekritziana. Fab. *Ent. Syst. tom.* 3. *part.* 2. *pag.* 256. *n°.* 57. — *Phalæna tortrix kœkeritziana.* Linn. *Syst. Nat.* 2. 876. 291. — *Tortrix kœkeritziana.* Hub. *Tortric. tab.* 26. *fig.* 163.

Envergure 10 lig. Antennes brunes. Tête et corselet jaunâtres. Dessous des ailes supérieures jaune avec un point discoïdal ferrugineux et une bande de même couleur qui accompagne le bord extérieur. Ailes inférieures brunes.

D'Europe.

14. Pyrale de Hast, *P. hastiana.*

Pyralis alis superioribus fusco-castaneis, fasciâ obliquâ margineque postico albidis; inferioribus fuscis.

Pyralis hastiana. Fab. *Ent. Syst. tom.* 3. *part.* 2. *pag.* 261. *n°.* 79. — *Phalæna tortrix hastiana.* Linn. *Syst. Nat.* 2. 878. 311. — *Tortrix hastiana.* Hub. *Tortric. tab.* 29. *fig.* 186. — *Encycl. pl.* 91. *Pyral. fig.* 15.

Envergure 7 lig. Antennes brunes. Tête, corselet et abdomen d'un brun-marron. Dessus des ailes supérieures de cette même couleur avec une bande oblique qui part du milieu du bord extérieur et se dirige vers l'angle postérieur, de couleur blanchâtre ainsi qu'une ligne qui accompagne le bord postérieur. Ailes inférieures brunes.

D'Europe. La chenille vit sur le saule.

15. Pyrale fasciée, *P. rivulana.*

Pyralis alis superioribus griseo-fuscis, fasciis tribus albidis secundâ bis bifidâ; inferioribus griseis.

Pyralis undana. Fab. *Ent. Syst. tom.* 3. *part.* 2. *pag.* 281. *n°.* 160. — *Phalæna tortrix rivulana.* De Vill. *Ins. tom.* 2. *pag.* 423. *n°.* 754. — *Tortrix rivulana.* Hub. *Tortric. tab.* 29. *fig.* 184.

Envergure 5 lig. Antennes, tête et corselet d'un gris-brun. Dessus des ailes supérieures de cette même couleur avec trois bandes blanchâtres dont la seconde se divise deux fois en avançant vers le bord extérieur; on voit aussi quelques points blanchâtres le long de ce bord. Ailes inférieures d'un gris-clair, leur bord postérieur plus foncé.

D'Europe.

Nota. Scopoli a décrit le premier cette espèce sous le nom que nous lui conservons.

16. Pyrale roussâtre, *P. rufana.*

Pyralis alis superioribus luteis, maculâ marginali fuscâ punctoque medio albo; inferioribus griseis.

Pyralis rufana. Fab. *Ent. Syst. tom.* 3. *part.* 2. *pag.* 263. *n°.* 87. — *Tortrix rufana.* Hub. *Tortric. tab.* 28. *fig.* 178, *et tab.* 20. *fig.* 127.

Envergure 6 lig. Antennes, tête et corselet bruns. Dessus des ailes supérieures jaunâtre avec une tache presque triangulaire brune qui commence un peu avant le milieu du bord extérieur et finit à l'angle supérieur dont elle occupe la moitié, le troisième angle de la tache se termine vers le milieu de l'aile près d'un gros point rond, de couleur blanche qui manque quelquefois; ailes inférieures grises.

D'Europe.

17. Pyrale moyenne, *P. mediana.*

Pyralis alis superioribus fusco-ferrugineis, maculâ duplici aurantiacâ; inferioribus nigris.

Pyralis mediana. Fab. *Ent. Syst. tom.* 3. *part.* 2. *pag.* 248. *n°.* 172. — *Tortrix mediana.* Hub. *Tortric. tab.* 28. *fig.* 179.

Envergure 5 lig. Antennes, tête, corselet et abdomen noirâtres. Dessus des ailes supérieures d'un brun-ferrugineux avec deux grandes taches d'un beau jaune et une petite ligne de même couleur qui accompagne le bord postérieur. Ailes inférieures noires, bordées comme les supérieures.

D'Autriche.

18. Pyrale lunulée, *P. lunulana.*

Pyralis alis fuscis, superioribus lineâ arcuatâ dorsali communi albâ.

Pyralis dorsana. Fab. *Ent. Syst. tom.* 3. *part.* 2. *pag.* 282. *n°.* 164. — *Tortrix lunulana.* Hub. *Tortric. tab.* 7. *fig.* 35.

Envergure 7 lig. Ailes noirâtres, les supérieures ayant une ligne blanche arquée, commune, qui s'arrête vers le milieu de l'aile et forme un demi-cercle sur le dos, lorsqu'elles sont fermées; elles ont en outre quelques points de même couleur le long du bord externe et deux lignes un peu argentées accompagnant le bord postérieur.

D'Allemagne.

Nota. Fabricius nous paroît rapporter mal-à-propos à cette espèce la Teigne n°. 16 de Geoffroy. La *Pyralis conwayana* de Fab. n°. 149 (*Tortrix montana.* Hub. n°. 37.) nous semble très-voisine de celle-ci et n'en être qu'une simple variété sexuelle.

19. Pyrale des pommes, *P. pomana.*

Pyralis alis superioribus fuscis griseo strigulatis, plagâ apicis communi fuscâ, aureo maculatâ; inferioribus fuscis.

Pyralis pomana. Fab. *Ent. Syst. tom.* 3. *part.* 2. *pag.* 279. *n°.* 155. — Lat. *Gener. Crust. et Ins. tom.* 4. *pag.* 230. — *Phalæna Tinea pomonella.* Linn. *Syst. Nat.* 2. 892. 401. — *Tortrix pomonana.* Hub. *Tortric. tab.* 6. *fig.* 30. *Larv. tortric. noctuoid.* C. b. *n°.* 2. — Réaumur, *Ins. tom.* 2. *pl.* 40. *fig.* 1-10. — *Encycl. pl.* 92. *Pyral. fig.* 8-13.

Envergure 8 lig. Palpes assez longs, leur second article le plus grand de tous, recourbé; le dernier petit, dirigé en avant. Antennes, tête et corselet d'un brun-chocolat, dessus des ailes supérieures de même couleur avec un grand nombre de lignes irrégulières d'un blanc-argenté, leur partie postérieure portant une tache dorsale commune, semi-lunaire, privée de lignes blanches et ayant des plaques dorées assez grandes. Ailes inférieures brunes surtout vers leur bord extérieur. Dessous des quatre ailes grisâtre avec beaucoup de lignes transversales de couleur brune. Abdomen, dessous du corps et pattes d'un gris-brun à reflet argenté.

Chenille d'un blanc-jaunâtre quelquefois un peu rougeâtre, tachetée de noir, avec quelques poils courts, épais. Tête d'un brun-rougeâtre. Elle vit dans l'intérieur des pommes dont elle mange principalement les pepins et les parties qui les avoisinent. L'œuf paroît avoir été déposé dans le fruit quand il étoit encore très-petit. La chenille n'éclot que lorsque la pomme a déjà atteint les deux tiers de sa grosseur; pour se transformer en chrysalide elle sort du fruit et se file une coque à la superficie de la terre parmi des débris de feuille ou sous les écorces; elle passe l'hiver sous cette forme et l'insecte parfait paroît de bonne heure au printemps. Les fruits ainsi rongés à l'intérieur atteignent leur maturité avant ceux qui sont restés intacts, et n'en sont pas moins agréables au goût.

Des environs de Paris.

20. Pyrale rosée, *P. fagana.*

Pyralis alis superioribus flavis, roseo irroratis, maculis duabus costalibus luteis; inferioribus luteo-albidis.

Pyralis quercana. Fab. *Ent. Syst. tom.* 3. *part.* 2. *pag.* 271. *n°.* 126. — *Tortrix fagana.* Hub. *Tortric. tab.* 24. *fig.* 153.

Envergure 7 lig. Palpes longs, recourbés, leur second article très-long, un peu en massue, le terminal long, conique, pointu. Antennes fort longues, d'un rose pâle. Tête et corselet jaunâtres. Dessus des ailes supérieures d'un jaune un peu aurore nuancé de rose-vif surtout vers les bords extérieur et postérieur, avec deux taches jaunes placées le long du bord extérieur. Leur dessous presqu'entièrement rose. Ailes inférieures d'un blanc-jaunâtre avec les bords rosés tant en dessus qu'en dessous. Pattes blanchâtres, les quatre antérieures nuancées de rose.

Nota. On aperçoit quelquefois des petits points noirs sur les ailes supérieures.

On la trouve aux environs de Paris dans les bois et les jardins.

21. Pyrale de la Berce, *P. heracleana.*

Pyralis alis superioribus griseis, strigis atomisque nigris, punctis duobus nigris albo pupillatis, strigâ suppositâ nigrâ; inferioribus griseo-albidis.

Pyralis heracleana. Fab. *Ent. Syst. tom.* 3. *part.* 2. *pag.* 286. *n°.* 178. — Lat. *Gener. Crust. et Ins. tom.* 4. *pag.* 230. — *Phalæna tortrix heracliana.* Linn. *Syst. Nat.* 2. 880. 326. — De Géer, *Ins. tom.* 1. *pag.* 424. *pl.* 29. *fig.* 1-8.

Envergure ». Palpes absolument conformés comme ceux de l'espèce précédente. Ailes grises, les supérieures ayant de petites taches et des raies noirâtres, avec deux petits points blancs bordés de noir, au-dessus desquels est un petit trait de cette dernière couleur.

Chenille verte ayant trois lignes longitudinales d'un brun-verdâtre, une dorsale et une de chaque côté du corps. Chacun de ses segmens porte deux petits points noirs. Elle est très-vive, habite sur les plantes ombellifères, notamment la Berce (*Heracleum sphondylium*). Elle en lie les fleurs avec de la soie et après les avoir rongées elle descend sur les tiges, pénètre dans leur intérieur par l'aisselle des feuilles, et en mange la moelle. Elle en sort au commencement de l'été, s'enfonce en terre et y fait une coque ovale de grains de terre liés avec un peu de soie. Elle y reste environ un mois sous la forme de chrysalide; au bout de ce temps paroît l'insecte parfait.

De Géer a trouvé cette chenille sur le cerfeuil sauvage (*Chærophyllum sylvestre*); elle s'y tenoit dans des rouleaux de feuilles et se nourrissoit de ces mêmes feuilles. Cet auteur décrit fort au long la manière curieuse dont cette chenille forme son rouleau.

Nota. Les auteurs rapportent mal-à-propos à cette espèce des figures de Réaumur.

Des environs de Paris. (S. F. et A. Serv.)

PYROCHRE, *Pyrochroa*. Geoff. Fab. Lat. De Géer. Oliv. (*Entom.*) *Cantharis, Lampyris*. Linn.

Genre d'insectes de l'ordre des Coléoptères, section des Hétéromères, famille des Trachélides, tribu des Pyrochroïdes.

Cette tribu ne renferme que deux genres, Dendroïde et Pyrochre ; le premier se distingue suffisamment par son corselet rétréci en devant.

Antennes filiformes, pectinées dans les deux sexes, mais plus fortement dans les mâles, insérées devant les yeux, composées de onze articles, le premier alongé, pyriforme, le second petit, globuleux, les autres obconiques. — *Labre* membraneux, transverse, presque tronqué, un peu cilié antérieurement. — *Mandibules* cornées, foibles, arquées, aiguës, sans dentelures. — *Mâchoires* presque membraneuses, entières. — *Palpes maxillaires* filiformes, de quatre articles, le premier court, le second alongé, le troisième petit, le dernier long ; palpes labiaux plus courts que les maxillaires, triarticulés, articles cylindriques, alongés. — *Lèvre* bifide. — *Tête* presque triangulaire, un peu penchée, dégagée du corselet. — *Yeux* alongés, échancrés intérieurement. — *Corps* déprimé. — *Corselet* arrondi. — *Ecusson* petit. — *Elytres* planes, flexibles, allant un peu en s'élargissant vers l'extrémité. — *Pattes* longues, cuisses et jambes grêles ; tarses filiformes à pénultième article bilobé, le dernier long, arqué, terminé par deux crochets simples.

Ce genre ne contient à notre connoissance que quatre espèces, dont une d'Amérique. Leurs couleurs dominantes sont le noir et le rouge ; c'est de cette dernière qu'est pris le nom générique qui vient de deux mots grecs dont la signification est : *couleur de feu*. Leurs larves, du moins celle de la Pyrochre rouge, vivent dans le bois : elles ressemblent à celles des Ténébrions et des Hélops ; leur corps est un peu déprimé, le dernier segment abdominal porte deux grands crochets arqués en dedans. On rencontre les insectes parfaits au pied des haies, sur les buissons, sur les arbres et sous les écorces.

1. Pyrochre écarlate, *P. coccinea*.

Pyrochroa nigra, thorace suprà elytrisque sericeo coccineis.

Pyrochroa coccinea. Fab. *Syst. Eleut. tom.* 2. *pag.* 108. *n°.* 1. — Lat. *Gener. Crust. et Ins. tom.* 2. *pag.* 205. — Oliv. *Ent. tom.* 3. *Pyroch. n°.* 1. *pl.* 1. *fig.* 1. a. b. c. Femelle. — Panz. *Faun. Germ. fas.* 13. *fig.* 11. Mâle. — Gyllenh. *Ins. Suec. tom.* 1. *part.* 2. *pag.* 505. *n°.* 1. — *Lampyris coccinea*. Linn. *Syst. Nat.* 2. 646. 18.

Longueur 8 lig. Antennes, tête, écusson, dessous du corps et pattes de couleur noire. Dessus du corselet et élytres d'un beau rouge-soyeux. Mâle et femelle.

D'Allemagne et du midi de la France.

2. Pyrochre rouge, *P. rubens*.

Pyrochroa nigra, capite, thorace suprà, scutello elytrisque testaceo-rubris, his sericeis.

Pyrochroa rubens. Fab. *Syst. Eleut. tom.* 2. *pag.* 109. *n°.* 2. — Lat. *Gener. Crust. et Ins. tom.* 2. *pag.* 205. *n°.* 1. — Oliv. *Ent. tom.* 3. *Pyroch. n°.* 2. *pl. I. fig.* 2. a. b. Femelle. — Panz. *Faun. Germ. fas.* 95. *fig.* 5. Femelle. — Gyllenh. *Ins. Suec. tom.* 1. *part.* 2. *pag.* 507. *n°.* 2. — La Cardinale. Geoff. *Ins. Paris. tom.* 1. *pag.* 338. *n°.* 1. *pl.* 6. *fig.* 4.

Longueur 5 à 6 lig. Antennes, dessous du corselet, palpes, abdomen et pattes de couleur noire. Tête, dessus du corselet, écusson et élytres d'un fauve-rougeâtre, ces dernières soyeuses. Mâle et femelle.

Des environs de Paris.

Nota. Fabricius, Olivier et Panzer ont rapporté à tort le synonyme de Geoffroy à la Pyrochre écarlate.

3. Pyrochre pectinicorne, *P. pectinicornis*.

Pyrochroa nigra, thorace suprà elytrisque testaceo-rufis, fœminæ thoracis disco impresso fusco, maris antennis subflabellatis.

Pyrochroa pectinicornis. Fab. *Syst. Eleut. tom.* 2. *pag.* 109. *n°.* 4. — Oliv. *Ent. tom.* 3. *Pyrochr. n°.* 4. *pl.* 1. *fig.* 4. a. b. Femelle. — Panz. *Faun. Germ. fas.* 13. *fig.* 12. Mâle. — Gyllenh. *Ins. Suec. tom.* 1. *part.* 2. *pag.* 507. *n°.* 3. — *Cantharis pectinicornis*. Linn. *Syst. Nat.* 2. 650. 20.

Longueur 3 lig. ½. Antennes, tête, écusson, dessous du corselet, abdomen et pattes, de couleur noire. Dessus du corselet et élytres d'un testacé-roussâtre. Une impression brunâtre sur le disque du corselet dans la femelle. Antennes du mâle presqu'en panache.

D'Allemagne et du nord de l'Europe.

(S. F. et A. Serv.)

PYROCHROÏDES, *Pyrochroides*.

Première tribu de la famille des Trachélides, section des Hétéromères, ordre des Coléoptères. Ses caractères sont :

Corselet rond ou conique. — *Elytres* de la longueur de l'abdomen, de largeur égale ou plus dilatées et arrondies au bout. — *Crochets* des tarses simples, sans divisions ni appendices. — *Corps* alongé, droit, déprimé. — *Pénultième article* de tous les tarses bilobé. — *Antennes* en peigne ou en panache dans les mâles.

Cette tribu renferme les genres Pyrochre et Dendroïde.

DENDROÏDE, *Dendroides*. LAT. *Pogonocerus*. FISCH.

Genre d'insectes de l'ordre des Coléoptères, section des Hétéromères, famille des Trachélides, tribu des Pyrochroïdes.

Les Pyrochres qui avec les Dendroïdes composent cette tribu, se distinguent de celles-ci par leur corselet orbiculaire et par les articles de leurs antennes, seulement pectinés ou en scie.

Les caractères principaux assignés à ce genre sont : *Antennes* branchues, leurs articles se prolongeant latéralement en de longs filets. — *Corselet* conique, rétréci en devant.

M. Latreille donne pour type un insecte du Canada de la collection de M. Bosc; il le désigne sous le nom de *Dendroides canadensis*. Nous n'avons pas vu cette espèce. *Voyez* POGONOCÈRE.

(S. F. et A. SERV.)

PYTHE, *Pytho*. LAT. FAB. *Tenebrio*. LINN. DE GÉER. OLIV. (*Entom.*) *Cucujus*. PAYK. OLIV.

Genre d'insectes de l'ordre des Coléoptères, section des Hétéromères, famille des Sténélytres, tribu des Hélopiens.

Cinq genres composent cette tribu : Hélops, Hallomène, Pythe, Cistèle et Nilion. Les Hélops, les Cistèles et les Nilions par leur corps bombé, et les Hallomènes par la forme cylindrique du dernier article de leurs palpes maxillaires, se distinguent suffisamment des Pythes.

Antennes filiformes, insérées à nu devant les yeux, composées de onze articles, le premier obconique, les cinq suivans presque de cette même forme; les second, troisième et quatrième presqu'égaux entr'eux, les cinquième et sixième un peu plus courts que les précédens, les quatre suivans semi-globuleux, le onzième ou dernier ovale, diminuant de grosseur et finissant en pointe. — *Labre* apparent, membraneux, transverse, entier. — *Mandibules* avancées, fortes, déprimées, pointues. — *Mâchoires* à deux divisions presque triangulaires et velues, l'extérieure plus grande. — *Palpes* grossissant vers le bout, leur dernier article plus large, comprimé, presque triangulaire, tronqué; les maxillaires deux fois plus longs que les labiaux, s'avançant un peu en devant, de quatre articles, les labiaux de trois. — *Lèvre* coriace, membraneuse, profondément échancrée ou bifide, presqu'en cœur. — *Tête* avancée, un peu plus étroite que le corselet, presque triangulaire. — *Yeux* saillans, entiers. — *Corps* très-déprimé. — *Corselet* presqu'orbiculaire, tronqué en devant et postérieurement, aplati, sans rebords. — *Ecusson* petit. — *Elytres* point rebordées. — *Pattes* de longueur moyenne; cuisses ovales, étroites, comprimées : jambes longues, grêles, à peine élargies à l'extrémité; tarses courts, petits, à articles entiers; crochets courts.

Ce genre a été fondé par M. Latreille et adopté par les auteurs subséquens. Il paroît ne renfermer jusqu'à présent qu'une seule espèce qui varie beaucoup par les couleurs. On la trouve sous les écorces d'arbres, où il est probable que la larve trouve sa nourriture.

1. PYTHE déprimé; *P. depressus*.

Pytho depressus. DEJ. Catalog. — *Pytho cæruleus*. LAT. *Gener. Crust. et Ins. tom.* 2. *pag.* 196. *n°.* 1. — FAB. *Syst. Eleut. tom.* 2. *pag.* 95. *n°.* 1. — PANZ. *Faun. Germ. fas.* 95. *fig.* 2. — GYLL. *Ins. Suec. tom.* 1. *part.* 2. *pag.* 509. *n°.* 1. — *Tenebrio depressus*. LINN. *Syst. Nat.* 2. 675. 11. — OLIV. *Ent. tom.* 3. *Teneb. n°.* 19. *pl.* 2. *fig.* 18. — *Cucujus cæruleus*. OLIV. *Entom. tom.* 4. *Cucuj. n°.* 11. *pl.* 1. *fig.* 11. a. b. c.

Voyez pour les autres synonymes et la description Cucuje bleu, n°. 4, pl. 369. I. fig. 10. 11 et 12.

Variété A, élytres violettes. (*Pytho festivus*. FAB. *Syst. Eleut. tom.* 2. *pag.* 96. *n°.* 2.)

Variété B. Côtés du corselet châtains; élytres de même couleur, avec leur bord extérieur bleu. (*Pytho castaneus*. FAB. *Syst. Eleut. tom.* 2. *pag.* 96. *n°.* 3. — PANZ. *Faun. Germ. fas.* 95. *fig.* 3.)

Nota. Cet insecte varie beaucoup par l'étendue qu'occupe la couleur châtain-roussâtre, soit sur le dessous du corps, soit aux pattes, où elle passe souvent au noir : quelquefois elle s'étend plus ou moins sur le dessus du corselet et sur les élytres. Nous suivons ici l'exemple de MM. Gyllenhal et Dejean qui réduisent à une seule espèce ces diverses variétés.

HALLOMÈNE, *Hallomenus*. HELLW. PAYK. LATR. *Dircæa*. FAB. *Serropalpus*, *Dinophorus*. ILLIG.

Genre d'insectes de l'ordre des Coléoptères, section des Hétéromères, famille des Sténélytres, tribu des Hélopiens.

Le corps bombé en dessus est un caractère commun à trois genres de cette tribu; savoir : Hélops, Cistèle et Nilion. Les deux autres qui la complètent sont : Pythe et Hallomène; mais dans les Pythes le dernier article des palpes maxillaires est large, comprimé et presque triangulaire.

Antennes filiformes, insérées à nu presque dans l'échancrure des yeux, composées de onze articles presque tous courts et obconiques. — *Mandibules* cornées, arquées, bifides à leur extrémité. — *Mâchoires* membraneuses, courtes, bifides, leur lobe extérieur plus petit, arrondi à son extrémité, l'intérieur presque filiforme. — *Palpes* presque filiformes, les maxillaires beaucoup plus grands que les labiaux, avancés, un peu plus gros vers leur extrémité, leurs articles inégaux, le dernier court, cylindrique, tronqué. Palpes labiaux composés d'articles presqu'égaux entr'eux. — *Lèvre* membraneuse, petite, tronquée, entière. — *Tête* inclinée, plus étroite que le corselet, rétrécie antérieurement. — *Corps* ovale, étroit, un peu déprimé en dessus. — *Corselet* presque demi-circulaire, tronqué à sa partie antérieure, point rebordé. — *Ecusson* petit, arrondi postérieurement. — *Elytres* un peu rétrécies à leur partie postérieure, couvrant l'abdomen et les ailes. — *Pattes* de longueur moyenne, propres à sauter; tarses ayant tous leurs articles entiers.

Les mœurs des Hallomènes sont peu connues; ces insectes se trouvent dans les champignons et sous l'écorce des arbres. M. Paykull rapporte à ce genre les *Hallomenus micans* et *fasciatus*, que les auteurs subséquens placent dans le genre Orchésie. Le nom générique vient d'un mot grec qui signifie : *sauter*. Le petit nombre d'espèces connues appartient au nord de l'Europe.

1. Hallomène huméral, *H. humeralis*.

Hallomenus rufescens, sericeus, thorace maculis duabus nigris, posticè utrinquè impresso; elytris obsoletè striatis, humeris luteis.

Hallomenus humeralis. Lat. *Gener. Crust. et Ins. tom.* 2. *pag.* 194. *n°.* 1. *tom.* 1. *tab.* 10. *fig.* 11. — Panz. *Faun. Germ. fas.* 16. *fig.* 17. — *Hallomenus bipunctatus.* Payk. *Faun. Suec, tom.* 2. *pag.* 179. *n°.* 1. — *Dircæa humeralis.* Fab. *Syst. Eleut. tom.* 2. *pag.* 91. *n°.* 10.

Longueur 3 lig. D'un roux-brun, un peu pubescent. Corselet ayant deux marques noires sur son disque, plus ou moins grandes, et deux impressions à sa partie postérieure. Elytres légèrement striées, plus ou moins jaunes à leur base, surtout vers les angles huméraux. Abdomen et pattes pâles.

D'Allemagne et de Suède.

2. Hallomène flexueux, *H. flexuosus*.

Hallomenus suprà testaceus, thorace fasciâ unicâ, elytris fasciis duabus flexuosis, transversis, nigris.

Hallomenus flexuosus. Payk. *Faun. Suec. tom.* 2. *pag.* 182. *n°.* 5. — *Hallomenus undatus.* Panz. *Faun. Germ. fas.* 68. *fig.* 23.

Longueur 2 lig. Tête noire. Bouche testacée-brune. Antennes testacées, leurs articles intermédiaires noirs. Corselet testacé avec une ligne noire dorsale et transversale, un peu rétrécie dans son milieu. Ecusson testacé. Elytres testacées, glabres, luisantes, finement pointillées, avec deux bandes très-irrégulières, transversales, noires, communes aux deux élytres, mais n'atteignant point leur bord extérieur. Poitrine et abdomen de couleur brune. Pattes testacées.

Même patrie que le précédent.

(S. F. et A. Serv.)

QUADRICORNES ou POLYGNATES. M. Duméril donne ce nom dans sa *Zoologie analytique* à une famille d'Aptères dont les caractères sont: *des mâchoires. Abdomen peu distinct, ayant des pattes sous quelques anneaux.* Elle se compose des genres Physodes, Cloporte et Armadille.
(S. F. et A. Serv.)

QUADRILATÈRES, *Quadrilatera.* Troisième section de notre famille des Brachyures, classe des Crustacés, ordre des Décapodes, ayant pour caractères : point de pieds nageurs; test presque carré ou en cœur; front prolongé, infléchi ou très-incliné et formant une sorte de chaperon. Elle comprend les genres : *Ocypode, Gécarcin, Mictyre, Pinnothère, Gélasime, Grapse, Plagusie, Rhombille* ou *Gonoplace, Telphuse* (ou *Potamophile*), *Eriphie, Pilumne.* J'avois d'abord placé ceux de Mictyre et de Pinnothère dans la section des Orbiculaires. (Latr.)

QUEUE. *Voyez* Insecte, tom. 7, pag. 238.
(S. F. et A. Serv.)

QUEUE FOURCHUE. Nom donné par Geoffroy au *Bombix vinula* des auteurs. *Voyez* Bombix, n°. 90 de ce Dictionnaire.
(S. F. et A. Serv.)

QUEUE JAUNE. Geoffroy nomme ainsi la *Phalœna urticata.* Linn. *Botys urticata.* Lat.
(S. F. et A. Serv.)

RADIALE. M. Jurine ayant adopté comme premier caractère générique dans les Hyménoptères le nombre et la disposition des cellules des ailes supérieures, n'a pas jugé cependant à propos d'employer celle de toutes les parties de l'aile indistinctement; il n'a considéré que les cellules qui se trouvent bornées d'un côté par le point marginal ou épais et la partie du bord extérieur qui est inférieure à ce point et de l'autre côté par une nervure qu'il appelle *cubitus*, laquelle part de la partie supérieure du point marginal ou d'un peu au-dessus en se dirigeant à peu près vers le milieu du bord postérieur qu'elle atteint quelquefois. La cellule radiale que nous appellerons quelquefois simplement *radiale*, est celle qui est placée le long du bord extérieur de l'aile sous le point marginal; elle est bornée de l'autre côté par une nervure que M. Jurine appelle le *radius*, et qui, partant du point marginal, va rejoindre le bord de l'aile soit à sa partie extérieure, soit près de son angle extérieur. La radiale est nulle, appendiculée, double ou triple. Elle est nulle lorsque la partie inférieure du point marginal n'émet point de nervure qui commence au moins à séparer du reste de l'aile la partie inférieure et voisine du bord extérieur (Psile Jur.). Elle est incomplète lorsque la nervure dont nous venons de parler où le radius n'atteint par son extrémité inférieure aucune partie du bord de l'aile (Omale Jur.). Elle est complète lorsque la même nervure atteint ce bord (la plus grande partie des genres de l'ordre des Hyménoptères). Elle est simple lorsqu'elle n'est point divisée ou qu'elle ne porte point d'appendice à son extrémité (la plupart des Hyménoptères, tels que les Némates et les Ptérones Jur.). Elle est appendiculée lorsqu'elle porte à son extrémité postérieure une très-petite cellule complète ou incomplète (Crypte, Dimorphe, Gonie, Dinète Jur.). Elle est double ou il y a deux radiales lorsque l'espace qu'elle comprend est divisé par une nervure transversale en deux parties à peu près égales (Tenthrède, Dolère Jur. etc.). Enfin elle est triple ou il y a trois radiales lorsqu'elle se divise en trois portions presqu'égales comme dans le genre Xyèle Dalm.

CUBITALE ou CELLULE CUBITALE. Les cellules cubitales sont renfermées d'un côté entre les radiales ou le radius qui circonscrit celles-ci et le cubitus de l'autre; lorsque le cubitus n'existe point ou lorsque l'espace qu'il circonscrit n'est point séparé par des nervures transversales, il n'y a qu'une cellule cubitale. Dans le premier cas la cubitale est dite se confondre avec les cellules discoïdales (*voyez* ce mot à la fin de cet article). Cela a lieu dans les Omales et les Bélytes Jur. Pour le second cas, *voyez* les Chrysis Jur. Le nombre des cellules cubitales dépend de celui des nervures transversales qui coupent l'espace circonscrit entre le radius et le cubitus. Leur nombre varie d'une à quatre : l'inférieure ou celle qui va jusqu'au bord postérieur est incomplète, lorsque le cubitus n'atteint pas ce bord.

DISCOÏDALE. A la partie caractéristique employée par Jurine, M. Latreille a ajouté les cellules qui occupent le disque de l'aile; elles sont situées entre le cubitus et le sinus rentrant du bord intérieur, au-dessous des cellules brachiales et ne descendent pas ordinairement jusqu'au bord inférieur. Nous n'en avons jamais vu plus de trois, savoir : deux supérieures qui confinent immédiatement aux brachiales : celle que nous appelons la première est la plus voisine des cubitales, celle que nous appelons la seconde se rapproche du sinus rentrant du bord intérieur de l'aile, la troisième ou l'inférieure est placée au-dessous des deux autres dans le sens de la longueur de l'aile dont la base est pour nous la partie supérieure. Les cellules discoïdales sont nulles lorsque le cubitus n'existe point, comme dans les Omales, les Chalcis, les Psiles et les Bélytes Jur. etc. La première discoïdale n'existe point lorsqu'elle est confondue avec la première cubitale comme dans les Anomalons, les Ichneumons première famille et les Oxybèles Jur. La discoïdale inférieure descend jusqu'au bord postérieur lorsqu'aucune nervure transversale ne la ferme avant ce bord, comme dans les Bracons et les Ichneumons deuxième famille. Jur. La nervure qui sépare la discoïdale inférieure de la première est appelée première nervure récurrente; lorsque la discoïdale inférieure n'atteint pas le bord postérieur, la nervure transversale qui la ferme avant ce bord est nommée seconde nervure récurrente; on conçoit donc qu'il n'y a qu'une nervure récurrente dans le cas où la première discoïdale est confondue avec la première cubitale (*voyez* le genre Anomalon Jur.); dans ce cas la seconde nervure récurrente existe seule; il n'y a encore qu'une nervure récurrente et c'est la première, lorsque la troisième discoïdale atteint le bord inférieur (*voyez* Bracon Jur. etc.). Jurine ne nous paroît point avoir eu de raisons suffisantes pour accorder deux nervures récurrentes aux genres qui sont dans les deux cas que nous venons de citer.

BRACHIALE. Cellules formées par les nervures longitudinales droites ou presque droites qui occupent la partie supérieure de l'aile et descendent de sa base jusqu'au disque. Quelquefois ces cellule lules n'existent point (Psile Jur.) ou bien il n'y en a qu'une (Chalcis Jur.). On ne les a employées jusqu'à présent qu'au défaut des autres parties caractéristiques de l'aile.

Bords des ailes. Le bord extérieur est celui qui lorsque l'insecte est dans le repos, est placé au-dessus des côtés ou le long des côtés de l'abdomen; ce bord est souvent muni d'une forte nervure que l'on appelle *côte* et qui le borde ordinairement presque dans toute sa longueur. Le bord intérieur est celui qui lui est opposé; les bords intérieurs des deux ailes de la même paire se recouvrent souvent dans le repos; le bord intérieur n'est pas ordinairement muni de nervure qui en suive le contour, il s'étend de la base jusqu'au sinus rentrant. Le bord postérieur ou inférieur de l'aile est celui qui va depuis le sinus rentrant jusqu'à l'extrémité de l'aile, c'est-à-dire jusqu'à la pointe la plus éloignée de sa base. (S. F. et A. Serv.

RAMEURS, *Ploteres*. Cinquième tribu de la famille des Géocorises, section des Hétéroptères, ordre des Hémiptères. Elle a pour caractères :

Pattes intermédiaires et postérieures insérées sur les côtés de la poitrine, écartées entr'elles à leur naissance, longues, grêles, servant à marcher ou à ramer sur l'eau. — *Tarses* à crochets très-petits et situés dans une fissure latérale.

Cette tribu se compose des genres Hydromètre, Vélie et Gerris.

HYDROMÈTRE, *Hydrometra*. Lat. Fab. *Cimex*. Linn. Geoff. De Géer. *Aquarius*. Schell.

Genre d'insectes de l'ordre des Hémiptères, section des Hétéroptères, famille des Géocorises, tribu des Rameurs.

Les Vélies et les Gerris qui composent cette tribu avec les Hydromètres se distinguent de celles-ci par le premier article de leurs antennes plus long que les autres et par leurs pattes antérieures ravisseuses.

Antennes presque sétacées, insérées à l'extrémité d'un prolongement antérieur de la tête, composées de quatre articles, le troisième beaucoup plus long que les autres. — *Bec* sans articulations distinctes, reçu dans le repos dans un sillon situé à la partie inférieure de la tête. — *Tête* alongée, avancée, cylindrique, plus longue et plus étroite que le corselet, plus épaisse vers son extrémité. — *Yeux* globuleux, proéminens, placés vers le milieu de la tête. — *Corps* linéaire. — *Corselet* ayant son segment antérieur de la forme d'une lame qui s'avance sur le dos jusqu'au-delà des pattes intermédiaires. — *Point d'écusson* distinct. — *Elytres* courtes, de consistance inégale. — *Abdomen* ayant ses bords latéraux un peu élevés. — *Pattes* longues, grêles, filiformes, propres à marcher sur l'eau, les quatre antérieures ayant leurs tarses biarticulés, les intermédiaires insérées plus près des antérieures que des postérieures. Tarses de trois articles, le premier peu distinct dans les quatre pattes antérieures; leurs crochets très-petits situés dans une fissure latérale.

Ce genre a pris son nom de deux mots grecs qui signifient : *mesureur d'eau*. Ces insectes marchent sur les eaux, mais avec moins de vitesse que les Gerris et ne s'y plongent jamais. Il est probable qu'ils vivent de petits insectes; les Hydromètres paroissent préférer les eaux tranquilles à celles que le vent agite ou dont le courant est rapide. La larve ne diffère de l'insecte parfait que par le défaut d'ailes et d'élytres. On ne mentionne que deux espèces de ce genre, l'une d'Europe, *Hydrometra stagnorum*. Fab. *Syst. Rhyngot.* (*Encycl. pl.* 374. *fig.* 21-23. La larve) et l'autre des Indes orientales.

GERRIS, *Gerris*. Fab. (*Entom. Syst.*) Lat. *Hydrometra*. Fab. (*Syst. Rhyng.*) *Cimex*. Linn. Geoff. De Géer. *Aquarius*. Schell.

Genre d'insectes de l'ordre des Hémiptères, section des Hétéroptères, famille des Géocorises, tribu des Rameurs.

Les Hydromètres, les Vélies et les Gerris composent cette tribu; les premières se distinguent par le troisième article des antennes qui est le plus long des quatre. Dans les Vélies le bec n'a que deux articles apparens et les pattes intermédiaires sont presqu'également distantes des antérieures et des postérieures.

Antennes filiformes, insérées au-devant des yeux, sur les côtés du prolongement antérieur de la tête, composées de quatre articles, le premier le plus long de tous, le dernier cylindrique. — *Bec* court, arqué à sa base, de quatre articles dont les deux premiers fort courts (le second surtout), le troisième long, le dernier très-petit. — *Tête* triangulaire, prolongée antérieurement. — *Yeux* globuleux, très-saillans. — *Corps* alongé, elliptique, très-étroit, presque linéaire, couvert en dessous et sur les côtés d'un duvet argentin. — *Corselet* alongé, rétréci en devant, son extrémité postérieure prolongée en forme d'écusson. — *Elytres* étroites, croisées l'une sur l'autre dans le repos, demi-opaques; leurs nervures assez grosses; ailes membraneuses, de la longueur des élytres et repliées sous celles-ci. — *Abdomen* composé de six segmens transversaux dans les deux sexes, outre l'anus; le sixième ayant de chaque côté un prolongement spiniforme, très-long dans les mâles. Anus des femelles sillonné longitudinalement dans son milieu, celui des mâles entier, sans sillon longitudinal. Dessous de l'abdomen en carène. — *Pattes antérieures* courtes, pliées, ravisseuses; les quatre autres fort éloignées des précédentes, rapprochées à leur base, très-longues, menues, filiformes, propres à marcher sur l'eau; tarses ne paroissant que de deux articles; point de crochets distincts aux quatre tarses postérieurs, ceux des antérieurs très-courts.

Les mœurs des Gerris sont à peu près les mêmes que celles de Hydromètres, mais leurs mouvemens sont beaucoup plus vifs et elles ne fuient pas entièrement les eaux courantes; la partie inférieure de leur corps ainsi que les côtés sont garnis d'un duvet très-court, très-serré, fort propre à les garantir de l'humidité; ce duvet a un reflet argentin qui paroît particulier à ce genre. Ces hémiptères dont plusieurs espèces sont fort communes ont le corps ordinairement brun ou noirâtre en dessus; ils marchent sur l'eau et s'avancent par saccades en glissant; ils sont carnassiers. On les désigne vulgairement sous le nom très-impropre d'*Araignées d'eau*. Les mâles faciles à reconnoître par les caractères indiqués plus haut ont l'abdomen proportionnellement plus long que celui des femelles et leur taille est en général plus grande d'un tiers. Le nombre d'espèces connues est petit.

1. Gerris des lacs, *G. lacustris.*

Gerris suprà omninò fusco-olivacea.

Gerris lacustris. Lat. *Gener. Crust. et Ins. tom.* 3. *pag.* 134. *n°.* 3. La femelle. — *Hydrometra lacustris.* Fab. *Syst. Rhyngot. pag.* 256. *n°.* 1. La femelle. — *Cimex lacustris.* Linn. *Syst. Nat.* 2. 732. 117. La femelle. — De Géer, *Ins. tom.* 3. *pl.* 16. *fig.* 12. La femelle. — La Punaise nayade. Geoff. *Ins. Paris. tom.* 1. *pag.* 463. *n°.* 59. — *Gerris paludum.* Lat. *Gener. Crust. et Ins. tom.* 3. *pag.* 133. *n°.* 1. Le mâle. — *Hydrometra paludum.* Fab. *Syst. Rhyngot. pag.* 258. *n°.* 3. Le mâle. — De Géer, *Ins. tom.* 3. *pl.* 16. *fig.* 7. Le mâle. — Stoll, *Punais. pl. IX. fig.* 63. Le mâle. — *Encycl. pl.* 374. *fig.* 20. La larve.

Longueur 5 lig. ½. Mâle. 3 lig. ½. Femelle. Corps d'un brun-olivâtre en dessus, couvert en dessous d'un duvet blanchâtre et argenté. Antennes et pattes brunes, les quatre postérieures pâles, surtout vers leur base; les antérieures pâles, tachées de noir. Corselet ayant une ligne longitudinale élevée sur le dos. Côtés de l'abdomen portant une série de petites lignes enfoncées qui nous paroissent être les stigmates. Femelle.

Le mâle a les bords latéraux du corselet et l'extrémité de l'écusson roussâtres, ainsi que les bords de l'abdomen. Les pattes sont beaucoup plus brunes que dans la femelle.

Très-commune aux environs de Paris.

Nota. Les signes caractéristiques des sexes dans les Gerris n'ayant point été observés avant nous, il n'est pas étonnant que les auteurs aient fait deux espèces sous les noms de *Lacustris* et de *Paludum*. On remarquera que le principal caractère qu'ils ont employé pour les séparer l'une de l'autre est la forme des derniers segmens de l'abdomen; différence qui est purement sexuelle.

2. Gerris écusson roux, *G. rufo-scutellata.*

Gerris suprà fusco-olivacea, scutello rufo.

Gerris rufo-scutellata. Lat. *Gener. Crust. et Ins. tom.* 3. *pag.* 134. *n°.* 2.

Longueur 6 lig. Mâle. 4 lig. ½. Femelle. Corps d'un brun-olivâtre en dessus, couvert en dessous d'un duvet blanc-jaunâtre argenté. Corselet ayant sur le dos une ligne longitudinale élevée qui est rousse sur le premier segment. Bords latéraux du corselet et de l'abdomen ainsi que l'écusson, roux. Antennes et pattes d'un roux-brun. Pattes antérieures noires avec leur base d'un roux-pâle, surtout en dessus. On voit une série de petites lignes enfoncées sur les côtés de l'abdomen. Femelle.

Le mâle diffère en ce que le dessus du second segment du corselet est entièrement roux et que les élytres sont d'un brun-roussâtre. Les pattes et les antennes sont d'une nuance plus claire que dans la femelle.

Des environs de Paris.

Nota. Les synonymes rapportés jusqu'ici à cette espèce nous paroissent douteux, De Géer n'ayant pas parlé de la couleur rousse du corselet et Stoll ne l'ayant pas figuré tel.

(S. F. et A. Serv.)

RANATRE, *Ranatra.* Fab. Lat. *Nepa.* Linn. De Géer. *Hepa.* Geoff.

Genre d'insectes de l'ordre des Hémiptères, section des Hétéroptères, famille des Hydrocorises, tribu des Ravisseurs.

La tribu des Ravisseurs se compose de six genres. Pélogone, Galgule, Bélostome, Naucore, Nèpe et Ranâtre. Les trois premiers ont tous les tarses biarticulés. Les Naucores ont leurs quatre pattes postérieures ciliées et natatoires avec les tarses de ces pattes de deux articles distincts. Dans les Nèpes et les Ranâtres ces mêmes pattes sont peu ou point natatoires, leurs tarses n'ont qu'un seul article, mais le bec des Nèpes est recourbé, leurs hanches sont courtes, le corps est ovale, fortement déprimé. On ne peut donc confondre ces genres avec les Ranâtres.

Antennes très-courtes, peu apparentes, cachées sous les yeux, de trois articles dont le second fourchu. — *Bec* avancé, pas plus long que la tête, conique, de trois articles, les deux premiers plus gros, celui de la base en forme d'anneau, le dernier conique. — *Tête* petite. — *Yeux* globuleux, très-saillans. — *Point de petits yeux lisses.* — *Corps* linéaire. — *Corselet* très-alongé, presque cylindrique, plus épais dans sa partie postérieure qui s'échancre pour recevoir une portion de l'écusson. — *Ecusson* pointu à l'extrémité. — *Elytres* de la longueur de l'abdomen, leur partie membraneuse fort courte. — *Abdomen* alongé, terminé par deux longs filets sétacés. — *Pattes* très-longues, très-grêles, les antérieures ravisseuses à hanches et cuisses fort longues, de même grosseur, cylindriques. Ces cuisses unidentées, ayant depuis leur extrémité jusqu'à cette dent un sillon pour recevoir la jambe et le tarse, qui forment réunis, une sorte de crochet conique; les quatre pattes postérieures point ciliées, rapprochées, éloignées des antérieures, à hanches très-courtes, leurs tarses d'un seul article très-long, terminé par deux crochets menus, alongés, presque droits.

Les auteurs ne mentionnent dans ce genre que cinq espèces, auxquelles on a donné vulgairement le nom de Scorpions aquatiques. Deux habitent les grandes Indes, la troisième les environs de Paris. De Géer en décrit une quatrième de Surinam, et M. Palisot-Bauvois une des Etats-Unis d'Amérique. C'est dans l'eau que vivent ces hémiptères, ils marchent mal et nagent encore moins bien, la nature ayant refusé à leurs jambes ainsi qu'à leurs tarses ces cils qui aident si puissamment à la natation dans les genres voisins, habitant comme celui-ci les eaux stagnantes. C'est dans ces eaux que les femelles déposent leurs œufs. Ceux-ci ont une forme un peu alongée et portent à l'une de leurs extrémités deux fils ou poils. La mère fixe chaque œuf dans la tige de quelque plante aquatique, de manière qu'il y est caché et que ses poils sont seuls apparens. La larve et la nymphe ainsi que l'insecte parfait sont voraces et leurs pattes antérieures leur donnant la facilité d'arrêter la plupart des animaux aquatiques, ils les sucent avec leur bec aigu. Ils ne sortent point de l'eau pour subir leurs métamorphoses. La larve ressemble à l'insecte parfait, si ce n'est qu'elle manque entièrement d'ailes et d'élytres. Dans la nymphe on commence à voir des étuis latéraux attachés au corselet, qui renferment ces parties. Celles-ci se développent lors de la dernière transformation. Alors l'insecte parfait vole très-bien, ce qu'il fait principalement le soir et la nuit pour se transporter d'une mare à une autre lorsque celle qu'il habitoit commence à se dessécher ou à manquer de la proie dont il se nourrit.

1. RANATRE linéaire, *R. linearis*.

Ranatra caudâ abdominis longitudine.

Ranatra linearis. FAB. *Syst. Rhyng. pag.* 109. *n°.* 2. — LAT. *Gener. Crust. et Ins. tom.* 3. *pag.* 149. *n°.* 1. — PANZ. *Faun. Germ. fas.* » *fig.* 15. — *Nepa linearis*. LINN. *Syst. Nat.* 2. 714. 7. — DE GÉER, *Ins. tom.* 3. *pag.* 369. *n°.* 2. *pl.* 19. *fig.* 1-7. — STOLL, *Punais. pl. XII. fig.* 7. — Le Scorpion aquatique à corps alongé, GEOFF. *Ins. Paris. tom.* 1. *pag.* 480. *n°.* 1. *pl.* 10. *fig.* 1. — *Encycl. pl.* 374. *fig.* 16-19, *et pl.* 22. Nèpe, *fig.* 1-10.

Longueur 18 lig. Corps d'un gris-roussâtre, jaune en dessous. Abdomen rougeâtre en dessus. Ses filets de même longueur que lui.

Commune aux environs de Paris dans les eaux stagnantes.

2. RANATRE alongée, *R. elongata*.

Ranatra caudâ corporis longitudine.

Ranatra elongata. FAB. *Syst. Rhyng. pag.* 109. *n°.* 3.

Longueur 18 lig. Corps d'un gris-roussâtre, jaune en dessous. Corselet et pattes plus pâles. Filets de l'abdomen de la longueur du corps.

Des Indes orientales. (S. F. et A. SERV.)

RANINE, *Ranina*. DE LAM. *Albunea*. FAB. Genre de Crustacés de l'ordre des Décapodes, famille des Brachyures, terminant la tribu des Nosopodes, la dernière de cette famille, et conduisant ainsi à celle des Macroures, qui commence par le genre Albunée, dont les Ranines font partie dans le *Système entomologique de Fabricius*.

Deux caractères très-remarquables distinguent ce genre de tous les autres Brachyures. La queue est étendue et leurs pieds, tous, à l'exception des serres, terminés en nageoires, sont disposés sur deux rangs, les quatre postérieurs étant placés au-dessus des précédens ou étant dorsaux. A ces caractères nous ajouterons les suivans. *Test* en forme de triangle renversé ou d'ovale tronqué; front, y compris les angles latéraux, divisé en sept ou neuf parties, sous la figure de dents, de lobes ou d'épines, celle du milieu formant un museau pointu. *Yeux* portés sur des pédicules longs, cylindriques, naissant près du milieu du front, divisés transversalement. *Antennes* latérales convergentes intérieurement, avancées ensuite, longues et sétacées; les intermédiaires repliées, mais saillantes (1). *Pieds-mâchoires* extérieurs étroits et alongés; leur troisième article long, pointu, avec une troncature oblique, précédée d'un angle, à l'extrémité de son côté extérieur, et une échancrure au bord opposé, au-dessous de la pointe terminale; le quatrième article inséré dans cette échancrure, mais caché et reçu ainsi que les deux suivans et derniers dans une rainure longitudinale de ce bord. *Cavité buccale* creusée, à sa partie supérieure, de deux profonds sillons, recevant une portion des premiers pieds-mâchoires. *Mains* très-comprimées, oblongues, avec les doigts, le pouce surtout, couchés. *Nageoires* (le tarse) des pieds presqu'elliptiques, arquées au bord interne, allant en pointe et un peu courbées à leur extrémité ou un peu lunulaires; l'article précédent transversal. *Queue* alongée,

(1) La Ranine dentée ne m'a pas offert de cavités propres à les recevoir.

garnie de poils, de sept segmens; le second et le troisième portant les appendices sexuels.

Crustacés habitant exclusivement les mers des Indes orientales.

Au rapport de Rumphe, l'espèce nommée *Dorsipède* grimpe jusque sur les toits; mais les pieds, à l'exception des serres, n'étant propres qu'à la natation, cela me paroît impossible. Ce genre avoisine ceux de *Platyonique* et de *Coriste*, et semble conduire aux Macroures.

2. Ranine dentée, *R. dentata*.

Ranina dentata. De Lam. — *Albunea scabra*. Fab. — Herbst, *Krabben*, *tab.* 22. *fig.* 1. — Rumph. *Mus. tab.* 7. *fig.* T. V.

Test en forme de triangle renversé, très-chagriné, avec une rangée de petits tubercules et dont les antérieurs en forme de petites dents, sur les rebords latéraux. Milieu du front formant une saillie tridentée; une dent simple, trois lobes, dont le plus interne bifide ou bidenté, et les autres trifides, à chaque côté antérieur; tranches des poings et la supérieure du pouce fortement dentées.

Test long de près de quatorze centimètres sur près de treize de large. Dernier article des pédicules oculaires relevé à angle presque droit.

2. Ranine dorsipède, *R. dorsipes*.

Ranina dorsipes. De Lam. — *Cancer dorsipes*. Linn. — *Albunea dorsipes*. Fab. — Rumph. *Mus. tab.* 10. *n°.* 3.

Test en forme de triangle renversé, chagriné; sept dents presqu'égales, entremêlées de petites dentelures, et précédées d'une ride transverse finement dentelée et ciliée au bord antérieur; tranches des mains sans dent.

Test long d'environ un pouce. Appendices ovifères pennacés. Vue dans la collection de la Société linnéenne. Les articles inférieurs des antennes intermédiaires m'ont paru comprimés et presque foliacés. Troisième paire de pieds et même la quatrième plus longues que la seconde.

3. Ranine lisse, *R. lævis*.

Test ovale, tronqué en devant, lisse.

Petite. Test manifestement plus long et plus étroit que celui des précédentes; une épine forte et avancée près de chaque extrémité latérale et antérieure; milieu du front formant un lobe presque carré, terminé par deux échancrures et trois dents, dont celle du milieu plus avancée; deux petits lobes étroits, échancrés à leur extrémité et terminés par une petite dent, de chaque côté, entre le lobe frontal et l'épine latérale; le plus voisin d'elles terminé extérieurement par une petite épine. Serres moins robustes que celles des précédens; quatre dents à la tranche intérieure du poing; une autre au bord opposé; une autre sur le pouce, en dessus de son origine; carpes unidentés extérieurement.

Muséum d'Histoire naturelle.

Le genre *Symethis* de Fabricius vient peut-être près de celui-ci. (Latr.)

RAPHIDIE, *Raphidia*. Linn. Geoff. De Géer. Fab. Lat.

Genre d'insectes de l'ordre des Névroptères, famille des Planipennes, tribu des Raphidines.

Cette tribu se compose des genres Raphidie et Mantispe. On distingue ce dernier par ses pattes antérieures ravisseuses.

Antennes grêles, sétacées, insérées entre les yeux, distantes à leur base, de la longueur du corselet, multiarticulées, ces articles très-courts, cylindriques, les deux premiers plus épais que les autres, celui de la base le plus long de tous, le dernier un peu ovale. — *Labre* avancé, attaché au chaperon, un peu coriace, presque carré, un peu plus large que long, arrondi et entier à sa partie antérieure. — *Mandibules* fortes, cornées, ne s'avançant pas au-delà du labre, en forme de triangle alongé, étroites, munies d'un fort crochet arqué et aigu à leur extrémité et de deux dents aiguës à leur bord interne. — *Mâchoires* courtes, crustacées, portées sur une base distincte, divisées en deux lanières à leur extrémité, l'extérieure de deux articles presque cylindriques, l'intérieure petite, coriace, trigone, en forme de dent. — *Quatre palpes* courts, filiformes, leurs articles cylindriques, le dernier un peu plus long et plus grêle, les maxillaires un peu plus longs que les labiaux, composés de cinq articles, les labiaux de trois, non compris le tubercule radical. — *Lèvre* courte, carrée, membraneuse. — *Tête* grande, presque verticale, déprimée, atténuée postérieurement, sa base se rétrécissant en une espèce de cou; chaperon membraneux, presque coriace, divisé en deux à sa partie supérieure, en carré transversal commençant à l'origine des antennes; la partie antérieure plus large que le labre, presque trapéziforme, se rétrécissant un peu de sa base à l'extrémité. — *Yeux* un peu saillans, en ovale court. — *Trois petits yeux lisses* disposés en triangle sur le front. — *Corps* alongé. — *Corselet* ayant son segment antérieur très-alongé, étroit, presque cylindrique, le second transversal, beaucoup plus large et beaucoup plus court que le précédent. — *Ailes* de grandeur égale, élevées en toit dans le repos, un peu réticulées, la plupart des nervures qui se dirigent vers les bords postérieur et intérieur se bifurquant en manière d'Y grec. — *Abdomen* mou, alongé, comprimé; anus alongé, portant deux forts onglets dans les mâles, muni dans les femelles d'une tarière de la longueur de l'abdomen, à peu près courbe, un peu comprimée, sillonnée dans sa longueur sur chacun de ses côtés. — *Pattes* minces, jambes cylindriq . Tarses de cinq articles, le premier plus long que les autres, cylindrique, le troisième presque cordiforme, bilobé, le quatrième très-court, à peine visible, n'atteignant point l'extrémité des lobes du troisième, le cinquième alongé, obconique, muni de deux crochets simples et aigus à leur extrémité, point de pelottes distinctes.

On connoît deux espèces de ce genre dont le nom vient d'un mot grec qui signifie : *alêne* et a rapport à la tarière des femelles. La larve de ces insectes est d'une forme presque linéaire, un peu large cependant vers le milieu du corps; la tête est grande, carrée, déprimée; les antennes courtes, coniques, de trois articles, les yeux paroissent formés d'un assemblage de petits grains; les six pattes sont courtes, armées de deux crochets à leur extrémité, elles sont insérées par paires sous les trois premiers segmens du corps. Cette larve est très-agile et se roule avec vivacité; sa nourriture ainsi que celle de l'insecte parfait, se compose de petits insectes. La nymphe marche et ne se distingue de la larve que par les fourreaux des ailes.

1. Raphidie serpentine, *R. ophiopsis*.

Raphidia capite post oculos subtriangulari, alarum puncto marginali subpellucido.

Raphidia ophiopsis. Linn. *Syst. Nat.* 2. 916. 1. — Fab. *Entom. Syst. tom.* 2. *pag.* 99. *n°*. 1. — Panz. *Faun. Germ. fas.* 50. *fig.* 11. La femelle. — Lat. *Gener. Crust. et Ins. tom.* 3. *pag.* 203. — La Raphidie. Geoff. *Ins. Paris. tom.* 2. *pag.* 233. *n°*. 1. *pl.* 13. *fig.* 3. Le mâle.

Longueur 6 lig. Corps noir. Antennes testacées, plus brunes vers leur extrémité. Mandibules, bords du chaperon, dessous du premier lobe du corselet, son bord antérieur en dessus, partie antérieure du second, milieu de l'écusson, taches latérales sur l'abdomen et pattes, d'un jaune-ferrugineux. Cuisses postérieures noires. Tête et corselet pointillés; celle-là diminuant insensiblement de largeur immédiatement après les yeux. Ailes transparentes à nervures brunes, le point marginal des quatre étant presqu'aussi diaphane que le reste de l'aile. Mâle et femelle.

Les antennes, dans le premier, sont un peu plus brunes en dessus.

Assez commune dans les bois des environs de Paris. La larve est brune avec des lignes courtes, arquées et des points d'un blanc sale; elle vit dans les fentes de l'écorce des arbres.

2. Raphidie notée, *R. notata*.

Raphidia capite subquadrato in parte posteriori subito coarctato, alarum puncto marginali fusciore.

Raphidia notata. Fab. *Mantiss. Ins. tom.* 1. *pag.* 251. *n°*. 1. — *Raphidia ophiopsis*. De Géer, *Ins. tom.* 2. *pag.* 742. *pl.* 25. *fig.* 4-9. La femelle. — Schaeff. *Elem. tab.* 107.

Longueur 9 lig. Cette espèce ressemble beaucoup à la précédente; elle en diffère outre sa taille par ses antennes noires dont quelques articles e la base seulement sont testacés, par une ligne dorsale et longitudinale jaunâtre qui s'avance de la base jusqu'au milieu de la tête, celle-ci ayant sa partie antérieure presque carrée et ne commençant à se rétrécir que loin des yeux; par ses cuisses postérieures d'un brun-roussâtre et par le point marginal des quatre ailes, d'un brun-noirâtre. Femelle.

Des environs de Paris.

Nota. Fabricius a réuni à tort cette espèce à la *Raphidia ophiopsis* dans les ouvrages qu'il a publiés après son *Mantissa*. Les fig. 1 et 2 de la tab. 95 de Schaeffer, *Icon.*, sont douteuses. De Géer décrit le mâle et la femelle quoiqu'il n'ait figuré que celle-ci; il dit positivement que les ailes ont une tache noire et opaque vers le bout, au bord extérieur, ce qui ne peut s'appliquer qu'à la Raphidie notée. (S. F. et A. Serv.)

RAPHIDINES, *Raphidinæ*. Sixième tribu de la famille des Planipennes, ordre des Névroptères. Elle présente les caractères suivans :

Antennes sétacées, multiarticulées. — *Tête* rétrécie en arrière. — *Corselet* long, étroit, presque cylindrique. — *Ailes* grandes, en toit dans le repos. — *Tarses* de cinq articles.

Cette tribu renferme les genres Raphidie et Mantispe.

MANTISPE, *Mantispa*. Illig. Lat. *Raphidia*. Linn. Scop. *Mantis*. Fab. Oliv. (*Encycl.*) Panz.

Genre d'insectes de l'ordre des Névroptères, famille des Planipennes, tribu des Raphidines.

Les Raphidies, seul genre qui compose cette tribu avec celui de Mantispe, ont le troisième article des tarses fortement bilobé, le quatrième très-court, le dernier muni de crochets simples, aigus à leur extrémité, sans pelottes apparentes et leurs pattes antérieures ne sont point ravisseuses.

Antennes sétacées, seulement un peu plus longues que la tête, composées d'articles nombreux, moniliformes, les deux de la base presqu'égaux entr'eux. — *Labre* avancé, attaché au chaperon, presque carré, arrondi et entier à sa partie antérieure. — *Mandibules* fortes, cornées. — *Quatre palpes* filiformes, presqu'égaux en longueur, le dernier article des maxillaires en ovale fort alongé. — *Tête* triangulaire, verticale. — *Yeux* grands, saillans. — *Yeux lisses* peu apparens. — *Corps* alongé. — *Corselet* long, ayant son segment antérieur fort alongé, évasé à sa partie antérieure; le second court, en carré transversal. — *Ailes* de grandeur égale, un peu réticulées, élevées en toit dans le repos; la plupart des nervures qui se dirigent vers les bords postérieur et intérieur se bifurquant en manière d'Y grec. — *Abdomen* un peu en massue, rétréci vers sa base; anus simple dans les deux sexes. — *Pattes* antérieures longues, ravisseuses, leurs hanches très-longues; cuisses dilatées, carénées en dessous, cette carène garnie de dents; une épine longue placée en dedans, près de la carène; jambes arquées, comprimées, tranchantes en dessous, s'appliquant sur la cuisse entre la série de dentelures et l'épine, tarses ne paroissant consister qu'en un fort onglet; les quatre autres pattes petites, leurs tarses de cinq articles, le premier aussi long que les trois suivans réunis, ceux-ci courts, égaux entr'eux, le cinquième un peu plus grand, muni de deux crochets s'élargissant un peu vers leur extrémité qui est tridentée, et d'une pelotte grosse et bilobée.

Les insectes de ce genre ont été long-temps placés parmi les Orthoptères et confondus avec les Mantes; la forme de leurs pattes antérieures pouvoit en effet autoriser cette réunion ainsi que les mœurs; il faut néanmoins remarquer que Poda, et après lui, Linné et Scopoli, n'avoient point commis cette faute: non-seulement ils plaçoient la seule Mantispe alors connue (*M. pagana*) parmi les Névroptères, mais ils en faisoient même une espèce du genre *Raphidia*. Les autres caractères fixent définitivement la place des Mantispes auprès des Raphidies; nous ajouterons que la disposition des nervures des ailes sont ici d'accord avec la méthode; cette observation n'a été faite, à ce qu'il nous paroît, par aucun auteur. On connoît aujourd'hui cinq ou six espèces de ce genre, dont une seule d'Europe. La forme des pattes antérieures prouve évidemment que ces insectes sont carnassiers. Leurs larves ne nous sont pas connues.

1. Mantispe payenne, *M. pagana*.

Mantispa pagana. Lat. *Gen. Crust. et Ins. tom.* 3. *pag.* 93. *n°.* 1. — *Mantis pagana*. Fab. *Entom. Syst. tom.* 2. *pag.* 24. *n°.* 49. — Stoll, *Spect. pl. II fig.* 6.—Panz. *Faun. Germ. fas.* 50. *fig.* 9.

Voyez pour la description et les autres synonymes, la Mante payenne n°. 28. (Au synonyme de Scopoli, lisez 712 au lieu de 722.)

2. Mantispe pusille, *M. pusilla*.

Mantispa pusilla. Lat. *Gen. Crust. et Ins. tom.* 3. *pag.* 94. — *Mantis pusilla*. Fab. *Entom. Syst. tom.* 2. *pag.* 25. *n°.* 51. — Stoll, *Spect. pl. I. fig.* 3.

Longueur 10 lig. D'un jaune-fauve avec quelques teintes brunâtres sur le corselet et sur l'abdomen. Ailes d'un jaune-transparent avec leurs nervures de cette même couleur ainsi que le point marginal qui est fort alongé.

Du Cap de Bonne-Espérance.

Voyez pour les autres synonymes la Mante pusille n°. 30 de ce Dictionnaire.

3. Mantispe demi-transparente, *M. semi-hyalina*.

Mantispa nigra, coxis femorumque basi ferrugineis, alarum nigrarum parte interiori hyalinâ.

Longueur 15 lig. Noire. Hanches antérieures, moitié de leurs cuisses et parties de la bouche d'un testacé-ferrugineux ainsi que la base des antennes (le reste manque). Abdomen fortement rétréci antérieurement. Ailes d'un noir-bleuâtre, leur partie intérieure transparente depuis le tiers de l'aile jusqu'à l'extrémité.

Du Brésil.

Rapportez en outre à ce genre, 1°. la *Mantispa flavo-maculata*. Lat. *Gen. Crust. et Ins. tom.* 3. *pag.* 94. Stoll, *Spect. pl. II. fig.* 7. De Surinam; 2°. la *Mantispa rufescens*. Lat. *idem*. Stoll, *Spect. pl. IV. fig.* 15. Des Indes orientales.

(S. F. et A. Serv.)

RAVISSEURS, *Raptores*. Première tribu de la famille des Hydrocorises, section de Hétéroptères, ordre des Hémiptères. Ses caractères sont:

Pattes antérieures ordinairement propres à saisir une proie, composées d'une cuisse soit très-grosse, soit très-longue, ayant en dessous une rainure pour recevoir le bord inférieur de la jambe, et d'un tarse très-court, se confondant même dans plusieurs avec la jambe et formant avec elle un grand crochet. — *Corps* ovale, très-déprimé ou de forme linéaire.

Les antennes sont tout au plus de la longueur de la tête, insérées et cachées sous les yeux comme dans toutes les Hydrocorises.

Les genres qui appartiennent à cette tribu sont: Pélogone, Galgule, Bélostome, Nèpe, Ranâtre et Naucore.

GALGULE, *Galgulus*. Lat. *Naucoris*. Fab.

Genre d'insectes de l'ordre des Hémiptères, section des Hétéroptères, famille des Hydrocorises, tribu des Ravisseurs.

Le genre Pélogone se distingue de tous les autres de cette tribu en ce que ses pattes antérieures ne sont point ravisseuses; les Bélostomes ont les antennes demi-pectinées; le corps des Naucores, des Nèpes et des Ranâtres n'est point court et presque carré; ces trois genres ainsi que celui de Bélostome n'ont pas d'yeux lisses apparens.

Antennes insérées sous les yeux, plus courtes que la tête, composées de trois articles, dont le dernier plus grand, ovoïde-alongé, les deux premiers presqu'égaux. — *Labre* grand, avancé, presque demi-circulaire. — *Bec* conique, plus court que la tête, de trois articles; celui de la base court, large, les deux autres presqu'égaux entr'eux. — *Tête* perpendiculaire, sa partie antérieure avancée. — *Yeux* saillans. — *Deux petits yeux lisses* apparens, placés entre les yeux à réseau. — *Corps* court, presque carré. — *Corselet* court, dilaté sur les côtés. — *Ecusson* grand, triangulaire. — *Sternum* ayant une pointe saillante. — *Elytres* recouvrant les ailes et l'abdomen, leur membrane étroite, ne s'étendant guère qu'à la partie inférieure du bord interne. — *Abdomen* court, large, ses côtés dépassant un peu les élytres; il est composé de six segmens outre l'anus, les avant-derniers rétrécis dans leur milieu par le sixième qui s'élargit et s'étend dans cette partie vers le milieu du ventre; anus entier et plat dans les mâles, ayant, dans les femelles, une fente longitudinale dont les bords forment une carène et sont connivens. — *Hanches* munies à leur base d'un fort appendice ou trochanter. — *Pattes antérieures* ravisseuses, hanches courtes, cuisses grosses, jambes courtes, s'appliquant en dessous de la cuisse. Les quatre pattes postérieures propres à marcher, ne pouvant servir à la natation, leurs tarses de deux articles, le dernier muni de deux crochets.

Les espèces connues de ce genre fondé par M. Latreille, habitent l'Amérique. On trouve ces insectes dans les eaux où ils marchent plutôt qu'ils ne nagent. Ils sont carnassiers et se nourrissent d'insectes plus foibles qu'eux. Une larve de Galgule que nous avons sous les yeux et que nous croyons être celle du Galgule ravisseur diffère de l'insecte parfait par le manque d'ailes, d'élytres et d'yeux lisses, sa tête est horizontale à bord antérieur tranchant, renfermée ainsi que les yeux dans l'échancrure antérieure du corselet, formant avec lui une section de cercle; les yeux sont ovales, point saillans; les pattes antérieures composées d'un hanche fort courte, d'une cuisse grosse après laquelle vient un crochet inarticulé fort et aussi long que la cuisse; les quatre pattes postérieures sont composées d'une cuisse, d'une jambe, d'un tarse uniarticulé muni de deux crochets; les jambes de la dernière paire sont garnies de cils et paroissent propres à nager. Le second segment de l'abdomen porte dans son milieu une pointe dont l'extrémité est recourbée en arrière et aiguë.

1re. *Division.* Cuisses antérieures canaliculées en dessous, les deux bords de ce canal muni de nombreuses dentelures, leurs jambes garnies antérieurement de petites dents dont une plus forte vers la base. — Tarses antérieurs composés d'un seul article à ce qu'il nous paroît (de deux articles, suivant M. Latreille), terminé par deux crochets.

1. Galgule oculé, *G. oculatus.*

Galgulus oculis pedunculatis, pedibus anticis biunguiculatis, corpore suprà rugosiore.

Galgulus oculatus. Lat. *Gen. Crust. et Ins. tom.* 3. *pag.* 144. n°. 1. — *Naucoris oculata.* Fab. *Syst. Rhyngot. pag.* 111. n°. 5.

Longueur 5 lig. Antennes jaunâtres, corps brun en dessus, très-raboteux, surtout sur la tête et le corselet, celui-ci ayant un sillon tranversal profond. Dessous du corps brun; bord extérieur du corselet et de l'abdomen d'un jaune-sale. Pattes de cette même couleur, tachées et rayées de brun. Yeux pédiculés. Jambes postérieures irrégulièrement épineuses sur toute leur superficie. Femelle.

De la Caroline.

2e. *Division.* Cuisses antérieures presque triangulaires, ayant une impression longitudinale à côté de leur bord antérieur; ce bord garni d'un seul rang de fines dentelures, leurs jambes sillonnées longitudinalement. — Point de tarses antérieurs distincts; un seul crochet gros et fort, placé à l'extrémité des deux premières jambes.

2. Galgule ravisseur, *G. raptorius.*

Galgulus oculis sessilibus, pedibus anticis uniunguiculatis, corpore suprà vix rugoso.

Longueur 5. lig. Plus large que le précédent. Antennes jaunes. Corps d'un jaune-sale mêlé de brun, tête et corselet un peu raboteux, celui-ci ayant un sillon transversal. Dessous du corps brun, bord extérieur du corselet et de l'abdomen d'un jaune-sale, ce dernier taché de brun en dessus et en dessous. Yeux sessiles. Pattes jaunâtres annelées de brun. Jambes postérieures irrégulièrement épineuses sur toute leur superficie. Mâle et femelle.

Du Brésil.

Nota. Cette espèce est peut-être la *Naucoris raptoria.* Fab. *Syst. Rhyngot. pag.* 111. n°. 6. Naucore ravisseur n°. 5 de ce Dictionnaire.

BÉLOSTOME, *Belostoma.* Lat. *Nepa.* Linn. De Géer. Fab.

Genre d'insectes de l'ordre des Hémiptères, section des Hétéroptères, famille des Hydrocorises, tribu des Ravisseurs.

Aucun genre d'Hémiptères ravisseurs sauf celui qui est l'objet de cet article n'a les antennes semi-pectinées.

Antennes filiformes, plus courtes que la tête, cachées dans une cavité, insérées sous les yeux, composées de quatre articles, les trois derniers prolongés extérieurement en un rameau alongé, linéaire. — *Labre* alongé, aciculaire, renfermé dans la gaîne du suçoir. — *Bec* conique, s'avançant jusqu'à l'origine des pattes antérieures, composé de deux articles, le dernier plus long. — *Tête* triangulaire. — *Yeux* grands, saillans, alongés, trigones. — *Point d'yeux lisses.* — *Corps* ovale, très-déprimé, ses bords extérieurs aigus. — *Corselet* trapézoïdal, se rétrécissant insensiblement depuis la base jusqu'à sa jonction avec la tête. — *Ecusson* grand, triangulaire. — *Elytres* au moins de la largeur de l'abdomen, recouvrant des ailes. — *Abdomen* déprimé, caréné longitudinalement en dessous dans son milieu, ordinairement terminé dans les femelles par deux filets courts. — *Hanches* ayant à leur base un fort appendice ou trochanter. — *Pattes antérieures* ravisseuses, hanches courtes, cuisses grosses, jambes courtes s'appliquant en dessous de la cuisse; les quatre pattes postérieures propres à marcher et quelquefois aussi à nager; leurs tarses de deux articles, le dernier muni de deux crochets.

Nous devons ce genre à M. Latreille; son nom vient de deux mots grecs et exprime que ces insectes ont la bouche pointue; ils sont aquatiques et carnassiers; si nous en croyons mademoiselle de Mérian, ils ne se bornent point pour leur proie à de foibles insectes, mais attaquent aussi des reptiles de l'ordre des Batraciens, ce que la grande taille de quelques espèces autorise à croire. On voit à l'extrémité de l'abdomen de la Bélostome grande femelle, une espèce de queue semblable à celle des Nèpes, mais plus courte et dont les deux filets ne sont pas divergens. Il ne paroît point certain que ce soit un organe respiratoire. Nous ne connoissons que des mâles de ce genre. Dans ceux-ci la plaque anale est entière et complétement renfermée dans le dernier segment de l'abdomen qui l'entoure de tous côtés; cette plaque a la figure d'un triangle alongé, son angle aigu se dirige vers l'extrémité de l'abdomen, dont le dernier segment est fendu vis-à-vis de cette pointe. La Bélostome rustique qui par ses caractères propres pourroit former un autre genre, porte ses œufs sur le disque des élytres. Stoll la représente ainsi et croit mal-à-propos que ce sont des œufs de certaines Arachnides trachéennes ou Mites aquatiques comme il les appelle; ces œufs sont rangés symétriquement et fixés au moyen d'une matière gluante, ce que nous avons été à portée de voir sur un individu de la collection de feu M. de Tigny. Nous ne connoissons pas l'instrument avec lequel cette femelle place ses œufs sur son dos, mais leur arrangement est absolument le même que celui des plaques d'œufs déposés sur les plantes par les Pentatomes de ce sexe.

Les larves vivent dans les mêmes endroits que les insectes parfaits, se meuvent et se nourrissent de même qu'eux, ainsi que les nymphes. Le petit nombre d'espèces connues est exotique.

1re. *Division.* Elytres de la largeur de l'abdomen, leur membrane occupant environ le tiers de leur étendue. — Tarses antérieurs munis d'un seul crochet. — Corselet ayant un sillon transversal. — Jambes postérieures et leurs tarses fort élargis.

1re. *Subdivision.* Abdomen de même largeur que la partie postérieure du corselet.

1. Bélostome indienne, *B. indica.*

Belostoma squalidè lutea, maculis fuscis, femoribus anticis nigro lineatis, coxis quatuor posticis immaculatis.

Longueur 3 pouces. Corps d'un jaune-sale; sillon transversal du corselet le divisant en deux parties dont l'antérieure a cinq taches irrégulières brunes, une médiale qui la parcourt longitudinalement et s'élargit en descendant sur le sillon, une autre de chaque côté de celle-ci partant de la portion du corselet contiguë à la tête et n'atteignant pas le sillon, la dernière placée de chaque côté partant du sillon et n'atteignant pas la tête, les deux latérales un peu accolées l'une à l'autre. Ecusson paroissant séparé en deux par une carène transversale, peu élevée; sa partie antérieure brune. Pattes un peu brunes à leur partie supérieure, cuisses antérieures rayées de brun. Dessous du corps d'un roux-brun, ses bords latéraux d'un jaune-sale; hanches de cette couleur. Dessous des cuisses antérieures rayé longitudinalement de noir, les quatre postérieures ainsi que leurs jambes rayées transversalement de cette couleur. Mâle.

Des Indes orientales.

Nota. Nous pensons que les parties du corps qui sont brunes dans les individus desséchés étoient vertes dans l'insecte vivant. Cette espèce a été confondue par quelques auteurs avec la suivante. Nous sommes certains de la patrie que nous indiquons, ce qui, joint à sa taille et aux différences de couleur, nous engage à la distinguer spécifiquement.

2. Bélostome grande, *B. grandis.*

Belostoma fusca, flavo maculata, femoribus anticis subtùs unicoloribus, coxis quatuor posticis nigro maculatis.

Belostoma grandis. Lat. *Règn. anim. tom.* 3. *pag.* 397. — *Encycl. pl.* 121. Nèpe, *fig.* 1. Femelle.

Longueur 2 pouces et demi. Brune en dessus avec des taches irrégulières d'un jaune-sale. Ecusson ayant une carène transversale peu élevée. Dessous du corps brun, ses bords latéraux d'un jaune-brun. Pattes d'un jaune-sale en dessus; cuisses antérieures sans taches en dessous, celui des quatre cuisses postérieures et de leurs jambes, jaunâtre rayé transversalement et taché de noir;

noir; leurs hanches portant chacune une grande tache de cette dernière couleur. Mâle.

De Cayenne.

Nota. Rapportez à cette espèce la Nèpe grande n°. 1 de ce Dictionnaire avec les synonymes de Fabricius, de Linné, de De Géer et de Mérian. Rejetiez celui de Stoll qui se rapporte peut-être à la Bélostome indienne n°. 1. Les autres sont douteux.

2e. *Subdivision.* Abdomen plus large dans son milieu que la partie postérieure du corselet.

3. Bélostome de Bosc, *B. Boscii.*

Belostoma suprà luteo-fusca, subtùs pallidior, femoribus tibiisque quatuor posticis fusco annulatis.

Longueur 13 lig. Dessus du corps et pattes antérieures d'un jaune un peu brun. Dessous du corps d'un jaune plus clair. Les quatre pattes postérieures annelées de brun. Mâle.

Rapportée de la Caroline par M. Bosc.

2e. *Division.* Elytres plus larges que l'abdomen, leur membrane n'occupant qu'une très-petite portion du bord postérieur. — Tarses antérieurs munis de deux crochets courts. — Corselet sans sillon transversal. — Abdomen beaucoup plus large dans son milieu que la partie postérieure du corselet. — Les deux jambes postérieures et leurs tarses point élargis.

4. Bélostome rustique, *B. rustica.*

Belostoma fusco-testacea, thoracis marginibus lateralibus posticoque et elytrorum parte coriaceâ pallidioribus.

Belostoma rustica. Lat. *Règn. anim. tom.* 3. *pag.* 397.

Longueur 11 lig. Corps ovale, d'un brun-testacé, les bords latéraux et postérieur du corselet plus pâles ainsi que les élytres. Partie supérieure des bords latéraux des élytres dépassant le corps; leur membrane extrêmement étroite, bordant la partie extérieure vers le bout. Bords latéraux du corselet dilatés, comme membraneux et tranchans. Mâle.

La femelle a l'abdomen terminé par deux courts filets. (Consultez les généralités.) *Voyez* Stoll, *Punais. tom.* 2. *pl. VII. fig.* A, et pour les autres synonymes la Nèpe rustique n°. 3 de ce Dictionnaire.

Nota. Rapportez à ce genre, 1°. la Nèpe annulée n°. 2 de ce Dictionnaire; 2° l'espèce figurée par Stoll, *Punais. pl. I. fig.* 1, qu'il prend mal-à-propos pour la Bélostome rustique; 3°. celle de la *pl. XXII. fig.* 14 du même auteur.

(S. F. et A. Serv.)

RAYURE A TROIS LIGNES. Geoffroy donne ce nom à la *Phalæna plagiata* de Linné. (*Phalæna duplicata.* Fab.) *Voyez* Phalène triple raie n°. 21 de ce Dictionnaire.

(S. F. et A. Serv.)

RAYURE JAUNE PICOTÉE. Nom donné par Geoffroy à la *Phalæna atomaria.* Linn. *Voyez* Phalène picotée n°. 6 de ce Dictionnaire.

(S. F. et A. Serv.)

RÉCURRENTES (Nervures). Les nervures récurrentes sont celles qui bornent en haut et en bas la cellule discoïdale inférieure des premières ailes dans les insectes hyménoptères. *Voyez* Discoïdale à l'article Radiale.

(S. F. et A. Serv.)

RÉDUVE, *Reduvius.* Fab. Lat. Pal.-Bauv. *Cimex.* Linn. Geoff. De Géer. *Petalocheirus.* Pal.-Bauv.

Genre d'insectes de l'ordre des Hémiptères, section des Hétéroptères, famille des Géocorises, tribu des Nudicolles.

Des cinq genres qui composent cette tribu, deux, Zélus et Ploière, sont regardés par M. Latreille comme suffisamment distingués par leur corps linéaire et leurs quatre pattes postérieures très-longues et filiformes; les Nabis n'ont point comme les Réduves le corselet manifestement bilobé; les Holoptiles ont leurs antennes composées seulement de trois articles.

Antennes longues, sétacées, très-grêles, ordinairement de quatre articles séparés par des articulations assez longues et visibles dans ceux de la base principalement. — *Bec* court, arqué, découvert à sa naissance, de trois articles, le second plus long que les autres: extrémité de ce bec reçue dans une gouttière du dessous du corselet dépassant peu ou point la naissance des cuisses antérieures; suçoir composé de quatre soies écailleuses, roides, très-fines et pointues, les deux inférieures se réunissant un peu au-delà de leur point de départ. — *Labre* court, sans stries, recouvrant la base du suçoir. — *Tête* longue, petite, portée sur un cou ordinairement fort distinct, ayant souvent un sillon transversal qui la fait paroître comme bilobée. — *Yeux* arrondis, saillans. — *Deux petits yeux lisses* apparens. — *Corps* alongé. — *Corselet* triangulaire, très-distinctement bilobé; le lobe antérieur ordinairement plus petit et séparé du second par un sillon profond. — *Ecusson* triangulaire. — *Elytres* de la longueur de l'abdomen au moins. — *Abdomen* convexe en dessous, ses bords souvent relevés, composé de six segmens dont le dernier recouvre l'anus qu'on n'aperçoit qu'en dessous, ces segmens ayant de chaque côté un stigmate un peu rebordé, celui de l'anus plus petit. Anus des femelles sillonné longitudinalement dans son milieu;

entier et sans sillon longitudinal dans les mâles. — *Jambes* dépourvues d'épines terminales ; tarses fort courts, de trois articles.

Les Réduves dans les trois états par lesquels ils passent, vivent de rapine et s'emparent de divers insectes qu'ils sucent après avoir fait pénétrer l'extrémité de leur bec dans le corps de leurs victimes. On est souvent à même de remarquer que la larve du Réduve masqué se déguise en quelque sorte en se couvrant d'ordures et de petits lambeaux de forme irrégulière. A la faveur de ce masque elle s'approche de sa proie doucement en marchant par saccades sans lui inspirer de crainte et s'élance sur elle. Cette espèce habite nos maisons et exhale une odeur fort désagréable. Nous pouvons assurer qu'elle fait particulièrement la guerre à la Punaise des lits ; dans les jours les plus chauds de l'été elle vient souvent voler la nuit autour des lumières, attirée par la clarté. Lorsqu'on saisit les Réduves on doit éviter la piqûre de leur bec qui est fort douloureuse. Nous tenons de M. Latreille qu'ayant été piqué à l'épaule par une espèce de ce genre, il eut sur-le-champ le bras entier engourdi, et cet état dura pendant quelques heures. Ces hémiptères font entendre un petit bruit souvent répété, semblable à celui que produisent les Criocères ; il est occasionné par le frottement de la partie postérieure de la tête contre le bord antérieur du corselet. Plusieurs Réduves se tiennent dans les lieux sablonneux et chauds. Ce genre est nombreux en espèces, mais l'Europe en contient peu.

1re. *Divison.* Insertion des antennes placée contre les yeux.

1re. *Subdivision.* Ecusson armé d'une épine. — Yeux lisses rapprochés l'un de l'autre sur un tubercule commun placé sur le dos de la partie postérieure de la tête.

A. Epine de l'écusson discoïdale et relevée.

a. Second lobe du corselet ayant en même temps des épines sur son disque et à ses angles postérieurs.

1. Réduve spinifère, *R. spinifer*.

Reduvius scutello erecto-spinoso, thoracis anticâ parte bispinosâ, posticâ quadrispinosâ ; elytris fuscis, maculâ mediâ rotundâ testaceâ.

Reduvius spinifer. Palis.-Bauv. *Ins. d'Afr. et d'Amér. pag.* 15. *Hémipt. pl.* 1. *fig.* 4.

Longueur 5 lig. $\frac{1}{2}$. Corps d'un brun-ferrugineux. Antennes et pattes de même couleur. Lobe antérieur du corselet pâle, portant sur son disque deux épines noirâtres, un peu recourbées postérieurement. Second lobe presque noir, armé de quatre épines droites, deux sur le disque et une à chaque angle postérieur, entre chacune desquelles on voit une tache ronde de couleur fauve. Epine de l'écusson forte. Elytres ayant dans leur milieu une tache arrondie d'un testacé-fauve (1). Des environs de la ville de Benin (Afrique).

b. Second lobe du corselet ayant seulement une épine à chaque angle postérieur.

† Jambes antérieures ayant une dilatation membraneuse. — Quatrième et dernier article des antennes velu. — Deux appendices saillans au-dessous du corselet, le terminant antérieurement et recevant entr'eux dans le repos l'extrémité du bec. — Segment de l'abdomen portant une épine à chaque angle postérieur. (G. Pétalochère. Pal.-Bauv.)

2. Réduve varié, *R. variegatus*.

Reduvius scutello erecto-spinoso, fuscus, albido varius, tibiis anticis in scutum dilatatis.

Reduvius variegatus. Lat. *Gener. Crust. et Ins. tom.* 3. *pag.* 128. — *Petalocheirus variegatus.* Palis.-Bauv. *Ins. d'Afr. et d'Amér. pag.* 13. *Hémipt. pl.* 1. *fig.* 1.

Longueur 6 lig. Antennes, tête, corps, élytres et pattes de couleur brune variée de blanchâtre. Epine de l'écusson forte, presque droite.

De Buonopozo, royaume d'Oware.

Rapportez à cette section le *Reduvius rubiginosus.* Lat. *Gen.* (*Petalocheirus rubiginosus.* Palis.-Bauv. *ut suprà, fig.* 2.)

†† Point de dilatation membraneuse aux jambes antérieures. (Corps presque linéaire.)

3. Réduve âtre, *R. ater*.

Reduvius scutello erecto-spinoso, ater, abdomine femoribusque duobus posticis subtùs æneo nitentibus, antennarum articulo secundo partim ferrugineo.

Longueur 13 à 14 lig. Corps d'un noir-mat. Dessous de l'abdomen et des cuisses postérieures luisant avec un reflet métallique. Antennes noires, leur second article ferrugineux en grande partie. Lobe antérieur du corselet portant quatre épines ; celle de l'écusson forte, courte. Elytres beaucoup plus longues que l'abdomen. Femelle.

Du Brésil.

(1) La mauvaise habitude que quelques voyageurs ont d'enlever la plaque anale de ces insectes, pour bourrer l'abdomen, nous prive seule de désigner le sexe d'une partie des individus que nous décrivons.

4. Réduve thoracique, *R. thoracicus.*

Reduvius scutello erecto-spinoso, niger, thorace ferrugineo.

Longueur 7 lig. Noir. Antennes et pattes très-velues. Corselet ferrugineux, son lobe antérieur portant deux tubercules latéraux et deux épines noires, discoïdales; lobe postérieur ayant ses épines longues et noires. Ecusson un peu bordé de ferrugineux latéralement. Cuisses et jambes postérieures longues et grêles. Elytres beaucoup plus longues que l'abdomen. Mâle.

Du Brésil.

5. Réduve liséré, *R. limbatus.*

Reduvius scutello erecto-spinoso, niger, capite rubro nigro vario, thorace rubro marginato, elytrorum parte coriaceâ albo marginatâ.

Longueur 8 à 9 lig. Noir. Antennes et pattes de même couleur et velues. Tête rougeâtre avec deux petites lignes allant des yeux à la base du bec, les deux derniers articles de celui-ci et une tache autour des yeux lisses, de couleur noire. Corselet entièrement bordé de rouge, son lobe antérieur portant quatre épines, les deux discoïdales grandes et noires. Celle de l'écusson droite, forte, longue. Elytres plus longues que l'abdomen; leur partie coriace bordée de blanchâtre extérieurement et vers la membrane; hanches, bords de l'abdomen et taches sur son milieu, rougeâtres. Mâle et femelle.

Du Brésil.

6. Réduve tricolor, *R. tricolor.*

Reduvius scutello erecto-spinoso, niger, rubro varius, elytrorum parte coriaceâ, margine et inferiori parte albidis.

Longueur 6 lig. Tête noire variée de rouge. Antennes et pattes noires un peu velues. Lobe antérieur du corselet rouge, noir postérieurement, portant quatre épines, les deux discoïdales noires à l'extrémité. Second lobe noir, bordé de rouge latéralement et à sa partie postérieure. Ecusson rouge, son épine droite, forte. Elytres noires, guère plus longues que l'abdomen, leur partie coriace blanchâtre à son extrémité et sur ses bords. Abdomen rougeâtre, ses derniers segmens noirs au milieu. Hanches et cuisses tachées de rouge en dessous. Mâle.

Du Brésil.

7. Réduve à taches d'ivoire, *R. eburneus.*

Reduvius scutello erecto-spinoso, testaceo-ferrugineus, elytrorum partis coriaceæ maculâ eburneâ nigro marginatâ.

Longueur 7 lig. $\frac{1}{2}$. D'un fauve-ferrugineux. Antennes un peu velues, fauves avec le premier article et l'extrémité du second noirs. Lobe antérieur du corselet ayant quatre épines, les latérales fort petites, les deux discoïdales noires et fortes. Second lobe marqué sur le dos d'une ligne longitudinale noire, ses épines et une tache près de leur base, de cette couleur. Epine de l'écusson forte, droite, noire à son extrémité. Partie coriace des élytres portant une tache ovale d'un blanc d'ivoire entourée de noir. Bords latéraux de l'abdomen tachés de noir à l'angle antérieur des segmens. Pattes un peu velues, les quatre cuisses antérieures munies en dessous de deux ou trois petites épines. Mâle et femelle.

Du Brésil.

8. Réduve rayé, *R. lineatus.*

Reduvius scutello erecto-spinoso, testaceus, nigro varius, elytrorum partis coriaceæ disco fusco.

Longueur 8 lig. Fauve. Antennes et pattes un peu velues. Partie inférieure du premier lobe de la tête brune. Yeux lisses entourés de noir. Dessus du corselet rayé de noir, son lobe antérieur portant quatre épines, les deux latérales fort petites, les deux discoïdales grandes, fortes, brunes à l'extrémité. Ecusson noir, fauve postérieurement, son épine presque droite, fauve. Membrane des élytres brune dans son milieu. Derniers segmens de l'abdomen noirs. Femelle.

De Cayenne.

c. Corselet mutique.

9. Réduve agréable, *R. amœnus.*

Reduvius scutello obtusè erecto-spinoso, thorace posteriùs longitudinalitèr sulcato, rubro nigroque varius; abdomine subtùs livido, lineis duabus in singulo segmento plerisque interruptis, nigris.

Longueur 15 lig. Antennes et pattes noires. Tête testacée avec une petite corne bifurquée derrière l'insertion de chaque antenne. Bec court, mince, testacé. Corselet rouge, plissé transversalement. Son lobe antérieur ayant une ligne noire postérieurement; second lobe marqué au milieu d'un sillon longitudinal profond et d'un point latéral, de couleur noire. Ecusson testacé-roussâtre, ses bords latéraux noirs; son épine courte, obtuse. Elytres noires ayant leur base rouge, cette couleur s'étendant sur le bord extérieur et formant vers la naissance de la partie membraneuse, une plaque rouge renfermant une tache noire. Bords de l'abdomen rouges avec une tache noire à l'angle postérieur des segmens. Abdomen livide en dessous avec deux lignes noires transverses sur chaque segment, la plupart interrompues au milieu. Femelle.

Du Brésil.

B. Extrémité de l'écusson prolongée en une épine horizontale plus ou moins aiguë.

10. Réduve ailes tachées, *R. maculipennis*.

Reduvius scutello horizontalitèr spinoso, niger, elytris albido substrigatis, ochraceo bimaculatis, abdomine cœrulescenti, maculis marginis luteis.

Longueur 6 lig. Noir. Elytres ayant quelques petites lignes blanchâtres près de la pointe de l'écusson, une tache carrée d'un jaune-d'ocre dans le milieu et une autre ovale de même couleur à l'extrémité. Abdomen d'un noir-bleuâtre, bordé de taches d'un jaune-pâle placées à l'angle antérieur de chaque segment. Cuisses ayant un peu de jaune à leur base. Tarses testacés. Femelle. Du Brésil.

On rapportera à cette section, 1°. le *Reduvius personatus*. Fab. *Syst. Rhyng.* (*Encycl. pl.* 373. *fig.* 32-36); 2°. le *Reduvius stridulus*. Fab. *id.* (*Encycl. pl.* 373. *fig.* 37-40.)

2e. *Subdivision*. Ecusson mutique. — Yeux lisses fort éloignés l'un de l'autre, placés latéralement sur la partie postérieure de la tête, derrière les yeux à réseau. — (Pattes antérieures longues, leurs jambes grosses et velues.)

A. Abdomen n'étant pas plus large que les élytres.

11. Réduve rufipède, *R. rufipes*.

Reduvius scutello mutico, niger, thoracis maculis tribus rufis.

Reduvius rufipes. Fab. *Syst. Rhyng. pag.* 270. *n°.* 19.

Longueur 16 lig. Noir. Antennes de même couleur, presque glabres. Lobe postérieur du corselet ayant trois taches roussâtres, celle du milieu triangulaire, les deux autres placées aux angles postérieurs. Elytres beaucoup plus longues que l'abdomen, leur partie coriace courte, bordée intérieurement et vers la membrane de gris-roussâtre, membrane brune. Pattes antérieures noires, les quatre postérieures ferrugineuses. Bords latéraux de l'abdomen rouges. Mâle.

De Cayenne.

12. Réduve de Stoll, *R. Stollii*.

Reduvius scutelli mutici basi albo interruptè tomentosâ, testaceo-ferrugineus, nigro varius.

Stoll, *Punais. pl. XXII. fig.* 153.

Longueur 7 lig. Tête noire, ayant une ligne blanche longitudinale à sa partie supérieure. Antennes noires avec la base du troisième article blanchâtre. Corselet testacé-ferrugineux, son lobe antérieur un peu plus pâle. Ecusson caréné ayant à sa base une bande transverse interrompue, formée par un duvet blanc. Elytres un peu plus longues que l'abdomen, leur partie coriace d'un testacé-ferrugineux, noire à l'extrémité. Membrane noire. Dessous du corps testacé-pâle. Segmens de l'abdomen et hanches des quatre pattes postérieures ayant une tache blanchâtre formée par un duvet. Pattes d'un testacé-pâle. Extrémité des jambes et tarses de couleur brune, surtout dans les deux antérieures. Mâle et femelle.

De Cayenne et de Surinam.

B. Abdomen surpassant les élytres en largeur.

13. Réduve lanipède, *R. lanipes*.

Reduvius scutello mutico, niger, villosulus, elytrorum parte coriaceâ albidâ, nigro pilosâ.

Reduvius lanipes. Fab. *Syst. Rhyng. pag.* 274. *n°.* 40.

Longueur 1 pouce. Noir, pubescent. Duvet de la tête, du corselet et des pattes antérieures d'un gris-roussâtre, celui de l'abdomen et des deux pattes postérieures noir. Partie coriace des élytres d'un blanc sale portant des poils noirs. Membrane à reflet métallique. Bords latéraux de l'abdomen comme découpés, les segmens laissant entr'eux un petit intervalle dans lequel on voit une tache d'un blanc sale. Mâle.

De Cayenne.

14. Réduve lunulé, *R. lunatus*.

Reduvius scutello mutico, niger, nitidus, subtomentosus, femorum apice, tibiarum quatuor anticarum basi, posticis omninò, elytrorum maculâ, ano laterumque abdominis maculis rubris.

Reduvius lunatus. Fab. *Syst. Rhyng. pag.* 274. *n°.* 39. — Stoll, *Punais. pl. XIII. fig.* 91.

Longueur 15 à 16 lig. Noir-luisant, pubescent. Antennes noires. Tête ayant un tubercule velu derrière l'insertion de chaque antenne. Extrémité des cuisses, base des quatre jambes antérieures, les postérieures en totalité, une tache avant l'extrémité de la partie coriace des élytres, anus et taches sur les bords latéraux de l'abdomen rouges. Elytres plus longues que l'abdomen. Pattes antérieures très-longues, grosses et velues. Mâle et femelle.

De Cayenne.

Nota. L'insertion des antennes visiblement éloignée des yeux sembleroit placer ce Réduve dans la seconde division, mais tous ses autres caractères lui étant communs avec les espèces de cette section-ci nous avons cru devoir l'y faire entrer.

A cette section appartiennent les *Reduvius*

hirtipes, *pilipes*, *lineola* et *crinipes*. FAB. *Syst. Rhyngot.*

2e. *Division*. Insertion des antennes éloignée des yeux.

1re. *Subdivision*. Corselet sans sillon longitudinal. — Ecusson entier, terminé par une seule pointe. — Yeux lisses écartés l'un de l'autre, placés latéralement sur la partie postérieure de la tête, mais non pas derrière les yeux à réseau.

A. Lobe postérieur du corselet portant une carène longitudinale élevée et découpée en crête.

15. RÉDUVE crêté, *R. serratus*.

Reduvius scutello mutico, thorace cristato, niger, griseo subtomentosus.

Reduvius serratus. FAB. *Syst. Rhyngot. pag.* 266. *n°.* 2. — LAT. *Gen. Crust. et Ins. tom.* 3. *pag.* 129. — *Cimex cristatus*. LINN. *Syst. Nat.* 2. 723. 62. — DRURY, *Ins. tom.* 2. *pl.* 36. *fig.* 6. — STOLL, *Punais. pl. I. fig.* 6. — *Encycl. pl.* 124. *Rédav. fig.* 31.

Longueur 15 à 16 lig. Noir, couvert d'un duvet court, grisâtre. Tête ayant une petite corne derrière l'insertion de chaque antenne. Côtés du corselet portant postérieurement quelques dents obtuses. Antennes, bec, extrémité des cuisses et jambes rougeâtres. Elytres beaucoup plus étroites que l'abdomen, leur membrane bronzée. Femelle.

Amérique méridionale.

B. Lobe postérieur du corselet portant en même temps des épines sur son disque et à ses bords latéraux, sans carène longitudinale.

a. Abdomen surpassant les élytres en largeur.

16. RÉDUVE anguleux, *R. angulosus*.

Reduvius scutello mutico, thorace spinoso, fuscus, abdominis segmentis margine angulosis.

Longueur 12 à 14 lig. Dessus du corps de couleur de feuille sèche; son dessous d'un gris-blanchâtre. Antennes velues, de même couleur que le dessus du corps avec un anneau sur le premier article et la base du second blanchâtres. Tête munie d'une petite corne derrière l'insertion de chaque antenne. Lobe antérieur du corselet portant deux épines sur son disque. Second lobe armé de cinq épines dont trois petites discoïdales. Segmens de l'abdomen anguleux à leurs bords latéraux. Pattes de la couleur du corps. Femelle.

Du Brésil.

17. RÉDUVE festonné, *R. sinuosus*.

Reduvius scutello mutico, thorace spinoso, nigro-fuscus, abdominis segmentis margine rotundatis.

Longueur 12 à 14 lig. D'un noir-brun; les deux derniers articles des antennes testacés-rougeâtres. Tête munie d'une très-petite corne derrière l'insertion de chaque antenne. Lobe antérieur du corselet portant deux épines sur son disque, second lobe en ayant quatre, dont deux discoïdales. Bords latéraux des segmens de l'abdomen arrondis, formant comme un feston. Pattes de la couleur du corps. Elytres beaucoup plus longues que l'abdomen.

Du Brésil.

b. Abdomen n'étant pas plus large que les élytres.

18. RÉDUVE binoté, *R. binotatus*.

Reduvius scutello mutico, thorace spinoso, testaceus, elytris scutellique apice albo punctatis.

Longueur 1 pouce. Corps presque linéaire, testacé; les trois derniers articles des antennes bruns. Tête munie d'une corne droite derrière l'insertion de chaque antenne. Lobe antérieur du corselet portant deux épines sur son disque. Second lobe plus brun, en ayant quatre dont les deux latérales plus fortes. Extrémité de l'écusson et partie coriace des élytres portant un petit point blanc formé par un duvet. Côtés du corselet et dessous de l'abdomen marqués de semblables points qui forment une ligne longitudinale de chaque côté. Pattes testacées. Femelle.

Du Brésil.

19. RÉDUVE géniculé, *R. geniculatus*.

Reduvius scutello mutico, thorace spinoso, luteo-pallidus, geniculis fuscis.

Longueur 8 lig. Corps presque linéaire, d'un jaune-pâle. Yeux noirs. Tête munie d'un petit tubercule derrière l'insertion de chaque antenne. Lobe antérieur du corselet fort petit, portant deux épines sur son disque. Second lobe en ayant quatre, les deux latérales beaucoup plus fortes, brunes à l'extrémité. Elytres beaucoup plus longues que l'abdomen, leur membrane blanche, transparente. Pattes d'un jaune-pâle avec les genoux bruns. Mâle.

Amérique méridionale.

C. Lobe postérieur du corselet portant seulement une épine à chaque angle postérieur, sans carène longitudinale. — Abdomen n'étant pas plus large que les élytres.

20. Réduve alongé, *R. elongatus.*

Reduvius scutello mutico, thorace spinoso, testaceus, capite thoraceque fusco maculatis, femoribus albido annulatis.

Longueur 16 lig. Corps presque linéaire, testacé. Tête munie d'un très-petit tubercule derrière l'insertion de chaque antenne, et marquée de quelques taches d'un brun-noirâtre ainsi que le premier lobe du corselet. Second lobe brun bordé de fauve postérieurement, ses épines de cette dernière couleur. Pattes testacées, cuisses avec un petit anneau blanchâtre dans leur milieu. Femelle.

Du Brésil.

21. Réduve à bracelets, *R. armillatus.*

Reduvius scutello mutico, thorace spinoso, suprà fuscus, testaceo varius, subtùs lutescens, nigro maculatus, pedibus testaceis, femoribus tibiisque nigro annulatis.

Longueur 10 lig. Corps presque linéaire, brun en dessus. Antennes testacées annelées de noir. Tête munie d'un petit tubercule derrière l'insertion de chaque antenne. Lobe antérieur du corselet noirâtre bordé de testacé. Second lobe ayant un point rond, ses bords latéraux et la partie qui avoisine l'écusson, de couleur testacée. Ecusson de cette couleur, son disque noir. Elytres brunes, leur partie coriace bordée de testacé. Dessous du corps jaunâtre avec des lignes transverses et des points noirâtres. Les quatre pattes antérieures testacées avec un anneau noir aux cuisses et un autre aux jambes. Pattes postérieures testacées avec deux anneaux noirs aux cuisses et un autre fort large à leurs jambes. Femelle.

Du Brésil.

22. Réduve brésilien, *R. brasiliensis.*

Reduvius scutello mutico, thorace spinoso, niger elytrorum parte coriaceâ thoracisque posticâ testaceis, hujus maculâ discoidali nigrâ bilobâ.

Longueur 8 lig. Corps presque linéaire, noir. Antennes de même couleur avec la base du second article et le troisième testacés (le dernier manque). Second lobe du corselet testacé en dessus, portant sur son disque une tache noire presque bilobée. Elytres guère plus longues que l'abdomen, leur partie coriace testacée. Mâle.

Du Brésil.

D. Second lobe du corselet portant seulement un tubercule à chaque angle postérieur, sans épines, ni carène longitudinale.

a. Abdomen n'étant pas plus large que les élytres. — Corps presque linéaire.

23. Réduve rougeâtre, *R. rubidus.*

Reduvius scutello mutico, thorace tuberculato, rubro-fuscus, antennis nigris albido annulatis, elytrorum membranâ et partis coriaceæ lineâ mediâ nigris, femorum annulis binis, tibiarum quatuor posticarum unico albis.

Longueur 6 lig. Rougeâtre. Disque du second lobe du corselet, extrémité de l'écusson, une bande sur le milieu de la partie coriace des élytres et leur membrane noirs. Antennes noires avec quelques anneaux blancs; pattes noires, cuisses ayant chacune deux anneaux blancs; les quatre jambes postérieures en ayant un seul. Elytres un plus longues que l'abdomen. Mâle et femelle.

De Saint-Domingue.

24. Réduve caréné, *R. carinatus.*

Reduvius scutello mutico, thorace tuberculato anticè striato, niger; antennis, rostro, pedibus, elytrorum basi, abdominis medio lateribusque rubris, his nigro maculatis.

Reduvius carinatus. Fab. *Syst. Rhyng. pag.* 278. *n°.* 57. — Coqueb. *Illust. Icon. tab.* 10. *fig.* 15.

Longueur 10 lig. Noir. Bec et pattes rouges. Partie coriace des élytres, milieu de l'abdomen et ses bords de couleur rouge, ces derniers tachés de noir. Antennes d'un brun-rougeâtre. Cuisses et jambes antérieures grosses et courtes. Elytres un peu plus longues que l'abdomen. Mâle et femelle.

Des Etats-Unis d'Amérique.

Nota. Le lobe antérieur du corselet est très-remarquable par sa longueur qui surpasse celle du lobe postérieur et par sa largeur à peu près égale; il est marqué de plusieurs stries longitudinales. Cette conformation se retrouve dans quelques autres espèces que nous n'avons pas eu occasion de décrire.

Le *Reduvius fasciatus.* Palis.-Bauv. *Ins. d'Afr. et d'Amér. pag.* 64. *Hémipt. pl.* 2. *fig.* 5, vient se placer ici.

b. Abdomen surpassant les élytres en largeur.

25. Réduve longicolle, *R. longicollis.*

Reduvius scutello erecto-spinoso, thorace tuberculato, niger, glaber, elytris albidis basi nigris, abdominis serie laterali punctorum albidorum, pedibus subvillosis.

Stoll, *Punais. pl. XLI. fig.* 295.

Longueur 10 lig. Noir, glabre. Partie coriace des élytres ayant sa moitié inférieure blanchâtre. Membrane de cette couleur et transparente. Abdomen avec une ligne de points blanchâtres de chaque côté. Lobe postérieur de la tête très-long. Ecusson armé d'une épine forte et droite. Pattes un peu velues. Mâle et femelle.

Des Indes orientales.

26. Réduve corail, *R. corallinus.*

Reduvius thorace mutico, corallinus, capitis parte posticâ suprà, thoracis lobo secundo anticè et lateralitèr, scutelli disco, abdominis lineis maculisque, femoribus albido lineatis, tibiisque nigris.

Longueur 6 lig. D'un rouge de corail. Partie supérieure du second lobe de la tête, partie antérieure du second lobe du corselet, côtés de celui-ci, disque de l'écusson, taches et lignes sur l'abdomen, cuisses et jambes de couleur noire. On voit une ligne blanchâtre sur la partie antérieure de chaque cuisse. Antennes noires, d'un brun-rougeâtre à l'extrémité. Elytres un peu plus longues que l'abdomen, leur membrane demi-transparente. Mâle.

Des Indes orientales.

27. Réduve annelé, *R. annulatus.*

Reduvius thorace mutico, niger, verticis puncto, femorum duorum anticorum annulis duobus, tibiis omnibus apice excepto et abdominis segmentorum angulis posticis, anoque sanguineis.

Reduvius annulatus. Fab. *Syst. Rhyng. pag.* 271. n°. 24. — Lat. *Gen. Crust. et Ins. tom.* 3. *pag.* 129. — Panz. *Faun. Germ. fas.* ». *fig.* 23. — Wolf. *Icon. Cimic. fas.* 2. *pag.* 81. *tab.* 8. *fig.* 78. — *Cimex annulatus.* Linn. *Syst. Nat.* 2. 725. 71. — *Cimex niger rufipes.* De Géer, *Ins. tom.* 3. *pag.* 286. n°. 26. — La Punaise mouche à pattes rouges. Geoff. *Ins. Paris. tom.* 1. *pag.* 437. n°. 5.

Longueur 6 lig. Noir. Antennes de même couleur. Tête et corselet pubescens. La première ayant un point rouge entre les yeux lisses. Base des hanches de devant, deux anneaux sur les deux cuisses antérieures, autant sur les deux postérieures, toutes les jambes, à l'exception de leurs extrémités et taches à l'angle postérieur de chaque segment de l'abdomen ainsi qu'à l'anus d'un rouge-sanguin. Mâle et femelle.

Nota. Le milieu de l'abdomen a plus ou moins de rouge.

Des environs de Paris.

On placera dans cette section les *Reduvius hæmorrhoidalis* et *ægyptius* de Fab. *Syst. Rhyngot.*

2e. *Subdivision.* Corselet ayant un sillon longitudinal sur ses deux lobes. — Ecusson échancré postérieurement, terminé par deux pointes. — Yeux lisses assez rapprochés l'un de l'autre sur un tubercule commun placé sur la partie postérieure de la tête. — (Antennes velues, de six articles, non compris les petites articulations.)

Nota. Le sillon transversal qui sépare les deux lobes du corselet, forme avec le sillon longitudinal une croix dans toutes les espèces de cette subdivision. S'il nous eût été possible de vérifier les antennes de plusieurs espèces, nous n'aurions pas hésité à proposer cette subdivision comme genre sous le nom d'Ectrichodie (*Ectrichodia*), mais nous ne les avons complètes que dans une seule espèce.

28. Réduve luisant, *R. lucidus.*

Reduvius thorace cruciatìm sulcato, ruber, nitidus, glaber; antennis, thorace subtùs, elytris basi exceptâ, ano et segmentorum abdominis posticorum lateribus nigris.

Longueur 15 lig. Rouge, glabre, luisant. Antennes, dessous du corselet, poitrine, élytres (leur base exceptée), anus et côtés des derniers segmens de l'abdomen de couleur noire. Les quatre cuisses antérieures ayant quelques petites dents en dessous. Mâle.

Patrie inconnue.

29. Réduve croisé, *R. cruciatus.*

Reduvius thorace cruciatìm sulcato, antennis sexarticulatis, niger, nitidus, glaber, thorace luteo sulcis nigris, elytrorum basi, tibiis quatuor anticis extùs, abdominis margine discoque luteis.

Stoll, *Punais. pl. IX. fig.* 65?

Longueur 1 pouce. Noir, glabre, luisant. Dessus du corselet jaune, ses deux sillons formant une croix noire. Base des élytres, bords de l'abdomen et son disque en dessous, partie extérieure des quatre premières jambes de couleur jaune. Mâle.

Du Cap de Bonne-Espérance.

Nota. Notre individu a manifestement six articles aux antennes sans compter le tubercule radical ni les petites articulations qui sont entre le premier, le second et le troisième articles. Stoll ne donne que cinq articles aux antennes du sien et encore compte-t-il le tubercule de la base. Il les figure glabres : dans le nôtre elles sont velues; enfin il indique Surinam pour patrie. Ces différences nous font citer cet auteur avec doute.

30. Réduve latéral, *R. lateralis.*

Reduvius thorace cruciatìm sulcato, niger, glaber, capite suprà thoracisque lobo antico luteis nigro variis, thoracis posticâ parte scutelloque rubris.

Longueur 10 lig. Noir, glabre. Dessus de la tête et du premier lobe du corselet, jaunâtres mêlés de noir. Dessus du second lobe rougeâtre ainsi que l'écusson. Bords latéraux de l'abdomen jaunâtres. Mâle et femelle.

Du Brésil.

31. Réduve ventral, *R. ventralis*.

Reduvius thorace cruciatim sulcato, niger, nitidus, glaber, capite, rostro colloque exceptis, thorace subtùs, scutello abdominisque lateribus et disco rubris, hoc nigro transverse striato.

Longueur 7 lig. Noir, glabre, luisant. Tête, à l'exception du bec et de la base du cou, dessus du corselet, écusson, bords latéraux et disque de l'abdomen de couleur rouge. Dans cette dernière partie le rouge est entrecoupé de lignes transversales noires.

De Cayenne.

32. Réduve frontal, *R. frontalis*.

Reduvius thorace cruciatim sulcato, niger, glaber, capitis parte anticâ suprà, thoracis lobi postici margine laterali, abdominis margine ventreque luteis, hoc nigro utrinquè lineato.

Longueur 6 lig. Noir, glabre. Dessus de la partie antérieure de la tête, bords latéraux du second lobe du corselet, base des élytres et bords de l'abdomen jaunes. Ventre de cette couleur ayant de chaque côté une ligne noire.

De Cayenne.

Nota. Les parties jaunes de ce Réduve étoient peut-être rouges dans l'insecte vivant.

A cette seconde subdivision appartiennent les *Reduvius trimaculatus*. Palis.-Bauv. *Ins. d'Afr. et d'Amér. pag.* 64. *Hémipt. pl.* 2. *fig.* 3, et *hirticornis*. Fab. *Syst. Rhyngot.*

HOLOPTILE, *Holoptilus*.

Genre d'insectes de l'ordre des Hémiptères, section des Hétéroptères, famille des Géocorises, tribu des Nudicolles.

Aucun autre genre de cette tribu n'a moins de quatre articles aux antennes.

Antennes sétacées, de longueur moyenne, coudées après le premier article, insérées sur la partie antérieure de la tête, rapprochées à leur base, composées de trois articles, le premier gros, court, glabre; le second fort long, arqué, portant deux rangs de longs poils roides, divergens, qui le font paroître comme pectiné et à sa partie supérieure un autre rang de poils longs, serrés et couchés; le troisième article un peu plus long que le premier, plus mince à sa base qu'à son extrémité, portant quelques poils disposés par verticilles. — *Bec* court, arqué, ne dépassant pas l'origine des cuisses antérieures, découvert à sa naissance, composé de trois articles; le premier court, le second long, cylindrique, le dernier court, conique. — *Labre* point apparent. — *Tête* petite, rétrécie postérieurement, sans cou distinct. — *Yeux* arrondis, saillans. — *Point d'yeux lisses* apparens. — *Corps* assez court, rétréci à sa partie antérieure. — *Corselet* rétréci en devant, bilobé; son lobe antérieur plus petit et séparé du second par un sillon transversal. — *Ecusson* petit, triangulaire. — *Elytres* de la longueur de l'abdomen, de consistance demi-membraneuse dans toute leur étendue. — *Point d'ailes*. — *Abdomen* très-convexe en dessous, composé de six segmens presque transversaux, le dernier plus large dans son milieu que sur les côtés, chacun d'eux portant un stigmate peu rebordé. — *Cuisses*, jambes et tarses garnis de trois rangs de poils roides et divergens; jambes dépourvues d'épines terminales, les postérieures assez longues, un peu arquées; tarses de trois articles, le dernier muni de deux crochets sans pelotte apparente.

Nous ne connoissons pas les mœurs de l'espèce pour laquelle nous proposons ce nouveau genre dont le nom vient de deux mots grecs, et a rapport aux panaches de poils dont elle est presqu'entièrement couverte. Les Holoptiles par la masse de leurs caractères, se rapprochent des Réduves, mais les antennes triarticulées, la nature homogène de leurs élytres et l'absence des ailes les en distinguent assez pour nous faire espérer que les entomologistes accueilleront cette nouvelle coupe générique.

1. Holoptile Ours, *H. Ursus*.

Holoptilus fuscus, elytris squalidè argenteis, maculâ magnâ sub basi punctisque tribus marginalibus fuscis.

Longueur 3 lig. Corps d'un brun-puce, entièrement couvert de poils roides, à l'exception de l'abdomen et de la plus grande partie des élytres; milieu du ventre un peu jaunâtre; poils divergens des antennes d'un brun-puce, ceux qui sont couchés blanchâtres. Dessus du corselet raboteux, tuberculé; ces tubercules portant chacun une touffe de poils divergens de couleur puce mêlée de poils grisâtres. Elytres demi-transparentes, d'une couleur argentée sale, munies à leur base extérieure d'une touffe de poils brunâtres. On voit vers leur base une grande tache transversale puce qui n'atteint pas le bord intérieur, et des points de même couleur dont trois plus remarquables placés sur le bord extérieur. Ventre très-convexe en dessous depuis l'anus jusqu'au second segment, se déprimant subitement à sa base, en sorte que le second segment forme dans son milieu un tubercule garni de poils sur sa partie antérieure. Pattes d'une nuance plus claire que le dessus du corps, leurs poils bruns.

Du Cap de Bonne-Espérance.

(S. F. et A. Serv.)

REMBE,

REMBE, *Rembus*. Lat. (*Hist. nat. et Icon. des Coléopt. d'Europ.*) Genre de Carabiques très-voisin des Licines, mais en différant par ses mandibules qui sont terminées en pointe simple. Le *Carabus indicus* Herbst et le *Carabus politus* Fab. appartiennent à ce genre. Ces deux espèces sont des Indes orientales. (S. F. et A. Serv.)

REMBE, *Rembus*. M. Germar (*Ins. Spec. nov. vol.* 1. *Coleopt.* 1824) désigne sous ce nom un genre de la tribu des Charansonites, famille des Rhynchophores de M. Latreille, ayant pour caractères : rostre court, épais, parallélipipède, à peine plus long que la tête, plus étroit qu'elle ; ses fossettes courbées subitement en dessous, se rejoignant dans cette partie. Yeux ronds, proéminens. Antennes grêles, insérées au bout du rostre, plus longues que le corselet, leur premier article court, en massue, fouet grêle de sept articles dont le second alongé, les autres presqu'égaux. Massue oblongue. Corselet transversal, tronqué à sa base, arrondi sur les côtés, sans sillon en dessous pour recevoir le rostre. Ecusson distinct, petit, presque carré. Elytres renflées, couvrant l'abdomen et les ailes, presque deux fois plus larges que le corselet, tronquées à la base, leurs angles huméraux saillans. Pattes courtes, égales entr'elles. Cuisses mutiques, en massue ; jambes cylindriques ; premier article des tarses un peu plus long que les autres, le second court, trigone, l'avant-dernier très-large, bilobé.

Ce genre est composé d'une seule espèce ; elle est du Brésil : l'auteur la nomme *R. auricinctus*. C'est le *Thylacites trifasciatus* du Catalogue de M. le comte Dejean. (S. F. et A. Serv.)

RÉMIPÈDE, *Remipes*. Lat. Lamarck. Genre de Crustacés de l'ordre des Décapodes, famille des Macroures, division des Macroures anomaux, tribu des Hippides, établi par M. Latreille, et dont les caractères sont : antennes latérales et intermédiaires courtes, presque d'égale longueur, avancées, un peu recourbées. Pieds-mâchoires extérieurs semblables à de petits bras et ayant au bout un fort crochet. Pieds de la première paire adactyles, terminés par des lames qui finissent en pointe ; ceux des autres paires terminés par des lames ciliées également pointues, mais un peu plus larges dans leur milieu.

Ce genre est très-voisin de celui des Hippes de Fabricius, mais il s'en distingue par les pieds antérieurs, par les antennes et par la position des yeux : il a été établi sur une seule espèce propre aux mers de la nouvelle Hollande et a été rapporté par Péron et Lesueur.

1. Rémipède tortue, *R. testudinarius*. Lat. *Gen. Crust. et Ins. tom.* 1. *pag.* 45. — *Hippa adactyla*. Fab. *Supp. Entom. Syst. pag.* 370. — Herbst, *Canc. tab.* 22. *fig.* 4?

Long d'environ un pouce ; carapace ovale, longue d'environ un pouce, finement ridée en dessus, avec cinq dents à son bord antérieur, dont les trois intermédiaires ont moins de longueur que les deux latérales, au-dessous desquellet sont insérés les pédoncules grêles qui supportens les yeux ; bords du dernier article de l'abdomen et pattes velus.

On trouve sur les côtes de la Martinique une autre espèce qui paroît avoir été figurée dans un ouvrage anglais sur l'histoire naturelle des Barbades. (E. G.)

RÉMIPÈDES ou NECTOPODES. M. Duméril nomme ainsi dans sa *Zoologie analytique*, la seconde famille des Coléoptères pentamérés, ayant pour caractères : *élytres dures couvrant tout l'abdomen ; antennes en soie ou en fil, non dentées ; tarses natatoires*. Cette famille comprend les genres Dytisque, Hyphydre, Haliple et Tourniquet. (S. F. et A. Serv.)

RÈMITARSES ou HYDROCORÉES. C'est sous ce nom que M. Duméril dans la *Zoologie analytique*, désigne une famille d'Hémiptères ayant pour caractères : *élytres dures, coriaces. Bec paroissant naître du front. Antennes sétacées, très-courtes. Pattes postérieures propres à nager*. Elle renferme les genres Ranâtre, Nèpe, Naucore, Notonecte et Sigare. (S. F. et A. Serv.)

RÉTITÈLES. Nom donné par M. Walkenaer à la dix-neuvième division de la seconde tribu des Aranéïdes. Elle comprend les espèces qui fabriquent des toiles à réseaux formés par des fils peu serrés, tendus irrégulièrement en tout sens. (E. G.)

RHAGIONIDES ou LEPTIDES. Neuvième tribu de la famille des Tanystomes, section des Proboscidés, ordre des Diptères. Elle offre pour caractères :

Trompe à tige très-courte, retirée dans la cavité buccale, ou à peine extérieure, terminée par deux lèvres grandes, saillantes et relevées. — *Antennes* fort courtes, grenues ; leur dernier article sans divisions, ayant une soie dorsale ou terminale. — *Palpes extérieurs* presque coniques. (Ailes presque toujours écartées.)

Elle comprend les genres Leptis ou Rhagion, Athérix et Clinocère.

LEPTIS ou RHAGION. *Leptis*. Fab. Meig. *Rhagio*. Lat. Panz. *Musca*. Linn. Geoff. *Nemotelus*. De Géer. *Atherix*, *Sciara*. Fab.

Genre d'insectes de l'ordre des Diptères, section des Proboscidés, famille des Tanystomes, tribu des Leptides.

Les genres Leptis, Athérix et Clinocère composent cette tribu. Le second se distingue aisément par le troisième article de ses antennes qui est ovale et porte une soie dorsale vers son milieu. Les Clinocères qui comme les Leptis ont cette soie terminale, ont les deux premiers articles des antennes de forme presque sphérique; leurs yeux lisses sont placés sur le front, et elles portent (dans le repos) leurs ailes en recouvrement l'une sur l'autre.

Antennes moniliformes, presque cylindriques, beaucoup plus courtes que la tête, dirigées en avant, rapprochées à leur base, composées de trois articles, le premier cylindrique, le second en forme de coupe, le troisième conique, simple ou peu distinctement annelé, portant une soie à son extrémité.—*Trompe* saillante, presque membraneuse, bilabiée, recevant un suçoir de quatre soies. — *Palpes* presque coniques, verticaux, velus; leur second article long.— *Tête* de la largeur du corselet, verticale, comprimée de devant en arrière. — *Yeux* grands, espacés dans les femelles, rapprochés dans les mâles. — *Trois petits yeux lisses* disposés en triangle sur un tubercule vertical. — *Corselet* un peu convexe. — *Ailes* très-écartées. — *Balanciers* saillans. — *Abdomen* alongé, cylindro-conique. — *Pattes* très-longues, premier article des tarses aussi long ou plus long que les quatre autres réunis, le dernier muni de deux crochets ayant trois pelottes dans leur entre-deux.

Le nom de ce genre paroît venir d'un mot grec qui signifie : *grêle*. Ces diptères se tiennent volontiers en une espèce de société sur les troncs des arbres où ils semblent se jouer entr'eux en courant et voltigeant les uns après les autres. On les trouve quelquefois, mais isolément sur les fleurs dont ils sucent le miel; ils attaquent aussi de petits diptères.

Il est probable que les larves de toutes les Leptis vivent en terre ou dans le sable, mais on n'a des notions certaines que sur celles de la première division. Ces larves sont apodes, alongées, annelées, avec une tête constante et écailleuse; pour passer à l'état de nymphes, elles quittent leur peau et ressemblent dans cet état aux nymphes des Hyménoptères : car on aperçoit alors la forme de toutes les parties de l'insecte parfait. La larve de la Leptis bécasse a la tête petite, brune, avec deux antennes courtes; quelques mamelons charnus qui garnissent le dessous du corps, lui servent de pattes et l'aident à changer de place. Elle subit toutes ses métamorphoses dans la terre où elle a vécu. La nymphe a plusieurs rangées d'épines courtes sur le corps. L'insecte parfait paroît vers la fin d'avril. Les œufs de cette Leptis sont minces, alongés, courbés en arc, d'un blanc-jaunâtre. La larve de la Leptis ver-lion (*Leptis vermileo*. Fab. *Syst. Antl.*) a le corps alongé, cylindrique, d'un gris-jaunâtre, composé de onze segmens. Sa tête est conique, munie antérieurement d'une espèce de dard écailleux; l'anus est terminé par quatre appendices charnus, en forme de mamelons munis de poils longs et roides; cette larve vit d'insectes; pour les prendre elle se forme dans le sable un entonnoir semblable à celui des Myrméléons. Elle se place au fond, dans le milieu et s'y tient à l'affût pour saisir les petits insectes qui tombent dans ce trou; elle les entoure avec son corps, les perce de son dard et les entraîne sous le sable pour les sucer tranquillement; elle rejette ensuite le corps hors de son entonnoir quand elle en a tiré toute la substance; elle se change en nymphe dans le sable sans se faire de coque, vers la fin de mai, et devient insecte parfait environ quinze jours après sa métamorphose.

M. Meigen décrit vingt-deux espèces de ce genre, toutes d'Europe. Fabricius en cite une de la Caroline.

1re. *Division.* Palpes coniques, couchés sur la trompe.

1. Leptis Bécasse, *L. scolopacea.*

Leptis palpis conicis, in proboscide incumbentibus, thorace cinereo, suprà fusco trivittato, abdomine rufo trifariam nigro maculato, pedibus flavis, femoribus posticis annulo fusco, alis fusco maculatis.

Leptis scolopacea. Fab. *Syst. Antl. pag.* 69. *n°.* 1. — Meig. *Dipt. d'Europ. tom.* 2. *pag.* 89. *n°.* 2. — *Rhagio scolopaceus.* Lat. *Gen. Crust. et Ins. tom.* 4. *pag.* 288. — Panz. *Faun. Germ. fas.* 14. *fig.* 19. — *Musca scolopacea.* Linn. *Syst. Nat.* 2. 982. 16. — *Nemotelus scolopaceus.* De Géer, *Ins. tom.* 6. *pag.* 162. *n°.* 1. *pl.* 9. *fig.* 6-9. — Réaum. *Ins. tom.* 4. *pl.* 10. *fig.* 5 *et* 6.

Longueur 6 à 7 lig. Antennes, tête et corselet d'un cendré-roussâtre, celui-ci portant en dessus trois raies longitudinales d'un roux-brun. Abdomen d'un roux-clair, son dos ayant une suite longitudinale de points noirs, et ses côtés une suite de lignes de cette même couleur. Ailes transparentes, leurs bords postérieur et interne un peu enfumés, l'extérieur ayant vers les deux tiers de sa longueur, une grande tache noire; toutes les nervures transversales bordées de cette couleur. Pattes d'un roux-clair; cuisses postérieures ayant un anneau plus ou moins brun vers leur extrémité. Tout le corps a des poils noirs et assez roides. Femelle.

La larve vit dans la terre. (*Voyez* les Généralités.)

Environs de Paris.

Rapportez à cette division, 1°. la *Leptis tringaria.* Meig. (*Leptis tringaria* et *Leptis vanellus.* Fab.); 2°. la *Leptis lineola.* Meig. (*Atherix lineola.* Fab.); 3°. la *Leptis vermileo.* Meig. Fab.; 4°. la *Leptis conspicua.* Meig. — *Encycl. pl.* 390. *fig.* 41-46.

2°. *Division*. Palpes cylindriques, relevés, arqués.

2. Leptis diadême, *L. diadema*.

Leptis palpis cylindricis, recurvis, erectis, cinerea, aureo tomentosa, proboscide pedibusque flavis; maris abdomine atro fasciato; alis hyalinis, irisantibus, puncto marginali fusco.

Leptis diadema. Meig. *Dipt. d'Europ. tom.* 2. *pag.* 101. *n°.* 19. — *Atherix diadema*. Fab. *Syst. Antl. pag.* 73. *n°.* 2. — La Mouche à point marginal brun sur les ailes et pattes jaunes. Geoff. *Ins. Paris. tom.* 2. *pag.* 535. *n°.* 80.

Longueur 2 lig. ½. Corps cendré, couvert d'un duvet doré très-court et très-fugace. Antennes brunes. Trompe et pattes d'un jaune-pâle. Ailes transparentes, irisées, avec un point marginal brun. Femelle.

Le mâle a des bandes brunes sur l'abdomen, selon M. Meigen.

Des environs de Paris.

1°. La *Leptis aurata*. Meig. (*Atherix atrata*. Fab. Le mâle; *Atherix aurata* et *Atherix tomentosa*. Fab. La femelle); 2°. la *Leptis splendida*. Meig. (*Atherix nigrita*. Fab.); 3°. la *Leptis bicolor*. Meig. (*Leptis bicolor* et *Atherix oculata*. Fab.) appartiennent à cette seconde division.

ATHÉRIX, *Atherix*. Meig. Lat. Fab. Panz. *Leptis*, *Anthrax*, *Bibio*. Fab.

Genre d'insectes de l'ordre des Diptères, section des Proboscidés, famille des Tanystomes, tribu des Leptides.

Trois genres composent cette tribu; les Leptis et les Clinocères se distinguent des Athérix par la soie de leurs antennes qui est terminale.

Antennes moniliformes, beaucoup plus courtes que la tête, avancées, rapprochées à leur base, composées de trois articles, le troisième simple, ovale, demi-globuleux, presque réniforme, portant en dessus une soie simple, insérée vers son bord postérieur. — *Trompe* à peu près de la longueur de la tête, presque membraneuse, ayant un canal court, un peu au-dessous duquel elle est coudée; ensuite dirigée en avant; ses lèvres grandes, alongées surtout postérieurement; suçoir de quatre soies. — *Palpes* apparens, velus, recourbés, presqu'aussi longs que la trompe. — *Tête* transversale, de la largeur du corselet. — *Yeux* grands, espacés dans les femelles, rapprochés dans les mâles. — *Trois petits yeux lisses* disposés en triangle sur un tubercule vertical. — *Corselet* un peu convexe. — *Ailes* écartées. — *Balanciers* saillans. — *Abdomen* large et presque carré dans les femelles, cylindro-conique dans les mâles. — *Pattes* de longueur moyenne; premier article des tarses aussi long ou plus long que les quatre autres réunis, le dernier muni de deux crochets écartés ayant deux pelottes dans leur entre-deux.

On trouve ces insectes dans les bois sur les fleurs. Il y en a douze espèces décrites dans M. Meigen. (*Dipt. d'Europ.*)

1. Athérix Ibis, *A. Ibis*.

Atherix nigro-fuscus, alis fusco maculatis, abdomine partim pedibusque rufis.

Atherix Ibis. Meig. *Dipt. d'Europ. tom.* 2. *pag.* 105. *n°.* 1. — *Atherix maculatus*. Lat. *Gener. Crust. et Ins. tom.* 4. *pag.* 289. La femelle. *Leptis Ibis*. Fab. *Syst. Antl. pag.* 90. *n°.* 5. Le mâle. — *Anthrax Titanus*. *Id. pag.* 126. *n°.* 37. La femelle.

Longueur 4 à 5 lig. Antennes et tête brunes, couvertes d'un duvet court, couché, grisâtre; celle-ci garnie à sa partie inférieure de poils d'un gris-roussâtre. Corselet gris, portant trois raies longitudinales brunes sur le dos. Ecusson brun. Abdomen noirâtre, tous ses segmens ayant leur bord inférieur d'un roux-pâle. Pattes de cette dernière couleur. Ailes transparentes avec leur côte brune et trois bandes transversales noirâtres qui partent de la côte et n'atteignent pas le bord interne de l'aile. Femelle.

Le mâle diffère par son abdomen dont les second, troisième et quatrième segmens sont roux, ayant chacun une tache dorsale noire et une autre latérale; les suivans sont noirs avec leur bord postérieur plus ou moins roux. L'anus est roux, noir à l'extrémité. Pattes, et surtout les tarses plus foncés que dans la femelle. Les ailes plus brunes que dans celle-ci, la couleur noire plus prononcée et s'étendant davantage.

Environs de Paris.

CLINOCÈRE, *Clinocera*. M. Latreille paroît croire que ce genre de Diptères, créé par M. Meigen et placé par lui auprès des Athérix, est de la tribu des Leptides, ce qui nous engage à donner ici le peu que nous en savons, ne l'ayant point vu. L'auteur allemand lui donne pour caractères: antennes avancées, écartées, composées de trois articles, les deux de la base sphériques, le troisième conique, portant une soie terminale recourbée; trois yeux lisses placés sur le front. Ailes parallèles et se croisant sur l'abdomen dans le repos. Il en décrit en allemand une seule espèce sous le nom de *C. nigra*. Elle est figurée dans ses *Dipt. d'Europ. pl.* 16. *fig.* 1-4.

Le nom de Clinocère vient de deux mots grecs et signifie: *cornes inclinées*.

(S. F. et A. Serv.)

RHAGIE, *Rhagium*. Genre de Coléoptères tétramères, famille des Longicornes, tribu des Lepturètes de M. Latreille, créé par Fabricius et caractérisé ainsi par son auteur : quatre palpes terminés en masse. Mâchoires unidentées ; languette membraneuse, bifide. Antennes sétacées, alongées, rapprochées, insérées entre les yeux : ceux-ci arrondis, saillans. Tête grande, ovale, avancée. Corselet étroit, cylindrique, ses côtés épineux. Elytres dures, voûtées, plus larges que le corselet et de la longueur de l'abdomen. Fabricius compose ce genre d'espèces que les entomologistes modernes placent dans plusieurs. Les *Rhagium mordax, inquisitor, indagator, salicis, bifasciatum* et *minutum* sont des Stencores. *Voyez* ce mot. (S. F. et A. Serv.)

RHAMPHE, *Rhamphus*. Clairv. Lat. Oliv. (*Entom.*)

Genre d'insectes de l'ordre des Coléoptères, section des Tétramères, famille des Rhynchophores, tribu des Charansonites.

Tous les genres de cette tribu se distinguent de celui de Rhamphe par leurs antennes insérées sur un prolongement rostriforme de la tête. Parmi ces genres plusieurs ont comme lui les antennes droites, mais aucun ne les a placées sur la tête à la base de son prolongement et entre les yeux.

Antennes non coudées, insérées sur la tête, entre les yeux, composées de onze articles, le premier court, le second assez gros, obconique, et le plus grand de tous, les trois suivans obconiques, les sixième et septième arrondis, le huitième en forme de coupe, les trois derniers renflés, formant par leur réunion une massue serrée, finissant en pointe. — *Tête* un peu globuleuse, ayant un prolongement cylindrique et rostriforme à l'extrémité duquel est située la bouche ; ce prolongement déprimé, appliqué contre la poitrine dans l'état de repos. — *Yeux* rapprochés. — *Corps* court, ovale. — *Corselet* court, ses côtés arrondis. — *Pattes* postérieures propres pour sauter, leurs cuisses renflées, sans dentelures ; jambes sans épines visibles à leur extrémité.

Ce genre est dû à M. Clairville. Son nom vient d'un mot grec qui signifie : *bec d'oiseau*. Les mœurs des deux espèces qu'il renferme ne paroissent point différer de celles de la plupart des Charansonites. Ces très-petits coléoptères se tiennent d'habitude sur les feuilles des arbrisseaux.

1. Rhamphe flavicorne, *R. flavicornis*.

Rhamphus glaber, antennis flavis, clavâ fuscâ.

Ramphus flavicornis. Clairv. *Entom. Helvét. pag.* 104. *pl.* 12. — Lat. *Gen. Crust. et Ins. tom.* 2. *pag.* 250. *n°.* 1. — Oliv. *Entom. tom.* 5. *Attelab. n°.* 58. *pl.* 3. *fig.* 58. a. b. c. — *Encycl.* pl. 366. *III. fig.* 1 *et* a.

Longueur ½ lig. ou une lig. Noir, glabre. Antennes jaunâtres, leur massue brune. Corselet pointillé. Elytres ayant des stries pointillées.

Se trouve en France et en Allemagne sur le prunellier (*Prunus spinosus*).

2. Rhamphe tomenteux, *R. tomentosus*.

Rhamphus tomentosus, antennis fuscis.

Rhamphus tomentosus. Oliv. *Entom. tom.* 5. *Attelab. n°.* 59. *pl.* 3. *fig.* 59. — *Encycl. pl.* 366. *III. fig.* 2.

Longueur ½ lig. Noir, couvert d'un duvet gris. Antennes brunes. Stries des élytres moins apparentes que dans l'espèce précédente. Corselet un peu plus convexe, moins aminci antérieurement.

Des environs de Genève.

(S. F. et A. Serv.)

RHAMPHOMYIE, *Rhamphomyia*. Nom donné par M. Meigen (*Dipt. d'Europ.*) à un genre de Diptères, section des Proboscidés, famille des Tanystomes, tribu des Empides de M. Latreille, ayant pour caractères : antennes avancées, de trois articles, le premier cylindrique, le second cyathiforme, le troisième conique, comprimé, portant à son extrémité un style biarticulé ; trompe avancée, perpendiculaire ou penchée, mince ; ailes couchées sur le corps dans le repos, parallèles, n'ayant point de nervure transversale qui forme une petite cellule vers l'extrémité de l'aile.

Ce genre dont le nom vient de deux mots grecs qui signifient : *mouche à bec*, ne diffère des Empis que par le dernier de ces caractères. M. Latreille, d'après cette considération, en fait la seconde division de son genre Empis. M. Meigen décrit trente-sept espèces de Rhamphomyies dont beaucoup sont nouvelles.

Rapportez à ce genre les Empis bordée n°. 3 et cendrée n°. 10 de ce Dictionnaire.

(S. F. et A. Serv.)

RHETIA. Genre de Crustacés établi par Léach (art. Crustacés du *Dict. des Scienc. natur.*) et dont il ne donne pas les caractères. (E. G.)

RHINAPTÈRES. *Voyez* Parasites.

(S. F. et A. Serv.)

RHINARIE, *Rhinaria*. M. Kirby a fondé ce genre de Coléoptères dans les *Transactions Linnéennes*, vol. XII. Il est de la tribu des Charansonites, famille des Rhynchophores et offre pour caractères : labre à peine distinct. Lèvre presque trapézoïdale. Mandibules sans dents. Mâchoires ouvertes. Palpes très-courts, coniques. Menton carré. Antennes point coudées, en massue à l'extrémité, celle-ci de trois articles très-étroitement réunis. Corps ovale-oblong. Corselet presque globuleux.

L'auteur ne mentionne qu'une seule espèce. Rhinarie crêtée. (*R. cristata.*) Longueur 4 lig. $\frac{3}{4}$, non compris le rostre. Corps couvert en dessous d'écailles blanchâtres, gris en dessus. Elytres un peu sillonnées, écailleuses, les sillons ayant des points blancs ocellés; les intervalles portant une suite de soies roides, couchées, alternant avec de petits tubercules. De la nouvelle Hollande. Elle est représentée pl. 22, fig. 9 du vol. XIIe. des *Transactions Linnéennes.*

RHINE, *Rhina.* LAT. OLIV. (*Entom.*) *Lixus.* FAB. *Curculio.* OLIV. (*Encycl.*)

Genre d'insectes de l'ordre des Coléoptères, section des Tétramères, famille des Rhynchophores, tribu des Charansonites.

Dix genres de cette tribu y forment un groupe caractérisé par les antennes coudées, ayant leur premier article très-long; mais ces organes ont plus de dix articles dans les Charansons, les Lixes, les Lipares, les Rhynchènes et les Cryptorhynques; tandis que les Ciones, les Orchestes, les Rhines, les Calandres et les Cossons ont leurs antennes composées de dix articles au plus, mais la massue est de quatre articles dans le premier de ces genres, le second a les pattes postérieures renflées et propres à sauter; dans les Calandres les antennes sont insérées à la base du prolongement rostriforme de la tête; enfin le neuvième article forme seul la masse des antennes dans le genre Cosson.

Antennes coudées, insérées vers le milieu et sur les côtés du prolongement rostriforme de la tête, composées de huit articles, le premier très-long, les six suivans courts, le huitième formant une massue ovale cylindrique, très-alongée, de substance spongieuse, excepté dans une petite portion de sa base. — *Prolongement rostriforme* de la tête long, dirigé en avant, cylindrique, ayant de chaque côté un sillon qui part de la base des antennes, se dirige vers l'œil et reçoit (dans le repos) une partie du premier article des antennes. — *Mandibules* munies de trois dents, les deux plus fortes placées vers l'extrémité, l'autre au côté interne. — *Mâchoires* alongées, presque membraneuses, velues. — *Palpes maxillaires* n'ayant que trois articles distincts, le dernier plus long que le second, ovale-conique. — *Yeux* assez grands, se rejoignant presque sur le devant de la tête, à la base de son prolongement. — *Corps* cylindrique. — *Corselet* convexe, ovale, tronqué à ses deux extrémités. — *Ecusson* petit, triangulaire. — *Elytres* recouvrant les ailes et l'abdomen. — *Abdomen* de la largeur du corselet. — *Pattes* longues, les antérieures surtout; jambes minces, un peu crochues à leur extrémité; tarses ayant leur troisième article bilobé.

Ce genre fondé par M. Latreille tire son nom d'un mot grec qui signifie : *nez.* Cet auteur avoit réuni sous ce nom des espèces des pays étrangers à d'autres d'Europe, aujourd'hui il le restreint à deux espèces exotiques. Feu Olivier dans son *Entomologie* décrit six espèces comme étant de ce genre, mais les quatre dernières doivent en être exclues, la *Rhina pruni* appartient au genre *Rhinodes.* SCHONN. et la *Rhina plagiata* à celui de *Cleopus.* MÉG.

1. RHINE barbirostre, *R. barbirostris.*

Rhina barbirostris. LAT. *Gen. Crust. et Ins. tom.* 2. *pag.* 269. *n°.* 1. Le mâle.—OLIV. *Entom. tom.* 5. *pag.* 232. *n°.* 229. *Charans. pl.* 4. *fig.* 37. a. b. Le mâle. — *Lixus barbirostris.* FAB. *Syst. Eleut. tom.* 2. *pag.* 501. *n°.* 18. Le mâle. — *Encycl. pl.* 226. *fig.* 14. Le mâle.

Voyez pour la description et les autres synonymes Charanson barbirostre n°. 91.

Nota. Illiger a décrit la femelle sous le nom de *Verrirostris;* le prolongement rostriforme de sa tête n'est point lisse, mais dépourvu, ainsi que le dessous du corselet, de l'épaisse barbe que l'on voit dans l'autre sexe. Les individus que M. le comte Dejean et nous possédons, sont de l'Amérique méridionale; les auteurs indiquent cependant pour patrie les Indes orientales et l'Afrique.

2. RHINE scrutateur, *R. scrutator.*

Rhina nigra, elytris albo maculatis.

Rhina scrutator. OLIV. *Entom. tom.* 5. *pag.* 233. *n°.* 230. *Charans. pl.* 29. *fig.* 428.

Longueur 18 lig. Noire. Corselet pointillé. Elytres ayant une tache irrégulière blanchâtre qui s'étend jusqu'au-delà du milieu; elles sont chargées de stries formées par des points enfoncés très-rapprochés.

De Saint-Domingue. (S. F. et A. SERV.)

RHINGIE, *Rhingia.* SCOP. FAB. LAT. MEIG. PANZ. *Conops.* LINN. *Musca.* DE GÉER.

Genre d'insectes de l'ordre des Diptères, section des Proboscidés, famille des Athéricères, tribu des Syrphies.

Dans la tribu des Syrphies (*voyez* ce mot), un petit groupe a pour caractères : antennes plus courtes que la tête, portées sur un tubercule frontal; leurs deux premiers articles égaux entr'eux; cuisses postérieures simples, c'est-à-dire point renflées. Ce groupe renferme les genres Milésie, Brachyope et Rhingie. Le premier se reconnoît par son hypostome qui n'est point alongé inférieurement; le second l'a un peu avancé dans cette partie, mais tronqué brusquement : de manière que ces genres se distinguent aisément des Rhingies.

Antennes très-courtes, rapprochées à leur base, avancées et penchées, insérées sur un tubercule frontal, composées de trois articles, le premier et le second très-courts, le troisième court, ovalaire, comprimé, portant à sa partie supérieure une soie nue, longue, uniarticulée à sa base.—*Suçoir* très-alongé. — *Palpes* plus courts que les soies inférieures du suçoir. — *Hypostome* très-prolongé en avant inférieurement, formant une sorte de bec conique dans lequel est renfermée la trompe. —*Yeux* grands, espacés dans les femelles, rapprochés et se touchant dans les mâles. — *Trois petits yeux lisses* disposés en triangle sur un tubercule du vertex. — *Ecusson* grand, demi-circulaire. — *Cuillerons* assez grands, distinctement ciliés.— *Ailes* longues, parallèles et se croisant sur l'abdomen dans le repos. — *Abdomen* un peu convexe en dessus, composé de quatre segmens outre l'anus. — *Pattes* de longueur moyenne, cuisses postérieures simples et mutiques; tarses ayant leur dernier article muni de deux crochets sous chacun desquels est une pelotte assez forte; le premier article des tarses postérieurs est alongé et renflé.

Le nom donné par Scopoli aux diptères de ce genre vient d'un mot grec qui signifie: *nez*. Réaumur dit qu'un individu de la Rhingie à bec est éclos chez lui dans un poudrier où il avoit renfermé de la bouze de vache avec des larves qui s'en nourrissoient, d'où il pense que celle de cette espèce subit ses métamorphoses dans cette matière. Fabricius dans le *Systema Antliatorum* décrit trois espèces comme étant de ce genre; les deux dernières appartiennent à celui d'*Helophilus* de M. Meigen et ne constituent qu'une seule espèce que ce dernier auteur désigne sous le nom de *Lineatus*. Les Rhingies fréquentent les fleurs et les plantes.

1. Rhingie à bec, *R. rostrata*.

Rhingia abdomine pedibusque ferrugineis.

Rhingia rostrata. Fab. *Syst. Antliat. pag.* 222. *n°.* 1. — Lat. *Gen. Crust. et Ins. tom.* 4. *pag.* 321. — Panz. *Faun. Germ. fas.* 87. *fig.* 22. — Meig. *Dipt. d'Europ. tom.* 3. *pag.* 258. *n°.* 1. — *Conops rostrata*. Linn. *Syst. Nat.* 2. 1004. 1. — Réaum. *Ins. tom.* 4. *pag.* 233. *pl.* 16. *fig.* 10 *et* 11.

Longueur 4 lig. Tête brune, sa partie antérieure et inférieure testacée. Antennes de cette couleur. Corselet brun avec quatre lignes longitudinales grises sur le dos. Epaulettes, parties qui avoisinent la base des ailes, écusson, abdomen et pattes, de couleur ferrugineuse. Ailes un peu jaunâtres vers la côte, leurs nervures testacées. Femelle.

Le mâle a l'abdomen très-cilié vers ses bords avec une petite ligne courte, brune sur le milieu du second segment.

Environs de Paris.

2. Rhingie champêtre, *R. campestris*.

Rhingia abdomine ferrugineo, lineâ dorsali lateribusque et femorum basi nigris.

Rhingia campestris. Meig. *Dipt. d'Eur. tom.* 3. *pag.* 259. *n°.* 2. *tab.* 29. *fig.* 27. Le mâle.

Longueur 4 lig. Antennes, tête et corselet comme dans la précédente ainsi que les ailes. Abdomen ferrugineux, ses second, troisième et quatrième segmens ayant une ligne dorsale noire et leurs bords de cette même couleur. Pattes ferrugineuses, base des cuisses noire ainsi que la partie extérieure des deux derniers tarses; toutes les jambes ont un anneau brun plus ou moins foncé. Femelle.

Le mâle diffère en ce que le premier segment de son abdomen est noir et que l'anneau de ses jambes est beaucoup plus marqué.

Environs de Paris.

Nota. De Géer (*Ins. tom.* 6. *pag.* 129. *n°.* 19.) décrit ce mâle et le représente *pl.* 7. *fig.* 21 et 22, mais il lui donne pour femelle celle de la Rhingie à bec et les regarde comme une seule espèce.

(S. F. et A. Serv.)

RHINOCÈRES. *Voyez* Rostricornes.

(S. F. et A. Serv.)

RHINOMACER, *Rhinomacer*. Fab. Oliv. (*Entom.*) *Rhynchites*. Gyll. Oliv.? (*Entom.*) *Anthribus*. Lat. Payk.

Genre d'insectes de l'ordre des Coléoptères, section des Tétramères, famille des Rhynchophores, tribu des Bruchèles.

Cette tribu se compose des genres Anthribe, Rhinomacer et Bruche. Le premier se distingue par le prolongement rostriforme de la tête qui est de la même longueur qu'elle ou à peu près, et par le troisième article des tarses enchâssé dans le second; et les Bruches par leurs yeux échancrés ainsi que par leurs antennes filiformes, souvent pectinées.

Antennes un peu en masse, insérées sur le milieu du prolongement rostriforme de la tête, à peu près de la longueur du corselet, composées de onze articles, le premier court, un peu renflé, le second arrondi, plus court que le premier; les six suivans courts, presque coniques, les trois derniers un peu plus gros, formant une masse alongée. — *Mandibules* cornées, avancées, arquées, simples ou munies intérieurement d'une dent assez forte. — *Mâchoires* cornées, bifides, leur lobe intérieur coupé obliquement et cilié, l'extérieur mince, alongé, arrondi. — *Palpes maxillaires* courts, filiformes, composés de quatre articles, le premier très-petit, les second et troisième presque coniques, le dernier oblong; palpes labiaux courts, filiformes, presque sétacés, de trois articles presqu'égaux, insérés sur le menton à la base latérale de la lèvre. — *Lèvre* membraneuse, avancée, bifide. — *Tête* ayant un prolongement rostriforme aplati, étroit à sa base, s'élargissant vers l'extrémité. — *Corps* alongé. — *Corselet* convexe, à peu près de la largeur de la tête. — *Ecusson* petit, arrondi postérieurement. — *Elytres* assez molles, plus larges que le corselet, couvrant les ailes et l'abdomen. — *Pattes* de longueur moyenne; tarses de quatre articles bien distincts, le premier un peu alongé, triangulaire, le second de même forme, mais moins long que le premier, le troisième bilobé, cordiforme.

Les Rhinomacers dont le nom est composé de deux mots grecs qui signifient: *gros bec*, fréquentent les fleurs et se trouvent dans les forêts. On ne connoît ni leurs larves, ni la manière dont elles vivent. Les espèces connues sont en petit nombre.

1. Rhinomacer lepturoïde, *R. lepturoides.*

Rhinomacer niger, suprà subtùsque cinereo villosus.

Rhinomacer lepturoides. Fab. *Syst. Eleut. tom.* 2. *pag.* 429. *n°.* 4. — Oliv. *Entom. tom.* 5. *pag.* 459. *n°.* 1. *Rhinom. pl.* 1. *fig.* 1. — Panz. *Faun. Germ. fas.* *. *fig.* 8. — *Encycl. pl.* 362. *III. fig.* 1 *et* 2.

Longueur 3 lig. Noir, couvert d'un duvet cendré. Bouche un peu roussâtre. Corselet et élytres finement pointillés.

D'Autriche. Il est rare aux environs de Paris.

2. Rhinomacer attelaboïde, *R. attelaboides.*

Rhinomacer niger, griseo-villosus, antennis pedibusque dilutè testaceis.

Rhinomacer attelaboides. Fab. *Syst. Eleut. tom.* 2. *pag.* 428. *n°.* 3. — Oliv. *Entom. tom.* 5. *pag.* 459. *Rhinom. pl.* 1. *fig.* 2. — *Anthribus rhinomacer.* Lat. *Gen. Crust. et Ins. tom.* 2. *pag.* 237. *n°.* 1. — Payk. *Faun. Suec. tom.* 3. *pag.* 166. *n°.* 8. — *Encycl. pl.* 362. *III. fig.* 1 *bis.*

Longueur 2 lig. $\frac{1}{2}$. Noir, légèrement couvert d'un duvet cendré qui tire quelquefois sur le jaunâtre. Bouche, antennes et pattes d'un roux clair.

Du nord de l'Europe et des environs de Bordeaux. On le trouve dans les endroits plantés de pins.

Nota. Le synonyme de Paykull que nous donnons à cette espèce et dans lequel nous comprenons aussi la variété dont cet auteur fait mention doit être ôté au Myctère curculioïde du présent Dictionnaire. Fabricius en regardant avec raison la variété mentionnée par Paykull comme identique avec le Rhinomacer attelaboïde, réunit mal-à-propos l'espèce de l'auteur suédois au *Rhinomacer curculioides;* ce dernier insecte est le Myctère que nous venons de citer. Les deux espèces décrites par Olivier dans son *Entomologie*, sous les noms de Rhynchite nigripenne et de Rynchite à collier, appartiennent peut-être au genre Rhinomacer. (S. F. et A. Serv.)

RHINOSIME, *Rhinosimus.* Lat. Oliv. (*Entom.*) *Curculio.* Linn. De Géer. *Anthribus.* Fab. Clair. Payk. Panz. *Salpingus.* Illig. Gyllenh. *Curculio, Macrocephalus.* Oliv. (*Encycl.*)

Genre d'insectes de l'ordre des Coléoptères, section des Hétéromères, famille des Sténélytres, tribu des Œdémérites.

Dans cette tribu les genres Serropalpe, Mélandrye, Lagrie, Calope, Nothus et Œdémère n'ont point la tête prolongée en une sorte de bec, ce qui les distingue suffisamment des genres Sténostome, Rhinomacer Lat. (Myctère Oliv.) et Rhinosime. Les élytres molles des Sténostomes et les antennes filiformes de celles-ci et des Rhinomacers, ainsi que leur museau peu élargi à l'extrémité, séparent ces deux genres de celui de Rhinosime.

Antennes insérées devant les yeux, sur le prolongement de la tête, à peu près de la longueur du corselet, composées de onze articles, le premier gros, arrondi, le second plus petit, de même forme; les troisième et quatrième obconiques, les suivans un peu globuleux, les cinq derniers un peu plus grands, formant par leur réunion une massue alongée. — *Labre* avancé, carré, entier. — *Mandibules* cornées, ayant une petite dent au côté interne, vers l'extrémité. — *Palpes* grossissant vers le bout; leur dernier article un peu plus grand, cylindrique-ovale dans les maxillaires, ovale-court dans les labiaux; les premiers composés de quatre articles, les seconds de trois. — *Lèvre* rétrécie à sa base, dilatée vers son extrémité, arrondie et entière. — *Tête* très-déprimée, prolongée en une sorte de bec large et aplati, plus ou moins avancé. — *Corps* ovale-oblong. — *Corselet* un peu en cœur, rétréci postérieurement. — *Elytres* dures. — *Abdomen* ovoïde, presque carré. — *Tarses* courts, velus en dessous, tous leurs articles entiers.

Ce genre a été créé par M. Latreille; son nom vient de deux mots grecs dont la signification est: *nez camus*. Ces insectes sont petits, mais de couleur assez brillante; on les rencontre sur les arbres et particulièrement sous les écorces; on croit que leurs larves vivent dans le bois mort; quoique pourvus d'ailes, ils paroissent en faire peu d'usage. Le nombre des espèces connues toutes européennes ne s'élève qu'à sept ou huit.

1re. *Division*. Prolongement antérieur de la tête, peu remarquable. (Salpingus. Dej. Catal.?)

1. Rhinosime quadrimoucheté, *R. quadriguttatus*.

Rhinosimus elytris fuscis, livido quadriguttatis, punctato-striatis.

Salpingus quadriguttatus, Dej. *Catal.*

Longueur une lig. ½. Entièrement d'un testacé-brun avec deux taches pâles sur chaque élytre, l'une vers l'angle huméral et l'autre un peu avant l'extrémité. Elytres ayant des stries pointillées. Environs de Paris.

2e. *Division*. Tête avancée en un prolongement rostriforme élargi au bout.

2. Rhinosime du Chêne, *R. Roboris*.

Rhinosimus Roboris. Lat. *Gen. Crust. et Ins. tom.* 2. *pag.* 232. *n°.* 1. — Oliv. *Entom. tom.* 5. *Rhinos. pag.* 454. *n°.* 1. *pl.* 1. *fig.* 1. — *Anthribus roboris*. Fab. *Syst. Eleut. tom.* 2. *pag.* 410. *n°.* 23. — *Anthribus ruficollis*. Clairv. *Entom. Helvét. pag.* 123. *n°.* 1. *pl.* 15. *fig.* 4 *et* 5. — *Curculio rostratus*. De Géer, *Ins. tom.* 5. *pag.* 252. *pl.* 7. *fig.* 27 *et* 28. — *Salpingus ruficollis*. Gyllenh. *Ins. Suec. tom.* 1. *part.* 2. *pag.* 640. *n°.* 1.

Voyez pour les autres synonymes et la description Charanson ruficolle n°. 105. pl. 362. II. fig. 1.

3. Rhinosime, ruficolle, *R. ruficollis*.

Rhinosimus niger, capite thoraceque ferrugineis, elytris viridi-æneis punctato striatis, pedibus pallidè flavis.

Rhinosimus ruficollis. Lat. *Gen. Crust. et Ins. tom.* 2. *pag.* 233. — Oliv. *Entom. tom.* 5. *Rhinos. pag.* 455. *n°.* 2. *pl.* 1. *fig.* 2. a. b. — *Anthribus ruficollis*. Panz. *Faun. Germ. fas.* 24. *fig.* 19. — *Encycl. pl.* 362. *II. fig.* 4. a-g.

Longueur. 1 lig. ½. Antennes noirâtres, tête et corselet d'un fauve-rougeâtre. Elytres d'un noir-verdâtre à reflet métallique avec des stries pointillées. Abdomen noir. Pattes d'un fauve-pâle. Environs de Paris.

4. Rhinosime planirostre, *R. planirostris*.

Rhinosimus planirostris. Lat. *Gen. Crust. et Ins. tom.* 2. *pag.* 233. — Oliv. *Entom. tom.* 5. *Rhinos. pag.* 456. *n°.* 4. *pl.* 1. *fig.* 4. — *Anthribus planirostris*. Fab. *Syst. Eleut. tom.* 2. *pag.* 410. *n°.* 24. — Panz. *Faun. Germ. fas.* 15. *tab.* 14. — *Salpingus planirostris*. Gyllenh. *Ins. Suec. tom.* 1. *part.* 2. *pag.* 641. *n°.* 2.

Longueur 1 lig. Antennes brunes; leur base, la partie antérieure de la tête et les pattes fauves. Derrière de la tête, corselet et élytres d'un noir-bronzé; celles-ci ayant des stries pointillées. Dessous du corps noir.

Voyez pour les autres synonymes en retranchant celui de De Géer, Macrocéphale planirostre n°. 5. pl. 362. fig. 3 de ce Dictionnaire.

(S. F. et A. Serv.)

RHINOSTOMES ou FRONTIROSTRES. M. Duméril dans sa *Zoologie analytique* nomme ainsi une famille d'Hémiptères, présentant les caractères suivans : *élytres demi-coriaces. Bec paraissant naître du front. Antennes longues, non en soie. Tarses propres à marcher.* Elle renferme les genres Pentatome, Scutellaire, Corée, Acanthie, Lygée, Gerre et Podicère.

(S. F. et A. Serv.)

RHINOTIE, *Rhinotia*. M. Kirby a établi ce nouveau genre de Coléoptères dans les *Transactions Linnéennes*, vol. 12. Il appartient à la tribu des Charansonites, famille des Rhynchophores. Cet auteur le caractérise ainsi : labre réuni postérieurement au rostre, très-petit, échancré; lèvre très-petite, cunéiforme. Mandibules fortes, tridentées à l'extrémité. Mâchoires ouvertes. Palpes très-courts, coniques. Menton presque transverse, convexe. Antennes point coudées, plus épaisses vers l'extrémité, leur dernier article ovale, lancéolé. Corps rétréci, linéaire. Corselet globuleux, conique.

Ce genre n'est composé que d'une seule espèce, Rhinotie hémoptère (*R. hæmoptera*). Longueur 7 lig. ½ non compris le rostre. Corps noirâtre ayant quelques poils blanchâtres en dessous. Corselet velouté avec une bande latérale formée de poils d'un fauve-doré dont les bords intérieurs sont mal terminés. On voit une ligne dorsale et deux taches à la partie postérieure formées de semblables poils. Elytres très-ponctuées, chargées de poils d'un fauve-doré; suture noirâtre. De la nouvelle Hollande. Elle est figurée pl. 22, fig. 7 de l'ouvrage précité.

(S. F. et A. Serv.)

RHINOTRAGUE, *Rhinotragus*. Dans son ouvrage intitulé : *Ins. Spec. nov. vol.* 1. *Coleopt.* 1814, M. Germar propose ce nouveau genre de la famille des Longicornes; il a pour caractères : bouche placée au bout d'un rostre cylindrique. Palpes courts, presqu'égaux, leur dernier article obconique. Labre saillant, sinué à son extrémité. Yeux échancrés. Antennes filiformes, dentées en scie vers l'extrémité. Corselet un peu arrondi, point rebordé. Ecusson petit, arrondi. Pattes de longueur moyenne, premier article des tarses postérieurs un peu plus long que les autres.

L'auteur

L'auteur n'en mentionne qu'un seule espèce sous le nom de *R. dorsiger*. Elle est du Brésil.
(S. F. et A. Serv.)

RHIPICÈRE, *Rhipicera*. Lat. *Polytomus*. Dalm. *Ptilinus*. Fab. *Ptyocerus* Hoffm.

Genre d'insectes de l'ordre des Coléoptères, section des Pentamères, famille des Serricornes, tribu des Cébrionites.

Les genres Rhipicère, Cébrion, Dascille, Elode et Scirte composant dans les ouvrages de M. Latreille, la tribu des Cébrionites, nous y joignons celui d'Eubrie (*Eubria*), nouvellement fondé par M. Ziégler. Ce genre ainsi que les trois précédens n'a que onze articles aux antennes, et ce nombre est le même dans les deux sexes. Les Cébrions qui se rapprochent des Rhipicères par le nombre des antennes variables selon le sexe, se distinguent de ces dernières en ce qu'ils n'en ont pas plus de douze et que leurs tarses sont dépourvus en dessous de pelotes membraneuses.

Antennes en panache, de la longueur de la tête et du corselet, insérées devant les yeux, près de la bouche, composées de vingt à quarante articles (ces articles plus nombreux dans les mâles que dans les femelles). Le premier grand, obconique, le second et le troisième très-petits, transversaux, les autres courts, s'alongeant en une lame très-courte dans les premiers, mais devenant (surtout dans les mâles) fort longue, principalement dans les intermédiaires; cette lame étroite, linéaire, unique sur chaque article. — *Labre* petit, échancré. — *Mandibules* comprimées, très-arquées, leur extrémité aiguë; elles laissent entr'elles et le labre un vide remarquable, même étant fermées. — *Mâchoires* linéaires, leur extrémité un peu frangée. — *Palpes* presqu'égaux, filiformes, de la longueur des mandibules, leur dernier article oblong, ou presqu'en massue, les maxillaires beaucoup plus longs que les mâchoires, velus, composés de quatre articles, le premier très-court, le second long, obconique, le troisième court; palpes labiaux un peu plus courts, de trois articles, le premier petit, le second alongé, obconique. — *Lèvre* très-petite, comprimée, velue à son extrémité. — *Tête* de grandeur moyenne, avancée, rétrécie avant la bouche. — *Yeux* oblongs, entiers. — *Corps* alongé. — *Corselet* court, convexe, point rebordé. — *Ecusson* petit. — *Elytres* longues, un peu rétrécies vers leur extrémité, recouvrant les ailes et l'abdomen. — *Pattes* de longueur moyenne, jambes un peu comprimées, tarses ayant leurs quatre premiers articles très-courts, cordiformes, garnis chacun en dessous d'une pelote membraneuse, longue, bifide, lamelliforme; le dernier plus long que les quatre autres réunis, muni à son extrémité de deux forts crochets entre lesquels on remarque un petit pinceau de soies divergentes porté sur un tubercule.

Le nom de ce genre fondé par M. Latreille est composé de deux mots grecs dont la signification est: *cornes en éventail*. Nous ne connoissons point ses mœurs. Le petit nombre d'espèces connues appartient à la nouvelle Hollande et au Brésil.

1. Rhipicère marginée, *R. marginata*.

Rhipicera antennarum articulis in mare triginta duobus, in fœminâ viginti duobus.

Polytomus marginatus. Dalm. *Analect. Entom. pag.* 22. *n°.* 2. *tab.* 4. Le mâle.

Longueur 1 pouce. Corps d'un noir-verdâtre bronzé, garni d'un duvet roussâtre. Elytres d'un brun-cuivreux; leur base, leur suture et le bord extérieur d'un testacé pâle. Base des cuisses ferrugineuse ainsi que les hanches. Antennes, jambes et tarses noirs. Mâle et femelle.

Cette dernière a vingt-deux articles aux antennes, le mâle en a trente-deux: leurs rameaux sont beaucoup plus longs dans ce dernier sexe.

Du Brésil.

Rapportez à ce genre le *Ptilinus mystacinus*. Fab. *Syst. Eleut. tom.* 1. *pag.* 328. *n°.* 1. Drury, *Ins. tom.* 3. *pl.* 48. *fig.* 7, et le *Polytomus femoratus*. Dalm. Ouvrage précité.

CÉBRION, *Cebrio*. Oliv. (*Entom.*) Fab. Lat. Ross. *Tenebrio, Cistela*. Ross. *Hammonia*. Lat.

Genre d'insectes de l'ordre des Coléoptères, section des Pentamères, famille des Serricornes, tribu des Cébrionites.

Dans cette tribu les genres Dascille, Elode, Eubrie et Scirte sont reconnoissables par leurs antennes de onze articles dans les deux sexes; les Rhipicères ont les leurs composées de vingt à quarante articles, ce qui éloigne tous ces genres de celui de Cébrion.

Antennes insérées à l'angle antérieur des yeux; celles des femelles plus courtes que la tête, terminées en massue et composées de dix articles (suivant MM. Latreille et Olivier); ces articles courts, serrés, moniliformes; celles des mâles longues, filiformes, un peu en scie, de douze articles, les second et troisième courts, les autres alongés. — *Labre* très-court, transverso-linéaire. — *Mandibules* fortes, avancées, arquées, pointues, laissant un espace notable lorsqu'elles sont fermées, entr'elles et le labre. — *Mâchoires* courtes, presque membraneuses, simples, arrondies, ciliées. — *Palpes* alongés, les maxillaires plus longs que la tête, de quatre articles, le premier court, les autres égaux, le dernier cylindrique, un peu aminci à sa base; palpes labiaux de trois articles, le premier court. — *Lèvre* courte, presque cornée, entière. — *Tête* courte, assez large, mais moins que le corselet, légèrement inclinée. — *Yeux* arrondis, un peu saillans. — *Corps* oblong, s'inclinant un peu en avant. — *Corselet* presque trapézoïdal, son bord postérieur plus large que l'antérieur, s'avançant en angle vis-à-vis de l'écusson et ayant une dent de chaque côté. — *Ecusson* petit, peu apparent. — *Elytres* un peu flexibles, écartées postérieurement et plus courtes que l'abdomen dans les femelles; se rejoignant dans toute leur étendue et recouvrant entièrement l'abdomen dans les mâles : ceux-ci ailés, les femelles aptères. — *Pattes* assez longues; cuisses postérieures munies d'un appendice à leur base interne; tarses filiformes, leurs articles égaux, entiers, simples en dessous, le dernier terminé par deux crochets sans pelotes.

Les femelles de ce genre ont long-temps abusé les entomologistes par leurs antennes conformées autrement que celles de leurs mâles; ainsi le type du genre Hammonie de M. Latreille n'est que la femelle du Cébrion géant. Nous ne pouvons pas admettre non plus les sept genres créés par M. Léach dans sa *Monographie des Cébrionides* publiée dans le *Zool. journ.* mars 1821, n°. 1, pag 33, car plusieurs de ces genres ne sont également formés que sur des individus femelles et les autres nous sont inconnus.

On ne connoît point les larves des Cébrions; il est cependant probable qu'elles vivent dans la terre. Les insectes parfaits s'y tiennent cachés dans des trous pendant le jour, ils n'en sortent guère que la nuit; cependant les pluies d'orage les forcent quelquefois de se mettre en campagne, alors après la pluie on les trouve courant à la superficie du sol; les mâles volent pendant la nuit et leur vol est assez rapide. Nous avons posé les caractères de ce genre d'après le Cébrion géant, seule espèce que nous connoissions.

1. Cébrion géant, *C. gigas*.

Cebrio apterus, testaceus, mare alato anticè fusco.

Cebrio gigas. Fab. *Syst. Eleut. tom.* 2. *pag.* 14. *n°.* 1. Le mâle. — Lat. *Gen. Crust. et Ins. tom.* 1. *pag.* 251. *n°.* 1. Le mâle. — *Cebrio brevicornis*. Oliv. *Entom. tom.* 2. *Cébrion. pag.* 5. *n°.* 2. *pl.* 1. *fig.* 2. La femelle. — *Cebrio longicornis*. Oliv. *Entom. tom.* 2. *Cébrion. pag.* 5. *n°.* 1. *pl.* 1. *fig.* 1, *et Taupin. pl.* 1. *fig.* 1. Le mâle. — *Tenebrio dubius*. Ross. *Faun. Etrusc. tom.* 1. *pag.* 234. *n°.* 583. *tab.* 1. *fig.* 2. La femelle. — *Cebrio brevicornis*. Ross. *Mantiss. tom.* 1. *pag.* 34. *n°.* 84. La femelle. — *Cistela gigas*. Ross. *Faun. Etrusc. tom.* 1. *pag.* 100. *n°.* 256. *tab.* 7. *fig.* 9. Le mâle. — *Cebrio longicornis*. Ross. *Mantiss. tom.* 1. *pag.* 34. *n°.* 83. Le mâle. — Panz. *Faun. Germ. fas.* 5. *fig.* 10. Le mâle.

Longueur 1 pouce. Tête et corselet ferrugineux, finement pointillés. Antennes, abdomen et pattes testacés. Elytres de même couleur, béantes postérieurement, plus courtes que l'abdomen, ne couvrant point d'ailes. Femelle.

Le mâle a la tête et le corselet plus bruns, les élytres recouvrent des ailes et l'abdomen en entier; elles se rejoignent tout le long de la suture.

Du midi de la France et d'Italie. Rossi a vu le mâle entrer la nuit dans son appartement après une grande pluie et se jeter sur les lumières; c'étoit vers le commencement de septembre.

(S. F. et A. Serv.)

RHIPIDIE, *Rhipidia*. M. Meigen dans son ouvrage sur les Diptères d'Europe donne ce nom à un genre de la famille des Némocères, tribu des Tipulaires; il appartient à la division des Tipulaires terricoles de M. Latreille et paroît voisin des Cténophores et des Limnobies; son caractère est : antennes dirigées en avant, composées de quatorze articles, le premier cylindrique, le second et le troisième en forme de coupe, les suivans globuleux, écartés les uns des autres; celles des mâles bipectinées. Palpes avancés, courbes, cylindriques, de quatre articles presqu'égaux entr'eux. Point d'yeux lisses. Ailes parallèles, se recouvrant l'une l'autre dans le repos. L'auteur n'en donne qu'une espèce sous le nom de *Rhipidia maculata*. Il en figure le mâle tab. 5, n°s. 9-11.

(S. F. et A. Serv.)

RHIPIPHORE, *Rhipiphorus*. Bosc. Lat. Fab. Oliv. (*Entom.*) Panz. *Mordella*. Linn. Ross. Oliv. (*Encycl.*)

Genre d'insectes de l'ordre des Coléoptères, section des Hétéromères, famille des Trachélides, tribu des Mordellones.

Dans cette tribu les Mordelles, les Anaspes et les Scrapties se distinguent des Rhipiphores par leurs antennes simples ou seulement dentées en scie ainsi que par le dernier article de leurs palpes maxillaires grand, sécuriforme; les Myodes ou Myodites et les Pélécotomes sont reconnoissables par les crochets de leurs tarses dentés en peigne.

Antennes composées de onze articles, pectinées des deux côtés dans les mâles, d'un seul côté dans les femelles, à commencer du second ou du troisième article. — *Labre* avancé, coriace, demi-ovale. — *Mandibules* arquées, creusées en dedans, dépourvues de dents, leur extrémité aiguë. — *Mâchoires* ayant leurs lobes sétacés, l'extérieur long, linéaire, saillant, l'intérieur aigu. — *Palpes* presque filiformes, ayant leur second article long, obconique; les maxillaires de quatre articles, le dernier semblable aux autres; les labiaux de trois, le dernier ovalaire. — *Lèvre* alongée, étroite et membraneuse à sa base, prenant ensuite la forme d'un cœur et devenant coriace; languette alongée, profondément bifide. — *Corselet* ayant le milieu et les deux angles latéraux de son extrémité postérieure prolongés en pointe. — *Ecusson* très-petit. — *Elytres* rétrécies en pointe et écartées l'une de l'autre vers leur extrémité. Ailes étendues, plus longues que les élytres. — *Pattes* assez longues; tarses composés d'articles entiers, le dernier muni de deux crochets simplement bifides.

Ce genre fondé par M. Bosc et publié ensuite par Fabricius tire son nom de deux mots grecs qui signifient : *porte-panache*. On trouve ces insectes en Amérique, en Asie et en Europe, leur taille est petite ou moyenne; ils ne sont pas communs et fréquentent les fleurs ou les ulcères des arbres; on doit croire que leurs larves sont parasites d'après ce que l'on sait de celle du Rhipiphore paradoxal.

1re. *Division*. Antennes pectinées à partir du second article, la base de celui-ci presque cachée dans l'intérieur du premier; le dernier long, linéaire comme les rameaux des articles précédens. —Tête ayant son sommet droit, déprimé, de niveau avec l'extrémité antérieure du corselet; face de la tête formant un angle avec le corselet. — Corselet ayant un sillon dans son milieu et terminé postérieurement vis-à-vis de l'écusson par un lobe très-obtus et arrondi.—Abdomen presqu'aussi long que les ailes.

1. Rhipiphore paradoxal, *R. paradoxus*.

Rhipiphorus abdomine, thoracis lateribus elytrisque apice excepto, rufescenti-flavis.

Rhipiphorus paradoxus. Fab. *Syst. Eleut. tom.* 2. *pag.* 119. *n*°. 6. — Oliv. *Entom. tom* 3. *Ripiph. pag.* 7. *n*°. 7. *pl.* 1. *fig.* 7. La femelle. — Payk. *Faun. Suec. tom.* 2. *pag.* 177. *n*°. 1.—Lat. *Gen. Crust. et Ins. tom.* 2. *pag.* 207. *n*°. 1. — Panz. *Faun. Germ. fas.* 26. *fig.* 14. Le mâle. — *Mordella paradoxa*. Ross. *Faun. Etrusc. tom.* 1. *pag.* 244. *n*°. 603.

Longueur 5 lig. Antennes, pattes et corselet noirs, côtés de celui-ci d'un roux-jaunâtre. Elytres de cette couleur, à l'exception de leur extrémité postérieure qui est noire. Abdomen d'un roux-jaunâtre.

La femelle a souvent beaucoup plus de noir au corselet et aux élytres. M. Latreille pense que le *R. angulatus* de Panzer, *Faun. Germ. fas.* 90. *fig.* 3, n'est qu'une variété de ce sexe.

Des environs de Paris. Il est rare.

Nota. La larve de cette espèce que l'on trouve à l'état parfait vers la fin de l'été, vit et subit ses métamorphoses dans le nid de la Guêpe commune (*Vespa vulgaris*) et dans celui de la Guêpe frélon (*Vespa crabro*).

Voyez pour les autres synonymes la Mordelle paradoxale n°. 4 de ce Dictionnaire.

2e. *Division*. Antennes pectinées à partir du troisième article; le second ayant sa base libre, le dernier s'élargissant de la base à l'extrémité en forme de triangle renversé; leurs rameaux plus courts que dans la précédente division. — Tête ayant son sommet comprimé, arrondi, élevé audessus de l'extrémité antérieure du corselet. — Corselet sans sillon, terminé vis-à-vis de l'écusson par un angle un peu pointu. — Abdomen plus court que les élytres.

Rapportez à cette division, 1°. la Mordelle flagellée n°. 5 de ce Dictionnaire. (*Rhip. flabellatus*. Fab. *Syst. Eleut. tom.* 2. *pag.* 119. *n*°. 7.) 2°. La Mordelle bimaculée n°. 8. (*Rhip. bimaculatus*. Fab. *Syst. Eleut. tom.* 2. *pag.* 120. *n*°. 15. Panz. *Faun. Germ. fas.* 22. *fig.* 7. Oliv. *Entom. tom.* 3. *Ripiph. pag.* 5. *n*°. 4. *pl.* 1. *fig.* 4. a. b.) 3°. Le *Rhipiphorus spinosus*. Fab. *Syst. Eleut. tom.* 2. *pag.* 119. *n*°. 4. 4°. La Mordelle partagée n°. 9. (*Rhip. dimidiatus*. Fab. *Syst. Eleut. tom.* 2. *pag.* 120. *n*°. 16. *Encycl. pl.* 361. *fig.* 27 *et* 28.) 5°. La Mordelle bordée n°. 10. (*Rhip. limbatus*. Fab. *Syst. Eleut. tom.* 2. *pag.* 121. *n*°. 19. Oliv. *Entom. tom.* 3. *Ripiph. pag.* 6. *n*°. 5. *pl.* 1. *fig.* 5.) 6°. La Mordelle six taches n°. 7. *Rhip. sexmaculatus*. Fab. *Syst. Eleut. tom.* 2. *pag.* 120. *n*°. 12. Oliv. *Entom. tom.* 3. *Ripiph. pag.* 7. *n*°. 6. *pl.* 1. *fig.* 6.)

MYODITE, *Myodes*. Lat. *Rhipiphorus*. Fab. Oliv. (*Entom.*) Panz.

Genre d'insectes de l'ordre des Coléoptères, section des Hétéromères, famille des Trachélides, tribu des Mordellones.

Dans le groupe de cette tribu qui a pour caractères : antennes en éventail; palpes presque filiformes, le genre Rhipiphore se distingue par l'extrémité des crochets de ses tarses qui est bifide et les Pélécotomes parce que chaque article des antennes dans les mâles ne jette qu'un seul rameau et que leurs antennes sont insérées au-devant des yeux près de la bouche.

Antennes flabelliformes, insérées sur le front, composées de onze articles, les quatre premiers sans appendice latéral; les autres en ayant deux, un de chaque côté, ces appendices plus courts dans les femelles. — *Labre* corné, ovale, alongé, terminé par deux soies. — *Mandibules* cornées, arquées, sans dents. — *Mâchoires* membraneuses, très-courtes, obtuses. — *Palpes* inégaux, filiformes, les maxillaires plus longs, composés de quatre articles alongés, le premier très-petit, le second le plus grand de tous; les labiaux de trois articles à peu près égaux. — *Lèvre* cornée postérieurement, membraneuse à sa partie antérieure. — *Tête* arrondie supérieurement, très-inclinée sous le corselet. — *Corselet* convexe, point bordé, rétréci antérieurement. — *Elytres* très-courtes, voûtées; ailes découvertes, étendues. — *Abdomen* grand, alongé. — *Pattes* de longueur moyenne; crochets des tarses entiers à leur extrémité, dentelés en peigne le long de leur côté inférieur.

On ne connoît pas les mœurs des Myodites ; le nom de ce genre dû à M. Latreille vient du grec et exprime qu'il a de la ressemblance avec une mouche. La seule espèce connue se trouve, mais très-rarement sur les fleurs.

1. Myodite musciforme, *M. subdipterus.*

Myodes niger, elytris pallidis, abdomine fœminæ pallidè testaceo apice nigro, maris omninò nigro.

Rhipiphorus subdipterus. Fab. *Syst. Eleut. tom.* 2. *pag.* 118. *n°.* 1. — Oliv. *Entom. tom.* 3. *Ripiph. pag.* 4. *n°.* 1. *pl.* 1. *fig.* 1. Mâle et femelle. — Panz. *Faun. Germ. fas.* 97. *fig.* 7. La femelle.

Longueur 3 à 4 lig. Antennes courtes, celles du mâle jaunes, leurs sept derniers articles jetant chacun des rameaux de chaque côté ; celles de la femelle noires, leurs articles n'ayant des rameaux que d'un seul côté, ceux-ci plus courts que dans l'autre sexe. Tête et corselet noirs, élytres d'un jaune-pâle. Abdomen de la femelle de cette couleur avec l'anus noir ; l'abdomen du mâle entièrement noir. Pattes d'un brun-noirâtre mêlé d'un peu de roux-jaunâtre.

Il se trouve en Languedoc et dans tout le midi de l'Europe. Il est rare.

(S. F. et A. Serv.)

RHIPIPTÈRES, *Rhipiptera.* Lat. Ordre onzième de la division méthodique des insectes, selon M. Latreille ; ses caractères sont :

Six pattes. — *Deux ailes* membraneuses, plissées en éventail. — *Deux corps* crustacés mobiles en forme de petites élytres, situés à l'extrémité antérieure du corselet. — *Organes de la manducation* consistant en deux simples mâchoires sétiformes avec deux palpes.

Les insectes de cet ordre désignés d'abord par M. Kirby sous le nom de Strepsiptères ont deux organes fort singuliers et qui leur sont propres, ce sont deux petits corps crustacés, mobiles, insérés aux deux extrémités antérieures du tronc, près du cou et de la base extérieure des deux premières pattes, rejetés en arrière, étroits, alongés, dilatés en massue vers leur extrémité, courbes au bout et se terminant à l'origine des ailes ; ces organes ont la forme de petites élytres et l'insecte s'en aide pour marcher ainsi que pour voler, en leur donnant un mouvement ondulatoire. Les ailes sont grandes, membraneuses, divisées par des nervures longitudinales qui forment des rayons ; elles se plient dans leur longueur en manière d'éventail, ce que le nom de Rhipiptère tiré de deux mots grecs, exprime parfaitement. Leur bouche est composée de quatre pièces dont deux plus courtes sont des palpes composés de deux articles : les deux autres insérés près de la base interne des précédentes ont la forme de petites lames linéaires, pointues et se croisent à leur extrémité ; ces parties sont des mâchoires, mais elles ressemblent beaucoup aux soies qui composent le suçoir des Diptères. Les yeux sont gros, hémisphériques, un peu pédiculés et grenus, les antennes presque filiformes, courtes, composées de trois articles, les deux premiers très-courts, le troisième long, divisé jusqu'à son origine en deux branches ; les yeux lisses manquent. Le corselet est analogue à celui des Cicadaires et des Psylles. L'écusson est grand et recouvre en partie l'abdomen ; celui-ci est cylindrique et paroît formé de sept à huit segmens outre l'anus ; il se termine (au moins dans un sexe que nous croyons être le masculin) par des pièces fort analogues à celles des mâles de la tribu des Cicadelles, ordre des Hémiptères. Les pattes sont presque membraneuses, comprimées, à peu près égales et terminées par des tarses filiformes, composés de quatre articles membraneux, comme vésiculaires à leur extrémité, dont le dernier un peu plus grand n'offre point de crochets. (La figure du *Stylops melittæ* donné par M. Kirby, tab. 14, fig. 11, *Monogr. Apum Angliæ*, tom. 1, semble leur en accorder.) Les quatre pattes antérieures sont très-rapprochées, les autres rejetées en arrière ; l'espace de la poitrine compris entre celles-ci est très-ample et divisé en deux par un sillon longitudinal ; les côtés du métathorax sur lesquels s'insère cette dernière paire de pattes forment en arrière, par leur dilatation, l'écusson dont nous venons de parler.

Les Rhipiptères ont le vol prompt et facile ; ils vivent en état de larve entre les écailles des segmens de l'abdomen de quelques espèces d'Hyménoptères des genres Poliste et Halicte. La larve est ovale-oblongue, sans pattes ; sa bouche est formée de trois tubercules au moyen desquels on croit qu'elle suce sa nourriture aux dépens des insectes que nous venons de désigner. Ces larves se métamorphosent en nymphes dans la même place où elles ont vécu ; leur propre peau est leur seule enveloppe dans cet état.

Cet ordre ne contient que deux genres, Xénos et Stylops. *Voyez* ces mots.

(S. F. et A. Serv.)

RHOMBILLE (1), *Gonoplax.* Léach. *Cancer.* Linn. Fab. Genre de Crustacés décapodes, famille des Brachyures, tribu des Quadrilatères, ayant pour caractères : *Corps* en trapèze transversal, plus large au bord antérieur et commençant à se rétrécir à ses angles latéraux ; chaperon en carré transversal, recouvrant les antennes intermédiaires. *Yeux* insérés près du milieu du front,

(1) Cette dénomination, proposée par M. de Lamarck, me paroît plus significative en notre langue, que celle de *gonoplace.*

et portés sur des pédicules fort longs et grêles. *Antennes* latérales insérées au-dessous du canthus interne des cavités oculaires, composées d'un pédicule court, cylindrique, et d'une tige longue, menue, sétacée et multiarticulaire. Troisième article des *pieds-mâchoires* extérieurs presque carré; son côté interne tronqué obliquement à sa partie supérieure et formant un angle vers son milieu. *Serres* grandes, beaucoup plus longues et plus cylindriques dans les mâles; pinces des jeunes individus du même sexe et des femelles proportionnellement plus courtes et plus larges; le carpe court et arrondi; les autres pattes longues, grêles, unies, terminées par un tarse conique, pointu, sans épines, paroissant, du moins quant aux derniers, comprimé dans un autre sens que les pattes, ou un peu plus large, vu en dessus, que haut, avec quelques stries garnies de poils; celles de la quatrième paire et de la troisième ensuite surpassant les autres en longueur; celles de la seconde et de la dernière paire presqu'égales. *Abdomen* de sept segmens dans les deux sexes; celui des mâles en triangle alongé, plus large et dilaté angulairement à l'origine du troisième article; les deux premiers plus courts, très-étroits, linéaires, réunis l'un à l'autre au moyen d'une membrane découverte; le dernier triangulaire, de la largeur du précédent à sa base. Abdomen de la femelle en forme d'ovale tronqué, resserré à sa naissance et cilié sur ses bords. *Corps* généralement uni et glabre.

1. Rhombille biépineuse, *G. bispinosa.*

Gonoplax bispinosa. Léach. *Malacost. Podoph. Brit. tab.* 13. — *Gonoplax longimanus.* Lam. Ejusd. *G. angulatus.* — *Cancer rhomboides.* Linn. Fab. — *Cancer angulatus.* Fab. — *Ocypode rhomboides.* Bosc. Oliv. — *Ocypode angulata*, eorumd. — *Longimana.* Risso. — Herbst, *Krabben, tab.* 1. *fig.* 12. 13.

Longueur du test des plus grands individus mâles, 0m022. — Largeur, 0m035. — Longueur des serres, 0m116. Corps d'un blanc-incarnat pâle, dans les individus jeunes et ceux du moyen âge, roussâtre ou rougeâtre dans les plus grands. Test un peu plus élevé transversalement, un peu avant son milieu; une dent plus ou moins distincte, tantôt aiguë, tantôt obtuse, aux extrémités antérieures de cette élévation; angles antérieurs des côtés prolongés en une dent forte et pointue; chaperon rebordé en devant. Serres égales, plus épaisses que les pattes suivantes, longues, surtout dans les mâles âgés, avec les bras et les mains fort alongés; une dent terminée par un aiguillon sur le dessus du bras; une autre et petite au côté interne du carpe; mains un peu plus hautes que larges, unies, arrondies sur leurs tranches, s'élargissant un peu et graduellement de la base à l'origine des doigts; ces doigts d'un tiers environ plus courts que le poing, droits, coniques, comprimés, simplement ponctués, terminés en pointe aiguë et un peu crochue; bords internes de ceux de la serre gauche connivens ou rapprochés dans toute leur longueur, entièrement dentelés; dentelures nombreuses, petites, inégales, la plupart pointues et s'engrainant réciproquement; doigts de la serre droite écartés entr'eux à leur naissance, offrant, au même bord, des dents plus fortes, mais variables, et dont quelques-unes en forme de grosses verrues; une de cette sorte, plus robuste à l'origine de ce bord dans plusieurs individus; la plus grande partie du pouce noirâtre; une dent près de l'extrémité supérieure des cuisses des autres pattes.

Serres des femelles et des jeunes individus mâles plus courtes, avec les mains en ovale-oblong, avec les doigts entièrement contigus intérieurement.

Côtes maritimes d'Angleterre; celles de nos départemens de l'Ouest, M. d'Orbigny; Méditerrannée, Barrelier, et MM. Risso et de Lalande fils. D'après les observations de M. Risso, ce Crustacé se tient ordinairement dans les fentes des rochers submergés, à une profondeur de vingt à trente mètres. Il marche sur ce fond avec dextérité, et s'approche de la surface de l'eau, mais sans jamais en sortir. Il se nourrit de petits poissons et de radiaires qu'il poursuit même dans les filets des pêcheurs. Il n'abandonne sa proie que lorsqu'il se sent entraîné hors de l'eau. L'on n'en prend jamais qu'un ou deux dans le même lieu, ce qui annonce qu'il vit solitaire. (Latr.)

RHYGUS, *Rhygus.* M. Dalman a fondé ce genre adopté par M. Germar (*Ins. Spec. nov. vol.* 1. *Coleopt.* 1824). Il est de la famille des Rhynchophores, tribu des Charansonites de M. Latreille et offre pour caractères : rostre court, épais, parallélipipède, plus épais vers le bout; ses fossettes anguleuses, se courbant brusquement vers le dessous. Yeux globuleux, saillans. Antennes plus longues que le corselet, coudées; leur fouet de sept articles égaux entr'eux, en massue. Corselet lobé auprès des yeux, échancré en dessous près de la base de la tête. Ecusson petit, distinct. Elytres grandes, bossues, recouvrant des ailes. Pattes assez longues, presqu'égales entr'elles. Jambes de devant armées intérieurement d'une dent aiguë.

M. Germar décrit comme étant de ce genre, trois espèces, dont l'une est le *Curculio tribuloides* de Pallas et d'Herbst. (S. F. et A. Serv.)

RHYNCHÈNE, *Rhynchœnus.* Fab. Oli. (*Entom.*) Lat. (*Règ. anim.*) *Curculio.* Linn. Geoff. Clairv. Fab. *Lixus*, *Calandra*, *Attelabus.* Fab.

Genre d'insectes de l'ordre des Coléoptères, section des Tétramères, famille des Rhynchophores, tribu des Charansonites.

M. Clairville avoit créé le nom de Rhynchène pour désigner des Charansonites sauteurs; les auteurs modernes ont préféré à ce nom celui d'Orcheste. Fabricius en s'emparant de la dénomination de Rhynchène réunit sous ce nom aux Rhynchènes de M. Clairville ou Orchestes des auteurs, les espèces dont on a fait depuis le genre Cryptorhynque, quelques Lixes, les Lipares, les Ciones, peut-être quelques Rhinodes et en outre tout ce que l'on comprend aujourd'hui sous le nom de Rhynchènes. Olivier dans son *Entomologie* restreignit ce genre en admettant ceux d'Orcheste et de Cione et en créant celui de Lipare, mais il ne distingua point les Cryptorhynques des Rhynchènes. M. Latreille avoit d'abord appliqué le nom de Rhynchène aux Orchestes; depuis il adopta ce dernier nom et du genre auquel il donnoit celui de Charanson se formèrent ceux de Rhynchène et de Cryptorhynque; d'après cela les Brachyrrhines de cet auteur perdirent leur dénomination et prirent celle de Charanson.

Les genres Orcheste, Cione, Charanson, Lixe, Lipare, Rhynchène, Cryptorhynque, Rhine, Calandre et Cosson se distinguent des autres Charansonites par leurs antennes coudées dont le premier article est très-long. Ces parties n'ont que dix articles ou moins dans les Ciones, les Orchestes, les Rhines, les Calandres et les Cossons. Dans les Charansons les antennes sont insérées à l'extrémité du prolongement de la tête; dans les Lixes et les Lipares la massue des antennes est de quatre articles au moins. Les Cryptorhynques ont en dessous du corselet un sillon longitudinal qui reçoit le prolongement de la tête dans l'état de repos. Ces caractères distinguent suffisamment ces genres de celui de Rhynchène tel que nous l'entendons avec M. Latreille.

Antennes coudées, insérées vers le milieu du prolongement de la tête, composées de onze articles, le premier très-long, les trois derniers formant subitement une masse ovale. — *Mandibules* larges, dilatées sur le côté externe de leur base et arquées ensuite, bidentées vers l'extrémité. — *Lèvre* presque nulle. — *Palpes* peu apparens. — *Tête* ayant un prolongement rostriforme très-long, manifestement plus étroit qu'elle, sillonné latéralement pour recevoir le premier article des antennes dans le repos, un peu courbé en devant et portant à son extrémité les parties de la bouche. — *Corps* ovale-arrondi. — *Corselet* sans sillon longitudinal en dessous, se rétrécissant vers la tête, à peu près de la largeur des élytres dans la partie qui les avoisine. — *Pattes* ambulatoires, longues; jambes ayant souvent un crochet à l'extrémité de leur partie interne; troisième article des tarses bilobé.

Le nom de ce genre est dérivé d'un mot grec qui signifie : *bec*. Il contient plus de cent cinquante espèces, l'Europe en renferme un assez grand nombre. *Voyez* pour les généralités le mot CHARANSON.

1re. *Division*. Cuisses simples.

1. RHYNCHÈNE picirostre, *R. picirostris*.

Rhynchænus picirostris. FAB. *Syst. Eleut. tom.* 2. *pag.* 449. *n°.* 55. — OLIV. *Entom. tom.* 5. *pag.* 139. *n°.* 97. *Charans. pl.* 33. *fig.* 507. — GYLLENH. *Ins. Suec. tom.* 1. *part.* 3. *pag.* 121. *n°.* 48. — *Curculio picirostris*. PAYK. *Faun. Suec. tom.* 3. *pag.* 253. *n°.* 73. — *Sibinia picirostris*. GERM. *Ins. Spec. nov. Coleopt.* 1. *pag.* 291. *n°.* 4.

Voyez pour la description et les autres synonymes Charanson picirostre n°. 58.

2. RHYNCHÈNE du Lychnis, *R. Viscariæ*.

Rhynchænus Viscariæ. FAB. *Syst. Eleut. tom.* 2. *pag.* 449. *n°.* 56. — GYLLENH. *Ins. Suec. tom.* 1. *part.* 3. *pag.* 132. *n°.* 56. — *Curculio Viscariæ*. PAYK. *Faun. Suec. tom.* 3. *pag.* 261. *n°.* 82. — *Sibinia Viscariæ*. GERM. *Ins. Spec. nov. Coleopt.* 1. *pag.* 291. *n°.* 1.

Voyez pour la description et les autres synonymes Charanson du Lychnis n°. 106.

3. RHYNCHÈNE en croix, *R. crux*.

Rhynchænus crux. FAB. *Syst. Eleut. tom.* 2. *pag.* 455. *n°.* 87. — OLIV. *Entom. tom.* 5. *pag.* 154. *n°.* 120. *Charans. pl.* 29. *fig.* 440. — *Balaninus crux*. GERM. *Magaz. Entom.* 1821. *pag.* 296. *n°.* 7.

Des environs de Paris.

Nota. Il ne paroît pas probable qu'il faille avec M. Germar rapporter à cette espèce les *Curculio salicis* et *iota* de Panzer.

Voyez pour la description et les autres synonymes Charanson en croix n°. 73.

4. RHYNCHÈNE de la Prêle, *R. Equiseti*.

Rhynchænus Equiseti. FAB. *Syst. Eleut. tom.* 2. *pag.* 443. *n°.* 24. — OLIV. *Entom. tom.* 5. *pag.* 115. *n°.* 60. *Charans. pl.* 27. *fig.* 400. — *Curculio Equiseti*. PAYK. *Faun. Suec. tom.* 3. *pag.* 226. *n°.* 44. — *Curculio nigro-gibbosus*. DE GÉER, *Ins.* 5. *pag.* 224. *n°.* 17. — *Curculio Equiseti*. PANZ. *Faun. Germ. fas.* 42. *fig.* 4.

Voyez pour la description et les autres synonymes Charanson de la Prêle n°. 34.

5. RHYNCHÈNE acridule, *R. acridulus*.

Rhynchænus acridulus. FAB. *Syst. Eleut. tom.* 2. *pag.* 454. *n°.* 79. — GYLLENH. *Ins. Suec. tom.* 1. *part.* 3. *pag.* 75. *n°.* 10. — OLIV. *Entom. tom.* 5. *pag.* 147. *n°.* 109. *Charans. pl.* 27. *fig.* 406. —

Curculio acridulus. Payk. *Faun. Suec. tom.* 3. *pag.* 238. *n°.* 56. — Panz. *Faun. Germ. fas.* 42. *fig.* 10.

Voyez pour la description et les autres synonymes Charanson acridule n°. 69, en excluant la citation de Geoffroy.

6. Rhynchène bicolor, *R. bicolor.*

Rhynchœnus femoribus muticis, fuscus, thoracis lateribus elytrorumque basi-et suturâ rufo-tomentosâ ; antennis, rostro, pedibusque testaceis.

Ellescus bicolor. Dej. (*Catalog.*)

Longueur 3 lig. Brunâtre, duveteux. Côtés du corselet, base des élytres et la suture ayant leur duvet roussâtre. Antennes, tête et pattes testacées. Elytres striées.

Environs de Paris.

7. Rhynchène biponctué, *R. bipunctatus:*

Rhynchœnus bipunctatus. Fab. *Syst. Eleut. tom.* 2. *pag.* 452. *n°.* 70. — Oliv. *Entom. tom.* 5. *pag.* 153. *n°.* 118. *Charans. pl.* 29. *fig.* 439. — Gyllenh. *Ins. Suec. tom.* 1. *part.* 3. *pag.* 119. *n°.* 46. — *Curculio bipunctatus.* Payk. *Faun. Suec. tom.* 3. *pag.* 250. *n°.* 69. — Panz. *Faun. Germ. fas.* 42. *fig.* 7. — *Hypera bipunctata.* Germ. *Magaz. Entom.* 1821. *pag.* 338. *n°.* 4.

Voyez pour la description et les autres synonymes Charanson uniponctué n°. 107.

8. Rhynchène nigrirostre, *R. nigrirostris.*

Rhynchœnus nigrirostris. Fab. *Syst. Eleut. tom.* 2. *pag.* 448. *n°.* 53. — Gyllenh. *Ins. Suec. tom.* 1. *part.* 3. *pag.* 114. *n°.* 42. — Oliv. *Entom. tom.* 5. *pag.* 140. *n°.* 98. *Charans. pl.* 33. *fig.* 508. — *Curculio nigrirostris.* Payk. *Faun. Suec. tom.* 3. *pag.* 247. *n°.* 67. — Panz. *Faun. Germ. fas.* 36. *fig.* 14. — *Hypera nigrirostris.* Germ. *Magaz. Entom. pag.* 338. *n°.* 5.

Commun aux environs de Paris.

Voyez pour la description et les autres synonymes Charanson nigrirostre n°. 55.

9. Rhynchène du Polygonum, *R. Polygoni.*

Rhynchœnus Polygoni. Oliv. *Entom. tom.* 5. *pag.* 125. *n°.* 75. *Charans. pl.* 27. *fig.* 390. — Gyllenh. *Ins. Suec. tom.* 1. *part.* 3. *pag.* 109. *n°.* 39. — *Curculio Polygoni.* Fab. *Syst. Eleut. tom.* 2. *pag.* 520. *n°.* 77. — Payk. *Faun. Suec. tom.* 3. *pag.* 228. *n°.* 46. — Panz. *Faun. Germ. fas.* 19. *fig.* 10. — *Hypera Polygoni.* Germ. *Magaz. Entom.* 1821. *pag.* 342. *n°.* 15.

Voyez pour la description et les autres synonymes Charanson du Polygonum n°. 290.

10. Rhynchène du Pin, *R. Pini.*

Rhynchœnus Pini. Fab. *Syst. Eleut. tom.* 2. *pag.* 440. *n°.* 7. — Gyllenh. *Ins. Suec. tom.* 1. *part.* 3. *pag.* 66. *n°.* 3. — Oliv. *Entom. tom.* 5. *pag.* 116. *n°.* 61. *Charans. pl.* 16. *fig.* 42. b. c. — *Curculio Pini.* Payk. *Faun. Suec. tom.* 3. *pag.* 225. *n°.* 43. — Panz. *Faun. Germ. fas.* 42. *fig.* 1. — *Encycl. pl.* 225. *fig.* 13.

Nota. Les élytres ont un tubercule vers leur partie postérieure. *Voyez* pour la description et les autres synonymes Charanson du Pin n°. 22, en excluant la citation de l'*Entomologie* d'Olivier, qui doit être rapportée au Rhynchène du Sapin n°. 164.

11. Rhynchène du Rumex, *R. Rumicis.*

Rhynchœnus Rumicis. Fab. *Syst. Eleut. tom.* 2. *pag.* 456. *n°.* 93. — Oliv. *Entom. tom.* 5. *pag.* 126. *n°.* 76. *Charans. pl.* 27. *fig.* 391. — *Curculio Rumicis.* Payk. *Faun. Suec. tom.* 3. *pag.* 229. *n°.* 47.

Nota. M. le comte Dejean regarde le *Curculio murinus* de Fabricius comme appartenant à cette espèce.

Voyez pour la description, les autres synonymes et les détails de mœurs, Charanson de l'oseille n°. 77 ; ces détails sont extraits des Mémoires de De Géer ; ce que cet auteur dit sur la conformation des larves du Rhynchène de l'oseille (Charanson De G.) ne nous laisse aucun doute, les ayant vérifiés nous-mêmes, que les larves dont les Odynères approvisionnent leurs nids ne soient celles de quelques Charansonites voisines de celles-ci. Nous remarquerons en outre que la position de ces larves dans le nid de l'Odynère est absolument celle où elles se tiennent naturellement dans leurs coques. *Voyez* De Géer article cité et Réaumur tom. 6. pag. 251 et suivantes.

12. Rhynchène du Plantain, *R. Plantaginis.*

Rhynchœnus Plantaginis. Fab. *Syst. Eleut. tom.* 2. *pag.* 456. *n°.* 91. — Oliv. *Entom. tom.* 5. *pag.* 128. *n°.* 79. *pl.* 33. *fig.* 510. — Gyllenh. *Ins. Suec. tom.* 1. *part.* 3. *pag.* 103. *n°.* 34. — *Curculio Plantaginis.* Payk. *Faun. Suec. tom.* 3. *pag.* 231. *n°.* 48. — *Hypera Plantaginis.* Germ. *Magaz. Entom.* 1821. *pag.* 343. *n°.* 16.

Voyez pour la description et les autres synonymes Charanson du Plantain n°. 76.

13. Rhynchène timide, *R. timidus.*

Rhynchœnus femoribus muticis, ovato-oblongus, ater, nitidus, elytris punctis inter strias seriatis.

Rhynchœnus timidus. Oliv. *Entom. tom.* 5. *pag.* 146. *n°.* 107. *Charans. pl.* 27. *fig.* 401. —

Calandra nitens. Fab. *Syst. Eleut. tom.* 2. *pag.* 436. *n°*. 35. — *Curculio timidus*. Ross. *Mantiss. pag.* 37. *n°*. 92. — *Baris nitens*. Germ. *Ins. Spec. nov. Coleopt.* 1. *pag.* 199.

Longueur 3 lig. Très-noir, luisant. Corselet finement pointillé. Elytres à stries ponctuées ; on voit entre ces stries une suite de très-petits points enfoncés. Antennes et pattes noires.

De Perse et des îles de l'Archipel ; on le trouve aussi en Italie et dans le midi de la France.

14. Rhynchène anal, *R. analis*.

Rhynchænus analis. Oliv. *Entom. tom.* 5. *pag.* 151. *n°*. 115. *Charans. pl.* 16. *fig.* 197. a. b. — *Encycl. pl.* 226. *fig.* 10.

Voyez pour la description Charanson anal n°. 80.

15. Rhynchène de l'Absinthe, *R. Absinthii*.

Rhynchænus femoribus muticis, elongatus, ater, nitidus ; thorace punctato, elytris striatis, inter strias punctatis.

Rhynchænus Artemisiæ. Oliv. *Entom. tom.* 5. *pag.* 150. *n°*. 113. *Charans. pl.* 29. *fig.* 430. (en excluant la synonymie de Fabricius et peut-être aussi celle de Paykull.) — *Baris Absinthii*. Dej. (*Catal.*) — *Curculio Artemisiæ*. Panz. *Faun. Germ. fas.* 18. *fig.* 10.

Longueur 2 lig. Alongé, noir, luisant. Corselet large postérieurement, ponctué en dessus et en dessous ainsi que l'abdomen et les cuisses. Elytres striées, ponctuées entre les stries.

Des environs de Paris.

Nota. Nous ne croyons pas que cette espèce soit le *Baris Artemisiæ* de M. Germar. Cet auteur paroît s'être trompé en citant Olivier.

16. Rhynchène cuprirostre, *R. cuprirostris*.

Rhynchænus cuprirostris. Oliv. *Entom. tom.* 5. *pag.* 149. *n°*. 111. *Charans. pl.* 27. *fig.* 408. — *Attelabus cuprirostris*. Fab. *Syst. Eleut. tom.* 2. *pag.* 424. *n°*. 41. — Panz. *Faun. Germ. fas.* 94. *fig.* 7. — *Baris cuprirostris*. Germ. *Ins. Spec. nov. Coleopt.* 1. *pag.* 199.

Voyez pour la description et les autres synonymes Charanson cuprirostre n°. 54.

17. Rhynchène de l'Arroche, *R. Atriplicis*.

Rhynchænus femoribus muticis, elongatus, ater, subtùs albo squamosus, elytris striatis et inter strias pilis albis brevibus.

Rhynchænus Atriplicis. Oliv. *Entom. tom.* 5. *pag.* 148. *n°*. 110. *Charans. pl.* 27. *fig.* 404. — *Rhynchænus T. album*. Gyll. *Ins. Suec. tom.* 1. *part.* 3. *pag.* 79. *n°*. 14. — *Lixus Atriplicis*. Fab. *Syst. Eleut. tom.* 2. *pag.* 504. *n°*. 31. — *Curculio Atriplicis*. Payk. *Faun. Suec. tom.* 3. *pag.* 243. *n°*. 62. — *Curculio T. album*. Linn. *Syst. Nat.* 2. 609. 23. — *Baris T. album*. Germ. *Ins. Spec. nov. Coleopt.* 1. *pag.* 199. — La Pleureuse. Geoff. *Ins. Paris tom.* 1. *pag.* 285. *n°*. 17.

Longueur 2 lig. Alongé, noir, corselet ponctué, large postérieurement. Elytres striées avec une ligne de points enfoncés entre chaque strie. Dessous du corps et surtout ses côtés chargés d'écailles blanches. Cuisses ponctuées. Tous les points énoncés portent chacun un petit poil blanc très-court.

Environs de Paris.

Nota. Cette espèce est la même que celles décrites imparfaitement dans ce Dictionnaire, sous les noms de Charanson de l'Atriplex n°. 98 et Charanson T. blanc n°. 104. M. Gyllenhal pense avec Illiger que ce Rhynchène n'est pas le *Lixus atriplicis* de Fabricius.

Rapportez à cette première division les *Rhynchænus scirpi, æthiops, chloris* et *æneus*. Fab. *Syst. Eleut.* ainsi que les *Rhynchænus suspiciosus* et *acetosæ*. Oliv. *Entom.*

2e. *Division*. Cuisses dentées.

18. Rhynchène valide, *R. validus*.

Rhynchænus validus. Oliv. *Entom. tom.* 5. *pag.* 157. *n°*. 124. *Charans. pl.* 15. *fig.* 186. — Fab. *Syst. Eleut. tom.* 2. *pag.* 458. *n°*. 103, *et Rhynchænus calcaratus. pag.* 457. *n°*. 95. — *Encycl. pl.* 227. *fig.* 8.

Voyez pour la description Charanson valide n°. 131.

19. Rhynchène miliaire, *R. miliaris*.

Rhynchænus miliaris. Fab. *Syst. Eleut. tom.* 2. *pag.* 457. *n°*. 99. — Oliv. *Entom. tom.* 5. *pag.* 159. *n°*. 126. *Charans. pl.* 3. *fig.* 33. — *Encycl. pl.* 227. *fig.* 6.

Nota. L'extrémité des quatre jambes postérieures est ciliée de poils noirs extérieurement.

Voyez pour la description Charanson miliaire n°. 129.

20. Rhynchène six-taches, *R. sexmaculatus*.

Rhynchænus sexmaculatus. Oliv. *Entom. tom.* 5. *pag.* 166. *n°*. 157. *Charans. pl.* 17. *fig.* 207.

Voyez pour la description Charanson six-taches n°. 145.

21. Rhynchène hystrix, *R. hystrix*.

Rhynchænus hystrix. Fab. *Syst. Eleut. tom.* 2. *pag.* 462. *n°*. 121. — Oliv. *Entom. tom.* 5. *pag.* 167.

167. *n°.* 138. *Charans. pl.* 15. *fig.* 82. —*Encycl. pl.* 228. *fig.* 6.

Voyez pour la description Charanson histrix n°. 147.

22. Rhynchène de Dufresne, *R. Dufresnii.*

Rhynchœnus femoribus dentatis, niger tomentosus, rostri elytrorumque basi, thoracis posticâ parte corporeque subtùs aureo tomentosis, elytrorum maculis sex aurantiacis.

Rhynchœnus Dufresnii. Kirb. *Linn. Trans. vol.* 12. *tab.* 22. *fig.* 20. — *Ameris Dufresnii.* Dej. (*Catal.*)

Longueur 8 lig. Noir, duveteux. Ce duvet d'un jaune un peu doré sur la base du prolongement rostriforme de la tête, la partie postérieure du corselet, la base des élytres, le dessous du corps à l'exception des deux avant-derniers segmens de l'abdomen et les jambes. Corselet fortement tuberculé. Elytres striées, tuberculées, portant chacune trois grandes taches d'un bel aurore sur leur partie noire. Extrémité des quatre jambes postérieures ciliée de poils noirs extérieurement. Toute la couleur de cet insecte est due au duvet qui le recouvre.

Du Brésil.

Nota. Le *Rhynchœnus pardalis.* Dalm. *Analect. Entom. Holm.* 1823. *pag.* 85. *n°.* 92, nous paroît être cette espèce décrite d'après un individu dont les couleurs étoient altérées.

23. Rhynchène Ynca, *R. Ynca.*

Rhynchœnus femoribus dentatis, niger, luteo tomentosus, nigro tuberculatus.

Ameris Ynca. Dej. (*Catal.*)

Longueur 9 lig. Noir, couvert d'un duvet gris-jaunâtre semé de tubercules noirs, excepté sur la tête et sur les pattes. Extrémité des quatre jambes postérieures ciliée de poils noirs extérieurement.

Du Brésil.

24. Rhynchène Paon, *R. Pavo.*

Rhynchœnus femoribus dentatis, niger luteo præsertim subtùs squamosus, elytrorum striato-punctatorum maculis tribus squamoso-ferrugineis luteo cinctis.

Ameris Pavo. Germ. *Ins. Spec. nov. Coleopt.* 1. *pag.* 286. *n°.* 425.

Longueur 5 à 6 lig. Noir. Antennes brunes à massue noire. Tête chargée d'écailles jaunâtres à l'exception de l'extrémité de son prolongement. Corselet chagriné ayant de semblables écailles surtout sur les côtés et en dessous, avec une tache latérale près de la tête, ferrugineuse entourée de jaune. Elytres ayant des points enfoncés rangés en stries, chargées d'écailles jaunes et de trois taches ferrugineuses sur chacune, entourées de jaune. La première placée à la base près de l'écusson, la seconde plus loin que le milieu, s'étendant un peu vers le bord extérieur, la troisième vers l'extrémité. Dessous du corps couvert d'écailles jaunes ainsi que les pattes, celles-ci de couleur testacée.

Du Brésil.

25. Rhynchène dentipède, *R. dentipes.*

Rhynchœnus dentipes. Fab. *Syst. Eleut. tom.* 2. *pag.* 465. *n°.* 135. — Oliv. *Entom. tom.* 5. *pag.* 202. *n°.* 188. *Charans. pl.* 8. *fig.* 90. a. b. — *Encycl. pl.* 228. *fig.* 10.

Voyez pour la description Charanson dentipède n°. 153.

26. Rhynchène cinq-points, *R. quinquepunctatus.*

Rhynchœnus quinquepunctatus. Fab. *Syst. Eleut. tom.* 2. *pag.* 482. *n°.* 204. — Oliv. *Entom. tom.* 5. *pag.* 208. *n°.* 197. *Charans. pl.* 23. *fig.* 330. — Gyllenh. *Ins. Suec. tom.* 1. *part.* 3. *pag.* 197. *n°.* 110. — *Curculio quinquepunctatus.* Payk. *Faun. Suec. tom.* 3. *pag.* 201. *n°.* 18. — Panz. *Faun. Germ. fas.* 84. *fig.* 8.

Voyez pour la description et les autres synonymes Charanson cinq-points n°. 188.

27. Rhynchène des noisettes, *R. nucum.*

Rhynchœnus nucum. Fab. *Syst. Eleut. tom.* 2. *pag.* 486. *n°.* 228. — Oliv. *Entom. tom.* 5. *pag.* 215. *n°.* 207. *Charans. pl.* 5. *fig.* 47. — Gyll. *Ins. Suec. tom.* 1. *part.* 3. *pag.* 201. *n°.* 113. — *Curculio nucum.* Ross. *Faun. Etrus. tom.* 1. *pag.* 123. *n°.* 314. — Payk. *Faun. Suec. tom.* 3. *pag.* 204. *n°.* 20. — Panz. *Faun. Germ. fas.* 42. *fig.* 21. — *Encycl. pl.* 229. *fig.* 13. a. b. c. d. — *Balaninus nucum.* Germ. *Magaz. Entom.* 1821. *pag.* 284. *n°.* 3.

Voyez pour la description et les autres synonymes Charanson des noisettes n°. 201.

Nota. M. Germar croit que le synonyme de Panzer appartient plutôt au *R. gulosus* de Fab.

28. Rhynchène des cerises, *R. cerasorum.*

Rhynchœnus cerasorum. Fab. *Syst. Eleut. tom.* 2. *pag.* 488. *n°.* 238. — Oliv. *Entom. tom.* 5. *pag.* 224. *n°.* 218. *Charans. pl.* 4. *fig.* 35. — *Curculio cerasorum.* Payk. *Faun. Suec. tom.* 3. *pag.* 206. *n°.* 22. — Panz. *Faun. Germ. fas.* 42. *fig.* 22.

Nota. On le trouve dans toute l'Europe.

Voyez pour la description et les autres synonymes Charanson des cerises n°. 207.

29. Rhynchène velu, *R. villosus.*

Rhynchœnus villosus. Fab. *Syst. Eleut. tom.* 2. *pag.* 484. *n°.* 218. — Oliv. *Entom. tom.* 5. *pag.* 229. *n°.* 225. *Charans. pl.* 34. *fig.* 525. — *Curculio villosus.* Payk. *Faun. Suec. tom.* 3. *pag.* 205. *n°.* 21.

Nota. On le trouve aux environs de Paris. Cette espèce appartient au genre *Balaninus* de M. Germar.

Voyez pour la description et les autres synonymes Charanson velu n°. 194.

30. Rhynchène rouleur, *R. tortrix.*

Rhynchœnus tortrix. Fab. *Syst. Eleut. tom.* 2. *pag.* 491. *n°.* 252. — Oliv. *Entom. tom.* 5. *pag.* 200. *n°.* 213. *Charans. pl.* 34. *fig.* 521. — Gyll. *Ins. Suec. tom.* 1. *part.* 3. *pag.* 173. *n°.* 91. — *Curculio tortrix.* Payk. *Faun. Suec. tom.* 3. *pag.* 192. *n°.* 9. — Clairv. *Entom. Helv. pag.* 92. *n°.* 8. *pl.* 9. *fig.* 3 *et* 4. — Panz. *Faun. Germ. fas.* 18. *fig.* 14.

Voyez pour la description et les autres synonymes Charanson rouleur n°. 214.

31. Rhynchène du Tremble, *R. Tremulæ.*

Rhynchœnus Tremulæ. Fab. *Syst. Eleut. tom.* 2. *pag.* 492. *n°.* 253. — Oliv. *Entom. tom.* 5. *pag.* 221. *n°.* 214. *Charans. pl.* 34. *fig.* 520. a. b. — Gyllen. *Ins. Suec. tom.* 1. *part.* 3. *pag.* 171. *n°.* 90. — *Curculio Tremulæ.* Payk. *Faun. Suec. tom.* 3. *pag.* 189. *n°.* 6.

Des environs de Paris.

Voyez pour la description et les autres synonymes Charanson du Tremble n°. 215.

32. Rynchène rubané, *R. tæniatus.*

Rhynchœnus tæniatus. Fab. *Syst. Eleut. tom.* 2. *pag.* 492. *n°.* 255. — Oliv. *Entom. tom.* 5. *pag.* 223. *n°.* 217. *Charans. pl.* 22. *fig.* 307. — Gyll. *Ins. Suec. tom.* 1. *part.* 3. *pag.* 175. *n°.* 93. — *Curculio tæniatus.* Payk. *Faun. Suec. tom.* 3. *pag.* 191. *n°.* 8.

Voyez pour la description et les autres synonymes Charanson rubané n°. 216.

33. Rhynchène des vergers, *R. pomorum.*

Rhynchœnus pomorum. Fab. *Syst. Eleut. tom.* 2. *pag.* 491. *n°.* 250. — Oliv. *Entom. tom.* 5. *pag.* 224. *n°.* 219. *Charans. pl.* 3. *fig.* 27. a. b. — Gyll. *Ins. Suec. tom.* 1. *part.* 3. *pag.* 188. *n°.* 103. — *Curculio pomorum.* Payk. *Faun. Suec. tom.* 3. *pag.* 199. *n°.* 16. — *Anthonomus pomorum.* Germ. *Magaz. Entom.* 1821. *pag.* 323. *n°.* 3.

Voyez pour la description et les autres synonymes Charanson des vergers n°. 213.

34. Rhynchène parsemé, *R. conspersus.*

Rhynchœnus conspersus. Oliv. *Entom. tom.* 5. *pag.* 170. *n°.* 143. *Charans. pl.* 14. *fig.* 179. — *Lixus roreus.* Fab. *Syst. Eleut. tom.* 2. *pag.* 505. *n°.* 35? — *Encycl. pl.* 228. *fig.* 14.

Voyez pour la description et les autres synonymes Charanson parsemé n°. 159.

35. Rhynchène annulé, *R. annulatus.*

Rhynchœnus annulatus. Fab. *Syst. Eleut. tom.* 2. *pag.* 463. *n°.* 128. — Oliv. *Entom. tom.* 5. *pag.* 173. *n°.* 148. *Charans. pl.* 6. *fig.* 62. a. b. — *Encycl. pl.* 228. *fig.* 11.

Voyez pour la description et les autres synonymes Charanson annulé n°. 154.

36. Rhynchène oculé, *R. ocellatus.*

Rhynchœnus ocellatus. Fab. *Syst. Eleut. tom.* 2. *pag.* 472. *n°.* 168. — Oliv. *Entom. tom.* 5. *pag.* 183. *n°.* 162. *Charans. pl.* 3. *fig.* 31. — *Encycl. pl.* 229. *fig.* 8.

Voyez pour la description et les autres synonymes Charanson oculé n°. 181.

37. Rhynchène pupillaire, *R. pupillatus.*

Rhynchœnus pupillatus. Oliv. *Entom. tom.* 5. *pag.* 184. *n°.* 163. *Charans. pl.* 15. *fig.* 183. — *Rhynchœnus pupillator.* Fab. *Syst. Eleut. tom.* 2. *pag.* 466. *n°.* 137.

Voyez pour la description Charanson pupillaire n°. 170.

38. Rhynchène moucheté, *R. multiguttatus.*

Rhynchœnus multiguttatus. Fab. *Syst. Eleut. tom.* 2. *pag.* 465. *n°.* 136. — Oliv. *Entom. tom.* 5. *pag.* 182. *Charans. pl.* 13. *fig.* 163. — *Encycl. pl.* 229. *fig.* 2.

De Cayenne.

Voyez pour la description Charanson multimoucheté n°. 169.

39. Rhynchène couronné, *R. coronatus.*

Rhynchœnus coronatus. Fab. *Syst. Eleut. tom.* 2. *pag.* 459. *n°.* 105. — Oliv. *Entom. tom.* 5. *pag.* 163. *n°.* 132. *Charans. pl.* 6. *fig.* 70. — *Encycl. pl.* 227. *fig.* 9.

Voyez pour la description Charanson couronné, n°. 132.

40. Rhynchène du Sapin, *R. Abietis.*

Rhynchœnus Abietis. Fab. *Syst. Eleut. tom.* 2. *pag.* 464. *n°.* 130. — Oliv. *Entom. tom.* 5. *pag.* 185. *n°.* 164. *Charans. pl.* 4. *fig.* 42, *et pl.* 7.

fig. 78. a.b. — Gyll. *Ins. Suec. tom.* 1. *part.* 3. *pag.* 166. *n°.* 86. — *Curculio Abietis.* Payk. *Faun. Suec. tom.* 3. *pag.* 186. *n°.* 3. — Panz. *Faun. Germ. fas.* 42. *fig.* 14.

Voyez pour la description et les autres synonymes Charanson du Sapin n°. 164.

41. Rhynchène caligineux, *R. caliginosus.*

Rhynchœnus caliginosus. Oliv. *Entom. tom.* 5. *pag.* 191. *n°.* 172. *Charans. pl.* 22. *fig.* 300. — *Lixus caliginosus.* Fab. *Syst. Eleut. tom.* 2. *pag.* 504. *n°.* 33. — *Plinthus caliginosus.* Germ. *Ins. Spec. nov. Coleopt.* 1. *pag.* 330. *n°.* 469.

Voyez pour la description et les autres synonymes Charanson caligineux n°. 156.

42. Rhynchène picoté, *R. apiatus.*

Rhynchœnus femoribus dentatis, niger, nitidus, maculis rufo tomentosis, in thorace sinuatis, in elytris subrotundis.

Rhynchœnus apiatus. Oliv. *Entom. tom.* 5. *pag.* 171. *n°.* 144. *Charans. pl.* 28. *fig.* 424.

Longueur 10 lig. Alongé, noir, luisant. Tête, corselet, cuisses et dessous du corps ayant un peu de duvet roussâtre. Corselet caréné, chagriné, avec quelques taches sinueuses sur ses côtés. Elytres ayant des lignes longitudinales de points enfoncés et chargées de taches irrégulières presque toutes arrondies. Les taches sont formées par des plaques de poils roux. Extrémité des quatre jambes postérieures ciliée de poils noirs extérieurement.

De Cayenne et de Surinam.

43. Rhynchène Panthère, *R. pantherinus.*

Rhynchœnus pantherinus. Oliv. *Entom. tom.* 4. *pag.* 177. *n°.* 154. *Charans. pl.* 13. *fig.* 153. — *Rhynchœnus marmoreus.* Fab. *Syst. Eleut. tom.* 2. *pag.* 462. *n°.* 122. — *Encycl. pl.* 228. *fig.* 16.

Voyez pour la description Charanson Panthère n°. 161.

44. Rhynchène charbonnier, *R. carbonarius.*

Rhynchœnus carbonarius. Fab. *Syst. Eleut. tom.* 2. *pag.* 485. *n°.* 224. — Oliv. *Entom. tom.* 5. *pag.* 228. *n°.* 223. *Charans. pl.* 34. *fig.* 518. — *Curculio carbonarius.* Payk. *Faun. Suec. tom.* 3. *pag.* 194. *n°.* 11. — Panz. *Faun. Germ. fas.* 42. *fig.* 18.

Nota. Nous pensons que cet insecte est le *Magdalis carbonaria* de M. Germar. *Ins. Spec. nov. Coleopt.* 1. *pag.* 193.

Voyez pour la description et les autres synonymes Charanson charbonnier n°. 184.

45. Rhynchène dorsal, *R. dorsalis.*

Rhynchœnus dorsalis. Fab. *Syst. Eleut. tom.* 2. *pag.* 454. *n°.* 83. — Oliv. *Entom. tom.* 5. *pag.* 155. *n°.* 122. *Charans. pl.* 14. *fig.* 169. a. b. — Gyll. *Ins. Suec. tom.* 1. *part.* 3. *pag.* 176. *n°.* 109. — *Curculio dorsalis.* Payk. *Faun. Suec. tom.* 3. *pag.* 200. *n°.* 17. — Panz. *Faun. Germ. fus.* 17. *fig.* 9. — *Encycl. pl.* 226. *fig.* 6.

Nota. Fabricius et Olivier placent à tort cette espèce parmi celles à cuisses simples.

Voyez pour la description et les autres synonymes Charanson dorsal n°. 70.

On placera dans cette division les *Rhynchœnus avarus, pectoralis, vorax* et *rana.* Fab. *Syst. Eleut.* et les *Rhynchœnus leopardus* et *laticollis.* Oliv. *Entom.*

CIONE, *Cionus.* Clairv. Lat. Oliv. (*Entom.*) *Rhynchœnus.* Fab. *Curculio.* Linn. Geoff. De Géer. Oliv. (*Encycl.*)

Genre d'insectes de l'ordre des Coléoptères, section des Tétramères, famille des Rhynchophores, tribu des Charansonites.

Parmi les genres de cette tribu qui ont les antennes coudées avec leur premier article très-long, ceux de Charanson, Lixe, Lipare, Rhynchène et Cryptorhynque ont plus de dix articles aux antennes; les Rhines et les Calandres n'en ont que huit, les Cossons en ont neuf et les Orchestes qui en ont dix comme les Ciones se distinguent facilement de ces derniers par leurs pattes postérieures propres à sauter et par la massue de leurs antennes n'ayant que trois articles.

Antennes coudées, insérées un peu après le milieu du prolongement de la tête, composées de dix articles, le premier long, les quatre derniers réunis en une massue ovale. — *Mandibules* courtes. — *Lèvre* presque nulle. — *Palpes* peu apparens. — *Tête* ayant un prolongement rostriforme fort long, manifestement plus étroit qu'elle, sillonné latéralement pour recevoir le premier article des antennes dans le repos, peu courbé en devant et portant à son extrémité les parties de la bouche. — *Corps* globuleux. — *Corselet* petit, ayant sa partie postérieure presque de moitié plus étroite que les élytres. — *Elytres* convexes, presqu'aussi larges que longues, se recourbant postérieurement et couvrant des ailes. — *Abdomen* grand, presque carré. — *Pattes* de longueur moyenne, propres à la marche; tarses ayant leur troisième article élargi, cordiforme, profondément bilobé.

Le nom de ce genre est celui que les Grecs donnoient à des insectes qui attaquoient les grains. Plusieurs espèces vivent tant sous la forme de larve qu'en état parfait sur les Scrophulaires et les Verbascums.

Rapportez aux Ciones les *Rhynchœnus scrophulariæ, verbasci, thapsus* et *blattariæ* de Fab. *Syst. Eleut.* (auxquels il faut comparer les Charansons de la Scrophulaire n°. 185, et du Verbascum n°. 186 de ce Dictionnaire.) Le *Rhynchænus olens* de Fab. est encore de ce genre.

LIXE, *Lixus*. Fab. Oliv. (*Entom.*) *Curculio*. Linn. Geoff. De Géer. Fab. Oliv. (*Encycl.*) *Rhynchænus*. Fab.

Genre d'insectes de l'ordre des Coléoptères, section des Tétramères, famille des Rhynchophores, tribu des Charansonites.

Dans le groupe de Charansonites fracticornes qui a les antennes composées de onze articles, les genres Charanson, Rhynchène et Cryptorhynque ont la massue des antennes formée de trois articles seulement; les Lipares qui comme les Lixes ont la massue de quatre articles, s'en distinguent en ce que cette massue est formée brusquement et de figure ovale.

Antennes coudées, insérées près du milieu du prolongement de la tête, composées de onze articles, le premier plus court que le prolongement, n'atteignant pas au-delà des yeux, leur massue de quatre articles, en fuseau alongé et formée presqu'insensiblement. — *Mandibules* larges, leur côté extérieur arqué avec un sinus à sa base. — *Lèvre* cornée, en carré transversal, petite, entière. — *Palpes* très-courts. — *Tête* ayant un prolongement rostriforme long, manifestement plus étroit qu'elle, sillonné latéralement pour recevoir le premier article des antennes dans le repos, un peu courbé en devant et portant à son extrémité les parties de la bouche. — *Corps* ordinairement étroit, alongé, quelquefois filiforme. — *Corselet* se rétrécissant vers la tête, presque de la largeur des élytres à sa partie postérieure. — *Elytres* très-dures, recouvrant l'abdomen. — *Pattes* de longueur moyenne; jambes ayant une dent forte, cornée, à la partie antérieure de leur extrémité; tarses garnis en dessous de fortes pelotes spongieuses, leur pénultième article bilobé, le dernier muni de deux forts crochets.

Plusieurs espèces de Lixes fréquentent les fleurs synanthérées et particulièrement les Chardons; d'autres se trouvent par terre dans les pâturages et au bord des chemins: celle nommée *paraplecticus* se tient sur la Phellandrie (*Phellandrium aquaticum*). *Voyez* pour ses mœurs le Charanson paraplectique n°. 82 de cet ouvrage. Les larves vivent en général dans les tiges des plantes, elles s'y transforment et n'en sortent qu'à l'état parfait.

Rapportez à ce genre les Charansons rétréci n°. 92. pl. 227. fig. 1, serpent n°. 83. pl. 226. fig. 12, huit lignes n°. 84. pl. 226. fig. 15, semiponctué n°. 85. pl. 226. fig. 16, paraplectique n°. 82. pl. 226. fig. 11, d'Ascanius n°. 94. pl. 227. fig. 2, filiforme n°. 87. pl. 226. fig. 19, cylindrique n°. 88. pl. 226. fig. 18, mucroné n°. 90. pl. 226. fig. 17 de ce Dictionnaire.

Les espèces suivantes doivent entrer dans le genre *Cleonis*. Dej. *Catal.* (démembrement des *Lixus*). Les Charansons livide n°. 325. pl. 231. fig. 26, sulcirostre n°. 266. pl. 231. fig. 1, nébuleux n°. 265. pl. 230. fig. 18. (le synonyme de Geoffroy nous semble douteux), tigré n°. 267. pl. 231. fig. 2. (*Curculio morbillosus*. Fab. *Syst. Eleut. tom.* 2. *pag.* 514. n°. 45), grammique n°. 282. pl. 231. fig. 8, ophtalmique n°. 280, (*Curculio distinctus*. Fab. *Syst. Eleut. tom.* 2. *pag.* 516. n°. 56), blanchâtre n°. 272, tabide n°. 281, barbaresque n°. 279, plissé n°. 258 (le synonyme de Geoffroy ne paroît pas convenir) de ce Dictionnaire et les Lixes pacifique n°. 282, arabe n°. 265, faune n°. 280, alternant n°. 257, treillé n°. 263, madide n°. 259, déclive n°. 288, du Myagre n°. 253, palmé n°. 246, de l'Entomologie d'Olivier.

On doit rapporter au genre *Rhinobate* Dej. *Catal.* (démembrement des *Lixus*), les Charansons pulvérulent n°. 158. pl. 228, fig. 13, de l'Artichaut n°. 27 (le synonyme de Geoffroy est très-douteux), de la Jacée n°. 25 du présent Dictionnaire ainsi que les Lixes du Scolyme n°. 292, buccinateur n°. 291 et de la Carline n°. 301 de l'Entomologie d'Olivier.

Nota. Les caractères des genres Cléonis et Rhinobate ne nous sont pas connus.

LIPARE, *Liparus*. Oliv. (*Entom.*) Lat. (*Consid.*) *Rhynchænus*, *Curculio*. Fab. *Curculio*. Linn. Geoff. Payk. Panz. Oliv. (*Encycl.*)

Genre d'insectes de l'ordre des Coléoptères, section des Tétramères, famille des Rhynchophores, tribu des Charansonites.

Parmi les Charansonites fracticornes à antennes de onze articles, les genres Charanson, Rhynchène et Cryptorhynque ont huit de ces articles distincts avant la massue, celle-ci n'étant composée que de trois; dans les Lipares et dans les Lixes on ne distingue que sept articles avant la massue, celle-ci étant formée de quatre (*voyez* Rhynchophores), mais ce dernier genre est séparé des Lipares en ce que cette massue est en fuseau alongé et formée presqu'insensiblement.

Antennes coudées, insérées un peu au-delà du milieu du prolongement de la tête, composées de onze articles, le premier fort long, les sept suivans petits, mais distincts; les quatre derniers qui forment brusquement la massue, peu distincts. — *Mandibules* courtes, arrondies et bidentées à leur extrémité. — *Palpes* très-courts. — *Tête* ayant un prolongement rostriforme long, manifestement plus étroit qu'elle, sillonné latéralement pour recevoir le premier article des antennes dans le repos, portant à son extrémité les parties de la bouche. — *Corselet* rétréci à sa partie antérieure. — *Elytres* très-dures, recouvrant l'abdomen. — *Abdomen* gros. — *Pattes* de longueur moyenne; jambes terminées par un onglet solide; tarses garnis en dessous de fortes pelotes spongieuses, leur pénultième article bilobé, le dernier muni de deux forts crochets.

Les insectes de ce genre dont le nom vient d'un mot grec qui signifie : *renflé*, vivent ordinairement à terre et ne sont pas vifs dans leurs mouvemens ; la plupart manquant d'ailes; les espèces sont en petit nombre, elles habitent l'ancien continent, l'Europe principalement. Leurs larves ne nous sont point connues.

Rapportez à ce genre le Charanson germain n°. 183. pl. 229. fig. 10 de ce Dictionnaire (en retranchant le synonyme de Linné ; ceux de Scopoli, de Sulzer, de Schœffer, de Schranck, de Laicharting, de Devillers sont douteux), et les Lipares, 1°. tacheté de brun n°. 307 (*Curculio germanus.* LINN.) ; 2°. sinistre n°. 310 (*Curculio glabratus.* FAB. *Syst. Eleut.*) ; 3°. porte-faix n°. 312 de l'Entomologie d'Olivier.

Les Charanson colon n°. 28, et bimaculé n°. 29 de ce Dictionnaire doivent se rapporter au genre *Lepyrus.* DEJ. *Catal.* (démembrement de celui de Lipare). Le Charanson caréné n°. 277 (*Curculio variolosus.* FAB. *Syst. Eleut. Liparus carinatus.* OLIV. *Entom.* n°. 316) appartient au genre *Meleus.* DEJ. *Catal.* (démembrement du genre Lipare).

Nota. Nous ignorons les caractères des genres *Lepyrus* et *Meleus.*

CRYPTORHYNQUE, *Cryptorhynchus.* ILLIG. LAT. (*Consid.*) *Rhynchœnus.* FAB. OLIV. (*Entom.*) *Curculio.* LINN. DE GÉER. PAYK. GEOFF. PANZ. OLIV. (*Encycl.*)

Genre d'insectes de l'ordre des Coléoptères, section des Tétramères, famille des Rhynchophores, tribu des Charansonites.

Les antennes ayant huit articles avant la massue, celle-ci composée de trois, tel est le caractère d'un groupe de Charansonites fracticornes (*voyez* RHYNCHOPHORES) dans lequel se rangent les genres Charanson, Rhynchène et Cryptorhynque. Le premier a ses antennes insérées vers l'extrémité du prolongement antérieur de la tête, celui-ci toujours court et épais; ce genre ainsi que celui de Rhynchène n'a point de sillon à la poitrine pour recevoir dans le repos le prolongement de la tête.

Les caractères génériques des Cryptorhynques étant absolument les mêmes que ceux des Rhynchènes, à l'exception de l'existence d'un sillon longitudinal sous le corselet, nous renvoyons à ce dernier genre pour éviter les répétitions. *Voyez* RHYNCHÈNE.

Le nom de ce genre est dérivé de deux mots grecs qui signifient : *bec caché.* Les Cryptorhynques contiennent plus de cent espèces dont la plupart habitent l'Europe. Quelques mâles exotiques ont deux cornes placées latéralement sur le prolongement rostriforme de la tête. *Voyez* pour les généralités les articles CHARANSON et RHYNCHOPHORES.

1re. *Division.* Cuisses simples.

On rapportera à cette division les Charansons péricarpe n°. 60, jayet n° 39. pl. 226. fig. 1, et du Vélar n°. 64 de ce Dictionnaire.

2e. *Division.* Cuisses dentées.

A cette seconde division appartiennent les Charansons Taureau n°. 133. pl. 227. fig. 10 et pl. 234. fig. 19, cornu n°. 134. pl. 227. fig. 13, raboteux n°. 142, bombine n°. 138. pl 227. fig. 14, variqueux pl. 228. fig. 2, et Scorpion (ces deux derniers n'étant qu'une même espèce) nos. 140 et 141, moucheté n°. 143. pl. 228. fig. 3, Hibou n°. 163, de la Patience n°. 171, stigmate n°. 151, trimaculé n°. 192, didyme n°. 190, goutelette n°. 189, troglodyte n°. 196 de ce Dictionnaire.

Nota. Nous ne doutons pas qu'il n'y ait d'autres espèces de ce genre décrites parmi les Charansons de cet ouvrage, mais l'auteur ne faisant point mention de la présence ou de l'absence du sillon pectoral qui distingue les Cryptorhynques, nous ne pouvons citer avec certitude que les précédentes.

Les auteurs modernes ont dispersé ces Charansonites dans différens genres et particulièrement dans ceux de *Falciger, Campylirhynchus, Cryptorhynchus* et *Eccoptus.* DEJ. Catal.

CALANDRE, *Calandra.* CLAIRV. FAB. LAT. OLIV. (*Entom.*) *Curculio.* LINN. GEOFF. DE GÉER. OLIV. (*Encycl.*) *Rhynchophorus.* HERBST.

Genre d'insectes de l'ordre des Coléoptères, section des Tétramères, famille des Rhynchophores, tribu des Charansonites.

Tous les Charansonites ont plus de huit articles aux antennes, à l'exception des genres Rhine et Calandre ; les premières se distinguent de celles-ci par l'insertion de leurs antennes vers le milieu du prolongement de la tête et par la forme cylindracée très-alongée de la massue.

Antennes coudées, insérées près des yeux à la base latérale et inférieure du prolongement de la tête, composées de huit articles, le premier fort long, les six suivans courts, le second et le troisième presqu'égaux entr'eux, obconiques, un peu plus longs que les quatre d'après, les quatrième, cinquième, sixième et septième semi-globuleux, égaux entr'eux, le huitième tantôt en massue presque triangulaire, revêtue d'une peau coriace, composée intérieurement d'une substance molle, comme spongieuse ; son extrémité comprimée transversalement, son bord antérieur formant une petite pointe aiguë : tantôt en une massue ovale globuleuse que la peau coriace ne recouvre pas en entier, en sorte qu'on aperçoit la substance spongieuse qui en sortant semble former un neuvième article, son extrémité comprimée des deux côtés, son bord antérieur tronqué, aigu ; quelquefois en une massue ovale. — *Mandibules* obtuses, ayant trois crénelures dont l'apicale ou l'intermédiaire est plus grande et plus profonde, leur extrémité ayant deux dents inégales, obtuses. — *Mâchoires* ayant un appendice demi-membraneux, velu. — *Palpes maxillaires* très-petits; palpes labiaux nuls ou peu distincts. — *Lèvre* et *menton* réunis en un corps de substance cornée, étroit, presque linéaire, un peu échancré au milieu de son extrémité. — *Tête* plus étroite que le corselet, ayant un prolongement rostriforme manifestement plus étroit qu'elle, alongé, recourbé, cylindrique, grêle, n'ayant point de sillon latéral pour recevoir le premier article des antennes dans le repos et portant à son extrémité les parties de la bouche. — *Corps* ovale-elliptique, un peu déprimé en dessus. — *Corselet* grand, rétréci antérieurement. — *Elytres* un peu aplaties en dessus, ne recouvrant point l'anus. — *Pattes* fortes; jambes ciliées intérieurement, terminées par une pointe forte et crochue, les deux ou les quatre antérieures unidentées à leur partie intérieure vers l'extrémité; tarses ayant leur troisième article plus large que les autres, cordiforme, mais point distinctement bilobé, spongieux en dessous.

On connoît plus de trente espèces de ce genre dont le nom vient d'un mot vulgaire appliqué dans plusieurs de nos provinces aux insectes qui dévorent les semences. L'un des sexes dans quelques espèces exotiques a sur le prolongement de la tête un sillon longitudinal duquel sortent des poils roides et serrés qui forment une espèce de crête. *Voyez* pour les généralités le mot CHARANSON.

Rapportez aux Calandres les Charansons colosse n°. 2. pl. 224. fig. 2, palmiste n°. 3. pl. 233. fig. 17 et 18, longipède n°. 5. pl. 225. fig. 2, ferrugineux n°. 6. pl. 225. fig. 3. pl. 233. fig. 19 et pl. 234. fig. 1, géant n°. 1. pl. 224. fig. 1, bordé n°. 7. pl. 225. fig. 4, ensanglanté n°. 4. pl. 225. fig. 1, sanguinolent n°. 8. pl. 225. fig. 5, fascié n°. 9. pl. 225. fig. 6, cafre n°. 17. pl. 225. fig. 9, rubétra n°. 21. pl. 225. fig. 11. (le synonyme de Fabricius est douteux), hémiptère n°. 14. pl. 225. fig. 7, bariolé n°. 15. pl. 225. fig. 8, quadripustulé n°. 100. pl. 227. fig. 3, bituberculé n°. 81, du blé n°. 78. pl. 226. fig. 8, du ris n°. 79. pl. 226. fig. 9, et raccourci n°. 35. pl. 225. fig 13 de ce Dictionnaire.

COSSON, *Cossonus*. CLAIRV. FAB. LAT. OLIV. (*Entom.*) *Curculio*. FAB. PAYK. PANZ.

Genre d'insectes de l'ordre des Coléoptères, section des Tétramères, famille des Rhynchophores, tribu des Charansonites.

Parmi les Charansonites fracticornes, les Orchestes et les Ciones ont les antennes composées de dix articles; les Rhines et les Calandres de huit : dans les genres Charanson, Rhynchène, Cryptorhynque, Lipare et Lixe, ces articles sont au nombre de onze, ce qui sépare tous ces genres de celui de Cosson.

Antennes coudées, insérées vers l'extrémité latérale du prolongement de la tête, composées de neuf articles distincts, le premier alongé, le second et le troisième un peu plus longs que les suivans; les quatrième, cinquième, sixième, septième et huitième très-courts, le neuvième formant une masse ovale que la peau coriace ne recouvre pas en entier, de sorte qu'on aperçoit la substance spongieuse qui en remplit l'intérieur et qui semble former un article particulier. — *Mandibules* aiguës, unidentées au côté interne, au-dessous de l'extrémité. — *Palpes* distincts. — *Lèvre* presque nulle. — *Tête* ayant un prolongement rostriforme manifestement plus étroit qu'elle, sillonné latéralement pour recevoir le premier article des antennes dans le repos, un peu courbé en devant et portant à son extrémité les parties de la bouche. — *Corps* alongé, presque linéaire, un peu déprimé en dessus. — *Corselet* plus étroit antérieurement. — *Ecusson* peu distinct. — *Elytres* dures, recouvrant les ailes et l'abdomen. — *Pattes* de longueur moyenne; jambes terminées à leur partie intérieure par une épine crochue; tarses linéaires, leur troisième article à peine différent des précédens.

Le genre Cosson renferme peu d'espèces, elles habitent sous les écorces d'arbres; c'est là probablement que les larves trouvent leur subsistance : cette habitude paroît rapprocher les Cossons des Scolytaires, première tribu de la famille des Xylophages.

Rapportez à ce genre le Charanson linéaire n°. 96 de ce Dictionnaire. (*Cossonus linearis.* CLAIRV. *Entom. Helvét. pag.* 59. *n°.* 1, *pl.* 1. *fig.* 1. 2. *et* a. b. — OLIV. *Entom. tom.* 5. *pag.* 425. *n°.* 525. *Charans. pl.* 35. *fig.* 534. a. b. c. — *Curculio linearis.* PANZ. *Faun. Germ. fas.* 18. *fig.* 7.

Nota. M. Olivier mentionne à cet article une variété entièrement ferrugineuse qu'il nous paroît avoir décrite depuis dans son Entomologie sous le nom de *Cosson ferrugineux* (*Cossonus ferrugineus.* CLAIRV. *Entom. Helvét. pag.* 60. *n°.* 2. *pl.* 1. *fig.* 3. 4 *et* C.)

Le *Cossonus lymexylon.* OLIV. *Entom. tom.* 5, *pag.* 427. *n°.* 529. *Charans. pl.* 35. *fig.* 538 est regardé par MM. Mégerle et Dejean (*Catal.*) comme le type du genre *Bulbifer.*

M. Latreille dans son *Gener. Crust. et Ins, tom.* 2. *pag.* 273 fait une seconde division dans le genre *Cossonus;* cette division nous paroît différer des espèces dont nous venons de parler par les caractères suivans. Prolongement antérieur de la tête très-court; dernier article des antennes entièrement recouvert d'une peau coriace, point de sillon apparent propre à recevoir le premier article des antennes; corps presque cylindrique, son dos convexe; troisième article des tarses large, rostriforme, échancré en dessus pour recevoir le quatrième. Là vient se placer l'*Hylesinus chloropus*. Fab. *Syst. Eleut. Curculio chloropus*. Panz. *Faun. Germ. fas.* 19. *fig.* 14. MM. Germar et Dejean (*Catal.*) mettent cet insecte dans leur genre *Rhyncolus*. (S. F. et A. Serv.)

RHYNCHITE, *Rhynchites*. Herbst. Lat. Oliv. (*Entom.*) *Rhinomacer*. Geoff. Clairv. *Attelabus*. Fab. Oliv. (*Encycl.*) Payk.

Genre d'insectes de l'ordre des Coléoptères, section des Tétramères, famille des Rhynchophores, tribu des Charansonites.

Les Charansonites recticornes, c'est-à-dire à antennes droites, sont les genres Brente, Cylas, Apodère, Attelabe, Rhynchite, Apion, Brachycère et Rhamphe. Le caractère distinctif de ce dernier est d'avoir les antennes placées entre les yeux, à la base du prolongement rostriforme de la tête. Les Brachycères n'ont que neuf articles aux antennes, et tous les articles des tarses entiers; le prolongement de la tête, dans les Apions, est cylindrique ou conique, et leur abdomen est renflé, globuleux. Les Brentes ont les antennes presque filiformes et le corps linéaire; la massue des antennes dans les Cylas n'est formée que d'un seul article. Les Apodères ont la tête dégagée du corselet et un cou distinct. Enfin, les Attelabes ont le prolongement de la tête court, et leurs mandibules sont sans dentelures saillantes à leur partie extérieure.

Antennes non coudées, insérées vers le milieu du prolongement de la tête, composées de onze articles, les inférieurs un peu plus longs, presque cylindriques, ceux du milieu presque globuleux ou obconiques, les trois derniers distincts, formant réunis, une massue ovale, un peu perfoliée. — *Mandibules* munies d'une dent interne avant leur pointe, creusées intérieurement, ayant des dents très-apparentes sur leur convexité extérieure. — *Mâchoires* étroites. — *Palpes* très-courts, peu apparens, coniques, les maxillaires de quatre articles, les labiaux de trois. — *Lèvre* petite, entière, peu apparente. — *Tête* petite, à moitié enfoncée dans le corselet, ayant un prolongement rostriforme très-long, dilaté à l'extrémité. — *Corps* ovale, allant en se rétrécissant en devant. — *Corselet* cylindro-conique, plus large postérieurement, portant souvent dans les mâles une épine latérale. — *Abdomen* carré, un peu arrondi postérieurement. — *Jambes* ayant à leur extrémité deux épines très-petites, presque nulles; pénultième article des tarses bilobé.

Ce genre dont le nom vient d'un mot grec qui signifie : *bec*, renferme plus de trente espèces presque toutes européennes. Leur taille n'est pas grande; la plupart brillent de belles couleurs métalliques. Leur manière de vivre ne diffère point de celle des Attelabes, non plus que leurs larves. *Voyez* Attelabe.

1. Rhynchite Bacchus, *R. Bacchus*.

Rynchites Bacchus. Lat. *Gen. Crust. et Ins. tom.* 2. *pag.* 248. *n°.* 1. — Oliv. *Entom. tom.* 5. *pag.* 20. *n°.* 27. *Attelab. pl.* 2. *fig.* 27. a. b. c. — Gyllenh. *Ins. Suec. tom.* 1. *part.* 3. *pag.* 23. *n°.* 3. — *Attelabus Bacchus*. Fab. *Syst. Eleut. tom.* 2. *pag.* 421. *n°.* 27. — Payk. *Faun. Suec. tom.* 3. *pag.* 172. *n°.* 4. — Panz. *Faun. Germ. fas.* 20. *fig.* 5. Mâle.

Voyez pour la description et les autres synonymes Attelabe cuivreux, n°. 16. pl. 366. I. fig. 1. a-d.

2. Rhynchite du Bouleau, *R. Betuleti*.

Rynchites betulæ. Oliv. *Ent. tom.* 5. *pag.* 21. *n°.* 29. *Attelab. pl.* 2. *fig.* 29. a. b. — Gyllenh. *Ins. Suec. tom.* 1. *part.* 3. *pag.* 19. *n°.* 1. — *Attelabus Betuleti*. Fab. *Syst. Eleut. tom.* 2. *pag.* 421. *n°.* 28. — Panz. *Faun. Germ. fas.* 20. *fig.* 6. Femelle. — *Attelabus Populi*. Payk. *Faun. Suec. tom.* 3. *pag.* 170. *n°.* 3, en excluant sa variété γ, qui est le Rhynchite du Peuplier.

Nota. On en trouve une variété dont tout le corps est violet.

Voyez pour la description et les autres synonymes Attelabe vert, n°. 14, pl. 366, I. fig. 3.

3. Rhynchite du Peuplier, *R. Populi*.

Rynchites Populi. Oliv. *Ent. tom.* 5. *pag.* 20. *n°.* 28. *Attelab. pl.* 2. *fig.* 28. Mâle. — Gyllenh. *Ins. Suec. tom.* 1. *part.* 3. *pag.* 21. *n°.* 2. — *Attelabus Populi*. Fab. *Syst. Eleut. tom.* 2. *pag.* 422. *n°.* 29. — Payk. *Faun. Suec. tom.* 3. *pag.* 171. *n°.* 3. Variété γ. — Panz. *Faun. Germ. fas.* 20. *fig.* 7. Mâle. — *Rhinomacer Populi*. Clairv. *Ent. Helvet. pag.* 110. *n°.* 2. *tab.* 13. *fig.* 3 *et* 4. Femelle.

Voyez pour la description et les autres synonymes Attelabe doré, n°. 15, pl. 366, I. fig. 2.

4. Rhynchite cramoisi, *R. æquatus*.

Rynchites æquatus. Oliv. *Entom. tom.* 5. *pag.* 24. *n°.* 33. *Attelab. pl.* 2. *fig.* 33. — Gyll. *Ins. Suec. tom.* 1. *part.* 3. *pag.* 25. *n°.* 5. — *Attelabus æquatus*. Fab. *Syst. Eleut. tom.* 2. *pag.* 422. *n°.* 32. — Payk. *Faun. Suec. tom.* 3. *pag.* 173. *n°.* 6. — Panz. *Faun. Germ. fas.* 20. *fig.* 8.

Voyez pour la description et les autres synonymes, en excluant la citation de Linné, Attelabe cramoisi, n°. 17, pl. 366, I. fig. 7.

5. Rhynchite bicolor, *R. bicolor*.

Rynchites niger, capite (rostro excepto), thoracis dorso, scutello elytrisque rubris.

Rynchites bicolor. Oliv. *Ent. tom.* 5. *pag.* 23.

n°. 31. *Attelab. pl.* 2. *fig.* 31. —*Attelabus bicolor.* Fab. *Syst. Eleut. tom.* 2. *pag.* 422. *n°.* 30. — *Encycl. pl.* 366. I. *fig.* 5.

Longueur 4 lig. Noir; tête, dessus du corselet, écusson et élytres rouges. Prolongement rostriforme de la tête noir. Tête et corselet finement pointillés. Elytres ponctuées, une partie de ces points formant des stries très-distinctes.

Il se trouve en Amérique.

6. Rhynchite pubescent, *R. pubescens.*

Rynchites pubescens. Oliv. *Entom. tom.* 5. *pag.* 24. *n°.* 34. *Attelab. pl.* 2. *fig.* 34. — *Attelabus pubescens.* Fab. *Syst. Eleut. tom.* 2. *pag.* 421. *n°.* 25.

De France; il est commun aux environs de Paris.

Voyez pour la description et les autres synonymes Attelabe pubescent, n°. 12, pl. 366, I, fig. 8.

7. Rhynchite violet, *R. alliariæ.*

Rynchites alliariæ. Oliv. *Ent. tom.* 5. *pag.* 25. *n°.* 35. *Attelab. pl.* 2. *fig.* 35. — Gyllenh. *Ins. Suec. tom.* 1. *part.* 3. *pag.* 26. *n°.* 6. —*Attelabus alliariæ.* Fab. *Syst. Eleut. tom.* 2. *pag.* 425. *n°.* 47. — Payk. *Faun. Suec. tom.* 3. *pag.* 175. *n°.* 8.

Voyez pour la description et les autres synonymes, en excluant la citation du n°. 6 de Geoffroy, Attelabe violet, n°. 18, pl. 366, I, fig. 9.

8. Rhynchite poli, *R. politus.*

Rynchites nigro-violaceus, vix pubescens, thorace elytrisque punctatis.

Rynchites politus. Stèv. (Dejean. Catalog.)

Longueur 1 lig. D'un noir-violet, un peu pubescent. Corselet et élytres ponctués irrégulièrement.

De la Russie méridionale.

Rapportez à ce genre les *Attelabus cupreus, hungaricus* et *cœruleocephalus.* Fab. *Syst. Eleut.*

Nota. Les Rhynchites nigripenne et à collier de l'Entomologie d'Olivier nous paroissent appartenir au genre Rhinomacer.

CYLAS, *Cylas.* Lat. Oliv. (*Entom.*) *Brentus.* Fab. Oliv. (*Encycl.*)

Genre d'insectes de l'ordre des Coléoptères, section des Tétramères, famille des Rhynchophores, tribu des Charansonites.

Les Charansonites recticornes qui ont les antennes de onze articles sont les genres Brente, Apodère, Attelabe, Rhynchite, Apion et Rhamphe; les Brachycères n'ont leurs antennes que de neuf articles, ce qui distingue tous ces genres de celui de Cylas.

Antennes non coudées, moniliformes, plus courtes que le corselet, insérées vers le milieu du prolongement de la tête, composées de dix articles distincts, les neuf premiers très-courts, le dernier grand, formant une massue ovale très-alongée. — *Mandibules* courtes, bidentées à leur extrémité. — *Mâchoires, palpes* et *lèvre* peu distincts; menton presqu'orbiculaire. — *Tête* ayant un prolongement rostriforme manifestement plus étroit qu'elle, plus épais à sa base qu'à son extrémité, alongé, presque cylindrique, point courbé, portant à son extrémité les parties de la bouche. — *Yeux* grands. — *Corps* alongé. — *Corselet* dilaté antérieurement, ovale-globuleux, rétréci à sa partie postérieure et devenant brusquement cylindrique. — *Ecusson* nul. — *Elytres* dures, voûtées, embrassant les côtés de l'abdomen. — *Abdomen* ovale, convexe, aigu postérieurement. — *Pattes* assez longues; jambes n'ayant qu'une pointe très-courte à leur extrémité; pénultième article des tarses bifide, cordiforme.

M. Latreille est le fondateur de ce genre. On n'en connoît que deux espèces, l'une du Sénégal (*C. brunneus*), l'autre des Indes orientales (*C. formicarius*).

Rapportez à ce genre le Brente brun, n°. 4 de ce Dictionnaire, *pl.* 236. *fig.* 2. (*Cylas brunneus.* Lat. *Gener. Crust. et Ins. tom.* 2. *pag.* 244. *n°.* 1. *Brentus brunneus.* Fab. *Syst. Eleut. tom.* 2. *pag.* 548. *n°.* 11.)

APODERE, *Apoderus.* Oliv. (*Entom.*) Lat. *Attelabus.* Linn. Fab. Panz. Clairv. Oliv. (*Encycl.*) *Rhinomacer.* Geoff.

Genre d'insectes de l'ordre des Coléoptères, section des Tétramères, famille des Rhynchophores, tribu des Charansonites.

Dans les Charansonites recticornes, un petit groupe (*voyez* Rhynchophores) a les antennes terminées en massue, composées de onze articles, dont huit distincts avant cette massue; les Attelabes, les Rhynchites et le Apions qui avec les Apodères forment ce groupe n'ont point comme ce dernier genre la tête portée sur un cou distinct; de plus les Apions et les Rhynchites ont les deux épines qui terminent leurs jambes fort petites et dans les Attelabes ces épines toujours au nombre de deux, sont très-fortes.

Antennes non coudées, insérées à la partie supérieure du prolongement de la tête et vers son milieu, composées de onze articles, les trois derniers formant une massue. — *Mandibules* entières, aiguës intérieurement, creusées, dentées vers le milieu. — *Palpes maxillaires* filiformes. — *Tête* dégagée du corselet, postérieurement alongée en un cou distinct et nodiforme, ayant un prolongement rostriforme court, large, dilaté à son extrémité, celle-ci terminée par les parties de la bouche. — *Yeux* ronds, un peu saillans. — *Corps* ovale. — *Corselet* arrondi, sans rebords, plus large que la tête, plus étroit que les élytres. — *Ecusson*

— *Ecusson* assez grand, arrondi postérieurement. — *Elytres* dures, convexes, couvrant les ailes et l'abdomen. — *Abdomen* carré. — *Pattes* de longueur moyenne; jambes terminées par une seule et forte épine; tarses ayant leur troisième article large et bilobé.

Apodère vient d'un mot grec qui signifie : *écorché*. On connoît une douzaine d'espèces de ce genre, toutes de l'ancien continent; leur taille est petite. Leurs mœurs et leurs larves ne diffèrent point de celles des Attelabes. *Voyez* ce mot.

1. Apodère de l'Aveline, *A. Avellanæ.*

Apoderus niger, femoribus rubris, thorace partim omninòve nigro longitudinalitèr profundè sulcato; elytrorum rubrorum striis crenato-punctatis.

Attelabus Avellanæ. Linn. *Syst. Nat.* 2. 619. 2. — *Attelabus Coryli.* var. b. Fab. *Syst. Eleut. tom.* 2. *pag.* 416. *n°.* 1. — Payk. *Faun. Suec. tom.* 3. *pag.* 168. *n°.* 1. — Lat. *Gen. Crust. et Ins. tom.* 2. *pag.* 246. — *Attelabus Coryli.* Clairv. *Entom. Helvét. pag.* 118. *n°.* 1. *pl.* 15. *fig.* 1. 2. 3. *et* a. b. — De Géer, *Ins. tom.* 5. *pag.* 257. *n°.* 46. *pl.* 8. *fig.* 3. — La Tête écorchée. Geoff. *Ins. Paris. tom.* 1. *pag.* 273. *n°.* 11. — *Encycl. pl.* 365. *Apod. fig.* 1.

Longueur 3 lig. $\frac{1}{2}$. Noir, luisant. Elytres et cuisses à l'exception des genoux, d'un beau rouge. Corselet souvent entièrement rouge avec un sillon longitudinal profond. Elytres striées; ces stries ponctuées et crénelées.

Commun aux environs de Paris.

2. Apodère du Noisetier, *A. Coryli.*

Apoderus niger, thorace longitudinalitèr profundè sulcato, elytrorum rubrorum striis crenato-punctatis.

Attelabus Coryli. Linn. *Syst. Nat.* 2. 619. 1. — *Attelabus Coryli.* Fab. *Syst. Eleut. tom.* 2. *pag.* 416. *n°.* 1. — Payk. *Faun. Suec. tom.* 3. *pag.* 168. *n°.* 1. — *Attelabus Coryli.* var. a. Lat. *Gen. Crust. et Ins. tom.* 2. *pag.* 246. *n°.* 1. — De Géer, *Ins. tom.* 5. *pag.* 257. *n°.* 46. *pl.* 8. *fig.* 3. var.

Longueur 3 lig. $\frac{1}{2}$. Entièrement noir-luisant à l'exception des élytres qui sont rouges, celles-ci ayant des stries ponctuées et crénelées. Le corselet a un sillon longitudinal profond.

Du nord de l'Europe.

Nota. Ces deux premières espèces ne sont peut-être que des variétés l'une de l'autre; on les a confondues ensemble sous le nom d'Attelabe tête écorchée n°. 2 de ce Dictionnaire.

3. Apodère de Panzer, *A. intermedius.*

Apoderus niger, elytrorum rubrorum punctis seriatis, thorace vix longitudinalitèr sulcato.

Attelabus intermedius. Panz. *Faun. Germ. fas.* 25. *fig.* 22.

Longueur 2 lig. $\frac{1}{2}$. Noir, luisant; corselet ayant un sillon longitudinal peu apparent. Elytres rouges avec des séries de points enfoncés. Constamment plus petit que les précédens.

D'Autriche. Il n'est pas commun.

Rapportez encore à ce genre les Attelabes perlé n°. 7. pl. 365. Apod. fig. 3, et corselet roux n°. 11. pl. 365. Apod. fig. 2 de cet ouvrage.

APION, *Apion.* Herbst. Lat. Oliv. (*Entom.*) Kirb. *Curculio* Linn. De Géer. *Rhinomacer.* Geoff. Clairv. *Attelabus.* Fab. Oliv. (*Encycl.*)

Genre d'insectes de l'ordre des Coléoptères, section des Tétramères, famille des Rhynchophores, tribu des Charansonites.

Un groupe de Charansonites recticornes a pour caractères : antennes composées de onze articles, terminées en massue, en ayant huit distincts avant cette massue. (*Voyez* Rhynchophores.) Dans ce groupe les Apodères sont reconnoissables par leur tête portée sur un cou distinct; les Attelabes ont le prolongement rostriforme de leur tête gros et court, leurs jambes sont munies à leur extrémité de deux fortes épines; les Rhynchites ont le prolongement de la tête dilaté à son extrémité et l'abdomen carré : ce dernier caractère leur est commun avec les Attelabes.

Antennes non coudées, insérées sur la partie inférieure du prolongement de la tête, avant son milieu, se cachant sous la tête (dans le repos), composées de onze articles, les trois derniers fortement réunis en une massue ovale-aiguë. — *Mandibules* courtes, ayant une dent à la partie extérieure de leur base et deux autres fortes vers l'extrémité. — *Mâchoires* et *palpes* peu distincts. — *Lèvre* presque carrée, entière; menton en carré alongé. — *Tête* alongée postérieurement, reçue dans le corselet, sans cou apparent, ayant un prolongement rostriforme alongé, conique ou cylindrique à l'extrémité; celle-ci portant les parties de la bouche. — *Yeux* proéminens. — *Corps* ovale, arrondi à sa partie postérieure, diminuant graduellement vers l'antérieure, absolument pyriforme. — *Corselet* presque cylindrique, un peu plus mince antérieurement. — *Elytres* dures, cassantes et fragiles. — *Abdomen* ovalaire. — *Pattes* de longueur moyenne; épines de l'extrémité des jambes à peine visibles; tarses ayant leur troisième article large et bilobé.

Le nom de ce genre vient d'un mot grec qui signifie : *poire*; il a été appliqué à ces très-petits coléoptères par allusion à la forme de leur corps. L'abdomen pyriforme et le prolongement de la tête ordinairement subulé, jamais élargi ni aplati vers son extrémité, donnent à ces insectes un port qui leur est particulier. Ils sont nombreux en espèces européennes; il paroît que leurs larves vivent aux dépens et en dedans des semences de plusieurs végétaux.

On doit rapporter à ce genre les Attelabes rouge n°. 19. pl. 366. Apion fig. 5, bleuet n°. 20. pl. *idem*. fig. 14 (en retranchant les synonymes de Geoffroy et de Fourcroy), flavipède n°. 2. pl. *idem*. fig. 7, puce n°. 22, fascié n°. 23, et de la Vesce n°. 25 de ce Dictionnaire.

Les *Attelabus rufirostris n°.* 43. (*Encycl. pl.* 366. *Apion. fig.* 6), *Pomonæ n°.* 48. (*Encycl. pl. idem. fig.* 1), *sorbi n°.* 52, *æneus n°.* 37. (*Encycl. pl. idem. fig.* 3.) Fab. *Syst. Eleut.* sont de ce genre, auquel on doit rapporter aussi les Apions longirostre n°. 51, renflé n°. 44 et rayé n°. 50 de l'Entomologie d'Olivier.

(S. F. et A. Serv.)

RHYNCHOPHORES, *Rhynchophora*. Première famille de la section des Tétramères, ordre des Coléoptères ; ses caractères sont :

Tête prolongée antérieurement en forme de museau ou de bec avec la bouche terminale.

Cette famille se compose de deux tribus.

1re. Tribu. Bruchèles, *Bruchelæ*.

Tête avancée en un museau large et aplati et non en forme de bec ou de prolongement cylindrique. — *Palpes* filiformes, très-distincts. — *Labre* apparent.

Anthribe, Rhinomacer, Bruche.

2e. Tribu. Charansonites, *Curculionites*.

Tête avancée en forme de bec ou de prolongement cylindrique portant les antennes. — *Palpes* coniques, peu distincts. — *Labre* nul.

Cette tribu renfermant un grand nombre de genres, nous paroît devoir se diviser ainsi :

I. Recticornes. Antennes non coudées, leur premier article n'étant pas très-long.

A. Antennes de dix articles ou moins ; massue d'un seul article.

a. Antennes de neuf articles dont huit distincts avant la massue.

Brachycère.

b. Antennes de dix articles dont neuf distincts avant la massue.

Cylas.

B. Antennes de onze articles.

a. Antennes presque filiformes.

Brente.

b. Antennes terminées en massue.

† Huit articles distincts avant la masse : celle-ci de trois articles.

Apodère.
Attelabe.
Rhynchite.
Apion.

†† Sept articles distincts avant la masse : celle-ci de quatre articles.

Rhamphe.

II. Fracticornes. Antennes coudées, leur premier article très-long.

A. Antennes de dix articles ou moins.

a. Antennes de dix articles.

† Sept articles distincts avant la massue : celle-ci de trois articles.

Orcheste.

†† Six articles distincts avant la masse : celle-ci de quatre articles.

Cione.

b. Antennes de neuf articles, dont huit distincts avant la massue.

Cosson.

c. Antennes de huit articles, dont sept distincts avant la massue.

Rhine.
Calandre.

B. Antennes de onze articles.

a. Huit articles distincts avant la massue : celle-ci de trois articles.

Charanson.
Rhynchène.
Cryptorhynque.

b. Sept articles distincts avant la massue : celle-ci de quatre articles.

Lipare.
Lixe.

Les Rhynchophores vivent tous de végétaux à l'état de larve et d'insecte parfait. Les uns attaquent les feuilles, les autres l'intérieur des tiges ou des fruits. Leurs larves ont le corps presque cylindrique, oblong, très-mou ; leur tête est écailleuse : elles sont dépourvues de pattes et n'ont à la place que de petits mamelons ; les larves des Bruchèles se transforment sans faire de coque dans l'intérieur de la cavité qu'elles ont pratiquée en rongeant les végétaux : celles des Charansonites se forment une coque ordinairement fort claire et composée d'un réseau à mailles, au travers duquel on aperçoit facilement la nymphe.

(S. F. et A. Serv.)

RHYNGOTES, *Rhyngota*. Linné avoit formé

une classe d'insectes sous le nom d'Hémiptères; Fabricius divisa depuis cette classe en deux ordres, les Ulonates (*voyez* ce mot) et les Rhyngotes; il donne à celui-ci pour principaux caractères : six pattes; deux antennes; souvent des demi-élytres; quatre ailes ou deux ailes ou point d'ailes; bouche consistant en un bec alongé, fléchi ou arqué, composé d'une gaîne de trois à cinq articles, renfermant trois soies aiguës; une lèvre couvrant la base du bec, insérée à l'extrémité de la tête; un chaperon horizontal, corné.

Cet ordre répond exactement à celui des Hémiptères de MM. Latreille et Olivier.

(S. F. et A. Serv.)

RHYPHE, *Rhyphus*. Lat. Meig. *Tipula*. Réaum. Scop. *Sciara*. Fab. *Anisopus*. Illig. Meig. *Class*.

Genre d'insectes de l'ordre des Diptères, section des Proboscidés, famille des Némocères, tribu des Tipulaires.

Un groupe de cette tribu que M. Latreille nomme Fungivores a pour caractères : trois petits yeux lisses; ailes couchées sur le corps dans le repos. Il contient les genres Asindule, Rhyphe, Céroplate, Molobre, Mycétophile et Macrocère. Les Asindules ont la trompe beaucoup plus longue que la tête et dirigée en arrière; les Céroplates, les Molobres et les Mycétophiles ont leur trompe terminée par deux grosses lèvres formant un empatement à son extrémité, et les Macrocères ont les antennes très-longues à articles peu distincts, exceptés les deux premiers.

Antennes courtes, avancées, subulées, composées de seize articles distincts; les deux premiers séparés des autres. — *Trompe* avancée, un peu plus courte que la tête, cylindrique, en forme de bec. — *Palpes* avancés, recourbés, composés de quatre articles inégaux, le second en massue. — *Tête* globuleuse. — *Yeux* entiers, espacés dans les femelles, se rejoignant et se réunissant au-dessous du vertex dans les mâles. — *Trois petits yeux lisses* égaux, placés en triangle sur le vertex. — *Corps* mince. — *Corselet* globuleux. — *Ailes* ciliées sur leurs bords et sur leurs nervures; couchées l'une sur l'autre dans le repos. — *Balanciers* grands. — *Pattes* inégales; deux postérieures grandes; crochets des tarses fort petits.

Réaumur a eu occasion d'observer les mœurs du Rhyphe des fenêtres, en ayant souvent trouvé la larve vers la fin de septembre, habitant en grand nombre dans les bouzes de vaches; elle a six à sept lignes de longueur lorsqu'elle est parvenue à son entier accroissement; son corps est cylindrique, composé de segmens qui ont le luisant de l'écaille quoiqu'ils ne soient que membraneux; leur moitié antérieure forme une bande brune, le reste est d'un blanc sale; on ne voit sous aucun d'eux ni pattes, ni mamelons. La tête est écailleuse et se rapproche par sa forme de celle des larves de Stratyomes; on en voit sortir en dessous deux appendices frangés qui rentrent quelquefois dans la bouche; de chaque côté l'on aperçoit une tache brune que notre auteur prend pour un œil; le dernier segment du corps ou anus porte quatre tuyaux cylindriques, dont deux plus courts auxquels se rendent deux trachées que l'on aperçoit au travers de la peau de la larve; les deux autres tuyaux sont plus longs et placés plus près de l'extrémité du corps : ces quatre tuyaux sont les organes de la respiration. Cette larve se change en une nymphe semblable à celle des autres Tipulaires; les segmens de son abdomen sont hérissés d'épines inclinées vers le derrière; lorsque le temps de la dernière métamorphose est arrivé, cette nymphe se sert de ces épines pour s'élever à la superficie de la bouze de vache; elle ne reste qu'à peu près une semaine sous cette forme de nymphe. M. Latreille dit que cette larve se trouve aussi dans les maisons et qu'elle s'y nourrit de vieux linge pourri.

M. Meigen décrit trois espèces de ce genre, toutes d'assez petite taille.

1. Rhyphe des fenêtres, *R. fenestralis*.

Rhyphus alis punctis fuscis, apice maculâ concolori.

Rhyphus fenestralis. Meig. *Dipt. d'Eur. tom.* 1. *pag.* 323. *n°.* 3. — *Rhyphus fenestrarum*. Lat. *Gen. Crust. et Ins. tom.* 4. *pag.* 262. — *Sciara cincta*. Fab. *Syst. Antliat. pag.* 60. *n°.* 15. — Réaum. *Ins. tom.* 5. *pag.* 21 *et* 22. *pl.* 4. *fig.* 3-10. — *Tipula fenestralis*. Scopol. *Carniol. pag.* 322. *n°.* 858.

Longueur 3 lig. ½. Corps testacé. Tête d'un brun-grisâtre. Antennes noires; dessus du corselet ayant trois lignes brunes, raccourcies; segmens de l'abdomen ayant en dessus leur base brune. Ailes transparentes avec des taches noirâtres vers la côte et dans leur milieu; on en voit une plus grande placée au bout de l'aile. Les quatre cuisses postérieures sont noires à leur extrémité.

On rencontre souvent cette espèce sur les vitres des croisées; elle est commune à Paris et dans les environs. (S. F. et A. Serv.)

RHYSODE, *Rhysodes*. Illig. Dalm. Lat.

Genre d'insectes de l'ordre des Coléoptères, section des Pentamères, famille des Serricornes, tribu des Lime-bois.

Cette tribu se compose des genres Cupès, Rhysode, Hylécœte, Lymexylon et Atractocère; ces trois derniers ont le corps mou, la tête globuleuse et inclinée; dans les Cupès le pénultième article des tarses est bilobé et les articles des antennes sont de forme cylindrique, point séparés distinctement les uns des autres.

Antennes droites, avancées, composées de onze articles globuleux, transversaux, très-distinctement séparés les uns des autres, le premier le plus gros de tous, les autres presqu'égaux entr'eux. — *Bouche* rentrée, peu apparente. — *Palpes* ayant leur dernier article elliptique; menton grand, couvrant la bouche, sinué antérieurement; son lobe du milieu aigu. — *Tête* petite, avancée, presqu'en cœur, pointue en devant, ayant un cou distinct. — *Yeux* saillans, grands, demi-circulaires. — *Corps* dur, linéaire. — *Corselet* un peu plus large que la tête, plus long que large, rebordé latéralement; partie postérieure du sternum descendant très-bas sur l'abdomen. — *Ecusson* point apparent. — *Elytres* plus larges que le corselet, ayant deux fois sa longueur, couvrant les ailes et l'abdomen. — *Pattes* courtes; les postérieures extrêmement éloignées des autres; leurs cuisses ayant un appendice à leur base: tarses filiformes, presqu'aussi longs que les jambes: leurs quatre premiers articles égaux entr'eux, le quatrième entier, le cinquième un peu plus long que les autres, muni de deux crochets.

Le nom de ce genre vient d'un mot grec qui exprime que le corps est rugueux. On n'en connoît encore que deux espèces. Elles habitent dans le bois.

1. Rhysode sillonné, *R. exaratus*.

Rhysodes fuscè castaneus, nitidus, thorace sulcis æqualibus, elytris profundè punctato-striatis.

Longueur 3 lig. $\frac{1}{2}$. Corps glabre, d'un châtain-brun luisant. Tête marquée en dessus d'un sillon qui a la forme d'un U. Corselet ayant trois profonds sillons longitudinaux, égaux entr'eux. Elytres chargées chacune de sept stries profondes, fortement ponctuées, la suturale s'avançant jusqu'à l'extrémité de l'élytre, les cinq suivantes se raccourcissant de plus en plus; la plus extérieure bifurquée à son extrémité; l'espace qui est entre cette strie et le bord de l'élytre est un peu ponctué irrégulièrement. Menton, sternum et abdomen fortement ponctués. Cuisses antérieures unidentées en dessous; les intermédiaires munies d'un petit tubercule portant un poil roide.

De l'Amérique septentrionale.

Nota. La seconde espèce est le *Rhysodes europœus.* Dej. *Catal.* (*Rhysodes exaratus.* Dalm. *Analect. Entom. Holm.* 1823. *pag.* 93. *n°.* 3.), qui d'après la description a les deux sillons latéraux du corselet plus courts antérieurement que celui du milieu. Elle a été trouvée dans les Alpes de la Croatie par M. le comte Dejean; en Suède par Paykull et en Tauride par M. Stèven. Le second l'a prise dans de vieux sapins pourris.

CUPÈS, *Cupes.* Fab. Lat.

Genre d'insectes de l'ordre des Coléoptères, section des Pentamères, famille des Serricornes, tribu des Lime-bois.

Dans cette tribu les genres Hylécœte, Lymexylon et Atractocère se distinguent par leur tête grosse, globuleuse, inclinée, et encore par leur corps de consistance molle. Les Rhysodes ont leurs antennes composées d'articles moniliformes distinctement séparés les uns des autres, et le pénultième des tarses entier.

Antennes longues, filiformes, composées de onze articles, le premier plus gros que les autres, le second globuleux, les neuf autres cylindriques, égaux entr'eux, à l'exception du dernier qui est un peu plus long. — *Mandibules* courtes, épaisses, échancrées à l'extrémité. — *Mâchoires* ayant deux lobes, l'extérieur linéaire, l'intérieur plus petit. — *Palpes* égaux, presque filiformes, les maxillaires de quatre articles presqu'égaux entr'eux, le dernier tronqué; les labiaux de trois articles dont le second plus long. — *Lèvre* bifide; menton corné, transversal, de forme demi-ovale. — *Tête* petite, avancée, presque cordiforme. — *Yeux* globuleux, saillans, de grandeur moyenne. — *Corps* dur, linéaire, déprimé en dessus. — *Corselet* très-court, guère plus large que la tête, transversal, un peu rétréci postérieurement. — *Ecusson* petit, apparent, globuleux. — *Elytres* linéaires, quatre fois aussi longues que le corselet, plus larges que lui, couvrant les ailes et l'abdomen. — *Pattes* courtes, presqu'également espacées; tarses à peu près de la longueur de la jambe, leurs quatre premiers articles égaux, le quatrième bilobé, le dernier un peu plus grand, muni de deux crochets.

Ce genre ne contient qu'une seule espèce dont nous ignorons les mœurs.

1. Cupès tête raboteuse, *C. capitata*.

Cupes nigra, capitis rufi vertice sex tuberculato.

Cupes capitata. Fab. *Syst. Eleut. tom.* 2. *pag.* 66. *n°.* 1. — Lat. *Gener. Crust. et Ins. tom.* 1. *pag.* 255. *n°.* 1. *tab. VIII. fig.* 2. — Coqueb. *Illust. Icon. tab.* 30. *fig.* 1. — *Encycl. pl.* 359. *fig.* 8 *et* 9.

Longueur 5 lig. $\frac{1}{2}$. Corps d'un noir-mat; antennes de même couleur. Tête couverte de poils d'un jaune-roux, munie de six tubercules sur le vertex; savoir: deux à sa partie antérieure derrière les antennes, deux autres à la partie postérieure, de forme conique, entre lesquels on en voit deux plus petits. Côtés du corselet chargés de poils d'un jaune-roussâtre, celui-ci ayant aux deux côtés de sa partie supérieure un large enfoncement et ses bords latéraux un peu relevés. Elytres portant chacune neuf stries longitudinales fortement ponctuées, les intermédiaires raccourcies postérieurement, la troisième et la quatrième en partant de la suture les plus courtes de toutes; les intervalles qui les séparent inégaux, les second, quatrième et sixième plus élevés que les autres. Jambes et tarses avec quelques poils roux.

Elle a été rapportée de la Caroline par M. Bosc.

HYLÉCÆTE, *Hylecœtus*. Lat. *Lymexylon*. Fab. Oliv. Payk. *Cantharis, Meloë*. Linn.

Genre d'insectes de l'ordre des Coléoptères, section des Pentamères, famille des Serricornes, tribu des Lime-bois.

Dans cette tribu les Cupès et les Rhysodes se distinguent par leur corps dur et leur tête cordiforme; les Lymexylons par leurs antennes simples, presqu'en fuseau, plus larges vers leur milieu, et les Atractocères par leurs élytres très-courtes, laissant les ailes découvertes presqu'en totalité.

Antennes insérées au-devant des yeux, très-écartées entr'elles à leur naissance, assez courtes, n'étant pas notablement plus larges dans leur milieu, comprimées, composées de onze articles, ceux-ci, à commencer du troisième, en dent de scie. — *Mandibules* courtes, épaisses, refendues à leur pointe. — *Palpes maxillaires* beaucoup plus grands que les labiaux, pendans, grossissant évidemment vers leur extrémité dans les femelles, de quatre articles, le premier fort petit; le troisième (dans les mâles), le plus gros de tous, portant un appendice lacinié en forme de houpe: palpes labiaux de trois articles. — *Tête* globuleuse. — *Yeux* petits, globuleux, espacés, velus. — *Corps* mou, cylindrique. — *Elytres* molles, flexibles, couvrant en entier les ailes et l'abdomen. — *Pattes* de longueur moyenne; articles des tarses entiers, le dernier terminé par deux crochets.

Hylécæte vient de deux mots grecs qui signifient: *habitant dans le bois*, ce qui exprime la manière de vivre des insectes de ce genre dans leurs différens états.

1. Hylécæte dermestoïde, *H. dermestoides*.

Nota. MM. Latreille et Dejean rapportent comme femelle à cette espèce le Lymexylon dermestoïde, n°. 1 du présent ouvrage (*Lym. dermestoides*. Fab. *Syst. Eleut.*). Selon ces auteurs, le mâle est le Lymexylon muselier n°. 5 de ce Dictionnaire (*Lym. proboscideum*. Fab. *id.*). M. Latreille rapporte encore à ce même mâle le Lymexylon printannier n°. 2 de l'Encyclopédie, ainsi que le Lymexylon barbu n°. 3 (*Encycl. pl.* 359. *fig.* 24-26.), et le *Lymexylon morio*. Fab. *id.* M. le comte Dejean considère ce dernier comme formant une espèce différente.

Voyez pour les descriptions et les autres synonymes, les articles cités du genre Lymexylon.

ATRACTOCÈRE, *Atractocerus*. Pal.-Bauv. Lat. *Lymexylon*. Fab. *Necydalis*. Linn.

Genre d'insectes de l'ordre des Coléoptères, section des Pentamères, famille des Serricornes, tribu des Lime-bois.

Dans tous les genres de cette tribu les élytres couvrent en entier ou presqu'en entier les ailes et l'abdomen, excepté dans les Atractocères. Les Lymexylons seuls se rapprochent un peu de ces derniers insectes sous ce rapport; mais outre que l'extrémité de leurs ailes et de leur abdomen dépasse de bien peu les élytres, on remarquera que leurs paires de pattes sont plus également espacées entr'elles, et que leurs yeux sont très-distans l'un de l'autre.

Antennes simples, assez courtes, insérées au-devant des yeux, très-écartées entr'elles à leur naissance, composées de onze articles; le troisième et les suivans comprimés et allant en s'élargissant jusqu'au milieu de l'antenne. — *Mandibules* courtes, épaisses, refendues à leur pointe. — *Mâchoires* très-courtes, terminées par un lobe arrondi, velu. — *Palpes maxillaires* beaucoup plus grands que les labiaux, pendans, composés de quatre articles; le troisième (dans les mâles), le plus gros de tous, portant un appendice lacinié en forme de houpe, le quatrième mince, aciculaire, velu: palpes labiaux de trois articles, velus, couchés et dirigés en avant. — *Tête* ovale, inclinée. — *Yeux* très-grands, occupant la plus grande partie de la tête, rapprochés et se touchant en devant. — *Corps* mou, très-alongé, linéaire. — *Corselet* convexe, coupé carrément en devant et à sa partie postérieure, ayant un sillon longitudinal dans son milieu. — *Elytres* extrêmement courtes, placées des deux côtés de l'écusson, ne pouvant se rapprocher; ailes découvertes, à peine plus longues que la moitié de l'abdomen. — *Abdomen* long, rebordé latéralement, caréné en dessus dans son milieu. — *Pattes* de longueur moyenne; les deux premières paires très-rapprochées entr'elles, la dernière ayant son insertion fort loin de celles-ci: tarses simples, leur premier article le plus grand de tous, le dernier plus long que le quatrième, muni de deux crochets à son extrémité.

Le nom de ce genre est tiré de deux mots grecs qui signifient: *cornes en fuseau*. Les espèces connues sont des parties les plus chaudes de l'Afrique et de l'Amérique méridionale. Elles vivent dans le bois.

1. Atractocère brésilien, *A. brasiliensis*.

Atractocerus thorace transverso, piceus, capite, vertice thoraceque longitudinalitèr sulcato, sulco lutescente.

Atractocerus brasiliensis. Dej. Catal.

Longueur 15 à 20 lig. Antennes d'un testacé-ferrugineux, leurs deux premiers articles bruns. Palpes testacés, les deux derniers articles des maxillaires bruns. Tête et corselet d'un brun-ferruginenx, ayant tous deux dans leur milieu une ligne longitudinale enfoncée, d'un jaune-ferrugineux. Ecusson fortement sillonné dans son milieu, brun à sa base, d'un jaune sale postérieurement. Elytres et abdomen noirâtres en dessus, les bords de celui-ci d'un testacé-ferrugineux mêlé d'un peu de brun. Ailes transparentes, irisées. Dessous du corps d'un testacé-ferrugineux, mêlé d'un peu de brun; partie postérieure des segmens de l'abdomen de cette dernière couleur. Pattes d'un jaune-ferrugineux, cuisses brunes.

Du Brésil.

Rapportez à ce genre l'*Atractocerus necydaloides*. PAL.-BAUV. *Mag. Encycl.* (*Lymexylon abbreviatum*. FAB. *Necydalis brevicornis*. LINN.), qui paroit différer de l'espèce que nous venons de décrire par son corselet plus long que large.

Il est de Guinée. (S. F. et A. SERV.)

RICANIE, *Ricania*. Genre d'insectes de l'ordre des Hémiptères, créé par M. Germar (*Mag. Entom.* Halle, 1818), pour placer les *Flata ocellata* et *hyalina* de Fabricius. Les caractères assignés à ce nouveau genre sont : tête courte, transversale, front bas, presqu'ovale, rebordé sur ses côtés; chaperon rattaché à l'extrémité du front, conique, subulé à son extrémité. Labre caché; rostre plus court que la moitié du corps. Yeux globuleux, pédonculés en dessus. Un petit œil lisse de chaque côté, inséré sur le bord inférieur de l'œil. Antennes courtes, éloignées des yeux, leur premier article petit, cylindrique; le second court, plus épais à son extrémité, tronqué obliquement et portant une soie.

(S. F. et A. SERV.)

RICHARD (*Cucujus*). Nom donné par Geoffroy à un genre de Coléoptères qui répond à ceux de *Buprestis* et de *Trachys* de Fabricius. *Voyez* BUPRESTE. (S. F. et A. SERV.)

RICIN, *Ricinus*. DE GÉER. OLIV. LAM. LAT. *Pediculus*. LINN. GEOFF. FAB. *Nirmus*. HERMANN.

Genre d'insectes de l'ordre des Parasites, famille des Mandibulés (*Mandibulata*. LAT. *Fam. nat. du Règne animal*), établi par De Géer, qui le premier a reconnu que les insectes qui le composent, et que Linné et les autres naturalistes rangeoient avec les Poux, ont une bouche munie de mandibules. Le nom de Ricin avoit été donné par les Anciens à des Acarides du genre Ixode de M. Latreille, et De Géer auroit mieux fait d'adopter un autre nom pour désigner ces insectes. Aussi M. Léach a-t-il employé le nom de *Nirmus* donné par Hermann fils. Quoi qu'il en soit, le genre Ricin, tel qu'il est adopté dans ces derniers temps, a pour caractères : une bouche inférieure, composée à l'extérieur de deux lèvres et de deux mandibules en crochet; tarses très-distincts, articulés et terminés par deux crochets égaux.

Tous les Ricins, à l'exception de celui du chien, se trouvent exclusivement sur les oiseaux. Leur tête est ordinairement grande, tantôt triangulaire, tantôt en demi-cercle ou en croissant, et a souvent des saillies angulaires; elle diffère quelquefois dans les deux sexes de même que les antennes. M. Latreille a vu dans plusieurs espèces deux yeux lisses rapprochés de chaque côté de la tête. Suivant M. Savigny, ces insectes ont des mâchoires avec un palpe très-petit sur chacune d'elles, et cachées par la lèvre inférieure qui a aussi deux organes de la même sorte. Ils ont aussi une espèce de langue.

Les Ricins s'éloignent des Poux par la forme de leur bouche et par leur manière de vivre. Ils ont ordinairement beaucoup de vivacité et marchent bien plus vîte que ceux-ci. Ils se tiennent de préférence sous les ailes, aux aisselles et à la tête des oiseaux. Ils pullulent prodigieusement, et souvent à un tel point que les oiseaux qui en sont attaqués maigrissent et finissent même par périr. De même que les Poux, les Ricins ne peuvent pas vivre long-temps sur des animaux morts; ils les quittent bientôt, et c'est alors qu'on les voit courir comme avec inquiétude sur les plumes et particulièrement sur celles de la tête et des environs du bec.

D'après les observations de M. Leclerc de Laval, la seule nourriture des Ricins seroit des parcelles de plumes, et il se base sur ce qu'il en a vu, ainsi que M. Nitzch, dans l'estomac de quelques-uns : mais De Géer assure avoir trouvé l'estomac des Ricins du Pinçon rempli de sang dont il venoit de se gorger. Redi a figuré un très-grand nombre d'espèces de Ricins, mais très-grossièrement; De Géer et Panzer en ont figuré aussi quelques espèces. M. Latreille dans un Mémoire imprimé à la suite de son *Histoire des Fourmis*, a remarqué sur le Ricin du Paon quelques particularités qui lui semblent devoir être communes à toutes les autres espèces du même genre. Ainsi il a vu que les antennes du mâle sont fourchues, et il a conjecturé, d'après l'examen attentif des organes de la génération dans les deux sexes, que le mode d'accouplement de ces insectes n'est pas tout-à-fait le même que celui des autres, c'est-à-dire, que le mâle ne doit pas être placé sur le dos de la femelle, mais que leurs abdomens doivent être appliqués l'un contre l'autre.

Ce genre a été divisé par M. Latreille en deux coupes parfaitement naturelles, basées sur la position de la bouche.

I. Bouche située près de l'extrémité antérieure de la tête; antennes insérées à côté, loin des yeux et très-petites.

1. RICIN de la Corneille, *R. Cornis*. LAT. *Gen. Crust. et Ins. tom.* 1. *pag.* 167. — *Ricinus corvi*. *Ibid. Hist. nat. des Crust. et des Ins. tom.* 8. *pag.* 105. — Le Pou de Corbeau. GEOFF. *Hist. des Ins.*

tom. 2. — Ricin de la Corneille. De Géer, *Mém. sur les Ins. tom.* 7. *pag.* 76. *pl.* 4. *fig.* 11.

R. albidus, capite cordato; thoracis segmentis utrinquè in dentem prominulis; abdomine ovali, transversè fusco-fasciato.

Ovale, gris; tête noire, petite; antennes recourbées en arrière. Pattes courtes, tachetées de noir ainsi que les antennes. Abdomen ovale, de couleur cendrée, orné de chaque côté de huit bandes noires à la jointure des anneaux. Lorsqu'il est jeune, il est blanc, avec une simple rangée de points de chaque côté de l'abdomen.

On le trouve sur les oiseaux du genre Corbeau.

II. Bouche presque centrale; antennes insérées très-près des yeux et dont la longueur égale presque celle de la tête.

2. Ricin de la Poule, *R. Gallinæ.*

R. albidus, abdomine ovato, capite semi-orbiculato, posticè angulatum, posticè setis quatuor longioribus.

Pediculus Gallinæ. Linn. De Géer, *Ins. tom. VII. pl.* 4. *fig.* 12. — Fab. — Le Pou de la Poule à tête et corselet pointu des deux côtés. Geoff. *Ins. tom.* 2. — Schranck. *Beyt.* 114-3. — Ricin de la Poule. Lat. *Hist. nat. des Crust. et des Ins. tom.* 8. *pag.* 109.

Tête arrondie en devant et représentant un croissant dont les angles ou pointes regardent le corselet qui est court, large, armé de chaque côté d'une pointe droite, aiguë et saillante. Le ventre est alongé; tout le reste du corps est parsemé de poils gris.

Voyez pour les autres espèces Redi, De Géer, Geoffroy, Latreille, etc. (E. G.)

RICINS. *Voyez* Ornithomyzes.

(S. F. et A. Serv.)

ROBERT-LE-DIABLE (le Gamma ou). Nom vulgaire donné par Geoffroy à la Vanesse C. blanc n°. 17. tom. IX. pag. 302 de ce Dictionnaire.

(S. F. et A. Serv.)

ROPALOCÈRES ou GLOBULICORNES. M. Duméril dans sa *Zoologie analytique* désigne sous ce nom une famille de Lépidoptères à laquelle il assigne pour caractères : *antennes terminées en massue ;* elle est composée des genres Papillon, Hétéroptère et Hespérie. (S. F. et A. Serv.)

ROPALOMÈRE, *Ropalomera.* M. Wiedmann (*Analecta entomologica. Kiliæ,* 1824) a établi sous ce nom un genre de Diptères aux dépens des *Dictya* de Fabricius. Il lui donne pour caractères : antennes rabattues, composées de trois articles, le dernier comprimé, ovale, portant à sa base une soie un peu plumeuse; palpes en massue comprimée; hypostome tuberculé; cuisses renflées; ailes couchées sur le corps dans le repos et parallèles.

Le nom de ce genre vient de deux mots grecs dont la signification est : *cuisses en massue.* Il a pour type le *Dictya clavipes* n°. 17. Fab. *Syst. Antliat. Ropalomera clavipes.* Wiedm. *fig.* 12.

(S. F. et A. Serv.)

ROPHITE, *Rophites.* Spinol. Lat.

Genre d'insectes de l'ordre des Hyménoptères, section des Porte-aiguillon, famille des Mellifères, tribu des Apiaires.

Parmi les Apiaires récoltantes solitaires qui n'ont pas de palette au métathorax ni aux cuisses postérieures, un groupe a pour caractères : une brosse pour la récolte du pollen des fleurs, placée sur le côté extérieur des jambes et du premier article des tarses des deux pattes postérieures (dans les femelles). *Voyez* Parasites. Dans les genres faisant partie de ce groupe ceux de Macrocère, Systrophe, Monœque, Mélitome, Epicharis, Centris, Lagripode, Anthophore, Méliturge, Acanthope, Xylocope et Lestis se reconnoissent facilement par leurs ailes supérieures ayant quatre cellules cubitales; les Eucères qui comme les Rophites n'en ont que trois, se distinguent de ce dernier genre en ce que la première cubitale est plus petite que les autres et notamment que la seconde, que l'extrémité postérieure de la cellule radiale n'est point appliquée contre la côte et qu'enfin les antennes des mâles sont d'une longueur remarquable, égalant celle du corps.

Antennes filiformes, brisées et de douze articles dans les femelles, simplement arquées, à peu près de la longueur de la moitié du corps et de treize articles dans les mâles, le premier grand, le second petit, les autres cylindriques, presqu'égaux entr'eux. — *Labre* court. — *Mandibules* étroites, pointues, bidentées. — *Mâchoires* recourbées conjointement avec la lèvre et formant une sorte de trompe. — *Palpes* de forme presqu'identiques, leurs articles grêles et linéaires; les maxillaires de six articles presque cylindriques, le premier et le second un peu plus longs et un peu plus gros que les autres; le troisième et le quatrième plus petits, les cinquième et sixième très-minces, celui-ci plus court; palpes labiaux de quatre articles, le premier et le second égaux entr'eux, un peu concaves à leur partie antérieure et servant de gaîne à la lèvre, le troisième de moitié plus court que le précédent, aplati, le quatrième très-court, obconique, inséré sur le côté extérieur du précédent. — *Trois petits yeux lisses* disposés presqu'en ligne transversale sur le vertex. — *Corps* assez alongé. — *Corselet* globuleux. — *Ailes supérieures* ayant une cellule radiale à peine rétrécie depuis son milieu jusqu'à son extrémité; celle-ci ne s'écartant pas de la côte et trois cellules cubitales, la première un peu plus longue que la seconde qui est très-rétrécie vers la radiale et reçoit les deux nervures récurrentes; la troisième commencée, tracée presque jusqu'au milieu de l'espace qui est entre la seconde cellule cubitale et le bord postérieur de l'aile. — *Abdomen* assez long, ovale, composé de cinq segmens outre l'anus dans les femelles, en ayant un de plus dans les mâles. — *Pattes* assez grandes; les quatre jambes antérieures munies à leur extrémité d'une seule épine simple et aiguë; les postérieures n'en ayant point de distinctes; dernier article des tarses muni de deux crochets bifides.

L'espèce qui a servi de type à ce genre se trouve sur les fleurs dans le midi de l'Europe.

1. Rophite à cinq épines, *R. quinque-spinosa.*

Rophites nigra, abdominis segmentorum marginibus albo ciliatis.

Rophites quinque-spinosa. Spinol. *Ins. Ligur. fas.* 2. *pag.* 72. *n*°. 50? — Lat. *Gen. Crust. et Ins. tom.* 4. *pag.* 161?

Longueur 4 lig. Antennes noires, avec la plus grande partie de leur dessous d'un testacé pâle. Tête et corselet noirs, couverts de poils blanchâtres. Abdomen noir; le bord inférieur de chaque segment est chargé de poils cendrés presqu'entièrement couchés. Anus ayant en dessous une pointe droite qui part de sa base, et de chaque côté une petite dent courte et crochue. Pattes noires avec des poils cendrés; tarses pâles. Ailes transparentes, un peu nébuleuses à leur extrémité. Mâle.

De la France méridionale; elle est rare aux environs de Paris.

Nota. Nous ne sommes pas certains que cette espèce soit celle des auteurs que nous avons cités, les individus que nous possédons ne nous paroissant avoir qu'une seule épine de chaque côté de l'anus. Nous croyons que l'on ne connoit jusqu'à présent que des mâles de ce genre.

EUCÈRE, *Eucera.* Scop. Fab. Lat. Panz. Ross. Spinol. *Apis.* Linn. Geoff. Kirb. Panz. *Trachusa.* Jur. *Andrena.* Panz.?

Genre d'insectes de l'ordre des Hyménoptères, section des Porte-aiguillon, famille des Mellifères, tribu des Apiaires.

Ce genre est du même groupe d'Apiaires récoltantes solitaires que celui de Rophite qui précède; comme lui il n'a que trois cellules cubitales aux ailes supérieures, mais dans les Rophites la première de ces cellules est plus longue que la seconde et l'extrémité de la cellule radiale ne s'écarte point de la côte; de plus dans ce genre les antennes des mâles sont à peine plus longues que la moitié du corps.

Antennes filiformes, brisées et composées de douze articles courts dans les femelles : très-longues; de treize articles, ces articles à partir du troisième, longs, cylindriques, un peu arqués dans les mâles. — *Labre* presque demi-circulaire. — *Mandibules* étroites, arquées, pointues, munies d'une seule dent au côté interne. — *Palpes maxillaires* de six articles; les labiaux de quatre, le troisième inséré sur le côté extérieur du précédent près de sa pointe et formant avec le quatrième une petite tige oblique. — *Languette* ayant ses divisions latérales en forme de soies et aussi longues au moins que les palpes labiaux. — *Tête* assez forte, basse. — *Yeux* ovales, entiers. — *Trois petits yeux lisses* disposés en ligne transversale sur le vertex. — *Corps* assez gros. — *Corselet* convexe, élevé. — *Ailes supérieures* ayant une cellule radiale qui se rétrécit un peu de son milieu à son extrémité, celle-ci s'écartant de la côte et trois cellules cubitales, la première plus petite que les autres, la seconde rétrécie vers la radiale, recevant les deux nervures récurrentes, la troisième à peine commencée, très-foiblement tracée. — *Abdomen* composé de cinq segmens outre l'anus dans les femelles, en ayant un de plus dans les mâles. — *Pattes* de longueur moyenne; jambes antérieures munies à leur extrémité d'une seule épine garnie d'une membrane à sa base latérale; jambes intermédiaires ayant une seule épine longue, simple, aiguë; jambes postérieures n'ayant point de palette, mais une brosse sur leur face extérieure ainsi que sur celle du premier article du tarse et munies à leur extrémité de deux longues épines aiguës. Dernier article des tarses muni de deux crochets bifides.

Les Eucères dont le nom est tiré de deux mots grecs et fait allusion à la longueur des antennes des mâles, font leur nid dans le mortier qui joint les pierres des murailles ou dans les terrains sablonneux coupés presqu'à pic. Le nid est composé d'un tuyau cylindrique, recourbé inférieurement, qui après s'être enfoncé de quelques pouces se rapproche en section de cercle de la superficie du terrain; au bout de ce tuyau sont creusées différentes cellules en forme de dé à coudre, très-lisses intérieurement, dans chacune desquelles la mère dépose une petite masse de pollen des fleurs délayé de miel et un œuf : de cet œuf sort une larve semblable à celle des Abeilles, qui subit toutes ses métamorphoses dans la cellule où elle est née. L'entrée de chaque cellule est fermée par une cloison particulière faite de terre. C'est sur les plantes labiées que les femelles récoltent particulièrement le pollen et le miel qu'elles emploient. L'Eucère longicorne qui paroît de très-bonne heure au printemps dans les environs de Paris, fréquente surtout l'*Ajuga reptans* et le *Glechoma hederacea.*

Les espèces connues de ce genre au nombre de douze sont des parties de l'ancien continent voisines de la Méditerranée. Ces Apiaires ont pour ennemis

ennemis les Mellifères Parasites (*voy.* PARASITES), certains Ichneumonides, entr'autres le Pimple manifestateur, quelque Chalcidites, quelques Oxyures, et parmi les Coléoptères les espèces du genre Clairon.

1. EUCÈRE longicorne, *E. longicornis.*

Eucera abdominis fœminæ segmentis primo secundoque rufo-villosis, tertii quartique margine infero pilis stratis albidis villoso, quinto et ani lateribus rufo-villosis; maris abdominis segmentis primo secundoque rufo-villosis, cœteris anoque nigro-villosis.

Eucera longicornis. FAB. *Syst. Piez. pag.* 382. *n°.* 1.—LAT. *Gen. Crust. et Ins. tom.* 4. *pag.* 174. — *Apis tuberculata.* PANZ. *Faun. Germ. fas.* 78. *fig.* 19. *Apis strigosa. Id. fas.* 64. *fig.* 16. (*Andrena derasa. Id. fas.* 64. *fig.* 17 ?). Ces trois figures représentent la femelle. *Eucera longicornis. Id. fas.* 64. *fig.* 21. Le mâle. — *Apis longicornis.* LINN. *Syst. Nat.* 2. 953. 1. Le mâle. — L'Abeille à longues antennes. GEOFF. *Ins. Paris. tom.* 2. *pag.* 413. *n°.* 10. Le mâle.

Longueur 5 à 6 lig. Antennes noires. Tête et corselet de cette couleur, couverts de poils roux-cendrés. Abdomen noir, ses deux premiers segmens couverts de poils roux, le troisième ayant les côtés de son bord inférieur couverts de poils couchés, blanchâtres ainsi que le bord inférieur entier du quatrième; le cinquième et les côtés de l'anus chargés de poils roux, couchés. Dessous de l'abdomen ayant ses segmens ciliés de poils cendrés. Pattes couvertes de poils cendrés. Ailes transparentes. Quelquefois les mandibules sont testacées vers leur extrémité. Femelle.

Le mâle présente les différences suivantes. Chaperon et labre d'un blanc-jaunâtre; troisième, quatrième, cinquième et sixième segmens de l'abdomen chargés ainsi que l'anus, de poils noirs dont aucun n'est couché.

Commune aux environs de Paris dès les premiers jours du printemps.

Rapportez à ce genre les *Eucera atricornis n°.* 2, *linguaria n°.* 6, *grisea n°.* 7. FAB. *Syst. Piez.* (Mâles) et l'*Apis pollinaris n°.* 61. KIRB. *Monogr. Apum. Angl.* (Femelle.)

ANTHIDIE, *Anthidium.* FAB. PANZ. LAT. *Apis.* LINN. GEOFF. OLIV. (*Encycl.*) ROSS. KIRB. *Anthophora.* ILLIG. *Megachile.* SPINOL. *Trachusa.* JUR.

Genre d'insectes de l'ordre des Hyménoptères, section des Porte-aiguillon, famille des Mellifères, tribu des Apiaires.

Quatre genres d'Apiaires récoltantes solitaires privés de palette au métathorax et aux cuisses postérieures forment un groupe qui a pour caractères: une brosse unique pour la récolte du pollen des fleurs, couvrant le dessous du ventre (dans les femelles). Trois cellules cubitales aux ailes supérieures. Abdomen ovalaire. (*Voy.* PARASITES.) Ces genres sont: Anthidie, Osmie, Anthocope et Mégachile; dans ce dernier l'abdomen est aplati en dessus et ainsi que dans les Osmies et dans les Anthocopes la seconde nervure récurrente des ailes supérieures vient aboutir dans la deuxième cellule cubitale; ces trois genres ont en outre leurs palpes maxillaires composés de plusieurs articles.

Antennes filiformes, brisées; de douze articles dans les femelles, de treize dans les mâles. — *Labre* en carré alongé, incliné verticalement sous les mandibules. — *Mandibules* fortes, multidentées au côté interne. — *Palpes maxillaires* très-petits, obtus, velus, d'un seul article. — *Mâchoires* et *lèvre* formant une trompe fléchie en dessous. — *Lèvre* longue, filiforme. — *Tête* transversale. — *Yeux* grands, ovales. — *Trois petits yeux lisses* disposés en triangle sur la partie antérieure du vertex. — *Corps* gros et court. — *Corselet* globuleux, pas plus long que large. — *Ailes supérieures* ayant une cellule radiale aiguë à sa base, allant en se rétrécissant depuis son milieu jusqu'à son extrémité, celle-ci un peu arrondie; et trois cellules cubitales, la première presqu'égale à la seconde, celle-ci un peu rétrécie vers la radiale, la troisième à peine commencée, point tracée au-delà de ce commencement, recevant la seconde nervure récurrente fort près de la seconde cubitale. — *Abdomen* court, convexe en dessus, composé de cinq segmens outre l'anus, sa superficie inférieure entièrement couverte par une brosse dans les femelles, de six segmens outre l'anus dans les mâles, ce dernier portant à son extrémité une ou plusieurs épines crochues, ce qu'on remarque aussi quelquefois aux bords latéraux des segmens qui le précèdent. — *Pattes* assez fortes, toutes dépourvues de brosses et de palettes; jambes antérieures ayant à leur extrémité une seule épine garnie d'une membrane à sa base latérale; jambes intermédiaires n'ayant qu'une seule épine simple et aiguë; jambes postérieures en ayant deux presqu'égales entr'elles: dernier article des tarses muni de deux crochets simples dans les femelles, bifides dans les mâles.

Le nom d'Anthidie vient d'un mot grec qui signifie: *fleur.* Le port de ces Apiaires est à peu près celui des Osmies, mais leur corps est un peu plus court, moins velu en dessus, légèrement chagriné, ordinairement noir tacheté de jaune, quelquefois mélangé de ferrugineux. Les femelles font leur nid dans les tertres un peu élevés ou dans les bords des fossés garnis de gazon; elles creusent elles-mêmes ce nid dans la terre, mais elles ne savent point maçonner; leurs cellules sont garnies tant au fond que sur leurs parois du duvet qu'elles recueillent sur certaines espèces de plantes: nous les avons vues tondre et couper avec leurs mandibules celui des *Stachys germanica* et *lanata*, du Marube commun et de quelques *Xeranthemum* et *Filago ;* les cellules sont approvisionnées de miel et de pollen de fleurs mêlés ensemble, qui servent à la nourriture des larves. Leurs ennemis sont les mêmes que ceux des Eucères. Les mâles sont en général d'une taille plus forte que l'autre sexe ; ils sont extrêmement ardens à l'époque de l'accouplement, les crochets de l'extrémité de l'abdomen leur donnent le moyen d'assujétir leurs femelles jusqu'au moment de la copulation. Ce genre renferme une vingtaine d'espèces toutes du midi de l'Europe et du nord de l'Afrique.

1re. *Division.* Première nervure récurrente aboutissant à la nervure qui sépare la première et la seconde cellule cubitale.

A cette division appartient l'Abeille sept crochets, n°. 67 de ce Dictionnaire (*Anth. florentinum.* Fab. *Syst. Piez.*) Mâle. La femelle nous est inconnue.

2e. *Division.* Seconde cellule cubitale recevant la première nervure récurrente.

Rapportez à cette division, 1°. l'Abeille tachetée n°. 69 de ce Dictionnaire. L'individu décrit est une femelle. Le mâle diffère en ce que le sixième segment de son abdomen est sans taches et que le bord postérieur de ce segment a dans son milieu un prolongement presque carré ; en outre, l'anus porte une épine de chaque côté. 2°. L'Abeille maculée n°. 70. Femelle; le mâle est l'Abeille cinq crochets n°. 66. Les seuls synonymes certains de ce mâle sont ceux de Linné et de Geoffroy. Il faut retrancher de la description ce qui est dit des prétendus mulets ; c'est une erreur qui a été copiée de Geoffroy.

Nota. Nous connoissons une Anthidie mâle des environs de Paris, à laquelle convient parfaitement la phrase spécifique de l'*Anthidium manicatum.* Fab. *Syst. Piez. n°.* 1. (*Apis manicata.* Fab. *Entom. Syst.*)

L'Abeille interrompue n°. 71 de ce Dictionnaire est probablement du genre Anthidie.

ANTHOCOPE, *Anthocopa. Osmia.* Lat. Spinol. *Megachile, Anthophora.* Panz. *Andrena.* Oliv. (*Encycl.*)

Genre d'insectes de l'ordre des Hyménoptères, section des Porte-aiguillon, famille des Mellifères, tribu des Apiaires.

Dans le groupe de cette tribu qui se compose des genres Anthidie, Osmie, Anthocope et Mégachile (*voyez* Parasites), les Anthidies se distinguent par leurs palpes maxillaires d'un seul article et par la seconde nervure récurrente des ailes supérieures qui aboutit dans la troisième cellule cubitale ; les Mégachiles ont leurs mandibules quadridentées, l'abdomen aplati en dessus et les palpes maxillaires de deux articles ; dans les Osmies, les mandibules ne sont que bidentées, caractères qui éloignent ces genres de celui d'Anthocope.

Antennes filiformes, brisées, composées de douze articles dans les femelles, de treize dans les mâles. — *Labre* en carré alongé, incliné verticalement sous les mandibules. — *Mandibules* fortes, tridentées. — *Mâchoires* et *lèvre* formant une trompe fléchie en dessous. — *Lèvre* longue, filiforme. — *Palpes maxillaires* de quatre articles ; palpes labiaux de quatre articles, le troisième inséré sur le côté extérieur du second. — *Tête* transversale. — *Yeux* grands, ovales. — *Trois petits yeux lisses* disposés en triangle sur la partie antérieure du vertex. — *Corselet* globuleux. — *Ailes supérieures* ayant une cellule radiale qui va en se rétrécissant depuis son milieu jusqu'à l'extrémité, celle-ci presqu'aiguë, et trois cellules cubitales, la première un peu plus petite que la seconde, cette seconde rétrécie vers la radiale recevant les deux nervures récurrentes, la troisième commencée, tracée dans le reste de sa longueur. — *Abdomen* convexe, ovalaire, composé de cinq segmens outre l'anus, sa superficie inférieure entièrement couverte par une brosse dans les femelles, ayant un segment de plus dans les mâles ; le sixième segment, dans ce sexe, échancré et fortement unidenté de chaque côté ; l'anus échancré dans son milieu, ce qui forme sur les côtés de ce dernier deux dents très-fortes, arrondies au bout ; en dessous le sixième segment, ainsi que l'anus, a son bord postérieur échancré, cette échancrure garnie de poils. — *Pattes* de longueur moyenne, toutes dépourvues de brosses et de palettes : jambes antérieures ayant à leur extrémité une seule épine garnie d'une membrane à sa base latérale ; jambes intermédiaires n'ayant qu'une seule épine simple, aiguë ; jambes postérieures en ayant deux presqu'égales entr'elles : dernier article des tarses muni de deux crochets simples dans les femelles (bifides dans les mâles ?)

Les Anthocopes, dont le nom vient de deux mots grecs, qui signifient : *coupeuses de fleurs*, ne sont point maçonnes, aussi leurs mandibules diffèrent-elles un peu de celles des Osmies. Quant à leurs mœurs, *voyez* dans ce Dictionnaire Andrène tapissière, *tom.* 4. *pag.* 140, et Osmie du Pavot, n°. 21. On ne connoît avec certitude que cette espèce ; nous la nommons Anthocope du Pavot (*Anthocopa Papaveris*) ; cependant nous soupçonnons qu'il en existe une seconde espèce dans le Midi, d'une taille plus petite, et qui emploie pour la construction de son nid les pétales des Crucifères.

HÉRIADE, *Heriades.* Spinol. Lat. *Chelostoma.* Lat. *Hylæus, Anthophora.* Fab. *Anthidium.* Panz. *Trachusa.* Jur. *Apis.* Linn. Kirb.

Genre d'insectes de l'ordre des Hyménoptères,

section des Porte-aiguillon, famille des Mellifères, tribu des Apiaires.

Dans le groupe d'Apiaires récoltantes solitaires qui n'ont pas de palettes au métathorax non plus qu'aux cuisses postérieures, dont le caractère est d'avoir une brosse unique pour la récolte du pollen des fleurs qui couvre le dessous du ventre (dans les femelles), et trois cellules cubitales aux ailes supérieures; les genres Anthidie, Osmie, Anthocope et Mégachile se distinguent au premier coup d'œil par leur abdomen ovalaire.

Antennes presque filiformes, grossissant un peu vers l'extrémité, brisées, de douze articles dans les femelles, de treize dans les mâles. — *Labre* en carré alongé, incliné verticalement sous les mandibules. — *Palpes maxillaires* très-courts; les labiaux de quatre articles. — *Mâchoires* et *lèvre* formant une trompe fléchie en dessous. — *Tête* transversale. — *Trois petits yeux lisses* disposés en triangle sur le vertex. — *Corps* alongé, étroit, cylindrique. — *Corselet* globuleux. — *Ailes supérieures* ayant une cellule radiale ovale-oblongue, et trois cellules cubitales, la première et la seconde presqu'égales, celle-ci très-rétrécie vers la radiale, recevant les deux nervures récurrentes, la troisième n'atteignant pas le bord postérieur de l'aile. — *Abdomen* alongé, convexe en dessus, composé de cinq segmens outre l'anus; sa superficie inférieure entièrement couverte par une brosse dans les femelles; celui des mâles ayant un segment de plus, le troisième a en dessous dans son milieu un enfoncement garni de poils; anus souvent denté. — *Pattes* de longueur moyenne, toutes dépourvues de brosses et de palettes; jambes antérieures ayant à leur extrémité une seule épine obtuse garnie d'une membrane dans toute sa longueur; jambes intermédiaires n'ayant qu'une seule épine, simple, aiguë; jambes postérieures en ayant deux, aiguës : dernier article des tarses portant deux crochets simples dans les femelles, bifides dans les mâles.

Les Hériades, dont le nom tiré d'un mot grec qui signifie : *laine*, et a rapport au duvet épais que les femelles ont sous le ventre, ne sont pas nombreuses en espèces; les huit ou dix connues sont d'Europe et de petite taille. Les femelles font leur nid dans les tuyaux cylindriques qu'elles trouvent tout faits : ainsi un tuyau de paille, une tige creuse de plante, ou le trou fait par un insecte qui a rongé le bois, sont pour elles une localité convenable. Leurs cellules sont posées bout à bout et séparées par des cloisons de terre gâchée. Ces Apiaires ont les Prosopes pour ennemis particuliers (*voyez* PARASITES). Les crochets qui accompagnent l'anus, et quelquefois aussi le sixième segment de l'abdomen des mâles, leur servent à saisir les femelles lors de l'accouplement, pour lequel ils sont très-ardens.

1re. *Division*. Cellule radiale des ailes supérieures point rétrécie. Labre trois fois plus long que large et mandibules très-longues, en forme de pinces dans les femelles. Un tubercule en forme de fer à cheval placé sous le second segment de l'abdomen; articles intermédiaires des antennes un peu dentés en dessous dans les mâles. (Genre *Chelostoma*. LAT.)

Rapportez à cette division, 1°. l'Andrène maxilleuse n°. 26 de ce Dictionnaire (*Heriades maxillosa*). L'individu décrit est la femelle. Le mâle a l'extrémité de son anus fortement échancrée, cette échancrure formant deux dents obtuses; le dessous de l'anus offre deux autres dents un peu arquées : les poils de l'abdomen sont moins couchés que dans la femelle; la partie antérieure des antennes est brune et non pas d'un noir prononcé. Cette espèce est commune aux environs de Paris. 2°. L'Andrène somniflore n°. 27, *Heriades florisomnis*, (*Apis florisomnis*, n°. 49. KIRB. *Monogr. Apum. Angl.*). Mâle. Nous ne connoissons pas la femelle.

Des environs de Paris.

2e. *Division*. Cellule radiale des ailes supérieures rétrécie depuis son milieu jusqu'à son extrémité. Labre et mandibules courts, dans les femelles. Dessous de l'abdomen n'ayant pas de tubercule en fer à cheval; antennes n'ayant aucun de leurs articles denté en scie dans les mâles. (Genre *Heriades*. LAT.)

Rapportez à cette seconde coupe, 1°. l'Abeille ventre jaune, n°. 99 de ce Dictionnaire (*Heriades truncorum*). Femelle. Le mâle a les poils des bords des segmens de l'abdomen moins couchés que dans la femelle; son anus est entier. 2°. L'*Apis campanularum*, n°. 50. KIRB. *Monogr. Apum. Angl.* (*Heriades campanularum*.)

(S. F. et A. SERV.)

ROSALIE. Geoffroy désigne ainsi le *Cerambyx alpinus* de Linné (*Callichroma alpina*. LAT.) *Voyez* Capricorne n°. 41 de ce Dictionnaire.

(S. F. et A. SERV.)

ROSETTE. Geoffroy nomme ainsi le *Bombyx rosea* de Fabricius. *Voyez* Bombyx n°. 268 du présent ouvrage. (S. F. et A. SERV.)

ROSTRICORNES ou RHINOCÈRES. C'est ainsi que M. Duméril (*Zoolog. analyt.*) nomme la dix-septième famille de ses Coléoptères, section des Tétramères. Ses caractères sont : *antennes portées sur un bec ou prolongement du front*. Elle renferme les genres Bruche, Becmare, Anthribe, Brachycère, Attelabe, Oxystome, Charanson, Rhynchène, Ramphe et Brente.

(S. F. et A. SERV.)

RTÈLE, *Rutela*. LAT. *Cetonia*, *Melolontha*. FAB. OLIV. *Scarabæus*. LINN. DE GÉER.

Genre d'insectes de l'ordre des Coléoptères, section des Pentamères, famille des Lamellicornes, tribu des Scarabéides.

M. Latreille a établi dans cette tribu une division sous le nom de Xylophiles (*voyez* ce mot), qui contient sept genres. Dans les Ægialies et les Trox le labre est saillant au-delà du chaperon; les élytres sont très-bombées et embrassent tous les côtés de l'abdomen; le labre est entièrement caché dans les Oryctès, les Phileures et les Scarabés, en outre les mâles dans ces trois genres, ont le corselet ou la tête, quelquefois même tous les deux, cornus ou tuberculés; le bord extérieur des élytres dilaté et canaliculé, la massue des antennes petite et ovale, les pattes grêles avec les crochets des tarses fort petits, distinguent éminemment les Hexodons.

Antennes composées de dix articles, le premier velu, plus gros que les six suivans, les trois derniers formant une massue lamellée, plicatile, plus ou moins ovale. — *Labre* apparent, son bord antérieur séparant distinctement le chaperon des mandibules. — *Mandibules* cornées, très-comprimées, avec leur partie extérieure saillante ou découverte, presque toujours échancrée ou sinuée au bout latéral; leur extrémité obtuse ou tronquée. — *Mâchoires* cornées, dentées. — *Palpes* ayant leur dernier article un peu plus gros; les maxillaires de quatre articles, un peu plus longs que les labiaux, ceux-ci de trois. — *Tête* mutique dans les deux sexes. — *Corselet* convexe, mutique dans les deux sexes, ses bords latéraux arrondis; sternum plus ou moins élevé et avancé. — *Ecusson* apparent, de forme et de grandeur variable. — *Elytres* n'ayant ni dilatation, ni canal à leur bord extérieur, couvrant des ailes et laissant l'anus à découvert. — *Pattes* robustes; jambes antérieures terminées par une épine simple, aiguë; les quatre postérieures en ayant deux d'égale longueur; crochets des tarses forts.

Le genre Rutèle fondé par M. Latreille, a été restreint par les auteurs subséquens; ainsi M. Macleay en a séparé une partie des espèces pour former deux genres qu'il appelle *Pelidnota* et *Macraspis*. Nous ne connoissons pas les caractères de ces genres et nous maintenons celui de Rutèle tel qu'il est défini dans le *Gen. Crust. et Ins.* Ce genre est propre aux parties chaudes de l'Amérique, et les espèces qu'il renferme, d'après la consistance écailleuse de leurs mâchoires et les dents nombreuses dont elles sont munies, doivent avoir beaucoup d'habitudes communes avec les Hannetons, comme par exemple de se nourrir de feuilles des végétaux; leurs couleurs brillantes semblent indiquer que ces insectes ne craignent point la lumière. On connoît aujourd'hui plus de trente espèce de Rutèles.

1re. *Division*. Ecusson très-grand, en triangle alongé. (Genre *Macraspis* Dej. *Catal.*)

1re. *Subdivison*. Chaperon bifide.

A. Une pièce triangulaire entre l'angle latéral postérieur du corselet et l'angle supérieur des élytres.

1. Rutèle Cétoine, *R. cetonioides*.

Rutela elytris scapulatis, castanea, thoracis suprà angulis posticis, scapulis, subtùs pectore, sterno, femoribus ventrique maculis luteis; elytris subtilissimè punctatis, punctorum seriebus paucis subobsoletis, capite, tibiis tarsisque nigricantibus.

Longueur 10 lig. Corps de couleur marron. Tête, jambes, tarses et dessous de l'abdomen d'une nuance plus foncée tirant sur le noir. Corselet ayant quelques enfoncemens dont le plus grand est vers le bord à l'endroit où ce bord est le plus élargi; ses angles postérieurs ayant une grande tache jaune; pièce triangulaire entre les élytres, dessous du corselet, celui des cuisses et quelques taches sur le dessous de l'abdomen de cette dernière couleur. Elytres très-finement pointillées, les plus apparens de ces points rangés par séries longitudinales, formant un petit nombre de stries peu distinctes. Partie postérieure du sternum prolongée en devant en un appendice aplati, recourbé et aminci en pointe vers son extrémité, atteignant la base des cuisses antérieures.

Du Brésil?

Nota. Cette espèce est anomale; c'est la seule que nous connoissions qui porte une pièce triangulaire à la base des élytres, comme les Cétoines.

B. Point de pièce triangulaire entre le corselet et les élytres. — Les quatre tarses postérieurs ayant un de leurs crochets bifide et l'autre entier.

2. Rutèle brune, *R. brunnea*.

Rutela castanea, nitida, elytrorum margine externo à medio ad suturam serrato, thoracis marginibus dilutioribus.

Macraspis brunnea. Dej. Inéd. — *Chasmodia bipunctata.* Macl. *Hor. Entom. tom.* 1. *part.* 1. *pag.* 156. *n°.* 2.

Longueur 8 à 10 lig. Corps entièrement d'un châtain-brun, luisant; tous les bords du corselet plus clairs ainsi que le bord extérieur des élytres vers leur base. Ecusson bordé de brun, excepté à sa partie antérieure. Elytres lisses, avec une forte dépression sur le côté, au-dessous de l'angle huméral. Anus ayant de chaque côté une tache jaune, arrondie. Partie postérieure du sternum prolongée en un appendice aplati, recourbé vers son extrémité, atteignant la base des cuisses antérieures.

Du Brésil.

Rapportez à cette section la *Macraspis emar-*

ginata. Dej. *Catal.* Cette espèce a comme la précédente le bord extérieur des élytres denté en scie.

2e. *Subdivison.* Chaperon entier. — Point de pièce triangulaire entre le corselet et les élytres.

A. Tous les tarses ayant un de leurs crochets bifide, l'autre entier.

Rapportez à cette section les Cétoines massue no. 108. pl. 162. fig. 5, convexe no. 109. pl. 162. fig. 6, quadrirayée pl. 162. fig. 8. (*Cetonia fucata* no. 82. Fab. *Syst. Eleut.*), splendide no. 114. pl. 162. fig. 11, chrysis no. 115. pl. 155. fig. 34 de ce Dictionnaire, ainsi que la *Cetonia virens* no. 29. Fab. *Syst. Eleut.*

B. Tarses antérieurs seulement ayant un de leurs crochets bifide, l'autre entier.

3. Rutèle éclatante, *R. corrusca.*

Rutela tota œneo-nitida, capite, thorace, scutello elytrisque testaceis.

Longueur 1 pouce. Antennes et parties de la bouche d'un testacé-brun. Dessous du corps, pattes et anus bruns, avec un beau reflet d'un vert-doré. Dessus de la tête, du corselet, écusson et élytres testacés avec un reflet vert-doré moins sensible sur les élytres. Tête, corselet et écusson finement pointillés, les élytres l'étant plus distinctement; quelques-uns des points se confondant et formant de petites stries irrégulières. Partie postérieure du sternum prolongée en devant en un appendice fort relevé, allant en grossissant vers l'extrémité; celle-ci est peu recourbée et dépasse les hanches antérieures.

De Cayenne.

2e. *Division.* Ecusson petit, tantôt arrondi à son extrémité, tantôt en triangle court. — Point de pièce triangulaire entre le corselet et les élytres.

1re. *Subdivision.* Ecusson arrondi à son extrémité. — Chaperon entier. (Genre *Pelidnota.* Dej. *Catal.*)

A. Les deux tarses antérieurs ayant un de leurs crochets bifide dans l'un des sexes, l'autre entier: ces deux crochets entiers dans l'autre sexe. (Corps un peu déprimé en dessus, large pour sa longueur; forme des Cétoines.)

4. Rutèle terminale, *R. terminata.*

Rutela fusca, œneo-micans, subtùs hirsuta, elytris castaneis nitidis, post medium fuscis, ad apicem dilutioribus, opacis, scabris.

Pelidnota terminata. Dej. *Catal.*

Longueur 11 lig. Antennes de couleur marron. Tête, écusson et corselet bruns avec un beau reflet vert-cuivreux; le dernier bordé extérieurement de testacé. Elytres brillantes, testacées à leur base, ayant une petite dépression vers le milieu de cette base et une autre beaucoup plus forte sur le côté, au-dessous de l'angle huméral: ces dépressions ayant des points enfoncés; ensuite et passé le milieu, la couleur devient plus foncée. Extrémité des élytres raboteuse, fortement ponctuée, d'un jaune-mat; cette couleur s'élevant un peu le long du bord extérieur. Dessous du corps et anus hérissés de poils roussâtres, de couleur cuivreuse ainsi que les pattes; partie postérieure du sternum se prolongeant en devant en une petite pointe mousse qui ne dépasse pas les hanches intermédiaires. Mâle et femelle.

De Cayenne.

B. Tous les crochets des tarses entiers dans les deux sexes. (Corps convexe en dessus, long pour sa largeur. Forme des Hannetons.)

Rapportez à cette section les Hannetons ponctué no. 12. pl. 154. fig. 15, et glauque no. 20 de ce Dictionnaire.

2e. *Subdivision.* Ecusson en triangle court. — Chaperon échancré en devant. — Tous les crochets des tarses entiers. (Genre *Rutela.* Dej. *Catal.*)

Rapportez à cette subdivision les Cétoines linéole no. 117. pl. 162. fig. 13, surinamoise no. 118. pl. 162. fig. 14 (celle-ci n'est qu'une variété de la première), striée no. 119. pl. 162. fig. 15, et le Hanneton d'Orcy no. 55, décrits dans ce Dictionnaire. Ce dernier est la *Cetonia gloriosa.* no. 120. Fab. *Syst. Eleut.*

Nota. La Cétoine tétradactyle no. 112. pl. 162. fig. 9 de ce Dictionnaire est du genre Rutèle ainsi que quelques Cétoines de la troisième division, et plusieurs espèces de Hannetons.

(S. F. et A. Serv.)

RYGCHIE, *Rygchium.* M. Spinola dans le premier fascicule de ses *Insectes de Ligurie*, pag. 84, a fondé sous ce nom un genre d'insectes de l'ordre de Hyménoptères, section des Porte-aiguillon, famille des Diploptères, tribu des Guêpiaires. Ce genre n'a pas été adopté par M. Latreille dans ses derniers ouvrages, il en fait seulement la première division du genre Odynère dont il est très-voisin. *Voyez* l'article Odynère de ce Dictionnaire et la Guêpe oculée no. 80, seule espèce rapportée au genre Rygchie.

Nota. On a écrit par erreur à l'article cité, *Rhynchie* au lieu de *Rygchie.*

(S. F. et A. Serv.)

SAGARIS, *Sagaris*. Nom donné par Panzer (*Faun. Germ.* révis.) à un genre d'Hyménoptères Gallicoles qui correspond à celui d'Ibalie de M. Latreille. (S. F. et A. Serv.)

SAGRE, *Sagra*. Fab. Wéb. Oliv. (*Entom.*) *Alurnus*. Oliv. (*Encycl.*) *Tenebrio*. Sulz. Drur.

Genre d'insectes de l'ordre des Coléoptères, section des Tétramères, famille des Eupodes, tribu des Sagrides.

Trois genres composent cette tribu. Les Mégalopes sont reconnoissables par leurs antennes presqu'en scie et leur corselet court, presque carré. Dans les Orsodacnes le corselet est alongé, rétréci postérieurement; ces derniers ont en outre les yeux entiers et le corps étroit.

Antennes simples, filiformes, insérées au devant des yeux, composées de onze articles, le premier renflé, les suivans courts, presqu'obconiques, les derniers cylindriques. — *Mandibules* grandes, fortes, un peu arquées, creusées intérieurement, pointues, entières. — *Mâchoires* bifides, leur lobe extérieur grand, arrondi, terminé par des poils serrés, longs et roides, le lobe intérieur presqu'une fois plus court, comprimé, cilié, un peu pointu. — *Palpes* filiformes, leur dernier article presqu'ovale, aigu à son extrémité, les maxillaires un peu plus longs, de quatre articles, le premier court, peu apparent, les second et troisième égaux, coniques. — *Lèvre* bifide, ses divisions égales, avancées, fortement ciliées ou velues. — *Tête* avancée, inclinée, un peu plus étroite que le corselet, ayant à sa partie antérieure deux sillons croisés en forme de X, dont les branches supérieures font le tour des yeux. — *Yeux* saillans, échancrés antérieurement. — *Corps* alongé. — *Corselet* cylindrique, beaucoup plus étroit que les élytres, ses angles antérieurs saillans; partie postérieure du sternum descendant très-bas sur l'abdomen. — *Ecusson* très-petit, ponctiforme. — *Elytres* convexes, leurs angles huméraux forts, relevés; elles recouvrent les ailes et l'abdomen. — *Pattes* fortes, les postérieures beaucoup plus grandes que les autres, ayant leurs cuisses très-renflées et leurs jambes plus ou moins arquées; tarses avec leurs trois premiers articles larges, cordiformes, garnis en dessous de pelotes spongieuses, le troisième profondément bifide, le quatrième fort long, arqué, muni de deux crochets courts.

Ce genre est composé d'espèces assez grandes, ornées des plus belles couleurs et ordinairement métalliques; il est étranger à l'Europe et à l'Amérique. On ignore ses mœurs. Le nombre d'espèces connues est petit.

1. Sagre triste, *S. tristis*.

Sagra viridi-cyanea, fœminæ femoribus intermediis posticisque dente valido armatis, tibiis posticis ad basim et apicem dentatis; maris femorum intermediorum dente obtusiore, tibiisque posticis ad basim subtuberculatis.

Sagra tristis. Fab. *Syst. Eleut. tom.* 2. *pag.* 27. *n°*. 5. Femelle. — Oliv. *Entom. tom.* 6. *pag.* 499. *n°*. 4. *Sagr. pl.* 1. *fig.* 4. Femelle. — *Encycl. pl.* 370. *fig.* 7. Femelle. — *Sagra morosa*. Oliv. *Id. n°*. 5. *Sagr. pl.* 1. *fig.* 5. Mâle. — *Encycl. pl.* 370. *fig.* 8.

Longueur 10 lig. Fem. 8 lig. Mâle. Corps d'un bleu-verdâtre foncé. Antennes et pattes d'un bleu-noirâtre. Elytres chargées d'un grand nombre de petites lignes sinuées, irrégulières, enfoncées. Cuisses intermédiaires et postérieures munies en dessous d'une forte dent aiguë; jambes postérieures un peu arquées à leur base, y ayant un assez gros tubercule et un autre à leur extrémité. On voit des poils d'un roux-doré garnissant un enfoncement de la base des cuisses postérieures ainsi qu'une ligne médiale du sternum et de l'abdomen. Femelle.

Le mâle diffère en ce que les dents des cuisses et les tubercules des jambes sont plus obtus, que les cuisses postérieures n'ont point d'enfoncement ni de poils dorés et que les dernières jambes sont beaucoup plus arquées dans toute leur étendue.

Elle se trouve sur la côte d'Angole en Afrique.

2. Sagre pourpre, *S. purpurea*.

Sagra purpurea, nitida, antennis, tibiis tarsisque nigro-viridibus; fœminæ femoribus posticis tridentatis, maris unidentatis.

Sagra splendida. Fab. *Syst. Eleut. tom.* 2. *pag.* 27. *n°*. 2. Femelle. — Oliv. *Entom. tom.* 6. *pag.* 497. *n°*. 2. *Sagr. pl.* 1. *fig.* 2. a. b. Femelle. — *Encycl. pl.* 370. *fig.* 3 *et* 4. Femelle. — *Sagra purpurea*. Fab. *Syst. Eleut. tom.* 2. *pag.* 27. *n°*. 3. Mâle. — Oliv. *Entom. tom.* 6. *pag.* 498. *n°*. 3. *Sagr. pl.* 1. *fig.* 3. Mâle. — *Encycl. pl.* 370. *fig.* 9. Mâle.

Longueur 10 lig. Fem. 8 lig. Mâle. Corps d'un beau vert-doré très-brillant à reflet pourpre. Antennes noires, pourpres à la base. Cuisses postérieures munies en dessous vers leur extrémité de trois dents, l'intermédiaire forte, aiguë; les dernières jambes sont terminées par trois dents, l'une extérieure forte, aiguë; la seconde interne, petite, la troisième terminale et crochue. Femelle.

Le mâle diffère par sa couleur d'un pourpre plus décidé; ses antennes, ses jambes et ses tarses sont d'un noir-bleuâtre; les cuisses postérieures n'ont qu'une petite dent; les dernières jambes sont très-arquées et terminées par une seule dent intérieure.

Des Indes orientales et de la Chine.

Nota. Nous exprimons ici notre opinion sur les sexes des Sagres en desirant que les entomologistes les vérifient sur les insectes vivans, d'autant plus que notre manière de voir à cet égard est en opposition avec celle de M. Dalman, savant très-distingué. Voyez *Analect. entom. Holm.* 1823. *pag.* 72, observation après la description de la *Sagra cyanea.*

On rapportera à ce genre, 1°. l'Alurne grosse cuisse n°. 2 de ce Dictionnaire (*Sagra femorata.* FAB. *Syst. Eleut. tom.* 2. *pag.* 26. *n°.* 1. *Encycl. pl.* 370. *fig.* 1 *et* 2); 2°. l'Alurne denté n°. 3 (*Sagra dentipes.* FAB. *Syst. Eleut. tom* 2. *pag.* 28. *n°.* 6.); 3°. la *Sagra fulvida.* FAB. *n°.* 4; 4°. les Sagres nègre (*Encycl. pl.* 370. *fig.* 6) et bronzée (*Encycl. pl.* 370. *fig.* 5.) de l'Entomologie d'Olivier ainsi que la *Sagra cyanea* DALM., ouvrage précité.

Nous pensons que l'Alurne violet n°. 4 du présent ouvrage appartient aussi au genre Sagre.

(S. F. et A. SERV.)

SAGRIDES, *Sagrides.* Première tribu de la famille des Eupodes, section des Tétramères, ordre des Coléoptères, offrant pour caractères :

Mandibules ayant leur extrémité entière, sans échancrure. — *Languette* profondément échancrée.

Cette tribu se compose des genres Mégalope, Orsodacne et Sagre.

MÉGALOPE, *Megalopus.* FAB. LAT. OLIV. (*Entom.*)

Genre d'insectes de l'ordre des Coléoptères, section des Tétramères, famille des Eupodes, tribu des Sagrides.

Des trois genres qui composent cette tribu ceux d'Orsodacne et de Sagre se distinguent par leurs antennes simples; de plus, les Orsodacnes ont les yeux entiers, et les Sagres le corselet cylindrique.

Antennes presqu'en scie, insérées vers le bord interne de la partie antérieure des yeux, composées de onze articles, le premier assez long, en massue; le second plus court, presqu'en cône renversé, les autres s'élargissant de plus en plus à leur partie antérieure et formant chacun une espèce de dent de scie. — *Bouche* avancée. — *Mandibules* proéminentes, étroites, alongées, aiguës, leur extrémité entière; se croisant l'une sur l'autre. — *Mâchoires* cornées, bifides; lobe extérieur grand, très-velu à son extrémité, l'intérieur court, fortement cilié au bord interne. — *Palpes* égaux, filiformes, leur dernier article alongé, conique, très-aigu; les maxillaires de quatre articles, le premier très-court, le second alongé, le troisième court; les labiaux de trois articles, dont le premier court, le second très-long. — *Lèvre* bifide, ses divisions très-alongées, obtuses et ciliées. — *Tête* inclinée, dégagée du corselet et plus large que lui. — *Yeux* grands, fortement échancrés en devant, ayant aussi par-derrière un sinus large, peu profond. — *Corps* peu alongé. — *Corselet* un peu plus étroit que la tête, presque carré, moins large que les élytres, rebordé antérieurement et à sa partie postérieure. — *Ecusson* distinct, triangulaire. — *Elytres* recouvrant les ailes et l'abdomen. — *Pattes* fortes; cuisses postérieures souvent renflées; jambes intermédiaires et postérieures ordinairement arquées : tarses assez courts, garnis de pelotes en dessous, leur pénultième article plus ou moins bilobé, le dernier terminé par deux crochets forts, simples, aigus.

Olivier a remarqué avec raison que le nom de ce genre, tiré de deux mots grecs qui signifient : *grand pied*, ne paroît pas fort justifié par l'organisation. Ces insectes, dont on connoît aujourd'hui une quinzaine d'espèces, habitent l'Amérique, et particulièrement le Brésil. Leurs mœurs sont inconnues. On présume qu'ils fréquentent les feuilles des plantes.

1. MÉGALOPE bordé, *M. cinctus.*

Megalopus pallidè luteus, antennis et capitis vertice nigris, elytris viridi-cœruleis, margine exteriori luteo.

Megalopus cinctus. DEJ. Catal.

Longueur 6 lig. Corps d'un jaune-pâle. Antennes noires, leur premier article jaune à sa partie supérieure. Tête ayant le vertex noir avec une tache entre les yeux et l'extrémité des mandibules de cette couleur; la partie intérieure du front auprès des yeux est ponctuée. Corselet ayant quelquefois une petite ligne dorsale et des points à sa partie antérieure, bruns. Elytres d'un bleu-foncé changeant en vert, très-ponctuées; leur bord extérieur, depuis les angles huméraux jusqu'à la suture, d'un jaune-pâle; cette couleur s'élargissant au-dessus de l'anus : tarses postérieurs bruns, cuisses postérieures renflées; les quatre dernières jambes arquées.

Du Brésil.

2. MÉGALOPE fémoral, *M. femoratus.*

Megalopus luteus castaneo varius, femoribus posticis maximis unidentatis, tibiis ejusdem paris maximè arcuatis.

Longueur 5 lig. $\frac{1}{2}$. Tête et corselet de couleur marron mêlée de quelques nuances jaunes peu distinctes. Partie intérieure du front auprès des yeux, ponctuée. Antennes brunes, leurs premiers articles jaunes à leur partie extérieure. Ecusson marron. Elytres ponctuées, jaunes, avec la suture et une bande longitudinale dans leur milieu de couleur marron, cette bande n'atteignant pas l'extrémité postérieure. Dessous du corps et pattes jaunes, rayés de couleur marron. Cuisses postérieures très-renflées, ayant en dessous une dent forte, aiguë, un peu crochue; les quatre dernières jambes arquées, les postérieures l'étant excessivement.

Du Brésil.

3. Mégalope frontal, *M. frontalis.*

Megalopus fulvo-ferrugineus, antennis, fronte, elytrorum parte dimidiâ posticâ tarsisque posticis nigris.

Longueur 5 lig. Corps d'un fauve-ferrugineux luisant. Antennes noires, fort élargies et aplaties après le quatrième article. Front noir entre les yeux, sa partie intérieure auprès de ceux-ci fortement ponctuée; mandibules noires à leur extrémité. Elytres pointillées, leur moitié inférieure de couleur noire, ainsi que les deux tarses postérieurs. Ailes noires; cuisses postérieures renflées; les quatre dernières jambes peu arquées.

Du Brésil.

Nota. Cette espèce a quelque ressemblance avec le *Megalopus dorsalis* d'Oliv. *Entom.*

4. Mégalope point d'exclamation, *M. exclamationis.*

Megalopus ferrugineus, antennarum basi, capitis parte superâ, thoracis maculâ dorsali quadratâ, pectore et elytrorum luteorum lineâ humerali, aliâ parvâ interiori punctoque subapicali nigris.

Longueur 5 lig. Antennes ayant leurs quatre premiers articles noirs, les quatre suivans d'un testacé-ferrugineux avec leur dos ou partie supérieure de couleur noire, les trois derniers entièrement ferrugineux. Tête noire, sa partie antérieure au-dessous des yeux et des antennes, ferrugineuse. Base du labre et extrémité des mandibules noires. Partie intérieure du front auprès des yeux fortement ponctuée. Corselet ferrugineux ayant une tache dorsale noire, presque carrée. Elytres ponctuées, jaunâtres, avec une ligne longitudinale partant des angles huméraux, dépassant un peu le milieu de l'élytre, une autre très-courte, plus voisine de la suture, et une tache presque triangulaire vers l'extrémité, de couleur noire. Poitrine et écusson de cette couleur. Pattes et dessous du corps d'un jaune-ferrugineux; cuisses postérieures renflées, les quatre dernières jambes peu arquées.

Du Brésil.

5. Mégalope huméral, *M. humeralis.*

Megalopus ferrugineus, thoracis maculâ subovatâ, elytrorum humeris maculisque duabus nigris, pedibus nigro variis, femoribus posticis bidentatis, tibiis ejusdem paris maximè arcuatis.

Longueur 5 lig. $\frac{1}{2}$. Ferrugineux; antennes noires, leurs sept derniers articles ferrugineux inférieurement. Partie intérieure du front auprès des yeux finement pointillée. Une tache sur le vertex, base du labre, extrémité des mandibules de couleur noire. Le milieu du corselet offre une tache ovale de cette couleur. Elytres ponctuées; leurs angles huméraux et deux taches assez rapprochées sur chacune, noirs. Poitrine ayant quelques taches brunes. Tarses et dessus des jambes noirs; cuisses postérieures très-renflées, bidentées en dessous; ces dents fort courtes, larges. Les quatre dernières jambes arquées, les postérieures l'étant excessivement.

Du Brésil.

Nota. Cette espèce n'est peut-être qu'une variété de la précédente, d'un sexe différent. Nous engageons les entomologistes à portée d'examiner sur le vivant, de voir si ces individus à jambes postérieures très-arquées ne seroient pas les mâles, ce que nous présumons.

6. Mégalope linéé, *M. lineatus.*

Megalopus niger, thorace pallido marginato, elytrorum lineâ ab humeris descendente aliâque internâ abbreviatâ nigris, scutello nigro pallido maculato.

Longueur 4 lig. $\frac{1}{2}$. Noir. Partie de la tête sous les yeux d'un jaune pâle. Bouche noire, bord inférieur du labre d'un jaune pâle. Partie intérieure du front auprès des yeux fortement ponctuée. Corselet bordé tout autour de jaune pâle, ce bord émettant au-dessus de l'écusson deux petites lignes de même couleur que lui qui s'avancent en divergeant jusque vers le milieu du corselet. Elytres ponctuées, un peu velues, pâles avec une ligne longitudinale qui descend de l'angle huméral sans toucher le bord postérieur n l'extérieur, jusque vers le bout de l'élytre, et un autre ligne courte plus près de la suture, de couleur noire. Ventre, cuisses et hanches rayés d jaune pâle; cuisses postérieures peu renflées, le quatre dernières jambes peu arquées.

Du Brésil.

7. Mégalope à épine, *M. spinosus.*

Megalopus sublinearis, ferrugineo-testaceu antennis, capite, abdomine, pedibus posticis el trorumque apice nigris, coxarum posticaru appendice magno compresso apice acuto.

Longueur 4 lig. $\frac{1}{2}$. Corps presque linéaire, d'ı testacé-ferruginei testacé-ferrugineux luisant, un peu velu. Tête noire excepté les palpes et le bord inférieur du labre. Partie intérieure du front auprès des yeux, ponctuée. Abdomen noir, ainsi que les pattes postérieures. Elytres pointillées ayant quelques dépressions vers leur suture, leur extrémité noire. Hanches testacées, les postérieures munies d'un appendice long, aplati, dilaté, pointu et noir à son extrémité; cuisses postérieures moyennement renflées, ayant une ligne ferrugineuse à leur partie postérieure : les quatre dernières jambes peu arquées, les postérieures aplaties, un peu dentées en scie intérieurement.

Du Brésil.

Rapportez à ce genre, 1°. le *Megalopus nigricornis*. Fab. *Syst. Eleut. tom.* 2. *pag.* 368. *n°.* 2 (Lat. *Gener. Crust. et Ins. tom.* 3. *pag.* 45. *n°.* 1. *tom.* 1. *tab. XI. fig.* 5. — Oliv. *Entom. tom.* 6. *pag.* 920. *n°.* 2. *Megal. pl.* 1. *fig.* 2); 2°. le *Megalopus dorsalis*. *n°.* 1. Oliv. *id. fig.* 1. a. b.; 3°. le *Megalopus fasciatus*. Dalm. *Anal. Entom. Holm.* 1823. *pag.* 72. *n°.* 65; 4°. le *Megalopus sellatus*. Germ. *Ins. Spec. nov. vol.* 1. *Coléopt.* 1824.

Le *Megalopus ruficornis*. Fab. *Syst. Eleut. tom.* 2. *pag.* 367. *n°.* 1, est probablement aussi de ce genre. (S. F. et A. Serv.)

SALDE, *Salda*. Fab. Panz. *Lygæus*. Lat. *Acanthia*. Wolf. *Cimex*. Linn. *Geocoris*. Fall.

Genre d'insectes de l'ordre des Hémiptères, section des Hétéroptères, famille des Géocorises, tribu des Longilabres.

Un groupe de cette tribu est formé des genres Myodoque, Lygée, Pachymère et Salde (*voyez* pag. 52 de ce volume); mais dans les trois premiers les yeux ne débordent pas la partie postérieure de la tête : en outre les Myodoques ont un cou très-distinct. Les ocelles (1) sont saillans dans les Lygées, et les Pachymères ont leurs cuisses antérieures canaliculées en dessous.

Antennes filiformes, grossissant un peu vers l'extrémité, à peine de la longueur de la tête et du corselet pris ensemble, composées de quatre articles, le premier court, dépassant à peine l'extrémité de la tête; le second le plus long de tous, les troisième et quatrième égaux entr'eux, à peu près de la longueur du premier; le dernier plus gros que les autres, fusiforme. — *Bec* long, de quatre articles, renfermant un suçoir de quatre soies. — *Tête* transversale, un peu triangulaire, plus large que le corselet. — *Yeux* grands, très-saillans, rejetés sur les bords latéraux du corselet et dépassant de beaucoup le bord postérieur de la tête. — *Deux ocelles* peu distincts, placés sur la partie postérieure du vertex à la jonction de la tête avec le corselet. — *Corps* court, large pour sa longueur. — *Corselet* presque carré, point rebordé. — *Ecusson* assez grand, triangulaire. — *Elytres* de la largeur de l'abdomen. — *Abdomen* composé de segmens transversaux dans les mâles, ses avant-derniers segmens rétrécis dans leur milieu, posés obliquement et en forme de chevrons brisés, le dernier s'élargissant et s'étendant dans son milieu vers la partie moyenne du ventre dans les femelles; anus de celles-ci sillonné longitudinalement, ce sillon renfermant une tarière ployée en deux sur elle-même dans le repos, et pouvant en être retirée : anus des mâles entier, court, sans sillon longitudinal. — *Pattes* assez fortes; cuisses simples : tarses de trois articles, le premier plus long que les deux autres pris ensemble; crochets forts, recourbés, divergens.

En créant le genre *Salda*, Fabricius y comprit un grand nombre d'espèces qui avoient peu d'analogie entr'elles, dont quelques-unes même appartenoient à celui de *Miris*, qu'il avoit fondé. Depuis, M. Latreille en a ôté quelques espèces pour en former son genre Acanthie. Quant à nous, le genre Salde tel que nous le présentons ici, équivaut absolument à la seconde section de la seconde division du genre Lygée. Lat. *Gener.* Notre célèbre auteur français, dans une remarque, paroissoit porté à regarder cette seconde section comme devant constituer un genre particulier; il vient de le caractériser dans ses *Familles naturelles du règne animal*. Nous ne connoissons qu'un petit nombre d'espèces de Saldes; leurs mœurs ne sont pas connues, mais elles doivent se rapprocher beaucoup de celles des Miris et des Capses. Leurs métamorphoses n'offrent rien de remarquable. *Voyez* Pentatome.

1. Salde érythrocéphale, *S. erythrocephala*.

Salda atra, punctata, capite pedibusque rufis, elytrorum membranâ hyalinâ.

Longueur 2 lig. Antennes d'un fauve-brun; tête et pattes d'un fauve-rougeâtre. Corselet, abdomen, élytres et écusson fortement ponctués et d'un noir-brillant. Membrane des élytres transparente. Mâle.

Du midi de la France.

2. Salde de Stéven, *S. Stevenii*.

Salda nigra, punctata, thoracis et elytri cujusque lineâ longitudinali mediâ luteâ, pedibus oculisque rufis; elytrorum membranâ subopacâ.

Longueur 1 lig. $\frac{1}{2}$. Noire. Antennes brunes,

(1) Nous préférons, avec M. Latreille, le nom d'*ocelles* à la périphrase *petits yeux lisses*. Ce savant auteur vient de publier un ouvrage intitulé : *Familles naturelles du règne animal*, dans lequel il donne les caractères de plusieurs nouvelles familles, tribus et genres, dont nous ferons dorénavant usage : si donc, à compter de cet article, on aperçoit quelques noms nouveaux dans des sujets déjà traités, on ne devra les attribuer qu'aux progrès imprimés à la science par ce célèbre zoologiste.

leur dernier article plus clair. Tête, corselet, écusson et poitrine très-ponctués, le second ayant dans son milieu une ligne longitudinale étroite, jaune. Elytres avec des stries formées de points; on voit vers leur milieu une ligne longitudinale assez large, de couleur jaune; membrane un peu obscure. Abdomen lisse. Yeux et pattes roussâtres; cuisses ayant quelques nuances brunes. Femelle.

D'Europe. Cette espèce nous a été donnée par M. le conseiller Stéven, directeur des établissemens botaniques en Crimée, à qui nous la dédions.

Rapportez à ce genre les *Salda atra*, n°. 4. (Panz. *Faun. Germ. fas.* 92. *fig.* 20.) *Albipennis*, n°. 5, et *Grylloides*, n°. 7. (*Acanthia grylloides*. Wolf. *Icon. Cimic. tab.* 5. *fig.* 41. — *Encycl. pl.* 374. *fig.* 5.) Fab. *Syst. Rhyngot.*

LYGÉE, *Lygæus*. Fab. Lat. *Cimex*. Linn. Geoff. De Géer. *Coreus*. Fab.

Genre d'insectes de l'ordre des Hémiptères, section des Hétéroptères, famille des Géocorises, tribu des Longilabres.

Les Myodoques, les Lygées, les Pachymères et les Saldes forment un groupe dans cette tribu (*voy.* pag. 52 de ce volume); mais les Myodoques se reconnoissent à leur tête ovale-alongée, portée sur un cou que forme le rétrécissement subit de sa partie postérieure; les Pachymères ont leurs ocelles peu saillans, les avant-derniers segmens abdominaux des femelles sont rétrécis dans leur milieu et posés obliquement; les cuisses antérieures dans les deux sexes sont toujours canaliculées en dessous, ordinairement renflées et épineuses inférieurement; enfin les Saldes ont la tête transversale, les yeux grands, rejetés sur les bords latéraux du corselet. Au moyen de cette comparaison on reconnoîtra aisément le genre Lygée.

Antennes ordinairement filiformes, insérées à la partie inférieure des côtés de la tête, composées de quatre articles cylindriques; le premier beaucoup plus court que le second, dépassant à peine l'extrémité de la tête, le dernier quelquefois un peu plus gros que les autres. — *Bec* assez long, de quatre articles, renfermant un suçoir de quatre soies. — *Tête* petite. — *Yeux* petits. — *Deux ocelles* saillans, écartés l'un de l'autre, placés entre les yeux à réseau. — *Corps* ovale-alongé. — *Corselet* un peu rebordé, trapézoïdal, ses côtés extérieurs peu arrondis. — *Ecusson* triangulaire. — *Elytres* dépassant l'extrémité de l'abdomen et de même largeur que lui. — *Abdomen* composé de segmens transversaux dans les deux sexes; anus des femelles sillonné longitudinalement dans son milieu, celui des mâles entier, sans sillon longitudinal. — *Pattes* simples, assez longues; tarses de trois articles, le second plus court que les autres; crochets recourbés, munis d'une pelote bilobée dans leur entre-deux.

Les métamorphoses et la manière de vivre des insectes de ce genre dont le nom vient d'un mot grec qui signifie : *obscur*, sont les mêmes que celles des autres Longilabres (*voyez* Pentatome); ils n'exhalent point d'odeur désagréable; on les trouve souvent réunis en une espèce de société. Nous avons beaucoup restreint ce genre, nous en présentons les raisons en développant les caractères de ceux que nous en avons extraits; cependant malgré cette réduction il est encore très-nombreux en espèces tant européennes qu'exotiques.

On doit y rapporter les *Lygæus familiaris* n°. 64, *militaris* n°. 56, *equestris* n°. 57, *saxatilis* n°. 62, *hyosciami* n°. 63, et *punctum* n°. 94. Fab. *Syst. Rhyngot.*

PACHYMÈRE, *Pachymerus*. *Lygæus*. Fab. Lat. Panz. Wolf. *Cimex*. Linn. Geoff. De Géer. *Miris*. Fab.

Genre d'insectes de l'ordre des Hémiptères, section des Hétéroptères, famille des Géocorises, tribu des Longilabres.

Quatre genres de cette tribu y forment un petit groupe (*voyez* pag. 52 de ce volume). Les Myodoques ont un cou très-distinct; les Saldes ont des yeux très-grands, rejetés sur les côtés du corselet, leur tête est large, transversale, et les Lygées ont leurs ocelles saillans, les segmens de l'abdomen transversaux dans les deux sexes, les cuisses antérieures jamais renflées ni épineuses en dessous, ordinairement sans canal dans cette partie.

Antennes ordinairement filiformes, insérées à la partie inférieure des côtés de la tête, composées de quatre articles cylindriques, le premier beaucoup plus court que le second, dépassant à peine l'extrémité de la tête, le dernier quelquefois un peu plus gros que les autres. — *Bec* de longueur moyenne, composé de quatre articles, et renfermant un suçoir de quatre soies. — *Tête* petite. — *Yeux* petits. — *Deux ocelles* peu saillans, écartés l'un de l'autre, placés près des yeux à réseau sur la partie de la tête qui est derrière ceux-ci. — *Corps* ovale. — *Corselet* ordinairement plat et sans rebords, peu rétréci en devant. — *Ecusson* triangulaire, assez grand. — *Elytres* de même longueur que l'abdomen, le couvrant en entier. — *Abdomen* composé de segmens transversaux dans les mâles, les avant-derniers segmens rétrécis dans leur milieu, posés obliquement et en forme de chevrons brisés, le dernier s'élargissant et s'étendant souvent dans son milieu presque jusqu'à la moitié de la longueur du ventre dans les femelles; anus de celles-ci sillonné longitudinalement : ce sillon renfermant une tarière longue, comprimée, ployée en deux sur elle-même dans le repos et pouvant en être retirée; anus des mâles entier, court, sans sillon longitudinal. — *Pattes* de longueur moyenne; cuisses antérieures toujours canaliculées et souvent épineuses en dessous, ordinairement renflées; tarses de trois articles, le second plus court que les autres; crochets recourbés, munis d'une pelote bilobée dans leur entre-deux.

Ce nouveau genre est un démembrement de celui de *Lygœus* des auteurs; son nom tiré de deux mots grecs a rapport à la grosseur des cuisses antérieures. Ce que l'on connoît de ses mœurs est conforme à celles des Lygées, mais la longue tarière dont les femelles sont pourvues et qui nécessite chez elles une organisation des segmens de l'abdomen différente de celle qui existe dans les genres voisins, fait regretter qu'il n'y en ait point encore eu d'observées au moment où elles déposent leurs œufs. Nous connoissons une vingtaine d'espèces de Pachymères toutes de l'ancien continent, la plupart européennes; elles ont des couleurs sombres et généralement une mauvaise odeur.

A ce genre appartiennent les *Lygœus echii n°.* 160, *Rolandri n°.* 127, *urticœ n°.* 136, *pini n°.* 125, *quadratus n°.* 141. Fab. *Syst. Rhyngot.* ainsi que son *Miris abietis n°.* 16. On doit encore y rapporter le *Lygœus pedestris.* Panz. *Faun. Germ. fas.* ». *fig.* 14, et la Punaise brune à pointe des étuis blanche. Geoff. *Ins. Paris. tom.* 1. *pag.* 450. *n°.* 29.

ASTEMME, *Astemma.* *Lygœus.* Fab. Lat. *Cimex.* Linn. De Géer. Geoff.

Genre d'insectes de l'ordre des Hémiptères, famille des Géocorises, tribu des Longilabres.

Les Astemmes, les Miris et les Capses sont les seuls Longilabres privés d'ocelles; mais dans ces deux derniers genres les antennes sont sétacées et le corps mou.

Antennes ordinairement filiformes, insérées à la partie inférieure des côtés de la tête, composées de quatre articles cylindriques; le premier aussi long que le second, dépassant de beaucoup l'extrémité de la tête; les troisième et quatrième plus courts que les précédens, ce dernier quelquefois un peu plus gros que les autres. — *Bec* long, de quatre articles, renfermant un suçoir de quatre soies. — *Tête* petite. — *Yeux* petits. — *Point d'ocelles.* — *Corps* ovale-alongé, de consistance assez ferme. — *Corselet* un peu rebordé, trapézoïdal, ses côtés extérieurs peu arrondis. — *Ecusson* triangulaire. — *Elytres* de même largeur que l'abdomen. — *Abdomen* composé de segmens transversaux dans les deux sexes; anus des femelles sillonné longitudinalement dans son milieu, celui des mâles entier, sans sillon longitudinal. — *Pattes* simples, assez longues; tarses de trois articles, le second plus court que les autres; crochets recourbés, munis d'une pelote bilobée dans leur entre-deux.

Le nom de ce nouveau genre exprime qu'il est privé d'ocelles; les espèces qui le composent ont été confondues jusqu'à présent avec les Lygées: le caractère que nous venons d'énoncer et les dimensions des articles des antennes nous font croire que les entomologistes verront avec plaisir cette séparation. Les Astemmes renferment un assez grand nombre d'espèces ornées de couleurs agréables et variées, mais presque toutes exotiques. Celle dont nous connoissons les mœurs (*A. aptera*) vit en société; elle est remarquable en ce que ses élytres sont ordinairement, au moins dans notre climat, privées de partie membraneuse. Elle n'a point de mauvaise odeur et est connue de tout le monde, étant très-commune dans les jardins; on la désigne populairement aux environs de Paris sous les noms de *Suisse* et de *Cherche-midi.*

1re. *Division.* Yeux sessiles.

Rapportez à cette division les *Lygœus apterus n°.* 116, et *suturalis n°.* 102. Fab. *Syst. Rhyngot.*

2e. *Division.* Yeux pédiculés.

1. Astemme cornue, *A. cornuta.*

Astemma nigra, elytrorum parte coriaceâ rubrâ, abdominis segmentis duobus intermediis subtùs albidis.

Longueur 6 lig. D'un noir mat; tête et corselet un peu velus: dernier article des antennes blanc avec l'extrémité brune; base de l'écusson et partie coriace des élytres rouges. Celle-ci ayant un peu de noir vers sa base; membrane d'un noir mat avec une petite tache blanchâtre à l'endroit où elle se croise. Segmens intermédiaires de l'abdomen d'un blanc-jaunâtre. Yeux portés sur deux tubercules ayant à peu près une ligne de longueur, ce qui forme comme deux cornes. Femelle.

De Cayenne.

Nota. Nous pensons que le *Cimex oculus cancri.* De Géer, *Ins. tom.* 5. *pl.* 34. *fig.* 24, doit être rapportée à cette division.

MIRIS, *Miris.* Fab. Lat. Panz. *Cimex.* Linn. Geoff. De Géer. *Lygœus, Salda, Capsus.* Fab. *Lygœus, Capsus.* Panz.

Genre d'insectes de l'ordre des Hémiptères, section des Hétéroptères, famille des Géocorises, tribu des Longilabres.

Dans le groupe des Longilabres qui a les antennes de quatre articles et point d'ocelles (*voy.* pag. 52 de ce volume), les Astemmes se distinguent par leurs antennes filiformes et les Capses parce qu'ils ont ces organes brusquement sétacés, dont le second article va en grossissant ou en se dilatant vers son extrémité.

Antennes longues, insensiblement sétacées, insérées à nu sur la partie supérieure des côtés de la tête, composées de quatre articles cylindriques; le premier dépassant de beaucoup l'extrémité de la tête, le second le plus long de tous, ayant à peu près deux fois la longueur du premier, le troisième presqu'aussi long que le premier; le dernier le plus court de tous; ces articles conservant dans toute leur longueur leur grosseur particulière; le premier le plus gros de tous, chacun des suivans plus mince que celui qui le précède. — *Bec* long, atteignant au moins les hanches intermédiaires, composé de quatre articles et renfermant un suçoir de quatre soies. — *Tête* petite, triangulaire. — *Yeux* saillans, globuleux. — *Point d'ocelles.* — *Corps* mou, ordinairement étroit et alongé. — *Corselet* se rétrécissant à partir des élytres jusqu'à la tête; tous ses bords droits. — *Ecusson* triangulaire. — *Elytres* un peu plus larges et un peu plus longues que l'abdomen, assez molles, souvent demi-transparentes. — *Abdomen* composé de segmens transversaux dans les mâles; les avant-derniers plus ou moins rétrécis dans leur milieu, posés obliquement et en forme de chevrons brisés; le dernier s'élargissant à sa partie moyenne dans les femelles; anus de celles-ci sillonné longitudinalement, ce sillon renfermant une tarière longue, comprimée, ployée en deux sur elle-même dans le repos et pouvant en être retirée; anus des mâles entier, court, sans sillon longitudinal. — *Pattes* longues, les postérieures beaucoup plus que les autres; tarses de trois articles, le premier plus long que les suivans, le second et le troisième presqu'égaux entr'eux, celui-ci terminé par deux petits crochets.

Les Miris n'offrent rien de particulier dans leurs métamorphoses; ils vivent sur les végétaux dont ils nous paroissent sucer le suc; ils pompent aussi le miel des fleurs. Nous n'avons point de preuve qu'ils soient carnassiers; sans qu'ils vivent précisément en société, il est ordinaire de rencontrer un assez grand nombre d'individus d'une même espèce sur une seule plante. Ils marchent et volent avec une grande facilité et s'échappent beaucoup plus vîte par ce dernier moyen qu'aucun des autres Longilabres. Il nous a paru qu'ils n'exhaloient pas d'odeur désagréable. Les espèces sont nombreuses, surtout en Europe.

1re. *Division.* Pattes postérieures propres à sauter, leurs cuisses renflées. — Corps ovalaire, ses bords latéraux arrondis. (Corps court; antennes insérées entre les yeux; tête distinctement séparée du corselet; corselet plus large que long, sans sillon transversal ni bourrelet à sa partie antérieure.)

1. Miris cou jaune, *M. luteicollis.*

Miris pedibus posticis saltatoriis, niger, nitidus, capite thoraceque flavis; antennis pedibusque luteis, femoribus nigro maculatis.

Lygœus luteicollis. Panz. *Faun. Germ. fas.* 2. *fig.* 18.

Longueur 1 lig. $\frac{1}{4}$. Tête et corselet d'un beau jaune; on voit une petite ligne noire descendant des yeux à la base du bec. Antennes jaunes avec l'extrémité du second et du troisième articles un peu brune. Poitrine, élytres et abdomen d'un noir brillant. Pattes jaunes avec l'extrémité des tarses et une tache vers la base des cuisses de couleur noire. Mâle.

De France et d'Allemagne.

Rapportez à cette division les *Salda flavipes* n°. 3 et *pallicornis* n°. 6. Fab. *Syst. Rhyngot.* Cette dernière espèce est l'*Acanthia pallicornis.* Wolf. *Icon. Cimic. tab.* 15. *fig.* 122.

2e. *Division.* Pattes postérieures propres à la marche seulement; leurs cuisses grêles. — Corps alongé, ses bords latéraux droits.

1re. *Subdivision.* Antennes insérées au-dessous et assez loin des yeux; tête alongée, peu distinctement séparée du corselet; corselet plus long que large, sans sillon transversal ni bourrelet à sa partie antérieure.

2. Miris vert, *M. virens.*

Miris pedibus ambulatoriis, viridis, tarsis antennisque prœsertim apice rubris.

Miris virens. Fab. *Syst. Rhyngot. pag.* 254. *n°.* 7. — *Cimex virens.* Linn. *Syst. Nat.* 2. 730. 102. — Wolf. *Icon. Cimic. tab.* 8. *fig.* 75.

Longueur 3. lig. Corps vert. Abdomen, pattes et antennes un peu velus; celles-ci de couleur rouge surtout vers leur extrémité, ainsi que les tarses. Femelle.

Commun aux environs de Paris.

Les *Miris vagus* n°. 12. Fab. *Syst. Rhyngot.* (Wolf. *Icon. Cimic. tab.* 16. *fig.* 153.) et *Hortorum.* Wolf. *id. fig.* 154, appartiennent à cette subdivison.

2e. *Subdivison.* Antennes insérées au-dessous et près des yeux; tête distinctement séparée du corselet; corselet pas plus long que large, ayant un sillon transversal et un bourrelet à sa partie antérieure.

3. Miris strié, *M. striatus.*

Miris pedibus ambulatoriis, niger, elytris luteo ferrugineove striatis, partis coriaceœ apice pedibusque ferrugineis, thoracis dorso maculâ ferrugineâ.

Miris striatus. Fab. *Syst. Rhyngot. pag.* 255. *n°.* 15. — Lat. *Gen. Crust. et Ins. tom.* 3. *pag.* 125. — *Cimex striatus.* De Géer, *Ins. tom.* 3. *pag.* 290. *n°.* 29. *pl.* 15. *fig.* 14 *et* 15. — Linn. *Syst. Nat.* 2. 730. 105. — Wolf. *Icon. Cimic. fas.* 1.

pag. 37. *tab.* 4. *fig.* 37. — *Lygœus striatus.* Panz. *Faun. Germ. fas.* ». *fig.* 22. — *Encycl. pl.* 374. *fig.* 10.

Longueur 6 lig. Antennes noires, leur premier article ferrugineux, le troisième blanc à sa base. Tête noire avec une tache d'un blanc-jaunâtre à la partie supérieure de l'orbite des yeux. Corselet noir ayant une tache dorsale plus ou moins étendue de couleur jaune ou ferrugineuse, et quelquefois les bords latéraux de cette couleur. Ecusson noir avec ses côtés plus ou moins ferrugineux. Elytres rayées longitudinalement de noir et de ferrugineux; l'extrémité de leur partie coriace de cette dernière couleur. Dessous du corps noir; bord postérieur de la poitrine et des cinq premiers segmens de l'abdomen blanc. Pattes ferrugineuses avec l'extrémité des jambes postérieures pâle. Femelle.

Nota. C'est à tort que Fabricius et De Géer rapportent à ce Miris la Punaise n°. 38 de Geoffroy. Ce synonyme appartient à l'espèce suivante.

4. Miris écrit, *M. scriptus.*

Miris pedibus ambulatoriis, niger, elytris luteo striatis, partis coriaceæ apice pedibusque ferrugineis, thorace posticè luteo trilineato.

Miris scriptus. Lat. *Gen. Crust. et Ins. tom.* 3. *pag.* 125. — *Capsus scriptus.* Fab. *Syst. Rhyngot. pag.* 247. *n°.* 32. Mâle. — Coqueb. *Illust. Icon. tab.* 10. *fig.* 13. — La Punaise rayée de jaune et de noir. Geoff. *Ins. Paris. tom.* 1. *pag.* 454. *n°.* 38. Mâle.

Longueur 3 lig. ½ à 4 lig. Antennes noires avec le milieu de leur premier article et la base du second de couleur ferrugineuse; une très-petite portion de la base du troisième article est blanche. Partie antérieure de l'orbite des yeux d'un blanc-jaunâtre. Corselet noir, son bord antérieur et trois lignes longitudinales de son lobe postérieur de couleur jaunâtre. Elytres noires, rayées de blanc-jaunâtre; leur partie coriace terminée par une tache ferrugineuse. Ecusson noir. Pattes ferrugineuses; tarses et extrémité des jambes noirs. Milieu des quatre premières jambes blanchâtre. Dessous du corselet taché de blanchâtre. Abdomen ferrugineux, son milieu ainsi que la coulisse qui renferme la tarière de couleur noir. Femelle.

Le mâle diffère en ce que ses antennes et son abdomen sont entièrement noirs : il a les pattes plus brunes que celles de la femelle.

5. Miris de Carcel, *M. Carcelii.*

Miris pedibus ambulatoriis, niger, thorace, scutello elytrisque rubris nigro maculatis, abdomine rubro marginato.

Longueur 4 lig. Antennes noires; base du troisième article blanche, le dernier brun. Tête noire. Corselet noir, ses bords latéraux et une petite ligne longitudinale sur son lobe antérieur de couleur rouge. Ecusson noir, rouge à son extrémité; élytres rouges ayant chacune deux taches noires, l'une vers la suture à côté de la pointe de l'écusson, l'autre vers l'extrémité : membrane enfumée. Ventre noir bordé de rouge; cette bordure s'élargissant un peu auprès de l'anus. Pattes noires; milieu des jambes blanc à sa partie extérieure. Femelle.

Le mâle diffère en ce qu'il a le dessus du corselet rouge avec deux taches noires; la couleur rouge descend davantage sur les côtés qui ont chacun une tache noire et l'abdomen a beaucoup plus de rouge que dans la femelle, cette couleur formant deux lignes de chaque côté et bordant inférieurement les segmens du ventre entre ces deux lignes; les cuisses postérieures ont un peu de rouge en dessous vers leur base.

Nous devons cette espèce à M. Carcel qui l'a prise dans l'Anjou.

Nota. Le *Lygœus sexpunctatus n°.* 100. Fab. *Syst. Rhyngot.* n'est peut-être qu'une variété du mâle. Cet auteur donne des cuisses rousses, un écusson noir et la couleur dominante du dessus du corps rousse à l'individu qu'il décrit comme étant d'Espagne.

On doit rapporter à cette seconde subdivision les *Lygœus campestris n°.* 154, *pratensis n°.* 155 et *striatellus n°.* 164. Les *Capsus gothicus n°.* 20. (Panz. *Faun. Germ. fas.* ». *fig.* 15.), *albomarginatus n°.* 24, *flavomaculatus n°.* 30. (Panz. *id. fas.* ». *fig.* 16.), les *Miris lœvigatus n°.* 2. (Panz. *id. fas.* ». *fig.* 21.) et *lateralis n°.* 3. Fab. *Syst. Rhyngot.* ainsi que le *Lygœus vulneratus.* Panz. *id. fas.* ». *fig.* 22.

CAPSE, *Capsus.* Fab. Lat. *Cimex.* Linn. Geoff. De Géer.

Genre d'insectes de l'ordre des Hémiptères, section des Hétéroptères, famille des Géocorises, tribu des Longilabres.

Les Longilabres qui ont les antennes de quatre articles et qui manquent d'ocelles forment un groupe (*voyez* pag. 52 de ce volume), dans lequel les Astemmes se distinguent par leurs antennes filiformes et les Miris parce que chez eux ces organes vont en diminuant insensiblement de grosseur depuis la base jusqu'à l'extrémité.

Antennes longues, insérées à nu sur les côtés de la tête en devant et tout près des yeux, composées de quatre articles; le premier dépassant de beaucoup l'extrémité de la tête, le second le plus long de tous, terminé en massue; les deux derniers pris ensemble plus courts que le second, brusquement plus minces que les précédens. — *Bec* long, atteignant au moins les hanches intermédiaires, composé de quatre articles et renfermant un suçoir de quatre soies. — *Tête* petite, triangulaire, rétrécie postérieurement. — *Yeux* saillans, globuleux. — *Point d'ocelles.* — *Corps* ovale. — *Corselet* élevé postérieurement, se rétrécissant insensiblement vers la tête, ayant un sillon transversal et un bourrelet à sa partie antérieure. — *Ecusson* triangulaire. — *Elytres* un peu plus longues que l'abdomen. — *Abdomen* composé de segmens transversaux dans les mâles : les avant-derniers plus ou moins rétrécis dans leur milieu, posés obliquement et en forme de chevrons brisés, le dernier s'élargissant à sa partie moyenne dans les femelles; anus de celles-ci sillonné longitudinalement, ce sillon renfermant une tarière longue, comprimée, ployée en deux sur elle-même dans le repos et pouvant en être retirée : anus des mâles entier, large, sans sillon longitudinal. — *Pattes* de longueur moyenne; tarses de trois articles, le premier plus long que les suivans, le troisième terminé par deux petits crochets.

Les mœurs de ces hémiptères sont les mêmes que celles du genre précédent. On en connoît une trentaine d'espèces.

1. Capse bicolor, *C. bicolor.*

Capsus subsericeus, ater, thorace, scutello, elytrorum basi, pectore coxisque sanguineis.

Longueur 5 lig. ½. Noir, un peu soyeux. Corselet d'un rouge-sanguin, à l'exception du dessus de son bourrelet antérieur qui est noir. Ecusson, base des élytres, poitrine et hanches d'un rouge-sanguin. Antennes et pattes noires. Mâle.

Amérique méridionale.

Rapportez à ce genre les *Capsus elatus* n°. 1, *ater* n°. 2, *flavicollis* n°. 13, *danicus* n°. 25, *olivaceus* n°. 17, qui n'est peut-être qu'une variété du précédent, et *capillaris* n°. 19. (femelle; nous regardons le *Capsus seticornis* n°. 18 comme étant le mâle.) Fab. *Syst. Rhyngot.*

Nota. M. Latreille pense qu'on doit former deux nouveaux genres voisins de celui-ci : 1°. Hétérotome, *Heterotoma.* (Lat. *Fam. nat. du règ. anim. pag.* 422.) Ses caractères n'étant point publiés, nous dirons seulement qu'il diffère du précédent en ce que le second article des antennes est en forme de lame elliptique, large et comprimée ; le corps étroit, à peine ovale; le corselet sans élévation postérieure. L'auteur y rapporte le *Capsus spissicornis* n°. 28. Fab. *Syst. Rhyng.* Nous pensons que le *Capsus crassicornis* n°. 29 de cet auteur en fait également partie. 2°. Globiceps, *Globiceps.* Les caractères apparens de ce genre sont : d'avoir la tête forte, globuleuse, plus large que le corselet; celui-ci séparé en deux lobes par un sillon transversal profond et le corps linéaire. Nous en connoissons une espèce des environs de Paris; Globiceps grosse tête, *G. capito.* Nob. Longueur 2 lignes ½. Noir; pattes d'un brun-rougeâtre ou livide; bec, hanches et base des cuisses blanchâtres ainsi que le premier article des antennes. Segment antérieur du corselet portant en dessus deux tubercules presqu'épineux. Les angles postérieurs du second presqu'aigus, ailes irisées. Femelle.

(S. F. et A. Serv.)

SALICOQUES, *Carides.* Lat.

Tribu de Crustacés de l'ordre des Décapodes, famille des Macroures, établie par M. Latreille, et ayant pour caractères essentiels : pieds formés d'une série unique d'articulations, et ayant, dans un petit nombre, un petit appendice sétiforme. Antennes latérales ou extérieures situées au-dessous des mitoyennes, et ayant leur pédoncule entièrement recouvert par une grande écaille.

Les Grecs avoient distingué plusieurs de ces Crustacés sous les noms de *Caris* et de *Crangon ;* ce sont ceux qu'on appelle vulgairement *Crevettes, Salicoques,* etc. Ils ont le corps d'une consistance moins solide que celui des autres Décapodes, quelquefois même assez mou, arqué, ou comme bossu, ce qui leur a encore valu le nom de *Squilles bossues.* Les antennes, qui sont toujours en forme de soies, sont avancées ; les latérales sont fort longues, et les intermédiaires, ordinairement plus courtes, ont leur pédoncule terminé par deux ou trois filets sétacés et articulés; lorsqu'il y en a trois, un de ces filets est plus petit et souvent recouvert par l'un des deux autres ; les yeux sont très-rapprochés, presque globuleux et portés sur un pédicule très-court. La face supérieure du pédoncule des antennes mitoyennes offre dans la plupart une excavation qui reçoit la partie inférieure de cet organe de la vue ; l'extrémité antérieure du test s'avance presque toujours entr'eux et cette saillie, a la forme d'un bec ou d'un rostre pointu, déprimé quelquefois, mais le plus généralement comprimé, avec une carène de chaque côté, et les bords supérieur et inférieur aigus, plus ou moins dentés en scie. Les côtés antérieurs du test sont souvent armés de quelques dents acérées en forme d'épines ; les pieds-mâchoires inférieurs ressemblent, dans le plus grand nombre, à des palpes longs et grêles, ou même, soit à des pieds, soit à des antennes ; les quatre pattes antérieures sont, dans beaucoup d'espèces, terminées par une pince double, ou une sorte de main didactyle ; deux de ces pattes, ordinairement la seconde paire, sont doubles ou pliées sur elles-mêmes ; le carpe de cette seconde pince, et quelquefois celui des deux dernières, à l'article qui précède immédiatement la pince, offre dans plusieurs cette particularité que l'on n'observe point dans les autres Crustacés ; il paroît comme divisé transversalement en un nombre variable de petits articles, ou annelé. La troisième paire de pattes est elle-même quelquefois, comme dans les Pénées, en forme de serres ; dans plusieurs cette troisième paire est plus courte que les deux dernières. En général, on n'a pas fait assez d'attention à ces différences dans les longueurs relatives des pattes. Les segmens du milieu de la queue sont dilatés sur les côtés ; elle se termine par une nageoire en forme d'éventail, ainsi que dans les autres Macroures, mais le feuillet du milieu est plus étroit, pointu ou épineux au bout ; son dos est armé dans plusieurs de quelques petites épines. Les fausses pattes ou pattes caudales sont alongées et souvent en forme de feuillets.

Ces Crustacés sont assez recherchés, et on en fait une grande consommation dans toutes les parties du Monde ; on les sale même quelquefois afin de les conserver et de les transporter dans l'intérieur des terres. Tous les Salicoques habitent les mers de nos côtes ; la Méditerranée en offre beaucoup.

M. Latreille (*Fam. natur. du règne anim.*) divise la tribu des Salicoques ainsi qu'il suit. Nous serons obligés de donner ici l'histoire des genres qui n'ont pas été traités dans ce Dictionnaire.

I. *Test généralement ferme quoique mince, une forme de corps analogue à celle des écrevisses, et la base des pieds dépourvue d'appendices ou n'en ayant que de très-petits.*

1. Les six pieds antérieurs didactyles.

Le genre Pénée, *Penæus*. Voyez ce mot.

Le genre Sténope, *Stenopus*. Voyez ce mot.

2. Les quatre pieds antérieurs au plus didactyles.

A. Pieds antérieurs parfaitement didactyles.

a. Pinces point divisées jusqu'à leur base ; carpe point entaillé en manière de croissant.

* Antennes intermédiaires à deux filets.

† Pieds réguliers (les deux de chaque paire semblables).

— Pieds-mâchoires extérieurs point foliacés et ne recouvrant point la bouche.

Le genre Alphée, *Alpheus*. Fab.

Test prolongé en avant en forme de bec ; antennes du milieu toujours plus petites que les externes. Ces Crustacés diffèrent des Ecrevisses et des Thalassines par l'insertion des deux paires d'antennes ; ils se distinguent des Pénées par la forme du corselet et par les deux premières paires de pattes qui sont didactyles, et des Palæmons ainsi que des Crangons par les antennes intérieures terminées par deux filets. Les mœurs de ces crustacés sont tranquilles ; ils ne quittent guère la région qu'ils ont choisie pour demeure que lorsque plusieurs animaux marins, et surtout des troupes de poissons, viennent pour les dévorer. La fin du printemps et le milieu de l'été sont les époques de leurs amours. L'espèce qui peut être considérée comme type générique est :

Alphée du Malabar, *A. Malabaricus*. Fab. *Supp. Syst. Ent. pag.* 406. Mains de la première paire de pieds difformes, l'une très-grande, comprimée, avec le pouce très-arqué, aigu, et l'autre plus petite, avec les doigts filiformes, très-longs ; rostre court, subulé.

Risso a décrit quatre espèces de ce genre qu'il a trouvées dans la mer Méditerranée aux environs de Nice. On doit en outre rapporter à ce genre, suivant M. Latreille, le *Cancer candidus* d'Olivier, ou l'*Astacus tyrenus* de Petagna ; le *Crangon monopodium* de Bosc (*Crust. tom.* 2. *pl.* 13. *fig.* 2) ; les *Palæmon diversimanus*, *villosus* et *flavescens* de ce Dictionnaire.

Le genre Hippolyte, *Hippolyte*. Léach. *Alpheus*. Lat. Léach.

Antennes supérieures ou intermédiaires les plus courtes, bifides, supportées par un pédoncule de trois articles dont le premier, et le plus grand, est échancré du côté des yeux et pourvu d'une lamelle qui se prolonge au-dessous de ceux-ci ; antennes extérieures ou inférieures plus longues que le corps, sétacées, pourvues à leur base d'une écaille alongée, unidentée en dehors vers son extrémité. Pieds des deux premières paires didactyles, les autres terminés par un ongle simple, très-épineux sur son bord inférieur ; ceux de la paire antérieure les plus courts et les plus gros de tous ; ceux de la seconde paire, les plus longs et les plus grêles, avec leur carpe et la pièce qui le précède multiarticulés ; ceux des troisième, quatrième et cinquième paires intermédiaires aux deux premiers pour la longueur, et décroissant successivement d'avant en arrière. Avant-dernier article des pieds-mâchoires extérieurs beaucoup plus court que le dernier, qui est épineux. Carapace courte et large, terminée en avant par un rostre assez court, mais très-comprimé et haut, non relevé en arc à sa pointe, et plus ou moins découpé en dents de scie sur ses bords. Abdomen arqué vers le troisième article, lames natatoires de la queue alongées, surtout l'intermédiaire qui est pourvue de petites épines à son extrémité.

On peut ranger les espèces de ce genre dans deux coupes. Dans la première se trouvent toutes celles qui ont le dernier article des pieds-mâchoires extérieurs tronqué obliquement à l'extrémité ; la base des antennes intermédiaires pourvue d'une épine, et la lame natatoire médiane de la nageoire caudale garnie de deux épines sur chacun de ses bords latéraux.

Hippolyte de Prideux, *Hipp. Prideuxiana*. Léach, *Malac. britann. tab.* 38. *fig.* 1. 3. 4 *et* 5. Son rostre est droit, simple, avec une seule dent en dessous près de son extrémité. Il est long de six lignes. On le trouve sur les côtes de Devonshire en Angleterre.

Dans la seconde coupe, ceux qui ont le dernier article des pieds-mâchoires extérieurs terminé par un faisceau de poils, la base de leurs antennes intermédiaires pourvue d'une lame spiniforme, et la pièce intermédiaire de la nageoire de la queue munie de chaque côté de quatre petites épines également distantes entr'elles, se place :

L'Hippolyte de Cranch, *H. Cranchii*. Léach, *Malac. britann. tab.* 38. *fig.* 17-21. Long d'environ dix lignes; rostre avancé, légèrement infléchi, pourvu de trois dentelures à la base en dessus, et de deux pointes au bout, dont la supérieure est la plus forte. Trouvé sur les côtes d'Angleterre.

Le genre Pontonie (établi par M. Latreille dans son nouvel ouvrage intitulé : *Familles naturelles du règne animal*. Il ne donne pas les caractères de ce nouveau genre.)

Le genre Autonomée, *Autonomea*. Risso.

La première paire de pattes terminée par une main didactyle, les autres simples; antennes intermédiaires ou supérieures terminées par deux filets, dont un est beaucoup plus long et plus épais que l'autre; les externes ou inférieures plus longues que le corps, sétacées. Pédoncules des premières triarticulés, ayant leur pièce inférieure renflée et armée d'un aiguillon, l'intermédiaire longue et cylindrique, et la dernière courte et arquée; ceux des secondes biarticulés, sans écailles, leur deuxième pièce étant velue à son extrémité. Pieds-mâchoires extérieurs non foliacés. Corps alongé, glabre. Carapace un peu renflée, terminée en avant par une pointe aiguë ou rostre qui dépasse à peine les yeux; ceux-ci globuleux, portés sur des pédoncules très-courts. Les trois lames natatoires intermédiaires de l'extrémité de l'abdomen tronquées au sommet, avec une petite pointe de chaque côté; les deux latérales arrondies et ciliées.

La seule espèce de ce genre est :

L'Autonomée d'Olivi. *A Olivii*. Risso. *Crust. pag.* 166. *Cancer glaber*. Olivi, *Zool. adriat. pag.* 51. *pl.* 3. *fig.* 4. Quinze lignes de long, forme à peu près des Nikas et des Alphées. Carapace glabre, demi-transparente, jaunâtre, légèrement variée de teintes rougeâtres; pattes de la première paire d'un assez beau rouge en dessus, et d'un jaune clair en dessous; antennes extérieures blanchâtres. Il vit isolé dans les algues et les endroits fangeux. Sa femelle porte des œufs rougeâtres vers le milieu de l'été. Il se trouve dans la mer Adriatique, et rarement aux environs de Nice.

— — Pieds-mâchoires extérieurs foliacés recouvrant la bouche.

Le genre Gnatophylle, *Gnatophyllum*. Lat. Ce nouveau genre a été établi par M. Latreille aux dépens des Alphées. Ses caractères distinctifs sont : carpes des deux premières paires de pieds non divisés en petites articulations; antennes extérieures terminées par deux filets. Ce genre s'éloigne des Alphées et des Hippolytes, auxquels il ressemble par la forme générale du corps, par des caractères tirés des pieds-mâchoires extérieurs; ils se distinguent des Pénées et des Sténopes par la forme de la première paire de pattes, et des Hyménocères par les antennes. L'espèce qui sert de type à ce genre est :

Gnatophylle élégant, *G. elegans*, *Alpheus elegans*. Risso (*Hist. des Crust. de Nice, pag.* 92. *pl.* 2. *fig.* 4.) Long d'un pouce et demi. Corps oblong, renflé, arqué vers le troisième article de l'abdomen; carapace lisse, terminée en avant par un petit rostre comprimé, sexdenté en dessus; les quatre antennes épineuses à leur base; pièces natatoires de la queue arrondies, ciliées et blanches; couleur générale variée de nuances carmélites et de points d'un jaune doré. Pédoncules des yeux jaunes; rostre et pieds des deux premières paires blancs; dernier segment de l'abdomen violet. La femelle de cette espèce pond des œufs d'un brun-violâtre en juillet et novembre.

Ce Crustacé se trouve sur les rivages de Nice.

L'*Alpheus tyrhenus* de Risso appartient aussi à ce genre.

Le genre Hyménocère, *Hymenocera*. Latr.

Ce genre a été établi par M. Latreille; il a pour caractères : antennes mitoyennes ou supérieures bifides, ayant leur division supérieure foliacée. Pieds-mâchoires extérieurs foliacés, couvrant la bouche. Les quatre pattes antérieures terminées par une main didactyle foliacée. Carpe ou pince qui précède la main dans ces quatre pattes, non divisé en petites articulations; pieds des trois dernières paires terminés par des articles simples, ceux de la troisième étant plus petits que ceux des deux qui précèdent.

L'espèce qui sert de type à ce genre nous est inconnue; elle vient des Indes orientales, et Desmarest pense qu'elle a quelques rapports avec le genre Atye, à cause de la forme de ses deux premières paires de pieds plus courtes que les deux autres, didactyles et foliacées. Ce qui l'en distingue éminemment, est le filet supérieur des antennes intermédiaires et les pieds-mâchoires extérieurs.

† † Pieds antérieurs dissemblables; l'un de la même paire didactyle, l'autre simple.

Le genre Nika, *Nika*. Risso. Lamarck. *Processa*. Léach. Latr. *Voyez* le mot Processe de ce Dictionnaire.

** Antennes intermédiaires à trois filets.

Le genre Palémon, *Palæmon*. Voyez ce mot.

Le genre Lysmate, *Lysmata*. Risso. Latr. *Melicerta*. Risso.

M. Risso

M. Risso avoit déjà donné le nom de Mélicertes à ces crustacés, mais ce nom ayant déjà été employé par Péron pour désigner un groupe de Méduses, il l'a changé en celui de Lysmate; les caractères de ce genre sont : antennes extérieures longues et sétacées. Pieds des deux premières paires didactyles, ceux de la seconde étant les plus longs, et ayant leur corps divisé en plusieurs petits articles. Pieds des trois dernières paires très-minces, terminés par un ongle simple, les quatre derniers étant plus courts que les autres. Carapace carénée en dessus et terminée en avant par un rostre fort court. Le corps de ces crustacés est plus raccourci que celui des Palémons, et leurs pieds sont plus minces; ils ont comme eux les quatre premiers didactyles, mais ce qui les en distingue surtout, c'est que ceux de la seconde paire, qui sont aussi les plus grands, ont la pièce qui précède la main subdivisée en petits articles, au lieu d'être entière.

L'espèce qui sert de type à ce genre est la Lysmate soyeuse, *L. seticauda.* Risso, *Crust. p.* 110. *pl.* 2. *fig.* 1. Longue d'un pouce et demi; rostre très-court, sexdenté en dessus et bidenté en dessous; pièces natatoires de la queue ciliées sur leurs bords, celle du milieu étant terminée par dix longues soies très-déliées; corps d'un rouge de corail, marqué longitudinalement de lignes blanchâtres. La femelle de ce crustacé porte des œufs en juin et en juillet : ils sont d'un rouge-brun.

On le trouve dans les eaux profondes, aux environs de Nice.

Risso a décrit une autre espèce de ce genre, mais elle doit être rapportée aux Palémons.

Le genre Athanas, *Athanas.* Léach. Latr. *Cancer* (*Astacus*). Montagu. *Palæmon.* Léach.

Antennes extérieures ou inférieures un peu plus courtes que le corps, sétacées, ayant l'écaille de leur base grande et terminée par une seule pointe aiguë au côté externe de son extrémité. Pieds-mâchoires assez grêles, le premier article étant plus long que les deux autres ensemble, et le dernier de ceux-ci plus long que l'avant-dernier. Pieds des deux premières paires terminés par une main didactyle; cette première paire étant la plus grande de toutes, et la seconde, qui est la plus grêle, ayant son corps multiarticulé; pieds des troisième, quatrième et cinquième paires, finissant par un ongle simple, un peu arqué; carapace cylindrique, un peu plus étroite en avant qu'en arrière, et prolongée en forme de rostre aigu, mais court. Lames natatoires extérieures de la queue formées de deux pièces.

Ce genre, qui a les plus grands rapports avec le précédent, s'en distingue principalement par la proportion de ses pattes de la première paire, qui sont les plus grosses, tandis que dans les Lysmates, ce sont les pattes de la seconde paire qui ont le plus de volume.

La seule espèce de ce genre est :

L'Athanase luisante, *A. nitescens.* Léach, *Malac. Brit. tab.* 44. — *Palæmon nitescens.* Ejusd. *Edimb. Encycl.* Longueur huit à neuf lignes; rostre avancé, inerme.

Il se trouve en Angleterre sur les côtes du Devonshire et du comté de Cornouailles, et en France.

b. Pinces divisées jusqu'à la base, ou mains formées uniquement de deux doigts réunis à leur base.

Le genre Atye, *Atya.* Léach. Latr.

Antennes sétacées, presque de la longueur du corps, pourvues, à leur base et du côté extérieur, d'une grande écaille unidentée; les intermédiaires formées de deux filets, placés sur une même ligne horizontale. Pieds de la première paire petits, ayant leur avant-dernier article ou le carpe très-court, et le dernier divisé en deux lanières d'égale longueur, dont l'extrémité est garnie de longs cils; ceux de la seconde paire conformés de la même manière, mais plus grands; ceux de la troisième beaucoup plus longs et plus gros que tous les autres, inégaux entr'eux, et pourvus d'un ongle très-court et crochu; ceux des deux dernières paires médiocres et finissant par un ongle peu robuste. Carapace lisse, demi-cylindrique, terminée en avant par un petit rostre, et tronquée en arrière. Abdomen alongé, formé de six articles, et pourvu d'une nageoire flabelliforme, dont les deux lames latérales sont composées de deux pièces, et dont l'intermédiaire est triangulaire et tronquée droit à son extrémité.

Atye raboteuse, *A. scabra.* Léach, *Linn. Soc. Trans. tom. XI. p.* 345. — Ejusd. *Zoolog. Misc. tom.* 3. *p.* 29. *tab.* 131. Longue de deux pouces et demi; corps et pieds des deux premières paires glabres; rostre caréné, trifide; pieds des trois dernières paires couverts de petites aspérités et de poils roides épars.

Patrie inconnue.

B. Pieds antérieurs monodactyles ou imparfaitement didactyles (les deux doigts étant à peine visibles). Antennes intermédiaires à deux filets.

Le genre Egeon, *Egeon.* Risso. (*Voyez* le mot Pontophile de ce Dictionnaire.) L'espèce sur laquelle Risso a établi ce genre est : l'Egeon cuirassé, *E. loricatus.* Risso. *Cancer.* Olivi, *Zool. adriat. tab.* 3. *fig.* 1. Ce crustacé est remarquable par les particularités suivantes. Son corps est alongé, un peu arqué, recouvert d'un test dur et solide, d'un blanc-rougeâtre, finement pointillé de pourpre. Le corselet est traversé longitudinalement par sept rangs de piquans, courbés en devant, placés les uns au-dessus des autres, et formant une espèce de cuirasse; les yeux sont petits, grisâtres, rapprochés, presque sessiles.

Les pièces latérales sont triangulaires et ciliées; les antennes intérieures sont courtes et poilues, les extérieures très-longues; les palpes sont alongés, garnis de poils; la première paire de pattes est monodactyle, la seconde didactyle, la troisième longue et grêle, et les deux dernières sont épaisses, garnies de quelques poils et terminées par des crochets aigus. L'abdomen est composé de six segmens chargés de proéminences raboteuses, et de cavités flexueuses et irrégulières, qui semblent représenter diverses figures sculptées en relief; le dernier segment est recouvert d'épines. Les écailles natatoires sont ovales, oblongues, ciliées, non adhérentes à la plaque intermédiaire qui se termine en pointe.

Cet Egeon habite la Méditerranée et l'Adriatique; il se tient à une profondeur de deux à trois cents mètres, sur des fonds rocailleux, et ne s'approche ordinairement des côtes que pendant l'été. On le prend difficilement, et sa chair n'est pas aussi estimée que celle des Palémons. La femelle dépose ses œufs, qui sont rougeâtres, pendant le mois de juin; elle choisit, pour s'en débarrasser, les endroits couverts de plantes marines.

Le genre CRANGON, *Crangon*. Voyez l'article PONTOPHILE de ce Dictionnaire.

Le genre PANDALE, *Pandalus*. LÉACH. LATR. *Astacus*. FAB. *Palæmon*. RISSO.

Les caractères de ce genre sont : antennes supérieures ou intermédiaires les plus courtes, bifides, supportées par un pédoncule de trois articles, dont le premier, et le plus grand, est échancré du côté des yeux et pourvu d'une lamelle qui se prolonge au-dessous de ceux-ci. Antennes extérieures ou inférieures plus longues que le corps, sétacées, pourvues à leur base d'une écaille alongée, unidentée en dehors vers son extrémité. Pieds-mâchoires extérieurs formés de trois articles visibles, dont le premier est aussi long que les autres ensemble, échancré en dedans depuis sa base jusqu'à son milieu, et dont les deux derniers, égaux entr'eux, sont couverts de petites épines sur toutes leurs faces. Pieds de la première paire assez courts, sans pinces, avec leur dernier article simple et pointu. Ceux de la seconde paire didactyles, très-longs et grêles, inégaux entr'eux, ayant les troisième, quatrième et cinquième articles marqués de beaucoup de petits sillons transverses et comme multiarticulés; pieds des trois dernières paires plus gros et moins longs que ceux de la seconde, et décroissant successivement de grandeur entr'eux, tous étant terminés par un ongle simple, pourvu de petites épines du côté interne. Carapace alongée, cylindrique, carénée et dentelée dans son milieu, terminée en avant par un long rostre comprimé, denté en dessous et relevé à sa pointe. Abdomen arqué vers le troisième article; écailles de la queue alongées, étroites, surtout celle du milieu, qui est garnie de petites épines à sa pointe. Nous citerons le PANDALE ANNULICORNE, *P. annulicornis*. LÉACH, *Malac. Britan. tab.* 40. Longueur trois pouces. Rostre multidenté en dessous, relevé et échancré à sa pointe. Antennes latérales ou inférieures marquées de huit ou dix anneaux rouges aussi larges que les intervalles qui les séparent, épineuses du côté intérieur.

Des côtes d'Angleterre.

II. *Corps mou et très-alongé, la base des pieds pourvue d'appendices très-distincts et filiformes.*

Le genre PASIPHÉE, *Pasiphæa*. Voyez ce mot. (E. G.)

SALIUS, *Salius*. FAB. LAT. *Fam. nat.*

Genre d'insectes de l'ordre des Hyménoptères, section des Porte-aiguillon, famille des Fouisseurs, tribu des Pompiliens.

Nous ne connoissons pas les espèces qui composent ce genre. Fabricius l'a créé dans son *Syst. Piez.* Il lui donne pour caractères : quatre palpes ayant leurs second et troisième articles presque sécuriformes; lèvre avancée, arrondie, élargie, entière; antennes sétacées.

M. Latreille qui fait de ce genre une division de ses Pompiles (*Gen. Crust. et Ins. tom.* 4. *pag.* 65), dit que le segment antérieur du corselet ou prothorax est aussi long ou plus long que large; que le corselet pris en entier est quatre ou cinq fois plus long que large, que la tête est arrondie postérieurement, munie de trois ocelles rapprochés, et qu'enfin les antennes sont plus grandes dans les mâles que dans les femelles. L'auteur français cite comme se rapportant à sa division les *Salius bicolor* n°. 1 et *unicolor* n°. 2. FAB. *Syst. Piez.* Ces espèces sont de Barbarie. M. Latreille en adoptant cette division comme genre dans son nouvel ouvrage ayant pour titre *Familles naturelles du Règne animal*, lui donne pour caractère différentiel : prothorax presqu'aussi long que large; mandibules sans dent au côté interne; tête convexe, du moins postérieurement.

Il établit en outre dans cette tribu un nouveau genre sous le nom de Planiceps, *Planiceps*; celui-ci très-voisin des Salius a le prothorax conformé de la même manière; il en diffère par ses mandibules ayant au moins une dent au côté interne, la tête déprimée, les ocelles très-petits, écartés; les antennes insérées très-près du bord antérieur de la tête, les deux pattes antérieures courtes et repliées. L'espèce qui a servi de type est du midi de la France. (S. F. et A. SERV.)

SALIUS, *Salius*. M. Germar a donné ce nom aux Orchestes d'Illiger dans l'ouvrage intitulé : *Magaz. Entom.* Halle, 1818. *Voyez* ORCHESTE.

(S. F. et A. SERV.)

SALPINGUE, *Salpingus.* M. Gyllenhall dans son ouvrage intitulé : *Insecta suecica*, 1818. *tom.* 2. (*Supplém. du tom.* 1), fait un genre de Coléoptères-Hétéromères sous ce nom; il lui donne pour caractères : quatre palpes filiformes, ayant leur dernier article un peu plus épais que les autres et obtus; mâchoires bifides; languette membraneuse, arrondie, très-entière; antennes plus grosses vers leur extrémité; bouche avancée en un rostre aplati, presque toujours rétréci dans son milieu; corselet presqu'en cœur, plus étroit à sa partie postérieure.

Cet auteur cite quatre espèces de ce genre sous les noms de *ruficollis*, *planirostris*, *ater* et *bimaculatus*. M. le comte Dejean admet dans son Catalogue deux genres (comprenant les trois premières espèces que nous venons de citer), ceux de Salpingue et de Rhinosime. M. Latreille dans ses *Fam. nat.* admet également ces deux genres et les place parmi les Anthribides en convenant cependant que seuls de cette tribu, ils sont Hétéromères. (*Voyez* RHINOSIME.) Il nous sembleroit plus naturel de suivre la classification indiquée dans la note de la page 384 de l'ouvrage précité et de ranger ces genres dans les Rhynchostomes, nouvelle tribu qui termineroit la section des Hétéromères; cette tribu seroit immédiatement précédée des Œdémérites.

(S. F. et A. SERV.)

SALTIGRADES, *Saltigradæ*. *Araignées phalanges* de plusieurs naturalistes, tribu de la famille des Aranéides ou Fileuses, ayant pour caractères : pieds propres à sauter. Groupe oculaire formant un grand quadrilatère, soit simple, soit double, et dont un plus petit et inscrit dans l'autre. Yeux latéraux de devant situés près des angles du bord antérieur du céphalothorax; les deux postérieurs séparés par toute la largeur de cette partie du corps et opposés aux précédens.

Les araignées de cette tribu marchent comme par saccades, s'arrêtent tout court après avoir fait quelques pas, et se haussent sur les pieds antérieurs. Découvrent-elles un insecte, une mouche, ou un cousin surtout, elles s'en approchent doucement jusqu'à une distance qu'elles puissent franchir d'un seul saut, et s'élancent tout-à-coup sur la victime qu'elles épioient. Ces araignées ne craignent pas de sauter perpendiculairement sur un mur, parce qu'elles s'y trouvent toujours attachées par le moyen d'un fil de soie qu'elles dévident à mesure qu'elles avancent : il leur sert encore à se suspendre en l'air, à remonter au point d'où elles étoient descendues, ou à se laisser transporter par le vent d'un lieu à un autre.

Plusieurs Saltigrades construisent entre les feuilles, sous les pierres, etc., des nids de soie en forme de sacs ovales et ouverts aux deux bouts; ces Arachnides s'y retirent pour se reposer, faire leur mue et se garantir des intempéries des saisons. De Géer trouva à la fin de juillet, sur une branche de pin, une grande coque ovale de soie blanche placée autour d'elle et entrelacée entre les feuilles : elle étoit la demeure d'une araignée sauteuse (*du pin*) et de ses petits qui vivoient avec elle en bonne intelligence, et paroissoient se nourrir en commun du gibier qu'elles prenoient. Sur le milieu d'un des côtés de la coque étoit une ouverture cylindrique, une espèce de porte où la mère se tenoit à l'affût. Ce célèbre observateur trouva sous des pierres, sur les bords de la mer Baltique, plusieurs individus d'une autre espèce ressemblant à une fourmi : ils étoient logés séparément dans de petites coques ovales de soie blanche, ayant une ouverture à chaque bout, et qu'ils avoient filées contre le dessous des pierres. Pour peu qu'il touchât à leurs coques, ils sortoient par une de ses ouvertures et s'enfuyoient avec une grande vitesse. Lorsqu'il vouloit les prendre, ils s'échappoient aisément en se laissant descendre sur un fil de soie : ils quittoient leurs nids sans difficulté, et ne tardoient pas à en filer de nouveaux. De Géer les a vus changer de peau. Quand ils marchent, ils s'arrêtent par intervalles, élèvent les deux pattes antérieures en l'air, les agitent de haut en bas, et tâtent avec elles le terrain tout comme ils le feroient avec de véritables antennes : on diroit alors qu'ils n'ont que six pieds. Des individus de cette espèce que ce naturaliste conservoit dans un poudrier, paroissoient se redouter extrêmement; quand ils se rencontroient ils se mettoient d'abord en défense et face à face, courbant le corps, baissant l'abdomen, contractant les pattes, faisant quelques pas de côté et puis en avant, se rapprochant ensuite davantage; ils ouvroient leurs mandibules et sembloient vouloir se mordre; mais le combat finissoit soit par la fuite de l'un des deux, ou quelquefois des deux ensemble. M. Latreille a vu une espèce ne pas craindre l'approche de sa main, et lui présenter aussi ses tenailles. Rossi avait fait la même observation par rapport à l'*Aranea pagana*.

De Géer a vu les préludes amoureux des sexes d'une espèce (*Salticus grossipes*). Le mâle et la femelle s'approchoient l'un de l'autre, se tâtoient réciproquement avec leurs pattes antérieures et leurs tenailles : quelquefois ils s'éloignoient un peu, mais pour se rapprocher de nouveau; souvent ils s'embrassoient avec leurs pattes et formoient un peloton, puis se quittoient pour recommencer le même jeu, mais il ne put les voir s'accoupler. Il fut plus heureux à l'égard de l'*Aranea scenica*. Le mâle monta sur le corps de sa femelle en passant sur sa tête et se rendant à l'autre extrémité; il avança un de ses palpes vers le dessous du corps de sa compagne, souleva doucement son abdomen sans qu'elle fit de résistance, et alors il appliqua l'extrémité du palpe sur l'endroit du ventre de la femelle destiné à la copulation. Il vit ce mâle s'éloigner et revenir à plusieurs reprises et se réunir plusieurs fois à sa femelle : celle-ci, loin de s'y opposer, se prêtoit aisément à ce jeu.

Cette tribu se compose de deux genres ; ce sont les *Erèses* et les *Saltiques*.

ÉRÈSES, *Eresus*. Walk. Lat. *Aranea*. Linn. Fab. Oliv. Rossi. Villers. Coqueb. Schæffer. Petagna. *Salticus*. Lat.

Ce genre, qui a été établi par M. Walkenaer, a pour caractères, suivant M. Latreille, quatre yeux rapprochés en un petit trapèze près du milieu de l'extrémité antérieure du corselet, et quatre autres situés sur ses côtés, formant aussi un quadrilatère, mais beaucoup plus grand. Les Erèses diffèrent essentiellement des autres Aranéïdes par la position des yeux ; leur bouche présente une lèvre alongée, triangulaire, terminée en pointe arrondie, et des mâchoires droites plus hautes que larges, arrondies et dilatées à leur extrémité. Leur tronc est plus élevé que dans les Saltiques. Son bord antérieur est sinué et plus ou moins avancé sur la ligne moyenne ; il supporte des pattes grosses, courtes, propres au saut, presqu'égales en longueur ; la quatrième est la plus longue, la première ensuite, et la troisième est la plus courte. Ces Arachnides se rencontrent sur les troncs d'arbres et sur les plantes. M. Walkenaer dit qu'elles épient leur proie et sautent dessus. Elles se renferment dans un sac de soie fine et blanche entre les feuilles qu'elles rapprochent.

M. Walkenaer, dans son *Tableau des Aranéïdes*, *pl.* 21, n'a décrit que deux espèces propres à ce genre. M. Latreille en admet deux autres : l'une d'elles lui a été envoyée par M. Léon Dufour, et il établit pour les classer les divisions suivantes :

A. Yeux latéraux de la première ligne portés sur un tubercule très-saillant ; les deux intermédiaires de la même ligne plus grands que les quatre latéraux ; abdomen notablement plus volumineux que le tronc (ovalaire), et convexe.

1. Érèse rayée, *Er. lineatus*. Lat. Cette espèce a été trouvée en Espagne par M. Léon Dufour ; elle se rapproche plus que les suivantes des Araignées-loups.

B. Yeux latéraux de la première ligne sessiles, ou point portés sur un tubercule bien distinct ; les deux intermédiaires de la première ligne plus petits, ou de la grandeur au plus des latéraux ; abdomen petit ou moyen (se rapprochant souvent de la forme carrée).

2. Érèse frontale, *Er. frontalis*. Lat. Elle est originaire d'Espagne, où l'aide-naturaliste Lalande l'a recueillie : on la trouve aussi à Montpellier.

3. Érèse cinnabre, *Er. cinnaberinus*. Walk. *Tabl. des Aranéïdes*, *pag.* 21. — Araignée-cinnabre. *Faun. Paris. tom.* 2. *pag.* 249. — *Aranea moniligera*. Vill. *Ent. tom.* 4. *pag.* 128. *tab.* 11. *fig.* 8. — *Aranea 4-guttata*. Ross. *Faun. Etrusc. tom.* 2. *pag.* 135. *pl.* 1. *fig.* 8. 9. — Araignée rouge. Lat. *Hist. nat. des Crust. et des Ins. tom.* 7. *pag.* 297. — Saltique. *Nouv. Dict. d'hist. nat. tom.* 24. *Tabl. pag.* 136. — Schæff. *Icon. Ins. pl.* 32. *fig.* 20. — Coqueb. *Illustr. Icon. Ins. dec.* 3. *tab.* 27. *fig.* 12. — Araignée rouge. Oliv.

Voyez pour la description le n°. 85 du mot Araignée de ce Dictionnaire.

SALTIQUE, *Salticus*. Lat. *Aranea*. Linn. Geoff. De Géer. Fab. Oliv. *Attus*. Walk.

Ce genre a été établi par M. Latreille, qui lui donne pour caractères huit yeux formant, par leur réunion, un grand carré ouvert postérieurement, ou une parabole, quatre situés en avant du corselet sur une ligne transverse, et dont les deux intermédiaires plus gros, les autres placés sur les bords latéraux de la même partie ; deux de chaque côté, et dont le premier ou le plus antérieur très-petit ; mâchoires droites, longitudinales, élargies et arrondies à leur extrémité ; lèvre ovale, très-obtuse ou tronquée à son extrémité ; pieds propres au saut ou à la course, la plupart robustes, surtout les premiers ; ceux des quatrième et première paires généralement plus longs, presqu'égaux ; les intermédiaires presque de même grandeur relative.

Ce genre est si naturel qu'il a été établi dans presque tous les écrits des naturalistes qui ont traité des Aranéïdes. Aristote (*Hist. des anim.* liv. 9, chap. 39, *trad. de Camus*) en distingue plusieurs espèces. Lister, dans son *Traité des araignées d'Angleterre*, désigne les Saltiques sous le nom d'*Araignées-phalanges* ou *Araignées-puces*. Clerck les appelle *Araignées sauteuses*. Geoffroy forme une famille particulière avec ces Araignées et les *Lycoses* de M. Latreille. De Géer et Olivier ont suivi l'exemple de Lister et Clerck, et ont formé avec ces araignées leur famille des *Phalanges*. Fabricius, à l'exemple de Geoffroy, réunit dans la même section les Araignées citigrades et saltigrades. Linné comprend les Saltiques dans son grand genre Araignée. Scopoli en forme un groupe sous le nom d'*Araignées voyageuses*, qu'il distingue en *vibrantes* et *sauteuses*. Enfin, M. Walkenaer a désigné cette coupe sous le nom d'*Atte* (*Attus*), que M. Latreille n'a pas conservé parce que ce nom ressemble trop à celui d'*Atte* (*Atta*), que Fabricius a donné à un genre d'Hyménoptères, et parce qu'il lui avoit déjà donné le nom de *Saltique*. M. Walkenaer partage ce genre en trois familles, les *sauteuses*, les *voltigeuses* et les *paresseuses*. Leurs caractères sont fondés sur la grandeur des palpes, sur celle des pattes et leurs fonctions. La première famille est divisée en deux races, les *courtes* et les *alongées* ; la troisième famille ne renferme qu'une seule espèce indigène.

Les Saltiques sont des araignées de taille moyenne; leurs mâchoires sont toujours droites, resserrées ou marquées d'un sinus extérieur, au-dessus de l'insertion des palpes, dilatées et arrondies à leurs extrémités; la lèvre est alongée, presque triangulaire ou en ovale, tronquée à son extrémité supérieure; les mandibules sont courtes, fortes, cylindriques, très-inclinées et armées d'un crochet courbé, se repliant dans une cavité dentée des deux côtés, du moins dans les femelles; mais celles des mâles sont souvent grandes, avancées, et armées d'un long crochet, droit et un peu courbé seulement au bout; dans quelques autres, elles sont courbées et arquées. Les palpes sont ordinairement courts, velus ou plumeux, et courbés au-dessus des mandibules qu'ils cachent presqu'entièrement. Le corps est pubescent et soyeux, et souvent orné de couleurs très-brillantes ou agréablement mélangées. Les yeux ont aussi beaucoup d'éclat. L'abdomen est ovalaire; les pattes sont généralement courtes; leur longueur varie dans ce genre, et il est assez difficile de les mesurer exactement.

Ce genre se compose d'un très-grand nombre d'espèces, et M. Latreille y a formé trois coupes bien distinctes.

A. *Corselet épais et terminé postérieurement en un talus brusque et très-incliné.* (Corps toujours garni d'un duvet caduc ou velu, proportionnellement plus court que dans les divisions suivantes. Pattes, surtout les antérieures, plus robustes; abdomen ovoïde, court, déprimé; plan dorsal du corselet horizontal, formant avec le talus un carré long, tant soit peu incliné et arrondi postérieurement à quelque distance des derniers yeux; mandibules des mâles, grandes.)

1. Saltique de Sloane, *S. Sloanii.* Latr. *Gener. Crust. et Ins. tom.* 1. *p.* 123. Araignée sanguinolente. *Hist. nat. des Crust. et des Ins. tom.* 7. *p.* 302. — *Aranea Sloanii.* Scopoli, *Entom. Carn. n°.* 1108. — *Aranea sanguinolenta.* Linn. *Syst. ed.* 13. *tom.* 1. *pars* 2. *p.* 1032. *n°.* 18. — *Aranea sanguinolenta.* Fabr. *Entom Syst. tom.* 2. *p.* 422. — *Aranea Sloanii.* Rossi, *Faun. Etrusc. tom.* 2. *p.* 134. — Atte sanguinolent. Walk. *Tabl. des Aran. p.* 24. — Araignée sanguinolente. (var.) Oliv. *Voyez* pour la description le n°. 84, article Araignée de ce Dictionnaire, et pour les autres espèces, les n°s. 83, 90, 93 et 94.

B. *Corselet déprimé, incliné presqu'insensiblement à son extrémité postérieure; corps oblong sans être cylindrique ni linéaire, garni de poils ou d'un duvet épais; pattes courtes et robustes;* (abdomen toujours ovalaire ou ovoïde.)

2. Saltique chevronnée, *S. scenicus.* Latr. *Gener. Crust. et Ins. tom.* 1. *p.* 123. — Araignée chevronnée. *Hist. nat. des Crust. et des Ins. tom.* 7. *p.* 299. — Atte paré. Walk. *Tabl. des Aran. p.* 24. — Araignée parée. *Faun. Paris. tom.* 2. *p.* 245. — List. *Aran. p.* 87. *tit.* 131. *fig.* 31. — Araignée chevronnée. Oliv. *Voyez* pour la description et la suite de la synonymie le n°. 81, article Araignée de ce Dictionnaire, et pour une autre espèce, le n°. 80.

C. *Corselet déprimé, incliné presqu'insensiblement à son extrémité postérieure; corps presque linéaire ou cylindracé, glabre ou peu velu; pattes longues et grêles.* (Dessus du corselet comme divisé en deux parties; l'une antérieure, plus élevée, carrée, aplatie, portant les yeux; l'autre, ou la postérieure, presque conique; abdomen en forme de fuseau ou de cône; pattes antérieures antenniformes, à cuisses grandes.)

Ces espèces ressemblent à des fourmis; elles se renferment dans des coques de soie qu'elles placent ordinairement sous des pierres, et y changent de peau.

3. Saltique fourmi, *S. formicarius.* Latr. *Gener. Crust. et Ins. tom.* 1. *p.* 124. — Araignée fourmi. *Hist. nat. des Crust. et des Ins. tom.* 7. *p.* 304. — Atte fourmi. Walk. *Tabl. des Aran. p.* 26. — Araignée fourmi. *Faun. Paris. tom.* 2. *p.* 241. *Voyez* pour la description le n°. 87, article Araignée de ce Dictionnaire.

M. Walkenaer a découvert aux environs de Paris quelques autres espèces de cette division. Il fait mention d'une espèce du même genre qu'il nomme *Atte fossile*, et qu'il a observée dans un morceau d'ambre de la collection de M. Faujas.

(E. G.)

SANDALUS, *Sandalus.* Genre de Coléoptères créé par M. Knoch (*Neue beytraege zur insectenkunde* 1. V. 5. 1801); il appartient à la famille des Serricornes, section des Malacodermes, tribu des Cébrionites. Ses caractères particuliers sont d'avoir les antennes en scie dans les deux sexes, plus courtes que le corselet et les mandibules fortes, avancées et très-crochues.

L'auteur en mentionne une espèce sous le nom de *S. petrophya.* (S. F. et A. Serv.)

SANGARIS, *Sangaris.* Nom appliqué par M. Dalman dans ses *Analec. entom.* à un genre de Coléoptères Tétramères dont l'auteur ne mentionne point les caractères. Il en décrit une espèce sous le nom de *S. concinna.* Longueur 6 lig. Tête, corselet et dessous du corps d'un testacé-blanchâtre. Elytres tronquées, épineuses, aplaties supérieurement, ayant leurs angles huméraux saillans, brunes; plus pâles vers leur extrémité, avec une tache dorsale, un point de chaque côté et une bande vers le bout de couleur blanchâtre.

Corselet presque globuleux, mutique. Corps soyeux. Du Brésil.

L'auteur ajoute que cette espèce est distincte de tous les Cérambycins Lamioïdes par ses cuisses postérieures s'étendant au-delà du bout des élytres; cependant nous connoissons une autre espèce de Lamiaire du même pays à qui ce dernier caractère convient éminemment, mais dont le corselet est fortement déprimé et muni d'une épine latérale. M. Latreille place ce genre (*Fam. nat.*) dans les Nécydalides, troisième tribu de la famille des Longicornes, sans en donner les caractères. Nous croyons que l'espèce citée appartient plutôt à celle des Lamiaires.

(S. F. et A. Serv.)

SANGUISUGES ou ZOADELGES. Nom donné par M. Duméril (*Zool. analyt.*) à une famille d'Hémiptères offrant pour caractères : *Elytres demi-coriaces. Bec paroissant naître du front. Antennes longues, terminées par un article plus grêle. Pattes propres à marcher.* Elle comprend les genres Miride, Punaise, Réduve, Ploière et Hydromètre.

(S. F. et A. Serv.)

SAPERDE, *Saperda.* Fab. Oliv. Lat. *Fam. nat. Lamia.* Fab. Oliv. *Leptura.* Geoff. *Cerambyx.* Linn.

Genre d'insectes de l'ordre des Coléoptères, section des Tétramères, famille des Longicornes, tribu des Lamiaires.

Nota. Quelques genres des auteurs modernes entrant dans cette tribu, et la création d'un certain nombre de nouveaux nous paroissant nécessaire, nous allons donner ici les caractères des Lamiaires tels qu'ils sont indiqués par M. Latreille.

Lamiaires, *Lamiariæ.* Quatrième tribu de la famille des Longicornes, section des Tétramères, ordre des Coléoptères.

Tête verticale. — *Palpes* filiformes, terminés par un article ovalaire et pointu.

I. Corselet épineux latéralement.
- Macrope.
- Lamie.
- Dorcadion.

II. Corselet mutique.
- Tapeine.
- Colobotée.
- Hippopsis.
- Saperde.
- Gnome.

Parmi les Lamiaires à corselet mutique, les Tapeines l'ont transversal et le corps très-déprimé; les genres Colobotée, Hippopsis et Gnome se distinguent suffisamment des Saperdes par leur corselet plus long que large. Quant aux autres genres de Lamiaires dont on trouve le nom dans les auteurs, et notamment dans le Catalogue de M. le comte Dejean, ils ne nous sont pas assez connus sous le rapport de leurs caractères pour pouvoir les adopter, quoique nous ne doutions pas que la plupart ne doivent l'être. Ainsi, pour le moment, les Monochames, les Acanthocines, ainsi que les Pogonochères, rentrent dans le genre Lamie; celui d'*Adesmus* est réuni maintenant par son auteur lui-même avec les Saperdes, parmi lesquelles nous rangeons aussi le genre *Tetraopes* : ceux d'*Apomecyna*, de *Parmena* et de *Tragocerus* nous sont inconnus, leurs caractères ne sont pas publiés non plus que ceux de la plupart des genres nommés plus haut.

Antennes sétacées, insérées sur le devant de la tête dans une échancrure des yeux, un peu au-dessus de la face antérieure de la tête, distantes entr'elles à leur base, composées de onze ou de douze articles; le premier plus gros, presque conique; le second très-petit, les suivans cylindriques, diminuant insensiblement de grandeur et de grosseur; le troisième le plus long de tous, le dernier sensiblement plus long dans les mâles que dans les femelles; quelquefois (lorsqu'il n'y a que onze articles) divisé vers son milieu par un sillon et paroissant former deux articles. — *Labre* petit, aplati, coriace, arrondi antérieurement, un peu échancré dans son milieu. — *Mandibules* cornées, aplaties, tranchantes au côté interne, sans dentelures, terminées en une pointe un peu arquée. — *Mâchoires* cornées, ayant deux lobes courts, coriaces, l'extérieur à peine plus grand, arrondi, l'intérieur presque triangulaire. — *Palpes* filiformes, leur dernier article ovalaire, assez pointu; les maxillaires un peu plus grands que les labiaux, de quatre articles, les labiaux de trois. — *Lèvre* rétrécie dans son milieu, échancrée à son extrémité. — *Tête* verticale, courte, pas plus large que le corselet. — *Yeux* fortement échancrés au côté interne. — *Corps* plus ou moins alongé. — *Corselet* mutique, aussi large que long, cylindrique. — *Ecusson* petit, presque triangulaire. — *Elytres* alongées, rebordées, presque de même largeur dans toute leur étendue, recouvrant les ailes et l'abdomen. — *Pattes* de longueur moyenne, assez fortes : cuisses point en massue; tarses courts, assez larges, leur dernier article le plus long de tous, muni de deux forts crochets.

On voit par ces caractères, et notamment par celui que nous donnons au corselet, que ce genre, tel que nous le présentons ici, est renfermé dans les limites que M. Latreille a imposées à sa seconde division des Lamies, *Gen. Crust. et Ins.* Par conséquent nous admettons parmi les Saperdes les Lamies des auteurs à corselet mutique, et réciproquement nous reportons aux Lamies les Saperdes à corselet épineux. Les larves de ces insectes vivent dans le bois; elles sont apodes et munies de fortes mandibules : elles subissent leurs métamorphoses dans l'endroit où elles ont vécu. Parvenues à l'état parfait, les Saperdes fréquentent les fleurs; on les rencontre aussi sur les arbres. Ce genre est nombreux en espèces; leur taille varie beaucoup.

1re. *Division*. Corps court.

1re. *Subdivision*. Elytres arrondies à l'extrémité.

A. Chaque œil entièrement partagé en deux. (Genre *Tetraopes*. Schon.)

Rapportez à cette section la Lamie tornator, n°. 64 de cet ouvrage, et le *Tetraopes cordifer*. Dej. Catal.

B. Yeux simplement échancrés.

Dans cette section se placent les Lamies charauson n°. 72, nébuleuse n°. 70 de ce Dictionnaire, ainsi que la *Lamia vermicularis*. Donov. Schon. *Append. ad synonym. tom.* 1. *part.* 3. *n°.* 233. Cette derniere espèce est de la nouvelle Hollande.

2e. *Subdivision*. Elytres tronquées au bout.

1. Saperde rugicolle, *S. rugicollis*.

Saperda picea, rufo-ferrugineo tomentosa, elytris tuberculatis albo adspersis, tuberculis nitidis.

Lamia rugicollis. Schon. *Append. ad synonym. tom.* 1. *part.* 3. *n°.* 234. — *Lamia porphyrea*. Donov.

Longueur 13 lig. Corps d'un brun couleur de poix, couvert d'un duvet court, serré, roux-ferrugineux. Antennes noires, velues extérieurement; leur premier article ferrugineux. Corselet fortement ridé transversalement. Elytres ayant leurs angles huméraux très-prononcés; elles sont chargées de tubercules lisses, luisans, plus gros vers la base, et de petits points formés par un duvet blanc; ceux de l'extrémité plus grands que les autres. Dessous de l'abdomen couvert du même duvet que les élytres. Pattes ferrugineuses, duveteuses; extrémité des cuisses noire, ainsi que les trois premiers articles et les crochets des tarses. Nouvelle Hollande.

Nota. Nous connoissons deux autres espèces du même pays qui appartiennent à cette section.

2e. *Division*. Corps alongé.

1re. *Subdivision*. Antennes de douze articles dans les deux sexes.

Rapportez à cette subdivision les *Saperda carcarias* n°. 45, *suturalis* n°. 48, *irrorata* n°. 8. Fab. *Syst. Eleut.*

2e. *Subdivision*. Antennes de onze articles dans les deux sexes.

A. Elytres entières.

a. Elytres arrondies à leur extrémité.

† Tête simple.

Les *Saperda scalaris* n°. 2, *populnea* n°. 55, *violacea* n°. 75, *lateralis* n°. 64, *erythrocephala* n°. 24, *punctata* n°. 57, *virescens* n°. 59, et *ferrea* n°. 52. Fab. *Syst. Eleut.* sont de cette section, ainsi que l'*Adesmus luctuosus*. Dej. Catal. (*Saperda hœmispila*. Germ.)

†† Tête portant en avant une lunule saillante dont les pointes s'élèvent plus ou moins en cornes.

2. Saperde Phœbé, *S. Phœbe*.

Saperda straminea, capite, thoracis parte inferâ fasciisque duabus longitudinalibus superis et elytrorum maculis octo niveo tomentosis.

Longueur 7 lig. Corps linéaire, de couleur paille foncée, velu. Tête presqu'entièrement garnie d'un duvet serré d'un beau blanc; son croissant couvert de poils dorés-bruns. Dessous du corselet et deux bandes longitudinales sur ses côtés en dessus garnis d'un semblable duvet; ces bandes un peu échancrées intérieurement dans leur milieu. Elytres ayant chacune une forte carène qui descend de l'angle huméral presque jusqu'à l'extrémité, et huit taches formées par un duvet blanc, dont cinq entre la carène et la suture, et trois plus petites entre la carène et le bord extérieur. Côtés de l'abdomen couverts de duvet blanc. Pattes et antennes un peu plus pâles que le corps, celles-ci pubescentes, leur premier article noir chargé d'un duvet blanc.

Du Brésil.

Ici se placent les Saperdes cornue n°. 30 et bicorne n°. 31. Oliv. *Ent.*, ainsi que la *Saperda albida*. Dej. Catal.

b. Elytres acuminées postérieurement.

3. Saperde multiponctuée, *S. multipunctata*.

Saperda fusca, viridi-luteo tomentosa, elytrorum fasciâ longitudinali submarginali albâ; elytris nigro punctatis.

Longueur 9 lig. Brune, couverte d'un duvet jaune-verdâtre. Elytres ayant chacune une bande longitudinale formée par un duvet blanc près du bord extérieur, commençant un peu au-dessous de l'angle huméral, et n'atteignant pas tout-à-fait l'extrémité de l'élytre; celles-ci terminées par une forte épine et parsemées de petits points noirs ainsi que le corselet. Antennes velues, surtout extérieurement.

Du Brésil.

Rapportez à cette section la *Saperda carcharias* n°. 1. Fab. *Syst. Eleut.*

B. Elytres échancrées ou tronquées au bout.

On doit mettre dans cette section les *Saperda oculata* n°. 11, *linearis* n°. 15, *ephippium* n°. 78, *lineola* n°. 86, *cylindrica* n°. 17. Fab. *Syst. Eleut.* et les *Saperda pupillata*. Schon. *et affinis*. Panz. *Faun. Germ.*

HIPPOPSIS, *Hippopsis. Saperda*. Germ.

Genre d'insectes de l'ordre des Coléoptères, section des Tétramères, famille des Longicornes, tribu des Lamiaires.

Dans le groupe de cette tribu qui a pour caractère d'avoir le corselet mutique (*voyez* Saperde), les Tapeines se distinguent par leur corselet transversal; les Saperdes parce qu'elles ont cette même partie du corps aussi large que longue; les Gnomes ont la base des élytres beaucoup plus large que la partie postérieure du corselet et les antennes écartées entr'elles à leur insertion; ce dernier caractère leur est commun avec les deux premiers genres que nous venons de nommer. Dans les Colobotées la base des élytres est la partie la plus large du corps; celui-ci va en diminuant insensiblement d'un côté jusqu'à la tête et de l'autre jusqu'à l'extrémité des élytres qui est fortement tronquée; leur corselet est un peu comprimé latéralement et les antennes n'ont (dans les espèces qui nous sont connues) aucune villosité remarquable.

Antennes très-longues, sétacées, insérées très-haut, sur la ligne qui sépare le front du vertex, dans une échancrure des yeux, très-rapprochées l'une de l'autre à leur base, composées de onze articles; ces articles velus à leur partie extérieure, surtout les cinq premiers. — *Palpes maxillaires* de quatre articles, le second et le troisième presque coniques, le quatrième assez long, ovale-cylindrique, un peu pointu à son extrémité. — *Tête* plus que verticale, fortement rabattue en dessous, sa partie la plus antérieure étant la ligne qui porte les antennes. — *Corps* très-alongé, presque linéaire. — *Corselet* plus long que large, cylindrique; sa partie antérieure n'étant pas plus étroite que la tête. — *Pattes* courtes, cuisses épaisses, point en massue.

Ces principaux caractères nous semblent suffisans pour signaler ce genre nouveau (pour les autres voyez ceux des Saperdes). Son nom vient de deux mots grecs qui signifient : *tête de cheval*. Le caractère tiré des antennes demandera à être observé dans les femelles, nous croyons n'avoir vu sous les yeux que des mâles. Le petit nombre d'espèces connues habite le Brésil.

1. Hippopsis linéolé, *H. lineolatus*.

Hippopsis fuscus, capitis thoracisque lineis sex elytri cujusque lineis tribus, interioribus apice conniventibus, luteolis.

Longueur 5 lig. Corps d'un brun-noirâtre, ponctué. Antennes ayant plus de deux fois la longueur du corps. Face antérieure de la tête d'un jaune-verdâtre; ses côtés, ceux du corselet et les élytres ayant chacun trois lignes de cette dernière couleur : les intérieures se réunissant à leur extrémité vers le bout des élytres, qui se terminent en pointe. Côtés de l'abdomen ayant une ligne longitudinale du même jaune que les précédentes. Pattes d'un brun-noirâtre. La couleur jaune de cet insecte est due à des poils courts et couchés.

Du Brésil.

Nota. Peut-être doit-on rapporter à cette espèce la *Superda lemniscata*. Fab. *Syst. Eleut. tom.* 2. *pag.* 330. *n°.* 69. Mais cet auteur dit que son espèce est de la Caroline, et il ne parle pas de la pointe qui termine chaque élytre.

A ce genre appartient encore la *Saperda pennicornis* de M. Germar, *Ins. Spec. Nov.* 1824. *Saperda pilosicornis*. Dej. *Catal.* (*Hippopsis pennicornis*. Nob.)

COLOBOTÉE, *Colobotea*. Dej. *Catal. Cerambyx*. Oliv. (*Entom.*) *Saperda*. Lat. *Fam. nat.*

Genre d'insectes de l'ordre des Coléoptères, section de Tétramères, famille des Longicornes, tribu des Lamiaires.

Dans la division de cette tribu dont ils font partie (*voyez* Saperde), les Hippopsis et les Colobotées sont les seuls genres qui aient les antennes fort rapprochées à leur insertion et placées sur la ligne qui sépare le front du vertex; mais dans les premiers le corps n'est pas comprimé sur les côtés, les antennes sont velues extérieurement et les élytres ne vont pas en diminuant sensiblement de largeur à leur extrémité.

Antennes sétacées, glabres, insérées très-haut dans une échancrure des yeux, sur la ligne qui sépare le front du vertex, très-rapprochées l'une de l'autre à leur base, composées de onze articles cylindriques, le premier un peu en massue. — *Corps* comprimé latéralement, allant en diminuant sensiblement d'un côté jusqu'à la tête inclusivement et de l'autre jusqu'à l'anus, sa partie la plus large étant la base humérale des élytres. — *Elytres* longues, fortement échancrées à leur extrémité, couvrant les ailes et l'abdomen. — *Pattes* de longueur moyenne; cuisses longues, en massue très-prononcée; tarses antérieurs très-élargis et très-velus dans l'un des sexes.

Tels sont les caractères distinctifs de ceux des Saperdes que présentent les Colobotées, et qui nous ont paru d'assez grande importance pour adopter ce genre proposé par M. le comte Dejean dans

dans le Catalogue de sa collection. Colobotée vient d'un verbe grec qui a rapport à la forte troncature qui termine les élytres de ces coléoptères. L'auteur en mentionne huit espèces, toutes de l'Amérique méridionale.

1. Colobotée tachée, *C. contaminata*.

Colobotea nigra, thoracis lineis quatuor dorsalibus obsoletis alterâque laterali inferâ, elytrorum maculis plurimis subconfluentibus albidis.

Longueur 9 à 12 lig. Noire. Antennes ayant la partie inférieure de leur sixième article jusque passé son milieu, revêtue d'un duvet court, ras, d'un beau blanc. Face antérieure de la tête terminée sur ses côtés par deux lignes blanches duveteuses, son vertex ayant trois petites lignes de cette couleur. Dos du corselet ayant quatre lignes longitudinales semblables, mais moins distinctes; ses côtés en portant une plus large et plus visible qui s'étend sur la tête jusqu'au-dessous des yeux. Élytres ponctuées, surtout à leur base; elles ont un grand nombre de taches duveteuses blanchâtres dont plusieurs sont confluentes et en outre une forte carène qui descend des angles huméraux vers l'extrémité de l'élytre sans atteindre cette extrémité. Angle extérieur de la troncature épineux. Mâle et femelle.

De Cayenne.

On rapportera à ce genre la *Saperda cassandra*. Dalm. *Analect. Entom. pag.* 70. *n°*. 61. (*Colobotea albo-maculata*. Dej. *Catal.*) et les Capricornes maculaire n°. 129, *Capr. pl.* 20. *fig.* 154, échancré n°. 63, *Capr. pl.* 12. *fig.* 82, annulaire n°. 55, *Capr. pl.* 16. *fig.* 117. Oliv. *Entom. tom.* 4. *Capr.*

GNOME, *Gnoma*. Fab. *Cerambyx*. Oliv. *Lamia*. Lat. *Gen. Crust.*

Genre d'insectes de l'ordre des Coléoptères, section des Tétramères, famille des Longicornes, tribu des Lamiaires.

Dans la seconde division des Lamiaires, laquelle a pour caractère d'avoir le corselet mutique (*voyez* Saperde), les Colobotées et les Hippopsis se reconnoissent à leurs antennes rapprochées à leur insertion; les Tapeines par leur corselet transversal et les Saperdes en ce qu'elles ont cette même partie du corps aussi large que longue.

Les caractères des Gnomes sont en majeure partie ceux du genre Saperde, mais dans les premiers le corselet est beaucoup plus long que large, presque cylindrique, se rétrécissant un peu et insensiblement vers la tête; les élytres sont linéaires dans la plus grande partie de leur longueur et beaucoup plus larges à leur base que la partie postérieure du corselet; le dernier article des palpes est long et effilé vers la pointe.

Nous ne rapportons avec certitude à ce genre que le Capricorne longicolle n°. 75 de ce Dictionnaire. *Gnoma longicollis*. Fab. *Syst. Eleut. tom.* 2. *pag.* 315. *n°*. 1. *Cerambyx longicollis*. Oliv. *Entom. tom.* 4. *Capr. pag.* 49. *n°*. 64. *pl.* 11. *fig.* 73.

Nota. La *Gnoma rugicollis*. Fab. est pour nous un Obrion; il est probable que la *Gnoma clavipes* de cet auteur appartient aussi à ce même genre.

MACROPE, *Macropus*. Thunb. *Cerambyx*. Linn. Fab. *Prionus*. Oliv. (*Entom.*) *Lamia*. Lat. *Acrocinus*. Illig. Dej. *Catal.*

Genre d'insectes de l'ordre des Coléoptères, section des Tétramères, famille des Longicornes, tribu des Lamiaires.

Trois genres composent la première division de cette tribu caractérisée par le corselet ayant une épine de chaque côté (*voyez* Saperde). Dans les Lamies et les Dorcadions ces épines sont fixes, ce qui les sépare des Macropes.

La majeure partie des caractères génériques des Macropes sont ceux des Lamies (*voyez* ce mot), mais le corselet porte de chaque côté un fort tubercule armé d'une épine, lequel tourne comme une poulie dans la cavité où sa base est engagée; le corps est toujours très-déprimé; dans l'un des sexes les pattes antérieures sont très-longues; les tarses glabres dans tous les individus.

Rapportez à ce genre, 1°. *Cerambyx longimanus*. Linn. *Syst. Nat.* 2. 621. I. Fab. *Syst. Eleut. tom.* 2. *pag.* 266. *n°*. 1. *Prionus longimanus*. Oliv. *Entom. tom.* 4. *Prion. pag.* 6. *pl.* 3. *fig.* 12. b. *pl.* 4. *fig.* 12. c. — *Encycl. pl.* 199. *fig.* 5. 2°. *Cerambyx trochlearis*. Linn. *Syst. Nat.* 2. 622. 2. *Prionus trochlearis*. Oliv. *Entom. tom.* 4. *Prion. pag.* 7. *pl.* 13. *fig.* 49. 3°. Le Prione accentué. Oliv. *Id. pag.* 8. *pl.* 4. *fig.* 16. — *Encycl. pl.* 200. *fig.* 5.

DORCADION, *Dorcadion*. Schon. Dej. *Catal.* Lat. *Fam. nat. Lamia*. Fab. Oliv. *Cerambyx*. Linn. Geoff.

Genre d'insectes de l'ordre des Coléoptères, section des Tétramères, famille des Longicornes, tribu des Lamiaires.

Dans le groupe formé par les Lamiaires à corselet épineux (*voyez* Saperde) les Macropes se distinguent par les épines mobiles de leur corselet et les Lamies par la base de leurs élytres carrée, leurs angles huméraux étant fort saillans et par leurs antennes plus longues que le corps (au moins dans les mâles) dont les articles sont plus longs et presque cylindriques.

Antennes sétacées, plus courtes que le corps dans les deux sexes, composées de onze articles courts, obconiques, le dernier un peu plus long dans les mâles que dans les femelles. — *Corps* aptère, ovale. — *Élytres* ovales, rétrécies à leur base, leurs angles huméraux étant arrondis, point saillans. Les autres caractères comme dans les Lamies. *Voyez* ce mot.

Nous ne connoissons pas les caractères assignés à ce genre par M. Schonner; son nom vient d'un mot grec qui signifie : *petite chèvre*. Les *Lamia lugubris* n°. 92, *tristis* n°. 93, et *funesta* n°. 94. Fab. *Syst. Eleut.* ont quelques rapports par leur forme et par l'absence des ailes avec le genre Dorcadion, mais elles s'en éloignent par la forme carrée de la base des élytres dont les angles huméraux sont saillans; moins cependant que dans les autres Lamies.

Rapportez aux Dorcadions les Lamies morio et fauve (cette dernière décrite sous le n°. 94, est en outre confondue avec la première sous le nom de Lamie bouffone n°. 78 de ce Dictionnaire), pédestre n°. 79, mennière n°. 80, carinée n°. 81, du réglisse n°. 82, fuligineuse n°. 83, cendrée n°. 84 du présent ouvrage ainsi que la *Lamia cruciata* n°. 100, *rufipes* n°. 116, *lineata* n°. 118, *vittigera* n°. 119. Fab. *Syst. Eleut.*

(S. F. et A. Serv.)

SAPYGE, *Sapyga*. Lat. Jur. Klug. Illig. Spin. *Vespa*. Geoff. Oliv. (*Encycl.*) *Hellus*. Fab. Panz. *Masaris*. Panz.

Genre d'insectes de l'ordre des Hyménoptères, section des Porte-aiguillon, famille des Fouisseurs, tribu des Sapygites.

Quatre genres composent cette tribu (*voyez* Sapygites); les antennes sont filiformes ou presque sétacées dans les Scotænes, les Polochres et les Thynnes; de plus ces derniers ont les yeux entiers, ce qui sépare suffisamment ces genres de celui de Sapyge.

Antennes longues, brisées, insérées vers le milieu du front sous une ligne élevée en saillie, un peu renflées en massue vers l'extrémité dans les deux sexes, composées de douze articles dans les femelles, de treize dans les mâles. — *Labre* peu apparent. — *Mandibules* fortes, ayant plusieurs dentelures au côté interne. — *Palpes* courts, les maxillaires de six articles, les labiaux de quatre. — *Lèvre* à trois divisions étroites, alongées, les latérales plus petites, pointues, celle du milieu échancrée. — *Tête* un peu plus large que le corselet, arrondie postérieurement. — *Yeux* fortement échancrés au côté interne. — *Trois ocelles* disposés en triangle sur la partie antérieure du vertex. — *Corps* étroit, alongé. — *Corselet* presque cylindrique, coupé droit en devant, obtus postérieurement. — *Ailes supérieures* ayant une cellule radiale longue, allant en se rétrécissant après la troisième cubitale jusqu'à son extrémité qui finit en pointe, et quatre cellules cubitales presqu'égales entr'elles; la seconde et la troisième qui se rétrécit vers la radiale, recevant chacune une nervure récurrente, la quatrième atteignant le bout de l'aile. — *Abdomen* alongé, ellipsoïde, composé de cinq segmens outre l'anus dans les femelles, en ayant un de plus dans les mâles. — *Pattes* de longueur moyenne; jambes antérieures munies vers leur extrémité d'une seule épine dont le bout est échancré : les quatre autres en ayant deux; tarses longs, le premier article le plus grand de tous.

Les femelles de ce genre creusent des trous dans le mortier des murs ou dans le bois pour y déposer leurs œufs : elles approvisionnent leurs nids de proie; nous en avons pris nous-mêmes une espèce (*Sap. sexpunctata*) chargée d'un insecte qu'elle laissa tomber au moment où nous la saisissions, mais que nous reconnûmes cependant pour une larve. On ne connoît qu'un petit nombre d'espèces de Sapyges; elles sont toutes d'Europe.

1re. *Division*. Antennes des mâles ayant leur massue oblongue, formée insensiblement; leur avant-dernier article le plus gros de tous, recevant en grande partie le dernier qui est globuleux et court.

1. Sapyge variée, *S. varia*.

Sapyga nigra, abdominis segmentis secundo tertioque ferrugineis, margine infero fusco; secundi, tertii, quarti quintique maculâ utrinquè laterali albidâ : antennis maris sensìm clavatis.

Longueur 5 lig. Noire. Articles intermédiaires des antennes testacés en dessous. Front et orbite de la partie inférieure des yeux blanchâtres. Bord antérieur du corselet portant deux petits points de cette même couleur. Second et troisième segmens de l'abdomen ferrugineux en dessus; ces mêmes segmens, ainsi que le quatrième et le cinquième, ayant chacun une tache blanche latérale, celui-ci en portant deux très-petites en dessous, de chaque côté. Jambes antérieures un peu tachées de blanc en devant. Ailes transparentes, nervures noires. Mâle.

Des environs de Paris.

Nota. Il nous sembleroit naturel de rapporter cette espèce comme mâle à la Sapyge six points de M. Latreille; mais cet auteur et M. Jurine affirment que le mâle de cette dernière est l'*Hellus quadriguttatus*. Fab. N'ayant point d'expérience positive à opposer à l'opinion reçue, nous cédons à la manière de voir de ces savans auteurs.

2. Sapyge trompeuse, *S. decipiens*.

Sapyga nigra, abdominis segmentis secundo tertio, quarto (quintoque sæpiùs) suprà albido utrinquè maculatis, quarti quintique subtùs maculâ utrinquè simili : antennis maris sensìm clavatis.

Longueur 4 lig. ½. Noire. Articles intermédiaires

des antennes testacés en dessous, front blanchâtre, une petite ligne de même couleur dans l'échancrure des yeux. Bord antérieur du corselet portant de chaque côté une très-petite tache blanche. Second, troisième, quatrième et cinquième segmens de l'abdomen ayant en dessus de chaque côté une tache blanche, le quatrième et le cinquième en offrant une semblable en dessous. Jambes ayant un peu de blanc à leur base. Ailes transparentes, nervures noires. Mâle.

Environs de Paris.

Nota. La tache latérale du dessus du cinquième segment de l'abdomen manque quelquefois; Jurine a donné cette espèce à tort comme étant le mâle de la *Sapyga prisma*.

Rapportez à cette division la *Sapyga sexpunctata*. LAT. *Dict. d'Hist. nat.* 2e. édit. *Gen. Crust. et Ins. tom.* 1. *tab. XIII. fig.* 9. Femelle. (*Hellus sexpunctatus*. FAB. *Syst. Piez. pag.* 246. *n°*. 1. Femelle. *Hellus quadriguttatus. Id. pag.* 247. *n°*. 3. Mâle. Suivant MM. Latreille et Jurine.) Ce mâle est la Guêpe noire à quatre points blancs sur le ventre. GEOFF. *Ins. Paris. tom.* 2. *pag.* 379. *n°*. 13, et la Guêpe quadrille n°. 2 des espèces moins connues de ce Dictionnaire, tom. 6. p. 694.

2e. *Division*. Antennes des mâles fort longues, ayant leur massue formée assez brusquement; leur dernier article entièrement libre, le plus gros de tous.

Rapportez à cette division la *Sapyga prisma*. LAT. *Gen. Crust. et Ins. tom.* 4. *pag.* 108. *n°*. 1. *Hellus prisma*. FAB. *Syst. Piez. pag.* 247. *n°*. 5. Femelle. *Sapyga punctata*. PANZ. *Faun. Germ. fas.* 100. *fig.* 17. Mâle. *Masaris Crabroniformis*. PANZ. *Id. fas.* 47. *fig.* 22. Femelle. Elle se trouve aux environs de Paris. (S. F. et A. SERV.)

SAPYGITES, *Sapygites*. Seconde tribu de la famille des Fouisseurs, section des Porte-aiguillon, ordre des Hyménoptères, ayant pour caractères :

Segment antérieur du tronc prolongé sur les côtés jusqu'à la naissance des ailes. — *Pattes* courtes, grêles, peu ou point épineuses. — *Corps* étroit et alongé, presque glabre. — *Antennes* composées d'articles serrés, aussi longues au moins dans les deux sexes que la tête et le corselet. — *Ailes supérieures* ayant une cellule radiale et quatre cubitales, la quatrième atteignant le bout de l'aile, la seconde et la troisième recevant chacune une nervure récurrente.

I. Antennes filiformes ou presque sétacées.

Scotæne.
Thynne.
Polochre.

II. Antennes grossissant vers le bout ou même en massue.

Sapyge.

(S. F. et A. SERV.)

SARAPE, *Sarapus*. Nom donné par M. Fischer à un genre de Coléoptères à qui M. Duftschmid avoit imposé celui de Sphérite. *Voyez* ce mot. (S. F. et A. SERV.)

SARCOPTE, *Sarcoptus*. Nom que M. Latreille donne au genre *Acarus* de Fabricius. *Voy.* MITTE. (E. G.)

SARGUS, *Sargus*. FAB. LAT. MEIG. *Musca*. LINN. GEOFF. PANZ. *Nemotelus*. DE GÉER.

Genre d'insectes de l'ordre des Diptères, section des Proboscidés, famille des Notacanthes, tribu des Stratyomides.

Des neuf genres contenus dans cette tribu, les Ptilocères ont les antennes flabellées : les Stratyomes ainsi que les Odontomyies, les Oxycères et les Ephippies ont l'écusson épineux; les Vappons et les Némotèles qui, comme les Sargus, ont l'écusson mutique, s'en distinguent, les premiers par les deux premiers articles de leurs antennes transversaux, dont le second forme avec le troisième ou dernier une tête presque hémisphérique et les secondes par un avancement pointu de la partie antérieure de la tête, imitant un bec sous lequel la trompe se retire.

Antennes avancées, rapprochées à leur insertion, de trois articles; le premier presque cylindrique, le second cyathiforme, le troisième lenticulaire ou elliptique, annulé, plus long que les autres, portant une longue soie à son extrémité. — *Suçoir* composé de deux pièces, renfermé dans une trompe courte, munie de deux grandes lèvres saillantes. — *Tête* arrondie en devant, plus large que le corselet. — *Segment antérieur* du corselet égalant les deux autres en longueur. — *Ecusson* mutique. — *Yeux* très-grands. — *Ocelles* distincts. — *Ailes* longues, en recouvrement dans le repos, ayant une cellule discoïdale presque triangulaire et une cellule marginale au-dessous du point épais séparée en deux par une nervure transversale oblique; toutes les nervures qui sont au-dessous de la cellule discoïdale, atteignant le bord postérieur de l'aile. — *Abdomen* elliptique, déprimé, composé de six segmens outre l'anus. — *Pattes* de longueur moyenne; tarses longs, leur premier article aussi grand ou plus grand que les autres.

La larve du Sargus auquel on a donné le nom de Réaumur a été observée par cet auteur; elle vit dans les bouzes de vache, sa forme est ovale-oblongue, rétrécie et pointue en devant; sa tête est écailleuse, munie de deux crochets; son corps parsemé de poils. Elle se métamorphose sous sa peau qui s'endurcit et de laquelle l'insecte parfait sort en faisant sauter la partie antérieure de cette espèce de coque.

Les Sargus dans leur dernier état vont peu sur les fleurs; mais ils aiment à se tenir au soleil sur les feuilles où ils se promènent assez lentement les ailes très-écartées : ils ne volent avec activité que lorsque la chaleur est forte. Quand il fait froid, ils paroissent engourdis et se laissent aisément saisir à la main. Le nombre d'espèces connues ne s'élève guère au-delà d'une douzaine; leur corps est ordinairement de couleur brillante et métallique.

1re. *Division.* Troisième article des antennes obtus à son extrémité, marqué de trois anneaux.

1re. *Subdivision.* Troisième article des antennes presqu'arrondi, lenticulaire; yeux séparés dans les deux sexes : palpes nuls.

A. Ocelles placés sur le front, l'antérieur éloigné des autres.

1. Sargus enfumé, *S. infuscatus.*

Sargus thorace æneo nitido ; abdomine cupreo (mas), aut violaceo (fœmina) : alis infuscatis; pedibus fuscis.

Sargus infuscatus. Meig. *Dipt. d'Eur. tom.* 3. *pag.* 107. *n°.* 3.

Longueur 5 lig. Tête d'un noir-cuivreux. Trompe blanchâtre. Deux points de même couleur au-dessus de la base des antennes. Corselet cuivreux. Abdomen violet, à reflet doré. Pattes noires, leurs genoux blanchâtres. Ailes un peu brunes avec leur bord postérieur irisé. Femelle.

Le mâle diffère en ce que son abdomen est d'un doré cuivreux.

Commun aux environs de Paris.

2. Sargus cuivreux, *S. cuprarius.*

Sargus cuprarius. Fab. *Syst. Antl. pag.* 256. *n°.* 3. — Lat. *Gen. Crust. et Ins. tom.* 4. *pag.* 278. — Meig. *Dipt. d'Eur. tom.* 3. *pag.* 106. *n°.* 1. — *Encycl. pl.* 249. *fig.* 7.

Voyez pour la description et les autres synonymes la Mouche bronzée n°. 85 de ce Dictionnaire. (A la citation du *Species* de Fabricius, lisez n°. 52 au lieu de 50, et retranchez les figures de Réaumur qui appartiennent au Sargus de Réaumur.)

On rapportera à cette section les *Sargus cœruleicollis n°.* 2, *nitidus n°.* 4, et *flavipes n°.* 5. Meig. *Dipt. d'Eur.*

B. Ocelles placés sur le vertex, également espacés.

A cette section appartiennent le *Sargus Reaumurii.* Fab. *Syst. Antl. pag.* 256. *n°.* 2. Meig. *n°.* 6. *Dipt. d'Eur.* et le *Sargus sulphureus.* Meig. *n°.* 7. *id.*

2e. *Subdivision.* Troisième article des antennes elliptique. Yeux convergens dans les mâles. Ocelles placés sur le vertex. Palpes apparens.

3. Sargus agréable, *S. formosus.*

Sargus abdomine violaceo (fœmina), aureo (mas), alis ferrugineis, pedibus nigris flavo geniculatis.

Sargus formosus. Meig. *Dipt. d'Eur. tom.* 3. *pag.* 110. *n°.* 8. — *Sargus xanthopterus.* Fab. *Syst. Antl. pag.* 255. *n°.* 1. Femelle. — Lat. *Gen. Crust. et Ins. tom.* 4. *pag.* 278. Femelle. — *Nemotelus flavogeniculatus.* De Géer, *Ins. tom.* 6. *pag.* 201. *n°.* 17. Femelle. — *Sargus auratus.* Fab. *Syst. Antl. pag.* 257. *n°.* 4. Mâle. — Lat. *Gener. Crust. et Ins. tom.* 4. *pag.* 278. Mâle.

Longueur 4 lig. Tête noire. Corselet d'un vert-bleuâtre cuivreux. Abdomen d'un violet-cuivreux. Ailes jaunâtres. Pattes noires, genoux d'un jaune-testacé. Femelle.

Voyez pour la description du mâle et ses autres synonymes, la Mouche dorée n°. 86 de ce Dictionnaire.

Rapportez à cette seconde subdivision la Mouche polie n°. 87 de cet ouvrage (*Sargus politus.* Fab. *Syst. Antl. pag.* 257. *n°.* 7. Le *Sargus cyaneus id. pag.* 258. *n°.* 10, en est une variété femelle suivant M. Meigen.); et le *Sargus flavicornis.* Meig. *Dipt. d'Eur. pag.* 112. *n°.* 10.

2e. *Division.* Troisième article des antennes long, conique, terminé en pointe, marqué de six anneaux.

Cette division renferme 1°. le *Sargus amethystinus.* Fab. *Syst. Antl. pag.* 258. *n°.* 13, de l'île de France; 2°. le *Sargus vespertilio* du même, *pag.* 259. *n°.* 14, du Brésil. (S. F. et A. Serv.)

SAROPODE, *Saropoda.* M. Latreille a proposé sous ce nom un genre d'Hyménoptères mellifères, démembré de celui d'Anthophore. Il lui donne pour caractères : mandibules unidentées intérieurement au-dessous de leur pointe (obtuses et presque fourchues, au moins dans les femelles). Paraglosses beaucoup plus courtes que la langue. Palpes maxillaires de cinq articles; les labiaux sétiformes, aigus; leurs articles au nombre de quatre, droits; les deux derniers peu distincts, réunis étroitement pour former une pointe.

La seule espèce que l'auteur rapporte à ce genre est l'Anthophore bimaculée. *Voyez* Anthophore, article Xylocope. (S. F. et A. Serv.)

SARROTRIE, *Sarrotrium.* Genre de Coléoptères fondé par Fabricius, qui répond à celui d'Orthocère de M. Latreille. *Voyez* ce mot.

(S. F. et A. Serv.)

SATURNIE, *Saturnia.* Genre de Lépidoptères

nocturnes proposé par M. Schranck pour y placer une partie des *Bombyx* que Linné avoit auparavant nommés *Phalæna Bombyx Attacus*. Nous pensons qu'il répond au genre Attacus. LAT. *Fam. natur.* (S. F. et A. SERV.)

SATYRE, *Satyra*. Genre de Diptères proposé par M. Meigen dans son premier ouvrage intitulé : *Classification des Diptères d'Europe*. Il équivaut à celui de Dolichope de M. Latreille.

(S. F. et A. SERV.)

SATYRE, *Satyrus*. Genre de Lépidoptères Diurnes. *Voyez* tom. IX, pag. 460. Geoffroy avoit réuni sous ce nom comme spécifique deux espèces qui entrent dans ce genre; ce sont les Satyres Mœra n°. 86, et Mégéra n°. 87 de ce Dictionnaire. (S. F. et A. SERV.)

SAUTERELLE, *Locusta*. GEOFF. DE GÉER. FAB. LAT. *Gryllus*. (*Tettigonia*.) LINN.

Genre d'insectes de l'ordre des Orthoptères, famille des Locustaires. (Il appartient aux Orthoptères sauteurs.)

Ce genre compose à lui seul cette famille, dont les caractères sont : *élytres* et *ailes* en toit. — *Antennes* très-longues, sétacées, multiarticulées; articles peu distincts. — *Tarses* composés de quatre articles.

Antennes très-longues, sétacées, à articles nombreux, courts, peu distincts, insérées entre les yeux vers leur extrémité supérieure. — *Labre* entier, grand, presque circulaire en devant. — *Mandibules* fortes, peu dentées. — *Mâchoires* bidentées à leur extrémité, ayant une seule dent alongée au côté interne. — *Galète* alongée, presque trigone. — *Palpes* inégaux, les maxillaires plus grands, de cinq articles, les labiaux de trois; le dernier obconique dans tous les quatre. — *Lèvre* à quatre divisions, celle du milieu fort petite, les extérieures arrondies à leur extrémité; menton presque carré. — *Téte* grande, verticale, de la largeur du corselet. — *Yeux* petits, saillans, arrondis. — *Ocelles* peu ou point apparens. — *Corps* alongé. — *Corselet* souvent tétragone, court, comprimé sur les côtés. — Point d'écusson. — *Elytres* inclinées, réticulées, recouvrant ordinairement des ailes. — *Abdomen* terminé par deux appendices sétacés, écartés entr'eux à leur insertion; ayant de plus, dans les femelles, un oviscapte ou pondoir ensiforme, très-saillant, comprimé, composé de deux lames accolées l'une à l'autre. — *Pattes* fortes, les postérieures très-grandes, propres à sauter; leurs cuisses renflées dans leur première moitié; leurs jambes munies en dessus de deux rangs d'épines nombreuses, assez grandes; tarses composés de quatre articles distincts, le pénultième bilobé, le dernier terminé par deux crochets sans pelottes.

Les Sauterelles habitent les prairies et les champs herbeux; quelques espèces se tiennent dans les vignes et sur les arbres. La longueur de leurs ailes et des élytres qui les recouvrent opposeroient une difficulté à ce qu'elles pussent s'envoler lorsqu'elles sont posées; mais au moyen d'un saut assez considérable elles s'élèvent de manière à les pouvoir déployer. Leur vol ne s'étend guère qu'à une vingtaine de pas de distance de l'endroit d'où elles sont parties. Elles se nourrissent de végétaux; les mâles, ou au moins une partie d'entre eux, font entendre un bruit plus ou moins fort, aigu et long-temps continué, que l'on appelle communément le *chant des sauterelles :* il paroît produit par le frottement des élytres l'une contre l'autre, et n'appartient qu'aux espèces dont les mâles font voir à la base supérieure de cette partie un espace scarieux, décoloré, transparent, et ressemblant en quelque sorte à un miroir. Ce que nous avons dit de la longueur des élytres et des ailes n'appartient pas à toutes les espèces de ce genre : il en est qui sont aptères dans l'état parfait, telles que la Sauterelle porte-selle (*L. ephippiger*), qui diffère également de beaucoup d'autres, en ce que sa nourriture habituelle sont les fruits, et particulièrement le raisin, dont elle entame les grains.

Les femelles de ce genre déposent leurs œufs dans la terre, où elles les enfoncent au moyen de leur oviscapte. Les larves qui en sortent ne diffèrent de l'insecte parfait que par la petitesse et le manque d'ailes et d'élytres : elles jouissent des mêmes facultés, excepté de celle de la reproduction. Les nymphes ont des ailes et des élytres, mais enveloppées dans des fourreaux qui ressemblent en quelque sorte à des boutons, et ce n'est que lorsque ces organes sont développés que l'insecte alors parfait est propre à se reproduire. Le vulgaire confond les Sauterelles avec les Criquets, et leur attribue des ravages dont elles ne sont pas coupables. *Voyez* CRIQUET.

Ce genre est nombreux en espèces des différentes parties du monde. Leur taille est généralement fort grande.

1re. *Division*. Elytres et ailes de grandeur ordinaire dans les deux sexes.

1re. *Subdivision*. Antennes garnies inférieurement de poils.

Ici se placent des espèces du Brésil qui composent le genre Pennicorne, mentionné par M. Latreille dans ses *Fam. nat. pag.* 413. Elles nous sont inconnues.

2e. *Subdivision*. Antennes entièrement glabres.

A. Front terminé en un cône obtus. (Genre Conocéphale. LAT. *Fam. nat. pag.* 413.)

1. Sauterelle longue épée, *L. xiphias.*

Locusta antennis nudis, fronte elongatâ, conicâ, elytris lanceolatis alis æqualibus, viridi-grisea, oviscapto longitudine corporis recto.

Longueur 3 pouces (1). D'un vert-grisâtre. Front très-élevé, pyramidal, un peu plus foncé que le reste du corps. Elytres dépassant l'abdomen de près de moitié. Oviscapte de la longueur du corps, droit, dépassant les élytres de près de moitié. Femelle.
De Cayenne.

2. Sauterelle bouche rose, *L. erythrosoma.*

Locusta antennis nudis, fronte conicâ; elytris lanceolatis alis æqualibus, viridis, ore rubro aurantiaco.

Longueur 20 lig. Verte. Bouche d'un rouge-orangé avec l'extrémité des mandibules brune. Jambes postérieures, tarses et extrémité des antennes de couleur brune. Oviscapte de la longueur de l'abdomen, atteignant presque l'extrémité des élytres. Femelle.
Des environs de Grenoble.
Rapportez à cette section les *Locusta maxillosa n°.* 13 et *conocephala n°.* 23. Fab. *Entom. Syst. tom.* 2.

B. Front portant une pointe particulière entre les antennes.

a. Elytres larges, imitant des feuilles.

3. Sauterelle feuille verte, *L. viridifolia.*

Locusta antennis nudis, fronte acuminatâ, elytris latis alis æqualibus, viridis, abdomine lutescente subtùs viridi, lateribus luteis serram fingentibus: femoribus quatuor posticis unâ serie spinosis; oviscapto abdomine breviore, recurvo, apice fusco.

Longueur 2 pouces. D'un beau vert. Pointe frontale très-courte. Bouche et palpes jaunâtres. Ailes d'un vert-pâle. Abdomen d'un jaune-pâle en dessus, vert en dessous, sur les côtés duquel la couleur du dessus s'avance en une série de dents de scie. Anus et base de l'oviscapte verts; l'extrémité de celui-ci dépassant les élytres, brune depuis le milieu. Cuisses postérieures d'un jaune-testacé à leur partie interne, garnies en dessous d'un rang de fortes épines ainsi que les intermédiaires : les antérieures en ayant aussi quelques-unes peu remarquables. Jambes et tarses un peu bruns. Femelle.
Du Brésil.

(1) Nous comptons la longueur depuis la partie antérieure de la tête jusqu'au bout des ailes, des élytres ou de l'oviscapte, suivant que les uns ou les autres se prolongent davantage.

b. Elytres lancéolées.

† Dos du corselet aplati.

Rapportez à cette coupe la Sauterelle serretée (*Locusta serrulata.*) Palis.-Bauv. *Ins. d'Afr. et d'Amér. pag.* 218. *Orthopt. pl. VIII. fig.* 2. Ajoutez à la description que les élytres dépassent un peu l'abdomen, et que l'oviscapte beaucoup plus court que celui-ci dépasse les élytres de plus de moitié de sa longueur. Femelle. De Saint-Domingue.

†† Dos du corselet convexe.

* Corselet marqué de sillons transversaux.

4. Sauterelle bisillonnée, *L. bisulca.*

Locusta antennis nudis, fronte acuminatâ; elytris lanceolatis alis æqualibus, viridibus: fusca thoracis fasciâ luteolâ, oviscapto nigro suprà à basi ad medium rubro.

Longueur 2 pouces ½. D'un vert-brunâtre, les trois segmens du corselet séparés par deux sillons transversaux, assez profonds. Partie antérieure du troisième segment portant une bande transverse jaunâtre. Elytres d'un vert plus gai, dépassant de beaucoup l'oviscapte. Celui-ci noirâtre, sa partie supérieure rouge depuis la base jusqu'un peu passé le milieu de la longueur de l'abdomen. Antennes une fois et demie aussi longues que le corps, annelées de blanc. Tarses bruns. Femelle.
De Cayenne.
On doit rapporter à cette section la *Locusta specularis n°.* 7. Fab. *Entom. Syst. tom.* 2.

** Corselet sans sillons transversaux.

5. Sauterelle ponctuée, *L. punctata.*

Locusta antennis nudis, fronte acuminatâ; elytris lanceolatis alis æqualibus, viridi-fusca, capitis thoracisque dorso et elytrorum punctis nigricantibus.

Longueur 2 pouces. D'un vert-grisâtre. Partie supérieure de la tête et du corselet d'un brun-noirâtre. Elytres marquées chacune dans toute leur longueur d'une quinzaine de points noirâtres, épars, dépassant l'oviscapte : celui-ci court, recourbé, large, de la longueur de l'abdomen. Femelle.
Du Brésil.

Rapportez à cette section, 1°. *Locusta viridissima n°.* 32. Fab. *Entom. Syst. tom.* 2. *Encycl. pl.* 130. *fig.* 3. Femelle. Cette espèce est la plus commune de toutes celles des environs de Paris. Son tubercule frontal est presque carré à l'extrémité. 2°. *Locusta varia n°.* 35. Fab. *Id.* Environs de Paris.

C. Front mutique.

a. Elytres larges, imitant des feuilles.

† Ailes ne dépassant pas les élytres.

* Dos du corselet convexe.

A cette section appartient la *Locusta ocellata* n°. 19. Fab. *Entom. Syst. tom.* 2.

** Dos du corselet aplati.

6. Sauterelle feuille de Cassiné, *L. cassinæfolia.*

Locusta antennis nudis, fronte muticâ, albidâ, elytris latis, alis æqualibus; luteo-viridis: oviscapto brevissimo, recurvo. Pedibus quatuor anterioribus brevissimis.

Longueur 20 lig. D'un vert-jaunâtre. Face antérieure de la tête d'un vert-blanchâtre. Bouche et palpes pâles. Antennes et pattes antérieures d'un vert-brun, celles-ci et les intermédiaires courtes et foibles. Cuisses postérieures fort menues depuis leur milieu jusqu'à leur articulation avec la jambe, à peine dentées en dessous. Oviscapte recourbé, très-court, n'atteignant pas à beaucoup près le bout des élytres. Femelle.

Du Brésil.

†† Ailes dépassant les élytres.

* Dos du corselet ayant ses côtés élevés en carène.

On rapportera ici la *Locusta citrifolia* n°. 1. Fab. *Entom. Syst. tom.* 2. *Encycl. pl.* 129. *Sauterel. fig.* 1. Femelle.

** Dos du corselet déprimé, sans carène latérale.

7. Sauterelle double cœur, *L. bicordata.*

Locusta antennis nudis, fronte muticâ, rugosâ; elytris latis, alis brevioribus, viridi-fusca, thoracis rugosi maculis duabus dorsalibus cordatis apice oppositis viridibus: elytris viridibus plagâ duplici quasi exsiccâ erosâque, alterâ marginali.

Longueur 15 lig. D'un brun-verdâtre. Antennes annelées et ponctuées de noir. Dos du corselet portant deux taches d'un beau vert imitant deux cœurs opposés par leur pointe. Elytres vertes, deux fois plus longues que l'abdomen, portant chacune deux plaques ressemblant absolument à des portions de feuilles dont le parenchyme auroit été rongé; l'une d'elles placée sur le bord de l'élytre avant le bout. Les quatre cuisses antérieures dentées, tachées de brun en dedans; leurs jambes dilatées à la base, annelées et tachées de brun. Cuisses postérieures mutiques, ayant deux anneaux bruns. Oviscapte très-relevé, court. Femelle.

Du Brésil.

b. Elytres lancéolées.

† Ailes dépassant les élytres. Dos du corselet point caréné.

Ici se place la *Locusta lilifolia* n°. 9. Fab. *Ent. Syst. tom.* 2.

†† Ailes ne dépassant pas les élytres. Dos du corselet ayant dans son milieu une carène longitudinale.

Rapportez à cette section les *Locusta verrucivora* n°. 33. (*Encycl. pl.* 130. *fig.* 4. 6 *et* 7. Femelle. *fig.* 5. Mâle), et *grisea* n°. 31. Fab. *Ent. Syst. tom.* 2.

2e. *Division.* Femelles aptères; leurs élytres très-courtes, en forme d'écailles arrondies et voûtées. (Les genres Anisoptère et Ephippigère. Lat. *Fam. nat. pag.* 413.)

On placera dans cette seconde division la *Locusta ephippiger* n°. 42. (*Encycl. pl.* 131. *fig.* 3. Femelle. *fig.* 3. n°. 2. Mâle), et *pupa* n°. 39. (*Encycl. pl.* 131. *fig.* 2. Femelle.) Fab. *Entom. Syst. tom.* 2. (S. F. et A. Serv.)

SAUTERELLES DE PASSAGE. Nom donné par Stoll et quelques autres auteurs aux insectes Orthoptères composant le genre Criquet. *Voyez* ce mot. (S. F. et A. Serv.)

SAUTEURS, *Saltatoria.* Deuxième division de l'ordre des Orthoptères, renfermant les seconde et troisième sections de cet ordre. Son caractère est: pattes postérieures toujours propres à sauter.

2e. Section.

Cuisses postérieures fort grandes. Mâles produisant une sorte de chant ou stridulation en frottant l'une contre l'autre une portion interne, élastique, spéculiforme et à nervures irrégulières, de leurs élytres. Premier segment abdominal dépourvu d'organe aérien particulier. Presque toutes les femelles ayant à l'anus un oviscapte ou tarière bivalve, saillante en forme de sabre, d'épée ou de long stylet; elles enfouissent leurs œufs en terre, mais sans les envelopper.

Cette section renferme les cinquième et sixième familles de l'ordre des Orthoptères.

5e. famille. Grilloniens, *Gryllides.*

Elytres et ailes horizontales. Tarses de trois articles.

Courtillière, Tridactyle, Grillon, Myrmécophile.

6e. famille. Locustaires, *Locustariæ*. Voyez Sauterelle.

3e. Section.

Elytres et ailes toujours en toit. Tous les tarses de cinq articles. Les deux sexes produisant une stridulation au moyen d'un frottement alternatif et instantanément réitéré de leurs cuisses postérieures contre les élytres. Ces élytres semblables dans les deux sexes. Premier segment abdominal ayant de chaque côté, dans le plus grand nombre, une sorte de tambour distingué extérieurement par un opercule membraneux, circulaire ou lunulé. Tarière composée de quatre pièces crochues, réunies, faisant peu de saillie. Antennes tantôt en forme de lame d'épée ou subulées, tantôt filiformes ou en massue dans les deux sexes, ou seulement dans les mâles. Les femelles renfermant leurs œufs dans une enveloppe commune, ou les réunissant au moyen d'une matière écumeuse, visqueuse, et les enfouissant souvent dans le sable.

Cette troisième section ne contient qu'une seule famille, la septième de l'ordre; Acrydiens, *Acrydites*. Elle se divise ainsi :

I. Pattes postérieures plus courtes que le corps, foibles.

Pneumore.

II. Pattes postérieures plus longues que le corps, robustes.

A. Extrémité antérieure du présternum ne recouvrant pas la bouche. Une pelotte entre les crochets des tarses.

a. Corps ordinairement long et étroit. Tête pyramidale. Antennes courtes et coniques, ou comprimées et lancéolées.

Proscopie, Truxale, Xiphicère.

b. Corps court ou oblong, épais. Tête point pyramidale. Antennes aussi longues que la tête et le corselet, filiformes ou en massue.

† Antennes filiformes dans les deux sexes.

* Présternum cornu.

Criquet.

** Présternum sans corne.

Œdipode, Podisme.

†† Antennes, ou du moins celles des mâles, renflées à leur extrémité.

Gomphocère.

B. Extrémité antérieure du présternum concave, en forme de mentonnière, recevant une partie de la bouche. Point de pelottes entre les crochets des tarses.

Tétrix.

Nota. Cet article est extrait de l'ouvrage que M. Latreille vient de publier sous le titre de *Familles naturelles du règne animal.*

(S. F. et A. Serv.)

SCÆVE, *Scæva*. Fabricius désigne sous ce nom un genre de Diptères-Proboscidés de la famille des Athéricères, tribu des Syrphies de M. Latreille; il répond en partie à celui de Syrphe de M. Meigen. *Voyez* ce mot.

SCAPHIDIE, *Scaphidium*. Oliv. Fab. Lat. Payk. *Silpha*. Linn.

Genre d'insectes de l'ordre des Coléoptères, section des Pentamères, famille des Clavicornes, tribu des Peltoïdes.

D'après les modifications introduites dans cette tribu par M. Latreille dans son ouvrage des *Familles naturelles*, ce genre fait partie d'un groupe qui a pour caractères : palpes maxillaires filiformes ou plus gros à leur extrémité, point terminés en manière d'alène. Extrémité des mandibules fendue et bidentée. Ce groupe renferme outre les Scaphidies les genres Thymale, Colobique, Strongyle, Nitidule, Ips, Cerque, Dacné, Byture, Anthérophage, Cryptophage et Micropèple; mais aucun de ces onze derniers genres n'a le corps simultanément d'une forme naviculaire ou elliptique, avec les deux extrémités rétrécies en pointe.

Antennes insérées au-devant des yeux, sur les côtés de la partie supérieure de la tête, presque de la longueur du corselet, composées de onze articles, les six premiers minces, alongés, presque cylindriques, les cinq autres formant une massue, presqu'ovales, un peu comprimés. — *Labre* entier. — *Mandibules* obtuses à leur extrémité et bifides. — *Palpes maxillaires* filiformes, de quatre articles, le dernier presque cylindrique, terminé en alêne; palpes labiaux très-courts, filiformes, ne s'avançant pas au-delà de la lèvre, de trois articles presqu'égaux. — *Lèvre* membraneuse, sa partie saillante courte, transversale, son bord supérieur un peu plus large, presque concave; menton coriace, presque carré. — *Yeux* arrondis, à peine saillans. — *Corps* épais, de forme naviculaire, rétréci et pointu aux deux bouts. — *Corselet* convexe, presque trapéziforme, beaucoup plus étroit en devant, un peu plus large à sa partie postérieure qu'il n'est long, le bord de cette partie un peu sinué. — *Elytres* tronquées à leur extrémité, laissant l'anus à découvert, recouvrant des ailes. — *Abdomen* épais, terminé en pointe vers l'anus. — *Pattes* grêles; jambes longues, presque cylindriques.

Le nom de ce genre fondé par Olivier vient d'un mot grec qui signifie : *petite barque*, et a rapport à la forme naviculaire de ces insectes. Le petit nombre d'espèces connues vit sous les écorces et dans les champignons; leurs mœurs et leurs transformations sont ignorées.

1re. *Division*.

1re. *Division.* Ecusson distinct.

A cette division appartiennent les Scaphidies quadrimaculé (*Scaphidium quadrimaculatum* n°. 1. Fab. *Syst. Eleut.*), et immaculé (*Scaph. immaculatum* n°. 3. Fab. *id.*).

2e. *Division.* Ecusson nul.

Le type de cette seconde division est le Scaphidie des Agarics (*Scaphid. agaricinum* n°. 4. Fab. *Syst. Eleut.*). (S. F. et A. Serv.)

SCAPHINOTE, *Scaphinotus.* Lat. Dej. (*Spéc.*) *Cychrus.* Fab. *Carabus.* Oliv.

Genre d'insectes de l'ordre des Coléoptères, section des Pentamères, famille des Carnassiers, tribu des Carabiques (division des Abdominaux).

Cette division contient deux subdivisions; l'une a pour caractères : mandibules sans dents notables ou n'en offrant qu'à leur base; elle contient les genres Tefflus, Procère, Procruste, Carabe, Calosome, Pogonophore (*Leistus*, Lat. *Fam. nat.* Dej. *Spéc.*), Nébrie, Omophron, Bléthise, Elaphre et Notiophile, auxquels M. le comte Dejean joint le genre Pélophile; l'autre subdivision renferme les Pambores, les Cychres, les Scaphinotes et les Sphérodères, qui ont les mandibules dentées dans presque toute la longueur du côté interne. Mais les Pambores n'ont point leurs élytres carénées latéralement et ces élytres n'embrassent pas l'abdomen, et dans les Cychres ainsi que dans les Sphérodères les bords latéraux du corselet ne sont point prolongés postérieurement et ils ne sont que peu ou point relevés; en outre les Cychres ont les tarses antérieurs point dilatés et semblables dans les deux sexes, ce qui distingue ces trois genres de celui de Scaphinote. M. Latreille en créant ce dernier genre (*Iconogr. des Coléopt. d'Europ.*) et en le maintenant dans ses *Familles naturelles*, n'en a point posé les caractères. Nous les présentons donc ici tels qu'ils sont énoncés dans le *Spéciès* de M. le comte Dejean.

Antennes sétacées. — *Labre* bifide. — *Mandibules* étroites, avancées, dentées intérieurement. — *Dernier article des palpes* très-fortement sécuriforme, presqu'en cuiller et plus dilaté dans les mâles. — *Menton* très-fortement échancré. — *Bords latéraux du corselet* très-déprimés, relevés, prolongés postérieurement. — *Elytres* soudées, très-fortement carénées latéralement et embrassant une partie de l'abdomen. — *Tarses antérieurs* ayant leurs trois premiers articles légèrement dilatés dans les mâles.

Le nom de ce genre vient du grec, il a rapport à la forme du corselet de ces insectes, qui se rapproche de celle d'un bateau. Le Carabe relevé n°. 49, *Encycl.*, est de ce genre et peut-être aussi le Carabe unicolor n°. 50. Ce sont les *Cychrus* nos. 4 et 5. Fab. *Syst Eleut.*

(S. F. et A. Serv.)

SCAPHURE, *Scaphura.* Genre d'insectes Orthoptères-Sauteurs, de la famille des Locustaires, équivalant à celui de Pennicorne de M. Latreille (1) et à notre première subdivision de la première division du genre Sauterelle. (*Voyez* ce mot.) M. Kirby qui a créé ce genre, en développe les caractères dans le *Zoological Journal* n°. 5, avril 1825, de la manière suivante : labre orbiculaire. Mandibules cornées, fortes, presque trigones, arrondies à leur partie dorsale, munies intérieurement de cinq dents, les trois de l'extrémité faites en lanières, l'intermédiaire incisive, échancrée; celle qui est la plus près de la base, ressemblant assez à une dent molaire; lobe supérieur des mâchoires coriace, linéaire, courbe à son extrémité, l'inférieur ayant à sa pointe trois épines dont l'inférieure est la plus longue. Lèvre coriace; son extremité divisée en deux lobes oblongs. Palpes filiformes; les maxillaires de quatre articles; le second et le quatrième plus longs que les autres, celui-ci grossissant vers le bout. Palpes labiaux de trois articles, le premier le plus court de tous, l'intermédiaire moins long que le dernier. Antennes multiarticulées, filiformes à leur base, sétacées à l'extrémité. Oviscapte en forme de nacelle, garni d'aspérités. Corps oblong, comprimé. Le type de ce genre est la Scaphure de Vigors, *S. Vigorsii* (*Locusta Vigorsii* Nob.) Longueur 14 lig. Noire. Abdomen bleuâtre. Cuisses postérieures ayant dans leur milieu une bande blanche. Extrémité des élytres pâle. Antennes velues dans leur partie inférieure. Du Brésil. Cette espèce est figurée dans l'ouvrage que nous venons de citer, vol. 2. pl. 1. fig. 1 — 6.

(S. F. et A. Serv.)

SCAPTÈRE, *Scapterus.* Dej. (*Spéc.*)

Genre d'insectes de l'ordre des Coléoptères, section des Pentamères, famille des Carnassiers, tribu des Carabiques (division des Bipartis).

La division de la tribu des Carabiques nommée par M. Latreille les Bipartis (*Scaritides* Dej.) nous paroît devoir être divisée d'après les excellentes vues de cet auteur (*Iconogr. des Coléopt. d'Europ.*) et celles de M. le comte Dejean (*Spéciès des Coléopt.*, etc.) qui dans cet ouvrage y a introduit quelques nouveaux genres.

I. Menton inarticulé, recouvrant presque tout le dessous de la tête.

Encelade, Siagone.

II. Menton articulé, laissant à découvert une grande partie de la bouche.

A. Jambes antérieures palmées.

(1) M. Latreille nous charge de déclarer en son nom qu'il abandonne la dénomination de *Pennicorne*, et adopte celle de *Scaphure* donnée par M. Kirby.

a. Mandibules fortement dentées intérieurement.

Carène, Scarite, Acanthoscèle, Pasimaque, Scaptère.

b. Mandibules point ou très-légèrement dentées intérieurement.

Oxystome, Oxygnathe, Camptodonte, Clivine.

B. Jambes antérieures non palmées.

a. Antennes grenues ou presque grenues. Corselet presque carré.

Ozène, Morion.

b. Antennes à articles alongés, presque cylindriques. Corselet presque lunulé ou cordiforme.

Ariste, Apotome.

Dans le groupe dont fait partie le genre Scaptère, les Carènes se distinguent par leurs quatre palpes extérieurs dont le dernier article est dilaté. Les Scarites et les Acanthoscèles ont leurs mandibules grandes et avancées; de plus les Scarites ont leur corselet presqu'en croissant, arrondi postérieurement. Dans les Acanthoscèles le corps est court; enfin les Pasimaques ont le corselet large, plane, presque cordiforme, échancré postérieurement.

M. le comte Dejean a créé ce genre dont le nom est tiré d'un mot grec qui signifie : *fouisseur.* Il lui donne, dans son *Spéciès*, les caractères suivans : menton articulé, légèrement concave, fortement trilobé, ridé transversalement. Labre très-court, tridenté. Mandibules peu avancées, assez fortement dentées à leur base. Dernier article des palpes labiaux alongé, presque cylindrique. Antennes courtes, moniliformes; le premier article assez grand, à peu près aussi long que les trois suivans réunis; les autres beaucoup plus petits, très-courts, presque carrés et grossissant un peu vers l'extrémité. Corps alongé, cylindrique. Jambes antérieures fortement palmées. Corselet carré, convexe, presque cylindrique. Elytres cylindriques, presque tronquées à leur extrémité; leurs bords latéraux parallèles. Pattes très-courtes. Jambes intermédiaires ayant deux dents près de l'extrémité. Tête courte, presque carrée.

1. Scaptère de Guérin, *S. Guerini.*

Scapterus niger; capitis tuberculo elevato subcornuto; elytris profundè punctato-striatis.

Scapterus Guerini. Dej. *Spéc. tom.* 2. *p.* 472. *n°.* 1.

Longueur 7 lig. $\frac{1}{4}$. Noir. Tête ayant un tubercule élevé, presqu'en forme de corne. Elytres striées; ces stries fortement ponctuées.

Des Indes orientales. (S. F. et A. Serv.)

SCARABÉ, *Scarabœus.* Fab. Fabricius dans son *Systema Eleutheratorum* a compris dans cette coupe générique les espèces des genres Géotrupe Lat. et Bolbocère Kirb. Celles qui appartiennent aux Géotrupes sont ses *Scarabœus* suivans : *dispar* n°. 1, *typhœus* n°. 3, *momus* n°. 4, *stercorarius* n°. 10, *sylvaticus* n°. 11, *vernalis* n°. 12, *lœvigatus* n°. 13, *splendidus* n°. 15, *Blackburnii* n°. 16, et peut-être aussi le *cordatus* n°. 14. Les espèces composant le genre Bolbocère sont : *coryphœus* n°. 2, *quadridens* n°. 6, *lazarus* n°. 5, *mobilicornis* n°. 7, *cyclops* n°. 8, *testaceus* n°. 17. Cet auteur place encore parmi les Scarabés l'espèce nommée *longimanus* qu'il auroit dû, d'après ses principes, rapporter à son genre Géotrupe (Scarabé Lat.). (S. F. et A. Serv.)

SCARABÉ, *Scarabœus.* Linn. De Géer. Oliv. (*Entom.*) Lat. *Geotrupes.* Fab. *Dynastes.* Macl.

Genre d'insectes de l'ordre des Coléoptères, section des Pentamères, famille des Lamellicornes, tribu des Scarabéides (division des Xylophiles).

Parmi les Xylophiles, les uns ont le bord antérieur du labre apparent, séparant distinctement le chaperon des mandibules; ce sont les genres Hexodon, Rutèle, Chasmodie, Macraspis, Pélidnote, Chrysophore et Oplognathe; quatre autres : Scarabé, Oryctès, Phileure et Cyclocéphale, ont le labre caché; mais dans les trois derniers, le côté extérieur des mandibules est sans dents ni crénelures. Par cette comparaison on distinguera tous ces genres de celui de Scarabé.

Antennes courtes, composées de dix articles, le premier long, conique, gros, renflé, velu; le second presque globuleux, les suivans très-courts, transversaux, grossissant un peu depuis le troisième jusqu'au sixième inclusivement, le septième presque cyathiforme, les trois derniers formant une massue feuilletée, ovale, plicatile. — *Labre* membraneux, caché par le chaperon, adhérant à la surface intérieure de celui-ci, son bord antérieur cilié. — *Mandibules* presque trigones, cornées, très-dures, épaisses à leur base, sinuées, crénelées ou dentées sur leur côté extérieur. — *Mâchoires* dures, arquées, terminées en pointe, souvent dentées, velues. — *Palpes maxillaires* presqu'une fois plus longs que les labiaux, composés de quatre articles, le premier court, très-petit, le second assez long, presque conique, le troisième conique, plus court que le précédent, le quatrième au moins aussi long que le second, arrondi à son extrémité; palpes labiaux courts, insérés vers l'extrémité du menton, de trois articles, les deux premiers courts, presqu'égaux, le troisième long, un peu plus gros que les autres arrondi à son extrémité : menton velu, convexe, alongé, cachant la lèvre, son extrémité obtuse ou tronquée. — *Tête* presque trigone ; chaperon simple ou muni d'une corne. — *Yeux* globuleux. — *Corps* ovoïde, convexe. — *Corselet* légèrement bordé, armé d'une ou de plusieurs cornes, ou échancré antérieurement. — *Sternum* simple, uni. — *Ecusson* distinct, triangulaire. — *Elytres* grandes, recouvrant les ailes et l'abdomen. — *Pattes* fortes ; jambes s'élargissant vers le bas, les antérieures munies de trois ou quatre dents latérales à leur partie extérieure et d'une forte épine au-dessous de leur extrémité ; les quatre postérieures en ayant deux, et munies en outre de rangées transversales d'épines roides ; articles des tarses garnis de poils, principalement à leur partie inférieure ; le dernier muni de deux crochets simples et d'un faisceau de poils dans leur entre-deux.

On donne vulgairement le nom de *Scarabés* à tous les insectes de l'ordre des Coléoptères ; c'est dans ce sens que d'anciens auteurs parlent de Scarabés aquatiques (les Dytiques et les Hydrophiles) ; de Scarabé des Lys (le Criocère du Lys) ; de Scarabé pulsateur (une espèce de Vrillette) ; de Scarabés à ressort (les Taupins) ; de Scarabés tortues ou hémisphériques (les Coccinelles), et enfin de Scarabés à trompe (les Rhyncophores). Linné lui-même et les auteurs ses contemporains ont réuni dans le genre Scarabé tous les insectes qui composent aujourd'hui la tribu des Scarabéïdes. *Voyez* ce mot.

Les larves et les mœurs des insectes de ce genre ne sont pas connues, mais elles doivent peu différer de celles des Oryctès. *Voyez* ce mot à l'article XYLOPHILES.

Les Scarabés, presque toujours de grande taille, ne sont surpassés sous ce rapport, parmi les Coléoptères, que par quelques Priones ; leurs couleurs habituelles sont le noir et le brun. Ils appartiennent aux climats chauds des deux continens ; on en connoît à peu près soixante-dix espèces.

1re. *Division*. Elytres sans stries longitudinales.

1. SCARABÉ Entelle, *S. Entellus*.

Scarabæus elytris haud striatis, capitis carinâ mediâ transversâ, subobsoletâ, thorace anticè excavato, tricorni ; cornu medio ad marginem anticum brevissimo, lateralibus longis, rectis, apice emarginato bidentatis ; suprà fusco-castaneus, corpore subtùs antennarumque clavâ et femoribus castaneis.

Longueur 16 lig. Corps lisse, luisant, d'un châtain foncé ; son dessous, ainsi que les cuisses et les antennes, d'une nuance plus claire, garnis de même que les jointures, d'un duvet roussâtre. Tête fortement rugueuse, ayant dans son milieu une carène transversale élevée qui n'atteint pas les deux côtés ; cette carène un peu interrompue dans son milieu. Corselet très-échancré en devant, muni au milieu de son bord antérieur d'une petite corne conique et d'une autre de chaque côté, longue, droite, échancrée à son extrémité qui forme deux dents, dont la supérieure plus courte. Jambes antérieures ayant deux fortes dents à leur partie extérieure, non compris la terminale. Mâle.

Du Brésil.

A cette division appartiennent : 1°. le Scarabé Hercule, *Encycl. pl.* 137. *fig.* 3. mâle. (*Geotrupes Hercules* n°. 1. FAB. *Syst. Eleut.*) 2°. Scarabé Actéon, *pl.* 138. *fig.* 1. mâle. (*Geotr. Acteon* n°. 20. FAB. *id.* Le *Geotrupes Simson* n°. 21. de cet auteur, *Scarab. Simson* de Linn. et d'Oliv., ne nous paroît être qu'une variété de l'Actéon.) 3°. Scarab. Tityus, *pl.* 137. *fig.* 7. mâle. (*Geotr. Tityus* n°. 28. FAB. *id.*)

2e. *Division*. Elytres ayant une seule strie qui est suturale.

1re. *Subdivision*. Elytres lisses.

Rapportez ici : 1°. Scarab. Aloéus, *Encycl. pl.* 140. *fig.* 8. (*Geotrupes Aloeus* n°. 32. FAB. *Syst. Eleut.* mâle.) 2°. Scarab. Sémiramis, PAL.-BAUV. *Ins. d'Afriq. et d'Amér. pag.* 73. *Coléopt. pl.* 2. *fig.* 1. 3°. Scarab. Chorinée, *pl.* 139. *fig.* 5. mâle. (*Geotrup. Chorinæus* n°. 9. FAB. *idem.* mâle.) 4°. Scarab. Philoctète, OLIV. *Entom. tom.* 1. *Scarab. pag.* 16. *n°.* 12. *pl.* 14. *fig.* 125. mâle. Celui-ci n'est peut-être qu'une variété du Scarab. Chorinée. 5°. Scarab. Cadmus, *pl.* 143. *fig.* 4. OLIV. *id. pag.* 43. *n°.* 48. *pl.* 1. *fig.* 4. b. Ce Scarabé est regardé par quelques entomologistes comme étant la femelle du Chorinée, cependant Olivier lui donne le Sénégal pour patrie ; cet auteur mentionne comme variété, même planche, fig. *a*, un individu une fois plus petit, à élytres ponctuées et ayant les tubercules du corselet plus rapprochés.

2e. *Subdivision*. Elytres ponctuées sur les côtés.

A cette seconde subdivision appartiennent le Scarabé Enema, *Encycl. pl.* 140. *fig.* 6. (*Geotrupes Enema* n°. 13. FAB. *Syst. Eleut.*) et le Scarabé Pan. (*Geotrup. Pan* n°. 14. FAB. *id.* mâle.)

Nota. Ces deux espèces sont remarquables par leurs élytres un peu élargies dans leur partie moyenne et fortement rebordées depuis cette partie jusqu'à l'extrémité.

3e. *Division*. Elytres ayant plusieurs stries longitudinales.

On rapportera à cette division le Scarabé bilobé, *Encycl. pl.* 141. *fig.* 10. mâle et femelle. (*Geotrupes bilobus* n°. 15. FAB. *Syst. Eleut.* mâle.

De Cayenne. C'est à tort que Fabricius lui assigne pour patrie l'Europe australe.) et le Scarabé Sylvain, *pl.* 141. *fig.* 6. (*Geotrupes Sylvanus* n°. 42. FAB. *id.* mâle.)

4e. *Division.* Elytres irrégulièrement ponctuées dans toute leur étendue.

Les Scarabés Syphax, *Encycl. pl.* 141. *fig.* 1. (*Geotrupes Syphax* n°. 37. FAB. *Syst. Eleut.*) et ponctué (*Geotrup. punctatus* n°. 63. FAB. *idem.*) sont de cette division. (S. F. et A. SERV.)

SCARABÉ, *Scarabæus.* MACL. M. Macleay (*Hor. entom.*) comprend sous cette dénomination les Ateuchus FAB. et les Gymnopleures ILLIG. Les premiers types renferment les espèces du genre Ateuchus; le dernier type seul se compose des Gymnopleures. (S. F. et A. SERV.)

SCARABÉÏDES, *Scarabæides.* Première tribu de la famille des Lamellicornes, section des Pentamères, ordre des Coléoptères, ayant pour caractères :

Massue des antennes composée de feuillets, soit pouvant s'ouvrir et se fermer à la manière de ceux d'un livre, soit cupulaires; le premier de cette massue étant (dans ce dernier cas) plus grand, presqu'en forme de cornet et enveloppant les autres.

Cette tribu comprenant plus de soixante genres, M. Latreille a senti la nécessité d'y établir plusieurs divisions, auxquelles il a donné des dénominations particulières. Nous allons en présenter ici le tableau.

I. Antennes de huit à neuf articles. — Labre et mandibules cachés, de consistance membraneuse. — Mâchoires terminées par un grand lobe membraneux arqué, large et tourné en dedans. — Dernier article des palpes labiaux beaucoup plus grêle que les précédens, quelquefois très-petit, presque nul.

Coprophages, *Coprophagi.*

A. Pattes intermédiaires beaucoup plus écartées entr'elles à leur insertion que les autres. — Palpes labiaux très-velus, leur dernier article beaucoup plus petit que le précédent, ou même peu distinct. — Extrémité postérieure de l'abdomen découverte.

a. Ecusson nul (1).

† Les quatre jambes postérieures presque cylindriques, n'offrant ni renflement ni dilatation sensible à leur extrémité.

Ateuchus, Gymnopleure, Hybôme, Sisyphe.

†† Les quatre jambes postérieures courtes, sensiblement dilatées et plus épaisses à leur extrémité.

* Corps déprimé en dessus.

Onthophage, Phanée.

** Corps convexe en dessus.

Bousier, Chœridie.

b. Ecusson petit, mais distinct ou au moins un espace scutellaire libre.

Onite, Oniticelle, Aeschrotès.

B. Toutes les pattes insérées à égale distance les unes des autres. — Palpes labiaux velus, leurs articles cylindriques, presque semblables. — Ecusson très-distinct. — Elytres embrassant les côtés et l'extrémité postérieure de l'abdomen.

Euparie, Aphodie, Psammodie.

II. Antennes le plus souvent de dix à onze articles. — Mandibules du plus grand nombre cornées et découvertes. — Labre de la plupart coriace et plus ou moins à nu dans plusieurs. — Palpes labiaux filiformes ou terminés par un article plus grand. — Mâchoires soit entièrement cornées, soit terminées par un lobe membraneux ou coriace, mais droit et longitudinal.

A. Mandibules cornées, n'étant pas en forme de lames très-minces ou d'écailles.

a. Mandibules et labre toujours totalement ou en partie à nu, saillans au-delà du chaperon. — Elytres enveloppant le contour extérieur de l'abdomen et lui formant une voûte complète. — Antennes de plusieurs à onze articles. — Pattes postérieures très-reculées en arrière.

Arénicoles, *Arenicolæ.*

† Languette bifide, ses deux lobes saillans au-delà du menton. — Mandibules généralement saillantes, arquées.

* Antennes de neuf articles.

Chiron, Aegialie.

** Antennes de onze articles. (Cette coupe formoit autrefois la division des Géotrupins LATR.)

(1) L'écusson est nul lorsque les élytres ne cessent point de se toucher à l'endroit de la suture qui joint le corselet, et qu'elles ne laissent pas entr'elles de place pour un écusson ou pour un espace scutellaire.

¶ Articles de la masse des antennes presqu'égaux, pouvant se séparer les uns des autres dans l'action.

Ochodée, Bolbocère, Elépbastome, Athyrée, Géotrupe.

¶¶ Neuvième article des antennes (le premier de la massue) infundibuliforme, plus grand que les deux autres, les renfermant entièrement.

Léthrus.

†† Languette entièrement recouverte par le menton. — Mandibules et labre moins saillans que dans les précédens et ne paroissant point, la tête étant vue en dessus. — Hanches antérieures souvent grandes et recouvrant le dessous de la tête. — Côté interne des mâchoires denté. — Insectes produisant une stridulation.

* Antennes de neuf articles.

Cryptode, Méchidie.

** Antennes de dix articles.

Phobère, Trox, Hybosore, Orphné? Acanthocère?

b. Mandibules et labre rarement saillans au-delà du chaperon. — Extrémité postérieure de l'abdomen découverte.

† Languette entièrement cachée par le menton et confondue même avec lui. — Corps rarement alongé, avec le corselet oblong. — Elytres point béantes à la suture.

* Antennes toujours de dix articles, les trois derniers formant la massue. — Mandibules saillantes ou découvertes, du moins à leur partie latérale externe (point entièrement recouvertes en dessous par les mâchoires ni en dessus par le chaperon). — Mâchoires du plus grand nombre entièrement cornées et dentées, terminées dans les autres par un lobe coriace et velu.

Xylophiles, *Xylophili*. Voyez ce mot.

** Antennes de huit à dix articles, massue de plusieurs mâles formée par les cinq à sept derniers, de trois dans les autres. — Mandibules recouvertes en dessus par le chaperon et cachées en dessous par les mâchoires, leur côté extérieur seul apparent.

Phyllophages, *Phyllophagi*. Voyez ce mot (1).

¶ Mandibules fortes, entièrement cornées. — Extrémité des mâchoires sans dents ou n'en ayant que deux. — Antennes de dix articles.

Anoplognathe, Leucothyrée, Apogonie, Amblytère.

¶¶ Mandibules fortes, entièrement cornées. — Mâchoires pluridentées. — Tarses antérieurs des mâles dilatés et garnis en dessous de brosses. — Antennes de neuf articles.

Géniate.

¶¶¶ Mandibules fortes, entièrement cornées. — Mâchoires pluridentées. — Tarses semblables et sans brosses dans les deux sexes.

A. Massue des antennes de cinq feuillets (mâles), de quatre (femelles), ou de sept feuillets (mâles), de six (femelles).

o. Antennes de dix articles.

Hanneton.

o o. Antennes de neuf articles.

Pachype.

A A. Massue des antennes de trois feuillets dans les deux sexes.

o. Antennes de dix articles.

Rhizotrogue, Aréode.

o o. Antennes de neuf articles.

Popillie, Amphimalle, Euchlore, Plectris, Dasyus.

Nota. Nous rapportons à cette coupe, mais avec doute, le genre Agacéphale *Mannerh.*

¶¶¶¶ Portion interne des mandibules moins solide que l'autre ou membraneuse. — Antennes de neuf à dix articles, les trois derniers formant la massue.

(1) Lors de la rédaction de l'article auquel nous renvoyons, M. Latreille n'avoit pas encore publié ses *Familles naturelles du Règne animal*, ouvrage plein de riches aperçus et de vues nouvelles utiles à la science.

A. Deux crochets aux tarses postérieurs.

o. Crochets antérieurs égaux, bifides; les postérieurs inégaux, le petit bifide.

Céraspis.

o o. Tous les crochets égaux, bifides.

Dicranie, Macrodactyle, Diphucéphale, Sérique, Dichèle.

o o o. Crochets inégaux, les postérieurs entiers.

Anisoplie, Lépisie.

A A. Un seul crochet aux tarses postérieurs.

Hoplie, Monochèle.

† † Languette saillante au-delà du menton, bilobée. — Mandibules cornées. — Mâchoires terminées par un lobe membraneux et soyeux. — Corps souvent alongé. — Chaperon avancé. — Corselet oblong ou presqu'orbiculaire. — Elytres écartées ou béantes à leur extrémité postérieure. — Antennes de neuf à dix articles, les trois derniers formant la massue.

Anthobies, *Anthobii*.

* Un seul crochet aux tarses postérieurs.

Pachycnème, Anisonyx.

** Deux crochets aux tarses postérieurs.

Amphicome, Glaphyre, Chasmatoptère, Chasmé.

B. Mandibules très-aplaties, en forme de lames minces ou d'écailles, ordinairement presque membraneuses. — Labre presque membraneux, caché sous le chaperon. — Mâchoires terminées par un lobe en forme de pinceau. — Languette point saillante. — Corps le plus souvent ovale, déprimé. — Corselet en trapèze ou presqu'orbiculaire.

Mélitophiles, *Melitophili*.

a. Pièce triangulaire saillante en dessus, remplissant au moins une partie notable et souvent la totalité de l'intervalle compris entre les angles postérieurs du corselet et ceux de la base des élytres.

Platygénie, Crémastocheile, Macronote, Gymnétis, Cétoine.

b. Pièce triangulaire ne saillant pas en dessus, et ne s'avançant point dans l'intervalle compris entre les angles postérieurs du corselet et ceux de la base des élytres.

Trichie, Inca, Lépitrix.

ATEUCHUS, *Ateuchus*. Wéb. Fab. Illig. Lat. *Scarabœus*. Linn. De Géer. Oliv. (*Entom.*) Macl. *Copris*. Geoff. Oliv. (*Encycl.*)

Genre d'insectes de l'ordre des Coléoptères, section des Pentamères, famille des Lamellicornes, tribu des Scarabéïdes (division des Coprophages).

Huit genres de cette division se distinguent par l'absence de l'écusson. Quatre d'entr'eux ont les jambes intermédiaires et les postérieures presque cylindriques. (*Voyez* Scarabéïdes.) Les Gymnopleures et les Hybômes sont reconnoissables par le sinus profond qu'offre l'angle extérieur de la base des élytres; les Sisyphes n'ont que huit articles aux antennes, leurs élytres forment un triangle par leur réunion et leurs pattes postérieures sont beaucoup plus longues que le corps.

Antennes de neuf articles, le premier cylindrique, un peu plus épais tant à sa base qu'à son extrémité, le deuxième petit, les troisième, quatrième et cinquième (le troisième surtout) plus longs que les autres, de forme obconique ainsi que le second; le sixième très-court, patériforme; les trois derniers formant une massue libre, lamellée, plicatile, irrégulière, un peu comprimée; le septième fort grand, le huitième plus mince que les deux qui l'avoisinent, le dernier presque trigone, un peu acuminé. — *Labre* caché, membraneux, presque carré, un peu aigu à son extrémité, arrondi aux angles antérieurs. — *Mandibules* cachées, membraneuses, tricuspidées à leur base, s'avançant en une lame concave, trigone, leur côté extérieur et leur extrémité frangés de poils courts. — *Mâchoires* se prolongeant à leur extrémité en un lobe fort grand, presque carré; leur bord extérieur un peu arqué, frangé; leur lobe intérieur en forme de dent aiguë. — *Palpes maxillaires* de quatre articles, le premier très-petit, les second et troisième obconiques, le dernier cylindrique-ovale, très-long. — *Palpes labiaux* insérés aux angles supérieurs du menton, très-velus, de trois articles, le premier presqu'ovale, comme transverse, dilaté intérieurement, le dernier obconique, beaucoup plus petit que le précédent. — *Lèvre* membraneuse, cachée par le menton; celui-ci presque carré. — *Tête* presque demi-circulaire, mutique dans les deux sexes. — *Chaperon* muni à son bord antérieur de deux, quatre ou six dents. — *Yeux* petits, peu saillans. — *Corps* court. — *Corselet* grand, mutique, sans petite cavité latérale. — *Ecusson* nul. — *Elytres* presque carrées, n'ayant ni échancrure, ni sinuosité à leur partie extérieure, laissant à découvert l'extrémité de l'abdomen et recouvrant ordinairement des ailes. — *Abdomen* large, court. — *Pattes* plus ou moins velues, pas plus longues que le corps; hanches intermédiaires très-écartées entr'elles, les autres rapprochées : les quatre jambes postérieures très-peu dilatées à leur extrémité, presque cylindriques, peu ou point arquées; tarses composés d'articles cylindro-coniques : crochets apparens.

Les Ateuchus dont le nom vient d'un mot grec qui signifie : *désarmé*, vivent dans les fientes d'animaux, dont ils forment des boules qu'ils roulent pendant quelque temps et enfouissent ensuite après y avoir déposé leurs œufs; leurs larves et leurs métamorphoses diffèrent peu de celles des Oryctès. (*Voyez* ce mot.) Ces Coléoptères sont propres aux climats chauds des deux Mondes; on en connoît une quarantaine d'espèces dont la taille et les couleurs varient beaucoup.

1re. *Division*. Chaperon presque trilobé, muni de six pointes, dont quatre sont portées par le lobe intermédiaire. — Abdomen carré. — Corps déprimé en dessus. — Corselet presqu'angulaire postérieurement, c'est-à-dire s'avançant un peu entre la base des élytres. (Insectes de l'ancien continent. *Heliocantharus* Macl.)

1re. *Subdivision*. Les quatre jambes postérieures tronquées obliquement à leur extrémité, prolongées en une forte pointe non articulée, atteignant au moins la longueur de la moitié du tarse.

A cette subdivision se rapportent : 1°. Ateuchus saint, *A. sanctus* n°. 6. Fab. *Syst. Eleut.* (M. Macleay indique trois variétés, *Horæ entomol.* vol. 1. pag. 500. n°. 9.) 2°. Bousier sacré n°. 117. pl. 151. fig. 5. de ce Dictionnaire (*Ateuchus sacer* n°. 1. Fab. *Syst. Eleut.*)

2e. *Subdivision*. Les quatre jambes postérieures tronquées presque carrément à leur extrémité : les dernières munies d'une seule épine qui est articulée.

A. Jambes intermédiaires terminées par une seule épine; celle-ci forte et articulée.

1. Ateuchus cafre, *A. cafer.*

Ateuchus ater, clypei dentibus obtusis, capite confertissimè punctato, cruce subelevatâ lævi; thorace punctis sparsis non multis : elytrorum striis sex punctatis, punctis aliquot sparsis interjectis.

Ateuchus cafer. Dej. Collection.

Longueur 8 lig. Noir. Dents du chaperon obtuses. Tête fortement ponctuée portant deux lignes peu élevées, l'une longitudinale, l'autre transversale, formant une sorte de croix. Corselet ayant des points épars peu nombreux, surtout sur le disque et la partie postérieure : ses bords latéraux crénelés avec des poils roides entre les crénelures. Elytres chargées chacune de six stries pointillées ayant dans leurs intervalles un petit nombre de points enfoncés. Jambes de devant munies de quatre dents à leur partie extérieure; les quatre jambes postérieures n'en ayant point dans cette partie.

Du Cap de Bonne-Espérance.

Nota. Cette espèce nous paroît avoir de grands rapports avec le *Scarabœus hottentotus*. Macl. *Horæ entomol.* vol. 1. pag. 498. n°. 5.

Dans ce groupe entrent les Bousiers variolé n°. 118. pl. 151. fig. 6. (*Ateuchus semipunctatus* n°. 3. Fab. *Syst. Eleut.*), large col n°. 119. pl. 151. fig. 7. (*Ateuchus laticollis* n°. 2. Fab. *id.*), Palémon n°. 135 (*Ateuchus intricatus* n°. 8. Fab. *id.*), ainsi que l'*Ateuchus variolosus* n°. 4. Fab. *id.* (Retranchez le synonyme d'Olivier qui appartient au *semipunctatus.*)

B. Jambes intermédiaires terminées par deux épines fortes et articulées.

2. Ateuchus Adamastor, *A. Adamastor.*

Ateuchus ater, clypei dentibus obtusis, intermediis duobus elevato-subincurvis; capite anticè confertissimè punctato : thorace lævi; elytrorum striis sex vix conspicuis impunctatis, tuberculis minutissimis multis sparsis.

Longueur 9 lig. Noir, un peu luisant. Dents du chaperon obtuses, les deux intermédiaires un peu relevées en manière de cornes; tête fortement ponctuée surtout à sa partie antérieure, presque lisse postérieurement. Corselet lisse. Elytres ayant chacune six stries peu visibles, non ponctuées; leurs intervalles chargés d'un grand nombre de tubercules extrêmement petits. Jambes de devant crénelées extérieurement et munies en outre de quatre dents. Jambes intermédiaires en ayant deux petites; les postérieures n'en ayant pas dans cette partie.

Du Cap de Bonne-Espérance.

Nota. On trouve dans les *Horæ entomologicæ* de M. Macleay ainsi que dans l'*Entomographie de Russie*, vol. 2, de M. Fischer de Waldheim, plusieurs espèces nouvelles qui doivent faire partie de cette première division des Ateuchus.

2e. *Division*. Chaperon point trilobé. — Les quatre jambes postérieures tronquées presque carrément à leur extrémité.

1re. *Subdivision*. Les quatre jambes postérieures munies à leur extrémité d'une seule épine forte, articulée. — Abdomen arrondi. —

Corps un peu convexe. — Chaperon quadridenté. — Corselet ayant les angles de sa partie postérieure arrondis et une échancrure dans son milieu. (Insectes de l'ancien continent. Genre *Pachysoma* Macl.)

On rapportera à cette subdivision 1°. le Bousier Esculape n°. 121. pl. 151. fig. 9. de ce Dictionnaire (*Scarabœus Æsculapius* Macl. *Horæ entom.* vol. 1. pag. 507. n°. 21. *A. Æsculapius*); 2°. le *Scarabœus Hippocrates* Macl. *id.* n°. 22. (*A. Hippocrates.*) Nous pensons que ces deux espèces sont aptères.

2e. *Subdivision.* Jambes intermédiaires munies à leur extrémité des deux épines ordinaires; jambes postérieures n'en ayant qu'une.

A. Chaperon bidenté. — Corps convexe en dessus. — Abdomen arrondi postérieurement. — Corselet coupé droit à sa partie postérieure.

A cette coupe appartient le Bousier Bacchus n°. 120. pl. 151. fig. 8. de ce Dictionnaire (*A. Bacchus* n°. 12. Fab. *Syst. Eleut.*). Cet Ateuchus est aptère. *Voyez* Pallas, *Icon. Ins. Sibir. pag.* 20. A. 23. *tab.* B. *fig.* 23. A.

B. Chaperon ayant de deux à six dents; les latérales dans ce dernier cas plus ou moins saillantes. — Corps déprimé en dessus. — Abdomen carré. — Corselet arrondi en arrière d'un angle postérieur à l'autre.

3. Ateuchus Histrion, *A. Histrio.*

Ateuchus testaceus; capite, thoracis margine tenui, fasciâ sinuatâ discoidali punctoque laterali, elytrorum marginibus, pectore, maculâ ventrali, femorum apice, tibiis tarsisque nigris viridi-nitentibus.

Ateuchus Histrio. Dej. Catal.

Longueur 5 lig. Testacé brillant. Tête noire à reflet verdâtre ainsi que les bords du corselet; celui-ci ayant une bande sinueuse sur son disque, suivie de chaque côté d'un petit point, d'un noir verdâtre : bords des élytres de cette couleur, laquelle s'étend plus à la base et à l'extrémité que sur les côtés. Dessous du corselet et base de l'abdomen entièrement noirs avec le reflet; cette couleur s'avance sur le disque de la partie postérieure de ce dernier. Cuisses testacées avec leur extrémité noire, ainsi que les jambes et les tarses. Du Brésil.

Nota. Nous avons reçu sous le nom d'*Ateuchus coronatus* une variété qui a un peu moins de noir à la base et à l'extrémité des élytres ainsi que sur le dessous de l'abdomen.

Il faut rapporter ici : 1°. le Bousier lisse n°. 132. pl. 152. fig. 3. (*Ateuchus volvens* n°. 26. Fab. *Syst. Eleut.*). Cette espèce est partout granuleuse et chaque élytre a huit stries peu marquées; 2°. le Bousier grenu n°. 145. pl. 152. fig. 14. (*Ateuchus Olivieri* Dej. Catal.) d'Afrique; 3°. le Bousier violet n°. 150. fig. 19. (*A. violaceus* n°. 48. Fab. D'après une note manuscrite de M. Palisot-Beauvois, la tache anale de cette espèce ainsi que la massue des antennes sont d'un blanc de neige dans l'insecte vivant.); 4°. le Bousier émeraude n°. 129. pl. 151. fig. 16. (*A. smaragdulus* n°. 17. Fab. La massue des antennes est blanche.); 5°. le Bousier triangulaire n°. 140. pl. 152. fig. 10. (*A. triangularis* n°. 42. Fab.); 6°. le Bousier six points n°. 141. pl. 152. fig. 11. (*A. sexpunctatus* n°. 47. Fab.); 7°. le Bousier discoïde n°. 149. pl. 152. fig. 18. (*A. discoideus* n°. 50. Fab.), du présent ouvrage ainsi que les *Ateuchus affinis* n°. 43. Fab. et *viridicollis* Dej. Catal.

Les Bousiers crénelé n°. 97. (*Copris cristatus* n°. 110. Fab. *Syst. Eleut.*), brillant n°. 130, bipustulé n°. 156. (*Ateuchus bipustulatus* n°. 37. Fab.), appartiennent peut-être aussi au genre Ateuchus.

GYMNOPLEURE, *Gymnopleurus.* Illiger. *Ateuchus.* Fab. Lat. *Scarabœus.* Linn. Oliv. (*Entom.*) Macl. *Copris.* Geoff. Oliv. (*Encycl.*)

Genre d'insectes de l'ordre des Coléoptères, section des Pentamères, famille des Lamellicornes, tribu des Scarabéides (division des Coprophages).

Les Gymnopleures, dont le nom tiré de deux mots grecs a rapport à l'espace des côtés du corps que laisse à nu le sinus des élytres, diffèrent des Ateuchus par une échancrure subite et profonde placée au-dessous de l'angle extérieur de la base des élytres, et par la petite cavité que porte chaque côté du corselet. (*Voyez* pour les autres caractères génériques et pour les mœurs, ceux des Ateuchus, article précédent.) Toutes les espèces connues sont de l'ancien continent.

On rapportera à ce genre les Bousiers suivans du présent ouvrage : 1°. sinué n°. 131. pl. 152. fig. 2. *Ateuchus sinuatus* n°. 28. Fab. *Syst. Eleut.* (*Gymn. sinuatus.*) 2°. pilulaire n°. 133. *A. pilularius* n°. 27. Fab. (*Gymn. pilularius.*) 3°. flagellé n°. 134. pl. 152. fig. 5. *A. flagellatus* n°. 22. Fab. (*Gymn. flagellatus.*) 4°. de Kœnig. n°. 136. pl. 152. fig. 8. *A. Kœnigii* n°. 19. Fab. (*Gymn. Kœnigii.*) 5°. miliaire n°. 143. *A. miliaris* n°. 5. Fab. (*Gymn. miliaris.*) 6°. éclatant n°. 144. (*Gym. fulgidus.*) 7°. bleuâtre n°. 151. (*Gym. cœrulescens.*)

Nota. M. Macleay, dans ses *Horæ entomologicæ*, décrit plusieurs autres espèces de Gymnopleures.

HYBOME, *Hyboma.* Ce nouveau genre, dont le

le nom vient d'un mot grec qui signifie : *bossu*, est très-voisin des Ateuchus, des Gymnopleures et des Sisyphes ; il a pour type le Bousier bossu n°. 122. pl. 151. fig. 10. de ce Dictionnaire. (*Ateuchus gibbosus* n°. 13. Fab. *Syst. Eleut.*) Cette espèce a le port des Ateuchus à abdomen carré ; une sinuosité aux élytres, mais qui ne laisse pas à nu les côtés du corps, la rapproche des Gymnopleures ; enfin ses quatre jambes postérieures très-longues et arquées lui sont communes avec les Sisyphes. (Les autres caractères sont ceux des Ateuchus. *Voyez* ce mot pag. 350.)

La description du Bousier bossu (*Hyboma gibbosa*) n'est applicable qu'à l'un des sexes ; dans l'autre les élytres n'ont pas de gibbosité et les jambes de devant manquent d'épine à leur côté interne. Sa patrie est l'Amérique septentrionale.

Nota. Nous pensons devoir en outre rapporter aux Hybômes, le Bousier Icare n°. 123. pl. 151. fig. 11. (*Hyb. Icarus.*)

ONTHOPHAGE, *Onthophagus*. Lat. *Scarabœus*. Linn. De Géer. Oliv. (*Entom.*) *Copris*. Geoff. Fab. Illig. Oliv. (*Encycl.*) *Ateuchus*. Fab.

Genre d'insectes de l'ordre des Coléoptères, section des Pentamères, famille des Lamellicornes, tribu des Scarabéïdes (division des Coprophages).

Deux genres de la division des Coprophages ont l'écusson nul, les quatre jambes postérieures courtes, sensiblement dilatées, plus épaisses à leur extrémité et le corps déprimé en dessus ; ce sont les Phanées et les Onthophages : mais les premiers se distinguent par la massue des antennes infundibuliforme, le premier article recevant le second et le troisième, et par leurs quatre tarses postérieurs composés d'articles aplatis, triangulaires, allant en décroissant de largeur jusqu'au dernier, qui est dépourvu de crochets.

Antennes de neuf articles ; le premier alongé, cylindrique, le second petit, globuleux, les trois suivans obconiques, guère plus longs que le second ; le sixième petit, court, transversal ; les trois derniers formant une massue lamellée, plicatile, presqu'aussi longue que large. — *Labre* et *mandibules* membraneux et cachés. — *Mâchoires* terminées par un grand lobe membraneux, arqué, large, tourné en dedans. — *Palpes maxillaires* de quatre articles, le dernier médiocrement alongé, presqu'ovale. — *Palpes labiaux* très-velus, de trois articles ; le premier et le second ovalaires, le dernier presque nul. — *Menton* ayant une échancrure aiguë vers l'insertion des palpes labiaux. — *Tête* et *corselet* ayant tous deux ensemble (ou au moins l'un d'eux) des cornes ou des éminences distinctes. — *Chaperon* ordinairement ent er. — *Corps* large, court, ovale-arrondi, déprimé en dessus, tout au plus moitié plus long que large. — *Corselet* plus large que long. — *Point d'écusson*. — *Elytres* arrondies postérieurement, laissant à découvert l'extrémité de l'abdomen, recouvrant des ailes. — *Pattes* courtes ; hanches intermédiaires très-écartées entr'elles, les autres rapprochées ; les quatre jambes postérieures s'élargissant subitement et grossissant vers l'extrémité ; tarses intermédiaires et postérieurs composés d'articles presque cylindre-coniques, légèrement aplatis. Crochets apparens.

M. Olivier a traité de ce genre tome VIII, pag. 493, mais sans développement de caractères génériques ; ceux même qu'il assigne aux palpes labiaux sont erronés, et il n'a point rappelé toutes les espèces d'Onthophages confondues dans cet ouvrage avec les Bousiers. Nous essayons d'y suppléer ici. Ce genre établi par M. Latreille, tire son nom de deux mots grecs dont la signification est : *vivant d'ordures*. Les espèces qui le composent sont nombreuses, de taille petite ou moyenne et se trouvent dans tous les climats. Leurs mœurs et leurs métamorphoses ne diffèrent pas de celles des Bousiers. *Voyez* ce mot, tom. V.

1re. *Division*. Tête bicorne dans les mâles.

A cette première division appartiennent les Bousiers Séniculus n°. 75. pl. 149. fig. 14. (*Onthophagus Seniculus*. Lat.), Bonasus n°. 71. pl. *id.* fig. 10. (*O. Bonasus*. Lat.), fourchu n°. 116. pl. 151. fig. 4. (*O. furcatus*. Lat.), Taureau n°. 106. pl. 150. fig. 17. (*O. Taurus*. Lat.), Chèvre n°. 107. pl. *id.* fig. 18 (*O. Capra*. Lat.), Veau n°. 78. pl. 149. fig. 17. (*O. Camelus*. Dej. Catal. *Copris Camelus* n°. 43. Fab. *Syst. Eleut.*) de ce Dictionnaire, ainsi que l'*Onthophagus lucidus*. Dej. Catal. (*Copris lucida* n°. 41. Fab.)

2e. *Division*. Tête unicorne dans les mâles.

On placera ici 1°. les Bousiers nuchicorne n°. 109. pl. 150. fig. 20, et Vache n°. 80. pl. 149. fig. 19, le premier mâle, le second femelle de l'*Onthophagus medius*. Dej. Catal. (*Copris media* n°. 71. Fab. *Syst. Eleut.*) 2°. cénobite n°. 110. pl. 150. fig. 21. (*O. cœnobita*. Lat.) 3°. sagittaire n°. 77. pl. 149. fig. 16. (*O. sagittarius*. Lat.) 4°. Tagès n°. 105. pl. 150. fig. 16, et Amyntas n°. 79. pl. 149. fig. 18, le premier mâle, le second femelle de l'*Onthophagus Hybneri*. Dej. Catal. (*Copris Hybneri* n°. 107. Fab.) 5°. porte-épine n°. 114. pl. 151. fig. 2. (*O. spinifex*. Lat.) 6°. thoracique n°. 115. pl. 151. fig. 3. (*O. thoracicus*. Lat.) du présent ouvrage. Et en outre les *Onthophagus austriacus*. Dej. Catal. (*Scarabœus austriacus*. Panz. *Faun. Germ.*) et *fracticornis*. id. (*Copris fracticornis* n°. 91. Fab. *Syst. Eleut.*)

3e. *Division*. Tête sans cornes dans les deux sexes.

Rapportez à cette division les Bousiers de

Schreiber n°. 152. pl. 152. fig. 20. (*O. Schreiberi*. Lat.), Lémur n°. 81. pl. 149. fig. 20. (*O. Lemur*. Lat.), et ovale n°. 158. (*O. ovatus*. Lat.)

On doit mettre encore parmi les Onthophages, mais sans que nous puissions indiquer dans quelle division, 1°. le Bousier Catta n°. 76. pl. 149. fig. 15. (*Copris Catta* n°. 23. Fab. *Syst. Eleut.* femelle. (*Onthophagus Gazella* femelle, Dej. Catal. dont le mâle est le *Copris Gazella* n°. 76. Fab.) 2°. bronzé n°. 84. pl. 149. fig. 23. (*O. æneus*. Lat.) 3°. bituberculé n°. 85. (*O. bituberculatus*. Lat.) 4°. quatre points n°. 104. pl. 150. fig. 15. (*O. quadripunctatus*. Lat.). 5°. bifascié n°. 82. pl. 149. fig. 21. (*O. bifasciatus*. Lat.) 6°. bident n°. 83. pl. *id.* fig. 22. (*O. bidens*. Lat.) 7°. penché n°. 108. pl. 150. fig. 19. (*O. nutans*. Lat.) 8°. verticicorne n°. 111. (*O. verticicornis*. Lat.), et avec doute les Bousiers Dorcas n°. 70. pl. 149. fig. 9, rebordé n°. 112, ferrugineux n°. 113. pl. 151. fig. 1, et quadripustulé n°. 157. pl. 152. fig. 25.

PHANÉE, *Phaneus*. Macl. Lat. *Lonchophorus*. Germ. *Scarabœus*. Linn. De Géer. Oliv. (*Entom.*) *Copris*. Fab. Oli. (*Encycl.*) *Onitis*. Fab.

Genre d'insectes de l'ordre des Coléoptères, section des Pentamères, famille des Lamellicornes, tribu des Scarabéïdes (division des Coprophages).

L'écusson nul, les quatre jambes postérieures courtes, sensiblement dilatées, plus épaisses à leur extrémité et le corps déprimé en dessus, sont les caractères qui font des Phanées et des Onthophages un groupe particulier. (*Voyez* Scarabéïdes.) Les seconds se distinguent des premiers par les articles de leurs quatre tarses postérieurs presque cylindro-coniques, peu aplatis et par la massue des antennes dont le premier article n'est point infundibuliforme et laisse libres le second et le troisième.

Antennes de neuf articles; le premier alongé, cylindrique, grossissant un peu vers son extrémité, le second court, pateriforme ou semi-circulaire; les troisième, quatrième et cinquième plus longs que le second; le sixième plus court que ceux-ci; les trois autres formant une massue infundibuliforme : le premier de cette massue presque trigone, renfermant et resserrant les deux suivans; le bord extérieur du second article figuré en fer à cheval; le dernier article ayant la forme d'un opercule, son bord extérieur un peu échancré. — *Bouche* comme dans le genre Ateuchus (*voyez* ce mot), à l'exception du dernier article des palpes labiaux qui est presque cylindrique. — *Tête* presque trigone, toujours cornue ou portant des éminences. — *Chaperon* souvent bidenté ou échancré. — *Corps* épais, déprimé en dessus. — *Corselet* toujours excavé en devant dans les deux sexes et souvent cornu ou tuberculé, muni d'une petite fossette de chaque côté, ordinairement plus large à sa partie antérieure que l'abdomen; ses côtés sinués, bordés; son bord postérieur portant habituellement deux points enfoncés, rapprochés et une ligne élevée de chaque côté. — *Ecusson* nul. — *Abdomen* aplati dans son milieu; arrière-sternum aigu ou caréné. — *Elytres* sillonnées ou fortement striées, laissant à découvert l'extrémité de l'abdomen et recouvrant des ailes. — *Pattes* fortes; hanches intermédiaires très-écartées entr'elles, les autres rapprochées; les quatre jambes postérieures courtes, s'élargissant brusquement et grossissant vers l'extrémité; tarses antérieurs caduques dans l'insecte vivant; les quatre postérieurs composés d'articles aplatis, triangulaires, allant en décroissant de largeur du premier au dernier; crochets nuls.

Ce genre démembré par M. Macleay (*Horæ entomol.*) de celui de Bousier, en a retiré presque toutes les espèces métalliques; aussi son nom vient-il d'un verbe grec qui signifie : *briller*. Depuis, M. Germar lui a imposé celui de *Lonchophorus* (porte-lance en grec). Les Phanées appartiennent au Nouveau-Monde; ils y remplissent, dit M. Macleay, les fonctions des Onites dans l'ancien continent; ces insectes habitent les fientes d'animaux et en approvisionnent leurs larves. Leur taille est généralement grande ou du moins moyenne, et leur corps le plus souvent brillant et métallique.

1re. *Division*. Arrière-sternum dépourvu de pointe prolongée en avant.

1re. *Subdivision*. Chaperon évidemment bidenté à sa partie antérieure. — Bord postérieur du corselet arrondi.

A cette subdivision appartiennent 1°. le Bousier porte-lance n°. 45. pl. 147. fig. 8. (*Copris lancifer* n°. 58. Fab. *Syst. Eleut. Phaneus lancifer* Nob.); 2°. belliqueux n°. 46. pl. 147. fig. 9. (*Phaneus bellicosus* Macl. *Horæ entom.* vol. 1. pag. 125. n°. 1.); 3°. Jasius n°. 54. pl. 148. fig. 8. femelle (*Phaneus Jasius* Macl. pag. 126. n°. 2.) (1) de ce Dictionnaire, et encore le *Phaneus Dardanus* Macl. n°. 3. (*Onitis Jasius* n°. 8. Fab.)

2e. *Subdivision*. Chaperon entier ou échancré antérieurement. — Bord postérieur du corselet ayant une tendance à s'avancer en pointe vis-à-vis de la suture des élytres.

Rapportez ici les Bousiers suivans de ce Dictionnaire : 1°. Mimas n°. 53. pl. 148. fig. 7. (*Copris*

(1) A la fin de l'article Onite du présent ouvrage, l'auteur se trompe en regardant comme une seule espèce l'*Onitis Jasius* de Fabricius et le *Copris Jasius* n°. 54. de l'Encyclopédie. La première de ces deux espèces est le *Phaneus Dardanus* Macl. n°. 3.

Mimas n°. 68. Fab. *Phaneus Mimas* Macl. pag. 127. n° 4.) 2°. Belzébut n°. 52. (Sous ce numéro sont renfermées deux espèces suivant M. Macleay; savoir : le *Phaneus Belzebul* Macl. pag. 128. n°. 5. *Copris Belzebul* n°. 32. Fab. C'est l'individu décrit comme femelle et le *Phaneus Moloch*. Macl. pag. 129. n°. 6. qui est le mâle Belzébut Oliv.) 3°. bourreau n°. 90. pl. 150. fig. 4. (*Copris carnifex* n°. 84. Fab. *Phaneus carnifex* Macl. pag. 132. n°. 11.) 4°. éclatant n°. 56. pl. 148. fig. 10. (*Copris splendidulus* n°. 8. Fab. *Phaneus splendidulus* Nob.) 5°. Faune n°. 47. pl. 148. fig. 1. (*Copris Faunus* n°. 36. Fab. *Phaneus Faunus* Nob.) et encore les trois espèces suivantes : 1°. *Phaneus conspicillatus* Nob. (*Lonchophorus conspicillatus* Germar. *Copris conspicillatus* n°. 9. Fab.) 2°. *hastifer* Nob. (*Lonchophorus hastifer* Germar.) 3°. *Columbi* Macl. pag. 30. n°. 7.

2e. *Division*. Arrière-sternum armé antérieurement d'une pointe qui se prolonge entre les pattes de devant. — Bord postérieur du corselet manifestement avancé en pointe vis-à-vis de la suture des élytres.

Cette division comprend : 1°. le Bousier élégant n°. 55. pl. 148. fig. 9. de cet ouvrage. (*Copris festivus* n°. 10. Fab. *Phaneus festivus* Macl. pag. 131. n°. 8.) 2°. les *Phaneus hilaris* Macl. pag. 131. n°. 9. et *lautus* Macl. pag. 131. n°. 10.

BOUSIER, *Copris*. Geoff. Fab. Lat. Oliv. (*Encycl.*) *Scarabæus*. Linn. De Géer. Oliv. (*Entom.*)

Genre d'insectes de l'ordre des Coléoptères, section des Pentamères, famille des Lamellicornes, tribu des Scarabéïdes (division des Coprophages).

Nota. Ce genre a déjà été traité dans ce Dictionnaire, tom. V; mais tel que l'auteur l'y caractérise, il renferme les suivans : Aphodie, Bousier, Phanée, Oniticelle, Onthophage, Onite, Ateuchus, Gymnopleure, Hybôme, Sisyphe et Chœridie; formés depuis à ses dépens. Les espèces de ces différens genres se trouvent mêlées les unes avec les autres dans cet article; les caractères génériques des Bousiers proprement dits devant être très-restreints, il est nécessaire de les donner ici, en renfermant ce genre dans ses justes limites.

Deux genres de Scarabéïdes forment un groupe parmi les Coprophages (*voyez* Scarabéïdes), caractérisé ainsi : écusson nul. Les quatre jambes postérieures courtes, sensiblement dilatées et plus épaisses à leur extrémité. Corps convexe en dessus. Ce sont les Bousiers et les Chœridies, mais les seconds ont toujours la tête et le corselet dépourvus de cornes et de tubercules dans les deux sexes.

Antennes courtes, de neuf articles, les trois derniers en massue lamellée, plicatile; le premier de ceux-ci point infundibuliforme, laissant libres les deux autres. — *Labre* et *mandibules* cachés, membraneux. — *Mâchoires* membraneuses, leur extrémité se prolongeant en un lobe fort grand, presque carré. — *Palpes maxillaires* filiformes, presque de moitié plus longs que les labiaux, de quatre articles; le premier très-petit, les second et troisième obconiques, le second alongé, le terminal au moins de la longueur du deuxième, presque cylindrique. — *Palpes labiaux* très-velus, de trois articles; le dernier petit, grêle, mais distinct. — *Tête* presque demi-circulaire, toujours cornue ou portant des éminences dans les deux sexes. — *Chaperon* entier ou échancré. — *Corps* court, convexe en dessus et en dessous. — *Corselet* grand, plus court que les élytres, pas plus long que large, quelquefois plus large que long, se rapprochant de la forme orbiculaire, ordinairement tuberculé dans les deux sexes. — *Point d'écusson*. — *Elytres* convexes, sans échancrure à leur partie extérieure; laissant à découvert l'extrémité de l'abdomen et recouvrant des ailes. — *Abdomen* court. — *Pattes* fortes; hanches intermédiaires très-écartées entr'elles, les autres rapprochées; les quatre jambes postérieures courtes, très-dilatées et plus épaisses à leur extrémité; tarses intermédiaires et postérieurs composés d'articles aplatis, triangulaires; le premier plus large que les suivans, ceux-ci allant en décroissant jusqu'au cinquième. Crochets apparens.

Le noir luisant est la couleur habituelle de ces insectes. Leur taille est grande ou moyenne. Ils n'affectent point de climat particulier. Les mœurs et les métamorphoses étant les mêmes dans tous les Coprophages, nous renverrons pour cet objet à l'article Bousier, tom. V, pag. 133.

Les Bousiers proprement dits, décrits dans cet ouvrage, sont : 1°. Anténor n°. 39. pl. 147. fig. 1. (*Copris Antenor* n°. 48. Fab. *Syst. Eleut.*) 2°. Hamadryas n°. 40. pl. 147. fig. 3. (*C. Hamadryas* n°. 28. Fab.) 3°. Bucéphale n°. 41. pl. 147. fig. 4. (*C. Bucephalus* n°. 54. Fab.) 4°. Molossus n°. 43. pl. 147. fig. 6. (*C. Molossus* n°. 56. Fab.) 5°. Janus n°. 44. pl. 147. fig. 7. 6°. Némestrinus n°. 48. pl. 148. fig. 2. (*C. Nemestrinus* n°. 3. Fab.) 7°. Jacchus n°. 49. pl. 148. fig. 3. (*C. Jacchus* n°. 4. Fab.) 8°. Phidias n°. 50. pl. 148. fig. 4. 9°. Borée n°. 51. pl. 148. fig. 5. 10°. Œdipe n°. 57. pl. 148. fig. 11. (*C. Œdipus* n°. 1. Fab.) 11°. Paniscus n°. 58. pl. 148. fig. 12. (*C. Paniscus* n°. 59. Fab.) 12°. Espagnol n°. 59. pl. 148. fig. 13. (*C. hispanus* n°. 86. Fab.) 13°. Lunaire n°. 60. pl. 149. fig. 1. (*C. lunaris* n°. 29. Fab.) 14°. Echancré n°. 61. pl. 149. fig. 2. (*C. emarginata* n°. 30. Fab.) 15°. Ancée n°. 62. pl. 149. fig. 3. 16°. Capucin n°. 63. (*C. capucinus* n°. 39. Fab.) 17°. Pithécius n°. 64. pl. 149. fig. 4. (*C. Pithecius* n°. 14. Fab.)

18°. Sabæus n°. 65. pl. 149. fig. 5. (*C. Sabæus* n°. 6. Fab.) 19°. Tullius n°. 66. pl. 149. fig. 6. (*C. Tullius* n°. 65. Fab.) 20°. Pactole n°. 67. pl. 149. fig. 7. (*C. Pactolus* n°. 12. Fab.) 21°. Frotteur n°. 72. pl. 149. fig. 11. (*C. fricator* n°. 67. Fab.) 22°. Sinon n° 73. pl. 149. fig. 12. (*C. Sinon* n°. 35. Fab.) 23°. Ammon n°. 74. pl. 149. fig. 13. (*C. Ammon* n°. 25. Fab.) 24°. Géant n°. 86. pl. 119. fig. 25. (*C. gigas* n°. 55. Fab.) 25°. Achate n°. 87. pl. 150. fig. 1. 26°. Eridanus n°. 88. pl. 139. fig. 6. et 150. fig. 2. 27°. Carolinois n°. 89. pl. 150. fig. 3. (*C. Carolina* n°. 60. Fab.) 28°. Nisus n°. 96. pl. 150. fig. 9. (*C. Nisus* n°. 61. Fab.) 29°. Trident n°. 98. pl. 150. fig. 10. (*C. Tridens* n°. 85. Fab.) 30°. Marsyas n°. 99. 31°. Ondé n°. 100. pl. 150. fig. 12. 32°. Sillonneur n°. 103. pl. 150. fig. 14. (*C. sulcator* n°. 104. Fab.) 33°. Hespérus n°. 128. pl. 151. fig. 15. Cette espèce est du Brésil et non des Indes orientales.

Nous rapporterons encore à ce genre, mais avec doute, 1°. Bousier Midas n°. 42. pl. 147. fig. 5. (*C. Midas* n°. 27. Fab.) 2°. Pélée n°. 102. 3°. Oblique n°. 139. pl. 152. fig. 9. du présent ouvrage.

CHŒRIDIE, *Chœridium*. *Ateuchus*. Fab. *Copris*. Oliv. (*Encycl.*)

Genre d'insectes de l'ordre des Coléoptères, section des Pentamères, famille des Lamellicornes, tribu des Scarabéïdes (division des Coprophages).

Dans cette division un groupe a pour caractères : point d'écusson; les quatre jambes postérieures courtes, sensiblement dilatées et plus épaisses à leur extrémité. (*Voyez* Scarabéïdes.) Ce groupe contient quatre genres, Onthophage, Phanée, Bousier et Chœridie; les trois premiers se distinguent aisément du dernier par leur tête ou leur corselet toujours cornus ou tuberculés dans les deux sexes; en outre, les Phanées et les Onthophages ont le corps déprimé en dessus.

Les Chœridies présentent les caractères suivans :

Antennes de neuf articles, les trois derniers en masse lamellée, plicatile. — *Labre* et *mandibules* cachés et membraneux. — *Tête* presque demi-circulaire, mutique dans les deux sexes. — *Chaperon* visiblement échancré, toujours bidenté à son bord antérieur. — *Corps* court, convexe en dessus et en dessous. — *Corselet* mutique dans les deux sexes. — *Ecusson* nul. — *Elytres* convexes, sans échancrure à leur partie extérieure, laissant à découvert l'extrémité de l'abdomen et recouvrant des ailes. — *Abdomen* court. — *Hanches* intermédiaires très-écartées entr'elles, les autres rapprochées. — *Les quatre jambes postérieures* courtes, très-dilatées et plus épaisses à leur extrémité. — *Les quatre derniers tarses* composés d'articles aplatis, triangulaires, le premier plus large que les suivans; ceux-ci allant en décroissant jusqu'au cinquième. Crochets apparens.

Les insectes de ce nouveau genre, dont le nom vient d'un diminutif du substantif grec qui désigne un Porc, ont été confondus avec les Ateuchus par Fabricius, en raison sans doute de la conformité de leur chaperon avec celui de plusieurs espèces de ce dernier genre. Il nous paroît impossible de les y laisser, vu la structure de leurs quatre jambes postérieures qui sont courtes, dilatées et beaucoup plus épaisses à leur extrémité, tandis qu'elles n'offrent ni renflement ni dilatation sensible dans les Ateuchus; ceux-ci ont les quatre derniers tarses composés d'articles évidemment cylindro-coniques, conformation très-différente de celle que présentent les tarses des Chœridies. Les espèces que nous connoissons sont d'une taille au-dessous de la moyenne et propres aux climats chauds des deux Amériques.

1. Chœridie simple, *C. simplex*.

Chœridium fuscum, subnitidum, clypeo acutè emarginato et bidentato, capite thoraceque subtilitèr punctatis; elytris septem striatis, striis subcrenulatis : thoracis subtùs et abdominis lateribus punctatis; pedibus fuscè testaceis.

Ateuchus simplex. Dej. Catal.

Longueur 3 lig. ½. D'un brun-noirâtre; chaperon échancré, armé de deux dents qui, ainsi que l'échancrure, sont aiguës. Tête et corselet très-finement pointillés, un peu luisans; celui-ci ayant de chaque côté une petite fossette, et postérieurement, vis-à-vis de la suture, un sillon longitudinal qui ne dépasse pas le milieu du disque. Elytres peu luisantes, chargées chacune de sept stries, lesquelles ont quelques petits points peu enfoncés. Les côtés du corselet et de l'abdomen sont en dessous ponctués et comme chagrinés. Pattes d'un testacé foncé. Jambes de devant munies de quatre dents extérieures.

De Cayenne.

On détachera des Bousiers du présent ouvrage, pour les rapporter aux Chœridies, les espèces suivantes : 1°. squalide n°. 142 (*Ateuchus squalidus* n°. 30. Fab. *Syst. Eleut. Chœridium squalidum*. Nob.); 2°. quadrille n°. 153. (*Chœridium quadriguttatum* Nob.); 3°. tête noire n°. 154. (*Chœridium melanocephalum* Nob.) et peut-être encore le Bousier de la nouvelle Hollande n° 155. (*Ateuchus Hollandiæ* n°. 15. Fab., dont nous croyons la patrie mal indiquée par les auteurs), ainsi que l'*Ateuchus capistratus* n°. 36. Fab. (*Chœridium capistratum* Nob.) de la Caroline. Les *Ateuchus concolor* et *carbonarius* Dej. *Collect.* appartiennent aussi à ce genre.

ONITICELLE, *Oniticellus*. Ziégl. Dej. Catal. *Onthophagus*. Lat. *Ateuchus*. Fab. *Scarabæus*.

Oliv. (*Entom.*) *Copris*. Geoff. Oliv. (*Encycl.*)

Genre d'insectes de l'ordre des Coléoptères, section des Pentamères, famille des Lamellicornes, tribu des Scarabéïdes (division des Coprophages).

Les Onites, les Oniticelles et les Æschrotès forment un groupe dans cette division, dont le caractère consiste en ce que les élytres à la base de leur suture ne se rejoignent pas parfaitement entr'elles ni avec le corselet, mais laissent au contraire dans cette partie un espace libre occupé par un écusson dans les deux derniers genres, et même assez souvent dans le premier. Les Onites se distinguent des Oniticelles par la massue de leurs antennes en forme de carré à angles adoucis, dont le diamètre longitudinal ne surpasse presque pas le transversal, et par la forme des articles qui composent cette massue, le premier étant infundibuliforme, le second plus court que les deux autres et presqu'entièrement renfermé entr'eux; le dernier en forme de cupule renversée. Il paroît aussi que les Onites ont le dernier article des palpes labiaux distinct. Dans les Æschrotès la massue des antennes a aussi ses deux diamètres presqu'égaux; le corselet est fortement échancré sur ses bords latéraux depuis le milieu jusqu'à la partie postérieure; les élytres ont leurs côtés rabattus subitement, avec leur dessus absolument plane. Les Oniticelles, autrefois confondus avec les Onthophages, en diffèrent par la présence d'un écusson; par le corselet aussi long que large, et par les élytres beaucoup plus longues en proportion. Les caractères génériques de ces Coprophages n'ayant pas encore été publiés, nous nous en référons à la comparaison que nous venons d'établir. Les espèces peu nombreuses dont ce genre est composé sont de petite taille et habitent l'ancien continent.

Les Oniticelles déjà décrits dans cet ouvrage sont: 1°. Bousier ceint n°. 146. pl. 152. fig. 15. (*Ateuchus cinctus* n°. 41. Fab *Syst. Eleut. Oniticellus cinctus*. Dej. Catal.) 2°. flavipède n°. 147. pl. 152. fig. 16. (*A. flavipes* n°. 39. Fab. *Oniticellus flavipes*. Dej. Catal. Le *Copris verticicornis* n°. 103. Fab. *Syst. Eleut.* n'en est qu'une variété, selon M. Schœnherr.) 3°. pâle n°. 148. (*A. pallipes* n°. 38. Fab. *Oniticellus pallipes*. Nob.) On observera que c'est par erreur que l'auteur regarde ce dernier comme privé d'écusson. L'individu que nous croyons mâle, a sur le chaperon une corne courte, un peu comprimée en travers, et une ligne transversale peu élevée à la partie tout-à-fait postérieure de la tête; dans l'autre sexe, le chaperon porte deux lignes transversales peu élevées: le derrière de la tête en a également deux, dont la postérieure est la plus saillante de toutes. Cette espèce, que les auteurs citent comme venant de Maroc, du Sénégal et d'Italie, a été rapportée des Indes orientales par feu Sonnerat.

Il seroit possible que le Bousier Rhadamiste n°. 68. de ce Dictionnaire (*Copris Rhadamistus* n°. 2. Fab. *Syst. Eleut.*) fût un Oniticelle.

ÆSCHROTÈS, *Æschrotes*. Macl. inéd. *Isonotus*. Dalm. inéd.

Ce genre a pour caractères distinctifs de ceux des Onites et des Oniticelles (*voyez* Scarabéïdes): massue des antennes ayant ses deux diamètres presqu'égaux; bords latéraux du corselet fortement échancrés, depuis leur milieu jusqu'à la partie postérieure; élytres ayant leur dessus absolument plane et leurs côtés rabattus subitement.

Le mot grec dont est formé le nom de ce genre signifie: *saleté*; il a rapport à la manière de vivre des insectes qui le composent.

1. Æschrotès plane, *Æ. planus*.

Æschrotes squalidè testaceus, fusco mixtus; elytris glabris; pedibus nigris, femoribus quatuor posterioribus testaceis, posticis duobus remotè bispinosis.

Onitis planus. Dej. Catal.

Longueur 1 pouce. D'un testacé sale, tacheté de brun; élytres glabres: pattes noires, cuisses intermédiaires et postérieures testacées; celles-ci ayant chacune deux fortes épines très-éloignées l'une de l'autre.

De Cayenne.

A ce genre appartient l'*Onitis deplanatus* de M. Germar. Du Brésil.

EUPARIE, *Euparia*. Ce nouveau genre très-voisin de celui d'Aphodie s'en distingue par les caractères suivans: côtés de la tête dilatés et formant un triangle; angles postérieurs du corselet fortement échancrés; angles huméraux des élytres pointus et très-prolongés en devant. (*Voyez* pour les autres caractères ceux des Aphodies, article suivant.)

Euparia vient de deux mots grecs qui ont rapport à la dilatation des parties latérales de la tête de ces insectes.

1. Euparie marron, *E. castanea*.

Euparia fuscè castanea, punctata; capitis angulis lateralibus dilatato-subspinosis; thoracis basi sinuatâ, utrinquè marginatâ; elytris striato-punctatis, humeris porrecto-subspinosis.

Longueur 3 lig. Corps d'un brun-marron, ponctué. Bord postérieur du corselet fortement sinué, comme échancré vis-à-vis des angles huméraux des élytres; celles-ci ayant des stries pointillées, et leurs angles huméraux épineux.

Patrie inconnue.

APHODIE, *Aphodius*. Illig. Fab. Lat. Gyll. *Scarabœus*. Linn. De Géer. Geoff. Oliv. (*Entom.*) *Copris*. Oliv. (*Encycl.*)

Genre d'insectes de l'ordre des Coléoptères, section des Pentamères, famille des Lamellicornes, tribu des Scarabéides (division des Coprophages).

Dans cette division trois genres : Euparie, Psammodie et Aphodie, sont distingués par les caractères suivans : toutes les pattes insérées à égale distance les unes des autres. Palpes labiaux velus, leurs articles cylindriques, presque semblables. Ecusson très-distinct. Elytres embrassant les côtés et l'extrémité postérieure de l'abdomen. Mais les Psammodies ont les mâchoires armées intérieurement d'un appendice corné en forme de dent bifide, et se nourrissent probablement de substances plus solides que celles qu'attaquent les Aphodies; dans les Euparies les côtés de la tête sont dilatés et forment un triangle; les angles huméraux de leurs élytres sont pointus et très-prolongés en devant.

Antennes un peu plus longues que la tête, de neuf articles, le premier alongé, un peu plus épais vers l'extrémité, le second presque hémisphérique, le troisième petit, les quatrième, cinquième et sixième très-courts, transversaux; les trois derniers formant une massue lamellée, plicatile, ovale. — *Labre* membraneux, caché par le chaperon. — *Mandibules* membraneuses, cachées. — *Mâchoires* terminées par un grand lobe membraneux. — *Palpes maxillaires* filiformes, plus longs que les autres, de quatre articles, le second commençant à dépasser le chaperon, alongé; le dernier encore plus long. — *Palpes labiaux* peu velus, de trois articles cylindriques, presqu'égaux entr'eux, le dernier plus grêle. — *Lèvre* fort velue à sa partie supérieure; menton profondément échancré, ses angles supérieurs aigus. — *Chaperon* demi-circulaire, ordinairement tuberculé. — *Corps* ovale ou ovale-linéaire, convexe en dessus, arrondi aux extrémités. — *Corselet* mutique, en carré transversal. — *Ecusson* très-distinct. — *Elytres* embrassant les côtés ainsi que l'extrémité postérieure de l'abdomen et recouvrant des ailes; leur partie antérieure coupée droite. — *Pattes* fortes, insérées par paires à égale distance les unes des autres; cuisses antérieures portant une ligne enfoncée garnie d'une frange de poils, leurs jambes tridentées extérieurement; les quatre autres presque coniques, ayant des incisions transversales un peu épineuses; tarses filiformes, leurs articles cylindro-coniques, le premier beaucoup plus long que les autres : crochets apparens.

Ces insectes dont les goûts sont les mêmes que ceux des autres Coprophages, en ont tiré leur nom, dérivé du grec. Les espèces sont en grand nombre et toujours petites ou moyennes; leurs couleurs sont le noir-luisant ou bien un gris plus ou moins briqueté, sans aucun reflet métallique. Toutes ou presque toutes habitent l'ancien continent.

1re. *Division.* Tête cornue ou tuberculée.

Les Aphodies décrits dans ce Dictionnaire sont les suivans : 1°. Bousier fossoyeur n°. 1. pl. 145. fig. 5. (*Aphodius fossor* n°. 2. Fab. *Syst. Eleut.*) 2°. Anal n°. 2. (*A. analis* n°. 9. Fab.) 3°. Souterrain n°. 3. pl. 145. fig. 6. (*A. subterraneus* n°. 18. Fab.) 4°. Terrestre n°. 4. pl. 145. fig. 7. (*A. terrestris* n°. 13. Fab.) 5°. Rougeâtre n°. 4. pl. 145. fig. 8. (*A. scrutator* n°. 5. Fab.) 6°. Fimétaire n°. 6. pl. 145. fig. 9. (*A. fimetarius* n°. 19. Fab.) 7°. Errant n°. 8. (*A. erraticus* n°. 21. Fab.) 8°. Scybalaire n°. 9. pl. 145. fig. 10. (*A. scybalarius* n°. 10. Fab.) 9°. Brûlé n°. 10. pl. 145. fig. 11. (*A. conflagratus* n°. 20. Fab.) 10°. Sale n°. 11. pl. 145. fig. 13. (*A. conspurcatus* n°. 22. Fab.) 11°. Sordide n°. 12. pl. 145. fig. 14. (*A. sordidus* n°. 26. Fab.) 12°. Grenaille n°. 13. (*A. granarius* n°. 29. Fab.) 13°. Hémorrhoïdal n°. 14. pl. 145. fig. 15. (*A. hæmorrhoidalis* n°. 30. Fab.) 14°. Taché n°. 15. pl. 145. fig. 17. (*A. inquinatus* n°. 23. Fab.) 15°. Bimaculé n°. 16. pl. 145. fig. 19. (*A. bimaculatus* n°. 17. Fab.) 16°. Puant n°. 17. pl. 145. fig. 21. (*A. fœtens* n°. 8. Fab.) 17°. Livide n°. 18. pl. 145. fig. 23. (*A. anachoreta* n°. 28. Fab.), et peut-être encore le Bousier bicolor n°. 7.

2e. *Division.* Tête sans cornes ni tubercules.

A cette division appartiennent les Bousiers suivans de ce Dictionnaire : 1°. Rufipède n°. 19. pl. 145. fig. 25. (*A. rufipes* n°. 35. Fab.) 2°. Jayet n°. 20. pl. 145. fig. 26. (*A. nigripes* n°. 36. Fab.) 3°. Sept taches n°. 21. pl. 145. fig. 27. (*A. septemmaculatus* n°. 33. Fab.) 4°. Fascié n°. 24. pl. 145. fig. 5. (*A. fasciatus* n°. 49. Fab.) 5°. Luride n°. 25. pl. 145. fig. 6. (*A. luridus* n°. 37. Fab.) 6°. Pubescent n°. 26. pl. 145. fig. 7. (*A. Sus* n°. 44. Fab. Le Bousier Pourceau n°. 30. est peut-être la même espèce.) 7°. Marginé n°. 27. pl. 145. fig. 9. (*A. marginellus* n°. 48. Fab. Selon M. le comte Dejean, cette espèce est des îles de l'Amérique.) 8°. Biponctué n° 28. (*A. bipunctatus* n°. 34. Fab.) 9°. Quadrimaculé n°. 29. pl. 146. fig. 11. (*A. quadrimaculatus* n°. 42. Fab.) 10°. A plaie n°. 31. pl. 146. fig. 13. (*A. plagiatus* n°. 47. Fab.) 11°. Tortue n°. 32. pl. 146. fig. 15. (*A. testudinarius* n°. 50. Fab.) 12°. Truie n°. 33. (*A. Scropha* n°. 51. Fab.) 13°. Fouille-merde n°. 35. pl. 146. fig. 19. (*A. merdarius* n°. 52. Fab.) 14°. Ordurier n°. 34. pl. 146. fig. 17. (*A. merdarius* n°. 52. variét. Fab.)

Nous croyons aussi devoir rapporter à ce genre le Bousier arénaire n°. 38. pl. 146. fig. 25. de cet ouvrage (*A. arenarius*), mais il faut retrancher le synonyme de Fabricius qui appartient à l'*Ægialia globosa*. Lat.

Nota. Les Bousiers relevé n°. 22. pl. 146. fig. 1. (*A. elevatus* n°. 46. Fab.), ridé n°. 34. pl. 146. fig. 17. (*A. asper* n°. 61. Fab.), merdeux n°. 23. pl. 146. n°. 3. (*A. stercorator* n°. 58. Fab.) et sillonné n°. 37. pl. 146. fig. 23. (*A. porcatus* n°. 57. Fab.), qu'on a rapportés mal-à-propos au genre Psammodie, sont aussi de la seconde division des Aphodies.

PSAMMODIE, *Psammodius*. Lat. Nous avons traité ce genre à sa lettre d'après M. Gyllenhall. Dans la méthode de M. Latreille on doit le restreindre. Une partie des espèces citées par l'auteur suédois, telles que celles nommées *elevatus*, *sabuleti*, *porcatus* et *scaber* sont de vrais Aphodies; une autre (*globosus*) est le type du genre Ægialie Latr. (*Voyez* ce mot, colonne suivante.) L'espèce appartenant véritablement au genre Psammodie, tel que nous l'entendons avec le naturaliste français, qui nous a communiqué ses observations avec sa bienveillance habituelle, est le *Psammodius sulcicollis*. Cet insecte a les mâchoires armées intérieurement d'un appendice corné en forme de dent bifide comme les Ægialies, au lieu que les Aphodies sont dépourvus de cette partie dure conformée en crochet : ceux-ci ne se nourrissent que de matières molles, tandis que les Psammodies et les Ægialies attaquent probablement des substances solides, c'est-à-dire vivent à la manière des Trox; mais leurs mandibules et leur labre sont entièrement cachés, et les antennes n'ont que neuf articles de même que dans les Aphodies.

1. Psammodie sulcicolle, *P. sulcicollis*.

Fusco-testaceus, capite scaberrimo; thorace transversalitèr elytris longitudinalitèr porcatis.

Psammodius sulcicollis. Gyll. *Ins. Suec. t.* 1. 1808. — *Aphodius sulcicollis*. Schœn. *Syn. Ins. tom.* 1. *part.* 1. *pag.* 88. *n°.* 83.

Longueur 2. lig. D'un brun-testacé; tête très-raboteuse, son bord antérieur un peu plus clair ainsi que les pattes et le dessous du corps. Corselet fortement sillonné transversalement, les élytres l'étant de même, mais longitudinalement.

D'Allemagne.

CHIRON, *Chiron*. Ce genre de Coléoptères-Scarabéides indiqué d'abord par M. Latreille a été caractérisé depuis par M. Macleay (*Horæ entomologicæ*) de la manière suivante : antennes de neuf articles, le premier alongé, cylindrique, le second globuleux, le troisième conique, les quatrième, cinquième et sixième très-courts, les trois derniers formant une massue ovale. Labre en carré transversal, entièrement proéminent. Mandibules courtes, à peine saillantes, fortes, arquées. Palpes maxillaires grêles, leur dernier article en alêne. Menton presque triangulaire. Corps cylindrique. Elytres ne recouvrant pas entièrement l'abdomen. Tête transversale, sans cou distinct, de même largeur que le corselet. Ecusson très-petit, à peine distinct, se prolongeant entre les élytres. Pattes assez courtes; cuisses épaisses; jambes antérieures dilatées et digitées. M. Macleay rapporte à ce genre le *Sinodendron digitatum* n°. 3. Fab. *Syst. Eleut.* (*Chir. digitatus.*) Des Indes orientale.

ÆGIALIE, *Ægialia*. Lat. *Aphodius*. Illig. Panz. Fab. Payk. *Psammodius*. Gyllen.

Genre d'insectes de l'ordre des Coléoptères, section des Pentamères, famille des Lamellicornes, tribu des Scarabéides (division des Arénicoles).

Ce genre avec celui de Chiron forme un groupe dans cette division, caractérisé ainsi : languette bifide, ses deux lobes saillans au-delà du menton; mandibules généralement saillantes, arquées. Antennes de neuf articles. (*Voyez* Scarabéides.) Mais les Chirons se distinguent du genre dont nous traitons ici par leur corps alongé, cylindrique, et par leurs élytres qui ne recouvrent pas entièrement l'abdomen.

Antennes plus longues que la tête, de neuf articles; celui de la base cylindrique, presque glabre, les trois derniers formant une massue lamellée, plicatile. — *Labre* coriace, très-court, transverso-linéaire, ses angles latéraux arrondis, son bord antérieur largement échancré, garni de cils courts. — *Mandibules* fortes, épaisses à leur base, arquées, comprimées ensuite, se rétrécissant insensiblement, leur pointe bifide. — *Mâchoires* ayant en place de lobe intérieur, un fort crochet corné, dentiforme, bifide à l'extrémité. — *Palpes maxillaires* grêles, de quatre articles, le dernier ovale, plus long et plus épais que les autres; les labiaux de trois articles. — *Menton* crustacé, en carré alongé, son extrémité échancrée au milieu. — *Tête* arrondie, penchée. — *Corps* ovale, court, renflé et très-globuleux postérieurement. — *Corselet* arqué, arrondi, ses côtés rabattus. — *Ecusson* petit. — *Elytres* recouvrant entièrement l'abdomen et cachant des ailes. — *Pattes* assez courtes; jambes antérieures ayant trois fortes dents au côté externe; jambes intermédiaires et postérieures portant sur ce même côté, des lignes transversales élevées; pattes postérieures épaisses, leurs jambes munies de deux épines terminales, lamellées, presqu'en forme de spatule; tarses composés d'articles courts, cylindro-coniques, le dernier terminé par deux crochets très-courts.

On connoît deux ou trois espèces de ce genre établi par M. Latreille; elles se trouvent en Europe dans les lieux sablonneux; la plus commune est l'Ægialie globuleuse. *Æ. globosa* Lat. *Gener. Crust. et Ins. tom.* 2. *pag.* 97. *n°.* 1. (*Aphodius arenarius*. Fab. *Syst. Eleut. tom.* 1. *pag.* 82. *n°*. 63, en retranchant les synonymes de Geoffroy et d'Olivier qui appartiennent à un véritable Aphodie; le synonyme de Jablonski est fort douteux.) *Scarabœus arenarius*. Payk. *Faun. Suec. tom.* 1. *pag.* 27. *n°*. *XXXIII*. *Psammodius arenarius*. Gyllen. *Ins. Suec. tom.* 1.

OCHODÉE, *Ochodœus*. Meg. Dej. Catal. *Melolontha*. Fab. Panz. *Scarabœus*. Sturm.

Genre d'insectes de l'ordre des Coléoptères, section des Pentamères, famille des Lamellicornes, tribu des Scarabéides (division des Arénicoles).

Les deux lobes de la languette saillans au-delà du menton, les mandibules généralement saillantes et arquées avec les antennes de onze articles, sont les caractères qui distinguent un groupe de Scarabéides-Arénicoles, composé des genres Ochodée, Bolbocère, Eléphastome, Athyrée, Géotrupe et Léthrus. (*Voyez* Scarabéides.) Ce dernier est bien séparé des autres en ce que le premier article de la massue de ses antennes est infundibuliforme et plus grand que les deux derniers qu'il renferme entièrement. Les Géotrupes ont le corps convexe, et leur écusson est plus large que long; dans les Bolbocères, les Eléphastomes et les Athyrées, le second article de la massue des antennes est presqu'entièrement caché entre le précédent et le dernier; ceux-ci sont cupulaires et d'une dimension plus grande que la sienne.

M. Mégerle en créant ce genre n'en a pas publié les caractères; nous nous contenterons par conséquent d'en donner les notes caractéristiques les plus apparentes. Antennes nous paroissant être de onze articles; leur massue forte, globuleuse, composée de trois feuillets égaux, le second étant aussi visible que les deux autres, qui sont convexes extérieurement, mais point cupulaires à l'intérieur. Tête et corselet mutiques. Chaperon fortement échancré sur les côtés. Corps presque déprimé en dessus, peu épais. Ecusson plus long que large. Les quatre jambes postérieures aplaties, triangulaires; leurs tarses filiformes.

La seule espèce qui constitue ce genre est la *Melolontha chrysomelina* Fab. *Syst. Eleut. tom.* 2. *pag.* 179. *n°*. 108. Panz. *Faun. Germ. fasc.* 34. *fig.* 11. *Scarabœus chrysomeloides* Sturm. *Verz.* 1. *pag.* 62. *n°*. 56. Les mœurs de cet insecte ne sont pas connues et auroient besoin d'être étudiées avec attention.

BOLBOCÈRE, *Bolboceras*. Genre de Coléoptères-Scarabéides de la division des Arénicoles de M. Latreille, fondé par M. Kirby (*Trans. Linn. Soc. vol.* 12.) Il répond exactement à celui d'*Odontœus* Meg. Dej. *Catal.* L'auteur anglais lui assigne entr'autres caractères : labre transverse. Mandibules cornées, l'une concave, l'autre bidentée à l'extrémité. Palpes filiformes. Menton presque carré, entier. Antennes de onze articles, le premier très-mince à sa base, presqu'en massue, le second cylindrique; les six suivans courts, transversaux, les trois derniers formant une massue très-grosse, peu comprimée, presqu'orbiculaire, velue, l'article intermédiaire presqu'entièrement caché entre les deux autres.

Le nom de *Bolbocère* vient de deux mots grecs qui expriment la forme sphérique de la massue des antennes. On doit rapporter à ce genre : 1°. *Bolb. Australasiæ* Kirb. ut suprà pag. 462. n°. 11. pl. 23. fig. 5. 2°. *Scarabœus Lazarus* n°. 5. Fab. *Syst. Eleut.* (*Bolb. Lazarus.*) 3°. *Scar. quadridens* n°. 6. *id.* (*Bolb. quadridens.*) 4°. *Scar. mobilicornis* n°. 7. *id.* (*Bolb. mobilicornis.*) 5°. *Scar. testaceus* n°. 17. *id.* Celui-ci n'est qu'une variété de la femelle du précédent. 6°. *Scar. æneas* Panz. (*Bolb. æneus.*) 7°. *Scar. tumefactus* Palis.-Bauv. *Ins. d'Afr. et d'Amér. pag.* 91. *Coléopt. pl.* 2. b. *fig.* 6. (*Bolb. tumefactus.*) 8°. *Geotrupes farctus* n°. 64. Fab. *Syst. Eleut.* (*Bolb. farctus.*)

ELÉPHASTOME, *Elephastomus*. Ce genre de Coléoptères-Scarabéides créé par M. Macleay (*Horœ entomologicœ*, vol. 1. pag. 121.) tire son nom de deux mots grecs dont le sens est : *bouche d'éléphant*. L'auteur lui donne les caractères suivans : antennes de onze articles, le premier peu alongé, garni de longs poils, le second court, épais, presque conique, les six suivans très-courts, cupulaires, les trois derniers formant une massue forte, presque sphérique, le neuvième et le onzième hémisphériques, renfermant et cachant absolument le dixième. Labre transverse, linéaire. Mandibules triangulaires, en forme de faulx, leur extrémité bidentée intérieurement. Mâchoires cornées, arquées. Palpes maxillaires très-longs, l'étant presque trois fois plus que les labiaux, leur dernier article cylindrique, alongé, le maculé; palpes labiaux ayant leur article terminal presque cylindrique. Menton très-court. Lèvre presque nulle. Chaperon dilaté de chaque côté, se prolongeant en devant et dans son milieu en une lame presque carrée, échancrée à l'extrémité, solide, imperforée, extrémité de cette lame plus épaisse, fourchue; les côtés de la fourche dirigés en bas. Bouche cachée en entier sous le chaperon. Corps entièrement velu et très-convexe en dessous. Corselet obtus, mutique. Elytres recouvrant tout l'abdomen. Ecusson grand, triangulaire, plane. Pattes velues. Cuisses antérieures et postérieures fortes. Jambes de devant ayant six dents extérieurement; jambes intermédiaires et postérieures triangulaires.

M. Macleay rapporte à ce genre une espèce de la nouvelle Hollande qu'il nomme *Eleph. proboscideus* (*Scarab. proboscideus*. Schreib. *Trans. Linn. Soc.* vol. 6. pag. 185.)

ATHYRÉE,

ATHYRÉE, *Athyreus.* Genre de Coléoptères-Scarabéides établi par M. Macleay (*Horæ entom.* vol. 1. pag. 123.) Il a pour caractères : antennes conformées presque comme celles des Eléphastomes (*voyez* l'article précédent), le bord de la massue un peu plus arrondi. Labre large, en carré transversal, à peine trilobé à sa partie antérieure. Mandibules cornées, fortes, triangulaires, presqu'arquées, planes en dessus, bidentées extérieurement. Dernier article des palpes labiaux égalant presqu'en longueur celui des maxillaires. Menton presque carré. Lèvre bifide. Chaperon dilaté postérieurement de chaque côté, se prolongeant en devant en une lame presque carrée, portant dans son milieu une élévation munie de trois pointes dont l'intermédiaire est plus longue. Corps très-convexe, velu en dessous. Corselet mucroné en devant, prolongé en dessus, à sa partie postérieure vis-à-vis de l'écusson. Ecusson linéaire, peu distinct, se prolongeant entre les élytres. Pattes intermédiaires très-écartées l'une de l'autre. Jambes antérieures munies de quatre ou cinq dents extérieures.

L'auteur rapporte à ce genre dont le nom tiré du grec signifie : *sans écusson,* trois espèces du Brésil : 1°. *Athyr. bifurcatus.* Noir, chargé de points élevés ; corselet muni d'une dent élevée, large, bifurquée. Elytres ayant de petites stries glabres, élevées ; leur suture velue, ferrugineuse. 2°. *Athyr. tridentatus.* Ferrugineux, un peu rugueux ; corselet glabre, excavé dans son milieu, à trois dents, l'antérieure plus longue, les latérales plus obtuses ; élytres à peine striées. 3°. *Athyr. bidentatus.* Noir, un peu rugueux. Corselet excavé dans son milieu, glabre, à deux dents latérales assez obtuses. Elytres ayant des stries peu marquées.

GÉOTRUPE, *Geotrupes.* LAT. *Scarabœus.* LINN. GEOFF. DE GÉER. PANZ. FAB. OLIV. (*Entom.*)

Genre d'insectes de l'ordre des Coléoptères, section des Pentamères, famille des Lamellicornes, tribu des Scarabéides (division des Arénicoles).

Les genres de cette division qui ont les deux lobes de la languette saillans au-delà du menton, les mandibules généralement saillantes, arquées, avec les antennes de onze articles, sont les suivans : Géotrupe, Bolbocère, Eléphastome, Ochodée, Athyrée et Léthrus. Ce dernier est remarquable en ce que le neuvième article de ses antennes, ou le premier de la massue, est absolument infundibuliforme et renferme tout-à-fait les deux autres dans son intérieur. Le genre Ochodée a le corps assez déprimé, avec l'écusson plus long que large. Dans celui d'Eléphastome, le devant du chaperon est prolongé en une lame fort longue. Les Bolbocères sont absolument convexes et presque globuleux. Enfin les Athyrées, dont la forme est la même, ont en outre leur écusson linéaire et peu visible. De plus, dans ces quatre genres la massue des antennes est forte et presque ronde.

Antennes de onze articles ; le premier grand, velu, cylindro-conique ; le second globuleux, gros ; les troisième, quatrième et cinquième cylindro-coniques ; les trois suivans cupulaires ; les neuvième, dixième et onzième formant une massue ovale, alongée, lamellée, plicatile, composée de trois feuillets presqu'égaux. — *Labre* découvert, ayant son bord antérieur droit, cilié. — *Mandibules* cornées, triangulaires, déprimées, arquées à leur extrémité ; leur bord extérieur aigu, l'intérieur membraneux, velu. — *Mâchoires* composées de deux appendices membraneux-coriaces, leur bord très-velu. — *Palpes* filiformes, courts, presqu'égaux ; leur dernier article presque cylindrique, de la longueur ou plus long que le précédent ; les maxillaires de quatre articles ; les labiaux de trois, ceux-ci ayant leur tubercule radical grand, imitant un article. — *Languette* composée de deux divisions presque coriaces, conniventes, frangées intérieurement, arrondies à leur extrémité, s'avançant au-delà de l'extrémité du menton. — *Menton* crustacé, presque carré. — *Tête* engagée dans le corselet jusqu'auprès des yeux ; chaperon ordinairement rhomboïdal, terminé en angle ou en arc à sa partie antérieure. — *Corps* oblong, convexe. — *Corselet* grand, rebordé de tous côtés, de moitié plus court que l'abdomen, se rétrécissant en devant. — *Ecusson* très-apparent, presque cordiforme, plus large que long. — *Elytres* convexes, recouvrant entièrement l'abdomen. — *Pattes* fortes ; jambes antérieures plus ou moins dentées extérieurement, terminées par une forte épine ; les intermédiaires et les postérieures profondément incisées à leur partie externe ; jambes intermédiaires munies à leur extrémité de deux épines longues, aiguës ; jambes postérieures en ayant deux obtuses : tarses composés d'articles coniques, velus ; le dernier terminé par deux crochets longs et grêles.

Les Géotrupes, dont le nom vient de deux mots grecs qui signifient : *percer la terre,* creusent des trous cylindriques au-dessous des excrémens qu'ils habitent et entraînent dans ces trous une portion de cette matière ; c'est auprès de ce depôt qu'ils s'accouplent et qu'ils déposent leurs œufs : les larves qui en sortent devant s'en nourrir. L'espèce nommée *Sylvatique* paroît rechercher pour sa nourriture les différentes espèces du genre de champignons que Linné a nommé *bolet,* et choisit de préférence les plus grosses et les plus tendres ; mais elle vit aussi dans les bouzes de vache et le crotin de cheval. Les Géotrupes privés d'ailes habitent ordinairement les terrains sablonneux ; ce que M. le comte Dejean nous a attesté, ayant souvent été à même d'observer ces insectes dans le midi de la France. Le noir est la couleur dominante des Géotrupes; ils ont souvent des reflets violets ou d'un vert doré plus prononcés en dessous qu'en dessus. On en connoît une vingtaine d'espèces généralement d'assez grande taille, qui nous paroissent appartenir toutes à l'hémisphère septentrional, tant dans l'ancien que dans le nouveau Monde.

1re. *Division*. Corps oblong. Des ailes.

1re. *Subdivision*. Corselet cornu ou tuberculé. — Les trois articles de la massue des antennes toujours distincts, lancéolés, libres, aucun d'eux n'étant cupulaire.

Rapportez à cette subdivision : 1°. le *Scarabœus dispar* n°. 1. Fab. *Syst. Eleut.* (*G. dispar.*); 2°. le *Scarabœus Typhœus* n°. 3. Fab. *Id.* (*G. Typhœus.*) *Encycl. pl.* 144. *fig.* 9. Mâle et femelle. Doit-on regarder comme une variété de celui-ci, un individu du midi de la France qui a les cornes du corselet beaucoup plus courtes; les latérales atteignant seulement le milieu de la tête; les côtés du corselet ponctués et ridés comme dans la femelle *Typhœus*; les stries des élytres comme dans le mâle, et la carène des jambes antérieures sans dentelures. Est-ce là le *Scarab. puniclus* Marsh. *Entom. britann. p.* 8. *n.* 2?

2e. *Subdivision*. Corselet mutique. — Dixième article des antennes (le second de la massue) peu distinct dans le repos, presqu'entièrement renfermé entre le neuvième et le onzième; ceux-ci cupulaires, leurs concavités tournées en face l'une de l'autre.

1. Géotrupe hypocrite, *G. hypocrita.*

Geotrupes suprà niger, aut nigro-viridi-æneus, infrà viridi-aureus; capite tuberculato; elytris obsoletè striato-punctatis. Striis circitèr tredecim.

Geotrupes hypocrita. Schœnn. *Synonym. ins.*

Longueur 8 à 12 lig. Noir en dessus, ayant souvent un reflet vert-cuivreux; dessous du corps et des cuisses d'un vert doré. Tête munie dans son milieu d'un petit tubercule. Elytres ayant chacune environ treize stries à peine prononcées, légèrement pointillées; celle qui accompagne la suture au-dessous de l'écusson parcourant plus distinctement un espace enfoncé à peu près de la longueur du quart des élytres.

Des environs de Paris. Il se trouve aussi en Espagne.

Les individus que nous regardons comme femelles, ont la carène interne des jambes antérieures garnie de dents, dont deux plus fortes; savoir, une très-saillante placée vers le milieu, l'autre moins élevée, située près de l'extrémité; leurs cuisses postérieures ont un tubercule dentiforme court, avec le trochanter un peu saillant. Dans ceux que nous considérons comme mâles, la carène interne des jambes de devant n'a que de petits denticules égaux entr'eux; les cuisses postérieures sont mutiques et leur trochanter n'est pas saillant. On observera des différences analogues à celles-ci dans les deux sexes des autres espèces de ce genre.

On placera ici les Géotrupes suivans : 1°. *Stercorarius* (*Scar. stercorarius* n°. 10. Fab. *Syst. Eleut.*); 2°. *Sylvaticus* (*Scar. sylvaticus* n°. 11. Fab.); 3°. *Blackburnii* (*Scar. Blackburnii* n°. 16. Fab.); 4°. *vernalis.* (*Scar. vernalis* n°. 12. Fab.)

2e. *Division*. Corps presqu'arrondi. — Point d'ailes. — Les trois articles de la massue des antennes toujours distincts, lancéolés, libres, aucun d'eux n'étant cupulaire.

A cette division appartiennent les Géotrupes *hemisphœricus* (*Scar. hemisphœricus* Oliv. *Entom. tom.* 1. *Scarab. p.* 66. *n.* 74. *pl.* 2. *fig.* 15) et *lævigatus* (*Scar. lævigatus* n°. 13. Fab. *Syst. Eleut.*, en retranchant le synonyme d'Olivier, qui appartient à l'espèce précédente). On rapportera en outre à ce genre le *Scarabœus Momus* n°. 4. Fab. *Syst. Eleut.* (*G. Momus*) *Encycl. pl.* 144. *fig.* 10.

CRYPTODE, *Cryptodus*. Genre de Coléoptères-Scarabéides, division des Arénicoles suivant M. Latreille, créé par M. Macleay (*Horæ entom.* vol. 1. pag. 38.), offrant pour caractères : antennes de neuf articles, le premier dilaté, triangulaire, cachant les autres jusqu'à la massue, le sixième à peine distinct, les trois derniers dilatés, formant une massue, le premier de ceux-ci presque conique. Labre corné, semi-circulaire, son bord seul visible. Mandibules n'étant ni fortes, ni épaisses, triangulaires, arquées, très-aiguës à leur extrémité, unidentées à leur base. Mâchoires glabres, fortes, cornées. Palpes maxillaires ayant leur dernier article presque cylindrique; les labiaux cachés par le menton; leur article terminal beaucoup plus long que les deux autres pris ensemble, cylindro-conique, grêle, un peu obtus. Menton grand, cachant la plus grande portion des parties de la bouche. Tête plane, semi-circulaire. Corps glabre, déprimé, ovale-oblong. Corselet en carré transversal. Ecusson distinct, triangulaire. Elytres laissant à découvert l'extrémité de l'abdomen. Jambes antérieures tridentées extérieurement.

Cryptode vient de deux mots grecs et signifie : *dents cachées*. L'espèce citée par l'auteur (*Crypt. paradoxus*) est entièrement noire, parsemée de points enfoncés. Tête bituberculée. Elytres à stries élevées; intervalles de ces stries ponctués. Nouvelle Hollande.

MÉCHIDIE, *Mechidius*. Genre de Coléoptères-Scarabéides, division des Arénicoles de M. Latreille, fondé par M. Macleay (*Horæ entom.* vol. 1. pag. 140.) Cet auteur lui assigne pour caractères :

antennes de neuf articles, le premier grand, alongé, conique, le second court, conique, le troisième plus grêle, de même forme; le quatrième très-court; les cinquième et sixième cupulaires, les trois autres lancéolés, aigus, formant une massue ovale. Labre crustacé, son bord échancré. Mandibules courtes, triangulaires, arquées extérieurement, aiguës à l'extrémité, sans aucunes dents intérieures. Mâchoires sinuées, multidentées à leur extrémité. Palpes maxillaires ayant leur dernier article cylindrique, tronqué au bout. Palpes labiaux très-courts. Menton grand. Tête demi-circulaire, sans suture transversale. Chaperon échancré en devant, son bord relevé. Cavité buccale fermée dans le repos par le labre et le menton. Corps oblong, ovale, glabre, déprimé. Elytres laissant à découvert l'extrémité de l'abdomen. Corselet transversal, presque convexe, échancré en devant, ses côtés convexes, son bord postérieur tronqué presqu'en angle obtus. Ecusson triangulaire. Pattes fortes, un peu comprimées. Jambes antérieures tridentées extérieurement. Le type de ce genre est le *Mech. spurius.* (*Trox spurius* Kirb. *Trans. Linn. vol.* 12. *pag.* 462.) Nouvelle Hollande.

PHOBÈRE, *Phoberus*. Genre de Coléoptères-Scarabéïdes, division des Arénicoles de M. Latreille, établi par M. Macleay (*Horæ entom.* vol. 1. pag. 137.) Il a pour caracteres : antennes de dix articles, le premier triangulaire, grand, épais, velu; le second oblong, globuleux; le troisième conique, grêle; les quatrième, cinquième, sixième et septième cupulaires. Labre demi-circulaire, crustacé, à peine échancré en devant, cilié. Mandibules fortes, courtes, épaisses, triangulaires, arquées, point dentées, très-aiguës à leur extrémité. Mâchoires velues. Dernier article des palpes maxillaires ovale, cylindrique; les labiaux courts, leur article terminal ovale, cylindrique, plus gros que les autres. Menton court, presque carré. Tête demi-circulaire. Corps convexe, un peu plane en dessous. Corselet un peu rugueux, recouvrant la base de la tête, ses bords latéraux dilatés. Ecusson petit. Elytres recouvrant entièrement l'abdomen. Point d'ailes. Jambes antérieures à peine dentées. M. Macleay place dans ce genre le *Trox horridus* n°. 7. Fab. *Syst. Eleut.* Du Cap de Bonne-Espérance.

HYBOSORE, *Hybosorus*. Genre de Coléoptères-Scarabéïdes appartenant à la division des Arénicoles de M. Latreille; M. Macleay à qui l'on doit ce genre, en développe les caractères dans ses *Horæ entom.* (vol. 1. pag. 120.) de la manière suivante : antennes de dix articles, le premier grand, épais, velu; le second presque globuleux ou conique; les cinq suivans cupulaires, le huitième infundibuliforme, recevant les deux derniers et formant avec eux une massue arrondie, presque conique. Labre apparent, très-convexe en devant. Mandibules fortes, avancées, en faux, aiguës à l'extrémité, point dentées. Quatrième article des palpes maxillaires allongé, cylindrique, un peu aigu à l'extrémité. Dernier article des labiaux à peu près de la longueur des deux autres pris ensemble. Menton en carré-oblong. Corps ovale, convexe. Tête semi-circulaire. Ecusson distinct. Elytres recouvrant l'abdomen. Jambes antérieures tridentées extérieurement. Ce genre a pour type l'*Hyb. arator.* (*Geotrupes arator* n°. 75. Fab. *Syst. Eleut.*) D'Espagne.

ORPHNÉ, *Orphnus*. Ce genre de Coléoptères-Scarabéïdes rapporté avec doute par M. Latreille à un groupe de la division des Arénicoles, a été fondé par M. Macleay (*Horæ entom.* vol. 1. pag. 119.) Il a pour caractères : antennes de dix articles, le premier grand, peu alongé, conique, le second presque globuleux, les cinq suivans très-courts, transversaux, les autres s'élargissant un peu progressivement et formant une massue lamellée, presque globuleuse. Labre presque caché par le chaperon, son bord antérieur seul apparent. Mandibules avancées, arquées, presque triangulaires, épaisses à leur base, arrondies extérieurement, aiguës à leur pointe, unidentées intérieurement. Mâchoires non dentées. Dernier article des palpes labiaux plus grand que les autres, presqu'ovale. Menton presque carré, tronqué à l'extrémité. Chaperon des mâles unicorne. Elytres ne recouvrant pas l'abdomen postérieurement. Jambes antérieures tridentées à leur côté externe. L'auteur cite comme type de ce genre le *Geotrupes bicolor* n°. 27. Fab. *Syst. Eleut.* (*Orph. bicolor.*) De l'Inde.

ACANTHOCÈRE, *Acanthocerus*. Ce genre de Coléoptères-Scarabéïdes créé par M. Macleay (*Horæ entom.* vol. 1. pag. 136), tire son nom de deux mots grecs qui ont rapport à l'épine dont les antennes sont munies. Il est placé par M. Latreille dans sa division des Arénicoles, mais avec doute. L'auteur lui donne pour caractères : antennes de dix articles; le premier épais, triangulaire, son angle antérieur prolongé en une épine aiguë, l'autre tronqué, recevant le second article qui est petit et conique. Massue presque pectinée, composée d'articles divergens. Labre incliné, avancé, en carré transversal. Mandibules saillantes, cornées, fortes, oblongues, épaisses, presque pentagones, concaves en dessus, leur extrémité presqu'aiguë. Mâchoires unidentées intérieurement. Palpes maxillaires ayant leur dernier article très-long, cylindrique, obtus à l'extrémité; les labiaux courts, leur troisième article presque conique. Chaperon avancé, presque carré, son bord antérieur portant un lobe un peu aigu. Cavité buccale cachée sous la tête. Parties de la bouche verticales. Corps ovale, très-convexe. Abdomen globuleux, entièrement recouvert par les élytres. Corselet orbiculaire, son bord postérieur demi-circulaire; ses angles postérieurs échancrés. Ecusson grand. Pattes (surtout les postérieures) grandes, larges, comprimées, pouvant un peu se contracter. Jambes extérieurement arquées, plus étroites et presqu'aiguës à leur base, les antérieures à peine dentelées au côté externe, les autres ne l'étant nullement : tarses grêles, les quatre postérieurs se recourbant le long des jambes et s'y cachant. M. Macleay mentionne deux espèces de ce genre ; l'une d'elles est le *Trox spinicornis* n°. 10. FAB. *Syst. Eleut.*

ANOPLOGNATHE, *Anoplognathus*. LÉACH. MACL. LAT. *Rutela*. SCHŒNN.

Genre d'insectes de l'ordre des Coléoptères, section des Pentamères, famille des Lamellicornes, tribu des Scarabéïdes (division des Phyllophages).

Cette division contient plusieurs groupes dont le premier a pour caractères : mandibules fortes, entièrement cornées. Extrémité des mâchoires sans dents ou n'en ayant que deux. Antennes de dix articles. (*Voyez* SCARABÉÏDES.) Quatre genres en dépendent : Anoplognathe, Leucothyrée, Apogonie et Amblytère. Le second et le dernier ont leurs mâchoires un peu dentées. Les Amblytères ont en outre les troisième et quatrième articles des antennes globuleux; les Leucothyrées ont ces mêmes articles grêles, cylindriques, et l'un des crochets de leurs tarses est bifide : dans lès Apogonies tous les crochets des tarses sont bifides. Du reste ces trois genres ont toujours l'arrière-sternum sans prolongement.

Antennes de dix articles ; le premier conique, épais; le second presque globuleux ; les quatre suivans presque coniques ; le septième cupulaire, très-court ; les trois derniers formant réunis une massue lamellée, plicatile, alongée, demi-ovale, velue. — *Labre* corné, transverse, acuminé au milieu de sa partie antérieure. — *Mandibules* courtes, un peu comprimées, fortes, entièrement cornées, presque trigones, épaisses à leur base, obtuses à l'extrémité, sans dents, très-entières, convexes extérieurement. — *Mâchoires* entièrement dépourvues de dents, fortes, cornées, presque trigones, voûtées, obtuses au bout, un peu échancrées. — *Palpes maxillaires* presqu'en massue, de quatre articles ; les labiaux courts, de trois articles, le second très-court, le dernier ovale, s'avançant à peine au-delà du menton. — *Menton* presque carré, échancré de chaque côté à sa base, son milieu muni d'un prolongement un peu relevé. — *Tête* presque carrée, marquée d'une suture transversale. — *Chaperon* des femelles toujours arrondi, semi-circulaire, celui des mâles quelquefois anguleux ; son bord antérieur toujours relevé dans les deux sexes, quelquefois semi-circulaire comme dans les femelles. — *Corps* un peu convexe, ovale. — *Ecusson* distinct, arrondi postérieurement. — *Elytres* recouvrant des ailes. — *Extrémité de l'abdomen* découverte, au moins dans l'un des sexes. — *Arrière-sternum* souvent prolongé en pointe aiguë atteignant presque la base des hanches antérieures. — *Pattes* très-fortes. Jambes antérieures (au moins dans les mâles) foiblement bidentées au côté externe, les postérieures ayant à leur extrémité une couronne d'épines outre les deux ordinaires. Les quatre premiers articles de tous les tarses très-courts, un peu triangulaires, le cinquième cylindro-conique, plus long que les quatre autres réunis, terminé par deux crochets forts, inégaux, entiers.

Ce genre dont le nom vient de trois mots grecs qui signifient : *mâchoires dépourvues de dents*, renferme un petit nombre d'espèces propres à la nouvelle Hollande ; leur taille est grande ou moyenne ; leurs couleurs sont brillantes, souvent métalliques. On ignore leurs mœurs et leurs habitudes, mais d'après la conformation de leur bouche, il est probable qu'ils se nourrissent de feuilles ainsi que les Hannetons.

Rapportez à ce genre les Anoplognathes 1°. *viridi-æneus*. LÉACH. *Zool. miscell. vol. 2. pag.* 44. (MACL. *Hor. entom.* pag. 144. n°. 1. *Melolontha viridi-aurea*. DONOV. *Ins. New. Holl.*); 2°. *viridi-tarsis*. LÉACH.; 3°. *rugosus*. KIRB.; 4°. *inustus*. KIRB. Ces trois derniers probablement décrits dans le *Zool. miscell.*; 5°. *Dytiscoides*. MACL. *Horæ entom.* page 144. n°. 2. et 6°. *Brownii*. MACL. *id.* n°. 3.

LEUCOTHYRÉE, *Leucothyreus*. Genre de Coléoptères-Scarabéïdes de la division des Phyllophages de M. Latreille, fondé par M. Macleay (*Horæ entom.* vol. 1. pag. 145), et qui suivant cet auteur a pour caractères : antennes de dix articles, le premier conique, velu, le second presque globuleux, les troisième et quatrième assez longs, cylindriques, très-grêles ; le septième très-court, cupulaire, les autres formant une massue demi-ovale, velue. Labre grand. Mandibules courtes, presque triangulaires, planes en dessus, plus épaisses à leur extrémité, entières, obtuses, arquées extérieurement, velues. Mâchoires fortes, courtes, leur pointe obtuse, munie de deux petites dents. Palpes maxillaires presqu'en massue ; les labiaux très-courts, leur dernier article dépassant à peine le menton. Menton transversal, presque carré. Tête presque carrée, marquée d'une suture transversale. Chaperon demi-circulaire, son bord relevé. Corps ovale-oblong, un peu convexe. Côtés du corselet sinués. Arrière-sternum sans prolongement. Cuisses point renflées. Jambes antérieures n'ayant que trois dents très-petites au côté externe. Tarses terminés par deux crochets dont l'un est bifide. Leucothyrée vient de deux mots grecs dont le sens est : *écusson blanc*. L'auteur n'en décrit qu'une seule espèce qui habite le Brésil. (*L. Kirbyanus.*) Côtés du corselet et du dessous du corps couverts d'écailles blanchâtres ainsi que l'écusson. Tête et corselet cuivreux, ponctués. Elytres d'un vert brun, mattes, ayant quatre lignes peu élevées. Anus rugueux, ayant deux petites lignes formées par des écailles blanches. Corps cuivreux en dessous.

APOGONIE, *Apogonia*. Kirb. Lat. Genre de Coléoptères-Scarabéides établi par M. Kirby (*Trans. Linn. Soc. vol. 12. pag.* 401, mémoire intitulé : *Cent. of. ins.*) et placé par M. Latreille dans sa division des Phyllophages. L'auteur lui attribue les caractères suivans : labre arrondi postérieurement, muni dans son milieu antérieur d'une pointe particulière. Lèvre transversale, presqu'acuminée dans son milieu, portant les palpes labiaux à sa base. Mandibules un peu arquées, cornées, très-fortes, voûtées et presqu'échancrées à l'extrémité. Palpes un peu en massue. Antennes de dix articles, les trois derniers formant une massue presque lancéolée, velue. Point de prolongement au sternum ni à l'arrière-sternum. Tous les crochets des tarses bifides. M. Kirby ne décrit qu'une seule espèce, *Apog. gemellata, pl. 21. fig.* 9. de l'ouvrage précité. Corps oblong, presque cylindrique, glabre, brillant, fortement ponctué, d'un brun-noirâtre. Antennes et palpes de couleur rousse. Corselet transversal, convexe. Elytres d'un brun cuivreux, ayant quatre stries longitudinales. Du Brésil ?

AMBLYTÈRE, *Amblyterus*. Genre de Coléoptères-Scarabéides de la division des Phyllophages de M. Latreille. M. Macleay (*Horæ entom.* vol. 1. pag. 142.) l'a établi et caractérisé ainsi : antennes de dix articles, le premier soyeux, les second, troisième, quatrième et cinquième globuleux ; les sixième et septième courts, cupulaires. Labre velu, avancé, un peu lobé en devant et fléchi. Mandibules cornées, courtes, fortes, presque triangulaires. Mâchoires presque cylindriques, garnies de très-petites dents. Palpes maxillaires grêles, leur dernier article lancéolé, plus long que tous les autres pris ensemble. Palpes labiaux ayant leur article terminal ovale, épais. Menton presque carré, très-velu. Tête presque carrée, ayant une suture transversale. Chaperon arrondi en devant, son bord un peu relevé. Corps ovale, Ecusson grand, triangulaire. Elytres ne recouvrant pas l'extrémité de l'abdomen. Arrière-sternum sans prolongement. Pattes assez fortes. Jambes antérieures tridentées extérieurement. L'espèce rapportée par M. Macleay est l'*Amb. geminatus*. Brun, couvert en dessous de poils testacés. Chaperon et corselet ponctués, d'une couleur d'olive cuivreuse. Ecusson glabre, cuivreux. Elytres d'un brun cuivreux, ponctuées, ayant quatre séries de points disposées par paires. Anus velu. Pattes cuivreuses, velues.

Nouvelle Hollande.

GÉNIATE, *Geniates*. Kirb. Lat.

Genre d'insectes de l'ordre des Coléoptères, section des Pentamères, famille des Lamellicornes, tribu des Scarabéides (division des Phyllophages).

Ce genre forme seul parmi les Phyllophages, une subdivision qui a pour caractères : mandibules fortes, entièrement cornées. Mâchoires pluridentées. Tarses antérieurs des mâles dilatés et garnis de brosses en dessous. Antennes de neuf articles.

Antennes de neuf articles, le premier long, conique, fort grêle à sa base, le second globuleux, les deux suivans presque cylindriques, courts, le cinquième un peu plus long, en cornet ; le sixième très-petit, cupulaire ; les trois derniers formant une massue alongée, lancéolée, linéaire, velue. — *Labre* transversal à angles antérieurs obtus, ayant un petit prolongement incliné dans son milieu en dessous. — *Mandibules* un peu arquées, cornées, fortes, tridentées à l'extrémité. — *Mâchoires* pluridentées. — *Palpes maxillaires* de quatre articles ; les second et troisième assez courts, coniques, le dernier fort long, presque cylindrique, linéaire, comprimé. Palpes labiaux de trois articles courts, le dernier plus long que les autres, linéaire, comprimé. — *Lèvre* transversale, très-large, courte ; menton portant (dans les mâles) une plaque circulaire très-velue, imitant une brosse courte. — *Tête* forte ; chaperon arrondi antérieurement, rebordé, séparé de la tête par une strie ondulée, transversale, un peu saillante. — *Yeux* très-gros, saillans. — *Corps* presque linéaire, arrondi à ses deux extrémités, convexe. — *Corselet* transversal, ses angles antérieurs assez saillans, ses côtés arrondis, son bord postérieur un peu sinué. — *Ecusson* grand, presqu'arrondi postérieurement. — *Elytres* recouvrant des ailes, laissant l'extrémité de l'abdomen à découvert. — *Abdomen* épais. — *Pattes* fortes ; tarses antérieurs des mâles ayant leurs quatre premiers articles très-dilatés, garnis en dessous de brosses fort épaisses ; le cinquième terminé par deux crochets, l'un entier, l'autre bifide ; crochets antérieurs inégaux, le plus gros bifide, l'une de ses divisions obtuse dans les mâles.

On doit l'établissement de ce genre à M. Kirby, qui l'a publié dans les *Transactions de la Société Linnéene, vol. 12. pag.* 401. Son nom vient du grec et a rapport à la brosse de poils que l'on voit au menton des mâles. Les mœurs de ces Coléoptères nous sont inconnues. Ils nous paroissent propres à l'Amérique méridionale. Le type du genre est le *Geniates barbatus*. Kirb. *Trans. Linn. Soc. vol. 12. pag.* 403. *pl.* 21. *fig.* 8.

Du Brésil.

HANNETON, *Melolontha*. Lat. *Voyez* pour les autres synonymes le mot Hanneton, tom. VII. pag. 4.

Genre d'insectes de l'ordre des Coléoptères, section des Pentamères, famille des Lamellicornes, tribu des Scarabéides (division des Phyllophages).

Nota. Ce genre tel qu'il a été publié tome VII. de cet ouvrage, renferme un très-grand nombre d'espèces que les naturalistes modernes ont depuis placées dans plusieurs autres genres. L'auteur lui assigne positivement pour premier caractère d'avoir dix articles aux antennes, tandis qu'il est certain que plusieurs des espèces qu'il y range n'en ont que neuf. Tel qu'il est adopté aujourd'hui par M. Latreille, il fait partie d'un groupe de la division des Phyllophages (*voyez* Scarabéides), qui a pour caractères : mandibules fortes, entièrement cornées. Mâchoires pluridentées. Tarses semblables et sans bosses dans les deux sexes. Massue des antennes de cinq feuillets dans les mâles et de quatre dans les femelles, ou de sept feuillets dans les mâles et de six dans l'autre sexe. Le genre Pachype qui seul fait partie du même groupe, se distingue des Hannetons parce que ses antennes ont un article de moins, c'est-à-dire neuf, et que le corselet a un enfoncement à sa partie antérieure.

Les Hannetons ont le corps revêtu d'écailles, ou de poils courts, couchés et aplatis ; leurs tarses sont composés d'articles cylindro-coniques, le dernier terminé par deux crochets entiers et fortement dentés à leur base dans les deux sexes.

Ce genre ainsi restreint peut être divisé comme il suit :

1re. *Division*. Massue des antennes de sept articles dans les mâles, de six dans les femelles.

1re. *Subdivision*. Partie supérieure de l'anus ayant un prolongement.

On rapportera à cette subdivision le Hanneton vulgaire n°. 7. pl. 153. fig. A—H. et pl. 154. fig. 1—5. de ce Dictionnaire, ainsi que la *Melolontha Hippocastani* n°. 7. Fab. *Syst. Eleut.*

2e. *Subdivision*. Anus sans prolongement.

Dans cette subdivision viennent se placer : les Hannetons 1°. foulon n°. 1. pl. 153. fig. 10. 2°. blanchâtre n°. 2. 3°. semi-strié n°. 6. 4°. cilié n°. 23. pl. 153. fig. 13. de ce Dictionnaire, et les *Melolontha Olivieri*. Dej. Catal., et *Papposa*. Illig. *Magaz. tom.* 2. *pag.* 215. *n°.* 3.

2e. *Division*. Massue des antennes de cinq articles dans les mâles, de quatre dans les femelles.

Là se rangent les Hannetons cotonneux n°. 8. pl. 153. fig. 6, et occidental n°. 9. pl. 154. fig. 17. (*Melolontha australis*. Schœnn. *Syn. Ins.* 3. *p.* 169. *n°.* 15.) du présent ouvrage.

PACHYPE, *Pachypus*. Dej. Lat. *Melolontha*. Oliv. *Geotrupes*. Fab.

Genre d'insectes de l'ordre des Coléoptères, section des Pentamères, famille des Lamellicornes, tribu des Scarabéides (division des Phyllophages).

Le genre Hanneton et celui de Pachype sont les seuls de cette division qui aient pour caractères communs : mandibules fortes, entièrement cornées. Mâchoires pluridentées. Tarses semblables et sans brosses dans les deux sexes ; mais le premier a souvent plus de cinq feuillets à la massue des antennes ; celles-ci ont constamment dix articles, et le corselet est convexe, sans aucune excavation antérieure.

M. le comte Dejean n'a pas encore publié les caractères propres à ce genre. Fabricius trompé par l'*habitus* de ces insectes, et surtout par l'excavation de la partie antérieure de leur corselet, avoit placé l'espèce qui a servi de type parmi ses Géotrupes, sans avoir fait une attention suffisante à la structure de la bouche et des antennes.

1. Pachype excavé, *P. excavatus*.

Pachypus excavatus. Dej. Catal. — *Geotrupes excavatus*. Fab. *Syst. Eleut. tom.* 1. *p.* 19. *n°.* 67. — *Encycl. pl.* 156. *fig.* 19 et 19 *bis*.

Longueur 6 à 7 lig. D'un châtain clair. Antennes de neuf articles ; le premier alongé, très-velu à l'extrémité ; le second court, grenu ; le troisième presque cylindrique ; le quatrième petit, cupulaire ; les cinq derniers formant une massue lamellée, assez grosse. Tête pointillée, ayant au milieu une ligne transversale saillante. Chaperon arrondi, rebordé. Corselet lisse, luisant, avec une profonde excavation antérieure accompagnée d'une petite fossette latérale et munie en avant d'une petite corne pointue et relevée. Ecusson lisse, luisant, arrondi postérieurement. Elytres de couleur matte, allant en diminuant de largeur, à stries pointillées, peu prononcées ; leur extrémité portant une grande tache noirâtre ayant plus ou moins d'étendue. Dessous du corps, de la bouche et côtés du corselet garnis de longs poils roux ou cendrés. Pattes d'un fauve plus ou moins foncé. Tarses très-longs ; chaque article garni à son extrémité d'une couronne de cils longs et roides : crochets simples, entiers, égaux. Mâle.

Il varie : le corselet et l'écusson sont quelquefois noirâtres.

Trouvé en Corse par M. Binot de Villiers, dans les sables entre Cervione et Alléria, et sur les rochers bordant la route qui conduit à Bonifacio. Il habite aussi dans le midi de la France.

Voyez pour la phrase latine Hanneton cornu n°. 19. du présent Dictionnaire. (Retranchez le synonyme de Petagna d'après les observations de M. Louis Petagna dans les *Atti del. real. Acad.*

Napol. 1819. *Mem. class. di fisic. di Stor. nat.* pag. 24. Cet auteur assure que le *Scarab. Candidæ* de Vincent Petagna a les élytres plus longues que le corps, ce qui ne convient nullement au Pachype excavé; mais comme il ne décrit pas le *Scarab. Candidæ*, nous ignorons à quel genre appartient cette dernière espèce mentionnée dans le *Spec. Ins. Calab.* Fabricius a fait la même faute, trompé probablement par Cyrillo, *Entom. Neapol.*, qui le premier a confondu ces deux espèces.)

RHIZOTROGUE, *Rhizotrogus.* LAT. *Melolontha.* OLIV.

Genre d'insectes de l'ordre des Coléoptères, section des Pentamères, famille des Lamellicornes, tribu des Scarabéïdes (division des Phyllophages).

Le groupe de cette division qui contient les genres Rhizotrogue et Aréode a pour caractères : mandibules fortes, entièrement cornées. Mâchoires pluridentées. Tarses semblables et sans brosses dans les deux sexes. Antennes de dix articles, leur massue toujours de trois feuillets. (*Voy.* SCARABÉÏDES.) Mais les Aréodes sont suffisamment distingués des Rhizotrogues par la forme du corps beaucoup plus large, l'arrière-sternum pointu, avancé, et par les crochets des tarses non dentés à leur base.

M. Latreille n'ayant pas encore donné les caractères de ce genre, nous ne pouvons le désigner que par la comparaison que nous venons d'établir entre lui et les autres Phyllophages, en ajoutant que les crochets de tous ses tarses sont entiers, égaux, fortement unidentés vers leur base. Les espèces peu nombreuses qu'il contient n'ont point d'autres mœurs que celles des Hannetons, ce qu'indique le nom de Rhizotrogue tiré de deux mots grecs dont la signification est : *rongeur de racines.* Le type est le Hanneton estival n°. 13. de ce Dictionnaire (*Rhiz. æstivus*). Nous pensons que la *Melolontha maritima.* BURCHELL. DEJ. Catal. est de ce genre. Dans le mâle de cette espèce le septième article des antennes est prolongé en une lame, mais beaucoup plus courte que celles de la massue.

ARÉODE, *Areoda.* Genre de Coléoptères-Scarabéïdes de la division des Phyllophages de M. Latreille, établi par M. Macleay (*Horæ entom.* vol. 1. pag. 158.) Ses caractères sont : antennes de dix articles, le premier oblong, conique, velu; le second court, presque globuleux, les cinq suivans courts, les trois derniers formant une massue alongée, presque lancéolée. Labre corné, son bord antérieur apparent, épais, profondément échancré à sa partie inférieure. Mandibules cornées, fortes, presque trigones. Mâchoires fortes, cornées, ayant six dents à leur extrémité. Palpes maxillaires ayant leur quatrième ou dernier article alongé, ovale ou cylindrique, un peu aigu à son extrémité. Article terminal des palpes labiaux assez gros, ovale. Menton et tête presque carrés. Chaperon ayant ses côtés arrondis et son bord relevé. Corps ovale, convexe. Elytres couvrant des ailes et laissant à découvert l'extrémité de l'abdomen. Corselet presque trapézoïdal, à peu près deux fois plus large à sa base que long, son bord postérieur sinué, à peine lobé. Ecusson moyen, en cœur tronqué. Arrière-sternum prolongé en pointe, au moins jusqu'à la base des hanches intermédiaires. Pattes assez fortes. Jambes bidentées. Crochets des tarses entiers, égaux et simples dans les individus que nous regardons comme femelles; inégaux, les antérieurs ayant leur gros crochet bifide, les intermédiaires et les postérieurs entiers et simples, dans ceux que nous soupçonnons mâles.

Ce genre américain ne paroît contenir qu'un petit nombre d'espèces. Elles sont remarquables par le beau reflet brillant et métallique qu'offre leur corps. M. Macleay en décrit une espèce du Brésil sous le nom d'*Ar. Leachii.* Vert très-brillant. Dessus du corps d'un testacé livide à reflet vert-doré. Tête et corselet ponctués. Elytres ponctuées, à stries géminées. Ecusson glabre. Anus vert, rugueux. Pattes d'un vert-doré. Suivant nous le Hanneton laineux n°. 21. pl. 156. fig. 2. de ce Dictionnaire est une Aréode.

POPILLIE, *Popillia.* LÉACH. DEJ. Catal. LAT. *Trichius.* FAB. *Melolontha.* OLIV.

Genre d'insectes de l'ordre des Coléoptères, section des Pentamères, famille des Lamellicornes, tribu des Scarabéïdes (division des Phyllophages).

Les Phyllophages qui ont les mandibules fortes, entièrement cornées, les mâchoires pluridentées, les tarses semblables et sans brosses dans les deux sexes, les antennes de neuf articles avec la massue de trois articles dans les mâles ainsi que dans les femelles, sont les genres Popillie, Amphimalle, Euchlore, Plectris et Dasyus. Mais ces quatre derniers ont l'arrière-sternum mutique; de plus les Amphimalles ont tous les crochets des tarses égaux, entiers, unidentés à leur base; dans les Euchlores tous les crochets des tarses sont manifestement inégaux entr'eux; les Plectris et les Dasyus ont tous leurs crochets antérieurs bifides.

Le docteur Léach n'ayant pas encore publié les caractères de ce genre, nous allons présenter ici ceux qui nous ont paru les plus frappans.

Antennes de neuf articles, le premier en massue, dilaté à sa partie supérieure, le second globuleux, le troisième cylindro-conique, un peu plus long que le précédent, les trois suivans cupulaires, diminuant de longueur en approchant de la massue. Massue ovale-oblongue, peu velue. — *Dernier article des palpes maxillaires* presque cylindrique, beaucoup plus long que le précédent;

palpes labiaux fort courts. — *Chaperon* transversal, rebordé, séparé de la tête par une suture transverse, ses angles antérieurs arrondis. — *Corps* large, déprimé. — *Corselet* beaucoup plus étroit en devant qu'à sa partie postérieure, sa base rentrant beaucoup dans son milieu entre les angles huméraux des élytres, cette partie rentrante coupée et un peu échancrée vis-à-vis de l'écusson. — *Arrière-sternum* élevé, avancé en pointe mousse jusqu'à la base des hanches antérieures. — *Ecusson* grand, triangulaire. — *Elytres* recouvrant des ailes, laissant à nu l'extrémité de l'abdomen. — *Pattes* de longueur moyenne. Jambes antérieures ayant deux dents au côté externe, la supérieure peu prononcée; les intermédiaires et les postérieures garnies de petites épines placées par lignes transversales. Dernier article des tarses aussi long ou plus long que les quatre autres réunis. Crochets postérieurs presqu'égaux, entiers dans les deux sexes. Les antérieurs et les intermédiaires inégaux, le petit entier, le gros bifide, ses divisions pointues, presqu'égales dans les femelles; les antérieurs et les intermédiaires égaux, le petit entier, le gros bifide, ses deux divisions, dans les antérieurs seulement, inégales; la plus grosse obtuse dans les mâles.

Une espèce de Popillie (*Pop. bipunctata*) est décrite dans le présent ouvrage sous le nom de *Hanneton biponctué* n°. 62. Les deux taches blanches dont il est parlé dans la description sont situées près du bout des élytres en dessus de l'extrémité de l'abdomen. Sa patrie est l'Afrique australe. On doit aussi rapporter à ce genre la Cétoine quadriponctuée n°. 120. pl. 16. fig. 162. de ce Dictionnaire. (*Pop. quadripunctata.*)

Des Indes orientales.

AMPHIMALLE, *Amphimallon*. Lat. *Melolontha*. Fab. Oliv. Payk. Herbst. *Scarabæus*. Linn. De Géer. Geoff.

Genre d'insectes de l'ordre des Coléoptères, section des Pentamères, famille des Lamellicornes, tribu des Scarabéides (division des Phyllophages).

Cinq genres forment un groupe parmi les Phyllophages (*voyez* Scarabéides); ils ont pour caractères communs: mandibules fortes, entièrement cornées. Mâchoires pluridentées. Tarses semblables et sans brosses dans les deux sexes. Antennes de neuf articles, leur massue de trois feuillets dans les mâles comme dans les femelles. Les Euchlores se distinguent des Amphimalles par les crochets de leurs tarses inégaux et non dentés à leur base; les Popillies par leur arrière-sternum prolongé en devant; en outre, ainsi que les Plectris et les Dasyus, elles ont toujours quelques-uns des crochets de leurs tarses bifides.

Ne connoissant point les caractères propres à ce genre, l'auteur ne les ayant pas encore publiés, nous pensons que ceux indiqués ci-dessus et les crochets de tous les tarses égaux, unidentés à leur base, peuvent suffire pour le faire reconnoître. Son nom vient de deux mots grecs qui ont rapport à la villosité des espèces qu'il contient.

Les Hannetons crénelé n°. 5. (*Amph. serratum*), solstitial n°. 12. pl. 154. fig. 7. (*Amph. solstitiale*), du pin n°. 14. (*Amph. pini*), villageois n°. 15. (*Amph. paganum*), noirâtre n°. 16. (*Amph. atrum. Melolontha atra* n°. 19. Fab. *Syst. Eleut.*) de ce Dictionnaire, doivent être rapportés à ce genre.

EUCHLORE, *Euchlora*. Macl. Lat. *Anomala*. Még. Dej. Catal. *Melolontha*. Fab. Oli. Payk. Herbst. *Scarabæus*. De Géer.

Genre d'insectes de l'ordre des Coléoptères, section des Pentamères, famille des Lamellicornes, tribu des Scarabéides (division des Phyllophages).

Le second groupe de la troisième subdivision des Phyllophages (*voyez* Scarabéides) a pour caractères: mandibules fortes, entièrement cornées. Mâchoires pluridentées. Tarses semblables, sans brosses dans les deux sexes, qui ont également tous deux la massue des antennes de trois feuillets; il renferme sept genres, dont deux: Rhizotrogue et Aréode ont les antennes de dix articles; les genres Euchlore, Amphimalle, Popillie, Plectris et Dasyus n'en ont que neuf, mais les Amphimalles diffèrent des Euchlores par les crochets de leurs tarses égaux, unidentés à la base; les Popillies par leur arrière-sternum prolongé en devant; les Plectris par les crochets des tarses bifides et les Dasyus parce que tous les crochets de leurs tarses sont égaux.

Antennes de neuf articles, le premier conique, alongé, le second court, globuleux, les trois suivans presque coniques, le sixième cupulaire, les septième, huitième et neuvième composant (dans les deux sexes) une massue ovale-alongée. — *Labre* peu apparent, caché en grande partie par le chaperon; son bord antérieur cilié, échancré, ses côtés arrondis. — *Mandibules* cachées, presque trigones, planes en dessus, leur côté extérieur arrondi, l'intérieur cilié, tridenté à son extrémité. — *Mâchoires* fléchies vers leur extrémité, celle-ci portant six dents. — *Palpes maxillaires* de quatre articles, le dernier cylindrique-ovale; les labiaux de trois articles, les deux premiers égaux en longueur, le dernier en cône renversé, plus long que les précédens. — *Menton* presque carré, son bord antérieur échancré. — *Tête* presque carrée; chaperon séparé de la tête par une suture transversale, ses côtés arrondis, son bord antérieur relevé. — *Corps* ovale, convexe. — *Corselet* presque carré, à peu près deux fois plus large à sa base que long; son bord postérieur sinué, à peine lobé. — *Arrière-sternum* sans prolongement. — *Ecusson* petit, en cœur tronqué. — *Elytres* recouvrant des ailes et laissant l'anus à découvert.

découvert. — *Pattes* assez fortes. Jambes antérieures ayant deux dents au côté externe. Articles des tarses cylindriques, le dernier le plus long de tous : crochets inégaux, simples, c'est-à-dire non dentés à la base, dans les deux sexes; entiers dans les femelles : le plus gros des antérieurs et des intermédiaires, bifide dans les mâles.

Les Euchlores démembrées des *Melolontha* de Fabricius tirent leur nom du beau reflet vert dont brillent la plupart des espèces. Leurs mœurs sont celles des Hannetons. (*Voyez* ce mot.) Elles habitent les différentes parties du monde et sont habituellement de moyenne taille.

On placera dans ce genre les Hannetons suivans de ce Dictionnaire : 1°. pâle, n°. 34. pl. 154. fig. 8. (*Euchl. pallida.*) 2°. vert, n°. 47. pl. 155. fig. 33. (*Euchl. viridis.*) 3°. errant, n°. 76. de la Russie méridionale. (*Euchl. errans.*) 4°. de la vigne, n°. 56. pl. 155. fig. 25. (*Euchl. vitis.*) 5°. de Frisch, n°. 57. pl. 155. fig. 23. (*Euchl. Frischii.*)

PLECTRIS, *Plectris*.

Genre d'insectes de l'ordre des Coléoptères, section des Pentamères, famille des Lamellicornes, tribu des Scarabéides (division des Phyllophages).

Un groupe de cette division renfermant les genres Popillie, Amphimalle, Euchlore, Plectris et Dasyus, a pour caractères : mandibules fortes, entièrement cornées; mâchoires pluridentées. Tarses semblables et sans brosses dans les deux sexes; antennes de neuf articles; leur massue de trois feuillets dans les mâles et dans les femelles. De ces cinq genres, celui de Popillie a seul l'arrière-sternum élevé et avancé en pointe; les Amphimalles ont tous les crochets des tarses entiers; ces crochets, dans le genre Euchlore, sont manifestement inégaux; enfin les Dasyus n'ont aucun de leurs crochets intermédiaires et postérieurs, bifide.

Antennes de neuf articles, le premier alongé, en massue; le second globuleux, renflé à sa partie extérieure, le suivant deux fois plus long que le deuxième, un peu aplati et dilaté antérieurement vers son extrémité; le quatrième alongé, cylindrique; le cinquième court, prolongé antérieurement en une petite lame fort courte; le sixième très-court, peu visible, cupulaire; massue très-longue, velue, composée de trois feuillets égaux, droits, presque linéaires. — *Labre* et *mandibules* cachés. — *Palpes maxillaires* ayant leur dernier article long, presque cylindrique, beaucoup plus grand que le précédent; palpes labiaux courts.— *Tête* arrondie postérieurement. — *Chaperon* rebordé, très-échancré en devant. — *Yeux* grands. *Corps* assez épais, un peu convexe.—*Corselet* transversal, ses côtés prolongés dans leur milieu en angle arrondi; son bord postérieur sinué. *Arrière-sternum* sans prolongement.— *Ecusson* assez grand, arrondi postérieurement. — *Elytres* un peu convexes, recouvrant des ailes et l'abdomen. — *Pattes* de longueur moyenne; jambes antérieures un peu aplaties, n'ayant qu'une petite dent à leur côté extérieur; les quatre postérieures cylindriques, assez courtes, un peu renflées; les deux dernières munies d'un appendice fort long, un peu aplati avant son extrémité qui est crochue et terminée en pointe. Tarses postérieurs ayant leur premier article très-long; leurs crochets, ainsi que les antérieurs, égaux, bifides; ceux des tarses intermédiaires très-inégaux, l'un gros, bifide dès sa base, l'autre très-mince, bifide.

Nous donnons à ce nouveau genre le nom de *Plectris*, tiré d'un mot grec qui signifie : *éperonné*. L'insecte qui nous a servi de type présente des caractères si particuliers dans ses antennes et dans ses pattes, que l'on ne peut le joindre à aucun genre connu. Nous avons hésité sur le groupe de Phyllophages auquel il appartient; lorsqu'on connoîtra les deux sexes, si le mâle avoit les tarses antérieurs dilatés et garnis de brosses en dessous, il faudroit le rapprocher des Géniates, mais non pas le confondre avec eux.

1. Plectris velue, *P. tomentosa*.

Plectris testaceo-fusca, rufo tomentosa : pilorum ordine duplici, multis parvis substratis, paucis sparsis longioribus erectis : elytris costis tribus obsoletis.

Longueur 7 lig. Corps d'un testacé-brun, chargé de poils roux, les uns très-nombreux, courts et un peu couchés, les autres rares, longs et droits. Ecusson plus velu que le reste du corps et d'une nuance plus claire. Elytres ayant chacune trois petites côtes, peu élevées, à peine apparentes.

Du Brésil.

DASYUS, *Dasyus*.

Genre d'insectes de l'ordre des Coléoptères, section des Pentamères, famille des Lamellicornes, tribu des Scarabéides (division des Phyllophages).

Cinq genres composent le groupe des Phyllophages qui a pour caractères : mandibules fortes, entièrement cornées, mâchoires pluridentées. Tarses sans brosses et semblables dans les deux sexes. Antennes de neuf articles, leur massue de trois feuillets dans tous les individus. (*Voy.* Scarabéides.) Dans les Popillies l'arrière-sternum est élevé et avancé en pointe; les Amphimalles ont tous les crochets des tarses entiers; ceux des Euchlores sont tous inégaux, et les Plectris ont leurs crochets postérieurs bifides. On ne retrouve point ces caractères dans le genre Dasyus.

Antennes de neuf articles, le premier conique, renflé antérieurement; le second très-court, globuleux, les trois suivans cylindriques, égaux, le sixième petit, cupulaire; les trois derniers formant une massue ovale-alongée, velue. — *Labre* et *mandibules* cachés. — *Dernier article* des palpes maxillaires assez gros, ovale, court (plus long cependant que le précédent); palpes labiaux peu apparens. — *Tête* presque carrée, ses angles un peu arrondis; chaperon tronqué antérieurement, rebordé. — *Corps* un peu déprimé en dessus. — *Corselet* ayant ses bords latéraux et postérieur, arrondis. — *Arrière-sternum* sans prolongement. — *Ecusson* grand, plus large que long. — *Elytres* recouvrant des ailes, laissant à nu l'extrémité de l'abdomen. — *Pattes* de longueur moyenne; jambes assez courtes, les antérieures n'ayant qu'une petite dent au côté extérieur; les quatre postérieures cylindriques, renflées; crochets des tarses égaux, les antérieurs bifides, les intermédiaires et les postérieurs entiers.

Le nom de ce genre a été pris d'un mot grec qui exprime la villosité de l'espèce qui nous sert de type. Nous regardons comme un fait certain que dans beaucoup de genres Scarabéïdes-Phyllophages qui ont leurs deux crochets antérieurs ou au moins l'un d'eux bifide, l'individu mâle a l'une des divisions du crochet bifide plus large, un peu aplatie et presqu'obtuse à l'extrémité. N'ayant qu'un des sexes dans le genre qui nous occupe, nous engageons les entomologistes à examiner s'il n'en seroit pas ainsi des mâles que l'on doit y rapporter.

1. Dasyus à collier, *D. collaris*.

Dasyus niger, punctatus, antennarum duobus articulis basilaribus, thorace suprà unguibusque ferrugineis.

Longueur 4 lig. Noir-luisant, velu, ponctué. Les deux premiers articles des antennes ferrugineux ainsi que le dessus du corselet et les crochets des tarses.

Du Brésil.

AGACÉPHALE, *Agacephala*. Ce nouveau genre a été envoyé par M. le baron de Mannerheim à M. le comte Dejean qui a bien voulu nous permettre d'en prendre les caractères dans sa collection. Il appartient à la tribu des Scarabéïdes et, à ce que nous pensons, à la division des Phyllophages. Voici ce que nous avons aperçu de ses caractères.

Antennes de neuf articles, le premier grand, en massue, gonflé à sa partie extérieure, portant dans cette partie des faisceaux de poils roides, le second conique, plus long que le suivant, gonflé extérieurement et hérissé de poils roides dans cette partie; le troisième conique, le quatrième moniliforme, les deux suivans cupulaires, les trois derniers formant une massue ovale-arrondie, velue. — *Dernier article des palpes maxillaires* très-long, en fuseau; palpes labiaux fort courts, dépassant à peine le chaperon; leur dernier article court, ovale. — *Mandibules* et *mâchoires* cachées par le chaperon et le menton: celui-ci presque triangulaire, fortement cilié sur ses bords, un peu échancré à sa partie antérieure. — *Chaperon* échancré en devant, ses deux angles antérieurs peu saillans, peu relevés. — *Tête* cornue. — *Corselet* très-bombé, son bord antérieur s'avançant sur la tête, un peu sinué sur les côtés derrière les yeux: bords latéraux arrondis; bord postérieur presque droit. — *Ecusson* transversal, presque triangulaire, un peu arrondi postérieurement. — *Corps* épais, un peu pubescent en dessous, à peu près conformé comme celui des Pélidnotes. — *Elytres* recouvrant des ailes et laissant à nu l'extrémité de l'abdomen. — *Pattes* longues; jambes antérieures munies extérieurement de deux fortes dents, outre la terminale: dernier article de leurs tarses aussi long que les quatre autres réunis. Jambes intermédiaires et postérieures munies de deux dents (la supérieure seule bien visible). Leurs tarses longs, à dernier article plus long que les autres, égalant à peu près en longueur les deux précédens réunis: crochets grands, simples, égaux, pointus, munis dans leur entre-deux d'un appendice portant au bout deux ou trois soies roides.

Le nom d'Agacéphale vient de deux mots grecs et signifie: *tête remarquable*. L'espèce servant de type a été nommée par M. de Mannerheim, *Agacephala cornigera*. Longueur 14 lig. Antennes, palpes et abdomen d'un testacé-brun; tête d'un noir-violet, portant de chaque côté au-dessus des yeux, une corne longue, triangulaire, un peu recourbée; ces cornes réunies à leur base postérieurement par une ligne élevée. Corselet, écusson, cuisses et jambes d'un vert-noirâtre un peu métallique. Le premier assez fortement ridé, un peu ponctué, ayant une pointe dorsale conique qui s'avance en devant. Elytres d'un testacé clair, fortement ponctuées, entièrement bordées de brun; suture de cette dernière couleur. Poils des antennes, de la bouche et du dessous du corps d'un roux ferrugineux ainsi que la base du dernier article des tarses.

Ce singulier Coléoptère est de la province de *Minas Geraes* au Brésil.

CÉRASPIS, *Ceraspis*.

Genre d'insectes de l'ordre des Coléoptères, section des Pentamères, famille des Lamellicornes, tribu des Scarabéïdes (division des Phyllophages).

Dans le quatrième groupe des Phyllophages, lequel a pour caractères: portion interne des mandibules moins solide que l'autre ou membraneuse. Antennes de neuf à dix articles, les trois derniers formant la massue; deux crochets aux tarses postérieurs, les genres Dicranie, Macrodactyle, Diphucéphale, Sérique et Dichèle ont tous les crochets des tarses égaux et bifides. Dans les Anisoplies et les Lépisies tous les crochets sont inégaux et les postérieurs entiers ; caractères qui éloignent tous ces genres de nos Céraspis.

Antennes de dix articles, le premier en massue, le second globuleux, les deux suivans ovales, plus longs que le second ; le cinquième plus long que le précédent, cylindrique, le sixième assez grand, cupulaire, le septième de même forme que le sixième, mais beaucoup plus petit ; les trois derniers formant une massue ovale, très-alongée surtout dans les mâles, velue. — *Labre* et *mandibules* cachés. — *Palpes* courts ; dernier article des maxillaires court, ovale, plus long cependant que le précédent. — *Tête* assez petite, se rétrécissant en devant ; chaperon rebordé, tronqué en devant ; ses angles antérieurs arrondis dans les femelles, presque droits dans les mâles. — *Yeux* grands. — *Corps* assez épais, un peu convexe en dessus, garni de petites écailles. — *Corselet* convexe, ses bords latéraux assez arrondis, le postérieur ayant dans son milieu trois dentelures qui laissent entr'elles deux échancrures. — *Ecusson* cordiforme, un peu arrondi postérieurement, ses angles supérieurs presqu'aigus, se logeant dans les deux échancrures que présente le bord postérieur du corselet. — *Elytres* un peu convexes, recouvrant des ailes et laissant à nu l'extrémité de l'abdomen. — *Pattes* assez longues ; jambes un peu aplaties ; les antérieures munies d'une petite dent au côté externe ; les deux crochets antérieurs égaux, bifides ; les deux intermédiaires un peu inégaux ; bifides dans les femelles ; le plus fort des deux entier dans les mâles. Les deux crochets postérieurs inégaux, le petit bifide, l'autre entier.

Ces jolis insectes dont le nom vient de deux mots grecs qui signifient : *écusson en cœur*, ont quelques rapports avec les Géniates ; mais les signes caractéristiques des sexes les en distingue facilement. Les écailles qui garnissent le corps leur donne quelque ressemblance avec les Hoplies, mais les Céraspis ont deux crochets aux tarses postérieurs ; la forme particulière de leur écusson et de la partie postérieure du corselet les éloigne de tous les autres Scarabéides. Ces diverses considérations nous autorisent à proposer ici cette nouvelle coupe générique.

1. Céraspis écailleuse, *C. pruinosa*.

Ceraspis ferrugineo-testacea, clypeo nigro marginato, undiquè squamosa, squamis dorsalibus et analibus albidis, cæteris lutescentibus.

Longueur 7 lig. Entièrement d'un testacé-ferrugineux, garnie d'écailles ; corselet et élytres ayant une ligne dorsale beaucoup plus large sur celles-ci, formée d'écailles blanchâtres. Le corselet a en outre des deux côtés de cette bande blanche des écailles relevées, noires. Celles qui couvrent et avoisinent l'anus blanchâtres ; les autres d'un jaune sale. Chaperon bordé de noir antérieurement. Mâle et femelle.

Du Brésil.

Nota. Cette espèce porte dans la collection de M. le comte Dejean le nom que nous lui avons conservé ; elle y est placée parmi les Géniates.

2. Céraspis demi-deuil, *C. melanoleuca*.

Ceraspis nigra, suprà squamis fuscis et nigris, subtùs et ad latera postica thoracis squamis niveis obsita, unguibus testaceis.

Longueur 3 lig. ½. D'un noir mat. Dessus de la tête, du corselet et des élytres couvert d'écailles noires ; on en voit quelques-unes roussâtres sur les élytres. Côtés postérieurs du corselet et dessous du corps garnis d'écailles d'un blanc de neige, ainsi que le dessus de l'anus. On en remarque aussi quelques-unes de cette couleur au-dessus de l'écusson : celui-ci, le corselet et la base des élytres ont des poils noirs, roides, assez nombreux. Crochets des tarses testacés. Mâle.

Du Brésil.

3. Céraspis farineuse, *C. nivea*.

Ceraspis testacea, corpore toto squamis obsito albis aut albidis, illis fascias tres in thorace constituentibus ; pedibus dilutè testaceis.

Longueur 4 lig. ½. Testacée, entièrement recouverte d'écailles blanches ou blanchâtres ; les premières formant sur le corselet trois bandes longitudinales : l'une étroite placée sur le milieu, les deux autres larges, joignant les bords latéraux. Pattes d'un testacé plus clair, peu garnies d'écailles. Mâle.

Même patrie que les précédentes.

Nota. Cette espèce est dans la collection de M. le comte Dejean sous le nom de *Geniates nivea*.

DICRANIE, *Dicrania*.

Genre d'insectes de l'ordre des Coléoptères, section des Pentamères, famille des Lamellicornes, tribu des Scarabéides (division des Phyllophages).

Cinq genres ayant pour caractères communs : deux crochets aux tarses postérieurs, tous les crochets des tarses égaux, bifides, forment un groupe dans la quatrième subdivision des Phyllophages. (*Voyez* Scarabéides.) Ces genres sont : Macrodactyle et Sérique, dont le chaperon est peu échancré antérieurement, ses angles point alongés, ne formant pas la fourche ; Dichèle, qui a les cuisses postérieures renflées à jambes arquées ; Diphucéphale, remarquable par sa tête en carré transversal, son corselet sillonné longitudinalement sur le dos, ayant ses côtés presque unidentés dans leur milieu, et encore par ses jambes antérieures bidentées au côté externe. Les Dicranies n'ont aucun des caractères que nous venons d'énoncer.

Antennes courtes, de neuf articles, le premier conique, hérissé de poils roides surtout à sa partie postérieure, le second globuleux, gros, un peu plus court que les suivans; les troisième, quatrième et cinquième cylindro-coniques, presque égaux entr'eux, le sixième cupulaire; les trois autres formant une massue ovale, un peu velue. — *Labre* et *mandibules* cachés. — *Palpes maxillaires* assez grands, leur dernier article de longueur moyenne, ovale, un peu arqué, plus grand que le précédent; palpes labiaux fort courts. — *Tête* presqu'en triangle tronqué. — *Chaperon* séparé de la tête par une ligne transversale, profondément échancré en devant, ses angles antérieurs relevés et fortement prolongés en dent de fourche. — *Yeux* grands. — *Corps* ovale, large, déprimé en dessus. — *Corselet* très-bombé, beaucoup plus étroit en devant, ses bords latéraux arrondis, le postérieur sinué, formant un arc. — *Ecusson* grand, presqu'arrondi postérieurement. — *Elytres* déprimées, couvrant des ailes et laissant à nu la partie postérieure de l'abdomen. — *Pattes* fortes; jambes antérieures n'ayant qu'une dent au côté extérieur; les intermédiaires très-velues intérieurement; les postérieures dilatées en triangle alongé; cuisses postérieures grosses et larges : crochets des tarses tous égaux, fortement bifides, leur division inférieure plus courte que l'autre.

Les espèces qui constituent ce genre s'éloignent par la forme de leur corps et par celle des jambes postérieures de tous les autres genres de la même division. Le nom de Dicranie tiré du grec a rapport à la fourche que présente la partie antérieure du chaperon. Nous ignorons les mœurs de ces insectes, mais par la conformation de leur bouche ils sont évidemment Phyllophages.

1. Dicranie rubricolle, *D. rubricollis*.

Dicrania nigra, nitida, lævis, capite punctato; thorace suprà lateribusque et ano, præsertìm infrà, sanguineis.

Longueur 7 lig. Noire-luisante, lisse. Tête fortement ponctuée. Dessus du corselet, ses bords latéraux en dessous, extrémité de l'anus et ses côtés d'un rouge-sanguin : cette couleur s'étend un peu plus en dessous et atteint le segment qui précède l'anus.

Du Brésil.

Nota. Une autre espèce du même pays ne diffère de la *rubricolle* que par sa taille un peu plus petite et sa couleur entièrement noire. (*D. nigra*.) Ces espèces que M. le comte Dejean possède ainsi que nous, et qu'il n'a rattachées à aucun genre, portent dans sa collection les noms spécifiques que nous avons adoptés.

MACRODACTYLE, *Macrodactylus*. Lat. *Melolontha*. Fab. Oliv. Herbst.

Genre d'insectes de l'ordre des Coléoptères, section des Pentamères, famille des Lamellicornes, tribu des Scarabéïdes (division des Phyllophages).

Un groupe de la quatrième subdivision des Phyllophages contient cinq genres (*voyez* Scarabéïdes) ayant pour caractère commun : deux crochets à chaque tarse, ces crochets tous égaux et bifides; ce sont ceux de Dicranie, Sérique, Dichèle, Diphucéphale et Macrodactyle. Mais les quatre premiers n'ont pas le corselet plus long que large, et la partie postérieure de celui-ci ne se rétrécit pas; elle en est au contraire la portion la plus large; en outre leur corps est court en proportion de sa largeur.

Antennes de neuf articles, le premier conique, assez court, le second globuleux; les deux suivans coniques, un peu plus longs que le second, le cinquième en cornet; le sixième très-petit, cupulaire, les trois derniers formant une massue ovale, presque glabre. — *Mandibules* ayant leur portion interne moins solide que l'externe.—*Palpes maxillaires* de quatre articles, le premier peu distinct, les deux suivans coniques, le quatrième ovale, un peu plus long, mais guère plus gros que les précédens. Palpes labiaux très-courts, peu visibles. — *Tête* alongée, beaucoup plus longue que large; chaperon allant en se rétrécissant, très-peu échancré antérieurement. — *Corps* fort long en proportion de sa largeur. — *Corselet* hexagone, beaucoup plus long que large, point rebordé, se rétrécissant très-notablement en arrière, ses côtés anguleux vers leur milieu.— *Ecusson* assez grand, arrondi postérieurement. — *Elytres* recouvrant des ailes, laissant à nu l'extrémité de l'abdomen. — *Pattes* assez fortes; jambes antérieures munies de deux fortes dents au côté externe, les autres épineuses dans toute leur longueur. Tarses intermédiaires et postérieurs fort longs; leur premier article ainsi que celui des antérieurs presqu'aussi long que les trois suivans pris ensemble; le dernier assez long, terminé par deux crochets égaux, bifide, les deux divisions égales en longueur, la supérieure plus grêle et plus aiguë.

L'espèce qui a servi de type à M. Latreille pour fonder ce genre, dont le nom formé de deux mots grecs signifie : *grand doigt*, est le Hanneton subépineux n°. 123. de ce Dictionnaire (*Macr. subspinosus. Melolontha subspinosa* n°. 124. Fab. *Syst. Eleut.* Oliv. *Entom. tom.* 1. Hanneton, pag. 70. n°. 97. pl. 7. fig. 73. *a. b.*) Une autre espèce de Macrodactyle est décrite par M. Latreille dans la partie zoologique du Voyage de MM. de Humboldt et Bonpland.

DIPHUCÉPHALE, *Diphucephala*. Dej. Catal. Lat.

Genre d'insectes de l'ordre des Coléoptères,

section des Pentamères, famille des Lamellicornes, tribu des Scarabéïdes (division des Phyllophages).

Dans un groupe de la quatrième subdivision des Phyllophages (*voyez* Scarabéïdes), cinq genres ont pour caractères particuliers : deux crochets à tous les tarses, ces crochets égaux et bifides. Mais quatre d'entr'eux, Sérique, Macrodactyle, Dichèle et Dicranie, se distinguent des Diphucéphales par leur chaperon entier ou presqu'entier.

Antennes terminées par une massue lamellée, plicatile, composée de trois feuillets dans les deux sexes. — *Mandibules* ayant leur portion interne moins solide que l'externe. — *Palpes maxillaires* velus, de quatre articles, le second assez grand, conique, le troisième court, de même forme, le quatrième plus grand que les précédens, ovale-oblong. Palpes labiaux peu distincts. — *Tête* en carré transversal. Chaperon grand, carré, séparé de la tête par une ligne transversale; sa partie antérieure très-échancrée, les angles latéraux arrondis, relevés, bordés de poils; celui des mâles ayant ses deux angles très-alongés, fort relevés, formant deux espèces de cornes. — *Yeux* saillans. — *Corps* assez alongé. — *Corselet* transversal, ses côtés légèrement unidentés dans leur milieu, ayant un sillon longitudinal sur le dos et un enfoncement de chaque côté près de l'angle postérieur. — *Ecusson* presque cordiforme. — *Elytres* allant un peu en se rétrécissant vers leur extrémité, recouvrant des ailes et laissant à nu l'extrémité de l'abdomen. — *Pattes* assez fortes. Jambes de devant ayant deux dents au côté extérieur; les quatre premiers articles des tarses antérieurs et intermédiaires dilatés et velus en dessous dans les mâles; le dernier article de tous les tarses muni de deux crochets égaux, bifides.

Ce genre a été fondé par M. le comte Dejean. Son nom vient de deux mots grecs qui ont rapport à la singularité que présente la tête; elle paroît refendue en deux, surtout dans les mâles. Les caractères génériques des Diphucéphales n'ont pas encore été publiés. On en connoît quatre espèces de moyenne taille, de couleur métallique et propres à la nouvelle Hollande. M. le comte Dejean nous a permis d'examiner ce genre dans sa collection et d'y décrire l'espèce suivante.

1. Diphucéphale soyeuse, *D. sericea.*

Diphucephala viridi-aurea, sericea, subtùs villosior, thorace subpunctato; elytrorum costis duabus longitudinalibus, discoideis, elevatis, striisque punctatis : pedibus testaceis, tarsis apice fuscis.

Diphucephala sericea. Dej. Catal.

Longueur 7 lig. Corps d'un vert doré, un peu soyeux en dessus, très-velu en dessous. Tête et corselet pointillés. Elytres l'étant plus fortement, leurs points presque rangés en stries; elles ont quelques lignes longitudinales élevées, dont deux plus saillantes placées vers le milieu. Pattes testacées, velues; tarses bruns à leur extrémité. Mâle et femelle.

Nouvelle Hollande.

DICHÈLE, *Dichelus. Melolontha.* Fab. Oliv. Schœn.

Genre d'insectes de l'ordre des Coléoptères, section des Pentamères, famille des Lamellicornes, tribu des Scarabéïdes (division des Phyllophages).

Dans la quatrième subdivision des Phyllophages un groupe offre pour caractères : deux crochets aux tarses postérieurs; crochets des six tarses égaux, bifides. (*Voyez* Scarabéïdes.) Des cinq genres qui composent ce groupe, trois : Macrodactyle, Sérique et Diphucéphale n'ont point les deux dernières cuisses renflées ni les jambes postérieures arquées. Dans les Dicranies les angles antérieurs du chaperon sont aigus, relevés et prolongés en dent de fourche; caractères que l'on ne retrouve pas dans les Dichèles.

Antennes courtes, de neuf articles, le premier assez long, conique, hérissé de poils; le second globuleux, plus long que le troisième; les trois suivans courts, presqu'égaux, ovales-cylindriques, le sixième cupulaire, un peu prolongé en lame à sa partie intérieure; les trois derniers formant une massue ovale, un peu velue. — *Labre* et *mandibules* cachés. — *Palpes* courts; dernier article des maxillaires plus long que le précédent, presqu'en alène. — *Tête* petite; chaperon beaucoup moins large que la tête, séparé d'elle par une ligne transversale, légèrement rebordé antérieurement, point échancré. — *Corps* court, assez épais, un peu garni d'écailles. — *Corselet* convexe, ses bords latéraux et postérieur arrondis. — *Elytres* déprimées en dessus, ayant un tubercule huméral assez prononcé, recouvrant des ailes et laissant à nu la partie postérieure de l'abdomen. — *Abdomen* ayant son segment anal rentré en dessous. — *Les quatre pattes antérieures* assez fortes, leurs jambes comprimées; celles de devant ayant deux dents au côté extérieur; cuisses postérieures grosses, renflées en dessous, convexes du côté du corps, ayant (dans les mâles seulement) deux dents fortes, l'une vers leur milieu, l'autre près de l'articulation de la jambe. Jambes postérieures larges, un peu aplaties, arquées, crochues, susceptibles de s'appliquer dans une coulisse de la partie inférieure de la cuisse. Dernier article des tarses le plus long de tous, terminé par deux crochets longs, grêles, égaux, bifides.

Le nom que nous donnons à cette nouvelle coupe générique est opposé à celui de Monochèle. Les espèces dont nous la composons ont été jusqu'à présent réunies à ce dernier genre dans la plupart des collections, mais les Monochèles n'ont qu'un seul crochet aux tarses postérieurs. Le mot Dichèle signifie en grec : *double pince*. Ce genre nous paroît propre à l'Afrique. Il ne contient que de petites espèces dont les mœurs sont ignorées.

A ce genre appartient le Hanneton dentipède n°. 129. de ce Dictionnaire (*Dich. dentipes*). L'individu décrit est un mâle ; la femelle a les cuisses postérieures mutiques. Les Hannetons spinipède n°. 127. et podagre n°. 128, sont peut-être aussi des Dichèles.

ANISOPLIE, *Anisoplia*. Még. Dej. Catal. Lat. *Melolontha*. Fab. Oli. Payk. *Scarabœus*. Linn. De Géer. Geoff.

Genre d'insectes de l'ordre des Coléoptères, section des Pentamères, famille des Lamellicornes, tribu des Scarabéïdes (division des Phyllophages).

La quatrième subdivision des Phyllophages qui offre pour caractères particuliers : portion interne des mandibules moins solide que l'externe. Antennes de neuf à dix articles ; les trois derniers formant la massue, se compose de dix genres. (*Voy*. Scarabéïdes.) Ceux de Sérique, Macrodactyle, Dichèle, Dicranie et Diphucéphale diffèrent des Anisoplies par les crochets de leurs tarses tous égaux et bifides ; dans les Céraspis les crochets des tarses antérieurs sont égaux et le plus petit des postérieurs est bifide. Les Lépisies sont reconnoissables par leurs crochets antérieurs et intermédiaires tous bifides. D'un autre côté les Hoplies et les Monochèles ne peuvent se confondre avec les Anisoplies puisqu'ils n'ont qu'un crochet unique aux tarses postérieurs.

Antennes de neuf articles, le premier conique, le second globuleux, les deux suivans ovales, alongés ; les cinquième et sixième cupulaires ; les trois derniers formant une massue assez grosse, ovale, presque glabre. — *Mandibules* ayant leur portion interne moins solide que l'externe. — *Mâchoires* pluridentées ; leurs dents très-fortes, surtout la terminale. — *Palpes maxillaires* de quatre articles, le premier très-petit, le second conique, assez long, le troisième court, conique, le dernier aussi long que les deux précédens pris ensemble, ovale, alongé ; palpes labiaux de trois articles, le premier peu distinct, le second conique, le terminal ovale, aussi long que les deux autres réunis. — *Chaperon* souvent avancé et relevé dans ce cas, séparé de la tête par une ligne transverse peu prononcée. — *Corps* ovale, un peu déprimé en dessus. — *Corselet* ayant ses angles antérieurs saillans, échancré en rondeur à sa partie antérieure ; ses côtés arrondis antérieurement, son bord postérieur sinué, saillant vis-à-vis de l'écusson. — *Ecusson* large, arrondi postérieurement. — *Elytres* déprimées en dessus, élargies sur leur bord, au-dessous des angles huméraux, en une sorte de bourrelet ; elles recouvrent des ailes et laissent à découvert l'extrémité de l'abdomen. — *Pattes* assez fortes ; jambes courtes, les antérieures bidentées à leur partie externe ; tarses longs ; leur dernier article presqu'aussi long que les quatre précédens réunis ; les six tarses terminés par deux crochets ; crochets antérieurs et intermédiaires très-inégaux, le plus menu entier, l'autre bifide ; (l'une des divisions des crochets bifides, plus large et plus longue dans les mâles que dans l'autre sexe). Crochets postérieurs un peu inégaux, entiers, l'intérieur guère plus petit que l'extérieur.

Le nom de ces Coléoptères, dont la taille est petite ou moyenne, vient du grec ; il exprime l'inégalité des crochets de leurs tarses. Ces Phyllophages habitent les diverses parties du Monde. Leurs larves doivent être conformées comme celles des Hannetons, et vivre de la même manière. Les insectes parfaits mangent avidement les feuilles des arbres et les pétales de certaines fleurs. L'Anisoplie horticole a un goût très-décidé pour celles des roses sauvages.

On placera dans ce genre : 1°. le Hanneton agricole n°. 108. pl. 154. fig. 12. de ce Dictionnaire. (*Anis. agricola*. Dans le mâle le bord des élytres a très-peu de noir et la tache carrée de cette couleur qui entoure l'écusson dans la femelle, manque entièrement.) 2°. horticole n°. 109. pl. 155. fig. 16. (*Anis. horticola*.) 3°. fruticole n°. 110. pl. 155. fig. 13. (*Anis. fruticola*.) 4°. arvicole n°. 111. pl. 155. fig. 17. (*Anis. arvicola*.) 5°. marginé n°. 122. (*Anis. cincta*. *Melolontha cincta* n°. 110. Fab. *Syst. Eleut.*)

LÉPISIE, *Lepisia*. *Melolonthæ Hopliæformes*. Schœn. *Synon. Ins. tom*. 3. *pag*. 206. *Melolontha*. Fab. Oliv.

Genre d'insectes de l'ordre des Coléoptères, section des Pentamères, famille des Lamellicornes, tribu des Scarabéïdes (division des Phyllophages).

Dans la quatrième subdivision des Phyllophages, un groupe a pour caractère particulier : crochets des tarses inégaux, ceux des tarses postérieurs au nombre de deux et entiers. (*Voy*. Scarabéïdes.) Ce groupe ne renferme que deux genres : Anisoplie et Lépisie ; les premières diffèrent des secondes par leurs quatre tarses antérieurs ayant un de leurs crochets entier, et par leur corps dépourvu d'écailles.

Antennes velues, surtout à leur base, composées de neuf articles, le premier assez long, en massue ; le second gros, globuleux ; les trois suivans courts, globuleux, le sixième très-petit, cupulaire ; les trois derniers formant une massue grosse, ovale-globuleuse, un peu velue. — *Labre* et *mandibules* cachés. — *Dernier article des palpes maxillaires* assez long, presque cylindrique. — *Tête* en carré-long ; chaperon séparé de la tête par une ligne transverse peu apparente, rebordé, ce bord arrondi portant dans son milieu antérieur une petite dent relevée (au moins dans les mâles). — *Yeux* assez grands. — *Corps* un peu déprimé en dessus, entièrement garni d'écailles. — *Ecusson* de grandeur moyenne, triangulaire. — *Elytres* déprimées en dessus, ayant un tubercule huméral assez prononcé, recouvrant des ailes et laissant à nu la partie postérieure de l'abdomen. — *Pattes* assez longues; jambes un peu comprimées, les antérieures munies d'une forte dent au côté externe; dernier article des tarses le plus long de tous; deux crochets inégaux à tous les tarses. Crochets antérieurs et intermédiaires tous bifides; les deux de chaque tarse postérieur entiers.

Les Lépisies dont le nom vient d'un mot grec qui signifie : *écailleux*, nous semblent appartenir à l'Afrique australe. Le corps couvert d'écailles en dessus comme en dessous, leur donne une grande ressemblance avec les Hoplies, mais elles en diffèrent évidemment par les crochets des tarses postérieurs au nombre de deux. Nous avons été d'autant plus autorisés à présenter ici ce nouveau genre, qu'il se rapporte parfaitement à une section des *Melolontha* de M. Schœnherr, nommée par lui *Hopliæformes*.

On placera dans ce genre le Hanneton rupicole n°. 116. de ce Dictionnaire. (*Lep. rupicola.*) Dans les individus que nous possédons, le chaperon n'est pas échancré, il porte dans son milieu une petite dent relevée; nous ferons encore remarquer que l'une des divisions des crochets antérieurs des tarses est plus large que l'autre et un peu aplatie, ce qui nous paroît être un signe caractéristique du sexe masculin.

Rapportez en outre aux Lépisies, les *Melolontha militaris* Gyll. *in Schoen. Append.* pag. 116. n°. 160. (*Lep. militaris*) et *ferrugata* id. pag. 117. n°. 161. (*Lep. ferrugata.*)

MONOCHÈLE, *Monochelus.* Illig. Inéd. *Melolontha.* Fab. Oliv. Herbst.

Genre d'insectes de l'ordre des Coléoptères, section des Pentamères, famille des Lamellicornes, tribu des Scarabéïdes (division des Phyllophages).

Dans la division des Phyllophages un groupe se distingue de tous les autres par la présence d'un seul crochet aux tarses postérieurs. Il contient les genres Hoplie et Monochèle. (*Voy.* Scarabéïdes.) Le premier diffère essentiellement du second par ses deux dernières cuisses peu ou point renflées, par ses jambes postérieures longues, droites, dépourvues de la dent terminale crochue, que l'on remarque dans les Monochèles, et encore par sa tête presque carrée.

Les caractères de ce genre n'ayant pas été publiés, nous nous bornerons à indiquer les considérations suivantes. Second article des antennes fort gros, parfaitement globuleux, les suivans très-courts, peu distincts, la massue grosse, ovale-renflée. Tête presqu'en triangle tronqué, c'est-à-dire se rétrécissant visiblement de la partie postérieure à l'antérieure. Cuisses postérieures très-grosses, renflées; leurs jambes fort courtes, assez grosses, munies à leur extrémité d'une forte dent crochue et recourbée.

Pour les autres caractères voyez ceux des Hoplies, page 117. de ce volume. C'est à tort que nous avons dit à cet article que le petit crochet des tarses antérieurs et intermédiaires est entier; mieux examiné avec une très-forte loupe, nous avons reconnu qu'il est réellement bifide.

Rapportez à ce genre, dont les espèces nous paroissent toutes habiter l'Afrique méridionale, les Hannetons suivans de ce Dictionnaire : 1°. enflé n°. 130. (*Monoch. gonager.*) 2°. goutteux n°. 131. (*Monoch. arthriticus.*)

PACHYCNÈME, *Pachycnema. Anisonyx.* Lat. *Anisonyx, Trichius.* Schœn. *Melolontha, Trichius.* Fab. *Melolontha, Cetonia.* Oliv. *Hoplia.* Dej. Catal.

Genre d'insectes de l'ordre des Coléoptères, section des Pentamères, famille des Lamellicornes, tribu des Scarabéïdes (division des Anthobies).

Des six genres que contient la division des Anthobies, ceux de Glaphyre, Amphicome, Chasmatoptère et Chasmé ont leurs tarses postérieurs munis de deux crochets; dans les Pachycnèmes et les Anisonyx ces mêmes tarses n'ont qu'un seul crochet, ce qui rapproche ces deux genres de ceux d'Hoplie et de Monochèle qui terminent la division des Phyllophages. On séparera aisément les Anisonyx du genre qui nous occupe, par l'inégalité de leurs palpes, ainsi que par leurs élytres presque de même largeur dans toute leur étendue, et encore par les pattes (même les postérieures) qui sont longues, grêles et très-velues.

Antennes courtes, de neuf articles, le premier le plus long de tous, velu; les quatre suivans globuleux, le premier de ceux-ci plus gros que les troisième, quatrième et cinquième; le sixième très-petit, cupulaire; les trois derniers formant une massue courte, ovoïdo-globuleuse. — *Mandibules* cornées. — *Mâchoires* terminées par un lobe membraneux et soyeux. — *Palpes* assez longs, égaux, avancés, dépassant à peine le bord antérieur du chaperon; leur dernier article cylindrique, plus long que le précédent. — *Languette* saillante au-delà du menton, bilobée. — *Tête* et *chaperon* comme dans le genre suivant. — *Yeux* de grandeur moyenne. — *Corps* raccourci. — *Corselet* et *écusson* des Anisonyx. — *Elytres* un peu béantes à leur extrémité postérieure suturale, sensiblement plus larges que le corselet à leur base, se rétrécissant ensuite jusqu'à leur extrémité; elles recouvrent des ailes et laissent à nu les derniers segmens de l'abdomen. — *Pattes* postérieures renflées, leurs jambes courtes ; les antérieures ayant deux dents au côté externe ; tarses postérieurs n'ayant qu'un seul crochet qui est grand, simple, entier ; crochets antérieurs et intermédiaires à peu près conformés comme dans le genre suivant.

Le nom que nous donnons à ce nouveau genre vient de deux mots grecs qui désignent la grosseur des jambes postérieures de ces Scarabéïdes. Les espèces que nous y faisons entrer paroissent avoir embarrassé plusieurs auteurs, puisqu'ils les ont dispersées dans des genres fort différens les uns des autres ; on ne peut en faire des Anisonyx, car la structure de leurs antennes, des palpes, des élytres et le renflement des jambes postérieures s'opposent à cette réunion. La conformation de ces jambes semble les rapprocher des Monochèles, mais les Pachycnèmes ont tous les caractères propres aux Anthobies et ne peuvent être placées avec les Phyllophages.

Les espèces qui nous sont connues, habitent le Cap de Bonne-Espérance.

1re. *Division*. Corps entièrement velu. — Crochets des tarses antérieurs et intermédiaires tous profondément bifides.

Rapportez à cette division le Hanneton cendré n°. 78. Oliv. *Entom.* Hanneton, pl. 4. fig. 30. *Anisonyx cinereum*. Lat. (*Pachyc. cinerea*. Nob.)

2e. *Division*. Corps peu velu, un peu écailleux en dessus. Abdomen l'étant entièrement. — Crochets des tarses antérieurs et intermédiaires légèrement bifides.

A cette seconde division appartient la Cétoine crassipède n°. 102. pl. 161. fig. 26. de ce Dictionnaire. *Trichius maculatus* n°. 18. Fab. *Syst. Eleut.* *Hoplia crassipes*. Dej. Catal. (*Pachyc. crassipes*. Nob.)

Nota. La *Melolontha crassipes* n°. 117. Fab. *id.* est regardée par les auteurs comme une variété de cette espèce.

ANISONYX, *Anisonyx*. Lat. *Melolontha*. Fab. Oliv. *Scarabœus*. Linn.

Genre d'insectes de l'ordre des Coléoptères, section des Pentamères, famille des Lamellicornes, tribu des Scarabéïdes (division des Anthobies).

Cette division comprend six genres. (*Voyez* Scarabéïdes.) Quatre d'entr'eux, Amphicome, Glaphyre, Chasmatoptère et Chasmé sont distingués par leurs tarses postérieurs munis de deux crochets, tandis que les Pachycnèmes et les Anisonyx n'en ont qu'un seul ; mais les Pachycnèmes diffèrent des Anisonyx par l'égalité de leurs quatre palpes, le rétrécissement postérieur des élytres et la grosseur des cuisses et des jambes postérieures.

Antennes de neuf articles, le premier long, conique ; le second petit, globuleux ; les deux suivans cylindro-coniques ; le cinquième aussi long que les deux précédens pris ensemble ; le sixième cupulaire ; les trois autres composant une massue longue, linéaire, un peu velue. — *Mandibules* cornées. — *Mâchoires* terminées par un lobe membraneux et soyeux. — *Palpes* longs, avancés, inégaux ; les maxillaires sensiblement plus grands que les autres, leurs trois derniers articles cylindriques, le terminal dépassant de toute sa longueur le bord antérieur du chaperon, cet article plus long que le précédent : palpes labiaux ayant leur dernier article aussi long que les deux autres réunis, dépassant peu ou point le bord du chaperon. — *Languette* saillante au-delà du menton, bilobée. — *Tête* petite ; chaperon avancé, en carré alongé, plus long que large, beaucoup plus étroit que la tête, échancré antérieurement et presque bilobé. — *Yeux* grands. — *Corps* très-velu, alongé, un peu déprimé et souvent écailleux en dessus. — *Corselet* ayant ses bords latéraux arrondis ainsi que le postérieur. — *Ecusson* triangulaire. — *Elytres* un peu béantes à leur extrémité postérieure suturale, ne se rétrécissant pas visiblement, couvrant des ailes et laissant à nu l'extrémité de l'abdomen. — *Pattes* longues, grêles, très-velues, les postérieures principalement ; jambes antérieures n'ayant qu'une dent au côté externe ; crochets des tarses antérieurs et intermédiaires inégaux, profondément bifides ; tarses postérieurs n'ayant qu'un seul crochet, lequel est grand, simple, entier.

Ce genre établi par M. Latreille a été nommé Anisonyx de deux mots grecs dont la signification est : *ongles inégaux*. Il ne renferme qu'un petit nombre d'espèces qui, dit-on, fréquentent les fleurs ; elles sont du Cap de Bonne-Espérance.

Plusieurs Hannetons de ce Dictionnaire appartiennent à ce genre, tels que ceux-ci : 1°. chevelu n°. 102. pl. 155. fig. 29. (*Anis. crinitum*) ; 2°. Ours n°. 103. pl. 155. fig. 14. (*Anis. Ursus*) ; 3°. Lynx n°. 104. (*Anis. Lynx*) ; 4°. à trompe n°. 105. (*Anis. proboscideum*.)

AMPHICOME, *Amphicoma*. Lat. *Melolontha*. Fab. Oliv. *Scarabœus*. De Géer. Pall.

Genre d'insectes de l'ordre des Coléoptères, section des Pentamères, famille des Lamellicornes, tribu des Scarabéïdes (division des Anthobies).

La division des Scarabéïdes nommée *Anthobies*, se compose des genres Pachycnème, Anisonyx, Glaphyre, Chasmatoptère, Chasmé et Amphicome. (*Voyez* Scarabéïdes.) Les deux premiers ont les tarses postérieurs munis d'un seul crochet ; le quatrième a tous les crochets des tarses bifides. Dans les Chasmés l'un des crochets, au moins, est toujours bifide, et les antérieurs ainsi que les intermédiaires

intermédiaires sont inégaux entr'eux ; enfin les Glaphyres ont leurs mandibules dentelées intérieurement et portent en outre une dent au côté externe ; leurs cuisses postérieures sont renflées dans les deux sexes.

Antennes de dix articles, le premier conique, le second globuleux, tous deux très-velus, le troisième de forme variable ; les quatrième, cinquième, sixième et septième cupulaires, allant en s'évasant de plus en plus jusqu'à la massue ; celle-ci de trois feuillets dans les deux sexes. — *Labre* saillant. — *Mandibules* entièrement cornées, sans angle au côté externe, ni dents, tant intérieures qu'extérieures. — *Mâchoires* terminées par un lobe membraneux et soyeux. — *Palpes* velus, leur dernier article glabre, tronqué à l'extrémité. — *Languette* bilobée, saillante au-delà du menton. — *Chaperon* séparé de la tête par une ligne transversale. — *Yeux* très-échancrés intérieurement. — *Corps* alongé. — *Corselet* assez bombé, presqu'arrondi. — *Elytres* recouvrant des ailes, béantes à leur extrémité, laissant à nu la partie postérieure de l'abdomen. — *Tarses* intermédiaires et postérieurs alongés : crochets des tarses tous égaux et entiers.

On doit ce genre à M. Latreille qui l'a nommé *Amphicome*, de deux mots grecs qui désignent la quantité de poils dont le corps est souvent recouvert. Les espèces qui le composent sont de taille moyenne et habitent l'ancien continent, surtout les parties chaudes.

1re. *Division*. Massue des antennes globuleuse, presque solide, ses deux derniers articles rentrant dans le premier. — Tête sans plaque rebordée. Chaperon très-rebordé en devant et sur les côtés. — Jambes antérieures tridentées au côté externe ; les quatre premiers articles de leurs tarses fortement ciliés intérieurement dans les mâles.

A cette division appartiennent les Hannetons suivans de ce Dictionnaire : 1°. rayé n°. 95. pl. 155. fig. 30. (*Amph. vittata*) ; 2°. Renard n°. 96. pl. 155. fig. 28. (*Amph. Vulpes*) et velu n°. 99. Celui-ci est la femelle du précédent ; 3°. Bombile n°. 97. (*Amph. Bombylius*) ; 4°. bombyliforme n°. 98. (*Amph. bombyliformis*) ; 5°. arctique n°. 101. pl. 155. fig. 26. (*Amph. arctos*.)

2e. *Division*. Massue des antennes ovale, ses trois feuillets libres, presqu'égaux. — Partie médiale de la tête formant avec le chaperon une plaque en carré long, rebordée sur les côtés et postérieurement. Chaperon point rebordé en devant. — Jambes antérieures bidentées au côté externe ; les quatre premiers articles de leurs tarses lobés intérieurement et formant réunis une espèce de peigne à quatre dents, dans les mâles.

Rapportez à cette seconde division le Hanneton alpin n°. 21. de ce Dictionnaire (*Amph. abdominalis* Lat.) Le Hanneton abdominal n°. 90. nous paroît être la même espèce que la précédente, ou tout au plus une légère variété.

GLAPHYRE, *Glaphyrus*. Lat. *Melolontha*. Fab. Oliv. *Scarabœus*. Linn.

Genre d'insectes de l'ordre des Coléoptères, section des Pentamères, famille des Lamellicornes, tribu des Scarabéides (division des Anthobies).

Cette division contient les genres suivans : Pachycnème, Anisonyx, Glaphyre, Amphicome, Chasmatoptère et Chasmé. Dans les deux premiers, les tarses postérieurs ne présentent qu'un crochet unique. Les Chasmatoptères et les Chasmés ont toujours quelques-uns de leurs crochets (au moins) bifides. Les Amphicomes n'ont ni angle, ni dent à la partie extérieure de leurs mandibules, et leurs cuisses postérieures ne sont pas renflées, ce qui sépare ces trois genres de celui de Glaphyre.

Antennes de dix articles, les trois derniers formant une massue feuilletée, presqu'ovoïde. — *Labre* saillant. — *Mandibules* cornées, saillantes, ayant une dent à leur partie extérieure, dentelées intérieurement un peu avant leur extrémité. — *Mâchoires* bifides, leur division externe presqu'ovoïde, l'interne très-petite, en forme de dent. — *Palpes* terminés par un article un peu plus gros que les autres, presqu'ovoïde. — *Languette* bilobée, saillante au-delà du menton. — *Chaperon* aussi long ou presqu'aussi long que large, à peu près carré. — *Corps* de forme alongée. — *Corselet* carré, aussi long ou plus long que large. — *Elytres* arrondies, béantes au bout, recouvrant des ailes et laissant à nu la partie postérieure de l'abdomen. — *Pattes* antérieures courtes, leurs jambes très-dentées ; les quatre dernières pattes fortes ; cuisses postérieures renflées dans les deux sexes. Dernier article de chaque tarse terminé par deux crochets égaux, entiers, ayant une petite dent à leur côté interne.

Ce genre dû à M. Latreille et dont le nom vient d'un mot grec qui signifie : *élégant*, ne se compose encore que de trois espèces propres à l'Afrique. Elles fréquentent, à ce qu'il paroît, les fleurs syngénèses.

On rapportera aux Glaphyres : 1°. le Hanneton maure n°. 63. du présent ouvrage. Oliv. *Entom. pl.* 8. *fig.* 90. a. b. *Melolontha Cardui* n°. 71. Fab. *Syst. Eleut.* (*G. maurus*) ; 2°. le *Glaphyrus Serratulæ*. Lat. *Gener. Crust. et Ins. tom.* 2. *pag.* 118. *n°.* 2. *tab.* IX. *fig.* 6. *Melolontha Serratulæ* n°. 72. Fab. *Syst. Eleut. Encycl. pl.* 361. *fig.* 10.

CHASMATOPTÈRE, *Chasmatopterus*. Dej. Catal. Lat. *Melolontha*. Illig.

Genre d'insectes de l'ordre des Coléoptères, section des Pentamères, famille des Lamellicornes, tribu des Scarabéides (division des Anthobies).

Dans cette division qui comprend six genres (*voyez* Scarabéides), les Pachycnèmes et les Anisonyx se distinguent parce qu'ils n'ont qu'un seul crochet aux tarses postérieurs. Dans les Amphicomes et les Glaphyres tous les crochets sont entiers. Les Chasmés ont tous leurs crochets inégaux, et dans les postérieurs le plus gros des deux est entier.

Antennes ayant leurs deux premiers articles très-hérissés de poils, celui de la base en massue, le second globuleux, le troisième un peu alongé, cylindro-conique, les suivans cupulaires, les trois derniers formant une massue ovale dans les deux sexes. — *Mandibules* cornées. — *Mâchoires* terminées par un lobe membraneux et soyeux. — *Palpes maxillaires* de quatre articles, le dernier un peu plus long et un peu plus gros que les autres; les labiaux de trois articles, n'allant pas en grossissant. — *Languette* bilobée, saillante au-delà du menton. — *Tête* avancée. Chaperon arrondi, rebordé, point séparé de la tête par une ligne transversale, quelquefois un peu échancré et comme tronqué en devant. — *Corps* velu, point écailleux. — *Corselet* oblong, plus large dans sa partie moyenne, son bord postérieur arrondi. — *Ecusson* presque triangulaire. — *Elytres* recouvrant des ailes, béantes vers l'extrémité de leur suture, laissant à découvert la partie postérieure de l'abdomen. — *Pattes* de longueur moyenne; jambes antérieures bidentées extérieurement; tarses de devant courts, les intermédiaires et les postérieurs alongés, leurs articles presqu'égaux; le dernier de tous les tarses terminé par deux crochets petits, égaux, bifides.

Ce genre a été créé par M. le comte Dejean, mais il n'en a pas encore publié les caractères. Le nom tiré de deux mots grecs exprime que les élytres sont béantes. Il ne contient que quelques petites espèces propres à l'Espagne et au midi de la France; elles vivent probablement sur les fleurs. Leur larve n'est pas connue.

1. Chasmatoptère velu, *C. villosulus*.

Chasmatopterus niger, cinereo-villosus, capite suprà nigro villoso: elytris pallidè testaceis, nigro submarginatis, punctato-substriatis.

Chasmatopterus villosulus. Dej. Catal.

Longueur 3 lig. Noir. Tête et corselet fortement ponctués. Corps presqu'entièrement couvert de poils grisâtres, ceux du dessus de la tête, noirs. Elytres testacées, légèrement bordées de noir, fortement ponctuées, leurs points presque rangés en stries. Pattes d'un brun-noirâtre.

D'Espagne.

CHASMÉ, *Chasme*.

Genre d'insectes de l'ordre des Coléoptères, section des Pentamères, famille des Lamellicornes, tribu des Scarabéides (division des Anthobies).

Des six genres qui composent cette division, les Pachycnèmes et les Anisonyx n'ont qu'un seul crochet aux tarses postérieurs. Dans les Amphicomes et les Glaphyres tous les crochets des tarses sont égaux et entiers; enfin les Chasmatoptères ont tous leurs crochets petits, égaux, bifides.

Antennes courtes, ayant leurs deux premiers articles très-hérissés de poils, le premier conique, le second globuleux, le troisième conique, les suivans cupulaires; les trois derniers formant une massue ovale-arrondie. — *Mandibules* cornées. — *Mâchoires* terminées par un lobe membraneux et soyeux. — *Palpes* égaux, velus, leur dernier article assez long, presqu'en alène. — *Languette* saillante au-delà du menton, bilobée. — *Tête* avancée; chaperon transversal, presque carré, plus étroit que la tête, rebordé, un peu tronqué en devant. — *Yeux* assez grands, saillans. — *Corps* velu et écailleux. — *Corselet* ayant son bord postérieur et les latéraux, arrondis. — *Ecusson* moyen, presque triangulaire. — *Elytres* recouvrant des ailes, béantes vers l'extrémité de leur suture, laissant à découvert l'extrémité de l'abdomen. — *Pattes* assez grandes; jambes antérieures n'ayant qu'une dent à leur côté externe; tarses antérieurs pas plus courts proportionnellement que les autres tarses; le dernier article de tous un peu plus grand que les précédens; crochets antérieurs et intermédiaires inégaux, bifides; crochets postérieurs inégaux, le gros entier, le petit bifide.

Les Chasmés très-voisines des Chasmatoptères, prennent leur nom d'un mot grec qui signifie: *hiatus*, à cause de leurs élytres béantes. Les caractères que nous tirons de la présence des écailles dont le corps est en partie couvert, ceux que fournissent les palpes, le chaperon, le corselet, et surtout l'évidente différence des crochets des tarses comparés à ceux du genre précédent, les en séparent suffisamment.

Nous ne connoissons que l'espèce suivante.

1. Chasmé décorée, *C. decora*.

Chasme nigra, suprà ferrugineo squamosa, nigro pilosa; subtùs albido squamosa pilosaque: pedibus nigris, tarsis apice ferrugineis.

Longueur 3 lig. ½. Noire, chargée en dessus, principalement sur les élytres, d'écailles ferrugineuses mêlées de poils noirs, ayant en dessous des écailles blanchâtres et des poils de même couleur. Pattes noires; tarses ferrugineux à leur extrémité.

Du Cap de Bonne-Espérance.

PLATYGÉNIE, *Platygenia*. Macl. Lat. Genre de Coléoptères-Scarabéides de la division des Mélitophiles de M. Latreille, fondé par M. Macleay (*Horæ entomol.* vol. 1. pag. 152.) Il a pour caractères, suivant cet auteur: antennes de dix articles, le premier grand, épais, conique, peu alongé ; le second presque globuleux, le sixième large, cupulaire, le septième très-court, à peine distinct, les trois derniers formant une massue un peu comprimée, ovale-alongée. Labre presqu'entièrement caché sous le chaperon, largement transversal, un peu en cœur, presque membraneux, échancré en devant, très-velu. Mandibules courtes, épaisses à la base, cornées, aplaties, en forme de lames minces, presque carrées, transparentes et frangées. Mâchoires ayant leur lobe intérieur presque trigone, dilaté, échancré à l'extrémité ; l'extérieur en forme de pinceau. Palpes maxillaires ayant leur second article presque globuleux, le troisième à peu près conique, le quatrième ovale-cylindrique, obtus à l'extrémité ; les labiaux souvent cachés dans la cavité buccale. Menton grand, très-large, presque carré, concave dans son milieu, un peu échancré sur ses côtés, son bord antérieur échancré. Tête carrée ; chaperon entier, un peu rebordé. Corps déprimé, ses derniers segmens n'étant point recouverts par les élytres. Corselet large, déprimé, ses côtés convexes, son bord postérieur tronqué. Ecusson moyen, presque triangulaire ; sternum sans prolongement. Pattes fortes ; jambes antérieures bidentées extérieurement ; les postérieures très-velues.

Le type de ce genre est la Platygénie du Zaïre, *Platygenia Zairica*. Noire, brillante. Tête ponctuée. Corselet glabre. Elytres striées. Anus et dessous du corps d'un brun-ferrugineux mat.

Trouvée sur les bords du Zaïre par M. Cranch dans son expédition en Afrique, où il a péri par l'insalubrité du climat.

Le nom de Platygénie vient de deux mots grecs qui expriment que le menton de ces insectes s'étend beaucoup en largeur.

CRÉMASTOCHEILE, *Cremastocheilus*. Knoch. Lat.

Genre d'insectes de l'ordre des Coléoptères, section des Pentamères, famille des Lamellicornes, tribu des Scarabéides (division des Mélitophiles).

Des cinq genres qui composent une subdivision des Mélitophiles (*voyez* Scarabéides), ceux de Platygénie, Macronote, Cétoine et Gymnétis ont le premier article de leurs antennes moins long que les six suivans pris ensemble, et cet article laisse le second à découvert.

Antennes composées de dix articles, le premier très-grand, plus long que les six suivans réunis, triangulaire, arqué au côté interne, recouvrant en dessus le second article ; les trois derniers formant une massue courte. — *Labre* presque membraneux, caché sous le chaperon. — *Mandibules* très-aplaties, en forme d'écailles. — *Mâchoires* terminées par un lobe corné, recourbé, aigu à l'extrémité, armé de petites épines intérieurement. — *Palpes* ayant leur dernier article très-long, obtus à l'extrémité ; palpes labiaux de trois articles, les deux premiers très-petits, le troisième courbe. — *Languette* point saillante. — *Menton* très-grand, occupant presque toute la partie inférieure de la tête, concave en devant en forme de bassin, ovale, transverse, ses bords élevés, aigus. — *Chaperon* transversal, son bord antérieur relevé, entier, arqué. — *Corps* alongé, ovale. — *Corselet* en carré transversal, échancré à ses angles antérieurs et postérieurs qui sont prolongés en tubercules. — *Pièce triangulaire* saillante, remplissant une partie de l'espace compris entre les angles postérieurs du corselet et ceux de la base des élytres. — *Sternum* sans prolongement. — *Pattes* courtes ; crochets des tarses courts.

Ne possédant pas ce genre, nous en donnons les caractères d'après M. Latreille ; le type donné par l'auteur est le Crémastocheile de la châtaigne, *Cremastocheilus castaneæ*. Noir, velu, chargé de points enfoncés qui forment comme des cicatrices. Jambes antérieures ayant deux dents au côté extérieur. De l'Amérique septentrionale. Cette espèce a d'abord été décrite par M. Knoch (*Neue beyt. zur insect.* 1801. *pag.* 115. *taf.* 3.)

Nota. La Cétoine alongée n°. 30. pl. 159. fig. 11. du présent ouvrage appartient aussi à ce genre. (*Cremast. elongatus.*)

MACRONOTE, *Macronota*. Wiedem. *Analect. Entom. Kiliæ*. 1824. pag. 8.

Ce genre de Coléoptères-Scarabéides appartient à la division des Mélitophiles. Son caractère le plus apparent est d'avoir, comme les Gymnétis, la partie médiale du corselet prolongée ; ce qui sépare ces deux genres de celui de Cétoine. Ici ce prolongement couvre en partie l'écusson, mais il nous paroît qu'il en laisse toujours à découvert la portion postérieure. L'auteur (M. Wiedemann) n'énonce point ses autres caractères. Tel que nous entendons ce genre, il n'est pas identique avec celui de Gymnétis de M. Macleay ; il en diffère essentiellement suivant nous, 1°. par le chaperon distinctement échancré, quelquefois même bidenté ; 2°. par la massue des antennes notablement alongée, composée de trois feuillets presque linéaires (1) ; 3°. par la forme du corps plus alongée, allant en se rétrécissant sensiblement à partir de la base des élytres jusqu'à sa partie postérieure. M. Wiedemann donne pour type l'espèce suivante, que nous croyons nouvelle. Macronote radiée, *Macronota radiata*. Longueur 8 lig. D'un noir-pourpre en dessus, avec le disque des élytres de couleur orangée, ainsi que des rayons qui s'écartent de ce disque ; cuivreuse en dessous. Du nord de l'Inde.

(1) Ce caractère se retrouve dans quelques vraies Cétoines de la nouvelle Hollande.

Toutes les espèces de Macronotes que nous connoissons sont propres à l'Asie. On placera dans ce genre les Cétoines suivantes de ce Dictionnaire : 1°. chinoise n°. 5. pl. 158. fig. 1. (*Macr. chinensis*); 2°. nègre n°. 6. pl. 158. fig. 2. (*Macr. nigrita*); 3°. bleuâtre n°. 72. pl. 160. fig. 21. (*Macr. cœrulea*), et encore les espèces inédites suivantes de la collection de M. le comte Dejean, nommées par lui *sulcicollis*, *antiqua*, *regia*, (celle-ci est peut-être la *Cetonia regia* de Fabricius) et *bisignata*. Ces quatre dernières sont de Java.

GYMNÉTIS, *Gymnetis*. Genre de Coléoptères-Scarabéides, division des Mélitophiles, créé par M. Macleay (*Horæ entom.* vol. 1. pag. 152.) aux dépens des *Cetonia* de Fabricius et d'Olivier.

Le seul caractère frappant qu'offre ce genre est celui que présente le corselet qui est lobé postérieurement; ce lobe recouvrant l'écusson. M. Macleay prétend que dans l'unique espèce qu'il cite, l'écusson n'est pas entièrement couvert; le contraire nous paroît évident dans les individus soumis à notre examen; il ajoute qu'il connoît d'autres espèces dans lesquelles l'écusson *s'évanouit tout-à-fait*. Nous n'entendons pas cette phrase, car l'écusson existe dans tous les Mélitophiles, et il est tout aussi grand dans les Gymnétis que dans la Cétoine dorée par exemple. Nous ne voyons donc pas pourquoi l'auteur anglais soupçonne que les espèces où il nie l'existence de l'écusson, par opposition à celle qu'il décrit (*Gymnetis nitida*), pourroient former un genre différent de celui-ci. Au reste les caractères génériques qu'il assigne aux Gymnétis (hors celui du corselet) sont absolument les mêmes que ceux des véritables Cétoines. Nous remarquerons seulement, ce que ne dit pas M. Macleay, que les espèces que l'on doit y rapporter sont toutes américaines; leur chaperon est entier, le corps est toujours mat et velouté en dessus; la suture des élytres se termine de chaque côté par une petite épine. (*Voyez* Macronote, pag. 379 de ce volume.) En admettant cette coupe générique, on y pourra établir deux divisions. La première aura pour caractères : tête portant une épine dirigée en avant; bord antérieur du chaperon ayant un appendice droit, en carré long (au moins dans les mâles). Insectes de l'Amérique septentrionale. Là se place la Cétoine brillante n°. 14. pl. 159. fig. 2. de ce Dictionnaire (*Gymn. nitida*, Macl.). La seconde division sera ainsi signalée : tête et chaperon simples, mutiques dans les deux sexes. Insectes de l'Amérique méridionale. On y rapportera les Cétoines suivantes de ce Dictionnaire : 1°. boucher n°. 17. pl. 159. fig. 3; 2°. ondée n°. 19; 3°. soyeuse n°. 26; 4°. triste n°. 27. pl. 155. fig. 8; 5°. lobée n°. 28. pl. 159. fig. 9; 6°. saupoudrée n°. 29. pl. 159. fig. 10; 7°. marbrée n°. 13. pl. 159. fig. 1, ainsi que les Cétoines peinte, maculée, liturée, linéolée et porte-faix de l'Entomologie d'Olivier.

INCA, *Inca. Goliathus.* Lam. Lat. Dej. Catal. *Cetonia.* Wéb. *Trichius.* Schœn.

Genre d'insectes de l'ordre des Coléoptères, section des Pentamères, famille des Lamellicornes, tribu des Scarabéides (division des Mélitophiles).

Le genre Goliath créé par le savant M. de Lamarck (*Syst. des anim. sans vertèb.*) contenoit primitivement toutes les espèces de Cétoines dont les mâles (au moins) portent un chaperon très-avancé et très-visiblement fourchu. M. Latreille le restreignit depuis en en ôtant la Cétoine éclatante d'Olivier (*Encycl. pl.* 157. *fig.* 4. *Cetonia micans*. Oliv. Fab.) et quelques autres, qui ont comme les vraies Cétoines, la pièce triangulaire grande, saillante en dessus, remplissant entièrement l'intervalle compris entre les angles postérieurs du corselet et ceux de la base des élytres. Soit donc que ces espèces rentrent comme division dans les Cétoines, soit qu'on en constitue un genre distinct, on remarquera comme leur étant particuliers, au moins dans l'un des sexes, les caractères suivans : chaperon en carré un peu rétréci postérieurement, son bord antérieur sinué, ayant ses angles de devant un peu relevés en cornes; les angles postérieurs formant aussi une petite corne de chaque côté au-dessus de la base des antennes. Disque du chaperon portant une corne longue, courbe, relevée, aplatie depuis son milieu jusqu'à son extrémité, fort élargie, creusée et plus ou moins échancrée dans cette dernière partie. Menton grand, presque trilobé, ses lobes latéraux courts, l'intermédiaire fort grand, carré, ayant à ses angles latéraux une petite épine droite, horizontale. Nous avons observé ces caractères dans un individu non nommé de la collection de M. Bosc, qui a eu la complaisance de nous le communiquer et dont la patrie est l'île de Java; nous pensons que ces caractères lui sont communs avec la *Cetonia micans* citée plus haut, et qu'ils se retrouveront dans toutes les espèces asiatiques qu'on a pu joindre jusqu'ici aux Goliaths; mais ce dernier genre tel qu'il reste après ce premier retranchement comprend encore des espèces très-différentes les unes des autres. Ainsi les Goliaths africain Lam. (Cétoine Goliath, n°. 1. de ce Dictionnaire) et Cacique Lam. (Cétoine Cacique n°. 2. pl. 157. fig. 2. *Encycl.*) ont la pièce triangulaire assez saillante et remplissant environ la moitié de l'espace compris entre les angles postérieurs du corselet et ceux de la base des élytres; leur tête et leur chaperon sont à peu près conformés comme dans la *Cetonia micans* et l'espèce de Java, déjà mentionnées ici, leurs cuisses antérieures sont mutiques et leurs jambes de devant n'ont pas d'échancrure.

N'ayant pu voir en nature qu'un seul individu

faisant partie de la collection publique du Roi, et encore à travers une glace, nous n'avons pu décider si ces insectes doivent seulement former une division dans les Cétoines ou un genre particulier auquel il faudroit conserver le nom de Goliath. Dans l'un ou l'autre cas ils auront pour caractères distinctifs : pièce triangulaire assez saillante, mais n'occupant que la moitié de l'espace compris entre les angles postérieurs du corselet et ceux de la base des élytres. Corselet arrondi sur ses côtés et presque jusque vis-à-vis de l'écusson, prolongé en face de celui-ci, mais ne le couvrant pas. D'après cela nous proposerons ici l'établissement d'un genre nouveau sous le nom d'*Inca*, lequel renfermera des espèces de Goliaths de l'Amérique méridionale qui offrent des caractères particuliers que nous allons signaler, et différens de tous ceux que nous venons de mentionner.

La subdivision des Mélitophiles qui a pour caractère : pièce triangulaire ne saillant pas en dessus et ne s'avançant point dans l'intervalle compris entre les angles postérieurs du corselet et ceux de la base des élytres, contient trois genres : Trichie, Inca et Lépitrix. (*Voyez* SCARABÉIDES.) Ce dernier ne présente qu'un seul crochet aux tarses postérieurs. Dans les Trichies le menton est petit, à peine échancré, le chaperon n'est ni relevé, ni fourchu ; les cuisses de devant sont mutiques, et les jambes antérieures n'ont aucune échancrure notable.

Antennes composées de dix articles, le premier le plus long de tous, hérissé de poils roides, les quatre suivans coniques, les sixième et septième courts, cupulaires, les trois derniers formant une masse ovale-alongée, un peu velue, plus longue dans les mâles que dans les femelles. — *Labre* presque membraneux, caché sous le chaperon. — *Mandibules* très-aplaties, en forme de lames minces. — *Mâchoires* terminées par un lobe en forme de pinceau. — *Palpes maxillaires* ayant leur dernier article très-long, presque cylindrique ; les labiaux fort courts. — *Languette* point saillante. — *Menton* grand, large, très-échancré en devant. — *Tête* en carré peu alongé ; chaperon fortement bifide et profondément échancré en devant dans les mâles ; ses angles postérieurs ayant dans les deux sexes une petite pointe élevée en devant des yeux ; chaperon des femelles notablement relevé à son bord antérieur ; celui-ci portant souvent trois petites pointes spiniformes. — *Yeux* gros, saillans. — *Corps* assez épais. — *Corselet* paroissant arrondi vu en dessus, à peine échancré en devant, ne l'étant pas en arrière, ni prolongé dans cette partie. — *Pièce triangulaire* nullement saillante. — *Ecusson* assez grand, en triangle curviligne. — *Elytres* sans sinus latéral, recouvrant des ailes et laissant à nu l'extrémité de l'abdomen. — *Abdomen* assez épais. — *Pattes* longues ; cuisses antérieures armées dans les deux sexes d'une épine assez forte ; leurs jambes fortement échancrées à leur base interne dans les deux sexes, ayant deux fortes dents, outre la terminale, au côté extérieur. Jambes intermédiaires et postérieures munies extérieurement de deux épines, plus prononcées dans les mâles que dans les femelles : dernier article des tarses le plus grand de tous, terminé par deux crochets grands et simples.

Les quatre espèces que nous plaçons dans ce genre voisin des Trichies, sont de grande taille et propres à l'Amérique méridionale. Leurs mœurs ne nous sont pas connues.

Nous indiquerons 1°. Inca barbicorne (*Inca barbicornis*. NOB. La femelle a le chaperon relevé, sans pointes particulières, c'est la Cétoine pulvérulente n°. 88. pl. 161. fig. 14. de ce Dictionnaire. *Trichius pulverulentus*. SCHŒN. *Syn. Ins. tom.* 3. *pag.* 100. *n°*. 6. Le mâle est le Goliath barbicorne. LAT. *Règn. anim. tom.* 4. *pl. XIII. fig.* 1.) Du Brésil. 2°. Inca de Wéber. *Inca Weberi*. NOB. *Cetonia Ynca*. WÉB. *Observ. entom. pag.* 66. *n°*. 1. Mâle. FAB. *Syst. Eleut. tom.* 2. *pag.* 136. *n°*. 5. Mâle. Du Pérou. 3°. Inca bifront. (*Inca bifrons*. NOB. *Cetonia bifrons*. OLIV. *Entom. tom.* 1. *Cétoin. p.* 82. *n°*. 104. pl. 12. *fig.* 117. Mâle. FAB. *Syst. Eleut. tom.* 2. *pag.* 135. *n°*. 3. Mâle.) De Cayenne. 4°. Inca serricolle. (*Inca serricollis*. NOB. *Goliath serricollis*. DEJ. Catal.) Du Brésil. Dans ces deux dernières espèces le chaperon de la femelle porte sur son bord antérieur trois petites pointes spiniformes.

LÉPITRIX, *Lepitrix. Trichius, Melolontha*. FAB. *Cetonia, Melolontha*. OLIV.

Genre d'insectes de l'ordre des Coléoptères, section des Pentamères, famille des Lamellicornes, tribu des Scarabéides (division des Mélitophiles).

Dans les Mélitophiles dont la pièce triangulaire ne fait point de saillie en dessus (*voyez* SCARABÉIDES), les Incas et les Trichies ont deux crochets entiers et égaux à chacun de leurs tarses, ce qui les distingue suffisamment des Lépitrix.

Les espèces qui composent ce genre nouveau dont le nom vient de deux mots grecs qui indiquent que le corps est en même temps écailleux et velu, avoient été confondues jusqu'à présent par tous les auteurs avec les Trichies (1) et les Hannetons. Il est impossible de les réunir à l'un ou à l'autre de ces genres, les crochets de leurs quatre tarses antérieurs étant inégaux et inégalement bifides, et leurs tarses postérieurs n'ayant qu'un seul crochet, celui-ci entier ; au lieu que les Hannetons ont deux crochets à chacun de leurs tarses, ces crochets entiers, dentés à leur base et la massue des antennes composée de quatre à sept

(1) Dans les ouvrages d'Olivier les Trichies ne forment qu'une division du genre Cétoine.

feuillets. Ajoutez à cela la forme de la bouche très-différente dans les Phyllophages, de celle des Mélitophiles. Quant aux Trichies, nous ajouterons à la différence énoncée plus haut, que leurs antennes sont de dix articles, tandis qu'elles n'en ont que neuf dont les trois derniers forment la massue, dans nos Lépitrix; ces dernières ont quelques traits de ressemblance avec les Anisonyx, mais elles en diffèrent par leur tête moins alongée, les parties de la bouche plus courtes et presqu'identiques à celles des Trichies. Ces remarques nous ont été communiquées par notre excellent guide M. Latreille, qui se réserve de donner plus en détail les caractères propres à ce genre. Nous y rapportons avec lui les Cétoines suivantes de ce Dictionnaire : 1°. rayée n°. 100. pl. 161. fig. 24. *Trichius lineatus* n°. 15. Fab. *Syst. Eleut. Lepitrix lineata*. Nob. 2°. nigripède n°. 101. *Trichius nigripes* n°. 17. Fab. *id. Lepitrix nigripes* Nob., et encore le Hanneton raccourci n°. 132. *Melolontha abbreviata* n°. 126. Fab. *id. Lepitrix abbreviata*. Nob. Tous du Cap de Bonne-Espérance. (S. F. et A. Serv.)

SCARITE, *Scarites*. Fab. Oliv. Lat. Dej. (*Spéc.*). *Tenebrio*. Linn. *Attelabus*. De Géer.

Genre d'insectes de l'ordre des Coléoptères, section des Pentamères, famille des Carnassiers, tribu des Carabiques (division des Bipartis).

Les Scarites font partie d'un groupe de cette division dont le caractère est : menton articulé laissant à découvert une grande partie de la bouche; jambes antérieures palmées : mandibules fortement dentées intérieurement. (*Voyez* Scaptère.) Là les Carènes se distinguent par la dilatation du dernier article de leurs quatre palpes extérieurs : les Acanthoscèles par leurs jambes postérieures larges, courtes, arquées, ainsi que par les trochanters de leurs deux dernières cuisses presqu'aussi grands que ces cuisses mêmes. Les Pasimaques ont le corselet échancré postérieurement et les Scaptères l'ont presque carré; en outre les mandibules dans ce dernier genre sont peu avancées.

Antennes presque moniliformes, composées de onze articles, le premier très-grand, les autres beaucoup plus petits, grossissant insensiblement vers l'extrémité. — *Labre* très-court, tridenté. — *Mandibules* grandes, avancées, fortement dentées intérieurement. — *Mâchoires* crochues à leur extrémité. — *Palpes maxillaires extérieurs* de quatre articles; les labiaux de trois; ces quatre palpes ayant leur dernier article presque cylindrique; les maxillaires internes de deux articles. — *Menton* articulé, concave, fortement trilobé. — *Languette* courte, large, évasée au bord supérieur. — *Tête* très-grande, presque carrée. — *Corps* assez alongé, cylindrique ou peu aplati. — *Corselet* séparé des élytres par un étranglement, convexe, presqu'en croissant, échancré antérieurement, arrondi à sa partie postérieure et souvent un peu prolongé dans son milieu. — *Ecusson* nul. — *Elytres* assez alongées, souvent parallèles, s'élargissant quelquefois un peu postérieurement, recouvrant tout l'abdomen et rarement des ailes. — *Abdomen* aplati, arrondi sur les côtés. — *Pattes* assez fortes; jambes antérieures larges, dentées extérieurement et comme palmées, échancrées au côté interne; jambes intermédiaires simples, quelquefois un peu plus larges vers leur extrémité, ayant seulement sur le côté extérieur, une ou deux épines assez fortes. Jambes postérieures quelquefois ciliées : tarses simples dans les deux sexes.

Les Scarites vivent dans les terrains sablonneux près de la mer et dans les contrées imprégnées de substances salines. Ils se tiennent dans les zônes chaudes des deux Mondes et creusent la terre où ils se forment des espèces de terriers pour éviter la lumière du jour; ils en sortent la nuit et vont attaquer d'autres insectes. M. Le Fébure de Cérisy nous a assuré s'être souvent servi du moyen suivant pour prendre le Scarite Pyracmon. Cet observateur déposoit des Hannetons communs dans les endroits où il croyoit que cette espèce faisoit son habitation, et venoit ensuite saisir ces insectes à la lumière; cependant quelques auteurs ayant avancé que les Scarites n'ont point d'habitudes carnassières, il seroit utile que les entomologistes des pays qu'ils habitent pussent bien étudier les mœurs des autres espèces de ce genre. Les larves sont inconnues. Ces Coléoptères d'assez grande taille sont de couleur noire, ordinairement luisante. On en connoît au moins une quarantaine d'espèces. M. le comte Dejean dans son *Spéciès* en décrit un assez grand nombre de nouvelles; il divise ce genre de la manière suivante.

1re. *Division*. Jambes intermédiaires armées de deux épines.

On y rapportera les Scarites suivans : 1°. Pyracmon. *Encycl. pl.* 181. *fig.* 2. (*Scar. Pyracmon.* Bonell. *Scar. gigas*. Oliv. *Entom. tom.* 3. *Scarit. pag.* 6. *n°.* 3. *pl.* 1. *fig.* 1. *Faun. franç. Coléopt. pl.* 2. *fig.* 1.) 2°. sillonné. *Encycl. pl.* 181. *fig.* 12. (*Scar. sulcatus*. Oliv. *id. pag.* 7. *n°.* 5. *pl.* 1. *fig.* 11.) 3°. souterrain. (*Scar. subterraneus* n°. 8. Fab. *Syst. Eleut.*)

2e. *Division*. Jambes intermédiaires armées d'une seule épine.

Cette division comprend les espèces suivantes : 1°. indien. (*Scar. indus*. Oliv. *Entom. tom.* 3. *Scarit. pag.* 9. *n°.* 8. *pl.* 1. *fig.* 2.) 2°. terricole. (*Scar. terricola*. Bonel. Lat. *nouv. Dict. d'hist. nat.* 2e. *édit.*) 3°. lisse. (*Scar. lævigatus* n°. 9. Fab. *Syst. Eleut.*)

ACANTHOSCÈLE, *Acanthoscelis*. Lat. (*Fam. nat.*) Dej. (*Spéc.*) *Scarites*. Fab.

Genre d'insectes de l'ordre des Coléoptères,

section des Pentamères, famille des Carnassiers, tribu des Carabiques (division des Bipartis).

Parmi les Carabiques-Bipartis à menton articulé laissant à découvert une grande partie de la bouche, ayant les jambes antérieures palmées et les mandibules fortement dentées intérieurement, les Carènes ont les palpes extérieurs dilatés; le corselet des Pasimaques est échancré postérieurement; les Scarites ont leurs jambes postérieures droites et presque simples; enfin les mandibules des Scaptères sont peu avancées. Cette comparaison isole le genre Acanthoscèle.

Menton articulé, presque plane, fortement trilobé. — *Tête* courte, transversale. — *Corps* court, convexe. — *Corselet* très-convexe, court, presqu'en carré transversal. — *Elytres* courtes, très-convexes, recouvrant tout l'abdomen. — *Pattes* assez courtes; jambes antérieures très-fortement palmées: cuisses postérieures courtes, un peu renflées; leurs trochanters très-gros, plus longs que la moitié des cuisses; jambes postérieures courtes, larges, arquées, couvertes d'épines.

Les autres caractères comme dans les Scarites (*voyez* ce mot). Le type de ce genre dont le nom tiré de deux mots grecs signifie : *jambes épineuses*, est le *Scarites ruficornis* n°. 11. Fab. *Syst. Eleut.* (*Acanthoscelis ruficornis*. Lat. Dej.) Du Cap de Bonne-Espérance.

OXYSTOME, *Oxystomus*. Lat. (*Fam. nat.*) Dej. (*Spéc.*)

Genre d'insectes de l'ordre des Coléoptères, section des Pentamères, famille des Carnassiers, tribu des Carabiques (division des Bipartis).

Parmi les Carabiques de cette division dont le menton articulé laisse à découvert une grande partie de la bouche, qui ont les jambes antérieures palmées et les mandibules point ou légèrement dentelées intérieurement (*voy.* Scaptère), les Clivines ont le dernier article des quatre palpes extérieurs conformé uniformément, c'est-à-dire en fuseau, leurs mandibules sont courtes. Dans les Oxygnathes le menton est presque plane et le dernier article de leurs palpes labiaux presque cylindrique : ce dernier caractère se retrouve dans les Camptodontes, qui ont en outre le corps déprimé et le corselet presque cordiforme.

Antennes moniliformes, de onze articles, le premier très-grand, les autres beaucoup plus petits, presqu'égaux. — *Labre* court, tridenté. — *Mandibules* grandes, très-avancées, aiguës, non dentées intérieurement, très-croisées l'une sur l'autre dans le repos. — *Mâchoires* crochues à leur extrémité. — *Palpes extérieurs* très-grands, les maxillaires externes ayant leur dernier article long, cylindrique, tronqué à l'extrémité; les labiaux l'ayant plus long que le pareil des maxillaires, un peu courbe et pointu. — *Menton* articulé, très-concave, trilobé. — *Tête* ayant ses bords latéraux munis de deux ou trois appendices spiniformes (au moins dans l'espèce servant de type). — *Yeux* petits, peu saillans. — *Corps* linéaire, très-alongé, presque cylindrique, épais proportionnellement à sa largeur. — *Corselet* presque carré, très-foiblement échancré en devant, séparé des élytres par un étranglement. — *Ecusson* nul. — *Elytres* recouvrant entièrement l'abdomen. — *Abdomen* épais, cylindrique. — *Pattes* courtes; jambes antérieures palmées, les intermédiaires et les postérieures ayant quelques épines au côté extérieur.

Oxystome vient de deux mots grecs dont le sens est : *bouche pointue*. On ne connoît pas les mœurs de ces insectes, mais il est présumable qu'elles diffèrent peu de celles des Scarites; cependant le manque de dentelures aux mandibules peut apporter des différences que nous recommandons à l'étude des naturalistes. Les deux espèces connues sont du Brésil.

1. Oxystome cylindrique, *O. cylindricus*.

Oxystomus niger, nitidus; tibiis anticis tridentatis : elytris profundè sulcatis, pilis raris longioribus.

Oxystomus cylindricus. Dej. *Spéc. tom.* 1. *pag.* 410.

Longueur 14 lig. D'un noir luisant; jambes antérieures munies extérieurement de trois dents outre la terminale. Elytres profondément sillonnées, ayant des poils longs et rares.

Du Brésil.

OXYGNATHE, *Oxygnathus*. Dej. (*Spéc.*) *Scarites*. Wiedem.

Genre d'insectes de l'ordre des Coléoptères, section des Pentamères, famille des Carnassiers, tribu des Carabiques (division des Bipartis).

Le groupe dont les Oxygnathes dépendent renferme quatre genres (*voyez* Scaptère), savoir : Oxystome, Oxygnathe, Camptodonte et Clivine. Le premier est distinct par son menton très-concave et par le dernier article des palpes labiaux un peu courbe et pointu. Les Camptodontes ont le corselet presque cordiforme, leurs antennes sont presque filiformes, un peu plus longues que la tête et les mandibules réunies; enfin dans ce genre les élytres sont un peu déprimées. Dans les Clivines le dernier article des quatre palpes extérieurs est en fuseau et les mandibules sont courtes.

M. le comte Dejean a fondé ce genre dans son *Spécies*. Le type est un Coléoptère que M. Wiedemann avoit placé parmi les Scarites. Le nom générique vient de deux mots grecs qui signifient : *mâchoires aiguës*. Ses caractères sont : menton articulé, presque plane, légèrement trilobé. Labre très-court, peu distinct. Mandibules avancées, arquées, tranchantes intérieurement et non dentées dans cette partie, très-aiguës à leur extrémité et se croisant l'une sur l'autre. Palpes assez alongés, les labiaux un peu plus courts que les maxillaires; dernier article des uns et des autres, alongé, très-légèrement ovalaire, presque cylindrique. Antennes moniliformes, plus courtes que la tête et les mandibules réunies; leur premier article à peu près aussi long que les trois suivans pris ensemble, allant un peu en grossissant vers le bout, les autres beaucoup plus courts, presqu'égaux entr'eux, arrondis, grossissant sensiblement à leur extrémité. Tête assez grande, alongée, presque carrée. Corps alongé, cylindrique. Corselet presque carré. Elytres alongées, parallèles, cylindriques et arrondies à l'extrémité. Jambes antérieures assez fortement palmées.

1. Oxygnathe alongé, *O. elongatus.*

Oxygnathus niger, cylindricus; mandibulis exsertis, tibiis anticis tridentatis, posticè unidentatis; elytris elongatis, parallelis, sulcatis: sulcis punctatis; antennis pedibusque piceis.

Oxygnathus elongatus. Dej. *Spéc. tom.* 2. *pag.* 474. *n°.* 1. — *Scarites elongatus.* Wiedem. *Zoolog. magaz. II.* 1. *pag.* 38. *n°.* 52.

Longueur 5 lig. Noir, cylindrique; mandibules avancées. Jambes antérieures ayant au côté externe trois fortes dents et en outre une petite dentelure après la troisième dent; leur côté intérieur est muni de deux fortes épines; on en remarque aussi une assez forte près de l'extrémité des jambes intermédiaires. Elytres alongées, parallèles, sillonnées; ces sillons ponctués. Antennes et pattes brunes.

Des Indes orientales.

CAMPTODONTE, *Camptodontus.* Dej. (*Spéc.*)

Genre d'insectes de l'ordre des Coléoptères, section des Pentamères, famille des Carnassiers, tribu des Carabiques (division des Bipartis).

Les genres Oxystome, Oxygnathe, Camptodonte et Clivine forment un groupe dans cette division. (*Voyez* Scaptère.) Dans les Oxystomes le menton est très-concave et le dernier article des palpes labiaux un peu courbe et pointu. Les Oxygnathes ont le corselet presque carré, les antennes moniliformes, plus courtes que la tête et les mandibules réunies; leurs élytres sont cylindriques et arrondies à l'extrémité: enfin les Clivines sont reconnoissables par leurs mandibules courtes et par leurs quatre palpes extérieurs dont le dernier article est en fuseau.

Ce genre dont le nom est tiré de deux mots grecs dont le sens est: *dents courbées*, a été établi par M. le comte Dejean dans son *Spéciès.* Ses caractères, suivant l'auteur, sont: menton articulé, plane, trilobé antérieurement, la dent du milieu plus longue que les latérales, paroissant formée de deux côtes élevées qui se prolongent jusqu'à la base et laissent entr'elles un sillon assez marqué. Labre très-court, peu distinct. Mandibules grandes, avancées, courbées, un peu concaves, tranchantes intérieurement, très-aiguës, sans dent sensible à leur base interne. Palpes alongés, les labiaux plus courts que les maxillaires. Dernier article des uns et des autres alongé, très-légèrement ovalaire et presque cylindrique. Antennes presque filiformes, un peu plus longues que la tête et les mandibules réunies; leur premier article un peu plus gros que les autres et presqu'aussi long que les deux suivans pris ensemble; tous les autres plus petits, assez alongés et grossissant un peu vers l'extrémité. Tête assez grande, ovale, plane, un peu rétrécie postérieurement. Corps alongé, un peu déprimé. Corselet presque cordiforme, assez plane. Elytres un peu déprimées, alongées, presque parallèles. Pattes à peu près semblables à celles des Clivines. Jambes antérieures palmées.

1. Camptodonte cayennois, *C. cayennensis.*

Camptodontus niger, mandibulis exsertis; capite punctato, thorace sublunato, quinquesulcato; elytris sulcatis: sulcis profundè punctatis.

Camptodontus cayennensis. Dej. *Spéc. tom.* 2. *pag.* 477. *n°.* 1.

Longueur 6 lig. Noir. Mandibules avancées. Tête ponctuée. Corselet semi-lunaire, marqué de cinq sillons. Elytres sillonnées, ces sillons profondément ponctués.

De Cayenne.

CLIVINE, *Clivina.* Lat. Dej. Bonell. *Dischirius.* Bonell. *Scarites.* Fab. Oliv. *Tenebrio.* Linn.

Genre d'insectes de l'ordre des Coléoptères, section des Pentamères, famille des Carnassiers, tribu des Carabiques (division des Bipartis).

Dans les Bipartis à jambes antérieures palmées, à menton articulé laissant à découvert la plus grande partie de la bouche et dont les mandibules sont sans dentelures sensibles à leur partie interne (*voyez* Scaptère), les genres Oxystome, Oxygnathe et Camptodonte se distinguent par leurs mandibules avancées. En outre dans les Oxystomes le dernier article des quatre palpes extérieurs est conformé d'une manière différente, celui des maxillaires étant cylindrique, tronqué au bout, tandis que dans les labiaux il est pointu à l'extrémité. Les Oxygnathes ainsi que les Camptodontes ont le dernier article des palpes labiaux cylindrique.

Antennes moniliformes, de onze articles, le premier presque cylindrique, aussi long que les deux suivans réunis. — *Labre* peu avancé, coupé presque

presque carrément en devant. — *Mandibules* peu avancées, sans aucunes dents à leur partie intérieure.— *Mâchoires* crochues à leur extrémité.— *Palpes extérieurs* ayant leur dernier article en fuseau; les maxillaires de quatre articles, les labiaux de trois. — *Lèvre* avancée en languette alongée dont les deux côtés se prolongent en un petit appendice membraneux.—*Tête* petite, alongée.— *Yeux* saillans.— *Corps* alongé.— *Corselet* plus ou moins orbiculaire ou plus ou moins carré. — *Ecusson* nul. — *Elytres* plus ou moins elliptiques et convexes, recouvrant des ailes.—*Jambes antérieures* presque toujours palmées.

Les insectes de ce genre sont de petite taille; on les trouve ordinairement cachés dans la terre ou courant sur le sable dans les lieux humides. On en connoît une vingtaine d'espèces. Leurs larves et leurs métamorphoses nous sont inconnues.

Aux Clivines appartiennent les Scarites suivans de Fabricius. *Syst. Eleut.* 1°. *bipustulatus* n°. 14. (*Cliv. bipustulata.*) 2°. *arenarius* n°. 15. Panz. *Faun. Germ. fas.* 43. *fig.* 11. (*Cliv. arenaria. Faun. franç. Coléopt. pl.* 2. *fig.* 2. *Encycl. pl.* 356. *fig.* 8.) 3°. *thoracicus* n°. 16. (*Cliv. thoracica. Faun. franç. Coléopt. pl.* 2. *fig.* 3.) 4°. *gibbus* n°. 17. Panz. *Faun. Germ. fas.* 5. *fig.* 1. (*Cliv. gibba.*) *Encycl. pl.* 356. *fig.* 7. Ces deux dernières sont des *Dischirius* pour M. Bonelli.

MORION, *Morio.* Lat. Dej. (*Spéc.*) *Scarites.* Pal.-Bauv.

Genre d'insectes de l'ordre des Coléoptères, section des Pentamères, famille des Carnassiers, tribu des Carabiques (division des Bipartis).

Parmi les Carabiques-Bipartis dont le menton articulé laisse à découvert une grande partie de la bouche et qui ont les jambes antérieures non palmées, les antennes moniliformes et le corselet presque carré, le genre Ozène se distingue de celui de Morion par le dernier article de ses antennes qui est plus gros que les autres et comprimé à son extrémité.

Antennes moniliformes, plus courtes que la moitié du corps, ne grossissant pas à leur extrémité, composées de onze articles distincts. — *Labre* assez avancé, fortement échancré. — *Mandibules* assez fortes, peu avancées, arquées, assez aiguës. — *Palpes* peu saillans; dernier article des labiaux presque cylindrique, un peu ovalaire, tronqué à l'extrémité. — *Menton* articulé, concave, très-fortement échancré et ayant dans son milieu une dent peu saillante, obtuse, presque bifide. — *Tête* un peu rétrécie derrière les yeux. — *Yeux* assez saillans. — *Corps* plus ou moins alongé. — *Corselet* plane, presque carré, plus ou moins rétréci postérieurement, séparé des élytres par un étranglement. — *Elytres* plus ou moins alongées, plus ou moins parallèles, plus ou moins planes. — *Pattes* assez fortes, mais point très-grandes; jambes antérieures s'élargissant vers l'extrémité, terminées par deux épines assez fortes, et très-échancrées intérieurement, mais sans aucune dent au côté extérieur; jambes intermédiaires et postérieures simples.

Nous n'avons vu aucune espèce de ce genre fondé par M. Latreille; nous en donnons les caractères d'après M. le comte Dejean qui en décrit trois espèces, deux d'Amérique et l'autre de Java. Son type est le Morion monilicorne (*Morio monilicornis. Harpalus monilicornis.* Lat. *Gen. Crust. et Ins. tom.* 1. *pag.* 206. *n°.* 12. *Scarites Georgiæ.* Pal.-Bauv. *Ins. d'Afr. et d'Amér. Coléopt. pl.* 15. *fig.* 5.) Des Etats-Unis, de Cayenne et du Brésil.

ARISTE, *Aristus.* Ziégl. Lat. *Ditomus.* Bonell. Ziégl. Dej. *Scarites.* Oliv. *Carabus, Scaurus.* Fab.

Genre d'insectes de l'ordre des Coléoptères, section des Pentamères, famille des Carnassiers, tribu des Carabiques (division des Bipartis).

Les deux genres qui parmi les Carabiques-Bipartis ont pour caractères communs : menton articulé, laissant à découvert une grande partie de la bouche; jambes antérieures non palmées; antennes à articles presque cylindriques, sont ceux d'Ariste et d'Apotome; celui-ci est bien distinct des Aristes par ses palpes labiaux très-alongés et encore par son corselet orbiculaire et globuleux.

Antennes à peu près de la longueur de la moitié du corps, filiformes, de onze articles, le premier un peu plus gros et un peu plus long que les autres, le second plus court que le troisième; tous les autres égaux, alongés, presque cylindriques. — *Labre* arrondi, échancré. — *Mandibules* courbes, assez fortes, peu avancées, unidentées au milieu de leur bord interne, sillonnées au côté extérieur près de la base. — *Palpes* filiformes, les labiaux plus courts que les maxillaires extérieurs, le dernier article de tous, ovale.—*Menton* articulé, concave, trilobé. — *Corps* déprimé. — *Corselet* séparé de l'abdomen par un étranglement. — *Ecusson* nul. — *Elytres* recouvrant des ailes et l'abdomen. — *Pattes* de longueur moyenne; jambes antérieures assez fortement échancrées au côté interne.

Ces Coléoptères carnassiers de moyenne grandeur, ont le corps noirâtre, ordinairement très-ponctué; ils habitent les endroits chauds, secs et sablonneux, se tiennent dans des trous cylindriques assez profonds qu'ils creusent à cet effet soit dans les crevasses de la terre, soit sous les pierres. Leurs larves ressemblent à celles des Cicindèles et vivent de la même manière. M. le comte Dejean divise ce genre ainsi qu'il suit.

1re. *Division.* Tête assez petite, sensiblement rétrécie à sa partie postérieure (celle de quelques mâles portant une corne dans son milieu et une autre sur chaque mandibule). — Labre assez avancé, notablement échancré. —Yeux très-saillaus. — Corselet plus ou moins cordiforme. — Corps assez alongé.

Cette division renferme 1°. Ariste calydonien (*A. calydonius.*) *Faun. franç. Coléopt. pl.* 2. *fig.* 4. Le mâle. *Scarites calydonius.* Oliv. *Entom. tom.* 3. *Scarit. pag.* 10. *n°.* 10. *pl.* 2. *fig.* 12. *Encycl. pl.* 181. *fig.* 4. Le mâle. 2°. *Ditomus fulvipes.* Dej. *Spéc. tom.* 1. *pag.* 444. (*A. fulvipes.*) 3°. *cornutus.* id. *pag.* 440. (*A. cornutus.*) 4°. *Dama.* id. *pag.* 442. (*A. Dama.*) 5°. *pilosus.* id. *pag.* 443. (*A. pilosus.*) 6°. *cordatus.* id. *pag.* 441. (*A. cordatus.*)

2°. *Division.* Tête très-grosse, (mutique ainsi que les mandibules.) — Labre peu avancé, peu échancré. — Yeux peu saillans. — Corselet presqu'en croissant, court, très-échancré antérieurement pour recevoir la tête. — Corps ordinairement raccourci.

Ici se rangent 1°. Ariste bucéphale (*A. bucephalus.*) *Scarites bucephalus.* Oliv. *Entomol. tom.* 3. *Scarit. pag.* 12. *n°.* 14. *pl.* 1. *fig.* 3 et 5. *Scaurus sulcatus* n°. 3. Fab. *Syst. Eleut.* 2°. Ariste sphérocéphale (*A. sphœrocephalus.*) *Scarites sphœrocephalus.* Oliv. *id. pag.* 13. *n°.* 15. *pl.* 1. *fig.* 4. 3°. *Ditomus capito.* Dej. *Spéc. tom.* 1. *pag.* 444. (*A. capito.*) 4°. *obscurus.* id. *pag.* 445. (*A. obscurus.*) 5°. *eremita.* id. *pag.* 447. (*A. eremita.*) 6°. *nitidulus.* id. *pag.* 447. (*A. nitidulus.*)

APOTOME, *Apotomus.* Hoffmans. Lat. Dej. (*Spéc.*) *Scarites.* Oliv. Ross. Schœn.

Genre d'insectes de l'ordre des Coléoptères, section des Pentamères, famille des Carnassiers, tribu des Carabiques (division des Bipartis).

Dans les Carabiques de cette division un groupe a pour caractères : menton articulé, laissant à découvert une grande partie de la bouche; jambes antérieures non palmées ; antennes composées d'articles presque cylindriques. Il ne renferme que deux genres : Ariste et Apotome. Dans le premier les palpes labiaux sont courts et le corselet est cordiforme ou en croissant.

Antennes filiformes, à peu près de la longueur de la moitié du corps, composées de onze articles alongés, presque cylindriques, le premier un peu plus grand que les suivans, le second un peu plus court. — *Labre* peu avancé. — *Mandibules* très-peu saillantes. — *Palpes labiaux* alongés, leur dernier article cylindrique. — *Menton* articulé. — *Tête* petite. — *Yeux* saillans. — *Corps* alongé. — *Corselet* globuleux, un peu prolongé postérieurement, séparé des élytres par un étranglement. — *Ecusson* nul. — *Elytres* plus larges que le corselet, assez alongées, convexes, arrondies postérieurement, recouvrant tout l'abdomen. — *Pattes* de longueur moyenne; cuisses un peu renflées, surtout les antérieures. Jambes de devant échancrées antérieurement à leur côté interne.

Les Apotomes paroissent aimer à se réunir; on les trouve sous les pierres. Ces insectes sont petits les deux espèces connues appartiennent à l'Europe méridionale.

1°. Apotome roux (*A. rufus.* Dej. *Spéc. tom.* 1. *pag.* 450. *Scarites rufus.* Ross. *Faun. Etrusc tom.* 1. *pag.* 229. *n°.* 572. *pl.* 4. *fig.* 3. Oliv *Entom. tom.* 3. *Scarit. pag.* 15. *n°.* 18. *pl.* 2. *fig* 13. *a. b.*) D'Italie et d'Espagne. 2°. Apotome testacé (*A. testaceus.* Dej. *Spéc. tom.* 1. *pag.* 451. De la Russie méridionale. (S. F. et A. Serv.)

SCARITIDES, *Scaritides.* Nom donné pa M. Bonelli à sa quatorzième famille des Carabiques, dans laquelle il ne fait entrer que les genres Scarite, Clivine et Dischirie. M. le comt Dejean (*Spéc.*) reprenant cette dénomination l'applique aujourd'hui à la division des Carabiques de M. Latreille, qui avoit reçu de ce dernie le nom de *Bipartis.* M. Dejean en forme une trib qui renferme exactement les mêmes genres que l division des Bipartis Lat.

(S. F. et A. Serv.)

SCATHOPHAGE, *Scathophaga.* Meig. Lat *Musca.* Linn. Geoff. De Géer. Fab. Oliv. (*Encycl.*) Panz. *Pyropa.* Illig.

Genre d'insectes de l'ordre des Diptères, pre mière section, famille des Athéricères, tribu de Muscides (division des Scathophiles).

Cinq genres de cette division ont pour carac tères communs : toutes les pattes simplement an bulatoires ; antennes insérées entre les yeux. Tê point prolongée de chaque côté en manière c cornes. (*Voyez* Scathophiles.) Les Anthomyi se distinguent facilement par leurs ailes ass courtes, dépassant de peu l'abdomen, ainsi q par leurs yeux se touchant l'un l'autre dans l mâles. Les Mosilles par leur tête creusée posté rieurement et point du tout convexe dans cett partie ; les Thyréophores ont leurs cuisses posté rieures grandes et ainsi que leurs jambes, arqué en dehors ; enfin les Sphérocères ont le derni article des antennes sphérique, leurs cuisses d derrière larges et comprimées, les jambes posté rieures n'ayant qu'une seule épine terminale, l quelle est un peu crochue.

Antennes insérées entre les yeux, presque co tiguës à leur base, plus courtes que la face ant rieure de la tête, de trois articles ; le derni infiniment plus long que le second, en carr long, muni près de sa base d'une soie longu biarticulée, son premier article fort court, le s cond velu, s'amincissant notablement de son m lieu à son extrémité. — *Hypostome* creusé. — *Trompe* très-distincte, de longueur moyenn membraneuse, rétractile, terminée par de grandes lèvres et cachée dans le repos. — *Palp* grands, avancés, un peu en massue aplatie, vel

— *Tête* transverse, presque conique en devant, arrondie postérieurement. — *Yeux* grands, saillans, écartés l'un de l'autre dans les deux sexes. — *Trois ocelles* placés en triangle sur le vertex. — *Corps* assez alongé, ordinairement velu. — *Corselet* muni de longs poils roides, ainsi que la tête, l'écusson et les pattes. — *Ecusson* grand, avancé, conique. — *Ailes* grandes, longues, couchées l'une sur l'autre dans le repos. — *Cuillerons* petits. — *Balanciers* nus. — *Abdomen* alongé, presque conique. — *Pattes* grandes, cuisses longues, assez grêles; jambes postérieures munies à leur extrémité de deux épines droites : tarses ayant leur premier article presqu'aussi long que les quatre autres pris ensemble; ceux-ci égaux entr'eux, le dernier terminé par deux crochets grêles, simples, et par deux pelottes grosses, assez longues, velues en dessous.

Le nom de Scathophage formé de deux mots grecs dont la signification est : *mangeur d'ordures*, a été donné à ces Diptères en raison de leurs habitudes. L'espèce la plus commune (*S. stercoraria*) a été observée par Réaumur; c'est de lui que nous transcrirons les détails suivans. Ces insectes fréquentent habituellement les excrémens humains et ceux des Porcs, c'est là que les femelles déposent leurs œufs : ceux-ci sont oblongs; ils ont à l'un de leurs bouts deux ailerons qui s'écartent l'un de l'autre comme deux petites cornes. A mesure que la femelle pond un œuf elle le pique dans la fiente et elle l'y fait entrer. Deux paires de Scathophages ayant été mises le soir dans un poudrier, étoient encore accouplées le lendemain vers dix heures quoique la fiente parût piquée de beaucoup d'œufs; les femelles avoient donc pondu et s'étoient réaccouplées depuis; elles continuèrent ce manège pendant quatre à cinq jours qu'elles vécurent. Les œufs ont besoin pour éclore d'être environnés d'une matière molle et humide, car ceux que Réaumur fit retirer et placer sur un papier se ridèrent et se desséchèrent en moins de douze heures; cependant l'œuf ne doit être plongé qu'en partie dans les excrémens, car si le bout par où la larve doit sortir en étoit couvert, elle seroit suffoquée dans l'instant où elle voudroit paroître au jour. Celles observées par notre auteur étoient provenues d'œufs pondus vers le 8 d'octobre; ces larves entrèrent en terre pour passer à l'état de nymphe sous leur propre peau qui se durcit et leur sert de coque. L'insecte parfait parut à la fin du même mois.

Aux Scathophages appartiennent les Mouches suivantes de ce Dictionnaire : 1°. scybalaire n°. 112. *Musca scybalaria* n°. 119. Fab. *Syst. Antl.* (*Scathoph. scybalaria.* Lat.) 2°. stercoraire n°. 113. (*S. Stercoraria*). *Musca stercoraria* n°. 120. Fab. *id.* (*Scathoph. vulgaris.* Lat. *Dict. d'hist. nat.* 2ᵉ. *édit.*) Ce dernier auteur a fort bien décrit les deux sexes : ils le sont d'une manière très-inexacte dans Geoffroy et dans l'Encyclopédie. 3°. *Musca merdaria* n°. 114. Fab. *Syst. Antl. Scathoph. merdaria.* Lat. (S. F. et A. Serv.)

SCATHOPHILES, *Scathophilæ*. Sixième division de la tribu des Muscides, famille des Athéricères, première section de l'ordre des Diptères, établie par M. Latreille dans ses *Familles naturelles*; elle offre pour caractères : cuillerons petits, balanciers nus, ailes couchées sur le corps, antennes plus courtes que la face de la tête, celle-ci presque globuleuse ou transverse. Cette division dont le nom tiré de deux mots grecs signifie : *aimant l'ordure*, se partage ainsi :

I. Yeux et antennes situés à l'extrémité de deux prolongemens latéraux et en forme de cornes de la tête.

Diopsis.

II. Tête point prolongée de chaque côté en manière de cornes portant les yeux et les antennes.

A. Antennes insérées entre les yeux.

a. Pattes antérieures ravisseuses.

Ochtère.

b. Toutes les pattes simplement ambulatoires.

Anthomyie, Mosille, Scathophage, Thyréophore, Sphérocère (1).

B. Antennes insérées près de la cavité buccale.

Phore. (S. F. et A. Serv.)

SCATHOPSE, *Scathopse*. Geoff. Lat. Meig. Fab. Macq. *Tipula*. Linn. De Géer. *Ceria*. Scopol. *Bibio*. Oliv. (*Encycl.*)

Genre d'insectes de l'ordre des Diptères, première section, famille des Némocères, tribu des Tipulaires (division des Florales).

Ce genre a été fondé par Geoffroy et adopté par les auteurs subséquens. M. Latreille le place dans la division des Tipulaires qu'il nomme les *Florales* (*voyez* Tipulaires). Des sept genres qui la composent, deux, savoir : Cordyle et Simulie n'ont point d'ocelles; parmi les genres qui en sont pourvus les Bibions et les Aspistes ont au plus neuf articles aux antennes; dans les Penthétries ainsi que dans les Dilophes les yeux sont entiers, en outre ce dernier genre se distingue parfaitement de celui de Scathopse par la partie antérieure de son corselet garnie, ainsi que l'extrémité des jambes antérieures, d'une couronne d'épines roides.

Nous avons dit au mot Penthétrie que les antennes des Dilophes n'avoient que neuf articles d'après M. Latreille qui ne leur donne que ce

(1) M. Latreille pense que les genres *Ropalomera* et *Timia* de M. Wiedemann se classent dans cette subdivision.

nombre dans son *Genera* ainsi que dans ses *Considérations*; il est reconnu aujourd'hui qu'il y en a onze; au reste il est très-difficile de compter exactement le nombre des articles des antennes dans des insectes aussi petits.

Antennes avancées, épaisses, cylindriques, insérées en avant des yeux, perfoliées, composées de onze articles, le dernier globuleux. — *Trompe* très-courte, bilabiée. — *Palpes* cachés. — *Tête* petite, arrondie. — *Yeux* réniformes. — *Trois ocelles* distincts, disposés en triangle sur le vertex. — *Corps* oblong. — *Corselet* alongé, convexe. — *Ailes* grandes, couchées sur le corps dans le repos. — *Abdomen* large, très-obtus au bout. — *Pattes* courtes, sans épines; tarses gros, cylindriques, munis de deux petits crochets et d'une pelotte.

Le nom donné aux insectes de ce genre est tiré d'un mot grec qui signifie : *ordure*. Ces Diptères de couleur ordinairement noire sont de très-petite taille; leurs larves et leurs nymphes n'ont aucun organe de locomotion; celles-ci sont nues. Les Scathopses fréquentent les troncs d'arbre et les murs humides; ils vont aussi quelquefois sucer le miel des fleurs. L'espèce la plus commune vit dans les latrines et dans les lieux sales; c'est là aussi que l'on trouve sa larve. L'insecte parfait quitte peu ces mêmes lieux et s'y accouple. M. Meigen décrit huit espèces de Scathopses; la suivante est nouvelle, et nous la donnons d'après M. Macquart qui vient de publier un ouvrage remarquable sur les Tipulaires du nord de la France.

1. Scathopse majeur, *S. major.*

Scathopse thoracis lateribus argenteis.

Scathopse major. Macq. *Ins. Dipt. Tipul. pag.* 13. *n°.* 2.

Longueur 2 lig. D'un noir velouté; côtés du corselet argentés antérieurement; partie des jambes et des tarses blanchâtre.

Des environs de Lille. Il y est rare.

On rapportera à ce genre : 1°. Scathopse noté, *S. notata.* Meig. *Dipt. d'Eur. tom.* 1. *pag.* 300. *n°.* 1. — Macq. *Ins. Dipt. Tipul. pag.* 13. *n°.* 1. C'est le Bibion ordurier n°. 10. de ce Dictionnaire. (Il y a une petite ligne blanche sur chaque côté du corselet et les antennes ont onze articles.) 2°. Scathopse flavicolle, *S. flavicollis.* Meig. *id. p.* 302. *n°.* 8. Il se trouve aux environs de Paris sur les fleurs.

Nota. Fabricius, *Syst. Antliat.*, décrit trois espèces comme étant de ce genre, mais celles qu'il nomme *reptans* n°. 2. et *maculata* n°. 3. appartiennent aux Simulies. Le Scathopse du Buis de Geoffroy n'est pas de ce genre. M. Latreille présume qu'il fait partie des Cécidomyies.

DILOPHE, *Dilophus.* Meig. Lat. Macq. *Hirtea.* Fab. *Bibio.* Oliv. (*Encycl.*) *Tipula.* Linn.

Genre d'insectes de l'ordre des Diptères, première section, famille des Némocères, tribu des Tipulaires (division des Florales).

Sept genres composent cette division. (*Voyez* Tipulaires.) Ceux de Cordyle et de Simulie sont séparés des autres par l'absence d'ocelles. Les Bibions, les Aspistes, les Penthétries et les Scathopses ont leur corselet mutique et leurs jambes antérieures dépourvues d'épines disposées en couronne.

Antennes avancées, cylindriques, perfoliées, composées de onze articles, les quatre derniers peu distincts. — *Trompe* courte, bilabiée. — *Palpes* avancés, recourbés, de cinq articles, les deux premiers courts, cylindriques, le troisième plus long, élargi à son extrémité; les deux derniers plus longs que les précédens, cylindriques. — *Tête* petite et aplatie dans les femelles, grosse et arrondie dans les mâles. — *Yeux* entiers, velus; très-petits, ovales et espacés dans les femelles, grands, arrondis et réunis dans les mâles. — *Trois ocelles* distincts, disposés en triangle sur une éminence du vertex. — *Corps* court, assez gros. — *Corselet* convexe, muni à sa partie antérieure de deux rangées de petites épines dentiformes. — *Ailes* de la longueur de l'abdomen. — *Abdomen* alongé, linéaire dans les mâles, un peu renflé dans les femelles. — *Cuisses* ayant un sillon longitudinal. — *Jambes antérieures* terminées par une couronne d'épines; leur milieu offrant aussi quelques épines à sa partie extérieure; premier article des tarses long; les suivans allant en diminuant de longueur, le dernier terminé par deux crochets et une pelotte trifide.

Ce genre qui paroît avoir les mêmes mœurs que celui de Bibion, a été démembré de ce dernier par M. Meigen; il l'a nommé *Dilophus*, de deux mots grecs qui signifient : *double peigne* en raison des deux rangées d'épines que l'on remarque sur le corselet. Cet auteur en décrit cinq espèces; la plus commune est le Dilophe de février, *Dil. febrilis. Encycl. pl.* 386. *fig.* 49. Femelle. *Dilophus vulgaris.* Meig. *Dipt. d'Eur. tom.* 1. *pag.* 306. *n°.* 1. Macq. *Ins. Dipt. Tipul. pag.* 19. *n°.* 1. *Tipula febrilis.* Linn. *Hirtea febrilis.* n°. 13. Fab. *Syst. Antl.* (en retranchant le synonyme de Geoffroy). C'est probablement aussi le Bibion nègre n°. 9. du présent Dictionnaire. (S. F. et A. Serv.)

SCATOPHAGE, *Scatophaga.* Fab. (*Syst. Antl.*) Les Diptères que Fabricius place dans ce genre doivent être répartis dans plusieurs autres; ainsi nous signalerons comme appartenant à celui de Tétanocère Lat. les *Scatophaga marginata* n°. 1. *rufifrons* n°. 7. *graminum* n°. 8. *obliterata* n°. 9. *reticulata* n°. 12. et *stictica* n°. 13. Le genre Oscine Lat. réclame les *Scatophaga nigripennis* n°. 6. et *marmorea* n°. 27. La *Scatophaga rufipes* n°. 18. et la *Baccha sphegea* n°. 1. de Fabricius, ne forment qu'une seule espèce; c'est le *Sepedon palustris* Lat. *Voyez* Sépédon.

(S. F. et A. Serv.)

SCAURE, *Scaurus*. Fab. Oliv. (*Entom.*) Lat. Herbst.

Genre d'insectes de l'ordre des Coléoptères, section des Hétéromères (première division), famille des Mélasomes, tribu des Piméliaires.

Parmi les genres de cette tribu dans lesquels le menton ne recouvre point la base des mâchoires (*voyez* Piméliaires), ceux de Moluris, Psammode, Tagénie et Sépidie se distinguent par le dernier article de leurs antennes, lequel n'est pas sensiblement plus grand que le précédent; en outre, le second de ces genres a le labre échancré et la lèvre bifide.

Antennes filiformes, de onze articles, les deux premiers, mais surtout le second, petits; le troisième plus long que chacun des sept suivans; les premiers de ceux-ci un peu coniques, les derniers ovales-globuleux; le onzième un peu obconique, pointu à l'extrémité, de la longueur du troisième, et par conséquent beaucoup plus long que le dixième.—*Labre* coriace, avancé, transversal; son bord antérieur entier, cilié.—*Mandibules* courtes, cornées, à peine bifides à l'extrémité. — *Mâchoires* droites, cornées, bifides, dilatées et comme tronquées à leur extrémité. — *Palpes maxillaires* presque filiformes, plus longs que les labiaux, de quatre articles; palpes labiaux de trois articles presqu'égaux. — *Menton* de grandeur moyenne, en carré transversal, entier, ne recouvrant pas l'origine des mâchoires. — *Languette* nue, entière. — *Tête* plus étroite que le corselet. — *Corps* ovale-oblong. — *Corselet* point rebordé, tronqué à ses bords antérieur et postérieur, les latéraux arrondis. — *Ecusson* petit. — *Elytres* soudées ensemble, embrassant les côtés de l'abdomen, s'alongeant en pointe mousse. — *Ailes* nulles. — *Abdomen* ovalaire. — *Pattes* fortes; cuisses antérieures assez grosses, ordinairement munies d'une ou de deux épines; jambes raboteuses, les antérieures souvent un peu courbes; tarses filiformes, leur premier article plus grand que les intermédiaires, le dernier le plus long de tous.

Ce genre a été créé par Fabricius qui y introduisit mal-à-propos sous le nom de *Sulcatus* un Carabique du genre Ariste. Le petit nombre d'espèces qu'il contient habitent les contrées voisines des bords de la Méditerranée : elles se plaisent dans les sables ou parmi les décombres et les pierres; leur démarche est pesante; les sexes diffèrent l'un de l'autre par le plus ou moins de tubercules aux pattes antérieures; les individus les mieux armés sont-ils du sexe féminin? M. Latreille est de cette opinion (*Dict. d'hist. nat.* 2ᵉ. *édition*).

Ce genre renferme : 1°. Scaure triste. *Encyl. pl.* 195. *fig.* 7. *S. tristis*. Oliv. *Entom. tom.* 3. *Scaur. pag.* 4. *n°.* 1. *pl.* 1. *fig.* 1. 2°. Scaure âtre, *S. atratus* n°. 1. Fab. *Syst. Eleut.* 3°. Scaure strié, *S. striatus* n°. 2. Fab. *id.* (*Encycl. pl.* 195. *fig.* 4.) 4°. Scaure ponctué, *S. punctatus* n°. 4. Fab. *id.*

(S. F. et A. Serv.)

SCÉLION, *Scelio*. Lat. *Ceraphron*. Jur. Spinol.

Genre d'insectes de l'ordre des Hyménoptères, section des Térébrans, famille des Pupivores, tribu des Oxyures.

Parmi les Oxyures, les genres Béthyle, Dryine, Antéon, Hélore, Proctotrupe, Cinète et Bélyte ont des cellules brachiales aux ailes supérieures; les Diapries ont leurs antennes insérées sur le front; dans les Céraphrons et les Sparasions les palpes maxillaires sont saillans; les Platygastres n'ont point de cellule radiale aux ailes supérieures et les Téléas ont leurs antennes de douze articles, ce qui éloigne tous ces genres de celui de Scélion (1).

Antennes insérées près de la bouche, filiformes dans les mâles; plus courtes et grossissant insensiblement vers l'extrémité dans les femelles, composées de dix articles distincts. — *Mandibules* bidentées à leur extrémité. — *Palpes maxillaires* point saillans, de trois articles au moins, les labiaux de deux. — *Tête* globuleuse, un peu triangulaire. — *Trois ocelles* placés en devant du front, sur sa partie supérieure, disposés en triangle, très-écartés. — *Corps* alongé. — *Prothorax* court, transversal. — *Ailes supérieures* n'ayant qu'une seule cellule (la radiale). — *Abdomen* aplati. — *Pattes* de longueur moyenne.

Ces très-petits Hyménoptères vivent probablement dans des larves pendant leur premier état. Le type de ce genre dû à M. Latreille est le Scélion rugosule, *S. rugosulus*. Lat. *Gener. Crust. et Ins. tom.* 4. *pag.* 32. *n°.* 1.

(S. F. et A. Serv.)

SCÉNOPINE, *Scenopinus*. Lat. Fab. Meig. *Musca*. Linn. Scop. Oli. (*Encyl.*) *Nemotelus*. De Geer. Panz. *Cona*. Schellemb.

Genre d'insectes de l'ordre des Diptères, première section, famille des Athéricères.

M. Latreille en créant ce genre le plaça parmi les Muscides et l'y avoit maintenu jusqu'à la publication de ses *Familles naturelles*; nous avons toujours pensé que par ses antennes privées de soie il ne devoit pas appartenir à cette tribu; notre manière de voir a été celle de M. Meigen, qui dans son quatrième volume des *Diptères d'Europe* admet pour lui une famille particulière qu'il nomme les *Scénopiniens*. Voyez ce mot.

Antennes rabattues, de trois articles, les deux premiers courts; le troisième alongé, comprimé,

(1) Cette comparaison est établie d'après le nouveau travail de M. Latreille dans ses *Familles naturelles*.

en carré-long, comme tronqué à son extrémité, n'ayant ni soie, ni style. — *Trompe* rétractile, cachée dans le repos; ses lèvres un peu velues. — *Palpes* extérieurs à la trompe, allant en grossissant vers leur extrémité qui est arrondie. — *Suçoir* de deux pièces. — *Tête* hémisphérique, un peu creusée postérieurement. — *Yeux* grands, rapprochés dans les mâles, espacés dans les femelles. — *Trois ocelles* rapprochés, placés en triangle sur un petit tubercule de la partie la plus reculée du vertex. — *Corps* alongé, presque linéaire, un peu coriace. — *Corselet* oblong. — *Ecusson* assez grand, arrondi postérieurement. — *Ailes* assez petites, parallèles et couchées l'une sur l'autre dans le repos. — *Balanciers* nus, grands. — *Cuillerons* très-petits, peu visibles. — *Abdomen* un peu déprimé, linéaire, en carré-long, composé de sept segmens outre l'anus; la plupart de ces segmens marqués d'une ligne transverse enfoncée. — *Pattes* de longueur moyenne; premier article des tarses beaucoup plus long que les autres, le dernier terminé par deux crochets et munis d'une pelotte bifide assez forte.

Les Scénopines se plaisent à voltiger sur les murs exposés à un soleil ardent; ils entrent quelquefois dans les appartemens et s'y fixent sur les vitres où ils restent, sans s'écarter dans les autres parties de la chambre. L'absence du soleil semble leur ôter le desir de se mouvoir. Leurs larves nous sont inconnues. M. Meigen en décrit onze espèces dont la plus grande n'excède pas trois lignes. Le noir est leur couleur dominante.

On rapportera à ce genre: 1°. la Mouche fenestrale n°. 52. pl. 395. fig. 1. de ce Dictionnaire. *Scenopinus fenestralis.* L'individu décrit est un mâle; la femelle n'a pas de stries blanches transversales. 2°. *Scenopinus rugosus* n°. 2. Fab. *Syst. Antl.* 3°. *Scenopinus senilis* n°. 3. Fab. *id.* 4°. *Nemotelus niger.* De Géer. *Ins. tom.* 6. *pl.* 9. *fig.* 5. *Scenopinus niger.* Meig.

(S. F. et A. Serv.)

SCÉNOPINIENS, *Scenopinii.* M. Meigen dans ses *Diptères d'Europe* nomme ainsi sa dix-neuvième famille et lui donne pour caractères: antennes rabattues, de trois articles, le dernier obtus, sans soie. Trompe cachée. Abdomen composé de huit segmens. Elle ne contient que le genre Scénopine. (S. F. et A. Serv.)

SCHIZOPODES, *Schizopoda.* Latr.

M. Latreille désigne sous ce nom (*Fam. nat. du Règne anim.*) la huitième tribu de la famille des Macroures, ordre des Décapodes. Les crustacés qui la composent tiennent sous quelques rapports des Stomapodes, des Amphipodes et même des Entomostracés. Les femelles portent leurs œufs à la base inférieure du pré-abdomen. Tous les pieds de ces animaux sont foibles, filiformes, simplement propres à la natation, et soit accompagnés d'un long appendice latéral, soit profondément bifides ou multifides à leur extrémité; aucun d'eux n'est terminé par ce renflement que l'on a désigné sous le nom de *main*; le crochet terminal est très-petit. Dans ceux dont les pieds ont un long appendice, ces organes paroissent former quatre rangées longitudinales, dont les deux latérales se composent de ces appendices. M. Latreille divise cette tribu ainsi qu'il suit:

I. Post-abdomen terminé par une nageoire à cinq feuillets.

Les genres Mulcion, Myzis, Crytops.

II. Appendices latéraux de l'extrémité postérieure du post-abdomen en forme de stylets.

Les genres Nébalie, Zoé, Condylure. *Voyez* tous ces mots. (E. G.)

SCIARE, *Sciara.* Fab. Cet auteur dans son *Systema Antliat.* donne ce nom à un genre de Diptères qu'il compose d'espèces qui auparavant figuroient dans ses genres *Hirtea* et *Rhagio.* Les autres sont nouvelles pour lui. Ces espèces appartiennent à divers genres, ainsi: 1°. les *Sciara Thomæ* n°. 1, *morio* n°. 2. font partie des Molobres Lat. 2°. les *Sciara lineata* n°. 3. *nigricornis* n°. 4, sont des *Platyura* Meig. 3°. les *Sciara striata* n°. 5, *lunata* n°. 6. appartiennent aux *Mycetophila* Meig. 4°. les *Sciara fuscata* n°. 7, *punctata* n°. 13, *cincta* n°. 15. sont des *Rhyphus* Meig.

(S. F. et A. Serv.)

SCIARE, *Sciara.* Meig. Ce genre de Diptères est le même que celui de Molobre de M. Latreille. *Voyez* la Table alphabétique.

(S. F. et A. Serv.)

SCIOPHILE, *Sciophila.* Hoffm. Meig. Lat. Macq. *Asindulum.* Lat. (*Gener.*) *Tipula.* Fab.

Genre d'insectes de l'ordre des Diptères, première section, famille des Némocères, tribu des Tipulaires (division des Fungivores).

Dans cette division trois genres se distinguent par les caractères suivans. (*Voyez* Tipulaires.) Yeux entiers: museau point rostriforme: antennes de la même grosseur ou plus menues vers le bout, grennes, noueuses ou perfoliées. Les Campylomyzes sont distinctes par leurs antennes composées seulement de quatorze articles, et les Platyures qui en ont seize comme les Sciophiles, n'ont point leurs jambes épineuses et leurs ailes n'offrent pas de petite cellule carrée.

Les caractères de ce genre fondé par M. Hoffmansegg et dont le nom vient de deux mots grecs dont le sens est: *qui aime l'ombre*, sont exposés par M. Meigen de la manière suivante. (M. Latreille ne les a pas encore développés.)

Antennes avancées, un peu comprimées, grenues, presque de même grosseur dans toute leur étendue, composées de seize articles, les deux premiers courts, cupulaires, velus, les autres pubescens. — *Bouche* point alongée. — *Palpes* avancés, recourbés en dedans, articulés; ces articles paroissant être au nombre de quatre. — *Tête* presque sphérique. — *Yeux* ronds ou un peu alongés. — *Trois ocelles* placés en triangle sur le haut du front, rapprochés, inégaux entr'eux, celui du milieu très-petit, souvent à peine visible. — *Corselet* ovale. — *Métathorax* coupé presque droit. — *Ailes* offrant une cellule ordinairement très-petite, carrée, placée à peu de distance de leur bord extérieur. — *Balanciers* nus. — *Abdomen* composé de sept segmens, quelquefois un peu dilaté postérieurement dans les femelles, grêle et cylindrique dans les mâles. — *Hanches* alongées. — *Jambes* garnies latéralement de petites épines, en ayant deux fortes à leur extrémité.

Les mœurs de ces Diptères ne nous sont pas connues; suivant M. Meigen on les trouve ordinairement dans les bois; il est probable que leurs larves vivent dans les champignons. Il y en a quatorze espèces de décrites; on peut les partager ainsi qu'il suit.

1re. *Division.* Deux des cellules qui aboutissent au bord postérieur de l'aile longuement pétiolées.

1re. *Subdivision.* Cellule carrée de forme longue et étroite.

A cette subdivision appartiennent les *Sciophila striata* n°. 1. tab. 9. fig. 5. et *lineola* n°. 2. Meig. *Dipt. d'Eur. tom.* 1. *pag.* 246.

2e. *Subdivision.* Cellule carrée assez large.

On placera ici les *Sciophila fimbriata* n°. 3, *annulata* n°. 4, *cingulata* n°. 5, *punctata* n°. 6. (*Asindulum punctatum.* Lat. *Gen.*) *maculata* n°. 7. (*Tipula platyura* n°. 46. Fab. *Syst. Antl.*) *marginata* n°. 8, *ferruginea* n°. 9, *ornata* n°. 10, et *collaris* n°. 11. Meig.

3e. *Subdivision.* Cellule carrée très-petite.

La *Sciophila hirta* n°. 12. Meig. est de cette subdivision.

2e. *Division.* Une seule des cellules qui aboutissent au bord postérieur de l'aile longuement pétiolée. Cellule carrée très-petite.

Rapportez à cette seconde division la *Sciophila vitripennis* n°. 13. Meig.

Nota. Nous ne pouvons déterminer à quelle division appartient la *Sciophila fusca* n°. 14. du même auteur. (S. F. et A. Serv.)

SCIRE, *Scirus.* Herm.

Hermann fils donne ce nom à un genre d'Arachnide déjà établi par Latreille, sous le nom de Bdelle. Ce mot n'ayant pas été traité à sa lettre, nous allons donner ici les caractères de ce genre. Il appartient à l'ordre des Trachéennes, famille des Tiques, et est ainsi caractérisé : huit pieds uniquement propres à la marche; bouche consistant en un suçoir avancé, en forme de bec conique ou en alène; palpes alongés, coudés, avec des soies ou des poils au bout; quatre yeux; pattes postérieures plus longues. Les Bdelles se distinguent du genre Acarus par l'absence des mandibules, et des Smaris qui en sont comme eux privés, par l'alongement de leurs palpes, le nombre de leurs yeux et la plus grande longueur des pattes postérieures. Ils se distinguent des Ixodes et des Argas par l'existence des yeux.

Ces Arachnides ont le corps très-mou, le plus souvent de couleur rouge; ils sont vagabonds et se rencontrent dans les lieux humides, sous les pierres, les écorces des arbres et dans les mousses. L'espèce qui sert de type au genre est :

La Bdelle rouge, *B. rubra.* — Bdelle rouge. Lat. *Hist. nat. des Crust. et des Ins. tom.* 8. *p.* 53. *pl.* 67. *fig.* 7. — *Précis des car. etc. p.* 180. + *Gen. Crust. et Ins. tom.* 1. *p.* 154. — Cuvier, *Règne anim. tom.* 3. *p.* 121. — *Bdella rubra.* Lam. *Anim. sans vert. p.* 179. — *Scirus vulgaris.* Hermann, *Mém. Apt. p.* 61. *pl.* 3. *fig.* 9, *et pl.* 9. S. *Voyez* pour la description et la suite de la synonymie, le n°. 41 du mot Mitte de ce Dictionnaire. Rapportez encore à ce genre les espèces décrites par Hermann sous les noms de *Scirus longirostris*, *latirostris* et *setirostris.* (E. G.)

SCIRTE, *Scirtes.* Illig. Lat. *Cyphon.* Payk. Fab. *Chrysomela.* Linn. *Altica.* Oliv. Panz.

Genre d'insectes de l'ordre des Coléoptères, section des Pentamères, famille des Serricornes (Malacodermes), tribu des Cébrionites.

La seconde division de cette tribu a pour caractères : mandibules peu ou point apparentes; palpes maxillaires terminés en pointe. Corps presque hémisphérique ou en ovoïde court, bombé. Antennes simples, de onze articles. (*Voyez* Cébrionites, article Serricornes.) Quatre genres viennent s'y placer, savoir : Nyctée et Eubrie qui ont tous les articles des tarses entiers, Elode, dont les pattes postérieures sont simplement ambulatoires, les cuisses minces et les jambes presque mutiques; enfin les Scirtes distingués par les caractères suivans. Ces Coléoptères ont comme les Elodes le pénultième article des tarses bilobé; et en opposition avec eux, les pattes postérieures propres à sauter, les cuisses de celles-ci renflées et leurs jambes terminées par une forte épine. A cela près les autres caractères génériques sont ceux des Elodes. *Voyez* ce mot, article suivant.

Les insectes de ce genre dont le nom vient d'un verbe grec qui signifie *sauter,* sont de couleur sombre et se tiennent sur diverses plantes dans les endroits humides et aquatiques. Les espèces sont peu nombreuses. Nous citerons les suivantes : 1°. Altise hémisphérique n°. 44. de ce Dictionnaire,

Scirte hémisphérique, *Scirtes hemisphœricus*. (*Elodes hemisphærica*. Lat. *Gener. Crust. et Ins. tom.* 1. *pag.* 254. *n°.* 3. *Cyphon hemisphæricus. Encycl. pl.* 359. *fig.* 18.) 2°. Scirte orbiculaire, *Scirtes orbicularis*. (*Altica orbicularis*. Panz. *Faun. Germ. fas.* 8. *fig.* 6. *Sub nomine orbiculata. Cyphon orbicularis*. Schœn. *Synon. Ins. tom.* 2. *pag.* 323. *n°.* 9.) 3°. Scirte arrondi, *Scirtes orbiculatus*. (*Cyphon orbiculatus* n°. 8. Fab. *Syst. Eleut.*) De la Caroline.

ÉLODE, *Elodes*. Lat. *Cyphon*. Payk. Fab. *Cistela*. Panz.

Genre d'insectes de l'ordre des Coléoptères, section des Pentamères, famille des Serricornes (Malacodermes), tribu des Cébrionites.

M. Latreille partage cette tribu en deux divisions, la seconde a pour caractères : mandibules peu ou point apparentes. Palpes maxillaires terminés en pointe ; corps presque hémisphérique ou en ovoïde court, bombé ; antennes simples, de onze articles ; elle se compose des genres Nyctée, Eubrie, Elode et Scirte. Les deux premiers sont distincts des autres par les articles de leurs tarses tous entiers ; celui de Scirte a les pattes postérieures propres à sauter, leurs cuisses étant renflées : les deux dernières jambes sont armées d'une épine forte et terminale.

Antennes filiformes, simples, plus longues que le corselet, composées de onze articles cylindroconiques, le second le plus court de tous. — *Mandibules* entières, couvertes par le labre. — *Palpes* filiformes, le dernier article des maxillaires presque cylindrique, terminé en pointe : palpes labiaux paroissant comme fourchus à leur extrémité. — *Corps* ovale-arrondi, généralement bombé et mou. — *Corselet* demi-circulaire, transversal, plus large postérieurement. — *Ecusson* distinct, triangulaire. — *Elytres* flexibles, recouvrant des ailes et la totalité de l'abdomen. — *Pattes* de longueur moyenne, simplement ambulatoires ; cuisses point renflées. Jambes terminées par deux épines à peine apparentes : tarses filiformes, leur pénultième article bilobé.

On trouve ces insectes sur les plantes qui se plaisent au bord des eaux et dans les marécages, c'est ce qu'indique le nom d'*Elode* tiré d'un mot grec qui signifie : *marais*. Les espèces connues sont d'Europe ; leur taille est assez petite. Nous indiquerons celles-ci : 1°. Elode pâle, *Elodes pallidus*. Lat. *Gen. Crust. et Ins. tom.* 1. *pag.* 253. *n°.* 1. *pl.* 7. *fig.* 12. (*Cyphon pallidus* n°. 1. et *Cyphon melanurus* n°. 6. Fab. *Syst. Eleut.* Celui-ci n'étant qu'une variété de l'autre. *Encycl. pl.* 359. *fig.* 13.) 2°. Elode gris, *Elodes griseus*. (*Elodes fuscescens*. Lat. *Gener. Crust. et Ins. tom.* 1. *pag.* 253. *n°.* 2. *Cyphon griseus* n°. 3. Fab. *Syst. Eleut.* Schœn. *Synon. Ins. tom.* 2. *pag.* 322. *n°.* 5.) 3°. Elode livide, *Elodes lividus*. *Cyphon lividus* n°. 2. Fab. *Syst. Eleut.* Schœn. *Synon. Ins. tom.* 2. *pag.* 321. *n°.* 1. (S. F. et A. Serv.)

SCLÉROSTOMES ou HAUSTELLES. Nom d'une famille de Diptères dans la *Zoologie analytique* de M. Duméril, à laquelle il donne pour caractères : *suçoir saillant, alongé, sortant de la tête, souvent coudé*. Elle se compose des genres Cousin, Bombyle, Hippobosque, Conops, Myope, Stomoxe, Rhingie, Chrysopside, Taon, Asile et Empis. (S. F. et A. Serv.)

SCOBULIPÈDES ou PIEDS-HOUSSOIRS, *Scobulipedes*. Division introduite par M. Latreille (*Fam. nat.*) dans la tribu des Apiaires ; elle a pour caractères : premier article des tarses postérieurs dilaté à l'angle extérieur de son extrémité inférieure ; l'article suivant inséré plus près de l'angle de cette extrémité que de l'angle opposé.

I. Palpes maxillaires de cinq à six articles.

Eucère, Mélissode, Macrocère, Méliturge, Tétrapédie, Saropode, Anthophore.

II. Palpes maxillaires de quatre articles au plus ; quelquefois nuls ou d'un seul article.

Centris, Mélitome, Epicharis, Acanthope. (S. F. et A. Serv.)

SCOLIE, *Scolia*. Fab. Ross. Panz. Jur. Spin. Lat. *Sphex*. Linn. Scop. *Elis*, *Tiphia*. Fab.

Genre d'insectes de l'ordre des Hyménoptères, section des Porte-aiguillon, famille des Fouisseurs, tribu des Scoliètes.

Trois genres de cette tribu ont les palpes maxillaires courts, à articles presqu'égaux avec le premier article de leurs antennes alongé, cylindracé. (*Voyez* Scoliètes.) Les Myzines et les Méries se distinguent des Scolies par le second article des antennes qui est reçu dans le premier.

Antennes épaisses, formées d'articles courts, serrés, le premier le plus grand de tous, presqu'obconique ; elles sont insérées près du milieu de la face antérieure de la tête ; droites, presque cylindriques, de la longueur de la tête et du corselet, et de treize articles dans les mâles ; plus courtes, arquées et de douze articles dans les femelles ; le second découvert dans les deux sexes. — *Mandibules* fortes, arquées, étroites, pointues, creusées et sans dents notables au côté interne. — *Palpes* courts, filiformes, presqu'égaux. — *Languette* divisée jusqu'à sa base en trois petits filets presqu'égaux, divergens à la manière d'un trident. — *Tête* assez forte dans les femelles, petite dans les mâles. — *Yeux* petits, échancrés. — *Trois ocelles* grands, disposés en triangle sur le haut du front. — *Corps* alongé, velu. — *Corselet* presque cylindrique, tronqué à sa partie postérieure ;

rieure ; prothorax arqué postérieurement. — *Ailes supérieures* ayant une cellule radiale petite. — *Abdomen* ovale, tronqué à sa base ; plus étroit, presqu'en fuseau et terminé par trois épines dans les mâles. — *Pattes* courtes ; cuisses des femelles comprimées, arquées ; jambes très-épineuses dans ce sexe, les postérieures terminées par deux longs appendices souvent spiniformes, plus ou moins creusés en gouttière.

Les Scolies sont généralement de grande taille et habitent les pays chauds ou du moins tempérés des deux Mondes ; elles se plaisent dans les lieux secs et dans les forêts. Leurs métamorphoses sont inconnues. Ce genre est nombreux en espèces.

1re. *Division.* Quatre cellules cubitales aux ailes supérieures ; la deuxième n'atteignant pas la radiale ; la troisième petite, la quatrième à peine commencée.

1re. *Subdivision.* Seconde cellule cubitale recevant les deux nervures récurrentes. (Jambes postérieures des femelles qui nous sont connues terminées par deux appendices spatuliformes, presqu'en cuiller, remplaçant les deux épines ordinaires.)

Rapportez à cette subdivision la Scolie interrompue (*Scol. interrupta* Lat. dont le mâle est l'*Elis interrupta* n°. 2. Fab. *Syst. Piez.*) Du midi de l'Europe.

2e. *Subdivision.* Une seule nervure récurrente ; cette nervure reçue par la seconde cellule cubitale.

On doit placer dans cette seconde subdivision : 1°. Scolie procère, *Scol. procer.* n°. 1. Fab. *Syst. Piez.* De Java. 2°. Scolie front-jaune. *Encycl. pl.* 106. *fig.* 10. femelle, et *fig.* 14. mâle. *Scol. flavifrons* n°. 7. Fab. *Syst. Piez.* dont le mâle est sa *Scolia hortorum* n°. 24. Du midi de la France. 3°. Scolie flavicorne, *Scol. flavicornis.* Dufts. D'Espagne.

2e. *Division.* Trois cellules cubitales aux ailes supérieures, toutes atteignant la radiale, la troisième à peine commencée.

1re. *Subdivision.* Seconde cellule cubitale recevant les deux nervures récurrentes.

I. Jambes postérieures des femelles terminées par deux appendices spatuliformes, presqu'en cuiller, remplaçant les deux épines ordinaires.

Là se rangent les Scolies suivantes : 1°. âtre, *S. atrata* n°. 2. Fab. *Syst. Piez.* 2°. ciliée, *S. ciliata* n°. 14. *id.* dont le mâle est la *Scolia aurea* n°. 15. 3°. fouisseuse, *S. fossulana* n°. 18. *id.* dont le mâle est suivant nous la *Scolia radula* n°. 19. *id.* De la Caroline.

II. Appendices des jambes postérieures spiniformes, point dilatés à l'extrémité.

On placera dans ce groupe la Scolie quadrinotée, *Scol. quadrinotata* n°. 6. Fab. *Syst. Piez.* Scolie à quatre taches. De Tigny, *Hist. nat. des Ins. tom.* 3. *pag.* 274. *fig.* 4. Femelle.

2e. *Subdivision.* Une seule nervure récurrente ; cette nervure reçue par la seconde cellule cubitale.

Cette subdivision contient : 1°. Scolie érythrocéphale, *Scol. erythrocephala* n°. 23. Fab. *Syst. Piez.* 2°. Scolie notée, *Scol. notata* n°. 31. Fab. *id.* 3°. Scolie noble, *Scol. nobilitata* n°. 32. Fab. *id.* 4°. Scolie quadriponctuée, *Scol. quadripunctata* n°. 39. Fab. *id.* (S. F. et A. Serv.)

SCOLIÈTES, *Scolietæ.* Première tribu de la famille des Fouisseurs, section des Porte-aiguillon, ordre des Hyménoptères. Ses caractères sont : *Prothorax* arqué ou carré, prolongé latéralement jusqu'à la naissance des ailes supérieures. — *Pattes* courtes, celles des femelles épaisses, très-épineuses ou fort ciliées, avec les cuisses arquées près de leur origine. — *Antennes* épaisses, à articles serrés ; celles des femelles arquées, plus courtes que la tête et le corselet.

1re. *Division.* Palpes maxillaires longs, composés d'articles sensiblement inégaux. — Premier article des antennes obconique.

Tiphie, Tengyre.

2e. *Division.* Palpes maxillaires courts, composés d'articles presque semblables. — Premier article des antennes alongé, cylindracé.

1re. *Subdivision.* Second article des antennes reçu dans le premier.

Myzine, Mérie.

2e. *Subdivision.* Second article des antennes découvert.

Scolie.

MÉRIE, *Meria.* Illig. Lat. *Bethylus.* Fab. *Tiphia.* Ross. Panz. *Tachus.* Jur. Spinol.

Genre d'insectes de l'ordre des Hyménoptères, section des Porte-aiguillon, famille des Fouisseurs, tribu des Scolietes.

Dans les Scoliètes (*voyez* ce mot), deux genres : Myzine et Mérie sont distincts des autres par le second article de leurs antennes qui est reçu dans le premier ; leurs palpes maxillaires sont courts, composés d'articles presque semblables, et le premier article de leurs antennes est alongé, cylindracé ; dans les Myzines la seconde cellule cubitale des ailes supérieures atteint la radiale, celle-ci est fermée dans les deux sexes ; ce caractère les sépare des Méries.

Antennes filiformes, insérées vers le milieu de la face antérieure de la tête, rapprochées à leur base, de douze articles dans les femelles, le premier fort long; le second reçu entièrement ou presqu'entièrement dans le premier; les trois suivans coniques, tronqués obliquement, un peu gonflés supérieurement à leur partie extérieure, les autres cylindriques; le dernier plus long que les précédens; de treize articles dans les mâles. (Nous ne connoissons pas ce dernier sexe.) — *Labre* caché, petit, coriace, cilié, en carré transversal. — *Mandibules* fortes, avancées, étroites, arquées, striées longitudinalement en dessus, ordinairement sans dents à leur côté interne. — — *Mâchoires* coriaces, très-comprimées, en carré alongé, terminées par un lobe presque membraneux. — *Palpes* maxillaires recourbés, deux fois plus longs que les labiaux; ceux-ci de quatre articles presqu'égaux, les trois premiers obconiques, le quatrième ovalaire. — *Lèvre* courte, relevée, sans lobes latéraux ou les ayant très-petits; menton coriace, obconique. — *Tête* plus large que le corselet, déprimée au-dessous des antennes. — *Yeux* petits, très-peu échancrés. — *Trois ocelles* placés en triangle dans des fossettes du vertex. — *Corps* oblong, un peu velu. — *Prothorax* presque carré; métathorax tronqué brusquement à sa partie postérieure. — *Ailes supérieures* des femelles ayant une cellule radiale entièrement confondue avec la quatrième cubitale, et quatre cellules cubitales; la première petite, la seconde très-petite, pétiolée, triangulaire, placée vis-à-vis du point épais, et n'y aboutissant point; la troisième fort grande, la quatrième esquissée du côté du limbe postérieur; les deux nervures récurrentes aboutissent dans la troisième cellule cubitale, savoir : la première presque vis-à-vis de la nervure d'intersection de cette cellule et de la seconde, et la deuxième un peu passé le milieu de la même cubitale; trois cellules discoïdales, les deux premières presqu'égales, l'inférieure fort longue, presque linéaire, terminée à ses deux extrémités par deux nervures courbées en chevrons brisés. Ailes supérieures des mâles ayant, suivant M. Latreille, leur cellule radiale fermée. — *Abdomen* ovale, un peu déprimé, de cinq segmens outre l'anus dans les femelles, en ayant un de plus dans les mâles. — *Pattes* courtes, fortes; cuisses larges, un peu comprimées; jambes et tarses garnis dans les femelles de cils roides et d'épines assez fortes; jambes courtes; épaisses; les intermédiaires et les postérieures terminées par deux épines presqu'égales; jambes antérieures n'en ayant qu'une, laquelle est garnie en partie d'une membrane : crochets des tarses bifides (au moins dans les femelles), munis d'une très-petite pelotte.

Le nom de Mérie vient d'un mot grec qui signifie : *cuisse*. Les espèces qui composent ce genre sont en petit nombre et propres aux parties méridionales de l'Europe. On les rencontre sur les fleurs et dans les endroits sablonneux.

1. Mérie de la Millefeuille, *M. Millefolii.*

Meria nigra, nitida; abdominis segmentis duobus primis tertiique basi suprà ferrugineis : secundo tertioque lateralitèr albo guttato.

Longueur 4 lig. ½. Antennes, tête, corselet et pattes d'un noir luisant. Abdomen de même couleur, à l'exception de ses deux premiers segmens et de la base supérieure du troisième qui sont ferrugineux; second et troisième segmens portant de chaque côté un point blanc, preque rond. Tarses ayant des poils roussâtres. Ailes un peu enfumées à leur base. Femelle.

D'Allemagne. Nous l'avons reçue de M. Ziégler sous le nom spécifique que nous lui conservons.

On rapportera en outre à ce genre : 1°. la Mérie de Latreille (*Meria Latreillii. Encycl. pl.* 378. *fig.* 2. Femelle. *Bethylus Latreillii* n°. 4. Fab. *Syst. Piez.* Sa description est peu exacte. *Tiphia tripunctata.* Panz. *Faun. Germ. fas.* 47. *fig.* 20. Femelle. Ross. *Faun. Etrusc. tom.* 2. *n°.* 831. *tab.* 6. *fig.* 10. Femelle. *Tachus staphylinus.* Jur. *Hyménopt. pl.* 14. Femelle.) 2°. La Mérie mipartie (*Meria dimidiata. Tachus dimidiatus.* Spinol. *Ins. Ligur. fas.* 2. *pag.* 31. Mâle et femelle. *tab.* 1. *fig.* 1. La femelle.

(S. F. et A. Serv.)

SCOLOPENDRE, *Scolopendra.* Linn. Latr. Lam.

Genre de Myriapodes de l'ordre des Chilopodes, famille des Æquipèdes de Latreille (*Fam. nat. du Règn. anim.*), établi par Linné, qui comprenoit sous cette dénomination beaucoup d'insectes qui ont été rangés depuis par Latreille dans plusieurs genres distincts. Le genre Scolopendre, tel qu'il est adopté par ce savant, a pour caractères : deux yeux distincts composés chacun de quatre petits yeux lisses; antennes de dix-sept articles; vingt-deux paires de pieds; les deux derniers sensiblement plus longs; corps étant également divisé en dessus et en dessous, avec les plaques supérieures égales ou presqu'égales et découvertes.

Ce genre se distingue de celui de *Crytops* par les yeux qui ne sont pas bien distincts dans ces derniers, et par les pattes postérieures qui sont presqu'égales aux précédens; les Géophiles s'en éloignent par les antennes qui ont quatorze articles, et par d'autres caractères tirés du nombre et de la forme des pieds; enfin les Lithobies en sont bien distingués par le nombre de leurs pieds et par la forme et l'arrangement des segmens du corps. La bouche des Scolopendres est composée d'une lèvre quadrifide, de deux mandibules, de deux palpes ou petits pieds réunis à leur base, et d'une seconde lèvre formée par une seconde paire de pieds dilatés, joints à leur naissance et terminés par un fort crochet percé sur son extrémité d'un trou pour la sortie d'une liqueur vénéneuse. Les antennes des Scolopendres sont un peu plus longues que la tête, et vont en diminuant depuis la base jusqu'à l'extrémité. Leur corps est déprimé et membraneux, composé d'une vingtaine d'anneaux, recouverts chacun d'une plaque coriace et cartilagineuse, et ne portant qu'une paire de pattes. Ces pattes sont courtes, presqu'égales, excepté les deux dernières, et composées de sept articles décroissant presqu'insensiblement pour se terminer en pointe. Leurs organes sexuels sont intérieurs et situés, à ce qu'il paroît, à l'extrémité postérieure du corps. Les stigmates sont assez sensibles.

Ces animaux ont été réputés venimeux par tous les auteurs, et surtout par les voyageurs, parce qu'il survient une enflure assez sensible aux endroits qui ont été mordus; mais quoique la morsure des grandes Scolopendres exotiques soit beaucoup plus violente que celle du Scorpion, elle n'est cependant pas mortelle. M. Worbe (*Bull. de la Soc. philom. janvier* 1824. *pag.* 14.) rapporte quelques faits qui tendent à prouver que la morsure de la *Scolopendra morsitans* de Linné (que l'on nomme *malfaisant* aux Antilles et *mille pattes* sur la côte de Guinée) est malfaisante; mais il paroît qu'en traitant la plaie avec l'ammoniaque, on guérit assez promptement le malade. Amoreux (*Ins. venimeux, pag.* 277.) dit que les Scolopendres de nos climats sont dépourvues de venin. Leuwenhoek a examiné les crochets de ces insectes, et a trouvé près de leur pointe une ouverture communiquant à une cavité qui s'étend jusqu'à l'extrémité des crochets; il pense que c'est par là que sort la liqueur âcre qui cause la douleur qu'on ressent après avoir été mordu.

Ces animaux courent très-vîte, sont carnassiers, fuient la lumière et se cachent sous les pierres, les vieilles poutres, la terre, le fumier humide, les écorces d'arbres, etc. Ils se nourrissent de vers de terre et d'insectes vivans; quelques espèces répandent une lumière phosphorique. Les dimensions des Scolopendres varient beaucoup; les plus grandes d'Europe n'ont guère que deux pouces de long; celles de l'Inde atteignent jusqu'à huit à dix pouces.

Ce genre se compose de peu d'espèces; celle qui lui sert de type est :

La Scolopendre mordante, *S. morsitans.*

S. antennis setaceis; pedibus quadraginta duobus posticis spinosis.

Scolopendra morsitans. Linn. *Syst. nat. édit.* 13. *tom.* 1. *part.* 2. *pag.* 1063. — *Amœn. Acad. tom.* 1. *pag.* 325. 506. Scolopendre mordante. De Géer, *Mém. sur les Ins. tom.* 7. *pag.* 563. *pl.* 43. *fig.* 1. *Scolopendra morsitans.* Fab. *Entom. Syst. tom.* 2. *pag.* 390. — Villers, *Entom. tom.* 4. *pag.* 191. *tab.* 11. *fig.* 17. 18. Scolopendre mordante. Lat. *Hist nat. des Crust. et des Ins. tom.* 7. *pag.* 93. — *Gen. Crust. et Ins. tom.* 1. *pag.* 78. n°. 2. — Roem. *Gen. Ins. tab.* 30. *fig.* 14. — *Scolopendra alternans.* Léach, *Zool. miscell. tom.* 3. *tab.* 138.

Longue de quatre à six pouces. Corps brun, dix fois plus long que large, à segmens plus larges que longs, surtout en arrière, le premier très-court, transverso-linéaire; le troisième évidemment plus court que le second et le quatrième; pattes au nombre de quarante-deux, ayant presque la longueur de trois segmens réunis. Cette espèce se trouve aux Antilles et dans l'Amérique méridionale.

CRYTOPS, *Crytops.* Léach. Lat.

Ce genre a été établi par Léach aux dépens du précédent; Latreille l'a adopté (*Fam. nat. du Règn. anim.*). On peut le caractériser ainsi : yeux oblitérés, tous les pieds égaux entr'eux, même les deux postérieurs. Ces Myriapodes ressemblent entièrement aux Scolopendres, et il est probable qu'ils ont les mêmes mœurs et la même organisation. Léach en décrit deux espèces propres à l'Angleterre; celle qu'il nomme *hortensis* est figurée *Zool. miscell. tom.* 3. *pl.* 139.

GÉOPHILE, *Geophilus.* Léach. Lat.

Ce genre, qui est encore démembré du genre Scolopendre proprement dit, a pour caractères : yeux oblitérés; antennes de quatorze articles; un nombre variable et très-considérable de pieds, les deux derniers guère plus longs. L'espèce qui sert de type à ce genre est :

Le Géophile électrique, *G. electrica.*

G. antennis subfiliformibus; corpore lineari, flavescente; pedibus circiter centum quadraginta quatuor.

Scolopendra electrica. Linn. *Syst. nat. édit.* 13. *tom.* 1. *part.* 2. *pag.* 1063. — *Faun. Suec. edit.* 2. n°. 2065. Scolopendre à cent quarante pattes. Geoff. *Hist. des Ins. tom.* 2. *pag.* 676. — *Scolopendra electrica.* Fab. *Entom. Syst. tom.* 2. *pag.* 391. — Scolopendre électrique. Lat. *Hist. nat. des Crust. et des Ins. tom.* 7. *pag.* 94. — *Gen. Crust. et Ins. tom.* 1. *pag.* 79.

Longueur huit à neuf lignes; corps de couleur fauve, avec une ligne noire au milieu. Son corps paroît quelquefois lumineux pendant la nuit. Elle vit en Europe et s'enfonce souvent dans la terre.

LITHOBIE, *Lithobius.* Léach. Lat.

Les caractères de ce genre sont : antennes sétacées, composées d'articles presque coniques, dont les deux premiers sont plus grands. Lèvre largement échancrée en devant, avec le bord supérieur dentelé et les yeux grenus : quinze paires de pieds, plusieurs des demi-segmens supérieurs cachés par les autres.

Ces animaux se distinguent des Scutigères par les pieds, qui dans ceux-ci sont inégaux; ils s'éloignent des Scolopendres et des Crytops par les anneaux du corps, qui dans ceux-ci ont tous les demi-segmens dorsaux découverts. Léon-Dufour (*Ann. des sc. nat. tom.* 2. *pag.* 81.) a donné l'anatomie de ce genre. D'après ce savant, les organes de la digestion se composent 1°. de deux glandes salivaires; 2°. d'un tube alimentaire droit de la longueur de l'animal, et 3°. d'une paire de vaisseaux hépatiques. Les organes générateurs mâles sont composés 1°. de deux testicules composés chacun d'une paire de glandes alongées, pointues et parcourues par une rainure médiane : ils ont été pris par Tréviranus pour des masses graisseuses. 2°. De trois vésicules séminales, deux latérales et une intermédiaire; cette particularité qu'offre seul le Lithobie d'avoir trois vésicules séminales, est fort remarquable, et Léon-Dufour dit qu'il n'en a jamais rencontré que dans ce genre en nombre impair. 3°. D'une verge qui est placée dans le dernier segment du corps du *Lithobius*. Les organes femelles se composent 1°. de l'ovaire, qui consiste en un seul sac alongé qui contient des œufs globuleux et blancs; 2°. des glandes sébacées de l'oviducte, et 3°. de la vulve, qui est flanquée à droite et à gauche par une pièce crochue, biarticulée, terminée par une pointe bifide, et armée à sa base de deux dents courtes.

Les Lithobies vivent à terre sous des pierres comme les Scolopendres; on en rencontre souvent en été sous les tas de plantes, le bois pourri, etc. Léach en décrit trois espèces, dont deux se trouvent en Angleterre; celle que nous trouvons en France et qui sert de type au genre, est :

Le Lithobie fourchu, *L. forficata*. Léach. Lat. *Scolopendra forficata*. Linn. Treviranus (*Verm. Schrift. anat. tab.* 4. *fig.* 6. 7.) *S. forficata et coleoptrata*. Panz. (*Faun. Ins. fasc.* 50. *fig.* 13—12.) La Scolopendre à trente pattes. Geoff.

Longueur un pouce au plus. Lisse, luisante, tantôt d'un brun de poix, tantôt d'un roux qui tire sur l'ambre. Elle se trouve fréquemment en été dans les jardins du midi de la France et de Paris. (E. G.)

SCOLOPENDRE A PINCEAU. *Voyez* Scutigère. (E. G.)

SCOLOPENDRIDES. Famille établie par Léach dans sa nouvelle distribution des insectes aptères de Linné, et renfermant les genres *Lithobie*, *Scolopendre* et *Crytops*. Voyez ces mots. (E. G.)

SCOLYTAIRES, *Scolytarii*. Première tribu de la famille des Xylophages, section des Tétramères, ordre des Coléoptères; ses caractères sont : *Antennes* composées de moins de onze articles, en ayant toujours au moins cinq avant la massue. — *Corps* subovoïde ou cylindrique. — *Corselet* de la largeur de l'abdomen, du moins à son bord postérieur. — *Palpes* très-petits, coniques.

I. Pénultième article des tarses bifide.

Scolyte, Hylésine, Camptocère, Phloiothribe.

II. Tous les articles des tarses entiers.

Tomique, Platype.

De tous les Xylophages, les Scolytaires sont les plus destructeurs; leurs larves rongent et sillonnent en divers sens, souvent en manière de rayons, les premières couches du bois; quelquefois même elles pénètrent plus avant. Les forêts de pins en souffrent particulièrement; quand ces espèces s'y multiplient trop, elles font périr en peu d'années une grande quantité d'arbres. Elles nuisent aussi beaucoup à l'olivier, au chêne et à l'orme.

HYLÉSINE, *Hylesinus*. Fab. Lat. *Scolytus*. Oliv. *Bostrichus*. Payk. Panz.

Genre d'insectes de l'ordre des Coléoptères, section des Tétramères, famille des Xylophages, tribu des Scolytaires.

Dans cette tribu les genres Tomique et Platype ont pour caractères communs d'avoir tous les articles des tarses entiers. (*Voyez* Scolytaires.) Des quatre autres genres les Phloiothribes ont seuls la massue des antennes formée par trois feuillets alongés, et les Scolytes ainsi que les Camptocères ont cette massue fort comprimée, arrondie et tout-à-fait obtuse à l'extrémité.

Antennes en massue solide, celle-ci ovoïde, peu comprimée, pointue au bout, composée de trois ou quatre articles transverses, distincts. Les autres caractères sont ceux des Scolytes. *Voyez* ce mot.

Le nom de ce genre indique ses habitudes, et vient de deux mots grecs dont le sens est : *nuisant au bois*. Il se compose d'un petit nombre d'epèces. Nous allons en indiquer quelques-unes. 1°. Hylésine du Frêne, *Hyles. Fraxini* n°. 3. Fab. *Syst. Eleut.* *Bostrichus Fraxini*. Panz. *Faun. Germ. fas.* 66. *fig.* 13. *Scolytus varius*. Oliv. *Entom. tom.* 4. *Scolyt. pag.* 11. n°. 17. *pl.* 2. *fig.* 17. *a. b.* *Encycl. pl.* 367. *fig.* 17. 2°. Hylésine varié, *Hyles. varius* n°. 4. Fab. *Syst. Eleut.* 3°. Hylésine crénelé, *Hyles. crenatus* n°. 2. Fab. *Syst. Eleut.* *Scolytus crenatus*. Oliv. *id. pag.* 12. *pl.* 2. *fig.* 18. *a. b.* *Bostrichus crenatus*. Panz. *Faun. Germ. fas.* 15. *fig.* 7. *Encycl. pl.* 367. *fig.* 18. 4°. Hylésine velu, *Hyles. villosus* n°. 7. Fab. *id.* *Bostrichus villosus*. Panz. *Faun. Germ. fas.* 15. *fig.* 8. (S. F. et A. Serv.)

SCOLYTE, *Scolytus*. Fab. Ce genre de Coléoptères est le même que celui d'Omophron de M. Latreille. *Voyez* ce mot. (S. F. et A. Serv.)

SCOLYTE, *Scolytus*. Geoff. Oliv. Lat. *Hylesinus*. Fab. *Ekkoptogaster*. Herbst. *Bostrichus*. Panz.

Genre d'insectes de l'ordre des Coléoptères, section des Pentamères, famille des Xylophages, tribu des Scolytaires.

La première division de cette tribu, ayant pour caractères : pénultième article des tarses bifide, renferme quatre genres. (*Voyez* Scolytaires.) Celui de Phloiothribe est remarquable par ses antennes terminées par trois feuillets alongés; dans les Hylésines la massue des antennes est peu comprimée, pointue au bout et distinctement composée de trois ou quatre articles. Les caractères génériques des Camptocères n'ayant pas été publiés, nous ne pouvons comparer ce genre à celui de Scolyte; nous nous réservons d'en traiter plus tard.

Antennes composées de dix articles, le premier alongé, en massue, égalant à peu près le tiers de la longueur totale de l'antenne; les sept suivans très-petits, les deux derniers formant une massue un peu ovale, très-comprimée, arrondie, obtuse et s'élargissant vers son extrémité. — *Mandibules* fortes, trigones, se touchant l'une l'autre par leur bord interne, sans dentelures distinctes.—*Palpes* très-petits, coniques, presqu'égaux. — *Mâchoires* coriaces, comprimées.— *Lèvre* très-petite.— *Tête* presque verticale. — *Yeux* alongés, étroits, distinctement échancrés. — *Corps* presque cylindrique. — *Corselet* convexe, un peu plus long que large, de la largeur de l'abdomen depuis son milieu jusqu'au bord postérieur, un peu rebordé latéralement. — *Ecusson* triangulaire. — *Elytres* convexes, déprimées près de l'écusson, recouvrant des ailes et l'abdomen. — *Abdomen* court, diminuant d'épaisseur de la base à l'extrémité. — *Pattes* fortes; cuisses échancrées en dessous, les antérieures surtout; jambes terminées par un crochet à leur angle externe. Pénultième article des tarses bifide.

Geoffroy a tiré le nom de ce genre d'un verbe grec qui signifie : *déchirer*. Les Scolytes subissent leurs métamorphoses dans le bois dont leurs larves se nourrissent. L'espèce qui a servi de type se trouve très-communément au printemps dans les bois et dans les maisons. Beaucoup d'individus ont le front garni de poils fort serrés qui forment comme une brosse; nous ignorons si ce caractère est spécifique ou simplement sexuel. Fabricius dans la description de son *Hylesinus æneipennis* n°. 10 (genre *Camptocerus* Dej. très-voisin de celui de Scolyte), prétend que l'un des sexes seulement a le front velu.

On rapportera à ce genre : 1°. le Scolyte destructeur. *Encycl. pl.* 367. *fig.* 4. *Scolytus destructor*. Lat. Oliv. Dej. *Hylesinus Scolytus* n°. 1. Fab. *Syst. Eleut*. *Bostrichus Scolytus*. Panz. *Faun. Germ. fas.* 15. *fig.* 6. Le Scolyte. Geoff. *Hist. abrég. des Ins. tom.* 1. *pag.* 310. *pl.* 5. *fig.* 5. 2°. le Scolyte pygmée. *Encycl. pl.* 367. *fig.* 5. *Scolytus pygmæus*. Dej. Catal. *Hylesinus pygmæus* n°. 25. Fab. *Syst. Eleut.* (S. F. et A. Serv.)

SCORPION AQUATIQUE. Geoffroy a donné ce nom français (en latin *Hepa*) à un genre d'insectes hémiptères, qu'il compose de deux espèces; la première est la Ranâtre linéaire n°. 1, *Ranatra linearis*, et l'autre la Nèpe cendrée n°. 8, *Nepa cinerea*. Voyez ces mots.

(S. F. et A. Serv.)

SCORPION, *Scorpio*. Linn. De Géer. Fab. Lam. Lat. Léach. Herbst.

Genre d'Arachnides de l'ordre des Pulmonaires, famille des Pédipalpes, tribu des Scorpionides (*voyez* ce mot), établi par Linné, adopté par tous les entomologistes et restreint par Léach, et dans ces derniers temps par Latreille (*Fam. nat. du Règn. anim.*), aux espèces qui ont pour caractères : six yeux; abdomen sessile et offrant en dessous et de chaque côté quatre spiracules, avec deux lames pectinées à sa base; les six derniers anneaux formant une queue noueuse dont le dernier finit en pointe servant d'aiguillon et percé pour donner passage au venin. Palpes en forme de serres d'écrevisses; chélicères didactyles. Pieds égaux; langue divisée en deux jusqu'à la base; corps étroit et alongé. Nous avons parlé de l'organisation et des mœurs de ces animaux à l'article Scorpionides; nous ne ferons que citer ici les espèces qui sont les types de ce genre.

Scorpion d'Europe, *S. Europæus*.

S. pectinibus novem dentatis; manibus subcordatis, angulatis, carpis unidentatis; corpore obscurè bruneo, caudæ articulo ultimo pedibusque brunneo-flavescentibus.

Scorpion à queue jaune. De Géer, *Mém. sur les Ins. tom.* 7. *pag.* 339. *pl.* 40. *fig.* 11. — *Scorpio Europæus*. Villers, *Entom. tom.* 4. *pag.* 131. *tab.* 7. *fig.* 11. — Herbst, *Naturg. Scorp. tab.* 3. *fig.* 2. — Scopoli, *Entom. Carn. n°.* 1122. Séba, *Mus.* 1. *tab.* 70. *n°.* 9. 10. — Rœs. *Insect. tom.* 3. *Suppl. tab.* 66. *fig.* 1. 2. — Scorpion d'Europe. Lat. *Hist. nat. des Crust. et des Ins. tom.* 7. *pag.* 116. — *Gen. Crust. et Ins. tom.* 1. *pag.* 101. — Cuvier, *Règn. anim. tom.* 3. *pag.* 106.

Long d'un pouce. Corps d'un brun très-foncé noirâtre; bras anguleux; avec la main presqu'en cœur et l'article qui la précède unidenté. Queue plus courte que le corps, menue, d'un brun-jaunâtre, avec le cinquième nœud alongé et le dernier simple. Pattes jaunâtres; peignes ayant chacun neuf dents.

Ce Scorpion a été le sujet de bien des erreurs

parmi les auteurs qui l'ont décrit. L'importance de cette espèce, qui intéresse d'autant plus qu'elle est indigène, et que Rédi et Maupertuis ont fait sur elles de précieuses observations, nous oblige à entrer ici dans quelques détails à son sujet. Linné et de Géer, l'un dans la 12e. édition de son *Systema naturæ*, et l'autre dans ses Mémoires, ont décrit sous le nom de *S. Europæus*, une espèce qui n'est pas certainement le Scorpion ordinaire du midi de l'Europe, celui d'Aldrovande, de Ray, le même que Scopoli (*Entom. Carniol.* n°. 1122.) a vu dans le midi de la Carniole, et que Roësel a bien figuré (*tom.* 3. *tab.* 66. *fig.* 1 et 2.); car Linné donne dix-huit dents à ses peignes, et notre Scorpion n'en a que neuf. On pourroit croire qu'il énonce le nombre total des dents de ces appendices, et qu'alors il ne s'est pas trompé; mais il dit que la queue de cet insecte a une pointe sous l'aiguillon, ce qui est réel pour celui d'Amérique, mais ce qui n'existe pas dans le Scorpion d'Europe. Fabricius a copié Linné, et il rapporte au Scorpion d'Europe l'espèce que de Géer a prise pour telle, que Séba a représentée et que Linné a citée (*Mus. Ludovicæ Ulricæ, pag.* 429). Cette figure de Séba représente un Scorpion d'Amérique, et Linné dit que le Scorpion d'Europe se trouve aussi dans cette contrée. Roemer, dans l'édition qu'il a publiée de Sulzer, a figuré l'espèce d'Amérique mentionnée plus haut. Enfin Herbst, dans sa belle iconographie des Scorpions, ne s'est pas donné la peine de débrouiller cette synonymie, et a donné le Scorpion d'Europe sous le nom de *Scorpio germanicus* (*tab.* 3. *fig.* 2.). Son Scorpion italique (*tab.* 3. *fig.* 1.) n'est qu'une variété de cette espèce.

Cette espèce est commune dans le midi de l'Europe, à commencer vers le 44e. degré de latitude.

Voyez pour les autres espèces la monographie de ce genre par Herbst.

BUTHUS, *Buthus.* Léach. *Scorpio.* Linn. De Géer. Fab. Lam. Lat. Herbst.

Ce genre établi par Léach, ne diffère de celui de Scorpion proprement dit, que par le nombre des yeux qui est de huit, tandis qu'il n'est que de six dans les Scorpions. Nous citerons:

Le Buthus roussatre, *B. occitanus.*

S. pectinibus viginti octo dentibus; corpore flavescente; caudâ corpore longiore, lineis elevatis, granulosis, mucrone nullo subaculeo.

Scorpio occitanus. Amoreux, *Journ. de Phys.* juillet 1789. — *Scorpio tunetanus.* Herbst, *Naturg. scorp. tab.* 3. *fig.* 3. — Redi, *De Gener. Insect.* — Maupertuis, *Mém. de l'Acad. des sc.* année 1731. *pl.* 16.

Long de deux pouces. D'un blanc-jaunâtre; corselet et queue ayant plusieurs arêtes graveleuses. Bras terminés par une main petite, ovale, et dont les doigts sont longs; peignes de vingt-sept à vingt-huit dents; queue un peu plus longue que le corps, ayant le dernier article simple. Cette espèce se trouve dans le ci-devant Languedoc, en Espagne et en Barbarie; c'est le *Scorpion de Souvignargues*, sur lequel Maupertuis a fait plusieurs expériences.

Le Buthus d'Afrique, *B. afer, Scorpio afer*, décrit et figuré par Herbst (*Monogr. Scorp. tab.* 1.), figuré par Séba (*tom.* 1. *pl. LXX. fig.* 1 à 4.) et par Roësel (*tom.* 3. *tab.* 65.), est le plus grand de tous: il a de trois à quatre pouces de long. Son corps est noirâtre. Il se trouve en Afrique et aux grandes Indes. *Voyez* pour les autres caractères l'ouvrage d'Herbst déjà cité. (E. G.)

SCORPION (mouche). *Voyez* Panorpe.

SCORPION ARAIGNÉE. *Voyez* Pince.

SCORPIONS FAUX ou FAUX SCORPIONS, *Pseudo-scorpiones.* Latreille a donné ce nom à une famille d'Arachnides trachéennes qu'il caractérise ainsi: dessous du tronc partagé en trois segmens, dont l'intérieur beaucoup plus spacieux, en forme de corselet; un abdomen très-distinct et annelé; des palpes grands, pédiformes, soit terminés par une main didactyle, soit par un bouton vésiculeux sans crochets. Cette famille renferme les genres Obisie, Pince et Galéode. *Voyez* ces mots. (E. G.)

SCORPIONIDES, *Scorpionides.* Lat.

Tribu d'Arachnides de l'ordre des Pulmonaires, établie par Latreille et ayant pour caractères (*Fam. nat. du Règn. anim.*): abdomen sessile et offrant en dessous, de chaque côté, quatre spiracules avec deux lames pectinées à sa base: les six derniers anneaux formant une queue noueuse et le dernier finissant en pointe, servant d'aiguillon et percé pour donner passage au venin. Palpes en forme de serres d'écrevisses; chélicères didactyles. Pieds égaux; langue courte, divisée en deux jusqu'à sa base. Corps étroit et alongé.

La tribu des Scorpionides a été divisée en deux genres par Léach. Ces deux genres ne diffèrent entr'eux que par le nombre des yeux. Ces Arachnides ont le corps alongé et terminé brusquement par une queue longue, composée de six nœuds dont le dernier, plus ou moins ovoïde, finit en pointe arquée et très-aiguë; c'est une espèce de dard sur l'extrémité duquel sont deux petits trous servant d'issue à une liqueur vénéneuse contenue dans un réservoir intérieur: les palpes sont très grands, en forme de serres, avec une pince au bout, imitant par sa figure une main didactyle dont l'un des doigts est mobile. A l'origine de chacun des quatre pieds antérieurs, est un appendice triangulaire, et ces pièces présentent, étant rap prochées, l'apparence d'une lèvre à quatre divisions. En dessous de l'animal et près de la naissance du ventre, sont situés deux organes extraordinaires dont l'usage n'est pas encore bien connu, nommés peignes, et composés chacun d'une pièce principale étroite, alongée, articulée, mobile à sa base, et garnie le long de son côté inférieur d'une suite de petites lames réunies avec elles par une articulation, étroites, alongées, creuses intérieurement, parallèles et imitant les dents d'un peigne. Le nombre de ces dents varie suivant les espèces et sert de caractère pour les distinguer.

Plusieurs savans se sont occupés de l'anatomie des Scorpions. MM. Tréviranus, Cuvier, Léon-Dufour et Marcel de Serres ont donné des Mémoires très-intéressans sur cette matière. Nous allons donner ici le résultat des travaux de tous ces observateurs. Le système respiratoire, dans ces Arachnides, est composé de poumons et de stigmates; les poumons, au nombre de huit, sont situés sur les côtés des quatre premières plaques ventrales; elles en offrent chacune une paire qui est annoncée à l'extérieur par autant de taches ovales, blanchâtres, de près d'une ligne de diamètre : ce sont les stigmates. Ces organes sont situés au-dessous d'une toile musculeuse qui revêt la surface interne du derme corné, ou la peau de l'animal : mis à nu, le poumon paroît être d'un blanc laiteux, mat, et d'une forme presque semblable à celle de la coquille d'une moule. Il est formé de la réunion d'environ quarante feuillets fort minces, étroitement imbriqués, taillés en demi-croissans et qui confluent tous par leur base en un sinus commun, membraneux, et où s'abouche le stigmate. Le bord libre est d'un blanc plus foncé que le reste, d'où M. Léon-Dufour présume qu'il est lui-même composé de plusieurs lames superposées, et que c'est là que s'opère essentiellement la fonction respiratoire. Cet auteur pense aussi que chaque feuillet est composé de deux lames. Ces bosses auxquelles M. Latreille donne le nom de *pneumobranches*, offrent, selon Léon-Dufour, la même structure que celles des Arachnides, et particulièrement de la Tarentule.

L'organe de la circulation, que Léon-Dufour nomme *vaisseau dorsal*, mais que l'on doit considérer, d'après les observations de M. Cuvier, comme un véritable cœur, est alongé, presque cylindrique, et s'étend d'une extrémité du corps à l'autre, en y comprenant la queue de l'animal. Il fournit de chaque côté du corps quatre paires de vaisseaux vasculaires principaux qui se rendent dans les poches pulmonaires et s'y ramifient. Il existe encore quatre autres vaisseaux qui croisent les premiers, en formant avec eux un angle aigu, et qui, avec quatre branches moins considérables, reprennent le sang des poches pulmonaires et vont le répandre dans les différentes parties du corps : ce sont les artères. Avant que de s'étendre dans la queue, le cœur jette encore deux rameaux vasculaires, qui ne se rendent pas dans les poches pulmonaires, mais qui, distribuant le sang dans diverses parties, doivent être considérés encore comme des artères.

Le système nerveux est situé sous le tube alimentaire, le long du milieu du corps. Le cordon médullaire est formé de deux filamens contigus, mais distincts, et de huit ganglions lenticulaires. Le premier ou le céphalique est comme bilobé en devant, et semble être produit par deux ganglions réunis. Il est placé justement en dessus de la base des mandibules, vers l'origine de l'œsophage. Chacun des lobes de ce ganglion fournit deux nerfs optiques, dont l'un, plus court, va s'épanouir sur le bulbe du grand œil correspondant, et dont l'autre, plus long et plus antérieur, va se distribuer aux trois autres yeux latéraux. Un autre nerf part de chaque côté du bord postérieur du même ganglion, en se dirigeant en arrière dans le voisinage du premier poumon. Le cordon médullaire s'engage ensuite sous une espèce de membrane tendineuse qui se continue jusqu'à l'extrémité de la queue. Dans ce trajet, il présente sept autres ganglions, dont trois dans la cavité abdominale et quatre dans la queue; ceux de l'abdomen, plus distans entr'eux que les autres, émettent chacun trois nerfs, dont deux latéraux, pénétrant dans le panicule musculeux, envoient des filets aux poumons correspondans, et dont le troisième, qui est inférieur, rétrograde un peu à son origine et va se distribuer aux viscères. Les quatre derniers ganglions correspondent aux quatre premiers nœuds de la queue, et ne fournissent chacun, de chaque côté, qu'un seul nerf. Les deux filets des cordons s'écartent ensuite en divergeant, se bifurquent et se ramifient dans les muscles du dernier nœud, ou de l'article à aiguillon. Les deux supérieurs se portent sur les muscles moteurs de la vésicule vénénifère, et les inférieurs pénètrent dans la vésicule même en se distribuant probablement dans les glandes de cet organe. Le cordon nerveux, à son trajet de l'abdomen, est constamment accompagné de petits corps alongés, cylindracés ou fusiformes, blanchâtres, d'apparence graisseuse, accolés à sa surface et liés les uns à la file des autres.

Les muscles des Scorpions sont assez robustes, formés de fibres simples et droites d'un gris-blanchâtre. Une toile musculeuse assez forte revêt intérieurement les parois de l'abdomen, et enveloppe tous les viscères, à l'exception des poumons et peut-être du vaisseau dorsal; elle n'adhère pas dans la plus grande partie de son étendue à ces parois. La région dorsale de cette toile donne naissance à sept paires de muscles filiformes, qui traversent le foie par des trous ou conduits pratiqués dans la substance de cet organe, et vont se fixer à un ruban musculeux qui règne le long des parois ventrales, en passant au-dessus des poumons. Ces muscles, mis à découvert, ressemblent à des cordes tendues. Le cinquième anneau de l'abdomen, ou celui qui précède immédiatement le premier nœud de la queue, et qui n'a point de poches pulmonaires, est rempli par une masse musculaire très-forte, qui sert à imprimer à la queue les divers mouvemens dont elle est susceptible. Les nœuds de cette queue ont un panicule charnu, dont les fibres disposées sur deux côtés opposés, se rendent obliquement à la ligne médiane, comme les barbes d'une plume sur leur axe commun. On voit de chaque côté à la base du dernier nœud, ou celui de l'aiguillon, un muscle robuste.

Le foie est partagé superficiellement en deux lobes égaux par une rainure médiocre où se loge le cœur; il est d'une consistance pulpeuse et d'une couleur brunâtre plus ou moins foncée : il remplit presque toute la capacité de l'abdomen et du corselet, et sert de réceptacle au canal intestinal. Sa partie antérieure se divise en plusieurs prolongemens irréguliers qui s'enfoncent dans les anfractuosités du corselet; il se termine à l'autre extrémité par deux digitations aiguës qui pénètrent dans le premier anneau de la queue. Sa face supérieure est légèrement convexe, lisse, et présente une réticulation très-fine, semblable à celle de certains Madréporites polis et que l'on voit, au moyen de la loupe, être le résultat du rapprochement de lobules polygones très-manifestes, surtout lorsque l'animal a jeûné, ou lorsqu'on déchire la substance de l'organe. L'intérieur de cette substance est un tissu de glandes infiniment petites, et présente à la surface externe une apparence réticulaire. La face inférieure offre une structure analogue, mais bien plus distincte; on y compte une quarantaine environ de lobules pyramidaux détachés les uns des autres, et dont les sommets forment, par leur réunion, des grappes ayant leurs canaux excréteurs. Les vaisseaux hépatiques sont au nombre de huit paires, trois dans le corselet, trois autres dans l'abdomen, et deux plus longues près de l'organe de la queue.

Le tube alimentaire est grêle et se porte directement, sans aucune inflexion, de la bouche à l'origine du dernier nœud de la queue, en traversant le foie, avec lequel il a de nombreuses connexions au moyen des vaisseaux hépatiques. Son diamètre est à peu près égal dans toute son étendue; cependant il présente souvent une dilatation informe dans le corselet et même avant l'anus.

Les organes de la génération des Scorpionides sont doubles dans chaque sexe. Ceux du mâle sont de deux sortes; les uns préparent et recèlent la semence et ont reçu le nom de *préparateurs;* les autres servent à l'acte de la copulation : ce sont les organes copulateurs. Les organes préparateurs se composent 1°. des testicules qui présentent une conformation singulière, et qui n'a avec celle qu'on observe dans les mêmes organes des insectes qu'une analogie très-indirecte. Chaque testicule est un vaisseau spermatique formé de trois grandes mailles à peu près semblables, anastomosées entr'elles et couchées le long du foie. Ces mailles sont constituées par un conduit filiforme, demi-transparent, ne communiquant que rarement avec celle de l'autre organe préparateur, et aboutissant, par son extrémité postérieure, à un canal déférent long de quelques lignes, et qui s'abouche à la base d'une vésicule spermatique insérée au côté externe de l'organe copulateur. 2°. De deux vésicules spermatiques d'une nature identique et remplies d'un sperme plus ou moins blanchâtre; l'une, plus petite, conico-cylindrique, longue de deux à trois lignes, est celle qui reçoit à sa base le canal déférent; l'autre, de forme cylindrique, droite, est adhérente à l'organe copulateur et couchée sur lui. Les vaisseaux spermatiques, formés par des canaux longs et cylindriques, naissent d'une des branches des glandes, descendent sur les parties latérales de l'abdomen, en passant sous le réseau des vaisseaux hépatiques, et communiquent ensemble par des branches latérales assez multipliées. Lorsque la fécondation est sur le point d'avoir lieu, les vaisseaux sont remplis d'une humeur blanchâtre et épaisse, et leur diamètre paroît alors assez considérable.

Les organes copulateurs mâles sont composés de deux verges que Léon-Dufour nomme *armures sexuelles;* elles sont accolées à droite et à gauche le long du bord externe du foie : chacune d'elles, essentiellement destinée à transmettre au dehors la liqueur fécondante, se présente sous la forme d'une tige effilée, ou d'un étui mince presque droit, de consistance cornée, d'un brun pâle et enveloppée d'une substance comme gélatineuse. Leur extrémité antérieure ou la plus interne est bifurquée; la branche extérieure est courte et conoïde, pointue, d'un brun foncé, tandis que l'interne se prolonge en un cordon filiforme, blanchâtre, courbé sur lui-même de manière à former une anse, et revenant, en sens contraire de sa première direction, se coller contre le corps de l'organe. Son issue en dehors du corps a lieu par l'ouverture bilabiée située à la base de l'abdomen, entre les lames pectinées; la partie supérieure qui doit saillir hors du corps est très-mince.

Les organes préparateurs des femelles sont aussi doubles, et placés à droite et à gauche dans l'intérieur du foie : ce sont les ovaires et les œufs. Chacun des ovaires est un conduit membraneux formé de quatre grandes mailles quadrilatères anastomosées entr'elles, ainsi qu'avec celles de l'ovaire opposé. Lorsque les germes ne sont pas apparens, cet organe ressemble beaucoup à l'organe préparateur mâle; mais outre qu'il offre une maille de plus, il en diffère encore par sa connexion intime et constante avec l'ovaire correspondant. Les mailles aboutissent à un conduit simpl simple, peu alongé, au véritable oviductus qui, avant sa réunion avec celui de l'ovaire opposé, offre constamment une légère dilatation. Un col extrêmement court et commun aux deux matrices, débouche dans la vulve. Les œufs sont ronds, blanchâtres ; Rédi en a compté quarante, mais Léon-Dufour, d'accord avec Maupertuis, en a vu jusqu'à soixante. Leur disposition est très-différente suivant l'époque de la gestation. Dans les premiers temps, ils sont logés chacun dans une bourse sphérique, pédiculée, flottante hors du conduit. Vers la fin de la gestation, et devenus plus gros, ils rentrent dans la matrice, se placent à la file les uns des autres, séparés par des étranglemens bien marqués, et les bourses s'oblitèrent. L'organe copulateur se compose de la vulve, qui est unique, placée entre les deux peignes et formée de deux pièces ovales, plates, séparées par une ligne médiocre enfoncée et susceptibles de s'écarter l'une de l'autre. M. Léon-Dufour a observé dans cet organe un corps oblong, corné, creusé en gouttière sur une face, caréné sur l'autre et long d'environ une ligne. L'une de ses extrémités est libre, largement tronquée et comme finement dentelée ; l'autre, fixée au moyen de deux muscles assez longs et qui paroissent insérés dans la partie dilatée de chaque oviductus, est terminée par trois lobes, dont les deux latéraux plus petits, courbés en crochets, et dont l'intermédiaire plus grand, en pointe mousse, donnent attache aux muscles précédens.

On présume que les amours, dans ces Arachnides, sont nocturnes; ces animaux doivent aussi avoir un mode particulier d'accouplement nécessité par la forme et la situation des organes copulateurs. Leur gestation est beaucoup plus longue que celle des autres insectes. Dès le commencement de l'automne toutes les femelles sont fécondes. Leurs œufs sont alors latéraux, petits et pédiculés. Ils augmentent de volume pendant l'hiver, et au printemps leur volume est quatre fois plus grand. Leur gestation dure près d'un an, ce qui est fort extraordinaire, comparativement même à celle des animaux à sang rouge. Les œufs éclosent dans l'intérieur du corps de la mère et en sortent vivans.

L'organe destiné à sécréter l'humeur vénéneuse est revêtu extérieurement d'une membrane cornée et assez épaisse ; il offre dans son intérieur deux glandes jaunâtres, très-adhérentes à la substance cornée, et se prolongeant par un canal qui s'étend jusqu'à l'extrémité de l'aiguillon ; ce canal est élargi vers sa base et offre une sorte de réservoir pour l'humeur sécrétée par les glandes jaunâtres, qui sont composées d'une infinité de glandules arrondies, très-serrées les unes contre les autres et communiquant ensemble. M. Marcel de Serres qui a fait ces observations, ne dit pas par quelle voie la liqueur vénéneuse arrive aux glandes qui en sont le réservoir, et comment elle y est entretenue ; mais M. Latreille pense qu'elle dérive principalement de ces vaisseaux situés près de l'origine de la queue, que M. Marcel de Serres présume être chylifères, et que M. Léon-Dufour place au nombre des vaisseaux hépatiques. M. Marcel de Serres pense que les peignes des Scorpionides leur servent pour la marche, qu'ils élèvent leur corps au-dessus du sol et facilitent leurs mouvemens, qui sans ce secours seroient rampans ; nous ne partageons pas cette opinion, car ayant vu dans la Provence beaucoup de Scorpions, nous nous sommes assurés qu'ils ne rampent point, et que bien au contraire ils courent avec beaucoup d'agilité. Au reste on pourroit, comme le dit M. Latreille, s'assurer aisément si les peignes les favorisent pour la locomotion ; on n'auroit qu'à les attacher avec un fil contre le corps, on pourroit voir alors si les mouvemens de ces animaux seroient plus gênés. Ce savant pense que la composition et la consistance de cet organe, la diversité qu'il présente dans le nombre de ses lames ou dents et sa position, paroissent indiquer d'autres fonctions qu'il est impossible de déterminer sans faire un grand nombre d'expériences à ce sujet. Peut-être, dit-il, ces peignes sont-ils un instrument hygrométrique qui leur fait connoître l'état de l'atmosphère, et leur évite des courses dangereuses et inutiles qu'ils pourroient faire dans l'intention de satisfaire aux premiers besoins.

Les Scorpionides habitent les pays chauds des deux hémisphères, vivent à terre ou dans les lieux sablonneux, se cachent sous les pierres ou d'autres corps, le plus souvent dans des masures ou dans des lieux sombres et frais, ou même dans l'intérieur des maisons ; ils courent vîte en recourbant leur queue en forme d'arc sur le dos, et la dirigent en tous sens en s'en servant comme d'une arme offensive et défensive. Leurs serres leur servent à saisir les insectes qui doivent faire leur nourriture ; ce sont ordinairement des Carabes, des Charançons, des Cloportes, des Orthoptères et d'autres insectes vivant à terre qui deviennent leurs victimes : ils les piquent avec l'aiguillon de leur queue, et les font ensuite passer à leur bouche pour les dévorer. Ils aiment surtout beaucoup les œufs d'Arachnides et des autres insectes. Ces Arachnides sont si multipliés dans certains pays, qu'ils deviennent pour les habitans un sujet continuel de crainte, et que même, suivant quelques témoignages, on s'est vu forcé de leur abandonner le terrain. Les Scorpionides ont été connus par les Anciens, et la constellation zodiacale du Scorpion nous annonce que la connoissance de cet animal remonte à la plus haute antiquité. Dans la Mythologie égyptienne, son effigie est devenue le symbole typhon du génie malfaisant. Anubis est représenté en face du Scorpion, comme s'il vouloit conjurer et anéantir l'influence de ce mauvais principe. Pline expose dans son *Histoire naturelle* toutes les fables que l'ignorance et la superstition ont enfantées pendant un grand nombre de siècles sur le compte de ces animaux. Il dit que les Psylles avoient essayé de naturaliser les Scorpions d'Afrique en Italie, mais que ces tentatives avoient été infructueuses. Il en distingue, sur l'autorité d'Apollodore, neuf espèces ; Nicander (*Alexipharmaca*) en compte une de moins, et présente à cet égard quelques détails particuliers sous des considérations médicales. Les Anciens avoient observé que les Scorpions s'accouploient, qu'ils étoient vivipares, et que leur aiguillon étoit percé et donnoit passage à un venin blanc. On avoit aussi remarqué que les femelles portoient leurs petits ; mais on supposoit que le seul qui leur restoit avoit échappé par ruse à la destruction qu'elles avoient faite de leur postérité, et qu'il la vengeoit en dévorant l'auteur de ses jours. Selon d'autres, cette mère étoit la proie de sa famille. Il n'en est pas moins vrai que leur voracité étoit connue dans ces temps reculés. L'existence de Scorpions à deux queues n'est pas fabuleuse, et il existe au Muséum de Paris un individu qui présente cette singulière conformation. Les Scorpions ailés, que Mégasthènes disoit se trouver dans l'Inde et chez les Prosiens, et qu'ils disoient être si grands, ne sont autre chose que de grands Orthoptères du genre Phasme ou Spectre, ou quelques *Nepa* de Linnæus. Latreille a donné lui-même le nom de *Scorpion aquatique* à un insecte de ce dernier genre.

En France, le Scorpion d'Europe commence à se montrer vers le 44e. degré de latitude, ou sous la zône propre à la culture de l'amandier, du grenadier, et se rapproche des limites septentrionales de celle de l'olivier. Celui que Maupertuis a distingué sous le nom de *Souvignargues*, canton du Languedoc où il se trouve plus particulièrement, est mentionné dans Mathiole, Mouffet et Jonston ; il est très-commun dans le royaume de Valence et la basse Catalogne, provinces où M. Léon-Dufour n'a pu découvrir aucun individu du Scorpion d'Europe. Ces deux espèces paroissent s'exclure réciproquement des mêmes localités ; ainsi on chercheroit en vain le Scorpion d'Europe dans les montagnes arides des environs de Narbonne, sur celles de nature schisteuse qui forment du nord au sud une limite maritime de huit à dix lieues au plus de largeur entre Barcelonne et Saint-Philippe, ainsi que sur les confins de la basse Catalogne et de l'Aragon, pays où l'on trouve le Scorpion roussâtre souvent en grandes quantités. Sa patrie, en Espagne, est absolument celle du caroubier. (*Ceratonia siliqua*, Linn.) C'est ainsi, par exemple, qu'un peu au-delà de Barcelonne, où l'on rencontre les premières plantations de cet arbre, l'on commence aussi à trouver les premiers individus de ce Scorpion. M. Léon-Dufour ne l'a plus rencontré à une hauteur de plus de 150 toises au-dessus du niveau de la mer.

Les Scorpionides varient beaucoup pour la grandeur ; ceux d'Europe n'ont guère plus d'un pouce de long, tandis que ceux d'Afrique et de l'Inde atteignent jusqu'à cinq à six pouces. On pense qu'ils sont très-venimeux. Les Persans emploient contre la piqûre du Scorpion, qu'ils nomment *Agrab*, et qu'en indoustan on nomme *Gargouali* (*Sc. australis*, Linn.), la scarification et l'application d'un peu de chaux vive ; quelques personnes se servent de l'huile où l'on a rassemblé et laissé digérer plusieurs de ces Arachnides ; d'autres préfèrent d'écraser sur-le-champ l'animal même, et de l'assujettir sur la plaie : enfin d'autres font l'application d'une humeur sébacée qui suinte entre le prépuce et le gland de la verge.

Les auteurs modernes, tels que Maupertuis, Rédi, Maccari, Léon-Dufour et beaucoup d'autres ont fait des expériences pour savoir jusqu'à quel point ces Arachnides sont venimeux. Il résulte de tout ce qui a été dit à ce sujet, que la piqûre des Scorpions d'Europe ne peut causer que des accidens légers et jamais la mort ; cependant celle du Scorpion roussâtre ou de Souvignargues produit, d'après les expériences que Maccari a faites sur lui-même, des accidens plus graves et plus alarmans, et le venin paroît être d'autant plus actif, que le Scorpion est plus âgé. Quant au Scorpion noir (*S. afer*, Linn.) qui vit dans les fentes de roches ou les creux d'arbres, et qui est quatre ou cinq fois plus grand que les précédens, il peut causer la mort en moins de deux heures, et les seuls remèdes sûrs contre sa blessure, sont ceux que l'on emploie contre les serpens les plus venimeux ; c'est l'alcali volatil employé soit extérieurement, soit à l'intérieur, des cataplasmes de bouillon-blanc et des sudorifiques.

Quant à l'opinion où l'on est qu'on force un Scorpion à se tuer lui-même quand on l'enferme dans un cercle de charbons ardens, elle a été combattue par Maupertuis, qui a fait des expériences à ce sujet ; nous avons eu occasion nous-mêmes d'essayer sur des Scorpions de Provence, qui ne se sont pas plus piqués que ceux de Maupertuis ; ils couroient seulement çà et là d'un air très-inquiet, et ils ont fini par être étouffés par la chaleur. Cependant les observations de M. le comte de Senneville, grand référendaire de la Chambre des Pairs, sembleroient confirmer l'opinion populaire à cet égard. M. Latreille dit, d'après M. Léman, que M. de Senneville a fait des expériences en présence d'un grand nombre de personnes, et que le résultat a toujours été la mort du Scorpion, qui se l'est donnée lui-même.

Les Scorpionides portent leurs petits sur leur dos pendant un mois après qu'ils sont éclos. Dans quelques circonstances ils les tuent et les dévorent à mesure qu'ils naissent. Si on en enferme plusieurs ensemble, ils ne tardent pas à se battre à mort et à se dévorer jusqu'à ce qu'il n'en reste plus qu'un.

Cette tribu est divisée, comme nous l'avons dit plus haut, en deux genres ; ce sont les genres

Scorpion proprement dit et Buthus. *Voyez* ces mots. (E. G.)

SCOTINE, *Scotinus*. Kirb. Lat. (*Fam. nat.*) Genre d'insectes de l'ordre des Coléoptères, section des Hétéromères (première division), famille des Mélasomes, tribu des Blapsides.

M. Latreille (*Fam. nat.*) met dans cette tribu dix genres. Trois d'entr'eux, savoir : Oxure, Nyctélie et Eurynote nous sont entièrement inconnus. Du reste le genre Aside se distingue par son menton grand, recouvrant la base des mâchoires. Dans les Pédines et les Platyscèles les tarses antérieurs des mâles sont dilatés ; ce caractère est aussi, d'après le savant auteur que nous venons de citer, l'un de ceux des Eurynotes ; les Misolampes ont les troisième et quatrième articles des antennes longs, égaux entr'eux. Les Blaps et les Scotobies sont séparés des Scotines par le onzième ou dernier article de leurs antennes qui est libre et entièrement distinct du précédent.

Voici les caractères assignés à ce genre par M. Kirby. (*Trans. de la Soc. Linn. de Lond.*)

Labre bifide. — *Lèvre* bifide, ses lobes allant en divergeant. — *Mandibules* dentées, se touchant l'une l'autre par leur extrémité. — *Mâchoires* laissant un espace libre à leur base. — *Palpes* assez épais ; leur dernier article plus grand que les autres, presque triangulaire. — *Menton* bifide, ses lobes allant en divergeant. — *Antennes* moniliformes, plus grosses vers leur extrémité ; leur dernier article très-court, à peine distinct. — *Corps* ovale, rebordé.

Nous observerons en outre que les antennes sont composées de onze articles, le troisième le plus long de tous ; le dernier ne paroît court que parce qu'il est entièrement plongé dans le dixième ; celui-ci est infundibuliforme ; le menton ne recouvre point la base des mâchoires et les tarses antérieurs ne sont pas dilatés dans les mâles.

Le nom de Scotine vient d'un mot grec qui signifie : *ténébreux*. L'auteur n'en décrit qu'une espèce. On ignore ses mœurs.

1. Scotine crénicolle, *S. crenicollis*.

Scotinus subcinereus, obscurus, thoracis margine crenato.

Scotinus crenicollis. Kirb. *Trans. Soc. Lin. vol.* ». *pag.* ». *pl.* 21. *fig.* 14.

Longueur 9 lig. Noir, couvert presqu'en totalité d'un duvet court, roussâtre, mêlé de gris. Corselet très-échancré au bord antérieur, dont les angles sont très-saillans et aigus. Bords latéraux crénelés. Elytres ayant latéralement une carène fort élevée qui ne s'étend pas tout-à-fait jusqu'à leur extrémité et fait suite aux bords latéraux du corselet ; après cette carène les élytres se recourbent fortement en dessous et embrassent les côtés de l'abdomen. Antennes hérissées de poils.

Du Brésil. (S. F. et A. Serv.)

SCOTOBIE, *Scotobius*. Genre de Coléoptères-Hétéromères proposé par M. Germar dans l'ouvrage intitulé : *Insectorum species novæ aut minus cognitæ, vol.* 1. *Coleopt.* 1824, et placé par M. Latreille dans la tribu des Blapsides. Il offre pour caractères, suivant M. Germar : antennes plus courtes que le corselet, insérées sous un rebord de la tête, leur troisième article en massue, plus grand que les autres ; les quatrième, cinquième et sixième globuleux ; les septième, huitième, neuvième et dixième transverses, le dernier transverse, tronqué obliquement à son extrémité. Chaperon grand, un peu arrondi, inséré dans une échancrure de la tête. Palpes filiformes. Menton transverse, bisinué. Lèvre presqu'arrondie. Yeux transverses, point saillans. Corselet transverse, rebordé. Elytres réunies, ovales. Extrémité des jambes ayant deux dents.

Ce genre est intermédiaire, suivant M. Germar, entre les Scaures et les Sépidies d'un côté et les Akis de l'autre. Il en décrit trois espèces de Buénos-Ayres, et figure l'une d'elles pl. 1. fig. 3. sous le nom de *Scotobius crispatus*.

(S. F. et A. Serv.)

SCOTODE, *Scotodes*. Eschscholtz. Genre de Coléoptères-Hétéromères. M. Fischer dans le 2e. volume de l'Entomographie de Russie, Moscou 1823, donne les caractères de ce genre ainsi qu'il suit : antennes allant en s'épaississant vers l'extrémité, leur troisième article très-long, le dernier ovale. Labre presque carré. Mandibules cornées, arquées, unidentées. Mâchoires membraneuses, bifides ; leur lobe antérieur large, cilié ; l'intérieur linéaire. Palpes maxillaires sécuriformes ; les labiaux presque filiformes. Menton entier, transversal.

Le nom de ce genre est tiré d'un mot grec qui signifie : *sombre*. Les insectes qui le composent sont lents ; ils ont la tête inclinée et le corps velu. M. Fischer rapporte les Scotodes aux Hélopiens. Il en décrit une espèce sous le nom de Scotode annelé, *Scotodes annulatus*. Eschscholtz, *Mém. de l'Acad. des scienc. de Saint-Pétersb. tom.* 6. *pag.* 454. *n°.* 3. — *Germ. Mag. vol. IV. p.* 398. Longueur 4 lig. $\frac{1}{2}$ à 5 lig. Brun avec un duvet gris. Jambes grises annelées de brun. On le trouve en Livonie dans les lieux ombragés ; il est représenté sous le nom de *Pelmatopus Hummelii*, Entom. de Russ. vol. 2. tab. 22. fig. 7. à 9.

(S. F. et A. Serv.)

SCRAPTÈR, *Scrapter. Andrena*. Lat. Genre d'insectes de l'ordre des Hyménoptères, section des Porte-aiguillon, famille des Mellifères, tribu des Andrénètes (division des Récoltantes):

Dans cette division des Andrénètes (*voyez* Mellifères famille, article Parasites) trois genres se distinguent par les caractères suivans : division intermédiaire de la lèvre lancéolée ; femelles ayant une palette de chaque côté du métathorax et une autre sur les cuisses postérieures ; leur brosse placée sur le côté extérieur des jambes et du premier article des tarses des pattes postérieures. Ce sont les Andrènes, les Dasypodes et les Scraptèrs. Les premières sont faciles à reconnoître par la présence de quatre cellules cubitales aux ailes supérieures ; les Dasypodes n'en ont que trois ainsi que les Scraptèrs, mais elles s'éloignent de ces derniers 1°. par la forme de leur cellule radiale qui n'a point de rétrécissement sensible ; 2°. par les ocelles disposés en ligne droite ; 3°. par l'épine terminale de leurs jambes antérieures ayant avant son milieu une dent latérale jusqu'à laquelle seulement elle est garnie d'une membrane.

Les Scraptèrs ont beaucoup de caractères communs avec les Dasypodes (*voyez* ce mot à la suite de cet article), mais ils en diffèrent sensiblement par ceux que nous allons énoncer. Antennes des mâles allant un peu en grossissant vers le bout. Mâchoires fléchies près de leur extrémité. Lèvre peu alongée, plus courte que les palpes maxillaires, son appendice terminal guère plus long que large. Cellule radiale allant en se rétrécissant depuis le milieu jusqu'à son extrémité qui est presqu'aiguë ; trois cellules cubitales, les deux premières presqu'égales, la seconde rétrécie vers la radiale, recevant les deux nervures récurrentes. Troisième cellule atteignant presque le bout de l'aile. Jambes antérieures munies d'une seule épine terminale garnie dans toute sa longueur d'une membrane étroite ; cette épine échancrée à l'exmité, terminée par deux pointes aiguës, divergentes. Premier article des tarses postérieurs plus court que la jambe. Trois ocelles disposés en triangle sur le vertex.

Ce genre dont le nom vient d'un mot grec qui signifie : *fouisseur*, équivaut à la première division des Andrènes de M. Latreille, *Gener. Crust. et Ins. tom. IV. pag.* 151. Ses mœurs doivent être les mêmes que celles des Dasypodes. Nous en connoissons quatre espèces que nous allons mentionner.

1. Scraptèr bicolor, *S. bicolor.*

Scrapter niger, griseo seu rufo tomentosus ; abdomine nigro, segmentis secundo tertioque cum primi parte posticâ ferrugineis.

Longueur 6 lig. Noir, chargé de poils d'un gris-roussâtre. Antennes allant en grossissant vers le bout ; ferrugineuses, à l'exception de leurs trois premiers articles qui sont noirs. Second et troisième segmens de l'abdomen de couleur ferrugineuse ainsi que la moitié postérieure du premier segment. Ailes transparentes. Mâle.

D'Afrique. (Cafrerie.)

2. Scraptèr ponctué, *S. punctatus.*

Scrapter punctatissimus, rufo tomentosus ; lineis tribus faciei, orbitâ oculorum posticâ lineâque scutelli pallidè luteis : pedibus posticis rufo hirsutissimis.

Longueur 5 lig. Corps noir, très-ponctué, avec trois lignes longitudinales sur la face antérieure de la tête, l'orbite des yeux et une ligne transverse sur l'écusson, d'un jaune sale. Pattes postérieures très-garnies de poils roux. Ailes transparentes. Femelle.

Même patrie que le Scraptèr bicolor.

3. Scraptèr noir, *S. niger.*

Scrapter totus niger, capite, thorace pedibusque cinereo tomentosis ; alis apice subfuscis.

Longueur 3 lig. ½. Entièrement noir, avec des poils nombreux d'un gris-cendré principalement sur la tête, le corselet et les pattes. Ailes transparentes, leur bord postérieur brun. Mâle.

Même patrie que les précédens. Ces trois espèces ont été rapportées par feu Delalande et font partie de la collection du Musée royal d'histoire naturelle.

Nota. L'*Andrena lagopus* Lat. *loc. citat.* du midi de la France, appartient aussi à ce genre.

(S. F. et A. Serv.)

DASYPODE, *Dasypoda.* Lat. Fab. Panz. (*Révis.*) Klug. *Andrena.* Ross. Panz. (*Faun.*) *Apis.* Panz. (*Faun.*) *Melitta.* Kirb. *Trachusa.* Jur.

Genre d'insectes de l'ordre des Hyménoptères, section des Porte-aiguillon, famille des Mellifères, tribu des Andrénètes (division des Récoltantes).

La première subdivision des Andrénètes récoltantes se distingue par les caractères suivans : division intermédiaire de la languette lancéolée ; trois cellules cubitales aux ailes supérieures. (*Voyez* Parasites.) Elle renferme les genres Dasypode et Scraptèr. Ce dernier est bien séparé des Dasypodes par ses mâchoires fléchies simplement près de leur extrémité, par le premier article de ses tarses postérieurs plus court que la jambe, et par la cellule radiale des ailes supérieures qui se rétrécit à partir du milieu jusqu'à l'extrémité.

Antennes assez longues, filiformes, fléchies fortement au second article, ces articles au nombre de douze dont le troisième plus long que le suivans, et aminci à sa base dans les femelles : simplement arquées et de treize articles dans le mâles, le premier beaucoup plus court que dans l'autre sexe. — *Labre* semi-circulaire. — *Mandi bules* arquées, pointues, bidentées dans les deux sexes. — *Mâchoires* fléchies dans leur milieu ou au-dessous, leur lobe terminal lancéolé-trigone. — *Palpes* articulés; leurs articles de forme ordinaire, insérés chacun à l'extrémité du précédent; les maxillaires ayant à peine la longueur du lobe terminal des mâchoires, de six articles, les labiaux de quatre. — *Lèvre* alongée, presque linéaire, sa division intermédiaire lancéolée. — *Tête* transversale, étroite; toute sa partie antérieure très-velue. — *Yeux* ovales, alongés. — *Trois ocelles* disposés sur une ligne transversale presque droite et placés sur la partie antérieure du vertex. — *Corps* velu, surtout dans les mâles. — *Corselet* globuleux. — *Ailes supérieures* ayant une cellule radiale d'une largeur à peu près égale dans toute son étendue, sa base et son extrémité finissant presqu'en pointe, et trois cellules cubitales, la première plus grande que la seconde; celle-ci fort rétrécie vers la radiale, recevant les nervures récurrentes: la troisième la plus grande de toutes, n'atteignant pas le bout de l'aile. — *Abdomen* ovale et peu convexe en dessus dans les femelles, de cinq segmens outre l'anus; conique et de six segmens outre l'anus, dans les mâles. — *Pattes* de longueur moyenne; jambes antérieures n'ayant qu'une seule épine terminale qui porte avant son milieu une dent latérale jusqu'à laquelle elle est munie d'une membrane. Jambes intermédiaires terminées par une seule épine longue et simple. Jambes postérieures en ayant deux fort longues, simples, presqu'égales; ces jambes extrêmement velues dans les femelles ainsi que le premier article de leurs tarses, ce premier article un peu plus long que la jambe: crochets des tarses bifides, munis dans leur entre-deux d'une pelotte courte, assez grosse. — *Organes de récolte* des femelles consistant dans une palette placée de chaque côté du métathorax et dans une autre sur la partie correspondante des cuisses postérieures; des brosses placées sur le côté extérieur des jambes et du premier article des tarses des pattes postérieures; une brossette sur la face intérieure du premier article de tous les tarses.

Le nom appliqué à ce genre par M. Latreille vient de deux mots grecs qui signifient: *pieds velus.* Les femelles creusent dans les pentes de sable des trous un peu inclinés, profonds de plusieurs pouces où elles pratiquent plusieurs petits terriers qu'elles ont soin de polir intérieurement, et dans chacun desquels elles entassent la pâtée composée de pollen et de miel nécessaire à la nourriture d'une seule de leurs larves; elles préfèrent le pollen des fleurs radiées, telles que les *Crepis,* les *Hieracium* et les *Leontodon.* Elles sont très-vives dans tous leurs mouvemens, piquent très-vîte et très-fortement. Leurs ennemis sont les mêmes que ceux des Halictes (*voyez* ce mot, à la suite du présent article). On rencontre les Dasypodes des environs de Paris vers la fin de l'été et dans l'automne. Le nombre des espèces n'est pas considérable.

1. Dasypode grecque, *D. græca.*

Dasypoda nigra, capite thoraceque segmentis duobus primis abdominis cæterorumque margine infero pilis ferrugineis villosis; ano nigro villoso: alis subfuscis.

Longueur 8 lig. Antennes noires. Tête et corselet de même couleur, couverts de poils ferrugineux. Abdomen noir; ses deux premiers segmens entièrement couverts de poils ferrugineux; les troisième, quatrième, cinquième et sixième nus à leur base, n'y ayant que quelques poils noirs, épars; leur bord inférieur portant une bande de poils ferrugineux un peu interrompue au milieu; anus couvert de poils noirs. Pattes noires chargées de poils ferrugineux. Ailes un peu obscures dans toute leur étendue. Mâle.

De l'île de Naxos. Du Musée royal d'histoire naturelle.

Rapportez en outre à ce genre: 1°. Dasypode hirtipède, *Dasyp. hirtipes.* Lat. *Gener. Crust. et Ins. tom. IV. pag.* 152. Mâle et femelle. Fab. *Syst. Piez. pag.* 335. *n°.* 1. Femelle. *Dasypoda hirta.* Fab. *id. pag.* 336. *n°.* 2. Mâle. *Andrena plumipes.* Panz. *Faun. Germ. fas.* 4. *fig.* 16. Femelle. *Andrena succincta.* id. *fig.* 10. Femelle. *Apis farfarisequa.* id. *fas.* 55. *fig.* 14. Mâle. *Melitta Swammerdamella.* Kirb. *Monogr. Apum Angl. tom.* 2. *pag.* 174. *n°.* 111. Mâle et Femelle. Commune aux environs de Paris. 2°. Dasypode plumipède, *Dasypoda plumipes.* Lat. *Gener. Crust. et Ins. tom.* 4. *pag.* 152. Femelle. Panz. *Faun. Germ. fas.* 99. *fig.* 15. Femelle. De la France méridionale.

COLLÈTE, *Colletes.* Lat. Spinol. Klug. *Apis.* Linn. Panz. (*Faun.*) Oliv. (*Encycl.*) *Andrena.* Fab. Jur. *Megilla.* Fab. *Melitta.* Kirb. *Evodia.* Panz. (*Révis.*)

Genre d'insectes de l'ordre des Hyménoptères, section des Porte-aiguillon, famille des Mellifères, tribu des Andrénètes (division des Récoltantes).

Parmi les Andrénètes récoltantes les genres suivans ont la division intermédiaire de la lèvre lancéolée ou presque linéaire, ce sont ceux de Dasypode, Scraptèr, Andrène, Halicte et Nomie; ce caractère important ne se trouve point dans les Collètes.

Antennes filiformes, simplement arquées, composées de douze articles dans les femelles, le premier fort long, le second globuleux, le troisième un peu plus long que le précédent, un peu plus mince, ainsi que les suivans, que ceux qui viennent ensuite; de treize articles dans les mâles, le premier plus court que dans l'autre sexe. — *Labre* presque trigone. — *Mandibules* striées à leur partie extérieure, ayant une forte dent au-dessus de leur pointe qui est longue et avancée. — *Mâchoires* ayant leur lobe terminal entièrement coriace, alongé, sans divisions, garni de quelques cils roides. — *Palpes* articulés, presque sétacés; leurs articles de forme ordinaire, insérés chacun à l'extrémité de celui qui le précède; les maxillaires plus longs que les autres, composés de six articles, les labiaux de quatre. Articles de tous les palpes allant en diminuant de longueur vers l'extrémité. — *Languette* courte, évasée, à trois lobes, l'intermédiaire presqu'en forme de cœur. — *Tête* transversale, étroite, toute sa partie antérieure velue. — *Yeux* ovales, alongés. — *Trois ocelles* disposés en triangle sur le vertex. — *Corps* généralement velu. — *Corselet* presque globuleux. — *Ailes supérieures* ayant une cellule radiale un peu appendiculée, presqu'aiguë à sa base et à son extrémité, allant en se rétrécissant depuis son milieu jusqu'à celle-ci, et quatre cellules cubitales, la première plus grande que la seconde, celle-ci et la troisième presqu'égales, un peu rétrécies vers la radiale, recevant chacune une nervure récurrente : quatrième cubitale à peine commencée. — *Abdomen* presque conique, de cinq segmens outre l'anus dans les femelles, en ayant un de plus dans les mâles. — *Pattes* de longueur moyenne; jambes antérieures ayant une seule épine terminale garnie d'une membrane à sa partie intérieure; jambes intermédiaires n'ayant également qu'une seule épine simple, aiguë à l'extrémité; jambes postérieures munies de deux épines assez courtes, aiguës : crochets des tarses bifides, avec une très-petite pelotte dans leur entre-deux. — *Organes de récolte* des femelles consistant dans une palette placée de chaque côté du métathorax, et dans une autre sur la partie correspondante des cuisses postérieures; point de brosse sur le côté extérieur des jambes, ni sur celui du premier article des tarses postérieurs; une brossette au côté intérieur du premier article de chacun des tarses.

Le nom donné à ce genre par M. Latreille est tiré d'un mot grec qui signifie : *colleur;* il a rapport à la manière dont les femelles préparent leur nid. Elles l'établissent dans des trous qu'elles creusent dans les terrains sablonneux coupés à pic ou dans le mortier qui se trouve entre les pierres des vieux murs; elles en lissent très-exactement les parois au moyen d'une liqueur gluante qu'elles appliquent dessus avec l'extrémité bifide de la division intermédiaire de leur languette; cette même matière leur sert aussi à former de petites cellules en forme de dé à coudre, dans chacune desquelles elles placent la pâtée de pollen et de miel suffisante à une de leurs larves. Ces dés sont arrangés de manière que la partie arrondie du second bouche l'orifice du premier et ainsi de suite; nous en avons vu quelquefois une vingtaine placés ainsi à la file les uns des autres. Réaumur entre dans le détail des mœurs de ces Mellifères (cinquième Mémoire, sixième volume). L'espèce qu'il a observée nous paroît être la Collète ceinturée, *C. succincta.* Ces Hyménoptères sont très-printanniers. On n'en connoît qu'un petit nombre d'espèces. MM. Latreille et Kirby n'en citent que deux; nous en connoissons quelques autres, principalement la suivante.

1. Collète hérissée, *C. hirta.*

Colletes nigra, omninò rufo-hirta, pilis aliquot nigris in capite intermixtis.

Longueur 5 lig. ½. Noire, couverte de poils hérissés d'un roux-brun mêlés sur la tête de quelques autres de couleur noire. Femelle.

Le mâle diffère en ce que les poils de la tête sont d'un roux plus clair.

On la trouve dès le commencement d'avril sur les chatons du Saule marceau (*Salix caprea*), et dans les endroits sablonneux des forêts. Nous l'avons prise plusieurs fois au bois de Boulogne.

Rapportez encore à ce genre : 1°. Andrène mineuse n°. 10. de ce Dictionnaire (en retranchant le synonyme de Geoffroy qui nous paroît appartenir à une Andrène). Collète ceinturée, *C. succincta.* Lat. *Gener. Crust. et Ins. tom.* 4. *p.* 149. *Melitta succincta.* Kirb. *Monogr. Apum Angl. tom.* 2. *pag.* 32. *n°.* 1. Mâle et femelle. *Megilla calendarum* n°. 33. Fab. *Syst. Piez.* Mâle. *Andrena succincta* n°. 8. Fab. *id.* Femelle. *Apis calendarum.* Panz. *Faun. Germ. fas.* ». *fig.* 19. Mâle. 2°. Collète fouisseuse, *Colletes fodiens.* Lat. *Gener. Crust. et Ins. tom.* 4. *pag.* 149. *Melitta fodiens.* Kirb. *Monogr. Apum Angl. tom.* 2. *p.* 34. *n°.* 2. *tab.* 15. *fig.* 1. Femelle. *fig.* 2. Mâle. Ces deux espèces se trouvent aux environs de Paris.

HALICTE, *Halictus.* Lat. Walkn. (*Monogr.*) *Apis.* Linn. Geoff. Scop. Ross. *Andrena.* Oliv. (*Encycl.*) Fab. Panz. Jur. *Hylæus.* Fab. Illig. Spinol. Klug. Panz. *Megilla, Prosopis.* Fab. *Melitta.* Kirb.

Genre d'insectes de l'ordre des Hyménoptères, section des Porte-aiguillon, famille des Mellifères, tribu des Andrénètes (division des Récoltantes).

La troisième subdivision des Andrénètes récoltantes a pour caractère particulier : division intermédiaire de la lèvre courbée inférieurement ou presque droite. Femelles ayant une palette de chaque côté du métathorax et une autre sur les cuisses postérieures; point de brosses sur le côté extérieur des jambes ni sur celui du premier article des tarses postérieurs : quatre cellules cubitales. (*Voyez* Parasites.) Cette subdivision renferme les genres Halicte et Nomie; ce dernier se distingue facilement par la cellule radiale des ailes supérieures d'une largeur presqu'égale dans toute son étendue, ayant son extrémité arrondie et parce que la première nervure récurrente aboutit précisément vis-à-vis de la nervure d'intersection des seconde et troisième cubitales. Quant au genre Sphécode que M. Latreille met dans le même groupe (*Fam. natur.*), nous l'en croyons suffisamment séparé par le manque d'organes propres à la récolte dans les femelles, ce qui le place parmi les Parasites.

Antennes filiformes, coudées et de douze articles dans les femelles, le premier très-long, le second globuleux, les autres courts, cylindriques; droites, simplement arquées vers leur extrémité, et de treize articles dans les mâles, le premier à peine plus long que les deux suivans réunis, ceux-ci courts, le second très-petit, turbiné, le troisième un peu conique, les autres plus longs que le troisième, ou cylindriques, le dernier quelquefois creusé en dedans et formant un crochet particulier ou bien renflés inférieurement. — *Labre* court, entier, transversal, arrondi latéralement, cilié en devant. — *Mandibules* cornées, étroites, un peu arquées, terminées en pointe, celle-ci accompagnée d'une dent dans les femelles, simple dans les mâles. — *Mâchoires* et *Lèvre* plus longues que la tête; division intermédiaire de la lèvre courbée inférieurement. — *Palpes* articulés; leurs articles de forme ordinaire, insérés chacun dans l'échancrure et un peu au-dessous de l'extrémité du précédent. — *Tête* avancée, comme prolongée en un museau obtus dans les mâles. — *Yeux* ovales-alongés. — *Trois ocelles* disposés en ligne courbe sur la partie antérieure du vertex. — *Corps* alongé, surtout dans les mâles. — *Corselet* globuleux. — *Ailes supérieures* ayant une cellule radiale rétrécie depuis son milieu jusqu'à son extrémité, celle-ci ainsi que la base assez pointue, et quatre cellules cubitales, la première aussi longue que les deux suivantes prises ensemble, la seconde plus courte que la troisième, presque carrée, recevant la première nervure récurrente près de la nervure d'intersection qui lui est commune avec la troisième cubitale, cette dernière rétrécie vers la radiale recevant la seconde nervure récurrente au-delà de sa moitié, la quatrième cubitale à peine commencée. — *Abdomen* ovale dans les femelles, composé de cinq segmens outre l'anus, le cinquième ayant au milieu un enfoncement longitudinal et linéaire ressemblant à une fente, servant au développement de l'aiguillon qui se relève à la sortie de l'anus; celui-ci très-court : abdomen des mâles très-long, presque linéaire, de six segmens outre l'anus qui est plus long que celui des femelles. — *Pattes* de longueur moyenne : jambes antérieures munies d'une seule épine terminale garnie d'une membrane au côté intérieur; jambes intermédiaires n'ayant également qu'une épine, simple, aiguë à son extrémité : jambes postérieures en ayant deux, l'intérieure dentée en scie dans les femelles; crochets des tarses bifides, munis d'une pelotte dans leur entre-deux. — *Organes de récolte* des femelles consistant dans une palette placée de chaque côté du métathorax et dans une autre sur chacune des cuisses postérieures. Point de brosses sur le côté extérieur des jambes ni sur celui du premier article des tarses postérieurs; une brossette au côté intérieur du premier article de chacun des tarses.

Tous les Halictes connus, et les espèces sont nombreuses, pourvoient à la nourriture de leur postérité; chaque individu est placé à quelques pouces en terre auprès d'une masse de pollen mêlé de miel que la mère récolte elle-même et y renferme à cette intention. Ces femelles font leurs excavations dans des terrains sablonneux mais assez durs, tels que les sentiers pratiqués dans les champs; elles ne creusent pas toujours elles-mêmes le premier trou perpendiculaire, et dans ce cas un trou fait par un ver de terre leur suffit; elles y descendent et pratiquent à différentes distances de petits terriers d'un demi-pouce à un pouce de longueur, à chacun desquels elles confient un de leurs œufs. Il arrive souvent que plusieurs d'entr'elles profitent du même trou perpendiculaire. C'est avec leurs mandibules qu'elles déblayent et transportent la terre qu'elles retirent des petits terriers particuliers dont nous venons de parler. Elles ont pour ennemis les Parasites de leur tribu, tels que les Sphécodes, et ceux de la tribu des Apiaires, notamment les Mélectes. Les larves de ces genres provenant d'œufs déposés dans le nid des Halictes, dévorent la pâtée qui étoit destinée aux larves d'Halictes avant que celles-ci soient nées. Des Chrysides et quelques Ichneumonides vont pondre leurs œufs dans ces nids; les larves qui en proviennent font leur proie de celles des Halictes. Parmi les Hyménoptères fouisseurs, le Philante apivore et quelques Cercéris s'emparent souvent des Halictes, les piquent de leur aiguillon et les portent dans leur nid pour servir de pâture à leur postérité. Les mâles Halictes sont très-empressés pour l'accouplement, et lorsqu'on s'est emparé d'une femelle, il suffit souvent pour en avoir le mâle d'exposer celle-ci, quoique piquée d'une épingle, bien en vue dans les endroits où elle construit son nid; les mâles qui voltigent autour se précipitent sur elle et se laissent prendre facilement. Les femelles sont lentes dans leurs mouvemens, si ce n'est lorsqu'elles récoltent le pollen, opération dans laquelle elles montrent beaucoup d'activité; elles s'en chargent considérablement, au point d'en être méconnoissables, et nous avons vu tel Halicte femelle presqu'entièrement noir, devenu d'un beau jaune-aurore pour avoir fait sa récolte dans les fleurs du Genêt (*Spartium scoparium*). Elles piquent assez difficilement, étant lentes à tirer leur aiguillon, dont la piqûre est fort cuisante. Ces Hyménoptères se nourrissent à l'état parfait, du miel des fleurs.

M. Walcknaër, membre de l'Académie royale

des inscriptions et belles-lettres de France, connu à plus d'un titre dans le monde savant, a donné en 1817 des Mémoires pour servir à l'histoire de ce genre. On y trouve d'intéressans détails que la nature du présent ouvrage ne permet pas d'y insérer.

La plus grande partie des espèces de ce genre appartient à l'Europe. Celles que nous allons mentionner habitent toutes les environs de Paris.

1re. *Division*. Dernier article des antennes un peu creusé et fort crochu extérieurement dans les mâles.

Cette première division renferme : 1°. Halicte zèbre, *Halict. zebrus*. Walck. *Mém. pag.* 68. Mâle et femelle. 2°. Halicte à six bandes, *Halict. sexcinctus*. Lat. *Gen. Crust. et Ins. tom.* 4. *pag.* 154. Mâle et femelle. Walck. *Mém. pag.* 66. Les mâles de ces deux espèces ont été regardés comme variétés d'une seule par Geoffroy (Abeille n°. 13.) *Ins. Paris. tom.* 2. *pag.* 414. et par feu Olivier, Andrène alongée n°. 25. *Encycl.*

2e. *Division*. Dernier article des antennes simple, conformé comme les précédens, dans les deux sexes.

1re. *Subdivision*. Abdomen entièrement noir, ayant des bandes transverses ou des taches latérales formées par des poils couchés.

Placez ici 1°. Halicte quatre bandes, *Halict. quadristrigatus*. Lat. *Gen. Crust. et Ins. tom.* 4. *pag.* 154. Mâle et femelle. *Halict. ecaphosus*. Walck. *Mém. pag.* 58. Mâle et femelle. 2°. Halicte fouisseur, *Halict. fodiens*. Lat. *id.* Femelle. Walck. *id.* Femelle. (Dans la phrase spécifique changez le mot *posticè* en celui d'*anticè*, correction justifiée par la description française.) Le mâle ne diffère que par son chaperon ayant une petite tache blanche. 3°. Halicte nidifiant, *Halict. nidulans*. Walck. *Mém. pag.* 69. Mâle et femelle. 4°. Halicte six taches, *Halict. sexnotatus*. Walck. *Mém. pag.* 72. Femelle. 5°. Halicte perceur, *Halict. terebrator*. Walck. *id.* Mâle et femelle. 6°. Halicte céladon, *Halict. seladonius*. Lat. *Gener. Crust. et Ins. tom.* 4. *pag.* 154. *Melitta seladonia*. Kirb. *Monogr. Apum Angl. tom.* 2. *pag.* 57. *n°.* 16. Mâle et femelle.

2e. *Subdivision*. Abdomen testacé, du moins en partie.

A cette coupe appartiennent 1°. Halicte interrompu, *Halict. interruptus*. *Hylœus interruptus*. Panz. *Faun. Germ. fas.* 55. *fig.* 4. Mâle. 2°. Halicte albipède, *Halict. albipes*. *Hylœus albipes*. Panz. *id. fas.* 7. *fig.* 15. Mâle. *Prosopis albipes* n°. 4. Fab. *Syst. Piez.* Mâle. *Melitta albipes*. Kirb. *Monogr. Apum Angl. tom.* 2. *pag.* 71. *n°.* 29. Mâle. *Hylœus abdominalis*. Panz. *id. fas.* 53. *fig.* 18. Mâle. *Melitta abdominalis*. Kirb. *Monogr. Apum Angl. tom.* 2. *pag.* 73. *n°.* 30. Mâle.

3e. *Subdivision*. Abdomen point testacé n'ayant ni bandes transversales, ni taches latérales formées par des poils couchés.

On rangera dans cette dernière subdivision 1°. Halicte morio, *Halict. morio*. *Hylœus morio* n°. 8. Fab. *Syst. Piez.* Mâle. *Melitta morio*. Kirb. *Monogr. Apum Angl. tom.* 2. *pag.* 60. *n°.* 19. Mâle et femelle. 2°. Halicte bronzé, *Halict. æratus*. *Melitta ærata*. Kirb. *Monogr. Apum Angl. tom.* 2. *pag.* 58. *n°.* 17. Mâle et femelle. 3°. Halicte cylindrique, *Halict. cylindricus*. *Hylœus cylindricus* n°. 1. Fab. *Syst. Piez.* Mâle. Panz. *Faun. Germ. fas.* 55. *fig.* 2. Mâle.

(S. F. et A. Serv.)

SCRAPTIE, *Scraptia*. Lat. *Dircœa*. Schœn. Genre d'insectes de l'ordre des Coléoptères section des Hétéromères (deuxième division) famille des Trachélides, tribu des Mordellones.

Six genres composent cette tribu ; trois d'entr'eux : Rhipiphore, Pélécotome et Myodite se distinguent des autres par leurs palpes presque filiformes et par les antennes en éventail ou très pectinées dans les mâles. Les Mordelles ont tous les articles des tarses entiers, et leur abdomen qui se termine en pointe dépasse de beaucoup les élytres, dans les Anaspes, tous les articles des tarses postérieurs sont entiers. Aucun de ces caractères ne convient aux Scrapties.

Antennes filiformes, insérées dans une échancrure des yeux, composées de onze articles, la plupart presqu'égaux, courts, presque cylindriques ; le second le plus court de tous, le troisième et les premiers de ceux qui les suivent, un peu amincis à leur base, le quatrième un peu plus long que le troisième, le dernier obconique, pointu à l'extrémité. — *Labre* avancé, membraneux, carré, un peu plus large que long, entier. — *Mandibules* cachées, cornées, arquées ; leur côté intérieur largement et fortement échancré, unidenté ; leur extrémité aiguë, refendue. — *Mâchoires* membraneuses, à deux lobes ; l'extérieur beaucoup plus grand que l'autre, plus large à son extrémité, obtus et velu ; l'intérieur très-petit, aigu. — *Palpes* avancés, leur dernier article très grand, sécuriforme dans les maxillaires, presque triangulaire dans les labiaux. — *Lèvre* membraneuse, en carré-long, un peu plus étroite à sa base, arrondie à ses angles, à peine échancrée dans son milieu. Menton court, demi-coriace, entourant la base de la lèvre en manière d'anneau. — *Tête* penchée. — *Yeux* lunulés. — *Corps* ovale oblong, assez mou. — *Corselet* presque semi-circulaire, arrondi antérieurement, sa partie postérieure transversale, point rebordée. — *Ecusson* distinct. — *Elytres* point rebordées, recouvrant des ailes et l'abdomen. — *Abdomen* obtus, ne dépassant

dépassant pas les élytres. — *Jambes* presque cylindriques, leurs épines terminales courtes. Pénultième article de tous les tarses bilobé.

Ce genre, fondé par M. Latreille, n'est composé que d'un petit nombre d'espèces. On les trouve quelquefois sur les fleurs. Leurs mœurs ne sont pas connues. Celle qui a servi de type est la suivante :

1. Scraptie brune, *S. fusca.*

Scraptia fusca-nigricans, villosula; tibiis tarsisque ferrugineo-fuscis : elytris lævibus.

Scraptia fusca. Lat. *Gener. Crust. et Ins. tom.* 2. *pag.* 200. *n°.* 1. — *Dircœa sericea.* Gyllenh. *in* Schœn. *Synon. Ins. append. pag.* 19. *n°.* 26.

Longueur 2 lig. ½. Antennes, tête, corselet et abdomen d'un testacé-brun. Parties de la bouche, élytres et pattes d'un testacé plus clair. Elytres et corselet finement pointillés, converts d'un duvet court, couché, de couleur cendrée.

Des environs de Paris.

ANASPE, *Anaspis.* Geoff. Lat. *Mordella.* Linn. Fab. Oli.

Genre d'insectes de l'ordre des Coléoptères, section des Hétéromères (2e. division), famille des Trachélides, tribu des Mordellones.

Dans cette tribu les Rhipiphores, les Myodites et les Pélécotomes ont pour caractères distinctifs : palpes presque filiformes. Antennes des mâles en éventail ou très-pectinées. Des trois autres genres qui complètent la tribu, celui de Mordelle se distingue par les articles des tarses qui tous sont entiers, et par la pointe qui termine l'abdomen, laquelle dépasse beaucoup les élytres; le pénultième article des six tarses est bilobé dans les Scrapties; ainsi ces divers genres ne peuvent se confondre avec celui d'Anaspe.

Antennes insérées au bord extérieur des yeux, un peu plus longues que le corselet, presque filiformes, grossissant insensiblement vers l'extrémité, composées de onze articles; les quatre premiers presque cylindriques, les autres jusqu'au dixième, turbinés, un peu comprimés, le onzième ovale. — *Labre* presque semiorbiculaire. — *Mandibules* trigones, leur extrémité un peu arquée, aiguë, bifide ou bidentée, leur côté inférieur presque membraneux. — *Mâchoires* ayant leurs deux lobes petits, presque linéaires, à peu près égaux en longueur, l'intérieur un peu plus étroit. — *Palpes maxillaires* beaucoup plus grands que les labiaux, leur dernier article grand, sécuriforme; les labiaux plus gros à leur extrémité, leur dernier article presque trigone. — *Lèvre* presqu'en cœur; menton assez grand. — *Yeux* presqu'en croissant. — *Corps* un peu comprimé latéralement. — *Partie supérieure du prothorax* ayant son bord postérieur coupé droit : sternum du métathorax s'étendant beaucoup sur les côtés vers l'insertion des pattes postérieures. — *Ecusson* petit, peu distinct. — *Abdomen* dépassant peu les élytres, ne se terminant point par une pointe aiguë. — *Pattes* assez longues; cuisses comprimées : épines terminales des quatre dernières jambes grandes, surtout les postérieures. Tarses antérieurs et intermédiaires ayant leur pénultième article bilobé; tarses postérieurs composés d'articles tous entiers.

Après avoir compris le genre Anaspe dans le tableau des genres qu'il devoit publier (*voyez* Encyclopédie, tome IV, introduction à l'Histoire naturelle, page 38), feu Olivier jugea à propos de le réunir à celui de Mordelle (*voyez* Anaspe à sa lettre); mais ce genre Anaspe ayant été adopté depuis par tous les entomologistes, nous avons cru devoir le rétablir ici, en prévenant qu'il est mal placé dans le tableau que nous venons de citer, y étant mis parmi les Tétramères tandis qu'il appartient aux Hétéromères. L'exiguité de leur écusson a valu à ces insectes le nom qu'ils portent, tiré de deux mots grecs qui veulent dire : *sans écusson.* Ces Coléoptères, de très-petite taille, fréquentent les fleurs. Leurs larves ne sont pas connues.

A ce genre appartiennent les Mordelles suivantes de ce Dictionnaire : 1°. frontale n°. 17. (*Anas. frontalis.* L'Anaspe noir n°. 1. Geoff. *Ins. Par. tom.* 1. *pag.* 316. n'en est qu'une variété, suivant M. Schœnherr.) 2°. flave n°. 19. (*Anasp. flava.*) 3°. bicolor n°. 25. (*Anasp. bicolor.*) 4°. humérale n°. 16. (*Anasp. humeralis;* mais il faut retrancher les synonymes de Linné qui appartiennent à une vraie Mordelle, *Mordella humeralis.* Linn. Schœn.) 5°. thoracique n°. 18. (*Anasp. thoracica*) et encore 1°. Anaspe ruficolle (*Anaspis ruficollis.* — *Mordella ruficollis* n°. 27. Fab. *Syst. Eleut.*) 2°. Anaspe taché (*Anasp. maculata.* — *Mordella obscura.* Gyllenh. — Anaspe fauve n°. 4. Geoff. *Ins. Par. tom.* 1. *pag.* 317.)

(S. F. et A. Serv.)

SCUTELLÈRE, *Scutellera.* Lam. Lat. Pal.-Bauv. *Cimex.* Linn. Panz. Geoff. De Géer. *Pentatoma.* Oli. (*Encycl.* Tableau des genres.) *Tetyra, Canopus.* Fab.

Genre d'insectes de l'ordre des Hémiptères, section des Hétéroptères, famille des Géocorises, tribu des Longilabres.

Le groupe des Longilabres (*voy.* Pentatome) qui a pour caractères : antennes de cinq articles, deux ocelles apparens, renferme trois genres : Scutellère, Pentatome et Hétéroscèle (celui-ci inédit, indiqué seulement dans les *Fam. natur.* de M. Latreille et créé par lui). Les deux derniers se distinguent des Scutellères par leur écusson beaucoup plus étroit et plus court que l'abdomen.

La longueur et la largeur de l'écusson couvrant

tout le dessus de l'abdomen est le seul caractère qui sépare les Scutellères des Pentatomes. Nous renvoyons par conséquent à ce dernier article pour tous les autres caractères génériques. La multiplicité des espèces et l'évidence du caractère énoncé ci-dessus ont seules autorisé la séparation des deux genres, dont les mœurs sont exactement les mêmes.

On peut diviser les Scutellères de cette manière :

1re. *Division*. Jambes simples.

1re. *Subdivision*. Une lame abdominale lancéolée. Cuisses antérieures munies d'une épine.

A. Jambes antérieures dilatées près de leur extrémité.

1. Scutellère émeraude, *S. smaragdula*.

Scutellera suprà viridi-subaurea, temerè punctata, corpore subtùs pedibusque viridi-violaceis; antennis nigris : elytrorum membranâ præsertìm ad marginem externum fuscâ; laminâ ventrali apice pallidâ.

Longueur 5 lig. D'un vert un peu doré et irrégulièrement ponctuée en dessus. Dessous du corps et pattes de même couleur avec un reflet violet. Antennes noires, leur troisième article un peu plus court que le second. Membrane des élytres brune surtout dans sa moitié extérieure. Lame abdominale pâle à son extrémité. Bec atteignant la base des hanches postérieures. Femelle.

Du Brésil.

2. Scutellère dix taches, *S. decemguttata*.

Scutellera suprà rubro-ferruginea, temerè punctata, thoracis maculis tribus, scutelli tribus, elytri uniuscujusque duabus luteolis; subtùs nigra, thoracis lateribus ferrugineo maculatis, abdominis maculis quinque et laminâ ventrali luteolis : pedibus nigro ferrugineoque mixtis; antennis nigris.

Longueur 3 lig. $\frac{1}{2}$. D'un rouge ferrugineux en dessus et irrégulièrement ponctuée. Corselet ayant postérieurement trois grandes taches jaunâtres. Ecusson en ayant un pareil nombre, dont une apicale; deux taches de même couleur sur le bord extérieur de chaque élytre. Membrane de celles-ci brune. Dessous du corps noir; bords extérieurs du corselet ayant un peu de ferrugineux. Abdomen avec cinq taches jaunâtres, dont deux sur chaque bord extérieur et une centrale à la base de la lame abdominale, laquelle est aussi jaunâtre. Bec atteignant les hanches intermédiaires. Antennes noires; leur troisième article un peu plus court que le second. Pattes noirâtres mélangées de ferrugineux. Mâle.

Du Brésil.

B. Toutes les jambes sans dilatation.

3. Scutellère tête rouge, *S. erythrocephala*.

Scutellera viridi-aurea, suprà temerè punctata; capite, pedibus maculâque anali binâ et laminâ ventrali rubris : antennis nigris, basi rubris.

Longueur 3 lig. D'un vert un peu doré changeant en violet, irrégulièrement ponctuée en dessus. Tête, pattes, deux taches à l'anus et lame abdominale d'un rouge sanguin. Base des antennes de même couleur, leurs trois derniers articles, les tarses et l'extrémité des jambes, noirs. Troisième article des antennes un peu plus court que le second. Bec atteignant au plus la base des hanches intermédiaires. Femelle.

Du Brésil.

2e. *Subdivision*. Point de lame abdominale.

A. Corps alongé. Abdomen allant en se rétrécissant de sa base à son extrémité.

a. Corselet armé d'une épine latérale.

On placera ici la Scutellère disparate, *S. dispar*. — *Tetyra dispar* n°. 5. Fab. *Syst. Rhyngot.* — Stoll, *Punais. pl. XXXVII. fig.* 260. *et* A. B. Fabricius prétend que l'un des sexes manque d'épines au corselet; nous avons dans notre collection la preuve du contraire.

b. Corselet mutique.

Rapportez à ce groupe 1°. Scutellère ponctuée, *S. duodecimpunctata*. — *Tetyra duodecimpunctata* n°. 16. Fab. *Syst. Rhyngot.* D'Afrique. Fabricius s'est trompé en l'indiquant comme étant de Cayenne. 2°. Scutellère noble, *S. nobilis*. — *Tetyra nobilis* n°. 6. Fab. *id.* 3°. Scutellère marquée, *S. signata*. — *Tetyra signata* n°. 7. Fab. *id.* 4°. Scutellère Stocker, *S. Stockerus*. — *Tetyra Stockerus* n°. 12. Fab. *id.*

B. Corps court pour sa largeur.

a. Abdomen ayant au moins la largeur du corselet, ne se rétrécissant pas dans les deux premiers tiers de sa longueur.

† Ecusson armé d'une dent.

Rapportez ici la Scutellère bossue, *S. gibba*. — *Tetyra gibba* n°. 63. Fab. *Syst. Rhyngot.*

†† Ecusson mutique.

* Tous les articles des antennes simples.

Beaucoup d'espèces font partie de cette coupe secondaire, entr'autres les suivantes : 1°. Scutellère cyanipède, *S. cyanipes*. — *Tetyra cyanipes* n°. 23. Fab. *Syst. Rhyngot.* Ses cuisses sont quelquefois presqu'entièrement d'un bleu-noirâtre. 2°. Scutellère de Fabricius, *S. Fabricii.* — *Tetyra Fabricii* n°. 19. Fab. *id.* 3°. Scutellère annelée, *S. annulus.* — *Tetyra annulus* n°. 20. Fab. *id.* 4°. Scutellère maure, *S. maura.* Cette espèce varie beaucoup; la variété la plus ordinaire est le *Cimex maurus.* Linn. *Syst. nat.* 2. 716. 5. — *Faun. Suec.* 913. — *Tetyra maura* n°. 36. Fab. *Syst. Rhyngot.* — *Faun. franç. Hémipt. pl.* 1. *fig.* 4. C'est la variété décrite par Geoffroy, *Ins. Paris. tom.* 1. *pag.* 467. *n°.* 66. Fabricius rapporte à tort à sa *Tetyra maura* la Punaise n°. 3. de Geoffroy qui nous paroît être la Scutellère scarabéoïde. La seconde variété est la *Tetyra hottentota* n°. 37. Fab. *Syst. Rhyngot.* (en admettant le synonyme cité de Geoffroy.) — *Faun. franç. Hémipt. pl.* 1. *fig.* 1. On trouve des individus à bords de l'abdomen entièrement bruns, d'autres à bords ferrugineux entrecoupés ou non de points noirs plus ou moins grands. La couleur du fond est tantôt très-brune, tantôt d'un jaune clair; les deux points latéraux blanchâtres de la base de l'écusson manquent quelquefois. D'autres fois on en voit un grand et ovale placé au milieu du bord postérieur de ce même écusson. 5°. Scutellère de la Nielle, *S. Nigellæ.* — *Tetyra Nigellæ* n°. 55. Fab. *Syst. Rhyngot.* — *Faun. franç. Hémipt. pl.* 1. *fig.* 11. Dans la description de cette espèce (Fab. *Entom. System. tom.* 4. *pag.* 82. *n°.* 8.) il existe une faute typographique qui fait une sorte de contre-sens: au lieu de *thorax anticè piceus, posticè nigro punctatus,* on doit lire, *thorax anticè piceus, posticè niger, punctatus.* 6°. Scutellère piémontaise, *S. pedemontana.* — *Tetyra pedemontana* n°. 42. Fab. *Syst. Rhyngot.* — *Faun. franç. Hémipt. pl.* 1. *fig.* 3. 7°. Scutellère semiponctuée, *S. semipunctata.* — *Tetyra semipunctata.* n°. 33. Fab. *id.* — *Faun. franç. Hémipt. pl.* 1. *fig.* 5. 8°. Scutellère siamoise, *S. nigrolineata.* — *Tetyra nigrolineata* n°. 32. Fab. *id.* — *Faun. franç. Hémipt. pl.* 1. *fig.* 6. 9°. Scutellère perlée, *S. inuncta.* — *Tetyra inuncta* n°. 53. Fab. *id.* — *Faun. franç. Hémipt. pl.* 4. *fig.* 3.

** Quatrième et cinquième articles des antennes dilatés.

4. Scutellère dos bleu, *S. ochrocyanea.*

Scutellera ochracea, dorso cyaneo, gibbo: antennis apice nigris; articulis duobus extremis dilatatis, compressis.

La Punaise à dos bleu. Stoll, *Punais. pag.* 58. *pl. XIV. fig.* 92.

Longueur 5 lig. Testacée; les trois premiers articles des antennes cylindriques, le quatrième ovale, pointu à ses deux extrémités, très-dilaté; le cinquième comprimé, dilaté, linéaire; ces deux derniers noirs, excepté à leur base. Une très-grande tache d'un bleu-noirâtre occupe le corselet (exceptés ses bords antérieur et latéraux), l'écusson en entier et les élytres, à l'exception de leur base et de leur bord extérieur. Tout le corps est ponctué et très-bombé en dessus. Les angles postérieurs du corselet sont un peu saillans. Bec atteignant les hanches intermédiaires. Second article des antennes un peu plus long que le troisième.

Cette espèce a l'écusson un peu moins grand que la plupart de ses congénères.

Du Brésil.

b. Abdomen presque triangulaire, allant en se rétrécissant depuis le corselet jusqu'à l'extrémité.

5. Scutellère trimaculée, *S. trimaculata.*

Scutellera griseo-pallida, fusco punctatissima; punctis in capite serias sex constituentibus: scutelli maculis tribus albidis impunctatis, majori ovatâ apicali.

Longueur 4 lig. D'un testacé pâle, un peu grisâtre; entièrement et finement ponctuée de brun, ces points disposés en six séries longitudinales sur la tête. Côtés du corselet épineux. Ecusson portant trois taches blanchâtres non ponctuées, bordées de brun, l'apicale plus grande, ovale. Les quatre derniers articles des antennes alongés, presqu'égaux. Bec dépassant un peu les hanches postérieures. Mâle.

De l'île de Java.

On rapportera encore à ce groupe la Scutellère rayée de blanc, *S. albolineata.* — *Tetyra albolineata* n°. 58. Fab. *Syst. Rhyngot.* (Cet auteur nous paroît citer Stoll mal-à-propos.) — *Faun. franç. Hémipt. pl.* 1. *fig.* 2.

C. Corps orbiculaire.

Cette coupe comprend 1°. Scutellère globuleuse, *S. globus.* Lat. *Gen. Crust. et Ins. tom.* 3. *pag.* 114. *n°.* 5. — *Tetyra globus* n°. 71. Fab. *Syst. Rhyngot.* — *Cimex globus.* Coqueb. *Illustr. iconogr. tab.* 10. *fig.* 10. — *Cimex scarabœoides.* Panz. *Faun. Germ. fasc.* 36. *fig.* 23. — Scutellère scarabéoïde. Lat. *Dict. d'Hist. nat.* 1re. *édition* (en retranchant les synonymes de Linné et de Fabricius). — Scutellère scarabéoïde. *Faun. franç. Hémipt. pl.* 1. *fig.* 8. (1) — La Punaise cuirasse. Geoff. *Ins. Paris. tom.* 1. *pag.* 435. *n°.* 2. 2°. Scutellère de Vahl, *S. Vahlii.* — *Tetyra Vahlii* n°. 69. Fab. *Syst. Rhyngot.* 3°. Scutellère imprimée, *S. impressa.* — *Tetyra impressa* n°. 64. Fab. *id.*

2e. *Division.* Jambes épineuses.

Placez dans cette seconde division 1°. Scutellère fuligineuse, *S. fuliginosa.* Lat. *Gen. Crust.*

(1) La synonymie de cette espèce étoit fort embrouillée. *Voyez* plus bas Scutellère scarabéoïde.

et *Ins. tom.* 3. *pag.* 114. *n°.* 4. — *Faun. franç. Hémipt. pl.* 1. *fig.* 7. — *Tetyra fuliginosa* n°. 50. FAB. *Syst. Rhyngot.* 2°. Scutellère de Schulz, *S. Schulzii.* — *Tetyra Schulzii* n°. 74. FAB. *id.* 3°. Scutellère unicolor, *S. unicolor.* PALIS.-BAUV. *Ins. d'Afr. et d'Amér. pag.* 32. *Hémipt. pl. V. fig.* 5. 4°. Scutellère scarabéoïde, *S. scarabœoides.* — *Cimex scarabœoides.* LINN. *Syst. nat.* 2. 716. 4. — *Faun. Suec.* 912. (Si l'on eût fait attention que Linné attribue positivement dans sa phrase de la *Fauna Suecica* des jambes épineuses à cette espèce, l'on eût évité de fortes erreurs de synonymie.) — *Tetyra scarabœoides* n°. 70. FAB. *Syst. Rhyngot.* Retranchez le synonyme de Geoffroy qui appartient à la Scutellère globuleuse.

(S. F. et A. SERV.)

SCUTIGÈRE, *Scutigera.* LAM. LAT. *Scolopendra.* LINN. *Iulus.* PALL. *Cermatia.* ILLIG. LÉACH.

Genre de la classe des Myriapodes, ordre des Chilopodes, famille des Inæquipèdes de Latreille (*Fam. nat. du Règn. anim.*), établi par M. de Lamarck dans son *Système des animaux sans vertèbres*, et placé par cet auteur dans ses Arachnides antennistes. Suivant Latreille, les caractères de ce genre sont : corps alongé, mais point vermiforme ou linéaire, divisé, vu en dessous, en quinze anneaux, portant chacun une paire de pieds, recouvert en dessus par huit plaques ou demi-segmens, en forme d'écussons, et cachant les spiracules. Pieds alongés, surtout ceux des dernières paires, avec le tarse long et très-articulé. Yeux grands, avec une cornée à facettes.

Ces animaux ont les plus grands rapports avec les Scolopendres, mais ils en diffèrent par plusieurs caractères, et surtout par les pattes, qui dans ces derniers sont égales entr'elles ; le même caractère les éloigne des Iules et des autres genres voisins. Illiger (*Faune d'Etrurie* de Rossi, *tom.* 2. *pag.* 299.) a donné le nom de *Cermatia* à ce genre, long-temps avant que M. de Lamarck l'ait établi sous celui de *Scutigère.* Ce nom de *Cermatia* a été adopté par Léach, mais M. Latreille a conservé dans tous ses ouvrages le nom que M. de Lamarck lui a assigné.

Le corps de ces Myriapodes est presque cylindrique, long, moins déprimé que celui des Scolopendres, un peu rétréci en pointe à son extrémité postérieure et un peu plus large au bout opposé, le diamètre transversal de la tête étant un peu plus grand. Cette tête est presque carrée, avec les angles postérieurs obtus et l'extrémité antérieure un peu avancée et arrondie. Les yeux sont, suivant Léon-Dufour (*Ann. des sc. nat. tom.* 2. *pag.* 93.), à facettes, et loin d'être orbiculaires, comme on l'avoit dit avant lui, ils circonscrivent un triangle dont la base est antérieure et arrondie. Les antennes sont insérées au-devant des yeux, sétacées, presqu'aussi longues que le corps et composées d'une multitude de petits articles, et offrent vers le quart environ de leur longueur, à partir du point d'insertion, un article trois ou quatre fois plus long que ceux qui le précèdent et les suivans : à cet endroit les antennes forment un léger coude. Les palpes maxillaires sont saillans, épineux et filiformes. Les pieds-mâchoires extérieurs ou *pieds-mandibules* de Léon-Dufour s'insèrent, suivant ce naturaliste, sur un demi-anneau fort étroit, placé derrière le bord occipital de la tête et caché sous le premier segment dorsal. Ils sont composés de quatre articles, dont le dernier est un crochet brun modérément arqué. Les deux divisions de la fausse lèvre comprise entre ces pieds-mâchoires, ont leur bord supérieur entier et garni d'épines. M. Savigny (*Mém. sur les anim. sans vertèbres*) a figuré et décrit avec une grande exactitude tous ces organes, et on peut en prendre une idée bien nette en consultant son ouvrage.

Les huit plaques qui recouvrent le dessus du corps des Scutigères sont assez épaisses et forment autant de petits boucliers ou écussons presque carrés, un peu carénés dans le milieu de leur longueur, avec le bord postérieur arrondi aux angles, échancré au milieu, et offrant, dans le sinus, une petite fissure élevée sur les bords en manière de lèvre représentant une espèce de stigmate. Ces fissures sont en effet destinées au passage de l'air ; celle de la dernière plaque ainsi que son échancrure est moins sensible : cette plaque est la plus petite de toutes, la quatrième est presqu'une fois aussi longue que les autres et a été désignée par Linné sous le nom d'*élytres.* Indépendamment des segmens dorsaux pédigères, Léon-Dufour a observé (*Scut. lineata* fem.) deux plaques rétractiles arrondies, dépourvues de raies. Au-dessous de ces plaques, on observe d'abord deux crochets bruns acérés, à peine arqués, biarticulés, puis deux pièces ovalaires hérissées comme des brosses.

Les pattes diffèrent essentiellement de celles des Scolopendres par leur composition, leur longueur et les coudes qu'elles forment, et se rapprochent de celles des Faucheurs. Elles tiennent au corps par deux articles correspondans à la hanche, et dont le second est très-court ; viennent ensuite deux autres articles plus gros que les suivans, alongés, formant un angle à leur point de réunion qui représente la cuisse. Une quatrième pièce plus alongée que la précédente, mais plus mince, forme la jambe, et enfin vient le tarse ; ces tarses, à l'exception de ceux de la dernière paire de pattes, qui, comme on voit, a bien plus de longueur que les autres, sont composés de deux ordres d'articles qui semblent constituer deux pièces distinctes l'une de l'autre par le nombre, la grandeur et la texture des articles, et sans doute aussi par leurs usages. Les huit ou dix premiers articles sont beaucoup plus longs que les suivans, et garnis en dessous d'un duvet spongieux et fin. L'autre pièce, qui se termine par un seul ongle, et qui est susceptible de se rouler un peu à son extrémité, comme les tarses des *Phalangium*, est composée d'une multitude innombrable de très-petits articles hérissés en dessous de poils courts et mobiles qui servent très-efficacement à l'animal pour grimper sur les surfaces les plus verticales et les plus lisses. Les pattes des Scutigères se désarticulent au moindre contact, et conservent pendant plusieurs minutes après avoir été séparées du corps, une contractilité singulière presque convulsive. Léon-Dufour a remarqué que cette contractilité se conservoit d'autant plus long-temps, que les pattes étoient plus postérieures.

M. Léon-Dufour (*Ann. des sc. nat.* etc.) a donné une anatomie complète d'une espèce de ce genre, et comme aucun auteur avant lui n'a parlé de l'organisation intérieure des Scutigères, nous allons donner ici un extrait de son travail. Les organes de la digestion se composent 1°. de deux glandes salivaires, moins grandes que celles du Lithobie; elles ont la forme d'une grappe ovale, blanchâtre et granuleuse, composée d'utricules ovales, oblongues, assez serrées entr'elles et traversées, suivant leur longueur, par une rainure médiane. 2°. Du tube alimentaire, qui a la plus grande analogie avec celui des Lithobies. L'œsophage est extrêmement petit, et il est presque caché dans la tête. Le jabot est formé par une légère dilatation de l'œsophage, et il se distingue du ventricule chilifique par une différence de texture; ce dernier est couvert de cryptes glanduleuses rondes ou ovales: cet organe est brusquement séparé de l'intestin par un bourrelet annulaire où s'insèrent les vaisseaux biliaires. Ce que l'on peut appeler cœcum, n'est qu'une dilatation de l'intestin, dans laquelle M. Léon-Dufour n'a trouvé que quelques crottes grisâtres. 3°. Des vaisseaux hépatiques qui sont au nombre de quatre, proportionnellement plus courts que dans les autres Myriapodes, et dont l'une des paires est plus grosse que l'autre.

Les organes mâles de la génération sont composés de deux testicules oblongs, amincis à leur bout intérieur, et confluant aussitôt en une anse courte qui reçoit le conduit commun des vésicules séminales. Par leur extrémité postérieure, ils dégénèrent chacun en un *canal déférent* filiforme, qui bientôt offre un renflement aussi considérable que le testicule même: il se rétrécit enfin en un conduit qui va dans l'appareil copulateur. Les vésicules séminales forment la partie la plus apparente de l'organe générateur; elles sont formées de deux utricules ovoïdes placées vers le milieu de l'abdomen et munies chacune d'un conduit capillaire, qui se réunissent bientôt en un seul canal plus long que tout le corps de l'insecte, et qui s'insinue et s'abouche, après bien des circonvolutions, dans l'anse où confluent les extrémités antérieures des organes sécréteurs du sperme. Les organes femelles consistent en un ovaire et deux glandes sébacées; de chaque côté de la partie postérieure de l'ovaire on aperçoit un disque arrondi, semi-diaphane ou opaloïde, se terminant par un gros pédicule. La vulve est armée des deux côtés d'une pièce mobile qui doit jouer un rôle dans l'acte de la copulation. En enlevant les plaques dorsales de la Scutigère, pour mettre à découvert les viscères, on crève souvent des glandes ou des sachets adipeux, d'où s'écoule une humeur d'un violet-rougeâtre; on trouve aussi au-dessus des viscères, des lobules adipeux blancs, et disposés parfois en mosaïque.

Ces animaux se tiennent pendant le jour dans les greniers ou les lieux peu fréquentés des maisons, le plus souvent dans les vieilles planches, les poutres, et quelquefois sous les pierres; ils ne se montrent que la nuit, et on les voit alors courir sur les murs avec une grande vitesse, et y chercher des cloportes et des insectes dont ils font leur nourriture; ils piquent ces petits animaux avec les crochets de leur bouche, et le venin qu'ils distillent dans la plaie agit très-promptement sur eux. C'est principalement dans les temps pluvieux que les Scutigères paroissent en plus grand nombre; les habitans de la Hongrie les redoutent beaucoup, au rapport d'Illiger.

Le genre Scutigère ne se compose que d'un nombre borné d'espèces; celle qui est la plus connue, et qui se trouve à Paris, est:

La Scutigère rayée, *S. lineata.*

S. pedibus triginta, corpore rufo-flavescente; lineis longitudinalibus pedumque fasciis cœruleo-nigris.

Scutigera lineata. Lat. *nouv. Diction. d'hist. nat. n. édit. tom.* 30. — *Cermatia lineata.* Illig. *Faune d'Etrurie* de Rossi, *tom.* 2. *pag.* 199. — *Scutigera araneoidès.* Lat. *Gener. Crust. et Ins. tom.* 1. *pag.* 77. et *Hist. nat. des Ins. et des Crust. tom.* 7. *pag.* 88. — *Scolopendra coleoptrata.* Linn. *Syst. nat. édit.* 13. *tom.* 1. *part.* 2. *pag.* 1062. Fab. *Ent. Syst. tom.* 2. *pag.* 389. Panz. *Faun. Ins. Germ. fas.* 51. *fig.* 12. — Scolopendre à ving-huit pattes? Geoff. *Hist. des Ins. tom.* 2. *pag.* 675.

Quoique MM. Illiger et Latreille aient jeté un grand jour sur la détermination de la synonymie de cette espèce, à laquelle on rapportoit à tort le *Iulus araneoides* de Pallas, on peut encore élever des doutes sur l'identité admise par ces entomologistes entre la Scolopendre à vingt-huit pattes de Geoffroy et le *Scutigera lineata.* L'auteur de l'*Histoire abrégée des insectes de Paris* donne dans sa phrase spécifique l'épithète de *nigricans* à sa Scolopendre, et il répète dans sa description qu'elle diffère par sa couleur *noirâtre* de la Scolopendre à trente pattes, qui est, suivant lui, d'une couleur fauve. C'est aux entomologistes de Paris à fixer les doutes à cet égard, en examinant sur les lieux l'espèce que Geoffroy a décrite.

La Scutigère rayée se trouve en France, dans le Midi et à Paris. Si l'espèce de Geoffroy est la même, elle est rare. On peut rapporter à ce genre l'*Iule aranéoïde* de Pallas, la *Scolopendre longicorne* de Fabricius, la *Cermatia livida* de Léach, une espèce (*virescens*) de l'Isle-de-France, et une autre du *Voyage aux Terres Australes* de Péron et Lesueur, dont le corps est brun. (E. G.)

SCYDMÈNE, *Scydmenus*. Lat. *Anthicus*. Fab. *Notoxus*. Panz. *Pselaphus*. Payk. Illig.

Genre d'insectes de l'ordre des Coléoptères, section des Pentamères, famille des Clavicornes, tribu des Palpeurs.

Deux genres composent cette tribu : Mastige et Scydmène. Le premier est bien séparé du second par ses antennes presque filiformes, très-brisées, et encore par les deux derniers articles des palpes maxillaires formant une massue ovale.

Antennes presque droites ou peu coudées, sensiblement plus grosses vers leur extrémité, composées d'articles grenus. — *Palpes maxillaires* ayant leur troisième article fort grand ; le quatrième ou dernier aciculaire, peu distinct. Pour les autres caractères *voyez* Mastige ci-après.

On trouve les Scydmènes sous les pierres, à terre ou dans le sable. Ces Coléoptères sont de très-petite taille ; ils ont quelque ressemblance avec les Psélaphes, mais leurs tarses composés de cinq articles et leurs élytres recouvrant tout l'abdomen, les en éloignent beaucoup. Les espèces connues sont toutes d'Europe.

A ce genre appartiennent les deux espèces suivantes : 1°. Scydmène d'Hellwig, *Scydm. Hellwigii*. Lat. *Gener. Crust. et Ins. tom.* 1. *pag.* 282. *n°.* 1. — *Anthicus Hellwigii* n°. 21. Fab. *Syst. Eleut.* 2°. Scydmène de Godart, *Scydm. Godarti*. Lat. *Gen. Crust. et Ins. tom.* 1. *pag.* 282. *n°.* 2. (S. F. et A. Serv.)

MASTIGE, *Mastigus*. Illig. Hoffm. Hellw. Lat. Schœn. *Ptinus*. Fab. Oliv. (*Entom.*) *Notoxus*. Thunb.

Genre d'insectes de l'ordre des Coléoptères, section des Pentamères, famille des Clavicornes, tribu des Palpeurs.

Cette tribu ne renferme que les genres Mastige et Scydmène ; ce dernier est bien reconnoissable par ses antennes grenues, presque droites et par le dernier article de ses palpes maxillaires peu distinct et aciculaire.

Antennes presque filiformes, insérées devant les yeux, fortement coudées après le premier article, en ayant onze ; le premier et le second les plus longs de tous, coniques, velus ; le troisième et les suivans jusqu'au dixième, cylindro-coniques, presqu'égaux ; les derniers augmentant de grosseur peu à peu : le onzième ovale, alongé. — *Labre* coriace, transversal ; son bord antérieur largement échancré, ses angles aigus. — *Mandibules* cornées, fortes, presque triangulaires, déprimées, terminées par une dent forte, arquée, très-aiguë, unidentée à sa base interne ; elles ont au-dessous de leur extrémité un petit appendice inégalement et obliquement tridenté. — *Mâchoires* coriaces à leur base ; leur lobe terminal presqu'en carré-long, comme divisé transversalement par une suture membraneuse en deux articles : leur extrémité membraneuse, finement frangée ; leur lobe interne longitudinal, membraneux. — *Palpes maxillaires* grands, avancés, de quatre articles : celui de la base très-court, le second plus long, conique, aminci à sa base, un peu courbe ; le troisième conique, formant avec le quatrième une massue ovale, celui-ci arrondi à son extrémité. Palpes labiaux insérés aux angles antérieurs de la lèvre, courts, de trois articles, le basilaire petit, cylindro-conique, le second le plus grand de tous, épais, globuleux ; le dernier très-petit, conique, aigu, en forme de dent. — *Lèvre* membraneuse presque carrée : menton coriace, court, transversal, échancré à l'insertion de la lèvre, ses côtés arrondis, terminé en dessus par une petite dent. — *Tête* ovale. — *Corselet* presqu'en cœur, tronqué postérieurement. — *Point d'écusson* visible. — *Elytres* réunies, couvrant entièrement l'abdomen ; celui-ci ovalaire. — *Pattes* minces ; tarses à articles cylindriques, entiers ; les quatre premiers égaux ; le dernier plus long que les autres, muni de deux petits crochets.

Le nom de ce genre vient d'un mot grec, il a rapport à la forme des antennes, presque semblables à un fouet. Les mœurs sont inconnues et les espèces peu nombreuses. Nous mentionnerons les suivantes :

1°. Mastige palpeur, *Mastig. palpalis*. Lat. *Gener. Crust. et Ins. tom.* 1. *pag.* 281. *n°.* 1. *tab.* 8. *fig.* 5. — *Encycl. pl.* 359. *fig.* 2. De Portugal. 2°. Mastige spinicorne, *Mastig. spinicornis*. — *Ptinus spinicornis* n°. 12. Fab. *Syst. Eleut.* — Oliv. *Entom. t.* 2. *Ptin. p.* 10. *n.* 10. *pl.* 1. *fig.* 5. — *Mastigus deustus*. Schœn. *Synon. Ins. tom.* 2. *pag.* 59. *n°.* 2. Des îles Sandwich. 3°. Mastige jaune, *Mastig. flavus*. Schœn. *id. n°.* 3. — *Notoxus flavus*. Thunb. *Nov. Ins. Spec. pag.* 101. (S. F. et A. Serv.)

SCYLLARE, *Scyllarus*. Fab. Latr. Lamck. Léach. *Cancer*. Linn. *Squilla*. Rondel. *Ibacus*. Léach.

Genre de Crustacés de l'ordre des Décapodes, famille des Macroures, tribu des Scyllarides, établi par Fabricius et adopté par tous les entomologistes ; ses caractères sont : antennes latérales ou leurs pédoncules ayant la forme d'une grande crête aplatie et horizontale.

Le nom de *Scyllarus* avoit été donné par Aristote au Crustacé que l'on croyoit être le gardien de la Pinne marine ; Belon voyoit dans une espèce de ce genre l'Arctos d'Aristote ; Rondelet en a formé des Squilles, en les prenant pour les Carides des Grecs ou le Gammarus des Latins ; il y reconnoissoit la Cigale marine d'Elien ; enfin Scaliger y a cherché le Crangon d'Aristote. Ces animaux portent encore sur les côtes de la Méditerranée le nom de *Cigales de mer* ; ils forment un genre bien caractérisé et bien distingué de tous les autres par la forme de leurs antennes extérieures. Le corselet de ces Crustacés est presque carré, un peu plus large en devant, avec deux fossettes arrondies ou ovales, une de chaque côté, le plus souvent situées près des angles antérieurs et destinées à loger les yeux. Les pieds-mâchoires extérieurs ressemblent, abstraction faite des palpes flagelliformes, aux deux pattes antérieures, sont, comme elles, courbés en dedans et appliqués l'un contre l'autre dans toute leur étendue. Les antennes latérales sont dépourvues des filets pluriarticulés qui les terminent dans les autres Décapodes ; leur pédoncule est inséré en dedans des yeux, sur le devant du corselet, et composé de quatre articles dilatés latéralement, aplatis ; le premier est plus petit que le second et très-peu dilaté sur le côté extérieur ; le second est beaucoup plus grand, dilaté à son côté extérieur et arrivant jusqu'au niveau du bord extérieur du test ; le troisième est très-petit, placé dans une échancrure du second, et le qutrième est très-large, en forme de triangle renversé, avec la base ou le bord terminal arrondi. Les antennes mitoyennes sont placées au milieu de la largeur du corselet, entre les extérieures et se touchant ; leur pédoncule est composé de cinq articles, presque tous cylindriques et terminés par deux petits appendices, dont le supérieur un peu plus long, en cône alongé, pluriarticulé, et dont l'inférieur plus court, mais plus gros, presqu'ovoïde, très-finement strié transversalement, et finissant brusquement en une pointe divisée en petits articles. Le côté supérieur forme, avant cette pointe, une gouttière garnie d'une frange de cils. Ces antennes sont plus longues que les latérales, avancées et faisant un coude à l'extrémité du second article et à celle du quatrième. Les yeux sont placés dans les fossettes du corselet dont nous avons parlé plus haut ; ils sont très-écartés l'un de l'autre et posés sur un pédicule assez gros, mais très-court. Les pattes sont composées de cinq articles, dont les deux premiers sont très-courts, le troisième le plus long de tous, le quatrième court et le cinquième plus long que le quatrième, mais beaucoup plus court que le troisième ; le tarse ou sixième article est conique, comprimé, et finit en une pointe très-aiguë et un peu courbée en crochet. Dans les femelles, le cinquième article des pattes postérieures est prolongé à l'angle inférieur de son extrémité en manière de dent ou de doigt. Ces pattes sont plus courtes, et leurs points d'insertion forment deux lignes qui divergent d'avant en arrière, de sorte que l'intervalle pectoral compris entr'elles forme un triangle alongé. Le dessus du test de ces Crustacés est ordinairement raboteux et quelquefois anguleux, ou garni d'une multitude d'impressions qui représentent une apparence de sculpture. La queue est longue, large, composée de six segmens, dont les côtés forment chacun plus ou moins un angle : le dessous n'offre dans les deux sexes que huit appendices, quatre de chaque côté. Ils sont petits et couchés transversalement sur le dessous des anneaux ; ils sont composés d'une lame membraneuse presqu'en forme de spatule ou elliptique, bordée de cils et portée sur un court article servant de pédoncule : cette lame est doublée aux deux premiers appendices du mâle, et peut-être aussi aux autres. La femelle diffère sous ce rapport de l'autre sexe, en ce que ces appendices sont accompagnés d'un filet membraneux, long, de trois articles, cilié ou velu au bout et servant à retenir les œufs. L'extrémité de la queue est garnie de cinq feuillets à peu près semblables à ceux des Langoustes.

Ces Crustacés sont assez communs dans nos mers et se plaisent surtout dans les terrains argileux à demi noyés, où ils se creusent des terriers un peu obliques, d'où ils sortent quand la mer est calme pour aller chercher leur nourriture. Ils nagent par bonds, et leur natation est aussi bruyante que celle des Palinures. Pendant la saison de leurs amours, ils s'approchent des endroits tapissés d'herbes et de fucus. Les femelles n'abandonnent leurs œufs, qui sont d'un rouge vif, qu'après qu'ils sont développés. On mange ces Crustacés dans les provinces méridionales, et la chair du Scyllare oriental égale par sa bonté celle des meilleurs Crustacés de nos mers.

Ce genre se compose de sept à huit espèces, et Léach en a retiré une dont il a fait son genre *Ibacus*, qui n'a pas été adopté par Latreille. A l'exemple de ce savant, nous divisons ce genre ainsi qu'il suit.

A. Second article des pieds-mâchoires extérieurs sans divisions transverses ni dentelures imitant une crête, le long de son côté extérieur ; yeux situés près des angles antérieurs et latéraux du test.

I. Une pièce crustacée et avancée au milieu du front.

Scyllare large, *S. latus.*

S. testâ granulatâ; articulo squamiformi antennarum externarum apicis margine integro.

Scyllarus latus. Lat. *Gen. Crust. et Ins. tom.* 1, *pag.* 47. — *Hist. nat. des Crust. et des Ins. tom.* 6. *pag.* 182. — Scyllare oriental. Bosc. La femelle. — Scyllare oriental. Risso. — Squille large ou *Or-*

chetta. Rondel. *Hist. des poiss. liv.* 18. *chap.* 5. Gesner, *Hist. anim. tom.* 3. *pag.* 1097.

Cette espèce est une des plus grandes connues, elle atteint jusqu'à un pied de long; sa carapace est tuberculeuse et chagrinée, sans arêtes triangulaires; ses bords latéraux et ceux des articles de l'abdomen sont crénelés. Cette espèce est figurée dans les planches de ce Dictionnaire, 24e. partie, planche 313. Elle se trouve dans la Méditerranée, et nous en avons reçu un pris dans les mers des Antilles. La planche 314 de ce Dictionnaire représente le Scyllare oriental, qui appartient à la même division que celui que nous venons de faire connoître; enfin la planche 320 représente le *Scyllarus sculptus*.

II. Point de pièce crustacée et saillante au milieu du front.

Scyllare ours, *S. arctus.*

S. antennis exterioribus cristisve valdè dentatis; testâ suprà trifariam dentatâ, marginis antico medio appendicibus nullis squamiformibus; segmentum abdominis lateribus edentulis.

Scyllarus arctus. Fab. *Ent. Syst. tom.* 2. *pag.* 477. — *Suppl. Ent. Syst. pag.* 398. — Lat. *Gen. Crust. et Ins. tom.* 1. *p.* 47. — Scyllare ours. Lat. *Hist. nat. des Crust. et des Ins. tom.* 6. *pag.* 180. — *Cancer arctus.* Linn. *Syst. nat. édit.* 13. *tom.* 1. *pars* 2. *pag.* 1053. — *Faun. Suec. édit.* 2. *n°.* 2040. — Rondel. *Hist. des poiss. liv.* 11. *chap.* 6. — Rœm. *Gen. Ins. tab.* 32. *fig.* 3. — Herbst, *Canc. tab.* 30. *fig.* 3.

Cette espèce est couverte de séries d'épines et de granulations sur le corselet. Les antennes extérieures sont profondément dentelées sur les bords. Elle est très-commune dans la Méditerranée.

Elle est représentée planche 287 de ce Dictionnaire.

B. Second article des pieds-mâchoires extérieurs divisé par des lignes inférieures et transverses; son côté extérieur dentelé en manière de crête. Yeux situés à peu de distance du milieu du front et de l'origine des antennes intermédiaires.

Cette division correspond au genre *Ibacus* de Léach. Elle ne renferme que le *Scyllarus incisus* de Péron et Latreille, *Ibacus Peronii.* Léach, *Zool. miscel. tom.* 2. *tab.* 319, figuré dans ce Dictionnaire, 24e. partie, pl. 320. Sa carapace est très-large, crénelée antérieurement, à cinq dents, et pourvue d'une échancrure profonde sur ses côtés. Il a été apporté par Péron de la nouvelle Hollande. (E. G.)

SCYLLARIDES, *Scyllarides.* Tribu de Crustacés de la famille des Macroures, ordre des Décapodes, ayant pour caractères : *post-abdomen* terminé par une nageoire en éventail, presque membraneuse postérieurement. Tous les *pieds* presque semblables, non en pince; les deux antérieurs seulement un peu plus robustes dans la plupart; les deux derniers des femelles ayant leur avant-dernier article armé d'une dent. Dessous du *post-abdomen* n'offrant dans les deux sexes que quatre paires d'appendices, et dont les deux premiers situés sous le premier segment; l'une des deux branches ou divisions de ces appendices, ou du moins de ceux de la seconde paire et des suivantes, très-courte et en forme de dent dans les mâles, linéaire et biarticulée dans les femelles; l'autre division en forme de lame ou de feuillet. Les quatre *antennes* insérées sur une même ligne; les intermédiaires portées sur un long pédoncule et terminées par deux filets articulés, très-courts; tige des latérales avortée; leur pédoncule composé d'articles fort larges et formant une crête le plus souvent dentelée. *Test* déprimé, presque carré, ou trapéziforme et plus large en devant. *Animaux* tous marins.

Cette tribu, très-voisine de celle des *Langoustines* (*Familles naturelles du Règne animal, pag.* 278), embrasse le genre *Scyllarus* de Fabricius, et dans la méthode du docteur Léach se partage en trois genres, *Scyllarus, Thenus, Ibacus.* Mais d'après l'un des caractères dont il fait usage, celui de la présence ou de l'absence de la saillie en forme de dent de l'avant-dernier article des deux pieds postérieurs, l'on peut juger que ce naturaliste, en établissant ces coupes, n'avoit pas encore observé les différences sexuelles de ces animaux, puisque, suivant lui, l'un des caractères distinctifs de ses *Scyllarus* et des *Ibacus* est d'offrir cette dent, tandis qu'elle n'est propre qu'aux femelles. Celui qu'il tire de la situation des yeux, étant commun aux deux sexes, est sans doute préférable. Mais il faudroit alors établir avec l'espèce que j'avois nommée *Latus*, ou la *Squille large* de Rondelet, et qui aujourd'hui me paroît être le *Scyllarus æquinoctialis* de Fabricius, un nouveau genre. Son *Scyllare antarctique* seroit dans le même cas; car les yeux sont situés à égale distance du milieu du bord antérieur du thorax et de ses angles antérieurs. L'on peut conclure de ces exemples que la position relative de ces organes se modifie insensiblement, et que dès-lors ces caractères sont équivoques. Tel est le motif qui nous a déterminé à conserver encore le genre Scyllare dans son intégrité primitive. Quoique le docteur Léach, en parlant de son *Thenus indicus*, ne cite aucun synonyme, nous pensons que cette espèce est le *Scyllarus orientalis* de Fabricius. *Voyez* Scyllare. (Latr.)

SCYTODE, *Scytodes.* Lat. Walck.

Genre d'Arachnide de l'ordre des Pulmonaires, famille des Aranéides, section des Dipneumones, tribu des Inéquitèles, établi par M. Latreille, qui lui

lui donne pour caractères : six yeux disposés par paires, une de chaque côté, dans une direction oblique, et dont les yeux sont contigus ; la troisième intermédiaire, antérieure et dans une direction transverse : la première paire de pieds et ensuite la quatrième plus longues.

Ce genre se distingue du genre *Théridion*, qui a d'ailleurs beaucoup de caractères communs avec lui, par le nombre des yeux qui est de dix-huit dans celui-ci ; le genre *Episine*, quoiqu'ayant encore huit yeux, s'en éloigne parce que ces yeux sont placés sur une élévation commune ; enfin le genre *Pholcus* qui termine la tribu, est séparé par la longueur relative des pattes, dont la première paire et la seconde ensuite sont les plus longues. Ce genre ne se compose encore que d'une seule espèce que M. Latreille a observée à Paris et aux environs de Marseille.

Scytode thoracique, *S. thoracica*.

S. pallido-rufescenti-albida, nigro maculata, thorace magno suborbiculato, posticè rotundatè elevato; abdomine dilutiore, subgloboso.

Scytodes thoracica. Lat. *Gen. Crust. et Ins. tom.* 1. *pag.* 99. *tab.* 5. *fig.* 4. — Walck. *Tabl. des Aranéides, pag.* 79. — Araignée thoracique. Lat. *Hist. nat. des Crust. et des Ins. tom.* 3. *p.* 56. *et tom.* 7. *pag.* 249.

Longue de trois lignes à peu près. Corps d'un rougeâtre pâle tacheté de noir. Corselet grand et très-bombé, présentant en dessus deux lignes noires et longitudinales. Crochet des mandibules très-petit ; abdomen globuleux avec des points noirs disposés longitudinalement ; pattes grêles, avec des anneaux bruns. Cette Araignée se trouve dans les maisons ; quelques individus passent l'hiver dans des retraites qu'ils se choisissent et paroissent au commencement du printemps : elle se file une toile grande, composée de fils lâches et flottans : elle pond en juillet, et son cocon est formé d'une soie compacte. M. Latreille a reçu d'Espagne une Aranéide qui paroîtroit appartenir au genre Scytode par le nombre et la disposition des yeux, mais dont la forme du corps la rapproche des Théridions. Elle est d'un brun-roussâtre ou livide, et sans taches. (E. G.)

SÉCURIPALPES, *Securipalpi*. Troisième tribu de la famille des Sténélytres, section des Hétéromères (première division), ordre des Coléoptères. Ses caractères sont :

Antennes assez courtes, insérées à nu. — *Palpes maxillaires* terminés par un article en forme de hache alongée ou cultriforme, quelquefois dentés en scie. — *Tête* inclinée. — *Corps* généralement ovale-oblong. — *Corselet* de la largeur des élytres. — *Pénultième article des tarses*, ou au moins celui des quatre antérieurs, conique, bilobé.

Cette tribu est susceptible d'être divisée ainsi :

I. Antennes de dix articles.

Conopalpe.

II. Antennes de onze articles.

A. Pénultième article de tous les tarses bilobé.

a. Corselet point rebordé.

Mélandrye, Dircée, Hypule.

b. Corselet rebordé latéralement.

Nothus.

B. Pénultième article des tarses postérieurs entiers.

Serropalpe.

CONOPALPE, *Conopalpus*. Gyll. Schœn. Lat. (*Fam. nat.*)

Genre d'insectes de l'ordre des Coléoptères, section des Hétéromères (première division), famille des Sténélytres, tribu des Sécuripalpes.

Tous les genres de cette tribu, hors celui de Conopalpe, ont les antennes composées de onze articles.

Antennes longues, filiformes, insérées dans l'échancrure des yeux, composées de dix articles, le second court, presque globuleux, les suivans un peu aplatis, formant presque des dents de scie jusqu'au septième ; les trois derniers presque cylindriques. — *Labre* avancé, arrondi antérieurement. — *Mandibules* petites, épaisses à leur base. — *Palpes* inégaux ; les maxillaires alongés, dentés en scie, de quatre articles, le dernier très-long, un peu aplati, conique ; les labiaux courts, de trois articles, le terminal très-large, sécuriforme. — *Tête* plus étroite que le corselet. — *Yeux* saillans, fortement échancrés intérieurement. — *Corps* presque linéaire, un peu bombé, mou. — *Corselet* coupé droit en devant, beaucoup plus étroit dans cette partie que postérieurement, ses bords latéraux fort arrondis, son bord postérieur s'avançant un peu des deux côtés de l'écusson. — *Ecusson* moyen, en triangle curviligne. — *Elytres* bombées, recouvrant l'abdomen et les ailes. — *Pattes* de longueur moyenne : premier article des tarses au moins aussi long que tous les autres pris ensemble ; le pénultième bilobé.

M. Gyllenhall a composé le nom de ce genre de deux mots latins qui expriment la forme du dernier article des palpes maxillaires. Ses mœurs sont les mêmes que celles des Mélandryes, mais ces insectes ne volent guère qu'à la chute du jour ; lorsqu'on veut les saisir ils contractent leurs pattes et se laissent tomber.

1. Conopalpe flavicolle, *C. flavicollis*.

Conopalpus testaceus, antennis articulis tribus primis exceptis, nigris.

Conopalpus flavicollis. Gyll. *Ins. Suec. tom.* 2. *pag.* 547. *n°.* 1. — Schœn. *Syn. Ins. tom.* 1. *part.* 3. *pag.* 52. *n°.* 1.

Longueur 3 lig. $\frac{1}{2}$. Corps entièrement testacé, ponctué, couvert d'un duvet roussâtre; les sept derniers articles des antennes sont noirs et les ailes noirâtres.

Nous l'avons pris en été dans la forêt de Saint-Germain-en-Laye.

Nota. M. le comte Dejean cite deux autres espèces de ce genre dans son Catalogue, *Conopalp. thoracicus* de Dalmatie, et *Conopalp. collaris* de l'ouest de la France. Il est probable que ces deux dernières ne sont que des variétés de l'espèce précédente.

MÉLANDRYE, *Melandrya*. Fab. Lat. Gyll. Schœn. *Chrysomela*. Linn. *Serropalpus*. Bosc. Illig. Oliv. (*Entom.*) *Dircœa*. Fab. *Helops*. Panz. Oliv. (*Encycl.*) *Lymexylon*, *Helops*. Payk.

Genre d'insectes de l'ordre des Coléoptères, section des Hétéromères (première division), famille des Sténélytres, tribu des Sécuripalpes.

Cette tribu se compose de six genres. (*Voyez* Sécuripalpes.) Les Conopalpes y forment un groupe particulier, leurs antennes n'étant composées que de dix articles; le genre Dircée est distinct par le dernier article des palpes maxillaires sécuriforme, les antennes un peu plus épaisses vers le bout et le corps convexe. Dans les Hypules le corps est convexe, les antennes presque moniliformes et le dernier article des palpes maxillaires conique; les Serropalpes ont le corps presque cylindrique et tous les articles des tarses postérieurs entiers: enfin les Nothus sont bien reconnoissables par leur corps presque linéaire, le corselet presque carré et rebordé, l'insertion des antennes dans une forte échancrure des yeux et par les cuisses postérieures renflées dans l'un des sexes, les mâles probablement.

Antennes filiformes, pubescentes, de longueur moyenne, insérées près, mais hors d'une très-légère échancrure des yeux, composées de onze articles; les cinq premiers un peu coniques, le premier plus grand que le second, renflé: les quatre suivans allant en augmentant un peu de longueur, le sixième à peu près de la longueur du précédent; les suivans allant en diminuant de longueur, un peu comprimés, le dernier pointu à l'extrémité. — *Labre* avancé, membraneux, transversal, échancré dans son milieu. — *Mandibules* courtes, trigones, épaisses à leur base, tridentées intérieurement. — *Mâchoires* presqu'entièrement membraneuses. — *Palpes* inégaux; les maxillaires beaucoup plus longs que les labiaux, recourbés, de quatre articles, le premier très-petit, les deux suivans un peu coniques, le troisième plus petit que le précédent, le dernier grand, alongé, profondément canaliculé. Palpes labiaux courts, de trois articles, le terminal grand, comprimé, canaliculé. — *Lèvre* et *Menton* de consistance membraneuse, presque carrés. — *Tête* moitié plus étroite que le corselet; chaperon coupé droit antérieurement. — *Yeux* assez grands, ovales, très-foiblement échancrés intérieurement. — *Corps* ovale-elliptique, un peu déprimé en dessus. — — *Corselet* trapézoïdal, coupé carrément à sa partie antérieure qui est plus étroite que la postérieure; ses côtés un peu arrondis, le bord postérieur s'avançant un peu des deux côtés de l'écusson. — *Ecusson* petit, arrondi postérieurement. — *Elytres* à peine plus larges que le corselet à leur base, allant un peu en s'élargissant jusque vers les trois quarts de leur longueur, couvrant entièrement l'abdomen et les ailes. — *Pattes* de longueur moyenne: premier article des tarses aussi long ou plus long que les suivans réunis, dans les quatre tarses postérieurs; pénultième article des six tarses bilobé.

Le nom de Mélandrye vient d'un mot grec qui exprime la couleur noire des espèces connues. Ces insectes se trouvent dans le vieux bois carié; on les rencontre aussi quelquefois dans les chantiers. Ils courent assez vîte et s'envolent facilement. Il est probable que leurs larves vivent dans le bois pourri et qu'elles y subissent leurs métamorphoses. En créant ce genre dans son *Syst. Eleut.*, Fabricius y a mis quatre espèces, mais la quatrième (*repanda*) paroît à M. Schoenherr être un Hélops.

On placera dans ce genre 1°. Hélops barbu n°. 9. de ce Dictionnaire, *Melandrya barbata* n°. 3. Fab. *Syst. Eleut.* 2°. Hélops canaliculé n°. 10. *Encycl. Melandrya canaliculata* n°. 2. Fab. *id.* — Gyllen. *Ins. Suec. tom.* 1. *part.* 2. *pag.* 535. *n°.* 2. Nous avons pris cette espèce ou une très-voisine dans la forêt de Saint-Germain-en-Laye. 3°. Mélandrye caraboïde, *Encycl. pl.* 372. *bis. fig.* 5. *Melandrya caraboïdes*. Lat. *Gener. Crust. et Ins. tom.* 2. *pag.* 191. *n°.* 1. — Gyllen. *Ins. Suec. tom.* 1. *part.* 2. *pag.* 533. *n°.* 1. Des environs de Paris. 4°. Mélandrye ruficolle, *Melandrya ruficollis*. Gyllen. *id. pag.* 536. n°. 3. — *Dircœa ruficollis* n°. 4. Fab. *Syst. Eleut.* — *Lymexylon paradoxum*. Payk. *Faun. Suec. tom.* 2. *pag.* 162. *n°.* 3. De Finlande.

Nota. L'espèce représentée dans l'Encyclopédie pl. 372. fig. 4. sous le nom de *Melandrya barbata* Sturm, qui est la *Melandrya flavicornis* Dufts. Dej. Catal. d'Autriche, est-elle différente de la *Melandrya barbata* de Fabricius?

DIRCÉE, *Dircœa*. Fab. Gyll. Panz. (*Faun.*) Lat. (*Fam. nat.*) *Melandrya*. Lat. (*Gener.*) *Xylita*. Payk. *Serropalpus*. Hellen. Illig. *Lymexylon*. Panz. (*Ent. Germ.*)

Genre d'insectes de l'ordre des Coléoptères, section des Hétéromères (première division), famille des Sténélytres, tribu des Sécuripalpes.

Six genres sont compris dans cette tribu; celui de Mélandrye a le dernier article des palpes maxillaires grand et alongé, les antennes filiformes, le corps ovale-elliptique, déprimé en dessus. Dans les Conopalpes les antennes ne sont composées que de dix articles. Les Hypules ont le dernier article des palpes maxillaires étroit, conique, comprimé. Les tarses postérieurs des Serropalpes ont tous leurs articles entiers; le genre Nothus se distingue par ses antennes notablement plus longues que le corselet, celui-ci très-rebordé latéralement, et par ses cuisses postérieures très-renflées dans l'un des sexes.

Antennes filiformes, composées de onze articles, à peine plus longues que le corselet, allant un peu en grossissant vers l'extrémité. — *Mandibules* cornées, arquées, unidentées, aiguës à l'extrémité. — *Mâchoires* cornées, bifides, leurs lobes arrondis au bout, l'extérieur plus grand que l'autre. — *Palpes* inégaux; les maxillaires très-grands, recourbés, de quatre articles, le premier court, presque cylindrique, les second et troisième obconiques, le terminal plus grand que les autres, en hache triangulaire, plus large à sa base, tronqué vers son extrémité, canaliculé en dessous: les deux lames qui composent les bords de ce canal restant ouvertes; palpes labiaux courts, de trois articles, le premier étroit, presque cylindrique, le second dilaté à son extrémité, le troisième de même grosseur, arrondi-obtus à son extrémité. — *Lèvre* membraneuse, bifide, élargie au bout. — *Tête* sans cou distinct, inclinée. — *Corps* alongé, presque cylindrique, convexe. — *Corselet* convexe, point rebordé, de la largeur des élytres. — *Ecusson* petit, arrondi. — *Élytres* recouvrant l'abdomen et les ailes. — *Pattes* simples, courtes: tarses ayant leur pénultième article petit, bilobé.

Ces Coléoptères ont les mœurs des genres précédens. Toutes les Dircées connues sont d'Europe. Des onze espèces que Fabricius place dans ce genre, la première (*barbata*) appartient aux Serropalpes; les troisième (*quadriguttata*), cinquième (*bifasciata*), sixième (*dubia*) sont des Hypules. La quatrième (*ruficollis*) est une Mélandrye. La dixième (*humeralis*) est un Hallomène. La onzième (*micans*) est le type du genre Orchésie. Les septième (*fulvicollis*) et neuvième (*murina*) nous sont inconnues, mais elles doivent se rapporter aux Hypules ou rester parmi les Dircées.

Nous plaçons dans ce genre: 1°. Dircée discolor. *Encycl. pl.* 372. *fig.* 33. et *pl.* 372. *bis. fig.* 20. *Dircœa discolor* n°. 2. Fab. *Syst. Eleut.* — *Xylita buprestoides* n°. 1. Payk. *Faun. Suec.* 2°. Dircée variée, *Dircœa variegata* n°. 8. Fab. *id.* 3°. Dircée rufipède, *Dircœa rufipes* n°. 3. Gyllen. *Ins. Suec. tom.* 1. *part.* 2. quoique cet auteur la place dans la division qui répond au genre Hypule.

HYPULE, *Hypulus*. Payk. Lat. (*Fam. nat.*) *Dircœa*. Fab. Gyll. Schœn. *Notoxus*. Panz.

Genre d'insectes de l'ordre des Coléoptères, section des Hétéromères (première division), famille des Sténélytres, tribu des Sécuripalpes.

Des genres qui composent cette tribu avec les Hypules (*voyez* Sécuripalpes), celui de Conopalpe a seul les antennes composées de dix articles. Les Mélandryes ont le corps ovale-elliptique, un peu déprimé, les antennes filiformes et le dernier article des palpes maxillaires grand, alongé; ce même article des palpes est, dans les Dircées, en hache triangulaire, canaliculé en dessous et comme formé dans cette partie de deux lames qui restent ouvertes. Dans les Serropalpes les quatre articles des tarses postérieurs sont tous entiers: enfin le corselet des Nothus est notablement rebordé sur les côtés, en outre dans ce genre les cuisses postérieures sont très-renflées dans l'un des sexes.

Les caractères génériques des Hypules sont les mêmes que ceux des Dircées, à l'exception des suivans:

Antennes presque moniliformes. — *Mâchoires* membraneuses. — *Palpes maxillaires* filiformes, leur dernier article étroit, conique, comprimé, composé à sa partie inférieure de deux lames qui se rejoignent et ne laissent point de canal entr'elles. — *Lèvre* membraneuse, arrondie à l'extrémité, entière.

Les mœurs et les habitudes de ces insectes sont les mêmes que dans les autres genres de leur tribu. Le nom d'Hypule nous paroît tiré d'un mot grec et venir de l'habitude qu'ont ces Coléoptères de se cacher sous les écorces d'arbres. Ils sont généralement rares.

Nous mentionnerons les trois espèces suivantes: 1°. Hypule quatre taches, *Hypulus quadriguttatus*. Payk. *Faun. Suec. tom.* 1. *pag.* 251. *n°.* 1. — *Dircœa quadriguttata* n°. 3. Fab. *Syst. Eleut.* — Gyll. *Ins. Suec. tom.* 1. *part.* 2. *pag.* 520. *n°.* 3. 2°. Hypule du Chêne, *Hypulus quercinus*. Payk. *id. pag.* 252. *n°.* 2. — *Dircœa quercina*. Gyll. *id. pag.* 523. *n°.* 6. — *Dircœa dubia* n°. 6. Fab. *Syst. Eleut.* — *Encycl. pl.* 372. *bis. fig.* 21. 3°. Hypule bifascié, *Hypulus bifasciatus*. Dej. Catal. — *Dircœa bifasciata* n°. 5. Fab. *Syst. Eleut.* — Gyll. *id. pag.* 522. *n°.* 5. — *Notoxus bifasciatus*. Panz. *Faun. Germ. fas.* 6. *fig.* 3.

(S. F. et A. Serv.)

SÉGESTRIE, *Segestria*. Lat. Walck. *Aranea*. Linn. De Géer. Fab. Oliv. Rossi.

Genre d'Arachnide de l'ordre des Pulmonaires, famille des Aranéides, section des Dipneumones, tribu des Tubitèles, établi par M. Latreille aux dépens du grand genre *Aranea* de Linné, et auquel il donne pour caractères: chélicères élargies au côté extérieur, près de leur base, droites ; six yeux dont quatre plus antérieurs formant une ligne transverse, et les deux autres situés un de chaque côté, derrière les latéraux précédens ; la première paire de pattes, et la seconde ensuite, les plus longues de toutes ; la troisième la plus courte.

Les Ségestries se distinguent des *Clotho* et des *Drasses*, parce que leur langue n'est pas cintrée par les mâchoires, comme dans ces deux derniers genres. Les *Clubiones*, les *Araignées* et les *Argyronètes* qui terminent la tribu des Tubitèles, sont distinguées des Ségestries par le nombre de leurs yeux, qui est de huit.

Les mâles des Ségestries ont les pattes beaucoup plus longues que les femelles ; le cinquième article de leurs palpes est alongé, gros à son origine, cylindrique et un peu couché dans le reste de son étendue ; il se termine en pointe mousse : un corps de la forme d'une petite bouteille à col long et délié est attaché tout près de son origine, en dessous et au côté intérieur ; le bout ou l'extrémité de ce corps est alongé, courbé en manière d'S, et ressemble un peu à une queue ; il est écailleux, roussâtre, très-lisse, luisant, sans poils, placé perpendiculairement au bras et dirigé vers la tête. Sa longueur égale celle des trois derniers articles des palpes ; il les surpasse aussi en grosseur : il pend à un col délié sur lequel il est mobile, mais qui n'est apparent que lorsqu'on cherche à éloigner le corps du bras. C'est dans l'intérieur de ce corps que sont renfermées les parties sexuelles masculines.

Les mœurs de ces Araignées ont été étudiées par De Géer et par Lister ; elles sont nocturnes, et leur habitation est ordinairement quelque fente de vieux mur, le dessous d'une écorce d'arbre ou tout autre lieu couvert. Walckenaer dit qu'elles filent des tubes alongés, très-étroits, cylindriques, où elles se tiennent en embuscade ; leurs six pattes sont posées sur autant de fils qui divergent et viennent se rendre au tube comme à un centre commun. Dans cette posture elles attendent que quelque mouche vienne faire remuer leur filet ; aussitôt qu'un malheureux animal y est embarrassé, les mouvemens qu'il fait pour se dégager sont communiqués par les fils sur lesquels les pattes de l'Araignée sont posées ; elle sait par leur moyen de quel côté est sa victime, et elle fond dessus pour la dévorer.

Ce genre ne se compose que de deux espèces ; la première est décrite à l'article Araignée de ce Dictionnaire sous le n°. 39. Elle a été décrite et figurée par Walckenaer, *Hist. des Aran. fas.* 5. *tab.* 7. *fig.* 1. la femelle, et *fig.* 2. et 4. le mâle. Lat. *Hist. nat. des Crust. et des Ins. tom.* 7. *pag.* 216. *n°.* 2. L'autre espèce est :

La Ségestrie des caves, *Segestria cellaria. Segestria perfida.* Walck. *Faun. Paris. tom.* 2. *pag.* 223. *n°.* 73. — *Aranea florentina.* Rossi, *Faun. Etrusc. tom.* 2. *pag.* 133. *tab.* 19. *fig.* 3. Sa bouche est représentée grossie, pl. 339, fig. 19, dans les planches de ce Dictionnaire. Cette espèce est longue de près de 7 lignes ; son corps est velu, d'un noir tirant sur le gris de souris, avec les mandibules vertes ou bleu d'acier, et une suite de taches triangulaires noires le long du milieu du dos et de l'abdomen. Elle se trouve dans toute l'Europe dans les caves, dans les lieux humides des maisons. Elle construit son nid dans les coins de murs, dans les fentes de portes qu'on n'ouvre plus, etc. D'après M. Latreille, l'Araignée *senoculata* de Fabricius est une espèce de *Théridion* ; cet auteur mentionne encore une Araignée à six yeux ; il la nomme *Scopulorum*. Cette espèce est inconnue à M. Latreille et aux auteurs modernes.

(E. G.)

SÉLANDRIE, *Selandria.* M. Léach dans ses *Zoological miscell.* vol. 3. Lond. 1817, a proposé sous ce nom un genre qui appartient à la tribu des Tenthrédines, famille des Porte-scie, section des Térébrans, ordre des Hyménoptères. Son caractère est, d'après l'auteur anglais : ailes antérieures ayant quatre cellules sous-marginales (cubitales) et deux marginales (radiales) ; antennes de neuf articles. M. Léach place ce genre dans sa sixième stirps, laquelle a pour caractères : antennes courtes, de neuf à dix articles, plus épaisses dans leur milieu, terminées en pointe ; leur troisième article plus long que le quatrième. Corps court, épais. Ce genre ne se distingue de celui de Tenthrède que par des caractères trop variables pour devenir génériques. Les Sélandries répondent à notre quatrième division des Tenthrèdes dans l'ouvrage intitulé : *Monographia Tenthredinetarum Synon. extric.* Paris, 1823.

(S. F. et A. Serv.)

SEMBLIDE, *Semblis.* Fabricius a fondé sous ce nom un genre faisant partie de ses Synistates (*Entom. Syst.*). Il le caractérise ainsi : mâchoires bifides ; labre (*labium*) corné. Antennes filiformes. Des espèces qu'il y renferme la *Semblis pectinicornis* n°. 1. (Hémérobe pectinicorne n°. 2. *Encycl.*) appartient au genre Chauliode Lat. (tribu des Semblides). La *Semblis lutaria* n°. 10. (Hémérobe aquatique n°. 16. *Encycl.*) est le type du genre Sialis Lat. (même tribu). Les *Semblis* 1°. *marginata* n°. 7, *bicaudata* n°. 8. (Cette dernière est la Perle brune n°. 1. de ce Dictionnaire) *viridis* n°. 11. (Perle jaune n°. 3. *Encycl.*) sont du genre Perle Lat. (tribu des Perlides) et la *Semblis nebulosa* n°. 9. est une Némoure (Némoure nébuleuse n°. 1. *Encycl.*) Toutes ces espèces sont de la famille des Planipennes, ordre des Névroptères. (S. F. et A. Serv.)

SEMBLIDES, *Semblides.* Lat. *Fam. nat.* (*Megaloptera.* Lat. *Gener. Crust. et Ins.* et *Encycl.*) Septième tribu de la famille des Planipennes, ordre des Névroptères. (*Voyez* Planipennes.) Ajoutez aux caractères que les antennes sont quelquefois pectinées.

M. Latreille dit que ces insectes sont aquatiques dans leur premier âge et que leurs métamorphoses sont incomplètes.

CORYDALE, *Corydalis*. Lat. Pal.-Bauv. *Hemerobius*. Linn. De Géer. Fab. Oliv. *Raphidia*. Linn.

Genre d'insectes de l'ordre des Névroptères, section des Filicornes, famille des Planipennes, tribu des Semblides (Mégaloptères *Encycl.* article Planipennes).

Trois genres composent cette tribu; celui de Chauliode est distinct par ses antennes pectinées. Dans les Sialis, les ailes sont en toit dans le repos, le pénultième article de tous les tarses est bilobé et la tête est privée d'ocelles.

Antennes simples, filiformes, composées d'un très-grand nombre d'articles courts, presque cylindriques. — *Labre* ayant ses côtés arrondis, sa partie antérieure un peu prolongée en pointe obtuse, insérée sous un avancement de la tête et portant à sa base une carène transversale.—*Mandibules* des femelles avancées, à peu près de la longueur de la tête, aplaties, assez larges, terminées en crochet et munies de trois dentelures au côté interne, celles des mâles très-grandes, de la longueur de la moitié du corps, avancées, étroites, coniques-subulées, se croisant l'une sur l'autre, imitant deux cornes, n'ayant aucunes dentelures. — *Mâchoires* avancées, visibles; leurs lobes membraneux, l'inférieur très-long, le supérieur court, porté sur une espèce de tige cylindrique. — *Palpes maxillaires* insérés sur cette même tige cylindrique des mâchoires, de six articles; les trois premiers assez grands; les suivans très-petits, le premier de ceux-ci infundibuliforme. Premier article des palpes labiaux très-long. — *Lèvre* transversale, membraneuse, s'élargissant en devant. — *Menton* étroit postérieurement, très-échancré à sa partie antérieure. — *Tête* très-grande. — *Yeux* arrondis, très-saillans. — *Trois ocelles* fort grands, très-oblongs, placés en triangle sur une petite éminence du milieu de la tête; l'antérieur posé transversalement, les deux postérieurs obliquement. — *Prothorax* long, cylindrique, beaucoup plus étroit que la tête; les deux autres parties du thorax plus larges que l'antérieure ou le prothorax. — *Ailes* grandes, couchées horizontalement sur le corps dans le repos, plus de deux fois aussi longues que l'abdomen. — *Abdomen* terminé par quatre appendices pubescens, savoir: deux supérieurs et deux inférieurs, d'abord un peu divergens, connivens à leur extrémité; les inférieurs biarticulés, très-concaves en dedans. — *Pattes* de longueur moyenne; tarses de cinq articles entiers.

On ne connoît pas les mœurs des insectes de ce genre, non plus que leurs larves. Les espèces connues sont exotiques.

1. Corydale cornue, *C. cornuta.*

Corydalis fusca; alis griseo-fuscis, albido punctatis.

Corydalis cornuta. Lat. *Gener. Crust. et Ins. tom.* 3. *pag.* 199. *n°.* 1. Mâle. — *Corydalus cornutus.* Pal.-Bauv. *Ins. d'Afriq. et d'Amér. p.* 18. *Névropt. pl.* 1. *fig.* 1. Mâle.

Nota. M. de Bauvois a trouvé cette espèce à Philadelphie, sur les bords de la rivière Skuillkill.

Voyez pour la description et les autres synonymes, Hémérobe cornu n°. 1. pl. 96. fig. 3. de ce Dictionnaire. Mâle. La femelle ne diffère que par la forme de ses mandibules. *Voyez* De Géer, *Mém. Ins. tom.* 3. *pag.* 562. *pl.* 27. *fig.* 2.

2. Corydale testacée, *C. testacea.*

Corydalis pallidè-testacea: mandibulis, antennarum mediâ parte, prothoracis maculis quatuor, frontis unicâ, tarsorum apice geniculisque nigris; alis lutescentè-hyalinis, nervuris pluribus transversalibus nigris.

Longueur 1 pouce. D'un testacé-jaunâtre. Mandibules noires avec une ligne jaunâtre à leur partie extérieure. Antennes jaunes à leur base et à leur extrémité, noires au milieu. On voit une tache de cette couleur sur le front, portant les ocelles qui sont à demi noirs. Prothorax ayant quatre petites lignes noires disposées carrément. Base des jambes noire ainsi que les quatre derniers articles des tarses et la base du premier. Ailes transparentes, un peu jaunâtres; la plupart de leurs nervures transversales noires, surtout dans les ailes supérieures. Femelle.

De l'île de Java.

CHAULIODE, *Chauliodes*. Lat. Pal.-Bauv. *Hemerobius*. Linn. De Géer. Oliv. (*Encycl.*) *Semblis*. Fab.

Genre d'insectes de l'ordre des Névroptères, section des Filicornes, famille des Planipennes, tribu des Semblides.

Les genres Corydale, Chauliode et Sialis composent cette tribu. Le premier et le dernier ont leurs antennes simples; les Sialis en outre sont privés d'ocelles; le pénultième article de leurs tarses est bilobé et leurs ailes sont en toit dans le repos.

Antennes multiarticulées, sétacées, pectinées d'un seul côté à partir du quatrième article, leurs prolongemens latéraux allant en diminuant de longueur, ceux de l'extrémité peu sensibles. Premier article presqu'aussi long que les deux suivans réunis, ceux-ci transversaux, très-courts. — *Man-*

dibules courtes, trigones, déprimées, dentées au côté intérieur. — *Mâchoires* presque cornées, leur bord supérieur dilaté en une lame comprimée, arquée, un peu pointue à l'extrémité : leur lobe apical presque trigone, déprimé, un peu échancré.— *Palpes maxillaires* un peu plus longs que les labiaux, de cinq articles, le second le plus long de tous, le dernier beaucoup plus mince que les autres : palpes labiaux de trois articles. — *Lèvre* coriace, presque carrée. — *Tête* guère plus large que le corselet. — *Yeux* gros, très-saillans. — *Trois ocelles* fort grands, très-oblongs, placés en triangle sur une petite éminence du milieu de la tête, l'antérieur posé transversalement, les deux postérieurs obliquement. — *Prothorax* presque cylindrique. — *Ailes* très-grandes, près de deux fois aussi longues que le corps, couchées horizontalement sur l'abdomen.— *Abdomen* dépourvu d'appendices. — *Pattes* de longueur moyenne; tarses de cinq articles entiers.

M. Latreille en créant ce genre l'a nommé Chauliode d'un mot grec qui signifie : *dents avancées*; il contient un petit nombre d'espèces d'assez grande taille et propres aux parties chaudes ou tempérées de l'Amérique septentrionale. L'une d'elles est l'Hémérobe pectinicorne n°. 2. de ce Dictionnaire (*Chauliodes pectinicornis*. Lat. *Gen. Crust. et Ins. tom.* 3. *pag.* 198. *n°.* 1.) Les insectes figurés par Drury, *Illustr. natur. tom.* 1. *pl. XLVI. n*os. 2 et 3. paroissent être de ce genre.

(S. F. et A. Serv.)

SÉNÉLOPE, *Senelops*. Dufour, Lat.

Genre d'Araignée de l'ordre des Pulmonaires, famille des Aranéides, tribu des Latérigrades, établi par Léon-Dufour et ayant pour caractères : mâchoires droites et parallèles, écartées, presque de la même longueur dans toute leur étendue; seconde paire de pattes et la troisième ensuite les plus longues de toutes ; la première la plus courte. Lèvre courte, presque carrée, avec l'extrémité supérieure arrondie; huit yeux, dont six de front, et les deux autres situés un de chaque côté, en arrière des deux extrêmes précédens, les plus gros de tous. Corps très-aplati.

Ce genre se distingue des Micrommates de Latreille par les yeux qui sont autrement disposés dans ce genre; les Thomises s'en éloignent par leurs mâchoires qui sont inclinées sur la lèvre. On connoît quatre espèces de ce genre; celle qui lui sert de type a été découverte en Espagne par Léon-Dufour; c'est :

Le Sénélope rayonné, *Senelops radiatus*. Duf. Il est long d'environ quatre lignes; son corps est d'un brun-jaunâtre livide, pubescent, avec de petites taches noirâtres; le milieu du corselet est plus obscur et a des lignes enfoncées, disposées en rayon. L'abdomen est orbiculaire; les pattes sont longues, avec des bandes ou taches transverses, noirâtres, et une brosse au bout des tarses.

Les autres espèces sont originaires de la Syrie, de l'Ile-de-France et du Sénégal : elles ne sont pas encore décrites. (E. G.)

SÉPÉDON, *Sepedon*. Lat. *Scatophaga*, *Baccha*. Fab. *Syrphus*. Ross. *Musca*. Panz.

Genre d'insectes de l'ordre des Diptères, première section, famille des Athéricères, tribu des Muscides (division des Dolichocères).

Cette division a pour caractères : des ailes; cuillerons petits; balanciers nus; ailes ordinairement couchées sur le corps : antennes de la longueur, au moins, de la face de la tête. Elle renferme les genres Loxocère, Lauxanie, Sépédon et Tétanocère.

Les Loxocères se distinguent par le dernier article de leurs antennes plus long que les deux précédens réunis; les Lauxanies par leur tête comprimée transversalement et leur corps peu alongé; dans les Tétanocères les antennes ne sont pas plus longues que la tête, leurs second et troisième articles sont presqu'égaux en longueur.

Antennes presqu'une fois plus longues que la tête, assez écartées entr'elles à leur base, insérées sur une élévation, droites, avancées, composées de trois articles; le premier très-court, le second le plus long de tous, cylindrique; le troisième une fois plus court que le précédent, triangulaire, terminé en pointe, muni d'une soie dorsale, biarticulée à sa base, garnie de poils très-courts. — *Trompe* longue, entièrement ou presqu'entièrement rétractile. — *Palpes* assez grands, s'élargissant un peu avant leur extrémité. — *Tête*; vue en dessus, paroissant pyramidale, conique; triangulaire vue de face. — *Yeux* gros, très-saillans, espacés dans les deux sexes. — *Trois ocelles* rapprochés, placés en triangle sur un tubercule du vertex. — *Corps* oblong, alongé. — *Corselet* un peu plus étroit que la tête. — *Ailes* couchées l'une sur l'autre dans le repos. — *Balanciers* découverts. — *Cuillerons* petits. — *Pattes* longues, assez fortes; cuisses postérieures très-longues, garnies en dessous de deux rangs de petites épines; leurs jambes un peu arquées : premier article des tarses le plus long de tous, le dernier muni de deux crochets et d'une pelotte bifide.

Ces Diptères se tiennent à l'état parfait sur les plantes qui ont leurs racines dans l'eau, telles que l'*Iris pseudacorus* et les *Scirpus*. Nous connoissons deux espèces de ce genre dû à M. Latreille, elles se trouvent aux environs de Paris; la plus commune est le Sépédon des marais, *Seped. palustris*. Lat.— *Baccha sphegea* n°. 1. Fab. *Syst. Antliat.* Ce dernier auteur décrit une seconde fois cette même espèce sous le nom de *Scatophaga rufipes* n°. 18. *idem*.

LOXOCÈRE, *Loxocera*. Meig. Illig. Lat.

FAB. *Musca.* LINN. PANZ. SCHELLEMB. *Syrphus.* ROSS.

Genre d'insectes de l'ordre des Diptères, première section, famille des Athéricères, tribu des Muscides (division des Dolichocères).

Cette division comprend quatre genres. (*Voyez* SÉPÉDON.) Celui de Lauxanie a la tête comprimée transversalement et le corps peu alongé; les antennes des Tétanocères ne sont pas plus longues que la tête; ces antennes ont leurs second et troisième articles presqu'égaux en longueur; enfin le genre Sépédon se distingue par le second article des antennes de forme cylindrique et le plus long de tous.

Antennes plus longues que la tête, assez écartées entr'elles à leur base, insérées sur une élévation, avancées, allant en divergeant, composées de trois articles, le premier très-court, turbiné; le second de même forme, un peu plus long que le précédent; le troisième beaucoup plus long que les deux autres pris ensemble, un peu aplati, un peu plus étroit à son extrémité qu'à sa base, celle-ci portant une soie articulée, garnie de poils très-courts.—*Trompe* courte, presqu'entièrement rétractile. — *Palpes* courts. — *Tête*, vue en dessus, paroissant pyramidale, conique. — *Yeux* grands.—*Trois ocelles* rapprochés en triangle sur la partie postérieure du front. — *Corps* très-long, fort étroit pour sa longueur. — *Corselet* à peu près de la largeur de la tête. — *Ecusson* triangulaire, assez grand. — *Ailes* courtes, couchées l'une sur l'autre dans le repos. — *Cuillerons* petits. — *Balanciers* découverts. — *Abdomen* alongé, étroit, prolongé en pointe postérieurement. — *Pattes* assez grandes; cuisses postérieures mutiques, leurs jambes un peu arquées : premier article des tarses le plus long de tous, le dernier muni de deux crochets fort petits et d'une pelotte bifide.

Le nom donné à ce genre vient de deux mots grecs dont le sens est : *cornes obliques.* On trouve ces Muscides sur les plantes. Leurs mœurs et leurs larves ne sont pas connues. Les auteurs n'en mentionnent qu'une seule espèce. Loxocère Ichneumon, *Loxoc. ichneumonea* n°. 1. FAB. *Syst. Antliat.*—*Musca aristata.* PANZ. *Faun. Germ. fas.* 73. *fig.* 24. Des environs de Paris.

LAUXANIE, *Lauxania.* LAT. FAB.

Genre d'insectes de l'ordre des Diptères, première section, famille des Athéricères, tribu des Muscides (division des Dolichocères).

Les genres Lauxanie, Loxocère, Sépédon et Tétanocère, composent cette division. (*Voyez* SÉPÉDON.) Dans ce dernier les antennes ne sont pas plus longues que la tête, leur premier article est court. Les Loxocères sont bien distinctes par leur corps très-long et très-étroit; les Sépédons ont le corps alongé, oblong, le premier article des antennes très-court, et le troisième court, triangulaire.

Antennes insérées vers le milieu de la face antérieure de la tête, très-écartées entr'elles à leur base, beaucoup plus longues que la tête, composées de trois articles, le premier plus grand que le second, le troisième long, presque cylindrique, portant une soie à sa base; celle-ci épaisse, garnie de poils courts à son extrémité. — *Palpes* dilatés. — *Tête* comprimée transversalement. — *Corps* court, arqué. — *Ailes* couchées sur le corps dans le repos. — *Abdomen* trigone, déprimé.

Nous donnons ces caractères d'après M. Latreille fondateur de ce genre. L'espèce qui lui a servi de type est la Lauxanie cylindricorne, *Lauxania cylindricornis* n°. 1. FAB. *Syst. Antliat.*—*Lauxania rufitarsis.* LAT. *Gener. Crust. et Ins. tom.* 4. *pag.* 357. Elle se trouve dans les bois des environs de Paris. (S. F. et A. SERV.)

SÉPIDIE, *Sepidium.* FAB. LAT. OLIV. (*Entom.*)

Genre d'insectes de l'ordre des Coléoptères, section des Hétéromères (première division), famille des Mélasomes, tribu des Piméliaires.

Un groupe de cette tribu a pour caractères : menton ne recouvrant pas la base des mâchoires. (*Voyez* PIMÉLIAIRES.) Parmi les genres qui en font partie celui de Scaure se distingue par le onzième ou dernier article de ses antennes sensiblement plus long que le précédent. Les Moluris ont le corselet convexe, arrondi postérieurement, échancré en devant; les antennes des Tagénies sont composées d'articles presque perfoliés; celles des Psammodes sont grêles, terminées par une massue de trois articles. De plus les Moluris, ainsi que les Tagénies et les Scaures n'ont pas les côtés du corselet dilatés.

Antennes filiformes, composées de onze articles, le troisième cylindrique, beaucoup plus long que le quatrième; les suivans jusqu'au neuvième presqu'obconiques, le dixième presque turbiné, le onzième ovale, point sensiblement plus long que le précédent, pointu à son extrémité.—*Labre* coriace, avancé, en carré transversal; son bord antérieur entier, cilié. — *Mandibules* bifides à leur extrémité.—*Mâchoires* ayant une dent ou crochet corné à leur côté interne.—*Palpes maxillaires* avancés, de quatre articles, le dernier un peu plus grand que les autres, presqu'ovale, comprimé, tronqué : palpes labiaux de trois articles presqu'égaux. — *Lèvre* avancée, très-échancrée antérieurement. — *Menton* court, rétréci à sa base, ne recouvrant pas l'origine des mâchoires, son bord antérieur presque droit, mais un peu rentrant dans son milieu. — *Corps* ovale-alongé, souvent très-inégal en dessus. — *Corselet* déprimé en dessus ou caréné et très-inégal, ses bords latéraux dilatés. — *Ecusson* nul ou point distinct. — *Elytres* soudées ensemble, embrassant l'abdomen, souvent terminées en pointe. — *Point d'ailes.* — *Abdomen* ovale. — *Jambes* cylindriques, terminées par deux épines très-courtes; tarses courts.

Les Sépidies se trouvent dans les climats chauds de l'ancien continent; ainsi que les Pimélies elles parcourent les sables et préfèrent les lieux secs et incultes. Leurs larves sont inconnues. Nous citerons les espèces suivantes : 1°. Sépidie tricuspidée, *S. tricuspidatum* n°. 1. FAB. *Syst. Eleut.* — OLIV. *Entom. tom.* 3. *Sépid. pl.* 1. *fig.* 1. 2°. Sépidie variée, *S. variegatum* n°. 2. FAB. *id.*—OLIV. *ut suprà pl.* 1. *fig.* 2. 3°. Sépidie crêtée, *S. cristatum* n°. 3. FAB. *id.*—OLIV. *ut suprà pl.* 1. *fig.* 3. 4°. Sépidie réticulée, *S. reticulatum* n°. 4. FAB. *id.*— OLIV. *ut suprà pl.* 1 et 2. *fig.* 4. 5°. Sépidie rugueuse, *S. rugosum* n°. 5. FAB. *id.*—OLIV. *ut suprà pl.* 1. *fig.* 5. 6°. Sépidie rayée, *S. vittatum* n°. 6. FAB. *id.*—OLIV. *ut suprà pl.* 1. *fig.* 6. 7°. Sépidie alongée, *S. elongatum*. OLIV. *ut suprà pl.* 2. *fig.* 7. (S. F. et A. SERV.)

SÉRICOMYIE, *Sericomyia*. LAT. MEIG. *Syrphus*. FAB. FALLÈN. PANZ. *Musca*. LINN. DE GÉER.

Genre d'insectes de l'ordre des Diptères, première section, famille des Athéricères, tribu des Syrphies.

La seconde division de cette tribu (*voyez* SYRPHIES) a pour caractère : antennes presque de la longueur de la tête ou plus courtes qu'elle. Cette seconde division renferme plusieurs groupes dont l'un est caractérisé ainsi : antennes ayant leurs deux premers articles égaux entr'eux, point insérées sur un tubercule frontal. Ailes sans cellule pédiforme. Cuisses simples. Soie des antennes sans articulation sensible. Dans ce groupe les genres Baccha, Psilote, Pipize, Chrysogastre, Syrphe, Doros (celui-ci doit peut-être être réuni avec le précédent) et Parague ont la soie des antennes simple; les Volucelles qui ainsi que les Séricomyies ont cette soie plumeuse se distinguent de ces dernières 1°. par le troisième article des antennes alongé; 2°. par leurs ailes écartées, même dans le repos.

Antennes avancées, un peu penchées, plus courtes que la tête, composées de trois articles, les deux premiers courts, égaux entr'eux, le troisième le plus grand de tous, formant une palette presqu'orbiculaire portant à sa base une soie dorsale plumeuse. — *Trompe* beaucoup plus courte que la tête et le corselet. — *Palpes* longs, filiformes, velus. — *Tête* de la largeur du corselet. — *Hypostome* perpendiculaire, portant un tubercule; partie inférieure de cet hypostome formant une sorte de bec tronqué. — *Front* élevé en tubercule, ce qui forme un bourrelet autour de l'insertion des antennes. — *Yeux* assez grands, se réunissant un peu au-dessous du vertex dans les mâles, espacés dans les femelles. — *Trois ocelles* disposés en triangle sur le vertex. — *Corps* ovale, plus ou moins velu. — *Corselet* un peu convexe. — *Ecusson* de grandeur moyenne. — *Ailes* parallèles, leurs deux bords intérieurs se touchant dans le repos, dépourvues de cellule pédiforme. — *Cuillerons* assez grands. — *Balanciers* longs. — *Abdomen* convexe en dessus, concave en dessous. — *Pattes* assez grandes; cuisses simples; jambes postérieures arquées; tarses de longueur moyenne, leur premier article au moins aussi long que les trois suivans pris ensemble, le cinquième muni à son extrémité de deux forts crochets très-écartés, ayant dans leur entre-deux une pelotte forte, bifide.

M. Meigen décrit quatre espèces de ce genre fondé par M. Latreille. Leurs mœurs sont inconnues. Les insectes parfaits se rencontrent sur les arbres. Les mâles planent en l'air et se tiennent fort long-temps à la même place, ainsi que ceux des Volucelles, des Eristales et autres genres voisins. Nous allons signaler les espèces connues.

1°. Séricomyie bombiforme, *Ser. bombiformis* n°. 1. MEIG. *Dipt. d'Eur. tom.* 3. *pag.* 343. *pl.* 31. *fig.* 8. Femelle. 2°. Séricomyie boréale, *Ser. borealis* n°. 2. MEIG. *id. fig.* 9. Mâle. — *Ser. Lappona*. LAT. *Dict. d'hist. nat.* 2e. *édition*. Des environs de Paris. 3°. Séricomyie Lappone, *Ser. Lappona* n°. 3. MEIG. *id. pag.* 344. (Retranchez les synonymes tirés des ouvrages de M. Latreille.) 4°. Séricomyie bourdonnante, *Ser. mussitans* n°. 4. MEIG. *id. pag.* 345. Celle-ci a été prise sur l'Aubépine dans la forêt de Villers-Coterets.

(S. F. et A. SERV.)

SÉRIQUE, *Serica*. MACL. *Omaloplia*. MÉG. DEJ. Catal. LAT. (*Fam. nat.*) *Melolontha*. FAB. OLIV. *Scarabœus*. LINN. DE GÉER. GEOFF.

Genre d'insectes de l'ordre des Coléoptères, section des Pentamères, famille des Lamellicornes, tribu des Scarabéides (division des Phyllophages).

Dans la quatrième subdivision des Phyllophages (*voyez* SCARABÉIDES) les Hoplies et les Monochèles se distinguent en ce qu'ils n'ont qu'un seul crochet aux tarses postérieurs; dans les Céraspis les crochets postérieurs sont inégaux; les Anisoplies et les Lépisies ont ces mêmes crochets entiers. Le genre Dicranie a le chaperon très-échancré, avec ses angles antérieurs relevés, caractères que l'on retrouve dans les Diphucéphales : les cuisses postérieures des Dichèles sont grosses et renflées, les dernières jambes de ces insectes sont larges et arquées; enfin le corselet beaucoup plus long que large, notablement rétréci à sa partie postérieure, caractérise les Macrodactyles. Aucun de ces divers caractères n'existe dans les Sériques.

Antennes de neuf articles, celui de la base en massue, gonflé antérieurement, velu, le second globuleux, les troisième et quatrième plus longs que le deuxième, cylindriques, les deux suivans cupulaires; les trois derniers formant une massue étroite, linéaire, très-alongée dans les mâles. — *Labre* échancré, velu. — *Mandibules* très-courtes, épaisses, triangulaires. — *Mâchoires* deux fois plus longues que les mandibules, triangulaires,

res, armées de six dents à leur extrémité. — *Palpes maxillaires* de quatre articles, les trois premiers velus, le dernier presque cylindrique, un peu plus court que les trois autres pris ensemble : palpes labiaux de trois articles, les deux basilaires velus, le terminal très-pointu à l'extrémité, à peine recourbé. — *Menton* en carré-oblong, son bord antérieur échancré. — *Chaperon* rebordé. — *Yeux* gros, saillans. — *Corps* assez court, ovale, convexe, un peu velouté. — *Corselet* transversal, son bord antérieur peu sinué, presque droit ainsi que le bord postérieur; bords latéraux arrondis vers les angles antérieurs. — *Ecusson* presque triangulaire, un peu plus long que large, presqu'arrondi postérieurement. — *Elytres* longues, recouvrant des ailes, laissant à nu l'extrémité de l'abdomen. — *Abdomen* épais. — *Pattes* longues, grêles; jambes antérieures munies au côté extérieur d'une ou deux dentelures outre la terminale; tarses très-longs, minces; leurs articles cylindriques; le dernier muni de deux crochets égaux, également bifides.

Ce genre avoit été fondé par M. Mégerle de Muhlfeld et adopté par MM. Latreille et Dejean, sous le nom d'*Omaloplie*; mais aucun de ces auteurs n'en ayant donné les caractères, nous avons dû préférer la dénomination de *Sérique* appliquée à ces insectes par M. Macleay, qui en développe les caractères génériques dans ses *Horæ entomologicæ*. Cet auteur attribue dix articles aux antennes; nous n'en voyons que neuf; il donne au cinquième une forme conique, bien certainement il est cupulaire, et s'il y en a trois de cette dernière forme, le dernier est donc entièrement caché.

Le nom de ce genre vient d'un mot grec qui signifie : *soyeux*; il a rapport au duvet court dont le corps est revêtu. Ces Coléoptères sont d'assez petite taille; ils vivent à l'état parfait sur les végétaux dont ils rongent les feuilles; leurs larves se nourrissent probablement de racines ainsi que celles des Hannetons.

1re. *Division.* Chaperon distinctement échancré.

A cette division appartient le Hanneton brun n°. 73. pl. 155. fig. 6. du présent Dictionnaire. *Serica brunnea.* Macl.

2e. *Division.* Chaperon entier.

Nous plaçons ici les Hannetons suivans de ce Dictionnaire. 1°. variable n°. 89. *Serica variabilis.* 2°. ruricole n°. 92. *Serica ruricola.* Le Hanneton huméral n°. 93. est regardé comme une variété du ruricole par les auteurs modernes.

(S. F. et A. Serv.)

SÉROLE, *Serolis.* Léach. Lat. *Cymothoa.* Fab. Lat.

Genre de Crustacé de l'ordre des Isopodes, section des Aquatiques, famille des Cymothoadés (Lat. *Fam. nat. du Règn. anim.*), établi par Léach et adopté par Latreille avec ces caractères : post-abdomen de quatre segmens; yeux portés sur des tubercules et situés sur le sommet de la tête; trois appendices transverses et terminés en pointe, entre les premiers segmens du dessous de l'abdomen.

Ce genre se distingue parfaitement des *Ichtiophiles*, *Cymothoa*, *Œga*, *Synodus*, *Cirolane*, *Euridice*, *Nélocire* et *Limnorie*, par le post-abdomen qui, dans tous ces genres, est de cinq à six segmens, et par les premiers segmens du ventre qui sont dépourvus d'appendices. Les antennes supérieures des Séroles sont composées de quatre articles plus grands que les trois premiers des antennes inférieures; le dernier article est composé de plusieurs autres plus petits; les antennes inférieures ont cinq articles, les deux premiers petits, le troisième et le quatrième, surtout ce dernier, alongés, le cinquième composé de plusieurs autres plus petits. La seconde paire de pattes a l'avant-dernier article élargi et l'ongle très-alongé : la sixième paire de derrière sert à la marche, est un peu épineuse et a l'ongle légèrement courbé. Les lames branchiales ou appendices antérieurs du ventre sont formées de deux parties égales, foliacées, arrondies à leur extrémité, garnies de poils à leur base et placées sur un pédoncule commun; les deux appendices postérieurs et latéraux sont petits et étroits, surtout l'intérieur, qui est à peine saillant; sur les trois premiers articles du ventre, entre les lames branchiales, il y a trois appendices transverses qui se terminent en pointe en arrière.

La seule espèce qui compose ce genre est :

La Sérole de Fabricius, *Serola Fabricii.* Léach, *Dict. des sc. nat. tom. XII. pag.* 340. — *Cymothoa paradoxa.* Fab. Lat.

Ce Crustacé a trois tubercules disposés en triangle entre le derrière des yeux; le dernier anneau de son abdomen est caréné à sa base, et a sa partie supérieure marquée de chaque côté de deux lignes élevées, l'une qui s'étend, dans une direction oblique, de la partie supérieure de la base du tubercule de la carène vers le côté, l'autre se dirigeant parallèlement à l'anneau antérieur de l'abdomen, mais n'arrivant pas jusqu'à la carène. Léach ne connoît que deux individus de ce Crustacé; l'un est dans la collection de M. Banks, et vient des mers de la Terre de Feu, c'est celui que Fabricius a décrit; l'autre vient du Sénégal.

(E. G.)

SERRICAUDES ou UROPRISTES. Nom donné par M. Duméril (*Zool. analyt.*) à une famille d'Hyménoptères ayant pour caractères : *ventre sessile terminé par une tarière dans les femelles. Antennes non brisées.* Elle est composée des genres Orysse, Urocère, Sirex, Cymbèce et Tenthrède. (S. F. et A. Serv.)

SERRICORNES ou PRIOCÈRES. C'est sous ce nom que dans la *Zoologie analytique*, M. Duméril désigne sa cinquième famille de Coléoptères-Pentamères; il lui assigne ces caractères : *élytres dures couvrant tout le ventre. Antennes en masse, feuilletée d'un seul côté et en dedans.* Elle est composée de quatre genres : Lucane, Platycère, Passale et Synodendre. (S. F. et A. Serv.)

SERRICORNES, *Serricornes*. Troisième famille de la section des Pentamères, ordre des Coléoptères. M. Latreille la caractérise ainsi :

Antennes de la plupart filiformes ou sétacées, celles des mâles ordinairement en panache ou en peigne, ou dentées en scie, terminées dans quelques autres en une massue perfoliée ou dentée. — *Elytres* recouvrant tout le dessus de l'abdomen, excepté dans le genre Atractocère où les ailes sont nues et étendues. — *Pénultième article des tarses* souvent bilobé.

L'auteur établit deux grandes divisions dans cette famille.

I. Sternoxes, *Sternoxi*. (*Voyez* ce mot.) Cette division renferme deux tribus, Buprestides et Elatérides.

II. Malacodermes, *Malacodermi*.

Corps de la plupart mou, flexible, incliné en devant. — *Tête* basse ou très-inclinée et entièrement découverte en dessous, c'est-à-dire point cachée par une saillie antérieure du présternum. — *Extrémité postérieure* de ce présternum ne se prolongeant pas notablement en manière de pointe ou de corne.

3e. Tribu. Cébrionites, *Cebrionites*.

Mandibules terminées en une pointe simple, sans échancrure ni dent. — *Palpes* filiformes ou plus grêles à leur extrémité. — *Corps* arqué ou bombé en dessus, de forme oblongue ou hémisphérique.

A. *Mandibules* saillantes ou découvertes. — *Palpes maxillaires* filiformes ou en massue, terminés par un article tronqué ou obtus, ne finissant pas en pointe. — *Corps* ovale ou oblong.

a. Articles des tarses entiers. (Antennes simples ou en scie, quelquefois très-courtes et en massue dans les femelles, n'ayant jamais au-delà de onze articles.)

Anélaste, Cébrion, Sandalus.

b. Pénultième article des tarses bilobé. (Antennes de plusieurs flabellées ou pectinées, composées quelquefois de vingt articles et au-delà.)

† Antennes des mâles flabellées ou pectinées.

Rhipicère, Ptilodactyle.

† † Antennes simples.

Dascille.

B. *Mandibules* peu ou point apparentes. — *Palpes maxillaires* terminés en pointe. — *Corps* presque hémisphérique ou en ovoïde court, bombé, (sautant dans plusieurs.) — *Antennes* simples, de onze articles.

a. Pénultième article des tarses bilobé.

Elode, Scirte.

b. Article des tarses entiers.

Nyctée, Eubrie.

4e. Tribu. Lampyrides, *Lampyrides*.

Corps droit, mou. — *Corselet* plat, tantôt demi-circulaire, tantôt carré ou trapézoïde, avancé sur la tête qu'il recouvre totalement ou postérieurement. — *Palpes maxillaires* au moins, plus gros vers leur extrémité. — *Mandibules* généralement petites, déprimées, pointues, entières au bout dans la plupart, unidentées au côté interne dans les autres. — *Pénultième article* des tarses bilobé; crochets du dernier ni denté, ni appendicé. — *Femelles* quelquefois aptères ou n'ayant que des élytres très-courtes.

A. *Antennes* très-rapprochées à leur base. — *Bouche* petite. — *Tête* des uns avancée en museau, celle des autres cachée entièrement ou en majeure partie par le corselet. — *Yeux* très-grands dans les mâles. — *Extrémité postérieure de l'abdomen* phosphorescente dans plusieurs.

Lycus, Omalise, Phengode, Amydète, Lampyre.

B. *Antennes* séparées à leur base par un écart notable. — *Tête* point avancée en manière de museau, obtuse ou arrondie en devant, simplement recouverte à sa base. — *Bouche* et *Yeux* de grandeur ordinaire.

Drile, Téléphore, Malthine.

5e. Tribu. Mélyrides, *Melyrides*.

Corps généralement oblong, avec le dos plan ou déprimé. — *Mandibules* toujours échancrées ou bidentées à leur pointe, étroites et alongées. — *Palpes* du plus grand nombre filiformes, courts. — *Tête* simplement recouverte à sa base par un corselet plat ou peu convexe, peu fortement bombé, généralement en carré plus ou moins long. — Articles des tarses entiers; crochets unidentés ou bordés intérieurement par une membrane formant un appendice semblable à une dent.

A. *Palpes* filiformes.

a. Des vésicules intérieures mais exsertiles sur les côtés du corselet et de la base du ventre.

Malachie.

b. Point de vésicules exsertiles sur les côtés du corselet et de la base du ventre.

Zygie; Mélyre, Dasyte.

B. *Palpes maxillaires* terminés par un article plus grand, sécuriforme. — *Antennes* plus grosses vers leur extrémité. — *Premier article des tarses* fort court.

Pélécophore.

Nota. M. le comte Dejean à qui l'on doit la création de ce genre le rapporte dans son Catalogue à la section des Tétramères. N'ayant point ces insectes, nous avons dû en traitant de ce genre à sa lettre le laisser à la place que son auteur lui avoit assignée. M. Latreille dans ses *Familles naturelles* le range parmi les Pentamères; mais cet ouvrage n'a paru qu'après l'impression de notre article Pélécophore.

6e. Tribu. Clairones, *Clerii.*

Corps ordinairement cylindracé, plus étroit en devant jusqu'à l'abdomen. — *Tête* enfoncée postérieurement dans le corselet. — *Mandibules* échancrées ou bifides à leur extrémité. — *Antennes* tantôt presque filiformes et dentées en scie, tantôt terminées en massue ou grossissant sensiblement. — *Pénultième article des tarses* bilobé, le premier très-court, peu visible dans plusieurs. — *Les quatre palpes* ou deux d'entr'eux avancés, terminés en massue ou plus gros à leur extrémité. — *Yeux* de la plupart ayant une petite échancrure interne près de la base des antennes.

A. *Antennes* jamais en scie, toujours terminées en massue. — *Tarses*, vus en dessus, n'offrant que quatre articles, le premier très-court, caché en dessus par la base du second.

Nécrobie, Clairon, Opile.

B. *Antennes* soit grossissant sensiblement vers le bout, souvent presqu'entièrement en scie, soit terminées par sept ou trois articles plus grands et formant une massue dentée. — *Cinq articles* distincts à tous les tarses.

a. Antennes grossissant insensiblement.

Eurype, Axine, Priocère, Thanasime, Tille.

b. Antennes terminées brusquement par sept ou trois articles plus grands que les précédens.

Enoplie, Cylidre.

7e. Tribu. Lime-bois, *Xylotrogi.*

Corps toujours long, étroit, ordinairement linéaire. — *Tête* presque orbiculaire ou presque globuleuse, dégagée ou distincte du corselet par un étranglement brusque en forme de cou. — *Mandibules* courtes, épaisses et dentées. — *Antennes* filiformes ou amincies vers le bout. — *Tarses* filiformes, leur pénultième article rarement bilobé. — *Elytres* quelquefois très-courtes.

A. *Les quatre tarses* postérieurs longs, très-grêles. — *Antennes* un peu élargies vers leur milieu et amincies vers le bout. — *Palpes maxillaires* beaucoup plus grands que les labiaux, pendans, en peigne ou en houppe dans les mâles, terminés dans les femelles par un article grand et ovoïde. — *Corps* très-alongé, cylindro-linéaire. — *Elytres* très-courtes dans quelques-uns.

Atractocère, Hylécæte, Lyméxylon.

B. *Antennes* de longueur et de grosseur moyenne, de la même grosseur partout. — *Palpes* fort courts, peu ou point saillans, semblables dans les deux sexes et à articles simples.

Cupès, Rhysode.

8e. Tribu. Ptiniores, *Ptiniores.* (*Voyez* ce mot.)

(S. F. et A. Serv.)

SERROPALPE, *Serropalpus.* Hellen. Lat. Payk. Gyll. Illig. *Dircæa.* Fab.

Genre d'insectes de l'ordre des Coléoptères, section des Hétéromères (première division), famille des Sténélytres, tribu des Sécuripalpes.

Tous les genres de la tribu des Sécuripalpes, hors celui de Serropalpe, ont le pénultième article de tous les tarses bilobé.

Antennes filiformes, composées de onze articles, la plupart alongés, filiformes, les plus rapprochés de la base plus courts que les autres, un peu obconiques. — *Labre* avancé, membraneux, presque carré, arrondi antérieurement. — *Mandibules* petites, en triangle court, épaisses, presque sans dents. — *Mâchoires* membraneuses, petites, composées de deux lobes, l'extérieur plus grand, obtus. — *Palpes* inégaux; les maxillaires grands, trois fois plus longs que les labiaux, très-avancés, comprimés, de quatre articles, le second et le troisième formant une dent de scie au côté interne (le troisième surtout), le quatrième très-grand, patelliforme : palpes labiaux presque filiformes, de trois articles, le terminal presque obtrigone. — *Lèvre* membraneuse, en carré long, plus étroite que le menton, dilatée à son extrémité qui est refendue ; menton coriace, presque carré, se rétrécissant un peu à son extrémité. — *Tête* inclinée, arrondie. — *Corps* presque cylindrique, alongé, rétréci postérieurement. — *Corselet* à peine aussi large que long, point rebordé, convexe. — *Ecusson* petit, distinct. — *Elytres* de la largeur du corselet, très-alongées, linéaires, rétrécies postérieurement, convexes, recouvrant l'abdomen et les ailes. — *Abdomen* long. — *Pattes* longues, grêles; jambes terminées par deux épines fort courtes : tarses minces, le pénultième article des antérieurs et des intermédiaires bilobé, ce même article entier dans les tarses postérieurs.

La forme de ses palpes maxillaires a valu à ce genre le nom qu'il porte ; il est composé de deux mots latins qui expliquent cette conformation. Les larves de ces Coléoptères vivent dans le vieux bois sec, particulièrement dans celui du sapin ; elles le percent presque jusqu'à la moelle et y subissent leurs métamorphoses après s'être rapprochées de l'écorce ; on les y trouve prêtes à paroître sous leur forme parfaite, au mois de juin. On rencontre aussi quelquefois les Serropalpes dans les maisons lorsqu'on y a employé récemment des planches de sapin. L'espèce la plus connue est le Serropalpe strié, *Serropalpus striatus*, LAT. *Gen. Crust. et Ins. tom.* 2. *pag.* 193. *n°.* 1. *tab. IX. fig.* 12. — *Dircæa barbata* n°. 1. FAB. *Syst. Eleut.* Mais son synonyme tiré de l'*Entomol. systém.* ainsi que celui d'Olivier sont fort douteux. *Voyez* LAT. *loco citat.* et SCHOEN. *Synon. Ins. tom.* 3. *pag.* 48. (S. F. et A. SERV.)

SESARMA. SAY. M. Thomas Say a publié dans le *Journal de l'Académie des sciences naturelles de Philadelphie*, tom. I, pag. 73, sous le nom d'*Ocypode reticulatus*, la description d'un vrai Grapse, dont il a formé le genre *Sesarma ;* plus tard il a reconnu que cet animal devoit être rapproché des Grapses, quoiqu'il eût les mœurs des Ocypodes. (E. G.)

SÉSIE, *Sesia*. FAB. LAT. ROSS. PANZ. GOD. LASP. *Sphinx*. LINN. GEOFF. DE GÉER. ESPER. HUBN. ERNEST.

Genre d'insectes de l'ordre des Lépidoptères, famille des Crépusculaires, tribu des Zygénides.

Des dix genres que contient cette tribu, ceux de Procris, Atychie, Glaucopide, Aglaope et Stygie se distinguent par leurs antennes bipectinées, au moins dans les mâles ; et ceux d'Ægocère, Thyride, Zygène et Syntomide ont leurs antennes dépourvues de houppe écailleuse à leur extrémité.

Antennes en fuseau, terminées par une petite houppe d'écailles ; simples dans les femelles, dentées en scie dans les mâles. — *Palpes labiaux* grêles, écailleux, comprimés à leur base, cylindro-coniques, pointus et relevés à leur sommet, composés de trois articles, le second très-garni d'écailles, le dernier long. — *Langue* alongée, roulée en spirale. — *Ailes* horizontales dans le repos, écartées, toujours vitrées ; cellule de la base des inférieures fermée en arrière par deux nervures qui se croisent en X. — *Abdomen* presque cylindrique, garni à son extrémité d'une brosse d'écailles, quelquefois trilobée. — *Jambes postérieures* ayant deux paires d'épines, la terminale fort grande.

Les chenilles des Sésies ont seize pattes ; elles sont rases, cylindriques, sans corne à l'extrémité du corps ; elles se nourrissent de l'intérieur des végétaux et même du bois du tronc et des racines restées à la superficie de la terre, de quelques arbres forestiers. Lorsque la chenille a pris tout son accroissement, elle se rapproche de l'écorce de l'arbre, y fait un trou qu'elle bouche avec sa coque, dont la partie extérieure est protégée par de petits morceaux de bois qu'elle y ajuste et qu'elle lie avec de la soie. C'est sous la forme de chrysalide qu'elle passe ordinairement l'hiver ; cette chrysalide est cylindrique, ses deux bouts sont atténués, sa tête porte en avant deux pointes saillantes, et chaque segment du corps, à partir du corselet jusqu'à l'anus, est muni de deux rangs d'épines très-fines, un peu inclinées en arrière, dont les postérieures sont plus courtes. Ces épines servent d'appui à la chrysalide lorsque l'insecte parfait est prêt à paroître, pour se porter vivement sur la partie de sa coque qui répond au trou de l'écorce du végétal dans lequel elle a vécu. Les pointes de la tête lui servent à percer la cloison qui fermoit ce trou ; à force d'efforts la chrysalide parvient à faire sortir de l'ouverture à peu près la moitié antérieure de son corps, et après un court repos l'insecte parfait sort de sa peau de chrysalide. C'est ordinairement au printemps que l'on rencontre les Sésies dans leur dernier état. Elles volent peu ; la plupart des femelles restent toute leur vie sur la tige du végétal qui les a vu naître. Les mâles fréquentent quelquefois les fleurs.

Feu M. Godart dans ses *Lépidoptères de France*, ouvrage auquel nous renvoyons le lecteur, a décrit dix-sept espèces de Sésies ; une partie des détails que nous venons de donner sur les mœurs sont mentionnés par lui dans cet ouvrage ainsi que dans quelques-uns de M. Latreille ; le reste est dû à nos observations particulières. Fabricius rapporte vingt-trois espèces à ce genre, mais plusieurs d'entr'elles appartiennent à celui de Sphinx, telles que les suivantes : *Tantalus* n°. 1, *Hylas* n°. 3, *Fadus* n°. 4, *Stellatarum* n°. 5, *Pandora*

n°. 6, *fuciformis* n°. 11, *bombyliformis* n°. 12, et peut-être aussi *brunneus* n°. 7, *octomaculata* n°. 8. et *Thysbe* n°. 10. La *Sesia marica* n°. 9. pourroit bien appartenir aux Glaucopides. Nous ne savons à quel genre rapporter la *Sesia melas* n°. 2. Les onze dernières espèces sont bien certainement des Sésies, excepté cependant la dix-huitième (*hæmorrhoidalis. Sphinx Leucaspis.* Cram.) qui nous paroît être une Glaucopide.
(S. F. et A. Serv.)

SÉTICAUDES ou NÉMATOURES. Nom que donne M. Duméril (*Zoolog. analyt.*) à une famille d'Aptères dont les caractères sont : *des mâchoires. Abdomen très-distinct. Des antennes. Six pattes. Ventre terminé par des soies.* Elle contient trois genres, Forbicine, Lépisme et Podure. (S. F. et A. Serv.)

SÉTICORNES ou CHÉTOCÈRES. C'est le nom que donne M. Duméril (*Zool. analyt.*) à une famille de Lépidoptères ayant les caractères suivans : *antennes en soie, rarement pectinées*, et contenant les genres Lithosie, Noctuelle, Crambe, Phalène, Pyrale, Teigne, Alucite et Ptérophore.
(S. F. et A. Serv.)

SIAGONE, *Siagona*. Lat. Bonell. Dej. (*Sp.*) *Cucujus*, *Galerita*. Fab.

Genre d'insectes de l'ordre des Coléoptères, section des Pentamères, famille des Carnassiers, tribu des Carabiques (section des Bipartis).

Dans cette division les genres Encelade et Siagone forment un groupe particulier, caractérisé par le menton inarticulé couvrant tout le dessous de la tête. (*Voy.* Scaptère.) Les Encelades n'ont pas le côté intérieur de leurs jambes de devant fortement échancré, ce qui les sépare des Siagones.

Antennes presque sétacées, un peu moins longues que le corps, composées de onze articles ; ces articles, à l'exception du premier, à peu près de même longueur ; le premier alongé, conique ; le second et le troisième presque coniques, les autres cylindriques. — *Labre* transverse, un peu avancé, presque coupé carrément, dentelé à sa partie antérieure. — *Mandibules* fortes, un peu avancées, arquées, ayant à leur base une assez forte dent. — *Palpes* peu alongés ; dernier article des maxillaires extérieurs allant un peu en grossissant vers l'extrémité ; palpes labiaux ayant ce même article fortement sécuriforme. — *Menton* inarticulé, sans suture, très-grand, recouvrant presque tout le dessous de la tête, très-fortement échancré, ayant dans son milieu une dent bifide. —*Tête* assez grande, presque carrée, assez plane, munie d'un sillon transversal à sa partie postérieure. — *Corps* très-déprimé. — *Corselet* presque en cœur, échancré en devant, un peu prolongé postérieurement ; séparé des élytres par un étranglement. — *Abdomen* ovale. —*Pattes* de longueur moyenne, cuisses assez fortes : jambes antérieures point dentées extérieurement, fortement échancrées au côté intérieur ; articles des tarses entiers, le dernier le plus grand de tous.

Les espèces connues de ce genre habitent le nord de l'Afrique et les Indes Orientales ; la forme déprimée de leur corps fait présumer qu'elles se tiennent sous les pierres ou sous les écorces ; leurs couleurs ordinaires sont le brun ou le noir. Les auteurs divisent ainsi les Siagones.

1re. *Division*. Aptères. — Elytres ovales, leurs angles huméraux nullement saillans.

On doit rapporter ici : 1°. Siagone rufipède, *S. rufipes*. Lat. *Gener. Crust. et Ins. tom.* 1. *pag.* 209. *n°.* 1. *pl.* 7. *fig.* 9. — *Cucujus rufipes* n°. 7. Fab. *Syst. Eleut.* 2°. Siagone fuscipède, *S. fuscipes*. Bonell. Dej. *Spéc. tom.* 1. *pag.* 359.

2e. *Division*. Ailés. — Elytres moins ovales et leurs angles huméraux mieux prononcés que dans la première division.

Là se placent 1°. Siagone déprimée, *S. depressa*. Dej. *Spéc. tom.* 1. *pag.* 361. *n°.* 5. — *Galerita depressa* n°. 5. Fab. *Syst. Eleut.* 2°. Siagone plane, *S. plana*. — *Galerita plana* n°. 6. Fab. *id.* 3°. Siagone flésus, *S. flesus*. Dej. *id. pag.* 363. *n°.* 6. — *Galerita flesus* n°. 7. Fab. *id.* 4°. Siagone Crapaud, *S. Bufo*. — *Galerita Bufo* n°. 8. Fab. *id.* (S. F. et A. Serv.)

SIAGONIE, *Siagonium*. Nom donné par M. Kirby (*Introduct. entom.* I. 1. 3.) à un genre d'insectes Coléoptères qui répond exactement à celui de Prognathe de M. Latreille. *Voyez* Prognathe à la table alphabétique.
(S. F. et A. Serv.)

SIALIS, *Sialis*. Lat. *Hemerobius*. Linn. De Géer. Geoff. Oliv. (*Encycl.*) *Semblis*. Fab.

Genre d'insectes de l'ordre des Névroptères, section des Filicornes, famille des Planipennes, tribu des Semblides (Mégaloptères *Encycl.* article Planipennes).

Des trois genres qui composent cette tribu, ceux de Corydale et de Chauliode ont trois ocelles très-visibles, les ailes couchées horizontalement sur le corps et tous les articles des tarses entiers.

Antennes simples, sétacées, composées d'un grand nombre d'articles cylindriques. — *Labre* avancé, demi-coriace, transversal, entier, ses bords latéraux arrondis. — *Mandibules* petites, cornées, presque trigones, leur extrémité formant brusquement un crochet aigu, sans dent. — *Mâchoires* presque crustacées, ayant deux lanières à leur extrémité ; celles-ci petites, presque droites, conniventes, obtuses ; l'extérieure coriace, un peu plus épaisse que l'autre : l'interne un peu plus longue, presque linéaire. — *Palpes* filiformes, leurs articles presqu'égaux, cylindriques, les maxillaires plus longs que les labiaux, de quatre articles; les labiaux de trois; le dernier des uns et des autres un peu aminci à sa base, obtus à l'extrémité. — *Lèvre* carrée. — *Tête* transverse, déprimée, penchée, de la largeur du corselet. — *Point d'ocelles.* — *Corps* un peu arqué. — *Prothorax* assez grand, transversal, presque cylindrique. — *Ailes* en toit, rabaissées postérieurement. — *Abdomen* beaucoup plus court que les ailes. — *Pattes* de longueur moyenne; tarses de cinq articles, le pénultième bilobé.

Les détails relatifs aux mœurs des Sialis sont mentionnés dans cet ouvrage, article HÉMÉROBE, tome VII, page 52, seconde colonne, et page 54, seconde colonne jusqu'à la fin de l'article. L'espèce connue est très-commune aux environs de Paris, c'est le Sialis noir, *S. niger.* LAT. *Gener. Crust. et Ins. tom.* 3. *pag.* 200. *n°.* 1. Hémérobe aquatique n°. 16. du présent Dictionnaire.

(S. F. et A. SERV.)

SIBINIE, *Sibinia.* GERM. *Voyez* TYCHIE.

(S. F. et A. SERV.)

SICAIRES, *Sicarii.* Seconde tribu de la famille des Tanystomes, première section de l'ordre des Diptères. Ses caractères sont :

Suçoir de quatre pièces. — *Dernier article des antennes* toujours dépourvu de stylet ou de soie, offrant des divisions transversales, (au nombre de trois au moins.) — *Trompe* souvent retirée en grande partie dans la cavité buccale, terminée par deux grandes lèvres saillantes.

Cette tribu renferme les genres Cœnomyie, Chiromyze et Pachystome.

CŒNOMYIE, *Cœnomyia.* LAT. MEIG. *Stratyomis.* PANZ. *Sicus.* FAB. SCHELL.

Genre d'insectes de l'ordre des Diptères, première section, famille des Tanystomes, tribu des Sicaires.

Les Chiromyzes et les Pachystomes qui composent cette tribu avec les Cœnomyies, s'en distinguent aisément par leur écusson mutique.

Antennes à peine plus longues que la tête, composées de trois articles, le premier alongé, cylindrique; le second obconique, un peu cyathiforme; le troisième plus long que les premiers, alongé, conique, paroissant avoir huit anneaux. — *Trompe* pouvant entrer en grande partie dans la cavité buccale, terminée par deux grandes lèvres saillantes. — *Suçoir* composé de quatre soies, la supérieure plus forte, canaliculée en dessous. — *Palpes* presque de la longueur de la trompe, droits, relevés, velus. — *Tête* plus étroite que le corselet. — *Yeux* réunis dans les mâles, espacés dans les femelles. — *Trois ocelles* disposés en triangle sur les bords d'une éminence frontale. — *Corps* assez long. — *Corselet* ovale, convexe, élevé. — *Ecusson* terminé par deux épines redressées. — *Ailes* parallèles, couchées l'une sur l'autre dans le repos; cellule discoïdale allant en se rétrécissant vers son extrémité. — *Balanciers* assez longs. — *Abdomen* un peu convexe, tant en dessus qu'en dessous. — *Pattes* assez grandes, minces : premier article des tarses presqu'aussi long que les quatre autres réunis, le dernier muni de deux forts crochets et de trois pelottes, l'intermédiaire plus relevée que les deux autres.

Nous ne connoissons pas les mœurs de ces Diptères dont le nom vient de deux mots grecs signifiant : *mouche de boue.* M. Latreille qui a fondé ce genre en cite deux espèces. 1°. Cœnomyie ferrugineuse, *C. ferruginea.* LAT. *Gener. Crust. et Ins. tom. IV. pag.* 281. — *Encycl. pl.* 387. *fig.* 8. Mâle. 2°. Cœnomyie bicolore, *C. bicolor.* id. M. Meigen regarde ces deux espèces comme variétés d'une seule qu'il décrit sous le nom de *Cœnomyia ferruginea, Dipt. d'Eur. tom.* 2. *pag.* 18. *n°.* 1. M. Latreille observe que cet insecte répand une odeur aromatique semblable à celle du mélilot long-temps encore après sa mort; nous avons fait la même remarque. Cette espèce varie beaucoup; suivant M. Meigen, Fabricius l'a décrite ainsi que ses variétés sous les noms de *Sicus ferrugineus, bicolor* et *errans.* M. Wiédemann (*Dipt. exotic.*) assure que le *Sicus crucis* du même auteur est encore la même espèce, quoique Fabricius lui donne pour patrie les îles de l'Amérique méridionale.

(S. F. et A. SERV.)

CHIROMYZE, *Chiromyza.* WIÉD. LAT. (*Fam. nat.*)

Genre d'insectes de l'ordre des Diptères, première section, famille des Tanystomes, tribu des Sicaires.

Deux genres composent cette tribu avec celui de Chiromyze, savoir : les Cœnomyies qui ont l'écusson épineux et les Pachystomes dont les antennes de forme cylindrique sont insérées sur une éminence, leur premier article étant le plus long de tous.

M. Wiédemann créateur de ce genre en donne les caractères dans ses *Diptera exotica* (*Pars* 1. *Kiliæ.* 1821.) de la manière suivante : antennes rapprochées, avancées, velues, à peine plus longues que la tête, composées de trois articles, le premier très-court, cylindrique, le second cyathiforme, à peine plus long que le précédent, le troisième subulé, presqu'aussi long que les deux précédens réunis. Bouche petite, point saillante. Yeux des mâles se réunissant sur le front. Trois ocelles. Ailes en recouvrement. Balanciers très-grands. Pattes assez grandes; les antérieures plus longues que les intermédiaires.

L'auteur a tiré le nom de ce genre de deux mots grecs dont l'un signifie : *main* et l'autre : *mouche;* il le rapporte à sa cinquième famille (*Xylotomæ*) dans laquelle le troisième article des antennes n'est pas annelé. M. Latreille (*Fam. nat.*) regarde ce troisième article comme annelé, à trois divisions. En l'examinant avec une forte loupe, il nous a paru composé de cinq anneaux, le premier conique, le plus long de tous, glabre à sa base, bordé à sa partie supérieure de cils roides disposés en verticilles; les trois suivans courts, coniques, velus, allant en diminuant de grosseur, le cinquième très-petit, terminé par un faisceau de poils.

L'abdomen des femelles observé avec soin sur un individu de la Chiromyze rayée, dans le plus grand développement de l'organe propre à déposer les œufs (style anal. Wiédem.) a quatre segmens; les deux derniers, mais surtout le quatrième, se rétrécissent à leur partie postérieure. Le style anal beaucoup plus étroit que l'abdomen, égalant à peu près les deux tiers de sa longueur, est composé de quatre articulations qui vont en diminuant de longueur de la première à la dernière; les trois premières plus étroites à leur base qu'à leur extrémité qui est évasée, et marquées au-delà du milieu d'une carène transversale un peu élevée; la dernière est renflée dans son milieu; ces articulations paroissent pouvoir rentrer les unes dans les autres et se loger dans le dernier segment de l'abdomen.

Les Chiromyzes connues sont de l'Amérique méridionale: on n'a point encore de renseignemens sur leurs mœurs. M. Wiédemann en décrit trois espèces. 1°. Chiromyze rayée, *Chir. vittata.* Longueur 7 lig. Corps d'un jaune ochracé. Corselet ayant quatre bandes longitudinales brunes; nervures des ailes bordées de brun pour la plupart. Femelle. 2°. Chiromyze brune, *Chir. fuscana.* Longueur 7 à 8 lignes. D'un brun ochracé. Corselet avec des bandes longitudinales peu apparentes; les derniers segmens de l'abdomen séparés par une ligne d'une nuance plus claire. Femelle. 3°. Chiromyze ochracée, *Chir ochracea.* Longueur 4 lignes. Entièrement de couleur d'ochre. Ailes brunes. Mâle. (S. F. et A. Serv.)

SICUS. Fab. Ce genre de Diptères nous paroît répondre à celui de Cœnomyie Lat. *Voyez* ce mot page 430. de ce volume.

(S. F. et A. Serv.)

SIGALPHE, *Sigalphus*. Lat. Spinol. *Cryptus.* Fab. *Ichneumon.* De Géer. Oliv. (*Encycl.*) Geoff. *Bracon.* Jur.

Genre d'insectes de l'ordre des Hyménoptères, section des Térébrans, famille des Pupivores, tribu des Ichneumonides (division des Braconides Nob. *Voyez* tribu des Ichneumonides, pag 43. de ce volume).

M. Latreille dans ses *Fam. natur.* partage ses Ichneumonides en deux divisions d'après le nombre des articles qui composent les palpes maxillaires; la seconde de laquelle dépendent les genres: Sigalphe, Chélone, Alysie, Rogas, Cardiochile, Helcon (1) et Eubazus, a pour caractères: palpes maxillaires de six articles (les labiaux de quatre). Dans notre tableau des Ichneumonides la seconde division que nous nommons les Braconides a deux subdivisions d'après les mêmes caractères de palpes; la première se distinguant par les palpes maxillaires de six articles et les labiaux de quatre. Là nous plaçons les genres: Sigalphe, Alysie, Helcon, Fœne et Aulaque: les deux derniers ont l'abdomen implanté à la partie supérieure du métathorax; les Alysies ont les mandibules presqu'en carré, grandes, écartées et leur abdomen n'est point en massue ni concave en dessous; celui des Helcons est linéaire et composé de sept segmens outre l'anus; la partie antérieure de leur mésothorax s'élève en bosse au-dessus du prothorax. Quant aux Chélones, la première cellule discoïdale supérieure de leurs premières ailes est confondue avec la première cubitale, ce qui nous les fait classer parmi les Ichneumonides vrais. Nous ne connoissons pas les genres Rogas, Cardiochile et Eubazus de M. Nées d'Esenbeck, mais cet auteur leur attribue un abdomen plane. Nous pensons donc avoir suffisamment distingué des Sigalphes tous les genres admis dans leur groupe tant par M. Latreille que par nous.

Antennes sétacées, multiarticulées, leur premier article le plus grand et le plus gros de tous, ovale-cylindrique. — *Mandibules* arquées, leur extrémité aiguë, bidentée, la dent inférieure plus petite que la terminale. — *Palpes* velus, les maxillaires sétacés, de six articles, les deux premiers courts, les autres cylindriques, allant en diminuant de longueur et de grosseur jusqu'au sixième; palpes labiaux filiformes, de quatre articles, le second dilaté à sa partie intérieure, le dernier le plus long de tous. — *Tête* à peu près de la largeur du corselet. — *Yeux* de grandeur moyenne, saillans. — *Trois ocelles* grands, placés en ligne courbe sur le vertex, assez rapprochés. — *Corps* assez généralement chagriné. — *Corselet* ovale-globuleux; prothorax très-court, paroissant à peine en dessus; mésothorax assez grand, bombé supérieurement, beaucoup plus élevé que les autres parties du thorax: métathorax très-déprimé, un peu plus court que la portion précédente, anguleux, bicaréné en dessus. — *Ailes* supérieures ayant une

(1) Dans notre tableau des Ichneumonides, page 43 de ce volume, nous avons attribué par erreur aux Helcons, des palpes maxillaires de cinq articles et les labiaux de trois; un nouvel examen nous fait reconnoître aujourd'hui que les palpes maxillaires ont six articles (les deux premiers fort courts, le troisième aplati et dilaté à sa partie intérieure) et les labiaux quatre. Il s'ensuit de cette rectification que ce genre appartient à la première subdivision de notre division des Braconides.

cellule radiale assez alongée, allant en se rétrécissant après la seconde cubitale, se terminant en pointe avant le bout de l'aile et trois cellules cubitales, les deux premières presqu'égales, en carré-long, la troisième complète, la plus grande de toutes; une seule nervure récurrente aboutissant dans la première cellule cubitale près de la nervure d'intersection de celle-ci et de la seconde; trois cellules discoïdales, l'inférieure descendant jusqu'au bord postérieur de l'aile. — *Abdomen* inséré à la partie supérieure du métathorax, en massue, très-voûté après le premier segment, concave en dessous, paroissant en dessus n'être formé que de trois segmens; le premier appliqué au corselet par une base assez large, le second presqu'aussi long que le premier, le troisième le plus long de tous; les autres cachés en dessous de celui-ci dans la cavité de l'abdomen : tarière (des femelles) courte, conique. — *Pattes* assez fortes; jambes terminées par deux fortes épines; premier article des tarses presqu'aussi long que les quatre autres pris ensemble; le dernier ayant deux crochets fort courts et une petite pelotte bifide, courte.

La larve du Sigalphe irrorateur vit dans le corps des chenilles de plusieurs Lépidoptères nocturnes. Après y avoir pris tout son accroissement elle en sort et se file une coque d'apparence membraneuse, très-mince, ovale-cylindrique et de couleur blanche. De Géer l'a eu de la chrysalide de la Noctuelle Psi.

Rapportez à ce genre le Sigalphe irrorateur, *S. irrorator*. Lat. *Gen. Crust. et Ins. tom.* 4. *pag.* 13.

Voyez pour la description et les autres synonymes, Ichneumon arroseur n°. 147. de ce Dictionnaire. Au synonyme de Geoffroy, *lisez* tom. 2. au lieu de tom. 1.

ALYSIE, *Alysia*. Lat. *Cryptus*. Fab. *Bassus*. Panz. (*Révis.*) Spinol. *Bracon*. Jur. *Cechenus*. Illig. *Ichneumon*. Panz. *Faun*.

Genre d'insectes de l'ordre des Hyménoptères, section des Térébrans, famille des Pupivores, tribu des Ichneumonides (division des Braconides Nob. *Voyez* Tribu des Ichneumonides, pag. 43. de ce volume.)

Dans les *Familles naturelles* de M. Latreille, les genres voisins de celui d'Alysie sont : 1°. Sigalphe, qui a l'abdomen en massue et concave en dessous; 2°. Chélone, dans lequel la première cellule discoïdale supérieure des premières ailes est confondue avec la première cubitale : de plus ces deux genres ont les mandibules terminées en pointe; 3°. Helcon, dont les mandibules sont conformées comme celles des deux genres précédens et dont le mésothorax s'élève en bosse au-dessus du prothorax. Quant aux Rogas, aux Cardiochiles et aux Eubazus de M. Nées d'Esenbeck, ils ne nous sont pas assez connus pour pouvoir établir leurs différences. Les autres genres dont nous rapprochons les Alysies dans notre tableau des Ichneumonides, pag. 43. de ce volume, sont : 1°. Fœne et Aulaque, dont l'abdomen est inséré sur la partie supérieure du métathorax; 2°. Vipion, Bracon et Microgastre, dont les palpes labiaux n'ont que trois articles.

Ce genre dû à M. Latreille a quelques rapports par ses mandibules tridentées avec les Hyménoptères de la tribu des Gallicoles, et particulièrement avec le genre Figite (*voyez* Lat. *Fam. nat. pag.* 446.); mais les ailes inférieures de ceux-ci n'ont au plus qu'une nervure, et la tarière des femelles est roulée en spirale dans l'intérieur de leur abdomen.

Antennes longues, sétacées, composées d'articles nombreux, presque moniliformes. — *Labre* petit, presque trigone. — *Mandibules* grandes, avancées, alongées, presque carrées, comprimées, appliquées dans le sens de leur largeur aux côtés de la tête, un peu convexes extérieurement, carénées; voûtées en dessous, ne se rapprochant pas l'une de l'autre, même dans le repos; leur extrémité munie de trois dents, celle du milieu un peu plus grande. — *Mâchoires* membraneuses. — *Palpes maxillaires* très-alongés, pendans, filiformes, de six articles; palpes labiaux de quatre articles. — *Lèvre* membraneuse, entière; menton membraneux. — *Tête* grande, un peu plus large que le corselet. — *Yeux* petits. — *Trois ocelles* grands, rapprochés en triangle sur la partie supérieure du front. — *Corselet* ovale; prothorax étroit, un peu alongé en manière de cou; métathorax un peu anguleux. — *Ecusson* de grandeur moyenne. — *Ailes* supérieures ayant une cellule radiale grande, s'approchant du bout de l'aile, se rétrécissant un peu après la seconde cubitale, et trois cellules cubitales; les deux premières plus petites que la troisième, celle-ci presque complète ou du moins tracée jusqu'au bord postérieur de l'aile : une seule nervure récurrente aboutissant dans la première cellule cubitale, près de la nervure d'intersection de celle-ci et de la seconde cubitale. Trois cellules discoïdales; la troisième ou l'inférieure s'étendant jusqu'au bord postérieur de l'aile. — *Abdomen* court, ovalaire, inséré vers la partie inférieure du métathorax par une base large, ridée; simplement déprimé en dessous. Tarière (des femelles) saillante. — *Pattes* assez grandes, grêles : premier article des tarses le plus long de tous; le dernier muni de deux crochets très-courts et d'une fort petite pelotte.

Ce genre ne comprend que peu d'espèces; elles sont toutes d'assez petite taille; la plus commune, Alysie mandibulaire, *A. manducator* Nob. paroît déposer ses œufs dans le corps des larves qui vivent dans les excrémens humains. Cette espèce est l'*Alysia stercoraria*. Lat. *nouv. Dict. d'hist. nat.* 2e. édit. — *Cryptus manducator* n°. 73. Fab. *Syst*

Syst. Piez. — *Ichneumon manducator.* Panz. *Faun. Germ. fas.* 72. *fig.* 4. Femelle.

(S. F. et A. Serv.)

SIGARA, *Sigara.* Fab. Ce genre d'Hémiptères répond en partie à celui de Corise Lat. *Voyez* ce mot. (S. F. et A. Serv.)

SIGARA, *Sigara.* Léach. Lat. (*Fam. nat.*) *Notonecta.* Linn.

Genre d'insectes de l'ordre des Hémiptères, section des Hétéroptères, famille des Hydrocorises, tribu des Notonectides.

Quatre genres composent cette tribu, savoir : Notonecte, Pléa, Sigara et Corise; le dernier se distingue de tous les autres par le manque d'écusson, et particulièrement des Sigaras par son corps linéaire. Les Notonectes et les Pléas sont reconnoissables en ce qu'elles ont deux articles à tous les tarses, même aux antérieurs.

Ce genre tel qu'il est adopté par M. Latreille dans ses *Familles naturelles*, a été fondé par le docteur Léach (*Trans. Linn. de Londres, vol.* 12. *pag.* 10.). Ces auteurs n'ayant pas donné en détail les caractères génériques, nous ne pouvons que consigner ici les courtes notes extraites de l'ouvrage précité de M. Léach.

Corps ovale, pointu postérieurement, un peu déprimé. — *Corselet* transversal, linéaire. — *Ecusson* distinct. — *Elytres* canaliculées, au moins à la base de leur bord antérieur. — *Pattes* postérieures les plus longues de toutes, propres à nager; tarses antérieurs n'ayant qu'un seul article; les quatre autres en ayant deux.

On ne mentionne qu'une seule espèce.

1. Sigara naine, *S. minutissima.*

Sigara suprà cinerea; elytris fusco obsoletè maculatis, subtùs pedibusque flavis.

Sigara minutissima. Léach *ut suprà.* — *Notonecta minutissima.* Linn. *Faun. Suec.* 244. 905. *Syst. nat.* 2. 713. 3. (en retranchant le synonyme de Geoffroy qui appartient à la *Plea minutissima.* Léach. Lat.)

Longueur 1 lig. Cendrée en dessus. Elytres ayant des taches brunes peu distinctes. Dessous du corps et pattes jaunes. D'Europe.

(S. F. et A. Serv.)

SILÈNE. Nom vulgaire donné par Geoffroy (*Ins. Paris.*) au Satyre Circé n°. 110. tom. IX. pag. 515. du présent Dictionnaire.

(S. F. et A. Serv.)

SILPHA. Linn. Fab. Nom sous lequel Fabricius comprend dans son *Syst. Eleut.*, des Coléoptères-Pentamères de différens genres. Les *Silpha surinamensis* n°. 1, *littoralis* n°. 2. et *livida* n°. 3. sont des Nécrodes. Les espèces de 6 à 21. inclusivement sont de vrais *Silpha* (Bouclier Oliv.). La *Silpha dentata* n°. 22. est un *Thymalus* Lat. et auroit dû par conséquent être placée par l'auteur allemand dans son genre *Peltis*, lequel correspond à celui de Thymale de M. Latreille. Les *Silpha limbata* n°. 23 et *undata* n°. 24. sont peut-être aussi des *Thymalus*. La *Silpha minuta* n°. 25. est l'Omalie de la Renoncule n°. 20. *Encyclop.* Quant à la *Silpha micans* n°. 4, nous ignorons le genre auquel elle appartient; il en est de même de la *Silpha indica* n°. 5, que Fabricius décrit une seconde fois sous le nom d'*Ips grandis* n°. 2, ainsi que l'indique M. Schœnherr, *Syn. Ins. tom.* 2. *pag.* 123.

Ce genre *Silpha* dans Fabricius se rapporte à peu près à celui de Bouclier du présent Dictionnaire; les Boucliers suivans, 1°. surinamois n°. 1. pl. 164. fig. 20. 2°. littoral n°. 2. pl. id. fig. 21. 3°. livide n°. 3. pl. id. fig. 22. appartiennent au genre Nécrode Lat. *Fam. natur.* Les espèces depuis le n°. 5. jusqu'au n°. 13. inclusivement, ainsi que les n°s. 16. 17. 18. 19. 20. 21. sont des Boucliers. Les espèces suivantes rentrent dans le genre Thymale. 1°. échancré n°. 14. pl. 165. fig. 7. (*Thymalus grossus* Lat.) 2°. ferrugineux n°. 22. pl. id. fig. 13. (*Thymalus ferrugineus* Lat.) 3°. oblong n°. 24. pl. id. fig. 14. (*Thymalus oblongus* Lat.) 4°. denté n°. 24. (*Thymalus dentatus* Lat.) 5°. bordé n°. 25. pl. id. fig. 17. (*Thymalus limbatus* Lat.) *Voyez* Thymale. Le Bouclier ondé n°. 26. est peut-être encore de ce dernier genre. (S. F. et A. Serv.)

SILVIUS. Nom donné par Hubner à une espèce d'Hespérie voisine du *Brontes.* (E. G.)

SILVIUS, *Silvius.* Meig. Lat. (*Fam. nat.*) *Tabanus.* Fab.

Genre d'insectes de l'ordre des Diptères, première section, famille des Tanystomes, tribu des Taoniens.

Huit genres composent cette tribu. Les Taons, les Hæmatopotes et les Heptatomes se distinguent au premier coup d'œil par le manque d'ocelles : parmi ceux qui en sont pourvus comme les Silvius, le genre Rhinomyze se reconnoît au troisième article de ses antennes denté à la base; les Acanthomères par la brièveté du premier article des antennes et encore par leurs cuisses postérieures unidentées dans les mâles; les Rhaphiorhynques ont leur hypostome terminé par un avancement subulé et le premier article des antennes beaucoup plus court que le second, comme dans le genre Acanthomère. Enfin dans les Chrysops, les deux premiers articles des antennes sont égaux en longueur, tous deux cylindriques.

M. Meigen à qui l'on doit ce genre lui donne pour caractères : antennes avancées, rapprochées, de trois articles; le premier cylindrique, plus long que le second, celui-ci court, cyathiforme : le troisième subulé, paroissant formé de cinq anneaux. Trois ocelles. Palpes avancés, biarticulés, velus; leur second article conique dans les femelles, cylindrique dans les mâles. Ailes écartées.

Nous ajouterons que les yeux sont espacés dans les femelles, contigus dans les mâles, et que dans ce dernier sexe les cuisses postérieures ne sont pas unidentées.

Rapportez à ce genre, dont les mœurs doivent être les mêmes que celle des Taons, le Silvius du Veau, *Silvius Vituli*. Meig. *Dipt. d'Eur. tom.* 2. *pag.* 27. *n°.* 1. *tab.* 13. *fig.* 13. Femelle. — *Tabanus Vituli*. *n°.* 19. Fab. *Syst. Antliat.*
(S. F. et A. Serv.)

SIMBLÉPHILE, *Simblephilus*. M. Jurine (*nouv. Méthod. Hyménopt.*) donne ce nom aux Hyménoptères désignés sous celui de *Philanthe* par M. Latreille. *Voyez* ce mot. (S. F. et A. Serv.)

SIMPLICICORNES ou APLOCÈRES. M. Duméril, dans sa *Zoologie analytique*, a nommé ainsi une famille de Diptères dont les caractères sont : *suçoir nul ou caché. Bouche en trompe, rétractile dans une cavité du front. Antennes sans poil isolé latéral.* Elle est composée des genres suivans : Rhagion, Bibion, Anthrax, Sique, Hypoléon, Stratiome, Cyrte, Némotèle, Cérie et Midas. (S. F. et A. Serv.)

SIMPLICIPÈDES. M. le comte Dejean (*Spéciès*) établit sous ce nom une tribu qui correspond à la division des Carabiques nommée *les Abdominaux* par M. Latreille. *Voyez* Abdominaux à la Table alphabétique.
(S. F. et A. Serv.)

SIMULIE, *Simulium*. Lat. *Culex*. Linn. Oliv. (*Encycl.*) *Tipula*. De Géer. *Bibio*. Oliv. (*Encycl.*) Pall. *Scatopse*. Fab. *Simulia*. Meig. Macq.

Genre d'insectes de l'ordre des Diptères, première section, famille des Némocères, tribu des Tipulaires (division des Florales).

Cette division contient sept genres ; cinq d'entr'eux se distinguent par la présence de trois ocelles, savoir : Scathopse, Penthétrie, Dilophe, Bibion et Aspiste. Les Cordyles qui, comme les Simulies, sont privées d'ocelles, en diffèrent en ce que leurs antennes ont douze articles et que leurs yeux sont entiers dans les deux sexes.

Antennes courtes, épaisses, presque cylindriques, mais grossissant insensiblement de leur base à l'extrémité, composées de onze articles, les deux premiers distinctement séparés des autres. — *Trompe* courte, pointue, perpendiculaire, paroissant (d'après la figure donnée par M. Meigen) pourvue d'une soie ou pointe roide. — *Palpes* alongés, avancés, un peu recourbés, cylindriques, de quatre articles distincts ; le premier le plus court de tous, les deux suivans plus longs, un peu renflés, le quatrième encore plus long, mais plus menu. — *Tête* presque globuleuse. — *Yeux* grands, échancrés au côté interne et espacés dans les femelles ; se réunissant sur le front et sur le vertex dans les mâles. — *Point d'ocelles.* — *Corps* assez court. — *Prothorax* très-petit, peu visible. — *Ailes* grandes, larges, parallèles et couchées l'une sur l'autre dans le repos ; les nervures les plus voisines du bord extérieur seules bien distinctes, les autres très-foiblement tracées. — *Abdomen* cylindrique, composé de sept segmens outre l'anus. — *Pattes* assez longues ; premier article des tarses au moins aussi long que les quatre autres pris ensemble.

Les Simulies, ou au moins l'espèce nommée *reptans*, sont très-incommodes et piquent assez fortement ; elles attaquent les hommes et les animaux, mais il seroit possible que ce fût le fait seul des femelles ainsi qu'on le remarque dans les Cousins et dans les Taoniens. M. Meigen décrit douze espèces de ce genre et en mentionne une treizième ; aucune d'elles ne surpasse deux lignes de longueur. Les habitudes des leurs larves et leurs métamorphoses ne nous sont pas connues. L'espèce suivante a été décrite pour la première fois par M. Macquart dans son ouvrage sur les Tipulaires du nord de la France, que nous avons déjà cité.

1. Simulie printannière, *S. vernum*.

Simulium nigrum ; tibiis incrassatis.

Simulia verna. Macq. *Ins. Dipt. Tipul. p.* 23. *n°.* 2.

Longueur une ligne et demie. D'un noir mat. Corselet chargé d'un léger duvet grisâtre. Abdomen et pattes couverts de poils courts, roussâtres. Balanciers d'un roux clair. Jambes un peu renflées. Tarses noirs.

On la trouve en mai aux environs de Lille ; elle y est rare.

Nota. La Simulie rampante (*S. reptans*. Lat. *Gen. Crust. et Ins. tom.* 4. *p.* 229. Otez d'après M. Meigen le synonyme de l'*Atractocera regelationis* tiré de la classification de ce dernier auteur, qui appartient à la *Simulia ornata* n°. 1. Meig. *Dipt. d'Eur.* Le mâle de cette dernière espèce est figuré dans l'Encyclopédie pl. 386. fig. 9. sous le nom d'*Atractocera regelationis.*) est décrite dans l'Encyclopédie sous deux noms différens, Cousin serpentant n°. 11. et Bibion tête rouge n°. 11. (Le premier nous paroît être la femelle, le second le mâle.) *Scatopse reptans* n°. 2. Fab. *Syst. Antliat.* (en retranchant le synonyme du *Rhagio colombaschensis*. *Entom. Syst.* qui appartient à la *Simulia maculata* n°. 7. Meig. *Dipt. d'Eur.*)

Le Cousin des chevaux n°. 13. du présent Dictionnaire est peut-être aussi une Simulie.
(S. F. et A. Serv.)

SINODENDRE, *Sinodendron*. FAB. LAT. *Scarabœus*. LINN. DE GÉER. OLIV. (*Entom.*)

Genre d'insectes de l'ordre des Coléoptères, section des Pentamères, famille des Lamellicornes, tribu des Lucanides.

Dans cette tribu les genres Paxylle et Passale sont distingués par leur labre grand, toujours découvert; la languette entière couronnant le menton, et les antennes simplement arquées et velues. Les autres genres où les antennes sont toujours fortement coudées, le labre presque nul ou caché, la languette très-petite et entière, ou grande et bilobée, tantôt saillante et tantôt cachée par le menton, se divisent en trois groupes, dont l'un a pour caractères: languette cachée par le menton ou découverte, mais très-petite et entière: il renferme les Sinodendres et les Æsales; mais dans ces derniers la languette est découverte, le menton grand, transversal, les mandibules s'avancent au-delà de la tête et diffèrent dans les deux sexes; enfin leur corps est court.

Antennes fortement coudées, composées de dix articles; le premier fort long, égalant presque la longueur de la moitié de l'antenne, le second globuleux, un peu turbiné; les cinq suivans globuleux, allant un peu en grossissant du troisième jusqu'au septième inclusivement; les trois derniers formant des feuillets disposés perpendiculairement à l'axe de l'antenne et imitant des dents de scie.— *Labre* peu distinct. — *Mandibules* cornées, presqu'entièrement cachées. — *Mâchoires* presque membraneuses, peu avancées, composées de deux lobes, l'intérieur très-petit, en forme de dent. — *Palpes maxillaires* peu avancés, filiformes, près de deux fois plus longs que les labiaux, leur second article plus grand que les autres, obconique, le troisième presqu'ovale, le dernier presque cylindrique; le terminal des palpes labiaux plus gros que les précédens, presqu'ovale. — *Menton* petit, triangulaire, caréné. — *Languette* cachée par le menton. — *Tête* petite, cornue ou tuberculée. — *Yeux* petits. — *Corps* alongé, cylindrique. — *Corselet* presque carré, convexe en dessus, sa partie antérieure concave surtout dans les mâles, le bord antérieur échancré pour recevoir la tête. — *Ecusson* petit, arrondi postérieurement. — *Elytres* recouvrant entièrement l'abdomen et les ailes. — *Abdomen* assez épais. — *Pattes* de longueur moyenne; jambes dentées sur deux rangs à leur partie extérieure; dernier article des tarses muni de deux crochets entre lesquels est un appendice portant deux soies.

Les larves des Coléoptères de ce genre vivent comme celles des Lucanes, dans les troncs d'arbres; c'est ce qu'indique le nom de Sinodendre venant de deux mots grecs signifiant: *nuisible aux arbres*. L'espèce la plus connue se trouve fréquemment en Normandie dans le tronc creux des vieux pommiers et en Flandre dans les hêtres cariés; c'est le Sinodendre cylindrique, *Sinod. cylindricum* n°. 1. FAB. *Syst. Eleut.* — PANZ. *Faun. Germ. fas.* 1. *fig.* 1. mâle, *fas.* 2. *fig.* 11. femelle. — *Scarabœus cylindricus*. OLIV. *Entom. tom.* 1. *Scarab. pag.* 47. *n°*. 54. *pl.* 9. *fig.* 80. mâle et femelle. M. Palisot-Bauvois décrit (*Ins. d'Afr. et d'Amér.*) un Sinodendre des Etats-Unis d'Amérique sous le nom d'*Americanum*. Il a les plus grands rapports avec celui d'Europe et n'en est peut-être qu'une variété.

Les huit autres espèces de Sinodendres décrites dans Fabricius n'appartiennent pas à ce genre, ainsi que l'a remarqué M. Latreille. Le *Sinodendron cornutum* n°. 2. est une *Lamprima* LAT., et le *Sinodendron muricatum* n°. 6. doit se ranger parmi les Bostriches LAT.

ÆSALE, *Æsalus*. FAB. LAT. *Lucanus*. PANZ.

Genre d'insectes de l'ordre des Coléoptères, section des Pentamères, famille des Lamellicornes, tribu des Lucanides.

Les Sinodendres et les Æsales forment un groupe dans cette tribu (*voyez* LUCANIDES à la Table alphabétique), mais le genre Sinodendre est reconnoissable par sa languette cachée par le menton, celui-ci petit, triangulaire, par les mandibules presqu'entièrement cachées dans les deux sexes, et enfin par son corps alongé et cylindrique.

Antennes fortement coudées, composées de dix articles, le premier très-long, courbe, comprimé; le second globuleux; les cinq suivans très-courts, transversaux; les trois derniers formant des feuillets perpendiculaires à l'axe de l'antenne, imitant presque des dents de scie. — *Labre* apparent. — *Mandibules* fortes, s'avançant au-devant de la tête, aiguës à leur extrémité, arquées, émettant à leur partie supérieure un rameau obtus, imitant une corne plus ou moins relevée suivant le sexe. — *Mâchoires* ayant un appendice très-court, comprimé, arrondi et velu à son extrémité. — *Palpes* courts; les maxillaires ayant leurs trois premiers articles petits, globuleux, transversaux, le quatrième grand, cylindrique-ovale. — *Menton* grand, en carré transversal. — *Languette* très-petite, distincte, entière. — *Tête* petite. — *Yeux* gros, très-saillans en dessous. — *Corps* court, convexe en dessus. — *Corselet* échancré en devant pour recevoir la tête, son bord postérieur un peu lobé dans son milieu. — *Ecusson* petit, arrondi postérieurement. — *Elytres* recouvrant entièrement l'abdomen et les ailes. — *Abdomen* court. — *Pattes* assez courtes: jambes larges, aplaties, presque triangulaires, munies d'un seul rang d'épines à leur partie extérieure; tarses courts, leur dernier article muni de deux crochets entre lesquels est un petit tubercule portant deux soies divergentes.

Par ses jambes aplaties, son corps court et convexe, ce genre a quelques rapports avec celui de Bolbocère, mais le reste de ses caractères l'en éloigne ainsi que la manière de vivre de la larve qui habite les arbres creux et pourris, particulièrement les chênes, suivant le témoignage de M. Creutzer cité par Panzer. Les auteurs ne donnent qu'une seule espèce de ce genre. Æsale scarabéoïde, *Æsalus scarabeoides* n°. 1. Fab. *Syst. Eleut.* — *Lucanus scarabeoides.* Panz. *Faun. Germ. fas.* 26. *fig.* 15. Mâle. *fig.* 16. Femelle. (S. F. et A. Serv.)

SIPHONAPTÈRES, *Siphonaptera.* Lat.

Latreille désigne sous ce nom (*Fam. nat. du Règn. anim.*) le dernier ordre des insectes aptères. Cet ordre est ainsi caractérisé : bouche consistant en un rostelle (ou petit bec) composé d'un tube extérieur ou gaîne (lèvre inférieure) divisée en deux valves articulées, renfermant un suçoir de trois soies (deux mâchoires et la langue) et de deux écailles (palpes) recouvrant la base de ce tube ; pattes postérieures servant à sauter ; corps très-comprimé sur les côtés ; antennes très-rapprochées de l'extrémité antérieure de la tête, presque filiformes ou un peu plus grosses au bout, de quatre articles : une lame que l'animal élève et abaisse très-souvent, située au-dessous de chaque œil et dans une fossette.

Ces Aptères paroissent intermédiaires entre les Hémiptères et les Diptères ; ils subissent des métamorphoses complètes ; de même que les Parasites, ils vivent sur divers quadrupèdes et sur quelques oiseaux : cette dernière considération les rapproche des derniers Diptères ou des Pupivores, qui vivent aussi sur les oiseaux.

Cet ordre ne renferme que le genre Puce. *Voyez* ce mot. (E. G.)

SIPHONCULÉS, *Siphonculata.* Lat.

Seconde famille de l'ordre des Parasites établie par Latreille (*Fam. nat. du Règn. anim.*) et renfermant les Parasites qui n'ont point de mandibules et dont la bouche consiste en un museau d'où sort à volonté un siphoncule servant de suçoir. Latreille divise ainsi cette famille.

I. Thorax très distinct, les six pattes terminées en manière de pince.

Les genres Pou, Hæmotopine.

II. Thorax très-court, presque nul ; corps comme formé simplement d'une tête et d'un abdomen ; les deux pattes antérieures monodactyles, les autres didactyles.

Le genre Pthire.

Voyez pour plus de détails les mots Parasite et Pou. (E. G.)

SIPHONE, *Siphona.* Meig.

Cet auteur dans ses *Dipt. d'Europ.* nomme ainsi un genre que M. Latreille avoit précédemment appelé Bucente, *Bucentes.* Voyez ce mot à la Table alphabétique. (S. F. et A. Serv.)

SIQUE, *Sicus.* Lat. *Tachydromia.* Meig. Fab. Fallèn. *Calobata.* Fab. *Musca.* Linn.

Genre d'insectes de l'ordre des Diptères, première section, famille des Tanystomes, tribu des Empides.

Dans cette tribu cinq genres, savoir : Empis, Ramphomyie, Hilare, Brachystome et Glome ont leurs antennes de trois articles. D'un autre côté, les Hémérodromies ont les hanches antérieures très-longues ; dans les Drapétis le second article des antennes est lenticulaire et les cuisses antérieures sont toujours grêles ainsi que les intermédiaires.

Antennes avancées, rapprochées à la base, insérées sur le haut du front, composées seulement de deux articles ; le premier cylindrique, court, un peu hérissé de poils ; le second ovale ou oblong, muni d'une soie terminale quelquefois ciliée. — *Trompe* avancée, courte, perpendiculaire, de la longueur de la tête au plus. — *Palpes* cylindriques ou en forme d'écailles, couchés sur la trompe. — *Ailes* obtuses, velues vues à la loupe, couchées l'une sur l'autre dans le repos. — *Balanciers* découverts. — *Tête* sphérique. — *Yeux* ordinairement espacés dans les deux sexes. — *Trois ocelles* placés en triangle sur le vertex. — *Corselet* ovale. — *Ecusson* semi-circulaire, assez étroit. — *Abdomen* oblong, cylindrique, de sept segmens ; pointu dans les femelles. — *Pattes* assez déliées, les postérieures toujours grêles, plus longues que les autres ; cuisses antérieures ou les intermédiaires, renflées. Dans ce second cas, qui est le plus ordinaire, ces secondes cuisses sont toujours finement épineuses en dessous et leurs jambes terminées par une pointe spiniforme : premier article des tarses aussi long que les quatre autres pris ensemble.

On trouve ces Empides sur les haies et les buissons, et aussi quelquefois sur le tronc des arbres. Ils vivent de proie et courent très-vîte ; leurs métamorphoses sont inconnues. M. Meigen partage ce genre ainsi :

1re. *Division.* Deuxième article des antennes déprimé, elliptique. (Palpes cylindriques ; cuisses antérieures renflées.)

A cette division appartient la Mouche arrogante n°. 100. de ce Dictionnaire, ainsi que la Mouche cimicoïde n°. 107. qui est la même espèce, *Sicus arrogans.* Nob. — *Tachydromia arrogans* n°. 1. Meig. *Dipt. d'Eur. tom.* 3. *pag.* 68. Cet auteur rapporte à cette division neuf autres espèces.

2e. *Division.* Deuxième article des antennes ovale, terminé en pointe. (Palpes en forme d'écaille aplatie. Cuisses intermédiaires renflées, finement épineuses en dessous.)

Placez ici la Mouche coursière n°. 106. de cet ouvrage, *Sicus cursitans.* Nob. — *Tachydromia cursitans* n°. 38. Meig. *Dipt. d'Eur. tom.* 3. *pag.*

183. M. Meigen décrit quarante-trois espèces de cette division.

HÉMÉRODROMIE, *Hemerodromia*. Hoffm. Meig. Lat. *Tachydromia*. Fab. Fallèn.

Genre d'insectes de l'ordre des Diptères, première section, famille des Tanystomes, tribu des Empides.

Cinq genres de cette tribu se distinguent des autres par leurs antennes composées de trois articles, ce sont les suivans : Empis, Ramphomyie, Hilare, Brachystome et Glome. Les Siques et les Drapétis qui comme les Hémérodromies n'ont leurs antennes que de deux articles, sont bien séparés de ces dernières par leurs hanches antérieures de grandeur ordinaire.

Antennes avancées, rapprochées à leur base, insérées sur le haut du front, composées seulement de deux articles ; le premier court, cylindrique ; le second ovale, un peu pointu par-devant, muni d'une soie terminale. — *Trompe* saillante, courte, perpendiculaire. — *Palpes* subulés ou presque cylindriques, garnis de soies en devant, couchés sur la trompe. — *Tête* sphérique. — *Yeux* espacés dans les deux sexes. — *Trois ocelles* placés en triangle sur le vertex. — *Corselet* oblong ou presque cylindrique. — *Abdomen* cylindrique, de sept segmens : anus obtus dans les mâles, pointu dans les femelles. — *Ailes* couchées sur le corps dans le repos, longues, obtuses à l'extrémité, velues vues à la loupe, leurs cellules de forme variable. — *Balanciers* découverts. — *Pattes* longues, grêles ; hanches longues, les antérieures principalement ; cuisses de devant ordinairement épaisses et épineuses en dessous : premier article de tous les tarses aussi long que les quatre autres pris ensemble.

Ces Diptères sont très-petits. On les trouve en été sur les haies, les buissons et les plantes. Ils se nourrissent de proie, c'est-à-dire d'autres petits Diptères. Leurs métamorphoses ne sont pas encore connues. M. Meigen de qui nous empruntons la plupart des caractères génériques, ainsi que ceux de beaucoup de genres européens de cet ordre, partage ce genre ainsi qu'il suit.

1re. *Division*. Cuisses antérieures renflées, munies de petites épines en dessous. M. Meigen (*Dipt. d'Eur.*) décrit huit espèces de cette division. La plus connue est le *Sicus raptor*. Lat. *Gen. Crust. et Ins. tom.* 4. *pag.* 304. *tom.* 1. *tab.* 16. *fig.* 11. et 12. — *Hemerodromia mantispa* n°. 5. Meig.

2e. *Division*. Cuisses simples.

La seule espèce qui se rapporte à cette seconde division est l'Hémérodromie tachetée, *Hemerodromia irrorata* n°. 9. Meig. Longueur une lig. $\frac{1}{4}$. Noire. Pattes ferrugineuses. Ailes brunes ponctuées de blanc.

DRAPÉTIS, *Drapetis*. Meig. Lat. (*Fam. nat.*)

Genre d'insectes de l'ordre des Diptères, première section, famille des Tanystomes, tribu des Empides.

Le groupe des Empides (*voyez* ce mot à la Table alphabétique) qui équivaut à la famille des Tachydromies de M. Meigen, et présente pour caractères : antennes de deux articles, contient les genres Hémérodromie, Sique et Drapétis. Dans les Hémérodromies les hanches antérieures sont très-longues ; les Siques ont le second article des antennes ovale-oblong et leurs cuisses antérieures ou les intermédiaires sont renflées.

Antennes avancées, insérées vers le haut de la tête, rapprochées à leur base, s'écartant ensuite, plus courtes que la tête, composées seulement de deux articles ; le premier très-petit, cylindrique, le second lenticulaire, muni d'une soie terminale longue et nue. — *Trompe* très-courte, un peu saillante, perpendiculaire, recouverte par les palpes. — *Palpes* très-petits. — *Tête* presque sphérique ; hypostome très-étroit. — *Yeux* un peu espacés dans les deux sexes. — *Trois ocelles* rapprochés en triangle sur le vertex. — *Corps* un peu redressé dans la marche ainsi que dans le repos. — *Corselet* globuleux ; prothorax court, ne paroissant pas en dessus. — *Ailes* couchées sur le corps dans le repos, parallèles, velues vues au microscope. — *Abdomen* de sept segmens, assez ovale, avec l'anus terminé en pointe dans les femelles : oblong, presque cylindrique dans les mâles. — *Pattes* grandes ; toutes les cuisses un peu épaisses ; leurs hanches de grandeur ordinaire ; jambes sans épines terminales ; premier article des tarses un peu plus grand que les autres.

Ces très-petits Diptères courent avec une grande agilité et sont par-là difficiles à saisir. M. Meigen n'en décrit qu'une seule espèce.

1. Drapétis menu, *D. exilis*.

Drapetis nigra ; coxis femoribusque nigris, tibiis fuscis, tarsis luteis, halteribus nigris : abdomine feminæ ferrugineo, segmentorum apice nigro-fasciato.

Drapetis exilis. Meig. *Dipt. d'Eur. tom.* 3. *pag.* 91. *n°.* 1. *tab.* 23. *fig.* 27 et 28.

Longueur $\frac{3}{4}$ lig. Femelle $\frac{1}{2}$ lig. Mâle. Noire. Hanches, cuisses et balanciers de cette même couleur. Jambes brunes ; tarses jaunes. Abdomen de la femelle d'un jaune-rougeâtre ayant en dessus des bandes transverses noires sur le bord postérieur des segmens ; celui du mâle entièrement noir.

D'Autriche.

2. Drapétis pieds jaunes, *D. luteipes*.

Drapetis nigra ; pedibus halteribusque pal-

lidè luteis, femorum posticorum apice tarsisque fuscis.

Longueur une lig. $\frac{1}{4}$. Noire. Pattes et balanciers d'un jaune pâle. Extrémité des cuisses postérieures de couleur brune ainsi que les tarses. Ailes transparentes, irisées. Mâle.

Des environs de Paris.

(S. F. et A. Serv.)

SIREX, *Sirex*. Linn. Fab. Klug. Jur. Le genre d'Hyménoptères nommé ainsi par Linné, correspond à ceux d'Urocère, Xiphydrie, Trémex et Céphus, tels que les admet M. Latreille. Les Sirex de Linné *Syst. nat.* 1°. *gigas* n°. 1., *mariscus* n°. 6 (mâle du précédent), *spectrum* n°. 3, *juvencus* n°. 4, sont des Urocères. 2°. *Columba* n°. 2, est un Trémex. 3°. *Camelus* n°. 5. appartient aux Xiphydries. 4°. *Pygmœus* n°. 7. est un Céphus.

Fabricius restreignit le genre de Linné en admettant ceux de Xiphydrie et de Céphus. Les Sirex suivans de Fabricius, 1°. *gigas* n°. 1, *psyllius* n°. 2. (tous deux femelles, la seconde n'étant qu'une variété de la première), *mariscus* n°. 14. (mâle du *gigas*), *spectrum* n°. 8. (femelle dont la *Xiphydria emarginata* n°. 2. Fab. est le mâle), *juvencus* n°. 9. (femelle), *noctilio* n°. 15. (mâle du *juvencus*), *fantoma* n°. 10. (femelle) sont des Urocères. 2°. *Columba* n°. 3, *magus* n°. 4. (femelle), *nigrita* n°. 13. (mâle du *magus*), *flavicornis* n°. 6. et *fuscicornis* n°. 7. (femelle) sont des Trémex. Quant aux *Sirex nigricornis* n°. 5, *cyaneus* n°. 11. et *albicornis* n°. 12. nous ignorons à quels genres ils appartiennent.

M. Klüg dans sa monographie des Sirex comprend dans ce genre, ceux d'Urocère et de Trémex.

Jurine sous ce même nom de Sirex ne comprend que les espèces admises par M. Latreille dans le genre Urocère. *Voyez* ce mot.

(S. F. et A. Serv.)

SISYPHE, *Sisyphus*. Lat. *Scarabœus*. Linn. Oliv. (*Entom.*) *Copris*. Geoff. Oliv. (*Encycl.*) *Ateuchus*. Wéb. Fab. Illig.

Genre d'insectes de l'ordre des Coléoptères, section des Pentamères, famille des Lamellicornes, tribu des Scarabéïdes (division des Coprophages).

Un groupe de cette division distingué par l'absence de l'écusson (*voyez* Scarabéïdes) contient huit genres; ceux d'Onthophage, Phanée, Bousier et Chœridie sont séparés des autres par leurs jambes intermédiaires et postérieures courtes, sensiblement dilatées et plus épaisses à leur extrémité. Parmi les genres dont les quatre dernières jambes sont presque cylindriques, les Ateuchus ont neuf articles aux antennes, leurs élytres sont presque carrées, le corps déprimé, au moins en dessous, et leurs pattes postérieures ne sont pas plus longues que le corps, ni arquées; enfin les Gymnopleures ainsi que les Hybômes sont reconnoissables par le sinus profond qu'offre l'angle extérieur de la base des élytres.

Antennes de huit articles; le premier long, presque cylindrique, un peu comprimé; le second globuleux, plus gros que les suivans; ceux-ci peu distincts, les quatrième et cinquième cupulaires, les trois derniers formant une massue libre, lamellée, plicatile, ovale. — *Labre* et *Mandibules* cachés, de consistance membraneuse. — *Mâchoires* terminées par un grand lobe membraneux. — *Palpes maxillaires* de quatre articles, les second et troisième courts, coniques, le quatrième plus long que les deux précédens réunis, fusiforme, se terminant presqu'en pointe; palpes labiaux velus, leur dernier article peu distinct. — *Lèvre* membraneuse, cachée par le menton. — *Tête* presque circulaire, un peu prolongée postérieurement, mutique dans les deux sexes : chaperon muni au bord antérieur de deux à six petites dents. — *Yeux* paroissant très-peu en dessus. — *Corps* court, épais, convexe en dessus et en dessous. — *Corselet* mutique, très-bombé, son bord antérieur échancré pour recevoir la tête; bords latéraux coupés presque droits de leur milieu à l'angle du bord postérieur, celui-ci arrondi. — *Ecusson* nul. — *Elytres* presque triangulaires, n'ayant ni échancrure ni sinuosité à leur partie extérieure, laissant à découvert l'extrémité de l'abdomen et recouvrant des ailes. — *Abdomen* court, épais, presque triangulaire. — *Pattes* assez velues, les postérieures beaucoup plus longues que le corps; hanches intermédiaires très-écartées entr'elles, les autres rapprochées. Jambes intermédiaires et postérieures très-peu dilatées à leur extrémité, presque cylindriques, arquées; tarses composés d'articles cylindro-coniques; crochets fort grands.

Les Sisyphes ont les mêmes mœurs que les Ateuchus (*voyez* ce mot pag. 350. de ce volume). Leur nom tiré de la fable leur a été donné par allusion à l'habitude qu'ils ont de rouler une boule; celle-ci composée de fiente est destinée à recevoir leurs œufs. Le petit nombre d'espèces connues habite les parties méridionales de l'ancien continent.

On placera dans ce genre 1°. Bousier de Schæffer n°. 137. pl. 152. fig. 7. *Encycl.* (*Sisyph. Schœfferi* Lat.) 2°. Bousier longipède n°. 138. pl. *id.* fig. 8. *Encycl.*—*Ateuchus minutus* n°. 11. Fab. *Syst. Eleut.*—*Sisyphus minutus*. Dej. Catal.

Nous croyons devoir aussi rapporter aux Sisyphes le Scarabé muriqué, Oliv. *Entom. tom.* 1. *Scarab. pag.* 188. *n°.* 239. *pl.* 27. *fig.* 240. L'auteur le dit de l'Amérique méridionale; nous présumons que c'est une erreur.

(S. F. et A. Serv.)

SITARIS, *Sitaris*. Lat. *Cantharis*. Geoff. Oli. *Necydalis*. Fab.

Genre d'insectes de l'ordre des Coléoptères, section des Hétéromères (2e. division), famille des Trachélides, tribu des Cantharidies.

Cette tribu contenant un assez grand nombre de genres, nous croyons en faciliter l'étude en présentant le tableau comparatif suivant dont nous prendrons les bases dans les *Fam. nat.* de M. Latreille.

Cantharidies, *Cantharidiæ.* Sixième tribu de la famille des Trachélides, section des Hétéromères, ordre des Coléoptères.

Crochets des tarses bifides, le pénultième article de ceux-ci très-rarement bilobé.—*Antennes* simples ou foiblement en scie. — *Tête* toujours forte et inclinée. — *Palpes* filiformes ou simplement un peu plus gros du bout, n'étant jamais en massue sécuriforme.

I. Pénultième article de tous les tarses bilobé.

Tétraonyx.

II. Tous les articles des tarses entiers.

A. Antennes en massue, ou grossissant insensiblement vers leur extrémité.

Cérocome, Hyclée, Décatome, Mylabre, Lydus.

B. Antennes de la même grosseur partout ou plus grêles vers leur extrémité.

a. Point d'ailes. — Elytres plus courtes que la moitié de l'abdomen.

Méloé.

b. Des ailes. — Elytres de la longueur ou presque de la longueur de l'abdomen.

† Antennes très-courtes, épaisses.

Œnas.

†† Antennes longues et grêles.

* Mâchoires de forme ordinaire.

¶ Elytres se rétrécissant fortement avant leur milieu, pointues ou spatuliformes à l'extrémité.

Sitaris.

¶¶ Elytres point rétrécies avant leur milieu.

o. Palpes maxillaires plus gros à leur extrémité. — Antennes ayant leur deuxième article court.

Cantharide.

o o. Palpes maxillaires filiformes. — Antennes ayant leur deuxième article au moins aussi long que la moitié du suivant.

Apale, Zonite.

** Mâchoires très-prolongées, se recourbant sous le corps dans le repos.

Némognathe, Gnathie.

Les Sitaris forment seules un groupe dans leur tribu. (*Voyez* le tableau ci-dessus.)

Antennes longues, filiformes ; celles des mâles égalant presque la longueur du corps, insérées dans une échancrure intérieure des yeux, composées de onze articles presque cylindriques, le second trois fois plus petit que le suivant ; celui-ci et le quatrième de forme un peu obconique, le dernier pointu, alongé dans les mâles. — *Labre* avancé, un peu coriace, transversal, entier. — *Mandibules* cornées, fortes, visibles en grande partie, arquées à l'extrémité, pointues ; leurs pointes alongées et croisées l'une sur l'autre. — *Mâchoires* composées de deux lobes, tous deux courts, membraneux, un peu velus à leur extrémité, l'extérieur pas beaucoup plus long que l'autre, presque trigone, l'intérieur aigu à l'extrémité. — *Palpes* filiformes, leur dernier article ovale-cylindrique, obtus, plus long que le précédent surtout dans les labiaux, presque conique ; les maxillaires un peu plus longs que les autres. — *Lèvre* membraneuse, presque cordiforme, courte, large, surtout à l'extrémité, profondément échancrée : menton membraneux, presqu'en carré transversal, un peu rétréci à la naissance de la lèvre. — *Tête* penchée. — *Yeux* échancrés à leur partie intérieure. — *Corselet* plane, presque carré, ses angles latéraux arrondis. — *Ecusson* assez grand, triangulaire. — *Elytres* se rétrécissant fortement avant leur milieu, béantes à leur extrémité, à peine de la longueur de l'abdomen, terminées en pointe, ne recouvrant pas complétement les ailes dans le repos. — *Abdomen* court. — *Pattes* fortes ; jambes postérieures terminées par deux épines très-courtes, assez larges, tronquées à l'extrémité : articles des tarses tous entiers, le dernier terminé par deux crochets bifides à divisions simples, sans dentelures.

Les larves de ces Coléoptères vivent, suivant les auteurs, dans le nid de quelques Apiaires récoltantes solitaires et notamment dans ceux des Osmies. On ne sait pas encore si elles dévorent la larve de ces Hyménoptères ou seulement la pâtée destinée par ceux-ci à leur postérité. Ce fait intéressant mériteroit d'être éclairci par les entomologistes du midi de la France où l'on en trouve communément deux espèces. Les Sitaris n'en contiennent qu'un petit nombre et toutes d'Europe. Nous citerons les suivantes : 1°. Sitaris apicale, *S. apicalis.* Lat. *Gener. Crust. et Ins. tom.* 2. *pag.* 222. *n°.* 2. 2°. la Cantharide humérale n°. 18.

du présent Dictionnaire, Sitaris humérale, *S. humeralis*. Lat. *id. n°.* 1.

Nous possédons un insecte des Indes orientales voisin des Sitaris et du même groupe qu'elles, mais dont il diffère 1°. par ses élytres plus courtes que dans ce genre, lesquelles après s'être très-fortement rétrécies avant leur milieu, s'élargissent subitement en spatule à leur extrémité. 2°. Par les crochets des tarses dont la plus forte division est distinctement dentelée en peigne. 3°. Par les palpes maxillaires plus de deux fois aussi longs que les labiaux. On pourroit en constituer un nouveau genre sous le nom d'Onyctène, *Onyctenus*, de deux mots grecs qui signifient : *ongles en peigne*; il se rapproche des Némognathes par ce dernier caractère. Onyctène de Sonnerat, *O. Sonneratii. Pallidè testaceus; oculis, antennarum basi elytrorumque et tarsorum apice fusco-nigris.* Longueur 4 lig. D'un testacé pâle. Yeux, base des antennes, extrémité des mandibules, des élytres et des tarses d'un brun-noirâtre. Elytres ridées transversalement. Tête et corselet assez fortement pointillés. La plus grande partie des antennes et l'abdomen manquent dans notre individu. Rapporté des Indes orientales par feu Sonnerat.

(S. F. et A. Serv.)

SITONE, *Sitona*. M. Germar dans son ouvrage intitulé : (*Insector. spec. nov. aut minùs cognit.* vol. 1. pag. 414.) donne ce nom à un genre de Coléoptères-Tétramères, de la famille des Rhynchophores, tribu des Charansonites, lui assignant pour caractères : rostre court, épais, parallélipipède; ses fossettes le parcourant en entier, courbées subitement en dessous. Mandibules cornées, sans dents, pointues à leur extrémité. Mâchoires membraneuses, composées de deux lobes, grands, sécuriformes, longuement ciliés. Menton? (*glossarium* Germ.) corné, presqu'ovale, caréné intérieurement. Languette? (*intergerium* Germ.) nulle. Quatre palpes presqu'égaux, coniques. Antennes insérées vers le milieu du rostre, courtes, surpassant rarement la moitié du corselet lorsqu'elles sont ployées : leur premier article en massue vers le bout, atteignant le milieu de l'œil; leur fouet mince, de sept articles un peu en masse, allant en se raccourcissant, le dernier appliqué contre la massue; celle-ci étroite, ovale-oblongue. Yeux saillans, hémisphériques. Point de sillon sous le corselet. Ecusson petit, arrondi. Elytres oblongues, un peu plus larges que le corselet, tronquées à leur base, leurs angles huméraux élevés; elles couvrent l'abdomen et des ailes courtes. Pattes courtes, presqu'égales. Extrémité des jambes tronquée; un angle à la partie intérieure des jambes de devant. Cuisses en massue, les antérieures principalement. Premier article des tarses oblong, le second trigone. Corselet tronqué à sa base et à son extrémité.

Les espèces indigènes de ce genre se trouvent, suivant M. Germar, dans les épis de seigle, les prés, les chemins et sous les pierres. Il y rapporte les espèces suivantes : 1°. *Sitona innulus* n°. 2. Germ. Charanson mantelé n°. 259. *Encycl.* 2°. *Sitona lineata* n°. 4. Germ. Charanson linéé n°. 296. *Encycl.* 3°. *Sitona gressoria* n°. 1. Germ. Charanson marcheur n°. 399. Oliv. *Entom.* 4°. *Sitona regensteinensis* n°. 8. Germ. Charanson allemand n°. 452. Oliv. *id.* 5°. *Sitona occator* n°. 9. Germ. Charanson chevelu n°. 458. Oliv. *id.* et quelques autres, dont une de Buénos-Ayres.

(S. F. et A. Serv.)

SMARIS, *Smaris*. Lat. *Acarus*. Schrank. *Trombidium*. Hermann.

Genre d'Arachnides de l'ordre des Trachéennes, famille des Tiques, établi par Latreille et ayant pour caractères suivant ce savant : palpes guère plus longs que le suçoir, droits et sans soies au bout; yeux au nombre de deux; pieds antérieurs plus longs que les autres. Ce genre se distingue facilement du genre Bdelle, parce que, dans celui-ci, les palpes sont très-alongés, qu'ils sont coudés et ont des soies au bout. Les Bdelles diffèrent encore des Smaris par le nombre de leurs yeux qui est de quatre.

Les Smaris sont de très-petites acarides vagabondes; leur corps est mou, ovoïde, roussâtre et parsemé de poils. L'espèce qui sert de type à ce genre, est :

Le Smaris du Sureau, *Smaris Sambuci*. Lat. *Gen. Crust. et Ins. tom.* 1. *pag.* 153. Genre Smaris, *Précis des caract. génér. des Ins. pag.* 180. *Hist. nat. des Crust. et des Ins. tom.* 8. *pag.* 5[illegible] —*Acarus Sambuci*. Schrank, *Enum. Ins. Au* *n°.* 1085.— Herm. *Mém. Apt. pl.* 2. *fig.* 8. et *j* 9. *fig.* L. M. N. Il est rouge, parsemé de quelqu[es] poils un peu longs; les antennes et les pattes so[nt] plus longues. Cet insecte se trouve en France s[ur] le sureau. Il marche lentement. Latreille pen[se] que les Trombidions *miniatum*, *papillosum* *squammatum* d'Hermann fils (*Mém. Apter.*) do[i]vent appartenir à ce genre. (E. G.)

SMERDIS, *Smerdis*. Léach. *Voyez* le m[ot] Squille. (E. G.)

SMÉRINTHE, *Smerinthus*. Lat. God. *Sphin[x]*. Linn. Geof. Drur. Smith. De Géer. Esper. Cra[m.] Engram. Ross. Panz. Hub. *Spectrum*. Scopol.

Genre d'insectes de l'ordre des Lépidoptères famille des Crépusculaires, tribu des Sphingide[s].

Quatre genres : Sphinx, Achérontie, Macroglosse et Smérinthe, constituent cette tribu selo[n] M. Latreille. Nous n'en admettrons que deux, sa[-]voir Sphinx et Smérinthe. Le premier se distingu[e] du second par la massue de ses antennes n'ayant qu[e] des stries transversales et parce qu'il est pourv[u] d'un d'une langue cornée plus ou moins longue, mais toujours très-distincte.

Quant aux Achéronties et aux Macroglosses, ils formeront des groupes dans le genre Sphinx. *Voy.* ce mot.

Antennes presque prismatiques, en scie ou pectinées, terminées en pointe crochue, portant une petite houppe d'écailles. — *Langue* presque nulle. — *Palpes* comprimés, couverts d'écailles très-denses, rapprochés, leur troisième article à peine distinct. — *Ailes* dentelées et fortement sinuées. — *Chenilles* ayant la tête presque triangulaire.

Les Smérinthes ont dans leur premier état les mêmes mœurs et les mêmes ennemis que les Sphinx (*voyez* ce mot), mais il nous paroît certain qu'ils n'ont pas la même puissance de vol. Les mâles même sont lourds; on ne les rencontre point sur les fleurs, du moins ceux des espèces européennes, et s'ils prennent quelquefois leur essor, nous croyons que ce n'est que pour aller joindre leurs femelles. Nous rapporterons à ce genre: 1°. Smérinthe demi-paon, *Smer. ocellatus.* Lat. *Gener. Crust. et Ins. tom.* 4. *pag.* 210. — *Sphinx ocellata* n°. 1. Fab. *Entom. Syst.* — Le Sphinx demi-paon. Geoff. *Ins. Paris. tom.* 2. *pag.* 79. *n°.* 1. — Engram. *Papill. d'Europ. n°.* 164. *pl.* 119. — Esper, Sphinx d'Europ. *tab.* 1. — *Encycl. pl.* 62. *fig.* 1—5. — *Faun. franç. Lépidopt. pl.* 30. *fig.* 5. 2°. Smérinthe aveugle, *Smer. excæcatus. Sphinx excæcata.* Smith-Abbot, *Lepid. Georg. pl.* 25. 3°. Smérinthe myope, *Smer. myops. Sphinx myops.* Smith-Abbot, *id. pl.* 26. Ces deux espèces sont très-voisines de la première. 4°. Smérinthe du tilleul, *Smer. tiliæ.* Lat. *id.* — *Sphinx tiliæ* n°. 10. Fab. *Entom. Syst.* — Le Sphinx du tilleul. Geof. *id. pag.* 80. *n°.* 2. — Engram. *Pap. d'Europ. n°.* 163. *pl.* 116—118. — *Encycl. pl.* 63. *fig.* 1—4. 5°. Smérinthe du peuplier, *Smer. populi.* Lat. *id.* — *Sphinx populi* n°. 9. Fab. *Entom. Syst.* — Le Sphinx à ailes dentelées. Geof. *id. pag.* 81. *n°.* 3. — Engram. *Papill. d'Europ. n°.* 162. *pl.* 114—116. — *Encycl. pl.* 62. *fig.* 7. 6°. Smérinthe du chêne, *Smer. quercus.* Lat. *id.* — *Sphinx quercus* n°. 3. Fab. *Entom. Syst.* — Engram. *Papill. d'Europ. n°.* 165. *pl.* 62. *fig.* 6. — *Encycl. pl.* 62. *fig.* 6. 7°. Smérinthe du noyer, *Smer. juglandis. Sphinx juglandis.* Smith-Abbot, *id. pl.* 29. 8°. Smérinthe Apulus, *Smer. Apulus. Sphinx Apulus* n°. 14. Fab. *id.* — *Encycl. pl.* 66. *fig.* 2. 9°. Smérinthe denté, *Smer. dentatus. Sphinx dentata* n°. 19. Fab. *id.* — *Encycl. pl.* 66. *fig.* 3. (1) 10°. Smérinthe Pholus, *Smer. Pholus. Sphinx Pholus* n°. 24. Fab. *id.*

Les espèces suivantes nous paroissent encore appartenir à ce genre; mais nous ne sommes pas certains que toutes soient distinctes de quelques-unes des précédentes.

1°. *Sphinx Achemon.* Drury, *Ins. tom.* 1. *pl. XXIX. fig.* 1. 2°. *Sphinx Gorgon.* Cram. *pl. CXLII. fig.* E. 3°. *Sphinx Phalaris.* id. *pl. CXLIX. fig.* A. 4°. *Sphinx Hasdrubal.* id. *pl. CCXLVI. fig.* F. 5°. *Sphinx Chœrilus.* id. *pl. CCXLVII. fig.* A. 6°. *Sphinx Myron.* id. *pl.* id. *fig.* C. 7°. *Sphinx Ganascus.* Stoll, *Suppl.* — Cram. *pl.* 35. *fig.* 3. 8°. *Sphinx Timesius.* id. *pl.* 40. *fig.* 1.

(S. F. et A. Serv.)

SMYNTHURE, *Smynthurus.* Lat. *Podura.* Linn. Geoff. De Géer. Fab. Oliv. Lamarck.

Genre de l'ordre des Thysanoures, famille des Podurelles, établi par Latreille aux dépens du genre *Podura* de Linné et ayant pour caractères: antennes plus grêles vers leur extrémité, terminées par une pièce annelée ou composée de petits articles; tronc et abdomen réunis en une masse globuleuse ou ovalaire.

Ces insectes ressemblent beaucoup aux Podures, mais ils en diffèrent par les antennes, qui dans ceux-ci sont de la même grosseur dans toute leur longueur et sans anneaux ou petits articles à leur extrémité. Le tronc des Podures est distinctement articulé, et leur abdomen est étroit et oblong. Le genre Smynthure correspond exactement à la seconde section des Podures de de Géer. Cet auteur a donné quelques détails sur les habitudes de la plus grande espèce (Sm. brun), qui habite ordinairement les morceaux de bois et les branches d'arbres qui sont restées long-temps sur un terrain humide; on n'en voit jamais dans des lieux secs, et il paroît que leur nourriture consiste dans les particules humides du bois à demi-pourri. Les Smynthures font de grands sauts quand on les touche, et on aperçoit aussitôt après le saut, que leur queue se trouve étendue en arrière et dans une même ligne avec le corps; mais peu après, elle se remet dans la première position, et l'animal aide ce mouvement en haussant un peu le derrière. Outre cette queue qui ressemble beaucoup à celle des Podures, ces insectes sont pourvus d'un organe très-extraordinaire et qu'on ne trouve pas aux Podures: en dessous du corps, justement entre les points des deux dents de la queue fourchue, il y a une partie élevée, cylindrique, de laquelle il sort deux longs filets, membraneux, transparens, très-flexibles, et gluans ou humides. Ces filets, qui sont arrondis au bout et presque de la longueur de tout l'animal, sont

(1) Cramer assure que cette espèce a une langue longue, roulée en spirale: cependant les dentelures des ailes & la conformation des antennes la rapportent évidemment au genre Smérinthe. En seroit-il de ce genre comme de celui de Sphinx où la longueur de la langue est extrêmement variable; l'Atropos en ayant une très-courte, tandis que nous savons de M. Lefébure de Cérisy qui a manuscrite une monographie des Sphinx, que des espèces exotiques très-voisines de celui-ci l'ont comparable en longueur à celle du Sphinx du Liseron, *S. convolvuli.*

élancés avec force et vitesse hors de la partie cylindrique dont nous avons parlé, l'un d'un côté et l'autre de l'autre, et cela uniquement lorsque l'insecte a besoin de s'en servir; après quoi ils rentrent dans le court tuyau cylindrique comme dans un étui, et en même temps eu eux-mêmes, de la même manière que les cornes des Limaçons rentrent dans leur tête. Voici l'usage que de Géer a vu que les Smynthures faisoient de ces organes remarquables : quand l'insecte, qu'il avoit placé dans un vase de terre, marchoit contre les parois, il lui arrivoit souvent de glisser, c'étoit comme si les pieds lui manquoient, de façon qu'il étoit sur le point de tomber ; dans l'instant même les deux filets paroissoient, étoient lancés avec rapidité hors de leur étui et s'attachoient dans le moment au vase par la matière gluante dont ils étoient enduits, en sorte que l'animal se trouvoit alors comme suspendu à ces deux filets et qu'il avoit le temps de se raccrocher de nouveau avec les pieds. Il est probable, comme le pense de Géer, que l'insecte se sert de ces filets pour s'attacher aux corps sur lesquels il retombe après avoir fait un saut.

Ce genre se compose de cinq à six espèces; la plus grande et celle qui peut servir de type au genre, est :

Le Smynthure brun, *S. fuscus*.

S. fuscus. Lat. *Gen. Crust. et Ins. tom.* 1. *pag.* 166. Smynthure brun. *Hist. nat. des Crust. et des Ins. tom.* 8. *pag.* 82. *pl.* 78. *fig.* 5. 6. — *Podura atra*. Linn. *Syst. nat. edit.* 13. *tom.* 1. *pars* 2. *pag.* 1013. *Faun. Suec. edit.* 2. *n°.* 1929. — La Podure brune enfumée. Geof. *Hist. des Ins. tom.* 2. *pag.* 608. — Podure brune ronde. De Géer, *Mém. sur les Ins. tom.* 7. *pag.* 35. *pl.* 3. *fig.* 7. 8. — *Podura atra*. Fab. *Entom. Syst. tom.* 2. *pag.* 65.

Il est d'une belle couleur brune luisante ; il se trouve dans toute l'Europe, dans les lieux humides.

Les *Podura viridis* de Linné et la Podure noire à taches fauves sur le ventre de Geoffroy, appartiennent à ce genre. (E. G.)

SOLIDICORNES ou STÉRÉOCÈRES. Septième famille des Coléoptères-Pentamérés suivant M. Duméril (*Zool. analytiq.*) : en voici les caractères. *Elytres dures, couvrant tout le ventre. Antennes en masse ronde, solide.* Elle contient les genres Léthre, Escarbot et Anthrène.

(S. F. et A. Serv.)

SOUCI. Geoffroy confond sous ce nom les Coliades Hyale n°. 33. et Edusa n°. 38. *Voyez t. IX. pag.* 99. et 101. de cet ouvrage. Engramelle a donné aussi le nom de *Souci* à la Coliade Edusa.

(S. F. et A. Serv.)

SOUFFRÉE A QUEUE. Geoffroy applique ce nom à la Phalène du Sureau n°. 84. Voyez *Encyclopédie, tom. X. pag.* 92.

(S. F. et A. Serv.)

SPALANGIE, *Spalangia*. Lat. Spinol.

Genre d'insectes de l'ordre des Hyménoptères, section des Térébrans, famille des Pupivores, tribu des Chalcidites.

Dans cette tribu les genres Leucospis, Chalcis, Dirhine et Chirocère ont leurs pattes postérieures à cuisses grandes, lenticulaires et à jambes arquées ; les Eulophes n'ont que cinq à huit articles aux antennes ; enfin les genres Eucharis, Thoracanthe, Eurytome, Agaon, Périlampe, Eupelme, Misocampe, Ptéromale, Cléonyme et Encyrte ont les antennes insérées près du milieu de la face antérieure de la tête et par conséquent sensiblement éloignées de la bouche, ce qui distingue tous ces genres de celui de Spalangie.

Antennes composées de dix articles, insérées tout près de la bouche, sur le rebord antérieur de la tête, fortement coudées après le premier article, celui-ci assez gros, presque cylindrique, plus long dans les femelles que dans les mâles, le second beaucoup plus court dans ce dernier sexe que dans l'autre ; les huit autres allant en grossissant insensiblement, le dernier deux ou trois fois plus long que le précédent et le plus gros de tous. — *Mandibules* bidentées. — *Palpes maxillaires* et les labiaux n'offrant que deux articles distincts. — *Tête* triangulaire, fortement creusée postérieurement. — *Trois ocelles* disposés en ligne courbe sur le haut du front. — *Corps* alongé. — *Corselet* ayant son premier segment large, s'alongeant et s'amincissant d'une manière sensible en devant ; métathorax long. — *Ailes* très-ciliées à leur bord, les supérieures ayant une nervure qui partant de l'aile sans toucher au bord extérieur se recourbe ensuite pour rejoindre ce bord qu'elle suit jusque passé le milieu et émet intérieurement un peu avant de disparoître un rameau fort court, un peu élargi à son extrémité qui se recourbe et commence la cellule radiale sans l'achever ; une cellule cubitale n'étant point séparée du disque et se confondant avec toutes les autres. — *Abdomen* ovale, terminé en pointe, son premier segment formant brusquement un assez long pédicule. — *Pattes* de longueur moyenne ; hanches assez grosses ; cuisses oblongues ; jambes droites.

Ce genre fondé par M. Latreille ne contient qu'une espèce dont les mœurs ne paroissent point différer de celles des Misocampes. *Voyez* Cinips.

1. Spalangie noire, *S. nigra*.

Spalangia nigra, nitida ; capite thoraceque punctatis ; alis pellucidis, margine pilosis.

Spalangia nigra. Lat. *Gen. Crust. et Ins. tom.*

4. *p.* 29. *tom.* 1. *tab. XII. fig.* 7. et 8. le mâle. — Spinol. *Ins. Ligur. fas.* 3. *pag.* 167.

Longueur 3 lig. Noire, luisante, pubescente. Tête et corselet ponctués. Tarses testacés. Ailes transparentes, un peu velues surtout à leur bord. Anus pointu.

Des environs de Paris.

Nota. M. Latreille a bien voulu nous communiquer cette espèce et nous permettre de la décrire d'après nature. (S. F. et A. Serv.)

SPARASION, *Sparasion*. Lat. *Ceraphron*. Jur.

Genre d'insectes de l'ordre des Hyménoptères, section des Térébrans, famille des Pupivores, tribu des Oxyures.

Dans cette tribu les genres Béthyle, Dryine, Antéon, Hélore, Proctotrupe, Cinète et Bélyte ont des cellules brachiales aux ailes supérieures, et parmi les genres qui en sont privés les Diaprius ont leurs antennes insérées sur le front et les ailes sans cellules. Les Téléas et les Scélions n'ont pas les palpes maxillaires saillans et les Platygastres ont les antennes de dix articles dans les deux sexes et point de cellule radiale aux ailes supérieures. Quant aux Céraphrons leurs antennes sont de onze articles, filiformes dans les deux sexes, et l'abdomen est ovoïdo-conique.

Antennes de douze articles dans les deux sexes (1), insérées près de la bouche, filiformes dans les mâles, en massue et coudées dans les femelles. — *Mandibules* bidentées. — *Palpes maxillaires* saillans, filiformes, de cinq articles, les labiaux de trois. — *Tête* arrondie, front élevé. — *Ailes supérieures* n'ayant qu'une cellule (la radiale, laquelle est incomplète). — *Abdomen* elliptique, déprimé, sa base large, point rétrécie en un pédicule étroit. Tarière (des femelles) peu apparente. — *Pattes* de longueur moyenne.

L'auteur ne mentionne qu'une espèce de ce genre; elle a tout au plus trois lignes de longueur. C'est le Sparasion frontal, *Spar. cornutus*. Lat. *Gen. Crust. et Ins. tom.* 4. *p.* 35. — *Ceraphron cornutus*. Jur. *Hyménopt. pag.* 303. *pl.* 13. De France et du Piémont.

(S. F. et A. Serv.)

SPARÈDRE, *Sparedrus*. Még. Dej. (Catal.) *Calopus*. Ziégl.

Genre d'insectes de l'ordre des Coléoptères, section des Hétéromères (1re. division), famille des Sténélytres, tribu des Œdémérites.

Quatre genres composent cette tribu : 1°. Calope, qui se distingue des trois autres par ses antennes dentées en scie et particulièrement des Sparèdres par le second article de ses tarses postérieurs qui est entier. 2°. Dityle et Œdémère séparés du genre Sparèdre par leurs antennes qui sont insérées hors de l'échancrure des yeux et parce qu'ils n'ont que le pénultième article des tarses bilobé.

Les caractères de ce genre n'ayant pas encore été publiés, du moins à notre connoissance, nous dirons seulement que les Sparèdres ont les antennes filiformes, insérées dans une profonde échancrure des yeux; l'antépénultième article de tous leurs tarses est bilobé ainsi que le pénultième. Leurs autres caractères nous semblent être à peu près les mêmes que ceux des Œdémères. Nous n'avons aucun renseignement sur les mœurs de ces insectes. L'espèce suivante est la seule connue.

1. Sparèdre testacé, *S. testaceus*.

Sparedrus niger, punctulatus, rufo hirtus; elytris testaceis.

Sparedrus testaceus. Dej. Catal. — *Calopus testaceus*. Ziégl. *In litter.*

Longueur 5 à 6 lignes. Corps noir, finement pointillé, garni de poils roussâtres. Elytres testacées.

D'Allemagne et de Pologne.

(S. F. et A. Serv.)

SPECTRE, *Spectrum*. Nom donné par Scopoli à un genre de Lépidoptères-Crépusculaires qu'il compose de Sphingides. Les espèces qu'il y place appartiennent au genre Smérinthe et à quelques divisions de celui de Sphinx. *Voyez* Sphinx et Smérinthe. (S. F. et A. Serv.)

SPECTRE, *Spectrum*. Ce genre créé par Stoll répond exactement à la famille des Spectres de M. Latreille (*Fam. nat.*) *Voyez* ce mot.

(S. F. et A. Serv.)

SPECTRES, *Spectra*. Quatrième famille de la section des Coureurs, ordre des Orthoptères.

Cette famille a pour caractères :

Ocelles souvent peu distincts ou nuls. — *Antennes* insérées sur la partie de la tête antérieure aux yeux. — *Elytres* et *Ailes* horizontales, celles-ci plissées dans leur longueur, point entièrement recouvertes par les élytres. — *Pattes* uniquement propres à la marche, toutes d'une forme identique; cuisses antérieures plus ou moins comprimées, toujours échancrées à leur base. — *Prothorax* plus court que le mésothorax ou tout au plus de sa longueur. (Insectes se nourrissant de végétaux.)

Nous proposerons de diviser ainsi cette famille.

I. Trois ocelles très-distincts.

Phasme.

(1) Jurine donne treize articles aux antennes de l'individu dont il parle, et qui est un mâle.

II. Point d'ocelles distincts.

A. Corps ailé ou ayant au moins des élytres.

a. Prothorax égalant presqu'en longueur le mésothorax.

Phyllie.

b. Prothorax plus long que la moitié du mésothorax.

Prisope.

c. Prothorax court, n'égalant pas en longueur la moitié du mésothorax.

Cladoxère, Cyphocrane.

B. Corps aptère, sans ailes ni élytres.

Bactérie, Bacille.

Les formes des Spectres sont variées et singulières; la plupart ressemblent à des branches d'arbres sèches et dénuées de feuilles, lorsque leurs ailes sont recouvertes par les élytres et à plus forte raison lorsqu'ils sont privés de ces organes; d'autres, même dans l'état de repos, semblent porter des feuilles; quelquefois aussi le corps, les élytres et le bout des ailes étant verts, cela leur donne l'apparence d'une branche vivante. La tête et le corselet de plusieurs espèces sont garnis d'épines ressemblant beaucoup à celles des rosiers ou des ronces. Cette similitude qu'ils ont avec les végétaux semble leur avoir été donnée pour leur sûreté. Les Spectres se trouvent pour la plupart entre les Tropiques; un petit nombre seulement a dépassé ces limites. Ces Orthoptères sont en général de grande taille et fort grêles.

PRISOPE, *Prisopus. Mantis, Phasma.* Encycl. *Spectrum.* Stoll.

Genre d'insectes de l'ordre des Orthoptères, section des Coureurs, famille des Spectres.

Parmi les Spectres privés d'ocelles et dont le corps est au moins muni d'élytres et souvent ailé, le genre Prisope est distinct par son prothorax plus long que la moitié du mésothorax.

A l'exemple de M. Latreille (*Gener. Crust. et Ins.*) nous avions d'abord rangé dans la seconde division des Phasmes les espèces que nous rapportons aujourd'hui au genre Prisope. Les nouvelles coupes génériques introduites depuis par M. Latreille (*Fam. nat.*) sous les noms de *Bactérie* et de *Bacille* aux dépens de notre seconde subdivision des Phasmes, qui étoit aussi la sienne (premier groupe A. Bactérie et second groupe B. Bacille), nous ont enhardis à développer ici les caractères de trois nouveaux genres que nous avons mieux examinés ou dont nous avons eu connoissance depuis le premier travail que nous venons de mentionner; quoique deux de ces coupes nouvelles (Cladoxère et Cyphocrane) n'aient pas encore été indiquées par le célèbre auteur dont nous suivons l'excellente méthode, nous espérons que le développement des caractères propres à chacune d'elles, engagera les entomologistes à les adopter.

Les Prisopes n'ont point d'ocelles; le premier article de leurs antennes est assez long, déprimé; le second globuleux; le bord postérieur de leur tête ainsi que les latéraux sont arrondis et le vertex un peu bombé: le corselet va en s'élargissant de la tête à la base des élytres, les bords latéraux du mésothorax sont munis d'un appendice membraneux et denté, le corps est toujours muni d'ailes et d'élytres dans les deux sexes, l'abdomen est convexe en dessus seulement, il s'élargit un peu vers les avant-derniers segmens dont les bords latéraux ont aussi des appendices membraneux; les cuisses sont larges, aplaties, membraneuses, fortement dentées en scie et entièrement ciliées sur leur bord, les antérieures terminées par deux appendices ressemblant à de petites feuilles. Les jambes sont dilatées, aplaties, leurs bords membraneux fortement dentés en scie et entièrement ciliés. Dans l'un des sexes au moins les élytres recouvrent environ les deux tiers de la longueur des ailes. Pour les autres caractères, *voyez* Phasme.

Le nom de ce genre vient de deux mots grecs dont la signification est: *pattes dentées en scie.* On y rapportera les espèces suivantes du présent Dictionnaire: 1°. Mante Dragon n°. 59. *Prisopus Draco.* Nob. 2°. Mante sacrée n°. 76. *Prisopus sacratus.* Nob.

Nota. La création des trois genres Prisope, Cladoxère et Cyphocrane que nous établissons aux dépens de celui de Phasme, nous force à modifier les caractères de ce dernier de la manière suivante.

Premier article des antennes cylindro-conique, le second globuleux. — *Tête* petite dans les deux sexes, en carré-long; toute sa partie supérieure droite, déprimée; son bord postérieur ainsi que les latéraux, droits; ceux-ci parallèles entr'eux. — *Trois ocelles* gros, très-distincts, placés en triangle sur le front. — *Corps* cylindrique, toujours pourvu d'ailes et d'élytres dans les deux sexes. — *Corselet* ayant sa partie antérieure jusqu'à la base des élytres, linéaire; mésothorax cylindrique, sans appendices membraneux ainsi que l'abdomen. — *Elytres* très-courtes dans les deux sexes, recouvrant à peine le tiers de la longueur totale des ailes. — *Abdomen* sans élargissement notable; anus des femelles ayant sa partie inférieure creusée en gouttière, celle-ci ne dépassant pas l'extrémité de l'abdomen. — *Cuisses* et *Jambes* grêles, linéaires, sans dentelures notables. Pour le reste des caractères, *voyez* Phasme.

Les espèces décrites dans ce Dictionnaire qui restent dans ce genre sont: 1°. Phasme nécydaloïde n°. 1. Espèce différente de la Mante tachetée, *voyez* CYPHOCRANE ci-après. 2°. Phasme latéral n°. 3. 3°. Phasme rose n°. 4. 4°. Mante phthisique n°. 5. STOLL, *Spect. fig.* 76. *Phasma phthisica.* NOB. 5°. Mante inflexipède n°. 14. tom. VII. pag. 641. *Phasma inflexipes.* NOB.

Les Spectres de Stoll fig. 27. 85. et 86. nous paroissent être des Phasmes.

CLADOXÈRE, *Cladoxerus.*

Genre d'insectes de l'ordre des Orthoptères, section des Coureurs, famille des Spectres.

Le groupe de cette famille ayant pour caractères : point d'ocelles distincts ; corps ailé ou ayant au moins des élytres ; prothorax court, n'égalant pas en longueur la moitié du mésothorax, contient les genres Cladoxère et Cyphocrane. (*Voy.* SPECTRES.) Ce dernier se distingue de l'autre par la forme de sa tête, qui est arrondie et bombée postérieurement ; par son corselet plus large qu'épais, point linéaire, ni cylindrique ; par ses pattes antérieures moins longues que les postérieures, et encore par le rapprochement qui existe entre celles-ci et les intermédiaires.

Premier article des antennes cylindro-conique, le second globuleux. — *Tête* petite, presque triangulaire, se rétrécissant vers le corselet ; toute sa partie supérieure droite, déprimée, son bord postérieur droit. — *Point d'ocelles* distincts. — *Prothorax* extrêmement court, n'égalant pas en longueur le quart de celle du mésothorax ; celui-ci cylindrique, sans appendices membraneux : métathorax cylindrique, à peu près de la longueur du mésothorax. — *Elytres* extrêmement courtes. — *Abdomen* cylindrique. — *Pattes* longues, à peu près également espacées ; les antérieures beaucoup plus grandes que les autres ; cuisses et jambes grêles, linéaires, point dentées. Pour le reste des caractères, *voyez* PHASME.

Cladoxère vient de deux mots grecs qui signifient : *branche sèche.* Nous ne connoissons qu'une seule espèce de ce genre ; ses mœurs, d'après sa conformation, doivent être à peu près semblables à celles des Phasmes.

1. CLADOXÈRE grêle, *C. gracilis.*

Cladoxerus fuscus, lævis ; capite pallido lineato, elytris fuscis, exteriùs viridi-albido marginatis ; alis hyalinis.

Longueur 3 pouces. Brun, lisse. Tête avec quelques lignes d'un jaune sale. Elytres ayant leur bord extérieur d'un blanc-verdâtre. Ailes transparentes. Pattes antérieures de la longueur du corps.

Du Brésil.

CYPHOCRANE, *Cyphocrana.* *Spectrum.* STOLL. *Mantis.* LINN. *Phasma.* LAT. *Mantis, Phasma.* Encycl.

Genre d'insectes de l'ordre des Orthoptères, section des Coureurs, famille des Spectres.

Les genres Cladoxère et Cyphocrane constituent un groupe particulier dans cette famille. (*Voyez* SPECTRES.) Dans les Cladoxères la tête est petite, presque triangulaire, droite et déprimée supérieurement, le corselet cylindrique, toutes les pattes presqu'également espacées, les antérieures beaucoup plus grandes que les autres ; le genre Cyphocrane n'a aucun de ces caractères.

Premier et second articles des antennes cylindriques, celui-ci assez court. — *Tête* fort grosse (au moins dans les femelles), toujours arrondie et bombée postérieurement, ses bords latéraux arrondis. — *Point d'ocelles* distincts. — *Corps* assez large, presque plat en dessous, toujours pourvu d'ailes et d'élytres. — *Corselet* assez large, presque plat en dessous, peu convexe en dessus ; prothorax très-court, n'égalant pas en longueur le tiers de celle du mésothorax ; métathorax plus petit que celui-ci. — *Elytres* courtes, égalant à peu près la longueur du tiers des ailes. — *Abdomen* plus large qu'épais, presque plane en dessous : anus des femelles ayant sa partie inférieure creusée en gouttière, celle-ci dépassant notablement l'extrémité de l'abdomen. — *Pattes antérieures* point notablement plus longues que les autres ; les intermédiaires ayant leur insertion beaucoup plus près des postérieures que des antérieures : cuisses et jambes linéaires, un peu épineuses en dessous. Pour les autres caractères, consultez l'article PHASME.

Ces insectes sont fort grands ; ce sont, après les Phyllies, les moins grêles de tous les Spectres. Leur tête grosse et très-bombée leur a valu leur nom générique tiré de deux mots grecs.

Rapportez aux Cyphocranes, les espèces suivantes de ce Dictionnaire. 1°. Phasme de la Jamaïque n°. 2, *Cyphocrana Jamaicensis.* NOB. 2°. Mante Géant n°. 2, *Cyphocrana Gigas.* NOB. 3°. Mante tachetée n°. 56. *Cyphocrana maculata.* NOB. Nous avions à tort regardé cette espèce comme pouvant être la même que le Phasme nécydaloïde. (Fabricius, *Entom. Syst. Suppl.* cite mal-à-propos à son *Phasma necydaloides* les figures de Stoll, *Spect. pl. III. fig.* 8. et *pl. IV. fig.* 11. qui se rapportent à la *Cyphocrana maculata.*)

A ce genre appartiennent encore la *Mantis Gigas.* DRURY, *Illustr. tom.* 2. *pl. L.* — *Cyphocrana cornuta.* NOB. et le Spectre à petites ailes. STOLL, *Spect. pag.* 61. *pl. XXI. fig.* 77. — *Cyphocrana microptera.* NOB.

BACTÉRIE, *Bacteria.* LAT. (*Fam. natur.*) *Phasma.* FAB. LAT. (*Gen.*) *Mantis.* LINN. *Spectrum.* STOLL. *Mantis, Phasma.* Encycl.

Genre d'insectes de l'ordre des Orthoptères, section des Coureurs, famille des Spectres.

Les seuls genres de Spectres privés d'ocelles

ainsi que d'ailes et d'élytres sont les Bactéries et les Bacilles ; les derniers se distinguent des premières par leurs antennes courtes, subulées-coniques, et par leur tête dont la partie postérieure est déprimée.

Ce genre dont M. Latreille n'a pas encore publié les caractères se compose des espèces de la première subdivision (seconde division) des Phasmes de son *Gener. Crust. et Ins. tom. 3. pag.* 88. Cette subdivision a pour caractères : corps sans ailes ni élytres ; antennes sétacées, alongées, composées de nombreux articles ; nous y ajouterons, tête un peu gonflée postérieurement, ses bords latéraux et postérieur, arrondis : les deux premiers articles des antennes fortement aplatis et comme membraneux. Partie inférieure de l'anus creusée en gouttière dans les femelles et dépassant considérablement l'extrémité de l'abdomen.

Bactérie vient d'un mot grec qui signifie : *petit bâton*. Ce genre correspond exactement au premier groupe de notre seconde subdivision, première division des Phasmes. *Voyez* ce mot.

BACILLE, *Bacillus*. Lat. (*Fam. nat.*) *Phasma*. Fab. Lat. (*Gener.*) *Mantis*. Ross. *Phasma*. Encycl.

Genre d'insectes de l'ordre des Orthoptères, section des Coureurs, famille des Spectres.

Parmi les Spectres privés d'ocelles, d'ailes et d'élytres, les Bactéries sont distinguées par leurs antennes longues, sétacées, multiarticulées et par leur tête arrondie et gonflée postérieurement.

M. Latreille (*Gener. Crust. et Ins.*) avoit placé les Bacilles dont le nom vient d'un mot latin qui signifie : *petite baguette*, parmi les Phasmes. Ils y forment un groupe particulier dont le caractère est : corps sans ailes ni élytres ; antennes très-courtes, subulées-coniques, grenues, composées d'un petit nombre d'articles. Dans son nouvel ouvrage intitulé : *Familles naturelles du Règne animal*, ce savant entomologiste convertit ce groupe en genre : ignorant les caractères de bouche que l'on peut lui assigner, nous ajouterons à ce qui est mentionné ci-dessus, les signalemens suivans : premier article des antennes conique, le second globuleux ; tête un peu déprimée postérieurement, ses bords latéraux droits. Anus des femelles conformé comme dans le genre précédent (Bactérie).

Les Bacilles répondent au second groupe de notre deuxième subdivision, première division des Phasmes. *Voyez* ce mot.

(S. F. et A. Serv.)

SPERCHÉE, *Spercheus*. Fab. Panz. Lat. *Hydrophilus*. Illig.

Genre d'insectes de l'ordre des Coléoptères, section des Pentamères, famille des Palpicornes, tribu des Hydrophiliens.

La division des Hydrophiliens dont les mandibules sont bidentées à leur extrémité, le corps hémisphérique ou ovoïde-convexe et le corselet toujours beaucoup plus large que long, renferme six genres, dont cinq, savoir : Hydrophile, Hydrochare, Globaire, Hydrobie et Limnébie ont les antennes de neuf articles, ce qui les distingue des Sperchées.

Antennes de la longueur de la tête, insérées sous les côtés du chaperon, composées de six articles, le premier le plus long de tous, cylindro-conique ; le second plus long que les suivans, cylindrique, le troisième court, transversal, les deux suivans transversaux, lenticulaires, le sixième ovale-arrondi ; ces cinq derniers formant une masse cylindrique, perfoliée, arrondie à son extrémité et pubescente. — *Labre* caché, coriace, en carré transversal, deux fois plus large que long, ses bords latéraux arrondis en devant. — *Mandibules* ayant leur côté extérieur très-arqué, aigu et leur extrémité bidentée ; ces dents aiguës, divergentes. — *Mâchoires* de deux lobes, l'extérieur en forme de palpe, alongé, grêle, arqué, pointu et soyeux à son extrémité ; le lobe intérieur en carré-long, plat, coriace, ayant son extrémité tronquée obliquement et ciliée : son angle antérieur formant une dent alongée. — *Palpes* presque filiformes, leur dernier article n'ayant guère plus d'épaisseur que les autres ; les maxillaires deux fois plus longs que les labiaux, leur article terminal ovale-alongé, aminci à sa base, aigu à l'extrémité ; dernier article des labiaux ovale. — *Lèvre* linéaire, transversale, coriace, velue, son rebord supérieur membraneux ayant deux lobes paroissant divisés en deux parties fort inégales vers le milieu du menton ; celui-ci crustacé, en carré transversal, trois fois plus large que long. — *Tête* forte ; chaperon très-échancré en devant. — *Corps* ovale-hémisphérique, très-bombé en dessus. — *Corselet* transversal, à peu près de la même largeur partout, plus large que la tête et échancré en devant pour la recevoir. — *Ecusson* fort petit. — *Elytres* beaucoup plus larges que le corselet, arrondies à leur partie humérale, recouvrant des ailes et la totalité de l'abdomen. — *Pattes* propres à la marche ; jambes anguleuses, un peu dentées extérieurement, dépourvues d'épines à leur extrémité ; dernier article des tarses assez gros, aussi long que les quatre précédens pris ensemble et terminé par deux forts crochets entre lesquels est un appendice portant deux faisceaux de soies qui sont divergens.

On ne connoît qu'une seule espèce de Sperchée. Elle habite le nord de l'Europe, l'Angleterre, l'Allemagne et même quelquefois les environs de Paris. Elle se tient à la racine des plantes aquatiques. C'est le Sperchée échancré, *Sp. emarginatus*. Lat. *Gener. Crust. et Ins. tom. 2. pag.* 63. *tom. I. tab. IX. fig.* 4. — *Encycl. pl.* 359. *fig.* 36 et 37. (S. F. et A. Serv.)

SPERCHIUS, *Sperchius*. Rafinesque. Desm.

Ce genre de Crustacé dont M. Latreille n'a pas fait mention dans ses ouvrages, a été établi par M. Rafinesque (*Annals of nature*, nº. 1). Il paroît appartenir à l'ordre des Amphipodes, et semble être voisin du genre *Cerapus* de Say. Rafinesque le caractérise ainsi : antennes deux fois plus longues que la tête, à peu près égales entr'elles, avec de longs articles tronqués; celles de la paire supérieure étant néanmoins un peu plus grosses et plus grandes que les inférieures. Corps comprimé, formé de sept segmens pourvus d'une large écaille de chaque côté; le quatrième de ces segmens étant grand, avec un appendice additionnel en arrière. Partie postérieure du corps (ou abdomen) formée de quatre segmens. Queue avec des appendices courts et recourbés. Pieds au nombre de quatorze, terminés par un seul ongle ou crochet; ceux de la quatrième paire forts, pourvus d'une main grande, épaisse et arrondie.

Le *Sperchius lucidus* vit et nage très-bien dans les eaux des sources et des ruisseaux, aux environs de Lexington dans le Kentucky, aux Etats-Unis. Il a trois quarts de pouce de long; sa couleur est le brun luisant, ses yeux sont noirs; les appendices de sa queue sont plus courts que le dernier segment de celle-ci, courbés en dehors et composés de deux articles et d'un filament terminal.

Comme le Mémoire de M. Rafinesque n'a pas de figures, il est très-difficile de placer ce genre dans une des tribus nouvellement établies par M. Latreille; M. Desmarest (article Malacostracés du *Dict. des sc. nat. et Considérat.* etc.) l'a mis dans une note à la suite du genre Cérapus.

(E. G.)

SPHÉCODE, *Sphecodes*. Lat. *Sphex*. Linn. Ross. *Apis*. Geoff. *Proapis*. De Géer. *Nomada*. Fab. *Andrena*. Oliv. (*Encycl.*) Panz. Jur. Spinol. *Dichroa*. Illig. Klug. *Melitta*. Kirb.

Genre d'insectes de l'ordre des Hyménoptères, section des Porte-aiguillon, famille des Mellifères, tribu des Andrénètes (division des Parasites).

Une partie des Andrénètes a, suivant M. Latreille, pour caractères particuliers : division intermédiaire de la languette lancéolée ou presque linéaire, presque droite, avancée ou courbée inférieurement; ce groupe contient les genres Sphécode, Halicte et Nomie. Mais dans ces deux derniers la division intermédiaire de la languette est beaucoup plus longue que les latérales.

D'après notre tableau des Mellifères (*voyez* Parasites), les seuls genres Parasites de la tribu des Andrénètes sont : Prosope, Sphécode et Rhathyme (1). Les premières se distinguent en ce qu'elles n'ont que trois cellules cubitales aux ailes supérieures et les derniers par leurs trois premières cubitales presqu'égales entr'elles et dont la troisième reçoit les deux nervures récurrentes.

Antennes filiformes, coudées dans les femelles et composées de douze articles cylindriques; simplement arquées et de treize articles comme noueux et renflés au milieu dans les mâles. — *Labre* trigone, déprimé après sa base, son extrémité obtuse, point carénée, échancrée dans les femelles, entière dans les mâles. — *Mâchoires* et *Lèvre* n'égalant pas deux fois la longueur de la tête; lèvre courte, presque droite, sa division intermédiaire peu courbée inférieurement, les latérales presqu'aussi longues que l'intermédiaire, tridentées à leur extrémité. — *Quatre palpes* articulés, ayant la forme ordinaire. — *Tête* assez forte, transversale, de la largeur du corselet. — *Yeux* de grandeur moyenne. — *Trois ocelles* placés en triangle sur la partie antérieure du vertex. — *Corps* ponctué, presque glabre. — *Corselet* globuleux; prothorax très-court, rabaissé en devant; métathorax tronqué postérieurement. — *Ecusson* peu saillant. — *Ailes supérieures* ayant une cellule radiale un peu appendiculée, rétrecie depuis son milieu et se terminant presqu'en pointe; cette pointe écartée de la côte, et quatre cellules cubitales, la première assez grande, la seconde la plus petite de toutes, recevant la première nervure récurrente, la troisième très-rétrécie vers la radiale recevant la seconde nervure récurrente, la quatrième très-grande n'atteignant pas le bout de l'aile. — *Abdomen* ovale, un peu tronqué à sa base, de cinq segmens outre l'anus dans les femelles, en ayant un de plus dans les mâles. — *Pattes* de longueur moyenne; jambes antérieures munies à leur extrémité d'une épine bordée intérieurement par une membrane; jambes intermédiaires n'ayant qu'une seule épine terminale, simple, aiguë à l'extrémité; jambes postérieures en ayant deux, longues, presqu'égales : dernier article des tarses muni de deux crochets bifides; premier article des tarses antérieurs un peu échancré à sa base : une brossette sur la face extérieure du premier article de chacun des tarses; point de palette, ni de brosse.

Les Hyménoptères de ce genre, dû à M. Latreille, pondent dans le nid des Mellifères récoltans; leurs larves se nourrissent de la provision destinée à celle de la propriétaire légitime. Ces Parasites sont fort communs pendant toute la belle saison; ils paroissent très-brillans vus au soleil; les femelles piquent fortement. On n'en connoît qu'un petit nombre d'espèces.

(1) Nous substituons ce nom à celui de Colax, dont M. Wiedemann faisoit l'application à un genre de Diptères exotiques à peu près au même moment où nous le donnions à certains Mellifères parasites.

1. Sphécode gibbeux, *S. gibbus.*

Sphecodes gibbus. Lat. *Gen. Crust. et Ins. tom.* 4. *pag.* 153.

Voyez pour la description et les autres synonymes, Andrène ferrugineuse no. 32. de ce Dictionnaire. Cette espèce est très-commune aux environs de Paris; elle varie beaucoup pour le plus ou moins de noir à l'abdomen et par sa taille, allant depuis deux lignes et demie jusqu'à six lignes. Le mâle ne diffère que par les caractères propres à son sexe.

2. Sphécode d'Olivier, *S. Olivieri.*

Sphecodes ferrugineus, albo villosus; capite nigro, alis hyalinis, apice subfuscis.

Longueur 4 lig. $\frac{1}{2}$. Antennes d'un brun-ferrugineux. Tête noire, avec des poils blancs. Labre et bord inférieur du chaperon, ferrugineux ainsi que le milieu des mandibules. Corselet et pattes de couleur ferrugineuse avec des poils blancs. Abdomen glabre, ferrugineux. Ailes transparentes, brunes à l'extrémité. Mâle.

Il a été rapporté d'Arabie par feu M. Olivier, de qui nous le tenons.

RHATHYME, *Rhathymus.* (*Colax. Encycl.* article Parasites.)

Genre d'insectes de l'ordre des Hyménoptères, section des Porte-aiguillon, famille des Mellifères, tribu des Andrénètes (division des Parasites).

Trois genres composent cette division : les Prosopes se distinguent par la division intermédiaire de leur languette évasée et presqu'en cœur, et par leurs ailes supérieures n'offrant que trois cellules cubitales. Les Sphécodes, qui comme les Rhathymes ont quatre cellules cubitales et la division intermédiaire de la languette presque droite, diffèrent essentiellement de ces derniers par leur écusson nullement élevé et arrondi postérieurement, et parce que les nervures récurrentes aboutissent l'une dans la première, l'autre dans la seconde cellule cubitale; en outre les crochets des tarses sont bifides dans les Sphécodes.

Antennes filiformes, simplement arquées, insérées chacune dans une petite cavité, de douze articles dans les femelles, le premier assez grand, évasé à sa partie supérieure et recevant en grande partie le second; celui-ci globuleux, les autres cylindriques, le dernier un peu coupé obliquement. — *Labre* presque trigone, mais arrondi postérieurement. — *Tête* plus étroite que le corselet, avancée, un peu triangulaire, ayant entre les antennes un tubercule assez élevé. — *Yeux* grands, ovales, saillans. — *Trois ocelles* placés presqu'en ligne transversale sur la partie postérieure du vertex. — *Métathorax* arrondi postérieurement. — *Ecusson* très-relevé, large, aplati en dessus; son bord postérieur s'avançant, un peu échancré dans son milieu. — *Ailes supérieures* ayant une cellule radiale un peu appendiculée, se rétrécissant après la troisième cellule cubitale jusqu'à son extrémité qui est arrondie et écartée de la côte, et quatre cellules cubitales, les trois premières presqu'égales, la seconde un peu rétrécie vers la radiale, la troisième l'étant aussi et recevant les deux nervures récurrentes, la quatrième beaucoup plus grande que les autres, atteignant presque le bout de l'aile. — *Jambes antérieures* terminées par une épine bifide à son extrémité, garnie intérieurement d'une large membrane : jambes intermédiaires n'ayant qu'une épine terminale simple, aiguë, crochue à l'extrémité. Jambes postérieures en ayant deux, simples, pointues, fort inégales, l'extérieure longue, un peu courbée au bout; premier article des tarses plus long que les quatre suivans réunis; celui des antérieurs fortement échancré à sa base, pour recevoir la membrane de l'épine : crochets des tarses simples. Pour les autres caractères, *voyez* Sphécode.

Quoique l'espèce qui nous sert de type soit exotique, nous sommes sûrs qu'elle est parasite, la femelle n'ayant aucun des organes nécessaires à la récolte. Le nom de Rhathyme vient d'un mot grec et signifie : *paresseux.* Nous ignorons les mœurs de cet Hyménoptère et quels sont les insectes dans le nid desquels il va déposer ses œufs. Il a des rapports avec les Sphécodes, mais il ne nous a pas paru possible de l'y réunir.

1. Rhathyme bicolor, *R. bicolor.*

Rhathymus niger; capite thoraceque cinereo subvillosis: abdomine pedibusque ferrugineis; alis violaceo-fuscis, æneo nitentibus.

Longueur un pouce. Antennes noires, un peu couleur de poix en dessous. Tête et corselet finement pointillés; on voit quelques poils noirs sur le dos de ce dernier et d'autres blanchâtres vers le devant; les côtés et la partie postérieure du métathorax ont aussi des poils de cette couleur. Abdomen et pattes de couleur ferrugineuse; pattes antérieures un peu foncées. Ailes d'un noir-violet avec un reflet bronzé. Femelle.

De Cayenne. (S. F. et A. Serv.)

SPHÉGIDES, *Sphegides.* Quatrième tribu de la famille des Fouisseurs, section des Porte-aiguillon, ordre des Hyménoptères. Ses caractères sont :

Prothorax rétreci en devant, formant une sorte de cou. — *Base de l'abdomen* rétrécie en pédicule ordinairement très-alongé. — *Quatre cellules cubitales* aux ailes supérieures, dont trois complètes dans tous.

I. Palpes maxillaires sétacés, notablement plus longs que les labiaux. — Jambes et tarses ayant

ayant peu ou point d'épines et de cils roides. — Tarses antérieurs des femelles point pectinés, n'ayant que des cils peu remarquables.

A. Jambes postérieures des femelles n'ayant pas d'épines distinctes; leurs tarses antérieurs à articles cylindriques, n'étant propres ni à fouir ni à maçonner. (Insectes probablement parasites.) — Pédicule de l'abdomen très-court.

Dolichure.

B. Jambes postérieures des femelles munies d'un petit nombre d'épines courtes; leurs tarses antérieurs à articles élargis vers l'extrémité et triangulaires, propres à maçonner. — Pédicule de l'abdomen très-distinct.

Ampulex, Podie, Pélopée.

II. Palpes filiformes, presque d'égale longueur. — Jambes et tarses garnis d'un grand nombre d'épines et de cils roides. — Tarses antérieurs des femelles comme bipectinés de cils roides, propres à fouir; leurs articles élargis vers l'extrémité et triangulaires. — Pédicule de l'abdomen très-distinct.

A. Mâchoires et lèvre plus courtes ou guère plus longues que la tête, fléchies au plus vers leur extrémité. — Presque tous les articles des palpes obconiques. — Seconde et troisième cellules cubitales des ailes supérieures recevant chacune une nervure récurrente. (Dans les Chlorions mâles, la première nervure récurrente aboutit à la nervure d'intersection des première et seconde cubitales.)

Chlorion, Sphex.

B. Mâchoires et lèvre beaucoup plus longues que la tête, formant une promuscide coudée vers le milieu de sa longueur. — Palpes très-grêles, à articles cylindriques. — Seconde cellule cubitale des ailes supérieures recevant les deux nervures récurrentes.

Ammophile.

Nous savons à n'en pas douter que les Ammophiles et les Sphex creusent la terre pour y faire un nid, dans lequel les femelles transportent elles-mêmes différentes proies pour la nourriture de leurs larves, telles que des chenilles, des insectes parfaits ou des Arachnides; la conformation des pattes des femelles telle que nous venons de la décrire est éminemment appropriée à ces deux usages. Retrouvant ces mêmes organes dans les Chlorions, nous devons par analogie leur supposer les mêmes mœurs.

Les Pélopées sont connus pour construire leur nid de terre gâchée et maçonnée, les approvisionnant ensuite de différens insectes; aussi voyons-nous aux pattes des femelles les organes propres à ce double travail. La même organisation des pattes dans les Ampulex et les Podies nous persuade que les nids de ces Hyménoptères doivent être maçonnés, de même que celui des Pélopées.

Le manque total d'organes propres à fouir, à maçonner et à transporter une proie, nous indique que les Dolichures sont parasites, ce que nous avons déjà affirmé des Céropales pag. 183. de ce volume.

DOLICHURE, *Dolichurus*. Lat. (*Gener. addit.*) *Pison*. Lat. (*Gener.*) *Pompilus*. Spinol.

Genre d'insectes de l'ordre des Hyménoptères, section des Porte-aiguillon, famille des Fouisseurs, tribu des Sphégides.

Ce genre forme seul une division particulière dans sa tribu. *Voyez* Sphégides.

Antennes filiformes, arquées, insérées près de la bouche aux angles d'un tubercule un peu aplati; de douze articles dans les femelles, de treize dans les mâles; le premier article presqu'aussi long que le troisième, à peu près cylindrique; le second très-court, globuleux; le troisième plus long qu'aucun des suivans, de forme cylindrique ainsi qu'eux. — *Labre* presque coriace, peu apparent. — *Mandibules* alongées, étroites, arquées, aiguës à l'extrémité, dentées au côté interne. — *Mâchoires* droites, leur lobe apical court, membraneux; l'extérieur arrondi, coriace à sa partie externe. — *Palpes maxillaires* sétacés, grêles, beaucoup plus longs que les labiaux, de six articles, le premier court; les second et troisième presque coniques; les trois derniers plus longs, plus minces, cylindriques; palpes labiaux de quatre articles, le premier le plus long de tous, presque cylindrique, les second et troisième obconiques, le dernier ovale. — *Lèvre* droite, courte, trifide à son extrémité, ses divisions égales entr'elles, arrondies extérieurement, l'intermédiaire plus large; menton coriace, cylindrique. — *Tête* forte, assez épaisse; chaperon un peu avancé, tronqué au milieu, échancré sur ses côtés, s'élevant tout d'un coup postérieurement et caréné transversalement dans cette partie. — *Yeux* ovales. — *Trois ocelles* posés en triangle sur le haut du front. — *Corps* presque linéaire. — *Corselet* ovale; prothorax rétréci en devant, formant une sorte de cou; métathorax plus étroit que le mésothorax, anguleux, strié. — *Ecusson* presqu'aplati. — *Ailes supérieures* ayant une cellule radiale qui commence à se rétrécir après la seconde cellule cubitale jusqu'à son extrémité; cette extrémité fort éloignée du bout de l'aile, et quatre cellules cubitales, la seconde et la troisième plus petites que les autres, fortement rétrécies vers la radiale, recevant chacune une nervure récurrente; quatrième cubitale atteignant le bout de l'aile. — *Abdomen* assez alongé, tenant au corselet par un pédicule très-court, nodiforme, de cinq segmens outre l'anus dans les femelles, en ayant un de plus dans les mâles; ces segmens un peu rétrécis dans leur entre-deux, surtout entre les premier, second et troisième; anus long, très-pointu. — *Pattes* foibles, grêles; cuisses un peu aplaties à leur partie intérieure, gonflées à la base de l'extérieure : jambes et tarses nus, nullement propres à fouir; les premières terminées, savoir : les antérieures par une seule épine dentelée intérieurement, surtout dans les mâles; les intermédiaires en ayant deux, assez courtes, presqu'égales; les postérieures en ayant de même deux, assez longues, inégales, l'intérieure plus grande : tarses antérieurs composés d'articles cylindriques, même dans les femelles.

Le nom de ce genre vient de deux mots grecs qui expriment que son abdomen est alongé postérieurement. Il nous paroît évident qu'il est parasite, les femelles n'ayant aucun organe propre à fouir, à maçonner ou à transporter une proie. On n'en connoît qu'une espèce; elle est propre aux contrées méridionales de l'Europe, c'est le Dolichure corniculé, *Dolichurus corniculatus.* — *Pompilus corniculatus*, Spinol. *Ins. Ligur. fas.* 2. n°. *XLI. pag.* 52. Mâle. — *Dolichurus ater.* Lat. *Gener. Crust. et Ins. tom.* 4. *p.* 387. Ce dernier auteur a connu la femelle, mais nous croyons pouvoir répondre par une négation au doute qu'il exprime sur la question de savoir si cette femelle fait son nid elle-même et le construit dans le bois. *Voyez* Latr. *Id. pag.* 58.

AMPULEX, *Ampulex.* Jur. Lat. (*Fam. nat.*) *Chlorion.* Fab. Lat. (*Gener.*)

Genre d'insectes de l'ordre des Hyménoptères, section des Porte-aiguillon, famille des Fouisseurs, tribu des Sphégides.

Les genres Ampulex, Podie et Pélopée forment un groupe dans cette tribu. (*Voyez* Sphégides.) Les deux derniers sont distincts du premier par la seconde cellule cubitale de leurs ailes supérieures recevant les deux nervures récurrentes.

Antennes longues, filiformes, insérées chacune sur un tubercule frontal, de douze articles dans les femelles, de treize dans les mâles; le premier ovale-oblong, court; le second très-petit, les autres cylindriques, le troisième beaucoup plus long que les suivans, qui vont en décroissant de grandeur. — *Labre* caché par le chaperon. — *Mandibules* sans dents au côté interne dans les deux sexes, laissant dans les femelles un intervalle entr'elles et les côtés du chaperon. — *Palpes maxillaires* sétacés, beaucoup plus longs que les labiaux, de six articles, les labiaux de quatre. — *Languette* ayant sa division intermédiaire à peu près de la longueur des latérales, presqu'entière. — *Tête* beaucoup plus large que le prothorax; chaperon en toit, fortement caréné longitudinalement dans son milieu, cette carène beaucoup moins sensible au-dessus du chaperon, mais se prolongeant dans le milieu d'une plaque enfoncée du front jusqu'à l'ocelle inférieur. — *Yeux* grands, ovales, fort saillans. — *Trois ocelles* placés en triangle sur la partie antérieure du vertex. — *Corps* assez long. — *Corselet* fort alongé; prothorax étroit, plus large à sa partie postérieure, rétréci en devant en une espèce de cou; mésothorax fortement ponctué, plus court que le métathorax, celui-ci presqu'en carré longitudinal, sa partie supérieure chargée de lignes élevées, dont plusieurs longitudinales et la plupart transversales, ses angles postérieurs terminés en épine. — *Ecusson* étroit, transversal. — *Ailes supérieures* ayant une cellule radiale appendiculée, allant en se rétrécissant depuis la seconde cellule cubitale jusqu'à son extrémité, et quatre cellules cubitales; la première assez grande, recevant la première nervure récurrente; la seconde la plus petite de toutes, presque carrée; la troisième presqu'aussi grande que la première, un peu rétrécie vers la radiale, recevant la seconde nervure récurrente, la quatrième atteignant presque le bout de l'aile : base des ailes recouverte par deux écailles superposées l'une à l'autre. — *Abdomen* lisse et de cinq segmens outre l'anus dans les femelles, fortement ponctué et de six segmens outre l'anus dans les mâles, les derniers étroits et même peu distincts dans ce sexe. — *Pattes* longues; cuisses un peu aplaties à leur partie intérieure, gonflées à la base de l'extérieure; les postérieures un peu arquées : jambes ayant peu d'épines et de cils roides, les antérieures terminées par une seule épine un peu membraneuse, unidentée à sa base, bidentée à l'extrémité; jambes intermédiaires en ayant deux simples, aiguës, presqu'égales; jambes postérieures en ayant également deux, dont l'une plus forte, dentée en peigne au côté interne; tarses peu garnis de cils roides; leur premier article aussi long que les quatre autres pris ensemble, le quatrième fort court, large, garni en dessous d'une brossette, creusé en gouttière en dessus pour recevoir une partie du dernier article; lequel est alongé et inséré à la base du quatrième, son extrémité munie de deux forts crochets unidentés dans leur milieu; point de pelottes; tarses antérieurs des femelles ayant la plupart de leurs articles élargis vers l'extrémité et triangulaires, propres à maçonner.

Réaumur nous apprend qu'une espèce d'Ampulex de l'île de France qu'il nomme *Guêpe-Ichneumon* fait son nid dans les murs et qu'elle l'approvisionne de Kakerlacs. *Voyez* son huitième Mémoire, *tom.* 6. *p.* 280 et suivantes.

Nous plaçons dans ce genre l'Ampulex comprimée, *Ampulex compressa.* Jur. *Hyménopt. p.* 134. Mâle et femelle. — *Chlorion compressum* n°. 7. Fab. *Syst. Piez.* — *Encycl. pl.* 379. *fig.* 1.

Femelle. Il ne nous paroît pas certain que l'*Ampulex fasciata* de Jurine, figurée dans ce Dictionnaire, *pl.* 378, soit de ce genre.

CHLORION, *Chlorion.* Lat. Fab. *Pronæus.* Lat. *Dryinus.* Fab. *Sphex.* Jur. *Pepsis.* Palis.-Bauv.

Genre d'insectes de l'ordre des Hyménoptères, section des Porte-aiguillon, famille des Fouisseurs, tribu des Sphégides.

Dans la seconde division de cette tribu un groupe a pour caractères : mâchoires et lèvre plus courtes ou guère plus longues que la tête, fléchies au plus vers leur extrémité. Presque tous les articles des palpes obconiques. Seconde et troisième cellules cubitales des ailes supérieures recevant chacune une nervure récurrente. (*Voyez* Sphégides.) Ce groupe se forme des genres Chlorion et Sphex. Le dernier est distinct par ses antennes insérées vers le milieu de la face antérieure de la tête et par la conformation de la seconde cellule cubitale de ses ailes supérieures qui est assez large et presque carrée.

Nous n'allons signaler ici que les caractères génériques différentiels de ceux des Sphex, et nous renvoyons à ce mot pour les autres.

Antennes insérées près de la bouche à la base du chaperon. — *Mâchoires* et *Lèvre* fléchies seulement vers leur extrémité comme dans les Sphex, mais plus courtes que la tête. — *Tête* manifestement plus large que le corselet. — *Trois ocelles* placés en triangle sur le haut du front. — *Corps* long, glabre. — *Prothorax* de grandeur moyenne, plus long que dans les Sphex, formant un cou moins prononcé, moins déprimé. — *Ailes supérieures* ayant quatre cellules cubitales, la seconde étroite, un peu rétrécie vers la radiale; la quatrième distinctement commencée. Dans les mâles que nous connoissons, la première nervure récurrente aboutit à la nervure d'intersection, qui sépare la première et la seconde cellules cubitales. Dans les femelles, les nervures récurrentes sont comme dans le genre Sphex. — *Crochets* des tarses unidentés vers leur milieu.

Ces beaux Hyménoptères exotiques d'une taille au-dessus de la moyenne, doivent leur nom, tiré du grec, à l'éclatante couleur verte dont quelques espèces sont parées. Pour les mœurs, *voyez* Sphégides.

1re. *Division.* Lobe terminal des mâchoires lancéolé. — Division intermédiaire de la lèvre étroite et alongée. — Mandibules très-fortement ciliées intérieurement, ayant une dent médiale, simple et courte. — Cellule radiale appendiculée. (Genre *Pronæus.* Latr.)

A cette division appartient le Chlorion maxillaire, *Chlorion maxillare.* Nob. *Pronæus maxillaris.* Lat. *Gener. Crust. et Ins. tom.* 4. *p.* 56. — *Pepsis maxillaris.* Pal.-Bauv. *Ins. d'Afr. et d'Amér. p.* 38. *Hyménopt. pl.* 1. *fig.* 1. Femelle. D'Oware.

2e. *Division.* Lobe terminal des mâchoires court, arrondi à l'extrémité. — Lèvre comme quadrilobée, à divisions courtes. — Mandibules peu ciliées intérieurement, ayant une dent médiale forte et comme composée de plusieurs pointes. — Cellule radiale sans appendice. (Genre *Chlorion.* Latr.)

1. Chlorion vert-bleu, *C. viridi-cæruleum.*

Chlorion capite thoraceque viridibus, aureo nitentibus; abdomine pedibusque cæruleis, alarum lutescentium margine infero et cellularum caracteristicarum maximâ parte fuscis.

Longueur 15 lig. Antennes noires. Tête et corselet d'un beau vert-doré brillant. Abdomen et cuisses bleus; jambes et tarses presque noirs. Ailes jaunâtres avec leur extrémité brune; cette couleur s'étendant aussi sur la partie caractéristique jusqu'au bord de la première cellule cubitale. Femelle.

De Cayenne.

Nota. Dans le Chlorion lobé les ailes sont colorées de même, mais la partie brune ne s'étend pas sur la cellule radiale ni sur les seconde et troisième cubitales. De plus, cette espèce n'a point de reflet bleu sensible, et elle ne se trouve qu'en Afrique et en Asie.

2. Chlorion azuré, *C. azureum.*

Chlorion viridi-aureum, cæruleo nitens; alarum lutescentium margine infero fusco.

Longueur 18 lig. Corps entièrement d'un beau vert-doré à reflet bleu très-prononcé. Ailes jaunâtres avec leur bord postérieur brun. Antennes et tarses noirs. Femelle.

Patrie inconnue.

Cette espèce diffère du Chlorion lobé par sa taille beaucoup plus grande et par le reflet bleu répandu sur toutes les parties de son corps.

A ce genre appartient encore le Chlorion lobé, *Chlorion lobatum.* Lat. *Gener. Crust. et Ins. tom.* 4. *p.* 57. — Fab. n°. 1. *Syst. Piez.*

AMMOPHILE, *Ammophila.* Kirb. Lat. *Sphex.* Linn. De Géer. Fab. Ross. Panz. Jur. Spinol. *Ichneumon.* Geoff. *Pepsis.* Fab. Spinol. *Pelopœus.* Fab. *Miscus* (1re. fam.). Jur.

Genre d'insectes de l'ordre des Hyménoptères, section des Porte-aiguillon, famille des Fouisseurs, tribu des Sphégides.

Ce genre forme seul une coupe particulière dans cette tribu. *Voyez* Sphégides.

Antennes filiformes, arquées, insérées vers le milieu de la face antérieure de la tête, de douze articles dans les femelles, de treize dans les mâles;

ces articles tous cylindriques à l'exception du second qui est globuleux ; le troisième le plus long de tous, les suivans allant en décroissant de grandeur jusqu'au dernier. — *Labre* peu apparent, presqu'entièrement caché par le chaperon. — *Mandibules* alongées, étroites, arquées, aiguës à l'extrémité, dentées au côté interne. — *Mâchoires* entièrement coriaces, ayant leur lobe apical insensiblement rétréci et acuminé, formant avec la lèvre une promuscide coudée vers le milieu de sa longueur, beaucoup plus longue que la tête. — *Palpes* filiformes, très-grêles, à articles presque cylindriques, les maxillaires de six articles ; les labiaux presqu'aussi longs que les maxillaires, de quatre articles. — *Tête* grosse, plus large que le corselet, surtout dans les femelles ; chaperon grand, presque trigone, ordinairement garni de poils courts, couchés. — *Yeux* ovales. — *Trois ocelles* placés en triangle sur le vertex. — *Corselet* ovale ; prothorax court, étroit, conique ; mésothorax moins long que le métathorax ; celui-ci bombé dans son milieu, arrondi postérieurement. — *Ecusson* petit. — *Ailes supérieures* ayant une cellule radiale se rétrécissant peu après la troisième cubitale jusqu'à son extrémité qui est arrondie, et quatre cellules cubitales, la première au moins aussi longue que les deux suivantes prises ensemble, la seconde recevant les deux nervures récurrentes. — *Abdomen* sensiblement pédiculé. — *Pattes* grandes, fortes ; jambes et tarses garnis d'un grand nombre d'épines et de cils roides : tarses antérieurs des femelles bipectinés de cils roides, propres à fouir, leurs articles élargis vers l'extrémité et triangulaires ; jambes antérieures terminées par deux épines, l'interne garnie d'une membrane depuis sa base jusque vers les trois quarts de sa longueur où il y a une petite dent. Jambes intermédiaires ayant deux épines assez courtes, simples, aiguës. Jambes postérieures en ayant aussi deux, l'interne plus forte, large, surtout à sa base et dentée en peigne : crochets des tarses aigus, simples.

Les Ammophiles dont le nom vient de deux mots grecs qui signifient : *aimant le sable*, font leur nid absolument comme les Pompiles (*voyez* ce mot), mais ils l'établissent seulement dans le sable ; ceux de la première division l'approvisionnent d'Arachnides, les autres de larves de Lépidoptères. L'Ammophile *sabulosa* femelle va chercher assez loin des chenilles, de celles de Noctuelles par préférence et souvent d'une longueur égale à la sienne ; elle les pique de son aiguillon vers le milieu du corps, ce qui les engourdit mais ne les tue pas, et les empêche de marcher et de se contracter : ensuite étendant tout son corps sur celui de la chenille, elle l'embrasse avec ses mandibules auprès de la tête, soulève sa partie postérieure au moyen des nombreuses épines dont ses jambes sont armées ; ainsi chargée elle ne peut plus voler et ne fait que marcher ; si elle aperçoit quelqu'obstacle devant elle, tel qu'une pierre ou une touffe de quelques plantes, elle quitte un instant son fardeau et va explorer son chemin en voltigeant au-dessus, puis vient ensuite ressaisir sa proie. Nous avons vu une fois cette femelle ainsi chargée franchir un mur de huit ou dix pieds de haut mais non sans accident, la chenille tomboit quelquefois à terre lorsque l'Ammophile la déposoit sur quelqu'avance de pierre pour reprendre de nouvelles forces. Ce travail étoit des plus rudes et nous a prouvé que ces insectes joignoient une grande persévérance à un vif amour de leur postérité. Ces Hyménoptères à l'état parfait se plaisent dans les lieux sablonneux où ils font leur nid ; ils vivent du miel des fleurs. Leur taille est grande ou moyenne, leur corps est habituellement noir ou ferrugineux, le plus souvent de ces deux couleurs.

1re. *Division.* Pédicule de l'abdomen plus court que celui-ci, formé seulement d'une partie du premier segment. — Point de pelottes entre les crochets des tarses. — Seconde et troisième cellules cubitales rétrécies près de la radiale, la quatrième à peine commencée.

Nous placerons dans cette première division l'Ammophile arénaire, *Ammophila arenaria*. Lat. *Gener. Crust. et Ins. tom.* 4. *pag.* 54. — *Pepsis arenaria* n°. 1. Fab. *Syst. Piez.* Très-commun aux environs de Paris.

2e. *Division.* Pédicule de l'abdomen noueux dans son milieu garni d'une sorte de membrane latérale après ce nœud, formé du premier segment tout entier (quoique les auteurs le disent formé de deux) et plus long que les autres pris ensemble. — Une pelotte grosse et carrée entre les crochets des tarses.

1re. *Subdivision.* Troisième cellule cubitale point rétrécie vers la radiale, la quatrième point commencée.

Le type de cette subdivision est l'Ammophile raccourci, *Ammophila abbreviata*. — *Pelopœus abbreviatus* n°. 8. Fab. *Syst. Piez.* Mâle. La femelle est plus grande, sa face antérieure est un peu argentée mais non pas dorée, son chaperon est coupé carrément, presqu'échancré dans son milieu ; celui du mâle est triangulaire, pointu en devant, cette pointe alongée, un peu relevée. De l'Amérique méridionale.

2e. *Subdivision.* Troisième cellule cubitale fort rétrécie vers la radiale, la quatrième commencée.

Nous citerons dans cette subdivision les deux espèces suivantes : 1°. Ammophile du sable, *Ammophila sabulosa*. Lat. *Gen. Crust. et Ins. tom.* 4. *p.* 54. — *Sphex sabulosa* n°. 1. Fab. *Syst. Piez.* Femelle. Dans le mâle la partie ferrugineuse du pédicule et le second segment de l'abdomen ont une petite ligne dorsale noire. Très-commun dans toute la France. M. Latreille pense que ce mâle est la *Pepsis lutaria* n°. 2. Fab. *Syst. Piez.* 2°. Ammophile soyeux, *Ammophila sericea*.—*Sphex holosericea* n°. 4. Fab. *Syst. Piez.* Femelle. La moitié postérieure du pédicule, le second et le troisième segmens de l'abdomen sont ferrugineux; dans le mâle ils portent une ligne dorsale noire. Cette espèce est celle indiquée par Jurine (Hymén. note pag. 108.) Du midi de la France.

3e. *Subdivision.* Troisième cellule cubitale pétiolée, la quatrième point commencée (Misque 1re. famille Jurine.)

On rapportera à cette troisième subdivision l'Ammophile champêtre, *Ammophila campestris*. Lat. *Gener. Crust. et Ins. tom.* 4. *pag.* 54. Dans les deux sexes la moitié postérieure du pédicule, le second et le troisième segmens de l'abdomen sont ferrugineux, le quatrième est noir ainsi que le reste de l'abdomen. Des environs de Paris. (S. F. et A. Serv.)

SPHÉGIMES, *Sphegimæ.* Ce nom que M. Latreille donnoit dans ses anciens ouvrages à une tribu d'Hyménoptères-Porte-aiguillon fouisseurs, a été changé par lui dans ses *Familles naturelles* en celui de Sphégides. *Voyez* ce mot.

(S. F. et A. Serv.)

SPHÉGINE, *Sphegina.* Meig. Lat. (*Fam. nat.*) *Milesia.* Fab.

Genre d'insectes de l'ordre des Diptères, première section, famille des Athéricères, tribu des Syrphies.

Un groupe de cette tribu (*voyez* Syrphies) est ainsi caractérisé : antennes presque de la longueur de la tête ou plus courtes qu'elle, ayant leurs deux premiers articles égaux entr'eux, point insérées sur un tubercule frontal; ailes n'ayant pas de cellule pédiforme : cuisses postérieures renflées. Ce groupe renferme les genres Sphégine, Ascie, Tropidie et Eumère. Dans les deux derniers l'abdomen n'est point aminci à sa base en forme de pédicule; les Ascies ont le troisième article des antennes oblong, l'hypostome presque droit avec sa partie inférieure prolongée presque perpendiculairement.

Antennes avancées, un peu inclinées, de trois articles; les deux premiers très-courts, le troisième presque rond, comprimé, muni d'une soie dorsale nue insérée à sa base. — *Bouche* ayant son ouverture oblongue, se rétrécissant par-devant. — *Palpes* recourbés, en massue, finement ciliés. — *Tête* hémisphérique. — *Hypostome* enfoncé, sans bosse; sa partie inférieure prolongée en avant, incisée. — *Yeux* espacés sur le front dans les deux sexes, celui-ci un peu plus large dans les femelles. — *Trois ocelles* placés en triangle sur un tubercule du vertex, l'antérieur un peu plus écarté des autres que ceux-ci ne le sont entr'eux. — *Corps* long. — *Corselet* ovale, globuleux. — *Ecusson* saillant, presque triangulaire, prolongé horizontalement sur la base du premier segment de l'abdomen. — *Ailes* ayant deux cellules du bord postérieur fermées chacune par une nervure transversale; celle de ces deux cellules qui avoisine le plus le bout de l'aile ayant cette nervure arrondie; point de cellule pédiforme. — *Cuillerons* petits. — *Balanciers* point recouverts. — *Abdomen* glabre, son premier segment court, le second très-long, aminci en pédicule; les deux suivans larges, anus court. — *Pattes* assez grandes; les quatre antérieures minces; les postérieures fortes, leurs cuisses renflées, épineuses en dessous, leurs jambes arquées; premier article de tous les tarses plus long que les autres, celui des postérieurs gros et renflé : dernier article de tous portant deux crochets courts et une pelotte grosse, bifide.

La ressemblance de forme que présente l'abdomen de ces Diptères avec celui de la plupart des Hyménoptères de la tribu des Sphégides, leur a fait donner le nom qu'ils portent. On les trouve sur les fleurs. Leurs mœurs et leurs métamorphoses sont ignorées : la taille du petit nombre d'espèces connues est au-dessous de la moyenne. M. Meigen décrit les deux suivantes : 1°. Sphégine grosses cuisses, *Spheg. clunipes.* Meig. *Dipt. d'Eur. tom.* 3. *pag.* 194. *n°.* 1. *tab.* 28. *fig.* 5. Mâle. *fig.* 6. Femelle. Longueur 3 lig. D'un noir brillant; dernier article des antennes ferrugineux. Troisième segment de l'abdomen ayant une large bande jaune quelquefois interrompue. Dans la femelle le quatrième segment a aussi une bande de même couleur mais plus étroite et toujours interrompue. Balanciers jaunes, ainsi que les quatre premières pattes : les postérieures noires avec l'extrémité des hanches, la base des cuisses et deux anneaux aux jambes, jaunes. Des environs de Paris. 2°. Sphégine noire, *Spheg. nigra.* Meig. *id. pag.* 195. *n°.* 2. Même port et même taille que la précédente. Corps entièrement noir. Abdomen à reflet verdâtre. Pattes à peu près comme dans la première espèce.

(S. F. et A. Serv.)

SPHÉNISQUE, *Spheniscus.* Kirb. Lat. (*Fam. nat.*)

Genre d'insectes de l'ordre des Coléoptères, section des Hétéromères (première division), famille des Sténélytres, tribu des Hélopiens.

Le troisième groupe de cette tribu a pour caractères : corselet mesuré au bord postérieur plus large que long, soit trapézoïdal, soit presque lunulé. Corps presqu'hémisphérique, quelquefois ovale et arqué ou bien ovale-oblong. Il contient les genres Acanthope, Camarie, Campsie, Sphénisque, Amarygme et Nilion. *Voyez* Sténélytres.

Les Acanthopes n'ont aucun des articles de leurs antennes conformé en dent de scie, et leurs cuisses antérieures ont une forte épine, au moins dans l'un des sexes. Le genre Camarie n'a que dix articles aux antennes, l'avant-sternum se prolonge en une pointe qui se loge dans une cavité fourchue du mésosternum; les Campsies qui présentent aussi ce dernier caractère, diffèrent en outre des Sphénisques par le chaperon échancré circulairement, les quatrième et cinquième articles des antennes cylindro-coniques et les côtés extérieurs du corselet rebordés et tranchans. Dans les Nilions le corselet est lunulé et le corps court, velu, absolument hémisphérique. Quant au genre Amarygme de M. Dalman, qui suivant M. Latreille est le même que celui de *Cnodulon* Fab., il ne nous est pas suffisamment connu pour pouvoir le faire entrer dans cette comparaison.

Ce genre dont le nom vient d'un mot grec qui a rapport à la forme du corps figuré en coin, a été créé par M. Kirby (*Trans. Linn. Centur. of Ins. vol.* 12. *pag.* 375) et placé par lui dans sa famille des *Helopidæ*. Ses caractères sont d'après cet auteur : labre transversal, entier; lèvre petite, cunéiforme; mandibules se touchant par leur extrémité. Mâchoires ouvertes à leur base. Palpes ayant leur dernier article grand, peu comprimé, presque triangulaire; menton oblong, convexe, un peu échancré à son extrémité; antennes plus épaisses vers le bout, dentées en scie, leur dernier article presque rhomboïdal, tronqué obliquement; corps ovale, un peu cunéiforme; élytres élevées en bosse.

Nous joindrons à ces caractères, d'après nos remarques particulières, les notes suivantes : base des antennes recouverte par les rebords avancés de la tête; antennes composées de onze articles, les trois premiers cylindro-coniques, les suivans jusqu'au dixième inclusivement presque triangulaires, élargis intérieurement et formant des dents de scie, le onzième presque carré, pas plus long que le précédent (1); extrémité des mandibules large, entière, creusée en cuiller; tête très-inégale en dessus, canaliculée entre les yeux; chaperon coupé droit en devant, séparé de la tête par une ligne enfoncée, demi-circulaire; yeux très-échancrés; corps glabre; côtés extérieurs du corselet arrondis, point rebordés; avant-sternum sans pointe; mésosternum sans cavité; écusson presque triangulaire, souvent un peu arrondi postérieurement; élytres mutiques à leur extrémité, recouvrant des ailes et l'abdomen; pattes longues, tarses antérieurs ayant leurs quatre premiers articles très-courts, le dernier plus long que ceux-là pris ensemble; premier article des tarses intermédiaires long, les trois suivans courts, le dernier un peu plus long que le premier; tarses postérieurs ayant leurs premier et dernier articles longs, égaux; les deux intermédiaires courts.

Les Sphénisques ont par la forme du corps ainsi que par leurs couleurs, une singulière ressemblance avec certaines espèces d'Erotyles. On n'a pas de renseignemens sur leurs mœurs. Nous connoissons trois espèces de ce genre, elles sont propres à l'Amérique méridionale.

1. Sphénisque Erotyle, *S. erotyloides*.

Spheniscus niger, elytrorum basi et parte posteriori albido maculatis, maculis sinuatis, dentatis, quibusdam subcatenulato-junctis.

Spheniscus erotyloides. Kirb. *Trans. Linn. Centur. of Ins. vol.* 12. *pag.* 375. *pl.* 22. *fig.* 4.

Longueur 10 lig. Corps d'un noir luisant, très-bombé supérieurement. Tête et corselet finement pointillés en dessus. Elytres noires, leur base et une grande portion de leur partie postérieure chargées de taches irrégulières d'un blanc jaunâtre : ces taches dentelées, souvent réunies et comme enchaînées les unes aux autres; stries des élytres pointillées.

Du Brésil.

CAMARIE, *Camaria.*

Genre d'insectes de l'ordre des Coléoptères, section des Hétéromères (première division), famille des Sténélytres, tribu des Hélopiens.

Un groupe de cette tribu caractérisé ainsi : corselet mesuré au bord postérieur plus large que long, trapézoïdal ou presque lunulé : corps tantôt presqu'hémisphérique, tantôt ovale et arqué, quelquefois ovale-oblong, se compose de six genres (*voyez* Sténélytres), dont cinq, Acanthope, Campsie, Sphénisque, Amarygme et Nilion ont les antennes composées de onze articles; il y en a un de moins dans le genre nouveau que nous proposons ici.

Antennes assez courtes, insérées sous les rebords avancés de la tête, composées de dix articles, le premier assez long, conique, le second globuleux, très-petit, le troisième cylindrique, le plus long de tous, les deux suivans cylindro-coniques, le sixième conique mais commençant à s'aplatir un peu et à se dilater au côté intérieur, le septième presque triangulaire, les huitième, neuvième et dixième manifestement comprimés, dilatés à leur partie intérieure, le neuvième beaucoup plus petit que le huitième et le dixième, celui-ci arrondi à son extrémité. — *Labre* grand, cilié et un peu sinué antérieurement, ses angles latéraux arrondis. — *Mandibules* très-épaisses, se rejoignant dans le repos, larges, entières et creusées en cuiller à leur extrémité. — *Palpes*

(1) En cela notre manière de voir diffère de celle de M. Kirby.

maxillaires probablement conformés comme dans les autres Hélopiens (ils manquent dans notre individu) : palpes labiaux de trois articles, les deux premiers courts, coniques, le dernier comprimé, un peu élargi, presque triangulaire. — *Menton* étroit, carré. — *Tête* régulièrement convexe, bord antérieur du chaperon presque droit, celui-ci séparé de la tête par un sillon arqué. — *Yeux* échancrés. — *Corps* alongé, glabre, bombé en dessus, mais point cunéiforme. — *Corselet* sensiblement rebordé de tous côtés, pas beaucoup plus large postérieurement qu'à sa partie antérieure dont les angles sont arrondis. — *Avant-sernum* prolongé en pointe mousse, un peu creusée en cuiller. — *Mésosternum* offrant une cavité fourchue pour recevoir la pointe de l'avant-sternum. — *Ecusson* court, transversal, presque demi-circulaire. — *Elytres* grandes, très-convexes, rebordées, mutiques à l'extrémité, recouvrant des ailes et la totalité de l'abdomen, leurs angles huméraux saillans, arrondis. — *Pattes* assez longues : tarses antérieurs et intermédiaires ayant leurs trois premiers articles courts, le quatrième très-petit, le cinquième aussi long que les quatre premiers pris ensemble; tarses postérieurs ayant leurs trois premiers articles allant en décroissant de longueur, le quatrième ou dernier un peu plus long que le premier.

Le nom de ce genre vient d'un mot grec qui signifie : *cambré*. Nous ignorons ses mœurs.

1. Camarie brillante, *C. nitida*.

Camaria viridi-œnea nigra, elytris cupreis parùm profundè sed latè striatis; striis punctatis.

Longueur 1 pouce. D'un noir-verdâtre, bronzé. Antennes de même couleur, leurs trois derniers articles d'un testacé-brun mat. Elytres d'un brun-cuivreux très-brillant, ayant chacune neuf stries peu profondes mais larges, pointillées, et le commencement d'une dixième auprès de l'écusson : les quatre grandes stries qui avoisinent celui-ci se réunissant par paires à leur origine, près de la base des élytres.

Du Brésil.

CAMPSIE, *Campsia*. *Cnodalon*. Dalm.

Genre d'insectes de l'ordre des Coléoptères, section des Hétéromères (première division), famille des Sténélytres, tribu des Hélopiens.

Dans cette tribu un groupe contenant six genres a pour caractères : corselet mesuré au bord postérieur plus large que long, trapézoïdal ou presque lunulé; corps presqu'hémisphérique, quelquefois ovale et arqué, ou bien ovale-oblong. (*Voyez* Sténélytres.) Parmi ces genres celui de Camarie est le seul dont les antennes ne soient composées que de dix articles; les antennes simples, filiformes et les cuisses antérieures armées d'une épine, au moins dans l'un des sexes, caractérisent les Acanthopes : le genre Sphénisque a le chaperon coupé droit en devant, les quatrième et cinquième articles des antennes dilatés en dent de scie, les élytres et l'avant-sternum mutiques. Dan les Nilions le corps est hémisphérique, court, velu. Enfin les Amarygmes ont, d'après M. Dalman, le premier article des tarses postérieurs aussi long que les trois derniers pris ensemble.

Antennes assez longues, insérées sous les rebords avancés de la tête, composées de onze articles, le premier et le second coniques, celui-ci très-court, le troisième long, cylindrique, un peu cambré en arrière, les deux suivans cylindriques, allant en décroissant de longueur, les autres jusqu'au dixième inclusivement dilatés à leur partie intérieure et formant des dents de scie, le terminal plus long que le dixième, presqu'arrondi au bout. — *Labre* grand, presque demi-circulaire en devant. — *Mandibules* très-épaisses, se rejoignant dans le repos, larges, entières et creusées en cuiller à leur extrémité. — *Palpes maxillaires* de quatre articles, le dernier grand, triangulaire; les labiaux de trois articles, les deux premiers courts, coniques, le dernier un peu élargi et comprimé, presque triangulaire. — *Menton* étroit, presque carré. — *Tête* régulièrement convexe, bord antérieur du chaperon échancré circulairement d'un angle à l'autre; chaperon séparé de la tête par un sillon très-arqué. — *Yeux* à peine échancrés. — *Corps* alongé, glabre, bombé en dessus mais point cunéiforme. — *Côtés extérieurs du corselet* presque droits, rebordés, tranchans; bord antérieur guère plus étroit que le postérieur. — *Avant-sternum* prolongé en pointe mousse. — *Mésosternum* muni d'une cavité fourchue pour recevoir la pointe de l'avant-sternum. — *Ecusson* en triangle curviligne. — *Elytres* grandes, très-convexes, rebordées, mucronées à leur extrémité, recouvrant des ailes et l'abdomen. — *Pattes* longues; les mâles ayant leurs quatre jambes antérieures arquées, renflées près de la base du tarse et portant dans cette partie une brosse de poils serrés; tarses antérieurs et intermédiaires ayant leurs trois premiers articles courts, le quatrième très-petit, le cinquième aussi long que les quatre autres pris ensemble : tarses postérieurs ayant leurs trois premiers articles allant en décroissant de longueur, le quatrième ou dernier presqu'aussi long que tous les précédens réunis.

Le nom que nous donnons à ce genre est tiré du grec, il exprime que le corps de ces Hélopiens est bombé en-dessus. Nous ne connoissons pas leurs mœurs.

1. Campsie testacée, *C. testacea*.

Campsia testacea, antennarum apice femoribusque suprà fuscis.

Longueur 1 pouce. Entièrement testacée avec

l'extrémité des antennes et le dessus des cuisses de couleur brune. Elytres ayant chacune neuf stries profondes, pointillées. On voit près de l'écusson le commencement d'une dixième strie. Mâle.

Du Brésil.

Nous plaçons encore dans ce genre le *Cnodalon irroratum*. Dalm. *Analect. entom. p.* 62. n°. 46. —Campsie tachetée, *C. irrorata*. Nob. Longueur 11 à 14 lig. Elle ne diffère de la précédente que par la couleur noire de tout le corps à l'exception des élytres qui sont testacées, couvertes de nombreuses taches noires dont plusieurs forment des lignes transverses, irrégulières. Mâle et femelle.

Du Brésil.

SPHÉRIDIE, *Sphœridium*. Fab. Oliv. (*Entom.*) Lat. *Dermestes*. Linn. Geoff. *Hister*. De Géer.

Genre d'insectes de l'ordre des Coléoptères, section des Pentamères, famille des Palpicornes, tribu des Sphéridiotes.

Ce genre est seul dans sa tribu.

Antennes insérées aux côtés de la tête, en devant des yeux, un peu plus longues qu'elle, composées de neuf articles, celui de la base très-long, le second petit, presque globuleux, les troisième et quatrième très-petits, le cinquième petit, transversal, presqu'infundibuliforme, servant de base à la massue, le sixième formant avec les suivans jusqu'au dernier, une massue ovale, perfoliée, un peu comprimée, le neuvième petit. — *Labre* caché, coriace, transverso-linéaire, ses bords très-minces, membraneux, à angles arrondis.— *Mandibules* à peine proéminentes, cornées, aiguës à l'extrémité, sans dents, bordées d'une membrane intérieurement. — *Mâchoires* composées de deux lobes membraneux, en carré-long, grands, ayant leurs bords velus; lobe supérieur un peu plus grand que l'autre, crustacé à sa base. — *Palpes maxillaires* plus longs que les labiaux, un peu plus courts que les antennes, de quatre articles, le second plus long que les autres, épais, obconique, le troisième presque de la longueur du précédent, beaucoup plus grêle, cylindro-conique, le dernier un peu plus petit, presque cylindrique, plus grêle et comme acuminé à son extrémité; palpes labiaux plus courts au moins de moitié que les maxillaires, insérés aux angles apicaux du menton, de trois articles, le second le plus grand de tous, cylindro-conique, portant des soies à son extrémité antérieure, le dernier petit, ovale-conique. — *Lèvre* membraneuse, transversale, un peu velue, bordant la partie supérieure du menton, concave au milieu, plus large vers ses côtés, composée de deux lobes presque trigones, transversaux, ces deux lobes opposés et réunis dans leur milieu : menton crustacé, en carré transversal, obliquement tronqué à la partie latérale du bord supérieur. — *Yeux* point saillans. — *Corps* presqu'hémisphérique. — *Corselet* transversal; partie antérieure du sternum prolongée postérieurement en une épine conique. — *Ecusson* en triangle alongé, étroit à sa base. — *Elytres* convexes, recouvrant l'abdomen et des ailes. — *Abdomen* plane en dessous. — *Pattes* ambulatoires, jambes épineuses; tarses à articles entiers, le premier au moins aussi long que le suivant.

Quelques mâles, et notamment celui du Sphéridie scarabéoïde, ont les tarses antérieurs très-dilatés, munis de deux crochets sensiblement inégaux.

On ne connoît pas les larves des Sphéridies; les insectes parfaits habitent dans les fientes d'animaux et paroissent préférer les bouses de vache; ils font partie de ce grand nombre de Coléoptères qui semblent destinés à faire disparoître de la surface de la terre les ordures et les immondices, en se nourrissant des parties humides et gluantes de ces matières et facilitant par ce moyen la dispersion de leurs parties solides.

Ces insectes de taille petite ou moyenne se font remarquer plutôt par le beau poli de leur corps que par leurs couleurs, ordinairement sombres. L'Europe en fournit un assez bon nombre. Nous mentionnerons les suivans : 1°. Sphéridie scarabéoïde, *S. scarabeoides* n°. 1. Fab. *Syst. Eleut.* (Les *Sphœrid. lunatum* n°. 2, *marginatum* n°. 4. et *bipustulatum* n°. 3. du même auteur, n'en sont que des variétés suivant MM. Latreille et Schoënherr.) 2°. cinq taches, *S. quinquemaculatum* n°. 7. Fab. *id.* Des Indes orientales. 3°. dytiscoïde, *S. dytiscoides* n°. 8. Fab. *id.* De l'île Sainte-Hélène. 4°. brillant, *S. nitidulum* n°. 16. Fab. *id.* Amérique méridionale. 5°. jaune, *S. flavum* n°. 17. Fab. *id.* Même patrie. 6°. atomaire, *S. atomarium* n°. 18. Fab. *id.* 7°. mélanocéphale, *S. melanocephalum* n°. 19. Fab. *id.* 8°. hémorrhoïdal, *S. hæmorrhoidale* n°. 22. Fab. *id.* 9°. lugubre, *S. lugubre* n°. 20. Fab. *id.* (en retranchant le synonyme d'Olivier.) 10°. stercoraire, *S. stercoreum* n°. 21. Fab. *id.* 11°. uniponctué, *S. unipunctatum* n°. 24. Fab. *id.* 12°. flavipède, *S. flavipes* n°. 23. Fab. *id.* 13°. bordé, *S. limbatum* n°. 25. Fab. *id.* 14°. ruficolle, *S. ruficolle* n°. 26. Fab. *id.* 15°. fimétaire, *S. fimetarium* n°. 27. Fab. *id.* 16°. petit, *S. minutum* n°. 30. Fab. *id.* 17°. d'Olivier, *S. Olivieri*. Nob. — *Sphœrid. lugubre*. Oliv. *Entom. t.* 2. *Sphérid. p.* 7. *n°.* 7. *pl.* 2. *fig.* 12. a. b. (en retranchant le synonyme de Fabricius.) 18°. brun, *S. fuscum*. Oliv. *id. pag.* 10. *n°.* 12. *pl.* 2. *fig.* 9. a. b. 19°. testacé, *S. testaceum*. Oliv. *id. pag.* 11. *n°.* 13. *pl.* 2. *fig.* 13. a. b. Ile de France.

Les espèces de Fabricius que nous ne citons pa ici appartiennent à d'autres genres.

Nota. Le docteur Léach fait un genre parti culier sous le nom de *Cercyon* des espèces dan lesquelles les deux sexes ont les tarses antérieur simples. (S. F. et A. Serv.)

SPHÉRIDIOTES

SPHÉRIDIOTES, *Sphœridiota.* Seconde tribu de la famille des Palpicornes; section des Pentamères, ordre des Coléoptères; ses caractères sont :

Mâchoires terminées par deux lobes membraneux. — *Palpes maxillaires* ayant leur second article grand et renflé. — *Corps* presqu'hémisphérique. — *Pattes* simplement ambulatoires, point propres à la natation. Jambes épineuses. Tarses ayant leur premier article aussi long au moins que le second.

Elle renferme le genre Sphéridie.

(S. F. et A. Serv.)

SPHÉRITE, *Sphœrites.* Dufts. Lat. *Hister.* Fab.

Genre d'insectes de l'ordre des Coléoptères, section des Pentamères, famille des Clavicornes, tribu des Peltoïdes.

M. Latreille dans son nouvel ouvrage intitulé : *Familles naturelles, etc.* forme dans cette tribu une division particulière ainsi caractérisée : palpes maxillaires filiformes ou plus gros à leur extrémité, point terminés en manière d'alène. Là viennent des subdivisions dont la première se distingue par ses mandibules, dont l'extrémité est entière, c'est-à-dire sans fissure; un groupe de cette subdivision ne renfermant que le genre Sphérite est caractérisé par ses antennes en masse solide.

Antennes de onze articles; le premier assez long, gonflé à la partie intérieure de son extrémité, le second globuleux, le troisième conique, les autres transversaux, un peu cupulaires, les trois derniers très-serrés, formant une masse qui paroît solide. — *Mandibules* fortes, crochues, très-pointues et entières à leur extrémité, ayant deux dentelures au côté interne. — *Palpes* ayant leur dernier article un peu plus grand que les précédens, presqu'ovoïde. — *Tête* petite; sa partie antérieure rétrécie et avancée. — *Corps* presque carré. — *Corselet* un peu rebordé, son bord antérieur échancré pour recevoir la tête; ses bords latéraux arrondis; bord postérieur se prolongeant un peu vers l'écusson. — *Ecusson* en triangle curviligne. — *Elytres* tronquées postérieurement, recouvrant des ailes et laissant à nu la moitié inférieure de l'anus. — *Jambes* épineuses; tarses filiformes, leurs articles un peu coniques, le premier plus long que les suivans : le dernier le plus grand de tous, muni de deux crochets assez forts.

Le nom de ce genre tiré du grec exprime que son corps est sphérique. L'espèce connue est le Sphérite glabre, *S. glabratus.* Dufts. *Faun. Austri. I. pag.* 206. — Sturm, *Deutchs. Faun. vol.* 1. *XX.* — *Hister glabratus* n°. 9. Fab. *Syst. Eleut.* De Suède et d'Allemagne.

(S. F. et A. Serv.)

SPHÉROCÈRE, *Spherocera.* Lat. *Musca.* Linn.

Genre d'insectes de l'ordre des Diptères, première section, famille des Athéricères, tribu des Muscides (division des Scathophiles).

Dans cette division un groupe formé de cinq genres a pour caractères particuliers : toutes les pattes simplement ambulatoires; antennes insérées entre les yeux. Tête sans prolongement latéral. (*Voyez* Scathophiles.) Les Anthomyies et les Scathophages se distinguent par le troisième article de leurs antennes beaucoup plus long que le second et notablement plus long que large; dans les Mosilles les pattes postérieures sont de forme ordinaire et droites; les Thyréophores ont leurs antennes insérées et reçues presqu'en entier dans une cavité frontale profonde : en outre la soie est distinctement articulée à sa base et renflée dans cette partie.

Antennes très-courtes, rapprochées, saillantes, composées de trois articles, le dernier à peine plus grand que le second, plus large que long, semi-orbiculaire, muni à sa base d'une soie simple, sans renflement. — *Trompe* épaisse, reçue dans le repos sous un avancement arqué qui entoure la partie supérieure de la cavité buccale. — *Tête* presque sphérique. — *Yeux* saillans, arrondis. — *Trois ocelles* très-petits, très-rapprochés en triangle sur le vertex. — *Corps* oblong, déprimé. — *Ecusson* assez grand, arrondi postérieurement. — *Ailes* longues, dépassant sensiblement l'abdomen, couchées l'une sur l'autre dans le repos. — *Cuillerons* petits. — *Balanciers* nus. — *Pattes* grandes, surtout les postérieures, celles-ci ayant leurs cuisses renflées et leurs jambes arquées extérieurement.

On doit ce genre à M. Latreille; son nom tiré de deux mots grecs a rapport à la forme arrondie du dernier article des antennes. L'espèce la plus connue est petite, on la trouve communément sur les fumiers, et il est probable que la larve y trouve sa nourriture. C'est la Sphérocère curvipède, *Sphœroc. curvipes.* Lat. *nouv. Dict. d'hist. nat.* 2e. *édit.* — *Musca grossipes.* Linn. *Syst. nat.* 2. 988. 59. (S. F. et A. Serv.)

SPHÉRODÈRE, *Sphœroderus.* Dej. (*Spéc.*)

Genre d'insectes de l'ordre des Coléoptères, section des Pentamères, famille des Carnassiers, tribu des Carabiques (division des Abdominaux).

Une subdivision des Abdominaux a pour caractère : côté interne des mandibules entièrement ou presqu'entièrement denté dans toute sa longueur. Elle contient les genres Pambore, Cychre, Scaphinote et Sphérodère. Dans les Pambores les élytres n'embrassent pas l'abdomen et ne sont point carénées latéralement; les Scaphinotes ont les bords latéraux du corselet très-relevés, prolongés postérieurement; et dans les Cychres les tarses antérieurs sont semblables dans les deux sexes.

Ce genre a été créé par M. le comte Dejean dans son *Spéciès*. Il lui assigne ces caractères :

Antennes filiformes. — *Labre* bifide. — *Mandibules* étroites, avancées, dentées intérieurement. — *Dernier article des palpes* très-fortement sécuriforme, presqu'en cuiller et plus dilaté dans les mâles. — *Menton* très-fortement échancré. — *Corselet* arrondi et nullement relevé sur les côtés. — *Elytres* soudées, carénées latéralement et embrassant une partie de l'abdomen. — *Tarses antérieurs* ayant leurs trois premiers articles dilatés dans les mâles, les deux premiers très-fortement, le troisième beaucoup moins.

C'est de la forme arrondie du corselet qu'est tiré le nom de Sphérodère qui vient de deux mots grecs. Ces insectes s'éloignent des Cychres, dit l'auteur, par leur *faciès* qui paroît se rapprocher de quelques petites espèces de Carabes, surtout du *convexus*. La tête est un peu moins alongée que dans les Cychres, les antennes plus courtes, moins déliées, le corselet convexe, presqu'arrondi ; leurs élytres sont proportionnellement moins grandes et un peu moins convexes, enfin les pattes plus courtes et un peu plus fortes. Le premier article des tarses antérieurs des mâles est en triangle tronqué, le second presqu'en carré transversal et le troisième à peu près cordiforme. M. le comte Dejean y rapporte trois espèces, particulières à l'Amérique septentrionale.

1. Sphérodère de Leconte, *S. Lecontei.*

Sphœroderus niger; thorace cyaneo, ovato, posticè transversè lineâque utrinquè impressis: elytris oblongo-ovatis, subcupreis, anticè striato punctatis, posticè granulatis, margine cyaneo.

Sphœroderus Lecontei. Dej. *Spéc. tom.* 2. *p.* 15. *n°.* 1.

Longueur 6 lig. Noir, corselet ovale, bleuâtre, ayant une impression transversale à sa partie postérieure outre deux lignes longitudinales. Elytres ovales-oblongues, un peu cuivreuses, bordées de bleu le long de leur carène, ayant des stries pointillées à leur partie antérieure : leur extrémité couverte de points élevés, arrondis, un peu oblongs.

Les deux autres espèces sont : 1°. *Sphœroderus stenostomus.* Dej. *ut suprà* n°. 2. — *Cychrus stenostomus.* Wéb. *Obs. entom. pag.* 43. *n°.* 1. 2°. *Sphœroderus bilobus.* Dej. *ut suprà* n°. 3.

(S. F. et A. Serv.)

SPHÉROME, *Sphœroma.* Lat. Lam. Léach. *Oniscus.* Linn. Pall. Fab. *Cymothoa.* Fab. Daldorf.

Genre de Crustacés de l'ordre des Isopodes, section des Aquatiques, famille des Sphéromides, établi par notre illustre collaborateur M. Latreille, et formé aux dépens du grand genre *Oniscus* de Linné. Léach a encore restreint ce genre, et plusieurs espèces de Sphéromes de M. Latreille forment, pour cet auteur, des genres distincts qui ont été adoptés dernièrement par l'entomologiste français (*Fam. nat. du Règn. anim.*). Le genre Sphérome tel qu'on le conçoit aujourd'hui, peut être ainsi caractérisé : appendices postérieurs de l'abdomen ayant leurs deux lames saillantes, l'extérieure étant plate et de même forme que l'intérieure. Corps susceptible de se rouler en boule.

Ce genre diffère des Zuzares (*voyez* ce mot) par les appendices postérieurs de l'abdomen, dont l'extérieur est plus grand que l'intérieur et convexe en dessus ; les autres genres de la même tribu en sont distingués par des caractères organiques qui sont développés au mot Sphéromides. *Voyez* ce mot.

Les Sphéromes ont beaucoup de ressemblance au premier coup d'œil avec les Amadilles ; comme eux ils se roulent en boule au moindre danger et se laissent glisser et rouler entre les pierres et les plantes marines qu'ils habitent ; ils restent presque toujours réunis en grandes troupes ; la plupart se tiennent au fond de l'eau et se portent en foule sur les différens corps marins dont ils font leur proie : certaines espèces restent toujours cachées sous les pierres ou les plantes amoncelées par les flots sur les rivages de la mer ; là elles sont à portée de leur élément et peuvent s'y jeter à volonté et à la moindre crainte de danger : d'autres vivent toujours loin des bords ; elles se plaisent sur les fucus et les ulves qui tapissent le fond de l'eau. Ces petits Crustacés marchent et nagent avec une grande dextérité ; les Spares et autres poissons en font leur nourriture, suivant Risso. M. Desmarest dit que quelques espèces de Sphéromes sont phosphoriques à certaines époques.

Ce genre se compose d'une dixaine d'espèces que Léach a distribuées dans deux coupes.

1. Dernier article de l'abdomen ayant à son extrémité deux légères échancrures.

Sphérome court, *S. curtum.* Léach, *Dict. des sc. nat. tom.* 12. *pag.* 345. — *Oniscus curtus.* Montagu. Cette espèce est très-rare et habite les côtes d'Angleterre. Le troisième article de son abdomen est légèrement échancré postérieurement, le dernier est pointu à son extrémité. Les *Spheroma prideauxianum* et *Dumerilii* de Léach appartiennent à la même division.

2. Dernier article de l'abdomen sans échancrure.

Sphérome denté, *Sph. serratum.* Léach, *Dict. des sc. nat. tom.* 12. *pag.* 346. — Desm. *Cons. gén. sur les Crust.* etc. *pl.* 47. *fig.* 3. — *Oniscus serratus.* Fab. *Mant. Ins. tom.* 1. *pag.* 242. — *Oniscus glabrator.* Pall. *Spic. zool. fas.* 9. *pag.* 70. *tab.*

4. *fig.* 18. — *Sphæroma cinerea.* Lat. Risso. Corps lisse ; abdomen arrondi à son extrémité ; la dernière petite lame ventrale arrondie en dehors ; yeux noirs ; antennes fauves ; pattes cendrées, ongles fauves, avec leur extrémité noire ; corps cendré ou blanchâtre, marbré de rouge et de gris foncé. C'est cette espèce qui peut être considérée comme le type du genre ; elle est fort commune sur nos côtes et vit en grandes réunions sous les pierres, dans le gravier et sous les tas de fucus.

SPHÉROMIDES, *Sphæromides.* Lat.

Famille de Crustacés de l'ordre des Isopodes, section des Aquatiques, établie par M. Latreille dans ses *Familles naturelles du Règne animal,* et à laquelle il donne pour caractères : dernier segment abdominal ayant, de chaque côté, une nageoire à deux feuillets, ou terminé, lui compris, par cinq lames foliacées. Post-abdomen composé de deux segmens ; appendices branchiaux repliés transversalement sur eux-mêmes.

Ces petits Crustacés, que Linné avoit placés dans son genre Oniscus, à cause sans doute de la propriété qu'ils ont de se contracter en boule comme certains Cloportes, diffèrent cependant de ces derniers par leur manière de vivre et par beaucoup d'autres caractères tirés de leur organisation intérieure et extérieure. La famille des Asellotes en est bien séparée par la composition du dernier segment abdominal qui n'a point d'appendices natatoires latéraux ; enfin les Cymothoadés n'ont qu'une nageoire de chaque côté de l'extrémité postérieure du corps. Outre les caractères généraux des Sphéromides que nous avons présentés plus haut, nous allons en présenter de plus détaillés, afin de ne plus parler pour chacun les genres que renferme cette famille, que de ceux propres à les distinguer entr'eux. Les Sphéromides ont quatre antennes insérées et rapprochées par paires sur le front, composées chacune d'un pédoncule et d'une tige sétacée, multiarticulée ; les deux supérieures plus courtes ; leur pédoncule composé de trois articles, celui des inférieures de quatre. Les pieds-mâchoires sont en forme de palpes sétacés, rapprochés à leur base, divergens, ensuite ciliés au côté interne, et de cinq articles distincts. Le corps est ovale, convexe en dessus, voûté en dessous et se contractant en boule en repliant et rapprochant, en dessous, ses deux extrémités ; il est composé d'une tête et de neuf segmens tous transversaux, à l'exception au plus du dernier ; les sept antérieurs composent le tronc et portent chacun une paire de pattes : ces pattes sont terminées par un petit onglet sous lequel est ordinairement une petite dent ; il n'y a que le genre Anthure, dont les pieds antérieurs soient terminés par une main monodactyle. Le premier segment est fortement échancré pour recevoir la tête ; le huitième segment est marqué de chaque côté de deux lignes enfoncées, incisions ébauchées transverses et parallèles, plus ou moins alongées, et que Léach considère comme les traces de segmens ; d'où il suit qu'il considère l'abdomen des Sphéromes comme composé de cinq segmens, dont les quatre premiers sont soudés ensemble et le dernier très-grand ; ce dernier segment est fixé aux autres par deux espèces de ginglymes ; il est grand, tronqué obliquement de chaque côté et a la forme d'un triangle arrondi, convexe en dessus, très-voûté en dessous et renfermant dans sa cavité des branchies molles. Le dessous des deux derniers anneaux est recouvert par deux rangées longitudinales d'écailles imbriquées, formées d'un pédicule ou d'un support attaché transversalement, et d'une lame ovale ou triangulaire, très-ciliée sur les bords ; de chaque côté et à la base du dernier segment, se voit un appendice en forme de nageoire, composé de trois articles ; le radical petit, tuberculiforme ; le second dilaté au côté interne en manière de lame ou de feuillet, ovale ou elliptique ; le troisième le plus souvent aussi en forme de feuillet et composant avec le précédent une sorte de nageoire.

Ces Crustacés habitent les bords de la mer ; quelques genres aiment mieux les endroits profonds : ils vivent en général sous les pierres, les rochers ou sous les tas de plantes marines. Quand ils sont dans l'eau, ils nagent avec beaucoup de vitesse et sont alors tournés le ventre en haut.

Latreille divise ainsi cette famille.

I. Corps vermiforme. Les quatre antennes à peine de la longueur de la tête, coniques, de quatre articles. Pieds antérieurs terminés par une main monodactyle. Feuillets du bout de l'abdomen formant par leur disposition (deux supérieurs, deux latéraux et le ciqnième inférieur) et leur rapprochement, une sorte de capsule.

ANTHURE, *Anthura.* Léach. *Oniscus.* Montagu.

Anthure grêle, *Anthura gracilis.* Léach, *Edimb. Encycl. tom.* 7. *p.* 404. *Id. Trans. Soc. Lin. tom.* 11. *pag.* 366. — *Oniscus gracilis.* Montagu, *Trans. Soc. Lin. tom.* 9. *tab.* 5. *fig.* 6. Le *Gammarus heteroclitus*, Viviani, *Phosph. maris, pag.* 9. *tab.* 2. *fig.* 11 et 12, se rapporteroit peut-être à ce genre, mais sa queue est terminée par deux petits filets sétacés de quatre ou cinq articles, ce qui l'en éloigne. Léach pense que l'*Oniscus cylindricus* de Montagu appartient à ce genre.

II. Corps ovale ou oblong (se mettant en boule) ; tige des quatre antennes de plusieurs articles ; les inférieures au moins notablement plus longues que la tête. Point de dilatation en forme de main monodactyle aux pieds. Chaque appendice latéral de l'extrémité postérieure du corps formé de deux feuillets portés sur un article commun, et composant avec le segment intermédiaire, une nageoire en éventail.

1. Sutures ou lignes imprimées du premier segment post-abdominal, n'atteignant pas les bords; ces bords entiers. Premier article des antennes supérieures en palette presque triangulaire.

Les genres ZUZARE, SPHÉROME. *Voyez* ces mots.

2. Sutures du premier segment post-abdominal atteignant ses bords et les coupant. Premier article des antennes supérieures en palette alongée, soit plus ou moins carrée, soit linéaire.

CAMPÉCOPÉE, *Campecopea*. LÉACH. *Oniscus*. MONTAGU. *Sphæroma*. LAT. LAM. RISSO.

Appendices postérieurs du ventre ayant leur petite lame extérieure seule saillante, alongée et courbée. Corps ou thorax ayant l'avant-dernier article plus grand que le dernier.

CAMPÉCOPÉE VELUE, *C. hirsuta*. LÉACH, *Dict. des sc. nat. tom.* 12. *pag.* 341. — DESM. *Dict. des sc. nat. et Cons. gén. sur la cl. des Crust.*, etc. *pag.* 295. *pl.* 47. *fig.* 1. — *Oniscus hirsutus*. MONTAGU, *Trans. Soc. Lin. tom.* 7. *pl.* 6. *fig.* 8. Longue d'une ligne et demie; couleur brune; dernier anneau de l'abdomen marqué de quelques points d'un bleu pâle. Il se trouve sur la côte méridionale du Devonshire en Angleterre. M. Latreille pense que le *Spheroma spinosa* de Risso est la même espèce, quoiqu'il ait cinq lignes de long. Le Campécopée de Cranch forme une autre espèce qui est plus petite que la précédente, peu velue, et ayant le sixième anneau du thorax dépourvu d'épines et simple. Il se trouve à Falmouth en Angleterre.

CILICÉE, *Cilicœa*. LÉACH.

Appendices postérieurs du ventre ayant, comme ceux des Campécopées et des Nésées, leur petite lame extérieure seule saillante; corps ou thorax ayant les deux derniers segmens d'égale longueur. Abdomen ayant le premier et le deuxième articles très-courts, soudés au troisième qui est grand; le dernier échancré à son extrémité, avec une petite saillie dans son échancrure. Appendices ventraux postérieurs droits et assez longs.

CILICÉE DE LATREILLE, *C. Latreillii*. LÉACH, *Dict. des sc. nat. tom.* 12. *pag.* 342. — DESM. *ibid. et Cons. gén. sur les Crust.*, etc. *pag.* 296. *pl.* 48. *fig.* 3. Longue de quatre lignes environ. Dernier article de l'abdomen ayant deux élévations en bosse; la première (chez le mâle) prolongée et pointue; petite lame caudale extérieure, ayant son extrémité échancrée postérieurement. Léach ne connoît pas la localité qu'habite cette espèce.

NÉSÉE, *Nœsea*. LÉACH. *Oniscus*. ADAMS. *Sphœroma*. LAT. LAMK.

Ce genre ne diffère des Campécopées qu'en ce que les appendices ventraux postérieurs sont droits et passablement longs, au lieu d'être courbés.

NÉSÉE BIDENTÉE, *N. bidentata*. LÉACH, *Dict. des sc. nat. tom.* 12. *pag.* 342. — DESM. *ibid. et Cons. gén. sur les Crust. pag.* 295. *pl.* 47. *fig.* 2. — *Oniscus bidentatus*. ADAMS. *Trans. Soc. Lin. tom.* 8. *tab.* 2. *fig.* 3. Longue de six lignes. Corps lisse; sixième anneau du thorax rugueux, terminé postérieurement par deux piquans; abdomen rugueux, son dernier anneau ayant deux tubercules vers son milieu. Couleur cendrée, légèrement striée de bleu ou de rouge. Cette espèce se trouve sous les pierres et les plantes marines, dans la partie occidentale des côtes de France.

DYNAMÈNE, *Dynamene*. LÉACH. *Oniscus*. MONTAGU. *Sphœroma*. LAT. LAMK.

Appendices postérieurs du ventre ayant leurs deux lames extérieure et intérieure saillantes, comprimées, d'égale grosseur et foliacées; abdomen ayant le dernier article marqué d'une simple fente à son extrémité; sixième segment du corps prolongé en arrière.

On rencontre ces petits Crustacés près des rochers des côtes; ils les préfèrent à cause des petites cavités remplies de sable qu'ils présentent et où ces animaux peuvent se loger. Ils fréquentent aussi les plantes marines et les petites flaques d'eau qui restent dans les rochers lorsque la mer est basse. Ils nagent avec beaucoup de vitesse et d'élégance en se tournant sur le dos comme les Sphéromes, et exécutent des évolutions rapides et variées.

Léach les divise en deux petites sections ainsi qu'il suit :

1. Sixième article du corps prolongé en arrière; petite lame extérieure des appendices postérieurs du ventre plus longue que l'intérieure.

DYNAMÈNE DE MONTAGU, *D. Montagui*. LÉACH, *Dict. des sc. natur. tom.* 12. *pag.* 344. Corps sublinéaire; le sixième article du thorax avec un prolongement, aplati en dessus; deux tubercules au dernier article de l'abdomen : la fente presque d'égale largeur. Cette espèce se trouve sur la côte occidentale du Devonshire en Angleterre.

2. Tous les anneaux du corps simples; petite lame extérieure des appendices postérieurs du ventre plus courte que l'intérieure.

DYNAMÈNE ROUGE, *D. rubra*. LÉACH, *Dict. des sc. nat. tom.* 12. *pag.* 344. — *Oniscus ruber*. MONTAGU (manusc.). Corps sublinéaire; fente du dernier article presqu'égale en largeur dans toute son étendue. Couleur rouge. De la côte occidentale de l'Angleterre; très-commune. Léach décrit une autre espèce de ce genre, qui est verte et qui se trouve dans les mêmes lieux que les précédentes. Le *Sphœroma Lesueurii* de Risso appartient aussi à ce genre.

CYMODOCÉE, *Cymodocea*. Léach. *Cymodice*. Ibid. *Oniscus*. Montagu. *Sphæroma*. Lat.

Appendices postérieurs du ventre ayant leurs deux lames extérieure et intérieure saillantes. Corps ne pouvant pas se rouler en boule; abdomen ou queue ayant le dernier article échancré à son extrémité, avec une petite lame dans l'échancrure, non foliacée, mais garnie de longs poils de chaque côté.

Cymodocée de Lamarck, *Cymodocea Lamarckii*. Léach, *Dict. des sc. nat. tom.* 12. *pag.* 343.—Desm. *ibid. et Cons. gén.*, etc. *pl.* 48. *fig.* 4. Longue de cinq lignes. Abdomen lisse, ayant ses troisième et quatrième segmens munis chacun de deux épines sur le dos; le dernier ayant son prolongement terminal étroit et sa pointe entière. Cette espèce habite les mers de Sicile.

(E. G.)

SPHÉROTE, *Sphærotus*. Genre de Coléoptères Hétéromères, famille des Sténélytres, tribu des Hélopiens, établi par M. Kirby dans ses *Tenebrionidæ*. (*Transact. Linn. Centur. of Ins. vol.* 12. *pag.* 375.) Il lui assigne ces caractères : labre transversal, arrondi à son extrémité, cilié. Lèvre petite, son extrémité tronquée. Mandibules à peine dentées. Mâchoires ouvertes à leur base. Palpes maxillaires grossissant vers l'extrémité, leur dernier article très-grand, sécuriforme; le même article dans les labiaux un peu plus grand que les autres, presqu'en cloche. Menton tronqué à l'extrémité, arrondi à sa base, très-convexe dans son milieu. Antennes allant en grossissant vers leur extrémité, composées de onze articles, le dernier assez gros, tronqué obliquement. Corps ovale-globuleux, point recourbé.

L'auteur anglais place dans ce genre l'espèce suivante : Sphérote curvipède, *S. curvipes*. Longueur 5 lig. ½. Corps très-glabre, assez brillant, d'un noir-cuivreux. Elytres presque globuleuses avec des séries de gros points enfoncés; l'intérieur de chaque point ayant une petite ligne enfoncée. Cette espèce est du Brésil et représentée pl. 21. fig. 15. de l'ouvrage précité. C'est l'*Helops variolosus*. Dej. *Catal.*

(S. F. et A. Serv.)

SPHEX, *Sphex*. Fab. Cet auteur compose ce genre de quatre espèces dont trois, n°s. 1. 2 et 4. sont des Ammophiles de MM. Kirby et Latreille. Le *Sphex clavus* n°. 3. nous est inconnu. *Voyez* Ammophile, article Sphégides.

(S. F. et A. Serv.)

SPHEX, *Sphex*. Linn. De Géer. Scopol. Ross. Jur. Lat. *Ichneumon*. Geoff. *Apis*. Linn. *Proapis*. De Géer. *Pepsis*. Fab. Spinol. *Chlorion*. Fab.

Genre d'insectes de l'ordre des Hyménoptères, section des Porte-aiguillon, famille des Fouisseurs, tribu des Sphégides.

Deux genres, Chlorion et Sphex forment dans la seconde division des Sphégides (*voyez* ce mot) un groupe dont le caractère est : mâchoires et lèvre plus courtes ou guère plus longues que la tête, fléchies au plus vers leur extrémité. Presque tous les articles des palpes obconiques. Seconde et troisième cellules cubitales des ailes supérieures recevant chacune une nervure récurrente. Mais les Chlorions se distinguent particulièrement par leurs antennes insérées au-dessous du milieu de la face antérieure de la tête et par le peu de largeur de leur seconde cellule cubitale.

Antennes sétacées, insérées vers le milieu de la face antérieure de la tête, de douze articles dans les femelles, de treize dans les mâles, le premier plus gros que les autres, ovale-cylindrique, le second petit, presque globuleux, les suivans cylindriques, le dernier conique-alongé. — *Mandibules* dentées au côté interne. — *Mâchoires* et *Lèvre* guère plus longues que la tête, fléchies seulement vers leur extrémité. — *Palpes* filiformes, les maxillaires guère plus longs que les labiaux, de six articles presque tous alongés et obconiques : palpes labiaux de quatre articles, les deux premiers beaucoup plus longs que les suivans, obconiques; les deux derniers presqu'ovales. — *Tête* transversale, de la largeur du corselet; chaperon bombé. — *Yeux* grands, ovales. — *Trois ocelles* placés en triangle sur le devant du vertex. — *Corps* asez long, pubescent. — *Corselet* long; prothorax court, petit, aminci en devant en un cou un peu déprimé, conique; mésothorax moins long que le métathorax; celui-ci long, convexe, comme tronqué postérieurement. — *Ecusson* peu relevé. — *Ailes superieures* ayant une cellule radiale arrondie au bout, ovale-alongée, et quatre cellules cubitales, la première aussi grande que les deux suivantes réunies, la seconde assez large, presque carrée, recevant la première nervure récurrente près de la nervure d'intersection qui la sépare de la troisième cubitale; celle-ci rétrécie vers la radiale, recevant la seconde nervure récurrente, la quatrième point commencée mais souvent esquissée en partie. — *Abdomen* globuleux ou elliptique, très-distinctement pédiculé, composé de cinq segmens outre l'anus dans les femelles, en ayant un de plus dans les mâles, la moitié du premier segment formant le pédicule. — *Pattes* grandes, fortes; jambes et tarses garnis d'un grand nombre d'épines et de cils roides : tarses antérieurs des femelles bipectinés de cils roides, propres à fouir, leurs articles élargis vers l'extrémité et triangulaires; jambes antérieures terminées par deux épines, l'interne garnie d'une membrane étroite qui s'élargit dans son milieu, lequel est soutenu par une petite dent; l'extrémité de cette épine interne est bifurquée; cette bifurcation garnie de cils roides; jambes intermédiaires ayant deux épines terminales assez courtes, simples, aiguës : jambes postérieures en ayant deux, l'interne plus forte, large à sa base et garnie dans cette partie de cils denses ; tarses longs, leur premier article plus grand que les autres, le dernier terminé par deux crochets aigus, pluridentés à leur base, munis d'une assez forte pelotte dans leur entre-deux.

Les Grecs donnoient le nom de *Sphex* à des Guêpes de forme grêle, ce qu'indique dans leur langue la racine de laquelle ce nom est tiré. Les mœurs de ces Hyménoptères sont les mêmes que celles des Ammophiles (*voyez* ce mot à l'article Sphégides), nous ne connoissons pas les proies particulières dont les femelles approvisionnent leurs nids. Ces insectes aiment les climats chauds et l'on ne les trouve en France que dans les parties les plus méridionales. Leur taille est assez grande. Fabricius a placé la plus grande partie des espèces qu'il a connues parmi ses Pepsis à abdomen pédiculé. Ses Sphex proprement dits sont les Ammophiles de MM. Kirby et Latreille.

1. Sphex languedocien, *S. occitanica*.

Sphex nigra ; capite thoraceque nigro villosis ; abdominis segmenti primi parte posticâ secundique parte anticâ subtùs et lateribus ferrugineis : alis apice lato fuscis.

Longueur 10 à 12 lig. Noir. Front argenté. Tête et corselet très-garnis de poils noirs. Dessous et côtés de la partie élargie du premier segment de l'abdomen, de couleur ferrugineuse ainsi que le dessous et les côtés de la partie antérieure du second. Ailes presque transparentes, leur extrémité et une partie de leur limbe intérieur ayant une large bordure d'un brun-noirâtre. Mâle.

Il a été pris aux environs de Montpellier par M. Amédée de Saint-Fargeau, officier de la Garde.

2. Sphex rayé, *S. albisecta*.

Sphex atra ; abdominis basi ferrugineâ, petiolo apiceque nigris, segmentis omnibus margine postico pallidis.

Longueur 8 à 9. lig. Noir. Front argenté. Tête, corselet et pattes très-garnis de poils d'un cendré-roussâtre. Abdomen ayant son pédicule, ses deux derniers segmens et l'anus noirs ; la partie élargie du premier segment, le second et le troisième ferrugineux ; le bord postérieur de tous, de couleur pâle. Femelle.

Dans le mâle le troisième segment de l'abdomen est noir. Du Piémont. Il nous a été envoyé par M. Bonelli sous le nom spécifique que nous lui conservons.

Les espèces suivantes sont aussi de ce genre : 1°. Sphex rufipenne, *Sphex rufipennis*. — *Pepsis rufipennis* n°. 12. Fab. *Syst. Piez.* 2°. Sphex de Pensylvanie, *Sphex Pensylvanica*. — *Pepsis Pensylvanica* n°. 15. Fab. *id.* 3°. Sphex front blanc, *Sphex albifrons*. — *Pepsis albifrons* n°. 25. Fab. *id.* 4°. Sphex argenté, *Sphex argentata*. — *Pepsis argentata* n°. 9. Fab. *id.* Ce dernier du midi de la France. 5°. Sphex Ichneumon, *Sphex icheumonea*. — *Chlorion ichneumoneum* n°. 6. Fab. *id.* 6°. Sphex flavipenne, *Sphex flavipennis*. — *Pepsis flavipennis* n°. 13. Fab. *id.*

(S. F. et A. Serv.)

SPHINGIDES, *Sphingides*. Seconde tribu de la famille des Crépusculaires, ordre des Lépidoptères ; ses caractères sont :

Antennes terminées par une petite houppe d'écailles, en massue prismatique ; cette massue commençant près du milieu de leur longueur. — *Palpes inférieurs* larges, très-garnis d'écailles ; leur troisième ou dernier article très-petit, généralement peu distinct.

Cette tribu contient les genres Sphinx et Smérinthe.

Les chenilles des Sphingides sont toujours glabres et munies de seize pattes, leur forme e t cylindrique, quelquefois un peu conique en avant, l'extrémité postérieure du corps a presque toujours une espèce de corne : lorsque celle-ci manque il y a une élévation à sa place. Ces chenilles vivent solitairement et se nourrissent de feuilles de végétaux, elles mangent beaucoup à la fois et se tiennent ensuite long-temps en repos. Dans leur jeune âge leur agilité est grande, et dès qu'on les inquiète elles se suspendent à un fil à l'aide duquel elles remontent sur la feuille où elles en ont fixé la base ; plus âgées on a de la peine à les déterminer même à changer de place, et tantôt avec la tête tantôt avec les derniers segmens du corps elles cherchent à frapper la main qui les touche. Les excrémens de ces chenilles sont de grosses crottes qui ressemblent à de petits barils cannelés. Comme elles passent toute leur vie sur le même végétal et quelquefois sur une seule branche on reconnoît aisément l'endroit où elles séjournent en cherchant au dessus de celui que l'on trouve parsemé de leurs crottes. C'est dans la terre ou à sa superficie sous des feuilles qu'elles construisent leurs coques ; elles y emploient peu ou point de soie, mais battent les parois qui les entourent de manière à les rendre fort unies. La plupart des Sphingides restent sept à huit mois sous la forme de chrysalides, cependant quelquefois plusieurs individus éclosent au bout d'une quinzaine de jours après que la chenille est entrée en terre ; c'est ce qui arrive souvent au Sphinx Atropos, à celui du Tithymale et probablement aussi à quelques autres ; mais en général, au moins dans nos climats, ces Lépidoptères n'ont qu'une seule génération par année. Le Sphinx du Caillelait fait seul exception ; on le rencontre à l'état parfait et sous la forme de chenille depuis le printemps jusqu'aux premières gelées. Le plus grand nombre des espèces de Sphingides ne se met en mouvement qu'au crépuscule et c'est alors que les mâles recherchent leurs femelles, mais ceux de notre troisième subdivision (Macroglosse LAT.) volent et s'accouplent en plein soleil et semblent même rechercher sa présence. Les femelles dispersent leurs œufs et n'en placent jamais qu'un petit nombre sur la même plante : les mâles meurent aussitôt après l'accouplement. Les Sphingides sont tous de grande taille et ont proportionnellement l'abdomen fort gros.

(S. F. et A. SERV.)

SPHINX, *Sphinx*. LINN. GEOFF. FAB. DE GÉER. LAT. SCHIFF. ESPER. CRAM. ENGR. ROSSI. PANZ. PRUNN. HUB. *Spectrum, Macroglossum*. SCOP. *Sesia*. FAB. *Acherontia, Macroglossum*. LAT. (*Fam. natur.*)

Genre d'insectes de l'ordre des Lépidoptères, famille des Crépusculaires, tribu des Sphingides.

En créant le genre Sphinx Linné y forma des divisions dont la plupart assez bien tranchées ont servi de base aux travaux des auteurs subséquens; il paroîtroit que ce grand naturaliste n'a eu sous les yeux qu'un individu mutilé d'une des espèces qu'il y rapporte (*Sphinx Nerii*) puisqu'il l'a placée dans sa première division qu'il caractérise ainsi : Sphinx légitimes à ailes anguleuses. Elle contient cinq espèces; les trois premières entrent aujourd'hui dans le genre Smérinthe, la quatrième nous est inconnue et paroît aussi l'avoir été aux auteurs venus après le naturaliste suédois; la cinquième qui termine cette division ainsi que les dix-neuf espèces renfermées dans la seconde, celle-ci présentant pour caractère : Sphinx légitimes à ailes entières et anus simple, sont pour nous des Sphinx sauf les n°s. 10 et 23. qui nous inconnus. Sa troisième division ainsi désignée : Sphinx légitimes à ailes entières et anus barbu, forme pour plusieurs auteurs les genres Macroglosse (dont nous faisons simplement une subdivision des Sphinx) et Sésie que nous admettons. Nous rapportons au premier les espèces 25. 26. 27 et 28, et au second celles numérotées 29. 30. 31 et 32. La quatrième division qu'il appelle, Sphinx illégitimes (*adscitæ*) doit se diviser ainsi : les espèces 34. 36. 37 et 42. sont des Zygènes, la 43e. une Aglaope : les n°s. 35 et 38 des Syntomides; les espèces timbrées 40. 41 et 46. appartiennent aux Glaucopides, ce qui est probable aussi des espèces 44 et 45; enfin la 47e. espèce est une Procris. La 33e. ainsi que la 39e. ne nous sont pas connues.

Geoffroy qui vint ensuite laissa également dans le genre Sphinx toutes les espèces des environs de Paris que Linné avoit mentionnées; il y établit trois familles d'après d'autres considérations que celles employées par son devancier. La première qu'il nomma Sphinx-bourdons a pour caractères : antennes prismatiques, presqu'égales dans toute leur étendue; point de trompe distincte. Il y place quatre espèces; les trois premières sont des Smérinthes, la dernière une Sésie. Sa seconde famille nommée Sphinx-éperviers, a les antennes comme dans la précédente famille, une trompe roulée en spirale, les chenilles sont lisses et portent une corne. Sept espèces sont de cette famille. Les n°s. 5 et 6. appartiennent aux Macroglosses SCOP. LAT. Les espèces de 7. à 12. sont des Sphinx. La troisième famille ou Sphinx-béliers ayant pour caractères : antennes prismatiques, plus épaisses dans leur milieu; une trompe roulée en spirale; cheuilles velues, sans corne, ne contient qu'un seule espèce qui est le type du genre Zygène.

Fabricius partagea les Sphinx de Linné en trois genres; Sphinx, Sésie et Zygène. Le premier contient les Smérinthes, les Thyrides et les véritables Sphinx. Ainsi ses n°s. 1. 3. 9. 10. 14. 19. 24. et peut-être encore le n°. 4. sont des Smérinthes. Le n°. 8. est la Thyride fénestrée, *Thyris fenestrina*. LAT. Les autres espèces doivent rester parmi les Sphinx, sauf peut-être les n°s. 11 et 65. qui sont douteux entre les Smérinthes et les Sphinx. En faisant le genre Sésie le même auteur y a placé un certain nombre d'espèces de Sphinx comme nous l'avons dit au mot SÉSIE. *Voyez* cet article.

Feu M. Godart dans ses *Lépidoptères de France* donne à ce genre absolument la même étendue que nous.

Enfin M. Latreille dans ses *Familles naturelles* sépare en deux tribus le genre Sphinx de Linné : ce sont les seconde et troisième de sa famille des Crépusculaires; dans la tribu des Sphingides il énonce quatre genres : Smérinthe, Achérontie, Sphinx et Macroglosse; nous ne connoissons pas suffisamment les caractères du second et du quatrième pour les admettre comme coupes génériques; le dernier formera parmi nos Sphinx la troisième subdivision (première division). La tribu des Zygénides de M. Latreille répond à la quatrième division du genre Sphinx de Linné.

Les genres Smérinthe et Sphinx composent seuls, suivant nous, la tribu des Sphingides. Le premier a pour caractère qui le distingue du second, les antennes en scie ou pectinées, et suivant M. Latreille, il en diffère encore par sa langue presque nulle.

Antennes prismatiques, simples ou n'ayant au plus que des stries transverses, barbues; ces antennes sont terminées en pointe crochue portant une petite houppe d'écailles. — *Langue* cornée, de longueur variable, mais toujours distincte. — *Palpes* comprimés, très-garnis d'écailles, leur troisième article très-petit, à peine distinct. — *Ailes* ayant leurs bords entiers ou médiocrement sinués. — *Chenilles* ayant leur tête de forme ovale-arrondie.

Pour les mœurs, *voyez* Sphingides. Les Sphinx sont des Lépidoptères généralement fort gros, ornés de couleurs vives et agréablement variées; ils volent avec beaucoup de légèreté; leur vol, comme celui des Chauve-Souris, est composé d'un grand nombre de battemens entremêlés de crochets. Ils produisent un bruit très-facile à distinguer et qui avertit de leur passage; ils vont ainsi de fleur en fleur, choisissant de préférence les corolles tubulées et y enfonçant leur langue jusqu'au fond pour atteindre les nectaires ou glandes qui sécrètent le miel : pendant qu'ils le recueillent ils restent devant les fleurs immobiles comme l'Épervier qui guette sa proie, mais ni alors ni dans aucune occasion ils ne planent et leurs ailes sont dans un mouvement très-vif et continu, ce que l'on peut observer facilement dans le Sphinx du Caille-lait (*Sphinx stellatarum*). Les chenilles de ces Crépusculaires varient, surtout par la forme de la partie antérieure du corps; quelques-unes ont cette partie susceptible d'alongement, mouvement qu'elles exécutent lorsqu'elles cherchent leur nourriture ou qu'elles la prennent; dans ce cas cette partie du corps s'amincit et prend la forme d'un cône tronqué dont la face de la tête est la troncature; lorsqu'elles sont en repos elles font rentrer cette partie, alors le corps paroît être antérieurement en massue. D'autres n'ont pas cette faculté, quelques-unes de celles-ci relèvent leur partie antérieure jusqu'aux premières ou secondes pattes membraneuses et ramenant en devant la face antérieure de leur tête, elles prennent une attitude analogue à celle que l'art du statuaire donne aux Sphinx fabuleux; c'est de cette habitude que le genre a tiré son nom. La forme de la corne posée sur l'avant-dernier segment du corps varie également; elle est le plus souvent droite, conique-mince, presque lisse ou très-finement grenue : dans le Sphinx Atropos elle est contournée et garnie d'aspérités remarquables; quelques espèces l'ont linéaire et caduque, car elle n'existe plus après les premiers changemens de peau, et l'on ne voit à sa place qu'une éminence peu sensible, c'est ce qui arrive à la chenille du Sphinx Crantor Fab. (*Voyez* Smith-Abbot, *Lépid. de Géorg. pl.* 41.) M. Carcel naturaliste fort éclairé a eu occasion d'observer en Dauphiné la chenille du Sphinx de l'Hippophaé. Cette chenille, soit que la lumière lui nuise, soit pour éviter les attaques d'ennemis que le jour favoriseroit, se cache pendant que le soleil est sur l'horizon, sous les feuilles tombées au pied de l'arbre et ne sort que la nuit pour prendre sa nourriture. Quelques chrysalides (ce sont celles des Sphinx dont la langue égale ou surpasse la longueur du corps) ont un appendice qui forme un étui particulier à la langue et qui s'étendant au-delà de la tête, redescend en dessous et se rapproche du ventre.

Le Sphinx Atropos offre quelques particularités; le cri qu'il produit et l'apparence sinistre des taches de son corselet qui imitent assez bien une tête de mort ont attiré sur lui l'attention, et quelquefois effrayé des cantons entiers. (*Voyez* Réaumur, *Mém. ins. tom.* 1. 7e. *Mém.*) Le bruit qu'il fait entendre est un son tremblé qui tient du sifflement; Réaumur l'attribue au frottement de la langue contre les palpes; dans ces derniers temps, M. Lorey donne pour cause à ce cri, l'air qui s'échappe par une trachée placée de chaque côté de l'abdomen et qui dans l'état de repos se trouve fermée par un faisceau de poils très-fins, réunis par un ligament qui prend naissance sur les parois latérales et internes de la partie supérieure de l'abdomen. Ce dernier auteur dit dans une note, pag. 190. du poëme de M. Leroux, intitulé : *Art entomologique*, qu'il a coupé non-seulement les palpes et la langue, mais même la tête entière du Sphinx Atropos, et que le cri s'est répété après cette amputation tout comme auparavant. Nous rapportons ici ces deux opinions afin de mettre les entomologistes à même de faire de nouvelles expériences, sans nous prononcer en faveur de l'une ou de l'autre. Une accusation pèse aussi sur cette espèce; François Hüber dans ses *Nouvell. observ. sur les Abeilles* publiées en 1814, tom. 2, pag. 291, prétend que ce Sphinx pénètre en automne dans les ruches, occasionne la dispersion des abeilles et pille le miel. Nous pensons que l'autorité de M. Hüber est de quelque poids en ce qui concerne l'économie des *Mouches à miel*, mais nous croyons que ce fait avancé par lui mérite d'être observé de nouveau par les propriétaires de ruches d'abeilles. Il paroît vraiment difficile de croire que les abeilles cèdent si facilement à l'attaque d'un ennemi sans armes, tandis qu'elles repoussent des assaillans bien plus redoutables et jusqu'à l'homme même.

Ce genre est très-nombreux en espèces et répandu sur toute la terre, mais les climats chauds en contiennent un bien plus grand nombre que les autres.

1re. *Division*. Chenilles n'ayant pas leur partie antérieure très-amincie, leur corps portant toujours des raies obliques ou longitudinales. — Extrémité des ailes supérieures presqu'arrondie.

1re. *Subdivision*. Abdomen sans brosse à son extrémité. — Bord postérieur des ailes convexe et entier.

Les uns ont leur chrysalide munie d'un appendice qui sert d'étui à la langue; cette langue fort longue. La chenille est toujours pourvue d'une corne conique-mince et droite. Ce sont les espèces suivantes :

1o. Sphinx du Jatropha, *S. Jatrophœ* no. 22. Fab. *Entom. Syst.* 2o. Sphinx de la Caroline, *S. Carolina* no. 25. Fab. *id.* — Smith-Abbot, *Lépid. de Géorg. pl.* 33. 3o. Sphinx rustique, *S. rustica* no. 33. Fab. *id.* — Smith-Abbot, *id. pl.* 36. 4o. Sphinx du Pin, *S. Pinastri* no. 35. Fab. *id.* — *Encycl.*

Encycl. pl. 64. *fig.* 1—3. D'Europe. 5°. Sphinx Hyléus, *S. Hylæus* n°. 53. — *Encycl. pl.* 66. *fig.* 7. 6°. Sphinx du Liseron, *S. Convolvuli* n°. 54. Fab. *id.* — *Encycl. pl.* 65. *fig.* 1—3. D'Europe. Une variété ou une espèce très-voisine est représentée dans les *Lépid. de Géorg.* Smith-Abbot, *pl.* 32. 7° Sphinx du Troëne, *S. Ligustri* n°. 55. Fab. *id.* — *Encycl. pl.* 65. *fig.* 4—6. D'Europe. 8°. Sphinx du Papayer, *S. Caricæ* n°. 67. Fab. *id.* 9°. Sphinx du Micocoulier, *S. Drupiferarum.* Smith-Abbot, *id. pl.* 36. 10°. Sphinx du Kalmia, *S. Kalmiæ.* Smith-Abbot, *id. pl.* 37. 11°. Sphinx des Conifères, *S. Coniferarum.* Smith-Abbot, *id. pl.* 42.

Nous rapporterons encore à ce même groupe, mais avec moins de certitude, les espèces suivantes de Cramer.

1°. Sphinx Cluentius, *S. Cluentius, pl.* 78. *fig.* B. et *pl.* 126. *fig.* A. 2°. Sphinx Annibal, *S. Annibal, pl.* 216. *fig.* A. 3°. Sphinx Paphus, *S. Paphus.* id. *fig.* B. 4°. Sphinx Anchomélus, *S. Anchomelus, pl.* 224. *fig.* C. 5°. Sphinx Gordius, *S. Gordius, pl.* 247. *fig.* B. 6°. Sphinx Ménéphron, *S. Menephron, pl.* 285. *fig.* A. 7°. Sphinx Lucétius, *S. Lucetius, pl.* 301. *fig.* B. 8°. Sphinx Florestan, *S. Florestan, pl.* 394. *fig.* B. 9°. Sphinx Pamphile, *S. Pamphilus, pl.* 394. *fig.* E.

Nota. Quelques-unes de ces neuf dernières espèces peuvent être sous d'autres noms dans les auteurs cités précédemment.

A ce groupe appartiennent peut-être encore, 1°. Sphinx Alopé, *S. Alope* n°. 20. Fab. *Entom. Syst.* 2°. Sphinx Érotus, *S. Erotus* n°. 28. Fab. *id.* 3°. Sphinx Tétrio, *S. Tetrio* n°. 32. Fab. *id.* 4°. Sphinx payen, *S. pagana* n°. 34. Fab. *id.* 5°. Sphinx plébéien, *S. plebeia* n°. 36. Fab. *id.* 6°. Sphinx de la Tassole, *S. Boerhaviæ* n°. 46. Fab. *id.* 7°. Sphinx funèbre, *S. funebris* n°. 47. Fab. *id.* 8°. Sphinx Caïcus, *S. Caïcus* n°. 57. Fab. *id.* — *Encycl. pl.* 66. *fig.* 8. 9°. Sphinx agile, *S. velox* n°. 68. Fab. *id.* 10°. Sphinx Abadonna, *S. Abadonna.* Fab. *Entom. Syst. Suppl.*

Les autres ont leur chrysalide mutique à sa partie antérieure; la langue est courte ou de longueur moyenne. La corne de la chenille n'est pas toujours droite; nous plaçons ici les Sphinx suivans :

1°. Sphinx Atropos, *S. Atropos* n°. 27. Fab. *Entom. Syst.* — *Encycl. pl.* 63. *fig.* 9—11. D'Europe. 2°. Sphinx Cacus, *S. Cacus* n°. 18. Fab. *id.* 3°. Sphinx Ello, *S. Ello* n°. 21. Fab. *id.* 4°. Sphinx du Tithymale, *S. Euphorbiæ* n°. 37. Fab. *id.* — *Encycl. pl.* 64. *fig.* 4—6. D'Europe. 5°. Sphinx Nicéa, *S. Nicea.* God. *Lépid. de Franc. pag.* 171. n°s. 5—6. *pl.* 17. *ter. fig.* 1. D'Europe. 6°. Sphinx de l'Hippophaé, *S. Hippophaes.* God. *id. pag.* 178. n°s. 8—9. *pl.* 17. *ter. fig.* 2. D'Europe. 7°. Sphinx de la Garance, *S. Gallii* n°. 38. Fab. *id.* D'Europe. 8°. Sphinx rayé, *S. lineata* n°. 39. Fab. *id.* — *Encycl. pl.* 66. *fig.* 5. D'Europe. 9°. Sphinx Chauve-souris, *S. Vespertilio* n°. 40. Fab. *id.* D'Europe. 10°. Sphinx Lachésis, *S. Lachesis.* Fab. *Entom. Syst. Suppl.*

Les quatre espèces qui suivent nous paroissent appartenir au même groupe.

1°. Sphinx Brontès, *S. Brontes.* Drury, *Ins. tom.* 1. *pl.* 29. *fig.* 4. 2°. Sphinx Opheltès, *S. Opheltes.* Cram. *pl.* 285. *fig.* B. 3°. Sphinx Scyron, *S. Scyron.* id. *pl.* 301. *fig.* E. 4°. Sphinx accentué, *S. accentifera.* Pal.-Bauv. *Ins. d'Afr. et d'Amériq. pag.* 263. *Lépid. pl.* 24. *fig.* I.

2e. *Subdivision.* Abdomen terminé par une brosse dans les mâles seulement. — Bord postérieur des ailes anguleux.

Cette subdivision renferme : 1°. Sphinx de l'Œnothère, *S. Œnotheræ* n°. 12. Fab. *Entom. Syst.* 2°. Sphinx du Gaura, *S. Gauræ.* Smith-Abbot, *Lépid. de Géorg. pl.* 31. 3°. Sphinx Médée, *S. Medea* n°. 23. Fab. *id.* 4°. Sphinx Nessus, *S. Nessus* n°. 2. Fab. *id.* 5°. Sphinx lugubre, *S. lugubris* n°. 5. Fab. *id.* — Smith-Abbot, *id. pl.* 30. 6°. Sphinx louche, *S. lusca* n°. 6. Fab. *id.* 7°. Sphinx asiliforme, *S. asiliformis* n°. 7. Fab. *id.* 8°. Sphinx Pénée, *S. Penæus* n°. 15. Fab. *id.* 9°. Sphinx Pylas, *S. Pylas* n°. 16. Fab. *id.* 10°. Sphinx didyme, *S. didyma* n°. 48. Fab. *id.* 11°. Sphinx Thyélia, *S. Thyelia* n°. 70. Fab. *id.*

Les espèces suivantes nous semblent devoir être placées ici. 1°. Sphinx Hespéra, *S. Hespera* n°. 49. Fab. *Entom. Syst.* 2°. Sphinx Parque, *S. Parce* n°. 50. Fab. *id.* 3°. Sphinx Japix, *S. Japix.* Cram. *pl.* 87. *fig.* C. 4°. Sphinx Bubaste, *S. Bubastus.* id. *pl.* 149. *fig.* E. 5°. Sphinx Oïclus, *S. Oïclus.* id. *pl.* 216. *fig.* C. 6°. Sphinx Pan, *S. Pan.* id. *fig.* D. 7°. Sphinx Pluton, *S. Pluto.* id. *fig.* E. 8°. Sphinx Triptolème, *S. Triptolemus.* id. *fig.* F. 9°. Sphinx Camertus, *S. Camertus.* id. *pl.* 225. *fig.* A. 10°. Sphinx Danum, *S. Danum.* id. *fig.* B. 11°. Sphinx Phégéus, *S. Phegeus.* — *S. Fegeus.* id. *fig.* E. 12°. Sphinx Lyctus, *S. Lyctus.* id. *fig.* F. 13°. Sphinx Œnotrus, *S. Œnotrus.* id. *pl.* 301. *fig.* C. 14°. Sphinx Ancée, *S. Anceus.* id. *pl.* 355. *fig.* A.

3e. *Subdivision.* Abdomen terminé par une brosse dans les deux sexes. — Bord postérieur des ailes convexe et entier. (Genre Macroglosse, *Macroglossum.* Scopol. Lat. *Sesia.* Fab.)

I. Ailes opaques.

Nous rangeons dans ce groupe : 1°. Sphinx Tantale, *S. Tantalus.* — *Sesia Tantalus* n°. 1. Fab. *Entom. Syst.* 2°. Sphinx Fadus, *S. Fadus.* — *Sesia Fadus* n°. 4. Fab. *id.* 3°. Sphinx du Caillelait, *S. Stellatarum.* — *Sesia Stellatarum* n°. 5. Fab. *id.* — *Encycl. pl.* 67. *fig.* 3. D'Europe. 4°. Sphinx Pandore, *S. Pandora.* — *Sesia Pandora* n°. 6. Fab. *id.* 5°. Sphinx à zône, *S. zonata.* Drury, *Ins. tom.* 1. *pl.* 26. *fig.* 5. 6°. Sphinx Bélis, *S. Belis.* Cram.

pl. 94. *fig.* C. 7°. Sphinx Titan, *S. Titan.* id. *pl.* 142. *fig.* F. 8°. Sphinx Cécule, *S. Ceculus.* id. *pl.* 146. *fig.* G. 9°. Sphinx Morphée, *S. Morpheus.* id. *pl.* 149. *fig.* D. 10°. Sphinx Faro, *S. Faro.* id. *pl.* 285. *fig.* C.

II. Ailes en partie vitrées.

Ici nous placerons : 1°. Sphinx Hylas, *S. Hylas.* — *Sesia Hylas* n°. 3. Fab. *Entom. Syst.* — *Encycl. pl.* 67. *fig.* 8. 2°. Sphinx fuciforme, *S. fuciformis.* — *Sesia fuciformis* n°. 11. Fab. *id.* D'Europe. Le *Sphinx fuciformis.* Smith-Abbot, *Lépid. de Géorg. pl.* 43. nous paroît une espèce voisine, mais non pas la même que la précédente. 3°. Sphinx bombyliforme, *S. bombyliformis.* — *Sesia bombyliformis* n°. 12. Fab. *id.* 4°. Sphinx Pélage, *S. Pelasgus.* Cram. *pl.* 248. *fig.* B.

2ᵉ. *Division.* Chenilles ayant leur partie antérieure amincie en forme de groin, leur corps portant des taches latérales oculaires. — Extrémité des ailes supérieures aiguë ou presqu'aiguë.

Cette seconde division renferme, 1°. Sphinx du Nérion, *S. Nerii* n°. 13. Fab. *Entom. Syst.* D'Europe. — *Encycl. pl.* 65. *fig.* 5—8. 2°. Sphinx équestre, *S. equestris* n°. 29. Fab. *id.* 3°. Sphinx Phorbas, *S. Phorbas* n°. 30. Fab. *id.* 4°. Sphinx du Figuier, *S. Ficus* n°. 31. Fab. *id.* 5°. Sphinx de la Vigne, *S. Vitis* n°. 41. Fab. *id.* — Smith-Abbot, *Lépid. de Géorg. pl.* 11. 6°. Sphinx à satellites, *S. satellitia* n°. 42. Fab. *id.* 7°. Sphinx Phénix, *S. Celerio* n°. 43. Fab. *id.* — *Encycl. pl.* 65. *fig.* 7—9. D'Europe. 8°. Sphinx de l'Oldenlande, *S. Oldenlandiœ* n°. 44. Fab. *id.* 9°. Sphinx Lycétus, *S. Lycetus* n°. 45. Fab. *id.* 10°. Sphinx Elpénor, *S. Elpenor* n°. 51. Fab. *id.* — *Encycl. pl.* 64. *fig.* 7—9. D'Europe. 11°. Sphinx de l'Epilobe, *S. Porcellus* n°. 52. Fab. *id.* — *Encycl. pl.* 64. *fig.* 10—12. D'Europe. 12°. Sphinx Crantor, *S. Crantor* n°. 58. Fab. *id.* — Smith-Abbot, *Lépid. de Géorg. pl.* 41. — *Encycl. pl.* 66. *fig.* 9. 13°. Sphinx Alecton, *S. Alecto* n°. 59. Fab. *id.* 14°. Sphinx Gnôme, *S. Gnoma* n°. 61. Fab. *id.* 15°. Sphinx Anubis, *S. Anubis.* — *S. Anubus* n°. 62. Fab. *id.* 16°. Sphinx Néchus, *S. Nechus* n°. 63. Fab. *id.* — *Encycl. pl.* 67. *fig.* 1. 17°. Sphinx de la Vigne sauvage, *S. Labruscœ* n°. 66. Fab. *id.* 18°. Sphinx paré, *S. tersa* n°. 69. Fab. *id.* 19°. Sphinx des pampres, *S. pampinatrix.* Smith-Abbot, *Lépid. de Géorg. pl.* 28.

Nous y joindrons les espèces suivantes, mais avec quelqu'incertitude. 1°. Sphinx agile, *S. strigilis* n°. 26. Fab. *Entom. Syst.* 2°. Sphinx à ceinture, *S. cingulata* n°. 56. Fab. *id.* 3°. Sphinx Clotho, *S. Clotho* n°. 60. Fab. *id.* 4°. Sphinx Batus, *S. Batus* n°. 64. Fab. *id.* 5°. Sphinx Centaure, *S. Centaurus.* — *Sphinx Chiron.* Drury, *Ins. tom.* 1. *pl.* 26. *fig.* 3. 6°. Sphinx de Drury, *S. Druræi.* — *Sphinx Clotho.* Drury, *id. tom.* 2. *pl.* 28. *fig.* 1. 7°. Sphinx Lycaon, *S. Lycaon.* — *S. Licaon.* Cram. *pl.* 55. *fig.* A. 8°. Sphinx Drancus, *S. Drancus.* id. *pl.* 132. *fig.* F. 9°. Sphinx Chiron, *S. Chiron.* id. *pl.* 137. *fig.* E. 10°. Sphinx Caïus, *S. Cajus.* id. *pl.* 146. *fig.* F. 11°. Sphinx Panope, *S. Panopus.* id. *pl.* 224. *fig.* A. B. 12°. Sphinx Achéménide, *S. Achemenides.* id. *pl.* 225. *fig.* C. 13°. Sphinx Acas, *S. Acas.* id. *pl.* 226. *fig.* A. 14°. Sphinx Cécrops, *S. Cecrops.* id. *fig.* B. 15°. Sphinx Æson, *S. Æson.* — *S. Eson.* id. *fig.* C. 16°. Sphinx Actée, *S. Acteus.* id. *pl.* 248. *fig.* A. 17°. Sphinx Hippothoüs, *S. Hippothous.* id. *pl.* 285. *fig.* D. 18°. Sphinx Eaque, *S. Eacus.* id. *fig.* E. 19°. Sphinx Néoptolème, *S. Neoptolemus.* id. *pl.* 301. *fig.* F. 20°. Sphinx Pandion, *S. Pandion.* id. *pl.* 321. *fig.* A. 21°. Sphinx de Cramer, *S. Crameri.* — *S. Gordius.* id. *pl.* 367. *fig.* A. 22°. Sphinx Lycaste, *S. Lycastus.* — *S. Licastus.* id. *pl.* 381. *fig.* A. B. 23°. Sphinx Amadis, *S. Amadis.* id. *pl.* 394. *fig.* C. 24°. Sphinx Brennus, *S. Brennus.* id. *pl.* 398. *fig.* B.

Nota. Ces vingt-quatre espèces sont douteuses comme appartenant à cette division ; elles ont besoin aussi d'un nouvel examen avant d'être admises comme espèces distinctes des précédentes. En outre il est probable que les Sphinx *Osiris* et *Crœsus.* Dalm. *Analect. Entom. pag.* 48. doivent se placer ici. (S. F. et A. Serv.)

SPHINX-BÉLIERS. Nom donné par Geoffroy à la troisième famille de ses Sphinx. Elle répond au genre Zygène. *Voyez* ce mot.

(S. F. et A. Serv.)

SPHINX-BOURDONS. Geoffroy appelle ainsi la première famille de son genre Sphinx. Il y place les Lépidoptères dont on a formé depuis les genres Smérinthe et Sésie. *Voyez* ces mots.

(S. F. et A. Serv.)

SPHINX-ÉPERVIERS. Seconde famille du genre Sphinx dans Geoffroy. Elle contient les véritables Sphinx. *Voyez* ce mot.

(S. F. et A. Serv.)

SPHODRE, *Sphodrus.* Nom donné par M. Bonelli (*Obs. entom. Mém. de l'Acad. de Turin*) à un genre de Coléoptères de la tribu des Carabiques. D'après cet auteur ses caractères sont : langue tronquée. Palpes ayant leur dernier article cylindrique, mais aminci à sa base et plus court que le précédent dans les labiaux. Mandibules alongées ; troisième article des antennes alongé, de la longueur des deux premiers pris ensemble. Corselet presque cordiforme, ayant de chaque côté une strie à sa base ; les angles de cette base, droits. (Ailes quelquefois courtes.)

M. le comte Dejean rapporte à ce genre dans son catalogue : 1°. *Carabus planus* n°. 47. Fab.

Syst. Eleut. 2°. *Carabus terricola* n°. 68. Oliv. *Entom.* et plusieurs autres espèces moins connues. (S. F. et A. Serv.)

SPONDYLE, *Spondylis.* Fab. Oliv. Lat. *Attelabus.* Linn. *Cerambyx.* De Géer.

Genre d'insectes de l'ordre des Coléoptères, section des Pentamères, famille des Longicornes, tribu des Prioniens.

Lorsque nous avons rédigé l'article Prioniens, M. Latreille n'admettoit dans cette tribu que les genres Spondyle et Prione; depuis, dans ses *Fam. nat.* il cite deux nouveaux genres sous les noms de *Thyrsie* et d'*Anacole;* le premier se compose d'espèces qui nous étoient alors inconnues; le second répond absolument à notre première division du genre Prione (*voyez* ce mot). Les Priones, les Thyrsies et les Anacoles se distinguent des Spondyles par leurs antennes toujours plus longues que la moitié du corps, composées d'articles alongés; de plus les deux derniers ont les élytres molles et dans les Priones le corselet est toujours épineux ou denté latéralement.

Antennes filiformes, de la longueur du corselet, insérées au devant des yeux, près de l'échancrure de ceux-ci, composées de onze articles aplatis à partir du troisième et obconiques excepté le dernier; le premier à peine plus grand que les autres; le second petit, le troisième un peu plus long que les suivans, le dernier ovale, très-aplati. —*Labre* très-petit, à peine apparent, coriacé, un peu velu antérieurement. — *Mandibules* cornées, fortes, avancées, arquées, pointues à l'extrémité, échancrées à la base de leur côté interne, ayant dans cette partie deux petites dents obtuses et une autre vers le milieu. — *Mâchoires* composées de deux lobes en lanières, l'externe assez coriace, un peu plus grand que l'autre, conique, aigu à l'extrémité; l'intérieur court, membraneux, presque cylindrique. —*Palpes* ayant leur dernier article presqu'obconique; les maxillaires un peu plus longs que les autres, de quatre articles, le premier très-petit, cylindrique, les trois autres en cône renversé; le second et le troisième égaux, le terminal un peu plus grand : palpes labiaux de trois articles, en cône renversé, allant en augmentant de longueur du premier au dernier. — *Lèvre* demi-crustacée, cordiforme, concave en dessus, velue, carénée dans sa longueur postérieurement; cette carène finissant en une dent au milieu de son bord supérieur; menton crustacé, transversal, linéaire; son bord supérieur arrondi vers les côtés, sa partie moyenne échancrée à l'endroit de l'insertion de la lèvre. —*Tête* courte, presque carrée, un peu plus étroite que le corselet dans lequel sa partie postérieure est reçue. — *Yeux* étroits, alongés, peu saillans, échancrés antérieurement. — *Corselet* presqu'orbiculaire, tronqué antérieurement et à sa partie postérieure, arrondi sur les côtés, convexe, point rebordé. —*Ecusson* en triangle curviligne.—*Elytres* dures, presque linéaires, arrondies postérieurement, couvrant des ailes et l'abdomen. — *Poitrine* grande. — *Abdomen* court. — *Pattes* courtes, les intermédiaires très-rapprochées des antérieures, les postérieures fort éloignées des autres; cuisses assez grosses, ovales, comprimées; jambes presque coniques, dentelées extérieurement, munies à leur extrémité de deux épines courtes; tarses courts, leurs deux premiers articles presqu'égaux, triangulaires, le troisième bilobé, le dernier le plus long de tous, conique, muni de deux crochets.

Il paroît que la larve des Spondyles vit dans l'intérieur des vieux arbres, car on trouve l'insecte parfait dans les forêts, particulièrement dans celles de Pins. A ce genre appartient le Spondyle buprestoïde, *Spond. buprestoides.* Fab. *Syst. Eleut. tom.* 2. *pag.* 376. *n°.* 1. — *Encycl. pl.* 368. *fig.* 1. De France, d'Allemagne, etc. M. le comte Dejean indique une autre espèce dans son catalogue sous le nom d'*Elongatus;* elle est d'Allemagne. (S. F. et A. Serv.)

SQUILLE, *Squilla.* Genre de Crustacés de l'ordre des *Stomapodes.*

Celui que Fabricius désigne ainsi, forme maintenant, dans notre méthode, une famille particulière de l'ordre des Stomapodes, celle des Unipeltés, et dont nous exposerons les caractères en traitant ce dernier article. Notre genre Squille se trouve ainsi beaucoup plus restreint que celui de ce célèbre entomologiste.

La famille des Unipeltés se partage en deux sections.

1. *Segmens du thorax, le premier au plus excepté, découverts en dessus. Bouclier ou test crustacé ou coriace; ses côtés point repliés en dessous et n'enveloppant point ceux de la partie du corps qu'il recouvre. Une petite plaque, en forme d'écusson, obtuse ou simplement acuminée sur l'article antérieur, portant les antennes mitoyennes et les yeux. Cet article et les côtés extérieurs au moins de la nageoire postérieure toujours découverts.*

Cette section se compose de trois genres, *Squille, Gonodactyle* et *Coronide.*

Genre Squille, *Squilla.*

Appendice latéral des six *pieds* postérieurs linéaire ou filiforme. Doigt des *serres* (les seconds pieds-mâchoires ou leurs analogues) très-comprimé, en forme de faulx (le plus souvent denté); une rainure très-étroite, dentelée sur l'un de ses bords, épineuse sur l'autre, s'étendant dans toute la longueur du côté interne de l'article précédent.

« Les Grecs, avons-nous dit à l'article Squille de la seconde édition du *nouveau Dictionnaire d'histoire naturelle*, distinguoient trois sortes de

Squilles : les *Cyphas* ou *Squilles bossues*, les *Crangons* ou *Crangines*, et les *Carides* ou *petites Squilles*. Les premières appartiennent au genre *Pénée*; les secondes sont nos *Squilles* proprement dites, et les dernières font partie des *Palémons*, des *Crangons* et de quelques autres sous-genres de notre sous-famille des Salicoques : on les désigne vulgairement sous le nom de *Squilles*. Les Crustacés auxquels Fabricius applique cette dénomination, sont appelés sur nos côtes de la Méditerranée, *Mantes de mer*, *Prégodious*. »

Dans la méthode de Linnæus, ces Crustacés font partie de son genre *Cancer*, division des Macroures. Gronovius (*Gazophyl.*) les place dans celui d'*Astacus* ou d'*Ecrevisse*, et son genre *Squilla* est le même que celui d'Aselle d'Olivier.

Sous la même dénomination générique de Squille, de Géer comprend ces derniers Crustacés, divers Amphipodes, et les Squilles proprement dites de Fabricius. Il a négligé un caractère très-important, que le naturaliste précité a le premier employé, tiré des yeux (pédiculés ou sessiles).

« Les Squilles (article SQUILLE, *nouveau Dict. d'hist. nat.* 2e. *édit. tom.* 32. *pag.* 93.) ont le corps recouvert d'un test assez mince, étroit, presque demi-cylindrique, et divisé en douze segmens. Le premier beaucoup plus long que les autres, recouvert d'une tablette (le test ou le bouclier) presque carrée, plus étroite en devant, ou en forme de triangle alongé et tronqué, forme la tête ou la portion antérieure du tronc. Avec le milieu de son extrémité antérieure est articulée une petite pièce en forme de triangle renversé, servant de support aux yeux, aux antennes intermédiaires, et offrant en dessus une petite plaque triangulaire, obtuse, qui semble être un prolongement de la tête, mais dont elle est distinguée par une suture. Les yeux sont situés transversalement à l'extrémité d'un pédicule court, mobile, et formant avec lui un corps qui présente l'aspect d'un marteau. Les antennes mitoyennes sont insérées immédiatement au-dessous d'eux; leur longueur égale ou surpasse même celle de la tête; elles sont composées d'un grand pédoncule, divisé en trois articles cylindriques, et de trois filets sétacés, multiarticulés et insérés à l'extrémité du pédoncule. Les antennes latérales, plus courtes que les précédentes, sont implantées de chaque côté dans une échancrure de l'extrémité antérieure de la tête, tout près des antennes mitoyennes et dans une même ligne horizontale. Leur premier article ou le radical est fort grand et occupe l'échancrure; il forme le support de l'antenne proprement dite et d'un appendice extérieur qui l'accompagne; cet appendice se compose d'un grand feuillet elliptique, cilié ou velu sur ses bords, et d'un article assez grand, anguleux, lui servant de base, sur lequel il se meut, et inséré à l'extrémité du support commun. L'antenne naît de l'extrémité interne de ce support; elle est formée d'un pédoncule cylindrique, de trois articles, et d'un filet terminal, un peu plus long, sétacé et divisé en un grand nombre de petites articulations. Vue en dessous, la partie supérieure de la tête présente la figure d'une pyramide, tronquée au sommet, et fortement comprimée, de chaque côté, dans sa longueur. Immédiatement au-dessous d'elle sont situés et très-rapprochés les organes de la manducation et les dix premières pattes. La bouche est composée d'un labre, de deux mandibules, d'une languette de deux pièces et de deux paires de mâchoires. Le labre forme le milieu de la base antérieure de la pyramide; il est cintré, entier, et fixé par une pièce plus membraneuse que le reste. Les mandibules sont grandes, presque triangulaires, comprimées et de consistance écailleuse ou d'émail à leur extrémité, qui s'avance, en se bifurquant, sous le labre; la branche supérieure forme avec l'autre ou le prolongement terminal de la mandibule, un angle très-ouvert, et se dirige, en s'élevant, de chaque côté du labre. Son bord interne a deux rangées de dents; celui de l'autre n'en offre qu'une; les deux branches vont en pointe. La portion de la mandibule qui est en deçà est très-épaisse et occupe les côtés intérieurs de la pyramide. Sa face extérieure est lisse et plane; à son extrémité supérieure, près du point où commence la dépression de la mandibule, est inséré un palpe assez long, filiforme, velu, de trois articles, qui remonte de chaque côté du front, en se courbant vers lui. Au-dessous des mandibules est située la languette; elle est formée de deux pièces comprimées, placées transversalement, une de chaque côté, faisant l'office de mâchoires, et dont l'extrémité interne est garnie de cils roides et alongés, ou de petites épines. Vient ensuite, et dans une direction semblable, la première paire de mâchoires; chacune d'elles est composée de deux articles; le premier a, au côté interne, un avancement cilié; le second fait un coude avec le précédent, s'applique sur son bord supérieur, porte sur son dos un petit appendice palpiforme, et se termine supérieurement par une épine plus forte ou une sorte d'onglet, accompagné de cils. Les deux mâchoires suivantes, ou celles de la seconde paire, sont foliacées, en forme de triangle alongé, divisé par des lignes transverses en quatre articulations, recouvrant la bouche dans un sens longitudinal et lui formant une sorte de lèvre inférieure. Les dix premières pattes, toutes terminées par une pince en griffe et dirigées en avant, sont très-rapprochées et disposées autour de la bouche en manière d'angle, dont le sommet est supérieur. Les deux premières sont insérées près des bords latéraux de la tête, à la hauteur des deux dernières mâchoires. Les intervalles qui séparent les autres pattes diminuent ensuite graduellement, par l'effet de la convergence de leurs points d'insertion. Celles de la seconde paire ou les serres proprement dites, contrastent, sous plusieurs rapports, avec les autres ; elles sont beaucoup plus grandes ; leur troisième article, celui qui répond au bras, est, à cet égard, très-remarquable ; il est couché, dans le repos, le long des côtés inférieurs de la tête, sous les bords de son test, et sa face interne offre à peu de distance de son extrémité supérieure, une échancrure lisse, qui correspond, dans cet état d'inaction, aux angles antérieurs du test ; la pince est alongée, ordinairement très-comprimée, avec le bord interne très-finement dentelé dans sa longueur, et armé, vers son origine, d'épines fortes et mobiles ; sous ce bord est une rainure, avec une rangée de fossettes, propres à recevoir les dents de la griffe ou de l'onglet mobile qui termine la pince. Cet onglet est très-fort, très-acéré, d'une consistance très-solide et qui approche souvent de l'émail. Tantôt il a la forme d'un grand crochet, dont le côté interne est plus ou moins denté en manière de peigne (1) ; tantôt il est ventru (2) ou plus épais à sa base, et finit simplement en pointe ; le nombre de trous pratiqués dans la rainure de la pince est proportionnel à celui des dents de la griffe. La conformation de ces parties nous indique que l'animal saisit et retient sa proie à la manière des insectes appelés *Mantes* (*voyez* ce mot). Les autres pattes onguiculées sont bien plus petites et beaucoup plus foibles. Leur longueur, à partir des deux supérieures, diminue graduellement ; celles-ci sont un peu plus grêles que les autres. La pince est presqu'orbiculaire, comprimée et repliée en dessous, de manière qu'elle présente sa tranche inférieure et que la pointe regarde la tête. Les six premières pattes sont les analogues des pieds-mâchoires des Crustacés décapodes ; ainsi que dans les Amphipodes, celles de la seconde paire, ou les pieds-mâchoires intermédiaires, représentent maintenant, à raison de leur grandeur et de leurs usages, les deux sortes de Crustacés précédens. Si l'on en excepte les deux dernières, toutes les pattes onguiculées ont, à leur origine postérieure, un petit corps membraneux, vésiculaire, plus ou moins susceptible de tuméfaction, en forme de coin ou de segment de cercle, et attaché au moyen d'un court pédicule. Desséchés, ces corps ont l'apparence d'une petite écaille. J'avois soupçonné qu'ils servoient à la respiration ; mais d'après les observations de M. Cuvier, aucun vaisseau n'y aboutit. Le segment qui vient immédiatement après la tête, est plus court que les suivans et sans aucun organe spécial (3) ; il tient lieu de col. Les trois segmens suivans portent chacun une paire de pattes et qui diffèrent des précédentes, tant par leurs formes que par leurs propriétés. Elles sont grêles, filiformes et terminées par un article triangulaire ou conique, comprimé, et dont le côté antérieur est garni de poils ou de cils nombreux ; ils composent une sorte de brosse et naissent de petits trous alvéolaires, disposés par séries longitudinales. A l'extrémité supérieure du troisième article est inséré un petit appendice ou rameau cylindrique, menu, linéaire, prolongé jusque près du bout de l'article suivant, et offrant à son extrémité des divisions annulaires, superficielles, et quelques poils. On voit que ces six pattes sont uniquement propres à la natation. Plusieurs individus, probablement les mâles, ont près de l'origine de chacune des deux dernières, un autre appendice crustacé, filiforme, mais arqué et sans articulations. Les cinq segmens suivans, et qui, avec les deux derniers (1), constituent cette partie qu'on désigne improprement sous le nom de *queue*, ont chacun en dessous une paire de pieds-nageoires ; ces organes sont formés de deux pièces foliacées, en partie membraneuses, vésiculaires, triangulaires ou ovales, bordées de cils nombreux et plumeux, et situées sur un pédicule commun, avec une branchie composée de filets très-nombreux, articulés, remplis d'une matière molle, partant d'un axe commun et rassemblés en manière de houppe. L'extrémité antérieure et latérale du premier de ces anneaux branchifères présente une petite pièce surnuméraire, en forme d'écaille arrondie, et qui semble recouvrir la base des deux pattes postérieures. Chaque côté de l'avant-dernier segment donne naissance à cet appendice en nageoire qui caractérise plus particulièrement les Crustacés décapodes, de la famille des Macroures. Il est composé de trois articles ; le premier ou le radical se prolonge ou se dilate au côté interne, et s'articule, en dessous, avec une autre pièce, en forme de lame ou de feuillet. La saillie interne de cet article se termine ordinairement par des dents très-fortes et très-aiguës ; le côté extérieur du second offre une rangée d'épines mobiles ; le dernier article est en forme de lame ovale ou elliptique, et bordé, ainsi que le feuillet interne, d'une frange de cils nombreux et serrés. Le dernier segment, ou celui qui est situé entre les appendices natatoires, est plus grand que les anneaux précédens, presque carré, avec le bord postérieur un peu arqué et arrondi. Le bord offre, dans son contour, des sinus ou des échancrures, avec des dents d'inégale grandeur, et dont les plus fortes ressemblent à des épines. L'anus est placé sous le dernier segment et près du milieu de sa base. Le dessus du corps, ou du moins les deux derniers anneaux, offre des arêtes longitudinales, et dont les extrémités forment au-

(1) Les *Squilles* proprement dites.

(2) Les *Gonodactyles*.

(3) Les deux dernières pattes onguiculées y sont annexées. Celui qui porte les deux pattes précédentes se montre aussi un peu, mais il est beaucoup plus court.

(1) Sept en tout.

tant d'épines ou de dents. Aussi est-il nécessaire de ne saisir ces Crustacés, lorsqu'ils sont vivans, qu'avec beaucoup de précautions. »

D'après les observations anatomiques de M. Cuvier, l'intérieur des Squilles, qu'il distingue aussi sous la dénomination de *Branchiopodes*, présente un petit estomac situé sous le test, armé de dents très-petites et peu nombreuses, suivi d'un intestin grêle et droit, qui règne dans toute la longueur du post-abdomen ou de la queue, et accompagné, à droite et à gauche, d'un certain nombre de lobes glanduleux qui paroissent tenir lieu du foie. Le cœur a la forme d'un gros vaisseau alongé et fibreux, s'étendant tout le long du dos, du post-abdomen, et jetant, des deux côtés, des branches, qui se rendent aux branchies et à d'autres parties.

M. Risso nous apprend que ces Crustacés se tiennent ordinairement dans des profondeurs de trente à cinquante mètres, et qu'ils choisissent les endroits sablonneux ou fangeux, où ils trouvent une nourriture plus abondante et plus assurée. L'accouplement a lieu au printemps. Les femelles se cachent sous les rochers, lorsqu'elles veulent se débarrasser de leurs œufs. Au témoignage de ce naturaliste, ils sont disposés sous les appendices de l'abdomen, comme ceux des Langoustes. Mais sans vouloir le démentir à ce sujet, je remarquerai que quoique j'aie vu un très-grand nombre de Squilles, je n'ai jamais trouvé sur aucun d'eux des œufs. Les appendices ont ici d'ailleurs une autre destination que ceux des Langoustes. La chair des Squilles, ajoute le même auteur, est fort bonne et sert journellement de nourriture. Elles paroissent être fort craintives et fuient au fond de l'eau, lorsqu'on les poursuit. Dans les environs de Villefranche, on les prend avec un filet, nommé *rustro* en langue du pays. Ces Crustacés sont répandus dans toutes les mers des pays chauds.

I. *Point d'épines mobiles au bord postérieur du dernier segment. Une seule ligne étroite au milieu de ce segment.*

Corps peu bombé, point cylindrique.

1. *Milieu du bord postérieur du dernier segment tronqué, sans dents ou n'ayant que de très-petites crénelures. Pédicule des deux nageoires postérieures plus long que le premier article de l'appendice extérieur.*

Dessus du corps, à l'exception au plus des trois derniers segmens, uni, sans arêtes longitudinales. Quatre épines mobiles vers l'origine du bord antérieur du poing. Milieu du dernier segment offrant un espace en forme de triangle renversé, et tracé par deux lignes enfoncées et convergentes postérieurement. Pièce recouvrant le support oculaire et annulaire en forme de cœur renversé, acuminé.

1. Squille queue-rude, *Squilla scabricauda.*

Pollice decemdentato ; segmentis duobus posticis suprà spinosulis.

Squilla scabricauda, de Lam. — *Tamaru guacu*, Marcgr. *Brasil. lib.* 4. *pag.* 186. — Lat. *Encycl. méthod. Hist. nat. pl.* 325. *fig.* 1.

Un peu plus petite que la suivante. Dix dents aux griffes des serres. Dessus des deux derniers segmens du corps et bord postérieur de l'anté-pénultième hérissés de petites épines ; le dernier terminé, de chaque côté, par trois dents fortes, séparées par des échancrures arrondies ; son bord postérieur échancré au milieu, avec trois petites divisions tronquées, de chaque côté ; les deux internes plus larges et finement crénelées ; espace triangulaire du milieu déprimé ou enfoncé, dentelé sur ses bords. Un peu plus petite que la suivante. Cayenne, Brésil. Marcgrave dit qu'on ne la mange point.

2. Squille tachetée, *Squilla maculata.*

Pollice decemdentato ; corpore suprà penitùs lævi, fasciis maculisque cæruleo-nigris.

Squilla maculata, Fab. de Lam. — Rumph. *Mus. tab.* 4. E. — Herbst, *Krabb. tab.* 33. *fig.* 2. — Lat. *Encycl. méthod. Hist. nat. pl.* 323.

Corps long de dix pouces, jaunâtre. Dix dents aux griffes des serres. Tout le dessus du corps uni. Trois dents de chaque côté du dernier segment, séparées par des angles aigus, et dont la dernière petite ; trois bandes transverses sur le bouclier de la tête, bord postérieur des anneaux suivans, des taches sur la dernière et sur les nageoires postérieures, d'un noir-bleuâtre ; espace triangulaire du milieu de ce segment convexe, sans dentelures.

De l'Océan indien, selon la plupart des auteurs, mais américaine par son analogie avec les espèces de la même division. Recueillie, en effet, à l'île Saint-Vincent par M. Lesueur, et envoyée par lui au Muséum d'histoire naturelle.

3. Squille glabriuscule, *Squilla glabriuscula.*

Pollice sexdentato ; corpore suprà penitùs lævi.

Squilla gabriuscula, de Lam.

Un peu plus petite que la précédente. Corps entièrement uni. Six dents aux griffes des serres. Deux petites dents très-aiguës à chaque bord latéral du dernier segment ; son bord postérieur entier, simplement échancré au milieu, avec les extrémités latérales arrondies.

Océan indien ?

2. *Extrémité postérieure du dernier segment insensiblement arrondie, avec deux fortes dents ou épines au milieu. Pédicule des nageoires pos-*

térieures aussi long au moins que le premier article de leurs appendices extérieurs.

A. *Poings armés dans toute la longueur de leur côté antérieur d'épines; bords latéraux du bouclier de la tête ayant postérieurement une entaille profonde.*

4. Squille raphidienne, *Squilla raphidea.*

Pollice octodentato; corpore suprà lineis pluribus elevatis, plerisque posticè in spinam productis.

Squilla raphidea, Fab.—Lat. *Encycl. méthod. ist. nat. pl.* 324.

Corps long d'environ huit pouces. Petite pièce couvrant le support oculaire et antennaire terminé en pointe assez longue. Cinq arêtes sur le bouclier de la tête, dont les deux latérales prolongées antérieurement en une pointe aiguë sur les segmens abdominaux, le dernier excepté, et celles des bords latéraux non comprises; plusieurs de ces arêtes terminées postérieurement par une petite épine; deux arêtes de moins sur les segmens thoraciques découverts; côtés supérieurs du premier échancrés et unidentés; le dernier segment abdominal fortement caréné dans le milieu de sa longueur, avec une petite épine près du bout; ses bords relevés, épais, armés de six épines, dont les quatre postérieures plus fortes, un peu recourbées; partie du rebord compris entr'elles strié longitudinalement et crénelé. Huit dents aux griffes des serres; côté antérieur de l'article précédent muni, dans toute sa longueur, de dents grêles et alongées, spiniformes, alternativement plus grandes et plus petites; trois épines mobiles à sa base.

Indes orientales, Pondichéry. M. Leschenault de Latour.

Nota. Arêtes dorsales moins prononcées dans les jeunes individus.

B. *Côté antérieur des poings simplement épineux (trois épines mobiles) à sa base; bords latéraux du bouclier de la tête sans entaille remarquable.*

Dernier segment ayant dans le milieu de sa longueur une forte carène, avec une petite épine au bout; bord postérieur terminé par six dents en forme d'épines, soit relevées ou plus épaisses en dessus, soit précédées de petites côtes ou d'un rebord interrompu; les quatre postérieures plus fortes. Bord des intervalles compris, dentelé. Petite pièce recouvrant le support des antennes et des yeux arrondie ou obtuse à son extrémité antérieure.

a. *Cinq ou trois arêtes longitudinales sur le bouclier de la tête; six sur la plupart des autres segmens (le dernier excepté), dont deux le long du milieu du dos; bord extérieur du dernier ayant entre les six pointes, en forme d'épines, deux dents obtuses, une de chaque côté, à peu de distance de sa base.*

Rebord latéral de ce segment divisé par une interruption de deux petites côtes, dont l'antérieure ou la première terminée par une dent courte et obtuse, et dont la seconde finissant par une épine; les deux premières des six du contour de ce segment, plusieurs des lignes élevées des anneaux, celles des derniers surtout, terminées par une petite épine.

5. Squille Mante, *Squilla Mantis.*

Pollice sexdentato; corpore suprà lineis plurimis elevatis; segmento postico bimaculato.

Squilla Mantis, Cancer Mantis, Linn.—*Squilla Mantis*, de Géer, *Mém. insect. tom.* 7. *pag.* 533. *pl.* 34. *fig.* 1—10. — *Squilla Mantis*, Fab. Riss. de Lam., la variété exceptée.

On voit, par la synonymie de Linnæus, qu'il y réunit diverses espèces. Celle-ci est longue de six à sept pouces. Elle a des lignes de points enfoncés sur le dernier segment; huit dentelures environ entre les deux épines du milieu de son bord postérieur, et entre chacune des précédentes et la latérale la plus voisine; six dents aux griffes; celle qui termine les angles latéraux et antérieurs du bouclier de la tête très-petite, formée brusquement; les côtés du premier (1) segment thoracique sont prolongés en une pointe simple; une autre saillie et terminée par une dent au-dessous, et pectorale; les côtés des segmens thoraciques suivans sont coupés obliquement, entiers. On voit deux taches rouges ou d'un bleu-violet, rapprochées ou réunies sur le dernier segment, près du milieu de sa base.

Dans les rochers et situés à une grande profondeur de la Méditerranée (Risso), et même dans les mers du Nord, selon Linnæus.

Les Anciens employoient ses griffes en manière de cure-dent.

6. Squille Nèpe, *Squilla Nepa.*

Pollice sexdentato; corpore suprà lineis plurimis elevatis; thoracis segmentis posticis extùs emarginatis.

Herbst, *Krabb. tab.* 34. *fig.* 1.

Très-voisine de la précédente et un peu plus petite. Des lignes de points enfoncés sur le dernier segment; huit dentelures environ entre les deux épines du milieu de son bord postérieur, et entre chacune des précédentes et la labiale la plus voisine; six dents aux griffes; angles latéraux et antérieurs du bouclier de la tête prolongés gra-

(1) Celui qui se montre le premier à découvert.

duellement en une dent terminale assez longue; côtés du premier segment thoracique terminés en un prolongement divisé horizontalement en deux dents, dont l'antérieure beaucoup plus forte et arquée en avant; côtés des segmens thoraciques suivans échancrés et bidentés; le dernier de tous offrant une tache rouge près de sa naissance.

M. Macleay m'en a donné un individu qu'il avoit reçu de la Chine. Se trouve aussi à Pondichéry. M. Leschenault de Latour.

7. Squille Scorpion, *Squilla Scorpio.*

Pollice quinquedentato; clypeo lineis tribus elevatis.

Voisine de la Squille *Ichneumon* de Fabricius, et longue de près de trois pouces. Dernier segment uni entre la carène dorsale et ses bords; quatre à six dentelures entre les deux épines du milieu de son bord postérieur, et quatre entre chacune des deux précédentes et la labiale la plus voisine; cinq dents aux griffes. Bouclier de la tête n'offrant distinctement que trois lignes élevées; celles de l'avant-dernier segment plus fortes que celles des segmens précédens, en forme de petites côtes. Epines du milieu du bord postérieur du dernier segment plus courtes et moins pointues que les analogues des espèces précédentes. Dentelures comprises entr'elles et les épines voisines moins nombreuses, plus larges, plus courtes et obtuses. Côtés du premier segment thoracique terminés par un prolongement un peu arqué et en forme de dent, avec une entaille supérieure et distinguée aussi par une couleur noirâtre; côtés des autres segmens thoraciques entiers, un peu dilatés en arrière.

Pondichéry. M. Leschenault de Latour.

b. *Bouclier de la tête et milieu du dos des autres segmens, les deux derniers exceptés, sans lignes élevées; rebords supérieurs des côtés du dernier prolongés sans interruption et sans former de dent jusqu'à l'origine des deux premières épines latérales.*

8. Squille de Desmarest, *S. Desmaresti.*

Pollice quinquedentato; clypeo abdominisque dorso, segmentis ultimis exceptis, lævibus.

Squilla Desmaresti, Riss. *Hist. nat. des Crust. de Nice*, *pl.* 2. *fig.* 8.

Espèce rapprochée de la Squille *Phalangium* de Fabricius. Longue de deux pouces et demi à trois pouces. Cinq dents aux griffes; ligne élevée de chaque côté des segmens thoraciques; deux de plus et extérieures aux précédentes sur les segmens abdominaux jusqu'au pénultième exclusivement; six sur celui-ci, dont deux au milieu du dos, et toutes terminées, ainsi que celles de l'anneau précédent, par une petite épine. Une carène, finissant aussi en pointe aiguë, le long du dernier segment; six épines fortes et acérées sur son pourtour extérieur; les deux du milieu de l'extrémité postérieure et quelques-unes des petites dentelures intermédiaires, à ce qu'il m'a paru, terminées par un très-petit article, formant la pointe; ces dentelures et les latérales de cette extrémité nombreuses (9 à 10 par chaque échancrure), fines et pointues. Angles latéraux et antérieurs du bouclier de la tête sans dents. Côtés du premier segment thoracique un peu dilatés, échancrés en dessus, mais tronqués à leur extrémité; ceux des segmens thoraciques suivans brusquement déprimés, avec les bords entiers et arrondis.

J'avois, antérieurement à la publication de l'ouvrage de M. Risso sur les Crustacés de Nice, distingué cette espèce, dans la collection du Jardin des Plantes, sous le nom d'*Acanthura*. Cet auteur dit qu'elle fait son séjour dans les zostères de la mer Méditerranée: elle y est très-commune; j'en ai reçu plusieurs individus de MM. Bonelli, Lesueur, de Lalande fils et Roux. M. Geoffroy de Villeneuve l'a trouvée sur les côtes du Sénégal. Sa couleur varie. Ses œufs sont jaunes. Leur ponte a lieu, suivant M. Risso, en septembre.

II. *Les deux épines du milieu du bord postérieur du dernier segment mobiles; cinq lignes élevées au milieu de ce segment.*

Corps cylindrique.

9. Squille stylifère, *Squilla stylifera.*

Pollice tridentato; corpore suprà, segmentis duobus ultimis exceptis, lævi, spinis duabus mobilibus posticè terminato.

Squilla stylifera, de Lam. — *Squilla ciliata*, Fab.?

Corps long d'environ deux pouces, jaunâtre ou d'un cendré-verdâtre, luisant, très-uni, à l'exception des deux derniers anneaux. Pièce recouvrant le support des antennes et des yeux, presque demi-circulaire. Angles antérieurs et latéraux du bouclier de la tête arrondis, sans dents. Premier segment thoracique apparent, celui qui précède immédiatement les deux premiers pieds adactyles, peu découvert et presqu'entièrement caché sous l'extrémité postérieure de ce bouclier; côtés des segmens thoraciques suivans arrondis, entiers. Six épines, partant chacune d'une petite élévation, sur le pénultième abdominal; les deux latérales internes plus petites et plus hautes. Deux lignes élevées et dont l'interne plus foible, de chaque côté de la carène du milieu du dernier segment; son contour muni de six épines, dont les deux intermédiaires et postérieures en forme de stylets coniques et mobiles; point de dentelure entr'elles; une seule dans les autres échancrures ou espaces renfermés entre les autres épines du bord postérieur; un petit tubercule et une ligne élevée

élevée, formant un pli, de chaque côté, près de la base, au-dessus des deux premières épines latérales. Trois dents aux griffes, dont les deux inférieures beaucoup plus courtes que la supérieure ou terminale. Yeux comme dans le genre suivant, dont cette espèce se rapproche par plusieurs caractères.

Ile-de-France. M. Mathieu.

Genre GONODACTYLE, *Gonodactylus*.

Il s'éloigne du précédent par la forme des doigts des serres. Ils sont ventrus ou en forme de nœud, à leur origine, et se terminent ensuite en une pointe comprimée, droite ou peu courbée. La rainure de l'article précédent est élargie à son extrémité et simplement striée, ou sans dentelures ni épines. Les yeux sont plus gros et plus arrondis, ou moins transversaux que dans les Squilles. Le corps est presque cylindrique, et à l'exception des deux derniers segmens, généralement lisse en dessus. Ceux du thorax sont proportionnellement plus courts et plus transversaux. Les serres présentent aussi quelques autres différences constantes.

1. GONODACTYLE scyllare, *Gonodactylus scyllarus*.

Pollice tridentato.

Squilla scyllarus, FAB. DE LAM.—*Cancer scyllarus*, LINN.— RUMPH. *Mus. tab.* 3. F.— HERBST, *tab.* 34. *fig.* 1. (Figure copiée de Séba et très-inférieure à la précédente.)

Espèce très-distincte de la suivante, que M. de Lamarck lui réunit. Longueur depuis les yeux jusqu'à l'extrémité postérieure du dernier segment, de quatre pouces et demi à six pouces. Dessus du corps d'un cendré-verdâtre, avec quelques taches blanchâtres en forme de veines ou de marbrure sur les côtés du bouclier de la tête. Feuillet des antennes latérales, les extrémités et les franges des nageoires postérieures d'un rouge foncé; les griffes des serres d'un blanc d'émail en dessus, d'un rouge de sang vif en dessous. Petit bouclier recouvrant le support des antennes presque demi-circulaire, lisse, terminé foiblement ou très-brièvement en pointe. Ligne élevée du milieu de la partie supérieure du pouce en forme de tranche, avec deux dents aiguës, spiniformes, écartées, dirigées en avant; extrémité de ce doigt comprimée, tranchante, droite, alongée, pointue, formant la troisième dent. Second segment abdominal et les suivans, jusqu'au pénultième exclusivement, ayant de chaque côté un petit pli élevé, arqué, graduellement plus étendu à mesure qu'on approche des derniers segmens. Huit petites côtes longitudinales, terminées par une petite épine, les deux voisines des deux du milieu exceptées; une autre élévation, mais courte, en forme de tubercule, entre les deux côtes de chacun des côtés. Dernier segment profondément divisé tout autour en six lobes triangulaires, en forme de dents, élevés longitudinalement dans leur milieu, en manière d'arêtes, et terminés par une petite épine; celles des deux lobes du milieu du bord postérieur mobiles; bord interne de ces mêmes lobes armé d'une rangée de petites épines et élevé à sa base; milieu de ce segment fortement élevé en carène longitudinale, arrondi sur le dos, et terminé par une petite épine; deux lignes élevées, en manière de double rebord, de chaque côté de l'origine de la carène; une côte longitudinale, entre les lignes et l'arête du lobe latéral et supérieur; les deux derniers segmens d'une teinte plus foncée et entrecoupée de jaunâtre pâle.

Ile-de-France. M. Mathieu.

2. GONODACTYLE goutteux, *Gonodactylus chiragra*.

Pollice edentato.

Squilla chiragra, FAB.—*Cancer falcatus*, FORSKAL, HERBST.—*Cancer chiragra*, HERBST, *ibid. tab.* 34. *fig.* 2.— LAT. *Encycl. méthod. Hist. nat. pl.* 325. *fig.* 2.

Longueur de deux à quatre pouces, d'un jaunâtre-verdâtre, avec les pouces souvent de couleur rose, et l'extrémité de l'article précédent bleuâtre. Extrémités des nageoires postérieures rougeâtres. La pointe terminant le pouce un peu arquée. Bouclier du support des antennes presque carré, terminé antérieurement par trois dents, les deux latérales formées par les angles; celle du milieu longue, avancée, spiniforme. Dessus du corps jusqu'au pénultième segment exclusivement, entièrement uni; six côtes longitudinales uni-épineuses au bout, sur ce segment; le dernier divisé profondément tout autour en quatre lobes triangulaires, en forme de dents, pointus, avec une arête ou côte longitudinale; rebord des deux latéraux une fois interrompu; trois côtes arrondies, dont l'intermédiaire plus forte, sur le milieu du dos de ce segment.

Nota. Les pointes ou les épines des lobes et des côtes souvent détruites ou émoussées dans les individus les plus âgés.

Mer-Rouge, Ile-de-France, Indes orientales, et jusqu'à la nouvelle Hollande. M. Geoffroy de Ville-Neuve m'en a donné un individu qu'il avoit apporté du Sénégal. Un de ceux du Muséum d'histoire naturelle offre sur le dernier segment plus d'élévations longitudinales, et se rapproche, à cet égard, de l'espèce précédente. Mais comme il ressemble d'ailleurs, pour tout le reste, à celle-ci, je ne le considère, du moins dans ce moment, que comme une simple variété.

Genre Coronide, *Coronis.*

Appendice latéral et postérieur du troisième article des six derniers *pieds* (les adactyles et thoraciques) en forme de lame (ou de palette) membraneuse, presqu'orbiculaire et un peu rebordée.

1. Coronide Scolopendre, *Coronis Scolopendra.*

Je n'ai vu qu'un seul individu et en mauvais état de ce Crustacé. Sa forme est plus étroite et plus déprimée que celle des Squilles. Ses antennes et ses pieds sont plus courts. Le corps est d'un brun foncé généralement uni, avec quelques petites lignes élevées, en forme de stries fines et longitudinales, sur une dépression du milieu du dos de la plupart des segmens. Le bouclier du support antennaire est presque triangulaire et pointu au bout. Le dernier segment est presque carré, un peu tronqué obliquement à chaque extrémité latérale et postérieure, d'ailleurs entier et sans dentelures ni épines distinctes. Les deux serres sont blanchâtres et pointillées de brun. L'avant-dernier article ou le poing est ovale, caractère qui distingue encore ce genre des précédens, très-comprimé, mais un peu plus convexe sur l'une de ses faces, avec le bord interne garni de cils très-petits, nombreux, spinuliformes, et armé à sa base de trois à quatre épines mobiles ; le pouce, ou la griffe, est semblable à celui des Squilles, comprimé, en faulx ou arqué, et m'a offert à son côté interne une douzaine de dents aiguës ; celle qui termine est la plus forte.

Ce Crustacé fait partie de la collection d'histoire naturelle formée au Brésil par M. de Lalande fils. Comme il a de grands rapports avec la Squille pieuse, *Squilla eusebia*, de M. Risso, je soupçonne qu'il a été pris sur les côtes de l'île de Madère, où ce voyageur s'est arrêté quelques jours, et où il a pris divers animaux, réunis ensuite avec ceux du Brésil.

II. *Tégumens supérieurs membraneux, diaphanes. Bouclier recouvrant la moitié antérieure du corps ; les cinq à six derniers segmens seuls découverts ; côtés de ce bouclier se repliant en dessous et enveloppant la portion inférieure du corps, en recouvrement ; extrémité antérieure de ce test prolongée en manière d'épée ou d'épine, et s'avançant au-dessus du support des antennes mitoyennes et des yeux : ce support susceptible de se courber en dessous et d'être renfermé dans l'étui formé par le bouclier ; nageoires posterieures recouvertes, du moins dans le repos, par le dernier segment du corps.*

Animaux très-petis, mous, propres à l'Océan atlantique africain et aux mers des Indes orientales.

Griffes des serres sans dents. Appendices du troisième article des pieds thoraciques et mutiques ou des six derniers semblables à ceux des Squille ou linéaires. Second article des pédicules oculaires beaucoup plus gros que le premier, en forme de cône renversé ; yeux proprement dits, gros presque globuleux.

Genre Érichthe, *Erichthus.* Lat. De Lam (*Smerdis*, Léach.)

Premier article des pédicules oculaires beaucoup plus large que le second. Milieu des bord latéraux du bouclier fortement dilaté en manière d'angle.

Le bouclier et l'abdomen proportionnellemen plus larges que dans le genre suivant ; pointe frontale comprimée, ensiforme. Deux dents à chaque angle latéral et postérieur du bouclier Dernier segment du corps presque hexagonal, tronqué obliquement et tridenté de chaque côté, vers son extrémité ; son bord postérieur droit très-finement dentelé ou cilié, et foiblement échancré au milieu.

1. Érichthe à dents courtes, *Erichthus brevidens.*

Clypeo anticè inermi.

Corps roussâtre, long d'environ dix lignes ; point de dent ou d'épine près des extrémités des bords du bouclier. Angles du milieu des bords latéraux du test prolongés et terminés par une forte dent. Les deux dents des angles postérieurs des mêmes bords courtes ; la supérieure un peu plus longue. Bord postérieur du dernier segment un peu plus étroit que les deux portions adjacentes et tronquées, ou les échancrures de ses côtés.

Pondichéry. M. Leschenault de Latour.

2. Érichthe vitré, *Erichthus vitreus.*

Clypei lateribus anticè mediumque versus validè unidentatis.

Erichthus vitreus, Lat. De Lam. — *Squilla vitrea*, Fab.

Corps long d'environ un pouce. Une dent, de chaque côté, près de l'extrémité antérieure des bords latéraux du bouclier. Angles du milieu de ses bords latéraux prolongés et terminés par une forte dent ; la supérieure des deux des angles postérieurs des mêmes bords beaucoup plus longue que l'inférieure, spiniforme ; bord postérieur du dernier segment sensiblement plus large que les portions adjacentes et tronquées de ses côtés.

Océan atlantique.

3. Érichthe commun, *Erichthus vulgaris.*

Clypei lateribus medium versus vix unidentatis.

Smerdis vulgaris, Léach, *Notice of the anim. tak. by M. John Chranck.*—Lat. *Encycl. méthod. Hist. nat. pl.* 354. *fig.* 7.

Presque semblable à la précédente, et n'en étant peut-être qu'une variété d'âge. Un peu plus petite. Angles du milieu des bords latéraux du test ne formant qu'une dent très-petite.

Envoyé au Muséum d'histoire naturelle par M. le docteur Léach. Il s'en trouve un individu, mais très-imparfait, dans la collection de Crustacés formée à Pondichéry, pour le même établissement, par M. Leschenault de Latour.

Le *Smerdis armata* de M. Léach, *ibid.*, que j'ai représenté dans l'Encyclopédie méthodique, pl. 354, fig. 6, d'après un dessin qu'il a eu l'amitié de me prêter, diffère des précédens par le prolongement en forme d'épine du milieu du bord postérieur et supérieur du bouclier.

Genre Alime, *Alima*. Léach.

Premier article des pédicules oculaires beaucoup plus long que le second. Bords latéraux du bouclier très-peu arqués ou presque droits.

Corps plus étroit et plus long, surtout postérieurement, que celui des Erichthes. Pointe frontale pareillement plus grêle, spiniforme. Premier article des pédicules oculaires long, très-grêle, cylindrique; le suivant très-long; yeux fort gros. Bouclier long, étroit, caréné longitudinalement dans son milieu, avec une épine aux angles antérieurs et postérieurs des bords latéraux; celle-ci plus forte. Dernier segment figuré comme dans les dernières espèces d'Erichthes.

1. Alime hyaline, *Alima hyalina*.

Alima hyalina, Léach, *Notice of the anim. tak. by M. John Chranck.* — Lat. *Encycl. méthod. Hist. nat. pl.* 354. *fig.* 8.

Long de huit à dix lignes; d'un roussâtre clair et luisant.

Envoyé au Muséum d'histoire naturelle par M. le docteur Léach.

Le Muséum d'histoire naturelle possède un autre individu, envoyé de Pondichéry par M. Leschenault de Latour, qui paroît s'éloigner du précédent par son abdomen beaucoup plus court; mais ce raccourcissement pouvant être un effet de la dessiccation, je n'ai pas osé établir sur ce caractère de différence spécifique. (Latr.)

STAPHYLIN, *Staphylinus*. Linn. Geoff. De Géer. Fab. Oliv. (*Entom.*) Lat. Grav. Payk. *Astrapœus*. Lat. (*Gener.*)

Genre d'insectes de l'ordre des Coléoptères, section des Pentamères, famille des Brachélytres, tribu des Fissilabres.

Les caractères de cette tribu n'ayant pas été encore énoncés dans le présent ouvrage, nous allons, d'après les principes de M. Latreille, les mentionner ici, d'autant que la multiplicité des espèces et leur ressemblance nécessitent une connoissance bien précise des caractères.

Fissilabres, *Fissilabri*. Première tribu de la famille des Brachélytres, section des Pentamères, ordre des Coléoptères; ses caractères sont:

Tête entièrement dégagée et distinguée du corselet par un étranglement en forme de cou. — *Labre* profondément échancré.

I. Palpes labiaux, au moins, terminés en massue.

Oxypore, Astrapée.

II. Tous les palpes filiformes.

A. Antennes insérées au-dessus du labre et des mandibules, entre les yeux.

a. Tarses antérieurs très-dilatés dans les deux sexes, ou du moins dans les mâles.

Staphylin.

b. Tarses antérieurs point dilatés dans aucun sexe.

Xantholin.

B. Antennes insérées au-devant des yeux, en dehors du labre et près de la base des mandibules.

Lathrobie.

Plusieurs des genres établis par Linné dans toutes les parties du système de la nature ont éprouvé depuis la mort de ce grand homme un tel accroissement dans le nombre des espèces, qu'il a été facile de reconnoître dans ces mêmes espèces des caractères suffisans pour motiver la création d'un grand nombre de coupes génériques. Linné n'a décrit que vingt-six espèces dans son genre Staphylin, parmi lesquelles plusieurs n'appartiennent pas à la famille des Brachélytres, et même son *Staphylinus sanguineus* n'est pas un Coléoptère Pentamère (*voyez* Bryaxis, pag. 221 de ce volume). On peut affirmer qu'aujourd'hui le nombre des espèces connues dans cette famille excède six cents, qui toutes rentreroient dans le genre Staphylin de Linné. On a donc été forcé de le diviser. Paykull en 1789 se contenta, dans sa *Monographie des Staphylins*, contenant cinquante-cinq espèces, de partager ce genre en deux groupes (qu'il nomme familles) d'après les proportions respectives de largeur de la tête et du corselet. Fabricius (*Entom. System.*) introduisit deux genres nouveaux, Oxypore et Pédère. Dans ce même ouvrage il décrit cinquante-six espèces de Staphylins, auxquelles il en joignit cinq nouvelles dans le Supplément. Son genre Oxypore se compose de vingt-quatre espèces dont une est décrite au Supplément ; celui de Pédère contient dix espèces. Deux de celles du genre Staphylin n'appartiennent pas à la famille des Brachélytres ; le *sanguineus* est un Bryaxis et le *porcatus* un Micropèple. Dans le *Systema Eleutheratorum*, cet auteur décrivit soixante-huit espèces de Staphylins parmi lesquelles le *porcatus* figure encore ; il admet le genre *Stenus* Lat. dont il décrit six espèces, vingt-trois d'Oxypores et dix de Pédères. Dans l'intervalle entre la publication de l'*Entom. Syst.* et du *System. Eleut.*, M. Latreille avoit créé les genres Lestève et Stène. M. Gravenhorst dans ses *Coleoptera microptera* proposa ensuite, d'après ses observations et celles du professeur Knoch, neuf genres nouveaux, savoir : Lathrobie, Callicère, Aléochare, Oxytèle, Omalie, Tachypore, Tachine, Astrapée et Pinophile ; il reproduisit en outre sous le nom d'*Anthophagus* celui de Lestève de M. Latreille : dans un ouvrage subséquent intitulé *Monographia Coleopterorum micropterorum*, il supprima les genres Callicère, Astrapée et Pinophile, mais il en publia trois nouveaux sous les noms d'Evæsthète, Loméchuse et Piéste.

Dans son *Genera Crustaceorum et Insectorum*, M. Latreille fit du genre Staphylin Linn. une famille sous le nom de Staphyliniens, *Staphylinii*, renfermant treize genres, Oxypore, Astrapée, Staphylin, Lathrobie, Pédère, Stène, Oxytèle, Lestève, Omalie, Proteine, Tachine, Tachypore et Aléochare. Cet auteur indiqua quelques divisions dans cette famille ; depuis il l'a partagée en tribus. Nous devons la considérer ici, sans nous arrêter à ses ouvrages intermédiaires, seulement telle qu'il la présente dans ses *Familles naturelles* sous le nom de Brachélytres, *Brachyptera*. Elle comprend dans cet ouvrage quatre tribus, savoir : Fissilabres, Longipalpes, Aplatis et Microcéphales ; nous venons de donner le tableau de la première tribu au commencement de cet article ; celle des Longipalpes contient les genres Pédère, Stilique, Stène et Evæsthète : la troisième est composée des genres Prognathe, Zirophore, Osorius, Oxytèle, Piéste, Omalie, Lestève, Proteine et Aléochare ; enfin les genres Loméchuse, Tachine et Tachypore sont renfermés dans la quatrième. Ainsi ces quatre tribus forment une grande famille (Brachélytres) qui représente aujourd'hui le genre Staphylin de Linné.

Dans la subdivision des Fissilabres qui a pour caractères : tous les palpes filiformes, antennes insérées au-dessus du labre et des mandibules entre les yeux et qui est composée des genres Staphylin et Xantholin, le dernier se distingue en ce que ses tarses antérieurs ne sont dilatés dans aucun sexe, que sa tête et son corselet ont une forme alongée, longitudinale, et que ces deux parties du corps ont leurs bords latéraux parallèles.

Antennes insérées au-dessus du labre près de la base des mandibules, entre les yeux, grossissant insensiblement vers leur extrémité, composées de onze articles, le dernier échancré obliquement. — *Labre* profondément échancré, presque bilobé. — *Mandibules* très-fortes, arquées, se croisant l'une sur l'autre dans le repos, ayant à leur côté interne une forte dent. — *Mâchoires* composées de deux lobes membraneux, l'extérieur presque triangulaire, s'élargissant à l'extrémité ; l'interne court, large, intérieurement cilié. — *Palpes* filiformes, presqu'égaux, leur dernier article n'étant pas beaucoup plus petit que le précédent, les maxillaires de quatre articles, les labiaux de trois. — *Lèvre* à trois divisions, les deux latérales en forme d'oreillettes, celle du milieu plus large, un peu échancrée. — *Tête* grande, presqu'arrondie, entièrement dégagée du corselet, ayant un cou distinct. — *Yeux* assez petits, peu saillans. — *Corps* alongé, étroit, ses côtés parallèles. — *Corselet* plus large que long, presque semi-circulaire. — *Ecusson* triangulaire, court, assez large à sa base. — *Elytres* courtes, presque carrées, couvrant des ailes (celles-ci longues, plusieurs fois reployées dans le repos) et laissant à découvert la plus grande partie de l'abdomen. — *Abdomen* assez long, souvent rebordé, se rétrécissant subitement à son extrémité, terminé en pointe mousse, composé de sept segmens, avec la lame inférieure du dernier arrondie et entière dans les femelles, nous paroissant n'en avoir que six dans les mâles, avec la lame inférieure du dernier fortement échancrée dans son milieu. — *Pattes* fortes, assez courtes ; hanches antérieures grosses, presqu'aussi longues que les cuisses : jambes un peu coniques, terminées par deux épines fortes ; tarses antérieurs très-dilatés dans les deux sexes ou du moins dans les mâles ; dernier article de tous les tarses muni de deux forts crochets.

Les larves des Staphylins ainsi que toutes celles des Brachélytres sont d'une forme presqu'entièrement semblable à celle de l'insecte parfait ; elles se meuvent avec autant de facilité, se trouvent dans les mêmes lieux et prennent la même nourriture que lui. On les rencontre dans les endroits où il y a des matières végétales ou animales en putréfaction, elles attaquent aussi et dévorent d'autres insectes : elles se gorgent quelquefois tellement de nourriture qu'elles en perdent jusqu'à la faculté de se mouvoir ; les segmens de leur abdomen sont alors fortement distendus et laissent apercevoir des membranes blanches entre les plaques écailleuses qui le recouvrent. Malgré la ressemblance qui existe entre la larve et l'insecte parfait, nous remarquerons que dans la première les antennes sont très-courtes et ne paroissent composées que de trois articles, les deux premiers alongés, cylindro-coniques, le troisième plus petit, plus grêle, terminé par une soie roide : les palpes sont assez longs, les maxillaires seuls bien apparens, leur dernier article paroissant garni à son extrémité d'un verticille de poils roides. Le corselet se compose de trois segmens distincts qui répondront chacun aux trois parties du thorax de l'insecte parfait : le prothorax est presqu'aussi long que les deux autres segmens pris ensemble, ses quatre angles sont arrondis ; le mésothorax et le métathorax ont leurs angles postérieurs seuls arrondis ; l'abdomen est composé de huit segmens rétrécis à leur base, ce qui le fait paroître denté latéralement, l'anus est en carré longitudinal ; à sa partie inférieure est un assez gros tube. De chacun des angles de sa partie supérieure il part un appendice aussi long que ce tube, garni de poils longs et roides. Les hanches, les cuisses et les jambes sont à peu près comme dans l'insecte parfait, elles sont seulement plus grêles, mais les tarses ne consistent qu'en un crochet assez grand, qui semble inarticulé. L'écusson n'existe pas et l'on n'aperçoit dans la larve aucune partie représentant les ailes et les élytres futures. Telle est la conformation de deux larves de Staphylins que nous avons sous les yeux et qui nous semblent par leur grande taille assez près de passer à leur seconde forme, mais nous ne savons à quelle espèce les rapporter. La nymphe ne nous est pas connue, il est très-probable qu'elle reste dans un parfait repos, et que cet état n'est pas de longue durée. Les mœurs de ces insectes ne diffèrent point de celles des autres genres de leur famille. (*Voyez* BRACHÉLYTRES à la table alphabétique.)

Le genre Staphylin quoiqu'infiniment restreint aujourd'hui est encore très-nombreux en espèces et répandu à ce qu'il paroît dans tous les pays du monde. La taille de ces Coléoptères varie beaucoup de la moyenne à la plus petite ; leur couleur dominante est le noir souvent reflété de bleu ou de couleur métallique ; le testacé et le ferrugineux colorent quelquefois certaines parties du corps. Pour la facilité de l'étude nous diviserons ce genre ainsi qu'il suit, en partie d'après des considérations déjà employées par M. Gyllenhall.

1re. *Division*. Corselet entièrement ponctué.

1re. *Subdivision*. Tête, corselet, élytres et abdomen velus.

1. STAPHYLIN versicolor, *S. versicolor.*

Staphylinus thorace toto punctato, niger, ferrugineo fuscoque densè pubescens; antennis pedibusque et ano rufis apice fuscis; abdomine subtùs pube argenteâ fasciato.

Staphylinus versicolor. GRAV. *Monogr. Coleop. micropt. pag.* 119. *n°.* 138.

Longueur 10 lignes. Noir, ponctué, couvert d'un duvet serré, court, brun mêlé de ferrugineux et d'un peu de gris ; antennes et pattes testacées, brunes vers leur extrémité. Dessus de l'abdomen noir, avant-dernier segment et anus roux, celui-là ayant à sa base une bande transverse de poils d'un gris argenté, le dernier terminé par des poils noirs. En dessous le premier segment est bordé de roux, les trois suivans portant une bande transversale de poils courts, couchés, gris à reflet argenté. Femelle.

Du Brésil, province de Para. Il a été trouvé dans une forêt humide près d'un tas de fruits pourris.

Nous plaçons dans cette subdivision les Staphylins suivans : 1°. bourdon, *S. hirtus* n°. 2. FAB. *Syst. Eleut.* — *Encycl. pl.* 187. *Staphyl. fig.* 12. — *Faun. franç. Coléopt. pl.* 12. *fig.* 3. 2°. nébuleux, *S. nebulosus* n°. 3. FAB. *id.* — *Encycl. Staphyl. pl.* id. *fig.* 2. — *Faun. franç. Coléopt. pl.* 12. *fig.* 7. 3°. souris, *S. murinus* n°. 4. FAB. *id.* — *Encycl. pl.* 190. *fig.* 1. 4°. chrysocéphale, *S. chrysocephalus*. GRAV. *Monogr. Coleopt. micropt. n°.* 146. *pag.* 124. — *Faun. franç. Coléopt. pl.* 12. *fig.* 6. 5°. pubescent, *S. pubescens* n°. 6. FAB. *id.* — *Encycl. pl.* 188. *fig.* 7.

2e. *Subdivision*. Corps pubescent.

2. STAPHYLIN lugubre, *S. lugubris.*

Staphylinus thorace toto punctato, ater, atro pubescens.

Longueur 15 lig. Entièrement d'un noir mat et couvert en dessus d'un duvet court de même couleur. Dessous du corps un peu luisant. Angles postérieurs de la tête assez prononcés. Femelle.

De Cayenne.

Cette espèce surpasse en grandeur toutes celles que nous connoissons.

Cette subdivision contient en outre 1°. Staphyl. érythroptère, *S. erythropterus* n°. 16. FAB. *Syst. Eleut.* — *Encycl. pl.* 188. *fig.* 6. — *Faun. franç. Coléopt. pl.* 12. *fig.* 5. 2°. stercoraire, *S. stercorarius*. OLIV. *Entom. tom.* 3. *Staphyl. pag.* 18. *n°.* 18. *pl.* 3. *fig.* 23. — GRAV. *Coleopt. micropt. pag.* 11. *n°.* 12. — *Encycl. pl.* 188. *fig.* 15. 3°. chalcocéphale, *S. chalcocephalus* n°. 19. FAB. *id.*

3e. *Subdivision*. Corps glabre.

Les espèces suivantes sont de cette subdivision. 1°. Staphyl. odorant, *S. olens* n°. 8. FAB. *Syst. Eleut.* — *Encycl. pl.* 187. *Staphyl. fig.* 8. 1. et 2. 2°. bleu, *S. cyaneus* n°. 13. FAB. *id.* — *Encycl. pl.* id. *fig.* 10. 3°. semblable, *S. similis* n°. 9. FAB. *id.* — *Encycl. pl.* 189. *fig.* 12. 4°. morio, *S. morio*. GRAV. *Coleopt. micropt. pag.* 6. *n°.* 4. 5°. rufipède, *S. rufipes*. DEJ. Catal. — *Astrapœus rufipes*. LAT. *Gener. Crust. et Ins. tom.* 1. *pag.* 285. *n°.* 2. 6°. brunnipède, *S. brunnipes* n°. 26. FAB. *id.*

2e. *Division*. Corselet lisse ou n'ayant qu'un petit nombre de points.

1re. *Subdivision*. Corselet lisse. Corps pubescent.

Le Staphylin maxillaire, *S. maxillosus* n°. 11. Fab. *Syst. Eleut.*—*Encycl. pl.* 187. *Staphyl. fig.* 11. — *Faun. franç. Coléopt. pl.* 12. *fig.* 4. appartient à cette coupe.

2e. *Subdivision.* Corps glabre.

A. Disque du corselet sans points.

On doit placer ici le Staphylin laminé, *S. laminatus.* Grav. *Coleopt. micropt. p.* 16. *n°.* 17.

B. Disque du corselet ayant des points rangés en stries.

Nous mettons dans ce groupe, 1°. Staphyl. dilaté, *S. dilatatus* n°. 14. Fab. *Syst. Eleut.* 2°. imprimé, *S. impressus.* Grav. *Coleopt. micropt. pag.* 35. *n°.* 51. 3°. brillant, *S. nitidus* n°. 8. Fab. *id.* — Grav. *id. pag.* 31. *n°.* 46. 4°. roux-noir, *S. maurorufus.* Grav. *Monogr. Coleopt. micropt. pag.* 56. *n°.* 20. 5°. violâtre, *S. molochinus.* Grav. *Monogr. Coleopt. micropt. p.* 46. *n°.* 6. 6°. bronzé, *S. æneus.* Grav. *Coleopt. micropt. pag.* 17. *n°.* 18. 7°. décoré, *S. decorus.* Grav. *id. pag.* 19. *n°.* 20. 8°. cyanipenne, *S. cyanipennis* n°. 37. Fab. *Syst. Eleut.* 9°. poli, *S. politus* n°. 22. Fab. *id.* 10°. frangé, *S. xantholoma.* Grav. *Monogr. Coleopt. micropt. pag.* 41. *n°.* 3. 11°. agréable, *S. lepidus.* Grav. *Coleopt. micropt. pag.* 31. *n°.* 45. 12°. noirci, *S. carbonarius.* Grav. *id. pag.* 23. *n°.* 31. 13°. fimétaire, *S. fimetarius.* Grav. *id. pag.* 175. *n°.* 32. 14°. discoïde, *S. discoideus.* Grav. *id. pag.* 38. *n°.* 56. 15°. gros yeux, *S. boops.* Gyll. *Ins. Suec. tom.* 2. *pag.* 312. *n°.* 28. 16°. précoce, *S. præcox.* Gyll. *id. pag.* 310. *n°.* 26. 17°. céphalote, *S. cephalotes.* Gyll. *id. pag.* 320. *n°.* 36. 18°. varié, *S. varius.* Gyll. *id. pag.* 321. *n°.* 37. 19°. albipède, *S. albipes.* Gyll. *id. pag.* 327. *n°.* 43. 20°. ordurier, *S. quisquiliarius.* Gyll. *id. pag.* 335. *n°.* 50. 21°. pieds jaunes, *S. ochropus.* Gyll. *id. p.* 336. *n°.* 51. 22°. ventral, *S. ventralis.* Gyll. *id. p.* 334. *n°.* 49.

Nous placerons encore dans le genre Staphylin, d'après M. le comte Dejean, les espèces suivantes: 1°. érythrocéphale, *S. erythrocephalus* n°. 19. Fab. *Syst. Eleut.* De la nouvelle Hollande. 2°. chloroptère, *S. chloropterus* n°. 5. Fab. *id.* 3°. fémoral, *S. femoratus* n°. 24. Fab. *id.* De Caroline. 4°. fossoyeur, *S. fossor* n°. 18. Fab. *id.* 5°. splendide, *S. splendens* n°. 21. Fab. *id.* 6°. marginé, *S. marginatus* n°. 38. Fab. *id.* 7°. mince, *S. tenuis* n°. 53. Fab. *id.* 8°. castanoptère, *S. castanopterus.* Grav. *Coleopt. micropt. p.* 10. *n°.* 10. 9°. jaunâtre, *S. lutarius.* Grav. *Monogr. Coleopt. micropt. pag.* 115. *n°.* 131. 10°. troglodyte, *S. latebricola.* Grav. *id. p.* 113. *n°.* 129. 11°. fouisseur, *S. fossator.* Grav. *Coleopt. micropt. pag.* 164. *n°.* 12. Amérique septentrionale. 12°. brunâtre, *S. fuscatus.* Grav. *id. pag.* 164. *n°.* 10. 13°. latéral, *S. lateralis.* Grav. *id. pag.* 35. *n°.* 50. 14°. fuligineux, *S. fuliginosus.* Grav. *id. p.* 34. *n°.* 49. 15°. gentil, *S. scitus.* Grav. *Monogr. Coleopt. micropt. pag.* 50. *n°.* 13. 16°. scintillant, *S. scintillans.* Grav. *id. pag.* 70. *n°.* 53. 17°. atténué, *S. attenuatus.* Grav. *id. pag.* 61. *n°.* 31. 18°. sale, *S. cœnosus.* Grav. *id. pag.* 51. *n°.* 15. 19°. métallique, *S. metallicus.* Grav. *Coleopt. micropt. pag.* 168. *n°.* 18. 20°. âtre, *S. atratus.* Grav. *Monogr. Coleopt. micropt. pag.* 84. *n°.* 74. 21°. ponctué, *S. punctus.* Grav. *Coleopt. micropt. pag.* 20. *n°.* 22. 22°. enfumé, *S. fumarius.* Grav. *Monogr. Coleopt. micropt. pag.* 67. *n°.* 43. 23°. sanguinolent, *S. sanguinolentus.* Grav. *Coleopt. micropt. pag.* 36. *n°.* 53. 24°. bipustulé, *S. bipustulatus.* Grav. *id. pag.* 37. *n°.* 54. 25°. bimaculé, *S. bimaculatus.* Grav. *id. pag.* 38. *n°.* 55. 26°. fulvipède, *S. fulvipes.* Grav. *id. pag.* 24. *n°.* 33. 27°. opaque, *S. opacus.* Grav. *id. p.* 26. *n°.* 35. 28°. printannier, *S. vernalis.* Grav. *Monogr. Coleopt. micropt. pag.* 75. *n°.* 67. 29°. luisant, *S. micans.* Grav. *Coleopt. micropt. p.* 25. *n°.* 34. 30°. cendré, *S. cinerascens.* Grav. *id. p.* 49. *n°.* 74.

ASTRAPÉE, *Astrapæus.* Grav. (*Coleopt. micropt.*) Lat. *Staphylinus.* Grav. (*Monogr. Coleopt. micropt.*) Ross. Fab. Oliv.

Genre d'insectes de l'ordre des Coléoptères, section des Pentamères, famille des Brachélytres, tribu des Fissilabres.

La première division des Fissilabres contient deux genres dont le caractère distinctif commun à tous deux est d'avoir les palpes labiaux terminés en hache, ce sont les Oxypores et les Astrapées, mais les premiers s'isolent facilement par leurs palpes maxillaires filiformes et par la longueur du dernier article des tarses qui égale celle des quatre précédens pris ensemble.

Le seul caractère indiqué par les auteurs pour séparer le genre Astrapée des Staphylins étant la forme du dernier article des quatre palpes figuré en hache, nous croyons devoir renvoyer pour les autres caractères au genre Staphylin, pag. 475. de ce volume; cependant nous remarquerons que M. Gravenhorst auteur de ce genre, observe en détruisant ce même genre dans sa *Monogr. Coleopt. micropt. pag.* 36, que les quatre palpes sont terminés en hache *dans la plupart* des individus de la seule espèce qu'il avoit rapportée à ce genre dans ses *Coleopt. micropt.*, ce qui signifie, si nous le comprenons bien, que certains individus sont conformés différemment sous ce rapport. Il ne dit point si ces différences tiennent au sexe; nous pensons cependant qu'il en est ainsi, et nous croyons que les entomologistes qui auront occasion d'observer un assez grand nombre d'individus devront indiquer quelle est la forme des palpes dans ceux qui ne les ont pas sécuriformes et spécifier leurs sexes, ce qui sera toujours facile, d'après les caractères sexuels que nous avons mentionnés à l'article Staphylin. Nous ne possédons qu'un seul individu de l'Astrapée de l'Orme, c'est un mâle, et ses quatre palpes sont distinctement terminés par un article sécuriforme.

Ces insectes se trouvent sous les écorces des arbres. Le type du genre est l'Astrapée de l'Orme, *Astrapœus Ulmi*. Grav. *Coleopt. micropt. p.* 199. *n°.* 1. — *Staphylinus ulmineus* n°. 28. Fab. *Syst. Eleut.* Du midi de l'Europe. M. le comte Dejean dans son Catalogue en indique une autre espèce de Styrie sous le nom d'*unicolor*.

LATHROBIE, *Lathrobium*. Grav. Lat. *Staphylinus*. Linn. Geoff. *Pœderus*. Fab. Oliv. *Pinophilus*. Grav. (*Coleopt. micropt.*) *Pinophie*. Lat. (*Fam. nat.*)

Genre d'insectes de l'ordre des Coléoptères, section des Pentamères, famille des Brachélytres, tribu des Fissilabres.

Ce genre forme seul un groupe dans la seconde division des Fissilabres, caractérisé ainsi : antennes insérées au-devant des yeux, en dehors du labre et près de la base des mandibules. *Voy*. Fissilabres à l'article Staphylin.

Antennes filiformes, insérées au bord antérieur de la tête, au-devant des yeux, en dehors du labre et près de la base des mandibules, composées de onze articles, le premier assez grand, le deuxième court, le troisième plus grand que le second, ceux-ci en massue, les suivans presqu'orbiculaires, le dernier ovale, pointu à son extrémité. — *Labre* profondément échancré, presque bilobé. — *Mandibules* cornées, en triangle alongé, arquées et aiguës à l'extrémité. — *Mâchoires* composées de deux lobes membraneux, l'extérieur presque triangulaire, plus large à son extrémité, l'interne formant une dent aiguë. — *Palpes* terminés en pointe, les maxillaires au moins deux fois plus longs que les labiaux, de quatre articles, les second et troisième plus grands que les autres, coniques, celui-ci alongé, plus épais, le quatrième très-petit, à peine visible, ne formant qu'une petite pointe : palpes labiaux de trois articles, l'avant-dernier alongé, plus épais, le terminal conformé comme celui des maxillaires. — *Tête* portée sur un cou distinct, convexe en dessus, plane en dessous, ayant son bord antérieur brusquement rabattu. — *Yeux* petits. — *Corps* linéaire, alongé. — *Corselet* en carré-long, ses angles adoucis, son bord postérieur droit, transversal, distinctement séparé de la base des élytres. — *Elytres* presque carrées, un peu déprimées, un peu plus longues que le corselet, rabattues sur les côtés, couvrant des ailes, laissant à nu la majeure partie de l'abdomen. — *Pattes* rapprochées à leur insertion; hanches antérieures deux fois plus courtes et beaucoup plus grêles que les cuisses; hanches postérieures très-courtes, peu visibles : cuisses épaisses, les antérieures ayant inférieurement un angle en forme de dent; jambes ciliées : tarses à articles courts, ceux-ci égaux en longueur; les antérieurs souvent dilatés.

Le nom donné à ces Brachélytres vient de deux mots grecs dont le sens est : *qui vit caché*; il a rapport aux habitudes de ces insectes dont les mœurs sont les mêmes que celles des Staphylins.

1re. *Division*. Tarses antérieurs point dilatés. (Genre *Pinophie* Lat. *Fam. nat.*)

Cette division renferme les espèces suivantes : 1°. Lathrobie marron, *L. castaneum*. Grav. *Coleopt. micropt. pag.* 52. *n°.* 1. 2°. baie, *L. badium*. Grav. *id. pag.* 53. *n°.* 3. 3°. fracticorne, *L. fracticorne*. Grav. *id. pag.* 54. *n°.* 5. 4°. bicolore, *L. bicolor*. Grav. *id. pag.* 179. *n°.* 1. De l'Amérique septentrionale. 5°. pallipède, *L. pallipes*. Grav. *id. n°.* 2. Même patrie.

2e. *Division*. Tarses antérieurs dilatés. (Genre *Lathrobie* Lat. *Fam. nat.*)

Nous placerons ici 1°. Lathrobie multiponctuée, *L. multipunctatum*. Grav. *Coleopt. micropt. p.* 52. *n°.* 2. 2°. longuette, *L. longulum*. Grav. *id. pag.* 53. *n°.* 4. 3°. linéaire, *L. lineare*. Grav. *id. p.* 54. *n°.* 6. 4°. terminée, *L. terminatum*. Grav. *id. pag.* 55. *n°.* 7. 5°. alongée, *L. elongatum*. Grav. *id. n°.* 8. 6°. grêle, *L. gracile*. Grav. *id. pag.* 182. *n°.* 5. 7°. velue, *L. pilosum*. Grav. *id. pag.* 56. *n°.* 9. 8°. brunnipède, *L. brunnipes*. Grav. *id. n°.* 10. 9°. polie, *L. politum*. Grav. *id. pag.* 180. *n°.* 3. Amérique septentrionale. 10°. longue, *L. longiusculum*. Grav. *id. p.* 181. *n°.* 4. Même patrie. 11°. latipède, *L. latipes*. Grav. *Monogr. Coleopt. micropt. pag.* 129. *n°.* 1. *Pinophilus latipes*. Grav. *Coleopt. micropt. p.* 202. *n°.* 1. Même patrie. 12°. brune, *L. fuscum*. Grav. *Monogr. Coleopt. micropt. pag.* 130. *n°.* 5.

A ce genre appartiennent aussi les Lathrobies déprimée, *L. depressum*. Grav. *Coleopt. micropt. pag.* 182. *n°.* 6. et fulvipenne, *L. fulvipenne*. Gyllenh. *Ins. Suec.* (S. F. et A. Serv.)

STATIRE, *Statira*. Lat. (*Fam. nat.*)

Genre d'insectes de l'ordre des Coléoptères, section des Hétéromères (deuxième division), famille des Trachélides, tribu des Lagriaires.

Cette tribu ne contient que deux genres, Lagrie et Statire; le premier se distingue du second par son corselet carré, peu convexe et presqu'aussi large près de la tête qu'à son bord postérieur, et par sa tête à peu près aussi large que longue, ne se prolongeant pas au-delà des yeux d'une manière notable. Les caractères des Statires n'étant pas encore publiés, il restera nécessairement quelques lacunes dans l'énoncé que nous en allons faire.

Antennes assez longues, filiformes, composées de onze articles, les dix premiers coniques, le second fort petit, le onzième cylindrique, surpassant en longueur les trois précédens réunis (au moins dans les mâles), insérées latéralement sur un tubercule de la tête, avant le prolongement de celle-ci. — *Bouche* placée à l'extrémité du prolongement antérieur de la tête. — *Labre* très-avancé, transversal, coupé carrément en devant. — *Mandibules* et *Mâchoires* fort courtes, peu apparentes. — *Palpes maxillaires* fort grands, de quatre articles, le premier très-court, le second fort long, cylindro-conique, le troisième très-petit, obconique, le dernier le plus long de tous, en couperet alongé : palpes labiaux très-courts, peu visibles. — *Tête* rétrécie postérieurement en une sorte de cou, prolongée en devant et amincie en une espèce de museau ; chaperon presque carré, un peu convexe. — *Yeux* très-grands, assez rapprochés sur le front ainsi qu'en dessous de la tête, échancrés, recevant dans cette échancrure la base du tubercule radical des antennes. — *Corps* alongé, rétréci en devant. — *Corselet* rebordé postérieurement, convexe, rétréci en devant. — *Ecusson* très-petit, punctiforme. — *Elytres* alongées, plus larges que le corselet, très-peu dilatées avant leur extrémité, recouvrant des ailes et l'abdomen. — *Pattes* assez fortes ; cuisses antérieures un peu renflées : jambes un peu arquées à leur base ; tarses très-velus, leur pénultième article bilobé, le premier des postérieurs aussi long que les trois autres pris ensemble.

Il est probable que les mœurs de ces insectes s'éloignent peu de celles des Lagries.

1. Statire agroïde, *S. agroides.*

Statira fusco-testacea, elytris apice mucronatis, cœruleo submicantibus, punctulato-striatis, punctisque excavatis quadratis, in series dispositis.

Statira agroides. Dej. Collect.

Longueur 5 lig. D'un testacé brun ; élytres plus foncées, mucronées à l'extrémité, avec un reflet bleu-violet qui devoit être plus sensible dans l'insecte vivant. Ces élytres chargées de stries longitudinales formées par de petits points enfoncés, ayant dans les intervalles des stries de larges dépressions carrées, disposées en séries.

Du Brésil.

2. Statire viridipenne, *S. viridipennis.*

Statira testacea, elytris apice muticis, viridi-æneis, punctulato-striatis, punctisque excavatis subtriangularibus, subtemerè positis,

Longueur 7 lig. Testacée. Tête un peu plus foncée ainsi que le premier article des antennes. Elytres mutiques, d'un vert métallique, chargées de stries formées de petits points enfoncés, ayant en outre des dépressions presque triangulaires, placées sans beaucoup d'ordre.

Même patrie que la précédente.

(S. F. et A. Serv.)

STÉGOPTÈRES. *Voyez* Tectipennes.

(S. F. et A. Serv.)

STÉLIDE, *Stelis.* Panz. Lat. *Apis.* Kirb. *Megilla.* Fab. *Anthophora.* Illig. *Megachile, Anthidium.* Lat. *Trachusa.* Jur. *Gyrodroma.* Klug.

Genre d'insectes de l'ordre des Hyménoptères, section des Porte-aiguillon, famille des Mellifères, tribu des Apiaires (division des Parasites).

Parmi les Apiaires Parasites un groupe a pour caractères : écusson mutique, trois cellules cubitales aux ailes supérieures. (*Voyez* Parasites.) Il renferme les genres Allodapé, Pasite, Ammobate et Stélide. Dans les trois premiers la seconde cellule des ailes supérieures reçoit les deux nervures récurrentes, caractère que ne présentent pas les Stélides.

Antennes filiformes, brisées, composées de douze articles dans les femelles, de treize dans les mâles, le premier long, les autres presqu'égaux entr'eux. — *Labre* en carré alongé, dépassant les mandibules. — *Mandibules* assez larges, cannelées en dessus, bidentées au côté interne. — *Palpes maxillaires* très-courts, de deux articles, le premier long, cylindrique, le dernier cylindro-conique. — *Trois ocelles* disposés en triangle sur la partie antérieure du vertex. — *Corps* assez alongé. — *Corselet* court, convexe. — *Ecusson* mutique. — *Ailes supérieures* ayant une cellule radiale rétrécie depuis son milieu jusqu'à son extrémité, celle-ci assez aiguë, un peu écartée de la côte et trois cellules cubitales, la première et la seconde presqu'égales entr'elles, cette dernière rétrécie vers la radiale, recevant la première nervure récurrente ; troisième cubitale recevant la seconde nervure récurrente et n'atteignant pas le bout de l'aile. — *Abdomen* cylindrique-ovale, recourbé, convexe en dessus, un peu concave en dessous, dépourvu de poils dans cette partie dans les deux sexes, composé de cinq segmens outre l'anus dans les femelles, en ayant un de plus dans les mâles. — *Pattes* de longueur moyenne : jambes intermédiaires munies à leur extrémité d'une épine simple, aiguë ; premier article des tarses très-grand, aussi long que les quatre autres réunis ; crochets bifides.

Les Stélides sont parasites des genres Anthidie, Osmie et Mégachile. On peut voir à l'article Parasites les particularités de mœurs et les détails d'organisation communs à tous les Mellifères qui n'ont pas les organes nécessaires pour pourvoir par eux-mêmes leur postérité de la nourriture qui lui convient sous la forme de larve. Ce genre est peu nombreux en espèces. Le nom de *Stelis* étoit donné

donné par les Grecs au Gui, qui est une plante parasite.

1. Stélide petite, *S. minuta*.

Stelis nigra, segmentis abdominis tribus primis utrinquè lineolâ laterali albidâ.

Longueur 3 lig. Antennes noires; tête et corselet de cette couleur ayant des poils blanchâtres. Abdomen noir; ses premier, second et troisième segmens offrant de chaque côté une tache alongée, blanchâtre; pattes noires, tarses garnis de poils roux. Ailes transparentes, un peu enfumées vers leur extrémité. Femelle.

Des environs de Paris.

On placera en outre dans ce genre, 1°. Stélide rufiventre, *S. rufiventris*.—*Anthidium rufiventre*. Lat. (*Mém. sur les Anthidies, pag.* 26.) Du Brésil. 2°. Stélide tête noire, *S. aterrima*. Lat. *Gen. Crust. et Ins. tom.* 4. *pag.* 163. 3°. Stélide phéoptère, *S. phœoptera*. Lat. *id. pag.* 164. 4°. Stélide nasale, *S. nasuta*. — *Anthidium nasutum*. Lat. (*Mém. sur les Anthidies, pag.* 25.) Ces trois dernières sont des environs de Paris.

Nota. Nous possédons une espèce de l'île de Java, très-voisine de la Stélide rufiventre.

(S. F. et A. Serv.)

STENCORE, *Stenocorus*. Geoff. Oli. (*Entom.*) Lat. *Rhagium*. Fab. *Cerambyx*. Linn. *Leptura*. De Géer.

Genre d'insectes de l'ordre des Coléoptères, section des Tétramères, famille des Longicornes, tribu des Lepturètes.

Nota. Nous croyons devoir donner ici, d'après M. Latreille, les caractères de cette tribu avec ses divisions, puisqu'elle n'a été créée que depuis l'impression de la lettre L de ce Dictionnaire.

Lepturètes, *Lepturetæ*. Cinquième tribu de la famille des Longicornes, section des Tétramères, ordre des Coléoptères.

Antennes insérées hors des yeux, ceux-ci peu échancrés, assez larges. — *Tête* ovoïde ou ovalaire, rétrécie brusquement à sa base en manière de cou. — *Corselet* conique ou trapézoïdal. — *Abdomen* presque triangulaire. — *Corps* souvent arqué. — *Pattes* longues.

I. Tête prolongée derrière les yeux en conservant sa même largeur jusques au cou. — Antennes à articles obconiques, souvent courtes.

A. Corselet mutique, c'est-à-dire sans tubercules pointus sur les côtés.

Desmocère, Vespérus.

B. Un tubercule pointu en forme d'épine sur le milieu des côtés du corselet.

Stencore.

II. Tête rétrécie en manière de cou immédiatement après les yeux. — Antennes à articles ordinairement cylindracés.

A. Corselet rétréci postérieurement. — Antennes velues.

Disténie, Cométès, Sténodère.

B. Corselet élargi postérieurement. — Antennes n'ayant au plus qu'un duvet court, serré.

a. Antennes de onze articles.

Toxote.

b. Antennes de douze articles.

Euryptère.

On voit par ce tableau les caractères différentiels qui séparent les autres genres de cette tribu de celui de Stencore.

Antennes filiformes ou presque filiformes, composées de onze articles, insérées entre les yeux et près de leur bord interne. — *Labre* saillant, large, arrondi sur les côtés, cilié, légèrement échancré. — *Mandibules* assez fortes, courtes, sans dentelures remarquables, terminées en pointe, un peu arquées. — *Mâchoires* ayant leur lobe extérieur alongé, aminci à sa base. — *Palpes maxillaires* de quatre articles, les labiaux de trois; ceux-ci plus courts que les maxillaires; le dernier article des uns et des autres un peu comprimé, presque triangulaire. — *Tête* penchée, prolongée derrière les yeux, conservant quelque temps sa même largeur et se rétrécissant subitement en manière de cou. — *Yeux* plus ou moins échancrés mais toujours assez larges, point lunulés. — *Corps* assez long, plus ou moins rétréci antérieurement. — *Corselet* plus étroit que les élytres, rétréci et cylindrique à sa partie antérieure, resserré et rebordé postérieurement, inégal, muni de chaque côté d'une pointe ou d'un tubercule. — *Ecusson* assez grand. — *Elytres* alongées, recouvrant les ailes et l'abdomen. — *Pattes* fortes; cuisses un peu renflées; jambes presque coniques, munies à leur extrémité interne de deux épines petites, inégales : tarses garnis de brosses en dessous, leur troisième article bilobé, le dernier alongé, conique, terminé par deux forts crochets.

Geoffroy a créé un genre sous le nom de Stencore, *Stenocorus*, d'un mot grec qui signifie : *rétréci*, mais il y réunit à tort des espèces de mœurs fort différentes (les Donacies). Fabricius s'empara de ce nom pour l'appliquer à d'autres Coléoptères Longicornes très-distincts de tous ceux à qui l'auteur français l'avoit donné; du reste il forma trois genres des Stencores de Geoffroy, savoir : *Rhagium*, *Leptura* et *Donacia*, mais le second avoit d'abord été créé par Linné. M. Latreille jugea avec raison que l'on devoit conserver le nom donné par Geoffroy, et l'appliqua à cette partie des *Rhagium* de Fabricius qui avoit été des Stencores pour Geoffroy, ainsi qu'à leurs congénères. C'est de cette manière que nous donnons ici ce genre.

Ces insectes vivent dans le bois pendant leur premier état et jusqu'au moment de leur dernière métamorphose; leurs larves, si l'on en croit Fabricius (*Entom. syst. tom.* 1. *pars* 2. *pag.* 304), sont héxapodes, nues, blanches, avec la tête et le premier segment du corps écailleux, noirâtres; leur dos est cannelé, ce qu'il rapporte d'après Stroem. *Act. Hafn.* Les Stencores dans l'état parfait vont peu sur les fleurs; ils restent le plus souvent sur le tronc des arbres, ils s'y promènent en marchant assez vivement pendant la grande chaleur du jour, leur allure est saccadée et ils tournent souvent la tête à droite et à gauche comme s'ils examinoient ce qui se passe autour d'eux; lorsque le temps est froid ils se tiennent à la même place sans bouger, mais dans les deux cas lorsqu'on veut les saisir, ils se cramponnent fortement aux objets sur lesquels ils étoient posés, ils s'envolent assez difficilement : on les rencontre souvent accouplés, ce qui n'interrompt pas la marche de la femelle qui transporte le mâle, ordinairement plus petit qu'elle et placé alors sur le dos de celle-ci; elle confie ses œufs aux gerçures de l'écorce ou même aux trous déjà existans dans les arbres forestiers, les Chênes particulièrement. Ces remarques ont été faites sur les espèces composant notre seconde division.

1re. *Division.* Antennes beaucoup plus longues que la tête et le corselet pris ensemble, un peu distantes à leur base, presque dentées en scie, leurs cinquième, sixième, septième, huitième, neuvième et dixième articles étant aplatis et presque triangulaires. — Tubercule latéral du corselet, assez obtus. — Ecusson court, presque demi-circulaire. — Elytres pas beaucoup plus larges à leur base que le corselet (leurs angles huméraux peu saillans), n'allant pas en se rétrécissant de leur base à l'extrémité, de consistance assez molle. — Yeux fortement échancrés.

Nous donnerons pour type de cette division, le Stencore du Saule, *S. salicis.* Oliv. *Entom.* — *Rhagium salicis* n°. 6. Fab. *Syst. Eleut.* Ses élytres sont ou d'un bleu-violet ou d'un rouge-testacé comme le reste du corps. Il n'est pas rare aux environs de Paris sur le tronc des vieux ormes.

2e. *Division.* Antennes à peu près de la longueur de la tête et du corselet réunis, très-rapprochées à leur base, tous leurs articles coniques, à l'exception du onzième. — Tubercule latéral du corselet terminé en épine très-aiguë. — Ecusson triangulaire, à angles aigus. — Elytres beaucoup plus larges à leur base que le corselet (leurs angles huméraux très-saillans), se rétrécissant sensiblement de leur base à l'extrémité, de consistance très-dure. — Yeux très-peu échancrés.

Nous plaçons ici les *Rhagium mordax* n°. 1, *inquisitor* n°. 2, *indagator* n°. 3, *bifasciatum* n°. 8. Fab. *Syst. Eleut.* (Ces quatre espèces sont de France), et de plus le Stencore rayé, *Stenocorus lineatus.* Oliv. *Entom. tom.* 4. Stencor. *pag.* 13. *n°.* 6. *pl.* 3. *fig.* 22. d'Amérique.

(S. F. et A. Serv.)

STÈNE, *Stenus.* Lat. Fab. Payk. Grav. *Staphylinus.* Linn. Geoff. *Pæderus.* Oliv.

Genre d'insectes de l'ordre des Coléoptères, section des Pentamères, famille des Brachélytres, tribu des Longipalpes.

Les caractères de cette tribu sont : *Tête* dégagée, étranglée postérieurement. — *Labre* entier. — *Palpes maxillaires* presqu'aussi longs que la tête, leur quatrième ou dernier article caché ou peu apparent. Elle comprend les genres Pédère, Stilique, Stène et Evæsthète.

De ces quatre genres trois, savoir : Pédère, Stilique et Evæsthète, ont les antennes insérées devant les yeux; en outre dans les deux premiers, ces organes vont en grossissant insensiblement, et dans le dernier, leur massue n'est que de deux articles, suivant M. Latreille, caractères suffisans pour séparer ces trois genres de celui de Stène.

Antennes insérées près du bord interne des yeux, composées de onze articles, le premier assez long, conique, le second conico-globuleux, le troisième le plus long de tous, cylindrique; les suivans obconiques, les neuvième, dixième et onzième plus gros que les précédens, formant une massue; le dernier terminé en pointe. — *Labre* entier, transversal, son bord antérieur un peu arqué. — *Mandibules* fourchues, très-grêles, très-arquées. — *Palpes maxillaires* presqu'aussi longs que la tête, comme terminés en massue, composés de quatre articles, le dernier caché ou peu distinct : palpes labiaux très-courts, très-rapprochés, de trois articles, le second le plus grand de tous, presque globuleux, le dernier peu apparent. — *Lèvre* membraneuse, très-alongée : menton presque carré, caréné dans son milieu, cette carène formant une petite dent au bord supérieur. — *Tête* entièrement dégagée du corselet, étranglée postérieurement. — *Yeux* globuleux, très-saillans. — *Corps* long, très-étroit, de consistance fort dure. — *Corselet* ovoïde, tronqué à ses deux extrémités. — *Point d'écusson* distinct. — *Elytres* très-courtes, carrées, recouvrant les ailes et seulement la base de l'abdomen. — *Abdomen* alongé, comme linéaire, convexe en dessus et en dessous. — *Lame* inférieure anale entière, arrondie dans les femelles, fortement échancrée dans les mâles. — *Pattes* assez longues ; hanches très-courtes ; tarses de cinq articles distincts, le premier le plus long de tous, les autres allant en décroissant de longueur, le pénultième bifide, le dernier terminé par deux crochets simples (1).

La forme du corps de ces insectes leur a fait donner par M. Latreille le nom de *Stène*, tiré d'un mot grec qui signifie : *rétréci*. Ils habitent dans les lieux humides, leur taille est petite et leur couleur ordinairement d'un noir terne. On en connoît aujourd'hui près d'une trentaine d'espèces, toutes d'Europe. Leurs larves n'ont pas encore été observées.

Nous citerons 1°. Stène rugueux, *S. rugosulus*. Dej. Catal. — *Stenus cœrulescens* n°. 1. Gyll. *Ins. Suec. tom.* 2. *pag.* 463. 2°. Stène bimoucheté, *S. biguttatus*. Lat. *Hist. nat. des Crust. et Insect. tom.* 9. *pag.* 352. *pl.* 80. *fig.* 1. — Fab. n°. 1. *Syst. Eleut.* — *Encycl. pl.* 190. Pædère. fig. 3. a. b. 3°. Stène oculé, *S. oculatus*. Grav. *Coleopt. micropt. p.* 155. *n°.* 3. 4°. Stène cicindéloïde, *S. cicindeloïdes*. Grav. *id. n°.* 4. — *Pœderus proboscideus*. Oliv. *Entom. tom.* 4. Pédèr. pag. 6. n°. 5. pl. 1. fig. 5. a. b. 5°. Stène binoté, *S. binotatus*. Grav. *Monogr. micropt. pag.* 229. *n°.* 8.

EVÆSTHÈTE, *Evœsthetus*. Knoch. Grav. Lat.

Genre d'insectes de l'ordre des Coléoptères, section des Pentamères, famille des Brachélytres, tribu des Longipalpes.

Cette tribu contient quatre genres outre celui d'Evæsthète, savoir Stène, dont les antennes sont insérées au bord interne des yeux ; Pédère et Stilique dans lesquels ces organes vont en grossissant insensiblement vers leur extrémité.

MM. Latreille et Gravenhorst ne sont pas entièrement d'accord sur les caractères de ce genre. Le premier de ces auteurs n'accordant que deux articles à la massue des antennes tandis que M. Gravenhorst lui en donne trois. Ne connoissant pas l'espèce qui constitue ce genre, nous ne pouvons décider cette question. Ses caractères génériques n'ayant été publiés que par M. Gravenhorst, nous allons les donner d'après cet auteur.

Antennes (insérées au-devant des yeux, suivant M. Latreille) un peu plus longues que la tête, subitement en massue, composées de onze articles ; le premier en massue, le second très-court, le troisième plus long et plus gros que le précédent ; les quatrième, cinquième, sixième, septième et huitième, très-petits ; les neuvième et dixième transversaux, fort gros ; le onzième le plus gros de tous, ovale, terminé en pointe. — *Mandibules* en faucille. — *Palpes maxillaires* de la longueur de la tête, triarticulés ; leur premier article en massue, le second beaucoup plus court et plus étroit que le premier ; le troisième ovale, plus épais que les autres, finissant (peut-être) en pointe. — *Tête* plus petite que le corselet, ponctuée : chaperon large, entier. — *Yeux* saillans, occupant les côtés de la base de la tête. — *Corselet* aussi large que long, rétréci vers sa base, de la longueur des élytres, mais près de deux fois plus étroit, ponctué, ayant deux petits enfoncemens ovales-oblongs, sur le disque qui se rétrécissent vers le bout. — *Elytres* presque carrées, formant réunies un parallélipipède transversal, ponctuées, ayant quelques enfoncemens autour de l'écusson, couvrant des ailes et beaucoup plus courtes que l'abdomen. — *Abdomen* épais, rebordé. — *Jambes* sans épines, articles des tarses petits.

L'auteur ne décrit qu'une seule espèce. Evæsthète scabre, *E. scaber*. Longueur ⅓ de ligne. D'un brun brillant. Tête rousse ; antennes, palpes et mandibules plus pâles. Pattes d'un brun-roux. Du nord de l'Allemagne.

(S. F. et A. Serv.)

STÉNÉLYTRES, *Stenelytra*. Troisième famille de la section des Hétéromères, ordre des Coléoptères. Ses caractères sont :

Mâchoires inermes. — *Mandibules* terminées en une pointe simple dans plusieurs. — *Pénultième article des tarses* bilobé dans plusieurs. — *Antennes* ordinairement plus longues que la tête et le corselet, filiformes ou sétacées, point sensiblement perfoliées. — *Elytres* molles dans plusieurs.

Cette famille se compose de cinq tribus.

I. Devant de la tête n'étant point prolongé sensiblement en forme de museau.

1re. Tribu. Hélopiens, *Helopii*.

Extrémité des mandibules toujours bidentée (suivant M. Latreille) ou large, entière et creusée en cuiller. — *Base des antennes* ordinairement recouverte par les bords avancés de la tête. — *Palpes maxillaires* plus longs que les labiaux, terminés par un grand article triangulaire. — *Tous les articles des tarses* entiers, leurs crochets simples, sans dentelures.

Nota. Derniers articles des antennes souvent plus courts que les précédens et arrondis, les autres cylindro-coniques. Corps de la plupart ovale ou oblong, arqué et bombé supérieurement ; jambes ordinairement sans épines à leur extrémité.

(1) M. Carcel entomologiste zélé a fait une étude particulière des parties de la bouche des Stènes ; il se propose de publier un Mémoire sur ce sujet ainsi que la monographie complète des espèces de ce genre.

A. Corselet presqu'en forme de cœur tronqué postérieurement.

Hélops.

B. Corselet presqu'orbiculaire ou presque globuleux.

Pythe, Adélie, Sphérote.

C. Corselet mesuré au bord postérieur plus large que long, soit trapézoïdal, soit presque lunulé. — Corps presqu'hémisphérique, ou ovale et arqué, quelquefois ovale-oblong.

Acanthope, Camarie, Campsie, Sphénisque, Amarygme, Nilion.

D. Corselet plus long que large ou presqu'isométrique, soit presque carré, soit cylindracé. — Corps étroit et alongé.

Strongylie, Sténochie, Grammitie, Sténotrachèle.

2°. Tribu. Cistélides, *Cistelides*.

Mandibules terminées en une pointe simple. — *Antennes* insérées à nu. — *Pénultième article des tarses* quelquefois bilobé ; leurs crochets dentelés.

Mycétochare, Allécule, Cistèle, Listronyque, Prostène.

3°. Tribu. Sécuripalpes, *Securipalpi*. (*Voyez* ce mot.)

4°. Tribu. Œdémérites, *Œdemerites*.

Mandibules bifides. — *Pénultième article de tous les tarses* bilobé. — *Dernier article des palpes maxillaires* grand, triangulaire. — *Antennes* insérées à nu, filiformes ou sétacées, généralement alongées et quelquefois en scie. — *Corps* étroit, alongé. — *Corselet* cylindracé, plus étroit postérieurement que la base des élytres. — *Elytres* souvent molles, flexibles. (Rétrécies dans plusieurs à leur extrémité.)

Nota. Pattes postérieures de plusieurs différentes selon les sexes.

Calope, Sparèdre, Dityle, Œdémère.

II. Devant de la tête alongé en forme de museau.

5°. Tribu. Rhynchostomes, *Rhynchostoma*.

Sténostome, Myctère, Rhinosime, Salpingue.

Les mœurs des Sténélytres sont très-variables ; aucun d'eux n'habite dans les excrémens ni dans les fumiers. On les trouve sur les végétaux.

(S. F. et A. Serv.)

STÉNOCHIE, *Stenochia*. Genre de Coléoptères Hétéromères, famille des Sténélytres, tribu des Hélopiens de M. Latreille, établi par M. Kirby (*Trans. Linn. Centur. of Insect. vol.* 12) et placé par lui dans sa famille des *Helopidæ* ; ses caractères sont : labre transversal, arrondi à son extrémité ; mâchoires ouvertes à leur base ; tous les palpes ayant leur dernier article peu comprimé, presque triangulaire ; menton presqu'en trapèze, son disque un peu élevé ; antennes plus grosses à leur extrémité, le dernier article oblong ; corps linéaire, étroit. L'auteur y rapporte les deux espèces suivantes : 1°. Sténochie rufipède, *S. rufipes*. Longueur 8 lignes. Verdâtre, bleue en dessus, élytres ayant deux bandes jaunes réunies au bord extérieur ; antennes et pattes rousses. Du Brésil. Elle est représentée *pl.* 22. *fig.* 5. de l'ouvrage précité. 2°. Sténochie cyanipède, *S. cyanipes*. Longueur 6 lignes. Bleue ; antennes rousses ; corselet très-court ; élytres ayant deux bandes d'un jaune-fauve, réunies au bord extérieur. Du Brésil. (S. F. et A. Serv.)

STÉNOCIONOPS, *Stenocionops*. Léach. Lat. *Maia*. Lamk. *Cancer*. Herbst.

Genre de Crustacés de l'ordre des Décapodes, famille des Brachyures, tribu des Triangulaires, établi par Léach dans ses travaux inédits et adopté par Latreille (*Fam. nat. du Règn. anim.*). Les caractères de ce genre nous sont inconnus ; M. Desmarest, dans son article Malacostracés du *Dict. des sc. natur.*, parle de ce genre dans une note ; il dit qu'il comprend le *Maia taurus* de Lamarck, qu'on soupçonne se trouver dans la Méditerranée. Il a la carapace ovale, bordée d'épines sur son contour, inégale et presque mutique en dessus ; son front est pourvu de deux fortes épines ; les deux pattes antérieures sont grandes, à troisième article hérissé de tubercules, à main longue, assez étroite, en partie tuberculeuse, et dont les doigts sont courts et un peu arqués. M. Latreille lui rapporte le *Cancer Corundo* d'Herbst. (E. G.)

STÉNOCORUS. Fab. Cet auteur a donné ce nom générique à plusieurs Coléoptères Longicornes qui appartiennent à des genres fort différens les uns des autres.

(S. F. et A. Serv.)

STÉNODÈRE, *Stenoderus*. Dej. *Catal.* Lat. (*Fam. nat.*) *Cerambyx*. Fab. *Stenocorus*. Oliv. (*Entom.*)

Genre d'insectes de l'ordre des Coléoptères, section des Tétramères, famille des Longicornes, tribu des Lepturètes.

Ce genre créé par M. le comte Dejean doit, d'après l'insertion extrà-oculaire de ses antennes, être rapporté aux Lepturètes de M. Latreille; il fait partie d'un groupe de cette tribu (*voyez* Stencore) qui renferme en outre les genres Disténie et Comètès, et a pour caractères : tête rétrécie en manière de cou immédiatement après les yeux; antennes composées d'articles ordinairement cylindracés, velues; corselet rétréci postérieurement. De ces trois genres ceux de Disténie et de Comètès se distinguent par leurs palpes inégaux, les maxillaires étant trois fois plus longs que les labiaux, et encore par leur corselet épineux latéralement, de plus les antennes des Disténies outre qu'elles sont pubescentes dans toute leur longueur ont en dessous de plusieurs de leurs articles, de longues soies rangées sur une seule ligne, caractère que l'on retrouve aussi dans le genre Comètès.

Les caractères génériques des Sténodères n'ont pas encore été publiés.

Antennes pubescentes à leur base, rapprochées l'une de l'autre à leur insertion, composées de onze articles cylindracés et insérées hors des yeux. — *Labre* saillant, tronqué carrément en devant. — *Mandibules* courtes, assez fortes, sans dentelures remarquables, mousses à leur extrémité. — *Palpes* presqu'égaux, les maxillaires de quatre articles, les trois premiers petits, très-courts, le dernier un peu plus gros et un peu plus long, ovale, tronqué à son sommet : palpes labiaux de trois articles fort courts, le terminal à peu près conformé comme celui des maxillaires. — *Tête* rétrécie en manière de cou immédiatement après les yeux : chaperon arrondi antérieurement. — *Yeux* globuleux, entiers. — *Corps* rétréci en devant. — *Corselet* plus étroit que les élytres, rétréci antérieurement et à sa partie postérieure, inégal en dessus, un peu renflé sur les côtés, mutique. — *Ecusson* arrondi postérieurement. — *Elytres* presque linéaires, arrondies et mutiques à leur extrémité, recouvrant des ailes et la totalité de l'abdomen. — *Pattes* de longueur moyenne.

Le nom de ce genre vient de deux mots grecs qui expriment le rétrécissement de la partie postérieure de la tête de ces insectes. Il ne contient à notre connoissance qu'une seule espèce dont nous ignorons les mœurs. Sténodère à lignes raccourcies, *S. abbreviatus*. Dej. Catal. — *Cerambyx abbreviatus* n°. 43. Fab. *Syst. Eleut.* — Schœn. *Syn. Ins. tom.* 3. *pag.* 367. *n°.* 14. — *Stenocorus suturalis*. Oliv. *Entom.* Stenc. *tom.* 4. *pag.* 29. *pl.* 3. *fig.* 29. — Schœn. *Id. pag.* 409. *n°.* 46. Des Indes orientales.

Nota. On voit par cette synonymie que M. Schœnherr a fait un double emploi de cette espèce, chose bien rare dans cet auteur, toujours si exact.

DISTÉNIE, *Distenia*.

Genre d'insectes de l'ordre des Coléoptères, section des Tétramères, famille des Longicornes, tribu des Lepturètes.

Des trois genres qui composent le groupe dans lequel entrent les Disténies (*voyez* Stencore), celui de Sténodère a le corselet mutique, les palpes courts, presqu'égaux et les antennes seulement munies d'un duvet serré; ses élytres ainsi que celles des Comètès sont linéaires, arrondies et mutiques à leur extrémité.

Antennes sétacées, velues, rapprochées à leur base, beaucoup plus longues que le corps, insérées hors des yeux, composées de onze articles; le premier fort long, en massue alongée, le second très-court, cupulaire; les autres cylindriques, garnis en dessous d'une rangée de longs poils soyeux, à l'exception du dernier. — *Labre* transversal. — *Mandibules* courtes, fortes, obtuses à l'extrémité. — *Palpes* grands, inégaux; les maxillaires trois fois plus longs que les labiaux, de quatre articles, le premier court, menu; les deux suivans alongés, égaux, coniques; le terminal un peu plus court, plus gros, peu comprimé, presque triangulaire : palpes labiaux de trois articles, le premier menu, le suivant un peu renflé intérieurement, le dernier gros, ovale, un peu tronqué à son extrémité. — *Tête* rétrécie en manière de cou immédiatement après les yeux, ayant dans son milieu antérieur, une ligne longitudinale enfoncée. — *Yeux* réniformes. — *Corps* rétréci en devant et postérieurement. — *Corselet* rétréci antérieurement et à sa partie postérieure, muni d'un tubercule latéral épineux; inégal en dessus, plus étroit que les élytres. — *Ecusson* arrondi postérieurement. — *Elytres* allant en se rétrécissant des angles huméraux à leur extrémité qui est armée d'une épine, recouvrant les ailes et l'abdomen; leurs angles huméraux saillans. — *Abdomen* étroit, conique. — *Pattes* assez longues, fortes.

Disténie vient de deux mots grecs qui expriment le double rétrécissement qu'offre le corselet. Nous établissons ce genre sur une espèce du Brésil dont les mœurs nous sont inconnues.

1. Disténie changeante, *D. columbina*.

Distenia fusco-testacea, elytris striato-punctatis, lineâ submarginali longitudinali viridi-æneo micante; pedibus subpallidioribus.

Stenecorus columbinus. Dej. Collect.

Longueur 8 à 12 lig. D'un brun testacé. Soies des antennes noires. Élytres à stries pointillées et crénelées, ayant quelques reflets d'un vert-bronzé gorge de pigeon et une ligne de cette même couleur près du bord extérieur, descendant de l'angle huméral jusqu'au bout de l'élytre. Pattes d'un testacé pâle, les cuisses principalement.

Du Brésil.

COMÈTÈS, *Cometes*.

Genre d'insectes de l'ordre des Coléoptères, section des Tétramères, famille des Longicornes, tribu des Lepturètes.

Ce genre avec ceux de Disténie et de Sténodère forme un groupe dans les Lepturètes. (*Voyez* STENCORE.) Les Sténodères sont reconnoissables par leurs palpes courts, presqu'égaux, leur corselet mutique et leurs antennes simplement pubescentes. Le genre Disténie diffère de celui de Comètès par ses élytres allant en se rétrécissant vers l'extrémité, épineuses au bout et par ses antennes plus longues, sétacées; enfin par les pattes plus alongées.

Antennes filiformes, rapprochées à leur base, velues, un peu plus longues que le corps, insérées hors des yeux, composées de onze articles, le premier très-grand, en massue alongée; le second très-court, cupulaire; les autres cylindro-coniques, assez gros, garnis postérieurement d'une rangée de longues soies. — *Labre* court, transversal. — *Mandibules* fortes, courtes, obtuses à l'extrémité. — *Palpes* inégaux; les maxillaires trois fois plus longs que les labiaux, de quatre articles, le premier petit, grêle, les deux suivans assez longs, coniques, le dernier le plus gros de tous, ovale, peu comprimé : palpes labiaux courts, de trois articles, les deux premiers presque cupulaires, le terminal plus gros, ovale. — *Tête* rétrécie postérieurement, mais moins que dans le genre précédent, portant un bourrelet transversal entre les yeux, immédiatement audessus de l'insertion des antennes, ayant une petite ligne enfoncée qui part de ce bourrelet et atteint presque le bord postérieur; chaperon transversal. — *Yeux* réniformes. — *Corps* presque linéaire, pubescent. — *Corselet* à peu près de la largeur de la tête, plus étroit que les élytres, inégal en dessus, rétréci postérieurement ainsi qu'en devant, muni latéralement d'un tubercule épineux. — *Ecusson* petit. — *Elytres* linéaires, rebordées, un peu déprimées en dessus; leur extrémité arrondie et mutique, recouvrant des ailes et l'abdomen. — *Pattes* courtes, cuisses un peu renflées; jambes antérieures subitement dilatées et renflées à leur extrémité, au moins dans l'un des sexes : troisième article des tarses ayant ses deux divisions très-larges, égalant chacune en dimensions, l'article précédent. (Ce dernier caractère n'est peut-être aussi que sexuel.)

Le nom de ce genre tiré du grec a rapport aux longs poils qui forment une sorte de chevelure à ses antennes. Nous n'avons aucun renseignement sur ses mœurs. L'espèce qui nous sert de type a quelques rapports de forme avec les Callidies, mais elle s'en éloigne beaucoup par l'insertion des antennes hors des yeux.

1. COMÈTÈS hirticorne, *C. hirticornis*.

Cometes nigra, thorace suprà ferrugineo, coxis et femorum basi pallidis; elytris punctatis, lineis duabus subelevatis.

Callidium hirticorne. DEJ. Collect.

Longueur 5 lig. D'un noir mat en dessus, un peu luisant en dessous; pointillée. Corselet ferrugineux en dessus. Hanches et base des cuisses d'un testacé pâle. Elytres pointillées, ayant chacune deux petites côtes longitudinales peu prononcées. Mâle.

Du Brésil. (S. F. et A. SERV.)

STÉNOPE, STENOPS, *Stenopus*. Genre de Crustacés de l'ordre des Décapodes, famille des Brachyures, tribu des Triangulaires. *Voyez* ce dernier mot. (LATR.)

STÉNOPTÈRE, *Stenopterus*. ILLIG. LAT. (*Fam. nat.*) *Necydalis*. LINN. FAB. OLIV. LAT. (*Gener.*) *Leptura*. GEOFF. *Molorchus*. SCHŒN.

Les entomologistes modernes donnent ce nom venant de deux mots grecs qui signifient : *ailes rétrécies*, à une partie des espèces composant le genre Nécydale du présent Dictionnaire. Ce sont les numéros de six à dix. Le nom générique de Nécydale est conservé par M. Latreille (*Fam. nat.*) aux espèces qui ont les élytres comme tronquées carrément et extrêmement courtes : ce sont les numéros de un à quatre inclusivement. Ces dernières constituent le genre *Molorchus* de Fabricius. M. Schœnherr pense que le numéro cinq peut appartenir au genre *Sitaris*. Voyez NÉCYDALE. (S. F. et A. SERV.)

STÉNOPTÈRES ou ANGUSTIPENNES. Douzième famille des Coléoptères dans la *Zoologie analytique* de M. Duméril, section des Hétéromérés, ayant les caractères suivans : *Elytres dures, rétrécies. Antennes filiformes, souvent dentées.* Elle renferme six genres. Sitaride, Œdémère, Nécydale, Ripiphore, Mordelle et Anaspe.

(S. F. et A. SERV.)

STÉNORHYNQUE, *Stenorhynchus*. LAMK. LAT. *Macropus*. LAT. *Macropodia*. LEACH. LAT. *Maia*. Bosc. *Cancer*. PENN. HERBST.

Genre de Crustacés de l'ordre des Décapodes, famille des Brachyures, tribu des Triangulaires, établi par Lamarck et adopté par Latreille (*Fam. nat. du Règn. anim.*). Ce genre correspond entièrement au genre *Macropodia* de Léach ou à une partie du genre Macropode de Latreille (*Règn. anim*, etc.), et ses caractères sont :

Antennes extérieures distantes, ayant la moitié de la longueur du corps, sétacées, insérées en avant des yeux sur les côtés du rostre; leur second article étant trois fois plus long que le premier. Pieds-mâchoires extérieurs ayant leur second article étroit à la base, dilaté à l'extrémité du côté interne, et le troisième ovalaire, alongé et beaucoup plus étroit. Espace du dessous du rostre, compris entre la bouche et la naissance des antennes (surbouche, Latreille) plus long que large, allant en se rétrécissant vers le haut. Serres égales, grandes, à main alongée et comprimée, avec le carpe de moitié moins long; celles des mâles deux fois aussi longues que le corps, les autres pattes grandes, grêles et filiformes; celles de la seconde paire ayant trois fois la longueur de l'animal: carapace triangulaire, avec ses régions branchiales tout-à-fait postérieures et bombées, diminuant graduellement de largeur en avant jusqu'à l'extrémité d'un rostre assez long qui est fendu dans son milieu; yeux écartés, subréniformes, beaucoup plus gros que leur pédoncule, non susceptibles d'être retirés dans les orbites.

Les Crustacés de ce genre ont beaucoup de ressemblance avec les Inachus et avec les Leptopodies; M. Latreille les avoit même réunis à ce dernier genre (*Règn. anim.*). Ils s'en distinguent par la longueur du rostre, et parce que ce rostre est entier dans les Leptopodies; les Inachus en sont séparés suffisamment par un rostre court, arrondi; par leurs antennes plus longues que ce rostre, et surtout par leur surbouche qui est transversale, c'est-à-dire plus longue que large. Les yeux des Inachus sont rétractiles, ce qui les distingue encore des Sténorhynques; les Camposcies et les Pactoles en sont distingués par la forme de leur corps qui est moins alongé, par leurs pattes et par la composition des feuilets de l'abdomen. Enfin les Maias, les Parthenopes et autres genres voisins en sont séparés par la forme de leurs pieds-mâchoires extérieurs qui ont le troisième article presque carré, échancré ou tronqué obliquement à son extrémité interne et supérieure, tandis qu'il est en forme de triangle renversé ou d'ovale rétréci inférieurement dans les genres précédens.

Le genre Sténorhynque renferme peu d'espèces. Leur port est remarquable à cause de leurs longues pattes qui les font ressembler à des faucheurs; nous citerons

Le Sténorhynque faucheur, *S. phalangium*. Lat. — *Macropodia phalangium*. Léach. Lat. *Encyl. méth. pag.* 298. *fig.* 6. — Desm. art. Malacostracés du *Dict. des sc. nat.* et *Considérat. gén. sur les Crust. pl.* 23. *fig.* 3. — *Macropus longirostris*. Lat. *Gen. Crust. et Ins.* etc. — *Maia phalangium*. Bosc. — *Leptopodia phalangium*. Léach, *Edimb. Encyl.* — *Cancer dodecos*. Linn. *Syst. nat. édit.* 13. *t.* 1. *pars* 2. *p.* 1046. — *Inachus longirostris*. Fab. *Suppl. Entom. system. pag.* 358. — Vill. *Entom. tom.* 4. *pag.* 145. *tab.* II. *fig.* 12. — Rondel. *Hist. des poiss. liv. II. ch.* 34. — Séba, *Mus. tom.* 3. *tab.* 20. *n°.* 13. Il a un peu plus d'un pouce de long depuis la base de la carapace jusqu'à l'extrémité du rostre, qui a à peu près le tiers de la longueur du corps et est bifide à l'extrémité et sillonné dans toute sa longueur en dessus. Antennes dépassant ce rostre des trois quarts de leur longueur. Tuberculés de la carapace disposés ainsi qu'il suit: trois en triangle (2—1) sur la région stomacale, un en pointe sur la région cordiale, deux sur les branchiales et bords latéraux du test présentant quelques aspérités; face interne des bras presque scabreuse, velue.

Cette espèce se trouve sur les côtes de l'Océan et dans la Méditerranée. (E. G.)

STÉNOSIS, *Stenosis*. Nom générique donné par M. Herbst aux espèces ou au moins à la plupart des espèces dont M. Latreille compose son genre Tagénie. *Voyez* ce mot.

(S. F. et A. Serv.)

STÉNOSOME, *Stenosoma*. Léach. Lat. *Idotea*. Lat. *Oniscus*. Penn. *Asellus*. Oliv.

Genre de Crustacés de l'ordre des Isipodes, section des Aquatiques, famille des Idotéides, établi par Léach, et ne différant du genre Idotée que par les antennes extérieures qui sont de la longueur du corps (la tête et le tronc, sans comprendre la queue), avec le troisième article un peu plus long que le quatrième. Le corps des Sténosomes est comme celui des Idotées, alongé, linéaire et étroit.

Les mœurs et l'organisation des Sténosomes sont les mêmes que celles des Idotées; c'est pourquoi nous renvoyons ce mot à la table qui se trouvera à la fin de cet ouvrage. Ce genre est peu nombreux en espèces; cependant il est divisé en deux sections ainsi qu'il suit:

* Côtés du second segment du corps et des suivans ayant l'apparence d'une petite articulation.

Sténosome linéaire, *S. lineare*. Léach, *Trans. Soc. Linn. tom.* 2. *pag.* 366. — *Oniscus linearis*. Penn. *Brit. zool. tom.* 4. *pl.* 18. *fig.* 2. (*Voyez* pour la suite de la synonymie le n°. 9, au mot Aselle de ce Dictionnaire.) Quant à la description de l'espèce, elle est incomplète et tout-à-fait mauvaise: nous allons donner celle de Léach et de Desmarest. Base du dernier segment de la queue un peu rétrécie, avec l'extrémité dilatée, tronquée, échancrée et pourvue d'une dent à chaque angle latéral; d'un brun-noirâtre en dessus, blanchâtre sur les côtés: longueur du corps variant depuis un pouce jusqu'à deux. Cette espèce se trouve dans la mer, sur les côtes de l'Océan. Olivier, dans l'article Aselle, dit qu'elle se trouve dans la mer des Indes. Du reste il seroit bien possible que l'espèce qu'Olivier a décrite ne fût pas la même que celle de Léach; on ne peut s'assurer de ce fait qu'en consultant une collection bien complète en espèces.

* Pas de traces d'articulations sur le bord des segmens du corps.

Sténosome hectique, *S. hecticum*. Léach. —

Oniscus hecticus. Pall. *Spicil. zool. fas.* 9. *tab.* 4. *fig.* 10. a. b. c. d. — *Idotea viridissima.* Risso, *Crust. pag.* 136. *tab.* 3. *fig.* 8. Longueur un pouce à un pouce et demi. Corps linéaire; dernier segment de la queue échancré profondément, à angles latéraux saillans. Couleur d'un vert brillant. Cette espèce habite les moyennes profondeurs de la mer de Nice et de toute la Méditerranée. *Voyez* pour une plus longue description le n°. 13. de l'article Aselle de ce Dictionnaire, où cette espèce est appelée *Aselle étique*. (E. G.)

STÉNOSTOME, *Stenostoma*. Lat. *Leptura*. Fab. Oliv. (*Encycl.*)

Genre d'insectes de l'ordre des Coléoptères, section des Hétéromères (1re. division), famille des Sténélytres, tribu des Rynchostomes.

La cinquième tribu des Sténélytres (*voyez* ce mot) contient, outre le genre Sténostome, ceux de Myctère, Rhinosime et Salpingue : le premier de ces trois est distinct des Sténostomes par le dernier article des palpes beaucoup plus large, obtrigone; le corselet trapézoïdal et les élytres dures. Les deux derniers genres ont pour caractère particulier, les antennes plus grosses à leur extrémité et le devant de la tête formant un museau dilaté à son extrémité.

Antennes filiformes, insérées au-delà des yeux, sur le museau, composées de onze articles, cylindro-coniques, le dernier seul ovale-alongé, pointu à l'extrémité. — *Labre* avancé, presque carré, un peu rétréci à sa partie antérieure. — *Mandibules* bifides, alongées. — *Mâchoires* longues. — *Dernier article des palpes* cylindrique : palpes maxillaires fort longs. — *Lèvre* alongée. — *Tête* prolongée en devant en une sorte de museau aplati, un peu rétréci antérieurement. — *Yeux* peu saillans. — *Corps* mou, alongé. — *Corselet* alongé, presque cylindrique, un peu déprimé. — *Elytres* molles, recouvrant des ailes et l'abdomen. — *Pattes* de longueur moyenne; jambes intermédiaires et postérieures un peu arquées; tarses longs, leur pénultième article bifide : tarses postérieurs ayant leur premier article aussi long que les trois autres réunis.

M. Latreille a nommé ce genre Sténostome, de deux mots grecs, dont le sens est : *bouche rétrécie*. L'espèce qui lui a servi de type se trouve sur les fleurs, principalement sur celles de l'Ammi majeur; elle habite l'Afrique et les parties méridionales de l'Europe. C'est la Sténostome rostrée, *S. rostrata*. Lat. (*Nouv. Dict. d'hist. nat.* 2e. *édit.*) — Dej. Catal. — *Leptura rostrata* n°. 39. Fab. *Syst. Eleut.*

Voyez pour la description et les autres synonymes, Lepture rostrée n°. 22. du présent Dictionnaire. (S. F. et A. Serv.)

STENOTRACHÈLE, *Stenotrachelus*. Lat. (*Fam. nat.*) *Dryops*. Payk. Dej. Catal. *Calopus*. Schœn.

Genre d'insectes de l'ordre des Coléoptères, section des Hétéromères (1re. division), famille des Sténélytres, tribu des Hélopiens.

M. Latreille n'a pas encore fait connoître les caractères propres à ce genre, mais comme il est identique avec celui de Dryops de Paykull, nous allons les énoncer d'après ce dernier auteur.

Quatre palpes inégaux, les maxillaires sécuriformes, les labiaux filiformes. — *Lèvre* membraneuse, largement échancrée. — *Antennes* filiformes, moitié plus longues que le corps, insérées au-devant des yeux. — *Corselet* presque carré. — *Ecusson* petit, arrondi postérieurement. — *Elytres* n'étant pas moitié plus larges que le corselet, longues, cylindriques, recouvrant des ailes et l'abdomen. — *Crochets* des tarses accompagnés d'une soie qui les fait paroître bifides.

Ce dernier caractère indiqué par M. Latreille dans ses *Fam. nat.* peut faire soupçonner que la *Dryops œnea* n°. 2. Fab. *Syst. Eleut.* rapportée à ce qu'il paroît mal-à-propos par Paykull à son *Dryops œneus*, et qui est l'Œdémère cuivreuse n°. 3. du présent Dictionnaire, appartient aussi à ce genre et y constitue une seconde espèce, originaire de l'Amérique méridionale. Le type du genre dont le nom tiré de deux mots grecs signifie : *cou rétréci* est le Sténotrachèle cuivreux, *S. œneus*. — *Dryops œneus*. Payk. *Faun. Suec. tom.* 2. *pag.* 152. *n°.* 1. (En retranchant le synonyme de Fabricius.) — *Calopus œneus*. Schœn. *Syn. Ins. tom.* 3. *pag.* 411. *n°.* 2. Paykull le décrit ainsi : corps alongé, noir en dessous, cuivreux-obscur et très-ponctué en dessus. Il habite la Suède et se trouve sous l'écorce des vieux Bouleaux. (S. F. et A. Serv.)

STENYO. Rafinesque.

Nom donné par Rafinesque à un genre de Crustacés dont il ne donne pas les caractères. (E. G.)

STÉPHANE, *Stephanus*. Jur. Illig. Lat. *Bracon*, *Pimpla*. Fab. *Bracon*. Panz.

Genre d'insectes de l'ordre des Hyménoptères, section des Térébrans, famille des Pupivores, tribu des Ichneumonides. (Division des Braconides.) (1)

---

(1) Le genre Stéphane doit constituer à lui seul une subdivision dans les Braconides, avec ce caractère : palpes maxillaires de cinq articles, les labiaux de quatre. Cette subdivision sera la seconde, celle que nous indiquons comme telle page 43. du présent volume, deviendra la troisième et contiendra les genres Vipion, Bracon et Microgastre; le genre Helcon doit être reporté dans la première subdivision. (*Voyez* tribu des Ichneumonides page 43 tome X. Un renvoi fautif dans la copie fait que le genre Dar

Dans ses *Familles naturelles*, M. Latreille forme un groupe d'Ichneumonides ayant pour caractère : palpes maxillaires de cinq articles très-inégaux entr'eux ; les labiaux de quatre : bouche point avancée en manière de bec ; antennes filiformes ou sétacées ; mandibules entières ou foiblement bidentées à leur extrémité. Ce groupe contient les genres Stéphane et Xoride. Ce dernier diffère de l'autre par ses mandibules rétrécies presqu'immédiatement après la base, par l'article terminal des palpes maxillaires plus long que le précédent et par l'insertion de l'abdomen placée vers la partie inférieure du métathorax qui va en pente.

Antennes petites, très-grêles, sétacées, insérées vers le bas de la face, composées de trente-deux articles. — *Mandibules* courtes, également épaisses dans toute leur longueur, terminées par une petite dent. — *Palpes maxillaires* au moins quatre fois plus grands que les mâchoires, composés de cinq articles, le premier assez gros, court, le second manifestement plus long que le premier, aussi gros que lui, les trois derniers très-longs, très-grêles, cylindriques, presqu'égaux entr'eux : palpes labiaux quatre ou cinq fois plus courts que les maxillaires, de quatre articles, le dernier presqu'ovale, plus mince que les précédens. — *Tête* grosse, globuleuse, couronnée de tubercules, ordinairement au nombre de cinq, portée sur un cou long et mince. — *Yeux* elliptiques, grands. — *Trois ocelles* disposés en triangle sur la partie antérieure de la tête, très-distans les uns des autres, les latéraux très-rapprochés des yeux à réseau. — *Corps* long, grêle, comprimé. — *Corselet* long ; prothorax conique, s'avançant en devant en une espèce de lame qui recouvre le cou : mésothorax ovale : métathorax carré, tronqué droit postérieurement. — *Ecusson* peu ou point distinct. — *Ailes supérieures* ayant une cellule radiale longue, pointue à ses deux extrémités, s'avançant presque jusqu'au bout de l'aile et deux cellules cubitales, la première presqu'en losange recevant la première nervure récurrente près de la nervure d'intersection qui la sépare de la deuxième cubitale ; celle-ci longue, atteignant presque le bout de l'aile, et trois cellules discoïdales dont la troisième ou inférieure atteint le bout de l'aile, la seconde nervure récurrente manquant. — *Abdomen* long, en massue un peu comprimée, inséré sur le bord supérieur de la troncature du métathorax, son premier segment très-alongé, presque cylindrique, formant le pédicule ; tarière saillante, ordinairement fort longue. — *Pattes antérieures et intermédiaires* grêles, les postérieures fortes, leurs hanches longues, à cuisses en massue ; tige de celle-ci courte et grêle : le dessous de ces cuisses armé de fortes épines ; jambes comprimées à la base : premier article de tous les tarses aussi long ou plus long que les quatre autres pris ensemble.

Nota. Tous ces caractères ont été pris sur des individus femelles.

Feu Jurine en établissant ce genre lui a donné le nom de Stéphane tiré d'un mot grec qui signifie : *couronne*. L'espèce indigène, selon le savant auteur génevois, se trouve comme les Pimples, les Xorides et les Helcons le long des arbres et sur les bois abattus ; ce qui porte à croire que sa larve vit aux dépens de celles qui se nourrissent de la substance du bois.

1. Stéphane fourchu, *S. furcatus*.

Stephanus niger, antennis fuscè testaceis, prothoracis anticâ parte transversìm sulcatâ, emarginato bifurcatâ ; terebræ rufæ vaginâ nigrâ ante apicem albo annulatâ : alis subfuscis.

Longueur 14 lig. non compris la tarière qui est plus longue que le corps. Noir. Antennes d'un testacé-brun foncé. Partie antérieure du prothorax sillonnée transversalement, échancrée à son extrémité qui fait la fourche. Tarière rousse, ses fourreaux noirs ayant un large anneau blanc avant leur extrémité. Ailes un peu rembrunies. Femelle.

Du Brésil.

2. Stéphane aigu, *S. acutus*.

Stephanus niger, antennis fuscè testaceis, prothorace subpunctato, apice acuto ; terebræ rufæ vaginâ nigrâ ante apicem albo annulatâ : alis subhyalinis.

Longueur 7 lig. non compris la tarière qui est un peu plus longue que le corps. Noir. Antennes d'un testacé brunâtre. Prothorax assez pointillé, son extrémité antérieure pointue ; tarière rousse, ses fourreaux noirs ayant un large anneau blanc près de leur extrémité. Femelle.

Même patrie que le précédent.

On placera en outre dans ce genre : 1°. Stéphane couronné, *S. coronator*. — *Pimpla coronator* n°. 28. Fab. *Syst. Piez.* Ajoutez à la description : longueur 20 lig. non compris la tarière dont la longueur excède celle du corps. Bord antérieur du prothorax mutique ; cuisses postérieures armées de dents en dessous, comme dans toutes les espèces que nous mentionnons. Tarière rousse, ses fourreaux noirs avec un anneau blanc près de l'extrémité. Antennes d'un testacé noirâtre. Femelle. Notre individu est de Java. 2°. Stéphane cuisses dentées, *S. serrator*. — *Bracon serrator* n°. 29. Fab. *Syst. Piez.* Femelle. — *Stephanus coronatus*. Jur. *Hyménopt. pag.* 93. Mâle et fe-

Stéphane s'y trouve mal placé, et nous oblige à faire ici cette rectification.)

melle. pl. 7. Femelle. — Panz. *Faun. Germ. fas.* 76. *fig.* 13. Femelle. — *Encycl. pl.* 376. *fig.* 2. Femelle. D'Europe. (S. F. et A. Serv.)

STÉRÉOCÈRES. *Voyez* Solidicornes. (S. F. et A. Serv.)

STERNOXES, *Sternoxi*. Première division de la famille des Serricornes. (*Voyez* ce mot.) Les Sternoxes contiennent deux tribus et offrent pour caractères :

Corps toujours d'une consistance ferme et solide, droit. — *Tête* engagée verticalement dans le corselet jusqu'aux yeux. — *Présternum* dilaté aux deux extrémités, s'avançant en devant en forme de mentonnière, se prolongeant au bout opposé et s'y rétrécissant en forme de corne pointue. — *Antennes* ordinairement guère plus longues que la tête et le corselet, appliquées dans le repos sur les côtés inférieurs de celui-ci près du sternum.

1re. Tribu. Buprestides, *Buprestides*.

Corps n'étant point propre à sauter. — *Saillie postérieure du présternum* ne s'enfonçant pas dans une cavité antérieure du mésosternum. — *Extrémité des mandibules* entière. — *Dernier article des palpes* presque cylindrique, tantôt presqu'ovoïde ou globuleux.

A. Antennes des mâles simplement pectinées ou en scie : côté interne de leurs articles dilaté dans toute sa longueur ; dents rapprochées ou contiguës.

a. Les quatre premiers articles des tarses courts, larges, aplatis, triangulaires, garnis en dessous d'une pelotte spongieuse. Antennes des mâles simplement en scie ; dents courtes ne formant pas de peigne ni de panache. (Palpes filiformes ou presque filiformes.)

Bupreste, Trachys, Aphanistique.

b. Tarses grêles. Antennes des mâles pectinées ou en panache. (Palpes souvent terminés par un article plus gros. Pattes généralement comprimées.)

Galba, Mélasis, Phyllocère.

B. Antennes des mâles branchues au côté interne ; base du troisième article et des suivans prolongée inférieurement en un rameau élargi et arrondi au bout : celles des femelles en scie. (Port des Taupins. Pattes grêles ; pénultième article des tarses bifide.)

Cérophyte.

Nota. Les genres Ptyocère et Ripidius de Thunberg appartiennent peut-être à l'une des dernières subdivisions de cette tribu.

2e. Tribu. Élatérides, *Elaterides*.

Corps ayant la faculté de sauter lorsque l'insecte est placé sur le dos. — *Saillie postérieure du présternum* s'enfonçant à volonté dans une fossette antérieure du mésosternum et contribuant spécialement à l'exécution des sauts. — *Mandibules* échancrées ou bifides à leur extrémité. — *Palpes maxillaires* terminés par un article plus grand, triangulaire ou en forme de hache. (Corps elliptique ou linéaire, déprimé ; angles postérieurs du corselet ordinairement prolongés en une forte dent aiguë. Pattes en partie contractiles.)

A. Antennes filiformes ou sétacées. (Point terminées en une massue perfoliée.)

a. Les quatre premiers articles des tarses garnis en dessous de pelottes prolongées et lobiformes. (Antennes très-rapprochées à leur base.)

Lissode.

b. Articles des tarses point munis en dessous de pelottes prolongées en manière de lobes. (Antennes ordinairement écartées entr'elles à leur naissance.)

† Labre et mandibules entièrement cachés par l'extrémité antérieure du présternum. Devant de l'épistome ou du chaperon, élargi, transverse et appliqué sur le présternum. (Antennes plus rapprochées à leur base que dans les suivans.)

* Point de rainure sur les bords latéraux du corselet.

Cryptostome, Nématode.

** Une rainure de chaque côté sous les bords latéraux du corselet pour recevoir les antennes.

Eucnémis.

†† Labre et mandibules découverts, du moins en dessus. Extrémité antérieure de l'épistome ne dépassant guère l'entre-deux des antennes, tantôt élevée, tantôt de niveau avec la base du labre, soit arrondie, soit allant en pointe et tronquée.

* Extrémité antérieure de l'épistome sensiblement plus élevée que la base du labre, et formant souvent une tranche ou un bord aigu.

¶ Tête dégagée, aussi large ou plus large que le bord antérieur du corselet. (Yeux très-saillans. Corps linéaire.)

Exophthalme.

¶¶ Tête enfoncée jusqu'aux yeux dans le corselet, plus étroite à sa base en y comprenant les yeux que le bord antérieur du corselet.

Hémirhipe, Taupin.

** Extrémité antérieure de l'épistome de niveau avec la base du labre.

Ludie.

B. Antennes terminées en massue perfoliée, de trois articles.

Throsque.

Nota. Cet article est extrait des *Familles naturelles* de M. Latreille.

(S. F. et A. Serv.)

STERNOXES. *Voyez* Thoraciques.

(S. F. et A. Serv.)

STÉROPÈS, *Steropes.* Stév. Schœn. Lat. (*Fam. nat.*)

Genre d'insectes de l'ordre des Coléoptères, section des Hétéromères (2ᵉ. division), famille des Trachélides, tribu des Anthicides.

Cette tribu contient trois genres : Stéropès, Notoxe et Xylophile. On distingue les Notoxes par le dernier article de leurs palpes labiaux formant une petite tête; par les trois derniers articles des antennes n'étant pas beaucoup plus longs que les autres, le onzième ovale. Les Xylophiles ont les antennes allant en grossissant vers leur extrémité, leurs trois derniers articles guère plus grands que les précédens et les cuisses postérieures fortes.

Dans le premier volume des Mémoires des naturalistes de Moscou pag. 167, M. Stéven, donne ainsi les caractères de ce genre. Quatres palpes inégaux, sécuriformes; mâchoires unidentées. Antennes ayant leurs trois derniers articles filiformes, beaucoup plus longs que les autres.

Le type est le Stéropès caspien, *S. caspius* n°. 10. *ut suprà. tab.* 10. *fig.* 8. — Schœn. *Synon. Ins. tom.* 2. *pag.* 54. *n°.* 1. Tête perpendiculaire, orbiculaire, noire, pubescente. Bouche et antennes testacées. Palpes maxillaires trois fois plus longs que les labiaux, insérés sur le dos des mâchoires, de quatre articles, le premier très-petit, le second alongé, cunéiforme, le troisième un peu plus court, obconique, le quatrième sécuriforme, le plus grand de tous. Palpes labiaux très-courts, insérés sur le milieu de la lèvre, de trois articles, les deux premiers filiformes, le troisième tronqué obliquement, presque sécuriforme. Mandibules fortes, cornées, arquées, sans dentelures, terminées par une dent aiguë, entière. Mâchoires membraneuses, obtuses. Lèvre membraneuse, transparente, plus large à son extrémité qui est tronquée. Antennes de la longueur des élytres, leur premier article obconique, les suivans de deux à huit, presqu'égaux, moniliformes, trois fois plus courts que le premier; les neuvième, dixième et onzième très-alongés, presqu'égaux, filiformes. Corselet de la grandeur de la tête, pubescent, testacé, presqu'arrondi, un peu plus étroit vers sa base, peu convexe. Écusson petit, arrondi. Elytres deux fois plus larges que le corselet et ayant plus de trois fois sa longueur, linéaires, pubescentes, testacées avec un point noir soyeux vers leur base; ce caractère ne se retrouve pas dans la femelle, qui du reste est parfaitement semblable. Dessous du corselet ferrugineux, ponctué. Abdomen brun; pattes testacées; cuisses postérieures point en massue. Tarses de quatre articles.

Il se trouve à Kislar et sur les bords de la mer Caspienne, dans les ordures. Cette espèce n'est pas commune, elle vient quelquefois à la lumière pendant la nuit.

Nota. M. Latreille dans le *Règn. anim.* ainsi que dans ses *Famill. natur.* place ce genre parmi ses Anthicides et conséquemment dans la section des Hétéromères, ce qui paroît contredire le caractère de tarses donné par M. Stéven qui cependant place aussi son genre Stéropès près des *Anthicus.* (S. F. et A. Serv.)

STICTIE, *Stictia.* Illig. *Voyez* Monédule, page 496. de ce volume.

(S. F. et A. Serv.)

STIGMATES ou SPIRACULES.

On désigne ainsi les orifices extérieurs de l'appareil de la respiration, chez les arachnides et les insectes; en général ces ouvertures se présentent sous la forme d'une boutonnière plus ou moins alongée, plus ou moins saillante, entourée d'un anneau corné, lequel est enchassé dans une pièce à laquelle M. Audouin a donné le nom de *péritrème.* (*Voyez* Thorax.) Dans les insectes le thorax et surtout l'abdomen sont les parties où sont situés les stigmates; M. Léon Dufour (*Ann. des sc. nat. tom.* 8, *pag.* 20) a désigné les premiers sous le nom de *stigmates thoraciques*, et les derniers sous celui de *stigmates abdominaux.* Dans les arachnides ils sont placés vers le milieu du corps ou sur le dessus de l'abdomen; leur nombre varie de deux à huit.

M. Marcel de Serres avoit reconnu deux sortes de stigmates, long-temps avant M. Léon Dufour; les premiers qu'il appelle *stigmates simples*, sont les mêmes qui ont été désignés par Léon Dufour sous le nom de *stigmates abdominaux.* Les stigmates thoraciques ont reçu de M. Marcel de Serres, le nom de *stigmates composés* ou *tré-*

maères, qui signifie *ouverture pour l'air*. Les stigmates composés, ou trémaères, sont toujours propres au thorax; ils sont composés de deux pièces cornées qui, pour chaque inspiration, s'ouvrent en dehors, comme les battans d'une porte; deux muscles opèrent ce mouvement et une grosse trachée naît de chaque trémaère : on n'en a jamais trouvé que deux, on les voit distinctement dans les Sauterelles et dans les Mantes. Dans les Coléoptères, elles sont situées en arrière de la première paire de pattes, sur la peau fibreuse et tenace qui joint le corselet ou thorax, au mésothorax; en général ils ont une conformation extérieure différente de celle des stigmates simples ou abdominaux; ils sont bien plus alongés, plus minces et moins saillans que ceux-ci; leurs valves sont légèrement échancrées sur les côtés, et ordinairement ils sont placés obliquement à l'axe du corps. Les stigmates simples ou abdominaux sont ordinairement placés de chaque côté de la région dorsale de l'abdomen, sur une membrane assez épaisse, mais souple, plus ou moins ridée, qui unit les segmens du dos aux plaques du ventre. Il en existe deux pour chaque anneau, l'un placé à droite et l'autre à gauche. Ces stigmates ne sont pas toujours situés ainsi; nous verrons que les diverses circonstances de la vie de l'animal déterminent leur place.

M. Léon Dufour a examiné la structure des stigmates des insectes coléoptères; nous allons faire connoître le résultat de ses observations : dans le Carabe doré il y a neuf paires de stigmates, une au thorax et huit à l'abdomen; ceux-ci se présentent sous forme de petits boutons ellipsoïdes, saillans, bruns, lisses, luisans, durs, cornés et formés de deux valves ou panneaux dont l'ouverture est creuse ou béante. Ils sont blanchâtres, mais d'une configuration semblable dans les Chlœnius; plus ronds et plus ouverts dans les Sphodrus. Ces ostioles pneumatiques, soit du thorax, soit de l'abdomen, offrent entre les deux valves qui les constituent, une scissure des plus étroites, une fente presqu'imperceptible pour l'inhalation de l'air. Lorsqu'on parvient à fixer convenablement cet organe sous une forte lentille du microscope, on découvre que le pourtour de la scissure est garni d'un duvet excessivement fin, bien plus marqué dans les stigmates thoraciques. Toutes ces bouches respiratoires sont abritées des influences extérieures par les élytres et par la contiguité du thorax avec la poitrine. Dans le Dytique marginal, le Hanneton commun, le Lucane cerf-volant et le Capricorne héros, et sans doute dans la plupart des genres qui appartiennent aux familles dont ces insectes sont les types, les stigmates, au lieu de se présenter sous la forme de boutons bivalves et protubérans, offrent ordinairement un disque ovale ou oblong entièrement découvert, quoiqu'entouré d'un mince rebord corné (péritrème) : ce disque observé attentivement à la loupe, paroît marqué de petites lignes transversales, à peu près parallèles, d'une couleur plus foncée. Le microscope fait reconnoître que ces lignes, disposées sur deux rangées opposées, prennent naissance des deux bords contraires au bord corné, et que leurs extrémités libres se regardent en laissant entr'elles un intervalle linéaire qui parcourt le grand diamètre du stigmate. Chacune de ces lignes est un tronc simple ou bifurqué, dont les côtés et les bouts émettent des fascicules, des houppes de ramifications comme les nœuds de certaines Conferves. Ces petits pinceaux sont inégaux en longueur dans le Dytique, et l'intervalle qui sépare les deux rangées ne partage point le disque en deux parties égales. Dans le Lucane et le Capricorne, cet intervalle est parfaitement dans la ligne médiane. Sprengel (*Commentarius de partibus quibus insecta spiritus ducunt*. Cum tab. Lipsiæ, 1815) a observé une structure analogue à celle que M. Léon Dufour a fait connoître, dans les stigmates de l'Hydrophile caraboïde. La figure que ce même auteur donne de cet orifice trachéal dans le Dytique circonflexe, cadre fort bien avec celle que M. Léon Dufour a publiée de ce même organe dans le Dytique marginal.

Les stigmates des Myriapodes n'ont pas été observés anatomiquement; ces animaux en ont un grand nombre tout le long de chaque côté du corps.

Dans beaucoup de larves ils ne sont pas placés aux endroits qu'ils occuperont dans l'insecte parfait; ainsi ils occupent la partie postérieure dans les larves de Diptères dont le corps est enveloppé de toute part par le milieu qu'elles occupent. Nous avons observé conjointement avec M. Audouin un fait semblable dans une larve de Donacie trouvée dans les racines d'un jonc. Toutes ces larves sont obligées de venir à la surface du sol ou de l'eau, présenter leurs stigmates à l'air et respirer ainsi. Les insectes parfaits qui vivent dans l'eau, tels que les Dytiques, Hydrophiles, etc., sont obligés de monter souvent à la surface du liquide pour présenter leur stigmate à l'air; alors ils soulèvent un peu leurs élytres, et l'on voit que l'air s'attache aux poils et au duvet dont tout le dessus de leur corps est garni et que ces insectes l'emportent avec eux au fond de l'eau. Dans les larves des Libellules, le stigmate postérieur est converti en une valvule tricuspide, située près de l'anus, et qui reçoit seule tout le liquide qui doit servir à leur respiration. On a remarqué depuis long-temps que le second et le troisième anneaux des Chenilles sont dépourvus de stigmates et par suite de trachées propres. M. de Blainville a cru voir dans cette absence la preuve que les ailes n'étoient autre chose que des trachées renversées. Celles-ci, rudimentaires dans le corps de la larve, ne se développeroient, suivant lui, que successivement et avec toutes les autres parties qui constituent l'insecte parfait. Si les quatre ailes du thorax représentent les quatre stigmates et par suite les quatre trachées, M. Audouin pense que ces parties doivent s'exclure mutuellement, et que le thorax d'un insecte parfait ne devra jamais offrir à la fois des ailes et des stigmates : or, l'observation prouve qu'indépendamment des ailes on trouve des stigmates thoraciques.

M. Mauduyt, dans le discours préliminaire de ce Dictionnaire sur les insectes, a parlé des stigmates et a rapporté les expériences qui prouvent que ce sont les ouvertures de la respiration chez les insectes. Nous renvoyons à ce discours, page 31. (E. G.)

STIGME, *Stigmus*. Jur. Latr. Panz.

Genre d'insecte de l'ordre des Hyménoptères, section des Porte-aiguillon, famille des Fouisseurs, tribu des Crabronites.

Un groupe de cette tribu a pour caractères : antennes insérées au-dessous du milieu de la face antérieure de la tête; chaperon court et large; yeux entiers. Il renferme, outre les Stigmes, les genres Melline, Alyson et Goryte dont les ailes supérieures offrent quatre cellules cubitales; les Pemphrédons, distingués par la forme de leur troisième cellule discoïdale ou l'inférieure qui est fermée par une nervure transversale et n'atteint pas le bout de l'aile, d'où il suit qu'il y a deux nervures récurrentes; enfin le genre Crabron, dont les premières ailes n'ont seulement que deux cellules cubitales et chez lesquels la cellule radiale est appendiculée.

Antennes filiformes, insérées au-dessous du milieu de la face antérieure de la tête, composées de douze articles dans les femelles, de treize dans les mâles, la plupart de ces articles moniliformes. — *Mandibules* grandes, tridentées vers leur extrémité. — *Palpes maxillaires* fort longs, filiformes. — *Tête* grosse, carrée; chaperon court et large. — *Yeux* entiers, grands, elliptiques. — *Trois ocelles* rapprochés en triangle sur le vertex. — *Corps* étroit. — *Corselet* ovale : prothorax étroit, formant un rebord en avant du mésothorax, prolongé en cou à sa partie antérieure; mésothorax bombé; métathorax arrondi postérieurement, un peu cannelé en dessus. — *Ecusson* grand, point saillant. — *Ailes* supérieures ayant un point marginal grand et épais, une cellule radiale assez grande, large à sa base, se rétrécissant fortement immédiatement après la seconde cubitale, terminée en pointe, sans appendice; trois cellules cubitales, la première assez grande, presque carrée, recevant dans son milieu la première nervure récurrente; seconde cellule cubitale petite, carrée; troisième, ni commencée, ni tracée; trois cellules discoïdales dont la troisième ou l'inférieure atteint le bout de l'aile, la seconde nervure manquant. — *Abdomen* formé de cinq segmens dans les femelles, en ayant un de plus dans les mâles, manifestement pétiolé, ce pétiole composé de la moitié antérieure du premier segment qui s'évase ensuite subitement. — *Pattes* fortes, cuisses renflées dans leur milieu; jambes point épineuses; les postérieures ayant seulement deux ou trois épines : tarses filiformes.

Il est probable, d'après la conformation de leurs pattes, que les Stigmes sont parasites, c'est-à-dire qu'ils vont pondre dans le nid de quelques Fouisseurs qui approvisionnent eux-mêmes ces nids pour leur postérité.

Le nom de ce genre est tiré de la grandeur et de l'épaisseur du point marginal des premières ailes qu'on a long-temps appelé improprement *stigmate*. Les auteurs n'en mentionnent que deux espèces, toutes deux fort petites et que l'on rencontre quelquefois sur les fleurs. La seule que nous connoissions est le Stigme âtre, *S. ater*. Jur. *Hyménopt. pag.* 139. Mâle et femelle. *pl.* 9. — Lat. *Gener. Crust. et Ins. tom. IV. pag.* 84. — Spinola, *Ins. Ligur. fas.* 3. *pag.* 174. *n°.* 1. — *Stigmus pendulus*. Panz. *Faun. Germ. fas.* 14. *fig.* 7. Le mâle probablament. Des environs de Paris.

(S. F. et A. Serv.)

STILBE, *Stilbum*. Spinol. Lat. *Chrysis*. Linn. Oliv. (*Encycl.*) Ross. Jur.

Genre d'insectes de l'ordre des Hyménoptères, section des Térébrans, famille des Pupivores, tribu des Chrysides.

Un groupe de Chrysides a pour caractère (*voyez* pag. 253. de ce volume) : corselet point rétréci en avant; abdomen voûté en dessous; mâchoires et lèvre courtes, n'étant pas prolongées en trompe; milieu du métathorax avancé en une pointe scutelliforme. Ce groupe renferme, outre le genre Stilbe, ceux d'Elampe et de Pyrie (Calliste *loc. citat.*). Mais dans ces deux derniers, l'abdomen ne présente aucun bourrelet transversal sur l'anus ou dernier segment.

Antennes filiformes, coudées, vibratiles, insérées près de la bouche, composées de treize articles; le premier fort long, les autres presqu'égaux, courts. — *Labre* corné, court, arrondi. — *Mandibules* triangulaires, aiguës, sans aucunes dentelures ni échancrure à leur côté interne. — *Mâchoires* s'avançant conjointement avec la lèvre et le menton. — *Palpes* inégaux; les maxillaires de cinq articles, les labiaux plus courts que la lèvre, triarticulés. — *Lèvre* simple, membraneuse, plus longue que les mâchoires et les palpes, son bord externe profondément échancré : menton corné, arrondi à son extrémité. — *Tête* transversale, un peu plus étroite que le corselet, ayant une dépression frontale large, ovale-arrondie. — *Yeux* ovales, presqu'anguleux à leur partie supérieure. — *Trois ocelles* placés en triangle sur le front; l'antérieur dans la dépression frontale, à son bord supérieur, les latéraux hors de la dépression, très-près des yeux à réseau. — *Corps* convexe. — *Corselet* très-bombé en dessus; métathorax ayant sa partie moyenne séparée de l'antérieure par un sillon et avancée en une pointe scutelliforme fortement creusée en dessus. — *Ailes supérieures* ayant une cellule radiale très-incomplète; deux cellules cubitales; la première recevant la première nervure récurrente, fermée par une nervure transversale seulement tracée: seconde cellule cubitale commencée, n'atteignant pas le bout de l'aile, traversée longitudinalement par une nervure qui part du milieu de la nervure transversale dont nous venons de parler; trois cellules discoïdales; la seconde supérieure n'étant pas complétement fermée postérieurement, la troisième ou l'inférieure n'atteignant pas le bout de l'aile et n'étant pas fermée par une nervure transversale, seconde nervure récurrente manquant. — *Abdomen* très-bombé en dessus, composé de trois segmens apparens; le second beaucoup plus grand que les autres; le troisième ou anus ayant un bourrelet transversal très-prononcé et une ligne de points enfoncés au dessous du bourrelet: une tarière (dans les femelles) longue, rétractile, son extrémité restant toujours un peu saillante même dans le repos: un aiguillon rétractile ayant sa sortie un peu avant l'extrémité de la tarière. — *Pattes* de longueur moyenne; jambes postérieures légèrement comprimées; tarses alongés, leur premier article le plus grand de tous.

Le nom donné par M. Maximilien Spinola à ces Hyménoptères vient du grec et signifie: *brillant*. Les mœurs des Stilbes sont les mêmes que celles des Euchrées. (*Voyez* ce mot pag. 8. de ce volume.) Les espèces connues habitent les contrées méridionales de l'ancien continent.

1. Stilbe splendide, *S. splendidum*.

Stilbum splendidum. Spinol. *Ins. Ligur. fas.* 1. *pag.* 9. — *Chrysis splendida* n°. 1. Fab. *Syst. Piez.* — Lepel. *Mém. sur les Porte-tuyaux. Ann. du Mus. n°.* 9.

Voyez pour la description et les autres synonymes Chrysis splendide n°. 1. de ce Dictionnaire.

2. Stilbe brûlant, *S. calens*.

Stilbum calens. Spinol. *Ins. Ligur. fas.* 1. *pag.* 9. — *Chrysis calens* n°. 4. Fab. *Syst. Piez.* — Lepel. *Mém. sur les Porte-tuyaux. Ann. du Mus. n°.* 10.

Voyez pour la description et les autres synonymes Chrysis brûlant n°. 5. de ce Dictionnaire.

Nota. Il est probable que la Chrysis améthystine n°. 4. *Encycl.* — *Chrysis amethystina*. Fab. Lepel. est aussi de ce genre.

PYRIE, *Pyria* (1). *Chrysis*. Fab.

Genre d'insectes de l'ordre des Hyménoptères, section des Térébrans, famille des Pupivores, tribu des Chrysides.

Un groupe de cette tribu (*voyez* pag. 253. de ce volume) contient les genres Stilbe, Pyrie et Elampe. Le premier se distingue par le bourrelet transversal fort élevé qu'offre l'anus ou troisième segment de l'abdomen, et les Elampes parce que ce même segment n'est point pluridenté dans ces insectes, mais simplement échancré dans son milieu.

La plupart des caractères que présente ce nouveau genre sont ceux des Stilbes sauf les suivans: *Tête* sans dépression frontale. — *Trois ocelles* rapprochés en triangle sur le vertex, les latéraux notablement distans des yeux à réseau. — *Corselet* un peu convexe: avancement scutelliforme du métathorax convexe ou plane en dessus. — *Ailes supérieures* ayant une cellule radiale grande, fort longue, à peu près complète, atteignant presque le bout de l'aile; une seule cellule cubitale esquissée presque jusqu'au bord postérieur, recevant la première nervure récurrente et séparée dans sa partie moyenne par une nervure longitudinale un peu empâtée à sa base. — *Abdomen* convexe en dessus; son second segment guère plus grand que les autres; le troisième ou anus dépourvu de bourrelet transversal, ayant seulement une ligne de points enfoncés: son bord postérieur pluridenté.

Ce genre confondu jusqu'ici avec les Chrysis, s'en éloigne 1°. par la forme du métathorax qui dans les Chrysis est convexe, sans aucun avancement scutelliforme. 2°. Par les ailes supérieures offrant, dans ce même genre, une cellule radiale moins longue, fermée ou presque fermée bien avant le bout de l'aile et par la cellule cubitale qui est loin d'être tracée jusqu'au bord postérieur et dans laquelle on ne voit pas cette petite nervure longitudinale qui existe dans les Pyries et les Stilbes.

Le nom générique est tiré du grec; il exprime la couleur brillante dont le corps de ces Hyménoptères est paré. Les mœurs doivent être les mêmes que celles des autres genres de leur tribu. (*Voyez* Euchrée pag. 8. de ce volume.) Le nombre des dentelures qui terminent le dernier segment de l'abdomen est variable; nous en profiterons pour diviser ce genre, en ayant soin de donner un type à chacune de ces divisions.

1re. *Division*. Anus à six dentelures.

1. Pyrie émeraude, *P. smaragdula*.

(1) Nous substituons ce nom à celui de Calliste mentionné dans le tableau des Chrysides, pag. 253. de ce volume, parce que ce nom de Calliste a été donné par M. Bonelli à un genre de Carabiques.

Pyria viridi-violacea, antennis nigris, ano sexdentato; alis fuscis.

Longueur 4 lig. ½. Corps très-ponctué, d'un vert-doré changeant en violet. Avancement scutelliforme du métathorax de longueur moyenne. Pattes de la couleur du corps. Antennes noires. Ailes enfumées. Anus muni de six dentelures à son extrémité. Mâle.

De Cayenne.

Nota. Cette espèce ne nous paroît pas être la Chrysis smaragdule n°. 3. de ce Dictionnaire, *Chrysis smaragdula* n°. 2. Fab. *Syst. Piez.* vu que les auteurs comparent cette dernière à la *splendida* dont notre espèce est bien loin d'avoir la taille, et qu'ils ne parlent pas du prolongement qu'offre le métathorax.

2e. *Division.* Anus à cinq dentelures.

Là nous plaçons la *Chrysis lusca* n° 7. Fab. *Syst. Piez.* — *Pyria lusca.* Nob. La dent intermédiaire de l'abdomen est plus courte que les quatre latérales. D'Italie.

3e. *Division.* Anus quadridenté.

2. Pyrie armée, *P. armata.*

Pyria viridi-aurea; antennis nigris, ano quadridentato; alis prœsertìm basi et margine externo fuscis.

Longueur 6 lig. Corps très-ponctué, d'un vert-doré. Pattes de cette même couleur. Antennes noires. Anus ayant un reflet violet, muni de quatre dentelures à l'extrémité. Avancement scutelliforme du métathorax très-prolongé, presqu'aigu. Ailes enfumées, brunes à leur base et le long du bord externe. Mâle et femelle.

D'Afrique.

4e. *Division.* Anus tridenté.

3. Pyrie trident, *P. tridens.*

Pyria viridi-aurea, antennis nigris; ano tridentato: alis subfuscis.

Longueur 5 lig. Corps très-ponctué, d'un vert-sombre, doré et nuancé de violet: pattes de la couleur du corps. Antennes noires. Avancement scutelliforme du métathorax moins prononcé que dans les autres espèces. Extrémité de l'anus offrant trois dents, l'intermédiaire forte, aiguë, provenant d'une carène élevée qui traverse la ligne de points enfoncés, ceux-ci violets. Ailes enfumées. Femelle.

Des Etats-Unis. (S. F. et A. Serv.)

STILIQUE, *Stilicus.* Lat. (*Fam. nat.*) *Pœderus.* Fab. Oliv. Graven. Gyll. Panz. Payk. (*Faun. Suec.*) *Staphylinus.* Payk. (*Monogr.*)

Genre d'insectes de l'ordre des Coléoptères, section des Pentamères, famille des Brachélytres, tribu des Longipalpès.

Des quatre genres que renferme cette tribu (*voyez* Longipalpes, pag. 482. de ce volume), celui de Stène est le seul qui ait les antennes insérées au bord antérieur des yeux. Dans les Evæsthètes les antennes sont subitement en massue: celles des Pédères vont en grossissant insensiblement vers leur extrémité, en outre ces derniers ont le quatrième article des tarses bifide.

Les Stiliques ont beaucoup de caractères communs avec les Pédères, ceux qui les en distinguent, sont: antennes filiformes, leurs derniers articles globuleux. Tête ovale, grande. Palpes maxillaires moitié plus courts que la tête, leur dernier article tantôt très-petit, aciculaire, distinct; tantôt peu visible et ne formant qu'une petite pointe aiguë à l'extrémité du précédent. Corselet presqu'ovale, rétréci antérieurement et à sa partie postérieure. Quatrième article des tarses entier et de même forme que les précédens.

Ces Brachélytres habitent dans les ordures et sous les pierres comme les Pédères.

On rapportera à ce genre, 1°. Stilique orbiculaire, *S. orbiculatus.* — Pædère orbiculaire n°. 7. (*Encycl.*) 2°. Stilique fragile, *S. fragilis.* — Pædère fragile n°. 8. *Encycl.*

(S. F. et A. Serv.)

STIZE, *Stizus.* Lat. Jur. Spinol. *Bembex.* Fab. Oliv. (*Encycl.*) *Crabro.* Fab. Ross. *Larra, Liris, Scolia.* Fab. *Larra.* Illig. *Mellinus.* Panz. *Sphex.* Drur.

Genre d'insectes de l'ordre des Hyménoptères, section des Porte-aiguillon, famille des Fouisseurs (2e. division), tribu des Bembécides.

Cette seconde division des Fouisseurs a pour caractères: prothorax fort court, en forme de rebord transversal, linéaire et séparé dans toute son étendue par un intervalle notable de l'origine des ailes supérieures. Elle renferme les quatre dernières tribus de la famille, savoir: Bembécides, Larrates, Nyssoniens et Crabronites.

La tribu des Bembécides présente les caractères suivans: labre entièrement découvert, très-saillant; cette tribu contient les genres Bembex, Monédule et Stize. Dans les deux premiers, le labre forme un triangle alongé; leurs mâchoires et leur lèvre se prolongent en une promuscide fléchie.

Antennes grossissant insensiblement vers l'extrémité, amincies vers leur base, insérées un peu au-dessous du milieu du front, de douze articles dans les femelles, de treize dans les mâles; le premier court, conique, le troisième alongé. — *Labre* entièrement découvert, semicirculaire. — *Mandibules* sans dents ou n'en ayant qu'une très-petite à leur partie interne. — *Mâchoires* et *Lèvre* avancées, mais point prolongées en une promuscide, ni fléchies. — *Palpes maxillaires* avançant au-delà de l'extrémité des mâchoires, de six articles, le second et le troisième les plus longs de tous; tous deux cylindriques; les derniers courts : palpes labiaux de quatre articles. — *Lèvre* petite, semicirculaire. — *Tête* transversale. — *Yeux* grands. — *Trois ocelles* disposés en triangle. — *Corps* gros. — *Corselet* ovale; prothorax court, ne formant qu'un rebord transversal, très-éloigné de la base des ailes. — *Ailes supérieures* ayant une cellule radiale dont l'extrémité postérieure s'arrondit un peu en s'appuyant contre le bord extérieur; quatre cellules cubitales, la seconde fortement rétrécie près de la radiale, recevant les deux nervures récurrentes; quatrième cubitale ordinairement commencée, et trois cellules discoïdales complètes. — *Abdomen* convexe, un peu conique, de cinq segmens outre l'anus dans les femelles, en ayant un de plus dans les mâles; anus de ceux-ci armé de trois pointes spiniformes. — *Pattes* fortes, de longueur moyenne; jambes et tarses armés d'épines; dernier article de ceux-ci muni de deux forts crochets simples, ayant une grosse pelotte dans leur entre-deux.

M. Latreille a nommé ce genre *Stize*, d'un verbe grec qui signifie : *piquer*. Les mœurs de ces Hyménoptères ne nous sont pas connues, mais leur organisation nous démontre qu'ils creusent dans le sable et approvisionnent eux-mêmes leur nid; ils se plaisent dans des localités très-chaudes et par conséquent appartiennent plus aux pays méridionaux qu'aux latitudes froides.

1re. *Division.* Cellule radiale des ailes supérieures longue, dépassant la troisième cellule cubitale; première nervure récurrente droite. — Ocelles placés sur le front.

1. Stize spécieux, *S. speciosus.*

Stizus niger; capite thoraceque ferrugineo villosis : abdominis segmentorum primi, secundi, tertiique fasciâ marginali posticâ luteâ, intùs sinuatâ, lateribus auctâ recurvâ; pedibus ferrugineis; alis ferrugineo-hyalinis, apice subviolaceo micantibus.

Sphex speciosus. Drur. *Ins. tom.* 2. *pl.* 38. *fig.* 1. Femelle. — *Encycl. pl.* 382. *fig.* 6. Femelle. Le nom de *Stizus vespiformis* donné à cette figure dans l'explication des planches ne peut lui être conservé, et doit rester à l'espèce que Fabricius désigne sous le nom de *Larra vespiformis.*

Longueur 15 lig. Noir; tête et corselet couverts d'un duvet ferrugineux. Chaperon et labre jaunes. Abdomen noirâtre, ses trois premiers segmens ayant une bande jaune à leur bord postérieur, fortement sinuée à sa partie intérieure, s'élargissant beaucoup sur les côtés et y formant une sorte de crochet. Pattes d'un jaune ferrugineux; ailes transparentes, jaunâtres, ayant un reflet violacé sur l'extrémité et le bord interne. Mâle.

Patrie inconnue.

On placera en outre dans cette division le Stize de Hogard, *S. Hogardii.* Lat. *Gener. Crust. et Ins. tom.* 4. *pag.* 100. *tom.* 1. *tab.* 13. *fig.* 12. De Saint-Domingue.

2e. *Division.* Cellule radiale des ailes supérieures courte, plus éloignée du bout de l'aile que la troisième cellule cubitale; première nervure récurrente courbe. — Ocelles placés sur le vertex.

2. Stize ruficorne, *S. ruficornis.*

Stizus ruficornis. Lat. *Nouv. Dict. d'hist. nat.* 1re. *édit.* — *Larra ruficornis* n°. 9. Fab. *Syst. Piez.* Mâle.

Voyez pour la description et les autres synonymes Bembex ruficorne n°. 4. de ce Dictionnaire.

Cette seconde division contient en outre : 1°. Stize vespiforme, *S. vespiformis.* — *Larra vespiformis* n°. 1. Fab. *Syst. Piez.* Des Indes orientales. Nous ajouterons à la description que le prothorax et le bord postérieur du premier segment de l'abdomen sont ferrugineux. 2°. Stize bifascié, *S. bifasciatus.* Lat. *Nouv. Dict. d'hist. nat.* 1re. *édit.* — Jur. *Hyménopt. pl.* 14. Mâle. — *Encycl. pl.* 378. *fig.* 8. Mâle. — *Larra bifasciata* n°. 6. Fab. *Syst. Piez.* Femelle. — *Scolia tridentata* n°. 22. Fab. *id.* Mâle. Du Midi de l'Europe. 3°. Stize sinué, *S. sinuatus.* Lat. *id.* — *Crabro tridens* n°. 23. Fab. *id.* Mâle. Cette espèce se recontre quelquefois aux environs de Paris. Le *Mellinus repandus.* Panz. *Faun. Germ. fas.* 73. *fig.* 19. n'en est peut-être qu'une variété.

Nota. On doit ranger encore parmi les Stizes, mais sans que nous puissions indiquer dans quelle division, 1°. Stize crassicorne, *S. crassicornis.* Lat. *Règn. anim. tom.* 3. *pag.* 499. — *Larra crassicornis* n°. 5. Fab. *Syst. Piez.* C'est probablement la même espèce que le Bembex rufipède n°. 12. du présent Dictionnaire. 2°. Stize érythrocéphale, *S. erythrocephalus.* Lat. *id.* — *Larra erythrocephala* n°. 2. Fab. *id.* — 3°. Stize à ceinture, *S. cinctus.* Lat. *id.* — *Larra cincta* n°. 3. Fab. *id.* 4°. Stize anal, *S. analis.* Lat. *id.* — *Larra analis* n°. 8. Fab. *id.* 5°. Stize à bande, *S. cingulatus.* Lat. *id.* — *Larra cingulata* n°. 10. Fab. *id.* 6°. Stize front roux, *S. rufifrons.* Lat. *id.* — *Larra rufifrons* n°. 11. Fab. *id.* 7°. Stize bicolor, *S. bicolor.* Lat. *id.* — *Larra bicolor* n°. 12. Fab. *id.* 8°. Stize fascié, *S. fasciatus.* Lat. *id.* — *Larra fasciata* n° 13. Fab. *id.*

MONÉDULE, *Monedula.* Lat. *Bembex.* Jur. Oliv. (*Encycl.*) *Stictia.* Illig. *Vespa.* Linn. De Géer.

Genre

Genre d'insectes de l'ordre des Hyménoptères, section des Porte-aiguillon, famille des Fouisseurs (2e. division), tribu des Bembécides.

Trois genres entrent dans cette tribu (*voyez* pag. 495) : celui de Stize est reconnoissable par la forme semicirculaire de son labre et par ses mâchoires et sa lèvre qui ne sont point prolongées en manière de promuscide. Dans les Bembex les palpes maxillaires sont très-courts, composés seulement de quatre articles, selon M. Latreille; tandis que les palpes labiaux n'en ont que deux, suivant ce même auteur; la troisième cellule cubitale des ailes supérieures n'est point rétrécie vers la radiale, en sorte qu'il n'existe pas d'angle remarquable entre les extrémités de ces deux cellules.

Antennes coudées, rapprochées à leur base, insérées assez près de la base du chaperon, de douze articles dans les femelles, de treize dans les mâles, le premier long, assez gros, presque cylindrique, le second très-petit, le troisième fort alongé, ceux de cinq à onze ordinairement dilatés à leur partie postérieure dans les deux sexes, mais plus sensiblement dans les mâles. — *Labre* grand, trigone. — *Mandibules* tridentées au côté interne, se croisant l'une sur l'autre audessus du labre dans le repos. — *Mâchoires* et *Lèvre* très-longues, linéaires, s'avançant en une promuscide fléchie. — *Palpes* très-grêles, sétacés; les maxillaires atteignant l'extrémité des mâchoires, composés de six articles; les labiaux de quatre. — *Lèvre* ayant ses lobes latéraux sétiformes, l'intermédiaire linéaire. — *Tête* transversale, au moins aussi large que le corselet; chaperon transversal, son bord antérieur échancré, ayant ses angles latéraux tronqués. — *Yeux* grands. — *Trois ocelles* assez distans les uns des autres, placés en triangle sur le vertex. — *Corps* gros, pubescent. — *Corselet* bombé; prothorax court, en cône écrasé, séparé dans toute son étendue, par un intervalle notable, de l'origine des ailes supérieures; métathorax tronqué droit postérieurement. — *Ecusson* transversal, peu élevé. — *Ailes* grandes, les supérieures ayant une cellule radiale allant un peu en se rétrécissant après la troisième cubitale, son extrémité postérieure arrondie, s'écartant un peu de la côte; quatre cellules cubitales, la première presqu'aussi longue que les trois autres prises ensemble, en triangle alongé, son sommet ou angle aigu dirigé vers la base de l'aile, la seconde fort rétrécie vers la radiale, recevant les deux nervures récurrentes; la troisième rétrécie vers la radiale; en sorte qu'il existe un angle rentrant très-prononcé entre l'extrémité postérieure de cette troisième cubitale et la radiale; quatrième cubitale fort courte, atteignant presque le bout de l'aile; trois cellules discoïdales complètes. — *Abdomen* conique, de cinq segmens outre l'anus dans les femelles, en ayant un de plus dans les mâles : ce dernier sexe a ordinairement un tubercule sur le milieu du second segment de l'abdomen en dessous et l'anus tridenté. — *Pattes* fortes, assez courtes; jambes et tarses armés d'épines : dernier article de ceux-ci muni de deux forts crochets simples, ayant une grosse pelotte dans leur entre-deux.

Les Monédules sont d'une taille au-dessus de la moyenne et propres à l'Amérique; elles ont les mêmes mœurs que les Bembex; la structure de ces insectes prouve qu'ils sont éminemment fouisseurs et qu'ils doivent approvisionner eux-mêmes leur nid. Comme les mœurs des Bembex étoient mal connues à l'époque où l'on traita de ce genre dans ce Dictionnaire, nous allons en donner des détails exacts d'après nos propres observations. Les femelles creusent des tuyaux obliques dans les sables mouvans et les approvisionnent de Diptères parvenus à leur état parfait : le *Bembex rostrata* s'empare indifféremment d'Eristales, de Stratiomydes et des plus grosses espèces du genre *Musca*, telles que la *vomitoria*. Le *Bembex tarsata*, suivant les observations de M. Latreille, approvisionne son nid de Bombyles. Chaque cellule devant renfermer cinq à six individus de ces différens Diptères, la mère va souvent à la chasse à l'époque de sa ponte; toutes les fois qu'elle quitte sa cellule pour aller chercher une proie, elle en bouche l'entrée avec du sable et sait fort bien la retrouver à son retour. Quoique faisant leur nid isolément, le même lieu convient ordinairement à un assez grand nombre de femelles, nous en avons vu plusieurs fois une trentaine occupées à ce travail dans un espace sablonneux d'à peu près vingt pieds de diamètre. Lorsque la femelle Bembex a amassé toute la provision nécessaire à chacune de ses larves, elle pond un seul œuf dans chaque cellule et la rebouche soigneusement avec du sable qu'elle entasse dans toute la partie du tuyau qui restoit vide. Certaines Chrysides, entr'autres le *Parnopes carnea*, déposent leurs œufs dans ces nids, aussi la nature a-t-elle accordé à cette dernière espèce des épines aux jambes et aux tarses postérieurs comme elle l'a fait pour les vrais fouisseurs; c'est en l'absence de la mère dont elle a épié les démarches que la femelle Parnopès rouvre le nid du Bembex, on l'y voit entrer à reculons, ce qui annonce sans aucun doute l'intention d'y pondre. Il est probable qu'elle n'y dépose qu'un seul œuf, car on ne trouve ordinairement qu'une seule larve de Parnopès, occupée vers le commencement du printemps à sucer la larve du Bembex sur le dos de laquelle elle se tient cramponnée (1). Celle-ci pendant l'automne précédent avoit pris tout son accroissement en se nourrissant des Diptères déposés dans sa cellule. Les Bembex ont le vol puissant et accompagné d'un bourdonnement fort, coupé et

(1) Observations faites nouvellement.

aigu, comme l'avoit déjà fort bien remarqué M. Latreille. Ces observations ont été faites tant à Fontainebleau qu'aux environs de Sézanne et au bois de Boulogne.

1. MONÉDULE vespiforme, *M. signata.*

Monedula signata. LAT. *Gener. Crust. et Ins. tom.* 4. *pag.* 100. — *Bembex signata* n°. 3. FAB. *Syst. Piez.*

Voyez pour la description et les autres synonymes, Bembex vespiforme n°. 1. du présent ouvrage.

2. MONÉDULE variée, *M. variegata.*

Bembex maculata n°. 2. FAB. *Syst. Piez.*

Voyez pour la description Bembex bariolé n°. 11. de ce Dictionnaire.

On doit comprendre en outre dans ce genre, 1°. Monédule de la Caroline, *M. Carolina.* LAT. *Gener. Crust. et Ins. tom.* 4. *pag.* 100. — *Bembex Carolina* n°. 11. FAB. *Syst. Piez.* 2°. Monédule continue, *M. continua.* LAT. *id.* — *Bembex continua* n°. 15. FAB. *id.*, et peut-être aussi les Bembex *héros* n°. 1, *punctata* n°. 4, *fasciata* n°. 6, *americana* n°. 13, *spinosa* n°. 14, *lineata* n°. 16, *striata* n°. 17, et *ciliata* n°. 21. FAB. *id.* (S. F. et A. SERV.)

STOMAPODES, *Stomapoda.* Dans l'ouvrage sur le Règne animal de M. le baron Cuvier, j'ai désigné ainsi un ordre de Crustacés, comprenant le genre *Squilla* de Fabricius, et duquel j'ai séparé l'espèce qu'il nomme *vitrea*, pour en former celui d'*Erichthe*, que le docteur Léach a nommé *Smerdis*. J'ai rapporté depuis (*nouveau Diction. d'hist. nat.* 2e. *édit.*), au même ordre, une autre coupe générique, établie par ce dernier naturaliste sous le nom de *Phyllosoma*, mais qui, à raison des formes singulières de ces animaux, doit former une famille particulière.

Les Stomapodes ont, ainsi que les Décapodes, les yeux portés sur des pédicules articulés et mobiles, quatre antennes, un grand test ou carapace et des mandibules palpigères. Mais outre que les pieds-mâchoires ont déjà la forme de véritables pieds, le test est divisé en deux parties, dont l'antérieure porte les yeux et les antennes intermédiaires, ou constitue la tête, et les branchies sont annexées aux cinq paires de pattes natatoires du dessous du post-abdomen, ou de cette partie du corps qu'on nomme *queue*, et qui, de même que dans les Ecrevisses, les Salicoques et autres Décapodes à longue queue, est toujours terminé par une nageoire en éventail et formée des mêmes pièces. Plusieurs de leurs pieds (les six derniers dans les Squilles) ont ordinairement à l'extrémité de leur second article un appendice filiforme, formant une sorte de rameau, les branchies n'étant plus situées, comme dans les Décapodes, sur les côtés du thorax, mais en arrière des pieds; le cœur a reçu une forme alongée.

Sous le rapport de l'écaille latérale accompagnant dans plusieurs les antennes latérales, de la ténuité du test, de la mollesse du corps et d'autres caractères, ces Crustacés avoisinent évidemment les Salicoques et les derniers Décapodes macroures. Ils sont tous marins. Leurs différences sexuelles ne sont pas encore bien déterminées; je n'ai point trouvé d'œufs sur aucun des individus que j'ai examinés.

Dans mon ouvrage sur les familles naturelles du Règne animal, j'ai divisé cet ordre en deux familles, les UNIPELTÉS, *Unipeltata*, et les BIPELTÉS, *Bipeltata.*

PREMIÈRE FAMILLE.

UNIPELTÉS, *Unipeltata.*

Corps étroit et alongé. *Test* long, avec un article antérieur portant les antennes intermédiaires et les yeux. Les *pieds-mâchoires* et les quatre *pieds* antérieurs terminés par une main monodactyle ou en griffe, et dont le doigt ou le tarse est mobile, en forme de crochet; les seconds pieds-mâchoires très-grands, faisant plus particulièrement l'office de serres; les six derniers pieds natatoires terminés par un article en forme de brosse. *Antennes* latérales ayant à leur base une écaille; les intermédiaires à trois filets. *Post-abdomen* long.

Nota. Pédicules oculaires courts ou peu alongés. Les six pieds natatoires accompagnés dans le plus grand nombre d'un appendice latéral; extrémité postérieure du corps épineuse ou dentée.

Les genres: SQUILLE, GONODACTYLE, CORONIDE, ERICHTHE, ALIME. *Voyez* SQUILLE.

DEUXIÈME FAMILLE.

BIPELTÉS, *Bipeltata.*

Corps aplati, membraneux, diaphane. *Test* divisé en deux boucliers, dont l'antérieur très-grand, plus ou moins ovale, composant la tête, et dont le second transversal, anguleux dans son contour, portant les pieds-mâchoires et les cinq paires de pieds proprement dits; les pieds, à l'exception des deux derniers, et les deux pieds-mâchoires postérieurs grêles, filiformes, et pour la plupart très-longs; les quatre pieds-mâchoires supérieurs ou antérieurs très-petits ou coniques. *Post-abdomen* très-petit. *Antennes* latérales sans écailles à leur base; les intermédiaires à deux filets.

Nota. Pédicules oculaires souvent fort longs.

Le genre PHYLLOSOME. (LATR.)

STOMOXE, *Stomoxys*. Geoff. Fab. Ross. Panz. Meig. *Conops*. Linn. Schranck. *Empis*. Scopol.

Genre d'insectes de l'ordre des Diptères (1re. section), famille des Athéricères, tribu des Conopsaires de M. Latreille. *Voyez* Stomoxydes.

La seconde division de cette tribu comprend les genres Bucente, Prosène et Stomoxe. Le premier diffère des Stomoxes par la soie des antennes nue, la trompe coudée vers son milieu, ayant son extrémité dirigée en arrière dans le repos; le second par la soie antennaire plumeuse des deux côtés et la trompe plus longue que le corps, sans renflement sensible à sa base.

Antennes couchées sur l'hypostome, presqu'aussi longues que lui, composées de trois articles, les deux premiers courts, le troisième alongé, linéaire, comprimé, un peu arrondi et obtus à son extrémité avec une soie dorsale triarticulée; la seconde articulation grosse, manifestement plus longue que la première; la troisième demi-plumeuse n'ayant de barbules qu'à sa partie supérieure. — *Trompe* courte, dure, cornée, piquante, dépassant la tête, horizontale, articulée à sa base; la partie qui suit cette articulation très-renflée jusque dans son milieu, dirigée en avant même dans le repos. — *Lèvres* très-courtes. — *Palpes* plus ou moins longs, presque linéaires, un peu ciliés, insérés sur la base de la trompe. — *Hypostome* perpendiculaire avec deux carènes latérales saillantes; bords de la cavité buccale garnis de cils longs et roides : front large dans les femelles, ayant de chaque côté une ligne de longs poils roides. — *Yeux* elliptiques, presqu'anguleux à leurs deux extrémités, rapprochés et se touchant dans les mâles. — *Trois ocelles* rapprochés en triangle sur un tubercule du vertex qui porte aussi quelques soies longues et roides. — *Corps* court, hérissé de poils roides. — *Prothorax* distingué du mésothorax et séparé de lui par une ligne transversale enfoncée, très-prononcée. — *Ailes* velues vues au microscope, écartées l'une de l'autre dans le repos; première cellule du bord postérieur point fermée, atteignant le bout de l'aile, ses deux nervures latérales se rapprochant un peu; seconde cellule assez rapprochée du bord postérieur, fermée par une nervure transversale sinuée : côte des ailes nue ou presque nue. — *Balanciers* recouverts par un cuilleron double. — *Abdomen* ovalaire, de quatre segmens. — *Pattes* de longueur moyenne.

La forme de leur trompe a valu à ces Diptères le nom de Stomoxe, tiré de deux mots grecs qui signifient : *bouche aiguë*; cet organe est chez eux extrêmement dur et corné, aussi percent-ils avec facilité non-seulement la peau de l'Homme en s'attachant principalement aux jambes, mais encore le cuir des Bœufs et des Chevaux. Après la succion la plaie ne se ferme pas de suite, elle est tellement ouverte que le sang continue à couler quelque temps. L'espèce la plus commune se trouve en France dans les champs, dans les bois et même dans l'intérieur des villes depuis le printemps jusqu'aux premiers froids; elle est extrêmement abondante en automne; sa ressemblance avec la mouche commune ou domestique, a fait dire au vulgaire, *que les mouches d'automne piquoient*. Quelques individus, probablement les femelles qui ne se sont pas accouplées, se cachent pendant l'hiver et s'engourdissent; nous en avons trouvé dans cet état une vingtaine réunis presqu'en tas dans un tronc d'arbre à un endroit où il suintoit un peu d'humidité que peut-être ils suçoient faute d'autre nourriture, lorsque la température plus douce les tiroit de leur engourdissement.

Nous restreignons ce genre aux espèces de Stomoxes dont M. Meigen compose sa troisième division. Cet auteur donne avec doute les fumiers pour habitation à la larve du Stomoxe piquant : nous avons surpris la femelle y pondant, ce qui rend ce fait incontestable. Les Stomoxes se divisent ainsi qu'il suit :

1re. *Division*. Palpes ne paroissant pas hors de la cavité buccale dans le repos. (*Stomoxis propriè dicta.*)

Stomoxe piquant, *S. calcitrans*. Meig. *Dipt. d'Europ. tom.* 4. *pag.* 160. *n°.* 3. — *Stomoxis calcitrans* n°. 5 et *tesselata* n°. 7. Fab. *Syst. Antliat.* — *Conops calcitrans.* Linn. *Faun. Suec. n.* 1900.— Le Stomoxe. Geoff. *Ins. Par. tom.* 2. *pag.* 539. *n°.* 1. *pl.* 18. *fig.* 2. Très-commun en Europe.

2e. *Division*. Palpes dépassant la cavité buccale même dans le repos, aussi longs que la trompe. (*Hœmatobia*. Robin. *ined.*)

1°. Stomoxe stimulant, *S. stimulans*. Meig. *Dipt. d'Eur. tom.* 4. *pag.* 161. *n°.* 4. *tab.* 38. *fig.* 8.— *Stomoxys irritans* n°. 10. Fab. *Syst. Antl.* D'Allemagne. Nous pensons que M. Meigen se trompe en rapportant à cette espèce le *Stomoxys irritans*. Lat. *Gener. Crust. et Ins.* qui nous paroît être le *Stomoxys siberita* des auteurs (*Prosena* Nob.), ce qu'avoit aussi soupçonné M. Latreille. 2°. Stomoxe irritant, *S. irritans*. Meig. *id. pag.* 162. *n°.* 5. — *Conops irritans.* Linn. *Faun. Suec. n°.* 1901. — *Stomoxis pungens* n°. 12. Fab. *Syst. Antl.* Commun dans le nord de l'Europe.

Nota. Le Stomoxe ventre noir, *S. melanogaster*. Meig. *id. pag.* 163. *n°.* 6. d'Autriche, est probablement aussi de cette division d'après la longueur de ses palpes, mais ses antennes ne sont pas connues.

Le *Stomoxys muscaria* n°. 11. Fab. *Syst. Antl.* est l'*Anthomyia muscaria* n°. 150. Meig. *Dipt. d'Eur. tom.* 5. Le *Stomoxys asiliformis* n°. 13. Fab. *id.* est l'*Hybos muscarius* n°. 6. Meig. *id. tom.* 2. Le *Stomoxys dorsalis* n°. 15.

Fab. *id.* est la *Myopa dorsata* n°. 20. Meig. *id.* *tom.* 4. Le *Stomoxys cristata* n°. 9. Fab. *id.* est le Bucente Tachine (*voyez* Bucente à la suite du présent article), et le *Stomoxys minuta* n°. 17. Fab. *id.* est le Bucente cendré. *Voyez* id.

PROSÊNE, *Prosena. Stomoxys.* Lat. Meig. Fab. Fall. Panz.

Genre d'insectes de l'ordre des Diptères (1re. section), famille des Athéricères, tribu des Conopsaires de M. Latreille. *Voyez* Stomoxydes.

Des trois genres que contient la seconde division des Conopsaires, celui de Bucente a pour caractère qui le distingue des Prosênes, la soie des antennes nue, la trompe coudée vers son milieu, ayant sa partie après le coude rabattue dans le repos et dirigée en arrière. Les Stomoxes diffèrent des Prosênes par la trompe plus courte que le corps, fortement renflée à sa base et par la soie des antennes plumeuse d'un seul côté.

Antennes couchées sur l'hypostome, un peu plus courtes que lui, composées de trois articles, les deux premiers très-courts, le troisième fort long, linéaire, comprimé, obtus à son extrémité, muni à sa base d'une soie plumeuse, triarticulée; les deux premières articulations très-courtes. — *Trompe* quatre fois plus longue que la tête, filiforme, flexible, articulée à sa base, sa partie après l'articulation presque droite, non coudée. — *Lèvres* longues, à peine saillantes le long de l'extrémité de la trompe. — *Palpes* très-courts, ovales, ciliés, insérés sur la base de la trompe. — *Hypostome* presque plat; bords de la cavité buccale garnis de cils longs et roides: front large dans les femelles, ayant de chaque côté une ligne de longs poils roides. — *Yeux* elliptiques, presqu'anguleux à leurs deux extrémités, rapprochés et se touchant dans les mâles. — *Trois ocelles* très-rapprochés en triangle sur le vertex, accompagnés de quelques soies longues et roides. — *Corps* court, hérissé de poils roides. — *Prothorax* distingué du mésothorax et séparé de lui par une ligne transversale enfoncée, très-prononcée. — *Ailes* velues vues au microscope, écartées l'une de l'autre dans le repos; première cellule du bord postérieur presque fermée par une nervure coudée, un peu éperonnée à ce coude; la seconde assez rapprochée du bord postérieur, fermée par une nervure transversale sinuée: côte des ailes garnie de poils roides, courts, qui la font paroître dentée en scie. — *Balanciers* recouverts par un cuilleron double. — *Abdomen* de quatre segmens. — *Pattes* fort longues, grêles.

Il ne nous a point paru possible de laisser dans un même genre des insectes de mœurs douces, ne nuisant à aucun être, pourvus d'une trompe presque molle, propre seulement à pomper le miel des fleurs, avec des insectes s'acharnant sur les animaux afin de sucer leur sang et armés pour cet usage d'une trompe cornée. Cette considération jointe aux caractères particuliers qu'offrent la soie des antennes et les ailes des Prosênes nous paroissent nécessiter la création de ce nouveau genre; son nom vient d'un mot grec qui signifie : *doux et benin.* Le type est la Prosêne de Sibérie, *P. siberita.* Nob.—*Stomoxys siberita* n°. 4. Fab. *Syst. Antliat. et Auctor.* — *Stomoxys grisea* n°. 2. Fab. *id.* On la trouve aux environs de Paris sur les fleurs composées.

Nota. Ce genre nous paroît appartenir à la tribu des Muscides ainsi que ceux qui l'avoisinent.

BUCENTE, *Bucentes.* Lat. *Siphona.* Meig. *Stomoxys.* Fab. Fall. *Musca.* De Géer.

Genre d'insectes de l'ordre des Diptères (1re. section), famille des Athéricères, tribu des Conopsaires de M. Latreille (1).

La seconde division de cette tribu contient les genres Bucente, Stomoxe et Prosêne; ce dernier a la soie des antennes plumeuse, sa trompe n'est pas fléchie dans le milieu, et elle a son extrémité dirigée en avant. Ces mêmes caractères se retrouvent dans les Stomoxes, mais la soie de leurs antennes n'est que demi-plumeuse.

Antennes rabattues sur la face de la tête, aussi longues que l'hypostome, composées de trois articles, le premier très-petit, le second un peu plus long, hérissé de poils roides; le troisième très-long, linéaire, comprimé, obtus à son extrémité, portant à sa base une soie dorsale nue, triarticulée, la seconde articulation assez longue. — *Trompe* fort longue, filiforme, flexible, articulée à sa base, coudée vers son milieu, la portion après le coude se rabattant dans le repos et dirigeant son extrémité en arrière. — *Lèvres* courtes, peu charnues. — *Palpes* assez grands, presque linéaires, un peu ciliés, insérés sur la base de la trompe. — *Hypostome* presque plat; bords de la cavité buccale garnis de cils longs et roides: front large dans les deux sexes (cependant un peu moins dans les mâles), ayant de chaque côté une ligne de longs poils roides. — *Yeux* elliptiques, presqu'anguleux à leurs deux extrémités. — *Trois ocelles* très-rapprochés en triangle sur un tubercule du vertex qui porte en outre des poils roides. — *Corps* court, conformé comme celui d'une mouche, hérissé de poils roides. — *Prothorax* n'étant point distingué du mésothorax par une ligne transversale apparente. — *Ailes* velues vues au microscope écartées l'une de l'autre dans le repos; première cellule du bord postérieur fermée par une nervure

(1) Nous pensons que ce genre doit être reporté dans la tribu des Muscides. (*Voyez* Stomoxydes.) De Géer dit positivement que la larve de sa *Musca geniculata* qui appartient à ce genre et est probablement le Bucente cendré Latr. vit dans la nymphe d'un Lépidoptère; habitude commune à beaucoup de genres de Muscides.

arquée, la seconde courte, fermée par une nervure transversale droite : côte des ailes garnie de poils roides, courts, qui la font paroître dentée en scie. — *Balanciers* recouverts par un cuilleron double. — *Abdomen* de quatre segmens. — *Pattes* de longueur moyenne.

Quoique le nom générique de ces Diptères soit tiré d'un mot grec qui signifie : *pique-bœuf*, ils n'inquiètent jamais les hommes ni les animaux et se contentent de sucer le miel des fleurs, particulièrement celui des semi-flosculeuses.

On connoît cinq espèces de ce genre.

1°. Bucente cendré, *B. cinereus*. LAT. *Gener. Crust. et Ins. tom.* 4. *pag.* 339. — *Siphona geniculata*. MEIG. *Dipt. d'Eur. tom.* 4. *pag.* 155. *n°.* 1. — *Stomoxys minuta* n°. 17. FAB. *Syst. Antliat.* 2°. Bucente de Meigen, *B. Meigenii*. NOB. — *Siphona cinerea*. MEIG. *id. pag.* 156. *n°.* 2. 3°. Bucente Tachine, *B. tachinarius*. — *Siphona tachinaria*. MEIG. *id. n°.* 3. *tab.* 37. *fig.* 25. — *Stomoxys cristata* n°. 9. FAB. *Syst. Antliat.* 4°. Bucente rayé, *B. nigrovittatus*. — *Siphona nigrovittata*. MEIG. *id. pag.* 157. *n°.* 4. 5°. Bucente anal, *B. analis*. — *Siphona analis*. MEIG. *id. n°.* 5. *tab.* 37. *fig.* 24. (S. F. et A. SERV.)

STOMOXYDES, *Stomoxydæ*. M. Meigen (*Dipt. d'Europ. tom.* 4.) donne ce nom à sa vingt-unième famille qui correspond à la seconde division de la tribu des Conopsaires LAT. (*Fam. nat.*) et à laquelle il assigne les caractères suivans : antennes rabattues, de trois articles, obtuses à leur extrémité ; troisième article ayant une soie ; trompe avancée, coudée ; abdomen de quatre segmens ; balanciers recouverts par un double cuilleron.

L'auteur met dans cette famille les genres Siphone (Bucente LAT.) et Stomoxe. Nous remarquerons ici que tous ses caractères se retrouvent dans la famille des Muscides. Ceux tirés des antennes sont communs à toutes les Muscides, celui de la trompe et des balanciers se rencontre dans un assez grand nombre de genres : le caractère d'abdomen n'est qu'une apparence trompeuse qui varie selon le nombre de segmens, souvent rétractiles, employés à protéger immédiatement les parties de la génération. Le nombre apparent des segmens de l'abdomen dans les Muscides est ordinairement le même que celui indiqué par M. Meigen pour l'abdomen des Stomoxydes. Nous pensons donc que les genres de cette famille peuvent être sans inconvénient réunis aux Muscides, d'autant que la nourriture des larves et leurs métamorphoses sont absolument les mêmes que celles de plusieurs genres de cette dernière tribu. Par les mêmes raisons tirées de l'organisation, nous croyons qu'on doit également réunir aux Muscides les genres Myope et Zodion que l'auteur allemand place dans sa famille des Conopsaires, et qui ne nous paroissent avoir que des analogies trompeuses avec les Conops. (S. F. et A. SERV.)

STOMPHACE, *Stomphax*. Nom donné par M. Fischer de Waldheim (*Entom. de Russ. tom.* 2. *pag.* 159.) à un genre de Coléoptères, que M. Germar avoit nommé *Codocera*. Voici les caractères que l'auteur russe lui assigne : Antennes coudées, le premier article gros, très-velu, les suivans moniliformes, glabres ; massue de quatre feuillets velus. Chaperon transversal, largement échancré. Labre avancé, conique, velu. Mandibules cornées, très-avancées, plus hautes que larges, échancrées en dessus à leur partie antérieure, en sorte qu'elles se croisent. Mâchoires courtes, membraneuses. Palpes maxillaires très-longs, leur avant-dernier article triangulaire, sécuriforme, le dernier alongé, mince, presque filiforme. Menton transversal, réfléchi, un peu échancré.

Le type de ce genre est le Stomphace bec croisé, *S. crucirostris*. FISCH. *id. pag.* 160. *tab. XXXII*. Longueur 3 lig. Entièrement brun, velu. Yeux noirs. Elytres striées. De Téflis en Géorgie. Cette espèce est le *Lethrus ferrugineus*. ESCHSCH. *Mém. de l'Académ. des Scienc. de S. Pétersb. tom.* 6. *pag.* 151. *n°.* 1. — *Codocera ferrugineum*. GERM. *Magaz. der Entom. tom. IV. pag.* 397.

Nota. L'auteur rapporte ce genre aux Lucanides ; l'inspection de la figure nous porteroit plutôt à croire qu'il appartient aux Scarabéides. (S. F. et A. SERV.)

STRATIOME, *Stratiomys*. GEOFF. FAB. DE GÉER. LAT. FALLÉN. PANZ. MEIG. ILLIG. WIÉDEM. MACQ. *Musca*. LINN. SCOP. *Hirtea*. SCOP.

Genre d'insectes de l'ordre des Diptères (1re. section), famille des Notacanthes, tribu des Stratiomydes.

Quatre genres, Ephippie, Stratiome, Odontomyie et Oxycère forment un groupe dans cette tribu. (*Voyez* STRATIOMYDES.) Les Odontomyies diffèrent des Stratiomes par le second article des antennes presqu'aussi long que le premier, et par leur trompe étroite et déliée ; les Ephippies par leurs antennes pourvues d'un stylet terminal biarticulé ; le genre Oxycère a le troisième article de ses antennes divisé en quatre parties et terminé par un stylet alongé et biarticulé.

Antennes longues, avancées, rapprochées à leur base, composées de trois articles, le premier deux ou trois fois plus long que le second, celui-ci cyathiforme, le troisième alongé, presqu'en fuseau, ayant cinq divisions, très-déprimé, faisant un angle avec les autres, dépourvu de stylet ou de soie à son extrémité. — *Trompe* courte, grosse, charnue, comprimée, rétractile, cachée dans la cavité buccale lors du repos, ne laissant paroître alors à l'extérieur que son extrémité formée par les deux lèvres ; celles-ci sillonnées transversalement sur les côtés. — *Palpes* insérés sur les côtés de la base de la trompe, de trois articles, à peu près égaux en longueur, le troisième plus épais, velu. — *Tête* hémisphérique. — *Yeux* grands; espacés dans les femelles, se touchant sur le front dans les mâles. — *Trois ocelles* disposés en triangle sur le vertex. — *Corps* pubescent. — *Corselet* ovale, velu ou même cotonneux dans les mâles, l'étant beaucoup moins dans les femelles. — *Ecusson* semicirculaire, armé postérieurement de deux dents. — *Ailes* lancéolées, sans poils, vues même au microscope; couchées sur le corps dans le repos, ayant une cellule centrale d'où partent des rayons se dirigeant vers le bord postérieur. — *Cuillerons* petits, ne recouvrant point les balanciers. — *Abdomen* ovale, plane ou peu voûté, composé de cinq segmens. — *Pattes* assez grêles : tarses ayant leur dernier article muni de deux crochets avec une pelotte trilobée dans leur entre-deux.

Geoffroy a tiré le nom de ce genre de deux mots grecs qui signifient : *Mouche armée*. Les mœurs des Stratiomes, la forme de leurs larves, leur manière de vivre ainsi que leurs métamorphoses sont les mêmes que celles des Odontomyies. (*Voyez* ce mot et de plus Réaum. *tom.* 4. *Mémoir.* 7. *et* 8., ainsi que Geoff. *Ins. Paris.*, *tom.* 2. généralités du genre *Stratiomys.*) M. Meigen (*Dipt. d'Europ.*) ne fait du genre Odontomyie qu'il avoit créé dans sa *classification*, qu'une division du genre Stratiome. Il décrit sept espèces appartenant réellement à ce dernier genre.

Ces espèces sont : 1°. Stratiome caméléon, *S. chamæleon.* Meig. *Dipt. d'Europ. tom.* 3. *pag.* 134. *n°.* 1. — Macq. *Ins. Dipt. Asiliq. etc. pag.* 130. *n°.* 1. 2°. Stratiome du Mont-Cénis, *S. cenisia.* Meig. *id. pag.* 136. *n°.* 2. 3°. Stratiome des fleuves, *S. potamida.* Meig. *id. n°.* 3. — Macq. *id. pag.* 131. *n°.* 2. 4°. Stratiome agréable, *S. concinna.* Meig. *id. pag.* 137. *n°.* 4. *tab.* 26. *fig.* 14. Mâle. 5°. Stratiome fourchue, *S. furcata.* Meig. *id. pag.* 138. *n°.* 5. *tab.* 26. *fig.* 12. et 13. Femelle. — Macq. *id. pag.* 131. *n°.* 3. A cette espèce doit se rapporter la *Stratiomys furcata* n°. 3. Fab. *Syst. Antliat.* qui a été donnée mal-à-propos pour synonyme à l'Odontomyie fourchue n°. 1. de ce Dictionnaire. Rapportez à cette Odontomyie l'insecte figuré par Réaumur, *tom.* 4. *pl.* 24. *fig.* 4—7. et les détails qui concernent ces figures dans les Mémoires 7. et 8. 6°. Stratiome des rivages, *S. riparia.* Meig. *id. n°.* 6. 7°. Stratiome striée, *S. striata.* Meig. *id. pag.* 139. n°. 7. — Macq. *id. pag.* 132. *n°.* 4.

STRATIOMYDES, *Stratiomydes*. Seconde tribu de la famille des Notacanthes, première section de l'ordre des Diptères, ayant pour caractères :

Dernier article des antennes, lorsqu'il est divisé transversalement, offrant au plus cinq à six anneaux, le style ou la soie non compris.

M. Latreille divise ainsi cette tribu.

I. Dernier article des antennes annelé, souvent terminé par un style ou une soie.

A. Antennes flabellées.

Ptilocère.

B. Antennes simples.

a. Dernier article des antennes soit cylindrique ou en fuseau, soit en cône alongé, tantôt sans appendice au bout, tantôt terminé par un style ou par une soie rigide et peu alongée. (Ecusson le plus souvent denté ou épineux.)

† Trompe très-courte, membraneuse, terminée par deux grandes lèvres saillantes devant la tête, point avancée en manière de bec portant les antennes.

Ephippie, Stratiome, Odontomyie, Oxycère.

†† Trompe longue, grêle, filiforme, retirée dans la cavité inférieure d'une saillie antérieure et en forme de bec de la tête et portant les antennes.

Némotèle.

b. Dernier article des antennes formant une masse presque globuleuse ou ovalaire avec une soie longue au bout. (Ecusson ordinairement mutique.)

Chrysochlore, Sargus, Vappon.

II. Dernier article des antennes inarticulé.

Platyne.

Nota. 1°. Le genre Scénopine constitue à lui seul une coupe particulière. (*Voyez* ce mot et celui de Scénopiniens.) 2°. Le doute élevé par MM. Knoch et Meigen (*Dipt. d'Europ. tom.* 3. *pag.* 133.) sur les véritables larves des Stratiomydes n'a aucun fondement. Réaumur a observé la vraie larve de l'*Odontomyia ornata*, Odontomyie fourchue n°. 1. du présent Dictionnaire, et Geoffroy celle de la Stratiome caméléon, et ils en ont obtenu les insectes parfaits. Leur exactitude connue ne laisse aucun doute sur la véracité de leurs assertions. *Voyez* Stratiome.

EPHIPPIE, *Ephippium.* Lat. *Clitellaria.* Meig. Illig. Wied. *Stratiomys.* Geoff. Fab. Ross. *Nemotelus.* Fab. Panz. Coqueb. *Odontomyia.* Oliv. (*Encycl.*)

Genre d'insectes de l'ordre des Diptères (1re. section), famille des Notacanthes, tribu des Stratiomydes.

Un groupe de cette tribu contient trois genres

(*voyez* Stratiomydes) outre celui d'Ephippie. Les Stratiomes ainsi que les Odontomyies sont distinguées par leurs antennes sans style ni soie, en outre dans les Stratiomes le premier article des antennes est beaucoup plus long que le second. Dans le genre Oxycère le troisième article des antennes n'a que quatre divisions outre la soie terminale.

Antennes avancées, un peu plus longues que la tête, rapprochées à leur base, s'écartant ensuite, composées de trois articles, les deux premiers courts, presqu'égaux, le troisième assez long, ayant cinq divisions et portant à son extrémité un style biarticulé. — *Trompe* reutrant dans la cavité buccale dans l'état de repos. — *Palpes* velus, insérés aux deux côtés de la trompe, de trois articles, le dernier le plus gros de tous. — *Tête* transversale, plus étroite que le corselet. — *Yeux* grands, espacés dans les femelles, se touchant sur le front dans les mâles. — *Trois ocelles* disposés en triangle sur un tubercule du vertex. — *Corps* pubescent. — *Corselet* bombé. — *Ecusson* saillant. — *Ailes* lancéolées, velues vues au microscope, couchées sur le corps dans le repos, ayant une cellule centrale d'où partent des rayons se dirigeant vers le bord postérieur. — *Balanciers* découverts. — *Abdomen* large, ovale-arrondi, assez plat, composé de cinq segmens. — *Pattes* assez longues; tarses ayant leur dernier article muni de deux crochets avec une pelotte dans leur entre-deux.

Le nom d'Ephippie donné à ce genre par M. Latreille est tiré d'un mot grec qui signifie: *selle*. Les larves vivent, dit M. Meigen, dans le bois pourri, et nous-mêmes avons cru voir l'Ephippie thoracique femelle déposant ses œufs dans de la sciure de bois amassée dans le creux d'un cerisier sauvage à Saint-Germain-en-Laye. Cette espèce se rencontre dans les bois, sur les feuilles exposées au soleil.

1re. *Division*. Ecusson mutique.

Rapportez à cette division: 1°. Ephippie velue, *E. villosum*. — *Clitellaria villosa*. Meig. *Dipt. d'Europe, tom.* 3. *pag.* 120. *n°.* 1. *tab.* 25. *fig.* 24. Mâle. — Odontomyie velue n°. 12. *Encycl.* 2°. Ephippie chauve, *E. calvum*. — *Clitellaria calva*. Meig. *id. pag.* 121. *n°.* 2. 3°. Ephippie pacifique, *E. pacificum*. — *Clitellaria pacifica*. Meig. *id. n°.* 3. 4°. Ephippie âtre, *E. atratum*. — *Clitellaria atrata*. Wiédem. *Analect. entom. pag.* 14. — *Stratiomys atrata* n°. 23. Fab. *Syst. Antliat.* Amérique méridionale.

2e. *Division*. Ecusson armé de deux épines.

Cette division contient l'Ephippie thoracique, *E. thoracicum*. Lat. *Gener. Crust. et Ins. tom.* 4. *pag.* 276. — *Encycl. pl.* 387. *fig.* 27—30. Femelle.

Nota. MM. Meigen et Wiédemann rapportent en outre à cette seconde division la *Stratiomys bilineata* n°. 5. Fab. *Syst. Antliat.* — *Clitellaria heminopla*. Wiéd. De Sumatra, et vraisemblablement aussi la *Stratiomys flavipes* n°. 10. Fab. *id.* D'Alger. M. Wiédemann (*Analect. entom.*) paroît considérer les genres de cette tribu d'une autre manière que les auteurs dont nous suivons habituellement la méthode, savoir MM. Latreille et Meigen; 1°. l'auteur français a toujours attribué un écusson biépineux à ses Ephippies. M. Wiédemann d'accord en cela avec M. Meigen, admet des Ephippies (*Clitellaria* Meig. Wiédem.) à écusson mutique; 2°. MM. Latreille et Meigen n'ont point d'Ephippies à écusson quadridenté. M. Wiédemann dans l'ouvrage cité plus haut pag. 30. n°. 37. a une *Clitellaria elongata* dont l'écusson porte quatre dents. (*Nigro æneа, scutello quadridentato; thoracis lineis, abdominis maculis argenteis; alis fuscis, fasciâ limpidâ.* Longueur 3 lig. ⅓. Mas. Ile St. Thomas.) 3°. MM. Meigen et Latreille donnent au genre Stratiome comme caractère générique *écusson épineux*. On voit dans M. Wiédemann, même ouvrage pag. 29. n°. 34. une *Stratiomys viridana* dont l'écusson est mutique. (*Nigra, thorace aurato vittato, scutello mutico et abdominis maculis lateralibus viridibus.* Longueur 4 lig. *Fem.* Bengale.) 4°. MM. Meigen et Latreille n'admettent dans le genre Sargus que des espèces à écusson mutique; M. Wiédemann décrit pag. 31. n°. 40. de l'ouvrage précité un *Sargus furcifer* (*niger, thorace vittis et angulis, abdomine maculis flavis; scutello appendice longissimâ apice furcatâ.* Longueur 4. lig. *Fem.* Brésil.) Auprès de cette espèce il existe dans notre collection un Diptère de cette tribu rapporté de Cayenne par M. Adolphe Doumerc, ayant le troisième article des antennes comprimé, la soie point décidément terminale, l'écusson portant un appendice court et large, bidenté à son extrémité; de plus le *Sargus vespertilio* n°. 14. Fab. *Syst. Antliat.* a le troisième article des antennes fort long, conique, de six anneaux seulement, terminé par une longue soie et la cellule centrale des ailes émet quatre rayons. Ces considérations nous paroissent faire un devoir aux naturalistes d'examiner de nouveau les caractères des genres de cette tribu sur lesquels il y a peu d'accord jusqu'ici. M. Wiédemann soupçonne que l'espèce qu'il appelle *Clitellaria elongata* doit faire un nouveau genre.

PLATYNE, *Platyna*. Wiédem. Lat. (*Fam. natur.*)

Genre d'insectes de l'ordre des Diptères (1re. section), famille des Notacanthes, tribu des Stratiomydes.

Tous les genres de cette tribu, excepté celui de Platyne, ont le dernier article des antennes annelé.

Il paroît, suivant M. Wiédemann, que ce genre

a tous les caractères des Stratiomes, sauf les suivans :

Premier et second articles des antennes cylindriques, de longueur égale, le troisième court, comprimé, point annelé, terminé par une petite pointe. — *Ecusson* ne portant qu'une seule épine qui est relevée.

Le nom de Platyne vient d'un mot grec qui signifie : *large*. L'espèce que l'auteur donne pour type est la Platyne hastée, *P. hastata*. Wiédem. *Analect. entomol. pag.* 12. *fig.* 2. Femelle. — *Stratiomys hastata* n°. 24. Fab. *Syst. Antliat.* De Guinée. (S. F. et A. Serv.)

STRÈBLE, *Strebla*. M. Wiédemann (*Analect. entom. pag.* 19.) nomme ainsi un genre de Diptères créé par lui et appartenant à la seconde section de cet ordre. Voici les caractères qu'il lui assigne : yeux très-petits, situés aux angles postérieurs de la tête. Ailes en recouvrement et parallèles dans le repos, n'allant pas en se rétrécissant vers leur extrémité, à nervures parallèles.

L'auteur paroît douter que les espèces de ce genre aient des antennes. Celle qu'il donne pour type est la Strèble de la Chauve-souris, *S. Vespertilionis*. Wiédem. *loc. cit. fig.* 7. — *Hippobosca vespertilionis* n°. 6. Fab. *Syst. Antliat.* De l'Amérique méridionale. (S. F. et A. Serv.)

STRÉPSIPTÈRES. Kirb. *Voyez* Rhipiptères.

M. Latreille (*Fam. nat.*) ayant élevé l'ordre des Myriapodes à la dignité de classe, il en résulte que l'ordre des Rhipiptères se trouve aujourd'hui le dixième de la classe des insectes. (S. F. et A. Serv.)

STRIÉE BRUNE DU VERBASCUM. Nom donné par Geoffroy à la *Phalœna noctua verbasci*. Linn. *Voyez* Noctuelle du Bouillon blanc n°. 440. de ce Dictionnaire. (S. F. et A. Serv.)

STRONGYLIE, *Strongylium*. Kirb. Lat. (*Fam. nat.*) Genre d'insectes de l'ordre des Coléoptères, section des Hétéromères (1re. division), famille des Sténélytres, tribu des Hélopiens.

Ce genre fait partie du quatrième groupe de cette tribu (*voyez* Hélopiens, article Sténélytres), lequel a pour caractères : corselet plus long que large ou presqu'isométrique, soit presque carré, soit cylindracé. Corps étroit et alongé. M. Kirby a établi ce genre (*Trans. Linn. Centur. of. Ins. vol.* 12.) et M. Latreille l'a adopté dans ses *Fam. natur.* L'auteur anglais le caractérise ainsi : labre transversal; lèvre presque cordiforme; mandibules très-courtes, fortes, terminées par une pointe sans dentelures; mâchoires écartées, bilobées à leur extrémité, le lobe extérieur plus grand, arrondi extérieurement, l'intérieur petit, aigu; quatre palpes ayant leur dernier article grand, sécuriforme; menton presqu'en cœur. Antennes grossissant insensiblement vers leur extrémité, leur dernier article ovale. Corps linéaire, oblong, point rebordé.

Le type est une espèce inédite, de la nouvelle Hollande. Strongylie bronzée, *S. chalconatum*. Kirb. *ut suprà. tab.* 21. *fig.* 16. Longueur 6 lig. Corps brillant, glabre, d'un noir bronzé. Elytres ayant de petites fossettes oblongues, excavées, canaliculées, rangées presqu'en lignes régulières.

Nota. L'*Helops laceratus*. Germ. (*Insector. Spec. nov. aut min. cogn.*) paroît avoir les caractères que M. Kirby donne aux Strongylies et ressemble beaucoup à l'espèce ci-dessus décrite, mais il est du Brésil. (S. F. et A. Serv.)

STYGIDE. Lat. (*Fam. nat.*) *Voyez* Lomatie, article Tomomyze. (S. F. et A. Serv.)

STYGIE, *Stygia*. Drap. Latr. God. *Bombyx*. Hubn.

Genre d'insectes de l'ordre des Lépidoptères, famille des Crépusculaires, tribu des Zygénides.

Le troisième groupe de cette tribu renferme trois genres. (*Voyez* Zygénides.) Savoir : Glaucopide, qui seul des trois a une langue distincte; Aglaope, qui ainsi que celui de Stygie n'en a point d'apparente mais qui se distingue de ce dernier genre par ses palpes très-petits dont le dernier article est presque nu : ses antennes sans houppe à l'extrémité : les éperons des jambes postérieures très-courts et le dernier segment de son abdomen dépourvu de brosse au bout.

Antennes courtes, diminuant insensiblement de grosseur, arquées, bipectinées dans les deux sexes, sans houppe à leur extrémité. — *Point de langue* distincte. — *Palpes* épais, cylindriques, entièrement garnis d'écailles, s'élevant au-delà du chaperon. — *Corps* écailleux. — *Ailes* en toit dans le repos; les supérieures oblongues, les inférieures presqu'arrondies; cellule sous-marginale de celles-ci fermée par une nervure arquée d'où partent deux rameaux parallèles qui aboutissent au bord postérieur. — *Abdomen* conique, terminé par une brosse de poils. — *Jambes postérieures* munies à leur extrémité d'éperons de grandeur remarquable.

L'espèce connue de ce genre est la Stygie australe, *S. australis*. Drap. — Lat. *Gener. Crust. et Ins. tom.* 4. *pag.* 215. *tom.* 1. *tab.* 16. *fig.* 4. et 5. — God. *Lépid. de Franc. pag.* 169. *n°.* 54. *pl.* 22. *fig.* 19. — *Bombyx terebellum*. Hubn. *Bomb. tab.* 57. *fig.* 24. Longueur 5 lig. Antennes, tête et corselet d'un jaune un peu fauve. Ailes supérieures mélangées de cette couleur et de brun avec une frange brune à leur bord postérieur. Ailes inférieures obscures. Abdomen noirâtre avec une tache jaune et fauve sur le dessus des premiers segmens.

Du midi de la France. (S. F. et A. Serv.)

STYGIE, *Stygia*. M. Meigen (*Dipt. d'Europ. tom.* 2. *pag.* 137.) avoit donné ce nom à un genre de sa septième famille (*Bombyliarii*). Depuis dans le troisième volume du même ouvrage pag. v, il change ce nom en celui de Lomatie, *Lomatia*; parce que la dénomination de Stygie avoit été donnée précédemment par M. Draparnaud à un genre de Lépidoptères et adopté par M. Latreille. *Voyez* LOMATIE, article TOMOMYZE.

(S. F. et A. SERV.)

STYLOPS, *Stylops*. KIRB. LAT.

Genre d'insectes de l'ordre des Rhipiptères.

Cet ordre ne renferme que les genres Stylops et Xénos. Ce dernier diffère de l'autre par son abdomen corné à l'exception de l'anus et par la branche supérieure de ses antennes qui n'est pas articulée.

Ce genre a été créé par M. Kirby; il lui donne pour caractères : antennes partagées en deux branches. (Ajoutez, d'après M. Latreille, branche supérieure partagée en trois petits articles.) Yeux pédonculés. Elytres (Prébalanciers. LAT. *Fam. nat.*) insérées sur les côtés du prothorax. Ecusson avancé, couvrant l'abdomen. Ailes n'ayant que de foibles nervures toutes longitudinales, se reployant en éventail. Abdomen presque cylindrique, rétractile, entièrement charnu.

Le nom de ce genre vient de deux mots grecs qui expriment la position des yeux placés sur un pédoncule cylindrique. La larve de la seule espèce connue est molle, presque cylindrique, blanchâtre; sa tête est avancée, cornée, cordiforme, un peu aplatie, roussâtre, avec sa partie postérieure noire, un peu concave en dessous. Elle vit dans le corps de plusieurs espèces d'Andrènes : pour se transformer en nymphe elle sort en grande partie de l'intérieur et se fixe sous le recouvrement des lames abdominales. Il est à remarquer que sa présence et l'action de prendre sa nourriture aux dépens de ces Mellifères n'entraînent point leur mort.

1. STYLOPS des Andrènes, *S. Melittæ*.

Stylops aterrima, alis corpore majoribus; pedibus fuscis.

Stylops Melittæ. KIRB. *Monogr. Apum Angl. tom.* 2. *pag.* 113.

Longueur 1 ligne ½. Très-noire. Ailes plus longues que le corps. Pattes brunes.

D'Angleterre et de France.

(S. F. et A. SERV.)

SUBULICORNES, *Subulicornes*. Première section de l'ordre des Névroptères. Ses caractères sont :

Antennes en forme d'alène, guère plus longues que la tête, composées de sept articles, le dernier formé par une soie. — *Mandibules* et *Mâchoires* recouvertes par la saillie antérieure et supérieure de la tête. — *Palpes* point saillans. — *Yeux* très-proéminens, ordinairement fort grands. — *Ailes* étendues horizontalement ou dans une situation perpendiculaire.

Insectes sujets à des métamorphoses incomplètes, vivant dans l'eau pendant leurs premiers âges. Larves respirant au moyen d'un appareil spécial situé à l'anus ou par des appendices latéraux et extérieurs en forme de nageoires branchiales, mais réellement trachéennes.

Cette section comprend les deux premières familles des Névroptères, savoir : les Libellulines et les Ephémérines.

FILICORNES, *Filicornes*. Seconde section de l'ordre des Névroptères, ayant pour caractères :

Antennes généralement composées d'un grand nombre d'articles, tantôt plus grosses au bout, tantôt filiformes ou sétacées et plus longues que la tête. — *Mandibules* et au moins la majeure partie des mâchoires, découvertes. — *Palpes* saillans, au moins les maxillaires. — *Ailes* presque toujours couchées horizontalement sur le corps ou en toit, les inférieures plus longues dans ceux en petit nombre où ces organes sont étendus horizontalement, que dans ceux qui les ont en toit.

Une partie des larves sont terrestres, les autres aquatiques; une portion de celles-ci vivent dans des tuyaux portatifs et construits par elles.

Cette seconde section comprend la troisième et la quatrième famille des Névroptères, savoir : les Planipennes et les Plicipennes.

Nota. Ces deux articles sont extraits des *Fam. natur.* de M. Latreille.

(S. F. et A. SERV.)

SUBULIPALPES, *Subulipalpi*. Seconde division de la tribu des Carabiques; elle a pour caractères :

Palpes maxillaires extérieurs et *Palpes labiaux* terminés en manière d'alène.

Cette division ne contient dans la méthode de M. Latreille, que le genre Bembidion.

(S. F. et A. SERV.)

SUCEURS, *Suctoria*. M. Latreille qui avoit donné cette dénomination à son quatrième ordre des insectes dans ses anciens ouvrages, l'a changé dans ses *Fam. natur.* en celui de Siphonaptères. *Voyez* ce mot. (S. F. et A. SERV.)

SUÇOIR, *Haustellum*.

Ce nom a été donné par divers auteurs d'entomologie à la bouche d'un grand nombre d'insectes, et par suite ces insectes ont reçu le nom de *suceurs*.

Quoiqu'au premier coup d'œil le suçoir ne présente aucun rapport avec la bouche des insectes broyeurs, ou de ceux qui ont une bouche composée de mandibules, de mâchoires et de deux lèvres, cependant un examen philosophique et comparatif a fait voir à MM. Latreille et Savigny que la bouche des insectes suceurs, ou le suçoir, est composée de la même manière que celle des broyeurs, mais que les diverses pièces qui le composent, revêtent des formes différentes et appropriées à l'usage que la nature les a destinées à remplir. M. Latreille, dans l'article BOUCHE du *Dictionnaire classique d'histoire naturelle*, a présenté l'état des connoissances actuelles sur cet organe de manducation. Nous ne pouvons mieux faire que de reproduire ici la partie de cet article où ce savant traite du suçoir.

« Nous venons de voir, dit-il, que dans les Hyménoptères les mâchoires et la lèvre, réunies longitudinalement en manière de faisceau, formoient une trompe mobile à son origine, ayant au centre de cette base le pharynx. Un rapprochement semblable, et une disposition pareillement tubuleuse des parties de la bouche, ou de quelques-unes d'entr'elles, caractérisent aussi les insectes suceurs. Mais ici les organes de la manducation semblent, au premier aperçu, n'avoir avec les précédens que des rapports très-éloignés, ou même en différer totalement. Les parties que l'on prend pour les analogues des mâchoires, souvent même celles qui représentent les mandibules, sont fixes et immobiles, soit entièrement, soit vers leur base (jusqu'à l'origine des palpes à l'égard des mâchoires); et lorsque l'autre partie ou la terminale est mobile, celle-ci est longue, étroite, linéaire, soit en forme de fil ou de soie, soit en forme de lame écailleuse, lancéolée ou subulée, propre à piquer, et imitant ainsi un dard ou une lame de lancette. Le pharynx est le point central autour duquel les portions terminales et mobiles de ces organes se rapprochent en manière de tube, et où commence leur jeu. Tantôt la lèvre inférieure réunie avec la portion inférieure des mâchoires, et fixe comme elle, forme la cavité buccale, et les mâchoires constituent alors une sorte de langue roulée en spirale. Tantôt elle se prolonge beaucoup et se convertit en un tube articulé ou en une trompe coudée et terminée ordinairement par deux lèvres susceptibles de se dilater. Ici, dans l'un et l'autre cas, elle sert de gaîne à des pièces toujours écailleuses et forantes, en forme de soie ou de lancette, représentant d'autres parties de la bouche, souvent même le labre. Quelquefois cette gaîne (*pulex*) est bivalve, mais en général elle est d'une seule pièce, repliée latéralement, pour former un tube ouvert en dessus et jusque près du bout; c'est dans ce canal longitudinal ou cette gouttière, que sont logées les pièces précédentes, composant par leur ensemble un suçoir (*haustellum*). Ici les palpes ont disparu, là on n'en voit que deux; lorsqu'il y en a quatre, deux d'entr'eux, ou les maxillaires, sont très-petits et souvent à peine distincts. Quelquefois encore, comme dans les Diptères pupipares, la lèvre inférieure n'existe plus ou n'est que rudimentaire, et les palpes deviennent la gaîne du suçoir. Cette dernière dénomination, ainsi que celle de suceurs, sont, ainsi que le remarque judicieusement Lamarck, très-impropres, puisque ces animaux n'aspirent point les sucs fluides et nutritifs en formant un vide, mais qu'ils les font remonter successivement à l'entrée de l'œsophage, en rapprochant graduellement les unes des autres, et de manière à laisser entr'elles le moindre vide possible, les pièces du suçoir, à commencer par son extrémité inférieure. C'est ainsi, par exemple, qu'une matière contenue dans un vase élastique, conique ou cylindrique, en seroit expulsée, si l'on comprimoit successivement ce vase de bas en haut, ou du fond à l'ouverture. »

Concluons de ces observations que le suçoir est nu ou à découvert dans les uns, et caché ou engaîné dans les autres. Pour exemple du premier de ces deux cas, nous citerons les Lépidoptères; et quant au second, les Hémiptères, les Diptères et nos insectes suceurs proprement dits, ou le genre Pulex. De tous ces insectes, les premiers ou les Lépidoptères sont ceux dont la bouche s'éloigne le moins du type de celles des insectes broyeurs, et dans un ordre naturel, ils doivent sous ce rapport venir immédiatement après les Hyménoptères. Elle se compose en effet, 1°. d'un labre et de deux mandibules extrêmement petites; 2°. d'une trompe roulée en spirale, considérée mal-à-propos comme une langue, offrant à l'intérieur et dans toute sa longueur trois canaux, dont celui du milieu sert seul à l'écoulement des matières alimentaires, est formée de deux corps linéaires ou filiformes, entourant à leur origine et immédiatement au-dessous du labre le pharynx, représentant, mais sous d'autres formes et d'autres proportions, la portion terminale des mâchoires, à partir depuis les palpes, réunis, fistuleux, creusés en gouttière profonde au côté interne, et portant chacun un palpe, ordinairement très-petit et tuberculiforme; 3°. d'une lèvre inférieure, presque triangulaire, immobile, réunie, ainsi que je l'ai dit plus haut, avec la portion inférieure des mâchoires ou du support des filets de la trompe, et portant deux palpes triarticulés, très-garnis d'écailles ou de poils, s'élevant de chaque côté de la trompe, et lui formant ainsi une sorte de gaîne. Le canal intermédiaire de la trompe est produit par la réunion des gouttières de la face interne des filets. *Voyez* les Mémoires de Réaumur.

Personne, jusqu'à Savigny, n'avoit bien fait connoître ces détails d'organisation, et l'on s'étoit presque borné à l'examen général de la trompe.

Celle des Hémiptères a reçu de Fabricius le nom de *rostrum*, qu'Olivier a rendu dans notre langue par celui de *bec*. Une lame plus ou moins linéaire, coriace, divisée en trois ou quatre articles, roulée sur ses bords pour former un corps tubulaire, cylindrique ou conique, toujours dirigée inférieurement dans l'inaction, ayant le long du milieu de sa face supérieure ou intérieure un canal formé par le vide que laissent les bords latéraux au point de leur rapprochement; un suçoir, composé de quatre filets très-grêles ou capillaires, cornés, flexibles et élastiques, disposés par paires, mais rassemblés en faisceau, et dont les deux inférieurs réunis en un à peu de distance de leur origine; une petite pièce en forme de languette triangulaire, ordinairement dentée au bout, plutôt coriace ou presque membraneuse que de consistance d'écaille, recouvrant, par-derrière ou du côté du corps tubulaire, la base du suçoir, et renfermée avec lui dans la rainure de ce corps engaînant; une autre pièce de la consistance de la précédente, répondant par son insertion et la place qu'elle occupe, à la lèvre supérieure, couvrant en dessus la base du suçoir, le plus souvent renfermé aussi dans la gaîne, en forme de triangle plus ou moins alongé: telles sont les parties qui composent le bec des Hémiptères. L'impaire supérieure est l'analogue du labre, et nous a paru, du moins par rapport aux cigales, recouvrir la base d'une autre pièce plus alongée, terminée aussi en pointe; celle-ci répondroit dès-lors à l'épipharynx: l'autre pièce impaire, mais opposée, protégeant par-derrière la naissance du suçoir, et située immédiatement derrière le pharynx, représente, selon Savigny, la langue de l'hypo-pharynx. Les deux soies supérieures du suçoir, ou les plus extérieures, remplacent les mandibules, et les deux autres les mâchoires. Enfin, leur gaîne tubulaire s'assimile à la lèvre inférieure, même quant à ses articulations. Quelquefois cette gaîne est bifide, comme dans les Thrips, et quelquefois même divisée en deux lames, ainsi que dans les Puces. Les premiers de ces Hémiptères sont les seuls où nous ayons découvert des palpes. Les parties que ce savant prend pour telles dans l'*Hepa neptunea*, ne sont peut-être que les rudimens d'un article de la gaîne.

Germar admet quatre palpes dans un nouveau genre de la famille des Cicadaires, qu'il nomme *Cobax*; mais Kirby, qui a publié dans le même temps une autre coupe générique, celle d'Otiocère, offrant des parties semblables, ne considère point ces parties comme des palpes, mais comme de simples appendices accompagnant les antennes.

La bouche des Diptères, tels que le Cousin, le Taon, la Mouche domestique, a les plus grands rapports avec celle des insectes précédens. L'ensemble de ces pièces forme ce que l'on appelle la trompe (*proboscis*). Distinguons également ici le suçoir de la gaîne, et quelle que soit la consistance et la forme du fourreau, conservons-lui la même dénomination, sans nous en laisser imposer par l'autorité de Fabricius, et de quelques autres naturalistes, qui, lorsqu'elle est plus ferme, plus roide, conique ou cylindrique, sans empâtement remarquable au bout, l'appellent suçoir (*haustellum*), tandis qu'ils désignent exclusivement ainsi l'ensemble des pièces qu'elle contient, lorsqu'elle est membraneuse, rétractile et bilabiée. Elle se divise en trois parties principales: 1°. le *support*, distingué de la suivante par un coude, et souvent par un petit article géniculaire, mais que nous réunissons avec le support; 2°. la *tige*; 3°. le *sommet* ou la *tête*, formé par deux lèvres, tantôt membraneuses, grandes, vésiculeuses, dilatables, striées, offrant au microscope un très-grand nombre de ramifications de trachées; tantôt coriaces, soit petites et peu distinctes de la tige, soit grêles, alongées et formant un article plus distinct, presqu'aussi long même que la division précédente (Myope). Le support est remarquable en ce qu'il est le résultat du prolongement de la membrane cutanée de la partie antérieure et supérieure de la tête ou de l'épistome, réunie avec les parties analogues au labre, aux mandibules, aux mâchoires et à la portion inférieure de la lèvre jusqu'au menton inclusivement. Ces caractères distinguent particulièrement les insectes de cet ordre de ceux de l'ordre des Hémiptères. On voit d'ailleurs que cette gaîne est construite sur le plan de celle des derniers. Le milieu de la face supérieure de la tige présente aussi une gouttière recevant le suçoir. Le nombre des pièces de ce suçoir varie selon une progression arithmétique de trois termes, et dont la différence est toujours de deux: 2, 4, 6; mais dans tous les cas il y en a toujours deux d'impaires, l'une supérieure et représentant le labre, l'autre inférieure placée derrière le pharynx, et l'analogue de la langue ou de l'hypopharynx. Ici, dans les Diptères, ainsi que dans nos suceurs (*pulex*), cette soie est toujours écailleuse, forante, et contribue, au moins autant que les autres, aux actes de la nutrition; mais il n'en est pas ainsi dans les Hémiptères, et voilà une nouvelle considération qui sépare ces insectes des précédens. Les parties représentant les mâchoires existent toujours, et souvent même sont accompagnées chacune d'un palpe; mais ces mâchoires sont soudées avec le support, et ne sont bien distinctes que lorsque leur portion apicale devient mobile, s'alonge et présente la forme d'une soie ou d'une lancette cornée: c'est ce qui a lieu toutes les fois que le suçoir est de quatre ou six pièces. Dans cette dernière circonstance, deux d'entr'elles représentent les mandibules; dans l'autre, ou si le suçoir n'est composé que de quatre soies, les deux soies précédentes manquent ou ne sont au plus que rudimentaires. Quelquefois aussi le labre, presque toujours voûté et assez grand, semble offrir les vestiges d'une autre pièce: celle-ci deviendroit pour lors l'épipharynx. Quelquefois encore le support est très-court, et, dans ce cas, les pièces du suçoir sortent de la cavité buccale, et les palpes (maxillaires) sont insérés sur les côtés. Les Diptères pupipares ou les Hyppobosques diffèrent de tous les autres par l'absence de la gaîne ; les palpes, sous la forme de deux lames alongées, coriaces, s'avançant parallèlement et recouvrant le suçoir, en tiennent lieu.

D'après nos observations et celles de Savigny, de Leclerc de Laval, et du professeur Nytzsch, relatives aux Ricins, la bouche des insectes hexapodes homotènes, ou ne subissant pas de métamorphoses, seroit assujettie au même plan d'organisation que celle des insectes polymorphes. Dans les Poux proprement dits, les seuls suceurs connus de cette division, la trompe (*rostellum*) consisteroit en un petit tube inarticulé, renfermant le suçoir et se retirant à volonté dans l'intérieur d'un avancement en forme de museau de la partie antérieure de la tête. Mais en général l'organisation buccale de ces insectes parasites sollicite un nouvel examen et de bonnes figures de détail. Les Ricins, quoique pourvus de mandibules, de mâchoires et d'une lèvre inférieure, ont ces parties très-concentrées à l'instar des insectes suceurs ; le labre fait l'office de ventouse, caractère unique dans cette classe d'animaux, et qui semble, de concours avec d'autres, indiquer un type particulier.

Cet examen détaillé de la bouche des insectes suceurs ou du *suçoir*, fait par le plus illustre entomologiste de notre temps, et résultat de sa longue expérience et de ses nombreux travaux, nous a paru propre à bien faire concevoir l'organisation de cet instrument chez les insectes qui en sont pourvus, et nous l'avons reproduit ici dans toute son originalité. (E. G.)

SYBISTROME, *Sybistroma*. M. Meigen (*Dipt. d'Europ.*) a établi un genre sous ce nom dans sa famille des Dolichopodes, et lui assigne ces caractères : antennes avancées, de trois articles, le dernier alongé, plat, muni d'une soie dorsale biarticulée, longue ; sa première articulation alongée, deux fois aussi longue que la seconde dans les mâles ; yeux toujours séparés l'un de l'autre ; extrémité de l'abdomen courbe, muni à l'anus de deux lames ciliées dans les mâles.

L'auteur mentionne trois espèces : 1°. Sybistrôme discipède, *S. discipes*. Meig. *Dipt d'Eur. tom*. 4. *pag*. 71. *n°*. 1. Longueur 2 lig. ½. D'un vert-foncé-bronzé. Palpes, front et hypostome blancs ; celui-ci très étroit dans le mâle ; antennes noires, leur troisième article pointu, presque triangulaire, muni dans son milieu d'une soie dorsale longue, nue, dont la seconde articulation dans le mâle est de moitié aussi longue que la première et fait avec lui un angle obtus ; elle est plus courte et droite dans la femelle. Segment anal du mâle ferrugineux ; lames de l'anus blanchâtres, bordées de noir, accompagnées de deux filamens jaunes. Balanciers blancs. Pattes jaunes. Tarses antérieurs ayant leurs quatrième et cinquième articles d'un noir-foncé, celui-ci large, en forme de disque dans le mâle. Les quatre derniers articles des tarses postérieurs sont bruns. De Hambourg. 2°. Sybistrôme patellipède, *S. patellipes*. Meig. *id. pag* 72. *n°*. 2. Longueur 2 lig. ½. Corps d'un vert bronzé-foncé, hypostome un peu plus large que dans l'espèce précédente, blanc ainsi que les balanciers. Front blanchâtre avec un reflet métallique. Antennes ayant leurs deux premiers articles noirs, le troisième ferrugineux, un peu plus long que dans la *discipède*. Soie conformée de même. Pattes jaunes, ayant la même conformation que dans la première espèce. Ailes brunes. On ne connoît que le mâle. Le segment anal manquoit dans l'individu décrit. D'Angleterre. 3°. Sybistrôme nodicorne, *S. nodicornis*. Meig. *id. n°*. 3 *tab*. 34. *fig*. 19. Mâle. Longueur 2 lig. Corps d'un vert-foncé-bronzé. Côtés de la poitrine d'un gris d'ardoise. Hypostome et balanciers blancs. Front noirâtre. Antennes noires, leur troisième article lancéolé, ayant près de son extrémité une très-longue soie dont la première articulation est longue et finit en massue, et la seconde a son extrémité blanche, déprimée. Segment anal d'un noir brillant, muni de deux lames ferrugineuses bordées de noir. Pattes ferrugineuses. Extrémité des tarses noirâtre. Troisième et quatrième articles des intermédiaires d'un noir-foncé, larges, plumeux ; le cinquième blanc. Ailes brunâtres. Mâle. D'Europe. (S. F. et A. Serv.)

SYLVAIN. Nom donné par Engramelle (*Pap. d'Europ.*) à diverses espèces de Lépidoptères Diurnes du genre Nymphale (*voyez* ce mot *tom. IX. pag*. 329.) savoir : 1°. le Sylvain, Nymphale du peuplier mâle n°. 175. 2°. Le grand Sylvain, même espèce femelle. 3°. Le petit Sylvain, Nymphale Sybilla n°. 176. 4°. Le Sylvain azuré, Nymphale Camilla n°. 177. 5°. Le Sylvain cénobite, Nymphale Lucille n°. 259. (S. F. et A. Serv.)

SYLVAIN, *Sylvanus*. Lat. *Tenebrio*. De Géer. *Dermestes*. Fab. Panz. *Colydium*. Fab. Payk. Herbst. *Ips*. Oliv.

Genre d'insectes de l'ordre des Coléoptères, section des Tétramères, famille des Xylophages, tribu des Trogossitaires.

Un groupe de Trogossitaires (*voyez* ce mot) se distingue par les caractères suivans : corps étroit, alongé ; massue des antennes de trois articles ou plus ; antennes notablement plus longues que la tête ; mandibules petites ou moyennes, peu ou point saillantes : palpes très-courts, les maxillaires peu ou point saillans. Il comprend les genres Latridie et Sylvain. Le premier est séparé du second en ce que le deuxième article de ses antennes est plus long que le troisième, que la tête porte une ligne transversale enfoncée, et qu'ainsi que le corselet elle est plus étroite que l'abdomen.

Antennes un peu plus longues que le corselet, point insérées sous un rebord, composées de onze articles courts, le second et les suivans jusqu'au huitième inclusivement presqu'égaux, les trois derniers formant une massue presque perfoliée. — *Labre* petit, avancé, membraneux, transversal, entier. — *Mandibules* déprimées, presque trigones, à pointe bifide, l'angle externe de leur base avancée en une sorte d'oreillette. — *Mâchoires* composées de deux lobes, l'extérieur plus grand, presque trigone; l'intérieur petit, dentiforme. — *Palpes* très-courts, presque filiformes, leur dernier article un peu plus grand, presque cylindrique; les maxillaires presque deux fois aussi longs que les mâchoires. — *Lèvre* coriace, en carré transversal, entière : menton deux fois plus grand que la lèvre, coriace, carré, un peu plus large que long. — *Tête* avancée en devant, sans ligne transversale enfoncée séparant le chaperon. — *Corps* alongé, étroit, presque linéaire, très-déprimé. — *Corselet* aussi large que la tête et que l'abdomen. — *Elytres* recouvrant l'abdomen et des ailes. — *Abdomen* déprimé, linéaire. — *Pattes* assez courtes; cuisses un peu en massue; jambes minces à leur base, allant en grossissant vers l'extrémité; tarses filiformes.

Ces Coléoptères sont très-petits; on les trouve dans les boutiques des marchands de graines, dans les greniers à blé et aussi, dit-on, sous l'écorce des arbres morts. Leur larve n'a pas encore été observée.

1. Sylvain unidenté, *S. unidentatus.*

Sylvanus unidentatus. Lat. *Gener. Crust. et Ins. tom. 3. pag. 20. n°. 1. tom. 1. tab. XI. fig. 2.* — *Dermestes unidentatus* n°. 27. Fab. *Syst. Eleut.*

Voyez pour la description et les autres synonymes, Ips unidenté n°. 13. de ce Dictionnaire.

2. Sylvain sixdenté, *S. sexdentatus.*

Sylvanus sexdentatus. Lat. *id.* — *Dermestes sexdentatus* n°. 25. Fab. *Syst. Eleut.* — *Colydium frumentarium* n°. 12. Fab. *id.*

Voyez pour la description et les autres synonymes, Ips fromentier n°. 15. Cette espèce qui paroît être originairement exotique s'est acclimatée dans nos greniers à blé et dans les caisses de riz. (S. F. et A. Serv.)

SYLVICOLES ou ORNÉPHILES. Troisième famille des Coléoptères de M. Duméril, section des Hétéromérés (*Zool. analyt.*). Il lui donne pour caractères : *Elytres dures, larges. Antennes filiformes, souvent dentées.* Cette famille renferme les genres Hélops, Serropalpe, Cistèle, Calope, Pyrochre et Horie. (S. F. et A. Serv.)

SYMETHIS. Fab.

Genre de Crustacés formé par Fabricius aux dépens de son genre *Hippa*, et composé de son *Hippa variolosa*; il caractérisoit ce genre par la brièveté de ses deux antennes quadriarticulées, cachées dans une avance du rostre. Ce genre n'a pas été adopté. (E. G.)

SYMETHUS. Rafin.

Rafinesque désigne ainsi un genre de Crustacés-Macroures qui vit dans les ruisseaux en Sicile, et qu'il caractérise d'une manière si vague, qu'on ne peut savoir ce qu'il a voulu désigner. Voilà sa description : antennes intérieures à deux filets; palpes filiformes, alongés. Première paire de pattes chéliforme ou pincifère. (E. G.)

SYNAGRE, *Synagris.* Lat. Fab. Palis.-Bauv. *Vespa.* Linn. Oliv. (*Encycl.*) Jurin. Fab. De Géer.

Genre d'insectes de l'ordre des Hyménoptères, section des Porte-aiguillon, famille des Diploptères, tribu des Guêpiaires.

Dans la division de cette tribu qui comprend les Guêpiaires solitaires, les genres Ptérochile, Odynère, Eumène, Discœlie et Céramie se distinguent des Synagres par leur languette trilobée, ayant au bout quatre points glanduleux. De plus les mâles de ces cinq premiers genres n'ont point les mandibules plus longues que celles des femelles.

Antennes insérées sur le front, au milieu de la face, rapprochées, coudées, surtout dans les femelles, allant en grossissant vers l'extrémité et formant une massue alongée, pointue au bout, composées de douze articles dans les femelles, de treize dans les mâles, le treizième crochu; premier article long, cylindrique; le second très-court, le troisième plus long que les suivans. — *Mandibules* alongées, trigones, étroites, avancées en devant et formant une espèce de bec, celles des mâles très-grandes, offrant l'apparence de cornes, émettant une longue dent. — *Mâchoires* et *Lèvre* longues, fléchies; les premières ayant leur lobe terminal alongé, étroit, lancéolé. — *Languette* divisée en quatre filets fort longs, dont deux très-plumeux, sans points glanduleux au bout. — *Palpes maxillaires* courts, de trois articles (de quatre suivant M. Latreille), le dernier imitant un peu un onglet : palpes labiaux près de trois fois plus longs que les maxillaires, de trois articles, chacun d'eux portant à son extrémité des soies longues et un peu roides, le premier presqu'aussi long que les deux autres pris ensemble; le dernier le plus court de tous. — *Menton* coriace, tronqué à l'extrémité. — *Tête* comme triangulaire vue en devant, plus étroite que le corselet dans les femelles, très-grosse et presque carrée à sa partie supérieure dans les mâles. — *Yeux* fortement échancrés. — *Trois ocelles* disposés en triangle sur le haut du front. — *Corps* alongé, peu pubescent. — *Corselet* ovale, tronqué en devant ; prothorax très-étroit à sa partie antérieure, s'élargissant sur les côtés et s'étendant jusqu'à la base des ailes ; métathorax étroit, ayant de chaque côté une forte épine à sa partie inférieure. — *Ecusson* bituberculé. — *Ailes* ployées en deux longitudinalement, de la base à leur extrémité ; les supérieures ayant une cellule radiale triangulaire, se rétrécissant immédiatement après la seconde cellule cubitale jusqu'à son extrémité qui est un peu arrondie, écartée de la côte et appendiculée : quatre cellules cubitales, la première la plus longue de toutes, la seconde très-rétrécie vers la radiale, recevant les deux nervures récurrentes, la troisième presqu'en carré transversal, la quatrième atteignant presque le bout de l'aile : trois cellules discoïdales, la première très-alongée. — *Abdomen* ovale-conique à pédicule extrêmement court, de cinq segmens outre l'anus dans les femelles, en ayant un de plus dans les mâles ; le premier campanulé, le second plus large que les autres, bombé.— *Pattes* de longueur moyenne, articles des tarses ciliés de poils roides, le premier le plus long de tous : crochets bifides, munis dans leur entre-deux d'une pelotte courte, bilobée.

Ces Hyménoptères d'une taille au-dessus de la moyenne habitent l'Asie et l'Afrique. Les espèces connues sont en petit nombre. D'après la conformation de leurs tarses il est probable qu'elles ont à peu près les mœurs des Odynères et qu'elles creusent les sables durs ou le mortier des murailles, et apportent dans leurs nids des larves d'insectes pour la nourriture de leur postérité.

1. Synagre cornue, *S. cornuta*.

Synagris cornuta. Lat. *Gener. Crust. et Ins. tom.* 4. *pag.* 135. — Fab. *Syst. Piez. pag.* 252. *n°.* 1. Mâle. — *Encycl. pl.* 382. *fig.* 10. Mâle.

Voyez pour la description des deux sexes et les autres synonymes, Guêpe cornue n°. 45. de ce Dictionnaire.

2. Synagre calide, *S. calida*.

Synagris calida. Pal.-Bauv. *Ins. d'Afriq. et d'Amér. pag.* 260. Mâle et femelle. *Hyménopt. pl. X. fig.* 6. Mâle. — *Vespa calida* n°. 25. Fab. *Syst. Piez.* — *Vespa carbonaria*. De Géer. *Mém. Ins. tom.* 7. *pag.* 607. *n°.* 7. *pl.* 45. *fig.* 9. Femelle. Cet auteur rapporte à tort à son espèce la *Vespa capensis* n°. 22. de Linné. (*Syst. nat.*)

Nota. Fabricius prétend que le métathorax de cette espèce porte quatre dents indépendamment des deux de l'écusson. Olivier (*Encycl.*) ne parle point du tout de dents ; cependant il y en a réellement deux petites sur l'écusson et une de chaque côté de la partie inférieure du métathorax.

Voyez pour la description et les autres synonymes, Guêpe calide n°. 66. de ce Dictionnaire.

3. Synagre enflammée, *S. æstuans*.

Synagris æstuans. Pal.-Bauv. *Ins. d'Afriq. et d'Amér. pag.* 260. *Hyménopt. pl. X. fig.* 5. Femelle. — *Vespa æstuans* n°. 24. Fab. *Syst. Pie.*

Voyez pour la description et les autres synonymes, Guêpe enflammée n°. 65. Femelle.

(S. F. et A. Serv.)

SYNAPHE, *Synapha*. Meig. Lat. (*Faun. natur.*)

Genre d'insectes de l'ordre des Diptères (1re section), famille des Némocères, tribu des Tipulaires (division des Fungivores).

Un groupe de cette division a pour caractères antennes n'étant pas manifestement grenues ni perfoliées, de la longueur au plus de la tête et du corselet ; seulement deux ocelles visibles. Là se placent les genres Synaphe et Mycétophile. (*Voyez* Tipulaires.) Celui-ci se distingue du premier par ses yeux oblongs et par ses jambes postérieures épineuses latéralement.

Antennes assez courtes, avancées, cylindriques, ayant probablement seize articles, les deux inférieurs visiblement séparés, les suivans cylindriques. — *Palpes* composés de quatre articles, le premier très-petit, à peine distinct, les suivans cylindriques, égaux entr'eux. — *Tête* globuleuse, aplatie par en haut. — *Yeux* arrondis. — *Trois ocelles* placés sur le front, disposés en ligne presque droite, l'intermédiaire à peine visible même vu à la loupe. — *Corselet* élevé. — *Ecusson* petit. — *Ailes* ayant une cellule ovale formée par les deux branches de la nervure longitudinale du milieu qui se réunissent avant d'arriver au bord postérieur. — *Abdomen* très-comprimé sur les côtés, composé de sept segmens : anus des mâles terminé par une pince de deux articles, le premier grand, ovale, comprimé, velu ; le second petit, en bouton. — *Pattes* de longueur moyenne, jambes éperonnées à leur extrémité, les postérieures dépourvues d'épines latérales.

M. Meigen ne mentionne qu'une seule espèce de ce genre ; on ignore ses mœurs : il est probable que la larve vit dans les Champignons.

1. Synaphe fasciée, *S. fasciata*.

Synapha atra, palpis, femoribus tibiisque ferrugineis : alis hyalinis. Mas.

Synapha fasciata. Meig. *Dipt. d'Europ. tom.* .. *pag.* 229. *tab.* 8. *fig.* 10—13. Mâle.

Longueur 1 lig. ½. Noire avec les cuisses et les jambes de couleur ferrugineuse ainsi que les palpes. Ailes hyalines. Mâle.

D'Allemagne. Trouvée en été sur les haies.

(S. F. et A. Serv.)

SYNDÈSE, *Syndesus.* M. Macleay (*Horæ Entomol. pag.* 104.) établit un genre d'insectes coléoptères sous ce nom aux dépens des *Sinodendron* de Fabricius; voici les caractères qu'il lui donne : second article des antennes presque globuleux, le troisième grand, conique, les sept autres (au moins dans les mâles) formant une massue lamellée, grande, arrondie, déprimée; mandibules alongées, presque droites, coniques; palpes maxillaires à peu près de la longueur des mandibules, leur dernier article cylindrique-ovale, plus long que les autres; corps cylindrique, à peine plus large que la tête y compris la saillie des yeux; écusson petit; corselet convexe, ayant un sillon longitudinal sur le dos; jambes antérieures dentées en scie.

Le type de ce genre est le Syndèse cornu, *S. cornutus.* MACL. *ut suprà.* — *Sinodendron cornutum* n°. 2. FAB. *Syst. Eleut.* — *Lamprima.* LAT. *Règn. anim. tom.* 3. *pag.* 290. — *Lucanus parvus.* DONOV. *Ins. of New. Holland. tab.* 1. 4. Terre de Diémen. (S. F. et A. SERV.)

SYNISTATES, *Synistata.* Nom donné par Fabricius à sa troisième classe des insectes renfermant les genres *Ephemera*, *Phryganea*, *Semblis*, *Lepisma*, *Podura*, *Hemerobius*, *Termes*, *Raphidia*, *Panorpa* et *Myrmeleon.* Le caractère de cette classe est : quatre palpes; mâchoire réunie en un seul corps avec la lèvre.

(S. F. et A. SERV.)

SYNODUS, *Synodus.* Nom que, dans mon ouvrage sur les familles naturelles du Règne animal, j'ai donné à un genre de Crustacés de l'ordre des Isopodes, famille des Cymothoadés, et distingué des autres genres dont elle se compose par les caractères suivans. *Post-abdomen* de six segmens. *Antennes* supérieures plus courtes que les inférieures, insérées au bord antérieur de la tête ou paroissant la terminer, lorsqu'elle est vue en dessus. Les six *pieds* antérieurs terminés par un fort crochet; ceux des autres, petits ou moyens. *Corps* ovale-oblong. *Yeux* à facettes. *Mandibules* fortes et saillantes.

Ce genre a été établi sur une seule espèce (*vorax*), de petite taille, et qui habite nos mers. Il avoisine le genre *Æga* du docteur Léach; mais il s'en éloigne, ainsi que des autres de la même famille, par la saillie des mandibules.

(LATR.)

SYNTOMIDE, *Syntomis.* ILLIG. LAT. GOD. *Sphinx.* LINN. SCOPOL. DRURY. ESPER. CRAM. ENGRAM. PRUNN. HUBN. *Zygæna.* Ross. FAB.

Genre d'insectes de l'ordre des Lépidoptères, famille des Crépusculaires, tribu des Zygénides.

Un groupe de cette tribu a pour caractère : antennes simples dans les deux sexes. (*Voyez* ZYGÉNIDES.) Avec les Syntomides ce groupe renferme le genre Sésie qui se distingue par ses antennes terminées par une petite houppe d'écailles et ceux d'Ægocère, Thyride et Zygène dans lesquels les palpes s'élèvent au-dessus du chaperon; de plus, dans les Ægocères et les Thyrides, les jambes sont terminées par deux épines très-fortes, et ce dernier genre ainsi que celui de Zygène a l'article terminal des palpes finissant en pointe.

Antennes presqu'en fuseau, grossissant à peine et insensiblement après le milieu, leur extrémité ne portant point de houppe écailleuse. — *Palpes* cylindriques, obtus, très-courts, ne s'élevant pas au-delà du chaperon. — *Langue* en spirale. — *Ailes* grandes, en toit dans le repos; les inférieures ayant leur cellule sous-marginale étroite, fermée en arrière par l'intersection des deux rameaux nerveux qui se prolongent jusqu'au bord postérieur. — *Abdomen* cylindrique, obtus. — *Jambes postérieures* n'ayant à leur extrémité que deux épines très-petites.

Les Chenilles de ces Lépidoptères sont diurnes, munies de faisceaux de poils; elles se roulent sur elles-mêmes lorsqu'on les inquiète de même que celles des Arcties.

Nous mentionnerons les espèces suivantes : 1°. Syntomide Phégée, *S. Phegea.* GOD. *Lépid. de France, pag.* 154. *n°.* 49. *pl.* 22. *fig.* 14. — *Syntomis quercus.* LAT. *Gener. Crust. et Insect. tom.* 4. *pag.* 213. — *Sphinx Phegea.* LINN. *Syst. nat.* 2. 805. 35. — *Zygæna quercus* n°. 6. FAB. *Entom. Syst. tom.* 3. *pag.* 388. — Sphinx du Pissenlit. ENGRAM. *Papil. d'Europ.* 2°. Syntomide Passalis, *S. Passalis.* LAT. *id.* — *Zygæna Passalis* n°. 15. FAB. *id. pag.* 391. Des Indes orientales. 3°. Syntomide Cerbère, *S. Cerbera.* LAT. *id.* — *Zygæna Cerbera* n°. 16. FAB. *id.* D'Ethiopie.

(S. F. et A. SERV.)

SYNUCHUS, *Synuchus.* M. Gyllenhall (*Ins. Suec.*) donne ce nom à un genre d'insectes coléoptères de la tribu des Carabiques de M. Latreille, qui avoit été établi par M. Bonelli sous celui de Taphrie. *Voyez* ce mot.

(S. F. et A. SERV.)

SYRPHE, *Syrphus.* FAB. (*Entom.*) LAT. MEIG. ROSS. PANZ. FALLÉN. *Eristalis.* FAB. FALLÉN. *Scæva.* FAB. FALLÉN. PANZ. *Musca.* LINN. DE GÉER. FAB. (*Entom.*) GEOFF. SCHRANCK.

Genre d'insectes de l'ordre des Diptères (1re. section), famille des Athéricères, tribu des Syrphies.

Des six genres qui composent le groupe de cette tribu dans lequel entre le genre Syrphe (*voyez* SYRPHIES), celui de Baccha est distingué par son abdomen alongé en massue; dans les Chrysogastres les deux premières cellules du bord postérieur des ailes sont éloignées de ce bord, et les nervures transversales qui les ferment inférieurement ne conservent pas de parallélisme avec ce bord;

les genres Pipize, Psilote et Parague ont leur hypostome plane.

Antennes avancées, plus courtes que la tête, rabattues, insérées sous un rebord du front, composées de trois articles; les deux premiers petits, égaux entr'eux, le troisième comprimé, semicirculaire ou oblong, avec une soie dorsale paroissant ordinairement nue à la vue simple. — *Ouverture de la cavité buccale* oblongue, rétrécie par-devant et un peu tronquée dans cette partie. — *Trompe* charnue, retirée dans la cavité buccale lors du repos. — *Suçoir* de quatre soies, suivant M. Latreille, les inférieures très-variables sous le rapport de la longueur proportionnelle. — *Palpes* de forme et de longueur variables. — *Tête* hémisphérique; hypostome plus ou moins enfoncé au-dessous des antennes, muni d'un tubercule plus ou moins saillant, situé près de l'ouverture de la cavité buccale. — *Yeux* tantôt nus, tantôt velus, réunis par en haut dans les mâles, espacés dans les femelles. — *Trois ocelles* placés en triangle sur le vertex. — *Corps* assez long. — *Corselet* ovale, voûté, velu, surtout dans les mâles. — *Ecusson* semicirculaire. — *Ailes* grandes, velues vues au microscope, couchées parallèlement sur le corps dans le repos; leurs deux premières cellules du bord postérieur assez rapprochées de ce bord : les nervures transversales qui les ferment à leur partie inférieure presque parallèles avec lui. — *Cuillerons* doubles, petits. — *Balanciers* découverts. — *Abdomen* assez long, assez déprimé, mince, de forme variable, mais toujours linéaire ou elliptique, composé de quatre segmens outre l'anus. — *Pattes* grêles; tarses ayant leur premier article le plus grand de tous, celui des postérieurs au moins aussi long que les quatre autres pris ensemble, les suivans allant en décroissant de longueur : le dernier muni de deux crochets assez forts, ayant dans leur entre-deux une forte pelotte bifide.

Dans le nouveau *Dictionnaire d'Histoire naturelle*, 2e. édition, M. Latreille avoit proposé de restreindre ce genre aux espèces dont les larves se nourrissent de Pucerons; M. Meigen dans son premier ouvrage sur les Diptères avoit établi les genres *Cheilosia* et *Doros* qu'il réunit avec celui de Syrphe dans ses *Diptères d'Europe*, les caractères des deux premiers lui ayant paru trop peu saillans; il nous paroît certain cependant que les larves des Doros et des Cheilosies ne vivent point aux dépens des Pucerons. Nous avons réuni le premier de ces genres à celui de Baccha. *Voyez* ce mot.

Les larves des Syrphes proprement dits ainsi que leurs habitudes sont assez connues par les travaux de Goedaert et surtout du célèbre Réaumur. (*Voyez* ce dernier auteur tom. III, Mém. XI, ainsi que l'analyse de ce Mémoire, *Encycl.* tom. IV, pag. CCXXV, CCXXVI et CCXXVII.) Les insectes parfaits vivent du miel des fleurs. Les mâles ont une grande puissance de vol et s soutiennent long-temps en l'air à la même plac pour guetter le passage des femelles, de la mêm manière que les Eristales; les femelles parcou rent très-fréquemment en voltigeant les différent parties des végétaux où elles espèrent trouver de colonies de Pucerons afin d'y déposer quelque œufs; elles ne mettent jamais dans un même en droit un nombre considérable de ces œufs, e quoique l'on trouve souvent deux ou trois larve de Syrphes occupées à détruire une même famill de Pucerons, le plus souvent ces larves ne so pas de la même espèce; celles du sous-genr *Cheilosia* vivent probablement dans le terrea végétal, les insectes parfaits se tiennent ordinai rement dans les bois, sous les futaies claires près des terrains humides. On voit quelquefo de petits buissons qui en sont entièrement charg et autour desquels ils se jouent ensemble en vo tigeant, nous ne les avons jamais vu planer e l'air ni chercher les Pucerons sur les végétaux.

Quoique Fabricius soit le fondateur de ce genre comme il en a retiré beaucoup d'espèces dans so *Systema Antliatorum*, le genre *Syrphus* de cet ou vrage ne contient aucune espèce que nous puissior rapporter au présent genre; ses *Syrphus mussita* et *lapponum* sont des Séricomyies; le *bombyl formis* est un Eristale; nous ne connoissons poi les *Syrphus tympanitis*, *vesiculosus*, *vacuus* *obesus*; les autres espèces appartiennent aux Vo lucelles. Le genre *Scæva* de Fabricius est cel qui contient le plus grand nombre de nos espèc de Syrphes. (L'on sait que cet auteur a peu genres purs sous ce rapport.) Les *Scæva* nos. 2. 3. 8. 9. 11. 12. 13. 14. 17. 18. 22. 23. sont vrais Syrphes. Le no. 4. est un Paragne; l'espè numérotée 7. est un Xylote et le no. 19. Sargus suivant M. Wiédemann. Les autres no sont inconnues. On trouve encore quelques Sy phes parmi les *Eristalis*. Fab. Ce sont les nos. 3 36. 37. 46. 49. 50. 53. 55. 56. et 66.

1re. *Division*. Tarses simples dans les de sexes. — Abdomen elliptique, métallique, sa bandes transverses. (Genre *Cheilosia*. Mei *Classif.*)

Nota. En réunissant, dans ses *Diptères d'E rope*, ce genre aux Syrphes, M. Meigen remarq qu'il y doit former une division particulière d tinguée par son corps toujours de couleur sombr sur le front immédiatement au-dessus des antenn on voit une fossette, et dans les femelles en d hors une ligne latérale enfoncée; le troisième a ticle des antennes est arrondi. Cet auteur ra porte 34 espèces à cette coupe parmi lesquel nous citerons comme se trouvant aux envir de Paris : 1o. Syrphe ruficorne, *S. ruficorn* Meig. *Dipt. d'Eur. tom.* 3. *pag.* 278. *no.* 2o. Syrphe gros, *S. grossus*. Meig. *id. pag.* 2 *no.* 5. 3o. Syrphe fulvicorne, *S. fulvicornis*. M *id. pag.* 288. *n°.* 18. 4°. Syrphe albitarse, *S. albitarsis.* Meig. *id. pag.* 290. *n°.* 22. 5°. Syrphe antique, *S. antiquus.* Meig. *id. pag.* 291. *n°.* 24.

2°. *Division.* Tarses simples dans les deux sexes. — Abdomen presque d'égale longueur dans les deux sexes, noir ou métallique, toujours fascié. — Appareil génital des mâles toujours caché (genre *Syrphus propriè dictus*).

1re. *Subdivision.* Abdomen elliptique dans les deux sexes.

A. Corselet rayé longitudinalement; écusson jaune.

Ce groupe comprend : 1°. Syrphe agréable, *S. festivus.* Meig. *Dipt. d'Eur. tom.* 3. *pag.* 297. *n°.* 36. 2°. Syrphe orné, *S. ornatus.* Meig. *id. pag.* 298. *n°.* 37.

B. Corselet d'une seule couleur; écusson de même couleur que le corselet ou pâle.

a. Une seule bande sur chaque segment de l'abdomen.

Là viennent : 1°. Syrphe du Poirier, *S. pyrastri.* Meig. *Dipt. d'Europ. tom.* 3. *pag.* 303. *n°.* 44. 2°. Syrphe du Rosier, *S. rosarum.* Meig. *id. pag.* 338. *n°.* 94. 3°. Syrphe transparent, *S. hyalinatus.* Meig. *id. pag.* 312. *n°.* 56. 4°. Syrphe du Groseillier, *S. ribesii.* Meig. *id. pag.* 306. *n°.* 49. 5°. Syrphe noble, *S. nobilis.* Meig. *id. pag.* 316. *n°.* 62. 6°. Syrphe nitidicolle, *S. nitidicollis.* Meig. *id. pag.* 308. *n°.* 51. 7°. Syrphe bifascié, *S. bifasciatus.* Meig. *id. pag.* 309. *n°.* 52. 8°. Syrphe des fleurs, *S. corollæ.* Meig. *id. pag.* 304. *n°.* 46. Tous des environs de Paris.

b. Deux bandes sur la plupart des segmens de l'abdomen.

Le Syrphe à ceintures, *S. balteatus.* Meig. *Dipt. d'Europ. tom.* 3. *pag.* 312. *n°.* 57. appartient à ce petit groupe.

2e. *Subdivision.* Abdomen alongé, presque linéaire.

Cette subdivision renferme : 1°. Syrphe grêle, *S. gracilis.* Meig. *Dipt. d'Europ. tom.* 3. *pag.* 328. *n°.* 80. 2°. Syrphe mielleux, *S. melitturgus.* Meig. *id. pag.* 329. *n°.* 82. 3°. Syrphe porte-échelle, *S. scalaris.* Meig. *pag.* 330. *n°.* 83. Ces trois espèces se trouvent aux environs de Paris.

3e. *Division.* Tarses simples dans les deux sexes. — Abdomen linéaire, toujours fascié, très-alongé dans les mâles. — Appareil génital de ceux-ci paroissant à l'extérieur sous les derniers segmens de l'abdomen et offrant l'apparence d'une sphère accolée à un globule couvert de poils divariqués. (*Sphærophoria.* Nob.)

Nous plaçons ici : 1°. Syrphe de la Menthe, *S. Menthastri.* Meig. *Dipt. d'Europ. tom.* 3. *pag.* 325. *n°.* 75. D'Allemagne et de Montpellier. 2°. Syrphe de la Mélisse, *S. Melissæ.* Meig. *id. pag.* 326. *n°.* 76. 3°. Syrphe noté, *S. scriptus.* Meig. *id. pag.* 324. *n°.* 73. 4°. Syrphe rubanné, *S. tæniatus.* Meig. *id. pag.* 325. *n°.* 74. Ces trois derniers des environs de Paris. 5°. Syrphe peint, *S. pictus.* Meig. *id. pag.* 326. *n°.* 77. D'Autriche. 6°. Syrphe hiéroglyphique, *S. hieroglyphicus.* Meig. *id. pag.* 327. *n°.* 78. 7°. Syrphe Philanthe, *S. Philanthus.* Meig. *id. n°.* 79. D'Allemagne.

4e. *Division.* Tarses antérieurs dilatés dans les mâles. — Abdomen linéaire, presque d'égale longueur dans les deux sexes, noir ou métallique, à bandes transverses. (*Platycheirus.* Nob.)

Nous mentionnerons les espèces suivantes : 1°. Syrphe à palette, *S. scutatus.* Meig. *Dipt. d'Eur. tom.* 3. *pag.* 333. *n°.* 88. 2°. Syrphe à bouclier, *S. peltatus.* Meig. *id. pag.* 334. *n°.* 89. Des environs de Paris ainsi que le précédent. 3°. Syrphe albimane, *S. albimanus.* Meig. *id. pag.* 333. *n°.* 87. D'Allemagne. 4°. Syrphe patte élargie, *S. clypeatus.* Meig. *id. pag.* 335. *n°.* 90. D'Allemagne. 5°. Syrphe à manchettes, *S. manicatus.* Meig. *id. pag.* 336. *n°.* 91. Même patrie que le précédent. 6°. Syrphe lobé, *S. lobatus.* Meig. *id. n°.* 92. (S. F. et A. Serv.)

SYRPHIES, *Syrphiæ.* Première tribu de la famille des Athéricères, première section de l'ordre des Diptères, à laquelle M. Latreille donne pour caractères :

Antennes composées de trois articles, le dernier sans divisions, plus grand que les autres, en forme de palette ou de massue, souvent muni d'une soie dorsale ou quelquefois d'un style terminal. — *Trompe* longue, bilabiée, se retirant entièrement dans la cavité buccale, renfermant dans une gouttière supérieure un suçoir de quatre soies et deux palpes linéaires, comprimés, adhérant chacun à l'une de ces soies. — *Tête* ayant son extrémité antérieure ordinairement avancée en manière de bec.

Nous diviserons cette nombreuse tribu de la manière suivante, en partie d'après des considérations tirées des derniers ouvrages de M. Latreille.

I. Antennes sensiblement plus longues que la tête.

A. Troisième article des antennes n'ayant pas de soie dorsale.

Cérie, Callicère.

B. Troisième article des antennes muni d'une soie dorsale.

Chrysotoxe, Aphrite, Cératophye.

Nota. Nous ne connoissons pas le genre Sphécomye que M. Latreille range parmi les Syrphies dont les antennes sont plus longues que la tête.

II. Antennes à peine de la longueur de la tête ou plus courtes qu'elle.

A. Deuxième article des antennes plus long que le premier. — Antennes insérées sur un pédicule frontal.

Psare.

B. Antennes ayant leurs deux premiers articles égaux entr'eux.

a. Antennes portées sur un tubercule frontal.

† Cuisses postérieures simples.

Milésie, Brachyope, Rhingie.

† † Cuisses postérieures renflées.

Xylote.

b. Point de tubercule frontal portant les antennes.

† Ailes n'ayant point de cellule pédiforme.

* Cuisses postérieures renflées.

Sphégine, Ascie, Tropidie, Eumère.

* * Cuisses simples.

¶ Soie des antennes triarticulée.

Pélécocère.

¶ ¶ Soie des antennes sans articulations sensibles.

A. Soie des antennes nue à la vue simple.

o. Abdomen en massue.

Baccha.

o. o. Abdomen linéaire ou elliptique.

Syrphe, Chrysogastre, Pipize, Psilote, Paragne.

A A. Soie des antennes plumeuse.

Séricomyie, Volucelle.

† † Ailes ayant leur cellule sous-marginale pédiforme (1).

(1) Cette cellule est pédiforme lorsque la nervure qui la sépare de la première cellule du bord postérieur forme un profond sinus rentrant dans cette dernière, alors la cellule sous-marginale prend la forme de la partie inférieure d'une jambe dont le pied seroit entièrement étendu.

* Cuisses postérieures simples.

Mallote, Eristale.

* * Cuisses postérieures renflées.

Hélophile, Mérodon.

Les larves des Syrphies sont apodes, leur corps est membraneux, elliptique ou alongé et aminci en devant, quelquefois terminé par une espèce de queue; leur tête n'a pas de forme constante, étant molle et charnue; leur bouche est ordinairement armée de deux crochets écailleux qui servent à déchirer les substances dont se nourrissent ces larves : elles se transforment en nymphes dans leur peau même qui devient une coque en se durcissant par la dessiccation; elles y prennent ensuite la forme d'insecte parfait, lequel sort de la coque en faisant sauter la partie antérieure sous la forme de deux demi-calottes, par l'effort qu'exerce contre cette partie une membrane susceptible de se gonfler d'air à la volonté de l'insecte parfait, qu'il a fait sortir de la partie moyenne de la face, immédiatement au-dessous des antennes; cette membrane étant rétractile, rentre en totalité après avoir servi à l'usage que nous venons d'indiquer.

On trouve les Syrphies à l'état parfait sur les fleurs et sur les feuilles des plantes.

CÉRIE, *Ceria*. FAB. LAT. SCHELL. MEIG. ILLIG. *Musca*. LINN. SCHRANCK. *Syrphus*. ROSS. PANZ.

Genre d'insectes de l'ordre des Diptères (1re. section), famille des Athéricères, tribu des Syrphies.

Les Céries et les Callicères constituent un groupe dans cette tribu. (*Voyez* SYRPHIES.) Le second de ces genres est distingué du premier par son abdomen conique et parce que la nervure qui sépare la cellule sous-marginale des ailes de la première cellule du bord postérieur ne forme pas un angle rentrant dans celle-ci.

Antennes plus longues que la tête, insérées sur un tubercule frontal plus ou moins long, quelquefois colonniforme, composées de trois articles, le premier cylindrique, grossissant à peine antérieurement, plus long que le second; les second et troisième presqu'égaux, formant ensemble une massue portant à son extrémité un style pointu, biarticulé. — *Ouverture de la cavité buccale* presqu'oblongue, tronquée en devant. — *Trompe* épaisse, charnue, cylindrique, terminée par une double lèvre. — *Suçoir* de quatre soies, suivant M. Latreille, les inférieures subulées, courbées, plus courtes que les palpes. — *Palpes* aussi longs que la soie supérieure, cylindriques dans la plus grande partie de leur longueur, élargis et velus à leur sommet. — *Tête* plus large que le corselet, plane, alongée vers le bas en forme de museau ayant un tubercule au-dessus de la bouche. — *Yeux* espacés et front large dans les femelles, rapprochés et séparés par une simple suture dans les mâles. — *Trois ocelles* posés sur un tubercule du vertex, rapprochés en triangle. — *Corps* alongé, presque cylindrique. — *Corselet* tronqué antérieurement, rétréci à sa partie postérieure. — *Ailes* à peu près de la longueur de l'abdomen, à moitié ouvertes dans le repos, suivant M. Latreille, velues vues au microscope; la nervure qui sépare la cellule sous-marginale de la première cellule du bord postérieur formant un angle rentrant dans celle-ci. —*Cuillerons* très-petits.—*Balanciers* découverts. — *Abdomen* cylindrique, un peu fusiforme dans les femelles, composé de quatre segmens, outre l'anus, celui-ci conique dans les femelles, arrondi dans les mâles. — *Pattes* de longueur moyenne, assez fortes; jambes amincies à leur base, les postérieures un peu arquées; articles des tarses bifides; le dernier tronqué, terminé par deux crochets munis d'une pelotte bilobée dans leur entredeux.

L'histoire de ces Diptères n'est pas encore connue. On les rencontre quelquefois sur les fleurs et les troncs d'arbre. M. Meigen en mentionne trois espèces.

1re. *Division.* Antennes insérées sur un tubercule frontal long, colonniforme.

1. CÉRIE conopsoïde, *C. conopsoides.*

Ceria nigra, hypostomatis maculâ duplici laterali triangulari, frontis lineâ transversâ (in fœminâ è quatuor punctis, in mari è duabus lineolis angulatim dispositis compositâ) verticis strigâ, thoracis margine antico, lineâ utrinquè antè alas puncto ad apices terminatâ aliâque scutellari, abdominis primi segmenti maculâ utrinquè arcuatâ, secundi, tertii quartique margine infero luteis: pedibus luteis, femorum mediâ parte tibiisque apice fusco-nigris.

Ceria conopsoides. MEIG. *Dipt. d'Europ. tom.* 3. *pag.* 160. *n°.* 2. — LAT. *Gener. Crust. et Ins. tom.* 4. *pag.* 328. — *Ceria clavicornis* n°. 1. FAB. *Syst. Antliat.* (Cet auteur lui donne mal-à-propos la *Ceria subsessilis* pour femelle.) — *Musca conopsoides.* LINN. *Faun. Suec.* 1790.—*Syrphus conopseus.* PANZ. *Faun. Germ. fas.* 44. *fig.* 20. Mâle.

Longueur 6 lig.; 6 lig. ½. Antennes noires, leur pédicule commun un peu testacé en dessous. Tête noire, sa face antérieure ayant deux grandes taches latérales triangulaires jaunes, quatre points de même couleur placés en ligne transverse entre les yeux, immédiatement au-dessus des antennes, et une ligne transverse jaune, un peu interrompue dans son milieu, terminant postérieurement le vertex. Corselet noir ayant au-devant de chaque aile une ligne jaune aux deux extrémités de laquelle se trouve un point de même couleur. L'angle antérieur est de cette couleur ainsi qu'une ligne transverse sur l'écusson. Abdomen noir; premier segment ayant de chaque côté de sa base une tache jaune arquée; bord postérieur des second, troisième et quatrième segmens de cette même couleur. Cuisses noires, leur base et leur extrémité jaunes, surtout la première dans les cuisses postérieures; jambes d'un jaune un peu testacé, brunâtres dans leur milieu, tarses testacés. Bord extérieur des ailes depuis la base jusqu'à son extrémité brun, cette couleur s'étendant presque jusqu'au milieu, le reste de l'aile transparent mais séparé par une ligne brune qui descend de la base de l'aile jusqu'à son milieu. Femelle.

Le mâle diffère en ce que, au lieu des quatre points au-dessus des antennes, on voit dans cette partie deux lignes jaunes qui se rejoignent presque en chèvron brisé; la ligne du vertex n'est pas interrompue; l'extrémité des jambes et des tarses est plus brune.

Des environs de Paris.

Nota. La description du mâle et de la femelle de cette espèce ayant été donnée jusqu'ici d'une manière incorrecte, il nous a semblé utile de décrire les deux sexes avec tous les détails nécessaires.

A cette division appartient en outre la Cérie vespiforme, *C. vespiformis.* LAT. *ut suprà.* — MEIG. *Dipt. d'Europ. tom.* 3. *pag.* 161. *n°.* 3. D'Italie et de Barbarie.

2e. *Division.* Antennes insérées sur un tubercule frontal très-court. (*Encycl. pl.* 391. *fig.* 6.)

Le type de cette seconde division est la Cérie subsessile, *C. subsessilis.* ILLIG. MEIG. *id. n°.* 1. — LAT. *ut suprà.* D'Auvergne.

CALLICÈRE, *Callicera.* MEIG. LAT. PANZ. *Bibio.* FAB. *Syrphus.* ROSS.

Genre d'insectes de l'ordre des Diptères (1re. section), famille des Athéricères, tribu des Syrphies.

Les Syrphies dont les antennes sensiblement plus longues que la tête sont dépourvues de soie dorsale, forment un groupe qui renferme les genres Cérie et Callicère. (*Voyez* SYRPHIES.) Dans les Céries l'abdomen est cylindrique et la nervure qui sépare la cellule sous-marginale des ailes de la première cellule du bord postérieur forme un angle rentrant dans celle-ci.

Antennes avancées, insérées sur un tubercule frontal, rapprochées à leur base, composées de trois articles, le premier cylindrique, le second à peu près de la même longueur que le précédent, dilaté vers son extrémité, formant avec le troisième une massue longue, un peu déprimée, dilatée dans son milieu, terminée par un style assez long, qui ne présente pas d'articulations apparentes. — *Ouverture de la cavité buccale* presqu'oblongue. — *Trompe* épaisse, charnue, cylindrique, terminée par une double lèvre. — *Suçoir* de quatre soies, suivant M. Latreille, les inférieures subulées, courbées, à peine moitié aussi longues que les palpes. — *Palpes* épais, noueux, velus dans toute leur longueur, plus courts que la soie supérieure. — *Tête* plus large que le corselet, hypostome tuberculé. — *Yeux* espacés et front large dans les femelles, rapprochés et n'étant séparés l'un de l'autre que par une simple suture dans les mâles. — *Trois ocelles* disposés en triangle sur le vertex. — *Corps* un peu velu, assez court. — *Corselet* presque globuleux, tronqué en devant. — *Ecusson* semi-circulaire. — *Ailes* un peu plus longues que le corps, velues vues au microscope, couchées l'une sur l'autre dans le repos; la nervure qui sépare la cellule sous-marginale de la première cellule du bord postérieur est presque droite et ne forme pas d'angle. — *Cuillerons* petits. — *Balanciers* en grande partie découverts. — *Abdomen* composé de quatre segmens outre l'anus, conique dans les mâles, plus ovale dans les femelles. — *Pattes* de longueur moyenne, un peu velues : premier article des tarses long et gonflé (du moins dans les femelles).

Le nom donné à ce genre vient de deux mots grecs qui signifient : *belles cornes*. On n'en connoît qu'une seule espèce. Callicère bronzée, *C. œnea*. Meig. *Dipt. d'Europ. tom.* 3. *pag.* 155. *n°.* 1. *tab.* 26. *fig.* 16—20. Elle se trouve dans les montagnes en Alsace et dans le midi de la France.

Nota. Les individus décrits par M. Latreille (*Gener. Crust. et Ins. tom.* 4. *pag.* 329.) et par Rossi (*Faun. Etrusc. tom.* 2. *pag.* 288. *tab.* 10. *fig.* 4.) ne sont peut-être que de simples variétés de cette espèce, ainsi que la *Callicera œnea*. Panz. *Faun. Germ. fas.* 104. *fig.* 17.

CHRYSOTOXE, *Chrysotoxum*. Meig. Lat. *Mulio*. Fab. Fall. Schell. *Milesia*. Fab. *Syrphus*. Ross. Panz. *Musca*. Linn. Geoff. De Géer. De Vill.

Genre d'insectes de l'ordre des Diptères (1re. section), famille des Athéricères, tribu des Syrphies.

Trois genres de cette tribu, Chrysotoxe, Aphrite et Cératophye ont pour caractères communs : antennes sensiblement plus longues que la tête, leur troisième article muni d'une soie dorsale. Les deux derniers genres se distinguent facilement des Chrysotoxes par la forme du second article de leurs antennes infiniment plus court que le premier; et par la première cellule du bord postérieur des ailes partagée en deux par une nervure transversale : en outre l'écusson des Aphrites est bidenté, et dans les Cératophyes le dernier article des antennes est manifestement plus long que les deux premiers pris ensemble.

Antennes plus longues que la tête, insérées sur un tubercule frontal, composées de trois articles, ordinairement presque d'égale longueur entr'eux, le premier cylindrique, le second comprimé, garnis tous deux de poils courts, le troisième quelquefois un peu plus long que le précédent, allant en se rétrécissant vers le bout, comprimé, nu, muni d'une soie dorsale nue, inarticulée à sa base. — *Ouverture de la cavité buccale* oblongue, rétrécie par-devant et un peu sinueuse. — *Trompe* charnue, cylindrique, cornée dans sa partie inférieure, terminée par deux lèvres. — *Suçoir* de quatre soies, suivant M. Latreille, les inférieures courtes, moins longues que les palpes. — *Palpes* moitié plus courts que la soie supérieure, presque coniques, un peu velus. — *Tête* hémisphérique, plus large que le corselet; hypostome nu, ayant un tubercule au-dessus de la bouche. — *Yeux* espacés dans les femelles, ceux des mâles rapprochés par-devant et presque contigus. — *Trois ocelles* placés en triangle sur le vertex. — *Corps* peu épais, assez convexe, légèrement pubescent. — *Corselet* ovale, tronqué en devant. — *Ecusson* assez grand, transversal, mutique. — *Ailes* plus longues que le corps, velues vues au microscope, écartées dans le repos; la nervure qui sépare la cellule sous-marginale de la première cellule du bord postérieur, sinueuse, formant un angle obtus rentrant dans celle-ci qui n'est pas partagée en deux par une nervure transversale. — *Cuillerons* de grandeur moyenne, ciliés. — *Balanciers* en partie découverts. — *Abdomen* elliptique, convexe, peu épais, rebordé, de cinq segmens outre l'anus. — *Pattes* assez foibles; cuisses grêles; jambes un peu en massue; premier article des tarses aussi long que tous les suivans pris ensemble; crochets courts munis dans leur entre-deux d'une pelotte forte, bilobée.

Chrysotoxe est tiré du grec; ce nom a rapport aux lignes dorées et arquées que porte l'abdomen de ces Syrphies; leurs transformations ne sont pas connues non plus que leurs larves; Fabricius, sans en alléguer la raison, pense que ces dernières habitent dans les racines. Schranck, en prétendant qu'elles vivent de Pucerons, paroît avoir pris la larve d'un Syrphe pour celle d'un Chrysotoxe. Ces insectes perdent après la mort leur belle couleur jaune-doré, qui alors se rembrunit beaucoup. On en connoît neuf espèces européennes; on les rencontre sur les fleurs.

1°. Chrysotoxe double ceinture, *C. bicinctum*. Meig. *Dipt. d'Europ. tom.* 3. *pag.* 168. *n°.* 1. Des environs de Paris. 2°. Chrysotoxe arqué, *C. arcuatum*. Meig. *id. n°.* 2. *tab.* 27. *fig.* 7. Femelle. 3°. Chrysotoxe intermédiaire, *C. intermedium*. Meig. *id. pag.* 169. *n°.* 3. *tab.* 27. *fig.* 6. Mâle. 4°. Chrysotoxe fasciolé, *C. fasciolatum*. Meig. *id. pag.* 170. *n°.* 4. 5°. Chrysotoxe bordé, *C. marginatum*. Meig. *id. pag.* 171. *n°.* 5. 6°. Chrysotoxe des forêts, *C. sylvarum*. Meig. *id. n°.* 6. 7°. Chrysotoxe costal, *C. costale*. Meig. *id. pag.* 172. *n°.* 7. 8°. Chrysotoxe des jardins, *C. hortense*. Meig. *pag.* 173. *n°.* 8. 9°. Chrysotoxe linéaire, *C. lineare*. Meig. *id. n°.* 9.

APHRITE, *Aphritis*. Lat. *Microdon*. Meig. Fall. *Mulio*. Fab. Schell. *Stratiomys, Mulio*. Panz. *Musca*. Linn. De Géer. Schr.

Genre d'insectes de l'ordre des Diptères (première section), famille des Athéricères, tribu des Syrphies.

Des trois genres qui composent la seconde subdivision de la première division des Syrphies (*voyez* ce mot), ceux de Chrysotoxe et de Cératophye ont l'écusson mutique, ce qui empêche de les confondre avec les Aphrites.

Antennes sensiblement plus longues que la tête, avancées, insérées sur un petit tubercule du front, composées de trois articles, le premier alongé, cylindrique, aussi long que les deux suivans réunis, finement velu, le second allant en s'élargissant, le troisième beaucoup plus long que le précédent, conique, pointu à son extrémité, muni à sa base d'une soie dorsale nue. — *Ouverture de la cavité buccale* petite, ovale. — *Trompe* charnue, cylindrique, terminée par deux lèvres. — *Suçoir* de quatre soies, suivant M. Latreille. — *Palpes* fort petits, à peine visibles. — *Tête* aussi large que le corselet, un peu hémisphérique, fortement comprimée en devant; hypostome voûté, plane, sans tubercule, garni de poils veloutés. — *Yeux* espacés dans les deux sexes, mais se rapprochant un peu l'un de l'autre dans les mâles, en formant chacun presqu'un angle dont les sommets aboutissent à une ligne transversale enfoncée. — *Trois ocelles* placés en triangle sur le vertex. — *Corps* court, un peu velu. — *Corselet* court, presque globuleux, tronqué en devant. — *Ecusson* grand, transversal, portant de chaque côté de son milieu une petite pointe spiniforme. — *Ailes* velues vues au microscope, couchées presque parallèlement sur le corps dans le repos, la nervure qui sépare la cellule sous-marginale de la première cellule du bord postérieur un peu sinueuse, formant trois petits angles vers cette dernière qui est séparée en deux par une nervure transversale. — *Cuillerons* de grandeur moyenne. — *Balanciers* courts, cachés. — *Abdomen* voûté, mince, de quatre segmens outre l'anus. — *Pattes* assez fortes, finement ciliées; premier article des tarses assez long, les autres allant en diminuant, le dernier fort petit, portant deux crochets ayant une pelotte bifide dans leur entre-deux.

On trouve les Aphrites sur les fleurs pendant la belle saison, mais ils ne sont pas communs. Leurs larves n'ont pas encore été observées. M. Meigen en décrit quatre espèces.

1°. Aphrite apiforme, *A. apiformis*. — *Aphritis auropubescens*. Lat. *Gener. Crust. et Ins. tom.* 4. *pag.* 330. *tom.* 1. *tab.* 1. *fig.* 7. et 8. Femelle. — *Microdon apiformis*. Meig. *Dipt. d'Europ. tom.* 3. *pag.* 163. *n°.* 1. 2°. Aphrite variable, *A. mutabilis*. — *Microdon mutabilis*. Meig. *id. pag.* 164. *n°.* 2. 3°. Aphrite brillant, *A. micans*. — *Microdon micans*. Meig. *id. pag.* 165. *n°.* 3. 4°. Aphrite floral, *A. anthinus*. — *Microdon anthinus*. Meig. *id. n°.* 4. *tab.* 26. *fig.* 34. Femelle.

CÉRATOPHYE, *Ceratophya*. Wiédem. (*Anal. entom.*) Lat. (*Fam. nat.*)

Genre d'insectes de l'ordre des Diptères (première section), famille des Athéricères, tribu des Syrphies.

La seconde subdivision de la première division des Syrphies contient les genres Chrysotoxe, Aphrite et Cératophye. (*Voyez* Syrphies.) Dans le premier les deux premiers articles des antennes sont égaux entr'eux et l'écusson des Aphrites est bidenté; ces caractères éloignent ces deux genres de celui de Cératophye.

Antennes sensiblement plus longues que la tête, avancées, de trois articles, le premier assez grand, cylindrique, le second très-court, cyathiforme, le troisième comprimé, linéaire, plus long que les deux autres pris ensemble, muni à sa base d'une soie nue. — *Tête* transversale, un peu plus large que le corselet. — *Corps* presque glabre. — *Corselet* à peu près carré. — *Ecusson* assez grand, mutique. — *Ailes* dépassant un peu l'abdomen, la nervure qui sépare la cellule sous-marginale de la première cellule du bord postérieur peu sinueuse; cette dernière cellule partagée en deux par une nervure transversale.

Ne connoissant point ce genre, nous en donnons les caractères d'après le texte et la figure que nous fournit M. Wiédemann. Le nom de Cératophye vient de deux mots grecs qui signifient: *porte-corne*. Les deux espèces qu'il décrit sont du Brésil.

1°. Cératophye notée, *C. notata*. Wiéd. *Anal. entom. pag.* 14. *fig.* 9. Longueur 3 lig. $\frac{1}{3}$. Noire. Epaulettes et écusson jaunes, ainsi que deux taches et une bande transversale sur l'abdomen. Femelle. 2°. Cératophye longicorne, *C. longicornis*. Wiédem. *id.* Longueur 3 lig. $\frac{1}{2}$. Noire. Abdomen ayant à sa base une tache jaune terminée postérieurement par deux pointes. Femelle.

MILÉSIE, *Milesia*. Lat. Fab. Meig. Panz. Fallén. *Eristalis*. Fab. Fallén. *Syrphus*. Panz. Fallén. *Musca*. Linn. De Géer. Schranck.

Genre d'insectes de l'ordre des Diptères (première section), famille des Athéricères, tribu des Syrphies.

Un groupe de Syrphies a pour caractères: antennes à peine de la longueur de la tête ou plus courtes qu'elle, portées sur un tubercule frontal; leurs deux premiers articles égaux entr'eux; il contient les Milésies, les Brachyopes et les Rhingies. (*Voyez* Syrphies.) Ces dernières se distinguent par l'hypostome fort long, avancé en un bec horizontal; les Brachyopes ont les ailes deux fois aussi longues que l'abdomen, le corps presque glabre et la soie des antennes velue.

Antennes plus courtes que la tête, insérées sur

un avancement conique du front, avancées, rabattues, composées de trois articles, les deux premiers fort petits, le troisième lenticulaire, presque rond, quelquefois un peu tronqué, muni à sa base d'une soie dorsale nue. — *Ouverture de la cavité buccale* oblongue, rétrécie en devant. — *Trompe* assez épaisse, rentrant dans la cavité buccale lors du repos. — *Suçoir* de quatre soies, suivant M. Latreille, les inférieures beaucoup plus courtes que les palpes. — *Palpes* plus longs que la soie supérieure, velus, grossissant vers leur extrémité, un peu courbés dans cette partie. — *Tête* hémisphérique : hypostome tronqué à l'extrémité, creusé dans son milieu, ou bombé, alongé et tuberculé dans cette partie. — *Yeux* plus ou moins réunis par en haut dans les mâles, espacés dans les femelles. — *Trois ocelles* placés en triangle sur le vertex. — *Corps* assez alongé, pubescent ou même velu. — *Corselet* bombé, ovale-globuleux, un peu tronqué antérieurement. — *Ecusson* assez grand. — *Ailes* dépassant peu l'abdomen, velues vues au microscope, couchées parallèlement sur le corps dans le repos. La nervure qui ferme par en haut la première cellule du bord postérieur, toujours oblique ; celle qui sépare cette cellule de la cellule sous-marginale, tantôt presque droite, tantôt formant un petit angle obtus rentrant dans la première cellule du bord postérieur. — *Cuillerons* petits, doubles, ciliés à leur bord. — *Balanciers* en partie couverts. — *Abdomen* tantôt presque cylindrique, tantôt elliptique, quelquefois globuleux, composé de quatre segmens outre l'anus, celui-ci ordinairement caché. — *Pattes* assez fortes, les postérieures plus longues ; jambes plus ou moins comprimées : premier article des tarses presqu'aussi long que les quatre autres réunis ; le quatrième très-court, le cinquième muni de deux crochets ayant dans leur entre-deux une pelotte bilobée.

La plupart des Milésies se trouvent habituellement au printemps sur les fleurs, notamment sur celles du Prunellier, de l'Aubépine et de l'Epine-vinette. Le peu de larves connues vit dans le détritus humide des troncs d'arbres pourris. Ce genre nombreux est susceptible de se diviser ainsi qu'il suit :

1re. *Division*. Abdomen alongé. — Corps à peine pubescent.

1re. *Subdivision*. Cuisses postérieures unidentées en dessous. — Hypostome tronqué inférieurement, fortement creusé dans son milieu, sans tubercule. (*Milesia propriè dicta*. Nob.)

Nous placerons ici : 1°. Milésie crabroniforme, *M. crabroniformis* n°. 1. Fab. *Syst. Antliat.* — Meig. *Dipt. d'Eur. tom.* 3. *pag.* 227. *n°.* 1. 2°. Milésie fulminante, *M. fulminans*. Meig. *id. pag.* 228. *n°.* 2. *tab.* 29. *fig.* 8. Mâle. 3°. Milésie diophthalme, *M. diophthalma* n°. 2. Fab. *id.* — Meig. *id. pag.* 229. *n°.* 3. Ces trois espèces appartiennent à la France méridionale. 4°. Quelques espèces exotiques.

2e. *Subdivision*. Cuisses postérieures mutiques. — Hypostome alongé, perpendiculaire, à peine tuberculé dans son milieu. (*Temnostoma*. Nob.)

Cette seconde subdivision contient : 1°. Milésie vespiforme, *M. vespiformis* n°. 3. Fab. *Syst. Antliat.* — Meig. *Dipt. d'Eur. tom.* 3. *pag.* 232. *n°.* 5. Forêts de Villers-Cotterets, de Saint-Germain. 2°. Milésie Bourdon, *M. bombylans* n°. 8. Fab. *id.* — Meig. *id. pag.* 233. *n°.* 6. 3°. Milésie spécieuse, *M. speciosa* n°. 6. Fab. *id.* — Meig. *id. pag.* 234. *n°.* 7. Au printemps sur les fleurs de l'Epine blanche. Des environs de Paris. 4°. Milésie trompeuse, *M. fallax* n°. 10. Fab. *id.* — *Eristalis semirufus* n°. 51. Fab. *id.* — Meig. *id. pag.* 235. *n°.* 9. *tab.* 29. *fig.* 10. Mâle.

2e. *Division*. Abdomen plus ou moins globuleux. — Corps laineux. — Cuisses postérieures mutiques.

1re. *Subdivision*. Hypostome alongé, perpendiculaire, tuberculé dans son milieu. (*Criorhina*. Hoffm.)

Là viennent : 1°. Milésie de l'Epine-vinette, *M. berberina*. Meig. *Dipt. d'Eur. tom.* 3. *pag.* 237. *n°.* 11. *tab.* 29. *fig.* 9. Femelle. 2°. Milésie de l'Epine blanche, *M. oxyacanthœ*. Meig. *id. n°.* 12. 3°. Milésie cotonneuse, *M. floccosa*. Meig. *id. pag.* 238. *n°.* 13. 4°. Milésie asilique, *M. asilica*. Meig. *id. n°.* 4. 5°. Milésie ruficaude, *M. ruficauda*. Meig. *id. pag.* 239. *n°.* 15. 6°. Milésie de la Renoncule, *M. Ranunculi*. Meig. *id. n°.* 16. Ces six espèces se trouvent aux environs de Paris dans les bois.

2e. *Subdivision*. Hypostome tronqué inférieurement, fortement creusé dans son milieu sans tubercule. (*Pocota*. Nob.)

Rapportez à cette coupe la Milésie apicale, *M. apicata*. Meig. *Dipt. d'Europ. tom.* 3. *pag.* 236 *n°.* 10. Des environs de Paris.

Nota. Schranck (*Faun. Boic.*) dit avoir trouv[é] la nymphe de cette espèce dans du bois pourri. « Elle est brune, arquée en dessus, aplatie en des-» sous, avec deux petits corps en forme de verrue » à la tête, ayant une petite queue à l'anus et un » tache blanche, fourchue sur le dos ; l'insect » parfait parut au commencement du mois d[e] » mai. »

BRACHYOPE, *Brachyopa*. Hoff. Meig. La[tr.] (*Fam. nat.*) *Rhingia*. Fallén. *Musca*. Pan[z.] *Oscinis*. Fab. ?

Genre d'insectes de l'ordre des Diptères (1[re] section), famille des Athéricères, tribu des Sy[r]phies.

Un groupe de cette tribu contient les genres Milésie, Brachyope et Rhingie. (*Voy.* Syrphies.) Les Rhingies ont leur hypostome fort long, avancé en un bec horizontal. Dans les Milésies les ailes ne surpassent guère en longueur celle de l'abdomen, leur corps est toujours plus ou moins velu et la soie des antennes sans aucune villosité.

Antennes plus courtes que la tête, insérées sur un avancement conique du front, avancées, penchées, composées de trois articles, les deux premiers petits, égaux entr'eux, le troisième lenticulaire, muni à sa base d'une soie velue.—*Ouverture de la cavité buccale* fort longue, comprimée vers le haut. — *Trompe* assez grosse, rentrant dans la cavité buccale lors du repos. — *Suçoir* de quatre soies, suivant M. Latreille, les inférieures beaucoup plus courtes que les palpes. — *Palpes* au moins aussi longs que la soie supérieure, presque filiformes, un peu comprimés, un peu courbés à leur extrémité, grossissant peu dans cette partie. — *Tête* hémisphérique, plus étroite que le corselet; hypostome fortement creusé dans son milieu, un peu alongé inférieurement et tronqué dans cette partie. — *Yeux* arrondis, nus, se rapprochant plus ou moins dans les mâles, espacés dans les femelles. — *Trois ocelles* très-rapprochés, placés en triangle sur un petit tubercule du vertex. — *Corps* oblong, presque glabre, n'ayant que de très-petits poils courts, couchés, squamiformes. —*Corselet* ovale.— *Ecusson* grand, semi-circulaire. — *Ailes* très-grandes, deux fois aussi longues que l'abdomen, velues vues au microcope, couchées parallèlement sur le corps dans le repos: la nervure qui sépare la cellule sous-marginale de la première cellule du bord postérieur, droite; cette dernière cellule dilatée dans la partie qui avoisine le bord. — *Cuillerons* petits, doubles. — *Balanciers* découverts. — *Abdomen* ovale, aplati, arqué, composé de quatre segmens outre l'anus. — *Pattes* assez fortes, les postérieures un peu alongées, à cuisses larges et jambes arquées: premier article des tarses presqu'aussi long que les quatre autres réunis, gros; les suivans allant en diminuant de longueur, le dernier portant deux forts crochets munis d'une pelotte bifide dans leur entre-deux.

Les Brachyopes se trouvent sur les fleurs, mais elles sont assez rares. On ne connoît pas leurs premiers états, à moins que l'*Oscinis oleæ* de Fabricius ne soit de ce genre; celle-ci, suivant cet auteur et les observations de M. Bosc, notre savant compatriote, vit à l'état de larve dans les olives.

M. Meigen rapporte à ce genre: 1°. Brachyope conique, *B. conica.* Meig. *Dipt. d'Eur. tom.* 3. *pag.* 261. *n°.* 1. 2°. Brachyope bicolore, *B. bicolor.* Meig. *id. pag.* 262. *n°.* 2. *tab.* 30. *fig.* 6. Mâle. Des environs de Paris. 3°. Brachyope arquée, *B. arcuata.* Meig. *id n°.* 3. 4°. Brachyope ferrugineuse, *B. ferruginea.* Meig. *id. pag.* 263. *n°.* 4. 5°. Brachyope scævoïde, *B. scævoïdes.* Meig. *id. n°.* 5. 6°. Brachyope de l'Olivier, *B. Oleæ.* Meig. *pag.* 264. *n°.* 6.

Nota. Ces trois dernières espèces sont douteuses comme appartenant à ce genre. Les deux premières n'ont pas été vues par M. Meigen, et dans la dernière la soie des antennes est nue.

ASCIE, *Ascia.* Meig. Lat. (*Fam. nat.*) *Merodon.* Fab. *Milesia.* Fallén. *Syrphus.* Panz. *Musca.* Geoff. Schranck.

Genre d'insectes de l'ordre des Diptères (première section), famille des Athéricères, tribu des Syrphies.

Le groupe de cette tribu (*voyez* Syrphies) dont le genre Ascie fait partie, renferme en outre ceux de Sphégine, Tropidie et Eumère. Dans les deux derniers l'abdomen n'est pas aminci à sa base en forme de pédicule. Les Sphégines ont le troisième article des antennes presque rond, l'hypostome enfoncé et sa partie inférieure prolongée en avant.

Antennes avancées, plus courtes que la tête, composées de trois articles, les deux premiers courts, égaux entr'eux, le troisième oblong, ayant une soie dorsale nue, insérée avant le milieu. — *Ouverture de la cavité buccale* étroite, longue, rétrécie par-devant. — *Trompe* assez grosse. — *Suçoir* de quatre soies, suivant M. Latreille, les inférieures beaucoup plus courtes que les palpes. — *Palpes* aussi longs que la soie supérieure, cylindriques, terminés en massue, munis de quelques soies courtes à leur extrémité. — *Tête* hémisphérique; hypostome presque droit, sa partie inférieure prolongée presque perpendiculairement, incisé, pointu.— *Yeux* espacés sur le haut du front dans les deux sexes; front des mâles plus étroit que dans les femelles. — *Trois ocelles* disposés en triangle sur le vertex. — *Corps* assez long, étroit, à peine pubescent. — *Corselet* ovale-globuleux. — *Ecusson* presque triangulaire; son angle postérieur arrondi. — *Ailes* obtuses, dépassant un peu l'abdomen, velues vues au microscope, couchées parallèlement sur le corps dans le repos; les deux premières cellules du bord postérieur fermées carrément à leur partie inférieure par une nervure transversale droite; la nervure qui sépare la première cellule de la sous-marginale, droite. — *Cuillerons* presque nuls. — *Balanciers* découverts. — *Abdomen* très-alongé, nu, en massue, très-rétréci à sa base, de quatre segmens outre l'anus, celui-ci très-court. — *Les quatre pattes antérieures* grêles, les postérieures assez fortes, leurs cuisses en massue épaisse, finement épineuses en dessous, leurs jambes arquées: premier article des tarses grand, épais, le dernier muni de deux crochets ayant une pelotte bifide dans leur entre-deux.

On ne connoît point les premiers états des Ascies; arrivées à l'état parfait elles fréquentent les bois et les prairies, et se tiennent sur les fleurs. M. Meigen en décrit dix espèces, toutes d'assez petite taille.

1°. Ascie goutteuse, *A. podagrica*. Meig. *Dipt. d'Eur. tom.* 3. *pag.* 186. *n°.* 1. — *Merodon podagricus* n°. 10. Fab. *Syst. Antliat.* Commune pendant presque toute l'année aux environs de Paris. 2°. Ascie lancéolée, *A. lanceolata*. Meig. *id. pag.* 187. *n°.* 2. Des environs de Paris. 3°. Ascie florale, *A. floralis*. Meig. *id. pag.* 188. *n°.* 3. Même patrie, mais plus rare. 4°. Ascie dissemblable, *A. dispar*. Meig. *id. n°.* 4. *tab.* 27. *fig.* 27. Mâle. *fig.* 28. Femelle. 5°. Ascie quadriponctuée, *A. quadripunctata*. Meig. *id. pag.* 189. *n°.* 6. 6°. Ascie interrompue, *A. interrupta*. Meig. *id. pag.* 190. *n°.* 7. Des environs de Paris. 7°. Ascie brillante, *A. nitidula*. Meig. *id. pag.* 191. *n°.* 8. 8°. Ascie bronzée, *A. ænea*. Meig. *id. n°.* 9. Cette espèce n'est peut-être qu'une variété sexuelle de la précédente. 9°. Ascie géniculée, *A. geniculata*. Meig. *id. pag.* 192. *n°.* 10.

Nota. D'après un dessin qui lui a été communiqué, M. Meigen admet aussi comme étant de ce genre une espèce de la collection de M. Hoffmansegg, sous le nom d'*Ascia hastata*, *pag.* 189. *n°.* 5.

EUMÈRE, *Eumerus*. Meig. Lat. (*Fam. nat.*) *Eristalis*. Fab. *Milesia*. Lat. (*Gener.*) *Syrphus*. Panz. *Pipiza*. Fallén. *Musca*. Geoff.

Genre d'insectes de l'ordre des Diptères (première section), famille des Athéricères, tribu des Syrphies.

Un groupe de la tribu des Syrphies (*voyez* ce mot) a les caractères suivans : antennes à peine de la longueur de la tête ou plus courtes qu'elle, ayant leurs deux premiers articles égaux entr'eux, point insérées sur un tubercule frontal ; ailes dépourvues de cellule pédiforme ; cuisses postérieures renflées. Il comprend les genres Sphégine, Ascie, Tropidie et Eumère. Dans les deux premiers l'abdomen est aminci à sa base en forme de pédicule ; les Tropidies diffèrent des Eumères par leur hypostome caréné longitudinalement, leurs cuisses postérieures unidentées et en ce que la nervure transversale qui ferme la première cellule du bord postérieur ne forme pas un angle rentrant avec celle qui sépare la cellule dont nous venons de parler, de la cellule sous-marginale.

Antennes plus courtes que la tête, composées de trois articles, les deux premiers courts, égaux entr'eux ; le troisième rond, quelquefois un peu tronqué antérieurement ou un peu pointu, muni d'une soie dorsale nue, triarticulée. — *Ouverture de la cavité buccale* assez large, un peu pointue par-devant et relevée. — *Trompe* courte, épaisse. — *Suçoir* de quatre soies, suivant M. Latreille. — *Tête* hémisphérique, un peu déprimée par-devant ; hypostome peu arqué, finement velu, sans tubercule, ni carène. — *Yeux* espacés dans les femelles, se touchant par en haut dans les mâles, au moins en un point. — *Trois ocelles* placés en triangle sur la partie antérieure du vertex. — *Corps* assez alongé, peu velu, ayant souvent des taches formées par de petits poils couchés, presque squamiformes. — *Corselet* ovale, tronqué antérieurement. — *Ecusson* grand, semi-circulaire, ses bords finement denticulés. — *Ailes* plus longues que le corps, velues vues au microscope, couchées parallèlement sur le corps dans le repos ; la nervure transversale qui ferme par en haut la première cellule du bord postérieur fortement oblique ; celle qui la ferme vers le bord postérieur très-ondulée, formant un angle rentrant en se réunissant à celle qui sépare la cellule dont nous venons de parler, de la cellule sous-marginale. — *Cuillerons* petits, doubles. — *Balanciers* en partie découverts. — *Abdomen* oblong, sessile, plus large ou aussi large à sa base que dans son milieu, presque linéaire dans les mâles, plus pointu à son extrémité dans les femelles, composé de quatre segmens outre l'anus, le premier très-étroit. — *Pattes* fortes, les postérieures plus grosses et plus longues ; leurs cuisses très-épaisses, portant inférieurement une double rangée de fines épines ; jambes un peu arquées ; premier article des tarses assez gros, presqu'aussi long que les quatre autres pris ensemble, ceux-ci allant en décroissant de longueur, le dernier muni de deux crochets ayant une pelotte bifide dans leur entre-deux.

On rencontre ces Diptères dans les prairies élevées, sur les fleurs. Leur nom générique vient de deux mots grecs qui ont rapport à l'épaisseur des cuisses postérieures ; on ne connoît pas leur manière de vivre dans leurs premiers états. M. Meigen en mentionne douze espèces.

1re. *Division*. Yeux velus.

1°. Eumère grand, *E. grandis*. Meig. *Dipt. d'Europ. tom.* 3. *pag.* 203. *n°.* 1. *tab.* 28. *fig.* 18. Femelle. 2°. Eumère tricolor, *E. tricolor*. Meig. *id. pag.* 204. *n°.* 2. Des environs de Paris. 3°. Eumère varié, *E. varius*. Meig. *id. pag.* 205. *n°* 3. 4°. Eumère orné, *E. ornatus*. Meig. *id. n°.* 4. Des environs de Paris. 5°. Eumère ruficorne, *E. ruficornis*. Meig. *id. pag.* 206. n°. 5.

2e. *Division*. Yeux nus ou à peine pubescens.

1°. Eumère rayé, *E. strigatus*. Meig. *Dipt. d'Europ. tom.* 3. *pag.* 207. *n°.* 7. 2°. Eumère grandicorne, *E. grandicornis*. Meig. *id. pag.* 208. *n°.* 8. 3°. Eumère funéraire, *E. funeralis*. Meig. *id. n°.* 9. 4°. Eumère front plane, *E. planifrons*. Meig. *id. pag.* 209. *n°.* 10. 5°. Eumère lunulé, *E. lunulatus*. Meig. *id. n°.* 11. 6°. Eumère à croissans, *E. selene*. Meig. *id. pag.* 210. *n°.* 12.

Nota. M. Meigen rapporte encore à ce genre soi

sous le nom d'*Eumerus micans*, l'espèce décrite par Fabricius sous le nom d'*Eristalis micans* n°. 45. *Syst. Antliat.*, qu'il n'a point vue.

BACCHA, *Baccha*. MEIG. (*Dipt. d'Eur.*) LAT. (*Fam. nat.*) FAB. *Milesia*. FAB. *Scæva*. FALLÉN. *Syrphus*. LAT. SCHELL. MEIG. (*Dipt. d'Eur.*) *Doros*. MEIG. (*Classif.*) LAT. (*Fam. nat.*)

Genre d'insectes de l'ordre des Diptères (1re. section), famille des Athéricères, tribu des Syrphies.

Un groupe de Syrphies a pour caractères : antennes plus courtes que la tête, ayant leurs deux premiers articles égaux entr'eux, point portées sur un tubercule frontal; ailes dépourvues de cellule pédiforme; toutes les cuisses simples : soie des antennes sans articulations sensibles et paroissant nue à la vue simple. (*Voyez* SYRPHIES.) Dans ce groupe se trouvent six genres parmi lesquels ceux de Syrphe, Chrysogastre, Pipize, Psilote et Parague se distinguent par leur abdomen linéaire ou elliptique. Le genre Baccha de M. Meigen tel que cet auteur l'établit nous paroît peu distinct de celui de Syrphe, à moins que l'on ne considère comme un caractère générique suffisant d'avoir (comme le dit M. Meigen de ses Syrphes) la soie des antennes pubescente ou finement ciliée à sa base lorsqu'on la regarde à un fort microscope : il nous a été impossible avec de bonnes loupes d'apercevoir ce caractère dans le *Syrphus conopseus* MEIG. que la forme de son abdomen rapproche tout-à-fait du genre Baccha, et dont nous ne croyons pas que la larve soit aphidivore comme le sont celles des véritables Syrphes. *Voyez* ce mot.

M. Meigen dans son premier ouvrage sur les Diptères (*Classification*, etc.) avoit constitué avec cette espèce un genre particulier sous le nom de *Doros*, que M. Latreille cite dans ses *Familles naturelles*. Ne lui trouvant aucun caractère générique suffisant, nous préférons le réunir au genre Baccha, en prévenant que les trois genres Baccha, Syrphe et Chrysogastre ont besoin d'être travaillés de nouveau, ce que les bornes du présent ouvrage ne nous permettent pas de faire.

Antennes avancées, un peu rabattues, plus courtes que la tête, composées de trois articles, les deux premiers courts, égaux entr'eux, le troisième presque rond, comprimé, ayant à sa base une soie dorsale paroissant nue à la vue simple. — *Ouverture de la cavité buccale* oblongue, étroite, rétrécie par-devant. — *Trompe* charnue, se retirant dans la cavité buccale pendant le repos. — *Suçoir* de quatre soies, suivant M. Latreille. — *Palpes* en massue, velus à leur partie antérieure. — *Tête* hémisphérique; hypostome point alongé au-dessous des yeux, peu enfoncé au-dessous des antennes, ayant un tubercule un peu au-dessous du milieu. — *Yeux* réunis par en haut dans les mâles, espacés dans les femelles. — *Trois ocelles* disposés en triangle sur la partie antérieure du vertex. — *Corps* grêle, alongé, glabre. — *Corselet* ovale, plus ou moins tronqué antérieurement. — *Ecusson* assez grand, arrondi postérieurement. — *Ailes* grandes, velues vues au microscope, couchées parallèlement sur le corps dans le repos. — *Cuillerons* petits. — *Balanciers* découverts. — *Abdomen* alongé, en massue, composé de quatre segmens outre l'anus, le premier assez large à sa base, s'amincissant assez subitement en pédicule étroit, cylindrique; le second d'abord étroit, cylindrique, s'élargissant un peu vers son extrémité; les troisième et quatrième assez larges, formant la massue avec l'anus, celui-ci un peu obtus. — *Pattes* grêles; jambes (les postérieures surtout) un peu arquées : premier article des tarses presqu'aussi long que les quatre autres pris ensemble, assez épais et très-garni en dessous d'une courte villosité; dernier article le plus court de tous, muni de deux crochets ayant une assez forte pelotte bifide dans leur entre-deux.

Les premiers états de ces Diptères sont inconnus. On les trouve sur les fleurs à l'état parfait; on ne voit pas les femelles parcourir les végétaux pour y chercher des colonies de Pucerons, comme le font celles des véritables Syrphes.

Nous rapporterons à ce genre : 1°. Baccha Conops, *B. conopsea*. NOB. — *Syrphus conopseus*. MEIG. *Dipt. d'Europ. tom.* 3. *pag.* 296. *n°.* 35. Des environs de Paris. 2°. Baccha alongée, *B. elongata*. MEIG. *id. pag.* 197. *n°.* 1. *tab.* 28. *fig.* 13. Femelle. Des environs de Paris. 3°. Baccha scutellaire, *B. scutellata*. MEIG. *id. pag.* 198. *n°.* 2. 4°. Baccha Sphégine, *B. Sphegina*. MEIG. *id. n°.* 3. 5°. Baccha obscure, *B. obscuripennis*. MEIG. *id. pag.* 199. *n°.* 4. 6°. Baccha mince, *B. tabida*. MEIG. *id. n°.* 5. 7°. Baccha raccourcie, *B. abbreviata*. MEIG. *id. pag.* 200. *n°.* 6. 8°. Baccha nigripenne, *B. nigripennis*. MEIG. *id. n°.* 7. 9°. Baccha vitrée, *B. vitripennis*. MEIG. *id. n°.* 8.

CHRYSOGASTRE, *Chrysogaster*. MEIG. LAT. (*Fam. nat.*) *Eristalis*. FAB. FALLÉN. *Syrphus*. PANZ. *Musca*. LINN.

Genre d'insectes de l'ordre des Diptères (première section), famille des Athéricères, tribu des Syrphies.

Des six genres dont se compose le groupe de Syrphies (*voyez* ce mot) où viennent se ranger les Chrysogastres, celui de Baccha se distingue par son abdomen alongé en massue; dans les Syrphes les deux cellules du bord postérieur des ailes sont rapprochées de ce bord et terminées toutes deux par une nervure transversale qui reste presque dans toute sa longueur parallèle à ce bord; les genres Pipize et Parague ont l'hypostome plane; celui de Psilote a les yeux velus, et de plus les femelles dans ces cinq genres ont le front lisse, c'est-à-dire sans rides ni crénelures.

Antennes avancées, un peu rabattues, insérées

sous un rebord avancé du front, ordinairement plus courtes que la tête, très-rarement de sa longueur, composées de trois articles, les deux premiers petits, égaux entr'eux, le troisième orbiculaire ou un peu ovale plane, ou très-alongé plane, portant à sa base une soie dorsale nue. — *Ouverture de la cavité buccale* oblongue, plus resserrée par-devant, relevée à sa partie supérieure. — *Trompe* charnue, épaisse, rentrant à l'état de repos dans la cavité buccale. — *Suçoir* de quatre soies, suivant M. Latreille. — *Palpes* longs, courbés, lamelliformes, un peu en massue vers leur extrémité qui est légèrement velue. — *Tête* hémisphérique; hypostome enfoncé, ordinairement tuberculé dans les mâles, uni dans les femelles, son bord inférieur avancé dans ce sexe. — *Yeux* nus, réunis dans les mâles, très-espacés dans les femelles; front de celles-ci ayant une rangée de rides ou même de crénelures transversales, plus ou moins prononcées. — *Trois ocelles* placés sur le vertex. — *Corps* presque nu. — *Corselet* presqu'arrondi, un peu tronqué antérieurement, celui des mâles ayant souvent quelques poils. — *Ecusson* grand, arrondi postérieurement. — *Ailes* assez grandes, velues vues au microscope, couchées parallèlement sur le corps dans le repos; les deux premières cellules du bord postérieur éloignées de ce bord, fermées inférieurement chacune par une nervure transversale qui ne conserve pas de parallélisme avec le bord postérieur. — *Abdomen* ovale-oblong, composé de quatre segmens outre l'anus, entièrement métallique brillant ou ayant au moins ses bords métalliques. — *Pattes* grêles.

On ignore la manière de vivre des insectes de ce genre pendant les premiers états de leur vie, mais il est probable que leurs larves habitent dans le terreau végétal. Le nom générique vient de deux mots grecs qui expriment la couleur brillante de leur abdomen. Les Chrysogastres à l'état parfait fréquentent les fleurs.

Ces Diptères nous paroissent avoir une très-grande analogie avec les espèces dont M. Meigen avoit d'abord formé le genre *Cheilosia*, et que dans ses *Diptères d'Europe* il a réunies au genre Syrphe.

1re. *Division.* Antennes plus courtes que la tête, leur troisième article orbiculaire ou un peu ovale.

Cette division renferme treize espèces que l'on trouvera décrites dans les *Diptères d'Europe* de M. Meigen : de ce nombre est le Chrysogastre des cimetières, *C. cœmeteriorum.* Meig. *id. pag.* 268. *n°.* 5.—*Eristalis cœmeteriorum* n°. 65. Fab. *Syst. Antliat.* Le troisième article de ses antennes est orbiculaire. Commun aux environs de Paris.

2e. *Division.* Antennes de la longueur de la tête, leur troisième article très-alongé, plane.

Nous plaçons ici le Chrysogastre élégant, *C. elegans.* Meig. *id. pag.* 272. *n°.* 14. Longueur 2 lig. ½. Corselet cuivreux. Abdomen pourpre. Pattes noirâtres avec les genoux et le premier article des tarses d'un beau jaune. D'Europe.

MALLOTE, *Mallota.* Meig. Lat. (*Fam. nat.*) *Eristalis.* Fab. *Syrphus.* Fallén.

Genre d'insectes de l'ordre des Diptères (première section), famille des Athéricères, tribu des Syrphies.

Parmi les Syrphies dont les antennes plus courtes que la tête, ayant leurs deux premiers articles égaux entr'eux, ne sont pas portées sur un tubercule frontal, un groupe a pour caractère particulier d'avoir la cellule sous-marginale des ailes pédiforme. (*Voyez* Syrphies.) Il renferme outre les Mallotes, les genres Hélophile et Mérodon, qui s'éloignent des premières par leurs cuisses postérieures renflées, et les Eristales distingués des Mallotes par la soie des antennes insérée un peu plus près de la base du troisième article, celui-ci oblong ou arrondi; de plus les Eristales mâles ont presque toujours les yeux réunis.

Antennes avancées, un peu rabattues, plus courtes que la tête, insérées au-dessous d'un rebord très-prononcé du front, composées de trois articles, les deux premiers courts, égaux entr'eux, le troisième large, transversal, portant vers son milieu une soie nue. — *Ouverture de la cavité buccale* oblongue, fortement échancrée par-devant. — *Trompe* grosse, charnue, retirée dans la cavité buccale lors du repos. — *Suçoir* de quatre soies, suivant M. Latreille, les inférieures à peu près de la longueur des palpes. — *Palpes* presque cylindriques, un peu plus épais vers leur extrémité, moitié aussi longs que la soie supérieure. — *Tête* hémisphérique, un peu aplatie en devant; hypostome velu, alongé presque perpendiculairement, tuberculé dans son milieu. — *Yeux* espacés dans les deux sexes; front un peu plus large dans les femelles. — *Trois ocelles* placés en triangle sur le vertex. — *Corps* court, très-velu. — *Corselet* globuleux. — *Ecusson* grand, arrondi postérieurement. — *Ailes* assez grandes, velues vues au microscope, écartées l'une de l'autre dans le repos, leur cellule sous-marginale pédiforme. (*Voyez* la note pag. 514. de ce volume.) — *Cuillerons* doubles, ciliés, assez grands. — *Balanciers* couverts. — *Abdomen* convexe, globuleux, surtout dans les femelles, composé de quatre segmens outre l'anus. — *Pattes* fortes; cuisses postérieures simples, grêles, leurs jambes arquées; premier article des tarses presqu'aussi long que les quatre suivans pris ensemble, le dernier fort court, muni de deux crochets ayant une forte pelotte bifide dans leur entre-deux.

Les premiers états de ces Syrphies ne sont pas connus. M. Meigen soupçonne que les larves vivent dans le bois pourri. Le nom du genre vient d'un mot grec qui exprime la villosité de leur corps.

Les espèces connues sont : 1° Mallote à bandes, *M. vittata*. MEIG. *Dipt. d'Eur. tom.* 3. *pag.* 378. *n°.* 1. D'Autriche. 2°. Mallote Mégille, *M. megilliformis*. MEIG. *id. pag.* 379. *n°.* 2. 3°. Mallote fuciforme, *M. fuciformis*. MEIG. *id. n°.* 3. *tab.* 32. *fig.* 13. Elle se trouve au printemps dans les grands bois des environs de Paris, sur les fleurs de l'Epine blanche et des Pruniers.

ERISTALE, *Eristalis*. LAT. MEIG. FAB. *Syrphus*. FALLÉN. SCOPOL. PANZ. FAB. *Volucella*. SCHRANCK. *Musca*. LINN. DE GÉER. GEOFF. SCHRANCK.

Genre d'insectes de l'ordre des Diptères (première section), famille des Athéricères, tribu des Syrphies.

Un groupe de cette tribu contient les genres Mallote, Eristale, Hélophile et Mérodon. (*Voyez* SYRPHIES.) Ces deux derniers ont pour caractère distinctif : cuisses postérieures renflées. Dans les Mallotes le troisième article des antennes est large, transversal ; la soie dorsale est insérée vers le milieu de cet article ; les yeux sont toujours espacés dans les deux sexes.

Antennes avancées, un peu rabattues, plus courtes que la tête, insérées sous un petit rebord du front, composées de trois articles, les deux premiers petits, égaux entr'eux, le troisième patelliforme, muni à sa base d'une soie dorsale. — *Ouverture de la cavité buccale* alongée, étroite, rétrécie en devant, échancrée dans cette partie. — *Trompe* assez grosse, rentrant dans la cavité buccale à l'état de repos. — *Suçoir* de quatre soies, suivant M. Latreille, les inférieures un peu plus courtes que les palpes. — *Palpes* un peu courbés, cylindriques, assez velus vers leur extrémité, toujours plus courts que la soie supérieure, mais de grandeur variable. — *Tête* hémisphérique ; hypostome un peu déprimé vers le haut, ayant un tubercule vers sa partie inférieure. — *Yeux* des mâles se touchant ordinairement ; ceux des femelles espacés, un peu velus dans les deux sexes. — *Trois ocelles* disposés en triangle sur le vertex. — *Corps* plus ou moins velu, ordinairement assez long. — *Corselet* ovale. — *Ecusson* semi-circulaire. — *Ailes* assez grandes, très-brillantes, nues dans la plupart des espèces, écartées l'une de l'autre dans le repos ; leur cellule sous-marginale pédiforme. (*Voy.* la note pag. 514. de ce volume.) — *Cuillerons* doubles, frangés sur leur bord. — *Balanciers* couverts. — *Abdomen* composé de quatre segmens outre l'anus, ordinairement conique, bombé en dessus, quelquefois globuleux dans les femelles. — *Pattes* assez fortes ; cuisses postérieures simples, leurs jambes comprimées vers l'extrémité ; tarses ayant leur premier article presqu'aussi long que les quatre autres réunis ; le dernier petit, muni de deux crochets ayant une pelotte bifide dans leur entre-deux.

Les premiers états des Eristales sont connus depuis très-long-temps ; ils sont décrits tant par Swammerdam et Vallisner que par notre célèbre Réaumur (*voyez* Mém. 10. tom. 4. et l'analyse de ce Mémoire, *Encycl. tom. IV. pag. CCXII.*) Les larves sont du nombre de celles qui vivent dans la vase des eaux corrompues, et que les auteurs anciens ont appelées *vers à queue de Rat*. Les insectes parfaits se plaisent sur les fleurs dont ils sucent le miel, ainsi que sur les fruits entamés et les ulcères des arbres dont les sucs sont aussi de leur goût. Les femelles font souvent leur ponte sans cesser de voler ; elles s'abaissent pour cela par un mouvement brusque sur les liquides où elles doivent déposer leurs œufs, et les laissent tomber de l'extrémité de leur abdomen au moment où celle-ci touche la superficie humide ; elles se relèvent ensuite facilement. Ces habitudes leur sont communes avec les Libellulines. Au moment où un Eristale se pose sur un corps solide, il ne manque jamais de relever et d'abaisser successivement son abdomen un certain nombre de fois, mouvement que l'insecte répète de temps en temps. Le vol des Eristales est puissant, leurs mouvemens dans cet exercice sont souvent très-brusques ; on les aperçoit aussi fréquemment en l'air, comme fixés à une même place pendant quelques minutes : ce sont surtout les mâles qui se tiennent ainsi épiant le passage des femelles et prêts à s'élancer sur elles aussitôt qu'ils les aperçoivent. La durée de l'accouplement est courte ; la plupart des espèces a plusieurs générations par année et se rencontre très-communément dans nos climats depuis le commencement du printemps jusqu'à l'entrée de l'hiver. Quelques individus passent même cette dernière saison dans une espèce d'engourdissement, au moins sous le climat de Paris.

Le genre *Eristalis* de Fabricius (*Syst. Antliat.*) est composé de soixante-neuf espèces appartenant pour la plupart à divers autres genres ; ainsi l'*Eristalis apiarius* n°. 1. est la *Mesembrina mystacea* n°. 2. MEIG. *Dipt. d'Eur. tom.* 5. Les n°s. 7. 15. 19. sont des Hélophiles ; le n°. 31. est la Mallote fuciforme ; les n°s. 32. 35. 40. 41. 58. 59. sont des Mérodons ; trois Milésies s'y trouvent sous les n°s. 33. 39. 51. Des Syrphes, sous les n°s. 34. 36. 37. 46. 49. 50. 53. 55. 56. 66. Les n°s. 45 et 52. sont du genre Eumère ; des Pipizes portent les n°s. 64 et 69. et deux Chrysogastres les n°s. 65 et 67. Les n°s. 63 et 68. n'appartiennent pas à la famille des Syrphies, et nous n'osons même pas répondre que tous les numéros que nous ne mentionnons pas, soient de véritables Eristales.

1re. *Division*. Cellule marginale n'atteignant point le bord extérieur de l'aile. — Ailes nues, vues même au microscope.

1re. *Subdivision*. Cellule médiastine beaucoup plus longue que la cellule marginale. — Soie des antennes nue ou presque nue.

L'Eristale tenace, *E. tenax*. Meig. *Dipt. d'Eur. tom.* 3. *pag.* 385. *n°.* 4. appartient à cette subdivision qui contient en outre probablement : 1°. Eristale cimbiciforme, *E. cimbiciformis*. Meig. *id. n°.* 3. 2°. Eristale champêtre, *E. campestris*. Meig. *id. pag.* 387. *n°.* 5. 3°. Eristale des jardins, *E. hortorum*. Meig. *id. n°.* 6. 4°. Eristale Renard, *E. vulpinus*. Meig. *id. pag.* 388. *n°.* 7. 5°. Eristale des forêts, *E. sylvaticus*. Meig. *id. n°.* 8. 6°. Eristale des cavernes, *E. cryptarum*. Meig. *id. pag.* 389. *n°.* 9. 7°. Eristale apiforme, *E. apiformis*. Meig. *id. pag.* 390. *n°.* 10. 8°. Eristale Anthophore, *E. anthophorinus*. Meig. *id. n°.* 11.

2°. *Subdivision*. Cellules médiastine et marginale presque d'égale longueur.

A. Soie des antennes nue.

a. Yeux séparés dans les deux sexes.

Nous plaçons ici l'Eristale sépulcral, *E. sepulcralis*. Meig. *Dipt. d'Eur. tom.* 3. *pag.* 383. *n°.* 1.

b. Yeux des mâles réunis.

Ce groupe renferme l'Eristale bronzé, *E. æneus*. Meig. *Dipt. d'Eur. tom.* 3. *pag.* 384. *n°.* 2.

B. Soie des antennes plumeuse.

a. Abdomen presque globuleux. — Corps très-velu.

Rapportez ici l'Eristale velu, *E. intricarius*. Meig. *Dipt. d'Eur. tom.* 3. *pag.* 391. *n°.* 12.

b. Abdomen conique. — Corps simplement pubescent.

Les espèces contenues dans ce groupe sont : 1°. Eristale semblable, *E. similis*. Meig. *Dipt. d'Eur. tom.* 3. *pag.* 392. *n°.* 13. Nous pensons que cette espèce a été décrite par Scopoli (*Entom. Carniol.*) sous le nom de *Syrphus pertinax*. 2°. Eristale des bois, *E. nemorum*. Meig. *id. pag.* 394. *n°.* 16. 3°. Eristale des arbustes. *E. arbustorum*. Meig. *id. pag.* 395. *n°.* 17. 4°. Eristale jardinier, *E. horticola*. Meig. *id. pag.* 396. *n°.* 18. *tab.* 32. *fig.* 21. Mâle. 5°. Eristale des rochers, *E. rupium*. Meig. *id. pag.* 397. *n°.* 19. *tab.* 32. *fig.* 22. Femelle.

Nota. Ces cinq dernières espèces se trouvent aux environs de Paris.

On y doit joindre : 1°. Eristale des prés, *E. pratorum*. Meig. *Dipt. d'Europ. tom.* 3. *pag.* 393. *n°.* 14. 2°. Eristale des fossés, *E. fossarum*. Meig. *id. n°.* 15. 3°. Eristale des Alpes, *E. alpinus*. Meig. *id. pag.* 398. *n°.* 20.

2°. *Division*. Cellule marginale atteignant le bord extérieur de l'aile. — Ailes velues vues au microscope. — Soie des antennes nue.

Ici se place l'Eristale floral, *E. floreus*. Meig. *Dipt. d'Eur. tom.* 3. *pag.* 399. *n°.* 21. Commun aux environs de Paris.

MÉRODON, *Merodon*. Meig. Lat. Fab. *Syrphus*. Panz. *Eristalis*, *Milesia*. Fab.

Genre d'insectes de l'ordre des Diptères (1re. section), famille des Athéricères, tribu des Syrphies.

Les Syrphies qui ont la cellule sous-marginale des ailes pédiforme sont les genres Mallote, Eristale, Hélophile et Mérodon. (*Voyez* Syrphies.) Dans les deux premiers les cuisses postérieures ne sont point renflées, mais simples. Les Hélophiles ont l'hypostome tuberculé, leurs dernières cuisses n'ont pas en dessous une forte dent ou épine, mais seulement de très-fines dentelures, enfin leurs ailes sont écartées l'une de l'autre dans le repos.

Antennes avancées, rabattues, plus courtes que la tête, insérées assez bas, sur le devant de la tête, composées de trois articles ; les deux premiers courts, égaux entr'eux, le troisième oblong ou elliptique, plane, déprimé avec une soie dorsale nue. — *Ouverture de la cavité buccale* ovale, un peu rétrécie par-devant. — *Trompe* charnue, rentrant dans la cavité buccale lors du repos. — *Suçoir* de quatre soies, suivant M. Latreille, les inférieures beaucoup plus longues que les palpes. — *Palpes* courts, un peu en massue, avec de longs poils, ayant à peine le tiers de longueur de la soie supérieure. — *Tête* hémisphérique ; hypostome uni, velu, sans tubercule. — *Yeux* velus, se touchant par en haut dans les mâles, espacés dans les femelles dont le front est plane et un peu ridé. — *Trois ocelles* disposés en triangle sur le devant du vertex. — *Corps* assez long, velu. — *Corselet* bombé en dessus, gros, globuleux, un peu tronqué en devant. — *Ecusson* semicirculaire. — *Ailes* souvent plus courtes que l'abdomen ou n'étant pas plus longues que lui, velues vues au microscope, couchées parallèlement sur le corps dans le repos ; leur cellule sous-marginale pédiforme. (*Voyez* la note pag. 514. de ce volume.) — *Cuillerons* doubles, assez grands. — *Balanciers* couverts. — *Abdomen* alongé, composé de quatre segmens outre l'anus ; celui-ci fort petit ainsi que le premier segment. — *Pattes* assez fortes, surtout les postérieures ; dernières cuisses très-grosses, en massue, souvent courbées, échancrées obliquement au bout, ayant une forte dent au bord de cette échancrure ; jambes postérieures courbées, un peu en massue : premier article des tarses presqu'aussi long que les quatre autres réunis ; le dernier muni de deux forts crochets ayant une grosse pelotte bifide dans leur entre-deux.

Le nom donné à ces Syrphies est tiré de deux mots grecs qui signifient : *cuisses dentées*. Les larves de la plupart des espèces ne sont pas connues ; nous avons obtenu les Mérodons *équestre* et *transversal* des larves décrites par Réaumur, tom. IV. Mém. 12. pag. 499. pl. 34. fig. 1—12. Elles sont grosses, presque cylindriques, apodes, leurs deux extrémités un peu pointues le sont presqu'également, mais la partie antérieure du corps se distingue par la présence de deux crochets écailleux susceptibles de se retirer à l'intérieur; ce sont les organes avec lesquels ces larves attaquent la substance de l'oignon de Narcisse dans lequel elles vivent; ils lui servent aussi comme de pattes, et c'est par leur moyen seulement qu'elles peuvent avancer lorsqu'on les a tirées de l'intérieur de cet oignon. Ces crochets épais à leur base vont ensuite en diminuant, et se recourbent pour se terminer chacun par une pointe fine tournée du côté du ventre. Au-dessus de chaque crochet est une corne charnue dont le bout est refendu; ce bout semble fait de deux mamelons qui peuvent s'écarter l'un de l'autre : un peu plus loin et un peu plus bas que les cornes, il y a de chaque côté une petite tache noire, luisante; ces deux taches sont probablement les deux stigmates antérieurs; les stigmates postérieurs sont placés vers l'anus sur une sorte de petit barillet brun ordinairement peu apparent, mais que la pression fait sortir; sur le bout de ce barillet on aperçoit deux petites cavités, au centre de chacune est un petit grain noir, semi-globuleux, ce sont là les stigmates postérieurs : au-dessous du barillet on voit deux appendices charnus entre lesquels est situé l'anus. La couleur de ces larves est d'un blanc-roussâtre sale, vues à la loupe elles paroissent garnies de petits poils; les segmens du corps sont ridés et paroissent chagrinés; pour passer à l'état de nymphe la larve quitte ordinairement l'oignon, elle se fait, comme un grand nombre d'autres Diptères, une coque de sa propre peau, de la même forme que celle de la *Musca vomitoria*, mais beaucoup plus ridée et d'une couleur grise un peu noirâtre; sur la partie antérieure et supérieure de cette coque il y a deux cornes qui aboutissent intérieurement à deux vessies placées chacune d'un côté du corselet et qui communiquent avec les stigmates; ces cornes sont donc l'organe de respiration de la nymphe. Pour sortir de sa coque l'insecte parfait soulève une demi-calotte de la partie antérieure et paroît, dans nos climats, dès le mois d'avril.

Il est très-probable que les Mérodons *equestris* et *transversalis* ainsi que les suivans, *nobilis*, *constans*, *Narcissi*, *ferrugineus* et *flavicans* de M. Meigen et de quelques autres auteurs, ne sont qu'une seule espèce très-variable que nous désignerons sous le nom de Mérodon du Narcisse (*M. Narcissi*), et dont la larve décrite ci-dessus vit dans les oignons du Narcisse de Constantinople (*Narcissus tazzeta*. Linn.) qui cultivés en grand à Ollioule sont apportés tous les ans par caisses chez les jardiniers fleuristes de Paris; nous ne croyons pas que l'on ait pris cette espèce aux environs de la capitale, nous la croyons propre aux pays méridionaux. Comme une grande partie des oignons envoyés d'Ollioule en sont attaqués, on se procure aisément de ces larves en prenant chez les fleuristes ces oignons gâtés.

Les Mérodons à l'état parfait se trouvent sur les fleurs. Nous mentionnerons les espèces suivantes : 1°. Mérodon clavipède, *M. clavipes*. Meig. *Dipt. d'Eur. tom.* 3. *pag.* 351. *n°.* 1. *tab.* 31. *fig.* 22. Femelle. Des environs de Paris, on le trouve sur les Euphorbes. La femelle a le plus souvent ses poils d'un gris-blanchâtre, et ceux du mâle ne sont pas toujours d'un roux-doré, comme l'indique la description de M. Meigen, mais seulement d'un roussâtre-pâle, sans que ces différences proviennent d'une détérioration. 2°. Mérodon du Narcisse, *M. Narcissi*. — *Merodon equestris*. Meig. *id. pag.* 352. *n°.* 2. *tab.* 31. *fig.* 23. Mâle. (Nous avons deux femelles de cette variété.) Et *Merodon transversalis*. Meig. *id. pag.* 354. *n°.* 4. (Nous possédons une femelle de cette variété.) Il faut probablement joindre encore à cette synonymie comme simples variétés du Mérodon du Narcisse, les espèces de M. Meigen citées plus haut dans les généralités. 3°. Mérodon front blanc, *M. albifrons*. Meig. *id. pag.* 359. *n°.* 15. Du midi de la France; pris à Montpellier par M. A. de St. Fargeau.

Nota. Le *Merodon femoratus* n°. 4. Fab. *Syst. Antliat.* est une Xylote; le *Merodon podagricus* n°. 10. Fab. *id.* appartient aux Ascies, et M. Wiédemann pense que le *Merodon crassipes* n°. 3. Fab. *id.* est un Eristale.

HÉLOPHILE. Meig. Lat. (*Fam. nat.*) *Rhingia*. Fab. Fallén. Panz. *Eristalis*. Fab. *Syrphus*. Fallén. Panz. *Musca*. Linn. De Géer. Geoff. Schranck.

Genre d'insectes de l'ordre des Diptères (première section), famille des Athéricères, tribu des Syrphies.

Quatre genres, Mallote, Eristale, Hélophile et Mérodon constituent un groupe dans cette tribu. (*Voyez* Syrphies.) Les deux premiers sont séparés des autres par leurs cuisses postérieures simples et grêles. Dans les Mérodons l'hypostome est sans tubercule, les cuisses postérieures unidentées en dessous et les ailes couchées parallèlement sur le corps dans le repos.

Antennes avancées, plus courtes que la tête, rabattues, insérées sous un rebord du front, composées de trois articles, les deux premiers petits, égaux entr'eux, le troisième plane, presque rond, ayant à sa base une soie dorsale nue. — *Ouverture de la cavité buccale* oblongue. — *Trompe* charnue, retirée dans la cavité buccale lors du repos. — *Suçoir* de quatre soies, suivant M. Latreille, les inférieures redressées, aussi longues que les palpes. — *Palpes* cylindriques, redressés, un peu velus vers leur extrémité, à peine moitié aussi longs que la soie supérieure. — *Tête* hémisphérique ; hypostome un peu enfoncé au-dessous des antennes, avancé à sa partie inférieure, celle-ci formant une sorte de tubercule. — *Yeux* nus, espacés dans les deux sexes : front des mâles un peu plus étroit que celui des femelles, leurs yeux un peu anguleux intérieurement, les deux angles réunis par une ligne transversale du front. — *Trois ocelles* placés en triangle sur le vertex. — *Corps* assez long, presque glabre. — *Corselet* presque carré. — *Ecusson* grand, semicirculaire. — *Ailes* assez grandes, velues vues au microscope, écartées l'une de l'autre dans le repos, leur cellule sous-marginale pédiforme. (*Voy.* la note pag. 514. de ce volume.) — *Cuillerons* doubles, grands. — *Balanciers* presque recouverts. — *Abdomen* assez long, de quatre segmens outre l'anus, presque conique dans les mâles, elliptique dans les femelles, presque plat. — *Les quatre pattes antérieures* assez grêles ; cuisses postérieures grosses, renflées, en massue alongée, très-finement denticulée en dessous, surtout vers leur extrémité ; jambes (les deux postérieures principalement) arquées ; premier article des tarses presqu'aussi long que les quatre autres pris ensemble, le dernier muni de deux petits crochets ayant une forte pelotte bifide dans leur entre-deux.

Ce genre dont le nom vient de deux mots grecs qui signifient : *aimant les marais*, ne contient qu'un très-petit nombre d'espèces ; les larves, au moins celle du *Pendulus*, sont semblables aux larves des Eristales et se trouvent aussi dans les eaux croupissantes. Les insectes parfaits n'ont pas l'habitude de faire mouvoir leur abdomen à la manière des Eristales, mais ils ont le même vol, la même nourriture et se rencontrent sur les fleurs.

1re. *Division.* Partie inférieure de l'hypostome prolongée en bec presqu'horizontal.

A cette division se rapporte l'Hélophile à lignes, *H. lineatus.* Meig. *Dipt. d'Eur. tom.* 3. *pag.* 369. *n°.* 1. *tab.* 32. *fig.* 7. Mâle. Trouvé en Normandie.

2e. *Division.* Partie inférieure de l'hypostome simplement tuberculée, sans prolongement.

1°. Hélophile lunulé, *H. lunulatus.* Meig. *Dipt. d'Europ. tom.* 3. *pag.* 370. *n°.* 2. 2°. Hélophile transfuge, *H. transfugus.* Meig. *id. pag.* 371. *n°.* 3. *tab.* 32. *fig.* 8. Mâle. Environs de Paris. 3°. Hélophile des champs, *H. camporum.* Meig. *id. pag.* 372. *n°.* 4. 4°. Hélophile à trois bandes, *H. trivittatus.* Meig. *id. pag.* 373. *n°.* 5. Environs de Paris. 5°. Hélophile suspendu, *H. pendulus.* Meig. *id. n°.* 6. Commun aux environs de Pari . 6°. Hélophile des buissons, *H. frutetorum.* Meig. *id. pag.* 374. *n°.* 7. 7°. Hélophile joli, *H. pulchriceps.* Meig. *id. pag.* 375. *n°.* 8. De Portugal.

(S. F. et A. Serv.)

SYRTIS, *Syrtis.* Fabricius dans son *Systema Rhyngotorum* fait un genre sous ce nom auquel il donne pour caractère : rostre fléchi, inséré sous le chaperon ; chaperon alongé, échancré, convexe en dessous ; antennes rapprochées, de quatre articles, insérées à la base du rostre.

Il place dans ce genre quelques espèces qui figuroient parmi les *Acanthia* de l'*Entom. Syst.* Les *Syrtis crassipes* et *erosa* sont des Phymates. (*Voyez* ce mot.) Les *Syrtis manicata, prehensilis* et *crassimana* appartiennent au genre Macrocéphale. (*Voyez* ce mot, page 120. de ce volume.) Nous ignorons à quel genre on doit rapporter les quatre autres espèces.

(S. F. et A. Serv.)

SYSTROPHE, *Systropha.* Illig. Klug. Lat. *Apis.* Ross. *Eucera.* Scopol. *Andrena.* Panz. (*Faun.*) Oliv. (*Encycl.*) *Hylæus.* Fab. *Anthidium.* Panz. (*Révis.*) *Ceratina.* Jur.

Genre d'insectes de l'ordre des Hyménoptères, section des Porte-aiguillon, famille des Mellifères, tribu des Apiaires (division des Récoltantes).

Dans les Apiaires récoltantes solitaires (*voyez* Parasites) un groupe a pour caractère : point de palette au métathorax ni aux pattes postérieures ; une brosse pour la récolte du pollen des fleurs placée sur le côté extérieur des jambes et du premier article des tarses des deux pattes postérieures ; quatre cubitales ; ocelles disposés en ligne transversale. Ce groupe contient quatre autres genres outre celui de Systrophe, 1°. Macrocère, qui s'en distingue par ses antennes filiformes dans les deux sexes et très-longues dans les mâles ; 2°. Monœque, dans lequel l'épine interne des jambes postérieures est pectinée ; 3°. Mélitome, qui a les mâchoires et la lèvre formant une promuscide dépassant la base des hanches postérieures ; 4°. Epicharis, dont l'épine des jambes intermédiaires est pectinée, unidentée avant son extrémité et les crochets des tarses dentés. Aucun de ces trois derniers genres n'a les antennes en massue dans les femelles, ni leurs quatre derniers articles contournés en spirale dans les mâles.

Antennes brisées et de douze articles dans les femelles, grossissant insensiblement vers l'extrémité, formant une sorte de massue dans ce même sexe, simplement arquées et de treize articles dans les mâles, les quatre derniers plus longs que les précédens, plus menus, contournés en spirale et formant une espèce de triangle. — *Labre* petit, transversal. — *Mandibules* bidentées. — *Mâchoires* et *Lèvre* formant une promuscide qui ne dépasse pas la base des hanches antérieures. — *Palpes* de forme presqu'identique ; leurs articles grêles, linéaires ; les maxillaires à peu près de la longueur du lobe terminal des mâchoires, de six articles ;

les trois premiers (mais surtout le troisième) longs : palpes labiaux de quatre articles, le second le plus long de tous. — *Lèvre* linéaire, peu ou point velue. — *Trois ocelles* disposés en ligne transversale droite sur le haut du front. — *Corps* un peu pubescent. — *Corselet* globuleux. — *Ecusson* ayant ses côtés un peu bombés. — *Ailes supérieures* ayant une cellule radiale rétrécie depuis son milieu jusqu'à son extrémité, celle-ci ne s'écartant pas de la côte : quatre cellules cubitales, la première plus grande que la seconde, la deuxième petite, presque carrée, recevant la première nervure récurrente très-près de la base de la troisième, celle-ci à peu près aussi grande que la première, très-rétrécie vers la radiale, recevant la seconde nervure récurrente ; quatrième cubitale à peine commencée : trois cellules discoïdales, les deux premières ou supérieures assez alongées, la troisième ou inférieure fermée par une nervure transversale, fort loin du bord postérieur. — *Abdomen* ovale, convexe, de cinq segmens outre l'anus dans les femelles, en ayant un de plus et étant recourbé à son extrémité, son second segment portant en dessous deux tubercules dans les mâles. — *Pattes* de longueur moyenne, les deux jambes antérieures munies à leur extrémité d'une épine un peu membraneuse latéralement, aiguë, mais un peu échancrée obliquement à son extrémité : celle des jambes intermédiaires simple, aiguë : jambes postérieures ayant deux épines simples, aiguës, presqu'égales entr'elles ; ces jambes dépourvues de palette, mais munies d'une brosse sur leur face extérieure ainsi que sur celle du premier article des tarses ; dernier article de ceux-ci ayant deux crochets bifides munis d'une pelotte dans l'entre-deux.

Les mœurs de ces Apiaires ne sont pas connues. On les trouve dans les parties méridionales de l'Europe.

1. SYSTROPHE spirale, *S. spiralis*.

Systropha spiralis. LAT. *Gener. Crust. et Ins. tom.* 4. *pag.* 157. Mâle et femelle. — *Hylæus spiralis. n°.* 6. FAB. *Syst. Piez.* Mâle. — *Andrena spiralis*. PANZ. *Faun. Germ. fas.* 35. *fig.* 22. Mâle. — COQUEB. *Illustr. Icon. tab.* 15. *fig.* 8. Mâle. — *Apis curvicornis*. ROSS. *Faun. Etrusc. tom.* 2. *pag.* 106. *n°.* 921. Mâle. — *Eucera curvicornis*. SCOPOL. *An. Hist. nat.* 4. *pag.* 9. Mâle. — *Ceratina spiralis*. JUR. *Hyménopt. pag.* 234. Mâle. — *Encycl. pl.* 383. *fig.* 5 *et* 6. Mâle.

Voyez pour la description du mâle, Andrène spirale n°. 3. de ce Dictionnaire. La femelle ne diffère que par les caractères indiqués ci-dessus comme génériques.

Nota. M. Latreille mentionne une autre Systrophe ; ces deux espèces ne se distinguent l'une de l'autre, dit-il, que par la différence des tubercules du dessous de l'abdomen dans les mâles.

MACROCÈRE, *Macrocera*. SPINOL. (1) LAT. *Eucera*. PANZ. FAB. SPINOL. *Centris*. FAB. *Apis*. ROSS. *Lasius*. JUR.

Genre d'insectes de l'ordre des Hyménoptères, section des Porte-aiguillon, famille des Mellifères, tribu des Apiaires (division des Récoltantes).

Un groupe d'Apiaires récoltantes solitaires comprend les genres Macrocère, Systrophe, Monœque, Epicharis et Mélitome. (*Voyez* PARASITES.) Les Systrophes ont la première cellule cubitale des ailes supérieures plus grande que la seconde ; les antennes contournées en spirale dans les mâles et en massue dans les femelles. Le genre Monœque a les épines des jambes postérieures pectinées ; dans les Mélitomes les mâchoires et la lèvre forment une promuscide qui dépasse la base des hanches postérieures ; les Epicharis ont les épines des quatre dernières jambes pectinées.

Antennes filiformes, brisées, composées de douze articles courts dans les femelles, très-longues, de treize articles dans les mâles ; ces articles à partir du troisième longs, cylindriques et un peu arqués dans ce dernier sexe. — *Labre* court. — *Mandibules* étroites, pointues, bidentées. — *Mâchoires* et *Lèvre* formant une promuscide qui atteint seulement la base des hanches antérieures. — *Palpes maxillaires* ne paroissant avoir que cinq articles, le dernier étant nul ou très-peu visible : palpes labiaux de quatre articles. — *Tête* assez forte, basse. — *Yeux* ovales, entiers. — *Trois ocelles* disposés en ligne droite sur le vertex. — *Corps* assez gros, velu. — *Corselet* convexe, élevé. — *Ailes supérieures* ayant une cellule radiale commençant à se rétrécir après la troisième cellule cubitale jusqu'à son extrémité qui est arrondie et écartée de la côte : quatre cellules cubitales, la première un peu plus longue que la seconde, celle-ci en carré long, recevant la première nervure récurrente près de la base de la troisième ; troisième cubitale fort rétrécie vers la radiale, recevant la seconde nervure récurrente très-près de la base de la quatrième, cette dernière à peine commencée : trois cellules discoïdales à peu près égales entr'elles. — *Abdomen* convexe, composé de cinq segmens outre l'anus dans les femelles, en ayant un de plus dans les mâles. — *Pattes* de longueur moyenne, jambes antérieures munies à leur extrémité d'une seule épine garnie dans la moitié inférieure de sa longueur d'une large membrane latérale : jambes intermédiaires ayant une seule épine longue, simple, aiguë ; jambes postérieures (des femelles) sans palette, munies d'une brosse sur leur face

(1) Nous donnons cette indication d'après M. Latreille, car nous n'avons pas trouvé ce genre mentionné dans les ouvrages de M. Spinola.

extérieure ainsi que sur celle du premier article des tarses, ayant dans les deux sexes à leur extrémité, deux épines longues, aiguës, simples; dernier article des tarses muni de deux crochets bifides, portant dans leur entre-deux une petite pelotte.

Les Macrocères dont le nom est tiré de deux mots grecs et a rapport à la grandeur des antennes des mâles, ont absolument les mêmes mœurs que les Eucères. (*Voyez* ce mot pag. 312. de ce volume.) Les espèces connues au nombre de douze environ habitent les pays chauds des deux hémisphères.

1. Macrocère longicorne. *M. longicornis.*

Macrocera nigra; capite rufo villoso, clypeo labroque albidis: thorace et abdominis primo secundoque segmentis rufo villosis; tertio, quarto, quintoque nigro villosis, sexto anique lateribus et pedibus rufo villosis.

Longueur 9 lig. Noire. Chaperon et labre blanchâtres. Tête et corselet chargés d'un duvet roussâtre ainsi que les deux premiers segmens de l'abdomen, le sixième, les côtés de l'anus et les pattes; les autres segmens de l'abdomen portant un duvet noir. Mâle.

Rapportée de Montpellier par M. de S[t]. Fargeau, officier de la Garde.

2. Macrocère cafre, *M. cafra.*

Macrocera nigra, cinereo albidoque villosa; clypei margine infero testaceo in fœminâ, clypeo labroque albidis in mare.

Longueur 3 lig. Noire. Tête ayant un duvet cendré, roussâtre sur le labre. Bord inférieur du chaperon testacé. Duvet du corselet d'un roux-cendré; base du premier et du second segmens de l'abdomen chargés de poils hérissés cendrés; leurs côtés les ayant blanchâtres. Base du troisième segment ayant une bande transverse de poils couchés, blanchâtres. Quatrième segment en portant une pareille, et de plus une seconde dans son milieu, qui se réunissent sur les côtés; le cinquième ainsi que l'anus chargés de poils hérissés roux et noirs. Pattes noires avec des poils roux. Ailes transparentes. Femelle.

Le mâle diffère par son chaperon et son labre blanchâtres; le premier segment de l'abdomen entièrement couvert de poils roux, hérissés, ainsi que la base du second, sur les côtés duquel les poils deviennent blanchâtres; le troisième, le quatrième et le cinquième ont chacun une bande transverse, basilaire, de poils couchés, blanchâtres. Le quatrième n'a point de bande dans son milieu; le sixième et l'anus ont des poils hérissés roux et noirs.

De Cafrerie. Du cabinet du Roi.

3. Macrocère bimaculée, *M. bimaculata.*

Macrocera nigra, nigro villosa; pedum posticorum tibiis tarsisque rufo villosis: abdominis segmento quarto fasciâ è pilis stratis albis valdè interruptâ; alis subviolaceo fuscis.

Longueur 8 lig. Noire, chargée de poils hérissés, de cette couleur; quatrième segment de l'abdomen ayant une bande transverse très-interrompue, de poils couchés blancs, le cinquième segment extrêmement chargé de poils noirs, hérissés. Jambes postérieures ainsi que leurs tarses garnis de poils roux. Ailes brunes, un peu violettes. Femelle.

Envoyée de Philadelphie au cabinet du Roi par M. Lesueur.

4. Macrocère d'Auguste, *M. Augusti.*

Macrocera nigra, capite thoraceque rufo villosis; abdominis segmentorum margine infero subdecolori, pilis stratis cinereis villoso: alis hyalinis.

Longueur 4 lig. ½. Noire. Antennes de cette couleur, leur extrémité antérieurement testacée. Tête et corselet couverts de poils d'un roux-cendré. Bord des segmens de l'abdomen décoloré et couvert de poils couchés, cendrés. Poils de l'anus cendrés. Pattes noires, leurs poils roux. Ailes transparentes. Femelle.

Le mâle diffère: les poils du corps sont d'un roux plus foncé et le sixième segment de l'abdomen est coloré comme le précédent; la partie antérieure de la tête est blanchâtre ainsi que la base des mandibules.

Elle a été rapportée du Brésil par M. Auguste de Saint-Hilaire auquel nous en faisons l'hommage et qui a enrichi le Muséum de beaucoup d'autres espèces nouvelles d'Hyménoptères.

Rapportez à ce genre: 1°. Macrocère antennaire, *M. antennata*. Lat. *nouv. Diction. d'hist. nat.* 2e. *édit.* — *Eucera antennata* n°. 8. Fab. *Syst. Piez.* Mâle. — Panz. *Faun. Germ. fas.* 99. *fig.* 18. Mâle. — *Apis malvæ*. Ross. *Faun. Etrusc.* n°. 923. Mâle. Des environs de Paris. 2°. Macrocère tibiale, *M. tibialis*. — *Centris tibialis* n°. 31. Fab. *id.* Femelle. Des Antilles.

MONŒQUE, *Monœca.*

Genre d'insectes de l'ordre des Hyménoptères, section des Porte-aiguillon, famille des Mellifères, tribu des Apiaires (division des Récoltantes).

Les genres d'Apiaires solitaires qui composent un groupe dans cette division avec ceux de Monœque et de Mélitome sont: Systrophe, Epicharis et Macrocère: ces trois derniers se distinguent des deux autres en ce que la cellule radiale de leurs premières ailes est dénuée d'appendice; dans

dans les Mélitomes la quatrième cellule cubitale n'est que commencée et les épines des jambes postérieures sont sans dentelures.

Antennes filiformes, brisées, composées de douze articles dans les femelles, de treize dans les mâles. — *Mandibules* étroites, pointues, bidentées. — *Mâchoires* recourbées conjointement avec la lèvre. — *Tête* de grandeur moyenne. — *Trois ocelles* disposés en ligne transversale sur le haut du front. — *Corps* assez gros, velu. — *Corselet* convexe. — *Ailes supérieures* ayant une cellule radiale aiguë à sa base, se rétrécissant depuis son milieu jusqu'à cette base; son extrémité écartée de la côte et portant un appendice; quatre cellules cubitales; la première plus grande que la seconde, celle-ci un peu rétrécie vers la radiale, recevant la première nervure récurrente; la troisième de la grandeur de la première, rétrécie vers la radiale, recevant la deuxième nervure récurrente; la quatrième atteignant le bout de l'aile: trois cellules discoïdales. — *Abdomen* composé de cinq segmens outre l'anus dans les femelles, en ayant un de plus dans les mâles. — *Pattes* de longueur moyenne; jambes postérieures des femelles dépourvues de palette, mais portant une brosse sur leur face extérieure ainsi que sur celle du premier article des tarses, terminées par deux épines dont l'intérieure est visiblement dentée en scie, l'extérieure l'étant à peine; dernier article des tarses muni de deux crochets bifides.

Le nom de Monœque vient de deux mots grecs qui indiquent que ces insectes vivent solitaires; les mœurs de l'espèce que nous allons décrire ne sont pas connues, mais sa conformation indique qu'elles ne peuvent s'éloigner beaucoup de celles des Macrocères.

1. Monœque brésilienne, *M. brasiliensis.*

Monœca nigra, nigro villosa; tarsis posterioribus punctoque alarum marginali testaceis.

Longueur 6 lig. Noire, velue; les poils noirs. Jambes postérieures couleur de poix; leurs tarses testacés avec des poils ferrugineux. Ailes enfumées, leurs nervures noires, point marginal des supérieures, testacé. Femelle.

Du Brésil. Du cabinet du Roi.

MÉLITOME, *Melitoma.* Lat. (*Fam. nat.*)

Genre d'insectes de l'ordre des Hyménoptères, section des Porte-aiguillon, famille des Mellifères, tribu des Apiaires (division des Récoltantes).

Un groupe d'Apiaires solitaires de cette division renferme cinq genres (*voyez* Parasites), dont quatre, Systrophe, Monœque, Epicharis et Macrocère ont leur promuscide courte (M. Latreille désigne sous ce nom les mâchoires et la lèvre réunies), n'atteignant au plus que la base des hanches antérieures, ce qui les distingue des Mélitomes.

Antennes filiformes, brisées, courtes dans les deux sexes, de douze articles dans les femelles, de treize dans les mâles, le troisième toujours aminci à sa partie inférieure. — *Mâchoires* et *Lèvre* réunies, formant une promuscide qui dépasse, dans le repos, la base des hanches postérieures. — *Tête* transversale. — *Yeux* assez grands. — *Trois ocelles* disposés en ligne transversale sur le haut du front. — *Corps* velu, assez court. — *Corselet* globuleux. — *Ecusson* court, transversal. — *Ailes supérieures* ayant une cellule radiale, pointue à sa base et à son extrémité qui est écartée de la côte, et quatre cellules cubitales; la première plus grande que la seconde, celle-ci presque carrée, recevant au-dessous de son milieu la première nervure récurrente; la troisième fortement rétrécie vers la radiale, recevant la seconde nervure récurrente, un peu avant la nervure d'intersection qui la sépare de la quatrième; cette dernière cellule un peu commencée et tracée presque jusqu'au bout de l'aile: trois cellules discoïdales presqu'égales; l'inférieure fort éloignée du bord postérieur de l'aile. — *Abdomen* assez convexe, composé de cinq segmens outre l'anus dans les femelles, en ayant un de plus dans les mâles; le premier assez étroit. — *Pattes* assez fortes, velues; jambes antérieures munies à leur extrémité d'une épine garnie d'une membrane dans toute sa longueur: jambes intermédiaires n'en ayant qu'une, simple, droite et longue; jambes postérieures des femelles, dépourvues de palette, mais portant une brosse sur leur face extérieure ainsi que sur celle du premier article des tarses, terminées par deux épines longues, égales, simples, un peu crochues à leur extrémité; dernier article des tarses muni de deux crochets bifides, ayant une pelotte dans leur entre-deux.

L'espèce qui sert de type à ce genre a été rapportée du Brésil par M. Auguste de Saint-Hilaire, qui ne nous a communiqué aucune remarque sur ses habitudes, mais elles ne peuvent guère s'éloigner de celles des Eucères.

1. Mélitome Euglosse, *M. euglossoides.*

Melitoma nigra; antennis piceis, capite thoraceque rufo villosis: segmentorum abdominis intermediorum margine infero pilis stratis albis villoso.

Longueur 5 lig. Antennes brunes, un peu testacées à leur face antérieure. Tête et corselet noirs avec un duvet roux; abdomen noir, son premier segment avec des poils grisâtres, les second, troisième et quatrième ayant des poils noirs, et leur bord inférieur chargé d'une bande transverse de poils courts, couchés, blancs; le cinquième et l'anus garnis de poils noirs; pattes noires, velues; ailes transparentes. Femelle.

Le mâle diffère en ce que la partie antérieure de sa tête est plus chargée de poils et que le cinquième segment de l'abdomen a, comme les précédens, la bande transverse de poils couchés, blancs.

De la Capitainerie de Guaratuba au Brésil.

ÉPICHARIS, *Epicharis.* Klug. Illig. Lat. *Apis.* Oli. (*Encycl.*) *Centris.* Fab.

Genre d'insectes de l'ordre des Hyménoptères, section des Porte-aiguillon, famille des Mellifères, tribu des Apiaires (division des Récoltantes).

Des cinq genres qui composent le groupe d'Apiaires solitaires de cette division, duquel dépendent les Epicharis (*voy.* Parasites), le genre Monœque a la quatrième cellule cubitale complète et atteignant le bout de l'aile; les crochets des tarses sont bifides. Les Mélitomes ont une promuscide qui dépasse la base des cuisses postérieures. Dans les Macrocères et les Systrophes les épines terminales des quatre jambes postérieures sont simples, de plus les antennes des Macrocères mâles sont plus longues que le corps, et dans les Systrophes du même sexe les antennes sont contournées en spirale et forment une sorte de triangle à leur extrémité.

Antennes filiformes, brisées, de douze articles dans les femelles, de treize dans les mâles, et n'étant pas sensiblement plus longues que dans l'autre sexe. — *Labre* grand, avancé, arrondi. — *Mandibules* (au moins celles des femelles) grandes, plus larges vers leur extrémité, qui a trois petites dents peu prononcées. — *Mâchoires* et *Lèvre* fléchies, formant une promuscide qui atteint seulement la base des hanches antérieures. — *Palpes maxillaires* très-courts, n'ayant qu'un seul article presque globuleux: palpes labiaux sétiformes, aigus, leurs articles droits, peu visibles. — *Tête* de grandeur moyenne, presque triangulaire vue en devant. — *Yeux* ovales, alongés. — *Trois ocelles* disposés presqu'en ligne droite sur le vertex. — *Corps* assez long, un peu velu. — *Corselet* elliptique. — *Ailes supérieures* ayant une cellule radiale, aiguë à sa base, rétrécie depuis le milieu jusqu'à cette partie, son extrémité arrondie, éloignée de la côte; quatre cellules cubitales, la première presque séparée en deux par une fausse nervure qui descend de la côte, la seconde presque de même grandeur que la précédente, rétrécie vers la radiale, recevant la première nervure récurrente; la troisième rétrécie vers la radiale, recevant la seconde nervure récurrente très-près de la nervure qui la sépare de la quatrième cubitale; celle-ci à peine commencée: trois cellules discoïdales à peu près égales, l'inférieure fort éloignée du bord postérieur de l'aile. — *Abdomen* alongé, conique, de cinq segmens outı l'anus dans les femelles, en ayant un de plus dai les mâles. — *Pattes* assez fortes, très-velues; jan bes antérieures munies d'une épine terminale ai guë, garnie latéralement d'une large membrai échancrée à son extrémité; jambes intermédiair ayant une seule épine terminale dentée en scie, sai dilatation à son extrémité qui est unidentée, cett dent formant une sorte de crochet; jambes pos térieures munies à leur base d'une écaille paroissar formée de deux pièces; celles des femelles dépour vues de palette mais portant une brosse très-garni de longs poils sur leur face extérieure ainsi qu sur celle du premier article des tarses; ces jambe terminées par deux épines, l'intérieure manifest ment dentée en scie, l'extérieure l'étant aussi u peu; crochets des tarses unidentés, sans pelott apparente.

Les Epicharis connues sont au moins d'un taille égale à celle de la Xylocope la plus com mune en France (*X. violacea*). La forme d leurs mandibules nous paroît indiquer que ce Apiaires travaillent en bois ou en maçonnerie Toutes les espèces habitent les contrées chaude de l'Amérique méridionale. Il est difficile dans c genre, ainsi que dans quelques autres qui en son voisins, de rapporter les mâles à leurs femelles à cause des différences de couleurs, et l'on ne sau roit trop recommander aux voyageurs d'observe les accouplemens et de les rapporter de manièr à ôter toute incertitude.

1. Epicharis rustique, *E. rustica.*

Epicharis dasypus. Klug. Illig. Lat. *Gener Crust. et Ins. tom.* 4. *pag.* 178. Femelle. — *Centris hirtipes* n°. 4. Fab. *Syst. Piez.* Femelle.

Voyez pour la description Abeille rustiqu n°. 8 de ce Dictionnaire. Les poils du corselet sont ferrugineux et deviennent quelquefois cendrés. Femelle.

Nous présumons que l'individu suivant est l mâle. Noir; tête chargée de poils noirs; labre e chaperon d'un blanc jaunâtre, ainsi qu'une tach au-dessous des antennes. Corselet et abdomen poils cendrés, les côtés de celui-ci plus velus qu le milieu. Pattes à poils noirs, ces poils roux su les jambes et les tarses postérieurs.

Rapporté du Brésil où se trouve aussi la femell précédente.

2. Epicharis fasciée, *E. fasciata.*

Epicharis nigra, nigro villosa; abdominis seg mentorum secundi lateribus, tertii, quarti quin tique fasciâ mediâ testaceo pallidis, quinto supr ani dorso producto; tibiis tarsisque posticis fer rugineo villosis; alis fusco-violaceis.

Longueur 10 lig. Noire. Tête et corselet chargés de poils noirs; côtés du second segment de l'abdomen et bande transversale médiale des troisième, quatrième et cinquième d'un testacé pâle; le cinquième se prolongeant sur le dos de l'anus. Pattes noires avec des poils de même couleur, ces poils ferrugineux sur les jambes et les tarses postérieurs. Ailes d'un brun-violacé. Femelle.

Le mâle présumé est l'individu suivant. Noir; tête munie de poils noirs. Labre et chaperon d'un jaune pâle, ainsi qu'une tache sous les antennes. Corselet à poils cendrés et noirs mêlés; premier, second, troisième et quatrième segmens de l'abdomen garnis de poils blanchâtres sur les côtés: les cinquième, sixième et l'anus ferrugineux avec des poils roux. Pattes et ailes comme dans l'Epicharis fasciée femelle. Quelques individus mâles ont aussi le quatrième segment abdominal ferrugineux.

Brésil; Rio-Janeiro.

Nota. Nous connoissons encore plusieurs autres espèces de ce genre. (S. F. et A. Serv.)

TABAC D'ESPAGNE. Nom vulgaire donné par Geoffroy, *Ins. Paris.* à l'Argynne Paphia n°. 28. *tom. IX. pag.* 268. de ce Dictionnaire, *pl.* 57. *fig.* 8—10. (S. F. et A. SERV.)

TACHINE, *Tachina.* FAB. Cet auteur a établi sous ce nom dans son *Systema Antliatorum* un genre d'insectes Diptères; il lui donne pour caractères: palpes minces, filiformes, nus, obtus. Antennes rabattues, de trois articles, le dernier ovale, comprimé. Il en décrit treize espèces, dont cinq sont exotiques. Parmi les espèces européennes, celles qui portent les noms de *fera, tesselata, grossa* et *rotundata* sont des Echinomyies pour M. Latreille, *Genera.*

(S. F. et A. SERV.)

TACHINE, *Tachina.* MEIG. M. Meigen dans ses *Diptères d'Europe* a réuni sous ce nom générique six genres qu'il avoit fondés dans son premier ouvrage ayant pour titre *Classification*, etc. et nommés alors par lui *Melanophora, Leucostoma, Eriothrix, Tachina, Metopia, Exorista.* Il lui assigne ces caractères: antennes penchées, ou appliquées contre la tête, de trois articles, le dernier tronqué inférieurement, muni à sa base d'une soie dorsale nue. Bouche accompagnée de moustaches. Ailes écartées, leur extrémité ayant une nervure transversale.

Ce genre dans lequel l'auteur a établi un grand nombre de divisions, de subdivisions et de groupes, renferme trois cent quinze espèces, dont plusieurs appartiennent aux genres Métopie, Mélanophore et Echinomyie de M. Latreille.

(S. F. et A. SERV.)

TACHINE, *Tachinus.* GRAVENH. LAT. GYLLEN. *Staphylinus.* LINN. GEOFF. OLIV. PAYK. FAB. *Oxyporus.* FAB.

Genre d'insectes de l'ordre des Coléoptères, section des Pentamères, famille des Brachélytres, tribu des Microcéphales.

Cette tribu a pour caractères: tête enfoncée postérieurement dans le corselet jusque près des yeux, n'offrant point d'étranglement à sa base. Corselet trapézoïdal, s'élargissant de devant en arrière. Elle comprend les genres Loméchuse, Tachine et Tachypore. Les Loméchuses diffèrent des Tachines par leur corselet dont les côtés sont dilatés et relevés; les Tachypores se reconnoissent à leurs palpes subulés; ce seul caractère les sépare des Tachines, cependant ces deux genres, vu l'importance attachée aux parties de la bouche, avoient été adoptés tous deux tels que M. Gravenhorst les avoit établis en 1802 dans ses *Coleopt. micropt.*; mais cet auteur en 1806, dans sa *Monographia Coleopterorum micropterorum*, détruisit lui-même ces genres, et mêlant les espèces que d'abord il rapportoit à chacun d'eux, il donna les deux genres *Tachinus* et *Tachyporus*, fondés seulement sur l'*habitus* extérieur, en sorte que l'on trouve dans chacun de ces genres des palpes subulés et des palpes filiformes. Nous croyons devoir ici à l'exemple de M. Latreille nous en tenir aux caractères p-bliés dans le premier ouvrage de M. Gravenhorst.

Antennes de la longueur de la tête et du corselet pris ensemble, composées de onze articles, le premier gros, les suivans fort minces, les autres plus gros, presqu'égaux entr'eux, le dernier ovale. — *Mandibules* presque sans dents au côté interne. — *Palpes* filiformes; les maxillaires de quatre articles, les labiaux de trois. — *Tête* plus étroite que le corselet, rentrée presque jusqu'aux yeux dans l'échancrure antérieure de celui-ci; chaperon étroit, rétréci vers son extrémité qui est obtuse. — *Corps* lisse, brillant, convexe, allant en s'amincissant vers son extrémité. — *Corselet* convexe, à bords latéraux rabattus, échancré en devant pour recevoir la partie postérieure de la tête. — *Elytres* convexes, plus longues que le corselet, recouvrant des ailes et laissant à nu une partie de l'abdomen. — *Abdomen* conique, se terminant presqu'en pointe, portant des poils grands et roides. — *Pattes* de longueur moyenne; jambes ciliées et épineuses; tarses ordinairement minces, ayant cinq articles distincts.

Les mouvemens de ces Brachélytres sont vifs et brusques; c'est à cette habitude que l'on doit probablement rapporter l'origine grecque de leur nom. Ils vivent à l'état parfait dans les matières stercoraires et particulièrement dans les bouzes de vache; on trouve aussi certaines espèces dans les champignons et les ulcères des arbres. Leur taille est généralement petite. Les larves ne sont pas connues. Nous diviserons ce genre à la manière de M. Gyllenhall.

1re. *Division.* Corps large, entièrement ponctué.

On rapportera à cette division: 1°. Tachine huméral, *T. humeralis.* GRAV. *Coleopt. micropt. pag.* 136. *n°.* 3. 2°. Tachine brun, *T. pullus.* GRAV. *id. pag.* 140. *n°.* 6. 3°. Tachine sordide, *T. sordidus.* GRAV. *id. pag.* 141. *n°.* 8. 4°. Tachine bordé, *T. marginellus.* GRAV. *id. pag.* 143. *n°.* 14. 5°. Tachine sutural, *T. suturalis.*

Grav. *id. pag.* 144. *n°.* 15. Ces espèces se trouvent aux environs de Paris.

2°. *Division.* Corps étroit, alongé, aminci aux deux bouts. Corselet et élytres lisses, n'ayant que quelques points disposés par séries.

Elle comprend : 1°. Tachine tête noire, *T. atricapillus.* Grav. *Coleopt. micropt. pag.* 148. *n°.* 19. 2°. Tachine mélanocéphale, *T. melanocephalus.* Grav. *id. pag.* 144. *n°.* 16. Tous deux de France.

LOMÉCHUSE, *Lomechusa.* Grav. Lat. *Staphylinus.* Fab. Payk. Oliv. (*Entom.*)

Genre d'insectes de l'ordre des Coléoptères, section des Pentamères, famille des Brachélytres, tribu des Microcéphales.

Trois genres sont compris dans cette tribu. (*Voyez* Microcéphales, article Tachine.) Les Tachypores et les Tachines diffèrent des Loméchuses par leur corselet convexe à bords latéraux rabattus.

Antennes composées de onze articles, le premier épais, cylindrique ou quelquefois en massue, le second en massue courte; le troisième de même forme, mais plus long; les suivans cupulaires, le dernier ovale, aigu. — *Palpes* acuminés. — *Tête* environ trois fois plus petite que le corselet; front presque plane, souvent un peu rugueux. — *Corps* épais, rebordé. — *Corselet* transversal, rebordé, ses bords latéraux larges, élevés ou redressés, son disque un peu convexe, canaliculé, ses angles postérieurs aigus. — *Elytres* presque carrées; l'angle extérieur de leur partie postérieure aigu. — *Abdomen* épais, rebordé, souvent relevé à son extrémité; son dernier segment ordinairement aigu. — *Pattes* grêles, nues.

Ces caractères sont empruntés à la Monographie des Coléoptères microptères de M. Gravenhorst. M. Latreille dans les ouvrages qui ont suivi la publication de celui de l'auteur allemand, a réuni à ce genre les Aléochares *bipunctata*, *lanuginosa*, *nitida*, *fumata*, *nana*, Grav. etc. Nous n'avons pas cru devoir l'imiter en cela, mais nous pensons que ces espèces ainsi que l'*Aleochara fuscipes* Grav. pourroient former un genre nouveau dans la tribu des Microcéphales. Entr'autres caractères qui nous paroissent justifier notre opinion, on trouve dans ces espèces, un corselet convexe à bords latéraux rabattus, ce qui les sépare des Loméchuses; ce même corselet échancré en devant pour recevoir la partie postérieure de la tête empêche de les placer dans la tribu des Aplatis; et d'un autre côté ils n'ont point les jambes épineuses comme celles des Tachines et des Tachypores.

Les larves des Loméchuses ne sont pas connues; les insectes parfaits se rencontrent quelquefois sous les pierres.

M. Gravenhorst place dans ce genre : 1°. Loméchuse bossue, *L. strumosa.* Grav. *Monogr. Coleopt. micropt. pag.* 179. *n°.* 1. De Suède. 2°. Loméchuse échancrée, *L. emarginata.* Grav. *id. n°.* 2. De Suède. 3°. Loméchuse paradoxale, *L. paradoxa.* Grav. *id. pag.* 180. *n°.* 3. — *Staphylinus emarginatus.* Oliv. *Entom. tom.* 3. *Staphyl. pag.* 31. *n°.* 44. *Staphyl. pl.* 2. *fig.* 12. Des environs de Paris, sous les pierres. Rare. 4°. Loméchuse dentée, *L. dentata.* Grav. *id. pag.* 181. *n°.* 4. De Suède.

Nota. M. le comte Dejean en mentionne dans son Catalogue une cinquième espèce, de Styrie, *L. intermedia.* Dej. (S. F. et A. Serv.)

TACHYBULE, *Tachybulus.* Lat. (*Gener.*) *Voyez* Pison. (S. F. et A. Serv.)

TACHYDROMIE, *Tachydromia.* Fab. Cet auteur ayant adopté dans son *Systema Antliatorum* ce nom générique créé par M. Meigen, y a mêlé des espèces de genres différens. Des huit qu'il décrit les n°s. 1, 2, 3 et 4 sont de véritables Tachydromies ou Siques Lat. (*Voyez* ce mot.) La quatrième est la même espèce que la *Calobata arrogans* n°. 16. du même auteur. Les n°s. 5 et 6. sont des Hilares, la septième ne nous est pas connue, et la huitième appartient aux Hémérodromies. (S. F. et A. Serv.)

TACHYDROMIE, *Tachydromia.* Meig. *Dipt. d'Europ. tom.* 3. *Voyez* Sique.

(S. F. et A. Serv.)

TACHYDROMIENS, *Tachydromiæ.* Onzième famille des Diptères d'Europe de M. Meigen, qui lui donne pour caractères : antennes avancées, rapprochées à la base, paroissant n'avoir que deux articles, le dernier portant une soie terminale; trois ocelles; trompe courte, perpendiculaire; palpes couchés sur la trompe; abdomen de sept segmens; crochets munis de deux pelottes dans leur intervalle.

Nota. M. Meigen observe que d'après l'analogie, les antennes devroient être triarticulées, et que dans cette famille, les deux premiers articles des antennes sont probablement tellement rentrés l'un dans l'autre qu'ils semblent n'en faire qu'un. L'auteur y place les trois genres Hémérodromie, Tachydromie et Drapétis.

(S. F. et A. Serv.)

TACHYPE, *Tachypus.* M. Wéber dans son ouvrage intitulé *Observat. entomol.* (*Kiliæ* 1801.) a institué un genre d'insectes Coléoptères sous ce nom; il correspond à ceux de Procruste et de Carabe des auteurs modernes.

(S. F. et A. Serv.)

TACHYPORE, *Tachyporus*. Grav. Lat. Gyll. *Staphylinus*. Linn. Geoff. Oliv. (*Entom.*) Ross. Payk. Schranck. *Oxyporus*. Fab. *Tachinus*. Grav.

Genre d'insectes de l'ordre des Coléoptères, section des Pentamères, famille des Brachélytres, tribu des Microcéphales.

Des trois genres compris dans cette tribu (*voy.* Tachine) celui de Loméchuse a les côtés du corselet dilatés et relevés; les Tachines, extrêmement voisins des Tachypores, s'en distinguent par leurs palpes filiformes.

Les caractères génériques des Tachypores sont les mêmes que ceux des Tachines, si ce n'est que leurs palpes sont acuminés, presque subulés et que leurs antennes à partir du second article vont en grossissant jusqu'au bout, le dernier étant ovale, assez long. Les mœurs de ces insectes ne diffèrent pas de celles des Tachines. *Voyez* ce mot.

M. Gyllenhall partage ce genre ainsi :

1re. *Division*. Corps court, obtus antérieurement.

1°. Tachypore Chrysomèle, *T. chrysomelinus*. Grav. *Coleopt. micropt. pag.* 128. *n°.* 7. 2°. Tachypore bordé, *T. marginatus*. Grav. *id. pag.* 127. *n°.* 5. 3°. Tachypore grenaille, *T. granulum*. Grav. *Monogr. Coleopt. micropt. pag.* 3. *n°.* 1. Tous trois des environs de Paris.

2e. *Division*. Corps alongé, aminci même en devant.

Le Tachypore agréable, *T. lepidus*. Gyll. *Ins. Suec. tom.* 2. *pag.* 247. *n°.* 12. — *Tachinus lepidus*. Grav. *Monogr. Coleopt. micropt. pag.* 26. *n°.* 4. des environs de Paris, est de cette division. (S. F. et A. Serv.)

TACHYTE, *Tachytes*. Panz. (*Révis.*) Ce genre d'insectes Hyménoptères est le même que celui de *Lyrops*. Lat. *Voyez* ce mot à la table alphabétique. (S. F. et A. Serv.)

TAGÉNIE, *Tagenia*. Lat. *Stenosis*. Herbst. *Akis*. Fab.

Genre d'insectes de l'ordre des Coléoptères, section des Hétéromères (première division), famille des Mélasomes, tribu des Piméliaires.

M. Latreille dans ses *Familles naturelles* ayant adopté six genres nouveaux dans les Piméliaires, et introduit de nouvelles divisions pour leur distribution, nous croyons devoir les donner ici,

Tribu des Piméliaires.

I. Dernier article des antennes très-petit comparativement au précédent (à peine saillant dans plusieurs) et en forme de cône très-court.

Pimélie, Platyope, Eurychore, Akis, Elénophore, Erodie.

II. Dernier article des antennes très-distinct, soit guère plus petit que le précédent, soit de même longueur ou plus grand, ovoïde ou en cône alongé.

A. Dernier article des antennes point sensiblement plus long que le précédent.

Zophose, Moluris, Psammode, Tentyrie, Tagone, Hégétre, Tagénie, Sépidie.

B. Dernier article des antennes sensiblement plus long que le précédent.

Diésie, Scaure, Læna.

Le groupe de cette tribu qui contient les Tagénies renferme encore les genres Zophose, Tentyrie, Tagone, Hégétre qui sont distincts par leur menton grand, recouvrant l'origine des mâchoires. Dans les Moluris le labre est très-apparent, le corselet presqu'orbiculaire et le corps convexe; les antennes des Psammodes sont grêles et terminées par une massue de trois articles; le genre Sépidie a le troisième article des antennes beaucoup plus long que le suivant et les côtés du corselet dilatés dans leur milieu.

Antennes presque filiformes, grossissant peu et insensiblement jusqu'à leur extrémité, composées de onze articles, la plupart courts, presque perfoliés, le dernier très-distinct, guère plus petit que le précédent, presque globuleux. — *Labre* à peine visible, son bord antérieur qu'on aperçoit seul, transversal, cilié. — *Mandibules* aiguës à leur extrémité. — *Mâchoires* onguiculées au côté interne, rétrécies antérieurement à leur base, reçues de chaque côté dans une rainure linéaire. — *Palpes maxillaires* assez avancés, de quatre articles, le dernier un peu plus épais que les autres, tronqué : palpes labiaux de trois articles. — *Lèvre* entière, à peine échancrée : menton presque carré, son bord supérieur presqu'entier. — *Tête* grande, en carré long. — *Corps* alongé, déprimé; tête et corselet plus étroits que l'abdomen. — *Corselet* presqu'en carré long, mais allant un peu en se rétrécissant vers les élytres. — *Ecusson* petit, étroit, pointu postérieurement. — *Elytres* soudées ensemble, laissant à découvert l'extrémité de l'abdomen, leurs rebords latéraux embrassant un peu les côtés de l'abdomen. — *Point d'ailes*. — *Abdomen* ovale-alongé. — *Pattes* assez fortes; cuisses grosses, les antérieures surtout; jambes s'élargissant insensiblement vers leur extrémité, comprimées, terminées par deux courtes épines; dernier article des tarses le plus long de tous, muni de deux crochets assez forts.

Les Tagénies se trouvent dans les contrées limitrophes de la Méditerranée, telles que le midi de la France, l'Italie, la Barbarie, etc. Les espèces connues sont en petit nombre, l'une d'elles est la Tagénie filiforme, *T. filiformis*. Lat. *Gen. Crust. et Ins. tom.* 2. *pag.* 150. *n°.* 1. *tom.* 1. *tab.* 10. *fig.* 9. (S. F. et A. Serv.)

TAGONE, *Tagona*. Fisch. Lat. (*Fam. nat.*)

Genre d'insectes de l'ordre des Coléoptères, section des Hétéromères (1re. division), famille des Mélasomes, tribu des Piméliaires.

Le groupe de cette tribu, dont le genre Tagone fait partie, contient en outre ceux de Zophose, Moluris, Psammode, Tentyrie, Hégétre, Tagénie et Sépidie; il a pour caractères : dernier article des antennes très-distinct, point sensiblement plus long que le précédent. (*Voyez* Tagénie.) Les Moluris, les Psammodes, les Tagénies et les Sépidies ont le menton petit, ne recouvrant pas la base des mâchoires; le corps des Zophoses est suborbiculaire; les Hégétres ont leur corselet carré; enfin, dans les Tentyries, les antennes sont filiformes, leur dernier article n'est pas plus grand que le précédent; en outre leurs tarses antérieurs ne sont dilatés dans aucun sexe.

Nous allons donner les caractères de ce genre, qui ne nous est pas connu, d'après M. Fischer de Waldheim.

Antennes allant en grossissant vers leur extrémité, composées de onze articles, le premier très-gros, cylindrique; le second obconique; le troisième plus long, cylindrique; les quatre suivans obconiques; les huitième, neuvième et dixième globuleux-fusiformes; le dernier grand, très-distinct, ovoïde. — *Labre* proéminent, coriace, transverse, renflé au milieu, un peu échancré et cilié à sa partie antérieure. — *Mandibules* triangulaires, fortes, bordées extérieurement d'une ligne élevée de chaque côté qui se termine en dent obtuse. — *Palpes maxillaires* longs, ayant leur dernier article grand, comprimé, obconique : palpes labiaux plus courts, entièrement velus, leur article terminal grand, ovale. — *Lèvre* proéminente, cornée, échancrée : menton carré, arrondi antérieurement. — *Corselet* transversal, point orbiculaire. (Lat.) — *Corps* triangulaire, allant toujours en grossissant jusqu'à l'endroit où les élytres se courbent subitement. — *Elytres* soudées ensemble, leur extrémité fléchie subitement et droit, de manière à terminer l'abdomen par une ligne droite. — *Point d'ailes*. — *Pattes* à peu près conformées comme celles des Blaps, mais plus longues dans chacune de leurs parties; cuisses en massue; tarses antérieurs très-dilatés, ciliés.

Le nom de ce genre vient d'un mot grec qui a rapport à l'extension des articles des antennes et des tarses de ces insectes. Les mœurs des Tagones ne doivent pas différer beaucoup de celles des Pimélies. M. Fischer en décrit deux espèces; elles se trouvent sur les bords déserts d'un lac de la Russie méridionale : 1°. Tagone pointue, *T. acuminata*. Fisch. *Entom. Russ. tab.* 16. *fig.* 8. Longueur 8 lig. Noire, glabre, brillante. Corselet rétréci en devant. Elytres lisses, convexes, leur suture formant une ligne enfoncée; 2°. Tagone macrophthalme, *T. macrophthalma*. Fisch. *id. fig.* 9. Longueur 5 lig. Noire, brillante. Corselet presque cylindrique; élytres lisses, presque planes. (S. F. et A. Serv.)

TALITRE, *Talitrus*. Lat. Bosc. Léach. Lamk. *Cancer*. Montagu. *Oniscus*. Pallas.

Genre de Crustacés de l'ordre des Amphipodes, famille des Crevettines, établi par M. Latreille et restreint par Léach, qui a formé, aux dépens du genre primitif de M. Latreille, deux autres genres adoptés par ce dernier (*Familles nat. du genre anim.*). Le genre Talitre, tel qu'il est conservé par M. Latreille d'après Léach, a pour caractères : corps comprimé; quatorze pattes; quatre antennes composées d'un pédoncule de quatre articles, dont le premier plus court, et d'un filet terminal subdivisé en plusieurs autres. Antennes supérieures très-petites, et plus courtes que le pédoncule des inférieures. Les deux pattes antérieures plus grandes que les deux suivantes, allant graduellement en pointe, ou simplement onguiculées (sans pinces). Pattes de la seconde paire courtes, grêles, terminées par deux articles très-comprimés, et dont le dernier est en forme d'onglet membraneux et obtus; celles des trois dernières paires assez longues et finissant par un crochet simple. Segmens du corps pourvus d'écailles latérales; queue composée de cinq articles, dont le dernier est plus petit. Tête non prolongée en forme de bec.

Ce genre et les suivans formés à ses dépens, se distinguent des Chevrettes de M. Latreille et des autres genres voisins, parce que, dans ceux-ci, les antennes supérieures sont sensiblement plus longues, ou au moins aussi longues que les inférieures. Les Phronimes de M. Latreille n'ont que deux antennes distinctes et fort courtes.

On trouve les Talitres sur les rivages de la mer, où ils se tiennent en sociétés très-nombreuses. Comme les Crevettes, ils nagent de côté; mais le plus souvent ils sont sur le sable, dans les lieux qui ne sont couverts d'eau qu'à la marée montante : ils se tiennent cachés sous les tas de fucus rejetés par la mer, ou sous les pierres, et si l'on vient à les déranger en levant une de ces pierres, on les voit exécuter des sauts très-vifs, et en un instant tous sont disparus. Ils exécutent ces sauts au moyen de leur queue dont ils replient les appendices sous leur corps, et qu'ils débandent à volonté comme le font les Podures dans la classe des insectes. Risso cite une espèce qui se trouve en pleine mer, et qui sautille toujours à la surface de l'eau pendant les calmes de l'été.

Les corps morts rejetés par la mer, ou d'autres petits Crustacés, forment la nourriture des Talitres; ils mangent aussi les vers, les petits Mollusques qu'ils peuvent trouver. Ils changent de peau en été, et ils exécutent cette opération très-promptement. Suivant M. Bosc, les mâles portent leurs femelles, plus petites qu'eux, entre les pattes, et ce fardeau ne les empêche pas de sauter. M. Risso dit que les femelles pondent plusieurs fois dans l'année; mais M. Latreille pense que ce fait a besoin d'être confirmé : ces femelles portent leurs œufs sous les écailles de la poitrine, et lorsqu'ils sont éclos, les petits s'attachent aux appendices du dessous de la queue.

On connoît une ou deux espèces de ce genre; nous citerons :

Le Talitre sauterelle, *Talitrus locusta*. Lat. Léach. Desm. *Oniscus locusta*. Pall. *Spicil. Zool. fasc.* 9. *tab.* 4. *fig.* 7. *Astacus locusta*. Penn. *Cancer gammarus saltator*. Montagu, *Trans. of the Linn. Societ. tom. IX. p.* 94. Long de six à huit lignes. Tête petite, yeux rapprochés et luisans. Queue terminée par trois appendices bifides et velus, d'un cendré plus ou moins foncé. Antennes roussâtres, velues ainsi que les trois dernières paires de pattes. Il est très-commun sur toutes les côtes de France.

Orchestie, *Orchestia*. Léach. Latr. (*Fam. nat.*) *Talitrus*. Lat. Bosc. Riss. Lamk. *Oniscus*. Pallas.

Ce genre a tous les caractères du précédent, et il n'en diffère que parce que ses pattes antérieures sont terminées par une pince comprimée en griffe; celles de la seconde paire sont beaucoup plus fortes, avec la griffe du bout longue, arquée, et s'appliquant sur la tranche aiguë et antérieure de la main; cette tranche est unidentée dans les femelles. Les mœurs de ces Crustacés sont les mêmes que celles des Talitres. Nous citerons comme type du genre :

L'Orchestie gammarelle, *Orchestia gammarella*. Lat. *Orchestia littorea*. Léach. (*Edimb. Encycl.; Trans. Soc. Linn. t. XI. p.* 356.) *Talitrus gammarellus*. Lat. Riss. *Oniscus gammarellus*. Pall. *Spicil. fasc.* 9. *tab.* 4. *fig.* 8. Long de six à sept lignes. Corps d'un vert pâle, nuancé de rougeâtre. Tête petite; pinces de la seconde paire très-grosses; queue composée de trois appendices bifides, dont celui du milieu est fort court. Risso en cite une variété d'un jaune pâle. On trouve cette espèce sous les pierres ou sous les déjections de la mer, dans le midi de la France et dans d'autres mers.

Atyle, *Atylus*. Léach. *Gammarus*. Fab. *Talitrus*. Lat.

Ce genre diffère des précédens, parce que les antennes supérieures sont presqu'aussi longues que les inférieures; leur second article est plus long que le troisième; le même des antennes inférieures est un peu plus court que le troisième. Le devant de la tête est prolongé en forme de bec. Les pieds des deux premières paires sont monodactyles, terminés par un article comprimé. Les pieds des cinq autres paires sont à peu près égaux entr'eux, et finissent par un ongle simple. La queue est terminée par deux filets latéraux et un filet intermédiaire, bifides à leur extrémité.

Atyle caréné, *Atylus carinatus*. Léach, *Zool. Misc. tom.* 2. *p.* 22. *pl.* 69. — *Trans. Soc. Linn. tom. XI. pag.* 357. *Gammarus carinatus*. Fab. *Ent. Syst. tom.* 2. *p.* 515. *spec.* 3. Long de quatorze lignes; rostre formé par la partie antérieure et supérieure de la tête, un peu infléchi; les cinq derniers segmens de l'abdomen carenés en dessus et terminés un peu en pointe postérieurement. On ne connoît pas la patrie de ce Crustacé.

M. Risso décrit une espèce de Talitre (*T. rubropunctatus*) qui pourroit bien appartenir au genre Atyle. M. Latreille pense que le *Gammarus nugax* de Fabricius, que Phipps a figuré (*Voyage au pôle boréal, pl.* 12, *fig.* 2), appartient aussi à ce genre. (E. G.)

TANIPTÈRE, *Taniptera*. Nom donné anciennement par M. Latreille aux insectes Diptères Tipulaires Terricoles qui forment aujourd'hui le genre Cténophore. *Voyez* ce mot à l'article Terricoles. (S. F. et A. Serv.)

TANYPE, *Tanypus*. Meig. Illig. Panz. Lat. *Tipula*. Linn. De Géer. Geoff. *Chironomus*. Fab. Wiédem.

Genre d'insectes de l'ordre des Diptères, première section, famille des Némocères, tribu des Tipulaires (division des Culiciformes).

Les genres Chironome et Tanype forment un groupe dans la division des Tipulaires-culiciformes. (*Voyez* Tipulaires.) Mais les Chironomes se distinguent par leurs antennes de treize articles dans les mâles et de six dans les femelles.

Antennes insérées au milieu de la tête chacune sur un tubercule épais, avancées, linéaires, de quatorze articles dans les deux sexes, garnis de longs poils dans les mâles, ceux de un à douze sphériques, le treizième long, cylindrique, le quatorzième petit, pointu, ordinairement un peu recourbé en dedans. (*Encycl. pl.* 385. *fig.* 13.); sphériques et garnis de poils courts dans les femelles, le quatorzième plus épais, formant un bouton un peu oblong. (*Encycl. pl.* 385. *fig.* 14.) — *Trompe* courte, charnue. — *Palpes* avancés, recourbés, cylindriques, velus, de quatre articles, le premier plus court. — *Tête* petite. — *Yeux* lunulés. — *Point d'ocelles*. — *Corps* mou. — *Corselet* oblong-ovale, convexe en dessus, avec trois éminences sur le dos. — *Ecusson* étroit, un peu élevé postérieurement. — *Sternum* ayant une plaque élevée entre la première et la seconde paire de pattes. — *Ailes* étroites, velues, couchées en toit sur l'abdomen dans le repos.

— *Pattes*

— *Pattes* déliées ; tarses antérieurs ordinairement alongés et avancés lors du repos.

Le nom générique de ces Tipulaires vient du grec ; il signifie : *qui étend les pieds*. Leurs mœurs doivent peu différer de celles des Chironomes. (*Voyez* ce mot, article Tipulaires.) On les rencontre dans les mêmes endroits ; leur taille est fort petite ; il y en a vingt-une espèces décrites dans les *Dipt. d'Europ.* de M. Meigen ; nous mentionnerons la suivante : Tanype varié, *T. varius*. Meig. *Dipt. d'Eur. tom.* 1. *pag.* 56. *n°.* 1. *tab.* 2. *fig.* 12. Mâle. Longueur 2 lig. ½. femelle. 3 lig. 3 lig. ½. mâle. Ailes ayant des nébulosités cendrées et leur bord antérieur marqué de points noirs. (S. F. et A. Serv.)

TANYPÈZE, *Tanypeza*. Fallèn. M. Meigen (*Dipt. d'Europ.*) en adoptant ce genre d'après M. Fallèn et le plaçant dans sa famille des Muscides, le caractérise ainsi : antennes presque couchées sur l'hypostome, rapprochées, de trois articles ; les deux premiers très-courts, le dernier oblong, comprimé, son extrémité obtuse, muni à sa base d'une soie dorsale, finement velue vue au microscope. Palpes saillans, oblongs, aplatis, élargis antérieurement. Trompe un peu saillante. Hypostome légèrement incliné, aplati, nu ; front plat, soyeux, assez étroit. Yeux oblongs, espacés dans les deux sexes. Trois ocelles placés sur le vertex. Corps assez long. Ailes velues vues au microscope, couchées parallèlement sur le corps dans le repos, leur première nervure longitudinale allant presque jusqu'au milieu du bord antérieur, cette nervure double, mais ses branches étant presque totalement réunies dans la plus grande partie de leur longueur ; quatrième nervure longitudinale se courbant à partir de la nervure transversale en se prolongeant vers l'extrémité de l'aile, sans atteindre la troisième nervure longitudinale. Cuillerons très-petits, à peine visibles. Balanciers nus. Abdomen alongé, de cinq segmens outre l'anus, terminé dans les femelles par une tarière courte, pointue, et dans les mâles par une tenaille qui se dirige en dessous et porte vers son extrémité une longue soie biarticulée. Pattes longues, premier article des tarses aussi long que les quatre suivans pris ensemble.

Le nom de Tanypèze vient de deux mots grecs ; il signifie : *pieds étendus*. Le type du genre est la Tanypèze longimane, *T. longimana*. Meig. *Dipt. d'Eur. tom.* 5. *pag.* 374. *n°.* 1. *tab.* 52. *fig.* 13. mâle. *fig.* 14. femelle. Longueur 3 lig. Noire. Sommet de la tête blanc ainsi que les côtés du corselet. Pattes jaunes, tarses bruns. D'Allemagne. (S. F. et A. Serv.)

TANYSTOMES, *Tanystoma*. Seconde famille de la première section de l'ordre des Diptères. M. Latreille lui donne pour caractères :

Trompe souvent longue, en totalité ou en majeure partie saillante. *Suçoir* composé de quatre à six soies. Larves à tête écailleuse, changeant de peau lorsqu'elles passent à l'état de nymphe.

I. Suçoir de six soies.

1re. Tribu. Taoniens, *Tabanii*. (*Voyez* ce mot.)

II. Suçoir de quatre soies.

A. Dernier article des antennes toujours dépourvu de stylet ou de soie, offrant trois divisions transversales.

2e. Tribu. Sicaires, *Sicarii*. (*Voyez* ce mot.)

B. Dernier article des antennes souvent terminé par un stylet ou une soie, ayant au plus deux divisions.

a. Trompe membraneuse à tige très-courte, retirée et terminée par deux grandes lèvres saillantes ; palpes aussi longs qu'elle lorsqu'ils sont extérieurs. Dernier article des antennes jamais en forme de palette sétifère. Ailes écartées.

3e. Tribu. Mydasiens, *Mydasii* (1).

Palpes point extérieurs ou manquant. — *Dernier article des antennes* terminé par un stylet ; cet article tantôt en massue ovoïde divisé transversalement en deux avec un ombilic au bout, tantôt en cône alongé, comme en alêne.

Mydas, Thérève.

Nota. M. Meigen divise cette tribu en deux familles : 1°. Xylotomes, *Xylotomæ* (*voyez* ce mot) ; 2°. Mydasiens, *Mydasii*. (*Voyez* ce mot à la table alphabétique.)

4e. Tribu. Leptides, *Leptides*. (*Rhagionides*. Lat. *Consid.* Voyez ce mot.)

b. Trompe tantôt fort courte, terminée par deux grandes lèvres avec les palpes couchés sur elle, tantôt prolongée en forme de petit bec. Dernier article des antennes en palette et portant une soie. Ailes couchées sur le corps, leurs nervures ayant de grands rapports avec celles des Muscides.

(1) Cet article a déjà été traité à sa lettre dans l'Encyclopédie, mais il ne nous a point paru rédigé conformément aux principes énoncés en dernier lieu par les auteurs, c'est pourquoi nous le reproduisons ici.

5e. Tribu. Dolichopodes, *Dolichopoda.*

Nota. M. Meigen dans son quatrième volume des *Diptères d'Europe*, postérieur aux *Familles naturelles* de M. Latreille, sépare cette tribu en deux familles dans lesquelles il a établi plusieurs genres nouveaux que nous pensons devoir être adoptés.

† Antennes de deux ou trois articles. Trompe fort courte. (Platypézines, *Platypezinæ*. Meig.)

Cyrtome, Platypèze, Callomyie.

†† Antennes de trois articles. Trompe un peu avancée en bec. (Dolichopodes, *Dolichopodæ*. Meig.)

Rhaphie, Diaphore, Psilope, Chrysote, Porphyrops, Médétère, Sybistrome, Dolichope, Orthochile.

c. Trompe entièrement ou presqu'entièrement saillante en forme de siphon ou de bec; cette trompe tantôt cylindrique ou conique, tantôt longue, grêle ou filiforme. Lèvres formant rarement (quelques Anthraciens) une tête terminale. Palpes nuls ou très-petits. Dernier article des antennes n'ayant jamais la forme d'une palette sétigère.

† Corps toujours oblong. Ailes couchées sur lui. Corselet rétréci en devant.

* Trompe avancée.

6e. Tribu. Asiliques, *Asilici.*

Hypostome presque toujours barbu. — *Dernier article des antennes* alongé, en fuseau ou en massue, ordinairement terminé par un stylet ou par une soie épaisse et roide.

¶ Hypostome barbu; tête point globuleuse, point entièrement occupée par les yeux, même dans les mâles.

A. Tarses terminés par deux crochets munis d'une pelotte bifide.

o. Dernier article des antennes en massue, sans stylet ni soie.

Laphrie, Cératurgue.

o o. Dernier article des antennes terminé par un stylet ou une soie.

Dioctrie, Dasypogon, Asile, Ancylorhynque.

A A. Tarses terminés par trois crochets sans pelotte.

Gonype. (*Leptogaster*. Meig.)

¶¶ Hypostome sans barbe. Tête globuleuse, entièrement occupée par les yeux.

Œdalée.

Nota. Ce dernier genre est placé par M. Meigen dans sa famille des Hybotiniens.

7e. Tribu. Hybotins, *Hybotini.*

Hypostome toujours sans barbe. — *Tête* globuleuse, entièrement occupée par les yeux dans les mâles. — *Dernier article des antennes* lenticulaire avec une soie longue en forme de poil.

Hybos, Ocydromie, Damalis?

** Trompe perpendiculaire.

8e. Tribu. Empides, *Empides.*

¶ Antennes de trois articles. (Empidiens, *Empidiæ*. Meig.)

A. Dernier article des antennes alongé, conique.

o. Trompe beaucoup plus longue que la tête.

Empis, Rhamphomyie.

o o. Trompe guère plus longue que la tête.

Hilare, Brachystome.

A A. Dernier article des antennes globuleux.

Glome.

¶¶ Antennes de deux articles, le dernier presque globuleux ou ovoïde, toujours terminé par une soie. (Tachydromiens, *Tachydromiæ*. Meig.)

Hémérodromie, Sique (*Tachydromia*. Meig.), Drapétis.

†† Corps court et large. Ailes écartées. Tête exactement appliquée contre le corselet.

9e. Tribu. Anthraciens, *Anthracii.*

Corselet point relevé en bosse. — *Tête* de la même hauteur que lui.

¶ Trompe longue, avancée.

Corsomyze, Mulion, Némestrine, Fallénie.

¶¶ Trompe guère plus longue que la tête.

Hirmoneure, Anthrax, Lomatie (Stygide. LAT. *Fam. nat.*), Tomomyze.

10e. Tribu. Bombyliers, *Bombyliarii.*

Tête basse. — *Corselet* élevé, comme bossu. — *Balanciers* découverts. — *Abdomen* triangulaire ou oblong. — *Trompe* dirigée en avant. — *Antennes* rapprochées à leur base, ordinairement terminées par un stylet et sans soie.

¶ Abdomen cylindracé ou ovale.

A. Premier article des antennes le plus long de tous.

Toxophore, Xestomyze.

AA. Premier article des antennes de la longueur au plus du dernier et souvent plus court.

Apatomyze, Thlipsomyze, Amycte, Géron, Phthirie, Cyllénie.

¶¶ Abdomen court, triangulaire.

Ploas, Bombyle, Usie, Lasie.

Nota. M. Meigen réunit ces deux dernières tribus en une seule famille sous le nom de Bombyliers, *Bombyliarii.*

11e. Tribu. Vésiculeux, *Vesiculosa.* (*Voyez* ce mot.)

(S. F. et A. SERV.)

TAON, *Tabanus.* LINN. GEOFF. SCOP. SCHRANCK. FAB. DE GÉER. PANZ. ILLIG. PAL.-BAUV. LAT. MEIG. FALLÈN.

Genre d'insectes de l'ordre des Diptères, première section, famille des Tanystomes, tribu des Taoniens.

Un des groupes de cette tribu contient les Taons, les Hæmatopotes et les Héxatomes. (*V.* TAONIENS.) Ces deux derniers genres sont distingués de celui de Taon par le troisième article de leurs antennes sans échancrure à sa base et divisé seulement en quatre articulations.

Antennes avancées, rapprochées à leur base, allant ensuite en s'écartant, composées de trois articles, le premier court, cylindrique, le second cyathiforme, plus court que le premier, le troisième long, comprimé, dilaté à sa base, échancré en croissant, dont la corne intérieure forme une dent, l'autre se prolongeant en alêne et divisée, passé son milieu, en articulations qui sont au nombre de cinq en comptant celle de la base. — *Trompe* avancée, presqu'horizontale dans les mâles, plus perpendiculaire dans les femelles, terminée par deux lèvres assez courtes. — *Suçoir* de six soies presqu'égales. — *Palpes* avancés, presqu'aussi longs que le suçoir, de deux articles, le premier assez court, le second conique dans les femelles, plus court et plus gros dans les mâles. — *Tête* hémisphérique, un peu déprimée, au moins aussi large que le corselet; hypostome régulièrement bombé. — *Yeux* grands, espacés dans les femelles, réunis sur presque tout le front jusqu'au vertex dans les mâles. — *Point d'ocelles.* — *Corps* un peu convexe, assez pubescent. — *Corselet* ovale. — *Ecusson* de grandeur variable, arrondi postérieurement. — *Ailes* grandes, lancéolées, velues vues au microscope, horizontales, écartées l'une de l'autre dans le repos : nervure qui sépare la cellule sous-marginale de la première cellule du bord postérieur bifurquée et formant une espèce d'Y avant d'atteindre ce bord; la branche extérieure émettant rarement en arrière un petit rameau vers sa base. — *Cuillerons* doubles, grands. — *Balanciers* cachés en grande partie. — *Abdomen* ovale, de six segmens outre l'anus, légèrement convexe. — *Pattes* assez grandes, les postérieures un peu plus longues que les autres; tarses courts, leur premier article plus grand que les suivans, le dernier muni de deux forts crochets, ayant dans leur entre-deux une pelotte trifide.

Les Taons portoient, à ce qu'il paroît, chez les Grecs le nom d'*Œstres*, soit qu'ils fussent confondus avec ces derniers insectes, soit que ce nom leur fût propre; la première conjecture paroît la plus vraisemblable. Il est naturel de croire que ces deux genres étant sous différens rapports le fléau des bestiaux, ont été réunis dans ces temps anciens sous un seul nom. Un endroit des Géorgiques de Virgile où il est question de l'Œstre, paroît se rapporter davantage aux véritables Œstres qui causent aux bestiaux beaucoup plus de terreur que les Taons et font souvent enfuir tout un troupeau de Bœufs du pâturage.

Est lucos Silari circa ilicibusque virentem
Plurimus Alburnum volitans; cui nomen Asilo
Romanum est, Œstron Graii vertêre vocantes;
Asper, acerba sonans; quo tota exterrita silvis
Diffugiunt armenta.

On voit par cette citation que les Romains avoient traduit le mot grec *Œstre* par celui d'Asile. Vallisner pense aussi que l'Œstre des Grecs appartient réellement au genre de Diptères dont les piqûres produisent sur le dos des jeunes animaux du genre Bœuf des tumeurs durables qui contiennent des larves. Cependant Aristote ainsi qu'Ælien ayant positivement dit que la bouche des Œstres est armée d'un fort aiguillon, on doit croire que les Anciens en général ont confondu sous le même nom les Taons et les Œstres. Cette conformation de *bouche à aiguillon* ne peut s'appliquer à ces derniers qui n'ont point de suçoir piquant, mais bien une tarière anale assez dure pour pouvoir pénétrer la peau des animaux.

De Géer est le seul entomologiste qui ait observé la larve des insectes de ce genre : d'après ce qu'il a vu, celle du Taon des Bœufs (*T. bovinus*) vit en terre; elle est apode, d'un blanc jaunâtre, ayant près d'un pouce et demi de longueur; son corps est cylindrique, mince antérieurement, divisé en douze segmens; sa tête porte en devant deux grands crochets mobiles de consistance d'écaille, recourbés en dessous, dont elle se sert pour creuser la terre; on ne sait pas bien quelle est sa nourriture. Parvenue à toute sa grandeur, elle se change sans sortir de terre en une nymphe cylindrique; son abdomen est divisé en huit segmens, chacun ayant son bord postérieur frangé de longs poils, l'extrémité du dernier est armée de six pointes dures de substance écailleuse, qui aident à la nymphe pour remonter à la surface de la terre lorsqu'après avoir resté à peu près un mois sous cette forme, elle doit devenir insecte parfait; quand les parties antérieures de la nymphe sont hors de terre, sa peau se fend sur la tête et le corselet, et le Diptère sort n'ayant plus que ses ailes à développer.

Les Taons sont généralement de grande taille; ils habitent les deux Mondes, se tenant plus particulièrement dans les bois : ils se plaisent dans les endroits les plus chauds, la chaleur donnant à leur vol une activité extraordinaire; au contraire, dans les temps froids ou pluvieux, ils se cachent sous les feuilles et dans les crevasses des écorces, et alors on peut les prendre presqu'à la main. Ils se nourrissent du sang des bestiaux, aucun de ceux-ci n'étant, par la dureté de sa peau, à l'abri des piqûres de leur terrible suçoir, les hommes mêmes ont souvent de la peine à s'en défendre, et dans les forêts des environs de Paris il nous est arrivé quelquefois de remplir presqu'entièrement en peu d'instans nos filets de gaze de ceux qui venoient nous assaillir en troupes, et d'être obligés de déserter la place faute de pouvoir suffire à les détruire. Les mâles n'ont point les mêmes penchans sanguinaires, ils mangent peu, on les trouve quelquefois sur les fleurs : le plus souvent on les voit voler dans les allées des bois, y faisant en quelque sorte la navette, restant quelque temps suspendus à une même place, puis se transportant par un mouvement brusque et presque direct à l'autre bout de leur station aérienne pour y reprendre la même immobilité et tournant leur tête dans chacun de ces mouvemens vers des côtés opposés. En cherchant à nous rendre compte de ces évolutions, nous nous sommes assurés qu'ils guettent alors le passage des femelles et tâchent de les saisir en se précipitant sur elles, puis s'enlèvent, lorsqu'ils ont réussi à s'en emparer, à une hauteur où l'œil ne peut les suivre.

Fabricius (*Syst. Antliat.*) décrit cinquante espèces de Taons; celle nommée *longicornis*, n°. 45, n'est probablement pas de ce genre. M. Wiédemann (*Dipt. exotic.*) dit que c'est une Hæmatopote; le n°. 19. est le type du genre *Silvius*. MEIG. Les espèces appelées par Fabricius *antarcticus* n°. 4, *bicinctus* n°. 42, *italicus* n°. 24, *hottentota* n°. 28, ne sont point rappelées dans les auteurs modernes que nous connoissons.

1re. *Division*. Dernier article des antennes bifide; la division qui n'est pas annelée, grande, atteignant plus que la moitié de la longueur de l'autre.

Le type de cette division, dans laquelle d'autres espèces exotiques viennent encore se ranger, est le Taon cervicorne, *T. cervicornis* n°. 35. FAB. *Syst. Antliat.* — WIÉDEM. *Dipt. exotic. pars* 1a. De l'Amérique méridionale.

2e. *Division*. Dernier article des antennes en croissant à sa base; la division qui n'est pas annelée, très-courte.

1°. Taon noir, *T. niger*. PAL.-BAUV. *Ins. d'Af. et d'Amér. pag.* 54. *Dipt. pl.* 2. *fig.* 1. Femelle. De Pensylvanie. 2°. Taon bordé, *T. limbatus*. PAL.-BAUV. *id. Dipt. pl.* 2. *fig.* 2. Femelle. Etats-Unis. 3°. Taon albipède, *T. albipes*. MEIG. *Dipt. d'Eur. tom.* 2. *pag.* 45. *n°.* 20. Des environs de Paris. 4°. Taon abdominal, *T. abdominalis*. FAB. *Syst. Antliat. n°.* 15. — PAL.-BAUV. *id. p.* 101. *Dipt. pl.* 2. *fig.* 4. Femelle. (Cette figure est trop rousse.) De Caroline. 5°. Taon des Bœufs, *T. bovinus*. MEIG. *id. pag.* 43. *n°.* 18. Environs de Paris. 6°. Taon automnal, *T. autumnalis*. MEIG. *id. pag.* 39. *n°.* 12. Environs de Paris. 7°. Taon très-noir, *T. ater*. PAL.-BAUV. *id. p.* 101. *Dipt. pl.* 2. *fig.* 5. De Caroline. Un individu femelle de ce même pays que nous avons sous les yeux et qui ressemble parfaitement à la figure et à la description donnée par M. de Bauvois, a de plus vers l'extrémité de l'aile une petite place transparente. 8°. Taon morio, *T. morio*. FAB. *Syst. Antliat. n°.* 4. — *Tabanus ater*. MEIG. *id. pag.* 32. *n°.* 1. *tab.* 13. *fig.* 24. Femelle. Environs de Paris. 9°. Taon solstitial, *T. solstitialis*. MEIG. *id. pag.* 56. *n°.* 33. Environs de Paris. 10°. Taon luride, *T. luridus*. MEIG. *id. pag.* 55. *n°.* 32. Environs de Paris. 11°. Taon tropique, *T. tropicus*. MEIG. *id. pag.* 57. *n°.* 34. Environs de Paris. 12°. Taon bruyant, *T. bromius*. MEIG. *id. pag.* 52. *n°.* 29. Environs de Paris. 13°. Taon grec, *T. græcus*. MEIG. *id. pag.* 53. *n°.* 30. Environs de Paris. 14°. Taon fauve, *T. fulvus*. MEIG. *id. p.* 61. *n°.* 40. Environs de Paris. 15°. Taon américain, *T. americanus*. PAL.-BAUV. *Ins. d'Afr. et d'Amér. pag.* 22. *Dipt. pl.* 3. *fig.* 6. Femelle. De Caroline.

Nota. M. Palisot-Bauvois dans l'ouvrage cité ci-dessus décrit treize autres espèces de ce genre, M. Meigen trente-deux. On en trouvera en outre un assez grand nombre dans Fabricius et dans les *Dipt. exotic.* de M. Wiédemann, ainsi que dans ses *Anal. Entom.* (S. F. et A. SERV.)

TAONIENS, *Tabanii.* Première tribu de la famille des Tanystomes (*voyez* ce mot), première section de l'ordre des Diptères. Elle a pour caractères :

Suçoir de six soies. — *Antennes* de trois articles, suivant M. Latreille, le dernier sans stylet, ni soie au bout, offrant de quatre à huit divisions transverses. — *Trompe* très-longue et filiforme dans plusieurs, entièrement extérieure. — *Ailes* toujours écartées ; nervure qui sépare la cellule sous-marginale de la première cellule du bord postérieur bifurquée dans tous les genres que nous connoissons, et formant une espèce d'Y avant d'atteindre ce bord.

I. Dernier article des antennes partagé dès sa base en huit divisions.

A. Trompe fort longue, finissant en pointe, ses lèvres ne formant pas au bout de dilatation notable.

Pangonie.

B. Trompe courte, ses lèvres formant au bout une dilatation remarquable.

Acanthomère.

II. Dernier article des antennes partagé à commencer vers le milieu de sa longueur en quatre ou cinq divisions. — Trompe de moyenne longueur ou courte, terminée par une dilatation formée par les lèvres.

A. Point d'ocelles.

Taon, Hæmatopote, Héxatome.

B. Des ocelles.

Rhinomyze, Silvius, Chrysops, Rhaphiorhynque.

ACANTHOMÈRE, *Acanthomera.* WIÉDEM. LAT. (*Fam. nat.*)

Genre d'insectes de l'ordre des Diptères, première section, famille des Tanystomes, tribu des Taoniens.

Deux genres de Taoniens, Pangonie et Acanthomère, ont pour caractère commun : dernier article des antennes partagé dès sa base en huit divisions (*voyez* TAONIENS) ; mais dans les Pangonies la trompe est fort longue, finissant en pointe, ses lèvres ne formant pas au bout de dilatation notable.

Antennes rapprochées à leur base, avancées, composées de trois articles, le premier très-court, cylindrique, le second petit, cyathiforme, le troisième très-long, conique, un peu comprimé, allant en s'amincissant jusqu'à son extrémité, partagé dès sa base et ayant huit divisions dont celle de l'extrémité est plus longue que les autres. — *Trompe* courte, entièrement rentrée dans la cavité buccale pendant le repos, son extrémité formée par deux lèvres alongées, assez grosses, paroissant entre la base des palpes. — *Palpes* filiformes, de quatre articles, les deux premiers velus, le premier très-court, le second assez long, les troisième et quatrième n'ayant point de villosité sensible, le troisième le plus long de tous, le dernier un peu plus grand que le second. — *Tête* de la largeur du corselet, convexe en devant : hypostome ayant de chaque côté un sillon profond et au milieu de sa partie inférieure un tubercule conique, raboteux. — *Yeux* grands, espacés dans les femelles. — *Trois ocelles* disposés en triangle sur les pentes d'un tubercule vertical. — *Corps* large. — *Corselet* gros, bombé. — *Ecusson* presqu'en carré long, transversal, mais un peu arrondi à sa partie postérieure. — *Ailes* grandes, dépassant l'abdomen ; nervure qui sépare la cellule sous-marginale de la première cellule du bord postérieur bifurquée et formant une espèce d'Y, avant d'atteindre ce bord. — *Cuillerons* petits. — *Balanciers* découverts, leur capitule assez évasé en entonnoir. — *Abdomen* large, déprimé, se rétrécissant subitement après ses quatre premiers segmens ; le cinquième est de moitié moins large que le précédent, les six autres qui paroissent composer la tarière sont striés transversalement, déprimés et vont en diminuant de largeur. — *Pattes* grêles ; cuisses postérieures alongées, un peu en massue, velues en dessous, sans aucune dent ; jambes intermédiaires munies à leur extrémité de deux courtes épines, les quatre autres jambes en étant dépourvues : premier article des tarses aussi long que les quatre suivans pris ensemble, le dernier plus long que le précédent, ayant deux crochets avec une pelotte bifide dans leur entre-deux.

Ces caractères génériques sont donnés d'après une femelle ; ceux que mentionne M. Wiédemann, établis sur un individu mâle mutilé, diffèrent en ce qu'il n'a vu que deux articles aux palpes, le premier cylindrique, le second subulé, et que les cuisses postérieures ont une épine en dessous. Ce dernier caractère nous paroît purement masculin.

Le nom de ce genre vient de deux mots grecs qui signifient : *cuisses épineuses.* L'espèce suivante paroît être la seule connue ; elle est de très-grande taille.

1. ACANTHOMÈRE peinte, *A. picta.*

Acanthomera capite thoraceque fuscis ; antennis, palpis, pedibus abdomineque suprà fuscè ferrugineis, tarsis basi et apice albido-flavis : alis fuscis, nervuris ferè omnibus flavido limbatis.

Acanthomera picta. Wiédem. *Dipt. exotic. pars* 1ª. *pag.* 61. *tab. II. fig.* 2. Mâle.

Longueur 13 à 14 lig. Antennes et palpes d'un brun ferrugineux; tête brune; corselet brun avec quelques nuances ferrugineuses aux épaules et sur les côtés; il est couvert d'un duvet court d'un gris-roussâtre; on remarque sur le dos trois lignes longitudinales étroites, noires. Ecusson ferrugineux, ses côtés garnis de poils blanchâtres assez brillans. Abdomen ferrugineux en dessus et comme revêtu d'un velours ou duvet extrêmement court; ses troisième et quatrième segmens frangés latéralement de poils ferrugineux; les angles postérieurs du second et du troisième portant une tache blanche : segmens composant la tarière, noirs. Dessous de l'abdomen brun. Pattes d'un brun ferrugineux. Jambes postérieures ainsi que leurs cuisses, couvertes d'un duvet assez serré, noir. Tous les tarses ferrugineux avec le premier et le dernier articles blanchâtres. Ailes brunes, la plupart de leurs nervures ayant une auréole d'un ferrugineux pâle. Femelle.

La description de M. Wiédemann faite sur un mâle diffère; le corselet lui a paru couvert de poils gris avec des reflets blanchâtres. Le dessus de l'abdomen apparemment détérioré, paroissoit noir; les cuisses postérieures avoient en dessous une épine courte, dirigée en arrière et placée vers leur extrémité : les tarses entièrement d'un jaune ferrugineux. L'abdomen ne présentoit que cinq segmens outre l'anus. Telles sont les principales différences que nous remarquons entre sa description et la nôtre : celle-ci a été faite sur un individu femelle très-complet, et plusieurs de ces différences pourroient fort bien n'être que sexuelles. Du Brésil.

HÆMATOPOTE, *Hæmatopota.* Meig. Lat. Illig. Fallèn. Fab. *Tabanus.* Linn. Geoff. Scop. Schranck. De Géer. Ross. Panz.

Genre d'insectes de l'ordre des Diptères, première section, famille de Tanystomes, tribu des Taoniens.

Les genres Taon, Hæmatopote et Héxatome forment un groupe parmi les Taoniens. (*Voyez* ce mot.) Les Taons ont le dernier article des antennes épais à sa base, échancré en croissant dont l'une des cornes forme une dent et l'autre se prolonge en alêne et se partage en cinq divisions. Dans le genre Héxatome le second article des antennes n'est guère plus court que le premier; il paroît étranglé dans son milieu et les divisions du troisième sont tellement distinctes qu'elles paroissent même être des articles.

Antennes avancées, assez rapprochées à leur base, allant en s'écartant à partir du second article, de longueur variable, composées de trois articles, le premier velu, au moins trois fois plus long que le second, celui-ci très-court, cyathiforme; le troisième alongé, conique, partagé en quatre divisions peu distinctes, dont la première est plus longue qu'aucune des autres. — *Trompe* saillante, perpendiculaire dans les femelles, horizontale dans les mâles, terminée par deux lèvres courtes, assez grosses. — *Suçoir* composé de six soies presqu'égales. — *Palpes* saillans, couvrant la base de la trompe, plus courts dans les mâles que dans les femelles, velus, de deux articles, le premier court, cylindrique; le second long, conique. — *Tête* hémisphérique, excavée postérieurement; hypostome et front velus, avec des plaques nues et brillantes. — *Yeux* espacés dans les femelles, réunis dans presque toute leur étendue sur le front des mâles. — *Point d'ocelles.* — *Corps* alongé, déprimé. — *Corselet* ovale, un peu conique antérieurement. — *Ecusson* étroit, assez long, arrondi postérieurement. — *Ailes* lancéolées, velues vues au microscope, couchées en toit sur le corps et parallèles dans le repos; nervure qui sépare la cellule sous-marginale de la première cellule du bord postérieur bifurquée et formant une espèce d'Y, avant d'atteindre ce bord; la branche extérieure émet en arrière un petit rameau vers sa base. — *Cuillerons* de grandeur moyenne. — *Balanciers* découverts. — *Abdomen* assez déprimé, mince, de six segmens outre l'anus. — *Pattes* grêles; jambes intermédiaires terminées par une épine, les quatre autres jambes en étant dépourvues; tarses alongés, leur premier article, surtout celui des pattes postérieures, presqu'aussi long que les quatre suivans pris ensemble, le dernier muni de deux forts crochets ayant une pelotte bifide dans leur entre-deux.

Le nom de ces insectes vient de deux mots grecs et signifie : *buvant du sang;* aussi leurs mœurs sont-elles les mêmes que celles des Taons. Fabricius prétend que leurs larves vivent dans le fumier. M. Meigen regarde comme de simples variétés les espèces où le premier article des antennes est cylindrique et celles où il est ovale-globuleux; nous ne pouvons pas partager cette opinion puisque les mâles sont en cela conformés de même que leurs femelles, comme il est facile de s'en convaincre dans l'H. pluviale si commune dans nos environs. Nous établirons deux divisions dans ce genre, d'après la forme du premier article des antennes.

1re. *Division.* Premier article des antennes ovale-globuleux.

1°. Hæmatopote pluviale, *H. pluvialis.* Meig. *Dipt. d'Eur. tom.* 2. *pag.* 78. *n°.* 1. (Nous n'admettons seulement que la description et nous retranchons toutes les variétés ainsi que la fig. 16. de la planche 14. L'antenne de cette espèce est très-exactement représentée dans la fig. 8.) Très-commune aux environs de Paris. 2°. Hæmatopote des Chevaux, *H. equorum.* Meig. *id.*

pag. 80. *n°.* 2. Des environs de Paris. On la trouve dans les endroits où les chevaux paissent habituellement.

2°. *Division.* Premier article des antennes alongé, cylindrique.

1°. Hæmatopote alongée, *H. elongata.* Nob. Longueur 5 lig. Outre le caractère de division, cette espèce diffère de l'Hæm. pluviale en ce que les segmens de son abdomen n'ont de blanc que les poils de la ligne médiale et ceux de leur bord inférieur; que le troisième article des antennes est brun à sa base et que sa taille est un peu plus grande. Femelle. Bois de Bondy.

On rapportera aussi à ce genre: 1°. Hæmatopote variée, *H. variegata.* Meig. *Dipt. d'Eur. pag.* 81. *n°.* 3. De Barbarie. 2°. Hæmatopote lunulée, *H. lunata.* Meig. *id. pag.* 82. *n°.* 4. Même patrie. M. Meigen pense que ces deux espèces peuvent se trouver aussi dans l'Europe méridionale. Nous ne croyons pas que les *Hæmatopota curvipes* n°. 3. et *podagrica* n°. 5. Fab. *Syst. Antl.* appartiennent à ce genre.

HÉXATOME, *Hexatoma.* Meig. (*Dipt. d'Eur.*) *eptatoma.* Meig. (*Classif.*) Lat. Fab. *Tabanus.* chranck.

Genre d'insectes de l'ordre des Diptères, pre-mière section, famille des Tanystomes, tribu des aoniens.

Le groupe de Taoniens (*voyez* ce mot) qui nferme les Héxatomes contient aussi le genre aon qui a le dernier article des antennes épais sa base avec une échancrure en forme de croisant dont une des cornes forme une dent et l'aure s'alonge en alêne et se partage en cinq diviions; et le genre Hæmatopote qui a le second rticle des antennes très-court, cupulaire, et les ivisions du troisième peu prononcées.

Antennes avancées, plus longues que la tête, omposées de trois articles, suivant M. Latreille; e premier cylindrique; le second un peu plus ourt que le premier, divisé dans son milieu par n étranglement; le troisième presque cylindriue, plus long que les deux précédens pris ensmble, formé de quatre divisions dont les trois ernières font la moitié apicale de sa longueur. M. Meigen donne six articles aux antennes des éxatomes, parce qu'il regarde ces trois derères divisions comme autant d'articles, et cette anière de voir nous paroît assez bien fondée.) *Trompe* de la longueur de la tête, terminée r deux grosses lèvres. — *Suçoir* composé de x soies égales. — *Palpes* très-courts, insérés r les côtés et à la base de la trompe, de deux ticles, le premier court, cylindrique, le send conique dans les femelles, ovale dans les âles. — *Tête* transversale, plus large que le rselet. — *Yeux* grands, très-espacés dans les melles, réunis dans les mâles.—*Point d'ocelles.* — *Corps* assez long.— *Corselet* cylindrique, presque tronqué droit antérieurement, un peu arrondi à sa partie postérieure. — *Ecusson* grand, demi-circulaire. — *Ailes* assez grandes, couchées en toit sur le corps dans le repos, de manière que leurs bords extérieurs sont parallèles : nervure qui sépare la cellule sous-marginale de la première cellule du bord postérieur, bifurquée et formant une espèce d'Y, avant d'atteindre ce bord. — *Cuillerons* assez grands, doubles, ciliés sur leur bord, recouvrant en grande partie les balanciers. — *Balanciers* terminés en massue forte, à peine évasée à son extrémité. — *Abdomen* de six segmens outre l'anus, convexe en dessus, aussi large que le corselet. — *Pattes* assez fortes; jambes intermédiaires munies de deux épines à leur extrémité, les quatre autres jambes en étant dépourvues; premier article des tarses le plus long de tous, le dernier un peu plus grand que le précédent, muni de deux crochets très-écartés ayant dans leur entre-deux une pelotte courte, trifide.

Les mœurs des Héxatomes dont le nom vient de deux mots grecs qui signifient: *divisé en six*, sont absolument les mêmes que celles des Taons. (*Voyez* ce mot.) Le type de ce genre est l'Héxatome bimaculée, *H. bimaculata.* Meig. *Dipt. d'Eur. tom.* 2. *pag.* 83. *n°.* 1. *tab.* 14. *fig.* 23. Mâle. *fig.* 24. Femelle.

Nota. Cette espèce est représentée dans l'Encyclopédie pl. 388. fig. 5—9. *bis*, sous le nom d'Heptatome bimaculée, mais les figures 8 et 9 sont fautives en ce qu'elles représentent les antennes comme ayant sept articles.

RHINOMYZE, *Rhinomyza.* Wiédem. Lat. (*Fam. nat.*)

Genre d'insectes de l'ordre des Diptères, première section, famille des Tanystomes, tribu des Taoniens.

Un groupe de cette tribu (*voyez* Taoniens) renferme les genres Rhinomyze, Silvius, Chrysops et Raphiorhynque. Dans ces trois derniers les palpes sont seulement biarticulés, tandis que M. Wiédemann attribue trois articles à ceux des Rhinomyzes; en outre ces genres n'ont pas le troisième article des antennes denté à sa base.

Antennes de trois articles, le premier cylindrique; le second court, cyathiforme; le troisième alongé, un peu recourbé, unidenté en dessus à sa base. — *Trompe* dirigée en avant, redressée, longue. — *Palpes* insérés à la base de la trompe, triarticulés, le premier article très-court; le second plus long; le troisième guère plus grand que le second. — *Yeux* très-grands, se touchant dans les mâles et laissant à peine un petit espace sur le vertex. — *Trois ocelles.* — *Ailes* et *port* des Taons.

Tels sont les caractères que M. Wiédemann

(*Dipt. exotic.*) donne à ce genre qui nous est inconnu, et dont le nom vient de deux mots grecs qui signifient : *mouche à nez*. L'auteur ne mentionne que l'espèce suivante : Rhinomyze brune, *R. fusca*. WIÉDEM. *Dipt. exotic. pars* 1. *pag.* 59. Longueur 6 lig. Brune ; base et milieu de l'abdomen ferrugineux. Ailes brunes avec deux taches d'un jaune ferrugineux. De l'île de Java.

CHRYSOPS, *Chrysops*. MEIG. LAT. FAB. ILLIG. FALLÈN. *Tabanus*. LINN. GEOFF. SCOP. SCHRANCK. DE GÉER. ROSS. PANZ. SCHELL.

Genre d'insectes de l'ordre des Diptères, première section, famille des Tanystomes, tribu des Taoniens.

Les genres Rhinomyze, Silvius, Chrysops et Raphiorhynque constituent un groupe dans cette tribu. (*Voyez* TAONIENS.) Le premier est distingué par les palpes triarticulés ainsi que par le troisième article des antennes unidenté à sa base ; l'hypostome avancé à sa partie inférieure en forme de bec, caractérise particulièrement les Rhaphiorhynques ; le genre Silvius a les deux premiers articles des antennes inégaux entr'eux, le second plus court que le premier, cyathiforme.

Antennes avancées, rapprochées à leur base, cylindriques, un peu plus longues que la tête, composées de trois articles, les deux premiers égaux entr'eux, formant à peu près la moitié de la longueur de l'antenne, velus, cylindriques ; le troisième plus long que le précédent, s'amincissant vers son extrémité, partagé en cinq divisions, la première plus longue que les autres. — *Trompe* saillante, ses lèvres assez grosses. — *Suçoir* de six soies. — *Palpes* saillans, velus, beaucoup plus courts que la soie supérieure, de deux articles ; le premier court, cylindrique, le second conique, alongé. — *Tête* hémisphérique ; hypostome velu, ayant de chaque côté une grande plaque lisse, brillante ; sa partie inférieure sans prolongement rostriforme. — *Yeux* espacés dans les femelles, réunis par en haut dans les mâles. — *Trois ocelles* placés en triangle sur le vertex. — *Corselet* ovale, un peu déprimé en dessus, velu sur les côtés. — *Ecusson* presque triangulaire, ses angles un peu arrondis. — *Ailes* velues vues au microscope, horizontales, écartées l'une de l'autre dans le repos, ayant ordinairement des bandes brunes : nervure qui sépare la cellule sous-marginale de la première cellule du bord postérieur, bifurquée et formant une espèce d'Y, avant d'atteindre ce bord. — *Cuillerons* petits, ciliés. — *Balanciers* grands, en majeure partie découverts. — *Abdomen* assez plat en dessus, finement velu, de six segmens outre l'anus. — *Pattes* de longueur moyenne, assez grêles ; jambes intermédiaires munies de deux épines à leur extrémité, les quatre autres jambes en étant dépourvues ; tarses ayant leur premier article le plus long de tous, le dernier muni de deux crochets, ayant dans leur entre-deux une pelotte trifide.

Le nom de Chrysops vient de deux mots grecs qui expriment la couleur dorée éclatante dont brillent les yeux de l'insecte vivant ; cet éclat ne subsiste plus après la mort et surtout après l'entière dessiccation. Leurs mœurs sont celles des Taons, mais les Chrysops femelles sont peut-être encore plus acharnées à sucer le sang des hommes et des animaux, se laissant quelquefois plutôt écraser que de lâcher prise ; il leur arrive souvent de se gorger tellement de sang qu'elles tombent à terre en voulant s'envoler ; les mâles volent et planent dans les chemins, guettant le passage des femelles : on les rencontre aussi quelquefois sur les fleurs dont ils pompent le miel. L'espèce la plus commune en France (*C. cæcutiens*) s'y trouve depuis le mois de mai jusqu'au commencement d'octobre. Fabricius prétend que les larves vivent dans la terre ; cet auteur décrit douze espèces comme étant de ce genre, mais M. Wiédemann (*Dipt. exotic. pag.* 94. *n°.* 56.) pense que le *Chrysops ferrugatus* n°. 2. doit être rapporté au genre *Tabanus*. M. Meigen mentionne dix espèces européennes.

1re. *Division*. Ailes à bande transversale brune.

1°. Chrysops italien, *C. italicus*. MEIG. *Dipt. d'Eur. tom.* 2. *pag.* 67. *n°.* 1. *tab* 14. *fig.* 7. Femelle. De France et d'Italie. 2°. Chrysops aveugle, *C. cæcutiens*. MEIG. *id. n°.* 2. *tab.* 14. *fig.* 6. Mâle. (Outre le *cæcutiens* n°. 1. FAB. *Syst. Antl.* qui est la femelle, rapportez comme mâle à cette espèce le *Chrysops lugubris* n°. 9. du même auteur et comme variété de ce sexe le *Chrysops viduatus* n°. 10. *idem.*) 3°. Chrysops négligé, *C. relictus*. MEIG. *id. pag.* 69. — *Tabanus cæcutiens*. PANZ. *Faun. Germ. fas.* 13. *fig.* 24. 4°. Chrysops peint, *C. pictus*. MEIG. *id. pag.* 70. *n°.* 4. 5°. Chrysops carré, *C. quadratus*. MEIG. *id. pag.* 70. *n°.* 5. 6°. Chrysops rufipède, *C. rufipes*. MEIG. *id. pag.* 71. *n°.* 6. Des environs de Paris. 7°. Chrysops fenestré, *C. fenestratus*. MEIG. *id. n°.* 7. 8°. Chrysops marbré, *C. marmoratus*. MEIG. *id. pag.* 73. *n°.* 8. Des environs de Paris. 9°. Chrysops sépulcral, *C. sepulcralis*. MEIG. *id. pag.* 74. *n°.* 10.

2e. *Division*. Ailes sans bande.

Chrysops vitré, *C. vitripennis*. MEIG. *Dipt. d'Eur. tom.* 2. *pag.* 74. *n°.* 11. De l'Italie septentrionale.

RAPHIORHYNQUE, *Raphiorhynchus*. WIÉDEM. LAT. (*Fam. nat.*)

Genre d'insectes de l'ordre des Diptères, première section, famille des Tanystomes, tribu des Taoniens.

Si ce genre n'a que quatre ou cinq divisions au troisième article des antennes, ce qui nou paro paroît douteux (1), il appartient au dernier groupe des Taoniens; ce groupe contient en outre le genre Rhinomyze dont les palpes sont de trois articles et qui a le troisième article des antennes denté à sa base, et les genres Silvius et Chrysops dans lesquels l'hypostome ne forme point à sa partie inférieure de prolongement rostriforme et dont la trompe est saillante, même dans le repos.

Antennes rapprochées à leur base, avancées, composées de trois articles, le premier très-court, presque cylindrique; le second aussi très-court, cyathiforme (le troisième n'a pas encore été observé). — *Trompe* entièrement rentrée dans la cavité buccale pendant le repos, son extrémité formée par deux petites lèvres comprimées, paroissant entre la base des palpes. — *Hypostome* s'avançant en une espèce de bec subulé, aigu, dont l'extrémité est dirigée obliquement vers le bas. — *Trois ocelles.* — *Ailes* écartées dans le repos. — *Abdomen* aplati. — *Forme* des Taons.

Ces caractères génériques sont empruntés de M. Wiédemann (*Dipt. exotic. pars* 1. *pag.* 59. et 60.) qui a tiré le nom de ce genre de deux mots grecs signifiant: *bec subulé.* Il ne donne aucun renseignement sur les mœurs de la seule espèce qu'il décrit et qui ne nous est pas connue.

Rhaphiorhynque planiventre, *R. planiventris.* Wiedem. *ut suprà. tab. II. fig.* 1. Longueur 3 lig. Corselet ayant des raies d'un lilas obscur. Abdomen ferrugineux bordé de brun; ailes d'un jaune ferrugineux. Femelle. Du Brésil.

(S. F. et A. Serv.)

TAPEINE, *Tapeina.*

Genre d'insectes de l'ordre des Coléoptères, section des Tétramères, famille des Longicornes, tribu des Lamiaires.

Le groupe de Lamiaires (*voyez* ce mot pag. 534. de ce volume) dont ce genre fait partie, contient de plus ceux de Colobothée, Hippopsis, Saperde et Gnome, qui ont le corps très-alongé proportionnellement à sa largeur et le corselet presque carré ou plus long que large.

Antennes un peu plus longues que le corps dans les femelles, beaucoup plus grandes dans les mâles, sétacées, insérées sur les côtés de la tête dans une échancrure des yeux, sur un rebord latéral du front, qui remplit cette échancrure dans les femelles; celles des mâles insérées à la partie postérieure d'un long appendice qui naît du rebord latéral du front et s'étend transversalement en ligne droite, de manière à couvrir les yeux : elles sont composées de onze articles dans les deux sexes, le premier plus long que les deux suivans pris ensemble, en massue fort alongée, aminci à sa base (cette base souvent recourbée et échancrée dans les mâles), garni de quelques poils longs et épars; le second petit, un peu conique; les suivans de trois à dix égaux entr'eux, cylindro-coniques, ayant des poils courts, épars; chacun de ces articles portant à l'extrémité un verticille de poils longs, au nombre de quatre à six : le onzième ou dernier article pas beaucoup plus long que le précédent, ayant également des poils courts, épars, et vers son extrémité quelques poils longs. — *Mandibules* petites, minces, cachées sous le labre. — *Labre* arrondi, transversal. — *Palpes* assez courts, presqu'égaux, leur dernier article plus long que le précédent, assez gros à sa base, presqu'en alène à l'extrémité. — *Tête* transversale, un peu moins large que le corselet dans les femelles, plus large que lui dans les mâles, à cause de la longueur des appendices latéraux du front; celui-ci aplati en devant, vertical, rebordé, de forme différente selon les espèces : chaperon étroit, transversal, séparé de la tête par une ligne enfoncée. — *Yeux* cachés derrière les appendices frontaux, extrêmement rétrécis par ceux-ci, dans leur partie moyenne. — *Corps* fortement déprimé, large pour sa longueur, peu épais, hérissé de poils. — *Corselet* transversal, mutique, beaucoup plus large d'un côté à l'autre dans sa partie moyenne, déprimé, brillant, un peu moins large que la base des élytres, rétréci à sa base près de celle-ci. — *Ecusson* court, transversal, arrondi postérieurement. — *Elytres* déprimées, allant en se rétrécissant de leur base à l'extrémité, celle-ci arrondie, mutique; leurs angles huméraux assez prononcés; elles recouvrent des ailes et l'abdomen. — *Pattes* fortes, assez courtes, chargées de longs poils; cuisses en massue alongée : jambes intermédiaires portant à leur partie antérieure vers l'extrémité des coussinets de poils courts, très-serrés; les autres jambes en ayant aussi quelquefois de semblables : tarses courts, leurs articles presqu'égaux; tarses antérieurs des mâles un peu dilatés, très-garnis de poils en dessous; ces mêmes tarses fort étroits dans les femelles.

Ce genre dont toutes les espèces connues sont du Brésil, tire son nom d'un mot grec qui exprime que le corps est aplati; cette forme semble indiquer que ces insectes vivent sous les écorces. Outre la forte dépression du corps qui les distingue de presque tous les autres Longicornes, et qui égale à peu près celle des Cucujes, la conformation singulière de la tête, surtout dans les mâles, les fait reconnoître au premier coup d'œil. Leur taille est assez petite.

(1) Nous ferons remarquer que ce genre se rapproche sensiblement des Acanthomères, ayant comme elles les palpes antérieurs et la trompe entièrement rentrée dans la cavité buccale pendant le repos, ce qui nous fait présumer que le troisième article des antennes qui manquoit dans l'individu sur lequel M. Wiédemann a établi ce genre, doit avoir plus de cinq divisions. En attendant nous nous conformons à l'ordre suivi par M. Latreille dans ses *Fam. nat.*

1. Tapeine couronnée, *T. coronata*.

Tapeina nigro-picea, punctata; fronte lateribus multùm dilatato, in medio suprà emarginato, utrinquè appendiculato; appendiculis margine rotundatis.

Longueur 5 lig. Corps d'un noir de poix, velu, très-ponctué. Front et disque du corselet presque lisses et glabres, le premier ayant ses appendices latéraux très-prolongés, leur extrémité arrondie; sa partie supérieure fortement échancrée, cette échancrure ayant de chaque côté un lobe élevé, arrondi. Antennes et pattes de la couleur du corps. Premier article des antennes fortement aminci et échancré à sa base. Mâle.

2. Tapeine brune, *T. picea*.

Tapeina nigro-picea, punctata; fronte lateribus mediocriter dilatato, in medio suprà emarginato, utrinquè appendiculato; appendiculis brevibus externè subangulatis.

Longueur 4 lig. Corps d'un noir de poix, velu, très-ponctué. Front et disque du corselet presque lisses et glabres; celui-là ayant ses appendices latéraux moyennement prolongés, leur extrémité arrondie; sa partie supérieure échancrée, cette échancrure ayant de chaque côté un lobe déjeté en angle vers les yeux. Antennes et pattes de la couleur du corps: premier article des antennes point échancré en dessous. Mâle.

3. Tapeine disparate, *T. dispar*.

Tapeina nigro-picea, elytris abdomineque subtùs ferrugineis, punctata; fronte lateribus maximè dilatato, in medio suprà subangulato et in angulo depresso.

Acanthocinus dispar. Dej. Collect.

Longueur 4 lig. ½. Corps d'un noir de poix, velu, ponctué. Front ayant ses appendices latéraux extrêmement prolongés et surpassant de beaucoup dans leur étendue transversale toutes les autres parties du corps; son bord supérieur presque droit, s'élevant un peu en angle dans son milieu qui porte une assez forte dépression. Disque du corselet presque lisse et glabre. Elytres et dessous de l'abdomen de couleur ferrugineuse, ponctués. Antennes et pattes de la couleur du corps. Premier article des antennes fortement échancré en dessous. Mâle.

4. Tapeine bicolore, *T. bicolor*.

Tapeina ferruginea, elytris nigro-piceis, punctata; fronte utrinquè parùm dilatato, suprà vix marginato.

Longueur 3 lig. Corps ferrugineux, velu, ponctué. Front n'offrant sur ses côtés qu'un rebord court qui porte les antennes; son bord supérieur peu prononcé; front et disque du corselet presque lisses et glabres. Elytres d'un noir de poix. Antennes noires, leur premier article ferrugineux, point échancré à sa base. Pattes ferrugineuses. Femelle.

Nota. L'*Acanthocinus planifrons* Dej. Collect. appartient encore à ce genre.

(S. F. et A. Serv.)

TAQUE, *Tachus*. Jur. Spinol. *Voyez* Mérie, pag. 393. de ce volume.

(S. F. et A. Serv.)

TARENTULES, *Tarentulæ*. Ce nom a été donné par M. Latreille (*Fam. natur. du règne anim.*) à une tribu d'Arachnides de l'ordre des Pulmonaires, famille des Pédipalpes, dans laquelle il place le genre Phryne d'Olivier, auquel Fabricius a donné, long-temps après cet auteur, et d'après Brewn, le nom de *Tarentule*. Ce nom a déjà été employé pour désigner une araignée célèbre connue depuis long-temps, et appartenant au genre Lycose (*voyez* ce mot), très-éloigné des Tarentules de Fabricius. La tribu que M. Latreille désigne sous le nom de *Tarentules* est ainsi caractérisée par ce savant :

Abdomen pédiculé, ayant en dessous, de chaque côté et près de sa base, deux stigmates ou spiracules, et se terminant simplement dans quelques-uns par un filet très-articulé sans aiguillon. Palpes en forme de bras et épineux, du moins à leur extrémité. Chélicères monodactyles. Les deux pieds antérieurs plus longs, terminés par un tarse long (sétacé, très-long et antenniforme dans plusieurs), très-articulé et sans ongles au bout. Langue longue, linéaire, en forme de dard.

Cette tribu renferme les genres Théliphone et Phryne. *Voyez* ces mots.

On a donné le nom de Tarentule, *Tarentula*, à une araignée célèbre par les fables qu'on a débitées sur son compte, et rentrant dans un genre propre, celui de Lycose. Nous allons donner les caractères de ce genre, et nous parlerons de la Tarentule quand nous serons arrivés à la description de l'espèce qui porte ce nom.

LYCOSE, *Lycosa*. Genre d'Arachnides de l'ordre des Pulmonaires, famille des Aranéides, section des Dipneumones, tribu des Citigrades; établi par M. Latreille et adopté par M. Walkenaër et par tous les entomologistes. Ses caractères sont : Yeux disposés en quadrilatère aussi long et plus long que large, et dont les deux postérieurs ne sont point portés sur une éminence. première paire de pieds sensiblement plus longue que la seconde.

Ces Araignées ressemblent beaucoup aux Dolomèdes de M. Latreille, mais elles en diffèrent par la manière dont les yeux sont placés sur le thora et par les pattes, dont la seconde paire est aussi longue et plus longue que la première : elles s'éloignent des Saltiques et autres genres voisins par des caractères de la même valeur. Les yeux des Lycoses forment un quadrilatère; ils sont disposés sur trois lignes transverses; la première formée de quatre, et les deux autres de deux : les quatre derniers composent un carré dont le côté postérieur est de la longueur de la ligne formée par les antérieurs, ou guère plus long; les deux postérieurs ne sont point portés sur des tubercules comme ceux des Dolomèdes. La lèvre des Lycoses est carrée, plus haute que large; la longueur de leurs pattes va dans l'ordre suivant, la quatrième paire la plus longue, la première ensuite, la seconde et la troisième qui est la plus courte. Leur corps est couvert d'un duvet serré, et leur abdomen est de forme ovale.

Les Lycoses courent très-vite; elles habitent presque toutes à terre, et elles se pratiquent des trous qu'elles agrandissent avec l'âge, et dont elles fortifient les parois intérieures avec une sorte de soie, afin d'empêcher les éboulemens : d'autres s'établissent dans les fentes des murs, les cavités des pierres, etc.; quelques-unes (L. Allodrome) y font un tuyau composé d'une toile fine, long d'environ cinq centimètres, et recouvert à l'extérieur de parcelles de terre; elles ferment ce tuyau au temps de la ponte. Toutes se tiennent près de leur demeure et y guettent leur proie, sur laquelle elles s'élancent avec une rapidité étonnante. Ces Aranéides passent l'hiver dans ces trous, et, suivant Olivier, la Lycose tarentule a soin d'en boucher exactement l'entrée pendant cette saison. Les Lycoses sortent de leurs retraites dès les premiers jours du printemps, et elles cherchent bientôt à remplir le vœu de la nature en s'accouplant. Suivant les espèces et suivant la température du printemps, l'accouplement a lieu depuis le mois de mai jusqu'à la mi-juillet. Suivant Clerck, les deux sexes de celle qu'il nomme *Monticola*, préludent par divers petits sauts : la femelle s'étant soumise, le mâle, par le moyen d'un de ses palpes, rapproche de son corps, et un peu obliquement, son abdomen; puis, se plaçant par-derrière et un peu de côté, se couche sur elle, applique doucement et à diverses reprises son organe générateur sur un corps proéminent, que Clerck nomme *trompe de la partie sexuelle de la femelle*, en faisant jouer alternativement l'un de ses palpes, jusqu'à ce que les deux individus se séparent par un sautillement très-preste. Les Lycoses pondent les œufs ordinairement sphériques et variant en nombre, suivant les espèces, depuis vingt à peu près jusqu'à plus de cent quatre-vingt : ces œufs, leur naissance sont libres, mais la mère les renferme bientôt dans un sac ou cocon circulaire, globuleux ou aplati, et formé de deux calottes réunies par leur bord : ce cocon ou sac à œufs est toujours attaché au derrière de la femelle par les filières, au moyen d'une petite pelotte ou d'un lien de soie. La femelle porte partout avec elle toute cette postérité future, et court avec célérité malgré cette charge; si on l'en sépare, elle entre en fureur, et ne quitte le lieu où elle a fait cette perte qu'après avoir cherché long-temps et être revenue souvent sur ses pas. Si elle a le bonheur de retrouver son cocon, elle le saisit avec ses mandibules et prend la fuite avec précipitation.

Les œufs des Lycoses éclosent en juin et en juillet. De Géer, qui a beaucoup observé les Araignées, présume que la mère aide les petits à sortir de leur œuf en perçant la coque. Les petits restent encore quelque temps dans leur coque générale; ce n'est qu'après leur premier changement de peau qu'ils abandonnent leur demeure et montent sur le corps de leur mère, où ils se cramponnent; c'est surtout sur l'abdomen et sur le dos qu'ils s'établissent de préférence, en s'y arrangeant en gros pelotons qui donnent à la mère une figure hideuse et extraordinaire. Par un temps serein et vers la mi-octobre, Lister a observé une grande quantité de jeunes Lycoses voltigeant dans l'air; pour se soutenir ainsi elles faisoient sortir de leurs filières, comme par éjaculation, plusieurs fils simples en forme de rayon de comète, d'un éclat extraordinaire et pourpre brillant : ces petites Araignées faisoient mouvoir avec rapidité, et en rond au-dessus de leur tête, leurs pattes, de manière à rompre leurs fils ou à les assembler en petites pelottes d'un blanc de neige; c'est, soutenues par ce petit ballon, que les jeunes Lycoses s'abandonnoient dans l'air et étoient transportées à des hauteurs considérables. Quelquefois ces longs fils aériens étant réunis en forme de cordes embrouillées et inégales, deviennent un filet avec lequel ces Aranéides prennent de petites mouches et d'autres insectes de petite taille.

Le genre Lycose renferme un assez grand nombre d'espèces; il en est surtout une qui est très-commune aux environs de Tarente, et qui jouit d'une grande célébrité, parce que le peuple croit que son venin produit des accidens très-graves. Nous parlerons de ces prétendus accidens en traitant de cette espèce. M. Latreille divise ce genre ainsi qu'il suit :

I. Ligne antérieure des yeux pas plus longue que l'intermédiaire.

† Yeux de la seconde ligne très-sensiblement plus gros que les deux de la ligne postérieure.

LYCOSE TARENTULE, *L. tarentula*. LAT. WALCK. *Aranea tarentula*. LINN. FAB. ALB. (*Aran. tab.* 39.) Araignée tarentule de ce Dictionnaire. Elle est longue d'environ un pouce, entièrement noire, avec le dessous de son abdomen rouge et traversé dans son milieu par une bande noire. Cette Araignée étant très-célèbre, a été figurée par une foule d'auteurs, mais si mal, qu'il semble que plusieurs d'entr'eux se sont plus à exagérer les formes hideuses de cette araignée afin d'inspirer plus d'horreur pour elle, et d'accréditer par ce moyen les absurdités qu'ils ont débitées sur les propriétés de son venin. Il seroit trop long de mentionner ici les noms des auteurs qui ont parlé de la Tarentule et qui l'ont figurée; nous dirons seulement que, selon les uns, son venin produit des symptômes qui approchent de ceux de la fièvre maligne; selon d'autres, il ne procure que quelques taches érysipélateuses et des crampes légères ou des fourmillemens. La maladie que le vulgaire croit que la Tarentule produit par sa morsure, a reçu le nom de *tarentisme*, et l'on ne peut la guérir que par le secours de la musique. Quelques auteurs ont poussé l'absurdité jusqu'à indiquer les airs qu'ils croient convenir le plus aux *tarentolati :* c'est ainsi qu'ils appellent les malades. Samuel Hafenreffer, professeur de Ulm, les a notés dans son *Traité des maladies de la peau.* Baglivi a aussi écrit sur les Tarentules du midi de la France; mais on est bien revenu de la frayeur qu'elle inspiroit de son temps, et aujourd'hui il est bien reconnu que le venin de ces araignées n'est dangereux que pour les insectes dont la Tarentule fait sa nourriture. Cette espèce se trouve dans l'Italie méridionale.

Il existe dans le midi de la France une espèce de Lycose qui diffère très-peu de celle que nous venons de décrire, et qu'Olivier a confondue avec celle-ci : c'est le *Lycosa melanogaster* de M. Latreille (*L. tarentula Narbonensis.* Walck.). Elle est un peu plus petite que la précédente, et en diffère surtout par son abdomen qui est tout noir en dessous, et dont les bords seulement sont rouges. Chabrier (*Soc. acad. de Lille,* 4e. cahier) a publié des observations curieuses sur cette espèce.

†† Les quatre yeux postérieurs presque de même grandeur.

Lycose allodrome. *L. allodroma.* Lat. Walck. (*Hist. des Aranéides, fasc.* 1. *tab.* 4.) La femelle. Clerck. (*Aran. suec. pl.* 5. *tom.* 2.) C'est la plus grande des environs de Paris; son corselet et son abdomen sont d'un rouge mélangé de gris et de noir. Les pattes sont annelées de rouge et de noir.

II. Ligne antérieure des yeux plus large que l'intermédiaire.

Lycose pirate. *L. piratica.* Walck. Clerck. (*Aran. suec. pl.* 5. *tab.* 4. le mâle, et *tab.* 5. la femelle.) Corselet verdâtre, bordé d'un blanc très-vif. Abdomen noirâtre, entouré de chaque côté d'une ligne blanche avec six points blancs sur le dos. Elle paroît avoir des rapports avec les Dolomèdes aquatiques, et court sur la surface de l'eau sans se mouiller. *Voy.* pour les autres espèces, Walckenaer, Latreille, Olivier, Clerck, etc.

(E. G.)

TARIÈRE, *Terebra,* ou Oviscapte. On désigne ainsi un instrument dont beaucoup de femelles d'insectes sont pourvues, et qui leur sert à percer et à déposer leurs œufs dans les différens corps où ils doivent se développer. Cette tarière est donc une dépendance de l'organe générateur femelle. Elle est située à l'anus dans tous les insectes qui en sont pourvus, et composée de plusieurs pièces, dont le nombre varie suivant les ordres ou les espèces. Dans les Hyménoptères, elle est composée d'une base, d'un étui et de deux stylets constituant un dard plus ou moins denté en scie à son extrémité, et parcouru dans toute sa longueur par un canal. Le dard de la tarière des Cigales est composé lui-même de trois pièces, dont une au milieu servant de point d'appui aux deux latérales, qui glissent chacune sur elle au moyen d'une coulisse. Les deux pièces latérales sont plus grosses à leur extrémité, qui est munie extérieurement de fortes dents propres à couper le bois dans lequel les insectes déposent leurs œufs. Les Orthoptères ont une tarière composée de deux lames entre lesquelles passent les œufs. Certains Diptères, comme les Mouches, les Œstres, etc., ont une tarière conformée d'une toute autre manière; elle est composée d'une suite d'anneaux rentrant les uns dans les autres comme les tuyaux d'une lorgnette.

La longueur de la tarière varie suivant les espèces. Dans quelques Ichneumons, elle est deux fois plus longue que le corps, très-grêle et flexible; dans d'autres, elle est beaucoup plus courte. Sa forme varie aussi beaucoup; tantôt elle présente la forme de couteaux, de sabres, de scies, de perçoirs, de sondes, etc. Dans plusieurs insectes elle est toujours saillante hors de l'abdomen, soit attachée seulement par un point, soit adhérente par sa moitié inférieure : dans quelques espèces elle est dirigée vers la tête et posée sur le dos de l'abdomen, dans l'inaction; dans d'autres, elle est placée sous le ventre et se dirige aussi vers la tête; enfin, dans le plus grand nombre, elle est dirigée en arrière. D'autres insectes ont la tarière cachée dans l'intérieur du corps, alors le dernier article de l'abdomen est fendu et la laisse sortir à la volonté de l'animal.

La tarière n'est pas toujours destinée à percer les corps dans lesquels les insectes pondent leurs œufs; dans un grand nombre d'Hyménoptères elle sert encore d'arme offensive et défensive, et porte alors le nom d'*aiguillon.* Les usages de l'aiguillon des Hyménoptères sont semblables à ceux de la tarière; car, si l'aiguillon, à cause du venin qui coule dans son intérieur, est redoutable pour l'homme et pour plusieurs animaux, la tarière n'a pas une action moindre sur les végétaux dont elle perce l'épiderme. L'aiguillon n'existe que chez les femelles, les mâles n'en ont pas, et c'est pourquoi nous pouvons saisir les mâles des bourdons, des abeilles, etc., sans danger. Dans les Hyménoptères qui ont des individus neutres, comme les abeilles, les fourmis, etc., ces neutres étant des femelles dont les organes intérieurs de la génération sont avortés, sont pourvus cependant de l'aiguillon, qui n'est plus pour eux qu'une arme.

On trouvera de plus grands détails sur la tarière des insectes, aux articles qui traitent des genres qui en sont pourvus. Nous renvoyons donc aux mots Chalcis, Cigale, Cimbex, Cossus, Grillon, Hyménoptères, Ichneumon, Leucospis, Mouches a scie, Orthoptères, Œstre, Panorpe, Prione, Sauterelle, Trichie, etc. (E. G.)

TARPE, *Tarpa*. Fab. Panz. Le P. *Megalodontes*. Lat. Spinol. *Cephaleia*. Jur.

Genre d'insectes de l'ordre des Hyménoptères, section des Térébrans, famille des Serrifères. (Cette famille répond à la tribu des Tenthrédines. Lat. *Voyez* Serrifères, article Térébrans.)

Un groupe de cette famille a pour caractères: antennes composées de plus de dix articles; deux cellules radiales et quatre cubitales aux ailes supérieures; tarière (des femelles) surpassant à peine l'abdomen, celui-ci déprimé ou comprimé. Il renferme trois genres outre celui de Tarpe (*voyez* Tenthrède), savoir: Lyda, dont les antennes sont simples et sétacées; Céphus et Athalie qui les ont plus grosses vers leur extrémité; en outre dans ce dernier le labre est apparent.

Antennes assez courtes, filiformes, insérées entre les yeux, pectinées d'un seul côté ou dentées en scie dans les femelles, toujours pectinées d'un seul côté dans les mâles; de seize articles dans les deux sexes, le second fort court, le troisième plus long que le précédent et qu'aucun des suivans; les quatorze derniers dentés en scie ou pectinés. — *Labre* caché par les mandibules. — *Mandibules* grandes, avancées, étroites, croisées l'une sur l'autre dans le repos, ayant deux fortes dents à leur extrémité, l'inférieure presqu'échancrée. — *Mâchoires* et *Lèvre* alongées, avancées; les premières coriaces, formant avec la lèvre une promuscide cylindrique; languette trifide. — *Palpes maxillaires* de six articles, le premier très-petit, le second le plus long de tous, cylindrique, le troisième de même forme, le quatrième un peu comprimé, les deux derniers fort petits et plus minces que les précédens: palpes labiaux plus courts que les maxillaires, filiformes, de quatre articles, le dernier un peu ovale-alongé, cilié. — *Tête* presqu'orbiculaire, de la largeur du corselet. — *Yeux* ovales, de grandeur moyenne. — *Trois ocelles* placés sur le milieu du front, et disposés en un triangle dont le sommet est très-obtus. — *Corps* court, velu. — *Corselet* transversal; prothorax très-étroit formant un cou assez distinct; mésothorax large, occupant presque toute la partie supérieure du corselet: métathorax extrêmement court à sa partie supérieure. — *Ecusson* peu distinct. — *Ailes supérieures* ayant deux cellules radiales, la première presque demi-circulaire, la seconde au moins deux fois plus grande que la première, arrondie à son extrémité, et quatre cellules cubitales, la première petite, les autres presqu'égales entr'elles, la seconde recevant la première nervure récurrente, la troisième rétrécie vers la radiale, recevant la deuxième nervure récurrente, la quatrième n'atteignant pas tout-à-fait le bord extérieur de l'aile: trois cellules discoïdales. — *Abdomen* sessile, un peu déprimé, assez large, composé de huit segmens outre l'anus, le premier échancré à la partie dorsale de son bord inférieur; plaque anale inférieure faite en cuiller, refendue longitudinalement dans les femelles, cette fente formant une coulisse dans laquelle se loge la tarière; cette même plaque entière dans les mâles: la plaque supérieure entière dans les femelles, très-étroite et tronquée postérieurement dans les mâles, de manière à laisser voir dans ce sexe une partie de l'appareil générateur; tarière dépassant peu l'abdomen. — *Pattes* de longueur moyenne; jambes intermédiaires et postérieures armées dans leur milieu de deux grandes épines: premier article des tarses presqu'aussi long que les quatre autres réunis, les trois suivans allant en décroissant de longueur, le dernier assez long, muni de deux crochets ayant une pelotte dans leur entre-deux.

Les premiers états des Tarpes sont inconnus ainsi que leur manière de vivre; elles appartiennent aux climats chauds de l'ancien continent, et particulièrement à ceux qui avoisinent la Méditerranée. Leurs couleurs sont le noir-brillant et le jaune. Nous mentionnerons les espèces suivantes:

1°. Tarpe Phénicienne, *T. phœnicia*. Sav. *ined.* — Le P. *Monogr. Tenthred.* n°. 42. Mâle. De Syrie. 2°. Tarpe céphalote, *T. cephalotes* n°. 1. Fab. *Syst. Piez.* (en retranchant le synonyme de Panzer qui appartient à la Tarpe de Panzer). Mâle et Femelle. D'Allemagne et du midi de la France. 3°. Tarpe de Klug, *T. Klugii*. Léach. *Zoolog. Miscell. vol.* 3. n°. 2. — Le P. *id.* n°. 44. D'Angleterre. 4°. Tarpe de Panzer, *T. Panzeri*. Léach. *id.* n°. 3. — Le P. *id.* n°. 45. Mâle et femelle. De France et d'Angleterre. 5°. Tarpe plagiocéphale, *T. plagiocephala* n°. 2. Fab. *id.* — Le P. *id.* n°. 46. — *Tarpa Fabricii*. Léach. *id.* n°. 1. Mâle. D'Autriche. 6°. Tarpe de Judée. *T. judaica*. Sav. *ined.* — Le P. *id.* n°. 47. Femelle. De Syrie. 7°. Tarpe Syrienne, *T. cœsariensis*. Sav. *ined.* — Le P. *id.* n°. 48. De Syrie.

(S. F. et A. Serv.)

TARSE, *Tarsus*.

Ce nom a été donné à la troisième ou dernière partie des pattes des insectes qui répond au pied des autres animaux. Il est composé de plusieurs pièces articulées les unes sur les autres. Ces pièces, dont le nombre varie d'une à cinq dans les insectes proprement dits, qui vont quelquefois jusqu'à dix ou douze dans les Aptères, sont nommées *articles du tarse*. Le dernier article de ces tarses est toujours armé de deux crochets recourbés en dedans; ces crochets sont quelquefois divisés eux-mêmes en deux parties, ce qui en fait paroître quatre au premier coup d'œil. L'article qui donne attache à ces crochets est toujours nu, tandis que les autres sont plus ou moins couverts de poils en forme de brosses; quelquefois on voit des pelottes spongieuses au-dessous de ces articles; ces pelottes sont destinées à coller l'insecte sur les corps les plus polis, et à faciliter sa marche sur les lieux perpendiculaires, et même dans les endroits où il est obligé de marcher les jambes en haut; d'autres fois ils sont armés d'un appareil qui paroît destiné à se coller ou à s'appliquer sur le corps de la femelle pendant l'accouplement. Dans certains mâles de Carabiques, on voit sous les tarses des pièces alongées, consistant en un axe traversé par des lames tronquées plus ou moins parallèles entr'elles : ces lames paroissent composées elles-mêmes de petites écailles étroitement imbriquées.

Dans beaucoup d'insectes les tarses des mâles, surtout les antérieurs, diffèrent de ceux des femelles et sont plus dilatés et armés d'organes propres à maintenir le mâle sur la femelle. Les articles des tarses varient beaucoup pour la forme, ils sont le plus souvent alongés; quelquefois ils sont carrés ou presque carrés; d'autres fois ils sont arrondis à leur partie antérieure; on voit des insectes chez lesquels les articles varient de forme dans le même tarse; aussi ceux de la base sont simples et entiers, tandis que ceux de l'extrémité, excepté le dernier, sont bilobés ou échancrés profondément. Dans les Abeilles et dans beaucoup d'autres Hyménoptères, les tarses postérieurs, et même les antérieurs, sont dilatés en tout ou en partie; ils ont pour usage de servir à la récolte du pollen des fleurs.

Les tarses des insectes ne varient jamais dans les genres; ils sont constamment les mêmes dans tous les insectes qui ont quelques rapports entr'eux. On s'est servi de cette considération pour diviser des Coléoptères en plusieurs grandes coupes. C'est Geoffroy qui a le premier employé ce moyen de division; il l'a aussi appliqué aux Névroptères. Les Coléoptères sont les seuls insectes que M. Latreille ait partagés en sections d'après la considération des articles des tarses; il avoit établi une section dans ses ouvrages antérieurs aux Familles naturelles du Règne animal, qui renfermoit des insectes auxquels on n'avoit vu que deux articles aux tarses; c'étoit la section des Dimères de ce savant et de M. Duméril; on a reconnu que ces insectes avoient réellement trois articles à tous les tarses, mais que le premier étoit si court qu'on ne l'avoit pas aperçu. En général, les insectes ont le même nombre d'articles à tous les tarses, mais il en existe quelques-uns chez lesquels cela n'a pas lieu. Ainsi dans quelques Coléoptères, les tarses des pattes de derrière ont un article de moins que ceux de devant. D'après ces considérations, les Coléoptères ont été divisés ainsi qu'il suit :

1re. section. Cinq articles à tous les tarses. — Pentamères.

2e. section. Cinq articles aux quatre tarses antérieurs et quatre aux postérieurs. — Hétéromères.

3e. section. Quatre articles à tous les tarses. — Tétramères.

4e. section. Trois articles à tous les tarses. — Trimères.

5e. section. Un seul article à tous les tarses. — Monomères.

On pourroit diviser l'ordre des Orthoptères d'après le nombre des articles des tarses, et l'on auroit encore des Pentamères, des Tétramères et des Trimères. Il en seroit de même pour les autres ordres, à quelques modifications près. *Voyez* Insectes. (E. G.)

TARUS, *Tarus*. Clairv. *Voyez* Cymindis, article Troncatipennes.

(S. F. et A. Serv.)

TAUPE-GRILLON. Nom vulgaire employé par Geoffroy pour désigner la Courtilière commune d'Europe. *Voyez* Courtilière, article Tridactyle. (S. F. et A. Serv.)

TAUPIN, *Elater*. Linn. Fab. Geoff. De Géer. Oliv. (*Entom.*) Lat. Panz. Payk. Herbst.

Genre d'insectes de l'ordre des Coléoptères, section des Pentamères, famille des Serricornes (division des Sternoxes), tribu des Elatérides.

Un groupe de cette tribu a pour caractères : antennes filiformes ou sétacées, écartées à leur naissance, les quatre premiers articles des tarses, ou au moins quelques-uns d'entr'eux, dépourvus en dessous de pelottes prolongées en manière de lobes (1). Labre et mandibules dé-

(1) On s'apercevra que nous avons changé ici quelques expressions dans l'énoncé du caractère (*voyez* Elatérides, pag. 490. de ce volume), que nous avions rédigé d'après les *Fam. natur.* de M. Latreille, mais dans plusieurs espèces des genres Taupin et Ludie le dessous des trois pre-

couverts, du moins en dessus ; extrémité antérieure de l'épistome sensiblement plus élevée que la base du labre et formant souvent une tranche ou un bord aigu ; tête enfoncée jusqu'aux yeux dans le corselet, plus étroite à sa base, en y comprenant les yeux, que le bord antérieur du corselet. Ce groupe contient les genres Hémirhipe et Taupin. Le premier a les antennes courtes et pectinées d'un seul côté dans les deux sexes, composées réellement de douze articles, ce qui le distingue des Taupins dont aucune espèce n'a en réalité un douzième article, quoique le rétrécissement subit du onzième en présente quelquefois l'apparence.

Antennes sétacées, insérées près des yeux, sur les côtés de la partie antérieure de la tête, composées de onze articles de forme variable, mais ordinairement dentés en scie. — *Labre* découvert en dessus, corné, court, assez large, tronqué ou presqu'échancré, très-cilié antérieurement. — *Mandibules* découvertes en dessus, foibles, cornées, arquées, peu échancrées vers l'extrémité. — *Mâchoires* courtes, presque membraneuses, arrondies, fortement ciliées à leur extrémité. — *Palpes maxillaires* assez longs, de quatre articles, le premier petit, les second et troisième égaux, presque coniques, le dernier comprimé, triangulaire, dilaté, sécuriforme : palpes labiaux plus courts que les autres, de trois articles, les deux premiers petits, le troisième grand, comprimé, triangulaire, sécuriforme. — *Lèvre* avancée, membraneuse, bifide à l'extrémité, ses divisions égales, tronquées : menton corné. — *Tête* petite, enfoncée jusqu'aux yeux dans le corselet, plus étroite à sa base, en y comprenant les yeux, que le bord antérieur de ce dernier ; extrémité antérieure de l'épistome sensiblement plus élevée que la base du labre. — *Yeux* ovales, peu saillans, posés sur les angles du bord postérieur de la tête. — *Corps* ovale-oblong, pubescent ou écailleux. — *Corselet* presqu'en carré-long, plus ou moins rebordé latéralement, assez large pour sa longueur, sa partie postérieure presqu'aussi large que la base des élytres, il est visiblement rétréci vers la tête, ses bords latéraux s'arrondissant dans cette partie, ses angles postérieurs prolongés en pointe plus ou moins aiguë. Dessous du corselet ayant de chaque côté une rainure oblique et profonde dans laquelle les antennes se cachent lors du repos ; présternum muni postérieurement d'une saillie qui s'enfonce à volonté dans une fossette antérieure du mésosternum. — *Ecusson* court, presque transversal, arrondi ou échancré à sa partie postérieure. — *Elytres* longues, dures, assez convexes, allant un peu en s'élargissant jusque passé le milieu de leur longueur, presque toujours arrondies et mutiques à leur extrémité, striées, couvrant les ailes et l'abdomen. — *Abdomen* arrondi au bout : plaque anale inférieure unie dans les deux sexes. — *Pattes* assez courtes ; tarses filiformes ; leurs quatre premiers articles n'étant jamais tous garnis en dessous de pelottes lobiformes ; le cinquième alongé, arqué, un peu renflé à son extrémité, terminé par deux crochets.

Les larves vivent dans le bois ou dans le terreau végétal. De Géer en décrit une ainsi : tête et corps couverts d'une peau écailleuse ; les trois premiers segmens de celui-ci portant chacun une paire de pattes écailleuses, articulées, terminées par un assez long crochet pointu ; tête de figure ovale ayant deux petites antennes coniques, divisées en articulations et insérées sur les côtés ; deux mandibules qui ne se croisent pas, mais qui se rejoignent par leur pointe, situées au-devant de la tête ; au-dessous des mandibules sont quatre palpes coniques, articulés. Dernier segment du corps ou anus couvert en dessus d'une plaque presque circulaire, ayant de chaque côté trois petites pointes mousses et vers le derrière deux appendices longs, écailleux, divisés chacun en deux pointes mousses et arrondies ; les deux appendices opposés l'un à l'autre en forme de croissant ; au-dessous de l'anus on voit un gros mamelon charnu que la larve retire ou fait sortir du corps à son gré, et qui l'aide dans sa marche en s'appuyant sur le plan de position.

La nymphe ne nous est pas connue. Les Taupins à l'état parfait volent très-bien, mais ils ont quelque peine à s'envoler ; la nature leur a donné un autre moyen de se soustraire au danger ; ils exécutent des sauts assez élevés au moyen du prolongement qu'offre leur présternum qu'en baissant la tête, ils enfoncent à volonté dans une cavité du mésosternum ; alors en dégageant subitement cette saillie, ils s'élèvent comme par ressort en frappant le plan de position avec les deux extrémités du corps ; pendant qu'ils exécutent ce saut, qui se fait aussi facilement, qu'ils soient posés sur le ventre ou sur le dos, ils appliquent toujours les pattes et les antennes sous le corps et les y tiennent fortement serrées ; il paroît qu'en outre ils appuyent dans ce moment les deux pointes latérales du corselet contre les bords des élytres, ce qui augmente la force élastique qui tend à les élever : ils usent surtout de cette faculté de sauter, pour se remettre sur leurs pattes lorsqu'ils

miers articles des tarses nous a offert des pelottes lobiformes plus ou moins prolongées : alors le premier article du tarse est plus long qu'aucun des autres, et le quatrième, qui n'a jamais d'appendice, est court, cylindrique, de même forme que la base du cinquième article dont il est peu distinct. Dans les genres Lissode, Hémirhipe, Exophtalme, Eucnémis, Tétralobe, Péricalle, ainsi que dans la plupart des espèces de Taupins et de Ludies, le premier article des tarses n'est pas beaucoup plus long que les autres, et le quatrième est conformé comme les précédens. Ce qui nous paroît démontrer la nécessité de quelques réformes dans cette tribu, qui affecteront particulièrement les genres Taupin et Ludie.

sont tombés à terre renversés sur le dos, ce qui arrive ordinairement lorsque la peur leur a fait contracter les pattes.

Le nom d'*Elater* donné à ces Coléoptères exprime la faculté qu'ils possèdent de sauter comme au moyen d'un ressort. La plupart des Taupins volent pendant le jour, mais un assez grand nombre d'espèces de l'Amérique méridionale volent durant la nuit. Brown a observé à Saint-Domingue le Taupin lumineux (*noctilucus*). Le Taupin reluisant (*luminosus*) de la Guyane et du Brésil vole de même dans l'obscurité. Ils se font tous deux remarquer par des taches lumineuses placées vers les angles postérieurs du corselet. Un individu de cette dernière espèce qui avoit été transporté à Paris dans des bois d'Amérique, y avoit subi sa dernière métamorphose; il surprit, par la clarté qu'il répandoit, tous ceux qui le virent et fut reconnu par M. Fougeroux. Le célèbre M. de Humboldt voyageant sur les fleuves de l'Amérique méridionale remarqua aussi plusieurs fois ces insectes.

Les femelles ont une tarière rétractile qui sert à déposer leurs œufs; c'est une longue pièce cylindrique, au bout de laquelle se trouvent deux autres pièces alongées, coniques et pointues; on en voit entr'elles une troisième qui est creuse et sert de conduit aux œufs. Quand on presse l'abdomen des mâles, il en sort trois parties, dont l'intermédiaire est probablement l'organe sexuel; ces parties sont renfermées dans un fourreau qui s'ouvre sur les côtés et est soutenu par deux lames concaves et écailleuses.

Les Taupins se trouvent principalement sur les fleurs et sur les végétaux; quelques espèces quittent peu les arbres dans lesquels elles sont nées, telles que le *ferrugineus*, le *sanguineus*, le *thoracicus*, etc. Les nombreuses espèces qui composent ce genre nous ont paru nécessiter d'y établir des divisions.

1re. *Division.* Dernier article des antennes rétréci brusquement en une pointe particulière imitant un douzième article. — Antennes simples dans les deux sexes.

1re. *Subdivision.* Corselet muni de taches latérales phosphorescentes. (Dans les individus morts, ces taches paroissent pâles ou roussâtres.) — Insectes nocturnes (1).

1°. Taupin lumineux, *E. noctilucus* n°. 13. Fab. *Syst. Eleut.* — Oliv. *Entom. tom.* 2. *Taup. pag.* 15. *n°.* 13. *pl.* 2. *fig.* 14. *a.* — Schœn. *Synon. Ins. tom.* 3. *pag.* 267. *n°.* 1. Amérique méridionale. 2°. Taupin reluisant, *E. luminosus*. Illig. *Berlin. Magaz. f. d. n. Entd. I. II. pag.* 149. 11. — Schœn. *id. pag.* 269. *n°.* 11. — *E. phosphoreus* n°. 14. Fab. *id.* (en retranchant les synonymes de Linné et de De Géer). — Oliv. *id. pag.* 16. *n°.* 14. *pl.* 2. *fig.* 14. *b. et fig.* 20. (retranchez les synonymes de Linné, de De Géer et de Voët). Même patrie. 3°. Taupin enflammé, *E. ignitus* n°. 15. Fab. *id.* — Oliv. *id. pag.* 17. *n°.* 15. *pl.* 8. *fig.* 78. — Schœn. *id. n°.* 14. Même patrie.

Illiger a décrit dans l'ouvrage précité treize autres espèces des mêmes contrées qui sont probablement de ce genre et de cette subdivision; elles sont rappelées par M. Schœnherr *Synon. Ins. tom.* 3. *pag.* 267. et suivantes.

2e. *Subdivision.* Corselet sans taches latérales phosphorescentes. — Insectes diurnes.

1°. Taupin sillonné, *E. sulcatus* n°. 27. Fab. *Syst. Eleut.* — Oliv. *Entom. tom.* 2. *Taup. pag.* 13. *n°.* 9. *pl.* 2. *fig.* 10. *a. b.* — Schœn. *Synon. Ins. tom.* 3. *pag.* 275. *n°.* 54. De Cayenne. 2°. Taupin à côtes, *E. porcatus* n°. 26. Fab. *id.* — Oliv. *id. pag.* 14. *n°.* 10. *pl.* 7. *fig.* 74. — Schœn. *id. n°.* 53. Amérique méridionale. 3°. Taupin fuscipède, *E. fuscipes* n°. 17. Fab. *id.* — Oliv. *id. pag.* 20. *n°.* 20. *pl.* 3. *fig.* 21. — Schœn. *id. pag.* 272. *n°.* 33. Des Indes orientales. 4°. Taupin oculé, *E. oculatus* n°. 9. Fab. *id.* (en retranchant le synonyme de De Géer). — Oliv. *id. pag.* 11. *n°.* 6. *pl.* 3. *fig.* 34. *a. b.* (en retranchant le synonyme de De Géer). — Schœn. *id. pag.* 271. *n°.* 28. Amérique septentrionale. 5°. Taupin louche, *E. luscus* n°. 10. Fab. *id.* — Oliv. *id. pag.* 12. *n°.* 7. *pl.* 6. *fig.* 64. *a.* — Schœn. *id. n°.* 29. — *E. oculatus*. De Géer, *Mém. tom. IV. pag.* 159. *n°.* 1. *pl.* 17. *fig.* 28. Même patrie que le précédent. 6°. Taupin myope, *E. myops* n°. 8. Fab. *id.* — Schœn. *id. n°.* 27. — *E. luscus* var. Oliv. *id. pl.* 6. *fig.* 64. *b.* De Caroline. 7°. Taupin ferrugineux, *E. ferrugineus* n°. 25. Fab. *id.* — Oliv. *id. pag.* 21. *n°.* 22. *pl.* 3. *fig.* 35. — Schœn. *id. pag.* 274. *n°.* 50. D'Europe. Environs de Paris.

2e. *Division.* Dernier article des antennes ovale-oblong, point rétréci brusquement.

1re. *Subdivision.* Antennes très-pectinées dans les mâles.

Type : Taupin ramicorne, *E. ramicornis*. Pal.-Bauv. *Ins. d'Afr. et d'Amér. pag.* 10. *Coléopt. pl. VII. fig.* 3. — Schœn. *Synon. Ins. tom.* 3. *pag.* 275. *n°.* 52. Du Brésil et de la Caroline du Sud. Cette espèce a des pelottes lobiformes très-longues en dessous des trois premiers articles des tarses. (*Voyez* la note pag. 550. de ce volume.) Le Taupin ramicorne, *E. ramicornis* du même auteur, pag. 214. *Coléopt. pl. IX. fig.* 7. n'en est qu'une simple variété, quoique l'auteur ait oublié d'en avertir; les antennes sont incomplètes, mais paroissent conformées comme dans le premier.

2e. *Subdivision.*

(1) Cette coupe est indiquée par M. Schœnherr. *Syn. Ins.*

2e. *Subdivision.* Antennes simples dans les deux sexes.

A. Troisième article des antennes aussi long ou presqu'aussi long que le quatrième.

a. Troisième article des antennes en dent de scie.

1°. Taupin velu, *E. hirtus.* Herbst, *Archiv. V. pag.* 114. *n°.* 31. — Schœn. *Synon. Ins. tom.* 3. *pag.* 277. *n°.* 70. — *E. aterrimus* n°. 34. Fab. *Syst. Eleut.* (en retranchant tous les synonymes.) — *E. niger.* Oliv. *Entom. tom.* 2. *Taup. pag.* 28. *n°.* 34. *pl.* 6. *fig.* 65. (en retranchant tous les synonymes, sauf peut-être celui de Linné.) Des environs de Paris. 2°. Taupin fascié, *E. fasciatus* n°. 43. Fab. *id.* — Oliv. *id. pag.* 31. *n°.* 39. *pl.* 5. *fig.* 46. *et pl.* 1. *fig.* 5. — Schœn. *id. pag.* 282. *n°.* 91. D'Europe. 3°. Taupin nigripède, *E. nigripes.* Gyll. *Ins. Suec. I. I. pag.* 395. *n°.* 23. — Schœn. *id. n°.* 89. Environs de Paris. 4°. Taupin rayé, *E. vittatus* n°. 53. Fab. *id.* — Schœn. *id. pag.* 288. *n°.* 116. — *E. marginatus.* Oliv. *id. pag.* 34. *n°.* 43. *pl.* 3. *fig.* 29. *et pl.* 8. *fig.* 29. *b.* (en retranchant tous les synonymes hors celui de Geoffroy.) Commun aux environs de Paris. 5°. Taupin thoracique, *E. thoracicus* n°. 77. Fab. *id.* (en retranchant le synonyme de Voët.) — Oliv. *id. pag.* 44. *n°.* 59. *pl.* 3. *fig.* 24. (en retranchant le synonyme de Voët.) — Schœn. *id. pag.* 297. *n°.* 154. Aux environs de Paris, sous les écorces. 6°. Taupin discicolle, *E. discicollis.* Herbst, *Coleop. X. pag.* 92. *n°.* 106. *tab.* 166. *fig.* 8. 9. — Schœn. *id. pag.* 298. *n°.* 157. D'Europe. 7°. Taupin rufipède, *E. rufipes* n°. 105. Fab. *id.* (le synonyme de Geoffroy est douteux.) — Oliv. *id. pag.* 45. *n°.* 62. *pl.* 7. *fig.* 72. *a. b.* (les synonymes de Geoffroy et de Fourcroy sont douteux.) — Schœn. *id. pag.* 307. *n°.* 198. (le synonyme de Fourcroy devoit paroître douteux à M. Schœnherr, puisqu'il regarde comme incertain celui de Geoffroy.) Des environs de Paris, sous les écorces. 8°. Taupin bimoucheté, *E. biguttatus* n°. 118. Fab. *id.* — Oliv. *id. pag.* 47. *n°.* 66. *pl.* 6. *fig.* 59. — Schœn. *id. pag.* 312. *n°.* 227. France méridionale.

b. Troisième article des antennes simple.

1°. Taupin montagnard, *E. Bructeri* n°. 111. Fab. *Syst. Eleut.* — Panz. *Faun. Germ. fas.* 34. *fig.* 13. — Schœn. *Synon. Ins. tom.* 3. *pag.* 310. *n°.* 213. D'Europe. 2°. Taupin croisé, *E. crucifer.* Oliv. *Entom. tom.* 2. *Taup. pag.* 52. *n°.* 74. *pl.* 5. *fig.* 44. a. b. — Schœn. *id. pag.* 312. *n°.* 225. Europe méridionale. 3°. Taupin gentil, *E. pulchellus* n°. 114. Fab. *id.* — Oliv. *id. p.* 51. *n°.* 73. *pl.* 4. *fig.* 38. a. b. — Schœn. *id. pag.* 311. *n°.* 219. D'Europe.

B. Troisième article des antennes sensiblement plus court que le quatrième.

a. Troisième article des antennes point globuleux, conique ou en dent de scie.

1°. Taupin hémorrhoïdal, *E. hemorrhoidalis* n°. 71. Fab. *Syst. Eleut.* — Schœn. *Synon. Ins. tom.* 3. *pag.* 295. n°. 144. — *E. ruficaudis. Id. pag.* 288. n°. 114. — *E. sputator.* Oliv. *Entom. tom.* 2. *Taup. pag.* 30. *n°.* 38. *pl.* 3. *fig.* 31. Commun aux environs de Paris. 2°. Taupin cylindrique, *E. cylindricus.* Payk. *Faun. Suec. tom.* 3. *pag.* 24. *n°.* 28. — Schœn. *id. pag.* 281. *n°.* 88. D'Europe. 3°. Taupin sanguin, *E. sanguineus* n°. 83. Fab. *id.* (ôtez le synonyme de Schæffer.) — Oliv. *id. p.* 40. *n°.* 53. *pl.* 1. *fig.* 7. et *pl.* 5. *fig.* 48. a. (ôtez les synonymes du *Syst. Entom.* et du *Spec. Ins.* de Fabricius qui appartiennent à l'espèce suivante.) — Schœn. *id. pag.* 299. *n°.* 165. Commun en France. 4°. Taupin bout noir, *E. præustus* n°. 85. Fab. *id.* — Schœn. *id. pag.* 301. *n°.* 167. Des environs de Paris. 5°. Taupin porte-selle, *E. ephippium* n°. 84. Fab. *id.* — Oliv. *id. pag.* 41. *n°.* 54. *pl.* 5. *fig.* 48. b. — Schœn. *id. n°.* 166. D'Europe.

b. Second et troisième articles des antennes petits et globuleux.

1°. Taupin fulvipède, *E. fulvipes.* Herbst. *Col. X. pag.* 46. n°. 52. *tab.* 162. *fig.* 2. — Schœn. *Syn. Ins. tom.* 3. *pag.* 287. *n°.* 112. — *E. obscurus* n°. 63. Fab. *Syst. Eleut.* (en retranchant tous les synonymes.) D'Europe. 2°. Taupin noir, *E. niger.* n°. 35. Fab. *id.* (en retranchant les synonymes.) — Schœn. *id. pag.* 278. *n°.* 72. — *E. aterrimus.* Oliv. *id. pag.* 28. *n°.* 33. *pl.* 5. *fig.* 53. (ôtez tous les synonymes.) Des environs de Paris. 3°. Taupin alongé, *E. elongatulus* n°. 90. Fab. *id.* — Oliv. *id. pag.* 43. *n°.* 57. *pl.* 6. *fig.* 58. — Schœn. *id. pag.* 301. *n°.* 168. Des environs de Paris. 4°. Taupin bimaculé, *E. bimaculatus* n°. 121. Fab. *id.* — Oliv. *id. pag.* 49. *n°.* 70. *pl.* 5. *fig.* 45. a. b. — Schœn. *id. pag.* 313. *n°.* 231. Midi de la France. 5°. Taupin bordé, *E. limbatus* n°. 109. Fab. (Le synonyme d'Olivier est douteux.) — Schœn. *id. pag.* 309. n°. 207. — *E. minutus* var. Oliv. *id. pag.* 53. *n°.* 76. *pl.* 6. *fig.* 62. a. b. Environs de Paris.

Nota. Nous possédons un des deux individus rapportés d'Afrique par M. Palisot-Bauvois, de l'espèce à laquelle il a donné le nom d'*Elater elegans. Ins. d'Afr. et d'Amériq. pag.* 10. *Coléopt. pl.* 7. *fig.* 4. qui est sans aucun doute l'*Elater cœcus* n°. 11. Fab. *Syst. Eleut.* M. Schœnherr admet lui-même comme synonyme de l'*Elater cœcus* Fab. l'*Elegans* de Pal.-Bauv., et il n'élève point de difficultés sur le genre ; cependant cet insecte n'est pas un Taupin, mais, à ce que nous pensons, il doit être rapporté au genre Triplax.

Aucun de ces auteurs n'a décrit les antennes; l'individu que nous avons en manque ainsi que de pattes; les mandibules, absolument conformes à la description qu'en donne M. de Bauvois, sont celles des Triplax et non celles des Taupins, qui n'ont pas de tubercule dentiforme dans le milieu de leur partie interne; du reste le corselet n'a pas même l'apparence d'un sillon pour recevoir les antennes dans le repos; le présternum est dénué de saillie, et le mésosternum de cavité propre à recevoir cette saillie; le bord postérieur du corselet n'a point d'angles saillans; il est conformé absolument comme celui des Triplax. D'après cela on doit conclure que les antennes dans la fig. 4. citée plus haut, n'ont pas été faites d'après nature, qu'on lui a donné d'imagination des antennes de Taupins, et que lorsque l'on pourra voir les tarses de cet insecte on ne les trouvera composés que de quatre articles.

HÉMIRHIPE, *Hemirhipus*. LAT. (*Fam. nat.*) *Elater*. FAB. OLIV. (*Entom.*) HERBST. SCHŒN.

Genre d'insectes de l'ordre des Coléoptères, section des Pentamères, famille des Serricornes (division des Sternoxes), tribu des Elatérides.

Un groupe de cette tribu contient les Taupins et les Hémirhipes. (*Voyez* TAUPIN.) Dans les premiers les antennes n'ont réellement que onze articles, quoiqu'il arrive quelquefois que l'échancrure du onzième soit forte et présente alors l'apparence d'un douzième article.

M. Latreille n'ayant pas encore publié les caractères propres à ce genre, nous nous bornerons à signaler les plus apparens de ceux qui l'éloignent des Taupins.

Antennes courtes, composées de douze articles dans les deux sexes; le premier long, conique; le second très-court, transversal; les dix autres flabellés, mais d'une manière beaucoup plus prononcée dans les mâles. — *Côtés extérieurs du corselet* très-rabattus, à peine rebordés.

Le nom de ce genre est tiré de deux mots grecs et signifie : *demi-panache*. M. Latreille indique pour type l'espèce suivante : Hémirhipe linéé, *H. lineatus*. — *Elater lineatus* n°. 12. FAB. *Syst. Eleut.* — OLIV. *Entom. tom.* 2. *Taup. pag.* 10. *n°.* 5. *pl.* 6. *fig.* 63. (Les antennes sont décrites et figurées en dent de scie, ce qui est une faute, car nous avons vérifié qu'elles sont flabellées dans les deux sexes.) — SCHŒN. *Synon. Ins. tom.* 3. *pag.* 272. *n°.* 31. Du Brésil.

(S. F. et A. SERV.)

TAXICORNES, *Taxicornes*. Seconde famille de la première division de la section des Hétéromères, ordre des Coléoptères. M. Latreille lui attribue les caractères suivans :

Mandibules bifides à leur extrémité. — *Articles des tarses* entiers, les quatre antérieurs au plus exceptés. — *Mâchoires* dépourvues d'onglet corné au côté interne. — *Corps* souvent ailé. — *Antennes* ordinairement insérées sous les bords latéraux et avancés de la tête, de la longueur au plus de la tête et du corselet, allant en grossissant ou se terminant en massue, perfoliées en tout ou en partie dans la plupart.

Cette famille contient trois tribus.

1re. Tribu. Diapériales, *Diaperiales*.

Antennes ordinairement plus ou moins perfoliées, allant en grossissant ou se terminant par une petite massue. — *Côtés du corselet* et *des élytres* ne débordant point notablement le corps.

Phalérie, Chélénode, Diapère, Pentaphylle, Hypophlée, Elédone, Coxèle, Hallomène, Eustrophe.

2e. Tribu. Cossyphènes, *Cossyphenes*.

Corps très-aplati, clypéiforme, débordé latéralement par les côtés du corselet et des élytres (1). — *Tête* cachée sous le corselet ou reçue dans une entaille profonde de son extrémité antérieure.

Hélée, Cossyphe.

3e. Tribu. Crassicornes, *Crassicornes*.

Antennes terminées brusquement en une grande massue, soit entièrement perfoliée, soit comprimée et plus ou moins en scie au côté interne.

I. Jambes latéralement épineuses.

Trachyscèle, Léiode.

II. Jambes sans épines latérales.

Orchésie, Tétratome, Cnodalon.

Les Taxicornes sont ailés; la plupart d'entr'eux habitent dans les champignons, les autres sous les écorces ou à terre.

Nota. Cet article est extrait des *Fam. nat.* de M. Latreille. Le genre Prostène qui dans cet ouvrage fait partie de la tribu des Crassicornes, doit être reporté à la tribu des Cistélides, famille des Sténélytres. (S. F. et A. SERV.)

TECTIPENNES ou STÉGOPTÈRES. C'est ainsi que M. Duméril nomme une famille de Névroptères (*Zoolog. analyt.*), à laquelle il donne les caractères suivans : *Bouche découverte; ses parties très-distinctes*. Elle contient neuf genres : Fourmilion, Ascalaphe, Termite, Psoque, Hémérobe, Panorpe, Raphidie, Semblide et Perle.

(S. F. et A. SERV.)

(1) Ce caractère particulier distingue cette tribu de tous les autres Hétéromères.

TÉFFLUS, *Tefflus*. Léach. Dej. Lat. (*Fam. nat.*) *Carabus*. Fab.

Genre d'insectes de l'ordre des Coléoptères, section des Pentamères, famille des Carnassiers, tribu des Carabiques (division des Abdominaux).

Cette division a pour caractères, d'après M. Latreille : palpes extérieurs point terminés en alêne; côté interne des deux jambes antérieures sans échancrure ou en ayant une en forme de canal oblique, linéaire et ne s'avançant pas ou presque pas sur la face antérieure de la jambe. Cette division se partage ainsi :

I. Côté interne des mandibules entièrement ou presqu'entièrement denté dans toute sa longueur.

A. Elytres carénées latéralement et embrassant les côtés de l'abdomen.

Cychre, Sphérodère, Scaphinote.

B. Elytres point carénées, n'embrassant pas l'abdomen.

Pambore.

II. Mandibules sans dents notables ou n'en offrant qu'à leur base.

A. Tous les tarses semblables dans les deux sexes.

Téfflus, Procère.

B. Tarses antérieurs dilatés dans les mâles.

a. Labre bilobé ou trilobé.

Procruste, Carabe, Calosome.

b. Labre entier.

† Antennes grêles et alongées.

Pogonophore (*Leïstus*. Lat. *Fam. nat.*), Nébrie, Omophron.

†† Antennes assez épaisses et courtes.

* Dernier article des palpes alongé, obconique.

Bléthise, Elaphre.

** Dernier article des palpes court, presque renflé.

Notiophile.

Un groupe de Carabiques-Abdominaux renferme les genres Téfflus et Procère, comme on le voit dans le tableau ci-dessus, mais le second de ces genres diffère du premier par son labre bilobé.

Ce genre établi par M. Léach a été caractérisé par M. le comte Dejean (*Speciès tom.* 2) de la manière suivante.

Antennes filiformes, plus courtes que la moitié du corps. — *Labre* entier, presque coupé carrément et même un peu avancé dans son milieu. — *Mandibules* légèrement arquées, aiguës, lisses, non dentées intérieurement. — *Palpes* très-saillans, leur dernier article très-fortement sécuriforme, alongé, presqu'ovale et un peu concave en dessus. — *Menton* très-fortement échancré, ayant une dent simple et peu saillante au milieu de son échancrure. — *Corselet* presqu'héxagonal. — *Elytres* très-grandes, convexes, en ovale-alongé, soudées ensemble, couvrant l'abdomen. — *Point d'ailes*. — *Pattes* grandes, fortes; échancrure qui termine en dessous les jambes antérieures un peu oblique, remontant un peu sur le côté interne; tarses antérieurs presque semblables dans les deux sexes, les deux premiers articles paroissant cependant très-légèrement dilatés dans les mâles.

Le type de ce genre est le Téfflus de Mégerle, *T. Megerlei*. Dej. *Spec. tom.* 2. *Carabus Meyerlei* n°. 5. Fab. *Syst. Eleut.* De Guinée.

PROCÈRE, *Procerus*. Még. Dej. Lat. (*Fam. nat.*) *Carabus*. Fab. Oli. Bonell.

Genre d'insectes de l'ordre des Coléoptères, section des Pentamères, famille des Carnassiers, tribu des Carabiques (division des Abdominaux).

Les Téfflus et les Procères forment un petit groupe dans cette division. (*Voyez* le tableau ci-contre.) Les Téfflus diffèrent des Procères par leur labre entier.

M. Mégerle a créé ce genre, et M. le comte Dejean, dans le tome 2 de son *Speciès*, en a posé les caractères ainsi qu'il suit :

Antennes filiformes. — *Labre* bilobé. — *Mandibules* légèrement arquées, très-aiguës, lisses et n'ayant qu'une dent à leur base. — *Palpes* ayant leur dernier article très-fortement sécuriforme et visiblement dilaté dans les mâles. — *Menton* échancré, portant dans le milieu de cette échancrure une très-forte dent. — *Corselet* presque cordiforme. — *Elytres* en ovale-alongé, soudées ensemble. — *Point d'ailes*. — *Tarses* semblables dans les deux sexes. Les autres caractères comme dans le genre Carabe. (*Voyez* ce mot à la table alphabétique.)

Le nom générique de ces insectes, tiré de la langue latine, exprime qu'ils sont de très-grande taille. Les Procères paroissent cantonnés dans les forêts et les montagnes de la Russie méridionale, de l'Asie mineure et dans celles qui sont au nord de la Grèce et de l'Italie.

On doit rapporter à ce genre : 1°. Procère d'Olivier, *P. Olivieri*. Dej. *Spec. tom.* 2. — Carabe scabreux n°. 6. du présent Dictionnaire. *pl.* 176. *fig.* 6. 2°. Procère scabre, *P. scabrosus*. Dej. *id.* — *Carabus scabrosus* n°. 1. Fab. *Syst. Eleut.* (en retranchant le synonyme d'Olivier qui appartient à l'espèce précédente.) De Carniole. 3°. Procère de Tauride, *P. Tauricus*. Dej. *id.* — *Carabus Tauricus*. Pall. De Tauride. 4°. Procère du Caucase, *P. Caucasicus*. Dej. *id.* Du Caucase.

Nota. M. Schœnherr (*Synon. Insec. tom.* 1.

pag. 167.) considère le *Carabus scabrosus* d'Olivier comme étant la même espèce que le *Carabus Tauricus* de Pallas, et n'en fait qu'une simple variété du *Carabus scabrosus* de Fabricius.

(S. F. et A. Serv.)

TEIGNE, *Tinea. Phalæna.* (*Tinea.*) Linn. De Géer. *Tinea.* Geoff. Fab. Scop. Ross. Panz. Schranck. Hub. *Alucita.* Oliv. (*Encycl.*) *Phycis, Alucita.* Fab.

Genre d'insectes de l'ordre des Lépidoptères, famille des Nocturnes, tribu des Tinéites.

Cette tribu renferme sept genres parmi lesquels les Adèles se distinguent des Teignes par leurs antennes presque contiguës ainsi que leurs yeux; les Lithosies, les Yponomeutes et les Œcophores par leur langue (spiritrompe Lat.) très-distincte et alongée; enfin les Euplocampes et les Phycis par leurs palpes labiaux grands et avancés.

La partie de l'Entomologie qui traite des Lépidoptères nocturnes et particulièrement des Tinéites nous paroissant être encore très-peu approfondie, et la nature du présent Dictionnaire ne nous permettant guère d'émettre de nouvelles idées sur un sujet qui ne sauroit être traité sans de grands développemens, nous nous bornerons à rapporter ici les caractères du genre Teigne tel qu'il est indiqué par M. Latreille dans le *Genera Crustaceorum et Insectorum*. Nous devons ajouter que ce savant semble avoir restreint ce genre aux espèces que Réaumur appelle *fausses Teignes*, c'est-à-dire Teignes dont les Chenilles ne transportent pas avec elles leur habitation, mais la prolongent en forme de galerie à mesure qu'elles étendent leurs ravages.

Quatre palpes distincts; les supérieurs surtout très-petits, courbés, paroissant articulés. — *Langue* très-courte, composée de deux filamens distincts. — *Ailes supérieures* très-rétrécies, s'appliquant dans le repos sur les côtés de la partie supérieure du corps et formant un toit arrondi.

Les mœurs des Teignes sont connues de tout le monde; nous renverrons les lecteurs qui seroient curieux d'en connoître les détails aux Mémoires de Réaumur (vol. 3. Mém. 2 et suivans), qui sont analysés dans le discours préliminaire du présent Dictionnaire pag. CCIX et suivantes, ainsi qu'à l'article Alucite, pour ce qui concerne la Teigne granelle.

1. Teigne granelle, *T. granella.*

Alucita granella. Fab. *Entom. Syst. tom.* 3. *part.* 2. *pag.* 334. *n°.* 15.

Voyez pour la description et les autres synonymes Alucite granelle n°. 14. de ce Dictionnaire.

Rapportez à ce genre: 1°. Teigne des pelleteries, *T. pellionella* n°. 73. Fab. *id.* 2°. Teign front jaune, *T. flavifrontella* n°. 78. Fab. *id.*

(S. F. et A. Serv.)

TÉLÉADE, *Teleas.* Lat.

Genre d'insectes de l'ordre des Hyménoptères section des Térébrans, famille des Pupivores tribu des Oxyures.

Un groupe de cette tribu (*voyez* Oxyures pag. 252. de ce volume) contient les genre Platygastre, Téléade, Scélion et Sparasion; il pour caractères: antennes coudées, insérées prè de la bouche, celles des femelles plus grosses leur extrémité; segment antérieur du corsele (prothorax) court, transversal. Le premier d ces genres se distingue en ce que ses ailes n'or pas de cellule radiale et que les antennes sor composées de dix articles, ce dernier caractèr se retrouve dans les Scélions. Les Sparasions son reconnoissables à leurs palpes maxillaires sail lans.

Antennes insérées près de la bouche, compo sées de douze articles dans les deux sexes; alon gées et filiformes dans les mâles; courtes dan les femelles et subitement terminées en massue — *Mandibules* bidentées à leur extrémité. — *Pa pes maxillaires* point saillans, ayant au moin trois articles: palpes labiaux n'en ayant que deux — *Tête* transversale, un peu aplatie en devant. — *Ailes* fortement frangées à leur bord, les supé rieures ayant une seule nervure, descendant de l base le long du bord de l'aile jusqu'un peu passé l milieu, et là, en s'écartant de ce bord, elle com mence une cellule radiale qui reste incomplète — *Abdomen* en spatule, peu convexe; son troi sième segment beaucoup plus grand qu'aucun de autres: tarière (des femelles) rétractile. — *Cuisse* en massue.

Les mœurs de ces petits Hyménoptères on échappé jusqu'ici à l'observation. Le type de c genre est l'espèce suivante.

1. Téléade clavicorne, *T. clavicornis.*

Niger, abdominis lœvis pediculo striato, tibia rum basi et apice piceis: alis opaco-hyalinis.

Teleas clavicornis. Lat. *Gener. Crust. et In tom.* 4. *pag.* 33. *tom.* 1. *tab.* 12. *fig.* 9 *et* 1c Le mâle sous le nom de *Scelio longicornis. fig.* 1 *et* 12. La femelle sous celui de *Scelio rugosulus.*

Longueur 1 lig. $\frac{1}{4}$. Noir, brillant, pointill Abdomen lisse, son pédicule strié; base et ex trémité des jambes de couleur de poix. Premie articles des tarses de cette dernière couleur. Ail blanches, mais sans transparence. Pattes posté rieures de la femelle assez fortes; leurs cuisses e massue grosse et dentelées en dessous.

Des environs de Paris.

(S. F. et A. Serv.)

TÉLÉPHORE, *Telephorus*. SCHÆFF. DE GÉER. OLIV. (*Entom.*) LAT. *Cantharis* LINN. FAB. THUNB. PAYK. GYLL. FALLÈN. SCHŒN. ILLIG. PANZ. *Cicindela*. GEOFF.

Genre d'insectes de l'ordre des Coléoptères, section des Pentamères, famille des Serricornes (division des Malacodermes), tribu des Lampyrides.

Le second groupe de cette tribu (*voyez* LAMPYRIDES, pag. 426. de ce volume) renferme les genres Drile, Téléphore et Malthine. Dans le premier les antennes des femelles sont courtes, n'atteignant pas la longueur de la tête et du corselet pris ensemble, et les mâles les ont fortement pectinées d'un seul côté. Le dernier article des palpes des Malthines est ovale-pointu, et les élytres de ces insectes sont plus courtes que l'abdomen.

Antennes filiformes, distantes à leur base, presque de la longueur du corps, composées de onze articles, le premier alongé, un peu renflé à l'extrémité; le second court, les autres presqu'égaux entr'eux, un peu coniques. — *Labre* coriace, arrondi, un peu cilié antérieurement. — *Mandibules* minces, longues, arquées, simples, très-pointues au bout. — *Mâchoires* membraneuses, arrondies, bifides, leurs divisions égales, rapprochées, peu distinctes. — *Palpes maxillaires* un peu plus longs que les labiaux, de quatre articles, le premier petit, les deux suivans coniques, le quatrième large, comprimé, sécuriforme : palpes labiaux de trois articles, les deux premiers presqu'égaux, coniques; le troisième grand, comprimé, sécuriforme. — *Lèvre* courte, coriace, tronquée, légèrement échancrée à sa partie antérieure. — *Tête* avancée, un peu aplatie, ordinairement penchée. — *Yeux* arrondis, très-saillans. — *Corps* long, souvent presque linéaire, mou, un peu déprimé. — *Corselet* rebordé, ordinairement de la largeur de la tête, de forme presque carrée, ses angles antérieurs le plus souvent fort arrondis. — *Ecusson* petit, triangulaire. — *Elytres* molles, très-flexibles, de la longueur de l'abdomen, linéaires, recouvrant des ailes. — *Abdomen* déprimé. — *Pattes* de longueur moyenne, leur trochanter saillant; les trois premiers articles des tarses allant en diminuant de grandeur, le quatrième assez large, bilobé; le dernier un peu arqué, terminé par deux crochets.

Téléphore, dérivé de deux mots grecs, signifie : *porte mort*. Le nom de ces Coléoptères vient sans doute de l'habitude qu'ils ont de dévorer des insectes vivans. Les larves ont la tête écailleuse, plate, munie de deux fortes mandibules placées à sa partie antérieure; deux antennes courtes, composées de deux articles un peu velus, le premier plus court que l'autre; quatre palpes articulés, un peu velus, terminés en pointe, insérés sur la lèvre, laquelle est mobile et peut se porter très en avant, et se retirer ensuite dans sa cavité; c'est par ce mouvement que pendant la marche cette larve porte ses palpes sur les objets qu'elle rencontre : aux trois premiers segmens du corps sont attachées trois paires de pattes assez longues, de consistance écailleuse, divisées en trois articles et terminées par un crochet légèrement courbé; les segmens du corps ont quelques rides transversales sur les côtés, le dernier porte en dessous l'anus qui a une espèce de rebord un peu élevé de manière à former un mamelon; on lui voit un enfoncement au milieu. Quand la larve marche elle applique à chaque pas ce mamelon contre le plan de position et s'en sert comme d'une septième patte. Ces larves se plaisent dans la terre humide; elles sont carnassières, se nourrissent de vers et au besoin d'individus de leur propre espèce, suivant les observations de De Géer. Cet auteur a eu occasion d'observer que la larve du Téléphore ardoisé, parvenue vers la fin du mois de mai à toute sa grandeur, a environ un pouce de long et à peine deux lignes de large. Elle se change en nymphe dans la terre sans faire de coque; cette nymphe est longue d'à peu près six lignes; son corps un peu courbé en arc est de couleur rougeâtre pâle; on distingue très-nettement toutes les parties qu'aura l'insecte parfait. L'abdomen que la nymphe remue assez facilement se termine par deux petites pointes. Au mois de juin elle quitte sa peau et paroît en insecte parfait. On trouve dans certains auteurs des relations d'après lesquelles des vers et des insectes se seroient trouvés mêlés avec de la neige et tombés à terre avec elle. De Géer a été en quelque sorte témoin d'un semblable fait : il aperçut une fois dans de la neige une grande quantité d'insectes et de vers, et parmi eux des larves de Téléphores; la terre étant alors gelée de plus de trois pieds de profondeur, il étoit impossible de croire que ces insectes en fussent remontés dans cette neige; il crut avoir remarqué que ces faits n'arrivent jamais que lorsque des ouragans en répandant la neige sur la terre ont déraciné dans les forêts un grand nombre d'arbres, et ont pu transporter avec eux une masse de terre et les insectes qu'elle contenoit.

Les Téléphores dans leur dernier état se plaisent sur les fleurs; on les y voit ordinairement sucer le miel; mais leur manière d'agir n'est pas toujours aussi innocente; on les surprend souvent saisissant et mangeant avec avidité d'autres insectes. Les femelles mêmes n'épargnent pas toujours les mâles. De Géer a été témoin de cet appétit carnassier. Feu Olivier, dans son Entomologie, paroît en douter, mais nous avons eu fréquemment la preuve du fait cité par l'auteur suédois.

1re. *Division*. Corps ovale.

Nous plaçons ici : 1°. Téléphore flavipède, *T. flavipes*. OLIV. *Entom. tom.* 2. *Téléph. pag.* 10. *n°.* 7. *pl.* 3. *fig.* 18. — *Cantharis flavipes* n°. 30. FAB. *Syst. Eleut.* De la Chine ?. 2°. Téléphore trompeur, *T. fallax*. Germ. *Insect. nov. spec.* Du Brésil, et en outre quelques autres espèces du même pays.

2e. *Division*. Corps alongé, presque linéaire.

Cette division renferme : 1o. Téléphore ardoisé, *T. fuscus*. Oliv. *Entom. tom.* 2. *Téléph. pag.* 6. *no.* 1. *pl.* 1. *fig.* 1. — *Cantharis fusca* no. 1. Fab. *Syst. Eleut.* Très-commun au printemps aux environs de Paris. Il a des variétés que différens auteurs regardent même comme des espèces sous le nom de *Canth. antica* et *rustica*. 2o. Téléphore disparate, *T. dispar*. — *Cantharis dispar* no. 3. Fab. *id.* — Cicindèle à corselet rouge, var. b. Geoff. *Insect. Paris. tom.* 1. *pag.* 171. *no.* 2. Cet auteur ayant vu cette espèce accouplée avec le Téléphore livide, les a regardés, probablement avec raison, comme une seule espèce. 3o. Téléphore livide, *T. lividus*. Oliv. *id. pag.* 7. *no.* 2. *pl.* 2. *fig.* 8. — *Cantharis livida* no. 2. Fab. *id.* Très-commun aux environs de Paris. 4o. Téléphore noirâtre, *T. nigricans*. — *Cantharis nigricans* no. 9. Fab. *id.* D'Europe. 5o. Téléphore Puce, *T. pulicarius*. Oliv. *id. pag.* 16. *no.* 17. *pl.* 3. *fig.* 20. — *Cantharis pulicaria* no. 50. Fab. *id.* Paris. 6o. Téléphore abdominal, *T. abdominalis*. — *Cantharis abdominalis* no. 4. Fab. *id.* D'Italie et des montagnes de l'Auvergne. 7o. Téléphore mélanure, *T. melanurus*. Oliv. *id. pag.* 7. *no.* 4. *pl.* 5. *fig.* 21. — *Cantharis melanura* no. 43. Fab. *id.* Commun aux environs de Paris. 8o. Téléphore fuscicorne, *T. fuscicornis*. Oliv. *id. pag.* 11. *no.* 9. *pl.* 1. *fig.* 4. — *Cantharis fuscicornis*. Schœn. *Syn. Ins. tom.* 2. *pag.* 71. *no.* 1. Paris. 9o. Téléphore pâle, *T. pallidus*. Oliv. *pag.* 14. *no.* 14. *pl.* 2. *fig.* 9. — *Cantharis pallida* no. 27. Fab. *id.* M. Schœnherr regarde comme une simple variété de cette espèce le Téléphore pallipède, *T. pallipes*. Oliv. *id. no.* 13. *pl.* 1. *fig.* 5. — *Cantharis pallipes* no. 24. Fab. *id.* Paris. 10o. Téléphore testacé, *T. testaceus*. Oliv. *id. pag.* 12. *no.* 11. *pl.* 3. *fig.* 19. — *Cantharis testacea* no. 52. Des environs de Paris.

Rapportez en outre à ce genre : 1o. Téléphore anal, *T. analis*. — *Cantharis analis* no. 5. Fab. *Syst. Eleut.* De Hongrie. 2o. Téléphore éméraude, *T. smaragdulus*. Oliv. *Entom. tom.* 2. *Téléph. pag.* 9. *no.* 6. *pl.* 2. *fig.* 13. — *Cantharis smaragdula* no. 15. Fab. *id.* Du Brésil. M. Schœnherr regarde comme même espèce la *Cantharis viridescens* no. 6. Fab. *id.* 3o. Téléphore obscur, *T. obscurus*. — *Cantharis obscura* no. 7. Fab. *id.* Des environs de Paris. 4o. Téléphore de Caroline, *T. carolinus*. — *Cantharis carolina* no. 8. Fab. *id.* De Caroline. 5o. Téléphore transparent, *T. pellucidus*. — *Cantharis pellucida* no. 10. Fab. *id.* D'Allemagne. 6o. Téléphore ruficorne, *T. ruficornis*. — *Cantharis ruficornis* no. 11. Fab. *id.* De Sumatra. 7o. Téléphore bordé, *T. limbatus*. — *Cantharis limbata* no. 12. Fab. *id.* De la Jamaïque. 8o. Téléphore rougeâtre, *T. rubens*. — *Cantharis rubens* no. 13. Fab. *id.* D'Allemagne. 9o. Téléphore latéral, *T. lateralis*. — *Cantharis lateralis* no. 14. Fab. *id.* Des environs de Paris. Cette espèce est distincte du *Telephorus lateralis* d'Olivier, suivant M. Schœnherr. 10o. Téléphore triste, *T. tristis*. — *Cantharis tristis* no. 16. Fab. *id.* Des Alpes. 11o. Téléphore lugubre, *T. lugubris*. — *Cantharis lugubris* no. 17. Fab. *id.* D'Amboine. 12o. Téléphore âtre, *T. ater*. — *Cantharis atra* no. 18. Fab. *id.* Du nord de l'Europe. M. le comte Dejean pense que le *Telephorus ater* d'Olivier est une espèce différente de celle-ci ; elle est décrite par M. Gyllenhall sous le nom de *Cantharis paludosa*. 13o. Téléphore marginé, *T. marginatus*. — *Cantharis marginata* no. 19. Fab. *id.* D'Amérique. 14o. Téléphore brunicolle, *T. brunicollis*. — *Cantharis brunicollis* no. 20. Fab. *id.* De Caroline. 15o. Téléphore flavicolle, *T. flavicollis*. — *Cantharis flavicollis* no. 21. Fab. *id.* De Sumatra. 16o. Téléphore diadème, *T. diadema*. — *Cantharis diadema* no. 22. Fab. *id.* Amérique septentrionale. 17o. Téléphore bimaculé, *T. bimaculatus*. Oliv. *id. pag.* 11. *no.* 8. *pl.* 2. *fig.* 11. — *Cantharis bimaculata* no. 23. Fab. *id.* Même patrie. 18o. Téléphore barbaresque, *T. barbarus*. — *Cantharis barbara* no. 25. Fab. *id.* De Barbarie. 19o. Téléphore hémorrhoïdal, *T. hæmorrhoidalis*. — *Cantharis hæmorrhoidalis* no. 26. Fab. *id.* D'Allemagne. 20o. Téléphore ruficolle, *T. ruficollis*. — *Cantharis ruficollis* no. 28. Fab. *id.* D'Angleterre. 21o. Téléphore nigripenne, *T. nigripennis*. — *Cantharis nigripennis* no. 29. Fab. *id.* Amérique méridionale. 22o. Téléphore mélanocéphale, *T. melanocephalus*. Oliv. *id. pag.* 9. *no.* 5. *pl.* 2. *fig.* 7. — *Cantharis melanocephala* no. 31. Fab. *id.* Coromandel. 23o. Téléphore miparti, *T. dimidiatus*. — *Cantharis dimidiata* no. 32. Fab. *id.* Ile de Ceylan. 24o. Téléphore biponctué, *T. bipunctatus*. Oliv. *id. pag.* 15. *no.* 16. *pl.* 2. *fig.* 16. — *Cantharis bipunctata* no. 33. Fab. *id.* D'Allemagne. 25o. Téléphore gai, *T. lœtus*. — *Cantharis lœta* no. 34. Fab. *id.* D'Italie. 26o. Téléphore fulvicolle, *T. fulvicollis*. — *Cantharis fulvicollis* no. 35. Fab. *id.* (retranchez d'après M. Schœnherr le synonyme d'Olivier.) D'Allemagne. 27o. Téléphore linéolé, *T. lineola*. — *Cantharis lineola* no. 36. Fab. *id.* Indes orientales. 28o. Téléphore double raie, *T. bivittatus*. — *Cantharis bivittata* no. 40. Fab. *id.* Cap de Bonne-Espérance. 29o. Téléphore longicorne, *T. longicornis*. — *Cantharis longicornis* no. 41. Fab. *id.* Amérique méridionale. 30o. Téléphore pectoral, *T. pectoralis*. — *Cantharis pectoralis* no. 44. Fab. *id.* De Sumatra. 31o. Téléphore nitidule, *T. nitidulus*. — *Cantharis nitidula* no. 46. Fab. *id.* D'Allemagne. 32o. Téléphore linéé, *T. lineatus*. — *Cantharis lineata* no. 47. Fab. *id.* Iles de l'Amérique. 33o. Téléphore bicolor, *T. bicolor*. — *Cantharis bicolor* no. 48. Fab. *id.* De Danemarck.

Nota. Il nous paroît douteux que les *Cantharis abbreviata* n°. 37, *brevipennis* n°. 38, et *manca* n°. 39. Fab. *Syst. Eleut.* soient de ce genre, leurs élytres étant raccourcies. Suivant M. Schœnherr, la *Cantharis nigripes* n°. 42. Fab. *id.* est l'Œdémère notée n°. 12. du présent Dictionnaire, espèce différente de la *Necydalis notata* n°. 18. Fab. *id.* qu'Olivier lui donne à tort pour synonyme, tandis que c'est un double emploi du *Crioceris adusta* n°. 56. Fab. *Syst. Eleut.* La *Cantharis vittata* n°. 45. Fab. *id.* est probablement aussi une Œdémère. La *Cantharis nigra* n°. 49. Fab. *id.* appartient au genre Dasyte. Les *Cantharis minima* n°. 51. et *biguttata* n°. 53. sont des Malthines; enfin la *Cantharis cardiacœ* n°. 54. est le mâle du Malachie péduculaire n°. 8. de ce Dictionnaire.

M. Schœnherr cite comme appartenant encore à ce genre : 1°. Téléphore couronné, *T. coronatus*. — *Cantharis coronata*. Gyll. Schœn. *Syn. Ins. tom.* 2. *pag.* 62. *n°*. 5. Portugal. 2°. Téléphore à manteau, *T. palliatus*. — *Cantharis palliata*. Gyll. Schœn. *id. pag.* 63. *n°*. 6. D'Espagne. 3°. Téléphore roux, *T. rufus*. — *Cantharis rufa*. Illig. Gyll. Fall. Schœn. *id. n°*. 8. 4°. Téléphore lituré, *T. lituratus*. — *Cantharis liturata*. Fall. Gyll. Schœn. *id. n°*. 9. 5°. Téléphore velu, *T. pilosus*.—*Cantharis pilosa*. Payk. Fall. Schœn. *id. n°*. 10. 6°. Téléphore alpin, *T. alpinus*. — *Cantharis alpina*. Payk. Gyll. Schœn. *id. n°*. 11. 7°. Téléphore violet, *T. violaceus*. — *Cantharis violacea*. Payk. Gyll. Schœn. *id. pag.* 64. *n°*. 13. 8°. Téléphore flavipenne, *T. flavipennis*. — *Cantharis flavipennis*. Wéb. Schœn. *id. pag.* 65. *n°*. 20. 9°. Téléphore argenté, *T. argenteus*. — *Cantharis argentea*. Thunb. Schœn. *id. pag.* 66. *n°*. 24. 10°. Téléphore échancré, *T. emarginatus*. — *Cantharis emarginata*. Gyll. Schœn. *id. n°*. 26. 11°. Téléphore alongé, *T. elongatus*. — *Cantharis elongata*. Fall. Gyll. Schœn. *id. n°*. 29. 12°. Téléphore des marais, *T. paludosus*. —*Cantharis paludosa*. Fall. Gyll. Schœn. *id. pag.* 67. *n°*. 30. 13°. Téléphore flavilabre, *T. flavilabris*.— *Cantharis flavilabris*. Fall. Gyll. Schœn. *id. n°*. 32. 14°. Téléphore thoracique, *T. thoracicus*. Oliv. *Entom. tom.* 2. *Téléph. pag.* 12. *n°*. 10. *pl.* 1. *fig.* 2. — *Cantharis thoracica*. Gyll. Schœn. *id. n°*. 34. D'Europe. 15°. Téléphore à deux lignes, *T. bilineatus*. — *Cantharis bilineata*. Thunb. Schœn. *id. pag.* 70. *n°*. 55. 16°. Téléphore à trois lignes, *T. trilineatus*. — *Cantharis trilineata*. Thunb. Schœn. *id. n°*. 56. 17°. Téléphore enfumé, *T. fumosus*.—*Cantharis fumosa*. Swartz. Schœn. *id. n°*. 58. 18°. Téléphore de Marsham, *T. Marshami*. — *Cantharis flavicollis*. Marsh. Schœn. *id. pag.* 71. *n°*. 62. 19°. Téléphore à bouclier, *T. clypeatus*. — *Cantharis clypeata*. Illig. Gyll. Schœn. *id. pag.* 72. *n°*. 68. 20°. Téléphore anguleux, *T. angulatus*. — *Cantharis angulata*. Gyll. Schœn. *id. n°*. 70. 21°. Téléphore douteux, *T. dubius*. — *Cantharis dubia*. Gyll. Schœn. *id. n°*. 71. 22°. Téléphore semblable, *T. assimilis*. — *Cantharis assimilis*. Gyll. Fall. Schœn. *id. pag.* 63. *n°*. 8.

DRILE, *Drilus*. Oliv. Lat. Desm. *Patilinus*. Geoff. Fab. *Cochleoctonus*. Mielz.

Feu Olivier créa ce genre dans son Entomologie et en donna aussi les développemens dans l'Encyclopédie (*voyez* Drile) de la manière dont il étoit possible de le faire à une époque où l'on ne connoissoit que l'un des sexes, sans soupçonner que la femelle de la seule espèce alors connue fût excessivement différente de son mâle. La première connoissance que l'on a eue de celle-ci est due à M. le comte Ignace Mielzinsky, qui, dans un Mémoire inséré dans les *Annales des sciences naturelles* de janvier 1824, décrivit cette femelle ainsi que sa larve; celle-ci est jaunâtre, de huit à neuf lignes de longueur sur quatre à cinq de largeur. Elle offre les caractères suivans : mandibules très-fortes, bifides. Antennes brunes, de deux articles supportés par une espèce de prolongement membraneux et blanchâtre de la partie supérieure de la tête; quatre palpes, les deux externes légèrement élargis, très-mobiles; les deux internes plus minces, moins susceptibles de mouvemens. Corps divisé en douze segmens; les trois antérieurs portant chacun une paire de pattes bien conformées; les huit suivans ayant chacun une paire de fausses pattes; sur le dos de ces segmens on voit deux houppes de poils de chaque côté, posées sur des espèces de mamelons; le douzième segment porte deux houppes de poils terminales plus grosses que toutes les autres, et l'anus qui forme une sorte de pied rétractile; entre les houppes de poils du côté du corps se trouve une rangée de points saillans, glanduleux, noirâtres. Vers le mois de septembre cette larve, après avoir pris tout son accroissement, reste dans un état d'engourdissement complet; c'est en cet état que M. Desmarest, professeur à l'Ecole vétérinaire d'Alfort, l'a observé; il a remarqué que M. Mielzinsky s'étoit trompé en prenant cet état d'immobilité qui est précédé d'un changement de peau pour l'état de nymphe, tandis qu'il est totalement dû au froid, puisque M. Desmarest, en réchauffant suffisamment cette larve, lui a donné les moyens de se remettre en mouvement : ce dernier observateur a remarqué qu'à cette époque les pattes sont très-courtes, coniques, composées de trois articulations qui lui ont paru représenter la cuisse, la jambe et le tarse; les antennes dirigées en avant ainsi que les palpes, étoient excessivement courtes et ne présentoient que deux ou trois divisions à peine distinctes; les yeux n'étoient pas apparens, et les côtés des segmens du corps avoient des tubercules couronnés de quelques poils; de semblables tubercules formoient sur le dos, de chaque côté et en dedans de la ligne des stigmates, une série pareille. Après être resté dans cet état jusqu'au mois de mai, la larve passa à celui de nymphe sans presque changer de longueur ni de largeur; la nymphe a le corps mou, épais, arqué en dessous, composé de douze segmens, outre la tête, dont les septième, huitième et neuvième sont les plus volumineux; elle est d'un blanc-jaunâtre, lisse, assez luisante sur le dos, totalement dépourvue de poils et de soies. Sa tête est petite, rabattue, avec deux légères impressions longitudinales sur le front; son chaperon est arrondi; au-delà paroissent trois petits corps saillans dont l'intermédiaire peut bien être le labre et les latéraux des mandibules : au-dessous de ceux-ci sont les palpes gros, coniques, enveloppés d'une peau commune qui laisse néanmoins voir la division de chacun, en quatre articles pour les maxillaires, en trois pour les labiaux; les antennes presque du double de longueur de la tête ont leur insertion près du chaperon, leur forme est cylindrique, diminuant peu de grosseur de la base au sommet; elles offrent huit articles dont le premier est le plus grand; elles sont dirigées obliquement et latéralement en arrière. Les yeux sont indiqués par deux petites taches d'un gris-brun, placées derrière la base des antennes, d'une forme ovale-transverse. Le premier segment après la tête est, à l'exception de l'anus, le plus petit de ceux qui composent le corps, il est transverse, sans rebords, à angles arrondis, le bord antérieur échancré pour recevoir la tête, le bord postérieur droit; les second et troisième segmens vont en augmentant de longueur et sont légèrement bombés de chaque côté, ces trois segmens portent chacun une paire de pattes; le second seul a un stigmate : les pattes sont plus longues que dans la larve; les segmens suivans augmentent de longueur et de largeur jusques et y compris le neuvième; chacun d'eux porte un tubercule latéral, lisse, fort saillant, et un léger renflement qui est le vestige des tubercules velus de la larve. Depuis le quatrième jusques et compris le dixième segment on aperçoit des stigmates qui sont comme des points grisâtres, relevés, un peu tubuleux, placés au-dessus des tubercules latéraux; le onzième segment plus petit que le dixième, à peu près de la même forme, a ses tubercules latéraux moins saillans et n'a point de stigmates non plus que le douzième ou segment anal qui est le plus petit de tous et porte en dessous l'anus et un tubercule bilobé, ou plutôt est terminé par deux pointes mousses. Toute la surface inférieure du corps est lisse et a tout au plus quelques plis ou rides vers la base des tubercules latéraux.

Cette nymphe reste dans un état parfait d'immobilité, elle jette seulement lorsqu'on la touche une gouttelette de liqueur jaunâtre assez épaisse et transparente. Lorsque l'état de la science n'en étoit encore qu'à ce point, M. Mielzinsky plaçoit cet insecte dans un nouveau genre, près des Lampyres, sous le nom de Cochléoctone, *Cochleoctonus*. M. Latreille le croyoit voisin des Malachies, et M. Desmarest le rapprochoit des Téléphores; mais ce dernier auteur continuant ses intéressantes observations parvint à obtenir cet insecte à l'état parfait, et le vit accouplé comme femelle avec le Drile jaunâtre éclos aussi chez lui. Cette expérience renouvelée plusieurs fois a prouvé l'identité d'espèce du Drile jaunâtre d'Olivier et du *Cochleoctonus vorax* Mielz. De plus, M. Desmarest a trouvé dans la coquille vide d'un limaçon dont il avoit une grande quantité en observation, la dépouille de nymphe d'un mâle, très-reconnoissable en ce qu'elle présentoit de larges fourreaux d'antennes marqués de stries transversales obliques et courbées, qui étoient évidemment les indices des filets latéraux des antennes pectinées de ce mâle. De cette dépouille étoit probablement sorti l'individu mâle qui s'accoupla le premier sous les yeux du savant professeur. Il en eut immédiatement plusieurs autres qui, lâchés dans une boîte contenant beaucoup de femelles, s'accouplèrent de suite avec elles.

La larve du Drile se nourrit d'Hélices ou limaçons, particulièrement de l'espèce appelée *Némorale*. Elle s'introduit dans la coquille, fait périr l'habitant en le déchirant avec ses mandibules. Le mâle du Drile jaunâtre étant déjà décrit à sa lettre dans ce Dictionnaire, nous donnerons ici seulement la description de la femelle.

Drile jaunâtre femelle. Longueur 10 à 11 lig. Corps couvert de petits poils courts d'un jaune orangé, composé de douze segmens portant de chaque côté, depuis le second jusqu'au dixième inclusivement, une tache irrégulière brune, presque triangulaire; les trois premiers ont chacun une paire de pattes courtes, un peu plus pâles que le corps; ils représentent le corselet; les antennes un peu fusiformes, guère plus longues que la tête, ont paru à M. Mielzinsky composées de sept articles et d'un tubercule radical; elles nous paroissent en avoir neuf, et nous ne voyons pas de tubercule radical immobile à la base. Premier article gros, conique, le second petit, court, transversal; les suivans un peu triangulaires, formant presque des dents de scie intérieurement; ils sont velus, transversaux et vont en diminuant jusqu'au neuvième. Palpes maxillaires fusiformes, de quatre articles dont le second paroît le plus grand de tous : palpes labiaux très-petits, minces. Mandibules arquées, fortement bidentées à l'extrémité, la dent extérieure beaucoup plus longue que l'autre. Point d'ailes ni d'élytres.

Nota. Cette singulière femelle est le seul insecte, du moins à notre connoissance, qui à l'état parfait offre le corselet d'une larve, c'est-à-dire composé distinctement de trois segmens semblables à ceux du reste du corps. Le mâle a de trois à six lignes de longueur.

MALTHINE,

MALTHINE, *Malthinus*. LAT. SCHŒN. *Cantharis*. LINN. FAB. PAYK. GYLL. FALLÈN. HERBST. MARSH. SCHRANCK. PANZ. ROSS. THUNB. *Necydalis*. GEOFF. *Telephorus*. DE GÉER. OLI. (*Entom.*)

Genre d'insectes de l'ordre des Coléoptères, section des Pentamères, famille des Serricornes (division des Malacodermes), tribu des Lampyrides.

Le groupe de cette tribu d'où dépend les Malthines, contient en outre les genres Drile et Téléphore. (*Voyez* LAMPYRIDES, pag. 426. de ce volume.) Les Driles sont reconnoissables par leurs antennes fortement pectinées dans les mâles, un peu fusiformes et à peine de la longueur de la tête et du corselet réunis, dans les femelles. Le genre Téléphore est distingué de celui de Malthine par ses palpes terminés tous quatre par un article sécuriforme et par ses élytres de la longueur de l'abdomen.

Ce genre a tous les caractères des Téléphores (*voyez* ce mot), à l'exception de ceux que nous venons d'annoncer comme différentiels, c'est-à-dire que les palpes sont terminés par un article ovale-subulé, et que les élytres sont un peu plus courtes que l'abdomen. Le caractère tiré du rétrécissement postérieur de la tête n'est pas général, quoiqu'il soit très-saillant dans les espèces où il existe, et pourroit peut-être servir à diviser ce genre dont l'étymologie du nom est grecque et exprime la mollesse de son corps. Les mœurs sont les mêmes que celles des Téléphores. Toutes les espèces connues ont une petite taille et habitent l'Europe. M. le comte Dejean en cite quinze espèces dans son Catalogue, parmi lesquelles cinq se trouvent aux environs de Paris; ce sont les suivantes :

1°. Malthine flave, *M. flavus*. LATR. *Gener. Crust. et Ins. tom.* 1. *pag.* 262. *n°.* 4. — SCHŒN. *Synon. Ins. tom.* 2. *pag.* 73. *n°.* 1. 2°. Malthine fascié, *M. fasciatus*. SCHŒN. *id. pag.* 74. *n°.* 3. 3°. Malthine bimouchelé, *M. biguttatus*. SCHŒN. *id. n°.* 5. — *Cantharis biguttata* n°. 53. FAB. *Syst. Eleut.* 4°. Malthine marginé, *M. marginatus*. LAT. *id. pag.* 261. *n°.* 2. — SCHŒN. *id. pag.* 75. *n°.* 7. 5°. Malthine sanguinicolle, *M. sanguinicollis*. SCHŒN. *id. n°.* 6. (S. F. et A. SERV.)

TELESTO. Genre de Crustacé établi par Rafinesque (*Précis des découvertes somiologiques*), et dont nous ne connoissons pas les caractères. (E. G.)

TELPHUSE, *Telphusa*. Genre de Crustacés décapodes, de la tribu des Quadrilatères, famille des Brachyures, distingué de ceux de la même tribu par les caractères suivans : quatrième article des *pieds-mâchoires* extérieurs inséré au sommet interne du précédent; celui-ci en forme d'hexagone irrégulier ou de triangle tronqué. *Antennes* latérales insérées au canthus interne des cavités renfermant les yeux, plus courtes que ces organes, de peu d'articles, leur tige guère plus longue que leur pédoncule. *Test* presqu'en forme de cœur, tronqué postérieurement, les tarses à arêtes épineuses ou dentées. *Appendices ovifères* des femelles foliacées.

Dans le troisième volume de l'ouvrage sur le *Règne animal*, de M. le baron Cuvier, j'avois désigné ce genre sous la dénomination de *Potamophile*. Ayant su depuis qu'elle avoit été déjà donnée à un nouveau genre de Coléoptères, je lui ai substitué (*Nouveau Dictionnaire d'Histoire naturelle*, 2e. *édit.*) celle de *Telphuse*, empruntée de la Mythologie.

Cette coupe générique se compose uniquement de Crustacés d'eau douce, que j'avois, mal-à-propos, réunis aux Ocypodes, mais qui paroissent néanmoins devoir être distingués des Crabes proprement dits, avec lesquels Fabricius et Olivier les confondent.

Les habitudes de ces animaux semblent déjà indiquer une coupe particulière. Leur corps est un peu plus évasé en devant que celui des Crustacés des deux genres précédens, et d'une forme qui se rapproche un peu plus de celle d'un cœur. Leurs yeux sont beaucoup plus écartés l'un de l'autre que ceux des Crabes, et peu éloignés extérieurement des angles latéraux. Leurs tarses, comprimés dans le sens des autres articulations des pattes, ont des arêtes dentelées ou épineuses, qu'on n'observe point dans ceux-là. Les antennes latérales présentent encore quelques différences, mentionnées dans l'exposition des caractères génériques, et se terminent par une tige plus courte que le pédoncule, ou en col alongé, et de cinq à huit articles. Enfin, les appendices du dessous de l'abdomen des femelles, celles des dernières surtout, ont leur branche extérieure plus large, en forme d'une lame foliacée, étroite, presque elliptique ou lancéolée, avec des apparences de veines interrompues ou de petites nervures d'un violet-bleuâtre. La branche interne est grêle, filiforme, et garnie des deux côtés de faisceaux de poils longs et distans. L'abdomen est d'ailleurs composé, dans l'un et l'autre sexe, de sept segmens ou tablettes, dont le dernier est triangulaire. Le précédent n'offre point à son extrémité d'échancrure propre à recevoir la base de l'autre. Ainsi que dans les Crustacés précédens, la quatrième paire de pattes et la troisième après surpassent les autres en longueur. Les tranches des jambes et même la supérieure des cuisses ont des dentelures.

Le Telphuse fluviatile ou le *Crabe de rivière* d'Olivier, de Belon et de quelques autres naturalistes, a joui, chez les Grecs, d'une grande célébrité, témoins les médailles antiques d'Agrigente en Sicile, sur un côté de la plupart desquelles cet animal est représenté avec une telle expression de vérité et une telle exactitude de détails, qu'il est impossible de s'y méprendre. Il fut aussi pour eux le signe de la constellation zodiacale du Cancer. Pline, Dioscoride, Nicandre et d'autres auteurs anciens en ont fait mention : c'est le *Carcinos potamios* des Grecs, et le *Grancio* ou *Granzo* des Italiens. Les cendres de ce Crustacé employées seules, ou mêlées avec de l'encens et de la gentiane, étoient réputées utiles par leurs propriétés dessiccatives, dans le traitement de l'hydrophobie. Œschirion faisoit brûler vifs ces animaux dans un plat d'étain, jusqu'à ce qu'ils fussent réduits dans cet état. Avicenne les recommande, cuits avec de l'eau d'orge, aux personnes souffrantes des fièvres hectiques. Les Arabes appellent cet animal *Saratân*, nom qui, à ce qu'on présume, ne lui est point particulier, puisque, suivant Forskhal, il est donné par le même peuple à une espèce d'Ocypode, et qu'en Italie on désigne de la même manière le Crabe de rivière, et un autre Crabe de mer, très-commun, le *Ménade*. Au rapport d'Elien, les Crabes de rivière prévoient, ainsi que les Tortues et les Crocodiles, le débordement du Nil, et gagnent, environ un mois auparavant, les hauteurs voisines. Ils sont communs aux environs de Rome, et on dit qu'ils se tiennent dans la bourbe, de sorte que les pêcheurs sont obligés, pour les avoir, de creuser un fossé tout à l'entour. Ces animaux s'éloignent à une grande distance de l'eau, et peuvent vivre, hors de cet élément, une semaine et quelquefois un mois. On peut aussi conserver ainsi en vie des Crabes, en les tenant dans des caves ou dans des lieux frais et un peu humides. Dans cette capitale de l'Italie on mange le Telphuse fluviatile dans tous les temps de l'année, et surtout les jours d'abstinence; mais sa chair est meilleure en été, spécialement lorsqu'il mue ou qu'il vient de subir cette épreuve. On sert alors ces Crustacés sur les tables du Pape et des cardinaux. Quelques personnes, afin d'adoucir leur chair, les font périr dans du lait. On les porte au marché, attachés avec une corde, mais placés à une certaine distance les uns des autres, pour qu'ils ne puissent pas se ronger mutuellement, et se mutiler ou se dévorer.

M. Ménard de la Groge, correspondant de l'Académie des sciences, éminemment distingué par son profond savoir en minéralogie, a bien voulu me communiquer des observations qu'il a faites, dans son voyage en Italie, sur ce Crustacé. Quoique je les ai déjà consignées dans la seconde édition du *Nouveau Dictionnaire d'Histoire naturelle*, article TELPHUSE, je crois devoir néanmoins les reproduire dans un ouvrage qui, comme celui-ci, est spécialement le répertoire de tous les faits relatifs à cette classe d'animaux.

« Ce fut, dit-il, le 28 juillet 1812, que j'eus occasion de voir et d'observer ce curieux Crustacé, en visitant le célèbre dégorgeoir ou *émissaire* du lac d'Albano, autrement lac de Castello. On sait que le bassin de ce lac est considéré par la plupart des voyageurs, et même des naturalistes, ainsi que celui de Némi, pour le cratère d'un ancien volcan. Il a cinq milles de circuit, et l'on donne jusqu'à quatre cent quatre-vingts pieds de profondeur à l'eau qui en remplit la partie inférieure. Cette eau est limpide, parfaitement douce, et nourrit diverses sortes de poissons fluviatiles, des grenouilles communes, etc. Le trop-plein s'écoule sans cesse, comme un gros ruisseau, par cet admirable canal souterrain, long de presque deux milles, et qui se conserve sans aucune détérioration, depuis les premiers temps de Rome. La chaleur qui régnoit dans l'atmosphère, alors que je me trouvai dans cette contrée, la pureté de l'eau, la solitude, l'ombre et la fraîcheur du rivage, le fond qu'on découvre là jusqu'à une assez grande distance du bord, comme une plage, m'avoient engagé à me baigner, et c'est ainsi que je parvins à saisir trois ou quatre individus de l'espèce de Crabe en question. Je fus très-surpris au premier aspect de ces Crabes, n'étant aucunement prévenu. Ils me paroissoient si semblables pour la figure, la grosseur, l'allure, etc., à celui qu'on trouve communément sur les rivages maritimes, au Cancer *Mœnas* enfin, que je m'imaginai d'abord que ce pouvoit être des Crabes qu'on avoit apportés de la mer, qui n'est pas, en effet, bien éloignée, pour essayer de les naturaliser dans ce lac, et que cela avoit réussi. Cependant je commençai à remarquer qu'ils avoient une couleur blanchâtre ou livide, au lieu que les Crabes marins auxquels je les comparois, sont bruns; ensuite apercevant çà et là des carapaces et autres dépouilles ou débris fort anciens, voyant que les Crabes étoient répandus sur une assez grande étendue de rivage, où ils paroissoient tout-à-fait dans leurs habitudes, se plongeant sous l'eau s'ils en étoient dehors, s'y cachant aussi sous les pierres, etc., et montrant beaucoup de vivacité, je ne doutai plus qu'ils ne fussent là dans leur élément, et qu'au contraire ils se seroient trouvés fort mal d'être portés dans l'eau salée. Il me parut encore que ces Crabes fluviatiles étoient plus rusés et plus alertes que ceux de mer, qui se laissent prendre assez facilement. Je ne pouvois les attraper qu'en les ramenant vers le bord du rivage avec le bout de mon bâton, et cela n'étoit pas facile, tant ils savoient s'esquiver. Ils se défendoient vigoureusement aussi quand ils ne pouvoient mieux faire, et je sentois très-bien à la force dont ils étreignoient ce bâton entre leurs serres, qu'il n'eût pas fait bon les poursuivre avec la main. Un pêcheur, que je trouvai en remontant, me dit aussi qu'ils faisoient venir le sang. Il me confirma que ces Crabes étoient bien naturels dans ce lac, qu'ils y étoient connus de tous temps, et qu'on les trouvoit de même, quoiqu'en moindre nombre, dans le lac de Némi; mais ils se retirent pendant l'hiver dans le fond, dit-il, et ne reparoissent ainsi sur le rivage qu'en été. Il ajouta qu'ils étoient fort bons à manger, et qu'on les portoit pour cela dans les marchés, conjointement avec les poissons. J'ai appris depuis à Rome, qu'en effet c'est un mets fort délicat, en les faisant périr dans le lait, où ils se ramollissent d'une manière singulière, et les faisant frire ensuite avec de la farine. On m'a dit encore que ces Crabes ne sont pas rares dans beaucoup d'eaux douces des environs, pourvu qu'elles soient pures, à ce qu'il paroît, et qu'ils se trouvent non-seulement dans les lacs, mais aussi dans les ruisseaux et jusque dans les bassins de ces magnifiques fontaines qui sont une partie des beautés de Rome. Mais on n'en prend point dans le *Fluvum Tiberim.* »

Ces faits m'ont été confirmés par M. Antoine de Lamarck, fils du célèbre naturaliste de ce nom, et qui, pour perfectionner son talent dans la peinture, a demeuré plusieurs années à Rome.

Il ne paroît pas que ce Crustacé se rencontre en Italie, plus au nord. On pourroit cependant l'acclimater dans quelques cantons de nos départemens, situés sur la Méditerranée, puisque, suivant M. Risso, le docteur Audiberti étoit parvenu à le naturaliser dans le climat de Nice. Ce Crustacé étoit donné en aliment aux personnes attaquées de la phthisie.

Belon les a trouvés dans des ruisseaux du mont Athos. Il raconte que les Caloyers les mangent crus, ces animaux ayant, disent-ils, plus de goût que lorsqu'ils sont cuits. Leur habitation s'étend jusqu'en Perse, comme on le voit par les voyages d'Oléarius et d'Olivier. Mais si, en allant toujours vers l'est, on gagne la côte de Coromandel, on verra qu'une autre espèce de Telphuse, celle que je nomme *indienne*, et qu'on y appelle en Malabar, *Tillé-naudon*, y remplace la précédente. Elle fréquente les lieux où croît le manglier. Les contrées plus orientales offrent-elles la même espèce, ou en ont-elles qui leur soient propres, c'est ce que j'ignore. Herbst a représenté, d'après un dessin de Plumier, une autre Telphuse, et qui a pour séjour l'Amérique méridionale. Il l'a confondue avec la première; mais il n'a connu l'une et l'autre que par des figures. A l'époque où il écrivoit, un grand nombre d'espèces étoient censées cosmopolites, et on attachoit peu d'importance à l'influence du climat sur les races d'animaux. Cette dernière Telphuse est parfaitement distincte des précédentes, et forme même un type particulier.

I. *Troisième article des pieds-mâchoires extérieurs en forme d'hexagone irrégulier; test plus large d'un quart au plus que long; un enfoncement linéaire et transverse derrière les cavités oculaires; son bord postérieur est élevé en manière de pli, et terminé de chaque côté par une dent; chaperon en carré transversal, rebordé en tout ou en partie; tarses tétragones, et à quatre rangées d'épines.*

ESPÈCES DE L'ANCIEN CONTINENT.

1. Telphuse fluviatile, *T. fluviatilis.*

Maxillipedum externorum articulo tertio subhexagono; testâ vix latiore quàm longiore; clypeo penitùs anticè marginato.

Crabe de rivière, Oliv. *Voyag. dans l'Emp. ottom. pl.* 30. *fig.* 2. — *Gecarcinus fluviatilis*, Lam. — *Cancer fluviatilis*, Bel. Rondelet.

Corps plus carré que celui de l'espèce suivante, long de trente-huit millimètres, sur quarante-trois de large, quelquefois plus grand et d'autres fois plus petit, d'un jaunâtre pâle uniforme, ou couleur d'os. Des grains ou des aspérités sur les serres, les côtés antérieurs du test et le dessus du chaperon. Bord inférieur de l'arceau supérieur de la cavité buccale crénelé, avec une dent triangulaire, allant graduellement en pointe, au milieu, entre les deux lobes de ce bord. Deux éminences carrées, aplaties, séparées par une ligne bifide postérieurement, derrière le chaperon, et beaucoup plus en avant que les enfoncemens linéaires, situés derrière les cavités oculaires. Rebords latéraux du test en arrière de ces enfoncemens dentelés. Côté interne et supérieur des carpes dilaté en manière de dent ou d'angle, accompagnée de quelques dentelures. Bords internes des doigts et ceux des jambes, le supérieur des cuisses, dentelés; serre droite un peu plus forte.

Rivières de l'Italie méridionale, celles de la Grèce, du Levant, etc.

2. Telphuse indienne, *T. indica.*

Maxillipedum articulo tertio subhexagono; testâ transversâ; clypeo ad latera marginato, subtùs dilatato, subbilobo.

Cancer senex, Fab. — *Ocypode senex*, Bosc. — Herbst, *Krabben, tab.* 48. *fig.* 5.

Corps long de trente-cinq millimètres, sur quarante-sept de largeur, d'un brun-roussâtre-clair, uni; bord inférieur de l'arceau supérieur de la cavité buccale sans crénelures; une dent large et arrondie, et quelquefois brusquement aiguisée à son extrémité, dans son milieu. Rebords latéraux du test situés derrière la dépression, entiers ou sans dentelures. Cette espèce presque semblable, pour le reste, à la précédente.

Pondichéry. M. Leschenault de Latour.

II. *Troisième article des pieds-mâchoires extérieurs en forme de triangle tronqué transversalement au sommet, avec le côté extérieur plus grand, arqué; test d'un tiers plus large que long, sans enfoncement linéaire et transverse derrière les cavités oculaires; ses bords aigus, finement dentelés en scie; chaperon arqué; tarses striés, à cinq rangées d'épines.*

ESPÈCE DU NOUVEAU CONTINENT.

3. TELPHUSE dentelée, *T. dentata.*

Maxillipedum articulo tertio subtrigono, truncato; testâ cordatâ, pone oculos haud impressa; tarsis quinquefariàm spinosis.

HERBST, *Krabben, tab.* 10. *fig.* 11.

Corps long de quarante-huit millimètres, sur sept centimètres de large, plus aplati et plus en cœur que celui des précédentes, d'un brun-jaunâtre foncé, plane et uni sur le dos, n'ayant qu'un petit sinus, de chaque côté, derrière les angles antérieurs. Cavités oculaires grandes, ovales, laissant un vide remarquable autour des yeux. Bord antérieur du chaperon entier. Milieu de l'arceau supérieur buccal fortement caréné, avec une pointe triangulaire, avancée, concave en dessus. Pieds-mâchoires extérieurs plus grands et plus larges que dans les congénères. Flancs presqu'entièrement cachés. Mains ovales-oblongues; les doigts alongés, un peu striés, droits, pointus, avec des dents, pour la plupart fortes et triangulaires; une pointe forte, au côté interne du carpe; les autres pieds comprimés; tranche supérieure des cuisses et les bords des jambes dentelés. Des poils noirâtres et longs près des côtés de la cavité buccale.

De la Martinique et l'Amérique méridionale. Cette espèce paroît se rapprocher des Cardisomes et des Gécarcins. Elle doit peut-être former un nouveau genre. (LATR.)

TÉNÉBRICOLES ou LYGOPHILES. C'est sous ce nom que M. Duméril dans sa *Zoologie analytique*, désigne une famille de Coléoptères hétéromérés (sa quatorzième) dont les caractères sont: *elytres dures, non soudées. Antennes grenues, en masse alongée.* Elle est composée des genres Upide, Ténébrion, Opâtre, Pédine et Sarrotrie. (S. F. et A. SERV.)

TÉNÉBRION, *Tenebrio.* LINN. GEOFF. DE GÉER. FAB. OLIV. (*Entom.*) HERBST. PANZ. LAT.

Genre d'insectes de l'ordre des Coléoptères, section des Hétéromères (première division), famille des Mélasomes, tribu des Ténébrionites.

Des huit genres qui nous sont connus dans cette tribu, les Cryptiques ont le corps large et ovale; celui des Epitrages est de cette dernière forme et leur corselet est largement lobé au milieu de sa partie postérieure; le genre Opâtre a aussi le corps presqu'ovale, court pour sa largeur; son labre est petit, un peu échancré, renfermé dans le sinus médial qu'offre le bord du chaperon: les quatre derniers articles des antennes, dans les Toxiques, sont seuls comprimés, transversaux, formant une massue ovale; les Orthocères ont les six derniers articles des antennes perfoliés, composant par leur réunion une massue fusiforme, grosse et velue; les Chiroscèles ont les jambes antérieures très-élargies et digitées à leur extrémité; enfin le corselet des Upis est ovale-arrondi, par conséquent beaucoup plus étroit à sa base: tels sont les caractères qui distinguent tous ces genres de celui de Ténébrion.

Antennes grossissant peu et insensiblement de la base à l'extrémité, insérées aux côtés de la tête et sous ses rebords, composées de onze articles; les cinq premiers presque coniques, le troisième toujours plus long que le second et le quatrième; les cinq suivans un peu aplatis, élargis à leur partie intérieure, le dernier aplati, ovale-arrondi. — *Labre* coriace, avancé, presqu'en carré transversal, entier. — *Mandibules* courtes, assez fortes, échancrées à leur extrémité, ayant (au moins quelquefois) une forte dent mousse vers leur milieu. — *Mâchoires* ayant un lobe corné à leur côté interne. — *Palpes maxillaires* presque filiformes, de quatre articles; le premier assez petit, le second conique, le plus grand de tous, le troisième ovale, le quatrième presqu'obconique, peu comprimé: palpes labiaux filiformes, plus courts que les maxillaires, de trois articles, le dernier presqu'obconique, peu comprimé. — *Lèvre* nue, entière. — *Tête* beaucoup plus étroite que le corselet; chaperon distinct, séparé de la tête par un sillon transversal, arrondi à sa partie antérieure. — *Yeux* oblongs, paroissant plus en dessous qu'en dessus. — *Corps* alongé, linéaire, un peu déprimé. — *Corselet* plus large à sa base qu'en devant; cette base presque de la largeur de celle des élytres, bisinuée, rebordée ainsi que les côtés. — *Ecusson* transversal, presqu'arrondi postérieurement. — *Elytres* linéaires, arrondies à leur partie postérieure, recouvrant l'abdomen et des ailes. — *Abdomen* linéaire, alongé. — *Pattes* de longueur moyenne; cuisses antérieures assez grosses: toutes les jambes un peu arquées, surtout les antérieures dans les mâles (caractère qui peut servir à distinguer ce sexe); tarses courts, le dernier article le plus long de tous.

Ce genre tel qu'il est dans les auteurs demande à être divisé; plusieurs des espèces que l'on y place n'offrent pas les caractères que nous venons de développer, ainsi donc nous le restreignons au Ténébrion de la farine (*molitor*) qui nous sert de type et à quelques espèces très-voisines, laissant à d'autres entomologistes le soin de caractériser les coupes génériques nouvelles pour y mettre les espèces qui s'éloignent notablement de celles que nous venons de citer.

Les Ténébrions se plaisent dans les lieux obscurs, ainsi que leur nom tiré du latin le fait aisément pressentir; leurs couleurs sont obscures et n'offrent que des nuances du noir au ferrugineux; on les trouve le plus souvent dans les étages inférieurs des maisons, dans des recoins sales et humides, chez les boulangers et dans les moulins sous les huches et autres meubles où l'on conserve la farine ou le pain qui servent de nourriture à leurs larves. Les oiseleurs ayant remarqué que les Rossignols, toutes les Fauvettes, les Rouge-gorges et autres oiseaux insectivores analogues à ceux que nous venons de citer sont très-friands des larves du Ténébrion de la farine, les élèvent dans de grands vases fermés dans lesquels ils ajoutent au son et à la farine qu'ils mêlent ensemble des bouchons de liège et des morceaux d'étoffe de laine dont ces larves se nourrissent aussi fort bien, mais il faut avoir soin de fermer ces vases avec un couvercle de plomb, car le bois et les étoffes n'opposeroient pas aux larves une résistance suffisante. Cette larve, connue vulgairement sous le nom de *ver de farine*, est longue d'environ un pouce, assez étroite, cylindrique, linéaire, extrêmement lisse, d'un jaune ferrugineux luisant, composée de douze segmens écailleux, outre la tête; celle-ci est un peu aplatie, munie de deux mandibules, d'antennes et de palpes très-petits; les trois premiers segmens du corps ont chacun une paire de pattes écailleuses, le dernier est conique, terminé par deux petits crochets écailleux, bruns, immobiles; de la jointure de ce dernier segment avec l'avant-dernier, la larve fait sortir lorsqu'elle marche, un mamelon charnu sur lequel est situé l'anus; les côtés de ce mamelon sont garnis à leur extrémité de chaque côté d'une petite écaille qui paroît servir à aider la locomotion en s'appuyant sur le plan de position. Cette larve change plusieurs fois de peau : elle fuit la lumière, et lorsqu'on l'expose au jour, à la surface de la nourriture qu'on lui a destinée, elle s'y enfonce bien vîte; par une dernière mue, elle se transforme en nymphe sans filer de coque; cette nymphe est plus courte que la larve, un peu plus large, sensiblement déprimée, jaunâtre; elle se tient dans une position arquée et reste immobile; on aperçoit très-bien toutes les parties de l'insecte parfait détachées du corps de la nymphe et point renfermées sous une seule enveloppe; les pattes ont presque la longueur qu'elles doivent avoir dans l'insecte parfait; les élytres et les ailes ont chacune séparément leur fourreau, mais elles sont d'une dimension très-inférieure à celle qu'elles doivent obtenir. Après être resté près de six semaines dans cet état, l'insecte parfait sort de sa peau de nymphe et d'abord il paroît ferrugineux; cette couleur se rembrunit plus ou moins, mais la plupart des individus deviennent noirs, cependant quelques-uns restent d'un ferrugineux obscur. Ils s'accouplent presqu'immédiatement, et s'écartent peu de l'endroit qui les a vu naître si la nourriture qui s'y trouvoit n'est pas épuisée; lorsqu'ils sortent, ils cherchent toujours les lieux sombres ou ne voyagent que la nuit.

1. Ténébrion large, *T. latus*.

Tenebrio niger aut ferrugineo-niger, punctulatus; elytris striatis, striis punctatis vix impressis, œqualitèr separatis.

Longueur 10 lig. D'un noir mat en dessus, luisant en dessous, finement pointillé; élytres avec huit stries ponctuées, également espacées; corps plus large que celui du Ténébrion de la farine, dans lequel les deux avant-dernières stries extérieures sont plus rapprochées entr'elles que les autres. Les élytres sont quelquefois ferrugineuses dans ces espèces.

Du Sénégal.

Nous plaçons en outre dans ce genre : 1°. Ténébrion de la farine, *T. molitor* n°. 8. Fab. *Syst. Eleut.* 2°. Ténébrion obscur, *T. obscurus* n°. 9. Fab. *id.* Très-communs tous deux aux environs de Paris. (S. F. et A. Serv.)

TÉNÉBRIONITES, *Tenebrionites*. Troisième tribu de la famille des Mélasomes, section des Hétéromères (première division), ordre des Coléoptères. Ses caractères sont :

Des ailes et des élytres libres.

Cette tribu contient les genres Cryptique, Epitrage (1), Opâtre, Toxique, Sarrotrie (2), Chiroscèle, Upis et Ténébrion.

M. Latreille (*Fam. nat.*) réunit en outre à cette tribu les genres Calcar et Boros, et encore, quoiqu'avec doute, celui de Cortique, qui pourroit bien, dit-il, être un Tétramère de la tribu des Xylophages. Nous ne connoissons pas ces trois genres.

CRYPTIQUE, *Crypticus*. Latr. *Blaps*. Fab. *Helops*. Oliv.

Genre d'insectes de l'ordre des Coléoptères, section des Hétéromères (première division), famille des Mélasomes, tribu des Ténébrionites.

Parmi les huit genres de cette tribu qui nous sont connus, les Opâtres ont le labre petit, reçu dans une profonde échancrure de la partie anté-

(1) M. Latreille, dans les ouvrages qui ont précédé ses *Familles naturelles*, plaçoit ce genre parmi les Diapériales, famille des Taxicornes; c'est d'après cette manière de voir que nous en avons traité, page 97. de ce volume, avant que l'ouvrage précité fût publié.

(2) M. Latreille nommoit, jusqu'à la publication de ses *Fam. natur.*, ce genre Orthocère; c'est sous ce nom qu'il a été rédigé à sa lettre par feu Olivier, dans le présent Dictionnaire.

rieure et médiale du chaperon ; le genre Epitrage a les antennes grossissant insensiblement de la base à l'extrémité, et la partie postérieure du corselet plus étroite que la base des élytres ; enfin, la forme du corps étroite et alongée sépare des Cryptiques les genres Toxique, Sarrotrie, Chiroscèle, Upis et Ténébrion.

Antennes presque filiformes, un peu moins longues que la tête et le corselet réunis, insérées sur les côtés de la tête sous un lobe latéral assez grand, composées de onze articles ; les six premiers presque coniques, les quatre suivans un peu aplatis, presqu'élargis en dent de scie intérieurement ; le dernier ovoïde. — *Labre* avancé, transversal. — *Chaperon* arrondi en devant, sans échancrure. — *Palpes maxillaires* terminés par un article fortement en hache, plus longs que les labiaux, ceux-ci paroissant filiformes. — *Tête* beaucoup plus étroite que le corselet. — *Corps* large, ovale. — *Corselet* transversal, plus étroit vers la tête, un peu échancré dans cette partie, ses bords latéraux arrondis, surtout les angles antérieurs ; sa partie postérieure tronquée, plus large que les élytres. — *Elytres* convexes, recouvrant des ailes et l'abdomen. — *Pattes* de longueur moyenne, jambes courtes ; premier article des tarses assez long, les suivans courts, le dernier le plus long de tous.

L'espèce de ce genre qui habite aux environs de Paris, se trouve assez communément à terre dans les endroits secs et sablonneux. C'est le Cryptique glabre, *C. glaber*. Lat. *Nouveau Dictionnaire d'histoire naturelle*, 2e. *édition*. — *Blaps glabra* n°. 15. Fab. *Syst. Eleut.*

Voyez pour la description et les autres synonymes, Hélops glabre n°. 31. du présent Dictionnaire.

Nota. M. le comte Dejean, dans son Catalogue, mentionne cinq autres espèces de Cryptiques, quatre d'Espagne et une de Cayenne.

CHIROSCÈLE, *Chiroscelis*. Lam. Lat. Schœn. *Tenebrio*. Fab.

Genre d'insectes de l'ordre des Coléoptères, section des Hétéromères (première division), famille des Mélasomes, tribu des Ténébrionites.

Les genres à nous connus dans cette tribu (*voy.* Ténébrionites) ont tous les jambes antérieures linéaires, point dilatées ni digitées à leur extrémité, à l'exception de celui de Chiroscèle.

Les caractères génériques de ce dernier ont été ainsi développés par M. Latreille dans le *Gener. Crust. et Ins.*

Antennes entièrement moniliformes, composées de onze articles, le dernier formant à lui seul un petit capitule transversal et un peu globuleux. — *Labre* coriace, entier, avancé, presque carré, arrondi antérieurement. — *Palpes maxillaires* terminés par un article grand et sécuriforme. — *Menton* lunulé, presque cordiforme. — *Lèvre* petite, large, échancrée, logée dans un sinus du menton. — *Tête* avancée. — *Corps* parallélipipède, déprimé, rebordé. — *Corselet* presque carré, ses bords latéraux un peu arrondis. — *Ecusson* distinct. — *Elytres* recouvrant des ailes et l'abdomen. — *Abdomen* oblong. — *Pattes* assez fortes ; jambes antérieures dilatées et digitées à leur extrémité.

Le type de ce genre, dont le nom vient de deux mots grecs qui expriment la ressemblance des jambes antérieures avec une main, est l'espèce suivante :

Chiroscèle bifenestrée, *C. bifenestra*. Latr. *Gener. Crust. et Ins. tom.* 2. *pag.* 144. *n°.* 1. — *Encycl. pl.* 361. *fig.* 3-5. — Schœn. *Synon. Ins. tom.* 1. *pag.* 157. *n°.* 1. De la nouvelle Hollande.

(S. F. et A. Serv.)

TENTHRÈDE, *Tenthredo*. M. Jurine comprend sous ce nom (*Nouv. méth. Hyménopt.*) les genres Cimbex, Abia et Amasis. *Voyez* ces mots, le premier à sa lettre, les autres après l'article suivant.

(S. F. et A. Serv.)

TENTHRÈDE, *Tenthredo*. Linn. Geoff. De Géer. Fab. Panz. Scop. Spinol. Schranck. Ross. Lat. Léach. Le P. *Hylotoma*. Fab. *Megalodontes*. Spinol. *Allantus*. Jur. Léach. *Selandria*. Léach.

Genre d'insectes de l'ordre des Hyménoptères, section des Térébrans, famille des Serrifères. (Cette famille répond à la tribu des Tenthrédines. Lat. *Voyez* Serrifères, article Térébrans.)

La famille des Serrifères se divise ainsi qu'il suit :

I. Antennes de neuf articles. — Tarière (des femelles) dépassant à peine l'abdomen.

A. Deux cellules radiales aux ailes supérieures.

Dolère, Tenthrède.

B. Une cellule radiale aux ailes supérieures.

Némate, Pristiphore, Cladie.

II. Antennes de dix articles. — Tarière (des femelles) dépassant à peine l'abdomen.

Décamérie.

III. Antennes ayant plus de dix articles.

A. Une cellule radiale aux ailes supérieures. — Tarière (des femelles) dépassant à peine l'abdomen.

a. Cellule radiale sans appendice.

Lophyre, Schizocère (*Cryptus*. Le P. *Monogr.*)

b. Cellule radiale appendiculée.

Ptérygophore, Ptilie, Hylotome, Pergue.

B. Deux cellules radiales aux ailes supérieures.

a. Trois cellules cubitales aux ailes supérieures. — Tarière (des femelles) dépassant à peine l'abdomen.

Amasis, Abia, Cimbex (1).

b. Quatre cellules cubitales aux ailes supérieures.

† Tarière (des femelles) ne dépassant presque pas l'abdomen. — Abdomen déprimé ou comprimé.

* Antennes en massue.

¶ Antennes courtes, de onze articles. — Abdomen déprimé.

Athalie.

¶¶ Antennes longues, à articles nombreux. — Abdomen comprimé.

Céphus.

** Antennes filiformes ou sétacées. — Abdomen déprimé.

Tarpe, Lyda. (Pamphilie. Lat. *Encycl.*)

†† Tarière (des femelles) dépassant l'abdomen. — Abdomen cylindrique.

Xiphidrie.

C. Trois cellules radiales et trois cubitales aux ailes supérieures. — Tarière (des femelles) dépassant beaucoup l'extrémité de l'abdomen.

Xyèle.

Les genres Dolère et Tenthrède forment un groupe dans cette famille; le premier se distingue du second en ce qu'il n'a que trois cellules cubitales aux ailes supérieures.

Antennes sétacées, grossissant quelquefois insensiblement avant leur extrémité, vibratiles, composées de neuf articles dans les deux sexes. — *Labre* avancé, demi-coriace, attaché transversalement au chaperon, semi-circulaire, entier ou échancré. — *Mandibules* avancées, cornées, fortes, bidentées ou quadridentées, presque triangulaires. — *Mâchoires* et *Lèvre* avancées, formant réunies une promuscide courte, cylindrique. — *Languette* trifide. — *Palpes maxillaires* de six articles, les labiaux plus courts, composés de quatre articles. — *Tête* ordinairement presque carrée, quelquefois un peu globuleuse, égalant ordinairement le corselet en largeur; chaperon assez grand. — *Yeux* ovales. — *Trois ocelles* disposés en triangle sur le haut du front. — *Corps* cylindracé. — *Corselet* ovale; prothorax très-étroit, très-abaissé à sa partie supérieure; mésothorax grand, son dessus divisé en quatre portions triangulaires par deux sillons qui se croisent dans son milieu; métathorax très-étroit en dessus, prolongé en dessous de la base de l'abdomen. — *Ecusson* assez grand. — *Ailes supérieures* ayant deux cellules radiales égales et quatre cellules cubitales inégales entr'elles, la première petite, arrondie; deux nervures récurrentes; trois cellules discoïdales. — *Abdomen* sessile, composé de huit segmens outre l'anus; le premier étroit, échancré dans le milieu du bord inférieur de sa partie dorsale; plaque anale inférieure faite en cuiller, refendue longitudinalement dans les femelles, cette fente formant une coulisse où se loge la tarière; cette même plaque entière dans les mâles; plaque anale supérieure, entière et un peu pointue au milieu dans les femelles, très-étroite et tronquée postérieurement dans les mâles de manière à laisser voir dans ce sexe une partie de l'appareil générateur : tarière (des femelles) dépassant à peine l'abdomen. — *Pattes* de longueur moyenne; hanches longues et fortes; toutes les jambes dépourvues d'épines dans leur milieu; premier article des tarses beaucoup plus long que les autres; les deux premiers articles des tarses postérieurs alongés et dilatés dans quelques mâles.

Les anciens auteurs ont donné aux Tenthrèdes le nom français de *Mouches-à-scie*; plusieurs l'ont étendu à la plupart des Serrifères. Ce genre tel que nous l'entendons aujourd'hui ne renferme qu'une partie de celui auquel Linné avoit donné ce nom tiré d'un mot grec dont la signification est : *scie*. Il en décrivit cinquante-cinq espèces, et les partagea en six divisions, caractérisées par le nombre et la forme des articles antennaires dans les différentes espèces; la première a pour caractères : antennes en massue et renferme dix espèces dont les six premières appartiennent au genre Cimbex; les n°s. 7, 8, 10, à celui d'Abia, le n°. 9, probablement aux Hylotomes. La seconde division se distingue par ses antennes que Linné dit n'être pas articulées, et que d'autres auteurs regardent comme composées d'un grand nombre d'articles très-rapprochés et peu distincts dans les femelles. Les trois espèces que Linné met dans cette division doivent se réduire à deux, la

(1) Certainement on n'apercevra dans les antennes de ces trois genres, non plus que dans celles des Pergues, qu'un nombre d'articles bien inférieur à dix, mais il n'en est pas moins plus que probable qu'elles en ont effectivement un plus grand nombre, et que les derniers sont emboîtés. C'est ce que doit persuader l'examen des genres qui précèdent et qui suivent dans ce tableau. (*Voyez* en outre notre *Monogr. Tenthred.* Paris. 1823. *Auct.* Le Pel. D. S. F.) Dans les Porte-aiguillon la règle générale constante est : douze articles aux antennes des femelles et treize à celles des mâles; cependant l'emboîtement des quatre ou cinq derniers n'en laisse distinguer que huit dans les genres Masaris et Célonite qui ont les antennes terminées en massue.

ciliaris n'étant que le mâle de l'*enodis*. Cette division constitue le genre Hylotome. La troisième division qui a les antennes pectinées, comprend deux espèces : c'est le genre Lophyre des auteurs modernes. La *Tenthredo rustica* forme à elle seule la quatrième division avec ce caractère : antennes articulées, presqu'en massue, mais elle le partage avec plusieurs autres Tenthrèdes que Linné met dans sa cinquième division, dont il caractérise les antennes comme filiformes et composées de sept à huit articles outre la base. (Il auroit été mieux de dire d'une manière absolue huit articles outre la base.) Les nos. 17, 18, 23, 26, 27, 28, 31, 33, 37, 38, 39, sont des Tenthrèdes, et peut-être aussi les nos. 22, 25, 35; les nos. 21 et 36 se rapportent au genre Némate, comme les nos. 32 et 34 à celui de Dolère. Le no. 30. doit être une Athalie, dont les articles des antennes auront été mal comptés; restent les nos. 19, 20, 24, 29, qui sont bien des Serrifères, mais que nous ne pouvons rapporter avec certitude à aucun genre : il faut remarquer que plusieurs de ces espèces ont les antennes grossissant vers leur extrémité et par conséquent presqu'en massue, tandis que d'autres les ont filiformes ou même presque sétacées. La sixième division a pour caractères : antennes sétacées, composées d'un grand nombre d'articles ; parmi les espèces qui y sont rangées, les nos. 40, 41, 43, 44, 45, 46, 47, 48, 49, sont des Lydas, ce qui est également probable du no. 42; le no. 54. est probablement un Cimbex. Deux Némates sont sous les nos. 50 et 55. Les nos. 51, 52, 53, ne sauroient, faute de description, être rapportés à aucun genre.

Linné mit en outre dans le genre Sirex deux espèces de Serrifères ; son *Sirex camelus* no. 5. est une Xiphidrie, et le *Sirex pygmæus* no. 7, un Céphus.

Geoffroy vint ensuite et fit un genre particulier des espèces de la première division de Linné, habitant les environs de Paris ; il l'appela Frélon (*Crabro*). Il lui donna pour principal caractère : antennes en massue ; depuis, Olivier changea le nom de ce genre en celui de Cimbex ; les trois espèces décrites par Geoffroy appartiennent réellement à ce dernier genre. Il caractérise ses Tenthrèdes par les antennes filiformes et y fait trois divisions ; la première à antennes de neuf articles, contient trente-trois espèces, parmi lesquelles les nos. 1, 7, 9, 11, 13, 14, 15, 22, 23, 24, 25, 28, 29, 30, sont des Tenthrèdes, ce qui est aussi probable pour les nos. 10, 17, 18. Les nos. 3 et 31. sont des Dolères; le no. 20. un Némate, 33. un Cladie, et 5. une Hylotome, ce qui est également possible du no. 8. Les espèces 2, 4, 6, 12, 16, 19, 21, 26, 27, 32, ne peuvent pas facilement se rapporter à un genre déterminé. La seconde famille, dont le caractère est : antennes de onze articles, renferme sous les nos. 34 et 35. deux espèces qui paroissent appartenir au genre Athalie, si l'auteur a bien compté les articles des antennes. La troisième famille, à antennes de seize articles, contient sous les nos. 36 et 37. deux espèces probables de Lydas : le no. 38. peut fort bien être un Céphus.

M. Latreille regardoit déjà l'ancien genre *Tenthredo* Linn. comme une famille, et y avoit établi différentes coupes génériques, lorsque Fabricius, après plusieurs essais partiels pour diviser ce genre, finit dans son *Syst. Piez.* par admettre ceux de *Cimbex, Hylotoma, Tenthredo, Lyda, Tarpa,* qui tous avoient fait jusque-là partie de son genre *Tenthredo.* Du reste ceux de *Cephus* et *Xiphidria* qui appartiennent aux Serrifères avoient été réunis par lui au genre *Sirex.* Nous ne parlerons ici que des espèces qu'il place dans son genre *Tenthredo, Syst. Piez.* où il établit trois divisions. La première a pour caractère : antennes un peu plus épaisses à leur extrémité, et renferme huit espèces, qui toutes sont de vraies Tenthrèdes. Le no. 7. est le mâle de l'espèce no. 6. La seconde division a les antennes filiformes : quarante-trois espèces la composent ; les nos. 9, 10, 11, 13, 14, 17, 19, 20, 21, 22, 23, 24, 27, 28, 29, 32, 33, 34, 35, 37, 38, 45, 47, 49, sont de véritables Tenthrèdes ; le no. 16. est le mâle du no. 35. et le no 41. le mâle du no. 3. Les nos. 26, 31, 51, appartiennent probablement aussi au même genre. Les espèces 15, 18, 25, 42, 44, 50, sont des Dolères, et les nos. 30 et 39. des Némates. Les nos. 12, 40, 43, 46, 48, ne sauroient être rapportés avec certitude à aucun genre déterminé de cette famille. Sa troisième division renferme les espèces à antennes presque sétacées, au nombre de douze ; les nos. 53, 54, 59, 61, et probablement aussi 62, sont des Tenthrèdes ; 52, 58, 63, appartiennent aux Némates ; le no. 60. est une Pristiphore ; 55, 56, 57, sont douteux. On trouvera aussi plusieurs espèces de véritables Tenthrèdes dans la troisième division du genre *Hylotoma* de cet auteur.

M. Jurine dans sa *nouv. Méthod. Hyménopt.* admet neuf genres qui représentent la famille des Serrifères, 1o. Tenthrède, qui a deux divisions ; la première renferme les vrais Cimbex et les Abias ; la seconde comprend les Amasis. 2o. Crypte, contenant les Hylotomes et les Schizocères. 3o. Allante, qui répond au genre Tenthrède le P. *Monogr.* 4o. Dolère, qui a deux divisions. Ce genre est absolument tel que nous l'admettons. 5o. Némate, qui est dans ce dernier cas. 6o. Ptérone, qui a trois divisions ; la première renfermant les Lophyres et les Cladies ; la seconde et la troisième des Pristiphores. 7o. Céphaléie, qui contient les Lydas et les Tarpes. 8o. Trachèle, même genre que celui de Céphus Lat. 9o. Urocère, qui répond à celui de Xiphidrie.

M. le docteur Léach a donné dans le *Zoolog. Miscell. vol.* 3. 1817. un travail sur les Serrifères qu'il qu'il appelle *Tenthredinidea*, desquelles il écarte les genres Céphus et Xiphidrie à cause, dit-il, de leur oviducte saillant et alongé; raison qui nous paroît peu suffisante, vu que cette partie est un peu saillante dans les Athalies, les Tarpes, les Lydas; qu'elle s'alonge seulement un peu plus dans les Céphus, qui nous paroissent conduire directement sous ce rapport aux Xiphidries. Cet auteur n'a pas connu les genres Pristiphore et Xyèle. Sa première division (*Stirps*) contient six genres, savoir: *Cimbex*, *Trichiosoma* et *Clavellaria*, qui rentrent tous trois dans notre genre *Cimbex*; *Zaræa* et *Abia*, que nous réunissons sous cette dernière dénomination; la seconde division renferme le genre *Perga*; la troisième celui de *Pterygophorus*; la quatrième les Lophyres; la cinquième est formée des genres *Hylotoma* et *Cryptus*; le second comprend les Schizocères et quelques Hylotomes; la sixième contient les genres *Meesia* (qu'il faut réunir aux Némates), *Athalia*, *Selandria* (ce dernier se confond avec les Tenthrèdes), *Fenusa* (qui appartient aux Dolères). La septième se compose des genres *Alluntus* et *Tenthredo* qui forment en partie notre genre Tenthrède; des *Dosytheus*, *Dolerus* et *Emphytus*, que nous réunissons sous le nom de Dolère. Dans la huitième entrent trois genres, *Croesus*, *Nematus* (qu'il faut réunir sous ce dernier nom) et *Cladius*. La neuvième et dernière division renferme les Tarpes et les Lydas.

Quant au travail de M. Latreille sur cette famille, nous le donnerons en totalité au mot TENTHRÉDINES.

Feu Olivier ayant à l'article CIMBEX de ce Dictionnaire fort bien traité, d'après Réaumur et De Géer, la partie historique et descriptive de la majorité des genres qui appartiennent à la famille des Serrifères, nous nous contenterons de donner ici les détails propres au genre Tenthrède.

Les larves, au moins celles qui sont connues, ont vingt-deux pattes, savoir six écailleuses antérieures et seize membraneuses, desquelles deux sont postérieures; ces larves, désignées vulgairement sous le nom de *fausses chenilles*, entrent toutes ou presque toutes en terre pour subir leur métamorphose; le plus grand nombre ne forme pas de coque soyeuse, mais se contente de battre la terre autour de leur nouveau domicile où elles sont descendues perpendiculairement, ce qu'elles exécutent en donnant à leur corps des mouvemens assez violens; on peut être témoin de ce fait en mettant dans un vase de verre de la terre sur laquelle on élevera ces larves jusqu'au moment où elles doivent opérer leur transformation, et si le vase est peu profond elles ne se fixeront que sur sa base; la plupart des larves passent un long temps dans cet état de diète et de repos sans se changer en nymphe, et comme les Tenthrèdes n'ont qu'une génération par an et que leur état de larve n'a guère qu'un mois de durée, elles restent à peu près neuf mois dans leur coque sous la forme de larve; l'état de nymphe ne dure que quinze jours ou trois semaines. Sous cette dernière forme on distingue toutes les parties de l'insecte parfait appliquées contre le corps, mais faciles à reconnoître.

Ce genre est très-nombreux en espèces; parmi les Hyménoptères il est un de ceux qui nuisent le plus aux végétaux. Dans un grand nombre d'espèces les femelles font toute leur ponte sur une même plante que les larves ont bientôt dépouillée de verdure; plusieurs, principalement dans le repos, contournent et posent de côté les derniers segmens du corps et ne se soutiennent que sur les premières pattes membraneuses; lorsqu'elles rongent une feuille, la plupart l'attaquent par le bord qu'elles assujettissent entre les six pattes écailleuses; elles mangent fort vîte et presque continuellement; les pluies nuisent singulièrement à ces larves, en rendant les feuilles trop aqueuses, ce qui produit chez elles une espèce de diarrhée et les fait périr.

Les insectes parfaits se rencontrent fréquemment sur les végétaux où pondent les femelles, et sur les fleurs dont la plupart sucent le miel. Plusieurs ne se contentent pas d'une nourriture aussi légère et déchirent avidement des insectes à corps mou, ce que font particulièrement les espèces noires à raies jaunes, telles que la *Scrophulariæ*, etc., ainsi que la *viridis*; elles attaquent même les Téléphores si redoutables aux autres insectes. Il nous a paru remarquable que des insectes purement phythiphages dans leur premier état pussent devenir, sans qu'il y eût disette pour eux, de véritables entomophages; nous avons observé que ces mêmes espèces sucent aussi le miel des fleurs, et que ces mêmes fleurs sont souvent le théâtre de leur voracité envers les autres insectes. Les antennes des Tenthrèdes sont vibratiles et paroissent leur servir à toucher les corps qui sont autour d'elles afin de les reconnoître; les petites espèces les contractent ainsi que les pattes, et se laissent tomber pour éviter la main qui veut les saisir. Les Tenthrèdes nous paroissent généralement répandues dans tous les climats.

1re. *Division*. Antennes grossissant insensiblement avant leur extrémité, assez courtes. (*Coryna* NOB.)

1re. *Subdivision*. Abdomen presque deux fois plus long que le corselet. — Seconde et troisième cellules cubitales des ailes supérieures recevant chacune une nervure récurrente, la quatrième atteignant à peine le bout de l'aile.

1. TENTHRÈDE à épaulettes, *T. scapularis*.

Tenthredo lutea; antennarum articulis septem

ultimis, capite suprà latè, thoracis dorso et pectore nigris; alis hyalinis.

Longueur 3 lig. Antennes noires avec les deux premiers articles jaunes ainsi que la base du troisième. Tête noire. Labre et palpes jaunes, le premier presqu'arrondi. Mandibules jaunes à leur base. Corselet noir; prothorax, une ligne sous les ailes et partie latérale du métathorax, jaunes. Abdomen et pattes de cette dernière couleur. Ailes transparentes, leurs nervures d'un brun-rougeâtre. Femelle.

Des environs de Paris.

Rapportez à cette subdivision : 1°. Tenthrède atripenne, *T. atripennis*. — *Hylotoma atripennis* n°. 26. Fab. *Syst. Piez.* (Les jambes et les cuisses antérieures ont quelquefois un peu de rougeâtre. Ce synonyme de Fabricius doit être ôté à la *Tenthredo cordigera* n°. 315. Le P. *Monogr. Tenthred.*) Mâle et femelle. De Cayenne. 2°. les espèces de 253 à 296. Le P. *Monogr. Tenthred.*

2e. *Subdivision.* Abdomen court, n'ayant pas deux fois la longueur du corselet. (Antennes grossissant un peu moins que dans la première subdivision.)

A. Seconde et troisième cellules cubitales des ailes supérieures recevant chacune une nervure récurrente, la quatrième atteignant presque le bout de l'aile.

Nous placerons ici les espèces de 297 à 317. Le P. *Monogr. Tenthred.*

B. Seconde cellule cubitale des ailes supérieures recevant la première nervure récurrente; deuxième nervure récurrente aboutissant à la nervure d'intersection qui sépare les seconde et troisième cellules cubitales; quatrième cubitale atteignant le bout de l'aile.

2. Tenthrède médiocre, *T. mediocris.*

Tenthredo nigra; palpis pedibusque et abdomine luteo-rufis: hujus segmento primo secundique basi suprà nigris; alis hyalinis.

Longueur 3 lig. ½. Noire. Labre presqu'arrondi. Palpes, écailles et nervures supérieures des ailes ainsi que l'abdomen et les pattes, d'un jaune roussâtre; premier segment de l'abdomen et base du second vis-à-vis l'échancrure du premier, noirs. Ailes transparentes. Mâle.

Des environs de Paris.

A cette coupe appartient encore la Tenthrède punctigère, *T. punctigera* n°. 318. Le P. *Monogr. Tenthred.* — *Faun. franç. Hyménopt. pl.* 7. *fig.* 6. Femelle. Des environs de Paris.

C. Seconde cellule cubitale des ailes supérieures recevant les deux nervures récurrentes; quatrième cubitale atteignant presque le bout de l'aile.

3. Tenthrède menue, *T. minuta.*

Tenthredo nigra; femorum apice, tibiis tarsisque pallidè rufis; alis hyalinis.

Longueur 2 lig. Noire. Jambes et tarses d'un roux pâle ainsi que la base des cuisses. Labre arrondi. Ailes transparentes, nervures brunes; leur point épais de couleur pâle. Femelle.

Environs de Paris.

2e. *Division.* Antennes ne grossissant point vers leur extrémité, assez longues. (*Tenthredo propriè dicta.* Nob.)

1re. *Subdivision.* Seconde et troisième cellules cubitales des ailes supérieures recevant chacune une nervure récurrente; quatrième cubitale atteignant presque le bout de l'aile.

A. Antennes ayant des cils placés sur une ligne à leur partie intérieure, depuis le troisième article jusqu'au neuvième inclusivement (au moins dans les mâles).

Le type de cette coupe est la Tenthrède trichocère, *T. trichocera* n°. 240. Le P. *Monogr. Tenthred.* Mâle. Environs de Paris.

Nota. Nous pensons que la Tenthrède négresse, *T. nigrita* n°. 47. Fab. *Syst. Piez.* — Le P. n°. 241. *id.* est la femelle de cette espèce. L'accouplement seul peut prouver ce fait.

B. Antennes simples, sans rangée de cils dans les deux sexes.

Ce groupe renferme les Tenthrèdes n°. 218 à 239, et de 242 à 252. Le P. *Monogr. Tenthred.*

2e. *Subdivision.* Seconde cellule cubitale des ailes supérieures recevant les deux nervures récurrentes; quatrième cubitale atteignant le bout de l'aile.

Le type de cette subdivision est la Tenthrède australe, *T. australis* n°. 217. Le P. *Monogr. Tenthred.* — *Faun. franç. Hyménopt. pl.* 3. *fig.* 1. Femelle. Midi de l'Europe.

DOLÈRE, *Dolerus.* Jur. Lat. Léach. Le P. *Tenthredo.* Linn. Fab. Panz. Schranck. Devill. Spinol. Geoff. Ross. Scopol. Pal.-Bauv. — *Dosytheus*, *Fenusa*, *Emphytus.* Léach. *Hylotoma.* Fab.

Genre d'insectes de l'ordre des Hyménoptères, section des Térébrans, famille des Serrifères. (Cette famille répond aux Tenthrédines Lat. *Voyez* Serrifères, article Térébrans.)

Les Tenthrèdes qui composent, dans les Serrifères, un groupe avec les Dolères (*voyez* Tenthrède), se distinguent de ceux-ci par la présence de quatre cellules cubitales aux ailes supérieures.

Les Dolères ont les antennes de neuf articles, toujours sétacées et d'une manière plus prononcée que dans aucune véritable Tenthrède; les cellules cubitales des ailes supérieures sont seulement au nombre de trois; la tête est presque carrée, à peu près aussi large que le corselet; les articles des tarses n'offrent pas de dilatation. Leurs autres caractères ainsi que leurs mœurs sont ceux des Tenthrèdes. *Voyez* ce mot.

1re. *Division*. Mandibules quadridentées. — Première cellule cubitale des ailes supérieures petite, arrondie; seconde cubitale recevant les deux nervures récurrentes. (*Dolerus propriè dictus*. Nob.)

Cette division comprend les espèces depuis 356 jusqu'à 373. Le P. *Monogr. Tenthred.*

2e. *Division*. Mandibules échancrées, légèrement bidentées. — Première cellule cubitale des ailes supérieures alongée, recevant la première nervure récurrente. (*Empria*. Nob.)

1re. *Subdivision*. Deuxième cellule cubitale des ailes supérieures recevant la seconde nervure récurrente.

Les Dolères nos. 341 jusques et compris 355. Le P. *Monogr. Tenthred.* appartiennent à cette subdivision; l'un d'eux Dolère à taches pâles, *D. pallimacula* no. 344. est représenté *Faun. franç. Hyménopt. pl.* 8. *fig.* 2. Femelle. Des environs de Paris.

2e. *Subdivision*. Seconde nervure récurrente aboutissant à la nervure d'intersection des première et deuxième cellules cubitales des ailes supérieures.

Nous plaçons ici 1o. Dolère à large ceinture, *D. laticinctus* no. 339. Le P. *Monogr. Tenthred.* — *Faun. franç. Hyménopt. pl.* 8. *fig.* 1. Femelle. Des environs de Paris. 2o. Dolère ceinturé, *D. togatus* no. 340. Le P. *id.* Femelle. Même patrie.

CLADIE, *Cladius*. Klug. Lat. Léach. *Hylotoma*. Fab. *Tenthredo*. Geoff. Ross. Panz. *Pteronus*. Jur. *Nematus*. Léach.

Genre d'insectes de l'ordre des Hyménoptères, section des Térébrans, famille des Serrifères. (Cette famille répond aux Tenthrédines Lat. *Voyez* Serrifères, article Térébrans.)

Les genres Némate, Pristiphore et Cladie forment un groupe dans cette famille, ayant pour caractères : antennes de neuf articles; une cellule radiale aux ailes supérieures. (*Voyez* Tenthrède.) Le premier a quatre cellules cubitales aux ailes supérieures; dans le second les antennes sont nues et leurs articles insérés absolument au bout les uns des autres, en outre les mandibules ne présentent qu'une légère échancrure.

Antennes sétacées, de neuf articles; les deux de la base posés à l'ordinaire, c'est-à-dire au bout l'un de l'autre; les suivans tous posés obliquement un peu au-dessous de l'extrémité du précédent; ces articles velus, surtout dans les mâles; quelques-uns d'entr'eux portant des appendices dans ce sexe. — *Mandibules* tridentées. — *Ailes supérieures* ayant une seule cellule radiale grande et trois cellules cubitales presqu'égales entr'elles; les deux premières recevant chacune une nervure récurrente; troisième cubitale atteignant le bout de l'aile. — *Articles des tarses* point dilatés. Les autres caractères ainsi que les mœurs sont ceux des Tenthrèdes. Les larves ne nous sont pas connues.

Le nom de ce genre exprime la forme des antennes qui paroissent brisées; il est tiré d'un verbe grec qui a cette signification. On n'en connoît encore que peu d'espèces; leur taille est petite.

1o. Cladie difforme, *C. difformis*. Lat. — Le P. no. 165. *Monogr. Tenthred.* Mâle. 2o. Cladie de Geoffroy, *C. Geoffroyi*. Le P. no. 166. *Monogr. Tenthred.* Mâle et femelle. Les auteurs ont cité mal-à-propos cette espèce de Geoffroy comme synonyme du *Lophyrus pini*. 3o. Cladie rufipède, *C. rufipes*. Le P. no. 167. *Monogr. Tenthred.* Mâle et femelle. 4o. Cladie noir, *C. morio*. Le P. no. 168. *Monogr. Tenthred.* Mâle et femelle. 5o. Cladie pallipède, *C. pallipes*. Le P. no. 169. *Monogr. Tenthred.* Mâle et femelle. Ces cinq espèces se trouvent aux environs de Paris; nous observerons cependant qu'aucun entomologiste, du moins à notre connoissance, n'a trouvé le Cladie de Geoffroy aux environs de Paris depuis l'auteur auquel nous le dédions. Rossi l'a pris en Toscane.

Nota. Le genre Décamérie, *Decameria* Nob. dont les principaux caractères sont : antennes de dix articles; ailes supérieures ayant une cellule radiale sans appendice, quatre cellules cubitales dont la quatrième atteint le bout de l'aile, ne nous est pas encore suffisamment connu pour en traiter ici, mais ces caractères suffiront pour le distinguer de tous les autres Serrifères. Il en existe deux espèces exotiques dans la collection du Musée d'histoire naturelle de Paris.

LOPHYRE, *Lophyrus*. Lat. Léach. Le P. *Tenthredo*. Linn. De Géer, Devill. Panz. *Hylotoma*. Fab. Panz. *Pteronus*. Jur.

Genre d'insectes de l'ordre des Hyménoptères, section des Térébrans, famille des Serrifères. (Cette famille répond aux Tenthrédines Lat. *Voyez* Serrifères, article Térébrans.)

Le genre Schizocère forme avec celui de Lophyre une coupe particulière dans cette famille, caractérisée par, antennes ayant plus de dix articles; ailes supérieures avec une cellule radiale sans appendice. (*Voyez* Tenthrède.) Le premier de ces genres se distingue de l'autre en ce que ses ailes supérieures offrent quatre cellules cubitales ; en outre les antennes des mâles sont dépourvues d'appendices, mais seulement garnies d'une rangée de cils ; celles des femelles sont en massue.

Antennes multiarticulées ; leurs articles distincts dans les deux sexes ; le premier et le second posés à l'ordinaire, c'est-à-dire au bout l'un de l'autre ; les suivans tous posés obliquement un peu au-dessous de l'extrémité du précédent ; celles des femelles en dent de scie et glabres, celles des mâles pennées, velues. — *Mandibules* tridentées. — *Ailes supérieures* ayant une seule cellule radiale grande, sans appendice et trois cellules cubitales presqu'égales entr'elles ; la première comme divisée en deux par un rudiment de nervure qui descend de la côte, recevant la première nervure récurrente ; la seconde cubitale recevant la deuxième nervure récurrente ; la troisième atteignant le bout de l'aile. — *Corps* court et gros. — *Jambes intermédiaires et postérieures* toujours dépourvues d'épines dans leur milieu. Les autres caractères sont ceux des Hylotomes. *Voyez* ce mot à la suite du présent article.

Le nom de ce genre vient d'un mot grec qui signifie : *orné de panache*. Les larves ont vingt-deux pattes, dont seize membraneuses ; elles vivent presqu'en société, c'est-à-dire que la plupart des œufs d'une femelle ayant été pondus dans le même endroit, les larves qui en éclosent s'écartent peu les unes des autres. Les Lophyres habitent presqu'exclusivement sur les arbres résineux ou conifères ; ils s'y multiplient quelquefois de manière à causer de grands ravages, comme on l'a observé dans une partie de la forêt de Fontainebleau plantée de Pins. Les larves font leur coque hors de terre, entre les feuilles, ou dans les gerçures des écorces : cette coque paroît formée de deux couches de soie distinctes, dont l'extérieure est dure et serrée et l'intérieure molle, ne formant presque qu'un réseau ; elles sont liées l'une à l'autre par des fils peu serrés : une fois renfermée dans sa coque, la larve se change presqu'immédiatement en nymphe et passe peu de temps dans cet état ; la coque est elliptique, l'insecte parfait détache, pour en sortir, la calotte de l'un des bouts qui reste rejetée sur le côté comme le couvercle d'une boîte à charnière. Il est à croire que les œufs n'éclosent qu'au printemps de l'année qui suit leur exclusion. Nous mentionnerons les espèces suivantes :

1°. Lophyre semblable, *L. compar*. Léach, *Zoolog. Miscell. vol.* 3. *n°*. 4. — Le P. n°. 153. *Monogr. Tenthred.* Mâle et femelle. D'Europe. 2°. Lophyre du Pin, *L. pini*. Lat. *Gener. Crust. et Ins. tom.* 3. *pag.* 232. — Le P. n°. 154. *id.* Mâle et femelle. Environs de Paris. 3°. Lophyre petit, *L. minor*. Le P. n°. 155. *id.* Mâle et femelle. Du nord de l'Europe et des environs de Lyon. 4°. Lophyre du Génévrier, *L. juniperi*. Le P. n°. 156. *id.* Mâle et femelle. Nord de l'Europe. 5°. Lophyre du Mélèze, *L. laricis*. Le P. n°. 157. *id.* — *Encycl. pl.* 375. *fig.* 6. Femelle. Mâle et femelle. D'Europe. 6°. Lophyre américain, *L. americanus*. Léach, *Zool. Miscell. vol.* 3. *n°*. 1. — Le P. n°. 158. *id.* Femelle. De Géorgie (Amér. septentr.). 7°. Lophyre d'Abbot, *L. Abottii*. Léach, *id. n°*. 2. — Le P. n°. 159. *id.* Femelle. Même patrie. 8°. Lophyre des conifères, *L. piceæ*. Le P. n°. 160. *id.* Mâle et femelle. Vit sur le Pin sylvestre. Environs de Paris. 9°. Lophyre de Fabricius, *L. Fabricii*. Léach, *id. n°*. 3. — Le P. n°. 161. *id.* Femelle. De Géorgie (Amér. septentr.). 10°. Lophyre des bois, *L. nemorum*. Le P. n°. 162. *id.* Femelle. D'Allemagne. 11°. Lophyre des buissons, *L. frutetorum*. Le P. n°. 163. *id.* Femelle. D'Allemagne.

Peut-être doit-on placer encore dans ce genre l'*Hylotoma interrupta* n°. 4. Fab. *Syst. Piez.* De l'Amérique méridionale.

SCHIZOCÈRE, *Schizocerus*. Lat. (*Fam. natur.*) *Cryptus*. Jur. Léach. Le P. *Hylotoma*. Fab. *Tenthredo*. Panz. Ross. Devill.

Genre d'insectes de l'ordre des Hyménoptères, section des Térébrans, famille des Serrifères. (Cette famille répond aux Tenthrédines Lat. *Voyez* Serrifères, article Térébrans.)

Un groupe de Serrifères offrant pour caractères : antennes ayant plus de dix articles ; une cellule radiale sans appendice aux ailes supérieures, se compose des genres Lophyre et Schizocère. (*Voyez* Tenthrède.) Les ailes supérieures des Lophyres n'ont que trois cellules cubitales, et leurs antennes en scie dans les femelles sont pennées dans les mâles.

Antennes multiarticulées ; celles des mâles toujours divisées en deux après le second article, ayant une rangée de cils ; leurs articles distincts : celles des femelles en massue alongée, leurs articles après le second peu faciles à distinguer. — *Ailes supérieures* ayant une cellule radiale grande, sans appendice. — *Jambes intermédiaires et postérieures* dépourvues d'épines dans leur milieu. Les autres caractères sont les mêmes que ceux de la première subdivision de la seconde division des Hylotomes. *Voyez* ce mot à la suite.

Schizocère vient de deux mots grecs qui signifient : *cornes divisées* ; il a rapport aux antennes des mâles. M. Latreille ayant proposé dans ses *Fam. natur.* sous ce nom un genre dans lequel doivent se placer les espèces que nous avions mises dans celui de *Cryptus* avec M. Léach, nous avons cru devoir aujourd'hui abandonner cette dernière dénomination que d'autres auteurs ont appliquée à un genre d'Ichneumonides. Les larves ne sont pas connues. 1°. Schizocère fourchu, *S. furcatus*. — *Cryptus furcatus* n°. 149. Le P. *Monogr. Tenthred.* — Hylotome fourchue, *Faun. franç. Hyménopt. pl.* 2. *fig.* 5. Mâle. Mâle et femelle. Environs de Paris. 2°. Schizocère de

Klug, *S. Klugii.* — *Cryptus Klugii.* Léach, *Zool. Miscell. vol.* 3. *n°.* 2. — Le P. n°. 150. *id.* Mâle et femelle. De Géorgie (Amérique-septentrionale). 3°. Schizocère pallipède, *S. pallipes.* — *Cryptus pallipes.* Léach, *id. n°.* 3. — Le P. n°. 151. *id.* Mâle. D'Angleterre. 4°. Schizocère de l'Angélique, *S. Angelicæ.* — *Cryptus Angelicæ* n°. 152. Le P. *id.* Femelle. Du Soissonnois. Le mâle n'est décrit par aucun auteur à nous connu, et nous-mêmes ne l'avons pas encore rencontré.

Nota. La *Tenthredo geminata.* Gmel. *n°.* 137. (*Tenthredo.* Lesk. *Catalog. n°.* 121. b.) est le mâle d'une autre espèce que la précédente, et qui appartient probablement à ce genre.

HYLOTOME, *Hylotoma.* Lat. Fab. Spinol. Pal.-Bauv. Léach. Le P. *Tenthredo.* Linn. Geoff. Schranck. De Géer. Panz. Devill. Ross. Pal.-Bauv. — *Cryptus.* Jurin. Panz.

Genre d'insectes de l'ordre des Hyménoptères, section des Térébrans, famille des Serrifères. (Cette famille répond aux Tenthrédines Lat. *Voyez* Serrifères, article Térébrans.)

Quatre genres forment parmi les Serrifères un groupe qui a les caractères suivans : antennes ayant plus de dix articles ; une seule cellule radiale appendiculée aux ailes supérieures ; ce sont les Pergues, les Hylotomes, les Ptilies et les Ptérygophores. Les deux derniers n'ont que trois cellules cubitales aux ailes supérieures, et dans les Pergues les antennes se terminent brusquement en massue dans les deux sexes.

Antennes multiarticulées ; celles des mâles filiformes, quelquefois fourchues, ayant leurs articles distincts, portant un rang de cils dans toute leur longueur : celles des femelles grossissant insensiblement en massue, tous leurs articles à commencer du troisième peu distincts les uns des autres et paroissant n'en former qu'un seul. — *Labre* apparent. — *Mandibules* petites, échancrées. — *Mâchoires* et *Lèvre* avancées, formant réunies une promuscide courte, cylindrique. — *Languette* trifide. — *Palpes maxillaires* de six articles ; les labiaux plus courts, de quatre articles. — *Tête* presqu'en carré transversal, égalant presque le corselet en largeur ; chaperon court. — *Yeux* ovales. — *Trois ocelles* disposés en triangle sur le vertex. — *Corps* cylindracé. — *Corselet* court, globuleux ; prothorax très-étroit, très-abaissé à sa partie supérieure ; mésothorax grand, divisé en dessus en quatre portions triangulaires par deux sillons qui se croisent dans son milieu ; métathorax très-étroit en dessus, prolongé en dessous de la base de l'abdomen. — *Ecusson* assez grand. — *Ailes supérieures* ayant une cellule radiale grande, appendiculée et quatre cellules cubitales presqu'égales entr'elles ; la quatrième atteignant le bout de l'aile ; deux nervures récurrentes ; trois cellules discoïdales. — *Abdomen* sessile, composé de huit segmens outre l'anus, le premier étroit, échancré dans le milieu du bord inférieur de sa partie dorsale ; plaque anale inférieure faite en cuiller, refendue longitudinalement dans les femelles ; cette fente formant une coulisse où se loge la tarière ; cette même plaque entière dans les mâles ; plaque supérieure entière, un peu pointue au milieu dans les femelles ; très-étroite et tronquée postérieurement dans les mâles, de manière à laisser voir dans ce sexe une partie de l'appareil générateur : tarière (des femelles) dépassant à peine l'abdomen. — *Pattes* de longueur moyenne ; hanches longues ; premier article des tarses beaucoup plus long que les autres.

Fabricius (*Syst. Piez.*) ayant pris le nom de ce genre dans les ouvrages de M. Latreille, y a mêlé un grand nombre d'espèces qu'il est impossible d'y laisser, et dont plusieurs appartiennent à des genres reconnus par lui. Il partage ses *Hylotoma* en trois divisions. La première a pour caractères : antennes pectinées. Elle contient huit espèces. Les n°s. 1. 2. 3. 4. 6. 7. sont des Lophyres. Le n°. 3. n'est que la femelle du *Pini* n°. 7. Le n°. 5. est probablement une Ptilie ; le n°. 8. appartient aux Schizocères. La seconde division caractérisée par ses antennes inarticulées allant en grossissant vers l'extrémité se compose de neuf espèces. Les n°s. 9. 10. 11. 12. 13. 16. sont des Hylotomes ; il seroit possible qu'il en fût de même du n°. 14. L'espèce n°. 15. est une Tenthrède. Le n°. 17. un Schizocère. La troisième division qu'il distingue par ses antennes filiformes, de neuf articles renferme douze espèces. Le n°. 18. est un Dolère. Les n°s. 25. 26. 28. sont des Tenthrèdes ; il est probable aussi que les n°s. 19. 20. 22. 24. 27. 29. sont de ce dernier genre. Celui d'Athalie revendique les n°s. 21. et 23.

Le nom de ces Hyménoptères vient de deux mots grecs qui signifient : *coupeur de bois*, probablement parce que les femelles font des incisions dans les plantes pour y déposer leurs œufs. Les larves ont dix-huit pattes, dont douze membraneuses ; cependant De Géer en a observé deux qui avoient vingt pattes ; elles appartiennent aux n°s. 26. (1) et 27. de son genre Tenthrède. (*Mém. tom.* 2.) Les larves d'Hylotomes se nourrissent de la même façon que celles des Tenthrèdes, et vivent presqu'en société comme celles des Lophyres. Elles construisent leurs coques sur les feuilles des plantes, dans les fentes des écorces ou même sous les feuilles mortes tombées à terre.

(1) Cette espèce est l'*Hylotoma ustulata auctor.* De Géer s'est trompé en lui rapportant comme synonyme la *Tenthredo nitens* Linn. qui est l'*Abia nitens.* (*Voyez* Abia, *pag.* 575. de ce volume.) Le n°. 27. de De Géer auquel il donne à tort, comme synonyme, la *Tenthredo ustulata* Linn. est une autre espèce d'Hylotome que nous ne connoissons pas.

Cette coque est faite comme celle des Lophyres, et l'insecte parfait en sort de la même manière (*voyez* page 572. de ce volume). Les Hylotomes sont très-ardentes pour l'accouplement, les femelles, de même que celles de beaucoup de Tenthrèdes, pondent tous leurs œufs sur une même plante; ils éclosent de fort bonne heure au printemps. Nous soupçonnons que presque toutes les espèces ont deux générations dans l'année. Leur taille est petite ou moyenne.

1re. *Division.* Toutes les jambes dépourvues d'épines dans leur milieu. — Antennes des mâles bifides après le second article. — Seconde et troisième cellules cubitales des ailes supérieures recevant chacune une nervure récurrente. (*Didymia* Nob.)

Nous ne connoissons qu'une espèce de cette division. C'est l'Hylotome de Martin, *H. Martini.* Le P. no. 139. *Monogr. Tenthred.* Mâle. Du Brésil.

2e. *Division.* Jambes intermédiaires et postérieures munies d'une épine dans leur milieu. — Antennes simples dans les deux sexes.

1re. *Subdivision.* Seconde et troisième cellules cubitales des ailes supérieures recevant chacune une nervure récurrente. (*Hylotoma propriè dicta* Nob.)

Nous plaçons ici les espèces de 116 à 138. Le P. *Monogr. Tenthred.*

2e. *Subdivision.* Seconde cellule cubitale des ailes supérieures recevant la première nervure récurrente; deuxième nervure récurrente aboutissant à la nervure d'intersection des seconde et troisième cubitales. (*Scobina* Nob.)

On doit mettre ici l'Hylotome mélanocéphale, *H. melanocephala.* Le P. no. 140. *Monogr. Tenthred.* Femelle. De Cayenne. Nous ne connoissons pas le mâle. Les individus femelles que nous avons sous les yeux ont les antennes peu distinctement en massue, très-velues et beaucoup plus longues que dans les autres Hylotomes du même sexe.

Nota. La Tenthrède no. 8. Geoff. *Ins. Paris.* tom. 2. appartient peut-être aux Hylotomes.

AMASIS, *Amasis.* Léach. Lat. (*Fam. nat.*) *Cimbex.* Fab. Oliv. (*Encycl.*) Le P. *Tenthredo.* Devill. Ross. Panz.

Genre d'insectes de l'ordre des Hyménoptères, section des Térébrans, famille des Serrifères. (Cette famille répond aux Tenthrédines Lat. *Voyez* Serrifères, article Térébrans.)

Les Amasis forment avec les Abias et les Cimbex un groupe parmi les Serrifères, offrant les caractères suivans: antennes ayant plus de dix articles, deux cellules radiales et trois cellules cubitales aux ailes supérieures. (*Voyez* Tenthrède.) Dans les Abias la tête est manifestement plus étroite que le corselet; les deux épines terminales des jambes sont tronquées et ne se terminent pas en pointe; de plus les yeux des mâles sont extrêmement rapprochés sur le vertex, et se touchent presque. Le genre Cimbex a aussi les épines terminales des jambes tronquées, ses mandibules sont tridentées, le premier segment abdominal est distinctement échancré en dessus, enfin la première cellule cubitale des ailes supérieures reçoit les deux nervures récurrentes; caractères qui ne se retrouvent pas dans les Amasis.

Antennes terminées subitement en massue, composées de plus de dix articles, les quatre premiers seuls distincts, les autres réunis et formant la massue. — *Mandibules* bidentées. — *Tête* presque de la largeur du corselet. — *Corselet* court, globuleux; prothorax très-étroit, très-abaissé à sa partie supérieure; mésothorax grand, divisé en dessus en quatre portions triangulaires par deux sillons qui se croisent dans son milieu; métathorax très-étroit en dessus, prolongé en dessous de la base de l'abdomen. — *Ailes supérieures* ayant deux cellules radiales alongées, presqu'égales entr'elles et trois cellules cubitales, la première et la seconde recevant chacune une nervure récurrente; la troisième atteignant le bout de l'aile. — *Premier segment de l'abdomen* sans échancrure. — *Jambes* terminées par deux épines aiguës; les intermédiaires et les postérieures dépourvues d'épines dans leur milieu. Les autres caractères comme dans les Cimbex (*voyez* ce mot); mais nous ferons remarquer ici que le caractère antennaire y est mal défini. Le nombre des articles distincts est fort variable dans le genre Cimbex, et il en faut dire autant de ceux qui composent la massue, lesquels sont peu distincts; c'est ce qui fait que les différens auteurs varient beaucoup dans l'expression du nombre de ces articles. M. Léach a fondé diverses coupes génériques, d'après ce caractère, aux dépens des Cimbex; nous ne les avons pas trouvées assez tranchées, n'ayant pas toujours pu apercevoir le même nombre d'articles que lui. Nous n'adoptons ici que les genres qui se distinguent par d'autres caractères, tels que les Abias et les Amasis. Les espèces indigènes de ce dernier, sont propres aux parties méridionales de l'Europe.

Nota. Retranchez du genre Cimbex (*Encycl.*) le Cimbex vespiforme no. 16. qui n'appartient pas même aux Térébrans, et est le type du genre Célonite. (*Voyez* ce mot à la Table alphabétique.)

1. Amasis dilatée, *A. dilatata.*

Amasis viridi-œnea, pedibus luteis, femorum basi viridi-œneâ: antennis nigris; alis violaceis, puncto marginali dilatato, extenso.

Longueur 8 lig. D'un beau vert-brun métallique à reflet bronzé brillant. Hanches et pattes jaunes avec la base des cuisses de la couleur du corps. Antennes noires. Ailes d'un brun violet, avec leur point marginal très-dilaté, faisant une forte saillie arrondie au bord extérieur de l'aile. Mâle.

Du Brésil.

2. Amasis obscure, *A. obscura.*

Amasis obscura. Léach, *Zool. Miscell. vol.* 3. *n°.* 1. — *Cimbex obscura* n°. 12. Fab. *Syst. Piez.* — Le P. n°. 105. *Monogr. Tenthred.* — *Tenthredo obscura* n°. 12. Devill. D'Italie.

Voyez pour la description et les autres synonymes Cimbex obscur n°. 15. du présent Dictionnaire.

On doit rapporter encore aux Amasis : 1°. Amasis de Jurine, *A. Jurinæ.*—*Amasis læta.* Léach, *Zool. Miscell. vol.* 3. *n°.* 2. — *Cimbex Jurinæ.* Le P. n°. 3. *Monogr. Tenthred.* Mâle. Du midi de la France. 2°. Amasis joyeuse, *A. læta.* — *Cimbex læta.* Le P. n°. 104. *id.* Mâle et femelle. — *Faun. franç. Hyménopt. pl.* 1. *fig.* 6. Femelle. D'Allemagne. 3°. Amasis italienne, *A. italica.* — *Cimbex italica.* Le P. n°. 106. *id.* Femelle. D'Italie.

ABIA, *Abia.* Léach. *Cimbex.* Fab. Oliv. (*Encycl.*) Lat. Le P. *Tenthredo.* Linn. De Géer. Devill. Jurin. Panz. *Zaræa.* Léach.

Genre d'insectes de l'ordre des Hyménoptères, section des Térébrans, famille des Serrifères. (Cette famille répond aux Tenthrédines Lat. *Voyez* Serrifères, article Térébrans.)

Un groupe de cette famille contient les genres Amasis, Abia et Cimbex. (*Voyez* Tenthrède.) Dans le premier et le dernier la tête est presque de la largeur du corselet et les yeux espacés dans les deux sexes. Les Amasis ont en outre les épines terminales des jambes aiguës et les deux nervures récurrentes des ailes supérieures sont reçues l'une par la première, l'autre par la seconde cellules cubitales. Dans les Cimbex le premier segment abdominal est échancré en dessus.

Tête petite, beaucoup plus étroite que le corselet. — *Yeux* rapprochés sur le vertex et presque contigus dans les mâles. — *Premier segment de l'abdomen* sans échancrure. — *Jambes* ayant leurs deux épines terminales tronquées. Les autres caractères comme dans les Cimbex. (*Voyez* ce mot à sa lettre et celui d'Amasis pag. 574. de ce volume.)

Les larves des Abias ne nous sont pas connues. Ces Hyménoptères sont lourds à s'envoler ; on les trouve assez souvent sur les fleurs. Leurs mœurs ne diffèrent pas du reste de celles des Cimbex ; les espèces sont de moyenne taille. Nous citerons les suivantes.

1. Abia fasciée, *A. fasciata.*

Zaræa fasciata. Léach, *Zoolog. Miscell. vol.* 3. Mâle et femelle. — *Cimbex fasciata* n°. 9. Fab. *Syst. Piez.* — Le P. n°. 99. *Monogr. Tenthred.* Mâle et femelle. — *Tenthredo fasciata.* Panz. *Faun. Germ. fas.* 17. *fig.* 15. Femelle.

Voyez pour la description et les autres synonymes Cimbex fascié n°. 10. de ce Dictionnaire. Femelle.

2. Abia nigricorne, *A. nigricornis.*

Abia nigricornis. Léach, *id. n°.* 1. Femelle. — *Cimbex nigricornis.* Le P. n°. 100. *id.* Mâle et femelle. — *Cimbex sericea,* var. n°. 10. Fab. *Syst. Piez.* (Individu envoyé d'Italie par Allioni.)

Nota. Olivier fait mention de la femelle de cette espèce à la suite de la description du Cimbex soyeux n°. 11. de ce Dictionnaire. L'Abia nigricorne se trouve aux environs de Paris.

3. Abia brillante, *A. nitens.*

Abia sericea. Léach, *id. n°.* 2. Femelle. — *Cimbex nitens.* Le P. n°. 111. *id.* Mâle et femelle. — *Cimbex sericea* n°. 10. Fab. *Syst. Piez.* Les deux sexes. (Cet auteur prend à tort la *Tenthredo nitens* Linn. pour la femelle de cette espèce et la *Tenthredo sericea* Linn. pour le mâle, c'est tout le contraire.) — *Tenthredo sericea.* Panz. *Faun. Germ. fas.* 17. *fig.* 16. Mâle.

Voyez pour la description et les synonymes (en retranchant celui de De Géer et la description de la larve, qui appartiennent à l'*Hylotoma ustulata ;* consultez l'article Hylotome, pag. 573. de ce volume) les Cimbex soyeux n°. 11. (en ôtant les individus à antennes noires qu'il faut rapporter à l'Abia nigricorne) et Cimbex brillant n°. 12. de ce Dictionnaire. La description du n°. 11. n'est applicable qu'à la femelle ; celle du n°. 12. renferme les deux sexes.

Nota. M. Léach mentionne encore l'Abia brévicorne, *A. brevicornis. Zoolog. Miscell. vol.* 3. *n°.* 3. D'Angleterre ? — *Cimbex brevicornis.* Le P. n°. 102. *Monogr. Tenthred.*

ATHALIE, *Athalia.* Léach. Le P. Lat. (*Fam. natur.*) *Hylotoma.* Fab. *Tenthredo.* Geoff. Schranck. Panz. Devill. *Allantus.* Jur. *Nematus.* Spinol.

Genre d'insectes de l'ordre des Hyménoptères, section des Térébrans, famille des Serrifères. (Cette famille répond aux Tenthrédines Lat. *Voyez* Serrifères, article Térébrans.)

Les quatre genres Athalie, Céphus, Lyda et Tarpe composent un groupe dans la famille des Serrifères. (*Voyez* Tenthrède.) Les trois derniers ont les antennes composées de plus de onze articles, le labre caché ou peu apparent, et les jambes intermédiaires ainsi que les postérieures munies d'épines dans le milieu; de plus les antennes sont sétacées dans les Lydas et pectinées ou dentées en scie dans les Tarpes. Les Céphus diffèrent en outre des Athalies par leur abdomen comprimé.

Antennes presqu'en massue alongée dans les deux sexes, composées de onze articles distincts; le troisième plus long que les suivans; ceux de quatre à onze, moniliformes. — *Labre* apparent. — *Mandibules* bidentées. — *Corps* mou. — *Ailes supérieures* ayant deux cellules radiales égales, séparées par une nervure toujours courte et droite; quatre cellules cubitales inégales, la première petite, arrondie; la seconde et la troisième recevant chacune une nervure récurrente, la quatrième atteignant le bout de l'aile. — *Abdomen* sessile, déprimé. — *Jambes* dépourvues d'épines dans leur milieu; articles des tarses sans dilatation. Le reste des caractères comme dans les Tenthrèdes. (*Voyez* ce mot.)

M. Léach a fondé ce genre, mais il nous paroît s'être trompé sur son principal caractère, du moins les espèces qu'il cite comme types ont réellement onze articles aux antennes au lieu de dix qu'il leur attribue. Il existe des Serrifères à dix articles aux antennes, nous en formons notre genre Décamérie. M. Latreille en adoptant celui d'Athalie dans ses *Fam. nat.* lui donne pour caractères: antennes de dix à quatorze articles (toujours simples). Les espèces de Serrifères à antennes simples et de quatorze articles ne nous sont pas connues, et les Xyèles nous paroissent être les seules qui en aient douze. L'examen comparatif des caractères des Décaméries (*voyez* pag. 571. de ce volume) et des Athalies, prouvera suffisamment l'impossibilité de les réunir dans un seul genre.

Nous pensons que les larves des Athalies, ou au moins quelques-unes, se nourrissent de la moelle des jeunes rameaux, et qu'il faut rapporter à ce genre la larve dont parle Réaumur, *Mém. tom. V, pag.* 98. et qu'il représente *pl.* 10. *fig.* 1—3. Le reste de leur histoire est peu connu. Les insectes parfaits, d'assez petite taille, habitent les fleurs et se plaisent aussi sur les jeunes branches des arbres; ils sont lents à s'envoler, et au lieu d'employer ce moyen pour fuir, ils se contractent en plaçant leurs antennes réunies entre les pattes, qu'ils couchent le long du corps et se laissent tomber à terre où ils passent un certain temps sans donner signe de vie. Plusieurs espèces sont très-communes aux environs de Paris; leurs couleurs dominantes sont le noir et le testacé.

Rapportez à ce genre les espèces de 63 à 73. Le P. *Monogr. Tenthred.* Paris. 1823.

CÉPHUS, *Cephus.* LAT. FAB. SPINOL. LE P. *Trachelus.* JURIN. *Sirex.* LINN. *Tenthredo.* DEVILL. *Astatus.* KLUG. PANZ. (*Faun. Germ.*) *Banchus.* PANZ. (*Faun. Germ.*)

Genre d'insectes de l'ordre des Hyménoptères, section des Térébrans, famille des Serrifères. (Cette famille répond aux Tenthrédines LAT. *Voyez* SERRIFÈRES, article TÉRÉBRANS.)

Parmi les Serrifères un groupe contient les genres Athalie, Céphus, Lyda et Tarpe. (*Voyez* TENTHRÈDE.) Les antennes de ces dernières sont pectinées ou en scie; celles des Lydas sétacées, et dans les Athalies le labre est apparent, l'abdomen déprimé et les jambes dépourvues d'épines dans leur milieu.

Antennes longues, multiarticulées, terminées en massue, insérées sur le front, entre les yeux; les deux articles de la base plus courts que les suivans. — *Labre* presqu'entièrement caché. — *Mandibules* avancées, presque carrées, alongées, tridentées; leur dent apicale alongée, très-pointue, l'intermédiaire petite, l'inférieure large, tronquée. — *Mâchoires* et *Lèvre* avancées, formant par leur réunion une promuscide courte, cylindrique. — *Languette* trifide, distinctement échancrée. — *Palpes maxillaires* beaucoup plus longs que les labiaux, de six articles très-inégaux; le troisième assez gros, le quatrième très-long, le cinquième fort court: palpes labiaux de quatre articles, l'avant-dernier très-court, le quatrième long, ovale-conique. — *Tête* presque trigone vue en devant; sa partie supérieure en carré transversal. — *Yeux* petits, assez saillans. — *Trois ocelles* disposés en triangle sur le haut du front. — *Corps* étroit, alongé. — *Corselet* en ovale-alongé; prothorax très-abaissé à sa partie supérieure, alongé en une sorte de cou conique; mésothorax grand, son dessus divisé en quatre parties triangulaires par deux sillons qui se croisent dans son milieu: métathorax assez grand en dessus, prolongé en dessous de la base de l'abdomen. — *Ecusson* assez grand. — *Ailes* grandes; les supérieures ayant deux cellules radiales, la première petite, presque carrée; la seconde très-grande et quatre cellules cubitales égales entr'elles; la seconde et la troisième recevant chacune une nervure récurrente; la quatrième atteignant le bout de l'aile: trois cellules discoïdales. — *Abdomen* sessile, long, comprimé latéralement, tronqué obliquement à la partie inférieure de son extrémité, composé de huit segmens outre l'anus, le premier échancré dans le milieu du bord inférieur de sa partie dorsale; plaque anale inférieure faite en cuiller, refendue longitudinalement dans les femelles, cette fente formant une coulisse où se loge la tarière; cette même plaque entière dans les mâles; plaque anale supérieure entière, pointue au milieu dans les femelles, très-étroite et tronquée postérieurement dans les mâles, de manière à laisser voir dans ce sexe une partie de l'appareil générateur: tarière

tarière (des femelles) dépassant l'abdomen. — *Pattes* grêles, assez longues; hanches alongées; jambes intermédiaires avec une épine dans leur milieu; jambes postérieures en ayant deux; tarses fort longs.

M. Latreille (*Fam. nat.*) dit que les larves sont hexapodes, dépourvues de pattes membraneuses et vivent dans l'intérieur des végétaux. Elles attaquent, dit-on, les boutons à fleurs de quelques arbres fruitiers et l'intérieur de la tige des plantes céréales. C'est sur ces arbres et ces plantes que l'on trouve ordinairement les insectes parfaits. Les espèces connues sont d'assez petite taille; leurs couleurs habituelles sont le noir et le jaune, ou le ferrugineux.

Les six espèces mentionnées par Fabricius (*Syst. Piez.*) appartiennent toutes à ce genre; consultez en outre Le P. nos. 49 à 62. *Monogr. Tenthred.* Paris. 1823. (S. F. et A. Serv.)

TENTHRÉDINES, *Tenthredinetæ.* Première tribu de la famille des Porte-scie, section des Térébrans, ordre des Hyménoptères, ayant pour caractères:

Palpes maxillaires dans presque tous, de six articles; les labiaux de quatre (1). — *Mandibules* généralement alongées et comprimées. — *Languette* trifide. — *Tarière* composée de deux lames dentelées en scie, réunies et logées dans une coulisse longitudinale à l'extrémité postérieure du ventre, très-rarement saillante au-delà de l'anus.

Cette tribu se divise ainsi:

I. Tarière point saillante au-delà de l'anus.

Larves du plus grand nombre munies de pattes membraneuses et vivant à nu.

A. Labre apparent. Côté interne des quatre jambes postérieures offrant au plus et très-rarement une petite épine (genre *Perga*).

Larves ayant de douze à seize pattes membraneuses.

a. Antennes n'ayant jamais au-delà de seize articles. (Neuf au moins dans la plupart.) Toujours simples dans les femelles; celles des mâles soit ciliées ou fourchues, soit pectinées d'un seul côté ou n'offrant qu'un petit nombre de rameaux.

† Antennes de trois à huit articles distincts, soit terminées par un renflement en forme de bouton, soit par un article fort long et formant une massue plus ou moins cylindrique, quelquefois ciliées ou fourchues dans les mâles.

* Antennes de cinq à huit articles, terminées par un renflement en forme de tête ou de bouton.

Larves à vingt-deux pattes.

Cimbex, Amasis, Perga.

** Antennes n'ayant que trois articles distincts, le dernier en massue alongée ou de la grosseur des précédens, cilié ou fourchu dans les mâles.

Schizocère (antennes fourchues), Hylotome, Ptilie.

†† Antennes de neuf à quatorze articles, mais de neuf seulement dans le plus grand nombre.

* Antennes de neuf articles.

¶ Antennes simples dans les deux sexes.

Tenthrède, Dolère, Némate, Pristiphore.

¶¶ Antennes rameuses dans les mâles.

Cladie.

** Antennes de dix à quatorze articles (toujours simples).

Athalie.

b. Antennes de seize articles au moins, pectinées ou en éventail dans les mâles, en scie dans les femelles.

Ptérygophore, Lophyre.

B. Labre caché ou peu saillant. Côté interne des quatre jambes postérieures ayant deux ou trois épines.

Antennes toujours composées d'un grand nombre d'articles. Tête grande ou large. Larves connues sans pattes membraneuses.

Mégalodonte (*Tarpa* Fab.), Pamphilie (*Lyda* Fab.).

II. Tarière des femelles saillante au-delà de l'anus.

Larves sans pattes membraneuses, vivant dans l'intérieur des végétaux.

Xyèle, Céphus, Xiphidrie.

Les palpes maxillaires des Xyèles (Mastigocère Klug.) sont fort longs, repliés et terminés brusquement, en manière de filet.

Nota. Cet article est extrait des *Familles naturelles* de M. Latreille. (S. F. et A. Serv.)

(1) Les Xyèles, s'il n'y a pas d'erreur, feroient seules exception. Les maxillaires n'auroient que quatre articles, et les labiaux n'en offriroient que trois. (Dalman.)

TENTYRIE, *Tentyria*. Lat. *Akis*. Fab. *Pimelia*. Oliv. (*Entom.*)

Genre d'insectes de l'ordre des Coléoptères, section des Hétéromères (première division), famille des Mélasomes, tribu des Piméliaires.

Le groupe de cette tribu d'où dépend ce genre (*voyez* pag. 534. de ce volume) contient encore, 1°. Zophose, qui a le corselet transversal. 2°. Moluris, Psammode, Tagénie et Sépidie, dont le menton est petit, ne recouvrant pas la base des mâchoires. 3°. Tagone, qui a le corps presque triangulaire et le corselet transversal. 4°. Hégètre, dont le corselet n'est point rétréci à sa base, et les angles postérieurs presque droits.

Antennes filiformes, insérées sous un rebord latéral de la tête, composées de onze articles; le premier assez gros, conique; le troisième alongé, presque cylindrique; ceux de quatre à huit obconiques; les trois derniers plus courts que les précédens, presque turbinés. — *Labre* coriace, avancé, transversal, entier, arrondi sur les côtés. — *Mâchoires* rétrécies à leur base, ayant un lobe corné au côté interne. — *Palpes maxillaires* presque filiformes, de quatre articles, le dernier le plus grand de tous, presqu'obconique : palpes labiaux filiformes, très-courts, de trois articles. — *Menton* grand, recouvrant la base des mâchoires. — *Tête* ovale-arrondie; chaperon point distinct de la tête. — *Yeux* petits, placés sur les côtés du derrière de la tête. — *Corps* ovale-oblong. — *Corselet* presqu'orbiculaire, presqu'aussi long que large, ses angles postérieurs fortement arrondis, plus large que la tête, un peu plus étroit que la portion moyenne des élytres, laissant entre la base de celles-ci et la sienne, de chaque côté, un large vide. — *Ecusson* petit, distinct. — *Elytres* ovales, soudées ensemble, ayant leurs angles huméraux arrondis; elles couvrent l'abdomen et embrassent un peu ses côtés. — *Point d'ailes*. — *Abdomen* ovale. — *Pattes* assez longues, jambes droites : tarses à articles intermédiaires courts, le dernier et le premier les plus longs de tous; celui-ci presqu'aussi long que les trois autres, dans les tarses postérieurs.

Les Tentyries habitent le midi de l'Europe, l'Afrique et l'Asie, préférablement dans les plages sablonneuses et sur les bords de la mer.

1°. Tentyrie interrompue, *T. interrupta*. Lat. *Gener. Crust. et Ins. tom.* 2. *pag.* 155. *n°.* 1. Commune sur les côtes méridionales de France, tant vers l'Océan que près de la Méditerranée.

Nota. M. Latreille place encore dans ce genre les Pimélies scabriuscule et striatule d'Olivier. *Entom. tom.* 3. (S. F. et A. Serv.)

TÉPHRITE, *Tephritis*. Lat. Fab. Fall. Panz. *Dacus*, *Dictya*, *Scatophaga*. Fab. *Musca*. Linn. De Géer. Geoff. Panz. Schranck. *Trupanea*. Schranck. *Trypeta*. Meig.

Genre d'insectes de l'ordre des Diptères (première section), famille des Athéricères, tribu des Muscides (division des Carpomyzes).

Ce genre, tel que nous l'entendons, et tel que M. Latreille le conçoit dans ses *Familles naturelles* (du moins à ce que nous présumons), est absolument le même que celui nommé *Trypeta* par M. Meigen (*Dipt. d'Europ.*). Nous n'adopterons pas ce dernier nom parce qu'il nous paroît n'avoir été admis par aucun auteur jusqu'à ce jour, et qu'il présente dans la langue française une acception ignoble. M. Meigen caractérise ainsi ce genre :

Antennes rapprochées à la base, penchées, plus courtes que l'hypostome, composées de trois articles; les deux premiers courts; le troisième oblong, linéaire, aplati, obtus à son extrémité, muni à sa base d'une soie dorsale nue ou à peine pubescente. — *Ouverture de la cavité buccale* grande, arrondie. — *Trompe* géniculée, charnue à sa base, rentrant dans la cavité buccale lors du repos. — *Palpes* insérés sur la partie supérieure de la trompe, avant son articulation, ovales-oblongs, un peu amincis à leur base, obtus à leur extrémité, planes, un peu ciliés sur les bords. — *Tête* presqu'hémisphérique; front large dans les deux sexes, soyeux : hypostome glabre, plane dans son milieu qui ne présente pas de carène, ayant de chaque côté un léger enfoncement pour recevoir les antennes. — *Yeux* presqu'arrondis, espacés dans les deux sexes. — *Trois ocelles* disposés en triangle sur le vertex. — *Corps* peu velu. — *Prothorax* n'étant point distingué du mésothorax par une ligne transversale apparente. — *Ailes* velues vues au microscope, relevées et vibratiles dans le mouvement, couchées à plat sur le corps dans l'état de repos. — *Balanciers* découverts. — *Cuillerons* petits. — *Abdomen* peu bombé, de cinq segmens, obtus postérieurement dans les mâles, terminé dans les femelles par une tarière articulée, saillante, plus ou moins longue.

Ces Muscides se trouvent ordinairement sur les plantes à fleurs composées, dans les mois les plus chauds de l'année; les femelles déposent presque généralement leurs œufs parmi les semences de ces plantes dont les larves se nourrissent : quelques-unes cependant les introduisent sous l'épiderme de ces mêmes plantes, où la présence des larves occasionne la formation de galles.

Dans son *Systema Antliatorum*, Fabricius mentionne quarante-trois espèces de Téphrites. Les n°s. 1, 5, 13, 15, 16, 21, 25, 26, 28, 30, appartiennent réellement à ce genre, suivant M. Meigen. Les n°s. 6 et 7 sont, pour ce dernier, des Sapromyzes; le n°. 12, une Psila; les n°s. 17, 22, 23, 39, des Ortalis. Le n°. 33, une Piophile; les n°s. 34, 40, 41, des Sepsis; le n°. 35 est la Phore très-noire, n°. 1 de ce Dictionnaire; le n°. 36, l'Ochtère Mante n°. 1. *id.* Le n°. 37, une Ulidie Meig. Le n°. 38, l'Oscine striée, n°. 6 du présent ouvrage. Les nos. 2, 3, 4, 8, 9, 10, 11, 14, 18, 19, 20, 24, 27, 29, 31, 32, 42, 43, ne sont pas du genre Téphrite, ou du moins sont douteuses.

On trouve des Téphrites dispersées dans d'autres genres de Fabricius (*Syst. Antliat.*). Ainsi, dans celui de Dacus, les nos. 17, 24, 27, appartiennent aux Téphrites. Les *Dacus hastatus* no. 15, et *dauci* no. 22, sont une même espèce (*Trypeta solstitialis* MEIG.). Le *Dacus marmoreus* no. 18, est la même espèce que la *Tephritis flavescens* no. 15. FAB. (*Trypeta flavescens* MEIG.) Le *Dacus scabiosœ* no. 26, est le même insecte que la *Tephritis parietina* no. 15. (*Trypeta Leontodontis* MEIG.) Les *Scatophaga* nos. 28, 29, 31, sont des Téphrites ainsi que la *Dictya* no. 3.

M. Meigen décrit soixante-trois espèces de *Trypeta* dans ses *Diptères d'Europe*. Il les divise d'une manière assez peu tranchée d'après les taches que présentent les ailes. A. Ailes plus ou moins fasciées; espèces de 1 à 30, parmi lesquelles on trouve aux environs de Paris : 1°. Téphrite parente, *T. cognata*. — *Trypeta cognata* no. 6. MEIG. *Dipt. d'Europ. tom.* 5. *tab.* 48. *fig.* 19. 2°. Téphrite de la Centaurée, *T. centaureœ*. — *Trypeta centaureœ* no. 20. MEIG. *id. tab.* 49. *fig.* 8. 3°. Téphrite à pointe, *T. stylata* — *Trypeta stylata* no. 24. MEIG. *id. tab.* 49. *fig.* 12. 4°. Téphrite solstitiale, *T. solstitialis* — *Trypeta solstitialis* no. 27. MEIG. *id. tab.* 49. *fig.* 10. — *Encycl. pl.* 394. *fig.* 19. 5°. Téphrite quadrifasciée, *T. quadrifasciata* — *Trypeta quadrifasciata* no. 29. MEIG. *id. tab.* 49. *fig.* 3. B. Ailes plus ou moins réticulées; espèces de 31 à 48. De ce nombre sont : 1°. Téphrite de Westermann, *T. Westermanni*. — *Trypeta Westermanni* no. 32. MEIG. *id. tab.* 50. *fig.* 6. Bois de Bondy, le long du canal de l'Ourcq. 2°. Téphrite pariétine, *T. parietina*. — *Trypeta parietina* no. 32. MEIG. *id. tab.* 50. *fig.* 7. Environs de Paris. C. Ailes entièrement ou presqu'entièrement sans taches; espèces de 49 à 54. Celles de 55 à 63. n'étoient pas suffisamment connues de M. Meigen pour qu'il pût assigner les divisions auxquelles elles appartiennent.

M. Wiédemann dans ses *Analect. Ent. Kiliœ.* 1824. rapporte aux Téphrites les espèces exotiques suivantes : 1°. Téphrite incisée, *T. incisa* no. 117. Longueur 2 lig. ½. Jaunâtre; corselet à quatre taches noires. Abdomen à bandes de cette couleur : ailes brunes, avec quatre bandes et quatre taches transparentes. Du Bengale. 2°. Téphrite obsolète, *T. obsoleta* no. 118. Longueur 2 lig. ½. Couleur de café; abdomen avec des points noirs; ailes brunes ayant des lignes transversales plus pâles et deux taches marginales transparentes. De Java. 3°. Téphrite armée, *T. acrostacta* no. 119. Longueur 2 lig. ½. Corselet glauque : abdomen noir; pattes jaunes : ailes brunes, ayant de chaque côté deux petites bandes marginales, trois taches et l'extrémité transparentes. Mâle et femelle. Indes orientales. 4°. Téphrite pâle, *T. pallens* no. 120. Longueur 2 lig. ¼. Jaune pâle; corselet avec deux bandes noires qui se réunissent en devant : abdomen ayant des taches à quatre pointes, de même couleur; ailes transparentes. Mâle. De Tanger. 5°. Téphrite de Reinhard, *T. Reinhardi*. Longueur 1 lig. ⅔. Noirâtre; front ferrugineux : ailes brunes avec une bande à la base, deux lignes vers la côte et trois autres près du bord extérieur, transparentes. Mâle et femelle. Indes orientales. 6°. Téphrite à quatre bandes, *T. quadrincisa*. Longueur 1 lig. ½. Noire; front ferrugineux : ailes brunes, leur base transparente ainsi que quatre petites lignes. Femelle. Indes orientales. 7°. Téphrite ponctuée, *T. punctata*. Longueur 3 lig. Couleur de paille; corselet glauque : écusson ayant trois bandes brunes; abdomen et ailes ponctués de brun : celles-ci offrant en outre une bande et des lignes brunes. Mâle. De Guinée. 8°. Téphrite cornue, *T. capitata*. Longueur 2 lig. Front portant deux éminences qui soutiennent une soie terminée par une petite lame rhomboïdale : ailes ponctuées et fasciées. Mâle. Indes orientales.

Nota. Quelques Téphrites se trouvent parmi les espèces du genre Mouche de ce Dictionnaire, mais il est impossible de les spécifier.

(S. F. et A. SERV.)

TÉRÉBELLIFÈRES, *Terebellifera*. NOB. Troisième famille de la section des Térébrans, ordre des Hyménoptères. (*Voyez* TÉRÉBRANS.) Ses caractères sont :

Antennes soit coudées, de douze articles ou moins, soit droites et composées de treize articles ou plus. — *Tarière* (des femelles) cylindrique, cornée, à peine dentée à son extrémité, logée à sa base dans une coulisse abdominale, toujours plus ou moins saillante hors de cette coulisse, et droite dans le repos; composée de deux lames latérales, linéaires, convexes extérieurement, concaves à l'intérieur, se touchant par leur bord dans toute leur longueur, et reçue au-delà de l'abdomen dans un fourreau composé de deux autres lames cornées que forme le prolongement latéral de l'extrémité de la coulisse; cette tarière insérée vers le milieu de l'abdomen et soutenue à sa base par une écaille qui recouvre le point d'insertion, cette écaille de grandeur variable, souvent courte, atteignant rarement à peu près l'extrémité de l'abdomen. — *Abdomen* point comprimé ou comprimé, mais étant alors tronqué postérieurement, ayant habituellement plus de quatre segmens : anus des mâles complet, sa plaque supérieure recouvrant parfaitement l'inférieure. — *Ailes inférieures* ayant toujours plus d'une nervure longitudinale distincte. — *Larves* se nourrissant de larves d'insectes dans les corps desquelles les femelles introduisent leurs œufs à l'aide de la tarière.

Cette famille renferme trois tribus : Chalcidites, Ichneumonides, Urocérates.

(S. F. et A. Serv.)

TÉRÉBRANS, *Terebrantia*. Première section de l'ordre des Hyménoptères ; son caractère est : *Abdomen* parfaitement sessile dans plusieurs ; celui des femelles toujours pourvu d'une tarière. — *Antennes* ayant ordinairement plus ou moins de douze articles.

La tarière, habituellement composée de deux pièces, contient un canal longitudinal qui donne passage aux œufs ; elle a différentes conformations, elle est presque plate et dentée en scie dans la famille des Serrifères (Tenthrédines Lat.). Les deux parties dont elle est composée peuvent agir séparément ; elle est logée dans une coulisse du dessous de l'abdomen vers le milieu duquel elle prend son insertion : lorsque par sa longueur elle dépasse l'abdomen dans le repos, l'extrémité de la coulisse se prolonge de chaque côté en lames presque plates qui servent de fourreaux à la partie extérieure de la tarière (1). Dans la tribu des Urocérates la tarière est cylindrique, comprimée, son extrémité pointue a quelques dentelures très-petites : il ne paroît point que ses parties puissent agir séparément, toujours une portion de cette tarière dépasse l'abdomen, comme dans les précédens ; nous en ôtons le genre Orysse que différens auteurs mettent dans cette tribu, parce que sa tarière est, comme celle des Gallicoles, entièrement rétractile dans l'abdomen ; la coulisse extérieure du ventre sert seulement pour la diriger lorsqu'elle en sort : cette tarière est cylindrique et se roule en spirale dans l'état de repos. Dans les diverses tribus que renferme la famille des Pupivores, cet organe est conformé d'une manière très-différente ; les Evaniales et les Ichneumonides ont leur tarière cylindrique, cornée, à peine dentelée à l'extrémité, plus ou moins saillante hors de la coulisse abdominale, toujours droite dans le repos. La tarière des Gallicoles est conformée comme celle des Orysses. Celle des Chalcidites comme dans les Ichneumonides ; seulement dans le repos, les Leucospis la relèvent au-dessus de l'abdomen où sont placés, dans ce genre, les fourreaux provenant de l'extrémité de la coulisse ventrale. Les Chrysides ont leur tarière membraneuse, molle, recouverte en partie d'écailles un peu cornées, placées presqu'en toit les unes sur les autres ; cette tarière n'est pas pointue, mais cylindrique, accompagnée d'un aiguillon qui n'est point inséré précisément à son extrémité, mais à une distance assez notable : excepté par son insertion cet aiguillon ne diffère point de celui des Porte-aiguillon. La tarière des Oxyures est un tuyau solide, non composé, corné, à peine pointu à son extrémité.

L'abdomen et les antennes des Térébrans sont extrêmement variables, et pour la forme et pour le nombre des parties qui les composent. Les larves ont deux manières de vivre fort différentes, se nourrissant les unes de végétaux et les autres de larves d'insectes.

Nous proposons de diviser cette grande section ainsi qu'il suit :

I. Une tarière dans les femelles. Point d'aiguillon.

1. Tarière de deux pièces cornées.

A. Tarière (des femelles) comprimée, presque plate. — Larves phytiphages.

1re. Famille, Serrifères, *Serrifera* (Tenthrédines Lat.).

B. Tarière (des femelles) rétractile dans l'abdomen ; cylindrique, se roulant en spirale dans le repos. — Larves phytiphages.

2e. Famille, Spirifères, *Spirifera* (Gallicoles Lat. et en outre le genre Orysse).

C. Tarière (des femelles) cylindrique, se logeant en partie dans une coulisse extérieure de l'abdomen dans l'état de repos, ayant au plus quelques petites dents vers son extrémité. — Larves zoophages.

3e. Famille, Térébellifères, *Terebellifera*.

1re. Tribu. Chalcédites Lat.

2e. Tribu. Ichneumonides (Ichneumonides et Evaniales Lat.).

3e. Tribu Urocérates Lat. (à l'exception du genre Orysse).

2. Tarière d'une seule pièce cornée. — Larves zoophages.

4e. Famille. Canalifères, *Canalifera* (Oxyures Lat.).

II. Une tarière membraneuse d'une seule pièce (dans les femelles). Un aiguillon. — Larves zoophages.

5e. Famille. Tubulifères, *Tubulifera* (Chrysides Lat.).

(S. F. et A. Serv.)

(1) Il n'est point certain que le genre Xiphidrie appartienne à la famille des Serrifères, il est probable qu'il doit être reporté dans la tribu des Urocérates, famille des Térébellifères ; en attendant que l'on connoisse mieux son organisation, il restera avec les Serrifères d'après l'opinion actuelle.

TÉRÉDILES. *Voyez* Perce-bois.
(S. F. et A. Serv.)

TERMÈS, *Termes*. Linn. De Géer. Fab. Lat. *Hemerobius*. Linn. *Perla*. De Géer.

Genre d'insectes de l'ordre des Névroptères, section des Filicornes, famille des Planipennes, tribu des Termitines.

Cette tribu, dans les *Familles naturelles* de M. Latreille, contient deux genres, savoir : Termès et Embie; celui-ci, d'après l'auteur, diffère du premier par la forme de ses antennes.

Antennes filiformes, insérées devant les yeux, de la longueur du corselet, composées d'environ dix-huit articles courts, cylindro-coniques; le premier le plus long de tous, les cinq ou six suivans plus courts que les autres. — *Labre* membraneux-coriace, avancé, se prolongeant sur les mandibules, presque carré ou un peu trigone, tronqué et obtus en devant, un peu voûté, entier, attaché au chaperon. — *Mandibules* cornées, avancées, dépassant un peu le labre, triangulaires ou presque carrées, déprimées, leur côté interne tranchant, muni de deux ou trois dents courtes, aiguës; celle qui est auprès de l'extrémité plus forte que les autres, cette extrémité elle-même prolongée en une grande dent. — *Mâchoires* ayant leur base crustacée, comprimée; elles sont formées de deux lobes, l'extérieur imitant la galète des Orthoptères, membraneux, un peu coriace, déprimé, presque trigone, ayant une très-courte articulation à sa base, excavé à sa partie inférieure, recouvrant le lobe interne; celui-ci corné, trigone, comprimé, dilaté intérieurement à sa base, bifide ou unidenté intérieurement. — *Quatre palpes* filiformes ou presque filiformes, les maxillaires plus longs que les labiaux, de cinq articles, les deux basilaires très-courts; les second, troisième et quatrième presqu'obconiques; le cinquième le plus grand de tous, presque cylindrique : palpes labiaux de trois articles, le premier le plus court de tous. — *Lèvre* membraneuse, alongée, divisée à son extrémité en quatre lanières égales; menton membraneux-coriace, presqu'en carré alongé, un peu plus étroit vers son extrémité. — *Tête* en ovale court ou presque carré, un peu plus étroite à sa partie antérieure, arrondie postérieurement; chaperon petit, transversal, déprimé en devant, rebordé par une membrane. — *Yeux* presque semi-globuleux, un peu proéminens. — *Trois ocelles*, dont deux plus grands que les autres, placés chacun vers le bord intérieur des yeux à réseau; le troisième peu visible, posé sur le milieu de la partie supérieure du front. — *Corps* cylindrique, déprimé, presque linéaire. — *Corselet* ayant son prothorax nu, recouvert par une lame déprimée, en carré transversal ou semi-circulaire, son bord antérieur droit, le postérieur arrondi. — *Ailes* presqu'égales, très-longues, étroites, presque linéaires, souvent opaques ou du moins peu transparentes, couchées horizontalement sur le corps dans le repos, n'ayant point de nervures bien distinctes. — *Abdomen* en carré alongé, plane en dessus, son extrémité arrondie, obtuse, composé de segmens linéaires, transversaux, terminé vers l'anus par deux appendices courts, coniques, bi-articulés, placés un de chaque côté. — *Pattes* courtes; jambes cylindriques, alongées, grêles, munies de deux ou trois petites épines vers leur extrémité; tarses de quatre articles, les premiers courts, le dernier long, muni de deux crochets.

Quant aux mœurs de ces insectes on en trouvera quelques détails abrégés à l'article Termitines. On pourra aussi en voir d'autres dans l'analyse d'un ouvrage de Smeathman, *Encyclop.* tom. IV. pag. cccj; dans celle d'un Mémoire de De Géer, même tome, pag. ciij, et tome VI, pag. 484, dans un alinéa où sont rapportées des observations de Lyonet sur de prétendues Fourmis des Indes orientales, qui ne peuvent être que des Termès. En outre M. Latreille a réuni toutes les notions que l'on a sur les espèces tant exotiques qu'indigènes de ce genre à l'article Termès du nouveau Dictionnaire d'Histoire naturelle, en ayant lui-même observé une espèce dans les environs de Bordeaux avec la sagacité dont il a donné tant d'autres preuves.

La larve et la nymphe ressemblent parfaitement à l'insecte parfait; elles n'en diffèrent que parce que la première est aptère, et que la seconde n'a que des rudimens d'ailes. On rencontre dans les habitations des Termès certains individus toujours aptères, dont la tête est autrement conformée que celle des mâles et des femelles, étant beaucoup plus grande proportionnellement, ainsi que les mandibules : ces individus que M. Latreille croit, avec beaucoup de probabilité, analogues aux femelles stériles des Fourmis, ne paroissent pas se mêler du travail, mais seulement de la défense de la société dont ils font partie; aussi quelques auteurs leur donnent-ils le nom de *soldats*.

1°. Termès du Cap, *T. Capense*. De Géer, *Mém. Ins. tom.* 7. *Mém.* 1. *pag.* 47. *n°.* 2. *pl.* 38. *fig.* 1—4. — Lat. *Nouv. Dictionn. d'hist. nat.* Du Cap de Bonne-Espérance. 2°. Termès brun, *T. fulcum*. Lat. *id.* De Cayenne. 3°. Termès morio, *T. morio*. Fab. *Entom. Syst. tom.* 2. *pag.* 90. *n°.* 3. Des Antilles. 4°. Termès à nez, *T. nasutum*. Lat. *id.* Jamaïque. 5°. Termès lucifuge, *T. lucifugum*. Lat. *Gener. Crust. et Ins. tom.* 3. *pag.* 206. *n°.* 1. Des environs de Bordeaux. 6°. Termès voyageur, *T. viator*. Lat. *Nouv. Dictionn. d'hist. nat.* Du Cap de Bonne-Espérance. 7°. Termès ferrugineux, *T. ferruginosum*. Lat. *id.* Des Indes orientales. 8°. Termès flavicolle, *T. flavicolle*. Fab. *Entom. Syst. tom.* 2. *pag.* 91. *n°.* 6. D'Espagne et de Montpellier. (S. F. et A. Serv.)

TERMITE. Ce nom a été employé par quelques auteurs au lieu de celui de Termès. *Voyez* ce mot. (S. F. et A. Serv.)

TERMITINES, *Termitinæ.* Cinquième tribu de la famille des Planipennes, section des Filicornes, ordre des Névroptères. Elle offre pour caractères, suivant M. Latreille :

Tous les tarses composés de trois ou quatre articles. — *Prothorax* en forme de corselet carré ou orbiculaire. — *Antennes* ordinairement moniliformes et courtes. — *Ailes* généralement couchées horizontalement sur le corps, le dépassant de beaucoup postérieurement, caduques. — *Organes de la manducation* se rapprochant beaucoup de ceux des Orthoptères.

Cette tribu renferme les genres Termès et Embie.

Ces insectes vivent en société très-nombreuse : cachés dans l'intérieur de leurs habitations, qui sont souvent coniques et entièrement composées de terre agglutinée ; ils creusent des galeries et les étendent au loin jusqu'à ce qu'ils arrivent aux substances dont ils font leur nourriture dans leurs différens états. Ils attaquent ces substances par la partie qui touche le sol, les vident entièrement sans altérer leur forme extérieure. Quoiqu'aimant beaucoup la chaleur, puisqu'ils construisent ordinairement leurs habitations dans les endroits exposés au soleil des régions équatoriales, ils fuient la lumière et ne s'y exposent jamais volontairement. Ils sont omnivores et attaquent le bois mort ou vivant, le pain, les étoffes, etc. Leurs métamorphoses sont incomplètes ; leur société se compose principalement de larves, de nymphes et d'une autre sorte d'individus constamment aptères, différens des autres par la forme de leur tête, et destinés, à ce qu'il paroît, uniquement à défendre leur demeure.

(S. F. et A. Serv.)

TERRESTRES, *Terrestres.* Première division de la famille des Carnassiers, section des Pentamères, ordre des Coléoptères, ayant les caractères suivans :

Pattes uniquement propres à la course, point natatoires, les quatre postérieures n'étant point simultanément comprimées ni amincies vers le bout et ciliées. — *Mandibules* entièrement découvertes. — *Mâchoires* arquées ou crochues seulement à leur extrémité et non dès l'insertion des palpes. — *Corps* généralement oblong.

Cette division contient deux tribus, savoir, Cicindelètes et Carabiques. *Voyez* ces mots à la table alphabétique. (S. F. et A. Serv.)

TERRESTRES, *Terrestria.* Lat. Seconde section des Crustacés de l'ordre des Isopodes, établie par M. Latreille (*Fam. natur. du règne anim.*), et renfermant de petits Crustacés dont les deux antennes intermédiaires sont très-petites, à peine visibles, et de deux articles au plus ; elles avoient échappé à la plupart des naturalistes. Les premiers feuillets de ceux qui vivent constamment hors de l'eau, renferment des pneumo-branchies, ou des branchies aériennes faisant l'office de poumons ; l'air y pénètre au moyen de petits trous disposés sur une ligne transverse. Le post-abdomen est composé de six segmens ; le bord postérieur du dernier offre, dans les uns, deux stylets bifides naissant du milieu de ce bord ; dans les autres il en présente quatre, un de chaque côté, plus grands, à deux articles, et les deux autres inférieurs et à un seul article. Les mâles sont distingués des femelles par les mêmes caractères que les Idotéides.

M. Latreille, dans l'ouvrage que nous avons cité, forme une famille dans cette section ; c'est sa famille des Cloportides. *Voyez* ce mot.

(E. G.)

TERRICOLES, *Terricolæ.* Troisième division de la tribu des Tipulaires, famille des Némocères, première section de l'ordre des Diptères. M. Latreille lui donne pour caractères :

Point d'ocelles. — *Palpes* de plusieurs longs, à dernier article alongé. — *Extrémité antérieure de la tête* rétrécie et prolongée en museau (souvent même avec une saillie pointue). — *Ailes* souvent écartées, à nervures nombreuses réunies transversalement, du moins en partie, au-delà du milieu de la longueur : deux ou trois cellules discoïdales fermées. — *Yeux* ronds ou ovales, sans échancrure remarquable. — *Extrémité des jambes* épineuse.

Espèces généralement grandes, vivant pour la plupart sous la forme de larves et de nymphes dans le terreau ou dans le bois pourri.

I. Antennes de treize articles au moins, tantôt soit barbues ou pectinées, soit en scie ; tantôt plus ou moins moniliformes ou noueuses, garnies de poils verticillés.

A. Dernier article des palpes fort long, comme noueux ou articulé. (Antennes souvent barbues, pectinées ou en scie : ailes toujours écartées.)

Cténophore, Pédicie, Tipule, Néphrotome, Ptychoptère.

B. Dernier article des palpes guère plus long que les autres, point noueux. (Ailes le plus souvent couchées sur le corps.)

Rhipidie, Limnobie, Erioptère, Polymère.

II. Antennes de dix articles au plus, grêles ou capillaires, simplement velues ou pubescentes, leurs poils ne formant pas sensiblement de verticilles. (Dernier article des palpes guère plus long que les autres, point noueux. Ailes le plus souvent couchées sur le corps.)

A. Des ailes.

Trichocère, Mækistocère, Dixa, Nématocère Meig. (*Hexatoma* Lat.), Anisomère Meig.

B. Point d'ailes.

Chionée.

Nota. Cette division des Tipulaires, nommée Terricoles, répond à peu près à celle que M. Meigen appelle *Rostratæ* dans sa famille des Tipulaires; mais ce dernier auteur en repousse le genre Dixa et le place parmi les Tipulaires-fungicoles.

CTÉNOPHORE, *Ctenophora*. Meig. Illig. Fab. Lat. Wiédem. Macq. *Tipula*. Linn. Scopol. Geoff. Schranck. De Géer. Ross. *Taniptera*. Lat.

Genre d'insectes de l'ordre des Diptères, première section, famille des Némocères, tribu des Tipulaires (division des Terricoles).

Les Cténophores font partie d'un groupe qui contient en outre les genres Pédicie, Tipule, Néphrotome et Ptychoptère. (*Voyez* Terricoles.) Les Pédicies et les Ptychoptères ont seize articles aux antennes; les Néphrotomes dix-neuf dans les mâles et quinze dans les femelles; le genre Tipule a le second article des antennes cyathiforme et les onze suivans cylindriques: de plus les mâles dans ces quatre genres n'ont point les antennes pectinées.

Antennes avancées, composées de treize articles dans les deux sexes; le premier cylindrique, sillonné transversalement; le second globuleux, presque conique; le troisième de forme variable, les suivans oblongs dans les mâles, presque cylindriques, accompagnés de rameaux latéraux à deux, trois ou quatre branches; dans les femelles ces articles sont sans rameaux, ovales-coniques ou oblongs: le treizième ou dernier est petit et dépourvu de rameau dans les deux sexes. — *Bouche* alongée en un bec court, pointu. — *Trompe* courte, un peu saillante. — *Labre* petit. — *Palpes* courbés, cylindriques, composés de quatre articles; les trois premiers un peu en massue, soyeux, d'égale longueur; le quatrième beaucoup plus long, velu, comme noueux ou articulé. — *Tête* presque globuleuse. — *Yeux* ronds. — *Point d'ocelles.* — *Corselet* ovale; prothorax formant en devant un bourrelet et séparé du reste du corselet par un sillon transversal. — *Ailes* écartées dans le repos, comme vernissées. — *Balanciers* découverts. — *Abdomen* composé de huit segmens; cylindrique, avec l'anus en massue dans les mâles; fusiforme, avec l'anus terminé par deux lames pointues dans les femelles. — *Pattes* grêles, de longueur moyenne. Jambes ayant deux épines terminales bien distinctes.

Les belles antennes pectinées et rameuses des mâles ont fait donner à ce genre un nom tiré de deux mots grecs qui signifient: *porte-peigne*. Les larves sont assez semblables à celles des Tipules; cylindriques, apodes, d'un blanc sale; leur anus porte des appendices disposés en rayons; elles vivent dans le terreau végétal des arbres qui tombent en décomposition et s'y tranforment en nymphes dont le corps est garni d'épines.

1re. *Division.* Antennes des mâles ayant deux rangs de rameaux, tous deux vers le dedans, placés l'un sur l'autre, les plus courts en dedans.

Cette division comprend: 1°. Cténophore bimaculé, *C. bimaculata*. Meig. *Dipt. d'Europ. tom.* 1. *pag.* 156. *n°.* 1. — Macq. *Ins. Dipt. Tipul. pag.* 81. *n°.* 1. De France; environs de Paris. 2°. Cténophore des marais, *C. paludosa*. Meig. *id. pag.* 157. *n°.* 2. D'Italie.

2e. *Division.* Antennes des mâles ayant trois rangs de rameaux, un de chaque côté et un plus court en dessous.

1°. Cténophore âtre, *C. atra*. Meig. *Dipt. d'Eur. tom.* 1. *pag.* 158. *n°.* 3. — Macq. *Ins. Dipt. Tipul. pag.* 81. *n°.* 2. De France; environs de Paris. 2°. Cténophore nigricorne, *C. nigricornis*. Meig. *id. pag.* 159. *n°.* 4. Mâle. D'Allemagne. M. Macquart, *id. pag.* 82. *n°.* 3. décrit un individu femelle qu'il regarde comme celle de la *nigricornis* trouvé aux environs de Lille.

3e. *Division.* Antennes des mâles ayant quatre rangs de rameaux, deux de chaque côté, les plus courts en dedans des autres.

1°. Cténophore pectinicorne, *C. pectinicornis*. Meig. *Dipt. d'Eur. tom.* 1. *pag.* 160. *n°.* 5. — Macq. *Ins. Dipt. Tipul. pag.* 82. *n°.* 4. De France. 2°. Cténophore à bandes jaunes, *C. flaveolata*. Meig. *id. pag.* 161. *n°.* 6. — Macq. *id. pag.* 83. *n°.* 5. Assez commune aux environs de Paris. 3°. Cténophore agréable, *C. festiva*. Meig. *id. pag.* 162. *n°.* 7. — Macq. *id. pag.* 84. *n°.* 6. De France; environs de Paris. 4°. Cténophore élégante, *C. elegans*. Meig. *id. pag.* 163. *n°.* 8. *tab.* 5. *fig.* 18. Femelle. Environs de Paris. 5°. Cténophore tachetée, *C. guttata*. Meig. *id. pag.* 165. *n°.* 9. D'Autriche. 6°. Cténophore ornée, *C. ornata*. Meig. *id. pag.* 166. *n°.* 10. Même patrie. 7°. Cténophore flavicorne, *C. flavicornis*. Meig. *id. n°.* 11. Même patrie.

Nous rapporterons en outre à ce genre deux espèces de Java décrites par M. Wiédemann dans ses *Dipt. exotic.* dont il ne connoît que des femelles. 1°. Cténophore ardente, *C. ardens*, *pag.* 20. *n°.* 2. Longueur 8 lig. Ferrugineuse. Pattes noires; jambes postérieures ayant une bande transverse blanche. Ailes safranées, leur extrémité brune. 2°. Cténophore annelée, *C. compedita*, *pag.* 21. *n°.* 3. Longueur 7 lig.

Jaune; corselet à bandes noires. Pattes noires; toutes les jambes ayant un anneau blanc; extrémité des ailes brune.

Nota. La *Ctenophora lœta* n°. 8. Fab. *Syst. Antliat.* des Indes orientales appartient aussi à ce genre selon M. Wiédemann. La *Ctenophora quatuormaculata* n°. 4. Fab. *id.* est la *Limnobia quadrimaculata.* Meig. *Dipt. d'Eur. tom.* 1. *pag.* 151. *n°.* 64. M. Wiédemann (*Dipt. exotic.*) rapporte cette même espèce au genre Tipule.

NÉPHROTOME, *Nephrotoma.* Meig. Lat. Macq. *Tipula.* Fab.

Genre d'insectes de l'ordre des Diptères, première section, famille des Némocères, tribu des Tipulaires (division des Terricoles) (1).

Quatre genres, outre celui de Néphrotome, composent un groupe parmi les Tipulaires-Terricoles. (*Voyez* Terricoles.) Dans ces quatre genres le nombre des articles des antennes est égal dans les deux sexes; les Cténophores et les Tipules n'ont que treize articles aux antennes; celles des Pédicies et des Ptychoptères en ont seize.

Antennes avancées, filiformes; celles des mâles presqu'aussi longues que l'abdomen, arquées, courbes, composées de dix-neuf articles; le premier et le troisième cylindriques, le second cyathiforme, le quatrième et les suivans réniformes, échancrés au côté inférieur, un peu plus épais à leur base, du double aussi longues que la tête, et de quinze articles dans les femelles; les trois premiers, comme dans les mâles; tous les autres presque cylindriques, un peu plus épais à leur base. — *Palpes* avancés, courbés, de quatre articles; les trois premiers d'égale grandeur, un peu plus gros vers leur extrémité, le quatrième beaucoup plus long, cylindrique, comme noueux ou articulé. — *Tête* prolongée en museau. — *Yeux* arrondis, séparés. — *Point d'ocelles.* — *Prothorax* séparé du reste du corselet par une ligne transverse enfoncée, sinueuse. — *Ailes* lancéolées, écartées. — *Abdomen* composé de huit segmens. — *Jambes* à épines terminales courtes.

Le nom de ce genre est tiré de deux mots grecs qui expriment que la plupart des articles qui composent les antennes des mâles sont réniformes. La seule espèce connue se trouve en France et en Allemagne pendant l'été dans les bois aquatiques et sur les haies; par ses couleurs elle se rapproche singulièrement de plusieurs espèces de la seconde division du genre Tipule. Olivier a pris pour elle la *Tipula histrio.* M. Meigen dit que la Néphrotome dorsale ressemble tellement à la *Tipula scurra*, qu'elle n'en est distinguée que par la conformation des antennes et la tache stigmatique des ailes qui est noire, et M. Macquart trouve qu'il y a toujours quelque difficulté à la distinguer de la Tipule cornicine avec laquelle on la trouve. Le type du genre est la Néphrotome dorsale, *N. dorsalis.* Meig. *Dipt. d'Eur. tom.* 1. *pag.* 202. *n°.* 1. *tab.* 5. *fig.* 22. Femelle. — Macq. *Ins. Dipt. Tipul. pag.* 79. *n°.* 1. en retranchant le synonyme d'Olivier énoncé sous le nom de *Tipula dorsalis*, mais qui ne peut avoir rapport qu'à sa Néphrotome dorsale, *Encycl. tom. VIII. pag.* 196. *n°.* 4. (*Tipula histrio* des auteurs.)

LIMNOBIE, *Limnobia.* Meig. Lat. (*Fam. nat.*) Macq. *Limonia.* Meig. (*classif.*) Lat. (*Gener.*) *Tipula.* Linn. De Géer. Fab. Schranck. Schell. *Nephrotoma.* Oliv. (*Encycl.*)

Genre d'insectes de l'ordre des Diptères, première section, famille des Némocères, tribu des Tipulaires (division des Terricoles).

Un groupe de cette division contient quatre genres (*voyez* Terricoles); 1°. Rhipidie, qui n'a que quatorze articles aux antennes dans les deux sexes; celles des mâles pectinées. 2°. Erioptère, dont les nervures des ailes sont velues. 3°. Polymère, ayant les antennes composées de vingt-huit articles. 4°. Limnobie, qui ne présente aucun de ces caractères, mais les suivans.

Antennes filiformes ou presque sétacées, se rejetant sur les côtés, ordinairement composées de seize articles, rarement de quinze ou de dix-sept; le premier cylindrique, le second cyathiforme, les suivans plus ou moins oblongs ou globuleux, velus ou soyeux, d'une grosseur décroissante vers l'extrémité: celles des mâles quelquefois plus longues que celles des femelles. — *Bouche* très-peu alongée. — *Trompe* ordinairement très-courte, un peu saillante. — *Palpes* saillans, courbés, habituellement plus longs que la trompe, de quatre articles; les trois premiers allant un peu en grossissant vers leur extrémité, un peu velus; ceux-ci le plus souvent d'égale longueur; le quatrième ordinairement plus grêle, cylindrique, point noueux, ni flexible; le premier plus court dans un petit nombre d'espèces. — *Tête* petite, ovale, un peu plate par en haut, rétrécie postérieurement. — *Yeux* ronds. — *Point d'ocelles.* — *Corps* alongé. — *Corselet* ovale; prothorax

(1) Il existe un article Néphrotome à sa lettre dans ce Dictionnaire; feu Olivier qui l'a rédigé ne connoissant pas suffisamment les genres alors nouvellement établis par M. Meigen a pris, d'après les ressemblances de couleur, une espèce de Tipulaire (*Tipula histrio* Fab. Meig.) pour une Néphrotome, et il n'a pas connu la vraie Néphrotome dorsale de M. Meigen. Partant de-là Olivier a totalement erré et dans les caractères qu'il donne à son genre Néphrotome, et dans les six espèces qu'il y fait entrer; les cinq premières sont des Tipules, savoir: *Nephr. crocata* n°. 1, *pratensis* n°. 2, *cornicina* n°. 3, *dorsalis* n°. 4 (celle-ci est la *Tipula histrio* Fab. Meig.), *vittata* n°. 5. La *replicata* n°. 6 est une Limnobie.

Les Tipules que nous venons de citer sont de la deuxième division du genre *Tipula* de M. Meigen, et diffèrent des autres Tipules par les nervures des ailes. *Voyez* Tipule.

thorax formant un bourrelet par-devant, séparé du reste du corselet par une ligne transversale, enfoncée, sinueuse; métathorax un peu arqué. — *Ailes* couchées parallèlement l'une sur l'autre dans le repos; leurs nervures point velues; bord postérieur des ailes frangé de petits poils. — *Balanciers* découverts. — *Abdomen* long, effilé, cylindrique à sa base, s'aplatissant vers son extrémité, composé de huit segmens; anus des mâles obtus, celui des femelles terminé par deux lames pointues, placées l'une contre l'autre. — *Pattes* longues, grêles, finement velues; jambes terminées par deux petites épines peu visibles; tarses à peu près de la longueur des jambes.

Les Limnobies, dont le nom vient de deux mots grecs qui signifient : *vivant dans les marais*, habitent les bois humides et le bord des mares; pendant le grand jour, qu'elles semblent craindre, elles se tiennent à l'ombre du feuillage; plusieurs espèces, les plus petites surtout, voltigent en troupes vers le coucher du soleil et par un temps calme, s'abaissant et s'élevant alternativement dans l'air, sans s'écarter beaucoup d'un même endroit; les différentes espèces de ce genre paroissent successivement pendant toute la belle saison. M. Macquart, que nous avons eu déjà occasion de citer quelquefois pour ses ouvrages remarquables sur les Diptères du nord de la France, observe que le voisinage des eaux, recherché particulièrement des Limnobies, semble indiquer que la nature y a placé leur berceau; cependant les femelles ont comme les autres Tipulaires-Terricoles, l'abdomen terminé par deux lames cornées formant une pointe qui servent à celles-ci pour confier leurs œufs à la terre; l'auteur cité est donc porté à croire que les Limnobies déposent les leurs dans la vase au bord des eaux. Nous adoptons d'autant plus volontiers cette opinion, qu'il nous paroît probable qa'une larve qui peut vivre dans une terre entièrement imprégnée d'eau, peut aussi quelquefois pénétrer dans l'eau même, ne fût-ce que pour aller chercher une autre place lorsque la sécheresse fait baisser l'eau de la mare sur les bords de laquelle elle doit trouver sa subsistance; au reste peut-être par suite d'une semblable circonstance, De Géer a trouvé et observé dans l'eau la larve de la Limnobie repliée; on trouvera la description et l'histoire de cette larve à l'article NÉPHROTOME de ce Dictionnaire, tome VIII, pag. 191—193.

MM. Meigen et Macquart divisent ce genre extrêmement nombreux, d'après la disposition des nervures des ailes; tous deux y confondent le genre Pédicie LAT. que nous avons cru devoir conserver; en effet, le dernier article des palpes des Pédicies, malgré l'assertion de M. Macquart, diffère essentiellement de celui des Limnobies, et quoique les caractères antennaires du premier de ces genres se retrouvent dans quelques Limnobies, il n'est pas vrai de dire avec M. Meigen, que le seul caractère distinctif des Pédicies soit l'écartement des ailes dans le repos.

Ne pouvant donner ici des figures d'ailes, il nous est impossible de diviser les Limnobies d'après les principes des deux auteurs dont nous venons de parler; et en employant d'autres moyens, nous pensons plutôt indiquer des genres à faire que de simples divisions; mais nous devons avouer que ces coupes sont indiquées par M. Meigen dans son caractère générique, et qu'elles laissent réunies une grande quantité d'espèces qui ont besoin d'un nouvel examen.

1re. *Division.* Trompe plus longue que la tête et même que les antennes. — Articles des palpes presqu'égaux. (*Megarhina* NOB.)

Ici se place la Limnobie longirostre, *L. longirostris.* MEIG. *Dipt. d'Europ. tom.* 1. *pag.* 146. *n°.* 53. *tab.* 5. *fig.* 3. la tête seulement. *tab.* 6. *fig.* 6. l'aile. — MACQ. *Ins. Dipt. Tipul. pag.* 95. *n°.* 13. De France et d'Allemagne.

2e. *Division.* Trompe plus courte que les antennes et même que la tête. — Articles des palpes inégaux.

1re. *Subdivision.* Premier article des palpes plus court et plus menu que les suivans; le second et le troisième un peu en massue, le dernier oblong, obtus. (*Helobia* NOB.)

A cette coupe appartient la Limnobie punctipenne, *L. punctipennis.* MEIG. *Dipt. d'Europ. tom.* 1. *pag.* 147. *n°.* 56. *tab.* 5. *fig.* 2. la tête du mâle. *fig.* 3. les palpes. *fig.* 7. l'aile. — MACQ. *Ins. Dipt. Tipul. pag.* 103. *n°.* 35. D'Allemagne et de France.

M. Meigen parle encore dans les généralités du genre Limnobie pag. 116. d'une *Limnobia praticola*, qui a la même conformation que la *punctipennis.*

2e. *Subdivision.* Les trois premiers articles des palpes un peu épais antérieurement, égaux entr'eux en longueur et en grosseur; le quatrième un peu plus long que le précédent, plus grêle et cylindrique. (*Limnobia propriè dicta* NOB.)

Cette subdivision renferme soixante-deux espèces, c'est-à-dire toutes les Limnobies de M. Meigen, à l'exception des suivantes : 1°. *Limnobia rivosa* n°. 1. type du genre Pédicie LAT. 2°. *Limnobia longirostris* n°. 53. 3°. *Limnobia punctipennis* n°. 56.

Nota. 1°. La Limnobie repliée, *L. replicata.* MEIG. *id. n°.* 48. est décrite dans le présent Dictionnaire sous le nom de Néphrotome repliée n°. 6. 2°. Peut-être devroit-on former des sous-genres de la *Limnobia glabrata* n°. 47. MEIG. *id.* qui a dix-sept articles aux antennes, et de la *Limn. analis* n°. 45. qui paroît n'en avoir que quinze;

tandis que toutes les autres Limnobies, ou du moins la très-grande majorité, en ont seize.

M. Macquart dans l'ouvrage cité plus haut décrit trente-huit espèces de ce genre. Il donne les suivantes comme nouvelles : 1°. Limnobie six taches, *L. sexmaculata.* Macq. *Ins. Dipt. Tipul. pag.* 91. *n°.* 4. Longueur 4 lig. Femelle. Cendrée; ailes avec six taches noirâtres. Lille. 2°. Limnobie noirâtre, *L. nigricans.* Macq. *id. pag.* 93. *n°.* 8. Femelle. D'un cendré-noirâtre. Hanches et base des cuisses roussâtres. Point marginal des ailes brun. 3°. Limnobie sessile, *L. sessilis.* Macq. *id. pag.* 94. *n°.* 10. Longueur 3 lig. ½. D'un gris roussâtre. Corselet avec quatre bandes brunes; ailes à point marginal pâle. Lille. 4°. Limnobie platyptère, *L. platyptera.* Macq. *id. n°.* 12. Longueur 3 lig. Noire. Ailes larges, sans taches. 5°. Limnobie bordée, *L. marginata.* Macq. *id. pag.* 95. *n°.* 14. Longueur 3 lig. ½. Femelle. Noire; segmens de l'abdomen bordés de fauve; pattes jaunes; ailes à point marginal obscur. 6°. Limnobie âtre, *L. atra.* Macq. *id. n°.* 15. Longueur 3 lig. ½. Mâle. Noirâtre; pattes obscures; ailes sans point marginal. 7°. Limnobie argentée, *L. argentea.* Macq. *id. pag.* 97. *n°.* 18. Longueur 4 lig. ½. Mâle. Corselet noir, ses côtés d'un blanc argenté; métathorax gris-cendré. 8°. Limnobie variée, *L. variegata.* Macq. *id. n°.* 19. Longueur 5 lig. Noirâtre; ailes marbrées. 9°. Limnobie grise, *L. grisea.* Macq. *id. pag.* 100. *n°.* 26. Longueur 3 lig. Grise; corselet ayant trois bandes noires; ailes hyalines, leur point marginal très-pâle. 10°. Limnobie unimaculée, *L. unimaculata.* Macq. *id. pag.* 101. *n°.* 28. Longueur 4 lig. Noirâtre; ailes à point marginal brun. 11°. Limnobie lisse, *L. lævigata.* Macq. *id. n°.* 29. Longueur 3 lig. D'un noir lisse; ailes à point marginal brun. 12°. Limnobie macroptère, *L. macroptera.* Macq. *id. pag.* 102. *n°.* 32. Longueur 3 lig. ½. Rousse; corselet à quatre bandes brunes; ailes fort larges. 13°. Limnobie soyeuse, *L. sericea.* Macq. *id. pag.* 103. *n°.* 34. Longueur 2 lig. ½. Grise, marquée d'une ligne noire; ailes hyalines. De Lille. 14°. Limnobie genoux noirs, *L. cothurnata.* Macq. *id. pag.* 105. *n°.* 37. Longueur une lig. ⅓. Jaune; genoux noirs.

Parmi les espèces exotiques, M. Wiédemann nous indique : 1°. Limnobie obscure, *L. obscura.* Wiéd. *Dipt. exotic. pag.* 14. *n°.* 1. — *Tipula obscura* n°. 18. Fab. *Syst. Antliat.* Amérique méridionale. 2°. Limnobie longimane, *L. longimana.* Wiéd. *id. n°.* 2. — *Tipula longimana* n°. 11. Fab. *id.* Amérique méridionale. 3°. Limnobie armillaire, *L. armillata.* Wiéd. *id. n°.* 3. — *Tipula armillaris* n°. 12. Fab. *id.* Même patrie. 4°. Limnobie acrostacte, *L. acrostacta.* Wiéd. *id. n°.* 4. Longueur 8 lig. Brune; abdomen d'un beau jaune, son extrémité noire; ailes brunes avec deux points et une lunule de couleur blanche. De Java. 5°. Limnobie basilaire, *L. basilaris.* Wiéd. *id. pag.* 15. *n°.* 5. Longueur 8 lig. Mâle. 7 lig. Femelle. Noire; ailes brunes, leur base d'un beau jaune avec des fascies et des taches blanches. De Java. 6°. Limnobie maculée, *L. maculata.* Wiéd. *id.* — *Tipula maculata* n°. 29. Fab. *id.* Amérique méridionale. 7°. Limnobie érythrocéphale, *L. erythrocephala.* Wiéd. *id.* — *Tipula erythrocephala* n°. 35. Fab. *id.* Même patrie. 8°. Limnobie corselet jaune, *L. flavithorax.* Wiéd. *id. pag.* 43. *n°.* 3. Longueur 5 lig. Femelle. Noire; corselet d'un jaune de miel; ailes enfumées. Amérique méridionale. 9°. Limnobie à côtes, *L. costalis.* Wiéd. *Analect. entom. pag.* 10. Longueur 3 lig. D'un beau jaune; corselet avec une bande linéaire plus foncée; ailes d'un beau jaune avec une bande large, brune, placée à la côte. Des Indes orientales.

ÉRIOPTÈRE, *Erioptera.* Meig. Lat. (*Fam. nat.*) Macq. *Tipula.* Linn. Fab. Geoff.

Genre d'insectes de l'ordre des Diptères, première section, famille des Némocères, tribu des Tipulaires (division des Terricoles).

Un groupe de Tipulaires-Terricoles renferme quatre genres, savoir : Rhipidie, Polymère, Érioptère et Limnobie. (*Voyez* Terricoles.) Le premier n'offre que quatorze articles aux antennes dans les deux sexes, celles des mâles pectinées; le second a les siennes composées de vingt-huit articles, et dans les Limnobies les nervures des ailes sont glabres, ce qui sépare ces trois genres de celui d'Érioptère.

Antennes avancées, sétacées, finement velues, composées de seize articles; le premier cylindrique, le second cyathiforme, les suivans ovales. — *Bouche* peu alongée. — *Trompe* charnue, échancrée antérieurement. — *Palpes* saillans, recourbés, cylindriques, de quatre articles égaux entre eux, cylindriques; le second un peu plus épais, en massue. — *Tête* conique. — *Yeux* ronds. — *Point d'ocelles.* — *Corps* mince. — *Prothorax* séparé du reste du corselet par une ligne enfoncée, transversale, sinuée. — *Ailes* oblongues, frangées au bord, velues sur leurs nervures, couchées à plat parallèlement sur le corps dans le repos. — *Balanciers* découverts. — *Abdomen* cylindrique ou un peu fusiforme, de huit segmens; anus des femelles terminé par deux lames cornées qui se réunissent en une pointe : celui des mâles obtus. — *Pattes* longues, grêles; la paire du milieu plus courte que les autres.

Le nom d'Érioptère vient de deux mots grecs qui expriment la villosité des ailes. Ces insectes se trouvent dans les prairies marécageuses et sur les broussailles. On ne sait rien de leur premier état.

M. Meigen mentionne seize espèces de ce genre; il les divise d'après les nervures des ailes. M. Macquart en décrit huit espèces du nord de la France, qu'il divise ainsi :

1re. *Division*. Les deux cellules discoïdales supérieures des ailes, d'égale longueur.

1°. Erioptère noire, *E. nigra*. Macq. *Ins. Dipt. Tipul. pag.* 107. n°. 3. Longueur 2 lig. Noire; première cellule sous-marginale des ailes à long pédicule. 2°. Erioptère jaunâtre, *E. flavescens*. Meig. *Dipt. d'Europ. tom.* 1. *pag.* 109. n°. 2. — Macq. *id. p.* 106. n°. 1. 3°. Erioptère commune, *E. trivialis*. Meig. *id. pag.* 112. n°. 8. — Macq. *id.* n°. 2. 4°. Erioptère linéée, *E. lineata*. Meig. *id. pag.* 111. n°. 7. — Macq. *id. pag.* 107. n°. 4. 5°. Erioptère noduleuse, *E. nodulosa*. Macq. *id. pag.* 108. n°. 5. Longueur 2 lig. ½. Corselet gris; abdomen noirâtre; ailes légèrement obscures, leur point marginal plus brun.

2e. *Division*. Ailes ayant leur cellule discoïdale supérieure interne beaucoup plus courte que la cellule discoïdale supérieure externe.

1°. Erioptère naine, *E. pygmæa*. Macq. *Ins. Dipt. Tipul. p.* 109. n°. 8. Longueur ¾ lig. D'un gris noirâtre. 2°. Erioptère obscure, *E. obscura*. Meig. *Dipt. d'Eur. tom.* 1. *pag.* 113. n°. 12. — Macq. *id. pag.* 108. n°. 6. 3°. Erioptère ochracée, *E. ochracea*. Meig. *id. pag.* 114. n°. 13. — Macq. *id.* n°. 7.

POLYMÈRE, *Polymera*. Wiédem. Lat. (*Fam. natur.*)

Genre d'insectes de l'ordre des Diptères, première section, famille des Némocères, tribu des Tipulaires (division des Terricoles).

Les genres Rhipidie, Erioptère et Limnobie forment, avec celui de Polymère, un groupe particulier dans les Terricoles (*voyez* ce mot). Les Rhipidies ont leurs antennes composées de quatorze articles pectinés dans les mâles, les trois premiers exceptés; celles des Limnobies ont de quinze à dix-sept articles, et dans le genre Erioptère ces organes sont composés de seize articles dans les deux sexes.

Ne connoissant pas ce genre nous allons en donner les caractères d'après M. Wiédemann. (*Dipt. exotic. pag.* 40.) Son nom vient de deux mots grecs qui expriment la division de ses antennes en un grand nombre d'articles.

Antennes composées de vingt-huit articles, le premier globuleux, le second cylindrique, alongé; les suivans beaucoup plus courts, ayant leur base garnie de poils verticillés. — *Pattes* très-longues.

M. Latreille (*Fam. nat.*) ajoute à ces caractères : point d'ocelles. Dernier article des palpes guère plus long que les autres, point noueux; extrémité antérieure de la tête rétrécie et prolongée en museau. Yeux sans échancrure. Extrémité des jambes épineuse.

Le type du genre est la Polymère brune, *P. fusca*. Wiédem. *Dipt. exotic. pag.* 44. n°. 5. Femelle. Longueur 3 lig. Brune; ailes transparentes, jaunâtres; extrémité des tarses blanche. Du Brésil.

MÆKISTOCÈRE, *Mækistocera*. Wiéd. Lat. (*Fam. nat.*) *Tipula*. Fab.

Genre d'insectes de l'ordre des Diptères, première section, famille des Némocères, tribu des Tipulaires (division des Terricoles).

Un groupe de cette division comprend les genres Trichocère, Mækistocère, Dixa, Nématocère et Anisomère. (*Voyez* Terricoles.) Dans les deux derniers les antennes sont composées seulement de six articles; les Dixas et les Trichocères n'ont que les premiers articles de leurs antennes bien distincts, en outre dans les Dixas l'abdomen n'a que sept segmens, et les antennes n'égalent pas en longueur celle du corps : les palpes des Trichocères sont composés de cinq articles. Ces caractères éloignent tous ces Tipulaires des Mækistocères.

Ce genre, qui tire son nom de deux mots grecs exprimant la longueur des antennes, ne nous est connu que par les *Dipt. exotic.* de M. Wiédemann, dont nous allons extraire ses caractères :

Antennes d'une longueur excessive, composées de dix articles, le premier cylindrique, épais; le second cyathiforme; les huit derniers cylindriques, filiformes, augmentant de longueur depuis le premier de ces huit jusqu'au dernier. — *Palpes* de quatre articles presqu'égaux. — *Point d'ocelles*. — *Ailes* écartées, lancéolées; leurs nervures comme dans les Tipules.

L'auteur mentionne deux espèces de ce genre, 1°. Mækistocère filipède, *M. filipes*. Wiédem. *Dipt. exotic. pag.* 41. — *Tipula filipes* n°. 8. Fab. *Syst. Antliat.* De Guinée. 2°. Mækistocère brune, *M. fuscana*. Wiédem. *id. pag.* 41. — *Nematocera fuscana*. Wiédem. *id. pag.* 29. Longueur 6 lig. Femelle. D'un jaune pâle un peu brun. Abdomen taché de brun. Antennes et pattes très-longues; les premières ayant deux pouces trois quarts de longueur. De Java.

DIXA, *Dixa*. Meig. Lat. (*Fam. nat.*) Macq.

Genre d'insectes de l'ordre des Diptères, première section, famille des Némocères, tribu des Tipulaires (division des Terricoles).

Ce genre fait partie d'un groupe de Tipulaires-Terricoles, qui contient en outre ceux de Trichocère, Nématocère, Anisomère et Mækistocère. (*Voyez* Terricoles.) Mais dans les trois premiers le prothorax est séparé du reste du corselet par une ligne transversale enfoncée, de plus les Trichocères ont leurs palpes composés de cinq articles; les Mækistocères se distinguent par l'excessive longueur de leurs antennes.

Antennes assez longues, avancées, sétacées; leur premier article court, épais, cylindrique, le second un peu plus grand, épais, presque sphérique; les suivans (M. Meigen pense qu'ils sont au nombre de douze) très-grêles, finement velus, peu distincts, surtout ceux de l'extrémité. — *Palpes* avancés, cylindriques, recourbés, de quatre articles, le premier très-petit, les deux suivans d'égale longueur, le dernier un peu plus long et plus grêle. — *Tête* petite, assez aplatie en dessus, sans museau distinct. — *Yeux* ronds. — *Point d'ocelles.* — *Corselet* assez long, arrondi à ses extrémités; prothorax confondu avec le reste du corselet. — *Ailes* obtuses, couchées parallèlement sur le corps dans le repos. — *Balanciers* découverts. — *Abdomen* cylindrique, de sept segmens. — *Pattes* de longueur moyenne; hanches de médiocre longueur; cuisses grêles; jambes nues, terminées par deux petites épines.

On trouve les Dixas dans les lieux marécageux des forêts; leur taille est fort petite, elles évitent le jour et ne volent que vers le soir; leurs premiers états sont encore inconnus. Il seroit cependant très-desirable que leurs mœurs fussent observées, d'autant que les auteurs sont partagés sur la question de savoir si elles n'appartiennent pas plutôt aux Tipulaires-Fungivores LAT. (*fungicolæ* MEIG.) qu'aux Terricoles LAT. (*rostratæ* MEIG.)

M. Meigen décrit quatre espèces de ce genre: 1°. Dixa tardive, *D. serotina.* MEIG. *Dipt. d'Eur. tom.* 1. *pag.* 217. *n°.* 1. Longueur 1 lig. $\frac{2}{3}$. Mâle. Corselet d'un beau jaune avec des raies couleur de café. Abdomen brun avec des bandes blanchâtres. Ailes jaunâtres. De Prusse. 2°. Dixa estivale, *D. æstivalis.* MEIG. *id. pag.* 218. *n°.* 2. — MACQ. *Ins. Dipt. Tipul. pag.* 57. *n°.* 1. Longueur 1 lig. $\frac{2}{3}$. Mâle. Jaunâtre; corselet à trois bandes brunes, l'intermédiaire jumelle; ailes transparentes. De France et d'Allemagne. 3°. Dixa printannière, *D. aprilina.* MEIG. *id. n°.* 3. *tab.* 7. *fig.* 12. — MACQ. *id. n°.* 2. Long. 2 lig. Mâle. Corselet pâle à trois bandes noires; abdomen brun; ailes transparentes, sans taches. D'Allemagne et de France. 4°. Dixa tachée, *D. maculata.* MEIG. *id. pag.* 219. *n°.* 4. Longueur 1 lig. $\frac{1}{3}$. Corselet pâle, à trois bandes noires. Abdomen d'un brun noirâtre; ailes transparentes avec une tache centrale brune. D'Allemagne.

NÉMATOCÈRE, *Nematocera.* MEIG. MACQ. *Hexatoma.* LAT.

Genre d'insectes de l'ordre des Diptères, première section, famille des Némocères, tribu des Tipulaires (division des Terricoles).

Dans cette division un groupe renferme cinq genres, y compris celui de Nématocère (*voyez* TERRICOLES): 1°. Trichocère, qui a cinq articles aux palpes. 2°. Mækistocère, ayant les antennes excessivement longues et de dix articles. 3°. Dixa, dont le prothorax n'est point séparé du reste du corselet par une ligne transversale. 4°. Anisomère, distingué par le troisième article des antennes ayant plus du double de longueur que le suivant. 5°. Nématocère, qui ne présente aucun de ces caractères.

Antennes presque sétacées, avancées, plus longues que la tête et le corselet réunis, composées de six articles; les deux inférieurs beaucoup plus épais que les autres, le premier cylindrique, le second cyathiforme, les quatre suivans grêles, finement velus, presque d'égale longueur. — *Palpes* saillans, courbés, de quatre articles presque égaux. — *Tête* ayant son extrémité antérieure prolongée en un museau court: front large. — *Yeux* alongés, ovales. — *Point d'ocelles.* — *Prothorax* séparé du reste du corselet par une ligne transversale enfoncée. — *Ailes* couchées parallèlement sur le corps dans le repos. — *Balanciers* découverts. — *Abdomen* déprimé, de huit segmens. — *Pattes* grêles; jambes ayant deux épines terminales peu distinctes.

Les mœurs de ces Tipulaires ne sont pas connues. M. Meigen regardant leurs antennes comme filiformes a tiré le nom générique de deux mots grecs qui ont cette signification. On n'en connoît que deux espèces.

1°. Nématocère noire, *N. nigra.* MEIG. *Dipt. d'Eur. tom.* 1. *pag.* 209. — MACQ. *Ins. Dipt. Tipul. pag.* 165. *n°.* 1. — *Hexatoma nigra.* LAT. *Gen. Crust. et Ins. tom. IV. pag.* 260. Des environs de Paris. 2°. Nématocère bicolore, *N. bicolor.* MEIG. *id. n°.* 1. *tab.* 7. *fig.* 1. Mâle. Longueur 5 lig. Tête d'un gris cendré; front plus clair auprès des yeux: corselet d'un gris clair avec trois raies dorsales foncées, les latérales courtes; abdomen et pattes d'un brun-noirâtre; base des cuisses et balanciers jaunes: ailes un peu rembrunies, sans point marginal. D'Europe.

ANISOMÈRE, *Anisomera.* HOFFM. MEIG.

Genre d'insectes de l'ordre des Diptères, première section, famille des Némocères, tribu des Tipulaires (division des Terricoles).

Un groupe de Tipulaires-Terricoles contient, outre ce genre, ceux de Trichocère, Mækistocère, Dixa et Nématocère. (*Voyez* TERRICOLES.) Dans les Trichocères les antennes composées de plus de six articles ont les derniers indistincts; celles des Mækistocères sont de dix articles et excessivement longues; le prothorax des Dixas n'est point séparé du reste du corselet par une ligne transversale, et leurs antennes ont plus de six articles; enfin, dans les Nématocères, le troisième article des antennes n'est guère plus long que le suivant. Par cette comparaison aucun de ces genres ne pourra être confondu avec celui d'Anisomère.

Antennes avancées, sétacées, composées de six articles distincts, le premier cylindrique, épais, le second très-petit, cyathiforme, le troisième cylindrique, très-long, faisant à lui seul presque les deux tiers de l'antenne, deux fois au moins plus long que le suivant; les quatrième, cinquième et sixième courts, cylindriques, à peu près égaux entr'eux. Ces antennes aussi longues que l'abdomen dans les mâles sont de deux tiers plus courtes dans les femelles, les deux premiers articles étant aussi longs que dans les mâles et semblablement conformés, les quatre autres très-raccourcis mais gardant entr'eux les mêmes proportions. — *Palpes* recourbés. — *Tête* prolongée en museau. — *Yeux* arrondis, séparés. — *Point d'ocelles.* — *Prothorax* séparé du reste du corselet par une ligne transversale enfoncée. — *Abdomen* de huit segmens. — *Jambes* avec deux épines terminales peu prononcées.

Ces caractères sont extraits des *Dipt. d'Europ.* de M. Meigen. Cet auteur ne mentionne qu'une seule espèce, c'est l'Anisomère obscure, *A. obscura.* Meig. *Dipt. d'Europ. tom.* 1. *pag.* 210. *n°.* 1. *tab.* 7. *fig.* 5. Le mâle. Longueur 4 lig. Antennes brunes; tête d'un gris-brunâtre. Corselet ayant trois larges raies dorsales foncées, séparées par des lignes jaunâtres; abdomen du mâle d'un gris noir avec une ligne dorsale brune; en dessous du premier segment est une large tache, et sur le second une autre tache étroite, toutes deux sont de couleur jaune. Pattes d'un brun jaunâtre : extrémité des cuisses plus foncée, cuisses antérieures un peu plus épaisses et un peu plus courtes que les autres; nervures transversales des ailes d'un brun jaunâtre. De Portugal.

CHIONÉE, *Chionea.* Dalm. Lat. (*Fam. nat.*)

Genre d'insectes de l'ordre des Diptères, première section, famille des Némocères, tribu des Tipulaires (division des Terricoles).

Ce genre forme seul une coupe particulière dans sa division, et se distingue même de tous les autres Tipulaires par le manque d'ailes dans les deux sexes.

Antennes filiformes, composées de dix articles, le premier alongé, cylindrique, le second en massue, aussi long que le premier; le troisième court, globuleux; les autres minces, linéaires, velus à leur extrémité. — *Palpes* filiformes, de la longueur de la moitié de la tête à peu près, composés de quatre articles presqu'égaux, un peu plus gros vers leur extrémité, velus, le dernier presque cylindrique. — *Tête* petite, presque globuleuse, prolongée en un museau épais, médiocrement avancé. — *Yeux* arrondis, un peu saillans, séparés, sans échancrure remarquable. — *Point d'ocelles.* — *Corselet* petit. — *Point d'ailes* dans les deux sexes. — *Balanciers* visibles, en massue. — *Abdomen* ovale, de huit segmens; anus des mâles muni d'une pince horizontale formée de deux onglets composés chacun de deux articles; le premier épais, charnu, denté à son extrémité; le second corné, linéaire, aigu, recourbé : anus des femelles terminé par deux valvules posées l'une sur l'autre, l'inférieure plus large, plus courte, ciliée sur ses bords, comprimée vers son extrémité, la supérieure plus longue, plus étroite, comprimée, redressée, composée de deux lames. — *Pattes* fortes, alongées, presque linéaires : cuisses épaisses, les postérieures presque de la longueur du corps; jambes à épines terminales nulles : tarses alongés, de cinq articles distincts, le dernier ayant deux crochets.

On ne connoît qu'une seule espèce de ce genre; elle se trouve en Suède sur la neige récemment tombée, circonstance qui a servi à lui donner le nom de *Chionée* tiré du grec. C'est principalement dans les bois qu'on la rencontre, même par un froid de 2 à 3 degrés du thermomètre centigrade, pendant tous les mois de l'hiver. Cet insecte marche très-bien sur la neige et ressemble au premier coup d'œil à une Araignée par le manque d'ailes, la couleur grise et tout le *faciès.*

1. Chionée aranéoïde, *C. araneoides.*

Chionea corpore fusco; pedibus testaceis pilosis.

Chionea araneoides. Dalm. *Analect. Entom. Holm.* 1823. *pag.* 35. *n°.* 1. *et Act. Holm.* 1816. *pag.* 102. *tab.* 2.

Longueur 3 lig. Tête d'un testacé-brun avec quelques poils sur le vertex qui se rabattent en devant; bouche pâle; palpes bruns; corselet d'un testacé-brun sale, lisse, changeant en cendré; abdomen d'un testacé-brun obscur avec des poils sur les côtés et des lignes cendrées qu'on n'aperçoit qu'à un certain jour; pattes testacées.

De Suède, en Vestrogothie pendant tout l'hiver sur la neige.

Nota. 1°. M. Dalman fait mention d'après l'Isis 1821. 4. *Litterarisch. Anzeig. pag.* 190. d'un Diptère sans ailes trouvé sur la neige dans le Mont-Jura, et pense que ce pourroit être sa Chionée aranéoïde. 2°. De Géer fait aussi mention d'une Tipulaire sans ailes; il la nomme *Tipula atomaria. tom. VII. pag.* 602. *n°.* 8. *pl.* 44. *fig.* 27—28. Comme M. Dalman ne cite que le nom de cette espèce, nous pensons devoir la rappeler ici aux entomologistes; elle nous paroît digne de nouvelles observations : elle n'appartient certainement pas au genre Chionée, puisque De Géer a compté quinze articles aux antennes. Nous soupçonnons cependant qu'elle doit entrer dans les Terricoles. L'individu observé étoit une femelle de taille excessivement petite. Corps brun-grisâtre. Antennes très-longues, filiformes, noueuses, de quinze articles, le second tout rond, beaucoup plus gros que les autres. Tête ronde. Yeux grands, occupant presque toute la surface de la tête. Abdomen long, un peu renflé au milieu, conique vers le derrière qui est pointu, divisé en segmens, les trois derniers de plus en plus déliés, formant des tuyaux rentrant un peu les uns dans les autres; le bout du dernier tuyau refendu en deux lames pointues comme il l'est dans les Tipules femelles et dans quelques genres voisins, ce qui prouve que cet individu étoit bien du sexe féminin, ainsi que l'a remarqué De Géer. Cet auteur trouva cette espèce dans son appartement, courant très-vite sur sa table à écrire. (S. F. et A. Serv.)

TERRITÈLES. Nom que j'ai donné, dans l'ouvrage sur le *Règne animal* de M. le baron Cuvier, à une tribu de la famille des Aranéïdes, correspondante à la section des Aranéïdes théraphoses de M. le baron Walckenaër. *Voyez* cet article et celui de Tétrapneumones. (Latr.)

TESSARATOME, *Tessaratoma*. Nob. Lat. (*Fam. nat.*) *Edessa*. Fab.

Genre d'insectes de l'ordre des Hémiptères, section des Hétéroptères, famille des Géocorises, tribu des Longilabres.

Ce genre forme seul dans cette tribu une coupe particulière caractérisée par ses antennes de quatre articles, insérées sous un rebord latéral de la tête, et deux ocelles apparens. *Voyez* Longilabres, pag. 51. de ce volume.

Antennes filiformes, plus courtes que le corps, insérées sous un rebord latéral de la tête, composées de quatre articles un peu comprimés; le premier petit, dépassant peu le rebord de la tête; le second plus long que le troisième; le dernier cylindro-conique. — *Labre* long, très-étroit, presqu'aciculaire, finement strié transversalement, prenant naissance à l'extrémité antérieure du chaperon, et recouvrant la base du suçoir. — *Suçoir* formé de quatre soies; les deux inférieures se réunissant en une seule un peu au-delà de leur origine; ce suçoir renfermé dans une gaîne nommée *bec*, lequel est divisé en quatre articles distincts, le premier logé en grande partie dans une coulisse longitudinale : ce bec court, atteignant au plus la base des cuisses intermédiaires. — *Tête* petite, reçue postérieurement dans une échancrure placée au bord antérieur du corselet. — *Yeux* saillans, globuleux. — *Deux ocelles* saillans, très-visibles, posés sur la partie postérieure de la tête, assez loin des yeux et au-dessus d'eux. — *Corselet* grand, large. — *Ecusson* très-grand, triangulaire. — *Abdomen* formé de segmens transversaux, portant chacun un stigmate un peu rebordé; ces segmens au nombre de sept dans les femelles; le septième en dessous, fortement échancré à sa base, quadrangulaire à son extrémité; anus, dans ce sexe, fendu longitudinalement, occupant le milieu de l'intervalle qui est entre le sixième et le septième segment; de six segmens dans les mâles, le dernier échancré postérieurement et recevant dans cette échancrure l'anus qui n'est point fendu. — *Pattes* fortes; cuisses canaliculées en dessous, toutes ou du moins une partie d'entr'elles ayant ordinairement quelques épines; jambes dépourvues d'épines terminales; tarses assez courts, de trois articles; le premier dilaté dans les deux sexes, garni de duvet en dessous, le second plus court que les autres; le dernier terminé par deux crochets ayant une pelotte bilobée dans leur entre-deux.

Les Tessaratomes dont le nom vient de deux mots grecs et exprime que les antennes sont composées de quatre articles, ont été confondues par Fabricius avec ses *Edessa* qui ont effectivement le bec court comme elles, mais dont les antennes ont distinctement cinq articles assez grêles, ne paroissant point comprimés. Ces Hémiptères en général de grande taille habitent principalement les Indes orientales, et particulièrement l'île de Java. Leurs mœurs doivent être à peu près celles des Pentatomes. (*Voyez* ce mot.)

1re. *Division*. Corselet prolongé postérieurement en un lobe très-obtus un peu moins large que lui, s'avançant sur l'écusson et en couvrant presque la moitié. — Sternum élevé dans son milieu, prolongé en avant en un lobe comprimé et obtus.

1re. *Subdivision*. Côtés du corselet prolongés en manière de cornes. — Ecusson terminé en pointe aiguë.

1. Tessaratome canaliculée, *T. canaliculata*.

Tessaratoma fusca, thoracis lateribus in cornubus longis, obtusissimis productis, suprà convexis, subtùs concavo-canaliculatis : sterni lobo anticè elevato, longo, caput longitudine superante.

Longueur 15 lig. Corps d'un brun luisant. Elytres d'un brun ferrugineux (le corps pouvant avoir des nuances vertes dans l'insecte vivant). Corselet chagriné et pointillé surtout vers ses bords; ses côtés prolongés en un lobe alongé, tronqué à l'extrémité, convexe en dessus, canaliculé inférieurement et formant une espèce de gouttière, son bord postérieur un peu échancré : lobe du sternum, alongé, s'élevant à sa partie antérieure et dépassant un peu la tête. La partie de l'écusson qui n'est point cachée sous le corselet, canaliculée. Abdomen dentelé sur ses bords par les angles postérieurs des segmens supérieurs qui dépassent ceux qui les suivent, terminé par six pointes bidentées; les deux extérieures plus longues que les autres, dépendant du sixième segment; les quatre intérieures égales entr'elles, appartenant au septième. Cuisses mutiques. Femelle.

De Java.

2e. *Subdivision*. Côtés du corselet peu avancés. — Ecusson terminé en pointe obtuse.

2. Tessaratome de Sonnerat, *T. Sonneratii*.

Tessaratoma testacea; thoracis lateribus subrotundis, margine postico subrecto; sterni lobo subdilatato, anticè parùm producto, horizontali.

Longueur 1 pouce. Entièrement testacée. Dessous de la tête et du corselet un peu plus clairs; celui de l'abdomen un peu ferrugineux; bords latéraux du corselet presqu'arrondis, son bord postérieur coupé presque droit : lobe du sternum d'abord élargi, s'avançant peu antérieurement dans une direction horizontale, et ne dépassant pas la base des hanches antérieures. Abdomen dentelé sur ses bords par les angles postérieurs des segmens supérieurs qui dépassent ceux qui les suivent. Septième segment ayant quatre petits angles : les deux intérieurs formés par une échancrure. Toutes les cuisses munies en dessous de deux épines courtes, placées à côté l'une de l'autre un peu avant l'extrémité de ces cuisses. Femelle.

Rapportée des Indes orientales par feu Sonnerat.

On doit placer dans cette subdivision l'*Edessa papillosa* n°. 19. Fab. *Syst. Rhyngot.* Ajoutez à la synonymie : Stoll, Punais. *pl.* 38. *fig.* 271. La Nymphe. De Java. (*Tessar. papillosa* Nob.) Dans un individu mâle que nous avons sous les yeux nous ne voyons rien d'olivâtre. Le bord postérieur du corselet est jaune comme le reste du corps; le bout de l'écusson seul est brun. Les antennes ne sont pas noires, mais d'un brun ferrugineux ainsi que les pattes. Cet individu n'a pas l'anus échancré.

2e. *Division.* Corselet ne s'avançant pas sur l'écusson, point lobé.

1re. *Subdivision.* Sternum élevé dans son milieu, prolongé en avant en un lobe comprimé et obtus.

3. Tessaratome apicale, *T. apicalis.*

Tessaratoma fusca; antennarum apice ferrugineo, elytrorum membranâ æneâ; thoracis lateribus dilatato productis : sterni lobo anticè elevato, longo, coxarum anticarum insertionem superante.

Longueur 16 lig. Corps d'un brun couleur de poix foncée, luisant. Dernier article des antennes ferrugineux à base noire. Membrane des élytres bronzée. Côtés du corselet dilatés, arrondis; son bord postérieur très-peu avancé sur l'écusson; la pointe de celui-ci creusée en fossette. Lobe du sternum alongé, s'élevant à sa partie antérieure et dépassant la base des premières hanches. Abdomen un peu dentelé sur ses bords par les angles postérieurs des segmens supérieurs qui dépassent ceux qui les suivent : septième segment ayant quatre petits angles presqu'épineux; les deux intérieurs formés par une échancrure. Toutes les cuisses munies en dessous de deux épines placées à côté l'une de l'autre un peu avant l'extrémité de ces cuisses, celles des antérieures fort courtes, celles de la dernière paire longues ainsi que l'épine postérieure des cuisses intermédiaires. Femelle.

De Java.

2e. *Subdivision.* Sternum sans prolongement.

A. Chaperon à peine échancré. — Côtés du corselet peu avancés.

4. Tessaratome robuste, *T. robusta.*

Tessaratoma fusco-nigra; antennis nigris; thorace scutelloque transversìm coriaceo-rugosis; elytris scutellique apice ferrugineo-fuscis, illorum membranâ subæneâ.

Longueur 22 lig. Corps large, d'un brun noirâtre. Antennes noires. Corselet et écusson couverts de rides transversales qui les font ressembler à du cuir; l'extrémité de celui-ci d'un brun ferrugineux ainsi que les élytres; côtés du corselet un peu dilatés, ses bords latéraux dilatés, arrondis. Abdomen dentelé sur ses bords par les angles postérieurs des segmens supérieurs qui dépassent ceux qui les suivent. Anus échancré. Toutes les cuisses munies en dessous de deux petites épines placées à côté l'une de l'autre avant l'extrémité de ces cuisses : cuisses postérieures longues, très-fortes, ayant en outre vers leur base une grande et forte épine très-pointue; leurs jambes très-arquées, surtout à la base. Mâle.

De Java.

5. Tessaratome à damier, *T. alternata.*

Tessaratoma ferruginea (forsàn in vivo rubra); thorace scutelloque transversìm coriaceo-rugosis et temerè punctatis, scutelli apice pallido, antennis nigro-cœruleis articuli quarti apice ferrugineo : abdominis margine nigro pallidoque variegato; elytrorum membranâ subæneâ.

La Punaise à bords en damier. Stoll, Punais. *pl. IV. fig.* 25?

Longueur 1 pouce. Corps d'un roux ferrugineux (peut-être rouge dans l'insecte vivant). Corselet et écusson couverts de rides transversales qui les font ressembler à du cuir, et ponctués sans ordre. Extrémité de l'écusson pâle. Antennes d'un noir bleuâtre avec l'extrémité du dernier article ferrugineuse. Abdomen bordé en dessus et en dessous de taches carrées alternativement noires et pâles, à peine dentelé sur les côtés; dans la femelle le septième segment est terminé par quatre angles obtus. Anus du mâle échancré. Toutes les cuisses munies en dessous de deux épines placées à côté l'une de l'autre avant l'extrémité de ces cuisses. Epines extrêmement petites à l'exception de la postérieure des cuisses intermédiaires. Mâle et femelle.

De Java.

Nota. Nous ne citons Stoll qu'avec doute, parce que la figure qu'il donne paroît avoir cinq articles aux antennes, et qu'il indique pour patrie les Indes occidentales. Du reste la figure convient parfaitement à notre espèce.

6. Tessaratome obscure, *T. obscura.*

Tessaratoma nigra, rufo-ferrugineo varia; abdominis margine supero nigro rubro maculato, infero rubro nigro maculato: antennis nigris.

Longueur 7 lig. Corps entièrement d'un brun mat mêlé de nuances rougeâtres. Antennes noires. Abdomen à peine dentelé sur ses bords latéraux: bord supérieur noir avec des taches rouges; l'inférieur rouge avec des taches noires. Septième segment terminé par quatre angles obtus. Cuisses munies en dessous de deux petites épines placées à côté l'une de l'autre vers l'extrémité de ces cuisses, et en outre de quelques autres sur leur longueur. Femelle.

De Java.

B. Chaperon incisé, fortement bidenté. — Angles antérieurs du corselet prolongés en cornes.

7. Tessaratome bicorne, *T. bicornis.*

Tessaratoma testaceo-viridis (forsàn in vivo viridis); thoracis marginati angulis anticis dilatato-subspinosis, longis; scutello brevi thoraceque coriaceo transversìm rugulosis.

Longueur 20 lig. Corps d'un testacé verdâtre mêlé de brun (peut-être tout vert dans l'insecte vivant). Corselet rebordé, ses angles antérieurs dilatés, prolongés presqu'en épine. Ecusson court, couvert ainsi que le corselet, de rides transversales qui les font ressembler à du cuir. Chaperon refendu profondément, ce qui forme deux dents avancées, presqu'horizontales, assez aiguës. Toutes les cuisses mutiques. Abdomen peu dentelé sur ses bords latéraux. Septième segment terminé par quatre angles, les extérieurs fort petits. Femelle.

De Java.

Nota. Les *Edessa amethystina* n°. 20 et *brevicornis* n°. 40. Fab. *Syst. Rhyngot.* appartiennent encore à ce genre. La première est de Sumatra; l'autre se trouve à la Chine.

(S. F. et A. Serv.)

TESSAROPS, *Tessarops.* Nom donné par M. Rafinesque (*Annales générales des sciences physiques*, tome VIII, page 88) à un nouveau genre de la famille des Aranéides, et qui s'éloigneroit de tous les autres du même groupe par les yeux, au nombre de quatre seulement, disposés en carré, et dont les deux postérieurs un peu plus gros et un peu plus écartés entr'eux que les deux antérieurs. Quoiqu'il n'ait décrit que très-incomplétement l'espèce unique (*maritima*) sur laquelle il a fondé ce nouveau genre, nous pensons qu'il doit venir près de celui d'*Erèse*. Peut-être même les quatre yeux latéraux, entre lesquels sont situés dans ces dernières Aranéides les quatre autres, ont-ils échappé, à raison de leur extrême petitesse et de leur écartement, à l'observation de ce naturaliste.

Le Tessarops *maritime* habite les rochers ou les pierres des bords de la mer, au-delà de la haute-marée, à la nouvelle Rochelle, près de New-Yorck. Elle est encore commune sur les côtes rocailleuses et pierreuses de l'île Longue. Sa longueur est de six lignes. L'abdomen est une fois plus volumineux que le thorax, convexe, avec des points ronds et glabres en dessus, jaunâtres dans le mâle, grisâtres dans la femelle. Les pattes postérieures sont de la longueur du corps, hispides, d'un gris-brun en dessus, d'un gris-foncé en dessous. Cet animal court avec vitesse et saute de très-loin sur sa proie, habitudes qui nous indiquent qu'il appartient à notre division des Aranéides *saltigrades*. Nous desirons que M. Rafinesque supplée par de nouveaux détails aux renseignemens qu'il nous a donnés sur ce sujet.

(Latr.)

TÉTANOPS, *Tetanops.* Fallèn. M. Meigen dans ses *Dipt. d'Europ.* donne ainsi les caractères de ce genre créé par M. Fallèn et qu'il place dans sa famille des Muscides. Antennes petites, écartées, dirigées obliquement en avant, de trois articles, les deux premiers petits, le troisième ovale, comprimé, obtus à l'extrémité, muni à sa base d'une soie dorsale nue. Trompe retirée dans la cavité buccale pendant le repos. Ouverture de la bouche très-petite. Hypostome incliné, très-prolongé à sa partie inférieure, portant deux sillons latéraux, et dans son milieu une élévation carénée. Front large, plat. Yeux arrondis, petits, espacés. Trois ocelles placés sur le vertex. Corselet alongé; prothorax visiblement séparé du mésothorax par une ligne transversale. Ailes velues vues au microscope. Balanciers découverts. Abdomen alongé, presque plane, de cinq segmens, celui des femelles terminé par une tarière pointue, recourbée, articulée.

M. Meigen ne mentionne qu'une seule espèce, Tétanops myopine, *T. myopina.* Meig. *Dipt. d'Eur. tom.* 5. *pag.* 353. *n°.* 1. *tab.* 51. *fig.* 3. Mâle. *fig.* 4. Femelle. Longueur 2 à 3 lig. Blanchâtre. Abdomen ayant des taches latérales noires, de forme carrée sur chaque segment. Pattes pâles. Ailes hyalines tachées de brun. De Suède.

(S. F. et A. Serv.)

TETANURE,

TÉTANURE, *Tetanura.* Fallèn. Ce genre d'insectes Diptères établi par M. Fallèn a été adopté par M. Meigen, qui le place dans sa famille des Muscides. Voici les caractères que ce dernier auteur lui assigne : antennes avancées, dirigées obliquement, plus courtes que l'hypostome, de trois articles ; les deux premiers petits, le troisième oblong, ovale, obtus, muni dans son milieu d'une soie dorsale, velue. Hypostome perpendiculaire, point prolongé au-dessous des yeux, élevé en carène longitudinale dans son milieu avec un sillon de chaque côté. Front plat, large. Yeux grands, ronds, espacés. Trois ocelles placés sur le vertex. Corselet n'ayant pas de ligne transversale enfoncée séparant le prothorax. Ailes grandes, velues vues au microscope, couchées parallèlement sur le corps dans le repos ; leur première nervure longitudinale simple, s'étendant jusqu'au milieu du bord antérieur ; nervures transversales assez rapprochées l'une de l'autre. Cuillerons point visibles. Balanciers découverts. Abdomen alongé, cylindrique, un peu en massue, de cinq segmens. Pattes assez longues, les quatre antérieures un peu éloignées des deux autres.

Le type de ce genre est la Tétanure ventre pâle, *T. pallidiventris.* Meig. *Dipt. d'Eur. tom.* 5. *pag.* 372. *n°.* 1. *tab.* 52. *fig.* 7 *et* 8. Longueur 2 lig. Noire, brillante. Abdomen presque ferrugineux. Antennes, front et pattes pâles. De Suède.
(S. F. et A. Serv.)

TÊTE ARMÉE. Nom vulgaire donné par Geoffroy (*Ins. Paris.*) à l'Aphodie fossoyeur, tom. X. pag. 358. du présent Dictionnaire, et décrit sous le nom de *Bousier fossoyeur* n°. 1. de ce même ouvrage. (S. F. et A. Serv.)

TÊTE ÉCORCHÉE. Geoffroy (*Ins. Paris.*) désigne ainsi l'Apodère de l'Aveline, tom. X. pag. 305. du présent Dictionnaire, où il avoit été décrit anciennement sous le nom d'*Attelabe tête écorchée* n°. 2. (S. F. et A. Serv.)

TÉTRAGNATHE, *Tetragnatha.* Latr. Walck. *Aranea.* Linn. Geoff. De Géer. Fab. Oliv. Genre d'Arachnides de l'ordre des Pulmonaires, famille des Aranéïdes, section des Dipneumones, tribu des Orbitèles, établi par M. Latreille, qui lui donne pour caractères : yeux disposés sur deux lignes presque parallèles et presqu'égales ; les deux de chaque extrémité latérale aussi distans l'un de l'autre que les intermédiaires le sont de leurs correspondans ; les deux supérieurs de ceux-ci un peu plus écartés entr'eux que les deux inférieurs. Mandibules étroites, longues, avancées, très-dentées, terminées par un long crochet, rétrécies à leur base, s'écartant vers le bout. Mâchoires étroites, alongées, dilatées seulement vers leur extrémité. Ce genre se distingue des Lyniphies et des Ulobores par la disposition des yeux et par d'autres caractères tirés des mâchoires et des pattes. Les Epéïres ont les yeux différemment disposés, et leurs mâchoires ne sont pas étroites à leur base, mais aussi larges dans toute leur étendue, et formant une palette arrondie. En général les Tétragnathes ont une forme très-alongée et presque cylindrique, et ce qui les distingue des autres genres de leur tribu, c'est l'attitude qu'elles prennent dans le repos, et qui consiste à porter en avant et en ligne droite les quatre pattes antérieures, et à donner la même position, mais en arrière, aux deux pattes postérieures, de sorte qu'il n'y a que la troisième paire de pattes qui soit dirigée sur les côtés et perpendiculairement au corps. Ces Araignées vivent dans les lieux humides, près des ruisseaux ; elles se font une toile verticale qu'elles tendent sur les herbes et sur les buissons. La seule espèce connue en Europe est :

La Tétragnathe étendue, *Tetragnatha extensa.* Latr. *Gener. Crust. et Ins. tom.* 1. *pag.* 101. — Walck. *Hist. des Aran. fas.* 5. *tab.* 6. — *Tabl. des Aran. pag.* 68. — Araignée étendue. Latr. *Hist. nat. des Crust. et des Ins. tom.* 7. *pag.* 249. — Walck. *Faun. Paris. tom.* 2. *pag.* 204. — *Aranea extensa.* Linn. — Araignée à ventre cylindrique et pattes de devant étendues. Geoff. *Hist. des Ins. tom.* 2. *pag.* 642. — Araignée patte-étendue. De Géer. *Mém. sur les Ins. tom.* 7. *pag.* 236. Son corps est roussâtre avec l'abdomen d'un vert-jaunâtre-doré, et marqué d'une ligne noire et ramifiée le long du dos, et d'une bande de cette couleur dans la partie opposée du ventre. Ses côtés ont deux lignes jaunâtres.

Cette Araignée se rencontre dans les premiers jours du printemps, suivant Lister, qui l'a vue s'accoupler le 25 mai vers le coucher du soleil. Les deux sexes sont suspendus en l'air et par le moyen d'un fil sous la toile : ils appliquent mutuellement leur ventre l'un contre l'autre ; le mâle est en dessous, et son abdomen s'étend en ligne droite ; celui de la femelle est courbé, et son extrémité postérieure touche la base du ventre de l'autre individu ; leurs pattes et leurs mandibules sont entrelacées. Les palpes des mâles sont extrêmement composés à leur extrémité. Les femelles pondent vers la fin de juin ; les œufs sont renfermés dans un cocon de la grandeur d'un grain de poivre assez fort, composé de fils assez lâches. La femelle attache souvent ces cocons aux joncs ou à des feuilles. Les œufs éclosent avant l'automne, et on voit souvent les petites Araignées voltiger dans l'air soutenues par un paquet de petits fils très-longs et blancs ; ce sont ces fils qui ont reçu du vulgaire le nom de *fils de la Vierge.* Ce ne sont pas seulement les jeunes Tétragnathes qui produisent ce phénomène, plusieurs autres Aranéïdes sont dans le même cas. On connoît deux ou trois autres espèces de Tétragnathes propres à l'Afrique et à l'Amérique.

(E. G.)

TÉTRALOBE, *Tetralobus*. *Elater*. Fab. Oliv. (*Entom.*) Herbst. Schœn. Drur.

Genre d'insectes de l'ordre des Coléoptères, section des Pentamères, famille des Serricornes (division des Sternoxes), tribu des Elatérides.

L'introduction des deux nouveaux genres Péricalle et Tétralobe dans le groupe a. des Elatérides (*voyez* pag. 490. de ce volume) nous oblige d'en modifier les caractères ainsi qu'il suit :

a. Les quatre premiers articles des tarses garnis en dessous de pelottes prolongées et lobiformes.

† Antennes très-rapprochées à leur base.
Lissode.

†† Antennes écartées entr'elles à leur base.
Péricalle, Tétralobe.

Le genre Péricalle se distingue des Tétralobes, 1°. par ses antennes simplement dentées en scie dans les deux sexes, leur troisième article en dent de scie, aussi long que le quatrième. 2°. Par le corselet fort long, presque linéaire, dont les angles antérieurs sont à peine ou point arrondis; le dessous n'offrant point de profond sillon propre à loger les antennes. 3°. Par ses élytres mucronées au bout, allant en diminuant de largeur dès la base jusqu'à l'extrémité.

Antennes filiformes, insérées près des yeux, sur les côtés de la partie antérieure de la tête, composées de onze articles; le premier long, conique, échancré postérieurement, les deux suivans égaux entr'eux, très-petits; les huit derniers fortement en scie dans les femelles, flabellés dans les mâles. — *Labre* découvert en dessus, corné, court, assez large, tronqué antérieurement. — *Mandibules* découvertes en dessus, cornées, arquées, peu échancrées à l'extrémité. — *Mâchoires* courtes, presque membraneuses, fortement ciliées à l'extrémité. — *Palpes maxillaires* assez longs, de quatre articles; le premier petit, les second et troisième égaux, presque coniques; le dernier un peu comprimé, peu dilaté, presque conique : palpes labiaux plus courts que les autres, de trois articles. — *Tête* petite, enfoncée jusqu'aux yeux dans le corselet, plus étroite à sa base en y comprenant les yeux que le bord antérieur de ce dernier; extrémité antérieure de l'épistome sensiblement plus élevée que la base du labre. — *Yeux* ovales, peu saillans, placés sur les angles du bord postérieur de la tête. — *Corps* ovale-oblong, finement pubescent. — *Corselet* presqu'en carré transversal, très-rebordé latéralement, visiblement rétréci vers la tête, son bord antérieur échancré circulairement, les latéraux arrondis à leur extrémité antérieure, ses angles postérieurs prolongés en pointe très-aiguë, s'écartant en dehors; dessous du corselet ayant de chaque côté une rainure oblique et profonde, dans laquelle les antennes se cachent lors du repos; présternum muni postérieurement d'une saillie qui s'enfonce à volonté dans une fossette antérieure du mésosternum. — *Ecusson* assez grand, en triangle curviligne. — *Elytres* longues, très-dures, assez convexes, allant un peu en s'élargissant jusque passé le milieu de leur longueur, arrondies à leur extrémité, terminées chacune par une très-petite pointe suturale, striées, couvrant les ailes et l'abdomen. — *Abdomen* arrondi au bout; plaque anale inférieure unie dans les deux sexes. — *Pattes* assez courtes; tarses filiformes, leurs quatre premiers articles de même forme, garnis en dessous de pelottes prolongées et lobiformes, le dernier arqué, conique, terminé par deux crochets.

Le nom de ce genre tiré du grec a rapport au caractère que présentent les tarses; le type est le Tétralobe flabellicorne, *T. flabellicornis*. — *Elater flabellicornis* n°. 2. Fab. *Syst. Eleut.* (en retranchant le synonyme de Voët.) Mâle et femelle. — Oliv. *Entom. tom.* 2. *Taup. pag.* 8. *n°.* 1. *pl.* 3. *fig.* 28. (Il faut ôter le synonyme de Voët.) Mâle. — Schœn. *Syn. Ins. tom.* 3. *pag.* 270. *n°.* 19. Du Sénégal.

Peut-être les *Elater gigas* n°. 1. Fab. *id.* et *mucronatus* Oliv. *Journ. d'Hist. nat.* 7. *pag.* 262. *n°.* 1. *pl.* 14. *fig.* 1. le premier de Guinée, le second des Indes orientales, sont-ils de ce genre.

PÉRICALLE, *Pericallus*. *Elater*. Linn. Fab. Oliv. (*Entom.*) Herbst.

Genre d'insectes de l'ordre des Coléoptères, section des Pentamères, famille des Serricornes (division des Sternoxes), tribu des Elatérides.

Un groupe de cette tribu contient les genres Péricalle et Tétralobe. (*Voyez* à la colonne ci-contre.) Dans les Tétralobes les antennes des mâles sont flabellées, leur troisième article est simple et aussi court que le second dans les deux sexes; le corselet est presque carré, ayant ses bords latéraux très-arrondis antérieurement, offrant de chaque côté en dessous, un profond sillon pour loger les antennes dans le repos, et les élytres se maintiennent de la même largeur au moins de la base jusque passé la moitié de leur longueur.

Antennes dentées en scie dans les deux sexes, mais plus fortement dans les mâles; leur second article beaucoup plus court qu'aucun des suivans, le troisième en dent de scie, aussi long que le quatrième. — *Epistome* ayant ses angles latéraux ordinairement prolongés, et formant chacun une petite corne dirigée en avant. — *Tête* fortement déprimée, canaliculée longitudinalement dans son milieu. — *Corps* long, étroit, poli, très-glabre. — *Corselet* fort long, presque linéaire, un peu plus étroit que la base des élytres, ses angles antérieurs peu ou point arrondis, à peine creusé en dessous de chaque côté pour recevoir les antennes dans le repos. — *Ecusson* très-petit, presque rond. — *Elytres* sans stries prononcées, allant en diminuant sensiblement de largeur dès la base jusqu'à l'extrémité, toujours terminées par une pointe particulière. — *Plaque anale inférieure* des femelles portant de chaque côté une fossette oblongue, grande, ponctuée et velue. Le reste des caractères sont ceux des Tétralobes. *Voyez* ce mot.

L'élégance, le beau poli et le brillant des couleurs dans toutes les espèces qui le composent nous font donner à ce nouveau genre le nom de Péricalle, qui exprime cette idée dans la langue grecque. Ces insectes, du moins tous ceux qui nous sont connus, habitent l'Amérique méridionale, et doivent avoir les mêmes mœurs que les Taupins.

1°. Péricalle bois veiné, *P. ligneus.* — *Elater ligneus* n°. 20. Fab. *Syst. Eleut.* — Oliv. *Entom. tom.* 2. *Taup. pag.* 17. *n°.* 16. *pl.* 2. *fig.* 15. — Schœn. *Synon. Ins. tom.* 3. *pag.* 273. *n°.* 39. Femelle. Du Brésil. 2°. Péricalle sutural, *P. suturalis.* — *Elater suturalis* n°. 52. Fab. *id.* — Oliv. *id. pag.* 18. *n°.* 17. *pl.* 1. *fig.* 3. a. b. c. (en retranchant la fig. 7. de Voët qui appartient au P. fourchu.) — Schœn. *id. n°.* 43. Mâle. Cayenne et Brésil. 3°. Péricalle fronticorne, *P. fronticornis.* — *Elater fronticornis.* Dej. Catal. Femelle. Du Brésil. 4°. Péricalle fourchu, *P. furcatus.* — *Elater furcatus* n°. 51. Fab. *id.* — Schœn. *id. n°.* 41. Brésil et Cayenne.

On trouvera encore plusieurs autres espèces de Taupins dans les auteurs, qui doivent entrer dans le genre Péricalle. (S. F. et A. Serv.)

TÉTRAMÈRES, *Tetramera.* Troisième section de l'ordre des Coléoptères. Son caractère est : Quatre articles à tous les tarses.

(S. F. et A. Serv.)

TETRAONYX, *Tetraonyx.* Lat. Schœn. *Apalus.* Fab. Schœn. *Lytta.* Klug.

Genre d'insectes de l'ordre des Coléoptères, section des Hétéromères (2e. division), famille des Trachélides, tribu des Cantharidies.

Tous les genres de cette tribu, hors celui de Tétraonyx, ont tous les articles des tarses entiers. (*Voyez* Cantharidies, pag. 439. de ce volume.)

Antennes guère plus longues que la tête et le corselet réunis, allant un peu en grossissant vers l'extrémité, insérées vers le bas des yeux, très-près de leur partie inférieure interne, composées de onze articles; le premier grand, cylindro-conique; le second très-petit, transversal; les suivans jusqu'au dixième inclusivement cylindro-coniques; le dernier plus grand que le précédent, ovale-oblong. — *Mandibules* un peu creusées en gouttière, sans dents, du moins à leur extrémité. — *Mâchoires* inermes, sans dent ni onglet corné. — *Palpes* plus gros vers l'extrémité; les maxillaires de quatre articles, les labiaux de trois : article terminal des quatre palpes un peu ovale; celui des maxillaires aminci, presque pointu à son extrémité, celui des labiaux tronqué. — *Tête* inclinée, triangulaire, presque cordiforme, à peu près aussi large derrière les yeux que l'extrémité antérieure du corselet, resserrée ensuite brusquement en arrière, de sorte que sa base forme une sorte de cou qui se cache presqu'entièrement dans le corselet. — *Yeux* un peu échancrés à la partie voisine de l'insertion des antennes. — *Corps* assez court, de consistance peu ferme. — *Corselet* petit, presque carré, se rétrécissant souvent à sa partie antérieure, dont les angles sont quelquefois arrondis. — *Ecusson* triangulaire, son angle postérieur arrondi. — *Elytres* fort grandes, dépassant et recouvrant l'abdomen et les ailes. — *Pattes* assez grandes; toutes les cuisses munies à leur base d'un trochanter gros et saillant; jambes un peu arquées : pénultième article des tarses bifide; le dernier muni de deux crochets bifides.

Le nom de Tétraonyx vient de deux mots grecs et signifie : *quatre ongles.* Ces insectes sont propres à l'Amérique; d'après l'observation de M. Latreille, ils y remplacent les Mylabres, dont ils doivent avoir à peu près les mœurs.

1. Tétraonyx huit taches, *T. octomaculatum.*

Tetraonyx nigrum; elytro singulo maculis quatuor rubris.

Tetraonyx octomaculatum. Lat. *Gener. Crust. et Ins. tom.* IV. *pag.* 380. — Lat. *Voyag.* Humb. et Bonp. *Zool. et Anat. comp. pag.* 237. *pl.* XVI. *fig.* 7. — *Encycl. pl.* 372. *bis. fig.* 24. — Schœn. *Syn. Ins. tom.* 3. *pag.* 43. *n°.* 1.

Longueur 10 lig. Noir. Elytres ayant chacune quatre taches rouges.

De la nouvelle Espagne.

Nous n'avons pas vu cette espèce.

2. Tétraonyx sixmoucheté, *T. sexguttatum.*

Tetraonyx sericeo-nigrum; elytro singulo guttis tribus aureo-ferrugineis.

Lytta sexguttata. Klug. *Entom. Brasil.*

Longueur 7 à 12 lig. Corps d'un noir soyeux, à reflet bleuâtre en dessous. Elytres ayant chacune trois taches rondes d'un ferrugineux un peu doré, savoir : deux d'égale grandeur posées à côté l'une de l'autre vers le tiers supérieur de l'élytre; la troisième un peu plus grande, placée vers le tiers inférieur. Antennes et pattes noires.

Du Brésil.

3. TÉTRAONYX bicolor, *T. bicolor.*

Tetraonyx sericeo-nigrum; ano, coxis femorumque basi latè et thorace ferrugineis, hoc maculâ magnâ dorsali repandâ nigrâ.

Longueur 7 lig. Corps d'un noir soyeux. Corselet, anus, hanches et cuisses, à l'exception de leur extrémité, de couleur ferrugineuse; le premier a en dessus une grande tache dorsale un peu irrégulière d'un noir soyeux. Antennes et pattes noires.
Du Brésil.

4. TÉTRAONYX à collier, *T. collare.*

Tetraonyx nigro-cœruleum, subnitidum; thorace, abdomine, palpis scutelloque ferrugineis.

Lytta chrysomelina. KLUG. *Entom. Brasil.?*

Longueur 5 lig. ½. Corps d'un noir légèrement bleuâtre, assez luisant, très-pointillé. Palpes, corselet, écusson et abdomen, ferrugineux; cette couleur borde encore finement la suture et la partie extérieure des élytres, de la base jusqu'à la moitié. Antennes et pattes noires.
Du Brésil.

5. TÉTRAONYX bimaculé, *T. bimaculatum.*

Tetraonyx pallidè ferrugineum; antennis, capite, pedibus, femorum basi exceptâ, et elytri singuli maculis duabus magnis, unâ baseos alterâque apicis, nigris.

Lytta bimaculatâ. KLUG. *Entom. Brasil.* — *Apalus quadrimaculatus* n°. 2. FAB. *Syst. Eleut.?* — SCHŒN. *Syn. Ins. tom.* 2. *pag.* 342. *n°.* 2?

Longueur 5 lig. ½. Corps d'un ferrugineux pâle. Antennes, tête, à l'exception des palpes, pattes, les hanches et la base des cuisses exceptées, noires. On voit deux grandes taches de cette couleur sur chaque élytre; l'une tout contre la base, l'autre occupant l'extrémité. Anus brun.
Du Brésil.

Nota. Le synonyme de Fabricius nous paroît appartenir à cette espèce, cependant 1°. M. Klüg qui a certainement eu sous les yeux la même espèce que nous, ne l'a point reconnue pour l'*Apalus quadrimaculatus* de Fabricius, puisqu'il la décrit comme nouvelle. 2°. Si l'espèce de Fabricius est la même que la nôtre, sa description n'est pas exacte, principalement dans le détail des cuisses et des taches des élytres, et elle n'est pas complète sous d'autres rapports. 3°. Fabricius donne à son *A. quadrimaculatus*, l'Amérique septentrionale pour patrie. Notre individu et celui de M. Klüg sont du Brésil.

L'incertitude du synonyme de Fabricius entraîne dans le même doute celui de M. Schœnherr. Dans tous les cas, il est certain que l'*Apalus quadrimaculatus* FAB. SCHŒN. est un Tétraonyx.

6. TÉTRAONYX biponctué, *T. bipunctatum.*

Tetraonyx totum sericeo-nigrum; elytri singuli puncto minuto in parte inferâ, ferrugineo.

Longueur 4 lig. Entièrement d'un noir soyeux. Elytres portant chacune vers leur tiers inférieur, un très-petit point ferrugineux.
De Cayenne.

Nota. M. Latreille a vu dans la collection de M. Macleay à Londres, une espèce de Tétraonyx beaucoup plus grande que les précédentes et entièrement d'un noir-bleuâtre. M. le comte Dejean dans son Catalogue en mentionne une espèce de Cayenne, qui nous est inconnue, sous le nom de *vittatum*. (S. F. et A. SERV.)

TÉTRAOPE, *Tetraopes.* Nom donné par MM. Dalman et Schœnherr à un genre de Coléoptères Tétramères Longicornes, dont le principal caractère est d'avoir chaque œil entièrement partagé en deux. Ses autres caractères nous sont inconnus. Le type est la Lamie tornator n°. 64. de ce Dictionnaire; cette espèce forme une coupe particulière dans le genre Saperde du même ouvrage. *Voyez* ce mot.

(S. F. et A. SERV.)

TÉTRAPNEUMONES, *Tetrapneumones.* Première section de notre famille des Aranéïdes, ayant pour caractères : deux spiracules ou bouches aériennes, et deux cavités pneumo-branchiales ou pulmonaires de chaque côté du ventre, près de sa base. C'est à M. Léon Dufour, médecin à Saint-Sever, que nous sommes redevables de la découverte de ce caractère anatomique. Il s'applique aux Aranéïdes théraphoses (*voyez* ce mot) de M. Walckenaër, ou à nos Aranéïdes territèles, ainsi qu'à celles des genres Filistate et Dysdère. Les caractères assignés par M. Walckenaër aux Théraphoses ne pouvant plus convenir à ces dernières Aranéïdes, il est nécessaire de diviser, ainsi que nous l'avons fait dans notre ouvrage intitulé : *Familles naturelles du Règne animal, pag.* 315, les Tétrapneumones en deux coupes.

1°. *Huit yeux dans toutes. Quatre filières, dont deux très-courtes et les deux autres très-saillantes. Crochet ou doigt mobile des chélicères (mandibules des antennes.) replié sur leur côté inférieur ou de celui de leur premier article.*

Les genres : MYGALE, CTENIZE (*Mygales* de M. Walckenaër, ayant un râteau formé par une série d'épines ou de dents cornées à l'extrémité supérieure du premier article des chélicères; *Araignées mineuses* d'Olivier), ATYPE (*Olétère*, Walck.), ERIODON.

2°. *Six yeux dans quelques-unes. Six filières très-courtes. Crochet des chélicères replié transversalement, ou le long de leur face interne.*

Les genres : FILISTATE, DYSDÈRE.

Dans son travail sur les Aranéïdes de France, faisant partie de la *Faune française*, M. Walckenaër n'a pas cru devoir profiter des observations importantes de M. Léon Dufour, relatives au nombre des spiracules et des sacs pneumobranchiaux. Il n'a rien changé au signalement qu'il avoit donné des Théraphoses; mais il leur a adjoint les Filistates, qui, par la généralité de leurs caractères, semblent cependant appartenir à sa seconde section, celle des Araignées.

Les Tétrapneumones ont toujours les yeux, et dont le nombre est le plus souvent distinct, placés à l'extrémité antérieure du céphalothorax, et le plus souvent très-rapprochés. Si l'on en excepte les Filistates, les mandibules sont fortes. Les pieds sont généralement robustes; la quatrième paire et la première ensuite, et dans quelques-uns seulement celle-ci et la précédente, sont les plus longues de toutes.

Ces animaux se construisent des habitations soyeuses, ordinairement tubulaires, tantôt dans des terriers cylindriques ou sous des pierres, tantôt entre des feuilles ou sous des écorces d'arbres. On croit qu'ils en sortent la nuit, pour aller à la chasse de leur proie; mais peut-être attendent-ils simplement qu'elle se présente d'elle-même à l'entrée de leur demeure, ou qu'elle y soit arrêtée par la soie. (LATR.)

TÉTRAPTÈRES A AILES FARINEUSES. Troisième section de la classe des insectes dans la méthode de Geoffroy. Elle répond à l'ordre des Lépidoptères de Linné et de beaucoup d'auteurs subséquens; c'est la neuvième classe des insectes, dite les Glossates (*Glossata*) de Fabricius. Geoffroy rapporte mal-à-propos à cette section, l'insecte qu'il nomme *Phalène culiciforme de l'Eclaire*, et qui est le type du genre Aleyrode LAT. ordre des Hémiptères. *Voyez* GEOFFROY, *Ins. Paris. tom.* 2. *pag.* 1.

(S. F. et A. SERV.)

TÉTRAPTÈRES A AILES NUES. Quatrième section de la classe des insectes dans la méthode de Geoffroy. Elle répond aux ordres des Névroptères et des Hyménoptères de Linné et des auteurs qui ont écrit après lui, sauf Fabricius; le premier de ces ordres renferme la seconde classe de insectes de cet auteur, dite les Synistates (*Synistata*), excepté les genres *Podura* et *Lepisma*, et la quatrième appelée Odonates (*Odonata*). Le deuxième ordre (HYMÉNOPTÈRES) répond à la troisième classe de Fabricius, nommée par lui Piézates (*Piezata*). *Voyez* GEOFF. *Ins. Paris. tom.* 2. *pag.* 211. (S. F. et A. SERV.)

TÉTRATOME, *Tetratoma*. HERBST. FAB. PAYK. LAT. PANZ.

Genre d'insectes de l'ordre des Coléoptères, section des Hétéromères (première division), famille des Taxicornes, tribu des Crassicornes.

Un groupe de cette tribu présente pour caractères : jambes sans épines latérales. (*Voyez* CRASSICORNES, pag. 554. de ce volume.) Il contient les genres Orchésie, Tétratome et Cnodalon; ce dernier se distingue aisément des Tétratomes par la massue des antennes composée de six articles en dent de scie. Dans les Orchésies les antennes sont courtes, terminées par une massue triarticulée; en outre le quatrième article des tarses antérieurs et intermédiaires est bilobé.

Antennes assez longues, terminées en massue, insérées à nu, composées de onze articles; le premier point recouvert par les bords latéraux de la tête, ceux de deux à sept, petits; le septième un peu plus grand que le précédent; les quatre autres formant une grande massue ovale, perfoliée. — *Bouche* étroite, peu avancée. — *Mandibules* ne s'avançant pas au-delà du labre, bifides à l'extrémité. — *Mâchoires* ayant leur lobe extérieur grand, obtrigone; l'interne petit, dentiforme. — *Palpes* inégaux; les maxillaires beaucoup plus longs que les labiaux, allant en grossissant de la base à l'extrémité, composés de quatre articles, le dernier le plus gros de tous, presqu'obtrigone, obliquement tronqué à sa partie antérieure : les labiaux filiformes, près de trois fois plus courts que les maxillaires, triarticulés. — *Lèvre* nue, presque carrée, un peu plus large à l'extrémité; son bord supérieur entier; menton presque carré. — *Tête* plus étroite que le corselet. — *Yeux* ronds, proéminens. — *Corps* ovalaire, un peu déprimé. — *Corselet* un peu plus étroit que les élytres, transversal, à peine rebordé; ses côtés un peu rabattus, arrondis ainsi que les angles. — *Ecusson* distinct. — *Elytres* longues, linéaires, arrondies à leur extrémité, à peine rebordées, recouvrant l'abdomen et les ailes. — *Pattes* de longueur moyenne; jambes conservant à peu près la même largeur dans toute leur étendue, point épineuses latéralement; tarses à articles entiers.

Les espèces de ce genre dont le nom tiré du grec a rapport au nombre d'articles dont la massue des antennes est composée, vivent dans les champignons; leurs larves n'ont pas encore été décrites; on trouve les insectes parfaits vers la fin de l'automne. Nous citerons, 1°. Tétratome des champignons, *T. fungorum*. FAB. *Syst. Eleut.* n°. 1. — LAT. *Gener. Crust. et Ins. tom.* 2. *pag.* 180. *n°.* 1. *tom.* 1. *tab.* 9. *fig.* 10. — *Encycl. pl.* 372. *bis. fig.* 7. 8. Des environs de Paris. 2°. Tétratome de Desmarest, *T. Desmarestii*. LAT. *id. n°.* 2. — *Encycl. pl.* 361. *fig.* 16. Trouvée en décembre au bois de Boulogne dans le bolet du Chêne.

Fabricius rapporte quatre espèces à ce genre. M. Latreille (*Dictionnaire d'Histoire naturelle*, 2e. *édit.*) pense que la *Tetratoma ancora* n°. 4. n'est pas du genre, et il regarde comme possible qu'il en soit de même pour la seconde et la troisième.

LÉÏODE, *Leiodes*. LAT. *Anisotoma*. ILLIG. FAB. *Sphæridium*. OLIV. (*Entom.*) *Tetratoma*. HERBST. PANZ.

Genre d'insectes de l'ordre des Coléoptères, section des Hétéromères (première division), famille des Taxicornes, tribu des Crassicornes.

La seconde division de cette tribu a pour caractère : jambes épineuses latéralement; elle contient les genres Trachyscèle et Léïode. (*Voyez* CRASSICORNES, pag. 554. de ce volume.) Dans le premier, suivant M. Latreille, la massue des antennes est de six articles, et de plus ces articles sont presqu'égaux entr'eux, le second de la massue n'étant pas plus petit que ceux qui l'avoisinent.

Antennes en massue, insérées à nu, composées de onze articles, les trois premiers presque cylindriques, le troisième un peu plus long que les précédens, les trois suivans plus courts, obconiques, les cinq derniers formant une massue oblongue, perfoliée; les septième, huitième, neuvième et dixième presque globuleux; le huitième beaucoup plus petit que les septième et neuvième; le onzième presqu'ovale. — *Mandibules* avancées au-delà du labre, bifides à leur extrémité. — *Mâchoires* composées de deux lobes membraneux, l'extérieur étroit, presque linéaire, ressemblant à un palpe, l'intérieur de la même longueur mais beaucoup plus large. — *Palpes* courts; les maxillaires plus longs que les labiaux, leur dernier article presque cylindrique, le terminal des labiaux presqu'ovale. — *Lèvre* nue, membraneuse, formant un angle aigu, profondément échancrée, ses angles latéraux avancés; menton corné, transversal, en triangle tronqué, allant en s'élargissant de la base à l'extrémité, son bord supérieur droit. — *Tête* ovale. — *Corps* en ovale court, un peu convexe en dessus, lisse, glabre. — *Corselet* transversal, échancré antérieurement, ses côtés arrondis, rebordés. — *Ecusson* assez grand. — *Elytres* rebordées, recouvrant des ailes et l'abdomen. — *Pattes* de longueur moyenne; jambes épineuses à leur partie extérieure : tarses composés d'articles entiers.

Le corps lisse et glabre de ces Coléoptères leur a fait donner par M. Latreille le nom de *Léïode* tiré du grec. Panzer dit que la Léïode canelle vit dans la Truffe, et Paykull donne le bois pourri pour demeure à l'*humeralis*. Nous citerons les espèces suivantes :

1°. Léïode canelle, *L. cinnamomea*. — *Tetratoma cinnamomea*. PANZ. *Faun. Germ. fas.* 12. *fig.* 15. — *Encycl. pl.* 372. *bis. fig.* 17—19. De France et d'Allemagne. 2°. Léïode brune, *L. picea*. LAT. *Gener. Crust. et Ins. tom.* 2. *pag.* 181. *n°.* 1. Des environs de Paris. 3°. Léïode ferrugineuse, *L. ferruginea*. LAT. *id.* D'Allemagne. 4°. Léïode humérale, *L. humeralis*. LAT. *id. pag.* 182. — *Anisotoma humeralis* n°. 2. FAB. *Syst. Eleut.* D'Allemagne. (S. F. et A. SERV.)

TÉTRIX, *Tetrix*. LAT. *Gryllus* (*Bulla*). LINN. *Acrydium*. GEOFF. DE GÉER. FAB. OLIV. (*Encycl.*) PANZ.

Genre d'insectes de la troisième section de l'ordre des Orthoptères, division des Sauteurs, famille des Acrydiens.

Les Tétrix constituent parmi les Acrydiens une coupe particulière ayant pour caractère : extrémité antérieure du présternum concave en forme de mentonnière et recevant une partie de la bouche; point de pelottes entre les crochets des tarses. (*Voyez* ACRYDIENS, page 344. de ce volume.)

Ces Orthoptères ont en outre les antennes composées seulement de treize à quatorze articles; la languette quadrifide et l'extrémité postérieure du corselet fortement prolongée en arrière et finissant en pointe; celle-ci atteint ou dépasse même le bout de l'abdomen; les élytres sont extrêmement courtes et prennent la forme d'une écaille ovale qui ne recouvre pas l'aile, mais se rejette sur le côté; chaque écaille ayant à peu près deux lignes de longueur. Les parties sexuelles extérieures des Tétrix diffèrent de celles de Criquets proprement dits : dans les femelles les quatre pièces alongées, écailleuses qui servent à déposer les œufs sont dentelées en scie sur leur bord et ont extérieurement des aspérités come une râpe, tandis que ces mêmes parties ont leurs bords aigus dans les Criquets femelles; les individus mâles de ce dernier genre portent ordinairement de chaque côté de l'anus un appendice plus ou moins long, paroissant inarticulé, dont les mâles Tétrix sont toujours dépourvus. (*Voyez* pour les caractères génériques autres que ceux que nous venons de mentionner, l'article CRIQUET du présent Dictionnaire.)

Les mœurs des Tétrix sont absolument les mêmes que celles des Criquets, avec lesquels la plupart des auteurs les ont confondues; elles paroissent aimer encore plus la chaleur qu'eux, car elles se tiennent habituellement sur les sables, les murs et les troncs d'arbre les plus exposés à l'ardeur du soleil. Leur nom vient d'un verbe grec qui exprime cette stridulation que produisent beaucoup d'Acrydiens, mais cette faculté est-elle commune aux Tétrix? C'est ce dont l'exiguité de leurs élytres peut faire douter. Dans l'article que nous venons de citer, Olivier attribue en général aux Criquets, et avec juste raison, le goût et la faculté de voyager, ainsi que celle de pouvoir soutenir de longs vols, mais nous ne pensons pas que ces habitudes soient celles des Tétrix.

1re. *Division.* Pointe postérieure du corselet dépassant l'abdomen. — *Ailes* égalant au moins la longueur de cette pointe. (Carène médiale du corselet peu élevée.)

1. Tétrix subulée, *T. subulata.*

Tetrix fusca, punctis nigris temerè sparsa; antennis albidis, apice fuscis: alis subpellucidis, violaceo micantibus.

Tetrix subulata. Lat. *Gener. Crust. et Ins. tom.* 3. *pag.* 107. *n°.* 1. *Exceptis varietatibus.*

Longueur 7 lig. Brune, chargée de petites taches irrégulières et de points noirâtres; base des antennes blanchâtre ainsi que celle de la partie rabattue latérale du prolongement thoracique; pattes à bandes transverses irrégulières moins foncées que la couleur du fond; ces bandes mieux prononcées sur les pattes antérieures. Ailes transparentes à nervures brunes et reflet violet. Femelle.

Commune aux environs de Paris.

Nota. Cette espèce ayant été décrite d'une manière imparfaite sous le nom de *Criquet subulé* n°. 75. dans ce Dictionnaire, nous avons jugé utile d'en donner les caractères plus exactement; d'ailleurs nous observerons que la plupart des synonymes qu'on lui rapporte sont inapplicables, car les auteurs anciens ont confondu sous le nom de *Gryllus subulatus*, différentes espèces fort distinctes. Fabricius (*Entom. Syst.*) va jusqu'à dire que son *Acrydium subulatum* peut n'être qu'une simple variété de l'*Acrydium bipunctatum* (Tétrix biponctuée n°. 6).

Nous connoissons un mâle voisin de la Tétrix subulée, dans lequel le corselet ainsi que son prolongement portent sur leur partie supérieure des lignes longitudinales alternativement brunes et grisâtres. Est-ce le mâle de cette espèce, ou de quelqu'autre de cette division?

2. Tétrix de Panzer, *T. Panzeri.*

Tetrix subfusca; antennis albidis, apice fuscis: capitis thoracisque dorso et pedibus posterioribus pallidis, processu thoracico ad basin utrinquè fusco semilunato; alis fuscis, margine extero hyalino violaceo micantibus.

Tetrix subulata var. B. Lat. *Gener. Crust. et Ins. tom.* 3. *pag.* 108. — *Acrydium bipunctatum.* Panz. *Faun. Germ. fas.* 5. *fig.* 18. *Demptis omnibus synonymis.*

Longueur 6 lig. ½. Elle est d'un brun moins foncé que la précédente. Antennes blanchâtres, leur extrémité brune; dessus de la tête et du corselet ainsi que le prolongement de ce dernier d'un blanc-grisâtre; on voit à la base de celui-ci, de chaque côté, une tache presque demi-circulaire d'un brun foncé: pattes postérieures d'un gris-jaunâtre; extrémité des cuisses brune; les quatre autres pattes annelées de brun et de gris-jaunâtre; ailes fort brunes, leur bord antérieur transparent, ayant sur leur totalité un reflet violâtre. Femelle.

Forêt de Bondy.

Nota. 1°. La figure de Panzer que nous citons appartient certainement à notre espèce et à la division dans laquelle nous la plaçons; il est difficile de concevoir comment cet auteur a pu considérer, d'après les synonymes qu'il rapporte, le corselet comme ne surpassant pas la longueur de l'abdomen, tandis que sa figure offre positivement le contraire; du reste il ne décrit pas l'insecte qu'il représente. 2°. La variété A. de la *Tetrix subulata* citée par M. Latreille *ut suprà*, ayant le corselet blanc à la base du prolongement thoracique (Schæff. *Icon. Ins. Ratis. tab.* 161. *fig.* 2 et 3.), est probablement une espèce particulière.

3. Tétrix bimaculée, *T. bimaculata.*

Mâle et femelle. Forêt de Bondy.

Voyez pour la description Criquet bimaculé n°. 11. des espèces moins connues, de ce Dictionnaire.

4. Tétrix marginée, *T. marginata.*

Tetrix fusca, punctis lineolisque nigris sparsa; antennis albidis, apice fuscis: thoracis capitisque dorso albido marginato, femorum posticorum carinâ externâ tibiarumque ejusdem paris facie posticâ albidis; alis fuscis, margine extero hyalino violaceo micantibus.

Longueur 5 à 6 lig. Brune, chargée de points et de petites lignes éparses, noirâtres. Antennes blanchâtres, brunes à leur extrémité: côtés extérieurs du vertex et du dessus du corselet bordés par une ligne blanchâtre; carène externe des cuisses postérieures d'un blanc-jaunâtre ainsi que la face postérieure de leurs jambes. Ailes brunes, leur bord extérieur transparent: elles ont sur leur totalité un reflet violâtre. Mâle et femelle.

Forêt de Bondy.

A cette division appartiennent encore, 1°. Tétrix thoracique, *T. thoracica.* — Criquet thoracique n°. 77. de ce Dictionnaire. Cette espèce est peut-être la variété A. de la *Tetrix subulata* Lat. *Gener.* que nous avons mentionnée plus haut. 2°. Tétrix crochue, *T. hamata.* — Criquet crochu n°. 78. de ce Dictionnaire. 3°. Tétrix indienne, *T. inda.* — Criquet indien n°. 79. *id.* 4°. Tétrix purpurine, *T. purpurascens.* — Criquet purpurin n°. 80. *id.*

2e. *Division.* Pointe postérieure du corselet ne dépassant pas l'abdomen. — Ailes plus courtes que cette pointe. (Carène médiale du corselet plus élevée que dans la première division.)

5. Tétrix mucronée, *T. mucronata.*

Tetrix fusco-nigra, thoracis carinâ multùm elevatâ, anticè suprà caput acuminato productâ, subincurvâ; antennis nigris, basi apiceque et capitis parte anteriori albidis.

Longueur 6 lig. D'un brun presque noir, chargée d'un grand nombre de petits tubercules gris; carène du corselet fort élevée, prolongée en devant en une pointe aiguë qui s'avance sur la tête, cette pointe un peu recourbée; pointe postérieure du prolongement thoracique un peu blanchâtre, ainsi que la partie antérieure de la tête, la base et l'extrémité des antennes. Femelle.

Du Brésil.

Nota. Elle ressemble par le prolongement antérieur de sa carène à la Tétrix crochue citée dans l'autre division, mais la Tétrix mucronée appartient certainement à celle-ci.

6. Tétrix biponctuée, *T. bipunctata.*

Acrydium bipunctatum. Fab. *Ent. Syst. tom.* 2. *pag.* 26. *n°.* 2.

Voyez pour la description et les autres synonymes Criquet biponctué n°. 74. du présent ouvrage. Nous pensons que l'on a confondu plusieurs espèces sous ce nom.

7. Tétrix point d'exclamation, *T. exclamationis.*

Tetrix fusca, rufo varia; antennis albidis, apice nigris; thorace albido, lineis duabus lateralibus longitudinalibus nigris: superiore majori, extùs profundè emarginatâ; pedibus posticis corpore dilutioribus.

Longueur 3 lig. Corps brun, mélangé de roussâtre; antennes blanchâtres avec l'extrémité noire. Corselet d'un blanc sale, ayant de chaque côté de sa carène dorsale deux lignes très-noires, la supérieure plus grande, profondément échancrée au milieu de sa partie extérieure; cuisses postérieures plus claires que le reste du corps, ayant principalement sur leurs carènes des points noirs. Femelle.

Environs de Paris.

On doit placer ici, 1°. Tétrix malade, *T. morbillosa.* – *Acrydium morbillosum.* Fab. *Ent. Syst. tom.* 2. *pag.* 25. *n°.* 1. — Criquet africain n°. 73. de ce Dictionnaire. 2°. Tétrix bossue, *T. gibba.* — Criquet bossu n°. 76. *id.* 3°. Tétrix bifasciée, *T. bifasciata.* — Criquet bifascié n°. 10. des espèces moins connues de ce Dictionnaire.

(S. F. et A. Serv.)

TETTIGOMÈTRE, *Tettigometra.* Lat. Germ. *Fulgora.* Panz.

MM. Latreille et Germar désignent sous ce nom un genre d'insectes de la tribu des Fulgorelles, famille des Cicadaires, section des Homoptères, ordre des Hémiptères; ils lui donnent pour caractères: antennes épaisses, cylindriques, insérées sous les yeux, mais point dans leur sinus inférieur, susceptibles de se cacher transversalement lors du repos entre les angles postérieurs de la tête et le corselet; composées de trois articles; le second presqu'ovale-cylindrique, deux fois plus long que le premier, portant une soie insérée dans une cavité oblique de son extrémité; tête horizontale, aplatie en dessus et en dessous, triangulaire, point rebordée; yeux latéraux, trigones, point saillans, placés aux angles postérieurs de l'occiput; deux ocelles; élytres ayant à leur base une petite écaille transversale très-apparente; corps ovale, déprimé; jambes mutiques; leur extrémité portant une couronne de fines épines.

Les Tettigomètres sont petites et se trouvent sur différentes plantes; elles s'échappent en sautant lorsqu'on veut les saisir; on n'en connoît encore que peu d'espèces. 1°. Tettigomètre verdâtre, *T. virescens.* Lat. *Gener. Crust. et Ins. tom.* 3. *pag.* 164. *n°.* 1. Des environs de Paris. 2°. Tettigomètre dorsale, *T. dorsalis.* Lat. *Hist. nat. des Crust. et des Ins.* Longueur 2 lig. Elle ressemble à la précédente; d'un vert un peu jaunâtre; pattes rouges; une tache commune, à la base des deux élytres, d'un rouge sanguin et en forme de cœur. Mâle. Trouvée en Anjou par M. Carcel à qui nous la devons, et à Paris, suivant M. Latreille. 3°. Tettigomètre oblique, *T. obliqua.* Lat. *id.* Longueur 2 lig. Tête et corselet couleur de chair ainsi que l'écusson; élytres transparentes, un peu couleur de chair, avec trois bandes obliques rousses; corps noir en dessous; côtés de l'abdomen blancs; pattes couleur de chair, ponctuées de noir. D'Autriche. 4°. Tettigomètre ombrée, *T. umbrosa.* Germ. *Magaz. entom.* Halle. 1821. *pag.* 7. Ferrugineuse, brune en dessous; élytres ayant leur base et leur extrémité blanchâtres avec le bord extérieur ponctué de noir. De Tauride? (S. F. et A. Serv.)

TETTIGONE, *Tettigonia.* Fab. Cet auteur a appliqué ce nom aux insectes Hémiptères généralement connus sous celui de Cigale. *Voyez* ce mot. (S. F. et A. Serv.)

TETTIGONE, *Tettigonia.* Geoff. Lat. *Cicada.* Linn. Geoff. De Géer. Fab. Schranck. *Iassus.* Fab.

Genre d'insectes de l'ordre des Hémiptères, section des Homoptères, famille des Cicadaires, tribu des Cicadelles (division des Tettigonides).

Trois genres composent avec celui-ci un groupe dans

dans les Tettigonides. (*Voyez* ce mot.) 1°. Les Scaris, dont le corps est triangulaire et l'écusson prolongé en une pointe très-longue et fort aiguë. 2°. Les Penthimies, qui ont les élytres rabattues, croisées vers l'extrémité et le corps elliptique. 3°. Les Proconies, distinguées par le renflement du premier article des antennes, leur tête manifestement plus longue que large et leur corselet rhomboïdal.

Antennes insérées dans une cavité près des yeux et entr'eux, composées de trois articles, les deux premiers petits, égaux, presque cylindriques, le troisième en cône alongé, terminé par une soie fort longue. — *Bec* biarticulé, assez long, atteignant la base des hanches intermédiaires. — *Tête* transversale, un peu moins longue que le corselet, aussi large que lui; son bord antérieur arrondi, épais; elle est échancrée circulairement dans toute l'étendue de sa partie postérieure : côtés de sa partie inférieure un peu creusés. — *Yeux* peu saillans, placés sur les côtés de la tête, contre le corselet. — *Deux ocelles* apparens, placés sur le vertex, près de son bord postérieur, assez écartés l'un de l'autre. — *Corps* linéaire. — *Corselet* point dilaté latéralement, transversal, arrondi en devant et sur les côtés, coupé presque droit postérieurement. — *Ecusson* triangulaire, un peu plus large que long, coupé droit à sa base. — *Elytres* recouvrant des ailes et l'abdomen, embrassant les côtés de ce dernier, plus dilatées vers le tiers de leur longueur, allant en diminuant insensiblement vers leurs extrémités; celles-ci arrondies, se tenant droites et ne se croisant point. — *Abdomen* composé de cinq segmens outre l'anus; plaque anale refendue dans toute sa longueur, recevant dans les femelles, la tarière et ses fourreaux; les bords de cette plaque un peu écartés vers l'insertion de la tarière et laissant apercevoir la base de celle-ci; les mâles ayant ces bords bien clos et absolument rapprochés dans toute leur étendue. — *Pattes antérieures et intermédiaires* assez longues, munies d'épines fines et nombreuses; cuisses postérieures grêles, fort longues; leurs jambes longues, droites, garnies d'épines très-fortes, très-nombreuses et terminées en dessous par une demi-couronne d'épines qui débordent l'extrémité de la jambe et atteignent le plan de position : tarses de trois articles, le premier au moins aussi long que les deux autres réunis, prolongé ainsi que le second, chacun sous la base de celui qui le suit, en un rang d'épines; ces épines et celles de l'extrémité des jambes sont courtes, serrées, presqu'égales entr'elles : dernier article des tarses muni de deux crochets gros, courts, épais.

Les Tettigones dont le nom vient d'un mot grec qui signifie : *Cigale*, sont généralement petites, mais presque toujours ornées de couleurs agréables et variées. On est encore loin d'avoir décrit toutes les espèces connues. Malgré les travaux de M. Germar dont nous avons beaucoup profité, et le peu que nous y avons ajouté en proposant quelques nouveaux genres (*voyez* Tettigonides), nous pensons qu'il faudra nécessairement en créer un plus grand nombre dans cette tribu. Les mœurs des Tettigones sont celles des autres Cicadelles. (*Voyez* Tettigonides.) Nous allons citer les espèces qui appartiennent à ce genre, tel que nous venons d'en présenter les caractères.

1. Tettigone vernissée, *T. vernicosa.*

Tettigonia nitida, subtùs lutea, ano nigro; capitis lutei vertice lineolisque nigris; thorace suprà nigro vittâ mediâ luteâ : elytris nigris, fasciis duabus longitudinalibus luteis, post medium desinentibus, vittâque transversâ latâ ante apicem luteis.

Longueur 5 lig. Corps brillant et comme vernissé, jaune en dessous; extrémité de l'abdomen, noire : tête jaune avec le vertex et trois petites lignes, de couleur noire; une de chaque côté sous la base des antennes, l'autre au milieu de la partie la plus avancée de la tête. Corselet noir en dessus avec une large bande transverse dans son milieu, de couleur jaune. Elytres noires, ayant chacune deux bandes longitudinales jaunes qui partent de la base et s'étendent presque jusqu'aux deux tiers de l'élytre, l'extérieure plus large à son extrémité et l'intérieure à sa base : sur le reste de chaque élytre est une large bande transverse jaune. Pattes et base des antennes jaunes. La soie de celles-ci très-longue. Femelle.

Du Brésil.

2. Tettigone quadrirayée, *T. quadrivittata.*

Tettigonia rubro-sanguinea, capitis vertice, thoracis anticâ parte elytrorumque fasciis transversis tribus nigris; pedibus dilutioribus.

Longueur 4 lig. D'un rouge sanguin; vertex et partie antérieure du corselet, de couleur noire; trois bandes noires, transverses, communes aux deux élytres; l'une près de la base, la seconde au-delà du milieu; la dernière vers le bout de l'élytre, dont l'extrémité est pâle. Pattes et dessous du corps plus pâles que le dessus. Femelle.

D'Amérique.

Nota. La disposition des bandes noires dans cette Tettigone est absolument la même que dans la *Cicada quadrifasciata* n°. 51. Fab. *Syst. Rhyng.* mais la couleur du fond est tout-à-fait différente.

Parmi les espèces décrites nous mentionnerons les suivantes : 1°. Tettigone farineuse, *T. farinosa.* — *Cicada farinosa* n°. 41. Fab. *Syst. Rhyng.* Femelle. De Java. 2°. Tettigone à douze points, *T. duodecimpunctata.* Germ. *Magaz. entom.* Halle. 1818. *pag.* 66. *n°.* 14. Femelle. Du Brésil. 3°. Tettigone sanglante, *T. cruenta.* — *Cicada cruenta* n°. 28. Fab. *id.* Femelle. Amérique méridionale. 4°. Tettigone frontale, *T. frontalis.* Germ. *id. pag.* 64. *n°.* 11. Femelle. Du Brésil. 5°. Tettigone splendide, *T. splendida.* — *Cicada splendida* n°. 29. Fab. *id.* Amérique méridionale. 6°. Tettigone verte, *T. viridis.* Germ. *id. pag.* 72. *n°.* 25. — *Cicada viridis* n°. 65. Fab. *id.* Mâle et Femelle. Elle n'est pas rare aux environs de Paris.

(S. F. et A. Serv.)

TETTIGONIDES, *Tettigonides.* Troisième division de la tribu des Cicadelles, famille des Cicadaires, section des Homoptères, ordre des Hémiptères.

Les travaux de M. Germar ayant multiplié les genres dans la tribu des Cicadelles, et desirant nous-mêmes en proposer ici quelques-uns de nouveaux, nous avons pensé qu'il étoit utile d'y introduire des divisions caractérisées. Voici celles que nous y formons.

Cicadelles, *Cicadellæ.* Quatrième tribu de la famille des Cicadaires; ses caractères sont:

Ocelles au nombre de deux ou nuls. — *Antennes* insérées en dessous de la tête, entre les yeux, composées de trois articles. — *Corselet* tout au plus dilaté latéralement.

I. Jambes postérieures simples. (Ulopides, *Ulopides.*)

Ulope, Æthalion.

II. Jambes postérieures munies d'une seule épine ou de plusieurs toujours rangées sur une même ligne. (Cercopides, *Cercopides.*)

A. Point d'ocelles apparens.

Eurymèle.

B. Ocelles apparens.

Cercopis, Aphrophore, Ptyèle, Lèdre.

III. Jambes postérieures triangulaires; leurs angles garnis dans toute leur longueur d'épines fines, ordinairement fort nombreuses. (Tettigonides, *Tettigonides.*)

A. Ocelles placés sur le milieu de la partie supérieure de la tête.

a. Bord antérieur de la tête arrondi, épais.

Scaris, Penthimie, Tettigone, Proconie.

b. Bord antérieur de la tête mince, presque tranchant.

Eupélix.

B. Ocelles placés sur la ligne qui sépare la partie supérieure de la tête, de l'inférieure.

Evacanthe.

C. Ocelles placés sur le milieu de la partie antérieure de la tête.

Iassus.

Nota. Nous ne connoissons pas suffisamment les genres *Cœlidia* et *Gypona* de M. Germar, ce qui nous empêche de les comprendre dans le présent tableau.

Les Cicadelles vivent toutes, pendant leur vie entière, de la sève des végétaux; elles savent la pomper au moyen de leur bec qu'elles tiennent enfoncé à travers l'écorce tendre des jeunes branches. La larve est presque semblable à l'insecte parfait, et a les mêmes organes de locomotion, à l'exception de ceux du vol dont elle est entièrement dépourvue. La nymphe est également douée de ces facultés et ne se distingue de la larve que par la présence de quatre étuis séparés les uns des autres renfermant les élytres et les ailes; plusieurs de ces larves et de ces nymphes se tiennent cachées dans une goutte de liqueur mousseuse qui ressemble exactement à de la salive; cette eau est le produit des excrétions de l'insecte: elle est quelquefois tellement abondante, que dans les années où l'Aphrophore spumaire s'est multipliée en grand nombre, on éprouve une espèce d'ondée en passant sous les Saules blancs (*Salix alba*) qui en sont chargés. Toutes les Cicadelles ont plus ou moins la faculté de sauter pour éviter leurs ennemis; afin d'exécuter ce mouvement, la nature leur a donné des organes particuliers; nous disons particuliers, parce que tout en reconnoissant à beaucoup d'autres insectes cette même faculté de s'élever en l'air par un mouvement brusque, nous avons ici l'occasion d'admirer la variété des moyens que l'auteur de la nature emploie pour remplir le même but.

La plupart des insectes sauteurs ont les cuisses postérieures fort grosses; parmi ceux-ci les Coléoptères qui sautent ont ordinairement les jambes postérieures arquées et de plus, ceux qui jouissent éminemment de la faculté de sauter, tels que les Altises, les Orchestes, etc., ont tout le long de la partie inférieure de la cuisse une rainure où se loge la jambe avec effort au moment où le saut va être exécuté; à cet instant elle en sort vivement, ce qui produit l'effet d'une détente et élève l'insecte au-dessus du sol: les bords de cette rainure sont le plus souvent garnis d'une ou de plusieurs épines; ceux des Coléoptères dans lesquels la rainure n'est pas complète, mais ne s'étend que sur la partie la plus voisine du genou, possèdent aussi, quoique dans un moindre degré, la faculté de sauter, et nous ne croyons pas qu'aucun de ceux qui en sont totalement privés et dont les jambes postérieures ne sont point arquées de manière à s'appliquer sur la convexité inférieure de la cuisse, puissent exécuter ce mouvement.

Les Orthoptères sauteurs ont comme les Coléoptères dont nous venons de parler, les cuisses postérieures renflées et la rainure placée de même, leurs jambes ne sont pas arquées et leur mouvement pour s'élever est encore favorisé par la longueur des cuisses et des jambes, l'extrémité de celles-ci peut s'appuyer fortement sur le sol et s'y faire un point d'appui par le moyen de deux ou quatre épines qui dépassent le bout de la jambe.

Parmi les Hyménoptères il se trouve aussi des insectes sauteurs tels que quelques Misocampes et les Chalcis; leurs cuisses postérieures sont grosses et leurs jambes arquées; ceux qui sautent le mieux ont en outre les hanches d'une grandeur remarquable.

Les Puces qui constituent l'ordre des Siphonaptères; les Acanthies et les Psylles parmi les Hémiptères; les Psoques qui font partie des Névroptères, jouissent tous de la faculté de sauter, et n'ont pas les cuisses postérieures renflées : la petitesse des espèces de ces deux derniers genres ne nous a pas permis d'observer chez eux les organes du saut. Dans les Puces l'extrémité des jambes postérieures et tous les articles des tarses à l'exception du dernier, sont garnis d'épines dispersées, inégales, hérissées, très-pointues, au moyen desquelles elles peuvent se fixer pour prendre leur élan; en outre les pattes postérieures qui exécutent le saut sont plus longues que les autres.

Dans les Hémiptères-Homoptères des quatre tribus qui composent la famille des Cicadaires, l'organe qui favorise le saut diffère de tous ceux que nous venons de désigner; il consiste en une couronne d'épines courtes, serrées, presqu'égales entr'elles, que porte l'extrémité des jambes postérieures et qui forme l'emboîtement du premier article des tarses. Dans tous les genres de ces tribus, ces couronnes d'épines existent, mais plusieurs d'entr'eux ont en outre de semblables épines rangées en couronne à l'extrémité inférieure des deux premiers articles des tarses, et ceux-là sautent plus haut et plus vivement que les autres. Les cuisses postérieures des Cicadaires ne sont pas renflées. La totalité de cette organisation nous paroît propre à elles seules.

Quoique nous ayons attribué à la plupart des insectes sauteurs des cuisses postérieures renflées, et à beaucoup d'entr'eux des cuisses canaliculées en dessous, nous ne prétendons pas que ces attributs, surtout lorsqu'ils sont séparés l'un de l'autre, indiquent dans les espèces ou dans les sexes qui en sont pourvus la faculté de sauter. Nous ne pensons pas non plus avoir mentionné tous les genres d'insectes sauteurs, et décrit leurs organes; ce travail seroit beaucoup trop long pour le cadre auquel nous sommes restreints.

Les Cicadelles femelles sont pourvues d'une tarière avec laquelle elles font des entailles dans l'écorce des végétaux, pour y déposer leurs œufs.

EURYMÈLE, *Eurymela*. HOFFMANS. (1).

Genre d'insectes de l'ordre des Hémiptères, section des Homoptères, famille des Cicadaires, tribu des Cicadelles (division des Cercopides).

Excepté les Eurymèles, tous les genres de Cercopides offrent des ocelles apparens. *Voyez* pag. 602. de ce volume.

Antennes très-courtes, insérées dans une cavité près des yeux et entr'eux, sous le bord avancé de la tête, composées de trois articles égaux, globuleux; le dernier terminé par une soie courte. — *Bec* très-court, biarticulé, dépassant à peine la base des hanches antérieures. — *Tête* extrêmement courte vue en dessus, transversale, de la largeur du corselet, formant un triangle curviligne tronqué inférieurement, quand elle est vue en face. — *Yeux* proéminens, placés sur les côtés de la tête, contre le corselet. — *Point d'ocelles* apparens. — *Corps* court, triangulaire. — *Corselet* point dilaté latéralement, transversal, court; ses bords latéraux très-étroits; bord antérieur arrondi, le postérieur s'avançant un peu entre la base des élytres, tronqué presque droit vis-à-vis de l'écusson. — *Ecusson* triangulaire. — *Elytres* recouvrant des ailes et l'abdomen, enveloppant les côtés de celui-ci, leur extrémité et leur bord extérieur, arrondis. — *Abdomen* composé de cinq segmens outre l'anus dans les femelles; plaque anale refendue dans toute sa longueur, recevant dans ce sexe, la tarière et ses fourreaux, les bords de cette plaque un peu écartés vers l'insertion de la tarière, et laissant apercevoir la base de celle-ci. — *Pattes* de longueur moyenne; cuisses postérieures courtes, légèrement canaliculées en dessous, à hanches courtes; leurs jambes assez longues, anguleuses, ayant sur leur angle antérieur une forte épine, terminées en dessous par une demi-couronne d'épines qui débordent l'extrémité de la jambe et atteignent le plan de position; tarses de trois articles; le premier plus long que le second; ces deux articles prolongés chacun sous la base de celui qui les suit, en une rangée d'épines; ces épines, ainsi que celles de l'extrémité des jambes, courtes, serrées, presqu'égales entr'elles; dernier article des tarses long, muni de deux crochets.

La tête des Eurymèles vue en dessus ne paroît qu'un simple rebord, ce qui les rapproche des

(1) L'espèce qui constitue ce genre nous a été envoyée par M. de Brébisson, sous le nom d'*Eurymela fenestrata* HOFFM. que nous lui conservons.

Æthalions, dernier genre du groupe des Ulopides. Ce groupe a les jambes postérieures entièrement dépourvues d'épines, et nos quatre premiers genres de Cercopides, Eurymèle, Cercopis, Aphrophore et Ptyèle n'en ont qu'une ou deux. Les dernières jambes des Lèdres offrent quatre épines, ce qui nous mène naturellement aux Tettigonides qui ont les jambes postérieures ciliées de nombreuses épines dans toute leur longueur. Du reste la forme de la tête et la structure des antennes jointes au peu de longueur du corselet, nous paroîtroient toujours devoir nécessiter l'établissement de ce genre, quand bien même on découvriroit par la suite que les Eurymèles ont des ocelles, ce que nous n'avons pu apercevoir malgré toutes nos recherches.

1. Eurymèle fenestrée, *E. fenestrata.*

Eurymela tota punctato-coriacea, atro-violacea; capitis lateribus thoraceque subtùs et femorum basi pallidis; abdomine rubido, elytri cujusque maculis duabus parvis pellucidis, unâ marginali; alis azureis.

Longueur 3 lig. ½. Entièrement chagrinée et ponctuée; d'un noir-violacé un peu métallique; côtés de la tête, dessous du corselet, hanches et base des cuisses, d'un jaune pâle. Dessous de l'abdomen rougeâtre ainsi que la base extérieure des élytres; celles-ci ayant chacune deux taches blanchâtres, transparentes; l'une très-petite placée vers le milieu de l'élytre, l'autre posée près de l'extrémité et sur le bord extérieur: ailes azurées ainsi que le dessous des élytres. Femelle.

Du Brésil.

CERCOPIS, *Cercopis*. Fab. Schranck. Panz. Lat. Germ. *Cicada* (*Ranatræ*). Linn. *Cicada*. Geoff. De Géer.

Genre d'insectes de l'ordre des Hémiptères, section des Homoptères, famille des Cicadaires, tribu des Cicadelles (division des Cercopides).

Quatre genres, Cercopis, Aphrophore, Ptyèle et Lèdre, réunis par leurs ocelles apparens, forment un groupe dans cette division. (*Voyez* Cicadelles, pag. 602. de ce volume.) Les trois derniers ont la tête aussi large que le corselet, ce qui les éloigne des Cercopis.

Antennes insérées entre les yeux, sous le bord avancé de la tête, composées de trois articles; le premier court, cylindrique; le second de même forme mais deux fois plus long que le premier; le troisième très-petit, globuleux, terminé par une soie plus longue que les trois articles qui la précèdent pris ensemble. — *Bec* extérieurement biarticulé, articles presqu'égaux; ce bec atteignant tout au plus la base des hanches intermédiaires. — *Tête* peu penchée, presqu'horizontale, obtuse, beaucoup plus étroite que le corselet, unicarénée en dessus dans le milieu du vertex; son bord antérieur avancé, presque tranchant; la partie inférieure sous ce bord, souvent carénée et marquée de stries transversales. — *Yeux* peu proéminens, placés sur les côtés de la tête, contre le corselet. — *Deux ocelles* apparens, placés sur le vertex, rapprochés, posés sur les deux pentes de la carène de la tête. — *Corps* ovale, convexe en dessus. — *Corselet* court, point dilaté latéralement, héxagonal; son bord antérieur coupé droit. — *Ecusson* triangulaire, son angle postérieur aigu. — *Elytres* opaques, colorées, réticulées vers le bout, couvrant les ailes et l'abdomen, plus longues que celui-ci ainsi que les ailes, leurs bords latéraux et leur extrémité, arrondis. — *Abdomen* court; plaque anale inférieure refendue dans toute sa longueur, recevant dans les femelles la tarière et ses fourreaux; ses bords, dans ce sexe, un peu écartés vers l'insertion de la tarière et laissant apercevoir la base de celle-ci; les mâles ayant ces bords bien clos et absolument rapprochés dans toute leur étendue. — *Pattes* de longueur moyenne; cuisses postérieures légèrement canaliculées en dessous, courtes, à hanches fortes, assez longues; leurs jambes assez longues, anguleuses, ayant sur l'angle extérieur une ou deux fortes épines posées sur une même ligne longitudinale, terminées en dessous par une demi-couronne d'épines qui débordent l'extrémité de la jambe et atteignent le plan de position: tarses de trois articles; le premier plus long que le second; ces deux articles prolongés chacun sous la base de celui qui les suit en un rang d'épines; ces épines, ainsi que celles de l'extrémité des jambes, courtes, serrées, presqu'égales entr'elles: dernier article des tarses assez long, portant deux crochets.

Les mœurs des Cercopis ne diffèrent pas de celles des autres Cicadelles. (*Voyez* ce mot pag. 602. de ce volume.) Les nombreuses espèces de cette tribu sont généralement petites, mais c'est parmi les Cercopis que l'on trouve les plus grandes et les plus larges; ces Hémiptères sont en outre remarquables par le brillant et la vivacité de leurs couleurs. La plupart des espèces habitent dans les climats chauds.

1re. *Division.* Portion antérieure de la partie inférieure de la tête convexe, arrondie.

1. Cercopis tricolore, *C. tricolor.*

Cercopis capite, thorace suprà, tibiis tarsisque et abdominis suprà subtùsque lineis transversalibus, rubro-sanguineis; thorace subtùs elytrisque nigris, horum maculis quatuor oblongis, albidis ad basim.

Longueur 1 pouce. Antennes, tête, dessus du corselet et ses bords en dessous, d'un rouge sanguin. Corselet chagriné, son dessous, ainsi que les élytres, de couleur noire; la base de ces dernières un peu sanguine ; vers la base de chaque élytre on voit quatre taches ovales-alongées, d'un blanc-jaunâtre, rangées sur une même ligne ; la seconde en partant du bord extérieur, presque cordiforme, échancrée du côté postérieur. Pattes rougeâtres ; les cuisses, surtout les quatre dernières, sont en grande partie noires, principalement vers la base. Abdomen portant alternativement des raies transverses rouges et noires, tant en dessus qu'en dessous. Femelle.

De l'île de Java.

2. Cercopis à collier, *C. collaris.*

Cercopis nigra, capitis subtùs et anticè thoracisque suprà rubrorum maculâ communi nigrâ ; elytris basi et ad apicem rubris, nigro maculatis, in medio testaceis : pedibus nigris.

Longueur 11 lig. Corps noir en dessous ; tête d'un rouge sanguin avec le vertex noir. Corselet d'un rouge sanguin en dessus ainsi que les bords latéraux en dessous ; le milieu de sa partie antérieure portant une tache noire, en carré-long transversal qui se réunit à la tache de la tête. Base des élytres d'un rouge sanguin, leur milieu testacé ; leur bord postérieur d'un rouge sanguin bordé de noir ; cette couleur s'élargissant de chaque côté, en remontant vers le milieu de chaque élytre ; vers la base de chacune d'elles on voit deux lignes noires se réunissant un peu par leur bout supérieur : écusson et pattes, noirs, les quatre cuisses antérieures plus ou moins rouges en dessous. Femelle.

Du Brésil.

3. Cercopis de d'Urville, *C. Urvillei.*

Cercopis nigra, nitida ; facie, tibiis tarsisque et elytri singuli maculis tribus ad basim rufo-aurantiacis : elytrorum maculâ intermediâ triangulari nigro unipunctatâ.

Longueur 10 lig. Noire, brillante. Partie antérieure de la tête d'un roux pâle ; élytres ayant chacune vers leur base trois taches d'un roux-orangé ; la plus voisine de l'écusson longue, ovale ; l'intermédiaire triangulaire, portant un point noir ; celle du bord extérieur petite, ovale. Pattes rousses avec les quatre cuisses postérieures noires ainsi que l'écusson. Femelle.

Cette espèce nouvelle a été rapportée par M. d'Urville, capitaine de la corvette *la Coquille.*

4. Cercopis à deux raies, *C. bivittata.*

Cercopis nigra, nitida ; elytris fuscis, æneo nitentibus, albido bivittatis.

Longueur 9 lig. Noire, brillante. Corselet finement pointillé ; élytres d'un brun foncé à reflet cuivreux-verdâtre, ayant chacune deux bandes blanchâtres communes qui les partage presque régulièrement par tiers. Femelle.

De l'île de Java.

5. Cercopis apicale, *C. apicalis.*

Cercopis subtùs nigra, suprà sanguinea, elytrorum puncto ad medium apicibusque latis, nigris.

Longueur 7 lig. Tête d'un rouge sanguin avec le bec et la partie qui l'avoisine, noirs. Abdomen, pattes et dessous du corselet, noirs. Le dessus de celui-ci et ses bords latéraux en dessous, d'un rouge sanguin. Ecusson de cette couleur, ainsi que les deux tiers antérieurs des élytres ; sur le milieu de cette partie rouge est un point noir, assez gros ; le tiers postérieur des élytres est également noir, et la ligne qui sépare les deux couleurs rouge et noire, est un peu ondulée. Femelle.

De Cayenne.

6. Cercopis fuscipenne, *C. fuscipennis.*

Cercopis fusca ; capite, thorace pedibusque dilutè rubro-sanguineis.

Longueur 6 à 7 lig. Tête, corselet et pattes d'un rouge sanguin un peu pâle. Ecusson, élytres et dessous du corps d'un brun rougeâtre : le bord des élytres est d'une nuance un peu plus claire. Corselet fortement rebordé postérieurement et sur les côtés. Mâle et femelle.

De l'île de Java.

7. Cercopis mouchetée, *C. guttata.*

Cercopis rubra ; capite fusco, thorace elytrorumque apice et punctis nigris.

Longueur 5 lig. D'un rouge sanguin ; tête un peu brune ; dessous du corselet noir, ainsi que la partie postérieure des élytres et leur bord extérieur ; les deux tiers antérieurs de celles-ci, d'un rouge sanguin avec des points noirs formant presque deux lignes obliques : abdomen testacé, portant en dessous, de chaque côté, une ligne noire. Pattes entièrement d'un rouge sanguin. Femelle.

Le mâle (ou du moins la Cercopis que nous regardons comme telle et dont nous avons plusieurs individus) diffère en ce que le bout des élytres n'est point noir et que leurs points sont bien moins distincts.

De l'île de Java.

8. Cercopis quadrifasciée, *C. quadrifasciata.*

Cercopis subtùs testacea ; suprà nigra fasciis quatuor pallidè luteis, duobus posticis valdè interruptis.

Longueur 4 lig. $\frac{1}{2}$. Abdomen, dessous du corselet et de la tête, partie antérieure de celle-ci d'un jaune rougeâtre, peut-être sanguin dans l'insecte vivant; vertex et sternum noirs. Corselet noir en dessus, ayant à sa base une bande transverse jaune. Ecusson et élytres de couleur noire, leur base commune avec une bande jaune qui n'atteint pas les angles huméraux; deux autres bandes de même couleur sur les élytres, fort interrompues dans la partie dorsale, l'une vers le milieu de l'élytre, l'autre un peu avant son extrémité. Pattes testacées, genoux et tarses noirs. Mâle.

Du Brésil.

2e. *Division.* Portion antérieure de la partie inférieure de la tête convexe, tricarénée.

Cette division comprend : 1°. Cercopis blessée, *C. vulnerata.* Germ. *Magaz. entom.* Halle. 1818. *pag.* 45. *n°.* 15. — *Cercopis sanguinolenta.* Lat. *Gener. Crust. et Ins. tom.* 3. *pag.* 157. *n°.* 1. (en retranchant les synonymes de Linné et de Fabricius.) — Panz. *Faun. Germ. fas.* 33. *fig.* 12. (en retranchant les synonymes de Linné, de Fabricius et de Scopoli; nous n'avons pu vérifier ceux de l'ouvrage intitulé : *Naturforsch*, ni celui de Fuesly.) — La Cigale à taches rouges. Geoff. *Ins. Paris. tom.* 1. *pag.* 418. *n°.* 6. *pl.* 8. *fig.* 5. — Stoll, *Cigal. pl.* 5. *fig.* 27. Assez commune aux environs de Paris, dans la forêt de Saint-Germain-en-Laye principalement. 2°. Cercopis sanguinolente, *C. sanguinolenta.* Germ. *id. pag.* 44. *n°.* 13. — Fab. *Syst. Rhyng. pag.* 92. *n°.* 20. (en retranchant les synonymes de Geoffroy, de Panzer et de Scopoli; les autres sont douteux, à l'exception de celui de Linné.) — *Cicada sanguinolenta.* Linn. *Syst. nat.* 2. 708. 22. (en retranchant les synonymes de Scopoli et de Geoffroy.) Du midi de la France. On ne la trouve pas aux environs de Paris.

3e. *Division.* Portion antérieure de la partie inférieure de la tête peu comprimée latéralement, unicarénée au milieu.

9. Cercopis liturée, *C. liturata.*

Cercopis atra; elytrorum lineolis longitudinalibus irregularibus, thoracis subtùs maculis coxarumque et femorum apice sanguineis : capitis parte inferiori cuneiformi.

Longueur 5 lig. ½. D'un noir mat. Dessous du corselet ayant des taches d'un rouge sanguin; extrémité des hanches et des jambes de cette même couleur, ainsi que plusieurs lignes longitudinales irrégulières placées sur les élytres; partie inférieure de la tête amincie en coin. (L'abdomen manque.)

Du Brésil.

10. Cercopis ceinturée, *C. cingulata.*

Cercopis flava; fasciâ angustatâ, elytris et scutelli apice communi nigrâ.

Longueur 4 lig. ½. D'un assez beau jaune. Elytres portant une bande étroite noire au tiers de leur longueur, dans laquelle se trouve prise l'extrémité de l'écusson qui est aussi noire. Pattes jaunes; jambes antérieures et leurs tarses, noirs; les quatre postérieures ayant leur extrémité noire ainsi que celle des tarses. Cuisses intermédiaires de cette même couleur à l'extrémité. Mâle.

De l'Amérique méridionale.

11. Cercopis humérale, *C. humeralis.*

Cercopis atra; thorace subtùs pedibusque sanguineis fusco mixtis : elytrorum lineolâ humerali fasciâque submaculari ante apicem sanguineis.

Longueur 3 lig. ½. D'un noir mat. Dessous du corselet et pattes d'un rouge sanguin mêlé de noir. Elytres ayant une petite ligne humérale et une bande au-dessous des deux tiers de leur longueur, d'un rouge sanguin; cette bande composée de taches, dont plusieurs se réunissent. Femelle.

Du Brésil.

12. Cercopis boucher, *C. lanio.*

Cercopis nigra; elytrorum basi et fasciâ irregulari ad marginem et ad suturam dilatatâ sanguineis : rostro et capitis parte inferâ luteo-lividis.

Longueur 3 lig. Noire. Bec et partie inférieure de la tête d'un jaune livide; côtés du corselet en dessous et anus d'un jaune rougeâtre; base des élytres d'un rouge sanguin ainsi qu'une bande transversale irrégulière placée à peu près aux deux tiers des élytres, s'élargissant au bord extérieur et vers la suture. Pattes toutes noires. Mâle.

Du Brésil.

Nota. Ces deux dernières Cercopis sont voisines des espèces européennes par les couleurs.

A cette division appartient encore la *Cercopis cruentata* n°. 14. Fab. *Syst. Rhyng.* Commune à Cayenne et à Surinam. La *Cercopis rubra*, Germ. *Magaz. entom.* Halle. 1818. *pag.* 41. *n°.* 5, de Bahia, est peut-être la même espèce.

4e. *Division.* Portion antérieure de la partie inférieure de la tête, extrêmement comprimée latéralement, formant comme une lame tranchante.

13. Cercopis face comprimée, *C. compressa.*

Cercopis rubro-sanguinea; rostro, elytrorum margine postico pedibusque quatuor anticis et posticorum apice nigris : capitis parte inferiori cultrato-compressâ.

La Cigale pourprée. Stoll, *Cigal. pl. XXI. fig.* 112.

Longueur 6 lig. D'un rouge sanguin ; bord postérieur des élytres et bec de couleur noire ainsi que les quatre pattes antérieures, l'extrémité des jambes postérieures et leurs tarses. Le corselet est un peu plus foncé que le reste du corps et peut quelquefois paroître noir. Mâle.

De Cayenne.

Les espèces suivantes sont encore de ce genre : 1°. Cercopis sanguine, *C. sanguinea* n°. 4. Fab. *Syst. Rhyng.* Amérique méridionale. 2°. Cercopis de Panzer. — *Cercopis Panzeri.* Nob. — *Cercopis atra.* Panz. *Faun. Germ. fas.* 33. *fig.* 13. (Cette figure porte le nom de *Membracis atra.* Otez le synonyme de Fabricius qui, selon nous, se rapporte à la Penthimie âtre. *Voyez* Penthimie parmi les genres rattachés au mot Tettigonides.) D'Europe. 3°. Cercopis linéolée, *C. lineola* n°. 33. Fab. *id.* Amérique méridionale. 4°. Cercopis hématite, *C. hœmatina.* Germ. *Magaz. entom.* Halle. 1818. *pag.* 39. *n°.* 1. Brésil. 5°. Cercopis fourchue, *C. furcata.* Germ. *id. n°.* 2. Brésil. 6°. Cercopis parée, *C. festa.* Germ. *id. pag.* 40. *n°.* 3. Brésil. 7°. Cercopis sœur, *C. sororia.* Germ. *id. pag.* 41. *n°.* 4. Brésil. Capitainerie de Saint-Paul. 8°. Cercopis ponctuée, *C. punctigera.* Germ. *id. pag.* 42. *n°.* 8. Brésil. 9°. Cercopis colon, *C. colon.* Germ. *id. n°.* 9. Brésil. 10°. Cercopis mélanoptère, *C. melanoptera.* Germ. *id. pag.* 43. *n°.* 10. Brésil. 11°. Cercopis dorsale, *C. dorsata.* Germ. *id. n°.* 11. De Montpellier. 12°. Cercopis cinq taches, *C. quinquemaculata.* Germ. *id. n°.* 12. De Portugal. 13°. Cercopis sanglante, *C. mactata.* Germ. *id. pag.* 44. *n°.* 14. C'est peut-être la *Cicada sanguinolenta.* Scop. *Entom. Carniol. n°.* 330. De Carniole, d'Istrie et de Styrie. 14°. Cercopis pétrifiée, *C. petrificata.* Germ. *id. pag.* 45. *n°.* 16. Brésil. 15°. Cercopis terreuse, *C. terrea.* Germ. *id. pag.* 46. *n°.* 17. Brésil.

APHROPHORE, *Aphrophora.* Germ. Lat. (*Fam. nat.*) *Cercopis.* Fab. Panz. *Cicada.* Linn. Geoff. De Géer. Panz.

Genre d'insectes de l'ordre des Hémiptères, section des Homoptères, famille des Cicadaires, tribu des Cicadelles (division des Cercopides).

Le second groupe des Cercopides contient quatre genres (*voyez* pag. 602. de ce volume). Celui de Cercopis est distinct par sa tête beaucoup plus étroite que le corselet ; dans les Ptyèles la tête et le corselet ne sont point carénés en dessus et leurs ocelles sont notablement espacés l'un de l'autre. Les Lèdres ont le corselet muni d'appendices élevés et le dessous des tarses dépourvu d'épines.

Antennes insérées entre les yeux, dans une cavité, sous le bord avancé de la tête, composées de trois articles : le premier court, cylindrique ; le second de même forme, mais deux fois plus long que le premier ; le troisième très-petit, globuleux, terminé par une soie plus longue que les trois articles qui la précèdent, réunis. —*Bec* extérieurement biarticulé, à articles presqu'égaux ; ce bec atteignant au moins la base des hanches postérieures. — *Tête* transversale, presqu'horizontale, un peu anguleuse en devant, de la même largeur que le corselet, un peu carénée en dessus dans le milieu du vertex : bord antérieur de la tête avancé, presque tranchant ; la partie inférieure sous ce bord, point carénée, marquée de stries transversales. — *Yeux* assez proéminens, placés sur les côtés de la tête, contre le corselet. — *Deux ocelles* apparens, placés sur le vertex, assez rapprochés, posés sur les deux pentes de la carène de la tête. — *Corps* ovale-alongé. — *Corselet* point dilaté latéralement, ayant une carène longitudinale dans son milieu ; son bord antérieur s'avançant en un angle très-prononcé sur la tête ; bord postérieur se prolongeant entre la base des élytres, tronqué vis-à-vis de l'écusson et formant un angle rentrant dans cette partie. — *Ecusson* triangulaire, son angle postérieur aigu. — *Elytres* colorées, demi-opaques, couvrant les ailes et l'abdomen, plus longues que lui ainsi que les ailes ; leurs bords latéraux très-arrondis, allant en se dilatant jusque vers le milieu, et en se rétrécissant assez fortement vers l'extrémité qui finit presqu'en pointe. —*Abdomen* court ; plaque anale refendue dans toute sa longueur, recevant dans les femelles la tarière et ses fourreaux ; ses bords dans ce sexe un peu écartés vers l'insertion de la tarière et laissant apercevoir la base de celle-ci : les mâles ayant ces bords bien clos et absolument rapprochés dans toute leur étendue. — *Pattes* de longueur moyenne, cuisses postérieures légèrement canaliculées en dessous près de la base des jambes, courtes ; leurs hanches fortes, leurs jambes assez longues, anguleuses, ayant sur leur angle extérieur deux épines posées sur une même ligne longitudinale, terminées en dessous par une demi-couronne d'épines qui débordent l'extrémité de la jambe et atteignent le plan de position ; tarses de trois articles ; le premier plus long que le second ; ces deux articles prolongés chacun sous la base de celui qui les suit en un rang d'épines ; ces épines ainsi que celles de l'extrémité des jambes, courtes, serrées, presqu'égales entr'elles ; dernier article des tarses assez long, portant deux crochets.

Aphrophore, composé de deux mots grecs, signifie : *porte-écume.* Pour les mœurs de ces insectes, *voyez* Cicadelles, pag. 602. de ce volume. Les espèces sont d'asez petite taille et de couleurs obscures. 1°. Aphrophore écumeuse, *A. spumaria.* Germ. *Magaz. entom.* Halle. 1818. *pag.* 50. *n°.* 1. Très-commune aux environs de

Paris. 2°. Aphrophore rustique, *A. rustica.* — *Cercopis rustica* n°. 51. Fab. *Syst. Rhyng.* M. Germar rapporte avec doute cette espèce de Fabricius à son *Aphrophora œnotheræ pag.* 53. *n°.* 5. Nous avons sous les yeux une Aphrophore des environs de Paris assez conforme à la description que Fabricius donne de sa *Cercopis rustica*, et peut-être la même. Longueur 4 lig. ½. D'un gris roussâtre, chargée de points bruns enfoncés; partie postérieure de la tête ayant, ainsi que la partie antérieure du corselet, quelques petites places irrégulières exemptes de ces points; élytres avec une ligne commune, un peu brune, peu distincte, faite en chevron brisé dont la pointe est dirigée en avant, et plus bas vers le milieu de l'élytre une très-petite tache blanche sur une des nervures. Dessous du corps et surtout l'abdomen un peu rougeâtres. Ailes entièrement transparentes à nervures noires. Mâle.

PTYÈLE, *Ptyelus. Aphrophora.* Germ. *Cercopis.* Fab. *Cicada.* Panz.

Genre d'insectes de l'ordre des Hémiptères, section des Homoptères, famille des Cicadaires, tribu des Cicadelles (division des Cercopides).

Quatre genres constituent un groupe parmi les Cercopides (*voyez* pag. 602. de ce volume). La tête des Cercopis est notablement plus étroite que le corselet; les Aphrophores se distinguent par la tête et le corselet unicarénés en dessus et les ocelles rapprochés l'un de l'autre; dans le genre Lèdre le corselet présente deux appendices élevés et les tarses n'ont point d'épines en dessous.

Tête arrondie en devant, point carénée en dessus. — *Yeux* proéminens. — *Deux ocelles* apparens, notablement écartés l'un de l'autre. — *Corselet* ayant son bord antérieur arrondi, point caréné dans son milieu. Les autres caractères sont les mêmes que ceux des Aphrophores, avec lesquelles M. Germar a confondu la plupart des espèces que nous plaçons dans ce nouveau genre; nous le nommons Ptyèle, du mot grec qui signifie : *salive.* Les mœurs sont celles des autres Cicadelles.

1. Ptyèle fer à cheval, *P. ferrum-equinum.*

Ptyelus rubro-testaceus, capitis margine antico triangulo nigro notato, thoracis disci maculâ arcuatâ nigrâ ferrum-equinum imitante, scutello elytrisque et pedibus nigro maculatis.

Longueur 9 lig. D'un testacé rougeâtre avec des taches noires, savoir : une sur le bord antérieur de la tête, une de chaque côté du vertex près des ocelles; plusieurs sur le corselet, tantôt réunies, tantôt séparées, formant une ligne arquée en fer à cheval : un assez grand nombre sur l'écusson et sur les élytres, dont plusieurs se réunissent. Cuisses antérieures ainsi que leurs jambes, tachées de noir; leurs tarses de cette dernière couleur. Ailes transparentes. Mâle et femelle.

De la côte d'Angole.

2. Ptyèle de l'Œillet, *P. Dianthi.*

Ptyelus luridus, capitis anticè punctis duobus, thoracis maculâ dorsali magnâ fuscis; elytrorum maculis marginalibus duabus albido subpellucidis; abdomine fusco, luteo marginato.

La Cigale brune des Œillets. Stoll, *Cigal. pag.* 77. *pl. XIX. fig.* 105. et B.

Longueur 2 lig. D'un jaune sale mêlé de brun. Tête et corselet jaunâtres; on voit deux points bruns sur la partie la plus avancée de la tête à son bord antérieur et une grande tache dorsale de même couleur sur le corselet; celle-ci peu sensible dans le mâle : élytres ayant à leur bord extérieur deux taches triangulaires d'un blanc presque transparent. Dessous de l'abdomen brun, bordé de jaune; pattes pâles; crochets des tarses bruns. Mâle et femelle.

Cette espèce, commune aux environs de Paris, vit dans ses différens états sur les Œillets (*Dianthus*), suivant Stoll.

Nous mentionnerons en outre, 1°. Ptyèle bordé, *P. marginellus.* — *Aphrophora marginella.* Germ. *Magaz. entom.* Halle. 1818. *pag.* 54. *n°.* 8. — *Cicada lateralis.* Panz. *Faun. Germ. fas.* 1. *fig.* 24. — *Cercopis marginella* n°. 37. Fab. *Syst. Rhyng.* 2°. Ptyèle anguleux, *P. angulatus.* — *Cercopis angulata* n°. 49. Fab. *id.* 3°. Ptyèle rayé, *P. lineatus.* — *Cercopis lineata* n°. 42. Fab. *id.* Ces trois espèces sont communes aux environs de Paris.

LÈDRE, *Ledra.* Fab. Lat. Germ. *Cicada.* Linn. Geoff. *Membracis.* Schranck. Oliv. (*Encycl.*)

Genre d'insectes de l'ordre des Hémiptères, section des Homoptères, famille des Cicadaires, tribu des Cicadelles (division des Cercopides).

Les genres Cercopis, Aphrophore et Ptyèle composent avec celui de Lèdre le second groupe des Cercopides (*voyez* pag. 602. de ce volume). Les trois premiers genres ont le premier et le second articles des tarses garnis en dessous d'une rangée d'épines courtes et serrées, et leur corselet ne présente point d'appendices dorsaux.

Antennes insérées entre les yeux, près d'une cavité, sous le bord antérieur de la tête, composées de trois articles; les deux premiers épais, presqu'égaux; le second arrondi à son extrémité; le troisième en cône alongé, mince, prenant insensiblement la forme d'une soie longue. — *Bec* assez court, de deux articles, ne dépassant pas la base des hanches intermédiaires. — *Tête* transversale, grande, plane en dessous, très-peu convexe en dessus, portant dans son milieu une carène

rène longitudinale plus prononcée dans les femelles que dans les mâles ; bord antérieur de la tête demi-circulaire, tranchant ; son bord postérieur échancré circulairement dans toute sa largeur qui est égale à celle du corselet. — *Yeux* petits, assez saillans. — *Deux ocelles* apparens, placés au bas des pentes de la carène. — *Corps* long, presque linéaire, peu épais, un peu convexe en dessus, tout-à-fait plat en dessous. — *Corselet* point dilaté latéralement, portant de chaque côté de son disque, un appendice aplati, élevé en espèce de crête, et un peu denticulé : bord antérieur du corselet un peu arrondi ; bord postérieur se prolongeant entre la base des élytres, tronqué vis-à-vis de l'écusson et formant un angle rentrant dans cette partie. — *Ecusson* large, triangulaire, sa base arrondie ; il est terminé postérieurement en pointe aiguë. — *Elytres* grandes, réticulées dans une grande portion de leur partie postérieure, couvrant des ailes et dépassant de beaucoup l'abdomen, de forme presque linéaire, s'arrondissant vers leur extrémité. — *Abdomen* court, de six segmens outre l'anus dans les femelles, en ayant un de plus dans les mâles ; plaque anale refendue dans toute sa longueur, recevant dans les femelles la tarière et ses fourreaux ; ses bords, dans ce sexe, un peu écartés vers l'insertion de la tarière et laissant apercevoir la base de celle-ci : les mâles ayant ces bords bien clos et absolument rapprochés dans toute leur étendue. — *Pattes* de longueur moyenne ; les postérieures ayant leurs hanches courtes et leurs jambes longues avec l'angle extérieur dilaté de la base à l'extrémité, portant trois ou quatre dents à leur partie inférieure ; ces jambes terminées en dessous par une double couronne d'épines qui débordent l'extrémité de la jambe et atteignent le plan de position ; tarses de trois articles ; le premier guère plus long que le second ; le dernier muni de deux crochets ; ces trois articles velus en dessous, n'ayant aucune épine.

Les Lèdres privées des appendices couronnés d'épines que l'on trouve sous les tarses de quantité de Cicadelles, sautent moins facilement que celles-ci, mais leurs grandes ailes doivent leur donner le moyen d'éviter, en s'envolant, le danger qui les menace. Leurs larves ne sont pas connues particulièrement.

1. Lèdre oreillarde, *L. aurita*.

Ledra aurita. Lat. *Gener. Crust. et Ins. tom.* 3. *pag.* 158. *n°.* 1. — Fab. *Syst. Rhyng. pag.* 24. *n°.* 1. — Germ. *Magaz. entom.* Halle. 1818. *pag.* 54. *n°.* 1. Des environs de Paris.

Voyez pour la description et les autres synonymes, Membracis oreillarde n°. 26. de ce Dictionnaire. A la citation de Stoll, lisez (au lieu de *pl.* 22. 28.) *pl. IV. fig.* 22.

Fabricius place encore parmi ses *Ledra* trois autres espèces des Indes orientales ; mais il est douteux qu'elles appartiennent à ce genre, surtout les deux dernières.

SCARIS, *Scaris. Iassus.* Fab. ?

Genre d'insectes de l'ordre des Hémiptères, section des Homoptères, famille des Cicadaires, tribu des Cicadelles (division des Tettigonides).

Quatre genres composent un groupe dans les Tettigonides (*voyez* ce mot), savoir : Scaris, Penthimie, Tettigone et Proconie. Le corps est linéaire dans ces deux derniers, et leur écusson ainsi que celui des Penthimies, n'offre pas de pointe particulière ; en outre la tête des Proconies est prolongée en angle antérieurement : quant au genre Penthimie, son corps elliptique et l'extrémité de chacune de ses élytres rabattues et se croisant sur l'autre, l'éloignent des Scaris.

Antennes insérées dans une cavité près des yeux et entr'eux, sous le bord avancé de la tête, composées de trois articles, les deux premiers cylindriques ; le premier plus court que le second, le troisième conique, se terminant en une soie assez longue. — *Bec* très-court, atteignant seulement la base des hanches antérieures, biarticulé ; son premier article paroissant à peine à l'extérieur de la cavité buccale. — *Tête* courte vue en dessus, transversale, beaucoup plus étroite que le corselet, mais cependant de la même largeur que sa partie antérieure, arrondie à son bord antérieur qui est épais : elle est creusée circulairement à sa partie postérieure. — *Yeux* point proéminens, placés sur les côtés de la tête, contre le corselet. — *Deux ocelles* apparens, écartés l'un de l'autre, posés sur le dessus de la tête. — *Corps* presque triangulaire. — *Corselet* point dilaté latéralement, transversal, assez long, se rétrécissant antérieurement et aussi un peu à sa partie postérieure pour pénétrer entre la base des élytres, tronqué droit vis-à-vis de l'écusson. — *Ecusson* triangulaire, prolongé postérieurement en une pointe longue et aiguë. — *Elytres* recouvrant des ailes et l'abdomen, enveloppant les côtés de celui-ci ; leur bord extérieur arrondi, ainsi que leurs extrémités ; celles-ci droites et ne se croisant pas. — *Abdomen* composé de cinq segmens outre l'anus dans les femelles ; plaque anale refendue dans toute sa longueur, recevant dans ce sexe la tarière et ses fourreaux ; les bords de cette plaque un peu écartés vers l'insertion de la tarière et laissant apercevoir la base de celle-ci. — *Pattes antérieures et intermédiaires* de longueur moyenne ; leurs jambes munies d'épines fines et nombreuses ; jambes postérieures ayant leurs cuisses fort longues, un peu canaliculées en dessous dans toute leur longueur ; jambes également fort longues, garnies d'épines très-fines, très-nombreuses et terminées en dessous par une demi-couronne d'épines qui débordent l'extrémité de la jambe et atteignent le plan de position ; tarses de trois articles, à peu près égaux ; les deux premiers prolongés chacun sous la base de celui qui le suit en une rangée d'épines : ces épines ainsi que celles de l'extrémité des jambes, courtes, serrées, presqu'égales entr'elles ; dernier article des tarses muni de deux crochets.

Le nom de ces Cicadelles vient d'un mot grec qui signifie : *sauteur*. La conformation de leurs pattes prouve qu'elles ont une grande facilité d'éviter le danger par des sauts très-élevés et très-étendus, comme les autres Tettigonides, dont elles doivent avoir les mœurs.

1. Scaris ferrugineuse, *S. ferruginea*.

Scaris ferruginea, elytris fuscioribus.

Iassus ferrugineus n°. 2. Fab. *Syst. Rhyng.* ?

Longueur 6 lig. Entièrement ferrugineuse ; tête et corselet striés transversalement. Dessous du corps un peu pâle ; élytres fortement réticulées, plus foncées que le reste du corps, mêlées de nuances brunes, leurs nervures très-saillantes. Pattes brunes : base des cuisses postérieures plus pâle. Femelle.

Cette espèce est probablement de l'Amérique méridionale.

PENTHIMIE, *Penthimia*. Germ. *Cercopis*. Fab. *Cicada*. Panz.

Genre d'insectes de l'ordre des Hémiptères, section des Homoptères, famille des Cicadaires, tribu des Cicadelles (division des Tettigonides).

Un groupe de Tettigonides a pour caractères : ocelles placés sur le milieu de la partie supérieure de la tête, celle-ci ayant son bord antérieur arrondi, épais. (*Voyez* Tettigonides.) Les genres Scaris, Proconie et Tettigone qui entrent dans ce groupe avec les Penthimies, en diffèrent par leurs élytres non croisées, dont l'extrémité est droite et point rabattue ; de plus les Tettigones et les Proconies ont le corps linéaire. Dans les Scaris les élytres vont en se rétrécissant du milieu à l'extrémité, et le corps est triangulaire.

Antennes insérées dans une cavité, près des yeux et entr'eux, sous le bord un peu proéminent de la tête, composées de trois articles, les deux premiers fort petits ; le troisième extrêmement court, muni d'une soie très-courte. — *Bec* très-court, biarticulé, atteignant au plus la base des hanches antérieures. — *Tête* courte, transversale, presqu'aussi large que le corselet, obtuse et arrondie à son bord antérieur qui est épais, échancrée circulairement dans toute l'étendue de sa partie postérieure : côtés de sa partie inférieure un peu creusés. — *Yeux* grands, peu saillans, placés sur les côtés de la tête, contre le corselet. — *Deux ocelles* apparens, écartés l'un de l'autre, posés sur le milieu de la partie supérieure de la tête. — *Corps* elliptique, un peu bombé. — *Corselet* point dilaté latéralement, transversal, de forme trapézoïdale. — *Ecusson* triangulaire, sa base curviligne. — *Elytres* recouvrant des ailes et l'abdomen, allant en s'élargissant presque jusqu'à leur extrémité, rabattues et croisées l'une sur l'autre dans cette partie. — *Abdomen* composé de cinq segmens outre l'anus ; plaque anale refendue dans toute sa longueur, recevant dans les femelles la tarière et ses fourreaux ; les bords de cette plaque un peu écartés vers l'insertion de la tarière et laissant apercevoir la base de celle-ci ; les mâles ayant ces bords bien clos et absolument rapprochés dans toute leur étendue. — *Pattes antérieures et intermédiaires* de longueur moyenne ; leurs jambes munies de quelques fines épines : pattes postérieures ayant leurs cuisses fort longues, un peu canaliculées en dessous dans presque toute leur longueur ; jambes également fort longues, très-arquées, garnies d'épines très-nombreuses, fortes, surtout celles du rang extérieur, et terminées en dessous par une demi-couronne d'épines qui débordent l'extrémité de la jambe et atteignent le plan de position : tarses de trois articles ; le premier plus long que les deux suivans réunis, prolongé ainsi que le second, chacun sous la base de celui qui le suit, en une rangée d'épines ; ces épines ainsi que celles de l'extrémité de la jambe, courtes, serrées, presqu'égales entr'elles : dernier article des tarses muni de deux crochets.

Les couleurs sombres de ces Hémiptères leur ont fait donner un nom tiré du grec qui exprime l'idée de deuil. M. Latreille avoit formé avec la *Cercopis hœmorrhoa* Fab. et la *Cicada œthiops* Panz. la seconde subdivision de la première division de ses Tettigones (*Gener. Crust. et Ins. tom.* 3. *pag.* 161.) C'est cette subdivision dont M. Germar a fait le genre Penthimie. Quant aux mœurs elles ne diffèrent point de celles des autres Cicadelles. Les Penthimies, éminemment sauteuses, sont de petite taille.

1°. Penthimie âtre, *P. atra*. Germ. *Magaz. entom.* Halle. 1818. *pag.* 48. *n°.* 1. — *Cercopis atra* n°. 27. Fab. *Syst. Rhyng.* (en retranchant le synonyme de Panzer, qui appartient à la Cercopis de Panzer, *voyez* Cercopis à la suite de l'article Tettigonides.) — *Cicada œthiops*. Panz. *Faun. Germ. fas.* 11. *fig.* 17. De France et d'Allemagne. 2°. Penthimie thoracique, *P. thoracica*. — *Cicada thoracica*. Panz. *Faun. Germ. fas.* 61. *fig.* 18. Mâle. — *Cercopis sanguinicollis* n°. 29. Fab. *id.* Mâle. — *Cicada hæmorrhoa*. Panz. *id. fig.* 16. Femelle. — *Cercopis hæmorrhoa* n°. 28. Fab. *id.* Femelle. Environs de Paris.

PROCONIE, *Proconia*. *Cicada*. Fab. *Tettigonia*. Germ.

Genre d'insectes de l'ordre des Hémiptères, section des Homoptères, famille des Cicadaires, tribu des Cicadelles (division des Tettigonides).

Les Proconies composent avec les genres Scaris, Penthimie et Tettigone un groupe dans cette division. (*Voyez* Tettigonides.) Les Scaris ont le corps triangulaire et l'écusson finissant en une très-longue pointe; on reconnoît les Penthimies à leur corps elliptique, leurs élytres rabattues à l'extrémité et croisées l'une sur l'autre dans cette partie. Dans le genre Tettigone les deux premiers articles des antennes sont petits, égaux entr'eux, et la tête est transversale ainsi que le corselet.

Antennes ayant leur premier article plus gros que le second, un peu dilaté extérieurement, le second cylindrique, le troisième peu épais à sa base, terminé par une soie fort longue. — *Tête* plus longue que large, triangulaire, aussi longue que le corselet. — *Yeux* grands, saillans, débordant de beaucoup le derrière de la tête. — *Corselet* point dilaté latéralement, rhomboïdal; son bord postérieur échancré vis-à-vis de l'écusson, les latéraux formant chacun un angle. — *Ecusson* triangulaire, sa base sinueuse. — *Elytres* presque linéaires. — *Jambes postérieures* légèrement arquées: premier article des tarses presqu'aussi long que les deux autres réunis. Les autres caractères sont ceux des Tettigones. *Voyez* ce mot.

Le nom de ces Cicadelles vient de deux mots grecs qui signifient: *conique en devant;* il exprime la forme de leur tête. Ces insectes, tous étrangers à l'Europe et habitant les climats chauds, sont éminemment sauteurs. Leurs mœurs ne doivent pas différer de celles des Tettigones.

1re. *Division.* Corselet portant dans son milieu un appendice relevé en forme de crête.

La Proconie crêtée, *P. cristata.* — *Cicada cristata* n°. 4. Fab. *Syst. Rhyng.* Femelle. De Cayenne, est le type de cette division.

2e. *Division.* Corselet sans appendice.

1. Proconie excavée, *P. excavata.*

Proconia nitida, subtùs pallidè lutea, maculâ ad terebræ insertionem nigrâ; capite suprà valdè canaliculato nigro, lateribus apicisque maculâ luteis, subtùs luteo, lineis arcuatis duabus nigris; thoracis suprà nigri lineolis duabus lateralibus luteis; elytris nigris, fasciis duabus punctoque baseos luteis: pedibus posterioribus apice fuscis.

Longueur 8 lig. Corps luisant, son dessous d'un jaune pâle avec une tache triangulaire noire au-dessus de l'insertion de la tarière; tête profondément canaliculée en dessus dans le sens longitudinal; elle est noire avec les côtés jaunes; on voit en outre une tache de cette couleur près de l'angle antérieur; son dessous est jaune avec deux lignes transverses, arquées, noires. Corselet noir en dessus, ayant une ligne latérale jaune: élytres noires avec deux bandes transverses, ondées, jaunes; la supérieure n'atteignant pas le bord extérieur et l'inférieure ne s'avançant point jusqu'à la suture: base des élytres portant un point jaune. Pattes jaunes, les postérieures brunes à l'extrémité. Femelle.

Du Brésil.

Nous plaçons de plus dans cette division, 1°. Proconie tachetée, *P. adspersa.* — *Cicada adspersa* n°. 2. Fab. *Syst. Rhyng.* Femelle. Du Brésil. 2°. Proconie albipenne, *P. albipennis.* — *Cicada albipennis* n°. 3. Fab. *id.* Femelle. Du Brésil. 3°. Proconie quadriponctuée, *P. quadripunctata.* — *Tettigonia quadripunctata.* Germ. *Magaz. entom.* Halle. 1818. *pag.* 58. *n°.* 3. *bis.* Femelle. Brésil. 4°. Proconie obtuse, *P. obtusa.* — *Tettigonia obtusa.* Germ. *id. pag.* 62. *n°.* 7. — *Cicada obtusa* n°. 7. Fab. *id.* Femelle. Brésil et Cayenne.

EUPÉLIX, *Eupelix.* Germ. *Tettigonia.* Lat. *Cicada.* Fab.

Genre d'insectes de l'ordre des Hémiptères, section des Homoptères, famille des Cicadaires, tribu des Cicadelles (division des Tettigonides).

Parmi les Tettigonides dont les ocelles sont placés sur le milieu de la partie supérieure de la tête, les Scaris, les Penthimies, les Tettigones et les Proconies se distinguent des Eupélix par le bord antérieur de leur tête arrondi et épais.

Antennes insérées chacune sur le bord d'une fossette profonde, entre les yeux, vers le milieu de la partie inférieure de la tête, composées de trois articles, les deux premiers moniliformes, égaux; le troisième un peu renflé à sa base, portant une soie courte. — *Bec* de longueur moyenne, dépassant un peu la base des hanches antérieures. — *Tête* horizontale, triangulaire, prolongée en devant, beaucoup plus longue et plus large que le corselet, carénée à ses faces supérieure et inférieure; tout son bord antérieur mince, presque tranchant; sa partie postérieure échancrée circulairement dans toute son étendue. — *Yeux* petits, presque divisés en deux par le bord de la tête qui s'avance fortement de chaque côté. — *Deux ocelles* apparens, placés sur les bords latéraux de la tête, vers leur milieu. — *Corps* un peu ovale. — *Corselet* point dilaté latéralement, presqu'en carré transversal; son bord antérieur un peu arrondi, le bord postérieur sinué. — *Ecusson* triangulaire, un peu arrondi à sa base. — *Elytres* recouvrant les ailes et l'abdomen, un peu élargies vers leur base, embrassant les côtés de l'abdomen. Les autres caractères sont ceux des Tettigones. *Voyez* ce mot.

Le nom d'Eupélix est tiré de deux mots grecs qui expriment l'étendue et la forme singulière de la tête de ces insectes, dont les mœurs doivent être les mêmes que celles des autres genres de leur division. Les Eupélix forment la cinquième division du genre Tettigone. Lat. *Gener. Crust. et Ins. tom.* 3. *pag.* 162.

1. Eupélix fuligineuse, *E. fuliginosa.*

Eupelix nigro-fuliginosa, subsquamosa; squamis nigris albidisque; elytris apice et margine externo subhyalinis: tibiis albidis.

Longueur 2 lig. ½. D'un noir mat et fuligineux; corps presque couvert de petites papilles, la plupart noires; quelques-unes de celles de la tête et des élytres, de couleur blanche; partie postérieure des élytres, et surtout leur bord extérieur, presque transparens, peu chargés de papilles; pattes noires; jambes et tarses en grande partie pâles et presque transparens.

De France.

A ce genre appartient encore l'Eupélix cuspidée, *E. cuspidata.* Germ. *Magaz. entom.* Halle. 1818. *pag.* 94. *n°.* 1. — *Cicada cuspidata* n°. 86. Fab. *Syst. Rhyng.* De France et d'Angleterre.

ÉVACANTHE, *Evacanthus. Tettigonia.* Lat. Germ. *Cicada.* Linn. Geoff. De Géer. Fab. Panz.

Genre d'insectes de l'ordre des Hémiptères, section des Homoptères, famille des Cicadaires, tribu des Cicadelles (division des Tettigonides).

Dans cette division cinq genres, savoir : Scaris, Penthimie, Tettigone, Proconie et Eupélix ont les ocelles placés sur le milieu de la partie supérieure de la tête, et les Iassus sur le milieu de sa partie antérieure : caractères qui éloignent tous ces genres de celui d'Evacanthe.

Soie des antennes assez courte. — *Bec* atteignant la base des hanches intermédiaires. — *Tête* aussi longue que le corselet, presque triangulaire, un peu arrondie à sa partie antérieure. — *Yeux* un peu proéminens. — *Deux ocelles* apparens, placés sur la ligne qui sépare la partie supérieure de la tête, de l'inférieure. — *Corps* linéaire. — *Bord postérieur du corselet* arrondi ainsi que les latéraux. — *Elytres* linéaires, droites; leurs extrémités ne se rapprochant pas l'une de l'autre. — *Abdomen* des femelles dépassant de beaucoup les élytres; celui des mâles notablement plus court qu'elles : anus de ceux-ci portant à sa base deux grands appendices en faucille qui l'égalent en longueur. Les autres caractères, ainsi que la manière de vivre, sont comme dans les Tettigones. *Voyez* ce mot.

M. Latreille (*Genera*) avoit établi une division particulière dans ses Tettigones (la troisième du genre) pour y placer la *Cicada interrupta* des auteurs. Ayant trouvé à réunir quelques autres caractères génériques assez saillans pour les joindre à ceux que ce savant auteur avoit développés, nous avons cru devoir faire de cette coupe un genre propre sous le nom d'Evacanthe, tiré de deux mots grecs qui expriment que les pattes sont munies de nombreuses épines d'une longueur remarquable. Le type est l'Evacanthe interrompue, *E. interruptus.* — *Tettigonia interrupta.* Lat. *ut suprà.* — Germ. *Magaz. entom.* Halle. 1818. *pag.* 72. *n°.* 26. — *Cicada interrupta* n°. 67. Fab. *Syst. Rhyng.* Mâle et femelle. Très-commun en été aux environs de Paris sur l'Ortie dioïque (*Urtica dioica*).

IASSUS, *Iassus.* Fab. Germ. *Tettigonia.* Lat. *Cicada.* Linn. Panz.

Genre d'insectes de l'ordre des Hémiptères, section des Homoptères, famille des Cicadaires, tribu des Cicadelles (division des Tettigonides).

Des sept genres qui composent cette division, ceux de Scaris, Penthimie, Tettigone, Eupélix et Proconie ont les ocelles placés sur le milieu de la partie supérieure de la tête : dans les Evacanthes ils sont posés sur la ligne qui sépare la partie supérieure de la tête, de la face inférieure; ce qui distingue ces genres de celui d'Iassus.

Soie des antennes courte. — *Bec* atteignant seulement la base des hanches antérieures. — *Tête* transversale, ne formant qu'un rebord au-devant du corselet. — *Deux ocelles* apparens, placés sur le milieu de la partie antérieure de la tête. — *Corps* court, rétréci postérieurement, en triangle alongé. — *Corselet* transversal, beaucoup plus long que la tête. — *Ecusson* un peu prolongé en pointe. — *Extrémités des élytres* conniventes. Le reste des caractères, ainsi que les mœurs, sont les mêmes que dans les Tettigones. *Voyez* ce mot.

M. Latreille en plaçant l'*Iassus lanio* Fab. dans la première division de ses Tettigones (*Gener. Crust. et Ins.*), l'a cependant isolé, en le donnant comme type d'une subdivision. Nous avons pensé que différens caractères qu'offre, non-seulement cette espèce, mais beaucoup d'autres, nous permettoient, à l'exemple de Fabricius et de M. Germar, d'en faire un genre. On a décrit un certain nombre d'Iassus, mais malheureusement les auteurs n'ont pas pris assez de soins dans leurs descriptions, pour les rendre reconnoissables; en sorte que nous nous trouvons également empêchés, ou de citer les espèces qu'ils mentionnent sans pouvoir les vérifier par nous-mêmes, ou de les décrire comme nouvelles. Nous allons donner ici les trois suivantes, mais sans garantir qu'elles ne soient pas déjà publiées dans des ouvrages que nous n'avons pas sous les yeux.

1. Iassus nacré, *I. margarita.*

Iassus pallidus, scutello fusco, bimaculato; elytris margaritaceis, fasciâ mediâ transversâ fuscâ aureo micante.

Longueur 2 lig. D'un jaunâtre pâle; écusson ayant à sa base deux petites taches d'un brun roussâtre; élytres couleur de nacre de perle;

leur milieu traversé par une bande d'un brun roussâtre à reflet doré. Femelle.

Environs de Paris.

2. Iassus linéolé, *I. lineolatus.*

Iassus griseo-rufus, capite thoraceque nigro maculatis; scutello maculis quinque triangularibus nigris: elytris subpellucidis, nervuris fusco sublineatis; abdomine nigro, incisuris citreis.

Longueur 2 lig. D'un gris roussâtre; tête ayant en dessus quelques points noirs; corselet offrant dans son milieu une ligne longitudinale pâle; sur chaque côté, près de la tête, on aperçoit cinq ou six points noirs, irréguliers. Ecusson portant cinq taches triangulaires, noires, dont trois supérieures et deux inférieures: élytres presque transparentes, leurs nervures brunes dans certaines portions de leur étendue, ce qui fait paroître les élytres comme ayant de petites lignes irrégulières, brunes. Abdomen noir avec le bord des segmens d'un jaune citron: pattes pâles, rayées de noirâtre. Femelle.

Environs de Paris.

3. Iassus dorsigère, *I. dorsiger.*

Iassus pallidus, rufo irroratus; elytrorum basi latè rufâ, maculâ communi dorsali pallidâ; apice subhyalino, nervuris rufis, basi albis: abdomine fuscè-rufo, incisuris albidis; pedibus rufis.

Longueur 2 lig. ½. Tête et corselet d'un jaune pâle, très-tachetés de roux. Base des élytres jusque passé le milieu, d'un roux assez foncé avec quelques petits points blanchâtres et une tache de même couleur commune aux deux élytres; extrémité de celles-ci plus pâle, presque transparente avec les nervures brunes, mais blanches dans la partie qui avoisine le brun des élytres. Pattes roussâtres: abdomen d'un roux-brun en dessus avec le bord des segmens blanchâtre, jaune en dessous. Femelle.

Environs de Paris.

Rapportez encore à ce genre l'Iassus boucher, *I. lanio* n°. 4. Fab. *Syst. Rhyng.* — Germ. *Magaz. entom.* Halle. 1818. *pag.* 81. *n°.* 1. Mâle et Femelle. Des environs de Paris.

(S. F. et A. Serv.)

TÉTYRE, *Tetyra.* Nom générique donné par Fabricius aux Hémiptères nommés Scutellères par MM. Lamarck et Latreille. *Voyez* Scutellère.

(S. F. et A. Serv.)

THAÏS, *Thais.* Genre d'insectes Lépidoptères. *Voyez* Papillon, tom. IX. pag. 81. 804 et 812.

(S. F. et A. Serv.)

THALASSINE, *Thalassina.* Latr. Léach. Lamk. Desm. *Astacus.* Fab. ? *Cancer.* Herbst.

Ce genre de Crustacés, établi par M. Latreille, a été placé par cet entomologiste dans l'ordre des Décapodes, famille des Macroures, tribu des Astacines; il le caractérise ainsi: pédoncule des antennes latérales dépourvu de saillie en forme d'écaille ou d'épine; lame extérieure des appendices natatoires du bout de la queue d'une seule pièce; les quatre pieds antérieurs terminés par une serre dont le doigt inférieur, ou celui qui est immobile, n'est qu'ébauché ou en forme de dent. Latreille avoit réuni à ce genre (*Règn. anim.*) les genres Gébie, Calianasse et Axie de Léach; mais il les en a séparés depuis. Les Gébies diffèrent des Thalassines par la forme presque triangulaire et non linéaire des feuillets du bout de la queue. Dans les Calianasses, les deux premières paires de pieds ont une serre à deux doigts très-distincte, et ceux de la troisième paire sont terminés par un onglet qui manque aux quatre derniers. Enfin les Axies diffèrent de notre genre parce que, ayant, comme les Calianasses, les deux premières paires de pieds en pince didactyle, tous les suivans finissent par un onglet.

Les quatre antennes des Thalassines sont insérées sur une même ligne horizontale; les extérieures sont médiocrement longues (un cinquième de la grandeur du corps), sétacées, minces, ayant leur pédoncule simple et mutique; les intermédiaires sont plus courtes, elles ont leur pédoncule médiocrement long, et elles sont divisées en deux filets dont l'intérieur est le plus court. La tige externe des pieds-mâchoires extérieurs est formée de six articles velus, dont le premier est le plus long et épineux, et les autres inermes. Les pieds de la première paire sont plus grands, plus épais que les suivans, et en forme de serres à deux doigts, dont l'immobile est le plus court. Les pieds de la seconde paire sont plus petits et de même forme, mais avec le doigt inférieur ou immobile encore plus court. Les pieds des trois dernières paires sont monodactyles et vont en décroissant de longueur. La carapace est alongée, un peu renflée et plus large postérieurement: elle est terminée par un rostre et marquée d'un sillon transversal arqué. L'abdomen est très-long, étroit, linéaire, formé de six segmens dont le dernier est pourvu d'une large écaille natatoire intermédiaire, et de quatre lames latérales très-étroites et linéaires; les yeux sont petits. On ne connoît qu'une seule espèce de ce genre. Elle est propre aux mers de l'Inde, et est très-rare dans les collections.

Thalassine scorpionoïde, *Thalassina scorpionoides.* Latr. *Gener. Crust. et Ins. tom.* 1. *pag.* 52. — Léach. Desm. *Cons. génér.*, etc. *pag.* 203. *pl.* 35. *fig.* 1. — *Cancer anomalus.* Herbst, *Cancer. tab.* 62. — *Astacus scaber?* Fab. *Suppl. entom. Syst. pag.* 407. — Léach, *Zool. Miscell.*

tom. 3. *pag.* 28. *tab.* 130. Long de 6 à 7 pouces; rostre rebordé, avec son bord antérieur granulé; cuisses pourvues sur leur tranche inférieure de deux séries de petites épines; dessus de la main et du doigt mobile des serres présentant deux carènes longitudinales dentées en scie.

(E. G.)

THANASIME, *Thanasimus*. Lat. *Clerus*. Geoff. De Géer. Fab. Oliv. Payk. Panz. Schœn. *Attelabus*. Linn.

Genre d'insectes de l'ordre des Coléoptères, section des Pentamères, famille des Serricornes (division des Malacodermes), tribu des Clairones.

Un groupe de cette tribu renferme les genres Eurype, Axine, Priocère, Tille et Thanasime. (*Voyez* Clairones, pag. 427. de ce volume.) Les quatre premiers diffèrent des Thanasimes en ce que la plupart des articles de leurs antennes sont dentés en scie; en outre le corselet est cylindrique ou presque cylindrique dans les Axines, les Priocères et les Tilles: celui des Eurypes a une forme presque carrée. Les genres Axine et Eurype se distinguent encore des Thanasimes en ce qu'ils ont l'article terminal des palpes maxillaires, sécuriforme.

Antennes grossissant insensiblement vers le bout, leur extrémité point en scie, composées de onze articles, le premier le plus long de tous, en massue; le second petit, presque globuleux; les quatre suivans cylindro-coniques; les septième, huitième, neuvième et dixième turbinés; le onzième plus grand qu'aucun des précédens, ovale. — *Mandibules* bifides à leur extrémité. — *Mâchoires* bifides. — *Palpes maxillaires* filiformes, de quatre articles; les labiaux de trois, le dernier sécuriforme. — *Lèvre* alongée, son extrémité échancrée. — *Yeux* échancrés intérieurement. — *Corps* un peu convexe, velu. — *Corselet* vu en dessus, paroissant cordiforme, rétréci postérieurement. — *Ecusson* petit, ponctiforme. — *Elytres* plus larges que le corselet, recouvrant des ailes et l'abdomen. — *Pattes* assez fortes, velues; tarses ayant leurs cinq articles distincts, bilobés (le pénultième surtout); le dernier terminé par deux crochets fort écartés l'un de l'autre.

Les Thanasimes dont le nom tiré du grec signifie: *qui porte la mort*, se trouvent à l'état parfait le plus souvent sur le bois et les arbres morts, au moins en partie; mais leurs larves ne se nourrissent pas de cette substance ligneuse, quoique vivant dans son intérieur; elles y dévorent les larves des insectes xylophages. M. Latreille présume (*Règne animal*) que la larve du Thanasime mutillaire attaque particulièrement celles des Vrillettes. Il est probable que ces larves jouissent de la faculté de percer le bois pour y chercher les larves et les nymphes dont elles font leur nourriture, de même que les Clairons qui habitent les nids de l'*Osmia muraria* percent les cloisons de terre qui séparent les larves de cet Hyménoptère. Il nous paroît également certain que les plus petites espèces peuvent vivre en assez grand nombre dans le corps d'une seule larve, quand elle est d'une certaine grosseur; ce que semble prouver un fait qui n'est pas rare, c'est de voir sortir du bois huit ou dix Thanasimes à la file les uns des autres; ce que nous avons vu du Thanasime formicaire. Les espèces connues appartiennent à l'Europe ou à l'Amérique.

1. Thanasime mutillaire, *T. mutillarius.*

Thanasimus mutillarius. Lat. *Gener. Crust. et Ins. tom.* 1. *pag.* 271. — *Clerus mutillarius* n°. 1. Fab. *Syst. Eleut.* — Oliv. *Entom. tom.* 4. *Clair. pag.* 11. *n°.* 12. *pl.* 1. *fig.* 12. — Panz. *Faun. Germ. fas.* 31. *fig.* 12. — Schœn. *Synon. Ins. tom.* 2. *pag.* 42. *n°.* 1.

Voyez pour la description et les autres synonymes (celui de Schranck est douteux suivant M. Schœnherr), Clairon mutillaire n°. 1. du présent ouvrage.

2. Thanasime ichneumonaire, *T. ichneumoneus.*

Thanasimus ichneumoneus. Lat. *Gen. Crust. et Ins. tom.* 1. *pag.* 271. — *Clerus ichneumoneus* n°. 3. Fab. *Syst. Eleut.* — Oliv. *Entom. tom.* 4. *Clair. pag.* 13. *n°.* 15. *pl.* 1. *fig.* 15. — Schœn. *Synon. Ins. tom.* 2. *pag.* 43. *n°.* 3.

Voyez pour la description et les autres synonymes, Clairon ichneumonaire n°. 3. de ce Dictionnaire.

3. Thanasime formicaire, *T. formicarius.*

Thanasimus formicarius. Lat. *Gener. Crust. et Ins. tom.* 1. *pag.* 270. *n°.* 1. — *Clerus formicarius* n°. 5. Fab. *Syst. Eleut.* — Oliv. *Entom. tom.* 4. *Clair. pag.* 12. *n°.* 13. *pl.* 1. *fig.* 13. — Panz. *Faun. Germ. fas.* 4. *fig.* 8. — Schœn. *Synon. Ins. tom.* 2. *pag.* 43. *n°.* 5.

Voyez pour la description et les autres synonymes, Clairon formicaire n°. 6. de ce Dictionnaire.

4. Thanasime quadrimaculé, *T. quadrimaculatus.*

Thanasimus quadrimaculatus. Lat. *Gener. Crust. et Ins. tom.* 1. *pag.* 271. — *Clerus quadrimaculatus* n°. 8. Fab. *Syst. Eleut.* — Panz. *Faun. Germ. fas.* 43. *fig.* 15. — Schœn. *Syn. Ins. tom.* 2. *pag.* 44. *n°.* 11.

Voyez pour la description et les autres synonymes, Clairon quadrimaculé n°. 10. de ce Dictionnaire.

EURYPE, *Eurypus*. KIRB. LAT. (*Fam. nat.*)

Genre d'insectes de l'ordre des Coléoptères, section des Pentamères, famille des Serricornes (division des Malacodermes), tribu des Clairones.

Cinq genres composent le groupe de Clairones duquel font partie les Eurypes (*voyez* CLAIRONES, pag. 427. de ce volume), savoir: Thanasime, ayant le corselet presque cordiforme et le dernier article des palpes maxillaires presque filiforme; Axine, qui se distingue, ainsi que les Priocères, par le labre échancré et le corselet cylindrique; dans ces derniers l'article terminal des palpes maxillaires est oblong, et Tille, qui avec le corselet cylindrique a la lèvre entière et le corps convexe; le dernier article de ses palpes maxillaires n'est point sécuriforme.

M. Kirby a fondé ce genre dans les *Transactions Linnéennes* (*Century of insect. pag.* 389). Son nom est tiré de deux mots grecs qui signifient: *pieds larges*. Voici les caractères qu'on lui assigne.

Labre transversal, entier. — *Lèvre* bifide. — *Palpes* terminés par un article sécuriforme; les maxillaires de quatre articles; les labiaux de deux. — *Antennes* dentées en scie. — *Corselet* presque carré. — *Corps* déprimé.

Nous ne connoissons pas l'espèce qui a servi de type à ce genre, mais nous doutons fort que les palpes labiaux ne soient composés que de deux articles dans les Eurypes, les Tilles et les Axines, comme le dit M. Kirby. Nous sommes plutôt disposés à penser que l'article basilaire de ces palpes est fort petit, mais non pas nul; de plus tous les auteurs accordent trois articles aux palpes labiaux des Tilles, et M. Kirby lui-même donne ce nombre d'articles à ceux des Priocères; les Thanasimes, dont il ne parle point, sont également ainsi conformés, ce qui nous porte à croire que le fait avancé par l'auteur anglais doit être soumis à un nouvel examen. L'espèce décrite est:

1. EURYPE rougeâtre, *E. rubens*.

Eurypus rubens, punctulatissimus; antennis apice, elytrorum basis latere exteriori et lineolâ apicis propè suturam, nigris.

Eurypus rubens. KIRB. *ut suprà. pl. XXI. fig.* 5.

Longueur 6 lig. Corps linéaire, oblong, un peu brillant, très-ponctué, velu, rougeâtre. Tête orbiculaire; bouche avancée; mandibules cachées. Palpes maxillaires assez longs; leur premier article très-court, presque cylindrique, les deux suivans courts, obconiques; le dernier grand, presque triangulaire: palpes labiaux très-courts; le premier article filiforme, le second un peu plus grand, mais point triangulaire. Menton presque transversal, carré. Antennes dentées en scie, au moins dans une partie de leur longueur (les quatre derniers articles manquoient dans l'individu observé), rousses, noires vers l'extrémité. Yeux proéminens, presque hémisphériques. Corselet un peu aplati en dessus avec deux impressions sur le dos; élytres presque planes, leur base extérieure et une ligne presque suturale vers l'extrémité, de couleur noire; pattes courtes, épines terminales des jambes très-petites. Avant-dernier article des tarses très-large, bilobé.

Du Brésil.

AXINE, *Axina*. KIRB. LAT. (*Fam. nat.*)

Genre d'insectes de l'ordre des Coléoptères, section des Pentamères, famille des Serricornes (division des Malacodermes), tribu des Clairones.

Les genres Eurype, Axine, Priocère, Thanasime et Tille composent un groupe dans cette tribu. (*Voy.* CLAIRONES, pag. 427. de ce volume.) Dans les trois derniers l'article terminal des palpes maxillaires n'est pas sécuriforme; en outre les Tilles et les Priocères ont le corps convexe; le corselet des Thanasimes est cordiforme. Le genre Eurype est distingué de celui d'Axine par son corselet presque carré et par son labre entier.

Le nom d'Axine, tiré de la forme du dernier article des quatre palpes de ces insectes, vient d'un mot grec qui signifie: *hache*. M. Kirby est le fondateur de ce genre (*Transact. Linnéen. Century of insect. pag.* 389.) Il lui attribue pour caractères:

Labre échancré. — *Lèvre* bifide? — *Palpes* terminés par un article grand, sécuriforme; les maxillaires de trois articles, les labiaux de deux. — *Antennes* dentées en scie. — *Corselet* cylindrique. — *Corps* un peu déprimé.

Nous sommes loin de garantir que le nombre d'articles assigné aux palpes par M. Kirby soit exact; on peut voir notre observation sur ce sujet à l'article EURYPE qui précède; elle doit s'appliquer aux quatre palpes du genre Axine. M. Kirby ne mentionne qu'une seule espèce de ce genre.

1. AXINE anale, *A. analis*.

Axina subtùs fusca, suprà pallidè rufescens; elytrorum lateribus fasciisque duabus et pedibus fuscis.

Axina analis. KIRB. *ut suprà. pag.* 391. *pl. XXI. fig.* 6.

Longueur 6 lig. Corps linéaire, velu, brun en dessous, pâle en dessus; tête penchée, orbiculaire, ponctuée, rousse; labre transversal; mandibules sans dents; palpes roux; premier article des maxillaires alongé en massue, le second obconique; premier article des labiaux conformé comme celui des maxillaires; yeux grands, réniformes, velus, distinctement réticulés; antennes plus courtes que le corselet, rousses; corselet alongé, ponctué, roux, avec des impressions dorsales, ses côtés un peu bruns; élytres un peu aplaties supérieurement, ponctuées, avec les côtés et deux bandes transverses de couleur brune; la première de ces bandes placée avant le milieu, étroite, anguleuse, raccourcie intérieurement; la seconde plus large, moins foncée, placée vers l'extrémité; il y a en outre quelques points bruns épars sur les élytres, mais leur extrémité est sans taches; pattes brunes; épines terminales des jambes très-petites; tarses garnis en dessous d'un long duvet; abdomen ayant en dessous ses deux derniers segmens d'un jaune pâle.

Du Brésil. (S. F. et A. Serv.)

THELXIOPE, *Thelxiopa*. Rafinesque.

L'auteur donne ce nom à un genre de Crustacés que M. Latreille avoit déjà nommé *Homole*. Voyez ce mot à la table alphabétique.

(E. G.)

THÉLYPHONE, *Thelyphonus*. Lat. *Phalangium*. Linn. Pallas. Herbst. *Scorpio*. Gronov. *Tarentula*. Fab. Ce genre d'Arachnides de l'ordre des Pulmonaires, famille des Pédipalpes, tribu des Tarentules, a été établi par M. Latreille aux dépens du grand genre *Phalangium* de Linné. Ses caractères sont: palpes gros, courts et terminés par une pince de deux doigts; corps oblong avec le corselet ovale et le bord de l'abdomen muni d'une soie articulée formant une queue; les deux tarses antérieurs courts, d'une même venue et à articulations peu nombreuses. Ce genre se distingue des Phrynes par ses palpes, ses tarses antérieurs et son corps alongé; tandis qu'il est court et arrondi dans la plupart, et surtout par l'abdomen muni d'une queue articulée et en forme de soie. On trouve ces Arachnides dans les pays chauds de l'Amérique et des Indes orientales: on en connoît trois espèces.

Le Thélyphone a queue, *Thelyphonus caudatus*. Lat. *Hist. nat. des Crust. et des Ins. tom.* 7. *pag.* 132. *pl.* 60. *fig.* 4. — *Thelyphonus proscorpio*. Ibid. *Gener. Crust. et Ins. tom.* 1. *pag.* 130. — *Phalangium caudatum*. Linn. — Pallas, *Spicil. zool. fas.* 9. *pag.* 30. *tab.* 5. *fig.* 12. — *Tarentula caudata*. Fab. *Ent. Syst. tom.* 2. *pag.* 433. — Herbst, *Naturg. phal. tab.* 5. *fig.* 2. — Séba, *Mus. tom.* 1. *tab.* 70. *fig.* 7. 8. — Rœm. *Gen. Ins. tab.* 29. *fig.* 11. Cette espèce est longue d'un peu plus d'un pouce, d'un brun foncé. On la trouve aux Indes orientales. L'espèce que l'on trouve à la Martinique y a reçu le nom de *vinaigrier*, parce qu'elle exhale une odeur acide quand on l'inquiète. (E. G.)

THÈNE, *Thenus*. Léach.

M. Léach a établi ce genre de Crustacés aux dépens du genre Scyllare de M. Latreille; mais ce dernier auteur n'ayant pas trouvé ses caractères suffisamment tranchés, l'a réuni à son genre *Scyllare*. Voyez ce mot. (E. G.)

THÉRAPHOSES, *Theraphosa*. C'est ainsi que, dans son tableau des Aranéides, M. Walckenaer désigne la première section des animaux de cette famille, et qu'il caractérise ainsi: *mâchoires* horizontales; *palpes* insérés à l'extérieur ou sur les côtés extérieurs des mâchoires; *mandibules articulées* horizontalement, proéminentes, munies d'un onglet mobile qui se replie en dessous.

Les Théraphoses comprennent les Araignées mineuses d'Olivier et quelques-unes de ses Araignées tapissières, comme l'*Aviculaire* et autres analogues. Elles composent, dans l'ouvrage sur le Règne animal de M. Cuvier, notre tribu des Aranéides terricèles. Leurs mandibules, ou plutôt leurs chélicères, sont avancées, arquées en dessus, et leur crochet se replie presque perpendiculairement sur leur côté inférieur. La lèvre ou la languette n'est presque point saillante entre les mâchoires dans la plupart, et dans les autres, ou ceux où elle s'avance entre les mâchoires, elle a une forme presque linéaire. Un autre caractère généralement propre à ces Aranéides, c'est que leur abdomen n'offre bien distinctement que quatre filières, dont deux souvent beaucoup plus longues, et divisées en trois articles au moins. Les organes copulateurs des mâles, ou ceux que l'on avoit considérés comme tels, et qui sont situés au dernier article des palpes, sont très-simples, ne consistent qu'en une pièce écailleuse, en forme de bouton, et terminée en une pointe arquée et très-aiguë, ou bien en manière de cure-oreille.

Cette section ou tribu se compose des genres Mygale, Cténize (Araignées mineuses ou maçonnes), Atypes (*Olétère* Walck.), Eriodon.

Ces animaux, d'après les observations de M. Léon Dufour, nous présentent un caractère d'une valeur bien supérieure à celle des précédens. Il est tiré du nombre des cavités pneumo-branchiales, qui est de quatre au lieu de deux (*voyez* Tétrapneumones). Mais comme il s'applique encore aux Filistates et aux Dysdères, qui, d'après les principes de M. Walckenaer, appartiennent à sa seconde section générale, celle des Araignées proprement dites, les caractères précédens ne seront plus absolus. *Voyez* Tétrapneumones.

(Latr.)

THÉRATE, *Therates*. Lat. Dej. (*Speciès.*) *Cicendela*. Fab. Wéb. Schœn. *Eurychiles*. Bonell.

Genre

Genre d'insectes de l'ordre des Coléoptères, section des Pentamères, famille des Carnassiers (division des Terrestres), tribu des Cicindélètes.

Les travaux de MM. Latreille et Dejean dans l'ouvrage intitulé : *Histoire nat. et iconogr. des insect. Coléopt. d'Europ.* et ceux du dernier dans son *Speciès génér. des Coléopt.* nous mettent à même de donner ici un tableau de la tribu des Cicindélètes.

CICINDÉLÈTES, *Cincidèletæ*. Première tribu de la famille des Carnassiers (division des Terrestres), section des Pentamères, ordre des Coléoptères. Ses caractères sont :

Mandibules fortes, très-dentées intérieurement. —*Languette* très-petite, cachée par le menton.— *Palpes labiaux* composés de quatre articles distincts ; le premier étant libre et dégagé du support. — *Mâchoires* onguiculées, c'est-à-dire terminées par une pointe articulée avec leur extrémité supérieure. — *Yeux* très-saillans. — *Tarses* longs et grêles.

I. Une dent au milieu de l'échancrure du menton.

A. Tarses non dilatés dans aucun sexe.

Manticore.

B. Les trois premiers articles des tarses antérieurs dilatés dans les mâles.

a. Troisième article des tarses antérieurs des mâles non prolongé.

† Pénultième article des palpes labiaux non renflé.

Mégacéphale, Oxycheile, Cicindèle.

†† Pénultième article des palpes labiaux renflé, plus gros que le dernier.

Dromique, Euprosope.

b. Troisième article des tarses antérieurs des mâles prolongé obliquement en dedans.

Cténostome.

II. Point de dent au milieu de l'échancrure du menton.

A. Troisième et quatrième articles des tarses beaucoup plus courts que les premiers.

Thérate.

B. Tous les articles des tarses presqu'égaux.

Tricondyle, Colliure.

Le genre Thérate forme à lui seul une coupe particulière dans cette tribu. Ses caractères essentiels sont :

Labre très-grand, en forme de demi-ovale, légèrement convexe, très-avancé, recouvrant presqu'entièrement les mandibules. — *Palpes maxillaires internes* très-petits, peu distincts et d'un seul article. — *Point de dent* au milieu de l'échancrure du menton. — *Yeux* encore plus saillans que ceux des Cicindèles. — *Corselet* arrondi et presque globuleux dans son milieu, avec deux sillons transversaux très-profonds, placés, l'un antérieurement, l'autre à sa partie postérieure. — *Elytres* ayant à leur base une petite élévation assez marquée ; leur extrémité échancrée ou terminée en une pointe assez aiguë. — *Avant-dernier segment de l'abdomen* assez fortement échancré dans les mâles. (Ce caractère existe aussi dans les Cicindèles quoiqu'il ne soit pas mentionné.) — *Tarses* presque semblables dans les deux sexes (les Cicindèles mâles ont les trois premiers articles des tarses antérieurs dilatés, alongés, ciliés fortement, surtout en dedans), le troisième article plus court que chacun des deux premiers et légèrement échancré à son extrémité pour recevoir le quatrième : celui-ci très-court et cordiforme. Le reste des caractères comme dans les Cicindèles. *Voyez* ce mot.

Le nom de ces Coléoptères vient d'un mot grec qui signifie : *chasseur*, et exprime qu'ils doivent vivre de proie comme toutes les autres Cicindélètes. Le petit nombre d'espèces connues habitent exclusivement les îles au nord de la nouvelle Hollande et celles de la Sonde.

Rapportez à ce genre, 1°. Thérate labiée, *T. labiata*. LAT. *Hist. nat. et iconogr. des ins. Coléopt.* — DEJ. *Spec. tom.* 1. *pag.* 158. *n°.* 1. — *Cicindela labiata* n°. 3. FAB. *Syst. Eleut.* — SCHŒN. *Synon. Ins. tom.* 1. *pag.* 238. *n°.* 3. Suivant les observations de M. de la Billardière, qui l'a trouvée dans les îles au nord de la nouvelle Hollande, c'est au temps des orages qu'elle paroît le plus communément ; elle se tient ordinairement sur les feuilles des arbres et vole avec rapidité. 2°. Thérate flavilabre, *T. flavilabris*. LAT. *Nouv. Dict. d'hist. nat.* 2e. *édit.* — *Cicindela flavilabris* n°. 62. FAB. *id.*—SCHŒN. *id. pag.* 246. *n°.* 65. 3°. Thérate fasciée, *T. fasciata*. LAT. *id.* — *Cicindela fasciata* n°. 63. FAB. *id.* — SCHŒN. *id.* *n°.* 66. 4°. Thérate bleue, *T. cyanea*. LAT. *Hist. nat. et iconogr. des ins. Coléopt. pag.* 64. *n°.* 1. *pl.* 1. *fig.* 2. 5°. Thérate spinipenne, *T. spinipennis*. LAT. *id. n°.* 2. *pl.* 1. *fig.* 3. 6°. Thérate mipartie, *T. dimidiata*. DEJ. *Spec. tom.* 1. *pag.* 159. *n°.* 2. et *tom.* 2. *Suppl. pag.* 437. *n°.* 2. Longueur 5 lig. D'un bleu céleste brillant ; base des élytres, labre, pattes et abdomen jaunes. De Java. 7°. Thérate basilaire, *T. basalis*. DEJ. *id. tom.* 2. *Suppl. pag.* 437. *n°.* 3. Longueur 5 lig. $\frac{1}{2}$. D'un bleu céleste brillant ; élytres violettes, un peu tronquées à leur extrémité ; leur base, le labre, les pattes et l'abdomen, testacés. Ile de Waigion, à l'ouest de la nouvelle Guinée, sur les feuilles des arbres; son vol est rapide.

MÉGACÉPHALE, *Megacephala*. LAT. DEJ. (*Speciès.*) *Cicindela*. LINN. DE GÉER. FAB. OLIV. SCHŒN.

Genre d'insectes de l'ordre des Coléoptères, section des Pentamères, famille des Carnassiers (division des Terrestres), tribu des Cicindélètes.

Les trois genres Mégacéphale, Oxycheile et Cicindèle constituent un groupe parmi les Cicindélètes (*voyez* ce mot, pag. 617. de ce volume); le dernier a les palpes labiaux peu alongés, ne dépassant pas les maxillaires externes, leur article terminal point sécuriforme. Dans les Oxycheiles, le labre est triangulaire et recouvre les mandibules, ce qui distingue ces deux genres de celui de Mégacéphale.

Labre transversal, peu avancé, laissant les mandibules à découvert. — *Mandibules* larges, fortement dentées, peu saillantes. — *Palpes maxillaires* ayant leur dernier article légèrement sécuriforme: palpes labiaux alongés, plus grands que les maxillaires externes; leur premier article alongé, très-saillant au-delà de l'extrémité supérieure de l'échancrure du menton, le second très-court, le troisième très-long, cylindrique, le dernier sécuriforme. — *Tête* plus grosse que dans les autres Cicindélètes (à l'exception des Manticores). Front large, plane ou très-légèrement convexe. — *Yeux* grands, assez peu saillans. — *Dos des élytres* un peu convexe. (Celui des Cicindèles est presque plan.) — *Tarses antérieurs des mâles* ayant leurs trois premiers articles dilatés, courts, presqu'en triangle renversé, ciliés fortement, surtout en dedans; le troisième non prolongé (les Cicindèles mâles offrent ce même caractère). Le reste des caractères comme ceux des Cicindèles. *Voyez* ce mot.

Le nom donné à ces insectes vient de deux mots grecs et signifie: *grande tête*. Il avoit été appliqué comme nom spécifique à l'une des espèces primitivement connue. Les mœurs des Mégacéphales doivent être les mêmes que celles des Cicindèles. Toutes les espèces sont exotiques.

1re. *Division*. Corps aptère. Insectes de l'ancien continent. (*Aptema* NOB.)

1. MÉGACÉPHALE du Sénégal, *M. senegalensis*.

Megacephala senegalensis. LAT. *Gener. Crust. et Ins. tom.* 1. *pag.* 175. *n°.* 1. — *Cicindela megalocephala* n°. 6. FAB. *Syst. Eleut.* — SCHŒN. *Synon. Ins. tom.* 1. *pag.* 238. *n°.* 6.

Voyez pour la description et les autres synonymes, Cicindèle mégacéphale n°. 2. de ce Dictionnaire.

On doit placer en outre dans cette division la Mégacéphale de l'Euphrate, *M. Euphratica*. LAT. *Hist. nat. et iconogr. des insect. Coléopt. pag.* 37. *tab.* 1. *fig.* 4. Mâle. — DEJ. *Spec. tom.* 1. *pag.* 7. *n°.* 19. Longueur 8 lig. ½. D'un vert cuivreux brillant; bouche, antennes, pattes et extrémité de l'abdomen, jaunes. Elytres un peu rugueuses avec une grande tache commune cordiforme jaune à leur extrémité. Trouvée sur les bords de l'Euphrate par feu Olivier. Cette espèce, qui se rapproche par les couleurs de la Mégacéphale carolinoise, a le premier article des palpes labiaux proportionnellement plus long.

2e. *Division*. Corps ailé. Insectes du nouveau continent. (*Megacephala propriè dicta* NOB.)

2. MÉGACÉPHALE carolinoise, *M. carolina*.

Megacephala carolinensis. LAT. *Gener. Crust. et Ins. tom.* 1. *pag.* 175. *n°.* 2. *tab.* 6. *fig.* 9. — *Megacephala carolina*. DEJ. *Spec. tom.* 1. *pag.* 8. *n°.* 2. — *Cicindela carolina* n°. 8. FAB. *Syst. Eleut.* — OLIV. *Entom. tom.* 2. *Cicind. pag.* 39. *n°.* 31. *pl.* 2. *fig.* 21. — SCHŒN. *Synon. Ins. tom.* 1. *pag.* 238. *n°.* 8.

Voyez pour la description et les autres synonymes, Cicindèle carolinoise n°. 34. du présent ouvrage.

3. MÉGACÉPHALE virginienne, *M. virginica*.

Megacephala virginica. DEJ. *Spec. tom.* 1. *pag.* 10. *n°.* 3. — *Cicindela virginica* n°. 7. FAB. *Syst. Eleut.* — SCHŒN. *Synon. Ins. tom.* 1. *pag.* 238. *n°.* 7.

Voyez pour la description et les autres synonymes, Cicindèle virginienne n°. 35. de cet ouvrage.

4. MÉGACÉPHALE équinoxiale, *M. æquinoctialis*.

Megacephala æquinoctialis. DEJ. *Spec. tom.* 1. *pag.* 14. *n°.* 8. — *Cicindela æquinoctialis* n°. 60. FAB. *Syst. Eleut.* — SCHŒN. *Synon. Ins. tom.* 1. *pag.* 246. *n°.* 63.

Voyez pour la description et les autres synonymes, Cicindèle équinoxiale n°. 38. du présent Dictionnaire.

Cette division comprend encore, 1°. Mégacéphale voisine, *M. affinis*. DEJ. *Spec. tom.* 1. *pag.* 12. *n°.* 5. Longueur 6 lig. ½, 7 lig. D'un vert obscur; bouche, antennes, pattes et anus testacés; extrémité des élytres portant une tache commune cordiforme, très-échancrée, de cette même couleur: genoux bruns. De Cayenne. 2°. Mégacéphale brésilienne, *M. brasiliensis*. DEJ. *Spec. id. pag.* 11. *n°.* 4. Du Brésil. 3°. Mégacéphale acutipenne, *M. acutipennis*. DEJ. *id. pag.* 13. *n°.* 6. (en ôtant le synonyme d'Olivier qui nous paroît appartenir à la *virginica*.) Longueur 5 lig.

$\frac{3}{4}$, 6 lig. $\frac{1}{4}$. D'un cuivreux obscur; bouche, antennes, anus et pattes testacés; élytres ponctuées, terminées chacune par une épine, et ayant sur son extrémité une tache oblique testacée. De Saint-Domingue. 4°. Mégacéphale variolée, *M. variolosa*. Dej. *id. pag.* 14. *n°.* 7. Longueur 5 lig. $\frac{1}{2}$, 6 lig. D'un noir obscur en dessus; élytres chargées de points excavés. De Cayenne. Il est possible que cette espèce, suivant l'observation de M. le comte Dejean, doive se rapporter à la *Cicindela sepulcralis* n°. 9. Fab. *Syst. Eleut.*; mais cet auteur ne parle pas de l'inégalité des élytres.

OXYCHEILE, *Oxycheila*. Dej. (*Speciès.*) *Cicindela*. Fab. Oliv. Schœn.

Genre d'insectes de l'ordre des Coléoptères, section des Pentamères, famille des Carnassiers (division des Terrestres), tribu des Cicindélètes.

Les genres Mégacéphale et Cicindèle font partie du même groupe de Cicindélètes que les Oxycheiles. (*Voyez* Cicindélètes, pag. 617. de ce volume.) Le premier se distingue de ces dernières par son labre transversal, peu avancé, laissant les mandibules à découvert, et par ses palpes labiaux plus longs que les maxillaires externes; les Cicindèles ont le dernier article des palpes labiaux presque cylindrique, à peine un peu plus gros à son extrémité.

Antennes minces, déliées. — *Labre* très-grand, avancé en pointe, triangulaire, recouvrant les mandibules et dépassant l'endroit où elles se croisent dans le repos. — *Palpes labiaux* alongés, aussi longs que les maxillaires externes; leur premier article assez long, saillant au-delà de l'extrémité supérieure de l'échancrure du menton; le second très-court; le troisième très-long, cylindrique, légèrement courbé, le dernier sécuriforme. — *Tête* point très-grosse, un peu alongée, presque plane. — *Yeux* assez saillans latéralement, mais point en dessus. — *Corselet* à peu près de la largeur de la tête, son bord postérieur sinué, presque trilobé; le lobe intermédiaire recouvrant en très-grande partie l'écusson, dont la pointe paroît à peine entre la base des élytres. — *Elytres* du double plus larges que le corselet, assez alongées, peu convexes, s'élargissant un peu postérieurement. — *Abdomen* ayant son avant-dernier segment assez fortement échancré en dessous dans les mâles. — *Pattes* grandes, alongées; tarses antérieurs des mâles ayant leurs trois premiers articles dilatés, ciliés également des deux côtés: les deux premiers grossissant vers l'extrémité, le troisième non prolongé, presque cordiforme. *Voyez* pour les autres caractères, ceux des Cicindèles.

Le nom de ce genre vient de deux mots grecs qui signifient: *lèvre pointue*. Ses habitudes et ses mœurs n'ont pas encore été observées, mais elles ne doivent guère, d'après l'analogie, différer de celles des Cicindèles.

1. Oxycheile triste, *O. tristis*.

Oxycheila tristis. Dej. *Spec. tom.* 1. *pag.* 16. *n°.* 1. — *Cicindela tristis* n°. 18. Fab. *Syst. Eleut.* — Schœn. *Synon. Ins. tom.* 1. *pag.* 241. *n°.* 19.

Voyez pour la description et les autres synonymes, Cicindèle triste n°. 15. *pl.* 174. *fig.* 12. de ce Dictionnaire.

Nota. Olivier donne pour patrie à cette espèce l'Amérique septentrionale et entr'autres la Caroline; nos individus et ceux de M. le comte Dejean sont du Brésil. Ce dernier auteur (*Speciès*) dit que la *Cicindela bipustulata* Lat. n°. 13. *tab.* 16. *fig.* 1 et 2. du Voyage de M. de Humboldt, paroît appartenir aux Oxycheiles.

DROMIQUE, *Dromica*. Dej. (*Speciès.*) *Cicindela*. Lat. (*Hist. natur. et iconogr. des ins. Coléopt.*)

Genre d'insectes de l'ordre des Coléoptères, tribu des Pentamères, famille des Carnassiers (division des Terrestres), tribu des Cicindélètes.

Ce genre forme avec celui d'Euprosope un groupe dans cette tribu. (*Voyez* Cicindélètes, pag. 617. de ce volume.) Ce dernier diffère des Dromiques en ce que la dent qui se trouve au milieu de l'échancrure du menton est très-prononcée; que le troisième article des palpes labiaux est moins renflé, et que tous les palpes sont proportionnellement un peu plus longs; en outre les Euprosopes sont ailés.

Labre un peu avancé, et recouvrant presqu'entièrement les mandibules. — *Palpes* proportionnellement assez courts; les labiaux ne dépassant pas les maxillaires externes, ayant leurs deux premiers articles très-courts; le premier ne dépassant pas l'extrémité de l'échancrure du menton; le troisième assez grand, renflé, presqu'ovalaire: le dernier beaucoup plus mince, court, grossissant très-légèrement vers l'extrémité. — *Menton* ayant une dent peu prononcée au milieu de son échancrure. (Cette dent existe aussi dans les Cicindèles.) — *Corselet* un peu alongé et rétréci postérieurement. — *Elytres* en ovale très-alongé, très-rétrécies antérieurement, terminées en pointe vers l'extrémité, soudées, recouvrant l'abdomen. — *Point d'ailes.* — *Abdomen* ayant en dessous son avant-dernier segment assez fortement échancré dans les mâles. — *Tarses antérieurs des mâles* ayant leurs trois premiers articles presque cylindriques, légèrement dilatés (ils le sont plus fortement dans les Cicindèles mâles), alongés, ciliés plus fortement en dedans qu'en dehors; leur troisième article non prolongé. Pour le reste des caractères, *voyez* Cicindèle.

Un mot grec qui signifie: *coureur* a été appliqué par M. le comte Dejean, comme nom générique à ces Cicindélètes, dont les habitudes, à l'exception de la faculté de voler, doivent être à peu près les mêmes que celles des Cicindèles. Le type du genre est : la Dromique resserrée, *D. coarctata*. Dej. *Spec. tom.* 2. *Suppl. pag.* 435. *n°.* 1. — *Cicindela coarctata*. Lat. *Hist. nat. et iconogr. des ins. Coléopt. pag.* 37. *pl.* 1. *fig.* 5. Femelle. Longueur 5 à 6 lig. D'un cuivreux obscur ; élytres très-ponctuées, ayant sur les côtés une bande raccourcie et sur l'extrémité une petite ligne, blanchâtres. Du Cap de Bonne-Espérance.

EUPROSOPE, *Euprosopus*. Lat. (*inéd.*) Dej. (*Speciès.*) *Cicindela*. Lat. (*Hist. nat. et iconogr. des ins. Coléopt.*)

Genre d'insectes de l'ordre des Coléoptères, section des Pentamères, famille des Carnassiers (division des Terrestres), tribu des Cicindélètes.

Un groupe de Cicindélètes contient les Dromiques et les Euprosopes. (*Voyez* Cicindélètes, pag. 617. de ce volume.) Les premières ont la dent du milieu de l'échancrure du menton peu saillante ; leurs palpes labiaux sont proportionnellement un peu plus courts que ceux des Euprosopes, avec leur troisième article assez grand et renflé ; les Dromiques diffèrent encore du genre Euprosope en ce qu'elles sont aptères.

Antennes fort minces et déliées (plus que dans les Cicindèles) jusque vers l'extrémité où elles paroissent un peu plus grosses. — *Labre* avancé, bombé, crénelé à sa partie antérieure. — *Palpes labiaux* ne dépassant pas les maxillaires externes ; leurs deux premiers articles très-courts ; le premier ne dépassant pas l'extrémité de l'échancrure du menton ; le troisième presque cylindrique, un peu renflé, plus gros que le dernier ; celui-ci très-mince, court, grossissant très-légèrement vers l'extrémité. — *Yeux* très-gros, très-saillans (plus que ceux des Cicindèles). — *Ecusson* placé haut, sa pointe à peine engagée entre la base des élytres. — *Elytres* plus alongées et plus parallèles entr'elles que celles des Cicindèles, recouvrant des ailes et l'abdomen. — *Abdomen* ayant en dessous son avant-dernier segment assez fortement échancré dans les mâles. — *Pattes* très-longues, assez déliées ; tarses antérieurs des mâles ayant leurs trois premiers articles dilatés, aplatis, peu alongés, carénés longitudinalement en dessus, ciliés également des deux côtés ; les deux premiers s'élargissant un peu vers l'extrémité et légèrement échancrés ; le troisième non prolongé, presqu'en cœur. Les autres caractères sont ceux des Cicindèles. *Voyez* ce mot.

Les espèces de ce genre doivent à peu près vivre comme les Cicindèles. Le type est l'Euprosope quadrinoté, *E. quadrinotatus*. Dej. *Spéc. tom.* 1. *pag.* 151. *n°.* 1. — *Cicindela quadrinotata*. Lat. *Hist. nat. et iconogr. des ins. Coléopt. pag.* 38. *pl.* 1. *fig.* 6. Longueur 7 à 8 lig. D'un vert brillant ; élytres variées de cuivreux, avec deux taches blanches sur chacune. Du Brésil.

Nota. M. Latreille pense que l'on doit peut-être réunir à ce genre la *Cicindela viridula*. Schœn. *Syn. Ins. tom.* 1. *n°.* 31. De l'Ile-de-France, où elle vit, d'après l'assertion de M. Catoire, sur les troncs d'arbre ; et deux autres espèces inédites, l'une du même pays, et l'autre envoyée de Java par MM. Diard et Duvaucel.

CTÉNOSTOME, *Ctenostoma*. Klug. Lat. (*Fam. nat.*) Dej. (*Speciès.*) *Caris*. Fisch. *Collyris*. Fab. Schœn.

Genre d'insectes de l'ordre des Coléoptères, section des Pentamères, famille des Carnassiers (division des Terrestres), tribu des Cicindélètes.

Ce genre forme à lui seul une coupe dans sa tribu. (*Voyez* Cicindélètes, pag. 617. de ce volume.)

Antennes sétacées, longues, menues, composées de onze articles ; le second très-petit, le quatrième plus court que le précédent et que le suivant. — *Labre* avancé, assez grand, bombé, crénelé à sa partie antérieure. — *Mandibules* n'ayant pas de dentelures dans leur moitié inférieure. — *Mâchoires* munies d'un onglet terminal très-petit, se confondant avec les cils internes. — *Les six palpes* très-saillans ; les quatre extérieurs fort alongés ; les maxillaires externes de quatre articles ; le premier beaucoup plus court que le second, celui-ci fort long, un peu courbé, presque cylindrique ; le troisième assez court, cylindro-conique ; le dernier pas beaucoup plus long que le précédent, gros, sécuriforme : les maxillaires internes filiformes, de deux articles fort longs ; palpes labiaux un peu plus longs que les maxillaires externes, de quatre articles ; les deux premiers très-courts ; le troisième très-long, cylindrique : le dernier court, sécuriforme. — *Menton* échancré, muni d'une dent au milieu de son échancrure. — *Tête* grande, plane, presqu'en losange. — *Yeux* petits, assez saillans sur les côtés, mais nullement en dessus. — *Corps* étroit, alongé. — *Corselet* en forme de nœud globuleux ; ses bords antérieur et postérieur relevés en forme de bourrelet. — *Ecusson* presqu'entièrement caché par le corselet, sa pointe n'atteignant pas la base des élytres. — *Elytres* alongées, rétrécies antérieurement, s'élargissant ensuite vers l'extrémité postérieure, recouvrant l'abdomen, paroissant soudées. — *Point d'ailes* propres au vol. — *Abdomen* ovoïde, alongé, rétréci en devant, ayant son avant-dernier segment légèrement échancré dans les mâles. — *Pattes* longues, déliées ; tarses antérieurs des mâles ayant leurs trois premiers articles dilatés, le troisième prolongé obliquement en dedans.

Cténostome a pour étymologie deux mots grecs

qui signifient : *bouche en peigne*. Les trois espèces connues de ce genre appartiennent aux contrées les plus chaudes de l'Amérique méridionale.

1°. Cténostome formicaire, *C. formicarium*. Dej. *Spec. tom.* 1. *pag.* 154. *n°.* 1. — *Collyris formicaria* n°. 3. Fab. *Syst. Eleut.* — Schœn. *Syn. Ins. tom.* 1. *pag.* 236. *n°.* 3. De Cayenne et du Brésil. 2°. Cténostome trinoté, *C. trinotatum*. Dej. *Spec. id. pag.* 155. *n°.* 2. — *Ctenostoma formicaria*. Lat. *Hist. nat. et iconogr. des ins. Coléopt. pag.* 36. *pl.* 2. *fig.* 1 et 2. Mâle. Du Brésil. 3°. Cténostome rugueux, *C. rugosum*. Klug. *Entom. Brasil. Spec. pag.* 7. *n°.* 3. *tab.* 3. *fig.* 3. — Dej. *id. pag.* 156. *n°.* 3. Du Brésil. 4°. Cténostome Ichneumon, *C. ichneumoneum*. Dej. *id. tom.* 2. *Suppl. pag.* 436. *n°.* 4. Longueur 5 lig. ¼. D'un noir bronzé; élytres ponctuées, avec une bande transverse sur le milieu et la partie postérieure, jaunes. De Rio-Janeiro. Elle se tient sur les branches d'arbre, et court avec beaucoup de célérité. (S. F. et A. Serv.)

THÉRÈVE, *Thereva*. Fab. (*Syst. Antliat.*) Cet auteur place dans ce genre quatorze espèces de Diptères qui appartiennent aux genres Phasie. Lat. Meig.; Xyste Meig.; Trichopode Lat. et Xylote Meig. Lat. Ainsi les *Th. subcoleoptrata* n°. 1, *hemiptera* n°. 2, *crassipennis* n°. 3, *obesa* n°. 6, *analis* n°. 7, *cinerea* n°. 13, sont des Phasies du même nom spécifique. Dans les *Dipt. d'Europ.* de M. Meigen, la *Th. affinis* n°. 4. est la femelle de la *Phasia hemiptera* Meig.; la *Th. holosericea* n°. 5. est la *Xysta holosericea* Meig.; les *Th. pennipes* n°. 8, *hirtipes* n°. 9, *lanipes* n°. 10, *plumipes* n°. 11 et *pilipes* n°. 12, sont des Trichopodes Lat. *Fam. nat.*; enfin la *Th. dubia* n°. 14, est la *Xylota lateralis* Meig.

(S. F. et A. Serv.)

THÉRÈVE, *Thereva*. Lat. Meig. *Bibio*. Fab. Fallèn. Panz. Ross. Schranck. *Leptis*. Fab. *Nemoletus*. De Géer. Oliv. (*Encycl. caract. des genr. d'ins.*) *Tabanus*. Geoff. *Musca*. Linn.

Genre d'insectes de l'ordre des Diptères (première section), famille des Tanystomes, tribu des Mydasiens.

Cette tribu renferme deux familles dans la méthode de M. Meigen, savoir : les Xylotomes et les Mydasiens. Elle ne contient que deux genres fort différens l'un de l'autre, Mydas et Thérève. (*Voy.* Mydasiens, pag. 537. de ce volume.) Le premier se distingue du second par la trompe saillante dans le repos, par le troisième article des antennes infiniment plus long que les deux premiers pris ensemble, conformé en massue échancrée à son extrémité, enfin par les nervures des ailes dont aucune n'atteint le bord postérieur de l'aile.

Antennes avancées, rapprochées, composées de trois articles; le premier cylindrique, assez long, le second cyathiforme; les deux premiers velus; le troisième conique, alongé, nu, à peu près de la longueur du premier, portant au bout une petite pointe conique qui sert de base à un style court, droit. — *Trompe* entièrement cachée dans la cavité buccale lors du repos. — *Palpes* un peu plus longs que la soie supérieure, cylindriques, formant un bouton à l'extrémité, velus extérieurement. — *Tête* des femelles sphérique; celle des mâles presque hémisphérique. — *Yeux* espacés dans les femelles, rapprochés et séparés par une simple suture dans les mâles. — *Trois ocelles* placés sur le vertex. — *Corps* assez long, très-velu. — *Corselet* ovale, sans ligne enfoncée transversale. — *Ecusson* hémisphérique. — *Ailes* lancéolées, velues vues au microscope, à moitié ouvertes dans le repos; plusieurs de leurs nervures aboutissant au bord postérieur de l'aile. — *Cuillerons* simples, très-petits. — *Balanciers* découverts. — *Abdomen* conique, de sept segmens. — *Pattes* assez grandes, grêles; jambes ayant deux fortes épines à leur extrémité : tarses longs, grêles; leur dernier article terminé par deux crochets munis d'une pelotte bifide dans leur entre-deux.

Les Thérèves se rencontrent habituellement isolées sur les fleurs et quelquefois réunies sur des buissons où elles semblent se jouer en voltigeant, ce qui est probablement le prélude de l'accouplement. M. Meigen a trouvé plusieurs larves de la Thérève ennoblie (*T. nobilitata*) dans un vieux tronc d'arbre pourri. Lorsqu'elles ont atteint toute leur grandeur, celle-ci est de quatorze lignes; ces larves sont susceptibles de mouvemens tortueux; le corps est d'un blanc sale avec des taches jaunâtres et transparentes : sur le premier segment est une ligne dorsale noire et sur l'avant-dernier, ou le dix-neuvième, il y a quelques soies; l'anus ou dernier segment a deux tuyaux respiratoires; la tête est petite, noire, cornée : ces larves se transformèrent en nymphes oblongues au mois de mai, et les insectes parfaits parurent en juin.

Le genre *Bibio* Fab. (*Syst. Antliat.*) contient treize espèces. Les n°s. 1, 3, 4, 6, 7, 8, 10, 11, 12, 13, sont des Thérèves, mais le n°. 11 est la femelle du n°. 13, et le n°. 8 le mâle du n°. 3. Le n°. 2 est la *Callicera ænea* Meig., le n°. 9 la *Phora florea* Meig., et le n°. 5 l'*Atherix marginata* Meig.

Dans ses *Dipt. d'Europ.* M. Meigen décrit vingt-une espèces de ce genre, parmi lesquelles on trouve le plus communément :

1°. Thérève ennoblie; *T. nobilitata*. Meig. *Dipt. d'Eur. tom.* 2. *pag.* 116. *n°.* 1. 2°. Thérève plébéienne, *T. plebeia*. Meig. *id. pag.* 117. *n°.* 3. (Le synonyme de Geoffroy rapporté avec doute à cette espèce par M. Meigen, appartient à la Thérève voisine, *T. confinis* Meig.) Frisch trouva dans la terre humide (probablement détritus végétal) les larves de cette espèce. 3°. Thérève vieille, *T. anilis.* Meig. *id. pag.* 125. *n°.* 16. 4°. Thérève annelée, *T. annulata.* Meig. *id. pag.* 126. *n°.* 17. Des environs de Paris. 5°. Thérève voisine, *T. confinis.* Meig. *id. pag.* 127 *n°.* 19. Commune aux environs de Paris. Le Taon n°. 6. de Geoffroy (*Ins. Paris. tom.* 2. *pag.* 462.) est la femelle de cette espèce : la variété mentionnée même page nous paroît être le mâle.

(S. F. et A. Serv.)

THÉRIDION, *Theridion.* Walck. Latr. *Aranea.* Linn. Fab. Geoff. Oliv. *Scytodes.* Latr. *Latrodectus.* Walck. Genre d'Araignées de la famille des Aranéides, section des Dipneumones, tribu des Inéquitèles, établi par M. Walckenaer et adopté par M. Latreille, avec ces caractères : yeux au nombre de huit et disposés ainsi : quatre au milieu en carré, et dont les deux antérieurs placés sur une petite éminence, et deux de chaque côté, situés aussi sur une élévation commune. Corselet en forme de cœur renversé ou presque triangulaire : la première paire de pattes et ensuite la quatrième les plus longues de toutes. Mâchoires inclinées sur la lèvre.

Les Théridions sont très-voisins des Scytodes, mais ils s'en distinguent facilement par le nombre des yeux qui n'est que de six dans ces derniers. Dans les Episines, les yeux sont au nombre de huit, mais ils sont rapprochés sur une élévation commune; le corselet des Episines est étroit et presque cylindrique, et non en forme de cœur renversé. Enfin les Pholcus qui ont encore huit yeux, se distinguent des Théridions parce que les premières et secondes paires de pieds sont les plus longues.

Le genre Théridion est un des plus curieux par la variété de ses mœurs et de son industrie ; aussi voit-on varier en même raison les organes principaux, et particulièrement la forme de la lèvre. Celle des mâchoires et le placement des yeux n'éprouvent que de légères modifications ; et comme de toutes les Aranéides celles-ci sont les plus petites, elles sont d'autant plus difficiles à observer. Ce genre est nombreux en espèces : en général elles se rapprochent un peu des Episines par la mollesse de leur abdomen et la variété des couleurs dont il est orné. Leurs pattes sont longues et déliées. Leurs habitudes ont été observées par plusieurs naturalistes, et surtout par MM. Walckenaer et Rossi, qui ont donné des détails fort curieux sur l'accouplement et la manière de chasser de deux espèces très-remarquables de ce genre. On trouve les Théridions sous les pierres ou les amas de décombres ; quelques espèces habitent les endroits peu fréquentés de nos maisons, et c'est ordinairement entre les meubles, au coin des armoires ou aux angles des murs qu'elles font leur toile. Enfin le plus grand nombre des espèces se trouve sur les arbres ou sur les fleurs.

M. Walckenaer avoit établi un genre sous le non de *Latrodecte*, mais M. Latreille l'a réuni à ses Théridions, après s'être convaincu par l'observation, que les caractères que M. Walckenaer lui avoit assignés n'étoient pas suffisans pour constituer une coupe générique. Les Théridions de M. Walckenaer, ou le même genre de M. Latreille, moins les espèces qui forment le genre Latrodecte du premier de ces naturalistes, avoient été partagés (*Tableau des Aranéïdes*, etc.) en huit petites familles basées sur la disposition des yeux, et sur d'autres caractères pris dans les mâchoires, la lèvre et l'abdomen. M. Latreille a proposé un autre arrangement dans le *Nouveau Dictionnaire d'histoire naturelle*, édition de 1819. Nous allons suivre ses divisions.

I. Les deux yeux latéraux postérieurs séparés, ainsi que les deux intermédiaires, des yeux antérieurs correspondans, par un écart très-sensible ; les huit yeux disposés sur deux lignes transverses, presqu'égales et presque parallèles. Lèvre triangulaire.

A. Lèvre plus courte de moitié au moins que les mâchoires, dilatée extérieurement à sa base, avec le sommet obtus ou arrondi.

Théridion malmignatte, *Th.* 13-*guttatus.* Lat. — Latrodecte malmignatte. Walck. *Tabl. des Aran. pag.* 81. *pl.* 9. *fig.* 83. 84. — *Aranea* 13-*guttata.* Ross. *Faun. Etrusc. tom.* 2. *pag.* 136. *tab.* 9. *fig.* 13. — Fab. *Entom. Syst. tom.* 2. *pag.* 409. Corps noir, long de près d'un centimètre ; abdomen globuleux, avec treize petites taches, d'un rouge de sang. C'est cette espèce qui est connue à l'île de Corse sous le nom de *Marmignatto* ou *Marmagnatto*, et dont, suivant Rossi, la morsure est mortelle pour l'homme même. Les sudorifiques et les scarifications suffisent à peine pour faire disparoître les graves symptômes produits par sa morsure. Pour saisir sa proie, qui se compose surtout de Criquets, elle tend sur les sillons des champs différens fils, afin d'arrêter ou de gêner leur marche : le corps renversé, et suspendue par les pattes de devant, elle tire, à l'aide des postérieures, de nouveaux fils qu'elle lance très-vîte, et par un mouvement ondulatoire, sur les pattes du Criquet qui s'est engagé dans son piége, jusqu'à ce qu'elle l'ait garotté pour s'en approcher sans crainte. Elle le pique près du cou, ce qui le fait périr dans des convulsions violentes, et le suce ensuite à son aise. Si on renferme dans un vase un Criquet et une de ces Araignées, elle ne cherche pas à le mordre ; mais elle s'épuise en cherchant à l'envelopper avec les fils qu'elle lui lance, jusqu'à ce qu'elle périsse de fatigue. Elle n'attaque point les Scorpions et les Araignées qui partagent sa captivité ; mais si l'on met avec elle un individu de son espèce, elle l'attaque et le combat jusqu'à la mort de l'un des deux. Le cocon de cette Aranéïde est de la grandeur d'une noisette. Quand ce Théridion est commun, un Hyménoptère du même pays en détruit un grand nombre; cet Hyménoptère est connu dans le pays sous le nom trivial de *Mouche de Saint-Jean*. M. Latreille pense que c'est une espèce de Sphex ou de Pompile.

B. Lèvre un peu plus courte seulement que les mâchoires, en forme de triangle presqu'isocèle, et pointu au sommet.

THÉRIDION PORTE-TRIANGLE, *Th. triangulifer*. WALCK. *Hist. des Aran. fas.* 3. *pl.* 5. Corps de la femelle long de sept millimètres; anus d'un brun jaunâtre; abdomen globuleux; son dessus, avant la ponte, blanc ou jaune, avec deux bandes rougeâtres, longitudinales, très-anguleuses ou dentées sur leurs bords; dessous et pattes jaunâtres. On trouve cette espèce à Paris, dans les armoires abandonnées ou rarement visitées. Sa ponte a lieu vers le commencement de septembre, et les œufs sont renfermés dans un cocon composé d'une soie blanche et molle, de la grosseur d'un pois et attaché au haut de la toile par des fils d'un tissu très-clair et flasque.

II. Yeux latéraux rapprochés, mais non contigus. Les yeux des espèces de cette division forment un quadrilatère très-alongé; ils sont portés sur une élévation commune. Leurs mâchoires sont cylindriques et courtes; la lèvre est large, surtout à sa base, et très-arrondie au sommet. D'après M. Walckenaer, elles se cachent sous les pierres, les champignons, etc., et forment, pour envelopper leurs œufs, un cocon sphérique, composé d'une bourre dense, compacte, unie, mais ne formant point de tissu.

THÉRIDION MARQUÉ, *Th. signatum*. WALCK. *Faun. Paris. tom.* 2. *pag.* 209. *n°*. 45. Abdomen brun, avec quatre traits jaunes placés dans son contour. On le trouve aux environs de Paris. A cette division appartient encore le *Theridion obscurum* du même auteur.

III. Yeux latéraux se touchant, ou géminés.

Toutes les espèces de cette division recouvrent leurs œufs d'une bourre lâche et peu serrée.

A. Lèvre presque carrée ou en forme de triangle élargi à sa base et largement tronqué au bout.

* Abdomen globuleux, ou plus sphérique qu'ovalaire. Les espèces de cette subdivision habitent les lieux sombres, tels que l'intérieur des maisons, des caves, ou le dessous des pierres.

† Lèvre en forme de carré large.

THÉRIDION CRYPTICOLE, *Th. crypticolens*. WALCK. *Faun. Paris. tom.* 2. *pag.* 207. *n°*. 35.— *Tabl. des Aran. pl.* 8. *fig.* 75. 76. Abdomen d'un rouge pâle, avec des lignes noirâtres. On le trouve aux environs de Paris.

† † Lèvre en forme de triangle élargi à sa base et largement tronqué à son sommet.

THÉRIDION A QUATRE POINTS, *Th. quadripunctatum*. WALCK. *Tabl. des Aran. pag.* 73. *pl.* 7. *fig.* 69. 70. (*Voyez* la suite de la synonymie et la description de cette espèce, au mot ARAIGNÉE de ce Dictionnaire, pag. 209, n°. 37.) Le THÉRIDION TACHETÉ, *Aranea maculata* de ce Dictionnaire, pag. 209, n°. 38, appartient aussi à cette division.

* * Abdomen ovalaire.

Ces espèces habitent les plantes, et en rapprochent les feuilles pour s'y renfermer au temps de la ponte.

THÉRIDION COURONNÉ, *Th. redimittum*. WALCK. *Tabl. des Aran. pag.* 73. *pl.* 7. *fig.* 67. 68. — *Aranea redimitta*. LAT. *Hist. nat. des Crust. et des Ins. tom.* 7. *pag* 238. (*Voyez* la suite de la synonymie et la description, article ARAIGNÉE, p. 207, n°. 33 de ce Dictionnaire.) Les ARAIGNÉES OVALE et RAYÉE du même Dictionnaire, pag. 210 et 211, n°s. 46 et 47, appartiennent à cette division. La première est l'*Araignée à bande rouge* de Geoffroy. D'après M. Latreille, l'Araignée senoculée de Fabricius seroit voisine de la dernière espèce; elle est décrite pag. 209, n°. 39 de ce Dictionnaire.

THÉRIDION BIENFAISANT, *Th. benignum*. WALCK. *Tabl. des Aran. pag.* 77.— *Hist. des Aran. fas.* 5. *tab.* 8.— *Faun. Paris. tom.* 2. *pag.* 209. *n°*. 43.— LISTER, *pag.* 55. *tit.* 15. Très-petit. Corselet brun avec des poils gris à sa partie antérieure: abdomen ovale, mais élevé; fauve avec une série de taches noires le long du milieu du dos, dont la première grande, carrée, bordée antérieurement de poils gris, et les autres ou les postérieures transverses. (Femelle.)

Mâle assez semblable à la femelle dans son premier âge, mais très-différent lorsqu'il est adulte. Corps noir, avec les pattes fauves; abdomen ovale-alongé, à poils ferrugineux et à taches peu marquées. Cette petite espèce est très-commune aux environs de Paris. C'est sur elle que M. Walckenaer a fait les observations les plus intéressantes relativement à son accouplement. Nous allons en donner ici l'extrait tel que M. Latreille l'a consigné dans le *Nouveau Dictionnaire d'histoire naturelle*, 1819.

« Nos jardins, nos potagers, offrent très-communément, surtout en automne, cette espèce. Sa toile irrégulière, malgré son extrême ténuité, garantit souvent les raisins de la morsure des insectes. Il est même rare que l'on serve ce fruit sans que l'animal ne s'y trouve. Il se plaît aussi à tendre des fils sur la surface des feuilles, entre les fleurs à corymbes et à l'extrémité de différens végétaux. La femelle fait trois pontes différentes en été. Son cocon est lenticulaire, aplati, d'un tissu serré et d'un blanc très-éclatant.

» Les jouissances de l'amour absorbent tellement les deux sexes, que l'on peut, lorsque l'accouplement a commencé, détacher la feuille qui en est le théâtre, observer, avec une forte loupe, cette union, sans que le couple en paroisse un instant troublé.

» L'accouplement s'effectue le plus ordinairement sur des arbustes de nos jardins, tels que des lilas, des rosiers, etc., vers la mi-mai, et plus particulièrement dans la matinée des jours où le temps est disposé à l'orage. Les deux sexes se recouvrent d'un tissu rare et délié qu'ils construisent en commun. Le mâle, après avoir tendu quelques fils sur cette partie de la tente, où sa femelle est placée, s'avance vers elle, lui chatouille, une minute ou deux, tantôt avec l'organe générateur, tantôt avec ses deux premières pattes, le dos, et la détermine enfin à sortir de l'état immobile et contracté où elle se tient. Elle soulève un peu son ventre; les pattes du mâle se portent aussitôt sur sa partie sexuelle et provoquent au plaisir par leurs titillations vives et précipitées. Cédant à ces instances, la femelle se tourne subitement vers le mâle, pose ses pattes sur son corselet, se voit soutenue par les siennes, et lui donne la facilité d'appliquer l'extrémité antérieure d'un de ses palpes contre l'organe sexuel propre à la femelle. Celle-ci ayant sa tête opposée à celle du mâle, soutenue par quelques fils et s'aidant d'une de ses pattes postérieures, fait passer toutes les autres par-dessus sa tête, et les rejette du côté opposé au palpe fécondateur qui est mis en action. Le mâle, appuyé fortement contre la feuille, par le bout de l'abdomen, a son corselet et ses palpes relevés en l'air; les trois premières pattes, du côté opposé à celui du palpe agissant, soutiennent la femelle, tandis que la dernière, du même rang, est ployée sous l'abdomen qui s'incline de ce côté; l'autre patte postérieure et le palpe mis en jeu, sont alongés et tendus; les trois autres pattes, de ce côté, s'agitent ou caressent doucement l'abdomen de la femelle. Cependant, lorsque le mâle a perdu son ardeur par la jouissance, il arrive assez souvent que les deux sexes ne sont plus face à face, mais que leurs corps sont placés parallèlement l'un à l'autre.

» Ils restent accouplés pendant deux ou trois minutes, et quelquefois plus long-temps. La femelle se sépare la première, et alongeant ses pattes sur le corselet du mâle, saute par-dessus lui, fait quelques pas et se retourne. Celui-ci la poursuit, s'arrête à quelque distance d'elle, sa face opposée à la sienne, et cherche encore à la retenir en tendant quelques nouveaux fils autour d'elle, qui, quelquefois, lui tourne le dos. Souvent elle se fait un rempart avec les trois premières paires de pattes qu'elle ramasse par-dessus la tête. Le mâle en fait autant, mais de temps à autre il étend une patte pour chatouiller l'abdomen de sa compagne, qui se prête enfin à de nouveaux plaisirs. Ces scènes, lorsque le temps est favorable, se renouvellent jusqu'à sept ou huit fois dans l'espace de deux heures. Les amours terminés, les deux sexes vivent tranquillement ensemble, et cette bonne union paroît être générale parmi les Théridions, et faire une exception particulière.

» Les organes générateurs du mâle, ainsi que dans les autres Aranéides, ne se développent et ne se montrent sous le dernier article des palpes, formant au-dessus d'eux une espèce de calotte, terminée en pointe, que dans l'état adulte et vers le temps de l'accouplement. Ils présentent un appareil de pièces compliquées, de différentes formes, rougeâtres, et qui contribuent plus ou moins directement à la génération. Celles dont l'action est plus immédiate, sont: 1°. le pénis, qui a la forme d'un petit corps cylindrique, alongé, d'une substance rougeâtre, et terminé par une petite pièce d'un noir très-luisant; 2°. un autre corps, sanguinolent, transparent, globulaire, et qui, au moment de l'intromission du pénis, devient très-rouge, se gonfle à un tel point, que son volume est cinq ou six fois plus considérable qu'il n'étoit primitivement. Les deux pénis étant insérés un peu sur le côté intérieur des palpes et un peu terminés en dedans, représentent deux petites cornes rentrantes et inclinées l'une vers l'autre; on remarque, en outre, la convexité et le gonflement du dernier article des palpes, dont la base forme une espèce de calotte ou de capsule aux corps globuleux qui accompagnent le pénis; l'action des pattes antérieures du mâle qui le serrent contre sa femelle, augmentent la pression de ces pièces, et fait que le pénis s'enfonce de plus en plus dans la partie féminine destinée à le recevoir. Un relâchement général et respectif dans les organes annonce que l'acte de la copulation est terminé; mais il se renouvelle bientôt et jusqu'à douze fois, dans le court espace de trois minutes. A l'œil nu, les deux individus paroissent être, pendant tout ce temps, dans une parfaite immobilité, et ce n'est qu'avec une forte loupe que l'on découvre ces exercices amoureux. L'accouplement fini, les pièces dont nous avons vu le jeu, rentrent dans la cavité qui leur est propre. »

B. Lèvre demi-circulaire.

Les espèces de cette division renferment leurs œufs dans une enveloppe de soie d'un tissu serré, formant

formant un cocon globuleux. Elles habitent les plantes et l'intérieur des bâtimens. Leur abdomen est globuleux et renflé à sa partie supérieure.

A cette division appartiennent les ARAIGNÉES A NERVURES, LUNULÉE et FORMOSE, pag. 210, n°s. 41, 42 et 45 de ce Dictionnaire. On rapportera encore à cette division le THÉRIDION APHANE de Walckenaer, et l'ARAIGNÉE DES MORTS de Rossi, qui fait son séjour dans les collections d'insectes.

(E. G.)

THIE, *Thia*. LÉACH, LATR. *Cancer*. HERBST. Genre de l'ordre des Décapodes, famille des Brachyures, tribu des Arqués, établi par Léach, et adopté par M. Latreille dans le *Règne animal* et dans les *Familles naturelles du Règne animal*. Ce genre peut être ainsi caractérisé : carapace tronquée postérieurement, globuleuse : antennes latérales longues et velues : tous les pieds, à l'exception des serres, terminés en nageoires. Les Coristes sont les crustacés les plus voisins des Thies ; ils s'en distinguent cependant par la forme alongée de leur test, et surtout par le troisième article de leurs pieds-mâchoires, qui est plus long que le second, tandis que dans les Thies il est plus court. Les Atélécycles ont les antennes externes plus courtes que le corps, enfin les Portumnes ont les antennes simples courtes et le corps aplati. La carapace des Thies est presqu'orbiculaire avec le front avancé. Les yeux sont très-petits, à peine saillans, et contenus dans des orbites dont le bord postérieur est sans aucune fissure. Les antennes extérieures sont plus longues que le corps, ciliées des deux côtés, avec le troisième article de leur pédoncule alongé et cylindrique ; le troisième article des pieds-mâchoires extérieurs est beaucoup plus court que le second, tronqué et presqu'échancré du côté interne et près de son extrémité. Les pieds de la première paire sont un peu plus longs que le corps dans les mâles, avec les mains comprimées ; ceux des autres paires ayant les tarses deux fois plus courts que les jambes, et terminés par un article aigu, sillonné et flexueux. L'abdomen du mâle a son premier article transversal, arqué et linéaire ; le second un peu plus long, avec la partie antérieure un peu plus avancée en arc ; le troisième beaucoup plus grand, le quatrième presque carré et échancré au bout, et le cinquième triangulaire.

Ce genre ne comprend encore que les deux espèces suivantes :

THIE polie, *Thia polita*. LÉACH, *Misc. Zool. tom.* 2. *pl.* 103. — *Cancer residuus*. HERBST, *tom.* 3. *pag.* 53. *tab.* 48. *fig.* 1 ? Carapace convexe, lisse, pointillée dans quelques places, ayant sa partie antérieure, ou le front, entière et arquée, et quatre plis peu marqués de chaque côté. On ne connoît pas sa patrie.

THIE DE BLAINVILLE, *Thia Blainvillii*. RISSO, *Journ. de Phys.* oct. 1822. pag. 251. Carapace globuleuse, très-glabre, luisante, d'un vert feuille-morte, finement ponctuée ; front avancé, foiblement sinueux au milieu ; yeux petits, d'un rouge hyacinthe ; antennes latérales longues ; pinces courtes, renflées, terminées par des dents blanchâtres, les autres pattes minces, aplaties, crochues. On la trouve dans les mers de Nice.

(E. G.)

THLIPSOMYZE, *Thlipsomyza*. WIÉDEM. LAT. (*Fam. nat.*) Genre de Diptères créé par M. Wiédemann dans ses *Diptera exotica*, et placé par M. Latreille dans la tribu des Bombyliers, famille des Tanystomes, première section de l'ordre des Diptères. L'auteur suédois lui donne pour caractères : antennes de trois articles ; le premier alongé, cylindrique ; le second presque cyathiforme ; le troisième pas plus long que le premier, subulé, un peu courbe, terminé par un petit style pointu. Trompe avancée, alongée ; cinquième nervure longitudinale des ailes n'atteignant pas le bord de l'aile ; la fourche apicale réunie par une nervure de jonction avec la troisième nervure longitudinale.

Le type du genre, dont le nom vient de deux mots grecs qui signifient : *Mouche comprimée*, est la Thlipsomyze comprimée, *T. compressa*. WIÉDEM. *Dipt. exotic. pars* 1. *pag.* 178. *tab.* 1. *fig.* 4 (*Bombylius compressus* n°. 30. FAB. *Syst. Antliat.*) D'Alger. Cette espèce diffère beaucoup des Bombyles ; la tête est plus large que le corselet ; les pattes plus grandes que celles des Bombyles ; le corselet est glabre, nullement laineux et n'a que quelques poils. L'abdomen n'est pas globuleux, mais étroit et comprimé.

(S. F. et A. SERV.)

THOMISE, *Thomisus*. WALCK. LAT. *Aranea*. LINN. DE GÉER. OLIV. FAB. *Heteropoda misumena*. LAT. Genre d'Arachnides de l'ordre des Pulmonaires, famille des Aranéïdes, section des Dipneumones, tribu des Latérigrades, établi par M. Walckenaer et adopté par M. Latreille, qui lui assigne pour caractères essentiels : yeux au nombre de huit, formant le plus souvent, par leur réunion, un segment de cercle, ou un croissant ; les deux latéraux postérieurs plus reculés en arrière, ou plus rapprochés des bords latéraux du corselet que les autres. Mâchoires inclinées sur la lèvre ; corps du plus grand nombre aplati, à forme de crabe, avec l'abdomen grand, arrondi ou triangulaire. Animaux pouvant marcher en tous sens, étendant leurs pattes dans toute leur longueur, lorsqu'ils sont en repos, et dont les quatre antérieures, ordinairement plus longues, tantôt presqu'égales et tantôt de différentes longueurs, la seconde paire surpassant la première.

Ce genre se distingue facilement des deux autres genres de la même tribu, les Micrommates et les Sénélopes, parce que, dans ceux-ci, les mâchoires sont droites et parallèles; d'autres caractères tirés de la position des yeux et de la longueur respective des pattes, servent aussi à les en séparer. En général, et comme l'a observé M. Walckenaer, il n'est point de genre qui soit plus facile à reconnoître au premier coup d'œil, et qui soit plus difficile à caractériser d'une manière précise.

Le corps des Thomises est court, aplati, et souvent brun ou roussâtre; l'abdomen, dans plusieurs, s'élargit postérieurement et a une forme triangulaire. Les yeux sont placés sur le devant du tronc; les deux latéraux postérieurs sont souvent plus reculés en arrière que les deux intermédiaires de la même ligne, et ils forment plus ou moins un croissant ou un segment de cercle dont la courbure est tournée en avant; les yeux latéraux sont souvent portés sur des tubercules et plus gros; mais en général ils sont proportionnellement plus petits que dans les autres Aranéïdes. Les mandibules ne sont pas très-fortes; leur première pièce, dans plusieurs, n'a presque pas de dentelures et se rapproche de la forme d'un coin; le crochet est fort petit. Les mâchoires sont longitudinales, presque de la même largeur, mais inclinées sur la lèvre et ne laissant au-dessus d'elles qu'un vide très-petit, ou le fermant entièrement. La lèvre est tantôt presque carrée, tantôt en ovale plus ou moins alongé, soit arrondie, soit pointue au sommet. Les palpes sont filiformes dans les femelles, terminés en massue ovoïde dans les mâles. Le corselet est ordinairement en forme de cœur, large, aplati; cependant dans quelques espèces, il est élevé et tombe brusquement à sa partie antérieure. L'abdomen varie quant à ses proportions relatives; il est en général arrondi ou pyramidal; sa base s'avance sur le dos du tronc et recouvre ainsi son extrémité postérieure. Les pattes varient pour la longueur relative; dans un grand nombre, la seconde paire, et ensuite la première, sont les plus longues; dans d'autres, la première surpasse un peu la seconde; mais alors elle est naturellement plus grosse que les autres, et que les postérieures surtout. Les Thomises étalent toujours leurs pattes quand elles sont en repos, et marchent en avant, de côté ou à reculons, comme le font les Crabes.

Ces Arachnides ont en général le corps glabre ou très-peu velu; elles courent à terre, sur les buissons, et on les voit souvent grimper sur les arbres les plus élevés, d'où elles se laissent tomber en filant une corde qui leur sert à remonter au besoin. Quand elles sont suspendues à leur fil, elles peuvent se balancer et imprimer à ce fil un mouvement en le dirigeant à volonté. Quelques petites espèces se tiennent dans les corolles des fleurs, où elles semblent être à l'affût, attendant que quelque petite mouche vienne s'y poser, pour en faire leur proie. En général les Thomises ne construisent pas de toiles pour prendre leur proie; ils s'élancent dessus ou les poursuivent à la course. M. Walckenaer a observé que quelques espèces s'emparent de la toile abandonnée par d'autres Aranéïdes, et qu'elles profitent du fruit de leurs travaux.

De Géer a observé que les Thomises d'Europe s'entre-dévoroient quand elles étoient réduites en captivité. Ayant mis dans un même poudrier plusieurs individus du Thomise citron, il vit bientôt leur nombre diminuer; les plus forts avoient dévoré les plus foibles, et il fut obligé de séparer ceux qui restoient : parmi ces derniers, il se trouvoit un mâle tout différent des femelles, et De Géer fut témoin de l'accouplement de ces Arachnides, qui a lieu sans danger pour le mâle.

Les œufs des Thomises sont plus ou moins jaunes, quelquefois d'une couleur de chair pâle; ils sont ronds et ne sont point réunis entr'eux par une matière visqueuse. La mère les place dans une coque composée d'une soie blanche, très-serrée, et formant un tissu papyracé ou soyeux : ce cocon est ordinairement orbiculaire et fort aplati. La femelle ne se sépare jamais de son cocon quand elle craint pour lui; elle le tient sous sa poitrine, et si on parvient à s'en emparer, elle ne quitte prise qu'après avoir été grièvement blessée. C'est dans les fentes de murs ou du bois, sur des arbrisseaux ou entre des feuilles, que les Thomises placent leur cocon; elles le fixent au moyen de quelques fils. Les œufs éclosent vers la fin de juin ou au commencement de juillet; les petits passent l'hiver cachés sous des tas de feuilles sèches ou sous d'autres corps capables de les préserver du froid.

Le genre Thomise se compose d'un assez grand nombre d'espèces. M. Walckenaer, dans son *Tableau des Aranéïdes*, en mentionne trente-trois, qu'il place dans dix familles, dans lesquelles il forme des coupes et des races. M. Latreille a établi dans le *Nouveau Dictionnaire d'histoire naturelle*, des coupes plus simples et en moins grand nombre : ce sont ces divisions que nous allons suivre ici.

I. Yeux disposés sur deux lignes parallèles, droites, très-rapprochées (la postérieure plus longue), l'antérieure placée toujours près du bord antérieur du tronc, ou lui étant presque contiguë.

Les espèces de cette division sont toutes exotiques, grandes; leurs mandibules sont très-fortes, hérissées de poils et même dentées au côté interne; la lèvre se rapproche de la forme carrée, elle est courte dans plusieurs; les yeux sont inégaux; les intermédiaires antérieurs sont rapprochés sur une petite saillie ou éminence; le corps est presque toujours aplati, recouvert d'un duvet; l'extrémité antérieure du tronc n'est point élevée et ne tombe pas brusquement; l'abdomen est ovale; les pattes sont longues, grêles; la seconde paire, et ensuite la première, sont ordinairement les plus longues.

Thomise cancéride, *Thomisus cancerides.*

T. oculis quatuor anterioribus, propioribus; corpore cinereo-nigro, thorace cinereo-pallido circumdato; pedibus, ingentibus annulis ejusdem coloris.

Walck. *Tabl. des Aran. pag.* 29. *pl.* 4. *fig.* 29 et 30 (les yeux et la bouche).—Lat. *Nouv. Dict. d'hist. nat.*

Cette espèce, dont nous avons un individu sous les yeux, est longue de près d'un pouce; son corselet est en forme de cœur renversé et tronqué aux deux extrémités; il est très-plat et tout couvert d'un duvet brun; il n'y a que le duvet des bords qui soit blanc. Les mandibules sont saillantes, assez fortes; les palpes sont de la longueur du corselet, velus et terminés par un bouton ovoïde. Les pattes sont brunes, annelées de gris-cendré; elles sont couvertes de duvet et de longs poils; leur article basilaire est couvert d'un duvet plus long et plus soyeux, d'un gris plus blanchâtre, comme celui qui borde le corselet. L'abdomen de notre individu est à peu près de la grandeur du corselet, arrondi et aplati; on voit qu'il étoit couvert d'un duvet brun et qu'il avoit des taches cendrées et transverses comme les pattes. Les parties de cette Araignée où les poils ne sont pas enlevés, paroissent d'une couleur fauve-marron, qui doit être la couleur de tout le corps.

Cette espèce a été rapportée de la nouvelle Hollande par Péron.

Thomise de Lamarck, *Thomisus Lamarcki.*

T. oculis lineæ anticæ majoribus, subæqualibus; ejusdem mediis duobus subapproximatis, proeminentiæ parvæ impositis; corpore cinereo-griseo; mandibulis nigricantibus; pectore, abdominis subtùs medio maculâque transversâ dorsali ad basin, fasciis pedum inferis, atris.

Lat. *Gen. Crust. et Ins. tom.* 1. *pag.* 113.—*Aranea nobilis?* Fab. *Suppl. Entom. Syst. pag.* 291.

Cette espèce est un peu moins grande que la précédente; son tronc est un peu plus convexe, recouvert, ainsi que les pattes, d'un duvet gris-cendré; celui qui garnit l'abdomen est brun. On remarque à sa base supérieure une petite bande noire en forme d'arc; le milieu du ventre est de la même couleur, et il a autour une teinte roussâtre. Les pattes sont alongées, avec des piquans noirs et assez nombreux; la seconde paire, et ensuite la première, sont les plus longues. Le dessous des cuisses est noir à sa base, et cette couleur se divise, du côté de la jambe, en deux rangées de points; les jambes ont une bande noire près de leur origine inférieure; le duvet des tarses est obscur; la poitrine est roussâtre. On trouve cette Araignée à l'Ile-de-France.

A cette division appartient le Thomise Plaguse de M. Walckenaer, et les Thomises Marron, Leucosie et Chasseur, de M. Latreille.

II. Yeux placés sur une ou deux lignes courbes, formant un segment de cercle ou un croissant.

A. La troisième paire de pattes plus longue que la quatrième.

Thomise tigré, *T. tigrinus.* Walck. *Tabl. des Aran. pag.* 34. — Lat. *Gener. Crust. et Ins. tom.* 1. *pag.* 114. — Araignée tigrée, Lat. *Hist. nat. des Crust. et des Ins. tom.* 7. *pag.* 281. *pl.* 62. *fig.* 2.—Araignée tigrée. Walck. *Faun. Paris. tom.* 2. *pag.* 230. — Frisch, *Ins. tom.* 10. *tab.* 14. — Rœm. *Gener. Ins. tab.* 30. *fig.* 5. — Panz. *Faun. Germ. fas.* 83. *n°.* 21? *Voyez* pour les autres synonymes et la description, l'article Araignée de ce Dictionnaire, n°. 101.

Le Thomise flamboyant de M. Walckenaer, ou l'Araignée flamboyante de ce Dictionnaire, n°. 108, appartient à cette division.

B. La troisième paire de pattes plus courte que la quatrième (et généralement que toutes les autres).

* Seconde paire de pattes plus longue seulement que la première.

† Toutes les pattes presque de la même grosseur (alongées); yeux formant un croissant profondément échancré postérieurement, le dernier des latéraux étant très-reculé en arrière, et l'antérieur très-rapproché de l'intermédiaire correspondant de la première ligne; troncature antérieure du corselet égalant au plus la moitié de son diamètre; mandibules cylindriques.

Thomise oblong, *Thomisus oblongus.*

T. pallido-flavescens, suprà albido-villosus, abdomine subcylindrico, lineis tribus longitudinalibus, obscuris.

Thomise oblong. Walck. *Hist. des Aran. fas.* 4. *tab.* 5. *Tabl. des Aran. pag.* 38. — Lat. *Gener. Crust. et Ins. tom.* 1. *pag.* 112.—Araignée oblongue. *Faun. Paris. tom.* 2. *pag.* 228. — Lat. *Hist. nat. des Crust. et des Ins. tom.* 7. *pag.* 280. — Muller, *Zool. Danic. prodr. n°.* 2306.

Cette espèce est longue de quatre lignes environ; son corps est étroit, alongé, d'un jaunâtre très-pâle; ses yeux sont noirs. Le corselet est rayé longitudinalement de brun; les deux lignes du milieu sont larges et convergentes postérieurement. L'abdomen est fort alongé, cylindracé, avec trois raies brunes longitudinales, dont celle du milieu plus forte, et des points de la même couleur, dont deux plus marqués, à sa pointe postérieure. Les pattes sont sans taches. Le mâle ressemble à la femelle. Cette Araignée est commune aux environs de Paris.

A cette division appartiennent les Thomises disparate, argenté, rhombifère, cespiticole, de M. Walckenaer, et le Thomise arlequin de M. Latreille.

† † Les deux paires de pattes postérieures sensiblement ou brusquement plus grêles que les antérieures ; yeux formant un simple segment de cercle point ou peu concave postérieurement; les quatre derniers disposés sur une ligne transverse, presque droite, ou peu arquée en arrière à ses extrémités ; les latéraux peu éloignés l'un de l'autre ; troncature antérieure du corselet large, plus grande que la moitié de son plus grand diamètre transversal ; mandibules en forme de coin ou rétrécies au bout, et formant, réunies, un triangle.

Thomise arrondi, *Thomisus rotundatus.*

T. ater, lateribus lineâ flavâ introrsùm sinuatâ, abdomine subtùs obliquè striato, pedibus annulatis.

Thomisus rotundatus. Walck. *Hist. des Aran. fas.* 2. *tab.* 7. *Faun. Paris. pag.* 231. *n°.* 89. — *Aranea globosa.* Fab. — *Aranea irregularis.* Panz. *Faun. Ins. Germ. fas.* 74. *tab.* 10. — *Aranea plantigera.* Rossi.

Cette espèce est longue d'environ trois lignes ; elle est noire et luisante. Le corselet est plus élevé au milieu du dos, un peu incliné, et même déprimé triangulairement, à sa partie antérieure. Les yeux forment un segment de cercle court et large, les quatre de la ligne antérieure étant presqu'en ligne droite ; les latéraux sont un peu plus gros, et posés sur une légère éminence ; le bandeau (1) et une partie des mandibules sont d'un jaunâtre brun. Dans d'autres individus, ces parties sont toutes noires, ainsi que le corps. L'abdomen est globulaire, son dos est rouge ou jaunâtre tout autour, et son milieu offre une grande tache noire, très-découpée et divisée angulairement sur ses côtés ; le ventre est noir, avec des lignes transversales inclinées et rougeâtres. Les pattes sont un peu velues ; les quatre antérieures noires, avec les jambes et les tarses entrecoupés de brun et de blanc jaunâtre ; les quatre dernières d'un blanc jaunâtre, avec des taches d'un brun noirâtre. On trouve cette Araignée en France, en Allemagne et en Italie.

Le Thomise Diane de M. Walckenaer et l'Araignée rurale n°. 100 de ce Dictionnaire, appartiennent à cette division.

** Seconde paire de pattes de la longueur de la première, ou même un peu plus courte.

† Yeux dispersés ou point groupés sur une éminence particulière du tronc, et formant un large segment de cercle.

Thomise crêté, *Thomisus cristatus.* Walck. *Tabl. des Aran. pag.* 32. — Araignée crêtée. *Ibid. Faun. Paris. tom.* 2. *pag.* 232. — Lat. *Hist. nat. des Crust. et des Ins. tom.* 7. *pag.* 286. — Araignée jardinière. *Ibid. pag.* 288.

Cette espèce a été décrite dans ce Dictionnaire sous les noms d'*Araignée jardinière* n°. 105 et d'*Araignée huppée* n°. 110. Nous renvoyons à ces descriptions, où l'on trouvera la suite de la synonymie.

Les Thomises floricole, lynx, chargé, coupé et rugueux de M. Walckenaer, et les Araignées hideuse (n°. 103), citron (n°. 99), calcyne (n°. 102), arlequine (n°. 106) de ce Dictionnaire, appartiennent aussi à cette division.

† † Yeux groupés sur une éminence particulière du tronc, et formant un croissant triangulaire. Cette division ne renferme qu'une espèce peu connue, le *Thomisus malacostraceus* de M. Walckenaer, *Tabl. des Aran. pag.* 33. *pl.* 4. *fig.* 31 et 32. Cette espèce est petite et brune ; ses yeux sont placés sur une éminence en forme de tubercule, et représentent un segment de cercle presque triangulaire et dont la pointe est tronquée. Péron et Lesueur l'ont rapportée de la nouvelle Hollande. (E. G.)

THORACIQUES ou STERNOXES. C'est sous ce nom que M. Duméril (*Zool. analytiq.*) désigne la huitième famille de ses Coléoptères Pentamérés. Il lui donne pour caractères : *élytres dures, couvrant tout le ventre ; corps alongé, aplati. Antennes filiformes, souvent dentées. Corselet en pointe, ou sternum saillant.* Elle se compose des genres Cébrion, Atope, Trosque, Taupin, Bupreste et Trachys.

(S. F. et A. Serv.)

THORACIQUES, *Thoracici.* Troisième division de la tribu des Carabiques ; cette division offre pour caractères :

Palpes extérieurs point terminés en alène. — *Côté interne* des jambes antérieures fortement échancré. — *Extrémité postérieure des élytres* entière ou simplement sinuée. — *Premiers articles des deux ou des quatre tarses antérieurs des mâles*, sensiblement plus larges que les suivans,

(1) M. Walckenaer donne ce nom à l'espace sous-oculaire, ou à l'intervalle du céphalothorax qui est entre la première ligne d'yeux et la base des mandibules.

garnis en dessous de papilles ou de poils, formant tantôt des lignes, tantôt une brosse serrée et continue.

Nous partagerons cette grande division, ainsi que l'a fait M. le comte Dejean (*Spéciès, tom.* 1.), de la manière suivante.

I. Tarses des mâles dilatés aux pattes antérieures seulement.

A. Articles dilatés des tarses antérieurs des mâles, de forme carrée ou arrondie. — Crochets des tarses point dentelés intérieurement. (PATELLIMANES, *Patellimanus.*)

a. Une dent au milieu de l'échancrure du menton.

† Les deux premiers articles des tarses antérieurs dilatés dans les mâles.

Panagée.

† † Les trois premiers articles des tarses antérieurs dilatés dans les mâles.

* Dent du milieu de l'échancrure du menton, simple.

Loricère, Calliste, Oode.

** Dent du milieu de l'échancrure du menton, bifide.

Chlænie, Epomis, Dinode.

b. Point de dent au milieu de l'échancrure du menton.

† Mandibules pointues.

Rembe, Dicœle.

† † Mandibules obtuses.

Licine, Badister.

B. Articles dilatés des tarses antérieurs des mâles, en cœur ou triangulaires. (FÉRONIENS, *Feronii.* Voyez ce mot à la table alphabétique.)

II. Tarses des mâles dilatés aux pattes antérieures et intermédiaires. (HARPALIENS, *Harpalii.* Voyez ce mot à la table alphabétique.)

LORICÈRE, *Loricera.* LAT. BONELL. DEJ. (*Spéciès.*) *Carabus.* LINN. FAB. OLIV. PAYK. PANZ. SCHŒN. *Buprestis.* GEOFF.

Genre d'insectes de l'ordre des Coléoptères, section des Pentamères, famille des Carnassiers (Terrestres), tribu des Carabiques (division des Thoraciques, subdivision des Patellimanes).

Un groupe de cette subdivision contient les Loricères, les Callistes et les Oodes. (*Voyez* PATELLIMANES, dans cette colonne.) Les deux derniers genres se distinguent du premier par leurs antennes simples, c'est-à-dire point garnies de poils disposés presqu'en verticilles.

Antennes filiformes, plus courtes que la moitié du corps, composées de onze articles; le premier aussi grand que les trois suivans, légèrement arqué, un peu renflé, presqu'en fuseau; le second court, presqu'arrondi; le troisième un peu plus long, presque cylindrique; le quatrième à peu près de même forme que le second; les cinquième et sixième un peu plus longs, grossissant un peu vers l'extrémité; les suivans presque cylindriques; le dernier légèrement ovalaire; les six premiers garnis de poils longs, roides, comme verticillés. — *Labre* court, arrondi. — *Mandibules* très-courtes, arquées, aiguës, un peu dilatées à leur base. — *Mâchoires* échancrées sur le dos, qui est unidenté. — *Palpes* peu saillans; leur dernier article assez alongé, presqu'ovalaire, tronqué à l'extrémité. — *Menton* assez court, légèrement concave, fortement échancré, ayant une dent simple au milieu de son échancrure. — *Tête* arrondie, presque triangulaire, très-rétrécie derrière les yeux, tenant au corselet par une espèce de cou très-court, cylindrique, dont elle est séparée par une impression très-marquée. — *Yeux* saillans. — *Corselet* arrondi. — *Elytres* assez alongées, presque parallèles, arrondies à l'extrémité, recouvrant des ailes et l'abdomen. — *Pattes* assez longues; jambes antérieures ayant une échancrure assez forte à leur côté interne: tarses composés d'articles alongés, presque cylindriques; les antérieurs ayant leurs trois premiers articles très-fortement dilatés dans les mâles; le premier presqu'en triangle; les deux suivans en carré moins long que large, dont les angles sont un peu arrondis; le quatrième bifide, beaucoup plus petit que les trois premiers. Dans les femelles, les quatre premiers articles des tarses antérieurs sont presque triangulaires, un peu échancrés à leur extrémité.

La seule espèce connue de ce genre habite en Europe dans les lieux humides et principalement sur les bords des rivières, sous les pierres et sous les herbes aquatiques rejetées par les flots; elle court très-vite et vole très-bien dans les temps couverts et sombres.

1. LORICÈRE pilicorne, *L. pilicornis.*

Loricera pilicornis. DEJ. *Spéc. tom.* 2. *pag.* 293. *n°.* 1. — *Loricera ænea.* LAT. *Gener. Crust. et Ins. tom.* 1. *pag.* 224. *n°.* 1. *tab.* 7. *fig.* 5. — *Carabus pilicornis* n°. 128. FAB. *Syst. Eleut.* — OLIV. *Entom. tom.* 3. *Carab. pag.* 67. *n°.* 85. *pl.* 11. *fig.* 119. — SCHŒN. *Syn. Ins. tom.* 1. *pag.* 198. *n°.* 178. — *Faun. franç. Coléopt. pl.* 6. *fig.* 7.

Voyez pour la description et les autres synonymes, Carabe pilicorne n°. 90. de ce Dictionnaire.

CALLISTE, *Callistus.* Bonell. Dej. (*Spéciès.*) Lat. (*Fam. nat.*) *Carabus.* Fab. Oliv. Panz. Ross. Schranck. *Buprestis.* Fourc.

Genre d'insectes de l'ordre des Coléoptères, section des Pentamères, famille des Carnassiers (Terrestres), tribu des Carabiques (division des Thoraciques, subdivision des Patellimanes).

Dans le groupe où est placé le genre Calliste, se trouvent encore ceux de Loricère et d'Oode. (*Voyez* Patellimanes, pag. 629. de ce volume.) Les Loricères se distinguent par leurs antennes hérissées de poils comme verticillés; les Oodes par le dernier article des palpes alongé, tronqué à l'extrémité, ainsi que par la forme de leur corselet rétréci antérieurement et aussi large que les élytres à sa base.

Antennes filiformes, presque de la longueur de la moitié du corps, composées de onze articles, presque de même longueur, à l'exception du second qui est moitié plus court que les autres; le premier un peu plus gros, presqu'ovalaire; le second et troisième presque cylindriques: tous les autres légèrement comprimés. — *Labre* court, presque transversal, très-légèrement échancré. — *Mandibules* peu avancées, foiblement arquées, un peu étroites, très-aiguës. — *Palpes* peu saillans; leur dernier article assez alongé, ovalaire, presque terminé en pointe. — *Menton* assez grand, un peu concave, presque divisé en trois lobes, ayant une dent simple au milieu de son échancrure. — *Tête* presque triangulaire, un peu rétrécie postérieurement. — *Yeux* peu saillans. — *Corselet* arrondi, un peu en cœur. — *Elytres* en ovale assez alongé, recouvrant des ailes et l'abdomen, leur extrémité entière. — *Pattes* de longueur moyenne; jambes antérieures assez fortement échancrées au côté interne; tarses composés d'articles alongés, presque cylindriques: tarses antérieurs des mâles ayant leurs trois premiers articles très-fortement dilatés, en forme de carré dont les angles sont un peu arrondis, garnis en dessous de poils longs et serrés, formant une espèce de brosse; le quatrième triangulaire, fortement échancré, beaucoup plus petit que les trois premiers.

L'agréable distribution des couleurs de la seule espèce connue a valu à ce genre la dénomination de Calliste, tirée d'un mot grec qui signifie: *très-beau.* On la rencontre ordinairement dans les bois; elle se trouve dans toute l'Europe, mais n'est pas très-commune aux environs de Paris.

1. Calliste lunulé, *C. lunatus.*

Callistus lunatus. Dej. *Spéc. tom.* 2. *pag.* 296. *n°.* 1. — *Carabus lunatus* n°. 194. Fab. *Syst. Eleut.* — Schœn. *Syn. Ins. tom.* 1. *pag.* 214. *n°.* 263. — *Faun. franç. Coléopt. pl.* 4. *fig.* 2. Mâle.

Voyez pour la description et les autres synonymes, Carabe lunulé n°. 145. du présent Dictionnaire.

OODE, *Oodes.* Bonell. Dej. (*Spéciès.*) Lat. (*Fam. nat.*) *Harpalus.* Gyllen. *Carabus.* Fab. Payk. Panz. Schœn.

Genre d'insectes de l'ordre des Coléoptères, section des Pentamères, famille des Carnassiers (Terrestres), tribu des Carabiques (division des Thoraciques, subdivision des Patellimanes).

Un groupe de Patellimanes se compose des genres Loricère, Calliste et Oode. (*Voyez* Patellimanes, pag. 629. de ce volume.) Le premier a les antennes hérissées de poils disposés presqu'en verticilles; dans les Callistes le dernier article des palpes est ovalaire, presque pointu, et le corselet rétréci postérieurement, plus étroit que les élytres à sa base.

Antennes filiformes, un peu plus courtes que la moitié du corps, composées de onze articles. — *Labre* court, presque transversal, coupé carrément ou un peu échancré à sa partie antérieure. — *Mandibules* peu avancées, légèrement arquées, assez aiguës. — *Palpes* peu avancés, leurs articles assez alongés, presqu'égaux; le dernier ovale-alongé, tronqué à son extrémité. — *Menton* assez grand, un peu concave, presque trilobé, fortement échancré, ayant une assez forte dent simple, plus ou moins arrondie et obtuse, au milieu de son échancrure. — *Tête* presque triangulaire, un peu rétrécie postérieurement. — *Corps* elliptique. — *Corselet* presqu'en trapèze, légèrement convexe, rétréci antérieurement, et aussi large que les élytres à sa base. — *Elytres* assez alongées, presque parallèles, arrondies postérieurement, recouvrant des ailes et l'abdomen. — *Pattes* de longueur moyenne; jambes antérieures assez fortement échancrées au côté interne: tarses composés d'articles presque cylindriques et bifides à l'extrémité: tarses antérieurs des mâles ayant leurs trois premiers articles assez fortement dilatés; le premier trapézoïdal; les deux autres en carré dont les angles sont un peu arrondis, garnis tous trois en dessous de poils très-serrés qui forment une espèce de brosse.

Le nom de ces Carabiques est tiré d'un mot grec qui a rapport à la forme de leur corps. On en connoît six espèces.

1°. Oode beau, *O. pulcher.* Dej. *Spéc. tom.* 2. *pag.* 375. *n°.* 1. Indes orientales. 2°. Oode grand, *O. grandis.* Dej. *id. pag.* 376. *n°.* 2. Longueur 7 lig. ½. Noir; élytres profondément striées, presque sillonnées; les stries très-légèrement pointillées. Indes orientales. 3°. Oode américain, *O. americanus.* Dej. *id. pag.* 377. *n°.* 3. Longueur 6 lig. Ovale, noir brillant; élytres à stries très-finement pointillées; leurs intervalles très-plans. Amérique septentrionale. 4°. Oode hélopioïde,

O. helopioides. Dej. *id. pag.* 378. n°. 4. — *Carabus helopioides* n°. 144. Fab. *Syst. Eleut.* — Schœn. *Syn. Ins. tom.* 1. *pag.* 203. *n°.* 196. On le trouve en France, en Suède, en Allemagne sous les pierres et sous les débris des végétaux, dans les endroits humides. 5°. Oode espagnol, *O. hispanicus*. Dej. *id. pag.* 379. *n°.* 5. Longueur 3 lig. $\frac{3}{4}$. Ovale, noir; élytres finement striées : tarses roux. D'Espagne et peut-être des Indes orientales. 6°. Oode métallique, *O. metallicus*. Dej. *id. n°.* 6. Longueur 3 lig. $\frac{1}{2}$, 3. lig. $\frac{3}{4}$. Corps bronzé en dessus; élytres finement striées : pattes d'un brun noirâtre. Cayenne et Brésil.

CHLÆNIE, *Chlœnius*. Bonell. Dej. (*Spéciès.*) Lat. (*Fam. nat.*) *Harpalus*. Gyll. *Carabus*. Linn. Fab. Oliv. Panz. Payk. Ross.

Genre d'insectes de l'ordre des Coléoptères, section des Pentamères, famille des Carnassiers (Terrestres), tribu des Carabiques (division des Thoraciques, subdivision des Patellimanes).

Les Chlænies font partie d'un groupe de cette subdivision qui contient aussi les genres Epomis et Dinode. (*Voyez* Patellimanes, pag. 629. de ce volume.) Les Epomis se distinguent par le dernier article des palpes fortement sécuriforme, et les Dinodes par ce même article des palpes court, légèrement sécuriforme.

Antennes filiformes, ordinairement à peu près de la longueur de la moitié du corps, composées de onze articles. — *Labre* assez court, presque transversal. — *Palpes* assez alongés; leurs articles presqu'égaux; le dernier alongé, légèrement ovalaire, tronqué à son extrémité. — *Menton* assez grand, légèrement concave, fortement échancré, ayant une dent bifide plus ou moins saillante placée au milieu de son échancrure. — *Tête* assez avancée, presque triangulaire, plus ou moins rétrécie postérieurement. — *Yeux* plus ou moins saillans. — *Corselet* ordinairement plus ou moins cordiforme, plus étroit que les élytres (s'élargissant postérieurement dans quelques espèces, telles que le *sulcicollis* et le *tomentosus*). — *Elytres* en ovale plus ou moins alongé, recouvrant les ailes et l'abdomen, leur extrémité entière. — *Pattes* plus ou moins alongées; jambes antérieures assez fortement échancrées au côté interne; articles des tarses plus ou moins alongés, très-légèrement triangulaires et bifides à l'extrémité : tarses antérieurs des mâles ayant leurs trois premiers articles très-fortement dilatés, en forme de carré dont les angles sont un peu arrondis et garnis en dessous de poils très-serrés qui forment une espèce de brosse.

Les Chlænies sont ordinairement d'une couleur verte ou métallique assez brillante; ils sont finement ponctués et revêtus d'un léger duvet court et serré, ce qui leur a fait donner leur nom, venant d'un mot grec qui a cette signification; quelques espèces, en petit nombre, ont le corps lisse et glabre. Ils paroissent répandus sur presque toute la surface de la terre, cependant on n'en a pas encore trouvé à la nouvelle Hollande. Ces Carabiques exhalent une odeur alcaline très-forte et très-désagréable. M. le comte Dejean, de qui nous empruntons ces détails, en décrit soixante-six espèces.

Nous diviserons ce genre en partie d'après les considérations employées par ce savant entomologiste.

1re. *Division*. Labre coupé carrément, ou légèrement échancré à sa partie antérieure. — Mandibules peu avancées, assez arquées. (*Chlœnius propriè dictus*. Nob.)

1re. *Subdivision*. Elytres ornées de taches jaunâtres.

M. le comte Dejean place dans cette subdivision les cinq espèces suivantes : 1°. Chlænie quadrinoté, *C. quadrinotatus*. Dej. *Spéc. tom.* 2. *pag.* 299. *n°.* 1. Longueur 10 lig. Tête et corselet d'un vert cuivreux brillant; corselet ponctué; élytres d'un vert brun, pubescentes, striées; intervalles des stries couverts de très-petits grains. Antennes, pattes, deux taches sur chaque élytre et leurs bords, d'un jaune pâle. Sénégal. 2°. Chlænie maculé, *C. maculatus*. Dej. *id. pag.* 300. *n°.* 2. Longueur 6 lig. $\frac{3}{4}$. Tête et corselet d'un vert cuivreux, ce dernier profondément ponctué; élytres d'un cuivreux obscur, striées : intervalles des stries très-ponctués; leurs bords de couleur jaune ainsi que deux taches placées sur chacune d'elles : pattes de cette dernière couleur. Indes orientales. 3°. Chlænie bimaculé, *C. bimaculatus*. Dej. *id. pag.* 301. *n°.* 3. Longueur 5 lig. $\frac{1}{2}$, 6 lig. Tête et corselet d'un vert cuivreux; celui-ci alongé, peu ponctué; élytres d'un brun noirâtre, ayant chacune une tache jaune à sa partie postérieure; cuisses de cette dernière couleur. De Java. 4°. Chlænie binoté, *C. binotatus*. Dej. *id. pag.* 302. *n°.* 4. Longueur 5 lig. $\frac{1}{2}$. D'un brun noir; tête verdâtre; corselet un peu arrondi, très-ponctué; élytres ayant chacune une tache fauve à sa partie postérieure; cuisses de cette même couleur. De Java. 5°. Chlænie bilunulé, *C. bisignatus*. Dej. *id. pag.* 303. *n°.* 5. Longueur 5 lig. Tête et corselet d'un vert cuivreux, celui-ci presqu'arrondi, ponctué; élytres d'un brun noir un peu cuivreux, chacune ayant une lunule jaune à sa partie postérieure; pattes de cette dernière couleur. Ile-de-France.

2e. *Subdivision*. Elytres sans taches, ayant seulement une bordure jaune ou une tache de cette couleur à leur extrémité.

Cette subdivision dans le *Spéciès* de M. le comte Dejean contient vingt-deux espèces; nous citerons les suivantes :

1. Chlænie velouté, *C. velutinus.*

Chlœnius velutinus. Dej. *Spéc. tom.* 2. *pag.* 308. *n°.* 11. — *Carabus marginatus.* Ross. *Faun. Etrusc. tom.* 1. *pag.* 212. *n°.* 524. (Ce synonyme est appliqué à tort par M. Schœnherr, selon M. le comte Dejean, au *Carabus festivus* n°. 74. Fab. *Syst. Eleut.* qui est aussi un *Chlœnius.*)

Voyez pour la description, Carabe ceint n°. 118. de ce Dictionnaire. (En ôtant les synonymes de Fabricius, de Linné et peut-être aussi celui de Fuesly.) Cette espèce ne se trouve pas aux Indes orientales; commune dans le midi de la France, elle est très-rare aux environs de Paris.

Rapportez à cette subdivision : 1°. Chlænie marginé, *C. marginatus.* Dej. *Spéc. tom.* 2. *pag.* 305. *n°.* 7. Longueur 6 lig. ½. Tête et corselet d'un vert cuivreux brillant; celui-ci ayant des points enfoncés, épars : élytres d'un brun verdâtre tirant sur le cuivreux, striées; les stries finement ponctuées; leurs intervalles lisses; bords des élytres, antennes et pattes testacés. Des Indes orientales. 2°. Chlænie bordé, *C. limbatus.* Dej. *id. pag.* 306. *n°.* 8. Longueur 5 lig. ½, 6 lig. Tête et corselet d'un bronzé cuivreux brillant; celui-ci ayant des points enfoncés, épars : élytres d'un cuivreux noirâtre, à stries profondes : leurs intervalles lisses. Antennes, pattes et bords des élytres, jaunes. Des Indes orientales. 3°. Chlænie sulcipenne, *C. sulcipennis.* Dej. *id. pag.* 307. *n°.* 9. Longueur 5 lig. ½, 6 lig. ½. Tête et corselet d'un vert bronzé brillant; celui-ci ayant des points enfoncés, épars : élytres noirâtres, sillonnées; les intervalles des sillons, lisses. Antennes, pattes et bords des élytres, d'un jaune pâle. De Nubie. 4°. Chlænie de Borgia, *C. Borgiæ.* Dej. *id. pag.* 311. *n°.* 13. Longueur 7 lig., 7 lig. ½. Tête et corselet d'un vert bronzé brillant; celui-ci ayant des points enfoncés, épars : élytres d'un vert bronzé, pubescentes, à stries; les intervalles de celles-ci très-finement granulés; élytres avec une bordure d'un jaune ferrugineux obscur : cuisses d'un brun noirâtre. Antennes, jambes et tarses, testacés. De Sicile. 5°. Chlænie nitidicolle, *C. nitidicollis.* Dej. *id. pag.* 314. *n°.* 16. Longueur 5 lig. Tête et corselet d'un bronzé cuivreux brillant, celui-ci ayant des points enfoncés, peu marqués, épars : élytres d'un vert brun, cuivreux, à stries garnies de points peu marqués; leurs intervalles lisses; elles ont une bordure sinuée, testacée. Antennes et pattes de cette dernière couleur. Indes orientales. 6°. Chlænie poncticolle, *C. puncticollis.* Dej. *id. pag.* 315. *n°.* 17. Longueur 4 lig. ½ Dessus du corps pubescent, d'un vert brun cuivreux; corselet cordiforme, chargé de points très-enfoncés : élytres ayant de fines stries ponctuées; leurs intervalles très-finement granulés : leurs bords jaunes. Antennes et pattes de cette dernière couleur. Des Indes orientales. 7°. Chlænie voisin, *C. sobrinus.* Dej. *id. pag.* 316. *n°.* 18. Longueur 3 lig. ¾. Tête d'un vert bronzé; corselet et élytres bronzés, obscurs, pubescens; celui-là chargé de points enfoncés, profonds : élytres à stries fines et ponctuées; leurs intervalles finement granulés; leur bordure qui s'élargit postérieurement, de couleur jaune, ainsi que les antennes et les pattes. Des Indes orientales. 8°. Chlænie terminal, *C. terminatus.* Dej. *id. pag.* 318. *n°.* 20. Longueur 4 lig. ½, 5 lig. Dessus du corps d'un vert obscur bronzé, pubescent. Corselet presque carré, très-ponctué; élytres à stries un peu ponctuées; leurs intervalles finement granulés; elles ont une bordure très-mince en général, mais plus large postérieurement, de couleur testacée. Base des antennes et pattes testacées. Du Caucase. 9°. Chlænie sinué, *C. sinuatus.* Dej. *id. pag.* 321. *n°.* 23. Longueur 4 lig. ½. Corps un peu pubescent, tête et corselet d'un vert bronzé, celui-ci presque carré, chargé de points : élytres d'un vert brun bronzé à stries un peu ponctuées; leurs intervalles très-finement ponctués, à bordure jaunâtre; celle-ci plus large postérieurement. Antennes et pattes jaunes. Des Indes orientales. 10°. Chlænie lunulé, *C. lunatus.* Dej. *id. pag.* 325. *n°.* 27. Longueur 5 lig. Tête et corselet d'un vert obscur bronzé, celui-ci ayant des points enfoncés, épars; élytres obscures, un peu pubescentes, à stries un peu ponctuées : leurs intervalles chargés de points, avec une ligne arquée, placée vers l'extrémité et d'un jaune ferrugineux. Antennes et pattes de cette même couleur. Ile de Bourbon.

Nota. Les Carabes rural n°. 116. et marginé n°. 117. de ce Dictionnaire sont probablement de ce genre et de cette subdivision, à laquelle appartiennent encore les *Carabus spoliatus* n°. 72. (*Chlœnius spoliatus* n°. 14. Dej. *Spéc.*) *festivus* n°. 74. (*Chlœnius festivus* n°. 12. Dej. *id.*) *tenuicollis* n°. 79. (*Chlœnius tenuicollis* n°. 38. Dej. *id.*) *vestitus* n°. 163. (*Chlœnius vestitus* n°. 22. Dej. *id.*) Fab. *Syst. Eleut.*

3e. *Subdivision.* Elytres n'ayant ni taches, ni bordure.

Cette subdivision renferme dans le *Spéciès* Dej. trente-cinq espèces.

2. Chlænie quadricolor, *C. quadricolor.*

Chlœnius quadricolor. Dej. *Spéc. tom.* 2. *pag.* 337. *n°.* 39. — *Carabus quadricolor* n°. 52. Fab. *Syst. Eleut.* — Oliv. *Entom. tom.* 3. *Carab. pag.* 77. *n°.* 102. *pl.* 10. *fig.* 111. a. b. — Schœn. *Syn. Ins. tom.* 1. *pag.* 181. *n°.* 68.

Voyez pour la description, Carabe quadricolor n°. 104. de ce Dictionnaire.

3. Chlænie soyeux, *C. sericeus.*

Chlœnius sericeus. Dej. *Spéc. tom.* 2. *pag.* 347. *n°.* 47.

Voyez

Voyez pour la description et les autres synonymes, Carabe soyeux n°. 89. du présent ouvrage.

Les espèces suivantes sont décrites comme nouvelles par M. le comte Dejean. 1°. Chlænie nègre, *C. nigrita.* Dej. *Spéc. tom.* 2. *pag.* 327. *n°.* 28. Longueur 14 lig. ½. Noir, élytres sillonnées. Du Sénégal. 2°. Chlænie fémoral, *C. femoratus.* Dej. *id. pag.* 328. *n°.* 29. Longueur 10 lig. ½. Tête et corselet d'un vert cuivreux; élytres noirâtres, sillonnées; chaque sillon contenant une ligne de points. Pattes noires; cuisses ayant une large tache rousse. De Java. 3°. Chlænie rufipède, *C. rufipes.* Dej. *id. pag.* 331. *n°.* 32. Longueur 6 lig. ¾, 7 lig. ¼. Corps pubescent, d'un bleu violet en dessus. Tête étroite, ponctuée; corselet rétréci antérieurement, chargé de points; élytres à stries fines, ponctuées: leurs intervalles finement granulés. Antennes et pattes d'un roux ferrugineux. Amérique septentrionale. 4°. Chlænie cobaltin, *C. cobaltinus.* Dej. *id. pag.* 331. *n°.* 33. Longueur 7 lig. ½, 7 lig. ¾. Corps pubescent. Tête ponctuée, d'un vert bronzé. Corselet de même couleur, un peu rétréci, chargé de points enfoncés. Elytres d'un bleu noirâtre à stries fines, ponctuées: leurs intervalles très-finement granulés. Antennes et pattes d'un roux ferrugineux. Amérique septentrionale. 5°. Chlænie tricolore, *C. tricolor.* Dej. *id. pag.* 334. *n°.* 35. Longueur 5 lig. ½, 6 lig. Corps pubescent. Tête lisse, d'un vert bronzé un peu cuivreux. Corselet de cette même couleur, ovale, tronqué en devant et en arrière, très-ponctué; élytres d'un bleu violet, à stries ponctuées: leurs intervalles très-finement granulés. Antennes et pattes d'un roux ferrugineux. Amérique septentrionale, Géorgie. 6°. Chlænie de Cayenne, *C. cayennensis.* Dej. *id. pag.* 334. *n°.* 36. Longueur 7 lig. ¾. Corps bleu céleste en dessus. Tête presque lisse. Corselet un peu rétréci, carré, ponctué. Elytres un peu pubescentes, à stries ponctuées: leurs intervalles ponctués. Antennes et pattes testacées. De Cayenne. 7°. Chlænie brillant, *C. nitidulus.* Dej. *Spec. tom.* 2. *pag.* 341. *n°.* 42. Longueur 5 lig. ¼. Dessus du corps d'un brun bronzé. Bords du corselet et des élytres verts: celles-ci à stries finement ponctuées: leurs intervalles ayant quelques points très-petits, enfoncés, épars. Antennes et pattes d'un roux ferrugineux. Des Indes orientales. 8°. Chlænie tête brillante, *C. nitidiceps.* Dej. *id. pag.* 342. *n°.* 43. Longueur 5 lig. ½. Tête d'un vert cuivreux brillant. Corselet d'un vert bronzé obscur, très-ponctué. Elytres d'un noir violâtre, à stries profondes: leurs intervalles très-finement granulés. Antennes et pattes d'un roux ferrugineux. Cap de Bonne-Espérance. 9°. Chlænie oblong, *C. oblongus.* Dej. *id. pag.* 344. *n°.* 45. Longueur 4 lig. ½. Corps alongé, oblong, d'un vert cuivreux en dessus, pubescent; tête presque lisse; corselet alongé, peu distinctement ponctué; élytres à stries: leurs intervalles peu visiblement ponctués. Antennes et pattes d'un jaune ferrugineux. De Buénos-Ayres. 10°. Chlænie vert-pré, *C. prasinus.* Dej. *id. pag.* 345. *n°.* 46. Longueur 8 lig. Corps pubescent; tête d'un vert un peu bronzé; corselet de cette même couleur, cordiforme, un peu rétréci, ponctué; élytres un peu alongées, vertes, à stries ponctuées: leurs intervalles finement granulés. Anus ferrugineux. Antennes et pattes jaunes. Amérique septentrionale. 11°. Chlænie tibial, *C. tibialis.* Dej. *id. pag.* 352. *n°.* 52. Longueur 4 lig. ½, 5 lig. Corps pubescent; tête lisse, d'un vert bronzé; corselet très-ponctué, d'un vert bronzé un peu cuivreux; élytres vertes, à stries un peu ponctuées: leurs intervalles très-finement granulés. Antennes ayant leurs trois premiers articles d'un roux ferrugineux; cuisses noires, jambes d'un testacé pâle. D'Espagne et du midi de la France. 12°. Chlænie nigripède, *C. nigripes.* Dej. *id. pag.* 353. *n°.* 53. Longueur 4 lig. ½, 5 lig. ½. Corps pubescent; Tête et corselet très-ponctués, d'un bronzé cuivreux; élytres vertes à stries fines et ponctuées: leurs intervalles très-finement ponctués. Antennes avec leurs deux premiers articles d'un roux ferrugineux. Pattes noires. Pyrénées orientales et Navarre. Cette espèce varie. 13°. Chlænie riche, *C. dives.* Dej. *id. pag.* 354. *n°.* 54. Longueur 5 lig. Corps pubescent; tête très-ponctuée, d'un rouge cuivreux; corselet de même couleur, rugueux, très-ponctué; élytres vertes à stries fines et ponctuées: leurs intervalles très-finement ponctués. Antennes et pattes noires. Espagne, Salamanque. 14°. Chlænie tête bronzée, *C. æneocephalus.* Dej. *id. pag.* 362 *n°.* 61. Longueur 4 lig. ½. Corps pubescent; tête d'un cuivreux doré; corselet bleu-de-ciel, étroit, un peu cordiforme, très-ponctué; élytres de même couleur, striées: intervalles des stries chargés de très-petits points. Antennes et pattes d'un roux ferrugineux. Russie méridionale.

Nota. On doit placer dans cette subdivision les *Carabus holosericeus* n°. 125. (*Chlænius holosericeus* n°. 55. Dej. *Spéc.*) et *nigricornis* n°. 156. (*Chlænius nigricornis* n°. 51. Dej. *id.*) Fab. *Syst. Eleut.*

2e. *Division.* Labre fortement échancré. — Mandibules avancées, étroites, assez droites. (*Agreuter.* Nob.)

Cette division renferme trois espèces dans le *Spéciès* de M. le comte Dejean. Les deux suivantes sont nouvelles.

1°. Chlænie verdâtre, *C. chlorodius.* Dej. *Spéc. tom.* 2. *pag.* 365. *n°.* 64. Longueur 5 lig. ½, 6 lig. Tête et corselet d'un bronzé cuivreux, ponctués; élytres un peu pubescentes, d'un noir bronzé, à stries profondes et un peu ponctuées, ayant une bordure verdâtre. Antennes et pattes d'un roux ferrugineux. Indes orientales. 2°. Chlænie élégant, *C. elegantulus.* Dej. *id. pag.* 367. *n°.* 66. Longueur 3 lig. ½. Corps pubescent ; tête d'un vert bronzé, ponctuée ; corselet de même couleur, cordiforme, ponctué ; élytres d'un noir violet, striées : intervalles des stries chargés de points. Antennes et pattes d'un jaune ferrugineux. Amérique septentrionale.

ÉPOMIS, *Epomis.* Bonell. Dej. (*Spéciès.*) *Chlœnius.* Lat. (*Fam. natur.*) *Carabus.* Fab. Schœn.

Genre d'insectes de l'ordre des Coléoptères, section des Pentamères, famille des Carnassiers (Terrestres), tribu des Carabiques (division des Thoraciques, subdivision des Patellimanes).

Dans cette subdivision trois genres composent un groupe particulier, ce sont ceux de Chlænie, d'Epomis et de Dinode. (*Voyez* Patellimanes, pag. 629. de ce volume.) Les Chlænies sont séparés des Epomis par le dernier article de leurs palpes un peu ovalaire, tronqué à son extrémité ; et les Dinodes par ce même article des palpes court, légèrement sécuriforme.

Le genre Chlænie étant très-surchargé d'espèces, nous avons pensé que l'on pouvoit adopter celui d'Epomis, quoiqu'il n'offre qu'un seul caractère qui le différencie des Chlænies, celui de la forme du dernier article des palpes qui est alongé et fortement sécuriforme, plus dilaté dans les mâles. Les autres caractères sont absolument les mêmes que ceux des Chlænies (première division). *Voyez* ce mot, pag. 631. de ce volume.

Les trois espèces placées dans ce genre par M. le comte Dejean sont de l'ancien continent.

1°. Epomis Crœsus, *E. Crœsus.* — *Carabus Crœsus* n°. 71. Fab. *Syst. Eleut.* — Schœn. *Synon. Ins. tom.* 1. *pag.* 187. *n°.* 96. De Guinée. 2°. Epomis circonscrit, *E. circumscriptus.* Dej. *Spéc. tom.* 2. *pag.* 369. *n°.* 1. D'Italie et de France. Il y est rare. On le trouve aussi en Nubie. 3°. Epomis noirâtre, *E. nigricans.* Dej. *id. pag.* 371. *n°.* 2. Des Indes orientales.

DINODE, *Dinodes.* Bonell. Dej. (*Spéciès.*) *Chlœnius.* Lat. (*Fam. nat.*)

Genre d'insectes de l'ordre des Coléoptères, section des Pentamères, famille des Carnassiers (Terrestres), tribu des Carabiques (division des Thoraciques, subdivision des Patellimanes).

Les genres Chlænie, Epomis et Dinode sont réunis en un groupe dans la subdivision des Patellimanes. (*Voyez* ce mot, pag. 629. de ce volume.) Les Chlænies ont le dernier article des palpes alongé ; ce même article est alongé et fortement sécuriforme dans les Epomis.

Ce genre se rapproche infiniment des deux précédens, et n'en diffère que par les caractères suivans.

Palpes moins longs ; leurs articles plus courts, plus gros ; le dernier légèrement sécuriforme dans les deux sexes. — *Antennes* un peu plus courtes ; leurs huit derniers articles un peu plus gros et légèrement comprimés. — *Corselet* plus arrondi.

M. le comte Dejean ne mentionne que deux espèces de ce genre, 1°. Dinode rufipède, *D. rufipes.* Dej. *Spéc. tom.* 2. *pag.* 372. *n°.* 1. Midi de la France, Italie, Dalmatie, Hongrie, Russie méridionale, Cap de Bonne-Espérance. 2°. Dinode rotondicolle, *D. rotundicollis.* Dej. *id. pag.* 373. *n°.* 2. Longueur 5 lig. Dessus du corps d'un vert bronzé ; tête ponctuée ainsi que le corselet ; celui-ci presque rond ; élytres à stries un peu ponctuées : leurs intervalles ponctués. Base des antennes et pattes rousses. Amérique septentrionale.

REMBE, *Rembus.* Lat. Dej. (*Spéciès.*) *Carabus.* Fab. Herbst. Schœn.

Genre d'insectes de l'ordre des Coléoptères, section des Pentamères, famille des Carnassiers (Terrestres), tribu des Carabiques (division des Thoraciques, subdivision des Patellimanes).

Les Rembes et les Dicœles forment un petit groupe parmi les Patellimanes. (*Voyez* ce mot, pag. 629. de ce volume.) Ces derniers diffèrent des Rembes en ce qu'ils ont le dernier article des palpes assez fortement sécuriforme ; en outre leur corselet est presqu'aussi large à sa base, que les élytres.

Antennes filiformes, plus courtes que la moitié du corps, composées de onze articles. — *Labre* court, assez étroit, très-fortement échancré en demi-cercle. — *Mandibules* courtes, peu saillantes, très-légèrement arquées, assez larges à leur base, un peu pointues à leur extrémité. — *Palpes maxillaires* assez alongés ; les labiaux plus courts et ayant leurs articles un peu plus gros ; le dernier des uns et des autres, presqu'ovalaire, tronqué à l'extrémité. — *Menton* un peu concave, fortement échancré, sans dent apparente au milieu de son échancrure. — *Tête* presque triangulaire, un peu rétrécie postérieurement. — *Corselet* presque carré, très-légèrement en cœur, un peu plus étroit que les élytres. — *Elytres* assez alongées, presque parallèles, arrondies à l'extrémité, recouvrant des ailes et l'abdomen. — *Pattes* de longueur moyenne ; jambes antérieures assez fortement échancrées au côté interne ; tarses composés d'articles alongés, presqu'en triangle, bifides à leur extrémité ; tarses antérieurs des mâles ayant leurs trois premiers articles assez fortement dilatés : le premier presqu'en trapèze, les deux autres en carré dont les angles sont un peu arrondis ; tous ces articles garnis en dessous de poils assez longs, formant une espèce de brosse peu serrée.

Les Rembes connus sont des Indes orientales. Nous citerons, 1°. Rembe poli, *R. politus.* Dej.

Spéc. tom. 2. *pag.* 381. *n°.* 1. — *Carabus politus* n°. 106. Fab. *Syst. Eleut.* — Schœn. *Synon. Ins. tom.* 1. *pag.* 193. *n°.* 147. Indes orientales. Java. 2°. Rembe imprimé, *R. impressus.* Dej. *id. pag.* 383. *n°.* 2. — *Carabus impressus* n°. 100. Fab. *Syst. Eleut.* — Schœn. *id. n°.* 140.

Nota. Cet article a déjà été traité à sa lettre dans ce Dictionnaire, mais sans tous les détails nécessaires; c'est pourquoi nous le reproduisons ici.

DICŒLE, *Dicœlus.* Bonell. Dej. (*Spéciès.*) Lat. (*Fam. nat.*)

Genre d'insectes de l'ordre des Coléoptères, section des Pentamères, famille des Carnassiers (Terrestres), tribu des Carabiques (division des Thoraciques, subdivision des Patellimanes).

Un groupe de Patellimanes contient les genres Rembe et Dicœle. (*Voyez* Patellimanes, pag. 629. de ce volume.) Les Rembes sont séparés des Dicœles par la forme du dernier article des palpes qui est presqu'ovalaire et tronqué à l'extrémité, ainsi que par la base de leur corselet, sensiblement plus étroite que les élytres.

Antennes filiformes, tout au plus de la longueur de la moitié du corps, composées de onze articles. — *Labre* très-étroit, peu avancé, presque carré, échancré antérieurement, ayant dans son milieu une impression longitudinale qui le fait paroître composé de deux parties. — *Mandibules* peu avancées, assez fortes, légèrement arquées, non dentées intérieurement, pointues à l'extrémité. — *Palpes* assez alongés, leur dernier article assez fortement sécuriforme dans les deux sexes. — *Menton* un peu concave, fortement échancré, sans dent apparente au milieu de son échancrure. — *Tête* ovale ou arrondie, un peu déprimée, légèrement échancrée en arc de cercle, ayant en outre à sa partie antérieure deux impressions assez fortement marquées. — *Yeux* ordinairement très-peu saillans. — *Corselet* assez grand, carré ou trapézoïdal, très-fortement échancré antérieurement pour recevoir la tête, presqu'aussi large que les élytres à sa base; celle-ci plus ou moins échancrée. — *Elytres* ordinairement peu alongées, se rétrécissant vers l'extrémité qui est plus ou moins arrondie, recouvrant les ailes et l'abdomen. — *Pattes* assez fortes; jambes antérieures distinctement échancrées au côté interne; tarses composés d'articles plus ou moins alongés, presque triangulaires et bifides à l'extrémité: tarses antérieurs des mâles ayant leurs trois premiers articles assez fortement dilatés; le premier presqu'en trapèze; les deux autres en carré dont les angles sont un peu arrondis; ces trois articles garnis en dessous de poils assez longs, formant une espèce de brosse peu serrée.

Le nom de ce genre est tiré de deux mots grecs; il désigne les deux impressions que l'on remarque sur la partie antérieure de la tête. Les espèces connues appartiennent à l'Amérique septentrionale et affectent des couleurs foncées, telles que le noir et le violet. M. le comte Dejean en décrit six espèces.

1°. Dicœle chalybé, *D. chalybeus.* Dej. *Spéc. tom.* 2. *pag.* 385. *n°.* 1. Amérique septentrionale, Louisiane. 2°. Dicœle alternant, *D. alternans.* Dej. *id. pag.* 387. *n°.* 2. Longueur 9 lig. Ovale, large, d'un noir opaque. Corselet presque carré, rétréci en devant; élytres sillonnées, avec une ligne latérale élevée; les côtes alternativement très-finement granulées, alternativement lisses, avec quelques points enfoncés, épars. Amérique septentrionale. 3°. Dicœle opaque, *D. furvus.* Dej. *id. pag.* 388. *n°.* 3. Amérique septentrionale. 4°. Dicœle simple, *D. simplex.* Dej. *id. pag.* 389. *n°.* 4. Longueur 7 lig. $\frac{3}{4}$. Ovale-oblong, d'un noir presqu'opaque; corselet en carré un peu alongé, un peu rétréci à sa partie antérieure; élytres striées, avec une ligne latérale élevée. Amérique septentrionale. 5°. Dicœle alongé, *D. elongatus.* Dej. *id. pag.* 390. *n°.* 5. Amérique septentrionale. 6°. Dicœle poli, *D. politus.* Dej. *id. pag.* 391. *n°.* 6. Longueur 6 lig. Alongé, oblong, noir-brillant; corselet en carré alongé; élytres à stries profondes. Amérique septentrionale.

LICINE, *Licinus.* Lat. Dej. (*Spéciès.*) *Carabus.* Fab. Oliv. Ross. Panz. Schœn. *Calosoma.* Schœn.

Genre d'insectes de l'ordre des Coléoptères, section des Pentamères, famille des Carnassiers (Terrestres), tribu des Carabiques (division des Thoraciques, subdivision des Patellimanes).

Ce genre avec celui de Badister forme le dernier groupe de cette subdivision. (*Voyez* Patellimanes, pag. 629. de ce volume.) Celui-ci diffère des Licines par le dernier article de ses quatre palpes extérieurs, ovalaire, terminé presqu'en pointe, et parce que les Badisters mâles ont trois articles dilatés aux tarses antérieurs.

Antennes filiformes, à peu près de la longueur de la moitié du corps, composées de onze articles. — *Labre* très-court, étroit, échancré. — *Mandibules* courtes, très-peu saillantes, arrondies, très-obtuses, armées d'une dent assez forte placée près de leur extrémité. — *Palpes* peu alongés; les labiaux plus courts que les maxillaires externes: dernier article des quatre palpes extérieurs assez fortement sécuriforme, plus dilaté dans les mâles. — *Menton* assez étroit, légèrement concave, très-fortement échancré, sans dent au milieu de son échancrure. — *Tête* arrondie, presque plane, déprimée, échancrée antérieurement en arc de cercle. — *Yeux* peu saillans. — *Corselet* ordinairement plus ou moins arrondi, quelquefois presque carré ou cordiforme, toujours fortement échancré à sa partie antérieure pour recevoir la tête. — *Elytres* assez grandes, assez planes, ordinairement en ovale plus ou moins alongé, recouvrant l'abdomen; leur extrémité entière ou légèrement sinuée. — *Pattes* assez grandes; jambes antérieures assez fortement échancrées au côté interne : tarses composés d'articles presque cylindriques ou en triangle très-alongés, bifides à leur extrémité; tarses antérieurs des mâles ayant leurs deux premiers articles très-fortement dilatés; le premier presqu'en forme de trapèze; le second presqu'en ovale, moins long que large; ces deux articles garnis en dessous de poils longs et serrés, qui forment une espèce de brosse, et plus fortement ciliés en dedans qu'en dehors.

Les espèces connues sont d'Europe et du nord de l'Afrique. On les trouve sous les pierres et dans les bois; elles préfèrent les terrains secs et arides. Tous les Licines connus sont de couleur noire.

1. Licine agricole, *L. agricola.*

Licinus agricola. Lat. *Gener. Crust. et Ins. tom.* 1. *pag.* 200. *n°.* 2. — Dej. *Spéc. tom.* 2. *pag.* 394. *n°.* 1. — *Carabus agricola.* Oliv. *Entom. tom.* 3. *Carab. pag.* 55. *n°.* 64. *pl.* 5. *fig.* 53.

Voyez pour la description, Carabe agricole n°. 65. de ce Dictionnaire.

A ce genre appartiennent encore : 1°. Licine silphoïde, *L. silphoides.* Lat. *Gen. Crust. et Ins. tom.* 1. *pag.* 200. *n°.* 3. — Dej. *Spéc. tom.* 2. *pag.* 394. *n°.* 2. — *Carabus silphoides* n°. 109. Fab. *Syst. Eleut.* — Panz. *Faun. Germ. fas.* 92. *fig.* 2. — Schœn. *Syn. Ins. tom.* 1. *pag.* 194. *n°.* 154. (Ce dernier auteur rapporte à tort à cette espèce le Carabe agricole d'Olivier.) En Espagne et dans toute la France. 2°. Licine granulé, *L. granulatus.* Dej. *id. pag.* 396. *n°.* 3. Longueur 6 lig. $\frac{1}{2}$, 7 lig. Noir; corselet arrondi, ponctué, presque lisse dans son milieu; élytres ovales, ayant trois lignes élevées et des stries ponctuées : leurs intervalles un peu élevés, un peu rugueux, profondément ponctués. D'Espagne et de Portugal. 3°. Licine sicilien, *L. siculus.* Dej. *id. pag.* 396. *n°.* 4. Longueur 6 lig. $\frac{1}{2}$, 7 lig. $\frac{1}{2}$. Noir; corselet large, court, arrondi, presque transversal, ponctué, presque lisse dans sa partie moyenne; élytres ovales, à stries ponctuées : leurs intervalles un peu élevés, profondément ponctués. De Sicile. 4°. Licine brévicolle, *L. brevicollis.* Dej. *id. pag.* 397. *n°.* 5. Longueur 5 lig. $\frac{3}{4}$. Noir; corselet court, arrondi, presque transversal, ponctué, sa partie moyenne presque lisse; élytres ovales, avec trois lignes un peu élevées, chargées de stries ponctuées : leurs intervalles un peu élevés, profondément ponctués. De Barbarie. 5°. Licine égyptien, *L. ægyptiacus.* Dej. *id. pag.* 398. *n°.* 6. D'Egypte. 6°. Licine peltoïde, *L. peltoides.* Dej. *id. n°.* 7. De Portugal. 7°. Licine égal, *L. æquatus.* Dej. *id. pag.* 399. *n°.* 8. Longueur 5 lig. $\frac{1}{2}$, 6 lig. $\frac{1}{2}$. Noir; corselet presqu'arrondi, très-ponctué; élytres ovales-oblongues, à stries ponctuées : leurs intervalles plans, très-ponctués. Des Pyrénées. Montagnes du département des Basses-Alpes. 8°. Licine Casside, *L. cassideus.* Dej. *id. pag.* 400. *n°.* 9. — *Licinus emarginatus.* Lat. *Gen. Crust. et Ins. tom.* 1. *pag.* 199. *n°.* 1. *tab.* 7. *fig.* 8. — *Carabus cassideus* n°. 108. Fab. *Syst. Eleut.* — Schœn. *Syn. Ins. tom.* 1. *pag.* 194. *n°.* 152. — *Carabus emarginatus.* Oliv. *Entom. tom.* 3. *Carab. pag.* 55. *n°.* 65. *pl.* 13. *fig.* 150. — Schœn. *id. pag.* 225. *n°.* 316. — *Faun. franç. Coléopt. pl.* 4. *fig.* 5. Femelle. France, Allemagne, Russie méridionale. 9°. Licine déprimé, *L. depressus.* Dej. *id. pag.* 401. *n°.* 10. — *Carabus depressus.* Schœn. *id. pag.* 194. *n°.* 153. France, Allemagne, Suède, dans les bois et les montagnes. 10°. Licine de Hoffmansegg, *L. Hoffmanseggii.* Dej. *id. pag.* 402. *n°.* 11. — *Carabus Hoffmanseggii.* Panz. *Faun. Germ. fas.* 89. *fig.* 5. — *Calosoma Hoffmanseggii.* Schœn. *id. pag.* 228. *n°.* 11. Il varie beaucoup. Dans presque toute l'Erope méridionale. 11°. Licine oblong, *L. oblongus.* Dej. *id. pag.* 404. *n°.* 12. Longueur 5 lig. $\frac{1}{2}$. Noir; corselet presque cordiforme, peu distinctement ponctué; élytres oblongues, à stries finement ponctuées : leurs intervalles plans, à peine ponctués. Des Basses-Alpes.

BADISTER, *Badister.* Clairv. Lat. (*Consid.* et *Fam. nat.*) Dej. (*Spéciès.*) *Amblychus.* Gyll. *Carabus.* Fab. Oliv. Panz. Payk. Ross. Schranck. Schœn.

Genre d'insectes de l'ordre des Coléoptères, section des Pentamères, famille des Carnassiers (Terrestres), tribu des Carabiques (division des Thoraciques, subdivision des Patellimanes.)

Le dernier groupe de cette subdivision ne contient que deux genres, Licine et Badister. (*Voyez* Patellimanes, pag. 629. de ce volume.) Les palpes extérieurs des Licines sont terminés par un article distinctement sécuriforme, et dans ce genre les mâles ont le troisième article des tarses antérieurs simple et sans dilatation.

Antennes filiformes, à peu près de la longueur de la moitié du corps, composées de onze articles. — *Labre* très-court, étroit, échancré. — *Mandibules* courtes, très-peu saillantes, arrondies, très-obtuses, presqu'échancrées à l'extrémité, sans dent à la partie intérieure de cette extrémité. — *Palpes maxillaires* externes assez alongés : leur dernier article alongé, ovalaire, terminé presqu'en pointe; les labiaux presque moitié plus courts : leur article terminal ovalaire, plus court et plus renflé que celui des maxillaires externes, finissant presqu'en pointe. — *Menton* assez étroit, légèrement concave, fortement échancré, sans dent au milieu de son échancrure. — *Tête* presque comme dans les Licines, arrondie, presque plane, déprimée, échancrée antérieurement en arc de cercle. — *Yeux* peu saillans. — *Corselet* plus ou moins cordiforme, très-échancré antérieurement pour recevoir la tête. — *Elytres* en ovale plus ou moins alongé, recouvrant des ailes et l'abdomen, leur extrémité arrondie. — *Pattes* de longueur moyenne; jambes antérieures échancrées au côté interne; tarses composés d'articles alongés, presque cylindriques, bifides à l'extrémité; tarses antérieurs des mâles ayant leurs trois premiers articles fortement dilatés; le premier presqu'en forme de trapèze; les deux autres en carré moins long que large, leurs angles (surtout les antérieurs), très-arrondis : ces trois articles garnis en dessous de poils assez serrés, formant une espèce de brosse et plus fortement ciliés en dedans qu'en dehors.

Le petit nombre de Badisters connus habite en Europe. Le nom générique vient d'un mot grec et signifie : *coureur*. Leur corps est ordinairement varié de couleurs tranchées.

1. Badister bipustulé, *B. bipustulatus.*

Badister bipustulatus. Dej. *Spéc. tom.* 2. *pag.* 406. *n°.* 2. — *Licinus bipustulatus.* Lat. *Gener. Crust. et Ins. tom.* 1. *pag.* 200. *n°.* 4. — *Carabus bipustulatus* n°. 184. Fab. *Syst. Eleut.*. — Panz. *Faun. Germ. fas.* 16. *fig.* 3. — Schœn. *Syn. Ins. tom.* 1. *pag.* 211. *n°.* 248. — *Carabus crux minor.* Oliv. *Entom. tom.* 3. *Carab. pag.* 99. *n°.* 137. *pl.* 8. *fig.* 96. a. b.

Voyez pour la description et les autres synonymes, Carabe petite croix, n°. 137. du présent Dictionnaire. (En retranchant ceux de l'Entomologie d'Olivier, de Linné, de Schæffer et de Devillers qui appartiennent à la *Lebia crux minor* Lat. et celui de Schranck qui se rapporte au *Dromius quadrimaculatus* Bonell.)

Rapportez en outre à ce genre, 1°. Badister céphalote, *B. cephalotes.* Dej. *Spéc. tom.* 2. *pag.* 406. *n°.* 1. Longueur 3 lig. $\frac{1}{2}$, 3 lig. $\frac{3}{4}$. Noir; corselet de la largeur de la tête; écusson et pattes de couleur rousse; élytres de cette même couleur à leur partie antérieure : la postérieure noire avec la suture et une tache transversale, semilunaire, commune aux deux élytres, de couleur rousse. De France. 2°. Badister de Knoch, *B. lacertosus.* Dej. *id. pag.* 408. *n°.* 3. Nord de l'Allemagne. 3°. Badister bouclier, *B. peltatus.* Dej. *id. n°.* 4. — *Carabus peltatus.* Panz. *Faun. Germ. fas.* 37. *fig.* 20. — Schœn. *Syn. Ins. tom.* 1. *pag.* 214. *n°.* 259. Dans presque toute l'Europe. 4°. Badister huméral, *B. humeralis.* Dej. *id. pag.* 410. *n°.* 5. Allemagne, France, Suisse, Italie.

(S. F. et A. Serv.)

THORAX, *Thorax.* Le thorax, dans les animaux articulés, est cette partie de l'enveloppe extérieure ou du squelette située entre la tête et l'abdomen. Lorsqu'on l'examine avec quelqu'attention, on voit qu'il est formé par la réunion de plusieurs anneaux qui supportent chacun une paire de pattes. Le nombre des segmens qu'on observe au thorax varie toujours suivant les différentes classes, et quelquefois entre chacun des ordres qu'elles renferment. On en compte généralement cinq dans les Crustacés, quatre dans les Arachnides et trois dans les Insectes. Nous ne connoissons aucun animal articulé qui ait un ou deux anneaux au thorax. Ne pouvant ici nous étendre sur l'anatomie de cette partie du corps, nous renverrons au travail *ex professo* sur ce sujet (1), et nous nous bornerons à l'étude générale du thorax des Insectes.

On nomme Prothorax (2) le premier segment, celui qui se voit en arrière de la tête; nous lui conservons en français les noms de *corselet* et de *collier*, dont M. Latreille s'est toujours servi pour le désigner.

Le deuxième segment s'appelle Mésothorax (3).

Le troisième segment a reçu le nom de Métathorax (4), mot employé à peu près dans le même sens par MM. Kirby et Latreille.

Le prothorax, le mésothorax et le métathorax réunis constituent le thorax; la connoissance de ce dernier ne sera donc complète que lorsque nous aurons étudié séparément les parties de son ensemble. Il est toujours formé dans la série des insectes hexapodes par ces trois segmens, bien que ceux-ci aient des proportions relatives ordinairement opposées : ici c'est le mésothorax qui s'est le plus accru, là c'est le métathorax, ailleurs c'est le prothorax. Chacun d'eux, cependant, est composé des mêmes élémens de parties, et en connoître un, c'est connoître les deux autres : aussi pouvons-nous énumérer tous ces élémens, et indiquer leurs connexions, sans craindre de rencontrer des cas particuliers qui détruiroient ce que nous allons poser en principe général. En nous énonçant de cette manière, nous ne voulons cependant pas dire que les mêmes pièces se retrouvent toutes et constamment dans chaque segment; car dans ceux qui sont rudimentaires, plusieurs d'entr'elles ont une existence douteuse ou ont même disparu entièrement; dans d'autres cas, elles sont intimement soudées et ne constituent en apparence qu'une seule pièce; mais nous prétendons, qu'abstraction faite des modifications qu'entraîne l'état rudimentaire ou de soudure intime,

(1) Audouin, *Recherches anatomiques sur le thorax des animaux articulés* : ouvrage présenté à l'Académie royale des sciences, dans la séance du 15 mai 1820, et imprimé par décision de l'Institut dans le *Recueil des mémoires des savans étrangers*, et dans le Journal ayant pour titre : *Annales des sciences naturelles*, par MM. Audouin, Brongniart & Dumas.

(2) Πρὸ (devant) et θωραξ (thorax.)

(3) Μεσος (milieu) et θωραξ (thorax.)

(4) Μετὰ (après) et θωραξ (thorax.)

l'anneau thoracique est composé des mêmes parties, c'est-à-dire, que s'il étoit plus développé et les pièces divisées, celles-ci seroient en même nombre et dans les rapports qu'on leur observe, lorsqu'elles se rencontrent toutes et qu'elles sont distinctes. Nous admettons dans chaque segment une partie inférieure, deux parties latérales et une partie supérieure.

§. Ier. Une pièce unique constitue la partie inférieure, c'est le sternum (1). Il n'est pas pour nous une simple éminence accidentelle, ne se rencontrant que dans quelques espèces; il se retrouve dans tous les insectes et forme une pièce à part plus ou moins développée, souvent distincte, souvent aussi intimement soudée aux pièces voisines, avec lesquelles il se confond.

Notre pièce sternale comprend donc le sternum de tous les auteurs; mais ses limites nous sont connues, et son existence démontrée dans toutes les espèces et dans chaque segment.

§. II. Les parties ordinairement latérales sont formées de chaque côté par deux pièces principales : l'une antérieure, appuie sur le sternum et va gagner la partie supérieure, nous la nommons Episternum (2); la deuxième, que nous avons appelée Epimère (3), se soude avec la précédente et lui est postérieure; elle remonte aussi jusqu'à sa partie supérieure et repose dans certains cas sur le sternum; mais elle a en outre des rapports constans avec les hanches du segment auquel elle appartient, concourt quelquefois à former la circonférence de leur trou, et s'articule avec elles, au moyen d'une petite pièce (*Trochantin*) que nous croyons également inconnue, et sur laquelle nous reviendrons tout à l'heure.

Enfin il existe une troisième pièce, en général très-peu développée, et qu'on aperçoit rarement; elle a des rapports avec l'épisternum et avec l'aile; toujours elle s'appuie sur l'épisternum, se prolonge quelquefois intérieurement le long de son bord antérieur, ou bien, devenant libre, passe au-devant de l'aile, et se place même accidentellement au-dessus. Nous l'avions d'abord désignée sous le nom d'*Hypoptère*, mais son changement de position relativement à l'aile, nous a fait préférer celui de Paraptère (4).

La réunion de l'épisternum, du paraptère et de l'épimère, constitue les Flancs (*pleuræ*) (1).

L'ensemble de la partie inférieure et des parties latérales, c'est-à-dire la réunion du sternum et des flancs, constitue la Poitrine (*pectus*) (2).

A celles-ci peuvent se rattacher trois autres pièces assez importantes.

La première se voit au-dessus du sternum, et à sa face interne, c'est-à-dire à l'intérieur du corps de l'insecte; elle est remarquable par l'importance de ses usages, et quelquefois par son volume. Elle est située sur la ligne médiane, et naît ordinairement de l'extrémité postérieure du sternum; elle affecte des formes secondaires assez variées et paroît généralement divisée en deux branches. M. Cuvier l'appelle *la pièce en forme d'y grec*, parce qu'il l'a observée dans un cas où elle figuroit cette lettre. Nous lui appliquons le nom d'Entothorax (3), parce qu'elle est toujours située au-dedans du thorax.

L'entothorax se rencontre constamment dans chaque segment du thorax, et semble être, en quelque sorte, une dépendance du sternum.

Si c'étoit ici le lieu d'entretenir de ses usages, nous ferions connoître comment il se comporte pour protéger le système nerveux, et pour l'isoler dans plusieurs cas de l'appareil digestif et du vaisseau dorsal; mais nous réservons pour un autre travail ce sujet important, qui sera traité d'ailleurs incessamment sous un point de vue très-

---

(1) Σ7ερνον. Lorsqu'on voit un nom assigné à une partie, on pense que celle-ci est bien connue au moins dans ses limites; il n'en est pas ainsi du sternum, mot si souvent employé par tous les entomologistes. Fabricius, dans sa *Philosophia entomologica*, nomme Sternum *la ligne moyenne de la poitrine, très-saillante dans la Dytique, l'Hydrophile, le Taupin*. C'est toujours d'une manière très-vague que les auteurs en ont parlé; aucun, à ma connoissance, n'en a rigoureusement fixé les contours et les rapports.

(2) Επί (sur) et σ7ερνον (sternum.)

(3) Επί (sur) et μηρος (cuisses.)

(4) De παρα (près de), et de πτηρον (aile.)

(1) Kirby a employé la même dénomination, mais, selon nous, d'une manière moins précise. Il définit les flancs : *les côtés perpendiculaires du tronc*. Or, il est à remarquer que ces côtés peuvent être formés, tantôt par l'épisternum et l'épimère réunis, tantôt en grande partie par le sternum, qui se prolonge latéralement; d'autres fois par la partie supérieure qui descend jusqu'auprès de la ligne moyenne inférieure. On conçoit que dans telle ou telle de ces circonstances, les flancs comprendroient des pièces fort différentes.

La dénomination de *flancs* a pour nous une acception précise : chacun d'eux résulte toujours de la réunion de l'épisternum, du paraptère et de l'épimère, quelque position d'ailleurs que ces trois pièces affectent.

(2) On a appliqué le nom de *poitrine* à la partie inférieure des deux segmens postérieurs du thorax réunis, et on s'est privé ainsi de l'avantage de pouvoir désigner par un nom l'ensemble du sternum et des flancs des trois anneaux du thorax, c'est-à dire l'espace compris inférieurement entre la tête et l'abdomen. J'ai pensé qu'en définissant la poitrine : *l'ensemble des parties inférieures et latérales du thorax*, je déterminois rigoureusement la valeur de mon expression, et que l'on pourroit encore nommer *poitrine* la partie inférieure et latérale de chaque segment en particulier, en ayant soin de dire la poitrine du prothorax, la poitrine du mésothorax, la poitrine du métathorax, suivant qu'on voudroit désigner l'un ou l'autre de ces anneaux. Je propose ensuite de donner le nom d'Arrière-poitrine à l'ensemble des parties inférieures et latérales du mésothorax et du métathorax réunis, lorsqu'on voudra les désigner collectivement.

(3) Εντος (dedans) et θωραξ (thorax.)

élevé par un anatomiste distingué, M. Serres, médecin de l'hospice de la Pitié (1).

L'entothorax n'existe pas seulement dans le thorax ; on le retrouve dans la tête, et il devient un moyen assez certain pour démontrer que celle-ci est composée de plusieurs segmens, comme nous l'établirons plus tard. Il portera dans ce cas le nom ENTOCÉPHALE ; on l'observe enfin dans le premier anneau de l'abdomen (*segment médiaire*, LATR.) de la cigale, et la pièce nommée par Réaumur *Triangle écailleux*, est sans aucun doute son analogue. Nous l'appellerons alors ENTOGASTRE.

La seconde pièce s'observe le long du bord antérieur de l'épisternum, quelquefois du sternum, et même à la partie supérieure du corps ; elle consiste en une ouverture stigmatique, entourée d'une petite pièce souvent cornée ; nous avons nommé cette pièce enveloppante PÉRITRÈME (2).

On ne rencontre pas toujours le péritrème, parce que l'ouverture stigmatique est elle-même oblitérée, ou bien parce qu'il est soudé intimement aux pièces voisines ; mais lorsqu'il est visible, il est bien nécessaire de le distinguer. Sa position est importante, et devient un guide assez sûr dans la comparaison des pièces et dans la recherche des analogues.

Quant à la troisième pièce, nous en avons déjà parlé en faisant connoître l'épimère ; en effet, nous avons dit qu'il s'articuloit avec la rotule, au moyen d'une petite pièce inconnue jusqu'ici ; cette pièce, qui n'est pas une partie essentielle du thorax, mérite cependant que nous lui appliquions un nom, parce qu'elle accompagne l'épimère, et parce qu'elle se trouve associée aux parties de la patte, qui toutes ont reçu des dénominations ; nous l'appellerons TROCHANTIN (3), par opposition avec Trochanter, qui désigne, comme on sait, une petite pièce jointe à la rotule d'une part et la cuisse de l'autre.

Le trochantin est tantôt caché à l'intérieur du thorax, tantôt il se montre à l'extérieur, suivant que la rotule est ou n'est point prolongée à la partie interne. Dans certains cas, il peut devenir immobile et se souder avec elle.

Ici se termine l'énumération des pièces qui concourent à former la poitrine de chaque segment. On a pu remarquer que jusqu'ici elles n'avoient été ainsi mentionnées par aucun entomologiste.

Si donc on veut étudier anatomiquement un insecte, on doit, après avoir divisé son thorax en trois segmens, rechercher à la partie inférieure de chacun d'eux un Sternum, et de chaque côté les flancs, composés d'un Episternum, d'un Paraptère et d'un Epimère. On recherchera aussi un Entothorax, un Péritrème, un Trochantin. Je dis qu'on aura à rechercher, et non pas qu'on devra trouver toutes ces pièces dans chaque insecte. Très-souvent, en effet, leur réunion est si intime, qu'on ne peut démontrer leur existence en isolant chacune d'elles ; mais quand on a vu ailleurs la poitrine formée par un certain nombre d'élémens, il est plus rationnel de croire que dans tous les cas les mêmes matériaux sont employés à sa formation, que de supposer sans cesse des créations nouvelles.

On ne sauroit nier d'ailleurs que pour l'étude, il devient indispensable de grouper ainsi les phénomènes, à moins de faire consister la science dans l'accumulation de faits épars et n'ayant entr'eux aucune liaison.

§. III. La partie supérieure est aussi peu connue que l'inférieure. La seule pièce qu'on lui ait distinguée, c'est l'écusson (1). Il est très-développé dans le mésothorax des Scutellères, rudimentaire dans celui de la plupart des Hyménoptères, des Diptères, des Lépidoptères, etc. Sa position entre les deux ailes l'a fait regarder trop exclusivement comme un point d'appui dans le vol.

On a retrouvé l'écusson dans plusieurs Coléoptères et quelques autres insectes, mais on l'a méconnu ailleurs, ou bien on a indiqué comme tel des parties bien différentes ; de plus, on a cru cet écusson propre à un seul segment du tronc, le mésothorax, tandis que nous l'avons rencontré

(1) Les observations dont il s'agit ont été faites pendant le courant de l'année 1819. Le résultat le plus important auquel M. Serres et moi arrivâmes alors, fut la comparaison immédiate de l'entothorax avec la vertèbre des animaux pourvus d'un squelette intérieur.

(2) Περὶ (autour) et τρῆμα (trou). *Voyez* le péritrème dans les planches des Libellules et des Orthoptères. (*Mémoire des savans étrangers de l'Institut.*)

(3) Diminutif de τροχαντὴρ, du verbe τροχάω (je tourne). Nous avons été en quelque sorte contraints dans cette circonstance de nous conformer à l'usage, en appliquant à une pièce de l'enveloppe extérieure des insectes, un nom employé dans le squelette de l'homme. Le mot *trochanter*, si généralement adopté en entomologie, réclamoit celui de *trochantin*, pour désigner une pièce ordinairement plus petite, et qui est à la rotule ce que le trochanter est dans bien des cas à la cuisse. Nous ajouterons d'ailleurs que nous accordons au mot *trochantin* le sens vulgaire, c'est-à-dire celui qu'il avoit avant qu'on ne l'appliquât à une partie apophysaire du squelette de l'homme, avec laquelle nous ne prétendons pas le comparer.

(1) L'emploi que l'on a fait du mot *écusson* est très-varié ; comme on s'est attaché spécialement à la forme, on a nommé indistinctement du même nom plusieurs pièces bien différentes. Nous ne nous occuperons pas d'énumérer ici les discordances nombreuses qu'on rencontre dans la plupart des auteurs. Fabricius, dans sa *Philosophie entomologique*, définit l'écusson d'une manière bien vague. Il dit : *Scutellum Thoraci posticè adhærens, inter alas porrectum*, etc. etc. Les définitions des auteurs plus récens ne sont guère plus exactes ni plus précises.

quelquefois plus développé dans le métathorax, et qu'on le retrouve jusqu'à certain point dans le prothorax.

Les recherches nombreuses que nous avons faites nous ont prouvé que l'écusson ne forme pas à lui seul la partie supérieure, mais que celle-ci est composée de quatre pièces principales souvent isolées, d'autres fois intimement soudées, ordinairement distinctes. Nous leur avons donné des noms de rapports, c'est-à-dire basés sur leur position respective qui ne sauroit changer.

Nous conservons le nom de *Scutellum* (Ecusson) à la pièce qui l'a déjà reçu dans les Hémiptères, et nous rappelons l'idée d'écusson dans les nouvelles dénominations.

Ainsi nous avons nommé Præscutum (Ecu antérieur) la pièce la plus antérieure; elle est quelquefois très-grande et cachée ordinairement en tout ou en partie dans l'intérieur du thorax.

La seconde pièce est notre Scutum (Ecu); elle est fort importante, souvent très-développée, et s'articule toujours avec les ailes (1), lorsque celles-ci existent.

La pièce qui suit est le Scutellum (Ecusson); elle comprend la saillie accidentelle nommée *Ecusson* par les entomologistes.

La quatrième pièce a été appelée Postscutellum (Ecusson postérieur); elle est presque toujours cachée entièrement dans l'intérieur du thorax; tantôt elle se soude à la face interne du scutellum et se confond avec lui; tantôt elle est libre, et n'adhère aux autres pièces que par ses extrémités latérales.

Telles sont les pièces que nous avons distinguées à la partie supérieure.

Nous avons déjà reconnu qu'il étoit nécessaire d'embrasser par un seul nom des pièces qui, ayant des rapports intimes de développement, semblent constituer par leur réunion un même système, et se grouper pour des fonctions communes. Nous serons constans dans cette manière de voir, utile dans la méthode et indispensable, je crois, en anatomie.

Ainsi, nous nommerons *tergum*, dans chaque segment, la partie supérieure, c'est-à-dire la réunion des quatre pièces qui la composent, et nous dirons le *tergum* du prothorax, le *tergum* du mésothorax, le *tergum* du métathorax, suivant que nous voudrons désigner cette partie dans tel ou tel segment du thorax; mais toutes les fois que nous emploierons seul le nom de *tergum*, nous prétendrons désigner tous les tergum réunis, c'est-à-dire l'espace compris entre la tête et le premier anneau de l'abdomen.

On se rappelle que nous avons appliqué le nom de *Thorax* à l'ensemble des trois anneaux qui suivent la tête; mais les deux derniers, c'est-à-dire le mésothorax et le métathorax, paroissent plus dépendans l'un de l'autre, et tandis que le prothorax, comme on l'observe dans les Coléoptères, est très-souvent libre, il n'en est pas de même du segment moyen et du segment postérieur, qui sont toujours joints d'une manière plus ou moins intime. Cette association constante a fait appliquer, comme nous l'avons dit, le nom de *poitrine* à leur partie inférieure. De Géer et Olivier ont proposé le mot *dorsum* (dos) pour leur ensemble supérieur. Nous ne croyons pas devoir adopter cette dénomination, qui nous servira dans une autre occasion (1); et de même que nous avons employé le nom d'*arrière-poitrine*, lorsqu'il s'est agi de désigner la partie inférieure, nous nommerons Arrière-tergum le tergum du mésothorax et celui du métathorax considéré collectivement.

C'est une chose si importante et en même temps si difficile de s'entendre sur de semblables matières, et on s'est occupé si peu, jusqu'à présent, d'une nomenclature anatomique, que j'ai pensé qu'il m'étoit permis d'insister tant soit peu sur ce sujet.

Ce que j'ai déjà dit a pu faire naître le desir de voir refondre la nomenclature actuelle, pour en édifier une sur un nouveau plan. On a sans doute senti qu'aux dénominations impropres de *sternum*, de *hanche*, de *cuisse*, de *lèvres*, de *mâchoires*, il seroit important de substituer des noms ou tout-à-fait insignifians, ou qui fussent fondés sur la position respective des pièces. Personne ne conçoit mieux que moi combien de tels changemens seroient profitables à la science et en activeroient les progrès; mais, quoique peu disposé à faire la moindre concession à une routine aveugle, je crois qu'il faut accorder quelque chose à l'usage, et que pour opérer une réforme dans la nomenclature d'une science, il faut attendre qu'on y soit en quelque sorte forcé par une masse d'idées acquises bien coordonnées. Or, dans l'état actuel de l'Entomologie, je ne saurois me dissimuler la témérité d'une semblable entreprise.

Pour compléter ce que nous avons à dire sur les divisions générales du thorax, nous ajouterons quelques autres dénominations nouvelles.

(1) Les petites pièces articulaires de l'aile paroissent en effet se joindre spécialement avec le scutum. Le scutellum et le postscutellum se prolongent bien aussi jusques à l'aile; mais ils n'aboutissent pas tant aux nervures principales qu'à l'expansion membraneuse qui est postérieure à ces nervures.

(1) Nous réservons le nom de *dorsum*, en français *dos*, pour désigner toute la partie supérieure de l'animal articulé, et nous appelons ventre, *venter*, sa partie inférieure. Ces dénominations seront surtout utiles dans la description zoologique des espèces : on dit vulgairement d'un insecte qu'il est posé sur le ventre, pour indiquer la situation naturelle de tout son corps, ou qu'il est placé sur le dos, lorsque sa partie supérieure tout entière est renversée.

Nous

Nous avons parlé de l'entothorax, et nous l'avons considéré comme une pièce distincte en rapport intime avec le sternum, qui lui donne constamment naissance. Il existe en effet d'autres pièces qui lui ressemblent à certains égards, mais qui en diffèrent parce qu'elles sont accidentelles ; ce sont des prolongemens, sorte de lames cornées que l'on remarque aussi à l'intérieur du thorax, mais qui résultent toujours de la soudure de deux pièces entr'elles, ou des deux portions paires de la même pièce réunies sur la ligne moyenne. Leur présence n'est pas constante, mais lorsqu'elles existent, elles deviennent un moyen excellent pour distinguer la limite de certaines parties, qui à l'extérieur offrent à peine une légère trace de soudure. Nous leur appliquons le nom général d'Apodèmes, et nous appelons *apodèmes d'insertion* (1), celles qui donnent ordinairement attache à des muscles.

Les autres apodèmes, qui résultent aussi de la soudure de deux pièces, mais qui s'observent à leur sommet, ne servent plus à l'insertion des muscles, mais ordinairement à l'articulation des ailes : nous les nommons *apodèmes articulaires* ou *d'articulation*.

Un caractère important des apodèmes est de naître de quelques pièces cornées, et de leur adhérer si intimement, qu'elles ne jouissent d'aucune mobilité propre et ne peuvent pas en être séparées.

Nous avons démontré dans nos Recherches que ces apodèmes d'insertion se retrouvent dans les mêmes circonstances chez les Crustacés, et qu'ils constituent les lames saillantes, sorte de cloisons que l'on remarque à l'intérieur de leur thorax et qui naissent toutes des lignes de soudure des différentes pièces qui le composent.

Nous distinguons dans l'intérieur du thorax de l'insecte d'autres pièces très-importantes et qui ont quelqu'analogie avec les apodèmes d'insertion, mais qui en diffèrent parce qu'elles ne naissent pas du point de réunion de deux pièces, qu'elles sont d'ailleurs plus ou moins mobiles, et constituent autant de petites parties distinctes et indépendantes. Tantôt elles sont évasées à une de leurs extrémités, pédiculées à l'autre, et ressemblent assez bien au chapeau de certains champignons. De cette nature, par exemple, sont les deux pièces que Réaumur a reconnues dans le premier segment de l'abdomen de la Cigale, et qu'il nomme ou plutôt qu'il définit les *plaques cartilagineuses*. Plusieurs observateurs les ont reconnues à l'intérieur du thorax : nous leur appliquons la dénomination générale d'*épidème* (1). Tantôt elles ont la forme de petites lamelles donnant aussi attache à des muscles et jouissant d'une très-grande mobilité. Plusieurs auteurs en ont également fait mention.

Quelque forme que ces pièces affectent, nous leur appliquons alors le nom d'*épidème d'insertion*.

Nous nommons au contraire *épidèmes d'articulation*, toutes ces petites pièces mobiles, sorte d'osselets articulaires que l'on rencontre à la base des ailes, nous réservant d'appliquer à chacune d'elles un nom particulier. Elles ne servent plus à l'attache des muscles, mais à celle des appendices supérieurs, et le nom d'*épidèmes* peut leur convenir encore à quelques égards.

Lorsque nous traiterons ailleurs de la formation de chaque pièce du squelette, nous appuierons davantage sur ces parties très-curieuses.

Il est une autre distinction que nous croyons utile d'établir.

Lorsqu'on a séparé le thorax de la tête et de l'abdomen, et divisé le premier en trois segmens, il en résulte des trous limités par la circonférence de chaque arceau.

La tête offre antérieurement un orifice, on pourroit le nommer *orifice buccal ;* celui qu'on remarque postérieurement s'appelleroit *orifice occipital*.

Le prothorax présente un trou, on le nommeroit *trou pharyngien*, on appelleroit celui du mésothorax *trou œsophagien*, et celui du métathorax *trou stomacal*. Suivant ensuite que l'on voudra désigner le diamètre antérieur ou postérieur de chacun de ces trous, on emploiera le mot *orifice*, et l'on dira l'*orifice pharyngien antérieur* ou *postérieur*, l'*orifice œsophagien antérieur* ou *postérieur*, etc.

Ces dénominations sont-elles futiles et de peu d'importance ? je ne le pense pas. Elles nous seront d'un grand secours, lorsqu'étudiant dans un Mémoire *ad hoc* les trous et les cavités, nous démontrerons que certaines lois qui président à la formation du squelette des animaux vertébrés (2), s'observent aussi dans les insectes ; que, par exemple, les trous, les cavités, résultent constamment de la réunion de plusieurs parties ; que chaque pièce est divisée sur la ligne moyenne du corps en deux portions égales ; qu'il n'existe aucune pièce impaire, en un mot que la loi de symétrie, de conjugaison, celle relative aux cavités, se retrouvent tout aussi constamment dans les animaux articulés que dans les vertébrés ; tant il est vrai que, dans des circonstances que l'on considère comme éloignées (le squelette des

(1) Ἀπὸ (de) et δέμα (lien), c'est-à-dire qui doit sa naissance à la soudure, ou au lien qui unit deux ou plusieurs pièces.

(1) Ἐπὶ (sur) et δέμα (lien), c'est-à-dire qui s'appuie sur le point de soudure d'une ou de plusieurs pièces, ou qui est adhérent à un muscle, à une pièce cornée, et établit ainsi un lien entr'eux.

(2) *Voyez* l'ouvrage de M. Serres sur l'ostéologie.

vertébrés et celui des invertébrés), la nature, pour arriver à un but analogue, sait employer les mêmes moyens.

Ce que j'ai dit jusqu'ici a dû être saisi facilement de tout le monde, et sans observer très-minutieusement la nature, on a pu prendre une idée satisfaisante de la composition du squelette, et du thorax en particulier. Quiconque ne s'en tient qu'aux résultats principaux d'un travail et se contente de notions générales, peut se borner à l'énoncé que je viens de présenter; il lui suffit de se rappeler que, dans tous les insectes, le thorax est divisé en trois segmens; que chacun d'eux est composé inférieurement d'un sternum et d'un entothorax, latéralement d'un péritrème, d'un parapière, d'un épisternum et d'un épimère; supérieurement d'un præscutum, d'un scutum, d'un scutellum et d'un postscutellum; il lui suffit, dis-je, de se rappeler toutes ces choses pour se figurer exactement le coffre pectoral chez les insectes. Le thorax des Arachnides et celui des Crustacés sont beaucoup plus simples. Les recherches de M. Audouin étant encore inédites, nous n'anticiperons pas sur leurs résultats; elles seront présentées incessamment à l'Académie des sciences.

(Audouin.)

THRIPS, *Thrips.* Linn. Geoff. De Géer. Fab. Lat.

Genre d'infectes de l'ordre des Hémiptères, section des Homoptères, famille des Hyménélytres, tribu des Thripsides.

Ce genre forme seul la tribu des Thripsides. *Voyez* ce mot.

Antennes insérées au-devant des yeux, rapprochées, presque sétacées, à peu près de la longueur de la tête et du corselet pris ensemble, composées de huit articles; le premier court, le second et les suivans jusques et compris le septième, obconiques; les derniers de ceux-ci plus petits que les précédens; le huitième le plus petit de tous, aigu. — *Bec* partant de la base inférieure de la tête, très-petit, déprimé, conique, horizontal, composé d'une gaîne à deux valves triarticulées, entre lesquelles est placé le suçoir. — *Labre* alongé, linéaire, un peu conique, recouvrant presqu'entièrement la gaîne du bec. — *Palpes* très-courts, filiformes, de trois articles; les deux premiers très-courts; le troisième alongé, cylindrique. — *Tête* déprimée, en carré long. — *Corps* linéaire, étroit, déprimé, terminé postérieurement en pointe, formant une sorte de queue. — *Corselet* ayant son segment antérieur apparent, très-grand, composant presqu'à lui seul tout le corselet, déprimé, presque trapézoïdal: second segment apparent, très-court, transversal, linéaire. — *Ecusson* triangulaire. — *Elytres* et *ailes* presque membraneuses, à peu près semblables entr'elles, linéaires, ciliées sur leurs bords, étendues horizontalement sur l'abdomen. — *Abdomen* en triangle alongé, conique postérieurement. — *Pattes* courtes; cuisses antérieures beaucoup plus grandes que les autres; tarses très-courts, composés de deux articles; le dernier vésiculeux, sans crochets.

Le nom de Thrips étoit appliqué par les Grecs à une larve vermiforme qui habitoit dans le bois. Les Thrips, dans l'acception des modernes, vivent sur les fleurs, les plantes, & sous l'écorce des arbres, dans leurs premiers états ainsi que sous leur forme parfaite. Les espèces les plus grandes n'ont guère plus d'une ligne de longueur; elles sont d'une agilité extrême et semblent plutôt sauter que voler; lorsqu'on les inquiète, elles relèvent et courbent en arc l'extrémité de leur corps à la manière des Brachélytres. (*Staphylinus.* Linn.)

1°. Thrips noir, *T. physapus* Lat. *Gener. Cruſt. et Inſ. tom.* 3. *pag.* 172. *n°.* 1. 2°. Thrips du Genévrier, *T. juniperina*. *n°.* 4. Fab. *Syſt. Rhyng.* Il vit dans les galles & les boutons en fleurs du Genévrier. 3°. Thrips fascié, *T. fasciata*, *n°.* 7. Fab. *id.* sur les fleurs composées. Ces trois espèces sont fort communes aux environs de Paris.

Fabricius cite encore dans son *Syſt. Rhyng.* cinq autres espèces, qui peuvent être effectivement de ce genre. (S. F. et A. Serv.)

THRIPSIDES, *Physapi.* Seconde tribu de la famille des Hyménélytres, section des Homoptères, ordre des Hémiptères. Elle a pour caractères: *Antennes* composées de huit articles. — *Elytres et ailes* linéaires, frangées, couchées parallèlement sur le corps. — *Second article des tarses* remplacé par une vésicule, sans crochets. — *Métamorphoses* incomplètes. — *Bec* accompagné de petits palpes. — *Prothorax* grand.

Cette tribu ne renferme que le genre Thrips.

(S. F. et A. Serv.)

THROSQUE, *Throscus.* Lat. *Elater.* Linn. Geoff. Oliv. (*Entom.*) *Dermeſtes* Fab. Payk. Panz. *Trixagus.* Kug. Gyllen. Schœn.

Genre d'insectes de l'ordre des Coléoptères, section des Pentamères, famille des Serricornes (division des Sternoxes), tribu des Elatérides.

Ce genre forme a lui seul une coupe particulière dans sa tribu; tous les autres Elatérides ayant leurs antennes filiformes ou sétacées, point terminées en une massue perfoliée.

Antennes composées de onze articles; les deux premiers un peu plus longs que les suivans, le premier plus long que le second, presque cylindrique; le second globuleux; le troisième et les suivans, jusqu'au huitième inclusivement, très-petits, égaux, graniformes; les trois derniers grands, dilatés à leur côté interne et formant une massue ovale, dentée en scie, qui se loge, lors du repos, dans une cavité du dessous des angles postérieurs du corselet; le dernier article aigu à son extrémité, le dixième plus court que les autres de la massue. — *Mandibules* cornées, fortes, presque trigones, anguleuses, leur dos arqué, leur pointe en crochet aigu, entier. — *Mâchoires* composées de deux lobes membraneux, l'externe plus grand, obtus; l'interne petit, en dent aiguë. — *Palpes* très-courts, terminés en massue; leur dernier article sécuriforme; les maxillaires un peu plus longs que les labiaux. — *Lèvre* membraneuse, presqu'échancrée; menton coriace, assez grand, transversal; son bord supérieur se prolongeant dans son milieu en une dent aiguë. — *Tête* enfoncée jusqu'aux yeux dans le corselet. — *Corps* elliptique, déprimé, étroit. — *Corselet* presque trapézoïdal, s'élargissant insensiblement depuis la tête jusqu'à la base des élytres, sans rebords, lobé postérieurement et terminé dans cette partie par des angles aigus. — *Sternum* terminé antérieurement par une carène presque demi-cylindrique, obtuse à sa partie postérieure qui entre dans la cavité pectorale. — *Ecusson* petit, transversal. — *Elytres* alongées, étroites, rebordées, recouvrant des ailes et l'abdomen. — *Abdomem* alongé, linéaire. — *Pattes* courtes, comprimées, contractiles; jambes presque cylindriques, un peu comprimées, plus étroites à leur base; leurs épines terminales très-petites; tarses grêles.

La seule espèce connue de ce genre est petite et se trouve sur diverses plantes. Suivant M. Latreille, elle saute à la manière des Taupins. C'est le Throsque dermestoïde, *T. dermestoides* Lat. *Gener. Crust. et Ins. tom.* 2. *pag.* 37. *n°.* 1. — *Elater dermestoides* Linn. *Syst. nat.* 2. 656. 38. — *Trixagus adstrictor* Schœn. *Syn. Ins. tom.* 2. *pag.* 96. *n°.* 1. Il habite les lieux ombragés, plantés de chênes. Suivant l'observation de M. Hellwig, il subit ses métamorphoses dans le bois de cet arbre. M. le Comte Dejean l'a trouvé en Espagne. Il n'est pas très-commun aux environs de Paris. (S. F. et A. Serv.)

THYMALE, *Thymalus*. Lat. Dej. (*Catal.*) *Peltis*. Kug. Payk. Fab. Dej. (*Catal.*) Schœn. *Cassida*. Oliv. (*Encycl.*) Panz. Ross. *Silpha* Linn. Fab. Oli.

Genre d'insectes de l'ordre des Coléoptères, section des Pentamères, famille des Clavicornes, tribu des Peltoïdes.

M. Latreille ayant travaillé récemment cette tribu dans ses *Familles naturelles* pour y introduire de nouvelles coupes génériques, nous allons en présenter ici le tableau. (L'article Peltoïdes a déjà été traité à sa lettre dans ce Dictionnaire, d'après les anciens ouvrages de cet auteur.)

PELTOÏDES, *Peltoides*. Seconde tribu de la famille des Clavicornes, section des Pentamères, ordre des Coléoptères : ses caractères sont :

Pattes point contractiles, séparées à leur insertion par des intervalles à peu près égaux; jambes antérieures sans dents, n'offrant au plus que des cils ou de petites épines. — *Mandibules* comprimées, alongées, terminées en pointe forte, entière ou bifide. — *Corps* soit oblong, soit ovale et déprimé, quelquefois hémisphérique, généralement peu garni de poils, quelquefois recouvert d'un duvet plus abondant : dessous des premiers articles des tarses garni de brosses dans ce dernier cas. — *Tête* rarement dégagée du corselet & alors plus large que lui, le plus souvent enfoncée dans une échancrure de cette partie du corps, ou inclinée sous elle. — *Palpes maxillaires* plus courts que la tête, ne faisant point de saillie remarquable. — *Abdomen* n'étant pas de forme ovalaire, ni embrassé inférieurement par les élytres.

I. Palpes maxillaires filiformes ou plus gros à leur extrémité, point terminés en manière d'alène.

A. Extrémité des mandibules entière, c'est-à-dire sans fissure.

a. Antennes en massue solide.

Sphérite.

b. Antennes en massue composée d'articles distincts les uns des autres.

† Elytres toujours tronquées. — Tête mesurée postérieurement ou dans sa plus grande largeur, guère plus étroite que l'extrémité antérieure du corselet & séparée de lui par un étranglement bien prononcé, formant une espèce de cou.

Nécrophore, Nécrode.

† † Elytres point tronquées dans la plupart. — Tête beaucoup plus étroite que le corselet, point ou foiblement resserrée postérieurement.

Bouclier, Agyrte.

B. Extrémité des mandibules fendue ou bidentée.

a. Corps n'ayant point simultanément une forme naviculaire ou elliptique avec les deux extrémités rétrécies en pointe. (Antennes point terminées par cinq articles plus gros & globuleux. — Elytres point tronquées. — Pattes ni longues ni grêles.)

† Massue des antennes formée au moins de deux articles et point logée dans des cavités de corselet.

* Massue des antennes toujours for-

mée brusquement, ovale ou arrondie, peu alongée, de deux ou trois articles. — Elytres recouvrant entièrement ou presqu'entièrement l'abdomen. — Corps soit presqu'hémisphérique, soit en ovale court, clypéiforme. — Corselet presque demi-circulaire, fortement échancré en devant pour recevoir la tête.

Thymale, Colobique, Strongyle, Nitidule.

** Masse des antennes alongée dans plusieurs qui ont les élytres courtes et tronquées. — Corps oblong ou ovale. — Corselet presque carré ou en trapèze; droit ou un peu concave en devant, guère plus large que la tête.

¶ Elytres de plusieurs courtes et tronquées. — Tarses ne paroissant avoir que quatre articles, le pénultième étant court et enchâssé dans les lobes du troisième : celui-ci et les deux premiers très-garnis de brosses en dessous, courts et larges. — Masse des antennes généralement brusque et grande.

A. Elytres tronquées. Extrémité postérieure de l'abdomen, nue.

Ips, Cerque.

A A. Elytres arrondies postérieurement, recouvrant entièrement l'abdomen.

Dacné, Byture.

¶¶ Elytres toujours arrondies postérieurement, recouvrant entièrement l'abdomen. — Tarses grêles, filiformes, à cinq articles distincts, également découverts, sans brosses en dessous. — Antennes généralement presque grenues; leurs trois derniers articles plus grands, formant une massue alongée.

Anthérophage, Cryptophage.

†† Massue des antennes d'un seul article, logée dans des cavités particulières du corselet.

Micropèple.

b. Corps naviculaire, rétréci et pointu aux deux bouts. — Antennes terminées par cinq articles globuleux, formant la massue. — Elytres tronquées.

Scaphidie.

II. Palpes maxillaires alongés, terminés brusquement en alène. (Corps ovale-arqué. — Tête basse. — Massue des antennes alongée, de cinq articles.)

Cholève, Mylœque.

Nota. Ce tableau est extrait des *Familles naturelles*. Lat.

Un groupe de cette tribu renferme avec le genre Thymale, ceux de Colobique, Strongyle et Nitidule. (*Voyez* le tableau ci-dessus.) Les deux derniers ont les trois premiers articles des tarses antérieurs courts, larges, dilatés; les mandibules des Colobiques sont recouvertes et cachées par un avancement de l'extrémité antérieure de la tête.

Antennes composées de onze articles, le troisième aussi long que le suivant; les trois derniers distincts, formant une massue comprimée, presqu'ovale, évidemment perfoliée; les deux premiers articles de cette massue transversaux, arrondis; le dernier plus grand, ovale-orbiculaire. — *Bouche* découverte. — *Mandibules* avancées, proéminentes, bifides à l'extrémité. — *Mâchoires* composées de deux lobes; l'extérieur court, presque trigone, courbé en dedans, cilié à son extrémité; l'intérieur formant un onglet corné et arqué. — *Palpes* ayant leur dernier article plus épais que les précédens, presqu'ovale. — *Lèvre* coriace, presque carrée, plus étroite que le menton, entière; son bord supérieur cilié : menton en carré transversal. — *Tête* beaucoup plus étroite que le corselet, enfoncée dans cette partie du corps. — *Corps* elliptique, ses extrémités arrondies. — *Corselet* presque demi-circulaire, fortement échancré en devant pour recevoir le tête. — *Ecusson* transversal, presque triangulaire. — *Elytres* point tronquées, recouvrant entièrement l'abdomen et les ailes. — *Pattes* de longueur moyenne, assez fortes; tarses ayant leurs trois premiers articles sans dilatation, point bifides, le quatrième quelquefois très-petit, peu visible; le dernier plus grand que les quatre autres pris ensemble, terminé par deux crochets.

Les Thymales vivent dans le bois, sous la forme de larves. On les trouve à l'état parfait sur les arbres morts ou sous les écorces.

1re. *Division*. Corps déprimé. — Bord postérieur du corselet un peu sinueux, point demi-circulaire. (*Peltidion* Nob. *Peltis* Dej. *Catal.*)

1. Thymale gros, *T. grossus.*

Thymalus lunatus. Lat. *Nouv. Dict. d'Hist. nat.* 2e. *édit.* — *Peltis grossa*. n°. 1. Fab. *Syst.*

Eleut. — Schœn. *Syn. Ins. tom.* 2. *pag.* 182. *n°.* 1.

Voyez pour la description et les autres synonymes, Bouclier échancré, *n°.* 14. *pl.* 165. *fig.* 7. de ce Dictionnaire.

2. Thymale ferrugineux, *T. ferrugineus.*

Thymalus ferrugineus. Lat. *Gener. Crust. et Ins. tom.* 2. *pag.* 9. *n°.* 1. — *Peltis ferruginea*, *n°.* 2. Fab. *id.* — Schœn. *tom.* 2. *pag.* 132. *n°.* 2.

Voyez pour la description et les autres synonymes, Bouclier ferrugineux, *n°.* 22. *pl.* 165. *fig.* 13. et *pl.* 359. *fig.* 22. de ce Dictionnaire.

3. Thymale denté, *T. dentatus.*

Thymalus dentatus. Lat. *Nouv. Dict. d'hist. nat.* 2ᵉ. *édit.* — *Silpha dentata* n°. 22. Fab. *Syst. Eleut.* — *Peltis dentata.* Schœn. *Syn. Ins. tom.* 2. *pag.* 131. *n°.* 5.

Voyez pour la description et les autres synonymes, Bouclier denté n°. 24. de ce Dictionnaire.

4. Thymale oblong, *T. oblongus.*

Peltis oblonga n°. 3. Fab. *id.* — Schœn. *id. pag.* 133. *n°.* 3.

Voyez pour la description et les autres synonymes, Bouclier oblong n°. 23. *pl.* 165. *fig.* 14. et *pl.* 359. *fig.* 23. de ce Dictionnaire.

2ᵉ. *Division.* Corps convexe. Bord postérieur du corselet régulièrement demi-circulaire. (*Thymalus propriè dictus.* Nob.)

5. Thymale bordé, *T. limbatus.*

Thymalus limbatus. Lat. *Nouv. Dict. d'hist. nat.* 2ᵉ. *édit.* — *Peltis limbata* n°. 4. Fab. *Syst. Eleut.* — Schœn. *Syn. Ins. tom.* 2. *pag.* 134. *n°.* 6. — *Cassida.* Oliv. *Entom. tom.* 6. *pl.* 1. *fig.* 15.

Voyez pour la description et les autres synonymes, deux espèces qu'il faut réunir en une seule, savoir : Casside brune n°. 11. et Casside bordée n°. 12. du présent Dictionnaire.

Nota. M. Schœnherr décrit ainsi une nouvelle espèce de ce genre, qu'il nomme *Peltis rugosa*, *Syn. Ins. tom.* 2. *pag.* 133. *n°.* 4. Longueur 3 lig. Corps oblong, rugueux, convexe en dessus ; entièrement brun. Bords de la tête et du corselet roussâtres ; élytres striées, réticulées. De Sierra-Léon. Cette espèce nous paroît appartenir à cette division. (S. F. et A. Serv.)

THYNNE, *Thynnus.* Fab. Lat. Jur.

Genre d'insectes de l'ordre des Hyménoptères, section des Porte-aiguillon, famille des Fouisseurs, tribu des Sapygites.

Les genres Scotæne et Polochre forment un groupe dans cette tribu avec les Thynnes. Le premier diffère de ceux-ci par le corps linéaire et par l'abdomen ovale, plus étroit à sa base que dans son milieu ; et les Polochres par leurs yeux échancrés et réniformes.

Antennes presque sétacées, grêles, composées de douze articles dans les femelles, de treize dans les mâles ; elles sont droites et de la longueur de la tête et du corselet réunis, dans ce dernier sexe ; premier article un peu plus long que les autres, obconique, le second très-court, le troisième presque cylindrique, un peu rétréci à sa base, de la longueur des suivans ; ceux-ci cylindriques, les derniers un peu plus menus que les précédens ; le treizième aigu à son extrémité. — *Labre* petit, coriace, un peu avancé, arrondi, cilié. — *Mandibules* longues, croisées l'une sur l'autre dans le repos, terminées par une dent forte, aiguë ; leur côté interne refendu au-dessous de l'extrémité et formant une dent obtuse. — *Mâchoires* entièrement coriaces, courtes, terminées par un lobe obtrigone, très-voûté. — *Palpes* filiformes ; les maxillaires plus longs que les labiaux et dépassant un peu les mâchoires, composés de six articles, les cinq premiers obconiques ; le premier un peu plus court que les suivans : le second et le troisième un peu plus épais ; les quatrième, cinquième et sixième assez menus, celui ci presque cylindrique : palpes labiaux de quatre articles, les trois premiers obconiques, le quatrième un peu plus long que les intermédiaires, assez menu, presque cylindrique. — *Lèvre* en cœur tronqué, trilobée ; les lobes latéraux se prolongeant en angle, l'intermédiaire supporté à sa base par une écaille coriace, triangulaire ; menton coriace, alongé. — *Tête* un peu plus étroite que le corselet, transversale. — *Yeux* entiers. — *Trois* ocelles saillans, rapprochés, placés en triangle sur le vertex. — *Corps* oblong, pubescent. — *Corselet* convexe, élevé dans son milieu ; prothorax transversal, bordé à sa partie antérieure ; métathorax fortement en pente. — *Ailes supérieures* ayant une cellule radiale étroite, très-alongée et quatre cellules cubitales presqu'égales et carrées ; la seconde et la troisième recevant chacune une nervure récurrente ; la quatrième atteignant le bout de l'aile. — *Pattes* courtes ; jambes antérieures terminées par une épine munie intérieurement d'une membrane ; jambes intermédiaires et postérieures terminées par deux épines aiguës, presqu'égales.

Nota. Ces caractères ont été pris d'après des individus mâles.

Les mœurs des Thynnes ne sont pas connues. Le type du genre est le Thynne denté, *T. dentatus* n°. 1. Fab. *Syst. Piez.* De la nouvelle Hollande. Mâle. — Lat. *Gener. Crust. et Ins. tom.* 4. *pag.* 111. *tom.* 1. *tab. XIII. fig.* 2. 3. et 4. Mâle. — *Encycl. pl.* 382. *fig.* 8. Mâle.

Des quatre espèces que Fabricius place dans ce

genre, celle que nous venons de citer est la seule qui lui appartienne. Le *T. emarginatus* n°. 2. est une Stélide ; l'*abdominalis* n°. 3. et l'*integer* n°. 4. sont probablement des Cœlioxydes.

(S. F. et A. Serv.)

THYRÉOCORISE, *Thyreocoris*. Nom donné par Schranck aux Scutellères. *Voyez* ce mot.

(S. F. et A. Serv.)

THYRÉOPHORE, *Thyreophora*. Meig. Illig. Lat. *Musca*. Fab. Panz. Coqueb. *Scatophaga*. Meig.

Genre d'insectes de l'ordre des Diptères, première section, famille des Athéricères, tribu des Muscides.

Ce genre est placé par M. Latreille (*Fam. nat.*) dans un groupe de Muscides de la division des Scathophiles (*voyez* ce mot), où il met en outre les genres Anthomyie, Mosille, Scathophage, Sphérocère, et avec doute, ceux de Ropalomère et de Timie. Les Anthomyies et les Scatophages se distinguent des Thyréophores par le dernier article des antennes en carré long ; la tête des Mosilles est comprimée transversalement, et par conséquent plus large qu'elle n'est longue dans le sens de la longueur du corps ; les Sphérocères ont les antennes presqu'entièrement découvertes avec le dernier article semiorbiculaire, plus large que long. Dans les Ropalomères l'hypostome est tuberculé, suivant M. Wiédemann, et le dernier article des antennes est ovale ; les Timies ont le troisième article des antennes ovale-comprimé, et leur hypostome offre un enfoncement dans son milieu.

Antennes très-petites, enfoncées chacune dans une fossette de l'hypostome, vraisemblablement de trois articles ; le premier petit, point distinct, le dernier lenticulaire, plane, muni à sa base d'une soie dorsale nue. — *Ouverture de la cavité buccale* petite ; hypostome fortement incliné, avec deux impressions oblongues, séparées dans le milieu par une carène longitudinale. — *Tête* ovale, bombée en dessus ; front large, bombé. — *Yeux* petits, arrondis. — *Trois ocelles* disposés en triangle sur un tubercule antérieur du front. — *Corselet* n'ayant pas de ligne enfoncée transverse, séparant le prothorax. — *Ecusson* petit, presque triangulaire dans les femelles ; celui des mâles presqu'aussi long que la moitié de l'abdomen, aplati, coupé droit postérieurement, terminé par deux soies roides. — *Ailes* velues vues au microscope, couchées parallèlement sur le corps dans le repos et dépassant beaucoup son extrémité ; première nervure longitudinale simple. — *Cuillerons* petits, frangés. — *Balanciers* petits, découverts. — *Abdomen* elliptique dans les femelles ; linéaire et plane dans les mâles ; de six segmens, le dernier ou anus terminé dans les femelles par une tarière courte. — *Cuisses* postérieures épaisses ; leurs jambes un peu courbées, avec deux petits tubercules vers leur milieu.

Le nom de ce genre vient de deux mots grecs qui signifient : *porte-bouclier* ; ce qui a rapport à la forme ainsi qu'à la grandeur de l'écusson des mâles. On ne connoît pas encore les larves. Les individus de la Thyréophore cynophile trouvés en France ont été pris sur des Chiens morts ; ce n'est donc pas, comme le soupçonne M. Meigen, par un simple hasard que l'individu figuré par Panzer avoit été trouvé en Allemagne sur le cadavre d'un Chien : cette espèce ne paroît guère avant le mois de novembre ; elle est rare aux environs de Paris. Une personne digne de foi, mais qui n'est pas entomologiste, a remarqué que pendant la nuit la tête de la Thyréophore cynophile femelle, répandoit une lumière phosphorique assez vive ; cette lueur attira son attention et lui fit porter la main sur cet insecte qui étoit entré dans sa chambre, et s'y tenoit en repos. Nous citerons les deux espèces suivantes.

1°. Thyréophore cynophile, *T. cynophila*. Meig. *Dipt. d'Europ. tom.* 5. *pag.* 401. *n°.* 1. *tab.* 54. *fig.* 14. Mâle. *fig.* 15. Femelle. Il est étonnant que cette espèce, figurée par Panzer, et mentionnée depuis long-temps dans le premier ouvrage de M. Meigen, ainsi que dans ceux de M. Latreille, ne se trouve point dans Fabricius.

2°. Thyréophore fourchue, *T. furcata*. Lat. *Gen. Crust. et Ins. tom.* 4. *pag.* 359. — *Musca furcata*. Coqueb. *Illust Icon. tab.* 24. *fig.* 9. Mâle. — *Scatophaga furcata*. Meig. *id. pag.* 252. *n°.* 12. Commune aux environs de Paris sur les charognes. (S. F. et A. Serv.)

THYREUS. Nom donné par Panzer dans la Révision de sa Faune germanique au genre Crocise, *Crocisa* Lat. C'est la première division du genre Mélecte du présent Dictionnaire, pag. 107. de ce volume. (S. F. et A. Serv.)

THYRIDE, *Thyris*. Hoffm. Lat. God. *Sphinx*. Fab. Esp. Hubn. Engram. Ross. Prunn.

Genre d'insectes de l'ordre des Lépidoptères, famille des Crépusculaires, tribu des Zygénides.

Cinq genres composent un groupe dans cette tribu ; il a pour caractères : antennes simples dans les deux sexes. (*Voyez* Zygénides.) Les Sésies ont une petite houppe d'écailles à l'extrémité des antennes ; les palpes des Syntomides sont très-courts, obtus, et ne s'élèvent pas au-delà du chaperon, en outre les épines des jambes postérieures de ces dernières sont très-petites. Dans les Ægocères le second article des palpes est garni de poils formant un faisceau avancé en bec et les ailes sont disposées en toit dans le repos. Le genre Zygène se distingue de celui de Thyride par ses antennes en massue forte et brusque, et par les épines terminales des jambes postérieures, qui sont très-petites.

Antennes légèrement en fuseau, presque sétacées, simples et sans houppe d'écailles à leur extrémité. — *Palpes* cylindro-coniques, s'élevant notablement au-delà du chaperon, leur dernier article presque nu, terminé en pointe. — *Langue* en spirale. — *Ailes* horizontales, dentelées, anguleuses, écartées; les inférieures ayant leur cellule sous-marginale fermée, ou paroissant fermée en arrière par une nervure arquée. — *Abdomen* conique. — *Jambes postérieures* munies à leur extrémité de deux épines très-fortes.

Le nom de ces Lépidoptères est pris de la partie vitrée des ailes de la seule espèce connue jusqu'aujourd'hui : ses premiers états n'ont pas encore été observés. L'insecte parfait se tient dans les haies herbeuses; il est rare aux environs de Paris : nous l'avons pris à Meudon, sur la lisière des bois. C'est la Thyride fénestrine, *T. fenestrina*. LAT. *Gener. Crust. et Ins. tom.* 4. *pag.* 212. — GOD. Lépidopt. de France, *pag.* 123. *n°.* 36. *pl.* 22. *fig.* 1. — *Sphinx fenestrina* n°. 8. FAB. *Entom. Syst.* (S. F. et A. SERV.)

THYRSIE, *Thyrsia*. DALM. LAT. (*Fam. nat.*)

Genre d'insectes de l'ordre des Coléoptères, section des Tétramères, famille des Longicornes, tribu des Prioniens.

Cette tribu, qui ne contenoit que les genres Spondyle et Prione lorsque nous avons rédigé l'article PRIONIENS, s'est augmentée de deux autres dans les *Familles naturelles* de M. Latreille, savoir : Thyrsie et Anacole. Les deux premiers se distinguent par leurs antennes dépourvues de fascicules de poils et leurs élytres fermes et coriaces; quant aux Anacoles, outre que leurs antennes sont glabres, leurs élytres ont une forme presque triangulaire et se rétrécissent en pointe à l'extrémité qui est béante.

Nous ne connoissons ce genre que par les *Analecta entomologica* du célèbre professeur M. Dalman, qui le place avec doute parmi les Cérambycins, près des Cténodes, et auquel nous empruntons ses caractères.

Antennes fusiformes, grossissant vers le milieu, très-velues, leurs poils disposés presqu'en faisceaux. — *Palpes* filiformes, un peu obtus à leur extrémité. — *Mandibules* cornées, arquées, bidentées au côté interne, nues. — *Corps* oblong, assez mou. — *Corselet* court, mutique. — *Elytres* recouvrant entièrement les ailes et l'abdomen. — *Pattes* courtes, comprimées.

Le type de ce genre, dont le nom vient d'un mot grec qui exprime la forme des antennes, est la Thyrsie latérale, *T. lateralis*. DALM. *Analect. entom. pag.* 17. *n°.* 1. *tab.* 3. Longueur 7 à 8 lig. Noire, soyeuse; corselet d'un rouge sanguin pâle, taché de jaune : front et une bande latérale sur chaque élytre, d'un beau jaune. Du Brésil.

ANACOLE, *Anacolus*. LAT. (*Fam. natur.*) *Prionus* 1re. division (*Encycl.*)

Genre d'insectes de l'ordre des Coléoptères, section des Tétramères, famille des Longicornes, tribu des Prioniens.

Les genres Spondyle, Prione et Thyrsie composent avec celui d'Anacole la tribu des Prioniens, dans les *Familles naturelles* de M. Latreille; les trois premiers se distinguent du quatrième par leurs élytres recouvrant entièrement les ailes et l'abdomen, et point béantes à l'extrémité.

Antennes longues, composées de onze articles, fortement dentées en scie à partir du troisième dans les mâles, l'étant moins fortement et seulement à partir du sixième dans les femelles. — *Mandibules* assez étroites, crochues au bout, dentelées intérieurement. — *Palpes* de longueur moyenne, leurs articles cylindracés. — *Tête* un peu excavée entre les yeux. — *Corps* court, presque carré. — *Corselet* presque carré, sans crénelures, muni d'épines latérales. — *Ecusson* large, presqu'en triangle curviligne, obtus à son extrémité. — *Elytres* plus courtes que l'abdomen, surtout dans les mâles, laissant une partie des ailes à découvert, très-béantes à leur suture, allant en se rétrécissant vers leur extrémité, terminées en pointe arrondie et mutique; leurs angles huméraux peu prononcés, arrondis. — *Abdomen* court, son dernier segment sans échancrure dans les deux sexes. — *Pattes* assez courtes; jambes mutiques; tarses ayant leurs quatre premiers articles fort élargis, surtout dans les mâles. Les autres caractères comme dans les Priones. *Voyez* ce mot.

Les Anacoles, dont le nom vient de deux mots grecs qui indiquent la brièveté des élytres, équivalent à notre première division du genre Prione. Les caractères génériques de ces insectes n'ayant pas encore été publiés, nous venons d'exposer ceux qu'un examen attentif nous a fait apercevoir. Pour les espèces, *voyez* PRIONE, première division. (S. F. et A. SERV.)

THYSANOURES, *Thysanoura*. LATR.

L'ordre auquel M. Latreille donne ce nom, est le premier de la classe des insectes; dans ses ouvrages antérieurs aux Familles naturelles du Règne animal, cet ordre étoit le second, parce que la classe des Myriapodes faisoit encore partie des insectes, ce qui n'a plus lieu dans l'ouvrage que nous venons citer. Quoi qu'il en soit, l'ordre des Thysanoures n'a pas changé, et il a toujours pour caractères : des mandibules et des mâchoires; des yeux à facettes, ou composés de plusieurs ocelles. Antennes notablement plus longues que la tête. Abdomen terminé par des filets ou par une queue fourchue servant à sauter. Animaux le plus souvent couverts de petites écailles ou hérissés de poils.

Cet ordre comprend deux familles, ce sont

les Lépismènes et les Podurelles. *Voyez* ces mots. (E. G.)

TILLE, *Tillus*. Oliv. (*Entom.*) Lat. Panz. Kirb. *Chrysomela*. Linn. *Clerus*. Fab. Oliv. *Lagria*. Panz.

Genre d'insectes de l'ordre des Coléoptères, section des Pentamères, famille des Serricornes (division des Malacodermes), tribu des Clairones.

Un groupe de Clairones a pour caractères : antennes grossissant insensiblement; cinq articles distincts à tous les tarses; il renferme, outre les Tilles, les genres Eurype et Axine dont les palpes maxillaires sont terminés par un article sécuriforme; Priocère, qui a le labre échancré et la lèvre bifide; Thanasime, dont les antennes n'ont pas leurs derniers articles dentés en scie et dont le corselet est presque cordiforme.

Antennes grossissant insensiblement vers le bout, composées de onze articles, formant des dents de scie à partir du quatrième jusqu'au dixième inclusivement. — *Labre* transversal, entier. — *Palpes maxillaires* filiformes, de quatre articles (de trois seulement, suivant M. Kirby, ce qui indique que le premier est très-court et ne lui a pas paru mobile) : palpes labiaux de trois articles (de deux, selon M. Kirby), le dernier très-grand, sécuriforme. — *Lèvre* petite, entière. — *Corselet* cylindrique. — *Corps* convexe. Le reste des caractères comme dans les Thanasimes. *Voyez* ce mot.

Les Tilles dans leur premier état vivent dans le bois et probablement aux dépens des larves xylophages. Dans l'état parfait ils se tiennent le plus souvent sur le bois; lorsqu'on les saisit, ils mordent les doigts avec une si grande opiniâtreté que si l'on cherche à les en détacher, la tête se sépare du corps plutôt que de lâcher prise; c'est de cette particularité qu'est tiré le nom de Tille, venant d'un verbe grec qui signifie : *mordre*. Cette habitude leur est commune avec les Thanasimes. Ces Coléoptères ne sont pas communs aux environs de Paris.

Fabricius (*Syst. Eleut.*) décrit cinq espèces de Tilles. Ses n°s. 2. 3. et 5. sont des Enoplies : plusieurs auteurs regardent le *Tillus ambulans* n°. 4. comme une simple variété de l'*elongatus* n°. 1. Le Tille unifascié est placé par cet auteur dans son genre *Clerus*.

1. Tille unifascié, *T. unifasciatus*.

Tillus unifasciatus. Lat. *Gener. Crust. et Ins. tom.* 1. *pag.* 269. *n°.* 2. — Schœn. *Syn. Ins. tom.* 2. *pag.* 46. *n°.* 2.— *Clerus unifasciatus* n°. 9. Fab. *Syst. Eleut.* — Oliv. *Entom. tom.* 4. *Clairon. pag.* 17. *n°.* 21. *pl.* 2. *fig.* 21.

Voyez pour la description et les autres synonymes, Clairon unifascié *n°.* 11. *pl.* 360. *fig.* 11. de ce Dictionnaire.

Ce genre comprend en outre le Tille alongé, *T. elongatus*. Lat. *Gener. Crust. et Ins. tom.* 1. *pag.* 269. *n°.* 1. — Fab. *n°.* 1. *Syst. Eleut.* — Schœn. *Syn. Ins. tom.* 2. *pag.* 48. *n°.* 1. Le *Tillus ambulans* n°. 4. Fab. *id.* n'est probablement qu'une variété de cette espèce; il n'en diffère que par son corselet entièrement noir.

(S. F. et A. Serv.)

TIMIE, *Timia*. Wiédem. Lat. (*Fam. nat.*) Meig. Ce genre d'insectes Diptères, de la tribu des Muscides, a été fondé par M. Wiédemann (*Anal. entom.*) et adopté par MM. Latreille et Meigen. Ses caractères sont : antennes petites, écartées l'une de l'autre, insérées dans une petite fossette sous le rebord du front qui est relevé en croissant, composées de trois articles, les deux premiers très-courts, le troisième en palette oblongue, muni à sa base d'une soie dorsale nue. Lèvres de la trompe et palpes saillans, ceux-ci comprimés, assez larges, obtus à leur extrémité. Hypostome prolongé au-dessous des yeux, échancré inférieurement, rebordé. Front large. Yeux oblongs, écartés. Trois ocelles placés en triangle sur le vertex. Corps glabre. Ailes couchées parallèlement sur le corps dans le repos; leur première nervure longitudinale simple, atteignant le milieu du bord antérieur; la quatrième nervure longitudinale se courbant à partir de la nervure transversale et se prolongeant vers l'extrémité de l'aile pour rejoindre le bout de la troisième nervure longitudinale. Cuillerons et balanciers petits. Abdomen ovale, aplati, de cinq segmens outre l'anus, muni d'une tarière biarticulée dans les femelles. Pattes de longueur moyenne.

Timia vient d'un mot grec qui signifie : *précieux*. M. Wiédemann soupçonne que l'espèce qu'il décrit habite dans les galles ou dans les racines des Salicornes, c'est la Timie érythrocéphale, *T. erythrocephala*. Wiédem. *Anal. entom. pag.* 15. *fig.* 6. Longueur 3 lig. Noire; tête, écusson et pattes d'un jaune rougeâtre; jambes noires à leur extrémité. Elle se trouve sur les bords du Jaik et du Wolga, sur les fleurs de la Nitraire et des Tamarisques.

M. Meigen décrit une seconde espèce sous le nom de Timie apicale, *T. apicalis*. *Dipt. d'Eur. tom.* 5. *pag.* 388. *n°.* 1. *tab.* 53. *fig.* 16. Femelle. Longueur 3 lig. Noire. Tarses roux. Ailes ayant une tache apicale brune. De Portugal.

(S. F. et A. Serv.)

TINÉITES, *Tineites*. Troisième tribu de la famille des Nocturnes, ordre des Lépidoptères, ayant pour caractères :

Chenilles à seize pattes (quelques mineuses paroissent en avoir dix-huit, toutes membraneuses, selon De Géer.), vivant ordinairement dans des

des tuyaux fixes ou portatifs, fabriqués des substances qu'elles rongent ou de pure soie lorsqu'elles habitent le parenchyme des feuilles, les fruits ou les semences ; un petit nombre vivant à découvert. — *Ailes supérieures* longues et étroites ; les inférieures larges, plissées dans le repos, ayant un frein ; toutes quatre entières et sans fissures, tantôt couchées sur le corps, tantôt moulées autour de lui ou pendantes et serrées sur les côtés, avec leur extrémité postérieure relevée en crête de coq. — *Antennes* sétacées. — *Palpes maxillaires* visibles, en forme de filets nus et membraneux, ou à peine perceptibles, tuberculiformes, de deux articles au plus ; les labiaux très-apparens, courts et presque cylindriques, ou rejetés en arrière de la tête en forme de cornes allant en pointe. — *Corps* linéaire ou triangulaire, long et étroit.

Cette tribu se divise de la manière suivante :

I. Antennes et yeux écartés.

A. Une langue en spirale très-distincte et alongée.

a. Ailes couchées horizontalement sur le corps ou en toit arrondi. — Palpes labiaux de la longueur au plus de la tête.

Lithosie, Yponomeute.

b. Ailes pendantes. — Palpes labiaux beaucoup plus longs que la tête et rejetés en arrière jusqu'au-dessus du corselet.

Oecophore.

B. Langue très-courte ou presque nulle. (Un toupet de poils ou d'écailles sur la tête.)

a. Palpes labiaux grands, avancés.

Euplocampe, Phycide.

b. Palpes labiaux très-petits, point saillans.

Teigne.

II. Antennes (très-longues) et yeux presque contigus.

Adèle.

Nota. Ces caractères sont extraits des *Familles naturelles* de M. Latreille.

Les Tinéites sont ordinairement petites, mais souvent ornées de couleurs très-brillantes. Plusieurs de leurs chenilles vivent dans des tuyaux non portatifs qu'elles ont filés, et les prolongent à mesure qu'elles changent de place pour avancer ; quelques autres chenilles ne se forment pas de tuyaux, mais se pratiquent des galeries dans l'intérieur des feuilles. Elles subissent leurs métamorphoses dans ces différentes habitations.

LITHOSIE, *Lithosia*. Fab. Lat. God. Ochsein. *Phalæna* (*Bombyx* et *Noctua*). Linn. *Phalæna*. Geoff. Cram. Engram. *Bombyx*. Fab. Oliv. (*Encycl.*) Ross. Hubn. *Noctua*. Scop. Esp. Panz. *Tinea*. Geoff. Ross. *Setina*. Schranck. *Euprepia*. Ochsein.

Genre d'insectes de l'ordre des Lépidoptères, famille des Nocturnes, tribu des Tinéites.

Un groupe de Tinéites (*voyez* ce mot) contient avec le genre Lithosie celui d'Yponomeute qui en diffère par ses palpes labiaux de la longueur de la tête, le dernier article de la longueur du précédent ou plus long, obconique.

Antennes sétacées, simples dans la plupart, quelquefois pectinées dans les mâles. — *Langue* distincte, alongée, roulée en spirale dans le repos. — *Palpes maxillaires* cachés ; palpes labiaux plus courts que la tête, cylindriques, recourbés, composés de trois articles, le dernier sensiblement plus court que le second, cylindrique. — *Ailes supérieures* longues et étroites, couchées horizontalement sur le corps, ainsi que les inférieures, ou se moulant autour de lui ; cellule discoïdale des ailes inférieures formée par une nervure en chevron plus ou moins prononcée et tournant sa convexité du côté du corps. — *Chenilles* à seize pattes, vivant à nu.

On ne connoît qu'un petit nombre de ces dernières ; leur manière de vivre varie beaucoup suivant les espèces. Celle de la *L. quadra* habite sur le Chêne ; elle se multiplie quelquefois dans certaines parties de forêts, de manière à les dépouiller de leur verdure, ce que nous avons vu plusieurs fois dans la forêt de Saint-Germain, du côté du pavillon de la Muette. Cette chenille est brune avec des lignes jaunes ou rougeâtres, garnie de touffes de poils qui ne sont pas assez serrés pour empêcher de distinguer la couleur du fond. Dans sa jeunesse elle réunit légèrement quelques feuilles ensemble pour s'abriter ; elle vit ensuite, dès qu'elle a pris à peu près la moitié de sa croissance, entièrement à nu : elle marche beaucoup, et lorsque l'arbre sur lequel elle habitoit est dépouillé de ses feuilles, elle court vîte s'établir sur un autre. La chenille de la *L. pulchella* vit sur l'Héliotrope d'Europe (*Heliotropium europæum*). D'autres se nourrissent des lichens qui se trouvent sur les pierres ; ce sont ces dernières dont les mœurs ont servi à dénommer ce genre, Lithosie, tiré de deux mots grecs dont le sens est : *qui vit sur les pierres.* Pour passer à l'état de chrysalides, les chenilles se filent des coques de soie qu'elles recouvrent en partie des végétaux dont elles se nourrissent ; quelques-unes restent tout l'hiver en chrysalides. Les insectes parfaits volent peu pendant le jour et se tiennent souvent durant des heures entières posés à la même place ; cependant les mâles recherchent leurs femelles pour l'accouplement, vers l'heure de midi.

Plusieurs espèces de Lithosies flattent l'œil très-agréablement par des couleurs tendres et fraîches, telles que le rose et le blanc de neige ; aussi ont-elles reçu des noms analogues.

1re. *Division.* Antennes pectinées dans les mâles. (*Ctenia* Nob.)

1. Lithosie Chouette, *L. grammica.*

Lithosia grammica. Lat. *Gener. Crust. et Ins. tom.* 4. *pag.* 221. — God. Lépidopt. de France, *tom.* 4.— *Bombyx grammica.* n°. 182. Fab. *Entom. Syst.*

Voyez pour la descriptiou et les autres synonymes, Bombyx Chouette *n°.* 215. *pl.* 82. *fig.* 1. Femelle. de ce Dictionnaire.

2e. *Division.* Antennes simples dans les deux sexes, ou tout au plus ciliées dans les mâles. (*Lithosia propriè dicta* Nob.)

2. Lithosie belle, *L. pulchra.*

Lithosia alis anticis nigris, suprà rivulis ad basim et maculâ repandâ mediâ albis, suprà subtùsque maculis rubris albo marginatis; inferioribus albis, margine lato nigro, subtùs albo bimaculato; thorace capiteque albo, nigro rubroque variis; abdomine albo, utrinquè fasciâ maculari nigrâ.

Envergure 16 lig. Ailes supérieures noires, leur base ayant des lignes ondées blanches; leur milieu offrant une tache de cette même couleur, sinuée et irrégulière : elles sont chargées en outre de taches rouges entourées de blanc; ces dernières taches, ainsi que celle de couleur blanche du milieu de l'aile, visibles en dessous; ailes inférieures blanches avec une large bordure noire ondée, plus large vers la partie qui rejoint les supérieures, et portant dans cet endroit deux taches blanches. Tête et corselet variés de blanc, de noir et de rouge. Abdomen blanc avec une ligne de points noirs de chaque côté.

De l'Ile-de-France. Elle nous a été donnée par M. Catoire, qui en avoit élevé la chenille.

3. Lithosie gentille, *L. pulchella.*

Lithosia pulchella. Lat. *Gener. Crust. et Ins. tom.* 4. *pag.* 221. — God. Lépidopt. de France, *tom.* 4. — *Bombyx pulchella* n°. 224. Fab. *Entom. Syst.*

Voyez pour la description et les autres synonymes, Bombix gentil *n°.* 257. *pl.* 83. *fig.* 8. de ce Dictionnaire.

4. Lithosie jolie, *L. bella.*

Lithosia bella. Lat. *Gener. Crust. et Ins. tom.* 4. *pag.* 221. — *Bombyx bella* n°. 223. Fab. *Entom. Syst.*

Voyez pour la description et les autres synonymes, Bombix joli *n°.* 256. *pl.* 72. *fig.* 10. de ce Dictionnaire.

5. Lithosie ornée, *L. ornatrix.*

Bombyx ornatrix n°. 125. Fab. *Entom. Syst.*

Voyez pour la description et les autres synonymes, Bombix orné n°. 258. de ce Dictionnaire.

6. Lithosie collier rouge, *L. rubricollis.*

Lithosia rubricollis. Lat. *Gener. Crust. et Ins. tom.* 4. *pag.* 221. — God. Lépidopt. de France, *tom.* 4. — *Bombyx rubricollis.* n°. 245. Fab. *Entom. Syst.*

Voyez pour la description et les autres synonymes, Bombix collier rouge *n°.* 269. *pl.* 83. *fig.* 10. de ce Dictionnaire.

7. Lithosie crible, *L. cribrum.*

Lithosia cribrum. Lat. *Gener. Crust. et Ins. tom.* 4. *pag.* 221. — God. Lépidopt. de France, *tom.* 4. — *Bombyx cribrum.* n°. 248. Fab. *Entom. Syst.*

Voyez pour la description et les autres synonymes, Bombix crible *n°.* 271. *fig.* 2. de ce Dictionnaire.

On doit mettre encore dans cette division, 1°. Lithosie quadrille, *L. quadra* n°. 1. Fab. *Entom. Syst. Sup.* — Lat. *Gen. Crust. et Ins. tom.* 4. *pag.* 221. — God. Lépidopt. de France, *tom.* 4. — *Encycl. pl.* 85. *fig.* 8. Femelle. Commune aux environs de Paris. 2°. Lithosie aplatie, *L. complana* n°. 3. Fab. *id.* — Lat. *id.* — God. *id.* Très-commune aux environs de Paris. 3°. Lithosie roulée, *L. convoluta.* n°. 4. Fab. *id.* — Lat. *id.* De France.

Ce genre renferme en outre, 1°. Lithosie priverne, *L. priverna.* — *Bombyx priverna* n°. 259. *Encycl.* — *Bombyx priverna* n°. 227. Fab. *Entom. Syst.* 2°. Lithosie mésomelle, *L. mesomella.* God. Lépidopt. de France. *tom.* 4. 3°. Lithosie candide, *L. candida.* God. *id.* 4°. Lithosie tamis, *L. cribella.* God. *id.* 5°. Lithosie muscerde, *L. muscerda.* — *Bombyx muscerda.* Hubn.

OECOPHORE, *Oecophora.* Lat. *Phalæna* (*Tinea*). Linn. De Géer. *Tinea.* Geoffr. Fab. Schiff. Scop. Ross. Schranck. Hubn. *Nemapogon.* Schranck. *Alucita.* Oli. (*Encycl.*)

Genre d'insectes de l'ordre des Lépidoptères, famille des Nocturnes, tribu des Tinéites.

Les Oecophores constituent à elles seules une coupe dans cette tribu. *Voyez* Tinéites.

Antennes simples, écartées à leur base. — *Langue* distincte, alongée, roulée en spirale dans le repos. — *Palpes maxillaires* cachés; palpes labiaux beaucoup plus longs que la tête & rejetés en arrière jusqu'au-dessus du corselet, composés de trois articles, le second plus long que la tête, ordinairement écailleux, le troisième l'étant peu ou même nu, obconique, se recourbant en manière de corne au-dessus de la tête. — *Ailes* longues, étroites, très-inclinées de chaque côté du corps, bordées d'une large frange. — *Chenilles* ayant ordinairement seize pattes, rarement quatorze; tantôt pénétrant dans le parenchyme des végétaux & y pratiquant des galeries, tantôt vivant dans l'intérieur des semences.

Ces Lépidoptères sont très-petits; leurs ailes ont habituellement des couleurs métalliques & brillantes.

1. OECOPHORE flavelle, *O. flavella.*

Oecophora flavella. LAT. *Gener. Crust. et Ins. tom.* 4. *pag.* 223. — *Tinea flavella.* n°. 15. FAB. *Entom. Syst. Suppl.*

Voyez pour la description et les autres synonymes, Alucite flavelle n°. 8. de ce Dictionnaire.

Rapportez à ce genre, 1°. Oecophore soufrée, *O. sulphurella,* LAT. *Nouv. Dict. d'Hist. nat.* 2ᵉ. *édit.* — *Tinea sulphurella. n°.* 27. FAB. *Ent. Syst. Suppl.* 2°. Oecophore de Linné, *O. Linneella.* LAT. *Gener. Crust. et Ins. tom.* 4. *pag.* 223. — *Tinea Linneella. n°.* 77. FAB. *id.* 3°. Oecophore de Rœsel, *O. Roesella.* LAT. *id.* — *Tinea Roessella. n°.* 75. FAB. *id.* 4°. Oecophore de Leuwenhoek, *O. Leuwenhoekella.* LAT. *id.* — *Tinea Leuwenhoekella. n°.* 76. FAB. *id.* 5°. Oecophore à bractées, *O. bracteella.* LAT. *id.* — *Tinea bracteella. n°.* 28. FAB. *id.* 6°. Oecophore d'Olivier, *O. Oliviella.* LAT. *id.* — *Tinea Oliviella. n°.* 59. FAB. *id.* 7°. Oecophore de Brongniard, *O. Brongniardella.* LAT. *id.* — *Tinea Brongniardella. n°.* 83. FAB. *id.* 8°. Oecophore de Geoffroy, *O. Geoffroyella.* LAT. *id.* — *Tinea Geoffroyella. n°.* 62. FAB. *id.*

EUPLOCAMPE, *Euplocampus.* LAT. (*Fam. nat.*) *Euplocamus.* LAT. (*Gener.*) *Tinea.* FAB. *Pyralis.* SCOP. HUBN.

Genre d'insectes de l'ordre des Lépidoptères, famille des Nocturnes, tribu des Tinéïtes.

Un groupe de Tinéïtes a pour caractères : antennes et yeux écartés; langue très-courte ou presque nulle; tête munie d'un toupet de poils ou d'écailles; palpes labiaux grands et avancés. Il contient les genres Euplocampe & Phycide. Ces dernières se distinguent des Euplocampes par leurs antennes simplement ciliées ou barbues dans les mâles.

M. Latreille (*Genera*) donne à ce genre les caractères suivans :

Antennes très-pectinées. — *Palpes labiaux* ayant leur second article très-chargé d'écailles longues et formant un faisceau prolongé; le troisième nu, redressé.

Le type est l'Euplocampe tacheté, *E. guttellus.* — *Euplocamus guttellus.* LAT. *Hist. Nat. des Crust. et des Ins.* — *Tinea guttella.* FAB. *Entom. Syst. tom.* 3. *part.* 2. *pag.* 293. *n°.* 26. D'Europe.

ADÈLE, *Adela.* LAT. *Phalæna.* (*Tinea*) LINN. DE GÉER. *Alucita.* FAB. OLIV. (*Encycl.*) ROSS. *Tinea.* SCOP. GEOFF. HUBN. *Nemapogon.* SCHRANCK.

Genre d'insectes de l'ordre des Lépidoptères, famille des Nocturnes, tribu des Tinéïtes.

Tous les genres de cette tribu (*voyez* TINÉÏTES), hors celui d'Adèle, ont les antennes et les yeux écartés.

Antennes très-longues, rapprochées à leur base. — *Langue* alongée, distincte. — *Palpes labiaux* cylindriques, grêles, guère plus longs que la tête, très-velus, redressés. — *Tête* petite, presque pyramidale, très-velue. — *Yeux* se touchant presque à leur partie postérieure. — *Ailes* pendantes, alongées, plus larges à leur bord postérieur. — *Chenilles* habitant un petit tuyau composé de portions détachées des végétaux dont elles se nourrissent, et l'emportant partout avec elles.

Ces petits Lépidoptères sont remarquables par les belles couleurs métalliques dont leurs ailes sont ornées et par l'extrême longueur de leurs antennes.

1. ADÈLE de Swammerdam, *L. Swammerdamella.*

Alucita Swammerdamella. FAB. *Entom. Syst. Suppl. pag.* 503. *n°.* 3. (La *Faun. suecic.* y est mal citée, lisez : 1391. au lieu de 1381.)

Voyez pour la description et les autres synonymes, Alucite Swammerdamelle n°. 26. de ce Dictionnaire.

2. ADÈLE à poils, *A. pilella.*

Alucita pilella. FAB. *id. n°.* 6.

Voyez pour la description et les autres synonymes, Adèle pilelle n°. 27. de ce Dictionnaire.

3. ADÈLE de Robert, *A. Robertella.*

Alucita Robertella. FAB. *id. n°.* 7.

Voyez pour la description et les autres synonymes, Alucite Robertelle n°. 28. de ce Dictionnaire.

4. ADÈLE de Frisch, *A. Frischella.*

Alucita Frischella. FAB. *id. pag.* 504. *n°.* 10.

Voyez pour la description et les autres synonymes, Alucite Frischelle n°. 29. de ce Dictionnaire.

5. ADÈLE de Réaumur, *A. Reaumurella.*

Adela Reaumurella. LAT. *Gener. Crust. et Ins.*

tom. 4. *pag.* 224. — *Alucita Reaumurella*. Fab. *id. pag.* 502. *n°*. 1. (à la citation de Geoffroy, lisez : 193. au lieu de 192.)

Voyez pour la description et les autres synonymes, Alucite Réaumurelle n°. 30. de ce Dictionnaire.

6. Adèle de De Géer, *A. De Geerella*.

Adela De Geerella. Lat. *id.* — *Alucita De Geerella*. Fab. *id. pag.* 504. *n°*. 8. (à la citation de *Wienn. Verz.* au lieu de n°. 21. lisez : n°. 25.)

Voyez pour la description et les autres synonymes (en ajoutant à celui de Geoffroy, *pl.* 12. *fig.* 5.), Alucite De Géerelle n°. 34. de ce Dictionnaire.

7. Adèle de Sulzer, *A. Sulzella*.

Adela Sulzella. Lat. *id.* — *Alucita Sulzella*. Fab. *id. n°*. 9. (à la citation de *Wienn. Verz.* lisez : 143. au lieu de 123.)

Voyez pour la description et les autres synonymes, Alucite Sulzelle n°. 35. de ce Dictionnaire.

8. Adèle verte, *A. viridella*.

Alucita vindella. Fab. *id. pag.* 503, *n°*. 4. (à la citation de *Wienn. Verz.* lisez : *viridella* au de *vindella*.)

Voyez pour la description et les autres synonymes, Alucite viridelle n°. 36. de ce Dictionnaire.

9. Adèle cuivreuse, *A. cuprella*.

Alucita cuprella. Fab. *id. pag.* 505. *n°*. 14.

Voyez pour la description et les autres synonymes, Alucite cuprelle n°. 37. de ce Dictionnaire.

10. Adèle fasciée, *A. fasciella*.

Alucita fasciella. Fab. *id. n°*. 15.

Voyez pour la description et les autres synonymes, Alucite fascielle n°. 88. de ce Dictionnaire.

Nota. Les *Alucita Latreillella* n°. 2. et *Panzerella* n°. 5. Fab. *id.* sont certainement aussi du genre Adèle. (S. F. et A. Serv.)

TINGIS, *Tingis*. Fab. Panz. Lat. *Cimex*. Linn. Geoff. De Géer. Fourc. Devill. *Acanthia*. Schranck. Schell. Wolf. Panz.

Genre d'insectes de l'ordre des Hémiptères, section des Hétéroptères, famille des Géocorises, tribu des Membraneuses.

Dans ses *Familles naturelles* M. Latreille caractérise ainsi cette tribu :

Membraneuses, *Membranaceæ*. Seconde tribu de la famille des Géocorises.

Gaîne du suçoir n'offrant à découvert que deux ou trois articles. — *Labre* court, sans stries. — *Toutes les pattes* insérées près de la ligne médiane du dessous du corselet, terminées par deux crochets distincts, naissant du milieu de l'extrémité du dernier article, et ne servant point à courir ni à ramer sur l'eau. — *Bec* droit, engaîné à sa base ou dans toute sa longueur. — *Tête* point rétrécie postérieurement en manière de cou. — *Yeux* de grandeur ordinaire.

Cette tribu se divise ainsi qu'il suit :

I. Pattes antérieures ravisseuses ou terminées en pince. — Antennes en massue.

Macrocéphale, Phymate.

II. Toutes les pattes semblables et simplement ambulatoires.

A. Antennes filiformes ou plus grosses à leur extrémité.

Tingis, Arade.

B. Antennes sétacées.

Punaise.

Les Tingis et les Arades composent l'avant-dernier groupe de leur tribu. Le dernier de ces genres diffère du premier par ses antennes filiformes, dont tous les articles et principalement le dernier sont cylindriques, et par son corps opaque dans toutes ses parties.

Antennes insérées très-près l'une de l'autre, dans la plupart à la base supérieure du bec, composées de quatre articles ; le troisième beaucoup plus long qu'aucun des autres ; le quatrième ovale, souvent épais. — *Bec* logé lors du repos dans un canal dont les bords sont élevés et membraneux, atteignant la base des hanches postérieures. — *Tête* transversale, point avancée. — *Corps* déprimé, membraneux ; ses membranes réticulées et en grande partie transparentes. — *Corselet* souvent prolongé postérieurement en place d'écusson. — *Elytres* beaucoup plus larges que l'abdomen, voûtées en dessous, leurs côtés extérieurs dilatés, formant en dessous une expansion qui embrasse les côtés de l'abdomen : elles recouvrent des ailes et l'abdomen. — *Abdomen* composé de sept segmens outre l'anus ; anus des femelles sillonné longitudinalement dans son milieu ; celui des mâles entier, sans sillon longitudinal. — *Toutes les pattes* semblables, simplement ambulatoires ; tarses de trois articles, le dernier terminé par deux crochets distincts.

Les Tingis, toutes de petite taille, vivent dans leurs différens états sur les végétaux ; celle du Poirier (*T. pyri.*) se multiplie tellement dans de certaines années sur cet arbre, qu'elle enlève tout le parenchyme des feuilles, lesquelles deviennent transparentes dès le mois d'août et tombent de suite, ce qui empêche les fruits de parvenir à maturité et les arbres d'en produire les années suivantes. Les jardiniers désignent ordinairement cet insecte sous le nom de *Tigre*. D'autres espèces excitent quelquefois par leurs piqûres des monstruosités qui prennent souvent la forme de galles; ainsi la Tingis clavicorne, qui habite en état de larve dans la fleur de la Germandrée petit chêne (*Teucrium chamædrys*), fait gonfler cette fleur dont le pétale devient alors fort épais et dont le limbe ne peut se développer. Les métamorphoses de ces insectes sont les mêmes que celles des Pentatomes. *Voyez* ce mot.

1re. *Division*. Corselet se prolongeant postérieurement en manière d'écusson.

1re. *Subdivision*. Côtés du corselet fortement dilatés et membraneux. (*Tingis propriè dicta*. Nob.)

1°. Tingis crêtée, *T. cristata*. Lat. *Gen. Crust. et Ins. tom.* 3. *pag.* 140. — Panz. *Faun. Germ. fas.* 99. *fig.* 19. D'Europe. 2°. Tingis à appendices, *T. appendicea*. — *Cimex appendiceus*. Fourc. *Entom. Paris. tom.* 1. *pag.* 212. *n°.* 57. — Devill. *Entom. Linn. tom.* 1. *pag.* 488. *n°.* 28. *pl.* 3. *fig.* 19. (lisez *tab.* 3. au lieu de *tab.* 2. et retranchez le synonyme de Fabricius.) — Tingis punaise à fraise antique. Lat. *Gen. Crust. et Ins. tom.* 3. *pag.* 140. — La Punaise à fraise antique. Geoff. *Ins. Paris. tom.* 1. *pag.* 461. *n°.* 57. 3°. Tingis? carénée, *T. carinata*. Lat. *id.* — Panz. *Faun. Germ. fas.* 99. *fig.* 20. Cette espèce a les antennes insérées sur les côtés de la tête et distantes; aussi nous paroît-elle ne devoir être rapportée à ce genre qu'avec doute. 4°. Tingis du Poirier, *T. pyri* n°. 9. Fab. *Syst. Rhyng.* (retranchez le synonyme de Geoffroy qui appartient à la Tingis à appendices.) — Lat. *id.* 5°. Tingis du Cotonnier, *T. gossypii* n°. 10. Fab. *id.* — Lat. *id.* Des Antilles. 6°. Tingis du Chardon, *T. cardui* n°. 3. Fab. *Syst. Rhyng.* — Lat. *id.* — Panz. *Faun. Germ. fas.* 5. *fig.* 24. 7°. Tingis bordée, *T. marginata*. Lat. *id.* — *Acanthia marginata*. Wolf. *Icon. cimic. fas.* 4. *pag.* 132. *tab.* 13. *fig.* 126.

2e. *Subdivision*. Côtés du corselet simplement rebordés, à peine dilatés. (*Monanthia*. Nob.)

1°. Tingis clavicorne, *T. clavicornis* n°. 1. Fab. *Syst. Rhyng.* — Lat. *Hist. nat. des Crust. et des Ins.* — La Punaise tigre. Geoff. *Ins. Paris. tom.* 1. *pag.* 461. *n°.* 56. 2°. Tingis de la Vipérine, *T. echii* n°. 8. Fab. *id.* — Lat. *Gen. Crust. et Ins. tom.* 3. *pag.* 140. — *Acanthia echii*. Wolf. *Icon. cimic. fas.* 4. *pag.* 130. *tab.* 13. *fig.* 124. 3°. Tingis mélanocéphale, *T. melanocephala*. Lat. *id.* — Panz. *Faun. Germ. fas.* 100. *fig.* 21.

2e. *Division*. Ecusson distinct du corselet. (*Piesma* Nob.)

1°. Tingis grosse tête, *T. capitata*. Lat. *Gen. Crust. et Ins. tom.* 3. *pag.* 140. — *Acanthia capitata*. Wolf. *Icon. cimic. fas.* 3. *pag.* 131. *tab.* 13. *fig.* 125. 2°. Tingis quadricorne, *T. quadricornis*. Léon Dufour. Cette espèce, qui a pour caractère singulier quatre épines à la tête, placées sur deux rangs et dirigées en avant, a été trouvée en Espagne par M. Léon Dufour.

ARADE, *Aradus*. Fab. Panz. Lat. *Cimex*. Linn. Geoff. De Géer. *Acanthia*. Schranck. Wolf. *Coreus*. Schell.

Genre d'insectes de l'ordre des Hémiptères, section des Hétéroptères, famille des Géocorises, tribu des Membraneuses.

L'avant-dernier groupe de cette tribu contient les genres Tingis et Arade. (*Voyez* Membraneuses, pag. 652. de ce volume.) Le premier est distingué des Arades par ses antennes, dont le dernier article toujours ovale est souvent épais, et par son corps membraneux, en grande partie diaphane.

Antennes cylindriques, insérées à la base du bec, sur les côtés de la partie antérieure et avancée de la tête, composées de quatre articles cylindriques; le second aussi long ou même plus long que le troisième. — *Bec* de trois articles apparens, renfermé à sa base dans un canal rebordé, ses bords élevés. — *Tête* avancée, en triangle alongé, son angle antérieur assez arrondi. — *Corps* très-mince, très-déprimé, opaque. — *Corselet* ayant ses bords latéraux dentelés ou finement sinueux. — *Ecusson* distinct. — *Elytres* moins larges que l'abdomen, recouvrant des ailes. — *Abdomen* très-plat; ses bords latéraux relevés, en forme de nacelle; anus des femelles sillonné longitudinalement dans son milieu; celui des mâles sans sillon longitudinal. — *Toutes les pattes* semblables, simplement ambulatoires, insérées sur la ligne médiane du corselet; tarses de trois articles, les deux premiers très-courts, le dernier terminé par deux crochets distincts.

Les Arades dans tous leurs états vivent sous les écorces des arbres, aux dépens des larves qui se nourrissent de bois et se tiennent à sa superficie, en quoi ils sont très-favorisés par la forme extrêmement aplatie de leur corps. Ces Hémiptères sortent quelquefois de leur retraite, mais en général ils paroissent craindre le grand jour; leur démarche est assez vive et saccadée. Toutes les espèces connues sont de taille moyenne, uniformément fuligineuses. Leurs métamorphoses sont les mêmes que celles des Pentatomes. *Voyez* ce mot.

1re. *Division.* Angles antérieurs du corselet prolongés chacun en un appendice aplati qui s'avance de chaque côté de la tête sans la toucher. — Côtés postérieurs de la tête derrière les yeux, plus ou moins dilatés en un appendice dentelé. — Insectes du nouveau continent. (*Dysodius.* Nob.)

Le type de cette division est l'Arade lunulé, *A. lunulatus* n°. 2. Fab. *Syst. Rhyng.* — Lat. *Gener. Crust. et Ins. tom.* 3. *pag.* 141. Amérique méridionale.

2e. *Division.* Angles antérieurs du corselet arrondis. — Tête simple, sans dilatation derrière les yeux. — Insectes de l'ancien continent. (*Aradus propriè dictus.* Nob.)

Nous mentionnerons, 1°. Arade du Bouleau, *A. betulæ* n°. 11. Fab. *Syst. Rhyng.* — Lat. *Gen. Crust. et Ins. tom.* 3. *pag.* 141. 2°. Arade déprimé, *A. depressus* n°. 10. Fab. *id.* Ces deux espèces sont d'Europe. (S. F. et A. Serv.)

TIPHIE, *Tiphia.* Fab. Ross. Lat. Panz. Jur. Spinol. *Sphex.* Scop. Schranck. *Bethylus.* Panz.

Genre d'insectes de l'ordre des Hyménoptères, section des Porte-aiguillon, famille des Fouisseurs, tribu des Scoliètes.

Les deux genres Tengyre et Tiphie forment le premier groupe de cette tribu (*voyez* Scoliètes), lequel offre pour caractères : palpes maxillaires longs, leurs articles sensiblement inégaux. Premier article des antennes obconique. Les Tengyres se distinguent par leurs mandibules bidentées ; en outre la cellule radiale de leurs ailes supérieures est fermée et pointue à l'extrémité, celle-ci rapprochée du bout de l'aile, la troisième cellule cubitale est complète ; nous ajouterons que dans les Tengyres mâles, les antennes sont plus longues que la tête et le corselet réunis.

Antennes filiformes, plus courtes, dans les deux sexes, que la tête et le corselet pris ensemble, composées de douze articles dans les femelles, de treize dans les mâles ; le premier le plus long de tous, le second guère plus court que le troisième, les suivans un peu renflés et arqués dans les mâles. — *Labre* caché, petit, coriace, en carré transversal, cilié. — *Mandibules* fortes, avancées, étroites, arquées, croisées l'une sur l'autre dans le repos, striées longitudinalement, point dentées. — *Mâchoires* coriaces, très-comprimées, en carré alongé, leur lobe terminal presque membraneux. — *Palpes maxillaires* rabattus, moitié plus longs que les mâchoires, deux fois plus grands que les labiaux, composés de six articles presque cylindriques, le premier et le dernier plus longs que les autres, le premier un peu aminci à sa base, le sixième cylindrique ; palpes labiaux de quatre articles à peu près égaux, les trois premiers obconiques, le terminal ovalaire. — *Lèvre* courte, réfléchie, voûtée, arrondie à l'extrémité, n'ayant pas de lobes latéraux distincts : menton coriace, obconique, tronqué droit transversalement à son extrémité. — *Tête* de la largeur du corselet, déprimée sous les antennes, arrondie et convexe postérieurement. — *Yeux* ovales, rejetés sur les côtés de la tête, écartés et entiers dans les deux sexes. — *Trois ocelles* rapprochés, placés en triangle sur le vertex. — *Corps* oblong, velu, point linéaire. — *Corselet* assez alongé ; prothorax en carré transversal, prolongé latéralement jusqu'à la naissance des ailes supérieures : mésothorax étroit ; métathorax coupé brusquement à sa partie postérieure, ayant une cavité profonde de chaque côté. — *Ecusson* petit, transversal. — *Ailes supérieures* ayant une cellule radiale incomplète dans les femelles, fermée et coupée carrément à sa partie postérieure par une nervure transversale, l'extrémité de cette cellule éloignée du bout de l'aile dans les mâles ; trois cellules cubitales, la première recevant la première nervure récurrente, plus longue que la seconde, celle-ci recevant la seconde nervure récurrente ; la troisième à peine commencée, mais tracée dans toute sa longueur jusqu'au bout de l'aile. — *Abdomen* ovale, composé de cinq segmens dans les femelles, en ayant un de plus dans les mâles ; plaque anale inférieure de ceux-ci se rétrécissant pour former une espèce de crochet creusé intérieurement en gouttière, ce crochet ne dépassant pas l'extrémité de la plaque anale supérieure. — *Pattes* courtes, épaisses ; cuisses élargies, comprimées, surtout dans les femelles : jambes antérieures échancrées avant leur extrémité et portant une épine membraneuse latéralement ; les intermédiaires et les postérieures terminées par deux épines aiguës ; ces jambes épaisses, dentelées, très-garnies d'épines ; tarses alongés, munis d'épines disposées en verticilles, leur dernier article ayant deux crochets bifides avec une pelote dans leur entredeux.

Les mœurs de ces Hyménoptères sont celles de tous les Fouisseurs qui approvisionnent eux-mêmes leur nid. On les trouve dans les endroits sablonneux où ils creusent des trous perpendiculaires, principalement dans les sentiers où la superficie du sable a été consolidée par la marche. On les rencontre aussi sur les fleurs, du miel desquelles ils se nourrissent. Leur vol est assez lourd, et ils ne prennent leur essor qu'avec une certaine difficulté, excepté dans le temps de la plus grande chaleur du jour. Les femelles piquent très-fortement et très-promptement ; la douleur que cause cette piqûre est très-cuisante. La proie dont les larves se nourrissent est inconnue.

Fabricius (*Syst. Piez.*) mentionne vingt-trois espèces de ce genre, mais la plupart ne lui appartiennent pas ; ainsi les Tiphies, *maculata* n°. 5, *obscura* n°. 8, *namea* n°. 9, et *serena* n°. 10. sont des Myzines, et la *Tiphia pedestris* n°. 23. est le type du genre Myrmécode.

Nous citerons, 1°. Tiphie fémorale, *T. femo-*

rata n°. 1. FAB. *Syst. Piez.* — JUR. *Hyménopt. pl.* 9. Femelle. — *Encycl. pl.* 377. *fig.* 11. Femelle. — PANZ. *Faun. Germ. fas.* ». *fig.* 3. Femelle. Très-commune aux environs de Paris. Les cuisses intermédiaires et postérieures ainsi que leurs jambes sont rousses; ces parties sont d'une nuance plus claire dans le mâle. 2°. Tiphie morio, *T. morio* n°. 21. FAB. *id.* 3°. Tiphie velue, *T. villosa* n°. 22. FAB. *id.* Les mâles dans ces deux espèces sont absolument semblables à leurs femelles par les couleurs. On les trouve aux environs de Paris.

TENGYRE, *Tengyra*. LAT.

Genre d'insectes de l'ordre des Hyménoptères, section des Porte-aiguillon, famille des Fouisseurs, tribu des Scoliètes.

Ce genre forme avec celui de Tiphie une coupe parmi les Scoliètes. (*Voyez* ce mot.) Les Tiphies diffèrent des Tengyres par leurs mandibules simples, sans dentelures; par leur cellule radiale terminée dans les mâles par une nervure transversale qui rend son extrémité carrée; cette extrémité éloignée du bout de l'aile. Les antennes des Tiphies, tant mâles que femelles, sont plus courtes que la tête et le corselet pris ensemble.

On ne connoît pas encore les femelles de ce genre, ainsi les caractères génériques que nous allons développer sont pris d'après des individus mâles.

Antennes filiformes, beaucoup plus longues que la tête et le corselet pris ensemble. — *Mandibules* bidentées. — *Lèvre* tronquée à son extrémité, un peu échancrée; menton ayant à son extrémité une petite pointe placée dans le milieu. — *Corps* très-long. — *Ailes supérieures* ayant une cellule radiale fort longue, pointue à son extrémité qui est rapprochée du bout de l'aile; trois cellules cubitales complètes; les deux premières recevant chacune une nervure récurrente. — *Plaque anale inférieure* se rétrécissant beaucoup pour former un crochet creusé intérieurement en gouttière, qui dépasse un peu la plaque anale supérieure. — *Pattes* assez longues; leurs cuisses et leurs jambes grêles; celles-ci presque dépourvues d'épines ainsi que leurs tarses. Le reste des caractères sont ceux des Tiphies. *Voyez* ce mot.

Le type de ce genre dont on ignore les mœurs, est la Tengyre de Sanvitale, *T. Sanvitali*. LAT. *Gen. Crust. et Ins. tom.* 4. *pag.* 116. Mâle. D'Italie et de Piémont. Nous l'avons prise dans la forêt de Montmorency, près l'étang de la chasse.

(S. F. et A. SERV.)

TIPULAIRES, *Tipulariæ*. LAT. Seconde tribu de la famille des Némocères, première section de l'ordre des Diptères.

Plusieurs auteurs confondent ensemble les tribus des Culicides et des Tipulaires de M. Latreille sous cette dernière dénomination, ce qui nous engage à donner ici les caractères de la famille des Némocères et des deux tribus qu'elle renferme, extraits des *Familles naturelles*.

NÉMOCÈRES, *Nemocera*. Première famille de l'ordre des Diptères, première section; ses caractères sont :

Antennes composées au moins de six articles et le plus souvent de quatorze à seize. — *Larves* ayant toujours la tête écailleuse et changeant de peau pour passer à l'état de nymphe.

1re. Tribu. Culicides, *Culicides*.

Trompe cylindrique, longue, avancée, renflée au bout. — *Suçoir* de six pièces. — *Palpes* dirigés en avant et très-velus, du moins dans les mâles. — *Antennes* filiformes, de la longueur de la tête et du corselet réunis, composées de quatorze articles, plumeuses dans les mâles, poilues dans les femelles. — *Yeux* lunulés. — *Point d'ocelles.* — *Ailes* couchées sur le corps, ayant des nervures longitudinales garnies de cils ou d'écailles. — *Pattes* longues. — *Larves* aquatiques, conservant la faculté de se mouvoir et de nager sous la forme de nymphe.

I. Point d'appendice détaché aux côtés du prothorax.

A. Palpes des mâles ou même des deux sexes, au moins de longueur de la trompe.

Cousin, Anophèle.

B. Palpes plus courts que la trompe dans les deux sexes.

a. Trompe droite.

Ædès, Sabéthès.

b. Trompe courbée vers son extrémité.

Mégarhine (1).

II. Prothorax portant de chaque côté un appendice détaché.

Psorophore.

2e. Tribu. Tipulaires, *Tipularœi*.

Trompe tantôt très-courte et terminée par deux grandes lèvres, tantôt en forme de siphon ou bec soit très-court, soit fort long, mais dirigé le long du dessous du corps. — *Suçoir* de deux pièces. — *Palpes* peu velus, ordinairement courbés, quelquefois élevés et alors très-courts.

(1) Nous avons donné ce nom à notre première division du genre Limnobie (pag. 585. de ce volume) qui nous paroît devoir former un sous-genre. L'ouvrage de M. Robineau où ce même nom de Mégarhine est appliqué à un nouveau genre de Culicides, comme on le voit dans le tableau ci-dessus, ayant été livré au public avant le nôtre, nous changerons notre nom de *Megarhina* en celui d'*Helius*.

I. Antennes grêles, filiformes ou sétacées, sensiblement plus longues que la tête, du moins dans les mâles, ayant plus de douze articles dans le plus grand nombre. — Pattes longues et grêles.

A. Point d'ocelles.

a. Palpes toujours courts. — Extrémité antérieure de la tête, point prolongée en museau. — Ailes toujours ou couchées ou en toit à nervures généralement peu nombreuses, les parcourant en divergeant dans un sens longitudinal, point réunies transversalement au limbe postérieur. — Yeux lunulés. — Jambes sans épines. (Espèces petites, vivant en état de larve et de nymphe dans l'eau ou dans des galles végétales.)

† Antennes des mâles plumeuses ou ayant au moins un faisceau de poils; celles des femelles poilues.

Culiciformes, *Culiciformes*.

* Antennes des mâles plumeuses des deux côtés et jusqu'au bout.

¶ Antennes entièrement composées dans les deux sexes d'articles ovales-cylindriques.

Corèthre.

¶¶ Antennes des deux sexes moniliformes inférieurement, terminées après leur partie moniliforme soit par un article fort long et linéaire, soit par deux articles dont le dernier est renflé et ovalaire.

Chironome, Tanype.

** Antennes des deux sexes presqu'entièrement moniliformes, avec les cinq derniers articles plus alongés; celles des mâles n'ayant qu'un faisceau de poils situé à leur base.

Cératopogon, Macropèze?

†† Antennes des deux sexes moniliformes, garnies de soies verticillées ou simplement pubescentes.

Gallicolles, *Gallicolœ*.

Psychode, Cécidomyie, Lestrémie, Lasioptère.

b. Palpes de plusieurs, longs et à dernier article alongé. — Tête ayant son extrémité antérieure rétrécie, prolongée en museau (souvent même avancée en saillie pointue). — Ailes souvent écartées, à nervures nombreuses, réunies transversalement, du moins en partie, au-delà du milieu de leur longueur; deux ou trois cellules discoïdales fermées. — Yeux ronds ou ovales, sans échancrure remarquable. — Jambes terminées par deux épines. (Espèces généralement grandes, vivant pour la plupart sous la forme de larve et de nymphe dans le terreau ou le bois pourri.)

Terricoles, *Terricolœ*. (Voyez ce mot.)

B. Deux ou trois ocelles. (Yeux ordinairement ronds. — Ocelle impair plus petit. — Antennes simples. — Dernier article des palpes jamais très-long, ni noueux. — Ailes couchées sur le corps. — Deux épines terminales aux jambes.)

Fongivores, *Fungivorœ*.

a. Antennes point manifestement grenues ni perfoliées.

† Antennes plus longues que la tête et le corselet réunis. (Capillaires.)

Macrocère, Bolitophile.

†† Antennes de la longueur au plus de la tête et du corselet réunis.

* Deux ocelles.

Synaphe, Mycétophile.

** Trois ocelles.

Léïa.

b. Antennes soit grenues, noueuses, soit perfoliées.

† Antennes de la même grosseur ou plus menues vers le bout.

* Museau prolongé en manière de bec.

Rhyphe, Gnoriste, Asindule.

** Museau point rostriforme.

¶ Yeux entiers.

Platyure, Sciophile, Campylomyze.

¶¶ Yeux échancrés.

Mycétobie, Molobre. (*Sciara* MEIG.)

†† Antennes en massue perfoliée, presqu'en forme de râpe.

Céroplate.

II. Antennes de douze articles au plus, plus courtes que la tête et le corselet pris ensemble,

ensemble, épaisses, cylindracées, moniliformes ou perfoliées. — Pattes ordinairement courtes. — Ailes larges. — Trois ocelles égaux dans la plupart.

Florales, *Florales*.

A. Point d'ocelles.

Cordyle, Simulie.

B. Des ocelles.

a. Antennes de onze articles.

Scathopse, Penthétrie, Dilophe.

b. Antennes de huit à neuf articles.

Bibion, Aspiste.

ANOPHÈLE, *Anopheles*. Meig. Lat. (*Fam. nat.*) Rob. Desv. Macq. *Culex*. Linn. Fab. Oliv. (*Encycl.*) Schranck.

Genre d'insectes de l'ordre des Diptères, première section, famille des Némocères, tribu des Culicides.

Le premier groupe de cette tribu contient les Cousins et les Anophèles. (*Voyez* Culicides, pag. 655. de ce volume.) On distingue les premiers par leurs palpes inégaux dans les deux sexes, plus longs que la trompe dans les mâles, plus courts qu'elle dans les femelles.

Antennes avancées, filiformes, composées de quatorze articles, plumeuses dans les mâles, poilues dans les femelles. — *Palpes* avancés, de la longueur de la trompe dans les deux sexes, composés de cinq articles; le premier très-court, les deux suivans longs, cylindriques; les deux derniers dans les mâles, fortement comprimés, se rejetant sur le côté, velus extérieurement, de la longueur du troisième pris ensemble: palpes des femelles droits, filiformes, presque nus; leurs articles d'inégale longueur. — *Trompe* en massue à son extrémité, plus longue que la tête et le corselet réunis. — *Ailes* couchées horizontalement sur le corps dans le repos: leurs nervures chargées d'écailles.

Il est probable que les mœurs de ces Diptères, dont le nom vient du grec et signifie: *importun*, sont les mêmes que celles des Cousins. Linné dit que leurs larves habitent dans l'eau; il ajoute que l'insecte parfait ne pique pas. Les Anophèles se tiennent dans les endroits marécageux.

1. Anophèle bifurqué, *A. bifurcatus*.

Anopheles bifurcatus. Meig. *Dipt. d'Europ. tom.* 1. *pag.* 11. *n°.* 1. — Macq. *Tipul. du nord de la France*, *pag.* 163. *n°.* 1. — Rob. Desv. *Mém. de la Soc. d'hist. nat. de Paris*, *tom* 3. 1827. *pag.* 410. *n°.* 1. — *Culex trifurcatus* n°. 5. Fab. *Syst. Antliat.* (en retranchant le synonyme de Meigen qui appartient à l'A. maculipenne.) et *Culex claviger* n°. 6. Fab. *id.*

Voyez pour la description et les autres synonymes, Cousin bifurqué n°. 5. de ce Dictionnaire.

Ce genre renferme en outre, 1°. Anophèle maculipenne, *A. maculipennis*. Meig. *Dipt. d'Eur. tom.* 1. *pag.* 11. *n°.* 2. *tab.* 1. *fig.* 17. Femelle. — Rob. Desv. *id. pag.* 411. *n°.* 3. D'Allemagne et des environs de Paris. M. Macquart *ut suprà* décrit une espèce sous le même nom et qui est peut-être la même; mais il n'a pu y reconnoître les deux lignes obscures du dessus du corselet dont parle M. Meigen. 2°. Anophèle albimane, *A. albimanus*. Wiedem. *Dipt. exotic. pag.* 10. *n°.* 1. — Rob. Desv. *id. pag.* 411. *n°.* 5. Longueur 2 lig. $\frac{2}{3}$. Brun. Abdomen ayant de grandes taches triangulaires grises. Ailes tachées de brun. Extrémité des tarses d'un blanc de neige. Femelle. De Saint-Domingue. 3°. Anophèle velu, *A. villosus*. Rob. Desv. *id. pag.* 411. *n°.* 2. Longueur 3 lig. Il ressemble exactement à l'A. bifurqué, mais celui-ci a l'abdomen presque glabre, tandis que dans cette nouvelle espèce il est velu. Des environs de Paris. 4°. Anophèle argenté, *A. argyritarsis*. Rob. Desv. *id. n°.* 4. Longueur 2 lig. $\frac{1}{2}$. Trompe noire; corps noirâtre; abdomen sans taches; pattes grêles, d'un brun pâle; extrémité des tarses postérieurs, blanche, avec un reflet argenté. Femelle. Du Brésil.

ÆDÈS, *Ædes*. Hoff. Meig. Lat. (*Fam. nat.*) Rob. Desv.

Genre d'insectes de l'ordre des Diptères, première section, famille des Némocères, tribu des Culicides.

Un groupe de cette tribu renferme les genres Ædès et Sabéthès. (*Voyez* pag. 655. de ce volume.) Ce dernier se distingue par ses jambes intermédiaires qui sont dilatées et fortement ciliées, ainsi que leurs tarses.

Antennes avancées, filiformes, composées de quatorze articles, plumeuses dans les mâles, poilues dans les femelles. — *Trompe* droite, avancée, au moins de la longueur du corselet. — *Palpes* très-courts dans les deux sexes. — *Ailes* couchées sur le corps dans le repos, leurs nervures chargées d'écailles. — *Jambes intermédiaires*, ainsi que leurs tarses, simples, ni dilatés, ni ciliés.

Ædès vient d'un mot grec qui signifie: *déplaisant, incommode*. Le type du genre est l'Ædès cendré, *Æ. cinereus*. Meig. *Dipt. d'Eur. tom.* 1. *pag.* 13. *n°.* 1. — Rob. Desv. *Mém. de la Soc. d'hist. nat. de Paris, tom.* 3. 1827. *pag.* 411. *n°.* 1. Longueur 2 lig., 2 lig. $\frac{1}{2}$. Plutôt brun que gris; prothorax garni de poils rougeâtres. Ailes sans taches; cuisses plus pâles que le reste des pattes. D'Europe. Il est rare aux environs de Paris.

SABÉTHÈS, *Sabethes*. Rob. Desv.

Genre d'insectes de l'ordre des Diptères, première section, famille des Némocères, tribu des Culicides.

Ce genre avec celui d'Ædès forme un groupe dans cette tribu, caractérisé par le manque d'appendice aux côtés du prothorax, les palpes des deux sexes plus courts que la trompe qui est droite. (*Voyez* pag. 655. de ce volume.) Les Ædès sont distingués par leurs jambes et leurs tarses simples, c'est-à-dire ni dilatés, ni ciliés.

Ne connoissant pas ce nouveau genre, nous en donnerons les caractères d'après l'auteur, tels que nous les trouvons dans son *Essai sur la tribu des Culicides*, inséré dans les *Mém. de la Soc. d'hist. nat. de Paris*, *tom*. 3. 1827. *pag*. 380.

Trompe droite. — *Palpes labiaux* fort courts. — *Jambes et tarses intermédiaires* dilatés, fortement ciliés.

Le type du genre est le Sabéthès riche, *S. locuples*. Rob. Desv. *id. pag*. 412. *n°*. 1. Longueur une ligne. D'un bleu violet métallique; abdomen avec des taches latérales triangulaires argentées. Du Brésil.

M. Robineau Desvoidy pense que cette espèce ne pique pas.

MÉGARHINE, *Megarhinus*. Rob. Desv. *Culex*. Fab. Oliv. (*Encycl.*) Wiédem.

Genre d'insectes de l'ordre des Diptères, première section, famille des Némocères, tribu des Culicides.

Ce nouveau genre forme seul dans sa tribu une coupe particulière dont le caractère est: point d'appendice détaché aux côtés du prothorax; palpes plus courts que la trompe; celle-ci recourbée vers son extrémité.

M. Robineau Desvoisy (*Essai sur la tribu des Culicides*, *Mém. de la Soc. d'hist. nat. de Paris*, *tom*. 3. 1827. *pag*. 380.) donne ainsi les caractères de ce genre qui nous est inconnu et dont le nom vient de deux mots grecs qui signifient: *grand nez*.

Trompe alongée, ayant son extrémité recourbée. — *Palpes labiaux* plus courts que la trompe, composés de cinq articles; le premier plus épais que les autres, le second plus court que les suivans, les trois derniers cylindriques. — *Ailes* couchées parallèlement sur le corps dans le repos.

1. Mégarhine hémorrhoïdal, *M. hæmorrhoidalis*.

Megarhinus hæmorrhoidalis. Rob. Desv. *Mém. de la Soc. d'hist. nat. de Paris. tom*. 3. 1827. *pag*. 412. *n°*. 1. — *Culex hæmorrhoidalis* n°. 8. Fab. *Syst. Antliat.*

Voyez pour la description et les autres synonymes, Cousin hémorrhoïdal n°. 8. du présent Dictionnaire.

PSOROPHORE, *Psorophora*. Rob. Desv. *Culex*. Fab. Wiédem.

Genre d'insectes de l'ordre des Diptères, première section, famille des Némocères, tribu des Culicides.

Tous les autres genres de cette tribu se distinguent de celui-ci par l'absence d'un appendice détaché aux côtés du prothorax. *Voyez* pag. 655. de ce volume.

Les caractères assignés à ce nouveau genre par M. Robineau Desvoidy dans son *Essai sur la tribu des Culicides*, *Mém. de la Soc. d'hist. nat. de Paris*, *tom*. 3. 1827. *pag*. 380. sont les suivans:

Ocelles très-distincts. — *Prothorax* muni de chaque côté d'un appendice détaché. — *Mésothorax* renflé, ses côtés ayant chacun une fossette triangulaire distincte. — *Antennes* courtes dans les deux sexes; leur quatrième article alongé, le cinquième petit, styliforme. — *Pattes* des femelles ciliées.

Nous ne connoissons pas ce genre; nous mentionnerons les deux espèces suivantes: 1°. Psorophore ciliée, *P. ciliata*. Rob. Desv. *Mém. de la Soc. d'hist. nat. de Paris*, *tom*. 3. 1827. *pag*. 413. *n°*. 1. Mâle et femelle. — *Culex ciliatus* n°. 10. Fab. *Syst. Antliat.* De Caroline. 2°. Psorophore de Bosc, *P. Boscii*. Rob. Desv. *id. n°*. 2. Longueur 2 lig. $\frac{1}{2}$. D'un jaune pâle; pattes d'un jaune brun: nervures des ailes velues. De Caroline.

Ces deux espèces sont de celles qui tourmentent les habitans du pays, et qu'ils nomment *Mosquites*.

CORÈTHRE, *Corethra*. Meig. Lat. Macq. *Tipula*. De Géer. *Chironomus*. Fab.

Genre d'insectes de l'ordre des Diptères, première section, famille des Némocères, tribu des Tipulaires (division des Culiciformes).

Ce genre constitue seul une coupe particulière dans cette division, caractérisé ainsi: antennes des mâles plumeuses des deux côtés et jusqu'au bout, entièrement composées, dans les deux sexes, d'articles ovales-cylindriques. (*Voyez* Tipulaires, *pag*. 656.)

Antennes avancées, filiformes, composées de quatorze articles oblongs, un peu renflés à leur base, les deux derniers un peu plus longs, surtout dans les mâles; tous garnis dans ce sexe de longs poils verticillés qui diminuent de longueur progressivement, ces mêmes poils courts dans les femelles. — *Trompe* charnue. — *Palpes* avancés, recourbés, cylindriques, velus, composés de quatre articles, le premier très-court, les autres d'égale longueur. — *Tête* petite. — *Yeux* lunulés. — *Point d'ocelles*. — *Corps* mince, alongé. — *Corselet* ovale. — *Ecusson* ovale. — *Ailes* étroites, couchées parallèlement sur le corps dans le repos, leurs nervures longitudinales nombreuses, velues, leur bord postérieur garni d'écailles lancéolées, pointues; point de nervures transversales — *Ba-*

lanciers découverts. — *Abdomen* cylindrique, un peu aplati à sa partie postérieure dans les mâles, composé de huit segmens, le dernier ou l'anus armé de deux crochets dans les mâles. — *Pattes* grêles, de longueur moyenne, insérées très-près les unes des autres.

Le nom de ce genre vient d'un mot grec qui signifie : *plumet.* Réaumur trouva en juillet et août la larve de la Corèthre plumicorne dans l'eau ; son corps est transparent, presque cylindrique, plus gros à sa partie antérieure ; la tête porte en devant un double crochet ; on aperçoit antérieurement deux corpuscules réniformes et deux autres semblables, mais plus petits vers l'anus ; le dernier segment du corps porte en dessous une nageoire ovale en forme de feuille et l'anus est muni de deux cornes charnues. La nymphe est oblongue, avec deux petites cornes sur la tête et deux nageoires elliptiques à l'anus. L'insecte ne reste en état de nymphe que pendant dix à douze jours. De Géer trouva la larve de la Corèthre culiciforme au mois de mai dans des marais ; elle est d'un brun clair, oblongue, son corselet est très-épais ; on voit à l'intérieur deux corpuscules oblongs d'un brun foncé ; au bout du huitième segment ou anus, qui porte en dessous une touffe de poils rayonnés, est un tuyau conique, relevé. La nymphe est brune, ordinairement arquée ; sa partie antérieure porte deux cornes et l'anus deux nageoires en forme de feuilles. L'insecte ne reste dans cet état que huit jours environ.

Les Corèthres sont de petite taille. On les trouve dans les endroits humides et au bord des eaux. Les espèces connues sont en petit nombre. 1°. Corèthre plumicorne, *C. plumicornis.* Meig. *Dipt. d'Eur. tom.* 1. *pag.* 15. *n°.* 1. *tab.* 1. *fig.* 22. Mâle. — Macq. *Tipul. du nord de la France, pag.* 152. *n°.* 1. — *Corethra lateralis. Encycl. pl.* 385. *n°.* 1. Femelle. 2°. Corèthre pâle, *C. pallida.* Meig. *id. pag.* 16. *n°.* 2. — Macq. *id. pag.* 153. *n°.* 3. Suivant cet auteur, elle voltige en troupes nombreuses au bord des eaux. 3°. Corèthre culiciforme, *C. culiciformis.* Meig. *id. n°.* 3. — Macq. *id. pag.* 152. *n°.* 2. — Lat. *Gener. Crust. et Ins. tom.* 4. *pag.* 247. Ces trois espèces se trouvent en France et en Allemagne.

CHIRONOME, *Chironomus.* Meig. Lat. Fab. Wiéd. *Tipula* Lin. Geof. Schæff. Scop. Schranck. De Géer. Ross.

Genre d'insectes de l'ordre des Diptères, première section, famille des Némocères, tribu des Tipulaires (division des Culiciformes).

Un groupe de cette division a pour caractères : antennes des mâles plumeuses des deux côtés et jusqu'au bout, moniliformes inférieurement dans les deux sexes, terminées après la partie moniliforme soit par un article fort long et linéaire, soit par deux articles dont le dernier est renflé et ovalaire. (*Voyez* pag. 656.) Il renferme les Chironomes et les Tanypes ; ceux-ci sont reconnoissables par leurs antennes composées de quatorze articles dans les deux sexes, dont la partie supérieure non moniliforme est composée de deux articles, le dernier court et ovalaire.

Antennes filiformes, avancées, insérées presqu'au milieu de la tête, placée sur une élévation disciforme ; celles des mâles garnies de longs poils coniques, épais, composées de treize articles ; le premier court, cylindrique, les onze suivans lenticulaires ou sphériques, le dernier très-long, cylindrique. Antennes des femelles de six articles ; le premier court, cylindrique, les quatre suivans turbinés ou ovales, garnis de poils verticillés, le dernier très-long, cylindrique, un peu velu. — *Trompe* courte, charnue. — *Palpes* saillans, recourbés, cylindriques, un peu velus, de quatre articles ; le premier petit, les deux suivans d'égale longueur, le dernier le plus long de tous. — *Tête* petite, presque plane antérieurement, portant une carène longitudinale dans son milieu. — *Yeux* lunulés, plus larges à leur partie inférieure. — *Point d'ocelles* — *Corps* grêle, alongé. — *Corselet* ovale, son dos bombé, ayant trois bandes oblongues, légèrement élevées, l'intermédiaire partant d'auprès de la tête et s'avançant jusque vers le milieu du corselet ; les deux autres situées près de l'insertion de chaque aile : sternum présentant un espace légèrement convexe qui sépare l'insertion des pattes antérieures de celle des intermédiaires ; métathorax en forme de croissant, ayant une ligne longitudinale enfoncée. — *Ecusson* étroit. — *Ailes* lancéolées, couchées parallèlement sur le corps dans le repos, finement frangées au bord postérieur, leurs nervures en nombre moyen, toutes longitudinales. — *Balanciers* découverts. — *Abdomen* long, mince, finement velu, composé de huit segmens ; celui des mâles linéaire, ayant l'anus fortement tronqué, muni de deux petits crochets. Abdomen des femelles cylindrique, obtus postérieurement. — *Pattes* longues, grêles ; tarses antérieurs très-alongés dans la plupart des espèces.

Quelques larves de Chironomes ont été observées. Linné, dans la *Fauna suecica*, décrit ainsi la larve de sa *Tipula plumosa.* (*Chironomus plumosus.* Meig.) Corps rougeâtre, filiforme, composé de douze segmens ; queue fendue. Avant-dernier segment du corps portant quatre filets ; elle a deux pattes antérieures et deux postérieures, et vit dans l'eau. Une autre larve de Chironome a été connue de Réaumur (*Mém. Ins. tom. V. pag.* 29—39. *pl.* 5. *fig.* 1—10.) Le corps est fort long, vermiforme, ordinairement d'un rouge-sanguin, composé de onze segmens, le premier un peu plus grand que les autres ; la tête est fort petite. M. Macquart, qui a aussi observé cette larve, a remarqué que sa tête porte deux points noirs qu'il regarde comme des yeux : il a également distingué deux antennes (probablement des palpes) courtes, cylindriques, composées de deux articles, le second fort menu. La bouche est peu distincte; sous le premier segment sont deux tentacules pédiformes, bordés de très-petites pointes en crochets; deux longs filets charnus très-flexibles sont insérés au milieu des côtés de l'avant-dernier segment; la base du dernier en présente deux semblables; il est terminé par deux tubes ovales-alongés dont l'ouverture est ciliée, et par quatre mamelons plus petits. Cette larve habite en société dans des demeures qu'elle se construit au fond des eaux ou sur les rives; les matériaux que ces larves emploient sont des débris de terreau et de feuilles, que Réaumur a cru leur voir réunir au moyen de fils de soie, les mouvemens qu'elles faisoient dans ce moment étant les mêmes que ceux des insectes auxquels la nature a accordé la faculté de filer. Chaque larve se fait un fourreau plus ou moins tortueux (la réunion de ceux-ci forme des masses irrégulières), dont la surface offre l'ouverture de chaque tuyau. Leur corps sort souvent en partie de ces habitations, alors sa partie postérieure paroît cramponnée dans l'intérieur du tuyau à l'aide des quatre filets charnus dont nous avons parlé; les deux tubes ovales qu'on voit à cette même partie sont probablement l'organe extérieur respiratoire. La larve abandonne quelquefois son tuyau et va en construire un autre; elle se meut dans l'eau en se contournant vivement; aucun de ses organes ne remplit les fonctions de nageoires. C'est dans sa cellule qu'elle subit sa métamorphose en nymphe; celle-ci ne diffère des autres nymphes de Tipulaires que par les élégans panaches qui ornent le corselet et la partie postérieure du corps, et qui sont probablement placés à l'extrémité des trachées aériennes qui servent à la respiration; le panache du corselet est surtout remarquable en ce qu'il est composé de cinq tiges plumeuses qui s'écartent en rayonnant; les jambes antérieures, trop longues pour être appliquées contre le corps comme les autres, sont contournées d'une manière particulière. Les étuis qui renferment les ailes sont grands. Pour opérer sa transformation, la nymphe quitte son fourreau et vient à la surface de l'eau. Nous avons observé qu'en sortant de sa peau de nymphe, l'insecte parfait tient ses pattes posées sur l'eau sans s'y enfoncer, jusqu'à ce que le développement et le dessèchement de ses ailes lui permettent de prendre sa volée.

Plusieurs auteurs ont attribué cette larve au Chironome plumeux. Il paroît qu'ils se sont trompés, telle est au moins l'opinion de M. Meigen, qui remarque que l'insecte parfait, figuré par Réaumur, porte sur chaque aile trois taches noires qu'on ne retrouve point dans le Chironome plumeux.

De Géer a vu la larve du Chironome stercoraire (*Mém. Ins. tom. VI. pag.* 388. *n*°. 22. *pl.* 22. *fig.* 14—20. *et pl.* 23. *fig.* 1.) qui vit dans les fumiers. Elle est vermiforme; sa tête est munie de deux antennes (probablement des palpes), courtes et coniques, et de deux crochets placés de manière à faire l'office de pioches pour se frayer un chemin dans le fumier en le fouillant.

Les Chironomes, surtout les mâles, volent en troupes nombreuses dans les temps orageux et humides, au-dessus des marais et au bord des eaux, dans lesquelles ont vécu les larves. Lorsqu'ils sont posés, leurs quatre pattes postérieures seules les soutiennent d'ordinaire sur le plan de position; les antérieures sont alors relevées et dirigées en avant; elles ont un mouvement continuel et alternatif de haut en bas et de bas en haut, habitude qui leur a valu l'application d'un mot grec qui signifie: *gesticuler en cadence*. Les espèces de ce genre sont nombreuses et presque toutes fort petites. Le corps de plusieurs est vert ou presque transparent; quelques autres sont d'un noir foncé. Les individus de chaque espèce sont ordinairement fort nombreux et se tiennent cantonnés.

MM. Meigen et Macquart divisent ainsi ce genre:

1re. *Division*. Ailes nues vues au microscope.

1re. *Subdivision*. Balanciers blanchâtres.

Cette subdivision renferme dans les *Diptères d'Europ.* de M. Meigen cinquante-six espèces, parmi lesquelles nous citerons: 1°. Chironome plumeux, *C. plumosus*. Meig. *Dipt. d'Europ. tom.* 1. *pag.* 20. *n*°. 1. — Macq. *Tipul. du nord de la France, pag.* 137. *n*°. 1. — *Encycl. pl.* 385. *fig.* 6. Femelle. (M. Meigen regarde comme douteux le synonyme de Geoffroy en raison de la taille moitié plus petite que cet auteur donne à l'espèce qu'il décrit.) Très-commun aux environs de Paris. 2°. Chironome gesticulateur, *C. motitator*. Meig. *id. pag.* 45. *n*°. 55. — Macq. *id. pag.* 147. *n*°. 32. De France et d'Allemagne. 3°. Chironome menu, *C. tenuis*. Macq. *id. pag.* 139. *n*°. 6. Longueur une lig. ¾. Corselet verdâtre, à trois bandes longitudinales noires. Abdomen et pattes noirâtres. Ailes transparentes. Assez commun. 4°. Chironome noir, *C. niger*. Macq. *id. pag.* 142. *n*°. 13. Longueur une ligne ½. Noir. Pattes d'un brun-noirâtre. Assez commun. 5°. Chironome grêle, *C. gracilis*. Macq. *id. n*°. 14. Longueur une ligne. Corselet jaune à bandes longitudinales noires. Abdomen d'un brun-noir; pattes jaunâtres. Mâle. 6°. Chironome pallipède, *C. pallipes*. Macq. *id. n*°. 15. Longueur 2 lig. Brun. Antennes et pattes pâles. 7°. Chironome testacé, *C. testaceus*. Macq. *id. n*°. 16. Longueur une lig. Testacé; corselet à bandes longitudinales brunes; pattes pâles. Commun. 8°. Chironome tacheté, *C. maculatus*. Macq. *id. pag.* 144. *n*°. 22. Longueur une ligne. Noirâtre; pattes roussâtres; ailes tachetées. Femelle. 9°. Chironome annelé, *C. annulatus* Macq. *id. pag.* 146. *n*°. 27. Longueur une ligne ½. Noir. Jambes et tarses à bande blanche. Commun. 10°. Chironome trois anneaux, *C. triannulatus*. Macq.

id. n°. 30. Longueur une ligne $\frac{1}{4}$. Corselet jaune à bandes longitudinales noires. Premier, quatrième et cinquième segmens de l'abdomen jaunes ; jambes antérieures ayant une bande blanche. Assez rare. 11°. Chironome bordé, *C. marginatus.* Macq. *id. pag.* 148. *n°.* 33. Longueur une lig. $\frac{1}{4}$. Corselet jaune à bandes longitudinales noires ; abdomen noir, ses segmens bordés de jaune ; pattes noires, jambes à anneaux blancs. 12°. Chironome unifascié, *C. unifasciatus.* Macq. *id. n°.* 34. Longueur une ligne. Corselet jaune à bandes longitudinales noires ; abdomen noir avec le premier segment jaune ; jambes antérieures ayant une bande blanche.

2e. *Subdivision.* Balanciers noirs ou bruns.

M. Meigen place dans cette subdivision six espèces. Nous citerons : 1°. Chironome stercoraire, *C. stercorarius.* Meig. *Dipt. d'Europ. tom.* 1. *pag.* 46. *n°.* 57. — Macq. *Tipul. du nord de la France, pag.* 148. *n°.* 35. De France et d'Allemagne. Fort commun. 2°. Chironome huméral, *C. humeralis.* Macq. *id. pag.* 149. *n°.* 38. Longueur une ligne $\frac{1}{2}$. Noir. Corselet marqué d'une tache jaune de chaque côté ; pattes obscures ; ailes blanches avec une ligne noire à leur base. Mâle. Assez rare.

2e. *Division.* Ailes velues vues au microscope.

1re. *Subdivision.* Balanciers blanchâtres.

Dans les *Diptères d'Europe*, cette subdivision comprend onze espèces. Nous mentionnerons : 1°. Chironome fuscipède, *C. fuscipes.* Meig. *Dipt. d'Europ. tom.* 1. *pag.* 49. *n°.* 65. — Macq. *Tipul. du nord de la France, pag.* 150. *n°.* 40. De France et d'Allemagne. 2°. Chironome flavipède, *C. flavipes.* Meig. *id. pag.* 50. *n°.* 67. — Macq. *id. n°.* 39. De France et d'Allemagne.

2e. *Subdivision.* Balanciers noirs ou bruns.

Cette subdivision ne contient que les deux espèces suivantes : 1°. Chironome picipède, *C. picipes.* Meig. *Dipt. d'Europ. tom.* 1. *pag.* 52. *n°.* 74. D'Allemagne. 2°. Chironome brun, *C. fuscus.* Meig. *id. n°.* 75. Même patrie.

Nous citerons encore comme étant de ce genre, le Chironome agréable, *C. festivus.* Wiédem. *Analect. Entom. pag.* 10. Longueur 3 lign. $\frac{1}{2}$. Vert. Corselet à bandes longitudinales ferrugineuses. Bords des segmens de l'abdomen, noirs. Mâle. Amérique septentrionale.

On doit retirer du genre *Chironomus* Fab. *Syst. Antliat.* les espèces européennes nos 7, 14, 16, 27, 29, 30, 44. qui appartiennent au genre Tanype, ainsi que le n°. 23. Ce dernier de l'Amérique méridionale. Les nos 19. et 22. sont des Corèthres. Le genre Cératopogon revendique les espèces suivantes : nos 20, 31, 35. Les nos 37 et 42 sont des Molobres. (*Sciara* Meig.) Le n°. 39 est du genre *Polymera* Wiédem. et le n°. 40. du genre *Dorthesia* du même auteur. Le n°. 45 est une Cécidomyie, ce qui est également probable des nos. 41 et 49. Le n°. 47 appartient au genre Simulie. Les nos. 24, 39, 43 et 48 sont douteux.

CÉRATOPOGON, *Ceratopogon.* Meig. Macq. Lat. Panz. Wiédem. *Tipula.* Linn. Schranck. Schell. *Chironomus.* Fab. *Culex.* Oliv. (*Encycl.*) Fab.

Genre d'insectes de l'ordre des Diptères, première section, famille des Némocères, tribu des Tipulaires (division des Culiciformes).

Un groupe de Tipulaires-Culiciformes contenant les genres Cératopogon et Macropèze offre pour caractères : antennes des deux sexes presqu'entièrement moniliformes, avec les cinq derniers articles plus alongés ; celles des mâles n'ayant qu'un faisceau de poils situés à leur base. (*Voyez* pag. 656.) Les Macropèzes sont distinctes des Cératopogons par leurs antennes ayant quatorze articles cylindriques, et encore par la longueur disproportionnée des pattes postérieures.

Antennes avancées, filiformes, plus longues que la tête, insérées sur un disque épais, composées de treize articles dans les deux sexes ; les huit inférieurs globuleux ou ovales, garnis de longs poils dans les mâles, lesquels forment un bouquet ou pinceau dirigé obliquement en dehors ; les cinq derniers articles cylindriques-ovales : dans les femelles tous les articles sont semblables pour la forme à ceux des mâles, mais seulement garnis de poils courts. — *Trompe* un peu saillante. — *Palpes* insérés des deux côtés de la base de la lèvre inférieure, saillans, courbés, cylindriques, velus, composés de quatre articles ; le premier court, le second trois fois aussi long que le premier, les deux derniers assez courts. — *Tête* déprimée en avant. — *Yeux* lunulés. — *Point d'ocelles.* — *Corps* mince, alongé. — *Corselet* ovale ou presque globuleux, sans bandes élevées, mais ayant une impression sur sa partie postérieure dorsale : métathorax très-court, caché sous l'écusson. — *Ecusson* étroit. — *Ailes* lancéolées ou fortement arrondies à l'extrémité, velues vues au microscope, couchées parallèlement sur le corps dans le repos ; leurs nervures, en nombre moyen, toutes longitudinales. — *Balanciers* découverts. — *Abdomen* cylindrique, de huit segmens, quelquefois un peu déprimé dans les mâles. — *Pattes* presque d'égale longueur, rapprochées à leur insertion, sans intervalles élevés.

On trouve les Cératopogons, dont le nom vient de deux mots grecs qui signifient : *cornes barbues*, sur les broussailles, les haies, les fleurs, surtout dans les pays boisés, bas et humides. Ce séjour, ainsi que l'analogie, ne permettent guère de douter qu'ils ne se développent dans les eaux ; cependant on ne connoît encore ni leurs larves, ni leurs métamorphoses. Ce genre est nombreux en espèces; elles sont fort petites et se multiplient beaucoup. Celles de la première division, suivant M. Meigen, piquent plus vivement que l'exiguïté de leur taille ne pourroit le faire croire.

1re. *Division.* Cuisses grêles, simples, sans épine. (*Culicoïdes.*)

Nota. Le genre Culicoïde Lat. a été établi, à ce que nous croyons, sur l'inspection d'individus femelles de l'espèce que MM. Meigen et Macquart regardent comme étant le *Culex pulicaris* Linn. La femelle a les mêmes antennes que les Cératopogons de ce sexe, et le mâle a les siennes exactement conformées comme dans les mâles Cératopogons. On pourroit faire un genre sous ce nom de Culicoïde, de la présente division; nous pensons qu'outre le caractère tiré des cuisses, mentionné ci-dessus, on doit admettre que la trompe est plus longue que la tête et conique (au moins dans les femelles); par conséquent sa forme et ses dimensions proportionnelles sont différentes de celles des véritables Cératopogons. Ces derniers sont des insectes tout-à-fait innocens, qui ne piquent point et ne vivent pas de proie, tandis que MM. Meigen et Macquart s'accordent à dire que les Cératopogons de leur première division piquent la peau humaine nue. Ce dernier auteur a été à même d'observer qu'ils vivent aussi de proie.

Cette division renferme vingt-neuf espèces dans les *Dipt. d'Europ.* de M. Meigen, parmi lesquelles nous citerons: 1°. Cératopogon fascié, *C. fasciatus.* Meig. *Dipt. d'Eur. tom.* 1. *pag.* 79. *n°.* 27. — Macq. *Tipul. du nord de la France, pag.* 121. *n°.* 1. De France et d'Allemagne. 2°. Cératopogon ailes de neige, *C. niveipennis.* Meig. *id. pag.* 73. *n°.* 12. — Macq. *id. pag.* 124. *n°.* 10. Longueur une ligne. Noir; ailes d'un blanc de neige; balanciers et tarses blancs. On le trouve au printemps. M. Macquart l'a surpris suçant une espèce de Chironome plus grand que lui, dont il s'étoit emparé.

2e. *Division.* Quelques-unes des cuisses épineuses en dessous. (*Ceratopogon propriè dictus.*)

1re. *Subdivision.* Cuisses antérieures épineuses en dessous.

M. Meigen range sept espèces dans cette subdivision; nous citerons le Cératopogon spinipède, *C. spinipes.* Meig. *Dipt. d'Eur. tom.* 1. *pag.* 81. *n°.* 33. Mâle. — Panz. *Faun. Germ. fas.* 103. *fig.* 14. Mâle. D'Allemagne.

2e. *Subdivision.* Cuisses postérieures renflées, épineuses en dessous.

Cette subdivision contient cinq espèces dans les *Dipt. d'Eur.* de M. Meigen.

1. Cératopogon morio, *C. morio.*

Ceratopogon morio. Meig. *Dipt. d'Eur. tom.* 1. *pag.* 84. *n°.* 40. — Macq. *Tipul. du nord de la France, pag.* 126. *n°.* 18. — *Culex morio* n°. 14. Fab. *Syst. Antliat.*

Voyez pour la description et les autres synonymes, Cousin morio n°. 12. de ce Dictionnaire.

Nous mentionnerons encore le Cératopogon fémoral, *C. femoratus.* Meig. *Dipt. d'Eur. tom.* 1. *pag.* 83. *n°.* 37. — Macq. *Tipul. du nord de la France, pag.* 124. *n°.* 12. — *Encycl. pl.* 385. *fig.* 16. Mâle. De France et d'Allemagne.

M. Meigen cite en outre quatre espèces de la collection de M. le comte Hoffmansegg, savoir: deux de Portugal et deux de Berlin, décrites par M. Wiédemann. Ces espèces sont peut-être de la première Division.

M. Macquart signale comme nouvelles les espèces suivantes: 1°. Cératopogon cendré, *C. cinereus.* Macq. *id. n°.* 2. Longueur 2 lignes. Corselet cendré; abdomen noir; pattes fauves; genoux noirs; cuisses grêles, mutiques. 2°. Cératopogon brillant, *C. nitidus.* Macq. *id. pag.* 122. *n°.* 3. Longueur 2 lig. Noir; pattes fauves; ailes sans taches. Commun. Il ressemble beaucoup au *C. tibialis* Meig., mais ses cuisses antérieures n'ont pas d'épines. 3°. Cératopogon unimaculé, *C. unimaculatus.* Macq. *id. n°.* 4. Longueur 1 lig. $\frac{1}{2}$. Noir; pattes fauves; ailes marquées d'une tache obscure sur la première cellule marginale; cuisses grêles, mutiques. Assez rare. 4°. Cératopogon ruficorne, *C. ruficornis.* Macq. *id. n°.* 5. Longueur une ligne. Antennes et pattes roussâtres; corps d'un noir luisant; cuisses grêles, mutiques. Rare. 5°. Cératopogon brévipenne, *C. brevipennis.* Macq. *id. pag.* 123. *n°.* 7. Longueur une ligne $\frac{1}{4}$. Noir; pattes velues; les deux premiers articles des tarses roussâtres; ailes courtes; cuisses grêles, mutiques. Rare. 6°. Cératopogon fauve, *C. fulvus.* Macq. *id. pag.* 125. *n°.* 13. Fauve; abdomen ayant une tache noirâtre; pattes avec leurs articulations noires; cuisses antérieures épineuses. Femelle.

MACROPÈZE, *Macropeza.* Meig. Lat. (*Fam. nat.*)

Genre d'insectes de l'ordre des Diptères, première section, famille des Némocères, tribu des Tipulaires (division des Culiciformes).

Un petit groupe de cette division se compose des genres Cératopogon et Macropèze. (*Voyez* Tipulaires, *pag.* 656.) On séparera aisément les Cératopogons des Macropèzes par leurs antennes n'ayant que treize articles, et par leurs pattes presqu'égales en longueur.

Antennes insérées sur un petit tubercule rond, avancées, aussi longues que la tête et le corselet pris ensemble, filiformes, velues, composées de quatorze articles; le premier cyathiforme, nu; le second du double aussi long que le premier; les sept suivans devenant peu à peu plus courts, tous un peu amincis à leur base; les quatre suivans plus longs, absolument cylindriques : le dernier un peu plus court que les précédens. — *Point d'ocelles.* — *Ailes* lancéolées, alongées. — *Abdomen* cylindrique, terminé en pointe, composé de huit segmens. — *Pattes antérieures* de longueur ordinaire; les intermédiaires plus longues d'un tiers que les antérieures; les postérieures extrêmement longues.

Tels sont les caractères donnés par M. Meigen à ce genre dont on ne connoît que le sexe féminin. La longueur des pattes postérieures lui a fait donner son nom tiré de deux mots grecs. Le type est la Macropèze albitarse, *M. albitarsis*. Meig. *Dipt. d'Eur. tom.* 1. *pag.* 87. *n°.* 1. *tab.* 3. *fig.* 1. Femelle. Longueur 1 lig. ⅓. Tête noire; corselet gris-cendré, avec trois raies noires, étroites; abdomen noir; balanciers blancs; ailes hyalines, leurs nervures d'un brun pâle; pattes noires; tarses blancs. D'Europe.

CÉCIDOMYIE, *Cecidomyia*. Lat. Meig. Macq. *Tipula*. Linn. De Géer. *Chironomus*. Fab.

Genre d'insectes de l'ordre des Diptères, première section, famille des Némocères, tribu des Tipulaires (division des Gallicoles).

Les quatre genres Psychode, Cécidomyie, Lestrémie et Lasioptère composent cette division. (*Voyez* Tipulaires, *pag.* 656.) Les Psychodes se distinguent par leurs ailes en toit, à nervures nombreuses, et par leurs antennes courtes : ce dernier caractère appartient aussi aux Lasioptères, qui en outre n'ont que deux nervures à leurs ailes et dont les articles des antennes sont rapprochés les uns des autres. Dans les Lestrémies, les antennes sont de quinze articles dans les deux sexes, et l'une des nervures de leurs ailes se bifurque vers son milieu.

M. Meigen (*Dipt. d'Eur.*) n'a point connu le genre Lestrémie fondé par M. Macquart sur une Tipulaire du nord de la France. L'auteur allemand fait une division particulière du genre Psychode sous le nom de Tipulaires-Noctuéformes. Il compose sa division des Tipulaires-Gallicoles des genres Lasioptère, Cécidomyie et Campylomyze : ce dernier se distingue des Cécidomyies, ainsi que des Lasioptères, par la présence des ocelles. M. Latreille place les Campylomyzes parmi ses Tipulaires-Fongivores.

Antennes moniliformes, insérées chacune sur un petit tubercule, rapprochées à leur insertion, aussi longues que le corps dans les mâles, un peu plus courtes dans les femelles; composées d'articles pédicellés, distans, velus, ordinairement au nombre de vingt-quatre dans les mâles (n'en ayant que douze dans la Cécid. du Groseiller), toujours de douze dans les femelles. — *Bouche* peu avancée. — *Palpes* recourbés. — *Tête* petite. — *Yeux* lunulés. — *Point d'ocelles.* — *Corps* assez long. — *Corselet* ovale. — *Ailes* obtuses, leur surface velue, frangées de longs poils, surtout au bord postérieur, couchées parallèlement sur le corps dans le repos, ayant trois nervures longitudinales, toutes simples et point fourchues. — *Balanciers* découverts, leur pédicule assez long. — *Abdomen* de huit segmens, cylindrique dans les mâles, pointu dans les femelles, portant à son extrémité, dans ce sexe, une tarière plus ou moins longue, composée de plusieurs tuyaux susceptibles de rentrer les uns dans les autres. — *Pattes* longues proportionnellement au corps, grêles, velues; jambes sans épines terminales; premier article des tarses très-court.

Le nom de ces insectes vient de deux mots grecs dont la signification a rapport à la nourriture des larves, lesquelles vivent dans les galles des végétaux. Ce sont de fort petits Diptères, très-délicats, qui perdent ordinairement leurs couleurs après la mort. De Géer a donné l'histoire de la Cécidomyie du Saule. (*C. salicina.*) Il trouva sur une espèce de Saule, dont il n'indique pas le nom spécifique, le vingt-sept avril, des galles d'une nature singulière, ressemblant à des roses doubles, de couleur verte, occupant l'extrémité des jeunes branches. Au milieu de ces feuilles, au centre de la rose, est une petite cellule conique, en forme de bouton, composée de feuilles plus petites. Là, habite seule une larve d'un jaune rougeâtre, sans pattes; son corps de douze segmens est un peu aminci à la partie antérieure; la tête est arrondie. Le onze mai suivant, dans ces mêmes galles, De Géer trouva une coque blanche très-mince, qui enveloppoit, sans la cacher entièrement, une nymphe rouge à pattes blanches, dont l'abdomen d'un rouge un peu plus clair portoit une ligne dorsale d'un rouge obscur. Ayant renfermé dans une boîte quelques-unes de ces galles, il en sortit de petites Tipulaires, que plusieurs auteurs, et notamment M. Macquart, paroissent avoir observées depuis De Géer, et qu'ils rapportent à la Cécidomyie du Saule.

De Géer décrit en outre les mœurs de trois espèces de Tipulaires, voisines de la première, savoir : la *Tipula juniperi* Linn., que M. Meigen place avec doute dans le genre Lasioptère, et les *Tipula pini* et *loti*, qui ont paru à MM. Latreille et Meigen être des Cécidomyies.

M. Macquart dit avoir obtenu la Cécidomyie du Saule de galles à peu près semblables à celles décrites par De Géer et trouvées sur le Saule vulgaire (*Salix alba*). Il a aussi observé sur l'Armoise aurone (*Artemisia abrotanum*) une larve de Cécidomyie qui vit sur les jeunes feuilles de cette plante sans y produire d'altération et sans se renfermer dans une cellule; elle se forme une coque très-alongée pour s'y changer en nymphe.

M. Meigen décrit dix-sept espèces de ce genre et en mentionne cinq autres d'après les auteurs; nous indiquerons, 1°. Cécidomyie noire, *C. nigra*. Meig. *Dipt. d'Eur. tom.* 1. *pag.* 95. *n°.* 4. *tab.* 3. *fig.* 11. Femelle — Macq. *Tipul. du nord de la*

France, pag. 116. *n°.* 4. De France et d'Allemagne. 2°. Cécidomyie des marais, *C. palustris.* Meig. *id. pag.* 96. *n°.* 7. — Macq. *id, pag.* 115. *n°.* 2. Commune en France. M. Macquart a observé au mois de mai beaucoup de femelles posées sur les épis en fleur du Vulpin des prés (*Alopecurus pratensis*); elles introduisoient leur tarière entre les valves des glumes, sans doute pour y déposer leurs œufs. 3°. Cécidomyie jaune, *C. lutea.* Meig. *id. pag.* 99. *n°.* 16. — *Encycl. pl.* 385. *fig.* 22. Mâle. *fig.* 23. Femelle. M. Macquart donne comme nouvelles les espèces suivantes: 1°. Cécidomyie variée, *C. variegata.* Macq. *id. pag.* 115. *n°.* 3. Longueur une ligne ½. Ailes légèrement tachetées; pattes variées de noir et de blanc. Rare. 2°. Cécidomyie orangée, *C. aurantiaca.* Macq. *id. pag.* 116. *n°.* 5. Longueur une ligne. Corps et ailes d'un jaune orangé. Rare. 3°. Cécidomyie pygmée, *C. pygmæa.* Macq. *id. pag.* 117. *n°.* 7. Longueur ¼. de ligne. Tête et corselet obscurs; abdomen rougeâtre. Mâle.

LESTRÉMIE, *Lestremia.* Macq.

Genre d'insectes de l'ordre des Diptères, première section, famille des Némocères, tribu des Tipulaires (division des Gallicoles).

Des trois genres qui composent cette division avec les Lestrémies (*voyez* Tipulaires, *pag.* 656.), celui de Psychode se distingue par ses ailes ayant des nervures nombreuses; les Cécidomyies se reconnoissent à leurs antennes composées de vingt-quatre ou de douze articles, aux nervures des ailes seulement au nombre de trois, et à la brièveté du premier article des tarses. Dans les Lasioptères, les antennes sont composées de plus de quinze articles et leurs ailes n'offrent que deux nervures longitudinales. En outre, dans ces trois genres, aucune nervure des ailes n'est bifurquée, ce qui les sépare des Lestrémies.

M. Macquart a créé ce genre, et lui attribue ces caractères.

Antennes velues, courbées en avant, un peu moins longues que le corps, composées de quinze articles globuleux, pédicellés dans les mâles. — *Ailes* larges, ayant cinq nervures, dont la troisième, à partir de la côte, est bifurquée dans son milieu. — *Balanciers* à long pédicule. — *Pattes* grêles, assez longues; premier article des tarses long.

L'auteur ne décrit qu'une seule espèce, Lestrémie cendrée, *L. cinerea.* Macq. *Tipul. du nord de la France, pag.* 117. *n°.* 1. Longueur une ligne. D'un gris roussâtre. Au mois de mai, dans les prairies.

LASIOPTÈRE, *Lasioptera.* Meig. Macq. Lat. (*Fam. nat.*) *Tipula.* Linn. Schranck. De Géer.

Genre d'insectes de l'ordre des Diptères, première section, famille des Némocères, tribu des Tipulaires (division des Gallicoles).

Les Gallicoles se composent des genres Psychode, Cécidomyie, Lestrémie et Lasioptère. On reconnoît les Psychodes à leurs ailes en toit dans le repos et chargées de beaucoup de nervures. Le genre Lestrémie n'a que quinze articles aux antennes, et ses ailes offrent cinq nervures longitudinales, dont l'une est bifurquée au milieu. Les Cécidomyies ont les articles des antennes pédicellés et distans les uns des autres; les nervures des ailes sont au nombre de trois.

Antennes avancées, filiformes, velues, composées de plus de quinze articles, ces articles globuleux. — *Trompe* petite. — *Palpes* saillans, recourbés, composés de quatre articles; les deux inférieurs épais, en massue; les deux autres grêles, cylindriques. — *Tête* petite, sphérique. — *Yeux* lunulés. — *Point d'ocelles.* — *Corps* assez gros dans les femelles. — *Corselet* globuleux. — *Ailes* velues, leurs bords frangés, couchées l'une sur l'autre dans le repos, n'ayant que deux nervures dont aucune n'est bifurquée. — *Abdomen* de huit segmens, cylindrique dans les mâles, terminé en pointe dans les femelles. — *Pattes* longues, grêles.

Le nom de ces Tipulaires vient de deux mots grecs qui expriment que leurs ailes sont frangées. Elles vivent probablement dans les galles des végétaux.

1re. *Division.* Premier article des tarses très-court.

M. Meigen place quatre espèces dans cette division; nous citerons, 1°. Lasioptère peinte, *L. picta.* Meig. *Dipt. d'Eur. tom.* 1. *pag.* 89. *n°.* 1. *tab.* 3. *fig.* 3. Femelle. 2°. Lasioptère albipenne, *L. albipennis.* Meig. *id. n°.* 3. — Macq. *Tipul. du nord de la France, pag.* 165. *n°.* 1. De France et d'Allemagne.

2e. *Division.* Premier article des tarses plus grand qu'aucun des autres.

Trois espèces sont placées dans cette division par M. Meigen, mais l'une d'elles n'y est qu'avec doute; nous mentionnerons la Lasioptère brune, *L. obfuscata.* Meig. *ut suprà. pag.* 90. *n°.* 5.

MACROCÈRE, *Macrocera.* Meig. Panz. Lat. (*Fam. nat.*) Macq.

Genre d'insectes de l'ordre des Diptères, première section, famille des Némocères, tribu des Tipulaires (division des Fongivores).

Le premier groupe de cette division, caractérisé par les antennes point manifestement grenues ni perfoliées, plus longues que la tête et le corselet réunis, contient deux genres, Macrocère et Bolitophile (*voyez* pag. 656.): ce dernier diffère du premier par ses ocelles disposés transversalement sur une ligne droite, et parce que l'une des cellules qui avoisinent la côte des ailes est fermée postérieurement par une nervure transversale.

M.

M. Meigen joint à ce groupe le genre Dixa, qui se distingue des deux précédemment nommés, par le manque absolu d'ocelles, et qui fait partie des Tipulaires-Terricoles Lat. *Voyez* Dixa, pag. 587. de ce volume.

Antennes avancées, courbées, arquées, sétacées, aussi longues ou plus longues que le corps; les deux articles de la base, épais, sphériques, lisses; les suivans cylindriques, finement velus, point distinctement séparés, et par conséquent difficiles à compter. — *Palpes* recourbés, de quatre articles. — *Tête* un peu plus étroite que le corselet, aplatie par devant; front large. — *Yeux* ronds. — *Trois ocelles* disposés en triangle, les deux postérieurs plus grands, l'antérieur fort petit. — *Corps* alongé, menu. — *Corselet* ovalaire, sans ligne enfoncée transversale sur le dos. — *Ecusson* petit. — *Ailes* grandes, obtuses à l'extrémité, couchées parallèlement sur le corps dans le repos; cellules qui avoisinent leur côte point fermées postérieurement par une nervure transversale. — *Balanciers* découverts. — *Abdomen* cylindrique, un peu élargi au milieu dans les femelles, de sept segmens. — *Pattes* grêles, de longueur inégale, les postérieures plus grandes que les autres; hanches alongées; jambes munies de deux épines terminales.

On trouve ces Tipulaires, dont le nom vient de deux mots grecs qui ont rapport à la longueur de leurs antennes, dans les bois humides et sur le bord des eaux. On ignore leurs premiers états.

Ce genre est composé de six espèces dans les *Dipt. d'Eur.* de M. Meigen. Nous citerons, 1°. Macrocère jaune, *M. lutea.* Meig. *Dipt. d'Europ. tom.* 1. *pag.* 225. *n°.* 1. — Macq. *Tipul. du nord de la France, pag.* 54. *n°.* 5. — *Encycl. pl.* 385. *fig.* 38. 2°. Macrocère ailes tachetées, *M. maculipennis.* Macq. *id. n°.* 4. Longueur 2 lig. ½. Ferrugineuse. Ailes marquées d'une tache stigmatique, en ayant une autre et l'extrémité, noires; segmens de l'abdomen bordés de noirâtre. Fort commune au mois de juillet dans les bois. 3°. Macrocère naine, *M. nana.* Macq. *id. n°.* 6. Longueur une ligne ½. Jaunâtre. Corselet ayant trois bandes linéaires. Abdomen fascié de noir. Rare.

BOLITOPHILE, *Bolitophila.* Meig. Macq. Lat. (*Fam. natur.*)

Genre d'insectes de l'ordre des Diptères, première section, famille des Némocères, tribu des Tipulaires (division des Fongivores).

Ceux des Tipulaires-Fongivores dont les antennes point manifestement grenues ni perfoliées, surpassent en longueur la tête et le corselet réunis, sont les genres Macrocère et Bolitophile. Le premier est distingué du second par ses ocelles disposés en triangle et par les cellules des ailes, dont aucune de celles qui avoisinent la côte n'est fermée postérieurement par une nervure transversale.

Antennes sétacées, avancées, plus longues que la tête et le corselet pris ensemble; leurs deux articles basilaires épais; les autres indistincts. — *Trompe* peu saillante. — *Palpes* recourbés, cylindriques, saillans, de quatre articles, le premier très-court. — *Tête* petite, légèrement aplatie en dessus. — *Yeux* ronds. — *Trois ocelles* placés sur le front, disposés en ligne transversale presque droite, l'intermédiaire plus petit que les autres. — *Corps* mince, alongé. — *Corselet* arrondi-ovale. — *Ailes* obtuses, couchées parallèlement sur le corps dans le repos; leurs nervures assez nombreuses; l'une des cellules voisines de la côte fermée par une nervure transversale. — *Balanciers* découverts. — *Abdomen* très-long, grêle, presque cylindrique dans les mâles, un peu fusiforme dans les femelles. — *Pattes* alongées; hanches assez longues; cuisses un peu épaisses ainsi que les jambes; celles-ci terminées par deux courtes épines.

Le nom donné à ce genre par M. de Hoffmansegg, semble indiquer que les larves vivent dans les bolets, mais aucun entomologiste, à notre connoissance, ne les a encore décrites. Les espèces connues sont les suivantes :

1°. Bolitophile cendrée, *B. cinera.* Meig. *Dipt. d'Eur. tom.* 1. *pag.* 221. *n°.* 1. *tab.* 8. *fig.* 1. — Macq. *Tipul. du nord de la France, pag.* 55. *n°.* 1. Dans les bois. 2°. Bolitophile brune, *B. fusca.* Meig. *id. n°.* 2. D'Allemagne.

LEIA, *Leia.* Meig. Lat. (*Fam. nat.*) *Mycetophila.* Macq. Oliv. (*Encycl.*)

Genre d'insectes de l'ordre des Diptères, première section, famille des Némocères, tribu des Tipulaires (division des Fongivores).

Ce genre constitue seul une coupe particulière parmi les Tipulaires-Fongivores. (*Voyez* Fongivores, pag. 656. de ce volume.)

Antennes filiformes, courbées, avancées, aussi longues que la tête et le corselet réunis, composées de seize articles; les deux premiers distinctement séparés l'un de l'autre, soyeux; les suivans finement velus. — *Trompe* à peine saillante. — *Palpes* saillans, recourbés, assez longs, de quatre articles, le premier très-petit. — *Tête* ronde, ayant une légère impression à la partie antérieure, un peu enfoncée postérieurement dans le corselet. — *Yeux* arrondis-ovales. — *Trois ocelles* distincts. — *Corps* de longueur moyenne. — *Corselet* fortement bombé, sans ligne transversale enfoncée. — *Ecusson* petit. — *Ailes* obtuses, couchées parallèlement sur le corps dans le repos, n'ayant qu'un nombre médiocre de nervures. — *Balanciers* découverts. — *Abdomen* ordinairement cylindrique, composé de sept segmens. — *Pattes* assez courtes; cuisses fortes, comprimées; jambes terminées par deux épines; jambes intermédiaires et postérieures finement épineuses à leur partie extérieure.

Les mœurs et les premiers états des Léïas ne sont pas connus. Leur nom vient d'un mot grec qui exprime que le corps est lisse et poli.

1re. *Division.* Ocelles rapprochés en triangle sur le vertex.

1. Léïa mi-partie, *L. dimidiata.*

Leia dimidiata Meig. *Dipt. d'Europ. tom.* 1. *pag.* 254. *n°.* 1.

Voyez pour la description et les autres synonymes, Mycétophile mi-partie, n°. 3. de ce Dictionnaire.

M. Meigen décrit en outre deux autres espèces de cette division.

2e. *Division.* Ocelles disposés en ligne courbe sur le front.

2. Léïa bimaculée, *L. bimaculata.*

Leia bimaculata Meig. *Dipt. d'Eur. tom.* 1. *pag.* 256. *n°.* 7.

Voyez pour la description et les autres synonymes, Mycétophile bimaculée n°. 7. de ce Dictionnaire.

3. Léïa anale, *L. analis.*

Leia analis Meig. *id. pag.* 257. *n°.* 9.

Voyez pour la description et les autres synonymes, Mycétophile douteuse de ce Dictionnaire.

On trouve encore cinq autres espèces de cette division dans les *Dipt. d'Europ.* de M. Meigen.

GNORISTE, *Gnoriste.* Meig.

Genre d'insectes de l'ordre des Diptères, première section, famille des Némocères, tribu des Tipulaires (division des Fongivores).

Un groupe de Fongivores contenant les genres Rhyphe, Gnoriste et Asindule, a pour caractères: antennes grenues, noueuses ou perfoliées, de même grosseur, ou plus menues vers le bout; museau prolongé en manière de bec. (*Voy.* Fongivores, pag. 656. de ce volume). On distingue les Rhyphes des Gnoristes par ce que la trompe des premiers est plus courte que la tête; en outre leurs antennes vont en diminuant de grosseur vers le bout, ainsi que celles des Asindules, qui ont leurs palpes insérés vers la base de la trompe, celle-ci refendue à son extrémité, et les yeux échancrés. Leurs ailes ont toutes les cellules du bord postérieur, sessiles.

Antennes avancées, cylindriques, filiformes, arquées, aussi longues que la tête et le corselet pris ensemble, composées de seize articles, les deux de la base plus épais, courts, presque cyathiformes; les suivans grenus, finement velus. — *Trompe* saillante, un peu rabattue, deux fois aussi longue que la tête, ne paroissant point refendue à son extrémité. — *Palpes* petits, insérés vers et avant l'extrémité de la trompe, leurs articles peu distincts, paroissant au moins au nombre de trois; celui de la base le plus épais de tous. — *Tête* plus étroite que le corselet, légèrement comprimée en devant. — *Yeux* entiers, arrondis, oblongs. — *Trois ocelles* placés en triangle sur le front, les deux supérieurs plus distincts. — *Corps* alongé, mince. — *Corselet* ovale, bombé en dessus. — *Ailes* couchées horizontalement sur le corps dans le repos, n'ayant point de cellule discoïdale inférieure fermée; deux de celles du bord postérieur, pétiolées. — *Balanciers* découverts. — *Abdomen* composé de sept segmens, fortement comprimé dans les femelles, en massue postérieurement et terminé par deux crochets velus dans les mâles. — *Pattes* assez grandes; cuisses minces; jambes terminées par deux épines, finement épineuses sur les côtés; tarses assez grands.

Le type de ce genre est le Gnoriste apical, *G. apicalis.* Meig. *Dipt. d'Eur. tom.* 1. *pag.* 243. *n°.* 1. *tab.* 9. *fig.* 1. Mâle.

ASINDULE, *Asindulum.* Lat.

Genre d'insectes de l'ordre des Diptères, première section, famille des Némocères, tribu des Tipulaires (division des Fongivores).

Trois genres, Rhyphe, Gnoriste et Asindule, forment par leur réunion un petit groupe parmi les Tipulaires-Fongivores. (Voyez *pag.* 656. de ce volume). Les Rhyphes sont bien séparés des deux derniers genres par leur trompe plus courte que la tête, et par leurs ailes offrant distinctement une cellule discoïdale. On distinguera les Gnoristes des Asindules, à leurs palpes insérés vers l'extrémité de la trompe, celle-ci paroissant entière à son extrémité: ils ont en outre les yeux sans échancrure, les antennes filiformes, et deux cellules du bord postérieur de l'aile, pétiolées.

Antennes simples, sétacées, composées de seize articles, la plupart cylindriques et peu distincts les uns des autres. — *Trompe* beaucoup plus longue que la tête, dirigée en arrière le long de la poitrine, terminée par deux lèvres alongées qui la font paroître bifide. — *Palpes* insérés assez près de la base de la trompe, composés de trois articles; le premier assez long, plus gros que les autres, le second à peu près de la même longueur que le précédent, mince vers sa base, allant en grossissant insensiblement vers son extrémité; le troisième grêle, filiforme, plus long que le précédent. — *Tête* petite, prolongée à sa partie antérieure en un museau d'où sort la trompe. — *Yeux* alongés, échancrés à la partie supérieure de leur côté interne. — *Trois ocelles* distincts, espacés, disposés en triangle sur le vertex. — *Corps* de longueur moyenne. — *Corselet* gros, bombé, un peu ovale. — *Ailes* couchées parallèlement sur le corps dans le repos, dépourvues de cellule discoïdale inférieure ; toutes les cellules du bord postérieur, sessiles. — *Balanciers* grands, découverts. — *Abdomen* des mâles, déprimé, mince à sa base, allant en s'élargissant jusqu'à l'avant-dernier segment, composé de huit segmens outre l'anus, celui-ci muni de deux pinces courtes et grosses. (Nous ne connoissons pas les femelles.) — *Pattes* alongées, hanches fortes, particulièrement les antérieures ; jambes terminées par deux épines.

Le nom de ces Tipulaires vient d'un verbe grec qui signifie : *réunir*, et de la particule privative ; il exprime la séparation des deux parties qui terminent la trompe. Ce genre est voisin des Gnoristes par la longueur de la trompe, et des Platyures par les nervures des ailes. On n'en connoît qu'une seule espèce, ses mœurs sont ignorées ; c'est l'Asindule noir, *A. nigrum*. LAT. *Hist. nat. des Crust. et des Ins. tom.* 14. *pag.* 290. — *Gen. Crust. et Ins. tom.* 1. *tab.* 14. *fig.* 1. On le trouve en France dans les lieux aquatiques, mais assez rarement.

PLATYURE, *Platyura*. MEIG. MACQ. LAT. (*Fam. nat.*) *Ceroplatus*, *Sciara*. FAB.

Genre d'insectes de l'ordre des Diptères, première section, famille des Némocères, tribu des Tipulaires (division des Fongivores).

Un groupe de Fongivores a pour caractère : yeux entiers ; museau point rostriforme ; antennes de la même grosseur ou plus menues vers le bout, grenues, noueuses ou perfoliées. (Voyez *pag.* 656.) Il comprend, outre les Platyures, les Campylomyzes, qui s'en distinguent par leurs antennes composées seulement de quatorze articles, et les Sciophiles dont les jambes sont épineuses latéralement, et qui ont une petite cellule carrée sur le disque des ailes.

Antennes de même grosseur partout, ou plus menues vers le bout, de la longueur du corselet, avancées, comprimées, composées de seize articles ; les deux de la base distincts l'un de l'autre, le premier cylindrique, le second sphérique ; les suivans plus ou moins comprimés, finement velus, moins distinctement séparés les uns des autres que les deux premiers. — *Trompe* un peu saillante. — *Palpes* saillans, cylindriques, courbés, composés de quatre articles ; les trois premiers d'égale longueur, le quatrième un peu plus long. — *Tête* un peu plus étroite que le corselet, assez aplatie par devant. — *Yeux* un peu oblongs, entiers. — *Trois ocelles* rapprochés en triangle sur le front, inégaux ; le plus petit placé en devant. — *Corps* assez alongé. — *Corselet* presque sphérique, bombé. — *Ecusson* petit, rond. — *Ailes* arrondies à leur extrémité, couchées parallèlement sur le corps dans le repos, leur disque n'offrant aucune cellule fermée. — *Balanciers* découverts. — *Abdomen* menu, composé de sept segmens, un peu cylindrique à sa base, allant ordinairement en se dilatant vers la partie postérieure, légèrement déprimé. — *Pattes* longues, grêles ; hanches très-alongées ; cuisses assez fortes ; jambes point épineuses sur les côtés, terminées par deux fortes épines.

Le nom de ces Diptères exprime la dépression de leur abdomen. On les trouve à l'état parfait dans les bois et sur les haies. Ce genre est assez nombreux en espèces.

1re. *Division*. Première cellule marginale fermée par une nervure transversale oblique avant d'atteindre le bord extérieur de l'aile.

Nous mentionnerons : 1°. Platyure noire, *P. atrata*. MEIG. *Dipt. d'Europ. tom.* 1. *pag.* 233. *n°.* 2. — *Platyura nigra*. MACQ. *Tipul. du nord de la France*, *pag.* 47. *n°.* 1. De France. 2°. Platyure marginée, *P. marginata*. MEIG. *id. pag.* 232. *n°.* 1. *tab.* 8. *fig.* 14. D'Allemagne. Rare.

2°. *Division*. Première cellule marginale atteignant le bord extérieur de l'aile.

1°. Platyure fasciée, *P. fasciata*. MEIG. *id. pag.* 240. *n°.* 15. — MACQ. *id. pag.* 48. *n°.* 2. Rare dans le nord de la France. 2°. Platyure pallipède, *P. pallipes*. MACQ. *id. n°.* 3. Longueur 3 lig. $\frac{1}{2}$. D'un roussâtre pâle ; abdomen à bandes obscures ; pattes d'un jaune - blanchâtre. Rare. 3°. Platyure naine, *P. nana*. MACQ. *id. pag.* 49. *n°.* 5. Longueur une lig. $\frac{1}{4}$. Noire ; pattes fauves ; ailes terminées par une bande noirâtre. Rare. 4°. Platyure jaune, *P. flava*. MACQ. *id. n°.* 6. Longueur une ligne $\frac{3}{4}$. Jaune ; ailes jaunâtres. Rare. 5°. Platyure bicolore, *P. bicolor*. MACQ. *id. n°.* 7. Longueur une ligne $\frac{3}{4}$. Dessus du corps noir, dessous fauve. Rare.

CAMPYLOMYZE, *Campylomyza*. WIÉDEM. MEIG. MACQ. LAT. (*Fam. nat.*)

Genre d'insectes de l'ordre des Diptères, première section, famille des Némocères, tribu des Tipulaires (division des Fongivores).

Un groupe de cette division a pour caractères : yeux entiers ; museau point rostriforme ; antennes de la même grosseur ou plus menues vers le bout, grenues, noueuses ou perfoliées. (Voyez *pag.* 656.) Il se compose des genres Platyure, Sciophile et Campylomyze ; mais les deux premiers ont les antennes composées de seize articles, ce qui les sépare des Campylomyzes. Les jambes des Sciophiles ont deux fortes épines terminales, ainsi que celles des Platyures ; en outre les quatre dernières jambes sont extérieurement garnies d'épines dans les Platyures.

Antennes filiformes, avancées, aussi longues que la tête et le corselet réunis, composées de quatorze articles, les deux premiers un peu plus épais, les suivans courts, cylindriques, finement velus. — *Trompe* courbée. — *Palpes* avancés, recourbés, anguleux ; leurs articles coniques. — *Trois ocelles* distincts, placés en triangle sur le vertex. — *Corps* assez gros. — *Corselet* elliptique. — *Ailes* velues, couchées parallèlement sur le corps dans le repos, planes, obtuses, n'ayant que trois nervures longitudinales et une transversale près du milieu, vers la côte. — *Abdomen* paroissant composé de huit segmens, cylindrique dans les mâles, plus épais au milieu dans les femelles; anus muni de deux petites pointes. — *Pattes* de longueur moyenne; jambes sans épines terminales distinctes, mutiques extérieurement; premier article des tarses plus long que le second.

Ces caractères, empruntés de M. Meigen, ont été établis d'après des individus femelles, le seul mâle que cet auteur ait eu en sa possession étant en partie mutilé. Il place ce genre parmi les Tipulaires-Gallicoles; cette division renferme en outre chez lui les genres Lasioptère et Cécidomyie, qui diffèrent des Campylomyzes par l'absence des ocelles. Au reste, il ne paroît pas convaincu que la place qu'il lui assigne soit la véritable.

Le nom générique tiré de deux mots grecs, signifie : *mouche courbée*, et indique la courbure de la trompe.

M. Meigen décrit quatre espèces de Campylomyzes; l'une d'elles est la Campylomyze bicolore, *C. bicolor.* Meig. *Dipt. d'Eur. tom.* 1. *pag.* 102. *n°.* 2. — Macq. *Tipul. du nord de la France*, *pag.* 166. *n°.* 1. De France et d'Allemagne. Rare.

MYCÉTOBIE, *Mycetobia.* Meig. Macq. Lat. (*Fam. nat.*)

Genre d'insectes de l'ordre des Diptères, première section, famille des Némocères, tribu des Tipulaires (division des Fongivores).

Un groupe des Tipulaires-Fongivores a pour caractères : antennes grenues, noueuses ou perfoliées, de même grosseur ou plus menues vers le bout; museau point rostriforme; yeux échancrés. Les Mycétobies et les Molobres composent ce groupe. (*Voyez* Fongivores, pag. 656. de ce volume.) Ce dernier genre se distingue du premier par ses palpes composés seulement de trois articles, selon M. Meigen; par ses yeux profondément échancrés, très-rapprochés l'un de l'autre à leur partie supérieure; enfin, par ses ocelles placés au-dessus des yeux, sur la partie inférieure du vertex.

Antennes filiformes, avancées, rabattues, composées de seize articles, les deux inférieurs visiblement séparés l'un de l'autre. — *Trompe* peu saillante. — *Palpes* de quatre articles, suivant M. Meigen. — *Tête* ronde, aplatie en dessus. — *Yeux* réniformes, assez écartés l'un de l'autre à leur partie supérieure. — *Trois ocelles* distincts, placés en triangle sur le front, entre la partie supérieure des yeux; l'inférieur plus petit. — *Corps* mince. — *Corselet* presque sphérique, bombé, sans ligne transversale enfoncée sur le dos. — *Ecusson* petit. — *Ailes* larges, couchées parallèlement sur le corps dans le repos. — *Abdomen* presque cylindrique, un peu élargi au milieu dans les femelles, composé de sept segmens. — *Jambes* terminées par deux épines, n'en ayant point de latérales.

Le nom de Mycétobie est formé de deux mots grecs qui expriment que ces insectes vivent dans les champignons. M. Meigen a effectivement trouvé le mâle de la Mycétobie fasciée (*M. fasciata.* Meig. *Dipt. d'Europ. tom.* 1. *pag.* 230. *n°.* 2.) dans une espèce de bolet assez commune, *Boletus versicolor.*

On trouve en France l'espèce suivante : Mycétobie pallipède, *M. pallipes.* Meig. *ut suprà n°.* 1. *tab.* 8. *fig.* 10. — Macq. *Tipul. du nord de la France*, *pag.* 51. *n°.* 1.

MOLOBRE, *Molobrus.* Lat. *Sciara.* Fab. Meig. Macq. Panz. Wiéd. *Tipula.* Linn. Geoff. Panz. *Hirtea*, *Chironomus.* Fab. *Bibio.* Oliv. (*Encycl.*)

Genre d'insectes de l'ordre des Diptères, première section, famille des Némocères, tribu des Tipulaires (division des Fongivores).

Un groupe de cette division contient deux genres, Mycétobie et Molobre. (*Voyez* Fongivores, pag. 656. de ce volume). Le premier diffère du second par ses palpes quadriarticulés, ses yeux simplement réniformes, assez écartés et laissant entr'eux un espace sur lequel sont placés les ocelles.

Antennes filiformes, avancées, arquées, courbées, finement velues, un peu plus longues que la tête, composées de seize articles, les deux de la base plus épais, distinctement séparés l'un de l'autre. — *Trompe* un peu saillante, mais point alongée. — *Palpes* saillans, courbés, velus, composés de trois articles, suivant M. Meigen, égaux entr'eux, en massue. — *Tête* petite, sphérique. — *Yeux* profondément échancrés, se touchant presque sur le front. — *Trois ocelles* placés au-dessus des yeux, disposés en triangle, l'inférieur plus petit. — *Corps* assez gros. — *Corselet* ovale, bombé, sans ligne transversale enfoncée, mais en ayant trois longitudinales. — *Ecusson* étroit. — *Ailes* grandes, obtuses, velues vues au microscope, couchées parallèlement sur le corps dans le repos. — *Balanciers* découverts. — *Abdomen* mince, velu, de sept segmens, cylindrique dans les mâles avec deux crochets à l'anus; celui-ci épais et en massue, terminé en pointe dans les femelles. — *Pattes* longues, grêles, finement velues; hanches alongées; cuisses sillonnées au côté interne; jambes terminées par deux épines.

M. Meigen isole ce genre (qu'il nomme *Sciara*) dans une section particulière appelée par lui les Lugubres. (*Lugubres.*) *Voyez* Tipulaires Meig. ci-après. Cet auteur est le seul qui ait observé des circonstances ayant rapport à la manière de vivre de ces insectes. Il vit sortir au mois de mars, de la terre contenue dans un pot de fleurs, un grand nombre d'individus du Molobre hyalipenne, *M. hyalipennis.* (*Sciara hyalipennis.* Meig. *Dipt. d'Europ. tom.* 1. *pag.* 285. *n°.* 21.) La peau des nymphes, restée à demi dans la terre, étoit dépourvue de pointes, de couleur blanchâtre, avec le corselet jaune, du moins en partie; peu d'heures après leur apparition, ces Tipulaires s'accouplèrent, et il en parut une nouvelle génération au mois de juin, ce qui sembleroit prouver que leur entier développement s'effectue en deux mois, au moins dans la belle saison. On trouve les Molobres depuis le printemps jusqu'en automne, sur les buissons, les fleurs et les gazons; leur taille ne dépasse pas quatre lignes, et est souvent beaucoup au-dessous : ils affectent en général des couleurs sombres.

1re. *Division.* Balanciers bruns.

Elle contient seize espèces dans les *Dipt. d'Eur.* Meig.

1. Molobre floral, *M. Thomæ.*

Molobrus Thomæ. Lat. *Gener. Crust. et Ins. tom.* 4. *pag.* 263. — *Sciara Thomæ.* Meig. *Dipt. d'Eur. tom.* 1. *pag.* 278. *n°.* 1. *tab.* 4. *fig.* 3. — Macq. *Tipul. du nord de la France, pag.* 167. — *Encycl. pl.* 386. *fig.* 15. Mâle. *fig.* 16. Femelle.

Voyez pour la description et les autres synonymes, Bibion floral n°. 6. de ce Dictionnaire. Il est commun aux environs de Paris.

Nous citerons encore le Molobre pieds verdâtres, *M. viridipes.* — *Sciara viridipes.* Macq. *Tipul. du nord de la France, pag.* 30. *n°.* 2. Longueur une lig. ½. Noir; pattes d'un gris verdâtre; ailes obscures. Rare.

2e. *Division.* Balanciers jaunes ou pâles.

Cette division renferme douze espèces dans l'ouvrage précité de M. Meigen; l'une d'elles est le Molobre flavipède, *M. flavipes.* — *Sciara flavipes.* Meig. *Dipt. d'Europ. tom.* 1. *pag.* 283. *n°.* 17. — Macq. *Tipul. du nord de la France, pag.* 31. *n°.* 6. Il se trouve au mois d'août dans les bois, en France et en Allemagne.

M. Wiédemann (*Dipt. exotic.*) cite trois espèces nouvelles, d'Amérique : 1°. Molobre américain, *M. americanus.* — *Sciara americana.* Wiédem. *Dipt. exotic. pag.* 33. Longueur 3 lig. Noir; ailes brunes; base de l'abdomen ayant une bande transversale rousse. Du Brésil. 2°. Molobre fulviventre, *M. fulviventris.* — *Sciara fulviventris.* Wiédem. *id. pag.* 44. *n°.* 6. Longueur 3 lig. ½. Noir; base de l'abdomen portant des poils fauves. 3°. Molobre noir, *M. niger.* — *Sciara nigra.* Wiédem. *id. n°.* 7. Longueur 2 lig. ⅓. Entièrement noir; antennes paroissant blanches vues à certain jour. De Savannah.

CÉROPLATE, *Ceroplatus.* Bosc. Lat. Fab. Dalm. *Platyura.* Meig. Macq.

Genre d'insectes de l'ordre des Diptères, première section, famille des Némocères, tribu des Tipulaires (division des Fongivores).

Parmi les genres de cette division, celui de Céroplate forme à lui seul une coupe particulière caractérisée par les antennes en massue perfoliée, presqu'en forme de râpe. *Voyez* Fongivores, pag. 656. de ce volume.

Antennes très-comprimées, plus larges dans leur milieu, presqu'en forme de râpe, atteignant au moins la longueur de la moitié du corselet, composées de seize articles; les deux premiers distincts l'un de l'autre, très-courts. — *Trompe* très-courte, terminée par deux lèvres assez distinctes. — *Palpes* très-courts, ovoïdo-coniques, n'offrant distinctement qu'un seul article. — *Tête* petite, penchée, presqu'orbiculaire. — *Yeux* grands, occupant presque la partie antérieure de la tête, un peu échancrés intérieurement. — *Trois ocelles* disposés presqu'en ligne droite sur le vertex. — *Corps* de longueur moyenne. — *Corselet* bombé. — *Ailes* couchées parallèlement sur le corps dans le repos. — *Abdomen* linéaire, plus large que le corselet. — *Pattes* très-grêles; hanches postérieures grandes.

Le nom de ces Tipulaires est tiré de deux mots grecs, et signifie : *cornes aplaties.* La première espèce fut décrite par le savant M. Bosc (*Act. de la Soc. d'hist. nat. de Paris, tom.* 1. *pl.* 7. *fig.* 3.) sous le nom de Céroplate tipuloïde; il en avoit trouvé la larve sur les bolets du Chêne, où Réaumur l'avoit également observée. Suivant ce dernier auteur, elle est molle, très-longue pour sa grosseur, presque cylindrique, vermiforme : elle vit de la partie poreuse inférieure de ces champignons, et enduit à mesure qu'elle s'avance, cette partie d'une humeur visqueuse qu'elle sécrète, et qui l'empêche de s'en détacher. Pour se métamorphoser, elle se forme une petite coque alongée, presque cylindrique, comme dentée à sa partie postérieure, et composée de la liqueur visqueuse dont nous venons de parler. Réaumur remarque que les antennes dans la nymphe sont appliquées au-dessus du corselet, tandis que dans la plupart des nymphes, et particulièrement dans toutes les autres Tipulaires qu'il a observées, elles sont placées sous le corselet. La partie thoracique de cette nymphe est relevée en bosse.

Nous citerons trois espèces de Céroplates.

1. Céroplate tipuloïde, *C. tipuloides.*

Ceroplatus flavescens, thoracis lineis longitudinalibus abdominisque segmentorum margine transversali nigris.

Ceroplatus tipuloides. Bosc. *Act. de la Soc. d'hist. nat. de Paris, tom.* 1. *pag.* 42. *pl.* 7. *fig.* 3. — Lat. *Nouv. Dict. d'hist. nat. tom. IV.*

pag. 542. — FAB. *Syst. Antliat.* n°. 1. — *Platyura tipuloides.* MEIG. *Dipt. d'Eur. tom.* 1. *pag.* 233. *n°*. 3.

Longueur 4 à 5 lig. Jaunâtre. Corselet ayant des lignes longitudinales noires ; on voit des bandes transverses de cette même couleur sur l'abdomen.

Des environs de Paris. Rare.

2. CÉROPLATE testacé, *C. testaceus.*

Ceroplatus testaceus, thoracis lineis longitudinalibus tribus abdominisque maculis lateralibus fuscis.

Ceroplatus testaceus. DALM. *Analect. entom. pag.* 98. *n°*. 15. — *Platyura tipuloides.* MACQ. *Tipul. du nord de la France, pag.* 49. *n°*. 8. (en retranchant tous les synonymes, qui appartiennent à l'espèce précédente).

Longueur 5 lig. Testacé, avec trois lignes longitudinales brunes sur le corselet, et des taches de cette même couleur sur les côtés de l'abdomen.

De Suède et du nord de la France.

3. CÉROPLATE charbonné, *C. carbonarius.*

Ceroplatus ater, abdominis segmentis margine laterali albidis.

Ceroplatus carbonarius n°. 2. FAB. *Syst. Antliat.* — LAT. *Nouv. Dict. d'hist. nat. tom. IV. pap.* 543.

Longueur ». Noir. Bords latéraux des segmens de l'abdomen, blanchâtres.

De la Caroline, d'où il a été rapporté par M. Bosc.

Nota. Le *Ceroplatus atratus* n°. 3. FAB. *Syst. Antliat.* n'est pas de ce genre ; il appartient à celui de Platyure LAT.

CORDYLE, *Cordyla.* MEIG. LAT.

Genre d'insectes de l'ordre des Diptères, première section, famille des Némocères, tribu des Tipulaires (division des Florales).

Le premier groupe de cette division caractérisé par l'absence des ocelles, contient les Cordyles et les Simulies. (Voyez *pag.* 657.) Ces dernières n'ont que onze articles aux antennes, et leurs yeux, échancrés au côté interne, se réunissent sur le vertex dans les mâles.

M. Meigen place ce genre parmi ses Tipulaires-Fongicoles, dans le second groupe qui a pour caractères : antennes de seize articles, comprimées. Cependant il n'accorde que douze articles aux antennes des Cordyles, et de plus, parmi les genres qui figurent dans ce groupe, celui-ci est le seul qui manque d'ocelles.

Antennes avancées, plus épaisses vers leur extrémité, composées de douze articles ; les deux premiers distans l'un de l'autre, le terminal semi-globuleux. — *Yeux* arrondis, entiers, espacés dans les deux sexes. — *Point d'ocelles.* — *Jambes* munies de deux épines à leur extrémité, mais n'en ayant pas de latérales.

Le nom de ce genre, dont on ignore les mœurs, vient d'un mot grec qui signifie : *massue.* Il est tiré de la forme des antennes, qui grossissent vers l'extrémité.

M. Meigen (*Dipt. d'Eur.*) cite deux espèces de Cordyles : 1°. Cordyle brune, *C. fusca.* MEIG. *Dipt. d'Eur. tom.* 1. *pag.* 274. *n°*. 1. Femelle. — LAT. *Gener. Crust. et Ins. tom. IV. pag.* 268. — *Encycl. pl.* 386. *fig.* 6. Femelle. Trouvée en octobre près d'Aix-la-Chapelle, dans un bois. 2°. Cordyle crassicorne, *C. crassicornis.* MEIG. *id. pag.* 275. *n°*. 2. *tab* 10. *fig.* 1. D'Autriche.

ASPISTE, *Aspistes.* HOFFM. MEIG. LAT. (*Fam. nat.*)

Genre d'insectes de l'ordre des Diptères, première section, famille des Némocères, tribu des Tipulaires (division des Florales).

Le dernier groupe des Tipulaires-Florales ayant pour caractères : des ocelles ; antennes de huit à neuf articles, se compose des genres Bibion et Aspiste (*voyez* pag. 657. de ce volume.) Dans le premier les antennes ont neuf articles, ce qui le distingue du second.

Antennes avancées, un peu plus longues que le corselet, composées de huit articles ; les deux premiers un peu épais vers leur extrémité, les cinq suivans courts, s'élargissant peu à peu ; le dernier plus large, ovale, et paroissant avoir un enfoncement dans son milieu. — *Trois ocelles.* — *Corselet* court. — *Abdomen* composé de huit segmens. — *Jambes antérieures* ayant une épine terminale.

On ne connoît pas les habitudes des Aspistes. Les caractères de ce genre ont été rédigés par M. Meigen d'après un dessin communiqué par M. Schüppel, représentant une femelle. Le type est l'Aspiste de Berlin, *A. berolinensis.* MEIG. *Dipt. d'Eur. tom.* 1. *pag.* 319. *n°*. 1. *tab.* 11. *fig.* 16. Femelle. Longueur une ligne. Entièrement d'un brun-noirâtre. Ailes hyalines. Des environs de Berlin. (S. F. et A. SERV.)

TIPULAIRES, *Tipulariæ.* MACQ. Section de l'ordre des Diptères.

Dans son ouvrage intitulé : *Insectes Diptères du nord de la France*, M. Macquart caractérise ainsi cette grande section :

Corps ordinairement étroit. Tête petite, inclinée. Trompe le plus souvent courte et épaisse. Lèvre supérieure petite et conique. Soies (mandibules, mâchoires et langue) ordinairement nulles. Palpes alongés, subsétacés, de quatre à cinq articles. Antennes filiformes ou sétacées, plus longues que la tête, composées de six articles au moins. Yeux grands, ovales ou réniformes. Yeux lisses, tantôt au nombre de trois, tantôt nuls. Thorax grand, élevé. Abdomen ordinairement menu. Pieds grêles et alongés. Ailes couchées ou écartées, longues et assez étroites, leurs nervures formant ordinairement une cellule médiastine, rarement une stigmatique; une ou deux marginales, une ou deux sous-marginales; une, deux ou trois discoïdales; trois, quatre ou cinq postérieures; une anale, une axillaire et une fausse.

L'auteur range ainsi les genres qu'il admet dans cette section :

I. Antennes non plumeuses.

A. Antennes à peine aussi longues que la tête.

a. Des yeux lisses. (Tipulaires - Musciformes.)

Scathopse, Bibion, Dilophe. Campylomyze ?

b. Point d'yeux lisses. (Tipulaires-Rampantes.)

Simulie.

B. Antennes plus longues que la tête.

a. Des yeux lisses.

† Hanches peu alongées. (Tipulaires-Xylophagiformes.)

Rhyphe.

†† Hanches alongées. (Tipulaires-Fongicoles.)

Sciare, Mycétophile, Sciophile, Platyure, Mycétobie, Macrocère, Bolitophile, Dixa.

b. Point d'yeux lisses.

† Yeux entiers. (Tipulaires-Terricoles.) Trichocère, Ptychoptère, Tipule, Néphrotome, Cténophore, Rhipidie, Limnobie, Erioptère, Nématocère.

†† Yeux échancrés.

* Antennes courtes. (Tipulaires-Phalénoïdes.)

Psychode.

** Antennes alongées. (Tipulaires-Gallicoles.)

Cécidomyie, Lestrémie, Lasioptère.

II. Antennes plumeuses. (Tipulaires-Aquatiques.)

Cératopogon, Tanype, Chironome, Corèthre, Cousin, Anophèle.

(S. F. et A. Serv.)

TIPULAIRES, *Tipulariæ*. Meig. Première famille de la première division de l'ordre des Diptères.

Cette famille dans M. Meigen répond, pour les genres européens, à celle des Némocères de M. Latreille. L'auteur allemand lui donne pour caractères :

Antennes composées d'un grand nombre d'articles (au moins six), dirigées en avant. Palpes alongés, articulés. Balanciers découverts. Abdomen composé de sept à huit segmens.

I. Les Culiciformes, *Culiciformes*. Yeux lunulés. Point d'ocelles. Antennes des mâles en panache, simples ou un peu velues dans les femelles. Bouche point proéminente. Palpes de cinq articles. Corselet sans ligne transversale enfoncée. Abdomen de huit segmens.

A. Trompe avancée, plus longue que les antennes. Palpes droits. Nervures des ailes chargées de petites écailles.

Cousin, Anophèle, Aedès.

Nota. Cette division répond à la tribu des Culicides. Lat.

B. Trompe plus courte que les antennes. Palpes recourbés.

Corèthre, Chironome, Tanype, Cératopogon, Macropèze.

Nota. Cette division correspond aux Tipulaires-Culiciformes. Lat.

II. Les Gallicoles, *Gallicolæ*. Yeux lunulés. Antennes velues, verticillées. Palpes recourbés. Ailes obtuses, velues, ayant deux ou trois nervures longitudinales. Jambes sans épines terminales.

Lasioptère, Cécidomyie, Campylomyze.

Nota. M. Latreille place les deux premiers genres, ainsi que celui de Psychode, parmi ses Tipulaires-Gallicoles; les Campylomyzes sont renvoyées par lui à ses Tipulaires-Fongivores.

III. Les Noctuéformes, *Noctuæformes*. Yeux lunulés. Point d'ocelles. Antennes en fuseau, velues, moniliformes. Ailes larges, velues, sans nervures transversales. Jambes sans épines terminales.

Psychode.

Nota. Voyez la remarque sur la division précédente.

IV. Les Porte-becs, *Rostratæ*. Yeux ronds, espacés. Point d'ocelles. Tête prolongée en museau. Palpes recourbés. Corselet ayant une ligne transversale enfoncée et arquée. Abdomen de huit segmens. Epines terminales des jambes, petites.

Erioptère, Limnobie, Rhipidie, Cténophore, Tipule, Néphrotome, Ptychoptère, Nématocère, Trichocère.

Nota. Tous ces genres appartiennent aux Tipulaires-Terricoles. Lat.

V. Les Fongicoles, *Fungicolæ.* Yeux arrondis ou alongés, espacés. Ocelles peu distincts ou nuls. Palpes recourbés, de quatre articles. Corselet sans ligne transversale enfoncée. Abdomen de sept segmens. Hanches alongées. Jambes munies de deux épines terminales.

A. Antennes velues; la plupart de leurs articles peu distincts; les deux premiers renflés.

Dixa, Bolitophile, Macrocère.

B. Antennes de seize articles, comprimées.

Synaphe, Mycétobie, Platyure, Gnoriste, Sciophile, Léïa, Mycétophile, Cordyle.

Nota. Tous ces genres appartiennent aux Tipulaires-Fongivores Lat., sauf celui de Dixa qui fait partie des Terricoles, et de Cordyle qui se range parmi les Florales.

VI. Les Lugubres, *Lugubres.* Yeux profondément échancrés et réunis vers le vertex. Ocelles de grandeur inégale. Antennes cylindriques. Palpes de trois articles. Corselet sans ligne transversale enfoncée. Abdomen de sept segmens.

Sciare.

Nota. Ce genre est placé par M. Latreille dans ses Tipulaires-Fongivores.

VII. Les Latipennes, *Latipennes.* Yeux rouges, rapprochés dans les mâles, espacés et réniformes dans les femelles. Point d'ocelles. Antennes cylindriques. Palpes de quatre articles. Trompe perpendiculaire. Abdomen de huit segmens. Ailes très-larges.

Simulie.

Nota. Ce genre appartient aux Tipulaires-Florales. Lat.

VIII. Les Musciformes, *Musciformes.* Yeux noirs, rapprochés dans les mâles, arrondis et espacés dans les femelles. Trois ocelles égaux en grandeur. Antennes cylindriques. Corselet sans ligne transversale enfoncée.

Scathopse, Penthétrie, Dilophe, Bibion, Aspiste, Rhyphe.

Nota. Les Musciformes Meig. répondent aux Tipulaires-Florales Lat.; mais ce dernier auteur renvoie parmi ses Tipulaires-Fongivores le genre Rhyphe, et il admet dans ses Florales ceux de Cordyle et de Simulie. (S. F. et A. Serv.)

TIPULE, *Tipula.* Linn. Geoff. Scop. Schranck. Fab. De Géer. Devill. Meig. Wiédem. Lat. *Nephrotoma.* Oliv. (*Encycl.*) *Ptychoptera.* Fab.

Genre d'insectes de l'ordre des Diptères, première section, famille des Némocères, tribu des Tipulaires (division des Terricoles).

Linné réunit dans ce genre la plupart des Tipulaires qu'il a connues, au nombre de soixante-une espèces. Geoffroy en retrancha plusieurs dont il composa ses genres Bibion & Scatbopse. M. Bosc découvrit dans les environs de Paris une espèce inédite dont il forma le genre Céroplate. M. Latreille fonda ceux de *Psychoda*, *Cecidomyia*, *Pedicia*, *Asindulum*, *Rhyphus*, *Molobrus* (*Sciara.* Fab.) et *Simulium.* M. Meigen, dans ses deux ouvrages sur les Diptères et notamment dans le dernier, admet trente-huit genres (*voy.* Tipulaires. Meig.), dont toutes les espèces eussent été probablement mises par Linné dans son genre *Tipula.* Les espèces que le célèbre auteur suédois décrit dans le *Systema Naturæ* doivent être rapportées, savoir: les Tipules nos. 1, 14, 15, au genre Cténophore; no. 2. à celui de Pédicie; les nos. 3, 4, 5, 6, 9, 10, 13. sont des Tipules, ce qui qui est probable aussi du no. 12. L'espèce timbrée 8. est une Ptychoptère; les nos. 17, 18, 22, appartiennent aux Limnobies; le no. 19. au genre Erioptère; 21. est une Trichocère; 35. et 52. sont des Tanypes et peut-être aussi le no. 24. Les Chironomes revendiquent les nos. 26, 29, 31, 32, 35, 37. Le no. 38. est la femelle du *Bibio Marci*, dont le no. 42. est le mâle. A ce genre appartiennent encore les nos. 40, 41, 46. Le no. 39. est un Molobre; le no. 44. un Dilophe; le no. 47. une Psychode; le no. 48. se rapporte probablement aussi à ce genre; 50. est un Scathopse; 51. une Lasioptère; 54, 55, 61. trois Cécidomyies; enfin le no. 57. est un Cératopogon. M. Meigen pense que le no. 58. est le mâle du *Simulium reptans.* Les dix-huit autres espèces de Tipules décrites par Linné ne sont point rappelées dans les auteurs récens. On trouve encore trois véritables Tipulaires dans le genre *Culex* Linn. Ainsi le *Culex pulicaris* paroît être un Cératopogon. Les *Culex reptans* et *equinus* sont du genre Simulie.

Parmi les Diptères que l'on doit ranger dans les Tipulaires, Fabricius (*Syst. antliat.*) admet, outre le genre *Tipula*, ceux de *Ceroplatus*, *Ctenophora*, *Ptychoptera*, *Chironomus*, *Psychoda*, *Hirtea*, *Scathopse* et *Sciara.* Ces genres sont bien loin pour la plupart d'être purs; ainsi, dans celui de *Tipula*, dont nous nous occuperons seul ici, et qui contient quarante-six espèces, il ne faut regarder comme véritables Tipules que les nos. 1, 2, 3, 4, 5, 6, 7, 9, 10, 13, 15, 16, 17, 19, 21, 23,

23 et 25. Le n°. 8. est une Mækistocère Wied. Les n°s. 11, 12, 18, 24, 27, 28, 29, 30, 31, 32, 33, 34, 35, 36, 38, 39, 41, 42, 43. sont des Limnobies. Le n°. 14. appartient au genre Pédicie Lat., et le n°. 20. aux Néphrotomes : 37. et 45. sont des Erioptères ; le n°. 40. une Trichocère, le n°. 46. une Sciophile ; enfin les n°s. 22, 26, 44. ne sont pas rappelés par les auteurs modernes. Nous devons ajouter que la *Ptychoptera* n°. 2. est une Tipule.

M. Macquart, dans ses *Diptères du nord de la France* (Tipulaires), propose un genre nouveau sous le nom de Lestrémie pour une espèce qu'il a découverte dans les environs de Lille. M. Wiédemann (*Dipt. exotic. pars* 1a.) créa ceux de Mækistocère et de Polymère, qui comprennent quelques espèces exotiques, et M. Dalman a donné les caractères génériques du nouveau genre Chionée, établi dans ses *Analecta entomologica*, sur une espèce aptère qui se trouve en Suède.

Cinq genres composent un groupe dans la division des Tipulaires-Terricoles (*Voy.* pag. 582. de ce volume). Trois d'entr'eux, Pédicie, Néphrotome et Ptychoptère, ont quinze articles ou plus aux antennes, et les Cténophores qui, comme les Tipules n'en ont que treize, diffèrent de celles-ci parce que le second est globuleux, et que le cinquième et les suivans, à l'exception du dernier, ont des rameaux latéraux dans les mâles : ils sont ovales-coniques dans les femelles.

Antennes presque sétacées, cylindriques, rapprochées à leur insertion, composées de treize articles ; le premier cylindrique, velu, ridé transversalement ; le second petit, cyathiforme, finement velu ; les dix derniers cylindriques, garnis de soies ; le terminal petit : ces articles ordinairement un peu arqués. — *Trompe* courte, charnue, à lèvres terminales assez grandes, arrondies, séparées, chacune d'elles élargie et velue antérieurement, marquée d'une bande transversale. — *Palpes* saillans, courbés, insérés latéralement, à l'origine de la trompe, composés de quatre articles, les trois premiers égaux en longueur ; velus, en massue, le dernier alongé, cylindrique, finement velu, flexible, comme noueux. — *Tête* presque sphérique, un peu alongée par derrière en forme de cou, prolongée en devant en une sorte de museau cylindrique qui se termine en pointe. — *Yeux* saillans, un peu oblongs, sans échancrure. — *Point d'ocelles.* — *Corps* alongé. — *Corselet* ovale, relevé en bosse à sa partie antérieure, marqué dans son milieu d'une ligne transversale enfoncée ; métathorax voûté. — *Ecusson* petit. — *Ailes* lancéolées, à moitié ouvertes dans le repos. — *Balanciers* découverts. — *Abdomen* alongé, cylindrique, composé de huit segmens, terminé en pointe dans les femelles ; cette pointe formée de deux écailles conniventes, dures : anus obtus, souvent en massue dans les mâles. — *Pattes* très-longues, grêles ; épines terminales des jambes, petites ; dernier article des tarses terminé par deux crochets munis dans leur entre-deux d'une pelote charnue, en massue.

Réaumur a décrit la larve de la *Tipula oleracea* ; espèce très-commune aux environs de Paris. Elle a le corps en forme de cylindre alongé, un peu aminci aux deux bouts, grisâtre et sans pattes. Sa tête est écailleuse et porte deux petites antennes ; les organes de la manducation consistent en deux petits crochets cornés qui ne semblent pas faits pour agir mutuellement l'un contre l'autre, quoique se touchant par leur pointe, mais bien contre deux pièces placées en dessous qui sont fixes, écailleuses, convexes extérieurement et concaves à la partie intérieure, le bord supérieur de ces dernières pièces est denté, et chaque crochet semble fait pour presser contre ces dents les matières qui doivent être broyées ; il y a en outre une partie triangulaire, charnue qui sépare les précédentes et semble tenir lieu de langue ou de lèvre supérieure. Réaumur ne put découvrir de stigmates sur les segmens du corps de ces larves, si ce n'est au postérieur, où l'on aperçoit six rayons ou angles charnus, dont deux plus courts que les autres : entre ceux-ci on voit d'abord deux grands stigmates rétractiles sous lesquels quatre autres beaucoup plus petits sont rangés. Réaumur croit que les premiers servent seuls à l'aspiration de l'air, qui, après avoir circulé dans les trachées intérieures, ressort par les quatre petits. Ces larves se tiennent sous terre, mais près de sa surface, à la hauteur des racines des plantes ; elles paroissent se nourrir de terreau, et comme elles sont extrêmement multipliées dans certains cantons et dans certaines années, le mouvement continuel qu'elles font autour des racines, exposent celles-ci à être desséchées par la chaleur du soleil en soulevant la terre qui les protégeoit.

La nymphe est alongée, cylindrique, avec deux petites cornes à la tête propres à la respiration, et de petits tubercules épineux sur les segmens de l'abdomen, qui l'aident à faire sortir de terre une partie du corps, lorsqu'elle doit paroître en insecte parfait. La femelle de cette espèce lorsqu'elle veut pondre, se tient presque perpendiculairement en s'accrochant par les pattes antérieures à quelque brin de plante ; elle fait pénétrer dans la terre les lames anales écailleuses qui terminent l'abdomen, et c'est en passant dans les intervalles que les œufs, de forme oblongue, sont déposés : ils ne sont point tous placés dans un même endroit, mais dispersés. La fécondité de ces femelles est considérable. Pour voir les parties génitales du mâle, Réaumur pressa entre ses doigts le dernier segment de l'abdomen, ce qui procura l'écartement des parties suivantes. On en remarque quatre de chaque côté de l'extrémité de ce segment ; l'une qui est extérieure semble membraneuse, elle est concave et fait la moitié d'une espèce de boîte qui renferme le reste ; des trois autres l'une est un crochet long, écailleux, délié et terminé par une pointe : les troisième et quatrième pièces sont écailleuses ; la première de ces deux s'élargit à mesure qu'elle s'éloigne de son origine, et se termine par une tête plate, très-saillante; la quatrième et dernière est une lame faite en croissant. Tout cet appareil met le mâle en état, lors de l'accouplement, de maintenir l'extrémité anale de sa femelle. Du milieu de l'espace que laissent entr'elles les pièces que nous venons de décrire, s'élève un petit corps à peu près cylindrique que l'on doit regarder comme étant la partie caractéristique du sexe masculin. L'accouplement dure long-temps et les deux sexes volent ensemble pendant sa durée, sans se désunir.

Ce genre, quoique restreint, est encore nombreux en espèces. M. Meigen (*Dipt. d'Eur.*) en mentionne quarante-quatre. Les Tipules sont généralement grandes; leur taille, qui atteint quelquefois quinze ou seize lignes, descend rarement jusqu'à quatre lignes.

1re. *Division*. Une des cellules du bord postérieur de l'aile, pétiolée.

M. Meigen place dans cette division trente-quatre espèces. Une des plus communes en France est la Tipule des cultures, *T. oleracea*. Meig. *Dipt. d'Eur. tom.* 1. *pag.* 189. *n°.* 30. — Macq. *Tipul. du nord de la France*, *pag.* 68. *n°.* 2. Ce dernier auteur, dans l'ouvrage cité, décrit les trois espèces suivantes comme nouvelles. 1°. Tipule nigricorne, *T. nigricornis*. Macq. *id. pag.* 73. *n°.* 11. Longueur 6 lig. ½. Cendrée; antennes entièrement noires; corselet à quatre bandes obscures; ailes tachetées. Nord de la France. 2°. Tipule arrosée, *T. irrorata*. Macq. *id. pag.* 74. *n°.* 14. Longueur 6 lig. Corselet cendré, à quatre bandes obscures; abdomen d'un gris-roussâtre; ailes cendrées, marbrées de blanc, à stigmate noirâtre. Nord de la France. 3°. Tipule tarière courte, *T. breviterebrata*. Macq. *id. pag.* 75. *n°.* 16. Longueur 7 lig. Corselet cendré; base de l'abdomen roussâtre; tarière (de la femelle) courte; ailes légèrement obscures, à stigmate pâle. Trouvée à Hazebrouck.

2e. *Division*. Toutes les cellules du bord postérieur de l'aile, sessiles.

Le nombre des espèces de cette seconde division est de dix dans les *Dipt. d'Eur.* de M. Meigen. Nous citerons :

1. Tipule safranée, *T. crocata*.

Tipula crocata. Meig. *Dipt. d'Eur. tom.* 1. *pag.* 192. *n°.* 35. — Macq. *Tipul. du nord de la France*, *pag.* 77. *n°.* 20.

Voyez pour la description et les autres synonymes, Néphrotome safranée n°. 1. de ce Dictionnaire.

2. Tipule des prés, *T. pratensis*.

Tipula pratensis. Meig. *id. pag.* 194. *n°.* 37.

Voyez pour la description et les autres synonymes (en retranchant comme douteux ceux de De Géer et de Scopoli), Néphrotome des prés n°. 2. de ce Dictionnaire.

3. Tipule cornicine, *T. cornicina*.

Tipula cornicina. Meig. *id. pag.* 200. *n°.* 44. — Macq. *id. pag.* 76. *n°.* 17.

Voyez pour la description et les autres synonymes (en retranchant celui de De Géer qui appartient à la Tipule histrion), Néphrotome cornicine de ce Dictionnaire.

4. Tipule histrion, *T. histrio*.

Tipula histrio. Meig. *id. pag.* 198. *n°.* 42. — Macq. *id. pag.* 176. *n°.* 18. — *Tipula flavomaculata*. De Géer. *Mém. Ins. tom.* 6. *pag.* 347. *n°.* 9. *tab.* 19. *fig.* 2—9.

Voyez pour la description et les autres synonymes (en retranchant ceux de Meigen et de M. Latreille, qui appartiennent à la Néphrotome dorsale pag. 584. de ce volume), Néphrotome dorsale, *tom.* VIII. *pag.* 196. de ce Dictionnaire.

On doit en outre rapporter à ce genre les espèces exotiques suivantes données par M. Wiédemann (*Dipt. exotic. pars* 1a. *Kiliæ.* 1821.) comme nouvelles : 1°. Tipule tarses blancs, *T. pedata*. Wiédem. *ut suprà pag.* 23. *n°.* 2. Longueur 10 lig. Couleur d'ocre ; extrémité des ailes, brune; jambes antérieures ayant une bande transverse blanche; les postérieures en ayant deux : extrémité des tarses, blanche. Femelle. De Java. 2°. Tipule sœur, *T. soror*. Wiéd. *id. pag.* 24. *n°.* 3. Longueur 8 lig. ½. D'un brun pâle; corselet et abdomen à bandes brunes; ailes d'un brun très-pâle, leur bord extérieur brun. Femelle. Cap de Bonne-Espérance. 3°. Tipule de Java, *T. Javana*. Wiédem. *id. pag.* 27. *n°.* 7. Longueur 6. lig. D'un beau jaune; corselet et abdomen à trois bandes noires; côtés du premier à peine tachés de brun; pattes couleur d'ocre. Mâle. De Java. 4°. Tipule antennaire, *T. antennata*. Wiédem. *id. pag.* 28. *n°.* 8. Longueur 5. lig. D'un beau jaune; corselet à trois bandes noires, ses côtés tachés de noir; pattes noires. Mâle. Cap de Bonne-Espérance. 5°. Tipule courte, *T. breviventris*. Wiédem. *id. pag.* 43. *n°.* 4. Longueur 7 lig. De couleur d'ocre; corselet jaune à trois bandes de couleur d'ocre; pattes brunes, très-alongées; base des jambes, blanche. Femelle. Amérique.

Dans le même ouvrage le savant professeur de Kiel décrit une espèce à antennes pectinées qui nous paroît, d'après ce caractère, ne pouvoir être admise dans le genre Tipule Meig. Lat. : c'est sa

Tipule pectinée, *T. pectinata.* Wiédem. *id. pag.* 24. *n°.* 4. Longueur environ 8 lig. De couleur d'ocre; corselet à trois bandes jaune; antennes pectinées; ailes jaunâtres. Mâle. Amérique méridionale.

Le même auteur dans l'ouvrage intitulé : *Analecta entomologica Kiliœ*, 1824, décrit l'espèce nouvelle suivante : Tipule triple raie, *T. trina.* Wiédem. *ut. suprà pag.* 11. Longueur 1 pouce. De couleur d'ocre; abdomen à trois bandes brunâtres; ailes de cette même couleur avec une tache brune à la base et une autre au milieu, de même couleur. Femelle. Du Brésil.

(S. F. et A. Serv.)

TIQUES, *Riciniœ.* Lat.

M. Latreille (*Fam. nat. du Règne anim.*) désigne ainsi une famille d'Arachnides de l'ordre des Trachéennes, démembrée du grand genre Acarus de Linné, et qu'il caractérise de la manière suivante : pieds au nombre de huit, n'étant pas propres à la natation; animaux vivant hors de l'eau, vagabonds ou parasites; bouche en forme de siphon; chélicères, qui en font partie, inarticulées et converties en lames de suçoir, et point terminées par un crochet ou doigt mobile.

Cette famille se distingue de celles des Phalangiens et des Acarides parce que ces Arachnides ont une bouche composée de chélicères avec un doigt mobile, tandis que les Tiques n'ont qu'un siphon. La famille des Hydrachnelles, ayant la bouche comme les tiques, s'en distingue parce que ses espèces vivent dans les eaux; enfin la familles des Microphthires s'en éloigne parce que les Arachnides qui la composent n'ont que six pieds. M. Latreille partage ainsi les genres de sa famille des Tiques :

I. Des yeux. Corps toujours plus ou moins épais, ovale ou oblong. Animaux vagabonds.

Les genres Bdelle, Smaris. (*Voyez* ces mots à la table alphabétique.)

II. Point d'yeux. Corps très-plat, lorsque l'animal ne s'est point repu. Animaux habituellement fixés sur d'autres de la division des vertébrés.

Les genres Ixode, Argas. (*Voyez* ces mots à la table alphabétique.) (E. G.)

TIRCIS. Nom vulgaire appliqué par Geoffroy (*Ins. Par.*) au Satyre Egérie *n°.* 89. *tom. IX. pag.* 504. *pl* 58. *fig.* 1. et 2. du présent Dictionnaire. (S. F. et A. Serv.)

TOMIQUE, *Tomicus.* Lat. *Dermestes.* Linn. *Ips.* De Géer. *Bostrichus.* Panz. Fab. Herbst. Payk. Oliv. *Scolytus* Oliv. (*Entom.*) *Apate, Hylesinus.* Fab.

Genre d'insectes de l'ordre des Coléoptères, section des Tétramères, famille des Xylophages, tribu des Scolytaires.

Un groupe de la tribu des Scolytaires (*voyez* ce mot) a pour caractères : tous les articles des tarses entiers; il renferme les genres Tomique et Platype : celui-ci se distingue de l'autre par ses antennes n'offrant distinctement que six articles dont le dernier forme une massue solide, c'est-à-dire qui ne paroît point articulée.

Antennes en massue, insérées aux côtés de la tête, ayant sept articles avant leur massue, celle-ci comprimée, ovale-orbiculaire, composée de trois ou quatre articles transversaux dont le premier est plus grand que les autres, et coriace. — *Mandibules* coniques, presque triangulaires, se touchant à leur partie intérieure, sans dentelures distinctes. — *Mâchoires* coriaces, comprimées, consistant en un lobe triangulaire plus large inférieurement, rétréci à sa partie supérieure et cilié intérieurement. — *Palpes* presqu'égaux, très-courts, mais distincts, un peu épais à leur base : les maxillaires de quatre articles, les labiaux de trois, le dernier très-petit. — *Lèvre* petite, ne paroissant que comme un tubercule entre les palpes; menton presqu'obconique. — *Tête* de la largeur du corselet à sa partie postérieure, obtuse en devant. — *Yeux* alongés, échancrés à leur partie intérieure. — *Corps* cylindrique. — *Corselet* cylindrique, faisant à lui seul le tiers de la longueur du corps, tronqué droit postérieurement. — *Elytres* recouvrant l'abdomen et les ailes, quelquefois enfoncées à leur partie postérieure; cette cavité bordée d'épines ou de poils roides. — *Pattes* courtes; jambes triangulaires, dentées; tarses courts, tous leurs articles entiers.

Les larves des Tomiques vivent dans le bois et le percent en divers sens; c'est d'après cette habitude que leur nom a été tiré d'un verbe grec qui signifie : *couper, percer.* Les insectes parfaits se trouvent sur le bois.

1. Tomique bordé, *T. limbatus.*

Apate limbata n°. 20. Fab. *Syst. Eleut.* — *Bostrichus limbatus.* Oliv. *Entom. tom.* 4. *Bostrich. pag.* 17. *n°.* 22. *pl.* 3. *fig.* 22.

Voyez pour la description et les autres synonymes, Bostriche bordé n°. 18. de ce Dictionnaire.

Nous citerons en outre les espèces suivantes : 1°. Tomique typographe, *T. typographus.* Lat. *Gener. Crust. et Ins. tom.* 2. *pag.* 276. *n°.* 1. — *Scolytus typographus.* Oli. *Entom. tom.* 4. *Scolyt. pag.* 7. *n°.* 7. *pl.* 1. *fig.* 7. a. b. — *Encycl. pl.* 367. *fig.* 7. Des environs de Paris. 2°. Tomique du Mélèse, *T. laricis.* — *Bostrichus laricis n°.* 10. Fab. *Syst. Eleut.* 3°. Tomique bidenté. *T. bidens.* — *Bostrichus bidens n°.* 22. Fab. *id.* — *Scolytus bidens.* Oliv. *id. pag.* 10. *n°.* 13. *pl.* 2. *fig.* 13. — *Encycl. pl.* 367. *fig.* 13. 4°. Tomique chalcographe, *T. chalcographus*. — *Bostrichus chalcographus* n°. 11. Fab. *id.* — Oliv. *id.* *pag.* 7. n°. 8. *pl.* 1. *fig.* 8. — *Encycl. pl.* 367. *fig.* 8. 5°. Tomique monographe, *T. monographus*. — *Bostrichus monographus* n°. 13. Fab. *id.* Environs de Paris. 6°. Tomique micrographe, *T. micrographus*. — *Bostrichus micrographus* n°. 15. Fab. *id.* — Oliv. *id. pag.* 9. n°. 12. *pl.* 2. *fig.* 12. — *Encycl. pl.* 367. *fig.* 12. Environs de Paris. 7°. Tomique velu, *T. villosus*. — *Hylesinus villosus* n°. 7. Fab. *id.* 8°. Tomique du Dattier, *T. dactyliperda*. — *Bostrichus dactyliperda* n°. 14. Fab. *id.* 9°. Tomique disparate, *T. dispar*. — *Apate dispar* n°. 21. Fab. *id.* De France. 10°. Tomique marqué, *T. signatus*. — *Apate signata* n°. 22. Fab. *id.* 11°. Tomique polygraphe, *T. polygraphus*. — *Bostrichus polygraphus* n°. 12. Fab. *id.* De Suède.

Nota. M. le comte Dejean mentionne encore douze autres espèces de ce genre dans son Catalogue. (S. F. et A. Serv.)

TOMOMYZE, *Tomomyza* Wiédem. Lat. (*Fam. nat.*)

Genre d'insectes de l'ordre des Diptères, première section, famille des Tanystomes, tribu des Anthraciens.

Un groupe d'Anthraciens a pour caractère : trompe guère plus longue que la tête. Il comprend les genres Hirmoneure, Anthrax, Lomatie et Tomomyze (*Voyez* pag. 538. de ce volume). Les trois premiers ont des ocelles distincts, et leurs antennes sont munies d'un style terminal; en outre les Hirmoneures et les Anthrax les ont distantes à leur base.

M. Wiédemann a établi ce genre sur une espèce qui habite en Afrique; il lui donne les caractères suivans :

Antennes peu écartées à leur base, composées de trois articles, le premier court, presque cylindrique; le second très-court, presque globuleux; le troisième plus long que les deux autres pris ensemble, subulé, s'écartant sur le côté (nous paroissant, d'après la figure gravée, n'avoir pas de style terminal). — *Hypostome* court, dirigé en avant, en toit. — *Trompe* courte, à peine proéminente. — *Ocelles* nuls, ou du moins point distincts. — *Ailes* écartées. — *Pattes* courtes. — *Abdomen* composé de six segmens.

Le type du genre est la Tomomyze anthracoïde, *T. anthracoides*. Wiédem. *Dipt. exotic. pars* 1a. *pag.* 152. Longueur 4 lig. Noire, brillante. Abdomen taché de blanc; ailes enfumées. Femelle. Du cap de Bonne-Espérance.

HIRMONEURE, *Hirmoneura*. Meig. Wiédem. Lat. (*Fam. nat.*)

Genre d'insectes de l'ordre des Diptères, première section, famille des Tanystomes, tribu des Anthraciens.

Le second groupe de cette tribu a pour caractère : trompe guère plus longue que la tête (*Voy.* pag. 538. de ce volume). Des quatre genres qu'il renferme, ceux de Lomatie et de Tomomyze ont les antennes rapprochées à leur base; ce dernier n'a pas d'ocelles distincts. Les Anthrax qui, comme les Hirmoneures, ont leurs antennes distantes, en diffèrent par le second article cyathiforme et par leurs ocelles visiblement disposés en triangle équilatéral. Ce dernier caractère se retrouve dans les Lomaties.

Nous donnons les caractères génériques suivans d'après M. Meigen.

Antennes petites, avancées, écartées l'une de l'autre à leur base, dirigées de côté, composées de trois articles sphériques, presqu'égaux; les deux premiers un peu velus, le troisième nu, muni d'un assez long style terminal. — *Trompe* cachée, retirée dans la cavité buccale lors du repos. — *Tête* hémisphérique; front étroit. — *Trois ocelles* distincts; les deux postérieurs posés sur le vertex, l'antérieur écarté des autres, placé sur le haut du front. — *Tarses* munis de trois pelotes.

On ignore les mœurs de ces Diptères. Nous citerons deux espèces, les seules connues jusqu'à présent. 1°. Hirmoneure obscure, *H. obscura*. Meig. *Dipt. d'Eur. tom.* 2. *pag.* 132. *tab.* 16. *fig.* 7. Longueur 7 lig. ½. Tête grise; hypostome jaune; corselet noirâtre avec des poils jaunes sur les côtés et d'autres un peu gris sur la poitrine; abdomen jaunâtre avec des poils gris; ailes d'un gris-brunâtre, surtout au bord extérieur; balanciers noirâtres; cuisses jaunes; jambes et tarses un peu plus foncés. De Dalmatie. 2°. Hirmoneure exotique, *H. exotica*. Wiéd. *Analect. Entom. pag.* 20. n°. 5. Longueur 9 lig. Cendrée; antennes et pattes rougeâtres; abdomen à bandes transverses noirâtres; bord extérieur des ailes brun. Femelle. De Montévideo.

LOMATIE, *Lomatia*. Meig. (*Dipt. d'Europ. tom.* 3. *pag.* V.) *Stygia*. Meig. (*Dipt. d'Europ. tom.* 2. *pag.* 137.) Macq. Stygide. Lat. (*Fam. nat.*) *Anthrax*. Fab. Panz.

Genre d'insectes de l'ordre des Diptères, première section, famille des Tanystomes, tribu des Anthraciens.

Les genres Hirmoneure, Anthrax, Lomatie et Tomomyze composent le second groupe de cette tribu, lequel a pour caractère : trompe guère plus longue que la tête. (*Voyez* pag. 538. de ce volume.) Les deux premiers ont les antennes distantes, le second article de celles-ci est posé droit sur l'extrémité du premier. Dans les Tomomyzes le troisième article des antennes est dépourvu de style terminal, et leurs ocelles sont nuls ou point distincts.

Antennes avancées, rapprochées à leur base, s'écartant ensuite l'une de l'autre, courtes, composées de trois articles; le premier court, épais, soyeux, un peu plus gros et arrondi au sommet qui est échancré latéralement; le second inséré sur cette échancrure, encore plus court que le premier, cyathiforme; le troisième long, conique, nu, muni d'un style mince et petit. — *Trompe* retirée dans la cavité buccale que son extrémité dépasse à peine et terminée par deux lèvres charnues, réunies en forme de gouttière. — *Palpes* courts, presque cylindriques. — *Tête* sphérique, creusée postérieurement. — *Yeux* réniformes, réunis sur le front dans les mâles, espacés dans les femelles. — *Trois ocelles* distincts, disposés en triangle équilatéral sur le vertex. — *Corps* assez déprimé. — *Corselet* ovale, sans ligne transversale enfoncée. — *Ailes* lancéolées, velues vues au microscope, à moitié ouvertes dans le repos. — *Cuillerons* très-petits, leurs bords frangés. — *Balanciers* découverts. — *Abdomen* long, elliptique, très-peu convexe. — *Pattes* grêles, les postérieures alongées; tarses munis de deux pelotes.

Le nom de Lomatie vient d'un mot grec qui signifie : *frange*, ce qui nous paroît avoir rapport à la conformation des cuillerons. Ces Diptères, qui ont de l'analogie avec les Anthrax, se trouvent le plus souvent sur les fleurs et non pas sur les sables où celles-ci se plaisent. M. Meigen mentionne trois espèces : une d'elles est commune aux environs de Paris, c'est la Lomatie latérale, *L. lateralis*. — *Stygia lateralis*. MEIG. *Dipt. d'Eur. tom.* 2. *pag.* 140. *n°.* 3. — MACQ. *Insect. Dipt. du nord de la France, Asiliques*, etc. *pag.* 62. *n°.* 1.

ANTHRAX, *Anthrax*. SCOPOL. FAB. PANZ. MEIG. SCHELL. LAT. MACQ. WIÉDEM. FALLÈN. *Musca*. LINN. GEOFF. SCHRANCK. DEVILL. HERBST. *Nemotelus*. DE GÉER. OLIV. (*Encycl. Tableau des genres, tom. IV. pag.* 39.) *Bibio*. ROSS. SCHRANCK. *Asilus*. LINN.

Genre d'insectes de l'ordre des Diptères, première section, famille des Tanystomes, tribu des Anthraciens.

La trompe guère plus longue que la tête est le caractère du second groupe des Anthraciens. (*Voyez* ce mot pag. 538. de ce volume.) Il contient les genres Hirmoneure, Anthrax, Lomatie et Tomomyze. Ces deux derniers ont les antennes rapprochées à leur base; dans les Hirmoneures le second article des antennes est sphérique et leur ocelle antérieur est placé beaucoup plus bas sur le front que les deux autres.

Antennes avancées, distantes à leur base, se rejetant sur les côtés, courtes, composées de trois articles; le premier cylindrique, assez long; le second court, cyathiforme; le troisième de conformation variable, tantôt bulbiforme avec un style alongé, lequel est ou terminé par quelques soies, ou muni d'une petite pointe particulière; tantôt conique avec un style biarticulé. — *Trompe* entièrement cachée dans la cavité buccale, ou à peu près de la longueur de la tête, terminée par deux lèvres longues, aplaties en forme de gouttière. — *Palpes* courts, cylindriques, velus. — *Tête* sphérique, un peu excavée à sa partie postérieure. — *Yeux* réniformes, toujours séparés même sur le front, celui-ci étroit dans les mâles. — *Trois ocelles* disposés en triangle équilatéral sur le vertex. — *Corps* ordinairement déprimé. — *Corselet* ovale, velu. — *Ailes* lancéolées, velues vues au microscope, grandes, fort écartées, même dans le repos; leurs nervures de forme variable. — *Cuillerons* petits, simples. — *Balanciers* découverts, mais souvent cachés sous les poils du corselet. — *Abdomen* oblong, velu, très-légèrement bombé, le plus souvent plat, composé de sept segmens. — *Pattes* grêles, menues, les postérieures ordinairement plus longues proportionnellement; dernier article des tarses muni quelquefois de deux pelotes sous leurs crochets, en manquant dans quelques espèces.

Les Anthrax ne sont point encore connues dans leurs deux premiers états; leur nom vient d'un mot grec qui signifie : *charbon*, dont la couleur d'un noir mat se trouve sur le corps et sur les ailes de la plupart des espèces. Leur vol est d'une grande légèreté et la longueur de leurs ailes leur permet de l'accélérer ou de le modérer à volonté; elles aiment particulièrement les localités très-chaudes et s'y posent souvent à terre pour recevoir avec plus de force l'influence des rayons du soleil. Dans les temps sombres et froids, elles restent presqu'engourdies et se laissent saisir à la main sans songer même à s'échapper. C'est sur les fleurs qu'elles vont chercher leur nourriture, qui ne consiste qu'en une petite quantité de miel.

Fabricius (*Syst. Antliat.*) décrit quarante-cinq espèces d'Anthrax, mais il faut observer que la dix-septième est du genre *Mulio*; la vingt-huitième et la trente-sixième sont des Lomaties, et la trente-septième, la femelle de l'Athérix Ibis FAB. MEIG. Les n°s. 6, 13, 42. sont douteux et n'ont pas été rappelés par les auteurs subséquens.

M. Meigen mentionne cinquante-huit espèces européennes. Nous aurions désiré pouvoir adopter les divisions établies dans ce genre par cet auteur et fondées sur la conformité des nervures des ailes aux figures données par lui dans ses planches; mais comme nous n'avons pas ici la même faculté d'offrir des figures, et qu'il seroit impossible d'exprimer par des phrases ces différences peu saillantes, quoique visibles, nous établirons des groupes basés sur les couleurs des ailes et sur la manière dont ces couleurs sont distribuées.

1re. *Division*. Ailes entièrement hyalines, c'est-à-dire sans mélange de couleur charbonnée.

Le type de cette division est l'Anthrax hottentote, *A. hottentota* n°. 3. FAB. *Syst. Antliat.* — *Anthrax circumdata*. MEIG. *Dipt. d'Eur. tom.* 2. *pag.* 143. *n°.* 2. — MACQ. *Insect. Dipt. du nord de la France*, *Asiliques*, etc. *pag.* 58. *n°.* 2. Commune en France.

2e. *Division.* Ailes en partie hyalines, en partie de couleur charbonnée.

1re. *Subdivision.* Ailes hyalines à base noire ; ces couleurs point mélangées.

Nous indiquerons : 1°. Anthrax demi-deuil, *A. semiatra.* Meig. *Dipt. d'Eur. tom.* 2. *pag.* 157. *n°.* 25. — Macq. *Insect. Dipt. du nord de la France*, *Asiliques*, etc. *pag.* 58. *n°.* 3. Très-commune en France. 2°. Anthrax à poils fauves, *A. fulvohirta.* Wiédem. *Dipt. exotic. pars* 1a. *pag.* 149. *n°.* 46. Longueur 3 lig. ½. Noire, chargée de poils fauves, hérissés ; côtés de l'abdomen ferrugineux ; ailes hyalines, noires à leur base sans mélange, cette couleur allant jusqu'à la moitié. Femelle. Amérique septentrionale, Géorgie.

2e. *Subdivision.* Ailes hyalines et charbonnées ; ces couleurs mélangées.

1°. Anthrax Pandore, *A. Pandora.* Meig. *Dipt. d'Eur. tom.* 2. *pag.* 170. *n°.* 44. *tab.* 17. *fig.* 12. — Macq. *Insect. Dipt. du nord de la France*, *Asiliques*, etc. *pag.* 61. *n°.* 8. — Wiédem. *Dipt. exotic. pars* 1a. *pag.* 135. *n°.* 23. Des parties méridionales de l'Europe, particulièrement dans le midi de la France et en Russie ; elle se trouve aussi en Barbarie, suivant Fabricius et M. Wiédemann. 2°. Anthrax ventre blanc, *A. leucogaster.* Meig. *id. pag.* 163. *n°.* 34. *tab.* 17. *fig.* 21. L'aile. D'Autriche.

3e. *Division.* Ailes entièrement noires ou charbonnées.

Nous indiquerons comme type l'Anthrax Tantale, *A. Tantalus* n°. 29. Fab. *Syst. Antliat.* Sa description est peu exacte. — Wiédem. *Dipt. exotic. pars* 1a. *pag.* 120. *n°.* 2. De Tranquebar.

Ce dernier décrit comme nouvelles et appartenant à ce genre les espèces suivantes : 1°. Anthrax héroïne, *A. heros.* Wiédem. *Dipt. exotic. pars* 1a. *pag.* 126. *n°.* 10. Longueur 9 lig. Corps hérissé de poils roux ; abdomen ayant quatre bandes blanches transverses ; la première à la base du premier segment, la seconde à celle du troisième, les deux dernières sur les sixième et septième segmens ; les côtés des quatrième et cinquième de cette même couleur ; ailes hyalines, brunes à la base, qui porte un point transparent. Mâle. Du cap de Bonne-Espérance. 2°. Anthrax apicale, *A. apicalis.* Wiéd. *id. n°.* 11. Longueur 9 lig. Noire ; abdomen bronzé ; ailes noires, leur extrémité et une tache en lunule sur le disque, hyalines ; jambes laineuses. Du cap de Bonne-Espérance. 3°. Anthrax pennipède, *A. pennipes.* Wiédem. *id. pag.* 129. *n°.* 14. Longueur 6 lig. ½. Noire ; abdomen un peu métallique ; ailes noires, leur extrémité hyaline ; jambes postérieures empennées. De Java. 4°. Anthrax mélanoptère, *A. melanoptera.* Wiédem. *id. pag.* 130. *n°.* 15. Longueur 6 lig. Corselet avec un duvet jaune ; abdomen à bandes jaunes transverses ; ailes brunes. De la Tartarie déserte. 5°. Anthrax demi-blanche, *A. semialba.* Wiédem. *id. n°.* 16. Longueur 5 lig. ½, 6 lig. Corselet couvert de poils jaunes ; abdomen revêtu d'un duvet d'un blanc éclatant ; bord extérieur des ailes brun. Dans les contrées méridionales désertes, près de la mer Caspienne. 6°. Anthrax caffre, *A. caffra.* Wiédem. *id. pag.* 131. *n°.* 17. Longueur 6 lig. Brune ; abdomen fascié de blanc ; ailes brunes à leur base, avec deux bandes obliques de même couleur. Femelle. Du cap de Bonne-Espérance. 7°. Anthrax brillante, *A. rutila.* Wiédem. *id. pag.* 132. *n°.* 18. Longueur 5 lig. ¾. Noire ; corselet à poils fauves ; abdomen taché de blanc ; bord extérieur des ailes fauve. Déserts de la Tartarie méridionale. 8°. Anthrax de Pallas, *A. Pallasii.* Wiédem. *id. n°.* 19. Longueur 5 lig. ½. Noire, avec des poils de même couleur ; ailes ayant leur base noire ainsi que deux bandes qui se réunissent au bord extérieur. Bords de la mer Caspienne. 9°. Anthrax du Cap, *A. capensis.* Wiédem. *id. pag.* 133. *n°.* 20. Longueur 5 lig. Corps couvert de poils et de duvet jaunes ; abdomen fascié de blanc ; ailes brunes, leur extrémité hyaline avec des points bruns. Cap de Bonne-Espérance. 10°. Anthrax veinée, *A. venosa.* Wiédem. *id. pag.* 134. *n°.* 21. Longueur 5 lig. Noire, couverte de duvet jaune ; abdomen fascié de blanc ; toutes les nervures des ailes bordées de brun. Cap de Bonne-Espérance. 11°. Anthrax longirostre, *A. longirostris.* Wiédem. *id. n°.* 22. Longueur 4 lig. Corps muni d'un duvet jaune ; abdomen taché de blanc ; bord extérieur des ailes brun jusqu'à moitié, avec des taches carrées, hyalines. Cap de Bonne-Espérance. 12°. Anthrax tachetée, *A. maculosa.* Wiédem. *id. pag.* 136. *n°.* 24. Longueur 3 lig. ½. Noire, revêtue d'un duvet jaune ; abdomen fascié de blanc ; base des ailes brune : on voit des taches de même couleur sur le bord. Du cap de Bonne-Espérance. 13°. Anthrax chalcoïde, *A. chalcoides.* Wiédem. *id. n°.* 25. Longueur 3 lig. ½. Corps muni d'un duvet un peu métallique ; abdomen ayant une bande transverse blanche, interrompue ; anus blanc ; ailes hyalines. Déserts méridionaux, vers la mer Caspienne. 14°. Anthrax Polyphême, *A. Polyphemus.* Wiédem. *id. pag.* 138. *n°.* 27. Longueur 9 lig. D'un brun jaunâtre ; abdomen ayant trois bandes blanches transverses ; ailes brunes, avec des taches hyalines, dont une triangulaire placée vers le bout de l'aile. Du Brésil. 15°. Anthrax de Hessius, *A. Hessii.* Wiédem. *id. pag.* 139. *n°.* 29. Longueur 6 lig. Noire ; abdomen fascié de blanc ; ailes hyalines, avec la base et quatre points bruns. Du cap de Bonne-Espérance. 16°. Anthrax rousse, *A. rufa*, Wiédem. *id. pag.* 140. *n°.* 31. Longueur 6 lig. Noire, à poils roux ;

ailes brunes, leur extrémité plus claire. Du cap de Bonne-Espérance. 17°. Anthrax ponctipenne, *A. punctipennis*. WIÉDEM. *id. n°.* 32. Longueur 5 lig. ½. Brune; corselet rayé de blanc; abdomen fascié de blanc; ailes à points bruns. Mâle. Cap de Bonne-Espérance. 18°. Anthrax transparente, *A. hyalina*. WIÉDEM. *id. pag.* 141. *n°.* 34. Longueur 5 lig. Noire; abdomen fascié de jaune; ailes très-hyalines, avec un peu de brun à la base. Femelle. De Java. 19°. Anthrax six bandes, *A. sexfasciata*. WIÉDEM. *id. pag.* 142. *n°.* 35. Longueur 5 lig. Noire, à poils jaunes; abdomen avec six bandes transverses grises; ailes entièrement hyalines. Femelle. Du cap de Bonne-Espérance. 20°. Anthrax brune, *A. fusca*. WIÉDEM. *id. pag.* 145. *n°.* 39. Longueur 4 lig. Brune, à poils ferrugineux; base des ailes brune, le reste transparent avec trois points, dont deux bruns et l'autre noir. De l'Amérique méridionale. 21°. Anthrax simple, *A. simplex*. WIÉDEM. *id. pag.* 146. *n°.* 40. Longueur 4 lig. Corps couleur de charbon, tout hérissé de poils jaunes à l'exception du front; ailes transparentes, leur base d'un brun clair. Cap de Bonne-Espérance. 22°. Anthrax face blanche, *A. leucostoma*. WIÉDEM. *id. n°.* 41. Longueur 4 lig. ½. Noire; hypostome d'un blanc brillant; abdomen ayant des bandes transverses de cette couleur, qui est aussi celle de l'anus; bord extérieur des ailes noir. Femelle. Cap de Bonne-Espérance. 23°. Anthrax mi-partie, *A. dimidiata*. WIÉDEM. *id. pag.* 148. *n°.* 44. Longueur 3 lig. ½. Noire; abdomen couvert d'un duvet blanc brillant; ailes brunes depuis la base jusqu'à moitié, cette partie portant quatre points plus noirs. Du Brésil. 24°. Anthrax fauvette, *A. fulvula*. WIÉDEM. *id. n°.* 46. Longueur 4 lig. Noire, à poils fauves; ailes d'un jaune transparent, leur bord extérieur brun. Mâle. De Java. 25°. Anthrax naine, *A. pusilla*. WIÉDEM. *id. pag.* 150. *n°.* 48. Longueur 2 lig. ½. Noire; abdomen à bandes transverses d'un blanc brillant; ailes noires de la base jusqu'à la moitié, le reste transparent, portant deux points noirs. Mâle. Du cap de Bonne-Espérance.

Le même auteur, dans ses *Analect. entomol.*, donne cinq autres espèces comme nouvelles: 1°. Anthrax Mérope, *A. Merope*. WIÉDEM. *Analect. entom. pag.* 22. *n°.* 11. Longueur 7 lig. Noirâtre, à poils jaunes; écusson rougeâtre; abdomen ayant de chaque côté de grandes taches de cette même couleur; ailes hyalines, leur bord extérieur brun. Mâle. De Guinée. 2°. Anthrax Déesse, *A. Dia*. WIÉD. *id. pag.* 23. *n°.* 12. Longueur 5 lig. ½. Noirâtre, à poils gris; abdomen ferrugineux fascié de blanchâtre; ailes hyalines, leur bord extérieur brun. Mâle. De Tranquebar. 3°. Anthrax hérissée, *A. lasia*. WIÉDEM. *id. n°.* 13. Longueur 5 lig. Noire, à poils jaunâtres; ailes hyalines, la cellule qui borde la côte, brune; pattes rougeâtres. Mâle. Cap de Bonne-Espérance. 4°. Anthrax diffuse, *A. diffusa*. WIÉD. *id. n°.* 14. Longueur 4 lig. ½. Couleur de suie; abdomen fascié de blanc brillant; ailes à base noire, le reste transparent, avec trois points noirs. Cap de Bonne-Espérance. 5°. Anthrax Absalon, *A. Absalon*. WIÉD. *id. pag.* 24. *n°.* 15. Longueur 2 lig. ½. Noire, à duvet jaune; bords latéraux du corselet blancs; abdomen ayant deux bandes transverses de même couleur; ailes avec leur bord extérieur étroit, noir, dentelé. Des Indes orientales. (S. F. et A. SERV.)

TORDEUSES, *Tortrices*. Cinquième tribu de la famille des Nocturnes, ordre des Lépidoptères.

M. Latreille lui assigne ces caractères:

Chenilles ayant ordinairement seize pattes, quelquefois quatorze seulement, les anales ne manquant jamais, roulant des feuilles ou liant des fleurs qui leur servent d'habitation; quelques autres vivant dans l'intérieur des fruits. — *Ailes* entières, c'est-à-dire point divisées en lanières, étant, dans le repos, disposées en toit très-écrasé ou presqu'horizontal, formant le plus souvent avec le corps un triangle court, large, arqué en dehors vers la partie antérieure: cet élargissement produit par la dilatation extérieure de la côte des premières ailes, les inférieures ayant un frein. — *Palpes maxillaires* à peine perceptibles, tuberculiformes, de deux articles au plus; les labiaux très-apparens, tantôt courts, cylindracés, tantôt recourbés au-dessus de la tête en forme de cornes.

I. Ailes supérieures élargies à leur base et arrondies dans cette partie.

A. Palpes labiaux plus courts que la tête, leurs articles peu distincts, presque glabres. — Hanches antérieures très-comprimées, aussi longues au moins que les cuisses.

Matronule Nob.

B. Palpes labiaux plus longs que la tête, leurs articles fort distincts. — Hanches antérieures point aplaties, plus courtes que les cuisses.

a. Dernier article des palpes labiaux droit ou presque droit, point conique ni en forme de corne.

Pyrale, Xylopode, Procérate.

b. Dernier article des palpes labiaux recourbé sur la tête, en cône alongé, imitant une corne.

Volucre.

II. Ailes formant avec le corps un triangle alongé, presqu'horizontal, le bord extérieur des supérieures étant droit et point arqué à sa base.

Herminie.

Nota. A l'article Pyrale de ce Dictionnaire, nous avons annoncé que ce genre nous paroissoit susceptible d'être divisé en plusieurs autres, sous le rapport des palpes labiaux et de la conformation des chenilles; c'est ce que M. Latreille a exécuté depuis dans ses *Fam. nat.* Nous ajoutons nous-mêmes ici un genre nouveau à ceux qu'il a indiqués dans cet ouvrage : ainsi, actuellement on doit restreindre le genre Pyrale aux espèces qui, comme les n°s. 1, 2, 3, 4, 6, 7, 9, 10 et 19. ont le second article des palpes labiaux manifestement plus long que le troisième et plus chargé d'écailles, ce troisième court, tronqué ou obtus, ne se recourbant pas sur la tête. Il est probable que les espèces n°s. 8, 11, 12, 13, 14, 15, 16, 17 et 18. que nous n'avons point vues en nature, sont aussi des Pyrales. Le n°. 5. est le type de notre genre Matronule; les n°s. 20. et 21. appartiennent aux Volucres.

MATRONULE, *Matronula*. Nob. *Pyralis* (*Enc.*)

Genre d'insectes de l'ordre des Lépidoptères, famille des Nocturnes, tribu des Tordeuses.

Dans cette tribu les Herminies se distinguent par leurs ailes formant avec le corps un triangle alongé, presqu'horizontal, le bord extérieur des supérieures étant droit et point arqué à sa base. Les autres genres ont, comme les Matronules, les ailes supérieures élargies et arrondies à leur base; mais ceux de Pyrale, Xylopode, Procérate et Volucre sont bien séparés des Matronules par leurs palpes labiaux plus longs que la tête, à articles fort distincts, ainsi que par les hanches antérieures plus courtes que les cuisses, et point comprimées.

Palpes labiaux cylindriques, beaucoup plus courts que la tête, composés d'articles peu distincts, aucun d'eux n'étant plus velu, ni plus mince que les autres. — *Hanches antérieures* très-comprimées, au moins aussi longues que les cuisses. — *Ailes supérieures* très-élargies à la base de leur bord extérieur. Les autres caractères comme dans les Pyrales. (*Voyez* ce mot.)

Le type de ce genre est la Matronule de Godart, *M. Godarti* Nob. *Voyez* pour la description Pyrale de Godart n°. 5. de ce Dictionnaire.

PROCÉRATE, *Procerata*. Lat. (*Fam. nat.*) *Pyralis*. Fab.

Genre d'insectes de l'ordre des Lépidoptères, famille des Nocturnes, tribu des Tordeuses.

Trois genres composent un groupe dans cette tribu, savoir : Pyrale, qui a le second article des palpes notablement plus long que le troisième, et Xylopode, dont les palpes sont courts et le corps peu alongé; en outre les pattes membraneuses des chenilles de ce genre ont la forme de jambes de bois. Ces caractères séparent ces genres de celui de Procérate, le troisième du groupe. (*Voyez* pag. 679.)

Palpes labiaux avancés, peu recourbés, point prolongés au-dessus de la tête et ne prenant pas la forme de cornes, composés de trois articles; le second et le troisième presqu'également longs et écailleux. — *Corps* alongé, d'une forme intermédiaire entre la triangulaire et la demi-cylindrique. Les autres caractères sont ceux des Pyrales. (*Voyez* ce mot.)

M. Latreille indique pour type la Procérate de Saldoner, *P. Saldonana*. Lat. (*Fam. nat.*) — *Pyralis Saldonana* n°. 39. Fab. *Entom. Syst. tom.* 3. *part.* 2. Des environs de Paris.

HERMINIE, *Herminia*. Lat. *Phalœna*. (*Pyralis.*) Linn. *Phalœna*. Geoff. De Géer, Devill. Ross. Cram. *Crambus*, *Hyblœa*. Fab. *Pyralis*. Schiff. Scop. Hubn.

Genre d'insectes de l'ordre des Lépidoptères, famille des Nocturnes, tribu des Tordeuses.

Les Herminies forment à elles seules la seconde division de la tribu des Tordeuses. (*Voyez* pag. 679. de ce volume.)

Antennes souvent ciliées ou presque pectinées, dilatées au milieu dans les mâles ou renflées vers la partie inférieure. — *Palpes labiaux* recourbés, comprimés, très-grands. — *Ailes* trigones, presqu'horizontales, formant avec le corps, dans le repos, un triangle alongé; leur bord extérieur étant droit. — *Chenilles* à quatorze pattes; la première paire de membraneuses, manquant.

Les Herminies sont peu brillantes, de couleur généralement grise, et ne variant entr'elles que par des nuances plus ou moins foncées. On croit que leurs chenilles vivent dans des feuille qu'elles roulent. Quelques mâles se font remarquer par les touffes de poils dont leurs cuisses antérieures sont intérieurement garnies; ils peuvent les développer ou les replier à volonté. Nous citerons les espèces suivantes :

1°. Herminie barbue, *H. barbalis*. Lat. *Nouv. Dictionn. d'hist. natur.*, 2e. édit. — *Crambus barbatus* n°. 2. Fab. *Entom. Syst. Suppl.* Mâle. — *Crambus tentacularis* n°. 6. Fab. *id.* Femelle. Des environs de Paris; dans les prés. Sa chenille vit sur le trèfle (*Trifolium pratense*), suivant M. Latreille, et aussi sur le pissenlit (*Taraxacum vulgare*), d'après Fabricius. 2°. Herminie éventail, *H. ventilabris*. Lat. *id.* — *Crambus ventilabris* n°. 4. Fab. *id.* — *Encycl. pl.* 90. *fig.* 11. Mâle. Commune en France dans les bruyères. Les mâles de ces deux espèces ont leurs cuisses antérieures garnies de touffes de poils. 3°. Herminie à trompe, *H. proboscidalis*. Lat. *id.* — *Crambus proboscideus*. n°. 7., et *Crambus ensatus* n°. 8. Fab. *id.* 4°. Herminie à bec, *H. rostralis*. Lat. *id.* — *Crambus rostratus* n°. 11. Fab. *id.* — Le Toupet à pointes. Geoff. *Ins. Paris. tom.* 2. *pag.* 168. n°. 116. On la trouve en France dans les bois, au milieu de l'été. La chenille est verte et vit sur le Charme, suivant M. Latreille. 5°. Herminie goupillon, *H. aspergillus*. Lat. *Gener. Crust. et Ins.*

Ins. tom. 4. *pag.* 229. — *Crambus aspergillus.* Coqueb. *Iconogr. tab. XVII. fig.* 10. — *Encycl. pl.* 397. Lépidopt. n°. 7. De Caroline. 6°. Herminie flèche, *H. sagitta.* Lat. *id.* — *Hyblœa sagitta* n°. 5. Fab. *Entom. Syst. tom.* 3. *pars* 2ª. Des Indes. (S. F. et A. Serv.)

TORTUE. Geoffroy (*Ins. Paris.*) a donné ce nom à deux Lépidoptères diurnes de son genre Papillon. L'un est la *grande Tortue* (*voyez* Vanesse polychlore, *tom. IX. pag.* 304. *n°.* 21 de ce Dictionnaire); l'autre qu'il nomme *petite Tortue. Voyez* Vanesse de l'Ortie, *tom. IX. pag.* 306. *n°.* 23 du présent ouvrage.

(S. F. et A. Serv.)

TOUPET A POINTES. Nom vulgaire donné par Geoffroy (*Ins. Paris. tom.* 2. *pag.* 168. *n°.* 116) à un Lépidoptère nocturne de son genre Phalène; c'est l'Herminie à bec, *H. rostralis* Lat.

(S. F. et A. Serv.)

TOUPET TANNÉ. Nom trivial appliqué par Geoffroy (*Ins. Paris. tom.* 2. *pag.* 131. *n°.* 43.) à un Lépidoptère nocturne. Il appartient probablement au genre *Crambus* Lat., ou à celui d'*Herminia* du même auteur.

(S. F. et A. Serv.)

TOURLOUROUX. Nom donné par des voyageurs et nos colons américains à des Crustacés décapodes, de notre tribu des Quadrilatères, famille des Brachyures, très-remarquables par leurs habitudes, appelés aussi collectivement *Crabes de terre*, et dont diverses espèces ou variétés ont reçu aussi les dénominations de *Crabes violets*, *Crabes peints*, *Crabes blancs*, etc. A l'article Crabe de ce Dictionnaire, il a déjà été fait mention de ces animaux; mais outre que leurs caractères distinctifs n'y ont pas été assez développés, que ces Crustacés forment dans la méthode actuelle des groupes génériques bien circonscrits, leur histoire présente aussi des lacunes qu'il est important de remplir, et c'est ce qui nous a déterminés à leur consacrer un article spécial et supplémentaire.

Les Tourlouroux composent dans notre tribu des Quadrilatères une petite section particulière, et que nous signalerons ainsi : quatrième article des *pieds-mâchoires* extérieurs inséré près du milieu du sommet du précédent ou plus en dehors. *Antennes* intermédiaires très-distinctes, très-sensiblement bifides à leur extrémité : leur premier article plus transversal que longitudinal. *Corps*, le post-abdomen non compris, élevé, épais, en forme de cœur tronqué postérieurement; chaperon toujours plus étroit que le test, mesuré dans son plus grand diamètre transversal. *Yeux* insérés de chaque côté du chaperon, dans de grandes cavités, qui se terminent avant la dilatation latérale du test et beaucoup plus courtes que son diamètre transversal, abstraction faite de l'espace occupé par le chaperon. *Serres* robustes.

La dénomination de *Tourlouroux* a été empruntée de la langue des Caraïbes, qui par le mot d'*Itourourou* désignent un petit Crabe de jardin (*Dict. de la langue caraïbe* du père Raymond Breton). Dans la narration de ses voyages aux îles de l'Amérique, le père Labat a réuni diverses observations sur ces animaux. Il en distingue quatre espèces; les *Tourlouroux*, les *Crabes violets*, les *Crabes blancs* et les *Cériques* ou *Ciriques* (1). Les deux premières sont du genre Gécarcin; la troisième rentre dans celui que nous établissons ici sous le nom de *Cardisome*, et il paroît même, d'après l'*Essai sur l'histoire naturelle de la France équinoxiale* de Barrère, que l'on confond aussi sous le nom de *Crabe blanc*, un Crustacé d'un autre genre, l'*Uça-una* de Marcgrave (*voy.* Uca). Quant aux Cériques, il y en a, selon Chanvelon (*Voyag. à la Martinique, pag.* 108), de deux sortes; l'une qui se trouve dans les rivières et se nomme simplement *Cérique*, me paroît appartenir au genre Grapse, ou peut-être à celui de Telphuse (*voyez* ce mot); l'autre, appelée *Ciri-apoa* par les Brésiliens, et *Xirika* par les naturels de la Guiane, n'habite point l'eau douce. Le *Ciri-apoa* et le *Ciri-obi* de Marcgrave doivent être rapportés au genre *Lupa* du docteur Léach. Les dénominations de *Ciri*, de *Xirika*, de *Cérique* ou *Cirique*, ont, à ce que je crois, une origine commune. Mais les Grapses ou les Crustacés d'eau douce, qu'on appelle *Cériques* à la Martinique, sont désignés au Brésil sous les noms d'*Aratu*, *Cararauna*, et à Cayenne par celui de *Ragabemba* ou de *Soldat* en notre langue. Si Barrère ne s'est point trompé dans sa synonymie, son *Crabe de vase* ou *des palétuviers*, que l'on pourroit d'abord, à raison de l'identité d'habitation, regarder comme voisin des *Crabes blancs*, est la *Guaia apara* de Marcgrave : or ce dernier Crustacé est évidemment du genre *Calappa*, très-éloigné de ceux de la tribu des Quadrilatères. La dénomination de *Guaia* paroît avoir été donnée collectivement, par les habitans du Brésil, à divers Crustacés décapodes brachyures, tels que des Crabes proprement dits, des Leucosies, et, comme nous venons de le voir, à une espèce de Calappe.

Cette distinction de *Crabes de terre* avoit été faite, avant le père Labat, par Rochefort, auteur d'une Histoire naturelle das Antilles. Celui-ci seulement ne fait point mention des Cériques, et nomme *Crabes peints*, ceux que le père Labat appelle *violets*. Tout ce que dit Fermin des différentes espèces de Crabes de Surinam est extrait de ces historiens, et de celui-ci surtout.

Les Tourlouroux sont les plus petits de tous les

(1) C'est le genre *gecarcinus* de M. Léach.

Crabes de terre ; le plus grand diamètre des individus de la plus forte taille ne s'élève guère au-delà de trois pouces, tandis qu'on en trouve parmi les Crabes blancs qui ont plus de sept pouces de large, et que l'on peut passer le poing dans l'intervalle compris entre leurs doigts ou les branches de leurs tenailles. Selon ces auteurs, les Tourlouroux ont l'écaille (le test) dur, quoique fort mince, naturellement rouge, avec le milieu du dos plus foncé ou comme marqué d'une tache noire. La couleur s'éclaircit peu à peu sur les côtés, et le dessous du corps est d'un rouge clair. La serre gauche est toujours plus petite que la droite. Ces Crustacés pincent vigoureusement et ne lâchent point prise. Ils frappent leurs mordans l'un contre l'autre, comme s'ils vouloient épouvanter à leur tour les objets qui les ont effrayés. Leur chair est agréable au goût ; mais attendu, selon Rochefort, qu'il y a beaucoup à éplucher, et qu'on estime qu'elle provoque à la dyssenterie, on ne la recherche que dans la nécessité. Le père Labat dit néanmoins que des trois espèces de Crabes de terre, elle est la plus délicate, et, avec celui qu'on désigne sous le nom de *violet*, une vraie manne pour le pays. Les Caraïbes et les Nègres en mangent habituellement, et les blancs même en servent sur leurs tables, accommodés de diverses manières. Ce voyageur est toutefois d'avis qu'il faut s'être accoutumé dès l'enfance à ce genre d'alimens, qu'autrement on a de la peine à le digérer, qu'il produit des humeurs froides et hypocondriaques, et qu'en un mot, cette nourriture n'est pas bonne aux Européens, dont la constitution n'est pas aussi robuste que celle des naturels du pays et des personnes chez lesquelles l'habitude du travail augmente ou facilite les facultés digestives. Au témoignage des mêmes auteurs, les Crabes de terre vivent de feuilles, de racines et de fruits tombés à terre qu'ils saisissent avec leurs mordans, et qu'ils coupent et déchirent ensuite avec leurs dents ou mandibules. Mais comme parmi ces fruits, il y en a qui, tels que le mancenillier (*hippomane mancinella*, Lin.), sont des poisons, ou du moins d'un usage dangereux, on ne mange guère que les Crabes violets et les Tourlouroux, parce qu'ils habitent ordinairement les montagnes ou les plantations de cannes, où l'on ne trouve point de ces fruits vénéneux. Le Crabe blanc établissant sa demeure sur les bords de la mer, où le mancenillier est commun, et pouvant en manger le fruit, est dès-lors moins recherché. On seroit d'autant plus exposé à s'empoisonner, que l'animal, selon le père Labat, n'en paroît pas éprouver d'accident fâcheux. Aussi s'abstient-on de manger les Crabes que l'on rencontre sous cet arbre, sans en excepter même les violets et les Tourlouroux, à l'époque de l'année où, pour un motif que nous ferons bientôt connoître, ils ont gagné les rivages maritimes. Ils sont alors dans la situation des Crabes blancs, et par conséquent d'un usage suspect ou dangereux. On prétend que les feuilles des sensitives ou *mimosa* communiquent aussi à la chair de ces animaux, lorsqu'ils s'en nourrissent, une qualité vénéneuse, et l'on ne mange point, pour la même raison, ceux qui se tiennent dans les localités propres à ces végétaux. On peut, dit-on, reconnoître s'ils sont sains ou non, par la couleur du *taumalin* ou *taumalis*, que Rochefort dit être une substance huileuse de l'intérieur de leur corps, et qui, selon le père Labat, est une matière verdâtre, propre aux mâles. Si cette substance est noire, l'animal est empoisonné. Mais Jacquin et d'autres auteurs nient qu'il attaque les fruits du mancenillier. L'on dit même que l'on ne s'est jamais aperçu, dans dans l'île de la Grenade, que quelqu'un ait été incommodé pour avoir mangé de ces Crustacés, quoiqu'on les y prenne souvent sous cet arbre. Des personnes dignes de confiance, et parmi lesquelles je citerai M. Moreau de Jonnès, correspondant de l'Académie des sciences, qui a fait un long séjour à la Martinique, où il a étudié avec un zèle au-dessus de nos éloges les productions naturelles, ainsi que la géographie physique, M. Royer, l'un des secrétaires du Muséum d'histoire naturelle, et feu Maugé, qui avoit encore voyagé aux Antilles, m'ont assuré que les Tourlouroux se nourrissoient habituellement de matières animales, et qu'on en trouvoit même beaucoup dans les cimetières. M. Moreau de Jonnès les a vus, dans un temps où la fièvre jaune exerçoit de cruels ravages à la Martinique, emporter des lambeaux de cadavres humains. L'analogie, au surplus, confirme ces faits.

Mais si les Tourlouroux ne sont point frugivores, d'où provient cette qualité délétère qu'ils ont dans certains cas ? On a imaginé qu'elle leur étoit communiquée par des filons de cuivre sous-marins. Mais cette opinion et quelques autres relatives à l'explication du même phénomène sont dénuées de preuves, pour ne pas dire invraisemblables. Il seroit plus naturel de soupçonner avec M. Moreau de Jonnès, que ces animaux, ainsi que plusieurs poissons, sont sujets à certaines maladies ou à quelques affections qui rendent alors l'usage intérieur de leur chair dangereux pour nous. Peut-être encore faut-il l'attribuer à ce qu'ils se sont nourris de cadavres trop corrompus. Ne seroit-il pas encore possible que, privés de leurs matières animales ou de leurs alimens habituels, les Tourlouroux et autres Crustacés analogues fussent contraints de se nourrir de fruits, et même de ceux du mancenillier ? N'avons-nous point des exemples que plusieurs animaux, naturellement carnassiers, deviennent herbivores par circonstance ? N'en connoissons-nous point qui sont omnivores ? Est-il bien constaté que les Crabes ne sont point dans l'un ou l'autre de ces cas ? et les dégâts qu'ils font dans les jardins, lorsqu'ils y pénètrent, ne seroient-ils que l'effet d'un simple instinct destructeur, et dont ils ne tireroient aucun avantage pour leur subsistance? Habitant des lieux déserts où l'on trouve peu d'animaux, comment pourroient-ils y vivre? Voilà, ce me semble, des questions qu'il seroit utile de résoudre, non par des raisonnemens, mais par des expériences positives ou l'observation. Rien ne seroit plus facile à vérifier, puisqu'il suffiroit de renfermer un certain nombre de ces Crustacés dans un terrain clos, et de leur donner successivement pour nourriture diverses sortes de substances, au nombre desquelles il faudroit comprendre les fruits du manceniller et les feuilles de mimosa.

Les Crabes peints ou violets sont d'une taille moyenne entre les Tourlouroux et les Crabes blancs, et remarquables par la beauté, ainsi que par l'agréable mélange de leurs couleurs. Les uns sont d'un violet panaché de blanc; les autres sont d'un beau jaune, chamarré de lignes grisâtres ou purpurines. On en trouve dont le fond est tanné, et rayé de rouge, de jaune et de vert. J'indique à l'article GÉGARCIN-TOURLOUROUX les principales variétés de nuances que j'ai observées dans les individus de la collection du Muséum d'histoire naturelle et dans ceux que je possède. Les Tourlouroux des auteurs ne me paroissent pas former, comme ils l'avancent, une espèce propre, mais une variété du premier âge des Crabes peints ou violets. Les plus jeunes ont le dessus du test d'un rouge foncé ou violet, tandis que dans les plus âgés ou les plus grands, il est entièrement jaune. Les individus intermédiaires ou de moyen âge, participent plus ou moins de ces deux teintes.

Les Caraïbes (1), ainsi qu'il le paroît, d'après leur langue, ont bien remarqué, à l'égard de ces animaux, tant cette variété de couleurs que certaines particularités d'habitudes, de localités et de formes.

Les Crabes peints rôdent, en plein jour, sous les arbres, y cherchant leur nourriture. C'est surtout le matin et le soir, après les pluies, qu'on les y trouve plus spécialement, et ils y sont souvent en troupes nombreuses. Si on feint de vouloir les arrêter avec une baguette ou quelqu'autre corps, car il y auroit du danger à se servir de la main, ils fuient aussitôt, en marchant de côté, et en employant les ruses et les moyens de défense dont nous avons parlé plus haut. Ils gagnent le plus vite possible leurs clapiers, ou l'asile que leur présente le tronc de quelqu'arbre pourri, les cavités qui sont sous ses racines, ou les fentes de quelque rocher. S'ils jugent que le danger est passé, ils sortent, mais avec précaution, du fond de leur retraite, et ils y rentrent au moindre bruit. Maugé m'a raconté qu'ils grimpoient quelquefois sur les arbres, afin d'y surprendre de jeunes oiseaux dans leurs nids.

Le besoin de se reproduire les oblige d'abandonner pour quelque temps, chaque année, vers le mois de mai ou de juin, dans la saison des pluies, les montagnes où ils font leur séjour habituel, et de venir au bord de la mer. Ils descendent en si grand nombre, que les chemins et les bois en sont tout couverts. Guidés par leur instinct, ils se dirigent vers les points dont la pente naturelle facilite leur voyage et leur permet d'aborder plus commodément à la plage maritime, terme de leur course. C'est une sorte d'armée qui marche en ordre de bataille, suivant toujours et sans rompre ses rangs, une ligne droite. Ils escaladent les habitations, franchissent les rochers et autres obstacles qu'ils rencontrent, mais non sans danger; plusieurs y perdent la vie par suite de leurs chutes et d'autres accidens. Malheur aux possesseurs des jardins et des plantations qui se trouvent sous leur passage! Ils coupent avec leurs mordans les jeunes plantes que l'on cultive. Ils pénètrent même dans les maisons qui leur présentent des issues favorables, et y font un tel vacarme, qu'il est impossible de dormir; car c'est ordinairement la nuit qu'ils voyagent, ou que du moins ils cheminent davantage. Lorsqu'ils marchent pendant la présence du soleil sur l'horizon, ils font, dit-on, deux haltes le jour, soit pour se repaître, soit pour se reposer. Lorsqu'ils sont dans l'intérieur des habitations et qu'on les poursuit, ils se défendent avec courage et une sorte d'opiniâtreté; se redressant sur leurs pattes, ils présentent leurs pinces et s'en servent comme d'une sorte de bouclier. La pointe d'une épée nue ne les épouvante même pas, ainsi que l'a éprouvé M. Moreau de Jonnès, qui m'a d'ailleurs confirmé, comme témoin oculaire, une partie de ces faits.

Les mâles étant alors bien nourris et les femelles étant chargées d'œufs, leur chair dédommage un peu les colons des visites importunes de ces animaux et des dégâts qu'ils font. Rochefort se borne à faire émigrer les Crabes peints; mais le père Labat avoue que cette habitude est commune à tous les Crabes, à ceux qu'il appelle *soldats* ou les *haguas*, aux écrevisses, et même aux lézards et aux serpens.

Parvenus au rivage de la mer, les Crabes peints ou violets s'y baignent, dit-on encore, à trois ou quatre reprises; puis se retirant dans la plaine ou les bois voisins, ils s'y reposent quelque temps. Les femelles reviennent ensuite à l'eau, et, s'étant un peu lavées, elles ouvrent leur queue, font tomber les œufs qui y sont attachés et prennent

(1) Crabe violet qui devient rouge, *Tiboukou*; fem., *Oüalciba*.
Crabe blanc, *Oyema*; fem., *Heulle*.
Crabe jaune, *Oüaiboullele*.
Crabe qui a du poil, *Cociha*.
Crabe boursier, *Oüabila*.
Crabe machinotte, *Acaca-Heutou*.
Crabe de marie galande, *Ouala'bouge*.
Crabe de mer, *Mata'youman*.
Ecrevisse, *Ichoritou*.

un nouveau bain. Cette opération achevée, elles cherchent à gagner, dans le même ordre et par la même route, leurs domiciles; mais les individus les plus vigoureux peuvent seuls y arriver. La plupart sont, à leur retour, dans un tel état de maigreur et de foiblesse, qu'ils sont contraints de s'arrêter dans les premières campagnes qu'ils rencontrent, afin de recouvrer les forces nécessaires pour continuer leur voyage, plus pénible que le premier.

Rejetés par les flots sur le sablon de la grève, et après y avoir été échauffés pendant quelque temps par l'ardeur du soleil, les œufs éclosent. Les petits ne tardent pas à s'établir dans les lieux voisins propres à leur fournir les alimens convenables, et lorsqu'ils ont acquis assez de vigueur, ils se rendent dans les montagnes pour y former de nouvelles familles. Ceux qui leur ont donné le jour, et qui ont eu le bonheur de rejoindre leur habitation primitive, ont une nouvelle épreuve à essuyer; c'est le temps de la mue. Le père Lebat le place avant leur voyage; mais il est postérieur, suivant Rochefort, ce qui me semble plus vraisemblable.

Une crise aussi violente pour eux exige qu'ils soient à l'abri de tout danger extérieur. Ils s'emprisonnent volontairement dans leurs terriers et en ferment l'issue; on prétend même qu'ils s'y enveloppent de feuilles d'arbres. Quelques auteurs ont avancé, mais sans fondement, et probablement sans avoir au préalable constaté l'exactitude et la généralité du fait, que c'étoit dans le but de pourvoir, pendant cette vie inactive, à leur subsistance. Il est aisé de voir qu'on a voulu donner à ces animaux la prévoyance de la fourmi. On lit dans Rochefort une observation de Dumontel relative à leur mue, et qui confirme les présomptions fondées sur l'analogie ou l'uniformité générale de cette sorte de mutation. La chair de ceux qui viennent de se dépouiller de leur ancienne robe est très-estimée, à raison de la mollesse et du rajeunissement des parties. Ces Crustacés ont reçu, dans cet état, le nom de *Crabes boursiers*. Leurs tégumens ne forment qu'une pellicule rouge, tendue, et semblable à du vélin mouillé. On conçoit qu'ils sont plus délicats ou qu'il y a moins de déchet.

Les œufs passent aussi pour un mets friand ou de très-bon goût. Ils sont petits et réunis, sous la queue de la femelle, en deux pelotons séparés l'un de l'autre par une membrane accompagnée d'une matière épaisse de la couleur de ces œufs, mais qui devient blanche par l'action du feu; au lieu que ces œufs, soumis à la même épreuve, deviennent rouges. J'ai parlé plus haut d'une substance qu'on retire de l'intérieur du corps de ces animaux, et qu'on appelle le *taumalin* (1). Elle entre dans la composition de la sauce avec laquelle on les mange.

Les Crabes blancs se tiennent au pied des arbres, des palétuviers surtout, qui sont situés dans les lieux bas et marécageux, ou près des rivages maritimes. Ils font des trous en terre et s'y retirent comme les lapins dans leurs clapiers. Rarement se montrent-ils le jour, et lorsqu'on fouille dans le sable afin de les découvrir, on les y trouve presque toujours ayant la moitié du corps dans l'eau. La nuit est le temps de leurs courses; c'est aussi alors qu'à l'aide de flambeaux de bayac, ou de bois de chandelle, on leur fait la chasse. On les prend par dessus le dos, et on les met dans un sac ou dans un panier dont le couvercle s'emboîte; mais il faut une certaine adresse ou de l'habitude pour les surprendre et les saisir, car ils s'éloignent peu de leurs demeures, marchent très-vite, et s'emparent au besoin du premier gîte qu'ils rencontrent, sans distinction de propriétés. Souvent ils se renversent sur le dos et présentent leurs mordans; on les saisit alors par les pattes de derrière et on les rétablit dans leur première position.

Cette chasse se fait encore le jour, en fouillant avec une serpe dans les terriers où ils sont cachés, et particulièrement à l'époque de la mue, puisqu'ils n'en sortent pas alors l'espace de cinq à six semaines. Les nègres ont l'habitude de faire un trou au côté intérieur de chacune de leurs pinces afin d'y introduire et d'y fixer, par une opposition réciproque, l'extrémité d'un des doigts de chacune d'elles et de former ainsi un cercle; ils les enfilent ensuite dans un bâton et les portent, en cet état, au marché. J'ai appris ce fait de M. Royer, et le trou que j'ai observé aux serres de plusieurs gros Crustacés venus des Antilles ou de Cayenne, en est une confirmation.

Chauvalon dit que les Crabes violets ont été détruits en grande partie à la Martinique, et que les Caraïbes les y importent des îles voisines; mais cela n'est point général pour tous les cantons, puisque M. Moreau de Jonnès m'a dit avoir vu dans cette colonie une grande quantité de ces animaux. Chauvalon, au surplus, en nous renvoyant, pour la figure du Crabe violet, à l'histoire naturelle de la Jamaïque de Sloane, nous a mis à portée de bien distinguer l'espèce de Crustacés nommée ainsi par les voyageurs français.

Le Crabe bourreau, *cancer carnifex*, d'Herbst, espèce de mon genre Cardisome, est le seul Crustacé de cette subdivision que l'on ait encore observé dans l'ancien continent. Il habite les lieux marécageux des environs de Pondichéri, et porte, dans la langue malabare, le nom de *vellé-nandou*. Le dernier mot *nandou*, qui signifie en général un Crabe ou un Cancre, est remarquable en ce qu'il est presque littéralement identique avec celui de *nhamdu* ou *nhamdiu*, désignant, chez

(1) C'est peut-être le foie, désigné par les Anciens sous les noms de *mecon*, de *papaver* et de *muis*.

les Brésiliens, les grosses araignées (*mygales*), que nos colons appellent *araignées crabes*.

Dans un travail original et plein d'intérêt sur les Crustacés fossiles, M. Desmarest, professeur à l'Ecole vétérinaire d'Alfort, a décrit un Gécarcin (*trispinosus*) et plusieurs espèces de Gonéplaces, genre voisin du précédent et de la même famille. Ces Crustacés fossiles, et presque tous des Indes orientales, ont cela de propre que leur encroûtement est de nature argilleuse et non calcaire, comme celle de la plupart des autres Crustacés fossiles. Ce que nous venons de dire au sujet de l'habitation des Crabes de terre, semblables en cela à presque tous les autres Crustacés de la même famille, celle des Quadrilatères, nous donne la raison d'une telle disparité dans les matières qui enveloppent ces animaux.

Les Tourlouroux composent trois genres, *Gécarcin*, *Cardisome* et *Uca*. Nous allons en présenter les caractères essentiels et indiquer les espèces qui s'y rapportent et qui ont été décrites, pour la plupart, à l'article CRABE de ce Dictionnaire.

Genre I. GÉCARCIN, *Gecarcinus*. LÉACH.

Second et troisième articles des *pieds-mâchoires* extérieurs, grands, très-aplatis, comme foliacés, arqués au bord extérieur, courbes; le troisième un peu plus grand que le précédent, en forme de trangle curviligne, dont le sommet obtus, atteignant le chaperon; le quatrième article inséré derrière le précédent et recouvert par lui, ainsi que les deux derniers ou suivans; un angle rentrant et interne très-prononcé vers la jonction des second et troisième articles; flagres entièrement cachés. Les quatre *antennes* recouvertes par le chaperon; les latérales très-petites; les intermédiaires séparées l'une de l'autre par une simple arête. — *Pattes* de la troisième et quatrième paires les plus longues de toutes après les serres. — *Yeux* proportionnellement plus courts que dans les genres suivans, reçus dans une cavité presqu'en forme de triangle renversé, et n'offrant sous le canthus interne qu'une petite échancrure. — *Tarses* à six arêtes, dont les deux supérieures et les deux inférieures au moins dentelées ou épineuses.

GÉCARCIN tourlourou, *G. ruricola*.

Cancer ruricola. LINN. — HERBST. *Krabben. tab.* 3. *fig.* 26. Jeune âge; *ibid. tab.* 4.; *tab.* 49. *fig.* 1. — *Tourlouroux*, *Crabes violets*, *Crabes peints*. ROCHEFORT. LABAT.

Genre II. CARDISOME, *Cardisoma*. LAT.

Les six articles des pieds-mâchoires extérieurs découverts, droits; le troisième plus court que le précédent, presqu'en forme de cœur, avec le milieu du bord supérieur échancré; flagres en partie découverts. Les quatre *antennes* insérées en dehors du chaperon; le premier article des latérales grand, large, presqu'en forme de cœur. — *Pattes* de la troisième et quatrième paire les plus longues de toutes après les serres; tarses à quatre arêtes dentées ou épineuses. — *Chaperon* sensiblement transversal (celui des Gécarcins presqu'aussi long que large).

Ces Crustacés sont désignés sous le nom de *Crabes blancs*.

Rapportez à ce genre, 1°. l'*Ocypode cordata*. LAT. *Gener. Crust. et Insect.*; *ejusd. Gecarcinus carnifex*. *Nouv. Dict. d'hist. nat.* 2e. *édit.* 2°. Comme variété à serres d'inégales grandeurs, le *Cancer guanhumi* de Marcgrave. 3°. l'*Ocypode carnifex* de M. Bosc, figuré par Herbst. *Krabben. tab.* 41. *fig.* 1. Ici le premier segment du post-abdomen de la femelle est plus large que le suivant, tandis que dans le même individu de l'espèce précédente, il est plus étroit. Le post-abdomen des mâles des deux espèces offre aussi quelques autres différences.

Genre III. UCA, *Uca*. LAT.

Les six articles des *pieds-mâchoires* extérieurs découverts, droits; le troisième un peu plus étroit que le précédent et point échancré à son sommet; le pédoncule du flagre à découvert. Les quatre *antennes* pareillement à nu. Les secondes *pattes* les plus longues de toutes; longueur des suivantes diminuant ensuite progressivement; toutes les pattes très-velues, à tarses sillonnés, sans épines ni fortes dentelures aux arêtes.

Le test plus dilaté et plus bombé latéralement que celui des précédens; cavités oculaires plus oblongues, sans tubercule ou élévation au canthus interne. Chaperon demi-circulaire; sommet de la cavité buccale plus étroit et plus cintré que dans les genres précédens, et divisé en deux par une petite cloison. Premier article des antennes latérales guère plus large que le second, très-court, semi-annulaire.

UCA una, *U. una*.

Uca una. LAT. *Nouv. Dict. d'hist. nat.* 2e. *édit.*; *ejusd. Ocypode fossor. Hist. nat. des Crust. et des Ins.* — *Cancer uca*. LINN. *ejusd. C. cordatus*. — HERBST. *Krabben. tab.* 6. *fig.* 38.

(LAT.)

TOURNIQUET. Geoffroy (*Ins. Paris.*) donne ce nom au Gyrin nageur n°. 1. du présent Dictionnaire. (S. F. et A. SERV.)

TOURTEAU, nom du CRABE PAGURE, *Cancer pagurus* de Linné. M. Latreille (*Fam. natur. du Règ. anim.*) a établi un genre sous ce nom; il est voisin des Crabes proprement dits, mais ses caractères ne sont pas encore publiés.

(E. G.)

TOXIQUE, *Toxicum*. LAT.

Genre d'insectes de l'ordre des Coléoptères,

section des Hétéromères (première division), famille des Mélasomes, tribu des Ténébrionites.

Des huit genres qui nous sont connus dans cette tribu, ceux de Cryptique, Epitrage et Opâtre, se distinguent des Toxiques par leur corps large et ovale; les six derniers articles des antennes plus larges que les précédens, en séparent les Sarrotries (Orthocère, *Encycl.*), les Ténébrions et les Upis; enfin les Chiroscèles sont les seuls Ténébrionites qui aient les jambes antérieures très-dilatées et digitées.

Antennes composées de onze articles; celui de la base le plus long de tous, obconique; le second très-petit; les troisième, quatrième, cinquième, sixième et septième cylindriques, un peu obconiques, courts; le troisième cependant un peu plus long que les suivans; les huitième, neuvième, dixième, transversaux, un peu dilatés au côté interne, formant une massue ovale-comprimée avec le onzième, celui-ci presqu'orbiculaire. — *Labre* coriace, avancé, presque carré. — *Palpes maxillaires* ayant leur dernier article un peu plus gros que les autres, cylindro-conique, comprimé. — *Corps* alongé, presque linéaire, un peu déprimé. — *Corselet* presque carré, un peu plus long que large, un peu rétréci antérieurement. — *Ecusson* distinct. — *Elytres* alongées, linéaires, n'embrassant point l'abdomen sur les côtés et recouvrant des ailes. — *Pattes* courtes, surtout les antérieures; cuisses en ovale-alongé, étroites; jambes presque cylindriques, légèrement comprimées, les antérieures foiblement élargies au bout; leurs épines terminales presque nulles.

On ne connoît pas les mœurs de la seule espèce de ce genre. C'est le Toxique de Riche, *T. Richesianum*. LAT. *Gener. Crust. et Ins. tom.* 2. *pag.* 168. *n°.* 1. *tom.* 1. *pl. IX. fig.* 9. Longueur 5 à 6 lig. D'un noir mat velouté, obscur. Elytres ayant chacune huit stries formées par des points alignés. Des Indes orientales.

(S. F. et A. SERV.)

TOXOPHORE, *Toxophora*. MEIG. WIÉDEM. LAT. (*Fam. natur.*) *Bombylius*. FAB. OLIV. (*Encycl.*)

Genre d'insectes de l'ordre des Diptères, première section, famille des Tanystomes, tribu des Bombyliers.

Un groupe de cette tribu a pour caractères: abdomen cylindracé ou ovale; premier article des antennes le plus long de tous. Il renferme les genres Toxophore et Xestomyze. (*Voy.* pag. 539. de ce volume.) Le dernier se distingue par ses antennes peu rapprochées, dont le second article est cyathiforme et le troisième presqu'en fuseau.

Antennes avancées, plus longues que la tête, rapprochées à leur base, composées de trois articles, les deux inférieurs cylindriques, le premier le plus long de tous, le troisième conique. — *Trompe* avancée, arquée, deux fois plus longue que la tête. — *Palpes* minces, cylindriques, aigus, arqués. — *Tête* hémisphérique. — *Yeux* réunis dans les mâles (les femelles ne sont pas connues). — *Trois ocelles* disposés en triangle sur le vertex. — *Corps* assez alongé, velu. — *Corselet* très-bombé. — *Ailes* velues vues au microscope. — *Balanciers* découverts. — *Abdomen* conique, obtus, courbé en dessous, de sept segmens. — *Dernier article des tarses* muni de deux pelotes.

On ne connoît pas les mœurs de ces Bombyliers, dont le nom vient de deux mots grecs qui expriment la forme arquée de leur abdomen. Les espèces que l'on y place paroissent assez anomales, ainsi qu'on le verra par leurs caractères.

1. TOXOPHORE cuivreuse, *T. cuprea*.

Toxophora cuprea. WIÉDEM. *Dipt. exotic. pars* 1ª. *pag.* 178. *n°.* 1. — MEIG. *Dipt. d'Eur. tom.* 2. *tab.* 19. *fig.* 16. L'aile. — *Bombylius cupreus* n°. 21. FAB. *Syst. Antliat.*

Voyez pour la description et les autres synonymes, Bombille cuivreux n°. 10. de ce Dictionnaire.

Les auteurs mettent encore dans ce genre: 1°. Toxophore maculée, *T. maculata*. MEIG. *Dipt. d'Eur. tom.* 2. *pag.* 237. *n°.* 1. *tab.* 19. *fig.* 13—15. Mâle. Longueur 4 lig. Pattes et hypostome blancs; corselet et abdomen couverts de poils serrés couleur de soufre; ce dernier offrant diverses lignes détachées noires, qui sont peut-être produites par l'enlèvement fortuit des poils. Ailes jaunâtres au bord antérieur et à la base, ayant quatre cellules au bord postérieur; la première pédiculée, presqu'en forme d'Y; la seconde divisée en deux par une nervure transversale, au-dessous de la bifurcation de la précédente: troisième article des antennes coudé, comme brisé, aussi long que le second. Du midi de la France. Rare. 2°. Toxophore de Java, *T. Javana*. WIÉDEM. *id. pag.* 179. *n°.* 2. — MEIG. *Dipt. d'Eur. id. tab.* 19. *fig.* 12. L'antenne. Longueur 3 lig. ½. Noire; abdomen cuivreux, ayant sur son milieu une ligne longitudinale blanchâtre et une autre de chaque côté, plus large et dentée en scie extérieurement; dernier article des antennes plus court que le second, muni d'une petite pointe particulière. De Java. (S. F. et A. SERV.)

TOXOTE, *Toxotus*. MEG. DEJ. Catal. LAT. (*Fam. nat.*) *Pachyta*. MEG. DEJ. Catal. *Rhagium*, *Leptura*. FAB. SCHŒN. *Leptura*. OLIV. (*Encycl.*) *Leptura*, *Stenocorus*. OLIV. (*Entom.*)

Genre d'insectes de l'ordre des Coléoptères, section des Tétramères, famille des Longicornes, tribu des Lepturètes.

Un groupe de cette tribu contient deux genres,

Toxote et Lepture. (*Voyez* pag. 481. de ce volume. Dans le tableau que nous citons, le genre Lepture a été omis par erreur typographique.) Les Leptures se distinguent des Toxotes par leur labre court, transversal, coupé carrément ou un peu arrondi antérieurement, et encore par leurs palpes maxillaires dont le premier article est plus court que le second; le terminal presque cylindrique, très-peu comprimé. En outre les Leptures ont le corselet mutique.

Labre aussi long que large, presque carré, un peu échancré au milieu de sa partie antérieure. — *Palpes maxillaires* assez longs, composés de quatre articles; les deux premiers presqu'égaux entr'eux, chacun d'eux plus long que le troisième; le terminal grand, élargi, surtout vers son extrémité, un peu creusé longitudinalement dans son milieu, comme tronqué à son extrémité. — *Corselet* muni latéralement d'un tubercule. Les autres caractères sont ceux des Leptures. *Voyez* ce mot.

Nota. Lorsque le genre Lepture a été fait dans ce Dictionnaire, on renfermoit alors dans cette coupe générique des espèces qui ont servi depuis à la formation de différens genres. Nous n'admettons aujourd'hui comme Leptures, que les espèces qui ont le labre court, transversal, coupé carrément ou un peu arrondi antérieurement; les palpes assez courts, avec le premier article plus court que le second, celui-ci plus long que le précédent et que le suivant, pris isolément; le quatrième ovale-alongé, assez arrondi à son extrémité, presque cylindrique, très-peu comprimé. Le corselet dans ces espèces n'a point de tubercule latéral.

Les mœurs de ces insectes sont les mêmes que celles des autres Longicornes. *Voyez* Stencore.

1re. *Division.* Tubercules du corselet, épineux. (*Toxotus propriè dictus.*)

1. Toxote méridional, *T. meridianus.*

Toxotus meridianus. Dej. Catal. — *Leptura meridiana* n°. 13. Fab. *Syst. Eleut.* — Schœn. *Synon. Ins. tom.* 3. *pag.* 478. *n°.* 17.

Voyez pour la description et les autres synonymes, Lepture méridienne n°. 31. de ce Dictionnaire. (A la citation de De Géer, au lieu de *pag.* 505. lisez : *pag.* 130. *n°.* 5.)

2. Toxote huméral, *T. humeralis.*

Toxotus humeralis. Dej. Catal. — *Leptura humeralis* n°. 25. Fab. *Syst. Eleut.* — Schœn. *id. pag.* 484. *n°.* 28.

Voyez pour la description et les autres synonymes, Lepture humérale n°. 45. de ce Dictionnaire.

A cette division appartiennent aussi, 1°. Toxote coureur, *T. cursor.* Dej. Catal.—*Rhagium cursor* n°. 4. Fab. *Syst. Eleut.* — Schœn. *Syn. Ins. tom.* 3. *pag.* 415. *n°.* 8. Femelle. — *Rhagium noctis* n°. 7. Fab. *id.* Mâle. D'Autriche. 2°. Toxote disparate, *T. dispar.* Dej. Catal. — *Rhagium dispar.* Schœn. *id. pag.* 416. *n°.* 9. D'Allemagne. 3°. Toxote à ceinture, *T. cinctus.* Dej. Catal. — *Rhagium cinctum* n°. 5. Fab. *id.* — Schœn. *id. n°.* 10. Même patrie.

2e. *Division.* Tubercules du corselet, obtus. (*Pachyta.* Meg. Dej. Catal.)

3. Toxote quadrimaculé, *T. quadrimaculatus.*

Pachyta quadrimaculata. Dej. Catal. — *Leptura quadrimaculata* n°. 41. Fab. *Syst. Eleut.* — Schœn. *Synon. Ins. tom.* 3. *pag.* 488. *n°.* 45. — *Encycl. pl.* 220. *fig.* 17.

Voyez pour la description et les autres synonymes, Lepture quadrimaculée n°. 23. de ce Dictionnaire (en retranchant celui de *Leptura octomaculata* Fab. *Nov. Syst.* qui appartient à la *Leptura decempunctata* n°. 34. Oliv. *Entom.*)

4. Toxote interrogation, *T. interrogationis.*

Pachyta interrogationis. Dej. Catal.—*Leptura interrogationis* n°. 45. Fab. *id.* — Schœn. *id. pag.* 490. *n°.* 52.

Voyez pour la description et les autres synonymes, Lepture interrogation n°. 26. du présent Dictionnaire. La Lepture marginelle n°. 27. n'en est qu'une variété.

Nous plaçons encore dans cette division le Toxote grillé, *T. clathratus.*—*Rhagium clathratum* n°. 9. Fab. *Syst. Eleut.* — Schœn. *Syn. Ins. tom.* 3. *pag.* 417. *n°.* 13. La *Leptura reticulata* n°. 63. Fab. *id.* en est une simple variété. D'Autriche.

EURYPTÈRE, *Euryptera.*

Genre d'insectes de l'ordre des Coléoptères, section des Tétramères, famille des Longicornes, tribu des Lepturètes.

Tous les genres de cette tribu n'ont que onze articles aux antennes, à l'exception de celui que nous proposons ici. *Voyez* pag. 481. de ce volume.

Antennes presque filiformes, un peu velues, composées de douze articles; le premier long, conique; le second très-court, cupulaire; le troisième assez long; le quatrième plus court que le précédent; les articles de quatre à dix, un peu dilatés intérieurement, presqu'en dent de scie; le onzième cylindrique; le douzième court, conique. —*Labre* court, coupé droit antérieurement, un peu échancré dans son milieu. — *Mandibules* minces, fortement bidentées à leur partie intérieure. — *Palpes maxillaires* composés de quatre articles; le premier très-court; les deux suivans égaux, coniques; le quatrième cylindrique, pas beaucoup plus gros que les précédens, égalant presqu'en longueur le second et le troisième pris ensemble, arrondi à son extrémité. — *Tête* prolongée et amincie à sa partie antérieure; cette partie faisant à peu près la moitié de la longueur totale de la tête. — *Yeux* échancrés antérieurement. — *Corps* assez court. — *Corselet* élargi postérieurement, presque triangulaire, allant en se rétrécissant fortement de sa base jusque vers la tête, ses angles postérieurs prolongés en une forte épine, ayant un lobe tronqué dans le milieu de cette base, lequel s'avance vers l'écusson. — *Ecusson* petit, triangulaire. — *Elytres* allant en s'élargissant de la base à l'extrémité, celle-ci un peu large, un peu déprimée, tronquée et sinuée : ces élytres recouvrant les ailes et l'abdomen, un peu béantes à leur extrémité. — *Pattes* de longueur moyenne, plus courtes que dans les genres voisins; cuisses simples, point en massue; articles des tarses courts et larges.

Euryptère vient de deux mots grecs qui expriment la forme des élytres. Ce genre nouveau nous paroît suffisamment justifié par les caractères que nous venons de développer. Nous ne connoissons que l'espèce suivante :

1. Euryptère latipenne, *E. latipennis.*

Euryptera pubescens, rufo-ferruginea, antennis longitudine dimidii corporis, nigris; thoracis lineis duabus in dorso nigris; elytrorum apice et maculâ superiori supernè et infernè bifidâ, nigris.

Leptura latipennis. Dej. *Collect.*

Longueur 7 lig. Corps pubescent, son duvet presque généralement roussâtre; antennes noires, pubescentes, de la longueur de la moitié du corps. Tête noire en dessus, ayant un peu de roux au-dessous des antennes; d'un roux pâle en dessous. Corselet d'un roux ferrugineux, avec deux bandes dorsales, longitudinales, noires, qui n'atteignent pas le bord postérieur; le dessous du corselet offre deux semblables lignes. Elytres rebordées, avec une carène élevée le long de la suture dans sa moitié inférieure seulement; angles postérieurs de leur échancrure prolongés en une épine distincte : base des élytres, jusqu'aux deux tiers, d'un ferrugineux-testacé; cette base portant dans son milieu une tache noire assez grande, bifide par en haut et par en bas; tiers inférieur de l'élytre de cette même couleur. Abdomen, écusson et pattes de couleur noire. Hanches et base des quatre cuisses antérieures testacées, surtout en dessous.

Du Brésil. (S. F. et A. Serv.)

TRACHÉENNES, *Trachearicæ.*

On donne ce nom au second ordre de la classe des Arachnides, parce que leurs organes de la respiration consistent en trachées rayonnées ou ramifiées. Le cœur qui existe dans les Arachnides pulmonaires, est remplacé ici par un simple vaisseau dorsal; la respiration s'opère par des trachées qui reçoivent ordinairement l'air par deux spiracules abdominaux ou thoraciques. Les organes sexuels sont uniques. Le nombre des yeux ne va pas au-delà de quatre; le plus souvent il n'y en a que deux; quelques-uns même en manquent. La bouche d'un grand nombre est en forme de siphon.

M. Latreille (*Fam. natur. du Règn. anim.*) divise cet ordre en sept familles, savoir : les Pycnogonides, Faux-Scorpions, Phalangiens, Acarides, Hydrachnelles, Tiques et Microphthires. *Voyez* ces mots, tant à leur lettre qu'à la table alphabétique. (E. G.)

TRACHÉES. Dans quelques Arachnides et dans les Insectes, l'acte de la respiration ne s'exécute pas, comme dans les animaux à sang rouge, par une digestion de l'air dans un organe circonscrit et isolé; et quoique le but de cet acte soit, chez tous les animaux, d'apporter une modification dans les divers organes du corps en faisant servir à leur nutrition l'un des élémens de l'air, l'oxygène, il peut arriver des circonstances favorables où l'air se rend directement aux organes pour agir immédiatement sur eux : c'est le cas des Arachnides trachéennes et des Insectes. Dans les animaux à poumons, c'est le fluide de la nutrition qui vient chercher l'air dans les poumons, tandis que dans les Insectes c'est l'air qui se rend directement aux fluides nutritifs pour compléter leur élaboration. Les organes destinés à transporter ainsi l'air dans toutes les parties du corps ont reçu le nom de *trachées.*

Les trachées sont des canaux ordinairement élastiques, qui partent des ouvertures nommées *stigmates* ou *spiracules*, se ramifient à l'infini, et vont se répandre dans toutes les parties du corps en figurant des arbuscules très-élégans et en entourant d'une infinité de ramifications tous les organes intérieurs. M. Cuvier et M. Marcel de Serres ont reconnu deux sortes de trachées très-différentes entr'elles par leur composition; ce sont les *trachées tubulaires* et les *trachées vésiculaires.*

Les trachées tubulaires sont composées de trois membranes, une externe, une interne et une autre intermédiaire. Les deux premières sont formées par une membrane cellulaire assez épaisse et très-extensible, tandis que l'intermédiaire l'est, au contraire, par un filet cartilagineux roulé en spirale, et qu'on déroule avec facilité. Sprengel n'admet que deux membranes à ces trachées; mais d'après sa description, il est évident qu'il en signale trois. Réaumur soupçonnoit l'existence de la membrane interne qui a été admise par Swammerdam. Cette membrane est adhérente à l'intermédiaire, et il est très-difficile, sinon impossible, de de l'en isoler. Les circonvolutions du fil élastique qui forme la membrane intermédiaire sont brillantes et comme argentées : c'est à ce fil cartilagineux que les trachées doivent la propriété qu'elles possèdent d'être toujours ouvertes, élastiques, et de pouvoir, après avoir été comprimées par quelqu'organe, reprendre de suite leur forme tubulaire. Ces trachées sont les seules qui présentent de nombreuses ramifications allant se distribuer dans les plus petites parties du corps des insectes, dans les antennes, les pattes et jusqu'au bout des tarses.

Les trachées tubulaires peuvent être distinguées elles-mêmes en trachées artérielles et trachées pulmonaires : ces deux ordres de trachées tubulaires, quoiqu'ayant la même organisation, n'ont pas les mêmes usages et méritoient d'être distinguées. Plusieurs anatomistes avoient reconnu depuis long-temps qu'il existoit chez les insectes deux sortes de trachées; les unes destinées à faire arriver l'air dans le corps, et les autres à le répandre dans toutes ses parties. Réaumur pensoit que les insectes inspiroient l'air par les stigmates, mais qu'ils l'expiroient par tout le corps. Les trachées que M. Marcel de Serres a nommées *artérielles*, se rendent directement aux stigmates, y prennent l'air immédiatement, et le distribuent ensuite aux différentes parties du corps. Les trachées pulmonaires ne reçoivent pas l'air d'une manière immédiate; elles ne communiquent même avec l'air extérieur qu'au moyen des premières, et servent pour ainsi dire de réservoir à l'air que les premières y ont versé : elles sont beaucoup moins ramifiées, plus grosses, et leur marche est ordinairement plus régulière.

La seconde espèce de trachées, les trachées vésiculaires ou utriculaires, offrent une organisation essentiellement différente de celle des trachées tubulaires; elles présentent des poches plus ou moins étendues, qui communiquent les unes avec les autres au moyen de ramifications toujours uniques et jamais arbusculées comme celles qui partent des trachées spirales. Ces trachées sont composées seulement de deux membranes celluleuses très-blanches, fort souples et très-extensibles : elles ne communiquent jamais immédiatement avec l'air; elles envoient toujours un rameau aux trachées tubulaires qui leur fournissent ce fluide. Ces trachées étant dépourvues du filet élastique qui tient toujours ouvertes les trachées tubulaires, sont affaissées sur elles-mêmes toutes les fois qu'elles ne sont pas pleines d'air : aussi, dans les insectes qui ont les trachées vésiculaires très-étendues, et qui ont besoin d'une grande quantité d'air, on observe un appareil destiné par la nature à soulever leurs parois lors de l'inspiration; ce sont des espèces de côtes qui, suivant M. Marcel de Serres, ont leur attache aux parois de ces vésicules. Ces côtes sont cartilagineuses, demi-sphériques et mues par des muscles particuliers. Un examen comparatif a démontré à M. Audouin que ces espèces de côtes ne sont autre chose que de petites apophyses du bord de chaque anneau du ventre; ces côtes ne sont donc pas des appendices distincts et articulés, ne pouvant trouver leur analogue ailleurs, mais simplement un prolongement insolite du bord antérieur des segmens abdominaux. Du reste, ces côtes n'existent que dans les espèces qui ont des trachées vésiculaires d'une certaine étendue. On n'observe point de ces côtes dans les Lépidoptères, les Coléoptères amellicornes et les Diptères, où les trachées vésiculaires ont à peine un demi-millimètre. Dans certains Orthoptères, au contraire, comme les Gryllons, les Truxales et les Criquets, ces trachées offrent un grand développement, et les côtes ou cerceaux cartilagineux existent toujours.

M. Léon Dufour a consigné dans les *Annales des sciences naturelles* (*tom.* 8. *pag.* 23. *pl.* 21 *bis. fig.* 1.) la découverte qu'il vient de faire d'un nouvel organe inspiratoire trachéen, ou du moins une disposition toute spéciale de ces vaisseaux aériens. Il l'a observé dans la poitrine des Priones, et il pense que cette disposition doit se trouver dans les autres Longicornes. L'intérieur de cette cavité (la poitrine), dit cet habile anatomiste, est tapissé par une couche assez épaisse d'un tissu blanc, d'un aspect moelleux, mais d'une texture cohérente. On peut, en le saisissant avec une pince et en le tirant à soi avec précaution, l'enlever tout d'une pièce, car il ne paroît avoir de connection essentielle qu'avec les deux stigmates qui forment son origine et sa terminaison. Examiné de plus près, cet organe pulmonaire se trouve composé, 1°. de deux troncs trachéens considérables, connivens entr'eux, d'une part, au stigmate thoracique, de l'autre, au premier stigmate abdominal ou pectoro-abdominal; 2°. d'un lacis inextricable de ramuscules aérifères nés des deux troncs précités, et de lobules adipeux qui leur sont adhérens; en un mot, d'une sorte de parenchyme. M. Léon Dufour a aussi observé ce rudiment d'organe pulmonaire pectoral dans les Punaises d'eau. Sprengel avoit bien observé quelque chose de semblable dans les Sphinx; mais le siége de ces agglomérations, qu'il désigne sous la dénomination de *organa vesiculoso-cellularia*, n'est pas restreint dans la poitrine, comme cela a lieu dans les Punaises d'eau et dans les Priones.

Les insectes peuvent être partagés, d'après M. Marcel de Serres, en trois classes bien distinctes, d'après le mode de respiration. La première division se compose de ceux qui vivent dans l'air et qui le respirent immédiatement; de ceux qui, vivant dans l'eau, sont obligés de monter à sa surface pour venir recevoir l'impression de l'air; et enfin de ceux qui décomposent l'eau pour s'emparer de son oxygène. Nous présenterons ici le tableau de M. Marcel de Serres pour faire apprécier d'un seul coup d'œil les différens modes de respiration des insectes.

I. RESPIRATION DANS L'AIR.

1°. Avec des trachées tubulaires.	1re. Division.....	Des trachées artérielles.
	2e. Division.....	Des trachées pulmonaires et artérielles.
2°. Avec des trachées vésiculaires.	Toujours deux ordres de trachées....	avec des cerceaux cartilagineux,
		sans cerceaux cartilagineux.

II. RESPIRATION DANS L'EAU.

Seulement des trachées tubulaires.	1re. Division.....	Respirant par de véritables stigmates, et venant à la surface de l'eau pour respirer l'air en nature.
		Respirant par une ouverture placée à l'anus; décomposant l'eau.

Les trachées artérielles existent dans tous les insectes; elles forment autour des stigmates des paquets extrêmement multipliés. Mais pour que la communication s'établisse entre toutes ces trachées, il existe un tronc commun qui s'étend d'un stigmate à l'autre, et qui s'ouvre dans cette partie; c'est de ce tronc commun que partent ces nombreux paquets qui vont distribuer l'air dans toutes les parties du corps. La direction des trachées est alors presque toujours transversale. Dans la plupart des Coléoptères des genres Cérambyx, Blaps, et dans presque tous les Ténébrionites, on n'observe que les trachées artérielles; elles sont extrêmement multipliées dans la poitrine, et même à un tel point qu'elles recouvrent presque en entier les muscles de cette partie. On les voit toutes présenter une direction transversale, et comme elles sont fort rapprochées, elles forment sur les muscles des stries parallèles tellement pressées, qu'à peine distingue-t-on entr'elles quelques légers intervalles. Les trachées artérielles existent seules dans les Phalangiums, chez lesquels M. Latreille les a le premier observées, et dans quelques autres genres analogues d'Arachnides. Leur système respiratoire est formé de troncs communs qui, situés dans le corselet, sont le centre d'où partent toutes les autres ramifications; ces troncs communs se trouvent près des stigmates, où ils envoient une branche. Les chenilles, ou les larves des Lépidoptères, n'offrent aussi que des trachées artérielles.

Les trachées artérielles et les trachées pulmonaires réunies se rencontrent dans la plupart des Coléoptères. Un certain nombre d'Orthoptères offrent à la fois des trachées artérielles et pulmonaires; de ce nombre sont les Forficules, les Blattes, Phasmes, Mantes, Achètes, Locustes et Taupes-gryllons. Les organes respiratoires des Forficules et des Blattes présentent peu de différence.

Comme on l'a vu dans le tableau précédent, les insectes qui respirent dans l'air avec les deux ordres de trachées tubulaires et avec les trachées vésiculaires, sont partagés en deux sections; ceux qui ont des côtes ou cerceaux dans les trachées vésiculaires, et ceux où ces organes en sont dépourvus: le premier de ces modes de respiration est le plus compliqué, et on ne le voit jamais que dans les espèces qui ont besoin d'une grande quantité d'air; dans ceux qui, destinés à parcourir de grands espaces dans l'air, ont eu besoin d'une plus grande puissance de vol, et par cela même d'une plus grande légèreté dans tout leur corps. Les trachées pulmonaires ont, dans l'ordre qui présente ce mode de respiration, un très-grand développement; car l'on peut considérer toutes les trachées vésiculaires comme appartenant au système des trachées pulmonaires.

L'ordre des Orthoptères présente les espèces où les trachées vésiculaires sont les plus étendues; c'est dans les genres Gryllon et Truxale qu'on observe les côtes les plus alongées et les plus mobiles; dans ces trachées ces côtes sont disposées de manière à être parfaitement libres par leur partie supérieure: ayant une forme demi-circulaire, elles représentent des cerceaux dont l'étendue diminue toujours à mesure qu'elles s'approchent de l'abdomen. Ces côtes sont au nombre de sept dans les genres que nous avons cités plus haut; elles sont mues par des muscles particuliers, et ces muscles, au nombre de deux pour chaque côte, sont composés de faisceaux musculeux, charnus, épais et fort courts. Ces trachées vésiculaires sont distribuées dans tout le corps avec une profusion étonnante; elles communiquent entr'elles par les trachées pulmonaires.

Les trachées vésiculaires sont à peu près générales chez les Hyménoptères; lorsqu'on leur voit prendre un grand développement, il existe en même temps un appareil de cerceaux cartilagineux qui est propre à les mouvoir dans les mouvemens d'expiration.

Les insectes dont les trachées vésiculaires n'ont

jamais de côtes sont en assez grand nombre ; la plupart des Lamellicornes, les Buprestides. M. Léon Dufour a observé des trachées vésiculaires dans la poitrine des Dytiques. En général ces trachées ne sont pas arrangées dans un ordre régulier ; leur diamètre n'est jamais considérable, et leur nombre est infini, surtout dans l'abdomen qu'elles occupent en grande partie. Ces trachées pénètrent dans les plus petites parties, et sont surtout très-multipliées dans la bouche et dans ses diverses pièces ; elles forment autour des yeux composés comme une série circulaire de petites poches dont la communication a lieu au moyen des trachées tubulaires. Les muscles du corselet et de la poitrine sont également couverts d'une grande quantité de ces poches, surtout ceux des ailes, où elles sont rangées les unes à côté des autres dans un ordre assez régulier. Dans l'abdomen, les trachées vésiculaires se multiplient encore davantage, et entourent le tube intestinal et les organes générateurs d'un tissu inextricable. Chez les Sphinx et les Bombyx, le système respiratoire est aussi compliqué, mais il est composé comme celui des insectes que nous avons cités plut haut. Dans les Scutigères, les trachées vésiculaires reçoivent directement l'action de l'air ; cette disposition est remarquable, et nous pensons qu'on ne l'a encore observée que dans le Myriapode. M. Marcel de Serres dit que ces trachées se distribuent ou s'unissent aux troncs pulmonaires qui sont ici placés sur les côtes inférieures du corps, tandis qu'ordinairement on les rencontre sur le dos et qu'elles entourent le plus souvent le vaisseau dorsal. C'est à la base des sept pièces écailleuses du dos des Scutigères que l'on voit les stigmates, qui sont au nombre de sept, et auxquels viennent aboutir les poches pneumatiques au nombre de deux par anneau. Ces poches sont ovalaires, accolées base à base, et communiquent avec le tronc commun des trachées pulmonaires. La plupart des Diptères offrent des trachées vésiculaires sans côtes ; ces trachées sont très-nombreuses et communiquent entr'elles par des trachées tubulaires.

Les insectes qui vivent dans l'eau ont deux modes de respiration : les uns viennent à la surface chercher l'air nécessaire à leur consommation ; les autres décomposent l'eau pour s'emparer de son oxygène.

Les premiers respirent par de véritables stigmates, et n'ont que des trachées tubulaires ; il n'y a que les Dytiques dans lesquels Léon Dufour ait observé une ou deux trachées vésiculaires, ce qui avoit échappé à M. Marcel de Serres. Ce savant a tenté beaucoup d'expériences pour savoir si les Hydrophiles, Dytiques, etc., qui vivent dans l'eau, décomposent l'air ; mais il n'est pas arrivé à des résultats satisfaisans. Si on observe des Dytiques et d'autres insectes aquatiques, on verra qu'ils ne peuvent rester long-temps sous l'eau, et qu'ils viennent souvent à la surface pour introduire, par des procédés qui varient suivant les espèces, une certaine quantité d'air dans leurs stigmates. Tous ces insectes respirent par des trachées artérielles et pulmonaires ; cette disposition se voit aussi dans les Népes, les Notonectes, les Gerris, les Naucores, etc.

Le second mode de respiration dans l'eau, celui où les insectes décomposent ce fluide pour en extraire l'oxygène, est extrêmement remarquable. Ce mode de respiration a lieu dans les larves des Libellules, et l'on observe dans ces larves un appareil respiratoire particulier conformé de manière à pouvoir atteindre le but auquel il est destiné. Réaumur, et après lui M. Cuvier, ont fait connoître dans cette larve une valvule tricuspide qui aboutit à une vaste ouverture dans laquelle on distingue un organe particulier garni de fines trachées disposées sur dix rangs et pourvu en outre de corps vésiculaires qui aboutissent à des vaisseaux aériens situés plus profondément, et que l'on reconnoît être des trachées. Il est démontré que cette larve ne vient pas respirer l'air en nature à la surface du liquide ; il faut donc qu'elle exhale celui contenu dans l'eau, ou qu'elle décompose celle-ci. L'observation n'a pas encore répondu d'une manière bien satisfaisante à l'une ou l'autre de ces deux questions ; mais les expériences tentées par M. Marcel de Serres tendroient à faire pencher pour la dernière opinion, si la singularité de ce mode de respiration, si différent de ce qu'on remarque dans tous les animaux aquatiques, ne commandoit à cet égard la plus grande réserve. Les larves et nymphes des Libellules emploient ce mode de respiration pour faciliter leur mouvement dans l'eau ; pour cela elles emplissent d'eau leur cavité abdominale, et la faisant sortir avec violence, le jet qui en résulte, s'appuyant sur la masse du liquide environnant, force le corps de l'insecte à avancer. Nous avons vu souvent ces larves se lancer dans une ligne droite comme des flèches, et atteindre les petits insectes dont elles font leur nourriture. D'après M. Duméril, les larves des Éphémères, des Phryganes, des Cousins et des Tourniquets, sembleroient avoir de véritables branchies toujours en mouvement quand l'insecte respire. C'est, dit-il, une sorte d'anomalie dans les insectes, qui mérite une attention toute particulière, surtout dans les Ephémères, si, comme Swammerdam l'a pensé, ces insectes ont en outre la faculté de féconder les œufs après qu'ils sont séparés du corps de leur mère ; ce qui est une analogie marquée avec les poissons et avec quelques reptiles batraciens.

En terminant cet article, nous ne pouvons omettre de parler d'une découverte récente que M. Léon Dufour vient de faire, d'un mode de respiration bien singulier, quoique rentrant dans ceux que nous avons fait connoître. Cet anatomiste a découvert dans les viscères des *cassida viridis* et *pentatoma grisea*, des larves qui lui ont donné deux espèces d'Ocyptères (*voyez* ce mot). Il a observé que ces larves, hermétiquement enfermées dans le corps de ces insectes, sont obligées d'usurper un de leurs stigmates pour y appliquer l'extrémité d'une longue queue où sont situées les trachées et où elles viennent aboutir dans une ouverture conique. On n'avoit pas jusqu'à présent d'exemple d'un mode de respiration aussi merveilleux. Nous renvoyons pour plus de détails au Mémoire même publié dans les *Annales des sciences naturelles*, tom. 10, pl. 11.

(E. G.)

TRACHÈLE, *Trachelus*. Jur. Genre d'Hyménoptères qui répond à celui de Céphus. *Voyez* ce mot, pag. 576. de ce volume.

(S. F. et A. Serv.)

TRACHÉLIDES, *Trachelides*. Quatrième famille de la section des Hétéromères, dont elle compose seule la seconde division, ordre des Coléoptères.

Les caractères de cette famille, et par conséquent de cette division, sont les suivans :

Tête presqu'en forme de cœur, aussi large ou plus large derrière les yeux que l'extrémité antérieure du corselet, resserrée ensuite brusquement en arrière, de manière à former une sorte de cou, qui entre seul dans cette dernière partie. — *Corps* souvent mou et flexible. — *Mâchoires* inermes, sans onglet corné. — *Articles des tarses* du plus grand nombre entiers; crochets bifides dans la plupart. (Insectes vivant sur les végétaux, contractant leur corps lorsqu'on les saisit. Quelques larves sont parasites.)

Nota. Quelques-uns de ces insectes sont employés en médecine comme vésicans.

I. Antennes tantôt simples, tantôt flabellées, pectinées ou en scie. — Crochets des tarses entiers dans la plupart (le seul genre Rhipiphore excepté); pénultième article des tarses bilobé dans le plus grand nombre.

1re. Tribu. Lagriaires, *Lagriariæ*.

Pénultième article des tarses bilobé. — *Corps* alongé, plus étroit en devant. — *Corselet* cylindracé ou carré. — *Palpes maxillaires* terminés par un article plus grand, triangulaire. — *Antennes* simples, filiformes ou grossissant insensiblement vers le bout, le plus souvent grenues au moins en partie, et terminées (au moins dans les mâles) par un article plus long qu'aucun des précédens

Lagrie, Statire.

2e. Tribu. Pyrochroïdes, *Pyrochroides*. Voyez ce mot.

3e. Tribu. Mordellones, *Mordellonæ*.

Tarses variant sous le rapport de la forme de leurs articles et des crochets du dernier. — *Corps* élevé, arqué. — *Tête* basse. — *Corselet* trapézoïdal, ou demi-circulaire. — *Elytres* soit très-courtes, soit de longueur ordinaire, mais alors rétrécies et finissant en pointe ainsi que l'abdomen. — *Antennes* le plus souvent en scie; celles de plusieurs mâles en panache ou pectinées. — *Palpes* de forme variable.

A. Antennes des mâles en éventail ou très-pectinées. — Palpes presque filiformes.

a. Crochets des tarses, bifides.
Rhipiphore.

b. Crochets des tarses, entiers, simples.
Pélécotome, Myodite.

B. Antennes (même celles des mâles) tout au plus dentées en scie. — Palpes maxillaires terminés par un article plus grand, triangulaire ou sécuriforme.
Mordelle, Anaspe, Scraptie.

4e. Tribu. Anthicides, *Anthicides*.

Pénultième article des tarses bilobé. — *Corps* oblong. — *Corselet* en forme de cœur ou divisé en deux nœuds. — *Dernier article des palpes maxillaires* plus grand que les précédens, en forme de hache. — *Antennes* simples ou un peu en scie, filiformes ou grossissant insensiblement vers le bout.

Stéropès, Notoxe, Xylophile.

5e. Tribu. Horiales, *Horiales*.

Tous les articles des tarses entiers; le dernier terminé par deux crochets dentelés et accompagnés chacun d'un appendice en forme de soie. — *Corps* oblong. — *Corselet* carré, aussi long que la dimension transversale de la base de l'abdomen. — *Tête* souvent très-forte. — *Mandibules* saillantes. — *Palpes* presque filiformes.

Horie, Cissite.

Nota. Les larves de plusieurs espèces de ces trois dernières tribus sont parasites.

II. Antennes simples ou foiblement en scie. — Crochets des tarses, bifides. — Pénultième article des tarses, très-rarement bilobé. — Tête toujours forte et inclinée. — Palpes filiformes ou simplement un peu plus gros au bout, mais point en massue sécuriforme.

6e. Tribu. Cantharidies, *Cantharidiæ*.

Voyez ce mot pag. 439. de ce volume.

Cet article est extrait des *Fam. nat.* de M. Latreille. (S. F. et A. SERV.)

TRACHONITE, *Trachonites.* Ce nom, cité par M. Desmarets dans ses *Observations générales sur les Crustacés*, extraites du Dictionnaire des sciences naturelles, a été donné par M. Latreille à un genre de Crustacés auquel M. Léach donne le nom de MITHRAX, adopté par M. Latreille lui-même et par tous les entomologistes. *V.* MITHRAX à la table alphabétique. (E. G.)

TRACHUSE, *Trachusa.* JUR. Ce genre d'Hyménoptères, dans Jurine, renferme ceux qui sont aujourd'hui connus sous les noms de Dasypode (*voyez* ce mot page 404. de ce volume), Cœlioxyde (*id.* pag. 108.), Dioxyde (*id.* pag. 109.), Stélide (*voyez* ce mot à sa lettre), Anthidie (*id.* pag. 313.), Osmie (*voyez* ce mot à sa lettre), Anthocope (*id.* pag. 314.), Mégachile (*voyez* ce mot à la table alphabétique), Hériade (*voyez* pag. 314. de ce volume), Eucère (*id.* pag. 312.), et Panurge (*voyez* ce mot à sa lettre).

(S. F. et A. SERV.)

TRACHYDÈRE, *Trachyderes.* DALM. SCHŒN. GYLL. *Cerambyx.* LINN. FAB. OLIV. DE GÉER. LAT. (*Gener.*)

Genre d'insectes de l'ordre des Coléoptères, section des Tétramères, famille des Longicornes, tribu des Cérambycins.

Nous allons donner les caractères propres à cette tribu.

CÉRAMBYCINS, *Cerambycini.* Seconde tribu de la famille des Longicornes. LAT. (*Fam. nat.*)

Antennes insérées dans une échancrure des yeux. — *Tête* avancée ou penchée, mais point perpendiculaire, s'enfonçant dans le corselet jusqu'aux yeux; sa partie postérieure sans rétrécissement brusque. — *Dernier article des palpes* presqu'en forme de cône ou de triangle renversé, ou bien cylindrique et tronqué à son extrémité. — *Ailes* repliées sous les élytres : celles-ci ni très-courtes, ni subulées. — *Labre* très-distinct.

Nota. M. Latreille (*Fam. nat.*) n'ayant pas établi de divisions dans cette grande tribu, nous pensons rendre l'étude des genres plus facile en y introduisant les suivantes :

I. Tête ayant sa partie antérieure notablement avancée, rétrécie en devant depuis les yeux, et formant une sorte de petit museau.

Rhinotrage.

II. Tête ayant sa partie antérieure assez courte et à peu près de même largeur que la postérieure.

A. Corselet cylindrique; ni déprimé en dessus, ni élargi sur les côtés, ni globuleux; aussi large que long.

Callichrome, Purpuricène, Capricorne, Phénicocère.

B. Corselet élargi sur les côtés, souvent déprimé en dessus; ni globuleux, ni cylindrique.

a. Corselet bituberculé de chaque côté. — Pattes antérieures n'étant pas éloignées l'une de l'autre à leur insertion, non plus que les intermédiaires.

Dorcacère, Lophonocère, Cténode, Trachydère.

b. Corselet mutique latéralement. — Pattes antérieures éloignées l'une de l'autre à leur insertion ainsi que les intermédiaires.

Mégadère, Lissonote, Distichocère.

C. Corselet arrondi latéralement, mais point dilaté, toujours déprimé en dessus.

Callidie.

D. Corselet parfaitement globuleux, point déprimé en dessus.

Clytus.

E. Corselet étroit, alongé, cylindracé, beaucoup plus long que large; sa partie antérieure plus étroite que la tête.

Obrion, Cartalle, Leptocère.

Dans le tableau ci-dessus, un groupe contient les genres Dorcacère, Lophonocère, Cténode et Trachydère. Les trois premiers sont distingués du dernier par leur écusson petit, arrondi postérieurement.

Antennes glabres, plus longues que le corps, peu ou point dentées en scie, composées de onze articles, le dernier, dans les mâles, ou échancré ou allant en diminuant un peu avant son extrémité : dans ce même sexe les derniers articles seulement, plus ou moins comprimés. — *Mandibules* coudées, presque tuberculées extérieurement. — *Palpes maxillaires* guère plus longs que les labiaux, leur dernier article un peu obconique, presque cylindrique, ainsi que celui des labiaux. — *Yeux* échancrés pour recevoir l'insertion des antennes. — *Corps* se rétrécissant à partir des angles huméraux des élytres. — *Corselet* élargi latéralement, bituberculé de chaque côté, très-inégal et tuberculé en dessus, ses angles postérieurs fortement échancrés; présternum ayant deux tubercules, dont l'antérieur presque pointu; sa pointe se recourbant en arrière, le postérieur simplement élevé, mais toujours assez avancé, séparé du premier tubercule par un sillon transversal : on voit en outre deux autres tubercules près de chaque bord latéral de ce présternum. —

Ecusson fort long, triangulaire. — *Elytres* souvent tronquées postérieurement; angles extérieurs de cette troncature étant alors tuberculés ou épineux : angles huméraux des élytres prolongés, munis d'un enfoncement assez profond; elles recouvrent des ailes et l'abdomen. — *Pattes* courtes, fortes; les antérieures n'étant pas très-éloignées l'une de l'autre à leur insertion, non plus que les intermédiaires.

Le nom donné à ces Longicornes vient de deux mots grecs qui font allusion aux rugosités remarquables que présente leur corselet. Les espèces connues, dont les mœurs doivent être les mêmes que celles des autres Cérambycins, habitent les parties chaudes de l'Amérique méridionale.

1. Trachydère thoracique, *T. thoracicus*.

Voyez pour la description, Capricorne thoracique *n°*. 44. *pl*. 210. *fig*. 4. de ce Dictionnaire.

2. Trachydère rufipède, *T. rufipes*.

Trachyderes rufipes. Schœn. *Syn. Ins. tom*. 3. *pag*. 365. *n°*. 2. — *Cerambyx rufipes n°*. 44. Fab. *Syst. Eleut*.

Voyez pour la description et les autres synonymes, Capricorne rufipède *n°*.46. *pl*. 210. *fig*. 5. de ce Dictionnaire.

3. Trachydère cordonné, *T. succinctus*.

Trachyderes succinctus. Schœn. *id. pag*. 364. *n°*. 1. — *Cerambyx succinctus n°*. 20. Fab. *Syst. Eleut*.

Voyez pour la description et les autres synonymes, Capricorne cordonné, *n°*. 47. *pl*. 210. *fig*. 6. du présent ouvrage.

4. Trachydère mi-parti, *T. dimidiatus*.

Trachyderes dimidiatus. Schœn. *id. pag*. 366. *n°*. 8. — *Cerambyx dimidiatus n°*. 45. Fab. *Syst. Eleut*.

Voyez pour la description et les autres synonymes, Capricorne mi-parti *n°*. 48. *pl*. 210. *fig*. 7. de ce Dictionnaire.

5. Trachydère bicolore, *T. bicolor*.

Trachyderes bicolor. Schœn. *id. n°*. 9. — *Cerambyx bicolor n°*. 49. *pl*. 210. *fig*. 8. de ce Dictionnaire.

6. Trachydère strié, *T. striatus*.

Trachyderes striatus. Schœn. *id. pag*. 365. *n°*. 4. — *Cerambyx striatus n°*. 42. Fab. *id*.

Voyez pour la description et les autres synonymes, Capricorne strié *n°*. 50. *pl*. 210. *fig*. 9. de ce Dictionnaire.

7. Trachydère noté, *T. signatus*.

Trachyderes signatus. Schœn. *Syn. Ins. tom*. 3. *Append. pag*. 177. *n°*. 247.

Nota. Plusieurs Trachydères de M. Schœnherr ne nous semblent pas appartenir à ce genre, tel qu'il vient d'être caractérisé.

(S. F. et A. Serv.)

TRACHYS, *Trachys*. Fab. Cet auteur place dans ce genre les espèces de Buprestes à corps très-court et triangulaire, dont M. Latreille fait la troisième division de ce dernier genre.

(S. F. et A. Serv.)

TRACHYSCÈLE, *Trachyscelis*. Lat.

Genre d'insectes de l'ordre des Coléoptères, section des Hétéromères (première division), famille des Taxicornes, tribu des Crassicornes.

La première division de cette tribu a pour caractère : jambes latéralement épineuses. (*Voyez* Crassicornes, pag. 554. de ce volume.) Le genre Léiode qui la compose avec celui de Trachyscèle, se distingue de ce dernier par la massue des antennes formée de cinq articles seulement, le second beaucoup plus petit que ceux qui l'avoisinent.

Antennes en massue, à peine plus longues que la tête, composées de onze articles; le premier alongé; les troisième, quatrième et cinquième petits, transversaux; les six derniers formant, selon M. Latreille, une massue brusque, en forme d'ovale court; le huitième (le second de la massue) pas plus petit que les septième et neuvième pris isolément. — *Labre* transversal, avancé. — *Mandibules* assez avancées, leur extrémité entière. — *Mâchoires* composées de deux lobes, l'extérieur un peu plus grand que l'intérieur; velu à son extrémité. — *Palpes* allant en grossissant vers leur extrémité; le dernier article plus grand que les autres, presqu'en forme de triangle renversé. — *Tête* plus étroite que le corselet; chaperon linéaire, transversal, formant une sorte de bourrelet, séparé de la tête par un sillon transversal, profond. — *Corps* bombé, élevé. — *Corselet* un peu plus étroit que les élytres, bombé, rebordé. — *Ecusson* petit. — *Elytres* très-convexes, recouvrant des ailes et l'abdomen. — *Pattes* très-fortes, propres à fouir; jambes dilatées, épineuses : les antérieures allant en s'élargissant vers leur extrémité, très-dilatées dans cette partie qui est prolongée au-delà de l'insertion du tarse, garnies extérieurement de cils nombreux et roides; premier article de tous les tarses plus grand qu'aucun des suivans.

Le nom générique de ces petits Coléoptères vient de deux mots grecs qui signifient : *jambes hérissées*. Les Trachyscèles habitent les rivages de la Méditerranée. M. le comte Dejean en mentionne trois espèces dans son Catalogue; la plus commune est le Trachyscèle aphodioïde, *T. aphodioides*. Lat. *Gener. Crust. et Ins. tom. IV. pag.* 379. (S. F. et A. Serv.)

TRAGOSITE, *Tragosita*. Payk. Ce genre contient dans la *Faun. Suec.* (*tom.* 1. *pag.* 91.) de cet auteur, trois espèces : la première est le Trogosite caraboïde, *T. Caraboides auctor.* Les deux suivantes sont du genre Boros Herbst. *Voy.* Dejean Catal. et Herbst. Coléop. *tom. VII. pag.* 319. (S. F. et A. Serv.)

TRAPÉZIE, *Trapezia*. Genre de Crustacés décapodes, de la famille des Brachyures, tribu des Quadrilatères, distingué des autres genres de cette tribu par les caractères suivans : quatrième article des *pieds-mâchoires* extérieurs inséré à l'extrémité supérieure interne de l'article précédent ; *test* presque carré, déprimé, un peu rétréci postérieurement ; *pédicules oculaires* insérés à ses angles antérieurs ; *antennes* latérales insérées hors des cavités oculaires, entre leurs extrémités intérieures et leurs antennes intermédiaires ; *tarses* point dentelés.

Ce genre, que j'ai établi (*Familles naturelles du Règne animal*) sur quelques Crustacés des mers orientales, et dont les habitudes me sont inconnues, se rapproche de ceux de Grapse, de Rhombille et de Crabe. Les serres sont grandes, avec le bord interne des bras tranchant, armé de six dentelures, et la portion des pinces ou des mains qui précède les doigts fort grande, comprimée, en forme de carré long ; les doigts sont courts et pointus, ou crochus au bout. Les autres pattes sont petites, de forme presqu'identique, avec les tarses très-courts, coniques, un peu velus, sans stries ni dents ; il m'a paru que celles de la seconde paire surpassoient un peu les autres en longueur. La fausse queue ou le post-abdomen est composée de sept segmens ; celle des mâles forme un triangle étroit et alongé ; celle des femelles est grande, presqu'ovale, avec le dernier segment demi-circulaire, et de la largeur du précédent à sa jonction avec lui.

I. *Bords latéraux du test ayant chacun deux dents, celle formée par l'angle extérieur comprise.*

1. Trapézie front denté, *T. dentifrons.*

Testa utrinque bidentata, flavescenti-rufa, clypeo quadridentato.

Très-petite ; d'un roussâtre jaunâtre et luisant, unie ; milieu de chaque bord latéral du test offrant une dent très-aiguë, en forme d'épine ; angles antérieurs prolongés aussi en une pointe acérée ; une échancrure de chaque côté, près du canthus interne des cavités oculaires ; chaperon terminé par quatre dents, dont deux au milieu, courtes, assez pointues, séparées par un angle, et les deux autres sur les côtés, comme coupées carrément, avec un sinus et quelques dentelures. Serres très-grandes, larges, comprimées, unies ; doigts courts, ponctués et striés extérieurement, appliqués exactement l'un contre l'autre, pointus, crochus et noirâtres au bout ; serre gauche un peu plus forte, avec des dentelures très-courtes au bord interne des doigts ; ceux de la pince opposée n'en ont presque pas.

Australasie, Péron et le Sueur.

Cette espèce, dont je ne connois que l'individu mâle, n'est peut-être qu'une variété du *Cancer cymodoce* d'Herbst, *Krabben, tab.* 51. *fig.* 5.

2. Trapézie ferrugineuse, *T. ferruginea.*

Testa utrinque bidentata, fulva, nigra, varia, clypeo suberoso.

Un peu plus grande que la précédente, fauve, avec le dessus du test mélangé de noir, et très-lisse ; ses bords latéraux bidentés ; une échancrure de chaque côté, près du canthus interne oculaire ; bord antérieur du chaperon droit, un peu et inégalement dentelé, comme rongé. Serres très-grandes, unies ; la droite un peu plus forte. Dents supérieures du bord interne des bras un peu dentelées ; les deux plus hautes paroissant formées d'une seule, largement échancrée et bidentée ; tranche supérieure des mains aiguë ; doigts forts ; un peu courbes, connivens, striés extérieurement ; bord interne de ceux de la main droite dentelé dans toute sa longueur vers la face externe ; quelques dents, par intervalles, un peu plus fortes ; doigts de l'autre main beaucoup moins dentelés ; le milieu de leur bord interne droit et tranchant : de petits poils jaunâtres sur les autres pattes.

Cette espèce a été recueillie dans la mer Rouge, et y avoit été trouvée dans les interstices des Madrépores. M. Roux, conservateur du Musée de Marseille, m'en a donné un individu femelle.

3. Trapézie points-fauves, *T. rufo-punctata.*

Testa utrinque bidentata, flavida, rufo-punctata, clypeo sexdentato.

Cancer rufo-punctatus, Herbst, *Krabben, tab.* 47. *fig.* 6. — *Ocypode rufo-punctata.* Bosc.

Des plus grandes du genre ; jaunâtre, toute ponctuée de fauve. Six dents au chaperon, dont les deux latérales formées par les angles internes des cavités oculaires. Doigts des serres, à l'exception du bout, dentelés.

Patrie inconnue. Je n'ai point vu cette espèce.

II. *Bords latéraux du test n'ayant qu'une dent, celle qui est formée par l'angle antérieur.*

4. Trapézie digitaire, *T. digitalis.*

Testa utrinque unidentata, fusca; clypei medio bidentato; chelis æqualibus.

Très-petite; d'un brun noirâtre luisant, avec quelques espaces du test plus foncés; les pattes d'un brun clair tirant sur le jaunâtre, et le côté interne des pinces, ainsi que les doigts, d'une couleur livide; un léger sinus de chaque côté, près de l'extrémité interne des cavités oculaires; deux petites dents pointues au milieu du bord antérieur du chaperon; côtés de ce bord finement et légèrement dentelés. Dent intérieure de la tranche interne des bras moins prononcée que dans les espèces précédentes; angle interne du carpe légèrement avancé en pointe et obtus; portion des pinces précédant les doigts en carré long, comprimée vers les tranches, surtout vers l'inférieure, qui est très-aiguë; doigts courts, un peu dirigés intérieurement, pointus, sans stries distinctes, avec des points enfoncés; ceux de la main gauche contigus au bord interne, et, le bout excepté, finement dentelés; ceux de l'autre main plus étroits, dentelés seulement à leur base, écartés l'un de l'autre au sommet; une saillie forte et dentelée à la base de l'index; quatre à cinq petites dents à la partie opposée du bord interne du pouce.

Mâle; de la mer Rouge. Envoyé par M. le Fébure de Cérisy, officier de la marine.

5. Trapézie entière, *T. integra.*

Testa utrinque unidentata; clypeo subtiliter serrato; digitis hiantibus.

Cancer glaberrimus, Herbst, *Krabben*, *tab.* 20. *fig.* 115.

Petite; d'un brun roussâtre; chaperon finement dentelé en scie, sans échancrures ni dents plus avancées les unes que les autres. Doigts des serres écartés entr'eux; la gauche un peu plus forte.

Patrie ignorée. (Latr.)

TRÉMEX, *Tremex.* Jur. Lat. (*Considér.*) *Sirex.* Linn. De Géer. Fab. Klug.

Genre d'insectes de l'ordre des Hyménoptères, section des Térébrans, famille des Térébellifères, tribu des Urocérates.

Cette tribu (*voyez* pag. 580. de ce volume et le mot Urocérates) contient les genres Urocère et Trémex. Le premier diffère de l'autre par ses antennes longues, composées de dix-neuf articles ou plus; par la présence de quatre cellules cubitales aux ailes supérieures, dont la seconde et la troisième reçoivent chacune une nervure récurrente.

Antennes courtes, filiformes, légèrement comprimées, composées de quatorze articles dans les femelles, de treize dans les mâles (1). — *Mandibules* dentelées au côté interne. — *Palpes maxillaires* très-petits, de deux articles; les labiaux de trois; le dernier de ceux-ci très-gros, garni de poils hérissés. — *Tête* convexe en devant, tronquée et même creusée postérieurement. — *Yeux* petits, ovales-alongés. — *Trois ocelles* placés en ligne courbe sur le front entre les yeux. — *Corps* long, linéaire. — *Corselet* cylindrique, coupé droit à sa partie antérieure, un peu échancré dans cette partie. — *Ecusson* triangulaire, le côté entre les deux angles supérieurs fortement échancré. — *Ailes* supérieures ayant deux cellules radiales; la première petite, étroite; la seconde incomplète: trois cellules cubitales; la première linéaire, serrée contre le bord extérieur; la deuxième fort longue, recevant les deux nervures récurrentes; la troisième incomplète; trois cellules discoïdales complètes, longitudinales. — *Abdomen* sessile, linéaire, grossissant un peu et insensiblement vers son extrémité, qui se rétrécit subitement et se termine en pointe, composé de huit segmens outre l'anus; le premier foiblement échancré à son bord postérieur, le dernier fort grand, surtout dans les femelles; dans ce sexe, ce segment offre une forte dépression circulaire dorsale vers son extrémité, et la plaque anale supérieure est pointue: tarière (des femelles) prenant son insertion après le sixième segment, placée ensuite, lors du repos, dans une coulisse bivalve surpassant de beaucoup l'abdomen et composée de deux lames concaves, canaliculées; dernier segment de l'abdomen des mâles en dessous, divisé en deux plaques, laissant entr'elles une échancrure; leur anus ayant la plaque supérieure presque nulle et l'inférieure entière, en forme de cuiller; cet anus est pointu à l'extrémité. — *Pattes antérieures et intermédiaires* courtes; leurs tarses aussi longs que les cuisses et les jambes prises ensemble; pattes postérieures fort longues, leurs tarses dans la même proportion que pour les autres; jambes et tarses de cette paire fortement comprimés; premier article de tous les tarses ordinairement aussi long que les autres pris ensemble et même un peu plus long dans les postérieurs. (Ce dernier caractère n'a été pris que sur les femelles.) Dernier article des tarses terminé par deux crochets munis d'une petite pelote dans leur intervalle.

Les espèces de ce genre sont grandes; elles habitent les forêts de haute futaie. Les auteurs disent, qu'ainsi que celles des Urocères, leurs larves vivent aux dépens des végétaux; nous avons des raisons de croire cette opinion mal fondée; il est bien vrai que les larves de ces deux genres

(1) Une faute, probablement typographique, fait dire à M. Jurine, treize articles dans les femelles et quatorze dans les mâles. Cet auteur paroît s'être trompé sur le nombre des cellules cubitales des ailes.

habitent

habitent dans le bois, mais elles s'y nourrissent de larves de gros Coléoptères, et particulièrement de ceux de la famille des Longicornes; c'est ce que nous ont paru démontrer les débris trouvés auprès d'une coque d'Urocère, dans la forêt de Villers-Coterets. Le nom appliqué à ces Hyménoptères par feu Jurine, se rapporte à la nécessité où est la femelle de percer le bois avec sa tarière pour la faire pénétrer jusqu'à l'endroit habité par la larve qui doit servir de proie à sa postérité. Les espèces connues sont en petit nombre.

1°. Trémex mage, *T. magus*. Jur. *Hyménopt.* pag. 81. Mâle et femelle. — *Sirex magus* n°. 4. Fab. *Syst. Piez.* Femelle. — *Encycl. pl.* 382. *fig.* 3. Femelle. — *Sirex nigrita* n°. 13. Fab. *id.* Mâle (selon M. Klüg). D'Europe. 2°. Trémex fuscicorne, *T. fuscicornis*. Jur. *id.* Mâle et femelle. — *Sirex fuscicornis* n°. 7. Fab. *id.* — *Encycl. pl.* 382. *fig.* 2. Femelle. D'Europe. 3°. Trémex Colombe, *T. Columba*. — *Sirex Columba* n°. 3. Fab. *id.* — *Encycl. pl.* 382. *fig.* 1. Femelle. Amérique septentrionale. (S. F. et A. Serv.)

TRIANGULAIRES, *Trigona*. Nom que j'ai donné à une tribu de Crustacés, de la famille des Brachyures, ordre des Décapodes, et dont les caractères sont : tous les *pieds* insérés sur le même plan, toujours à découvert, aucun d'eux terminé en nageoire. *Epistome* ou surbouche carré, aussi long ou presqu'aussi long que large. *Thoracide* généralement triangulaire ou subovoïde, raboteuse ou inégale, rétrécie et avancée en manière de pointe, de bec, ou plus ou moins cornue à son extrémité antérieure. *Serres* des mâles souvent plus grandes que celles de l'autre sexe.

Les Crustacés qui composent cette tribu, forment, dans la méthode de Linné, les deux divisions * c *, * d *, de ses Crabes brachyures ou à courte queue, et qu'il signale ainsi : *thorace suprà hirto aut spinoso, thorace suprâ spinoso;* ce sont ce qu'on appelle vulgairement sur nos côtes, les *Araignées de mer* (famille des *Majides*, Léach), et auxquelles il faut associer les espèces analogues. Ces animaux comprennent les genres *Parthenope* et *Inachus* de Fabricius. MM. de Lamarck et Bosc les avoient d'abord réunis en un, sous le nom de *Maja*, donné par les Grecs à une espèce très-commune dans nos mers, la Méditerranée particulièrement, et la plus grande des indigènes (*voyez* plus bas, *maia squinado*). En adoptant, dans mes premiers ouvrages cette réunion, je crus cependant devoir en détacher génériquement les espèces à longues pattes ou les petites *Araignées de mer*, ainsi qu'une autre, bien distinguée de toutes les Maïas ou Majas, selon l'orthographe de ces deux naturalistes, par l'extrême petitesse et la forme des deux pieds postérieurs. Celle-ci constitue le genre *Lithode*, et les précédentes celui de *Macrope*, dénomination que le docteur Léach a remplacée par celle de Macropodie, la première ayant déjà été employée par Thunberg pour désigner un genre de Coléoptères. Les différences que présentent les Maïas dans le nombre apparent des tablettes ou segmens de leur post-abdomen ou queue, dans leurs pieds, leurs antennes, etc., ont donné au même naturaliste anglais le moyen d'établir plusieurs autres coupes génériques que nous avons fait connoître, d'après des communications manuscrites, dans la seconde édition du *Nouveau Dictionnaire d'histoire naturelle*, article Maïa. Ce travail, fait sur la collection de Crustacés du Jardin du Roi, est postérieur à la publication du second volume de ses *Mélanges de zoologie*, ouvrage où il avoit déjà établi quelques autres genres, dérivant toujours de celui de Maïa, et que nous avons exposés dans le troisième tome de l'ouvrage sur le Règne animal de M. le baron Cuvier. Le genre Inachus de Fabricius étant très-étendu, le docteur Léach a beaucoup contribué à l'éclaircir par la découverte de plusieurs caractères négligés ou inaperçus jusqu'alors; et dont il a profité pour l'établissement d'un grand nombre de nouveaux groupes génériques. M. Anselme Gaëtan Desmarest, fils du célèbre minéralogiste de ce nom, professeur de zoologie à l'Ecole royale vétérinaire d'Alfort, etc., a, dans un excellent livre intitulé : *Considérations générales sur la classe des Crustacés*, fait tous ses efforts pour faciliter l'étude de cette partie de la science, en présentant, avec autant de méthode que de clarté possibles, cette multitude de coupes génériques proposées par le naturaliste anglais, et en indiquant leur correspondance, soit avec les miennes, soit avec celles que M. de Lamarck a exposées, en dernier lieu, dans son *Histoire naturelle des animaux sans vertèbres*. Avant que d'essayer nous-mêmes de répandre quelques lumières sur ce sujet, nous devons prévenir nos lecteurs à l'égard d'une dissidence que l'on pourroit remarquer dans notre supputation des articles du pédoncule des antennes latérales et celle de M. Léach. Le premier de ces articles se confond souvent par sa fixité et ses soudures avec le test, de manière qu'il semble plutôt en faire partie qu'être une dépendance de l'antenne. Ce naturaliste considère alors l'article suivant comme le premier, tandis que selon ma manière de voir, il est réellement le second.

I. *Les deux pieds postérieurs propres, ainsi que les autres, à la marche, terminés par un tarse allant en pointe et jamais beaucoup plus petits que les précédens. Tablettes du post-abdomen s'étendant dans toute sa largeur, de consistance uniforme.*

1. *Les deux pieds antérieurs terminés comme à l'ordinaire par une main didactyle ; les autres simples.*

A. *Troisième article des pieds-mâchoires exté-*

rieurs presque carré, peu ou point rétréci inférieurement au côté interne ; ce côté tronqué obliquement ou échancré à son sommet ; l'article suivant inséré dans cette troncature ou dans cette échancrure. (Post-abdomen de la plupart des femelles composé de sept tablettes ; celui des autres individus du même sexe de cinq ; trois à celui de leurs mâles.)

Nota. Le caractère tiré de la forme du troisième article des pieds-mâchoires extérieurs et du mode d'insertion de l'article suivant, etc., relativement à quelques genres, tels que ceux de *Camposcie* et d'*Hyménosome*, un peu ambigu. *Voyez* la division B.

a. *Serres des deux sexes ou des mâles au moins très-grandes, s'étendant latéralement et perpendiculairement à l'axe du corps, depuis leur origine jusqu'au carpe, repliées ensuite sur elles-mêmes ; doigts brusquement inclinés ; les autres pieds proportionnellement fort courts. (Yeux toujours renfermés dans leurs cavités.)*

Genre 1. Lambrus, *Lambrus* (Léach). Antennes latérales très-courtes, de la longueur au plus des yeux ; le premier article totalement situé au-dessous des cavités oculaires. Post-abdomen du mâle composé de cinq tablettes.

Voyez l'articles Parthénope de ce Dictionnaire.

Genre 2. Parthénope, *Parthenope*. Antennes latérales très-courtes, de la longueur au plus des yeux ; le premier article totalement situé au-dessous des cavités oculaires. Post-abdomen des deux sexes de sept tablettes.

Voyez le même article.

Genre 3. Eurynome, *Eurynome* (Léach). Antennes latérales notablement plus longues que les yeux ; le premier article prolongé jusqu'à l'extrémité supérieure interne des cavités oculaires (paroissant se confondre avec le test).

Post-abdomen de sept tablettes dans les deux sexes ; serres des femelles beaucoup plus courtes que celles des mâles.

On n'en connoît qu'une espèce, l'Eurynome raboteuse, *Eurynome aspera* (Léach, *Melacost. Podopht. Brit.*, *tab.* 17.), et que Pennant avoit décrite et figurée dans sa *Zoologie britannique* (*tom.* 4. *pl.* 9. A. 20) sous le nom de *Cancer asper.* Voyez planche 301. fig. 1—5. de l'*Atlas d'histoire natur.* de ce Dictionnaire.

b. *Serres des mâles, dans ceux même où elles sont les plus grandes, tout au plus une fois plus longues que le corps, toujours avancées ; leurs doigts point inclinés brusquement. (Premier article des antennes latérales toujours prolongé jusqu'à l'extrémité supérieure interne des cavités oculaires, fort grand, et paroissant se confondre avec le test.)*

* *Post-abdomen des femelles toujours composé de sept tablettes ; le même nombre à celui de la plupart des mâles, six dans les autres. Dessous des tarses soit dentelé ou épineux, soit garni d'une frange de petits appendices ou cils en massue. Longueur des pieds les plus longs (les seconds) n'excédant pas celle du test, mesurée depuis l'entre-deux des yeux jusqu'à l'origine du post-abdomen.*

† *Pédoncules oculaires très-courts ou de longueur moyenne, pouvant se retirer totalement ou en majeure partie dans les cavités qui leur sont propres.*

— *Serres des mâles au moins notablement plus épaisses que les pieds suivans.*

λ. *Antennes latérales insérées à égale distance des fossettes recevant les antennes intermédiaires et de celles où sont les yeux, ou plus rapprochées des dernières.*

β. *Post-abdomen des mâles de six tablettes.*

Genre 4. Acanthonyx, *Acanthonyx.* Latr. *Maja lunulata.* Risso.

Nota. Corps déprimé, plan et presqu'uni en dessus. Serres fortes. Jambes ayant au côté inférieur un avancemennt en forme de dent ou d'épine. Tarses arqués, très-dentelés et velus en dessous.

La suture postérieure du troisième segment du post-abdomen n'étant pas toujours bien prononcée, je n'avois d'abord (*Nouv. Dictionn. d'hist. natur.*, 2e. *édit. tom.* 18. *pag.* 357) compté à cette partie du corps que cinq (*mâle*) et six (*femelle*) tablettes.

ββ. *Post-abdomen des mâles, ainsi que celui des femelles, de sept tablettes.*

Genre 5. Mithrax, *Mithrax* (Léach). Serres des deux sexes très-robustes, comme presque celles de nos Crabes ; doigts creusés à leur extrémité en manière de cuiller. Tige des antennes latérales petite, sensiblement plus courte que leur pédoncule. (Yeux très-courts, point ou peu saillans.)

Cancer aculeatus. Herbst. — ejusd. *Cancer hispidus.* — ejusd. *Cancer dama.*

Genre 6. Pise, *Pisa.* Serres des femelles petites ou moyennes ; celles des mâles plus grandes, mais point très-robustes ; doigts terminés en pointe, point croisés au bout en cuiller. Tige des antennes latérales plus longue que leur pédoncule.

Je rapporte à ce genre les suivans du docteur Léach.

I. *Dessous des tarses égaux, deux rangées de dentelures (jambes et tarses de la même longueur).*

Le G. Naxia.

II. *Dessous des tarses n'ayant qu'une rangée de dentelures ou sans dents.*

A. *Les troisièmes pieds beaucoup plus courts dans les mâles que les seconds.*

Le G. Chorinus.

B. *Longueur des pieds, à commencer aux seconds, diminuant progressivement ou ne changeant point brusquement.*

a. *Tarses dentelés.*

Le G. Pisa.

b. *Tarses inermes, mais garnis inférieurement d'une frange de gros cils, en massue.*

Le G. Lissa.

Voyez l'article Pise de ce Dictionnaire.

λλ. *Antennes latérales insérées sous le museau, plus près des fossettes recevant les antennes intermédiaires que des cavités oculaires.*

Genre 7. Péricère, *Pericera.* (Lat.)

Cancer fuscatus. Olivier.

—— *Serres, même des mâles, à peine plus épaisses que les pieds suivans (mains presque cylindriques).*

Genre 8. Maïa, *Maja* (Léach). Second article des antennes latérales paroissant naître du canthus interne des cavités oculaires. Carpe presqu'aussi long que le poing (la main jusqu'à l'origine des doigts). Thoracide ovoïde.

Maja squinado. Bosc. Lat. Léach.

Genre 9. Micippe, *Micippe* (Léach). Premier article des antennes latérales un peu courbe ou replié angulairement; son extrémité supérieure fortement dilatée, formant les cavités oculaires en manière de lame transverse et oblique; l'article suivant inséré au-dessous de son bord supérieur. Carpe plus long que le poing. Thoracide presque carrée.

Cancer cristatus. Lin. — *Cancer philyra.* Herbst.

†† *Pédoncules oculaires fort longs, grêles, toujours saillans.*

Genre 10. Sténocionops, *Stenocionops* (Léach).

Cancer cervicornis. Herbst.

** *Post-abdomen de quelques femelles ayant moins de sept articles. Dessous des tarses sans dentelures, ni épines, ni cils en massue. Longueur des pieds les plus longs surpassant d'une demi-fois au moins, et le plus souvent beaucoup plus, celle du test, mesurée depuis l'entre-deux des yeux jusqu'à l'origine du post-abdomen. (Corps proportionnellement plus court que dans les genres précédens, en forme d'ovoïde court ou subglobuleux.)*

† *Post-abdomen des deux sexes de sept tablettes.*

— *Antennes latérales à tige très-courte, en forme de stylet alongé; second article du pédoncule plus grand que le suivant. Yeux pouvant se retirer dans leurs fossettes lorsque l'animal les rejette en arrière. Bords latéraux du test formant derrière ces cavités une saillie en forme de dent ou d'angle, garnissant ces organes.*

Genre 11. Hyas, *Hyas* (Léach). Pédicules oculaires presqu'entièrement découverts lorsqu'ils sont redressés; leurs cavités ovales et assez grandes. Côté extérieur du second article des antennes latérales comprimé, en manière de carène.

Corps subovoïde; bords latéraux du test dilatés par derrière les cavités oculaires, en forme d'oreillette forte, déprimée et pointue.

Cancer araneus. Lin. — *C. pipa.* Herbst.

Genre 12. Phalangipe, *Phalangipus.* Lat. Pédicules oculaires très-courts, fort peu exsertiles; leurs fossettes très-petites, presqu'orbiculaires. Second article des antennes latérales cylindrique, peu ou point comprimé. Corps presque globuleux ou triangulaire.

Sous la dénomination générique de *phalangipe* (pieds de faucheur, ou *phalangium*), je comprends les *Libinia*, les *Doclaea* et les *Ægeria* du docteur Léach. Les caractères de ces genres n'étant généralement fondés que sur les proportions relatives des pieds, me paroissent très-incertains. J'observerai seulement, 1°. que dans les Libinies les serres des mâles, toujours plus épaisses que les deux pieds suivans, sont aussi longues ou presque aussi longues qu'eux (*voyez Libinia canaliculata*, Say, *Journ. acad. scienc. natur. de Philad. tom.* 1. *pag.* 27. *tab.* 4. *fig.* 1.), et que la longueur de ces derniers est un peu moindre que le double de celle du corps; 2°. que dans les Doclées, les serres des mâles sont notablement plus courtes que les mêmes pieds, et que la longueur de ceux-ci ne surpasse guère que d'une fois ou d'une fois et demie celle du corps, dont la forme est globuleuse, et qui est toujours recouvert d'un duvet noirâtre; 3°. que dans les Egéries, les seconds pieds sont cinq ou six fois plus longs que le corps, dont la forme est celle d'un triangle court. Les serres sont filiformes, avec les poings fort alongés, presque linéaires. Aux Doclées se rapportent les *Inachus ovis* et *Hybridus* de Fabricius. Les espèces qu'il nomme *Longipes* et *Lar* sont probablement des Egéries.

—— *Tige des antennes latérales longue, sétacée; troisième article de leur pédoncule, aussi long ou même plus grand que le précédent. Pédicules oculaires toujours saillans.*

Genre 13. Halime, *Halimus*. Latr.

Ce genre a été établi sur deux espèces de la collection du Jardin du Roi, et dont l'une paroît être très-voisine du *Cancer superciocisus* de Linné. (Herbst. *Krabben. tab.* 14. *fig.* 87.)

†† *Post-abdomen des mâles de trois tablettes; celui des femelles de cinq.*

Genre 14. Sténope, *Stenopus* (Léach).

J'avois d'abord désigné l'espèce servant de type à cette coupe sous le nom de *Maja longipes*; MM. Léach et de Lamarck en ont ensuite formé un genre propre que le premier a nommé *Stenopus*, et le second *Leptopus*. Il se rapproche beaucoup de celui d'Egérie de celui-là.

B. *Troisième article des pieds-mâchoires extérieurs, soit en forme de triangle renversé ou presque ovale, rétréci inférieurement, soit presqu'en forme de cœur, avec l'extrémité supérieure tronquée ou échancrée; l'article suivant inséré à cette extrémité, vers son angle externe. (Post-abdomen du plus grand nombre des individus femelles de six tablettes.*

Nota. Pédicules oculaires le plus souvent entièrement découverts, du moins lorsqu'ils sont relevés. Corps plus ou moins triangulaire, terminé antérieurement dans la plupart par un prolongement long et pointu. Pieds longs et grêles; serres ordinairement plus courtes que les deux pieds suivans. Crustacés généralement petits, et faisant leur séjour habituel parmi les Algues.

a. *Post-abdomen des deux sexes de sept tablettes. Seconds pieds et suivans presqu'égaux.*

Genre 15. Camposcie, *Camposcia* (Léach).

Corps ovoïde, très-obtus ou émoussé en devant. Pédicules oculaires alongés, très-courbes, insérés à ses angles antérieurs, se logeant en arrière dans des fossettes situées sous les bords latéraux du test. Longueur des pieds paroissant augmenter un peu progressivement de devant en arrière, à commencer aux seconds.

b. *Post-abdomen des femelles de six tablettes au plus. Pieds de grandeurs inégales; les quatre derniers sensiblement plus petits.*

* *Epistome presque isométrique ou transversal. Base des antennes intermédiaires peu éloignée du bord supérieur de la cavité buccale.*

† *Corps très-aplati. Premier article des antennes latérales se terminant plus bas que l'extrémité supérieure des yeux.*

Genre 16. Hyménosome, *Hymenosoma* (Léach).

Corps triangulaire ou suborbiculaire. M. Desmarest a représenté (*Consid. génér. sur la classe des Crust. pl.* 26. *fig.* 1.) une espèce de cette dernière division, rapportée par feu de Lalande du cap de Bonne-Espérance; c'est l'*H. orbiculaire*. Le post-abdomen des deux sexes est composé de six tablettes. On en compte moins dans d'autres espèces; mais, eu égard encore à la forme du corps, à celle du premier article des antennes latérales, qui est tantôt libre, tantôt engagé, ainsi qu'à la saillie et la position des yeux, il sera convenable de séparer génériquement quelques-unes de ces espèces. Dans l'*orbiculaire*, les antennes latérales sont insérées dans les cavités oculaires, près de l'angle extérieur, et libres ou dégagées jusqu'à la base. Les Lambrus, les Parthénopes et les Hyménosomes sont distingués de tous les autres Triangulaires, en ce que le premier article de ces organes ne s'élève jamais à la hauteur du bord supérieur de ces fossettes, et qu'il est inséré au-dessous d'elles ou vers leur canthus extérieur, comme dans l'espèce d'Hyménosome précitée: aussi avois-je d'abord pensé à placer ce genre près des précédens.

†† *Corps plus ou moins convexe. Premier article des antennes latérales (toujours fixe) formant une apparence de carène ou d'arête entre les fossettes des antennes intermédiaires et celles des yeux, et se terminant au-delà de l'extrémité supérieure de celles-ci.*

Nota. Post-abdomen de six tablettes dans les deux sexes.

Genre 17. Inachus, *Inachus* (Fab.). Pédicules oculaires unis, se logeant dans des fossettes; une dent ou une épine, dans les mâles, à l'extrémité postérieure de ces cavités. Tous les tarses presque droits ou foiblement arqués.

Rapportez à ce genre les *Inachus* suivans de Fabricius, *Phalangium*, *Scorpio*.

Genre 18. Achée, *Achæus* (Léach). Pédicules oculaires toujours saillans, avec un tubercule antérieur. Les quatre tarses postérieurs très-arqués, en faucille.

Achæus cranchii. Léach.

On pourroit réunir ce genre au précédent, qui ne comprend d'ailleurs qu'un petit nombre d'espèces (1).

** *Epistome plus long que large, en forme de triangle alongé et tronqué au sommet. Un grand espace entre l'origine des antennes intermédiaires et le bord supérieur de la cavité buccale.*

Pédicules oculaires toujours saillans. Test triangulaire, terminé triangulairement en une pointe styliforme, entière ou bifide. Pieds généralement très-longs et filiformes.

(1) Ici vient se placer le genre Eurypode (*Eurypodius*) que nous avons établi avec une espèce des îles Malouines dont les pattes ambulatoires ont le métatarse dilaté en nageoire. (E. G.)

Genre 19. STÉNORYNQUE, *Stenorynchus*. (LAM.; *Macropodia*, Léach.) Post-abdomen des deux sexes de six tablettes.

Inachus phalangium, FAB. — Ejusd. *I. longirostris*. Voyez l'article STÉNORYNQUE de cet ouvrage.

Genre 20. LEPTOPODIE, *Leptopodia* (LÉACH). Post-abdomen des mâles de six articles, celui des femelles de cinq.

Inachus sagittarius, FAB.

Nota. Troisième article des pieds-mâchoires extérieurs en forme de triangle renversé, échancré au bord supérieur. Mains fort longues, presque cylindriques et très-étroites. Museau formé d'une pointe fort longue, armée de petites épines.

2. *Les quatre ou six premiers pieds antérieurs simples; extrémité interne de l'avant-dernier article des quatre postérieurs prolongée en une dent formant avec le dernier une pince ou main didactyle.* (*Post-abdomen comme dans le genre précédent.*)

Genre 21. PACTOLE, *Pactolus* (LÉACH.) *Pactolus boscii*. LÉACH.

II. *Les deux pieds postérieurs excessivement petits, comparativement aux autres, repliés, peu apparens, et comme inutiles. Post-abdomen membraneux, avec des espaces crustacés sur les côtés et au bout, représentant les segmens.*

Genre 22. LITHODE, *Lithodes* (LATR.).

Lithodes arctica, LATR.; *Cancer maja*, LINN.; *Parthenope maja*, FAB.; ejusd. *Inachus maja*.

(LATR.)

TRIBOLIE, *Tribolium*. M. Macleay, dans ses *Annulosa javainca* (*Number* 1. *London*, 1825.), a établi sous ce nom un genre de Coléoptères, démembré de celui de *Colydium* HERBST. Il lui assigne pour caractères : antennes insérées sous le chaperon, auprès de la base des mandibules, composées de onze articles; les huit premiers globuleux, presqu'égaux, allant très-peu en grossissant; les trois derniers peu serrés, formant une massue; les neuvième et dixième presque cyathiformes; le dernier ovale-transversal. Bouche cachée sous le chaperon, celui-ci plan, transversal, ayant ses bords latéraux arrondis. Yeux presqu'entourés par le chaperon. Corselet en carré transversal, un peu rebordé. Corps assez déprimé, presque linéaire. Tarses de cinq articles.

L'auteur indique pour type le *Colydium castaneum*. HERBST. *Coleopt. tom. VII. pag.* 282. n°. 3. *tab.* 112. *fig.* 3. E. qui paroît être la *Trogosita ferruginea* n°. 23. FAB. *Syst Eleut.*

(S. F. et A. SERV.)

TRICHIE, *Trichius*. FAB. LAT. SCHŒN. PAYK. PANZ. GYLL. PAL.-BAUV. SCHRANCK. *Scarabæus*. LINN. GEOFF. DE GÉER. RŒS. *Melolontha*. OLIV. *Cetonia*. OLIV. FAB.

Genre d'insectes de l'ordre des Coléoptères, section des Pentamères, famille des Lamellicornes, tribu des Scarabéïdes (division des Mélitophiles).

Ce genre forme avec ceux d'Inca et de Lépitrix, le second groupe des Mélitophiles, qui a pour caractères : pièce triangulaire ne saillant point en dessus, et ne s'avançant pas dans l'intervalle compris entre les angles postérieurs du corselet et ceux de la base des élytres. (*Voyez* MÉLITOPHILES, pag. 350. de ce volume.) Les Lépitrix ne présentent qu'un seul crochet aux tarses postérieurs, et leurs antennes n'ont que neuf articles. Dans le genre Inca le menton est large, grand, très-échancré en devant; le chaperon profondément bifide dans les mâles et notablement relevé à son bord antérieur dans les femelles : les jambes antérieures de ces insectes sont très-échancrées à leur base interne dans les deux sexes. Les Trichies n'offrent aucun des caractères que nous venons de signaler.

Antennes à peu près de la longueur de la tête, composées de dix articles; le premier le plus long de tous, hérissé de poils roides, surtout à sa partie postérieure; les trois derniers formant une massue lamellée, ovale-alongée, un peu velue, un peu plus longue dans les mâles que dans les femelles. — *Labre* presque membraneux, caché sous le chaperon. — *Mandibules* le plus souvent aplaties en forme de lames, ordinairement membraneuses dans presque toute leur étendue, fortement échancrées à leur extrémité, l'échancrure extérieure plus solide, presque cornée, un peu ciliée. — *Mâchoires* alongées, étroites, terminées par un lobe garni de poils en forme de pinceau. — *Palpes maxillaires* composés de quatre articles; les labiaux de trois. — *Menton* petit, à peine échancré. — *Tête* petite; chaperon ni relevé, ni fourchu. — *Yeux* peu saillans. — *Corps* épais, un peu déprimé en dessus. — *Corselet* souvent presqu'orbiculaire, un peu transversal. — *Pièce triangulaire* nullement saillante. — *Ecusson* ordinairement en triangle curviligne. — *Elytres* déprimées, recouvrant des ailes et laissant à nu une partie assez notable de l'extrémité de l'abdomen. — *Abdomen* assez épais. — *Pattes* fortes; jambes antérieures sans échancrure à leur base; les quatre autres raboteuses, ayant une ou deux épines à leur angle externe : dernier article des tarses muni de deux grands crochets égaux, entiers.

Ce genre renferme jusqu'à présent des espèces qui diffèrent notablement les unes des autres par diverses parties de leur organisation, et dont les mœurs ne sont pas tout-à-fait identiques; quelques-unes vivent dans le terreau végétal en état de larves, telles que le *T. nobilis*, le *fasciatus*, etc., mais les larves de plusieurs autres attaquent le bois ; de ce nombre sont celles de l'*eremita* et de l'*hemipterus*. Les insectes parfaits, en conséquence de cette différence d'habitudes, n'ont pas exactement les mêmes allures ; les deux sexes, dans les espèces dont les larves habitent le terreau, se tiennent habituellement sur les fleurs, tandis que l'*eremita* et l'*hemipterus* femelle s'éloignent peu de l'arbre où ils sont nés. Les espèces qui fréquentent les fleurs, se contentent d'en sucer le miel au moyen de la houppe de poils dont chaque mâchoire est munie ; elles n'attaquent point les pétales. Le T. ermite se tient quelquefois sur les ulcères des arbres pour sucer la liqueur qui en découle. Les Trichies femelles de la seconde division ont l'abdomen terminé par une longue pointe cornée, non rétractile, dentelée sur les bords, qui leur sert de tarière pour introduire leurs œufs dans le bois.

1re. *Division*. Antennes au moins de la longueur de la tête, la plupart des articles intermédiaires, coniques. — Ecusson triangulaire ou transversal, — Jambes antérieures bidentées ou tridentées extérieurement. — Tous les tarses ayant leur premier article à peu près de même longueur que le second, ou guère plus long que lui. — Anus simple dans les deux sexes.

1re. *Subdivision*. Mandibules entièrement cornées. — Ecusson en triangle rectiligne, plus long que large, sillonné longitudinalement dans son milieu. — Tous les tarses plus courts que les jambes. — Jambes antérieures tridentées au côté externe. — Menton nu. — Dernier article des palpes un peu dilaté extérieurement. (*Osmoderma* Nob.)

1. Trichie ermite, *T. eremita*.

Trichius eremita n°. 1. Fab. *Syst. Eleut.* — Lat. *Gen. Crust. et Ins. tom.* 2. *pag.* 123. *n°.* 1. — Schœn. *Synon. Ins. tom.* 3. *pag.* 99. *n°.* 2.

Voyez pour la description et les autres synonymes, Cétoine hermite n°. 89. du présent ouvrage.

Nota. Le corselet de la femelle a ses bords extérieurs arrondis ; le sillon longitudinal du milieu peu profond ; les deux dépressions latérales plus étendues que dans le mâle ; près de l'écusson on remarque deux dépressions parallèles, transversales, beaucoup plus prononcées dans ce sexe que dans le mâle ; celui-ci a les bords latéraux du corselet presque droits. M. Gyllenhall (*Ins. Suec. tom.* 1. *pag.* 56. *n°.* 5.) fait de ce mâle, à l'exemple de M. Knoch, une espèce particulière sous le nom de *Trichius eremiticus*. Les caractères différenciels qu'il lui assigne, sont : le sillon longitudinal du corselet et les côtes qui l'avoisinent moins prononcés, ainsi que les tubercules qui terminent celles-ci vers la tête ; les points enfoncés du corselet plus nombreux que dans l'*eremita*, et confluens à la partie antérieure : caractères que nous retrouvons dans notre mâle, outre ceux que nous venons d'indiquer nous-mêmes. M. Schœnherr nous paroît avoir pris le mâle pour la femelle, et *vice versâ*, puisqu'il cite l'*eremiticus* Gyll. comme synonyme de celle-ci ; et dans son quatrième volume, pag. 256. n°. 5. ce dernier auteur cite l'opinion de M. Schœnherr en paroissant l'adopter. Cet insecte pris vivant exhale une odeur musquée assez semblable à celle du cuir de Russie.

Nous plaçons encore dans cette subdivision le Trichie scabre, *T. scaber*. Pal.-Bauv. *Ins. d'Afriq. et d'Amér. pag.* 58. *Coléopt. pl.* 4. *fig.* 2. De Pensylvanie.

2e. *Subdivision*. Mandibules membraneuses.

A. Ecusson en triangle curviligne, à peine plus long que large. — Tarses postérieurs aussi longs que les jambes ou guère plus longs qu'elles. — Jambes antérieures tridentées au côté externe. — Menton nu. — Dernier article des palpes un peu dilaté extérieurement. (*Agenius* Nob.)

2. Trichie bordé, *T. limbatus*.

Trichius limbatus. Schœn. *Syn. Ins. tom.* 3. *pag.* 206. *n°.* 19.

Voyez pour la description et les autres synonymes, Hanneton bordé n°. 106. de ce Dictionnaire. Sa patrie est l'Afrique.

B. Ecusson transversal, court, arrondi postérieurement. — Menton velu. — Jambes antérieures bidentées au côté externe.

a. Dernier article des palpes un peu dilaté extérieurement. — Tarses postérieurs aussi longs que les jambes ou guère plus longs qu'elles ; ceux des mâles plus alongés que ceux des femelles. — Pygidion portant vers son extrémité un enfoncement beaucoup plus notable dans les femelles que dans les mâles. (*Gnorimus* Nob.)

3. Trichie noble, *T. nobilis*.

Trichius nobilis n°. 2. Fab. *Syst. Eleut.* — Lat. *Gener. Crust. et Ins. tom.* 2. *pag.* 123. *n°.* 2. — Schœn. *Syn. Ins. tom.* 3. *pag.* 100. *n°.* 7. (en retranchant le synonyme de Schranck *Enum. austr.* qui appartient à la *Cetonia aurata* Fab., et y substituant le synonyme suivant : *Scarab. nobilis* Schranck *Enum. pag.* 10. *n°.* 15. appliqué mal à propos par M. Schœnherr à la *Cetonia aurata*.)

Voyez pour la description et les autres synonymes (en lisant *fig.* 10. au lieu de *fig.* 1. à la citation de l'entomologie), Cétoine noble n°. 90. du présent Dictionnaire.

Nota. Le mâle a les jambes intermédiaires très-fortement arquées, ce qui doit lui servir dans l'accouplement. Ce caractère sexuel n'est mentionné par aucun auteur, du moins à notre connoissance.

4. Trichie variable, *T. variabilis.*

Trichius octopunctatus n°. 3. Fab. *Syst. Eleut.* — Schœn. *Syn. Ins. tom.* 3. *pag.* 102. *n°.* 8. — *Encycl. pl.* 161. *fig.* 16. Femelle.

Voyez pour la description et les autres synonymes, Cétoine variable n°. 91. de ce Dictionnaire.

Nota. A l'exemple d'Olivier, nous restituons à cette espèce le nom que lui avoit donné Linné. Le mâle a les jambes intermédiaires très-arquées.

b. Dernier article des palpes cylindrique. — Tarses postérieurs notablement plus longs que les jambes. — Pygidion sans enfoncement. (*Trichius propriè dictus.* Nob.)

5. Trichie rayé, *T. vittatus.*

Trichius vittatus. Schœn. *Synon. Ins. tom.* 3. *pag.* 104. *n°.* 11. — *Cetonia vittata* n°. 76. Fab. *Syst. Eleut.*

Voyez pour la description et les autres synonymes, Hanneton zèbre n°. 94. de ce Dictionnaire.

Nota. Le mâle a les jambes fort velues, les intermédiaires très-arquées, garnies extérieurement d'un grand nombre d'épines courtes et roides, surtout vers l'extrémité, qui se prolonge notablement au-delà de l'insertion du tarse ; dans ce sexe le corselet est beaucoup plus velu que celui de la femelle. Ce mâle est le *Scarab. tomentosus.* De Géer. *Mém. Ins. tom.* 7. *pag.* 644. *n°.* 46. *pl.* 48. *fig.* 8. Nous en avons une variété dans laquelle les lignes longitudinales des élytres manquent tout-à-fait. Du cap de Bonne-Espérance. Nous doutons que cette espèce se trouve dans l'Amérique méridionale, comme le dit Olivier et quelques autres auteurs.

6. Trichie fascié, *T. fasciatus.*

Trichius fasciatus n°. 4. Fab. *id.* — Schœn. *id. pag.* 103. *n°.* 10. — Schœn. *Append. pag.* 39. *n°.* 60.

Voyez pour la description et les autres synonymes, Cétoine fasciée n°. 92. de ce Dictionnaire.

Nota. Le mâle a l'avant-dernier segment de l'abdomen en dessous, indépendamment des poils qui se trouvent dans les deux sexes, chargé à sa base de deux sections de cercle garnies d'écailles serrées, jaunâtres ; le reste du même segment est entièrement muni de stries transversales, serrées. La femelle n'a pas les plaques d'écailles jaunes ; les stries sont rares, écartées et inégales. Cette espèce varie beaucoup par le plus ou moins de noir sur les élytres ; l'une des variétés assez commune en France est le *Trichus succinctus n°.* 5. Fab. *Syst. Eleut.* (Cétoine cordonnée n°. 93. du présent Dictionnaire). Il paroît que le nord de l'Europe en renferme plusieurs autres. *Voyez* Schœnherr. *Syn. Ins. Append. pag.* 39. et 40.

7. Trichie lunulé, *T. lunulatus.*

Trichius lunulatus n°. 11. Fab. *id.* — Schœn. *id. pag.* 105. (Cet auteur ne le considère que comme une variété du *T. piger.*)

Voyez pour la description et les autres synonymes, Cétoine lunulée n°. 96. de ce Dictionnaire.

Nota. Dans l'individu que nous possédons, l'avant-dernier segment de l'abdomen a de chaque côté, en dessous, une ligne d'écailles jaunes : tout le dessous de l'abdomen porte des stries transversales, irrégulières, écartées.

8. Trichie paresseux, *T. piger.*

Trichius piger n°. 13. Fab. *id.* — Schœn. *id. n°.* 14.

Voyez pour la description et les autres synonymes, Cétoine paresseuse n°. 97. de cet ouvrage. (A la citation du *Mantissa.* Fab. ajoutez 1. après le mot *tome.*)

Nota. L'avant-dernier segment de l'abdomen dans l'individu que nous avons sous les yeux, a en dessous, comme l'individu précédent, une ligne d'écailles jaunes de chaque côté ; ces lignes sont un peu plus longues ici, et le dessous de l'abdomen est ponctué.

9. Trichie buveur, *T. bibens.*

Trichius bibens n°. 8. Fab. *id.* — Schœn. *id. pag.* 105. *n°.* 13.

Voyez pour la description et les autres synonymes, Cétoine bident n°. 94. de ce Dictionnaire. (Au synonyme de Fabricius lisez *bibens* au lieu de *bidens.*)

Nota. L'avant-dernier segment de l'abdomen dans notre individu porte en dessous une ligne latérale d'écailles jaunes, comme dans les individus précédens, et le dessous de l'abdomen a un assez grand nombre de stries fines, ondulées, écartées les unes des autres.

10. Trichie delta, *T. delta.*

Trichius delta n°. 14. Fab. *id.* — Schœn. *id. pag.* 106. *n°.* 15.

Voyez pour la description et les autres synonymes, Cétoine delta n°. 98. de ce Dictionnaire. (A la citation de Drury lisez 1. et 2. au lieu de 12.)

Nota. Il paroît que la description à laquelle nous renvoyons a été faite d'après un individu défectueux. Dans ceux que nous examinons, toute la partie antérieure de la tête est testacée et porte deux taches rondes, réunies, formées d'écailles d'un jaune vif. Dans l'un des sexes, que nous présumons être le mâle, presque tout le dessous du corps est garni d'écailles de cette même couleur, à l'exception d'une plaque presque rhomboïdale entre la base des cuisses postérieures, et d'une autre beaucoup plus petite placée sur l'antépénultième segment de l'abdomen. L'anus est nu, testacé, avec deux petites taches ovales, écailleuses, jaunes, sur son disque. Dans l'autre sexe, la femelle suivant nous, la base de l'abdomen est latéralement garnie d'écailles jaunes; la base du pénultième segment en porte une large bande continue, et les trois précédens en ont une étroite de chaque côté qui finit en pointe avant d'atteindre le milieu de ces segmens. Toute la partie supérieure de l'abdomen laissée à découvert par les élytres, est chargée d'écailles jaunes, à l'exception de l'extrémité qui est nue et rentre en échancrure dans la partie écailleuse. Le corselet est presqu'entièrement bordé de semblables écailles; d'autres forment sur son disque le contour d'un delta grec.

2e. *Division.* Antennes beaucoup plus courtes que la tête; la plupart des articles intermédiaires, transversaux. — Ecusson étroit, linéaire. — Jambes antérieures munies extérieurement de cinq dents. — Tarses postérieurs ayant leur premier article beaucoup plus long que le second. — Anus des femelles muni d'une tarière saillante, non rétractile. — Dernier article des palpes cylindrique. — Menton nu. (*Valgus* Scriba.)

11. Trichie hémiptère, *T. hemipterus.*

Trichius hemipterus n°. 9. Fab. *Syst. Eleut.* — Schœn. *Syn. Ins. tom.* 3. *pag.* 107. *n°.* 23. (A la citation de Fourcroy, au lieu de *p.* 81. 2. lisez *pag.* 8. 12. A celle de Scopoli, lisez *variegatus* au lieu d'*hemipterus.*)

Voyez pour la description et les autres synonymes, Cétoine hémiptère n°. 99. de ce Dictionnaire.

12. Trichie canaliculé, *T. canaliculatus.*

Trichius canaliculatus n°. 10. Fab. *id.* Mâle et femelle. — Schœn. *id. pag.* 108. *n°.* 27. Femelle.

Voyez pour la description et la synonymie, Cétoine cannelée n°. 103. de ce Dictionnaire. Mâle.

Dans son *Syst. Eleut.* Fabricius compose ce genre de vingt-une espèces, mais douze seulement lui appartiennent avec certitude; ce sont les nos. 1, 2, 3, 4, 5, 8, 9, 10, 11, 12, 13, 14. Le n°. 6. est une Cétoine; 7. une Popillie; 15. et 17. deux Lépitrix *Encycl.*, 16. nous paroît être une Macraspis, 18. une Pachycnème *Encycl.* Les nos. 19, 20, 21. sont douteux. M. Schœnherr place les deux premiers parmi les Anisonyx, et le dernier dans ses Trichies. La *Cetonia vittata* n°. 76. Fab. *Syst. Eleut.* est le Trichie rayé n°. 5. du présent article.

Différens auteurs, dans l'appendice de l'ouvrage cité de M. Schœnherr, ont décrit plusieurs espèces sous le nom générique de *Trichius,* qui ne nous paroissent pas, pour la plupart, appartenir à ce genre. Ainsi le *Trichius Bonplandi.* pag. 196. n°. 276. est la femelle de notre Inca serricole. *Voy.* pag. 381. de ce volume. (S. F. et A. Serv.)

TRICHIOSOME, *Trichiosoma.* Léach. Genre d'Hyménoptères proposé par cet auteur dans le *Zool. Miscell. vol.* 3. 1817, dépendant de la tribu des Tenthrédinètes. Lat. (*Tenthredinidea.* Léach.) Il lui donne pour caractères : cinq articles aux antennes avant la massue; celle-ci presque solide, composée de trois articles. Corps velu. Premier segment de l'abdomen, surtout dans les mâles, peu échancré; les quatre cuisses postérieures dentées; celles des mâles épaisses.

Les principaux caractères de ce genre sont tirés du nombre et de la conformation des articles antennaires; il est très-difficile de distinguer le nombre de ceux qui composent la massue, ce qui est cause que ce genre supporte peu l'examen. Son nom vient de deux mots grecs qui signifient : *corps velu.* Il n'a pas été adopté par M. Latreille, et rentre aussi pour nous dans celui de Cimbex.

(S. F. et A. Serv.)

TRICHOCÈRE, *Trichocera.* Meig. Macq. Lat. (*Fam. natur.*) *Tipula.* Linn. De Géer. Fab. Schranck. Geoff.

Genre d'insectes de l'ordre des Diptères, première section, famille des Némocères, tribu des Tipulaires (division des Terricoles).

Un groupe de cette division a pour caractères : antennes de dix articles au plus, grêles ou capillaires, simplement velues ou pubescentes; leurs poils ne formant pas sensiblement de verticilles. Dernier article des palpes guère plus long que les autres, point noueux; corps ailé; ailes le plus souvent couchées sur le corps. Ce groupe contient cinq genres : Mækistocère, Dixa, Nématocère, Anisomère et Trichocère. Les trois premiers sont distincts de ce dernier par leurs palpes n'ayant que quatre articles; de plus, dans les Mækistocères, les articles des palpes sont presqu'égaux; les antennes ont tous leurs articles distincts, leurs ailes sont écartées, même dans le repos. Le prothorax des Dixas n'est pas visiblement séparé du

reste

reste du corselet. Enfin les Nématocères ainsi que les Anisomères n'ont que six articles aux antennes.

Antennes avancées, sétacées, aussi longues que la tête et le corselet pris ensemble, composées de plus de huit articles, les derniers indistincts; les deux premiers plus épais que les autres; le basilaire cylindrique, le second cyathiforme, les suivans oblongs; les derniers pubescens, devenant de plus en plus grêles et ne pouvant plus se distinguer. — *Trompe* un peu saillante. — *Palpes* saillans, courbés, cylindriques, velus, composés de cinq articles; les premier, quatrième et cinquième un peu plus courts que les autres. — *Tête* petite, conique, alongée antérieurement en un bec court, obtus en dessus; front tuberculé. — *Corps* grêle. — *Corselet* ovale, ayant une ligne transversale enfoncée qui sépare le prothorax du reste du corselet. — *Ailes* proportionnellement grandes, arrondies à l'extrémité, couchées parallèlement sur le corps dans le repos. — *Balanciers* découverts. — *Abdomen* délié, composé de huit segmens, un peu déprimé; anus obtus dans les mâles, pointu dans les femelles. — *Pattes* longues, grêles.

Le nom de ces Diptères vient de deux mots grecs qui expriment la villosité des antennes. Leur séjour et leurs habitudes pendant les premiers états de leur vie ne sont pas connus. Les espèces sont peu nombreuses, mais les individus de chacune d'elles, de petite taille en général, se rencontrent ordinairement en grande quantité à la fois; ils volent par nuées en automne et au printemps, et même dans l'hiver, lorsque la température est douce. C'est dans les endroits humides qu'on les rencontre, et il est assez probable que leurs larves vivent dans le terreau végétal un peu détrempé. Nous citerons les espèces suivantes :

1°. Trichocère brune, *T. fuscata*. Meig. *Dipt. d'Eur. tom.* 1. *pag.* 212. *n°.* 1. 2°. Trichocère d'hiver, *T. hiemalis*. Meig. *id. pag.* 213. *n°.* 2. — Macq. *Tipul. du nord de la France, pag.* 62. *n°.* 1. 3°. Trichocère petite, *T. parva*. Meig. *id. n°.* 3. — Macq. *id. n°.* 2. 4°. Trichocère précoce, *T. regelationis*. Meig. *id. pag.* 214. *n°.* 4. *tab.* 7. *fig.* 9. Femelle. — Macq. *id. n°.* 3. 5°. Trichocère tachetée, *T. maculipennis*. Meig. *n°.* 5. D'Autriche. 6. Trichocère annelée, *T. annulata*. Meig. *id. pag.* 215. *n°.* 6. Même patrie que la précédente. (S. F. et A. Serv.)

TRICHODACTYLE, *Trichodactylus*. Genre de Crustacés décapodes, de la tribu des Quadrilatères, famille des Brachyures, et qui se distingue des autres genres de la même tribu par les caractères suivans : quatrième article des *pieds-mâchoires* extérieurs inséré au sommet interne du précédent; celui-ci en forme de triangle alongé, arqué extérieurement et comme terminé en manière de crochet à son extrémité supérieure interne. *Test* carré. *Yeux* situés à ses angles antérieurs. *Antennes* latérales insérées au canthus interne de leurs cavités. *Tarses*, le bord excepté, couverts d'un duvet serré.

J'ai formé ce genre sur une seule espèce (*fluviatilis*) apportée du Brésil, où elle fréquente les eaux douces, par feu de Lalande, et que j'avois d'abord rangée (Galeries du Muséum d'histoire naturelle), mais avec doute, parmi les Telphuses. Test long long de vingt-trois millimètres sur vingt-cinq de large, presque carré, presque plane, rebordé, pointillé, égal, lavé d'un rouge purpurin, particulièrement en devant, avec quelques petites taches blanchâtres; chaperon un peu incliné, avec le bord antérieur arrondi, foiblement échancré au milieu; deux petites pinces de chaque côté, à quelque distance des yeux, avec deux dents très-petites et peu saillantes. Yeux petits, très-écartés. Serres unies, avec une dent pointue au côté interne du corps; pinces ovalaires, avec les doigts ou mordans pointus, armés intérieurement d'environ six dents obtuses et blanchâtres; serre droite un peu plus forte, avec les dents plus grandes; son pouce rougeâtre; doigts de l'autre main noirâtres en dehors; les autres pattes unies, un peu comprimées, sans dentelures ni épines; tarses coniques, assez longs, entièrement garnis, à l'exception de la pointe, d'un feutre ou duvet serré noirâtre; pattes de la quatrième paire et de la troisième un peu plus longues. Post-abdomen de sept segmens; celui du mâle triangulaire; celui de la femelle en forme d'un grand ovale, tronqué à sa naissance, avec les deux premiers segmens plus étroits.

Près de ce genre vient se placer celui de Mélie, *Melia*, indiqué dans mon ouvrage sur les *Familles naturelles du Règne animal*, et que j'ai établi sur une espèce représentée planche 305, fig. 2, de l'Atlas d'histoire naturelle de l'Encyclopédie méthodique, sous le nom de *Grapsus tesselatus*.

Les Mélies ont pareillement un test presque carré, et dont les angles antérieurs sont occupés par les yeux. Le quatrième article des pieds-mâchoires extérieurs est aussi inséré au sommet interne du précédent; mais celui-ci est presque carré. Les tarses sont garnis de franges de poils, et sans épines ni dentelures. Les antennes latérales sont d'ailleurs insérées, ainsi que dans les Trichodactyles, au canthus interne des cavités oculaires.

1. Mélie damier, *M. tesselata*.

Grapsus tesselatus. Lat. *Encycl. méthod. hist. natur. pl.* 305. *fig.* 2. — *Telphusa? Tesselata. ejud. Galeries du Muséum d'hist. natur.*

Corps presque carré, long d'un centimètre, généralement uni, déprimé, d'un jaunâtre pâle, avec des lignes d'un rouge vif sur le dessus du test et sur celui des pattes; celles du test formant des polygones ou une sorte de damier ; quelques-unes des aréoles lavées de rougeâtre ; les lignes des pattes transverses ; une autre de cette couleur à la base des pédicules oculaires. Cavités de ces pédicules ovales, assez grandes ; leur bord supérieur entier ou sans feutre. Yeux un peu réniformes. Chaperon avancé, un peu transversal, distingué de chaque côté de l'angle interne des fossettes oculaires par une échancrure formant un angle divisé en deux lobes égaux ; coupés carrément. Test un peu plus élevé et présentant l'apparence d'une carène transverse derrière le chaperon ; deux petites dents aiguës à ses bords latéraux, l'une formée par l'angle antérieur, et l'autre postérieure ; un petit pli transverse se rendant à celle-ci ; un autre pli, pareillement transverse, un peu arqué, à côté de celui-ci ; quelques-uns seulement à la partie postérieure du test ; milieu du dos sans impressions distinctes. Les trois premiers articles des antennes latérales cylindriques ; le second et le troisième petits, égaux. Le troisième des pieds-mâchoires extérieurs presque carré, un peu anguleux à sa base, avec l'angle supérieur du côté externe obtus ou arrondi ; le dernier article long et cilié. Les serres, dans les deux sexes, plus courtes et plus menues que les autres pattes, égales, presque cylindriques, de la même grosseur, unies ; quelques dentelures sur le dessous des bras ; carpe presqu'aussi long que la pince, obconique ; le poing cylindrique, comprimé ; doigts un peu plus longs que lui, coniques, comprimés, pointus, sans dents apparentes, et garnis de poils ; les autres pattes un peu moins grêles, de la même forme, un peu velues, assez longues, et généralement unies, avec les tarses courts, coniques, comprimés, sans stries distinctes, terminés brusquement en une pointe écailleuse un peu arquée ; une frange de poils sur leurs tranches, particulièrement sur l'inférieure ; la quatrième paire de pattes, la troisième et la cinquième ensuite, les plus longues de toutes ; les deux dernières paires presqu'égales. Abdomen de la femelle en forme d'ovale alongé, tronqué à sa base, velu sur ses bords, de sept segmens ; les deux premiers plus courts que les trois suivans, mais de la même largeur et pareillement transversaux ; le sixième un peu plus large et un peu plus long ; le dernier presque triangulaire. Abdomen du mâle en triangle alongé, à en juger par les premiers segmens, les seuls qui restent dans l'individu que j'ai observé ; les deux premiers plus courts et transversaux ; le premier échancré ou concave au bord postérieur ; le troisième beaucoup plus grand, en forme de triangle alongé, tronqué au bout, avec quatre soies ou crins disposées en carré.

Ce joli Crustacé a été observé par M. Mathieu sur les côtes de l'Ile-de-France. L'extrémité des pinces m'a offert, dans tous les individus que j'ai vus, une matière visqueuse et formant une petite palette, dont j'ignore l'origine et l'usage.

Je rapporterai au même genre et sous le nom spécifique de Quadridentée, *quadridentata*, un autre Crustacé faisant partie de la collection du Jardin du Roi, où il est placé dubitativement avec les Telphuses, et dont la patrie m'est inconnue. Pédicules oculaires petits, terminés en manière de tête. Test long de vingt-trois millimètres sur trente de largeur, d'un jaune pâle, sans taches, finement chagriné, avec une ligne enfoncée et fourchue derrière le chaperon ; impressions dorsales ordinaires, très-superficielles, très-arquées, commençant à peu de distance des cavités oculaires, et beaucoup plus écartées l'une de l'autre en ce point qu'à l'autre bout ; chaperon transversal, avec le bord antérieur droit, un peu rebordé, échancré angulairement dans son milieu, et divisé ainsi en deux lobes presque carrés et transversaux ; extrémités latérales du bord antérieur du test comme tronquées obliquement ; leur angle postérieur ou latéral formant une dent déprimée et un peu obtuse ; une autre dent, pareillement obtuse, mais plus étroite et conique, au bord latéral, derrière la précédente et à peu de distance d'elle. Premier article des antennes latérale plus grand, en carré long, avec les angles supérieurs un peu dilatés ; grandeur des articles suivans diminuant progressivement ; les derniers manquent. Serres grandes, épaisses, avec les bras, le dessus du carpe et la face extérieure des pinces chagrinés ; une dent élevée et conique près de l'extrémité de la tranche supérieure des bras ; une autre forte et obtuse au côté interne du carpe ; pinces en forme de triangle alongé ; deux rides courtes, convergentes et formées par des aspérités à sa naissance, en devant et inférieures ; un sillon longitudinal un peu au-dessous de sa tranche supérieure ; doigts de la longueur environ du poing, droits, coniques, comprimés, pointus ; bord inférieur de l'index rebordé extérieurement ; des points enfoncés et dont plusieurs disposés en séries longitudinales sur le côté extérieur du pouce de celui de la serre gauche particulièrement ; cette serre plus petite ; bord interne de ses doigts offrant cinq dents qui s'engrainent ; les deux du bout petites et aiguës, les autres larges, plus hautes, transversales et obtuses ; d'autres dents, mais plus obtuses, lobiformes ou molaires, au même bord des doigts de la serre droite ; son pouce offrant à sa base une dent plus forte, presque cylindrique, obtuse, tournée en arrière ou du côté du corps. Les autres pattes grêles, assez longues, comprimées, généralement unies, sans dentelures, avec les tarses grêles, striés, droits, comprimés, allant insensiblement en pointe, bordés de poils sur leur face postérieure ; stries garnies de duvet ; la quatrième paire de pattes et la troisième après les plus longues de toutes. Abdomen de la femelle en triangle alongé, de sept segmens transversaux : les premiers linéaires, le second plus court que les adjacens. (Lat.)

TRICHODE, *Trichodes*. HERBST. FAB. Ce genre répond éxactement à celui de Clairon, *Clerus* LAT. Ce dernier auteur lui a conservé le nom imposé par Geoffroy.

Le genre Clairon de ce Dictionnaire doit être réformé ainsi qu'il suit : les espèces n°s. 12.—19. appartiennent seules à ce genre dans son état actuel. Les n°s. 8, 9, 20. sont des Opiles. (*Voyez* ce mot.) Les n°s. 24, 25, 26. des Nécrobies. (*Voyez* ce mot.) Le n°. 11. est un Tille. (*Voy.* ce mot.) Les n°s. 1, 2, 3, 4, 5, 6, 7, 10. appartiennent au genre Thanasime. (*Voy.* ce mot.) Celui de Dasyte revendique le n°. 23. Nous soupçonnons que les n°s. 21. et 22. sont des Orsodacnes. (S. F. et A. SERV.)

TRICHOPTÈRE, *Trichoptera*. M. Meigen, dans son premier ouvrage intitulé : *Classific. des Dipt.* avoit donné ce nom au genre Psychode LAT. Dans ses *Dipt. d'Eur.* il adopte ce dernier nom. *Voyez* PSYCHODE. (S. F. et A. SERV.)

TRICONDYLE, *Tricondyla*. LAT. (*Iconogr. et Fam. natur.*) DEJ. (*Spéc.*) *Cicindela*. OLIV. *Collyris*. SCHŒN.

Genre d'insectes de l'ordre des Coléoptères, section des Pentamères, famille des Carnassiers (Terrestres), tribu des Cicindélètes.

Dans le groupe de Cicindélètes qui a pour caractères : point de dent au milieu de l'échancrure du menton, les Thérates se distinguent des Tricondyles par leur corps ailé, ni étroit ni alongé; par le corselet court, presqu'en forme de cœur, et encore par les troisième et quatrième articles des tarses beaucoup plus courts que les premiers. Les Colliures qui, avec les Tricondyles complètent ce groupe, diffèrent de celles-ci par leur corselet conico-cylindrique, aminci vers la partie antérieure.

Antennes de longueur moyenne, filiformes, composées de onze articles. — *Mandibules* fortes, dentées. — *Mâchoires* terminées par une pointe articulée avec leur extrémité supérieure. — *Palpes* peu saillans; les labiaux composés de quatre articles distincts, le premier libre, l'avant-dernier dilaté. — *Languette* très-petite, cachée par le menton. — *Menton* dépourvu de dent au milieu de son échancrure. — *Tête* longue. — *Yeux* grands, globuleux, très-proéminens, un peu recouverts en dessus par un avancement demi-circulaire. — *Corps* long, étroit, bombé. — *Corselet* en sphéroïde oblong, terminé en avant et en arrière par une partie évasée qui est séparée du milieu du corselet par un étranglement — *Elytres* longues, bombées, rétrécies à leur base, allant, jusque passé leur milieu, en s'élargissant insensiblement, enveloppant les côtés de l'abdomen. — *Point d'ailes*. — *Abdomen* long, son avant-dernier segment assez fortement échancré en dessous dans les mâles. — *Pattes* très-longues, jambes minces; tarses à articles presqu'égaux; les antérieurs ayant leurs trois premiers articles dilatés dans les mâles, le troisième (dans les deux sexes) prolongé obliquement en dedans, le quatrième un peu échancré; sa partie antérieure peu prolongée.

On ne connoît que deux espèces de ce genre : elles habitent les Indes orientales et l'Australasie.

1. TRICONDYLE aptère, *T. aptera*.

Tricondyla aptera. LAT. *Hist. nat. et Iconogr. des Ins. Coléopt. d'Eur. pag.* 65. *pl.* 11. *fig.* 6. — DEJ. *Spéc. tom.* 2. *pag.* 438. *n°.* 2. — *Collyris aptera*. SCHŒN. *Syn. Ins. tom.* 1. *pag.* 236. *n°.* 4.

Voyez pour la description et la synonymie, Cicindèle aptère n°. 1. du présent Dictionnaire. Elle habite la Nouvelle-Guinée et la Nouvelle-Hollande, et se tient sur les troncs d'arbre où, suivant M. le comte Dejean, elle marche très-lentement.

2. TRICONDYLE bleue, *T. cyanea*.

Tricondyla cyanea. DEJ. *Spéc. tom.* 1. *pag.* 161.

Longueur 8 lig. $\frac{1}{2}$. Bleue; élytres profondément ponctuées, un peu rugueuses à leur partie antérieure, relevées en bosse vers le milieu; cuisses ferrugineuses. De Java.

COLLIURE, *Colliuris*. LAT. DEJ. (*Spéc.*) *Collyris*. FAB. SCHŒN. *Cicindela*. OLIV.

Genre d'insectes de l'ordre des Coléoptères, section des Pentamères, famille des Carnassiers (Terrestres), tribu des Cicindélètes.

La seconde division de cette tribu est ainsi caractérisée : point de dent au milieu de l'échancrure du menton. Les genres Thérate, Tricondyle et Colliure la composent. (*Voyez* CICINDÉLÈTES, pag. 617. de ce volume.) Les Thérates ont les troisième et quatrième articles des tarses beaucoup plus courts que les premiers; le corselet court, presqu'en forme de cœur, et les antennes longues. Les Tricondyles sont aptères, leur corselet est en sphéroïde oblong; les antennes sont proportionnellement plus longues que celles des Colliures.

Antennes courtes, grossissant quelquefois un peu vers le bout, composées de onze articles, le troisième long, comprimé, courbé. — *Labre* arrondi, convexe, dentelé antérieurement. — *Mandibules* dentées. — *Mâchoires* terminées par une pointe articulée avec leur extrémité supérieure. — *Palpes* peu saillans; les labiaux composés de quatre articles; le premier dilaté presqu'en triangle avec une dent à son extrémité intérieure; le second très-court, à peine visible; le troisième plus ou moins dilaté et aplati, ou tout au moins courbé; le dernier sécuriforme, surtout dans les mâles. —

Menton dépourvu de dent au milieu de son échancrure. — *Tête* assez grosse, arrondie, très-rétrécie postérieurement, tenant au corselet par un col court et beaucoup plus étroit qu'elle. — *Yeux* saillans. — *Corps* étroit, alongé. — *Corselet* conico-cylindrique, aminci vers sa partie antérieure, terminé à ses deux extrémités par un bourrelet séparé du milieu du corselet par un étranglement. — *Ecusson* presqu'entièrement caché par le corselet, sa pointe n'atteignant pas la base des élytres. — *Elytres* alongées, s'élargissant presqu'insensiblement jusque près de l'extrémité, paroissant recouvrir des ailes et couvrant l'abdomen. — *Avant-dernier segment de l'abdomen* des mâles très-légèrement échancré en dessous. — *Pattes* longues, déliées; tarses à articles presqu'égaux; quatrième article de tous les tarses, dans les deux sexes, prolongé obliquement en dedans.

On ignore les mœurs de ces Coléoptères. Ils habitent les parties les plus méridionales de l'Asie et les îles au nord de la Nouvelle-Hollande.

1. Colliure échancrée, *C. emarginata.*

Colliuris emarginata. Lat. *Hist. nat. et iconogr. des Ins. Coléopt. d'Eur. pag.* 66. — Dej. *Spéc. tom.* 1. *pag.* 165. *n°.* 2. — *Colliuris longicollis* Lat. *Gener. Crust. et Ins. tom.* 1. *pag.* 174. *n°.* 1. *tab. VI. fig.* 8. (en retranchant le synonyme de Fabricius qui appartient à la Longicolle.)

Voyez pour la description et le synonyme de l'Entomologie d'Olivier, Cicindèle longicolle *n°.* 2. *pl.* 356. *fig.* 6. de ce Dictionnaire (en ôtant le synonyme de Fabricius qui appartient à la Longicolle.)

Nota. Fabricius (*Syst. Eleut.*) paroît mentionner cette espèce comme variété de sa *Longicollis.*

Ce genre contient en outre, 1°. Colliure longicolle, *C. longicollis.* Lat. *Hist. nat. et iconogr. des Ins. Coléopt. d'Eur. pag.* 67. *n°.* 2. *pl.* 11. *fig.* 3. — Dej. *Spéc. tom.* 1. *pag.* 163. *n°.* 1. — *Collyris longicollis n°.* 1. Fab. *Syst. Eleut.* (en retranchant les synonymes d'Olivier et de Latreille qui appartiennent à la Colliure échancrée). Longueur 8 à 9 lig. Notablement plus grande que la C. échancrée; pénultième article des palpes labiaux triangulaire (ce même article est assez étroit et presque lunulé dans la C. échancrée). Des Indes orientales. 2°. Colliure de Diard, *C. Diardi.* Lat. *Hist. nat. et iconogr. des Ins. Coléopt. d'Eur. pag.* 67. Elle diffère de la C. échancrée par les caractères suivans : tête et corselet d'un cuivreux foncé; élytres bronzées, leur extrémité postérieure presque lisse, simplement tronquée. De l'île de Java, d'où elle a été rapportée par MM. Diard et Duvaucel. 3°. Colliure grande, *C. major.* Lat. *id. pag.* 66. *n°.* 1. *pl.* 11. *fig.* 4. Longueur 11 à 12 lig. — *Collyris aptera n°.* 2. Fab. *Syst. Eleut.* — Schœn. *Syn. Ins. tom.* 3. *pag.* 236. *n°.* 2. Des Indes orientales. 4°. Colliure crassicorne, *C. crassicornis.* Dej. *Spéc. tom.* 1. *pag.* 166. *n°.* 3. — *Colliuris longicollis.* Dej. Catal. Longueur 6. lig. ½ à 7 lig. Bleue; élytres profondément ponctuées, arrondies à leur extrémité qui est un peu échancrée; cuisses ferrugineuses; antennes de la longueur de la tête, allant un peu en grossissant vers l'extrémité. Des Indes orientales.

Nota. Le genre Colliure de ce Dictionnaire n'est pas celui-ci; il répond exactement au genre Casnonie Lat. *Voyez* ce dernier mot à la suite de l'article Troncatipennes. Fabricius (*Syst. Eleut.*) compose son genre *Collyris* de trois espèces; nous venons de citer les deux premières. La troisième est un Cténostome. *Voyez* ce mot *pag.* 620. de ce volume. (S. F. et A. Serv.)

TRIDACTYLE, *Tridactylus.* Oli. (*Encycl. Tabl. des genr.*) Lat. *Xya* Illig. *Acheta* Coqueb.

Genre d'insectes de l'ordre des Orthoptères, seconde section, famille des Grilloniens.

Cette famille contient quatre genres, Courtillière, Tridactyle, Grillon, Myrmécophile. (*Voy.* pag. 343. de ce volume.) Ce dernier nous est inconnu, et par cette raison nous ne pouvons le faire entrer dans la comparaison suivante. Les Courtillières & les Grillons diffèrent des Tridactyles en ce qu'ils ont tous les tarses organisés de la manière ordinaire, c'est-à-dire composés d'articles implantés à la suite les uns des autres.

Antennes assez courtes, composées de dix à douze articles distincts, presque moniliformes. — *Mâchoires* terminées par une pièce cornée, dentée; celle-ci recouverte par une autre pièce voûtée, de consistance membraneuse. — *Lèvre* quadrifide. — *Trois ocelles* peu apparens. — *Corps* un peu cylindrique. — *Corselet* aussi large que long. — *Elytres et ailes* horizontales. — *Abdomen* terminé par quatre appendices. — *Point de tarière* (dans les femelles.) — *Pattes antérieures* propres à fouir; leurs jambes munies d'épines à leur extrémité seulement; leurs tarses de trois articles insérés à l'extrémité de la jambe et susceptibles d'être reçus dans un sillon qui se trouve à la partie postérieure de la jambe; jambes intermédiaires comprimées, presqu'ovales, se rétrécissant vers l'extrémité; leurs tarses conformés comme les antérieurs : cuisses postérieures fortes, propres à sauter, leurs jambes alongées, grêles, quadrangulaires; leur côté supérieur un peu échancré, dentelé, dilaté vers l'extrémité qui est couverte de quelques lames écailleuses très-serrées contre la jambe, leur extrémité portant au lieu de tarses, deux ou cinq appendices mobiles.

Les espèces connues de ce genre se trouvent sur le sable du bord des rivières; elles y creusent des trous au moyen de leurs pattes antérieures, de même que les Grillons et les Courtillières; elles sautent beaucoup mieux que ceux-ci & même très-haut, du moins l'espèce indigène, qui a été observée par M. L. Dufour.

1re. *Division*. Jambes postérieures terminées, à défaut de tarses, par cinq appendices; deux plus courts, extérieurs, les trois intermédiaires plus longs, comprimés, un peu ciliés et dentelés en manière de peigne à leur partie supérieure. (*Tridactylus propriè dictus.*)

Le Tridactyle paradoxal, *T. paradoxus*. Lat. *Gener. Crust. et Ins. tom.* 3. *pag.* 97. *n°.* 1. — *Acheta digitata*. Coqueb. *Illustr. iconogr. Decad.* 3. *pag.* 98. *tab. XXI. fig.* 1. — *Encycl. pl.* 397. Orthopt. *fig.* 1 — 4. De Guinée, est le type de cette division.

2e. *Division*. Jambes postérieures terminées, à défaut de tarses, par deux appendices. (*Xya* Illig.)

1. Tridactyle varié, *T. variegatus*.

Tridactylus fusco-griseus, thoracis elytrorumque margine externo et scutello lineâ dorsali longitudinali albidis; pedibus albido variis; tarsis posticis didactylis.

Xya variegata. Illig. Lat. *Règn. animal. tom.* 3. *pag.* 378.

Longueur 2 lig. D'un gris-brun. Bords extérieurs du corselet et des élytres blanchâtres; écusson ayant une ligne longitudinale dorsale de cette couleur; pattes panachées & annelées de blanc. Du midi de la France.

COURTILLIÈRE, *Gryllotalpa*. Lat. *Gryllus* (*Acheta*) Linn. De Géer. Panz. *Gryllus*. Geoff. Oliv. (*Encycl.*) *Acheta*. Fab.

Genre d'insectes de l'ordre des Orthoptères, seconde section, famille des Grilloniens.

Dans cette famille, les Tridactyles se distinguent par leurs tarses postérieurs remplacés par des appendices digitiformes; dans les Grillons proprement dits, les jambes antérieures n'ont pas de dilatation, les antennes sont plus longues que le corps et la tarière des femelles est très-saillante.

Antennes sétacées, pas plus longues que la tête et le corselet pris ensemble, composées d'un grand nombre d'articles. — *Labre* arrondi à son extrémité, entier. — *Mandibules* multidentées. — *Mâchoires* ayant à leur extrémité une forte dent. — *Dernier article des palpes* obconique, pas plus long que le précédent. — *Lèvre* quadrifide. — *Tête* ovale, prolongée en avant. — *Deux ocelles* très-distincts, le troisième point apparent. — *Corps* alongé, cylindrique, linéaire. — *Corselet* plus long que large, presqu'ovale, tronqué antérieurement, arrondi à sa partie postérieure. — *Elytres* courtes, s'appliquant sur le dos et s'y modelant; ailes plus longues que le corps, formant dans le repos, une espèce de lanière prolongée au-delà des élytres; la partie supérieure de cette lanière dure, presque cornée. — *Abdomen* terminé par deux appendices; anus des femelles dépourvu de tarière. — *Pattes antérieures* ayant leurs cuisses munies en dessous vers la base, d'un appendice dentiforme; ces cuisses canaliculées pour recevoir le côté interne des jambes; celles-ci palmées, courtes, obtrigones, garnies à leur extrémité de dents verticales fortes, striées; tarses de ces pattes, insérés extérieurement et appliqués contre la jambe; leurs deux premiers articles dilatés en dessous chacun en une très-forte dent; jambes postérieures courtes, épineuses à l'extrémité; leurs tarses de forme ordinaire; dernier article muni de deux crochets.

Les mœurs de ces insectes sont décrites à l'article Grillon (*voyez* ce mot), genre avec lequel on confondoit autrefois celui-ci.

1. Courtillière vulgaire, *G. vulgaris*.

Gryllotalpa vulgaris. Lat. *Gener. Crust. et Ins. tom.* 3. *pag.* 95. *n°.* 1. — *Acheta gryllotalpa*. Fab. *Ent. Syst. tom.* 2. *pag.* 28. — Panz. *Faun. germ. fas.* 88. *fig.* 5.

Voyez pour la description et les autres synonymes, Grillon Taupe *n°.* 1. *pl.* 128. *fig.* 3—15. de ce Dictionnaire.

Nota. A la fin de la description que nous venons de citer, il est question d'une espèce de Cayenne, beaucoup plus petite que celle d'Europe et n'ayant que deux dents aux jambes antérieures; c'est la Courtillière didactyle, *G. didactyla*. Lat. *id. n°.* 2. Ce dernier auteur mentionne quelques autres espèces des Indes et d'Afrique, qui diffèrent principalement de la Courtillière vulgaire par la réticulation des élytres.

(S. F. et A. Serv.)

TRIDACTYLES ou TRIMÉRÉS. Vingt-deuxième famille des Coléoptères selon M. Duméril (*Zool. analytique*). Ses caractères sont: *tarses composés de trois articles*. Elle contient les genres Dasycère, Eumorphe, Endomyque, Scymne et Coccinelle. (S. F. et A. Serv.)

TRIGONE, *Trigona*. Jur. Lat. *Melipona*. Lat. Illig. Klug. *Apis* Oliv. (*Encycl.*) Fab. *Centris?* Fab.

Genre d'insectes de l'ordre des Hyménoptères, section des Porte-aiguillon, famille des Mellifères, tribu des Apiaires (division des Récoltantes).

Une coupe particulière de cette division a pour caractères : femelles pourvues d'une palette à la dernière paire de jambes; pattes postérieures sans épines à leur extrémité; cellule radiale des ailes supérieures ouverte; cellules cubitales mal tracées.

Elle ne comprend que le genre Trigone. (*Voyez pag.* 5. de ce volume.)

Antennes filiformes, coudées, composées de douze articles dans les femelles, de treize dans les mâles. — *Labre* transversal. — *Mandibules* lisses à leur partie extérieure, excavées en dessous, comme tronquées à leur extrémité, sans dentelures au côté interne ou n'en ayant que de très-fines. — *Mâchoires et lèvre* très-alongées, formant une sorte de trompe coudée et repliée en dessous dans le repos, appliquée contre sa gaîne. — *Palpes maxillaires* filiformes, composés de six articles; palpes labiaux de quatre articles, les deux premiers ressemblant à des soies écailleuses et embrassant les côtés de la languette; les deux autres très-petits; le troisième inséré un peu au-dessous de l'extrémité du second qui se termine en pointe. — *Tête* assez grosse, transversale. — *Yeux* assez grands. — *Trois ocelles* disposés presqu'en ligne transversale. — *Corps* pubescent. — *Corselet* convexe, presque sphérique. — *Ailes supérieures* ayant une cellule radiale grande, incomplète, c'est-à-dire ouverte à son extrémité; trois cellules cubitales mal tracées, souvent difficiles à distinguer; la première petite; la seconde très-resserrée vers la radiale, presque triangulaire; la troisième très-grande, n'atteignant pas le bout de l'aile; une seule nervure récurrente, aboutissant dans la seconde cellule cubitale : cellules discoïdales peu distinctes, la troisième ou inférieure, paroissant manquer en totalité. — *Abdomen* le plus souvent triangulaire, sa section transversale représentant un triangle curviligne dont la partie supérieure forme le côté le plus grand, ou quadrangulaire; cette même partie formant les deux côtés les plus petits du carré dans la section transversale, composé de cinq segmens outre l'anus dans les femelles, en ayant un de plus dans les mâles. — *Pattes* assez fortes; jambes intermédiaires terminées par une épine simple, courte, aiguë : jambes postérieures sans épines à leur extrémité; partie intérieure du premier article de leurs tarses garnie de brosse, sa partie externe ainsi que celle des jambes portant une palette; dernier article de tous les tarses muni de deux crochets simples.

Les Trigones doivent à la forme la plus ordinaire de leur abdomen leur nom tiré de deux mots grecs signifiant, *triangle.* Elles habitent les climats les plus chauds et presqu'exclusivement l'Amérique. D'après les relations de différens voyageurs, il est certain qu'elles vivent en société et fabriquent de la cire et du miel; celui-ci est mangeable et les habitans le récoltent pour leur usage. On assure que ces sociétés durent plusieurs années, comme celles des Abeilles; mais les espèces de Trigones ne sont pas suffisamment connues, et il est probable que jusqu'ici il n'existe dans les collections d'Europe aucune femelle féconde. Dans près de quarante espèces que nous avons décrites dans une Monographie des Apiaires encore inédite, nous n'avons trouvé qu'un seul mâle sans pouvoir le rapporter à aucune ouvrière connue; cela prouve qu'il faudroit aux Trigones des historiens, tels que Réaumur ou Hüber de Genève, pour les étudier de près, et aujourd'hui qu'il se trouve en Amérique beaucoup d'entomologistes distingués, on ne sauroit trop les engager à observer avec soin ces Hyménoptères intéressans; l'analogie d'organisation démontrée dans notre tableau des Mellifères cité ci-dessus, nous porte à croire que ces Apiaires sociales pourroient devenir domestiques à la manière des Abeilles, et que leur miel et leur cire seroient susceptibles d'entrer dans le commerce ainsi que dans les usages privés. *Voyez* Abeille amalthée *n°.* 102. de ce Dictionnaire.

1re. *Division.* Abdomen convexe en dessus, peu sensiblement caréné en dessous. (*Melipona* Lat.)

Nous citerons, 1°. Trigone commune, *T. favosa.* Jur. *Hyménopt. pag.* 246. l'ouvrière. — *Melipona favosa.* Lat. *Gener. Crust.* et *Ins. tom.* 4. *pag.* 182. l'ouvrière. — Lat. *Mém. sur les Abeilles, pag.* 30. *n°.* 1. — *Apis favosa n°.* 11. Fab. *Syst. Piez.* l'ouvrière. De Cayenne.

2e. *Division.* Abdomen court, triangulaire, fortement caréné en dessous. (*Trigona* Lat.)

1. Trigone Amalthée, *T. Amalthea.*

Trigona Amalthea. Jur. *Hyménopt. pag.* 246. l'ouvrière. — Lat. *Gener. Crust. et Ins. tom.* 4. *pag.* 183. l'ouvrière. — *Apis Amalthea n°.* 8. Fab. *Syst. Piez.* l'ouvrière.

Voyez pour la description (de l'ouvrière), Abeille Amalthée n°. 102. de ce Dictionnaire.

A cette division se rapporte encore la Trigone à jambes rousses, *T. ruficrus.* Jur. *id.* l'ouvrière. — Lat. *id.* l'ouvrière. Du Brésil.

3e. *Division.* Abdomen alongé, presque carré, le dessus formant un angle obtus (*Tetragona* Nob.)

Le type est la Trigone alongée, *T. elongata.* Le P. *inéd.* Antennes noires, leur partie antérieure d'un jaune testacé; tête noire; chaperon jaune ainsi que l'orbite intérieur des yeux et une tache sous les antennes; corselet noir à poils roux; abdomen alongé, brun, le bord inférieur de chaque segment est jaune; anus testacé, à poils roux; pattes antérieures et intermédiaires testacées, leurs tarses noirs; pattes postérieures noires, à jambes alongées, testacées à la base; ailes transparentes, nervures pâles. Ouvrière. Du Brésil.

Nota. La Trigone fluette, *T. angustata.* Lat. *Mém. sur les Abeilles, pag.* 36. doit aussi appartenir à cette division d'après la forme de son abdomen.

Plusieurs autres espèces de ce genre sont décrites dans le Mémoire de M. Latreille que nous venons de citer. (S. F. et A. Serv.)

TRILOBITES, *Trilobites.* Nom donné à un groupe d'animaux que l'on ne trouve plus qu'en état fossile (1), dont le corps, de figure ovalaire, présente immédiatement, à la suite d'une partie antérieure en forme de grande tête ou de bouclier semi-lunaire, un nombre plus ou moins considérable d'anneaux transverses, et qui, à raison de deux sillons partageant longitudinalement chacun d'eux en trois espaces, le dos et les flancs, le font paroître comme divisé en trois séries de lobes. Linné a distingué ces animaux par la dénomination commune d'*entomolithus paradoxus*. Blumenback, Knorr et Guettard en ont décrit et figuré diverses espèces. Les travaux de MM. Cuvier et Brongniart, ceux de plusieurs naturalistes anglais, ayant imprimé à l'étude de la géologie une forte impulsion et une direction nouvelle, les Trilobites ont particulièrement fixé l'attention de plusieurs savans, et parmi les ouvrages ou les mémoires qui ont paru sur cet objet, on doit mettre au premier rang la Monographie de l'un des géologues que je viens de citer, M. Alexandre Brongniart, membre de l'Académie royale des sciences, professeur de minéralogie au Jardin du Roi, et directeur de la manufacture royale de porcelaine de Sèvres (2). Nul doute que les Trilobites soient des animaux articulés; mais, à quelle classe appartiennent-ils? c'est sur quoi il y a eu partage d'opinions. D'après la plus commune cependant, et qui est celle de Linné, de Fabricius (3), les Trilobites seroient des Crustacés. Dans le troisième volume de l'ouvrage sur le Règne animal, par M. le baron Cuvier, j'avois dit que quelques-uns de ces corps paroissoient avoisiner les Limules, et que les autres sembloient se rapprocher des Gloméris, premier genre de l'ordre (aujourd'hui classe) des Myriapodes; j'ai rejeté depuis (*Mémoires du Muséum d'histoire naturelle*) ce sentiment, et j'ai avancé que ces animaux avoient plus de rapports avec les Oscabrions ou les Chitons de Linné, et qu'ils formoient auprès d'eux une famille particulière, mais dont nous ne possédons plus d'analogues vivans. L'un des caractères essentiels des Crustacés, ainsi que des autres animaux compris par Linné dans la classe des Insectes, est d'avoir des pieds articulés. Or, c'est un fait avéré que, quoique l'on ait recueilli en France, en Suède, dans l'Amérique septentrionale, etc., une quantité considérable de Trilobites, aucun de ces fossiles n'a offert de vestiges de pieds ni d'antennes. M. Brongniart le déclare positivement. « Enfin, ni moi, ni aucun des observateurs qui ont étudié ces animaux, n'y ont jamais rien vu qui ait pu être comparé à des antennes ou à des pattes. » *Hist. natur. des Trilobites. pag.* 4. Persuadé, d'après cela et d'après quelques autres considérations tirées de l'état où on les trouve, qu'ils étoient privés de ces organes, et qu'on ne pouvoit dès-lors ranger ces animaux avec les Crustacés, les Oscabrions me paroissoient être les seuls articulés avec lesquels on pût comparer les Trilobites, et déjà quelques naturalistes avoient eu la même idée. M. Victor Audouin, dans un Mémoire *ad hoc*, et faisant partie des *Annales générales des sciences physiques*, par MM. Bory de Saint-Vincent, Drapiez et Van Mons, combattit mon opinion, à laquelle, au reste, je n'ai donné aucune suite. D'autres zoologistes, M. de Blainville notamment, ont considéré comme des pattes branchiales, analogues à celles des Apus, des Branchipes, etc., les lobes latéraux; mais ces parties ne présentent pas la moindre articulation, et il est aisé de voir, surtout d'après la manière dont elles se terminent (*voyez l'hist. nat. des Trilob.* de M. Brongniart, *pl.* 1. *fig.* 2. D; *pl.* 2. *fig.* 1. A.; *fig.* 2. C., *fig.* 4. C.; *pl.* 3. *fig.* 5, 6, 9; et *pl.* 4. *fig.* 1. *et fig.* 10.), que ce sont de véritables divisions segmentaires du corps, analogues à celles que l'on observe sur les côtés du corps de divers Cymothoas, à celles que nous offriroit le second bouclier des Limules, si les sillons étoient plus profonds et partageoient distinctement sa surface supérieure en trois séries de pièces, et comparables encore à ces petites plaques que l'on voit, au nombre de neuf, de chaque côté, sur le dessous du corps des Gloméris. Les pattes des Bopyres sont extrêmement petites; et dans la supposition probable que les Trilobites fussent habituellement fixées sur divers corps, les organes de loco-motion pouvoient n'être que rudimentaires, et n'auront laissé aucune empreinte bien visible.

Les substances où on a trouvé des Limules fossiles ne présentent pas non plus de débris des mêmes parties. Malgré ce caractère négatif, tout porte à croire que les Trilobites sont de véritables Crustacés, ayant un bouclier antérieur essentiellement semblable à l'antérieur des Limules, dont le corps, par le nombre (1) des segmens, se rapproche de celui des Myriapodes et des Gloméris surtout, mais avec cette différence que les segmens

(1) Les premiers que l'on observa furent trouvés, il y a plus de cent ans, à Dudley, en Angleterre, et dans des couches calcaires profondes et considérables. *Voyez* Luyd, *Philos. trans.*, année 1698.

(2) Nous citerons encore, d'après lui, M. Schlotheim, qui a le premier étudié ces animaux sous des points de vue nouveaux, et M. Wahlenberg, qui nous a fait connoître ceux de la Suède. Depuis la publication de l'ouvrage de M. Brongniart, il en a paru encore d'autres, tant chez l'étranger qu'en France, sur les mêmes objets.

(3) *Voyez* le *Cymothea paradoxa* de son *Entomologie systématique*, tom. 2, pag. 503.

(1) De onze à vingt-deux dans la plupart.

sont divisés en trois lobes, dont les latéraux plus larges ou plus étendus transversalement, et dont le post-abdomen est formé, soit par un grand segment demi-circulaire (*voyez* Gloméris) ou triangulaire, soit de plusieurs dont la grandeur diminue graduellement, et qui, par la réunion, composent, de même que dans plusieurs Crustacés amphipodes et isopodes, une sorte de queue plus ou moins alongée et triangulaire. Quelques-unes de ces Trilobites pouvoient se concentrer en boule, à la manière de quelques Crustacés précédens et des Gloméris, faculté dont aucun Branchiopode connu ne nous offre d'exemple. Il existe un grand vide entre les derniers Crustacés et les Myriapodes; peut-être, dans l'origine, étoit-il rempli par les Trilobites, qui, sous quelques rapports, auroient pu se rattacher aux Oscabrions.

Parmi les genres que M. Brongniart a établis dans ce groupe d'animaux, il en est un, celui d'*Agnoste*, dont les caractères, si l'on étoit sûr que les sujets qui les ont fournis ne sont pas mutilés, nécessiteroient une modification dans le signalement général. Le corps est demi-circulaire ou réniforme; quelques espèces d'Oscabrions semblent offrir une exception pareille.

N'ayant point traité ici des Crustacés fossiles, et ayant renvoyé nos lecteurs au bel ouvrage que M. Anselme Desmarest a publié sur cette matière, et accompagnant celui de M. Brongniart sur les Trilobites, nous nous bornerons à un tableau synoptique des genres que celui-ci a proposés.

Ces animaux, en admettant par analogie une ou deux paires de pieds pour chaque segment thoracique, se rangent naturellement dans notre division des Crustacés multipèdes (*Fam. nat. du Règne anim.*), c'est-à-dire près des Branchiopodes phyllopodes, qui sont immédiatement suivis des Limules, composant notre ordre des Xyphosures. Les caractères présentés plus haut les distinguent suffisamment des uns et des autres.

I. *Corps ovale ou elliptique.*

A. *Corps de plusieurs se contractant en boule; deux éminences oculiformes ou triangulaires et peu alongées sur le bouclier de la plupart. Segmens ne débordant point les côtés du corps et réunis jusqu'au bout.*

Genre 1. Calymène, *Calymene*.

Corps se contractant en boule (1), oblong et rétréci postérieurement en manière de queue triangulaire et alongée. (Bouclier aussi large ou plus large que long.)

Genre 2. Asaphe, *Asaphus*. Corps ne se contractant point en boule, presqu'ovale, terminé postérieurement en manière de queue semi-circulaire. Bouclier aussi large ou plus large que long. Des tubercules oculiformes à paupières ou granuleux.

Genre 3. Ogygie, *Ogygia*. Corps ne se contractant point en boule, elliptique. Bouclier plus long que large; ses ongles postérieurs prolongés en manière d'épines : deux caroncules oculiformes simples, ou sans paupières ni granulation.

B. *Corps ne se contractant jamais en boule, sans éminences oculiformes sur le bouclier. Segmens ou du moins ceux du thorax, débordant le corps, et libres ou séparés à leur extrémité latérale.*

Genre 4. Paradoxide, *Paradoxides*.

II. *Corps demi-circulaire ou réniforme.*

Genre 5. Agnoste, *Agnostus*.

Voyez, quant aux espèces, l'ouvrage précité de M. Brongniart et les nouvelles recherches de MM. de Bazoches, Deslongchamps, membres de la Société Linnéenne du Calvados, et qui, de même que celles de plusieurs collègues, rendent les services les plus importans à la géologie de ce département. (Latr.)

(1) En employant ce caractère en première ligne, les Trilobites se diviseroient en deux familles, les *Contractiles* et les *Etendus*.

TRIMÈRES, *Trimera*. Quatrième section de l'ordre des Coléoptères. Son caractère est :

Tous les tarses n'offrant que trois articles.
(S. F. et A. Serv.)

TRIMÉRÉS. Duméril. *Voyez* Tridactyles.
(S. F. et A. Serv.)

TRINEURE, *Trineura*. Nom donné par M. Meigen dans son ouvrage intitulé : *Classification des Dipt. d'Europ.* au genre fondé par M. Latreille sous le nom de *Phore*. Fabricius, dans son *Syst. Antliat.*, adopte le genre Trineure, mais le réduit à une seule espèce, celle que M. Meigen nomme *Rufipes*, et M. Latreille *Phora pallipes*. Voyez Phore. (S. F. et A. Serv.)

TRIONGULIN, *Triungulinus*. Léon Dufour. *Pediculus*. Linn. M. Léon Dufour vient d'établir ce genre dans le treizième volume des *Annales des sciences naturelles*. Il appartient à l'ordre des Parasites de M. Latreille, et son auteur lui assigne les caractères suivans : corps alongé, déprimé, d'une même venue. Tête distincte, portant des yeux et des palpes. Tronc formé de trois pièces égales, où s'articulent les pattes. Abdomen de la largeur du tronc, divisé en dix segmens égaux. Antennes insérées en devant des yeux, composées de trois articles distincts, dont le dernier se termine par une soie simple, aussi longue qu'elles qu'elles. Deux palpes saillans, d'un seul article oblong et droit. Bouche inférieure, peu apparente. Yeux latéraux, arrondis. Six pattes à peu près égales entr'elles. Tarses formés par un seul article fort court, en quelque sorte rudimentaire, où s'implante une griffe plus ou moins repliée vers l'axe du corps, et composée de trois ongles ou crochets distincts, cornés, pointus, mobiles. Dernier segment de l'abdomen terminé par deux longues soies simples, inarticulées. Insectes vivans sur les Hyménoptères, velus, ayant une démarche assez agile.

Ce genre se distingue des autres genres du même ordre par plusieurs caractères très-faciles à saisir, et principalement par les trois crochets des tarses, par le filet inarticulé des antennes, et par ceux qui terminent le dernier segment de l'abdomen.

Le Pou de l'Abeille, décrit par Linné sous le nom de *Pediculus apis*, pourroit bien être la même chose que le Triongulin. Ce Pou a été figuré par Frisch, dans sa description des Insectes d'Allemagne, & sa figure paroît avoir été copiée dans la planche 253. de ce Dictionnaire; mais elle est si mauvaise qu'on ne peut savoir si elle a rapport au parasite qui fait le sujet de cet article, ou a une autre espèce; cependant comme il est probable que c'est lui qu'elle représente, M. Léon Dufour la rapporte avec doute à son Triongulin des Andrenètes. Ce genre ne se compose encore que d'une seule espèce; M. Léon Dufour l'a trouvée en juillet 1827, sur l'*Andrena carbonaria* de Fabricius. Il est probable que ce parasite se trouve sur d'autres Hyménoptères et dans d'autres localités, & que l'on pourra l'observer à Paris si on le cherche sur les Hyménoptères apiaires.

TRIONGULIN DES ANDRENÈTES. *Triungulinus andrenetarum*. LÉON DUFOUR. *Ann. des sc. natur. tom.* 13. *pag.* 64. *pl.* 9. *fig.* B. *An Pediculus apis?* LINN. *Syst. nat.* 2. 1020-40.

Pallide, rufus glaber; abdominalium segmentorum angulis posticis spinula terminatis; penultimo segmento spinula longiori, setiformi utriusque munito.

Cet insecte n'a pas tout-à-fait une ligne de longueur; il est grêle, uniformément étroit dans toute son étendue : ce qui justifie l'épithète de *filiformis* donnée par Linnæus à son *Pediculus apis*. Tête arrondie, avec les yeux noirâtres bien marqués. Antennes au moins aussi longues que la tête; le premier article fort court, le second oblong, légèrement renflé en dehors, le troisième cylindroïde, aussi long que le précédent, mais plus grêle, et se terminant par une soie dont l'insertion est brusque. Palpes insérés, un de chaque côté, en dessous des tégumens supérieurs de la tête, formés d'un seul article oblong, cylindroïde, pâle, glabre. Les trois pièces qui constituent le tronc sont à peu près carrées avec les angles obtus; chacune d'elles donne insertion à une paire de pattes : celles-ci sont de moyenne longueur, très-propres à la marche, égales ou presqu'égales entr'elles; les antérieures sont cependant un peu plus courtes. Hanche composée de deux articles courts, où le microscope découvre quelques poils. Cuisse plus grosse que la jambe, et légèrement cambrée. Tibia de la longueur de la cuisse. Ongle intermédiaire de la griffe, plus long que les latéraux, et terminé en pointe de lancette. Ces ongles, susceptibles de divers mouvemens de déduction et d'inflexion, servent au Triongulin pour s'accrocher avec force aux poils des Hyménoptères, dont il est parasite; il est même difficile de lui faire lâcher prise. Segmens de l'abdomen ayant la forme d'un carré long transversal. Chacun d'eux a ses angles postérieurs terminés par une très-petite pointe ou poil corné subulé, que le microscope met en évidence. Le pénultième de ces segmens a de chaque côté une véritable soie plus longue que le poil subulé des précédens, mais bien plus courte que celles qui s'observent au dernier segment : ces dernières égalent au moins l'abdomen en longueur.

Nota. Nous venons d'apprendre en corrigeant l'épreuve de cet article, que M. Carcel, entomologiste instruit de la capitale, vient de découvrir (juin 1828) le Triongulin aux environs de Paris. M. Latreille nous assure en même temps, que cet insecte n'est pas nouveau, et qu'il est parfaitement décrit et figuré par Kirby et par d'autres auteurs. (E. G.)

TRIPLAX, *Triplax*. HERBST. PAYK. FAB. OLIV. (*Entom.*) LAT. *Tritoma*. LAT. FAB. OLIV. (*Encycl.* Tableau des genres.) *Silpha*. LINN. *Anthribus*. DE GÉER. *Erotylus*. OLIV. (*Encycl.*) *Elater?* FAB. PAL. BAUV.

Genre d'insectes de l'ordre des Coléoptères, section des Tétramères, famille des Clavipalpes.

Cette famille a pour caractères :

Les trois premiers articles des tarses garnis de brosses en dessous; les deux intermédiaires larges, triangulaires, le troisième profondément divisé en deux lobes. — *Mâchoires* armées intérieurement d'une dent cornée. — *Antennes* terminées en une massue plus ou moins ovalaire et perfoliée. — *Corps* le plus souvent orbiculaire ou ovale.

I. Dernier article des palpes maxillaires grand, transversal, en forme de croissant ou de hache.

Erotyle, Triplax.

Nota. Cette division répond à la tribu des Erotylènes. LAT. *Nouveau Dictionn. d'hist. natur.* 2e. *édition.*

II. Dernier article des palpes maxillaires à peine plus gros que le précédent.

Langurie, Phalacre.

Nota. Cette seconde division répond à la tribu des Globulites. Lat. *Nouv. Dictionn. d'hist. nat.* 2e. *édit.* Depuis, dans ses *Fam. natur.*, l'auteur a supprimé les deux tribus nommées Erotylènes et Globulites.

La première division de cette famille est composée des genres Erotyle et Triplax. Le premier diffère du second par la massue des antennes ordinairement plus oblongue, par le lobe interne des mâchoires corné, en forme d'onglet dont l'extrémité porte deux dents distinctes, inégales; le disque du corselet des Erotyles est très-souvent moins convexe que celui des Triplax, et les articles intermédiaires des antennes sont habituellement plus alongés que dans le genre dont nous traitons ici.

Antennes ayant leurs articles intermédiaires courts, presque moniliformes; les trois derniers formant une massue ovale, perfoliée, aplatie. — *Mâchoires* composées de deux lobes, l'interne petit, membraneux, portant une seule dent à son extrémité; cette dent à peine visible. — *Disque du corselet* convexe. — *Jambes* s'élargissant vers leur extrémité et formant un triangle alongé. Pour les autres caractères, *voyez* Erotyle.

Les espèces européennes de ce genre vivent dans les bolets. On ne connoît point encore suffisamment leurs premiers états.

1re. *Division.* Corps ovale-oblong. (*Triplax propriè dicta.*)

1. Triplax violette, *T. violacea.*

Triplax nigro-violacea, capite thoraceque et elytris punctatis; punctis in duobus primis inordinatis, in tertiis seriatis: seriebus longitudinalibus.

Triplax violacea. Dej. *Catal.*

Longueur 3 lig. D'un violet noirâtre; corselet à peine rebordé sur les côtés, ponctué sans ordre ainsi que la tête; élytres finement pointillées; ces points rangés en stries longitudinales.

Des Alpes de Croatie.

2. Triplax russe, *T. russica.*

Triplax russica. Oliv. *Entom. tom.* 5. *Tripl. pag.* 491. *Erotyl. pl.* 1. *fig.* 1. — *Triplax nigripennis n°.* 1. Fab. *Syst. Eleut.* — Lat. *Gener. Crust. et Ins. tom.* 3. *pag.* 70. *n°.* 2.

Voyez pour la description et les autres synonymes, Erotyle russe n°. 38. de ce Dictionnaire.

3. Triplax rufipède, *T. Rufipes.*

Triplax rufipes n°. 2. Fab. *Syst. Eleut.* — Oliv. *id. pag.* 492. *Tripl. pl.* 1. *fig.* 4.

Voyez pour la description et les autres synonymes, Erotyle rufipède n°. 37. de ce Dictionnaire. Des environs de Paris.

On placera encore dans cette division la Triplax bronzée, *T. œnea n°.* 3. Fab. *Syst. Eleut.* — Oliv. *Entom. tom.* 5. *Tripl. pag.* 491. *n°.* 6. *pl.* 1. *fig.* 3. D'Allemagne.

2e. *Division.* Corps presqu'hémisphérique. (*Tritoma* Dej.)

Le type est la Triplax bipustulée, *T. bipustulata.* Oliv. *Entom. tom.* 5. *Tripl. pag.* 492. *n°.* 8. *pl.* 1. *fig.* 5. — *Tritoma bipustulata n°.* 3. Fab. *Syst. Eleut.* (en ôtant le synonyme de Geoffroy qui appartient au Mycétophage quadrimaculé de ce Dictionnaire.) — Lat. *Gener. Crust. et Ins. tom.* 3. *pag.* 69. *n°.* 1. Des environs de Paris, dans les bolets.

Nota. L'*Elater cœcus n°.* 11. Fab. *Syst. Eleut.* (*Elater elegans.* Pal.-Bauv. *Insectes d'Afr. et d'Amér. pag.* 10. *Coléopt. pl. VII. fig.* 4.) est probablement du genre Triplax. Ces auteurs ont omis de parler d'un tubercule presque bidenté qui est placé un peu au-dessous de l'insertion des pattes intermédiaires. Consultez le *Nota* pag. 553. de ce volume. (S. F. et A. Serv.)

TRISTAN. Nom vulgaire donné par Geoffroy (*Ins. Paris. tom.* 2. *pag.* 47. *n°.* 14.) au Satyre hypéranthus n°. 162. tom. 9. pag. 538. de ce Dictionnaire. (S. F. et A. Serv.)

TRITOME, *Tritoma.* Geoff. Cet auteur ayant cru que l'insecte nommé depuis Mycétophage quadrimaculé n'avoit que trois articles aux tarses, en constitua un genre particulier sous le nom de Tritome. Ce Coléoptère est Tétramère. *Voyez* Mycétophage. (S. F. et A. Serv.)

TRITOME, *Tritoma.* Lat. (*Gen.*) Ce genre est le même que celui de Triplax du présent ouvrage. M. Latreille en réunissant les deux genres Tritome et Triplax dans le *Nouveau Dictionnaire d'histoire naturelle*, 2e. édition, conseille de s'en tenir à cette dernière dénomination. Le genre *Tritoma* Fab. Payk. et Oliv. (*Encycl.* Tabl. des genres) paroît se rapporter en partie à notre seconde division du genre Triplax. *Voyez* ce mot.

(S. F. et A. Serv.)

TRIXA, *Trixa.* Genre de Diptères créé par M. Meigen (*Dipt. d'Eur.*) dans sa famille des Muscides. Il lui donne pour caractères: antennes courtes, insérées chacune dans une petite cavité du front, rabattues, de trois articles courts; le premier très-court, les second et troisième égaux entr'eux: celui-ci ovale, portant une soie dorsale nue, courte, biarticulée. Ouverture de la cavité buccale très-petite, ovale. Trompe cachée lors du repos dans la cavité buccale, géniculée, sa base très-courte. Palpes insérés à la base de la lèvre, épais, cylindriques, obtus, très-garnis de soies, un peu saillans. Tête ovale; hypostome velu des deux côtés, muni de quelques soies, mais sans moustaches proprement dites: front velu, ayant un sillon longitudinal peu enfoncé. Yeux fort espacés dans les femelles, beaucoup plus rapprochés et plus grands dans les mâles. Trois ocelles placés en triangle sur le vertex. Corps hérissé de poils. Corselet bombé, garni de poils, séparé vers son milieu par une ligne transversale enfoncée. Ailes lancéolées, velues vues au microscope, à moitié ouvertes dans le repos; deux cellules du bord postérieur fermées chacune par une nervure transversale avant d'atteindre ce bord. Cuillerons grands. Balanciers cachés. Abdomen ovale, garni de poils hérissés, composé de quatre segmens. Pattes assez longues; pelotes des tarses fort longues dans les mâles.

M. Meigen dit que l'on trouve ces Muscides dans les pays boisés et marécageux; elles planent presque toujours en l'air, et l'auteur pense qu'elles vivent de proie. On ne sait rien de leur premier état. M. Meigen en décrit six espèces européennes, qu'aucun auteur n'avoit connues avant lui.

1°. Trixa des Alpes, *T. alpina*. Meig. *Dipt. d'Eur. tom.* 4. *pag.* 223. *n°.* 1. Longueur 6 lig. Abdomen noir; bord antérieur des trois derniers segmens ayant de chaque côté une ligne transverse d'un blanc jaunâtre; pattes ferrugineuses. Corselet gris cendré. Tête d'un blanc grisâtre; ligne longitudinale du front noire. Mâle. 2°. Trixa bleue, *T. cærulescens*. Meig. *id. pag.* 224. *n°.* 2. Longueur 5 lig. Tête d'un jaune rougeâtre; front ayant une large raie noire dans la femelle. Corselet d'un blanc brunâtre, reflété de brun sur le dos. Abdomen noir avec des bandes transversales bleuâtres; ventre d'un jaune blanchâtre. Pattes fauves. Femelle. 3°. Trixa grise, *T. grisea*. Meig. *id. n°.* 3. Longueur 5 lig. Abdomen gris, portant à sa base deux bandes transverses noirâtres; pattes ferrugineuses. Mâle et femelle. 4°. Trixa ferrugineuse, *T. ferruginea*. Meig. *id. n°.* 4. Longueur 5 lig. Ferrugineuse; abdomen portant des bandes transverses noires, brillantes. Pattes de la couleur du corps. Femelle. 5°. Trixa dorsale, T. *dorsalis*. Meig. *id. pag.* 225. *n°.* 5. Longueur 5 lig. Abdomen roux avec une large bande dorsale noire; ailes ayant un point brun sur la nervure transversale du milieu. 6°. Trixa variée. *T. variegata*. Meig. *id. n°.* 6. Abdomen blanc, varié de noir; ailes ayant la nervure transversale du milieu noire, bordée de brun.

Nota. M. Meigen rapporte à ce genre parmi les espèces exotiques déjà décrites, la Trixa à crochet, *T. uncana*, qui est la *Dictya uncana* n°. 19. Fab. *Syst. Antliat.* De l'Amérique méridionale. (S. F. et A. Serv.)

TRIXAGE, *Trixagus*. Kugell. Gyll. Illig. Schœn. *Voyez* Throsque.

(S. F. et A. Serv.)

TROGOSITE, *Trogosita*. Fab. Schœn. Fabricius adopta ce genre fondé par Olivier, en modifiant son nom sans raison. Il y mit beaucoup d'espèces qui ne lui appartiennent pas. Celles portant les n°s. 14, 15, 16, 23, 24, 25. sont des Phalèries Lat. (*Gener.*); le genre Langurie prend le n°. 10.; 26. est le type du genre Prostomis; 13. appartient aux Calcars; 7. est un Boros. Les espèces que nous pouvons citer avec certitude comme étant du genre Trogossite sont les n°s. 3. 6. 8. et 9. Les numéros que nous ne mentionnons pas, nous sont inconnus. (S. F. et A. Serv.)

TROGOSSITAIRES, *Trogossitarii*. Quatrième tribu de la famille des Xylophages, section des Tétramères, ordre des Coléoptères.

Cette tribu a pour caractères, antennes de onze articles.

I. *Corps* presque globuleux ou ovale. — *Antennes* perfoliées, au moins à leur extrémité.

Mycétophage, Triphylle, Diphylle, Lithophage, Agathidie (1).

II. Corps étroit et alongé.

A. Massue des antennes de deux articles.

Ditome, Lycte, Diodesme.

Nota. M. Latreille rapporte à ce groupe, mais avec doute, le genre *Corticus* Dej. Catal.

B. Massue des antennes de trois articles ou plus.

a. Antennes guère plus longues que la tête.

Colydie.

b. Antennes notablement plus longues que la tête.

† Mandibules petites ou moyennes, peu ou point saillantes.

* Palpes très-courts; les maxillaires peu ou point saillans.

Latridie, Sylvain.

** Palpes maxillaires saillans.

Méryx.

†† Mandibules fortes et avancées.

Trogossite, Prostomis.

Nota. Les caractères des genres Triphylle, Diphylle, Lithophage, Diodesme et Corticus, n'ont pas encore été publiés.

(1) M. Latreille plaçoit autrefois ce genre dans la famille des Clavipalpes, et c'est ainsi que nous en avons traité *pag.* 71. de ce volume.

DITOME, *Ditoma*. Lat. (*Addend. Gener.* et *Fam. nat.*) *Bitoma*. Herbst. Lat. (*Gener.*) *Lyctus*. Fab. Payk. *Ips*. Oliv.

Genre d'insectes de l'ordre des Coléoptères, section des Tétramères, famille des Xylophages, tribu des Trogossitaires.

Trois genres composent un groupe dans cette tribu, savoir : Ditome, Lycte et Diodesme. (*Voy.* Trogossitaires.) Le dernier ne nous est pas connu, et les Lyctes diffèrent des Ditomes par leurs antennes beaucoup plus longues que la tête et par leurs mandibules avancées.

Antennes à peine plus longues que la tête, composées de onze articles, séparés et distincts; les deux derniers formant une massue perfoliée. — *Mandibules* cachées. — *Tête* rentrant jusqu'aux yeux dans le corselet. — *Yeux* peu saillans. — *Corps* un peu déprimé, alongé, étroit. — *Corselet* carré. — *Tarses* ayant leurs trois premiers articles presqu'égaux, le premier n'étant pas notablement plus long que le suivant.

Ces Coléoptères sont de petite taille et vivent sous les écorces d'arbres. Le nom générique est tiré de deux mots grecs qui font allusion à la massue des antennes.

1. Ditome crénelée, *D. crenata*.

Ditoma crenata. Lat. *Gener. Crust. et Ins. tom.* 3. *pag.* 16. *n°.* 1.

Voyez Lyctus à sa lettre, et pour la description et les synonymes, Ips crénelé n°. 7. de ce Dictionnaire.

LYCTE, *Lyctus* Fab. Payk. Lat. *Ips*, *Lyctus* Oliv. (*Encycl.*) *Bitoma* Herbst.

Genre d'insectes de l'ordre des Coléoptères, section des Tétramères, famille des Xylophages, tribu des Trogossitaires.

Un groupe de cette tribu caractérisé ainsi : corps étroit, alongé; massue des antennes de deux articles, renferme les genres Ditome, Lycte et Diodesme. (*Voyez* Trogossitaires.) Ce dernier ne nous est pas connu. Les Ditomes sont séparées des Lyctes par leurs antennes à peine plus longues que la tête et par leurs mandibules cachées.

Antennes visiblement plus longues que la tête, composées de onze articles séparés et distincts; les deux derniers formant une massue perfoliée. — *Mandibules* avancées. — *Tête* saillante. — *Yeux* un peu élevés. — *Corps* presque linéaire. — *Corselet* presque carré, un peu plus étroit que les élytres, surtout à sa partie postérieure. — *Tarses* ayant leurs trois premiers articles presqu'égaux, le premier n'étant pas beaucoup plus long que le suivant.

Feu Olivier dans ce Dictionnaire n'a donné le caractère du genre Lycte que d'après Fabricius. La plupart des espèces qu'il cite, toujours d'après ce dernier auteur, n'appartiennent pas à ce genre, ou du moins sont fort douteuses. Ainsi l'Ips picipède n°. 8. (*Lyctus* tom. VII. *pag.* 589.) et le *Lyctus bipustulatus* (même page) sont des Rhizophages. Le genre Cérylon comprend l'Ips tarière n°. 5. (*Lyctus ut suprà*) et le Lyctus histéroïde (même tome, pag. 590.) L'Ips crénelé n°. 7. (Lyctus même tome, pag. 589.) est le type du genre Ditome. Le Lyctus denté (même page), nous paroît être un Sylvain. Le *Lyctus juglandis* (*id. pag.* 590.) est, d'après le Catalogue de M. le comte Dejean, du genre *Synchita*. Le Lyctus brun et le Lyctus brillant tous deux *pag.* 590. sont douteux.

Ces Coléoptères sont petits et se trouvent sur les vieux bois.

1. Lycte canaliculé, *L. canaliculatus*.

Lyctus canaliculatus n°. 13. Fab. *Syst. Eleut.* — *Lyctus oblongus*. Lat. *Gener. Crust. et Ins. tom.* 3. *pag.* 16. *n°.* 1.

Voyez Lyctus à sa lettre, et pour la description et le synonyme de l'entomologie, Ips oblong n°. 9. de ce Dictionnaire. (Les synonymes de Geoffroy et de Fourcroy doivent être retranchés, suivant M. Latreille. *Nouv. Dict. d'hist. nat.* 2e. *édit.* Ils appartiennent à une autre espèce de Lycte.)

2. Lycte resserré, *L. contractus*.

Lyctus contractus n°. 16. Fab. *Syst. Eleut.* (en lisant à la citation de Geoffroy, n°. 8. au lieu de n°. 10.)

Voyez Lyctus à sa lettre, et pour la description et les autres synonymes, Ips resserré n°. 6. du présent ouvrage.

Quant aux espèces de Lyctus décrits par Fabricius (*Syst. Eleut.*) les n°s. 1. 2. 4. sont des Rhizophages; 5. est probablement un Sylvain; 17. un Cérylon, ainsi que le n°. 9; 8. appartient au genre *Synchita* Dej. Catal.; 10. est le type du genre Ditome; 13. et 16. sont de vrais Lyctes; 3, 6, 11, 12, 14, 15. sont douteux.

COLYDIE, *Colydium*. Fab. Herbst. Payk. Oliv. (*Encycl.*) *Ips* Oliv. *Trogosita* Fab.

Genre d'insectes de l'ordre des Coléoptères, section des Tétramères, famille des Xylophages, tribu des Trogossitaires.

Dans les Trogossitaires à corps étroit, alongé et qui ont la massue des antennes composée au moins de trois articles, tous les genres, à l'exception de celui de Colydie, ont les antennes notablement plus longues que la tête.

Antennes à peine plus longues que la tête, insérées sous ses bords latéraux, composées de onze articles séparés et distincts; le premier et le second plus longs que les suivans, ceux de trois à huit inclusivement, très-courts, transversaux, terminées subitement par une masse perfoliée, de trois articles. — *Labre* très-petit, avancé, linéaire, transversal, entier. — *Mandibules* déprimées, presque trigones, bifides à leur extrémité, l'angle externe de la base, prolongé en oreillette. — *Mâchoires* formées de deux lobes, l'extérieur plus grand, obtrigone; l'interne petit, dentiforme. — *Palpes* très-courts, presque filiformes; leur dernier article plus gros, formant une sorte de massue distinctement tronquée. — *Lèvre* coriace, en carré transversal, entière : menton plus grand de moitié que la lèvre; coriace, carré, un peu plus large que long. — *Tête* très-obtuse à sa partie antérieure, presque tronquée transversalement. — *Corps* linéaire. — *Tarses* ayant leurs trois premiers articles presqu'égaux; le premier n'étant pas notablement plus long que le suivant.

Les Colydies habitent le vieux bois dans leurs différens états. Toutes les espèces connues sont d'assez petite taille. Ce genre a été traité dans cet ouvrage par feu Olivier d'après Fabricius, ainsi que le précédent. *Voyez* LYCTUS à sa lettre. Il cite quatre espèces desquelles il faut retrancher l'Ips fromentier n°. 15. (*Colydium, tom. VII. pag.* 588.) qui est le Sylvain sixdenté n°. 2. de ce Dictionnaire.

1. COLYDIE alongé, *C. elongatum.*

Colydium elongatum n°. 5. FAB. *Syst. Eleut.* — LAT. *Gener. Crust. et Ins. tom.* 3. *pag.* 21. *n°.* 1.

Voyez pour la description et les autres synonymes, *Colydium, tom. VII. pag.* 588. et Ips linéaire n°. 4. de ce Dictionnaire.

On le trouve aux environs de Paris.

Nota. Le Colydie filiforme, *C. filiforme* n°. 7. FAB. *Syst. Eleut. Colydium filiforme, tom. VII. pag.* 588. OLIV. *Encycl.* n'est probablement qu'une variété de cette espèce.

2. COLYDIE sillonné, *C. sulcatum.*

Colydium sulcatum n°. 1. FAB. *Syst. Eleut.* — *Trogosita sulcata n°.* 22. FAB. *id.* — *Colydium sulcatum.* LAT. *id.*

Voyez pour la description et les autres synonymes, *Colydium, tom. VII.* pag. 588. et Ips sillonné n°. 2. de ce Dictionnaire.

Fabricius (*Syst. Eleut.*) comprend treize espèces dans ce genre. Les n°s. 1. 5. 7. sont certainement des Colydies. Le n°. 12. est probablement un Sylvain. Les autres ne nous sont pas connus.

LATRIDIE, *Latridius.* HERBST. KUGELL. LAT. *Tenebrio.* LINN.? DE GÉER. *Dermestes.* FAB. PAYK. *Anthicus.* FAB. *Ips.* OLIV.

Genre d'insectes de l'ordre des Coléoptères, section des Tétramères, famille des Xylophages, tribu des Trogossitaires.

Un groupe de cette tribu présente pour caractères : corps étroit, alongé; antennes notablement plus longues que la tête, leur massue composée de trois articles ou plus; mandibules petites ou moyennes, peu ou point saillantes; palpes très-courts, les maxillaires peu ou point saillans. Le genre Sylvain qui compose ce groupe avec les Latridies, se distingue de ceux-ci, en ce que le second article des antennes et les suivans sont presqu'égaux entr'eux; que la tête n'a point de ligne transversale enfoncée qui en sépare distinctement le chaperon, et qu'ainsi que le corselet, elle est aussi large que l'abdomen.

Antennes notablement plus longues que la tête, composées de onze articles séparés et distincts; le premier épais, le second pas plus long que le troisième; celui-ci presque cylindrique, très-grêle ainsi que ceux qui le suivent immédiatement; ces antennes sont terminées brusquement en une massue perfoliée, de trois articles. — *Mandibules* petites, cachées. — *Palpes* très-courts. — *Tête* beaucoup plus étroite que le corselet, sa partie antérieure courte, obtuse, un peu avancée, portant une ligne transversale enfoncée qui prend naissance de chaque côté, à l'insertion des antennes. — *Corps* oblong, déprimé. — *Corselet* plus étroit que les élytres. — *Tarses* ayant leurs trois premiers articles presqu'égaux, le premier n'étant pas notablement plus long que le suivant.

Ces petits Coléoptères se rencontrent dans l'intérieur des maisons sur le vieux bois : quelques-uns se plaisent dans les caves, principalement sur les planches humides et autour du bondon des tonneaux.

1. LATRIDIE nain, *L. minutus.*

Latridius minutus. LAT. *Gener. Crust. et Ins. tom.* 3. *pag.* 19. — *Latridium transversum.* LAT. *id. tom.* 1. *tab. XI. fig.* 3. (la citation de Linné est douteuse.)

Voyez pour la description et la synonymie, Ips nain n°. 23. de ce Dictionnaire.

On rapportera à ce genre, 1°. Ips enfoncé n°. 22. 2°. Ips transversal n°. 21. de ce Dictionnaire.

MÉRYX, *Meryx.* LAT.

Genre d'insectes de l'ordre des Coléoptères, section des Tétramères, famille des Xylophages, tribu des Trogossitaires.

Ce genre constitue seul dans sa tribu une coupe particulière ainsi caractérisée : corps étroit, alongé; antennes notablement plus longues que la tête, leur massue de trois articles ou plus; mandibules petites ou moyennes, peu ou point saillantes; palpes maxillaires saillans.

Outre ces caractères, nous indiquerons les suivans :

Antennes composées de onze articles, la plupart presqu'obconiques, les trois derniers un peu plus épais que les autres ; les neuvième et dixième presque turbinés, le dernier ovale. — *Labre* coriace, presque carré, échancré en cœur. — *Mandibules* cachées, bifides à leur extrémité. — *Mâchoires* composées de deux lobes, l'extérieur presque triangulaire, l'intérieur dentiforme. — *Palpes* en massue, leur dernier article presqu'obtrigone, plus grand que les autres. — *Menton* plus large que la lèvre, deux fois plus large que long, en carré transversal. — *Yeux* assez proéminens. — *Corselet* un peu plus étroit que les élytres, presque carré, échancré en cœur, ses angles antérieurs dilatés et arrondis. — *Abdomen* en carré long.

Le type de ce genre dont on ignore les mœurs est la Méryx rugueuse, *M. rugosa*. Lat. *Gener. Crust. et Ins. tom.* 3. *pag.* 17. n°. 1. *tom.* 1. *tab. XI. fig.* 1. Des Indes orientales, d'où elle a été rapportée par feu Riche.

(S. F. et A. Serv.)

TROGOSSITE, *Trogossita*. Oliv. Lat. *Trogosita*. Fab. Illig. Schœn. *Tragosita*. Payk. Panz. *Platycerus*. Geoff. *Tenebrio*. Linn. Devill. *Tenebrio, Lucanus*. Ross.

Genre d'insectes de l'ordre des Coléoptères, section des Tétramères, famille des Xylophages, tribu des Trogossitaires.

Un petit groupe de cette tribu est caractérisé ainsi : corps étroit, alongé ; massue des antennes de trois articles ou plus ; antennes notablement plus longues que la tête ; mandibules fortes et avancées. (*Voyez* Trogossitaires.) Il contient outre le genre Trogossite, celui de Prostomis, qui s'en distingue par ses mandibules beaucoup plus longues et dentelées dans toute l'étendue de leur partie interne.

Antennes notablement plus longues que la tête, mais n'égalant point celle-ci et le corselet pris ensemble, moniliformes, allant en grossissant vers leur extrémité, ou en massue brusque : elles sont composées de onze articles ; le premier gros, le second petit, globuleux, les quatre suivans un peu plus gros, mais de même forme que le second ; les cinq derniers comprimés, allant en grossissant et s'élargissant à leur partie interne dans l'un des sexes ; dans l'autre les sixième et septième semblables aux quatre précédens (aucun de ces six articles n'étant plus gros l'un que l'autre) ; les trois derniers seulement sont subitement élargis à leur partie interne, plus grands que les autres et très-comprimés (1). — *Labre* petit, coriace, avancé, en carré transversal, velu antérieurement. — *Mandibules* fortes, avancées, triangulaires, un peu concaves en dessous, bidentées vers leur extrémité, leur bord extérieur épais. — *Mâchoires* n'ayant qu'un seul lobe visible, coriace, comprimé, alongé, étroit, un peu arqué ; sa partie antérieure et son extrémité ciliées : le lobe basilaire très-petit, point apparent extérieurement. — *Palpes* courts, les maxillaires un peu plus longs que les labiaux, presque filiformes, de quatre articles, le dernier plus long que le précédent, cylindrique-ovale ; palpes labiaux de trois articles, le dernier épais, ovale-obtus — *Lèvre* coriace, presque carrée, se rétrécissant un peu et insensiblement à sa partie inférieure, son bord supérieur un peu velu, entier : menton crustacé, très-court, formant une ligne transversale dont les deux bouts sont recourbés. — *Tête* assez forte, un peu plus étroite que le corselet, sa partie postérieure reçue entre les deux angles antérieurs de celui-ci. — *Yeux* oblongs, point saillans. — *Corps* glabre, alongé, presque linéaire, déprimé. — *Corselet* légèrement rebordé, plus large en devant qu'à sa partie postérieure ; ses angles antérieurs souvent prolongés en avant ; bords latéraux un peu arrondis : angles postérieurs peu saillans. Il est séparé des élytres par un étranglement. — *Ecusson* presque nul. — *Elytres* presque linéaires, arrondies postérieurement, assez déprimées, recouvrant des ailes et l'abdomen. — *Abdomen* long. — *Pattes* courtes, fortes ; les postérieures insérées assez loin des intermédiaires ; celles-ci rapprochées des antérieures ; tarses filiformes ; leurs trois premiers articles égaux entr'eux, velus en dessous ; le dernier long, arqué, un peu renflé vers son extrémité et muni de deux crochets assez courts.

Olivier et Fabricius donnent à ce genre cinq articles aux tarses, et il est certain que dans un assez grand nombre d'espèces, nous avons aperçu, en regardant les tarses en dessous avec une forte loupe, un premier article très-petit, fort peu distinct et point du tout visible en dessus ; il existe aux tarses postérieurs ainsi qu'aux autres ; cependant Paykull (*Faun. Suec. tom.* 1. *pag.* 91.) affirme que les tarses antérieurs et intermédiaires ont cinq articles, tandis que les postérieurs n'en offrent que quatre.

La manière de vivre du Trogossite mauritanique en état de larve est décrite dans ce Dictionnaire à l'article Cadelle (*voyez* ce mot), nom que l'on donne à cette larve dans le midi de la France. Parvenue à toute sa grosseur, elle a environ huit lignes de long et une ligne de large ; son corps est blanchâtre, composé de douze segmens assez distincts, hérissés de poils épars, courts, roides ; la tête est dure, écailleuse, noire, munie de deux mandibules arquées, tranchantes, cornées, très-dures. Les trois premiers segmens du corps portent chacun une paire de pattes courtes, écailleuses ; ils ont quelques taches obscures ; le dernier est terminé par deux crochets cornés, très-durs. Cette

(1) Cette différence dans les antennes, dont nous attribuons la cause à la distinction des sexes, n'a été observée que dans le Trogossite mauritanique. Toutes les autres espèces, de chacune desquelles nous n'avons vu que peu d'individus, n'ont la massue des antennes que de trois articles.

larve est très-commune dans l'Europe méridionale et fait un très-grand tort au froment renfermé dans les greniers ; elle attaque aussi les arbres morts, et même le pain et les noix.

Le nom appliqué par Olivier à ce genre vient de deux mots grecs qui signifient : *rongeur de blé* ou *de pain*, l'un de ces mots ayant cette double acception. Les espèces que nous connoissons habitent l'Europe, l'Afrique et l'Amérique.

1re. *Division.* Tête ayant un sillon longitudinal dans son milieu.

1. Trogossite colosse, *T. colossus.*

Trogossita nigra-subcœrulea ; thorace anticè pilis rufis ciliato, cum capite tenuissimè punctulato ; elytris cujusque striis decem crenato-punctatis, intervallis seriatim punctatis.

Longueur 2 pouces $\frac{3}{4}$. Noire, tirant un peu sur le bleu-violâtre, surtout en dessous ; tête très-finement pointillée, son sillon raccourci postérieurement ; corselet finement pointillé, garni antérieurement de poils courts et roux, visiblement rebordé sur les côtés et postérieurement, ses angles antérieurs fort prononcés, prolongés en avant ; on voit une petite dent placée un peu au-dessous de la moitié du bord latéral ; élytres ayant chacune dix stries crénelées, leurs intervalles portant de petits points enfoncés rangés sur une ligne ; pattes de la couleur du corps ; jambes antérieures ayant quelques petites dentelures peu prononcées, les autres entièrement mutiques ; antennes et palpes noirs.

De Cayenne.

2. Trogossite brillante, *T. festiva.*

Trogossita viridi-aureo nitens ; elytris aurato-cupreis, singuli maculis duabus cœrulescentibus ; antennis nigris.

Trogossita festiva. Dej. *Collect.*

Longueur 9 lig. D'un vert doré brillant ; tête et corselet ponctués ; sillon de la tête très-raccourci, accompagné de chaque côté d'un point enfoncé ; corselet coupé presque carrément en devant et bordé de poils roux, dans cette partie, presque sans rebords latéraux ; élytres d'un cuivreux doré très-brillant, ayant chacune deux taches bleues presque carrées, l'une un peu au-dessous de la base, l'autre vers le milieu ; suture et bord extérieur verdâtres ; pattes d'un noir-verdâtre ; antennes, mandibules et palpes noirs.

Du Brésil.

3. Trogossite de Doumerc, *T. Doumerci.*

Trogossita capite, thorace elytrisque viridi-aureis ; antennis, palpis, pedibus abdomineque testaceis.

Longueur 4 lig. Tête, corselet et élytres d'un vert doré, finement pointillés ; ces dernières à stries peu distinctes, mais pointillées ; l'intervalle de ces stries portant des points moins enfoncés, presque rangés en ligne. Abdomen, palpes, antennes et pattes d'un testacé-brun.

Rapportée de Cayenne par M. Adolphe Doumerc, de qui nous la tenons.

Nous rangerons en outre dans cette division, 1°. Trogossite bronzée, *T. œnea.* Oliv. *Entom. tom.* 2. *Trogoss. pag.* 7. *n°.* 3. *pl.* 1. *fig.* 3. — *Trogosita œnea* n°. 18. Fab. *Syst. Eleut.* — Schœn. *Syn. Ins. tom.* 1. *pag.* 157. *n°.* 13. Du Brésil. 2°. Trogossite verdâtre, *T. virescens.* Oliv. *id. pag.* 8. *n°.* 5. *pl.* 1. *fig.* 5. — *Trogosita virescens* n°. 9. Fab. *id.* — Schœn. *id. pag.* 156. *n°.* 8. Amérique septentrionale, Caroline. 3°. Trogossite bleue, *T. cœrulea.* Oliv. *id. pag.* 6. *n°.* 1. *pl.* 1. *fig.* 1. — *Trogosita cœrulea* n°. 3. Fab. *id.* (à la citation de Panzer, lisez : *tab.* 14. au lieu de *tab.* 19.) Midi de la France et Autriche.

2e. *Division.* Tête sans sillon, ayant à sa partie antérieure une large dépression peu prononcée.

4. Trogossite grande, *T. grandis.*

Trogossita nigra, punctata, seriebus punctorum in elytris per paria dispositis à basi ultrà medium ; punctis cœteris inordinatis ; elytris cujusque disco lineis quatuor tenuibus longitudinalibus abbreviatis.

Trogossita grandis. Dej. *Collect.*

Longueur 16 à 24 lig. Noire, ponctuée ; élytres ayant leurs points depuis la base jusqu'au-delà du milieu, disposés en lignes longitudinales, ces lignes un peu rapprochées par paires ; disque des élytres portant quatre lignes longitudinales enfoncées, très-fines : chacune de ces lignes placée entre les couples de lignes de points ; extrémité des élytres chargée de points sans ordre. Dessous du corps et pattes d'un testacé noirâtre, ainsi que les palpes. Toutes les jambes sont armées de fortes dents à leur côté extérieur.

Du Sénégal.

5. Trogossite cylindrique, *T. cylindrica.*

Trogossita subconvexa, fusca, punctata ; elytris profundè striato-punctatis.

Longueur 4 à 6 lig. Corps un peu convexe, d'un testacé-noirâtre, ponctué ; élytres ayant des stries assez profondes et ponctuées.

Amérique boréale.

Dans cette division se place la Trogossite mauritanique, *T. mauritanica.* Oliv. *Entom. tom.* 2. *Trogoss. pag.* 6. *n°.* 2. *pl.* 1. *fig.* 2. — *Trogosita caraboides* n°. 6. Fab. *Syst. Eleut.* (en retranchant le synonyme de Linné, qui appartient au *Cychrus rostratus*, suivant M. Schœnherr.) — Schœn. *Syn. Ins. tom.* 1. *pag.* 155. *n°.* 5. Commune en France, surtout dans la partie méridionale.

Nota. La *Trogosita bipustulata* n°. 8. Fab. *id.* appartient encore à ce genre.

(S. F. et A. Serv.)

TROGULE, *Trogulus*. Genre d'Arachnides de l'ordre des Trachéennes, famille des Phalangiens, établi par M. Latreille aux dépens des Phalangiums de Linné, et ayant pour caractères : corps ovale, déprimé, dur, ayant l'extrémité antérieure avancée en forme de chaperon qui reçoit, dans une cavité inférieure, les mandibules et les autres parties de la bouche. Yeux au nombre de deux, séparés et peu sensibles; mandibules terminées par deux pinces; abdomen ovalaire, à divisions apparentes; palpes simples et filiformes; huit pattes. Le genre Trogule, ainsi caractérisé, se distingue de tous ceux de la famille des Phalangiens par l'extrémité antérieure de son corps qui recouvre toutes les parties de la bouche, tandis que dans les autres genres ces parties sont saillantes et à découvert. La seule espèce connue jusqu'à présent dans ce genre est :

Le Trogule népiforme, *Trogulus nepæformis*.

T. obscuro-cinereus, coloreve terreo; abdominis dorsi medio lateribusque obsolete, subcarinatis; tarsorum articuli primi apice externo producto.

Trogulus nepæformis. Lat. *Gener. Crust. et Ins. tom.* 1. *pag.* 142. *pl.* 6. *fig.* 1. — Ibid. *Hist. nat. des Crust. et des Ins. tom.* 7. *pag.* 327. — Faucheur à bec. Lat. *Hist. nat. des Fourmis et recueil de Mém. pag.* 374. — *Phalangium tricarinatum*. Linn. *Syst. nat. ed.* 13. *tom.* 1. *pars* 2. *pag.* 1029. — *Acarus nepæformis*. Scop. *Ent. carn.* n°. 1070. — *Phalangium carinatum*. Fab. *Ent. Syst. tom.* 2. *pag.* 431. — Walk. *Faun. Paris. tom.* 2. *pag.* 252. — Rœm. *Gener. Ins. tab.* 29. *fig.* 8.

Cette Arachnide a le corps long de quatre lignes, ellipsoïde, chagriné et d'un cendré terreux. L'avancement antérieur recouvrant la bouche est triangulaire; les côtés du corselet ont le bord en saillie. Le milieu de l'abdomen a, dans sa longueur, une ligne ou carène élevée; les pattes antérieures sont plus grosses que les autres; l'articulation qui répond à la cuisse est renflée, et sa partie supérieure offre quelques petites élévations ou aspérités formant une foible apparence de crête. Les tarses sont composés de quatre articles, dont le premier est un peu renflé à son extrémité, avec l'angle extérieur prolongé en forme d'épine.

On trouve cet insecte en France, en Allemagne et en Espagne, sous les pierres. (E. G.)

TROGUS, *Trogus*. Panzer, dans sa Révision de la *Faun. Germ.* (Nuremb. 1805, 1806.) a établi sous ce nom un genre d'Hyménoptères-Ichneumonides, auquel il donne pour caractères : quatre palpes inégaux, les maxillaires de cinq articles; le second très-grand, dilaté, en forme de coutre de charrue, le troisième cylindrique; les autres plus étroits, linéaires, insérés sur le dos des mâchoires; palpes labiaux insérés à l'extrémité de la lèvre, composés de quatre articles, presqu'égaux; les trois premiers plus épais, le dernier grêle, linéaire. Lèvre membraneuse, bifide à l'extrémité, ses lobes triangulaires, aigus. Mâchoires courtes, cornées, droites, obtuses. Mandibules épaisses, courtes, aiguës, bifides au bout, à lobes inégaux. Antennes sétacées.

L'auteur donne pour type le Trogus bleu, *T. cæruleator*. Panz. *Faun. Germ. fas.* ». *fig.* 13. — *Ichneumon cæruleator* n°. 79. Fab. *Syst. Piez.*

(S. F. et A. Serv.)

TROMBIDION, *Trombidium*. Genre d'Arachnides de l'ordre des Trachéennes, famille des Acarides, établi par Fabricius aux dépens du grand genre *Acarus* de Linné, et ayant pour caractères : corps presque carré, ordinairement rouge, déprimé, mou, marqué de plusieurs enfoncemens, divisé en deux parties, dont la première ou l'antérieure très-petite, portant les yeux, la bouche et la première paire de pattes; huit pieds uniquement ambulatoires; yeux au nombre de deux, écartés et portés sur des pédicules; deux palpes saillans, pointus au bout, avec un appendice mobile; une sorte de doigt sous cette extrémité; mandibules en griffes.

Ce genre se distingue des Erythrées parce que ceux-ci n'ont pas les yeux portés sur un pédicule saillant et immobile; les genres Gamase, Cheylite, Uropode et Oribate en sont suffisamment distingués par leurs palpes qui n'ont point d'appendice mobile à leur extrémité.

On connoît un assez grand nombre de Trombidions, et c'est à Muller et surtout à Frédérick Hermann que l'on est redevable de cette connoissance. Cet auteur a publié un ouvrage sur les Acarus et autres genres d'Aptères, intitulé *Mémoires aptérologiques*, accompagné de très-belles planches coloriées. Les Trombidions vivent dans les campagnes, sur les plantes, les arbres et sous les pierres. On les rencontre plus particulièrement au printemps. Presque toutes les espèces décrites sont européennes; on n'en connoît qu'une qui soit exotique, mais il est probable que, si l'attention des voyageurs se porte sur les Arachnides de petite taille, on en découvrira un grand nombre dans les contrées équatoriales.

Le Trombidion colorant, *Trombidium tinctorium*.

T. subquadratum, coccineum, immaculatum, tomentoso-hirsitissimum;

tomentoso hirsutissimum; pilis setaceis, elongatis, barbatis.

Trombidium tinctorium. LAT. *Gener. Crust. et Ins. tom.* 1. *pag.* 145. — Ibid. *Hist. nat. des Crust. et des Ins. tom.* 7. *pag.* 397. *pl.* 61. *fig.* 1. — Ibid. *Descript. d'Ins. d'Afr.* recueillis par M. Caillaud, *Voyag. à Méroé, vol. II. pl. LVIII.*, *fig.* 1. — HERM. *Mém. aptér. pag.* 20. *pl.* 1. *fig.* 1. — *Acarus tinctorius.* LINN. *Syst. nat. edit.* 13. *tom.* 1. *pars* 2. *pag.* 1025. — PALLAS, *Spicil. zool. fas.* 9. *pag.* 42. *tab.* 3. *fig.* 11. — SLABB. *Microsc. tab.* 2.

Il est long de quatre à cinq lignes; son corps a la forme d'un triangle renversé dont la base est en devant, avec les angles arrondis ou très-obtus. Il est très-soyeux, d'un beau rouge-vermillon, avec les pieds plus pâles; le dos offre plusieurs courtes impressions transverses. La première et la dernière paire de pieds sont les plus longues de toutes. On trouve ce Trombidion dans l'Inde, en Afrique et à Cayenne. Il est probable que les individus de ces divers pays forment autant d'espèces distinctes, mais jusqu'à présent aucune observation n'a été faite à ce sujet.

Le TROMBIDION SATINÉ, *Trombidium holosericeum.*

T. subquadratum, coccineum, immaculatum, tomentosum; tomento brevi, e pilis papillivisque cylindricis, apice rotundatis, aut obtusis, efformato.

Trombidium holosericeum. LAT. *Gen. Crust. et Ins. tom.* 1. *pag.* 146. — Le Trombidion satiné, ibid. *Hist. nat. des Crust. et des Ins. tom.* 7. *pag.* 396. — HERM. *Mém. apter. pag.* 20. *pl.* 1. *fig* 2. *et pl.* 2. *fig.* 1. — *Acarus holosericeus.* LINN. *Syst. nat. edit.* 13. *tom.* 1. *pars* 2. *p.* 1025. — Ibid. *Faun. Suec. edit.* 2. n°. 1979. — La Tique rouge satinée, terrestre, GEOFF. *Hist. des Ins. tom.* 2. *pag.* 624. — Mitte satinée, terrestre, DE GÉER, *Mém. sur les Ins. tom.* 7. *pag.* 136. *pl.* 8. *fig.* 12-13. — LIST. *de Aran. pag.* 100. *tit.* 38. *fig.* 38.

Il n'a pas une ligne de longueur. Son corps forme une sorte d'ovale coupé ou très-obtus aux deux extrémités; il est large, aplati en dessus, couvert de poils d'un rouge d'écarlate, très-courts et fort serrés; sa peau a des rides et des enfoncemens qui la rendent très-inégale. Ce petit animal est très-commun en France et aux environs de Paris; on le trouve au printemps, courant sur les herbes dans les champs, et dans les bois. Quelques personnes croient qu'il seroit un poison mortel si l'on venoit à l'avaler. (E. G.)

TROMBIDITES, *Trombidites.* M. Léach désignes ainsi une petite famille d'Arachnides renfermant les genres *Trombidion* et *Erythrée*; il lui assigne pour caractères : bouche munie de mandibules; palpes avancés, avec un appendice mobile au bout. Dans la méthode de M. Latreille (*Fam. nat. du Règn. anim.*), cette petite division fait partie de sa famille des Acarides. *Voyez* ce mot à la table alphabétique. (E. G.)

TROMPE ou PROBOSCIDE, *Proboscis.* On donne en général ce nom aux pièces qui composent la bouche des Insectes et de quelques Arachnides, quand elles sont prolongées en avant pour former un tube membraneux et rétractile, corné, recourbé sous la poitrine; ou quand cette bouche est seulement portée par un avancement antérieur de la tête. Ce mot a été appliqué d'une manière trop générale pour qu'on n'ait pas senti le besoin d'arrêter l'abus qui en a été fait, et qui donnoit lieu à une grande confusion dans la description des organes de la manducation des Arachnides et Insectes : aussi M. Latreille a-t-il cherché, dans ces derniers temps, à distinguer les diverses modifications de la trompe et à restreindre l'acception trop étendue de cette dénomination, qui désignoit indifféremment la bouche d'un insecte broyeur, tel qu'un Coléoptère (Charançon), et celle d'un Diptère, qui vit d'alimens liquides et les introduit dans son estomac par un tube souvent membraneux et rétractile, qui seul doit être appelé *trompe*. Ce savant, dans son article BOUCHE du *Dictionnaire classique d'histoire naturelle*, et dans une note dépendante des généralités sur les Condylopes de son ouvrage sur les familles naturelles du Règne animal, a montré les différences qui existent dans la forme de la bouche des Crustacés, Arachnides et Insectes; il a appliqué à chaque modification importante dans la forme de cet organe, des dénominations distinctes, et a conservé le nom de trompe ou proboscide (*proboscis*) à l'ensemble des pièces qui composent la bouche des insectes Diptères : c'est cette nomenclature qu'il a employée dans le dernier ouvrage que nous avons cité, et elle a été adoptée par tous les entomologistes. Nous allons donc commencer par faire connoître la trompe dans l'acception restreinte de ce mot; nous passerons ensuite en revue les diverses modifications de la bouche des Crustacés, Arachnides et Insectes qui portoient le nom de trompe avant qu'il leur en ait assigné un plus convenable, et nous ferons connoître successivement ces diverses dénominations.

La trompe des Diptères, ou leur bouche, dans son maximum de composition, est formée de six pièces comme celle de tous les insectes broyeurs. Deux de ces pièces remplacent la lèvre supérieure et l'inférieure, les quatre autres sont les analogues des mandibules et des mâchoires; ces parties sont plus ou moins alongées et ne sont pas distinctes dans tous, puisque les Diptères, dont la bouche est arrivée au minimum de composition, n'ont plus que deux de ces pièces distinctes. Il y a des espèces qui offrent une composition intermédiaire, c'est-à-dire que leur trompe a quatre pièces séparées et apparentes; dans celles-ci ce sont les mandibules, ou les parties qui les représentent, qui ont disparu en se soudant avec la lèvre supérieure, ou en restant à l'état rudimentaire. Les mâchoires se sont réunies à la lèvre inférieure dans ceux qui n'ont plus que deux pièces à la trompe.

La lèvre inférieure, ou la partie qui la représente, a reçu le nom de *tige* ou *gaîne du suçoir;* cette partie se divise en trois autres qui ont reçu les noms de *support, tige* et *sommet.* Le support est distingué de la tige par un coude, et souvent par un petit article géniculaire que M. Latreille lui réunit. La tige est plus ou moins alongée; enfin, le sommet ou la tête est formé par deux lèvres, tantôt membraneuses, grandes, vésiculeuses, dilatables et striées; tantôt coriaces, fort petites et peu distinctes de la tige, fort grêles, alongées et formant un article plus distinct, presqu'aussi long même que la division précédente, comme on le voit dans les myopes. Le support est remarquable en ce qu'il est le résultat du prolongement de la membrane cutanée de la partie antérieure et supérieure de la tête ou de l'épistome, réunie avec les parties analogues au labre, aux mandibules, aux mâchoires et à la portion inférieure de la lèvre jusqu'au menton inclusivement. Cette tige, composée comme on vient de le voir, sert à maintenir les lancettes, qui ne sont autre chose que les extrémités des mâchoires et des mandibules. Ces lancettes servent à percer les tissus dans lesquels l'insecte cherche les sucs qu'il doit pomper, et la gaîne ne concourt nullement à l'entrée de ces sucs dans l'estomac; ces liquides y sont introduits par le canal que laissent entr'elles les lancettes; elles les font remonter successivement jusqu'à l'entrée de l'œsophage, en se rapprochant graduellement de bas en haut, et de manière à laisser le moins de vide possible entr'elles. On peut comparer l'effet qu'elles produisent à celui qu'on obtiendroit si l'on comprimoit successivement de bas en haut un tube élastique rempli d'une matière liquide.

Les parties ou lancettes qui représentent les mâchoires existent toujours, et souvent même sont accompagnées chacune d'un palpe; mais ces mâchoires sont soudées avec le support, et ne sont bien distinctes que lorsque leur portion apicale devient mobile, s'alonge, et présente la forme d'une soie ou d'une lancette cornée; c'est ce qui a lieu toutes les fois que le suçoir est de quatre ou de six pièces.

La trompe d'un grand nombre de Diptères peut se retirer en entier dans la cavité buccale; dans ce cas elle se termine par un empâtement; dans d'autres cas elle est toujours saillante et plus ou moins cylindrique ou conique. Dans le premier cas sa gaîne est membraneuse; dans le second elle est plus ou moins solide ou cornée. Quand la trompe est membraneuse et très-courte, les deux palpes sont insérés sur les bords de la cavité buccale; hors de cette circonstance ils sont situés sur le support de la trompe près de son premier coude: c'est surtout dans les Syrphes que l'on peut se convaincre qu'ils indiquent l'existence des mâchoires; dans ces Diptères, on les voit adhérer à deux des pièces du suçoir. Nous avons aussi reconnu ce fait chez un genre de Tipulaire. (Mémoire sur un insecte Dipt. du genre Bolitophile: *Annal. des scienc. nat. tom.* 10. *pl.* 18. *fig.* 5.) Nous avons observé que ses palpes étoient accompagnés de deux petites pièces pointues, filiformes, qui sont à nos yeux les mâchoires de l'insecte.

La manière dont les Diptères se servent de leur trompe a été observée par Réaumur; il l'a décrite avec détail dans le tome 4 de ses Mémoires pour servir à l'histoire des Insectes. Tout le monde a été à même d'observer un Cousin quand il cherche à nous piquer, et il est facile de voir qu'il fait sortir du bout de sa trompe une pointe très-fine qu'il ne tarde pas à introduire dans notre peau. Cette pointe est contenue dans la gaîne du suçoir; elle est composée des mâchoires, des mandibules et de la lèvre supérieure, et c'est elle seule qui pénètre et qui pompe le sang. Le bout de l'étui ou de la gaîne reste sur le bord de la plaie, il sert à maintenir la lancette, et la gaîne se replie sur elle-même à mesure que la lancette entre dans la chair. Les Mouches agissent de même, seulement leur lancette est plus courte et n'a pas besoin de pénétrer si avant que celle des Cousins. Cette lancette sort entre les lèvres membraneuses qui terminent la gaîne, et comme cette dernière est très-molle, elle doit se comprimer sur elle-même au lieu de se plier comme celle des Cousins, pour laisser agir la pointe.

Le mot trompe a été employé pour désigner la bouche des Hyménoptères, qui ayant une lèvre supérieure et deux mandibules cornées et courtes comme les insectes broyeurs, ont déjà la lèvre inférieure et les mâchoires prolongées en suçoir. Dans ces insectes, les mâchoires engaînent longitudinalement les côtés de la lèvre; ces parties sont réunies en faisceau et composent ainsi un corps tubulaire servant de suçoir, puisque les substances alimentaires, ordinairement molles ou liquides, pénètrent entre les mâchoires et la lèvre, et arrivent au pharynx par la pression qu'exerçent successivement sur cette dernière pièce les deux autres. M. Latreille a donné à cette espèce de trompe le nom de *promuscide* (*promuscis*).

Dans les Lépidoptères, qui sont les insectes suceurs dont la bouche s'éloigne le moins de celle des broyeurs, elle est composée d'un labre et de deux mandibules extrêmement petites, d'une trompe roulée en spirale, offrant à l'intérieur et dans toute sa longueur trois canaux, mais dont celui du milieu sert seul à l'écoulement des matières alimentaires. Cette trompe est formée de trois pièces linéaires ou filiformes, entourant à leur origine, et immédiatement au-dessous du labre, le pharynx, représentant, mais sous d'autres formes et d'autres proportions, la portion terminale des mâchoires à partir des palpes et la lèvre inférieure; les deux pièces qui représentent les mâchoires portent chacune un palpe ordinairement très-petit et tuberculiforme; la pièce intermédiaire ou lèvre inférieure, est presque triangulaire, réunie, comme on l'a dit plus haut, à la partie inférieure des mâchoires, immobile et portant deux palpes triarticulés, très-garnis d'écailles ou de poils, s'élevant de chaque côté de la trompe, et lui formant ainsi une sorte de gaîne. Cette trompe a reçu de M. Latreille le nom de *spiritrompe* (*spirirostrum*).

Dans les Hémiptères, la trompe ou le bec est composée d'une lame plus ou moins linéaire, coriace, divisée en trois ou quatre articles, roulée sur ses bords pour former un corps tubulaire, cylindrique ou conique, toujours dirigée inférieurement dans l'inaction, et ayant le long du milieu de sa face supérieure, un canal formé par le vide que laissent les bords latéraux au point de leur rapprochement. Cette gaîne est ici la lèvre inférieure; elle renferme un suçoir composé de quatre filets très-grêles ou capillaires, cornés, flexibles et élastiques, disposés par paires, mais rassemblés en faisceau, et dont les deux inférieurs sont réunis en un à peu de distance de leur origine. Une petite pièce recouvre par derrière, ou du côté du corps tubulaire, la base du suçoir; elle est triangulaire, ordinairement dentée au bout, plutôt coriace ou presque membraneuse que de consistance d'écaille; enfin une autre pièce de la consistance de la précédente, répondant par son insertion et la place qu'elle occupe à la lèvre supérieure, couvre en dessus la base du suçoir, ou est le plus souvent renfermée avec lui dans la gaîne. Telles sont, dit M. Latreille, les parties qui composent le bec des Hémiptères. L'impaire supérieure est l'analogue du labre, et nous a paru, du moins par rapport aux Cigales, recouvrir la base d'une autre pièce plus alongée, terminée aussi en pointe; celle-ci répondroit dès-lors à l'épipharynx: l'autre pièce impaire, mais opposée, protégeant par derrière la naissance du suçoir, et située immédiatement derrière le pharynx, représente, selon Savigny, la langue ou l'hypopharynx. Les deux soies supérieures du suçoir ou les plus extérieures, remplacent les mandibules, et les deux autres les mâchoires. Cette modification de la bouche a reçu de M. Latreille le nom de *rostre* (*rostrum*).

La bouche des Puces est analogue à celle que nous venons de faire connoître; sa gaîne est bivalve; elle renferme un suçoir de trois soies, dont deux représentent les mâchoires, et la troisième la langue; deux petites écailles ou palpes recouvrent la base de ce tube. Cette bouche, ainsi composée, est ce que M. Latreille appelle *rostelle* (*rostellum*).

Dans les Poux, la trompe semble consister en un petit tube inarticulé, renfermant un suçoir, et se retirant à volonté dans l'intérieur d'un avancement, en forme de museau, de la partie antérieure de la tête. Cette espèce de trompe porte le nom de *siphoncule* (*siphonculus*). Quelques Crustacés, tels que les Caliges, les Pandares, etc., et quelques animaux formant les limites entre les Arachnides et les Crustacés, les Pycnogonides, ont un bec indivis, tubulaire, quelquefois accompagné de chélicères et de palpes, tantôt privé de ces deux sortes d'organes. Cette espèce de trompe est désignée par M. Latreille sous le nom de *siphon* (*siphon*). Quelques Mites ont aussi une bouche prolongée en suçoir, formée de lames ou lancettes réunies; c'est encore un siphon pour M. Latreille. Du reste, il est probable que ce nom changera quand de nouvelles observations auront mieux fait connoître la bouche de ces animaux.

Enfin le nom de *trompe* a été appliqué, comme nous l'avons dit plus haut, au prolongement antérieur de la tête des Rhynchophores, des Parnopates et de quelques autres Coléoptères; ce prolongement porte cependant une bouche propre à broyer les alimens, et composée des mêmes pièces que celle des autres insectes broyeurs. M. Latreille a désigné cette saillie sous le nom de *proboscirostre* (*proboscirostrum*). (E. G.)

TRONC, *Truncus*.

Le nom général de *tronc* a été donné à cette partie du corps des Crustacés, Arachnides et Insectes, qui donne attache aux organes du mouvement, et qui renferme presque toujours les principaux organes de la vie. Dans les Hexapodes ou les Insectes, ce tronc est distinct de la tête; il est formé de trois anneaux portant chacun une paire de pattes, et il a reçu le nom de *thorax* (*voyez* ce mot). Dans les Crustacés et les Arachnides, le tronc est confondu avec la tête; enfin dans les Myriapodes, il n'est pas distinct de l'abdomen de telle manière, qu'on ne sauroit à quel anneau s'arrêter pour connoître la partie du corps de ces animaux qui correspond au thorax des Hexapodes, et au tronc des Crustacés et des Arachnides, si les organes de la manducation et ceux du mouvement, ne venoient aider dans cette recherche.

On voit donc qu'un examen philosophique de ces parties doit précéder la comparaison du tronc d'un Insecte avec celui des articulés plus élevés dans l'échelle; c'est cet examen que nous allons entreprendre d'une manière abrégée, et en présentant sur cette matière les principes du plus célèbre entomologiste de notre époque, M. Latreille, publiés dans ses derniers ouvrages, et qu'il a bien voulu nous développer dans des conversations que nous regardons comme les meilleures leçons de philosophie entomologique que nous ayons reçues de lui.

Les organes inférieurs des Crustacés, Arachnides et Insectes, sont tous des espèces de pieds; les uns sont propres à la manducation, ils ont reçu le nom de *mandibules, mâchoires*, etc.; les autres, destinés à l'ambulation, sont les pieds proprement dits. Ces organes se modifient tant pour la forme que pour le nombre et les propriétés; ainsi l'on voit, dans les Crustacés les plus composés, que le tronc donne attache à onze paires d'appendices, non compris le labre et la langue ou lèvre inférieure. Six de ces appendices concourent à former la bouche, et les cinq autres forment les organes locomoteurs. Dans les Crustacés moins élevés, les derniers appendices de la bouche commencent à prendre la forme de pattes, comme on le voit dans les Stommapodes, dans les Lœmodipodes, etc.; mais c'est surtout chez les Amphipodes que les quatre derniers pieds-mâchoires de la bouche des Crustacés supérieurs sont convertis en véritables organes locomoteurs. Il en est de même pour les Crustacés plus inférieurs, leur bouche se simplifie de plus en plus, et la nature, dans ces animaux, semble ne retrancher que par le bas et laisser toujours exister les organes principaux de la manducation. Chez les Arachnides, ce principe est encore manifesté d'une manière plus positive; car, dans ces animaux, les organes que l'on avoit pris jusqu'à présent pour des mandibules, ne sont autre chose que les analogues des antennes intermédiaires des Crustacés, modifiées pour servir d'organes de préhension et concourant à la manducation. Dès-lors, si l'on suit la corrélation des parties, on verra que ce qu'on a appelé *palpe avec des mâchoires* dans les Arachnides, représente des mandibules analogues à celles des Crustacés décapodes. Les deux autres mâchoires et les pieds-mâchoires de ces derniers sont convertis ici en de véritables pieds. Enfin nous arrivons aux Myriapodes, qui ont deux mandibules comme les Crustacés maxillaires. Dans ces animaux, dit M. Latreille (*Familles naturelles du Règne animal*), la situation des organes sexuels ou l'interruption dans l'ordre des stigmates détermine les limites du thorax comparé à celui des Insectes ou des Condylopes hexapodes; cette proposition exige quelques éclaircissemens. M. Savigny suppose que les Myriapodes n'ont point de languette; la pièce qui se trouve immédiatement au-dessous des mandibules et qu'il assimile à une sorte de lèvre inférieure, est formée, suivant lui, de deux paires de mâchoires réunies sur le même plan. Mais si on la compare avec la languette des Apus, des Cyames et de divers Gammarus dont il a donné des figures, on verra qu'elle a les plus grands rapports avec cette lèvre inférieure des Myriapodes, et qu'on peut la considérer comme identique. Dès-lors, les quatre appendices articulés sous la forme de palpes ou de pieds qui viennent immédiatement après cette languette, ou les pièces qu'il nomme *lèvres auxiliaires*, représenteront les mâchoires, et les pieds qui succèdent, les pieds-mâchoires et des pieds ordinaires; les unes et les autres doubles. Dans divers Chilopodes mâles, les organes sexuels étant précédés de sept paires de pattes, si de ce nombre l'on retranche les deux premières ou les maxillaires, ces organes sexuels seront placés à la jonction des derniers pieds-mâchoires et des pieds proprement dits. Dans plusieurs Scolopendres, l'ordre des stigmates change du septième au huitième segment. Les six paires de pattes antérieures à celles de ces anneaux, sont les analogues des pieds-mâchoires, toujours estimés doubles. Les six pieds ordinaires des Insectes représentant, d'après ce que nous avons dit, les mêmes pieds-mâchoires, on voit que, là comme ici, ou dans ces Myriapodes comme dans les Insectes, la dernière paire de ces organes sert de limites au thorax et à l'abdomen. Les quatre premiers appendices articulés et supérieurs, en forme de palpes ou de pieds, des Limules et des Arachnides, répondant aux quatre mâchoires des Crustacés maxillaires, ces animaux sont susceptibles des mêmes applications. Ainsi les organes sexuels, ou du moins ceux des femelles, sont immédiatement situés après ceux de ces appendices qui représentent les pieds-mâchoires, et à la jonction du thorax et de l'abdomen. Sous le rapport numérique des pieds, les Insectes sont, relativement aux Condylopes hyperhexapes, dans un état fœtal.

Pour comparer le tronc ou thorax d'un insecte avec celui des animaux articulés supérieurs, il faut prendre pour terme de comparaison, l'animal le plus élevé relativement à lui, un Crabe, une Écrevisse, par exemple : on trouve dans ces animaux un tronc qui donne attache aux organes suivans : un labre, une paire de mandibules, une langue, deux paires de mâchoires, trois paires de pieds-mâchoires, et enfin cinq paires de pattes ambulatoires. Nous ne parlons pas ici des pattes natatoires qui appartiennent à l'abdomen.

En partant de ces principes, on voit dans un Coléoptère, par exemple, que par l'ordre de succession des parties, ce qu'on appelle *mandibules* est très-bien l'analogue des mandibules des Crustacés; ce qu'on appelle *mâchoire* avec les palpes représente la première paire de mâchoires des Crustacés; les palpes labiaux et la languette représentent la deuxième paire de mâchoires des Crustacés; et qu'enfin les trois paires de pattes ambulatoires représentent les pieds-mâchoires de ces derniers. Dès-lors il manque aux Insectes les pieds ambulatoires des Crustacés, qui, s'ils existoient, viendroient se placer aux cinq premiers anneaux de leur abdomen. On voit par cette comparaison, que les trois anneaux du thorax des Insectes ne sont plus les analogues du thorax des Crustacés supérieurs; et que le tronc ou thorax de ceux-ci est représenté chez les Insectes, par les cinq premiers anneaux de l'abdomen, ou, en d'autres termes, que le thorax de ces derniers répond à la partie du tronc des Crustacés qui porte les trois paires de pieds-mâchoires.

Le tronc des Crustacés et des Arachnides affecte des formes très-variées; ses divers anneaux sont plus ou moins sensibles inférieurement, en dessus ils sont soudés ensemble, et forment ainsi une seule pièce qui embrasse les flancs de l'animal et sert à le protéger. *Voyez* THORAX. (E. G.)

TRONCATIPENNES, *Truncatipennes.* Première division de la tribu des Carabiques, famille des Carnassiers (terrestres), section des Pentamères, ordre des Coléoptères. Ses caractères sont :

Palpes extérieurs point terminés en alène. — *Côté interne des deux jambes antérieures* fortement échancré. — *Extrémité postérieure* des élytres le plus souvent tronquée.

I. Crochets des tarses sans dentelures.

A. Dernier article des palpes de forme ovalaire et terminé presqu'en pointe.

a. Premier article des antennes plus court que la tête.

Mormolyce, Casnonie, Odacanthe.

b. Premier article des antennes presque aussi long que la tête.

Cordiste.

B. Dernier article des palpes alongé et plus ou moins sécuriforme.

a. Mandibules avancées, presque droites.

Drypte.

b. Mandibules courtes, peu avancées.

Galérite, Zuphie, Polistique.

C. Dernier article des palpes peu alongé, cylindrique, ou grossissant insensiblement vers l'extrémité.

a. Antennes moniliformes ou grossissant vers l'extrémité.

Helluo.

b. Antennes filiformes.

† Labre court, transversal, laissant les mandibules à découvert.

Aptine, Brachine, Corsyre.

†† Labre avancé, recouvrant plus ou moins les mandibules.

Catascope, Graphiptère, Anthie.

II. Crochets des tarses dentelés en dedans.

A. Corps plus ou moins alongé. — Elytres ordinairement alongées.

a. Dernier article des palpes labiaux fortement sécuriforme, au moins dans les mâles.

Agre, Cyminde, Calléïde.

b. Dernier article des palpes labiaux non sécuriforme.

Cténodactyle, Démétrias, Dromie.

B. Corps plus ou moins large et aplati. — Elytres presque carrées.

a. Dernier article des palpes labiaux fortement sécuriforme.

Plochione.

b. Dernier article des palpes labiaux point sécuriforme.

Lébie, Coptodère, Orthogonie.

MORMOLYCE, *Mormolyce.* HAGENB.

Genre d'insectes de l'ordre des Coléoptères, section des Pentamères, famille des Carnassiers (terrestres), tribu des Carabiques (division des Troncatipennes).

Trois genres, Mormolyce, Casnonie et Odacanthe composent un groupe parmi les Troncatipennes. (*Voyez* ce mot.) Les deux derniers se distinguent des Mormolyces par leur corselet sans dilatation latérale et sans dentelures; par les élytres qui recouvrent seulement l'abdomen sans le déborder latéralement; de plus, les antennes dans ces deux genres, ne sont guère plus longues que la tête et le corselet pris ensemble et sont composées d'articles presqu'égaux.

Antennes insérées au-devant des yeux, filiformes, de la longueur du corps, composées de onze articles; le premier épais, un peu en massue, arqué, plus court que la tête; le second très-petit; le troisième très-long, cylindrique, un peu plus épais vers son extrémité; le quatrième assez long, mais moins que le précédent; les suivans jusqu'au dixième inclusivement presqu'égaux; le onzième un peu plus long que les précédens, légèrement recourbé en crochet à son extrémité. — *Labre* corné, découvert, carré; son bord antérieur à peine échancré. — *Mandibules* fortes, cornées, aiguës, ayant une dent au milieu de leur partie interne. — *Mâchoires* cornées, leur extrémité en forme de lobe étroit se terminant en pointe courbe, fortement ciliées. — *Palpes maxillaires internes* de deux articles égaux, grêles; les extérieurs de quatre articles; le premier très-court; le second long, épais, un peu comprimé; le troisième de moitié plus court que le précédent; le quatrième un peu plus long que le troisième, arrondi, obtus : palpes labiaux de trois articles; le premier très-court; les deux autres égaux, arrondis; le troisième obtus. — *Lèvre* cornée, courte, tridentée; la dent du milieu très-courte, les latérales larges, obtuses; languette spongieuse, presque cordiforme antérieurement et un peu fendue; menton corné, très-court, son bord antérieur échancré. — *Tête* très-longue, déprimée, point rebordée, allant en diminuant insensiblement vers sa partie postérieure, un peu convexe entre les yeux; cette partie portant une impression longitudinale. — *Yeux* proéminens, hémisphériques. — *Corps* ailé, déprimé, de consistance presque membraneuse. — *Corselet* assez long; ses bords latéraux un peu élevés, dilatés et dentelés : sa partie antérieure tronquée ainsi que la postérieure. — *Ecusson* en partie caché sous le bord postérieur du corselet, plus long que large, pointu. — *Elytres* presque membraneuses, très-dilatées à leurs bords latéraux, point rebordées, fortement échancrées postérieurement et laissant l'extrémité de l'abdomen à découvert, très-prolongées au-delà du corps : en dessous les élytres avant leur dilatation latérale, forment un rebord qui enveloppe les côtés de l'abdomen. — *Abdomen* ovale-cylindrique, déprimé. — *Cuisses* comprimées, presque linéaires; les antérieures un peu grêles; leurs trochanters petits, élevés ainsi que ceux des cuisses intermédiaires : trochanters postérieurs grands; jambes comprimées, presque droites; les antérieures fortement échancrées avant leur extrémité qui est dilatée et un peu gonflée; tarses linéaires, plus courts que les jambes, leur premier article plus grand qu'aucun des suivans; ceux-ci égaux entr'eux; crochets simples, très-menus, recourbés, divergens.

On doit la connoissance de l'espèce singulière qui constitue ce genre à M. Hagenbach (*Mormolyce novum Coleopt. genus descript. Norimberg. ap. J. A. C. Sturm.* 1825.), duquel nous avons emprunté les caractères énoncés ci-dessus.

1. MORMOLYCE feuille, *M. phylloides.*

Mormolyce tota picea, nitida; elytrorum margine dilutiori.

Mormolyce phylloides. HAGENB. *ut suprà. fig.* a. b.

Longueur 2 pouces 4 lig. Entièrement de couleur de poix et luisante. Bords des élytres moins foncés; la partie des élytres qui recouvre le corps offre neuf lignes longitudinales enfoncées; la cinquième porte deux ou trois tubercules; partie dilatée des élytres réticulée; ailes blanches à nervures ferrugineuses.

De la partie occidentale de l'île de Java.

CASNONIE, *Casnonia.* LAT. (*Hist. nat. et Icon. etc. et Fam. nat.*) DEJ. (*Spéc.*) *Ophionea.* KLUG. *Odacantha.* FAB. SCHŒN. OLIV. (*Encycl.*) *Attelabus.* LINN. *Colliuris.* DE GÉER. OLIV. (*Encyclop.*) *Agra.* LAT. (*Gener.*) *Macrotrachelus.* LAT. (*Encycl.* Planch.)

Genre d'insectes de l'ordre des Coléoptères, section des Pentamères, famille des Carnassiers (terrestres), tribu des Carabiques (division des Troncatipennes).

Les Mormolyces, les Casnonies et les Odacanthes forment un groupe dans les Troncatipennes, lequel a pour caractère particulier : premier article des antennes plus court que la tête. (*Voyez* TRONCATIPENNES.) Le genre Odacanthe diffère des Casnonies par son corselet de forme ovale-alongée, presque cylindrique, et par la tête peu prolongée postérieurement, arrondie dans cette partie. Le genre Mormolyce se distingue par son corselet dilaté et dentelé latéralement, et par les côtés de ses élytres qui débordent de beaucoup l'abdomen.

Antennes beaucoup plus courtes que le corps, composées de onze articles presqu'égaux entr'eux; le premier plus court que la tête. — *Dernier article des palpes* ovalaire, terminé presqu'en pointe. — *Tête* presqu'en forme de losange, prolongée et très-rétrécie postérieurement, faisant un angle dans cette partie; celle-ci terminée par un col court, mais distinct. — *Corselet* alongé en forme de cou, très-rétréci antérieurement. — *Elytres* légèrement tronquées à leur partie postérieure. — *Jambes antérieures* très-échancrées au côté interne; tarses filiformes; leur pénultième article au plus bifide; crochets simples.

Ce genre exotique répond exactement à celui de Colliure DE GÉER, mentionné à sa lettre dans ce Dictionnaire. On ignore ses mœurs.

1. CASNONIE de Surinam, *C. Surinamensis.*

Agra Surinamensis. LAT. *Gener. Crust. et Ins. tom.* 1. *pag.* 195. *n°.* 2.

Voyez pour la description et les autres synonymes, Colliure surinamoise n°. 1. de ce Dictionnaire.

2. CASNONIE cyanocéphale, *C. cyanocephala.*

Casnonia cyanocephala. LAT. *Hist. nat. et icon.* etc. *pag.* 130. *tab. VII. fig.* 6. — DEJ. *Spéc. tom.* 1. *pag.* 173. *n°.* 4. — *Odacantha cyanocephala.* SCHŒN. *Ins. Syn. tom.* 1. *pag.* 237. *n°.* 3.

Voyez pour la description et les autres synonymes, Odacanthe cyanocéphale n°. 4. de ce Dictionnaire.

Nota. Le pénultième article des tarses est presque bilobé, selon M. le comte Dejean.

3. CASNONIE du Sénégal, *C. Senegalensis.*

Casnonia rufa, capite elytrorumque fasciâ unicâ nigris : tarsorum articulo penultimo haud bilobo.

Longueur 4 lig. Testacée. Tête noire à l'exception du cou; élytres striées, ayant dans leur partie moyenne inférieure, une bande large, commune et transversale, noire; on voit au-dessous de cette bande, sur chaque élytre, une tache plus claire, presque transparente; chaque strie est marquée d'une ligne de points enfoncés fort distincte; extrémité des cuisses, noire; pénultième article des tarses paroissant entier.

Du Sénégal.

Nota. Elle diffère de la précédente par la forme du pénultième article des tarses; par l'absence de la bande transverse à la base des élytres, et encore par les stries de celles-ci, qui ont des points plus prononcés, ainsi que nous pouvons le conclure d'après les descriptions de la Casnonie cyanocéphale, que nous ne connoissons pas, et que l'on dit être des Indes orientales.

Ce genre contient encore, 1°. Casnonie de Pensylvanie, *C. pensylvanica.* DEJ. *Spéc. tom.* 1. *pag.* 171. *n°.* 1. — *Agra pensylvanica.* LAT. *Gener. Crust. et Ins. tom.* 1. *pag.* 196. *n°.* 3. *tab.* 7. *fig.* 1. — *Macrotrachelus pensylvanicus.* LAT. *Encycl. pl.* 356. *fig.* 3. Amérique septentrionale. 2°. Casnonie rufipède, *C. rufipes* DEJ. *id. pag.* 172. *n°.* 2. Long. 4 lig. Noire, un peu cuivreuse; pattes rousses. Amérique septentrionale. 3°. Casnonie rugicolle, *C. rugicollis* DEJ. *id. pag.* 173. *n°.* 3. Long. 3. lig. $\frac{3}{4}$. D'un noir cuivreux; corselet portant des rides transversales; élytres striées, ayant une tache pâle à leur partie postérieure; antennes et pattes rousses, mêlées de pâle. Cayenne?

Nota. Le genre Odacanthe du présent Dictionnaire contient sept espèces. Les n°s. 1. 3. 6. appartiennent aux Cordistes; le n°. 4. est la Casnonie cyanocéphale; 5. un Notoxe, suivant M. Latreille; 2. et 7. sont seuls du genre Odacanthe.

Les espèces d'Odacanthes de Fabricius (*Syst. Eleut.*) sont au nombre de six; mais la première et la dernière appartiennent seules à ce genre. Les n°s. 2. et 5. sont des Cordistes; 3. une Casnonie; 4., suivant M. Latreille, se rapporte au genre Notoxe.

CORDISTE, *Cordistes.* LAT. (*Hist. nat. et icon. etc. et Fam. nat.*) DEJ. (*Spéc.*) *Calophæna.* KLUG. *Odacantha.* FAB. OLIV. (*Encycl.*) SCHŒN. *Carabus.* OLIV.

Genre d'insectes de l'ordre des Coléoptères, section des Pentamères, famille des Carnassiers (terrestres), tribu des Carabiques (division des Troncatipennes).

Ce genre, par le premier article des antennes presqu'aussi long que la tête, forme une coupe particulière dans sa division. *Voyez* TRONCATIPENNES.

Antennes filiformes, presqu'aussi longues que le corps, composées de onze articles, le premier presqu'aussi long que la tête; le second très-court. — *Dernier article des palpes* ovalaire, terminé presqu'en pointe. — *Tête* arrondie, rétrécie postérieurement. — *Yeux* très-saillans. — *Corselet* presque plane, un peu plus long que large, presque cordiforme. — *Elytres* plus larges que la tête, presque planes, parallèles, en forme de carré très-alongé, fortement tronquées au bout, ayant ordinairement les deux angles prolongés en forme de dent ou d'épine. — *Jambes antérieures* très-échancrées au côté interne; tarses ayant leurs quatre premiers articles larges, plus ou moins en forme de cœur ou de triangle renversé, garnis de duvet en dessous; le pénultième presqu'en demi-cercle, le dernier ne formant qu'une courte saillie au-delà du précédent; crochets simples.

Le nom de Cordiste est tiré d'un mot latin et fait allusion à la forme des articles des tarses de ces insectes et aussi à celle de leur corselet. Tous les Cordistes sont exotiques; on ignore leur manière de vivre.

1. CORDISTE acuminé, *C. acuminatus.*

Cordistes acuminatus. LAT. *Hist. nat. et Icon. etc. pag.* 127. *tab. VII. fig.* 4. — DEJ. *Spéc. tom.* 1. *pag.* 179. *n°.* 1. — *Odacantha acuminata.* SCHŒN. *Syn. Ins. tom.* 1. *pag.* 237. *n°.* 7.

Voyez pour la description et les autres synonymes, Carabe acuminé n°. 86. et Odacanthe acuminée n°. 1. du présent ouvrage.

2. CORDISTE bifascié, *C. bifasciatus.*

Cordistes bifasciatus. DEJ. *id. n°.* 3. — *Odacantha bifasciata.* SCHŒN. *id. n°.* 2.

Voyez pour la description et les autres synonymes, Carabe bifascié n°. 119. et Odacanthe bifasciée n°. 3. de ce Dictionnaire.

3. CORDISTE alongé, *C. elongatus.*

Cordistes elongatus. LAT. *id. pag.* 128. — *Odacantha elongata.* SCHŒN. *id. n°.* 5.

Voyez pour la description et les autres synonymes, Odacanthe alongée n°. 6. de ce Dictionnaire.

Dans ce genre on placera encore le Cordiste maculé, *C. maculatus.* LAT. *Hist. nat. et icon. etc. pag.* 127. *tab. VII. fig.* 5. — DEJ. *Spéc. tom.* 1. *pag.* 180. *n°.* 2. Long. 5 lig. Pâle; élytres noires avec une large bande transversale interrompue et l'extrémité pâles. De Cayenne.

DRYPTE, *Drypta.* LAT. FAB. SCHŒN. DEJ. (*Spéc.*) *Carabus.* ROSS. *Cicindela.* OLIV.

Genre d'insectes de l'ordre des Coléoptères, section des Pentamères, famille des Carnassiers (terrestres), tribu des Carabiques (division des Troncatipennes).

Ce genre a des caractères qui lui sont particuliers et qui l'isolent de tous les autres Carabiques Troncatipennes. *Voyez* ce dernier mot.

Antennes filiformes, plus courtes que le corps, composées de onze articles; le premier au moins aussi long que la tête, allant en grossissant vers l'extrémité; le second très-court. — *Labre* coriace, transverse, presque linéaire. — *Mandibules* cornées, avancées, presque droites, fort longues, courbées à leur extrémité. — *Mâchoires* cornées, avancées, alongées, cachées sous les mandibules; fort ciliées à leur partie antérieure, terminées à angle droit par un crochet fort long. — *Palpes maxillaires* internes alongés, très-grêles, filiformes, de deux articles égaux; les maxillaires extérieurs, ainsi que les labiaux, terminés par un article plus gros que les autres, obliquement tronqué et sécuriforme dans les deux sexes, plus court que le précédent. — *Lèvre* cornée, avancée au-delà de l'insertion des palpes, petite, linéaire, ayant de chaque côté à sa base, une dent membraneuse et portant à son extrémité quelques poils droits. — *Menton* très-grand, corné, presqu'orbiculaire. — *Tête* alongée, triangulaire. — *Yeux* proéminens. — *Corselet* long, étroit, presque cylindrique, un peu plus large antérieurement. — *Élytres* beaucoup plus larges que le corselet, tronquées postérieurement, recouvrant l'abdomen et les ailes. — *Extrémité de l'abdomen* un peu découverte. — *Pattes* de longueur moyenne; jambes antérieures très-échancrées au côté interne; pénultième article de tous les tarses fortement bilobé dans les deux sexes; tarses antérieurs ayant leurs trois premiers articles légèrement dilatés et ciliés plus fortement en dedans qu'en dehors, dans les mâles : crochets simples.

Le nom de Drypte tiré d'un verbe grec a été donné à ce genre en raison de ses mandibules propres à déchirer. Ces Carabiques ont les parties de la bouche fort avancées, de manière qu'ils peuvent atteindre les insectes dont ils se nourrissent, jusque dans les trous où ceux-ci se réfugient. Les espèces connues sont en petit nombre.

1. Drypte échancrée, *D. emarginata.*

Drypta emarginata. Lat. *Gener. Crust. et Ins. tom.* 1. *pag.* 197. *n°.* 1. *tab. VII. fig.* 3. — Lat. *Hist. nat. et icon. etc. pag.* 118. *n°.* 1. *tab. X. fig.* 1. — Fab. *Syst. Eleut. pag.* 230. *n°.* 1. — Schœn. *Syn. Ins. tom.* 1. *pag.* 237. *n°.* 1. — Dej. *Spéc. tom.* 1. *pag.* 183. *n°.* 1.

Ce genre contient en outre, 1°. Drypte cylindricolle, *D. cylindricollis* n°. 2. Fab. *Syst. Eleut.* — Lat. *Hist. nat. et icon. etc. pag.* 119. *n°.* 2. *tab. X. fig.* 2. — Dej. *Spéc. tom.* 2. *pag.* 441. *n°.* 5. D'Italie et du midi de la France. Rare. 2°. Drypte linéole, *D. lineola.* Dej. *Spéc. tom.* 1. *pag.* 184. *n°.* 2. Long. 4 lig. D'un bleu obscur; tête, corselet, une bande longitudinale sur les élytres, de couleur ferrugineuse; antennes et pattes de cette même couleur. Des Indes orientales. 3°. Drypte australe, *D. australis.* Dej. *id. pag.* 185. *n°.* 3. Long. 4 lig. D'un bleu obscur; tête, corselet et une bande longitudinale sur les élytres, de couleur ferrugineuse. Nouvelle-Hollande. 4°. Drypte longicolle, *D. longicollis.* Dej. *id. n°.* 4. Long. 5 lig. $\frac{1}{4}$. Alongée; d'un bleu noirâtre; corselet cylindrique; cuisses d'un jaune brillant. Des Indes orientales. 5°. Drypte flavipède, *D. flavipes.* Dej. *id. tom.* 2. *pag.* 442. *n°.* 6. — Wiedem. *Zool. magaz.* II. 1. *pag.* 60. *n°.* 90. Des Indes orientales.

Nota. M. le docteur Léach a formé un genre nouveau avec la Drypte longicolle n°. 4. sous le nom de *Desera*; il lui donne pour dénomination spécifique celle de *Bonelliana.*

GALÉRITE, *Galerita.* Fab. Lat. Schœn. Dej. (*Spéc.*) *Carabus.* Linné. De Géer. Oliv.

Genre d'insectes de l'ordre des Coléoptères, section des Pentamères, famille des Carnassiers (terrestres), tribu des Carabiques (division des Troncatipennes).

Les genres Galérite, Zuphie et Polistique forment un groupe dans les Troncatipennes. (*Voyez* ce mot.) Les deux derniers se distinguent de l'autre, par leur corps très-peu épais; et encore parce que les tarses antérieurs des mâles n'ont pas de dilatation bien sensible.

Antennes filiformes, presqu'aussi longues que le corps, composées de onze articles; le premier à peu près de la longueur de la tête, rétréci vers sa base; le second un peu plus court que les suivans. — *Mandibules* courtes, peu avancées. — *Palpes* très-saillans; les maxillaires externes et les labiaux ayant leur dernier article grand, comprimé, fortement sécuriforme dans les deux sexes. — *Lèvre* coriace dans sa partie moyenne; son bord supérieur portant une dent tronquée munie de deux poils; les côtés membraneux, prolongés à leur extrémité en une dent : menton échancré, portant dans son milieu une dent échancrée. — *Tête* ovoïde, plus étroite que le corselet, rétrécie postérieurement et portée sur un cou avancé, très-court, cylindrique, dont elle est séparée par un étranglement. — *Corps* assez épais, un peu convexe en dessous, déprimé en dessus. — *Corselet* plane, plus ou moins alongé, tronqué transversalement à sa partie postérieure. — *Elytres* presque planes, en ovale plus ou moins alongé, tronquées à l'extrémité, recouvrant des ailes et l'abdomen. — *Abdomen* ayant sa partie postérieure un peu découverte. — *Pattes* très-longues, jambes antérieures très-échancrées au côté interne; articles des tarses presque cylindriques; leur pénultième article bifide, mais non bilobé : les trois premiers articles des tarses antérieurs des mâles fortement dilatés en dedans : crochets simples.

Les mœurs et les habitudes des Galérites sont encore ignorées. Toutes les espèces connues sont d'assez grande taille.

1. Galérite

1. Galérite américaine, *G. americana*.

Galerita americana n°. 1. Fab. *Syst. Eleut.* — Lat. *Gener. Crust. et Ins. tom.* 1. *pag.* 197. n°. 1. *tab.* VII. *fig.* 2. — Schœn *Syn. Ins. tom.* 1. *pag.* 229. n°. 1. — Dej. *Spéc. tom.* 1. *pag.* 187. n°. 1. — *Encycl. pl.* 356. *fig.* 4.

Voyez pour la description et les autres synonymes (en lisant n°. 42. au lieu de 41. au synonyme du *Spec.* de Fabricius), Carabe américain n°. 77. du présent ouvrage.

2. Galérite occidentale, *G. occidentalis*.

Galerita occidentalis. Schœn. *id.* n°. 3. — Dej. *id. pag.* 188. n°. 2.

Voyez pour la description et le synonyme de l'Entomol. d'Oliv., Carabe occidental n°. 79. de ce Dictionnaire.

M. le comte Dejean décrit les six autres espèces suivantes : 1°. Galérite du Brésil, *G. brasiliensis*. Dej. *Spéc. tom.* 2. *pag.* 442. n°. 6. Longueur 9 lig. ½. D'un bleu noirâtre; dessus de la tête et du corselet roux. Elytres ovales, profondément sillonnées; intervalles des sillons portant des stries transversales très-fines. Du Brésil. 2°. Galérite unicolore, *G. unicolor*. Lat. *Hist. nat. et Icon.* etc. *pag.* 117. *tab. VI. fig.* 6. — Dej. *Spéc. tom.* 1. *pag.* 189. n°. 3. Longueur 6 lig. ½. D'un bleu noirâtre; élytres sillonnées; intervalles des sillons marqués chacun de deux lignes. De Cayenne. 3°. Galérite africaine, *G. africana*. Dej. *id. pag.* 190. n°. 4. Longueur 10 lig. ½. D'un bleu noirâtre; élytres sillonnées; leurs intervalles velus. Sénégal, côte de Guinée. 4°. Galérite de Lacordaire, *G. Lacordairei*. Dej. *Spéc. tom.* 2. *pag.* 443. n°. 7. Longueur 7 lig. ¼ D'un brun noirâtre; élytres d'un bleu noirâtre, un peu sillonnées; intervalles des sillons contenant chacun deux lignes. De Buénos-Ayres. On la trouve pendant l'hiver. 5°. Galérite à collier, *G. collaris*. Dej. *id. pag.* 444. n°. 8. Longueur 8 lig. Noire, corselet roux; élytres d'un bleu noirâtre, un peu sillonnées; intervalles des sillons chargés chacun de deux lignes. De Buénos-Ayres. 6°. Galérite ruficolle, *G. ruficollis*. Dej. *id. pag.* 191. n°. 5. Longueur 8 lig. ½. Noire; corselet roux. Ile de Cuba.

Fabricius, à qui l'on doit la création de ce genre exotique (*Syst. Eleut.*), y comprend neuf espèces, dont la première seule lui appartient. Le n°. 3. est un Helluo, et peut-être aussi le n°. 2.; 4. est une Zuphie; 5, 6, 7, 8. des Siagones; 9. est le type du genre Polistique.

HELLUO, *Helluo*. Bonell. Lat. Dej. (*Spéc.*) *Galerita*. Fab. Schœn. *Brachinus?* Fab.

Genre d'insectes de l'ordre des Coléoptères, section des Pentamères, famille des Carnassiers (terrestres), tribu des Carabiques (division des Troncatipennes).

Ce genre est distinct des autres de sa division par l'ensemble des caractères suivans : crochets des tarses sans dentelures; dernier article des palpes peu alongé, cylindrique ou grossissant insensiblement vers l'extrémité; antennes moniliformes ou grossissant vers le bout. (*Voyez* Troncatipennes.) Il offre en outre ces caractères :

Antennes de onze articles, toujours beaucoup plus courtes que le corps. — *Labre* tantôt court et transverse, tantôt avancé et arrondi. — *Mandibules* courtes, peu saillantes. — *Languette* entièrement cornée. — *Menton* unidenté au milieu de son échancrure. — *Tête* ovale, plus ou moins rétrécie postérieurement. — *Corselet* presque plane et cordiforme, au moins aussi large que la tête. — *Elytres* tronquées à leur extrémité, en ovale ou en carré très-alongé, recouvrant l'abdomen. — *Point d'ailes*. — *Abdomen* ayant son extrémité un peu découverte. — *Pattes* assez fortes, peu alongées; jambes antérieures très-échancrées au côté interne : articles des tarses assez courts, plus ou moins bifides ou cordiformes; le pénultième bilobé dans quelques espèces; crochets simples.

On peut remarquer par l'examen de ces caractères, empruntés à M. le comte Dejean, que les espèces d'Helluos diffèrent assez essentiellement entr'elles, ce qui doit amener par la suite l'établissement de quelques genres nouveaux. Les espèces mentionnées par les auteurs sont toutes exotiques. Leur histoire n'est pas encore connue.

1°. Helluo velu, *H. hirtus*. Lat. *Hist. nat. et iconogr. des Ins. Coléop. d'Eur. pag.* 95. *tab. VII. fig.* 1. — Dej. *Spéc. tom.* 1. *pag.* 284. n°. 1. — *Galerita hirta* n°. 3. Fab. *Syst. Eleut.* — Schœn. *Syn. Ins. tom.* 1. *pag.* 229. n°. 4. Des Indes orientales. 2°. Helluo de Cayenne, *H. cayennensis*. Dej. *Spéc. tom.* 2. *pag.* 459. n°. 6. Longueur 6 lig. ½. Noir, pubescent, très-ponctué; labre transversal; élytres ovales-oblongues, à stries ponctuées. De Cayenne. 3°. Helluo à côtes, *H. costatus*. Lat. *id. tab. VI. fig.* 5. Du port Jackson. 4°. Helluo tripustulé, *H. tripustulatus*. Dej. *id. pag.* 286. n°. 3. Longueur 5 lig. ½. Brun, très-ponctué; labre arrondi, lisse : élytres ayant deux taches testacées; cuisses de même couleur. Bouche, antennes, jambes et tarses de couleur ferrugineuse. Ile de Java. On doit peut-être rapporter, suivant M. le comte Dejean, le *Brachinus tripustulatus* n°. 6. Fab. *Syst. Eleut.* à cette espèce. 5°. Helluo sans taches, *H. impictus*. Dej. *id. pag.* 287. n°. 3. Longueur 6 lig. Brun, très-ponctué; labre arrondi, lisse, ferrugineux. Bouche, antennes, abdomen et pattes de couleur ferrugineuse. Ile de Java. 6°. Helluo du Brésil, *H. brasiliensis*. Dej. *id. pag.* 288. n°. 4. Longueur 7 lig. ¾. Noir, pubescent; labre transversal, unidenté; élytres alongées, parallèles, profondément striées. Bouche, antennes et jambes ferrugineuses. Du Brésil. 7°. Helluo bout brûlé, *H. prœustus*. Dej. *id. pag.* 289. n°. 5. Longueur 7 lig. Ferrugineux;

corps très-ponctué; labre presqu'arrondi; élytres ayant de légères côtes, leur partie postérieure brune ainsi que l'abdomen. Amérique septentrionale. 8°. Helluo pygmée, *H. pygmeus*. Dej. *Spéc. tom.* 2. *pag.* 460. *n°.* 7. Longueur 2 lig. Ferrugineux, très-ponctué; labre transversal; corselet alongé, cordiforme; élytres alongées, ayant des lignes élevées; antennes et pattes testacées. Amérique septentrionale. L'auteur pense que cette espèce doit former probablement un genre nouveau.

APTINE, *Aptinus*. Bonell. Lat. (*Iconogr. et Fam. nat.*) Dej. *Carabus*. Linn. Oliv. *Brachinus*. Wéb. Fab. Schœn.

Genre d'insectes de l'ordre des Coléoptères; section des Pentamères, famille des Carnassiers (terrestres), tribu des Carabiques (division des Troncatipennes).

Un groupe de cette division a pour caractères: crochets des tarses sans dentelures; dernier article des palpes peu alongé, cylindrique ou grossissant insensiblement vers l'extrémité; antennes filiformes; labre court, transversal, laissant les mandibules à découvert. Il comprend les Aptines, les Brachines et les Corsyres. (*Voyez* Troncatipennes.) Les deux derniers diffèrent des Aptines en ce qu'ils sont pourvus d'ailes et que les mâles, dans ces deux genres, n'ont pas de dilatation bien prononcée aux trois premiers articles des tarses antérieurs; en outre, dans les Brachines, les élytres sont tronquées carrément à leur extrémité: quant aux Corsyres, leurs élytres forment un ovale fort court et presqu'orbiculaire, le dernier article des palpes est cylindrique, et le corps est beaucoup moins épais que celui des Aptines.

Antennes filiformes, composées de onze articles. — *Labre* court, laissant les mandibules à découvert. — *Dernier article des palpes maxillaires externes*, ainsi que celui des labiaux, légèrement plus gros que les précédens, allant un peu en grossissant vers son extrémité. — *Menton* n'ayant qu'une très-petite dent, ou même point de dent, au milieu de son échancrure. — *Corps* assez épais. — *Corselet* cordiforme. — *Elytres* ovales, assez alongées, allant en s'élargissant vers le bout, tronquées obliquement à l'extrémité de manière à former un angle rentrant dont le sommet répond à la suture; ces élytres recouvrent presque tout l'abdomen. — *Point d'ailes*. — *Abdomen* ovale, point aplati, un peu découvert à sa partie postérieure, renfermant des organes sécrétant une liqueur caustique, sortant de l'anus avec explosion, s'exhalant aussitôt en vapeur d'une odeur pénétrante. — *Pattes* de longueur moyenne; jambes antérieures très-échancrées au côté interne; les trois premiers articles des tarses antérieurs toujours sensiblement dilatés dans les mâles: crochets simples.

Le nom donné à ces insectes par M. Bonelli vient d'un mot grec exprimant qu'ils n'ont point d'ailes. Les mœurs sont les mêmes que celles des Brachines (*voyez* l'article suivant), mais on les trouve plus particulièrement dans les montagnes. Ils habitent les climats chauds, tels que l'Europe méridionale et le cap de Bonne-Espérance.

1. Aptine nigripenne, *A. nigripennis*.

Aptinus nigripennis. Dej. *Spéc. tom.* 1. *pag.* 291. *n°.* 1. — *Brachinus nigripennis* n°. 5. Fab. *Syst. Eleut.* — Schœn. *Syn. Ins. tom.* 1. *pag.* 230. *n°.* 5.

Voyez pour la description et les autres synonymes, Carabe fastigié n°. 78. de ce Dictionnaire.

Ce genre contient encore: 1°. Aptine baliste, *A. balista*. Dej. *Hist. nat. et iconogr. des Ins. Coléopt. d'Eur. pag.* 100. *n°.* 1. *tab. VIII. fig.* 1. — Dej. *Spéc. tom.* 1. *pag.* 292. *n°.* 2. Espagne, Portugal, midi de la France. 2°. Aptine mutilé, *A. mutilatus*. Dej. *Hist. nat. et Icon. etc. pag.* 101. *n°.* 2. *tab. VIII. fig.* 2. — Dej. *Spéc. id. pag.* 293. *n°.* 3. — *Brachinus mutilatus n°.* 7. Fab. *Syst. Eleut.* — Schœn. *Syn. Ins. tom.* 1. *p.* 230. *n°.* 7. D'Autriche. 4°. Aptine des Pyrénées, *A. pyreneus*. Dej. *Hist. nat. et icon. etc. pag.* 102. *n°.* 3. *tab. VIII. fig.* 3. — Dej. *Spéc. id. pag.* 295. *n°.* 5. Longueur 3, 4 lig. Noir; élytres sillonnées; antennes ferrugineuses; pattes testacées. Des Pyrénées orientales. 5°. Aptine lancier, *A. jaculator*. Dej. *Hist. nat. et Icon. etc. pag.* 103. *tab. VIII. fig.* 4. — Dej. *Spéc. id. n°.* 6. Longueur 4 lig., 4 lig. ½. Brun; élytres à peine sillonnées, pubescentes; tête et corselet roux; pattes testacées. De l'Europe méridionale. 6°. Aptine noirci, *A. atratus*. Dej. *Spéc. id. pag.* 294. *n°.* 4. Longueur 4 lig. ½., 5 lig. ½. Noir; élytres à côtes; antennes et pattes d'un brun-noir; corselet ayant à sa partie postérieure une impression transversale. D'Autriche. 7°. Aptine brun, *A. infuscatus*. Dej. *id. pag.* 296. *n°.* 7. Longueur [illegible] lig. ½. Jaunâtre; élytres ayant une grande tache obscure à leur partie postérieure; abdomen de cette dernière couleur. Cap de Bonne-Espérance. 8°. Aptine pygmée, *A. pygmeus*. Dej. *Spéc. tom.* 2. *pag.* 461. *n°.* 8. Longueur 2 lig. ¼. Tête et corselet alongés, très finement pointillés, de couleur rousse; élytres brunes, presque striées: antennes et pattes testacées. De Barbarie, Tanger.

BRACHINE, *Brachinus*. Wéb. Fab. Bonell. Lat. Schœn. Dej. Stèv. Sturm. *Carabus*. Linn. Oliv. *Buprestis*. Geoff.

Genre d'insectes de l'ordre des Coléoptères, section des Pentamères, famille des Carnassiers (terrestres), tribu des Carabiques (division des Troncatipennes).

Ce genre forme un groupe dans cette division avec ceux d'Aptine et de Corsyre. (*Voyez* Tron-

CATIPENNES.) Les Aptines diffèrent des Brachines par le manque d'ailes, et en outre par les élytres dont l'extrémité est obliquement tronquée, de manière à former un angle rentrant dont le sommet répond à la suture; les Aptines mâles ont les trois premiers articles des tarses antérieurs sensiblement dilatés : les élytres des Corsyres forment un ovale court, presqu'orbiculaire, et le dernier article de leurs palpes est cylindrique.

Menton dépourvu de dent au milieu de son échancrure. — *Corps* ailé. — *Corselet* assez alongé, un peu plus large que la tête antérieurement. — *Elytres* du double plus larges que le corselet, assez alongées, coupées carrément à leur extrémité. — *Tarses* ayant leurs articles presque cylindriques : tarses antérieurs point sensiblement dilatés dans les mâles. Les autres caractères sont ceux des Aptines. *Voyez* ce mot, article précédent.

Les Brachines, nommés ainsi d'un verbe grec qui signifie : *faire du bruit*, ont, comme les Aptines, la propriété remarquable de lancer avec détonation par leur anus une liqueur caustique et vaporisable. Ce fut Rolander qui observa le premier cette particularité. (*Mém. de l'Académ. de Stockholm*, 1750. *pag.* 292. *tab.* 7. *fig.* 2.) L'insecte ne produit cette explosion que lorsqu'il se croit menacé de quelque danger, et la nature paroît lui en avoir donné la faculté comme un moyen de défense. Rolander prétend que le Brachine pétard peut répéter cette manœuvre jusqu'à vingt fois presque de suite, et qu'il éloigne par ce moyen les grosses espèces de Carabiques qui cherchent à le dévorer. M. Léon Dufour a particulièrement observé cette propriété dans l'Aptine baliste, et il a donné (*Annal. du Musée d'hist. nat. tom.* 18. *pag.* 70. et *Bulletin des sciences de la Société philom.* juillet 1812) une description détaillée des organes qui sécrètent cette substance; elle paroît se rapprocher de la nature des acides caustiques. Dans les grandes espèces comme celle dont nous venons de parler en dernier, elle occasionne à la peau sur laquelle elle est lancée une douleur vive et durable, et la brûle assez sensiblement : au moment de l'explosion que l'insecte produit ordinairement dès l'instant qu'il est inquiété, on voit sortir cette matière sous l'apparence d'une fumée blanchâtre dont l'odeur est forte et piquante; il répète cette explosion dix à douze fois; mais lorsqu'il est fatigué elle se fait sans bruit, et au lieu de fumée on ne voit plus qu'une liqueur jaune ou brunâtre qui se fige à l'instant et forme une légère croûte; observée à l'état liquide, elle laisse échapper quelques bulles d'air et présente une apparence de fermentation. Ces propriétés sont communes à toutes les espèces de Brachines et d'Aptines et aux deux sexes de chaque espèce : toutes aussi se cachent sous les pierres; il n'est pas rare de trouver plusieurs espèces sous le même abri et d'y rencontrer un grand nombre d'individus de chacune d'elles. Leurs premiers états sont encore inconnus. Ces Carabiques paroissent généralement répandus dans tous les climats.

1re. *Division*. Elytres sillonnées, ayant des côtes élevées et fort saillantes.

Nota. Cette division comprend en général les plus grandes espèces du genre; elles sont presque toutes de l'ancien continent.

1. BRACHINE bimaculé, *B. bimaculatus*.

Brachinus bimaculatus n°. 1. FAB. *Syst. Eleut.* (Au synonyme de Voët *lisez* 1. au lieu de 2.) — SCHŒN. *Syn. Ins. tom.* 1. *pag.* 229. *n°.* 1. (Au synonyme de Voët *lisez* 1. au lieu de 2. et 34. au lieu de 74.) — DEJ. *Spéc. tom.* 1. *pag.* 299. *n°.* 2.

Voyez pour la description et les autres synonymes, Carabe bimaculé n°. 83. de ce Dictionnaire.

Nota. Il est probable que la variété mentionnée est une espèce particulière.

2. BRACHINE uni, *B. complanatus*.

Brachinus complanatus n°. 2. FAB. *id.* (En retranchant le synonyme de Linné.) — SCHŒN. *id. pag.* 230. *n°.* 2. — DEJ. *Spéc. tom.* 1. *pag.* 311. *n°.* 19.

Voyez pour la description et les autres synonymes, Carabe uni n°. 76. de ce Dictionnaire.

Dans cette division entrent encore les espèces suivantes : 1°. Brachine espagnol, *B. hispanicus*. DEJ. *Hist. nat. et Icon.* etc. *pag.* 104. *n°.* 1. *tab.* VIII. *fig.* 5. — DEJ *Spéc. tom.* 1. *pag.* 303. *n°.* 8. Longueur 7. lig. Tête et corselet roux, sans taches; élytres noires avec une tache humérale, une large bande dentelée placée sur le milieu et n'atteignant pas la suture, de couleur testacée ainsi que les pattes. Espagne; baie d'Algésiras. 2°. Brachine de Jurine, *B. Jurinei*. DEJ. *id. pag.* 298. *n°.* 1. Longueur 9 lig. ½. Testacé; élytres noires avec le bord latéral, une grande tache carrée placée sur le milieu et leur extrémité, de couleur testacée. Du Sénégal. 3°. Brachine discicolle, *B. discicollis*. DEJ. *id. pag.* 300. *n°.* 3. Longueur 7 lig. ¼. Tête jaune à sa partie antérieure, ferrugineuse postérieurement; corselet brun portant de chaque côté une grande tache rousse; élytres noires avec un point huméral, une large bande dentelée située sur le milieu, n'atteignant pas la suture, de couleur jaune; l'extrémité des élytres est aussi de cette couleur, ainsi que les antennes et les pattes. Indes orientales. 4°. Brachine de Catoire, *B. Catoirei*. DEJ. *id. pag.* 301. *n°.* 4. Longueur 7 lig. ½. Tête et corselet ferrugineux, sans taches; élytres alongées, noires, avec un point huméral, une bande sinuée, placée dans le milieu, n'atteignant pas la suture, testacés.

Antennes, pattes et extrémité des élytres de cette dernière couleur. Du Bengale. 5°. Brachine semblable, *B. affinis.* Dej. *id. n°.* 5. Longueur 7 lig. ½. Tête et corselet testacés; les bords de ce dernier un peu obscurs; élytres noires avec un point huméral, une large bande sinuée, placée sur le milieu, n'atteignant pas la suture, testacés. Antennes, pattes et extrémité des élytres de cette dernière couleur. Indes orientales. 6°. Brachine vertical, *B. verticalis.* Dej. *id. pag.* 302. *n°.* 6. Longueur 7 lig. Tête testacée, vertex obscur; corselet obscur, avec deux taches testacées peu apparentes; élytres noires, leur bord latéral, une bande sinuée placée sur le milieu, n'atteignant pas la suture, de couleur testacée. Antennes et pattes testacées ainsi que l'extrémité des élytres. Nouvelle-Hollande. 7°. Brachine africain, *B. africanus.* Dej. *id. pag.* 303. *n°.* 7. Longueur 6 lig., 6 lig. ½. Tête et corselet roux, sans taches; élytres noires avec une bande sinuée placée dans le milieu, n'atteignant pas la suture, de couleur rousse ainsi que leur extrémité; antennes et pattes de cette dernière couleur. De Barbarie. 8°. Brachine ambigu, *B. ambiguus.* Dej. *id. pag.* 304. *n°.* 9. Longueur 7 lig. ¾. Tête jaune, vertex obscur; corselet obscur avec deux taches jaunes peu apparentes; élytres noires avec une tache humérale, une bande sinuée, située dans le milieu, n'atteignant pas la suture, jaunes. Extrémité des élytres légèrement bordée de jaune; antennes et pattes de cette couleur. Des îles Philippines. 9°. Brachine de Java, *B. javanus.* Dej. *id. pag.* 305. *n°.* 10. Longueur 8 lig., 8 lig. ½. Tête testacée, vertex obscur; corselet obscur avec deux taches oblongues testacées: élytres obscures ayant un point huméral, une bande étroite, dentelée, placée au milieu, n'atteignant pas la suture, testacés; antennes et pattes de cette dernière couleur. De Java. 10°. Brachine fuscicolle, *B. fuscicollis.* Dej. *id. pag.* 306. *n°.* 11. Longueur 7 lig. ¼. Tête testacée, vertex obscur; corselet obscur, sans taches; élytres obscures avec un point huméral, une bande étroite, dentelée, placée au milieu, n'atteignant pas la suture, testacés; antennes et pattes de cette même couleur. De Java. 11°. Brachine interrompu, *B. interruptus.* Dej. *id. n°.* 12. Longueur 8 lig. ¼. Tête testacée, vertex obscur; corselet obscur avec deux grandes taches testacées; élytres obscures ayant un point huméral, le bord latéral vers la partie antérieure, une bande linéaire, dentelée, interrompue, placée dans le milieu, n'atteignant pas la suture, testacés; antennes et pattes de cette même couleur. De Java. 12°. Brachine enfumé, *B. fumigatus.* Dej. *id. pag.* 307. *n°.* 13. Longueur 7 lig. ½. Tête jaune, vertex obscur; corselet obscur avec deux taches jaunes; élytres obscures, jaunes à l'extrémité; antennes et pattes de cette même couleur. Iles Philippines. 13°. Brachine du Sénégal, *B. senegalensis.* Dej. *id. pag.* 308. *n°.* 14. Longueur 6 lig. ½. Testacé; élytres noires, s'élargissant vers leur extrémité, ayant un point huméral, les bords latéraux, une bande dentelée placée au milieu, n'atteignant pas la suture, de couleur testacée, ainsi que leur extrémité. Du Sénégal. 14°. Brachine parent, *B. sobrinus.* Dej. *Spéc. tom.* 2. *pag.* 462. *n°.* 41. Longueur 6 lig. ¼ à 7 lig. Tête et corselet testacés, sans taches; élytres noires avec un point huméral très-petit, le bord latéral, une large bande au milieu sinuée et raccourcie, et l'extrémité testacés; antennes et pattes de cette même couleur. Des Indes orientales. 15°. Brachine parallèle, *B. parallelus.* Dej. *Spéc. tom.* 1. *pag.* 308. *n°.* 15. Longueur 6, 7 lig. Testacé; élytres noires, presque parallèles, ayant un point huméral, les bords latéraux, une bande dentelée, située au milieu, n'atteignant pas la suture, et l'extrémité de couleur testacée. Du Sénégal. 16°. Brachine bordé, *B. marginatus.* Dej. *id. pag.* 309. *n°.* 16. Longueur 7 lig. Tête testacée avec un point noir sur le vertex; corselet testacé avec le bord postérieur ainsi que l'antérieur, noirs; élytres presque parallèles, noires, avec un point huméral, les bords latéraux, une bande dentelée, située au milieu, n'atteignant pas la suture, testacés; antennes, extrémité des élytres et pattes de cette dernière couleur. Côte de Guinée. 17°. Brachine marginal, *B. marginalis.* Dej. *id. pag.* 310. *n°.* 17. Longueur 6 lig. Tête testacée, vertex noir; corselet noir, ayant de chaque côté une tache testacée; élytres noires, presque parallèles, avec un point huméral, les bords latéraux, une bande dentelée, située au milieu, n'atteignant pas la suture, et l'extrémité, testacés, ainsi que les antennes et les pattes. Des Indes orientales. 18°. Brachine de Bauvois, *B. Bauvoisi.* Dej. *id. n°.* 18. Longueur 5 lig. Testacé; élytres noires, presque parallèles; un point huméral, les bords latéraux, une bande sinuée, raccourcie, placée vers le milieu, leur extrémité, une tache sur l'écusson et de petits points peu visibles vers la suture, de couleur testacée. Côte de Guinée.

2e. *Division.* Elytres à côtes peu élevées, quelquefois même presqu'insensibles.

3. Brachine fumant, *B. fumans.*

Brachinus fumans n°. 11. Fab. *Syst. Eleut.* — Lat. *Gen. Crust. et Ins. tom.* 1. *pag.* 188. *n°.* 1. — Schœn. *Syn. Ins. tom.* 1. *pag.* 230. *n°.* 11. — Dej. *Spéc. tom.* 1. *pag.* 317. *n°.* 27.

Voyez pour la description et les autres synonymes, Carabe fumant n°. 81. de ce Dictionnaire.

4. Brachine pétard, *B. crepitans.*

Brachinus crepitans n°. 12. Fab. *Syst. Eleut.* (à la citation de la *Faun. Suec.* lisez 792. au lieu de 272.) — LAT. *Gen. Crust. et Ins. tom.* 1. *p.* 189. *n°.* 2. (A la citation de De Géer lisez *tom.* 4. au lieu de *tom.* 7.) — SCHŒN. *Syn. Ins. tom.* 1. *pag.* 230. *n°.* 12. — DEJ. *Hist. nat. et Icon.* etc. *pag.* 105. *n°.* 2. *tab. VIII. fig.* 6. — DEJ. *Spéc. tom.* 1. *pag.* 318. *n°.* 30. — *Faun. franç. Coléopt. pl.* 1. *fig.* 4.

Voyez pour la description et les autres synonymes, Carabe pétard n°. 82. de ce Dictionnaire.

Nota. Les individus indiqués comme n'ayant pas l'abdomen obscur, ne peuvent appartenir à cette espèce.

On placera en outre dans cette division : 1°. Brachine pistolet, *B. sclopeta* n°. 13. FAB. *Syst. Eleut.* — SCHŒN. *Syn. Ins. tom.* 1. *pag.* 231. *n°.* 13. — DEJ. *Hist. nat. et Icon.* etc. *pag.* 109. *n°.* 7. *tab. IX. fig.* 3. — DEJ. *Spéc. tom.* 1. *pag.* 322. *n°.* 36. Très-commun aux environs de Paris. 2°. Brachine tête rousse, *B. ruficeps* n°. 10. FAB. *id.* — SCHŒN. *id. pag.* 230. *n°.* 10. — DEJ. *Spéc. tom.* 1. *pag.* 314. *n°.* 23. Du cap de Bonne-Espérance. 3°. Brachine caustique, *B. causticus.* DEJ. *Hist. nat. et Icon.* etc. *pag.* 114. *n°.* 12. *tab. IX. fig.* 8. — DEJ. *Spéc. tom.* 1. *pag.* 313. *n°.* 21. Longueur 5 lig. D'un jaune ferrugineux ; élytres ayant une large bande longitudinale sur la suture et une grande tache un peu au-delà du milieu sur chacune, se joignant à la bande suturale et n'atteignant pas tout-à-fait le bord extérieur, de couleur noirâtre. Midi de la France ; environs de Montpellier. Rare. 4°. Brachine longipalpe, *B. longipalpis.* DEJ. *id. pag.* 314. *n°.* 22. Longueur 3 lig. $\frac{1}{4}$. Tête et corselet ferrugineux à leur partie supérieure ; élytres obscures avec le bord latéral, une bande transverse sur le milieu, raccourcie et interrompue, de couleur pâle, ainsi que les antennes, les pattes et l'extrémité des élytres. Des Indes orientales (1). 5°. Brachine bruyant, *B. explodens.* DEJ. *Hist. nat. et Icon.* etc. *pag.* 107. *n°.* 3. *tab. VIII. fig.* 7. — DEJ. *Spéc. tom.* 1. *pag.* 320. *n°.* 31. Longueur 2 lig. $\frac{1}{2}$. Ferrugineux ; élytres bleues ; troisième et quatrième articles des antennes obscurs ainsi que l'abdomen. Très-commun aux environs de Paris. 6°. Brachine glabre, *B. glabratus.* DEJ. *Hist. nat. et Icon.* etc. *pag.* 108. *n°.* 4. *tab. VIII. fig.* 8. — DEJ. *Spéc. tom.* 1. *pag.* 320. *n°.* 32. Longueur 2 lig. $\frac{1}{2}$, 3 lig. Ferrugineux ; élytres bleues ; abdomen obscur. Midi de l'Europe ; France méridionale. 7°. Brachine détonnant, *B. psophia.* DEJ. *Hist. nat. et Icon.* etc. *pag.* 108. *n°.* 5. *tab. IX. fig.* 1. — DEJ. *Spéc. tom.* 1. *pag.* 321. *n°.* 34. Longueur 2 lig. $\frac{1}{2}$, 3 lig. $\frac{1}{2}$. Ferrugineux ; élytres d'un bleu verdâtre. Même patrie que le précédent. 8°. Brachine bombarde, *B. bombarda.* DEJ. *Hist. nat. et Icon.* etc. *pag.* 109. *n°.* 6. *tab. IX. fig.* 2. — DEJ. *Spéc. tom.* 1. *pag.* 322. *n°.* 35. Portugal et midi de la France. 9°. Brachine bipustulé, *B. bipustulatus.* SCHŒN. *Syn. Ins. tom.* 1. *pag.* 231. *n°.* 15. *tab. III. fig.* 7. — DEJ. *Hist. nat et Icon.* etc. *pag.* 110. *n°.* 8. *tab. IX. fig.* 4. — DEJ. *Spéc. tom.* 1. *pag.* 323. *n°.* 37. Longueur 3 lig. Ferrugineux ; élytres verdâtres, ayant chacune une tache testacée à leur partie postérieure ; abdomen obscur. De Kislar. 10°. Brachine exhalant, *B. exhalans.* SCHŒN. *id. n°.* 14. — DEJ. *Hist. nat. et Icon.* etc. *pag.* 111. *n°.* 9. *tab. IX. fig.* 5. — DEJ. *Spéc. tom.* 1. *pag.* 324. *n°.* 38. Longueur 2 lig. à 2 lig. $\frac{1}{2}$. Ferrugineux ; élytres d'un bleu obscur, avec deux taches jaunes sur chacune ; abdomen obscur. Italie et midi de la France. 11°. Brachime croisé, *B. cruciatus.* SCHŒN. *id. n°.* 16. *tab. III. fig.* 8. — DEJ. *Hist. nat. et Icon.* etc. *pag.* 112. *n°.* 10. *tab. IX. fig.* 6. — DEJ. *Spéc. tom.* 1. *pag.* 324. *n°.* 39. De Kislar. 12°. Brachine des thermes, *B. thermarum.* STÉV. *Mém. de la Soc. imp. des nat. de Mosc. t.* 166. *tab. X. fig.* 7. — DEJ. *Hist. nat. et Icon.* etc. *pag.* 113. *n°.* 11. *tab. IX. fig.* 7. — DEJ. *Spéc. tom.* 1. *pag.* 325. *n°.* 40. Montagnes du Caucase, près des bains de Constantin (1). 13°. Brachine six taches, *B. sexmaculatus.* DEJ. *id. pag.* 312. *n°.* 20. Longueur 4 lig. $\frac{1}{2}$. Ferrugineux ; élytres brunes, leur bord extérieur testacé ; trois taches sur chacune de même couleur, ainsi que les pattes. Des Indes orientales 14°. Brachine petites côtes, *B. subcostalis.* DEJ. *id. pag.* 315. *n°.* 24. Longueur 3 lig. $\frac{3}{4}$. Ferrugineux ; angles postérieurs du corselet saillans, aigus ; élytres bleues ; abdomen obscur. Du cap de Bonne-Espérance. 15°. Brachine liséré, *B. marginellus.* DEJ. *Spéc. tom.* 2. *pag.* 463. *n°.* 42. Longueur 6 lig. Tête et corselet d'un roux ferrugineux ; élytres brunes ; leurs bords, la base des antennes et les pattes d'un jaune ferrugineux. Environs de Buénos-Ayres, pendant l'hiver. 16°. Brachine alternant, *B. alternans.* DEJ. *Spéc. tom.* 1. *pag.* 316. *n°.* 25. Longueur 7 lig. $\frac{1}{2}$. Ferrugineux ; angles postérieurs du corselet saillans, aigus ; élytres d'un bleu obscur ; leurs deuxième et troisième côtes élevées ; abdomen obscur. Amérique septentrionale ; Géorgie. 17°. Brachine fuscicorne, *B. fuscicornis.* DEJ. *Spéc. tom.* 2. *pag.* 463. *n°.* 43. Longueur 5 lig. D'un roux ferrugineux ; angles postérieurs du corselet prolongés, aigus ; élytres d'un bleu violet ; abdomen, antennes, jambes et tarses obscurs. Très-commun pendant l'hiver aux environs de Buénos-Ayres. 18°. Brachine pallipède, *B. pallipes.* DEJ. *id. pag.* 464. *n°.* 44. Longueur 3 lig. $\frac{1}{2}$, 4 lig. $\frac{1}{2}$. Tête et corselet d'un roux ferru-

(1) Par la conformation de ses palpes cette espèce, suivant M. le comte Dejean, pourroit peut-être constituer un genre nouveau.

(1) M. le comte Dejean observe que, par la conformation de ses palpes, cette espèce pourroit être le type d'un genre particulier.

gineux ; angles postérieurs du corselet prolongés, aigus ; élytres brunes ; abdomen obscur ; base des antennes et pattes d'un jaune ferrugineux. Avec le précédent. 19°. Brachine voisin, *B. vicinus.* Dej. *id. pag.* 465. *n°.* 45. Longueur 4 lig. ½. Tête et corselet ferrugineux ; angles postérieurs de celui-ci peu prolongés, presqu'aigus ; élytres brunes ; abdomen obscur ; base des antennes et pattes d'un jaune ferrugineux. Avec les précédens. 20°. Brachine quadripenne, *B. quadripennis.* Dej. *Spéc. tom.* 1. *pag.* 315. *n°.* 26. Longueur 5 lig. Ferrugineux ; angles postérieurs du corselet saillans, aigus ; élytres larges, presque carrées, d'un bleu noirâtre ; abdomen obscur. Amérique septentrionale. 21°. Brachine porte-cœur, *B. cordicollis.* Dej. *Spéc. tom.* 2. *pag.* 466. *n°.* 46. Longueur 4 lig. Ferrugineux ; angles postérieurs du corselet prolongés, aigus ; élytres bleues ; antennes ayant leurs troisième et quatrième articles obscurs ; abdomen de cette dernière couleur. Amérique septentrionale. 22°. Brachine céphalote, *B. cephalotes.* Dej. *Spéc. tom.* 1. *pag.* 317. *n°.* 28. Longueur 4 lig. Ferrugineux ; angles postérieurs du corselet saillans, aigus ; élytres bleues. Amérique septentrionale. 23°. Brachine fuscipenne, *B. fuscipennis.* Dej. *id. pag.* 318. *n°.* 29. Longueur 2 lig. ½, 3 lig. Ferrugineux ; angles postérieurs du corselet saillans, aigus ; élytres et abdomen bruns. Cap de Bonne-Espérance. 24°. Brachine immaculicorne, *B. immaculicornis.* Dej. *Spéc. tom.* 2. *pag.* 466. *n°.* 47. Longueur 4 lig. ½. Ferrugineux ; élytres verdâtres ; abdomen obscur. Il est plus grand que le Brachine pétard. Espagne, Italie, midi de la France. 25°. Brachine oblong, *B. oblongus.* Dej. *Spéc. tom.* 1, *pag.* 321. *n°.* 33. Longueur 5 lig. ½. Ferrugineux ; élytres brunes. D'Egypte.

Fabricius en adoptant ce genre dans son *Systema Eleutheratorum* y rapporte treize espèces ; mais il faut rendre au genre Aptine les n°s. 5. et 7. Le n°. 6. appartient aux Helluos. Les n°s. 3, 4, 8, 9. sont douteux. Les six autres espèces sont certainement du genre Brachine.

CORSYRE, *Corsyra.* Stev. Dej. (*Spéc.*) *Cymindis.* Fisch.

Genre d'insectes de l'ordre des Coléoptères, section des Pentamères, famille des Carnassiers (terrestres), tribu des Carabiques (division des Troncatipennes).

Les trois genres Aptine, Brachine et Corsyre constituent un groupe dans cette division. (*Voyez* Troncatipennes.) On séparera aisément les deux premiers genres de celui de Corsyre par leurs palpes externes, dont le dernier article est plus gros que le précédent, renflé vers son extrémité ; et par leurs élytres de forme ovale assez alongée ; en outre les Aptines sont dépourvus d'ailes et les mâles ont les trois premiers articles des tarses antérieurs sensiblement dilatés.

Antennes filiformes, plus courtes que le corps, composées de onze articles. — *Labre* court, transverse, légèrement échancré, laissant les mandibules à découvert. — *Mandibules* courtes, peu saillantes. — *Dernier article des palpes*, cylindrique. — *Menton* ayant une dent peu avancée, au milieu de son échancrure. — *Tête* presque triangulaire, point rétrécie postérieurement. — *Corps* court, large, aplati. — *Corselet* plus large que la tête, convexe, arrondi. — *Elytres* larges, en ovale peu alongé, presqu'orbiculaire, recouvrant des ailes et l'abdomen. — *Jambes antérieures* échancrées au côté interne. — *Tarses* composés d'articles presque cylindriques ; tarses antérieurs des mâles n'étant que très-légèrement dilatés ; crochets simples.

M. Stéven a établi ce genre sur une seule espèce qui habite en Sibérie. On ne sait rien de ses mœurs, ni de ses premiers états ; c'est la Corsyre fuseau, *C. fusula.* Dej. *Spéc. tom.* 1. *pag.* 327. *n°.* 1. — *Cymindis fusula.* Fisch. *Entom. de Russ.* 1. *pag.* 123. *n°.* 4. *tab.* 12. *fig.* 3. Long. 3 lig. ½. Brune, très-ponctuée ; élytres formant presqu'un cercle ; leurs bords, une tache humérale, une bande transverse placée presqu'à l'extrémité, d'un roux testacé ; ces taches et la bande se joignent les unes aux autres. Antennes et pattes ferrugineuses. De Sibérie.

CATASCOPE, *Catascopus.* Kirb. Lat. (*Hist. nat. et icon.* et *Fam. nat.*) Dej. (*Spéc.*) *Carabus.* Wiédem.

Genre d'insectes de l'ordre des Coléoptères, section des Pentamères, famille des Carnassiers (terrestres), tribu des Carabiques (division des Troncatipennes).

Le dernier groupe de Troncatipennes à crochets des tarses sans dentelures, présente pour caractères : Labre avancé, recouvrant plus ou moins les mandibules. Il contient trois genres, Catascope, Graphiptère et Anthie. (*Voyez* Troncatipennes). Ces deux derniers diffèrent des Catascopes par leur labre arrondi, leur menton sans dent au milieu de son échancrure, le manque d'ailes, et par leurs élytres arrondies à leurs angles huméraux.

Antennes filiformes, beaucoup plus courtes que le corps, composées de onze articles. — *Labre* avancé, échancré antérieurement, recouvrant presqu'entièrement les mandibules. — *Palpes extérieurs* filiformes, ayant leur dernier article cylindrique. — *Menton* ayant au milieu de son échancrure une dent arrondie, peu avancée. — *Tête* assez grosse, presque triangulaire, peu rétrécie postérieurement. — *Yeux* gros, assez saillans. — *Corps* assez aplati. — *Corselet* un peu plus large que la tête antérieurement, rétréci à sa partie postérieure. — *Elytres* du double plus larges que le corselet, presque planes, en carré plus ou moins alongé, fortement échancrées à l'extrémité, recouvrant des ailes et l'abdomen. — *Jambes antérieures* échancrées au côté interne. —

Tarses composés d'articles presque cylindriques ; crochets simples.

On doit l'établissement de ce genre à M. Kirby qui en a donné les caractères dans les *Transactions Linnéennes, tom.* 14. *pag.* 94. Son nom est tiré d'un verbe grec dont le sens est : *regarder autour de soi*; l'auteur n'en mentionne qu'une espèce.

Les habitudes de ces insectes ne sont pas connues. Ils habitent les Indes orientales.

1°. Catascope grosse tête, *C. facialis*. Dej. *Spéc. tom.* 1. *pag.* 329. *n°.* 1. — *Catascopus Hardwickii*. Kirb. *Trans. Linn. tom.* 14. *pag.* 98. *tab.* 3. *fig.* 1. — Lat. *Hist. nat. et Icon.* etc. *pag.* 116. *tab. VII. fig.* 8. — *Carabus facialis*. Wiédem. *Zool. magaz. tom.* 1. *part.* 3. *pag.* 165. *n°.* 12. Long. 6 lig. ¼. Dessus de la tête et corselet verts ; élytres d'un bleu-verdâtre à stries ponctuées ; dessous du corps d'un bleu obscur ainsi que les pattes. Des Indes orientales. 2°. Catascope émeraude, *C. smaragdulus*. Dej. *id. pag.* 331. *n°.* 2. Long. 3 lig. ½. Vert en dessus ; élytres striées, les stries latérales seules ponctuées ; bord extérieur doré : dessous du corselet, abdomen et pattes de couleur brune. De Java.

GRAPHIPTÈRE, *Graphipterus*. Lat. Dej. *Anthia*. Fab. *Carabus*. Oliv. *Cicindela*. De Géer. Forsk.

Genre d'insectes de l'ordre des Coléoptères, section des Pentamères, famille des Carnassiers (terrestres), tribu des Carabiques (division des Troncatipennes).

Les genres Graphiptère, Anthie et Catascope composent un groupe parmi les Troncatipennes. (*Voyez* ce mot.) Les Catascopes ont le labre échancré en devant ; le menton offre dans son milieu une petite dent ; les élytres sont carrées et recouvrent des ailes. Dans les Anthies les élytres sont convexes, en ovale assez alongé, peu ou point tronquées à leur extrémité ; l'abdomen est épais et convexe en dessous. Les Graphiptères n'ont aucuns de ces caractères.

Antennes filiformes, bien plus courtes que le corps, comprimées, composées de onze articles ; le troisième beaucoup plus long que les autres. — *Labre* avancé, arrondi, presque plane, recouvrant presqu'entièrement les mandibules. — *Palpes extérieurs* filiformes, terminés par un article cylindrique. — *Languette* cornée longitudinalement dans son milieu, membraneuse sur les côtés. — *Tête* point très-grosse, ni rétrécie postérieurement. — *Yeux* assez grands, peu saillans. — *Corps* court, large, déprimé, peu épais. — *Corselet* cordiforme, beaucoup plus large que la tête antérieurement, fort rétréci à sa partie postérieure. — *Elytres* planes, larges, à peine en ovale, presqu'orbiculaires ; leur extrémité visiblement tronquée ; leurs angles huméraux arrondis. — *Point d'ailes*. — *Abdomen* déprimé en dessous. — *Pattes* de longueur moyenne ; jambes antérieures très-échancrées au côté interne ; tarses antérieurs à peine dilatés dans les mâles ; crochets simples.

Ces Carabiques paroissent habiter exclusivement l'Afrique, depuis la Barbarie jusqu'au cap de Bonne-Espérance, l'Arabie et les parties de l'Asie qui en sont voisines. Les espèces connues ont le corps noir, tacheté ou rayé de blanc ou de cendré ; ces taches formées par un duvet court ; c'est à quoi leur nom, tiré de deux mots grecs, fait allusion.

On a remarqué que les espèces tachetées sont plus particulières à l'Egypte. Toutes se plaisent dans les sables brûlans. On ignore leurs premiers états.

1. Graphiptère varié, *G. variegatus*.

Graphipterus variegatus. Dej. *Spéc. tom.* 1. *pag.* 333. *n°.* 1. — *Anthia variegata n°.* 13. Fab. *Syst. Eleut.* — Schœn. *Syn. Ins. tom.* 1. *pag.* 235. *n°.* 18.

Voyez pour la description et les autres synonymes, Carabe bigarré n°. 21. de ce Dictionnaire.

2. Graphiptère moucheté, *G. multiguttatus*.

Graphipterus luctuosus. Dej. *id. p.* 335. *n°.* 3? — *Anthia multiguttata*. Schœn. *id. n°.* 19.

Voyez pour la description et le synonyme de l'Entomol. d'Oliv., Carabe moucheté n°. 57. *pl.* 178. *fig.* 9. de ce Dictionnaire.

3. Graphiptère trilinéé, *G. trilineatus*.

Graphipterus trilineatus. Lat. *Gen. Crust. et Ins. tom.* 1. *pag.* 187. *n°.* 2. — Lat. *Hist. nat. et Icon. etc. pag.* 96. *tab. VI. fig.* 3. — Dej. *Spéc. tom.* 1. *pag.* 337. *n°.* 5. — *Anthia trilineata n°.* 15. Fab. *Syst. Eleut.* — Schœn. *id. n°.* 21.

Voyez pour la description et les autres synonymes, Carabe trilinéé n°. 58. *pl.* 178. *fig.* 10. de ce Dictionnaire.

Ce genre comprend encore : 1°. Graphiptère de Latreille, *G. Latreillei*. Nob. — *Graphipterus multiguttatus*. Lat. *Gener. Crust. et Ins. tom.* 1. *pag.* 186. *n°.* 1. *tab. VI. fig.* 11. (En retranchant tous les synonymes sauf celui de l'*hist. nat. des Crust. et des Ins.*) — Dej. *Spéc. tom.* 1. *p.* 334. *n°.* 2. D'Egypte. 2°. Graphiptère point d'exclamation, *G. exclamationis*. Lat. *id. p.* 187. *n°.* 3. — Lat. *Dict. d'hist. nat. tom. X. pag.* 88. *fig.* 7. — *Anthia exclamationis n°.* 14. Fab. *Syst. Eleut.* — Schœn. *Syn. Ins. tom.* 1. *pag.* 235. *n°.* 20. De Barbarie. 3°. Graphiptère petit, *G. minutus*. Lat. *Hist. nat. et Icon.* etc. *pag.* 96. *tab. VI. fig.* 4. — Dej. *Spéc. id. pag.* 336. *n°.* 4. Longueur 5 à 6 lig. Noir ; bord du corselet et des élytres blanc ; celles-ci portant un grand nombre de points de cette même couleur. D'Egypte.

Nota. Les Carabes cicindéloïdes n°. 56. et effacé n°. 66. de ce Dictionnaire appartiennent probablement à ce genre.

ANTHIE, *Anthia*. Wéb. Fab. Lat. Dej. Thunb. Bonell. *Carabus*. Linn. Oliv. Thunb. De Géer.

Genre d'insectes de l'ordre des Coléoptères, section des Pentamères, famille des Carnassiers (terrestres), tribu des Carabiques (division des Troncatipennes).

Nota. Les Anthies ont les élytres très-peu tronquées postérieurement; dans quelques espèces, elles ne le sont pas visiblement.

Le dernier groupe des Troncatipennes à crochets des tarses sans dentelures, caractérisé par le labre avancé, recouvrant plus ou moins les mandibules, est formé des genres Catascope, Graphiptère et Anthie. (*Voyez* Troncatipennes.) Dans les Catascopes le labre est échancré antérieurement; leur menton a une petite dent au milieu de son échancrure; leurs élytres recouvrent des ailes et ont leurs angles huméraux assez saillans. Le genre Graphiptère s'éloigne des Anthies par ses élytres planes, presqu'orbiculaires, sensiblement tronquées au bout; et encore par l'abdomen qui est déprimé en dessous.

Antennes filiformes, plus courtes que le corps, composées de onze articles, ne paroissant point comprimés; le troisième beaucoup plus long que les autres. — *Labre* grand, un peu convexe, arrondi, avancé, recouvrant presqu'entièrement les mandibules. — *Mandibules* très-grandes et avancées, surtout dans les mâles. — *Palpes extérieurs* ayant leur dernier article presque cylindrique ou grossissant un peu vers l'extrémité. — *Languette* grande, ovale, avancée entre les palpes labiaux, entièrement cornée. — *Menton* dépourvu de dent au milieu de son échancrure. — *Tête* grande, assez alongée, souvent un peu rétrécie derrière les yeux. — *Yeux* assez grands, plus ou moins saillans. — *Corps* épais, plus ou moins alongé. — *Corselet* presque cordiforme, plus large que la tête à sa partie antérieure, prolongé postérieurement dans quelques mâles. — *Elytres* convexes, en ovale alongé, simplement sinuées ou même presqu'arrondies à l'extrémité, recouvrant l'abdomen. — *Point d'ailes*. — *Abdomen* épais, convexe en dessous. — *Pattes* grandes, fortes; jambes antérieures très-échancrées au côté interne; tarses antérieurs légèrement dilatés dans les mâles: crochets simples.

Ces Coléoptères sont de grande taille; leur corps est noir, il a habituellement des taches blanches formées par un duvet court qui garnit des enfoncemens. Leur patrie est l'Afrique et l'Asie, depuis la mer Rouge jusqu'au Bengale: ils se plaisent dans les sables les plus chauds; leurs premiers états n'ont pas encore été observés.

1. Anthie maxillaire, *A. maxillosa*.

Anthia maxillosa n°. 1. Fab. *Syst. Eleut.* (En lisant à la citation d'Olivier: *tab.* 1. *fig.* 10. au lieu de *tab.* 4. *fig.* 39. le synonyme de Voët est douteux, suivant M. Schœnherr.) — Schœn. *Syn. Ins. tom.* 1. *pag.* 232. *n°.* 1. — Dej. *Spéc. tom.* 1. *pag.* 339. *n°.* 1.

Voyez pour la description et la synonymie (en ajoutant à celle de l'Entomologie d'Olivier: mâle et *pl.* 1. *fig.* 10. Femelle.) Carabe maxillaire n°. 1. *pl.* 176. *fig.* 3. Mâle. De ce Dictionnaire.

Nota. Le *Carabus agilis*. Thunb. (*Nov. Ins. Spec. III. pag.* 70. — Carabe immaculé *n°.* 4. *Encycl.*) est peut-être la femelle de cette espèce, suivant M. Gyllenhall cité par M. Schœnherr; ce dernier auteur doute de la vérité de cette assertion.

2. Anthie thoracique, *A. thoracica*.

Anthia thoracica n°. 2. Fab. *id.* (A la citation d'Olivier *lisez*: 5. b. au lieu de 5. 6., et à celle d'Herbst: 2. au lieu de 12.) Mâle et femelle. — *Anthia thoracica*. Schœn. *id. pag.* 232. *n°.* 3. Mâle. — *Anthia fimbriata*. Schœn. *id. n°.* 4. Femelle. — *Anthia thoracica*. Dej. *id. pag.* 340. *n°.* 2. Mâle et femelle. — *Carabus thoracicus*. Oliv. *Entom. tom.* 3. *Carab. pag.* 14. *n°.* 2. *pl.* 10. *fig.* 5. b. Mâle.

Voyez pour la description et les synonymes du mâle, Carabe thoracique n°. 2. de ce Dictionnaire, et pour ceux de la femelle, Carabe frangé n°. 3. *pl.* 176. *fig.* 4.

3. Anthie six taches, *A. sexguttata*.

Anthia sexguttata n°. 4. Fab. *id.* — Lat. *Gen. Crust. et Ins. tom.* 1. *pag.* 185. *n°.* 1. — Schœn. *id. pag.* 233. *n°.* 8. — Dej. *id. pag.* 341. *n°.* 3.

Voyez pour la description et les autres synonymes, Carabe six taches n°. 5. *pl.* 176. *fig.* 5. de ce Dictionnaire.

4. Anthie dix taches, *A. decemguttata*.

Anthia decemguttata n°. 3. Fab. *id.* (Lisez *tom.* 7. au lieu de 47. à la citation de De Géer.) — Lat. *id. pag.* 186. *n°.* 2. (En lisant *éd.* 12. au lieu de 13. à la citation de Linné.) — Schœn. *id. pag.* 232. *n°.* 5. — Dej. *id. pag.* 349. *n°.* 10.

Voyez pour la description et les autres synonymes, Carabe dix taches n°. 16. *pl.* 177. *fig.* 2. de ce Dictionnaire.

Nota. Le Carabe alongé n°. 19. *pl.* 177. *fig.* 3. de ce même ouvrage. — *Anthia quadriguttata* *n°.* 10. Fab. *Syst. Eleut.* n'est qu'une variété de cette espèce. A la citation du *Spec.* de Fabricius *lisez* 300. au lieu de 3.

5. Anthie

5. Anthie sixmaculée, *A. sexmaculata*.

Anthia sexmaculata nº. 7. Fab. *id.* — Schœn. *id. pag.* 234. *nº.* 11. — Dej. *id. pag.* 346. *nº.* 7.

Voyez pour la description et la synonymie, Carabe sixmaculé nº. 17. de ce Dictionnaire.

6. Anthie sillonnée, *A. sulcata*.

Anthia sulcata nº. 6. Fab. *id.* — Schœn. *id. pag.* 234. *nº.* 10. — Dej. *id. pag.* 345. *nº.* 6.

Voyez pour la description et les autres synonymes, Carabe sillonné nº. 18. *pl.* 177. *fig.* 18. de cet ouvrage.

7. Anthie languissante, *A. tabida*.

Anthia tabida nº. 11. Fab. *id.* — Schœn. *id. pag.* 234. *nº.* 15. (En lisant 44. au lieu de 41. au synonyme de Voët.). — Dej. *id. pag.* 354. *nº.* 13.

Voyez pour la description et les autres synonymes, Carabe languissant nº. 20. de ce Dictionnaire.

On doit placer en outre dans ce genre, 1º. Anthie chasseresse, *A. venator nº.* 5. Fab. *Syst. Eleut.* — Schœn. *Syn. Ins. tom.* 1. *pag.* 234. *nº.* 9. — Dej. *Spéc. tom.* 1. *pag.* 342. *nº.* 4. Du Sénégal. 2º. Anthie Nimrod, *A. Nimrod. nº.* 9. Fab. *id.* — Schœn. *id. nº.* 13. — Dej. *id. pag.* 343. *nº.* 5. Du Sénégal. 3º. Anthie six-notes, *A. sexnotata.* Thunb. Schœn. *id. pag.* 233. *nº.* 6. — Lat. *Hist. nat. et icon.* etc. *pag.* 94. *tab. VI. fig.* 2. — Dej. *id. pag.* 352. *nº.* 12. Longueur 1 pouce. Noire; élytres ayant chacune huit sillons cotonneux et trois points blancs. Du cap de Bonne-Espérance. 4º. Anthie douze taches, *A. duodecim punctata.* Bonell. *Mémoires de l'Acad. des sciences de Turin, Observ. entom.* 2. p. 19. nº. 1. — Lat. *id. p.* 94. *tab. VI. fig.* 1. — Dej. *id. pag.* 348. *nº.* 9. Rapportée d'Arabie par feu Olivier. 5º. Anthie bordée, *A. marginata.* Dej. *id. pag.* 347. *nº.* 8. Longueur 1 pouce. Noire; bords du corselet et des élytres, blancs; celles-ci striées, portant huit taches blanches. De Nubie. 6º. Anthie bimouchetée, *A. biguttata.* Bonell. *id. pag.* 20. nº. 2. — Dej. *id. pag.* 351. *nº.* 11. Du cap de Bonne-Espérance.

Fabricius (*Syst. Eleut.*) met seize espèces dans ce genre. Les nºs. 8. et 12. nous sont inconnus; ceux de 13. à 15. appartiennent aux Graphiptères; le nº. 16. est peut-être aussi de ce genre. A la citation d'Olivier, pour ce dernier, lisez: *obsoletus* au lieu de *villosus*.

AGRE, *Agra.* Fab. Lat. Schœn. Klug. Dej. *Carabus.* Oliv. *Drypta.* Schœn.

Genre d'insectes de l'ordre des Coléoptères, section des Pentamères, famille des Carnassiers (terrestres), tribu des Carabiques (division des Troncatipennes).

Un groupe de Troncatipennes à crochets des tarses dentelés en dedans, offre pour caractères: corps plus ou moins alongé; élytres ordinairement alongées: dernier article des palpes labiaux fortement sécuriforme, au moins dans les mâles. Il contient les genres Agre, Cyminde et Calléide. (*Voyez* Troncatipennes.) Dans les deux derniers la tête est peu rétrécie postérieurement; elle n'a pas d'étranglement sensible qui la sépare du corselet; celui-ci est cordiforme; le corps est très-aplati. En outre les Cymindes ont tous les articles des tarses entiers.

Antennes filiformes, beaucoup plus courtes que le corps, composées de onze articles. — *Palpes maxillaires externes* filiformes; dernier article des labiaux très-dilaté, fortement sécuriforme. — *Tête* ovale, très-rétrécie postérieurement et tenant au corselet par un col court dont elle est séparée par un étranglement très-prononcé. — *Corps* long, étroit, assez épais. — *Corselet* alongé, étroit, rétréci en devant. — *Elytres* à peu près du double plus larges que le corselet, assez alongées, un peu convexes, allant en s'élargissant vers l'extrémité qui est tronquée; les angles de cette troncature portant le plus souvent une épine. — *Pattes* assez grandes; jambes antérieures échancrées au côté interne; tarses (surtout les quatre antérieurs) ayant leurs trois premiers articles plus ou moins larges, triangulaires ou cordiformes; le pénultième fortement bilobé; crochets dentelés en dedans.

Les Agres sont propres à l'Amérique méridionale, quoique Fabricius et M. Klüg donnent pour patrie à leur *Agra attelaboides*, les Indes orientales; ce qui paroît une erreur à M. le comte Dejean ainsi qu'à nous. Les mœurs de ces insectes ne sont pas connues; mais il y a lieu de croire qu'ils vivent de proie, ce qu'indique leur nom générique, tiré du grec. Les espèces sont encore si peu communes dans les collections, qu'il n'a guère été possible jusqu'aujourd'hui de les spécifier parfaitement et d'après une comparaison faite entr'elles sur la nature; c'est pourquoi il se pourroit, qu'en rapportant ici les espèces mentionnées par différens auteurs, nous fissions quelque double emploi, ce dont on comprendra la possibilité, en observant que M. le comte Dejean, dans son Spéciès, ne cite qu'avec doute la plupart des synonymes qu'il tire de la Monographie du docteur Klüg, où vingt espèces sont décrites.

1º. Agre de Cayenne, *A. cayennensis.* Lat. *Gen. Crust. et Ins. tom.* 1. *pag.* 195. *nº.* 1. — *Agra œnea* nº. 1. Fab. *Syst. Eleut.* — Klug. *Entom. monogr. pag.* 12 *nº.* 1, *tab.* 1. *fig.* 1. — Dej. *Spéc. tom.* 1. *pag.* 198. *nº.* 1. — Schœn. *Syn. Ins. tom.* 1. *pag.* 236. *nº.* 1. — *Carabus cayennensis.* Oliv. *Entom. tom.* 3. *Carab. pag.* 53. *nº.* 60. *pl.* 12. *fig.* 133. De Cayenne. 2º. Agre rousse, *A. rufescens.* Klug. *id. pag.* 14. *nº.* 2. *tab.* 1. *fig.* 2. Longueur 10 lig. D'un brun-cuivreux; antennes et pattes d'un brun roussâtre; tête ovale, lisse;

corselet alongé, ponctué, raboteux; élytres chargées de points enfoncés, leur extrémité obliquement tronquée, bidentée. De Bahia, au Brésil. Cette espèce est peut-être la même que l'*Agra rufescens*. Dej. *Spéc. tom.* 1. *pag.* 445. *n°.* 5. que cet auteur décrit ainsi : longueur 9 lig. $\frac{1}{2}$. D'un roux-cuivreux; tête ovale, étroite, lisse, avec des points épars sur sa partie postérieure; corselet profondément ponctué; élytres ayant des lignes de points profondément enfoncés, leur extrémité obliquement tronquée, échancrée et bidentée; antennes et pattes rousses. Elle se trouve à Rio-Janeiro, dans les bois touffus, sur les branches d'arbre. 3°. Agre brunâtre, *A. infuscata.* Klug. *id. pag.* 15. *n°.* 3. *tab.* 1. *fig.* 3. Longueur 9 lig. D'un cuivreux-noirâtre; tête étroite, lisse; corselet alongé, ponctué; élytres avec des points cuivreux, leur extrémité bidentée. Du Para au Brésil. Une espèce également du Brésil, très-voisine de celle-ci, ou n'en étant peut-être même qu'une variété, a été figurée par M. Latreille (*Hist. nat. et Iconogr.* etc. *tab. VII. fig.* 2.) sous le nom d'*Agra brentoides.* 4°. Agre très-noire, *A. aterrima.* Klug. *id. pag.* 17. *n°.* 4. *tab.* 1. *fig.* 4. Longueur 7 lig. Très-noire; tête fort étroite, lisse; corselet très-étroit, ponctué; élytres à stries pointillées, leur extrémité munie de deux dents aiguës. De Bahia au Brésil. 5°. Agre variolée, *A. variolosa.* Klug. *id. pag.* 18. *n°.* 5. *tab.* 1. *fig.* 5. Longueur 5 lig. D'un cuivreux-brunâtre, velue; tête ovale, portant une excavation à sa base; corselet alongé, ponctué; élytres à stries ponctuées, comme ridées et plissées, leur extrémité tronquée et bidentée. De Bahia au Brésil. 6°. Agre excavée, *A. excavata.* Klug. *id. pag.* 20. *n°.* 6. *tab.* 1. *fig.* 6. Longueur 5 lig. D'un cuivreux-noirâtre; tête ovale, avec une excavation à sa base; corselet alongé, ponctué; élytres à stries ponctuées, leur extrémité tronquée, bidentée. Du Para. 7°. Agre enfoncée, *A. immersa.* Klug. *id. pag.* 21. *n°.* 7. *tab.* 1. *fig.* 7. Longueur 4 lig. D'un cuivreux-noirâtre, un peu velue; tête excavée, lisse; corselet alongé, ponctué; élytres cuivreuses, à stries ponctuées, leur extrémité tronquée, bidentée. Du Para. 8°. Agre chalcoptère, *A. chalcoptera.* Klug. *id. pag.* 23. *n°.* 8. *tab.* 1. *fig.* 8. Longueur 5 lig. $\frac{1}{2}$. Tête noire, excavée à sa base; corselet d'un noir-cuivreux, alongé, ponctué, un peu velu; élytres d'un cuivreux-verdâtre avec des stries ponctuées et des excavations éparses, leur extrémité tronquée, presque bidentée. Du Para. 9°. Agre brévicolle, *A. brevicollis.* Klug *id. pag.* 25. *n°.* 9. *tab.* 1. *fig.* 9. Longueur 5 lig. $\frac{1}{2}$. D'un noir-cuivreux; tête étroite, excavée à sa ba.e; corselet alongé, ponctué; élytres à stries ponctuées, leur extrémité cuivreuse et bidentée. Du Para. 10°. Agre amincie, *A. attenuata.* Klug. *id. pag.* 26. *n°.* 10. *tab.* 2. *fig.* 1. Longueur 6 lig. Tête ponctuée à sa partie postérieure, noire ainsi que le corselet; élytres cuivreuses, à stries ponctuées, leur extrémité bidentée. Du Brésil. M. le comte Dejean, *Spéc. tom.* 1. *pag.* 201. *n°.* 4. décrit ainsi, sous le nom d'*Agra puncticollis*, une espèce à laquelle il rapporte avec doute l'*attenuata* du docteur Klüg. Longueur 5 lig. $\frac{1}{2}$. D'un roux-cuivreux; tête étroite, lisse, ponctuée à sa partie postérieure; corselet très-ponctué; élytres brillantes, à stries ponctuées, leur extrémité tronquée, bidentée; antennes et pattes rousses. Du Brésil. 11°. Agre à points brillans, *A. gemmata.* Klug. *id. pag.* 28. *n°.* 11. *tab.* 2. *fig.* 2. Longueur 7 lig. $\frac{1}{2}$. Tête étroite, lisse; corselet excavé, ponctué, tous deux de couleur rousse, ainsi que les pattes; élytres d'un testacé-roussâtre avec des points cuivreux et quelques taches noires, leur extrémité bidentée. Du Brésil. M. le comte Dejean regarde comme pouvant être la même espèce celle qu'il décrit sous le nom d'*Agra brentoides. Spéc. tom.* 1. *pag.* 200. *n°.* 3. Longueur 7 lig. $\frac{1}{2}$. Corps cylindrique, d'un rouge-cuivreux; tête étroite, lisse; corselet portant des lignes de points enfoncés; élytres profondément ponctuées, leur extrémité tronquée avec une dent à la partie extérieure de la troncature; antennes et pattes rousses. Cette espèce n'est point l'*Agra brentoides* Lat. *Hist. nat. et Iconogr.* etc. *pag.* 131. *tab. VII. fig.* 2. (*Voyez* plus haut, Agre brunâtre, n°. 3.) 12°. Agre enchaînée, *A. catenulata.* Klug. *id. pag.* 29. *n°.* 12. *tab.* 2. *fig.* 3. Longueur 5 lig. $\frac{1}{2}$. Rousse, avec un reflet cuivreux brillant; tête lisse; corselet ponctué, raboteux; élytres ayant des points enfoncés, leur extrémité unidentée. Du Brésil. 13°. Agre géniculée, *A. geniculata.* Klug. *id. pag.* 30. *n°.* 13. *tab.* 2. *fig.* 4. Longueur 6 lig. $\frac{1}{2}$. D'un brun-noirâtre; tête étroite, lisse; corselet alongé, ponctué; élytres à points enfoncés, leur extrémité presque tridentée; pattes jaunes avec l'extrémité des cuisses brune. Du Para. 14°. Agre pieds rouges, *A. erythropus.* Dej. *Spéc. tom.* 1. *pag.* 199. *n°.* 2. D'un cuivreux-noirâtre; tête ovale, lisse; corselet peu ponctué; élytres ayant des lignes de points enfoncés, leur extrémité un peu tronquée, l'angle extérieur de cette troncature unidenté; antennes et pattes rousses. De Cayenne. M. Dejean rapporte à cette espèce l'*Agra rufipes* Klug. *Entom. monogr. pag.* 31. *n°.* 14. *tab.* 2. *fig.* 5. Longueur 6 lig. $\frac{1}{2}$. Brune; corselet avec des points enfoncés; élytres à stries ponctuées, leur extrémité tridentée; antennes et pattes rousses. Amérique méridionale. Cette espèce ne nous paroît pas être l'*Agra rufipes* Fab. dont nous parlerons plus bas. 15°. Agre ruficorne, *A. ruficornis.* Klug. *id. pag.* 33. *n°.* 15. *tab.* 2. *fig.* 6. Longueur 6 lig. $\frac{1}{2}$. D'un noir-cuivreux; tête étroite, lisse; corselet alongé, ponctué, raboteux; élytres à stries ponctuées, leur extrémité tronquée, presque tridentée; bouche, antennes et pattes d'un brun-roussâtre. Du Para. 16°. Agre attelaboïde, *A. attelaboides.* n°. 3. Fab. *Syst.*

Eleut. — SCHŒN. *Syn. Ins. tom.* 1. *pag.* 236 *n°.* 3. — KLUG. *id. pag.* 34. *n°.* 16. *tab.* 2. *fig.* 7. Fabricius et M. Klüg donnent pour patrie à cette espèce les Indes orientales, ce qui paroît douteux. 17°. Agre fémorale, *A. femorata.* KLUG. *id. pag.* 36. *n°.* 17. *tab.* 2. *fig.* 8. Longueur 7 lig. D'un cuivreux-noirâtre; tête ovale, lisse; corselet alongé, raboteux, ponctué; élytres à stries ponctuées, leur extrémité tronquée, tridentée; cuisses épaisses. Du Para. 18°. Agre gravée, *A. exarata.* KLUG. *id. pag.* 38. *n°.* 18. *tab.* 2. *fig.* 9. Longueur 8 lig. D'un cuivreux-noirâtre; tête ovale avec une légère impression à sa partie postérieure; corselet alongé, raboteux, ponctué; élytres à stries ponctuées, leur extrémité tronquée, tridentée. Du Para. 19°. Agre multipliée, *A. multiplicata.* KLUG. *id. pag.* 39. *n°.* 19. *tab.* 3. *fig.* 1. Longueur 6 lig. $\frac{3}{4}$. D'un noir-cuivreux; derrière de la tête ayant une foible impression; corselet assez alongé, ponctué; élytres à stries ponctuées, leur extrémité pourprée, tridentée. Du Para. 20°. Agre cuivreuse, *A. cuprea.* KLUG. *id. pag.* 41. *n°.* 20. *tab.* 3. *fig.* 2. Longueur 7 lig. D'un noir foncé, tirant un peu sur le violet; tête ayant une petite fossette à sa partie postérieure; corselet alongé, ponctué; élytres à stries ponctuées, leur extrémité cuivreuse, tridentée. Du Para. 21°. Agre rufipède, *A. rufipes* n°. 2. FAB. *Syst. Eleut.* — SCHŒN. *Syn. Ins. tom.* 1. *pag.* 236. *n°.* 2. Amérique méridionale. 22°. Agre petite, *A. parvula.* LAT. *Hist. nat. et Iconogr.* etc. *tab. VII. fig.* 3. (L'auteur ne l'a point décrite.) Du Brésil.

CYMINDE, *Cymindis.* LAT. GYLLENH. DEJ. FISCH. *Tarus.* CLAIRV. *Carabus.* FAB. OLIV. PAYK. SAY. *Anomœus.* FISCH.

Genre d'insectes de l'ordre des Coléoptères, section des Pentamères, famille des Carnassiers (terrestres), tribu des Carabiques (division des Troncatipennes).

Dans cette division un groupe contenant les Agres, les Cymindes et les Calléides, offre les caractères suivans: crochets des tarses dentelés en dedans; corps plus ou moins alongé; élytres ordinairement alongées; dernier article des palpes labiaux fortement sécuriforme, au moins dans les mâles. (*Voyez* TRONCATIPENNES.) Les Agres sont reconnoissables par leur tête très-rétrécie postérieurement, ayant un cou apparent dont elle est séparée par un étranglement; leur corselet est alongé, étroit, rétréci en devant, et le pénultième article des tarses bilobé; ce dernier caractère se retrouve dans le genre Calléide, qui a en outre les trois premiers articles des tarses presque triangulaires, ce qui le sépare des Cymindes.

Antennes filiformes, plus courtes que le corps, composées de onze articles. — *Dernier article des palpes labiaux* plus ou moins sécuriforme, plus dilaté dans les mâles. — *Tête* ovale, peu rétrécie postérieurement. — *Corps* alongé, aplati. — *Corselet* cordiforme, légèrement convexe, rétréci postérieurement; sa partie antérieure plus large que la tête. — *Elytres* planes, en ovale-alongé, tronquées à l'extrémité. — *Articles des tarses* presque cylindriques, les quatre derniers des antérieurs légèrement dilatés dans les mâles; crochets des tarses dentelés en dedans.

Ces Carabiques se cachent sous les pierres et paroissent craindre le jour, d'où M. Latreille leur a appliqué le nom de *Cymindis*, que les Grecs donnoient à un certain oiseau de nuit; ils se trouvent dans presque toute l'Europe, notamment sur les montagnes, et dans le nord de l'Afrique et de l'Amérique. Les types sur lesquels M. Fischer a établi le genre *Anomœus* (*Entom. de Russ.*) sont des mâles de Cymindes. M. le comte Dejean mentionne vingt-six espèces de ce genre, tant dans son Spéciès que dans l'Iconographie des Coléoptères.

1°. Cyminde croisée, *C. cruciata.* DEJ. *Hist. natur. et iconogr.* etc. *pag.* 133. *n°.* 1. *tab. X. fig.* 7. — DEJ. *Spéc. tom.* 1. *pag.* 203. *n°.* 1. — *Anomœus cruciatus.* FISCH. *Entom. de Russ. tom.* 1. *pag.* 128. *n°.* 2. *tab.* 12. *fig.* 2. Russie méridionale. 2°. Cyminde latérale, *C. lateralis.* DEJ. *Spéc. tom.* 1. *pag.* 204. *n°.* 2. —. FISCH. *id. pag.* 120. *n°.* 1. *tab.* 12. *fig.* 1. Russie méridionale. 3°. Cyminde humérale, *C. humeralis.* LAT. *Gener. Crust. et Ins. tom.* 1. *pag.* 190. *n°.* 1. (Il paroît que M. le comte Dejean regarde comme douteux les synonymes de Paykull, de Panzer et de Rossi.) — DEJ. *id. n°.* 3. — *Carabus humeralis* *n°.* 63. FAB. *Syst Eleut.* (Le synonyme de Paykull est douteux, suivant M. Dejean.) — OLIV. *Entom. tom.* 3. *Carab. pag.* 95. *n°.* 131. *pl.* 13. *fig.* 154. (Selon M. Dejean le synonyme de Paykull est douteux). — *Carabus humerosus.* SCHŒN. *Syn. Ins. tom.* 1. *pag.* 184. *n°.* 84. Nord de l'Europe. 4°. Cyminde suturale, *C. suturalis.* DEJ. *id. pag.* 206. *n°.* 4. Longueur 4 lig. $\frac{1}{4}$. Pâle; tête et corselet ferrugineux; élytres à stries ponctuées, leurs intervalles ponctués: la suture et une ligne sur la partie postérieure des élytres, de couleur brune peu foncée. Egypte. 5°. Cyminde dorsale, *C. dorsalis.* DEJ. *id. pag.* 206. *n°.* 5. — *Anomœus dorsalis.* FISCH. *id. pag.* 127. *n°.* 1. *tab.* 12. *fig.* 1. Russie méridionale. 6°. Cyminde linéée, *C. lineata.* DEJ. *id. pag.* 207. *n°.* 6. — *Carabus lineatus.* SCHŒN. *id. pag.* 179. *n°.* 61. Russie méridionale. 7°. Cyminde homagrique, *C. homagrica.* DEJ. *id. pag.* 208. *n°.* 7. — *Lebia homogrica. Faun. franç. Coléopt. pag.* 10. *n°.* 1. *pl.* 1. *fig.* 5. France et Allemagne. 8°. Cyminde ceinturée, *C. cingulata.* DEJ. *id. pag.* 209. *n°.* 8. Longueur 3 lig. $\frac{3}{4}$. Noire, ponctuée, base des élytres profondément ponctuée; leur bord extérieur de couleur ferrugineuse ainsi qu'une tache humérale qui se réunit à ce bord. Bouche, antennes et pattes de cette dernière couleur. Alpes de Styrie. 9°. Cyminde réunie, *C. coadunata.* DEJ. *id. pag.* 210. *n°.* 9. Longueur 3 lig. $\frac{1}{2}$, 4 lig. Noire, ponctuée; corselet roux;

base des élytres profondément ponctuée; leur bord extérieur de couleur ferrugineuse ainsi qu'une tache humérale qui se réunit à ce bord. Bouche et antennes de cette dernière couleur; pattes un peu plus pâles. Midi de la France. 10°. Cyminde mélanocéphale, *C. melanocephala*. Dej. *id. pag.* 210. *n°.* 10. Longueur 3 lig. ½., 4 lig. Noire, un peu pubescente, couverte de points très-serrés; corselet roux; élytres ayant leur bord latéral et une tache humérale souvent peu distincte, de couleur ferrugineuse ainsi que la bouche et les antennes; pattes plus pâles. Pyrénées orientales. 11°. Cyminde axillaire, *C. axillaris*. Dej. *id. pag.* 211. *n°.* 11. — *Carabus axillaris* n°. 66. Fab. *Syst. Eleut.* — Schœn. *id. pag.* 185. *n°.* 86. D'Autriche. 12°. Cyminde angulaire, *C. angularis*. Dej. *id. pag.* 212. *n°.* 12. — Gyll. *Ins. Suec. tom.* 2. *pag.* 173. *n°.* 2. Suède, Russie. 13. Cyminde maculée, *C. maculata*. Dej. *id. n°.* 13. Longueur 3 lig. ½., 4 lig. Brune, un peu pubescente, couverte de points très-serrés; élytres ayant leur bord extérieur, une tache humérale réunie à ce bord, et un point à l'extrémité souvent peu visible, de couleur ferrugineuse ainsi que la bouche et les antennes; pattes plus pâles. Suède, Russie, Prusse. 14°. Cyminde binotée, *C. binotata*. Dej. *id. pag.* 213. *n°.* 14. — Fisch. *id. pag.* 121. *n°.* 2. *tab.* 12. *fig.* 2. Sibérie, Russie méridionale. 15°. Cyminde ponctuée, *C. punctata*. Dej. *id. pag.* 214. *n°.* 15. — *Cymindis basalis*. Gyll. *id. pag.* 174. *n°.* 3. — *Carabus humeralis*. Schœn. *id. pag.* 185. *n°.* 85. (En excluant tous les synonymes, selon M. le comte Dejean; ceux de Fabricius et d'Olivier se rapportent à la Cyminde humérale *n°.* 3.) Hautes montagnes de l'Europe; en Suède dans les plaines. 16°. Cyminde américaine, *C. americana*. Dej. *id. tom.* 2. *pag.* 446. *n°.* 22. Longueur 5 lig. ½. Brune, un peu pubescente; tête et corselet profondément ponctués; élytres couvertes de points très-serrés; leur bord latéral et une tache humérale qui s'y rattache, de couleur testacée ainsi que les pattes; bouche et antennes ferrugineuses. Amérique septentrionale. 17°. Cyminde pubescente, *C. pubescens*. Dej. *id. tom.* 1. *pag.* 215. *n°.* 16. — *Carabus pilosus*. Say. *Trans. americ. Soc. pag.* 10. *n°.* 5. Amérique septentrionale. 18°. Cyminde miliaire, *C. miliaris*. n°. 65. Fab. *id.* — Schœn. *id. pag.* 185. *n°.* 87. France et Autriche. 19°. Cyminde onychine, *C. onychina*. Dej. *id. pag.* 217. *n°.* 18. Longueur 3 lig. ¼. Brune, un peu pubescente, profondément ponctuée; corselet rétréci postérieurement; élytres rembrunies, à stries ponctuées profondément, les intervalles ayant aussi des points; bouche, antennes et pattes ferrugineuses. Sous les pierres, dans les endroits secs et arides. Espagne, Portugal. 20°. Cyminde de Famin, *C. Faminii*. Dej. *id. tom.* 2. *pag.* 447. *n°.* 23. Longueur 3 lig. ½. D'un ferrugineux obscur; tête un peu striée; corselet aplati, très-finement granulé avec une ligne longitudinale enfoncée; élytres plus obscures, un peu sillonnées, très-finement granuleuses; antennes et pattes rousses. De Sicile. 21°. Cyminde variée, *C. variegata*. Dej. *id. tom.* 1. *pag.* 217. *n°.* 19. Longueur 4 lig. Brune, glabre, sans points; élytres à stries ponctuées; leur bord latéral et plusieurs taches éparses peu apparentes, de couleur ferrugineuse ainsi que les antennes et les pattes. Des Antilles. 22°. Cyminde parallèle, *C. parallela*. Dej. *id. pag.* 218. *n°.* 20. Longueur 4 lig. ¾. Brune, glabre; corselet presque carré; élytres presque parallèles, à stries ponctuées, portant chacune deux points enfoncés; elles ont une ligne humérale et un point peu apparent vers leur extrémité, de couleur ferrugineuse ainsi que les antennes et les pattes. Ile de Cuba. 23°. Cyminde morio, *C. morio*. Dej. *id. pag.* 219. *n°.* 21. Longueur 5 lig. Noire, glabre; élytres presque parallèles, à stries ponctuées; elles ont chacune deux points enfoncés; bouche, antennes et tarses de couleur brune. Amérique septentrionale. 24°. Cyminde aplatie, *C. complanata*. Dej. *id. tom.* 2. *pag.* 448. *n°.* 24. Longueur 5 lig. Glabre; tête d'un roux-obscur; corselet roux, presque carré; élytres fort larges, noirâtres, avec des stries pointillées, peu profondes, et trois points enfoncés; leur bord extérieur de couleur ferrugineuse ainsi que les antennes: pattes plus pâles. Amérique septentrionale. 25°. Cyminde australe, *C. australis*. Dej. *id. pag.* 449. *n°.* 25. Longueur 4, 5 lig. Ferrugineuse; corselet cordiforme, presque transversal; élytres fort larges, noirâtres avec des sillons peu marqués, couvertes de points peu profonds, et ayant chacune trois points enfoncés; leur bord extérieur et une bande longitudinale un peu oblique, de couleur testacée. Port Jackson, Nouvelle-Hollande. Sous les écorces. 26°. Cyminde discoïdale, *C. discoidea*. Dej. *Hist. nat. et iconogr.* etc. *pag.* 134. *n°.* 2. *tab. X. fig.* 8. Longueur 4 lig. ½. Ferrugineuse; élytres testacées, striées; ces stries un peu ponctuées; leurs intervalles ayant des points peu visibles et portant deux taches communes de couleur noire, la première vers la base, la seconde plus grande placée vers le milieu; ces taches réunies sur la suture; pattes testacées. De Catalogne.

CALLÉIDE, *Calleida*. Dej. Lat. (*Fam. nat.*) *Carabus*. Fab. Oliv. (*Entom.*) Schœn. *Cymindis*. Say.

Genre d'insectes de l'ordre des Coléoptères, section des Pentamères, famille des Carnassiers (terrestres), tribu des Carabiques (division des Troncatipennes).

Trois genres, Agre, Cyminde et Calléide forment un groupe dans cette division; il a pour caractères: crochets des tarses dentelés en dedans; corps plus ou moins alongé; élytres ordinairement alongées; dernier article des palpes labiaux fortement sécuriforme, au moins dans les mâles. (*Voyez* Troncatipennes.) La tête des Agres est fort rétrécie postérieurement ; elle a un cou distinct dont elle est séparée par un étranglement, leur corselet très-alongé est rétréci en devant ; leur corps est assez épais. Dans les Cymindes les articles des tarses sont cylindriques, le pénultième entier. Tous ces caractères sont opposés à ceux des Calléïdes.

Antennes filiformes, beaucoup plus courtes que le corps, composées de onze articles. — *Dernier article des palpes labiaux* fortement sécuriforme. — *Tête* ovale, peu rétrécie postérieurement. — *Corps* alongé, aplati. — *Corselet* presque cordiforme, alongé, arrondi antérieurement, plus ou moins rétréci à sa partie postérieure. — *Elytres* alongées, peu convexes, parallèlement tronquées à l'extrémité, plus ou moins en carré long. — *Tarses* ayant leurs trois premiers articles assez larges, presque triangulaires, le pénultième fortement bilobé ; le dernier terminé par deux crochets dentelés en dedans.

Le nom de ces insectes est tiré de deux mots grecs qui expriment leur brillante couleur et leur forme élégante. D'après l'opinion de M. le comte Dejean, les espèces qui s'y rapportent seroient fort dispersées sur la terre, et se trouveroient principalement en Amérique, à la Nouvelle-Hollande et au cap de Bonne-Espérance.

1. Calléïde décorée, *C. decora*.

Calleida decora. Lat. *Hist. nat. et icon.* etc. *pag.* 132. *tab. VII. fig.* 7. — Dej. *Spéc. tom.* 1. *pag.* 224. *n°.* 5. — *Carabus decorus* n°. 60. Fab. *Syst. Eleut.* — Schœn. *Syn. Ins. tom.* 1. *pag.* 183. *n°.* 77.

Voyez pour la description et les autres synonymes, Carabe ruficolle n°. 128. de ce Dictionnaire. (M. Schœnherr auroit dû, suivant nous, rapporter à cette espèce le *Carabus ruficollis*. Fab. *Mantiss.*)

Les autres espèces de Calléïdes sont, 1°. Calléïde métallique, *C. metallica*. Dej. *Spéc. tom.* 1. *pag.* 221. *n°.* 1. Longueur 5 lig. $\frac{1}{4}$. D'un cuivreux-noirâtre ; corselet cuivreux ; élytres un peu verdâtres, à stries profondément ponctuées, et portant deux impressions. Du Brésil. 2°. Calléïde bordée, *C. marginata*. Dej. *id. pag.* 222. *n°.* 2. — *Cymindis viridipennis*. Say. *Trans. americ. Soc. pag.* 9. *n°.* 3. Géorgie, Amérique septentrionale. 3°. Calléïde verdâtre, *C. æruginosa*. Dej. *id.* n°. 3. Longueur 3 lig. $\frac{1}{2}$. Tête et corselet d'un cuivreux ferrugineux ; élytres de couleur cuivreuse à stries ponctuées et portant deux impressions ; abdomen, antennes et pattes de couleur ferrugineuse. Du Brésil. 4°. Calléïde viridipenne, *C. viridipennis*. Dej. *id. pag.* 223. *n°.* 4. Longueur 3 lign. $\frac{3}{4}$. Rousse ; corselet à stries transversales, sa partie postérieure carrée ; élytres vertes à stries profondes et ponctuées, leur bord extérieur et la suture de couleur rousse. Brésil. 5°. Calléïde rubricolle, *C. rubricollis*. Dej. *id. pag.* 225. *n°.* 6. — *Dromius decorus*. Dej. Catal. Longueur 3 lig. $\frac{1}{4}$. D'un vert brillant ; corselet, antennes, jambes et tarses de couleur rousse. Amérique septentrionale. 6°. Calléïde émeraude, *C. smaragdina*. Dej. *id. n°.* 7. — *Dromius festinans*. Dej. Catal. Longueur 3 lig. $\frac{3}{4}$. D'un vert brillant ; corselet oblong, ses angles postérieurs arrondis : base des antennes rousse ; pattes d'un bleu-noir. Géorgie, Amérique septentrionale.

Nota. M. Latreille regarde aussi comme pouvant appartenir à ce genre le *Carabus festinans* n°. 93. Fab. *Syst. Eleut.* — Schœn. *Syn. Ins. tom.* 1. *pag.* 190. *n°.* 118. De Cayenne.

CTÉNODACTYLE, *Ctenodactyla*. Dej.

Genre d'insectes de l'ordre des Coléoptères, section des Pentamères, famille des Carnassiers (terrestres), tribu des Carabiques (division des Troncatipennes).

Parmi les Troncatipennes à crochets des tarses dentelés en dedans, un groupe a pour caractères : corps plus ou moins alongé ; dernier article des palpes labiaux point sécuriforme. (*Voyez* Troncatipennes.) Il renferme avec le genre Cténodactyle, ceux de Dromie et de Démétrias qui s'en distinguent par leur tête peu sensiblement rétrécie à sa partie postérieure, et par le dernier article des palpes cylindrique.

Antennes filiformes, beaucoup plus courtes que le corps. — *Palpes* peu alongés, leur dernier article ovalaire, presque terminé en pointe. — *Tête* arrondie, assez grande, rétrécie brusquement à sa partie postérieure qui forme une espèce de cou cylindrique dont elle est séparée par un étranglement. — *Corselet* à peu près de la largeur de la tête, presque plane, plus long que large. — *Elytres* alongées, du double plus larges que le corselet, un peu convexes, allant en s'élargissant vers l'extrémité qui est arrondie. — *Tarses* ayant leurs trois premiers articles larges ; le premier un peu alongé, triangulaire ; les deux suivans courts, très-larges, triangulaires ou cordiformes, le quatrième très-fortement bilobé, le dernier terminé par deux crochets dentelés en dedans.

Le nom de ce genre vient de deux mots grecs qui expriment ce dernier caractère. On n'en connoît qu'une espèce dont les mœurs sont ignorées ; c'est la Cténodactyle de Chevrolat, *C. Chevrolatii*. Dej. *Spéc. tom.* 1. *pag.* 227. *n°.* 1. Longueur 5 lig. Dessus du corps d'un bleu-noirâtre, le dessous brun ; corselet roux ; antennes et pattes testacées ; élytres ayant des stries ponctuées bien marquées. De Cayenne.

DÉMÉTRIAS, *Demetrias*. Bonell. Dej. (*Spéc.*) Lat. (*Fam. nat.*) *Dromius*. Germ. Dej. (Catal.) *Lebia*. Gyllenh. Dufts. *Carabus*. Fab. Oliv. Schœn. Linn. ? *Buprestis*. Geoff.

Genre d'insectes de l'ordre des Coléoptères, section des Pentamères, famille des Carnassiers (terrestres), tribu des Carabiques (division des Troncatipennes).

Un groupe de Troncatipennes à crochets des tarses dentelés en dedans, est ainsi caractérisé : corps plus ou moins alongé ; dernier article des palpes labiaux point sécuriforme, et contient les genres Cténodactyle, Démétrias et Dromie. (*Voy.* Troncatipennes.) Le premier est distinct par la forme de la tête, dont la partie postérieure est brusquement rétrécie, portée par un cou distinct et séparée de celui-ci par un étranglement ; le dernier article des palpes est ovalaire. On distinguera les Dromies des Démétrias par les articles des tarses tous entiers, les quatre premiers étant presque cylindriques.

Dernier article des palpes cylindrique. — *Tête* ovale, peu rétrécie postérieurement. — *Corps* alongé. — *Corselet* presque cordiforme. — *Elytres* tronquées au bout. — *Tarses* ayant leurs trois premiers articles presque triangulaires, le quatrième fortement bilobé, le dernier muni de deux crochets dentelés en dedans.

Ces Carabiques sont de petite taille ; les espèces connues habitent l'Europe : on les trouve au printemps sur les baies et les broussailles, ou volant à l'approche de la nuit.

1. Démétrias alongé, *D. elongatulus.*

Demetrias elongatulus. Dej. *Spéc. tom.* 1. *pag.* 232. *n°.* 4. — *Dromius elongatulus.* Dej. Catal. — *Lebia elongatula.* Dufts. *Faun. austr. pag.* 257. *n°.* 26. — *Carabus atricapillus.* Oliv. *Entom. tom.* 3. *Carab. pag.* 111. *n°.* 155. *pl.* 9. *fig.* 106. a. b. (En excluant les synonymes de Fabricius et de Linné.) — Lébie tête noire. *Faun. franç. Coléopt. pl.* 1. *fig.* 8.

Longueur 2 lig. ½, 3 lig. Pâle ; tête noire ; corselet roux, un peu rétréci à sa partie postérieure, dont les angles sont relevés et un peu saillans ; élytres à stries peu visibles, leurs intervalles ponctués ; poitrine et base de l'abdomen d'un brun-noirâtre.

Voyez pour le reste de la description, Carabe tête noire n°. 156. de ce Dictionnaire, en retranchant les synonymes de Fabricius, de Linné et de De Villers. A celui de Geoffroy, qu'il faut conserver, lisez : le Bupreste fauve à tête noire, au lieu de Bupreste noir sans stries.

Ce genre contient en outre : 1°. Démétrias impérial, *D. imperialis.* Dej. *Spéc. tom.* 1. *pag.* 229. *n°.* 1. — *Dromius imperialis.* Germ. *Coléopt. Spec. nov. pag.* 1. *n°.* 1. — Dej. Catal. — *Lebia atricapilla* var. c. Gyllenh. *Ins. Suec. tom.* 2. *pag.* 188. *n°.* 9. — *Carabus atricapillus* var. e. Schœn. *Syn. Ins. tom.* 1. *pag.* 219. *n°.* 277. A peu près de la taille du Démétrias alongé. Pâle ; tête et dessous du corselet d'un brun noirâtre ; corselet roux en dessus, rétréci à sa partie postérieure ; élytres à stries ponctuées, peu marquées, portant quatre points enfoncés ; suture d'un brun-noirâtre, cette couleur élargie dans le milieu ; une tache au bord postérieur de même couleur, émettant souvent un rameau qui la réunit à la bande suturale. Autriche, Dalmatie, Suède. 2°. Démétrias uniponctué, *D. unipunctatus.* Dej. *id. pag.* 230. *n°.* 2. — *Dromius unipunctatus.* Germ. *id. n°.* 2. — *Lebia atricapilla* var. d. Schœn. *id.* Même taille que les précédens. Pâle ; tête noire ; corselet roux, un peu rétréci à sa partie postérieure ; élytres à stries ponctuées, peu distinctes, ayant en outre quatre impressions ; suture d'un brun-noirâtre, cette couleur dilatée avant l'extrémité en une tache ronde. Autriche, France, environs de Paris. 3°. Démétrias tête noire, *D. atricapillus.* Dej. *id. pag.* 231. *n°.* 3. — *Dromius atricapillus.* Dej. Catal. — *Lebia atricapilla.* Dufts. *id.* — Gyllenh. *id.* — *Carabus atricapillus?* Linn. *Syst. nat.* 2. 673. 42. — Schœn. *id.* (En excluant tous les synonymes, excepté celui de Linné, qui cependant est douteux.) Même taille que les précédens. Pâle ; tête noire ; corselet roux, un peu rétréci à sa partie postérieure ; élytres à stries peu visibles, leurs intervalles ponctués ; dessous du corselet et base de l'abdomen d'un brun-noirâtre. France, Allemagne, Suède ?

DROMIE, *Dromius.* Bonell. Dej. Stév. Lat. (*Fam. nat.*) *Lebia.* Dufour. Gyllenh. Dufts. *Carabus.* Fab. Oliv. Schœn. Panz. Ross. ?

Genre d'insectes de l'ordre des Coléoptères, section des Pentamères, famille des Carnassiers (terrestres), tribu des Carabiques (division des Troncatipennes).

Ce genre compose avec ceux de Cténodactyle et de Démétrias, une coupe particulière dans les Troncatipennes ; elle a pour caractères : crochets des tarses dentelés en dedans ; corps plus ou moins alongé ; dernier article des palpes labiaux point sécuriforme. (*Voyez* Troncatipennes.) Les Cténodatyles ont la tête rétrécie brusquement à sa partie postérieure, pourvue d'un cou distinct, dont elle est séparée par un étranglement ; de plus le dernier article de leurs palpes est ovalaire. Les tarses des Démétrias ont leurs trois premiers articles presque triangulaires et le quatrième fortement bilobé, ce qui sépare ces deux genres de celui de Dromie.

Antennes filiformes, plus courtes que le corps. — *Dernier article des palpes* cylindrique. — *Tête* ovale, peu rétrécie postérieurement. — *Corps* plus ou moins alongé, un peu aplati. — *Corselet* plus ou moins cordiforme, plus ou moins alongé. — *Elytres* planes, plus ou moins alongées, tronquées à leur extrémité. — *Tarses* ayant tous les articles presque cylindriques, le pénultième presqu'entier; le dernier muni de deux crochets dentelés en dedans.

Ces Coléoptères, dont le nom, tiré d'un verbe grec, exprime l'agilité avec laquelle ils courent, sont de petite taille; une grande partie des espèces appartient à l'Europe, les autres à l'Amérique du nord. On les trouve sous les écorces et sous les pierres. Les uns, d'une couleur jaunâtre ou brune, se rapprochent des Démétrias; ceux dont le corps est noir, un peu métallique, ont une forme un peu plus raccourcie.

1. Dromie quadrimaculé, *D. quadrimaculatus.*

Dromius quadrimaculatus. Dej. *Spéc. tom.* 1. *pag.* 239. *n°.* 8. — *Carabus quadrimaculatus* n°. 203. Fab. *Syst. Eleut.* — Oliv. *Entom. tom.* 3. *Carab. pag.* 107. *n°.* 150. *pl.* 8. *fig.* 89. a. b. c. d. — Schœn. *Syn. Ins. tom.* 1. *pag.* 217. *n°.* 275. (En excluant les variétés.) — *Lebia quadrimaculata. Faun. franç. Coléopt. pl.* 1. *fig.* 7.

Voyez pour la description et les autres synonymes, Carabe quadrimaculé n°. 151. de ce Dictionnaire.

2. Dromie agile, *D. agilis.*

Dromius agilis. Dej. *id. pag.* 240. *n°.* 9. — *Carabus agilis* n°. 83. Fab. *Syst. Eleut.* — *Carabus fenestratus* n°. 210. Fab. *id.* — *Carabus quadrimaculatus* var. c. et d. Schœn. *id. pag.* 217. et 218. *n°.* 275. — *Carabus arcticus?* Oliv. *id. pag.* 97. *n°.* 133. *pl.* 12. *fig.* 145. — *Dromius bimaculatus.* Dej. Catal.

Voyez pour la description et le synonyme, Carabe agile n°. 136. de cet ouvrage.

3. Dromie tronqué, *D. truncatellus.*

Dromius truncatellus. Dej. *id. pag.* 248. *n°.* 18. — *Carabus truncatellus* n°. 222. Fab. *id.* — Oliv. *id. pag.* 113. *n°.* 160. *pl.* 13. *fig.* 159. a. b. — Schœn. *id. pag.* 196. *n°.* 161. (A la citation du *Syst. nat.* de Linné, lisez 673. au lieu de 672.)

Voyez pour la description et les autres synonymes, Carabe tronqué n°. 163. de ce Dictionnaire.

Ce genre renferme encore : 1°. Dromie longue tête, *D. longiceps.* Dej. *Spéc. tom.* 2. *pag.* 450. *n°.* 21. Longueur 2 lig. ½. Alongé; tête alongée, oblongue, d'un noir un peu ferrugineux; corselet presqu'en carré alongé, roux; élytres pâles à stries peu marquées; leur suture brune; antennes et pattes pâles. De Volhynie. 2°. Dromie linéaire, *D. linearis.* Dej. *id. tom.* 1. *pag.* 233. *n°.* 1. — *Carabus linearis.* Oliv. *Entom. tom.* 3. *Carab. pag.* 111. *n°.* 156. *pl.* 14. *fig.* 167. a. b. — Schœn. *Syn. Ins. tom.* 1. *pag.* 218. *n°.* 276. Environs de Paris. 3°. Dromie mélanocéphale, *D. melanocephalus.* Dej. *id. pag.* 234. *n°.* 2. Longueur une lig. ½. Tête noire; corselet carré, roux; élytres légèrement striées; antennes et pattes pâles; dessous du corps ferrugineux. Allemagne, Angleterre, Lyon. Commun aux environs de Paris. 4°. Dromie sigma, *D. sigma.* Dej. *id. pag.* 235. *n°.* 3. — *Dromius fasciatus.* Dej. Catal. — *Lebia fasciata.* Dufts. *Faun. austr.* 2. *pag.* 255. *n°.* 24. — *Carabus sigma?* Ross. *Faun. Etrusc. tom.* 1. *pag.* 226. *n°.* 664. — Schœn. *id. pag.* 226. *n°.* 338. Autriche, Finlande, Italie (si le synonyme de Rossi lui appartient). 5°. Dromie quadrimoucheté, *D. quadrisignatus.* Dej. *id. pag.* 236. n°. 4. Longueur 1 lig. ¾. Tête noire; corselet carré, roux; élytres légèrement striées, brunes, ayant chacune deux grandes taches de couleur pâle, l'une à l'angle huméral, l'autre à l'extrémité; antennes et pattes pâles; dessous du corps d'un brun de poix. Midi de la France, environs de Paris, sous les écorces. 6°. Dromie bifascié, *D. bifasciatus.* Dej. *id. pag.* 237. *n°.* 5. Longueur une lig. ½. Tête noire; corselet carré, roux; élytres légèrement striées, brunes, avec deux grandes taches pâles, l'une à l'angle huméral, l'autre de forme semi-lunaire à l'extrémité; antennes et pattes pâles; dessous du corps couleur de poix. Même localité que les précédens. 7°. Dromie fascié, *D. fasciatus.* Dej. *id. pag.* 238. *n°.* 6. — *Carabus fasciatus* n°. 85. Fab. *Syst. Eleut.* — Schœn. *id. pag.* 89. *n°.* 112. D'Autriche. 8°. Dromie quadrinoté, *D. quadrinotatus.* Dej. *id. n°.* 7. — *Carabus quadrinotatus.* Panz. *Faun. Germ. fas.* 73 *fig.* 5. — Schœn. *id. pag* 221. *n°.* 292. Des environs de Paris. 9°. Dromie méridional, *D. meridionalis.* Dej. *id. pag.* 242. *n°.* 10. Longueur 2 lig. ½. Oblong; tête et corselet ferrugineux, celui-ci presque carré, ses angles postérieurs arrondis; élytres brunes, striées, portant une ligne de petits points enfoncés; antennes et pattes pâles. France méridionale. 10°. Dromie bordé, *D. marginellus.* Dej. *id. pag.* 243. *n°.* 11. — *Carabus marginellus* n°. 87. Fab. *id.* — *Carabus quadrimaculatus* var. z. Schœn. *id. pag.* 218. *n°.* 275. Autriche. 11°. Dromie double-plaie, *D. biplagiatus.* Dej. *id. n°.* 12. Longueur 1 lig. ½. Assez alongé, d'un noir obscur; élytres ayant une grande tache humérale pâle; antennes et pattes de cette dernière couleur. Amérique septentrionale. 12°. Dromie glabre, *D. glabratus.* Dej. *id. pag.* 244. *n°.* 13. — *Lebia glabrata.* Dufts. *id. pag.* 248. *n°.* 16. Allemagne, Dalmatie, France, Espagne, Russie méridionale. 13°. Dromie cortical, *D. corticalis.* Dej. *id. pag.* 245. *n°.* 14. — *Lebia corticalis.* Dufour, *Annal. gén. des scienc. phys. tom.* 6. 18ᵉ. cahier, *pag.* 222. *n°.* 10. Longueur 1 lig. ½. Alongé, d'un cuivreux noirâtre; élytres presque lisses, ayant dans leur milieu une tache pâle. Navarre, midi de la France, et peut-être de la Russie méridionale et d'Autriche. 14°. Dromie pallipède, *D. pallipes.* Dej. *id. pag.* 246. *n°.* 15. Longueur une lig. ½. Oblong, d'un cuivreux obscur; élytres légèrement striées; pattes pâles. D'Autriche. 15°. Dromie tacheté, *D. spilotus.* Dej. *id. n°.* 16. Longueur une lig. $\frac{1}{4}$, une lig. $\frac{1}{2}$. Oblong, d'un noir un peu cuivreux; élytres obscures, légèrement striées, ayant chacune deux points enfonçés, souvent peu apparens, et deux taches pâles, peu distinctes, l'une humérale, l'autre placée à l'extrémité; la suture a une ligne pâle; jambes d'un pâle obscur. Midi de l'Europe, Allemagne. *Nota.* Les *Dromius obsoletus, impressus, atratus,* Dej. Catal. n'en sont que des variétés. 16°. Dromie sillonné, *D. subsulcatus.* Dej. *id. tom.* 2. *pag.* 451. *n°.* 22. Longueur une lig. $\frac{1}{2}$. Noir; élytres cuivreuses, légèrement sillonnées, ayant chacune deux points enfoncés. Amérique septentrionale. 17°. Dromie à petits points, *D. punctatellus.* Dej. *id. tom.* 1. *pag.* 247. *n°.* 17.— *Lebia punctatella.* Dufts. *id. pag.* 248. *n°.* 15. — *Lebia faveola.* Gyll. *Ins. Suec.* 2. *pag.* 185. *n°.* 5. Environs de Paris, Suède, Autriche. 18°. Dromie quadrille, *D. quadrillum.* Dej. *id. pag.* 249. *n°.* 19. — *Lebia quadrillum.* Dufts. *id. pag.* 246. *n°.* 12. Environs de Paris, Autriche, Espagne, Italie, Dalmatie. 19°. Dromie taches blanches, *D. albonotatus.* Dej. *id. n°.* 20. Longueur 1 lig. $\frac{1}{4}$. D'un noir un peu cuivreux; élytres striées, leurs intervalles ponctués: sur chacune d'elles on voit une bande sinuée, raccourcie, quelquefois interrompue, de couleur blanche. De Portugal.

LÉBIE, *Lebia.* Lat. Bonell. Gyllen. Dufts. Dej. *Lampria.* Bonell. Lat. (*Fam. nat.*) *Carabus.* Linn. Fab. Oliv. Schœn. Ross. *Buprestis.* Geoff.

Genre d'insectes de l'ordre des Coléoptères, section des Pentamères, famille des Carnassiers (terrestres), tribu des Carabiques (division des Troncatipennes).

Un groupe de Troncatipennes à crochets des tarses dentelés en dedans, offre pour caractères: corps plus ou moins large et aplati; élytres presque carrées; dernier article des palpes labiaux point sécuriforme. (*Voyez* Troncatipennes.) Outre les Lébies, il renferme les genres Coptodère et Orthogonie, qui se distinguent des premières par le bord postérieur du corselet coupé carrément, et par leurs élytres plus alongées que celles des Lébies.

Antennes filiformes. — *Dernier article des palpes* filiforme ou presqu'ovalaire, tronqué à l'extrémité, jamais sécuriforme. — *Tête* ovale, peu rétrécie postérieurement. — *Corps* court, aplati. — *Corselet* court, transversal, plus large que la tête, prolongé postérieurement dans son milieu. — *Élytres* larges, presqu'en carré régulier, tronquées à l'extrémité. — *Articles des tarses* presque triangulaires ou cordiformes, le pénultième bifide ou bilobé; le dernier muni de deux crochets dentelés en dedans.

Les Lébies, dont le nom vient d'un verbe grec qui signifie: *prendre,* vivent probablement de proie comme les autres Carabiques. On les trouve en Europe et en Amérique sous les écorces des arbres et sous les pierres. Leur taille est généralement au-dessous de la moyenne; leurs couleurs sont agréables et variées.

Nota. Les caractères du genre *Lampria* Bonell. nous paroissant peu tranchés, nous le réunissons avec les Lébies, à l'exemple de M. le comte Dejean.

1. Lébie cyanocéphale, *L. cyanocephala.*

Lebia cyanocephala. Lat. *Gen. Crust. et Ins. tom.* 1. *pag.* 191. *n°.* 1. *tab.* 6. *fig.* 12. (A la citation du *Syst. nat.* de Linné, lisez 671. au lieu de 71.) — Dej. *Spéc. tom.* 1. *pag.* 256. *n°.* 3. — *Faun. franç. Coléopt. pl.* 1. *fig.* 6.— *Carabus cyanocephalus* n°. 167. Fab. *Syst. Eleut.* — Schœn. *Syn. Ins. tom.* 1. *pag.* 208. *n°.* 227.

Voyez pour la description et les autres synonymes, Carabe tête bleue n°. 127. de ce Dictionnaire.

2. Lébie petite croix, *L. crux minor.*

Lebia crux minor. Lat. *id. pag.* 192. *n°.* 2. — Dej. *id. pag.* 261. *n°.* 9. — *Carabus crux minor* n°. 177. Fab. *id.* — Schœn. *id. pag.* 210 *n°.* 239.

Voyez pour la description et les autres synonymes, Carabe grand-croix n°. 131. de ce Dictionnaire. (En retranchant les synonymes de Linné qui appartiennent au Panagée grand-croix n°. 5).

3. Lébie turque, *L. turcica.*

Lebia turcica. Dej. *id. pag.* 262. *n°.* 11. — *Carabus turcicus* n°. 181. Fab. *id.* (A la citation d'Olivier lisez *fig.* 68. au lieu de 60.) — Schœn. *id. pag.* 211. *n°.* 244.

Voyez pour la description et les autres synonymes, Carabe turcique n°. 133. de ce Dictionnaire.

On la trouve en France, aux environs de Paris.

4. Lébie hémorrhoïdale, *L. hæmorrhoidalis.*

Lebia hemorrhoidalis. Dej. *id. pag.* 266. *n°.* 15. — *Carabus hemorrhoidalis.* n°. 182. Fab. *id.* — Schœn. *id. pag.* 211. *n°.* 245.

Voyez pour la description et le synonyme, Carabe hémorrhoïdal n°. 134. de ce Dictionnaire.

On la trouve en France, aux environs de Paris.

5. Lébie rayée, *L. vittata.*

Lebia vittata. Dej. *id. pag.* 267. *n°.* 17. — *Carabus vittatus* n°. 178. Fab. *id.* — Schœn. *id. pag.* 210. *n°.* 241.

Voyez

Voyez pour la description et les autres synonymes, Carabe rayé n°. 132. *pl.* 179. *fig.* 16. du présent ouvrage.

Les espèces suivantes entrent aussi dans ce genre : 1°. Lébie peinte, *L. picta.* Dej. *Spéc. tom.* 1. *pag.* 254. *n°.* 1. Longueur 5 lig. ½. Rousse, ponctuée; corselet portant deux taches noires; élytres testacées, avec deux taches et la suture noires. Du Sénégal. 2°. Lébie fulvicolle, *L. fulvicollis.* Dej. *id. pag.* 255. *n°.* 2. — *Carabus fulvicollis* n°. 127. Fab. *Syst. Eleut.* — Schœn. *Syn. Ins. pag.* 198. *n°.* 177. De Barbarie. 3°. Lébie chlorocéphale, *L. chlorocephala.* Dej. *id. pag.* 257. *n°.* 4. — Gyllenh. *Ins. Suec. tom.* 2. *pag.* 180. *n°.* 2. — *Carabus chlorocephalus.* Schœn. *id. pag.* 209. *n°.* 228. D'Autriche. 4°. Lébie rufipède, *L. rufipes.* Dej. *id. pag.* 258. *n°.* 5. Longueur 2 lig. ½. D'un bleu-noirâtre; corselet, poitrine et pattes de couleur rousse; élytres bleues à stries ponctuées ainsi que leurs intervalles; ces points peu apparens. Midi de la France. 5°. Lébie viridipenne, *L. viridipennis.* Dej. *id. tom.* 2. *pag.* 452. *n°.* 24. Longueur 2 lig. ½. Tête verte; corselet roux; élytres d'un vert d'émeraude brillant, à stries finement pointillées ainsi que leurs intervalles; dessous du corps roux; pattes pâles; cuisses, extrémité des jambes et tarses, noirs. Amérique septentrionale. 6°. Lébie tricolore, *L. tricolor.* Dej. *id. pag.* 453. *n°.* 25. — Say. *Trans. americ. Phil. soc. pag.* 11. *n°.* 1. Amérique septentrionale. 7°. Lébie ventre noir, *L. atriventris.* Dej. *id. pag.* 454. *n°.* 26. — Say. *id. pag.* 13. *n°.* 3. Amérique septentrionale. 8°. Lébie cyanoptère, *L. cyanoptera.* Dej. *id. tom.* 1. *pag.* 258. *n°.* 6. Longueur 3 lignes. D'un beau jaune; élytres bleues; antennes, jambes et tarses, noirs. Du Brésil. 9°. Lébie sellée, *L. sellata.* Dej. *id. pag.* 259. *n°.* 7. Longueur 5 lig. Rousse; élytres d'un roux testacé avec deux taches noires dorsales communes aux deux élytres, l'une vers la base, l'autre plus grande placée à la partie postérieure; elles ont en outre une ligne humérale noire; jambes et tarses de cette dernière couleur. De Cayenne et du Brésil. 10°. Lébie dorsale, *L. dorsalis.* Dej. *id. tom.* 2. *pag.* 455. *n°.* 27. Longueur 5 lig. D'un testacé roussâtre; élytres pâles avec deux taches dorsales communes, l'une à la base, l'autre plus grande placée à la partie postérieure, de couleur noire ainsi que les antennes, les jambes et les tarses. Du Brésil. 11°. Lébie cyathigère, *L. cyathigera.* Dej. *id. tom.* 1. *pag.* 260. *n°.* 8. — *Carabus cyathiger.* Ross. *Faun. etrusc. tom.* 1. *pag.* 222. *n°.* 529. *tab.* 7. *fig.* 3. — Schœn. *id. pag.* 210. *n°.* 240. France méridionale, Italie. 12°. Lébie nigripède, *L. nigripes.* Dej. *id. pag.* 262. *n°.* 10. Longueur 2 lig. ¾. Noire; corselet et élytres de couleur rousse; celles-ci portant une croix noire; pattes de cette dernière couleur. D'Illyrie et du midi de la France. 13°. Lébie quadrimaculée, *L. quadrimaculata.* Dej. *id. pag.* 264. *n°.* 12. Longueur 2 lig. Noire; corselet roux; élytres striées, noires avec une grande tache humérale et une petite à l'extrémité de couleur testacée ainsi que les pattes. Espagne, midi de la France, sous les écorces. 14°. Lébie humérale, *L. humeralis.* Dej. *id. n°.* 13. — *Lebia tarcica.* Dufts. *Faun. aust.* 11. *pag.* 245. *n°.* 11. De Dalmatie. 15°. Lébie anale, *L. analis.* Dej. *id. pag.* 265. *n°.* 14. — *Lebia ornata.* Say. *id. pag.* 13. *n°.* 4. Amérique septentrionale. 16°. Lébie à collier, *L. collaris.* Dej. *id. tom.* 2. *pag.* 456. *n°.* 28. Longueur 2 lig. ¼. Rousse; tête et élytres noires. Amérique septentrionale. 17°. Lébie gentille, *L. pulchella.* Dej. *id. pag.* 457. *n°.* 29. Longueur 2 lig. ¼. Testacée; tête bleue ainsi que deux bandes transverses sinuées, placées sur les élytres, l'une à la base, l'autre vers le milieu. Amérique septentrionale. 18°. Lébie bifasciée, *L. bifasciata.* Dej. *id. tom.* 1. *pag.* 266. *n°.* 16. Longueur 2 lig. ½. Rousse; tête, anus et pattes de couleur verte; élytres de cette même couleur avec deux bandes rousses, l'une avant le milieu, l'autre à l'extrémité. De Cayenne. 19°. Lébie quadrirayée, *L. quadrivittata.* Dej. *id. pag.* 268. *n°.* 18. Longueur 2 lig. ½. Tête et dessous du corselet noirs; corselet et abdomen roux; élytres noires avec deux bandes raccourcies, pâles. Amérique septentrionale. 20°. Lébie sillonnée, *L. sulcata.* Dej. *id. pag.* 269. *n°.* 19. Longueur 3 lig. Ferrugineuse; élytres sillonnées, ayant deux bandes ondulées et obliques, brunes. De Cayenne. 21°. Lébie brune, *L. fuscata.* Dej. *id. pag.* 270. *n°.* 20. Longueur 3 lig. ½. Brune; bord du corselet, antennes et pattes de couleur testacée; élytres testacées avec la partie moyenne de leur suture brune, cette couleur s'élargissant aux deux extrémités. Il y a une tache ovale brune de chaque côté de la bande suturale. Amérique septentrionale. 22°. Lébie bordée, *L. marginicollis.* Dej. *id. pag.* 271. *n°.* 21. Longueur 2 lig. D'un cuivreux-noirâtre; bord latéral du corselet, pâle; élytres d'un vert-cuivreux. Amérique septentrionale, Géorgie. 23°. Lébie verte, *L. viridis.* Dej. *id. n°.* 22. Longueur 2 lig., 2 lig. ½. D'un bleu verdâtre; antennes, jambes et tarses, noirs. Amérique septentrionale. 24°. Lébie tuberculée, *L. tuberculata.* Dej. *id. pag.* 272. *n°.* 23. Longueur 2 lig. ½. Brune; bord latéral du corselet, pâle; élytres tuberculées. De Cayenne.

COPTODÈRE, *Coptodera.* Dej.

Genre d'insectes de l'ordre des Coléoptères, section des Pentamères, famille des Carnassiers (terrestres), tribu des Carabiques (division des Troncatipennes).

Le dernier groupe des Troncatipennes à crochets des tarses dentelés en dedans, a pour caractères : corps plus ou moins large et aplati; élytres presque carrées; dernier article des palpes labiaux non sécuriforme. Il est composé des genres Lébie, Coptodère et Orthogonie. (*Voy.* TRONCATIPENNES.) Les Lébies ont le bord postérieur du corselet prolongé dans son milieu, et les élytres presqu'en carré régulier. Dans les Orthogonies le pénultième article de tous les tarses est bilobé, et leurs antennes sont filiformes.

Antennes plus courtes que le corps, de onze articles plus ou moins moniliformes. — *Dernier article des palpes* cylindrique. — *Tête* ovale, peu rétrécie postérieurement. — *Corps* court, aplati. — *Corselet* court, transversal, sa partie postérieure coupée carrément. — *Elytres* planes, en carré alongé, tronquées au bout. — *Tarses antérieurs* ayant leurs trois premiers articles presque triangulaires ou cordiforme; ces mêmes articles presque cylindriques dans les quatre tarses postérieurs: le pénultième de tous, en cœur ou bifide, mais non bilobé; crochets des tarses dentelés en dedans.

Le nom de ces Carabiques vient de deux mots grecs et fait allusion à la troncature postérieure de leur corselet. On en connoît six espèces, remarquables par le brillant des couleurs; elles habitent l'Amérique.

1°. Coptodère agréable, *C. festiva.* DEJ. *Spéc. tom.* 1. *pag.* 274. *n°.* 1. Longueur 3 lig. $\frac{1}{4}$. Ferrugineuse; corselet portant deux taches d'un vert-cuivreux; élytres d'un vert-cuivreux avec deux bandes transversales, ondulées, interrompues, d'un beau jaune. Ile de Cuba. 2°. Coptodère notée, *C. notata.* DEJ. *id. pag.* 275. *n°.* 2. Longueur 2 lig. $\frac{1}{4}$. Tête noire; corselet roux taché de noir; élytres d'un cuivreux-noirâtre avec une bande interrompue, placée avant le milieu, d'un beau jaune ainsi que le bord et l'extrémité, cette couleur s'élargissant dans cette dernière partie. Amérique septentrionale. 3°. Coptodère échancrée, *C. emarginata.* DEJ. *id. pag.* 276. *n°.* 3. Longueur 4 lig. $\frac{1}{4}$. Dessus du corps cuivreux; élytres échancrées à l'extrémité et portant chacune trois points enfoncés; dessous du corps ferrugineux: bouche, antennes et pattes de couleur pâle. 4°. Coptodère cuivreuse, *C. ærata.* DEJ. *id. pag.* 277. *n°.* 4. — *Lebia ærata.* KNOCH. Longueur 2 lig. $\frac{1}{4}$. Dessus du corps d'un vert-cuivreux, son dessous obscur; antennes et pattes brunes. Amérique septentrionale. 5°. Coptodère brune, *C. picea.* DEJ. *id. tom.* 2. *pag.* 458. *n°.* 6. Longueur 2 lig. $\frac{1}{4}$. D'un brun-noirâtre; dessous du corps brun; élytres foiblement sillonnées; antennes et pattes d'un beau jaune. Du Brésil. 6°. Coptodère quadripustulée, *C. quadripustulata.* DEJ. *id. tom.* 1. *pag.* 278. *n°.* 5. — *Demetrias quadripustulatus.* KLUG. Longueur 2 lig. $\frac{1}{2}$. Ferrugineuse; élytres brunes avec deux taches testacées sur chacune. Du Brésil.

ORTHOGONIE, *Orthogonius.* DEJ. *Plochionus?* WIÉD. *Carabus.* WIÉD. FAB.? SCHŒN.?

Genre d'insectes de l'ordre des Coléoptères, section des Pentamères, famille des Carnassiers (terrestres), tribu des Carabiques (division des Troncatipennes).

Le dernier groupe de cette division, contenant les genres Lébie, Coptodère et Orthogonie, a pour caractères: crochets des tarses dentelés en dedans; corps plus ou moins large et aplati; élytres presque carrées; dernier article des palpes labiaux non sécuriforme. (*Voy.* TRONCATIPENNES.) Dans ce groupe les Lébies sont reconnoissables par leur corselet ayant le milieu de son bord postérieur prolongé et les élytres en carré régulier. Le genre Coptodère diffère de celui d'Orthogonie par ses antennes à articles plus ou moins moniliformes et par le pénultième article des tarses seulement bifide ou en cœur, mais point bilobé.

Antennes filiformes, plus courtes que le corps. — *Dernier article des palpes* cylindrique. — *Tête* ovale, peu rétrécie postérieurement. — *Corps* large, un peu aplati. — *Corselet* plus large que la tête, assez court, transversal, coupé carrément à sa partie postérieure et antérieure, arrondi sur les côtés. — *Elytres* un peu plus larges que le corselet, convexes, en carré assez alongé. — *Articles des tarses* triangulaires ou en cœur, le pénultième fortement bilobé; crochets des tarses dentelés en dedans.

La forme en carré long du corps de ces insectes justifie leur nom tiré de deux mots grecs. Ils sont d'assez grande taille, de couleur noire ou brune, et ressemblent un peu par la forme aux Harpales; mais un examen plus attentif démontre qu'ils avoisinent les Lébies. Des quatre espèces connues, trois sont des Indes orientales et la quatrième d'Afrique.

1°. Orthogonie doublé, *O. duplicatus.* DEJ. *Spéc. tom.* 1. *pag.* 279. *n°.* 1. — *Carabus duplicatus.* WIÉD. *Zool. Magaz. tom.* 1. *part.* 3. *pag.* 166. *n°.* 14. De Java. 2°. Orthogonie alternant, *O. alternans.* DEJ. *id. pag.* 280. *n°.* 2. — *Plochionus alternans?* WIÉD. *id. tom.* 2. *part.* 1. *pag.* 52. *n°.* 75. Longueur 6 à 8 lig. Dessus du corps noir; élytres à stries profondes et ponctuées, leurs intervalles alternativement plus larges et portant une ligne de points enfoncés. Dessous du corps et pattes de couleur brune. De Java. 3°. Orthogonie fémoral, *O. femoratus.* DEJ. *id. pag.* 281. *n°.* 3. Longueur 5 à 7 lig. Brun; élytres à stries profondes et ponctuées, leurs intervalles presque lisses; cuisses ferrugineuses. De Java. 4°. Orthogonie raccourci, *O. brevithorax.* DEJ. *id. pag.* 282. *n°.* 4. — *Carabus abdominalis? n°.* 142. FAB. *Syst. Eleut.*—SCHŒN.? *Syn. Ins. tom.* 1. *pag.* 203. *n°.* 194. Longueur 5 lig. $\frac{1}{2}$. D'un brun noirâtre; élytres profondément striées, leurs intervalles ponctués; antennes et pattes ferrugineuses. De Sierra-Léon. (S. F. et A. SERV.)

TROPIDIE, *Tropidia*. MEIG. LAT. (*Fam. nat.*) *Eristalis*. FALLÉN.

Genre d'insectes de l'ordre des Diptères (première section), famille des Athéricères, tribu des Syrphies.

Parmi les Syrphies dont les antennes sont à peine de la longueur de la tête ou plus courtes qu'elle, un groupe a pour caractères : antennes ayant leurs deux premiers articles égaux entr'eux, point portées sur un tubercule frontal; point de cellule pédiforme aux ailes; cuisses postérieures renflées. Il renferme les genres Sphégine, Ascie, Tropidie et Eumère. Les deux premiers ont l'abdomen aminci à sa base en forme de pédicule, et leurs cuisses postérieures ainsi que celles des Eumères sont garnies en dessous, dans la plus grande partie de leur longueur, d'épines petites et nombreuses; ces caractères ne se retrouvent pas dans les Tropidies.

Antennes plus courtes que la tête, point insérées sur un tubercule frontal, composées de trois articles; les deux premiers égaux entr'eux, le troisième patelliforme, portant une soie dorsale nue. — *Hypostome* caréné, lisse. — *Ailes* velues vues au microscope, couchées parallèlement sur le corps dans le repos, mais un peu en toit, sans cellule pédiforme. — *Cuisses postérieures* renflées, portant en dessous, vers leur extrémité, une forte dent.

Le nom de ce genre vient d'un mot grec qui exprime la forme de l'hypostome. Ces Diptères se trouvent à l'état parfait sur les fleurs, mais on ignore leurs premiers états, quoiqu'ils doivent se rapprocher beaucoup de ceux des Mérodons. M. Meigen en décrit deux espèces.

1°. Tropidie fasciée, *T. fasciata*. MEIG. *Dipt. d'Eur. tom.* 3. *pag.* 346. *n°.* 1. *tab.* 31. *fig.* 13. Mâle. Longueur 4 lig. Noire; antennes rousses; abdomen ayant des bandes transverses interrompues, de cette même couleur. Mâle et femelle. Autriche, France, environs de Paris. 2°. Tropidie milésiforme, *T. milesiformis*. MEIG. *id. pag.* 347. *n°.* 2. *tab.* 31. *fig.* 14. L'Aile. Longueur 4 lig. Noire, brillante; antennes brunes; abdomen ayant deux bandes transverses, interrompues, jaunes. Mâle. De Suède. (S. F. et A. SERV.)

TROX, *Trox*. FAB. LAT. OLIV. (*Ent.*) SCHŒN. *Scarabœus*. LINN. DE GEER. GEOFF. *Silpha*. LINN.

Genre d'insectes de l'ordre des Coléoptères, section des Pentamères, famille des Lamellicornes, tribu des Scarabéïdes (division des Arénicoles).

Le groupe de cette division dont fait partie ce genre, contient en outre, d'après M. Latreille, ceux de Phobère, d'Hybosore, et peut-être aussi celui d'Orphné. M. Macleay (*Horœ Entomol.*) met dans sa famille des *Trogidœ* le genre Acanthocère que M. Latreille paroît en éloigner; l'auteur anglais n'admet point dans cette famille le genre Orphné, il le classe parmi ses *Geotrupidœ*. Les genres Phobère et Acanthocère ont été faits aux dépens de celui de Trox, et le départ des espèces qui entrent dans ces deux nouveaux genres doit donner lieu à des modifications dans le caractère générique des Trox; mais MM. Latreille et Macleay n'indiquant pas les espèces qui doivent aujourd'hui rester parmi les Trox, nous nous contenterons ici de donner les caractères de ce dernier genre tels qu'ils étoient avant la création des genres Phobère et Acanthocère, et d'après le *Genera* de M. Latreille.

Les Orphnés diffèrent des Trox par leur abdomen convexe en dessous et dont les élytres laissent l'extrémité découverte en dessus : dans les Hybosores, le huitième article des antennes reçoit les deux derniers et forme avec eux une massue arrondie, presque conique, ces trois articles n'étant point divergens; en outre, dans ces deux genres le corps n'est pourvu ni de tubercules ni de papilles, ce qui les éloigne encore des Trox.

Antennes à peine plus longues que la tête, susceptibles de contraction, et alors se cachant sous les côtés du corselet et sous les hanches antérieures, composées de dix articles; le premier grand, presque conique, arqué et convexe antérieurement, couvert de poils roides; le second beaucoup plus petit que le premier, mais plus gros que les suivans; ceux-ci grenus, arrondis; les trois derniers libres, formant réunis une massue ovale, feuilletée. — *Labre* presque crustacé, épais, un peu rabattu, demi-circulaire, velu. — *Mandibules* presque trigones, leur partie extérieure épaisse, large, velue; leur bord interne aminci, droit, tranchant, ayant une sinuosité à sa base. — *Mâchoires* ayant un appendice interne, coriace, étroit, muni à son extrémité d'une dent cornée, arquée. — *Palpes maxillaires* plus longs que les mâchoires, un peu plus grands que les palpes labiaux, assez épais, de quatre articles; palpes labiaux de trois; premier article des quatre palpes très-petit, le dernier presqu'ovale. — *Menton* crustacé, très-velu, transverse, ses côtés arrondis, son bord antérieur bidenté. — *Tête* courte, en triangle transversal, rentrant entièrement dans une échancrure du corselet; chaperon très-court. — *Corps* ovale, très-raboteux. — *Corselet* ayant son bord antérieur fortement échancré pour recevoir la tête, ses bords latéraux souvent déprimés, ciliés ou tuberculés. — *Ecusson* petit, mais distinct. — *Elytres* convexes, en ovale tronqué antérieurement, arrondies et très-convexes à la partie postérieure, recouvrant entièrement l'abdomen et rarement des ailes, le plus souvent réunies. — *Abdomen* aplati en dessous. — *Pattes* insérées à égale distance les unes des autres, ordinairement ciliées, les antérieures se contractant contre la poitrine et la partie inférieure de la tête; leurs cuisses grandes, ayant à leur partie extérieure, qui est généralement lisse, une tache velue : leurs jambes portant extérieurement trois ou quatre dents, dont les inférieures plus petites, munies en outre à leur extrémité d'une autre plus grande, large, souvent obtuse et échancrée; les quatre jambes postérieures munies de deux épines à leur extrémité; crochets des tarses très-forts.

Les Trox, dont le nom vient d'un verbe grec qui signifie : *ronger*, se plaisent dans les champs sablonneux et secs. Ils courent assez vite sur la terre; on les trouve souvent sous les substances animales desséchées, dont ils rongent les parties tendineuses; ils se montrent principalement au printemps et au commencement de l'été. Lorsqu'ils sont menacés, ils se contractent en appliquant les pattes et les antennes contre le corps, et font quelquefois entendre un petit bruit aigu occasionné par le frottement de quelques parties extérieures. Toutes les espèces connues sont naturellement noires, tuberculées ou garnies de faisceaux de papilles qui se chargent facilement de poussière et les rendent en apparence de couleur grise. On ne connoît pas leurs larves, mais il est probable qu'elles vivent de charognes et autres substances animales en décomposition. Nous avons remarqué que les bords latéraux du corselet des espèces étrangères sont fortement dilatés, tandis qu'ils ne le sont point ou à peine dans celles d'Europe.

1°. Trox sabuleux, *T. sabulosus* n°. 3. Fab. *Syst. Eleut.* (En retranchant le synonyme d'Olivier, les autres sont douteux.) — Schœn. *Syn. ins. tom.* 1. *pag.* 117. *n°.* 4. (En excluant le synonyme d'Olivier, les autres sont douteux, sauf ceux de Fabricius.) — *Trox hispidus*. Oliv. *Ent. tom.* 1. *Trox. pag.* 9. *n°.* 8. *pl.* 2. *fig.* 9. a. b. (Les synonymes sont douteux.) Commun aux environs de Paris. Les élytres sont habituellement séparées, recouvrant des ailes repliées qui, dans leur développement, dépassent les élytres et sont très-propres au vol. 2°. Trox perlé, *T. perlatus*. Dej. Catal. — *Trox sabulosus*. Oliv. *id. pag.* 8. *n°.* 6. *pl.* 1. *fig.* 1. (En retranchant les syonymes tirés de Fabricius, les autres sont douteux à l'exception de celui de Geoffroy.) — Le Scarabé perlé. Geoff. *Ins. Paris. tom.* 1. *pag.* 78. *n°.* 11. Des environs de Paris. (Ce dernier synonyme est rapporté à tort par M. Schœnherr au *Trox hispidus.*) Cette espèce a les élytres réunies. 3°. Trox hispide, *T. hispidus* n°. 4. Fab. *id.* (En retranchant le synonyme d'Olivier qui appartient au Trox sabuleux; celui de Laicharting est douteux.) — Schœn. *id. pag.* 118. *n°.* 5. (En retranchant le synonyme d'Olivier qui se rapporte au Trox sabuleux, et celui de Geoffroy qui appartient au Trox perlé, les autres sont douteux à l'exception de celui de Fabricius.) Des environs de Paris. Ses élytres sont réunies. 4°. Trox arénaire, *T. arenarius* n°. 5. Fab. *id.* (A la citation de Laicharting lisez 31. au lieu de 30.) — Oliv. *id. pag.* 10. *n°.* 9. *pl.* 1. *fig.* 7. a. b. — Schœn. *id. pag.* 118. *n°.* 6. Commun aux environs de Paris. Ses élytres sont réunies.

Fabricius mentionne dix espèces de Trox. Le n°. 9. est une Elédone Lat. Le n°. 7. le type du genre Phobère Macleay. Le n°. 10. celui du genre *Acanthocerus* du même auteur.

(S. F. et A. Serv.)

TRUXALE, *Truxalis*. Fab. Lat. *Gryllus. (Acrida)* Lin. *Acrydium*. De Géer.

Genre d'insectes de l'ordre des Orthoptères, troisième section, famille des Acrydiens.

Un groupe de cette famille contient les genres Proscopie, Truxale et Xiphicère. (*Voyez* Sauteurs.) Le premier se distingue par le prolongement de sa tête fort élevé, supportant les yeux au-dessus de sa partie moyenne, et par ses antennes plus courtes que la tête. Les Xiphicères n'ont point les antennes prismatiques; leurs cuisses postérieures n'atteignent pas l'extrémité de l'abdomen; leurs yeux sont gros et saillans, et en général leur corps est plus gros à proportion que celui des Truxales : la tête est moins longue relativement au corselet que dans ces derniers.

Antennes ensiformes, triangulaires, prismatiques, aussi longues que la tête et le corselet pris ensemble, multiarticulées, insérées entre les yeux et l'extrémité de la tête, sur les côtés de celles-ci et sous ses bords latéraux. — *Mandibules* multidentées. — *Mâchoires* tridentées à l'extrémité. — *Dernier article des palpes* presque conique. — *Tête* conique, relevée, plus longue que le corselet. — *Yeux* ovales, peu proéminens. — *Trois ocelles*; savoir, deux placés sous les rebords de la tête, entre l'insertion des antennes et les yeux; le troisième posé en dessous de la tête, fort éloigné des deux autres, entre la base des yeux. — *Corps* comprimé, étroit, alongé. — *Corselet* plus court que la tête, son bord postérieur prolongé en un angle qui recouvre la base des élytres dans le repos. — *Elytres* longues, étroites, pointues au bout, un peu plus longues que les ailes. — *Ailes* assez grandes, pointues à leur extrémité, assez amples vers la base; leur partie postérieure fort arrondie. — *Abdomen* étroit, un peu comprimé. — *Pattes* grêles, à peu près également espacées entr'elles; les quatre antérieures petites, leurs jambes ayant quelques petites épines; pattes postérieures très-longues, à cuisses grêles, mutiques, plus longues que l'abdomen; jambes fort longues, leur extrémité munie de quatre fortes épines et armées extérieurement de deux rangs d'épines; tarses composés de cinq articles (considérés en dessous), les quatre premiers égaux dans les antérieurs et les intermédiaires; le cinquième beaucoup plus long qu'aucun des autres, muni de deux crochets et d'une forte pelote dans leur entredeux : tarses postérieurs ayant leur premier article très-court; le second fort long; le troisième à peu près moitié plus court que le précédent; le quatrième encore plus court ; le cinquième presque de la longueur des deux précédens réunis, terminé par deux forts crochets ayant une grosse pelote dans leur entre-deux.

On ignore les mœurs de ces Orthoptères, qui sont propres aux climats chauds. Fabricius en décrit six espèces, mais les deux dernières au moins sont fort douteuses. Nous citerons ici seulement la suivante en prévenant, d'après M. Latreille, qu'il est probable que plusieurs espèces de l'ancien continent sont confondues avec elles ; pour les bien distinguer les unes des autres, il seroit nécessaire de les examiner sur le vivant. Truxale grand nez, *T. nasutus.* Fab. *Ent. Syst. tom.* 2. *pag.* 26. *n°.* 1. D'Afrique, et peut-être aussi du midi de la France.

(S. F. et A. Serv.)

TRYPÈTE, *Trypeta.* M. Meigen désigne sous ce nom le genre Téphrite. *Voyez* ce mot.

(S. F. et A. Serv.)

TRYPOXYLON, *Trypoxylon.* Lat. Fab. Panz. Spinol. *Apius.* Jur. *Sphex.* Linn. ? Schranck. Ross.

Genre d'insectes de l'ordre des Hyménoptères, section des Porte-aiguillon, famille des Fouisseurs, tribu des Crabronites.

Une coupe particulière de cette tribu a pour caractères : antennes insérées au-dessous du milieu de la face antérieure de la tête ; chaperon court, large ; yeux échancrés. Elle ne contient que le genre Trypoxylon.

Antennes filiformes ou grossissant insensiblement vers l'extrémité presqu'en massue, beaucoup plus longues que la tête, point coudées ni roulées en spirale, insérées au-dessous du milieu de la face antérieure de la tête, composées de douze articles dans les femelles, de treize dans les mâles, le second beaucoup plus court que le troisième dans les deux sexes. — *Labre* point apparent. — *Mandibules* étroites, sans dents, n'ayant qu'une seule petite crénelure interne. — *Palpes maxillaires* courts, composés de six articles, les labiaux de quatre. — *Lèvre* dilatée à l'extrémité, entière ou peu échancrée, sans appendices latéraux ou les ayant très-petits. — *Tête* assez forte, plus large que le corselet, transversale ; chaperon large, court. — *Yeux* fortement échancrés. — *Trois ocelles* placés en triangle sur le vertex. — *Corps* long et grêle. — *Corselet* alongé, ovale ; prothorax fort court, en forme de rebord transversal, linéaire et séparé dans toute son étendue par un intervalle notable, de l'origine des ailes supérieures : métathorax presque conique. — *Ecusson* fort grand. — *Ailes* courtes ; les supérieures ayant une cellule radiale fort longue qui se rétrécit après la première cellule cubitale ; trois cellules cubitales, la première très-longue, recevant la première nervure récurrente ; seconde cubitale fort petite, rétrécie de moitié vers la radiale, recevant la deuxième nervure récurrente ; troisième cubitale presque complète : trois cellules discoïdales, la troisième, ainsi que les seconde et troisième cubitales, souvent peu distincte. — *Abdomen* fort alongé, en massue vers l'extrémité, s'amincissant insensiblement en pédicule vers sa base, composé de cinq segmens outre l'anus dans les femelles, en ayant un de plus dans les mâles. — *Pattes* assez courtes ; jambes sans épines latérales, les antérieures et les intermédiaires terminées par une épine simple ; jambes postérieures en ayant deux presqu'égales ; premier article des tarses plus long que les suivans, les autres allant en décroissant de longueur jusqu'au cinquième, celui-ci un peu plus long que le quatrième, ayant à son extrémité deux crochets gros et courts, munis dans leur entre-deux d'une pelote grosse et courte.

Le nom de Trypoxylon vient de deux mots grecs qui signifient : *perce bois*, ce qui suppose aux espèces une industrie qu'elles n'ont point ; il est vrai que les femelles déposent leurs œufs dans des trous, mais qu'elles trouvent déjà faits dans le bois. Les Trypoxylons n'ont aucun organe propre à transporter une proie ; ils nous paroissent donc être parasites des Fouisseurs ; nous les avons vus souvent entrer successivement dans divers trous où des Pompiles, véritables Hyménoptères Fouisseurs, avoient commencé leur nid ; il est probable d'après cela que les entomologistes qui ont dit que le Trypoxylon potier (*figulus*) revêt d'une couche de terre délayée les trous où il fait son nid, y apporte une Arachnide, y dépose un œuf et maçonne l'ouverture, lui ont accordé des facultés qu'il n'a pas, mais qui sont celles de plusieurs Pompiles que nous avons souvent eu occasion d'observer. On peut voir sortir un Hyménoptère d'un nid d'insecte, sans en conclure que ce nid a été construit par lui, car tous les Parasites (et dans les Fouisseurs plusieurs genres sont parasites) naissent dans des nids artistement formés, mais auxquels ils n'ont pas travaillé ; il suffit pour s'assurer qu'ils ne sont pas prédateurs, et que par une cause nécessaire ils ne construisent pas eux-mêmes de nid, de voir que la nature leur a refusé les organes qui servent à transporter une proie, c'est-à-dire des épines latérales aux jambes intermédiaires et postérieures. Il y a donc lieu de conclure, d'après ce que nous venons d'exposer, que le nom de potier donné à l'espèce la plus commune de Trypoxylon aux environs de Paris, ne lui convient pas, et si nous le maintenons ici, c'est parce que nous pensons que s'il fallait changer les noms spécifiques qui sont dans le même cas que celui-ci, la nomenclature seroit bien souvent bouleversée.

Linné en décrivant son *Sphex figulus* (*Syst. nat. pag.* 942. *n°.* 11.) est le premier auteur qui, d'après Bergman, lui attribue la faculté de maconnner et de transporter des Araignées dans son nid; mais il nous paroît fort douteux que cet cette espèce dont l'abdomen, dit Linné, est à peine pétiolé, soit le *Trypoxylon figulus*, qui a l'abdomen très-notablement pétiolé; de plus les segmens de l'abdomen de celui-ci sont d'une teinte uniforme et non pas luisans sur leur bord. Nous connoissons un Pompile (*Pompilus petiolatus* VANDERLINDEN) auquel la description du *Sphex figulus* de Linné convient parfaitement, même celle des mœurs.

Fabricius (*Syst. Piez.*) place six espèces dans ce genre; les deux dernières appartiennent à celui de Psen; les n°s. 3. et 4. ne nous sont point connus et pourroient bien n'être pas des Trypoxylons. Les n°s. 1. et 2. vont être mentionnés ici.

1. TRYPOXYLON clavicorne, *T. clavicorum.*

Trypoxylon nigrum; antennis clavatis; tarsis pedumque anticorum parte anticâ pallidè testaceis.

Long. 2. lig. ½., 4. lig. Noir; antennes en massue, courtes; pattes antérieures d'un testacé pâle en devant; tous les tarses de cette dernière couleur; ailes transparentes, à peine bordées de brun vers l'extrémité. Mâle et femelle. Des environs de Paris, dans les bois.

Ce genre contient encore, 1°. Trypoxylon albitarse, *T. albitarse n°.* 1. FAB. *Syst. Piez.* D'Amérique. 2°. Trypoxylon potier, *T. figulus n°.* 2. FAB. *id.* (S. F. et A. SERV.)

TUBITÈLES, *Tubitelæ.* Tribu d'Arachnides de l'ordre des Pulmonaires, famille des Aranéides, section des Dipneumones, établie par M. Latreille (*Fam. nat. du Règne anim.*), et correspondant à la seconde section de ses Araignées fileuses. (*Règne animal.*) Les caractères généraux de cette tribu sont : filières extérieures saillantes, cylindriques, rapprochées en un faisceau dirigé en arrière; crochets des mandibules repliés en travers le long de leur côté interne; pieds robustes, les deux premiers et les deux derniers, ou *vice versâ*, les plus longs. Abdomen de grandeur moyenne et ne contrastant point par son volume avec celui du Thorax, comme cela a lieu dans les Inéquitèles et Orbitèles. Ces Arachnides filent des toiles blanches, d'un tissu serré, qu'elles placent dans des fentes, des trous de murs, sous des pierres, entre les branches et les feuilles des végétaux et jusque dans l'eau Ces toiles sont ordinairement placées dans une situation horizontale; quelquefois elles ont la forme de tuyau ou de nasse; d'autres fois elles sont contournées en trémie, dans lesquelles ces Araignées se tiennent renfermées et à l'affût de leur proie. Aussitôt qu'un malheureux insecte s'est engagé dans leur filet, elles en sont averties par les mouvemens qu'il fait pour s'échapper, accourent, se précipitent sur lui et l'entraînent au fond de leur trou où elles le dévorent tranquillement; leurs cocons ou paquets d'œufs sont placés au fond de ce trou; elles en ont le plus grand soin, et le défendent avec acharnement si on cherche à l'enlever.

Cette tribu a été partagée par M. Latreille en deux grandes divisions ou sections, dont la seconde est elle-même divisée en deux sous-divisions; elle comprend six genres dont nous donnerons les caractères en renvoyant à l'article ARAIGNÉE de ce Dictionnaire, pour la connoissance des espèces de chacun de ces genres qui y sont décrites.

I. *Langue (lèvre* WALCK.*) cintrée par les mâchoires.*

CLOTHO, *Clotho.* WALCKENAER. LAT. UROCTEA. LÉON DUF.

Huit yeux, placés sur deux lignes transversales; les deux filières supéreures beaucoup plus longues que les autres; pieds presqu'égaux; mâchoires inclinées sur la lèvre dont la forme est triangulaire; corps déprimé ou à peine convexe, à peu près orbiculaire; palpes presque de même grosseur que les pattes, ne s'insérant point dans un sinus du bord interne de la mâchoire, mais bien au-dessus de ce bord et en quelque sorte sur la surface supérieure de l'organe maxillaire.

La seule espèce connue de ce genre se trouve en Catalogne, dans diverses autres parties de l'Espagne et dans le midi de la France. On doit à M. Léon Dufour quelques observations très-intéressantes sur cette espèce, nous allons reproduire ici ce qu'elles offrent de plus important. Cette Araignée établit, à la surface inférieure des grosses pierres, ou dans les fentes des rochers, une coque en forme de calotte ou de patelle, d'un bon pouce de diamètre. Son contour présente sept à huit échancrures dont les angles seuls sont fixés sur la pierre, au moyen de faisceaux de fils, tandis que les bords sont libres. Cette singulière tente est d'une admirable texture; l'extérieur ressemble à un taffetas des plus fins, formé, suivant l'âge de l'ouvrière, d'un plus ou moins grand nombre de doublures. Ainsi, lorsque l'Araignée, encore jeune, commence à établir sa retraite, elle ne fabrique que deux toiles entre lesquelles elle se tient à l'abri. Par la suite, et à chaque mue, selon M. Léon Dufour, elle ajoute un certain nombre de doublures; enfin, lorsque l'époque marquée pour la reproduction arrive, elle tisse un appartement tout exprès, plus duveté, plus moelleux, où doivent être renfermés et les sacs des œufs et les petits récemment éclos. Quoique la calotte extérieure ou le pavillon soit, à dessein sans doute, plus ou moins sali par des corps étrangers qui servent à en masquer la présence, l'appartement de l'industrieuse fabricante est toujours d'une propreté recherchée. Les poches ou sachets qui renferment les œufs sont au nombre de quatre, de cinq ou même de six, pour chaque habitation qui n'a cependant qu'une seule habitante.

Ces poches ont une forme lenticulaire et plus de quatre lignes de diamètre. Elles sont d'un taffetas blanc comme la neige, et fournies intérieurement d'un édredon des plus fins Ce n'est que dans les derniers jours de décembre ou au mois de janvier, que la ponte des œufs a lieu. Il falloit prémunir la progéniture contre la rigueur de la saison et les incursions ennemies; tout a été prévu. Le réceptable de ce précieux dépôt est séparé de la toile immédiatement appliquée sur la pierre, par un duvet moelleux, et de la calotte extérieure par les divers étages dont il a été parlé. Parmi les échancrures qui bordent le pavillon, les unes sont tout-à-fait closes par la continuité de l'étoffe; les autres ont leurs bords simplement superposés, de manière que l'animal soulevant ceux-ci, peut à son gré sortir de sa tente et y rentrer. Lorsqu'elle quitte son domicile pour aller à la chasse, elle a peu à redouter sa violation, car elle seule a le secret des échancrures impénétrables, et la clef de celles où l'on peut s'introduire. Lorsque les petits sont en état de se passer des soins maternels, ils prennent leur essort et vont établir ailleurs leurs logemens particuliers, tandis que la mère vient mourir dans son pavillon. L'espèce qui a été le sujet de ces observations a été décrite pour la première fois par MM. Latreille et Walckenaer; c'est

Le Clotho de Durand, *Clotho Durandii.*

C. thorace fusco-brunneo, pallido flavo marginato; abdomine nigro, maculis quinque rufis, 2, 2, 1; *pedibus castaneo-brunneis.*

Clotho Durandii. Lat. *Gener. Crust. et Ins. tom.* 4. *pag.* 370. — *Uroctea quinque maculata.* Léon Duf. *Ann. générales des scienc. phys.* 1. 5, *pag.* 198. *pl.* 76. *fig.* 1. a. f. Cette Araignée est longue de quatre à cinq lignes, son corselet est brun, bordé de jaune, déprimé, ou peu convexe; on y remarque, entre les yeux et l'origine des mandibules, une portion remarquable du front tombant verticalement. Les yeux sont arrondis et cristallins dans l'animal vivant. L'abdomen est noir, avec cinq taches rouges arrondies. Les pattes sont d'un brun-marron, de longueur moyenne, et terminées par des ongles pectinés. L'individu que nous avons sous les yeux a été pris aux environs de Montpellier.

DDRASSE, *Drassus.* Walck. Lat. *Aranea.* Linn. *Gnaphosa.* Lat.

Huit yeux placés très-près du bord antérieur du thorax; mâchoires arquées au côté extérieur, formant une ceinture autour de la lèvre qui est alongée et presqu'ovale; les quatre filières presque égales; la quatrième paire de pieds, et ensuite la première plus longues. Ce genre a été d'abord indiqué par M. Latreille dans la première édition du nouveau *Dictionnaire d'histoire naturelle*, sous le nom de *Gnaphose*, mais c'est M. Walckenaer qui l'a caractérisé d'une manière positive, dans son tableau des Aranéides (page 45.). Il diffère des Clothos par plusieurs caractères faciles à saisir, et surtout parce que ses filières supérieures ne sont pas plus longues que les inférieures; il est bien séparé des Filstates parce que dans ces dernières Araignées, les yeux sont portés sur une élévation. Les Drasses surprennent leur proie, et se tiennent à l'affût pour attendre le moment favorable de s'en saisir. Leur demeure consiste en une cellule de soie très-blanche, placée dans l'intérieur des trous des murs, des arbres, sous les pierres et dans les feuilles qu'elles roulent fort adroitement pour cet effet. C'est au fond de ces trous qu'elles entraînent la proie qu'elles ont saisie, pour la dévorer tranquillement.

On connoît sept ou huit espèces de ce genre; six habitent les environs de Paris, la septième est originaire de la Caroline; M. Walckenaer les range dans trois divisions ainsi qu'il suit:

1. Yeux sur deux courbes opposées par leur côté convexe; mâchoires très-dilatées dans leur milieu. Aranéides se tenant derrière les pierres et les cavités des murs. — Les Lithophiles, *Lithophilæ.* Walck.

Drasse lucifuge, *Drassus lucifugus.*

D. mandibulis nigricantibus; thorace pedibusque obscure brunneis; femoribus dilutioribus, rufescente brunneis; abdomine murino-nigro, sericeo.

Drassus lucifugus. Walck. *Tabl. des Aran. pag.* 45. — Araignée lucifuge, *ibid. Faun. Paris. tom.* 2. *pag.* 221. — Gnaphose, Lat. *Nouv. Dict. d'hist. nat. tab. tom.* 24. *pag.* 134. — *Drassus melanogaster*, ibid. *Gener. Crust. et Ins. tom.* 1. *pag.* 87. — Araignée mélanogastre, *ibid. Hist. nat. des Crust. et des Ins. tom.* 7. *pag.* 222. — Araignée lucifuge, *ibid. loc. cit. pag.* 225. — Schœff. *Icon. Ins. tab.* 101. *fig.* 7. Cette espèce est d'un brun foncé, avec les mandibules noirâtres et l'abdomen d'un noir soyeux. On la trouve sous les pierres aux environs de Paris. M. Latreille l'a prise dans le département de la Corrèze.

2. Yeux sur deux lignes courbes, parallèles; mâchoires peu dilatées dans leur milieu. Araignées se renfermant dans les feuilles des plantes qu'elles plient et rapprochent. Les Phytophiles cachées, *Phytophilæ absconditæ.* Walck.

Drasse nocturne, *Drassus nocturnus.*

Abdomine nigro, punctis duobus albis; basi lunula alba.

Aranea nocturna. Linn. *Faun. Suec. édit.* 2. *n*°. 2010. — *Act. Ups.* 1736. *pag.* 38. *n*°. 11. — *Drassus nocturnus.* — Walck. *Tabl. des Aran. pag.* 46. *ibid. Faun. Paris. tom.* 2. *pag.* 221. *n*°. 68. Cette espèce est noire; son abdomen est ovale, alongé, marqué de deux taches blanches sur le milieu du dos, ayant la base entourée d'une lunule blanche anguleuse. On la trouve dans les bois des environs de Paris. Linné observe qu'elle ne sort que la nuit. Elle forme son nid dans les feuilles des arbres.

Une espèce très-voisine, le *Drassus ater* de Latreille (*Gen. Crust. etc. tom.* 1. *pag.* 87), se rapproche beaucoup de celle que nous venons de décrire, mais elle en diffère parce qu'elle est toute noire et qu'elle construit un cocon rougeâtre, orbiculaire, se divisant en deux valves papyracées. Ce nid est placé sous les pierres. On la trouve aussi aux environs de Paris où elle est commune.

3. Yeux sur deux lignes courtes, parallèles; les latéraux rapprochés entr'eux; mâchoires peu dilatées dans leur milieu. Aranéïdes construisant sur la surface des feuilles une toile fine et blanche, transparente, à tissu serré, sous laquelle elles se tiennent. Les Phytophiles apparentes, *Phytophilæ conspicuæ*. Walck.

Drasse vert, *Drassus viridissimus*. Walck. *Faun. Paris. tom.* 2. *pag.* 212. *n*°. 52. Elle est toute verte. On la trouve communément aux environs de Paris.

II. *Langue non cintrée.*

A. Six yeux.

SÉGESTRIE, *Segestria*. Voy. ce mot.

B. Huit yeux.

CLUBIONE, *Clubiona*. Lat. Walck. *Aranea*. Linn. De Géer. Yeux presqu'égaux, placés sur le devant du corselet et sur deux lignes. Mâchoires droites, alongées, écartées, subitement dilatées à leur extrémité et élargies à leur base extérieure pour l'insertion des palpes. Lèvre alongée, coupée en ligne droite à son extrémité; filières extérieures, presqu'également longues. Pattes propres à la course et variant respectivement de longueur; la première paire et ensuite la quatrième, sont généralement les plus longues; mais dans certaines espèces cette dernière, et ensuite la première ou la seconde, dépassent les autres. Ce genre diffère des Araignées proprement dites par les filières qui, dans ces dernières, ne sont pas d'égale longueur. Les Argyronètes s'en éloignent par la forme de l'extrémité des mâchoires et par celle de la lèvre. Ces Araignées sont voraces; elles épient leur proie et courent après; on les voit tendre autour des chambres des fils de soie fine et blanche destinés à embarrasser les insectes dont elles font leur proie : d'autres tendent leurs filets dans les cavités des murs, contre les pierres; enfin, quelques-unes s'enveloppent dans les feuilles.

On connoît une douzaine d'espèces de Clubiones, presque toutes se trouvent aux environs de Paris. M. Walckenaer les a distribuées dans cinq sections que nous allons faire connoître.

1. La quatrième paire de pattes plus longue que les autres; la seconde sensiblement plus longue que la première; la troisième la plus courte. Yeux sur deux lignes parallèles, droites; mandibules dirigées en avant. Ces Arachnides se renferment dans les feuilles ou sous l'écorce des arbres. Leur cocon est aplati. Les Dryades, *Dryades*. Walck.

Clubione soyeuse, *Clubiona holosericea*. Lat. *Gener. Crust. et Ins. tom.* 1. *pag.* 92. — Walck. *Faun. Paris. tom.* 2. *pag.* 219. *n*°. 66. — *Ibid. Tabl. des Aran. pag.* 42. — *Aranea holosericea*. Lat. *Hist. natur. des Crust. et des Ins. tom.* 7. *pag.* 218.

Voyez pour la description et la suite de la synonymie, l'article Araignée de ce Dictionnaire, pag. 212. n°. 51.

2. Première paire de pattes plus longue, la quatrième ensuite; la troisième la plus courte. Yeux ramassés en demi-cercle; corselet pointu à sa partie antérieure; mâchoires courtes, peu dilatées à leur extrémité; lèvre légèrement échancrée à son extrémité; mandibules verticales. Ces Anaréïdes se tiennent dans les feuilles sèches. Les Hamadryades, *Hamadryas*. Walck.

Clubione accentuée, *Clubiona accentuata*. Walck. *Faun. Paris. tom.* 2. *pag.* 226. *n*°. 75. Son abdomen est ovale, d'un jaune pâle, marqué de deux accens circonflexes sur le milieu du dos. Elle est commune dans les feuilles sèches.

3. Première paire de pattes la plus longue, la quatrième ensuite, celle-ci surpassant un peu la seconde; la troisième la plus courte. Lèvre légèrement échancrée à son extrémité; yeux latéraux rapprochés; mandibules verticales. Les espèces de ce groupe se renferment entre des feuilles qu'elles rapprochent. Les Nymphes, *Nymphæ*. Walck.

Clubione nourrice, *Clubiona nutrix*.

C. ungulis nigris; thorace mandibulisque dilute rufescentibus; pedibus dilutioribus; abdomine flavo-viridi, fascia longitudinali obscuriore.

Clubiona nutrix. Walck. *Tabl. des Aran. pag.* 43. — Lat. *Gen. Crust. et Ins. tom.* 1. *pag.* 92. — Araignée nourrice. Walck. *Faun. Paris. tom.* 2. *pag.* 220. — Lat. *Hist. nat. des Crust. et des Ins. tom.* 7. *pag.* 221. Son corselet, ses pattes et ses mandibules

mandibules sont rouges, l'extrémité seule de ces dernières est noire. L'abdomen est alongé, verdâtre. Cette espèce se trouve aux environs de Paris; on la rencontre vers la fin de l'été sur le panicaut des champs ou chardon Roland. Sa coque est assez ronde, d'une soie blanchâtre; elle la place entre des feuilles pliées. Cette division renferme encore les Clubiones *maxillosa* Fab. *Amarantha, Aloma, Erratica, Epimelas* de Walckenaer.

4. Première paire de pattes plus longue que les autres, la quatrième ensuite, la troisième la plus courte; yeux latéraux, rapprochés; corselet très-bombé à sa partie antérieure; lèvre coupée en ligne droite et légèrement échancrée à son extrémité. Ces Aranéïdes se renferment dans une toile fine pratiquée dans les cavités et les lieux obscurs. Les Parques, *Parcæ*. Walck.

Clubione atroce, *Clubiona atrox.*

C. brunnea; pedibus dilutioribus, tibiis maculis obscurioribus; abdominis dorso macula antica subquadrata, nigra flavoque marginata.

Clubiona atrox. Walck. *Tabl. des Aran. pag.* 44. — Lat. *Gen. Crust. et Ins. tom.* 1. *pag.* 93. — Araignée atroce. Lat. *Hist. nat. des Crust. et des Ins. tom.* 7. *pag.* 222. — De Géer. *Mém. sur les Ins. tom.* 7. *pag.* 253. *pl.* 14. *fig.* 24. 25. — Lister. *Aran. pag.* 68. *tit.* 21. *fig.* 21. — Albin. *pl.* 2. *fig.* 9. 10. Elle est toute brune avec le corselet très-bombé en devant; l'abdomen a une grande tache quadrangulaire noire, bordée de jaune-paille. Elle passe l'hiver dans les fentes des murailles; on la voit souvent errer dans les maisons de Paris. On doit rapporter à cette division la Clubione cruelle (*C. sæva.*) de Walckenaer. Elle vient de l'île des Kanguroo, à la Nouvelle-Hollande.

5. La quatrième paire de pattes plus longue que les précédentes, la première ensuite, la troisième la plus courte; mâchoires bombées à leur base et vers leur extrémité; yeux sur deux lignes courbées, parallèles; les latéraux disjoints et écartés. Les Aranéïdes de cette coupe font leur demeure sous des pierres; leur cocon est globuleux. On n'en connoît qu'une espèce. Les Furies, *furiæ*. Walck.

Clubione lapidicole, *Clubiona lapidicolens.*

C. thorace mandibulisque pallide rufescentibus; pedibus dilutioribus; abdomine cinerascente.

Clubiona lapidicolens. Walck. *Tabl. des Aran. pag.* 44. — *Clubiona lapidicola.* Lat. *Gen. Crust. et Ins. tom.* 1. *pag.* 91. — Araignée lapidicole. Walck. *Faun. Paris. tom.* 2. *pag.* 222. — *Aranea lapidaria.* Lat. *Hist. nat. des Crust. et des Ins. tom.* 3. *pag.* 53. — *Ibid. tom.* 7. *pag.* 221. 225. Son abdomen est ovale, les pattes sont rougeâtres. On la trouve sous les pierres, aux environs de Paris.

ARAIGNÉE, *Aranea.* Linn. Geoff. De Géer. Fab. Oliv. Lam. Lat. *Tagenaria.* Lat. Walck. *Argelena, nyssa.* Walck.

Linné, Geoffroy et tous les auteurs jusqu'à Latreille, accordoient à ce mot *Araignée* un sens très-étendu; on l'emploie encore vulgairement pour désigner toutes sortes d'Arachnides. Actuellement les Arachnides qui portoient ce nom forment une famille que l'on désigne sous le nom d'*Aranéïdes*, partagée en plusieurs genres. Par une singularité assez remarquable, M. Walckenaer, dans sa méthode, en divisant cette famille en genres, avoit omis de conserver le nom d'Araignée à l'un d'eux. M. Latreille a pensé qu'il ne falloit pas rayer ce mot des catalogues, et que le genre *Aranea* des anciens auteurs devoit être conservé; il a donc formé son genre Araignée proprement dit des genres Tagénaire, Agélène et Nysse de M. Walckenaer. Il a réuni ces trois genres, qui ne présentoient pas des différences très-saillantes, et son genre Araignée, tel que nous l'adoptons ici, a pour caractères : huit yeux à la partie antérieure du corselet, placés quatre par quatre sur deux lignes transversales, arquées (les latéraux plus rapprochés du bord antérieur du corcelet et les quatre du milieu formant un carré plus reculé); mandibules presque droites, ayant sur leur côté interne un sillon dentelé sur les deux bords, lequel reçoit le crochet; mâchoires droites, presque terminées en forme de palette; lèvre carrée, tantôt plus hautes que large, les deux filières supérieures très-saillantes; pattes alongées, la première et la dernière paire plus longues.

Les espèces qui composent ce genre habitent, pour la plupart, nos demeures; elles y fabriquent ces toiles que l'on voit suspendues dans les embrasures des fenêtres, les encoignures des murailles, etc. Homberg (*Mémoires de l'Académie des sciences, année* 1707. *pag.* 339.) a donné une description fort curieuse de la manière dont les araignées font leurs toiles; l'étendue de cet ouvrage ne nous permet pas de le présenter ici. Suivant M. Lepelletier (*Bulletin de la Société philomatique, avril* 1813.), l'époque des amours a lieu, pour plusieurs araignées, vers les mois de novembre, décembre et janvier. La copulation s'opère après les mêmes préliminaires que dans les autres genres de la famille des Aranéïdes, et la ponte se fait deux mois après. Les espèces qui servent de type à ce genre se trouvent dans nos maisons.

Araignée domestique, *Aranea domestica.* Lat. *Gen. Crust. et Ins. tom.* 1. *pag.* 96. — *Tagenaria domestica.* Walck. *Tabl. des Aran. pag.* 49. —

Araignée domestique. Walck. *Faun. Paris. tom.* 2. *pag.* 216. — Lat. *Hist. nat. des Crust. et Ins. tom.* 7. *pag.* 227. — Lister. *Aran. pag.* 59. *tit.* 17. *fig.* 17.

Voyez les autres synonymes et la description de cette espèce à l'article Araignée n°. 50. de ce Dictionnaire.

Araignée labyrinthique, *Aranea labyrinthica.* Lat. *Gener. Crust. et Ins. tom.* 1. *pag.* 95. — Tagénaire. Lat. *Nouveau Diction. d'hist. nat. tom.* 24. *tabl. pag.* 134. — Araignée labyrinthique. Lat. *Hist. nat. des Crust. et des Ins. tom.* 7. *pag.* 226. — *Agelena labyrinthica.* Walck. *Tabl. des Aran. pag.* 51. — Araignée labyrinthique, *ibid. Faun. Paris. tom.* 2. *pag.* 217.

Voyez pour les autres synonymes et la description de cette espèce, l'article Araignée, n°. 52. de ce Dictionnaire.

On doit encore rapporter à ce genre la *Tagenaria civilis* de Walckenaer (*Faun. Paris. et hist. des Aran. tab.* 5. *fascicule* 5.); la *Tagenaria agrestis* du même, et sa *Tagenaria murina*. Son *Agelena nœvia*, rapportée de la Caroline par M. Bosc, est aussi une araignée. Il en est de même du *Nyssus coloripes* de cet auteur, qui vient de la Nouvelle-Hollande. Enfin, la *Tagenaria medicinalis* de Henz, décrite et figurée dans le *Journal de l'Acad. des scienc. natur. de Philadelphie*, vol. 11. février 1821. pag. 53. et pl. 5. fig. 1., doit aussi faire partie du genre Araignée. Sa toile peut être comparée, sous plusieurs rapports, avec celle de l'Araignée domestique; on l'emploie fréquemment en médecine dans l'Amérique du nord.

ARGYRONÈTE, *Argyroneta.* Lat. Walck. — *Aranea.* Linn. Geoff. De Géer. Fab.

Ce genre, établi par M. Latreille aux dépens du grand genre *Aranea* de Linné, a été adopté par M. Walckenaer (*Tabl. des Aran. pag.* 84.), qui le place dans sa division des Nayades. M. de Lamarck (*Anim. sans vert. tom.* 5. *pag.* 98.) ne le distingue pas des Araignées. Les caractères du genre Argyronète sont : huit yeux, ceux du milieu formant un carré, les autres situés de chaque côté et géminés; mâchoires presque droites, cylindriques, coupées obliquement à leur sommet du côté interne, élargies à leur base; lèvre triangulaire, arrondie à son extrémité, dilatée à sa base; pattes d'une étendue médiocre; la première paire étant la plus longue, la quatrième ensuite, et la troisième plus courte que toutes les autres; filières extérieures presqu'également longues. Ce genre ressemble entièrement aux Clubiones par le nombre des yeux, les filières et la direction des mâchoires; il n'en est distingué que parce que ces dernières parties sont coupées à leur sommet dans presque toute leur largeur, et que leur lèvre est triangulaire. Il diffère des Araignées propres, par les filières et par la longueur relative des pattes. On ne connoît encore qu'une espèce d'Argyronète; son histoire est des plus curieuses, et plusieurs auteurs que nous allons citer ont contribué à la rendre plus complète.

Argyronète aquatique, *Argyroneta aquatica.* Lat. *Nouv. Dict. d'hist. natur. tom.* 24. *Tabl. pag.* 134. — *Gen. Crust. et Ins. tom.* 1. *pag.* 94. — Walck. *Tabl. des Aran. pag.* 94. — Araignée aquatique, *ibid. Faun. Paris. tom.* 2. *pag.* 234. — Lalande de Lignac, *Mémoire pour servir à commencer l'histoire des Araignées aquatiques*, in-8°. Paris, 1799. — Schœff. *Icon. Ins. tab.* 158. *fig.* 6. Mas.

Voyez pour les autres synonymes, la description de l'espèce et ses mœurs, l'article Araignée de ce Dictionnaire, tom. 4. pag. 226. n°. 112.

(E. G.)

TUBULIFÈRES, *Tubulifera.* Cinquième Famille de notre première section de l'ordre des Hyménoptères. (*Voyez* Térébrans, pag. 580. de ce volume.) Elle répond à la tribu des Chrysides. Lat. *Voyez* Pupivores, pag. 253. de ce volume.

(S. F. et A. Serv.)

TURQUOISE. Ce nom a été appliqué par Geoffroy (*Ins. Paris. tom.* 2. *pag.* 129. *n°.* 40.) à un Lépidoptère Crépusculaire qui depuis a servi à l'établissement du genre Procris. *Voyez* Procris de la Statice. (S. F. et A. Serv.)

TYLOCÈRE, *Tylocerus.* M. Dalman, dans ses *Analecta entomologica* (*Holmiæ*, 1823.) *pag.* 57, a séparé des Téléphores, sous le nom de *Tylocère*, un sous-genre ayant les caractères suivans : antennes de la longueur du corps, assez épaisses; leur premier article grand, ovale; les suivans obconiques, allant en augmentant; le dernier grand, presque linéaire, de la longueur du premier, terminé en cône. Tête déprimée. Yeux petits, arrondis, saillans. Corselet plus court que la tête, presque carré, ses bords très-réfléchis; angles antérieurs arrondis, les postérieurs droits, un peu proéminens; deux callosités sur le disque du corselet. Ecusson semi-ovalaire. Elytres à peine plus larges que le corselet, linéaires, déprimées, leur extrémité arrondie. Pattes grêles. Le type de ce sous-genre est le Téléphore (Tylocère) crassicorne, *Telephorus* (*Tylocerus*) *crassicornis.* Dalm. *ut suprà.* Longueur 5 lig. Brun; tête et corselet d'un testacé jaunâtre; antennes en massue, brunes, avec le premier article jaune. De la Jamaïque.

(S. F. et A. Serv.)

TYLOS, *Tylos.* Latr.

Genre de l'ordre des Isopodes, section des Terrestres, famille des Cloportides, établi par M. Latreille (*Fam. nat. du Règn. anim.*), et dont les caractères ne sont pas encore publiés.

(E. G.)

TYPHIS, *Typhis*. Risso, Lat. Lamk.

Ce genre fut d'abord placé par son auteur dans la famille des Crevettines, qui contenoit les genres Phronime, Typhis, Euphée, Talitre, Crevette, Chevrolle et Cyame. M. Latreille, dans le troisième volume du *Règne animal* de M. Cuvier, le plaça dans l'ordre des Isopodes, et dans une section de cet ordre, à laquelle il donnoit le nom de *Phytibranches*. Enfin dans ses *Familles naturelles*, ce savant a reporté le genre qui nous occupe dans l'ordre des Amphipodes, où l'avoit mis son auteur primitif. Dans ce dernier ouvrage, le genre Typhis et les genres Ancée et Pranize composent une famille qu'il désigne sous le nom de *Décempèdes*, et dont nous allons faire connoître les caractères.

DÉCEMPÈDES, *Decempedes*. Latr.

Cette famille renferme des Crustacés qui n'ont que dix pieds onguiculés et propres à la marche. Ce caractère seul la distingue des autres familles du même ordre, dont tous les individus ont quatorze pieds.

TYPHIS, *Typhis*.

Corps arrondi; tête grosse, portant deux antennes très-petites; yeux petits; les quatre premières pattes terminées par une pince à deux doigts; tronc formé de sept segmens, et ayant de chaque côté une lame pouvant s'ouvrir et se fermer comme les battans d'une porte. M. Latreille, qui a vu ce genre, en donne une description détaillée dans le *Nouveau Dictionnaire d'histoire naturelle*: nous allons la reproduire ici. « Ces Crustacés, d'après l'examen que j'en ai fait, doivent être placés immédiatement à la suite des *Phronines*, et représentent, dans cet ordre, les *Sphéromes*, genre de l'ordre des Isopodes; la tête est grande, forme un ovale transverse, bombé, et offre en devant une sorte de chaperon, figuré en losange, diftingué à sa base par une ligne enfoncée et arquée, et avancé en angle tronqué, au milieu du bord antérieur; au-dessous est, de chaque côté, un enfoncement, sous lequel est une petite pièce transverse qui se prolonge jusqu'à la bouche, et portant à son extrémité antérieure une petite antenne sétacée, de trois à quatre articles, dirigée aussi vers la bouche. On voit aussi, au-dessous du chaperon, un petit corps, qui est peut-être le rudiment d'une autre antenne. La bouche est protubérante, et l'on y distingue une sorte de lèvre, surmontée de deux palpes, et quelques autres parties; les yeux ne sont point saillans, et on ne les distingue que par la lucidité des espaces qu'ils occupent; le tronc est formé de six lames ou demi-anneaux transverses, et augmentés, à chacun de leurs bouts, d'une petite pièce carrée; avec celles du cinquième demi-anneau s'articule une lame presqu'elliptique, alongée, qui s'applique en remontant le long des autres petites pièces accessoires; une autre lame, partant de chaque côté du sixième demi-anneau, se réunit avec la précédente par son bord inférieur ou le plus éloigné du corps, de sorte que ces deux pièces, ainsi jointes, lui forment, de chaque côté du tronc, une valve mobile, ou comme un battant de porte. M. Risso les prend pour des parties des deux dernières pattes. La queue, en forme de triangle alongé ou conique, est composée de cinq segmens, dont le dernier allant en pointe et sans appendice au bout, du moins, je n'en ai pas aperçu; le dessous de cette queue est garni d'appendices, disposés sur deux rangs, semblables à ceux que la même partie nous offre dans les Salicoques, et consistant en deux petits feuillets, portés sur un pédicule; les pattes sont au nombre de dix, dont six monodactyles ou terminées simplement en pointe, et quatre avec une main didactyle au bout, nonobstant que M. Risso ne donne ce caractère qu'à la première paire. L'animal, en baissant la tête, et contractant ses pattes, en repliant sa queue le long de la poitrine, et en rapprochant les deux valvules latérales, peut ainsi se mettre facilement en boule, et garantir ses organes essentiels ».

Typhis ovoïde, *Typhis ovoides*. Risso. *Crust. de Nice. pag.* 122. *pl.* 2. *fig.* 9.—Lamk. *Hist. nat. des anim. sans vert. tom.* 5. *pag.* 166. — Desm. *Consid. sur les Crust.* article Malacostracés *du Dict. des sc. nat. pag.* 282. *pl.* 5. figuré dans l'atlas de ce *Dict. pl.* 336. *fig.* 36. D'après Risso, le corps de ce Crustacé est long de vingt quatre millimètres; il est ovoïde, lisse, d'un beau jaune clair et luisant, parsemé de petits points rougeâtres. Cet auteur dit qu'il quitte rarement les fonds sablonneux, et que, lorsqu'il vient nager à la surface de la mer, si on veut le saisir, il replie sa queue sous son corps, et au moyen des deux lames foliacées des côtés du tronc, il cache tous ses organes, forme une boule et se laisse tomber au fond. On ne le rencontre aux environs de Nice que pendant l'été et dans les momens où la mer est calme. Suivant M. Latreille, le voyageur Leschenault a trouvé dans les mers des Indes orientales une espèce de Typhis, qui paroît semblable à celui de Risso.

ANCÉE, *Anceus*. Risso. Latr. Lamk. *Gnathia*. Léach.

Quatre antennes médiocrement longues; les extérieures l'étant plus que les intérieures, et terminées par des articles déliés et en soies, les intérieures grosses et poilues. Deux yeux composés; mâles ayant au-devant de leur tête deux grandes saillies, en forme de mandibules avancées. Corps oblong, déprimé, formé de cinq segmens, dont les deux premiers sont très-larges, sillonnés et soudés ensemble. Dix pieds monodactyles, dont les six premiers courts et dirigés en avant, et les quatre derniers plus longs et portés en arrière. Queue de quatre segmens, terminée par une lame natatoire intermédiaire aiguë, et deux lames plus larges placées une de chaque côté.

Ce genre se distingue aisément du précédent par l'absence de pince aux quatres premières pattes, et par d'autres caractères aussi tranchés; l'espèce qui lui sert de type a été placée par M. Risso dans le voisinage des Pagures, mais fort à tort, car ce Crustacé n'a aucun rapport avec ceux-là. Il ne se compose encore que de deux espèces, dont l'une a des caractères qui la feront entrer plus tard dans un genre distinct.

Ancée forficulaire, *Anceus forficularis*. Risso. *Crust. de Nice. pag.* 52. *pl.* 2. *fig.* 10. — Lamk. *Hist. nat. des anim. sans vert. tom.* 5. *pag.* 167. — Figuré dans l'atlas de ce Dictionnaire, *pl.* 336. *fig.* 24. Cette espèce est longue de six millimètres. Son corps est alongé, déprimé et blanchâtre. On le trouve dans la mer des environs de Nice, dans les régions des coraux; il se tient caché dans les interstices des coraux.

Le *Cancer maxillaris* de montagne. (*Transact. Soc. linn. de Londres, tom. VII. pag.* 66. *pl.* 6. *fig.* 2. Il a les plus grands rapports avec l'Ancée forficulaire, dont il diffère par la longueur relative des antennes, par la position de ses yeux et par le dernier segment de sa queue qui est arrondi. Il se trouve sur les côtes d'Angleterre.

PRANISE, *Praniza*. (*Voyez* ce mot.) (E. G.)

TYRONIE, *Tyronia*. Rafinesque donne ce nom à un nouveau genre d'Isopodes dont les caractères nous sont inconnus. (E. G.)

U C A

UCA, *Uca.* LAT. Genre de Crustacés de l'ordre des Décapodes établi par M. Latreille, et dont les caractères sont exposés à l'article TOURLOUROUX pag. 685. de ce Dictionnaire. (E. G.)

ULÉÏOTE, *Uleiota.* LAT. *Brontes.* FAB. GYLLEN. SCHŒN. *Cucujus* HERBST. OLIV. *Cerambyx.* LINN.

Genre d'insectes de l'ordre des Coléoptères, section des Tétramères, famille des Platysomes.

Cette famille qui n'est point divisée en tribus, contient six genres dans les *Fam. nat.* LAT. savoir : Parandre, Passandre, Cucuje, Uléïote, Dendrophage, Hémipèple. Les deux derniers n'étoient point adoptés par M. Latreille lors de la rédaction de l'article PLATYSOMES du présent Dictionnaire. Celui d'Hémipèple nous étant entièrement inconnu, nous ne pouvons le faire entrer dans la comparaison suivante. Les Parandres et les Passandres ont les bords latéraux du corselet sans crénelures ainsi que les Cucujes et les Dendrophages, ce qui éloigne tous ces genres des Uléïotes; en outre dans les Cucujes les antennes sont moniliformes; celles des Parandres le sont aussi et beaucoup plus courtes que le corps; le genre Passandre a les siennes composées d'articles comprimés, obconiques, presqu'en scie, et le dernier article des palpes maxillaires arrondi à l'extrémité.

Antennes filiformes, au moins de la longueur du corps, composées de onze articles, le premier très-long, allant en grossissant vers son extrémité, un peu arqué, les autres assez longs, presque cylindriques. — *Labre* prolongé entre les mandibules, membraneux, sa partie antérieure arrondie, entière. — *Mandibules* fortes, cornées, avancées, déprimées, trigones; leur bord extérieur arqué. — *Mâchoires* ayant leur lobe intérieur muni d'un onglet corné; l'extérieur grand, presque carré. — *Dernier article des palpes* presque conique allant en pointe. — *Lèvre* largement échancrée, courte, coriace; menton crustacé, très-court, transverso-linéaire, obliquement tronqué à sa partie intérieure de chaque côté, plus étroit à la base qu'à l'extrémité. — *Tête* déprimée. — *Yeux* globuleux. — *Corps* déprimé. — *Corselet* presque carré, ses bords latéraux crénelés, déprimé en dessus. — *Ecusson* assez grand, triangulaire, presque transversal. — *Elytres* un peu plus larges que le corselet, très-déprimées, presqu'en carré long, arrondies postérieurement, recouvrant l'abdomen et les ailes. — *Abdomen* déprimé. — *Pattes* assez courtes; les intermédiaires insérées assez près des antérieures; les postérieures plus éloignées, cuisses assez grosses, un peu en massue; tarses fort courts, tous leurs articles entiers.

Le nom de ces insectes est tiré du grec et indique leur séjour habituel dans les forêts. Leurs mœurs sont celles des Cucujes. *Voyez* ce mot.

Le genre *Brontes* FAB. (*Syst. Eleut.*) contient nominativement cinq espèces; le n°. 2. est le type du genre, le n°. 3. n'en est qu'une variété; le n°. 4. appartient aux Cucujes; les n°s. 1. et 5. sont douteux.

1. ULÉÏOTE flavipède, *U. flavipes.*

Uleiota flavipes. LAT. *Gener. Crust. et Ins. tom.* 3. *pag.* 26. *n°.* 1. — *Brontes flavipes n°.* 2. FAB. *Syst. Eleut.* (Au synonyme de Linné lisez 624. 17. au lieu de 625. 15.) — SCHŒN. *Syn. Ins. tom.* 3. *pag.* 57. *n°.* 2. (A la citation du *Syst. nat.* de Linné lisez 624. au lieu de 625.) — *Cucujus flavipes.* OLIV. *Entom. tom.* 4. *Cucuj. pag.* 7. *n°.* 6. *pl.* 1. *fig.* 6. a. b. — *Encycl. pl.* 364. I. *fig.* 5.

Voyez pour la description et les autres synonymes, Cucuje flavipède n°. 8. de ce Dictionnaire, en ajoutant que les mandibules du mâle ont chacune à leur partie extérieure un prolongement en forme de corne, assez long, avancé, arqué, terminé en pointe aiguë.

(S. F. et A. SERV.)

ULIDIE, *Ulidia.* Genre de Diptères créé par M. Meigen (*Dipt. d'Eur.*) dans sa famille des Muscides; il lui donne pour caractères : antennes inclinées, petites, plus courtes que l'hypostome, assez éloignées l'une de l'autre, composées de trois articles; les deux premiers petits, le troisième oblong, elliptique, comprimé, muni à sa base d'une soie dorsale nue. Trompe presqu'entièrement rentrée dans la cavité buccale, géniculée. Palpes aplatis, élargis à leur extrémité, un peu velus sur leurs bords. Hypostome descendant au-dessous des yeux, rugueux, rétréci au milieu, le bord de la bouche nu et relevé; front très-large, plat, rugueux. Yeux ronds. Trois ocelles placés en triangle sur le vertex. Corps presque nu, ayant seulement quelques poils courts, épars. Prothorax séparé du mésothorax par une suture transversale. Ailes couchées parallèlement sur le corps dans le repos, velues vues au microscope. Abdomen ovale, légèrement déprimé, composé de quatre segmens outre l'anus; celui-ci obtus dans les mâles et terminé dans les femelles par une tarière articulée. Pattes de longueur moyenne.

Ulidie vient d'un mot grec qui signifie : *couture, cicatrice,* ces Diptères ayant leur front comme couturé. M. Meigen soupçonne que ce genre est le même que celui de *Mosillus* Lat. Nous ne partageons pas cette opinion. On ne dit rien de ses mœurs. L'auteur en cite trois espèces : 1°. Ulidie florale, *U. demandata*. Meig. *Dipt. d'Eur. tom.* 5. *pag.* 386. *n°.* 1. *tab.* 53. *fig.* 12. Femelle. — *Tephritis demandata n°.* 37. Fab. *Syst. Antliat.* Des environs de Paris. 2°. Ulidie érythrophthalme, *U. erythrophthalma*. Meig. *id. pag.* 387. *n°.* 2. Long. 2. lig. Noire, brillante; yeux d'un beau rouge; ailes peu enfumées; cuillerons et balanciers blancs; pattes noires; tarses postérieurs d'un testacé pâle. D'Autriche. 3°. Ulidie brillante, *U. nitida*. Meig. *id. n°.* 3. Long. 2. lig. Noire, brillante; pattes entièrement de la couleur du corps. (S. F. et A. Serv.)

ULOBORE, *Uloborus*. Lat.

Genres d'Arachnides de l'ordre des Pulmonaires, famille des Aranéïdes, section des Dipneumones; tribu des Orbitèles, établi par M. Latreille, et que nous ferons connoître après avoir établi les caractères de la tribu à laquelle il appartient.

ORBITÈLES, *Orbitelæ*.

Crochets des mandibules repliés en travers le long de leur côté interne; mâchoires droites et sensiblement plus larges à leur extrémité; filières extérieures presque coniques, peu saillantes, convergentes, disposées en rosettes; pieds grêles, la première paire et la seconde ensuite toujours les plus longues; yeux au nombre de huit disposés quatre au milieu, formant un quadrilatère et deux de chaque côté. Ces Aranéïdes font des toiles en réseau régulier, composé de cercles concentriques croisés par des rayons droits, se rendant du centre, où elles se tiennent presque toujours, à la circonférence. Quelques-unes se cachent dans une cavité ou dans une loge qu'elles se sont construites près des bords de la toile, qui est tantôt horizontale, tantôt perpendiculaire. Leurs œufs sont très-nombreux, agglutinés et renfermés dans un cocon assez grand. Cette tribu renferme les quatre genres suivans :

LINYPHIE, *Liniphia*. Lat. Walck. *Aranea*. Linn. De Géer.

Mâchoires, carrées, droites, presque de la même largeur; yeux disposés de la manière suivante : quatre au milieu, formant un trapèze dont le côté postérieur, plus large, est occupé par deux yeux beaucoup plus gros et plus écartés; les quatre autres groupés par paires, une de chaque côté et dans une direction oblique. Ce genre se distingue des Ulobores par les quatre yeux de devant qui sont placés à intervalles égaux dans ces dernières. Il s'éloigne des Tétragnathes par les mâchoires qui dans ces dernières sont très-étroites. Les Épeïres enfin ont les deux yeux de chaque côté rapprochés et presque contigus, ce qui les en éloigne suffisamment.

Les Linyphies vivent sur les buissons, les pins, les geniévriers, ou dans les coins des murailles et des fenêtres des maisons. Elles y construisent une toile horizontale, suspendue entre les branches, si c'est un arbre, mince, et dont l'étendue varie en raison des distances des points d'attache. Pour la maintenir parfaitement horizontale, elles tendent par dessus des fils perpendiculaires et obliques qu'elles fixent aux lieux environnans. L'animal se tient ordinairement au milieu de sa toile, dans une position renversée, ayant le ventre en haut. Un insecte a-t-il le malheur de se laisser engager dans ce filet, la propriétaire accourt, le perce avec ses mandibules à travers la toile, et ensuite y fait une déchirure afin de le faire passer et de le sucer; ce qu'elle fait sans l'envelopper de soie, car l'insecte est affoibli par le venin et presque mort. Les mâles ressemblent si peu à leurs femelles, qu'on ne les croiroit pas de la même espèce; ils se trouvent toujours placés dans la même toile, pendant le mois de septembre. Leurs pattes sont beaucoup plus grêles et plus alongées; leur abdomen est aussi beaucoup plus long. Leurs palpes sont terminés par un gros bouton qui se sépare en deux quand on le presse, et présente deux pièces écailleuses en forme de valves de coquille, du milieu desquelles on voit sortir d'autres pièces; on en remarque surtout deux en forme de crochets, et un tuyau court et annelé. D'après De Géer, ces mâles n'ont rien à craindre de leurs femelles, qui les reçoivent sans chercher à attenter à leur vie, comme cela à lieu chez plusieurs autres Aranéïdes. Les deux sexes, au moment de l'accouplement, sont dans une position renversée, le ventre de l'un vis-à-vis le tronc de l'autre; ils entrelacent leurs pattes, et le mâle introduit le bouton de l'extrémité de ses palpes dans l'ouverture sexuelle de la femelle, et l'y laisse une ou deux minutes : il recommence le même jeu plusieurs fois de suite avec ses deux palpes alternativement; pendant tout ce temps son ventre a un mouvement continuel de vibration. A l'époque de la ponte le ventre des femelles grossit beaucoup. Le cocon dans lequel elles déposent leurs œufs est composé d'une soie lâche; elles le placent auprès de leur toile. Les œufs sont d'un rougeâtre tirant sur le jaune; ils ne sont point agglutinés entr'eux.

Ce genre se compose jusqu'à présent de deux espèces que nous allons faire connoître.

Linyphie triangulaire. *Linyphia triangularis*. Lat. *Gen. Crust. et Ins tom.* 1. *pag.* 100. — Walck. *Tabl. des Aran. pag.* 70. — Araignée triangulaire. Lat. *Hist. nat. des Crust. et Ins. tom.* 7. *pag.* 242. — Walck. *Faun. Paris, tom.* 2. *pag.* 214. — *Aranea Albini*. Scop. *Entom. Carniol. pag.* 396. — Lister. *tom.* 19. *fig.* 19. *pl.* 64. —

Albin. *pl.* 30. *f.* 148. *Voyez* pour la description et les autres synonymes, le n°. 34. pag. 208. article Araignée de ce Dictionnaire.

Linyphie montagnarde, *Linyphia montana.* Walck. *Tabl. des Aran. pag.* 71. *Voyez* pour la description et les autres synonymes, le n°. 35. article Araignée de ce Dictionnaire.

ULOBORE, *Uloborus.* Lat.

Les quatre yeux postérieurs placés à intervalles égaux, sur une ligne droite; les deux latéraux de la première ligne plus rapprochés du bord antérieur du corselet que les deux compris entr'eux, de sorte que cette ligne est arquée en arrière. Mâchoires s'élargissant et s'arrondissant de la base à l'extrémité, premier article des tarses postérieurs ayant une rangée de crins extrêmement déliés; crochets de leur extrémité, ainsi que de celle des autres tarses, extrêmement petits. Corps alongé et presque cylindrique.

Ces Aranéïdes se tiennent au centre de leur toile; elles portent en avant, et en ligne droite, les quatre pieds antérieurs, et dirigent les deux derniers en arrière; ceux de la troisième paire sont étendus latéralement. Les toiles de ces Arachnides sont semblables à celles des autres Orbitèles, mais plus lâches et horizontales. Dès qu'un insecte s'est engagé dans leur filet, elles l'emmaillotent en un instant et le sucent après. Leur cocon est étroit, alongé, anguleux sur ses bords, et suspendu verticalement par un de ses bouts à un réseau; l'autre extrémité est comme fourchue, ou terminée par deux angles prolongés, dont l'un plus court et obtus; chaque côté a deux angles aigus. La seule espèce connue de ce genre est :

L'Ulobore de Walckenaer, *Uloborus Walckenaerius.* Lat. *Gen. Crust. et Ins. tom.* 1. *pag.* 110. — *Règn. anim. tom.* 3. *pag.* 88. Cette espèce a près de cinq lignes de long; elle est d'un jaune-roussâtre, couverte d'un duvet soyeux formant, sur le dessus de l'abdomen, deux séries de petits faisceaux. Les pattes sont de la même couleur avec des anneaux plus pâles. On la trouve dans les bois des environs de Bordeaux et dans d'autres départemens méridionaux.

TÉTRAGNATE, *Tetragnatha.* Voyez ce mot.

ÉPEÏRE, *Epeira.* Walck. Lat. *Aranea.* Linn. Geoff. De Géer. Fab. Oliv. Lat. Lamk. Huit yeux dont quatre intermédiaires formant un carré et les autres rapprochés par paires, une de chaque côté. Mâchoires droites, dilatées dès leur base, en forme de palette ovale ou arrondie; lèvre presque demi-circulaire ou triangulaire. Crochets des mandibules repliés le long de leur côté interne, filières extérieures presque coniques, peu saillantes, disposées en rosettes; la première paire de pieds et ensuite la seconde les plus longues de toutes.

Les Epéïres vivent solitaires et séparées; chaque individu forme une toile à réseaux réguliers, composée de spirales ou de cercles concentriques croisés par des rayons droits qui partent d'un centre où l'Araignée se tient ordinairement immobile, le corps renversé ou la tête en bas. Les toiles de quelques espèces exotiques sont composées de fils si forts qu'elles arrêtent de petits oiseaux; celles de notre pays n'arrêtent que les insectes légers et petits : à cet effet, elles sont suspendues verticalement entre les branches d'arbres, ou dans les encoignures des murailles; plusieurs ont une position oblique, il en est même qui sont horizontales. Quelques espèces construisent auprès de leur toile une demeure cintrée de toute part ou en forme de tuyeau soyeux, ou bien ouverte par le haut et figurant un nid d'oiseaux. Des feuilles réunies entr'elles par des fils constituent les parois de ces habitations. Elles filent un cocon le plus souvent globuleux et rempli d'une bourre de soie plus épaisse, et qui contient un très-grand nombre d'œufs agglutinés entr'eux. La ponte a lieu vers la fin de l'été ou au commencement de l'automne.

Le genre Epéïre est très-nombreux en espèces, et l'on peut y rapporter à peu près toutes celles qui sont décrites dans la famille des Araignées tendeuses de ce Dictionnaire pag. 198 à 206. Nous citerons cependant celles que nous rapportons au genre Epéïre d'un manière plus certaine. M. Walckenaer, pour faciliter la distinction des espèces, les a distribuées dans plusieurs familles que nous allons faire connoître.

1re. Famille. *Les Alongées cylindriques.* Walck.

Mâchoires courtes, arrondies; lèvre aussi large que haute; corselet bombé à sa partie antérieure, pourvu de deux petits tubercules dans son milieu. Abdomen alongé, cylindrique. Pattes très-alongées.

Epéïre chrysogastre, *Epeira chrysogaster.* Walck. *Tabl. des Aran. pag.* 53. — *Aranea pilipes.* Lat. *Hist. nat. des Crust. et des Ins. tom.* 7. *pag.* 274. *n°.* 85. — Fab. *Entom. Syst. pag.* 425. *n°.* 67.

Cette Epéïre est longue de près d'un pouce; son corselet est noir avec un duvet soyeux doré en dessus, et deux tubercules apparens et rapprochés derrière les yeux. L'abdomen est long, brun, avec deux bandes et une raie dans l'entre-deux, longitudinales, parallèles et blanchâtres le long du dos; les côtés offrent des raies ou des traits, et le dessous des points de la même couleur. Les pattes sont très-noires, excepté les articulations des cuisses ; elles n'ont pas de brosses, mais elles sont hérissées dans leur longueur de petits piquans. Les parties de la bouche sont noires. On trouve cette espèce au Bengale et dans d'autres contrées des Indes orientales. M. Latreille pense que l'espèce que Fabricius nomme *Longipes* n'en est qu'une variété.

Epéïre plumipède, *Epeira plumipes*. Walck. *Tabl. des Aran. pag.* 54. *Aranea plumipes*. Lat. *Hist. nat. des Crust. et des Ins. tom.* 7. *pag.* 275. — *Aranea edulis ?* Le Billard. *Relat. du voy. à la rechcerhe de La Peyrouse, tom.* 2. *pag.* 239 et 240. *Atlas. pl.* 12. *fig.* 4. *n°.* 2. C'est cette espèce que M. Latreille pense être l'*Edulis* que les habitans de la Nouvelle-Hollande et de quelques îles de la mer du Sud mangent au défaut d'autres alimens ; elle est très-voisine de l'*Aranea esuriens* de Fabricius. Elle est noire, avec des taches ou des points soyeux et argentés sur le corselet. L'abdomen est d'un jaunâtre-brun, avec des points enfoncés. Ses pattes sont brunes avec des taches noires. L'extrémité des quatre jambes antérieures et celle des postérieures a une plus grande abondance de poils, une sorte de brosse. Cette espèce a été rapportée au Muséum par Riche.

L'Araignée à brosses (*Epeira clavipes*. Walck. Lat.), article Araignée n°. 13. de ce Dictionnaire ; l'Araignée longimane n°. 129., et l'Araignée longues pattes n°. 145., sont aussi des Epéïres. M. Walckenaer pense que la Longimane pourroit bien être la même espèce que celle que Linné a nommée *Clavipes*. Il croit aussi que celle nommée *Longues pattes* se rapproche beaucoup de la plumipède de M. Latreille. Du reste, on ne sera bien certain que ces rapprochemens sont exacts que lorsque de nouvelles observations auront éclairci suffisamment la question. — L'Araignée figurée par Séba, et que M. Walckenaer nomme *Epeira sebœ*, lui paroît cependant se rapprocher beaucoup de l'*Ep. chrysogaster*. Elle est représentée dans la nouvelle édition que nous donnons de l'ouvrage de Séba, tom. 4. pl. 99. fig. 9. Séba l'avoit reçue des Indes.

2e. Famille. *Les Zonées*. Walck.

Mâchoires courtes, arrondies, aussi larges que hautes. Corselet très-plat, revêtu de poils argentés. Abdomen ovale, traversé par des bandes de différentes couleurs. Ces Aranéïdes forment un cocon qui a la forme d'un ovoïde tronqué.

Epéïre fasciée, *Epeira fascienta*. Walck. *Tabl. des Aran. p.* 55. Lat. *Gen. Crust. et Ins. tom.* 1. *pag.* 106. *Aranea fasciata*. Fab. *Ent. Syst. pag.* 414. *n°.* 28. — Lat. *Hist. nat. dss Crust. et des Ins. tom.* 7. *p.* 269. *n°.* 79. — *Aranea formosa*. Viller. *Ent. tom.* 4. *pag.* 130. *pl.* 11. *fig.* 10. — *Aranea phragmitis*. Ross. *Faun. etrusc. tom.* 2. *p.* 128. *tab.* 3. *fig.* 13. *et tab.* 9. *fig.* 5. — *Aranea zebra*. Razoumowsky. *Hist. nat. du Jorat. tom.* 1. *pag.* 244. *n°.* 233. — *Aranea speciosa*. Pallas (trad. de la Peyronie) vol. 2. pag. 543. — *Aranea trifasciata*. Frael. *Descr. anim. pag.* 86. *n°.* 30. *tab.* 24. *fig.* E. — Sulzer. *pl.* 254. *fig.* 15. — Aldr. *de Ins. lib.* 3. *pag.* 607. *fig.* 9. *Voyez* pour les autres synonymes et la description le mot Araignée de ce Dictionnaire n°. 1. Cette belle espèce a été trouvée aux environs de Paris.

L'Araignée fastueuse d'Olivier, décrite sous le n°. 15., article Araignée de ce Dictionnaire, appartient aussi à cette division. M. Walckenaer y rapporte deux espèces nouvelles qu'il nomme *Epeira latreillana* et *mauriciana*. L'une vient du Bengale et l'autre de l'Ile-de-France.

3e. Famille. *Les Oculées*. Walck.

Mâchoires très-courtes, aussi larges que hautes ; corcelet très-plat, revêtu de poils argentés. Huit yeux, dont les six antérieurs sont portés sur des tubercules avancés.

Epéïre voleuse, *Epeira latro*. Walck. *Tabl. des Aran. pag.* 56. — *Aranea latro*. Fab. *Ent. Syst. tom.* 2. *pag.* 412. *n°.* 19. Oliv. *Encycl. Voyez* la description de cette espèce au n°. 136. de l'article Araignée de ce Dictionnaire.

4e. Famille. *Les Festonnées*. Walck.

Mâchoires courtes, arrondies, aussi larges que hautes. Corselet très-plat, couvert de poils argentés. Abdomen découpé, festonné ou mamelonné. — Ces Aranéïdes font un cocon qui a la figure d'un ovoïde tronqué.

Epéïre mamelonnée, *Epeira mammata*. Walck. *Tabl. des Aran. pag.* 56. *Aranea mammata*. Oliv.

Voyez pour les autres synonymes et la description de cette espèce le n°. 14. de l'article Araignée de ce Dictionnaire.

Epéïre soyeuse, *Epeira sericea*. Walck. *Tabl. des Aran. pag.* 56. *Voyez* la description de cette espèce à l'article Araignée n°. 2. de ce Dictionnaire. L'*Epeira australis* de M. Walckenaer appartient à cette famille. Elle habite l'Ile-de-France et le cap de Bonne-Espérance.

5e. Famille. *Les Triangulaires*. Walck.

Mâchoires très-courtes, arrondies à leur extrémité. Lèvre arrondie, aussi large que haute. Yeux intermédiaires postérieurs plus rapprochés et plus petits que les antérieurs. Corselet convexe. Abdomen

domen ovale, triangulaire, revêtu en dessus, à sa partie antérieure, de deux tubercules charnus, coniques, ayant en dessous deux courbes blanches ou jaunes opposées. — Ces Aranéïdes forment une toile verticale.

Epéïre anguleuse, *Epeira angulata*. Walck. *Tabl. des Aran. pag.* 57. — Ibid. *Hist. des Aran. fasc.* 4. *tab.* 6. Femelle. *Aranea angulata*. Lat. *Hist. nat. des Crust. et des Arach. tom.* 7. *pag.* 250. — Walck. *Faun. Paris. tom.* 2. *pag.* 189. — Linn. *Iter Gothl. n°.* 206. — Sulzer. *Insect. pag.* 254. *pl.* 39. *fig.* 13. *Voyez* pour la description et les autres synonymes le n°. 5. article Araignée de ce Dictionnaire. On doit rapporter à cette famille les espèces suivantes : *Epeira cornuta*. Walck. *Tabl. des Aran. p.* 57. — L'*Epeira bicornis*. Walck. *Faun. Paris. tom.* 2. *pag.* 190. *n°.* 2. — *Epeira gibbosa*. Walck. *Faun. Paris. tom.* 2. *p.* 190. *n°.* 5. — *Epeira cruciata*. Walck. *Faun. Paris. tom.* 2. *pag.* 190. *n°.* 4. — *Epeira bituberculata*. Walck. *Faun. Paris. tom.* 2. *pag.* 191. *n°.* 5. — *Epeira dromaderia*. Walck. *Faun. Paris. tom.* 2. *pag.* 191. *n°.* 6. — *Epeira anaglypha*. Walck. *Tabl. des Aran. pag.* 58. *Aranea humata*. Bosc. Inédite. Cette dernière vient de la Caroline.

6e. Famille. *Les Ovalaires à mâchoires courtes, arrondies*. Walck.

Mâchoires courtes, arrondies à leur extrémité. Lèvre aussi large que haute. Yeux intermédiaires postérieurs plus rapprochés que les intermédiaires antérieurs. Corselet concave. Abdomen ovale, sans tubercules, découpures ni épines; deux courbes jaunes ou blanches, opposées en dessous. — Aranéïdes formant une toile verticale; cocon globuleux.

1re. Race. *Les Ovalaires triangulaires*. Walck.

Abdomen ovale, triangulaire. — Aranéïdes ne construisant pas de demeure près de leur toile.

Epéïre diadème, *Epeira diadema*. Walck. *Tabl. des Aran. pag.* 58. — Lat. *Gen. Crust. et Ins. tom.* 1. *pag.* 106. — *Aranea diadema*. Lat. *Hist. nat. des Crust. et des Ins. tom.* 7. *pag.* 255. *pl. LXIV. fig.* 1. à 5. — Walck. *Faun. Paris. tom.* 2. *pag.* 192. *Aranea Linnei*. Scop. *Entom. Carn. pag.* 392. *n°.* 1077. — *Voyez* pour la description et les autres synonymes de cette espèce le n°. 3. article Araignée de ce Dictionnaire.

Cette division comprend encore l'*Epeira mellitagria*. Walck. *Faun. Paris. tom.* 2. *pag.* 191. *n°.* 7. — L'*Epeira myagria*. Ibid. *n°.* 8. — L'*Epeira alsine*. Ibid. *pag.* 183. *n°.* 10. Et l'*Epeira drypta*. Ibid. *pag.* 198. *n°.* 19.

2e. Race. *Les Ovalaires triangulaires, larges*. Walck.

Abdomen triangulaire, très-large, deux courbes jaunes, opposées en dessous. — Aranéïdes se formant près de leur toile une demeure non recouverte par en haut, qui imite une coupe ou un nid d'oiseau.

Epéïre cratère, *Epeira cratera*. Walck. *Tabl. des Aran. pag.* 59. *Aranea cratera*. Ibid. *Faun. Paris. tom.* 2. *pag.* 197. *n°.* 15. — Schœff. *Icon. Ins. Ratisb. pl.* 49. *fig.* 5. 6. Son abdomen est globuleux, large, pubescent, rougeâtre, avec des bandes longitudinales plus foncées, bordées de jaune. Cette espèce varie peu; elle se construit un nid recouvert seulement en dessus de quelques fils, et imitant une coupe ou un nid d'oiseau. Elle se trouve aux environs de Paris.

Epéïre agalène, *Epeira agalena*. Walck. *Tabl. des Aran. pag.* 59. *Aranea agalena*. Ibid. *Faun. Paris. tom.* 2. *pag.* 197. — Lat. *Hist. natur. des Crust. et des Ins. tom.* 7. *p.* 260. — *Ar. notatus*. Albin. *pag.* 49. *pl.* 10. *fig.* 49. *Voyez* pour les autres synonymes et la description de cette espèce, l'Araignée alphabétique n°. 30. article Araignée de ce Dictionnaire. A cette division appartiennent encore les *Epeira myabora*. Walck. *Faun. Paris. tom.* 2. *pag.* 198. *n°.* 17. — *Epeira triguttata*. Walck. *loc. cit. pag.* 198. *n°.* 18. — Fab. *Ent. Syst. tom.* 2. *pag.* 419. *n°.* 46.; et l'*Epeira solers* de Walckenaer, inédite et venant de Lyon.

3e. Race. *Les Ovalaires oviformes*. Walck.

Abdomen ovale, globuleux, oviforme. — Aranéïdes formant, dans la partie supérieure de leur toile, une demeure cintrée de toutes parts par un tube de soie ou par des feuilles qu'elles rapprochent.

a. Aranéïdes formant leur demeure en rapprochant des feuilles et en les liant par des fils.

Epéïre scalaire, *Epeira scalaris*. Walck. *Tabl. des Aran. pag.* 60. *Aranea scalaris*. — Lat. *Hist. natur. des Crust. et des Ins. tom.* 7. *pag.* 257. — Walck. *Faun. Paris. tom.* 2. *pl.* 6. *fig.* 3. — *Martyn. english. speders. pl.* 13. *fig.* 10. — Ibid. *pl.* 14. *fig.* 10. Lavater's, *Essai on Physconomy*. in-4°. Lond. 1790. vol. 2. pag. 129. Il y a une très-bonne figure dans la vignette qui est au bas de la page. — Panz. *Faun. Germ.* 4. — 24. *Aranea Betulæ*. — Sulzer. *pag.* 254. *tab.* 29. *fig.* 14. *Voyez* pour la description et les autres synonymes, l'Araignée pyramide n°. 29. article Araignée de ce Dictionnaire.

L'Epéïre pâle, *Epeira pallida*. Walck. Araignée pâle n°. 6. de ce Dictionnaire, appartient à cette division.

M. Walckenaer rapporte avec incertitude à cette division les Epéïres acalyphe, Céropége, Adiante et Diodie, qu'il a décrites dans la Faune parisienne, tom. 2. pag. 199. n°s. 20, 21, 22 et 23.

b. Aranéïdes formant une demeure entièrement composée de leur soie.

On doit rapporter à cette division les espèces décrites dans ce Dictionnaire article Araignée, n°s. 4, 8, 9, 10, 12. Les n°s. 9. et 10. ont été réunis par M. Walckenaer, et ne sont que la même espèce décrite sous des noms différens par les auteurs. M. Walckenaer leur a conservé le nom d'*Epeira umbratica*. Le n°. 12. est l'*Epeira apoclissa* de Walckenaer.

7e. Famille. *Les Ovalaires à mâchoires alongées.* Walck.

Mâchoires alongées, droites à leur extrémité. Lèvre plus haute que large. Yeux intermédiaires d'en bas plus rapprochés que les yeux intermédiaires d'en haut. Corselet convexe. Abdomen ovale sans découpures, tubercules ni épines, ayant sous le ventre deux lignes droites parallèles d'une couleur plus pâle.

1re. Race. *Les Verticales.* Walck.

Abdomen cylindrique ou globuleux. — Aranéïdes formant à la partie supérieure de leur toile un tube de soie où elles se tiennent. Toile verticale.

Epéïre calophylle, *Epeira calophylla*. Walck. *Tabl. des Aran. p.* 62. — Lat. *Gen. Crust. et Ins. tom.* 1. *p.* 108. — *Aranea calophylla*. ibid. *Faun. Paris. tom.* 2. *pag.* 200. *n°.* 25. — Lat. *Hist. nat. des Crust. et des Ins. tom.* 7. *pag.* 73. — Schœff. *pl.* 42. *fig.* 174. — *Voyez* pour la description et les autres synonymes de cette espèce, l'Araignée portefeuille de ce Dictionnaire, article Araignée n°. 11. M. Walckenaer rapporte à cette division son Epéïre tubuleuse, *Epeira tubulosa*. *Faun. Paris. tom.* 2. *pag.* 200. *n°.* 24. — Lister. *p.* 40. *tit.* 7. *fig.* 7. — *Araneus hamatus*. Clerck. *p.* 51. *n°.* 2. *pl.* 3. *tab.* 4. — Albin. *pl.* 35. *fig.* 174.

2e. Race. *Les Inclinées.* Walck.

Abdomen ovale, triangulaire. — Aranéïdes ne formant point de demeure à la partie supérieure de leur toile. Toile inclinée.

Epéïre inclinée, *Epeira inclinata*. Walck. *Tabl. des Aran. pag.* 62. *Aranea inclinata*. ibid. *Faun. Paris. tom.* 2. *pag.* 201. *n°.* 26. — Lat. *Hist. nat. des Crust. et des Ins. tom.* 7. *p.* 264. — Lister. *p.* 24. *tit.* 1. — *Araneus segmentatus*. Clerck. *pag.* 45. *n°.* 13. *pl.* 2. *tab.* 6 *fig.* 1. *et* 2. — Albin. *pl. VIII. fig.* 36. — Schœff. *Icon. pl.* 158. *fig.* 7. — *Voyez* pour la description et les autres synonymes de cette espèce l'Araignée réticulée n°. 117., article Araignée de ce Dictionnaire.

M. Walckenaer rapporte à cette division l'Epéïre antriade, *Epeira antriada*. Walck. *Faun. Paris. tom.* 2. *pag.* 201. *n°.* 27. L'Épéïre arabesque (*Epeira arabesca*) de son *Tableau des Aranéïdes, pag.* 63., rapportée par M. Bosc de l'Amérique du nord; et son Epéïre brune (*Epeira fusca*) du même ouvrage, décrite par M. Latreille sous le nom d'*Epeira Menardii*. — *Voyez* pour sa description le n°. 20., article Araignée de ce Dictionnaire.

3e. Race. *Les Horizontales.* Walck.

Yeux postérieurs plus gros, mais non plus écartés. Abdomen oviforme. — Aranéïdes formant une toile horizontale.

Epéïre cucurbitine, *Epeira cucurbitina*. Walck. *Tabl. des Aran. p.* 63. — Lat. *Gen. Crust. et Ins. tom.* 1. *pag.* 107.; et *Règne anim. tom.* 3. *pag.* 91. — Araignée cucurbitine. Walck. *Faun. Paris. tom.* 2. *p.* 202. *Hist. des Aran.* 2-111. — Lat. *Hist. nat. des Crust. et des Ins. tom.* 7. *pag.* 265. — Lister. *Aran. Suec. pag.* 34. *tit.* 5. *fig.* 5. — *Voyez* pour les autres synonymes et la description de cette espèce les n°s. 19. (pag. 203.) et 10. (pag. 236.) de ce Dictionnaire, à l'article Araignée. Au n°. 10. est la description de l'*Aranea Frischii* de Scopoli, que M. Walckenaer rapporte à la Cucurbitine. — L'Épéïre circulée, *Epeira circulata* de M. Walckenaer, *Tabl. des Aran. pag.* 63., appartient à cette division. Elle vient de Surinam.

8e. Famille. *Les Irrégulières.* Walck.

Abdomen de forme irrégulière, et terminé en tous sens par des tubercules charnus.

1re. Race. *Les Triconiques.* Walck.

Abdomen triconiques. — Aranéïdes suspendant à un fil l'insecte qu'elles ont sucé. Toile verticale.

Epéïre conique, *Epeire conica*. Walck. *Tabl. des Aran. p.* 64. Lat. *Gen. Crust. et Ins. tom.* 1. *pag.* 109.; et *Règne anim. tom.* 3. *pag.* 91. *Aranea conica*. Walck. *Faun. Paris. tom.* 2. *pag.* 202.; et *hist. des Aran.* 2. 111. — Sulzer. *Geschichte. pag.* 254. *tit.* 3. *fig.* 2. — *Voyez* pour les autres synonymes et la description, l'article Araignée n°. 18. de ce Dictionnaire.

2e. Race. *Les Mamelonnées.* WALCK.

Abdomen irrégulier, revêtu de plus de trois tubercules charnus. Yeux intermédiaires portés sur des tubercules proéminens.

EPÉIRE OCULÉE, *Epeira oculata.* WALCK. *Tabl. des Aran. pag.* 64. *Aranea oculata.* WALCK. *Faun. Paris. tom.* 2. *pag.* 428. Figurée dans l'Atlas de ce Dictionnaire, pl. 340. fig. 5. à 11.

9e. Famille. *Les Epineuses.* WALCK.

Abdomen irrégulier, revêtu de tubercules cornés, pointus, semblables à des épines. Mandibules très-courtes et renflées à leur insertion. Corselet relevé à sa partie antérieure.

1re. Race. *Les Epineuses alongées.*

Corselet et abdomen alongés. Pattes alongées.

EPÉIRE GRÊLE, *Epeira gracilis.* WALCK. *Tabl. des Aran. p.* 65. — Ibid. *Hist. des Aran. fasc.* 3. *tab.* 5. Figurée dans l'Atlas de ce Dictionnaire, pl. 339. fig. 39. et 40. La toile de cette espèce est très-gluante. Elle se trouve dans la Caroline.

M. Walckenaer rapporte à cette division l'Epéire militaire, *Epeira militaris.* WALCK. *Tabl. des Aran. p.* 65. — *Aranea militaris.* LAT. *Hist. nat. des Crust. et des Ins. tom.* 7. *pag.* 275. — *Voyez* sa description à l'article ARAIGNÉE n°. 22. de ce Dictionnaire. — L'Epéire pointue, *Epeira aculeata.* WALCK. *Tabl. des Aran. p.* 65. — Epéire armée. LAT. *Gen. Crust. et Ins. tom.* 1. *pag.* 103. *Spec.* 2. — *Voyez* pour les autres synonymes et la description le n°. 26. article ARAIGNÉE de ce Dictionnaire. — L'Epéire épineuse, *Epeira spinosa.* WALCK. *Tabl.* etc. *p.* 65. — Araignée épineuse. LAT. *Hist. natur. des Crust. et des Ins. tom.* 7. *pag.* 276. — *Voyez* pour les autres synonymes et la description le n°. 23. article ARAIGNÉE de ce Dictionnaire. — L'Epéire étoilée. WALCK. *Tabl. pag.* 65. *Aranea calcitrapa.* Bosc. Inéd. De la Caroline. L'Epéire armée, *Epeira armata.* WALCK. *Tabl. pag.* 65. LAT. *Gen. Crust. et Ins. tom.* 1. *pag.* 103. Epéire fourchue, Araignée fourchue. LAT. *Hist. nat. des Crust. et des Ins. tom.* 7. *pag.* 176. *Spec.* 89. — *Voyez* pour la description et ses synonymes le n°. 24. article ARAIGNÉE de ce Dictionnaire. — L'*Araneus cancriformis major, Sloane Jamaica. tom.* 2. *pag.* 197. *n°.* 14. *pl.* 225. *fig.* 3.

Nous croyons devoir aussi rapporter à cette division l'Epéire à queue courbe; *Epeira curvicauda.* VAUTHIER. *Ann. des scienc. natur.*, mars 1824. *tom.* 1. *pag.* 261. *pl.* 18. Cette espèce est très-remarquable en ce qu'elle a de chaque côté du ventre une longue épine courbée en dedans, et trois fois plus longue que l'abdomen. Sa couleur générale est le jaune fauve; son corselet et la base des mandibules seules sont d'un noir-bleuâtre. Cette espèce se trouve dans l'île de Java.

2e. Race. *Les Courtes.* WALCK.

Corselet et abdomen très-larges et très-courts. Pattes courtes.

EPÉIRE CANCRIFORME, *Epeira cancriformis.* WALCK. *Tabl. des Aran. pag.* 65. — LAT. *Gener. Crust. et Ins. tom.* 1. *pag.* 103. — *Aranea cancriformis.* LAT. *Hist. nat. des Crust. et des Ins. tom.* 7. *pag.* 276. — SLABB. *Microsc. tom.* 1. — *Voyez* pour les autres synonymes et la description de cette espèce, l'article ARAIGNÉE n°. 25. de ce Dictionnaire. Il faut supprimer la citation de l'*Aranea hexacantha* de Fabricius, qui forme une espèce distincte à laquelle M. Walckenaer a donné le nom d'*Epéire hexacanthe.* Tabl. des Aran. pag. 66. — L'Epéire cancriforme est figurée dans l'Atlas de ce Dictionnaire, pl. 353. fig. 4. à 7.

EPÉIRE de SERVILLE, *Epeira Servillei.* NOB.

Elle est longue de trois lignes et large de quatre; son corselet et ses mandibules sont noirs, luisans et couverts d'un léger duvet grisâtre sur les côtés. Les pattes sont d'un brun rougeâtre très-obscur; leurs deux derniers articles ont quelques taches annelées, jaunes. L'abdomen est très-large, aplati, d'un jaune clair; il a de chaque côté deux épines courtes, coniques, noires à la base, fauves à la pointe et couvertes de poils; on voit deux épines semblables et un peu plus longues au milieu de son bord postérieur. Le dessus de l'abdomen porte vingt-cinq taches arrondies assez grandes, en forme de cicatrices, d'un fauve noir, disposées ainsi: douze près du bord antérieur, dont les deux plus extérieures sont plus grandes, composées de deux cicatricules accolées, et placées chacune en face et un peu au-dessus de la première épine latérale; neuf suivent également le contour postérieur, dont les deux extérieures plus grandes, simples, et placées vis-à-vis les secondes épines latérales; et enfin quatre au milieu, formant un trapèze dont le grand côté est à la partie postérieure. Outre ces taches on voit sur les côtés de l'abdomen une quantité de petits points noirs, luisans, élevés en tubercules, et qui ne sont bien apparens qu'à la loupe. Le dessous est de la couleur du dessus, mais très-rayé par des rides plus brunes. Cette espèce se trouve au Brésil; nous l'avons dédiée à notre collaborateur M. Audinet Serville, comme un témoignage de haute estime et d'amitié.

EPÉIRE de LEPELETIER, *Epeira Lepeletieri.*

Nob. *Zoologie du Voyage autour du Monde*, du capitaine Duperrey.

Elle est longue de deux lignes et demie et à peu près aussi large; son corselet est d'un noir-violet foncé, presque carré, un peu plus long que large; ses palpes et ses pattes sont d'un rouge brique, avec l'extrémité un peu brune. L'abdomen est beaucoup plus large que long, hexagone, d'un jaune doré, avec six pointes aiguës et cornées disposées ainsi : deux de chaque côté dirigées latéralement, l'antérieure beaucoup plus petite, et deux au bord postérieur, divergentes. Ces Epéires sont d'un bleu-violet très-foncé. Le dessus de l'abdomen présente vingt-trois taches d'un noir-violet, disposées de la manière suivante : dix sur le bord antérieur, neuf sur le postérieur, et quatre au milieu. Le dessous de l'abdomen est de la couleur du dessus, avec des rides plus ou moins enfoncées; l'anus est très-saillant, d'un beau bleu-violet foncé. Cette espèce a été prise par MM. d'Urville et Lesson dans les îles de Taïti, Bourou, Amboine, et dans d'autres îles de la mer du Sud. Nous la dédions à notre savant collaborateur M. Lepeletier de Saint-Fargeau, qui a rendu de grands services à la science qu'il cultive.

M. Walckenaer rapporte encore à cette division l'Epéïre tétracanthe, *Epeira tetracantha*. *Tabl. des Aran. pag.* 66. — *Aranea tetracantha*. Lat. *Hist. nat. des Crust. et des Ins. tom.* 7. *pag.* 277. — *Voyez* pour les autres synonymes et la description de cette espèce l'article Araignée n°. 27. de ce Dictionnaire; elle est figurée dans l'Atlas, *pl.* 258. *fig.* a. b. — L'Epéïre transversale, *Epeira transversalis*. *Tabl. pag.* 66. De Timor. — L'Epéïre large, *Epeira lata*. *pag.* 66. Espèce inédite de la collection de M. Dufresne. — L'*Aranea fornicata*. Fab. Lat. *Hist. nat. des Crust. et des Ins. tom.* 7. *pag.* 277., décrite sous le n°. 28. article Araignée de ce Dictionnaire. — L'*Araneus luzon bovinus*. Petiv. *Gaz. tab.* 26. *fig.* 5., voisine de l'*Epeira transversalis* Walck. — *Araneus luzon testaceus trilineatus*. Petiv. *loc. cit. fig.* 6. — *Araneus luzon crustaceus cornu lunato*. Petiv. *ibid. fig.* 7. — *Araneus luzon testaceus angustatus trilineatus*. ibid. *fig.* 8. Ces quatre espèces sont des Philippines. Suivant M. Walckenaer l'*Araneus tribulus* de Fabricius, *Ent. Syst. tom.* 2. *pag.* 428. *n°.* 78., formeroit une division dans cette famille ou une famille distincte.

3e. Race. *Les Aplaties*. Walck.

Abdomen ovale, très-plat, couvert en dessus d'un corps dur et comme chagriné, entouré d'épines très-petites.

a. Abdomen ovale, échancré.

Epéïre bouclier, *Epeira clypeata*. Walck. *Tabl. des Aran. pag.* 67. Espèce inédite.

b. Abdomen arrondi, entier.

Epéïre scutiforme, *Epeira scutiformis*. Walck. *Tabl. pag.* 67. Espèce inédite rapportée de l'île de Timor par M. Péron.

10e. Famille. *Les Couronnées*. Walck.

Corselet large, relevé à sa partie antérieure et revêtu au-dessus, de tubercules coniques, imitant les pointes d'un diadême. Yeux portés sur des tubercules. Mandibules très-courtes, fortes, renflées à leur insertion. Mâchoires alongées, droites à leur extrémité. Abdomen sans épines. Pattes et palpes aplatis.

Epéïre impériale, *Epeira sexcuspidata*. Walck. *Tabl. des Aran. pag.* 67. — Lat. *Gen. Crust. et Ins. tom.* 1. *p.* 105. — *Aranea sexcuspidata*. Fab. *Entom. Syst. tom.* 2. *pag.* 427. *n°.* 76. Elle est brune; son corselet porte six tubercules disposés en deux lignes transverses, les trois antérieurs portent les yeux. Palpes, jambes et tarses comprimés. Cette espèce a été rapportée du cap de Bonne-Espérance par MM. Péron et Lesueur.

On trouve des figures d'Epéïres dans l'*Encyclopédie japonnaise*. Le savant M. Abel Rémusat a bien voulu nous permettre de parcourir cet ouvrage, qu'il possède seul, et nous avons reconnu deux espèces de ce genre fort bien représentées. (E. G.)

ULOME, *Uloma*. Mégerle. Dej. Catal.

Ce genre équivaut à la première division du genre Phalérie (*voyez* ce mot), et doit conserver ce dernier nom générique selon M. Latreille *Fam. nat.* La seconde division reçoit de lui, dans le même ouvrage, le nom de Chélénode; elle répond au genre *Phaleria*. Dej. Catal.

(S. F. et A. Serv.)

ULONATES, *Ulonata*. Nom donné par Fabricius à sa seconde classe des insectes; elle a pour caractères : quatre palpes; mâchoire recouverte par une pièce particulière. (*Galea* Fab. Galette Oliv. Casquette Lat.) qui est de forme obtuse. L'auteur la divise de la manière suivante : 1°. Antennes filiformes. Genres *Acrydium* et *Gryllus*. 2°. Antennes ensiformes. Genre *Truxalis*. 3°. Antennes sétacées. Genres *Forficula*, *Blatta*, *Mantis*, *Acheta* et *Locusta*. Cette classe répond à celle des Dermaptères De Géer, ou à l'ordre des Orthoptères Oliv. Lat. (S. F. et A. Serv.)

ULOPE, *Ulopa*. Germ. *Tettigonia*. Lat. (*Fam. nat.*)

Genre d'insectes de l'ordre des Hémiptères,

section des Homoptères, famille des Cicadaires, tribu des Cicadelles (division des Ulopides).

La division des Ulopides se compose des genres Ulope et Æthalion (*voyez* pag. 602. de ce volume); ce dernier se distingue par sa tête n'étant pas plus large que le corselet et dont les bords ne sont pas tranchans, et encore par ses ocelles très-apparens.

Antennes courtes, très-écartées l'une de l'autre, insérées entre les yeux, chacune dans une cavité, composées de trois articles; les deux premiers fort courts, épais; le troisième presque cylindrique, terminé par une soie assez longue qui se dirige vers le plan de position.—*Bec* court, cylindrique, un peu déprimé, s'étendant dans le repos sous la poitrine; son extrémité dirigée vers la partie postérieure du corps, soutenu par une grande lame qui cache la base et le chaperon en entier. — *Tête* plus large que le corselet, déprimée en dessus, ses rebords tranchans.—*Yeux* grands, saillans, oblongs, placés aux angles postérieurs de la tête. — *Deux ocelles* peu distincts et placés tellement près du bord postérieur de la tête qu'ils peuvent être souvent recouverts par la partie antérieure du corselet. — *Corselet* court, en carré transversal. — *Ecusson* triangulaire. — *Elytres* longues, un peu en forme de coquille, convexes dans leur milieu, un peu réticulées. — *Point d'ailes.* — *Abdomen* convexe en dessus, ventre ayant un rebord latéral très-marqué; anus des femelles grand, ayant une fente longitudinale; celui des mâles muni de crochets. — *Pattes* de longueur moyenne, les postérieures ne paroissant point propres à sauter; leurs jambes et leurs tarses entièrement dépourvus d'épines, et sans dilatation; celles-là presque cylindriques; tarses de trois articles, le dernier muni de deux crochets épais.

La seule espèce que nous rapportons à ce genre créé par M. Germar, nous paroît différer essentiellement des autres Cicadelles par la masse de ses caractères, mais ses mœurs doivent être à peu près les mêmes.

1. Ulope des bruyères, *U. ericetorum.*

Ulopa testacea, thoracis margine elytrorumque fasciis duabus pallidis, horum lineis irregularibus fuscis.

Ulopa obtecta. Germ.? *Magaz. entom.* Halle. 1818. *pag.* 54. *n°.* 1.

Longueur 2 lig. Corps d'un testacé-roussâtre, assez fortement ponctué en dessus, bords du corselet pâles; élytres très-fortement ponctuées, de la couleur du corps, avec deux bandes irrégulières blanchâtres et de petites lignes brunes placées sans ordre : la fente de l'anus est bordée de brun dans la femelle; le dessous du ventre est de cette dernière couleur dans le mâle; pattes testacées.

Nous l'avons trouvée dans la forêt de Fontainebleau. M. Carcel l'a prise dans l'Anjou, et M. de Bazoche nous l'a envoyée de Normandie.

ÆTHALION, *Aethalion.* Lat. (*Considér.*) *Lystra, Tettigonia.* Fab. *Aethalia.* Germ.

Genre d'insectes de l'ordre des Hémiptères, section des Homoptères, famille des Cicadaires, tribu des Cicadelles (division des Ulopides).

Cette division renferme les genres Æthalion et Ulope. (*Voyez* Ulopides, pag. 602. de ce volume.) Ce dernier se distingue par ses antennes insérées entre les yeux et sur le même plan de la tête qu'eux, ainsi que par les ocelles placés sur la partie supérieure de la tête.

Antennes courtes, très-écartées l'une de l'autre, insérées à la partie inférieure de la tête, beaucoup au-dessous des yeux dont elles sont fort éloignées, composées de trois articles dont le dernier est terminé par une soie de longueur moyenne. — *Bec* assez long, atteignant la base des cuisses intermédiaires; son premier article presqu'entièrement caché par une lame assez grande. — *Tête* ne paroissant (vue en dessus) que comme un rebord très étroit en avant du corselet, aplatie à sa partie antérieure.—*Yeux* assez saillans, placés aux deux extrémités de la tête. — *Deux ocelles* distincts, posés sur le bord inférieur de l'aplatissement de la tête — *Corselet* à peu près aussi long que large, prolongé postérieurement entre la base des élytres. — *Ecusson* de grandeur moyenne, triangulaire, un peu convexe, prolongé en une pointe horizontale. — *Elytres* grandes, assez plates, disposées en toit dans le repos, couvrant les ailes et dépassant l'abdomen. — *Abdomen* court, un peu concave en dessous; anus des femelles fendu longitudinalement.—*Les quatre pattes antérieures* de longueur moyenne; jambes postérieures longues, arquées, presque cylindriques, un peu canaliculées latéralement, sans dentelures ni épines, paroissant peu propres à sauter; tarses composés de trois articles, le dernier terminé par deux crochets fort épais.

Nous ne connoissons qu'une espèce de ce genre, établi par M. Latreille; nous n'avons point de notions sur sa manière de vivre.

1. Æthalion réticulé, *Ae. reticulatum.*

Aethalion luteo-testaceum, oculis elytrisque rubris, his viridi-pallido reticulatis, tibiis posticis nigro triannulatis.

Cicada reticulata. Linn. *Syst. nat.* 2. 707. 18. — Stoll. *Cigal. pl. XIV. fig.* 74. et A. — *Lystra reticulata.* Fab. *Syst. Rhyngot. pag.* 60. *n°.* 16. — *Tettigonia reticulata.* Fab. *ejusd. pag.* 41. *n°.* 42.—*Tettigonia minuta.* Fab. *Entom. Syst. tom.* 4. *pag.* 26. *n°.* 37.

Nota. L'individu femelle que nous possédons est plus grand que celui décrit par De Géer, il est plus frais qu'aucun de ceux vus par les auteurs cités. Les yeux et les élytres sont rougeâtres, les réticulations de celles-ci ainsi que les bords du corselet et la raie longitudinale un peu élevée qu'il porte sur son milieu, sont de couleur vert pomme. On sait que ces couleurs passent facilement au blanc, lorsqu'elles sont exposées à la lumière.

Voyez pour la description et les autres synonymes, Cigale réticulée n°. 38. de ce Dictionnaire. Stoll dit que cette espèce se trouve sur les citronniers. (S. F. et A. SERV.)

ULOPIDES, *Ulopides*. Première division de la tribu des Cicadelles. (*Voyez* TETTIGONIDES.) (S. F. et A. SERV.)

UNIPELTÉS, *Unipeltata*. LAT.

M. Latreille donne ce nom à une famille de l'ordre des Stommapodes, renfermant des Crustacés dont le corps est étroit et alongé, le thoracide alongé, avec une articulation antérieure portant les antennes intermédiaires et les yeux. Les pieds-mâchoires et les quatre pieds antérieurs sont terminés par une main monodactyle ou en griffe, dont le doigt mobile ou le crochet est formé par le tarse; les dix autres pieds sont natatoires, avec le dernier article en forme de brosse. Les antennes latérales ont une écaille à leur base; les intermédiaires sont terminées par trois filets. Le post-abdomen est long. Cette famille renferme les genres SQUILLE, GONODACTYLE, CORONIDE, ERICHTE et ALIME. Tous ces genres ont été traités au mot SQUILLE de ce Dictionnaire, auquel nous renvoyons. (E. G.)

UNIVALVES, *Univalvia*. LAT.

M. Latreille donne ce nom à la première famille de l'ordre des Lophiropodes; il la caractérise ainsi (*Fam. nat. du Règne animal*): test d'une seule pièce et laissant à découvert la majeure partie du corps.

Cette famille ne renferme que le genre CYCLOPE. (*Voyez* ce mot.) (E. G.)

UNOGATES, *Unogata*. Fabricius désigne sous ce nom sa septième classe des insectes. Il lui donne pour caractères: deux palpes avancés; mâchoire cornée, onguiculée, et y place les genres *Trombidium*, *Aranea*, *Phalangium*, *Tarantula* et *Scorpio*. Cette classe forme en partie celle des Arachnides LAT. Fabricius a rejeté dans sa classe des Antliates les genres *Pycnogonon*, *Nymphon* et *Acarus*, que M. Latreille met aussi dans ses Arachnides. (S. F. et A. SERV.)

UPIS, *Upis*. FAB. LAT. (*Fam. nat.*) PAYK. GYLLEN. *Attelabus*. LINN. *Tenebrio*. DE GÉER. OLIV. (*Entom.*)

Genre d'insectes de l'ordre des Coléoptères, section des Hétéromères (première division), famille des Mélasomes, tribu des Ténébrionites.

Cette tribu contient les genres Cryptique, Epitrage, Opâtre, Toxique, Sarrotrie (Orthocère *Encycl.*), Chiroscèle, Upis et Ténébrion. (*Voyez* TÉNÉBRIONITES.) Dans les Ténébrions, les Cryptiques et les Opâtres, la partie postérieure du corselet est de la même largeur que la base des élytres; le corps des Epitrages est de forme naviculaire, sa partie la plus large est un peu avant le milieu, près de la base des élytres; le genre Toxique a les huitième, neuvième, dixième articles des antennes tranversaux, comprimés, formant avec le onzième, une espèce de massue; les jambes antérieures dilatées et digitées à leur extrémité, caractérisent les Chiroscèles; enfin les Sarrotries ont les antennes courtes, très-velues et composées de dix articles seulement. Les Upis n'ont aucun de ces caractères.

M. Latreille place en outre dans cette tribu les genres Calcar, Boros, et avec doute celui de Cortique, qui nous sont inconnus.

Antennes insensiblement renflées vers l'extrémité, composées de onze articles; les septième, huitième, neuvième et dixième presque semi-globuleux, arrondis; le onzième obliquement conique, ovale, pointu à son extrémité. — *Labre* apparent. — *Palpes* inégaux, les maxillaires de quatre articles, les labiaux de trois; dernier article des quatre palpes un peu plus gros que les autres, cylindro-conique, comprimé. — *Menton* ovale, presque carré, son bord supérieur arrondi. — *Tête* assez forte, plus longue que large. — *Yeux* oblongs, placés aux bords latéraux de la tête. — *Corps* alongé, point déprimé. — *Corselet* plus étroit que les élytres, surtout à sa jonction avec elles. — *Ecusson* triangulaire. — *Elytres* au moins trois fois plus longues que le corselet, leur partie la plus large étant au-delà du milieu, recouvrant des ailes et l'abdomen. — *Abdomen* aplati en dessous. — *Pattes* alongées, minces; cuisses en massue alongée; jambes droites, presque dépourvues d'épines terminales; tarses velus en dessous, leur dernier article muni de deux crochets.

L'espèce qui a servi de type à ce genre habite en Suède dans les bolets ligneux. C'est l'Upis céramboïde, *U. ceramboides* n°. 1. FAB. *Syst. Eleut.* — PAYK. *Faun. suec. tom.* 3. *pag.* 356. *n°.* 1. — GYLLEN. *Ins. suec. tom.* 1. *pag.* 594. *n°.* 1. (S. F. et A. SERV.)

UPOGÉBIE, *Upogebia*. LEACH. *Gebia*. LEACH. LATR. DESM. *Gebios*. RISSO. *Thalassina*. LATR. *Herbstium*. LEACH. *Cancer* (*Astacus*). MONTAGU.

M. Leach donnoit le nom d'*Upogebia* aux Crustacés qu'il désigne actuellement sous celui de *Gebia*. Ce genre a été adopté par M. Latreille (*Fam. nat. du Règn. anim.*); il le range dans sa famille des Macroures, tribu des Astacines. Comme cette tribu n'a pu être traitée à sa lettre, nous allons la présenter ici, en faisant connoître les genres qui la composent.

ASTACINES, *Astacinæ*. LATR.

Antennes intermédiaires avancées, terminées par deux filets aussi longs ou plus longs que leur pédoncule; celui des latérales (qui sont toujours sétacées) offrant des saillies en forme de dents ou d'écailles. Appendices inférieurs du post-abdomen généralement grands et contigus à leur extrémité. Les deux pieds antérieurs, au moins, en forme de serres à deux mordans, dont celui qui représente l'index, ou l'immobile, quelquefois plus court, en forme de dent.

I. Les quatre pieds antérieurs au plus didactyles, ayant le doigt inférieur plus court que le pouce ou le doigt mobile. Feuillet extérieur des appendices latéraux de la nageoire terminant l'abdomen sans suture transverse. Les six derniers pieds, et même dans plusieurs les précédens, garnis de cils natatoires. Test ordinairement peu crustacé; premier article des antennes latérales peu ou point épineux.

THALASSINE, *Thalassina*. (*Voyez* ce mot.)

GÉBIE, *Gebia*. LÉACH.

Les quatre antennes insérées sur la même ligne, avancées; les latérales à pédoncule nu, les intermédiaires terminées par deux filets alongés; pieds antérieurs en forme de serres, avec l'index notablement plus court que le pouce; les autres pieds simples, velus à leur extrémité, ayant de petites franges de poils sur leurs bords extérieurs. Carapace peu épaisse, membraneuse, assez semblable pour la forme à celle de l'Ecrevisse, poilue ou plutôt garnie de très-petits piquans, et terminée en avant par une pointe ou rostre peu avancé: elle se prolonge en dessous jusqu'à la base des pattes, de manière à la recouvrir en partie. Abdomen assez long, avec les lames natatoires qui le terminent entières, fort larges et surmontées de côtes longitudinales; ces feuillets presque triangulaires. Ce dernier caractère distingue parfaitement les Gébies des Thalassines.

On connoît quatre espèces de ce genre, toutes propres aux mers de l'Europe: ce sont des Crustacés assez rares, que l'on rencontre dans les endroits où la mer est habituellement calme, et où il y a des plages sablonneuses; elles se creusent dans le sable ou dans la vase, de petits trous dont elles ne sortent que la nuit; c'est alors qu'elles vont chercher leur nourriture, qui consiste en Annelides et petits Mollusques vivant dans le sable. Elles nagent avec leur queue, en la repliant et l'étendant avec force.

GÉBIE DE DAVIS, *Gebia Davisana*. RISSO. *Journ. de Phys. et d'Hist. nat. tom.* 95. *pag.* 243. (*Gebios.*) — DESM. *Consid. sur les Crust. pag.* 204. Nous allons reproduire la description de M. Risso. Son corps est alongé, mince, d'un blanc nacré, luisant; son corselet est uni, renflé, terminé par un petit rostre subconique, glabre; les yeux sont petits, noirs, situés sur de gros pédicules; les antennes extérieures sont beaucoup plus longues que les internes; les palpes (pieds-mâchoires) sont longs et ciliés; la première paire de pattes courte, la seconde plus grande, toutes les deux terminées par de longues pinces courbées, dont une à peine ébauchée; la droite de la seconde paire beaucoup plus longue et plus grosse; toutes les autres paires de pattes sont petites, aplaties, garnies de poils à leur sommet; l'abdomen est long, composé de six segmens glabres; les écailles caudales sons arrondies et ciliées: la longueur du corps est de dix-huit millimètres, et sa largeur de quatre. Cette espèce se trouve au mois de juin sur le littoral de Nice; elle se tient dans les régions madréporiques.

GÉBIE ÉTOILÉE, *Gebia stellata*. LÉACH. *Mal. Brit. tab.* 31. *fig.* 1 à 9. — *Cancer* (*Astacus*) *stellatus*. — MONTAGU. *Trans. Linn. Soc. tom.* 9. *tab.* 3. *fig.* 5. — DESM. *Consid. gén. sur les Crust. pag.* 204. *pl.* 35. *fig.* 2. Longue de près de deux pouces. Abdomen totalement crustacé, terminé par des lames foliacées; l'extérieure arrondie, l'intérieure coupée obliquement et ayant une forme triangulaire; celle du milieu en forme de trapèze, plus longue que large et très-peu arrondie à son bord postérieur. Serres grosses, ayant le doigt immobile un peu moins grand que l'autre, mais pas de moitié plus petit. Des côtes de France et d'Angleterre. Celle que nous avons sous les yeux nous a été donnée par M. d'Orbigny.

GÉBIE RIVERAINE, *Gebia littoralis*. DESM. *Cons. gén. sur les Crust. pag.* 204. — *Thalassina littoralis*. RISSO. *Hist. des Crust. de Nice, pag.* 76. *pl.* 3. *fig.* 2. L'individu que nous avons sous les yeux est long de près d'un pouce et demi; il ressemble entièrement à l'espèce précédente, et n'en diffère que par les pinces qui sont plus petites, et dont le doigt inférieur ou pouce n'atteint pas le quart de la longueur de l'autre. Nous avons reçu ce Crustacé de Gênes; il nous a été donné par M. Paretto, géologue instruit de ce pays. Nous possédons un individu tout-à-fait semblable, pris aux Antilles.

GÉBIE DELTURE, *Gebia deltura*. LÉACH. *Mala. Brit. tab.* 31. *fig.* 9. 10.; et *Transac. Lin. Soc. tom. XI. pag* 342. Longue de deux pouces et demi. Abdomen ayant sa partie supérieure membraneuse, terminée par des lames extérieures arrondies et presque dilatées au bout, et par une lame intermédiaire deltoïde, tronquée, mais couvertes de quelques lignes de poils. Des côtes d'Angleterre.

AXIE, *Axius*. Léach. Lat. Desm. *Thalassina*. Lat. *Cancer*. Herbst.

Pieds de la première paire à peine inégaux, terminés par une pince bien formée; pieds de la seconde paire égaux, plus gros que les suivans, aplatis et terminés par une pince très-plate et à doigts égaux; les autres pieds plus minces, aplatis et pourvus d'un ongle comprimé. Pédoncule des antennes intermédiaires formé de trois articles, dont le premier est le plus long; pieds-mâchoires extérieurs ayant leurs deux premiers articles assez longs, égaux. Antennes placées sur la même ligne. On ne connoît qu'une seule espèce de ce genre, c'est:

L'Axie stirhynque, *Axius stirynchus*. Léach. *Trans. Soc. Lin. tom. XI. p.* 343.; et *Malac. Brit. tab.* 33. Desm. *Cons. sur les Crust. p.* 207. *pl.* 36. *fig.* 1. Long de trois pouces et demi. Carapace formant en avant un rostre court, caréné dans son milieu, et dont les bords sont relevés et terminés en arrière par deux lignes saillantes, peu prolongées. Ecailles latérales de la queue arrondies, l'intermédiaire triangulaire, alongée, pointue. Des côtes d'Angleterre; rare. M. d'Orbigny nous en a envoyé un individu pris sur les côtes de La Rochelle.

CALIANASSE, *Calianassa*. Léach. Desm. *Thalassina*. Lat. Lamk. *Cancer* (*Astacus*). Montagu. *Montagua*. Léach.

Pieds de la première paire très-inégaux, terminés par une pince bien formée et comprimée; pieds de la seconde paire également didactyles, ceux de la troisième monodactyles, ceux de la quatrième simples, et les derniers presque didactyles par le prolongement en dessous de l'avant-dernier article, sur lequel le dernier peut s'appuyer comme sur un doigt mobile. Second article des pieds-mâchoires extérieurs le plus long de tous. Carapace peu alongée, lisse, terminée brusquement par un petit rostre. Abdomen grand, assez large, presque membraneux, pourvu à son extrémité de lames foliacées, dont les latérales sont très-larges, arrondies, et l'intermédiaire presque triangulaire et obtuse au bout. Ce genre n'est composé que d'une seule espèce; elle vit dans les sables de nos plages et se creuse un trou comme les Gébies.

Calianasse souterraine, *Calianassa subterranea*. Léach. Edimb. *Encycl.—Malac. Brit, tab.* 32.—Desm. *Consid. sur les Crust. pag.* 205. *pl.* 36. *fig.* 2. Elle est longue de deux pouces. Le rostre est un peu en carène en dessous et arrondi à sa pointe. On la trouve sur les côtes de France et d'Angleterre.

II. Les six pieds antérieurs didactyles; feuillet externe des appendices latéraux de la nageoire terminant l'abdomen, divisé par une suture transverse.

NÉPHROPS, *Nephrops*. Léach. Lat. Desm. *Astacus*. Oliv. Fab. Lat. Penn. *Cancer*. Linn.

Filet supérieur des antennes intermédiaires plus gros que l'inférieur. Premier article du pédoncule des antennes extérieures pourvu d'une écaille qui s'étend jusqu'à l'extrémité de ce pédoncule; second article des pieds-mâchoires extérieurs denté en dessus et crénelé en dessous. Pieds de la première paire très-grands, inégaux, à mains alongées, prismatiques et dont les angles sont épineux; les deux paires suivantes de grandeur ordinaire, terminées en pinces; les deux dernières paires simples. Côtés des segmens de l'abdomen anguleux; yeux très-gros, réniformes, portés sur de courts pédoncules beaucoup moins épais qu'eux. Ce genre diffère des Ecrevisses propres, par les yeux et par l'écaille des antennes extérieures: il ne se compose, jusqu'à présent, que d'une seule espèce.

Néphrops de Norwège, *Nephrops norwegicus*. Léach. *Malac. Brit. tab.* 36.— Desm. *Consid. sur les Crust. pag.* 213. *pl.* 37. *fig.* 1.—*Astacus norwegicus*. Lat. *Hist. nat. des Crust. et des Ins. tom.* 6. *pag.* 241. *pl.* 53. *fig.* 1.—Pennant. *Zool. Brit.*— Ascan. *Icon. rev. nat. tab.* 39.—Herbst. *tab.* 26. *fig.* 3. (*Voyez* pour les autres synonymes et la description de cette espèce, le n°. 25, article Ecrevisse de ce Dictionnaire.)

HOMARD, *Homarus*. Lat. (*Fam. natur.*)

Ce genre ne diffère des Ecrevisses que par le sixième article de l'abdomen qui est formé de pièces soudées, tandis que ce dernier article est entier dans celles-ci. Les Homards sont tous marins, tandis que les Ecrevisses sont fluviatiles. M. Latreille n'a pas encore publié les caractères qu'il assigne à ce genre; l'espèce qui lui sert de type est l'Ecrevisse homard de ce Dictionnaire, article Ecrevisse n°. 1.

ÉCREVISSE, *Astacus*. (*Voyez* ce mot), qui renferme la description, sous ce nom, de plusieurs Crustacés appartenant à d'autres genres; l'Ecrevisse de rivière n°. 2. de cet article est la seule qui appartienne évidemment à ce genre.

(E. G.)

URA. On donne ce nom au Brésil à un Crustacé qui paroît appartenir, suivant M. Bosc, au genre des Ecrevisses, & dont on mange beaucoup. (E. G.)

URANIE, *Urania*. Genre de Lépidoptères-Diurnes

Diurnes de la tribu des Hespérides. (*Voyez tom. IX. pag.* 708.) (S. F. et A. Serv.)

UROCÉRATES, *Urocerata*. Nob. Troisième tribu de la famille des Térébellifères (*voy.* ce mot), section des Térébrans (*voyez* ce mot), ordre des Hyménoptères.

Cette tribu a pour caractères :

Palpes maxillaires de deux articles, le premier ordinairement peu visible ; palpes labiaux de trois articles. — *Mandibules* larges, courtes, tridentées. — *Languette* entière. — *Antennes* vibratiles, composées de treize à trente articles. — *Tête* presque globuleuse. — *Ailes supérieures* ayant deux cellules radiales, la dernière incomplète. — *Plaque supérieure* du premier segment de l'abdomen divisée en deux au milieu et échancrée à sa partie inférieure ; plaque anale supérieure prolongée en une pointe particulière dans les femelles ; cette plaque nulle dans les mâles ; l'inférieure entière dans les femelles et sans coulisse dans son milieu, prolongée dans les mâles en une pointe particulière. — *Tarière* (des femelles) droite, demi-comprimée.

Les larves des Urocérates vivent aux dépens des larves des Coléoptères xylophages, et principalement de celles des Longicornes.

Les genres Urocère et Trémex composent cette tribu. (*Voyez* ces mots.)

(S. F. et A. Serv.)

UROCÈRE, *Urocerus*. Geoff. Lat. *Sirex*. Linn. De Géer. Fab. Jur. Panz. Klug. *Ichneumon*. De Géer. Scopol. *Xiphydria*. Fab.

Genre d'insectes de l'ordre des Hyménoptères, section des Térébrans, famille des Térébellifères, tribu des Urocérates.

Les Urocères et les Trémex composent cette tribu. (*Voyez* Urocérates.) Les derniers sont distingués des Urocères par leurs antennes courtes, composées seulement de treize à quatorze articles, ainsi que par leurs ailes supérieures n'offrant que trois cellules cubitales, dont la seconde reçoit les deux nervures récurrentes.

Antennes longues, sétacées ou filiformes, insérées sur le front et entre les yeux, composées de dix-neuf articles ou plus, les inférieurs plus longs que les autres. — *Labre* point apparent, coriace, linéaire, un peu rétréci dans son milieu, son extrémité ciliée. — *Mandibules* cornées, avancées, presque triangulaires, assez grosses à leur base, ayant au côté interne deux ou trois petites dents courtes, leur extrémité prolongée en une dent assez longue et un peu aiguë. — *Mâchoires* ayant leur lobe externe coriace, en forme de languette. — *Palpes maxillaires* très-courts, l'étant deux fois plus que le lobe externe des mâchoires, n'étant pas insérés sur lui, cylindriques, en forme de petites cornes, composés de deux articles ; le premier à peine visible : palpes labiaux avancés, de la longueur de la lèvre, composés de trois articles sans compter le tubercule radical ; les deux premiers presque cylindriques, le premier très-court et à peine visible dans plusieurs, le dernier plus grand, beaucoup plus épais que les autres, obconique, chargé de longs poils, tronqué obliquement à son extrémité. — *Lèvre* longitudinale, en cône déprimé, alongé ; sa partie antérieure divisée en trois lobes. — *Tête* semi-globuleuse, de la largeur du corselet ou plus étroite que lui. — *Yeux* petits, oblongs. — *Trois ocelles* rapprochés sur le haut du front, placés en ligne courbe, celui du milieu étant un peu plus bas que les autres. — *Corps* cylindrique. — *Corselet* cylindrique ; prothorax coupé droit antérieurement, ses bords latéraux un peu avancés au-dessous des épaules ; métathorax très-court. — *Ecusson* transversal, en losange dont un des angles auroit été tronqué ; on remarque deux petits tubercules de chaque côté en dessous. — *Ailes supérieures* ayant deux cellules radiales ; la première petite, la seconde fort longue, incomplète ; quatre cellules cubitales, la première fort petite, la seconde la plus grande de toutes, recevant la première nervure récurrente ; la troisième moyenne, recevant la seconde nervure récurrente ; la quatrième incomplète ; trois cellules discoïdales complètes. — *Abdomen* cylindrique, sessile, composé de huit segmens outre l'anus, ces segmens transversaux, le huitième un peu plus long que les précédens dans sa partie supérieure ; anus des femelles triangulaire ; son extrémité prolongée en une pointe particulière assez longue ; tarière droite, composée de deux pièces formant presqu'un cylindre creux servant de conduit aux œufs, entièrement saillante, même dans le repos, insérée sous le ventre à la base de la plaque inférieure du huitième segment de l'abdomen, laquelle plaque est fendue dans toute sa longueur, ses bords formant une coulisse qui reçoit la base de la tarière ; celle-ci dépassant l'abdomen et protégée à sa sortie par deux valves demi-aplaties qui sont la continuation des côtés de la coulisse : anus des mâles n'ayant point de plaque anale supérieure distincte, et laissant les parties génitales à découvert ; la plaque inférieure prolongée en une pointe triangulaire tronquée. — *Pattes antérieures et intermédiaires* assez courtes ; jambes antérieures ayant vers leur extrémité une épine élargie au bout, et terminées par une pointe latérale ; jambes intermédiaires munies à leur extrémité d'une épine simple ; jambes et tarses postérieurs alongés dans les femelles, plus gros dans les mâles, souvent comprimés, surtout dans ce dernier sexe ; premier article des tarses le plus long de tous, égalant souvent en grandeur les quatre derniers ; le terminal ayant deux crochets fortement unidentés, munis d'une petite pelote dans leur entre-deux.

Le nom d'Urocère est composé de deux mots grecs, et a rapport à la partie cornée et pointue qui termine l'abdomen de ces insectes. Quoique plusieurs auteurs aient pensé que la larve des Urocères vit de bois, et que nous soyons bien certains nous-mêmes que l'insecte parfait y dépose ses œufs, nous avons des raisons de croire que cette larve est carnassière d'après les débris que nous avons trouvés auprès de sa coque, tels qu'une tête écailleuse qui nous a paru très-distinctement être celle d'une larve de Coléoptère; nous pensons donc que comme ceux des Pimples, des Xorides et de quelques autres Ichneumonides, ces œufs, quoique déposés dans le bois, ne donnent point naissance à des larves phytiphages, mais bien à des larves carnassières.

Les Urocères ont pour demeure les grandes forêts, cependant on les rencontre quelquefois dans les villes, même dans Paris, auprès des chantiers et des bâtimens nouvellement construits, parce qu'ils y ont été amenés dans le bois de construction. Ils habitent de préférence les pays du Nord et les montagnes froides, peuplés de Pins et de Sapins; leur taille est ordinairement au-dessus de la moyenne dans leur ordre, mais elle est très-variable pour les individus d'une même espèce: il est ordinaire que les mâles ne portent pas la même livrée que les femelles. Roësel, qui a vu la larve et les œufs de l'Urocère géant, dit que la première est alongée, rayée, jaunâtre, cylindrique, avec une tête écailleuse et six pattes très-courtes; l'extrémité du corps est renflée: les œufs sont fort alongés et pointus aux deux extrémités. Nous mentionnerons les espèces suivantes.

1°. Urocère géant, *U. gigas*. Lat. *Gen. Crust. et Ins. tom.* 3. *pag.* 243. *n°.* 1. Mâle et femelle. — *Sirex gigas* n°. 1. Fab. *Syst. Piez.* Femelle. — *Sirex mariscus* n°. 6. Fab. *id.* Mâle. Nord de l'Europe, France, environs de Paris. Le *Sirex psyllius* n°. 2. Fab. *id.* est regardé comme une variété plus petite de la femelle de l'Urocère géant. 2°. Urocère Taureau, *U. juvencus*. Lat. *id. pag.* 244. *n°.* 3. — *Sirex juvencus* n°. 9. Fab. *id.* Femelle. — *Sirex noctilio* n°. 15. Fab. *id.* Mâle. — *Sirex juvencus*. Jur. *Hyménopt. pag.* 79. Mâle et femelle. *pl.* 7. Genre 11. La femelle. France, Allemagne. 3°. Urocère spectre, *U. spectrum*. Lat. *id. pag.* 243. *n°.* 2. — *Sirex spectrum* n°. 8. Fab. *id.* Femelle. — *Xiphydria emarginata* n°. 2. Fab. *id.* Mâle. France, Allemagne.

(S. F. et A. Serv.)

UROCÈRE, *Urocerus*. Jur. *Voy.* Xiphidrie.

(S. F. et A. Serv.)

UROPODE, *Uropoda*. Lat. *Acarus*. De Géer.

Genre d'Arachnides de l'ordre des Trachéens, famille des Acarides, établi par M. Latreille, et auquel il donne pour caractères: organes de la manducation cachés; corps recouvert d'une peau écailleuse; pattes très-courtes; un filet à l'anus, au moyen duquel l'animal est attaché au corps de divers insectes coléoptères, et semble être suspendu en l'air. Ce genre ne se compose jusqu'à présent que d'une seule espèce que l'on trouve en Europe.

Uropode végétante, *Uropoda vegetans*. Lat. *Gen. Crust. et Ins. tom.* 1. *pag.* 158. Mite végétative. Lat. *Hist. nat. des Crust. et des Ins. tom.* 7. *pag.* 381.; *et tom.* 8. *pl.* 67. *fig.* 8. — De Géer, *Mém. sur les Ins. tom.* 7. *pag.* 123. *pl.* 7. *fig.* 15. — *Voyez* la description et les autres synonymes de cette espèce à l'article Mite de ce Dictionnaire, pag. 698. n°. 26. (E. G.)

UROPRISTES. *Voyez* Serricaudes.

(S. F. et A. Serv.)

UROPTÈRE, *Uroptera*. Lat.

M. Latreille désigne ainsi (*Fam. nat. du Règn. anim.*, 1825.) la seconde famille de l'ordre des Amphipodes, comprenant des Crustacés qui ont quatorze pattes, y compris les quatre derniers pieds-mâchoires représentés par les quatre pieds antérieurs; le corps arqué; les appendices latéraux de l'extrémité postérieure de leur corps en forme de feuillets et servant de nageoires. Ces Crustacés ont les plus grands rapports avec les Phronimes; comme eux, ils vivent dans l'intérieur des Zoophites, mais ils en sont cependant distingués par plusieurs caractères très-saillans. Cette famille est composée de deux genres dans l'ouvrage que nous avons cité plus haut; nous allons les faire connoître, et nous présenterons ensuite deux nouveaux genres, l'un décrit par M. Milne Edwards, et l'autre découvert par nous.

HYPÉRIE, *Hyperia*. Lat. Dem.

M. Latreille a proposé ce genre pour la première fois dans ses *Fam. natur. du Règne anim.* Il avoit communiqué ses caractères essentiels à M. Desmarest, qui les a présentés dans l'ouvrage intitulé: *Considérations génér. sur la classe des Crustacés*, *extrait du Dictionn. des scienc. nat.* Ces caractères sont: quatre antennes sétacées; les dix pieds proprement dits médiocrement longs et tous terminés par un article simple et pointu. Tête assez petite, ronde, plane en devant, point prolongée en rostre. Corps conique, terminé par deux lames triangulaires, alongées, horizontales. M. Desmarest, d'après M. Latreille, rapporte à ce genre la figure de l'Encyclopédie à laquelle M. Latreille a donné avec doute le nom de Phronime, et qu'il nomme actuellement HYPÉRIE DE LESUEUR, *Hyperia Suerii*. Elle est représentée pl. 328. fig. 17. et 18.

Nous possédons un petit Crustacé que nous rapporterons avec doute à cette espèce; il a été trouvé par notre ami d'Orbigny fils sur les côtes de La Rochelle et dans l'intérieur du corps d'un gros Rhysostome.

Suivant M. Latreille, il est probable que le *Cancer gammarus Galba* de Montagu, décrit et figuré dans les *Transactions linéennes de Londres, vol. XI. pag. 4. pl. 2. fig. 2.* appartient à ce genre ou en forme un très-voisin. Nous reproduisons ici la description de l'auteur anglais: corps ovalaire, un peu alongé vers la queue, lisse, luisant, et d'une couleur vert-olive, finement piqueté de brun, mais devenant, par la dessiccation, d'une teinte brun-rougeâtre. Antennes du mâle extrêmement courtes, celles de la femelle au contraire, au nombre de quatre, très-longues, minces, presque de la longueur du corps. Articulation du corps, indépendamment de la tête et de celles qui portent les nageoires caudales, au nombre de onze. Tête large et ressemblant beaucoup à celle d'un Mite. Chez le mâle, on n'aperçoit aucune trace de division entre les yeux, et une continuation de la même membrane transparente recouvre le tout; chez la femelle les yeux sont grands et marqués distinctement par une division. Les deux paires de pattes antérieures (comme celles du *C. spinosus*) sont petites et pas subchélifères, mais occupent la place des bras et diffèrent à peine des cinq paires de pattes suivantes, lesquelles sont toutes pourvues d'un onglet. Nageoires abdominales, trois paires; nageoires caudales, plates, bifides, et au nombre de cinq; celle du milieu très-large et recouvrant les autres qui peuvent s'étaler latéralement.

Longueur 1 pouce au plus. La femelle est un peu plus mince, et son corps ne diminue pas si brusquement vers la queue. Les yeux sont distincts, et pendant la vie d'une teinte rouge-vif, réticulés et marqués de chaque côté d'une ligne noire qui est probablement produite par une pupille.

Le *Cancer monoculoïdes*. MONTAGU. *loc. cit. vol. XI. pag. 5. pl. 2. fig. 3.*, est encore très-voisin des Hypéries. Montagu le décrit ainsi: corps mince, comprimé, ayant dix articulations lisses et d'une couleur pâle; les sept premières jointes de chaque côté à une large plaque de forme ovalaire; ces plaques paroissent susceptibles de se fermer et de recouvrir tous les membres externes, tels que les pattes, les antennes et probablement les nageoires caudales. Il n'y a point de bras visibles, mais il y a plusieurs paires de pattes armées de griffes crochues et légèrement subulées. Quatre antennes, les supérieures un peu plus longues que les inférieures, et égalant la moitié du corps environ. Yeux très-petits; trois paires de nageoires caudales, subulées.

Longueur $\frac{1}{8}$. de pouce. Peu commune. Cette espèce paroît rattacher le *Cancer* au Monocle, mais il se rapproche davantage du premier à cause de la disposition de ses membres.

PHROSINE, *Phrosina*. RISSO.

Deux antennes à peine apparentes; yeux sessiles; tête prolongée sur le devant en forme de museau; mandibules palpigères; corps oblong, un peu arqué, sub-arrondi sur les côtés, à segmens crustacés transverses: dix pattes monodactyles, dissemblables; le dernier article falciforme, aigu au sommet.

PHROSINE EN CROISSANT, *Phrosina semilunata*. RISS.

Journal de phys. et d'hist. natur. (*Mémoire sur quelques Crustacés observés dans la mer de Nice.* Octob. 1822. pag. 244. à 246.) — *Hist. natur. de l'Europ. mérid. tom. 5. pag. 91. pl. 3. fig. 10. à 12.* — DESM. *Consid. gén. sur les Crustacés, pag. 258.*

Corpore oblongo, lutescente, ruberrimo; capite cornuto; oculis minimis.

Cette Phrosine a le corps oblong, renflé antérieurement, teinté de jaune, plus mince postérieurement et coloré de rouge pourpre; la tête est grosse, arrondie en dessus, armée de deux pointes coniques qui forment au milieu comme une espèce de croissant; le front est tronqué, sinué; le museau pointu, perpendiculaire, garni à son extrémité de mandibules palpigères, avec de petits palpes sétacés qui entourent l'ouverture de la bouche; l'œil est petit, sphérique, noir, orné en dessus de deux taches oblongues placées obliquement de chaque côté. Le corselet est divisé en cinq anneaux arrondis, glabres, luisans, à peine séparés par des lignes transversales dont l'antérieure et la postérieure sont arquées; les pattes sont monodactyles, à cinq articles aplatis; la première paire courte, mince, crochue, et la seconde un peu moins longue que la troisième, ont leur avant-dernier article armé d'aiguillons; toutes les trois sont implantées et correspondent chacune à la base des trois premiers anneaux; la quatrième paire de pattes est fort grande, à articulation inférieure, large, longue, ovalaire; les deux qui viennent ensuite sont triangulaires, garnies sur leurs angles latéraux d'une pointe; la quatrième articulation est ovale, hérissée sur une de ses faces de quatre aiguillons disposés en forme de dents de peigne; la dernière disposée en longue pointe subtile, aiguë, courbée, semblable à une faux; la cinquième paire de pattes un peu plus courte et égale à la précédente. La queue, peu convexe, est composée de cinq segmens sub-quadrangulaires, aigus en dessous, le dernier terminé au milieu par une petite pointe. Les écailles caudales sont oblongues, ciliées; la plaque intermédiaire courte, aplatie, au sommet arrondi.

La femelle est garnie de cinq rangs d'appendices alongés, ciliés, plus longs que ceux du mâle. Ses œufs sont transparens.

Longueur 0,020, larg. 0,007. Séjour, profondeurs sablonneuses. Apparition, avril.

Phrosine gros œil. *Phrosina macrophtalma*. Riss. *loc. cit.* Dem. *ibid.*

P. corpore oblongo, rubro-violaceo, capite hyalino; oculis maximis.

Elle diffère de la précédente par son corps oblong, d'un rouge-violet, renflé antérieurement, aminci vers la queue. Sa tête est transparente, lisse, unie. Le front est arrondi; le museau aigu, perpendiculaire, avec les mandibules palpigères, et de très-petits palpes situés autour de la bouche. L'œil est très-gros, ovalaire, noir; le corselet est divisé en cinq anneaux à peine séparés par de légers sinus transverses, droits. Les pattes sont monodactyles, à cinq articles sub-arrondis, le dernier aigu; chaque paire de pattes est insérée à la base de chaque anneau. La queue, peu convexe, est composée de cinq segmens sub-quadrangulaires, aigus à leur extrémité inférieure, le dernier arrondi. Les écailles caudales sont oblongues, la plaque intermédiaire sub-arrondie.

La femelle est pleine de très-petits œufs globuleux en juillet. Longueur 0,010, larg. 0,003. Séjour sur le Pyrosome élégant. Apparition, février, juillet.

M. Risso se livre ensuite à quelques réflexions sur la place que ces Crustacés doivent occuper. Il pense qu'ils doivent être placés près des Phronimes, tant par leur conformation que par leurs habitudes: ils présentent une tête prolongée en bec comme les Atyles de M. Leach, mais ils en diffèrent par beaucoup de caractères; leur tête se courbe perpendiculairement sur la poitrine en long museau, ce qui lui donne un peu l'aspect de celle d'un quadrupède plantigrade; ils avancent en rejetant leur queue en arrière quand elle est courbée sous le corselet, et ils nagent assez vite. *L'espèce à qui j'ai imposé le nom de* Phrosine en croissant, dit Risso, *c'est par rapport à son front qui est orné de deux prolongemens solides qui présentent cette forme.* Les Phrosines sont peu communes sur les côtes de Nice.

THÉMISTO, *Themisto*. Nob. (1)

Le Crustacé qui fait le sujet de cet article appartient évidemment à la famille des Uroptères, tant par le nombre de ses pieds que par la forme des appendices de la queue. Nous lui assignons pour caractères essentiels: corps oblong, composé de douze segmens non compris la tête. Tronc en ayant sept. Tête entièrement occupée par les yeux, arrondie, point prolongée inférieurement en rostre; portant quatre antennes dont les supérieures plus courtes que la tête, courbées au bout, et les inférieures plus longues. Quatorze pieds; les deux premières paires courtes, dirigées en avant, couchées sur la bouche et représentant les deux dernières paires de pieds-mâchoires des Crustacés supérieurs; les deux suivantes beaucoup plus grandes, terminées par un crochet dirigé vers la queue; la troisième paire ou la cinquième, en y comprenant les pieds-mâchoires, plus longue que le corps, ayant l'avant-dernier article très-long, garni en dedans d'un rang d'épines droites qui forment une espèce de peigne, et terminé par un crochet courbé intérieurement; cette patte dirigée vers la bouche; ainsi que les deux dernières paires qui sont de moitié plus courtes, conformées de même, mais sans peigne à l'avant-dernier article. Queue terminée par six appendices natatoires, longs, aplatis, bifides à l'extrémité, dont quatre s'insèrent sous le dernier segment, et deux sur l'avant-dernier. Trois paires d'appendices bifides sous les trois autres segmens de la queue.

Ce genre diffère des Hypéries par ses pattes, qui sont de grandeur inégale, et par la forme et la longueur relative de ses antennes; il est bien séparé des Phrosines de M. Risso, dont les antennes sont peu apparentes, et la tête prolongée inférieurement en un rostre portant les parties de la bouche. Du reste, nous n'établissons ces différences que sur la description que cet auteur a donnée de ce genre, et sur la figure incomplète de son *Histoire naturelle du midi de l'Europe.*

La tête de notre Crustacé est aussi longue que large, arrondie, ayant en avant et vers la partie inférieure une espèce d'enfoncement dans lequel sont insérées les antennes. Les supérieures sont presque de la longueur de la tête, plus épaisses à leur base que les inférieures, composées de quatre articles distincts; le premier article forme à peu près le tiers de la longueur totale de l'antenne, les deux suivans sont très-courts; enfin le dernier est le plus long de tous, il se rétrécit en pointe courbée en dedans, et l'on aperçoit de très-légères apparences d'anneaux dans sa longueur. Les antennes inférieures ont le double de la longueur des précédentes; elles sont également composées de quatre articles, dont le premier très-court, le second plus long, le troisième aussi long que les deux premiers pris ensemble, et le quatrième plus long que les trois précédens; ce dernier article semble composé, comme dans les antennes supé-

(1) Thémisto, nymphe, fille de Neptune et de Doris.

rieures, d'un grand nombre de petites articulations. La bouche est composée, 1°. d'une lèvre supérieure globuleuse, trilobée inférieurement, membraneuse; 2°. d'une paire de mandibules très-recourbées en dedans, terminées par deux divisions dentelées et ciliées à leur extrémité, et portant sur leur dos un palpe de quatre articles, beaucoup plus long qu'elles et couché, dans le repos, en dessus et contre la lèvre supérieure dont il embrasse la base et le contour; 3°. d'une lèvre inférieure large, profondément échancrée au milieu, ayant ses côtés dilatés, et armée de cils au côté interne de ses deux lobes; 4°. et de trois paires de mâchoires proprement dites, dont les premières ou celles qui viennent après la lèvre inférieure, sont bifides, ayant la division supérieure beaucoup plus étroite que l'inférieure, courbée, ciliée et terminée par deux épines aiguës; la division inférieure triangulaire, armée de longues épines et de cils très-nombreux. Les mâchoires suivantes sont également bifides; la division supérieure ou extérieure est la plus large, elle est coriace, courbée en dedans, aplatie, arrondie et élargie à son sommet, qui présente inférieurement une épine forte et aiguë, suivie extérieurement de plusieurs petites dents : cette pièce recouvre presqu'entièrement la division inférieure qui est coriace, et divisée à son extrémité en quatre fortes dents cornées, accompagnées en dedans d'un rang de longs cils. Enfin, la troisième paire de mâchoires représente une lèvre; les deux mâchoires se sont réunies à leur base, et la pièce qu'elles composent est divisée supérieurement en trois lobes dont l'intermédiaire, le plus court, est bifide à son extrémité et bordé de cils. Les deux lobes extérieurs sont également bordés de cils, surtout intérieurement : nous n'avons pas aperçu d'articulation; ces lobes sont membraneux, très-mous et transparens, ils s'appliquent sur les autres pièces de la bouche et concourent à la fermer. Toutes les pièces que nous venons de décrire prennent attache à la partie inférieure de la tête; celles que nous allons faire connoître, et qui représentent les quatre pieds-mâchoires des Crustacés décapodes, prennent leur insertion au-dessous des deux premiers segmens du tronc; ces segmens sont un peu plus étroits que les suivans; le premier donne attache à une paire de petits pieds très-courts dirigés en avant, appliqués sur la bouche, et composés de cinq articulations, dont la première est aussi grande que les quatre dernières ensemble; la seconde très-courte, plus étroite; la troisième au moins deux fois plus longue que la seconde, plus large et dilatée vers son milieu; la quatrième de la longueur de la précédente, beaucoup plus étroite, cylindrique, et la cinquième très-petite et en forme d'épine ou de crochet. La seconde paire, ou les pieds-mâchoires extérieurs, ressemble à la précédente, elle n'en diffère que parce que le troisième article a son extrémité interne prolongée en une pointe courbée en dedans et venant s'opposer au quatrième article pour former une sorte de pince ou de main : ces deux petites pinces sont également couchées vers la bouche.

Les cinq paires de pieds proprement dits sont insérées sur les cinq segmens qui, avec les deux premiers dont nous avons parlé, forment le tronc de notre Crustacé; ces segmens n'ont point d'appendices extérieurs. Les quatre premiers pieds sont presque trois fois plus longs que les pieds-mâchoires extérieurs; ils sont également composés de cinq articles, dont le premier très-long, large vers sa partie supérieure qui se rétrécit tout-à-coup et donne attache au second article, le plus court de tous, celui-ci est étroit à sa base et large à son extrémité; le troisième est deux fois plus long que le précédent, très-élargi à sa base et au côté intérieur, qui est armé d'épines et contre lequel peut s'appliquer le quatrième article; celui-ci est aussi long que celui qui précède, un peu courbé en dedans, beaucoup plus étroit, cylindrique, et terminé par le cinquième article ou le tarse qui forme un crochet aigu. Ces deux paires de pattes ont leur crochet tourné vers la partie postérieure de l'animal. La troisième paire est la plus extraordinaire, elle est au moins trois fois plus longue que les précédentes; son premier article est aussi long que les trois premiers des pattes antérieures; il a à peu près la même forme. Le second est très-court, plus large à son extrémité; il donne insertion au troisième, qui est de la longueur des deux premiers réunis, presqu'aussi large dans toute sa longueur. Le quatrième est beaucoup plus étroit, presqu'aussi long que les précédens réunis, aplati, de la même grosseur dans toute sa longueur; il est armé en dedans, ou du côté qui regarde la tête, d'un rang d'épines d'égale longueur, perpendiculaires, et qui lui donnent l'aspect d'un long peigne. Le dernier article, ou le tarse, est très-petit et en forme d'ongle ou de crochet; ce crochet, ainsi que celui des deux pattes postérieures que nous allons décrire, est tourné vers la tête ou opposé à celui des deux paires de pattes antérieures. Les deux paires de pattes postérieures ont encore la même direction; elles sont de moitié plus courtes que la paire précédente, composées d'articulations semblables, mais n'ayant pas de peigne au côté interne du quatrième article. L'abdomen est composé de cinq segmens; les trois premiers sont grands, dilatés sur les côtés, repliés en dessous et terminés postérieurement, et de chaque côté, par une petite épine : le quatrième est beaucoup moins long et bien moins large; enfin, le cinquième est encore plus petit, terminé postérieurement par un petit lobe triangulaire qui a une apparence d'articulation. Les trois premiers anneaux donnent chacun attache à une paire d'appendices natatoires, dont le premier article est court, presque quadrangulaire; cet article supporte deux filets multiarticulés ayant presque le double de sa longueur, et garnis entièrement de longs poils qui sont eux-mêmes ciliés. Le quatrième article donne insertion postérieurement à deux appendices aplatis, composés d'un article basilaire ayant le double de sa longueur, et portant à son extrémité deux lames aiguës, ciliées, appliquées l'une sur l'autre dans le repos, et qui s'étendent quand l'animal veut s'en servir pour nager. Enfin, le dernier article donne attache à quatre appendices semblables aux deux précédens; ces six lames concourent à former une queue en éventail qui doit servir à l'animal pour exécuter des sauts et des bonds dans l'eau.

La seule espèce avec laquelle nous avons établi ce singulier genre a été trouvée sur les côtes des îles Malouines par M. Gaudichaud, pharmacien et naturaliste de la corvette l'*Uranie*. Nous proposons de la consacrer à ce naturaliste, aussi savant que modeste, et nous saisissons cette occasion de lui exprimer publiquement notre amitié, ainsi que notre reconnoissance pour la générosité avec laquelle il nous a fait don de plusieurs Crustacés précieux recueillis par lui dans son voyage autour du Monde.

Thémisto de Gaudichaud, *Themisto Gaudichaudii*. Nob.

Long de neuf à dix lignes depuis la tête jusqu'à l'extrémité des filets de la queue. Tête grosse, globuleuse, entièrement occupée par les yeux et d'un jaune brunâtre. Corps et pattes d'un jaune pâle; pattes de la troisième paire à partir de la queue, plus longues que le corps. Le seul individu que nous ayons eu à notre disposition est conservé dans l'alcool.

A la suite des Uroptères, nous devons faire mention d'un nouveau genre que vient d'établir M. Milne Edwards dans les *Annales des sciences naturelles*. Ce naturaliste pense qu'il forme le passage entre les Amphipodes et les Euphées de M. Risso, que M. Latreille réunit à son genre Apseude. M. Edwards croit qu'en modifiant un peu les caractères de la famille des Uroptères, son genre s'y placera aisément et d'une manière naturelle.

RHOÉ, *Rhœa*. Milne Edw.

Quatre antennes dont les supérieures sont grosses, bifides et plus longues que les inférieures; quatorze pattes, dont les deux premières terminées par une pince, et les autres par un ongle crochu. Le dernier article de l'abdomen alongé et supportant deux appendices terminés par de longs filamens. Tels sont les caractères essentiels de ce genre, que M. Edwards a représentés. Il le décrit de la manière suivante : ce petit Crustacé est alongé, un peu comprimé et presque linéaire; la tête n'est pas séparée du premier segment thoracique d'une manière aussi distincte que dans la plupart des animaux de cette classe, et son extrémité antérieure se prolonge sous la forme d'un rostre pointu et légèrement recourbé. Les yeux, au nombre de deux, sont circulaires, très-petits, et insérés sur les côtés de la tête près de son bord antérieur et inférieur. Les deux paires d'antennes sont insérées l'une au-dessus de l'autre; les supérieures ou moyennes dont la longueur est moindre que celles du corps sont très-grosses surtout près de leur base; elles sont terminées par deux filamens inégaux multiarticulés, pourvus de quelques poils assez courts, l'inférieur a environ deux fois la longueur du supérieur, et ne dépasse guère celle de leur pédoncule commun qui est formé de trois articles dont le premier (c'est-à-dire l'article basilaire) est le plus gros et surpasse en longueur les deux autres réunis. Les antennes inférieures (ou externes), moins longues que les supérieures, sont formées d'un article basilaire très-court, et d'un second article alongé et presque cylindrique, auquel succède un filament multiarticulé qui s'amincit très-rapidement, et qui porte une rangée longitudinale de poils roides et assez longs.

La bouche est garnie comme à l'ordinaire de pattes-mâchoires, dont les postérieures sont soudées entr'elles près de leur base, et ont la forme de palpes garnis d'un grand nombre de poils; on distingue à chacune trois article dont le dernier est arrondi. Le corps de ces Crustacés est formé de deux portions assez distinctes; l'une thoracique, l'autre abdominale. Des sept anneaux qui forment la première, le plus antérieur, comme nous l'avons déjà dit, est presque confondu avec la tête; le second, un peu moins large que le premier, se prolonge de chaque côté en bas et en avant, de manière à former une pointe un peu recourbée qui cache l'articulation de la patte correspondante; les autres segmens ne présentent point cette disposition, et ne sont point pourvus, comme dans la plupart des Crustacés du même ordre, de pièces latérales distinctes de celle qui en forme la portion dorsale. Chacun de ces arceaux est pourvu d'une paire de pattes ambulatoire, en sorte que le nombre de ces appendices est de quatorze. La première paire se termine par une pince dont le doigt immobile est fort large; la main est très-courte, les deux articles suivans sont plus étroits; enfin le bras est remarquable par sa forme presqu'ovalaire. Les pattes de la deuxième paire plus longues, mais moins larges que les premières, n'ont point de pinces; la main n'est ni renflée ni aplatie, elle présente sur son bord une série de quatre épines assez fortes et une à son angle supérieur et antérieur; enfin, elle s'articule avec un ongle assez large à sa base, un peu crochu et dentelé sur son bord intérieur. La longueur des autres pattes diminue graduellement d'avant en arrière; elles sont toutes assez minces, et terminées par un grand ongle crochu sans dentelure, l'avant-dernier article n'est pas épineux, mais supporte un grand nombre de poils; enfin, les cuisses ne sont pas élargies comme dans la plupart des Crustacés de la famille des Crévettines. L'abdomen est formé de six anneaux, dont les cinq premiers sont très-courts, et le dernier, au contraire, remarquable par sa longueur. Les premiers portent chacun une paire de fausses pattes dont le pédoncule est assez court, et supporte deux lames ovalaires et ciliées. Ces appendices sont assez gros relativement au peu de développement des segmens de l'abdomen auxquels ils appartiennent, aussi sont-ils pour ainsi dire presque les uns contre les autres. Enfin, l'article terminal de l'abdomen, dont la forme est alongée et un peu aplatie, présente de chaque côté vers l'angle postérieur une petite échancrure où s'articule un pédoncule cylindrique, et un peu recourbé en dedans, qui supporte à son tour deux filamens garnis de quelques poils, l'un assez court, l'autre au contraire presqu'aussi long que le reste de l'animal.

Rhoé de Latreille, *Rhœa Latreillii*. Edw. *Ann. des scienc. nat. tom.* 13. *pag.* 292. *pl.* 13. A, *fig.* 1 à 8.

Il est long d'environ trois lignes; sa couleur est blanchâtre. Ce Crustacé paroît vivre à des profondeurs considérables dans la mer; car c'est en dragant sur un banc d'huîtres près Port-Louis, aux environs de la Rochelle, qu'il a été pris.

(E. G.)

USIE, *Usia*. Lat. Meig. *Voluccella*. Fab. Coqueb. *Bombylius*. Ross.

Genre d'insectes de l'ordre des Diptères, première section, famille des Tanystomes, tribu des Bombyliers.

La seconde division de cette tribu a pour caractères : abdomen court, triangulaire; elle contient quatre genres, savoir : Ploas, Bombyle, Usie et Lasie. (*Voyez* Bombyliers, pag. 539. de ce volume.) Le premier se distingue par ses antennes très-velues à la base, dont le premier article est beaucoup plus gros que les autres; par la brièveté de sa trompe à peine plus longue que la tête; par ses palpes apparens et son corps très-velu. La longueur du premier article des antennes, le troisième terminé en pointe et la totalité du corps couverte de poils longs et touffus, sont les caractères distinctifs des Bombyles. Quant au genre Lasie de M. Wiédemann, nous ne le connoissons que par les caractères qu'en donne ce savant auteur; il nous paroît différer principalement des Usies par la grandeur de sa trompe, presque deux fois aussi longue que le corps, celui-ci paroissant très-velu.

Antennes avancées, moitié aussi longues que la tête, rapprochées à leur base, divergentes ensuite, composées de trois articles, le premier pas plus long que le second, presque cylindrique, un peu plus épais en devant, presque nu; le second court, cyathiforme, presque nu; le troisième alongé, fusiforme, point comprimé, son extrémité obtuse. — *Trompe* saillante, du double aussi longue que la tête. — *Palpes* point apparens. — *Tête* sphérique. — *Yeux* hémisphériques, séparés l'un de l'autre (au moins dans les femelles). — *Trois ocelles* disposés en triangle sur le vertex. — *Corps* simplement pubescent ou presque glabre. — *Abdomen* court, assez large, ovale, légèrement bombé, composé de six segmens outre l'anus. — *Ailes* étroites, obtuses, velues vues au microscope, à moitié ouvertes dans le repos. — *Cuillerons* simples, petits. — *Balanciers* découverts. — *Pattes* de longueur moyenne; dernier article des tarses muni à son extrémité de deux crochets ayant deux pelotes dans leur entre-deux.

Le nom de ce genre vient d'un mot grec qui exprime la longueur et la flexibilité de sa trompe. Les Usies n'ont été trouvées jusqu'à présent que dans les parties les plus chaudes de l'Europe et de l'Afrique. Les insectes parfaits fréquentent les fleurs; leurs premiers états sont inconnus.

1°. Usie bronzée, *U. ænea*. Lat. *Gen. Crust. et Ins. tom.* 4. *pag.* 315. *tom.* 1. *tab.* 15. *fig.* 2. — Meig. *Dipt. d'Eur. tom.* 2. *pag.* 226. *n°.* 1. *tab.* 18. *fig.* 21. Femelle. Du Languedoc. 2°. Usie des fleurs, *U. florea*. Lat. *id.* — Meig. *id. pag.* 227. *n°.* 2. — *Voluccella florea* n°. 1. Fab. *Syst. Antliat.* De Barbarie. Suivant M. Latreille, on en trouve aux environs de Bordeaux une variété moitié plus petite. 3°. Usie petite, *U. pusilla*. Meig. *id. pag.* 229. *n°.* 6. *tab.* 18. *fig.* 22. Femelle. Elle a été prise à Carpentras sur le Thym vulgaire. (*Thymus vulgaris.*)

LASIE, *Lasia*. Wiédem. Lat. (*Fam. nat.*)

Genre d'insectes de l'ordre des Diptères, première section, famille des Tanystomes, tribu des Bombyliers.

Les genres Ploas, Bombyle, Usie et Lasie constituent la seconde division de cette tribu; cette division a pour caractère : abdomen court, triangulaire. (*Voyez* Bombyliers, pag. 539. de ce volume.) Dans les trois premiers genres la trompe n'est pas à beaucoup près proportionnellement aussi longue que dans les Lasies, et les écailles qui recouvrent la base des ailes sont beaucoup plus petites que celles de ce dernier genre.

Nous allons donner les caractères des Lasies d'après M. Wiédemann, ces insectes nous étant inconnus.

Antennes avancées, rapprochées, étroites, lancéolées, comprimées, composées de trois articles; le premier cylindrique, le second discoïdal, le troisième lancéolé. — *Trompe* beaucoup plus longue que le corps, dirigée horizontalement en avant. — *Point d'ocelles* (selon l'auteur suédois, qui a décrit un mâle dans lequel le rapprochement des yeux pouvoit rendre l'observation des ocelles difficile); trois ocelles distincts dans les femelles, suivant M. Latreille. (*Fam. nat. pag.* 492.) — *Ailes* ouvertes, l'écaille qui recouvre leur base, très-grande. — *Corps* hérissé de poils.

Le nom de ce genre vient d'un mot grec qui fait allusion à ce dernier caractère. Le type est la Lasie brillante, *L. splendens*. Wiéd. *Analect. Entom. pag.* 11. *fig.* 3. Longueur 3 lig. $\frac{3}{4}$. Mâle. Corselet cuivreux; écusson et abdomen d'un violet d'acier. Du Brésil.

(S. F. et A. Serv.)

VAGARONDES,

VAGABONDES, *Erraticæ*. Lat.

M. Latreille comprend sous cette dénomination les Aranéïdes de la section des Dipneumones qui, ne faisant pas de toiles, et ne tendant pas même de fils pour surprendre leur proie, sont obligées, pour se nourrir, de courir après elle ou de sauter dessus. Leurs yeux sont toujours au nombre de huit, s'étendent sur tout le front, ou presqu'autant dans le sens de sa hauteur que dans celui de sa largeur, et forment, par leur réunion, soit un un triangle curviligne ou un cercle tronqué, soit un quadrilatère ou un trapèze. Cette division comprend deux tribus, les Citigrades et les Saltigrades.

CITIGRADES, *Citigradæ*. Lat.

Les pieds ne sont pas généralement propres à la course, et l'animal ne saute pas sur sa proie. Le groupe oculaire forme, soit un triangle curviligne ou un ovale tronqué, soit un quadrilatère ou un trapèze. Les yeux les plus extérieurs sont toujours rapprochés du milieu du front et éloignés des angles latéraux de l'extrémité antérieure du céphalothorax.

I. *Groupe oculaire formant un triangle curviligne tronqué.*

OXYOPE, *Oxyope*. Lat. *Voyez* ce mot.

CTÈNE, *Ctenus*. Walck. Lat.

Huit yeux inégaux entr'eux, occupant le devant et les côtés du corselet, placés sur trois lignes transversales, s'alongeant de plus en plus, et disposés de manière à former un groupe de quatre au centre, et de deux de chaque côté et en avant; lèvre carrée, plus haute que large, rétrécie à sa base; mâchoires droites, écartées, plus hautes que larges, coupées obliquement et légèrement échancrées à leur côté interne; pattes alongées, étendues latéralement; cuisses renflées; la première paire plus longue que la seconde, et la seconde plus que la troisième.

Les caractères de ce genre ont été pris sur une Araignée assez grosse envoyée de Cayenne à la Société d'histoire naturelle de Paris, et que M. Walckenaer nomme Ctène douteux, *Ctenus dubius*, dans son *Tableau des Aranéïdes*, *pag.* 18. Il en figure la bouche et les yeux *pl.* 3. *fig.* 21. et 22. du même ouvrage, mais il n'en donne pas de description. Cette Araignée étoit en très-mauvais état, car son abdomen et la quatrième paire de pattes manquoient. M. Walckenaer pense qu'une Araignée dont il possède un dessin inédit d'Oudinot, et que l'on trouve aux environs de Paris, appartient à ce genre, ainsi que celle qu'Albin a figurée *pl.* 34. *fig.* 167. Mais il n'a jamais vu ces espèces.

II. *Groupe oculaire formant un quadrilatère presqu'aussi long au moins que large.*

LYCOSE, *Lycosa*. *Voyez* ce mot à la suite de l'article Tarentules.

DOLOMÈDE, *Dolomedes*. Lat. Walck. *Aranea*. Linn. De Géer. Fab.

Yeux représentant par leur ensemble un quadrilatère un peu plus large que long, disposés sur trois lignes transverses dont l'antérieure formée de quatre et les deux autres de deux chacune; les deux postérieurs situés chacun sur une petite élévation; la seconde paire de pieds aussi longue que la première. M. Walckenaer, dans son *Tableau des Aranéïdes*, *pag.* 15, ajoute à ces caractères que les mâchoires sont droites, écartées, plus hautes que larges, et que la lèvre est courte, carrée, aussi haute que large : ces caractères sont figurés dans le même ouvrage, *pl.* 2. *fig.* 17. à 20.

Ce genre se distingue facilement des Lycoses, parce que ces dernières Aranéïdes n'ont pas les yeux postérieurs portés sur des pédicules, et que le groupe des huit yeux forme un carré aussi long que large; leur première paire de pieds est plus longue ou aussi longue que la seconde. Les Dolomèdes chassent et courent après leur proie; elles construisent, seulement à l'époque de la ponte, alentour des plantes, une toile dans laquelle elles déposent leur cocon, qu'elles gardent assiduement, ainsi que leurs petits, long-temps après qu'ils sont éclos : elles emportent leur cocon fixé sous leur corselet, quand elles sont menacées. M. Latreille a partagé ce genre en deux sections, que M. Walckenaer nomme familles.

A. Corselet alongé; abdomen ovale, arrondi à son extrémité; yeux de la ligne antérieure égaux; mâchoires à côté interne convexe. Les espèces de cette division habitent le bord des eaux; elles courent à leur surface sans se mouiller. Les femelles fabriquent une toile irrégulière qu'elles placent entre les branches des végétaux, près du lieu qu'elles habitent, et dans laquelle elles déposent leur cocon. Ce sont les Dolomèdes riveraines, *ripariæ*, de M. Walckenaer.

Dolomède bordé, *Dolomedes marginatus*.

WALCK. *Tabl. des Aran. pag.* 16. — LAT. *Gen. Crust. et Ins. tom.* 1. *pag.* 118. — Araignée bordée, WALCK. *Faun. Paris. tom.* 2. *pag.* 236. — LAT. *Hist. nat. des Crust. et des In. tom.* 7. *pag.* 297. — PANZ. *Faun. Germ. fasc.* 71. *tab.* 22. *Voyez* pour les autres synonymes et la description, le no. 62. article ARAIGNÉE de ce Dictionnaire.

DOLOMÈDE ENTOURÉ, *Dolomedes fimbriatus.* WALCK. *Tabl. des Aran. pag.* 16. *Voyez* pour les autres synonymes et la description, l'Araignée frangée no. 60. de ce Dictionnaire.

DOLOMÈDE ROUX, *Dolomedes rufus.* WALCK. *Tabl. des Aran. pag.* 16. — *Aranea rufa* De Géer, *tom.* 7. *pag.* 319. *no.* 4. *pl.* 39. *fig.* 6. et 7. Elle appartient aussi à cette division. Elle se trouve dans l'Amérique du nord.

B. Corselet court, en cœur; abdomen ovale, alongé et terminé en pointe à son extrémité; yeux latéraux de la ligne antérieure plus gros que les autres; mâchoires à côté interne presque droit. Ces Aranéïdes habitent les bois et les forêts. Ce sont les Sylvines, *Sylvinæ,* de M. Walckenaer.

DOLOMÈDE ADMIRABLE, *Dolomedes mirabilis.* WALCK. *Tabl. des Aran. pag.* 16. — LAT. *Gen. Crust. et Ins. tom.* 1. *pag.* 117. — Araignée admirable, WALCK. *Faun. Paris. tom.* 2. *pag.* 236. — LAT. *Hist. nat. des Crust. et des Ins. tom.* 7. *pag.* 296. — *Aranea obscura.* FAB. *Ent. Syst. tom.* 2. *pag.* 419. — *Aranea Listeri.* SCOPOL. *Ent. Cam. no.* 1098. — OLIV. *Encycl. pag.* 227. *no.* 17. — LISTER. *Aran. pag.* 80. *tit.* 27. 28. — SCHŒFF. *Ins.* Ratisb. *pl.* 187. *fig.* 5. 6. — FRISCH. *tom.* 14. *Voyez* pour les autres synonymes et la description, l'ARAIGNÉE AGRAIRE d'Olivier, article ARAIGNÉE no. 59. de ce Dictionnaire, ainsi que l'Araignée de Lister, placée dans les espèces moins connues, *pag.* 237. *no.* 17. qui est la même.

On ne connoît jusqu'à présent que ces quatre espèces de Dolomèdes.

III. *Groupe oculaire formant un trapèze court et large.*

MYRMÉCIE, *Myrmecium.* LAT.

M. Latreille a établi ce genre dans les *Annales des sciences naturelles, tom.* 3. *pag.* 27. Il lui assigne pour caractères: groupe oculaire, composé de huit yeux petits, six rapprochés au milieu du front, quatre au milieu formant un carré; les deux latéraux antérieurs un peu plus petits et disposés, avec les deux antérieurs des précédens, sur une ligne transverse; les deux derniers placés sur les côtés supérieurs du céphalothorax, très-écartés l'un de l'autre, en arrière des précédens, un peu plus gros, insérés à l'extrémité d'une petite élévation oblique, et formant avec les deux intermédiaires et postérieurs des précédens une ligne transverse, arquée en devant. Chélicères (mandibules) fortes, leur premier article épais, convexe en dessus, dentelé en dessous. Mâchoires droites, un peu élargies, arrondies et très-velues à leur extrémité supérieure; palpes du mâle terminés par un article renflé à sa base, allant ensuite en pointe ou presque pyriforme; le dernier de ceux de la femelle cylindrique et long. Lèvre (langue) presque carrée, un peu plus longue que large, arrondie latéralement au bord supérieur, avec une ligne imprimée et transverse près de sa base. Pieds longs, presque filiformes, ceux de la quatrième paire et de la première les plus longs, ceux de la seconde ensuite.

Les Oxypodes, les Ctènes, les Lycoses et les Dolomèdes, se distinguent du genre Myrimécie, parce que, dans les deux premiers, les yeux forment un triangle curviligne, et que, dans les seconds, ils sont disposés en quadrilatère presqu'aussi long au moins que large. Les Myrimécies en diffèrent encore par la forme de leur corps, qui est bien différente et tout-à-fait remarquable; il est étroit, alongé; le thorax est comme articulé en apparence, et n'offre d'ailleurs aucune incision transverse; plusieurs étranglemens le partagent en trois. La division antérieure, beaucoup plus grande en tous sens, est carrée, porte les organes de la manducation, les quatre pieds antérieurs et les yeux; les deux autres divisions superficielles du thorax ont la forme de nœuds ou de bosses, et servent chacune d'attache à une paire de pattes, ou aux quatre postérieures. Le thorax est resserré entre ces deux nœuds, et à la suite du second, il se rétrécit brusquement d'une manière cylindrique. La division antérieure représente la tête des insectes hexapodes réunie au prothorax, la seconde le mésothorax, et la troisième le métathorax; à celle-ci est suspendu, au moyen d'un pédicule court et cylindrique, l'abdomen, qui est beaucoup plus court que le thorax, recouvert depuis sa naissance jusqu'auprès du milieu d'un épiderme solide ou coriace, divisé en deux lames ou plaques, l'une supérieure et l'autre inférieure; il est mou, et presque membraneux ensuite.

Ce genre se compose de trois espèces, dont deux sont figurées dans un très-beau manuscrit de dessins d'Aranéïdes de la Géorgie américaine, peintes par Abbot, et que M. Walckenaer possède; la troisième, et celle qui a servi de type au genre, est:

Le MYRMÉCIE FAUVE, *Myrmecium rufum.* LAT. *loc. cit. pl.* 2. Long d'environ 6 lignes, fauve, luisant, presque glabre, avec l'extrémité des palpes, des cuisses, du premier article des pieds postérieurs et le bout de l'abdomen, noirâtres. Il se trouve aux environs de Rio-Janeiro.

SALTIGRADES, *Saltigradæ.* Voyez ce mot.

(E. G.)

VANESSE, *Vanessa*. Genre de Lépidoptères-Diurnes de la tribu des Papillonides. (*Voy. tom. IX. pag.* 291. 807. et 818.)

(S. F. et A. Serv.)

VAPPON, *Vappo*. Lat. Fab. *Pachygaster*. Meig. Macq. *Nemotelus*. Panz. *Sargus*. Fallèn.

Genre d'insectes de l'ordre des Diptères, première section, famille des Notacanthes, tribu des Stratiomydes.

Un groupe de cette tribu a pour caractères : antennes simples ; leur dernier article annelé, formant une masse presque globuleuse ou ovalaire, muni à l'extrémité d'une soie longue ; écusson ordinairement mutique. (*Voyez* Stratiomydes.) Il est formé de trois genres, 1°. Chrysochlore, distinct par son écusson épineux. 2°. Sargus, ayant l'abdomen déprimé en dessus et le premier article des antennes plus long que le second. 3°. Vappon, qui fait le sujet de cet article.

Antennes insérées dans un enfoncement antérieur de la tête, non loin du bord supérieur de la bouche, rapprochées à leur base, dirigées en avant, composées de trois articles ; le premier très-court, presque cylindrique ; le second aussi court, mais plus large que le premier, orbiculaire ; le troisième presque sphérique, un peu comprimé, beaucoup plus grand que les précédens, paroissant divisé en quatre anneaux, muni d'une soie terminale, un peu velue à sa base. — *Trompe* cachée dans la cavité buccale, lors du repos. — *Palpes* insérés vers la base de la trompe, un peu velus, divergens, coniques. — *Tête* hémisphérique-alongée. — *Yeux* espacés dans les femelles, convergens sur le front dans les mâles. — *Trois ocelles* disposés en triangle sur le haut du front. — *Corps* presque triangulaire, glabre. — *Corselet* un peu oblong, plus large à sa partie postérieure qu'à l'antérieure. — *Ecusson* mutique. — *Ailes* assez grandes, lancéolées, velues vues au microscope, couchées horizontalement et parallèlement sur le corps dans le repos, ayant une cellule discoïdale émettant trois nervures qui atteignent le bord postérieur de l'aile. — *Balanciers* découverts. — *Abdomen* plus large que la partie postérieure du corselet, très-convexe en dessus, concave en dessous, ses segmens peu distincts. — *Pattes* de longueur moyenne.

Des larves du Vappon noir ont été trouvées par M. Carcel dans le terreau d'Orme ; elles s'y tiennent dans les parties les plus humides et ont besoin de plus d'une année pour leur entier développement. M. Macquart les ayant reçues de M. Carcel, les a décrites d'après nature ; il dit qu'elles ont à peu près deux lignes et demie de longueur, arrivées près de l'époque de leur transformation. Leur corps est alongé, un peu ovale, très-déprimé, luisant, d'un gris roussâtre et marqué de trois bandes longitudinales obscures ; il est composé de onze segmens distincts, arrondis sur les côtés : chaque segment a quelques poils sur le dos, et de chaque côté une soie alongée et deux courtes ; le onzième segment ou anus est grand, semi-circulaire, noir bordé de roussâtre, avec une petite ligne transversale enfoncée vers l'extrémité, et en dessous une ligne longitudinale légèrement rebordée ; les bords de cet anus sont munis de huit soies. La tête est cornée, alongée, beaucoup plus étroite que le corps, conique, obtuse, un peu courbée en dessous, d'un roux clair avec les côtés obscurs ; les yeux sont petits, noirs, luisans, accompagnés de deux petites soies ; la bouche est très-petite, entourée d'un rebord ; son ouverture est peu distincte ainsi que ses parties : cette bouche semble occupée tout entière par un petit corps blanc. Pour se transformer, la larve s'élève vers la surface du terreau, y reste immobile sans changer de peau, et passe intérieurement à l'état de nymphe ; la dépouille de la larve sert de coque à celle-ci, sans changer de figure. En ouvrant cette coque on voit que la nymphe a toutes ses parties enveloppées d'une pellicule mince, mais très-distinctes, et qu'elle n'occupe qu'une partie de son domicile.

Les Vappons à l'état parfait fréquentent les fleurs, les haies et les buissons. La seule espèce connue est le Vappon noir, *V. ater*. Lat. *Gener. Crust. et Ins. tom.* 4. *pag.* 279. — Fab. *Syst. Antliat. pag.* 254. *n°.* 1. — *Pachygaster ater*. Meig. *Dipt. d'Eur. tom.* 3. *pag.* 102. *n°.* 1. *tab.* 24. *fig.* 17. Mâle. — Macq. *Ins. Dipt. Asiliq.* etc. *pag.* 112. — *Vappo ater. Encycl. pl.* 387. *fig.* 49—53. Celle de la femelle est fautive, la tête étant représentée beaucoup trop large. Cette espèce se trouve aux environs de Paris.

(S. F. et A. Serv.)

VÉLIE, *Velia*. Lat. *Hydrometra*. Fab. *Cimex*. Ross.

Genre d'insectes de l'ordre des Hémiptères, section des Hétéroptères, famille des Géocorises, tribu des Rameurs.

Trois genres entrent dans cette tribu, Hydromètre, Gerris et Vélie. (*Voyez* Rameurs.) Celui d'Hydromètre diffère des Vélies par le troisième article de ses antennes plus long qu'aucun des autres, et par le corps délié et linéaire. Les Gerris ont le bec divisé en quatre articles distincts et les quatre dernières pattes fort éloignées des antérieures, rapprochées à leur insertion, très-longues et menues.

Antennes filiformes, composées de quatre articles, le premier le plus long de tous, le dernier cylindrique, un peu ovale. — *Bec* ne paroissant extérieurement composé que de deux articles, les deux premiers étant très-courts, point visibles. — *Labre* caché, très-court. — *Tête* presque verticale, sa partie antérieure qui porte le bec, dirigée vers le bas. — *Yeux* très-saillans, globuleux. — *Corps* assez court, en ovale-alongé, le corselet étant la partie la plus large. — *Corselet* presque triangulaire, tronqué en devant, plus large à sa base qu'à sa partie antérieure. — *Elytres et ailes* couchées sur l'abdomen, étroites. — *Abdomen* allant un peu en diminuant de largeur vers son extrémité; ses bords latéraux relevés, formant une espèce de canal recevant les ailes et les élytres; plaque anale inférieure sillonnée longitudinalement dans son milieu dans les femelles, celle des mâles entière, sans sillon longitudinal. — *Pattes* assez distantes les unes des autres à leur insertion; les antérieures épaisses, assez courtes, ravisseuses; les intermédiaires les plus grandes de toutes, grêles, n'étant pas deux fois plus longues que le corps, insérées à égale distance des deux autres paires; pattes postérieures assez grosses, leurs cuisses surtout; celles-ci armées en dessous de deux fortes épines dans les mâles, mutiques dans les femelles; tarses ne paroissant composés que de deux articles.

Les mœurs des Vélies sont peu connues; elles se trouvent communément dans la France méridionale. M. Latreille dit qu'elles courent simplement sur l'eau avec une grande vitesse, sans paroître ramer et nager par saccades comme les Gerris.

1°. Vélie des ruisseaux, *V. rivulorum.* Lat. *Gener. Crust. et Ins. tom.* 3. *pag.* 132. *n°.* 1. — *Hydrometra rivulorum* n°. 8. Fab. *Syst. Rhyng.* Elle a des ailes et des élytres; on la trouve communément dans les fontaines de nos départemens méridionaux. Mâle et femelle. 2°. Vélie des mares, *V. fossularum.* Lat. *Nouv. Dict. d'hist. nat.* 2e. *édit.* — *Hydrometra fossularum* n°. 9. Fab. *id.* D'Italie. Rossi assure ne lui avoir jamais vu que des fourreaux d'élytres et d'ailes, quoiqu'il ait été témoin de l'accouplement. 3°. Vélie vagabonde, *V. currens.* Lat. *id. pag.* 133. *n°.* 2. — *Hydrometra currens* n°. 12. Fab. *id.* Femelle. — *Hydrometra aptera* n°. 11. Fab. *id.* Mâle. D'Italie et de France. On ne connoît que des individus aptères, et il est probable qu'elle s'accouple dans cet état.

(S. F. et A. Serv.)

VELOURS JAUNE. Geoffroy (*Ins. Par. tom.* 1. *pag.* 102. *n°.* 8.) désigne par ce nom vulgaire un Coléoptère du genre Byture, décrit dans le présent Dictionnaire, sous la dénomination de Dermeste velu n°. 15. (*Voyez* ce dernier mot et celui de Byture, pag. 45. de ce volume.)

(S. F. et A. Serv.)

VELOURS NOIR. C'est sous ce nom que Geoffroy, dans son *Hist. abrég. des Ins. Par. tom.* 1. *pag.* 84. *n°.* 23. désigne un Coléoptère-Pentamère qui appartient au genre Sérique (*Omaloplia.* Dej. Catal.) *Voyez* ce mot, et pour la description, Hanneton huméral n°. 93. de ce Dictionnaire. (S. F. et A. Serv.)

VELOURS VERT. Nom trivial appliqué par Geoffroy (*Ins. Par. tom.* 1. *pag.* 233.) au *Cryptocephalus sericeus* des auteurs. *Voyez* Gribouri soyeux n°. 3. du présent ouvrage.

(S. F. et A. Serv.)

VELOURS VERT A DOUZE POINTS BLANCS. La Cicindèle champêtre, *C. campestris.* Auctor. a été désignée sous cette dénomination vulgaire par Geoffroy (*Ins. Par. tom.* 1. *pag.* 153. *n°.* 27.) *Voyez* Cicindèle champêtre n°. 9. du présent Dictionnaire. (S. F. et A. Serv.)

VENIN, *Venenum.* Beaucoup d'Insectes, et un bien plus grand nombre d'Arachnides, sont pourvus, pour leur défense et pour donner la mort aux Insectes dont ils font leur proie, d'une liqueur âcre, caustique, ayant la propriété de produire une vive inflammation aux tissus qui en sont imprégnés, et que l'on a nommée *venin.* Cette liqueur est préparée dans des vaisseaux de deux espèces; les uns, placés à la partie antérieure du corps, fournissent le venin que les Arachnides et les Scolopendres introduisent par leurs morsures; ils ont reçu le nom de *vaisseaux salivaires*: les autres, situés ordinairement près de l'anus, sont destinés à sécréter le venin que les Hyménoptères et les Scorpions répandent par leur aiguillon; ces vaisseaux forment un système particulier qui a reçu le nom d'*appareil des sécrétions excrémentitielles.* Les vaisseaux sécréteurs du venin affectent des formes très-variées dans les différens Insectes et dans les Arachnides; en général ils sont composés d'un organe préparateur, d'un réservoir ou vessie, et d'un conduit excréteur : c'est ce conduit qui vient aboutir à l'aiguillon ou aux mandibules, percées dans ces cas, et qui répand une goutteletre de venin dans la plaie en même temps que la pointe est introduite. Les mêmes muscles qui font pénétrer l'aiguillon compriment en même temps la vésicule ou réservoir du venin, et font ainsi couler le poison dans la plaie.

Le venin des Insectes n'est mortel pour les animaux supérieurs que dans le cas où ils seroient piqués en même temps par un grand nombre de ces Insectes; hors ce cas, l'homme n'a pas à craindre pour sa vie; il peut lui arriver une enflure de la partie piquée, une inflammation douloureuse et quelques autres accidens du même genre, mais ils se dissipent au bout de deux ou trois jours au plus. Il n'en est pas de même à l'égard des Insectes, contre lesquels ce venin est destiné à agir; aussitôt qu'ils sont piqués, ils entrent dans des convulsions d'une durée plus ou moins grande, et finissent par mourir. La piqûre du Scorpion d'Europe a bien fait périr des pigeons et des chiens, mais on n'a pas d'exemple qu'elle ait occasionné la mort d'animaux plus grands. En Afrique, ils sont plus dangereux et d'une taille plus grande, et l'action de leur venin est bien plus intense.

Ce seroit ici le cas de faire connoître les Arachnides et les Insectes qui sont pourvus d'une appareil venimeux, mais l'étendue de cet ouvrage ne nous le permet pas, et en outre il en a été question à l'article INSECTES de ce Dictionnaire, et dans le Discours préliminaire. Du reste, on trouvera des détails assez étendus sur le venin des différens genres d'Arachnides et Insectes aux articles qui leur sont propres, et auxquels nous renvoyons. *Voyez* surtout les mots ABEILLE, ARAIGNÉE, COUSIN, SCOLOPENDRE et SCORPIONIDES.

(E. G.)

VER A QUEUE DE RAT. Les anciens auteurs ont donné ce nom aux larves des Eristales. Elles vivent dans les eaux stagnantes et corrompues. *Voyez* ERISTALE, pag. 523. de ce volume.

(S. F. et A. SERV.)

VER A SOIE. Sous ce nom vulgaire, généralement reçu en France, Geoffroy (*Ins. Par. tom.* 2. *pag.* 116. *n°.* 18.) désigne le Bombix à soie n°. 98. de ce Dictionnaire.

(S. F. et A. SERV.)

VER BLANC. Les jardiniers français appellent de ce nom la larve du Hanneton vulgaire, et l'appliquent quelquefois aussi à celle de l'Oryctès nasicorne. *Voyez* ces mots.

(S. F. et A. SERV.)

VER DE FARINE. Nom vulgaire par lequel on désigne la larve du Ténébrion de la farine. *Voyez* TÉNÉBRION. (S. F. et A. SERV.)

VER DE FROMAGE. On désigne vulgairement par cette expression des larves ayant ordinairement la faculté de sauter, et qui vivent aux dépens de différens fromages. Elles appartiennent à diverses espèces de Muscides.

(S. F. et A. SERV.)

VER DU VINAIGRE. Nom trivial que l'on donne à la larve d'une petite espèce de Muscides décrite dans ce Dictionnaire sous le nom de *Mouche des celliers* n°. 77. M. Latreille. (*Gen. Crust. et Ins. tom. IV. pag.* 357.) met cette espèce dans le genre *Mosillus*. A sa citation de Linné et de Fabricius lisez : *Cellaris* au lieu de *Cellaria*.

(S. F. et A. SERV.)

VER-LION. Nom donné par quelques anciens auteurs à la larve de la Leptis ver-lion. *V.* LEPTIS, pag. 281. de ce volume. (S. F. et A. SERV.)

VER LUISANT, *Lampyris*. Nom appliqué par Geoffroy (*Ins. Par. tom.* 1. *pag.* 165.) au genre Lampyre. *Voyez* ce mot. (S. F. et A. SERV.)

VERDET. Par cette dénomination triviale Geoffroy (*Ins. Paris. tom.* 1. *pag.* 73. *n°.* 6.) signale un Coléoptère-Pentamère du genre Trichie (*T. nobilis.*) *Voyez* ce mot. Cet insecte est décrit dans le présent ouvrage sous le nom de Cétoine noble n°. 90. (S. F. et A. SERV.)

VERT DORÉ. Geoffroy donne ce nom (*Insec. Par. tom.* 2. *pag.* 149. *n°.* 81.) à la Noctuelle chrysite n°. 276 de ce Dictionnaire. Cette espèce doit entrer dans le genre Chrysoptère. LAT. *Fam. natur.* (S. F. et A. SERV.)

VERTEX, *Vertex*.

On donne ce nom à la partie tout-à-fait supérieure ou verticale de la tête des Insectes; c'est sur le vertex que se trouvent ordinairement les petits yeux lisses. (E. G.)

VERTUBLEU. Geoffroy appelle de ce nom deux espèces de Chrysomèles : l'une (grand Vertubleu. *Ins. Par. tom.* 1. *pag.* 260. *n°.* 10.) est la Chrysomèle du Gramen n°. 30. de ce Dictionnaire; l'autre (petit Vertubleu Geoffroy, *id. pag.* 261. *n°.* 12.) doit être rapportée à la Chrysomèle fastueuse n°. 71. du présent ouvrage.

(S. F. et A. SERV.)

VÉSICANS ou ÉPISPASTIQUES. C'est le nom de la onzième famille des Coléoptères de M. Duméril. (*Zool. analyt.*) Elle appartient aux Hétéromères et présente les caractères suivans : élytres molles, flexibles. Antennes très-variables. Elle se compose des genres Dasyte, Lagrie, Notoxe, Anthice, Meloé, Cantharide, Cérocome, Mylabre, Apale et Zonite.

(S. F. et A. SERV.)

VÉSICULEUX, *Vesiculosa*. Onzième tribu de la famille des Tanystomes, première section de l'ordre des Diptères.

M. Latreille caractérise ainsi cette tribu :

Tête inclinée. — *Corselet* élevé. — *Cuillerons* grands, recouvrant les balanciers. — *Trompe* nulle ou dirigée postérieurement sous le corps dans le repos. — *Antennes* tantôt très-petites, de deux articles avec une soie terminale, tantôt de trois articles, le dernier sans soie ni style, alongé et cylindracé, ou renflé en forme de bouton. — *Abdomen* grand, renflé, vésiculeux.

I. Une trompe très-apparente dirigée le long de la poitrine.

Panops, [illegible]te.

II. Point de trompe apparente.

Astomelle, Acrocère, Ogcode.

CYRTE, *Cyrtus*. LAT. MEIG. *Acrocera*. FAB. *Empis*. DEVILL.

Genre d'insectes de l'ordre des Diptères, première section, famille des Tanystomes, tribu des Vésiculeux.

Les Vésiculeux munis d'une trompe apparente sont les Panops et les Cyrtes. Les premiers ont les antennes plus longues que la tête, de trois articles, le dernier alongé, cylindrique, sans soie.

Antennes très-petites, presque verticales, insérées sur le haut du front, presque sur le vertex, composées de deux articles; le premier cylindrique, le second ovale avec une longue soie terminale. — *Trompe* avancée horizontalement dans l'action, dirigée le long de la poitrine lors du repos, plus longue que la tête. — *Palpes* subulés, insérés à la base de la trompe. — *Tête* penchée, très-petite, globuleuse. — *Yeux* grands, occupant presque toute la tête, réunis l'un à l'autre dans toute la partie antérieure. — *Trois ocelles* disposés en triangle sur le vertex. — *Corps* gros, court, glabre. — *Corselet* court, gros, très-élevé. — *Ailes* lancéolées, sans poils, vues même au microscope. — *Cuillerons* grands, convexes. — *Balanciers* petits, cachés. — *Abdomen* très-grand, très-distendu, vésiculeux, composé de quatre segmens outre l'anus. — *Pattes* minces, assez longues; premier article des tarses presqu'aussi long que les quatre autres pris ensemble, le dernier ayant à son extrémité deux crochets très-divergens, munis dans leur entre-deux de trois petites pelotes.

Le nom de Cyrte vient d'un mot grec qui signifie : *bossu*. L'espèce qui sert de type à ce genre est le Cyrte bossu, *C. gibbus*. Meig. *Dipt. d'Eur. tom.* 3. *pag.* 92. *n°.* 1. *tab.* 24. *fig.* 3. *et* 4. — *Cyrtus acephalus.* Lat. *Gener. Crust. et Insect. tom.* 4. *pag.* 317. — *Acrocera gibba* n°. 1. Fab. *Syst. Antliat.* — *Encycl. pl.* 392. *fig.* 39. *et* 40. Il habite en Barbarie, dans les environs de Lyon, dans l'Angoumois et en Anjou, où il a été pris par M. Carcel dans la Forêt de Fontevrault.

ASTOMELLE, *Astomella.* Duf. Lat.

Genre d'insectes de l'ordre des Diptères, première section, famille des Tanystomes, tribu des Vésiculeux.

La seconde division de cette tribu renferme les genres qui n'ont point de trompe apparente, c'est-à-dire Astomelle, Acrocère et Ogcode; les deux derniers diffèrent des Astomelles par leurs antennes courtes, n'ayant que deux articles dont le dernier est muni d'un style ou d'une soie.

Ne connoissant ce genre que par une remarque qui se trouve dans le *Gen. Crust. et Insect.* de M. Latreille, *tom.* 4. *pag.* 519., et par le peu qu'il en a publié dans ses *Consid. génér. sur les Crust., les Arachn. et les Ins. pag.* 393., nous ne pouvons indiquer que le caractère tiré des antennes et de la trompe.

Antennes de la longueur de la tête au moins, composées de trois articles; le dernier presqu'en bouton alongé, comprimé, sans soie. — *Point de trompe apparente.*

Le nom d'Astomelle est formé d'un mot grec qui signifie *bouche*, et de la particule privative. Le type du genre dont nous ne connoissons pas la description est l'Astomelle bordée, *A. marginata.* L. Dufour. Elle a été trouvée en Espagne.

ACROCÈRE, *Acrocera.* Meig. Macq. Lat. *Henops.* Fab. Fallèn. *Syrphus.* Panz.

Genre d'insectes de l'ordre des Diptères, première section, famille des Tanystomes, tribu des Vésiculeux.

Les genres Astomelle, Acrocère et Ogcode composent la seconde division de cette tribu; cette division a pour caractère : point de trompe apparente. Les Astomelles sont distinguées par leurs antennes de la longueur de la tête au moins, de trois articles, le dernier sans soie; celles des Ogcodes sont insérées au-devant de la tête, un peu au-dessus de la bouche.

Antennes très-petites, insérées sur le vertex, composées de deux articles, le premier orbiculaire, le second fusiforme avec une longue soie terminale, nue. — *Point de trompe* distincte. — *Tête* petite, ovale, penchée. — *Yeux* grands, occupant presque toute la tête, à peine séparés l'un de l'autre en devant par une suture. — *Trois ocelles* placés sur le vertex. — *Corps* gros et court. *Corselet* beaucoup plus large que la tête, gros, élevé. — *Ailes* lancéolées, couchées en toit sur le corps dans le repos, sans poils vues même au microscope. — *Cuillerons* grands, convexes. — *Balanciers* petits, point apparens. — *Abdomen* gros, sphérique, vésiculeux, composé de quatre segmens outre l'anus. — *Pattes* de longueur moyenne, grêles; premier article des tarses aussi long que les quatre autres pris ensemble; le dernier muni de deux crochets ayant trois pelotes dans leur entre-deux.

Le nom d'Acrocère formé de deux mots grecs qui signifient : *antennes* et *vertex*, est tiré de la position des premières sur la partie supérieure de la tête. On trouve ces Diptères sur les fleurs, mais leurs larves ne sont pas connues. M. Meigen en décrit cinq espèces dans ses Diptères d'Europe.

Le genre *Acrocera* Fab. (*Syst. Antliat.*) n'est point celui dont nous traitons ici, il équivaut à celui de Cyrte Lat. Celui d'*Henops*, du même auteur, contient deux espèces dont la première est du genre Ogcode. *Encycl.* (*Henops.* Meig.) La seconde est une Acrocère Meig.

1°. Acrocère sanguine, *A. sanguinea.* Lat. *Gener. Crust. et Ins. tom.* 4. *pag.* 318. — Meig. *Dipt. d'Europ. tom.* 3. *pag.* 94. *n°.* 1. *tab.* 24. *fig.* 9. (Par une erreur typographique on lit fig. 10. à la citation de la planche.) — *Encycl. pl.* 387. *fig.* 55-58. 2°. Acrocère cuisses noires, *A.*

nigro femorata. Meig. *id. pag.* 95. *n°*. 2. *tab.* 24. *fig.* 10. Longueur 2 lig. Noire ; abdomen testacé ayant sur le dos des points noirs triangulaires placés un sur chaque segment en ligne longitudinale ; pattes rousses, cuisses noires. D'Anjou. 3°. Acrocère globule, *A. globulus*. Meig. *id. n°*. 3. — Lat. *id.* 4°. Acrocère albipède, *A. albipes*. Meig. *id. pag.* 96. *n°*. 4. De France. 5°. Acrocère sphérique, *A. orbiculus*. Meig. *id. pag.* 97. *n°*. 5. — Macq. *Ins. Dipt. Asiliq. etc. pag.* 92. *n°*. 1. — *Henops orbiculus* n°. 2. Fab. *Syst. Antl.* De France. (S. F. et A. Serv.)

VÉSITARSES ou PHYSAPODES. M. Duméril donne ce nom, dans la *Zoologie analytique*, à une famille d'Hémiptères présentant pour caractères : élytres planes, étroites, couchées sur le dos. Pattes courtes. Tarses terminés par une petite vessie. Elle ne contient que le genre Thrips. (S. F. et A. Serv.)

VIPION, *Vipio*. Lat. (*Hist. nat. des Crust. et des Ins. et Fam. nat.*) *Bracon*. Lat. (*Gen.*) Jur. Fab.

Genre d'insectes de l'ordre des Hyménoptères, section des Térébrans, famille des Térébellifères, tribu des Ichneumonides (division des Braconides).

Les Bracons et les Microgastres composent, avec les Vipions, la troisième subdivision de nos Braconides. (*Voyez* Ichneumonides, pag. 43. de ce volume, ainsi que la note en bas de la page 488.) Cette troisième subdivision ayant pour caractères : palpes maxillaires au moins trois fois plus longs que les labiaux, de six articles, les labiaux de trois : première cellule discoïdale supérieure des premières ailes, distincte de la première cellule cubitale. Les deux premiers genres se distinguent de celui de Vipion, en ce que leurs mâchoires et leur lèvre sont courtes, cachées, point prolongées en museau ; en outre les Microgastres ont le second article des antennes entièrement retiré dans le premier.

Mâchoires et lèvre avancées en une sorte de museau. — *Ailes supérieures* ayant une cellule radiale assez grande, pointue à ses deux extrémités ; trois cellules cubitales, la première petite, recevant la première nervure récurrente ; la seconde cellule cubitale deux fois plus longue que la précédente, terminée carrément ; troisième cubitale atteignant le bout de l'aile : trois cellules discoïdales, la première distincte de la première cubitale ; la troisième ou inférieure atteignant le bord postérieur de l'aile ; point de seconde nervure récurrente. *Voyez* pour les autres caractères ceux du genre Bracon, pag. 39. de ce volume.

Les mœurs des Vipions sont aussi les mêmes que celles des Bracons. Les insectes parfaits fréquentent les fleurs et y prennent leur nourriture ; on les trouve plus particulièrement sur celles des chardons. Nous citerons les deux espèces suivantes :

1°. Vipion nominateur, *V. nominator*. — *Bracon nominator*. n°. 8. Fab. *Syst. Piez.* La femelle. — Jur. *Hyménopt. pag.* 118. La femelle. Sa tarière est deux fois aussi longue que le corps. Le mâle ne diffère pas pour les couleurs. Des environs de Paris. 2°. Vipion urinateur, *V. urinator*. — *Bracon urinator*. n°. 34. Fab. *id.* Mâle. — Jur. *id.* Mâle et femelle. Celle-ci est semblable au mâle ; sa tarière est à peu près de la longueur du corps. Des environs de Paris.

(S. F. et A. Serv.)

VOLANT DORÉ. La Phalène n°. 97. Geoff. (*Ins. Paris. tom.* 2. *pag.* 159.) porte ce nom vulgaire. C'est la Noctuelle de l'Arroche n°. 347. du présent ouvrage. (S. F. et A. Serv.)

VOLUCCELLE, *Voluccella*. Fab. Geoffroy avoit établi un genre sous le nom de Volucelle ; Fabricius appliqua ce nom générique à d'autres espèces de Diptères que celles indiquées par l'auteur français, et le dénaturant de manière à lui ôter son étymologie, réunit sous celui de *Voluccella* six espèces, dont les n°s. 1, 2, 3, 4. appartiennent aux Usies, et les n°s. 5. 6. aux Pthiries. (S. F. et A. Serv.)

VOLUCELLE, *Volucella*. Geoff. Schæff. Lat. Meig. Schranck. (*Faun. Boica*) *Musca*. Linn. Geoff. Schranck. (*Enum. Austr.*) Devill. De Géer. Ross. Oliv. (*Encycl.*) *Conops*. Scopol. *Syrphus*. Fab. Ross. Panz. Schell. Fallèn. Herbst.

Genre d'insectes de l'ordre des Diptères, première section, famille des Athéricères, tribu des Syrphies.

Le caractère de la seconde division de cette tribu est : antennes presque de la longueur de la tête ou plus courtes qu'elle. (*Voyez* Syrphies.) Dans cette division le groupe où nous plaçons les genres Séricomyie et Volucelle est caractérisé ainsi : antennes ayant leurs deux premiers articles égaux entr'eux, point insérées sur un tubercule frontal ; ailes sans cellule pédiforme ; cuisses simples ; soie des antennes sans articulations sensibles, cette soie plumeuse. Les Séricomyies sont distinguées des Volucelles par le troisième article de leurs antennes formant une palette presqu'orbiculaire et par leurs ailes parallèles dans le repos. Nous ajouterons à ce groupe le genre Temnocère, qui nous étoit inconnu lors de la rédaction de notre article Syrphies ; il diffère des Séricomyies et des Volucelles par l'écusson armé d'épines et par le troisième article des antennes beaucoup plus long et fortement échancré latéralement.

Antennes avancées, penchées, point insérées sur un tubercule frontal, plus courtes que la tête, composées de trois articles; les deux premiers petits, égaux entr'eux; le troisième oblong, patelliforme, comprimé, portant à sa base une soie pendante, fortement bipennée, plus grande dans les femelles que dans les mâles. — *Ouverture de la cavité buccale* oblongue, étroite. — *Trompe* beaucoup plus courte que la tête et le corselet pris ensemble, cachée dans la cavité buccale pendant le repos. — *Palpes* cylindrique, finement ciliés. — *Hypostome* un peu enfoncé à sa partie supérieure, s'alongeant en forme de cône à l'inférieure; front élevé et formant un bourrelet autour de l'insertion des antennes. — *Tête* hémisphérique, au moins de la largeur du corselet, un peu comprimée par devant. — *Yeux* grands, réunis sur le haut du front dans les mâles, espacés dans les femelles. — *Trois ocelles* disposés en triangle sur le vertex. — *Corps* de forme variable. — *Corselet* plus ou moins bombé. — *Ecusson* grand, oblong, arrondi postérieurement, comme crénelé le long du bord postérieur qui porte de très-petits tubercules et des poils assez roides. — *Abdomen* de forme variable, composé de quatre segmens outre l'anus, celui-ci petit, presque caché dans les individus desséchés. — *Ailes* lancéolées, velues vues au microscope, écartées dans le repos, sans cellule pédiforme. — *Cuillerons* doubles, grands, frangés sur leurs bords. — *Balanciers* cachés. — *Pattes* assez fortes; cuisses simples; jambes postérieures arquées; tarses de longueur moyenne, leur premier article au moins aussi long que les trois suivans pris ensemble, le cinquième muni à son extrémité de deux forts crochets très-écartés, ayant une forte pelote bifide dans leur entre-deux.

Le nom de Volucelle créé par Geoffroy est tiré d'un mot latin, et il exprime très-bien l'agilité de ces Diptères. Les larves des Volucelles proprement dites, ou européennes, habitent dans le nid des Bourdons et des Guêpes. Réaumur eut occasion d'observer, près de passer à l'état de nymphes, celles qui vivent aux dépens des premiers; elles sont apodes, presqu'en forme de cône dont la tête fait le sommet, celle-ci paroît armée extérieurement de deux cornes charnues assez courtes qui se touchent à leur origine et s'écartent ensuite. A cette même partie on observe une fente d'où sortent deux crochets écailleux qu'on pourroit appeler des mandibules, et dont le bout est large et refendu; le second segment du corps porte de chaque côté, près de sa jonction avec le troisième, un stigmate peu distinct; l'extrémité postérieure du corps, qui est la plus grosse et comme arrondie, est munie d'une espèce de plaque en demi-cercle dont la circonférence émet six rayons charnus, coniques, divergens; au centre de ce demi-cercle sont placés deux tuyaux adossés l'un contre l'autre, qui sont des stigmates et servent à la respiration; la partie inférieure du corps de cette larve, celle sur laquelle elle exécute les mouvemens de locomation, est séparée de la supérieure par deux rangs de petites épines: il est probable que ces larves, ainsi que beaucoup d'autres des genres voisins, se font une coque de leur propre peau sans subir de métamorphose extérieure pour se changer en nymphes. Réaumur ne put parvenir à les avoir dans ce dernier état, mais cet observateur eut une femelle de la Volucelle à zones, qui pondit des œufs blancs et oblongs, desquels sortirent des larves absolument semblables à celles que nous venons de décrire d'après lui; il crut même à leur identité d'espèces, opinion que nous ne partageons pas. D'après nos observations, les larves des Volucelles à zones et vide vivent dans le nid et aux dépens des larves et des nymphes de la Guêpe Frélon. Les Volucelles Bourdon et plumeuse déposent leurs œufs dans les nids de Bourdons où Réaumur a vu exercer à leurs larves de très-grands ravages. La manière de vivre des larves des Volucelles transparente et enflée n'est pas connue.

L'un de nous communiqua l'année dernière, à l'Académie des sciences, une notice renfermant quelques remarques sur les espèces de ce genre; il fit observer l'affinité binaire qui se trouve entre elles, affinité qui est justifiée non-seulement par la forme et le plus ou le moins de villosité du corps, mais aussi par la manière de vivre des larves que nous venons de citer: il remarqua que de légères différences de couleurs autorisoient seulement la formation de trois espèces au lieu des six reconnues par les auteurs, et notamment par M. Meigen; il mit sous les yeux de l'Académie des accouplemens entre les Volucelles Bourdon et plumeuse, où les deux sexes de ces espèces jouoient un rôle inverse dans cette action. Un individu ressemblant pour les couleurs de la partie antérieure du corps à la Volucelle plumeuse, et pour les derniers segmens de l'abdomen à la Volucelle Bourdon, paroissoit prouver la fécondité de ces accouplemens; il citoit diverses figures de Schæffer (*Icon.*) qui a représenté quelques autres variétés: il communiqua aussi plusieurs individus intermédiaires par leurs couleurs entre la Volucelle transparente et la Volucelle enflée, et entre les Volucelles à zones et vide.

Cependant il est beaucoup plus ordinaire de rencontrer fréquemment des accouplemens formés par des individus semblables. Au moment de la copulation qui suit de près celui de l'apparition de l'insecte parfait, les Volucelles se rassemblent en grand nombre, ou pour mieux dire il paroît que le même lieu en a vu éclore une très-grande quantité à la fois. On peut observer des Eglantiers en fleur chargés de Volucelles, et autour desquels en même temps beaucoup d'individus voltigent et planent; un peu d'attention fera remarquer des accouplemens, et ordinairement ils

seront

seront formés entre individus de même couleur, mais on y verra toujours un nombre à peu près égal de Volucelles Bourdon et plumeuse, et quelquefois ces deux espèces s'accoupleront l'une avec l'autre. L'époque de la floraison de l'Eglantier indique celle de ces unions. Les Volucelles à zones et vide s'accouplent en automne et paroissent en même temps; c'est à la fin d'avril que se montrent ensemble les Volucelles transparente et enflée. Ces renseignemens pourront mettre les entomologistes à même d'observer de nouveau ces faits; en attendant, nous nous conformerons à la manière de voir des auteurs qui nous ont précédés, quoique la nôtre y soit tout-à-fait opposée par rapport à la distinction des espèces.

Nous allons diviser ce genre d'après des considérations tirées de la seconde cellule marginale des ailes, ainsi que de la forme et de la couleur du corps. On remarquera que les Volucelles étrangères à l'Europe diffèrent des indigènes d'une manière très-prononcée.

1re. *Division.* Seconde cellule marginale des ailes sans dilatation sensible à son extrémité. — Yeux velus dans les mâles seulement. (Corps point métallique; espèces européennes; *Volucella propriè dicta.* Nob.)

1re. *Subdivision.* Corps oblong, presque glabre. — Abdomen alongé-ovale, peu convexe. (Larves vivant aux dépens de celles de la Guêpe Frélon.)

A cette subdivision appartiennent, 1°. Volucelle à zones, *V. zonaria.* Meig. *Dipt. d'Eur. tom.* 3. *p.* 416. *n°.* 5. *tab.* 32. *fig.* 27. Mâle. — *Syrphus inanis* n°. 1. Fab. *Syst. Antliat.* (En retranchant tous les synonymes, sauf celui du *Syst. nat.* Linn., celui de Geoffroy appartient au *Nemotelus pantherinus.* Mâle. Meig. *id. pag.* 115. *n°.* 2; celui de la *Faun. Suec.* Linn., ainsi que ceux de la *Mantiss.* Fab. en lisant *Ins.* 1. au lieu de *Ins.* 2., de De Géer, de Schæffer et de Panzer, se rapportent à la Volucelle vide.) — La Mouche à zones. Geoff. *Ins. Par. tom.* 2. *pag.* 504. *n°.* 23. Longueur 8 lig. Tête et corselet d'un jaune-testacé brillant; abdomen d'un beau jaune, le bord inférieur des deux premiers segmens noir et formant deux bandes transverses assez larges. Mâle et femelle. Commune aux environs de Paris vers la fin d'août dans les endroits voisins du nid de la Guêpe Frélon. (*V. Crabro.*) 2°. Volucelle vide, *V. inanis.* Meig. *id. pag.* 407. *n°.* 6. — *Syrphus micans* n°. 2. Fab. *id.* Longueur 6 lig. Tête et corselet d'un jaune terne, celui-ci portant sur son disque supérieur quatre lignes longitudinales noires dont les intérieures se touchent presque; abdomen jaune terne; bord inférieur du premier, du second et du troisième segmens, noir et formant trois bandes transverses moins larges que dans la précédente. Mâle et femelle. On la trouve dans les mêmes lieux et à la même époque que la Volucelle à zones.

Nota. Dans la description du Syrphe vide du *Nouv. Dictionn. d'hist. nat.* 1re. *édit.* M. Latreille a certainement eu en vue les deux Volucelles ci-dessus. L'insecte décrit dans l'Encyclopédie sous le nom de Mouche vide n°. 1. est le *Nemotelus pantherinus.* Mâle. Meig. *Dipt. d'Eur. pag.* 115. *n°.* 2. La variété b. indiquée à la suite de la description, est la Volucelle vide que nous venons de mentionner. Les synonymes rapportés dans ce même article s'appliquent à différentes espèces: ceux de Fab. *Spec.* Fab. *Mantiss.* Linn. *Faun. Suec.* Gmel. *Syst. nat.* De Géer. Schæff. Schranck. *n°.* 919. Scopol. *n°.* 933. (lisez 953.) appartiennent à la Volucelle vide. Ceux de Linn. *Syst. nat.* Scopol. *n°.* 954. (lisez 952.) Schranck *n°.* 921. Réaum. *Harris. fig.* 2. (lisez *fig.* 4.) se rapportent à la Volucelle à zones. Le synonyme de Geoffroy s'applique au *Nemotelus pantherinus.* Mâle. Meig. Celui de Poda est douteux.

Nous avons un individu intermédiaire entre les Volucelles à zones et vide; nous le décrirons ainsi: tête et corselet d'un jaune-testacé brillant; celui-ci ayant sur son disque supérieur quatre lignes longitudinales noires dont les intérieures se touchent en grande partie; abdomen d'un beau jaune, le bord inférieur des deux premiers segmens noir et formant deux bandes transverses. Femelle. Des environs de Paris.

2e. *Subdivision.* Corps court. — Abdomen presque globuleux, très-bombé.

A. Corps presque glabre.

Nous plaçons ici: 1°. Volucelle transparente, *V. pellucens.* Lat. *Gen. Crust. et Ins. tom. IV. pag.* 322. — Meig. *Dipt. d'Eur. tom.* 3. *p.* 404. *n°.* 3. — *Syrphus pellucens* n°. 3. Fab. *Syst. Antliat.* (A la citation d'Harris lisez: *fig.* 2. au lieu de *fig.* 4.) — Mouche transparente n°. 3. *Encycl.* (A la citation de Fab. *Mantiss.* lisez: *Ins.* 1. au lieu d'*Ins.* 2.; à celle de Gmélin lisez: 2838. au lieu de 2865.; à celle d'Harris lisez: *tab.* 10. *fig.* 2. au lieu de *tab.* 20. *fig.* 4.; à celle de Sulzer lisez: 133. au lieu de 33.) Longueur 6 lig. Noire; tête, écusson et côtés du corselet d'un jaune-testacé; premier segment de l'abdomen blanc, transparent, coupé au milieu par une ligne noire longitudinale dans le mâle. Mâle et femelle. Commune aux environs de Paris, surtout en avril et mai. 2°. Volucelle enflée, *V. inflata.* Meig. *id. pag.* 405. *n°.* 4. *tab.* 32. *fig.* 28. Femelle. — *Syrphus inflatus* n°. 8. Fab. *id.* Longueur 4 lig. $\frac{1}{2}$. Tête, corselet et premier segment de l'abdomen d'un jaune-testacé; disque du corselet portant une grande tache carrée noire. On voit une ligne noire longitudinale sur le milieu du premier segment de l'abdomen plus prononcée dans le mâle; le reste de l'abdomen est noir. On la trouve dans les mêmes endroits et à la même époque que la précédente.

Il existe dans la collection de M. Carcel une Volucelle qui a beaucoup de rapports avec les deux précédentes : elle a la tête et le corselet plus bruns que dans la Volucelle enflée, le disque supérieur du dernier très-noir ; le premier segment de l'abdomen est brun, les derniers ont quelques poils courts, roux. Ces derniers caractères paroissent la rapprocher de la Volucelle Bourdon ; il y a un peu de transparence sur les côtés du premier segment de l'abdomen comme dans la Volucelle enflée. Trouvée en Anjou.

B. Corps velu. (Larves vivant aux dépens de celles des Bourdons.)

Ce groupe contient : 1°. Volucelle Bourdon, *V. bombylans.* LAT. *Gen. Crust. et Ins. tom. IV. pag.* 322. — *Syrphus bombylans.* LAT. *Nouveau Diction. d'hist. nat.* 1re. *édit.* (En citant Linné, le célèbre auteur français auroit dû désigner l'ouvrage dont il vouloit parler, la Volucelle décrite dans la *Faun. Suec.* sous le nom de *Musca bombylans.* 1792., étant différente de celle dont la phrase se trouve dans le *Syst. nat. p.* 983. *n°.* 25. Nous aurions aussi désiré savoir si en citant la *Musca mystacea* LINN. comme mâle de la Volucelle Bourdon. *Nouv. Dict. d'hist. nat.* 2e. *édit.*, il entend parler de la *Musca mystacea.* LINN. *Syst. nat. et Faun. Suec. n°.* 1793., qui est la *Mesembrina mystacea* MEIG. ; ou bien de la variété mentionnée dans la *Faun. Suec.*, 1793. b., comme femelle de la précédente, et qui est une variété de la Volucelle plumeuse. A ce même article de la Volucelle Bourdon, *Dict. d'hist. nat.* 2e. *édit.*, on ne précise point non plus l'ouvrage de Linné duquel on cite la *Musca bombylans*, et l'on attribue le sexe masculin exclusivement à la *Musca mystacea* LINN., et le féminin à la *Musca bombylans* sans aucune espèce de motifs, car on trouve autant de mâles que de femelles auxquels conviennent les descriptions de ces deux espèces prétendues.) — *Volucella bombylans.* MEIG. *Dipt. d'Eur. tom.* 3. *pag.* 402. *n°.* 1. (En retranchant le synonyme de la *Faun. Suec.* LINN. qui appartient à la première variété mentionnée à la fin du présent article.) Longueur 6 lig. Noire ; tête jaune ; moitié postérieure de l'abdomen couverte de poils roux. Mâle et femelle. Très-commune aux environs de Paris dans les mois de mai et de juin. 2°. Volucelle plumeuse, *V. plumata.* MEIG. *id. pag.* 403. *n°.* 2. — *Volucella mystacea.* LAT. *Gen. Crust. et Ins. tom.* 4. *pag.* 322. — *Syrphus mystaceus* n°. 5. FAB. *id.* (En retranchant les synonymes de De Géer, du *Syst. nat.* LINN. qui appartiennent à la *Mesembrina mystacea* MEIG., ainsi que celui de la *Faun. Suec.* LINN. *n°.* 1793., sauf la variété b. qui est une variété de la Volucelle plumeuse.) Longueur 6 lig. Noire ; tête jaune ; dessus du corselet à l'exception de son disque, écusson et côtés du premier segment de l'abdomen ayant des poils jaunes ; moitié postérieure de l'abdomen chargée de poils blancs. Mâle et femelle. Mêmes localités et même saison que la précédente.

Divers individus se rapprochent plus ou moins d'une de ces Volucelles, ou même des deux. Dans ce dernier cas est la *Musca bombylans*, LINN. *Faun. Suec.* 1792., décrite ainsi : noire, corselet velu, jaune ainsi que la base de l'abdomen, l'extrémité en dessus chargée de poils fauves. Mâle et femelle. Elle est assez rare aux environs de Paris ; on l'a prise dernièrement en Normandie mêlée avec les deux Volucelles précédentes.

D'autres individus tels que ceux décrits par Fabricius (*Entom. Syst.*) sous le nom de *Syrphus mystaceus* ont seulement les poils du corselet jaunes ainsi que ceux de l'extrémité de l'abdomen ; les poils de la base de ce dernier, sont noirs. Quelques individus, fort rapprochés de ces derniers, ont en outre des poils jaunes à la base de l'abdomen. On pourra voir une partie de ces variétés dans Schæffer, *Icon. tab. X.*

2e. *Division.* Seconde cellule marginale des ailes très-dilatée à son extrémité. — Yeux velus ; cette villosité plus apparente dans les mâles. (Corps métallique ; espèces exotiques ; *Ornidia* NOB.)

Nous prenons pour type de cette division la Volucelle gonflée, *V. obesa.* — *Syrphus obesus* n°. 14. FAB. *Syst. Antliat.* Femelle. Cette espèce, que Fabricius indique comme étant des îles de l'Amérique, nous paroît s'étendre, d'après les individus que nous avons sous les yeux, à tous les climats chauds de l'Amérique et de l'Asie, et même se trouver à l'Ile-de-France. Le mâle que nous lui rapportons a tout le disque du premier segment abdominal en dessus, noirâtre et comme velouté. Nous croyons encore pouvoir rapporter à cette division le *Syrphus vesiculosus* n°. 11. FAB. *id.* De l'Amérique méridionale.

Le genre *Syrphus* FAB. *Syst. Antliat.* équivaut à peu près à celui-ci et renferme quatorze espèces. Nous avons cité plus haut celles qui lui appartiennent réellement. Les n°s. 6. et 7. sont des Séricomyies (*voyez* ce mot) ; le n°. 12. un Eristale ; les n°s. 9. 10. 13. ne nous sont pas connus.

TEMNOCÈRE, *Temnocera.*

Genre d'insectes de l'ordre des Diptères, première section, famille des Athéricères, tribu des Syrphies.

Ce nouveau genre, que nous connoissons seulement depuis peu, entre dans un groupe de la tribu des Syrphies où nous n'avions placé précédemment que les Séricomyies et les Volucelles. (*Voyez* SYRPHIES.) Ces deux derniers genres diffèrent des Temnocères par le troisième article des antennes beaucoup moins long, entier, et en outre par leur écusson dépourvu d'épines.

Antennes ayant leur troisième article très-long, un peu comprimé, échancré avant son milieu et fort rétréci dans cette partie, un peu plus épais et presqu'en massue à son extrémité, muni d'une soie droite, un peu bipennée vers la base, nue à l'extrémité. — *Hypostome* droit, à peine creusé. — *Ecusson* armé d'épines au bord postérieur. Les autres caractères sont ceux des Volucelles. (*Voy.* ce mot.) Les nervures des ailes sont exactement conformées comme celles de la première division de ce genre.

Il nous paroît que les caractères énoncés justifient suffisamment l'introduction de ce genre nouveau dont nous tirons le nom de deux mots grecs qui signifient : *antennes entaillées.* L'espèce qui nous sert de type est probablement nouvelle.

1. Temnocère violâtre, *T. violacea.*

Temnocera nigro-fusca ; hypostomate antennisque pallidè luteo-rufis ; scutello fusco-testaceo, spinis utrinquè tribus ; abdomine fusco-violacente ; alis hyalinis, costâ à basi ad medium et fasciâ mediâ, transversâ, repandâ, abbreviatâ, fuscis.

Longueur 5 lignes. Noire, luisante. Hypostome d'un jaune pâle. Yeux velus. Antennes testacées. Ecusson d'un brun-testacé, armé de six épines, trois de chaque côté. Abdomen d'un brun-noirâtre à reflet violet ; pattes noirâtres ; corps muni de poils bruns. Ailes transparentes, leur côte et quelques nervures de leur partie supérieure assez fortement rembrunies. On voit une bande transversale, ondulée, partant du milieu de la côte, et qui s'avance vers le centre de l'aile en s'amincissant. Mâle. De la Chine.

(S. F. et A. Serv.)

VRILLETTE, *Anobium.* Fab. Oliv. (*Entom.*) Panz. Payk. Gyllen. Schœn. Lat. *Ptinus.* Linn. De Géer. *Byrrhus.* Geoff.

Genre d'insectes de l'ordre des Coléoptères, section des Pentamères, famille des Serricornes (division des Malacodermes), tribu des Ptiniores.

Les Dorcatomes forment avec les Vrillettes dans cette tribu un groupe caractérisé par les antennes terminées brusquement par trois articles plus grands que les autres (*voyez* Ptiniores), et ils se distinguent de ces dernières par leur corps hémisphérique-orbiculaire et leurs antennes composées de neuf articles seulement.

Antennes assez longues, filiformes, insérées près des yeux, écartées l'une de l'autre à leur base, composées de onze articles ; les trois derniers très-alongés, écartés, épais ; les neuvième et dixième obconiques, le onzième ovale. — *Labre* corné, assez large, un peu avancé, arrondi ou légèrement échancré antérieurement. — *Mandibules* courtes, cornées, très-dures, terminées par trois dents aiguës. — *Mâchoires* courtes, presque cylindriques, membraneuses et bifides à leur extrémité, leurs lobes égaux, arrondis. — *Palpes maxillaires* filiformes, un peu plus longs que les labiaux, composés de quatre articles ; les deux premiers petits, les autres un peu plus gros, presqu'égaux entr'eux : palpes labiaux courts, de trois articles, le dernier un peu plus gros que les autres. — *Languette* membraneuse, presque bifide, ses divisions arrondies, égales. — *Tête* enfoncée dans le corselet. — *Yeux* arrondis, saillans. — *Corps* alongé, presque cylindrique, arrondi antérieurement et à sa partie postérieure. — *Corselet* court, bombé, rebordé latéralement. — *Ecusson* petit, arrondi postérieurement. — *Elytres* convexes, un peu rebordées, ordinairement de la longueur de l'abdomen, le recouvrant ainsi que les ailes. — *Pattes* de longueur moyenne ; jambes et cuisses simples ; tarses filiformes, leur premier article long, les autres courts, un peu aplatis, presqu'en cœur, le dernier un peu renflé au bout, muni de deux crochets.

Geoffroy fonda ce genre et lui donna en latin le nom de *Byrrhus*, que Linné appliqua depuis à un autre genre de Coléoptères. L'auteur suédois donna aux Vrillettes et aux Ptines, qu'il confondoit dans un même genre, le nom de *Ptinus.* Fabricius sépara ensuite les Ptines des Vrillettes, mais au lieu de rendre à celles-ci le nom que leur avoit assigné Geoffroy, il leur donna celui d'*Anobium*, qui paroît tiré du grec et signifier *ressuscité.* Il a rapport à la faculté qu'ont ces Coléoptères de paroître morts en se contractant dans le danger, et de reprendre ensuite la vie et le mouvement. Leur nom français de Vrillette vient de ce que les larves en rongeant le bois y forment de petits trous cylindriques ; ce bois leur sert de nourriture, et quelque sec qu'il soit, il suffit à ces larves pour leur accroissement. Les vieux meubles finissent par tomber totalement en poussière lorsque ces larves y sont en grand nombre. L'insecte parfait paroît ordinairement vers le printemps et cherche à s'accoupler ; on croit que c'est pour amener la réunion des sexes qu'il a reçu la faculté de produire un petit bruit que l'on entend très-souvent lorsque l'on est couché dans des alcoves formées de cloisons de planches, mais on n'est pas entièrement d'accord sur les moyens employés par l'insecte pour produire ce bruit ; les uns prétendent que c'est en rongeant le bois, d'autres assurent que c'est en le frappant avec les mandibules. Après l'accouplement la femelle pond ses œufs dans les fentes du bois. La larve est petite, blanche, molle, alongée ; elle a six pattes courtes ; la tête écailleuse, est munie de deux mandibules en forme de pinces fortes et tranchantes ; elle ronge le bois, et après en avoir tiré la substance, elle le rend en petits grains très-fins ; lorsqu'elle est prête à subir sa métamorphose, elle se rapproche de la superficie du bois, de sorte que l'insecte parfait, pour sortir, n'a qu'une cloison mince, facile à percer. Une espèce se nourrit de substances moins dures, elle attaque le pain, la farine et la colle. Ces insectes sont d'assez petite taille et affectent des couleurs sombres.

Dans le *Syst. Eleut.* de Fabricius, le genre *Anobium* contient quinze espèces. Les n°s. 3. 7. 14. appartiennent au genre Cis LAT.; ce qui est probable aussi du n°. 15. suivant M. Schœnherr. Les n°s. 12. et 13. sont fort douteux. Les autres numéros sont rapportés par les auteurs au genre Vrillette.

1re. *Division.* Elytres ayant des points rangés en stries.

1°. Vrillette striée, *A. striatum.* LAT. *Gener. Crust. et Ins. tom.* 3. *pag.* 276. *n°.* 3. — GYLL. *Ins. Suec. tom.* 1. *p.* 291. *n°.* 4. — *Anobium pertinax* n°. 6. FAB. *Syst. Eleut.* (En retranchant les synonymes de Linné et de De Géer, qui appartiennent à l'espèce suivante.) — SCHŒN. *Syn. Ins. tom.* 2. *pag.* 113. *n°.* 7. Commune aux environs de Paris. 2°. Vrillette opiniâtre, *A. pertinax.* OLIV. *Entom. tom.* 2. *Vrillet. pag.* 6. *n°.* 2. *pl.* 1. *fig.* 4. — GYLL. *id. pag.* 288. *n°.* 1. — *Anobium striatum* n°. 2. FAB. *id.* (A la citation d'Olivier, *lisez* 6. au lieu de 9.) — SCHŒN. *id. pag.* 101. *n°.* 3. — *Ptinus pertinax.* LINN. *Syst. nat.* 2. 565. 2. D'Allemagne et de Suède. 3°. Vrillette rufipède, *A. rufipes* n°. 4. FAB. *id.* — SCHŒN. *id. pag.* 102. *n°.* 5. Allemagne et Suède. 4°. Vrillette fauve, *A. castaneum* n°. 5. FAB. *id.* — SCHŒN. *id. pag.* 103. *n°.* 6. Des environs de Paris. 5°. Vrillette de la farine, *A. paniceum* n°. 9. FAB. *id.* — SCHŒN. *id. pag.* 105. *n°.* 15. Des environs de Paris.

2e. *Division.* Elytres ponctuées sans ordre.

1°. Vrillette marquetée, *A. tesselatum* n°. 1. FAB. *Syst. Eleut.* (A la citation d'Illiger, *lisez* : 325. au lieu de 225.) — SCHŒN *Syn. Ins. tom.* 2. *pag.* 101. *n°.* 1. Très-commune aux environs de Paris sur le vieux bois et non dans les cadavres comme le dit Fabricius. 2°. Vrillette molle, *A. molle* n°. 8. FAB. *id.* Assez rare aux environs de Paris. 3°. Vrillette du Sapin, *A. abietis* n°. 10. FAB. *id.* — SCHŒN. *id. pag.* 104. *n°.* 11. De Suède.

(S. F. et A. SERV.)

VULCAIN. Nom donné à un Lépidoptère Diurne par Geoffroy. (*Ins. Paris. tom.* 2. *pag.* 40. *n°.* 6.) C'est la Vanesse Atalante n°. 54. tom. IX. pag. 319. de ce Dictionnaire.

(S. F. et A. SERV.)

XANTHE, *Zantho.* Léach. *Cancer.* Oliv. Montagu. Lat.

Ce genre, que M. Latreille a rapporté à son genre Cancer, a été établi par Léach, et ne diffère des Crabes proprement dits, que parce que ses antennes extérieures, extrêmement courtes, sont insérées dans le canthus interne des yeux, au lieu de l'être entre ce canthus et le front. Sa carapace est bosselée, avec les bords moins nettement dentelés ou plissés. M. Léach fait connoître deux espèces de ce genre; elles sont propres aux mers de l'Europe.

Xanthe poressa, *Xantho poressa.* Léach. Risso, *Hist. nat. du midi de l'Europe, tom.* 5. *pag.* 9. — *Cancer poressa.* Oliv. *Zool. Adr. pag.* 48. *pl.* 2. *fig.* 3. — Risso. *Crust. de Nice, pag.* 11. *n°.* 1. Long de vingt millimètres, large de vingt-huit. Carapace bosselée, présentant quatre points coniques sur chacun de ses bords latéraux; front quadrilobé; pinces grosses, un peu comprimées, striées en dessus, pustuleuses et à dents noirâtres. De la mer Méditerranée, Adriatique et de l'Océan.

Xanthe floride, *Xantho florida.* Léach. — *Cancer floridus.* Montagu. — *Cancer incisus, Xantho incisa* et *florida.* Léach. *Mal. Brit. tab.* 11. Plus grand que le précédent; carapace bosselée, pourvue de quatre dents obtuses de chaque côté. Front droit, avec une fissure dans son milieu; doigts noirs. On le trouve sur les côtes d'Angleterre et de France.

Le *Cancer floridus* de Fabricius n'est pas la même espèce que celle de Léach. Si on n'adopte pas le genre Xanthe, il faudra changer le nom du *Xantho florida*, pour qu'il n'y ait pas deux espèces de Crabes sous le même nom.

M. Risso, dans son *Histoire naturelle du midi de l'Europe*, décrit une troisième espèce de Xanthe sous le nom de *rivulosus*, c'est le *Cancer rivulosus* de son *Hist. des Crust. de Nice*. Il est long de vingt-quatre millimètres et large de vingt-huit. Son test est lisse, luisant, d'un vert pâle tacheté de pourpre brun ou violâtre, avec deux impressions longitudinales bien marquées; les bords latéraux sont munis de quatre tubercules, les intermédiaires fort grands; le front est coupé en ligne droite; les pinces sont grosses, épaisses, glabres, munies d'un tubercule en dessus; les pattes sont aplaties, garnies de quelques poils. On le trouve dans la mer de Nice. Il varie beaucoup pour la couleur. (E. G.)

XÉNOS, *Xenos.* Ross. Kirb. Lat. (*Règn. anim.*)

Genre d'insectes de l'ordre des Rhipiptères.

Cet ordre ne renferme que les genres Stylops et Xénos. (*Voyez* Rhipiptères.) Le premier diffère du second par son abdomen entièrement charnu, et par la branche supérieure des antennes divisée en trois articulations.

Antennes partagées en deux branches; ces deux branches entières. — *Yeux* pédonculés. — *Élytres* (prébalanciers Lat. *Fam. nat.*) insérées sur les côtés du prothorax. — *Ecusson* avancé, couvrant l'abdomen. — *Ailes* n'ayant que de foibles nervures, toutes longitudinales; se repliant en éventail. — *Abdomen* presque cylindrique, corné, à l'exception de l'anus.

Le nom de Xénos vient d'un mot grec dont le sens est : *qui reçoit l'hospitalité.* Ces insectes, comme on le sait, proviennent de larves qui habitent dans le corps des Polistes. On ne connoît encore que deux espèces de ce genre.

1. Xénos des Guêpiaires, *X. vesparum.*

Xenos ater; abdomine pedibusque subfuscis; alis albidis.

Xenos vesparum. Ross. *Append. Mantiss. tom.* 2. *pag.* 114. *n°.* 97. *tab.* 7. *fig.* B. b.

Longueur une lig. D'un noir foncé; abdomen et pattes d'un brun très-pâle, demi-transparent; ailes blanches avec un reflet opaque.

On le trouve en France et en Italie. Sa larve vit aux dépens de la Poliste française, *P. gallica* n°. 6. de ce Dictionnaire, sans la faire périr.

2. Xénos de Peck, *X. Peckii.*

Xenos fuscus; pedibus lividis, tarsis nigricantibus; antennarum ramulis albo punctatis.

Xenos Peckii. Kirb. *Mém. tom.* XI. *Trans. Linn. Societ. London.* — *Encycl. pl.* 396. *fig.* 10—14.

Longueur 1 lig. D'un brun noirâtre; pattes livides, tarses noirâtres; branches des antennes pointillées de blanc.

De l'Amérique septentrionale. Sa larve vit aux dépens de la Poliste brune, *P. fuscata* n°. 4. Fab. *Syst. Piez.* (S. F. et A. Serv.)

XESTOMYZE, *Xestomyza.* Wiéd. Lat. (*Fam. nat.*) *Hirtea.* Fab.

Genre d'insectes de l'ordre des Diptères, première section, famille des Tanystomes, tribu des Bombyliers.

Le premier groupe des Bombyliers se caractérise par l'abdomen cylindracé ou ovale et le premier article des antennes le plus long de tous. Il renferme les genres Toxophore et Xestomyze. (*Voyez* pag. 539. de ce volume.) Le premier a ses antennes rapprochées à leur base, leurs deux premiers articles étant cylindriques ; ce qui le distingue des Xestomyzes.

Ne connoissant pas ce genre, nous en donnerons les caractères d'après M. Wiédemann.

Antennes assez écartées l'une de l'autre, avancées, alongées, composées de trois articles ; le premier le plus long de tous, cylindrique, un peu gonflé dans son milieu ; le second très-court, cyathiforme, le troisième de longueur moyenne par rapport aux deux précédens, fusiforme, pointu à son extrémité. — *Trompe* avancée, de la longueur du corselet. — *Trois ocelles* placés sur le vertex. — *Ailes* ouvertes dans le repos. — *Pattes* longues.

Deux mots grecs qui signifient : *mouche rase*, ont servi d'étymologie au nom de ces Diptères. Leurs mœurs sont inconnues. M. Wiédemann en décrit deux espèces : 1°. Xestomyze lugubre, *X. lugubris*. Wiéd. *Dipt. exotic. pars* 1a. *pag.* 153. *tab. fig.* 2. Longueur 3 lig. ⅔. Noire, brillante ; balanciers rougeâtres ; ailes enfumées, avec la côte et deux taches jaunes. Du cap de Bonne-Espérance. 2°. Xestomyze costale, *X. costalis*. Wiéd. *Anal. entom. pag.* 24. *n°*. 16. Longueur 3 lig. Noire ; corselet ayant des lignes longitudinales blanchâtres, peu marquées ; abdomen avec les incisions du second et du troisième segment blanchâtres ; côte et extrémité des ailes, brunâtres. Mâle. De Mogador.

Nota. M. Wiédemann place en outre dans ce genre l'*Hirtea Chrysanthemi* n°. 11. Fab. *Syst. Antliat.* D'Espagne. (S. F. et A. Serv.)

XIPHIDRIE, *Xiphidria*. Lat. Fab. Spinol. Le P. *Sirex*. Linn. Panz. Ross. *Urocerus*. Jur. Panz. *Hybonotus*. Klug. *Astatus*. Panz.

Genre d'insectes de l'ordre des Hyménoptères, section des Térébrans, famille des Serrifères. *Voyez* ce mot pag. 566. de ce volume.

Parmi les Serrifères à antennes de plus de dix articles et dont les ailes supérieures ont deux cellules radiales et quatre cubitales, tous les genres, excepté celui de Xiphidrie, ont l'abdomen déprimé ou comprimé, et la tarière des femelles ne dépasse pas l'abdomen d'une manière bien notable.

Antennes sétacées, vibratiles, insérées près de la bouche, multiarticulées ; premier et troisieme articles les plus longs de tous ; les derniers très-petits, peu distincts. — *Labre* caché ou peu apparent. — *Mandibules* courtes, mais visibles, épaisses, ayant intérieurement trois ou quatre petites dentelures, l'apicale plus forte. — *Palpes maxillaires* à peine plus longs que les labiaux, plus grêles, composés de six articles ; le troisième le plus long de tous, cylindrique : les labiaux de quatre ; le premier le plus long de tous ; le dernier comprimé, presque triangulaire, plus large à son extrémité et tronqué. — *Lèvre* renfermée dans un petit tube obconique qui lui sert de gaîne. — *Tête* demi-globuleuse, arrondie et convexe à sa partie supérieure, ayant un cou alongé fort distinct. — *Yeux* assez petits, saillans, arrondis. — *Trois ocelles* placés presqu'en triangle au bas du front. — *Corps* assez long, linéaire, cylindrique. — *Corselet* ovale, un peu bombé. — *Ecusson* grand. — *Ailes supérieures* ayant deux cellules radiales presqu'égales, la première demi-circulaire ; quatre cellules cubitales presqu'égales ; les seconde et troisième recevant chacune une nervure récurrente ; quatrième cubitale atteignant le bout de l'aile ; trois cellules discoïdales : la troisième ou inférieure fermée, fort éloignée du bord postérieur de l'aile. — *Abdomen* cylindrique, presque linéaire, composé de huit segmens outre l'anus ; plaque anale inférieure des femelles refendue dans toute sa longueur pour recevoir la tarière : celle-ci dépassant de beaucoup l'extrémité de l'abdomen ; plaque anale supérieure manquant presqu'entièrement dans les mâles et laissant à découvert la plus grande partie des organes générateurs. — *Pattes* courtes ; jambes antérieures terminées par une seule épine un peu échancrée à son extrémité ; jambes intermédiaires et postérieures en ayant deux presqu'égales, de forme ordinaire ; premier article des tarses le plus long de tous ; le quatrième fort petit, le cinquième beaucoup plus long que le précédent, muni de deux crochets courts et forts, ayant une pelote dans leur entre-deux.

Le nom de Xiphidrie, tiré du grec, a rapport à la tarière des femelles. Il est probable que les larves de ce genre qui, à ce que nous pensons, n'ont pas encore été observées, vivent dans le bois. On trouve quelquefois les insectes parfaits sur les bûches rangées en chantier dans les forêts, pendant le printemps qui en suit l'abattage ; ils courent vivement sur ce bois et comme par saccades, ou bien voltigent à l'entour. Le petit nombre d'espèces connues est d'Europe.

1°. Xiphidrie Chameau, *X. Camelus* n°. 1. Fab. *Syst. Piez.* Le mâle. (En retranchant la description de la femelle qui appartient à la X. fasciée, et le synonyme de Rossi, qui pourroit bien se rapporter à la X. annelée.) — Le P. *Monogr. Tenthred. pag.* 2. *n°*. 3. Mâle et femelle. Des environs de Paris. 2°. Xiphidrie fasciée, *X. fasciata*. Le P. *id. pag.* 3. *n°*. 4. Mâle et femelle. — *Xiphydria Camelus* n°. 1. Fab. *id.* Femelle. Des environs de Paris. 3°. Xiphidrie Dromadaire, *X. Dromedarius* n°. 3. Fab. *id.* Femelle. — Le P. *id.* n°. 5. D'Allemagne et du midi de la France. 4°. Xiphidrie annelée, *X. annulata*. Lat. *Nouv.*

Dict. d'hist. nat. 2e. *édit.* — Le P. *id.* n°. 6. Mâle et femelle. — *Urocerus annulatus.* Jur. *Hyménopt. pag.* 75. *pl.* 7. Femelle. — *Encycl. pl.* 375. *fig.* 9. Femelle. Des environs de Paris.

Le genre *Xiphydria* Fab. *Syst. Piez.* contient trois espèces. Nous en avons cité deux. Le n°. 2. (*emarginata*) est le mâle de l'Urocère spectre. *Voyez* Urocère. (S. F. et A. Serv.)

XORIDE, *Xorides.* Lat. *Cryptus.* Fab.

Genre d'insectes de l'ordre des Hyménoptères, section des Térébrans, famille des Térébellifères, tribu des Ichneumonides (division des Ichneumonides vrais).

M. Latreille (*Fam. nat.*) fait un groupe particulier dans ses Ichneumonides pour les genres Stéphane et Xoride ; le premier se distingue éminemment du second par la présence aux ailes supérieures des deux premières cellules discoïdales et de la première nervure récurrente. Dans notre tableau des Ichneumonides, pag. 43. de ce volume, nous groupons les Xorides avec les Pimples, les Ichneumons, les Peltastes, les Ophions et les Acœnites ; ces cinq derniers genres se distinguent des Xorides par leur tête transversale et leurs mandibules fortement échancrées au bout ; quant au genre Stéphane, qu'une erreur typographique fait figurer dans ce même groupe (*voyez* pag. 43. de ce volume), il appartient à notre division des Braconides, où il constitue une coupe particulière. *Voyez* la note en bas de la pag. 488. de ce volume.

Antennes sétacées, vibratiles, multiarticulées ; le premier article presque cylindrique, le second entièrement visible. — *Mandibules* presqu'entières ou à peine échancrées à leur extrémité. — *Palpes maxillaires* plus longs que les labiaux, composés de cinq articles ; le premier pas plus court que le second ; le cinquième grêle à son extrémité, plus long que le précédent : palpes labiaux de quatre articles, le dernier presque triangulaire, plus grand que le troisième. — *Tête* presque convexe, comme globuleuse, surtout à sa partie antérieure, pas plus large que longue. — *Yeux* peu saillans, de grandeur moyenne. — *Trois ocelles* placés en triangle sur le vertex. — *Corps* long, étroit. — *Corselet* alongé, cylindrique ; métathorax convexe en dessus et s'arrondissant postérieurement. — *Ailes supérieures* ayant une cellule radiale et deux cubitales, la première confondue avec la première cellule discoïdale supérieure ; point de première nervure récurrente ; seconde cubitale recevant la deuxième nervure récurrente et atteignant le bout de l'aile : deux cellules discoïdales, savoir : la seconde supérieure et la troisième ou inférieure ; celle-ci complète et fermée bien avant le bord postérieur de l'aile. — *Abdomen* alongé, subovalaire dans les femelles et muni d'une tarière assez longue ; linéaire dans les mâles. — *Pattes* de longueur moyenne ; les postérieures (surtout les jambes et les tarses) plus longues proportionnellement que les autres : jambes antérieures terminées par une seule épine, les intermédiaires et les postérieures en ayant deux ; premier article des tarses presqu'aussi long que les trois suivans pris ensemble, le quatrième très-court ; le cinquième terminé par deux crochets munis d'une pelote dans leur entre-deux.

Les espèces placées par M. Latreille et par nous dans ce genre, se rapportent à celui d'Anomalon Jur. Elles sont peu connues quoique nombreuses. Fabricius a donné les descriptions de plusieurs, qu'il a dispersées dans différens genres, mais elles sont beaucoup trop succinctes pour permettre de les reconnoître avec certitude.

M. Gravenhorst fait annoncer en ce moment un ouvrage complet sur cette tribu ; nous pensons que ce sera un bien grand service rendu à la science, car il est peu d'ouvrages d'entomologie plus indispensable que celui-là.

1°. Xoride indicateur, *X. indicatorius.* Lat. *Gener. Crust. et Ins. tom. IV. pag.* 5. et *tom. I. tab.* 12. *fig.* 3. Femelle. De France. 2°. Xoride prieur, *X. præcatorius.* Lat. *id.* — *Cryptus præcatorius* n°. 11. Fab. *Syst. Piez.*

(S. F. et A. Serv.)

XYA, *Xya.* Illig. *Voyez* Tridactyle.

(S. F. et A. Serv.)

XYÈLE, *Xyela.* Dalm. Lat. (*Fam. nat.*) *Pinicola.* Bréb. Lat. (*Nouv. Dict. d'Hist. nat.* 2e. édit.) *Mastigocerus.* Klug.

Genre d'insectes de l'ordre des Hyménoptères, section des Térébrans, famille des Serrifères. *Voyez* ce mot pag. 566.

La troisième division des Serrifères ayant pour caractère : antennes composées de plus de dix articles, contient quinze genres, dont quatorze n'offrent qu'une ou deux cellules radiales aux ailes supérieures ; de plus les antennes dans ces genres sont presque droites et leur troisième article n'est pas notablement plus long que les autres, ce qui les sépare des Xyèles.

Antennes longues, filiformes, coudées après le troisième article, composées de douze articles ; le premier long, épais ; le second épais, presque globuleux ; le troisième le plus long de tous ; les autres fort petits, courts, formant par leur réunion un filet très-grêle. — *Labre* peu saillant. — *Mandibules* fortes, ayant trois ou quatre dents au côté interne. — *Palpes maxillaires* fort longs, repliés sous les côtés de la tête, de quatre articles, selon M. Dalman ; le premier très-court, le second oblong, le troisième plus long que les deux premiers pris ensemble, conique, finissant presqu'en pointe, le quatrième filiforme, grêle, de même longueur que le précédent. (Suivant nous, cet article est divisé en trois.) Palpes labiaux très-grêles, de trois articles, selon M. Dalman, (nous les croyons de quatre : le premier étant fort petit.) — *Tête* transversale, portée sur une espèce de cou. — *Yeux* de grandeur moyenne, peu saillans. — *Trois ocelles* placés en ligne courbe sur le vertex; les deux extérieurs beaucoup plus gros que l'intermédiaire qui est placé un peu au-dessous d'eux. — *Corps* court, un peu déprimé. — *Corselet* transversal. — *Ecusson* fort petit. — *Ailes supérieures* ayant trois cellules radiales, la première la plus petite des trois; trois cellules cubitales; la première et la seconde recevant chacune une nervure récurrente; troisième cubitale petite, atteignant à peine le bout de l'aile; trois cellules discoïdales complètes; la seconde supérieure petite. — *Abdomen* sessile, composé de huit segmens outre l'anus; le premier échancré en dessus, sa plaque supérieure refendue dans son milieu; plaque anale supérieure entière dans les femelles; l'inférieure refendue longitudinalement dans ce sexe pour former une coulisse dans laquelle la tarière est reçue; cette tarière dépassant l'abdomen, égalant en longueur plus que la moitié de celui-ci : anus des mâles ayant sa plaque supérieure presque nulle et laissant à découvert les organes générateurs; plaque inférieure fort longue, entière, arrondie en cuiller. — *Pattes* de longueur moyenne, jambes intermédiaires et postérieures portant une épine dans leur milieu.

Ce genre avoit été proposé presqu'à la fois sous trois noms différens par trois naturalistes; l'un d'eux, M. Dalman, l'appela *Xyela*, d'un mot grec qui signifie *petite épée*; il fait allusion à la tarière des femelles, et ce nom a prévalu. M. Brébisson l'ayant trouvé sur des arbres verts lui avoit donné le nom de *Pinicola*, et M. Klüg celui de *Mastigocerus*, de deux mots grecs qui expriment la forme des antennes ressemblant à un fouet. On ne sait rien des mœurs de ces insectes, si ce n'est qu'ils se rencontrent sur les Pins et les Genévriers. Les deux espèces connues sont fort petites.

1°. Xyèle petite, *X. pusilla*. Dalm. *Analect. entom. pag.* 28. n°. 1. Mâle et femelle. *tab. III. fig.* 1. Mâle. *fig.* 2. Femelle. — Le P. *Monogr. Tenthred. pag.* 1. n°. 1. Mâle et femelle. — *Pinicola julii*. Bréb. Lat. *Nouv. Dict. d'hist. nat.* 2e. édit. Mâle et femelle. De France et de Suède.

2°. Xyèle longuette, *X. longula*. Dalm. *id.* n°. 2. Femelle. — Le P. *id.* n°. 2. Femelle. De Suède.

(S. F. et A. Serv.)

XYLÉTINE, *Xyletinus*. Lat. (*Considér.*) *Ptilinus*. Fab. Panz. Schœn. Gyllen. Payk. Herbst. *Anobium*. Illig. Herbst. *Serrocerus*. Kugel.

Genre d'insectes de l'ordre des Coléoptères, section des Pentamères, famille des Serricornes, tribu des Ptiniores.

Une division de cette tribu a pour caractères : antennes filiformes, flabellées ou pectinées. (*Voyez* Ptiniores.) Elle renferme outre le genre Xylétine celui de Ptilin qui se distingue du premier par le corps alongé, cylindrique, et par les antennes qui sont en panache ou flabelliformes dans les mâles.

Antennes dentées en scie dans les deux sexes. — *Corps* en ovale court. Pour les autres caractères. *voyez* Ptilin.

Ces insectes, ordinairement de couleur sombre et de petite taille, ont les mœurs des Ptilins et des Vrillettes. Nous citerons les deux espèces suivantes.

1°. Xylétine pectiné, *X. pectinatus*. — *Ptilinus pectinatus* n°. 4. Fab. *Syst. Eleut.* — Schœn. *Syn. Ins. tom.* 2. *pag.* 112. n°. 3. D'Allemagne.

2°. Xylétine noir, *X. ater*. — *Ptilinus ater*. Panz. *Faun. germ. fas.* 35. *fig.* 9. — *Ptilinus serratus* n°. 5. Fab. *id.* — *Ptilinus pectinatus* var. b. Schœn. *id. pag.* 113. D'Autriche et des environs de Paris. Il n'est peut-être qu'une variété du X. pectiné suivant l'opinion de M. Schœnherr.

Le genre *Ptilinus* Fab. (*Syst. Eleut.*) contient cinq espèces dont deux, comme on vient de le voir, appartiennent aux Xylétines. Le n°. 1. est un Rhipicère, le n°. 3. est le Drile jaunâtre mâle de ce Dictionnaire. Le n°. 2. seul est un véritable Ptilin. (S. F. et A. Serv.)

XYLITE, *Xylita*. Payk. Les deux espèces que cet auteur place dans ce genre sont rapportées par les entomologistes modernes au genre Dircée. *Voyez* ce mot pag. 418. de ce volume.

(S. F. et A. Serv.)

XYLOCOPE, *Xylocopa*. Lat. Fab. Panz. Jur. Spinol. Klug. *Apis*. Linn. Geoff. Schæff. De Geer. Christ. Ross. Kirb. Oliv. (*Encycl.*) *Centris*, *Bombus*. Fab.

Genre d'insectes de l'ordre des Hyménoptères, section des Porte-aiguillon, famille des Mellifères, tribu des Apiaires (division des Récoltantes).

Parmi les Apiaires Récoltantes solitaires, c'est-à-dire dont les femelles ont les jambes postérieures privées de palette, et qui ne vivent pas en société, un groupe a pour caractères : point de palette au métathorax ni aux cuisses postérieures; une brosse pour la récolte du pollen des fleurs placée sur le côté extérieur des jambes et du premier article des tarses des pattes postérieures dans les femelles; quatre cellules cubitales aux ailes supérieures; ocelles disposés en triangle. Ce groupe contient, outre les Xylocopes, six autres genres (*voy.* Parasites), savoir : Centris, qui a la seconde cellule cubitale parallélipipède et la cellule radiale longuement appendiculée; Lagripode, dont la cellule radiale n'a point d'appendice et la troisième cubitale est un peu rétrécie vers la radiale; Anthophore, dont la seconde cellule cubitale reçoit dans son milieu la première nervure récurrente,

rente, tandis que la deuxième nervure aboutit vis-à-vis de celle qui sépare les troisième et quatrième cubitales; Méliturge, qui présente une quatrième cellule cubitale presque complète et dont les mâles ont les antennes grossissant à partir du troisième article et terminées en une sorte de massue; Lestis, ayant pour caractère distinctif une radiale extrêmement étroite. Quant au genre Acanthope, après l'avoir mieux examiné, nous pensons devoir le réunir aux Apiaires-Parasites. Des cinq genres dont nous avons d'abord parlé, quatre diffèrent encore des Xylocopes, outre les caractères énoncés, par leur palpes labiaux, dont les deux premier articles sont en forme de soies écailleuses, très-comprimés, membraneux sur leurs bords. Nous n'avons vu que deux individus du genre Lagripode, et il nous a été impossible d'analyser leur promuscide.

Antennes filiformes dans les deux sexes, coudées, composées de douze articles dans les femelles, de treize dans les mâles. — *Mâchoires et lèvre* très-alongées, formant une promuscide coudée et repliée en dessous dans le repos, appliquée contre sa gaîne. — *Labre* sillonné, demi-circulaire, son bord antérieur très-cilié, échancré. — *Mandibules* sillonnées en dessus. — *Mâchoires* ciliées, comme pectinées, échancrées au-dessous de l'insertion des palpes; leur prolongement terminal en triangle alongé, coriace. — *Palpes maxillaires* beaucoup plus courts que le prolongement terminal des mâchoires, sétacés, composés de six articles qui vont en diminuant de longueur, le basilaire le plus grand de tous: palpes labiaux composés de quatre articles grêles, linéaires, presque semblables pour la forme et la consistance à ceux des palpes maxillaires, les deux premiers fort longs (surtout celui de la base), le second recevant à son extrémité l'insertion du troisième; les deux derniers fort petits. — *Lèvre* velue. — *Tête* assez forte dans les femelles, plus petite dans les mâles. — *Yeux* plus grands dans ceux-ci que dans l'autre sexe. — *Trois ocelles* disposés en triangle. — *Corps* un peu velu, quelquefois presqu'écailleux dans les mâles. — *Corselet* presque sphérique. — *Ailes supérieures* ayant une cellule radiale assez alongée, avec un petit appendice à son extrémité, celle-ci s'écartant du bord extérieur; quatre cellules cubitales, la première petite, souvent coupée en deux dans presque toute sa longueur, par une nervure surabondante qui part du bord extérieur; la seconde plus grande que la première, presque triangulaire; première nervure récurrente aboutissant à la nervure d'intersection qui sépare les seconde et troisième cubitales: cette dernière presqu'en carré long (son côté le plus large étant celui qui touche à la radiale), recevant la seconde nervure récurrente; quatrième cellule cubitale seulement commencée; trois cellules discoïdales complètes. — *Abdomen* en ovale tronqué à sa base, un peu bombé, bordé latéralement d'une frange de poils touffus, composé de cinq segmens outre l'anus dans les femelles, en ayant un de plus dans les mâles. — *Pattes* fortes; jambes antérieures munies à l'extrémité d'une épine aiguë ayant à sa base une large membrane latérale; jambes intermédiaires ayant une épine simple, aiguë à l'extrémité; jambes postérieures terminées par deux épines simples; ces jambes, dans les femelles, munies au côté extérieur d'une brosse pour la récolte du pollen; premier article des tarses de cette paire de pattes, dans le même sexe, élargi et portant à sa face extérieure une brosse servant aussi à la récolte; crochets des tarses bifides.

On a tiré le nom de ces Apiaires de deux mots grecs qui signifient: *coupeuse de bois*, dénomination justifiée par leurs mœurs, dont on verra les détails à l'article Abeille perce-bois n°. 2. de ce Dictionnaire. Ce genre est fort nombreux en espèces, en exotiques surtout; leur taille est au-dessus de la moyenne dans cet ordre; les femelles affectent généralement la couleur noire, les mâles portent souvent une livrée différente. On trouve ces Hyménoptères dans toutes les parties du monde; ils affectionnent particulièrement les plus chaudés. Les mandibules des femelles, qui s'occupent seules de la construction des nids, sont beaucoup plus fortes et plus dentelées que celles des mâles.

Fabricius (*Syst. Piez.*) décrit dix-sept espèces comme étant de ce genre, mais le n°. 5. est le type de celui d'Acanthope Klug. et le n°. 17. est une Osmie. Du reste Fabricius a fait plusieurs doubles emplois, comme on pourra le voir dans la synonymie des espèces que nous allons mentionner.

1re. *Division*. Yeux très-espacés dans les deux sexes.

1re. *Subdivision*. Ocelles posés sur les pentes d'une ligne frontale élevée. — Labre (au moins dans les femelles) portant trois lignes inégales, élevées.

1. Xylocope frontale, *X. frontalis*.

Xylocopa frontalis n°. 8. Fab. *Syst. Piez.* Femelle.

Voyez pour la description de la femelle, Abeille frontale n°. 6. du présent Dictionnaire. Le mâle ne nous est pas connu.

Nous placerons aussi dans cette subdivision la Xylocope frangée, *X. fimbriata* n°. 7. Fab. *id.* Femelle. De Cayenne. Mâle inconnu.

2e. *Subdivision*. Point de ligne frontale élevée; une fossette près de chacun des deux ocelles supérieurs. — Labre (dans les femelles) sans lignes élevées, portant seulement un tubercule au milieu de sa base.

2. Xylocope violette, *X. violacea.*

Xylocopa violacea. Lat. *Gener. Crust. et Ins. tom. IV. pag.* 159. Mâle et femelle. — *Xylocopa violacea* n°. 3. Fab. *Syst. Piez.* Femelle. (En retranchant le synonyme de De Géer qui appartient à la X. large patte femelle.) — *Xylocopa femorata* n°. 4. Fab. *id.* Mâle.

Voyez pour la description de la femelle et les autres synonymes (en retranchant celui de De Géer qui se rapporte à la X. large patte femelle), Abeille perce-bois n°. 2. du présent ouvrage. Le mâle se distingue de la femelle en ce que l'avant-dernier article de ses antennes, ou même quelquefois les deux avant-derniers, sont d'un jaune-testacé, et que les hanches postérieures ont leur dernière articulation grosse et tuberculée. Cette espèce, très-commune dès le commencement du printemps aux environs de Paris, est purement européenne, et feu Olivier n'auroit pas dû, dans l'article auquel nous renvoyons, lui associer des espèces exotiques qui en sont réellement distinctes.

3. Xylocope caffre, *X. caffra.*

Xylocopa caffra. Lat. *id.* Mâle et femelle. — *Bombus caffrus* n°. 17. Fab. *id.* Femelle. — *Bombus olivaceus* n°. 20. Fab. *id.* Mâle.

Voyez pour la description et les autres synonymes de la femelle, Abeille caffre n°. 11.; et pour ceux du mâle, Abeille olivâtre n°. 30. de ce Dictionnaire.

4. Xylocope corselet jaune, *X. æstuans.*

Xylocopa æstuans. Lat. *id.* — *Bombus æstuans* n°. 44. Fab. Femelle. — *Apis leucothorax.* Christ. *Hyménopt. tab. V. fig.* 5. Femelle.

Voyez pour la description de la femelle et les autres synonymes, Abeille corselet jaune n°. 26. de ce Dictionnaire, en ajoutant que tous les poils de la tête sont noirs ainsi que ceux qui garnissent les côtés du corselet, et que les ailes n'ont pas de reflet cuivreux.

Nota. Les individus nombreux que nous avons vus étoient tous des Indes orientales ou d'Egypte.

5. Xylocope brésilienne, *X. brasilianorum.*

Xylocopa brasilianorum. Lat. *id.* Mâle. — *Xylocopa brasilianorum* n°. 11. Fab. *id.* Mâle. — *Apis brasilianorum.* Christ. *id. tab. V. fig.* 1. et 2. Mâle.

Voyez pour la description du mâle et les autres synonymes, Abeille brésilienne n°. 7. du présent ouvrage. La femelle diffère par les caractères suivans : antennes brunes, un peu testacées en dessous. Tête noire, couverte de poils roux ainsi que le corselet. Abdomen d'un brun-noirâtre, ses bords extérieurs garnis de poils roux ainsi que le dessus du cinquième segment et celui de l'anus; pattes antérieures testacées, les intermédiaires brunes à cuisses testacées; les postérieures totalement brunes; toutes les six sont chargées de poils roux. Ailes presque transparentes avec un reflet cuivreux. Le mâle est très-commun dans les collections, la femelle y est rare.

6. Xylocope nègre, *X. nigrita.*

Xylocopa nigrita n°. 9. Fab. *id.* Femelle.

Voyez pour la description de la femelle et les autres synonymes, Abeille nègre n°. 4. de ce Dictionnaire; ses ailes ont un reflet violet. Le mâle nous est inconnu.

Cette seconde subdivision comprend encore, 1°. Xylocope tête blanche, *X. albiceps* n°. 13. Fab. *Syst. Piez.* Femelle. D'Afrique. 2°. Xylocope barbue, *X. barbata* n°. 14. Fab. *id.* Femelle. De Cayenne. 3°. Xylocope dorée, *X. aurulenta.* — *Bombus aurulentus* n°. 42. Fab. *id.* Femelle. De Cayenne. 4°. Xylocope vitrée, *X. fenestrata* n°. 6. Fab. *id.* Femelle. Du Bengale. 5°. Xylocope timide, *X. trepida* n°. 10. Fab. *id.* Femelle. Cap de Bonne-Espérance. 6°. Xycolope d'Antigoa, *X. antiguensis* n°. 15. Fab. *id.* Femelle. De l'Amérique méridionale. On ne doit pas rapporter à cette espèce l'Abeille d'Antigoa n°. 24. de ce Dictionnaire.

2e. *Division.* Yeux manifestement rapprochés dans les mâles.

7. Xylocope large patte, *X. latipes.*

Xylocopa latipes n°. 1. Fab. *Syst. Piez.* Mâle. — *Apis gigas.* De Géer. *Mém. Ins. tom.* 3. *pag.* 576. *pl.* 28. *fig.* 15. Femelle. — Christ. *Hymén. tab. IV. fig.* 1. *et* 2. Femelle, *fig.* 3. Mâle.

Voyez pour la description du mâle et les autres synonymes, Abeille large patte n°. 1. *pl.* 107. *fig.* 6. et *pl.* 382. *fig.* 9. de ce Dictionnaire. Les ailes ont un reflet cuivreux. La femelle diffère par ces caractères : antennes noires, un peu testacées en dessous à leur extrémité; tête entièrement noire ainsi que le corselet et l'abdomen; pattes de cette même couleur; tarses antérieurs simples; hanches postérieures ayant une forte épine. Doit-on regarder comme étant la même espèce une Xylocope mâle et femelle du même pays, dont les ailes n'ont pas de reflet cuivreux, et dont le mâle a les côtés du chaperon blancs, et un point de même couleur au milieu de ce chaperon?

Cette division comprend aussi la Xylocope de Caroline, *X. Carolina.* — *Centris Carolina* n°. 14. Fab. *Syst. Piez.* Femelle. Amérique septentrionale. Le mâle diffère de la femelle par le labre, le chaperon, l'orbite des yeux et une petite ligne sous les antennes, d'un jaune pâle; les pattes ont un reflet violet, les antérieures sont garnies de poils cendrés.

CENTRIS, *Centris*. Fab. Lat. *Apis*. Linn. De Géer. Oliv. (*Encycl.*) Christ. *Lasius*. Jur. *Trachusa*, *Hemisia*. Klug. *Bombus*. Fab.

Genre d'insectes de l'ordre des Hyménoptères, section des Porte-aiguillon, famille des Mellifères, tribu des Apiaires (division des Récoltantes).

Sept genres composent un groupe distinct parmi les Apiaires-Récoltantes solitaires. (*Voyez* Parasites.) Nous en ôtons aujourd'hui le genre Acanthope et le reportons aux Apiaires-Parasites. Les Xylocopes, les Anthophores et les Méliturges n'ont qu'un appendice fort court à l'extrémité de leur cellule radiale; les genres Lestis et Lagripode en sont totalement privés; de plus, les Lestis ont leur radiale extrêmement étroite. Dans les quatre premiers genres cités, les épines des jambes postérieures sont simples, point pectinées; enfin, la seconde cellule cubitale des Lagripodes est plus petite que la troisième. Tous ces caractères séparent ces diverses Apiaires des Centris.

Antennes filiformes dans les deux sexes, coudées, composées de douze articles dans les femelles, de treize dans les mâles, le troisième, dans les deux sexes, mince dans la plus grande partie de sa longueur, s'élargissant subitement à son extrémité. — *Mâchoires et lèvre* très-alongées, formant une promuscide coudée et repliée en dessous dans le repos, appliquée contre sa gaîne. — *Mandibules* quadridentées au côté interne. — *Palpes maxillaires* très-grêles, de quatre articles : palpes labiaux également composés de quatre articles, les deux inférieurs aplatis, membraneux, fort grands comparativement aux deux derniers; le troisième et le quatrième courts, rejetés sur le côté du second. — *Tête* de grandeur moyenne. — *Yeux* assez grands, ovales, espacés dans les deux sexes, mais un peu plus rapprochés sur le vertex dans les mâles. — *Trois ocelles* disposés presqu'en triangle sur le vertex. — *Corps* de longueur moyenne, plus ou moins velu. — *Corselet* presque carré, un peu bombé. — *Ailes supérieures* ayant une cellule radiale assez large dans son milieu, son extrémité écartée du bord extérieur munie d'un long appendice qui s'avance assez près du bout de l'aile; quatre cellules cubitales, la première presque séparée en deux parties par une nervure qui descend perpendiculairement du bord extérieur, plus petite que la seconde; la seconde à peu près parallélipipède, plus grande que la troisième, recevant la première nervure récurrente; la deuxième nervure récurrente aboutissant à la nervure d'intersection des troisième et quatrième cellules cubitales; troisième cubitale fort rétrécie vers la radiale; quatrième cubitale commencée; trois cellules discoïdales complètes. — *Abdomen* un peu bombé, composé de cinq segmens outre l'anus dans les femelles, en ayant un de plus dans les mâles. — *Pattes* assez fortes; jambes antérieures munies à l'extrémité d'une épine garnie à sa partie inférieure d'une large membrane, fortement pectinée dans le reste de son étendue : jambes intermédiaires en ayant une simple, aiguë à l'extrémité; jambes postérieures protégées à leur insertion par une écaille particulière, terminées par deux épines; l'intérieure fortement pec[illegible] l'extérieure l'étant aussi, mais m[illegible]née, ment; ces jambes, dans les fe[illegible]oins distinctement [illegible] extérieur d[illegible]elles, munies au côté [illegible] une brosse pour la récolte du pollen; premier article des tarses postérieurs, dans ce même sexe, élargi, portant à sa face extérieure une brosse pour la même récolte; ce premier article prolongé à sa partie inférieure au-delà de l'insertion du second article et du côté opposé à cette insertion, ce prolongement garni de poils serrés et droits; crochets des tarses bifides.

Les Centris forment un genre assez nombreux en espèces et propre aux climats chauds de l'Amérique; leur taille est habituellement au-dessus de la moyenne; les mœurs n'ont pas encore été étudiées, mais l'analogie porte à croire qu'elles sont les mêmes que celles des Anthophores. *Voyez* ce mot à la suite de cet article.

Fabricius en créant le genre Centris dans son *Syst. Piez.* y rapporte trente-six espèces. Les nos. 1. et 3. sont des Euglosses; 4. une Epicharis; 13. est le type du genre Lithurge. Lat. (*Fam. nat.*); 14. est une Xylocope; 16. une Anthophore; 19. et 20. sont les deux sexes d'une même espèce, type de notre genre Lestis; 30. appartient aux Mélectes, et 31. aux Macrocères. Les nos. 6. 23. et 29. sont certainement des Centris. Les autres nos. ne nous sont pas assez connus pour que nous puissions décider à quels genres ils doivent être rapportés.

1re. *Division*. Jambes postérieures munies à leur base d'une écaille paroissant double.

1. Centris hémorrhoïdale, *C. hemorrhoidalis*.

Centris hæmorrhoidalis no. 23. Fab. *Syst. Piez.*

Voyez pour la description et les autres synonymes, Abeille hémorrhoïdale no. 89. de ce Dictionnaire.

Cette division comprend encore : 1o. Centris américaine, *C. americanorum*. — *Bombus americanorum* no. 16. Fab. *Syst. Piez.* (En retranchant le synonyme de l'*Entom. syst.* qui appartient pour la phrase à une espèce qui ne nous est pas connue, et quant à la description au *Bombus americanorum*.) 2o. Centris fourchue, *C. furcata*. — *Bombus furcatus* no. 41. Fab. *id.*

2e. *Division*. Jambes postérieures munies à leur base, d'une écaille simple.

2. Centris cotonneuse, *C. lanipes.*

Centris lanipes n°. 29. FAB. *Syst. Piez.*

Voyez pour la description et les autres synonymes, Abeille cotonneuse n°. 95. de ce Dictionnaire. Ajoutez que les poils des pattes sont roux, et que les ailes presque transparentes, ont un reflet violet et doré.

On placera en outre ici la Centris longimane, *C. longimana* n°. 6. FAB. *id.* Femelle. Le mâle diffère par son labre brun avec une petite tache blanchâtre au milieu; ses pattes sont d'un brun noirâtre.

ANTHOPHORE, *Anthophora.* LAT. SPINOL. *Megilla.* FAB. PANZ. KLUG. *Lasius.* JUR. *Apis.* LINN. GEOFF. PANZ. SCHÆFF. SCOP. DE GÉER. DEVILL. ROSS. CHRIST. OLIV. (*Encycl.*) KIRB. *Centris.* FAB. PANZ. *Anthidium.* FAB. *Saropoda.* LAT. *Heliophila.* KLUG. *Andrena.* OLIV. (*Encycl.*)

Genre d'insectes de l'ordre des Hyménoptères, section des Porte-aiguillon famille des Mellifères, tribu des Apiaires (division des Récoltantes).

Un groupe d'Apiaires-Récoltantes solitaires contient sept genres dans le tableau de cette tribu. (*Voyez* pag. 5. de ce volume.) Nous en ôtons celui d'Acanthope que nous reportons maintenant parmi les Apiaires-Parasites. Les autres sont : 1°. Centris, dont la cellule radiale a un long appendice; la première cellule cubitale paroît séparée en deux par une nervure qui descend perpendiculairement du bord extérieur; de plus les épines des dernières jambes, l'intérieure surtout, sont pectinées. 2°. Lestis, ayant la cellule radiale extrêmement étroite et les crochets des tarses seulement dentés. 3°. Xylocope, dont la première nervure récurrente aboutit à la nervure d'intersection des seconde et troisième cubitales, tandis que la deuxième nervure récurrente est reçue par la troisième cubitale. 4°. Lagripode, ayant la cellule radiale sans appendice et les jambes postérieures terminées par une épine fortement pectinée. 5°. Méliturge, distingué par la seconde nervure récurrente des ailes supérieures qui est reçue par la troisième cellule cubitale; par la quatrième cellule cubitale atteignant presque le bout de l'aile, et par les antennes des mâles qui grossissent insensiblement en massue à partir du troisième article. 6°. Anthophore, dont les caractères génériques diffèrent de tous ceux que nous venons d'énoncer.

Antennes filiformes dans les deux sexes, coudées, composées de douze articles dans les femelles, de treize dans les mâles; le troisième dans les deux sexes, mince dans la plus grande partie de sa longueur, s'élargissant subitement à son extrémité. — *Labre* long, rabattu et rentrant, lors du repos. — *Mandibules* presque fourchues à leur extrémité (au moins dans les femelles.) La dent qui est au côté interne étant fort près de l'extrémité. — *Mâchoires et lèvre* très-alongées, formant une promuscide coudée et repliée en dessous dans le repos, appliquée contre sa gaîne. — *Palpes maxillaires* ordinairement de six articles, quelquefois de cinq, le dernier à peine visible dans ce dernier cas : palpes labiaux de quatre articles, les deux inférieurs aplatis, membraneux, fort grands (le basilaire surtout), comparativement aux deux derniers; ceux-ci courts. — *Tête* transversale, plus basse que le corselet, presqu'aussi large que la partie antérieure de ce dernier, sa face bombée, surtout dans les mâles. — *Yeux* de grandeur moyenne, espacés dans les deux sexes. — *Trois ocelles* disposés en triangle sur le vertex. — *Corselet* sphérique, bombé. — *Ailes supérieures* ayant une cellule radiale assez large, terminée par un petit appendice; quatre cellules cubitales, la première point divisée, la seconde un peu rétrécie vers la radiale, recevant dans son milieu la première nervure récurrente : deuxième nervure récurrente aboutissant à la nervure d'intersection des troisième et quatrième cubitales; troisième cellule cubitale rétrécie vers la radiale, la quatrième point commencée, mais tracée jusqu'au bord postérieur de l'aile; trois cellules discoïdales complètes. — *Abdomen* court, gros, conique et composé de cinq segmens outre l'anus dans les femelles, obtus à son extrémité et ayant un segment de plus dans les mâles que dans l'autre sexe. — *Pattes* assez fortes; jambes antérieures munies à l'extrémité, d'une épine garnie à sa base d'une membrane, simple et aiguë à son extrémité; jambes intermédiaires en ayant une longue et aiguë; jambes postérieures protégées à leur insertion par une écaille particulière, terminées par deux épines longues, simples et aiguës; ces jambes dans les femelles munies au côté extérieur d'une brosse pour la récolte du pollen; premier article des tarses postérieurs, dans ce même sexe, élargi et portant à sa face extérieure une brosse pour la même récolte : ce premier article prolongé à sa partie inférieure au-delà de l'insertion du second article et du côté opposé à cette insertion, ce prolongement garni de poils serrés, droits; crochets des tarses, bifides.

Comme les autres Apiaires-Récoltantes, les Anthophores, dont le nom a pour étymologie deux mots grecs qui signifient : *porte fleur*, approvisionnent leur nid de pollen de fleurs et de miel, dont elles composent une pâte qui sert de nourriture à leurs larves. C'est dans les terrains un peu sablonneux, coupés à pic ou en pente rapide, ou dans le mortier des vieux murs, qu'elles creusent des cylindres recourbés dont les deux extrémités sont ouvertes à la superficie; elles y construisent alors des cellules mises bout à bout l'une de l'autre dont l'intérieur est fort poli et comme lissé, probablement par une liqueur qu'elles dégorgent; chaque cellule est séparée de la suivante par une cloison faite de mortier, et ne contient qu'un œuf et la provision nécessaire à une larve. Les mâles sont très-ardens pour l'accouplement : à cette époque on les voit parcourir la façade des terrains sur lesquels les femelles qui viennent d'éclore se tiennent à leur sortie du nid pour sécher leurs ailes encore moites; ils se jettent dessus avec violence. Dans ce cas le vol du mâle a cela de particulier qu'au lieu de tenir le corps dans une position horizontale, il est perpendiculaire; ce vol est lent, quoique le mouvement des ailes soit plus actif que dans le vol ordinaire, sa lenteur permet d'observer que les parties génitales sont alors sorties et développées : l'accouplement s'effectue en l'air, mais non pas hors de la portée de la vue. Nous avons quelquefois suivi des yeux des couples d'Anthophores, ils ne s'éloignent pas beaucoup du point de départ, la jonction dure quelques minutes, le mâle est ensuite rejeté violemment par l'effort des pattes postérieures de la femelle, du moins à ce qu'il nous a paru; il tombe à terre, s'y débat quelques instans et meurt. L'ayant ramassé, nous avons pu nous assurer que l'abdomen ne contenoit plus alors aucune des parties de la génération, et quelques débris de parties intérieures que l'on apercevoit au bout de l'abdomen, nous convainquirent qu'elles avoient été brisées à leur base commune au moment de la séparation des deux sexes. Les mâles éclosent les premiers, et les œufs qui les produisent ont été aussi pondus les premiers; il sont placés près de la sortie du tuyau cylindrique dont nous avons parlé, ce qui donne l'explication de la manière dont ce tuyau est construit; ses deux ouvertures étoient nécessaires pour que l'individu le premier éclos de l'œuf pondu le premier, pût sortir, sans nuire aux autres, qui remplissent derrière lui le reste du cylindre.

Les Anthophores ont pour ennemis particuliers parmi les Apiaires-Parasites (*voyez* Parasites), les Mélectes, les Epéoles, les Philérèmes, les Pasites et les Ammobates, dont les larves, éclosent avant les leurs, dévorent les provisions amassées avant la naissance de la larve de l'Anthophore : plusieurs Chalcidites et entr'autres les Leucospis déposent aussi leurs œufs dans leurs cellules; les larves qui en éclosent lorsque l'habitant naturel a déjà pris à peu près toute sa grosseur, le dévorent lui-même : quelques Ichneumonides, dans leur premier état, vivent aussi aux dépens des larves d'Anthophores. Les premiers déposent leurs œufs dans les cellules lorsqu'elles ne sont pas encore achevées, ni fermées par une cloison; les femelles de ces deux dernières tribus percent avec leur tarière les enveloppes extérieures du nid et parviennent à y faire pénétrer le bout de cet instrument qui sert de conduit à l'œuf qu'elles y déposent.

Les Anthophores en presque totalité sont propres à l'ancien continent, une seule espèce a été trouvée dans l'Amérique septentrionale; nous n'en connoissons pas de l'Amérique méridionale, où il semble que ce genre soit remplacé par celui de Centris. Leur taille, sans atteindre les plus grandes dimensions, est ordinairement un peu au-dessus de la moyenne, et ne descend jamais jusqu'à la plus petite. Le bourdonnement commun à toutes les espèces et la villosité du corps les ont souvent fait confondre avec les Bourdons, mais ici il n'y a ni société ni ouvrières.

Le genre *Megilla*. Fab. (*Syst. Piez.*) contient trente-quatre espèces; huit seulement appartiennent avec certitude au genre Anthophore, savoir : les n°s. 1, 2, 3, 6, 7, 12, 13, 14. Le n°. 5. est un Bourdon; 8., une Nomie; 11., une Stélide; les Halictes revendiquent les n°s. 22, 28, 32.; le genre Cératine le n°. 31.; et les Collètes le n°. 34. Les autres n^{os}. sont douteux.

Le genre *Anthophora* Fab. (*id.*) répond, au moins en partie, à ceux de Mégachile et d'Osmie, et nullement à nos Anthophores.

1re. *Division.* Tous les poils de l'abdomen hérissés. (*Anthophora propriè dicta.*)

1re. *Subdivision.* Tarses intermédiaires des mâles ayant des faisceaux de poils.

1. Anthophore pilipède, *A. pilipes.*

Anthophora pilipes. Lat. *Gen. Crust. et Ins. tom. IV. pag.* 175. Mâle et femelle. — *Megilla pilipes* n°. 6. Fab. *Syst. Piez.* Mâle et femelle.

Voyez pour la description de la femelle et les autres synonymes, Andrène velue n°. 19. de ce Dictionnaire. Le mâle diffère par les caractères suivans : partie antérieure du premier article des antennes, jaunâtre; chaperon de cette même couleur ayant de chaque côté une tache unidentée et son bord inférieur, noirs. Labre jaunâtre muni d'un point noir de chaque côté; base des mandibules portant une tache jaunâtre. Tous les articles des tarses intermédiaires garnis du côté des pattes postérieures de longs cils; le premier et le dernier portant chacun une touffe de poils serrés, du côté qui regarde les pattes antérieures : tous ces poils et ces cils sont noirs. L'anus porte aussi quelques poils de cette couleur.

Cette espèce est extrêmement commune au printemps sur les fleurs aux environs de Paris.

Nota. L'Abeille patte velue n°. 53. du présent ouvrage est peut-être le mâle que nous venons de décrire; la description est fort imparfaite, mais elle appartient certainement à un mâle de cette subdivision. Le synonyme de Geoffroy ne peut que difficilement s'appliquer au mâle de notre Anthophore pilipède.

2. Anthophore rétuse, *A. retusa*.

Megilla acervorum n°. 2. Fab. *id.* (En retranchant les synonymes de Linné.) Femelle.

Voyez pour la description de la femelle et les autres synonymes, Abeille rétuse n°. 63. de ce Dictionnaire; mais on lui attribue à tort des ailes d'un noir-violet, elles sont incolores et transparentes. Le mâle diffère par ces caractères : premier article des antennes blanchâtre à sa partie antérieure; chaperon de même couleur, avec sa base et son bord inférieur noirs. Orbite antérieur des yeux, blanchâtre ainsi que le labre qui a de chaque côté un point noir. Tête, corselet et côtés des deux premiers segmens de l'abdomen, chargés de poils roux : pattes ayant des poils mêlés roux et noirs; premier article des tarses intermédiaires garni de cils noirs, du côté des pattes postérieures.

Des environs de Paris.

2e. *Subdivision*. Tarses intermédiaires simples dans les deux sexes.

A. Pattes postérieures simples.

Ce groupe contient : 1°. Anthophore pariétine, *A. parietina*. Lat. *Nouv. Dict. d'hist.* 2e. *édit.* Mâle et femelle. — *Megilla parietina* n°. 3. Fab. *Syst. Piez.* Femelle. Des environs de Paris. 2°. Anthophore quadrimaculée, *A. quadrimaculata*. — *Megilla quadrimaculata* n°. 14. Fab. *id.* Mâle. La femelle n'est pas connue. Des environs de Paris. 3°. Anthophore tricolore, *A. tricolor*. — *Megilla tricolor* n°. 7. Fab. *id.* Mâle. Cet auteur indique pour patrie les îles de l'Amérique; nous pensons que c'est une erreur.

B. Cuisses postérieures renflées ainsi que leurs jambes; premier article des tarses postérieurs épineux (au moins dans les mâles.)

3. Anthophore fémorale, *A. femorata*.

Voyez pour la description du mâle, Abeille grosse cuisse n°. 78. de ce Dictionnaire. La femelle n'est point connue.

2e. *Division*. Abdomen ayant des bandes transversales formées par des poils couchés. (*Saropoda?* Lat.)

4. Anthophore de l'Iris, *A. ireos*.

Anthidium ireos n°. 4. Fab. *Syst. Piez.* Mâle.

Voyez pour la description du mâle et les autres synonymes, Abeille Iris n°. 68. de ce Dictionnaire, en ajoutant : premier article des antennes et les neuf derniers blanchâtres en dessus; les trois intermédiaires et le dessous des autres, noirs. La femelle n'est pas connue.

De Russie.

5. Anthophore bimaculée, *A. bimaculata*.

Saropoda bimaculata. Lat. *Gen. Crust. et Ins. tom. IV. pag.* 177. Mâle et femelle.

Voyez pour la description du mâle et la synonymie, Abeille arrondie n°. 73. de ce Dictionnaire. La femelle diffère en ce que le chaperon porte de chaque côté une grande tache carrée, noire; que le quatrième segment abdominal est entièrement couvert de poils couchés, cendrés; que le cinquième, avec ces mêmes poils, a le bord postérieur noir.

On la trouve communément aux environs de Paris sur les fleurs à la fin de l'été et en automne.

6. Anthophore à zones, *A. zonata*.

Megilla zonata n°. 13. Fab. *id.* Femelle.

Voyez pour la description de la femelle et les autres synonymes, Andrène à zones n°. 17. de ce Dictionnaire. Le mâle diffère par les caractères suivans : un peu plus petit; chaperon entièrement blanchâtre; bord inférieur du cinquième segment de l'abdomen ayant une bande semblable à celle des précédens; le sixième et l'anus chargés de poils noirs.

Dans cette division nous rangerons encore : 1°. Anthophore fasciée, *A. fasciata*. — *Megilla fasciata* n°. 12. Fab. *Syst. Piez.* Femelle. Le mâle diffère par le cinquième segment de l'abdomen ayant une bande semblable à celle des précédens; le sixième et l'anus sont couverts de poils noirs. Des Indes orientales. 2°. Anthophore double ceinture, *A. bicincta*. — *Centris bicincta* n°. 16. Fab. *id.* Femelle. Le mâle n'est pas connu.

Du Bengale.

MÉLITURGE, *Meliturga*. Lat.

Genre d'insectes de l'ordre des Hyménoptères, section des Porte-aiguillon, famille des Mellifères, tribu des Apiaires (division des Récoltantes).

Dans l'avant-dernier groupe des Apiaires-Récoltantes solitaires, nous avons fait entrer sept genres. (*Voyez* Parasites.) Celui d'Acanthope ne doit pas y rester, mais rentrer dans les Apiaires-Parasites. Le genre Centris a la cellule radiale des ailes supérieures longuement appendiculée; l'épine terminale des jambes antérieures est fortement pectinée vers son extrémité, celle des intermédiaires est simple. Dans les Lagripodes, la cellule radiale est sans appendice et leurs jambes postérieures n'ont qu'une seule épine qui est très-fortement pectinée. La seconde nervure récurrente des Anthophores aboutit à la nervure d'intersection des troisième et quatrième cubitales, et cette dernière cellule n'est pas même commencée, mais seulement tracée : les deux épines qui terminent les jambes postérieures sont simples. Les Xylocopes ont leurs palpes labiaux composés d'articles presque semblables pour la forme et la consistance; leur seconde cellule cubitale est presque triangulaire, et la quatrième est à peine commencée; la cellule radiale extrêmement étroite, et les crochets des tarses dentés distinguent les Lestis. Nous observons encore que dans ces cinq genres les antennes des mâles ne vont pas en grossissant sensiblement jusqu'à l'extrémité pour former une espèce de massue.

Antennes grossissant insensiblement à partir du troisième article et formant une massue un peu comprimée, surtout dans les mâles.—*Labre* court, avancé. — *Mandibules* sans dent au côté interne. — *Palpes maxillaires* de six articles distincts. — *Yeux* grands, surtout dans les mâles où ils sont rapprochés sur le vertex, mais sans se toucher. — *Trois ocelles* placés vers le bas du vertex. — *Corselet* peu bombé. — *Ailes supérieures* ayant leur première nervure aboutissant dans la seconde cellule cubitale près de la nervure d'intersection des seconde et troisième cubitales; seconde nervure récurrente reçue par la troisième cubitale très-près de la base de la quatrième; cette dernière atteignant presque le bout de l'aile. — *Abdomen* ovale-oblong dans les femelles, gros et assez court dans les mâles. — *Jambes antérieures* munies à l'extrémité d'une épine garnie dans presque toute son étendue d'une membrane; celle-ci se terminant par une dent vers l'extrémité de l'épine: jambes intermédiaires ayant une seule épine à leur extrémité, finement dentelée, longue, surtout dans les femelles; les trois articles intermédiaires des tarses de ces deux paires de pattes dilatés latéralement, des deux côtés dans ces dernières, seulement du côté extérieur dans les mâles; jambes postérieures terminées par deux épines finement dentelées; premier article de leurs tarses sans prolongement. Les autres caractères sont ceux des Anthophores. (*Voyez* pag. 796. de ce volume.)

Le type de ce genre, dont les mœurs doivent peu différer de celles des Anthophores, est l'espèce suivante:

1. Méliturge clavicorne, *M. clavicornis.*

Meliturga nigra, rufo villosa; clypeo albido.

Meliturga clavicornis. Lat. *Gen. Crust. et Ins. tom. IV. pag.* 176. Mâle., et *tom. I. tab. XIV. fig.* 9. (On a indiqué par erreur *fig.* 14. Mâle. Représenté sous le nom d'*Eucera clavicornis.*)

Longueur 6 lig. Noire, chagrinée; tête, bords latéraux de l'abdomen et bord inférieur de son dernier segment, garnis de poils d'un roux pâle, les côtés de l'anus garnis de poils couchés d'un roux brillant: disque du chaperon d'un blanc-jaunâtre; tarses, épines terminales des jambes et poils des pattes, roux. Ailes transparentes, leurs nervures testacées. Femelle.

Le mâle diffère en ce qu'il est beaucoup plus velu et que l'abdomen l'est tout entier; le dessous du premier article des antennes, une petite ligne au-dessus du chaperon, celui-ci tout entier, d'un blanc-jaunâtre, ainsi que deux taches sur le labre; premier article des tarses, brun.

On la trouve dans le midi de la France, à Lyon, à Montpellier.

LESTIS, *Lestis. Centris.* Fab. *Apis.* Oliv. (*Encycl.*)

Genre d'insectes de l'ordre des Hyménoptères, section des Porte-aiguillon, famille des Mellifères, tribu des Apiaires (division des Récoltantes).

Parmi les Apiaires-Récoltantes solitaires, un groupe contient sept genres (*voyez* Parasites); nous en retranchons les Acanthopes, que nous reportons aux Apiaires-Parasites. Des six genres qui constituent aujourd'hui ce groupe, celui de Centris a la cellule radiale des ailes supérieures suivie d'un long appendice. Les Lagripodes ont leur première nervure récurrente reçue par la seconde cellule cubitale; la quatrième cellule cubitale du genre Anthophore est seulement tracée, mais point commencée. Dans les Méliturges mâles les antennes sont presqu'en massue comprimée. Les Xylocopes ont leur seconde cellule cubitale presque triangulaire. Enfin dans ces cinq genres les crochets des tarses sont bifides et la cellule radiale n'est pas sensiblement étroite.

L'espèce qui nous sert de type ne nous est connue que par deux individus, l'un mâle et l'autre femelle, faisant partie de la collection entomologique du cabinet du Roi; nous n'avons pas pu analyser leur bouche, ni examiner assez en détail plusieurs de leurs caractères; nous nous contenterons de mentionner les suivans, ils se rapprochent un peu de ceux des Xylocopes.

Antennes filiformes dans les deux sexes, coudées, composées de douze articles dans les femelles, de treize dans les mâles. — *Mâchoires et lèvre* très-alongées, formant une promuscide coudée et repliée en dessous dans le repos, appliquée contre sa gaîne. — *Trois ocelles* disposés en triangle sur le vertex. — *Ailes supérieures* ayant une cellule radiale extrêmement étroite, munie à son extrémité d'un appendice court; quatre cellules cubitales; la première plus longue que la seconde, celle-ci presque parallélipipède, plus large que longue, la troisième plus grande qu'aucune des précédentes; première nervure récurrente aboutissant à la nervure d'intersection des seconde et troisième cubitales; cette troisième cubitale recevant la seconde nervure récurrente; quatrième cubitale commencée et s'étendant jusqu'au milieu de l'espace qui est entre sa base et le bout de l'aile. — *Pattes* comme dans les Xylocopes; crochets des tarses simplement dentés.

1. Lestis Mouche, *L. muscaria*.

Centris muscaria n°. 20. Fab. *Syst. Piez.* Femelle. — *Centris bombylans* n°. 19. Fab. *id.* Mâle.

Voyez pour la description et les autres synonymes, Abeille Mouche n°. 88. (femelle.) et Abeille Bombille n°. 87. (mâle.) du présent ouvrage. (S. F. et A. Serv.)

XYLOPHAGE, *Xylophagus*. Meig. Fab. Lat. Macq. *Nemotelus*. De Géer. *Asilus*. Schell.

Genre d'insectes de l'ordre des Diptères, première section, famille des Notacanthes, tribu des Xylophagiens.

Des quatre genres qui entrent dans cette tribu (*voyez* Xylophagiens), celui d'Hermétie diffère des Xylophages par les antennes, dont le troisième article est en massue, très-comprimé, rétréci dans son milieu, son dernier anneau aussi long que les sept autres pris ensemble; les Béris ont leur écusson épineux ainsi que les Cyphomyies, dont en outre l'abdomen est orbiculaire.

Antennes avancées, rapprochées, presque cylindriques, dirigées droit vers le côté, composées de trois articles; le premier cylindrique, le second cyathiforme, court; le troisième alongé, un peu conique, divisé en huit anneaux, le dernier pas beaucoup plus long que le précédent. — *Trompe* rentrée dans la cavité buccale lors du repos. — *Palpes* avancés, redressés, composés de deux articles, le second grand, ovale, velu. — *Tête* aplatie, déprimée. — *Yeux* espacés dans les deux sexes, ceux des mâles cependant un peu rapprochés. — *Trois ocelles* rapprochés, placés en triangle sur le vertex. — *Corps* assez alongé, presque linéaire. — *Corselet* coupé droit en devant, rétréci à sa partie postérieure. — *Ecusson* grand, semi-circulaire, mutique. — *Ailes* velues vues au microscope, couchées parallèlement sur le corps dans le repos. — *Cuillerons* simples, très-petits. — *Balanciers* découverts. — *Abdomen* alongé, composé de six segmens outre l'anus, cylindrique dans les mâles, conique et terminé par une tarière, dans les femelles. — *Pattes* assez longues; jambes terminées par une épine; tarses assez longs, leur premier article plus grand que les quatre autres pris ensemble, le dernier terminé par deux crochets courts, munis de trois pelotes dans leur entre-deux.

Les Xylophages ont tiré leur nom de deux mots grecs qui signifient: *mangeur de bois*. En effet des larves du X. noir ont été trouvées dans des troncs d'arbre pourris, par M. Baumahauer; et M. Latreille a observé une femelle qui cherchoit à pondre dans la carie d'un vieux Orme. M. Meigen partage ce genre en deux divisions, d'après la longueur proportionnelle des deux premiers articles antennaires; il en décrit six espèces européennes, et M. Wiédemann une de l'Amérique du Nord. Leur taille varie de trois à six lignes.

1re. *Division*. Premier article des antennes plus long que le second. — Toutes les cellules du bord postérieur de l'aile, ouvertes. (*Xylophagus propriè dictus*.)

1°. Xylophage noir, *X. ater*. Meig. *Dipt. d'Eur. tom.* 2. *pag.* 11. *n°.* 1. Mâle et femelle; *tab.* 12. *fig.* 14. Femelle. — Lat. *Gen. Crust. et Ins. tom. IV. pag.* 272. — Macq. *Ins. Dipt. du nord de la France, Asiliq.* etc. *pag.* 141. *n°.* 1. Mâle et femelle. De France et d'Allemagne. Il nous paroît que le Pachystome subulé n°. 2. du présent ouvrage n'est que le mâle du X. noir; telle est également l'opinion de M. Meigen, puisqu'il rapporte avec certitude à ce mâle, l'*Empis subulata* de Panzer, d'après laquelle la description de ce Pachystome a été faite dans l'Encyclopédie. 2°. Xylophage à ceinture, *X. cinctus*. Meig. *id. pag.* 12. *n°.* 2. (Il est probable que cet auteur se trompe en rapportant à cette espèce le *Rhagio syrphoides* Panz. *Faun. Germ. fas.* 77. *fig.* 19. qui nous paroît appartenir au Pachystome syrphoïde n°. 1. de ce Dictionnaire.) — *Xylophagus cinctus*. Lat. *id.* — Macq. *id. n°.* 2. Femelle. (En retranchant, par les mêmes motifs que nous venons d'exposer, le synonyme de Panzer.) De France et de Danemarck. 3°. Xylophage garotté, *X. compeditus*. Meig. *id. pag.* 13. *n°.* 3. D'Autriche.

2e. *Division*. Premier et second articles des antennes égaux en longueur. — Troisième cellule du bord postérieur de l'aile fermée. (*Subula* Mégerle.)

1°. Xylophage tacheté, *X. maculatus*. Meig. *Dipt. d'Eur. tom.* 2. *pag.* 13. *n°.* 4. Mâle et femelle; *tab.* 12. *fig.* 15. Mâle. (En retranchant le synonyme de M. Latreille qui appartient au X. varié.) — Macq. *Ins. Dipt. du nord de la France, Asiliq.* etc. *pag.* 142. *n°.* 3. (En retranchant le même synonyme.) De France et d'Autriche. 2°. Xylophage varié, *X. varius*. Meig. *id. pag.* 14. *n°.* 5. Mâle et femelle. — *Xylophagus maculatus*. Lat. *Gener. Crust. et Ins. tom. IV. pag.* 272. (En ôtant les synonymes de Fab. et de M. Meigen, qui appartiennent à l'espèce précédente.) — *Xylophagus ater*. Lat. *Gener. Crust. et Ins. tab. XVI. fig.* 9. et 10. Mâle. — Macq. *id. n°.* 4. Des environs de Paris et d'Autriche. 3°. Xylophage bordé, *X. marginatus*. Meig. *id. pag.* 15. *n°.* 6. Mâle. Du midi de la France et d'Autriche.

A ce genre appartient en outre le Xylophage américain, *X. americanus*. Wiédem. *Dipt. exotic. pars* 1a. *pag.* 51. Longueur 5 lig. Corselet jaune, taché de noir; abdomen roux avec les incisions des segmens, jaunes. Mâle. Amérique septentrionale. (S. F. et A. Serv.)

XYLOPHAGES

XYLOPHAGES ou LIGNIVORES. Nom donné par M. Duméril, dans sa *Zoologie analytique*, à une famille de Coléoptères Tétramères (la vingtième de cet ordre), offrant pour caractères : *antennes en soie, non portées sur un bec*, et renfermant les genres Rhagie, Lepture, Molorque, Callidie, Saperde, Capricorne, Lamie et Prione. (S. F. et A. Serv.)

XYLOPHAGES, *Xylophagi*. Seconde famille de la section des Tétramères, ordre des Coléoptères. Ses caractères sont :

Tous les articles des tarses ordinairement entiers; quelquefois le pénultième est bilobé, et, dans ce dernier cas, les palpes sont très-petits et coniques. — *Antennes* ayant souvent moins de onze articles, plus grosses à leur extrémité ou en massue.

I. Antennes ayant moins de onze articles.

A. Corps tantôt subovoïde ou cylindrique, tantôt linéaire, quelquefois clypéiforme. — Corselet de la largeur de l'abdomen, du moins à son bord postérieur. — Palpes petits. — Antennes terminées en massue, offrant au moins cinq articles avant cette massue.

1re. Tribu. Scolytaires, *Scolytarii*. Voyez ce mot.

2e. Tribu. Bostrichins, *Bostrichini*.

Palpes (au moins les maxillaires) très-apparens, filiformes ou plus gros au bout.

Bostriche, Psoa, Cis, Némozome, Cérylon, Rhizophagé, Clypéastre.

B. Corps oblong, très-aplati, rétréci en devant. — Abdomen plus large que le corselet. — Palpes grands (coniques). — Antennes composées de deux articles, le dernier très-grand ; ou de dix et perfoliées dès la base. — Lèvre grande, cornée. — Elytres tronquées.

3e. Tribu. Paussiles, *Paussili*. Voyez ce mot.

II. Antennes de onze articles.

4e. Tribu. Trogossitaires, *Trogossitarii*. Voyez ce mot.

Nota. Cet article est tiré des *Familles naturelles* de M. Latreille. (S. F. et A. Serv.)

XYLOPHAGES, *Xylophagi*. Seconde famille des Diptères de M. Meigen, la première de sa seconde division. L'auteur lui donne pour caractères :

Antennes avancées, rapprochées à la base, triarticulées; dernier article divisé en huit anneaux; trompe cachée, à lèvres saillantes; trois ocelles; abdomen composé de huit segmens; balanciers découverts; ailes couchées parallèlement sur le corps; trois pelotes entre les crochets des tarses.

Cette famille contient les genres Béris, Xylophage et Cœnomyie. Elle répond à la tribu des Xylophagiens, famille des Notacanthes Lat.; mais ce dernier auteur place le genre Cœnomyie dans sa tribu des Sicaires, famille des Tanystomes. (S. F. et A. Serv.)

XYLOPHAGIENS, *Xylophagii*. Première tribu de la famille des Notacanthes, première section de l'ordre des Diptères.

Les caractères de cette famille n'ayant pas été donnés dans le présent ouvrage, nous allons les consigner ici.

Notacanthes, *Notacantha*. Troisième famille de la première section de l'ordre des Diptères.

Suçoir de deux pièces. — *Trompe* du plus grand nombre, membraneuse, très-courte, retirée dans la cavité buccale pendant le repos, ses deux lèvres paroissant seules à l'extérieur; celle des autres longue, grêle, cachée par le prolongement de l'hypostome. — *Antennes* ayant leur dernier article divisé en plusieurs anneaux. — *Ailes* couchées sur le corps dans le repos, ayant une cellule discoïdale qui émet quelques nervures divergentes vers le bord postérieur. — *Ecusson* souvent armé de dents ou d'épines. — Larves (au moins celles qui sont décrites) aquatiques; leur corps terminé par une espèce de tube formé par les derniers segmens du corps et propre à la respiration; la peau servant de coque à la nymphe en se durcissant, mais sans changer de forme.

1re. Tribu. Xylophagiens, *Xylophagii*.

Dernier article des antennes divisé en huit anneaux.

Hermétie, Xylophage, Béris, Cyphomyie.

2e. Tribu. Stratiomydes, *Stratiomydes*. Voyez ce mot.

La plupart des Notacanthes habitent les lieux marécageux et se tiennent sur les fleurs ou sur les feuilles des végétaux; quelques autres, particulièrement les Xylophagiens, fréquentent les bois, et paroissent faire leur ponte dans la carie des arbres.

HERMÉTIE, *Hermetia*. Lat. Fab. Wiédem. *Musca*. Linn. *Nemotelus*. De Géer.

Genre d'insectes de l'ordre des Diptères, première section, famille des Notacanthes, tribu des Xylophagiens.

Quatre genres composent cette tribu, savoir : Hermétie, Xylophage, Béris et Cyphomyie. (*Voyez* XYLOPHAGIENS.) Les trois derniers se distinguent par l'article terminal des antennes linéaire, sans rétrécissement dans aucune portion de son étendue, et par le dernier anneau de cet article qui n'est pas plus long que chacun des autres pris séparément.

Antennes beaucoup plus longues que la tête, composées de trois articles ; le premier assez long, allant en grossissant de sa base à l'extrémité ; le second court, un peu conique ; le troisième en massue, très-comprimé, rétréci dans son milieu, sa base ou moitié inférieure jusqu'à l'étranglement, alongée, presque conique, divisée en sept anneaux ; le huitième anneau allant en s'élargissant vers son extrémité, indivis, presqu'elliptique, un peu concave en dessous, aussi long que les sept autres pris ensemble. — *Tête* transversale, un peu bombée en devant. — *Yeux* grands. — *Trois ocelles* disposés en triangle sur un tubercule du vertex. — *Corps* alongé. — *Corselet* en carré long, un peu plus étroit antérieurement ; prothorax séparé du mésothorax par une ligne transversale enfoncée, arquée. — *Ecusson* assez grand, mutique. (M. Latreille, *Gener. Crust. et Ins. tom. IV. pag.* 211. dit qu'il a quelquefois deux épines.) — *Ailes* couchées parallèlement sur le corps dans le repos, ayant une cellule discoïdale qui émet deux paires de nervures divergentes vers le bord postérieur. — *Cuillerons* point distincts. — *Balanciers* longs, découverts. — *Abdomen* ovale, un peu bombé en dessus, composé de six segmens outre l'anus. — *Pattes* de longueur moyenne, grêles ; tarses longs, leur premier article aussi grand que les quatre autres réunis ; l'avant-dernier fort petit ; le terminal un peu plus long, muni de deux crochets très-écartés, ayant dans leur entre-deux une pelote grosse, profondément bifide.

Les mœurs de ces Diptères exotiques ne sont pas connues. Les espèces que nous possédons sont assez grandes, et au moins de taille moyenne parmi les Diptères.

1°. Hermétie transparente, *H. illucens*. LAT. *Gen. Crust. et Ins. tom.* IV. *pag.* 271. — *Nemotelus illucens*. DE GÉER. *Mém. Ins. tom.* 6. *pag.* 205. *n°.* 3. *pl.* 29. *fig.* 8—10. Amérique méridionale. (L'*Hermetia illucens* n°. 1. FAB. *Syst. Antliat.* est une autre espèce, et peut-être l'*Hermetia leucopa* LAT.) — *Musca leucopa*. LINN. *id. Syst. nat.* 2. 983. 23. (La *Musca illucens* LINN. *id.* 2. 979. 2. est incomplétement décrite, mais d'après la citation de la collection de De Géer, il paroît certain que c'est l'*Hermetia illucens* LAT.) 2°. Hermétie pectorale, *H. pectoralis*. WIÉDEM. *Analect. Entom. pag.* 19. *n°.* 2. Longueur 4 lig. Noire ; sternum et pattes de couleur rousse ; tarses noirs à base blanche. De Guinée.

BÉRIS, *Beris*. LAT. MEIG. MACQ. *Stratiomys*. GEOFF. FAB. PANZ. FALLÈN. *Musca*. LINN. SCHRANCK. DEVILL.

Genre d'insectes de l'ordre des Diptères, première section, famille des Notacanthes, tribu des Xylophagiens.

Les Béris composent avec les Herméties, les Xylophages et les Cyphomyies, la tribu des Xylophagiens. Le genre Hermétie est distinct par ses antennes, dont le troisième article est en massue, très-comprimé, rétréci dans son milieu ; le dernier anneau de celui-ci presqu'aussi long à lui seul que les sept autres pris ensemble. Les Xylophages ont l'écusson mutique ; dans les Cyphomyies l'abdomen est orbiculaire, aussi large que long, et l'écusson n'offre que deux épines.

Antennes avancées, composées de trois articles ; les deux premiers courts, un peu velus ; le premier assez aminci à sa base, le second cyathiforme, le troisième long, nu, divisé en huit anneaux égaux entr'eux ; le dernier seulement un peu plus petit que les autres, conique. — *Trompe* ayant son extrémité peu saillante. — *Palpes* petits, de trois articles, un peu plus épais vers leur extrémité. — *Tête* hémisphérique, très-comprimée dans les femelles. — *Yeux* assez grands, se touchant sur le front dans les mâles, fort espacés dans les femelles. — *Trois ocelles* placés en triangle sur un tubercule du vertex. — *Corps* assez court, étroit. — *Corselet* ovale ; prothorax séparé du mésothorax par une ligne transversale enfoncée. — *Ecusson* assez grand, armé de quatre à huit épines au bord postérieur. — *Ailes* velues vues au microscope, couchées parallèlement sur le corps dans le repos, ayant une cellule discoïdale qui émet quatre nervures divergentes vers le bord postérieur, la troisième très-courte, à peine commencée. — *Cuillerons* simples, petits. — *Balanciers* découverts. — *Abdomen* assez long, elliptique, plane, de six segmens outre l'anus. — *Pattes* grêles, assez longues ; tarses ayant leur premier article à peu près aussi long que les quatre autres réunis, ceux-ci presqu'égaux entr'eux, le dernier muni de deux crochets ayant dans leur entre-deux une pelote divisée en trois ; premier article des tarses postérieurs gros, velu en dessous (surtout dans les mâles).

On ignore les premiers états des Béris, mais il est probable que les femelles déposent leurs œufs dans le terreau humide des vieux arbres. Leur taille est petite. M. Meigen place onze espèces dans ce genre, et le divise ainsi :

1re. *Division*. Ecusson à quatre épines.

1°. Béris luisante, *B. nitens*. LAT. *Nouveau Dict. d'hist. nat.* 2e. *édit.* — MEIG. *Dipt. d'Eur. tom.* 2. *pag.* 2. *n°.* 1. Femelle. — MACQ. *Insect. Dipt. du nord de la France, Asiliq.* etc. *p.* 136. *n°.* 1. Femelle. Des environs de Paris. 2°. Béris tibiale, *B. tibialis*. MEIG. *id. pag.* 3. *n°.* 2. Mâle et femelle. *tab.* 12. *fig.* 8. Femelle. — Macq. *id.* n°. 2. Mâle et femelle. Des environs de Paris; en mai. 3°. Béris obscure, *B. obscura.* Meig. *id. pag.* 4. n°. 3. Femelle. D'Europe. Cette espèce pourroit peut-être appartenir à la division suivante, M. Meigen n'ayant pas pu s'assurer du nombre des épines de l'écusson.

2e. *Division.* Ecusson à six épines.

1°. Béris métallique, *B. chalybeata.* Meig. *Dipt. d'Europ. tom.* 2. *pag.* 4. n°. 4. Mâle. — Macq. *Ins. Dipt. du nord de la France, Asiliq.* etc. *pag.* 137. n°. 3. Mâle. De France et d'Angleterre. 2°. Béris clavipède, *B. clavipes.* Meig. *id. pag.* 5. n°. 5. — Macq. *id.* n°. 4. Mâle et femelle. Assez commune en France. 3°. Béris armée, *B. vallata.* Meig. *id.* n°. 6. Mâle et femelle. — Macq. *id. pag.* 138. n°. 5. Mâle et femelle. — *Beris nigritarsis.* Lat. *Gen. Crust. et Ins. tom. IV. pag.* 273. (En retranchant le synonyme de Panzer qui appartient à la Béris clavipède.) Des environs de Paris. 4°. Béris fémorale, *B. femoralis.* Meig. *id. pag.* 6. n°. 7. Femelle. D'Autriche. 5°. Béris noire, *B. nigra.* Meig. *id. pag.* 7. n°. 8. Femelle. — Macq. *id.* n°. 6. De France et d'Angleterre. 6°. Béris nigripède, *B. nigripes.* Meig. *id.* n°. 9. Femelle. D'Autriche.

3e. *Division.* Ecusson à huit épines.

1°. Béris cuisses jaunes, *B. flavofemorata.* Meig. *Dipt. d'Eur. tom.* 2. *pag.* 8. n°. 10. Femelle. D'Autriche. 2°. Béris fuscipède, *B. fuscipes.* Meig. *id.* n°. 11. Mâle. — Macq. *Ins. Dipt. du nord de la France, Asiliq.* etc. *pag.* 139. n°. 7. Mâle. De France et d'Angleterre. 3°. Béris flavipède, *B. flavipes.* Macq. *id.* n°. 8. Longueur 2 lig. ½. Corselet du mâle d'un noir cuivreux, d'un vert brillant dans la femelle; abdomen noir; pattes fauves, tarses noirâtres; ailes brunes dans le mâle, presqu'hyalines dans la femelle. Des environs de Lille.

A ce genre appartiennent encore, 1°. Béris six dents, *B. sexdentata.* — *Stratiomys sexdentata* n°. 36. Fab. *Syst. Antliat.* Selon M. Meigen elle pourroit être identique avec la Béris fuscipède, ou bien n'être que la femelle de la Béris métallique. 2°. Béris quadrilinéée, *B. quadrilineata.* — *Stratiomys quadrilineata* n°. 34. Fab. *id.* De Sierra-Léon.

Le genre *Stratiomys* Fab. *Syst. Antliat.* renferme trente-six espèces qui appartiennent à différens genres. Les nos. 1, 3, 9. sont de véritables Stratiomes. 2, 6, 7, 8, 17, 18, 19, 25, 27. des Odontomyies. Les espèces 4. et 23. constituent le genre Ephippie. On placera dans les Cyphomyies les nos. 11, 12, 30. Le n°. 24. est une Platyne. Le genre Oxycère revendique les nos. 28, 29, 31., et les Béris les nos. 34, 35, 36. Ceux que nous ne citons pas appartiennent à des espèces qui nous sont inconnues.

CYPHOMYIE, *Cyphomyia.* Wiédem. Lat. (*Fam. nat.*) *Stratiomys.* Fab. Coqueb. *Odontomyia.* Oliv. (*Encycl.*)

Genre d'insectes de l'ordre des Diptères, première section, famille des Notacanthes, tribu des Xylophagiens.

Les trois genres Hermétie, Xylophage et Béris composent cette tribu avec celui de Cyphomyie. Les Hermétiès ont le troisième article des antennes en massue, très-comprimé, rétréci dans le milieu; son dernier anneau presqu'aussi long à lui seul que les sept autres pris ensemble. L'écusson mutique et l'abdomen alongé, cylindrique ou conique, éloignent les Xylophages des Cyphomyies; enfin, les Béris ont toujours plus de deux épines à l'écusson, et leur abdomen est de forme alongée, elliptique.

Antennes avancées, rapprochées à leur base, allant en s'écartant après le premier article, beaucoup plus longues que la tête, composées de trois articles; le premier cylindrique, le second cyathiforme, le troisième alongé, linéaire, légèrement comprimé, divisé en huit anneaux, le huitième pas plus grand qu'aucun autre des précédens, conique. — *Trompe* cachée dans la cavité buccale lors du repos, laissant à peine voir les lèvres à l'extérieur. — *Tête* plus étroite que le corselet; celle des femelles un peu carrée, creusée à sa partie postérieure, avec le front et le vertex très-bombés; cette tête petite et hémisphérique dans les mâles. — *Yeux* petits et très-espacés dans les femelles, grands et rapprochés sur toute l'étendue du front dans les mâles. — *Trois ocelles* très-rapprochés, disposés, en triangle sur un tubercule du vertex. — *Corps* court. — *Corselet* ovale; prothorax assez grand, séparé du mésothorax par une ligne transversale enfoncée, distincte. — *Ecusson* grand, son bord postérieur muni de deux épines. — *Ailes* velues vues au microscope, couchées parallèlement sur le corps dans le repos, ayant une cellule discoïdale qui émet trois nervures divergentes atteignant le bord postérieur. — *Cuillerons* simples, petits. — *Balanciers* découverts. — *Abdomen* presqu'orbiculaire, un peu plus large que long, un peu bombé, composé de cinq segmens outre l'anus. — *Pattes* grêles, assez longues; tarses ayant leur premier article presqu'aussi long que les quatre autres réunis; les trois suivans allant en décroissant de grandeur; le cinquième deux fois plus long que le précédent, muni de deux crochets très-divergens, ayant dans leur entre-deux trois pelotes dont l'intermédiaire est la plus forte et paroît tronquée carrément.

On ne connoît encore que quatre espèces de ce genre; elles sont propres à l'Amérique méridionale. M. Wiédemann a tiré son nom de deux mots grecs qui signifient : *Mouche bossue*, peut-être à cause de la légère convexité de l'abdomen. Les mœurs ne sont pas connues.

1. Cyphomyie bleue, *C. cyanea.*

Cyphomyia cyanea. Wiédem. *Analect. Ent. pag.* 13. — *Stratiomys cyanea.* Coqueb. *Illustr. icon. pag.* 100. *tab.* 23. *fig.* 4. Femelle.

Voyez pour la description de la femelle et les autres synonymes, Odontomyie bleue n°. 8. de ce Dictionnaire. Nous ferons observer que le brun de l'abdomen change en bleuâtre dans l'insecte frais, et que le premier article des tarses est blanc depuis sa base jusqu'à l'extrémité. Nous regardons comme mâle de cette espèce un individu du même pays ; il ne diffère de la femelle que par sa tête, entièrement d'un noir-bleuâtre.

A ce genre appartiennent en outre, 1°. Cyphomyie tachée, *C. maculata.* Wiédem. *id.* — *Stratiomys maculata* n°. 3. Fab. *Syst. Antliat.* Amérique méridionale. 2°. Cyphomyie albitarse, *C. albitarsis.* Wiéd. *id.* Mâle et femelle. — *Stratiomys albitarsis* n°. 12. Fab. *id.* Du Brésil. 3°. Cyphomyie flamme, *C. auriflamma.* Wiéd. *id. fig.* 4. Mâle et femelle. Du Brésil.

(S. F. et A. Serv.)

XYLOPHILES, *Xylophili.* Troisième division de la tribu des Scarabéïdes, famille des Lamellicornes, section des Pentamères, ordre des Coléoptères.

Les caractères propres à cette division ont été mentionnés à l'article Scarabéïdes. (*Voyez* ce mot.) Nous la partagerons ainsi :

¶. Mandibules saillantes, découvertes.

A. Labre entièrement caché. (Corps de couleur sombre.)

o. Côté extérieur des mandibules simple, sans crénelures ni dents.

Phileure, Oryctès.

oo. Côté extérieur des mandibules sinué, crénelé ou dentelé.

Scarabé.

AA. Bord antérieur du labre apparent, séparant distinctement le chaperon des mandibules. (Corps ordinairement brillant, ou offrant des couleurs variées.)

o. Ecusson grand, triangulaire.

Chasmodie, Macraspis.

oo. Ecusson petit, ordinairement semi-circulaire.

Rutèle, Hexodon, Pélidnote, Chrysophore, Oplognathe.

¶¶. Mandibules déprimées, presqu'entièrement recouvertes en dessus par le chaperon. — Labre totalement caché.

Cyclocéphale.

ORYCTÈS, *Oryctes.* Illig. Lat. *Scarabœus.* Linn. Payk. Panz. De Géer. Geoff. Oliv. (*Entom.*) *Geotrupes.* Fab. Schœn.

Genre d'insectes de l'ordre des Coléoptères, section des Pentamères, famille des Lamellicornes, tribu des Scarabéïdes (division des Xylophiles).

Les genres Phileure et Oryctès forment dans cette division un groupe caractérisé par les mandibules saillantes et découvertes, dont le côté extérieur est simple, sans crénelures ni dents, et par le labre entièrement caché. (*Voyez* Xylophiles.) Les Phileures se distinguent des Oryctès par leur corps déprimé et par les côtés du corselet manifestement dilatés.

Les Oryctès ont le corselet sans dilatation latérale ; leurs caractères génériques sont presqu'entièrement les mêmes que ceux des Scarabés. (*Voy.* ce mot.) Ils ne diffèrent de ces derniers que par leurs mâchoires coriaces à l'extrémité, dépourvues de dents, simplement velues, et par le côté extérieur des mandibules qui n'est ni sinué ni denté.

Les femelles de ce genre déposent leurs œufs dans les terreaux, les fumiers, les terres grasses. Les larves sont molles, ordinairement courbées en arc, surtout à leur partie postérieure, en sorte qu'elles ne peuvent s'étendre en ligne droite et qu'elles marchent mal sur un plan uni. La tête est dure, écailleuse, munie de deux antennes courtes, filiformes, et de quatre palpes ; le corps est composé de douze segmens, et porte six pattes écailleuses. Quant à ses parties intérieures, elles offrent, dit le savant auteur du *Règne animal*, un estomac cylindrique, entouré de trois rangées de petits cæcums, un intestin grêle, très-court, un colon énormément gros, boursoufflé et un rectum médiocre. Dans l'insecte parfait ces inégalités disparoissent, et il n'y a qu'un long intestin presque d'égale venue. Ces larves subissent leurs métamorphoses dans l'endroit où elles ont vécu, et s'y forment, avec les débris des matières qu'elles ont rongées, une coque ovoïde dont les parties sont liées avec une substance glutineuse qu'elles tirent de leur corps. La peau qui recouvre la nymphe laisse voir assez bien les parties que l'insecte parfait doit avoir.

Ce genre n'ayant été que mentionné à sa lettre dans ce Dictionnaire, nous avons dû lui donner ici plus de développemens, aujourd'hui qu'il est généralement adopté. Son nom vient d'un verbe grec qui signifie : *fouiller.* Les espèces connues sont toutes de taille grande ou moyenne, d'une couleur noirâtre, brune ou marron clair. Nous citerons :

1°. Oryctès nasicorne, *O. nasicornis.* Lat. *Gen. Crust. et Ins. tom.* 2. *pag.* 102. *n°.* 1. — *Geotrupes nasicornis* n°. 11. Fab. *Syst. Eleut.* (A la citation du *Syst. nat.* de Linné, lisez 15. au lieu de 14.) — Schœn. *Syn. Ins. tom.* 1. *p.* 13. *n°.* 53.

—Le Moine. Geoff. *Ins. Paris. tom.* 1. *pag.* 68. *n°.* 1. — *Encycl. pl.* 142. *fig.* 8. Il habite dans les couches des jardins potagers où vit sa larve. (*Voyez* les généralités.) Il en sort le soir à la brune et prend alors son vol. Cette espèce, fort commune dans toute l'Europe, est très-connue des jardiniers des environs de Paris et de beaucoup d'autres personnes, sous les noms de *Licorne* ou de *Rhinocéros*. 2°. Oryctès Boas, *O. Boas.* — *Geotrupes Boas* n°. 23. Fab. *id.* (En retranchant le synonyme du *Scarab. Augias* de l'*Entom. Syst.*, et celui d'Olivier, qui ont rapport à l'espèce suivante.) — Schœn. *id. pag.* 8. *n°.* 32. (En retranchant la variété, qui est l'espèce suivante.) — *Encycl. pl.* 142. *fig.* 5. Du cap de Bonne-Espérance. 3°. Oryctès Augias, *O. Augias.* — *Scarabœus Augias* n°. 47. Fab. *Ent. Syst.* — Oliv. *Ent. tom.* 1. *Scarab. pag.* 37. *n°.* 39. *pl.* 24. *fig.* 212. — *Geotrupes Boas*, var. b. Schœn. *id. pag.* 9. *n°.* 32. — *Encycl. pl.* 142. *fig.* 6. De Ceylan. Nous ignorons pourquoi Fabricius l'a réuni à son *Geotrupes Boas* dans le *Syst. Eleut.* M. Schœnherr n'en fait qu'une variété de cette espèce, ce qui nous semble une faute. 4°. Oryctès Rhinocéros. *O. Rhinoceros.* Lat. *id. pag.* 103. — *Geotrupes Rhinoceros* n°. 46. Fab. *Syst. Eleut.* — Schœn. *id. pag.* 16. *n°.* 68. Des Indes orientales. 5°. Oryctès Silène, *O. Silenus.* — *Geotrupes Silenus* n°. 51. Fab. *id.* — Schœn. *id. pag.* 17. *n°.* 75. Du midi de la France. 6°. Oryctès Orion, *O. Orion.* — *Geotrupes Orion* n°. 26. Fab. *id.* — Schœn. *id. pag.* 9. *n°.* 35. Du Sénégal.

CHASMODIE, *Chasmodia.* Macl. (*Horæ entom.*) Lat. (*Fam. nat.*) *Rutela.* (*Encycl.*)

Genre d'insectes de l'ordre des Coléoptères, section des Pentamères, famille des Lamellicornes, tribu des Scarabéïdes (division des Xylophiles).

Les deux genres Chasmodie et Macraspis se distinguent de tous les autres Xylophiles par la grandeur de leur écusson. (*Voyez* Xylophiles.) Les Macraspis diffèrent des Chasmodies par le labre et le chaperon entiers.

M. Macleay a caractérisé ce genre dans ses *Horæ entomologicœ*, de la manière suivante :

Antennes de dix articles, le premier grand, presqu'arqué, conique ; le second un peu globuleux, le troisième assez long, presque cylindrique ; les quatrième, cinquième et sixième courts ; le septième très-court, cyathiforme ; leur massue ovale-alongée. — *Labre* avancé, cilié, bifide, ses divisions arrondies. — *Mandibules* fortes, cornées, alongées, canaliculées en dessous, leur bord extérieur profondément échancré, dépassant latéralement le chaperon ; leur bord interne membraneux, cilié : point de dent à leur extrémité interne. — *Mâchoires* cornées, bidentées, membraneuses à leur partie supérieure, ciliées ; ces cils formant des pinceaux avancés. — *Palpes maxillaires* ayant leur troisième article presque globuleux, le quatrième ovale, obtus à son extrémité : palpes labiaux grêles, insérés sur les angles du menton, leur dernier article presqu'aigu. — *Menton* alongé, concave, ses bords latéraux sinués ou profondément excavés à l'endroit de l'insertion des palpes, son extrémité tronquée, fortement ciliée. — *Tête* presque carrée. — *Chaperon* profondément échancré, son bord réfléchi. — *Corps* ellipsoïde, déprimé. — *Corselet* deux fois plus large que long. — *Ecusson* grand, triangulaire. — *Sternum* s'étendant jusqu'à l'insertion de la première paire de pattes, émoussé. — *Pattes* assez fortes ; jambes antérieures tridentées, les postérieures un peu comprimées ; tarses de longueur moyenne, leurs crochets divisés. (Nous pensons que M. Macleay s'est trompé sur ce dernier caractère, l'un des crochets nous paroissant entier dans les quatre tarses postérieurs.)

Le nom de ce genre fait allusion à l'échancrure remarquable que présentent le labre et le chaperon, échancrure tellement forte qu'elle fait paroître ces deux parties bifides. Ce genre répond à la première subdivision de la première division du genre Rutèle de ce Dictionnaire.

Outre la Chasmodie brune (*Rutela brunnea* n°. 2. *Encycl.*), nous avons rapporté à la même section la *Macraspis emarginata* Dej. Catal., qui nous paroît être la même espèce que la *Chasmodia viridis* n°. 1. de M. Macleay, qui la décrit ainsi *ut suprà pag.* 155. D'un vert noir brillant, très-glabre en dessus ; corselet rebordé ; élytres point sensiblement striées ; anus et côtés du dessous du corps ayant des rides ; cuisses et dessous du corselet très-velus. Du Brésil.

Nota. La Rutèle Cétoine n°. 1. du présent Dictionnaire, devra probablement former un nouveau genre lorsque l'on connoîtra les crochets de ses tarses, et il est fort douteux que M. Macleay l'eût placée dans ses Chasmodies ; elle a bien le chaperon et le labre bifides comme ces dernières, mais elle ressemble aux Cétoines par la présence de la pièce triangulaire entre les angles latéraux du corselet et les angles supérieurs des élytres, et diffère encore des Chasmodies par le bord extérieur des élytres entier, tandis qu'il est denté dans ce dernier genre.

MACRASPIS, *Macraspis.* Macl. (*Horæ entom.*) Lat. (*Fam. nat.*) *Rutela*, *Cetonia.* (*Encycl.*) *Cetonia.* Fab. *Rutela.* Schœn. *Scarabœus.* Linn. De Géer.

Genre d'insectes de l'ordre des Coléoptères, section des Pentamères, famille des Lamellicornes, tribu des Scarabéïdes (division des Xylophiles).

Un groupe de cette division a pour caractères : écusson grand, triangulaire ; les genres Chasmodie et Macraspis le composent. (*Voyez* Xylophi-

LES.) Les Chasmodies sont reconnoissables par leur labre et leur chaperon bifides.

Voici les caractères assignés à ce genre par son auteur.

Antennes ayant leur premier article conique, peu alongé, et leur massue oblongue, grande, mais n'égalant pas la moitié de la longueur totale de l'antenne. — *Labre* transversal, son bord antérieur presque demi-circulaire, avancé, coriace, entier, velu, son extrémité presqu'aiguë. — *Mandibules* presque triangulaires, comprimées, concaves en dessus; leur côté extérieur proéminent, échancré, à peine bidenté; leur pointe un peu échancrée à la partie intérieure. — *Mâchoires* ayant leur bord intérieur membraneux et portant à leur extrémité deux lobes tridentés, de substance cornée. — *Palpes maxillaires* ayant leur dernier article grand, presque globuleux-ovale, ce même article dans les labiaux, ovale-alongé. — *Menton* alongé, presque carré, concave, ses côtés sinués, son extrémité tronquée, à peine échancrée, point ciliée. — *Tête* presque carrée. — *Chaperon* arrondi, son bord réfléchi. — *Corps* ellipsoïde, déprimé. — *Corselet* deux fois plus large que long, son bord postérieur échancré. — *Écusson* fort grand, en triangle alongé. — *Sternum* pointu, prolongé jusqu'à l'origine de la tête. — *Pattes* assez fortes; jambes antérieures tridentées, les postérieures presque comprimées; tarses ayant un de leurs crochets entier et l'autre bifide.

Macraspis est tiré de deux mots grecs qui signifient *grand écusson*. Ce genre est propre à l'Amérique méridionale, ainsi que le précédent. On doit y placer les espèces comprises dans la seconde subdivision de la première division du genre Rutèle *Encycl.* La *Macraspis quadrivittata* MACL. *Horæ entom. p.* 157. *n°.* 1. est notre Rutèle quadrirayée. Cet auteur mentionne une espèce nouvelle qu'il nomme Macraspis birayée, *M. bivittata.* Dessus du corps testacé brillant, le dessous noir; tête fauve avec une ligne transversale noire; corselet ayant deux taches noires; écusson fauve bordé de noir: on voit une bande longitudinale sur les élytres, de couleur noire ainsi que leur suture; pattes testacées. Amérique méridionale.

PÉLIDNOTE, *Pelidnota.* MACL. (*Horæ entom.*) LAT. (*Fam. nat.*) *Rutela, Melolontha.* (*Encycl.*) *Melolontha.* FAB. *Rutela.* SCHŒN. *Scarabæus.* LINN.

Genre d'insectes de l'ordre des Coléoptères, section des Pentamères, famille des Lamellicornes, tribu des Scarabéides (division des Xylophiles).

Parmi les Xylophiles dont le bord antérieur du labre est apparent, & sépare distinctement le chaperon des mandibules, un groupe a pour caractères: écusson petit, ordinairement semi-circulaire. Il contient cinq genres. (*Voy.* XYLOPHILES.) Celui d'Oplognathe nous est inconnu. Le genre Rutèle a son écusson triangulaire; le corps des Hexodons est presqu'orbiculaire, plat en dessous; leur tête est carrée et rentre, lors du repos, dans une profonde échancrure du corselet. Les Chrysophores ont leurs pattes postérieures fort longues, à cuisses renflées et jambes alongées et arquées; ce qui distingue ces trois genres de celui de Pélidnote.

M. Macleay, en établissant ce genre dans ses *Horæ entomologicæ, pag.* 157., lui donne pour caractères:

Antennes de dix articles, celui de la base grand, un peu arqué, conique; le second presque globuleux; le troisième plus long, presque cylindrique; les quatrième, cinquième et sixième courts; le septième très-court, cyathiforme; leur massue ovale. — *Labre* avancé, transversal, presque demi-circulaire, velu ou cilié, son bord antérieur échancré. — *Mandibules* un peu comprimées, triangulaires, aplaties en dessus, leur bord extérieur arqué, échancré, leur extrémité bidentée à la partie interne. — *Mâchoires* courtes, épaisses, velues, courbes, ayant six fortes dents aiguës à leur extrémité intérieure. — *Palpes maxillaires* ayant leur premier article court, presque cylindrique, le second plus long, le troisième plus court, plus épais à son extrémité, le dernier ovale, un peu canaliculé: palpes labiaux courts, leur article terminal ovale. — *Menton* court, carré, convexe à sa partie postérieure ou obtus, ses côtés sinués, son bord antérieur échancré, avec les angles arrondis. — *Tête* presque triangulaire, sans suture transversale. — *Chaperon* arrondi, obtus, rebordé. — *Corps* ovale, convexe, point recouvert postérieurement par les élytres. — *Sternum* très-court, un peu obtus. — *Écusson* de grandeur ordinaire, demi-circulaire. — *Pattes* assez fortes; jambes antérieures tridentées extérieurement; crochets des tarses inégaux.

Les Pélidnotes correspondent à la première subdivision de la seconde division du genre Rutèle de ce Dictionnaire. La seconde subdivision constitue à elle seule ce dernier genre dans son état actuel.

CHRYSOPHORE, *Chrysophora.* DEJ. (Catal.) LAT. (*Fam. nat.*)

Genre d'insectes de l'ordre des Coléoptères, section des Pentamères, famille des Lamellicornes, tribu des Scarabéides (division des Xylophiles).

Un groupe de cette division contient les genres Rutèle, Hexodon, Pélidnote, Chrysophore et Oplognathe. (*Voyez* XYLOPHILES.) Ce dernier ne nous est pas connu. Les Rutèles ont l'écusson triangulaire; dans les Hexodons le corps est orbiculaire, plat en dessous, et la tête rentre, lors du repos, dans une profonde échancrure du corselet; le genre Pélidnote a les cuisses postérieures et leurs jambes simples, ni longues, ni arquées, ni renflées : caractère qui lui est commun avec les deux premiers genres précités.

Antennes de dix articles, le premier gros, conique, cilié postérieurement; le second globuleux; les trois suivans coniques, allant en diminuant de longueur; les sixième et septième cyathiformes; les trois derniers formant une masse alongée, ovale, velue. — *Mandibules* découvertes. — *Palpes* ayant leur dernier article grand, ovale-cylindrique. — *Lèvre* grande, échancrée en devant. — *Chaperon* point séparé de la tête par une ligne transverse, un peu rebordé, arrondi en devant, un peu tronqué antérieurement. — *Corps* gros, épais. — *Corselet* transversal, ses angles antérieurs très-saillans, ses côtés arrondis, légèrement sinués, un peu rebordé et sinué postérieurement. — *Ecusson* assez grand, demi-circulaire. — *Elytres* un peu rebordées, se rétrécissant du milieu à l'extrémité, recouvrant des ailes, laissant à nu l'extrémité de l'abdomen, leur angle sutural presque prolongé en pointe spiniforme. — *Pattes* fortes; les deux jambes antérieures à peine tridentées extérieurement; les deux postérieures très-longues, très-arquées, terminées intérieurement par une grande épine inarticulée, un peu crochue; cuisses postérieures renflées; tarses ayant leur cinquième article aussi grand que les quatre autres pris ensemble; les deux tarses postérieurs très-longs; crochets antérieurs presqu'égaux, l'un bifide, l'autre entier; les quatre crochets postérieurs presqu'égaux aussi, mais simples.

Les noms, tant générique que spécifique, donnés à la seule espèce connue de ce genre, sont tirés du grec; ils indiquent l'éclat extraordinaire dont elle brille. Les caractères que nous venons d'énoncer ont été pris sur un individu mâle faisant partie de l'immense collection de M. le comte Dejean, qui a bien voulu nous le communiquer avec une bienveillance qu'il a eue envers nous dans toute occasion, et dont nous le remercions ici bien sincèrement.

1. Chrysophore chrysochlore, *C. chrysochlora*.

Chrysophora suprà viridi-aurea, subtùs viridi-cuprea: antennis testaceis; elytris excavato punctatis.

Chrysophora chrysochlora. Dej. Catal.

Longueur 18 lig. D'un beau vert doré en dessus, d'un vert cuivreux en dessous; antennes testacées, leur premier article ayant en dessus une tache cuivreuse; tête et corselet finement pointillés; élytres couvertes d'une multitude de gros points enfoncés, qui les font paroître guillochées; pattes d'un vert cuivreux ainsi que l'anus; tarses d'un noir-bleuâtre. Mâle.

M. le comte Dejean pense que la femelle a les jambes postérieures moins longues et moins arquées.

Rapportée du Pérou par MM. de Humboldt et Bonpland. Nous croyons que M. Latreille a décrit cette espèce sous le nom de *Melolontha chrysochlora* dans le Voyage de M. de Humboldt, mais nous n'avons pas eu communication de cet ouvrage.

CYCLOCÉPHALE, *Cyclocephala*. Lat. (*Fam. nat.*) *Chalepus*. Macl. (*Horæ entom.*) *Melolontha*. Fab. Oliv. Schœn. *Geotrupes*. Schœn. *Scarabœus*. Voet.

Genre d'insectes de l'ordre des Coléoptères, section des Pentamères, famille des Lamellicornes, tribu des Scarabéides (division des Xylophiles).

Les Cyclocéphales forment une coupe particulière dans leur division. (*Voyez* Xylophiles.)

M. Macleay, dans ses *Horæ entomologicæ*, a désigné ce genre sous le nom de *Chalepus*; M. Latreille en l'adoptant a changé cette dénomination, qui avoit déjà été employée génériquement. Les caractères donnés par l'auteur anglais sont les suivans :

Antennes presque coudées, composées de dix articles; le premier presque conique, ou plutôt grossi à sa partie antérieure; le second presque globuleux, petit; les sixième et septième plus grands que les autres, cyathiformes; massue de trois articles, presque comprimée, alongée, ovale. — *Labre* caché sous le chaperon, son bord antérieur demi-circulaire, à peine visible, un peu échancré à sa partie inférieure. — *Mandibules* épaisses à leur base (peu découvertes et déprimées, suivant M. Latreille), triangulaires, arquées à leur partie extérieure, point dentées, leur pointe aiguë. — *Mâchoires* crustacées, fortes, alongées, un peu comprimées, à peine sinuées, leur extrémité armée de six dents courtes, fortes et cornées. — *Palpes maxillaires* ayant leur premier article à peine distinct; le second presque conique, le troisième plus court, conique; le dernier alongé, cylindrique-ovale, plus grêle à sa base et à son extrémité : palpes labiaux courts, insérés sur le dos des lobes du menton; premier article grêle, conique; le second plus court, plus épais, conique; le dernier cylindrique-ovale. — *Menton* presque carré, un peu rétréci de chaque côté à son extrémité, son bord supérieur profondément échancré, ses lobes presqu'arrondis, convexe en dessus, son bord postérieur échancré ou plutôt excavé. — *Tête* presque carrée ou trapézoïdale, ayant une suture transversale. — *Chaperon* tronqué à sa partie antérieure, à peine échancré. — *Corps* presque convexe. — *Corselet* transversal, ses bords latéraux convexes, le postérieur tronqué. — *Sternum* simple, sans prolongement. — *Elytres* ne recouvrant pas entièrement l'abdomen. — *Jam-*

bes antérieures portant trois dents à leur côté externe.

Le nom de Cyclocéphale venant de deux mots grecs, a rapport à la forme de la tête de ces insectes. M. Latreille dit avec raison, que ce genre semble faire le passage de la division des Scarabéïdes-Xylophiles à celle des Scarabéïdes-Phyllophages, et il ne seroit pas étonnant qu'il eût les mœurs de ceux-ci. Nous indiquerons pour type l'espèce suivante :

1. Cyclocéphale géminée, *C. geminata.*

Chalepus geminatus. Macl. *Horæ entomol. pag.* 149. *n°.* 1. — *Melolontha geminata* n°. 33. Fab. *Syst. Eleut.* — Schœn. *Syn. Ins. tom.* 3. *pag.* 187. *n°.* 115. — *Geotrupes lugubris.* Schœn. *id. tom.* 1. *pag.* 21. *n°.* 96. *tab.* 2. *fig.* 1.

Voyez pour la description et la synonymie, Hanneton douteux n°. 51. de ce Dictionnaire.

(S. F. et A. Serv.)

XYLOTE, *Xylota.* Meig. Lat. (*Fam. nat.*) *Milesia.* Fab. Fallèn. *Musca.* Linn. De Géer. Geoff. Schell. Schranck. *Syrphus.* Panz. Fallèn. *Merodon, Scœva, Thereva.* Fab.

Genre d'insectes de l'ordre des Diptères, première section, famille des Athéricères, tribu des Syrphies.

Un groupe de Syrphies a pour caractères : antennes ayant leurs deux premiers articles égaux entr'eux, portées sur un tubercule frontal. Il renferme les genres Milésie, Brachyope, Rhingie et Xylote. (*Voyez* Syrphies.) Les trois premiers se distinguent du dernier par leurs cuisses postérieures simples.

Antennes insérées sur un tubercule élevé, situé sur le front, avancées, un peu penchées, composées de trois articles ; les deux premiers petits, velus ; le troisième orbiculaire, comprimé, ayant à sa base une soie simple. — *Ouverture de la cavité buccale* ovale, rétrécie en devant. — *Trompe* cachée dans la cavité buccale lors du repos, terminée par deux lèvres qui restent un peu saillantes. — *Palpes* ou coniques ou cylindriques, de longueur variable. — *Tête* hémisphérique, déprimée en devant ; hypostome creusé, uni ou n'ayant qu'un très-petit tubercule. — *Yeux* nus, réunis dans les mâles, espacés dans les femelles. — *Trois ocelles* placés en triangle sur le vertex. — *Corselet* presque carré, un peu bombé à sa partie antérieure. — *Ecusson* demi-sphérique. — *Ailes* lancéolées, velues vues au microscope, couchées parallèlement sur le corps dans le repos. — *Cuillerons* petits. — *Balanciers* découverts. — *Pattes antérieures* courtes, menues ; les postérieures fortes, beaucoup plus longues que les autres, leurs cuisses en massue, garnies en dessous de fines épines, leurs jambes arquées.

Dix-neuf espèces de Xylotes sont mentionnées dans les *Dipt. d'Europ.* de M. Meigen ; il forme deux divisions dans ce genre ; la première ne renferme qu'une seule espèce, qui diffère beaucoup des autres par divers caractères et par la nourriture de la larve : c'est la *Xylota pipiens*, dont De Géer a trouvé la larve dans du fumier de cheval. Cette larve est brune, plus grosse vers la tête que par derrière, celle-ci est terminée par une petite pointe fine ; au lieu de pattes, chaque segment du corps a en dessous de petits mamelons charnus au moyen desquels la larve marche, ou plutôt se traîne lentement. Elle se fait de sa propre peau une coque ovale d'un brun obscur, pointue à son extrémité. M. Meigen dit avoir reçu la dépouille d'une nymphe de la *X. pigra.* Elle étoit brune, dure, oblongue, assez arrondie en dessus, aplatie en dessous ; sa partie antérieure portoit deux petites cornes, et l'anus avoit une queue courte. Les femelles des espèces de la seconde division se rencontrent fréquemment sur les arbres pourris et dont les parties intérieures sont réduites en terreau, ce qui fait présumer qu'elles y font leur ponte. On trouve aussi ces Diptères sur les fleurs. Xylote vient d'un mot grec et signifie : *habitant le bois.*

1re. *Division.* Palpes coniques. — Nervure transversale du milieu de l'aile, droite. (*Syritta* Nob.)

Nous ne connoissons qu'une seule espèce de cette division, c'est la Xylote chanteuse, *X. pipiens.* Meig. *Dipt. d'Eur. tom.* 3. *p.* 213. *n°.* 1. Mâle et femelle. Cette espèce, extrêmement commune en France et en Allemagne, varie beaucoup.

2e. *Division.* Palpes presque cylindriques, grossissant un peu vers l'extrémité. — Nervure transversale du milieu de l'aile, plus ou moins oblique. (*Xylota propriè dicta.* Nob.)

1re. *Subdivision.* Hanches postérieures des mâles armées d'une épine longue et grêle.

1°. Xylote indolente, *X. segnis.* Meig. *Dipt. d'Eur. tom.* 3. *pag.* 220. *n°.* 12. Commune aux environs de Paris. 2°. Xylote nonchalante, *X. ignava.* Meig. *id. pag.* 221. *n°.* 13. Des environs de Paris. 3°. Xylote paresseuse, *X. pigra.* Meig. *id. n°.* 14. Même patrie que les précédentes.

2e. *Subdivision.* Hanches postérieures des mâles armées d'un tubercule un peu aigu.

1°. Xylote des bois, *X. sylvarum.* Meig. *Dipt. d'Eur. tom.* 3. *pag.* 223. *n°.* 17. Aux environs de Paris, dans les forêts. 2°. Xylote des fleurs, *X. florum.* Meig. *id. pag.* 217. *n°.* 8. Des environs de Paris.

3e. *Subdivision.* Hanches postérieures entièrement simples dans les deux sexes.

1°. Xylote lente, *X. lenta.* Meig. *Dipt. d'Eur. tom.*

tom. 5. *pag.* 222. *n°.* 15. Des environs de Paris.
2°. Xylote latérale, *X. lateralis*. Meig. *id. pag.* 224. *n°.* 18. De France, d'Autriche et de Suède.

(S. F. et A. Serv.)

XYLOTOMES, *Xylotomæ*. Cinquième famille des Diptères de M. Meigen. (La quatrième de sa seconde division.) Il la caractérise ainsi :

Antennes avancées, rapprochées à leur base, triarticulées, dernier article sans divisions. Trompe cachée. Trois ocelles. Abdomen cylindrique, composé de six segmens outre l'anus. Balanciers découverts. Ailes écartées. Deux pelotes entre les crochets des tarses.

Cette famille ne contient que le genre *Thereva*, qui rentre dans la tribu des Mydasiens, famille des Tanystomes de M. Latreille.

(S. F. et A. Serv.)

XYPHOSURES, *Xyphosura*. Lat.

M. Latreille donne ce nom à un ordre de Crustacés de la section des Edentés, auquel il assigne les caractères suivans : point de siphon ; base des pieds (ceux du céphalothorax ou de la division antérieure du corps qui, les deux derniers exceptés, servent uniquement à la locomotion et à la préhension) hérissée de petites épines et faisant l'office de mâchoires ; test dur, divisé en deux boucliers, offrant en dessus deux sillons longitudinaux et recouvrant tout le corps, qui se termine en dessus par une pièce très-dure, ensiforme et mobile. Ces animaux sont constamment vagabonds. Cet ordre ne contient qu'un genre que nous allons faire connoître.

LIMULE, *Limulus*. Mull. Fab. Lat. Léach. *Monoculus*. Linn. *Xyphosura et Xyphotheca*. Gronov. *Polyphemus*. Lamk. *Cancer clusius*.

Le corps des Limules est divisé en deux parties ; la première ou l'antérieure, que M. Latreille nomme *céphalothorax*, est recouverte par un bouclier lunulé, débordant et portant deux yeux très-écartés l'un de l'autre, entre lesquels M. Cuvier a observé trois petits yeux lisses rapprochés ; au-dessous de la carapace dont nous venons de parler, sont insérés, sur une saillie conique, en forme de bec ou de labre, deux corps semblables à deux petites serres de Crabes, didactyles ou monodactyles, selon les sexes, composés de deux articles que M. Latreille considère comme les antennes, et que Savigny assimile à la seconde paire de pieds-mâchoires des Crustacés, ainsi qu'aux mandibules des Arachnides, et auxquels il donne le nom de mandibules succédanées ou fausses mandibules ; à la suite de ces antennes se trouvent six paires de pieds, dont les deux derniers réunis forment un grand feuillet portant les organes sexuels, et dont les dix autres libres, et tous, à l'exception des deux premiers, didactyles. Ces pieds sont composés de six articles, le radical ou la hanche est hérissé de piquans ou épines dont le nombre est très-considérable aux deux ou trois premières paires de pieds : ces articles tiennent lieu de mâchoires ; l'article suivant, ou le premier de la cuisse, offre aussi quelques épines. La dixième paire de pieds diffère des autres par divers caractères, et surtout par les hanches, qui ne sont point maxillaires, et par l'extrémité intérieure du dernier article de la jambe, qui se termine par quatre petites lames mobiles, droites, alongées, pointues, égales et rapprochées en un faisceau longitudinal ; la partie extérieure de cette même extrémité de la jambe donne attache au dernier article, qui est terminé comme les autres par deux doigts mobiles qui diffèrent un peu des précédens. Le pharynx débouche entre les hanches de toutes ces pattes ; l'œsophage se dirige en avant, l'estomac des Limules étant situé, comme dans les Crustacés décapodes, vers le bord antérieur du test. La seconde partie du corps des Limules, ou la postérieure, est recouverte par un bouclier qui a en dessus la forme d'un trapézoïde échancré postérieurement, avec les bords latéraux armés d'épines mobiles et alternantes ; en dessous, et dans un creux en forme de boîte presque carrée, sont cinq paires de feuillets ou de larges pieds natatoires dont la face postérieure est garnie de branchies. L'anus est placé à la racine de la pointe qui termine le corps ; cette pointe est cornée, très-dure, droite, trigone, très-pointue et souvent armée sur le dos de petites dentelures ; elle s'insère dans une cavité au milieu de l'échancrure postérieure de la seconde pièce du test, et elle est articulée avec elle par le moyen d'une tête dont les deux côtés sont dilatés et appuyés sur deux saillies de cette pièce ; le cœur, comme dans les Stomapodes, est un gros vaisseau garni en dedans de colonnes charnues régnant le long du dos et donnant des branches des deux côtés ; un œsophage ridé, remontant en avant, conduit dans un gosier très-charnu, garni intérieurement d'une veloutée cartilagineuse toute hérissée de tubercules et suivi d'un intestin large et droit. Le foie verse la bile dans l'intestin par deux canaux de chaque côté. Une grande partie du test est remplie par l'ovaire dans les femelles, et par les testicules dans les mâles.

Clusius ou Lécluse et Boutius sont les premiers naturalistes qui aient mentionné et figuré des Limules. Muller les confond avec les *Apus* ; Fabricius les en a distinguées, mais il les a placées dans son ordre des Kleistagnathes ou Décapodes Brachiures de M. Latreille. Enfin, Lamarck ayant conservé le nom de Limule au genre *Apus*, appelle Polyphème le genre dont nous traitons. Ces animaux vivent dans les mers des pays chauds, et viennent le soir, presque toujours par couples, dans l'été, sur les plages sablonneuses ou marécageuses; la femelle, qui est plus grosse, porte sur son dos le mâle, sans que celui-ci y soit en état d'accouplement ni violemment attaché : leurs mouvemens sont fort lents et très-circonscrits, et lorsqu'ils marchent on ne voit aucune des pattes. Dès qu'on les touche, ils s'arrêtent et relèvent leur queue pour se défendre. Ils restent toute la nuit à moitié hors de l'eau, et ne cherchent à se sauver que quand ils sentent que le danger commence à être éminent. Leur queue est très-redoutée dans l'Inde et en Caroline, parce qu'on est dans l'opinion que sa piqûre est venimeuse. Les sauvages se servent de cette pointe en guise de fer de flèche. La chair des Limules est bonne à manger, et leurs œufs sont très-délicats. On sert sur les tables, à la Chine et au Japon, l'espèce qui lui est propre, et qui arrive, avec l'âge, à une longueur de deux pieds. Ces animaux se trouvent dans les mers des deux Indes, depuis l'équateur jusqu'au quarantième degré de latitude. Ils sont communs dans le golfe du Mexique, sur les côtes de Caroline, aux Moluques et dans les mers du Japon et de la Chine. Les Américains appellent ces Crustacés *King-Krab*. Les nègres des bords de la mer se servent du test vide pour puiser de l'eau ou pour d'autres usages domestiques. On connoît quatre ou cinq espèces de ce genre.

LIMULE POLYPHÈME, *Limulus Polyphemus*. LAT. *Gen. Crust. et Ins. tom.* 1. *pag.* 11. — *Hist. nat. des Crust. et des Ins. tom.* 4. *pag.* 96. — *Limulus Cyclops*. FAB. *Suppl. Ent. Syst. p.* 371. (Jeune.) *Monoculus Polyphemus*. LINN. *Syst. nat. id.* 13. *tom.* 1. *pars* 2 *p.* 1057. — *Limulus Sowarbi*. LÉACH. (*Zool. Miscel pl.* 84.) SÉBA. *Mus. nouv. édit.* (1828) *pag.* 4. *pl. XVII. n°.* 1. a. b. Il varie selon l'âge pour la taille et la couleur. Les vieux sont d'un brun-noirâtre, et les jeunes d'un jaunâtre qui tire sur le brun. L'arête du milieu du dos a, sur chaque pièce du test, trois épines : le stylet formant la queue est à peu près de la longueur du corps. Cette espèce se trouve sur une grande partie des côtes sablonneuses de l'Inde et de l'Amérique.

LIMULE DES MOLUQUES, *Limulus moluccanus*. LAT. *Gen. Crust. et Ins. tom.* 1. *pag.* 11. — *Hist. nat. des Crust. et des Ins. tom.* 4. *pag.* 92. *pl.* 16. 17. — *Cancer moluccanus*. CLUS. *exot. lib.* 6. *cap.* 14. *pag.* 128. — BONT. *Jav. lib.* 5. *cap.* 31. — RHUMPH. *Mus.* 21. *tab.* 12. f. a. b. — SCHÆFF. *Monog.* 1756. *tab.* 7. *fig.* 4. 5. Il acquiert jusqu'à deux pieds de longueur, et diffère du précédent parce qu'il n'a point d'épines sur l'arête du milieu de la première pièce du test, laquelle se termine en avant par une petite élévation fourchue. Il est très-commun dans les Indes orientales, aux Moluques. Les Japonais l'appellent *Kabutogani* ou *Unkia*. M. Léach, dans le *Dict. des scienc. nat.*, décrit une espèce sous le nom de *Limulus tridentatus*, et qui paroît être la même que la précédente. Sa patrie est inconnue.

On connoît encore quatre autres espèces de Limules; deux ont été décrites par M. Latreille dans le *Nouv. Dict. d'histoire natur.* sous les noms de *Rotundicauda* et *Virescens*. Les deux autres sont publiées par Léach dans le *Dictionnaire des sciences natur.* sous les noms de *Macleii* et *Latreillii*.

Enfin, une septième espèce a servi à Léach pour instituer un nouveau genre que M. Latreille n'adopte pas. Léach donne le nom de TACHYPLÉE, *Tachypleus* à ce genre. Il a les caractères généraux des Limules; le dernier article des appendices des première et deuxième paires de pattes ambulatoires est étroit à la base, renflé intérieurement vers son milieu, et se terminant tout-à-coup en pointe. Deux doigts égaux terminent ceux de la quatrième et de la cinquième paire. M. Desmarets (*Considér. sur les Crust.*, article extrait du *Dict. des scienc. natur.*) rapporte à ce genre le LIMULE hétérodactyle, *Limulus heterodactylus*. LAT. *Gen. Crust. et Ins. tom.* 1. *pag.* 12. — *Hist. natur. des Crust. et des Ins. tom.* 4. *pag.* 89. C'est son *Tachypleus heterodactylus, loc. cit. pag.* 356. On le trouve dans les mers de la Chine.

On a trouvé une espèce de Limule à l'état fossile; elle est rare et n'a été observée que dans des couches d'une antiquité moyenne. M. Desmarets lui a donné le nom de LIMULE DE WALCH, *Limulus Walchii*, dans son *Hist. nat. des Crust. fossiles*, *pag.* 139. *tab. XI. fig.* 6. *et* 7., c'est le *Cancer perversus* de Knorr et Walch. (*Monum. du déluge, tom.* 1. *pag.* 136. *pl.* 14.) Elle ne diffère des espèces vivantes que par le rebord de la première pièce de la carapace, qui est arrondi au lieu de former un angle aigu devant la bouche, et par d'autres caractères tirés de la forme et des épines du test.

XYPHOTHÈQUE, *Xyphotheca*. Voyez XYPHOSURES.

XYSTE, *Xysta*. MEIG.

Genre d'insectes de l'ordre des Diptères, famille des Muscides de cet auteur; il lui assigne pour caractères : antennes moitié aussi longues que l'hypostome, couchées, composées de trois articles; le premier petit, les deux suivans presque d'égale longueur, comprimés, le dernier obtus à l'extrémité, muni à sa base d'une soie dorsale nue, biarticulée. Trompe cachée dans la cavité buccale. Palpes assez longs, cylindriques, un peu velus. Tête hémisphérique; hypostome ayant un sillon longitudinal des deux côtés, arqué dans le milieu; auprès du sillon est une ligne de poils roides assez longs. Yeux presque réunis sur le front. Trois ocelles placés en triangle sur le vertex. Corps assez court. Corselet bombé, garni de poils roides. Abdomen bombé, muni de petits poils très-courts, ou presque nu, composé de quatre à cinq segmens outre l'anus. Ailes lancéolées, velues vues au microscope, à moitié ouvertes dans le repos. Balanciers recouverts par un grand cuilleron double.

Les mœurs de ces Muscides ne sont pas connues. L'auteur place deux espèces dans ce genre : 1°. Xyste cilipède, *X. cilipes*. Meig. *Dipt. d'Eur. tom.* 4. *pag.* 182. *n°.* 1. *tab.* 39. *fig.* 5. Longueur 3 lig. ½. Noire; corselet et extrémité de l'abdomen cendrés; jambes postérieures ciliées. Du midi de la France. 2°. Xyste soyeuse, *X. holosericea*. Meig. *id. n°.* 2. Autriche et midi de la France.

(S. F. et A. Serv.)

Yeux, *Oculi*.

Comme ce sujet n'a pas été traité au mot Œil, nous sommes obligés de faire connoître ici les organes de la vue des Crustacés, Arachnides et Insectes. Ces organes ont une composition bien différente de celle que l'on a reconnue depuis long-temps dans les animaux vertébrés; ils sont de deux sortes, les uns connus sous le nom d'*yeux composés* ou de *facettes*, et les autres sous celui d'*yeux simples* ou *lisses*.

Les *yeux composés* ou *chagrinés* sont ordinairement placés sur les parties latérales de la tête; leur forme est très-variable et leur surface extérieure est plus ou moins convexe. Leur composition a été observée dans plusieurs insectes par Leuwenhoek, Swammerdam, Cuvier et Marcel de Serres; il résulte des observations de ces anatomistes, que l'œil des insectes est composé: 1°. d'une cornée d'autant plus convexe que l'animal est plus carnassier, transparente, dure, épaisse, ordinairement enchâssée dans une sorte de rainure de la tête, et offrant plusieurs milliers de facettes hexagonales, disposées regulièrement; chaque facette peut être étudiée isolément, c'est-à-dire que chacune d'elles constitue un œil distinct pourvu de toutes ses parties. 2°. Un enduit opaque peu liquide, très-adhérent à la face interne de la cornée, diversement coloré, le plus souvent d'un violet sombre ou noir, mais quelquefois aussi de couleur verte ou rouge, ce qui rend l'enduit très-distinct d'une sorte de vernis très-noir propre à la choroïde. Il n'est pas rare de voir plusieurs couleurs réunies sur un seul œil; celui-ci paroît alors bariolé de brun et de vert, de vert et de rouge; plusieurs Orthoptères, Névroptères et Diptères, offrent cette disposition curieuse. Dans tous les cas c'est à l'enduit de la cornée qu'est due la couleur, souvent très-vive et brillante, des yeux des Insectes; malheureusement il s'altère promptement, ce qui fait que les yeux des Insectes morts perdent tout leur éclat; cet enduit est traversé par des nerfs, ainsi que nous le verrons plus loin. 3°. Une véritable choroïde ou membrane celluleuse, quelquefois striée, qui existe assez constamment et qui est recouverte d'un vernis noir, sorte de *pigmentum nigrum* qu'elle sécrète peut-être. Swammerdam ne paroît pas avoir distingué cet enduit de celui de la cornée; mais suivant l'opinion de Marcel de Serres, il est fort différent. La choroïde et son vernis n'existent pas toujours, ils manquent dans les Blattes; toutes les espèces qui fuient la lumière, telles que les Ténébrions, les Blaps, les Pédines, etc., semblent également en être privées; alors l'enduit de la cornée est beaucoup plus foncé que de coutume. La membrane choroïdienne est fixée par sa circonférence à tout le bord de la cornée, elle en suit les contours, et a des rapports intimes avec les trachées qui y sont très-abondantes. 4°. Des vaisseaux aériens qui jouent un rôle fort important. Ils naissent d'assez gros troncs situés dans la tête, et forment autour de l'œil une trachée circulaire qui envoie une infinité de rameaux, lesquels, en se bifurquant, donnent lieu à de nombreux triangles isoscèles. Ces triangles, dont la base regarde en dehors et qui sont placés au pourtour du cône optique, reçoivent, dans chaque intervalle angulaire qui sépare leur sommet, un filet nerveux qui traverse la choroïde et va gagner la surface externe de l'enduit de la cornée. L'assemblage des trachées et des filets nerveux forme à la circonférence de l'œil une sorte de réseau dont l'aspect est très-gracieux. Les trachées sont tellement abondantes sur la choroïde, que cette membrane paroît en être formée, et que, dans tous les cas, il est certain que les genres qui manquent de choroïde sont également privés de trachée circulaire. 5°. Des nerfs qui naissent d'un gros tronc, lequel, après être parti immédiatement du cerveau, est entouré quelquefois par une petite trachée circulaire, ou bien traverse les fibres du muscle adducteur de la mandibule. Ce gros tronc augmente bientôt de volume; il s'épanouit et forme une sorte de cône plus ou moins élargi, dont la base regarde la cornée transparente. De nombreux nerfs partent de cette base, ils s'engagent entre les trachées de la choroïde, traversent cette membrane et son vernis, pénètrent dans l'enduit de la cornée, et chacun d'eux aboutit enfin à une des facettes de la cornée transparente; de sorte que les filets nerveux sont ainsi immédiatement en contact avec le fluide lumineux qui leur arrive après avoir traversé seulement la cornée transparente. Cette disposition des filets nerveux qui constituent ainsi autant de petites rétines qu'il y a de facettes à la cornée de l'œil, est assez facile à voir dans les Libellules, les Truxales et les Criquets; mais il faut avoir la précaution, ainsi que l'indique M. Marcel de Serres, d'ouvrir la cornée de dehors en dedans, et de l'enlever seule et sans l'enduit qui la tapisse; alors on aperçoit une infinité de petits points blancs qui ne sont autre chose que les extrémités de chaque filet nerveux, ce dont on peut encore se convaincre en les suivant à travers l'enduit de la cornée, et à travers la choroïde jusqu'au tronc commun. Swammerdam avoit désigné ces petites rétines sous le nom de *fibres pyramidales*. L'œil de l'insecte ne renferme donc aucune humeur proprement dite, il n'y a ni cristallin, ni humeur vitrée, et la vision est chez eux bien plus simple que dans les animaux vertébrés, dont les nerfs situés au fond de l'œil ne reçoivent la lumière qu'après qu'elle a traversé divers milieux de densités différentes. Les yeux composés des Insectes, tels que nous venons de les décrire, différeroient encore de ceux des Crustacés, auxquels Blainville a reconnu, derrière la cornée transparente, une choroïde percée d'une infinité de trous, puis un véritable cristallin qui appuie sur un ganglion nerveux, divisé en une multitude de petites facettes.

Les yeux composés des Crustacés sont souvent mobiles et portés sur des pédoncules plus ou moins longs, ordinairement d'une seule pièce cylindrique et rarement de deux. Une fossette, quelquefois très-profonde, placée plus ou moins en avant du test, est destinée à loger ce pédoncule, qui est tantôt court et plus gros que l'œil qu'il supporte, tantôt long et plus petit que le diamètre de ce même œil. Dans quelques genres (*Gélalimes, Gonopsace, Podophthalme*), ces pédoncules s'insèrent sur les côtés d'une avance du bord antérieur du test; dans quelques autres (*Ocypodes*), ils dépassent les yeux, qui semblent alors attachés à l'une de leurs faces : quelquefois cette partie dépassant les yeux est garnie d'une touffe de poils. Ils existent seuls dans les Crustacés Brachyures et Macroures, dans les Stommapodes, dans la plupart des Crustacés sessiliocles et des Entomostracés; chez les Cyames, ils sont accompagnés de deux yeux lisses; chez les Limules, ils existent aussi et sont suivis de trois yeux lisses. Les yeux composés n'existent pas chez les Araignées; chez les Insectes, ils existent presque toujours, soit seuls, soit accompagnés de trois yeux lisses. Ils sont le plus souvent sessiles, arrondis, globuleux ou réniformes, souvent ils sont échancrés pour recevoir l'insertion des antennes (*Longicornes*, etc.). Chez quelques Coléoptères, ils sont réunis sur le front, et ces insectes semblent n'avoir qu'un seul œil (*Zigobs, Schœnh.*); ils sont portés sur un pédoncule chez quelques Diptères (*Achias, Diopsis*); mais ces pédoncules ne sont pas articulés comme on le voit chez les Crustacés, ce ne sont que des prolongemens des côtés de la tête portant les yeux et les antennes. Les yeux composés offrent souvent, quant à leurs dimensions, des différences notables dans les deux sexes. Beaucoup de mâles de Diptères sont distingués des femelles, parce que les yeux occupent toute la tête, tandis qu'ils ont un bien moindre volume chez celles-là.

Les *yeux simples* ou *lisses* ont une organisation différente de celle des précédens; on y distingue : 1°. une cornée transparente formée par une membrane externe, dure, convexe en dehors, concave en dedans, lisse, c'est-à-dire ne présentant aucune apparence de facette; 2°. un enduit de couleur variée tapissant la face interne de la cornée, mais qui n'est peut-être pas distinct du vernis de la choroïde; 3°. une sorte de choroïde assez épaisse, plus étendue en surface que la cornée elle-même, colorée en noir dans quelques cas seulement, assez souvent rouge ou bien d'un blanc mat tout particulier; 4°. des trachées qui ne naissent pas d'un vaisseau aérien circulaire et ne constituent pas la choroïde, mais semblent se distribuer à sa surface; 5°. des nerfs partant directement du cerveau ou d'un nerf plus considérable qui y prend son origine, suivant que les yeux lisses sont écartés les uns des autres, comme cela a lieu dans tous les Insectes parfaits, ou qu'ils sont très-rapprochés, comme on le voit dans les Chenilles. Les filets nerveux, après avoir traversé la choroïde et l'enduit de la cornée, vont se terminer immédiatement au-dessous de celle-ci, de sorte que le mécanisme de la vision est analogue à celui des yeux composés, à cette seule exception près, que chaque œil lisse est un seul organe, tandis que l'œil composé est formé par la réunion d'un grand nombre d'yeux.

Les yeux lisses existent chez plusieurs Crustacés sessiocles et dans un grand nombre d'Entomostracés; dans plusieurs, ils sont associés à des yeux composés, comme on l'a vu plus haut; d'autres fois (*Apus*) ils existent seuls, et on n'en compte que deux gros et un petit. Enfin, chez quelques Entomostracés (*Branchipes*), les deux yeux lisses n'existent que dans la jeunesse de l'animal, et ils sont remplacés plus tard par des yeux composés.

Les yeux lisses existent seuls chez les Arachnides; ils varient en nombre depuis deux jusqu'à huit. Ces yeux sont disposés en groupe au-devant du céphalothorax, et leur position a servi de base et forme un des caractères dont on se sert pour classer ces animaux. Ces sortes d'yeux existent encore seuls dans les Myriapodes; ils sont réunis en groupes plus ou moins nombreux et placés de chaque côté de la tête, où ils forment des amas subglanduleux qui ont l'aspect d'yeux à facettes.

Dans les Insectes, ils sont toujours associés aux yeux composés; on en trouve aux Orthoptères, Hémiptères, Névroptères, Hyménoptères, Lépidoptères et Diptères. Ils sont en général au nombre de trois, disposés en triangle et situés sur cette partie de la tête qu'on a nommée *vertex*. (*Voyez* ce mot.) Les Coléoptères et quelques espèces des ordres que nous avons énumérés plus haut en sont privés à l'état parfait. Certaines larves n'ont que des yeux lisses. (E. G.)

YPONOMEUTE, *Yponomeuta*. LAT. GOD. *Phalæna*. (*Tinea*.) LINN. DE GÉER. CRAM. DEVILL. *Tinea*. FAB. GEOFF. SCHIFF. SCOP. ROSS. SCHRANCK. HUBN. *Alucita*. OLIV. (*Encycl.*) *Lithosia*. FAB.

Genre d'insectes de l'ordre des Lépidoptères, famille des Nocturnes, tribu des Tinéites.

Les deux genres Lithosie et Yponomeute constituent le second groupe de cette tribu. (*Voyez* TINÉITES.) Le premier genre diffère du second par ses palpes labiaux plus courts que la tête, ayant leur dernier article sensiblement plus court que le second et cylindrique.

Antennes simples, sétacées, écartées. — *Spiritrompe* distincte. — *Palpes labiaux* de la longueur de la tête, relevés, le dernier article de la longueur du précédent ou plus long, obconique. — *Ailes* se moulant autour du corps en forme de demi-cylindre ; les supérieures très-étroites, leur largeur à l'extrémité égalant au plus le tiers de celle du bord postérieur des ailes inférieures ; celles-ci ayant leur cellule discoïdale fermée en arrière par une nervure arquée dont la convexité regarde le bord postérieur. — *Chenilles* à seize pattes, vivant en société sous une toile commune.

L'habitude que ces chenilles ont d'envelopper avant de les manger, les feuilles dans des toiles où elles vivent en société, a fait donner à ce genre un nom qui signifie en grec : *manger caché*. C'est aussi dans ces toiles qu'elles font leur coque, les plaçant le plus près possible les unes des autres ; en outre lorsqu'elles marchent, elles tapissent de soie l'étendue du terrain qu'elles parcourent. (*Voy.* l'article Chenille, *tom. V. p.* 598. seconde colonne, de ce Dictionnaire.) On a essayé en Allemagne de tirer parti de cette dernière habitude, en les obligeant de construire sur un sol donné, qu'on les force de parcourir en entier, un tissu continu que l'on détache ensuite de ce sol ; c'est en couvrant successivement ses parties des feuilles dont elles se nourrissent que l'on y parvient. Ce fait a été consigné dans la *Bibliothèque universelle de Genève*, cahier de février 1825. Il paroît même que ces tissus ont été employés à la parure. Les espèces qui ont servi à ces essais, sont les chenilles des Yponomeutes du Fusain et du Cerisier. Ces Lépidoptères sont assez petits et de couleurs peu brillantes. Nous citerons les espèces suivantes.

1. Yponomeute de la Vipérine, *Y. echiella.*

Yponomeuta echiella. Lat. *Nouv. Dict. d'hist. nat.* 2e. *édit.* — God. Lépidopt. de France, tom. 4. — *Tinea bipunctella.* Fab. *Entom. Syst. Suppl. pag.* 481. *n°.* 3.

Voyez pour la description et les autres synonymes, Alucite biponctuelle n°. 13. de ce Dictionnaire.

De France.

A ce genre appartiennent encore, 1°. Yponomeute du Fusain, *Y. evonymella.* Lat. *Gener. Crust. et Ins. tom. IV. pag.* 222. — God. Lépidopt. de France, tom. 4. — *Tinea evonymella.* Fab. *Entom. Syst. Suppl. pag.* 481. *n°.* 5. Commune aux environs de Paris. 2°. Yponomeute du Cerisier, *Y. padella.* Lat. *id.* — God. *id.* — *Tinea padella.* Fab. *id. pag.* 482. *n°.* 6. Commune aux environs de Paris. 3°. Yponomeute aspergée, *Y. irrorella.* God. *id.* — *Lithosia irrorata.* Fab. *id. pag.* 461. *n°.* 12. De France. 4°. Yponomeute plombée, *Y. plumbella.* God. *id.* — *Tinea plumbella.* Fab. *id. pag.* 482. *n°.* 7. De France. 5°. Yponomeute de l'Alisier, *Y. cratægella.* God. *id.* — *Tinea cratægella.* Fab. *Entom. Syst. tom.* 3. *part.* 2. *pag.* 302. *n°.* 66. De France. 6°. Yponomeute de l'Épine, *Y. acanthella.* God. *id.* De France. 7°. Yponomeute petit deuil, *Y. funerella.* God. *id.* — *Tinea funerella.* Fab. *Ent. Syst. Suppl. pag.* 483. *n°.* 10. De France. 8°. Yponomeute suivante, *Y. sequella.* God. *id.* — *Tinea sequella.* Fab. *Ent. Syst. tom.* 3. *part.* 2. *pag.* 290. *n°.* 15. De France. 9°. Yponomeute mignonette, *Y. pusiella.* God. *id.* — *Tinea pusiella.* Fab. *id. pag.* 301. *n°.* 64. — *Tinea lithospermella.* Hubn. *Beytr.*

(S. F. et A. Serv.)

YPSOLOPHE, *Ypsolophus.* Nom donné par Fabricius (*Ent. Syst. Suppl.*) à un genre démembré de celui de *Tinea* de son *Entomologica systematica*. Il répond à peu près à celui d'Alucite Lat. Les espèces que nous pouvons citer comme appartenant véritablement à ce dernier genre, sont : *Ypsol. nemorum n°.* 12., *unguiculatus n°.* 2., *vittatus n°.* 3., *Xylostei n°.* 15., *dentatus n°.* 16.

(S. F. et A. Serv.)

ZARÉE, *Zaræa*. Genre établi par M. le Dr. Léach dans le *Zool. Miscell.* (vol. 3. 1817.) pour y placer un Cimbex des auteurs. (*C. fasciata.*) Les caractères qu'il donne à ses Zarées sont : antennes ayant cinq articles avant leur massue ; celle-ci composée de deux articles distincts. Ce genre lui a paru différer des Abias avec lesquelles nous l'avons réuni (*voyez* pag. 575. de ce volume), parce que la massue des antennes n'auroit que deux articles, tandis qu'elle en a trois, selon lui, dans les Abias. Ces caractères ne sont pas assez distincts, et nous paroissent même en contradiction avec l'analogie, qui doit faire regarder les Cimbex et autres genres voisins comme ayant plus de dix articles aux antennes, les derniers étant renfermés dans ce que l'on appelle *la massue*. (S. F. et A. Serv.)

ZÉLIME, *Zélima*. Genre de Lépidoptères Diurnes de la tribu des Papillonides, fondé par Fabricius dans son *Syst. glossat.* En voici les caractères publiés par Illiger, *Magaz.* 1807 : palpes courts, de deux articles ; le second ayant son extrémité arrondie. Antennes longues, terminées en bouton. Toutes les pattes semblables. Le type est le Papillon Pylade, *P. Pylades* n°. 54. de ce Dictionnaire. Illiger dit que l'auteur y place en outre deux autres espèces, mais il ne les spécifie pas. (S. F. et A. Serv.)

ZÉLUS, *Zelus*. Ce genre d'Hémiptères a été institué par Fabricius dans son *Syst. Rhyngot.* Il lui donne pour caractères : rostre court, arqué ; antenne sétacées, insérées au bout de la tête, vers la base du rostre. Il y place trente-neuf espèces. M. Latreille, en adoptant ce genre dans son *Genera*, le signale ainsi : corps linéaire ; premier article des antennes plus long que la tête et le corselet pris ensemble ; pattes antérieures point ravisseuses, à hanches courtes ; les quatre pattes postérieures très-longues, capillaires. Ce dernier auteur y fait entrer les *Zelus longipes* n°. 6., *coronatus* n°. 31., et *octospinosus* n°. 30. Fab. *Syst. Rhyng.*

Les caractères de ce genre nous paroissent peu distincts de ceux des Réduves, parce qu'un grand nombre d'espèces participent du caractère des Zélus et des Réduves.

Nota. Le genre Pétalochère, *Petalocheirus* Pal.-Bauv. (*Ins. d'Afriq. et d'Amér.*), récemment adopté par M. Latreille dans ses *Fam. nat.*, répond à un groupe particulier du genre Réduve. *Voyez* pag. 274. de ce volume.

(S. F. et A. Serv.)

ZÉNOBIE, *Zenobia*. Risso.

Nouveau genre de Crustacés de l'ordre des Isopodes, voisin des Idotées, établi par M. Risso dans le cinquième volume de son *Hist. natur. de l'Eur. méridionale*, et auquel il assigne les caractères suivans : corps étroit, linéaire ; abdomen à cinq segmens, les quatre premiers fort courts, le dernier alongé, très-convexe, tronqué ; antennes extérieures courtes, à cinq articles ; les intérieures plus courtes en ont quatre ; pieds très-inégaux, la première paire médiocre, monodactyle, la seconde et la troisième très-longues, les autres courtes.

Zénobie prismatique, *Zenobia prismatica*. Risso, *Hist. natur. du midi de l'Europ. tom.* 5. *pag.* 110.

Z. thorace glaberrimo, nitidissimo, pellucido, olivaceo-virescente, linea una centrali, duabus lateralibus nigrescentibus longitudinalibus picto ; segmentis omnibus punctatis impressis, sparsis, sculptis ; abdomine griseo opaco, segmento ultimo integro ; pedibus testaceis.

Son corps est très-lisse, luisant, translucide, d'un vert-olivâtre, peint d'une ligne longitudinale et de deux latérales, noirâtres et sculptées de petits points espacés : les antennes extérieures sont annelées de blanc et de brun ; l'abdomen est d'un gris opaque, à dernier segment entier ; les pattes sont jaunâtres ; la première paire est courte, les deux suivantes longues, les quatre dernières fort petites. Longueur 0,009, larg. 0,002. Séjour dans dans les interstices des Polypiers corticaux. App. Avril, mai.

Zénobie de la Méditerranée, *Zenobia mediterranea*. Risso, *loc. cit. pag.* 111.

Z. thorace glaberrimo, nitidissimo, olivaceo-viridi, lineis quinque olivaceo brunneis longitudinalibus picto ; segmentis omnibus punctatis, impressis, sparsis, sculptis ; abdomine segmento ultimo postice suprà tenuiter emarginato ; antennis pedibusque griseis.

Elle diffère de la précédente par son corps plus lisse, plus luisant, d'un vert-olive peint par cinq lignes longitudinales de brun-olivâtre et sculptées par des points largement éparpillés ; les antennes et les pieds sont d'un gris clair, et le dernier segment de l'abdomen est foiblement émarginé. Longueur 0,012, larg. 0,002. Séjour, régions des Algues. App. Février, mars.

A côté de ce genre, M. Risso en place deux

autres également nouveaux, et dont nous allons reproduire la description.

ARMIDE, *Armida*. Risso.

Corps linéaire; abdomen à quatre segmens, les trois premiers très-courts, le dernier alongé, sinué; antennes extérieures moins longues que le corps; pattes à ongles simples.

Armide verte, *A. viridissima*. Risso, *Hist. nat. du midi de l'Eur. tom.* 5. *pag.* 109.

A. corpore viridissimo, glaberrimo, nitido; segmentis omnibus punctulis numerosissimis impressis, sculptis; oculi plumbei; antennis, abdomine pedibusque pallidioribus.

Pall., 9, 4, 10? Riss. *Hist. nat. des Crust.* 136, 2, 111, 8.

Son corps est très-lisse, luisant, d'un beau vert, à segmens sculptés par un nombre infini de très-petits points; la tête est échancrée sur le devant; l'œil bleuâtre, les antennes, l'abdomen et les pieds d'un vert pâle.

La femelle est beaucoup plus grande. Long. 0,050, larg. 0,009. Séjour, moyennes profondeurs. App. Hiver et printemps.

Armide bimarginée, *A. bimarginata*. Risso, *loc. cit.*

A. corpore griseo, cinereo, fusco; segmentis rugosis; oculi nigri; abdomine articulo ultimo bimarginato.

Son corps est d'un gris cendré obscur, composé de segmens rugueux, le dernier terminé par deux échancrures profondes; la tête est arrondie, un peu échancrée sur le devant; l'œil noir, réticulé; les deux premiers articles des antennes extérieurs, courts, renflés, les deux suivans très-longs; les pattes postérieures beaucoup plus longues que les antérieures. Long. 0,014, larg. 0,005. Séjour, parmi les zostères. App. Avril, mai.

Armide pustulée, *A. pustulata*. Risso, *loc. cit. pag.* 110.

A. corpore griseo, intense cœruleo; capite pustulato; segmentis omnibus lateralibus acutis; oculi nigri; abdomine articulo ultimo subtruncato.

Son corps est d'un cendré bleuâtre foncé, à segmens terminés en pointe de chaque côté; la tête est pustulée; l'œil noir; les quatre premiers articles des antennes extérieures alongés, le cinquième plus long, les autres fort courts; les quatre articles des intermédiaires de la longueur des deux premiers des antennes extérieures; les palpes pectinés; les pattes comme rabougries; les segmens de l'abdomen étroits, le dernier caréné, presque tronqué au sommet. Long. 0,025, larg. 0,007. Séjour, régions des algues. App. Printemps.

HÉBÉ, *Hebe*. Risso.

Corps alongé, un peu convexe; corselet à dix articles, les trois postérieurs très-petits; l'abdomen à un seul segment, court; tête petite, arrondie; antennes souvent égales, à cinq articles; yeux grands, convexes; appendices natatoires subulés.

Hébé ponctuée, *Hebe punctata*. Risso, *loc. cit. pag.* 108.

H. corpore griseo-fulvo, nigro punctato; antennæ albescentes, nigro annulatæ; oculi nigri; cauda rotundata.

Son corps est alongé, bombé, d'un gris fauve, confusément pointillé de noir; la tête est petite; arrondie; les antennes fort courtes, presqu'égales, blanchâtres, annelées de noir; l'œil fort gros, d'un noir d'ébène; la troisième paire de pattes trois fois plus longue que les autres, toutes armées de crochets aigus. La queue est arrondie; les appendices extérieurs subulés, les intérieurs dilatés en nageoires. Long. 0,012, larg. 0,003. Séjour, régions des fucus. App. Avril, mai.

(E. G.)

ZÈTHE, *Zethus*. Genre d'Hyménoptères institué par Fabricius dans son *Syst. Piez.* aux dépens de celui de *Vespa* de son *Entom. Syst.* Il lui donne pour caractères: bouche composée d'une langue avancée, trifide; mâchoire avancée, fléchie dans son milieu, sétacée, enveloppée; lèvre plus longue que la mâchoire, largement échancrée, soutenue de chaque côté par une soie; antennes coudées, filiformes. Il y place six espèces exotiques.

Ce genre n'est pas mentionné dans les *Familles naturelles* de M. Latreille. Il nous paroît se rapporter à la première division du genre Poliste de ce Dictionnaire. *Voyez* ce mot.

(S. F. et A. Serv.)

ZEUXIE, *Zeuxia*. Meig. Genre d'insectes de l'ordre des Diptères, famille des Muscides de cet auteur. Il lui donne les caractères suivans:

Antennes rabattues, couchées contre la tête, composées de trois articles; le premier court; les second et troisième linéaires, égaux entr'eux, le dernier comprimé, obtus, portant à sa base une soie plumeuse, biarticulée; ouverture de la cavité buccale accompagnée de moustaches; palpes avancés, en massue, nus, horizontaux, plus longs que la trompe dans l'état de repos; ailes velues vues au microscope, écartées dans le repos, ayant deux cellules du bord postérieur, fermées chacune par une nervure transversale: une épine vers le milieu du bord extérieur; balanciers cachés; cuillerons grands;

grands; front large; yeux nus; trois ocelles placés en triangle sur le vertex; prothorax séparé du mésothorax par une ligne transversale enfoncée; abdomen conique, composé de trois segmens outre l'anus, le premier court.

M. Meigen ne décrit qu'une seule espèce, Zeuxie cendrée, *Z. cinerea.* Meig. *Dipt. d'Eur. tom.* 5. *pag.* 8. *n°.* 1. *tab.* 42. *fig.* 13. Femelle. Longueur 3 lig. Noire; hypostome et front blancs; celui-ci avec une raie noire étroite; palpes couleur de rouille; corselet d'un gris clair avec quatre raies noires à sa partie antérieure, et trois postérieurement; abdomen d'un gris cendré changeant en brun; ailes presqu'hyalines. Femelle. Europe.

(S. F. et A. Serv.)

ZEUZÈRE, *Zeuzera.* Lat. God. *Cossus.* Fab. Panz. *Bombyx.* Schiff. Scop. Esp. Hubn. Engr. Oliv. (*Encycl.*) *Hepialus.* Schranck. *Phalæna.* (*Noctua.*) Linn. Schæff.

Genre d'insectes de l'ordre des Lépidoptères, famille des Nocturnes, tribu des faux Bombyx.

La première division de cette tribu a les caractères suivans: chenilles toujours rases, à seize pattes, vivant dans l'intérieur des végétaux, le plus souvent ligneux; bords des segmens abdominaux de la chrysalide dentés ou épineux; insectes parfaits à spiritrompe très-courte ou presque nulle; antennes de quelques mâles garnies inférieurement d'un double rang de barbes; celles de leurs femelles et des deux sexes des autres, offrant dans toute leur longueur une série de petites dents courtes, arrondies et serrées. Cette première division se compose des genres Cossus et Zeuzère; le premier se distingue du second par ses antennes ayant un seul rang de dents dans les deux sexes.

Antennes sétacées, simples, cotonneuses à la base dans les femelles; celles des mâles pectinées dans toute leur moitié inférieure, la supérieure nue. — *Spiritrompe* très-courte. — *Ailes* en toit dans le repos; cellule discoïdale des inférieures fermée transversalement en arrière par une nervure ondée, et divisée longitudinalement par un rameau fourchu qui descend de la base au bord postérieur; un crin. — *Anus* des femelles laissant sortir une tarière longue, cornée, tubulaire, servant de conduit aux œufs pour les introduire dans le bois.

Quant aux mœurs de ces insectes (*voyez* l'article Bombix, pag. 2. première colonne.) On n'en connoît que peu d'espèces; nous citerons les suivantes:

1. Zeuzère du Maronnier, *Z. Æsculi.*

Zeuzera Æsculi. Lat. *Gen. Crust. et Ins. tom. IV. pag.* 217. Mâle et femelle. — God. Lépid. de France, *tom.* 4. *pag.* 54. *n°.* 6. *pl.* 3. *fig.* 2. et 3. Mâle et femelle. — *Cossus Æsculi.* Fab. *Entom. Syst. tom.* 3. *part.* 2. *pag.* 4. *n°.* 4. Mâle. (A la citation de Schæffer, lisez: *tab.* 31. au lieu de *tab.* 38.)

Voyez pour les mœurs, la description et les autres synonymes, Bombix du Marronnier n°. 125. *pl.* 78. *fig.* 1. femelle; et *pl.* 84. *fig.* 3. du présent Dictionnaire.

A ce genre appartiennent en outre: 1°. Zeuzère porte-échelle, *Z. scalaris.* — *Cossus scalaris.* Fab. *Entom. Syst. tom.* 3. *part.* 2. *pag.* 5. *n°.* 5. De la Chine. 2°. Zeuzère du Poirier, *Z. pyrina.* — *Cossus pyrinus.* Fab. *id. n°.* 6. De l'Amérique septentrionale.

COSSUS, *Cossus.* Fab. Lat. God. *Hepialus.* Schranck. *Bombyx.* Fab. Schiff. Scop. Esp. Ross. Panz. Hubn. Oliv. (*Encycl.*) *Phalæna* (*Bombyx.*) Linn. Geoff. Schæff. Engr. Cram.

Genre d'insectes de l'ordre des Lépidoptères, famille des Nocturnes, tribu des faux Bombyx.

Cette tribu se compose de deux divisions; les caractères de la première sont énoncés dans l'article précédent. (*Voyez* Zeuzère.) Les genres Cossus et Zeuzère en dépendent; les dernières sont distinctes par leurs antennes qui sont simples et cotonneuses à la base dans les femelles, pectinées seulement à leur partie inférieure dans les mâles.

Antennes sétacées, de la longueur du corselet, n'ayant dans les deux sexes qu'une seule rangée de dents courtes, transversales et obtuses. — *Palpes* très-distincts, cylindriques, assez épais, couverts d'écailles. — *Spiritrompe* très-courte. — *Ailes* comme dans les Zeuzères.

On trouvera des détails sur les habitudes de la chenille de l'espèce la plus commune de Cossus article Bombix, *pag.* 2. première colonne et *pag* 57. de ce Dictionnaire. Pierre Lyonet a publié en 1762 un travail particulier sur cette chenille, intitulé: Traité anatomique de la chenille qui ronge le bois du Saule, avec dix-huit planches où sont figurées toutes les parties intérieures de cette chenille, représentées avec une rare perfection.

Fabricius, à qui l'on doit ce genre, y met six espèces; les trois premières lui appartiennent certainement; le n°. 3. (Bombix tarière n°. 21. *pl.* 77. *fig.* 7. de ce Dictionnaire) n'est peut-être qu'une variété du n°. 1. M. Godart le pense ainsi, et croit même que ce pourroit être simplement un Cossus ligniperde tourné au gras. Les n°s. 4. 5. et 6. sont des Zeuzères.

Nous mentionnerons les espèces suivantes:

1. Cossus ligniperde, *C. ligniperda.*

Cossus ligniperda. Fab. *Entom. Syst. tom.* 3. *part.* 2. *pag.* 1. *n°.* 1. — Lat. *Gener. Crust. et Ins. tom. IV. pag.* 217. — God. Lépid. de France, *tom.* 4.

Voyez pour les mœurs, la description et les

autres synonymes, Bombix Cossus n°. 121. *pl.* 73. *fig.* 1. de ce Dictionnaire. (A la citation du *Syst. nat.* de Linné, lisez : 827. au lieu de 837.)

2. Cossus strix, *C. strix.*

Voyez pour la description et les autres synonymes, Bombix strix n°. 120. *pl.* 72. *fig.* 2. de ce Dictionnaire.

Rapportez encore à ce genre le Cossus onguiculé, *C. unguiculatus.* Fab. *Ent. Syst. tom.* 3. *part.* 2. *pag.* 4. *n°.* 2. D'Italie.

(S. F. et A. Serv.)

ZIGZAG. Geoffroy (*Ins. Paris. tom.* 2. *pag.* 113. *n°.* 14.) applique cette dénomination à un Lépidoptère Nocturne ; c'est le Bombyx dispar n°. 126. du présent Dictionnaire.

(S. F. et A. Serv.)

ZIROPHORE, *Zirophorus.* M. Dalman, professeur à Stockholm, a créé ce genre, et y fait entrer deux espèces nouvelles ; il le place dans sa famille des Staphyliniens (Brachélytres Lat.) M. Latreille, dans ses *Familles naturelles*, le fait dépendre de la tribu des Aplatis, et le donne comme répondant à celui de Leptochire de M. Germar. Il nous paroît avoir beaucoup d'affinités avec le genre Pieste Grav. (*voyez* ce mot) que M. Latreille place aussi dans cette tribu. Nous ne connoissons ni l'un ni l'autre. L'auteur suédois, dans ses *Analect. entomol.* (*Holmiæ*, 1823), lui attribue les caractères suivans :

Antennes filiformes, composées de onze articles ; le premier en massue, ceux de quatre à onze cylindriques, velus ; mandibules arquées, dentées à l'extrémité ; palpes courts, filiformes ; les maxillaires de quatre articles, les labiaux de trois ; corps alongé, déprimé, presque linéaire ; corselet carré, canaliculé en dessus ; ses angles postérieurs échancrés ; pattes courtes ; jambes antérieures crénelées.

Le nom générique est tiré de deux mots grecs ; il exprime la brièveté des élytres, qui ne revêtent que la base de l'abdomen. Les espèces sont : 1°. Zirophore fronticorne, *Z. fronticornis.* Dalm. *ut suprà, pag.* 24. *n°.* 1. *tab. IV. fig.* 1. Longueur 5 lig. Noir ; anus et tarses d'un roux-brun ; antennes velues, ferrugineuses ; tête armée de deux épines aiguës, dirigées en avant ; élytres ayant chacune cinq stries. Patrie inconnue. 2°. Zirophore à pinceau, *Z. penicillatus.* Dalm. *id. n°.* 2. *tab. IV. fig.* 2. Longueur 3 lig. $\frac{1}{2}$. Noir ; base des antennes, anus et pattes d'un roux-brun ; tête raboteuse, mutique ; antennes de la longueur du corps, leur premier article ayant dans son milieu un tubercule d'où sort un faisceau de poils droits, ferrugineux ; élytres ayant chacune cinq stries et le commencement d'une sixième. De la Guadeloupe.

L'auteur soupçonne que le *Cucujus spinosus* n°. 9. Fab. *Syst. Eleut.* de l'Amérique méridionale, est encore du genre Zirophore.

(S. F. et A. Serv.)

ZOADELGES. *Voyez* Sanguisuges.

(S. F. et A. Serv.)

ZODION, *Zodion.* Lat. Meig. *Myopa.* Fab. Fallèn. Oliv. (*Encycl.*)

Genre d'insectes de l'ordre des Diptères, première section, famille des Athéricères, tribu des Conopsaires de M. Latreille.

Plusieurs genres compris dans cette tribu nous paroissent avoir peu d'analogie entr'eux ; nous nous contenterons en ce moment de la diviser davantage que ne l'ont fait nos prédécesseurs, et seulement autant que nous le permet le caractère que lui a donné M. Latreille.

Conopsaires, *Conopsariæ.* Seconde tribu de la famille des Athéricères, première section de l'ordre des Diptères.

Suçoir composé de deux pièces. — *Palpes* extérieurs à la trompe. — *Trompe* saillante en forme de siphon, soit cylindrique ou conique, soit sétacé.

I. Antennes avancées, leur troisième article n'ayant au plus qu'un style. — Corps long, étroit.

A. Antennes au moins de la longueur de la tête et du corselet pris ensemble ; leur troisième article pointu à l'extrémité, ayant au plus un style terminal. (*Conopsariæ propriè dictæ.*)

Céphène, Conops.

B. Antennes pas plus longues, ou même quelquefois plus courtes que la tête ; leur troisième article obtus à son extrémité, muni d'un style dorsal. (*Myopariæ* Nob.)

Zodion, Myope.

II. Antennes rabattues ; leur troisième article arrondi à l'extrémité, muni d'une soie dorsale plus ou moins plumeuse. — Corps court. (*Stomoxydæ* Meig. (1).)

Bucente, Prosène, Stomoxe.

---

(1) Comme nous avons donné au mot Stomoxydes les caractères que M. Meigen attribue à cette famille, nous allons présenter ici ceux qu'il assigne à celle des Conopsaires, qui est la vingtième dans sa méthode. Antennes avancées, de trois articles, terminées en pointe ; trompe avancée, coudée ; corselet sans cou ; abdomen de quatre ou cinq segmens outre l'anus ; balanciers découverts ; ailes couchées. M. Meigen place dans cette famille les genres *Conops*, *Zodion* et *Myopa*.

Les mœurs des Conopsaires et leur organisation sont excessivement différentes suivant les genres : pour démontrer la seconde assertion, il nous suffira d'indiquer les caractères énoncés dans le précédent tableau. Pour prouver la première, nous allons entrer dans quelques détails qui ne concerneront qu'une partie des genres, les autres ne nous étant pas suffisamment connus. Les larves des Conops vivent en partie dans la cavité abdominale des Bourdons (*Bombus*), ainsi que le dit M. Latreille, *Genera, tom. IV. pag.* 336., fait qui a été aussi observé par M. Carcel; et nous-mêmes avons vu des Conops s'introduire dans le nid de certaines espèces du genre Guêpe (*Vespa*), et nous pensons que les larves de ces Conops peuvent vivre aux dépens de celles de ces Hyménoptères. Les Conops à l'état parfait fréquentent les fleurs ainsi que les Zodions et les Myopes. M. Robineau-Desvoidy nous a assuré qu'une larve qui avoit vécu dans l'intérieur du corps d'une chenille lui avoit donné une Myope. Une larve du genre Bucente, observée par De Géer, avoit vécu dans la chrysalide d'un Lépidoptère; l'insecte parfait vit sur les fleurs ainsi que les Prosènes. Nous avons été témoins que le Stomoxe piquant dépose ses œufs sur le fumier dont il est probable que se nourrit sa larve. Ce Diptère a pour nourriture le sang de l'homme et des animaux. *Voy.* Stomoxe et Stomoxydes.

Les genres Zodion et Myope forment un groupe dans leur tribu. (*Voyez* le tableau ci-dessus.) Le second se distingue du premier par sa trompe deux fois coudée.

Antennes avancées, plus courtes que la tête, composées de trois articles; le premier petit, très-court, cylindrique; le second obconique, formant avec le troisième, qui est presque triangulaire et obtus, une massue ovale-alongée et comprimée, ce dernier muni d'un style dorsal distinctement biarticulé. — *Trompe* filiforme, peu cornée, longue, avancée, articulée et coudée seulement à sa base, terminée par deux lèvres courtes. — *Palpes* insérés à la base de la trompe, très-petits, cylindriques, garnis de soies obtuses. — *Tête* assez forte; hypostome gonflé en forme de vessie, un peu excavé au-dessous des antennes; front large. — *Yeux* ronds, espacés dans les deux sexes. — *Trois ocelles* disposés en triangle sur le vertex. — *Corps* étroit, alongé. — *Corselet* presque sphérique, ses angles antérieurs formant chacun une bosse fort prononcée; prothorax peu distinct du mésothorax dans sa partie dorsale moyenne; métathorax fort court. — *Ecusson* très-petit. — *Ailes* velues vues au microscope, couchées parallèlement sur le corps dans le repos. —*Cuillerons* très-petits.— *Balanciers* découverts. — *Abdomen* cylindrique, composé de quatre segmens outre l'anus, hérissé de quelques soies roides, son extrémité recourbée en dessous. — *Pattes* de longueur moyenne; jambes un peu en massue, allant en grossissant de la base à l'extrémité, un peu arquées : tarses longs, leur premier article le plus grand de tous, gros, cylindrique; les trois suivans triangulaires, le dernier fort court, muni de deux forts crochets ayant dans leur intervalle deux pelotes fort longues dans les deux sexes.

On ne connoît que deux espèces de ce genre; elles sont d'Europe et de petite taille, ce à quoi leur nom tiré du grec fait allusion. On les rencontre sur les fleurs, du miel desquelles elles se nourrissent.

Fabricius (*Syst. Antliat.*) a connu ces espèces et les met dans son genre *Myopa*, auquel il rapporte seize espèces, dont dix seulement appartiennent avec certitude à ce dernier genre; savoir, les n°s. 1, 2, 3, 4, 5, 6, 8, 9, 13, 14. Les n°s. 7. et 11. ne forment qu'une espèce qui est du genre Zodion; les n°s. 12. et 16. sont absolument dans le même cas. Les n°s. 10. et 15. ne nous sont pas connus.

Le genre Myope du présent Dictionnaire renferme dix-sept espèces. Les n°s. 1. 12. 16. nous sont inconnus; ceux de 2. à 11. ainsi que 14. et 15. sont bien du genre; les n°s. 13. et 17. appartiennent aux Zodions.

1. Zodion cendré, *Z. cinereum.*

Zodion cinereum. Meig. *Dipt. d'Eur. tom.* 4. *pag.* 138. *n°.* 1. *tab.* 37. *fig.* 6. *et* 7. — *Myopa cinerea* n°. 12. Fab. *Syst. Antliat.* — *Myopa tibialis* n°. 16. Fab. *id.*

Voyez pour la description, Myope tibial n°. 17. de ce Dictionnaire.

Commun aux environs de Paris.

2. Zodion noté, *Z. notatum.*

Zodion notatum. Meig. *id. pag.* 139. *n°.* 2. — *Myopa irrorata* n°. 7. Fab. *id.* — *Myopa tesselata* n°. 11. Fab. *id.*

Voyez pour la description, Myope marqueté n°. 13. de ce Dictionnaire.

Nota. Ces deux espèces ne sont peut-être que les deux sexes de la même. Si cela est ainsi, Fabricius auroit fait quatre espèces d'une seule.

(S. F. et A. Serv.)

ZOE, *Zoea.* Bosc. Lat. Lam. Léach. *Monoculus.* Slabb.

Ce genre, que M. Latreille plaçoit (*Règne anim.*) à la suite des Branchiopodes et près des Cyclopes et des Polyphèmes, fait actuellement partie de l'ordre des Décapodes (*Fam. nat.*). Il appartient à la famille des Macroures, tribu des Schizopodes; ses caractères sont : corps ayant un test presqu'ovale, avec lequel la tête se trouve confondue, terminé en avant par un très-long rostre infléchi. Quatre antennes presqu'égales, dont les extérieures sont bifides et coudées; deux yeux presque sessiles, extrêmement gros et saillans, placés à la base du rostre et au-dessus des antennes. Une grande pointe relevée et dirigée en arrière, placée à la partie postérieure du corselet ou de la carapace. Abdomen long, replié en dessous, formé de quatre segmens aplatis, presqu'égaux, étroits, et d'un cinquième terminal, plus grand et fourchu. Pattes très-courtes, cachées sous le corps, à peine visibles, à l'exception des deux dernières qui sont très-longues et en nageoires.

Ce genre a été établi pour la première fois par M. Bosc; il se compose de deux ou trois espèces très-petites et très-rares dans les collections.

Zoé pélagique, *Zoea pelagica*. Bosc. *Crust. tom.* 2. *pl.* 15. *fig.* 3. *et* 4. Long d'un quart de ligne, transparent comme du verre, ayant les yeux et une tache à la base de l'épine dorsale, d'un beau bleu. Il a été trouvé dans l'océan Atlantique.

Zoé a masse, *Zoea clavata*. Léach. *Journal de physiq.* avril 1818. *pag.* 304. *fig.* 4. — Figuré dans l'Atlas de ce Dictionnaire, pl. 354. fig. 5. Il est un peu plus grand que le précédent, son rostre est droit et non infléchi; le test est globuleux avec deux longs prolongemens en massue de chaque côté. On l'a trouvé sur la côte occidentale de l'Afrique.

M. Latreille pense que le *Monoculus taurus* de Slabber, *Microscop. tab.* 5., pourroit appartenir à ce genre. Il est figuré dans l'Atlas de ce Dictionnaire, pl. 333. fig. 1.; et M. Latreille, dans l'explication de cette planche, lui donne le nom de *Zoea Slabberi*. (E. G.)

ZONE. Nom donné par Geoffroy à sa Phalène n°. 36. (*Ins. Paris. tom.* 2. *pag.* 127.) Ce Lépidoptère est la Phalène zône n°. 9. de ce Dictionnaire; il y est décrit sous le nom de Bombyx zône n°. 252. (S. F. et A. Serv.)

ZONITE, *Zonitis*. Fab. Lat. Schœn. *Apalus*. Oliv. *Mylabris*. Fab. Schœn. *Meloe*. Pall.

Genre d'insectes de l'ordre des Coléoptères, section des Hétéromères (2e. division), famille des Trachélides, tribu des Cantharidies.

Un groupe de cette tribu contient les genres Apale et Zonite. (*Voyez* Cantharidies, pag. 439. de ce volume.) Le premier est séparé du second par ses quatre palpes égaux en longueur et par son corselet arrondi.

Antennes filiformes, plus longues que le corselet, insérées dans un sinus intérieur des yeux, composées de onze articles alongés, grêles, presque cylindriques; le premier aussi long que le troisième; le second obconique, de moitié plus court que celui-ci; le onzième en fuseau, terminé brusquement en une pointe courte. — *Labre* avancé, presque coriace, presque carré, entier. — *Mandibules* cornées, triangulaires, un peu arquée à leur extrémité qui est aiguë. — *Mâchoires* composées de deux lobes membraneux, l'interne à peine apparent, garni d'une frange de poils, le lobe apical alongé, pointu à l'extrémité, ayant une frange de poils inégaux. — *Palpes* filiformes, un peu inégaux; leur dernier article presque cylindrique, un peu aminci vers sa base, tronqué à son extrémité; les maxillaires un peu plus longs que les labiaux; ceux-ci ayant leur second article alongé. — *Lèvre* membraneuse, presque carrée, profondément bifide; menton presque coriace, à peu près en carré long, allant un peu en se rétrécissant vers l'extrémité. — *Tête* inclinée, triangulaire, presque cordiforme. — *Yeux* alongés, un peu échancrés à leur partie intérieure. — *Corps* presque cylindrique, assez mou. — *Corselet* petit, presque carré, à peu près aussi large que les élytres. — *Ecusson* distinct. — *Elytres* molles, alongées, linéaires, recouvrant entièrement l'abdomen et des ailes, un peu rabattues par les côtés. — *Pattes* alongées; jambes postérieures terminées par une forte épine dont l'extrémité est dilatée, excavée et tronquée obliquement; tous les articles des tarses entiers; crochets bifides.

Le nom de Zonite vient du grec et a rapport aux bandes transversales que plusieurs espèces portent sur les élytres. Ces Coléoptères se tiennent sur les fleurs; ils habitent l'Europe méridionale, en Afrique, dans l'Asie-Mineure, en Syrie et en Perse. Il paroît, selon les renseignemens donnés par M. Latreille, que leurs larves vivent aux dépens de celles de quelques Apiaires.

1. Zonite tachetée, *Z. sexmaculata*.

Zonitis sexmaculata. Lat. *Gen. Crust. et Ins. tom. II. pag.* 224. *n°.* 2. — Schœn. *Syn. Ins. tom.* 2. *pag.* 340. *n°.* 8. — *Apalus sexmaculatus*. Oliv. *Entom. tom.* 3. *Apal. pag.* 5. *n°.* 2. *pl.* 1. *fig.* 3.

Voyez pour la description, Apale tacheté n°. 2. de ce Dictionnaire.

2. Zonite bout brûlé, *Z. præusta*.

Zonitis præusta n°. 2. Fab. *Syst. Eleut.* — Schœn. *id. pag.* 339. *n°.* 2.

Voyez pour la description, Apale briqueté n°. 3. de ce Dictionnaire.

Nota. M. Schœnherr donne comme variété du mâle de cette espèce la *Zonitis nigripennis* n°. 3. Fab. *id.*

A ce genre appartiennent encore: 1°. Zonite pâle, *Z. pallida* n°. 1. Fab. *Syst. Eleut.* — Schœn. *Syn. Ins. tom.* 2. *pag.* 339. *n°.* 1. Iles de l'Amérique? 2°. Zonite mutique, *Z. mutica* n°. 5. Fab. *id.* — Schœn. *id. pag.* 340. *n°.* 4. France méridionale. Cette espèce est peut-être la même que l'Apale immaculé n°. 4. de ce Dictionnaire. 3°.

Zonite fulvipenne, *Z. fulvipennis* n°. 6. Fab. *id.* — Schœn. *id. n°.* 5. De Hongrie. 4°. Zonite quadriponctuée, *Z. quadripunctata.* Dej. Catal. — *Mylabris quadripunctata* n°. 15. Fab. *id.*—Schœn. *id. tom.* 3. *pag.* 43. D'Espagne. 5°. Zonite bifasciée, *Z. bifasciata.* Swartz. Schœn. *id. tom.* 2. *pag.* 340. *n°.* 13. Noire; élytres d'un roux-testacé avec deux bandes noires ondulées. De Hongrie. 6°. Zonite noire, *Z. atra.* Swartz. Schœn. *id. n°.* 12. Totalement noire. De Hongrie. 7°. Zonite du Caucase, *Z. caucasica.* Dej. Catal. — *Meloe caucasica.* Pall. *Icon. p.* 94. 24. *tom.* 6. *fig.* 24. —*Mylabris sexmaculata* n°. 16. Fab. *id.*—Schœn. *id. tom.* 3. *pag.* 43. Russie méridionale.

Nota. Le genre Apale de ce Dictionnaire comprend trois espèces de Zonites sous les n°s. 2. 3. et 4. Le n°. 1. est seul du genre Apale. Ajoutez aux caractères génériques : palpes égaux en longueur; corselet arrondi; élytres deux fois plus larges que le corselet. Ces caractères nous paroissent être les seuls qui distinguent les Apales des Zonites.

Il n'est pas certain que l'*Apalus quadrimaculatus* n°. 2. Fab. *Syst. Eleut.* — Schœn. *Syn. Ins. tom.* 2. *pag.* 342. *n°.* 2. appartienne au genre Apale.

Dans le *Systema Eleutheratorum* de Fabricius il y a onze espèces de *Zonitis* de décrites. Les n°s. 7. 10. 11. sont des Némognathes; les n°s. 4. et 9. sont douteux; les autres appartiennent vraiment aux Zonites.

GNATHIE, *Gnathium.* Kirb. Lat. (*Fam. natur.*)

Genre d'insectes de l'ordre des Coléoptères, section des Hétéromères (2e. division), famille des Trachélides, tribu des Cantharidies.

Nous donnons ici ce genre parce qu'il paroît adopté par M. Latreille dans ses *Fam. nat.* Il compose, avec celui de Némognathe Lat., un groupe dans les Cantharidies, ce groupe est distinct des autres par les mâchoires très-prolongées, se recourbant sous le corps dans le repos. (*Voyez* Cantharidies, pag. 439. de ce volume.) Les Némognathes nous paroissent différer des Gnathies par leurs antennes filiformes.

Voici les caractères que M. Kirby assigne à ce genre (*Transact. Linn.* vol. 12. *Century of. Ins. pag.* 425.)

Antennes allant un peu en grossissant vers leur extrémité, composées de onze articles; le second à peu près aussi long que le quatrième; le troisième plus long qu'aucun des suivans, ceux-ci presqu'obconiques, les huitième, neuvième et dixième presque cylindriques, le dernier alongé, conique. — *Labre* transversal. — *Mandibules* avancées, alongées, leur extrémité recourbée, très-aiguë, sans dents. — *Mâchoires* ouvertes, portant un appendice très-long et très-grêle. — *Palpes* filiformes, leurs articles cylindriques. — *Lèvre* très-petite, à peine visible. — *Menton* trapézoïdal? — *Tête* inclinée, alongée, portée par un col court et étroit. — *Corps* presqu'en coin, presque linéaire. — *Corselet* bombé. — *Jambes* terminées par deux épines; dernier article des tarses muni de crochets bifides.

Le nom générique est tiré d'un mot grec qui exprime la longueur des mâchoires. L'auteur ne mentionne qu'une seule espèce, elle paroît nouvelle; c'est la Gnathie de Francillon, *G. Francilloni.* Long. 2 lig. ⅓. Corps un peu velu, noir en dessus, brun en dessous; cou brun en dessus; mandibules rousses; corselet glabre, roux en dessus; élytres un peu rugueuses. De Géorgie.

(S. F. et A. Serv.)

ZOPHOSE, *Zophosis.* Lat. *Erodius.* Fab. Oliv. Schœn.

Genre d'insectes de l'ordre des Coléoptères, section des Hétéromères (première division), famille des Mélasomes, tribu des Piméliaires.

Un groupe de la tribu des Piméliaires a pour caractères : dernier article des antennes très-distinct, point sensiblement plus long que le précédent : il contient les genres Zophose, Moluris, Psammode, Tentyrie, Tagone, Hégètre, Tagénie et Sépidie. (*Voyez* Piméliaires, pag. 534. de ce volume.) Ceux de Moluris, Psammode, Sépidie et Tagénie se distinguent par leur menton assez petit, laissant à découvert la base des mâchoires. Dans les Tentyries le corselet est presqu'orbiculaire, à peu près aussi long que large; le corps des Tagones est presque triangulaire; le genre Hégètre a le corselet carré, plus étroit que les élytres : caractères qui séparent ces divers genres des Zophoses.

Antennes composées de onze articles; les sept premiers presque cylindriques, un peu plus gros à leur extrémité; les quatre autres un peu élargis, plus courts que les précédens, comprimés; les huitième, neuvième et dixième presque triangulaires, le dernier un peu plus grand que le précédent, échancré de côté à son extrémité, celle-ci aiguë. — *Labre* avancé, en carré transversal, entier, coriace. — *Palpes maxillaires* ayant leur dernier article le plus grand de tous, linéaire, comprimé.—*Menton* grand, plus large que long, ses côtés arrondis, cachant la base des mâchoires; son bord supérieur échancré. —*Tête* presque carrée, beaucoup plus étroite que le corselet.—*Corps* suborbiculaire ou en ovale court, convexe en dessus. — *Corselet* trois fois plus large que long; sa partie postérieure de la largeur de la base des élytres; il est fort rétréci antérieurement et échancré pour recevoir la partie postérieure de la tête; angles latéraux antérieurs aigus. — *Ecusson* nul. — *Elytres* réunies, recouvrant l'abdomen et embrassant ses côtés en dessous. — *Point d'ailes* — *Pattes* grêles; jambes dentelées et épineuses, terminées par deux longues épines; tarses antérieurs courts, leurs quatre premiers articles triangulaires ; le premier un peu plus long que les autres : tarses intermédiaires et postérieurs longs, ayant leur premier article à peu près aussi long que les quatre autres pris ensemble ; dernier article de tous les tarses plus long que le précédent, muni de deux crochets.

La couleur noire de ces Coléoptères leur a fait donner le nom de Zophose, tiré du grec ; leurs mœurs doivent être à peu près les mêmes que celles des Pimélies et des Erodies. Ils habitent les climats chauds de l'ancien continent. On n'en connoît qu'un petit nombre d'espèces.

1. ZOPHOSE Tortue, *Z. testudinaria.*

Zophosis testudinaria. LAT. *Gener. Crust. et Ins. tom.* 2. *pag.* 146. *n°.* 1. *tab.* X. *fig.* 6.—*Erodius testudinarius* n°. 1. FAB. *Syst. Eleut.*—SCHŒN. *Syn. Ins. tom.* 1. *pag.* 124. *n°.* 1.

Voyez pour la description et les autres synonymes, Erodie Tortue n°. 1. de ce Dictionnaire.

Nota. M. Latreille place dans ce genre les espèces suivantes :

2. ZOPHOSE trilinéée, *Z. trilineata.*

Zophosis trilineata. LAT. *id.*— *Erodius trilineatus.* SCHŒN. *id. pag.* 125. *n°.* 4.

Voyez pour la description et les autres synonymes, Erodie triliné n°. 8. de ce Dictionnaire.

3. ZOPHOSE quadrilinéée, *Z. quadrilineata.*

Zophosis quadrilineata. LAT. *id.* — *Erodius quadrilineatus.* SCHŒN. *id n°.* 11.

Voyez pour la description, Erodie quadriliné n°. 7. de ce Dictionnaire.

4. ZOPHOSE naine, *Z. minuta.*

Zophosis minuta. LAT. *id.*— *Erodius minutus* n°. 5. FAB. *id.* — SCHŒN. *id. n°.* 9.

Voyez pour la description et les autres synonymes, Erodie nain n°. 9. de ce Dictionnaire.

Ce genre comprend encore, selon son auteur, la Zophose pointillée, *Z. punctulata.* — *Erodius punctulatus.* OLIV. *Entom. tom.* 3. *Erod. pag.* 7. *n°.* 7. *pl.* 1. *fig.* 7. — SCHŒN. *Syn. Ins. tom.* 1. *pag.* 125. *n°.* 12. Patrie inconnue.

(S. F. et A. SERV.)

ZOZIME, *Zozimus.* LÉACH.

M. Léach a donné ce nom à un genre établi aux dépens des Crabes proprement dits, avec le *Cancer æneus* et quelques autres espèces dont les pieds sont un peu aplatis ; ce genre n'a pas été adopté.

(E. G.)

ZUPHÉE, *Zuphœa.* RISSO.

M. Risso, dans le 5e. volume de son *Histoire naturelle de l'Europe méridionale*, établit sous ce nom un genre de Lœmodipodes, voisin des Nymphons, et auquel il donne pour caractères : corps oblong, convexe ; tête subtriangulaire ; yeux grands, convexes ; corselet à cinq articles entiers, rapprochés ; queue de six anneaux, le dernier alongé, triangulaire ; six paires de pieds égaux.

ZUPHÉE DU SPARE, *Zuphœa sparicola.* RISSO, *loc. cit. tom.* 5. *pag.* 104.

Z. corpore dorso lutescente, fascia una transversà, nigro in medio picto ; cauda articulo ultimo acuto.

Son corps est jaunâtre, peint au milieu d'une bande transversale noire ; l'œil est saillant, noir ; la tête forme une espèce de triangle ; les segmens du corselet sont très-rapprochés ; la queue est fort longue, d'un jaune pâle, subtransparente, terminée par un long anneau aigu. Long. 0,008, largeur 0,001. Séjour, sur les spares. Apparoît en été ; il y a plusieurs espèces. Telle est la description de M. Risso, que nous avons transcrite en entier. A côté de genre, il en place un autre qui est nouveau, et qu'il nomme *Hexone.*

HEXONE, *Hexona.* RISSO.

Corps ovale, terminé en arrière brusquement en pointe ; corselet à six segmens ; queue subtrigone, à cinq anneaux ; six paires de pieds égaux, armés d'ongles courbes, aigus.

HEXONE PARASITE, *Hexona parasitica.* RISSO, *loc. cit. pag.* 104.

H. corpore dorso rubro, fascia una longitudinali alba, lineis tribus angustioribus transversis picto ; cauda albida.

Son corps est d'un rouge laque, traversé au milieu par une petite bande longitudinale blanche, et de trois lignes étroites transversales ; la tête est triangulaire ; les segmens du corselet sont égaux, arrondis, séparés, et terminés en pointe obtuse sur leurs bords latéraux ; les pieds sont renflés à leur base, pointus au sommet ; la queue est courte, blanchâtre. Longueur 0,002, largeur 000 ½. Séjour, sur le bopyre. Apparoît en été.

(E. G.)

ZUPHIE, *Zuphium.* LAT. DEJ. *Galerita.* FAB. SCHŒN. *Carabus.* OLIV. (*Entom.*) ROSS.

Genre d'insectes de l'ordre des Coléoptères, section des Pentamères, famille des Carnassiers (terrestres), tribu des Carabiques (division des Troncatipennes).

Un groupe de Troncatipennes à crochets des tarses sans dentelures, a pour caractères : dernier article des palpes alongé, plus ou moins sécuriforme ; mandibules courtes, peu avancées. (*Voy.* TRONCATIPENNES.) On y place, outre les Zuphies,

1°. Galérite, qui se distingue par son corps assez épais et par les tarses antérieurs, dont les trois premiers articles sont fortement dilatés dans les mâles. 2°. Polistique, ayant le premier article des antennes plus court que la tête.

Antennes filiformes, presque sétacées, leur premier article au moins aussi long que la tête, le second très-court. — *Dernier article des palpes* alongé, assez fortement sécuriforme dans les deux sexes. — *Tête* presque triangulaire, très-rétrécie postérieurement, et tenant au corselet par un col court et très-étroit. — *Corps* déprimé. — *Corselet* plane, cordiforme. — *Elytres* planes, en ovale-alongé, recouvrant des ailes et l'abdomen. — *Abdomen* déprimé. — *Pattes* de longueur moyenne, assez fortes; articles des tarses presque cylindriques; ceux des antérieurs très-légèrement dilatés dans les mâles et ciliés également des deux côtés.

On ne connoît qu'une seule espèce de ce genre, elle habite sous les pierres et les écorces; Zuphie odorante, *Z. olens.* LAT. *Gener. Crust. et Ins. tom.* 1. *pag.* 198. *n°.* 1. (A la citation d'Olivier, lisez : *pl.* 13. *fig.* 156. au lieu de *pl.* 11. *fig.* 126.) — DEJ. *Spéc. tom.* 1. *pag.* 192. — DEJ. *Hist. nat. et icon.* etc. *pag.* 121. *n°.* 1. *pl. X. fig.* 3. — *Galerita olens* n°. 4. FAB. *Syst. Eleut.* — *Carabus olens.* OLIV. *Entom. tom.* 3. *Carab. pag.* 94. *n°.* 129. (Au lieu de *pl.* 11. *fig.* 126., lisez : *pl.* 13. *fig.* 156.)

Midi de la France, Italie, Russie méridionale, Espagne.

Nota. La Zuphie fasciolée LAT. appartient au genre suivant.

POLISTIQUE, *Polistichus.* BONELL. DEJ. LAT. (*Fam. nat.*) *Galerita.* FAB. SCHŒN. *Carabus.* FAB. SCHŒN.

Genre d'insectes de l'ordre des Coléoptères, section des Pentamères, famille des Carnassiers (terrestres), tribu des Carabiques (division des Troncatipennes).

Un groupe de cette tribu est formé des trois genres Galérite, Zuphie et Polistique. (*Voyez* TRONCATIPENNES.) Le corps assez épais et les trois premiers articles des tarses antérieurs fortement dilatés dans les mâles sont des caractères propres aux Galérites. Dans les Zuphies le premier article des antennes est au moins aussi long que la tête.

Antennes à articles ovales-coniques; le premier plus court que la tête; le second presqu'aussi long que le troisième. — *Palpes* ayant leur dernier article assez fortement sécuriforme dans les deux sexes. — *Tête* beaucoup moins rétrécie postérieurement que dans les Zuphies, ayant un cou assez large, peu distinct du reste de la tête. — *Pattes* comme dans le genre précédent, mais les articles des tarses sont courts, presque bifides; les autres caractères sont ceux des Zuphies.

Ce genre, quoique peu différent du précédent, étant aujourd'hui admis par M. Latreille dans ses *Fam. nat.*, nous avons cru utile de le reproduire ici quoique nous en ayons déjà parlé succinctement pag. 173 de ce volume. M. le comte Dejean en décrit deux espèces, qui se trouvent sous les pierres dans les endroits humides.

1°. Polistique fasciolé, *P. fasciolatus.* DEJ. *Spéc. tom.* 1. *pag.* 194. *n°.* 1. — DEJ. *Hist. nat. et icon.* etc. *pag.* 123. *n°.* 1. *pl. X. fig.* 4. — *Zuphium fasciolatum.* LAT. *Gen. Crust. et Ins. tom.* 1. *pag.* 198. *n°.* 2. — *Galerita fasciolata* n°. 9. FAB. *Syst. Eleut.* — SCHŒN. *Syn. Ins. tom.* 3. *pag.* 229. *n°.* 9. Ces trois derniers auteurs rapportent à cette espèce le *Carabus fasciolatus* Ross. Ce synonyme appartient, d'après M. le comte Dejean, au P. discoïdal. Midi de la France, Espagne, Italie, Russie méridionale. Rare aux environs de Paris. 2°. Polistique discoïdal, *P. discoideus.* DEJ. *Spéc. tom.* 1. *pag.* 196. *n°.* 2. — DEJ. *Hist. nat. et icon.* etc. *pag.* 125. *n°.* 2. *pl. X. fig.* 5. Des environs de Kislar et peut-être aussi d'Italie. (S. F. et A. SERV.)

ZUZARE, *Zuzara.* LÉACH. LAT.

Genre de l'ordre des Isopodes, famille des Sphéromides, établi par Léach dans le *Diction. des scienc. naturelles*, et auquel il donne pour caractères : appendices postérieurs de l'abdomen ayant leurs deux lames saillantes, l'extérieure étant plus grande que l'intérieure, convexe en dessus. Corps susceptible de se rouler en boule; abdomen ayant son dernier article échancré à l'extrémité avec une légère saillie sortant du fond de l'échancrure. Ce genre est très-voisin des Sphéromes, qui n'en sont distinguées que parce que les appendices extérieurs de la queue sont planes, et de même forme que les intérieurs; il se distingue des autres genres de la famille par des caractères qui sont exposés à l'article SPHÉROMIDES de ce Dictionnaire. M. Desmarest décrit, d'après Léach, deux espèces de ce genre.

ZUZARE DEMI-PONCTUÉE, *Zuzara semi-punctata.* LÉACH, *Dict. des scienc. natur. tom. XII. pag.* 344. Corps lisse, à segmens ponctués postérieurement; le septième prolongé en arrière, ce prolongement dirigé en bas, ponctué en dessus, granulé de chaque côté à sa base; lame extérieure des appendices du ventre terminée brusquement en pointe. Patrie inconnue.

ZUZARE DIADÈME, *Zuzara diadema.* LÉACH, *loc. cit.* Corps lisse, septième segment du corps prolongé en arrière, ce prolongement dilaté en forme de diadème; lame extérieure des appendices du ventre finissant graduellement en pointe arrondie au bout. Mers de la Nouvelle-Hollande.

(E. G.)

ZYGÈNE, *Zygœna.* FAB. GOD. LAT. ROSS.

Panz. Schranck. *Sphinx.* (*Adscita.*) Linn. De Géer. *Sphinx.* Geoff. Schæff. Schif. Esp. Cram. Engr. Devill. Prunn. Hubn. *Anthrocera* Scopol.

Genre d'insectes de l'ordre des Lépidoptères, famille des Crépusculaires, tribu des Zygénides.

Les deux genres Zygène et Syntomide forment un groupe dans la première division de leur tribu. (*Voyez* Zygénides.) Les Syntomides se distinguent des Zygènes par leurs palpes labiaux courts, obtus à l'extrémité, ne s'élevant pas au-delà du chaperon.

Antennes longues; celles des mâles, au moins, fortement et subitement en massue contournée. — *Spiritrompe* distincte. — *Palpes* cylindro-coniques, pointus à leur extrémité, s'élevant au-dessus du chaperon. — *Ailes* alongées, en toit dans le repos; cellule sous-marginale des inférieures, large, partagée longitudinalement par un pli, fermée en arrière par une nervure ondée d'où partent quatre rayons qui aboutissent au bord postérieur. — *Abdomen* presque cylindrique, obtus; anus des mâles ayant une ouverture très-prononcée. — *Jambes* couvertes d'écailles courtes, couchées; les postérieures ayant leurs épines, tant latérales que terminales, très-courtes. — *Chenilles* à seize pattes, courtes, renflées au milieu, amincies à chaque bout, peu velues; coque solide, coriace, placée contre la tige de la plante où a vécu la chenille, de forme ovoïde ou en bateau; chrysalide conique; l'enveloppe des ailes terminée dans plusieurs en une pointe saillante.

Les insectes parfaits de ce genre paroissent peu de temps après le changement de la chenille en chrysalide; ils sont lourds, paresseux et volent peu; ils ne le font même que lorsque le temps est très-chaud, et se tiennent ordinairement sur les plantes; c'est là que l'accouplement a lieu, et là que les femelles déposent leurs œufs : les deux sexes ne vivent guère que le temps nécessaire pour s'accoupler et pondre. On en connoît un assez grand nombre d'espèces qui nous paroissent appartenir à l'ancien continent, et notamment au midi de l'Europe. En général, la couleur du fond de leurs ailes (au moins des supérieures) est d'un vert foncé, glacé, changeant souvent en bleu, avec des taches rouges quelquefois entourées de noir ou de blanc.

1°. Zygène de la Filipendule, *Z. Filipendulæ.* Fab. *Ent. Syst. tom.* 3. *part.* 1. *pag.* 386. *n°.* 1. (En retranchant la variété et les synonymes qui lui appartiennent, ils se rapportent à la Zygène du Peucédan.) — Lat. *Gen. Crust. et Ins. tom. IV. pag.* 213. — God. Lépidopt. de France, *tom.* 3. *pag.* 127. *n°.* 37. *pl.* 22. *fig.* 2. — *Encycl. pl.* 68. *fig.* 1. Très-commune aux environs de Paris. 2°. Zygène du Peucédan, *Z. Peucedani.* God. *idem, pag.* 131. *n°.* 38. *pl.* 22. *fig.* 3. — *Zygæna Filipendulæ* var. Fab. *id.* Des environs de Paris. 3°. Zygène du Chèvrefeuille, *Z. Loti.* Fab. *id. pag.* 387. *n°.* 3. Lat. *id.* — God. *id. pag.* 134. *n°.* 39. *pl.* 22. *fig.* 4. De France. 4°. Zygène de l'Hippocrépis, *Z. Hippocrepidis.* God. *id. p.* 136 *n°.* 40. *pl.* 22. *fig.* 5. De France. 5°. Zygène du Cytise, *Z. Cytisi.* God. *id. p.* 138. *n°.* 41. *pl.* 22. *fig.* 6. De France. 7°. Zygène de l'Artichaut, *Z. Cynaræ.* God. *id. pag.* 139. *n°.* 42. *pl.* 22. *fig.* 7. Des Cévennes. 8°. Zygène Sarpédon, *Z. Sarpedon.* God. *id. pag.* 141. *n°.* 43. *pl.* 22. *fig.* 8. Midi de la France. 9°. Zygène Rhadamanthe, *Z. Rhadamanthus.* God. *id. pag.* 143. *n°.* 44. *pl.* 22. *fig.* 9. Du midi de la France. 10°. Zygène du Sainfoin, *Z. Onobrychis.* Fab. *id. p.* 390. *n°.* 12. — Lat. *id.* — God. *id. pag.* 146. *n°.* 46. *pl.* 22. *fig.* 11. — *Encycl. pl.* 68. *fig.* 3. Des environs de Paris. 11°. Zygène de la Lavande, *Z. Lavandulæ.* Fab. *id. pag.* 387. *n°.* 4. God. *id. pag.* 144. *n°.* 45. *pl.* 22. *n°.* 10. Du midi de la France. 12°. Zygène languedocienne, *Z. occitanica.* God. *id. pag.* 149. *n°.* 47. *pl.* 22. *fig.* 12. Du midi de la France. 13°. Zygène de la Bruyère, *Z. fausta.* Fab. *id. pag.* 397. *n°.* 37. — Lat. *id.* — God. *id. p.* 150. *n°.* 48. *pl.* 22. *fig.* 13. — *Encycl. pl.* 68. *fig.* 5. Midi de la France. 14°. Zygène caffre, *Z. caffra.* Fab. *id. pag.* 390. *n°.* 13. Du cap de Bonne-Espérance.

Outre les espèces de *Zygæna* de Fabricius que nous venons de citer, cet auteur en mentionne un grand nombre d'autres qui sont douteuses ou appartiennent à des genres différens. Les n°s. 8. et 9. sont des Zygènes, mais il n'est pas certain qu'elles soient distinctes de quelques-unes de celles que nous venons d'énumérer. Le genre Syntomide prend les n°s. 6, 15, 16.; celui de Glaucopide les n°s. 22, 23, 24, 26, 27, 29, 34, 35, 50, 53., et peut-être aussi les n°s. 17, 21, 49, 52. Le n°. 38. est une Aglaope; le n°. 62. une Sésie. On placera dans les Procris les n°s. 68. et 69. Ceux que nous ne citons pas sont au moins fort douteux. (S. F. et A. Serv.)

ZYGÉNIDES, *Zygænides.* Troisième tribu de la famille des Crépusculaires, ordre des Lépidoptères.

Elle a pour caractères :

Antennes du plus grand nombre n'offrant pas de houppe à leur extrémité; en forme de fuseau ou de cornes de Bélier. — *Palpes labiaux* grêles, comprimés, cylindracés ou coniques, leur troisième article très-distinct. — *Chenilles* sans corne à l'extrémité postérieure du corps, et se renfermant dans une coque bien formée pour passer à l'état de chrysalide : les unes vivant dans l'intérieur des végétaux; les autres à nu, celles-ci velues et semblable aux chenilles des Nocturnes.

I. Antennes simples, point pectinées dans les deux sexes.

A. Antennes terminées par une petite houppe soyeuse. (Antennes toujours en fuseau; ailes

ailes horizontales, *écartées*, plus ou moins transparentes; anus barbu.)

Sésie.

B. Antennes sans houppe à leur extrémité.

a. Jambes postérieures ayant chacune à leur extrémité deux épines très-fortes.

Ægocère, Thyride.

b. Jambes postérieures n'ayant chacune à leur extrémité que deux très-petites épines. (Abdomen cylindrique, obtus; ailes grandes, très en toit.)

Zygène, Syntomide.

II. Antennes bipectinées dans les mâles, simples dans les femelles.

Procris, Atychie.

III. Antennes bipectinées dans les deux sexes.

A. Une spiritrompe distincte.

Glaucopide.

B. Point de spiritrompe distincte.

Aglaope, Stygie.

ÆGOCÈRE, *Ægocera*. Lat. *Bombyx*. Fab. *Phalæna*. Cram.

Genre d'insectes de l'ordre des Lépidoptères, famille des Crépusculaires, tribu des Zygénides.

Les cinq genres Sésie, Ægocère, Thyride, Zygène et Syntomide forment la première division de cette tribu. (*Voyez* Zygénides.) Celui de Sésie se distingue par ses antennes terminées en une petite houppe soyeuse; Zygène et Syntomide par leurs jambes postérieures n'ayant à leur extrémité que deux épines très-petites. Dans les Thyrides les palpes sont dépourvus de faisceau de poils, les ailes sont horizontales, écartées, anguleuses, en partie transparentes. De plus, dans ces quatre genres, le bout de l'antenne ne devient pas subitement plus grêle et ne se courbe point d'une manière qui n'appartient qu'aux Ægocères et à plusieurs genres de la tribu des Hespéries-Sphinx Lat., à laquelle il paroît que M. Bois-Duval se propose de réunir les Ægocères dans une monographie de la tribu des Zygénides qui doit paroître incessamment.

Antennes bien fusiformes, sans houppe d'écailles à leur extrémité qui s'amincit subitement en une pointe assez longue, un peu courbée. — *Palpes labiaux* ayant leur second article garni de poils formant un faisceau qui s'avance en manière de bec. — *Spiritrompe* distincte. — *Ailes* en toit dans le repos, totalement couvertes d'écailles, entières à leur bord postérieur. — *Abdomen* conique. — *Jambes* postérieures munies à leur extrémité de deux épines très-fortes.

Le nom de ces Lépidoptères vient de deux mots grecs et signifie : *cornes de bouc*. On n'en cite qu'une seule espèce, ses premiers états sont inconnus ainsi que ses habitudes; c'est l'Ægocère Vénulia, *Æ. Venulia*. Lat. *Gener. Crust. et Ins. tom. IV. pag.* 212. — *Bombyx Venulia*. Fab. *Entom. Syst. Suppl. pag.* 438. Du Bengale.

ATYCHIE, *Atychia*. Hoffman. Lat. Illig. *Sphinx*. Esp. Hubn. *Noctua*. Hubn.

Genre d'insectes de l'ordre des Lépidoptères, famille des Crépusculaires, tribu des Zygénides.

La seconde division de cette tribu comprend les Zygénides dont les antennes sont bipectinées dans les mâles, simples dans les femelles. Elle contient les genres Procris et Atychie; dans celles-là les palpes ne s'élèvent pas au-delà du chaperon et sont nus; les ailes sont longues et les jambes postérieures n'ont à leur extrémité que deux épines très-courtes.

Antennes bipectinées dans les mâles, simples dans les femelles. — *Spiritrompe* distincte. — *Palpes labiaux* s'élevant notablement au-delà du chaperon, très-velus. — *Ailes* courtes. — *Jambes postérieures* terminées par deux épines très-fortes.

Le type de ce genre, dont les premiers états n'ont pas encore été observés, non plus que les mœurs, est l'Atychie Chimère, *A. Chimæra*. Lat. *Gen. Crust et Ins. tom. IV. pag.* 214. D'Europe.

GLAUCOPIDE, *Glaucopis*. Fab. (*Syst. Gloss.*) Lat. *Zygæna*. Fab. (*Ent. Syst.*) *Sphinx*. (*Adscita.*) Linn. *Sphinx*. Cram. Drur.

Genre d'insectes de l'ordre des Lépidoptères, famille des Crépusculaires, tribu des Zygénides.

Ce genre forme à lui seul une coupe particulière dans la troisième division des Zygénides. *Voyez* ce mot.

Antennes bipectinées dans les deux sexes. — *Spiritrompe* distincte. — *Palpes labiaux* presque cylindriques, s'élevant notablement au-dessus du chaperon, leur dernier article un peu grêle, point écailleux. — *Jambes postérieures* garnies d'épines latérales et de deux terminales longues.

Ce genre, dont toutes les espèces sont étrangères à l'Europe, paroît être confiné entre les tropiques : il tire son nom de mots grecs qui ont rapport aux taches d'un beau vert dont beaucoup d'espèces sont ornées; on ne connoît point leurs métamorphoses, ni leurs habitudes. Nous indiquerons les espèces suivantes :

1°. Glaucopide Polymène, *G. Polymena*. Lat. *Gen. Crust. et Ins. tom. IV. pag.* 214. — *Zygæna Polymena*. Fab. *Entom. Syst. tom.* 3. *part.* 1. *pag.* 396. *n°.* 34. De la Chine. 2°. Glaucopide Léthé, *G. Lethe*. — *Zygæna Lethe*. Fab. *id. n°*.

35. D'Afrique. 3°. Glaucopide Augé, *G. Auge.* Lat. *id.* — *Zygæna Auge.* Fab. *id. pag.* 401. *n°.* 53. Du Brésil. 4°. Glaucopide Andromaque, *G. Andromacha.* — *Zygæna Andromacha.* Fab. *id. pag.* 393. *n°.* 26. Du Brésil. C'est peut-être le mâle de la Glaucopide Augé. 5°. Glaucopide Argynne, *G. Argynnis.* Lat. *id.* — *Zygæna Argynnis.* Fab. *id. n°.* 24. 6°. Glaucopide Cassandre, *G. Cassandra.* — *Zygæna Cassandra.* Fab. *id. pag.* 392. *n°.* 22. (A la citation de Cramer, lisez 394. au lieu de 494.) Du Brésil. 7°. Glaucopide Hyparque, *G. Hyparchus.* — *Zygæna Hyparchus.* Fab. *id. pag.* 393. *n°.* 23. De Sierra-Léon. 8°. Glaucopide flavicorne, *G. flavicornis.* — *Zygæna flavicornis.* Fab. *id. p.* 394. *n°.* 27. De Cayenne et du Brésil. Dans nos individus la plus grande partie des antennes, la tête et les pattes sont noires. 9°. Glaucopide Eryx, *G. Eryx.* — *Zygæna Eryx.* Fab. *id. n°.* 29. Amérique méridionale.

On doit peut-être encore rapporter à ce genre les *Zygæna* n°s. 17, 21, 49 et 52. Fab. *Entom. Syst.*

AGLAOPE, *Aglaope.* Lat. God. *Sphinx.* (*Adscita*) Linn. *Sphinx.* Esp. Engr. Hubn. *Zygæna.* Fab. (*Ent. Syst.*) *Glaucopis.* Fab. (*Syst. Gloss.*)

Genre d'insectes de l'ordre des Lépidoptères, famille des Crépusculaires, tribu des Zygénides.

Le dernier groupe des Zygénides se compose des Aglaopes et des Stygies; celles-ci sont séparées des Aglaopes par les caractères suivans: palpes labiaux épais, cylindriques, entièrement recouverts d'écailles et s'élevant au-dessus du chaperon; épines des jambes postérieures, tant les latérales que les terminales, très-fortes; anus barbu.

Antennes bipectinées dans les deux sexes. — *Palpes labiaux* petits, presque nus, à peu près cylindriques, leur dernier article un peu plus grêle que les précédens. — *Point de spiritrompe* distincte. — *Ailes* oblongues; cellule sous-marginale des inférieures fermée et divisée longitudinalement par deux rameaux nerveux qui s'entre-croisent sur la ligne de clôture. — *Anus* dépourvu de brosse. — *Epines* des jambes postérieures, tant les latérales que les terminales, très-courtes, peu visibles. — *Chenilles* courtes, ramassées, peu garnies de poils.

Le type de ce genre, dont les mœurs ne nous sont pas connues, est l'Aglaope malheureuse, *A. infausta.* Lat. *Gen. Crust. et Ins. tom.* 4. *pag.* 215. God. Lépidopt. de France, *tom.* 3. *p.* 175. *n°.* 53. *pl.* 22. *fig.* 18. — *Zygæna infausta.* Fab. *Ent. Syst. tom.* 3. *part.* 1. *pag.* 397. *n°.* 38. Du midi de la France; très-rare aux environs de Paris. (S. F. et A. Serv.)

ZYGIE, *Zygia.* Fab. Lat. Schœn. Illig.

Genre d'insectes de l'ordre des Coléoptères, section des Pentamères, famille des Serricornes (division des Malacodermes), tribu des Mélyrides.

Les trois genres Zygie, Mélyre et Dasyte composent, dans cette tribu, un groupe caractérisé ainsi qu'il suit: palpes filiformes; point de vésicules exsertiles sur les côtés du corselet et de la base du ventre. (*Voyez* Mélyrides, pag. 426 de ce volume.) Les Mélyres sont distincts par le quatrième article des antennes turbiné ou conique ainsi que les suivans, et par le disque de leur corselet qui est plane. Le genre Dasyte a le corps étroit, alongé, très-souvent presque linéaire, la tête à peu près transversale; les crochets des tarses sont bordés à leur base intérieure par une membrane qui forme un appendice dentiforme; presque tous les articles des antennes sont turbinés.

Antennes filiformes, composées de onze articles; les second et troisième presque cylindriques, fort menus, celui-ci alongé, le quatrième et surtout les suivans dentés en scie, comprimés, presque transversaux. — *Corps* ovale. — *Corselet* presqu'en trapèze, rétréci à sa partie antérieure, son disque élevé. — *Elytres* flexibles, recouvrant les ailes et l'abdomen. — *Pattes* filiformes; crochets des tarses entièrement cornés, n'ayant qu'une petite dent peu visible vers l'extrémité.

La seule espèce connue est la Zygie oblongue, *Z. oblonga* n°. 1. Fab. *Syst. Eleut.* — Lat. *Gen. Crust. et Ins. tom.* 1. *pag.* 264. *n°.* 1. *tab. VIII. fig.* 3. — Schœn. *Syn. Ins. tom.* 2. *p.* 339. *n°.* 1. D'Espagne et d'Orient. Feu Olivier l'a trouvée à Bagdad, dans l'intérieur des maisons.

DASYTE, *Dasytes.* Payk. Fab. Lat. Gyll. Schœn. Panz. *Dermestes.* Linn. Schranck. *Cicindela.* Geoff. *Melyris.* Oliv. *Telephorus.* De Géer. *Lagria.* Panz. Ross. Fab.? *Tillus.* Marsh. Panz. *Clerus.* De Géer. *Cantharis.* Schranck. Scopol. *Anobium.* Thunb. *Hispa.* Fab.

Genre d'insectes de l'ordre des Coléoptères, section des Pentamères, famille des Serricornes (division des Malacodermes), tribu des Mélyrides.

Un groupe de Mélyrides se distingue par ses palpes filiformes et par l'absence de vésicules exsertiles sur les côtés du corselet et de la base du ventre; il contient les Zygies, les Mélyres & les Dasytes. (*Voyez* Mélyrides, pag. 426. de ce volume.) Les deux premiers genres s'éloignent des Dasytes par leur corps ovoïde et par les crochets des tarses entièrement cornés.

Antennes filiformes, composées de onze articles, la plupart de forme turbinée, courts, à peu près aussi larges que longs. — *Labre* corné, arrondi, cilié. — *Mandibules* cornées, arquées, aiguës à l'extrémité, celle-ci refendue. — *Mâchoires* membraneuses, courtes, bifides; leur lobe extérieur grand, arrondi au bout, l'intérieur rétréci vers l'extrémité qui porte une pointe particulière. — *Palpes* inégaux, les maxillaires composés de quatre articles; le premier court, le second plus long, obconique, le troisième épais, court; le quatrième épais, de la longueur du second, tronqué obliquement à son extrémité: palpes labiaux plus courts, de trois articles; le premier court, le second plus long, plus épais, obconique, le troisième encore un peu plus épais, alongé obliquement, tronqué à l'extrémité. — *Lèvre* profondément échancrée à l'extrémité, presque bifide. — *Tête* presque transversale, inclinée, rentrant dans le corselet jusqu'aux yeux lors du repos. — *Corps* étroit, alongé, presque linéaire, plus ou moins hérissé de poils. — *Corselet* assez grand, un peu convexe, légèrement rebordé. — *Ecusson* petit, arrondi postérieurement. — *Elytres* alongées, presque linéaires, flexibles, un peu rebordées, recouvrant des ailes et l'abdomen. — *Pattes* de longueur moyenne; dernier article des tarses muni de deux crochets bordés à leur base intérieure par une membrane qui s'élargit en un appendice dentiforme.

Le nom de ce genre vient du grec et a rapport aux poils dont les espèces ont généralement le corps hérissé. Il répond en grande partie à celui de Mélyre de cet ouvrage; mais l'auteur y réunit l'espèce qui constitue le genre Mélyre (*M. viridis* Fab.) Les Dasytes ne sont connus qu'à l'état parfait; on les trouve sur les graminées, sur les fleurs syngénèses et ombellifères. Les espèces sont nombreuses; la taille des indigènes est petite ou moyenne.

1. Dasyte rayé, *D. lineatus*.

Dasytes lineatus n°. 5. Fab. *Syst. Eleut.* — Schœn. *Syn. Ins. tom.* 3. *pag.* 13. *n°.* 11.

Voyez pour la description et les autres synonymes, Mélyre rayé n°. 7. du présent Dictionnaire.

2. Dasyte noble, *D. nobilis*.

Dasytes nobilis. Schœn. *id. pag.* 14 *n°.* 17. — *Melyris nobilis*. Illig. *Col. Boruss.* 1. *pag.* 309.

Voyez pour la description, Mélyre bleuâtre n°. 8. de ce Dictionnaire. (En retranchant tous les synonymes de Fabricius qui appartiennent au Dasyte bleu.)

3. Dasyte âtre, *D. ater*.

Dasytes ater n°. 1. Fab. *id.* — Lat. *Gen. Crust. et Ins. tom.* 1. *pag.* 264. *n°.* 1. — Schœn. *id. pag.* 11. *n°.* 2.

Voyez pour la description et les autres synonymes, Mélytre âtre n°. 9. de ce Dictionnaire. (La planche indiquée après la description appartient à l'Entomologie d'Olivier.)

4. Dasyte noir, *D. niger*.

Dasytes niger n°. 4. Fab. *id.* — Schœn *id. pag.* 12. *n°.* 9.

Voyez pour la description et les autres synonymes, Mélyre velu n°. 10. de ce Dictionnaire.

5. Dasyte quadripustulé, *D. quadripustulatus*.

Dasytes quadripustulatus. Schœn. *id. n°.* 8. — *Hispa quadripustulata* n°. 6. Fab. *id.*

Voyez pour la description, Mélyre quadrimaculé n°. 11. de ce Dictionnaire.

6. Dasyte plombé, *D. plumbeus*.

Dasytes plumbeus. Dej. Catal.

Voyez pour la description et la synonymie, Mélyre plombé n°. 12. de ce Dictionnaire.

Nota. M. Schœnherr donne cette espèce comme synonyme de son *Dasytes flavipes* n°. 13.

7. Dasyte floral, *D. floralis*.

Dasytes floralis. Gyll. *Ins. Suec. tom.* 1. *pag.* 326. *n°.* 3. — Schœn. *id. pag.* 13. *n°.* 10.

Voyez pour la description, Mélyre floral n°. 13. de ce Dictionnaire.

8. Dasyte brillant, *D. subæneus*.

Dasytes subæneus. Schœn *id. pag.* 15. *n°.* 20.

Voyez pour la description, Mélyre bronzé n°. 14. de ce Dictionnaire.

9. Dasyte testacé, *D. testaceus*.

Dasytes testaceus. Schœn. *id. pag.* 16. *n°.* 29.

Voyez pour la description, Mélyre testacé n°. 15. de ce Dictionnaire.

Nota. M. le comte Dejean (Catal.) ne le regarde que comme une variété du *D. pallipes*.

10. Dasyte flavipède, *D. flavipes*.

Dasytes flavipes n°. 6. Fab. *id.* — Schœn. *id*, *pag.* 13. *n°.* 13.

Voyez pour la description, Mélyre flavipède n°. 16. de ce Dictionnaire.

11. Dasyte douteux, *D. dubius*.

Dasytes dubius. Schœn. *id. pag.* 16. *n°*. 30.

Voyez pour la description, Mélyre douteux n°. 17. de ce Dictionnaire.

Nota. M. le comte Dejean dans son Catalogue n'en fait qu'une variété du *D. pallipes*.

On placera en outre dans ce genre : 1°. Dasyte rubripenne, *D. rubripennis*. Lat. *Voyag. Humb. et Bonpl. II. IV. pag.* 258. *n°*. 26. *tab.* 17. *fig.* 3. à 4. a. — Schœn. *Syn. Ins. tom.* 3. *pag.* 11. *n°*. 1. Noir, velu; élytres rouges, tachées de noir. Amérique équinoxiale. 2°. Dasyte scutellaire, *D. scutellaris* n°. 2. Fab. *Syst. Eleut.* — Schœn. *id. pag.* 12. *n°*. 5. D'Espagne. 3°. Dasyte bipustulé, *D. bipustulatus*. Schœn. *id. n°*. 7. — *Hispa bipustulata* n°. 6. Fab. *id.* D'Italie et d'Allemagne. 4°. Dasyte hémorrhoïdal, *D. hæmorrhoidalis* n°. 3. Fab. *id.* — Schœn. *id. n°*. 6. D'Espagne et de Barbarie. 5°. Dasyte nigricorne, *D. nigricornis* n°. 10. Fab. *id.* — Schœn *id. pag.* 15. *n°*. 22. De Suède et des environs de Paris. 6°. Dasyte bleu, *D. cæruleus* n°. 7. Fab. *id.* (En retranchant le synonyme d'Olivier, lisez : *cyaneus* au lieu de *cærulea*, et celui de Geoffroy. Ces synonymes appartiennent au Dasyte noble n°. 2.) — Schœn. *id. pag.* 14. *n°*. 16. 7°. Dasyte obscur, *D. obscurus*. Gyll. *Ins. Suec. I. III. Add. p.* 685. 1-2. — Schœn. *id. n°*. 14. De Suède. 8°. Dasyte linéaire, *D. linearis* n°. 11. Fab. *id.* (A la citation de Creutz, lisez : *Tillus*, au lieu de *Tixtus*. — Schœn *id. pag.* 16. *n°*. 25. Des environs de Paris. 9°. Dasyte pallipède, *D. pallipes*. — Schœn. *id. pag.* 13. *n°*. 12. Environs de Paris. 10°. Dasyte morio, *D. morio*. Gyll. Schœn. *id. Append. p.* 11. *n°*. 14. Oblong, noir, velu; corselet court, égal; élytres un peu rugueuses, finement pointillées. De Barbarie. 11°. Dasyte rougeâtre, *D. rubidus*. Gyll. Schœn. *id. pag.* 12. *n°*. 16. Oblong, d'un violet-noirâtre, hérissé de poils longs; élytres d'un châtain clair, profondément ponctuées, l'extrémité plus claire; antennes ferrugineuses ainsi que les pattes. De Hongrie. (S. F. et A. Serv.)

Fin du tome dixième et dernier.

TABLE ALPHABÉTIQUE

DES ARTICLES TRAITÉS DANS CE DICTIONNAIRE, AILLEURS QU'A LEUR LETTRE.

(1) L'astérique indique les sous-genres.

(1) *Voyez*, pour les détails des mœurs, tome X, pag. 497, et pour le genre, le mot Bembex à sa lettre.
(2) Et de plus à sa lettre.

(1) Et de plus à sa lettre.

(1) Et de plus à sa lettre.

(1) Il faut substituer ce nom à celui de Mégarhine.

(2) Consultez en outre la page 375., seconde colonne, tome X, pour une rectification de caractère.

(1) Et de plus à sa lettre.

(2) *Idem.*

(3) Notre Mégalope linéé no. 6. est la même espèce que celle désignée par M. de Mannerheim (*Mém. de l'Acad. imp. de Saint-Pétersbourg, tom. 10, pag. 302.*), sous le nom de *Meg. Henningii.*

(1) Changez ce nom en celui d'Hélius.

(1) Et de plus à sa lettre.
(2) *Idem.*
(3) *Idem.*
(4) *Idem.*
(5) *Idem.*
(6) *Voyez* en outre l'article Scaphure à sa lettre.
(7) Et de plus à sa lettre.
(8) *Idem.*
(9) *Idem.*

(1) Et de plus à sa lettre.
(2) *Idem.*
(3) *Idem.*
(4) *Idem.*
(5) *Idem.*
(6) *Idem.*
(7) *Idem.*

FIN DE LA TABLE ALPHABÉTIQUE.

ERRATA.

Page 13, 1re. colonne, ligne 1re., 33, *lisez* : 32.
Page 30, 2e. colonne, ligne 38, 151, *lisez* : 150.
Page 40, 1re. colonne, ligne 43, ces, *lisez* : les.
Page 53, 1re. colonne, ligne 28, *P. Stollii*, lisez : *P. liturata*, et ajoutez à la synonymie : *Cimex lituratus*. FAB. *Syst. Rhyng. pag.* 170. *n°.* 84. — PANZ. *Faun. Germ. fasc.* 40. *fig.* 19.
Page 58, 2e. colonne, ligne 28, ajoutez, après la citation de Linné, FAB. *Syst. Rhyng. pag.* 176. *n°.* 109.
Page 68, 2e. colonne, ligne 16, ajoutez, après le mot LAT., *Semblis*. FAB.
Page 90, 1re. colonne, après la ligne 40, *ajoutez* : des environs de Paris.
Page 91, 1re. colonne, après la ligne 17, *ajoutez* : des environs de Paris.
Idem. 2e. colonne, après la ligne 4, *ajoutez* : des environs de Paris.
Page 95, 2e. colonne, ligne 48, n°. 14, *lisez* : n°. 24.
Page 111, 1re. colonne, ligne 14, les Phlæas sont : *ajoutez* : avec les Holoptiles.
Page 128, 1re. colonne, ligne 33, *effacez* : (S. F. et A. SERV.)
Page 158, 2e. colonne, ligne 8, à la grandeur des parties de la bouche, *lisez* : à la largeur du corps proportionnellement à son épaisseur.
Page 162, 1re. colonne, ligne 47, cinq, *lisez* : quatre.
Page 163, 1re. colonne, ligne 25, n°. 143, *lisez* : n°. 153.
Page 173, 1re. colonne, ligne 6, syononymes, *lisez* : synonymes.
Page 187, 2e. colonne, ligne 3, paties, *lisez* : pattes.
Page 205, 2e. colonne, ligne 46, adopé, *lisez* : adopté.
Page 212, 2e. colonne, ligne 20, figure, *lisez* : figuré.
Page 238, 2e. colonne, ligne 43, Hétéromères, *lisez* : Pentamères.
Page 240, 2e. colonne, ligne 36, lisse, *lisez* : glabre.
Page 262, 2e. colonne, ligne 23, écussontes tacé, *lisez* : écusson testacé.
Page 266, 1re. colonne, ligne 3, de, *lisez* : des.
Idem. 2e. colonne, ligne 17, seccnd, *lisez* : second.
Page 269, 1re. colonne, ligne 2, cylindriq., *lisez* : cylindriques.
Idem. 2e. colonne, ligne 8, e, *lisez* : de.
Page 271, 1re. colonne, ligne 37, manque, *lisez* : manque.
Idem. Idem, ligne 43, d'un, *lisez* : d'une.
Page 283, 2e. colonne, ligne 12, la femelle, après ce mot ajoutez : —.
Page 289, 1re. colonne, ligne 16, par le nombre des, *lisez* : par le nombre des articles des.
Page 291, 2e. colonne, ligne 26, n°. 7, mettez une demi-parenthèse après le chiffre 7 : (.
Page 300, 2e. colonne, ligne 11, 258, *lisez* : 268.
Page 303, 2e. colonne, ligne 3, *Rynchites*, lisez : *Rhynchites*, ainsi que dans le reste de cette colonne et dans la suivante.
Page 306, 1re. colonne, ligne 6, 2, *lisez* : 21.
Page 315, 2e. colonne, avant-dernière ligne, R. tèle, *lisez* : Rutèle.
Page 316, 2e. colonne, ligne 2, subdivison, *lisez* : subdivision.
Page 317, 1re. colonne, ligne 4, subdivison, *lisez* : subdivision.
Idem. Idem, ligne 10, après quadrirayée ajoutez n°. 111.
Idem. 2e colonne, ligne 24, 12, *lisez* : 22.
Page 324, 2e. colonne, ligne 40, subdivison, *lisez* : subdivision.
Page 338, 1re. colonne, ligne 18, mennière, *lisez* : meunière.
Idem. Idem, ligne 20, la *Lamia*, lisez : les *Lamia*.
Page 344, 2e. colonne, ligne 8, ajoutez au bout : (S. F. et A. SERV.).
Page 347, 1re. colonne, ligne 28, Rhyncophores, *lisez* : Rhynchophores.
Page 359, 2e. colonne, ligne 10, orientale, *lisez* : orientales.
Page 366, 1re. colonne, ligne 20, sans bosses, *lisez* : sans brosses.
Page 368, 1re. colonne, ligne 34, *pl.* 16, *fig.* 162, *lisez* : *pl.* 162, *fig.* 16.
Page 394, 2e. colonne, ligne 12, preque, *lisez* : presque.
Page 429, 1re. colonne, ligne 29, section, *lisez* : division.
Page 432, 1re. colonne, ligne 11, supérieure, *lisez* : inférieure.
Page 448, 2e. colonne, ligne 50, après le mot prothorax, *ajoutez* : prolongé latéralement jusqu'à la naissance des ailes supérieures.
Page 463, 1re. colonne, ligne 37, qui nous inconnus, *lisez* : qui nous sont inconnus.
Page 465, 2e. colonne, ligne 17, *Entom. Syst.*, ajoutez : d'Europe.
Page 481, 1re. colonne, ligne 17, tête noire, *lisez* : très-noire.
Idem. 2e. colonne, ligne 13, *ajoutez* : Lepture.
Page 493, 2e. colonne, ligne 27, *ajoutez* : FAB.
Page 499, 2e. colonne, ligne 24, *stomoxis*, lisez : *stomoxys*.
Idem. Idem, ligne 26, *idem*, *idem*.
Idem. Idem, ligne 45, *idem*, *idem*.
Page 543, 2e. colonne, ligne 42, Raphiorhynque, *lisez* : Rhaphiorhynque.
Page 544, 1re. colonne, ligne 16, *idem*, *idem*.
Idem. 2e. colonne, ligne 51, Raphiorhynque, *Raphiorhynchus*, lisez : Rhaphiorhynque, *Rhaphiorhynchus*.
Page 559, 2e. colonne, ligne 6, *Patilinus*, lisez *Ptilinus*.
Page 578, 1re. colonne, ligne 13, peint, *lisez* : point.
Idem. Idem, *idem*, et les, *lisez* : et a les.
Page 580, 2e. colonne, ligne 35, Chalcédites, *lisez* : Chalcidites.
Page 583, 2e. colonne, ligne 21, *atra*, lisez : *atrata*.
Page 598, 1re. colonne, ligne 13, seconde, *lisez* : première.
Idem. 2e. colonne, ligne 31, de celles de, *lisez* : de celles des.
Page 603, 1re. colonne, ligne 56, indiqent, *lisez* : indiquent.
Page 616, 2e. colonne, ligne 6, *Cicendela*, lisez : *Cicindela*.
Page 658, 1re. colonne, ligne 37, Desvoisy, *lisez* : Desvoidy.
Page 695, 1re. colonne, ligne 7, Trogosite, *lisez* : Trogossite.
Page 701, 1re. colonne, ligne 35, *javainca*, lisez : *javanica*.
Page 728, 1re. colonne, après la ligne 47, ajoutez en alinéa : *Voyez* pour la description et le synonyme de l'Entomologie d'Olivier, Cicindèle échancrée n°. 39. de ce Dictionnaire.
Page 736, 1re. colonne, ligne 1, cicindéloïdes, *lisez* : cicindéloïde.
Page 758, 1re. colonne, ligne 11, d'un beau rouge, *lisez* : d'un brun rouge.